《机械设计手册》（第六版）单行本卷目

●常用设计资料	第1篇　一般设计资料
●机械制图 · 精度设计	第2篇　机械制图、极限与配合、形状和位置公差及表面结构
●常用机械工程材料	第3篇　常用机械工程材料
●机构 · 结构设计	第4篇　机构 第5篇　机械产品结构设计
●连接与紧固	第6篇　连接与紧固
●轴及其连接	第7篇　轴及其连接
●轴承	第8篇　轴承
●起重运输件 · 五金件	第9篇　起重运输机械零部件 第10篇　操作件、五金件及管件
●润滑与密封	第11篇　润滑与密封
●弹簧	第12篇　弹簧
●机械传动	第14篇　带、链传动 第15篇　齿轮传动
●减（变）速器 · 电机与电器	第17篇　减速器、变速器 第18篇　常用电机、电器及电动（液）推杆与升降机
●机械振动 · 机架设计	第19篇　机械振动的控制及应用 第20篇　机架设计
●液压传动	第21篇　液压传动
●液压控制	第22篇　液压控制
●气压传动	第23篇　气压传动

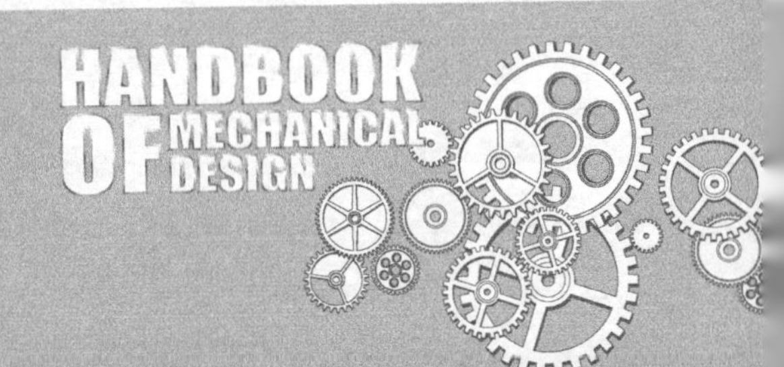

机械设计手册

（第六版）

单行本

常用设计资料

主编单位　中国有色工程设计研究总院

主　　编　成大先

副 主 编　王德夫　姬奎生　韩学铨

姜　勇　李长顺　王雄耀

虞培清　成　杰　谢京耀

化学工业出版社

·北　京·

《机械设计手册》第六版单行本共16分册，涵盖了机械常规设计的所有内容。各分册分别为《常用设计资料》《机械制图·精度设计》《常用机械工程材料》《机构·结构设计》《连接与紧固》《轴及其连接》《轴承》《起重运输件·五金件》《润滑与密封》《弹簧》《机械传动》《减（变）速器·电机与电器》《机械振动·机架设计》《液压传动》《液压控制》《气压传动》。

本书为《常用设计资料》。内容包括常用基础资料和公式，铸件、锻造、冲压、拉深、焊接、铆接、零部件冷加工、工程用塑料和粉末冶金零件的设计工艺及结构要素，热处理、表面技术、装配等工艺，人机工程学有关功能参数的介绍和选择，零部件结构设计准则，装运要求及设备基础的设计要求和选用，同时还列举了机械设计的巧（新）例和错例供设计人员参考。

本书可作为机械设计人员和有关工程技术人员的工具书，也可供高等院校有关专业师生参考使用。

图书在版编目（CIP）数据

机械设计手册：单行本. 常用设计资料/成大先主编.
6版. —北京：化学工业出版社，2017.1 (2023.7重印)
ISBN 978-7-122-28708-3

Ⅰ.①机… Ⅱ.①成… Ⅲ.①机械设计-技术手册
Ⅳ.①TH122-62

中国版本图书馆CIP数据核字（2016）第309033号

责任编辑：周国庆 张兴辉 贾 娜 曾 越　　装帧设计：尹琳琳
责任校对：宋 玮

出版发行：化学工业出版社（北京市东城区青年湖南街13号 邮政编码100011）
印　　装：北京盛通数码印刷有限公司
787mm×1092mm 1/16 印张$52\frac{3}{4}$ 字数1909千字 2023年7月北京第1版第7次印刷

购书咨询：010-64518888　　售后服务：010-64518899
网　　址：http://www.cip.com.cn
凡购买本书，如有缺损质量问题，本社销售中心负责调换。

定　　价：136.00元

撰稿人员

成大先　中国有色工程设计研究总院
王德夫　中国有色工程设计研究总院
刘世参　《中国表面工程》杂志、装甲兵工程学院
姬奎生　中国有色工程设计研究总院
韩学铨　北京石油化工工程公司
余梦生　北京科技大学
高淑之　北京化工大学
柯蕊珍　中国有色工程设计研究总院
杨　青　西北农林科技大学
刘志杰　西北农林科技大学
王欣玲　机械科学研究院
陶兆荣　中国有色工程设计研究总院
孙东辉　中国有色工程设计研究总院
李福君　中国有色工程设计研究总院
阮忠唐　西安理工大学
熊绮华　西安理工大学
雷淑存　西安理工大学
田惠民　西安理工大学
殷鸿樑　上海工业大学
齐维浩　西安理工大学
曹惟庆　西安理工大学
吴宗泽　清华大学
关天池　中国有色工程设计研究总院
房庆久　中国有色工程设计研究总院
李建平　北京航空航天大学
李安民　机械科学研究院
李维荣　机械科学研究院
丁宝平　机械科学研究院
梁全贵　中国有色工程设计研究总院
王淑兰　中国有色工程设计研究总院
林基明　中国有色工程设计研究总院
王孝先　中国有色工程设计研究总院
童祖楹　上海交通大学
刘清廉　中国有色工程设计研究总院
许文元　天津工程机械研究所
孙永旭　北京古德机电技术研究所
丘大谋　西安交通大学
诸文俊　西安交通大学
徐　华　西安交通大学
谢振宇　南京航空航天大学
陈应斗　中国有色工程设计研究总院
张奇芳　沈阳铝镁设计研究院
安　剑　大连华锐重工集团股份有限公司
迟国东　大连华锐重工集团股份有限公司
杨明亮　太原科技大学
邹舜卿　中国有色工程设计研究总院
邓述慈　西安理工大学
周凤香　中国有色工程设计研究总院
朴树寰　中国有色工程设计研究总院
杜子英　中国有色工程设计研究总院
汪德涛　广州机床研究所
朱　炎　中国航宇救生装置公司
王鸿翔　中国有色工程设计研究总院
郭　永　山西省自动化研究所
厉海祥　武汉理工大学
欧阳志喜　宁波双林汽车部件股份有限公司
段慧文　中国有色工程设计研究总院
姜　勇　中国有色工程设计研究总院
徐永年　郑州机械研究所
梁桂明　河南科技大学
张光辉　重庆大学
罗文军　重庆大学
沙树明　中国有色工程设计研究总院
谢佩娟　太原理工大学
余　铭　无锡市万向联轴器有限公司
陈祖元　广东工业大学
陈仕贤　北京航空航天大学
郑自求　四川理工学院
贺元成　泸州职业技术学院
季泉生　济南钢铁集团

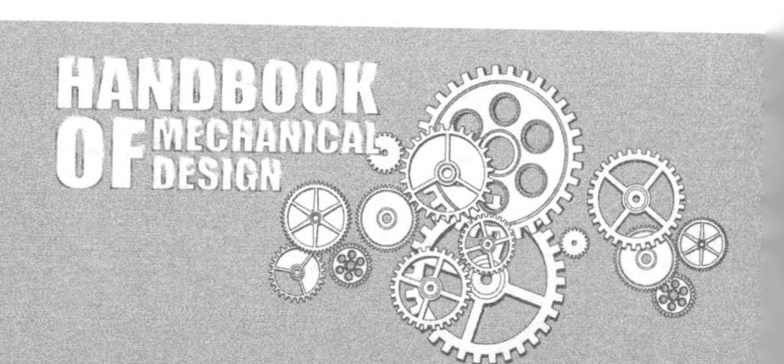

方　正　中国重型机械研究院
马敬勋　济南钢铁集团
冯彦宾　四川理工学院
袁　林　四川理工学院
孙夏明　北方工业大学
黄吉平　宁波市镇海减变速机制造有限公司
陈宗源　中冶集团重庆钢铁设计研究院
张　翌　北京太富力传动机器有限责任公司
陈　涛　大连华锐重工集团股份有限公司
于天龙　大连华锐重工集团股份有限公司
李志雄　大连华锐重工集团股份有限公司
刘　军　大连华锐重工集团股份有限公司
蔡学熙　连云港化工矿山设计研究院
姚光义　连云港化工矿山设计研究院
沈益新　连云港化工矿山设计研究院
钱亦清　连云港化工矿山设计研究院
于　琴　连云港化工矿山设计研究院
蔡学坚　邢台地区经济委员会
虞培清　浙江长城减速机有限公司
项建忠　浙江通力减速机有限公司
阮劲松　宝鸡市广环机床责任有限公司
纪盛青　东北大学
黄效国　北京科技大学
陈新华　北京科技大学
李长顺　中国有色工程设计研究总院
申连生　中冶迈克液压有限责任公司
刘秀利　中国有色工程设计研究总院
宋天民　北京钢铁设计研究总院
周　堉　中冶京城工程技术有限公司
崔桂芝　北方工业大学
佟　新　中国有色工程设计研究总院
禤有雄　天津大学
林少芬　集美大学
卢长耿　厦门海德科液压机械设备有限公司
容同生　厦门海德科液压机械设备有限公司
张　伟　厦门海德科液压机械设备有限公司
吴根茂　浙江大学
魏建华　浙江大学
吴晓雷　浙江大学
钟荣龙　厦门厦顺铝箔有限公司
黄　畲　北京科技大学
王雄耀　费斯托（FESTO）（中国）有限公司
彭光正　北京理工大学
张百海　北京理工大学
王　涛　北京理工大学
陈金兵　北京理工大学
包　钢　哈尔滨工业大学
蒋友谅　北京理工大学
史习先　中国有色工程设计研究总院

审稿人员

刘世参　成大先　王德夫　郭可谦　汪德涛　方　正　朱　炎　李钊刚
姜　勇　陈谌闻　饶振纲　季泉生　洪允楣　王　正　詹茂盛　姬奎生
张红兵　卢长耿　郭长生　徐文灿

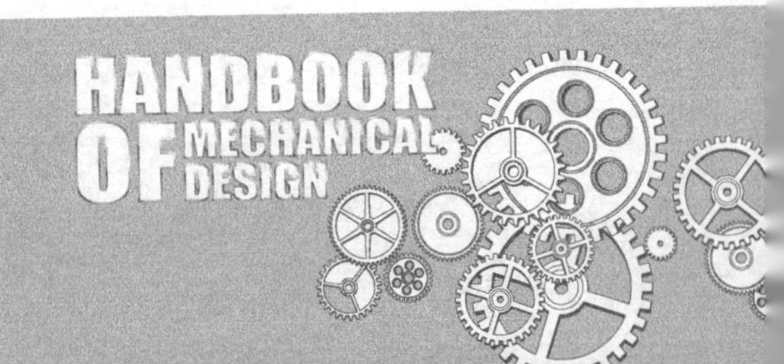

《机械设计手册》（第六版）单行本

出版说明

重点科技图书《机械设计手册》自1969年出版发行以来，已经修订至第六版，累计销售量超过130万套，成为新中国成立以来，在国内影响力最大的机械设计工具书，多次获得国家和省部级奖励。

《机械设计手册》以其技术性和实用性强、标准和数据可靠、便于使用和查询等特点，赢得了广大机械设计工作者和工程技术人员的首肯和好评。自出版以来，收到读者来信数千封。广大读者在对《机械设计手册》给予充分肯定的同时，也指出了《机械设计手册》装帧太厚、太重，不便携带和翻阅，希望出版篇幅小些的单行本，诸多读者建议将《机械设计手册》以篇为单位改编为多卷本。

根据广大读者的反映和建议，化学工业出版社组织编辑人员深入设计科研院所、大中专院校、制造企业和有一定影响的新华书店进行调研，广泛征求和听取各方面的意见，在与主编单位协商一致的基础上，于2004年以《机械设计手册》第四版为基础，编辑出版了《机械设计手册》单行本，并在出版后很快得到了读者的认可。2011年，《机械设计手册》第五版单行本出版发行。

《机械设计手册》第六版（5卷本）于2016年初面市发行，在提高产品开发、创新设计方面，在促进新产品设计和加工制造的新工艺设计方面，在为新产品开发、老产品改造创新提供新型元器件和新材料方面，在贯彻推广标准化工作等方面，都较第五版有很大改进。为更加贴合读者需求，便于读者有针对性地选用《机械设计手册》第六版中的部分内容，化学工业出版社在汲取《机械设计手册》前两版单行本出版经验的基础上，推出了《机械设计手册》第六版单行本。

《机械设计手册》第六版单行本，保留了《机械设计手册》第六版（5卷本）的优势和特色，从设计工作的实际出发，结合机械设计专业具体情况，将原来的5卷23篇调整为16分册21篇，分别为《常用设计资料》《机械制图·精度设计》《常用机械工程材料》《机构·结构设计》《连接与紧固》《轴及其连接》《轴承》《起重运输件·五金件》《润滑与密封》《弹簧》《机械传动》《减（变）速器·电机与电器》《机械振动·机架设计》《液压传动》《液压控制》《气压传动》。这样，各分册篇幅适中，查阅和携带更加方便，有利于设计人员和广大读者根据各自需要

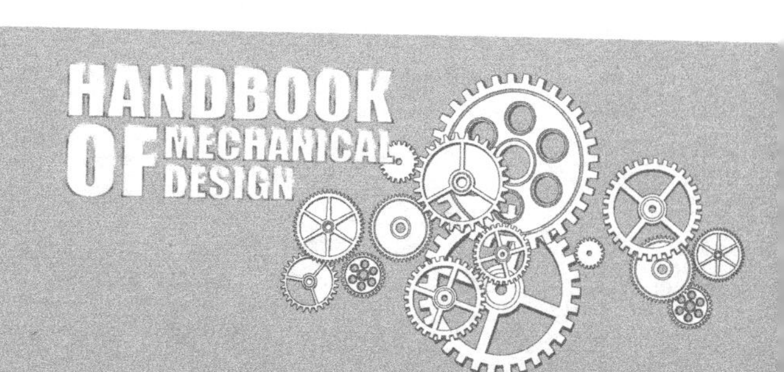

灵活选购。

《机械设计手册》第六版单行本将与《机械设计手册》第六版（5 卷本）一起，成为机械设计工作者、工程技术人员和广大读者的良师益友。

借《机械设计手册》第六版单行本出版之际，再次向热情支持和积极参加编写工作的单位和个人表示诚挚的敬意！向长期关心、支持《机械设计手册》的广大热心读者表示衷心感谢！

由于编辑出版单行本的工作量较大，时间较紧，难免存在疏漏，恳请广大读者给予批评指正。

化学工业出版社

2017 年 1 月

HANDBOOK OF MECHANICAL DESIGN

第六版前言

Sixth Edition Preface

《机械设计手册》自1969年第一版出版发行以来，已经修订了五次，累计销售量130万套，成为新中国成立以来，在国内影响力强、销售量大的机械设计工具书。作为国家级的重点科技图书，《机械设计手册》多次获得国家和省部级奖励。其中，1978年获全国科学大会科技成果奖，1983年获化工部优秀科技图书奖，1995年获全国优秀科技图书二等奖，1999年获全国化工科技进步二等奖，2002年获石油和化学工业优秀科技图书一等奖，2003年获中国石油和化学工业科技进步二等奖。1986~2015年，多次被评为全国优秀畅销书。

与时俱进、开拓创新，实现实用性、可靠性和创新性的最佳结合，协助广大机械设计人员开发出更好更新的产品，适应市场和生产需要，提高市场竞争力和国际竞争力，这是《机械设计手册》一贯坚持、不懈努力的最高宗旨。

《机械设计手册》（以下简称《手册》）第五版出版发行至今已有8年的时间，在这期间，我们进行了广泛的调查研究，多次邀请机械方面的专家、学者座谈，倾听他们对第六版修订的建议，并深入设计院所、工厂和矿山的第一线，向广大设计工作者了解《手册》的应用情况和意见，及时发现、收集生产实践中出现的新经验和新问题，多方位、多渠道跟踪、收集国内外涌现出来的新技术、新产品，改进和丰富《手册》的内容，使《手册》更具鲜活力，以最大限度地提高广大机械设计人员自主创新的能力，适应建设创新型国家的需要。

《手册》第六版的具体修订情况如下。

一、在提高产品开发、创新设计方面

1. 新增第5篇"机械产品结构设计"，提出了常用机械产品结构设计的12条常用准则，供产品设计人员参考。

2. 第1篇"一般设计资料"增加了机械产品设计的巧（新）例与错例等内容。

3. 第11篇"润滑与密封"增加了稀有润滑装置的设计计算内容，以适应润滑新产品开发、设计的需要。

4. 第15篇"齿轮传动"进一步完善了符合ISO国际标准的渐开线圆柱齿轮设计，非零变位锥齿轮设计，点线啮合传动设计，多点啮合柔性传动设计等内容，例如增加了符合ISO标准的渐开线齿轮几何计算及算例，更新了齿轮精度等。

5. 第23篇"气压传动"增加了模块化电/气混合驱动技术、气动系统节能等内容。

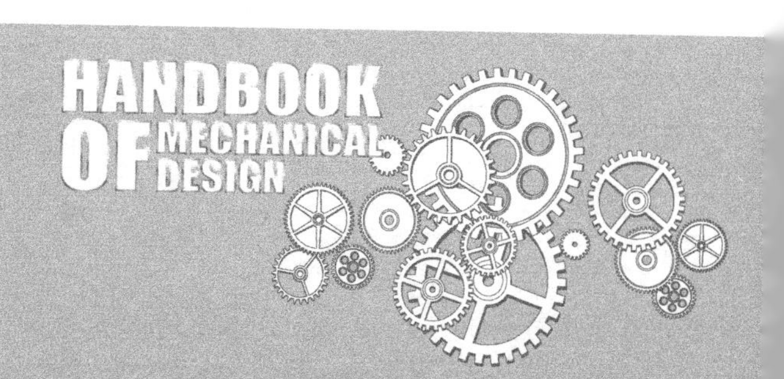

二、在为新产品开发、老产品改造创新，提供新型元器件和新材料方面

1. 介绍了相关节能技术及产品，例如增加了气动系统的节能技术和产品、节能电机等。

2. 各篇介绍了许多新型的机械零部件，包括一些新型的联轴器、离合器、制动器、带减速器的电机、起重运输零部件、液压元件和辅件、气动元件等，这些产品均具有技术先进、节能等特点。

3. 新材料方面，增加或完善了铜及铜合金、铝及铝合金、钛及钛合金、镁及镁合金等内容，这些合金材料由于具有优良的力学性能、物理性能以及材料回收率高等优点，目前广泛应用于航天、航空、高铁、计算机、通信元件、电子产品、纺织和印刷等行业。

三、在贯彻推广标准化工作方面

1. 所有产品、材料和工艺均采用新标准资料，如材料、各种机械零部件、液压和气动元件等全部更新了技术标准和产品。

2. 为满足机械产品通用化、国际化的需要，遵照立足国家标准、面向国际标准的原则来收录内容，如第15篇“齿轮传动”更新并完善了符合ISO标准的渐开线齿轮设计等。

《机械设计手册》第六版是在前几版的基础上编写而成的。借《机械设计手册》第六版出版之际，再次向参加每版编写的单位和个人表示衷心的感谢！同时也感谢给我们提供大力支持和热忱帮助的单位和各界朋友们！

由于编者水平有限，调研工作不够全面，修订中难免存在疏漏和缺点，恳请广大读者继续给予批评指正。

主　编

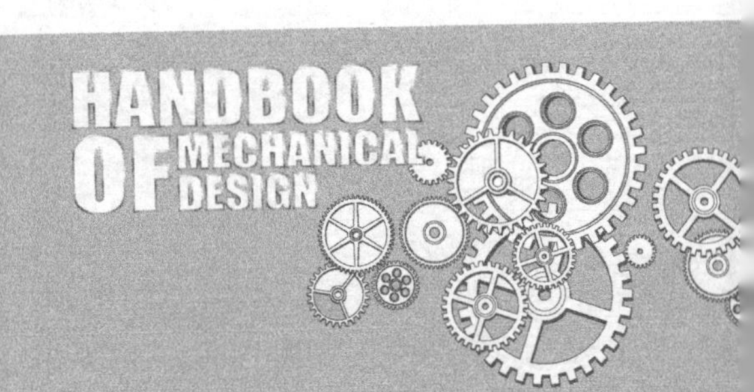

目录
CONTENTS

第1篇 一般设计资料

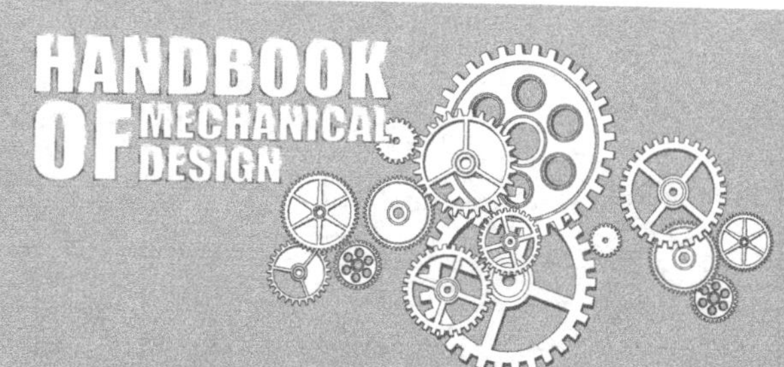

第4章 焊接和铆接设计工艺性

第5章 零部件冷加工设计工艺性与结构要素

第6章 热处理

第7章 表面技术

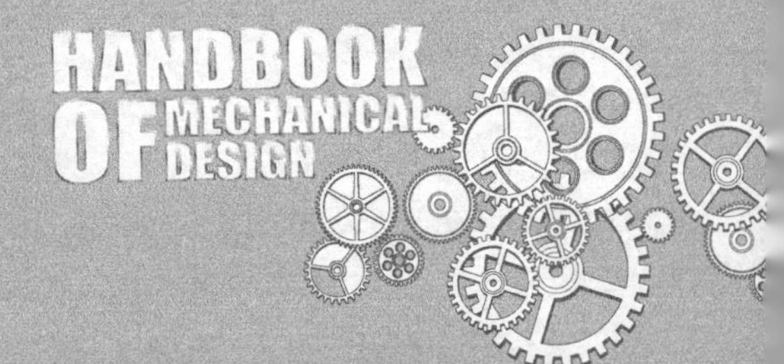

第8章 装配工艺性 …… 1-668

第9章 工程用塑料和粉末冶金零件设计要素 …… 1-693

第10章 人机工程学有关功能参数 …… 1-703

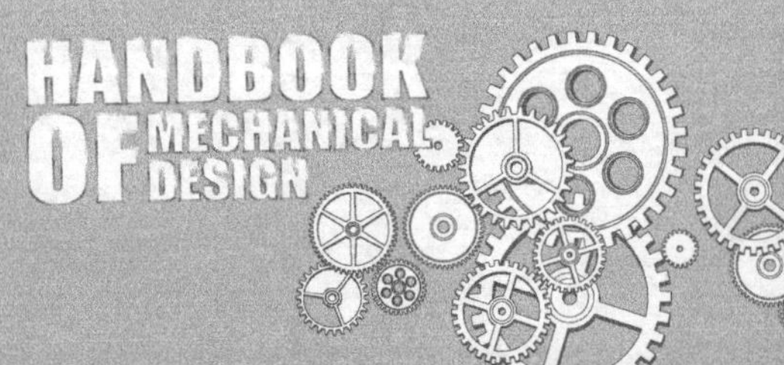
HANDBOOK
OF MECHANICAL
DESIGN

HANDBOOK OF MECHANICAL DESIGN

机械设计手册

第六版

HANDBOOK OF MECHANICAL DESIGN

第1篇 一般设计资料

主要撰稿 成大先 刘世参 王德夫 房庆久 余梦生
韩学铨 柯蕊珍 成 杰 谢京耀

审 稿 刘世参 余梦生 成大先 王德夫

第1章 常用基础资料和公式

1 常用资料和数据

字 母

表 1-1-1

汉语拼音字母

大写	小写	名称		大写	小写	名称		大写	小写	名称	
		拼音	汉字注音			拼音	汉字注音			拼音	汉字注音
A	ɑ	ɑ	阿	J	j	jie	街	S	s	ês	诶思
B	b	bê	玻诶	K	k	kê	科诶	T	t	tê	特诶
C	c	cê	雌诶	L	l	êl	诶勒	U	u	u	乌
D	d	dê	得诶	M	m	êm	诶摸	V	v	vê	物诶
E	e	e	鹅	N	n	nê	讷诶	W	w	wɑ	蛙
F	f	êf	诶佛	O	o	o	喔	X	x	xi	希
G	g	gê	哥诶	P	p	pê	坡诶	Y	y	yɑ	呀
H	h	hɑ	哈	Q	q	qiu	邱	Z	z	zê	资诶
I	i	i	衣	R	r	ɑr	阿儿				

希腊字母(正体与斜体)(GB 3101—1993)

正体		斜体		英文名称(国际音标注音)	正体		斜体		英文名称(国际音标注音)
大写	小写	大写	小写		大写	小写	大写	小写	
A	α	*A*	*α*	alpha['ælfə]	N	ν	*N*	*ν*	nu[nju:]
B	β	*B*	*β*	beta['bi:tə]	Ξ	ξ	*Ξ*	*ξ*	xi[ksai]
Γ	γ	*Γ*	*γ*	gamma['gæmə]	O	o	*O*	*o*	omicron[ou'maikrən]
Δ	δ	*Δ*	*δ*	delta['deltə]	Π	π	*Π*	*π*	pi[pai]
E	ε	*E*	*ε*	epsilon['epsilən]	P	ρ	*P*	*ρ*	rho[rou]
Z	ζ	*Z*	*ζ*	zeta['zi:tə]	Σ	σ	*Σ*	*σ*	sigma['sigmə]
H	η	*H*	*η*	eta['i:tə]	T	τ	*T*	*τ*	tau[tau]
Θ	θ,ϑ	*Θ*	*θ*,*ϑ*	theta['θi:tə]	Υ	υ	*Υ*	*υ*	upsilon['ju:psilon]
I	ι	*I*	*ι*	jota[ai'outə]	Φ	ϕ,φ	*Φ*	*ϕ*,*φ*	phi[fai]
K	k,κ	*K*	*κ*	kappa['kæpə]	X	χ	*X*	*χ*	chi[kai]
Λ	λ	*Λ*	*λ*	lambda['læmdə]	Ψ	ψ	*Ψ*	*ψ*	psi[psi:]
M	μ	*M*	*μ*	mu[mju:]	Ω	ω	*Ω*	*ω*	omega['oumigə]

注：1. 名称栏内的汉字注音是按普通话的近似音，二字以上的要连续读。
2. 汉语拼音中"V"只用来拼写外来语、少数民族语言和方言。
3. 前面没有声母时，韵母 i 写成 y，韵母 u 写成 w。

中国国内标准代号及各国国家标准代号

表 1-1-2

中国国内标准代号	标准名称	中国国内标准代号	标准名称	中国国内标准代号	标准名称	中国国内标准代号	标准名称
GB	强制性国家标准	GD	原一机部锻压、机械标准	JC	建材行业标准	SH	石油化工行业标准
GB/T	推荐性国家标准			JG	建筑工业行业标准	SJ	电子行业标准
GBn	国家内部标准	GZ	原一机部铸造机械标准	JJ	原国家建委、城建部标准	SL	水利行业标准
GBJ	国家工程建设标准					SY	石油天然气行业标准
GB5	国家工程建设标准	HB	航空工业行业标准	JJG	国家计量局标准	TB	铁道行业标准
GJB	国家军用标准	HG	化工行业标准	JT	交通行业标准	WJ	兵工民品行业标准
TJ	国家工程标准	HJ	环境保护行业标准	JY	教育行业标准	WM	对外经济贸易行业标准
ZB	原国家专业标准	HY	海洋行业标准	LY	林业行业标准		
BB	包装行业标准	JB	机械行业标准	MH	民用航空行业标准	XB	稀土行业标准
CB	船舶行业标准	JB/TQ	原机械部石化通用标准	MT	煤炭行业标准	YB	黑色冶金行业标准
CH	测绘行业标准			MZ	民政工业行业标准	YS	有色冶金行业标准
CJ	城市建设行业标准	JB/GQ	原机械部机床工具标准	NJ	原机械部农机行业标准		
DL	电力行业标准						
DZ	地质矿业行业标准	JB/ZQ	原机械部重型矿山标准	NY	农业行业标准		
EJ	核工业行业标准			QB	原轻工行业标准		
FJ	原纺织工业标准	JB/DQ	原机械部电工标准	QC	汽车行业标准		
FZ	纺织行业标准	JB/Z	机械工业指导性技术文件	QJ	航天工业行业标准		
GC	金属切削机床标准			SD	原水利电力标准		
国外标准代号	**标准名称**	**国外标准代号**	**标准名称**	**国外标准代号**	**标准名称**	**国外标准代号**	**标准名称**
ISO[1]	国际标准化组织标准	ASME	美国机械工程师学会标准	JSME	日本机械学会标准	NZS	新西兰标准
				JGMA	日本齿轮工业协会标准	ONORM	奥地利标准
ISA	国际标准化协会标准	ASTM	美国材料试验标准			SABS	南非标准
		ГОСТ	俄罗斯国家标准	DS	丹麦标准	SFS	芬兰标准
IEC	国际电工委员会标准	AFNOR	法国标准协会标准	ELOT	希腊标准	UNE	西班牙标准
		NF	法国国家标准	E. S.	埃及标准		
IDO	联合国工业发展组织标准	BS	英国标准	IS	印度标准		
		DIN	德国工业标准	KS	韩国标准		
ANSI[2]	美国国家标准	VDI	德国工程师协会标准	MSZ	匈牙利标准		
SAE	美国汽车协会标准			NB	巴西标准		
NBS	美国国家标准局标准	CSA	加拿大标准协会标准	NBN	比利时标准		
ASA	美国标准协会标准	UNI	意大利国家标准	NC、UNC	古巴标准		
AISI	美国钢铁学会标准	AS	澳大利亚标准	Nch	智利标准		
AGMA	美国齿轮制造者协会标准	SIS	瑞典国家标准	NEN	荷兰标准		
		JIS	日本工业标准	NS	挪威标准		

① ISO 的前身为 ISA。

② ANSI 的前身为 ASA，USASI。

注：1. 标准代号后加“/T”为推荐性标准；在代号后加“/Z”为指导性技术文件，如“YB/Z”为冶金部指导性技术文件。

2. 中国台湾省标准代号是 CNS。

3. ZB 是原国家专业标准，其后带有 A、B、C、…、Y 等字母，表示不同专业的标准，如 ZBY 为原机械部仪器仪表标准，这类标准有部分已经变更或正在变更为新标准。

机械传动效率

表 1-1-3

类别	传动型式	效率η
圆柱齿轮传动	很好跑合的6级精度和7级精度齿轮传动(稀油润滑)	0.98~0.99
	8级精度的一般齿轮传动(稀油润滑)	0.97
	9级精度的齿轮传动(稀油润滑)	0.96
	加工齿的开式齿轮传动(干油润滑)	0.94~0.96
	铸造齿的开式齿轮传动	0.90~0.93
圆锥齿轮传动	很好跑合的6级和7级精度齿轮传动(稀油润滑)	0.97~0.98
	8级精度的一般齿轮传动(稀油润滑)	0.94~0.97
	加工齿的开式齿轮传动(干油润滑)	0.92~0.95
	铸造齿的开式齿轮传动	0.88~0.92
蜗杆传动	自锁蜗杆	0.4~0.45
	单头蜗杆	0.7~0.75
	双头蜗杆	0.75~0.82
	三头和四头蜗杆	0.8~0.92
	圆弧面蜗杆传动	0.85~0.95
带传动	平带无压紧轮的开式传动	0.98
	平带有压紧轮的开式传动	0.97
	平带交叉传动	0.90
	V带传动	0.96
	同步齿形带传动	0.96~0.98
链传动	焊接链	0.93
	片式关节链	0.95
	滚子链	0.96
	齿形链	0.97
丝杠传动	滑动丝杠	0.3~0.6
	滚动丝杠	0.85~0.95
绞车卷筒		0.94~0.97
滑动轴承	润滑不良	0.94
	润滑正常	0.97
	润滑特好(压力润滑)	0.98
	液体摩擦	0.99
滚动轴承	球轴承(稀油润滑)	0.99
	滚子轴承(稀油润滑)	0.98
摩擦传动	平摩擦传动	0.85~0.92
	槽摩擦传动	0.88~0.90
	卷绳轮	0.95
联轴器	浮动联轴器	0.97~0.99
	齿轮联轴器	0.99
	弹性联轴器	0.99~0.995
	万向联轴器($\alpha \leqslant 3°$)	0.97~0.98
	万向联轴器($\alpha > 3°$)	0.95~0.97
	梅花接轴	0.97~0.98
	液力联轴器(在设计点)	0.95~0.98
复滑轮组	滑动轴承($i=2\sim6$)	0.98~0.90
	滚动轴承($i=2\sim6$)	0.99~0.95
减(变)速器	单级圆柱齿轮减速器	0.97~0.98
	双级圆柱齿轮减速器	0.95~0.96
	单级行星圆柱齿轮减速器	0.95~0.96
	单级行星摆线针轮减速器	0.90~0.97
	单级圆锥齿轮减速器	0.95~0.96
	双级圆锥-圆柱齿轮减速器	0.94~0.95
	无级变速器	0.92~0.95
	轧机人字齿轮座(滑动轴承)	0.93~0.95
	轧机人字齿轮座(滚动轴承)	0.94~0.96
	轧机主减速器(包括主联轴器和电机联轴器)	0.93~0.96

常用材料的密度

表 1-1-4　　t/m³

材料名称	密　度	材料名称	密　度	材料名称	密　度	材料名称	密　度
灰铸铁	7.25	锌铝合金	6.3~6.9	工业用毛毡	0.3	有机玻璃	1.18~1.19
白口铸铁	7.55	铝镍合金	2.7	纤维蛇纹石石棉	2.2~2.4	泡沫塑料	0.2
可锻铸铁	7.3	软木	0.1~0.4	角闪石石棉	3.2~3.3	玻璃钢	1.4~2.1
工业纯铁	7.87	木材(含水15%)	0.4~0.75	工业橡胶	1.3~1.8	尼龙	1.04~1.15
铸钢	7.8	胶合板	0.56	平胶板	1.6~1.8	ABS树脂	1.02~1.08
钢材	7.85	刨花板	0.6	皮革	0.4~1.2	石棉板	1~1.3
高速钢	8.3~8.7	竹材	0.9	软钢纸板	0.9	橡胶石棉板	1.5~2.0
不锈钢、合金钢	7.9	木炭	0.3~0.5	纤维纸板	1.3	石棉线	0.45~0.55
硬质合金	14.8	石墨	2~2.2	酚醛层压板	1.3~1.45	石棉布制动带	2
硅钢片	7.55~7.8	石膏	2.2~2.4	平板玻璃	2.5	橡胶夹布传动带	0.8~1.2
紫铜	8.9	凝固水泥块	3.05~3.15	实验器皿玻璃	2.45	磷酸	1.78
黄铜	8.4~8.85	混凝土	1.8~2.45	耐高温玻璃	2.23	盐酸	1.2
铝	2.7	硅藻土	2.2	石英玻璃	2.2	硫酸(87%)	1.8
锡	7.29	普通黏土砖	1.7	陶瓷	2.3~2.45	硝酸	1.54
钛	4.51	黏土耐火砖	2.1	碳化钙(电石)	2.22	酒精	0.8
金	19.32	石英	2.5	胶木	1.3~1.4	汽油	0.66~0.75
银	10.5	大理石	2.6~2.7	电玉	1.45~1.55	煤油	0.78~0.82
镁	1.74	石灰石	2.6	聚氯乙烯	1.35~1.4	柴油	0.83
锌板	7.3	花岗岩	2.6~3	聚苯乙烯	1.05~1.07	石油(原油)	0.82
铅板	11.37	金刚石	3.5~3.6	聚乙烯	0.92~0.95	各类机油	0.9~0.95
工业镍	8.9	金刚砂	4	聚四氟乙烯	2.1~2.3	变压器油	0.88
镍铜合金	8.8	普通刚玉	3.85~3.9	聚丙烯	0.9~0.91	汞	13.55
锡基轴承合金	7.34~7.75	白刚玉	3.9	聚甲醛	1.41~1.43	水(4℃)	1
无锡青铜	7.5~8.2	碳化硅	3.1	聚苯醚	1.06~1.07	空气(20℃)	0.0012
铅基轴承合金	9.33~10.67	云母	2.7~3.1	聚砜	1.24		
磷青铜	8.8	沥青	0.9~1.5	赛璐珞	1.35~1.4		
镁合金	1.74~1.81	石蜡	0.9				

注：表内数值为 $t=20$℃的数值，部分是近似值。

松散物料的密度和安息角

表 1-1-5

物料名称	密度/t·m⁻³	安息角/(°)		物料名称	密度/t·m⁻³	安息角/(°)	
		运　动	静　止			运　动	静　止
无烟煤(干,小)	0.7~1.0	27~30	27~45	硫铁矿(块)			45
烟煤	0.8~1	30	35~45	锰矿	1.7~1.9		35~45
褐煤	0.6~0.8	35	35~50	镁砂(块)	2.2~2.5		40~42
泥煤	0.29~0.5	40	45	粉状镁砂	2.1~2.2		45~50
泥煤(湿)	0.55~0.65	40	45	铜矿	1.7~2.1		35~45
焦炭	0.36~0.53	35	50	铜精矿	1.3~1.8		40
木炭	0.2~0.4			铅精矿	1.9~2.4		40
无烟煤粉	0.84~0.89		37~45	锌精矿	1.3~1.7		40
烟煤粉	0.4~0.7		37~45	铅锌精矿	1.3~2.4		40
粉状石墨	0.45		40~45	铁烧结块	1.7~2.0		45~50
磁铁矿	2.5~3.5	30~35	40~45	碎烧结块	1.4~1.6	35	
赤铁矿	2.0~2.8	30~35	40~45	铅烧结块	1.8~2.2		
褐铁矿	1.8~2.1	30~35	40~45	铅锌烧结块	1.6~2.0		

续表

物料名称	密度/t·m^{-3}	安息角/(°)		物料名称	密度/t·m^{-3}	安息角/(°)	
		运动	静止			运动	静止
锌烟尘	0.7~1.5			石灰石(大块)	1.6~2.0	30~35	40~45
黄铁矿烧渣	1.7~1.8			石灰石(中块,小块)	1.2~1.5	30~35	40~45
铅锌团矿	1.3~1.8			生石灰(块)	1.1	25	45~50
黄铁矿球团矿	1.2~1.4			生石灰(粉)	1.2		
平炉渣(粗)	1.6~1.85		45~50	碎石	1.32~2.0	35	45
高炉渣	0.6~1.0	35	50	白云石(块)	1.2~2.0	35	
铅锌水碎渣(湿)	1.5~1.6		42	碎白云石	1.8~1.9	35	
干煤灰	0.64~0.72		35~45	砾石	1.5~1.9	30	30~45
煤灰	0.70		15~20	黏土(小块)	0.7~1.5	40	50
粗砂(干)	1.4~1.9			黏土(湿)	1.7		27~45
细砂(干)	1.4~1.65	30	30~35	水泥	0.9~1.7	35	40~45
细砂(湿)	1.8~2.1		32	熟石灰(粉)	0.5		
造型砂	0.8~1.3	30	45				

材料弹性模量及泊松比[5,6]

表 1-1-6

名称	弹性模量 E /GPa	切变模量 G /GPa	泊松比 μ	名称	弹性模量 E /GPa	切变模量 G /GPa	泊松比 μ
镍铬钢、合金钢	206	79.38	0.3	横纹木材	0.5~0.98	0.44~0.64	
碳钢	196~206	79	0.3	橡胶	0.00784		0.47
铸钢	172~202		0.3	电木	1.96~2.94	0.69~2.06	0.35~0.38
				赛璐珞	1.71~1.89	0.69~0.98	0.4
球墨铸铁	140~154	73~76	0.3	可锻铸铁	152		
灰铸铁、白口铸铁	113~157	44	0.23~0.27	拔制铝线	69		
冷拔纯铜	127	48		大理石	55		
轧制磷青铜	113	41	0.32~0.35	花岗石	48		
轧制纯铜	108	39	0.31~0.34	石灰石	41		
轧制锰青铜	108	39	0.35	尼龙 1010	1.07		
铸铝青铜	103	41	0.3	夹布酚醛塑料	4~8.8		
冷拔黄铜	89~97	34~36	0.32~0.42	石棉酚醛塑料	1.3		
轧制锌	82	31	0.27	高压聚乙烯	0.15~0.25		
硬铝合金	70	26	0.3	低压聚乙烯	0.49~0.78		
轧制铝	68	25~26	0.32~0.36	聚丙烯	1.32~1.42		
铅	17	7	0.42	硬聚氯乙烯	3.14~3.92		0.34~0.35
玻璃	55	22	0.25				
混凝土	14~39	4.9~15.7	0.1~0.18	聚四氟乙烯	1.14~1.42		
纵纹木材	9.8~12	0.5					

表 1-1-7　　基本与常用物理常数

名　称	符号	数　值	单　位
真空中的光速	c_0	2.99792458×10^{8}	m/s
电磁波在真空中的速度	c_0	2.99792458×10^{8}	m/s
电子电荷	e	1.6021892×10^{-19}	C
电子静止质量	m_e	9.109534×10^{-31}	kg
质子静止质量	m_p	1.6726485×10^{-27}	kg
中子静止质量	m_n	1.6749543×10^{-27}	kg
电子荷质比	e/m_e	1.7588047×10^{11}	C/kg
质子荷质比	e/m_p	9.57929×10^{7}	C/kg
电子静止能量	$(W_e)_0$	0.5110034	MeV
质子静止能量	$(W_p)_0$	983.5731	MeV
真空介电常数	ε_0	$8.854187818\times10^{-12}$	F/m
真空磁导率	μ_0	$4\pi\times10^{-7}$	H/m
玻尔半径	a_0	5.2917706×10^{-11}	m
普朗克(Planck)常数	h	6.626176×10^{-34}	J/Hz
阿伏加德罗(Avogadro)常数	N_A	6.022045×10^{23}	l/mol
约瑟夫逊(Josephson)频率电压比	$2e/h$	4.835939×10^{14}	Hz/V
法拉第(Faraday)常数	F	9.648456×10^{4}	C/mol
里德伯(Rydberg)常数	R_∞	1.097373177×10^{7}	l/m
质子回旋磁比	r_p	2.6751987×10^{8}	Hz/T
玻尔兹曼(Bollzman)常数	k	1.380662×10^{-23}	J/K
斯蒂芬-玻尔磁曼常数	σ	5.67032×10^{-8}	$W/(m^2\cdot K^4)$
万有引力常数	G	6.6720×10^{-11}	$m^3/(s^2\cdot kg)$
标准重力加速度	g	9.80665	m/s^2
摩尔气体常数	R	8.31441	J/(mol·K)
标准状态下理想气体的摩尔体积	V_m	22.41383×10^{-3}	m^3/mol
第二辐射常数	c_2	1.438786×10^{-2}	m·K
绝对零度	T_0	−273.15	C
标准大气压	atm	101325	Pa
标准条件下空气中的声速	c	331.4	m/s
纯水三相点的绝对温度	T	273.16	K
4℃时水的密度		0.999973	g/cm^3
0℃时汞的密度		13.5951	g/cm^3
在标准条件下干燥空气的密度		0.001293	g/cm^3
标准条件下空气中的声速		331.4	m/s

摩 擦 因 数

表 1-1-8　　常用材料的摩擦因数

摩擦副材料	摩擦因数 μ	
	无润滑	有润滑
钢-钢	0.15①	0.1~0.12①
	0.1②	0.05~0.1②
钢-软钢	0.2	0.1~0.2
钢-不淬火的T8钢	0.15	0.03
钢-铸铁	0.2~0.3①	0.05~0.15
	0.16~0.18②	
钢-黄铜	0.19	0.03
钢-青铜	0.15~0.18	0.1~0.15①
		0.07②
钢-铝	0.17	0.02
钢-轴承合金	0.2	0.04
钢-夹布胶木	0.22	—
钢-粉末冶金材料	0.35~0.55①	—
钢-冰	0.027①	—
	0.014②	—
石棉基材料-铸铁或钢	0.25~0.40	0.08~0.12
皮革-铸铁或钢	0.30~0.50	0.12~0.15
木材(硬木)-铸铁或钢	0.20~0.35	0.12~0.16
软木-铸铁或钢	0.30~0.50	0.15~0.25
钢纸-铸铁或钢	0.30~0.50	0.12~0.17
毛毡-铸铁或钢	0.22	0.18
软钢-铸铁	0.2①,0.18②	0.05~0.15
软钢-青铜	0.2①,0.18②	0.07~0.15
铸铁-铸铁	0.15	0.15~0.16①
		0.07~0.12②
铸铁-青铜	0.28①	0.16①
	0.15~0.21②	0.07~0.15②
铸铁-皮革	0.55①,0.28②	0.15①,0.12②
铸铁-橡胶	0.8	0.5
橡胶-橡胶	0.5	—
皮革-木料	0.4~0.5①	—
	0.03~0.05②	—
铜-T8钢	0.15	0.03
铜-铜	0.20	—
黄铜-不淬火的T8钢	0.19	0.03
黄铜-淬火的T8钢	0.14	0.02
黄铜-黄铜	0.17	0.02
黄铜-钢	0.30	0.02
黄铜-硬橡胶	0.25	—
黄铜-石板	0.25	—
黄铜-绝缘物	0.27	—

摩擦副材料	摩擦因数 μ	
	无润滑	有润滑
青铜-不淬火的T8钢	0.16	—
青铜-黄铜	0.16	—
青铜-青铜	0.15~0.20	0.04~0.10
青铜-钢	0.16	—
青铜-酚醛树脂层压材	0.23	—
青铜-钢纸	0.24	—
青铜-塑料	0.21	—
青铜-硬橡胶	0.36	—
青铜-石板	0.33	—
青铜-绝缘物	0.26	—
铝-不淬火的T8钢	0.18	0.03
铝-淬火的T8钢	0.17	0.02
铝-黄铜	0.27	0.02
铝-青铜	0.22	—
铝-钢	0.30	0.02
铝-酚醛树脂层压材	0.26	—
硅铝合金-酚醛树脂层压材	0.34	—
硅铝合金-钢纸	0.32	—
硅铝合金-树脂	0.28	—
硅铝合金-硬橡胶	0.25	—
硅铝合金-石板	0.26	—
硅铝合金-绝缘物	0.26	—
木材-木材	0.4~0.6①	0.1①
	0.2~0.5②	0.07~0.10②
麻绳-木材	0.5~0.8①	—
	0.5②	—
45号淬火钢-聚甲醛	0.46	0.016
45号淬火钢-聚碳酸酯	0.30	0.03
45号淬火钢-尼龙9(加3% MoS_2 填充料)	0.57	0.02
45号淬火钢-尼龙9(加30%玻璃纤维填充物)	0.48	0.023
45号淬火钢-尼龙1010(加30%玻璃纤维填充物)	0.039	—
45号淬火钢-尼龙1010(加40%玻璃纤维填充物)	0.07	—
45号淬火钢-氯化聚醚	0.35	0.034
45号淬火钢-苯乙烯-丁二烯-丙烯腈共聚体(ABS)	0.35~0.46	0.018
普通钢板(*Ra*6.3~12.5)与混凝土	0.45~0.6	

① 静摩擦因数。② 动摩擦因数。

注：1. 表中滑动摩擦因数是摩擦表面为一般情况时的试验数值，由于实际工作条件和试验条件不同，表中的数据只能作近似计算参考。

2. 除①、②标注外，其余材料动、静摩擦因数二者兼之。

表 1-1-9　　各种工程用塑料的摩擦因数

下试样(塑料)	上试样(钢)		上试样(塑料)	
	静摩擦因数 μ_s	动摩擦因数 μ_k	静摩擦因数 μ_s	动摩擦因数 μ_k
聚四氟乙烯	0.10	0.05	0.04	0.04
聚全氟乙丙烯	0.25	0.18	—	—
聚乙烯 低密度	0.27	0.26	0.33	0.33
聚乙烯 高密度	0.18	0.08~0.12	0.12	0.11
聚甲醛	0.14	0.13	—	—
聚偏二氟乙烯	0.33	0.25	—	—
聚碳酸酯	0.60	0.53	—	—
聚苯二甲酸乙二醇酯	0.29	0.28	0.27①	0.20①
聚酰胺(尼龙 66)	0.37	0.34	0.42①	0.35①
聚三氟氯乙烯	0.45①	0.33①	0.43①	0.32①
聚氯乙烯	0.45①	0.40①	0.50①	0.40①
聚偏二氯乙烯	0.68①	0.45①	0.90①	0.52①

① 表示黏滑运动。

表 1-1-10　　物体的摩擦因数

名称			摩擦因数 μ
滚动轴承	深沟球轴承	径向载荷	0.002
滚动轴承	深沟球轴承	轴向载荷	0.004
滚动轴承	角接触球轴承	径向载荷	0.003
滚动轴承	角接触球轴承	轴向载荷	0.005
滚动轴承	圆锥滚子轴承	径向载荷	0.008
滚动轴承	圆锥滚子轴承	轴向载荷	0.02
滚动轴承	调心球轴承		0.0015
滚动轴承	圆柱滚子轴承		0.002
滚动轴承	长圆柱或螺旋滚子轴承		0.006
滚动轴承	滚针轴承		0.003
滚动轴承	推力球轴承		0.003
滚动轴承	调心滚子轴承		0.004
加热炉内	金属在管子或金属条上		0.4~0.6
加热炉内	金属在炉底砖上		0.6~1

名称		摩擦因数 μ
滑动轴承	液体摩擦	0.001~0.008
滑动轴承	半液体摩擦	0.008~0.08
滑动轴承	半干摩擦	0.1~0.5
滑动轴承	液体静压轴承	$(0.75\sim4)\times10^{-6}$
轧辊轴承	滚动轴承	0.002~0.005
轧辊轴承	层压胶木轴瓦	0.004~0.006
轧辊轴承	青铜轴瓦(用于热轧辊)	0.07~0.1
轧辊轴承	青铜轴瓦(用于冷轧辊)	0.04~0.08
轧辊轴承	特殊密封全液体摩擦轴承	0.003~0.005
轧辊轴承	特殊密封半液体摩擦轴承	0.005~0.01
密封软填料盒中填料与轴的摩擦		0.2
热钢在辊道上摩擦		0.3
冷钢在辊道上摩擦		0.15~0.18
制动器普通石棉制动带(无润滑) $p=0.2\sim0.6$MPa		0.35~0.48
离合器装有黄铜丝的压制石棉带 $p=0.2\sim1.2$MPa		0.4~0.43

注：表中滚动轴承和轧辊轴承的摩擦因数为有润滑情况下的无量纲摩擦因数。

表 1-1-11　　**有量纲的滚动摩擦因数 μ_k**（大约值）

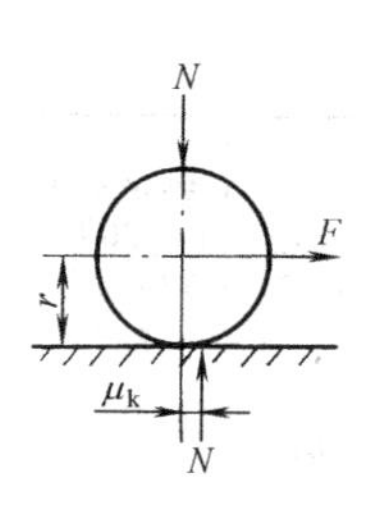

圆柱沿平面滚动。滚动阻力矩为：

$$M=N\mu_k=Fr$$

μ_k 为滚动摩擦因数

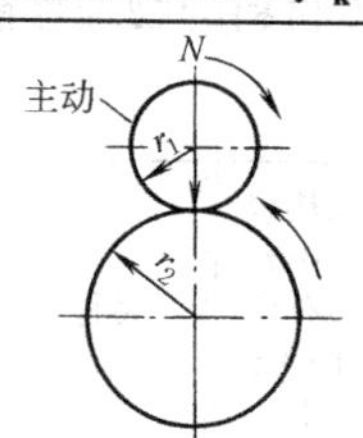

两个具有固定轴线的圆柱，其中主动圆柱以 N 力压另一圆柱，两个圆柱相对滚动。主圆柱上遇到的滚动阻力矩为：

$$M=N\mu_k\left(1+\frac{r_1}{r_2}\right)$$

μ_k 为滚动摩擦因数

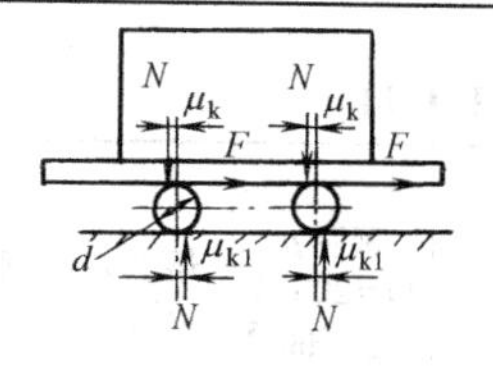

重物压在圆辊支承的平台上移动，每个圆辊承受的载重为 N。克服一个辊子上摩擦阻力所需的牵引力 F

$$F=\frac{N}{d}(\mu_k+\mu_{k1})$$

式中　μ_k 和 μ_{k1} 依次是平台与圆辊之间和圆辊与固定支持物之间的滚动摩擦因数

摩擦副材料	μ_k/cm	摩擦副材料	μ_k/cm
软钢与软钢	约 0.05	表面淬火车轮与钢轨 圆锥形车轮 圆柱形车轮	 0.08~0.1 0.05~0.070
铸铁与铸铁	约 0.05		
木材与钢	0.03~0.04	钢轮与木面	0.15~0.25
木材与木材	0.05~0.08	橡胶轮胎与沥青路面	约 0.25
钢板间的滚子(梁的活动支座)	0.02~0.07	橡胶轮胎与混凝土路面	约 0.15
铸铁轮或钢轮与钢轨	约 0.05	橡胶轮胎与土路面	1~1.5

注：表中数据只作近似计算参考。

金属材料熔点、热导率及比热容

表 1-1-12

名称	熔点/℃	热导率/$W\cdot m^{-1}\cdot K^{-1}$	比热容/$J\cdot kg^{-1}\cdot K^{-1}$	名称	熔点/℃	热导率/$W\cdot m^{-1}\cdot K^{-1}$	比热容/$J\cdot kg^{-1}\cdot K^{-1}$	名称	熔点/℃	热导率/$W\cdot m^{-1}\cdot K^{-1}$	比热容/$J\cdot kg^{-1}\cdot K^{-1}$
灰口铁	1200	39.2	480	青铜	995	64	343	锡	232	67	228
碳素钢	1400~1500	48	480	紫铜	1083	407	418	锌	419	121	388
不锈钢	1450	15.2	460	铝	658	238	902	镍	1452	91.4	444
黄　铜	1083	109	377	铅	327	35	128	钛	1668	22.4	520

注：表中热导率和比热容为20℃时的数据。

材料线胀系数 α_l

表 1-1-13　　10^{-6}℃$^{-1}$

材　料	温度范围/℃								
	20	20~100	20~200	20~300	20~400	20~600	20~700	20~900	70~1000
工程用铜		16.6~17.1	17.1~17.2	17.6	18~18.1	18.6			
紫　铜		17.2	17.5	17.9					
黄　铜		17.8	16.8	20.9					
锡青铜		17.6	17.9	18.2					
铝青铜		17.6	17.9	19.2					
铝合金		22.0~24.0	23.4~24.8	24.0~25.9					
碳　钢		10.6~12.2	11.3~13	12.1~13.5	12.9~13.9	13.5~14.3	14.7~15		
铬　钢		11.2	11.8	12.4	13	13.6			
40CrSi		11.7							
30CrMnSiA		11							
3Cr13		10.2	11.1	11.6	11.9	12.3	12.8		
1Cr18Ni9Ti		16.6	17.0	17.2	17.5	17.9	18.6	19.3	
铸铁		8.7~11.1	8.5~11.6	10.1~12.2	11.5~12.7	12.9~13.2			
镍铬合金		14.5							17.6
砖	9.5								
水泥、混凝土	10~14								
胶木、硬橡胶	64~77								
玻　璃		4~11.5							
赛璐珞		100							
有机玻璃		130							

液体材料的物理性能

表 1-1-14

名称	密度 ρ ($t=20℃$) /kg · dm^{-3}	熔点 t /℃	沸点 t/℃	热导率 λ ($t=20℃$) /W · m^{-1} · K^{-1}	比热容 ($0<t<100℃$) /kJ · kg^{-1} · K^{-1}	名称	密度 ρ ($t=20℃$) /kg · dm^{-3}	熔点 t /℃	沸点 t/℃	热导率 λ ($t=20℃$) /W · m^{-1} · K^{-1}	比热容 ($0<t<100℃$) /kJ · kg^{-1} · K^{-1}
水	0.998	0	100	0.60	4.187	氯仿	1.49	-70	61		
汞	13.55	-38.9	357	10	0.138	盐酸(400g/L)	1.20				
苯	0.879	5.5	80	0.15	1.70	硫酸(500g/L)	1.40				
甲苯	0.867	-95	110	0.14	1.67	浓硫酸	1.83	约 10	338	0.47	1.42
甲醇	0.8	-98	66		2.51	浓硝酸	1.51	-41	84	0.26	1.72
乙醚	0.713	-116	35	0.13	2.28	醋酸	1.04	16.8	118		
乙醇	0.79	-110	78.4		2.38	氢氟酸	0.987	-92.5	19.5		
丙酮	0.791	-95	56	0.16	2.22	石油醚	0.66	-160	>40	0.14	1.76
甘油	1.26	19	290	0.29	2.37	三氯乙烯	1.463	-86	87	0.12	0.93
重油(轻级)	约 0.83	-10	>175	0.14	2.07	四氯代乙烯	1.62	-20	119		0.904
汽油	约 0.73	-(30~50)	25~210	0.13	2.02	亚麻油	0.93	-15	316	0.17	1.88
煤油	0.81	-70	>150	0.13	2.16	润滑油	0.91	-20	>360	0.13	2.09
柴油	约 0.83	-30	150~300	0.15	2.05	变压器油	0.88	-30	170	0.13	1.88

气体材料的物理性能

表 1-1-15

名称	密度 ρ ($t=20℃$) /kg · m^{-3}	熔点 t /℃	沸点 t/℃	热导率 λ ($t=0℃$) /W · m^{-1} · K^{-1}	比热容 ($t=0℃$) /kJ · kg^{-1} · K^{-1}		名称	密度 ρ ($t=20℃$) /kg · m^{-3}	熔点 t /℃	沸点 t/℃	热导率 λ ($t=0℃$) /W · m^{-1} · K^{-1}	比热容 ($t=0℃$) /kJ · kg^{-1} · K^{-1}	
					c_p	c_V						c_p	c_V
氢	0.09	-259.2	-252.8	0.171	14.05	9.934	二氧化碳	1.97	-78.2	-56.6	0.015	0.816	0.627
氧	1.43	-218.8	-182.9	0.024	0.909	0.649	二氧化硫	2.92	-75.5	-10.0	0.0086	0.586	0.456
氮	1.25	-210.5	-195.7	0.024	1.038	0.741	氯化氢	1.63	-111.2	-84.8	0.013	0.795	0.567
氯	3.17	-100.5	-34.0	0.0081	0.473	0.36	臭氧	2.14	-251	-112			
氩	1.78	-189.3	-185.9	0.016	0.52	0.312	硫化碳	3.40	-111.5	46.3	0.0069	0.582	0.473
氖	0.90	-248.6	-246.1	0.046	1.03	0.618	硫化氢	1.54	-85.6	-60.4	0.013	0.992	0.748
氪	3.74	-157.2	-153.2	0.0088	0.25	0.151	甲烷	0.72	-182.5	-161.5	0.030	2.19	1.672
氙	5.86	-111.9	-108.0	0.0051	0.16	0.097	乙炔	1.17	-83	-81	0.018	1.616	1.300
氦	0.18	-270.7	-268.9	0.143	5.20	3.121	乙烯	1.26	-169.5	-103.7	0.017	1.47	1.173
氨	0.77	-77.9	-33.4	0.022	2.056	1.568	丙烷	2.01	-187.7	-42.1	0.015	1.549	1.360
干燥空气	1.293	-213	-192.3	0.02454	1.005	0.718	正丁烷	2.70	-135	1			
煤气	约 0.58	-230	-210		2.14	1.59	异丁烷	2.67	-145	-10			
高炉煤气	1.28	-210	-170	0.02	1.05	0.75	水蒸气①	0.77	0.00	100.00	0.016	1.842	1.381
一氧化碳	1.25	-205	-191.6	0.023	1.038	0.741							

① 表示该项是在 $t=100℃$ 时测出的。

注：1. 表中性能数据在 101.325kPa 压力时测出。

2. 表中 c_p 表示比定压热容，c_V 表示比定容热容。

2 法定计量单位和常用单位换算

2.1 法定计量单位

用于构成十进倍数单位和分数单位的 SI 词头（摘自 GB 3100—1993）

表 1-1-16

因数	词头名称		符号	因数	词头名称		符号	因数	词头名称		符号
	英文	中文			英文	中文			英文	中文	
10^{24}	yotta	尧[它]	Y	10^{3}	kilo	千	k	10^{-9}	nano	纳[诺]	n
10^{21}	zetta	泽[它]	Z	10^{2}	hecto	百	h	10^{-12}	pico	皮[可]	p
10^{18}	exa	艾[可萨]	E	10^{1}	deca	十	da	10^{-15}	femto	飞[母托]	f
10^{15}	peta	拍[它]	P	10^{-1}	deci	分	d	10^{-18}	atto	阿[托]	a
10^{12}	tera	太[拉]	T	10^{-2}	centi	厘	c	10^{-21}	zepto	仄[普托]	z
10^{9}	giga	吉[咖]	G	10^{-3}	milli	毫	m	10^{-24}	yocto	幺[科托]	y
10^{6}	mega	兆	M	10^{-6}	micro	微	μ				

注：1. 10^4 称为万，10^8 称为亿，10^{12}称为万亿，这类数词的使用不受词头名称的影响，但不应与词头混淆。
2. [ ] 内的字，是在不致混淆的情况下，可以省略的字。

常用物理量的法定计量单位（摘自 GB 3102.1～3102.7—1993）

表 1-1-17

量的名称	量的符号、定义	单位名称	单位符号、定义	换算系数	备注
空间和时间（GB 3102.1—1993）					
[平面]角（无量纲量）	$\alpha,\beta,\gamma,\theta,\varphi$ 平面角是以两射线交点为圆心的圆被射线所截的弧长与半径之比	弧度	rad 弧度是一圆内两条半径之间的平面角，这两条半径在圆周上所截取的弧长与半径相等		
		度 [角]分 [角]秒	(°) $1°=\frac{\pi}{180}$rad (′) 1′=(1/60)° (″) 1″=(1/60)′	1°=0.0174533rad 1′=2.90888×10^{-4}rad 1″=4.84814×10^{-6}rad	“度”最好按十进制细分，其符号置于数字之后，例如：17° 15′最好写成 17.25°
立体角（无量纲量）	Ω 锥体的立体角是以锥体的顶点为球心作球面，该锥体在球表面截取的面积与球半径平方之比	球面度	sr 球面度是一立体角，其顶点位于球心，而它在球面上所截取的面积等于以球半径为边长的正方形面积		

续表

量的名称	量的符号、定义	单位名称	单位符号、定义	换算系数	备注
空间和时间（GB 3102.1—1993）					
长度 宽度 高度 厚度 半径 直径 程长 距离 笛卡儿坐标 曲率半径	l,L b h δ,d r,R d,D s d,r x,y,z ρ	米 毫米 微米	m mm μm 米是光在真空中（1/299792458）s时间间隔里所经路程的长度		长度是基本量之一 千米俗称公里，米不得称为公尺
		海里	n mile	1n mile = 1852m（准确值）（只用于航程）	
曲率	$\kappa,\kappa=1/\rho$	每米	m^{-1}		
面积	$A,(s)$ $A=\iint dxdy$ x,y是笛卡儿坐标	平方米	m^2		
		公顷	hm^2　$1hm^2$是以100米为边长的正方形面积	$1hm^2=10^4m^2$（准确值）	公顷的国际通用符号为ha
体积，容积	V $V=\iiint dxdydz$ x,y,z是笛卡儿坐标	立方米	m^3		立方厘米的符号用cm^3，而不用cc
		升	L，(l) $1L=1dm^3$	$1L=10^{-3}m^3$（准确值）	1964年国际计量大会重新定义升为$1L=1dm^3$。根据旧定义，升等于$1.000028dm^3$
时间，时间间隔，持续时间	t	秒	s　秒是铯-133原子基态的两个超精细能级之间跃迁所对应的辐射的9192631770个周期的持续时间		时间是基本量之一
		分 ［小］时 日（天）	min，1min = 60s h，1h = 60min d，1d = 24h	1h = 3600s 1d = 86400s	其他单位如年、月、星期是通常使用单位。年的符号为a
角速度	ω　$\omega=\frac{d\varphi}{dt}$	弧度每秒	rad/s	$1(°)/s=0.0174533rad/s$ $1(°)/min=2.90888\times10^{-4}rad/s$ $1rad/min=0.0166667rad/s$	
角加速度	α　$\alpha=\frac{d\omega}{dt}$ 此式适用于绕固定轴的旋转，如果ω与α均被看作是矢量，它们也可以普遍使用	弧度每二次方秒	rad/s^2		

续表

量的名称	量的符号、定义	单位名称	单位符号、定义	换算系数	备注
空间和时间（GB 3102.1—1993）					
速度	v c u,v,w $v=\frac{ds}{dt}$	米每秒	m/s, $m\cdot s^{-1}$		v 是广义的标志。c 用作波的传播速度。当不用矢量标志时，建议用 u,v,w 作速度 c 的分量
		千米每小时 节	km/h kn	$1km/h=\frac{1}{3.6}m/s$ $=0.277778m/s$ 1kn = 1n mile/h $=0.514444m/s$	节只用于航行
加速度 自由落体加速度，重力加速度	a $a=\frac{dv}{dt}$ g 本方程用于直线运动。如果 a，v 是矢量，它也普遍适用	米每二次方秒	m/s^2		标准自由落体加速度：$g_n=9.80665m/s^2$（国际计量大会，1901年）
周期及有关现象（GB 3102.2—1993）					
周期	T 一个循环的时间	秒	s		
时间常数	τ 量保持其初始变化率时达到极限值的时间	秒	s		若一个量 $F(t)$ 是时间 t 的函数： $F(t)=A+Be-t/\tau$ 则 τ 是时间常数
频率 旋转频率，旋转速度（转速）	f,ν $f=\frac{1}{T}$ n 转数除以时间	赫[兹] 每秒 转每分	Hz $1Hz=1s^{-1}$ s^{-1} r/min	$1r/min=\frac{\pi}{30}rad/s$ $1r/s=2\pi rad/s$	1Hz 是周期为 1s 的周期现象的频率 “转每分”（r/min）通常用作旋转机械转速的单位
角频率，圆频率	ω $\omega=2\pi f$	弧度每秒 每秒	rad/s s^{-1}		
波长	λ 在周期波传播方向上，同一时刻两相邻同相位点间的距离	米	m		
					埃（Å）， $1Å=10^{-10}$ m（准确值）
波数	σ $\sigma=\frac{1}{\lambda}$ 与波数对应的矢量 σ 称为波矢量	每米	m^{-1}		
角波数	κ $\kappa=2\pi\sigma$ 与角波数对应的矢量 κ 称为传播矢量	弧度每米 每米	rad/m m^{-1}		
相速度 群速度	c,v $c=\frac{\omega}{k}=\lambda f$ c_φ,U_φ c_g,U_g $c_g=\frac{d\omega}{dk}$	米每秒	m/s		如果涉及电磁波速度和其他速度，则用 c 表示电磁波速度，用 v 表示其他速度

续表

量的名称	量的符号、定义	单位名称	单位符号、定义	换算系数	备注
周期及有关现象（GB 3102.2—1993）					
场[量]级	L_F　$L_F=\ln(F/F_0)$ 其中F和F_0代表两个同类量的振幅，F_0是基准振幅	奈培 分贝	$\mathrm{N_P}$　$1\mathrm{N_P}$是当$\ln(F/F_0)=1$时的场量级 dB　1dB是当$20\lg(F/F_0)=1$时的场量级	$1\mathrm{dB}=\frac{\ln 10}{20}\mathrm{N_P}$ $=0.1151293\mathrm{N_P}$	
功率[量]级	L_P　$L_P=\frac{1}{2}\ln(P/P_0)$ 其中P和P_0代表两个功率，P_0是基准功率	奈培 分贝	$\mathrm{N_P}$　$1\mathrm{N_P}$是当$\frac{1}{2}\ln(P/P_0)=1$时的功率量级 dB　1dB是当$10\lg(P/P_0)=1$时的功率量级		
阻尼系数	δ　若一个量$F(t)$与时间t的函数为： $F(t)=A\mathrm{e}^{-\delta t}\cos[\omega(t-t_0)]$ 则δ为阻尼系数	每秒 奈培每秒 分贝每秒	$\mathrm{s^{-1}}$ $\mathrm{N_P/s}$ dB/s		量$\tau=1/\delta$为振幅的时间常数（弛豫时间）。量$\omega(t-t_0)$称为相位
对数减缩	Λ　$\Lambda=T\delta$，阻尼系数与周期的乘积	分贝	dB		无量纲量
衰减系数 相位系数 传播系数	α　若一个量$F(x)$与距离x的函数为： $F(x)=A\mathrm{e}^{-\alpha x}\cos[\beta(x-x_0)]$ 则α为衰减系数 β　β为相位系数 γ　$\gamma=\alpha+\mathrm{j}\beta$	每米	$\mathrm{m^{-1}}$	α和β的单位，常分别用“奈培每米”（$\mathrm{N_P/m}$）和“弧度每米”（rad/m）	量$l=1/\alpha$被称为衰减长度 量$\beta(x-x_0)$称为相位 $k'=-\mathrm{j}\gamma$为复角波数
力学（GB 3102.3—1993）					
质量	m　质量是基本量之一	千克（公斤） 吨	kg　千克为质量单位；它等于国际千克原器的质量 t　1t=1000kg	$1\mathrm{g}=10^{-3}\mathrm{kg}$	人民生活和贸易中，习惯把质量称为重量，但单位应为质量单位 英语中也称为米制吨
体积质量 [质量]密度	ρ　$\rho=\frac{m}{V}$ 质量除以体积	千克每立方米 吨每立方米 千克每升	$\mathrm{kg/m^3}$ $\mathrm{t/m^3}$ kg/L	$1\mathrm{t/m^3}=10^3\mathrm{kg/m^3}=1\mathrm{g/cm^3}$ $1\mathrm{kg/L}=10^3\mathrm{kg/m^3}=1\mathrm{g/cm^3}$	
相对体积质量 相对[质量]密度	d　物质的密度与参考物质的密度在对两种物质所规定的条件下的比				无量纲量，量的名称不应称为比重

续表

量的名称	量的符号、定义	单位名称	单位符号、定义	换算系数	备注
		力学（GB 3102.3—1993）			
质量体积，比体积	v　$v=\frac{V}{m}$，体积除以质量	立方米每千克	m^3/kg		
线质量 线密度	ρ_l　$\rho_l=\frac{m}{l}$，质量除以长度	千克每米	kg/m		
		特[克斯]	tex（用于纤维纺织业）	$1tex=10^{-6}kg/m$ $=1g/km$	
面质量 面密度	ρ_A，(ρ_S)　$\rho_A=m/A$，质量除以面积	千克每平方米	kg/m^2		
转动惯量（惯性矩）	J，(I)　$J=\int r^2 dm$，物体对于一个轴的转动惯量，是它的各质量元与它们到该轴的距离的二次方之积的总和（积分）	千克二次方米	$kg\cdot m^2$	$1kg\cdot m^2=1N\cdot s^2\cdot m$ $=1J\cdot s^2$ $=1W\cdot s^3$	r 为质量元到该轴的距离
动量	p　$p=mv$ 质量与速度之积	千克米每秒	$kg\cdot m/s$	$1kg\cdot m/s=1N\cdot s$ $=1Pa\cdot m^2\cdot s$ $=1J\cdot s/m$	
力 重量	F　$F=\frac{d(mv)}{dt}$作用于物体上的合力等于物体动量的变化率 W(P,G)　$W=mg$	牛[顿]	N	$1N=1kg\cdot m/s^2$ $=1Pa\cdot m^2=1J/m$ $=1W\cdot s/m$ $=1C\cdot V/m$ $=1A\cdot T\cdot m$ $=1A\cdot Wb/m$ $=1C^2/(F\cdot m)$	加在质量为 1kg 的物体上使之产生 $1m/s^2$ 加速度的力为 1N 物体在特定参考系中的重量为使该物体在此参考系中获得其加速度等于当地自由落体加速度时的力。当此参考系为地球时，此量常称为物体所在地的重力。“重量”一词按习惯仍可用于表示质量，但不赞成这种习惯，用重量表示质量时其单位为 kg
冲量	I　$I=\int F dt$ 在$[t_1,t_2]$时间内，$I=p(t_2)-p(t_1)$，式中 p 为动量	牛[顿]秒	$N\cdot s$		
动量矩，角动量	L　$L=r\times p$ 质点对一点的动量矩等于从该点到质点的矢径与质点的动量的矢量积	千克二次方米每秒	$kg\cdot m^2/s$		
引力常数	G，(f)　两个质点之间的引力是， $F=G\frac{m_1 m_2}{r^2}$ 式中，r 为两质点间的距离，m_1、m_2 为两质点的质量	牛[顿]二次方米每二次方千克	$N\cdot m^2/kg^2$		$G=(6.67259\pm0.00085)\times 10^{-11}N\cdot m^2/kg^2$

续表

量的名称	量的符号、定义	单位名称	单位符号、定义	换算系数	备注
		力学（GB 3102.3—1993）			
力矩	M	牛[顿]米	$N\cdot m$	定义：力对一点的力矩，等于从这一点到力的作用线上任一点的矢径与该力的矢量积 $M=r\times F$ 在弹性力学中，M用于表示弯矩，T用于表示扭矩或转矩	
力偶矩	M			两个大小相等，方向相反，且不在同一直线上的力，其力矩之和	
转矩	M,T			力偶矩的推广	
角冲量	H　$H=\int M\mathrm{d}t$	牛[顿]米秒	$N\cdot m\cdot s$	在$[t_1,t_2]$时间内，$H=L(t_2)-L(t_1)$，式中L为角动量	
压力，压强 正应力 切应力，（剪应力）	p　$p=F/A$，力除以面积 σ τ	帕[斯卡]	Pa $1Pa=1N/m^2$	$1Pa=1N/m^2=1J/m^3$ $=1kg/(s^2\cdot m)$ 符号p_e用于表压，其定义为$p-p_{amb}$，表压的正或负取决于p大于或小于环境压力p_{amb}	$1MPa=1N/mm^2$
线应变，（相对变形） 切应变，（剪应变） 体应变	ε,e　$\varepsilon=\dfrac{\Delta l}{l_0}$ γ　$\gamma=\dfrac{\Delta x}{d}$ θ　$\theta=\dfrac{\Delta V}{V_0}$			l_0是指定参考状态下的长度，Δl是长度增量 Δx是厚度为d的薄层的上表面对下表面的平行位移 V_0是指定参考状态下的体积，ΔV是体积增量	
泊松比	μ,ν　横向收缩量除以延伸量				无量纲量
弹性模量 切变模量，（刚量模量） 体积模量，（压缩模量）	E　$E=\dfrac{\sigma}{\varepsilon}$ G　$G=\dfrac{\tau}{\gamma}$ K　$K=\dfrac{-p}{\theta}$	帕[斯卡]	Pa $1Pa=1N/m^2$		E也称为杨氏模量，G也称为库仑模量，定义中的ε、γ和θ是和σ、τ和p相对应的
[体积]压缩率	κ　$\kappa=\dfrac{1}{V}\times\dfrac{\mathrm{d}V}{\mathrm{d}p}$	每帕[斯卡]	Pa^{-1} $1Pa^{-1}=1m^2/N$		
截面二次矩（惯性矩） 截面二次极矩（极惯性矩）	$I_a,(I)$　$I_a=\int r_a^2\mathrm{d}A$ I_p　$I_p=\int r_p^2\mathrm{d}A$	四次方米	m^4	一截面对在该平面内一轴的二次矩是其面积元与它们到该轴距离的二次方之积的总和（积分） r_a：面积元到轴的距离 一截面对在该平面内一点的二次极矩是其面积元与它们到该点距离的二次方之积的总和（积分） r_p：面积元到一点的距离	

续表

量的名称	量的符号、定义	单位名称	单位符号、定义	换算系数	备注
力学（GB 3102.3—1993）					
截面系数	W,Z　$W=\dfrac{I_a}{r_{max}}$	三次方米	m^3		一截面对在该平面内一轴的截面系数是其截面的二次矩除以该截面距轴最远点的距离
动摩擦因数 静摩擦因数	$\mu,(f)$　滑动物体的摩擦力与法向力之比 $\mu_s,(f_s)$　静止物体的摩擦力与法向力的最大比值				无量纲量 也称摩擦系数
[动力]黏度	$\eta,(\mu)$　$\tau_{xz}=\eta\dfrac{dv}{dz}$ 式中τ_{xz}是以垂直于切变平面的速度梯度 dv/dz 移动的液体中的切应力	帕[斯卡]秒	Pa·s	$1Pa\cdot s=1N\cdot s/m^2$ $=1kg\cdot m^{-1}\cdot s^{-1}$ $=1J\cdot s/m^3$ 一般常用 mPa·s	1p(泊)= 0.1Pa·s 1cp(厘泊)= 10^{-3}Pa·s $1kgf\cdot s/m^2=9.8Pa\cdot s$ $1lbf\cdot s/ft^2=47.88Pa\cdot s$ $1lbf\cdot s/in^2=6894.76Pa\cdot s$
运动黏度	ν　$\nu=\dfrac{\eta}{\rho}$ ρ 为密度	二次方米每秒	m^2/s	$1m^2/s=1Pa\cdot s\cdot m^3/kg$ $=1J\cdot s/kg$ 一般常用 mm^2/s	1St（斯托克斯）= $10^{-4}m^2/s$ 1cSt(厘斯托克斯)= $10^{-6}m^2/s$ $1ft^2/s=9.2903\times10^{-2}m^2/s$ $1in^2/s=6.4516\times10^{-4}m^2/s$
表面张力	γ,σ　$\gamma=\dfrac{F}{l}$ 与表面内一个线单元垂直的力除以该线单元的长度	牛[顿]每米	N/m	$1N/m=1J/m^2$ $=1Pa\cdot m$ $=1kg/s^2$	
能[量] 功 势能，位能 动能	E　所有各种形式的能 $W,(A)$　$W=\int F dr$ $E_p,(V)$　$E_p=-\int F dr$ 式中 F 为保守力 $E_k,(T)$　$E_k=\dfrac{1}{2}mv^2$	焦[耳]	J　$1J=1N\cdot m$ $=1W\cdot s$	$1J=1N\cdot m=1Pa\cdot m^3$ $=1W\cdot s=1V\cdot A\cdot s$ $=1Wb\cdot A=1V\cdot C$ $=1A^2\cdot H=1V^2\cdot F$ $=1Wb^2/H=1C^2/F$ $=1A^2\cdot\Omega\cdot s$ $=1kg\cdot m^2/s^2$	1J 是 1N 的力在沿力的方向上移过 1m 距离所做的功
功率	P　$P=\dfrac{W}{t}$ 能的输送速率	瓦[特] 千瓦	W　$1W=1J/s$ kW	$1W=1J/s=1N\cdot m/s$ $=1Pa\cdot m^3/s$ $=1V\cdot A=1A^2\cdot\Omega$ $=1V^2s$ $=1kg\cdot m^2/s^3$	
效率	η　输出功率与输入功率之比				

续表

量的名称	量的符号、定义	单位名称	单位符号、定义	换算系数	备注
		力学（GB 3102.3—1993）			
质量流量	q_m 质量穿过一个面的速率	千克每秒	kg/s	1kg/s = 1N · s/m = 1Pa · s · m = 1J · s/m^2 1kg/min = 16.6667 ×10^{-3}kg/s 1kg/h = 2.77778 ×10^{-4}kg/s	
体积流量	q_V 体积穿过一个面的速率	立方米每秒	m^3/s	1m^3/min = 16.6667 ×10^{-3}m^3/s 1m^3/h = 2.77778 ×10^{-4}m^3/s	
		热学（GB 3102.4—1993）			
热力学温度	T,(Θ) 热力学温度是基本量之一	开[尔文]	K 热力学温度单位开尔文是水的三相点热力学温度的$\frac{1}{273.16}$		
摄氏温度	t,θ $t=T-T_0$ 其中 T_0 定义为等于273.15 K	摄氏度	℃ 摄氏度是开尔文用于表示摄氏温度值的一个专门名称		热力学温度 T_0 准确地比水的三相点热力学温度低 0.01K，即273.15K
线[膨]胀系数 体[膨]胀系数 相对压力系数	α_l $\alpha_l=\frac{1}{l}\times\frac{dl}{dT}$ α_V,(γ) $\alpha_V=\frac{1}{V}\times\frac{dV}{dT}$ α_p $\alpha_p=\frac{1}{p}\times\frac{dp}{dT}$	每开[尔文]	K^{-1}		在不会发生混淆时，符号的下标可省略 压力系数的名称及符号 β 也可用于相对压力系数的量上
压力系数	β $\beta=\frac{dp}{dT}$	帕[斯卡]每开[尔文]	Pa/K		
等温压缩率 等熵压缩率	κ_T $\kappa_T=-\frac{1}{V}\times\left(\frac{\partial V}{\partial p}\right)_T$ κ_S $\kappa_S=-\frac{1}{V}\times\left(\frac{\partial V}{\partial p}\right)_S$	每帕[斯卡]	Pa^{-1}	1Pa^{-1} = 1m^2/N	
热，热量	Q 等温相变中传递的热量，以前常用符号 L 表示，并称为潜热，应当用适当的热力学函数的变化表示，如 $T\Delta S$，这里 ΔS 是熵的变化或 ΔH 焓的变化	焦[耳]	J	1J = 1N · m = 1Pa · m^3 = 1W · s = 1V · A · s = 1kg · m^2/s^2	
热流量	ϕ 单位时间内通过一个面的热量	瓦[特]	W	1W = 1J/s	
面积热流量，热流量密度	q,φ 热流量除以面积	瓦[特]每平方米	W/m^2	1W/m^2 = 1Pa · m/s = 1kg/s^3	

续表

量的名称	量的符号、定义	单位名称	单位符号、定义	换算系数	备注
		热学(GB 3102.4—1993)			
热导率,(导热系数)	$\lambda,(\kappa)$ 面积热流量除以温度梯度	瓦[特]每米开[尔文]	$W/(m \cdot K)$		
传热系数 表面传热系数	$K,(k)$ 面积热流量除以温度差 $h,(\alpha)$ $q=h(T_s-T_r)$,式中,T_s 为表面温度,T_r 为表征外部环境特性的参考温度	瓦[特]每平方米开[尔文]	$W/(m^2 \cdot K)$	$1W/(m^2 \cdot K)$ $=1J/(s \cdot K \cdot m^2)$ $=1N/(s \cdot K \cdot m)$ $=1Pa \cdot m/(s \cdot K)$ $=1kg/(s^3 \cdot K)$	在建筑技术中,这个量常称为热传递系数,符号为 U
热绝缘系数	M 温度差除以面积热流量 $M=1/K$	平方米开[尔文]每瓦[特]	$m^2 \cdot K/W$		在建筑技术中,这个量常称为热阻,符号为 R
热阻	R 温度差除以热流量	开[尔文]每瓦[特]	K/W		
热导	G $G=1/R$	瓦[特]每开[尔文]	W/K		
热扩散率	a $a=\frac{\lambda}{\rho c_p}$ λ 是热导率 ρ 是体积质量 c_p 是质量定压热容	平方米每秒	m^2/s	$1m^2/s=1J \cdot s/kg$ $=1N \cdot s \cdot m/kg$ $=1Pa \cdot s \cdot m^3/kg$	
热容	C 当一系统由于加给一微小热量 δQ 而温度升高 dT 时,$\delta Q/dT$ 这个量即是热容	焦[耳]每开[尔文]	J/K	$1J/K=1N \cdot m/K$ $=1Pa \cdot m^3/K$ $=1kg \cdot m^2/(s^2 \cdot K)$	除非规定变化过程,这个量是不完全确定的
质量热容,比热容 质量定压热容,比定压热容 质量定容热容,比定容热容 质量饱和热容,比饱和热容	c 热容除以质量 c_p c_V c_{sat}	焦[耳]每千克开[尔文]	$J/(kg \cdot K)$	$1J/(kg \cdot K)$ $=1Pa \cdot m^3/(kg \cdot K)$ $=1m^2/(s^2 \cdot K)$	相应的摩尔量,参看 GB 3102.8—1993
质量热容比 等熵指数	γ $\gamma=c_p/c_V$ κ $\kappa=-\frac{V}{p}\left(\frac{\partial p}{\partial V}\right)_S$				这两个量为无量纲量 对于理想气体,$\kappa=\gamma$

续表

量的名称	量的符号、定义	单位名称	单位符号、定义	换算系数	备注
	热学（GB 3102.4—1993）				
熵	S 当热力学温度为 T 的系统接受微小热量 δQ 时，若系统内没有发生不可逆的变化，则系统的熵增为 $\delta Q/T$	焦[耳]每开[尔文]	J/K	1J/K = 1N·m/K = 1Pa·m^3/K = 1kg·m^2/(s^2·K)	
质量熵 比熵	s 熵除以质量	焦[耳]每千克开[尔文]	J/(kg·K)	1J/(kg·K) = 1N·m/(kg·K) = 1Pa·m^3/(kg·K) = 1m^2/(s^2·K)	相应的摩尔量参见 GB 3102.8—1993
能[量]	E 所有各种形式的能	焦[耳]	J		
热力学能	U 对于热力学封闭系统，$\Delta U = Q+W$，式中 Q 是传给系统的能量，W 是对系统所作的功				热力学能也称为内能
焓	H $H=U+pV$				
亥姆霍兹自由能，亥姆霍兹函数	A,F $A=U-TS$				
吉布斯自由能，吉布斯函数	G $G=U+pV-TS$				$G=H-TS$
质量能，比能	e 内能除以质量	焦[耳]每千克	J/kg	1J/kg = 1N·m/kg = 1Pa·m^3/kg = 1m^2/s^2	相应的摩尔量参见 GB 3102.8—1993
质量热力学能，比热力学能	u 热力学能除以质量				质量热力学能也称为质量内能
质量焓，比焓	h 焓除以质量				
质量亥姆霍兹自由能，比亥姆霍兹自由能，比亥姆霍兹函数	a,f 亥姆霍兹自由能除以质量				
质量吉布斯自由能，比吉布斯自由能，比吉布斯函数	g 吉布斯自由能除以质量				
马休函数	J $J=-A/T$	焦[耳]每开[尔文]	J/K		

续表

量的名称	量的符号、定义	单位名称	单位符号、定义	换算系数	备注
热学（GB 3102.4—1993）					
普朗克函数	Y $Y=-G/T$	焦[耳]每开[尔文]	J/K		
电学和磁学（GB 3102.5—1993）					
电流	I	安[培]	A 在真空中，截面积可忽略的两根相距1m的无限长平行圆直导线内通以等量恒定电流时，若导线间相互作用力在每米长度上为2×10^{-7}N，则每根导线中的电流定义为1A		电流是基本量之一。在交流电技术中，用i表示电流的瞬时值，I表示有效值（均方根值）
电荷[量]	Q 电流对时间的积分	库[仑]	C 1C=1A·s	1C=1J/V=1F·V =1Wb/Ω	也可以使用符号q。ISO和IEC未给出q 单位安[培][小]时用于蓄电池
体积电荷，电荷[体]密度	$\rho,(\eta)$ $\rho=Q/V$ V为体积	库[仑]每立方米	C/m^3		倍数单位可用C/mm^3，C/cm^3
面积电荷，电荷面密度	σ $\sigma=Q/A$ A为面积	库[仑]每平方米	C/m^2	$1C/m^2=1A\cdot s/m^2$ $=1N/(V\cdot m)$ $=F\cdot T/s$	倍数单位可用C/mm^2，C/cm^2
电场强度	E $E=F/Q$ F为力	伏[特]每米	V/m 1V/m=1N/C	$1V/m=1m\cdot kg/(A\cdot s^3)$ $=1W/(A\cdot m)$ $=1A\cdot\Omega/m$ $=1A/(S\cdot m)$ $=1T\cdot m/s$ $=1N/C$	倍数单位可用V/mm，V/cm
电位，（电势） 电位差，（电势差），电压 电动势	V,φ 是一个标量，在静电学中： $-\mathrm{grad}\ V=E$ E为电场强度 $U,(V)$ 1、2两点间的电位差为从点1到点2的电场强度线积分 $U=\varphi_1-\varphi_2$ $=\int_{r_1}^{r_2}E\mathrm{d}r$ r为距离 E 电源电动势是电源供给的能量被它输送的电荷除	伏[特]	V 1V=1W/A	$1V=1A\cdot\Omega$ $=1A/S$ $=1Wb/s$ $=1A\cdot H/s$ $=1kg\cdot m^2/(A\cdot s^3)$	在交流电技术中，u表示电位差的瞬时值，U表示有效值（均方根值） IEC将φ作为备用符号 在交流电技术中，用e表示电动势的瞬时值，E表示有效值（均方根值）

续表

量的名称	量的符号、定义	单位名称	单位符号、定义	换算系数	备注
电学和磁学（GB 3102.5—1993）					
电通[量]密度，电位移	D　div $D=\rho$，电通量密度是一个矢量	库[仑]每平方米	C/m^2，倍数单位可用 C/cm^2	$1C/m^2=1A\cdot s/m^2$ $=1N/(V\cdot m)$ $=1F\cdot T/s$	
电通[量]，电位移通量	Ψ　$\Psi=\int De_n dA$ A 为面积，e_n 为面积的矢量单元	库[仑]	C		
电容	C　$C=Q/U$	法[拉]	F　1F=1C/V	$1F=1A\cdot s/V$ $=1S\cdot s$ $=1s/\Omega$ $=1H/\Omega^2$ $=1A^2\cdot s^4/(kg\cdot m^2)$	
介电常数，（电容率） 真空介电常数，（真空电容率）	ε　$\varepsilon=D/E$，E 为电场强度 ε_0	法[拉]每米	F/m	$1F/m=1C/(V\cdot m)$ $=1A\cdot s/(V\cdot m)$ $=1S\cdot s/m$ $=1s/(\Omega\cdot m)$ $=1N/V^2$ $=1A^2\cdot s^4/(kg\cdot m^3)$	对于 ε，IEC 给出名称“绝对介电常数（绝对电容率）”，ISO 和 IEC 还给出此量的另一名称“电常数” $\varepsilon_0=1/(\mu_0 c_0^2)$ $=8.854188\times10^{-12}F/m$ 式中，c_0 是电磁波在真空中的传播速度
相对介电常数，（相对电容率）	ε　$\varepsilon_r=\varepsilon/\varepsilon_0$				无量纲量
电极化率	x,x_e　$x=\varepsilon_r-1$				无量纲量
电极化强度	P　$P=D-\varepsilon_0 E$	库[仑]每平方米	C/m^2，倍数单位可用 C/cm^2		IEC 还给出电极化强度备用符号 D_i
电偶极矩	$p,(p_e)$　是一个矢量 $p\times E=T$ 式中，T 为转矩，E 为均匀场的电场强度	库[仑]米	$C\cdot m$		
面积电流 电流密度	$J,(S)$　$\int Je_n dA=I$， 式中 A 为面积，e_n 为面积的矢量单元，面积电流是一个矢量，面积电流对一给定表面的积分等于流经该表面的电流	安[培]每平方米	A/m^2，倍数单位可用 A/mm^2，A/cm^2		面积电流也可以使用符号 $j,(\delta)$。ISO 和 IEC 未给出备用符号 δ
线电流，电流线密度	$A,(\alpha)$　电流除以导电片宽度	安[培]每米	A/m		倍数单位可用 A/mm，A/cm
磁场强度	H　磁场强度是一矢量， $\mathrm{rot}H=J+\frac{\partial D}{\partial t}$	安[培]每米	A/m	1A/m=1N/Wb	倍数单位可用 A/mm，A/cm

续表

量的名称	量的符号、定义	单位名称	单位符号、定义	换算系数	备注
		电学和磁学（GB 3102.5—1993）			
磁位差，（磁势差） 磁通势，（磁动势） 电流链	U_m　$U_m=\int_{r_1}^{r_2} H\mathrm{d}r$ r 为距离 F, F_m　$F=\oint H\mathrm{d}r$ r 为距离 Ⓗ　穿过一闭合环路的净传导电流	安［培］	A		IEC 还给出磁位差的符号 U 和备用符号 $\mathscr{U}$ IEC 还给出磁通势的备用符号 $\mathscr{F}$ N 匝相等电流 I 形成的电流链 Ⓗ$=NI$
磁通［量］密度，磁感应强度	B　是一个矢量。$F=I\Delta S\times B$ S　为长度 $I\Delta S$　为电流元	特［斯拉］	T　1T=1N/(A·m)	1T = 1V·s/m^2 = 1Wb/m^2 = 1Pa·m/A = 1J/(A·m^2) = 1kg/(A·s^2)	
磁通［量］	Φ　$\Phi=\int B\mathrm{d}A$ A 为面积	韦［伯］	Wb　1Wb=1V·s	1Wb = 1T·m^2 = 1C·Ω = 1A·H = 1J/A = 1N·m/A = 1kg·m^2/(A·s^2)	
磁矢位，（磁矢势）	A　磁矢位是一个矢量，其旋度等于磁通密度，$B=\mathrm{rot}\,A$	韦［伯］每米	Wb/m		倍数单位可用Wb/mm
自感 互感	L　$L=\Phi/I$ M, L_{12}　$M=\Phi_1/I_2$ Φ_1 为穿过回路 1 的磁通 I_2 为回路 2 的电流	亨［利］	H　1H=1Wb/A	1H = 1Ω·s = 1s/S = 1F·Ω^2 = 1kg·m^2/(A^2·s^2) = 1V·s/A	电感：自感和互感的统称
耦合因数，（耦合系数） 漏磁因数，（漏磁系数）	$k, (\kappa)$　$k=\lvert L_{mn}\rvert/\sqrt{L_m L_n}$ σ　$\sigma=1-k^2$				无量纲量
磁导率 真空磁导率	μ　$\mu=B/H$ μ_0	亨［利］每米	H/m 1H/m = 1Wb/(A·m) = 1V·s/(A·m)	1H/m = 1Ω·s/m = 1s/(S·m) = 1N/A^2 = 1kg·m/(A^2·s^2)	IEC 还给出名称“绝对磁导率” $\mu_0=4\pi\times10^{-7}$H/m $=1.256637\times10^{-6}$ H/m ISO 和 IEC 还给出名称“磁常数”
相对磁导率	μ_r　$\mu_r=\mu/\mu_0$				无量纲量
磁化率	$\kappa, (x_m, x)$ $\kappa=\mu_r-1$				无量纲量 ISO 和 IEC 未给出备用符号 x
［面］磁矩	m　$m\times B=T$ T 为转矩 B 为均匀场的磁通密度	安［培］平方米	A·m^2	ISO 还给出名称“电磁矩” IEC 还定义了磁偶极矩 $j=\mu_0 m$，磁偶极矩的单位为 Wb·m	

续表

量的名称	量的符号、定义	单位名称	单位符号、定义	换算系数	备注
电学和磁学(GB 3102.5—1993)					
磁化强度	$M,(H_i)$　$M=(B/\mu_0)-H$	安[培]每米	A/m	1A/m=1N/Wb	倍数单位可用A/mm
磁极化强度	$J,(B_i)$　$J=B-\mu_0 H$	特[斯拉]	T	$1T=1Wb/m^2$ $=1V\cdot s/m^2$	
体积电磁能 电磁能密度	w　电磁场能量除以体积 $w=\frac{1}{2}(ED+BH)$	焦[耳]每立方米	J/m^3	$1J/m^3=1kg/(s^2\cdot m)$	
坡印廷矢量	S　$S=E\times H$	瓦[特]每平方米	W/m^2		
电磁波的相平面速度 电磁波在真空中的传播速度	c,c_0	米每秒	m/s		$c_0=1/\sqrt{\varepsilon_0\mu_0}$ $=299792458m/s$ 如果介质中的速度用符号c,则真空中的速度用符号c_0
[直流]电阻	R　$R=U/I$(导体中无电动势)	欧[姆]	Ω　1Ω=1V/A	$1\Omega=1S^{-1}$ $=1W/A^2$ $=1V^2/W$ $=1Wb/C$ $=1s/F$ $=1H/s$ $=1kg\cdot m^2/(A^2\cdot s^3)$	
[直流]电导	G　$G=I/R$	西[门子]	S　1S=1A/V	$1S=1\Omega^{-1}$ $=1A^2\cdot s^3/(kg\cdot m^2)$	
[直流]功率	P　$P=UI$	瓦[特]	W　1W=1V·A		
电阻率	ρ　$\rho=RA/l$ A为面积 l为长度	欧[姆]米	Ω·m	1Ω·m=1m/S =1V·m/A =1s·m/F =1H·m/s	倍数单位可用Ω·cm,μΩ·cm
电导率	γ,σ　$\gamma=1/\rho$	西[门子]每米	S/m	$1S/m=1\Omega^{-1}\cdot m^{-1}$ =1A/(V·m) =1F/(s·m) =1s/(H·m)	电化学中用符号κ
磁阻	R_m　$R_m=U_m/\Phi$ IEC还给出备用符号$\mathscr{R}$ ISO和IEC还给出符号R	每亨[利]	H^{-1}　$1H^{-1}=1A/Wb$		
磁导	$\Lambda,(P)$　$\Lambda=1/R_m$	亨[利]	H　1H=1Wb/A		
绕组的匝数 相数 极对数	N m p				都是无量纲量
频率 旋转频率	f,ν n　转数被时间除	赫[兹] 每秒	Hz s^{-1}	$1Hz=1s^{-1}$	

续表

量的名称	量的符号、定义	单位名称	单位符号、定义	换算系数	备注
电学和磁学（GB 3102.5—1993）					
角频率	ω　$\omega=2\pi f$	弧度每秒 每　秒	rad/s s^{-1}		
相[位]差，相[位]移	φ　当两个正弦量，u，i 分别为 $u=U_m\cos\omega t$，$i=I_m\cos(\omega t-\varphi)$ 时，则 φ 为相位移		弧度	rad	此量无量纲
			[角]秒 [角]分 度	(″)$1''=(\pi/648000)$rad (′)$1'=60''=(\pi/10800)$rad (°)$1°=60'=(\pi/180)$rad	这三个单位符号不处于数字右上角时，用括号。π 为圆周率
阻抗，(复[数]阻抗)	Z　复数电压被复数电流除　$Z=\|Z\|e^{j\varphi}=R+jX$	欧[姆]	Ω $1\Omega=1V/A$		
阻抗模，(阻抗)	$\|Z\|$　$\|Z\|=\sqrt{R^2+X^2}$				
电抗	X　阻抗的虚部　当一感抗与一容抗串联时，$X=\omega L-\dfrac{1}{C\omega}$				
[交流]电阻	R　阻抗的实部　在交流电技术中，电阻均指交流电阻，必要时还应说明频率；如需与直流电阻区别，则可使用全称				
品质因数	Q　对于无辐射系统，如果 $Z=R+jX$，则 $Q=\|X\|/R$				无量纲量
导纳，(复[数]导纳)	Y，$Y=1/Z$　$Y=\|Y\|e^{-j\varphi}=G+jB=(R-jX)/\|Z\|^2$	西[门子]	S $1S=1A/V$		
导纳模，(导纳)	$\|Y\|$　$\|Y\|=\sqrt{G^2+B^2}$				
电纳	B　导纳的虚部　在交流电技术中，电导均指交流电导，必要时还应说明频率；如需与直流电导区别，则可使用全称				
[交流]电导	G　导纳的实部				

续表

量的名称	量的符号、定义	单位名称	单位符号、定义	换算系数	备　注
			电学和磁学（GB 3102.5—1993）		
损耗因数	d　$d=1/Q$				无量纲量
损耗角	δ　$\delta=\arctan d$	弧度	rad		
[有功]功率	P　$P=\frac{1}{T}\int_0^T ui\mathrm{d}t$ 式中，t 为时间，T 为计算功率的时间	瓦特	W 1W=1J/s =1V·A	1W=1N·m/s =1Pa·m³/s $=1\mathrm{A}^2\cdot\Omega$ $=1\mathrm{V}^2\cdot\mathrm{S}$ $=1\mathrm{kg}\cdot\mathrm{m}^2/\mathrm{s}^3$	$P=ui$ 是瞬时功率，在电工技术中，有功功率单位用瓦特(W)
视在功率(表观功率)	S,P_S　$S=UI$ 需要强调其复数性质时使用名称“复[数视在]功率”、符号为 S、P_S 和“复[数视在]功率模”、符号为 $\|S\|$、$\|P_S\|$ 当 $u=U_m\cos\omega t=\sqrt{2}\ U\cos\omega t$ 和 $i=I_m\cos(\omega t-\varphi)=\sqrt{2}I\cos(\omega t-\varphi)$ 时，则　$P=UI\cos\varphi$ $Q=UI\sin\varphi$	伏安	V·A		$\lambda=\cos\varphi$ 式中 φ 为正弦交流电压和正弦交流电流间的相位角
无功功率	Q,P_Q　$Q=\sqrt{S^2-P^2}$				无功功率单位 IEC 用乏(var)
功率因数	λ　$\lambda=P/S$				无量纲量
[有功]电能[量]	W　有功功率对时间的积分，$W=\int ui\mathrm{d}t$ 发电能量可称为发电量，送电能量可称为送电量，用电能量可称为用电量	焦[耳] 千瓦[特][小]时	J kW·h 1kW·h=3.6MJ	$1\mathrm{J}=1\mathrm{N}\cdot\mathrm{m}=1\mathrm{Pa}\cdot\mathrm{m}^3=1\mathrm{W}\cdot\mathrm{s}$ $=1\mathrm{V}\cdot\mathrm{A}\cdot\mathrm{s}=1\mathrm{Wb}\cdot\mathrm{A}=1\mathrm{V}\cdot\mathrm{C}$ $=1\mathrm{A}^2\cdot\mathrm{H}=1\mathrm{V}^2\cdot\mathrm{F}=1\mathrm{Wb}^2/\mathrm{H}$ $=1\mathrm{C}^2/\mathrm{F}=1\mathrm{A}^2\cdot\Omega\cdot\mathrm{s}=1\mathrm{V}^2\cdot\mathrm{S}\cdot\mathrm{s}$ $=1\mathrm{kg}\cdot\mathrm{m}^2/\mathrm{s}^2$	
			光　　学（GB 3102.6—1993）		
光通量	$\Phi,(\Phi_V)$　发光强度为 I 的光源在立体角 $\mathrm{d}\Omega$ 内的光通量， $\mathrm{d}\Phi=I\mathrm{d}\Omega$， $\Phi=\int\Phi_\lambda\mathrm{d}\lambda$	流[明]	lm	1lm=1cd·sr sr 为立体角球面度	
发光强度	$I,(I_V)$　$I=\int I_\lambda\mathrm{d}\lambda$，发光强度是基本量之一	坎[德拉]	cd	坎德拉是一光源在给定方向上的发光强度，该光源发出频率为 540×10^{12} Hz 的单色辐射，且在此方向上的辐射强度为(1/683)W/sr	

续表

量的名称	量的符号、定义	单位名称	单位符号、定义	换算系数	备　注
			光　学（GB 3102.6—1993）		
[光]亮度	L,(L_V)　表面一点处的面元在给定方向上的发光强度除以该面元在垂直于给定方向的平面上的正投影面积 $L=\int L_\lambda d\lambda$	坎[德拉]每平方米	cd/m^2		
[光]照度	E,(E_V)　照射到表面一点处的面元上的光通量除以该面元的面积,$E=\int E_\lambda d\lambda$	勒[克斯]	lx	$1lx=1lm/m^2$	
辐[射]能	Q,W　以辐射的形式发射、传播(U,Q_e)或接收的能量	焦[耳]	J	$1J=1N\cdot m$	
辐[射]功率 辐[射能]通量	P,Φ,(Φ_e)　以辐射的形式发射、传播和接收的功率 $\Phi=\int \Phi_\lambda d\lambda$	瓦[特]	W	$1W=1J/s$	
光量	Q(Q_V)　光通量对时间积分 $Q=\int Q_\lambda d\lambda$	流[明]秒	$lm\cdot s$		
曝光量	H　$H=\int E dt$	勒[克斯]秒	$lx\cdot s$		
			声　学（GB 3102.7—1993）		
静压 (瞬时)声压	p_s,(p_0)　没有声波时媒质中的压力 p　有声波时媒质中的瞬时总压力与静压之差	帕[斯卡]	Pa $1Pa=1N/m^2$		
声能密度	ω,(e),(D)　某一给定体积中的平均声能除以该体积	焦[耳]每立方米	J/m^3		
声功率	W,P　声波辐射的、传输的或接收的功率	瓦[特]	W		
声强[度]	I,J　通过一与传播方向垂直的表面的声功率除以该表面的面积	瓦[特]每平方米	W/m^2		
声阻抗率 [媒质的声]特性阻抗	Z_s　某表面上的声压与质点速度的复数比 Z_c　对一平面行波,媒质中某点处的声压与质点速度的复数比	帕[斯卡]秒每米	$Pa\cdot s/m$	对于无损耗的媒质 $Z_c=\rho c$ c 为声波在媒质中的传播速度,m/s ρ 为媒质密度,kg/m^3	

续表

量的名称	量的符号、定义	单位名称	单位符号、定义	换算系数	备注
声学（GB 3102.7—1993）					
声阻抗 声阻 声抗	Z_a 某表面上的声压和体积流量的复数比 R_a 声阻抗的实数部分 X_a 声阻抗的虚数部分	帕［斯卡］秒每立方米	$Pa\cdot s/m^3$		
力阻抗 力阻 力抗	Z_m 某表面（或某点）上的力与在此力方向上该表面上的平均质点速度（或该点上的质点速度）的复数比 R_m 力阻抗的实数部分 X_m 力阻抗的虚数部分	牛［顿］秒每米	$N\cdot s/m$		
声压级	L_p $L_p=2\lg(p/p_0)$ 式中，p 为声压；p_0 为基准声压，在空气中 $p_0=20\mu Pa$，在水中 $p_0=1\mu Pa$	贝［尔］	B	1B 为 $2\lg(p/p_0)=1$ 时的声压级	通常用 dB 为单位，1dB＝0.1B 此处 p,I,W 均为有效值 声压级 L_p 的下标 p 可略去，特别是当需用其他下标时
声强级	L_I $L_I=\lg(I/I_0)$ 式中，I 为声强；I_0 为其准声强，等于 $1pW/m^2$	贝［尔］	B	1B 为 $\lg(I/I_0)=1$ 时的声强级	
声功率级	L_W $L_W=\lg(W/W_0)$ 式中，W 为声功率；W_0 为基准声功率，等于 1pW	贝［尔］	B	1B 为 $\lg(W/W_0)=1$ 时的声功率级	
隔声量	R $R=\frac{1}{2}\lg(1/\tau)$ 式中，τ 为透射因数	贝［尔］	B	1B 为 $\lg(1/\tau)=1$ 时的隔声量 通常用 dB 为单位	
吸声量	A 吸收因数乘以材料的表面积	平方米	m^2	吸收因数 α：$\alpha=\delta+\tau$ 损耗因数 δ：损耗声功率与入射声功率之比 透射因数 τ：透射声功率与入射声功率之比	
感觉噪声级	L_{PN} $L_{PN}=2\lg(p_f/p_0)_{1kHz}$ 式中，p_f 为测试者判断为具有相等噪度的来自正前方中心频率 1kHz 的倍频带噪声的声压级	贝［尔］	B	1B 为 $2\lg(p_f/p_0)=1$ 时的感觉噪声级。通常以 dB 为单位。此量不是纯物理量，而是主观评价量	

注：1. 平面角单位度、分、秒的符号，在组合单位中应采用（°）、（′）、（″）的形式。例如不用°/s 而用（°）/s。

2. 方括号中的字，在不致引起混淆、误解的情况下，可以省略。

3. 量的符号用斜体，单位符号用正体，如 m/kg，其中 m 表示质量符号用斜体，kg 表示质量的单位符号千克用正体。除来源于人名的单位符号第一字母要大写外，其余均为小写字母（但升的符号 L 除外），如牛［顿］用 N，帕［斯卡］用 Pa。

2.2 常用单位换算

长度单位换算

表 1-1-18

米/m	英寸/in	英尺/ft	码/yd	公里/km	英里/mile	(国际)海里/n mile
1	39.3701	3.28084	1.09361	0.001	6.21371×10^{-4}	5.39957×10^{-4}
0.0254	1	0.0833333	0.0277778	0.0254×10^{-3}	1.57828×10^{-5}	1.37149×10^{-5}
0.3048	12	1	0.333333	0.3048×10^{-3}	1.89394×10^{-4}	1.64579×10^{-4}
0.9144	36	3	1	0.9144×10^{-3}	5.68182×10^{-4}	4.93737×10^{-4}
1000.0	39370.1	3280.84	1093.61	1	0.621371	0.539957
1609.344	63360	5280	1760	1.609344	1	0.868976
1852	72913.4	6076.12	2025.37	1.851999	1.15078	1

面积单位换算

表 1-1-19

平方米/m^2	平方英寸/in^2	平方英尺/ft^2	平方码/yd^2	市亩	平方英里/$mile^2$	平方千米/km^2	公亩/a	公顷/hm^2
1	1550.00	10.7639	1.19599	0.15×10^{-2}	3.86102×10^{-7}	1×10^{-6}	1×10^{-2}	1×10^{-4}
6.4516×10^{-4}	1	6.94444×10^{-3}	7.71605×10^{-4}	9.67742×10^{-7}	2.49098×10^{-10}	0.64516×10^{-9}	0.64516×10^{-5}	6.4516×10^{-8}
0.0929030	144	1	0.111111	1.39355×10^{-4}	3.58701×10^{-8}	9.29030×10^{-8}	9.29030×10^{-4}	9.29030×10^{-5}
0.836127	1296	9	1	1.25419×10^{-3}	3.22831×10^{-7}	8.36127×10^{-7}	8.36127×10^{-3}	8.36127×10^{-5}
6.66667×10^{2}	1.03333×10^{6}	7.17593×10^{3}	7.97327×10^{2}	1	2.57401×10^{-4}	6.66667×10^{-4}	6.66667	6.66667×10^{-2}
2.58999×10^{6}	4.01449×10^{9}	2.78784×10^{7}	3.09760×10^{6}	3.88499×10^{3}	1	2.58999	25899.9	2.58999×10^{2}
1×10^{6}	1.55000×10^{9}	1.07639×10^{7}	1.19599×10^{6}	1500	0.386102	1	1×10^{4}	1×10^{2}
1×10^{2}	1.55000×10^{5}	1.07639×10^{3}	1.19599×10^{2}	0.15	3.86102×10^{-5}	1×10^{-4}	1	1×10^{-2}
1×10^{4}	1.55000×10^{7}	1.07639×10^{5}	1.19599×10^{4}	15	3.86102×10^{-3}	1×10^{-2}	1×10^{2}	1

注：1. 1英亩(acre)=0.404686ha=4046.86m^2=0.004047km^2。

2. 公顷的国际通用符号为ha。

体积、容积单位换算

表 1-1-20

立方米/m^3	立方分米,升/dm^3,L	立方英寸/in^3	立方英尺/ft^3	立方码/yd^3	英加仑/UK gal	美加仑/US gal
1	1000	61023.7	35.3147	1.30795	219.969	264.172
0.001	1	61.0237	0.0353147	1.30795×10^{-3}		
0.16387064×10^{-4}	1.6387064×10^{-2}	1	5.78704×10^{-4}	2.14335×10^{-5}	0.219969	0.264172
0.0283168	28.3168	1728	1	0.0370370	3.60465×10^{-3}	4.32900×10^{-3}
0.764555	764.555	46656	27	1	6.22883	7.48052
4.54609×10^{-3}	4.54609	277.420	0.160544		1	1.20095
3.78541×10^{-3}	3.78541	231	0.133681		0.832674	1

注：1. 1 桶（barrel）（用于石油）= 9702in^3 = 158.9873dm^3 = 42US gal = 34.97UK gal。

2. 1 蒲式耳（bu）（美）= 2150.42in^3 = 35.239dm^3。

质量、转动惯量单位换算

表 1-1-21

吨/t	千克/kg	克/g	英吨/ton	美吨/US ton	磅/lb	盎司/oz	市斤	市两
1	1×10^3	1×10^6	0.984207	1.10231	2204.62	35274.0	2×10^3	2×10^4
1×10^{-3}	1	1×10^3	9.84207×10^{-4}	1.10231×10^{-3}	2.20462	35.2740	2	20
1×10^{-6}	1×10^{-3}	1	9.84207×10^{-7}	1.10231×10^{-6}	2.20462×10^{-3}	0.0352740	2×10^{-3}	2×10^{-2}
1.01605	1016.05	1.01605×10^6	1	1.12	2240	35840		
0.907185	907.185	9.07185×10^5	0.892857	1	2000	32000		
4.5359237×10^{-4}	0.45359237	453.59237	4.46429×10^{-4}	5×10^{-4}	1	16	0.907184	9.07184
2.83495×10^{-5}	0.0283495	28.3495	2.79018×10^{-5}	3.125×10^{-5}	6.25×10^{-2}	1	0.0566990	0.566990
0.5×10^{-3}	0.5	5×10^2			1.10231	17.6370	1	10
0.5×10^{-4}	0.05	50			0.110231	1.76370	0.1	1
转动惯量	$1lb\cdot ft^2=0.04214kg\cdot m^2$；$1lb\cdot in^2=2.9264\times10^{-4}kg\cdot m^2$							

注：1. 英吨的单位符号为“ton”，在我国书刊中也有用“UK ton”。

2. 美吨是美国单位，又称为“short ton”，即短吨。

密度单位换算

表 1-1-22

千克每立方米(克每升) /$kg\cdot m^{-3}$($g\cdot L^{-1}$)	克每毫升(克每立方厘米,吨每立方米) /$g\cdot mL^{-1}$($g\cdot cm^{-3}$,$t\cdot m^{-3}$)	磅每立方英寸 /$lb\cdot in^{-3}$	磅每立方英尺 /$lb\cdot ft^{-3}$	磅每英加仑 /lb·(UK gal)$^{-1}$	磅每美加仑 /lb·(US gal)$^{-1}$
1	0.001	3.61273×10^{-5}	6.24280×10^{-2}	1.00224×10^{-2}	0.834540×10^{-2}
1000	1	0.0361273	62.4280	10.0224	8.34540
27679.9	27.6799	1	1728	277.420	231
16.0185	0.0160185	5.78704×10^{-4}	1	0.160544	0.133681
99.7763	0.0997763	3.60165×10^{-3}	6.22883	1	0.832674
119.826	0.110826	4.32900×10^{-3}	7.48052	1.20095	1

注：1lb/yd^3（磅每立方码）= 0.037 lb/ft^3 = 0.593276kg/m^3。

速度单位换算

表 1-1-23

米每秒 /m · s^{-1}	千米每小时 /km · h^{-1}	英尺每分 /ft · min^{-1}	英尺每秒 /ft · s^{-1}	英里每小时 /mile · h^{-1}	节 /kn	市里每小时 /市里 · 时$^{-1}$
1	3. 6	196. 850	3. 28084	2. 23694	1. 94260	7. 2
0. 277778	1	54. 6807	0. 911344	0. 621371	0. 539612	2
0. 00508	0. 018288	1	0. 0166667	0. 0113636	9. 86842×10^{-3}	0. 036576
0. 3048	1. 09728	60	1	0. 681818	0. 592105	2. 19456
0. 44704	1. 609344	88	1. 46667	1	0. 868421	3. 218688
0. 514773	1. 85318	101. 333	1. 68889	1. 15152	1	3. 706368
0. 138889	0. 5	27. 3403	0. 455672	0. 310686	0. 269806	1

角速度单位换算

表 1-1-24

弧度每秒 /rad · s^{-1}	弧度每分 /rad · min^{-1}	转每秒 /r · s^{-1}	转每分 /r · min^{-1}	度每秒 /(°) · s^{-1}	度每分 /(°) · min^{-1}
1	60	0. 159155	9. 54930	57. 2958	3437. 75
0. 0166667	1	0. 00265258	0. 159155	0. 954930	57. 2958
6. 28319	376. 991	1	60	360	21600
0. 104720	6. 28319	0. 0166667	1	6	360
0. 0174533	1. 04720	0. 00277778	0. 166667	1	60
2. 90888×10^{-4}	0. 0174533	4. 62963×10^{-5}	2. 77778×10^{-3}	0. 0166667	1

质量流量单位换算

表 1-1-25

千克每秒 /kg · s^{-1}	克每分 /g · min^{-1}	克每秒 /g · s^{-1}	吨每小时 /t · h^{-1}	吨每分 /t · min^{-1}	千克每小时 /kg · h^{-1}	千克每分 /kg · min^{-1}	英吨每小时 /ton · h^{-1}	美吨每小时 /US ton · h^{-1}
1	6×10^{4}	1000	3. 6	0. 06	3600	60	3. 54315	3. 96832
1. 66667×10^{-5}	1	0. 0166667	6×10^{-5}	1×10^{-6}	0. 06	1×10^{-3}	5. 90524×10^{-5}	6. 61386×10^{-5}
0. 001	60	1	0. 0036	6×10^{-5}	3. 6	0. 08	0. 354315×10^{-2}	0. 396832×10^{-2}
0. 277778	0. 166667×10^{5}	277. 778	1	0. 0166667	1000	16. 6667	0. 984207	1. 10231
16. 6667	1×10^{6}	1. 66667×10^{4}	60	1	6×10^{4}	1000	59. 0524	66. 1386
0. 277778×10^{-3}	16. 6667	0. 277778	1×10^{-3}	1. 66667×10^{-5}	1	0. 0166667	0. 984207×10^{-3}	1. 10231×10^{-3}
0. 0166667	1000	16. 6667	0. 06	0. 001	60	1	0. 0590524	0. 0661386
0. 282236	0. 169342×10^{5}	282. 236	1. 01605	1. 69342×10^{-2}	1016. 05	16. 9342	1	1. 12
0. 251996	15119. 8	251. 996	0. 907185	0. 0151198	907. 185	15. 1198	0. 892859	1

体积流量单位换算

表 1-1-26

立方米每秒 /$m^3 \cdot s^{-1}$	立方米每分 /$m^3 \cdot min^{-1}$	立方米每小时 /$m^3 \cdot h^{-1}$	立方厘米每秒 /$cm^3 \cdot s^{-1}$	升每秒 /$L \cdot s^{-1}$	升每分 /$L \cdot min^{-1}$	升每小时 /$L \cdot h^{-1}$	立方英尺每秒 /$ft^3 \cdot s^{-1}$	立方英尺每分 /$ft^3 \cdot min^{-1}$	立方英尺每小时 /$ft^3 \cdot h^{-1}$
1	60	3600	1×10^6	1000	6×10	3.6×10^6	35.3147	0.211888×10^4	0.127133×10^6
0.0166667	1	60	0.166667×10^5	16.6667	1000	6×10^4	0.588578	35.3147	2118.88
2.77778×10^{-4}	0.0166667	1	277.778	0.277778	16.6667	1000	9.80963×10^{-3}	0.588578	35.3147
1×10^{-6}	6×10^{-5}	3.6×10^{-3}	1	1×10^{-3}	0.06	3.6	3.53147×10^{-5}	0.211888×10^{-2}	0.127133
0.001	0.06	3.6	1000	1	60	3600	0.0353147	2.11888	127.133
1.66667×10^{-5}	1×10^{-3}	0.06	16.6667	0.0166667	1	60	5.88578×10^{-4}	0.0353147	2.11888
0.277778×10^{-6}	0.166667×10^{-4}	0.001	0.277778	0.277778×10^{-3}	0.0166667	1	9.80963×10^{-6}	0.588578×10^{-3}	0.0353147
0.0283168	1.69902	101.941	0.283169×10^8	28.3168	1699.01	101940	1	60	3600
0.471947×10^{-3}	0.0283168	1.69902	0.471947×10^6	0.471947	28.3168	1699.02	0.0166667	1	60
7.86579×10^{-6}	0.471947×10^{-3}	0.0283168	7.86579	7.86579×10^{-3}	0.471947	28.3168	0.277778×10^{-3}	0.0166667	1

压力单位换算

表 1-1-27

帕斯卡/Pa ($N \cdot m^{-2}$)	牛顿每平方毫米 /$N \cdot mm^{-2}$(MPa)	千克力每平方厘米 /$kgf \cdot cm^{-2}$	磅力每平方英寸 /$lbf \cdot in^{-2}$	巴/bar	毫巴/mbar	标准大气压/atm	托/Torr	英寸水柱/inH_2O	毫米汞柱/mmHg
1	1×10^{-6}	1.01972×10^{-5}	1.45038×10^{-4}	1×10^{-5}	0.01	9.86923×10^{-6}	0.750062×10^{-2}	4.01463×10^{-3}	7.50062×10^{-3}
1×10^6	1	10.1972	145.038						
9.80665×10^4	9.80665×10^{-2}	1	14.2233	0.980665	980.665	0.967841	735.559		
6.89476×10^3	6.89476×10^{-3}	0.0703070	1	0.0689476	68.9476	0.0680460	51.7149		
1×10^5		1.01972	14.5038	1	1000	0.986923	750.062		
100		1.01972×10^{-3}	0.0145038	0.001	1	9.86923×10^{-4}	0.750062	0.401463	0.750062
101325.0		1.03323	14.6959	1.01325	1013250	1	760		
133.322		1.35951×10^{-3}	0.0193368	0.00133322	1.33322	1.31579×10^{-3}	1		
249.089					2.49089			1	1.86832
133.322					1.33322			0.535240	1

注：1. 1at（工程大气压）= $1kgf/cm^2$ = 0.96784atm = 98066.5Pa = $10^4 mmH_2O$ = 735.6mmHg。

2. $1mmH_2O$（kgf/m^2）= 10^{-4}at = 0.9678atm = 9.80665Pa = 0.0736mmHg。

3. 1mmHg = 13.595mmH_2O = 133.322Pa = 0.00136at = 0.00132atm。

力单位换算

表 1-1-28

牛/N	千克力/kgf	达因/dyn	吨力/tf	磅达/pdl	磅力/lbf
1	0. 101972	100000	1.01972×10^{-4}	7. 23301	0. 224809
9. 80665	1	980665	10^{-3}	70. 9316	2. 20462
10^{-5}	0.101972×10^{-5}	1	0.101972×10^{-8}	7.23301×10^{-5}	2.24809×10^{-6}
9806. 65	1000	980665×10^{3}	1	70931. 6	2204. 62
0. 138255	0. 0140981	13825. 5	1.40981×10^{-5}	1	0. 0310810
4. 44822	0. 453592	444822	4.53592×10^{-4}	32. 1740	1

力矩、转矩单位换算

表 1-1-29

牛米/N·m	千克力米/kgf·m	磅达英尺/pdl·ft	磅力英尺/lbf·ft	达因厘米/dyn·cm
1	0. 101972	23. 7304	0. 737562	10^{7}
9. 80665	1	232. 715	7. 23301	9.807×10^{7}
0. 0421401	4.29710×10^{-3}	1	0. 0310810	421401. 24
1. 35582	0. 138255	32. 1740	1	1.356×10^{7}
10^{-7}	1.020×10^{-8}	2.373×10^{-6}	0.7376×10^{-7}	1

功、能、热量单位换算

表 1-1-30

焦/J	千瓦时/kW·h	千克力米/kgf·m	英尺磅力/ft·lbf	米制马力时	英制马力时/hp·h	千卡/$kcal_{IT}$①	英热单位/Btu	尔格/erg
1	2.77778×10^{-7}	0. 101972	0. 737562	3.77673×10^{-7}	3.72506×10^{-7}	2.38846×10^{-4}	9.47813×10^{-4}	1×10^{7}
3600000	1	367098	2655220	1. 35962	1. 34102	859. 845	3412. 14	3.6×10^{13}
9. 80665	2.72407×10^{-6}	1	7. 23301	3.70370×10^{-6}	3.65304×10^{-6}	2.34228×10^{-3}	9.2949×10^{-3}	9.80665×10^{7}
1. 35582	3.76616×10^{-7}	0. 138255	1	5.12055×10^{-7}	5.05051×10^{-7}	3.23832×10^{-4}	1.28507×10^{-3}	1.356×10^{7}
2647790	0. 735499	270000	1952193	1	0. 986321	632. 415	2509. 62	2.6478×10^{13}
2684520	0. 745699	273745	1980000	1. 01387	1	641. 186	2544. 43	2.68452×10^{13}
4186. 80	1.163×10^{-3}	426. 935	3088. 03	1.58124×10^{-3}	1.55961×10^{-3}	1	3. 96832	4.186798×10^{10}
1055. 06	2.93071×10^{-4}	107. 66	778. 169	3.98467×10^{-4}	3.93015×10^{-4}	0. 251996	1	10.55×10^{9}
10^{-7}	27.78×10^{-15}	0.102×10^{-7}	0.737×10^{-7}	37.77×10^{-15}	37.25×10^{-15}	23.9×10^{-12}	94.78×10^{-12}	1

① $kcal_{IT}$是指国际蒸汽表卡。

注：1. 米制马力无国际符号，PS 为德国符号。

2. 在英制中功、能单位用“英尺磅力（ft·lbf）”以便与力矩单位“磅力英尺（lbf·ft）”区别开来。

功率单位换算

表 1-1-31

瓦[特]/W	千瓦[特]/kW	尔格每秒/erg·s^{-1}	千克力米每秒/kgf·m·s^{-1}	米制马力	英尺磅力每秒/ft·lbf·s^{-1}	英制马力/hp	卡每秒/cal·s^{-1}	千卡每小时/kcal·h^{-1}	英热单位每小时/Btu·h^{-1}
1	1×10^{-3}	1×10^{7}	0.101972	1.35962×10^{-3}	0.737562	1.34102×10^{-3}	0.238846	0.859845	3.41214
1×10^{3}	1	1×10^{10}	0.101972×10^{3}	1.35962	0.737562×10^{3}	1.34102	0.238846×10^{3}	0.859845×10^{3}	3412.14
1×10^{-7}	1×10^{-10}	1	0.101972×10^{-7}	1.35962×10^{-10}	0.737562×10^{-7}	1.34102×10^{-10}	0.238846×10^{-7}	0.859845×10^{-7}	3.41214×10^{-7}
9.80665	9.80665×10^{-3}	9.80665×10^{7}	1	0.0133333	7.23301	0.0131509	2.34228	8.43220	33.4617
735.499	0.735499	0.735499×10^{10}	75	1	542.476	0.986320	175.671	632.415	2509.63
1.35582	1.35582×10^{-3}	1.35582×10^{7}	0.138255	1.84340×10^{-3}	1	1.81818×10^{-3}	0.323832	1.16579	4.62624
745.700	0.745700	0.745700×10^{10}	76.0402	1.01387	550	1	178.107	641.186	2544.43
4.1868	4.1868×10^{-3}	4.1868×10^{7}	0.426935	5.69246×10^{-3}	3.08803	5.61459×10^{-3}	1	3.6	14.286
1.163	1.163×10^{-3}	1.163×10^{7}	0.118593	1.58124×10^{-3}	0.857785	1.55961×10^{-3}	0.277778	1	3.96832
0.293071	0.293071×10^{-3}	0.2930712×10^{7}	2.98849×10^{-2}	3.98466×10^{-4}	0.216158	3.93015×10^{-4}	0.0699988	0.251996	1

注：米制马力无国际符号，PS 为德国符号。

比能单位换算

表 1-1-32

焦每千克 /J·kg^{-1}	千卡每千克 /kcal$_{IT}$·kg^{-1}	热化学千卡每千克 /kcal$_{th}$·kg^{-1}	15℃千卡每千克 /kcal$_{15}$·kg^{-1}	英热单位每磅 /Btu·lb^{-1}	英尺磅力每磅 /ft·lbf·lb^{-1}	千克力米每千克 /kgf·m·kg^{-1}
1	0.238846×10^{-3}	0.239006×10^{-3}	0.238920×10^{-3}	0.429923×10^{-3}	0.334553	0.101972
4186.8	1	1.00067	1.00031	1.8	1400.70	426.935
4184	0.999331	1	0.999642	1.79880	1399.77	426.649
4185.5	0.999690	1.00036	1	1.79944	1400.27	426.802
2326	0.555556	0.555927	0.555728	1	778.169	237.186
2.98907	7.13926×10^{-4}	7.14404×10^{-4}	7.14148×10^{-4}	1.28507×10^{-3}	1	0.3048
9.80665	2.34228×10^{-3}	2.34385×10^{-3}	2.34301×10^{-3}	4.21610×10^{-3}	3.28084	1

注：比能又称质量能。

比热容与比熵单位换算

表 1-1-33

焦/(千克·开) /J·kg^{-1}·K^{-1}	千卡/(千克·开)/kcal$_{IT}$·kg^{-1}·K^{-1}	热化学千卡/(千克·开)/kcal$_{th}$·kg^{-1}·K^{-1}	15℃千卡/(千克·开)/kcal$_{15}$·kg^{-1}·K^{-1}	英热单位/(磅·℉) /Btu·lb^{-1}·℉$^{-1}$	英尺·磅力/(磅·°F)/ft·lbf·lb^{-1}·℉$^{-1}$	千克力·米/(千克·开)/kgf·m·kg^{-1}·K^{-1}
1	0.238846×10^{-3}	0.239006×10^{-3}	0.238920×10^{-3}	0.238846×10^{-3}	0.185863	0.101972
4186.8	1	1.00067	1.00031	1	778.169	426.935
4184	0.999331	1	0.999642	0.999331	777.649	426.649
4185.5	0.999690	1.00036	1	0.999690	777.928	426.802
4186.8	1	1.00067	1.00031	1	778.169	426.935
5.38032	1.28507×10^{-3}	1.28593×10^{-3}	1.28547×10^{-3}	1.28507×10^{-3}	1	0.54864
9.80665	2.34228×10^{-3}	2.34385×10^{-3}	2.34301×10^{-3}	2.34228×10^{-3}	1.82269	1

注：比热容又称质量热容，比熵又称质量熵。

传热系数单位换算

表 1-1-34

瓦/(米^2·开) /W·m^{-2}·K^{-1}	卡/(厘米^2·秒·开) /cal·cm^{-2}·s^{-1}·K^{-1}	千卡/(米^2·小时·开) /kcal·m^{-2}·h^{-1}·K^{-1}	英热单位/(英尺^2·小时·℉) /Btu·ft^{-2}·h^{-1}·℉$^{-1}$
1	0.238846×10^{-4}	0.859845	0.176110
41868	1	36000	7373.38
1.163	2.77778×10^{-5}	1	0.204816
5.67826	1.35623×10^{-4}	4.88243	1

热导率单位换算

表 1-1-35

瓦/(米·开) /W·m^{-1}·K^{-1}	卡/(厘米·秒·开) /cal·cm^{-1}·s^{-1}·K^{-1}	千卡/(米·小时·开) /kcal·m^{-1}·h^{-1}·K^{-1}	英热单位/(英尺·小时·℉) /Btu·ft^{-1}·h^{-1}·℉$^{-1}$	英热单位·英寸/(英尺^2·小时·℉) /Btu·in·ft^{-2}·h^{-1}·℉$^{-1}$
1	0.238846×10^{-2}	0.859845	0.577789	6.93347
418.68	1	360	241.909	2902.91
1.163	2.77778×10^{-3}	1	0.671969	8.06363
1.73073	4.13379×10^{-3}	1.48816	1	12
0.144228	3.44482×10^{-4}	0.124014	0.0833333	1

黑色金属硬度及强度换算值之一（摘自 GB/T 1172—1999）

表 1-1-36

硬度								抗拉强度 σ_b/MPa								
洛氏		表面洛氏			维氏	布氏（$F/D^2=30$）		碳钢	铬钢	铬钒钢	铬镍钢	铬钼钢	铬镍钼钢	铬锰硅钢	超高强度钢	不锈钢
HRC	HRA	HR15N	HR30N	HR45N	HV	HBS	HBW									
20.0	60.2	68.8	40.7	19.2	226	225		774	742	736	782	747		781		740
21.0	60.7	69.3	41.7	20.4	230	229		793	760	753	792	760		794		758
22.0	61.2	69.8	42.6	21.5	235	234		813	779	770	803	774		809		777
23.0	61.7	70.3	43.6	22.7	241	240		833	798	788	815	789		824		796
24.0	62.2	70.8	44.5	23.9	247	245		854	818	807	829	805		840		816
25.0	62.8	71.4	45.5	25.1	253	251		875	838	826	843	822		856		837
26.0	63.3	71.9	46.4	26.3	259	257		897	859	847	859	840	859	874		858
27.0	63.8	72.4	47.3	27.5	266	263		919	880	869	876	860	879	893		879
28.0	64.3	73.0	48.3	28.7	273	269		942	902	892	894	880	901	912		901
29.0	64.8	73.5	49.2	29.9	280	276		965	925	915	914	902	923	933		924
30.0	65.3	74.1	50.2	31.1	288	283		989	948	940	935	924	947	954		947
31.0	65.8	74.7	51.1	32.3	296	291		1014	972	966	957	948	972	977		971
32.0	66.4	75.2	52.0	33.5	304	298		1039	996	993	981	974	999	1001		996
33.0	66.9	75.8	53.0	34.7	313	306		1065	1022	1022	1007	1001	1027	1026		1021
34.0	67.4	76.4	53.9	35.9	321	314		1092	1048	1051	1034	1029	1056	1052		1047
35.0	67.9	77.0	54.8	37.0	331	323		1119	1074	1082	1063	1058	1087	1079		1074
36.0	68.4	77.5	55.8	38.2	340	332		1147	1102	1114	1093	1090	1119	1108		1101
37.0	69.0	78.1	56.7	39.4	350	341		1177	1131	1148	1125	1122	1153	1139		1130
38.0	69.5	78.7	57.6	40.6	360	350		1207	1161	1183	1159	1157	1189	1171		1161
39.0	70.0	79.3	58.6	41.8	371	360		1238	1192	1219	1195	1192	1226	1204	1195	1193
40.0	70.5	79.9	59.5	43.0	381	370	370	1271	1225	1257	1233	1230	1265	1240	1243	1226
41.0	71.1	80.5	60.4	44.2	393	380	381	1305	1260	1296	1273	1269	1306	1277	1290	1262
42.0	71.6	81.1	61.3	45.4	404	391	392	1340	1296	1337	1314	1310	1348	1316	1336	1299
43.0	72.1	81.7	62.3	46.5	416	401	403	1378	1335	1380	1358	1353	1392	1357	1381	1339
44.0	72.6	82.3	63.2	47.7	428	413	415	1417	1376	1424	1404	1397	1439	1400	1427	1383
45.0	73.2	82.9	64.1	48.9	441	424	428	1459	1420	1469	1451	1444	1487	1445	1473	1429
46.0	73.7	83.5	65.0	50.1	454	436	441	1503	1468	1517	1502	1492	1537	1493	1520	1479
47.0	74.2	84.0	65.9	51.2	468	449	455	1550	1519	1566	1554	1542	1589	1543	1569	1533
48.0	74.7	84.6	66.8	52.4	482		470	1600	1574	1617	1608	1595	1643	1595	1620	1592
49.0	75.3	85.2	67.7	53.6	497		486	1653	1633	1670	1665	1649	1699	1651	1674	1655
50.0	75.8	85.7	68.6	54.7	512		502	1710	1698	1724	1724	1706	1758	1709	1731	1725
51.0	76.3	86.3	69.5	55.9	527		518		1768	1780	1786	1764	1819	1770	1792	
52.0	76.9	86.8	70.4	57.1	544		535		1845	1839	1850	1825	1881	1834	1857	
53.0	77.4	87.4	71.3	58.2	561		552			1899	1917	1888	1947	1901	1929	
54.0	77.9	87.9	72.2	59.4	578		569			1961	1986			1971	2006	
55.0	78.5	88.4	73.1	60.5	596		585			2026				2045	2090	
56.0	79.0	88.9	73.9	61.7	615		601								2181	
57.0	79.5	89.4	74.8	62.8	635		616								2281	
58.0	80.1	89.8	75.6	63.9	655		628								2390	
59.0	80.6	90.2	76.5	65.1	676		639								2509	
60.0	81.2	90.6	77.3	66.2	698		647								2639	
61.0	81.7	91.0	78.1	67.3	721											
62.0	82.2	91.4	79.0	68.4	745											
63.0	82.8	91.7	79.8	69.5	770											
64.0	83.3	91.9	80.6	70.6	795											
65.0	83.9	92.2	81.3	71.7	822											
66.0	84.4				850											
67.0	85.0				879											
68.0	85.5				909											

注：1. 本标准所列换算值是对主要钢种进行实验的基础上制定的。各钢系的换算值适用于含碳量由低到高的钢种。

2. 本标准所列换算值，只有当试件组织均匀一致时，才能得到较精确的结果，因此应尽量避免各种换算。

3. 本表不包括低碳钢。

4. F 为硬度计压头上的载荷（N），D 为压头直径（cm）。

黑色金属硬度及强度换算值之二（摘自GB/T 1172—1999）

表 1-1-37

硬度							抗拉强度σ_b/MPa
洛氏	表面洛氏			维氏	布氏		
HRB	HR15T	HR30T	HR45T	HV	HBS $F/D^2=10$	HBS $F/D^2=30$	
60.0	80.4	56.1	30.4	105	102		375
61.0	80.7	56.7	31.4	106	103		379
62.0	80.9	57.4	32.4	108	104		382
63.0	81.2	58.0	33.5	109	105		386
64.0	81.5	58.7	34.5	110	106		390
65.0	81.8	59.3	35.5	112	107		395
66.0	82.1	59.9	36.6	114	108		399
67.0	82.3	60.6	37.6	115	109		404
68.0	82.6	61.2	38.6	117	110		409
69.0	82.9	61.9	39.7	119	112		415
70.0	83.2	62.5	40.7	121	113		421
71.0	83.4	63.1	41.7	123	115		427
72.0	83.7	63.8	42.8	125	116		433
73.0	84.0	64.4	43.8	128	118		440
74.0	84.3	65.1	44.8	130	120		447
75.0	84.5	65.7	45.9	132	122		455
76.0	84.8	66.3	46.9	135	124		463
77.0	85.1	67.0	47.9	138	126		471
78.0	85.4	67.6	49.0	140	128		480
79.0	85.7	68.2	50.0	143	130		489

硬度							抗拉强度σ_b/MPa
洛氏	表面洛氏			维氏	布氏		
HRB	HR15T	HR30T	HR45T	HV	HBS $F/D^2=10$	HBS $F/D^2=30$	
80.0	85.9	68.9	51.0	146	133		498
81.0	86.2	69.5	52.1	149	136		508
82.0	86.5	70.2	53.1	152	138		518
83.0	86.8	70.8	54.1	156		152	529
84.0	87.0	71.4	55.2	159		155	540
85.0	87.3	72.1	56.2	163		158	551
86.0	87.6	72.7	57.2	166		161	563
87.0	87.9	73.4	58.3	170		164	576
88.0	88.1	74.0	59.3	174		168	589
89.0	88.4	74.6	60.3	178		172	603
90.0	88.7	75.3	61.4	183		176	617
91.0	89.0	75.9	62.4	187		180	631
92.0	89.3	76.6	63.4	191		184	646
93.0	89.5	77.2	64.5	196		189	662
94.0	89.8	77.8	65.5	201		195	678
95.0	90.1	78.5	66.5	206		200	695
96.0	90.4	79.1	67.6	211		206	712
97.0	90.6	79.8	68.6	216		212	730
98.0	90.9	80.4	69.6	222		218	749
99.0	91.2	81.0	70.7	227		226	768
100.0	91.5	81.7	71.7	233		232	788

注：1. 本标准所列换算值是对主要钢种进行实验的基础上制定的。本表主要适用于低碳钢。

2. 本标准所列换算值，只有当试件组织均匀一致时，才能得到较精确的结果，因此应尽量避免各种换算。

3 优先数和优先数系

优先数系和优先数是一种科学的、国际统一的数值制度。产品或零件的主要参数按优先数系形成系列，可使产品或零件走上系列化、标准化；用优先数系进行系列设计，便于分析参数间的关系，减少设计计算工作量；其参数系列比较经济合理，可用较少的品种规格来满足较宽范围的需要，便于协调各部门各专业之间的配合。

3.1 优先数系（摘自GB/T 321—2005、GB/T 19763—2005）

优先数系是公比为$\sqrt[5]{10}$、$\sqrt[10]{10}$、$\sqrt[20]{10}$、$\sqrt[40]{10}$和$\sqrt[80]{10}$，且项值中含有10的整数幂的几何级数的常用圆整值。各数列分别用符号R5、R10、R20、R40和R80表示，分别称为R5系列、R10系列、R20系列、R40系列和R80系列。系列种类分为基本系列、补充系列、变形系列（包括派生系列和复合系列）和化整值系列。

表1-1-38列出了1～10这个十进段内基本系列的项值。大于10和小于1的优先数，可按十进延伸方法求得。

表 1-1-38　　基本系列和补充系列

	基本系列(常用值)				化整值	优先数的序号 N			计算值	基本系列的常用值对计算值的相对误差/%	对数尾数	补充系列R80		派生系列
	R5	R10	R20	R40		从0.1至1	从1至10	从10至100						
数值	1.00	1.00	1.00	1.00		-40	0	40	1.0000	0	000	1.00	3.15	派生系列是从基本系列或补充系列 Rr 中每 p 项取值导出的系列，以 Rr/p 表示。只有当基本系列无一能满足分级要求时才采用派生系列。如在基本系列中，递次隔 2、3、4、…几个项数选取优先数值导出的系列。例如：在 R5 系列中，每隔 1 项选取一项可得 R5/2 系列；在 R10 系列中，每隔 2 项选取一项可得 R10/3 系列；在 R20 系列中，每隔 6 项选取一项可得 R20/7 系列；在 R40 系列中，每隔 5 项选取一项，可得 R40/6 系列 派生系列的公比为 $q_{r/p}=q_r^p=(\sqrt[r]{10})^p=10^{p/r}$
				1.06	1.05	-39	1	41	1.0593	+0.07	025	1.03	3.25	
			1.12	1.12	1.1	-38	2	42	1.1220	-0.18	050	1.06	3.35	
				1.18	1.2	-37	3	43	1.1885	-0.71	075	1.09	3.45	
		1.25	1.25	1.25	(1.2)	-36	4	44	1.2589	-0.71	100	1.12	3.55	
				1.32	1.3	-35	5	45	1.3335	-1.01	125	1.15	3.65	
			1.40	1.40		-34	6	46	1.4125	-0.88	150	1.18	3.75	
				1.50		-33	7	47	1.4962	+0.25	175	1.22	3.85	
	1.60	1.60	1.60	1.60	(1.5)*	-32	8	48	1.5849	+0.95	200	1.25	4.00	
				1.70		-31	9	49	1.6788	+1.26	225	1.28	4.12	
			1.80	1.80		-30	10	50	1.7783	+1.22	250	1.32	4.25	
				1.90		-29	11	51	1.8836	+0.87	275	1.36	4.37	
		2.00	2.00	2.00		-28	12	52	1.9953	+0.24	300	1.40	4.50	
				2.12	2.1	-27	13	53	2.1135	+0.31	325	1.45	4.62	
			2.24	2.24	2.2	-26	14	54	2.2387	+0.06	350	1.50	4.75	
				2.36	2.4	-25	15	55	2.3714	-0.48	375	1.55	4.87	
	2.50	2.50	2.50	2.50		-24	16	56	2.5119	-0.47	400	1.60	5.00	
				2.65	2.6	-23	17	57	2.6607	-0.40	425	1.65	5.15	
			2.80	2.80		-22	18	58	2.8184	-0.65	450	1.70	5.30	
				3.00		-21	19	59	2.9854	+0.49	475	1.75	5.45	
		3.15	3.15	3.15	(3)；3.2	-20	20	60	3.1623	-0.39	500	1.80	5.60	
				3.35	3.4	-19	21	61	3.3497	+0.01	525	1.85	5.80	
			3.55	3.55	(3.5)；3.6	-18	22	62	3.5481	+0.05	550	1.90	6.00	
				3.75	3.8	-17	23	63	3.7584	-0.22	575	1.95	6.15	
	4.00	4.00	4.00	4.00		-16	24	64	3.9811	+0.47	600	2.00	6.30	
				4.25	4.2	-15	25	65	4.2170	+0.78	625	2.06	6.50	
			4.50	4.50		-14	26	66	4.4668	+0.74	650	2.12	6.70	
				4.75	4.8	-13	27	67	4.7315	+0.39	675	2.18	6.90	
		5.00	5.00	5.00		-12	28	68	5.0119	-0.24	700	2.24	7.10	
				5.30		-11	29	69	5.3088	-0.17	725	2.30	7.30	
			5.60	5.60	(5.5)	-10	30	70	5.6234	-0.42	750	2.35	7.50	
				6.00		-9	31	71	5.9566	+0.73	775	2.43	7.75	
	6.30	6.30	6.30	6.30	(6.0)	-8	32	72	6.3096	-0.15	800	2.50	8.00	
				6.70		-7	33	73	6.6834	+0.25	825	2.58	8.25	
			7.10	7.10	(7.0)	-6	34	74	7.0795	+0.29	850	2.65	8.50	
				7.50		-5	35	75	7.4989	+0.01	875	2.72	8.75	

续表

	基本系列(常用值)				化整值	优先数的序号 N			计算值	基本系列的常用值对计算值的相对误差/%	对数尾数	补充系列R80		派生系列
	R5	R10	R20	R40		从0.1至1	从1至10	从10至100						
数值	6.30	8.00	8.00	8.00		−4	36	76	7.9433	+0.71	900	2.80	9.00	
				8.50		−3	37	77	8.4140	+1.02	925	2.90	9.25	
			9.00	9.00		−2	38	78	8.9125	+0.98	950	3.00	9.50	
				9.50		−1	39	79	9.4406	+0.63	975	3.07	9.75	
	10.00	10.00	10.00	10.00		0	40	80	10.000	0	000			
公比	$\sqrt[5]{10}\approx 1.6$	$\sqrt[10]{10}\approx 1.25$	$\sqrt[20]{10}\approx 1.12$	$\sqrt[40]{10}\approx 1.06$								$\sqrt[80]{10}\approx 1.03$		
主要特性	1. 基本系列中任意两项之积和商,任意一项之整数乘方或开方,都为优先数,其运算应通过序号 N 去实现 2. 大于10或小于1的优先数均可用10、100、1000、…或用0.1、0.01、…乘以基本系列或补充系列优先数求得													

注：1. 优先数的计算与序号 N 的运用

(1) 求优先数之积

当求优先数 M_1、M_2 之积时，只需将这两个优先数相应的序号相加，求得新序号，与之对应的优先数为所求之值。

例如：求两优先数之积：3.15×1.6=5

对应序号之和：20+8=28

对应于序号28之优先数为5（相当于3.15×1.6之优先数）。

(2) 求优先数之商

当求优先数 M_1、M_2 之商时，只需将这两个优先数相应的序号相减，求得新序号，与之对应的优先数为所求之值。

例如：求两优先数之商：4.25÷25=0.17

对应序号之差：25−56=−31

对应于序号−31之优先数为0.17（相当于4.25÷25之优先数）。

(3) 求优先数之乘方

当求优先数 M 的 n 次乘方（M^n）时，只需将乘方指数 n 乘以 M 的相应序号求得新序号，与之对应的优先数为所求之值。

例如：求优先数的平方：$(1.18)^2=1.4$

乘方指数与对应序号的积：2×3=6

对应于序号6的优先数为1.4（相当于 1.18^2 的优先数）。

(4) 求优先数的开方（或优先数的正、负分数幂）

当求优先数 M 之 n 次方根（$\sqrt[n]{M}$）时，只需将 M 的相应序号除以根指数求得新序号，与之对应的优先数为所求之值。但优先数序号与分式指数的乘积必须为整数。

例如：求优先数的平方根 $\sqrt{0.16}=0.4$

对应序号与根指数的商−32÷2=−16

对应于序号−16的优先数为0.4（相当于 $\sqrt{0.16}$ 的优先数）。

例如：求 $0.25^{-1/3}=1.6$，对应序号与分式指数的积−24（−1/3）=8，序号8对应的优先数为1.6

又例如：$\sqrt[4]{3}=3^{1/4}$ 不是优先数，因1/4与3的序号之积不是整数

2. 系列选择原则

(1) 选择参数系列时，应优先采用项数最少（相对差最大）的基本系列，即R5系列优先于R10系列采用，R10系列优先于R20系列采用，R20系列优先于R40系列采用。$\left(\text{相对差}=\dfrac{\text{后项}-\text{前项}}{\text{前项}}\times 100\%\right.$，各系列分别为：R5≈60%；R10≈25%；R20≈12%；R40≈6%；R80≈3%$\left.\right)$补充系列R80尽可能少用，仅在参数分级很细或基本系列中的优先数不能适用实际情况时才用。

(2) 基本系列的公比不能满足要求时，则可采用，派生系列。选择派生系列时，应依次优先考虑R5/2、R10/3、R10/5、R20/3、R20/4、R40/3、R40/5。

(3) 基本系列中的数值不符合需要有充分理由而完全不能采用优先数时，允许采用标准中的化整值（见表第6行带“*”号者）。化整值系列是由优先数的常用值和一部分化整值所组成的系列，仅在参数取值受到特殊限制时才允许采用。应优先采用第一化整值系列R′r。选得的化整值应尽量保持系列公比的均匀。见标准GB/T 19763—2005。

(4) 优先数对于产品的尺寸和参数不全部适用时，则应在基本参数和主要尺寸上采用优先数。

(5) 对某些精密产品的参数，可直接使用计算值（所列计算值精确到5位数字，与理论值比较，误差小于0.00005）。

3. 化整值中括号内尺寸，特别是标有*号的数值1.5，应尽可能不用。

4. 表中常用值对计算值的相对误差$=\dfrac{\text{常用值}-\text{计算值}}{\text{计算值}}\times 100\%$。

3.2 优先数的应用示例

在设计产品时，产品的主参数系列应最大限度采用优先数系。对规格杂乱、品种繁多的老产品，应通过调查分析加以整顿，从优先数系中选用合适的系列作为产品的主要参数系列。在零部件的系列设计中应选取一些主要尺寸作为自变量选用优先数系。下面为起重机滑轮结构尺寸的设计示例。起重机滑轮结构尺寸见图 1-1-1。

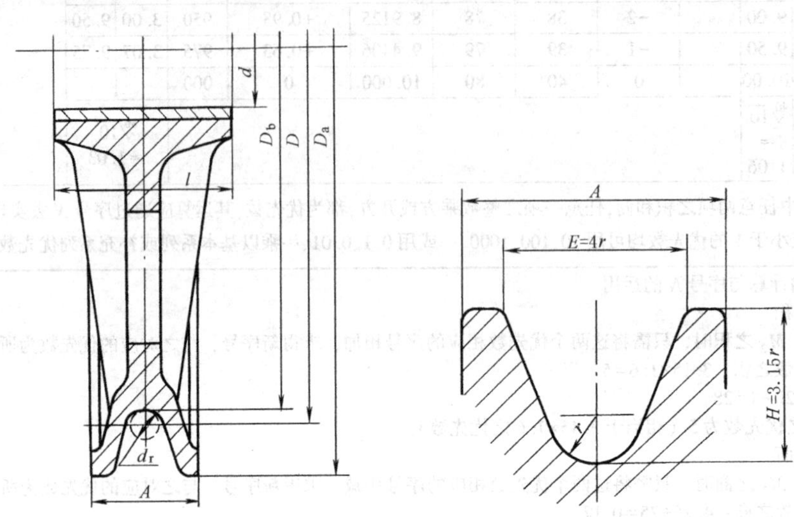

图 1-1-1　滑轮的结构尺寸（参阅 JISZ 8601 标准数解说）

（1）确定采用优先数的参数

对滑轮来说，最重要的参数是与其相配的钢丝绳直径 d_r。因为 d_r 的大小直接影响到滑轮上所承受载荷的大小，从而决定了滑轮的结构尺寸。因此，首先选用钢丝绳直径 d_r 为优先数，取 R20 系列，尺寸在 10~60mm 范围内。

其次，在滑轮轮缘部分的几个直径尺寸中，决定钢丝绳中心处的滑轮公称直径 D 采用优先数。而滑轮底径 D_b 按下式计算：

$$D_b = D - d_r$$

D_b 一般不再为优先数。

另外，根据经验确定适当的槽形，其尺寸比例如图 1-1-1 所示，比例系数取优先数。这样只要槽底的圆弧半径 r 取为优先数，则槽形的各部分尺寸就都为优先数。

滑轮的外径 D_a 由下式计算确定：

$$D_a = D_b + 2H$$

D_a 一般也不再为优先数。

与轴的配合尺寸——轮毂长度 l 和滑轮孔径 d 都取为优先数。

（2）确定滑轮直径 D

滑轮直径 D 的系列取 R20 系列。滑轮直径与钢丝绳直径之比取决于起重机使用的频繁程度，在起重机的结构规范中最低为 20 倍。系列设计中假定取 20 倍、25 倍和 31.5 倍三种（倍数也按优先数选用，以保证 D 为优先数），并称 20 倍的滑轮为 20 型，25 倍的为 25 型，31.5 倍的为 31.5 型。对应不同钢丝绳直径 d_r 的滑轮直径 D 可按 R20 系列排表（见表 1-1-39）。

（3）确定槽底的圆弧半径 r

对槽底圆弧半径 r 的要求是使钢丝绳能较合适地安放在槽内。槽底半径过小或钢丝绳直径过大，都会产生干涉。r 值可按下式求得：

$$r \geqslant \frac{d_{rm}}{2} + \sqrt{\alpha^2 + \beta^2}$$

式中　d_{rm}——钢丝绳直径的平均值，mm；

α ——钢丝绳直径公差的$\frac{1}{4}$，mm；

β ——槽底半径公差的$\frac{1}{2}$，mm。

表 1-1-39　　滑轮的系列尺寸　　mm

钢丝绳直径 d_r	滑轮直径 D			滑轮底径 D_b			槽底半径 r	槽的高度 H	沟槽宽度 E	轮缘宽度 A	滑轮外径 D_a			载荷 P /kN
	20 型	25 型	31.5 型	20 型	25 型	31.5 型					20 型	25 型	31.5 型	
10	200	250	315	190	240	305	6.3	20	25	37.5	230	280	345	20
11.2	224	280	355	212.8	268.8	343.8	7.1	22.4	28	40	257.6	313.6	388.6	25
12.5	250	315	400	237.5	302.5	387.5	7.1	22.4	28	40	282.3	347.3	432.3	31.5
14	280	355	450	266	341	436	8	25	31.5	40	316	391	486	40
16	315	400	500	299	384	484	9	28	35.5	50	355	440	540	50
18	355	450	560	337	432	542	10	31.5	40	56	400	495	605	63
20	400	500	630	380	480	610	11.2	35.5	45	60	451	551	681	80
22.4	450	560	710	427.6	537.6	687.6	12.5	40	50	67	507.6	617.6	767.6	100
25	500	630	800	475	605	775	14	45	56	75	565	695	865	125
28	560	710	900	532	682	872	16	50	63	80	632	782	972	160
31.5	630	800	1000	598.5	768.5	968.5	18	56	71	90	710.5	880.5	1080.5	200
35.5	710	900	1120	674.5	864.5	1084.5	20	63	80	100	800.5	990.5	1210.5	250
40	800	1000	1250	760	960	1210	22.4	71	90	112	902	1102	1352	315
45	900	1120	1400	855	1075	1355	25	80	100	125	1015	1235	1515	400
50	1000	1250	1600	950	1200	1550	28	90	112	140	1130	1380	1730	500
56	1120	1400	1800	1064	1344	1744	31.5	100	125	150	1264	1544	1944	630

把计算所得的值圆整为 R20 中的优先数。

(4) 确定轮缘宽度 A

轮缘宽度 A 根据经验式为

$$A=E+4.25\sqrt{r}$$

把计算所得的值圆整为相近的 R40 中的优先数。

(5) 计算滑轮轴承上所承受的载荷 P

轴承上所承受的载荷 P 应为钢丝绳拉力 P_a 的两倍，即：

$$P=2P_a=2\times\frac{P_b}{n}=\frac{P_b}{3}$$

式中　P_a ——钢丝绳拉力；

P_b ——钢丝绳的破断载荷，可由钢丝绳的直径查标准求得；

n ——安全系数，对起重机用钢丝绳取 $n=6$。

钢丝绳直径 $d_r=10$mm 时，查得 $P_b=60.3$kN，则 $P=20.1$kN，近似取为优先数 $P\approx20$kN。同时，考虑到在材料许用应力不变时，钢丝绳的破断载荷 P_b 与钢丝绳的截面积成正比。因此

$$P_b\propto d_r^2,\ P\propto P_b,\ P\propto d_r^2$$

现在钢丝绳直径 d_r 为 R20 系列，故载荷 P 为 R20/2 系列（因 $P=20$kN 为 R10 系列中的值，故 R20/2=R10 系列）。

(6) 决定孔径 d 和轮毂长度 l

设孔径 d 取 R20 系列，轮毂长度 l 取 R10 系列。对同一种钢丝绳直径的滑轮，因承载条件的不同，必须有不同的孔径 d 和轮毂长度 l 的组合，因此需要确定其大小的极限范围，这时最好利用优先数图来作系列分析。

1) 确定孔径 d 和轮毂长度 l 的关系　d 与 l 的关系可由滑轮轴承面上的许用压力决定，其关系为：

$$l=\frac{P}{dB_p}\propto\frac{d_r^2}{d}$$

式中　B_p ——轴承许用压力，设 $B_p=900\text{N/cm}^2$；

P ——滑轮轴承所受的载荷，N；

l、d 的单位取 cm。

对各个钢丝绳直径 d_r，其 B_p 和 P 值都是一定的，故上式可表示为

$$l\propto\frac{1}{d}$$

这个关系式在按优先数刻度的 d-l 坐标中是斜率为-1 的直线（见图 1-1-2），只要算出任意一点就能画出此直线。取孔径 d = 100mm = 10cm，钢丝绳直径分别取最小（d_r = 10mm，P = 20kN）和最大（d_r = 56mm，P = 630kN）两种情况，则轮毂长度 l 为：

$$d_r = 10\text{mm 时}，l = \frac{20000}{10 \times 900}\text{cm} = 2.24\text{cm} = 22.4\text{mm}$$

$$d_r = 56\text{mm 时}，l = \frac{630000}{10 \times 900}\text{cm} = 71\text{cm} = 710\text{mm}$$

在图 1-1-2 中相应于 d_r = 10mm 时 d = 100mm，l = 22.4mm 的一个点，和 d_r = 56mm 时 d = 100mm，l = 710mm 的一个点，以符号▲表示。从这两点分别画出斜率为-1 的直线①和①′。

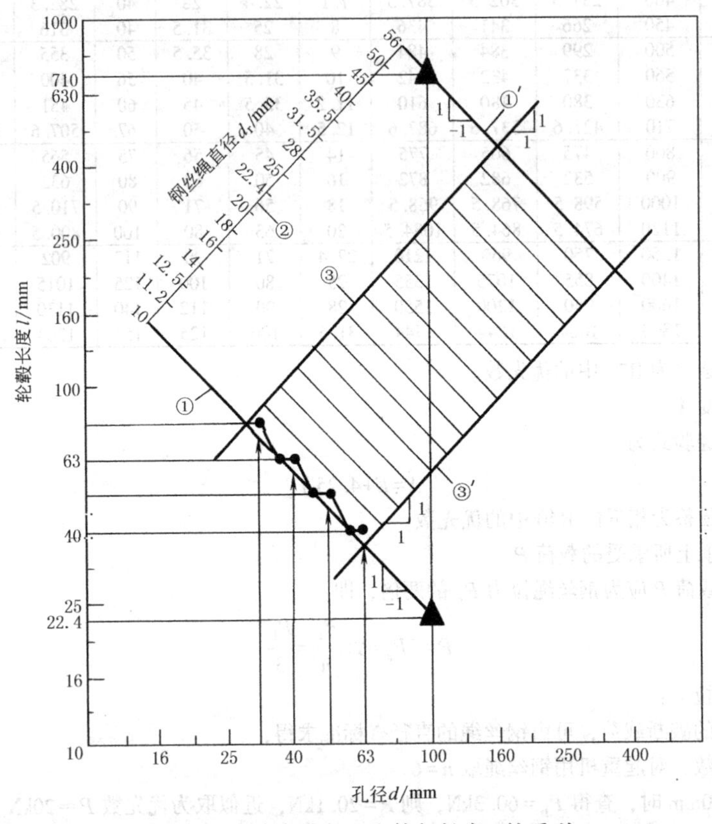

图 1-1-2　确定孔径 d 和轮毂长度 l 的系列

相应于其他 d_r 值的 d 与 l 值，只要在两直线①和①′之间，按钢丝绳直径系列 R20 等分，绘出平行直线，就很容易求得，而不必一一计算。

2）确定 d 和 l 的极限范围　按照在滑轮轴两支点间仅装一个滑轮的最小承载条件，以及装五个滑轮的最大承载条件，考虑使轴的弯曲应力不超过许用值，可求得最小孔径、最大孔径与轮毂长度的关系为

$$d_{\min} = \frac{1}{2.72}l$$

$$d_{\max} = 1.80l$$

与上式相应的两条斜率为 1 的直线③、③′给出了 d 和 l 的极限范围。

3）修正轮毂长度　与各种 d、l 值相应的点，只要在直线①、①′、③、③′规定的范围内，就能符合设计要求。但因轴（孔）径 d 取 R20 系列，而轮毂长度 l 取 R10 系列，是已经给定的条件，因此，需要把 l 中不是 R10 系列的值向上修正到 R10 系列。例如在图 1-1-2 的直线①上，把箭头符号所表示的 R20 系列的轮毂长度修正到 R10 上。这样得到的滑轮孔径与轮毂长度的系列尺寸见表 1-1-40。

表 1-1-40　　　　滑轮的孔径和轮毂长度　　　　mm

钢丝绳直径 d_r	轴、孔径 d	轮毂长度 l										
		40	50	63	80	100	125	160	200	250	315	400
10	31.5				×							
	35.5			×								
	40			×								
	45		×									
	50		×									
	56	×										
	63	×										
	71	×										
11.2	35.5				×							
	40				×							
	45			×								
	50			×								
	56		×									

4　数表与数学公式

4.1　数表

二项式系数$\binom{n}{p}$

表 1-1-41

n	p															
	0	1	2	3	4	5	6	7	8	9	10	11	12	13	14	15
1	1	1														
2	1	2	1													
3	1	3	3	1												
4	1	4	6	4	1											
5	1	5	10	10	5	1										
6	1	6	15	20	15	6	1									
7	1	7	21	35	35	21	7	1								
8	1	8	28	56	70	56	28	8	1							
9	1	9	36	84	126	126	84	36	9	1						
10	1	10	45	120	210	252	210	120	45	10	1					
11	1	11	55	165	330	462	462	330	165	55	11	1				
12	1	12	66	220	495	792	924	792	495	220	66	12	1			
13	1	13	78	286	715	1287	1716	1716	1287	715	286	78	13	1		
14	1	14	91	364	1001	2002	3003	3432	3003	2002	1001	364	91	14	1	
15	1	15	105	455	1365	3003	5005	6435	6435	5005	3003	1365	455	105	15	1

注：例$(a+b)^8=a^8+8a^7b+28a^6b^2+56a^5b^3+70a^4b^4+56a^3b^5+28a^2b^6+8ab^7+b^8$。

正多边形的圆内切、外接时，其几何尺寸

表 1-1-42

n——多边形的边数

C——多边形的边长

R——外接圆半径

r——切圆半径

A——多边形的面积

$$C=2R\sin\frac{180°}{n}=2r\tan\frac{180°}{n}$$

$$R=\frac{C}{2\sin\frac{180°}{n}}=\frac{r}{\cos\frac{180°}{n}}$$

$$r=\frac{C}{2}\cot\frac{180°}{n}=R\cos\frac{180°}{n}$$

$$A=\frac{n}{2}R^2\sin\frac{360°}{n}=nr^2\tan\frac{180°}{n}$$

$$=n\frac{C^2}{4}\cot\frac{180°}{n}$$

n	C		R		r		A		
3	1. 732R	3. 464r	0. 577C	2. 000r	0. 289C	0. 500R	0. 433C^2	1. 299R^2	5. 196r^2
4	1. 414R	2. 000r	0. 707C	1. 414r	0. 500C	0. 707R	1. 000C^2	2. 000R^2	4. 000r^2
5	1. 176R	1. 453r	0. 851C	1. 236r	0. 688C	0. 809R	1. 721C^2	2. 378R^2	3. 633r^2
6	1. 000R	1. 155r	1. 000C	1. 155r	0. 866C	0. 866R	2. 598C^2	2. 598R^2	3. 464r^2
7	0. 868R	0. 963r	1. 152C	1. 110r	1. 038C	0. 901R	3. 635C^2	2. 736R^2	3. 371r^2
8	0. 765R	0. 828r	1. 307C	1. 082r	1. 207C	0. 924R	4. 828C^2	2. 828R^2	3. 314r^2
9	0. 684R	0. 728r	1. 462C	1. 064r	1. 374C	0. 940R	6. 182C^2	2. 893R^2	3. 276r^2
10	0. 618R	0. 650r	1. 618C	1. 052r	1. 539C	0. 951R	7. 694C^2	2. 939R^2	3. 249r^2
11	0. 564R	0. 587r	1. 775C	1. 042r	1. 703C	0. 960R	9. 364C^2	2. 974R^2	3. 230r^2
12	0. 518R	0. 536r	1. 932C	1. 035r	1. 866C	0. 966R	11. 196C^2	3. 000R^2	3. 215r^2
16	0. 390R	0. 398r	2. 563C	1. 020r	2. 514C	0. 981R	20. 109C^2	3. 062R^2	3. 183r^2
20	0. 313R	0. 317r	3. 196C	1. 013r	3. 157C	0. 988R	31. 569C^2	3. 090R^2	3. 168r^2
24	0. 261R	0. 263r	3. 831C	1. 009r	3. 798C	0. 991R	45. 575C^2	3. 106R^2	3. 160r^2
32	0. 196R	0. 197r	5. 101C	1. 005r	5. 077C	0. 995R	81. 225C^2	3. 121R^2	3. 152r^2
48	0. 131R	0. 131r	7. 645C	1. 002r	7. 629C	0. 998R	183. 08C^2	3. 133R^2	3. 146r^2
64	0. 098R	0. 098r	10. 190C	1. 001r	10. 178C	0. 999R	325. 69C^2	3. 137R^2	3. 144r^2

弓形几何尺寸

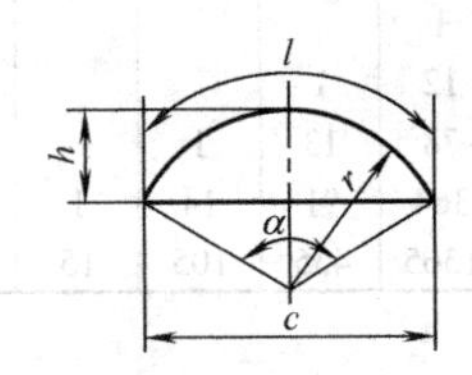

1. $A=\frac{1}{2}[rl-c(r-h)]$
2. $c=2\sqrt{h(2r-h)}=2r\sin\frac{\alpha}{2}$
3. $r=\frac{c^2+4h^2}{8h}$
4. $h=r-\frac{1}{2}\sqrt{4r^2-c^2}=r\left(1-\cos\frac{\alpha}{2}\right)$
5. $l=0.01745r\alpha°$
6. $\alpha°=57.296l/r$

4.2 物理科学和技术中使用的数学符号（摘自 GB 3102.11—1993）

表 1-1-43

符　号	意 义 及 举 例
几　何　符　号	
$\overline{AB}$, AB	[直]线段 AB
$\angle$	[平面]角
$\overset{\frown}{AB}$	弧 AB
π	圆周率,圆周长与直径的比
$\triangle$	三角形
$\square$	平行四边形
$\odot$	圆
$\perp$	垂直
$/\!/$, $\parallel$	平行,$\underline{\underline{\parallel}}$用于表示平行且相等
$\backsim$	相似
$\cong$	全等
杂　类　符　号	
$=$	a 等于 b,即 $a=b$,$\equiv$用来强调这一等式是数学上的恒等
$\neq$	a 不等于 b,即 $a\neq b$
$\stackrel{\text{def}}{=\!=}$	按定义 a 等于 b 或 a 以 b 为定义,即 $a\stackrel{\text{def}}{=\!=}b$,也可用$\stackrel{\text{d}}{=\!=}$
$\triangleq$	a 相当于 b,即 $a\triangleq b$,例如在地图上 1cm 相当于 10km 长时,可写成 1cm$\triangleq$10km
$\approx$	a 约等于 b,即 $a\approx b$
$\propto$	a 与 b 成正比,即 $a\propto b$
$:$	a 比 b,即 $a:b$
$<$	a 小于 b,即 $a<b$
$>$	a 大于 b,即 $a>b$
$\leqslant$	a 小于或等于 b,即 $a\leqslant b$
$\geqslant$	a 大于或等于 b,即 $a\geqslant b$
$\ll$	a 远小于 b,即 $a\ll b$
$\gg$	a 远大于 b,即 $a\gg b$
∞	无穷[大]或无限[大]
~	数字范围 a~b
.	小数点,例:13.59,整数和小数之间用处于下方位置的小数点"."分开
$\dot{}\ \dot{}$	循环小数,例:3.12382382…写作 $3.12\dot{3}8\dot{2}$

符　号	意 义 及 举 例
杂　类　符　号	
%	百分比
(　)	圆括号
[　]	方括号
{　}	花括号
〈　〉	角括号
$\pm$	正或负
$\mp$	负或正
max	最大
min	最小
运　算　符　号	
$a+b$	a 加 b
$a-b$	a 减 b
ab, $a\cdot b$, $a\times b$	a 乘以 b,数的乘号用×(×)或居中的圆点(·),如出现小数点时,数的乘号只能用叉
$\frac{a}{b}$, a/b, ab^{-1}	a 除以 b,或 a 被 b 除
$\sum_{i=1}^{n} a_i$	$a_1+a_2+\cdots+a_n$,也可记为 $\sum_i a_i$, $\sum a_i$, $\sum_i a_i$, $\sum_{i=1}^{n} a_i$ 例: $\sum_{i=1}^{\infty} a_i=a_1+a_2+\cdots+a_n+\cdots$
$\prod_{i=1}^{n} a_i$	$a_1\cdot a_2\cdots a_n$,也可记为 $\prod_i a_i$, $\prod a_i$, $\prod_i a_i$, $\prod_{i=1}^{n} a_i$ 例: $\prod_{i=1}^{\infty} a_i=a_1\cdot a_2\cdots a_n\cdots$
a^p	a 的 p 次方或 a 的 p 次幂
$a^{1/2}$, $a^{\frac{1}{2}}$ $\sqrt{a}$, $\surd a$	a 的$\frac{1}{2}$次方,a 的平方根
$a^{1/n}$, $a^{\frac{1}{n}}$ $\sqrt[n]{a}$, $\sqrt[n]{}a$	a 的$\frac{1}{n}$次方,a 的 n 次方根。在使用符号$\sqrt[n]{a}$或$\sqrt[n]{}$时,为了避免混淆,应采用括号把被开方的复杂表达式括起来
$\lvert a\rvert$	a 的绝对值,a 的模,也可用 abs$a$
sgn$a$	a 的符号函数,对于实数 a: $\mathrm{sgn}a=\begin{cases}1 & 当\ a>0\\ 0 & 当\ a=0\\ -1 & 当\ a<0\end{cases}$ 对于复数 a,sgn$a=a/\lvert a\rvert=\exp(\mathrm{i}\arg a)$,$a\neq0$

续表

符号	意义及举例
	运算符号
$\bar{a}$,$\langle a\rangle$	如果平均值的求法在文中不明了,则应指出其形成的方法。若$\bar{a}$容易与a的复共轭混淆时,就用$\langle a\rangle$
$n!$	n的阶乘,$n\geqslant 1$时, $n!=\prod_{k=1}^{n}k=1\times2\times3\times\cdots\times n$ $n=0$时,$n!=1$
$\binom{n}{p}$,C_n^p	二项式系数,$C_n^p=\frac{n!}{p!(n-p)!}$
ent a,E(a)	小于或等于a的最大整数;示性a 例:ent 2.4=2, ent (-2.4)=-3 有时也用$[a]$
	函数符号
f	函数f,也可以表示为$x\to f(x)$
$f(x)$ $f(x,y,\cdots)$	函数f在x或在$(x,y,\cdots)$的值,也表示以x或以$x,y,\cdots$为自变量的函数f
$f(x)\big\vert_a^b$,$[f(x)]_a^b$	$f(b)-f(a)$,这种表示法主要用于定积分计算
$g\circ f$	f与g的合成函数或复合函数,$(g\circ f)(x)=g(f(x))$
$x\to a$	x趋于a,用$x_n\to a$表示序列$\{x_n\}$的极限为a
$\lim\limits_{x\to a}f(x)$ $\lim_{x\to a}f(x)$	x趋于a时$f(x)$的极限,$\lim_{x\to a}f(x)=b$可以写为:$f(x)\to b$当$x\to a$,右极限以及左极限可分别表示为$\lim_{x\to a+}f(x)$及$\lim_{x\to a-}f(x)$
$\overline{\lim}$	上极限
$\underline{\lim}$	下极限
sup	上确界
inf	下确界
$\simeq$	渐近等于,例: $\frac{1}{\sin(x-a)}\simeq\frac{1}{x-a}$当$x\to a$时
$O(g(x))$	$f(x)=O(g(x))$的含义为$\lvert f(x)/g(x)\rvert$在行文所述的极限中是上方有界的 当f/g与g/f都有界时,称f与g是同阶的
$o(g(x))$	$f(x)=o(g(x))$表示在行文所述的极限中$f(x)/g(x)\to 0$
Δx	x的(有限)增量

符号	意义及举例
	函数符号
$\frac{df}{dx}$ df/dx f' Df	单变量函数f的导(函)数或微商即:$\frac{df(x)}{dx}$,$df(x)/dx$,$f'(x)$,$Df(x)$ 如自变量为时间t,也可用$\dot{f}$表示df/dt
$\left(\frac{df}{dx}\right)_{x=a}$ $(df/dx)_{x=a}$ $f'(a)$ $Df(a)$	函数f的导(函)数在a的值,也可用$\frac{df}{dx}\Big\vert_{x=a}$
$\frac{d^nf}{dx^n}$ d^nf/dx^n $f^{(n)}$ D^nf	单变量函数f的n阶导函数,当$n=2,3$时,也可用f'',f'''来代替$f^{(n)}$。 如自变量是时间t,也可用$\ddot{f}$来代替d^2f/dt^2
$\frac{\partial f}{\partial x}$ $\partial f/\partial x$ $\partial_x f$	多变量$x,y,\cdots$的函数f对于x的偏微商或偏导数,即:$\frac{\partial f(x,y,\cdots)}{\partial x}$,$\partial f(x,y,\cdots)/\partial x$,$\partial_x f(x,y,\cdots)$ 也可用$\left(\frac{\partial f}{\partial x}\right)_y$,…或$f_x$
$\frac{\partial^{m+n}f}{\partial x^n\partial y^m}$	函数f先对y求m次偏微商,再对x求n次偏微商
$\frac{\partial(u,v,w)}{\partial(x,y,z)}$	u,v,w对x,y,z的函数行列式,即:$\begin{vmatrix}\frac{\partial u}{\partial x}&\frac{\partial u}{\partial y}&\frac{\partial u}{\partial z}\\\frac{\partial v}{\partial x}&\frac{\partial v}{\partial y}&\frac{\partial v}{\partial z}\\\frac{\partial w}{\partial x}&\frac{\partial w}{\partial y}&\frac{\partial w}{\partial z}\end{vmatrix}$
df	函数f的全微分 $df(x,y,\cdots)=\frac{\partial f}{\partial x}dx+\frac{\partial f}{\partial y}dy+\cdots$
δf	函数f的(无穷小)变差
$\int f(x)dx$	函数f的不定积分
$\int_a^b f(x)dx$	函数f由a至b的定积分,$\int_C$,$\int_S$,$\int_V$,$\oint$分别用于沿曲线C,沿曲面S,沿体积V以及沿闭曲线或闭曲面的积分
$\int_A\int f(x,y)dA$	函数$f(x,y)$在集合A上的二重积分
	指数函数和对数函数符号
a^x	x的指数函数(以a为底)
e	自然对数的底,$e=\lim\limits_{n\to\infty}\left(1+\frac{1}{n}\right)^n=2.7182818\cdots$

续表

符　号	意　义　及　举　例
	指数函数和对数函数符号
e^x, $\exp x$	x 的指数函数(以 e 为底),同一场合时只用一种符号
$\log_a x$	以 a 为底的 x 的对数,当底数不必指出时,常用 $\log x$ 表示
$\ln x$	x 的自然对数,$\ln x=\log_e x$ 不能用 $\log x$ 代替 $\ln x$、$\log_e x$
$\lg x$	x 的常用对数,$\lg x=\log_{10} x$ 不能用 $\log x$ 代替 $\lg x$、$\log_{10} x$
$\mathrm{lb} x$	x 的以 2 为底的对数,$\mathrm{lb} x=\log_2 x$ 不能用 $\log x$ 代替 $\mathrm{lb} x$、$\log_2 x$
	三角函数和双曲函数符号
$\sin x$	x 的正弦
$\cos x$	x 的余弦
$\tan x$	x 的正切,亦可用 $\mathrm{tg} x$
$\cot x$	x 的余切,$\cot x=1/\tan x$
$\sec x$	x 的正割,$\sec x=1/\cos x$
$\csc x$	x 的余割,$\csc x=\dfrac{1}{\sin x}$,亦可用 $\mathrm{cosec} x$
$\sin^m x$	$\sin x$ 的 m 次方,其他三角函数和双曲线函数的 m 次方的表示法类似
$\arcsin x$	x 的反正弦,$y=\arcsin x \Leftrightarrow x=\sin y$, $-\pi/2 \leqslant y \leqslant \pi/2$ 反正弦函数是正弦函数在上述限制下的反函数
$\arccos x$	x 的反余弦,$y=\arccos x \Leftrightarrow x=\cos y$, $0 \leqslant y \leqslant \pi$ 反余弦函数是余弦函数在上述限制下的反函数
$\arctan x$	x 的反正切,亦可用 $\mathrm{arctg} x$ $y=\arctan x \Leftrightarrow x=\tan y$, $-\pi/2<y<\pi/2$ 反正切函数是正切函数在上述限制下的反函数
$\mathrm{arccot} x$	x 的反余切,$y=\mathrm{arccot} x \Leftrightarrow x=\cot y$, $0<y<\pi$ 反余切函数是余切函数在上述限制下的反函数
$\mathrm{arcsec} x$	x 的反正割,$y=\mathrm{arcsec} x \Leftrightarrow x=\sec y$, $0 \leqslant y \leqslant \pi, y \neq \pi/2$ 反正割函数是正割函数在上述限制下的反函数
	三角函数和双曲函数符号
$\mathrm{arccsc} x$	x 的反余割,也可用 $\mathrm{arccosec} x$ $y=\mathrm{arccsc} x \Leftrightarrow x=\csc y, -\pi/2 \leqslant y \leqslant \pi/2, y \neq 0$ 反余割函数是余割函数在上述限制下的反函数。上述 $\arcsin x$ 至 $\mathrm{arccsc} x$ 各项不采用 $\sin^{-1} x$、$\cos^{-1} x$ 等符号,因可能被误解为 $(\sin x)^{-1}$、$(\cos x)^{-1}$等
$\sinh x$	x 的双曲正弦,亦可用 $\mathrm{sh} x$
$\cosh x$	x 的双曲余弦,亦可用 $\mathrm{ch} x$
$\tanh x$	x 的双曲正切,亦可用 $\mathrm{th} x$
$\coth x$	x 的双曲余切,亦可用 $\mathrm{cth} x$,$\coth x=1/\tanh x$
$\mathrm{sech} x$	x 的双曲正割,$\mathrm{sech} x=1/\cosh x$
$\mathrm{csch} x$	x 的双曲余割,亦可用 $\mathrm{cosech} x$,$\mathrm{csch} x=1/\sinh x$
$\mathrm{arsinh} x$	x 的反双曲正弦,亦可用 $\mathrm{arsh} x$ $y=\mathrm{arsinh} x \Leftrightarrow x=\sinh y$ 反双曲正弦函数是双曲正弦函数的反函数
$\mathrm{arcosh} x$	x 的反双曲余弦,亦可用 $\mathrm{arch} x$ $y=\mathrm{arcosh} x \Leftrightarrow x=\cosh y, y \geqslant 0$ 反双曲余弦函数是双曲余弦函数在上述限制下的反函数
$\mathrm{artanh} x$	x 的反双曲正切,也可用 $\mathrm{arth} x$ $y=\mathrm{artanh} x \Leftrightarrow x=\tanh y$
$\mathrm{arcoth} x$	x 的反双曲余切,$y=\mathrm{arcoth} x \Leftrightarrow x=\coth y, y \neq 0$
$\mathrm{arsech} x$	x 的反双曲正割,$y=\mathrm{arsech} x \Leftrightarrow x=\mathrm{sech} y, y \geqslant 0$
$\mathrm{arcsch} x$	x 的反双曲余割,亦可用 $\mathrm{arcosech} x$, $y=\mathrm{arcsch} x \Leftrightarrow x=\mathrm{csch} y, y \neq 0$ 上述各项不采用 $\sinh^{-1} x$、$\cosh^{-1} x$ 等符号,因为可能被误解为 $(\sinh x)^{-1}$、$(\cosh x)^{-1}$等
	复　数　符　号
i, j	虚数单位,$i^2=-1$,在电工中通常用 j
Re z	z 的实部
Im z	z 的虚部,$z=x+iy$,其中 $x=\mathrm{Re}\,z$,$y=\mathrm{Im}\,z$
$\vert z \vert$	z 的绝对值;z 的模,也可用 mod z
arg z	z 的辐角;z 的相,$z=re^{i\varphi}$,其中 $r=\vert z \vert$,$\varphi=\arg z$即 $\mathrm{Re}\,z=r\cos\varphi$,$\mathrm{Im}\,z=r\sin\varphi$
z^*	z 的[复]共轭,有时用 $\bar{z}$ 代替 z^*
sgn z	z 的单位模函数,$z \neq 0$ 时 $\mathrm{sgn}\,z=z/\vert z \vert=\exp(i\arg z)$;$z=0$ 时,$\mathrm{sgn}\,z=0$

续表

符号	意义及举例
	矩阵符号
$\boldsymbol{A}$ $\begin{bmatrix} a_{11} \cdots a_{1n} \\ \vdots \quad \vdots \\ a_{m1} \cdots a_{mn} \end{bmatrix}$	$m \times n$ 型的矩阵 $\boldsymbol{A}$，也可用 $\boldsymbol{A}=(a_{ij})$，a_{ij} 是矩阵 $\boldsymbol{A}$ 的元素；m 为行数，n 为列数。当 $m=n$ 时，$\boldsymbol{A}$ 称为[正]方阵。矩阵元可用大写字母表示。也可用圆括号代替方括号
$\boldsymbol{AB}$	矩阵 $\boldsymbol{A}$ 与 $\boldsymbol{B}$ 的积，$(\boldsymbol{AB})_{ik}=\sum_j A_{ij}B_{jk}$，其中 $\boldsymbol{A}$ 的列数必须等于 $\boldsymbol{B}$ 的行数
$\boldsymbol{E}$，$\boldsymbol{I}$	单位矩阵，方阵的元素 $E_{ik}=\delta_{ik}$，i 与 k 均为整数
$\boldsymbol{A}^{-1}$	方阵 $\boldsymbol{A}$ 的逆，$\boldsymbol{AA}^{-1}=\boldsymbol{A}^{-1}\boldsymbol{A}=\boldsymbol{E}$
$\boldsymbol{A}^{\mathrm{T}}$，$\widetilde{\boldsymbol{A}}$	$\boldsymbol{A}$ 的转置矩阵，$(\boldsymbol{A}^{\mathrm{T}})_{ik}=A_{ki}$ 或 $(\widetilde{\boldsymbol{A}})_{ik}=A_{ki}$；亦使用 $\boldsymbol{A}'$
$\boldsymbol{A}^*$	$\boldsymbol{A}$ 的复共轭矩阵，$(\boldsymbol{A}^*)_{ik}=(A_{ik})^*=A_{ik}^*$，在数学中亦常用 $\overline{\boldsymbol{A}}$
$\boldsymbol{A}^{\mathrm{H}}$，$\boldsymbol{A}^+$	$\boldsymbol{A}$ 的厄米特共轭矩阵，$(\boldsymbol{A}^{\mathrm{H}})_{ik}=(A_{ki})^*=A_{ki}^*$，在数学中亦常用 $\boldsymbol{A}^*$
$\det\boldsymbol{A}$ $\begin{vmatrix} a_{11} & \cdots & a_{1n} \\ \vdots & & \vdots \\ a_{n1} & \cdots & a_{nn} \end{vmatrix}$	方阵 $\boldsymbol{A}$ 的行列式
$\mathrm{tr}\,\boldsymbol{A}$	方阵 $\boldsymbol{A}$ 的迹，$\mathrm{tr}\,\boldsymbol{A}=\sum_i A_{ii}$
$\Vert\boldsymbol{A}\Vert$	矩阵 $\boldsymbol{A}$ 的范数，矩阵的范数有各种定义，例如范数 $\Vert\boldsymbol{A}\Vert=(\mathrm{tr}(\boldsymbol{AA}^{\mathrm{H}}))^{1/2}$

坐标系符号

坐标	径矢量及其微分	坐标系名称	备注
x,y,z	$\boldsymbol{r}=x\boldsymbol{e}_x+y\boldsymbol{e}_y+z\boldsymbol{e}_z$， $\mathrm{d}\boldsymbol{r}=\mathrm{d}x\boldsymbol{e}_x+\mathrm{d}y\boldsymbol{e}_y+\mathrm{d}z\boldsymbol{e}_z$	笛卡儿坐标 cartesian coordinates	$\boldsymbol{e}_x$、$\boldsymbol{e}_y$ 与 $\boldsymbol{e}_z$ 组成一标准正交右手系，见图1
ρ,φ,z	$\boldsymbol{r}=\rho\boldsymbol{e}_\rho(\varphi)+z\boldsymbol{e}_z$，$\mathrm{d}\boldsymbol{r}=\mathrm{d}\rho\boldsymbol{e}_\rho(\varphi)+\rho\mathrm{d}\varphi\boldsymbol{e}_\varphi(\varphi)+\mathrm{d}z\boldsymbol{e}_z$	圆柱坐标 cylindrical coordinates	$\boldsymbol{e}_\rho$、$\boldsymbol{e}_\varphi$ 与 $\boldsymbol{e}_z$ 组成一标准正交右手系，见图3和图4 若 $z=0$，则 ρ 与 φ 成为极坐标
r,θ,φ	$\boldsymbol{r}=r\boldsymbol{e}_r(\theta,\varphi)$，$\mathrm{d}\boldsymbol{r}=\mathrm{d}r\boldsymbol{e}_r(\theta,\varphi)+r\mathrm{d}\theta\boldsymbol{e}_\theta(\theta,\varphi)+r\sin\theta\mathrm{d}\varphi\boldsymbol{e}_\varphi(\varphi)$	球坐标 spherical coordinates	$\boldsymbol{e}_r$、$\boldsymbol{e}_\theta$ 与 $\boldsymbol{e}_\varphi$ 组成一标准正交右手系，见图3和图5

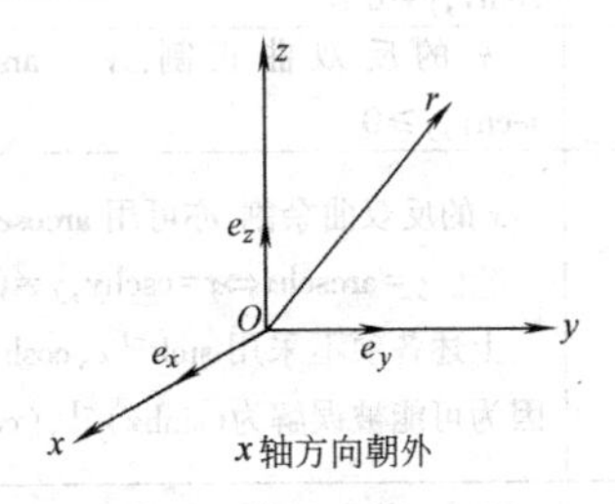

图1　右手笛卡儿坐标系

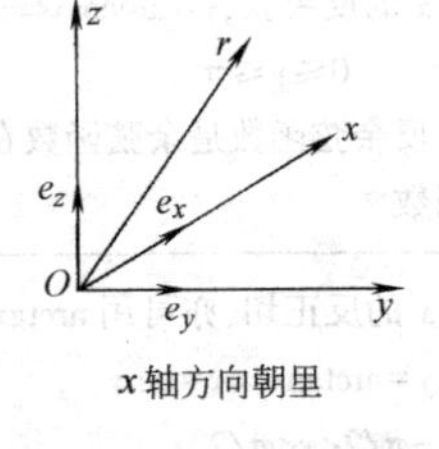

图2　左手笛卡儿坐标系

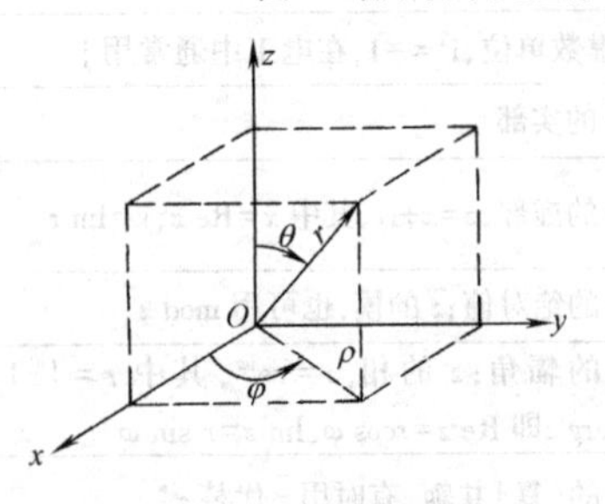

图3　$Oxyz$ 是右手坐标系

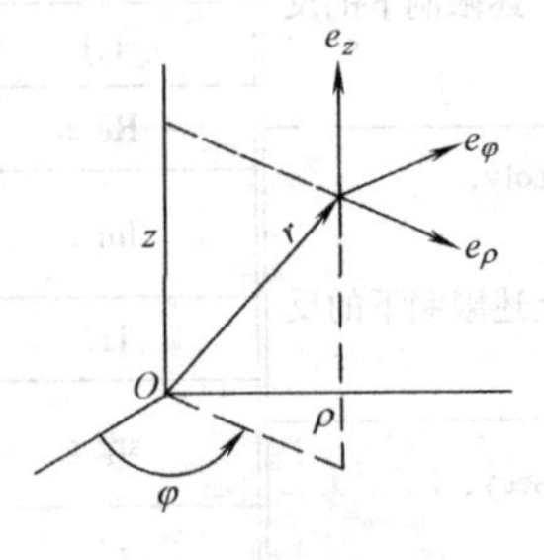

图4　右手柱坐标

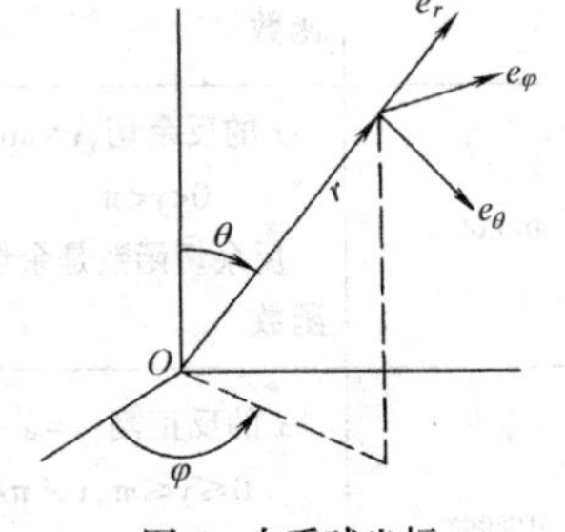

图5　右手球坐标

说明：如果为了某些目的，例外地使用左手坐标系（见图2）时，必须明确地说出，以免引起符号错误

续表

符　号	意义及举例
矢量和张量符号	
$\boldsymbol{a},\vec{a}$	矢量或向量 $\boldsymbol{a}$，这里，笛卡儿坐标用 x,y,z 或 x_1,x_2,x_3 表示，在后一种情况，指标 i,j,k 从1到3取值，并采用下面的求和约定：如果在一项中某个指标出现两次，则表示该指标对1，2，3求和。印刷用黑体 $\boldsymbol{a}$，书写用 $\vec{a}$
$a,\|\boldsymbol{a}\|$	矢量 $\boldsymbol{a}$ 的模或长度，也可用 $\Vert\boldsymbol{a}\Vert$
$\boldsymbol{e}_a$	$\boldsymbol{a}$ 方向的单位矢量，$\boldsymbol{e}_a=\boldsymbol{a}/\|\boldsymbol{a}\|$ $\boldsymbol{a}=a\boldsymbol{e}_a$
$\boldsymbol{e}_x,\boldsymbol{e}_y,\boldsymbol{e}_z$，$\boldsymbol{i},\boldsymbol{j},\boldsymbol{k},\boldsymbol{e}_i$	在笛卡儿坐标轴方向的单位矢量
a_x,a_y,a_z,a_i	矢量 $\boldsymbol{a}$ 的笛卡儿分量，$\boldsymbol{a}=a_x\boldsymbol{e}_x+a_y\boldsymbol{e}_y+a_z\boldsymbol{e}_z=(a_x,a_y,a_z)$；$a_x\boldsymbol{e}_x$ 等为分矢量 $\boldsymbol{r}=x\boldsymbol{e}_x+y\boldsymbol{e}_y+z\boldsymbol{e}_z$
$\boldsymbol{a}\cdot\boldsymbol{b}$	$\boldsymbol{a}$ 与 $\boldsymbol{b}$ 的标量积或数量积， $\boldsymbol{a}\cdot\boldsymbol{b}=a_xb_x+a_yb_y+a_zb_z$， $\boldsymbol{a}\cdot\boldsymbol{a}=\boldsymbol{a}^2=\|\boldsymbol{a}\|^2=a^2$， $\boldsymbol{a}\cdot\boldsymbol{b}=a_ib_i=\sum\limits_i a_ib_i$ 在特殊场合，也可用 $(\boldsymbol{a},\boldsymbol{b})$
$\boldsymbol{a}\times\boldsymbol{b}$	$\boldsymbol{a}$ 与 $\boldsymbol{b}$ 的矢量积或向量积，在右手笛卡儿坐标系中，分量 $(\boldsymbol{a}\times\boldsymbol{b})_x=a_yb_z-a_zb_y$，一般 $(\boldsymbol{a}\times\boldsymbol{b})_i=\sum\limits_j\sum\limits_k\varepsilon_{ijk}a_jb_k$
$\boldsymbol{\nabla}$ $\vec{\nabla}$	那勃勒算子或算符，也称矢量微分算子 $\boldsymbol{\nabla}=\boldsymbol{e}_x\dfrac{\partial}{\partial x}+\boldsymbol{e}_y\dfrac{\partial}{\partial y}+\boldsymbol{e}_z\dfrac{\partial}{\partial z}=\boldsymbol{e}_i\dfrac{\partial}{\partial x_i}$，也可用 $\dfrac{\partial}{\partial\boldsymbol{r}}$
$\boldsymbol{\nabla}\varphi$ $\mathrm{grad}\varphi$	φ 的梯度，也可用 grad φ $\boldsymbol{\nabla}\varphi=\boldsymbol{e}_i\dfrac{\partial\varphi}{\partial x_i}$
$\boldsymbol{\nabla}\cdot\boldsymbol{a}$ $\mathrm{div}\boldsymbol{a}$	$\boldsymbol{a}$ 的散度 $\boldsymbol{\nabla}\cdot\boldsymbol{a}=\dfrac{\partial a_i}{\partial x_i}$
$\boldsymbol{\nabla}\times\boldsymbol{a}$ $\mathrm{rot}\boldsymbol{a}$ $\mathrm{curl}\boldsymbol{a}$	$\boldsymbol{a}$ 的旋度，气象学上称为涡度。也可用 rot $\boldsymbol{a}$，curl $\boldsymbol{a}$，$(\boldsymbol{\nabla}\times\boldsymbol{a})_x=\dfrac{\partial a_z}{\partial y}-\dfrac{\partial a_y}{\partial z}$，一般 $(\nabla\times\boldsymbol{a})_i=\sum\limits_j\sum\limits_k\varepsilon_{ijk}\dfrac{\partial a_k}{\partial x_j}$
$\boldsymbol{\nabla}^2$ Δ	拉普拉斯算子 $\Delta=\dfrac{\partial^2}{\partial x^2}+\dfrac{\partial^2}{\partial y^2}+\dfrac{\partial^2}{\partial z^2}$
$\Box$	达朗贝尔算子 $\Box=\dfrac{\partial^2}{\partial x^2}+\dfrac{\partial^2}{\partial y^2}+\dfrac{\partial^2}{\partial z^2}-\dfrac{1}{c^2}\dfrac{\partial^2}{\partial t^2}$ 式中 c 为电磁波在真空中的传播速度 $c=299792458\mathrm{m/s}$
$\boldsymbol{T}$	二阶张量 $\boldsymbol{T}$，也用 $\overrightarrow{\overrightarrow{T}}$
$T_{xx},T_{xy},\cdots,T_{zz}$ T_{ij}	张量 $\boldsymbol{T}$ 的笛卡儿分量 $\boldsymbol{T}=T_{xx}\boldsymbol{e}_x\boldsymbol{e}_x+T_{xy}\boldsymbol{e}_x\boldsymbol{e}_y+\cdots$， $T_{xx}\boldsymbol{e}_x\boldsymbol{e}_x$ 等为分张量
$\boldsymbol{ab},\boldsymbol{a}\otimes\boldsymbol{b}$	两矢量 $\boldsymbol{a}$ 与 $\boldsymbol{b}$ 的并矢积或张量积即具有分量 $(\boldsymbol{ab})_{ij}=a_ib_j$ 的二阶张量
$\boldsymbol{T}\otimes\boldsymbol{S}$	两个二阶张量 $\boldsymbol{T}$ 与 $\boldsymbol{S}$ 的张量积，即具有分量 $(\boldsymbol{T}\otimes\boldsymbol{S})_{ijkl}=T_{ij}S_{kl}$ 的四阶张量
$\boldsymbol{T}\cdot\boldsymbol{S}$	两个二阶张量 $\boldsymbol{T}$ 与 $\boldsymbol{S}$ 的内积，即具有分量 $(\boldsymbol{T}\cdot\boldsymbol{S})_{ik}=\sum\limits_j T_{ij}S_{jk}$ 的二阶张量
$\boldsymbol{T}\cdot\boldsymbol{a}$	二阶张量 $\boldsymbol{T}$ 与矢量 $\boldsymbol{a}$ 的内积，即具有分量 $(\boldsymbol{T}\cdot\boldsymbol{a})_i=\sum\limits_j T_{ij}a_j$ 的矢量
$\boldsymbol{T}:\boldsymbol{S}$	两个二阶张量 $\boldsymbol{T}$ 与 $\boldsymbol{S}$ 的标量积，即标量 $\boldsymbol{T}:\boldsymbol{S}=\sum\limits_i\sum\limits_j T_{ij}S_{ji}$

续表

符号	意义及举例
	数理逻辑符号
$\wedge$	称为合取，$p \wedge q$ 即 p 和 q
$\vee$	称为析取，$p \vee q$ 即 p 或 q
$\neg$	称为否定，$\neg p$ 即 p 的否定；不是 p；非 p
$\Rightarrow$	称为推断，$p \Rightarrow q$ 即若 p 则 q；p 含 q；也可写为 $q \Leftarrow p$，有时也用 $\rightarrow$
$\Leftrightarrow$	称为等价，$p \Leftrightarrow q$ 即 p 等价于 q，有时也用 $\leftrightarrow$
$\forall$	称为全称量词 $\forall x \in A, p(x)$ 即命题 $p(x)$ 对于每一个属于 A 的 x 为真
$\exists$	称为存在量词 $\exists x \in A, p(x)$ 即存在 A 中的元 x 使 $p(x)$ 为真
	集合符号
$\in$	$x \in A$ 即 x 属于 A；x 是集合 A 的一个元[素]
$\notin$	$y \notin A$ 即 y 不属于 A；y 不是集合 A 的一个元[素] 也可用 $\notin$ 或 $\in$
$\ni$	$A \ni x$ 即集 A 包含[元] x
$\not\ni$	$A \not\ni y$ 即集 A 不包含[元] y，也可用 $\not\ni$ 或 $\ni$
$\{,\cdots,\}$	$\{x_1, x_2, \cdots, x_n\}$ 即诸元素 $x_1, x_2, \cdots, x_n$ 构成的集
$\{\mid\}$	$\{x \in A \mid p(x)\}$ 即使命题 $p(x)$ 为真的 A 中诸元[素]之集
card	$\mathrm{card}(A)$ 即 A 中诸元素的数目；A 的势（或基数）
$\varnothing$	即空集
$\mathbb{N}$，N	即非负整数集；自然数集
$\mathbb{Z}$，Z	即整数集
$\mathbb{Q}$，Q	即有理数集
$\mathbb{R}$，R	即实数集
$\mathbb{C}$，C	即复数集
$[,]$	$[a,b]$ 即 $\mathbb{R}$ 中由 a 到 b 的闭区间
$],]$ $(,]$	$]a,b]$ 即 $\mathbb{R}$ 中由 a 到 b（含于内）的左半 $(a,b]$ 开区间
$[,[$ $[,)$	$[a,b[$ 即 $\mathbb{R}$ 中由 a（含于内）到 b 的右半 $[a,b)$ 开区间
$],[$ $(,)$	$]a,b[$ (a,b) 即 $\mathbb{R}$ 中由 a 到 b 的开区间
$\subseteq$	$B \subseteq A$ 即 B 含于 A；B 是 A 的子集
$\subsetneqq$	$B \subsetneqq A$ 即 B 真包含于 A；B 是 A 的真子集
$\not\subseteq$	$C \not\subseteq A$ 即 C 不包含于 A；C 不是 A 的子集也可用 $\not\subset$
$\supseteq$	$A \supseteq B$ 即 A 包含 B[作为子集]
$\supsetneqq$	$A \supsetneqq B$ 即 A 真包含 B
$\not\supseteq$	$A \not\supseteq C$ 即 A 不包含 C[作为子集]也可用 $\not\supset$
$\cup$	$A \cup B$ 即 A 与 B 的并集
$\cup$	$\bigcup_{i=1}^{n} A_i$ 即诸集 $A_1, \cdots, A_n$ 的并集
$\cap$	$A \cap B$ 即 A 与 B 的交集
$\cap$	$\bigcap_{i=1}^{n} A_i$ 即诸集 $A_1, \cdots, A_n$ 的交集
$\setminus$	$A \setminus B$ 即 A 与 B 之差；A 减 B
C	$C_A B$ 即 A 中子集 B 的补集或余集
$(,)$	(a,b) 即有序偶 a,b；偶 a,b
$(,\cdots,)$	$(a_1, a_2, \cdots, a_n)$ 即有序 n 元组
$\times$	$A \times B$ 即 A 与 B 的笛卡儿积
Δ	Δ_A 即 $A \times A$ 中点对 (x,x) 的集，其中 $x \in A$；$A \times A$ 的对角集

注：矢量和张量往往用其分量的通用符号表示，例如矢量用 a_i，二阶张量用 T_{ij}，并矢积用 $a_i b_j$ 等，但这里指的都是张量的协变分量，张量还具有其他形式的分量，如逆变分量、混合分量等。

4.3 数学公式

代　　数

因 式 分 解

(1) $(x+a)(x+b)=x^2+(a+b)x+ab$

(2) $(a\pm b)^2=a^2\pm 2ab+b^2$

(3) $(a\pm b)^3=a^3\pm 3a^2b+3ab^2\pm b^3$

(4) $(a+b+c+\cdots+k+z)^2=a^2+b^2+c^2+\cdots+k^2+z^2+2ab+2ac+\cdots+2az+2bc+\cdots+2bz+\cdots+2kz$

(5) $a^2-b^2=(a-b)(a+b)$

(6) $a^3\pm b^3=(a\pm b)(a^2\mp ab+b^2)$

(7) $a^n-b^n=(a-b)(a^{n-1}+a^{n-2}b+a^{n-3}b^2+\cdots+ab^{n-2}+b^{n-1})$（$n$为正整数）

(8) $a^n-b^n=(a+b)(a^{n-1}-a^{n-2}b+a^{n-3}b^2-\cdots+ab^{n-2}-b^{n-1})$（$n$为正偶数）

(9) $a^n+b^n=(a+b)(a^{n-1}-a^{n-2}b+a^{n-3}b^2-\cdots-ab^{n-2}+b^{n-1})$（$n$为正奇数）

(10) $(a\pm b)^n=\sum_{p=0}^{n}(\pm 1)^p\binom{n}{p}a^{n-p}b^p=a^n\pm na^{n-1}b+\frac{n(n-1)}{1\times 2}a^{n-2}b^2\pm \frac{n(n-1)(n-2)}{1\times2\times3}a^{n-3}b^3+\cdots+(\pm1)^p\frac{n(n-1)(n-2)\cdots[n-(p-1)]}{1\times2\times3\times\cdots\times p}\times a^{n-p}b^p+\cdots+(\pm1)^{n-1}nab^{n-1}+(\pm1)^nb^n$

式中二项式系数$\binom{n}{p}$见表1-1-41。

表1-1-44　　行　列　式

<table>
<tr><td rowspan="2">行列式的展开</td><td>二阶行列式</td><td colspan="2">$\begin{vmatrix}a_1 & b_1\\ a_2 & b_2\end{vmatrix}=a_1b_2-a_2b_1$</td></tr>
<tr><td>三阶行列式</td><td>对角线展开法
$\begin{vmatrix}a_1 & b_1 & c_1\\ a_2 & b_2 & c_2\\ a_3 & b_3 & c_3\end{vmatrix}$ (−) (+)
$=a_1b_2c_3+a_2b_3c_1+a_3b_1c_2-a_1b_3c_2-a_2b_1c_3-a_3b_2c_1$
实线上三数的积取正号，虚线上三数的积取负号
四阶以上的高阶行列式不能用对角线展开法，只能采用按某一行（或列）的展开法进行计算</td><td>按某一行（或列）展开法
$\begin{vmatrix}a_1 & b_1 & c_1\\ a_2 & b_2 & c_2\\ a_3 & b_3 & c_3\end{vmatrix}$
$=\begin{cases}-a_2\begin{vmatrix}b_1 & c_1\\ b_3 & c_3\end{vmatrix}+b_2\begin{vmatrix}a_1 & c_1\\ a_3 & c_3\end{vmatrix}-c_2\begin{vmatrix}a_1 & b_1\\ a_3 & b_3\end{vmatrix}\\ \text{(按第二行展开)}\\ a_1\begin{vmatrix}b_2 & c_2\\ b_3 & c_3\end{vmatrix}-a_2\begin{vmatrix}b_1 & c_1\\ b_3 & c_3\end{vmatrix}+a_3\begin{vmatrix}b_1 & c_1\\ b_2 & c_2\end{vmatrix}\\ \text{(按第一列展开)}\end{cases}$
等式右端各项符号，按各元素在行列式中位置决定：
$\begin{vmatrix}+ - +\\ - + -\\ + - +\end{vmatrix}$</td></tr>
</table>

续表

行列式的性质	行、列依次序对调时，其值不变， $\begin{vmatrix} a_1 & b_1 & c_1 \\ a_2 & b_2 & c_2 \\ a_3 & b_3 & c_3 \end{vmatrix}=\begin{vmatrix} a_1 & a_2 & a_3 \\ b_1 & b_2 & b_3 \\ c_1 & c_2 & c_3 \end{vmatrix}$ 两行（或两列）对调后，其值变号， $\begin{vmatrix} a_1 & b_1 & c_1 \\ a_2 & b_2 & c_2 \\ a_3 & b_3 & c_3 \end{vmatrix}=-\begin{vmatrix} a_3 & b_3 & c_3 \\ a_2 & b_2 & c_2 \\ a_1 & b_1 & c_1 \end{vmatrix}$ 某行（或列）各元素乘以 k，其值为原行列式的 k 倍， $\begin{vmatrix} a_1 & kb_1 & c_1 \\ a_2 & kb_2 & c_2 \\ a_3 & kb_3 & c_3 \end{vmatrix}=k\begin{vmatrix} a_1 & b_1 & c_1 \\ a_2 & b_2 & c_2 \\ a_3 & b_3 & c_3 \end{vmatrix}$ 三阶行列式的性质可推广于高阶行列式	某两行（或两列）的元素对应成比例，其值为零， $\begin{vmatrix} a_1 & b_1 & c_1 \\ la_2 & lb_2 & lc_2 \\ a_2 & b_2 & c_2 \end{vmatrix}=0;\ \begin{vmatrix} kb_1 & b_1 & c_1 \\ kb_2 & b_2 & c_2 \\ kb_3 & b_3 & c_3 \end{vmatrix}=0$ 某行（或列）的元素都是二项式，该行列式可分解为两个行列式的和， $\begin{vmatrix} a_1+d & b_1+e & c_1+f \\ a_2 & b_2 & c_2 \\ a_3 & b_3 & c_3 \end{vmatrix}=\begin{vmatrix} a_1 & b_1 & c_1 \\ a_2 & b_2 & c_2 \\ a_3 & b_3 & c_3 \end{vmatrix}+\begin{vmatrix} d & e & f \\ a_2 & b_2 & c_2 \\ a_3 & b_3 & c_3 \end{vmatrix}$ 某行（或列）所有元素乘以同一数，加到另行（或列）的对应元素上，其值不变， $\begin{vmatrix} a_1 & b_1+kc_1 & c_1 \\ a_2 & b_2+kc_2 & c_2 \\ a_3 & b_3+kc_3 & c_3 \end{vmatrix}=\begin{vmatrix} a_1 & b_1 & c_1 \\ a_2 & b_2 & c_2 \\ a_3 & b_3 & c_3 \end{vmatrix}$
代数余子式（三阶以上都适用）	元素 a_{ij} 的代数余子式 A_{ij} 是将行列式中的第 i 行及第 j 列划去后，剩下的低一阶的行列式乘以 $(-1)^{i+j}$， 如 $\begin{vmatrix} a_{11} & a_{12} & a_{13} \\ a_{21} & a_{22} & a_{23} \\ a_{31} & a_{32} & a_{33} \end{vmatrix}$ 的 $A_{12}=(-1)^{1+2}\begin{vmatrix} a_{21} & a_{23} \\ a_{31} & a_{33} \end{vmatrix}$	例如 $\begin{vmatrix} 3 & 0 & 6 \\ 1 & -1 & 7 \\ 5 & 2 & 4 \end{vmatrix}$ 中，元素 $a_{12}=0$，它的代数余子式 A_{12} 如下： $A_{12}=(-1)^{1+2}\begin{vmatrix} 1 & 7 \\ 5 & 4 \end{vmatrix}=-\begin{vmatrix} 1 & 7 \\ 5 & 4 \end{vmatrix}$

表 1-1-45　　方程的解

一次方程组	$\begin{cases} a_1x+b_1y=c_1 \\ a_2x+b_2y=c_2 \end{cases}$	$x=\dfrac{\Delta x}{\Delta},\ y=\dfrac{\Delta y}{\Delta}(\Delta\neq 0)$　$\Delta=\begin{vmatrix} a_1 & b_1 \\ a_2 & b_2 \end{vmatrix};\ \Delta x=\begin{vmatrix} c_1 & b_1 \\ c_2 & b_2 \end{vmatrix};\ \Delta y=\begin{vmatrix} a_1 & c_1 \\ a_2 & c_2 \end{vmatrix}$
	$\begin{cases} a_1x+b_1y+c_1z=d_1 \\ a_2x+b_2y+c_2z=d_2 \\ a_3x+b_3y+c_3z=d_3 \end{cases}$	$x=\dfrac{\Delta x}{\Delta},\ y=\dfrac{\Delta y}{\Delta},z=\dfrac{\Delta z}{\Delta},\ (\Delta\neq 0)$　当 $d_1=d_2=d_3=0$ 时，$\Delta\neq 0$，方程组只有零解，$\Delta=0$，方程组有无穷多组解 $\Delta=\begin{vmatrix} a_1 & b_1 & c_1 \\ a_2 & b_2 & c_2 \\ a_3 & b_3 & c_3 \end{vmatrix};\ \Delta x=\begin{vmatrix} d_1 & b_1 & c_1 \\ d_2 & b_2 & c_2 \\ d_3 & b_3 & c_3 \end{vmatrix};\ \Delta y=\begin{vmatrix} a_1 & d_1 & c_1 \\ a_2 & d_2 & c_2 \\ a_3 & d_3 & c_3 \end{vmatrix};\ \Delta z=\begin{vmatrix} a_1 & b_1 & d_1 \\ a_2 & b_2 & d_2 \\ a_3 & b_3 & d_3 \end{vmatrix}$
	$\begin{cases} a_1x+b_1y+c_1z=0 \\ a_2x+b_2y+c_2z=0 \end{cases}$	$\dfrac{x}{\begin{vmatrix} b_1 & c_1 \\ b_2 & c_2 \end{vmatrix}}=\dfrac{y}{\begin{vmatrix} c_1 & a_1 \\ c_2 & a_2 \end{vmatrix}}=\dfrac{z}{\begin{vmatrix} a_1 & b_1 \\ a_2 & b_2 \end{vmatrix}}=k$

续表

<table>
<tr><td>一元二次方程</td><td>$ax^2+bx+c=0$
$a\neq 0$</td><td>$x_{1,2}=\frac{-b\pm\sqrt{b^2-4ac}}{2a}$根与系数的关系：$x_1+x_2=-\frac{b}{a}$，$x_1x_2=\frac{c}{a}$
判别式：$b^2-4ac\begin{cases}>0 & \text{不等二实根}\\ =0 & \text{相等二实根}\\ <0 & \text{共轭复数根}\end{cases}$</td></tr>
<tr><td rowspan="2">一元三次方程</td><td>$x^3-1=0$</td><td>$x_1=1$，$x_2=\omega_1=\frac{-1+\sqrt{3}\mathrm{i}}{2}$，　$x_3=\omega_2=\frac{-1-\sqrt{3}\mathrm{i}}{2}$</td></tr>
<tr><td>$x^3+ax^2+bx+c=0$</td><td>令$x=y-\frac{a}{3}$代入，则得$y^3+py+q=0$，式中$p=b-\frac{a^2}{3}$，$q=\frac{2a^3}{27}-\frac{ab}{3}+c$
设其根为y_1、y_2、y_3，则
$y_1=\sqrt[3]{-\frac{q}{2}+\sqrt{\left(\frac{q}{2}\right)^2+\left(\frac{p}{3}\right)^3}}+\sqrt[3]{-\frac{q}{2}-\sqrt{\left(\frac{q}{2}\right)^2+\left(\frac{p}{3}\right)^3}}$
$y_2=\omega_1\sqrt[3]{-\frac{q}{2}+\sqrt{\left(\frac{q}{2}\right)^2+\left(\frac{p}{3}\right)^3}}+\omega_2\sqrt[3]{-\frac{q}{2}-\sqrt{\left(\frac{q}{2}\right)^2+\left(\frac{p}{3}\right)^3}}$
$y_3=\omega_2\sqrt[3]{-\frac{q}{2}+\sqrt{\left(\frac{q}{2}\right)^2+\left(\frac{p}{3}\right)^3}}+\omega_1\sqrt[3]{-\frac{q}{2}-\sqrt{\left(\frac{q}{2}\right)^2+\left(\frac{p}{3}\right)^3}}$
则$x_1=y_1-\frac{a}{3}$；$x_2=y_2-\frac{a}{3}$；$x_3=y_3-\frac{a}{3}$
式中ω_1和ω_2是方程$x^3-1=0$的二个解</td></tr>
</table>

四 次 方 程

[$ax^4+cx^2+e=0$] 方程

$$ax^4+cx^2+e=0$$

中，设$y=x^2$，则化为二次方程

$$ay^2+cy+e=0$$

可解出四个根为

$$x_{1,2,3,4}=\pm\sqrt{\frac{-c\pm\sqrt{c^2-4ae}}{2a}}$$

[$ax^4+bx^3+cx^2+bx+a=0$] 方程

$$ax^4+bx^3+cx^2+bx+a=0$$

中，设$y=x+\frac{1}{x}$，则化为二次方程，可解出四个根为

$$x_{1,2,3,4}=\frac{y\pm\sqrt{y^2-4}}{2},\quad y=\frac{-b\pm\sqrt{b^2-4ac+8a^2}}{2a}$$

[$x^4+bx^3+cx^2+dx+e=0$] 一般四次方程

$$ax^4+bx^3+cx^2+dx+e=0$$

都可化为首项系数为1的四次方程，而方程

$$x^4+bx^3+cx^2+dx+e=0$$

的四个根与下面两个方程的四个根完全相同：

$$x^2+\left(b+\sqrt{8y+b^2-4c}\right)\frac{x}{2}+\left(y+\frac{by-d}{\sqrt{8y+b^2-4c}}\right)=0$$

$$x^2+\left(b-\sqrt{8y+b^2-4c}\right)\frac{x}{2}+\left(y-\frac{by-d}{\sqrt{8y+b^2-4c}}\right)=0$$

式中y是三次方程

$$8y^3-4cy^2+(2bd-8e)y+e(4c-b^2)-d^2=0$$

的任一实根。

阿贝耳定理

五次以及更高次的代数方程没有一般的代数解法（即由方程的系数经有限次四则运算和开方运算求根的方法）。这是阿贝耳定理。

分　式

（1）分式运算

$$\frac{a}{b}\pm\frac{c}{b}=\frac{a\pm c}{b}\qquad \frac{a}{b}\pm\frac{c}{d}=\frac{ad\pm bc}{bd}$$

$$\frac{a}{b}\times\frac{c}{d}=\frac{ac}{bd}\qquad \frac{a}{b}\div\frac{c}{d}=\frac{ad}{bc}$$

$$\left(\frac{a}{b}\right)^n=\frac{a^n}{b^n}\qquad \sqrt[n]{\frac{a}{b}}=\frac{\sqrt[n]{a}}{\sqrt[n]{b}}\quad (a>0,\ b>0)$$

（2）部分分式

任一既约真分式（分子与分母没有公因子，分子次数低于分母次数）都可唯一地分解成形如$\frac{A}{(x-a)^k}$或$\frac{ax+b}{(x^2+px+q)^l}$$\left(其中\frac{p^2}{4}-q<0\right)$的基本真分式之和，其运算称为部分分式展开。若为假分式（分子次数不低于分母次数），应先化为整式与真分式之和，然后再对真分式进行部分分式展开。部分分式的各个系数可以通过待定系数法来确定。下面分几种不同情况介绍。

设

$$N(x)=n_0+n_1x+n_2x^2+\cdots+n_rx^r$$

$$G(x)=g_0+g_1x+g_2x^2+\cdots+g_sx^3$$

［线性因子重复］

方法一：

$$\frac{N(x)}{(x-a)^m}=\frac{A_0}{(x-a)^m}+\frac{A_1}{(x-a)^{m-1}}+\cdots+\frac{A_{m-1}}{x-a}$$

式中 $N(x)$ 的最高次数 $r\leqslant m-1$；A_0，A_1，…，A_{m-1}为待定常数，可由下式确定：

$$A_0=[N(x)]_{x=a},\quad A_k=\frac{1}{k!}\left[\frac{d^kN(x)}{dx^k}\right]_{x=a}\qquad (k=1,2,\cdots,m-1)$$

方法二：

$$\frac{N(x)}{x^mG(x)}=\frac{A_0}{x^m}+\frac{A_1}{x^{m-1}}+\cdots+\frac{A_{m-1}}{x}+\frac{F(x)}{G(x)}$$

式中 A_0，A_1，…，A_m 为待定常数，可由下式确定：

$$A_0=\frac{n_0}{g_0},\ A_j=\frac{1}{g_0}\left(n_j-\sum_{i=0}^{j-1}A_ig_{j-i}\right)\qquad (j=1,\ 2,\ \cdots,\ m-1)$$

$$F(x)=f_0+f_1x+f_2x^2+\cdots+f_kx^k,k\leqslant s-1$$

其系数f_j 与 m 有关，由下表确定：

m	$f_j \qquad (j=0,1,2,\cdots,k;k\leqslant s-1)$
1	$f_j=n_{j+1}-A_0g_{j+1}$
2	$f_j=n_{j+2}-(A_0g_{j+2}+A_1g_{j+1})$
3	$f_j=n_{j+3}-(A_0g_{j+3}+A_1g_{j+2}+A_2g_{j+1})$
⋮	……………………
m	$f_j=n_{j+m}-\sum_{i=0}^{m-1}A_jg_{j+m-i}$

例

$$\frac{x^2+1}{x^3(x^2-3x+6)}=\frac{A_0}{x^3}+\frac{A_1}{x^2}+\frac{A_2}{x}+\frac{f_1x+f_0}{x^2-3x+6}$$

解 依上述公式算出

$$A_0=\frac{n_0}{g_0}=\frac{1}{6}\quad A_1=\frac{1}{g_0}(n_1-A_0g_1)=\frac{1}{6}\left[0-\frac{1}{6}\times(-3)\right]=\frac{1}{12}$$

$$A_2=\frac{1}{g_0}(n_2-A_0g_2-A_1g_1)=\frac{1}{6}\left[1-\frac{1}{6}\times1-\frac{1}{12}\times(-3)\right]=\frac{13}{72}$$

此时 $m=3$，

$$f_0=n_3-(A_0g_3+A_1g_2+A_2g_1)=0-\left[\frac{1}{6}\times0+\frac{1}{12}\times1+\frac{13}{72}\times(-3)\right]=\frac{33}{72}$$

$$f_1=n_4-(A_0g_4+A_1g_3+A_2g_2)=0-\left(0+0+\frac{13}{72}\times1\right)=-\frac{13}{72}$$

所以得到

$$\frac{x^2+1}{x^3(x^2-3x+6)}=\frac{1}{6x^3}+\frac{1}{12x^2}+\frac{13}{72x}+\frac{-13x+33}{72(x^2-3x+6)}$$

方法三：

$$\frac{N(x)}{(x-a)^mG(x)}=\frac{A_0}{(x-a)^m}+\frac{A_1}{(x-a)^{m-1}}+\frac{A_2}{(x-a)^{m-2}}+\cdots+\frac{A_{m-1}}{x-a}+\frac{F(x)}{G(x)}$$

作变换 $y=x-a$，则 $N(x)=N_1(y)$，$G(x)=G_1(y)$，上式变为

$$\frac{N_1(y)}{y^mG_1(y)}=\frac{A_0}{y^m}+\frac{A_1}{y^{m-1}}+\frac{A_2}{y^{m-2}}+\cdots+\frac{A_{m-1}}{y}+\frac{F_1(y)}{G_1(y)}$$

用上述的方法一和二确定出 A_0，A_1，…，A_{m-1} 和 $F_1(y)$，再将 $y=x-a$ 代回。也可按下式来确定系数 A_0，A_1，…，A_{m-1}：

$$A_k=\frac{1}{k!}\left[\frac{d^k}{dx^k}\left(\frac{N(x)}{G(x)}\right)\right]_{x=a}\quad(k=0,1,2,\cdots,m-1)$$

[线性因子不重复]

方法一：

$$\frac{N(x)}{(x-a)(x-b)(x-c)}=\frac{A}{x-a}+\frac{B}{x-b}+\frac{C}{x-c}$$

式中 $N(x)$ 的最高次数 $r\leqslant2$，$a\neq b\neq c$；A，B，C 为待定常数，可由下式确定：

$$A=\left[\frac{N(x)}{(x-b)(x-c)}\right]_{x=a}\qquad B=\left[\frac{N(x)}{(x-a)(x-c)}\right]_{x=b}$$

$$C=\left[\frac{N(x)}{(x-a)(x-b)}\right]_{x=c}$$

方法二：

$$\frac{N(x)}{(x-a)(x-b)G(x)}=\frac{A}{x-a}+\frac{B}{x-b}+\frac{F(x)}{G(x)}\quad(a\neq b)$$

式中多项式 $F(x)$ 的最高次数 $k\leqslant s-1$；A，B 为待定常数，用下式确定：

$$A=\left[\frac{N(x)}{(x-b)G(x)}\right]_{x=a}\qquad B=\left[\frac{N(x)}{(x-a)G(x)}\right]_{x=b}$$

A，B 确定后，再用等式两边多项式同次项系数必须相等的法则来确定 $F(x)$ 的各项系数。

例

$$\frac{x^2+3}{x(x-2)(x^2+2x+4)}=\frac{A}{x}+\frac{B}{x-2}+\frac{f_1x+f_0}{x^2+2x+4}$$

解 依上述公式算得

$$A=\left[\frac{x^2+3}{(x-2)(x^2+2x+4)}\right]_{x=0}=-\frac{3}{8}$$

$$B=\left[\frac{x^2+3}{x(x^2+2x+4)}\right]_{x=2}=\frac{7}{24}$$

把 A，B 代入原式，通分并整理后得

$$x^2+3=\left(f_1-\frac{3}{8}+\frac{7}{24}\right)x^3+\left(f_0-2f_1+\frac{7}{12}\right)x^2+\left(\frac{7}{6}-2f_0\right)x+3$$

比较等式两边同次项系数得

$$f_0=\frac{7}{12}\qquad f_1=\frac{1}{12}$$

所以有

$$\frac{x^2+3}{x(x-2)(x^2+2x+4)}=-\frac{3}{8x}+\frac{7}{24(x-2)}+\frac{x+7}{12(x^2+2x+4)}$$

［高次因子］

$$\frac{N(x)}{(x^2+h_1x+h_0)G(x)}=\frac{a_1x+a_0}{x_2+h_1x+h_0}+\frac{F(x)}{G(x)}$$

$$\frac{N(x)}{(x^2+h_1x+h_0)^2G(x)}=\frac{a_1x+a_0}{(x^2+h_1x+h_0)^2}+\frac{b_1x+b_0}{x^2+h_1x+h_0}+\frac{F(x)}{G(x)}$$

$$\frac{N(x)}{(x^3+h_2x^2+h_1x+h_0)G(x)}=\frac{a_2x^2+a_1x+a_0}{x^3+h_2x^2+h_1x+h_0}+\frac{F(x)}{G(x)}$$

……………………

［计算系数的一般方法］

$$\frac{N(x)}{D(x)}=\frac{N(x)}{G(x)H(x)L(x)}=\frac{A(x)}{G(x)}+\frac{B(x)}{H(x)}+\frac{C(x)}{L(x)}+\cdots$$

1° 等式两边乘以 $D(x)$ 化为整式，各项按 x 的同次幂合并，然后列出未知系数的方程组，解出而得。

2° 等式两边乘以 $D(x)$ 化为整式，再把 x 用简单的数值（如 $x=0$，1，-1 等）代入，然后列出未知系数的方程组，解出而得。

级　数

（1）等差级数 $a_1+(a_1+d)+(a_1+2d)+\cdots$（公差为 d，首项为 a_1）

第 n 项 $a_n=a_1+(n-1)d$

前 n 项和 $S_n=\dfrac{n(a_1+a_n)}{2}=na_1+\dfrac{n(n-1)d}{2}$

等差中项 若 a、b、c 成等差数列，则称 b 是 a、c 的等差中项，$b=\dfrac{1}{2}(a+c)$

（2）等比级数 $a_1+a_1q+a_1q^2+\cdots$（公比为 q，首项为 a_1）

第 n 项 $a_n=a_1q^{n-1}$

前 n 项和 $S_n=\dfrac{a_1(1-q^n)}{1-q}=\dfrac{a_1-a_nq}{1-q}$ $(q\neq1)$

等比中项 若 a、b、c 成等比数列，则称 b 是 a、c 的等比中项，$b=\pm\sqrt{ac}$

无穷递减等比级数的和 $S=a_1+a_1q+a_1q^2+\cdots=\dfrac{a_1}{1-q}$ $(|q|<1)$，（a_1 为首项）

（3）调和级数 设 a、b、c 成调和级数，则

$(a-b):(b-c)=a:c$

调和中项　$b=\dfrac{2ac}{a+c}$

$\dfrac{1}{a}$，$\dfrac{1}{b}$，$\dfrac{1}{c}$成等差级数

$a-\dfrac{b}{2}$，$b-\dfrac{b}{2}$，$c-\dfrac{b}{2}$成等比级数

设A，G，H分别表示二数的等差中项、等比中项与调和中项

则：$AH=G^2$

（4）某些有穷级数的前n项和

1）$1+2+3+\cdots+n=\dfrac{1}{2}n(1+n)$

2）$1^2+2^2+3^2+\cdots+n^2=\dfrac{1}{6}n(n+1)(2n+1)$

3）$1^3+2^3+3^3+\cdots+n^3=\left[\dfrac{1}{2}n(n+1)\right]^2$

4）$1+3+5+\cdots+(2n-1)=n^2$

5）$2+4+6+\cdots+2n=n(n+1)$

6）$1^2+3^2+5^2+\cdots+(2n-1)^2=\dfrac{1}{3}n(4n^2-1)$

7）$1^3+3^3+5^3+\cdots+(2n-1)^3=n^2(2n^2-1)$

8）$1\times2+2\times3+3\times4+\cdots+n(n+1)=\dfrac{1}{3}n(n+1)(n+2)$

9）$1\times2\times3+2\times3\times4+3\times4\times5+\cdots+n(n+1)(n+2)=\dfrac{1}{4}n(n+1)(n+2)(n+3)$

10）$\dfrac{1}{1\times2}+\dfrac{1}{2\times3}+\dfrac{1}{3\times4}+\cdots+\dfrac{1}{n(n+1)}=\dfrac{n}{n+1}$

11）$\dfrac{1}{1\times2\times3}+\dfrac{1}{2\times3\times4}+\dfrac{1}{3\times4\times5}+\cdots+\dfrac{1}{n(n+1)(n+2)}=\dfrac{1}{2}\left[\dfrac{1}{1\times2}-\dfrac{1}{(n+1)(n+2)}\right]$

（5）某些特殊级数的和

1）$1-\dfrac{1}{3}+\dfrac{1}{5}-\dfrac{1}{7}+\cdots=\dfrac{\pi}{4}$

2）$1-\dfrac{1}{5}+\dfrac{1}{7}-\dfrac{1}{11}+\dfrac{1}{13}-\cdots=\dfrac{\pi}{2\sqrt{3}}$

3）$\dfrac{1}{1^2}+\dfrac{1}{2^2}+\cdots+\dfrac{1}{n^2}+\cdots=\dfrac{\pi^2}{6}$

4）$\dfrac{1}{1^2}-\dfrac{1}{2^2}+\dfrac{1}{3^2}-\dfrac{1}{4^2}+\cdots=\dfrac{\pi^2}{12}$

5）$\dfrac{1}{1\times3}+\dfrac{1}{3\times5}+\dfrac{1}{5\times7}+\cdots=\dfrac{1}{2}$

6）$1+\dfrac{1}{1!}+\dfrac{1}{2!}+\cdots+\dfrac{1}{n!}+\cdots=\mathrm{e}$（$\mathrm{e}=2.71828\cdots$）

7）二项级数

$(1+x)^n=1+nx+\dfrac{n(n-1)}{2!}x^2+\cdots+\dfrac{n(n-1)\cdots(n-k+1)}{k!}x^k+\cdots$；$|x|<1$，称为二项级数，其中$n$为任意实数。此式在$x=1$，$n>-1$及$x=-1$，$n>0$的情况也成立。

例 $\sqrt{1+x}=1+\dfrac{1}{2}x-\dfrac{1}{8}x^2+\dfrac{1}{16}x^3-\dfrac{5}{128}x^4+\dfrac{7}{256}x^5-\dfrac{21}{1024}x^6+\cdots$ $\dfrac{1}{\sqrt{1+x}}=1-\dfrac{1}{2}x+\dfrac{3}{8}x^2-\dfrac{5}{16}x^3+\dfrac{35}{128}x^4-\dfrac{63}{256}x^5+\dfrac{231}{1024}x^6-\cdots\cdots$

（6）傅里叶级数

1) $\dfrac{\pi}{4}=\sum\limits_{k=1}^{\infty}\dfrac{\sin(2k-1)x}{2k-1}\quad(0<x<\pi)$

2) $x=-\dfrac{\pi}{2}+\dfrac{4}{\pi}\left(\cos x+\dfrac{1}{3^2}\cos3x+\dfrac{1}{5^3}\cos5x+\cdots\right)\quad(0<x<\pi)$

3) $x=\dfrac{\pi}{2}-2\left(\dfrac{\sin2x}{2}+\dfrac{\sin4x}{4}+\dfrac{\sin6x}{6}+\cdots\right)\quad(0<x<\pi)$

4) $x=2\sum\limits_{n=1}^{\infty}\dfrac{(-1)^{n+1}}{n}\sin nx\quad(-\pi<x<\pi)$

5) $x^2=\dfrac{\pi^2}{3}+4\sum\limits_{n=1}^{\infty}\dfrac{(-1)^n}{n^2}\cos nx\quad(-\pi<x<\pi)$

6) $x^2=\left(2\pi-\dfrac{8}{\pi}\right)\sin x-\pi\sin2x+\left(\dfrac{2\pi}{3}-\dfrac{8}{3^3\pi}\right)\times\sin3x-\dfrac{\pi}{2}\sin4x+\cdots\quad(0\leqslant x<\pi)$

7) $e^{ax}=\dfrac{e^{a\pi}-1}{a\pi}+\dfrac{2a}{\pi}\sum\limits_{n=1}^{\infty}\dfrac{(-1)^n e^{a\pi}-1}{a^2+n^2}\cos nx\quad(0\leqslant x\leqslant\pi)$

8) $e^{ax}=\dfrac{2}{\pi}\sum\limits_{n=1}^{\infty}[1-(-1)^n e^{a\pi}]\dfrac{n}{a^2+n^2}\sin nx\quad(0<x<\pi)$

9) $e^{ax}=\dfrac{2}{\pi}\mathrm{sh}a\pi\left\{\dfrac{1}{2a}+\sum\limits_{n=1}^{\infty}\dfrac{(-1)^n}{a^2+n^2}\times[a\cos nx-n\sin nx]\right\}\quad(-\pi<x<\pi,\ a\neq0)$

10) $\sin ax=\dfrac{2\sin a\pi}{\pi}\sum\limits_{n=1}^{\infty}\dfrac{(-1)^{n+1}n\sin nx}{n^2-a^2}$ （$-\pi<x<\pi$，a 不是整数）

11) $\cos ax=\dfrac{2}{\pi}\sin a\pi\left(\dfrac{1}{2a}+\sum\limits_{n=1}^{\infty}(-1)^n\dfrac{a\cos nx}{a^2-n^2}\right)$ （$-\pi\leqslant x\leqslant\pi$，$a$ 不是整数）

12) $\mathrm{sh}ax=\dfrac{2}{\pi}\mathrm{sh}a\pi\sum\limits_{n=1}^{\infty}(-1)^{n-1}\dfrac{n}{a^2+n^2}\sin nx\quad(-\pi<x<\pi)$

13) $\mathrm{ch}ax=\dfrac{2}{\pi}\mathrm{sh}a\pi\left(\dfrac{1}{2a}+\sum\limits_{n=1}^{\infty}(-1)^n\dfrac{a}{a^2+n^2}\cos nx\right)\quad(-\pi\leqslant x\leqslant\pi)$

根　式

(1) $(\sqrt[n]{a})^n=\sqrt[n]{a^n}=a\,(a\geqslant0)$

(2) $\sqrt[np]{a^{mp}}=\sqrt[n]{a^m}=a^{\frac{m}{n}}\,(a\geqslant0)$

(3) $\sqrt[n]{1/a}=1/\sqrt[n]{a}=a^{-\frac{1}{n}}\,(a>0)$

(4) $\sqrt[m]{\sqrt[n]{a}}=\sqrt[n]{\sqrt[m]{a}}=\sqrt[mn]{a}\,(a\geqslant0)$

(5) $\sqrt[n]{ab}=\sqrt[n]{a}\sqrt[n]{b}\,(a\geqslant0,b\geqslant0)$

(6) $\sqrt[n]{\dfrac{a}{b}}=\dfrac{\sqrt[n]{a}}{\sqrt[n]{b}}\,(a\geqslant0,b>0)$

(7) $\sqrt[n]{a}\sqrt[m]{a}=\sqrt[nm]{a^{n+m}}\,(a\geqslant0)$

(8) $\sqrt{a}\pm\sqrt{b}=\sqrt{a+b\pm2\sqrt{ab}}\,(a>b)$

(9) $\sqrt{a\pm\sqrt{b}}=\sqrt{\dfrac{a+\sqrt{a^2-b}}{2}}\pm\sqrt{\dfrac{a-\sqrt{a^2-b}}{2}}$

(10) $\dfrac{1}{\sqrt{a}\pm\sqrt{b}}=\dfrac{\sqrt{a}\mp\sqrt{b}}{a-b}\,(a>0,b>0,a\neq b)$

(11) $\dfrac{1}{\sqrt[3]{a}\pm\sqrt[3]{b}}=\dfrac{\sqrt[3]{a^2}\mp\sqrt[3]{ab}+\sqrt[3]{b^2}}{a\pm b}\quad(a\neq b)$

指　数

(1) $a^x\cdot a^y=a^{x+y}$

(2) $\dfrac{a^x}{a^y}=a^{x-y}$

(3) $(a^x)^y=a^{xy}$

(4) $(ab)^x=a^x b^x$

(5) $\left(\dfrac{a}{b}\right)^x=\dfrac{a^x}{b^x}$

(6) $a^{\frac{n}{m}}=\sqrt[m]{a^n}=(\sqrt[m]{a})^n\,(a\geqslant0)$

(7) $a^{-\frac{n}{m}}=\dfrac{1}{\sqrt[m]{a^n}}\,(a>0)$

(8) $a^{-n}=\dfrac{1}{a^n}\,(a>0)$

(9) $a^0=1\,(a\neq0)$

(10) $0^n=0$

(1)~(5) 式中，$a>0$，$b>0$；x、y 为任意实数。

对　数

(1) 若 $a>0$，$a\neq 1$，且 $a^x=M$，则 x 叫做 M 的以 a 为底的对数，记作 $x=\log_a M$，M 叫真数。

(2) $\log_a 1=0$

(3) $\log_a a=1$

(4) $\log_a(MN)=\log_a M+\log_a N$

(5) $\log_a\left(\frac{M}{N}\right)=\log_a M-\log_a N$

(6) $\log_a M^n=n\log_a M$

(7) $\log_a\sqrt[n]{M}=\frac{1}{n}\log_a M$

(8) $a^{\log_a b}=b$

(9) $\log_a b=\frac{1}{\log_b a}$ $(b>0)$

(10) 当 $a=10$ 时，$\log_{10}M$ 记作 $\lg M$，叫常用对数。$\lg M=\frac{\ln M}{\ln 10}\approx 0.4343\ln M$

(11) 当 $a=\mathrm{e}$ 时，$\log_{\mathrm{e}}M$ 记作 $\ln M$，叫自然对数。$\ln M=\frac{\lg M}{\lg\mathrm{e}}\approx 2.3026\lg M$

(12) $\log_a a^x=x$

(13) $\log_a b=\log_c b\log_a c=\frac{\log_c b}{\log_c a}$

不 等 式

常用不等式

(1) 设 $a_i\geqslant 0$，$i=1,2,\cdots,n$，则算术平均与几何平均满足

$$\frac{a_1+a_2+\cdots+a_n}{n}\geqslant\sqrt[n]{a_1\cdot a_2\cdots a_n}$$

(2) $\sqrt{a_1^2+a_2^2+\cdots+a_n^2}\leqslant|a_1|+|a_2|+\cdots+|a_n|$

(3) $(a_1^2+a_2^2+\cdots+a_n^2)(b_1^2+b_2^2+\cdots+b_n^2)\geqslant(a_1b_1+a_2b_2+\cdots+a_nb_n)^2$

(4) 设 $a_i>0$，$i=1,2,\cdots,n$，k 是正整数，则 $\left(\frac{a_1+\cdots+a_n}{n}\right)^k\leqslant\frac{a_1^k+\cdots+a_n^k}{n}$

(5) $\sqrt[n]{(a_1+b_1)(a_2+b_2)\cdots(a_n+b_n)}\geqslant\sqrt[n]{a_1\cdots a_n}+\sqrt[n]{b_1\cdots b_n}$

绝对值与不等式

绝对值定义 $|a|=\begin{cases}a & (a\geqslant 0)\\ -a & (a<0)\end{cases}$

(1) $|a\pm b|\leqslant|a|+|b|$

(2) $|a-b|\geqslant|a|-|b|$

(3) $-|a|\leqslant a\leqslant|a|$

(4) $\sqrt{a^2}=|a|$

(5) $|ab|=|a|\cdot|b|$

(6) $\left|\frac{a}{b}\right|=\frac{|a|}{|b|}$

(7) 若 $|a|\leqslant b$，则 $-b\leqslant a\leqslant b$

(8) 若 $|a|>b$，则 $a>b$ 或 $a<-b$

三角不等式

1) $\sin x<x<\tan x$ $\left(0<x<\frac{\pi}{2}\right)$

2) $\frac{\sin x}{x}>\frac{2}{\pi}$ $\left(-\frac{\pi}{2}<x<\frac{\pi}{2}\right)$

3) $\sin x>x-\frac{1}{6}x^3$ $(x>0)$

4) $\cos x>1-\frac{1}{2}x^2$ $(x\neq 0)$

5) $\tan x>x+\frac{1}{3}x^3$ $\left(0<x<\frac{\pi}{2}\right)$

含有指数、对数的不等式

1) $\mathrm{e}^x>1+x$ $(x\neq 0)$

2) $\mathrm{e}^x<\frac{1}{1-x}$ $(x<1,\ x\neq 0)$

3) $\mathrm{e}^{-x}<1-\frac{x}{1+x}$ $(x>-1,\ x\neq 0)$

4) $\frac{x}{1+x}<\ln(1+x)<x$ $(x>-1,\ x\neq 0)$

5) $\ln x\leqslant x-1$ $(x>0)$

6) $\ln x\leqslant n(x^{\frac{1}{n}}-1)$ $(n>0,\ x>0)$

7) $(1+x)^\alpha>1+x^\alpha$ $(\alpha>1,\ x>0)$

幂级数展开式

(1) 指数函数和对数函数的幂级数展开式

1) $\mathrm{e}^x=1+\frac{1}{1!}x+\frac{1}{2!}x^2+\frac{1}{3!}x^3+\cdots+\frac{1}{n!}x^n+\cdots(|x|<\infty)$

2) $a^x=1+\frac{\ln a}{1!}x+\frac{(\ln a)^2}{2!}x^2+\frac{(\ln a)^3}{3!}x^3+\cdots+\frac{(\ln a)^n}{n!}x^n+\cdots$ $(|x|<\infty)$

3) $\ln(1+x)=x-\frac{x^2}{2}+\frac{x^3}{3}-\frac{x^4}{4}+\cdots+(-1)^{n+1}\frac{x^n}{n}+\cdots(-1<x\leqslant 1)$

4） $\ln(1-x)=-x-\frac{x^2}{2}-\frac{x^3}{3}-\frac{x^4}{4}-\cdots-\frac{x^n}{n}-\cdots\ (-1\leqslant x<1)$

5） $\ln\left(\frac{1+x}{1-x}\right)=2\left(x+\frac{x^3}{3}+\frac{x^5}{5}+\frac{x^7}{7}+\cdots+\frac{x^{2n+1}}{2n+1}+\cdots\right)\ (|x|<1)$

6） $\frac{x}{e^x-1}=1-\frac{x}{2}+\frac{1}{12}x^2-\frac{1}{720}x^4+\frac{1}{30240}x^6-\cdots+(-1)^{n+1}\frac{B_n}{(2n)!}x^{2n}+\cdots\quad(|x|<2\pi)$

式中 B_n 为伯努利数。$B_4=\frac{1}{30}$，$B_5=\frac{5}{66}$，$B_6=\frac{691}{2730}$，$B_7=\frac{7}{6}$，$B_8=\frac{3617}{510}$，$B_9=\frac{43867}{798}$，…

7） $e^{\sin x}=1+x+\frac{x^2}{2!}-\frac{3x^4}{4!}-\frac{8x^5}{5!}-\frac{3x^6}{6!}+\frac{56x^7}{7!}+\cdots\ (|x|<\infty)$

8） $e^{\cos x}=e\left(1-\frac{x^2}{2!}+\frac{4x^4}{4!}-\frac{31x^6}{6!}+\cdots\right)\ (|x|<\infty)$

（2）三角函数和反三角函数的幂级数展开式

1） $\sin x=x-\frac{x^3}{3!}+\frac{x^5}{5!}-\cdots+(-1)^{n-1}\frac{x^{2n-1}}{(2n-1)!}+\cdots\quad(|x|<\infty)$

2） $\cos x=1-\frac{x^2}{2!}+\frac{x^4}{4!}-\cdots+(-1)^n\frac{x^{2n}}{(2n)!}+\cdots\quad(|x|<\infty)$

3） $\tan x=x+\frac{1}{3}x^3+\frac{2}{15}x^5+\frac{17}{315}x^7+\cdots+\frac{2^{2n}(2^{2n-1})B_n}{(2n)!}x^{2n-1}+\cdots\quad\left(|x|<\frac{\pi}{2}\right)$

4） $\cos x=\frac{1}{x}-\frac{1}{3}x-\frac{1}{45}x^3-\frac{2}{945}x^5-\cdots-\frac{2^{2n}B_n}{(2n)!}x^{2n-1}-\cdots\quad(0<|x|<\pi)$

式中，B_n 为伯努利数

5） $\arcsin x=x+\frac{1}{2\cdot 3}x^3+\frac{1\cdot 3}{2\cdot 4\cdot 5}x^5+\frac{1\cdot 3\cdot 5}{2\cdot 4\cdot 6\cdot 7}x^7+\cdots+\frac{(2n)!}{2^{2n}(n!)^2(2n+1)}x^{2n+1}+\cdots\quad(|x|<1)$

6） $\arctan x=x-\frac{x^3}{3}+\frac{x^5}{5}-\frac{x^7}{7}+\frac{x^9}{9}-\cdots+(-1)^n\frac{x^{2n-1}}{2n+1}+\cdots\quad(|x|\leqslant 1)$

（3）双曲线函数和反双曲线函数的幂级数展开式

1） $\mathrm{sh}x=x-\frac{x^3}{3!}+\frac{x^5}{5!}+\frac{x^7}{7!}+\cdots+\frac{x^{2n-1}}{(2n-1)!}+\cdots\quad(|x|<\infty)$

2） $\mathrm{ch}x=1+\frac{x^2}{2!}+\frac{x^4}{4!}+\frac{x^6}{6!}+\cdots+\frac{x^{2n}}{(2n)!}+\cdots\quad(|x|<\infty)$

3） $\mathrm{th}x=x-\frac{x^3}{3!}+\frac{2x^5}{15}-\cdots+(-1)^{n+1}\frac{2^{2n}(2^{2n-1})B_n}{(2n)!}x^{2n-1}\quad\left(|x|<\frac{\pi}{2}\right)$

式中，B_n 为伯努利数

4） $\mathrm{Arsh}x=x-\frac{1}{2\cdot 3}x^3+\frac{1\cdot 3}{2\cdot 4\cdot 5}x^5-\frac{1\cdot 3\cdot 5}{2\cdot 4\cdot 6\cdot 7}x^7+\cdots+(-1)^n\frac{(2n)!}{2^{2n}(n!)^2(2n+1)}x^{2n-1}+\cdots\ (|x|<1)$

5） $\mathrm{Arth}x=x+\frac{x^3}{3}+\frac{x^5}{5}+\cdots+\frac{x^{2n+1}}{2n+1}+\cdots\ (|x|<1)$

平 面 三 角

三角函数的定义

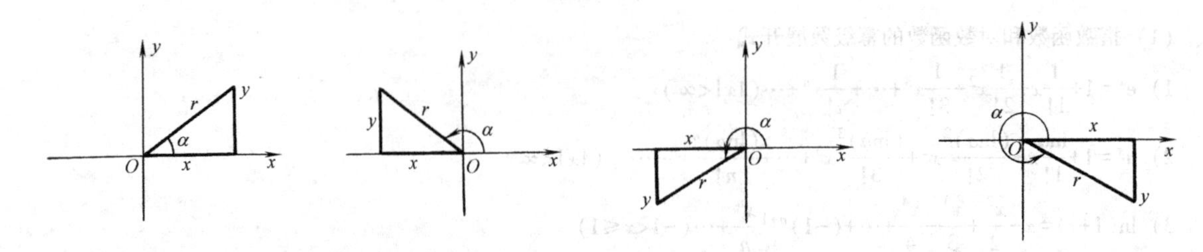

表 1-1-46　三角函数在各象限的正负号

象限	函数					
	$\sin\alpha$	$\cos\alpha$	$\tan\alpha$	$\cot\alpha$	$\sec\alpha$	$\csc\alpha$
Ⅰ	+	+	+	+	+	+
Ⅱ	+	−	−	−	−	+
Ⅲ	−	−	+	+	−	−
Ⅳ	−	+	−	−	+	−

正弦：$\sin\alpha=\dfrac{y}{r}$　　余切：$\cot\alpha=\dfrac{x}{y}$

余弦：$\cos\alpha=\dfrac{x}{r}$　　正割：$\sec\alpha=\dfrac{r}{x}$

正切：$\tan\alpha=\dfrac{y}{x}$　　余割：$\csc\alpha=\dfrac{r}{y}$

表 1-1-47　任意角三角函数诱导公式表

角	函数					
	sin	cos	tan	cot	sec	csc
$-\alpha$	$-\sin\alpha$	$\cos\alpha$	$-\tan\alpha$	$-\cot\alpha$	$\sec\alpha$	$-\csc\alpha$
$90°-\alpha$	$\cos\alpha$	$\sin\alpha$	$\cot\alpha$	$\tan\alpha$	$\csc\alpha$	$\sec\alpha$
$90°+\alpha$	$\cos\alpha$	$-\sin\alpha$	$-\cot\alpha$	$-\tan\alpha$	$-\csc\alpha$	$\sec\alpha$
$180°-\alpha$	$\sin\alpha$	$-\cos\alpha$	$-\tan\alpha$	$-\cot\alpha$	$-\sec\alpha$	$\csc\alpha$
$180°+\alpha$	$-\sin\alpha$	$-\cos\alpha$	$\tan\alpha$	$\cot\alpha$	$-\sec\alpha$	$-\csc\alpha$
$270°-\alpha$	$-\cos\alpha$	$-\sin\alpha$	$\cot\alpha$	$\tan\alpha$	$-\csc\alpha$	$-\sec\alpha$
$270°+\alpha$	$-\cos\alpha$	$\sin\alpha$	$-\cot\alpha$	$-\tan\alpha$	$\csc\alpha$	$-\sec\alpha$
$360°-\alpha$	$-\sin\alpha$	$\cos\alpha$	$-\tan\alpha$	$-\cot\alpha$	$\sec\alpha$	$-\csc\alpha$
$360°+\alpha$	$\sin\alpha$	$\cos\alpha$	$\tan\alpha$	$\cot\alpha$	$\sec\alpha$	$\csc\alpha$

表 1-1-48　三角函数基本公式

名称	公式
一个角的诸函数的基本关系	$\sin^2\alpha+\cos^2\alpha=1$ $\sec^2\alpha-\tan^2\alpha=1$ $\csc^2\alpha-\cot^2\alpha=1$ $\sin\alpha\csc\alpha=1$ $\cos\alpha\sec\alpha=1$ $\tan\alpha\cot\alpha=1$ $\dfrac{\sin\alpha}{\cos\alpha}=\tan\alpha$ $\dfrac{\cos\alpha}{\sin\alpha}=\cot\alpha$
一函数以同一角的其他函数表示式	$\sin\alpha=\pm\sqrt{1-\cos^2\alpha}=\pm\dfrac{\tan\alpha}{\sqrt{1+\tan^2\alpha}}=\pm\dfrac{1}{\sqrt{1+\cot^2\alpha}}$ $\cos\alpha=\pm\sqrt{1-\sin^2\alpha}=\pm\dfrac{1}{\sqrt{1+\tan^2\alpha}}=\pm\dfrac{\cot\alpha}{\sqrt{1+\cot^2\alpha}}$ $\tan\alpha=\pm\dfrac{\sin\alpha}{\sqrt{1-\sin^2\alpha}}=\pm\dfrac{\sqrt{1-\cos^2\alpha}}{\cos\alpha}=\dfrac{1}{\cot\alpha}$ $\cot\alpha=\pm\dfrac{\sqrt{1-\sin^2\alpha}}{\sin\alpha}=\pm\dfrac{\cos\alpha}{\sqrt{1-\cos^2\alpha}}=\dfrac{1}{\tan\alpha}$
和差公式	$\sin(\alpha\pm\beta)=\sin\alpha\cos\beta\pm\cos\alpha\sin\beta$ $\cos(\alpha\pm\beta)=\cos\alpha\cos\beta\mp\sin\alpha\sin\beta$ $\tan(\alpha\pm\beta)=(\tan\alpha\pm\tan\beta)/(1\mp\tan\alpha\tan\beta)$ $\cot(\alpha\pm\beta)=(\cot\alpha\cot\beta\mp1)/(\cot\beta\pm\cot\alpha)$
倍角公式	$\sin2\alpha=2\sin\alpha\cos\alpha$ $\cos2\alpha=\cos^2\alpha-\sin^2\alpha=1-2\sin^2\alpha=2\cos^2\alpha-1$ $\sin3\alpha=3\sin\alpha-4\sin^3\alpha$ $\cos3\alpha=4\cos^3\alpha-3\cos\alpha$ $\sin4\alpha=8\cos^3\alpha\sin\alpha-4\cos\alpha\sin\alpha$ $\cos4\alpha=8\cos^4\alpha-8\cos^2\alpha+1$ $\tan2\alpha=\dfrac{2\tan\alpha}{1-\tan^2\alpha}$ $\cot2\alpha=\dfrac{\cot^2\alpha-1}{2\cot\alpha}$ $\tan3\alpha=\dfrac{3\tan\alpha-\tan^3\alpha}{1-3\tan^2\alpha}$
积化和差公式	$2\sin\alpha\cos\beta=\sin(\alpha+\beta)+\sin(\alpha-\beta)$ $2\cos\alpha\sin\beta=\sin(\alpha+\beta)-\sin(\alpha-\beta)$ $2\cos\alpha\cos\beta=\cos(\alpha+\beta)+\cos(\alpha-\beta)$ $2\sin\alpha\sin\beta=-\cos(\alpha+\beta)+\cos(\alpha-\beta)$ $\tan\alpha\tan\beta=\dfrac{\tan\alpha+\tan\beta}{\cot\alpha+\cot\beta}=-\dfrac{\tan\alpha-\tan\beta}{\cot\alpha-\cot\beta}$ $\cot\alpha\cot\beta=\dfrac{\cot\alpha+\cot\beta}{\tan\alpha+\tan\beta}=-\dfrac{\cot\alpha-\cot\beta}{\tan\alpha-\tan\beta}$
和差化积公式	$\sin\alpha+\sin\beta=2\sin\dfrac{\alpha+\beta}{2}\cos\dfrac{\alpha-\beta}{2}$ $\sin\alpha-\sin\beta=2\cos\dfrac{\alpha+\beta}{2}\sin\dfrac{\alpha-\beta}{2}$ $\cos\alpha+\cos\beta=2\cos\dfrac{\alpha+\beta}{2}\cos\dfrac{\alpha-\beta}{2}$ $\cos\alpha-\cos\beta=-2\sin\dfrac{\alpha+\beta}{2}\sin\dfrac{\alpha-\beta}{2}$ $\tan\alpha\pm\tan\beta=\dfrac{\sin(\alpha\pm\beta)}{\cos\alpha\cos\beta}$ $\cot\alpha\pm\cot\beta=\pm\dfrac{\sin(\alpha\pm\beta)}{\sin\alpha\sin\beta}$

续表

名称	公式	名称	公式
和差化积公式	$\sin\alpha\pm\cos\alpha=\sqrt{2}\sin(\alpha\pm45°)$ $=\pm\sqrt{2}\cos(\alpha\mp45°)$ $\sin^2\alpha-\sin^2\beta=\cos^2\beta-\cos^2\alpha$ $=\sin(\alpha+\beta)\sin(\alpha-\beta)$ $\cos^2\alpha-\sin^2\beta=\cos^2\beta-\sin^2\alpha$ $=\cos(\alpha+\beta)\cos(\alpha-\beta)$	函数的乘方	$\sin^2\alpha=\frac{1}{2}(1-\cos2\alpha)$ $\sin^3\alpha=\frac{1}{4}(3\sin\alpha-\sin3\alpha)$ $\cos^2\alpha=\frac{1}{2}(1+\cos2\alpha)$ $\cos^3\alpha=\frac{1}{4}(\cos3\alpha+3\cos\alpha)$
半角公式	$\sin\frac{\alpha}{2}=\pm\sqrt{\frac{1-\cos\alpha}{2}}$ $\cos\frac{\alpha}{2}=\pm\sqrt{\frac{1+\cos\alpha}{2}}$ $\tan\frac{\alpha}{2}=\pm\sqrt{\frac{1-\cos\alpha}{1+\cos\alpha}}=\frac{1-\cos\alpha}{\sin\alpha}$ $=\frac{\sin\alpha}{1+\cos\alpha}$		
其他常用公式	$\sin\alpha=2\tan\frac{\alpha}{2}\Big/\left(1+\tan^2\frac{\alpha}{2}\right)=2\sin\frac{\alpha}{2}\cos\frac{\alpha}{2}$ $\cos\alpha=\left(1-\tan^2\frac{\alpha}{2}\right)\Big/\left(1+\tan^2\frac{\alpha}{2}\right)=\cos^2\frac{\alpha}{2}-\sin^2\frac{\alpha}{2}=2\cos^2\frac{\alpha}{2}-1$ $\tan\alpha=2\tan\frac{\alpha}{2}\Big/\left(1-\tan^2\frac{\alpha}{2}\right)$ $(1+\tan\alpha)/(1-\tan\alpha)=\tan\left(\frac{\pi}{4}+\alpha\right)$ $(1-\tan\alpha)/(1+\tan\alpha)=\tan\left(\frac{\pi}{4}-\alpha\right)$ 设 $a>0,b>0$，且 A、B 为正锐角，设 $A=\arctan\frac{a}{b}$，$B=\arctan\frac{b}{a}$，则 $a\cos\alpha+b\sin\alpha=\sqrt{a^2+b^2}\sin(A+\alpha)=\sqrt{a^2+b^2}\cos(B-\alpha)$ $a\cos\alpha-b\sin\alpha=\sqrt{a^2+b^2}\sin(A-\alpha)=\sqrt{a^2+b^2}\cos(B+\alpha)$		

表 1-1-49　　任意三角形常用公式

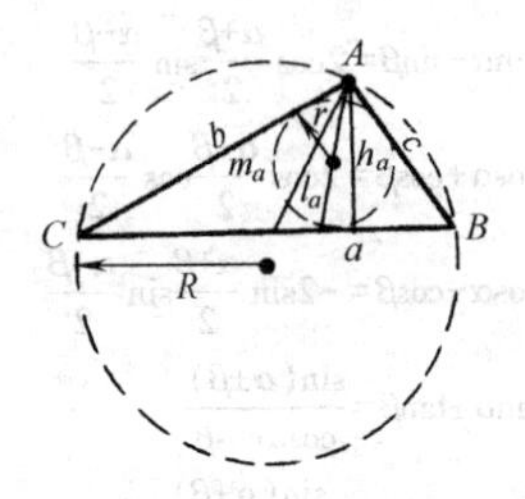

a,b,c——边
$\angle A,\angle B,\angle C$——边的对角
R——外接圆半径
r——内切圆半径
p——三角形三边之和之半

续表

正弦定理	$\frac{a}{\sin A}=\frac{b}{\sin B}=\frac{c}{\sin C}=2R$	半角公式	$\sin\frac{A}{2}=\sqrt{\frac{(p-b)(p-c)}{bc}}$
余弦定理	$a^2=b^2+c^2-2bc\cos A$		$\sin\frac{B}{2}=\sqrt{\frac{(p-a)(p-c)}{ac}}$
正切定理	$\frac{a+b}{a-b}=\frac{\tan\frac{A+B}{2}}{\tan\frac{A-B}{2}}=\frac{\tan\frac{C}{2}}{\tan\frac{A-B}{2}}$		$\sin\frac{C}{2}=\sqrt{\frac{(p-a)(p-b)}{ab}}$
面积	$S=\frac{1}{2}ab\sin C$ $=2R^2\sin A\sin B\sin C=rp$ $=\sqrt{p(p-a)(p-b)(p-c)}$		$\cos\frac{A}{2}=\sqrt{\frac{p(p-a)}{bc}}$
a边上的高	$h_a=b\sin C=c\sin B$		$\cos\frac{B}{2}=\sqrt{\frac{p(p-b)}{ac}}$
a边上的中线	$m_a=\frac{1}{2}\sqrt{b^2+c^2+2bc\cos A}$		$\cos\frac{C}{2}=\sqrt{\frac{p(p-c)}{ab}}$
A角的二等分线	$l_a=\frac{2bc\cos\frac{A}{2}}{b+c}$		$\tan\frac{A}{2}=\frac{r}{p-a}$;$\tan\frac{B}{2}=\frac{r}{p-b}$
外接圆半径	$R=\frac{a}{2\sin A}=\frac{b}{2\sin B}=\frac{c}{2\sin C}=\frac{abc}{4S}$		$\tan\frac{C}{2}=\frac{r}{p-c}$
内切圆半径	$r=\sqrt{\frac{(p-a)(p-b)(p-c)}{p}}$ $=p\tan\frac{A}{2}\tan\frac{B}{2}\tan\frac{C}{2}=\frac{S}{p}$ $\left(p=\frac{a+b+c}{2}\right)$		

表 1-1-50　任意三角形边和角的公式

已　知	求其余要素的公式	已　知	求其余要素的公式
一边和二角 a、$\angle A$、$\angle B$	$\angle C=180°-\angle A-\angle B$ $b=\frac{a\sin B}{\sin A}$、$c=\frac{a\sin C}{\sin A}$	二边和其一对角 a、b、$\angle A$	$\sin B=\frac{b\sin A}{a}$① $\angle C=180°-(\angle A+\angle B)$ $c=\frac{a\sin C}{\sin A}$
二边及其夹角 a、b、$\angle C$	$\frac{A+B}{2}=90°-\frac{C}{2}$ $\tan\frac{A-B}{2}=\frac{a-b}{a+b}\tan\frac{A+B}{2}$ 由所求的$\frac{A+B}{2}$和$\frac{A-B}{2}$的值解出$\angle A$和$\angle B$ $c=\frac{a\sin C}{\sin A}$	三边 a、b、c	$p=\frac{1}{2}(a+b+c)$ $r=\sqrt{(p-a)(p-b)(p-c)/p}$ $\tan\frac{A}{2}=\frac{r}{p-a}$,$\tan\frac{B}{2}=\frac{r}{p-b}$ $\tan\frac{C}{2}=\frac{r}{p-c}$

① 表示如 $a>b$，则 $\angle B<90°$，这时只有一值。如 $a<b$，则当 $b\sin A<a$ 时，$\angle B$ 有二值（$\angle B_2=180°-\angle B_1$）；当 $b\sin A=a$ 时，$\angle B$ 有一值即 $\angle B=90°$；当 $b\sin A>a$ 时，三角形不可能。

反三角函数

(1) $\begin{cases} \sin y=x, \ y=\arcsin x \\ -1\leqslant x\leqslant 1, \ -\dfrac{\pi}{2}\leqslant \arcsin x\leqslant \dfrac{\pi}{2} \end{cases}$ （主值范围）

(2) $\begin{cases} \cos y=x, \ y=\arccos x \\ -1\leqslant x\leqslant 1, \ 0\leqslant \arccos x\leqslant \pi \end{cases}$ （主值范围）

(3) $\begin{cases} \tan y=x, \ y=\arctan x \\ -\infty<x<\infty, \ -\dfrac{\pi}{2}<\arctan x<\dfrac{\pi}{2} \end{cases}$ （主值范围）

(4) $\begin{cases} \cot y=x, \ y=\text{arccot}\,x \\ -\infty<x<\infty, \ 0<\text{arccot}\,x<\pi \end{cases}$ （主值范围）

(5) $\sin(\arcsin x)=\cos(\arccos x)=\tan(\arctan x)=x$

(6) $\cos(\arcsin x)=\sin(\arccos x)=\sqrt{1-x^2}$

(7) $\tan(\arccos x)=\sqrt{1-x^2}/x$

(8) $\sin(\arctan x)=\cos(\text{arccot}\,x)=x/\sqrt{1+x^2}$

(9) $\tan(\arcsin x)=x/\sqrt{1-x^2}$

(10) $\sin(\text{arccot}\,x)=\cos(\arctan x)=1/\sqrt{1+x^2}$

(11) $\arcsin(\sin x)=x, \left(|x|\leqslant\dfrac{\pi}{2}\right)$

(12) $\arccos(\cos x)=x, \ (0\leqslant x\leqslant\pi)$

(13) $\arctan(\tan x)=x, \left(|x|<\dfrac{\pi}{2}\right)$

(14) $\text{arccot}(\cot x)=x, \ (0<x<\pi)$

(15) $\arcsin x+\arccos x=\dfrac{1}{2}\pi$

(16) $\arctan x+\text{arccot}\,x=\dfrac{1}{2}\pi$

(17) $\arcsin x=\pm\arccos\sqrt{1-x^2}=\arctan(x/\sqrt{1-x^2})$，正负号与 x 同

(18) $\arccos x=\arcsin\sqrt{1-x^2}=\arctan(\sqrt{1-x^2}/x)$，$(x>0)$

$\arccos x=\pi-\arcsin\sqrt{1-x^2}=\pi+\arctan(\sqrt{1-x^2}/x)$，$(x<0)$

(19) $\arctan x=\arcsin(x/\sqrt{1+x^2})=\pm\arccos(1/\sqrt{1+x^2})$，正负号与 x 同

$\arctan x=\text{arccot}(1/x)$，$(x>0)$　　$\arctan x=\text{arccot}(1/x)-\pi$，$(x<0)$

(20) $\arcsin x\pm\arcsin y=\arcsin(x\sqrt{1-y^2}\pm y\sqrt{1-x^2})$，$-\dfrac{1}{2}\pi\leqslant\arcsin x\pm\arcsin y\leqslant\dfrac{1}{2}\pi$

(21) $\arccos x\pm\arccos y=\arccos(xy\pm\sqrt{1-x^2}\sqrt{1-y^2})$，$0\leqslant\arccos x\pm\arccos y\leqslant\pi$

(22) $\arctan x\pm\arctan y=\arctan\dfrac{x\pm y}{1\mp xy}$，$-\dfrac{\pi}{2}<\arctan x\pm\arctan y<\dfrac{\pi}{2}$

(23) $\arcsin(-x)=-\arcsin x$

(24) $\arccos(-x)=\pi-\arccos x$

(25) $\arctan(-x)=-\arctan x$

(26) $\text{arccot}(-x)=\pi-\text{arccot}\,x$

复　　数

表 1-1-51

名称		公式		
虚单位的周期性		$i^{4n+1}=i, i^{4n+2}=-1, i^{4n+3}=-i, i^{4n}=1$（$n$ 为自然数），（$\sqrt{-1}=i$ 称为虚数单位）		
复数的表示法	代数式	$z=a+bi$	a 称为 z 的实部 b 称为 z 的虚部	a、b、r、θ 的相互关系： $\begin{cases} a=r\cos\theta \\ b=r\sin\theta \end{cases}$ $\begin{cases} r=\sqrt{a^2+b^2} \\ \tan\theta=\dfrac{b}{a} \end{cases}$ （图：虚轴、实轴、O、a、b、r、θ、z）
	三角式	$z=r(\cos\theta+i\sin\theta)$	r 称为 z 的模，记作 $\vert z\vert$	
	指数式	$z=re^{i\theta}$	θ 称为 z 的幅角，记作 Arg$z$	
复数的运算	代数式	$(a+bi)\pm(c+di)=(a\pm c)+(b\pm d)i$ $(a+bi)(c+di)=(ac-bd)+(bc+ad)i$ $\dfrac{a+bi}{c+di}=\dfrac{ac+bd}{c^2+d^2}+\dfrac{bc-ad}{c^2+d^2}i$		

续表

名称		公式
复数的运算	三角式	$z_1=r_1(\cos\theta_1+i\sin\theta_1)$, $z_2=r_2(\cos\theta_2+i\sin\theta_2)$, $z=r(\cos\theta+i\sin\theta)$ $z_1z_2=r_1r_2[\cos(\theta_1+\theta_2)+i\sin(\theta_1+\theta_2)]$ $\dfrac{z_1}{z_2}=\dfrac{r_1}{r_2}[\cos(\theta_1-\theta_2)+i\sin(\theta_1-\theta_2)]$ $z^n=r^n(\cos n\theta+i\sin n\theta)$（棣莫佛 de Moivre 定理） $\sqrt[n]{z}=\sqrt[n]{r}\left(\cos\dfrac{\theta+2k\pi}{n}+i\sin\dfrac{\theta+2k\pi}{n}\right)$（$n$ 为正整数，$k=0,1,2,\cdots,n-1$）
	指数式	$z_1=r_1e^{i\theta_1}$, $z_2=r_2e^{i\theta_2}$, $z=re^{i\theta}$ $z_1z_2=r_1r_2e^{i(\theta_1+\theta_2)}$ $\dfrac{z_1}{z_2}=\dfrac{r_1}{r_2}e^{i(\theta_1-\theta_2)}$ $z^n=r^ne^{in\theta}$ $\sqrt[n]{z}=\sqrt[n]{r}e^{i\frac{\theta+2k\pi}{n}}$（$n$ 为正整数，$k=0,1,2,\cdots,n-1$）
欧拉(Euler)公式		$e^{i\theta}=\cos\theta+i\sin\theta$，$\cos\theta=\dfrac{e^{i\theta}+e^{-i\theta}}{2}$，$\sin\theta=\dfrac{e^{i\theta}-e^{-i\theta}}{2}$

坐标系及坐标变换

表 1-1-52

	坐标系	直角坐标	极坐标	图示
平面直角坐标与极坐标	点的坐标表示	$P(x,y)$ x—横坐标　y—纵坐标	$P(\rho,\theta)$ ρ—极径　θ—极角	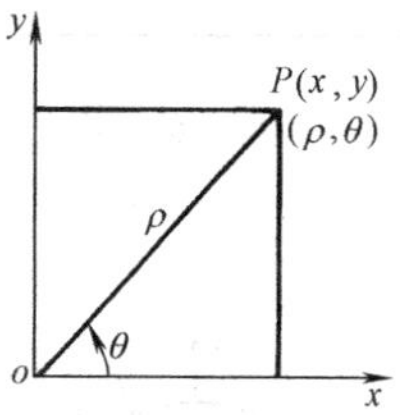
	互换公式	$x=\rho\cos\theta$ $y=\rho\sin\theta$	$\rho=\sqrt{x^2+y^2}$ $\tan\theta=\dfrac{y}{x}$	
平面直角坐标的变换	变换名称	平移	旋转	一般变换
	图示	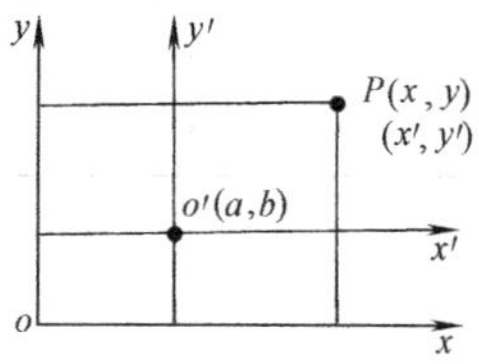	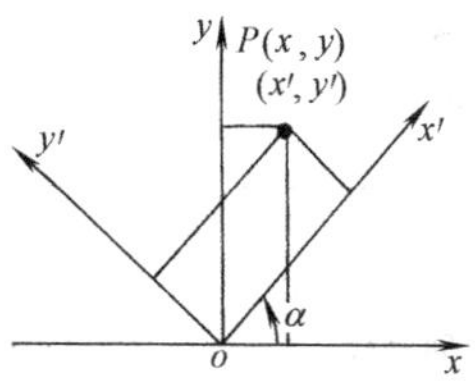	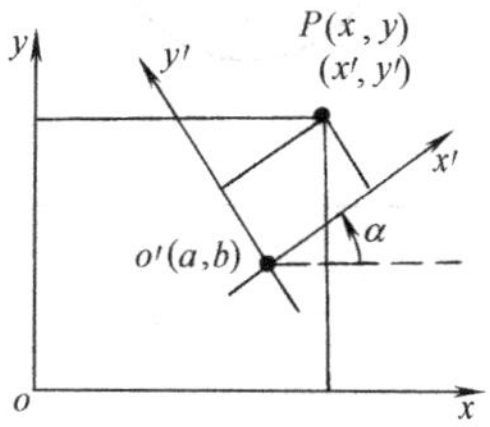
	变换公式	$\begin{cases}x=x'+a\\y=y'+b\end{cases}$ $\begin{cases}x'=x-a\\y'=y-b\end{cases}$	$\begin{cases}x=x'\cos\alpha-y'\sin\alpha\\y=x'\sin\alpha+y'\cos\alpha\end{cases}$ $\begin{cases}x'=x\cos\alpha+y\sin\alpha\\y'=-x\sin\alpha+y\cos\alpha\end{cases}$	$\begin{cases}x=x'\cos\alpha-y'\sin\alpha+a\\y=x'\sin\alpha+y'\cos\alpha+b\end{cases}$ $\begin{cases}x'=(x-a)\cos\alpha+(y-b)\sin\alpha\\y'=-(x-a)\sin\alpha+(y-b)\cos\alpha\end{cases}$

续表

	坐标系	直角坐标	圆柱坐标	球坐标
空间坐标的互换公式	点的坐标表示	$P(x,y,z)$	$P(\rho,\theta,z)$	$P(r,\varphi,\theta)$ φ—纬角，θ—经角
	图示			
	互换公式	直角坐标与圆柱坐标互换 $\begin{cases}x=\rho\cos\theta\\y=\rho\sin\theta\\z=z\end{cases}$ $\begin{cases}\rho=\sqrt{x^2+y^2}\\\tan\theta=\dfrac{y}{x}\\z=z\end{cases}$	圆柱坐标与球坐标互换 $\begin{cases}\rho=r\sin\varphi\\z=r\cos\varphi\\\theta=\theta\end{cases}$ $\begin{cases}r=\sqrt{\rho^2+z^2}\\\varphi=\arccos\dfrac{z}{\sqrt{\rho^2+z^2}}\\\theta=\theta\end{cases}$	直角坐标与球坐标互换 $\begin{cases}x=r\sin\varphi\cos\theta\\y=r\sin\varphi\sin\theta\\z=r\cos\varphi\end{cases}$ $\begin{cases}r=\sqrt{x^2+y^2+z^2}\\\varphi=\arccos\dfrac{z}{\sqrt{x^2+y^2+z^2}}\\\tan\theta=\dfrac{y}{x}\end{cases}$

常用曲线

表 1-1-53

名称		曲线图	方程式	定义与特性	备注
圆	标准形式		直角坐标方程 $x^2+y^2=R^2$ 极坐标方程 $\rho=R$,(参见一般形式的极坐标方程) 参数方程 $\begin{cases}x=R\cos t\\y=R\sin t\end{cases}$	与定点等距离的动点轨迹	圆心 $O(0,0)$ 半径 R 圆心 $O(\rho=0)$
	一般形式		直角坐标方程 $(x-a)^2+(y-b)^2=R^2$ 极坐标方程 $\rho^2-2\rho\rho_0\cos(\theta-\theta_0)+\rho_0^2=R^2$ 参数方程 $\begin{cases}x=a+R\cos t\\y=b+R\sin t\end{cases}$	同上	圆心 $O'(a,b)$ 半径 R 圆心 $O'(\rho_0,\theta_0)$

续表

名称	曲线图	方程式	定义与特性	备注
椭圆	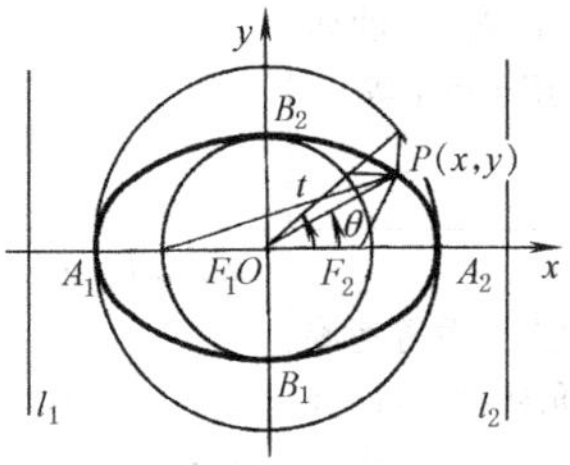	直角坐标方程 $\frac{x^2}{a^2}+\frac{y^2}{b^2}=1$ 极坐标方程 $\rho^2=\frac{b^2}{1-e^2\cos^2\theta}$ (极点在椭圆中心 O 点) 参数方程 $\begin{cases}x=a\cos t\\y=b\sin t\end{cases}$ 准线$l_1:x=-\frac{a}{e}$ $l_2:x=\frac{a}{e}$	动点 P 到两定点 F_1、F_2(焦点)的距离之和为一常数时,P 点的轨迹 ($\|PF_1\|+\|PF_2\|=2a$) $-a\leqslant x\leqslant a$	$2a$——长轴(A_1A_2) $2b$——短轴(B_1B_2) $2c$——焦距(F_1F_2) $c=\sqrt{a^2-b^2}$ e——离心率 $e=\frac{c}{a}<1$,e 愈大,椭圆愈扁平 顶点:$A_1(-a,0)$ $A_2(a,0)$ $B_1(0,-b)$ $B_2(0,b)$ 焦点:$F_1(-c,0)$ $F_2(c,0)$ 焦点半径:$r_1=PF_1,r_2=PF_2$ $r_1=a-ex,r_2=a+ex$
双曲线	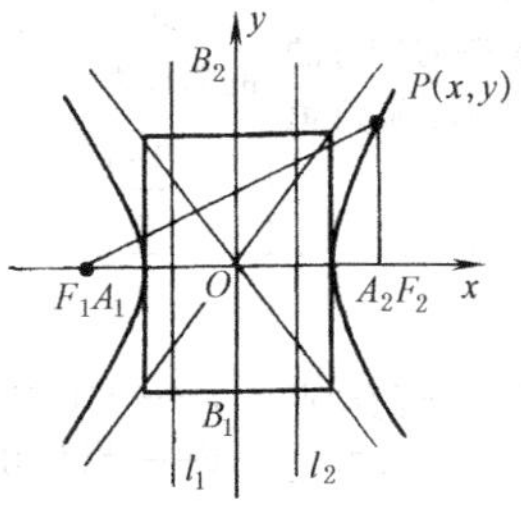	直角坐标方程 $\frac{x^2}{a^2}-\frac{y^2}{b^2}=1$ 极坐标方程 $\rho^2=\frac{-b^2}{1-e^2\cos^2\theta}$ (极点在双曲线中心 O 点) 参数方程 $\begin{cases}x=a\cosh t\\y=b\sinh t\end{cases}$ 准线$l_1:x=-\frac{a}{e}$ $l_2:x=\frac{a}{e}$ 渐近线$y=\frac{b}{a}x$ $y=-\frac{b}{a}x$	动点 P 到两定点 F_1、F_2(焦点)的距离之差为一常数时,P 点的轨迹 ($\|PF_1\|-\|PF_2\|=2a$) $x\leqslant -a,x\geqslant a$	$2a$——实轴 $2b$——虚轴 $2c$——焦距 $c=\sqrt{a^2+b^2}$ e——离心率 $e=\frac{c}{a}>1$,e 愈小,渐近线与 x 轴的夹角愈小 顶点:$A_1(-a,0)$,$A_2(a,0)$ $B_1(0,-b)$,$B_2(0,b)$ B_1,B_2 叫虚顶点 焦点:$F_1(-c,0)$ $F_2(c,0)$ 焦点半径:$r_1=PF_1,r_2=PF_2$ $r_1=\pm(ex-a)$, $r_2=\pm(ex+a)$
抛物线	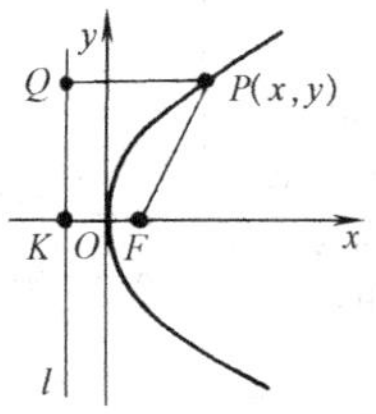	直角坐标方程 $y^2=2px(p>0)$ 极坐标方程 $\rho=\frac{2p\cos\theta}{1-\cos^2\theta}$ (极点在抛物线顶点 O 点) 参数方程 $\begin{cases}x=2pt^2\\y=2pt\end{cases}$ 准线 $l:x=-\frac{p}{2}$	动点 P 到一定点 F(焦点)和一定直线 l(准线)的距离相等时,动点 P 的轨迹($\|PF\|=\|PQ\|$)	离心率 $e=1$ 顶点 $O(0,0)$ 焦点 $F\left(\frac{p}{2},0\right)$ p——焦点至准线的距离,p 愈大抛物线开口愈大,p 称为焦参数,$p>0$ 开口向右,$p<0$ 开口向左 焦点半径:$r=PF$ $r=x+\frac{p}{2}$

续表

名称	曲线图	方程式	定义与特性	备注
渐开线	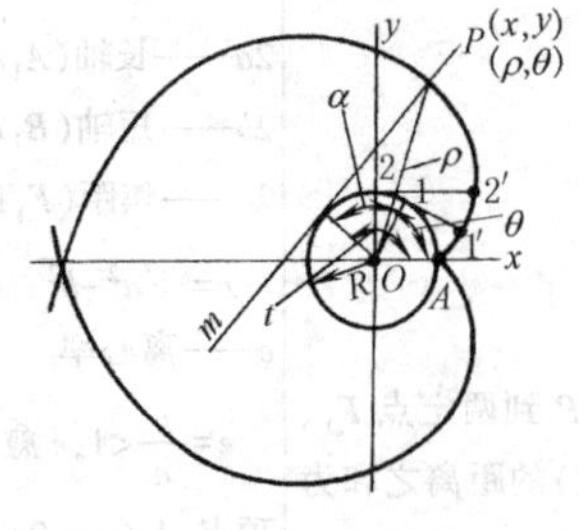 y, P(x,y) (ρ,θ), α, 2, ρ, 2′, 1, 1′, θ, x, R, O, A, m, t	极坐标方程 $\begin{cases}\rho=\dfrac{R}{\cos\alpha}\\ \theta=\tan\alpha-\alpha\end{cases}$ 参数方程 $\begin{cases}x=R(\cos t+t\sin t)\\ y=R(\sin t-t\cos t)\end{cases}$ $t=\alpha+\theta$	一动直线 m（发生线）沿一定圆 O（基圆）作无滑滚动时，m 上任意点（如起始切点 A）的轨迹。用于齿形等	R——基圆半径 α——压力角
阿基米德螺线（等进螺线）	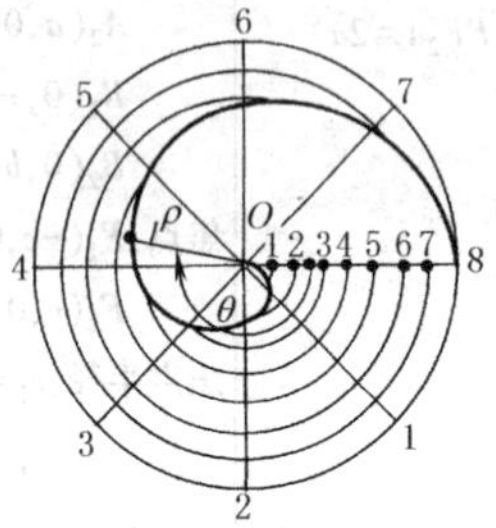 6, 7, 5, O, ρ, 4, 1 2 3 4 5 6 7 8, θ, 3, 1, 2	极坐标方程 $\rho=a\theta$	动点沿着等速旋转（角速度 ω）的圆的半径，作等速直线运动（线速度 v）此动点轨迹为阿基米德螺线。用于凸轮等	θ——极角 $a=\dfrac{v}{\omega}$ ρ——极径 O——极点 极点到曲线上任一点的弧长为 $\dfrac{a}{2}(\theta\sqrt{\theta^2+1}+\mathrm{arsh}\theta)$
对数螺线（等角螺线）	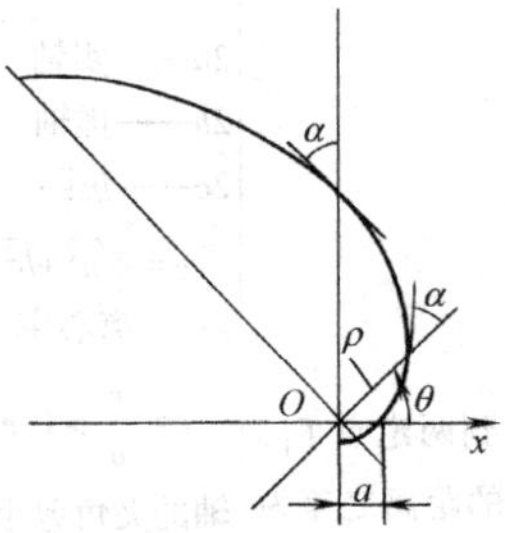 α, α, ρ, θ, O, x, a	极坐标方程 $\rho=ae^{m\theta}$（m，a 为常数，均大于零） $\alpha=\arctan\dfrac{1}{m}$	动点的运动方向始终与极径保持定角 α 的动点轨迹。用于涡轮叶片等。用对数螺线作为成型铲齿铣刀铲背的轮廓线时，前角恒定不改变	θ——极角 ρ——极径 α——极径与切线（动点运动方向）间的夹角 曲线上任意两点间的弧长为 $\dfrac{\sqrt{1+m^2}}{m}(\rho_2-\rho_1)$
圆柱螺旋线	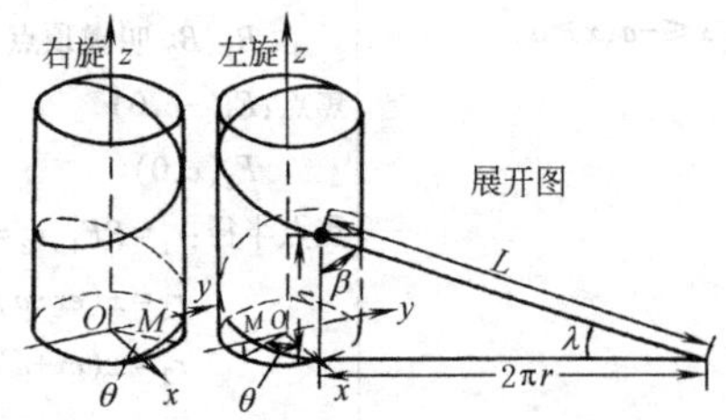 右旋 z, 左旋 z, 展开图, y, O, M, β, y, L, λ, 2πr, θ, x, θ, x	参数方程 $x=r\cos\theta$ $y=r\sin\theta$ $z=\pm r\theta\cot\beta$ $=\pm\dfrac{h}{2\pi}\theta$ （右旋为“+”，左旋为“-”）	圆柱面上的动点 M 绕定轴 z 以等角速度 ω 回转，同时沿 z 轴以等速 v 平移，其动点轨迹就是圆柱螺旋线。用于弹簧等	r——圆柱底半径 β——螺旋角 h——导程 $h=2\pi r\cot\beta$ L——一个导程的弧长 $L=\sqrt{(2\pi r)^2+h^2}$
圆锥螺旋线	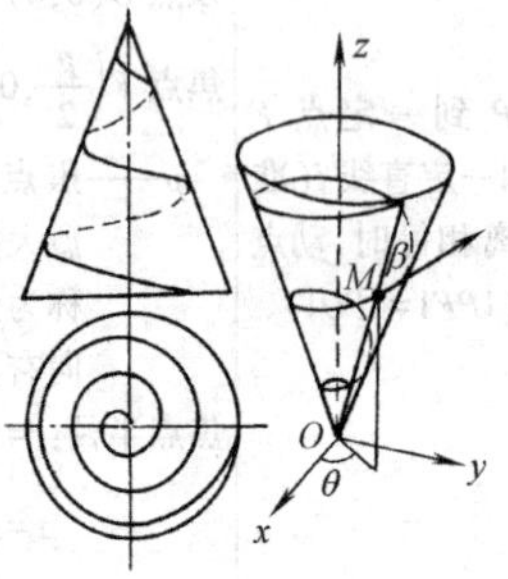 z, M, β, O, θ, y, x	参数方程 $x=\rho\sin\alpha\cos\theta$ $y=\rho\sin\alpha\sin\theta$ $z=\rho\cos\alpha$ $\rho=a\theta$	特性： (1)等螺距 $h=2\pi a\cos\alpha$ (2)切线与锥面母线夹角 β $\cos\beta=\dfrac{1}{\sqrt{1+\theta^2\sin^2\alpha}}$	a——常数 α——半锥角

续表

名称	曲线图	方程式	定义与特性	备注
圆锥对数螺旋线	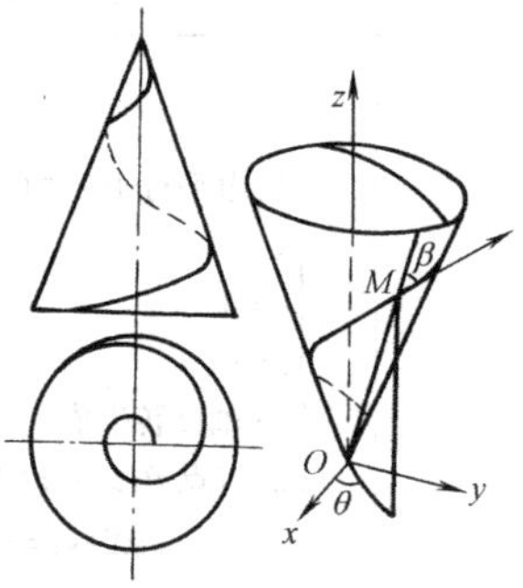	参数方程 $\begin{cases} x=\rho\sin\alpha\cos\theta \\ y=\rho\sin\alpha\sin\theta \\ z=\rho\cos\alpha \\ \rho=\rho_0 e^{\frac{\sin\alpha}{\tan\beta}\theta} \end{cases}$	(1)不等螺距 (2)切线与锥面母线夹角为定角β	α——半锥角 ρ_0,β——常数
外摆线	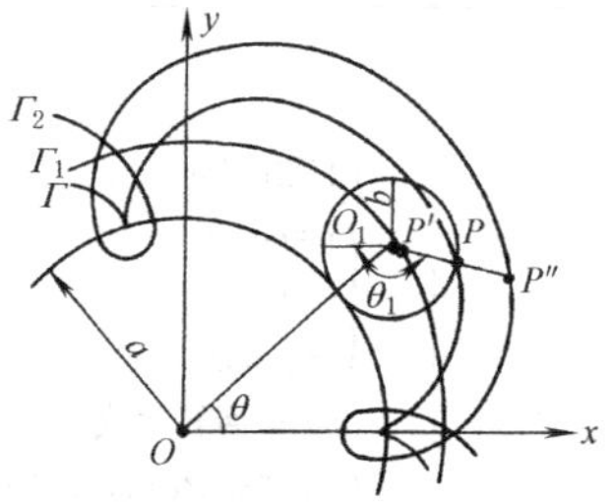	参数方程 $x=(a+b)\cos\theta-l\cos\left(\frac{a+b}{b}\theta\right)$ $y=(a+b)\sin\theta-l\sin\left(\frac{a+b}{b}\theta\right)$	滚动圆O_1，沿基圆O外部相切滚动，滚动圆上某点P(或圆外P''，圆内P')的轨迹 当内外摆线的$a\to\infty$时，摆线转化为平摆线，当$b\to\infty$时，摆线转化为圆的渐开线	a——基圆半径 b——滚圆半径 θ——公转角 θ_1——自转角 $l=O_1P$，当 $l=b$，为普通摆线Γ $l>b$，为长幅摆线Γ_2 $l<b$，为短幅摆线Γ_1 $\theta_1=\frac{a+b}{b}\theta$
内摆线	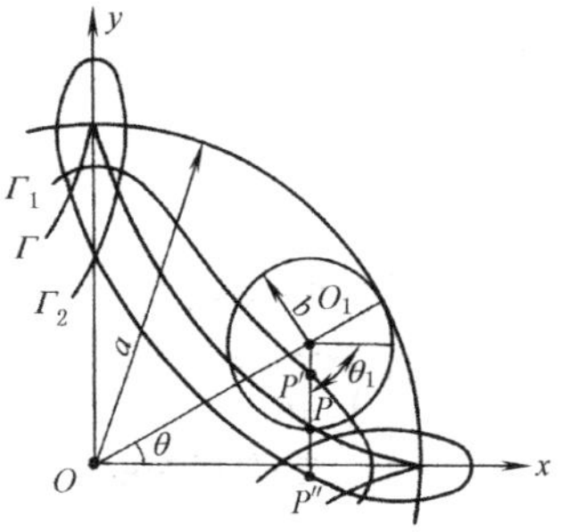	参数方程 $x=(a-b)\cos\theta+l\cos\left(\frac{b-a}{b}\theta\right)$ $y=(a-b)\sin\theta+l\sin\left(\frac{b-a}{b}\theta\right)$	滚动圆O_1在基圆O内部相切滚动，滚动圆上某点P(或圆外P''，圆内P')的轨迹	a——基圆半径 b——滚圆半径 θ——公转角 θ_1——自转角 $\theta_1=\frac{a-b}{b}\theta$ $l=O_1P$，当 $l=b$，为普通摆线Γ $l>b$，为长幅摆线Γ_2 $l<b$，为短幅摆线Γ_1
平摆线	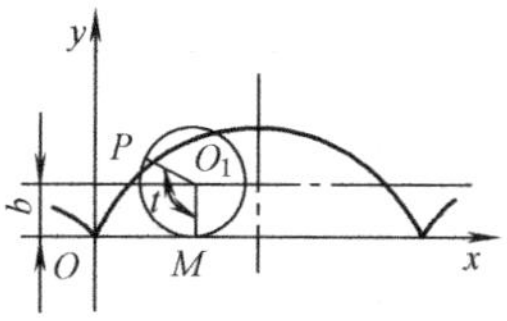	参数方程 $x=bt-l\sin t$ $y=b-l\cos t$	定圆沿定直线滚动，圆周上(或圆外，圆内)一点的轨迹	曲率半径$=2PM$ 一拱弧长$=8b$ $l=O_1P$，当 $l=b$，为普通平摆线 $l>b$，为长幅平摆线 $l<b$，为短幅平摆线
悬链线	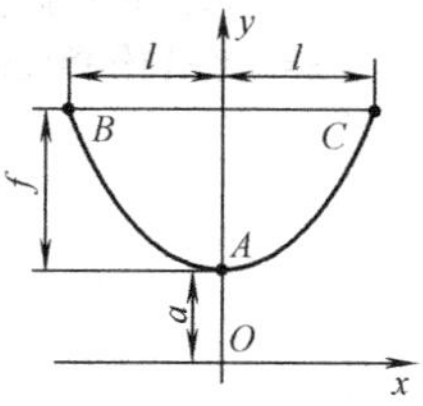	直角坐标方程 $y=\frac{a}{2}\left(e^{\frac{x}{a}}+e^{-\frac{x}{a}}\right)$ $=a\cosh\frac{x}{a}$	两端悬吊的密度均匀的完全柔软曲线，在重力作用下的自然状态所构成的曲线	a——正常数，即距离OA。在顶点附近近似于抛物线 $y=\frac{x^2}{2a}+a$ $\widehat{BAC}=s\approx l\left(1+\frac{8f^2}{3l^2}\right)$

几种曲面

表 1-1-54

名称		图形	方程	说明
旋转曲面	圆柱面	z, r, o, θ, x, (x,y,z), y	$\begin{cases}x=r\cos\theta\\y=r\sin\theta\\z=z\end{cases}$ θ,z 为参变量 或 $x^2+y^2=r^2$	(1)由平行于 z 轴的直母线 $\begin{cases}x=r\\y=0\\z=z\end{cases}$ 绕 z 轴旋转生成 (2)过点 $P(x,y,z)$ 的切平面方程 $xX+yY=r^2$
	球面	z, (x,y,z), o, φ, θ, x, y	$\begin{cases}x=r\sin\varphi\cos\theta\\y=r\sin\varphi\sin\theta\\z=r\cos\varphi\end{cases}$ φ,θ 为参变量 或 $x^2+y^2+z^2=r^2$	(1)由圆周 $\begin{cases}x=r\sin\varphi\\y=0\\z=r\cos\varphi\end{cases}$ 绕 z 轴回转生成 (2)过点 $P(x,y,z)$ 的切平面方程 $xX+yY+zZ=r^2$
	旋转抛物面	z, x, o, y	$x^2+y^2=a^2z$	由抛物线 $\begin{cases}x^2=a^2z\\y=0\end{cases}$ 绕 z 轴回转生成
螺旋面	正螺旋面	z, t, x, o, θ, (x,y,z), y	$\begin{cases}x=t\cos\theta\\y=t\sin\theta\\z=b\theta\end{cases}$ 式中 t,θ——参变量 直角坐标方程 $y=x\tan\dfrac{z}{b}$ 柱坐标方程 $z=b\theta$	由垂直于 z 轴的直母线 $x=t,y=z=0$ 绕 z 轴作螺旋运动生成

续表

名称		图形	方程	说明
螺旋面	阿基米德螺旋面		$\begin{cases}x=(x_0-t\cos\alpha)\cos\theta\\y=(x_0-t\cos\alpha)\sin\theta\\z=z_0+t\sin\alpha+b\theta\end{cases}$ 式中 t,θ——参变量	(1)由与 xoy 平面成定角 α 的直母线 $\begin{cases}x=x_0-t\cos\alpha\\y=0\\z=z_0+t\sin\alpha\end{cases}$ 绕 z 轴作螺旋运动生成 (2)与垂直于 z 轴的平面相交截口为阿基米德螺线 (3)用作蜗杆齿曲面
	渐开线螺旋面		$\begin{cases}x=a[\cos(\theta+\varphi)+\varphi\sin(\theta+\varphi)]\\y=a[\sin(\theta+\varphi)-\varphi\cos(\theta+\varphi)]\\z=b\theta\end{cases}$ 式中 θ,φ——参变量	(1)由平面渐开线 $z=0$ $x=a(\cos\varphi+\varphi\sin\varphi)$ $y=a(\sin\varphi-\varphi\cos\varphi)$ 绕 z 轴作螺旋运动生成 (2)用作齿曲面可得等速比传动

微 积 分

特殊极限值

设 n 为正整数，x、y 为任意实数。

1) $\lim\limits_{n\to\infty}\sqrt[n]{a}=1$，$(a>0)$　　2) $\lim\limits_{n\to\infty}\sqrt[n]{n}=1$

3) $\lim\limits_{x\to 0}\dfrac{\sin x}{x}=1$　　4) $\lim\limits_{x\to 0}\dfrac{\tan x}{x}=1$

5) $\lim\limits_{n\to\infty}\left(1+\dfrac{x}{n}\right)^n=e^x$

6) $\lim\limits_{x\to\infty}\left(1+\dfrac{1}{x}\right)^x=e$

7) $\lim\limits_{x\to\infty}\left(1+\dfrac{y}{x}\right)^x=e^y$

8) $\lim\limits_{n\to\infty}\left(1+\dfrac{1}{n}\right)^n=e$，$(e=2.71828\cdots)$

9) $\lim\limits_{n\to\infty}\left(1+\dfrac{1}{2}+\dfrac{1}{3}+\cdots+\dfrac{1}{n}-\ln^n\right)=\gamma$，

$(\gamma=0.5772156649\cdots)$

10) $\lim\limits_{n\to\infty}\dfrac{n!}{n^n e^{-n}\sqrt{n}}=\sqrt{2\pi}$ （斯特林公式）

11) $\lim\limits_{n\to\infty}\left\{\dfrac{2\cdot4\cdot6\cdot\cdots\cdot(2\pi)}{1\cdot3\cdot5\cdot\cdots\cdot(2n-1)}\right\}^2\dfrac{1}{2n+1}=\dfrac{\pi}{2}$

（瓦利斯公式）

表 1-1-55　导数基本公式

函数 y	导数 $y'=\dfrac{dy}{dx}$	函数 y	导数 $y'=\dfrac{dy}{dx}$
c	0	$\sin x$	$\cos x$
cu	cu'	$\cos x$	$-\sin x$
$u\pm v$	$u'\pm v'$	$\tan x$	$\sec^2 x$
uv	$uv'+vu'$	$\cot x$	$-\csc^2 x$
$\dfrac{u}{v}$	$\dfrac{vu'-uv'}{v^2}$	$\sec x$	$\tan x\sec x$
		$\csc x$	$-\cot x\csc x$
$f(u)$ $u=\varphi(x)$	$f'(u)\varphi'(x)$	$\arcsin x$	$\dfrac{1}{\sqrt{1-x^2}}$
$f(x)$ $x=\varphi(y)$	$\dfrac{1}{\varphi'(y)}$	$\arccos x$	$-\dfrac{1}{\sqrt{1-x^2}}$
$\dfrac{1}{x}$	$-\dfrac{1}{x^2}$	$\arctan x$	$\dfrac{1}{1+x^2}$
$\sqrt{x}$	$\dfrac{1}{2\sqrt{x}}$	$\operatorname{arccot} x$	$-\dfrac{1}{1+x^2}$
x^n	nx^{n-1}		
a^x	$a^x\ln a$	$\operatorname{arcsec} x$	$\dfrac{1}{x\sqrt{x^2-1}}$
e^x	e^x		
$\ln x$ $\ln\|x\|$	$\dfrac{1}{x}$	$\operatorname{arccsc} x$	$-\dfrac{1}{x\sqrt{x^2-1}}$
$\log_a x$	$\dfrac{1}{x\ln a}$	$\sinh x$	$\cosh x$
		$\cosh x$	$\sinh x$

注：1. 表中 y、u、v 为 x 的函数，c 为常数。

2. 微分公式：$df(x)=f'(x)dx$；$df(u)=f'(u)du=f'(u)\varphi'(x)dx$。

表 1-1-56　　常用高阶导数公式

函　数	n 阶导数表达式
$y=x^m$	$y^{(n)}=(m)(m-1)(m-2)\cdots(m-n+1)x^{m-n}$　m 为正整数时,$n>m,y^{(n)}=0$
$y=a^x$	$y^{(n)}=(\ln a)^n a^x,a=\mathrm{e}$ 时,$(\mathrm{e}^x)^{(n)}=\mathrm{e}^x$
$y=\ln x$	$y^{(n)}=(-1)^{n-1}\dfrac{(n-1)!}{x^n}$
$y=\sin x$	$y^{(n)}=\sin\left(x+\dfrac{n\pi}{2}\right)$
$y=\cos x$	$y^{(n)}=\cos\left(x+\dfrac{n\pi}{2}\right)$
$y=u(x)v(x)$	$y^{(n)}=u^{(n)}v+nu^{(n-1)}v'+\dfrac{n(n-1)}{2!}u^{(n-2)}v''+\cdots+uv^{(n)}$

表 1-1-57　　导数与函数的增减性、极值、凸凹性、拐点之间的关系

函数 $y=f(x)$	$f'(x)>0$	$f'(x)<0$	$f'(x_0)=0$ $f''(x_0)>0$	$f'(x_0)=0$ $f''(x_0)<0$
特　点	$\alpha>0$ α 单调增加	$\alpha<0$ α 单调减少	$\alpha=0$ x_0 $f(x_0)$是极小值	$\alpha=0$ x_0 $f(x_0)$是极大值
函　数 $y=f(x)$	$f'(x_0)=0$ $f''(x_0)=0$	$f''(x)>0$	$f''(x)<0$	$f''(x_0)=0$
特　点	α由正变负 α　α　x_0 当 x 渐增地经过 x_0 时,若 $f'(x)$ 由正变负(由负变正),则 $f(x_0)$ 是极大值(极小值)。若 $f'(x)$ 不变符号,则在 x_0 点无极值	α增加 向上凸	α 减少 向下凹	α_1减少 α_2增加 α_2　α_1　x_0 当 x 渐增地经过 x_0 时,若 $f''(x)$ 变符号,则 $f(x)$ 在 x_0 有拐点,若 $f''(x)$ 不变符号,则 $f(x)$ 在 x_0 无拐点

不定积分法则和公式

$\int f'(x)\mathrm{d}x=f(x)+C$　　　$\int kf(x)\mathrm{d}x=k\int f(x)\mathrm{d}x$　(k 为常数)

$\int[f(x)+g(x)+\cdots+h(x)]\mathrm{d}x$

$=\int f(x)\mathrm{d}x+\int g(x)\mathrm{d}x+\cdots+\int h(x)\mathrm{d}x$

$\int uv'\mathrm{d}x=uv-\int vu'\mathrm{d}x$ （分部积分法）

或$\int u\mathrm{d}v=uv-\int v\mathrm{d}u$

$\int f'[\varphi(x)]\mathrm{d}\varphi(x)=f[\varphi(x)]+C$ （配元积分法）

$\int f(x)\mathrm{d}x=\int f[\Psi(t)]\Psi'(t)\mathrm{d}t$，$x=\Psi(t)$（变量置换法）

$\int a\mathrm{d}x=ax+C$（a为常数）

$\int x^n\mathrm{d}x=\frac{x^{n+1}}{n+1}+C\quad(n\neq-1)$

$\int\frac{\mathrm{d}x}{\sin x}=\ln\left|\tan\frac{x}{2}\right|+C$

$\int\frac{\mathrm{d}x}{\cos x}=\ln\left|\tan\left(\frac{x}{2}+\frac{\pi}{4}\right)\right|+C$

$\int\sin^2x\mathrm{d}x=\frac{x}{2}-\frac{1}{4}\sin2x+C$

$\int\sin^2ax\mathrm{d}x=\frac{1}{2a}(ax-\sin ax\cos ax)+C$

$\int\cos^2x\mathrm{d}x=\frac{x}{2}+\frac{1}{4}\sin2x+C$

$\int\cos^2ax\mathrm{d}x=\frac{1}{2a}(ax+\sin ax\cos ax)+C$

$\int\sec^2x\mathrm{d}x=\int\frac{\mathrm{d}x}{\cos^2x}=\tan x+C$

$\int\csc^2x\mathrm{d}x=\int\frac{\mathrm{d}x}{\sin^2x}=-\cot x+C$

$\int\tan x\sec x\mathrm{d}x=\sec x+C$

$\int\ln x\mathrm{d}x=x\ln x-x+C$

$\int\frac{\ln x}{x}\mathrm{d}x=\frac{1}{2}(\ln x)^2+C$

$\int\frac{\mathrm{d}x}{x\ln x}=\ln(\ln x)+C$

$\int\frac{\mathrm{d}x}{x^2-a^2}=\frac{1}{2a}\ln\left|\frac{x-a}{x+a}\right|+C$

$\int\frac{\mathrm{d}x}{x}=\ln|x|+C$

$\int a^x\mathrm{d}x=\frac{a^x}{\ln a}+C$

$\int\mathrm{e}^x\mathrm{d}x=\mathrm{e}^x+C$

$\int\mathrm{e}^{ax}\mathrm{d}x=\frac{1}{a}\mathrm{e}^{ax}+C$

$\int\sin x\mathrm{d}x=-\cos x+C$

$\int\cos x\mathrm{d}x=\sin x+C$

$\int\tan x\mathrm{d}x=-\ln|\cos x|+C$

$\int\cot x\mathrm{d}x=\ln|\sin x|+C$

$\int\frac{\mathrm{d}x}{\cos^2x}=\tan x+C$

$\int\frac{\mathrm{d}x}{\sin^2x}=-\cot x+C$

$\int\frac{\mathrm{d}x}{\sqrt{1-x^2}}=\arcsin x+C$

$\int\frac{\mathrm{d}x}{1+x^2}=\arctan x+C$

$\int\sinh x\mathrm{d}x=\cosh x+C$

$\int\cosh x\mathrm{d}x=\sinh x+C$

$\int\frac{\mathrm{d}x}{\sqrt{x^2\pm a^2}}=\ln(x+\sqrt{x^2\pm a^2})+C$

$\int\frac{x\mathrm{d}x}{\sqrt{x^2\pm a^2}}=\sqrt{x^2\pm a^2}+C$

$\int\sqrt{x^2\pm a^2}\mathrm{d}x=\frac{x}{2}\sqrt{x^2\pm a^2}\pm\frac{a^2}{2}\ln(x+\sqrt{x^2\pm a^2})+C$

$\int x\sqrt{x^2\pm a^2}\mathrm{d}x=\frac{1}{3}\sqrt{(x^2\pm a^2)^3}+C$

$\int x^2\sqrt{x^2\pm a^2}\mathrm{d}x=\frac{x}{8}(2x^2\pm a^2)\sqrt{x^2\pm a^2}-\frac{a^4}{8}\ln(x+\sqrt{x^2\pm a^2})+C$

$\int\frac{x\mathrm{d}x}{\sqrt{x^2-a^2}}=\sqrt{x^2-a^2}+C$

$\int\sqrt{a^2-x^2}\mathrm{d}x=\frac{x}{2}\sqrt{a^2-x^2}+\frac{a^2}{2}\arcsin\frac{x}{a}+C$

$\int x\sqrt{a^2-x^2}\mathrm{d}x=-\frac{1}{3}\sqrt{(a^2-x^2)^3}+C$

$\int\frac{x\mathrm{d}x}{\sqrt{a^2-x^2}}=-\sqrt{a^2-x^2}+C$

$$\int \frac{x^2 dx}{\sqrt{a^2 - x^2}} = -\frac{x}{2}\sqrt{a^2 - x^2} + \frac{a^2}{2}\arcsin\frac{x}{a} + C$$

$$\int \frac{dx}{x\sqrt{a^2 - x^2}} = \frac{-1}{a}\ln\left(\frac{a + \sqrt{a^2 - x^2}}{x}\right) + C$$

$$\int \frac{dx}{(x+a)(x+b)} = \frac{1}{b-a}\ln\frac{x+a}{x+b} + C$$

$$\int (a+bx)^n dx = \begin{cases} \frac{(a+bx)^{n+1}}{b(n+1)} + c(n \neq -1) \\ \frac{1}{b}\ln(a+bx) + c(n = -1) \end{cases}$$

$$\int \frac{x dx}{a+bx} = \frac{1}{b^2}[a + bx - a\ln|a+bx|] + C$$

$$\int \frac{dx}{x(a+bx)} = -\frac{1}{a}\ln\left|\frac{a+bx}{x}\right| + C$$

$$\int \frac{dx}{a+bx^2} = \frac{1}{\sqrt{ab}}\arctan\sqrt{\frac{b}{a}}x + C$$

$$\int \frac{x dx}{a+bx^2} = \frac{1}{2b}\ln(a+bx^2) + C$$

$$\int \sqrt{ax+b}\,dx = \frac{2}{3a}(ax+b)^{3/2} + C$$

$$\int x\sqrt{ax+b}\,dx = \frac{6ax-4b}{15a^2}(ax+b)^{3/2} + C$$

$$\int \sin(ax+b)dx = -\frac{1}{a}\cos(ax+b) + C$$

$$\int \cos(ax+b)dx = \frac{1}{a}\sin(ax+b) + C$$

$$\int b^{ax}dx = \frac{b^{ax}}{a\ln b} + C$$

$$\int x^n e^{ax}dx = \frac{1}{a}x^n e^{ax} - \frac{n}{a}\int x^{n-1}e^{ax}dx$$

定积分及公式

（1）定积分与不定积分的基本关系

$$\int_a^b f(x)dx = \int f(x)dx \Big|_a^b = F(b) - F(a)$$

式中$F(x)$为$f(x)$的任一个原函数。

（2）定积分的主要性质

1）$\int_a^b kf(x)dx = k\int_a^b f(x)dx$ （k为常数）

2）$\int_a^b f(x)dx = -\int_b^a f(x)dx$

3）$\int_a^b [f(x) \pm \varphi(x)]dx = \int_a^b f(x)dx \pm \int_a^b \varphi(x)dx$

4）$\int_a^b f(x)dx = \int_a^c f(x)dx + \int_c^b f(x)dx$

其中c为任意一点

5）若$f(x) \leqslant g(x)$

则$\int_a^b f(x)dx \leqslant \int_a^b g(x)dx$，$a \leqslant b$

$$\int_{-\pi}^{\pi} \cos nx dx = \int_{-\pi}^{\pi} \sin nx dx = 0$$

$$\int_{-\pi}^{\pi} \cos mx \sin nx dx = 0$$

$$\int_{-\pi}^{\pi} \cos mx \cos nx dx = \int_{-\pi}^{\pi} \sin mx \sin nx dx = \begin{cases} 0,\text{当} m \neq n \text{时} \\ \pi,\text{当} m = n \text{时} \end{cases}$$

$$\int_0^{\pi} \cos mx \cos nx dx = \int_0^{\pi} \sin mx \sin nx dx = \begin{cases} 0,\text{当} m \neq n \text{时} \\ \frac{\pi}{2},\text{当} m = n \text{时} \end{cases}$$

$$\int_0^{+\infty} \frac{dx}{a^2 + x^2} = \frac{\pi}{2a}$$

$$\int_0^{+\infty} \sin(x^2)dx = \int_0^{+\infty} \cos(x^2)dx = \frac{1}{2}\sqrt{\frac{\pi}{2}}$$

$$\int_0^{+\infty} \frac{\tan x}{x}dx = \frac{\pi}{2}$$

$$\int_0^{+\infty} x^n e^{-ax}dx = \frac{n!}{a^{n+1}}(n\text{为正整数},\ a > 0)$$

$$\int_0^{\frac{\pi}{2}} \sin^n x dx = \int_0^{\frac{\pi}{2}} \cos^n x dx = I_n$$

$$I_n = \begin{cases} \frac{n-1}{n} \times \frac{n-3}{n-2} \times \cdots \times \frac{4}{5} \times \frac{2}{3}(n\text{为大于1的正奇数},\ n = 1\text{时},\ I_n = 1) \\ \frac{n-1}{n} \times \frac{n-3}{n-2} \times \cdots \times \frac{3}{4} \times \frac{1}{2} \times \frac{\pi}{2}(n\text{为正偶数}) \end{cases}$$

$$\int_0^{+\infty} x^{2n} e^{-ax^2}dx = \frac{(2n-1)!!}{2^{n+1}a^n}\sqrt{\frac{\pi}{a}}(a > 0)$$

注：$(2n-1)!! = (2n-1)(2n-3)(2n-5)\cdots 5 \times 3 \times 1$

$$\int_0^1 (\ln x)^n \mathrm{d}x = (-1)^n n! \ (n\text{为正整数})$$

$$\int_0^1 \frac{\ln x}{1-x}\mathrm{d}x = -\frac{\pi^2}{6}$$

$$\int_0^1 \frac{\ln x}{1+x}\mathrm{d}x = -\frac{\pi^2}{12}$$

$$\int_0^1 \frac{\ln x}{1-x^2}\mathrm{d}x = -\frac{\pi^2}{8}$$

$$\int_0^1 \frac{\ln x}{\sqrt{1-x^2}}\mathrm{d}x = -\frac{\pi}{2}\ln 2$$

$$\int_0^{\frac{\pi}{2}} \ln\sin x\mathrm{d}x = \int_0^{\frac{\pi}{2}} \ln\cos x\mathrm{d}x = -\int_0^{\frac{\pi}{2}} \frac{x}{\tan x}\mathrm{d}x = -\frac{\pi}{2}\ln 2$$

$$\int_0^{\infty} \mathrm{e}^{-ax}\mathrm{d}x = \frac{1}{a}(a>0)$$

微积分的应用

表 1-1-58　平面曲线的切线和法线方程

曲线方程	曲线上点 $M(x,y)$ 处的		说　明
	切　线　方　程	法　线　方　程	
$y=f(x)$	$Y-y=f'(x)(X-x)$	$Y-y=-\frac{1}{f'(x)}(X-x)$	(1) X,Y 为切线或法线的流动坐标 (2)诸导数均在给定点 $M(x,y)$ 上计算 (3) $\dot{x}(t)=\frac{\mathrm{d}x}{\mathrm{d}t}$ $\dot{y}(t)=\frac{\mathrm{d}y}{\mathrm{d}t}$
$F(x,y)=0$	$F'_x(X-x)+F'_y(Y-y)=0$	$F'_y(X-x)-F'_x(Y-y)=0$	
$x=x(t)$ $y=y(t)$	$\frac{X-x}{\dot{x}(t)}=\frac{Y-y}{\dot{y}(t)}$	$(X-x)\dot{x}(t)+(Y-y)\dot{y}(t)=0$	

表 1-1-59　平面曲线的曲率和曲率中心

曲线方程	曲率 K,曲率半径 $R=\frac{1}{K}$	曲　率　中　心 (a,b)
$y=f(x)$	$K=\frac{y''}{(1+y'^2)^{3/2}}$	$a=x-\frac{(1+y'^2)y'}{y''}, b=y+\frac{(1+y'^2)}{y''}$
$x=x(t)$ $y=y(t)$	$K=\frac{\dot{x}\ddot{y}-\ddot{x}\dot{y}}{(\dot{x}^2+\dot{y}^2)^{3/2}}$	$a=x-\frac{(\dot{x}^2+\dot{y}^2)\dot{y}}{\dot{x}\ddot{y}-\ddot{x}\dot{y}}, b=y+\frac{(\dot{x}^2+\dot{y}^2)\dot{x}}{\dot{x}\ddot{y}-\ddot{x}\dot{y}}$
$\rho=\rho(\theta)$	$K=\frac{\rho^2+2\rho'^2-\rho\rho''}{(\rho^2+\rho'^2)^{3/2}}$	$a=\rho\cos\theta-\frac{(\rho^2+\rho'^2)(\rho\cos\theta+\rho'\sin\theta)}{\rho^2+2\rho'^2-\rho\rho''}$ $b=\rho\sin\theta-\frac{(\rho^2+\rho'^2)(\rho\sin\theta-\rho'\cos\theta)}{\rho^2+2\rho'^2-\rho\rho''}$

表 1-1-60　曲线的弧长

名称	曲线方程	弧长微分	曲线端点坐标	弧长计算公式
平面曲线	$y=f(x)$ $a\leqslant x\leqslant b$	$\mathrm{d}s=\sqrt{\mathrm{d}x^2+\mathrm{d}y^2}$	$A(a,f(a))$ $B(b,f(b))$	$s=\int_a^b\sqrt{1+y'^2}\mathrm{d}x$
	$x=x(t)$ $y=y(t)$ $t_1\leqslant t\leqslant t_2$		$A(x(t_1),y(t_1))$ $B(x(t_2),y(t_2))$	$s=\int_{t_1}^{t_2}\sqrt{\dot{x}^2+\dot{y}^2}\mathrm{d}t$
	$\rho=\rho(\theta)$ $\theta_1\leqslant\theta\leqslant\theta_2$		$A(\rho(\theta_1),\theta_1)$ $B(\rho(\theta_2),\theta_2)$	$s=\int_{\theta_1}^{\theta_2}\sqrt{\rho^2+\rho'^2}\mathrm{d}\theta$
空间曲线	$x=x(t)$ $y=y(t)$ $z=z(t)$ $t_1\leqslant t\leqslant t_2$	$\mathrm{d}s=\sqrt{\mathrm{d}x^2+\mathrm{d}y^2+\mathrm{d}z^2}$	$A(x(t_1),y(t_1),z(t_1))$ $B(x(t_2),y(t_2),z(t_2))$	$s=\int_{t_1}^{t_2}\sqrt{\dot{x}^2+\dot{y}^2+\dot{z}^2}\mathrm{d}t$

表 1-1-61　　平面图形的面积

名称	说明	公式	图示和面积微分
曲边梯形面积	曲边 $y=f(x)$，$x=a$，$x=b$ 和 x 轴围成的面积	$A=\int_a^b f(x)\mathrm{d}x \quad f(x)\geqslant 0$ $A=-\int_a^b f(x)\mathrm{d}x \quad f(x)\leqslant 0$	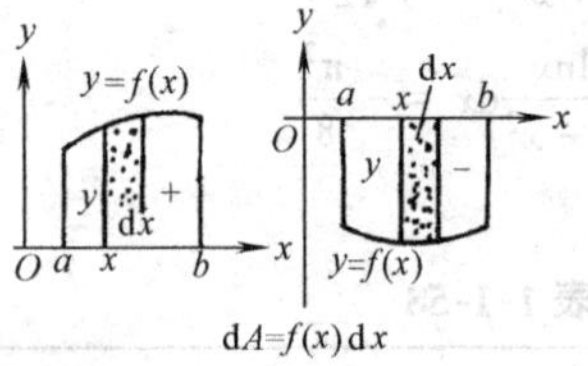 $\mathrm{d}A=f(x)\mathrm{d}x$
	曲边 $y=y_2(x)$ 和曲边 $y=y_1(x)$ 与 $x=a$，$x=b$ 围成的面积 $y_2(x)\geqslant y_1(x) \quad (a\leqslant x\leqslant b)$	$A=\int_a^b (y_2-y_1)\mathrm{d}x$	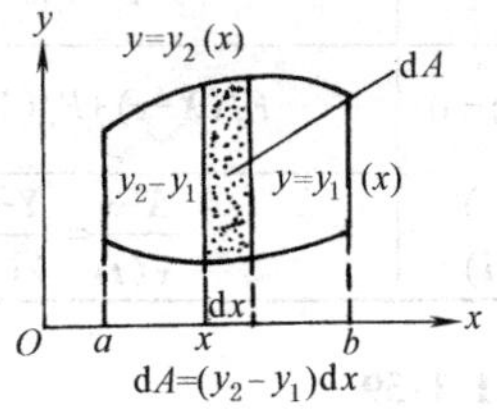 $\mathrm{d}A=(y_2-y_1)\mathrm{d}x$
	曲边 $\begin{cases}x=x(t)\\y=y(t)\end{cases}$ 和 x 轴，$x=x(t_1)$，$x=x(t_2)$ 围成的面积	$A=\int_{t_1}^{t_2} y(t)\dot{x}(t)\mathrm{d}t$	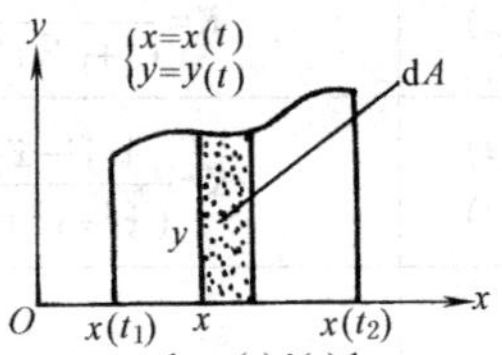 $\mathrm{d}A=y\mathrm{d}x=y(t)\dot{x}(t)\mathrm{d}t$
曲边扇形面积	曲边 $\rho=\rho(\theta)$ 和射线 $\theta=\theta_1$，$\theta=\theta_2$ 围成的面积（$\theta_2\geqslant\theta_1$）	$A=\iint_D \rho\mathrm{d}\rho\mathrm{d}\theta=\frac{1}{2}\int_{\theta_1}^{\theta_2}\rho^2\mathrm{d}\theta$	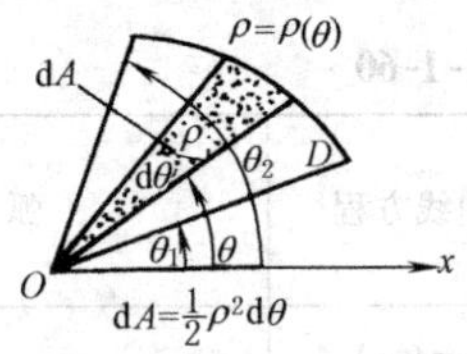 $\mathrm{d}A=\frac{1}{2}\rho^2\mathrm{d}\theta$
区域 D 的面积	区域 D 以闭曲线 C：$\begin{cases}x=x(t)\\y=y(t)\end{cases}$ 为边界；当参数 t 由 t_1 变到 t_2 时，点 $P(x(t),y(t))$ 沿 C 循逆时针方向绕行一周	$A=\iint_D \mathrm{d}x\mathrm{d}y=\frac{1}{2}\oint_C x\mathrm{d}y-y\mathrm{d}x$ $=\frac{1}{2}\int_{t_1}^{t_2}(x\dot{y}-y\dot{x})\mathrm{d}t$	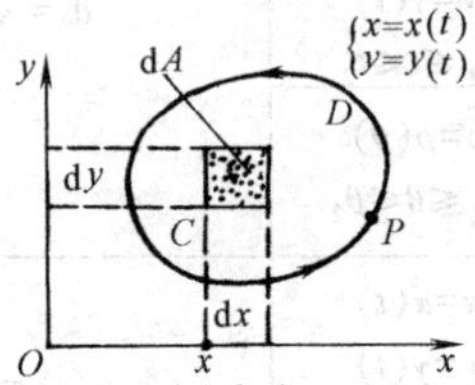 $\mathrm{d}A=\mathrm{d}x\mathrm{d}y$

表 1-1-62　　积分应用举例（一）

名　称	定义及简单情况时公式	一般情况		图　示
		微分式	积分式	
变速直线运动的路程 s	$s=vt$ v——常量	$\mathrm{d}s=v(t)\mathrm{d}t$ $t_1\leqslant t\leqslant t_2$	$s=\int_{t_1}^{t_2}v(t)\mathrm{d}t$	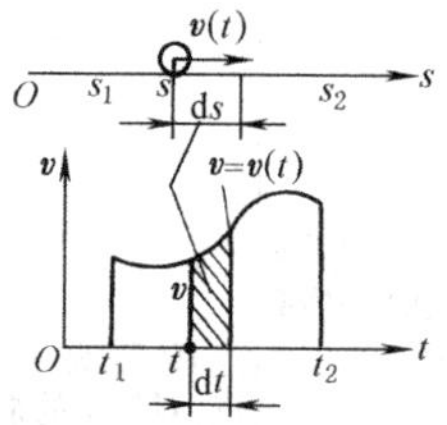
液体静压力 F	$F=pA$ p——压力，为常量 A——受压面积 F——总压力	$\mathrm{d}F=p(x)\mathrm{d}A=wxy\mathrm{d}x$ w——流体重度 $p(x)=wx$ $a\leqslant x\leqslant b$ $\mathrm{d}A=y\mathrm{d}x$	$F=\int_a^b wxy\mathrm{d}x$ 式中　$y=f(x)$	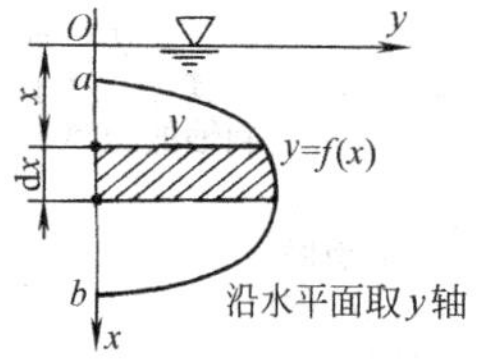 沿水平面取 y 轴
变力 $\boldsymbol{F}$ 作的功 W	$W=\boldsymbol{F}\boldsymbol{r}$ $\boldsymbol{F}$——常力 $\boldsymbol{r}$——直线位移	$\mathrm{d}W=F(x)\mathrm{d}x$ 设力 $\boldsymbol{F}$ 方向恒定，且与位移方向一致，在一条直线上	$W=\int_a^b F(x)\mathrm{d}x$ W 为由 a 位移到 b 时力所作的功	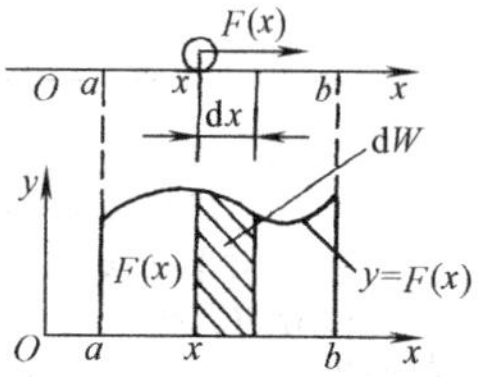
力场对质点位移所作的功 W		$\mathrm{d}W=\boldsymbol{F}(x,y,z)\mathrm{d}\boldsymbol{r}$ $=X\mathrm{d}x+Y\mathrm{d}y+Z\mathrm{d}z$ 其中　力场 $\boldsymbol{F}=X(x,y,z)\boldsymbol{i}+Y(x,y,z)\boldsymbol{j}+Z(x,y,z)\boldsymbol{k}$	$W=\int_C\boldsymbol{F}\cdot\mathrm{d}\boldsymbol{r}$ $=\int_C X\mathrm{d}x+Y\mathrm{d}y+Z\mathrm{d}z$ 位移沿曲线 C，由 A 到 B	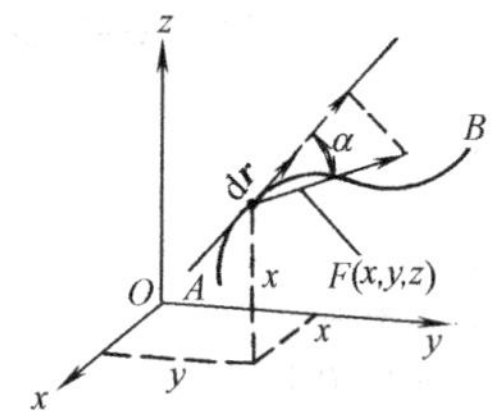
非均匀物体的质量 m：细线 AB 的质量	$m=\mu s$ μ——密度，常数（下同）； s——AB 的长度	$\mathrm{d}m=\mu(x)\mathrm{d}s$ $\mu(x)$——线密度	$m=\int_C\mu(x)\mathrm{d}s$ $=\int_a^b\mu(x)\sqrt{1+y'^2}\mathrm{d}x$	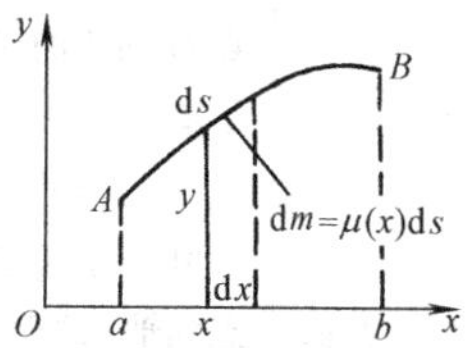
非均匀物体的质量 m：薄板 D 的质量	$m=\mu A$ A——D 的面积	$\mathrm{d}m=\mu(x,y)\mathrm{d}A$ $\mu(x,y)$——面密度	$m=\iint_D\mu(x,y)\mathrm{d}A$ $=\iint_D\mu(x,y)\mathrm{d}x\mathrm{d}y$	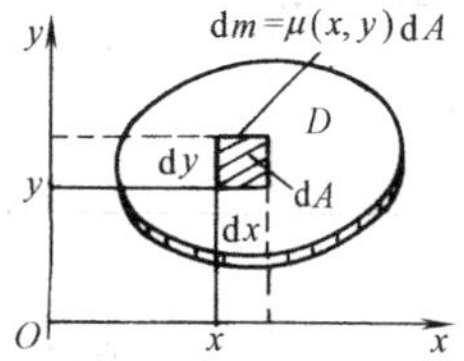
非均匀物体的质量 m：物体 Ω 的质量	$m=\mu V$ V——Ω 的体积	$\mathrm{d}m=\mu(x,y,z)\mathrm{d}V$ $\mu(x,y,z)$——体密度	$m=\iiint_\Omega\mu(x,y,z)\mathrm{d}V$ $=\iiint_\Omega\mu(x,y,z)\mathrm{d}x\mathrm{d}y\mathrm{d}z$	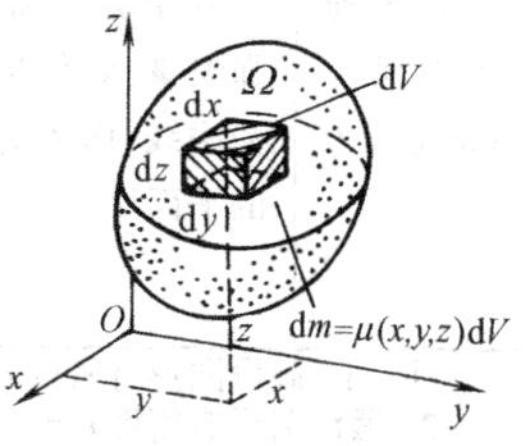

续表

名称		定义及简单情况时公式	一般情况		图示
			微分式	积分式	
静矩 M	曲线 AB 的静矩	质量为 m 的质点,对轴 l 的静力矩 M_l 为 $M_l=rm$ 其中 r 为该质点到轴的距离	$dM_x=yds$ $dM_y=xds$	对 x 轴的静矩: $M_x=\int_C yds=\int_a^b y\sqrt{1+y'^2}dx$ 对 y 轴的静矩: $M_y=\int_C xds=\int_a^b x\sqrt{1+y'^2}dx$	
	平面图形 D 的静矩		$dM_x=ydxdy$ $dM_y=xdxdy$	对 x 轴的静矩 $M_x=\iint\limits_D ydxdy$ 对 y 轴的静矩 $M_y=\iint\limits_D xdxdy$	
	立体 Ω 的静矩	质量为 m 的质点对平面 π 的静力矩 M_π 为: $M_\pi=rm$ 其中 r 为该质点到平面 π 的距离	$dM_{yz}=xdxdydz$ $dM_{zx}=ydxdydz$ $dM_{xy}=zdxdydz$	对 yOz 平面的静矩 $M_{yz}=\iiint\limits_\Omega xdxdydz$ 对 xOz 平面的静矩 $M_{zx}=\iiint\limits_\Omega ydxdydz$ 对 xOy 平面的静矩 $M_{xy}=\iiint\limits_\Omega zdxdydz$	
惯矩 I	平面图形 D 的惯矩	质量为 m 的质点对轴 l 的惯矩 I_l 为 $I_l=r^2m$ 其中 r 为该质点到轴 l 的距离	$dI_x=y^2dxdy$ $dI_y=x^2dxdy$	$I_x=\iint\limits_D y^2dxdy$ $I_y=\iint\limits_D x^2dxdy$	
	立体 Ω 的惯矩		$dI_x=(y^2+z^2)dxdydz$ $dI_y=(x^2+z^2)dxdydz$ $dI_z=(x^2+y^2)dxdydz$	$I_x=\iiint\limits_\Omega (y^2+z^2)dxdydz$ $I_y=\iiint\limits_\Omega (x^2+z^2)dxdydz$ $I_z=\iiint\limits_\Omega (x^2+y^2)dxdydz$	
电场通过曲面片 S 的通量 Q		$Q=\boldsymbol{E}\cdot\boldsymbol{S}$ 其中 $\boldsymbol{E}$ 为常场强矢量,$\boldsymbol{S}$ 为以 $\boldsymbol{N}$ 为法线,面积为 S 的平面片	$dQ=\boldsymbol{E}\cdot d\boldsymbol{S}$ $\boldsymbol{E}$ 为变场强,$d\boldsymbol{S}$ 为以 $\boldsymbol{N}$ 为法线的面积为 dS 的微分曲面片,可以表示为 $d\boldsymbol{S}=dydz\boldsymbol{i}+dzdx\boldsymbol{j}+dxdy\boldsymbol{k}$	$Q=\iint\limits_S \boldsymbol{E}\cdot d\boldsymbol{S}=\iint\limits_S (E_xdydz+E_ydzdx+E_zdxdy)$	

注:1. 假设图形有密度 $\mu=1$ 的有质量的图形的静力矩叫做图形的静矩。
2. 假设图形有密度 $\mu=1$ 的有质量的图形的惯性矩叫做图形的惯矩。

表 1-1-63　　积分应用举例（二）

<table>
<tr><th colspan="2">名　称</th><th>公 式 和 说 明</th><th>图　示</th></tr>
<tr><td colspan="2">函数在区间上的平均值 $\bar{y}$</td><td>$\bar{y} = \dfrac{1}{b-a}\int_a^b f(x)\,\mathrm{d}x$　　曲边梯形 $ABCD$ 的面积 $\int_a^b f(x)\,\mathrm{d}x$ 等于矩形面积 $\bar{y}(b-a)$</td><td>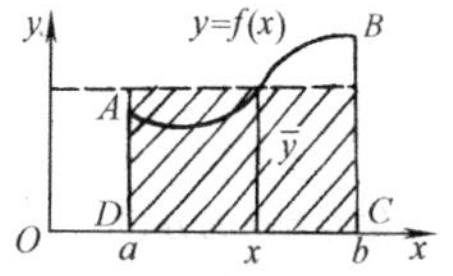
</td></tr>
<tr><td rowspan="3">几何元素的重心 G</td><td>平面曲线段 AB 的重心</td><td>$\bar{x} = \dfrac{M_y}{s} = \dfrac{\int_a^b x\sqrt{1+y'^2}\,\mathrm{d}x}{\int_a^b \sqrt{1+y'^2}\,\mathrm{d}x}$　　$\bar{y} = \dfrac{M_x}{s} = \dfrac{\int_a^b y\sqrt{1+y'^2}\,\mathrm{d}x}{\int_a^b \sqrt{1+y'^2}\,\mathrm{d}x}$
$G(\bar{x},\bar{y})$——AB 的重心；s——AB 的弧长；M_x, M_y——AB 的静矩</td><td>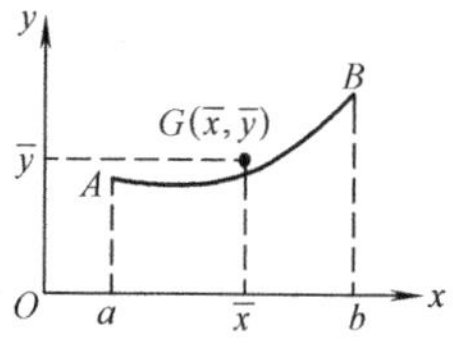
</td></tr>
<tr><td>平面图形 D 的重心</td><td>$\bar{x} = \dfrac{M_y}{A} = \dfrac{\iint_D x\,\mathrm{d}x\mathrm{d}y}{\iint_D \mathrm{d}x\mathrm{d}y}$　　$\bar{y} = \dfrac{M_x}{A} = \dfrac{\iint_D y\,\mathrm{d}x\mathrm{d}y}{\iint_D \mathrm{d}x\mathrm{d}y}$
$G(\bar{x},\bar{y})$——D 的重心；A——D 的面积；M_x, M_y——D 的静矩</td><td>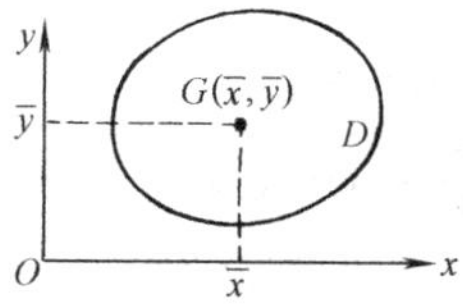
</td></tr>
<tr><td>立体 Ω 的重心</td><td>$\bar{x} = \dfrac{M_{yz}}{V} = \dfrac{\iiint_\Omega x\,\mathrm{d}x\mathrm{d}y\mathrm{d}z}{\iiint_\Omega \mathrm{d}x\mathrm{d}y\mathrm{d}z}$　　$\bar{y} = \dfrac{M_{zx}}{V} = \dfrac{\iiint_\Omega y\,\mathrm{d}x\mathrm{d}y\mathrm{d}z}{\iiint_\Omega \mathrm{d}x\mathrm{d}y\mathrm{d}z}$　　$\bar{z} = \dfrac{M_{xy}}{V} = \dfrac{\iiint_\Omega z\,\mathrm{d}x\mathrm{d}y\mathrm{d}z}{\iiint_\Omega \mathrm{d}x\mathrm{d}y\mathrm{d}z}$
$G(\bar{x},\bar{y},\bar{z})$——$\Omega$ 的重心；V——Ω 的体积；M_{yz}, M_{zx}, M_{xy}——Ω 的静矩</td><td>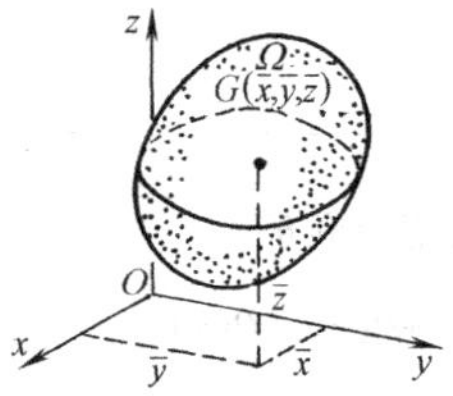
</td></tr>
</table>

注：本表是另一种类型的积分应用，它们是相应积分区域上的平均值。

常微分方程

表 1-1-64　　一阶微分方程

方 程 类 型	求 解 方 法 及 通 解
1. 变量(可)分离方程 $M_1(x)M_2(y)\mathrm{d}x+N_1(x)N_2(y)\mathrm{d}y=0$	用 $M_2(y)N_1(x)$ 同除方程的两边，再分别积分 通解： $\int \dfrac{M_1(x)}{N_1(x)}\mathrm{d}x+\int \dfrac{N_2(y)}{M_2(y)}\mathrm{d}y=C$，$C$ 为任意常数(下同)
2. 齐次方程 $\dfrac{\mathrm{d}y}{\mathrm{d}x}=f\left(\dfrac{y}{x}\right)$	令　$u=\dfrac{y}{x}$，即 $y=ux$，$\dfrac{\mathrm{d}y}{\mathrm{d}x}=u+x\dfrac{\mathrm{d}u}{\mathrm{d}x}$ 化原方程为变量分离型 $x\mathrm{d}u=[f(u)-u]\mathrm{d}x$ 通解： $\int \dfrac{\mathrm{d}u}{f(u)-u}=\ln x+C$ 其中　$u=\dfrac{y}{x}$

续表

方程类型	求解方法及通解
3. 可化为齐次的方程 $\frac{dy}{dx}=f\left(\frac{a_1x+b_1y+c_1}{a_2x+b_2y+c_2}\right)$	(1)若$\Delta=\begin{vmatrix}a_1 & b_1\\ a_2 & b_2\end{vmatrix}\neq 0$则令 $x=X+h, y=Y+k$ $\left.\begin{aligned}a_1h+b_1k+c_1=0\\ a_2h+b_2k+c_2=0\end{aligned}\right\}$求解$h,k$ 通过以上变化,方程便化为齐次方程 (2)若$\Delta=0$ 做未知函数变换 令 $u=a_1x+b_1y$,化原方程为分离变量方程
4. 线性方程 $\frac{dy}{dx}+P(x)y=Q(x)$ $Q(x)=0$,称为齐次 $Q(x)\neq 0$,称为非齐次	依型1,求其对应齐次方程 $y=e^{-\int P(x)dx}\left[\int Q(x)e^{\int P(x)dx}dx+C\right]$ $y'+P(x)y=0$的通解 $y=Ce^{-\int P(x)dx}$ 再利用常数变易法,令$y=C(x)e^{-\int P(x)dx}$,代入非齐次方程,求得 $C(x)=\int Q(x)e^{\int P(x)dx}dx+C$
5. 伯努利方程 $\frac{dy}{dx}+P(x)y=Q(x)y^n$ $(n\neq 0,1)$	利用变换,令$z=y^{1-n}$,化原方程为线性方程 通解: $y^{1-n}e^{(1-n)\int p(x)dx}=(1-n)\int Q(x)e^{(1-n)\int p(x)dx}dx+C$
6. 全微分方程 $P(x,y)dx+Q(x,y)dy=0$ 且满足$\frac{\partial P}{\partial y}=\frac{\partial Q}{\partial x}$	如方程左边恰好是$U=U(x,y)$的全微分,则 $dU=Pdx+Qdy=0$ 通解: $U(x,y)=\int_{x_0}^{x}P(x,y)dx+\int_{y_0}^{y}Q(x_0,y)dy=C$ (x_0,y_0可适当选取)

表 1-1-65　二阶微分方程

方程类型	求解方法及通解
1. 常系数二阶齐次方程 $\frac{d^2y}{dx^2}+a\frac{dy}{dx}+by=0$ 式中　a,b为实常数	令$y=e^{\lambda x}$,代入原方程,得到特征方程 $\lambda^2+a\lambda+b=0$ 其根为λ_1,λ_2 (1)$\lambda_1\neq\lambda_2$(实根)　通解$y=C_1e^{\lambda_1x}+C_2e^{\lambda_2x}$　C_1,C_2是任意常数(下同) (2)$\lambda_1=\lambda_2$　通解　$y=(C_1+C_2x)e^{\lambda_1x}$ (3)$\lambda_1=\alpha+\beta i,\lambda_2=\alpha-\beta i$　通解　$y=e^{\alpha x}(C_1\cos\beta x+C_2\sin\beta x)$

续表

<table>
<tr><th>方 程 类 型</th><th>求解方法及通解</th></tr>
<tr><td>2. 常系数二阶非齐次方程
$\frac{d^2y}{dx^2}+a\frac{dy}{dx}+by=f(x)$
式中 a,b 为常数
$f(x)\neq0$</td><td>通解 $y=y_c+y_p$
式中 y_c 为对应的齐次方程的通解,求解方法见型1。y_p 为方程的特解,可用待定系数法求得
(1)如 $f(x)=P_n(x)e^{\lambda x}$,式中 $P_n(x)$ 为 n 次多项式
特解 (a) λ 不是特征根 $y_p=Q_n(x)e^{\lambda x}$
(b) λ 是单特征根 $y_p=xQ_n(x)e^{\lambda x}$
(c) λ 是重特征根 $y_p=x^2Q_n(x)e^{\lambda x}$
(2)如 $f(x)=P_n(x)$,相当于(1)中 $\lambda=0$,求解方法与(1)相同
(3)如 $f(x)=ke^{\lambda x}$,相当于(1)中 $P_n(x)=k$,求解方法与(1)相同(k,λ 为常数)
(4)如 $f(x)=ke^{\alpha x}\cos\beta x$, $le^{\alpha x}\sin\beta x$ 或 $e^{\alpha x}(k\cos\beta x+l\sin\beta x)$
式中 k,l,α,β 为常数
特解 (a) $\alpha\pm\beta i$ 不是特征根
$y_p=e^{\alpha x}(A\cos\beta x+B\sin\beta x)$
(b) $\alpha\pm\beta i$ 是特征根
$y_p=xe^{\alpha x}(A\cos\beta x+B\sin\beta x)$
式中 A,B 为待定系数</td></tr>
</table>

(1) 高阶齐次常微分方程的解

用 D 代表 $\frac{d}{dx}$，D^2 代表 $\frac{d^2}{dx^2}$……即高阶齐次常微分方程 $y^{(n)}+p_1y^{(n-1)}+p_2y^{(n-2)}+\cdots+p_{n-1}y'+p_ny=0$，就可以变为含 D 的高次代数方程 $(D^n+p_1D^{n-1}+p_2D^{n-2}+\cdots+p_{n-1}D+p_n)y=0$。

即 $L(D)=D^n+p_1D^{n-1}+p_2D^{n-2}+\cdots+p_{n-1}D+p_n$

式中，$L(D)$ 称为微分算子 D 的 n 次多项式，于是 $L(D)y=0$。根据代数运算法则 $(D-r_1)\cdots(D-r_n)y=0$，即 $(D-r_1)y=0,\cdots,(D-r_n)y=0$，$r_1\cdots r_n$ 即为此高次代数方程（称为特征方程）的根，即 $\frac{dy}{dx}=r_1y$；$\frac{dy}{y}=r_1dx$；$\int\frac{dy}{y}=\int r_1dx$；$\ln y=r_1x+C$；$y=e^{r_1x+C}=C_1e^{r_1x}$；以此类推，$(D-r_n)y=0$，即 $\frac{dy}{dx}=r_ny$；$\frac{dy}{y}=r_ndx$；$\int\frac{dy}{y}=\int r_ndx$；$\ln y=r_nx+C$；$y=e^{r_nx+C}=C_ne^{r_nx}$，所以 $y=C_1e^{r_1x}+C_2e^{r_2x}+\cdots+C_ne^{r_nx}$，这样就表示了为什么常微分方程解是 e^{rx} 的形式。

(2) 关于一阶非齐次常微分方程的解

其特解的触法一般用常数变易法。但考虑直接用积分因子的方法更简便、直观，通解、特解一次性都解出来了。

设 $\frac{dy}{dx}+p(x)y=f(x)$，两边乘以积分因了 $e^{\int p(x)dx}$ 得：

$$\frac{dy}{dx}e^{\int p(x)dx}+p(x)ye^{\int p(x)dx}=f(x)e^{\int p(x)dx}$$

$$\frac{d[ye^{\int p(x)dx}]}{dx}=f(x)e^{\int p(x)dx}$$

$$ye^{\int p(x)dx}=\int f(x)e^{\int p(x)dx}dx+C$$

$$y=e^{-\int p(x)dx}\left[\int f(x)e^{\int p(x)dx}dx+C\right]$$

拉 氏 变 换

拉氏变换的定义：设函数 $f(t)$ 当 $t\geqslant0$ 时有定义，并且，$f(t)$ 是连续函数或分段连续函数；$f(t)$ 的增大是指数级的，即当 t 充分大后满足不等式 $|f(t)|\leqslant Me^{Ct}$，其中 M、C 都是实常数，则

$$L[f(t)]=\int_0^{\infty}f(t)e^{-st}dt=F(s)$$

称为函数 $f(t)$ 的拉普拉斯变换，简称拉氏变换，并用算符“L”表示，其中，已知函数 $f(t)$ 称为原函数，变换所得的函数 $F(s)$ 称为象函数，s 称为拉普拉斯算子。

若 $L[f(t)]=F(s)$，则

$$L^{-1}[F(s)]=f(t)$$

称为拉氏逆变换。

表 1-1-66　　拉氏变换的性质

$L[af(t)]=aL[f(t)]$ （线性性质）	$L\left[\int_0^t f(t)\,\mathrm{d}t\right]=\frac{1}{s}F(s)$ （积分定理）
$L[af_1(t)+bf_2(t)]=aL[f_1(t)]+bL[f_2(t)]$（线性性质）	$L\left[\int^{(n)}\cdots\int f(t)\,\mathrm{d}t^n\right]=\frac{1}{s^n}F(s)$ （积分定理）
$L^{-1}[aF_1(s)+bF_2(s)]=aL^{-1}[F_1(s)]+bL^{-1}[F_2(s)]$（线性性质）	$L\left[\frac{f(t)}{t}\right]=\int_s^\infty F(s)\,\mathrm{d}s$ （象函数积分定理）
$L[f'(t)]=sF(s)-f(0)$ （微分定理）	$\lim\limits_{t\to 0}f(t)=\lim\limits_{s\to\infty}sF(s)$ （初值定理）
$L[e^{at}f(t)]=F(s-a)$ （位移定理）	$\lim\limits_{t\to\infty}f(t)=\lim\limits_{s\to 0}sF(s)$ （终值定理）
$L[f(t-\tau)]=e^{-s\tau}F(s)$ （延迟定理）	$L[f_1(t)f_2(t)]=F_1(s)F_2(s)$ （卷积定理）
$L\left[f\left(\frac{t}{a}\right)\right]=aF(as)$ （时间尺度定理）	式中 $f_1(t)f_2(t)=\int_0^t f_1(\tau)f_2(t-\tau)\,\mathrm{d}\tau$
$L[(-t)^n f(t)]=\frac{\mathrm{d}^n F(s)}{\mathrm{d}s^n}$ （象函数微分定理）	$=\int_0^t f_1(t-\tau)f_2(\tau)$
$L[f''(t)]=s^2F(s)-sf(0)-f'(0)$ （微分定理）	
$L[f^{(n)}(t)]=s^nF(s)-s^{n-1}f(0)-s^{n-2}f'(0)-\cdots-f^{(n-1)}(0)$ （微分定理）	

表 1-1-67　　拉氏变换简表

$F(s)=L[f(t)]$	$f(t)$	$F(s)=L[f(t)]$	$f(t)$
1	单位脉冲 $\delta(t)$	$\frac{1}{(s+a)(s+b)(s+c)}$ $(a,b,c$ 不等$)$	$\frac{e^{-at}}{(b-a)(c-a)}+\frac{e^{-bt}}{(a-b)(c-b)}+\frac{e^{-ct}}{(a-c)(b-c)}$
$\frac{1}{s}$	单位阶跃 $u(t)=\begin{cases}0 & t<0\\1 & t\geqslant 0\end{cases}$	$\frac{s}{(s+a)(s+b)(s+c)}$ $(a,b,c$ 不等$)$	$\frac{ae^{-at}}{(c-a)(a-b)}+\frac{be^{-bt}}{(a-b)(b-c)}+\frac{ce^{-ct}}{(b-c)(c-a)}$
$\frac{1}{s^2}$	单位斜坡 $r(t)=\begin{cases}0 & t<0\\t & t\geqslant 0\end{cases}$	$\frac{s^2}{(s+a)(s+b)(s+c)}$ $(a,b,c$ 不等$)$	$\frac{a^2e^{-at}}{(c-a)(b-a)}+\frac{b^2e^{-bt}}{(a-b)(c-b)}+\frac{c^2e^{-ct}}{(b-c)(a-c)}$
$\frac{1}{s^n}$	$\frac{t^{n-1}}{(n-1)!}$ $(n=1,2,3,\cdots)$	$\frac{1}{(s+a)(s+b)^2}(a\neq b)$	$\frac{e^{-at}-e^{-bt}[1-(a-b)t]}{(a-b)^2}$
$\frac{1}{s+a}$	e^{-at}	$\frac{s}{(s+a)(s+b)^2}(a\neq b)$	$\frac{[a-b(a-b)t]e^{-bt}-ae^{-at}}{(a-b)^2}$
$\frac{1}{(s+a)^2}$	te^{-at}	$\frac{1}{(s+a)^2+b^2}$	$\frac{e^{-at}}{b}\sin bt$
$\frac{s}{(s+a)^2}$	$(1-at)e^{-at}$	$\frac{s+a}{(s+a)^2+b^2}$	$e^{-at}\cos bt$
$\frac{1}{(s+a)^3}$	$\frac{1}{2}t^2e^{-at}$	$\frac{s}{(s+a)^2+b^2}$	$\left(\cos bt-\frac{a}{b}\sin bt\right)e^{-at}$
$\frac{s}{(s+a)^3}$	$t\left(1-\frac{a}{2}t\right)e^{-at}$	$\frac{s+a}{(s+a)^2-b^2}$	$e^{-at}\cosh bt$
$\frac{1}{(s+a)^n}$	$\frac{1}{(n-1)!}t^{n-1}e^{-at}$ $(n=1,2,3,\cdots)$	$\frac{b}{(s+a)^2-b^2}$	$e^{-at}\sinh bt$
$\frac{s^n}{(s+a)^{n+1}}$	$e^{-at}\sum\limits_{k=0}^{n}\frac{n!\,(-at)^k}{(n-k)!\,(k!)^2}$ $(n=1,2,3,\cdots)$	$\frac{s}{s^2+a^2}$	$\cos at$
$\frac{1}{s(s+a)}$	$\frac{1}{a}(1-e^{-at})$	$\frac{1}{s^2+a^2}$	$\frac{1}{a}\sin at$
$\frac{1}{(s+a)(s+b)}(a\neq b)$	$\frac{1}{b-a}(e^{-at}-e^{-bt})$	$\frac{s\cos b-a\sin b}{s^2+a^2}$	$\cos(at+b)$
$\frac{s}{(s+a)(s+b)}(a\neq b)$	$\frac{1}{b-a}(be^{-bt}-ae^{-at})$	$\frac{s\sin b-a\cos b}{s^2+a^2}$	$\sin(at+b)$
$\frac{1}{s(s+a)(s+b)}$ $(a\neq b)$	$\frac{1}{ab}\left[1+\frac{1}{a-b}(be^{-at}-ae^{-bt})\right]$		

续表

$F(s)=L[f(t)]$	$f(t)$	$F(s)=L[f(t)]$	$f(t)$
$\frac{s}{s^2-a^2}$	$\cosh at$	$\frac{1}{s^2+2abs+b^2}$	$\frac{1}{b\sqrt{1-a^2}}e^{-abt}\sin b\sqrt{1-a^2}t$
$\frac{1}{s^2-a^2}$	$\frac{1}{a}\sinh at$	$\frac{s}{s^2+2abs+b^2}$	$\frac{-1}{\sqrt{1-a^2}}e^{-abt}\sin(b\sqrt{1-a^2}t-\phi)$
$\frac{1}{s(s^2+a^2)}$	$\frac{1}{a^2}(1-\cos at)$		
$\frac{1}{s^2(s^2+a^2)}$	$\frac{1}{a^3}(at-\sin at)$		$\phi=\arctan\frac{\sqrt{1-a^2}}{a}$
$\frac{1}{(s^2+a^2)^2}$	$\frac{1}{2a^3}(\sin at-at\cos at)$	$\frac{b^2}{s(s^2+2abs+b^2)}$	$1-\frac{1}{\sqrt{1-a^2}}e^{-abt}\sin(b\sqrt{1-a^2}t+\phi)$
$\frac{s}{(s^2+a^2)^2}$	$\frac{1}{2a}t\sin at$		$\phi=\arctan\frac{\sqrt{1-a^2}}{a}$
$\frac{s^2}{(s^2+a^2)^2}$	$\frac{1}{2a}(\sin at+at\cos at)$		
$\frac{s^2-a^2}{(s^2+a^2)^2}$	$t\cos at$	$\frac{b^2}{(1+Ts)(s^2+b^2)}$	$\frac{Tb}{1+T^2b^2}e^{-\frac{t}{T}}+$
$\frac{1}{s(s^2+a^2)^2}$	$\frac{1}{a^4}(1-\cos at)-\frac{1}{2a^3}t\sin at$		$\frac{1}{\sqrt{1+T^2b^2}}\sin(bt-\phi)$ $\phi=\arctan Tb$
$\frac{1}{s^4-a^4}$	$\frac{1}{2a^3}(\sinh at-\sin at)$	$\frac{b^2}{(1+Ts)(s^2+2abs+b^2)}$	$\frac{Tb^2e^{-\frac{t}{T}}}{1-2abT+T^2b^2}+$
$\frac{s}{s^4-a^4}$	$\frac{1}{2a^2}(\cosh at-\cos at)$		
$\frac{s^2}{s^4-a^4}$	$\frac{1}{2a}(\sinh at+\sin at)$		$\frac{be^{-abt}\sin(b\sqrt{1-a^2}t-\phi)}{\sqrt{(1-a^2)(1-2abT-T^2b^2)}}$
$\frac{s^3}{s^4-a^4}$	$\frac{1}{2}(\cosh at+\cos at)$		$\phi=\arctan\frac{Tb\sqrt{1-a^2}}{1-ab^2T}$
$\frac{b^2-a^2}{(s^2+a^2)(s^2+b^2)}$	$\frac{1}{a}\sin at-\frac{1}{b}\sin bt$	$s^{-\frac{1}{2}}$	$\frac{1}{\sqrt{\pi t}}$
$\frac{(b^2-a^2)s}{(s^2+a^2)(s^2+b^2)}$	$\cos at-\cos bt$	$s^{-\frac{3}{2}}$	$2\sqrt{\frac{t}{\pi}}$

应用拉氏变换解常系数线性微分方程

用拉氏变换求解时，由于初始条件已经包括在微分方程的拉氏变换中，不再像古典法需要根据初始条件求算积分常数。

当所有变量的初始条件均为零时，微分方程的拉氏变换可简单地用算子 s 置换$\frac{\mathrm{d}}{\mathrm{d}t}$，用 s^2 置换$\frac{\mathrm{d}^2}{\mathrm{d}t^2}$，…，用 s^n 置换$\frac{\mathrm{d}^n}{\mathrm{d}t^n}$等，并将 $y(t)$，$x(t)$ 代之以象函数 $Y(s)$，$X(s)$ 后求得，所有这一切，使对微分方程的求解得到相当程度的简化。

一般步骤　设所给常系数线性微分方程为

$$\begin{cases}x^{(n)}+a_1x^{(n-1)}+\cdots+a_{n-1}x'+a_nx=f(t)\\x(0)=b_0,x'(0)=b_1,\cdots,x^{(n-1)}(0)=b_{n-1}\end{cases}$$

1) 对方程的两边逐项做拉氏变换（结合所给初始条件），且记 $L[x(t)]=X(s)$，即得 $X(s)$ 的一次代数方程，然后解出 $X(s)$。

2) 对 $X(s)$ 的表达式两边做拉氏逆变换（可通过查拉氏变换表得到），若表达式 $X(s)=\dfrac{A(s)}{B(s)}$ 的右边为有理函数时，则可以将它展开成部分分式之和，并把它写成拉氏变换表中可以找到的以 s 为参量的简单函数，最终得出满足初始条件的解。

偏微分方程

(1) 偏数分方程的解

① 一般解　含任意函数的解。

② 完全解　含任意常数的解。

(2) 一阶线性方程

令　p 表示 $\dfrac{\partial z}{\partial x}$　q 表示 $\dfrac{\partial z}{\partial y}$。

1) 一般式 $P(x,y,z)p+Q(x,y,z)q=R(x,y,z)$。

一般解

$$u=\varphi(v)。$$

在式中，$u(x,y,z)=a$，$v(x,y,z)=b$ 为方程组

$$\frac{dx}{P}=\frac{dy}{Q}=\frac{dz}{R}$$

的解，$u=\varphi(v)$ 为任意函数。

2) 标准式

① $f(p,q)=0$ 型

完全解

$$z=ax+ky+b,$$

式中 a，k，b 为常数，满足 $f(a,k)=0$，

② $f(x,p,q)=0$ 型　令 $q=a$ 代入，解出 $p=\varphi(x,a)$，则

$$z=\int\varphi(x,a)dx+ay+b$$

是一个完全解。

③ $f(y,p,q)=0$ 型　令 $p=a$ 代入，解出 $q=\varphi(y,a)$，则

$$z=ax+\int\varphi(y,a)dy+b$$

是一个完全解。

④ $f(z,p,q)=0$ 型　令 $q=ap$ 代入，解出 $p=\varphi(z,a)$，则

$$x+ay\int\frac{dz}{\varphi(z,a)}+b$$

是一个完全解。

⑤ $f(x,p)=g(y,q)$ 型　令两端各等于 a 解出 $p=\varphi(x,a)$　$q=\varphi(y,a)$，则

$$\varepsilon=\int\varphi(x,a)dx+\int\psi(y,a)dy+b$$

是一个完全解。

⑥ $z=px+qy+f(p,q)$ 型

完全解

$$z=ax+by+f(a,b)$$

变 分 问 题

由于20世纪60～70年代有限元方法的发展及其在工程上的广泛应用，变分原理作为其理论基础，显示出重要性。

有限元法是以变分原理为基础，吸取差分格式的思想而发展起来的一种有效的数值解法，它把求解无限自由度的选定函数归结为求解有限个自由度（Ω中待定的节点参数值的总个数）的待定问题。按分布形式的节点及其一定的节点参数子区域 Ω_e 称为单元。

泛函的表达式：

$$\int_{\Omega} f(x,y,y')\mathrm{d}x$$

$\delta\int_{\Omega} f(x,\ y,\ y')\mathrm{d}x$ 称为泛函的变分；$\delta\int_{\Omega} f(x,\ y,\ y')\mathrm{d}x = 0$ 为泛函极值的条件。

(1) 几个概念

① 极值曲线(函数)。在通过已知点A、B的所有曲线(函数)$y=y(x)$中[函数$y(x)$与$y'(x)$在区间$[a_0,\ a_1]$上连续]，求出这样的函数，使得泛函

$$J(y) = \int_{a_0}^{a_1} F(x,y,y')\mathrm{d}x$$

取得极大或极小值，这样的曲线(函数)称为极值曲线(函数)$y=y_0(x)$。

② 容许曲线。满足条件$y(a_0)=b_0$，$y(a_1)=b_1$的光滑曲线称为泛函的容许曲线，即通过$M_0(a_0,b_0)$、$M_1(a_1,b_1)$的曲线称为容许曲线。

$$y(x,\alpha) = y_0(x) + \alpha[y(\alpha) - y_0(x)]$$

式中，α为任意实数，易证曲线族$y(x,\alpha)$中的每条曲线都属于容许曲线族。

变分$\delta y = y(x) - y_0(x)$，$y(x,\alpha) = y_0(x) + \alpha\delta y$可以推导出在曲线$y(x,\ \alpha) = y_0(x)$达到极值，则$y=y_0(x)$必为微分方程$F'_y - \dfrac{\mathrm{d}F'_y}{\mathrm{d}x} = 0$的解。此方程是欧拉1744年得出的，故称为欧拉方程。

若F不显含x，此时泛函

$$J(y) = \int_{a_0}^{a_1} F(y,y')\mathrm{d}x$$

于是欧拉方程可降低为一阶方程$F - y'F'_{y'} = C$。

(2) 几个实例

① 最大速降问题　坐标原点到某点$M(a,\ b)$时间最短，是走什么轨迹。根据欧拉方程

$$F'_y - \frac{\mathrm{d}F'_{y'}}{\mathrm{d}x} = 0$$

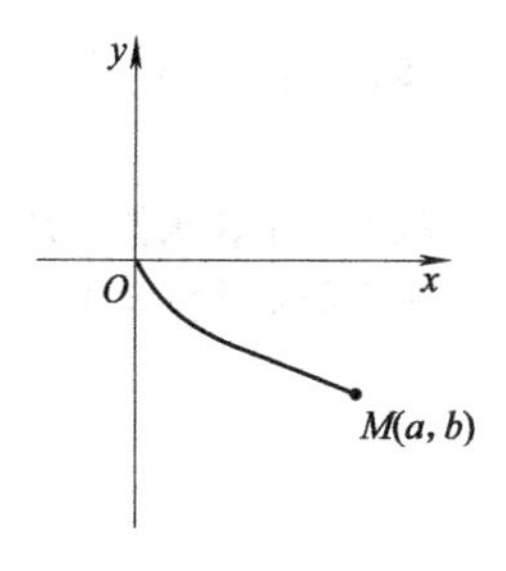

降阶欧拉方程(如果泛函不含x)

$$F - y'F'_{y'} = C$$

$$\delta\int \frac{\sqrt{1+y'^2}\,\mathrm{d}x}{\sqrt{2gy}} = 0$$

$$F = \frac{\sqrt{1+y'^2}}{\sqrt{2gy}}$$

$$\frac{\sqrt{1+y'^2}}{\sqrt{2gy}} - y'\frac{2y'}{\sqrt{2gy}\cdot 2\sqrt{1+y'^2}} = C$$

$$\frac{1+y'^2-y'^2}{\sqrt{2gy}\sqrt{1+y'^2}} = \frac{1}{\sqrt{2gy}\sqrt{1+y'^2}} = C$$

设$y' = \cot\theta$

$$\frac{1}{\sqrt{2gy}\sqrt{1+\cot^2\theta}} = C$$

$$\frac{1}{\sqrt{2gy}\cdot\csc\theta}=C$$

$$\frac{\sin\theta}{\sqrt{2gy}}=C$$

$$y=\frac{\sin^2\theta}{C^2\cdot 2g}=\frac{1-\cos2\theta}{4gC^2}=\frac{C_1}{2}(1-\cos2\theta)$$

$$\frac{dy}{dx}=\cot\theta$$

$$dx=\frac{dy}{\cot\theta}=\frac{\left(\frac{C_1}{2}\cdot 2\sin2\theta\right)}{\frac{\cos\theta}{\sin\theta}}d\theta=\frac{C_1\cdot 2\sin\theta\cos\theta}{\frac{\cos\theta}{\sin\theta}}d\theta=2C_1\sin^2\theta d\theta=2C_1\frac{1-\cos2\theta}{2}d\theta=C_1(1-\cos2\theta)d\theta$$

$$x=C_1\left(\theta-\frac{\sin2\theta}{2}\right)+C_2=\frac{C_1}{2}(2\theta-\sin2\theta)+C_2$$

因此，曲线通过原点，$C_2=0$

$$\begin{cases}x=\frac{C_1}{2}(2\theta-\sin2\theta)=\frac{C_1}{2}(\varphi-\sin\varphi)\\ y=\frac{C_1}{2}(1-\cos2\theta)=\frac{C_1}{2}(1-\cos\varphi)\end{cases}$$

旋轮线(俗称摆线) 钟表中的齿轮齿形曲线不是渐开线而是摆线，其特点中心距不可分，优点精确。

② 等周问题——条件泛函极值　一块钢板围成什么曲面做成的半壁料仓其容积最大。化成平面问题，定长直线，围成什么曲线使其所围面积最大。

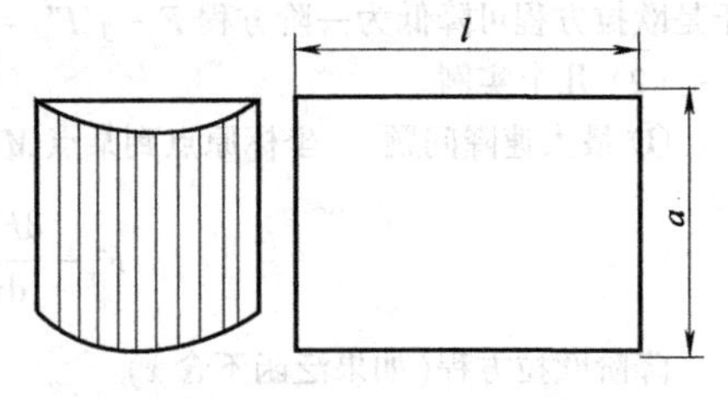

条件：$\int_l\sqrt{1+y'^2}dx=l$　泛函：$f_l(x,y,y')=\int_0^a y dx$

构造一个新函数　$F=y+\lambda\sqrt{1+y'^2}$，其中λ为拉格朗日乘子。

根据降阶欧拉公式 $F-y'F'_{y'}=C$

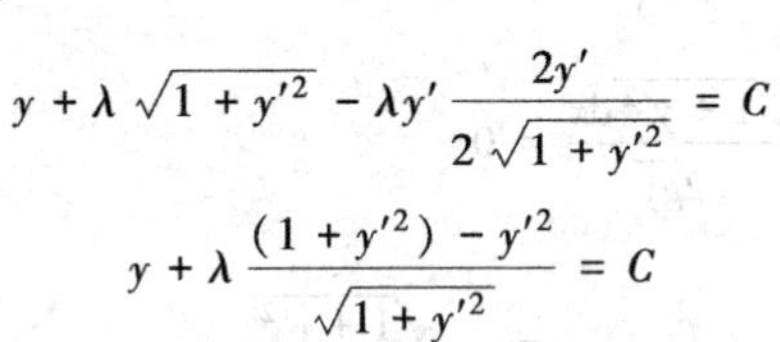

$$y+\lambda\sqrt{1+y'^2}-\lambda y'\frac{2y'}{2\sqrt{1+y'^2}}=C$$

$$y+\lambda\frac{(1+y'^2)-y'^2}{\sqrt{1+y'^2}}=C$$

$$y=-\frac{\lambda}{\sqrt{1+y'^2}}-C_1$$

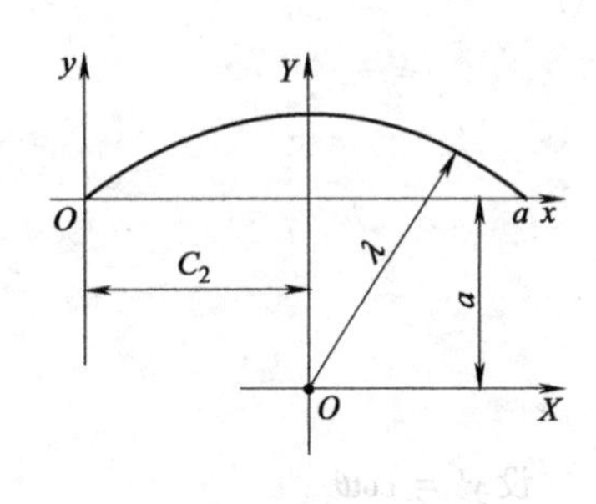

设 $y'=\tan\theta$

$$y=-C_1-\frac{\lambda}{\sqrt{1+\tan^2\theta}}=-C_1-\frac{\lambda}{\sec\theta}=-C_1-\lambda\cos\theta$$

$$\frac{dy}{dx}=\tan\theta\quad dx=\frac{dy}{\tan\theta}=\frac{\lambda\sin\theta d\theta}{\frac{\sin\theta}{\cos\theta}}=\lambda\cos\theta d\theta\quad x=C_2+\lambda\sin\theta$$

$$\begin{cases}x=\lambda\sin\theta+C_2\\ y=-\lambda\cos\theta-C_1\end{cases}$$

$(x-C_2)^2+(y+C_1)^2=\lambda^2$ 半径为 λ 的圆弧，通过(0，a) 点

$\sin\dfrac{l}{2\lambda}=\dfrac{a}{2\lambda}$，求出 λ，$C_2=\dfrac{a}{2}$，$C_1=\lambda\cos\dfrac{l}{2\lambda}$

③ 悬链线热风炉炉顶　表面积最小，散热少，热效率高。可按最小旋转曲面的方法来类似分析求出。

$$\delta\int_{a_0}^{a_1}\alpha\pi y\sqrt{1+y'^2}\,\mathrm{d}x=0$$

根据降阶欧拉方程

$$F-y'F'_{y'}=c \quad 2\pi y\sqrt{1+y'^2}-y'2\pi y\frac{2y'}{2\sqrt{1+y'^2}}=c$$

$$2\pi y\sqrt{1+y'^2}-2\pi y\frac{y'^2}{\sqrt{1+y'^2}}=c$$

$$\frac{2\pi y(1+y'^2)-2\pi yy'^2}{\sqrt{1+y'^2}}=c \quad \frac{2\pi y+2\pi yy'^2-2\pi yy'^2}{\sqrt{1+y'^2}}=c$$

$$2\pi y\cdot\frac{1}{\sqrt{1+y'^2}}=c$$

设 $y'=\mathrm{sh}u \quad 2\pi y\dfrac{1}{\sqrt{1+\mathrm{sh}^2u}}=c \quad 2\pi y=c\cdot\mathrm{ch}u \quad y=\dfrac{c}{2\pi}\mathrm{ch}u=a\mathrm{ch}u$

$\dfrac{\mathrm{d}y}{\mathrm{d}x}=\mathrm{sh}u \quad \mathrm{d}y=\mathrm{sh}u\mathrm{d}x \quad \mathrm{d}x=\dfrac{\mathrm{d}y}{\mathrm{sh}u}=\dfrac{a\mathrm{sh}u\mathrm{d}u}{\mathrm{sh}u}=a\mathrm{d}u \quad x=\int a\mathrm{d}u=au+c$

$y=a\mathrm{ch}\left(\dfrac{x-c}{a}\right)$

这是一族悬链线，将它旋转一周就得表面积最小的曲面 —— 悬链线面，a 和 c 将由边界条件确定。

矩　阵

表 1-1-68　　矩阵的概念

名称		阵列形式	说明
一般形式矩阵	m 行 n 列矩阵	$A=\begin{bmatrix}a_{11} & a_{12} & \cdots & a_{1n}\\ a_{21} & a_{22} & \cdots & a_{2n}\\ \cdots & \cdots & \cdots & \cdots\\ a_{m1} & a_{m2} & \cdots & a_{mn}\end{bmatrix}$	(1) mn 个数 $a_{ij}(i=1,2,\cdots,m;j=1,2,\cdots,n)$ 按一定的次序排成 m 行 n 列的阵列 (2)矩阵记作 $\boldsymbol{A}$(或 $\boldsymbol{B},\boldsymbol{C}\cdots$)，也可记作 $\boldsymbol{A}_{m\times n}$ 或 $(a_{ij})_{m\times n}$ (3) a_{ij} 称为矩阵的第 i 行第 j 列元素。a_{ii} 称为对角元
	方阵	$B=\begin{bmatrix}b_{11} & b_{12} & \cdots & b_{1n}\\ b_{21} & b_{22} & \cdots & b_{2n}\\ \cdots & \cdots & \cdots & \cdots\\ b_{n1} & b_{n2} & \cdots & b_{nn}\end{bmatrix}$	(1)这是 n 阶方阵，可记作 $\boldsymbol{B}_n$ (2)方阵的行数与列数相等 (3) $b_{11},b_{22},\cdots,b_{nn}$ 这条线称为主对角线
	行矩阵	$A=(a_1a_2\cdots a_n)$	(1)这是 1 行 n 列矩阵 (2)行矩阵也称行向量 (3)元素 $a_i(i=1,2,\cdots,n)$ 可用一个下标表示

续表

名称		阵列形式	说明
一般形式矩阵	列矩阵	$B=\begin{bmatrix} b_1 \\ b_2 \\ \vdots \\ b_n \end{bmatrix}$	(1)这是 n 行1列矩阵 (2)列矩阵也称列向量 (3)元素 $b_i(i=1,2,\cdots,n)$ 可用一个下标表示
特殊形式矩阵	对角阵	$A=\begin{bmatrix} a_1 & & & \\ & a_2 & & \\ & & \ddots & \\ & & & a_n \end{bmatrix}$	(1)这是全部非主对角线元素等于0的方阵 (2)元素 $a_i(i=1,2,\cdots,n)$ 表示位于第 i 行第 i 列 (3)排列有规律的0元素可以省写
	数量矩阵	$A=\begin{bmatrix} k & & & \\ & k & & \\ & & \ddots & \\ & & & k \end{bmatrix}$	对角阵的所有对角元都相等
	单位阵	$I=\begin{bmatrix} 1 & & & \\ & 1 & & \\ & & \ddots & \\ & & & 1 \end{bmatrix}$	(1)单位阵是方阵 (2)所有对角元全为1 (3)单位阵记作 I，为说明其阶数，把 n 阶单位阵记作 I_n
	上三角阵	$U=\begin{bmatrix} u_{11} & u_{12} & \cdots & u_{1n} \\ & u_{22} & \cdots & u_{2n} \\ & & \ddots & \vdots \\ & & & u_{nn} \end{bmatrix}$	n 阶方阵的主对角线以下的元素全为零，即 $u_{ij}=0, i>j$
	下三角阵	$L=\begin{bmatrix} l_{11} & & \\ l_{21} & l_{22} & \\ \vdots & \vdots & \ddots \\ l_{n1} & l_{n2} & \cdots l_{nn} \end{bmatrix}$	n 阶方阵的主对角线以上的元素全为零，即 $l_{ij}=0, i<j$
	上梯形阵	1. 当 $m<n$ 时 $A=\begin{bmatrix} a_{11} & a_{12}\cdots a_{1m}\cdots a_{1n} \\ & a_{22}\cdots a_{2m}\cdots a_{2n} \\ & \ddots \vdots \quad\quad \vdots \\ & a_{mm}\cdots a_{mn} \end{bmatrix}$ 2. 当 $m>n$ 时 $A=\begin{bmatrix} a_{11} & a_{12} \cdots a_{1n} \\ 0 & a_{22} \cdots a_{2n} \\ \vdots & \vdots \ddots \vdots \\ 0 & 0 \cdots a_{nn} \\ 0 & 0 \cdots 0 \\ \cdots & \cdots \\ 0 & 0 \cdots 0 \end{bmatrix}$	在 m 行 n 列矩阵中，对角元以下的元素全为零，即 $a_{ij}=0, i>j$

续表

名称	阵列形式	说明
特殊形式矩阵 下梯形阵	1. 当 $m<n$ 时 $A=\begin{bmatrix} a_{11} & 0 & \cdots 0 & 0 \vdots 0 \\ a_{21} & a_{22} & \cdots 0 & 0 \vdots 0 \\ \vdots & \vdots \ddots & \vdots & \vdots \vdots \vdots \\ a_{m1} & a_{m2} & \cdots a_{mm} & 0 \vdots 0 \end{bmatrix}$ 2. 当 $m>n$ 时 $A=\begin{bmatrix} a_{11} & & \\ a_{21} & a_{22} & \\ \vdots & \vdots \ddots & \\ a_{n1} & a_{n2} & \cdots a_{nn} \\ \vdots & \vdots & \vdots \\ a_{m1} & a_{m2} & a_{mn} \end{bmatrix}$	在 m 行 n 列矩阵中，对角元以上的元素全为零，即 $a_{ij}=0, i<j$
特殊形式矩阵 零矩阵	$0=\begin{bmatrix} 0\cdots 0 \\ \cdots\cdots \\ 0\cdots 0 \end{bmatrix}$	所有元素都是零的矩阵，记作 0 或 $0_{m\times n}$
负矩阵	$-A=\begin{bmatrix} -a_{11} & -a_{12}\cdots -a_{1n} \\ -a_{21} & -a_{22}\cdots -a_{2n} \\ \cdots\cdots & \cdots\cdots \\ -a_{m1} & -a_{m2}\cdots -a_{mn} \end{bmatrix}$	(1)设 $A=(a_{ij})_{m\times n}$ 则 A 的负矩阵为 $-A=(-a_{ij})_{m\times n}$ (2) $-(-A)=A$
矩阵相等	$\begin{bmatrix} a_{11} & a_{12}\cdots a_{1n} \\ a_{21} & a_{22}\cdots a_{2n} \\ \cdots\cdots & \cdots\cdots \\ a_{m1} & a_{m2}\cdots a_{mn} \end{bmatrix} = \begin{bmatrix} b_{11} & b_{12}\cdots b_{1n} \\ b_{21} & b_{22}\cdots b_{2n} \\ \cdots\cdots & \cdots\cdots \\ b_{m1} & b_{m2}\cdots b_{mn} \end{bmatrix}$	(1)矩阵相等时，对应位置的元素相等，即 $a_{ij}=b_{ij}, i=1,2,\cdots,m$ $j=1,2,\cdots,n$ 记作 $A=B$ (2)同阶矩阵才能相等
矩阵转置	$A^{T}=\begin{bmatrix} a_{11} & a_{21} \vdots a_{m1} \\ a_{12} & a_{22} \vdots a_{m2} \\ \vdots & \vdots \vdots \vdots \\ a_{1n} & a_{2n} \vdots a_{mn} \end{bmatrix}$	(1)设 $A=(a_{ij})_{m\times n}$ 则 A 的转置矩阵 A^{T} 为 $A^{T}=(a'_{ij})_{n\times m}$ 其中 $a'_{ij}=a_{ji}$ (2) $(A^{T})^{T}=A$ (3)对角阵的转置仍是它自身。特别有 $I^{T}=I$
对称矩阵	$A=\begin{bmatrix} a_{11} & \text{对称} \\ a_{21} & a_{22} \\ \cdots\cdots & \cdots\cdots \\ a_{n1} & a_{n2}\cdots a_{nn} \end{bmatrix}$	(1)对称矩阵必是方阵 其中 $a_{ij}=a_{ji}$ (2)转置后不变，即 $A^{T}=A$

表 1-1-69　　矩阵运算及其性质

名称		运算式	说明及运算性质
矩阵加减	简例	$\begin{bmatrix}2&1\\1&4\end{bmatrix}+\begin{bmatrix}1&3\\2&1\end{bmatrix}=\begin{bmatrix}2+1&1+3\\1+2&4+1\end{bmatrix}=\begin{bmatrix}3&4\\3&5\end{bmatrix}$ $\begin{bmatrix}3&-1&2\\2&0&1\end{bmatrix}-\begin{bmatrix}1&1&0\\2&-1&1\end{bmatrix}=\begin{bmatrix}3-1&-1-1&2-0\\2-2&0-(-1)&1-1\end{bmatrix}=\begin{bmatrix}2&-2&2\\0&1&0\end{bmatrix}$	(1)矩阵加减时对应位置的元素相加减 (2)同阶矩阵才能相加减 (3)运算性质 $\boldsymbol{A}+\boldsymbol{B}=\boldsymbol{B}+\boldsymbol{A}$ 交换律 $(\boldsymbol{A}+\boldsymbol{B})+\boldsymbol{C}=\boldsymbol{A}+(\boldsymbol{B}+\boldsymbol{C})$ 结合律
	一般形式	$\begin{bmatrix}a_{11}&a_{12}&\cdots&a_{1n}\\a_{21}&a_{22}&\cdots&a_{2n}\\\cdots&\cdots&\cdots&\cdots\\a_{m1}&a_{m2}&\cdots&a_{mn}\end{bmatrix}\pm\begin{bmatrix}b_{11}&b_{12}&\cdots&b_{1n}\\b_{21}&b_{22}&\cdots&b_{2n}\\\cdots&\cdots&\cdots&\cdots\\b_{m1}&b_{m2}&\cdots&b_{mn}\end{bmatrix}=[c_{ij}]$ $c_{ij}=a_{ij}\pm b_{ij}\begin{pmatrix}i=1,2,\cdots,m\\j=1,2,\cdots,n\end{pmatrix}$	
数乘矩阵	简例	$3\times\begin{bmatrix}-1&0\\2&1\end{bmatrix}=\begin{bmatrix}-1&0\\2&1\end{bmatrix}\times3=\begin{bmatrix}3\times(-1)&3\times0\\3\times2&3\times1\end{bmatrix}=\begin{bmatrix}-3&0\\6&3\end{bmatrix}$	(1)数乘矩阵时,该数乘矩阵的每一个元素 (2)运算性质 $k\boldsymbol{A}=\boldsymbol{A}k$ $k(\boldsymbol{A}+\boldsymbol{B})=k\boldsymbol{A}+k\boldsymbol{B}$ 分配律
	一般形式	$k\begin{bmatrix}a_{11}&a_{12}&\cdots&a_{1n}\\a_{21}&a_{22}&\cdots&a_{2n}\\\cdots&\cdots&\cdots&\cdots\\a_{m1}&a_{m2}&\cdots&a_{mn}\end{bmatrix}=\begin{bmatrix}a_{11}&a_{12}&\cdots&a_{1n}\\a_{21}&a_{22}&\cdots&a_{2n}\\\cdots&\cdots&\cdots&\cdots\\a_{m1}&a_{m2}&\cdots&a_{mn}\end{bmatrix}k=[c_{ij}]$ $c_{ij}=ka_{ij}\begin{pmatrix}i=1,2,\cdots,m\\j=1,2,\cdots,n\end{pmatrix}$	
矩阵相乘	简例	$\begin{bmatrix}2&3\\5&2\\1&4\end{bmatrix}\begin{bmatrix}1&3&2\\0&4&5\end{bmatrix}=\begin{bmatrix}2\times1+3\times0&2\times3+3\times4&2\times2+3\times5\\5\times1+2\times0&5\times3+2\times4&5\times2+2\times5\\1\times1+4\times0&1\times3+4\times4&1\times2+4\times5\end{bmatrix}$	(1)矩阵相乘时乘积的元素 c_{ij} 等于左矩阵的第i行和右矩阵的第j列的对应元素的乘积之和 (2)左矩阵的列数等于右矩阵的行数时才能相乘 (3)运算性质 $(\boldsymbol{AB})\boldsymbol{C}=\boldsymbol{A}(\boldsymbol{BC})$ 结合律 $\boldsymbol{A}(\boldsymbol{B}+\boldsymbol{C})=\boldsymbol{AB}+\boldsymbol{AC}$ $(\boldsymbol{B}+\boldsymbol{C})\boldsymbol{A}=\boldsymbol{BA}+\boldsymbol{CA}$ 分配律 注意,一般 $\boldsymbol{AB}\neq\boldsymbol{BA}$
	一般形式	$\begin{bmatrix}a_{11}&a_{12}&\cdots&a_{1n}\\\cdots&\cdots&\cdots&\cdots\\a_{i1}&a_{i2}&\cdots&a_{in}\\\cdots&\cdots&\cdots&\cdots\\a_{m1}&a_{m2}&\cdots&a_{mn}\end{bmatrix}\begin{bmatrix}b_{11}&b_{1j}&\cdots&b_{1p}\\b_{21}&b_{2j}&\cdots&b_{2p}\\\cdots&\cdots&\cdots&\cdots\\b_{n1}\cdots&b_{nj}&\cdots&b_{np}\end{bmatrix}=[c_{ij}]_{m\times p}$ $c_{ij}=a_{i1}b_{1j}+a_{i2}b_{2j}+\cdots+a_{in}b_{nj}=\sum_{k=1}^{n}a_{ik}b_{kj}$ $\begin{pmatrix}i=1,2,\cdots,m\\j=1,2,\cdots,p\end{pmatrix}$	
方阵的幂	简例	$\begin{bmatrix}2&0\\-1&3\end{bmatrix}^2=\begin{bmatrix}2&0\\-1&3\end{bmatrix}\begin{bmatrix}2&0\\-1&3\end{bmatrix}=\begin{bmatrix}4&0\\-5&9\end{bmatrix}$	(1)方阵的幂是同一方阵的连乘积 (2)$a_0\boldsymbol{A}^n+a_1\boldsymbol{A}^{n-1}+\cdots+a_n\boldsymbol{I}$ 叫做方阵多项式 (3)运算性质 $\boldsymbol{A}^p\boldsymbol{A}^q=\boldsymbol{A}^{p+q}$ $(\boldsymbol{A}^p)^q=\boldsymbol{A}^{pq}$
	一般形式	$\boldsymbol{A}^0=\boldsymbol{I}$ $\boldsymbol{A}^p=\underbrace{\boldsymbol{AA}\cdots\cdots\boldsymbol{A}}_{共p个}$	

续表

名称		运算式	说明及运算性质
矩阵微分	简例	$\begin{bmatrix} t^2-1 & -2t \\ 3 & e^t \end{bmatrix}' = \begin{bmatrix} (t^2-1)' & (-2t)' \\ 3' & (e^t)' \end{bmatrix} = \begin{bmatrix} 2t & -2 \\ 0 & e^t \end{bmatrix}$	矩阵微分即对矩阵的每一个元素求微分 $\frac{d}{dt}(\boldsymbol{A}+\boldsymbol{B})=\frac{d\boldsymbol{A}}{dt}+\frac{d\boldsymbol{B}}{dt}$ $\frac{d}{dt}(k\boldsymbol{A})=k\frac{d\boldsymbol{A}}{dt}$($k$——常数) $\frac{d}{dt}(\boldsymbol{AB})=\frac{d\boldsymbol{A}}{dt}\boldsymbol{B}+\boldsymbol{A}\frac{d\boldsymbol{B}}{dt}$ 例如 $\begin{bmatrix} e^t & \sin t \\ t^3 & \cos t \end{bmatrix}' = \begin{bmatrix} e^t & \cos t \\ 3t^2 & -\sin t \end{bmatrix}$
	一般形式	若$\boldsymbol{A}$的元素是t的函数$a_{ij}=a_{ij}(t)$,则 $\frac{d\boldsymbol{A}}{dt}=\boldsymbol{A}'=\begin{bmatrix} a'_{11}(t) & a'_{12}(t) & \cdots & a'_{1n}(t) \\ a'_{21}(t) & a'_{22}(t) & \cdots & a'_{2n}(t) \\ \cdots & \cdots & \cdots & \cdots \\ a'_{m1}(t) & a'_{m2}(t) & \cdots & a'_{mn}(t) \end{bmatrix}$	
矩阵积分	简例	$\boldsymbol{A}=\begin{bmatrix} 2t & -2 \\ 0 & e^{t'} \end{bmatrix}$, $\int \boldsymbol{A}dt=\begin{bmatrix} \int 2tdt & \int -2tdt \\ \int 0dt & \int e^t dt \end{bmatrix}$	矩阵积分即矩阵的每一个元素积分 例如 $\int_0^1 \begin{bmatrix} e^t & \sin t \\ t^3 & \cos t \end{bmatrix} dt = \begin{bmatrix} \int_0^1 e^t dt & \int_0^1 \sin t dt \\ \int_0^1 t^3 dt & \int_0^1 \cos t dt \end{bmatrix}$ $=\begin{bmatrix} e-1 & 1-\cos 1 \\ 1/4 & \sin 1 \end{bmatrix}$
	一般形式	若$\boldsymbol{A}$的元素是t的函数$a_{ij}=a_{ij}(t)$,则 $\int \boldsymbol{A}dt=\begin{bmatrix} \int a_{11}(t)dt & \int a_{12}(t)dt & \cdots & \int a_{1n}(t)dt \\ \int a_{21}(t)dt & \int a_{22}(t)dt & \cdots & \int a_{2n}(t)dt \\ \cdots & \cdots & \cdots & \cdots \\ \int a_{m1}(t)dt & \int a_{m2}(t)dt & \cdots & \int a_{mn}(t)dt \end{bmatrix}$	

表 1-1-70　矩阵运算性质与数的运算性质比较

比较	数的运算	矩阵的运算
相同点	$a+b=b+a$ $(a+b)+c=a+(b+c)$ $k(a+b)=ka+kb$ $(k_1+k_2)a=k_1a+k_2a$ $a+0=a$ $a(bc)=(ab)c$ $(a+b)c=ac+bc$	$\boldsymbol{A}+\boldsymbol{B}=\boldsymbol{B}+\boldsymbol{A}$　加法交换律 $(\boldsymbol{A}+\boldsymbol{B})+\boldsymbol{C}=\boldsymbol{A}+(\boldsymbol{B}+\boldsymbol{C})$　加法结合律 $k(\boldsymbol{A}+\boldsymbol{B})=k\boldsymbol{A}+k\boldsymbol{B}$　加法分配律 $(k_1+k_2)\boldsymbol{A}=k_1\boldsymbol{A}+k_2\boldsymbol{A}$ $\boldsymbol{A}+0=\boldsymbol{A}$ $\boldsymbol{A}(\boldsymbol{BC})=(\boldsymbol{AB})\boldsymbol{C}$　乘法结合律 $(\boldsymbol{A}+\boldsymbol{B})\boldsymbol{C}=\boldsymbol{AC}+\boldsymbol{BC}$　乘法分配律
不同点	$ab=ba$ $ab=0$　a,b至少有一个为0 $(ab)^2=a^2b^2$ $(a+b)^2=a^2+2ab+b^2$ $a^2-b^2=(a+b)(a-b)$	一般地　$\boldsymbol{AB}\neq\boldsymbol{BA}$　不满足交换律 $\boldsymbol{AB}=0$　可能$\boldsymbol{A},\boldsymbol{B}$均不为0 一般地　$(\boldsymbol{AB})^2\neq\boldsymbol{A}^2\boldsymbol{B}^2$ 一般地　$(\boldsymbol{A}+\boldsymbol{B})^2\neq\boldsymbol{A}^2+2\boldsymbol{AB}+\boldsymbol{B}^2$ 一般地　$\boldsymbol{A}^2-\boldsymbol{B}^2\neq(\boldsymbol{A}+\boldsymbol{B})(\boldsymbol{A}-\boldsymbol{B})$

表 1-1-71　分块矩阵及其运算

名称	阵列形式及运算式	说明
分块矩阵	$\boldsymbol{A}=\left[\begin{array}{ccc:c} a_{11} & a_{12} & \cdots & a_{1n} \\ a_{21} & a_{22} & \cdots & a_{2n} \\ \hdashline \cdots & & & \\ a_{m1} & a_{m2} & \cdots & a_{mn} \end{array}\right]=\begin{bmatrix} \boldsymbol{A}_{11} & \boldsymbol{A}_{12} \\ \boldsymbol{A}_{21} & \boldsymbol{A}_{22} \end{bmatrix}$	(1)分划原矩阵$\boldsymbol{A}=(a_{ij})_{m\times n}$的横、竖虚线条数及分划位置根据计算方便而定 (2)被划分的每一块低阶矩阵称为子矩阵或子块

续表

名　称	阵列形式及运算式	说　　明
准对角阵	$A=\begin{bmatrix} A_1 & 0 & \cdots & 0 \\ 0 & A_2 & \cdots & 0 \\ \cdots & \cdots & \cdots & \cdots \\ 0 & 0 & \cdots & A_l \end{bmatrix}$	主对角线上的子块 $A_1, A_2, \cdots, A_l$ 都是方阵，其他子块都是零矩阵
分块矩阵加减	$\begin{bmatrix} A_{11} & A_{12} & \cdots & A_{1s} \\ \cdots & \cdots & \cdots & \cdots \\ A_{r1} & A_{r2} & \cdots & A_{rs} \end{bmatrix} \pm \begin{bmatrix} B_{11} & B_{12} & \cdots & B_{1s} \\ \cdots & \cdots & \cdots & \cdots \\ B_{r1} & B_{r2} & \cdots & B_{rs} \end{bmatrix} = \begin{bmatrix} A_{11}\pm B_{11} & A_{12}\pm B_{12} & \cdots & A_{1s}\pm B_{1s} \\ \cdots & \cdots & \cdots & \cdots \\ A_{r1}\pm B_{r1} & A_{r2}\pm B_{r2} & \cdots & A_{rs}\pm B_{rs} \end{bmatrix}$	两个具有相同分划方式的分块矩阵可以按块相加或相减，作为其和或差的分块矩阵仍保持原分划方式 注意，分划方式不同的分块矩阵不能按块相加或相减
分块矩阵的数量乘法	$k\begin{bmatrix} A_{11} & A_{12} & \cdots & A_{1s} \\ \cdots & \cdots & \cdots & \cdots \\ A_{r1} & A_{r2} & \cdots & A_{rs} \end{bmatrix} = \begin{bmatrix} kA_{11} & kA_{12} & \cdots & kA_{1s} \\ \cdots & \cdots & \cdots & \cdots \\ kA_{r1} & kA_{r2} & \cdots & kA_{rs} \end{bmatrix}$	数 k 乘分块矩阵的每一子块后，仍保持原分划方式
分块矩阵相乘	$\begin{bmatrix} A_{11} & A_{12} & \cdots & A_{1n} \\ \cdots & \cdots & \cdots & \cdots \\ A_{i1} & A_{i2} & \cdots & A_{in} \\ \cdots & \cdots & \cdots & \cdots \\ A_{m1} & A_{m2} & \cdots & A_{mn} \end{bmatrix} \begin{bmatrix} B_{11} & \cdots & B_{1j} & \cdots & B_{1p} \\ B_{21} & \cdots & B_{2j} & \cdots & B_{2p} \\ \cdots & \cdots & \cdots & \cdots & \cdots \\ B_{n1} & \cdots & B_{nj} & \cdots & B_{np} \end{bmatrix} = \begin{bmatrix} C_{11} & C_{12} & \cdots & C_{1p} \\ \cdots & \cdots & \cdots & \cdots \\ C_{m1} & C_{m2} & \cdots & C_{mp} \end{bmatrix}$ $C_{ij}=A_{i1}B_{1j}+A_{i2}B_{2j}+\cdots+A_{in}B_{nj}=\sum_{k=1}^{n}A_{ik}B_{kj}$ $\begin{pmatrix} i=1,2,\cdots,m \\ j=1,2,\cdots,p \end{pmatrix}$	A 的列从左到右的分划方式与 B 的行自上而下的分划方式相同［即 A 中子块 A_{1i} 的列数与 B 中子块 B_{i1} 的行数相同（$i=1,2,\cdots,n$）］，则 A 与 B 可以按块相乘，其乘积仍为分块矩阵
分块矩阵转置	$A^{T}=\begin{bmatrix} A_{11} & A_{12} & \cdots & A_{1s} \\ A_{21} & A_{22} & \cdots & A_{2s} \\ \cdots & \cdots & \cdots & \cdots \\ A_{r1} & A_{r2} & \cdots & A_{rs} \end{bmatrix}=\begin{bmatrix} A_{11}^{T} & A_{21}^{T} & \cdots & A_{r1}^{T} \\ A_{12}^{T} & A_{22}^{T} & \cdots & A_{r2}^{T} \\ \cdots & \cdots & \cdots & \cdots \\ A_{1s}^{T} & A_{2s}^{T} & \cdots & A_{rs}^{T} \end{bmatrix}$	分块矩阵的转置，不仅仅是把每个子块看作元素后对矩阵作转置，而且每个子块本身还要转置

表 1-1-72　　方阵的行列式和代数余子式

名称	方阵的行列式	代　数　余　子　式
定义	方阵 A 的行列式是指由方阵 A 的所有元素（位置不变）组成的行列式，记为 $\|A\|$ 或 $\det A$	方阵 A 的任意元素 a_{ij} 的代数余子式是行列式 $\|A\|$ 的对应元素 a_{ij} 的代数余子式，记为 A_{ij}（见本章行列式）
简例	例如 $A=\begin{bmatrix} 3 & 0 & 2 \\ 1 & 1 & 3 \\ 2 & 1 & 5 \end{bmatrix}$ $\|A\|=\begin{vmatrix} 3 & 0 & 2 \\ 1 & 1 & 3 \\ 2 & 1 & 5 \end{vmatrix}$	例如 $A=\begin{bmatrix} 1 & 2 & 1 \\ 4 & 3 & 2 \\ 1 & 5 & 1 \end{bmatrix}$ 的元素 $a_{32}=5$ 的代数余子式是 $A_{32}=(-1)^{3+2}\begin{vmatrix} 1 & 1 \\ 4 & 2 \end{vmatrix}=(-1)^{5}(1\times2-4\times1)=2$

续表

名称	方阵的行列式	代数余子式
一般形式	一般 $\boldsymbol{A}=\begin{bmatrix} a_{11} & a_{12} & \cdots & a_{1n} \\ a_{21} & a_{22} & \cdots & a_{2n} \\ \cdots & \cdots & \cdots & \cdots \\ a_{n1} & a_{n2} & \cdots & a_{nn} \end{bmatrix}$ $\lvert\boldsymbol{A}\rvert=\begin{vmatrix} a_{11} & a_{12} & \cdots & a_{1n} \\ a_{21} & a_{22} & \cdots & a_{2n} \\ \cdots & \cdots & \cdots & \cdots \\ a_{n1} & a_{n2} & \cdots & a_{nn} \end{vmatrix}$	a_{ij}的代数余子式$\boldsymbol{A}_{ij}$是将行列式中的第i行及第j列划去后剩下的低一阶的行列式乘以$(-1)^{i+j}$。 如 $\begin{bmatrix} a_{11} & a_{12} & a_{13} \\ a_{21} & a_{22} & a_{23} \\ a_{31} & a_{32} & a_{33} \end{bmatrix}$ 的 $\boldsymbol{A}_{12}=(-1)^{1+2}\begin{vmatrix} a_{21} & a_{23} \\ a_{31} & a_{33} \end{vmatrix}$

表 1-1-73　非奇异矩阵、正交矩阵、伴随矩阵

名称	定　义	性　质
非奇异矩阵	设方阵$\boldsymbol{A}=(a_{ij})_{n\times n}$，若$\lvert\boldsymbol{A}\rvert\neq0$，则$\boldsymbol{A}$是非奇异矩阵(若$\lvert\boldsymbol{A}\rvert=0$，则$\boldsymbol{A}$是奇异矩阵)	(1)若数$k\neq0$，则$k\boldsymbol{A}$为非奇异矩阵 (2)若$\boldsymbol{A}$,$\boldsymbol{B}$为同阶非奇异矩阵，则$\boldsymbol{AB}$与$\boldsymbol{BA}$为非奇异矩阵 (3)非奇异矩阵转置$\boldsymbol{A}^{\mathrm{T}}$仍为非奇异矩阵
正交矩阵	设方阵$\boldsymbol{A}=(a_{ij})_{n\times n}$，若 $\boldsymbol{A}^{\mathrm{T}}\boldsymbol{A}=\boldsymbol{A}\boldsymbol{A}^{\mathrm{T}}=\boldsymbol{I}$ 其中$\boldsymbol{I}$为n阶单位阵，则$\boldsymbol{A}$为n阶正交矩阵	(1)$\lvert\boldsymbol{A}\rvert=\pm1$ (2)$\boldsymbol{A}$为非奇异矩阵
伴随矩阵	由方阵$\boldsymbol{A}$的每一个元素a_{ij}的代数余子式$\boldsymbol{A}_{ij}$替换对应元素a_{ij}所形成的矩阵经过转置而得到的方阵叫做$\boldsymbol{A}$的伴随矩阵，记为$\boldsymbol{A}^*$或adj$\boldsymbol{A}$。即 $\boldsymbol{A}^*=\begin{bmatrix} \boldsymbol{A}_{11} & \boldsymbol{A}_{12} & \cdots & \boldsymbol{A}_{1n} \\ \boldsymbol{A}_{21} & \boldsymbol{A}_{22} & \cdots & \boldsymbol{A}_{2n} \\ \cdots & \cdots & \cdots & \cdots \\ \boldsymbol{A}_{n1} & \boldsymbol{A}_{n2} & \cdots & \boldsymbol{A}_{nn} \end{bmatrix}^{\mathrm{T}}=\begin{bmatrix} \boldsymbol{A}_{11} & \boldsymbol{A}_{21} & \cdots & \boldsymbol{A}_{n1} \\ \boldsymbol{A}_{12} & \boldsymbol{A}_{22} & \cdots & \boldsymbol{A}_{n2} \\ \cdots & \cdots & \cdots & \cdots \\ \boldsymbol{A}_{1n} & \boldsymbol{A}_{2n} & \cdots & \boldsymbol{A}_{nn} \end{bmatrix}$	(1)$\boldsymbol{AA}^*=\lvert\boldsymbol{A}\rvert\boldsymbol{I}=\boldsymbol{A}^*\boldsymbol{A}$ (2)$(\boldsymbol{AB})^*=\boldsymbol{B}^*\boldsymbol{A}^*$ (3)$\lvert\boldsymbol{A}^*\rvert=\lvert\boldsymbol{A}\rvert^{n-1}$

表 1-1-74　矩阵的初等变换

序号	初　等　变　换	三　阶　举　例
(1)	用常数$k(\neq0)$乘$\boldsymbol{A}$的第i行或者	$\begin{bmatrix} a_{11} & a_{12} & a_{13} \\ a_{21} & a_{22} & a_{23} \\ a_{31} & a_{32} & a_{33} \end{bmatrix}\xrightarrow{k\text{乘第2行}}\begin{bmatrix} a_{11} & a_{12} & a_{13} \\ ka_{21} & ka_{22} & ka_{23} \\ a_{31} & a_{32} & a_{33} \end{bmatrix}$
(1)′	用常数$k(\neq0)$乘$\boldsymbol{A}$的第j列	$\begin{bmatrix} a_{11} & a_{12} & a_{13} \\ a_{21} & a_{22} & a_{23} \\ a_{31} & a_{32} & a_{33} \end{bmatrix}\xrightarrow{k\text{乘第3列}}\begin{bmatrix} a_{11} & a_{12} & ka_{13} \\ a_{21} & a_{22} & ka_{23} \\ a_{31} & a_{32} & ka_{33} \end{bmatrix}$

续表

序号	初 等 变 换	三 阶 举 例
(2)	$\boldsymbol{A}$ 的第 i 行加上第 j 行的 k 倍 或者	$\begin{bmatrix} a_{11} & a_{12} & a_{13} \\ a_{21} & a_{22} & a_{23} \\ a_{31} & a_{32} & a_{33} \end{bmatrix} \xrightarrow[\text{第1行的}k\text{倍}]{\text{第2行加上}} \begin{bmatrix} a_{11} & a_{12} & a_{13} \\ a_{21}+ka_{11} & a_{22}+ka_{12} & a_{23}+ka_{13} \\ a_{31} & a_{32} & a_{33} \end{bmatrix}$
(2)′	$\boldsymbol{A}$ 的第 i 列加上第 j 列的 k 倍	$\begin{bmatrix} a_{11} & a_{12} & a_{13} \\ a_{21} & a_{22} & a_{23} \\ a_{31} & a_{32} & a_{33} \end{bmatrix} \xrightarrow[\text{第1列的}k\text{倍}]{\text{第3列加上}} \begin{bmatrix} a_{11} & a_{12} & a_{13}+ka_{11} \\ a_{21} & a_{22} & a_{23}+ka_{21} \\ a_{31} & a_{32} & a_{33}+ka_{31} \end{bmatrix}$
(3)	$\boldsymbol{A}$ 的第 i 行与第 j 行交换 或者	$\begin{bmatrix} a_{11} & a_{12} & a_{13} \\ a_{21} & a_{22} & a_{23} \\ a_{31} & a_{32} & a_{33} \end{bmatrix} \xrightarrow[\text{3行交换}]{\text{第2行与第}} \begin{bmatrix} a_{11} & a_{12} & a_{13} \\ a_{31} & a_{32} & a_{33} \\ a_{21} & a_{22} & a_{23} \end{bmatrix}$
(3)′	$\boldsymbol{A}$ 的第 i 列与第 j 列交换	$\begin{bmatrix} a_{11} & a_{12} & a_{13} \\ a_{21} & a_{22} & a_{23} \\ a_{31} & a_{32} & a_{33} \end{bmatrix} \xrightarrow[\text{3列交换}]{\text{第1列与第}} \begin{bmatrix} a_{13} & a_{12} & a_{11} \\ a_{23} & a_{22} & a_{21} \\ a_{33} & a_{32} & a_{31} \end{bmatrix}$

表 1-1-75　初等矩阵及其与初等变换的关系

初 等 矩 阵	和单位矩阵的不同	与初等变换的关系	三 阶 举 例
$\boldsymbol{E}(i(k))=\begin{bmatrix} 1 & & & & & \\ & \ddots & & & & \\ & & 1 & & & \\ & & & k & & \\ & & & & 1 & \\ & & & & & \ddots \\ & & & & & & 1 \end{bmatrix}$ i行 i列	将单位矩阵 (i,i) 位置的 1 换成 k	$\boldsymbol{E}(i(k))$ 左(或右)乘 $\boldsymbol{A}$ 等价于对 $\boldsymbol{A}$ 作初等变换(1)[或(1)′]	$\boldsymbol{E}(2(k))\boldsymbol{A}=$ $\begin{bmatrix} 1 & 0 & 0 \\ 0 & k & 0 \\ 0 & 0 & 1 \end{bmatrix}\begin{bmatrix} a_{11} & a_{12} & a_{13} \\ a_{21} & a_{22} & a_{23} \\ a_{31} & a_{32} & a_{33} \end{bmatrix}$ $=\begin{bmatrix} a_{11} & a_{12} & a_{13} \\ ka_{21} & ka_{22} & ka_{23} \\ a_{31} & a_{32} & a_{33} \end{bmatrix}$
$\boldsymbol{E}(i,j(k))=\begin{bmatrix} 1 & & & & & \\ & \ddots & & & & \\ & & 1 & & k & \\ & & & k & & \\ & & & & 1 & \\ & & & & & \ddots \\ & & & & & & 1 \end{bmatrix}$ i行、j行 j列	将单位矩阵 (i,j) 位置的 0 换成 k	$\boldsymbol{E}(i,j(k))$ 左(或右)乘 $\boldsymbol{A}$ 等价于对 $\boldsymbol{A}$ 作初等变换(2)[或(2)′]	$\boldsymbol{AE}(1,2(k))=$ $\begin{bmatrix} a_{11} & a_{12} & a_{13} \\ a_{21} & a_{22} & a_{23} \\ a_{31} & a_{32} & a_{33} \end{bmatrix}\begin{bmatrix} 1 & 0 & 0 \\ k & 1 & 0 \\ 0 & 0 & 1 \end{bmatrix}$ $=\begin{bmatrix} a_{11}+ka_{12} & a_{12} & a_{13} \\ a_{21}+ka_{22} & a_{22} & a_{23} \\ a_{31}+ka_{32} & a_{32} & a_{33} \end{bmatrix}$
$\boldsymbol{E}(i,j)=$ $\begin{bmatrix} 1 & & & & & & & \\ & \ddots & & & & & & \\ & & 1 & & & & & \\ & & & 0 & \cdots\cdots & 1 & & \\ & & & \vdots & 1 & & & \\ & & & & & \ddots & \vdots & \\ & & & \vdots & & 1 & & \\ & & & 1 & \cdots\cdots & 0 & & \\ & & & & & & 1 & \\ & & & & & & & \ddots \\ & & & & & & & & 1 \end{bmatrix}$ i行、j行 i列　j列	将单位矩阵 (i,i)，(j,j) 位置的 1 换成 0，将 (i,i)，(j,j) 位置的 0 换成 1	$\boldsymbol{E}(i,j)$ 左乘 $\boldsymbol{A}$ 等价于对 $\boldsymbol{A}$ 作初等变换(3) 或者 $\boldsymbol{E}(i,j)$ 右乘 $\boldsymbol{A}$ 等价于对 $\boldsymbol{A}$ 作初等变换(3)′	$\boldsymbol{E}(1,2)\boldsymbol{A}=$ $\begin{bmatrix} 0 & 1 & 0 \\ 1 & 0 & 0 \\ 0 & 0 & 1 \end{bmatrix}\begin{bmatrix} a_{11} & a_{12} & a_{13} \\ a_{21} & a_{22} & a_{23} \\ a_{31} & a_{32} & a_{33} \end{bmatrix}$ $=\begin{bmatrix} a_{21} & a_{22} & a_{23} \\ a_{11} & a_{12} & a_{13} \\ a_{31} & a_{32} & a_{33} \end{bmatrix}$ $\boldsymbol{AE}(1,2)=$ $\begin{bmatrix} a_{11} & a_{12} & a_{13} \\ a_{21} & a_{22} & a_{23} \\ a_{31} & a_{32} & a_{33} \end{bmatrix}\begin{bmatrix} 0 & 1 & 0 \\ 1 & 0 & 0 \\ 0 & 0 & 1 \end{bmatrix}$ $=\begin{bmatrix} a_{12} & a_{11} & a_{13} \\ a_{22} & a_{21} & a_{23} \\ a_{32} & a_{31} & a_{33} \end{bmatrix}$

注：若矩阵 $\boldsymbol{B}$ 可由矩阵 $\boldsymbol{A}$ 经过有限次初等变换得到，则称矩阵 $\boldsymbol{B}$ 与 $\boldsymbol{A}$ 等价。

表 1-1-76　　矩阵的秩

名　称	定　义　及　说　明
矩阵的秩	设矩阵 $\boldsymbol{A}=(a_{ij})_{m\times n}$ $\boldsymbol{A}$ 的 $m(n)$ 个行(列)向量所组成的向量组,其最大线性无关组所含向量的个数称为 $\boldsymbol{A}$ 的行(列)秩。矩阵的行秩与列秩相等,矩阵的行秩与列秩的公共值称为矩阵的秩,记作 $r(\boldsymbol{A})$ 矩阵经初等变换后其秩不变,因而等价矩阵有相同的秩
上梯形阵的秩	设 $\boldsymbol{A}$ 为上梯形阵 $\boldsymbol{A}=\begin{bmatrix} a_{11} & a_{12}\cdots a_{1r}\cdots a_{1n} \\ 0 & a_{22}\cdots a_{2r}\cdots a_{2n} \\ \vdots & \vdots\ddots\vdots\quad\vdots \\ 0 & 0\cdots a_{rr}\cdots a_{rn} \\ \vdots & \vdots\quad\vdots\quad\vdots \\ 0 & 0\ \cdots 0\ \cdots 0 \end{bmatrix}$ 若 $a_{ii}\neq 0(i=1,2,\cdots,r)$,则 $r(\boldsymbol{A})=r$
下梯形阵的秩	设 B 为下梯形阵 $\boldsymbol{B}=\begin{bmatrix} b_{11} & 0 & \cdots & 0 & 0 & \vdots & 0 \\ b_{21} & b_{22} & \cdots & 0 & 0 & \vdots & 0 \\ \vdots & \vdots & \ddots & \vdots & \vdots & \vdots & \vdots \\ b_{s1} & b_{s2} & \cdots & b_{ss} & 0 & \vdots & 0 \\ \vdots & \vdots & \vdots & \vdots & \vdots & \vdots & \vdots \\ b_{m1} & b_{m2} & \cdots & b_{ms} & 0 & \vdots & 0 \end{bmatrix}$ 若 $b_{ii}\neq 0(i=1,2,\cdots,s)$,则 $r(\boldsymbol{B})=s$
矩阵的标准形	若矩阵 $\boldsymbol{A}_{m\times n}$ 与形如 $\begin{bmatrix} 1 & 0\cdots 0\cdots 0 \\ 0 & 1\cdots 0\cdots 0 \\ \vdots & \vdots\ddots\vdots\quad\vdots \\ 0 & 0\cdots 1\cdots 0 \\ 0 & 0\cdots 0\cdots 0 \\ \vdots & \vdots\quad\vdots\quad\vdots \\ 0 & 0\cdots 0\cdots 0 \end{bmatrix}_{m\times n}$ 的矩阵等价,则称其为 $\boldsymbol{A}_{m\times n}$ 的标准形 标准形中主对角线上的对角元 1 的个数等于 $\boldsymbol{A}$ 的秩 $r(\boldsymbol{A})$
满秩方阵	设方阵 $\boldsymbol{A}=(a_{ij})_{n\times n}$,若 $r(\boldsymbol{A})=n$,则称 $\boldsymbol{A}$ 是满秩的 满秩方阵的标准形是单位阵,而且仅用行初等变换可将满秩方阵化为单位阵
矩阵秩的求法	方法 1　对矩阵 $\boldsymbol{A}$ 进行初等变换,化为上(下)梯形阵,其非零行的行数即为 $\boldsymbol{A}$ 的秩。也可以化为标准形,其主对角线上的元素 1 的个数等于 $\boldsymbol{A}$ 的秩 方法 2　按定义求秩 方法 3　找出 $\boldsymbol{A}$ 的不等于零的子式的最高阶数,即为 $\boldsymbol{A}$ 的秩 $r(\boldsymbol{A})$

表 1-1-77　　逆矩阵的计算

计　算　公　式	运　算　性　质
设 $\boldsymbol{A}=(a_{ij})_{n\times n}$ 是可逆的,则 $\boldsymbol{A}^{-1}=\dfrac{1}{\lvert\boldsymbol{A}\rvert}\boldsymbol{A}^{*}=\dfrac{\mathrm{adj}\boldsymbol{A}}{\det\boldsymbol{A}}$	$(\boldsymbol{A}^{-1})^{-1}=\boldsymbol{A}$　　$(k\boldsymbol{A})^{-1}=k^{-1}\boldsymbol{A}^{-1}(k\neq 0)$ $(\boldsymbol{AB})^{-1}=\boldsymbol{B}^{-1}\boldsymbol{A}^{-1}$　　$(\boldsymbol{A}^{\mathrm{T}})^{-1}=(\boldsymbol{A}^{-1})^{\mathrm{T}}$ 若 $\boldsymbol{AB}=\boldsymbol{C}$,则 $\boldsymbol{B}=\boldsymbol{A}^{-1}\boldsymbol{C}$
说明	如果 n 阶方阵 $\boldsymbol{B}$ 左乘(或右乘)同阶方阵 $\boldsymbol{A}$ 得到单位阵 $\boldsymbol{I}$,即 $\boldsymbol{BA}=\boldsymbol{AB}=\boldsymbol{I}$,则 $\boldsymbol{B}$ 叫做 $\boldsymbol{A}$ 的逆矩阵,记为 $\boldsymbol{B}=\boldsymbol{A}^{-1}$,显然,$\boldsymbol{A}$ 和 $\boldsymbol{B}$ 都是可逆的、满秩的、非奇异的 对于高阶方阵用公式求逆比较麻烦,可用初等行变换法求逆,即 $(\boldsymbol{A}\ \vdots\ \boldsymbol{I})\xrightarrow{\text{初等行变换}}(\boldsymbol{I}\ \vdots\ \boldsymbol{A}^{-1})$ 即在对 $\boldsymbol{A}$ 进行初等行变换的同时,对单位阵也进行同样的初等行变换,这样将 $\boldsymbol{A}$ 化为单位阵 $\boldsymbol{I}$ 的同时,原 $\boldsymbol{I}$ 就化为 $\boldsymbol{A}^{-1}$

表 1-1-78 **线性方程组**

<table>
<tr><td>线性方程组及其解的判别</td><td colspan="2">

含 n 个未知量 m 个方程的线性方程组

$$\begin{cases}a_{11}x_1+a_{12}x_2+\cdots+a_{1n}x_n=b_1\\ a_{21}x_1+a_{22}x_2+\cdots+a_{2n}x_n=b_2\\ \cdots\cdots\cdots\cdots\cdots\cdots=\cdots\\ a_{m1}x_1+a_{m2}x_2+\cdots+a_{mn}x_n=b_m\end{cases}$$

的矩阵形式是 $\boldsymbol{A}x=\boldsymbol{B}_m$，其相应的齐次方程形式是 $\boldsymbol{A}x=0$

式中 $x=\begin{bmatrix}x_1\\x_2\\ \vdots\\x_n\end{bmatrix}$；$\boldsymbol{B}_m=\begin{bmatrix}b_1\\b_2\\ \vdots\\b_m\end{bmatrix}$；$\boldsymbol{A}=\begin{bmatrix}a_{11}&a_{12}&\cdots&a_{1n}\\a_{21}&a_{22}&\cdots&a_{2n}\\ \cdots&\cdots&\cdots&\cdots\\a_{m1}&a_{m2}&\cdots&a_{mn}\end{bmatrix}$，$\boldsymbol{A}$ 称为方程组的系数矩阵

令

$\overline{\boldsymbol{A}}=\begin{bmatrix}a_{11}&a_{12}&\cdots&a_{1n}&b_1\\a_{21}&a_{22}&\cdots&a_{2n}&b_2\\ \cdots&\cdots&\cdots&\cdots&\cdots\\a_{m1}&a_{m2}&\cdots&a_{mn}&b_m\end{bmatrix}$；$\overline{\boldsymbol{A}}$ 称为方程组的增广矩阵

当 $m=n$，且 $|\boldsymbol{A}|\neq 0$ 时，方程组有唯一解，$X=\boldsymbol{A}^{-1}\boldsymbol{B}_m$

若 $r(\boldsymbol{A})=r(\overline{\boldsymbol{A}})=n$，方程组有唯一解；若 $r(\boldsymbol{A})<r(\overline{\boldsymbol{A}})$，方程组无解，

若 $r(\boldsymbol{A})=r(\overline{\boldsymbol{A}})<n$，方程组有无穷多解。齐次方程组有非零解的充要条件是 $r(\boldsymbol{A})<n$

</td></tr>
<tr><td rowspan="2">线性方程组的解法</td><td>非齐次线性方程组的解法</td><td>齐次线性方程组的解法</td></tr>
<tr><td>第一步：写出方程组的增广矩阵 $\overline{\boldsymbol{A}}$
第二步：利用矩阵的初等行变换将 $\overline{\boldsymbol{A}}$ 化为梯形阵或标准形
第三步：从梯形阵中即可判断方程组是否有解，若有解可求出其解</td><td>第一步：写出方程组的系数矩阵 $\boldsymbol{A}$
第二步：利用矩阵的初等行变换将 $\boldsymbol{A}$ 化为梯形阵或标准形
第三步：从梯形阵中解出方程组的解</td></tr>
</table>

常用几何体的面积、体积及重心位置

S——重心位置；A_n——全面积；A——侧面积；V——体积

表 1-1-79

1. 圆球体

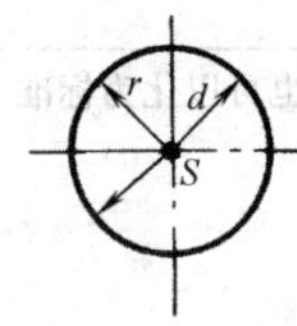

$A_n=4\pi r^2=\pi d^2$

$V=\dfrac{4\pi r^3}{3}=\dfrac{\pi d^3}{6}$

2.正圆柱体

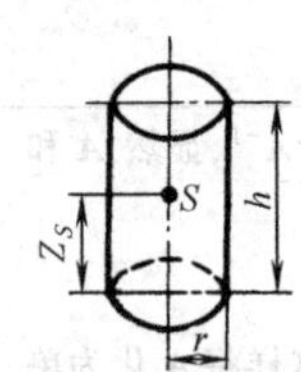

$Z_S=\dfrac{h}{2}$

$A_n=2\pi r(h+r)$

$A=2\pi rh$

$V=\pi r^2h$

3.斜截圆柱体

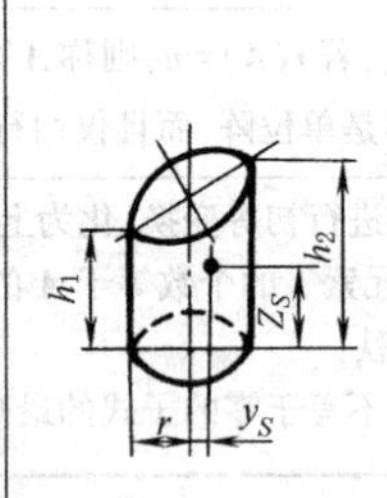

$Y_S=\dfrac{r(h_2-h_1)}{4(h_2+h_1)}$

$Z_S=\dfrac{h_2+h_1}{4}+\dfrac{(h_2-h_1)^2}{16(h_2+h_1)}$

$A=\pi r(h_2+h_1)$

$A_n=\pi r\left[h_1+h_2+r+\sqrt{r^2+\left(\dfrac{h_2-h_1}{2}\right)^2}\right]$

$V=\dfrac{\pi r^2(h_2+h_1)}{2}$

4. 平截正圆锥体

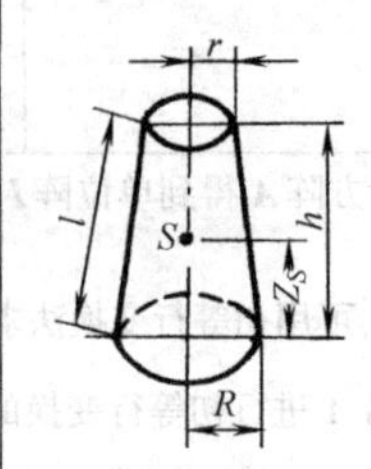

$Z_S=\dfrac{h(R^2+2Rr+3r^2)}{4(R^2+Rr+r^2)}$

$A=\pi l(R+r)$

$A_n=A+\pi(R^2+r^2)$

$V=\dfrac{\pi h}{3}(R^2+Rr+r^2)$

$l=\sqrt{(R-r)^2+h^2}$

续表

5.正圆锥体

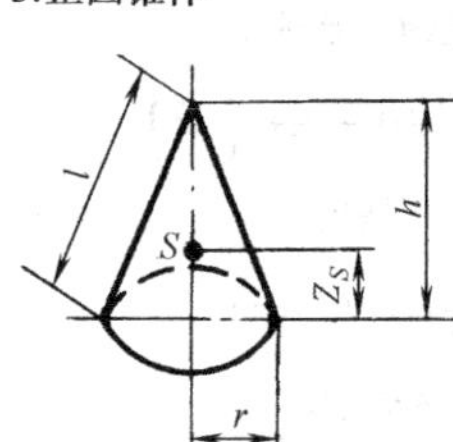

$$Z_S=\frac{h}{4}$$

$$A=\pi rl$$

$$A_n=\pi r(l+r)$$

$$V=\frac{\pi r^2 h}{3}$$

$$l=\sqrt{r^2+h^2}$$

6.球面扇形体

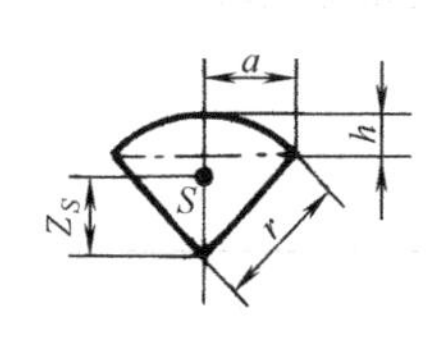

$$Z_S=\frac{3}{8}(2r-h)$$

$$A_n=\pi r(2h+a)$$

$$A=\pi ar$$

$$V=\frac{2}{3}\pi r^2 h$$

7.棱锥体

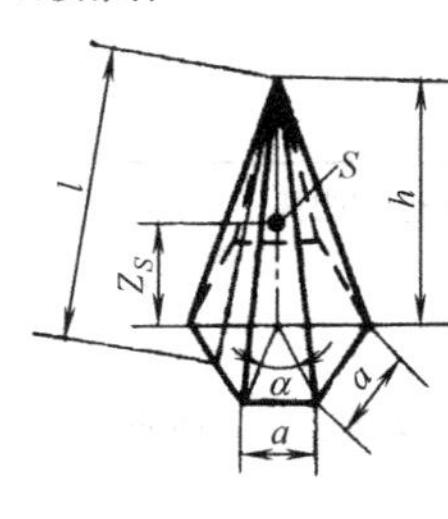

$Z_S=\frac{h}{4}, A=\frac{1}{2}nal$

$$V=\frac{na^2h}{12}\cot\frac{\alpha}{2}$$

或 $V=\frac{hA_b}{3}$（A_b 为底面积，此式适用于底面为任意多边形的棱锥体）

$$A_n=\frac{1}{2}na\left(\frac{\alpha}{2}\cot\frac{\alpha}{2}+l\right)$$

$\alpha=\frac{360°}{n}$，n——侧面面数

8.平截长方棱锥体

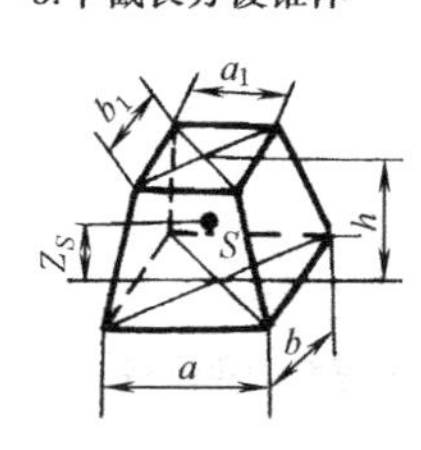

$$Z_S=\frac{h(ab+ab_1+a_1b+3a_1b_1)}{2(2ab+ab_1+a_1b+2a_1b_1)}$$

或 $Z_S=\frac{h}{4}\times\frac{A_b+2\sqrt{A_tA_b}+3A_t}{A_b+\sqrt{A_tA_b}+A_t}$

（此式适用情况同下面 V）

$V=\frac{h}{6}(2ab+ab_1+a_1b+2a_1b_1)$ 或 $V=\frac{h}{3}(A_t+\sqrt{A_tA_b}+A_b)$

（A_t、A_b 分别为顶、底面积，此式适用底面为任意多边形的平截角锥体）

9.空心圆柱体

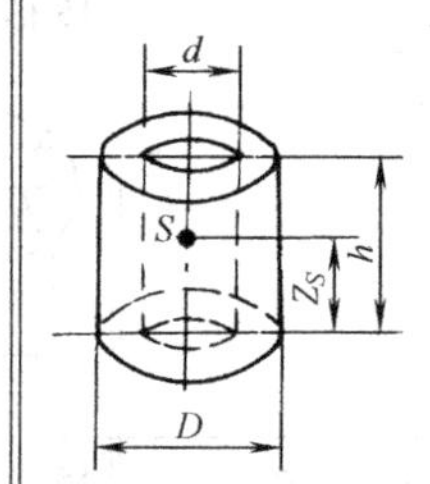

$$Z_S=\frac{h}{2}$$

$$A=\pi h(D+d)$$

$$V=\frac{\pi h}{4}(D^2-d^2)$$

10.平截空心圆锥体

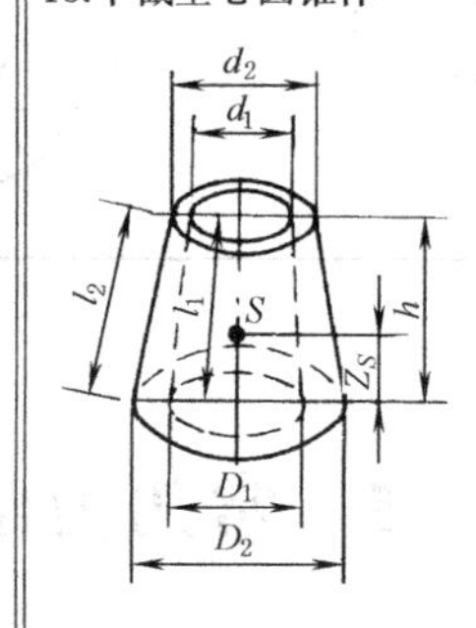

$$Z_S=\frac{h}{4}[D_2^2-D_1^2+2(D_2d_2-D_1d_1)+3(d_2^2-d_1^2)]/(D_2^2-D_1^2+D_2d_2-D_1d_1+d_2^2-d_1^2)$$

$$A=\frac{\pi}{2}[l_2(D_2+d_2)+l_1(D_1+d_1)]$$

$$V=\frac{\pi h}{12}(D_2^2-D_1^2+D_2d_2-D_1d_1+d_2^2-d_1^2)$$

11.球缺

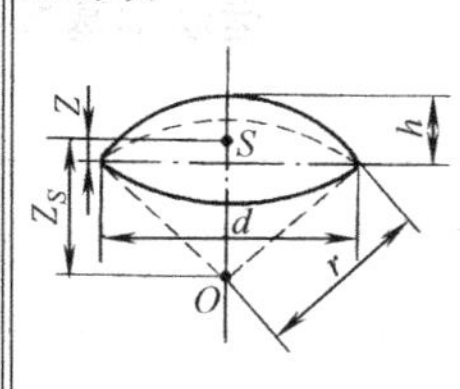

$$Z_S=\frac{3}{4}\times\frac{(2r-h)^2}{3r-h}$$

$$Z=\frac{h(4r-h)}{4(3r-h)}$$

$$A=2\pi rh=\frac{\pi}{4}(d^2+4h^2)$$

$$A_n=\pi\left(2rh+\frac{d^2}{4}\right)$$

$$V=\pi h^2\left(r-\frac{h}{3}\right)$$

12.平截球台体

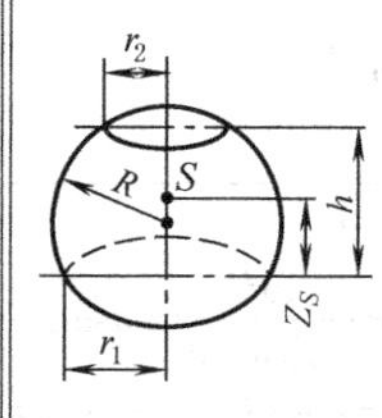

$$Z_S=\frac{3(r_1^4-r_2^4)}{2h(3r_2^2+3r_1^2+h^2)}\pm\frac{r_2^2-r_1^2+h^2}{2h}$$

式中，第 2 项“+”为球心在球台体之内，“−”为球心在球台体之外

$$A=2\pi Rh$$

$$A_n=\pi[2Rh+(r_1^2+r_2^2)]$$

$$V=\frac{\pi h}{6}(3r_1^2+3r_2^2+h^2)$$

$$=0.5236h(3r_1^2+3r_2^2+h^2)$$

$$R^2=r_1^2+\left(\frac{r_2^2-r_1^2+h^2}{2h}\right)^2$$

续表

13.楔形体 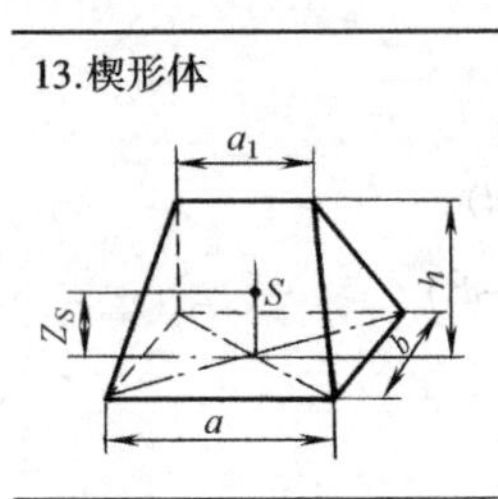	$Z_S=\dfrac{h(a+a_1)}{2(2a+a_1)}$ $V=\dfrac{bh}{6}(2a+a_1)$	15.桶形	对于抛物线形桶板： $V=\dfrac{\pi l}{15}\left(2D^2+Dd+\dfrac{3}{4}d^2\right)$ 对于圆形桶板： $V=\dfrac{1}{12}\pi l(2D^2+d^2)$ $=0.262l(2D^2+d^2)$
14.圆环	$A_n=4\pi^2Rr=39.478Rr$ $V=2\pi^2Rr^2=\dfrac{\pi^2Dd^2}{4}$ $=19.74Rr^2$	16.椭圆球	$V=\dfrac{4}{3}abc\pi$ （A_n 不能用简单公式表示）

5 常用力学公式

5.1 运动学、动力学基本公式

运动学基本公式

表 1-1-80

直线运动 $s=f(t)$ 已知时 $v=\dfrac{ds}{dt},a=\dfrac{dv}{dt}=\dfrac{d^2s}{dt^2}$ $a=f(t)$ 已知时 $v=v_0+\int_0^t a dt$ $s=s_0+\int_0^t v dt$	匀速运动 $s=s_0+vt$ （v=常数）	s_0——运动开始已经走过的距离 s——运动的距离 v——运动速度 v_0——初速度 v_x——抛射运动、简谐运动动点 x 方向的速度 t——运动时间 a——加速度 a_t——切向加速度 a_n——法向加速度 a_x——抛射运动、简谐运动动点 x 方向的加速度 h——垂直高度 g——重力加速度 v_{0x}——沿 x 方向初速度 v_{0y}——沿 y 方向初速度 θ——抛射角度 φ——角位移 φ_0——运动开始时相对某一基线的角位移 ω——角速度 ω_0——初角速度 ε——角加速度 r——转动半径
	匀变速运动 （a=常数） $s=s_0+v_0t+\dfrac{1}{2}at^2=\dfrac{v^2-v_0^2}{2a}=\dfrac{(v+v_0)t}{2}$ $v=v_0+at$ $a=\dfrac{v-v_0}{t}$	
	自由落体运动（x 轴垂直向下，s 用 h 表示，$a=g$） （$v_0=0$） $h=\dfrac{1}{2}gt^2=\dfrac{1}{2}vt$ $v=gt=\sqrt{2gh}$	
抛 射 运 动	抛射水平位置 $x=v_0t\cos\theta$ 抛射垂直位置 $y=x\tan\theta-\dfrac{gx^2}{2v_0^2\cos^2\theta}=v_0t\sin\theta-\dfrac{1}{2}gt^2$ 速度与加速度 $v_x=v_{0x}=v_0\cos\theta, v_y=v_{0y}-gt=v_0\sin\theta-gt$ $a_x=0, a_y=-g$ 抛射到最大高度时的水平距离 $s_1=\dfrac{1}{2g}v_0^2\sin 2\theta$ 抛射全程的水平距离 $s=2s_1$ 抛射最大高度 $h=\dfrac{1}{2g}v_0^2\sin^2\theta$ 抛射到最大高度的时间 $t_1=\dfrac{v_0\sin\theta}{g}$ 抛射全程的时间 $t=2t_1$	

续表

<table>
<tr><td rowspan="2">圆周运动
$\omega=\frac{d\varphi}{dt}$,
$\varepsilon=\frac{d\omega}{dt}=\frac{d^2\varphi}{dt^2}$ 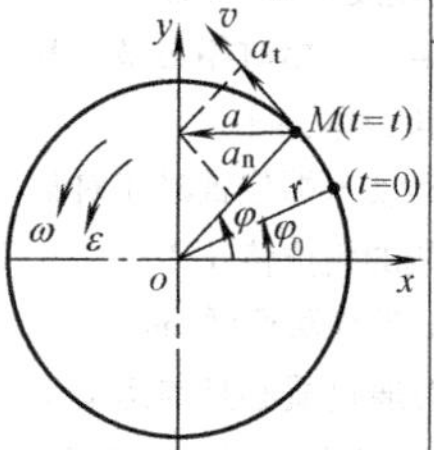</td><td colspan="2">匀速运动
(ω=常数)　$\varphi=\varphi_0+\omega t$,弧长(距离)$s=r\varphi$
$\omega=\frac{\pi n}{30}, v=\omega r=\frac{\pi nr}{30}$
$a_t=0, a_n=r\omega^2=\frac{v^2}{r}$</td><td rowspan="5">$n$——每分钟转数
μ——加速度 a 与转动半径 r 的夹角
ω_j——简谐运动角速度(圆频率)
A——简谐运动动点 M 距 o 的最大距离或振幅
x——简谐运动动点离中间原点位移
T——运动周期
f——频率
ρ——质点所处位置运动轨迹的曲率半径</td></tr>
<tr><td colspan="2">匀变速运动
(ε=常数)
$\varphi=\varphi_0+\omega_0 t+\frac{1}{2}\varepsilon t^2=\frac{\omega^2-\omega_0^2}{2\varepsilon}=\frac{(\omega+\omega_0)t}{2}$, $s=r\varphi$
$\omega=\omega_0+\varepsilon t, v=r\omega$
$a_t=\frac{dv}{dt}=r\varepsilon, a_n=r\omega^2=\frac{v^2}{r}$
$a=\sqrt{a_t^2+a_n^2}=r\sqrt{\varepsilon^2+\omega^4}$
$\tan\mu=\frac{a_t}{a_n}=\frac{\varepsilon}{\omega^2}$</td></tr>
<tr><td>简谐运动 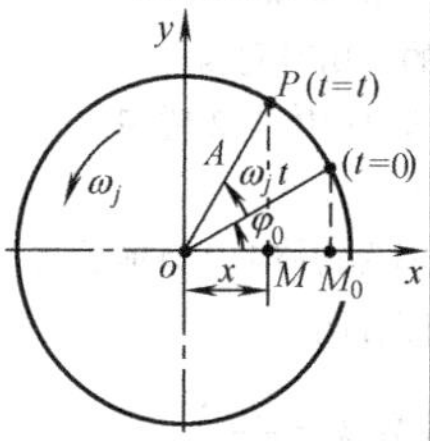</td><td colspan="2">$\varphi=\varphi_0+\omega_j t$
$x=A\cos\varphi$
$v_x=-A\omega_j\sin\varphi$
$a_x=-A\omega_j^2\cos\varphi=-a_n\cos\varphi=-\omega_j^2 x=-4\pi^2 f^2 x$
$T=\frac{2\pi}{\omega_j}=\frac{60}{n}$
$f=\frac{1}{T}=\frac{\omega_j}{2\pi}=\frac{n}{60}$</td></tr>
<tr><td rowspan="2">一般曲线运动</td><td>直角坐标 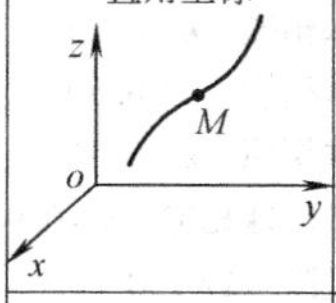</td><td>$x=x(t), y=y(t), z=z(t)$
$v=\sqrt{\left(\frac{dx}{dt}\right)^2+\left(\frac{dy}{dt}\right)^2+\left(\frac{dz}{dt}\right)^2}$
$a=\sqrt{\left(\frac{d^2x}{dt^2}\right)^2+\left(\frac{d^2y}{dt^2}\right)^2+\left(\frac{d^2z}{dt^2}\right)^2}$</td></tr>
<tr><td>自然坐标 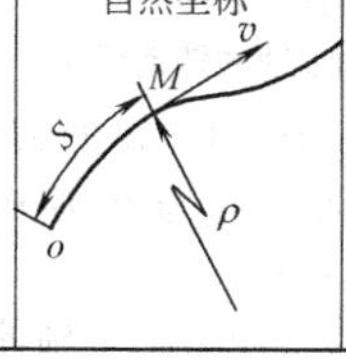</td><td>$s=s(t), v=\frac{ds}{dt}$
$a=\sqrt{a_t^2+a_n^2}=\sqrt{\left(\frac{dv}{dt}\right)^2+\left(\frac{v^2}{\rho}\right)^2}$</td></tr>
</table>

动力学基本公式

表 1-1-81

<table>
<tr><th>项目</th><th>直 线 运 动</th><th>回 转 运 动</th><th>符 号 意 义</th></tr>
<tr><td>力和转矩</td><td>$F=ma$　(N)</td><td>$T=J\varepsilon$　(N·m)</td><td rowspan="5">m——质量,kg
v——运动速度,m/s
ω——角速度,rad/s
a——加速度,m/s²
ε——角加速度,rad/s²
g——重力加速度,g=9.81m/s²
J——物体对回转轴线的转动惯量,kg·m²
$J=mi^2$
i——惯性半径,m
β——力和位移间的夹角,rad
r——质点的转动半径,m
h_A——物体起始位置的高度,m
h_B——物体末端位置的高度,m</td></tr>
<tr><td>惯性力和惯性力矩</td><td>$F_g=-ma$　(N)</td><td>离心惯性力 $F_{gn}=-m\omega^2 r$　(N)
切向惯性力 $F_{gt}=-m\varepsilon r$　(N)
$M_g=-J\varepsilon$　(N·m)</td></tr>
<tr><td>功</td><td>$W=Fs\cos\beta$　(J)
重力:$W=mg(h_A-h_B)$　(J)
弹力:$W=\frac{1}{2}K(\lambda_A^2-\lambda_B^2)$　(J)</td><td>$W=T(\varphi_B-\varphi_A)$　(J)</td></tr>
<tr><td>功率</td><td>$P=\frac{Fv\cos\beta}{1000}$　(kW)</td><td>$P=\frac{Tn}{9550}=\frac{T\omega}{1000}$　(kW)</td></tr>
</table>

续表

项目	直线运动	回转运动	符号意义
动能	$E_k=\frac{1}{2}mv^2$ (J)	$E_k=\frac{1}{2}J\omega^2$ (J)	λ_A——弹簧起始位置的变形量,m λ_B——弹簧末端位置的变形量,m K——弹簧的刚度系数,N/m φ_A——旋转运动开始时相对某一基线的角位移,rad φ_B——旋转运动末端位置时相对某一基线的角位移,rad v_C——质心C的移动速度,m/s J_C——刚体对通过质心且与运动平面垂直的轴的转动惯量,$kg\cdot m^2$ h——物体距参考水平面的高度,m λ——弹簧的变形量,m t——作用力的作用时间,s v_1,v_2——分别为物体1,2碰撞前的速度,m/s u_1,u_2——分别为物体1,2碰撞后的速度,m/s k_1——恢复系数,$k_1=\frac{u_2-u_1}{v_1-v_2}$ 木料和胶木相撞　$k=0.26$ 木球和木球相撞　$k=0.50$ 钢球和钢球相撞　$k=0.56$ 玻璃球和玻璃球相撞　$k=0.94$ 完全弹性碰撞　$k=1.0$ 完全塑性碰撞　$k=0$ J_z——物体对z轴的转动惯量 J_c'——物体对平行于z轴并通过物体重心的c轴的转动惯量,$kg\cdot m^2$ k_2——z轴与过重心的c轴的距离,m 其他符号同表1-1-80
	刚体平面运动 $E_k=\frac{1}{2}mv_C^2+\frac{1}{2}J_C\omega^2$ (J)		
位能	重力:$E_p=mgh$ (J) 弹力:$E_p=\frac{1}{2}K\lambda^2$ (J)		
动能定理	$\sum W=\frac{1}{2}m(v^2-v_0^2)$ (J)	$\sum W=\frac{1}{2}J(\omega^2-\omega_0^2)$ (J)	
机械能守恒定律	$E_k+E_p=$常数 (J) (在势力场中,只有势力作功时)		
动量或动量矩	$P=mv$ $(kg\cdot m/s)$	$L=J\omega$ $(kg\cdot m^2/s)$	
冲量或冲量矩	$I=Ft$ $(N\cdot s)$	$I_t=Tt$ $(N\cdot m\cdot s)$	
动量或动量矩定理	$m(v-v_0)=Ft$	$J(\omega-\omega_0)=Tt$	
动量或动量矩守恒定律	$\sum mv=$常数 (系统不受外力或外力矢量和为零时,系统的总动量守恒)	$\sum J\omega=$常数 (系统不受外力矩或外力矩的矢量和为零时,则系统对固定轴的动量矩守恒)	
两物相撞前后系统动能的变化	$E_{k0}-E_k=\frac{m_1m_2}{2(m_1+m_2)}(1-k_1^2)\times(v_1-v_2)^2$		
碰撞后速度	$u_1=\frac{(m_1-k_1m_2)v_1+m_2(1+k_1)v_2}{m_1+m_2}$ $u_2=\frac{m_1(1+k_1)v_1+(m_2-k_1m_1)v_2}{m_1+m_2}$		
碰撞冲量	$I=m_1(v_1-u_1)=(1+k_1)\frac{m_1m_2}{m_1+m_2}\times(v_1-v_2)$		
惯量平行轴定律		$J_z=J_c'+mk_2^2$ $(kg\cdot m^2)$	

转 动 惯 量

表 1-1-82　　机械传动中转动惯量的换算

转动惯量及飞轮矩	$J=mi^2$	J——转动惯量，kg·m² m——物体的质量，kg r——惯性半径，m
	转动惯量 J 与飞轮矩 (GD^2) 的关系 $J=(GD^2)/4g$　　kg·m²　　(1) $J=(GD^2)/4$　　kg·m²　　(2)	式(1)中　(GD^2)——飞轮矩，N·m² g——重力加速度 式(2)中　(GD^2)——飞轮矩，kgf·m²
转动惯量的换算	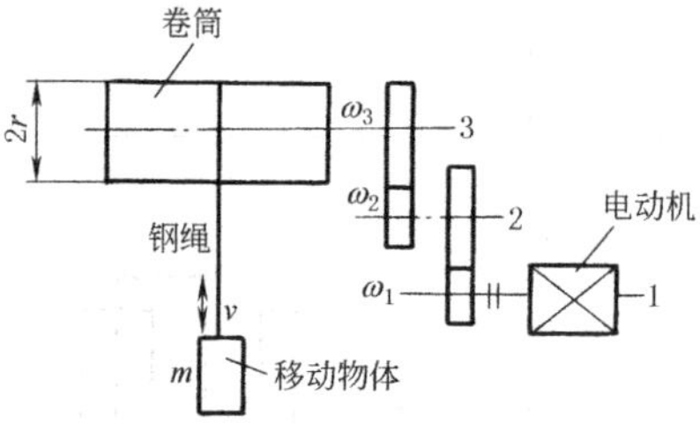 $i_1=\omega_1/\omega_2$ $i_2=\omega_2/\omega_3$ $v=r\omega_3$ 系统总动能　$E=J_1\omega_1^2/2+J_2\omega_2^2/2+J_3\omega_3^2/2+m(r\omega_3)^2/2$ 换算到电动机轴上的转动惯量 $J=\dfrac{2E}{\omega_1^2}=J_1+J_2\left(\dfrac{\omega_2}{\omega_1}\right)^2+J_3\left(\dfrac{\omega_3}{\omega_1}\right)^2+mr^2\left(\dfrac{\omega_3}{\omega_1}\right)^2$ $=J_1+J_2/i_1^2+J_3/(i_1i_2)^2+mr^2/(i_1i_2)^2$ 换算到移动物体上的当量质量 $m=\dfrac{2E}{v^2}=J_1(i_1i_2)^2/r^2+J_2i_2^2/r^2+J_3/r^2+m$	J——换算到电动机轴上的总转动惯量，kg·m² J_1,J_2,J_3——轴 1，轴 2，轴 3 上回转体的转动惯量，kg·m² m——吊在钢绳上移动物体的质量，kg r——卷筒的半径，m $\omega_1,\omega_2,\omega_3$——轴 1，轴 2，轴 3 的角速度，rad/s i_1,i_2——轴 1 与轴 2，轴 2 与轴 3 间的传动比 v——移动物体速度，m/s
移动物体转动惯量的换算	一般移动物体　$J=\dfrac{mv_m^2}{\omega_0^2},\omega_0=\dfrac{\pi n_0}{30}$ 丝杆传动　$J=\dfrac{mt^2}{4\pi^2i^2}$ 齿轮齿条传动　$J=\dfrac{md^2}{4i^2}$ 转动物体换算为移动速度为 v_m 时的当量质量 $m=\dfrac{J_n\omega^2}{v_m^2},\omega=\dfrac{\pi n}{30}$	J——换算到电动机轴上的转动惯量，kg·m² m——移动物体的质量，kg v_m——物体的移动速度，m/s ω_0——电动机角速度，rad/s n_0——电动机转速，r/min t——丝杆螺距，m d——与齿条相啮合的齿轮节圆直径，m i——电动机与丝杆或齿条间的传动比 J_n——物体绕某轴转动角速度为 ω 时的转动惯量，kg·m² ω——物体绕某轴转动的角速度，rad/s n——转动物体转速，r/min
物体对某一轴线 AA（平行 OO）的转动惯量	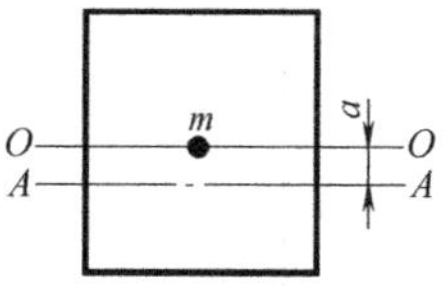 $J=J_0+ma^2$	J——物体对 AA 轴的转动惯量，kg·m² J_0——物体对通过重心 OO 轴线的转动惯量，kg·m² a——OO 轴与 AA 轴间的距离，m

一般物体旋转时的转动惯量

J——对某回转轴的转动惯量；A——图形面积；V——图形体积；m——质量；$i=\sqrt{J/m}$——惯性半径；O——重心（个别重心符号另有注明）；$\bar{x}$，$\bar{y}$——重心坐标

表 1-1-83

	图形	公式		图形	公式
细长杆	直杆（标注：a、b、c、r、α、z、O、$\bar{x}$、$l/2$）	$J_a=m\left[r^2+\frac{(l\sin\alpha)^2}{12}\right]$ $J_b=m\frac{(l\sin\alpha)^2}{3}$ $J_c=m\frac{(l\sin\alpha)^2}{12}$ $J_z=m\frac{l^2}{12}$ $\bar{x}=\frac{l}{2}$	细长杆	圆弧杆（标注：y'、y、O'、α、R、O、x、$\bar{x}$、$\bar{y}$） 圆弧长 $l=2\alpha R$	$J_x=mR^2\left(\frac{1}{2}-\frac{\sin\alpha\cos\alpha}{2\alpha}\right)$ $J_y=mR^2\left[\left(\frac{1}{2}+\frac{\sin\alpha\cos\alpha}{2\alpha}\right)-\frac{\sin^2\alpha}{\alpha^2}\right]$ $J_{y'}=mR^2\left(\frac{1}{2}+\frac{\sin\alpha\cos\alpha}{2\alpha}\right)$ $J_{pO'}=mR^2$（pO'为回转轴，该轴通过 O' 点与图面垂直） $\bar{x}=\frac{R\sin\alpha}{\alpha}$，$\alpha$——弧度 $\bar{y}=R\sin\alpha$
	直杆（标注：y、l_1、l_2、O、α、x）	$J_x=\frac{m}{3}\sin^2\alpha(l_1^2-l_1l_2+l_2^2)$ $J_y=\frac{m}{3}\cos^2\alpha(l_1^2-l_1l_2+l_2^2)$		U 形杆（标注：$\bar{x}$、y、l_1、O、x、$\bar{y}$、l_2）	$J_x=\frac{ml_1^2(l_1+6l_2)}{12(l_1+2l_2)}$ $J_y=\frac{ml_2^3(2l_1+l_2)}{3(l_1+2l_2)^2}$ $i_x=0.289l_1\sqrt{\frac{l_1+6l_2}{l_1+2l_2}}$ $i_y=\frac{0.577l_2}{l_1+2l_2}\sqrt{l_2(2l_1+l_2)}$ $\bar{x}=\frac{l_2^2}{l_1+2l_2}$，$\bar{y}=\frac{l_1}{2}$

续表

类别	图形	公式
细长杆	矩形杆 $\bar{x}$, y, O, x, $\bar{y}$, l_1, l_2	$J_x = \frac{ml_1^2(l_1+3l_2)}{12(l_1+l_2)}$ $J_y = \frac{ml_2^2(3l_1+l_2)}{12(l_1+l_2)}$ $i_x = 0.289l_1\sqrt{\frac{l_1+3l_2}{l_1+l_2}}$ $i_y = 0.289l_2\sqrt{\frac{3l_1+l_2}{l_1+l_2}}$ $\bar{x} = \frac{l_2}{2}, \bar{y} = \frac{l_1}{2}$
细长杆	椭圆杆 y, O, x, $\bar{y}=b$, $\bar{x}=a$ 周长 $L = \pi(a+b)\frac{64-3R^4}{64-16R^2}$ $R = \frac{a-b}{a+b}$	$J_x = \frac{mb^2(55a^4+10a^2b^2-b^4)}{2(45a^4+22a^2b^2-3b^4)}$ $J_y = \frac{ma^2(35a^4+34a^2b^2-5b^4)}{2(45a^4+22a^2b^2-3b^4)}$ $i_x = \sqrt{\frac{J_x}{m}}, i_y = \sqrt{\frac{J_y}{m}}$
细长杆	圆环杆 y, R, O, x	$J_x = J_y = \frac{mR^2}{2}$ $J_{pO} = mR^2$（pO 表示回转轴，该轴在圆心 O 与杆圆平面垂直） $i_x = i_y = 0.707R$ $i_{pO} = R$
平面板	三角形平板 $\bar{x}$, y, x', B, c, a, h, O, x, H, $\bar{y}$, z, A, b_1, b_2, b, C $A = \frac{1}{2}bh$ $\bar{y} = \frac{h}{3}$	$J_x = m\frac{h^2}{18}, J_{x'} = m\frac{h^2}{2}$ $J_z = m\frac{h^2}{6}, J_{HB} = m\frac{b_1^3+b_2^3}{6b}$ $J_{pB} = v_f\left[\frac{bh^3}{4} + \frac{h(b_1^3-b_2^3)}{12}\right]$ $J_{pO} = m\frac{a^2+b^2+c^2}{36}$ $J_O = m\frac{e_1^2+e_2^2+e_3^2}{12}$ J_{pB}, J_{pO}——回转轴分别为 pB、pO 的转动惯量，回转轴分别过 B、O 点与三角形平面垂直 v_f——单位面积的质量 J_O——回转轴在三角形平面内且通过重心 O 的任意轴的转动惯量，e_1、e_2、e_3 为三顶点与回转轴间的距离
平面板	矩形 y, b, D, h, φ, F_1, O, F_2, x, $30°$, $h/2$, B, z $A = bh$	$J_D = m\frac{D^2\sin^2\varphi}{24}$（$D$ 代表对角线长度，φ 为两对角线夹角） $J_x = m\frac{h^2}{12}, J_y = m\frac{b^2}{12}$ $J_z = m\frac{h^2}{3}$ $J_{pO} = m\frac{b^2+h^2}{12}$ pO——通过重心 O，与矩形平面垂直的转轴

续表

	图形	公式
平面板	梯形 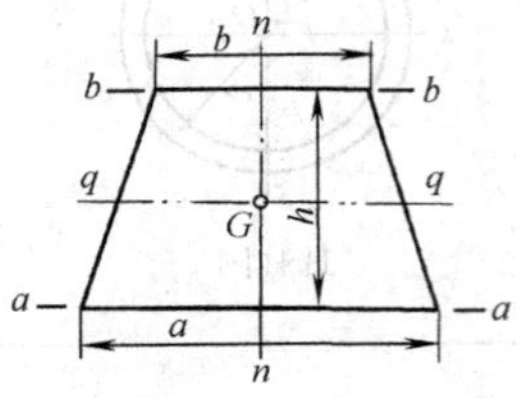 $A=\frac{(a+b)h}{2}$	$J_a=m\frac{h^2}{6}\left(\frac{a+3b}{a+b}\right)$ $J_b=m\frac{h^2}{6}\left(\frac{b+3a}{a+b}\right)$ $J_n=m\frac{a^2+b^2}{24}$ $J_q=m\frac{h^2}{18}\left[1+\frac{2ab}{(a+b)^2}\right]$
平面板	正 n 边形 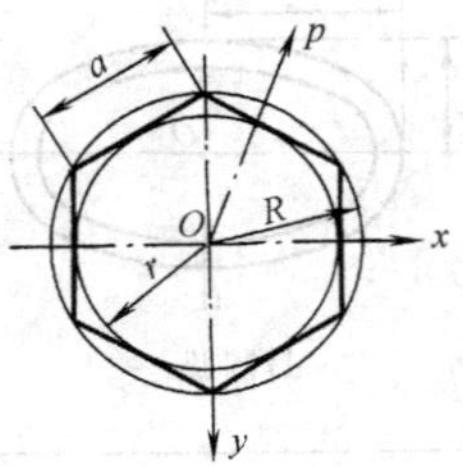 $A=\frac{nar}{2}$	$J_{pO}=m\frac{12r^2+a^2}{24}=m\frac{6R^2-a^2}{12}$ $J_x=J_y=\frac{m}{48}(12r^2+a^2)=\frac{m}{24}(6R^2-a^2)$ pO——与正 n 边形平面垂直的转轴 a——正 n 边形边长 r——内切圆半径 R——外接圆半径
平面板	圆板 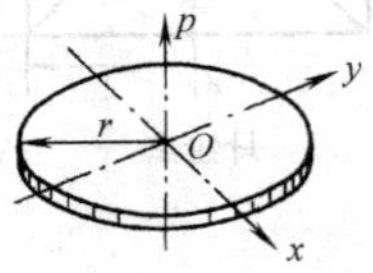 $A=\pi r^2$	$J_x=J_y=m\frac{r^2}{4}, i_x=\frac{r}{2}$ $J_{pO}=m\frac{r^2}{2}, i_{pO}=\frac{r}{\sqrt{2}}$
平面板	半圆板 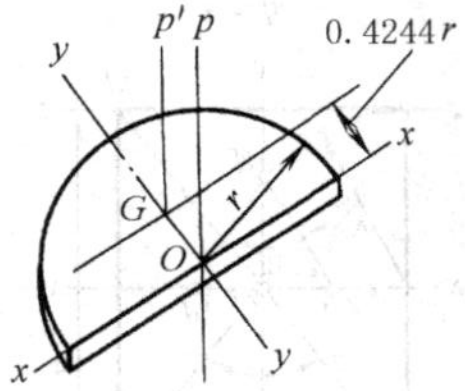 0.4244r $A=\frac{\pi}{2}r^2$	$J_x=J_y=m\frac{r^2}{4}, J_{pO}=m\frac{r^2}{2}$ $J_{p'G}=m\frac{r^2}{2}\left(1-\frac{32}{9\pi^2}\right)$ O 为圆心，G 为重心
平面板	圆环 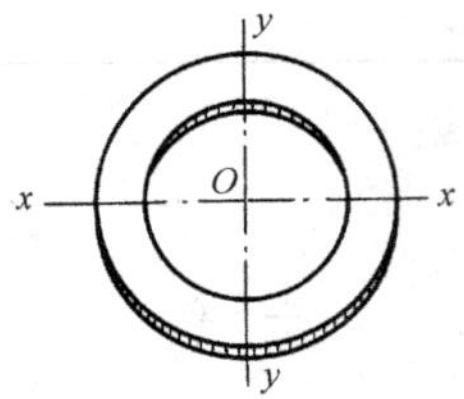 $A=\pi(R^2-r^2)$	$J_x=m\frac{R^2+r^2}{4}$ $J_{pO}=2J_x$ pO——回转轴 pO 垂直圆环平面
平面板	扇形 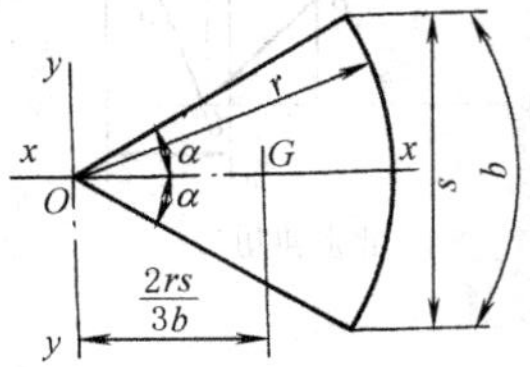 $\frac{2rs}{3b}$ $A=\alpha r^2$	$J_x=m\frac{r^2}{4}\left(1-\frac{\sin 2\alpha}{2\alpha}\right)$ $J_y=m\frac{r^2}{4}\left(1+\frac{\sin 2\alpha}{2\alpha}\right)$ $J_{pO}=m\frac{r^2}{2}$ $J_{pG}=m\frac{r^2}{2}\left(1-\frac{8s^2}{9b^2}\right)$ α——弧度 pO, pG——分别通过 O、G（重心）垂直图形平面的转轴 s——弦长 b——弧长

续表

类别	图形	公式	类别	图形	公式
平面板	弓形 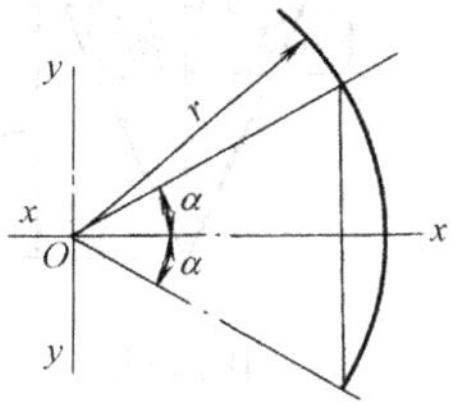 $A=\frac{1}{2}r^2(2\alpha-\sin2\alpha)$	$J_x=\frac{mr^2}{4}\left(1-\frac{1}{6}\times\frac{2\sin2\alpha-\sin4\alpha}{2\alpha-\sin2\alpha}\right)$ $J_y=\frac{mr^2}{4}\left(1+\frac{1}{2}\times\frac{2\sin2\alpha-\sin4\alpha}{2\alpha-\sin2\alpha}\right)$ $J_{pO}=\frac{mr^2}{2}\left(1+\frac{1}{6}\times\frac{2\sin2\alpha-\sin4\alpha}{2\alpha-\sin2\alpha}\right)$ α——弧度	立体形状	矩形棱柱 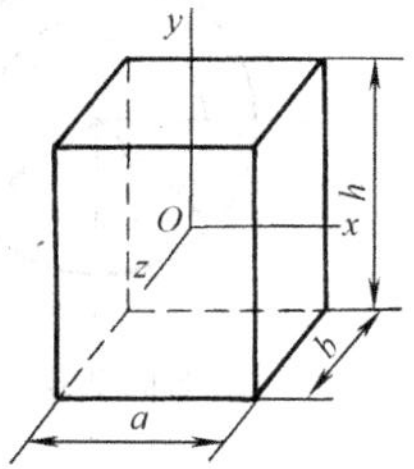	$J_x=\frac{m}{12}(b^2+h^2)$ $J_y=\frac{m}{12}(a^2+b^2)$ $J_z=\frac{m}{12}(a^2+h^2)$ 正立方体时，$a=b=h$ $J_x=J_y=J_z=\frac{ma^2}{6}$
	椭圆形 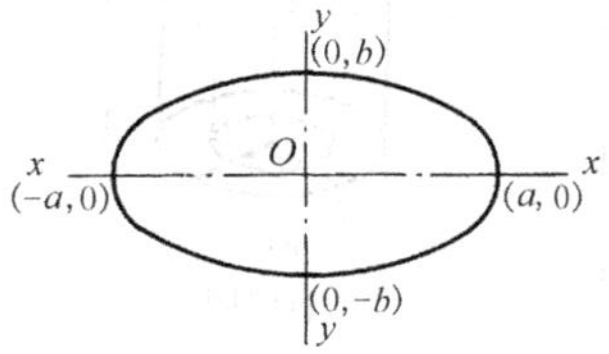 $A=\pi ab$	$J_x=m\frac{b^2}{4}, J_y=m\frac{a^2}{4}$ $J_{pO}=m\frac{a^2+b^2}{4}$		正直角锥体 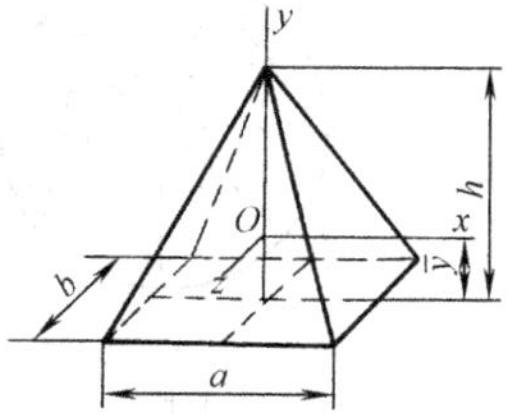 $V=\frac{1}{3}abh$	$J_x=\frac{m}{20}\left(b^2+\frac{3h^2}{4}\right)$ $J_y=\frac{m}{20}(a^2+b^2)$ $J_z=\frac{m}{20}\left(a^2+\frac{3h^2}{4}\right)$ $\bar{y}=\frac{h}{4}$
	抛物线形 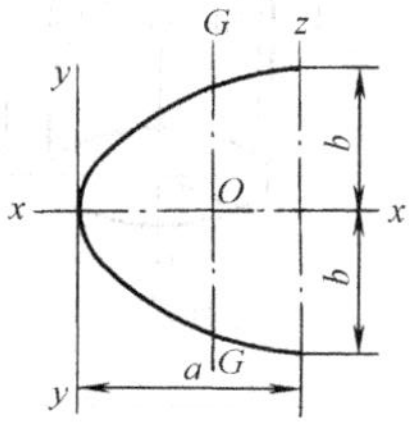	$J_x=m\frac{b^2}{5}, J_y=m\frac{3a^2}{7}$ $J_z=m\frac{8a^2}{35}, J_G=m\frac{12a^2}{175}$ 设抛物线方程为 $y^2=2px$， 则面积 $A=\frac{4}{3}\sqrt{2px^3}=\frac{4}{3}ab$		正三角柱 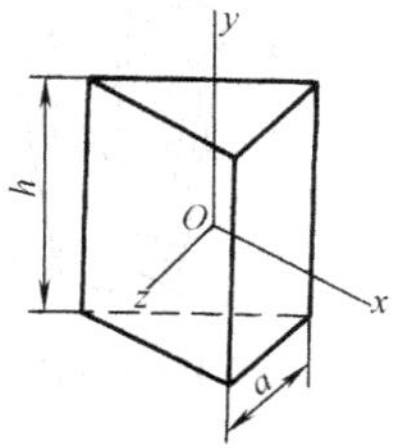 $V=\frac{\sqrt{3}}{4}a^2h$	$J_x=J_z=\frac{m}{24}(a^2+2h^2)$ $J_y=\frac{ma^2}{12}$

续表

	图形	公式		图形	公式
立体形状	圆柱体 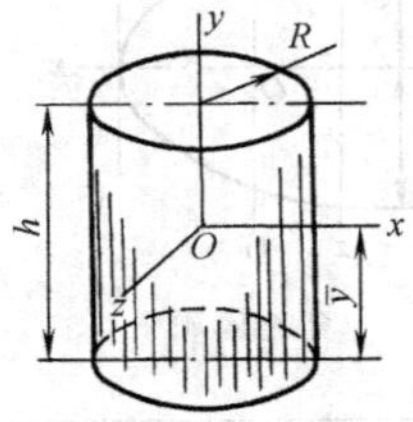 $V=\pi R^2 h$	$J_x=J_z=\frac{m}{12}(3R^2+h^2)$ $J_y=\frac{mR^2}{2},\bar{y}=\frac{h}{2}$	立体形状	截顶圆锥体 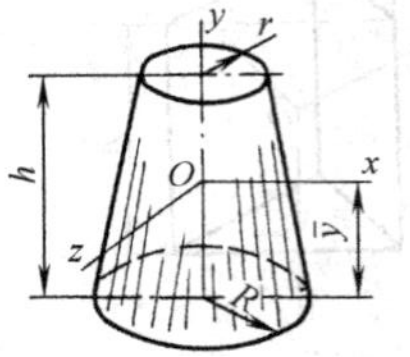 $V=\frac{1}{3}\pi h(R^2+Rr+r^2)$	$J_y=\frac{3m}{10}\left(\frac{R^5-r^5}{R^3-r^3}\right)$ $\bar{y}=\frac{h}{4}\left(\frac{R^2+2Rr+3r^2}{R^2+Rr+r^2}\right)$
	圆筒体 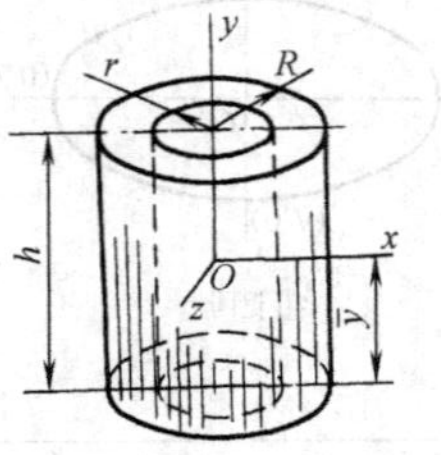 $V=\pi(R^2-r^2)h$	$J_x=J_z=\frac{m}{12}[3(R^2+r^2)+h^2]$ $J_y=\frac{m}{2}(R^2+r^2)$ $\bar{y}=\frac{h}{2}$		圆球 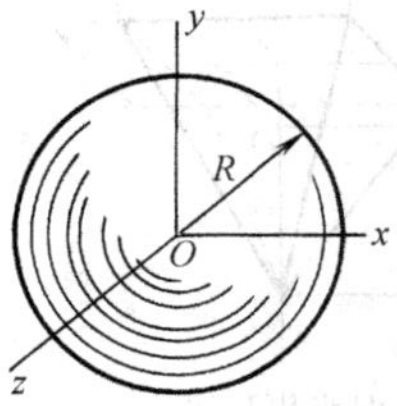 $V=\frac{4}{3}\pi R^3$	$J_x=J_y=J_z=\frac{2}{5}mR^2$
	直圆锥体 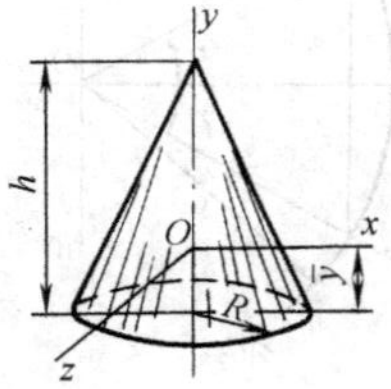 $V=\frac{1}{3}\pi R^2 h$	$J_x=J_z=\frac{3m}{20}\left(R^2+\frac{h^2}{4}\right)$ $J_y=\frac{3}{10}mR^2,\bar{y}=\frac{h}{4}$		空心圆球 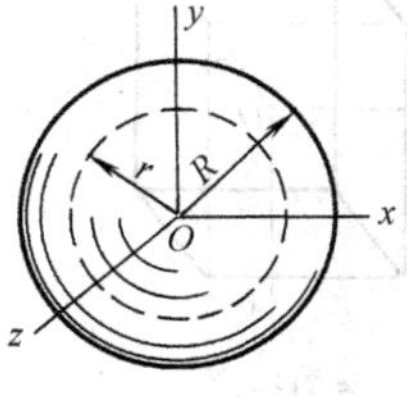 $V=\frac{4}{3}\pi(R^3-r^3)$	$J_x=J_y=J_z=\frac{2m}{5}\left(\frac{R^5-r^5}{R^3-r^3}\right)$

续表

	图形	公式		图形	公式
立体形状	半球 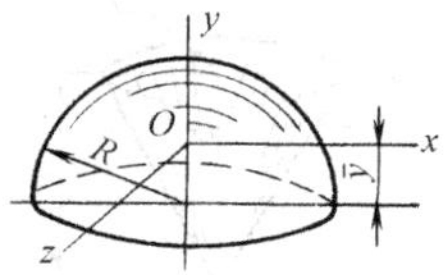 $V=\frac{2}{3}\pi R^3$	$J_x=J_z=0.26mR^2$ $J_y=\frac{2}{5}mR^2$ $\bar{y}=\frac{3}{8}R$	立体形状	球冠 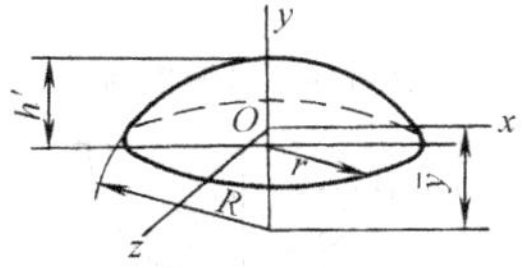 $V=\frac{\pi h^2}{3}(3R-h)$ $=\frac{\pi h}{6}(3r^2+h^2)$	$J_y=\frac{2hm}{3R-h}\left(R^2-\frac{3}{4}Rh+\frac{3}{20}h^2\right)$ $\bar{y}=\frac{3(2R-h)^2}{4(3R-h)}$
	圆环 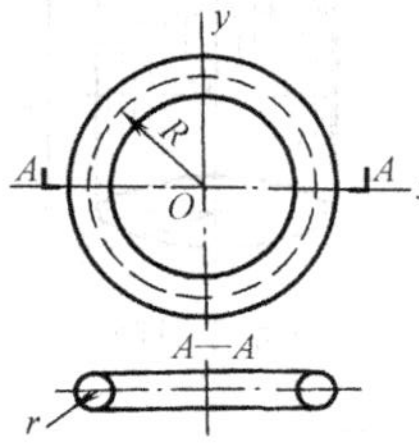 $V=2\pi^2r^2R$	$J_x=J_y=\frac{m}{8}(4R^2+5r^2)$ $J_{pO}=\frac{m}{4}(4R^2+3r^2)$ $r_{pO}=\frac{1}{2}\sqrt{4R^2+3r^2}$ r_{pO}——绕 pO 轴旋转时的惯性半径，pO 为通过 O 点垂直图形平面的轴 R——圆环中径 r——圆环截面半径		椭圆截面圆环 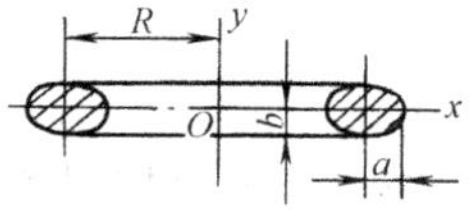 $V=2\pi^2abR$	$J_x=\frac{1}{2}m\left(R^2+\frac{3}{4}a^2+\frac{1}{2}b^2\right)$ $J_y=m\left(R^2+\frac{3}{4}a^2\right)$
	部分球体 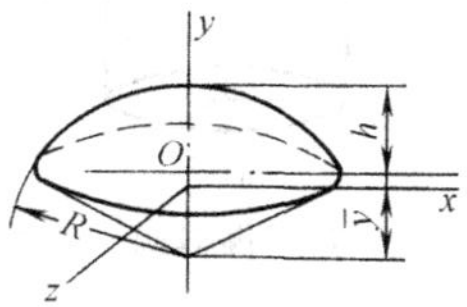 $V=\frac{2}{3}\pi R^2h$	$J_y=\frac{mh}{5}(3R-h)$ $\bar{y}=\frac{3}{8}(2R-h)$		矩形截面圆环 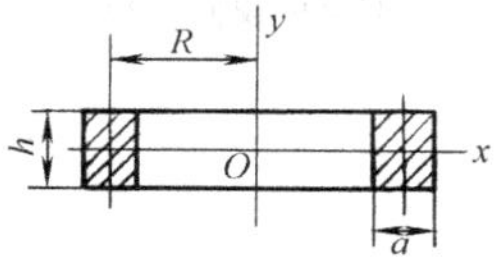 $V=2\pi Rah$	$J_x=\frac{1}{12}m\left(6R^2+\frac{3}{2}a^2+h^2\right)$ $J_y=m\left(R^2+\frac{1}{4}a^2\right)$ R——圆环中径

续表

	图形	公式
薄壳体	圆柱侧表面 侧面积 $A=2\pi Rh$	$J_x=\frac{1}{2}m\left(R^2+\frac{h^2}{6}\right)$ $J_y=mR^2$ $J_n=\frac{1}{6}m(3R^2+2h^2)$
	圆柱全表面 全面积 $A=2\pi R(R+h)$	$J_x=\frac{m}{12}\times\frac{1}{R+h}[3R^2(R+2h)+h^2(3R+h)]$ $J_y=\frac{1}{2}mR^2\frac{R+2h}{R+h}$ $J_n=\frac{m}{12}\times\frac{1}{R+h}[3R^2(R+h)+2h^2(3R+2h)]$
	圆锥侧表面 侧面积 $A=\pi R\sqrt{R^2+h^2}$	$J_x=\frac{m}{4}\left(R^2+\frac{2}{9}h^2\right)$ $J_y=\frac{1}{2}mR^2$ $J_n=\frac{m}{12}(3R^2+2h^2)$
薄壳体	截顶圆锥侧表面 侧面积 $A=\pi(R+r)\sqrt{h^2+(R-r)^2}$	$J_x=\frac{m}{4}(R^2+r^2)+\frac{m}{18}h^2\left[1+\frac{2Rr}{(R+r)^2}\right]$ $J_y=\frac{1}{2}m(R^2+r^2)$
	半球面 半球面积 $A=2\pi R^2$	$J_x=\frac{5}{12}mR^2$ $J_y=\frac{2}{3}mR^2$ $J_n=\frac{2}{3}mR^2$ 全球面 $J_y=J_n=\frac{2}{3}mR^2$

常用旋转体的转动惯量

表 1-1-84

计算通式：

$$J=\frac{KmD_e^2}{4}\quad(\mathrm{kg\cdot m^2})$$

式中 m——旋转体质量，kg

K——系数，见本表

D_e——旋转体的飞轮计算直径，m

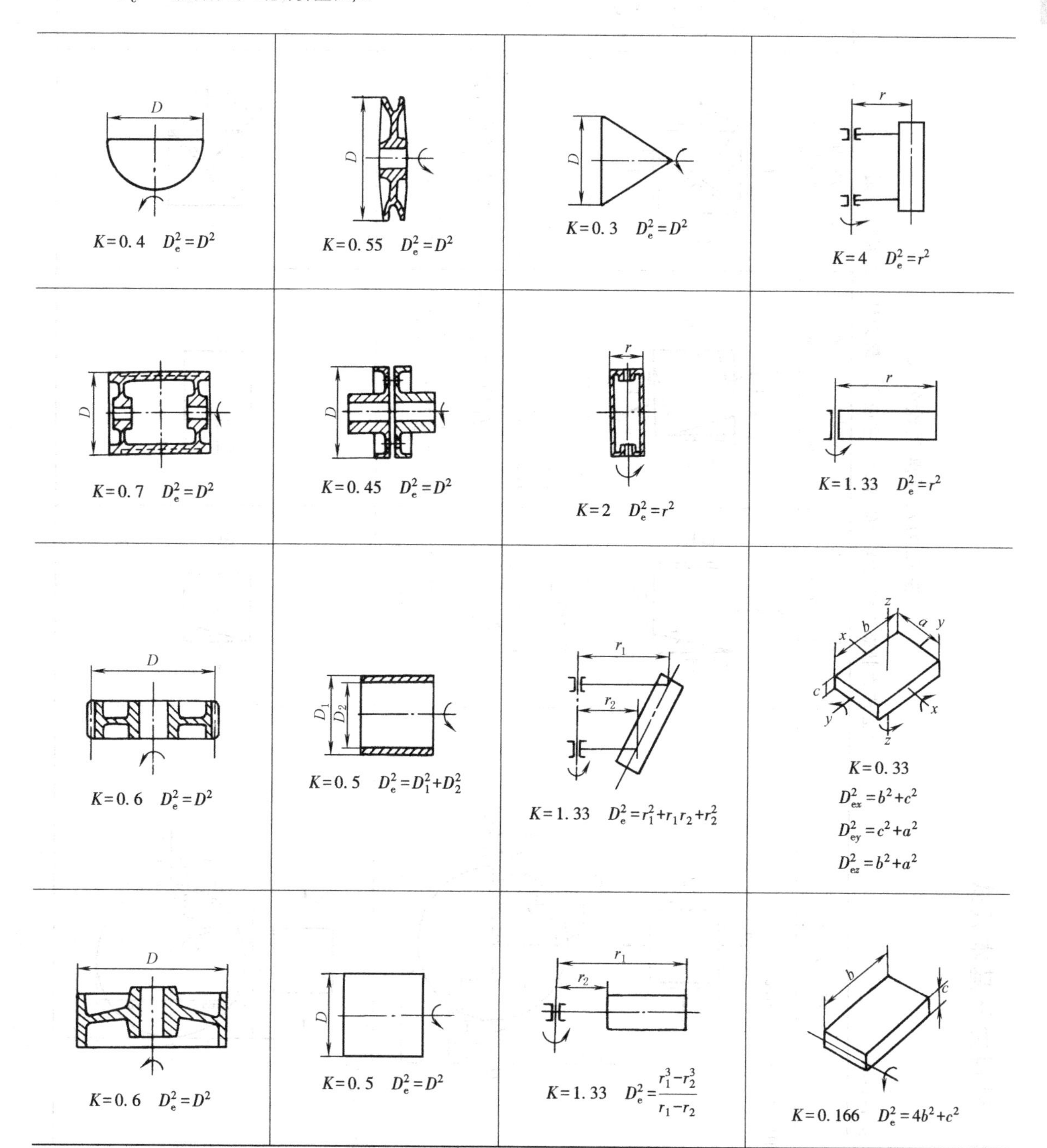

注：表中部分零件只给出主要尺寸，计算出的转动惯量是近似的。

5.2 材料力学基本公式

主应力及强度理论公式

表 1-1-85 平面应力状态下斜截面上的应力、主应力、最大切应力及应力圆

应力状态	斜截面上的应力 (σ_α、τ_α)	主应力(σ_1、σ_2、σ_3)及主方向角(α_0)	最大切应力(τ_{max})及其位置(β)	说明
两轴应力状态(一般情况) 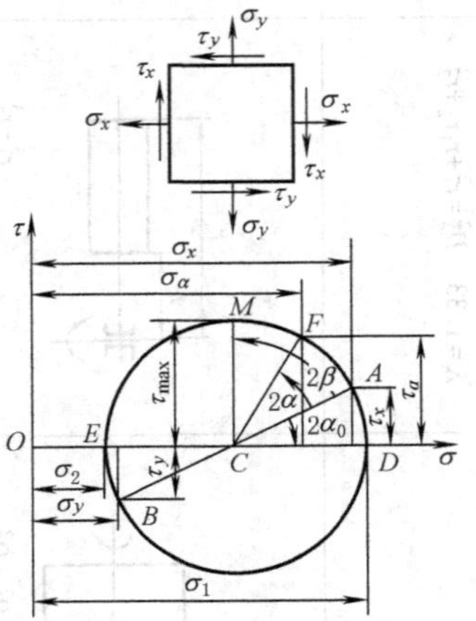	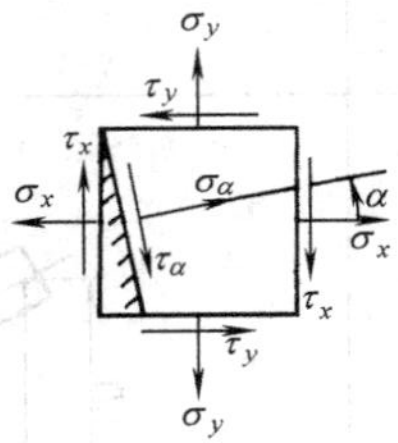 $\sigma_\alpha=\dfrac{\sigma_x+\sigma_y}{2}+\dfrac{\sigma_x-\sigma_y}{2}\cos 2\alpha-\tau_x\sin 2\alpha$ $\tau_\alpha=\dfrac{\sigma_x-\sigma_y}{2}\sin 2\alpha+\tau_x\cos 2\alpha$	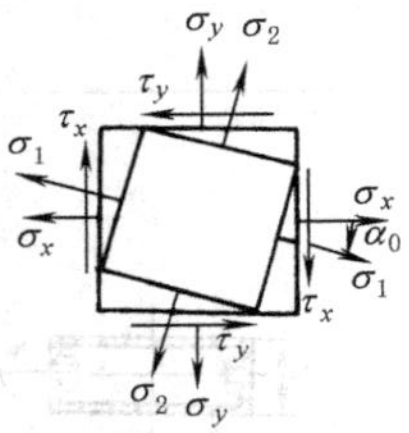 $\left.\begin{matrix}\sigma_1\\\sigma_2\end{matrix}\right\}=\dfrac{\sigma_x+\sigma_y}{2}\pm\sqrt{\left(\dfrac{\sigma_x-\sigma_y}{2}\right)^2+\tau_x^2}$ $\alpha_0=-\dfrac{1}{2}\arctan\dfrac{2\tau_x}{\sigma_x-\sigma_y}$	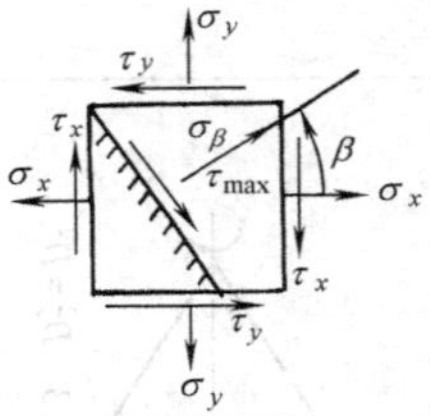 $\left.\begin{matrix}\tau_{max}\\\tau_{min}\end{matrix}\right\}=\pm\sqrt{\left(\dfrac{\sigma_x-\sigma_y}{2}\right)^2+\tau_x^2}$ $\beta=\dfrac{1}{2}\arctan\dfrac{\sigma_x-\sigma_y}{2\tau_x}$	(1)主平面——单元体上切应力为零的平面 (2)主方向角——主平面的法线方向角称为主方向角 (3)主应力——主平面上的正应力称为主应力,分别用σ_1、σ_2、σ_3表示,其大小按代数值顺序排列为$\sigma_1>\sigma_2>\sigma_3$ (4)作用于受力构件某点单元体上的受力图如下 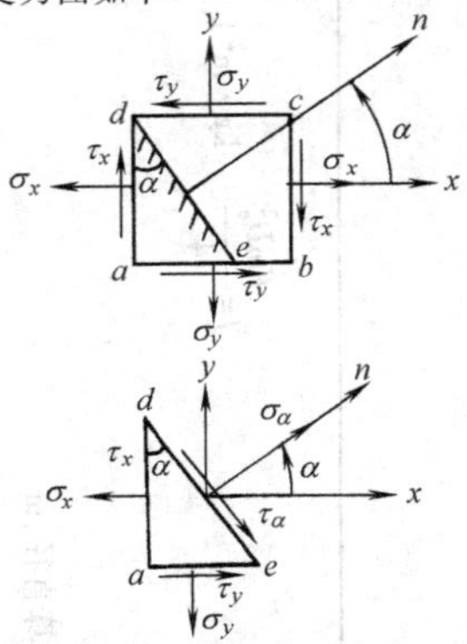 σ_x,σ_y——单元体上的正应力 τ_x——单元体上的切应力 α——斜截面de与截面ad间的夹角,其转向由x轴起量,逆时针转为正,反之为负 σ_α,τ_α——斜截面上的应力 α_0——主应力σ_1与x轴的夹角,即σ_1的方向,叫主方向 β——最大切应力τ_{max}作用面法线与x轴的夹角,即τ_{max}作用面的位置,与主平面相差±45°
单轴应力状态 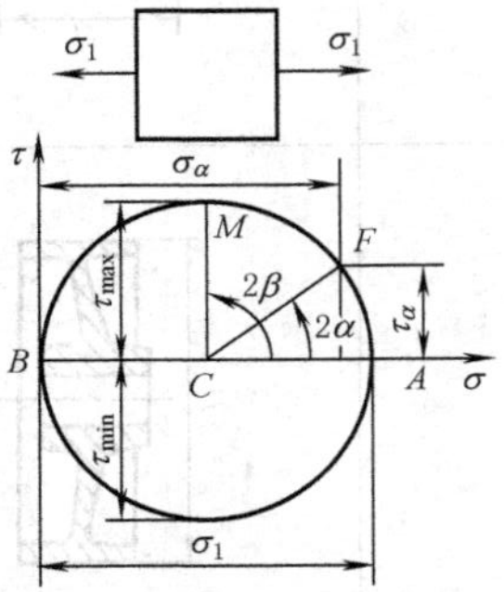	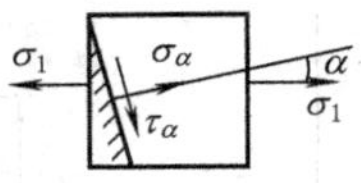	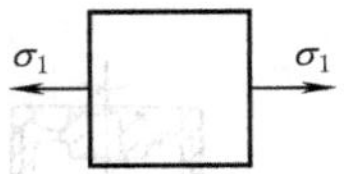	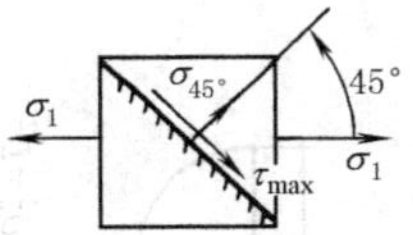	

续表

应 力 状 态	斜截面上的应力 (σ_α、τ_α)	主应力(σ_1、σ_2、σ_3) 及主方向角(α_0)	最大切应力(τ_{max}) 及其位置(β)	说 明
单轴应力状态 实例 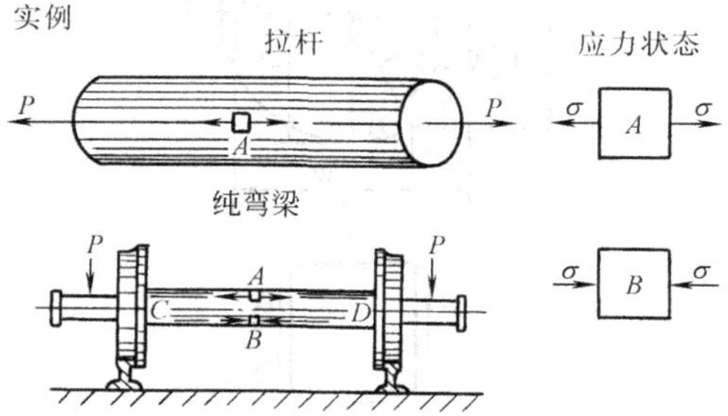 拉杆 应力状态 纯弯梁	$\sigma_\alpha=\sigma_1\cos^2\alpha$ $=\frac{1}{2}\sigma_1(1+\cos 2\alpha)$ $\tau_\alpha=\frac{1}{2}\sigma_1\sin 2\alpha$	$\sigma_1=\sigma_{max}$、$\sigma_2=\sigma_3=0$ $\alpha_0=0$	$\left.\begin{matrix}\tau_{max}\\\tau_{min}\end{matrix}\right\}=\pm\frac{1}{2}\sigma_1$ $\beta=45°$	
两轴应力状态(纯剪) 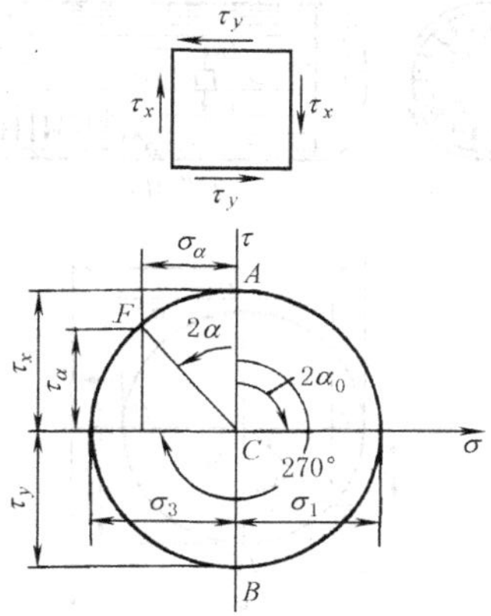	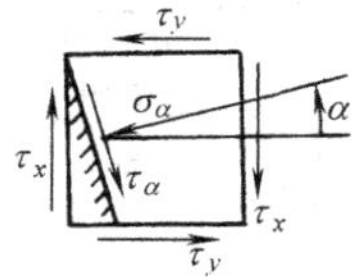	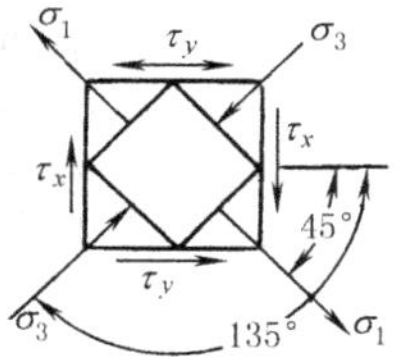	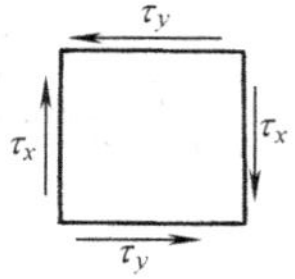	同上
实例 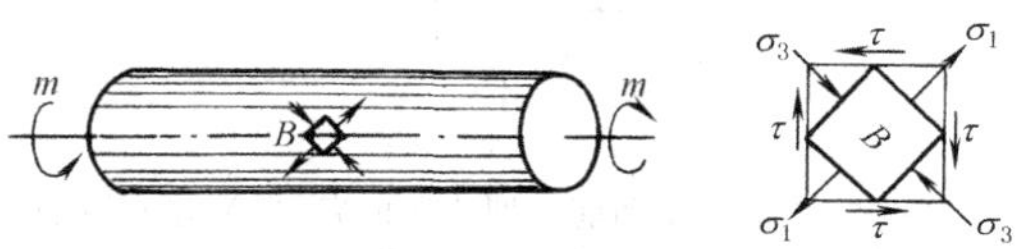 受扭杆 应力状态	$\sigma_\alpha=-\tau_x\sin 2\alpha$ $\tau_\alpha=\tau_x\cos 2\alpha$	$\sigma_1=\sigma_{max}=\tau_x$ $\sigma_2=0$ $\sigma_3=\alpha_{min}=-\tau_x$ $\alpha_0=-45°$	$\left.\begin{matrix}\tau_{max}\\\tau_{min}\end{matrix}\right\}=\pm\tau_x$ $\beta=0$	

续表

应力状态	斜截面上的应力（σ_α、τ_α）	主应力（σ_1、σ_2、σ_3）及主方向角（α_0）	最大切应力（τ_{max}）及其位置（β）	说明
两轴应力状态（已知主平面上的应力），设 $\sigma_1>\sigma_2$ 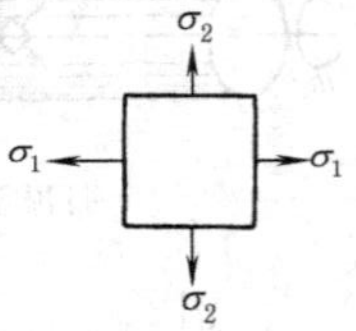 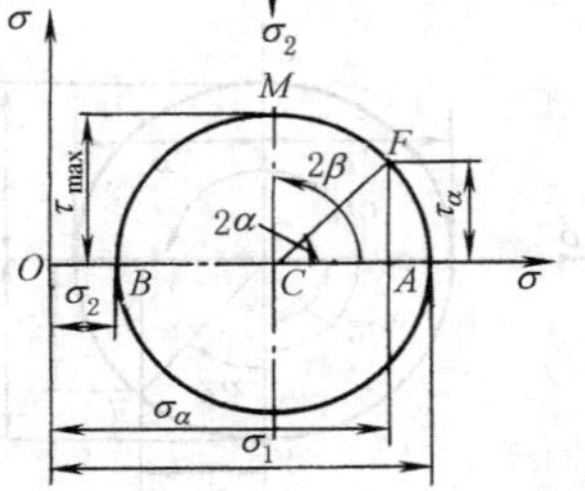 σ_2 σ_1 σ_1 σ_2 σ M F 2β τ_{max} τ_α 2α O σ_2 B C A σ σ_α σ_1	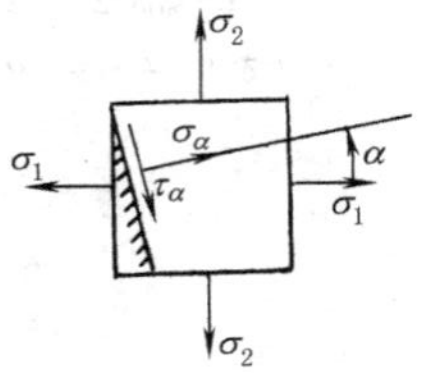 σ_2 σ_α α σ_1 τ_α σ_1 σ_2	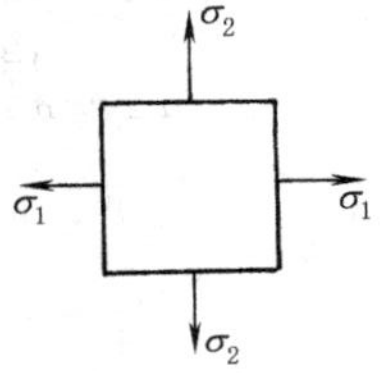 σ_2 σ_1 σ_1 σ_2	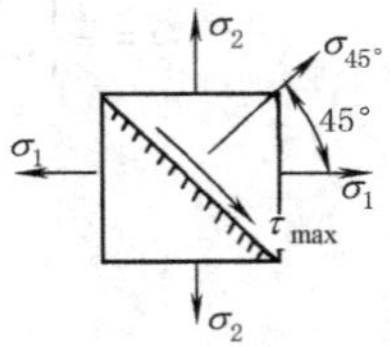 σ_2 $\sigma_{45°}$ $45°$ σ_1 σ_1 τ_{max} σ_2	
实例 高压锅炉 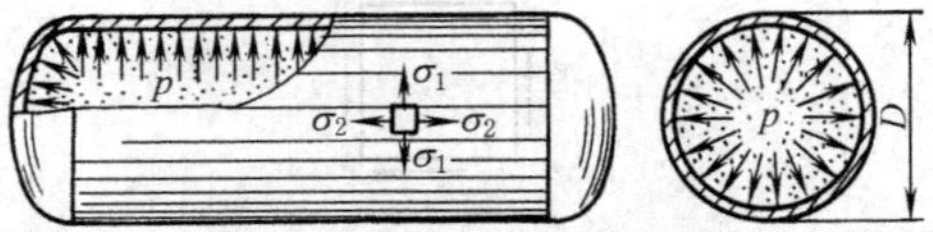 p σ_1 σ_2 σ_2 σ_1 p D	$\sigma_\alpha=\frac{\sigma_1+\sigma_2}{2}+\frac{\sigma_1-\sigma_2}{2}\cos 2\alpha$ $\tau_\alpha=\frac{\sigma_1-\sigma_2}{2}\sin 2\alpha$	$\sigma_1=\sigma_{max}$ $\sigma_2\neq 0$ $\sigma_3=0$ $\alpha_0=0$	$\left.\begin{matrix}\tau_{max}\\ \tau_{min}\end{matrix}\right\}=\pm\frac{\sigma_1-\sigma_2}{2}$ $\beta=45°$	同上
两轴应力状态［轴向拉（压）与纯剪切的合成］ 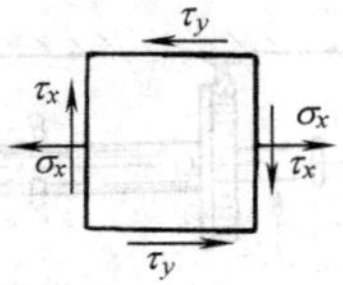 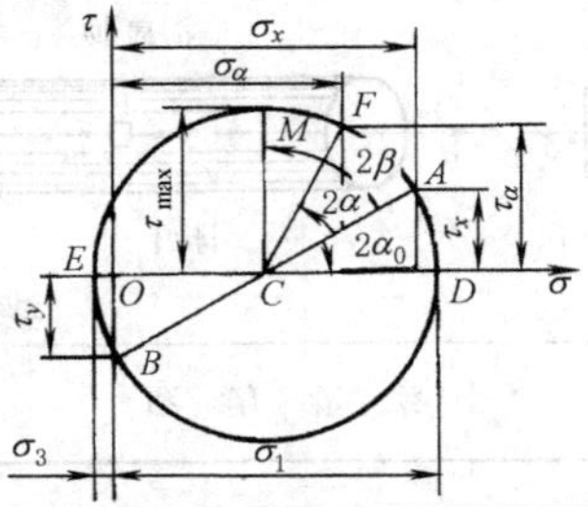 τ_y τ_x σ_x σ_x τ_x τ_y τ σ_x σ_α F M 2β A 2α $2\alpha_0$ τ_{max} τ_x τ_α E O C D σ τ_x B σ_3 σ_1	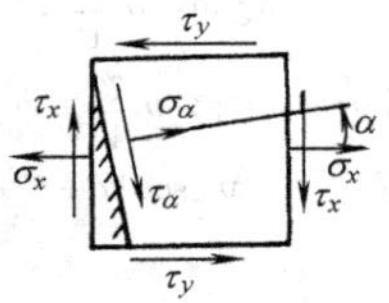 τ_y τ_x σ_α α σ_x σ_x τ_α τ_x τ_y	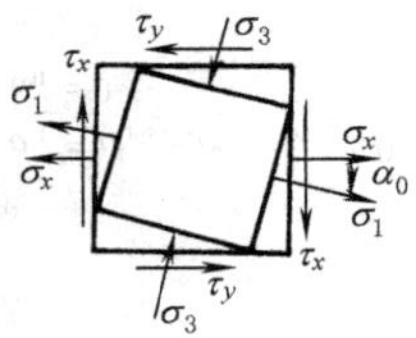 τ_y σ_3 τ_x σ_1 σ_x σ_x α_0 σ_1 τ_x τ_y σ_3	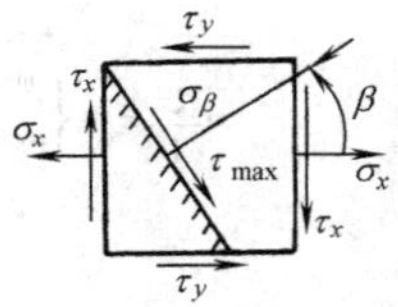 τ_y τ_x σ_β β σ_x τ_{max} σ_x τ_x τ_y	

续表

应力状态	斜截面上的应力 (σ_α、τ_α)	主应力(σ_1、σ_2、σ_3)及主方向角(α_0)	最大切应力(τ_{max})及其位置(β)	说明
两轴应力状态[轴向拉(压)与纯剪切的合成] 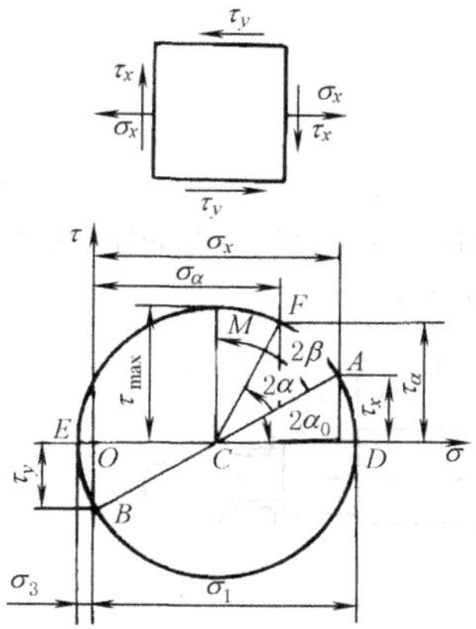	$\sigma_\alpha=\frac{\sigma_x}{2}+\frac{\sigma_x}{2}\cos 2\alpha-\tau_x\sin 2\alpha$ $\tau_\alpha=\frac{\sigma_x}{2}\sin 2\alpha+\tau_x\cos 2\alpha$	$\left.\begin{matrix}\sigma_1=\sigma_{max}\\ \sigma_3=\sigma_{min}\end{matrix}\right\}=\frac{\sigma_x}{2}\pm\sqrt{\left(\frac{\sigma_x}{2}\right)^2+\tau_x^2}$ $\sigma_2=0$ $\alpha_0=-\frac{1}{2}\arctan\frac{2\tau_x}{\sigma_x}$	$\left.\begin{matrix}\tau_{max}\\ \tau_{min}\end{matrix}\right\}=\pm\sqrt{\left(\frac{\sigma_x}{2}\right)^2+\tau_x^2}$ $\beta=\frac{1}{2}\arctan\frac{\sigma_x}{2\tau_x}$	同上
平面应力状态单元体 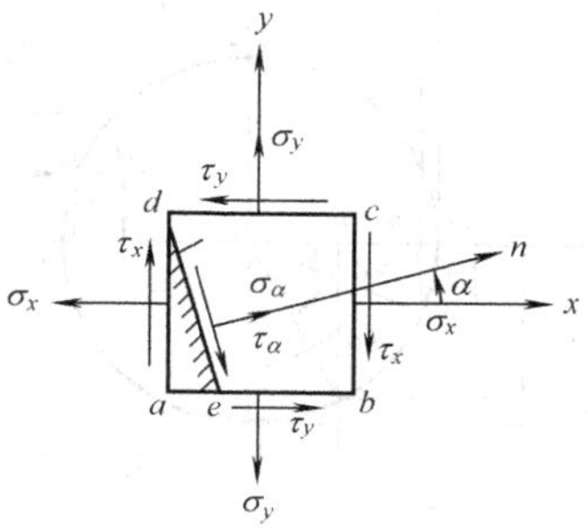	应力圆的定义： 将 σ_α 及 τ_α 式中参变量 2α 消去，可得到以 σ_α 及 τ_α 为变量的圆方程 $\left(\sigma_\alpha-\frac{\sigma_x+\sigma_y}{2}\right)^2+\tau_\alpha^2=\left(\sqrt{\left(\frac{\sigma_x-\sigma_y}{2}\right)^2+\tau_x^2}\right)^2$ 在 σ-τ 坐标系中，以坐标 $\left(\frac{\sigma_x+\sigma_y}{2},0\right)$ 为圆心，以 $R=\sqrt{\left(\frac{\sigma_x-\sigma_y}{2}\right)^2+\tau_x^2}$ 为半径作圆即为应力圆。当已知单元体上所受应力 σ_x、σ_y、τ_x、τ_y 时，则此两轴应力状态下任意斜面上的应力可由此应力圆上对应点的坐标求得		应力圆性质： (1)应力圆上任一点的坐标值必对应于单元体某一截面上的应力，如应力圆上的 F 点对应于单元体 de 面上的应力 σ_α、τ_α (2)应力圆上任意两点所夹的圆心角 2α，对应于单元体上与该两点相对应截面外法线的夹角 α，它们转向相同，大小差两倍 (3)应力圆上的起量基点与单元体上的起量基面相对应，如应力圆上 A 点(σ_x、τ_x)为起量基点，则单元体上与 A 点相对应的截面 bc 为起量基面	

续表

应力状态	斜截面上的应力 (σ_α、τ_α)	主应力(σ_1、σ_2、σ_3) 及主方向角(α_0)	最大切应力($\tau_{\max}$) 及其位置(β)	说明
单元体应力圆	应力圆画法： (1)取直角坐标系，σ 为横轴，τ 为纵轴 (2)根据单元体 $abcd$ 已知应力(σ_x、τ_x)及(σ_y、τ_y)按一定比例尺，定出 A、B 两点，注意应力正负应与坐标轴正负向一致 (3)连 A、B 两点的直线交 σ 轴于 C 点，以 C 为圆心，CA 为半径作圆，此圆即为单元体的应力圆		如：由应力圆上量得斜截面上的应力为 $\sigma_\alpha=OG$，$\tau_\alpha=FG$。主应力 $\sigma_1=OD$，$\sigma_2=OE$，主方向 $\alpha_0=\frac{1}{2}\angle ACD$。最大、最小切应力为 $\tau_{\max}=CM$，$\tau_{\min}=CN$，其作用面位置为 $\beta=\frac{1}{2}\angle ACM$	

注：1. 表中各式所表示的应力都设为正，若按表所列公式算出的某应力值或偏转角为负，则其方向与图中表示的方向相反。

2. 应用举例（图 1-1-3）某设备主轴，已知在 S-S 截面上由额定转矩 M_t 引起的切应力 $\tau=1650\text{N/cm}^2$，主轴自重引起的弯曲正应力 $\sigma=2500\text{N/cm}^2$，求 S-S 截面上危险点 C 的主应力及最大切应力。并进行强度校核。

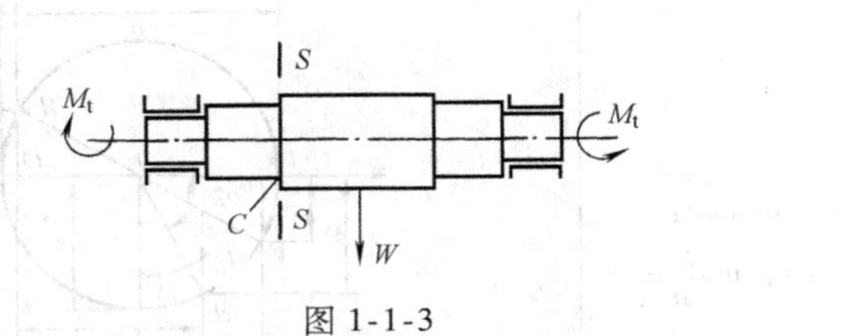

图 1-1-3

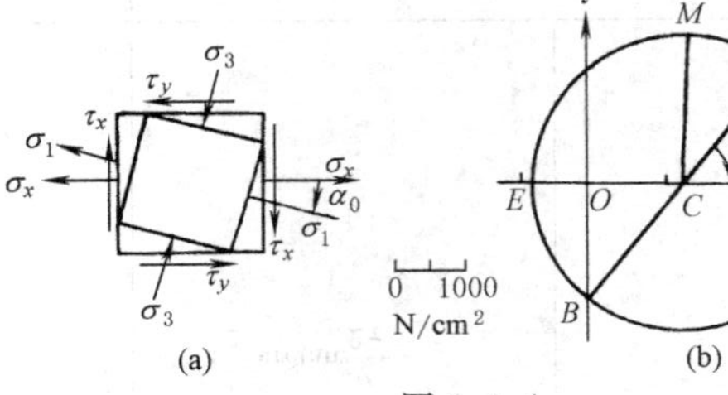

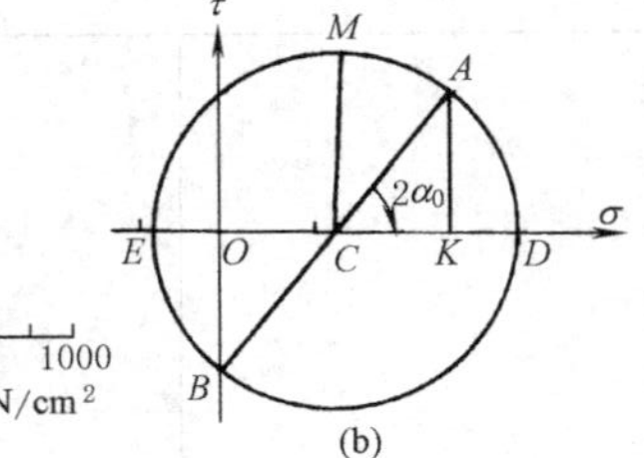

图 1-1-4

解　在危险点 C 取单元体，其上作用有切应力 $\tau_x=1650\text{N/cm}^2$，正应力 $\sigma_x=2500\text{N/cm}^2$，见图 1-1-4a，是弯扭组合的两轴应力状态。

（1）解析法：

$$\left.\begin{matrix}\sigma_1\\ \sigma_3\end{matrix}\right\}=\frac{\sigma_x}{2}\pm\sqrt{\left(\frac{\sigma_x}{2}\right)^2+\tau_x^2}=\frac{2500}{2}\pm\sqrt{\left(\frac{2500}{2}\right)^2+1650^2}=\left\{\begin{matrix}3320\\ -820\end{matrix}\right.\text{N/cm}^2$$

$$\alpha_0=-\frac{1}{2}\arctan\frac{2\tau_x}{\sigma_x}=-\frac{1}{2}\arctan\frac{2\times1650}{2500}=-26.4°$$

$$\tau_{\max}=\sqrt{\left(\frac{\sigma_x}{2}\right)^2+\tau_x^2}=\sqrt{\left(\frac{2500}{2}\right)^2+1650^2}=2070\text{N/cm}^2$$

求出最大主应力和最大切应力后，可按第三强度理论进行强度校核 $\sigma_{Ⅲ}=\sqrt{\sigma^2+4\tau^2}\leqslant\sigma_p$（许用应力）

（2）图解法：作 σ-τ 坐标，选取一定的比例尺，取 $OK=\sigma_x=2500\text{N/cm}^2$，$AK=\tau_x=1650\text{N/cm}^2$ 得 A 点，因 $\sigma_y=0$，取 $OB=\tau_y=-1650\text{N/cm}^2$ 得 B 点，连接 AB 交 σ 轴于 C 点，以 C 点为圆心、CA 为半径作圆，此圆即为所取单元体的应力圆，见图 1-1-4b，从应力圆上可以按比例尺直接量得：

$\sigma_1=OD=3320\text{N/cm}^2$，$\sigma_2=0$，$\sigma_3=OE=-820\text{N/cm}^2$，$2\alpha_0=\angle ACD=-52.8°$，$\alpha_0=-26.4°$，$\tau_{\max}=CM=2070\text{N/cm}^2$。

表 1-1-86 强度理论及其应用范围

<table>
<tr><th colspan="2" rowspan="2">材料</th><th rowspan="2">塑性材料（低碳钢、非淬硬中碳钢、退火球墨铸铁、铜、铝等）</th><th rowspan="2">极脆材料（淬硬工具钢、陶瓷等）</th><th colspan="2">拉伸与压缩强度极限不等的脆性材料（如铸铁、石料、混凝土）或低塑性材料（如淬硬高强度钢）</th><th rowspan="2">说明及符号意义</th></tr>
<tr><th>精确计算</th><th>简化计算</th></tr>
<tr><td>单轴应力状态</td><td>简单拉伸</td><td rowspan="5">第三强度理论（最大切应力理论）：最大切应力是造成材料屈服破坏的原因
破坏条件：$\tau_{max}=\frac{\sigma_1-\sigma_3}{2}=\frac{\sigma_s}{S}$
强度条件：$\sigma_{Ⅲ}=\sigma_1-\sigma_3\leqslant\sigma_p=\frac{\sigma_s}{S}$
（σ_s——屈服点，下同）
或
第四强度理论（形状改变比能[①]理论），形状改变比能是引起材料屈服破坏的原因
破坏条件：
$\sqrt{\frac{1}{2}[(\sigma_1-\sigma_2)^2+(\sigma_2-\sigma_3)^2+(\sigma_3-\sigma_1)^2]}=\sigma_s$
强度条件：
$\sigma_{Ⅳ}=\sqrt{\frac{1}{2}[(\sigma_1-\sigma_2)^2+(\sigma_2-\sigma_3)^2+(\sigma_3-\sigma_1)^2]}\leqslant\sigma_p=\frac{\sigma_s}{S}$</td><td rowspan="5">第一强度理论（最大拉应力理论），最大拉应力引起材料正断（脆性断裂）破坏的原因
破坏条件：
$\sigma_1=\sigma_b$
强度条件：
$\sigma_Ⅰ=\sigma_1\leqslant\sigma_p=\frac{\sigma_b}{S}$
（σ_b——抗拉强度，下同）</td><td rowspan="5">莫尔强度理论（修正后的第三强度理论）
破坏条件：
$\sigma_1-\upsilon\sigma_3=\sigma_b$
强度条件：
$\sigma_M=\sigma_1-\upsilon\sigma_3\leqslant\sigma_p=\frac{\sigma_b}{S}$</td><td rowspan="4">第一强度理论，用于脆性材料的正断破坏（即压应力的绝对值小于拉应力）</td><td rowspan="8">（1）各强度理论仅限于讨论常温和静载荷时的情况，同时是针对多向同性材料而言的
（2）各强度理论仅适用于各向同性的材料
（3）σ_1、σ_2、σ_3 为三个互相垂直的主平面内的三向主应力，按其代数值规定 $\sigma_1>\sigma_2>\sigma_3$
（4）μ 为材料的泊松比
（5）$\upsilon=\frac{\sigma_b}{\sigma_c}$ 即 $\frac{拉伸强度极限}{压缩强度极限}$
（6）σ_1、$\sigma_{Ⅱ}$、$\sigma_{Ⅲ}$、$\sigma_{Ⅳ}$ 及 σ_M 分别为相应强度理论时的相当应力
（7）表中 σ_p 为许用应力，S 为安全系数，详见下一节
（8）对脆性材料通常采用第一强度理论。对塑性材料通常采用第四强度理论较为经济，但第三强度理论比较简单，应用方便，偏于安全
（9）纯剪时（$\sigma_1=\tau$，$\sigma_2=0$，$\sigma_3=-\tau$）的许用剪应力 τ_p 如下：
脆性材料时，由第一强度理论 $\tau_p=\sigma_p$；由第二强度理论 $\tau_p=\frac{1}{1+\mu}\sigma_p=(0.7\sim0.8)\sigma_p$
塑性材料时，由第三强度理论 $\tau_p=0.5\sigma_p$；由第四强度理论 $\tau_p=\frac{1}{\sqrt{3}}\sigma_p=0.577\sigma_p$</td></tr>
<tr><td rowspan="5">两轴应力状态</td><td>两轴拉伸应力（如薄壁压力容顺）</td></tr>
<tr><td>一轴向拉伸、一轴向压缩、其中拉应力较大（如拉伸和扭转或弯曲和扭转等联合作用）</td></tr>
<tr><td>拉伸、压缩应力相等（如圆轴扭转）</td></tr>
<tr><td>一轴向拉伸、一轴向压缩、其中拉应力较大（如压缩和扭转等联合作用）</td><td>近似用第二强度理论（最大伸长线变形理论）
最大伸长线变形 ε_{max} 是引起材料正断破坏的原因
破坏条件
$\varepsilon_1=\frac{1}{E}[\sigma_1-\mu(\sigma_2+\sigma_3)]=\frac{\sigma_b}{E}$
强度条件：
$\sigma_{Ⅱ}=\sigma_1-\mu(\sigma_2+\sigma_3)\leqslant\sigma_p=\frac{\sigma_b}{S}$</td></tr>
<tr><td>两轴压缩应力（如压配合的被包容件的受力情况）</td><td colspan="4">第三强度理论或第四强度理论</td></tr>
<tr><td rowspan="2">三轴应力状态</td><td>三轴拉伸应力（如拉伸具有能产生应力集中的尖锐沟槽的杆件）</td><td colspan="4">第一强度理论</td></tr>
<tr><td>三轴压缩应力（点接触或线接触的接触应力）</td><td colspan="4">第三强度理论或第四强度理论</td></tr>
</table>

① 比能指单位体积的弹性变形能。

许用应力与安全系数

对于标准的和专用的机械零部件，其许用应力与安全系数常常有比较成熟的推荐值。但对于非标准的或特殊的，或对其体积或尺寸无严格限制的机械零部件，其许用应力 σ_p 与安全系数 S 常需要设计者自己选取。

工作应力 σ_c 与许用应力 σ_p 的一般关系式为

$$\sigma_c \leqslant \sigma_p$$

工作应力 $$\sigma_c = K_w \sigma$$

许用应力 $$\sigma_p = \sigma_{lim}/S$$

式中，K_w 为载荷系数；σ_{lim} 为材料强度的极限值。式中各 σ 的涵义应是广义的，也包括各相应 τ 的涵义。

对于塑性材料 $\sigma_{lim} = \sigma_s$（强度计算）

$\sigma_{lim} = \sigma_{-1}$（疲劳计算）

对于脆性材料 $\sigma_{lim} = \sigma_b$

由于 σ 为与计算中所引用的名义载荷 F 对应的名义应力，σ_c 是与在工作中所存在的实际工作载荷 F_c 对应的工作应力，因此，也就有

$$K_w = F_c/F$$

载荷系数 K_w 与工作载荷的类型或机器的受载状态有关。当有动态过载的危险时，要用经常反复的最大载荷（名义载荷加静态附加力和动态附加力）作为 F_c。当有静态过载的危险时，要用按最不利的条件计算的最大的总力作为 F_c，即使这个力只发生一次。

K_w 的精确值只能通过对在已经做好的或与之类似的构件上的载荷或应力的测量得到。如果没有精确确定的 K_w 值，则可用表 1-1-87 的推荐值，也可参考表 1-1-88 的值。

表 1-1-87　　载荷系数 K_w 的推荐值

机器名称	空载启动	带载平稳启动	带载快速启动	启动后由摩擦离合器加载	启动后冲击加载
小型离心风机，车床，钻床，发电机，带式运输机等	1.2~1.3	—	—	1.2~1.4	—
轻型传动，片式运输机，铣床，自动机床，泵等	1.3~1.5	—	—	1.3~1.5	—
摩擦传动的卷扬机，绞盘，刨床及插床，刮板运输机，纺织机械，汽车等	1.3~1.5	1.4~1.6	1.5~1.7	1.4~1.6	1.8~2.5
曲柄压力机，球磨机，螺旋压力机，剪床，碾泥机，立式车床等	1.4~1.8	1.7~1.9	1.8~2.0	1.7~1.9	2.0~2.2
挖土机，起重机的起重机构等	—	1.1~1.25	1.2~1.3	—	1.3~2.0
起重机的水平移动机构	—	1.6~1.9	1.8~3.0	—	—
电车，电气列车，电动小车，翻车机等	—	1.6~1.9	1.8~2.5	—	2.0~2.5
碎石机，空气锤，推钢机等	—	2.0~2.2	2.0~2.6	—	2.5~3.5
有曲柄连杆机构或偏心机构的机械，从动部分有大质量及高速的由链传动带动的机械	1.3~1.9	1.5~2.2	1.8~2.5	1.5~2.2	2.0~3.0

表 1-1-88　　载荷系数 K_w 的概略值

机器类型举例	K_w	机器类型举例	K_w
旋转机械（蒸汽透平与水力透平），电动机	1.0~1.1	锻压机，切边机，冲孔机，碾碎机	1.6~2.0
活塞式机械，刨床，插床，起吊装置	1.2~1.5	机械锤，轧机，碎石机	2~3

材料强度的极限值 σ_{lim} 要根据材料是塑性材料还是脆性材料，载荷是静载荷还是变载荷（脉动或交变），载荷是拉伸、扭转、弯曲载荷还是复合载荷，构件是否在高温下工作等而分别用屈服极限、扭转屈服极限、弯曲屈服极限、有应力集中时的弯曲屈服极限、强度极限、疲劳极限、蠕变极限等代入。

由于目前在手册中只给出材料的屈服极限与强度极限，只有少数材料有一些疲劳曲线，故在缺少资料的情况下，弯曲屈服极限与扭转屈服极限可由下式近似求得。

弯曲屈服极限 σ_{bs} 与屈服极限 σ_s 之间的关系为

$$\sigma_{bs}=k_b\sigma_s \text{（}\sigma_s \text{ 单位为 MPa）}$$

弯曲支承系数 k_b 由下式求得：

对于圆杆 $$k_b=1+0.53(300/\sigma_s)^{0.25}$$

对于扁杆 $$k_b=1+0.37(300/\sigma_s)^{0.25}$$

扭转屈服极限也可用此式。

当有应力集中时，弯曲屈服极限 σ_{bs} 和扭转屈服极限 τ_{ts} 与屈服极限 σ_s 之间的关系为

$$\sigma_{bs} \text{或} \tau_{ts}=k_{b,t}\sigma_s/\alpha_k$$

式中的支承系数 $k_{b,t}$ 由下式求得：

$$k_{b,t}=1+0.75(c\alpha_k-1)(300/\sigma_s)^{0.25}$$

对于受弯曲的圆杆，$c=1.7$；对于受弯曲的扁杆，$c=1.5$；对于受扭转的圆杆，$c=1.3$。

形状系数 α_k 由表 1-1-89 确定。

表 1-1-89　按公式 $\alpha_k=A+B(X-C)$ 求得的形状系数（式中 $X=\sqrt{d/r}$）

	有圆形沟槽的轴			有台阶的轴		
对于	拉伸	弯曲	扭转	拉伸	弯曲	扭转
A	1.140	1.154	1.070	1.080	0.780	0.950
C	0.830	0.980	0.940	0.770	0	0.30
			B			
d/D 0.2	0.7201	0.5461	0.2767	0.4884	0.3689	0.1983
0.4	0.6880	0.5315	0.2691	0.4579	0.3562	0.1895
0.6	0.6340	0.5055	0.2557	0.4107	0.3346	0.1747
0.8	0.5255	0.4451	0.2246	0.3254	0.2885	0.1452
0.9	0.4105	0.3687	0.1855	0.2452	0.2359	0.1137
0.95	0.3052	0.2873	0.1442	0.1783	0.1840	0.0847
0.98	0.1960	0.1914	0.0958	0.1127	0.1215	0.0538

注：$r=(D-d)/2$。

σ_{bs} 与 τ_{ts} 也可由表 1-1-90 查得。

钢、灰铸铁与轻金属的平均疲劳极限与屈服极限 σ_s 或强度极限 σ_b 之间的关系可由表 1-1-90 求得。

表 1-1-90　钢、灰铸铁与轻金属的平均疲劳极限

材料	拉伸		弯曲			扭转		
	对称 σ_{-1t}	脉动 σ_{ot}	对称 σ_{-1}	脉动 σ_o	屈服极限 σ_{bs}	对称 τ_{-1}	脉动 τ_o	屈服极限 τ_{ts}
结构钢	$0.45\sigma_b$	$1.3\sigma_{-1t}$	$0.49\sigma_b$	$1.5\sigma_{-1}$	$1.5\sigma_s$	$0.35\sigma_b$	$1.1\tau_{-1}$	$0.7\sigma_s$
调质钢	$0.41\sigma_b$	$1.7\sigma_{-1t}$	$0.44\sigma_b$	$1.7\sigma_{-1}$	$1.4\sigma_s$	$0.30\sigma_b$	$1.6\tau_{-1}$	$0.7\sigma_s$
渗碳钢	$0.40\sigma_b$	$1.6\sigma_{-1t}$	$0.41\sigma_b$	$1.7\sigma_{-1}$	$1.4\sigma_s$	$0.30\sigma_b$	$1.4\tau_{-1}$	$0.7\sigma_s$
灰铸铁	$0.25\sigma_b$	$1.6\sigma_{-1t}$	$0.37\sigma_b$	$1.8\sigma_{-1}$	—	$0.36\sigma_b$	$1.6\tau_{-1}$	
轻金属	$0.30\sigma_b$	—	$0.4\sigma_b$	—	—	$0.25\sigma_b$	—	

安全系数 S 应当综合载荷确定的准确程度、材料性能数据的可靠性、所用计算方法的合理性、加工装配精度以及所设计的零部件的重要性等来确定。各行业都有一些凭经验的安全系数，但都偏于保守。

有一种相当流行的部分系数法，它将各个对安全系数有影响的因素分别用一个分系数 S_1、S_2、…表示，这些分系数的乘积即为安全系数：

$$S=S_1S_2S_3S_4\cdots$$

表 1-1-91 为各个分系数的例子及其推荐值。

实际上，这些分系数相互之间有一定的联系，即某个分系数取小值时，另一分系数可能要取大值。同时，对这些分系数的选择或对各影响因素的评估常带有主观性，即一般取大值或中间值。因此，如果取值不当，各个分系数的乘积就可能会很大，从而导致零件尺寸过大。通常，所考虑的因素越多，安全系数值越大。

表 1-1-91　　部分系数法求安全系数时各分系数的推荐值

项　　目	系数	具　体　条　件	推荐值
考虑零部件重要程度	S_1	零部件的破坏不会引起停车 零部件的破坏会引起停车 零部件的破坏会造成事故	1.0 1.1~1.2 1.2~1.3
考虑计算载荷及应力公式的准确性	S_2	计算公式准确，所有作用力及应力已知 计算所得应力比实际应力高 计算应力比实际应力低	1.0 1.0 1.05~1.65
抗拉强度(拉伸强度)极限与其他失效形式强度极限之间的关系	S_3	静载荷　塑性材料 $S_3=\dfrac{抗拉强度极限}{屈服点}$ 静载荷　脆性材料 $S_3=\dfrac{抗拉强度极限}{所考虑的强度极限}$ 循环变载荷　$S_3=\dfrac{抗拉强度极限}{疲劳极限}$	$\dfrac{\sigma_b}{\sigma_s}$ $\dfrac{\sigma_b}{\sigma_{lim}}$ $\dfrac{\sigma_b}{\sigma_{-1}}$
考虑应力集中	S_4	用有效应力集中系数 K_σ，$K_\sigma=\dfrac{光滑试样极限载荷}{缺口试样极限载荷}$	K_σ
考虑截面尺寸增大	S_5	由尺寸系数 ε 求得 $\varepsilon=\dfrac{直径为\,d\,的试样的疲劳极限(\sigma_{-1})_d}{直径为\,d_0\,的标准试样的疲劳极限(\sigma_{-1})_{d_0}}$	$1/\varepsilon$
考虑表面加工情况	S_6	由表面系数 β 求得 $\beta=\dfrac{某种表面加工状态的试样的疲劳极限(\sigma_{-1})_\beta}{磨削试样的疲劳极限\,\sigma_{-1}}$	$1/\beta$
检验质量的系数	S_7	成批产品抽样试验 每一个零部件都检验	1.15~1.30 1.05~1.15

因此，目前比较简单的方法是只取三个部分系数，即

$$S=S_1S_2S_3$$

式中，S_1 考虑材料的可靠性（力学性能的均匀性，内部缺陷等）；对锻件或轧制件制造的零件，$S_1=1.05\sim1.10$，对铸造零件，$S_1=1.15\sim1.2$。S_2 考虑零件的重要程度（工作条件），一般 $S_2=1.0\sim1.3$。S_3 考虑计算的精确性，一般 $S_3=1.2\sim1.3$。

有时也可按计算方法以下列粗略值选取安全系数：

按抗疲劳断裂计算 $S=1.5\sim3$

按抗变形计算 $S=1.2\sim2$

按抗断裂计算 $S=2\sim4$

按抗不稳定计算 $S=3\sim5$

截面力学特性的计算公式

表 1-1-92

特性名称	计算公式	图形	符号意义
静矩	$S_x = \int_A y\mathrm{d}A = Ay_0$ $S_y = \int_A x\mathrm{d}A = Ax_0$	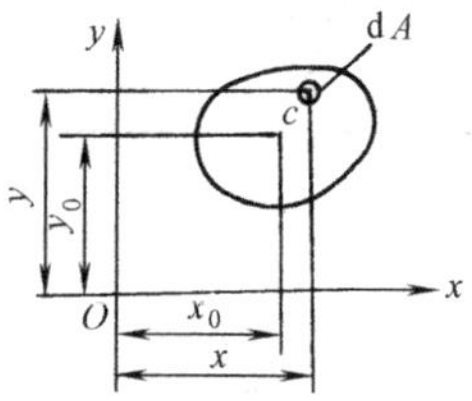	A——图形的全面积 y_0, x_0——重心与 x、y 轴的距离
惯性矩	$I_x = \int_A y^2\mathrm{d}A = i_x^2 A$ $I_y = \int_A x^2\mathrm{d}A = i_y^2 A$	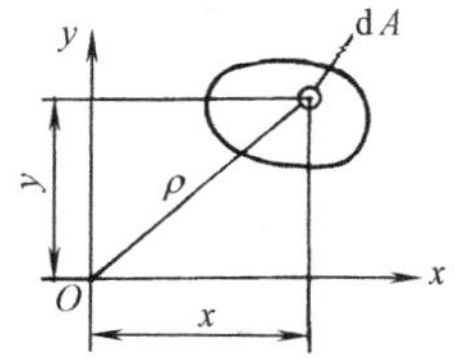	i_y, i_x——分别称为截面对于 y 轴和 x 轴的惯性半径(回转半径)
极惯性矩	$I_p = \int_A \rho^2\mathrm{d}A = \int_A (x^2+y^2)\mathrm{d}A = I_x + I_y$		
惯性积	$I_{xy} = \int_A xy\mathrm{d}A$		
平行轴惯性矩间的关系	$I_{x_1} = I_x + a^2A$ $I_{y_1} = I_y + b^2A$	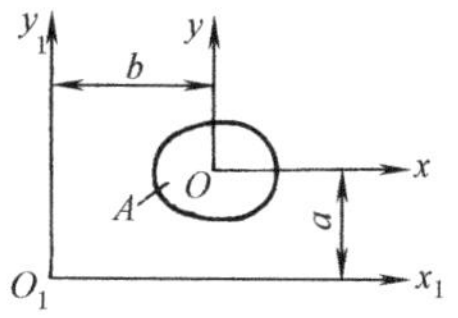	
平行轴惯性积间的关系	$I_{x_1y_1} = I_{xy} + abA$		如果 x、y 轴包括图形的对称轴,则 $I_{xy}=0$,所以 $I_{x_1y_1}=abA$
两轴(通过任一点 O)旋转 α 角(以逆时针方向为正)后——惯性矩的关系	$I_{x_1} = I_x\cos^2\alpha + I_y\sin^2\alpha - I_{xy}\sin2\alpha$ $I_{y_1} = I_y\cos^2\alpha + I_x\sin^2\alpha + I_{xy}\sin2\alpha$	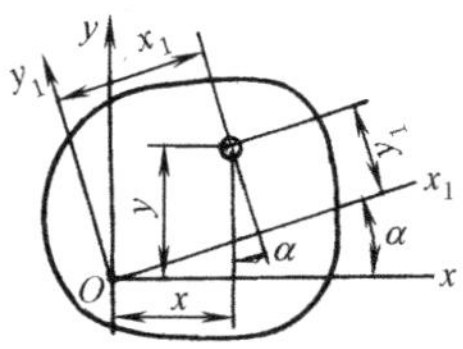	
两轴(通过任一点 O)旋转 α 角(以逆时针方向为正)后——惯性积的关系	$I_{x_1y_1} = \frac{1}{2}(I_x - I_y)\sin2\alpha + I_{xy}\cos2\alpha$		
主形心轴的方位角 α_0	$\tan2\alpha_0 = \frac{2I_{xy}}{I_y - I_x}$	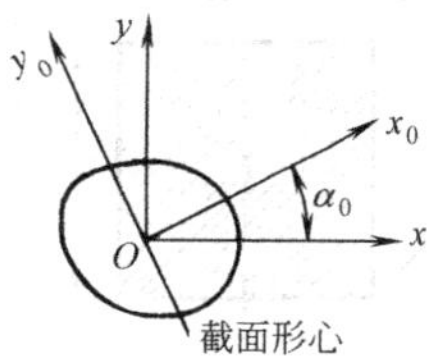	通过截面形心并且有一定方位角 α_0 的两个互相垂直的轴 x_0 和 y_0 称为主形心轴。此时,截面对主形心轴 x_0 和 y_0 的主形心惯性矩,一个为最大,另一个为最小,而且惯性积必等于零
主形心惯性矩	$I_{x_0} = I_x\cos^2\alpha_0 + I_y\sin^2\alpha_0 - I_{xy}\sin2\alpha_0$ $I_{y_0} = I_x\sin^2\alpha_0 + I_y\cos^2\alpha_0 + I_{xy}\sin2\alpha_0$		

各种截面的力学特性

表 1-1-93

简图	面积 A	惯性矩 I	抗弯截面系数 $W=\frac{I}{e}$	重心 S 到相应边的距离 e	惯性半径 $i=\sqrt{\frac{I}{A}}$
正方形	a^2	$\frac{a^4}{12}$	$W_x=\frac{a^3}{6}$ $W_{x_1}=0.1179a^3$	$e_x=\frac{a}{2}$ $e_{x_1}=0.7071a$	$\frac{a}{\sqrt{12}}=0.289a$
矩形	ab	$I_x=\frac{ab^3}{12}$ $I_y=\frac{a^3b}{12}$	$W_x=\frac{ab^2}{6}$ $W_y=\frac{a^2b}{6}$	$e_x=\frac{b}{2}$ $e_y=\frac{a}{2}$	$i_x=0.289b$ $i_y=0.289a$
空心正方形	a^2-b^2	$\frac{a^4-b^4}{12}$	$W_x=\frac{a^4-b^4}{6a}$ $W_{x_1}=0.1179\frac{a^4-b^4}{a}$	$e_x=\frac{a}{2}$ $e_{x_1}=0.7071a$	$0.289\sqrt{a^2+b^2}$

续表

简图	面积 A	惯性矩 I	抗弯截面系数 $W=\frac{I}{e}$	重心 S 到相应边的距离 e	惯性半径 $i=\sqrt{\frac{I}{A}}$
薄壁正方形	$\approx 4a\delta$ $\delta \leqslant \frac{a}{15}$	$\frac{2}{3}a^3\delta$	$W_x=\frac{4}{3}a^3\delta$	$e_x=\frac{a}{2}$	$\frac{a}{\sqrt{6}}=0.408a$
三角形	$A=\frac{bh}{2}=\sqrt{p(p-a)(p-b)(p-c)}$ 式中： $p=\frac{1}{2}(a+b+c)$	$I_{x_1}=\frac{bh^3}{4}$ $I_x=\frac{bh^3}{36}$ $I_{x_2}=\frac{bh^3}{12}$	$W_{x_1}=\frac{bh^2}{24}$ $W_{x_2}=\frac{bh^2}{12}$	$e_x=\frac{2h}{3}$	$i_x=0.236h$
梯形	$\frac{h(a+b)}{2}$	$I_x=\frac{h^3(a^2+4ab+b^2)}{36(a+b)}$ $I_{x_1}=\frac{h^3(b+3a)}{12}$	$W_{x_2}=\frac{h^2(a^2+4ab+b^2)}{12(a+2b)}$ $W_{x_1}=\frac{h^2(a^2+4ab+b^2)}{12(2a+b)}$	$e_x=\frac{h(a+2b)}{3(a+b)}$	$i_x=\frac{h}{3(a+b)}\times\sqrt{\frac{a^2+4ab+b^2}{2}}$
六角形	$A=2.598C^2$ $=3.464r^2$ $C=R$ $r=0.866R$	$I_x=0.5413R^4$ $I_y=I_x$	$W_x=0.625R^3$ $W_y=0.5413R^3$	$e_x=0.866R$ $e_y=R$	$i_x=0.4566R$

续表

简图	面积 A	惯性矩 I	抗弯截面系数 $W=\frac{I}{e}$	重心 S 到相应边的距离 e	惯性半径 $i=\sqrt{\frac{I}{A}}$
多角形 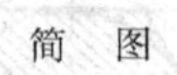 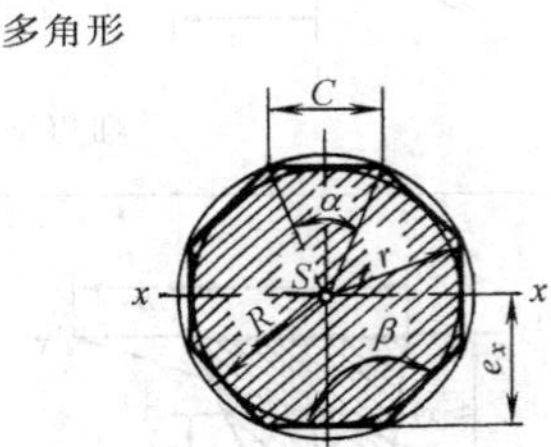 n——多角形边数	$A=\frac{nCr}{2}$ $=\frac{nC}{2}\sqrt{R^2-\frac{C^2}{4}}$ $C=2\sqrt{R^2-r^2}$ $\alpha=\frac{360°}{n}$ $\beta=180°-\alpha$ 对八角形 $A=2.828R^2=4.828C^2$ $r=0.924R$ $C=0.765R$	对八角形 $I=0.638R^4$ $=0.8752r^4$	对八角形 $W_x=0.691R^3$ $=0.876r^3$	$e_x=r=\sqrt{R^2-\frac{C^2}{4}}$ $=R\cos\frac{\alpha}{2}$	对八角形 $i_x=0.4749R$ $=0.514r$ $=0.621C$
圆 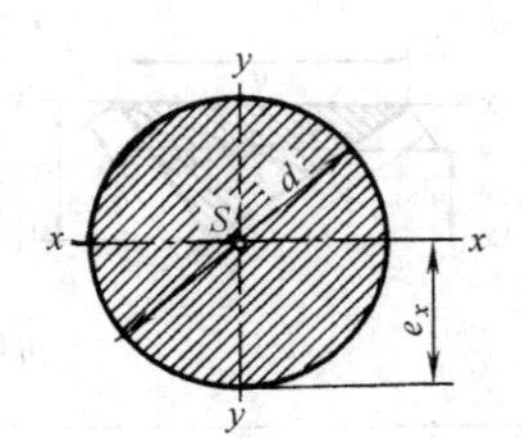	$\frac{\pi}{4}d^2$	$I_x=I_y=\frac{\pi}{64}d^4$ $=0.0491d^4$ $I_p=\frac{\pi d^4}{32}=0.0982d^4$	$\frac{\pi}{32}d^3=0.0982d^3$ 抗扭截面系数 $W_n=2W$	$e_x=\frac{d}{2}$	$\frac{d}{4}$
空心圆 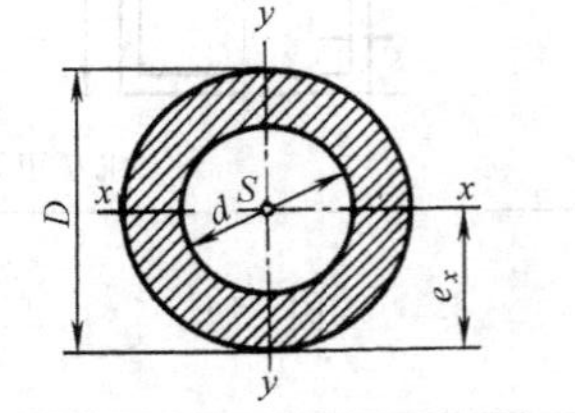	$\frac{\pi}{4}(D^2-d^2)$	$I_x=I_y=\frac{\pi}{64}(D^4-d^4)$ $=0.0491(D^4-d^4)$ $I_p=\frac{\pi}{32}(D^4-d^4)$ $=0.0982(D^4-d^4)$	$\frac{\pi(D^4-d^4)}{32D}=$ $0.0982\frac{D^4-d^4}{D}$ 抗扭截面系数 $W_n=2W$	$e_x=\frac{D}{2}$	$\frac{1}{4}\sqrt{D^2+d^2}$

续表

简图	面积 A	惯性矩 I	抗弯截面系数 $W=\frac{I}{e}$	重心 S 到相应边的距离 e	惯性半径 $i=\sqrt{\frac{I}{A}}$
半圆	$\frac{\pi}{8}d^2=0.393d^2$	$I_x=0.00686d^4$ $I_y=\frac{\pi}{128}d^4\approx0.0245d^4$	$W_x=0.0239d^3$ $W_y=\frac{\pi}{64}d^3\approx0.0491d^3$	$e_x=0.2878d$ $y_S=0.2122d$	$i_x=0.1319d$ $i_y=\frac{d}{4}$
半圆环	$\frac{\pi(D^2-d^2)}{8}$ $=0.393(D^2-d^2)$ $=1.5708(R^2-r^2)$	$I_x=0.00686(D^4-d^4)-\frac{0.0177D^2d^2(D-d)}{D+d}$ $I_y=\frac{\pi(D^4-d^4)}{128}$	$W_y=\frac{\pi d^3}{64}\left(1-\frac{d^4}{D^4}\right)$	$y_S=\frac{2(D^2+Dd+d^2)}{3\pi(D+d)}$	$i_x=\sqrt{\frac{I_x}{A}}$ $i_y=\sqrt{\frac{I_y}{A}}=\frac{1}{4}\sqrt{D^2+d^2}$
带横孔圆	$\frac{\pi}{4}d^2-d_1d$	$I_x=\frac{\pi d^4}{64}(1-1.69\beta)$ $I_y=\frac{\pi d^4}{64}(1-1.69\beta^3)$ $\beta=\frac{d_1}{d}$	$W_x=\frac{\pi d^3}{32}(1-1.69\beta)$ $W_y=\frac{\pi d^3}{32}(1-1.69\beta^3)$ 抗扭截面系数 $W_n=\frac{\pi d^3}{16}(1-\beta)$	$e_y=\frac{d}{2}$ $e_x=\frac{d}{2}$	$i=\sqrt{\frac{I}{A}}$
花键	$\frac{\pi}{4}d^2+\frac{Zb(D-d)}{2}$ （Z——花键齿数）	$I_x=\frac{\pi d^4}{64}+\frac{bZ(D-d)(D+d)^2}{64}$	$W_x=\frac{\pi d^4+bZ(D-d)(D+d)^2}{32D}$ 抗扭截面系数 $W_n=2W_x$	$e_y=\frac{D}{2}$ $e_x=\frac{d}{2}$	$i_x=\frac{1}{4}\times\sqrt{\frac{\pi d^4+bZ(D-d)(D+d)^2}{\pi d^2+2Zb(D-d)}}$

续表

简图	面积 A	惯性矩 I	抗弯截面系数 $W=\dfrac{I}{e}$	重心 S 到相应边的距离 e	惯性半径 $i=\sqrt{\dfrac{I}{A}}$
扇形	$A=\dfrac{\pi r^2\alpha}{360°}$ $=0.00873r^2\alpha$ $l=\dfrac{\pi r\alpha}{180°}=0.01745r\alpha$ $C=2r\sin\dfrac{\alpha}{2}$	$I_{x_1}=\dfrac{r^4}{8}\left(\pi\dfrac{\alpha}{180°}+\sin\alpha\right)$ $I_x=\dfrac{r^4}{8}\left(\pi\dfrac{\alpha}{180°}+\sin\alpha-\dfrac{64}{9}\sin^2\dfrac{\alpha}{2}\times\dfrac{180°}{\pi\alpha}\right)$ $I_y=\dfrac{r^4}{8}\left(\pi\dfrac{\alpha}{180°}-\sin\alpha\right)$		$y_S=\dfrac{2rC}{3l}$	$i_x=\dfrac{r}{2}\sqrt{1+\dfrac{\sin\alpha}{\alpha}\times\dfrac{180°}{\pi}-\dfrac{64}{9}\times\dfrac{\sin^2\dfrac{\alpha}{2}}{\left(\alpha\dfrac{\pi}{180°}\right)^2}}$ $i_y=\dfrac{r}{2}\sqrt{1-\dfrac{\sin\alpha}{\alpha}\times\dfrac{180°}{\pi}}$
弓形	$A=\dfrac{1}{2}[rl-C(r-h)]$ $C=2\sqrt{h(2r-h)}$ $r=\dfrac{C^2+4h^2}{8h}$ $h=r-\dfrac{1}{2}\sqrt{4r^2-C^2}$ $l=0.01745r\alpha$ $\alpha=\dfrac{57.296l}{r}$	$I_{x_1}=\dfrac{lr^3}{8}-\dfrac{r^4}{16}\sin2\alpha$ $I_x=I_{x_1}-Ay_S{}^2$ $I_y=\dfrac{r^4}{8}\left(\dfrac{\alpha\pi}{180°}-\sin\alpha-\dfrac{2}{3}\sin\alpha\sin^2\dfrac{\alpha}{2}\right)$ $W_x=\dfrac{I_x}{r-y_S}$		$y_S=\dfrac{C^3}{12A}$	$i_x=\sqrt{\dfrac{I_x}{A}}$
扇形圆环	$\dfrac{\pi\alpha}{180°}(R^2-r^2)$	$I_{x_1}=\dfrac{R^4-r^4}{8}\left(\dfrac{\pi\alpha}{90°}+\sin2\alpha\right)$ $I_x=I_{x_1}-Ay_S^2$ $I_y=\dfrac{R^4-r^4}{8}\left(\dfrac{\pi\alpha}{90°}-\sin2\alpha\right)$		$y_S=38.197\dfrac{(R^3-r^3)\sin\alpha}{(R^2-r^2)\alpha}$	$i_x=\sqrt{\dfrac{I_x}{A}}$ $i_y=\sqrt{\dfrac{I_y}{A}}$

续表

简图	面积 A	惯性矩 I	抗弯截面系数 $W=\frac{I}{e}$	重心 S 到相应边的距离 e	惯性半径 $i=\sqrt{\frac{I}{A}}$
椭圆 e_y y S x x 2b e_x 2a y	πab	$I_x=\frac{\pi ab^3}{4}$ $I_y=\frac{\pi a^3 b}{4}$	$W_x=\frac{\pi ab^2}{4}$ $W_y=\frac{\pi a^2 b}{4}$	$e_x=b$ $e_y=a$	$i_y=\frac{b}{2}$ $i_y=\frac{a}{2}$
空心椭圆 e_y y S x x 2b $2b_1$ e_x $2a_1$ 2a y	$\pi(ab-a_1b_1)$	$I_x=\frac{\pi}{4}(ab^3-a_1b_1^3)$ $I_y=\frac{\pi}{4}(a^3b-a_1^3b_1)$	$W_x=\frac{\pi(ab^3-a_1b_1^3)}{4b}$ $W_y=\frac{\pi(a^3b-a_1^3b_1)}{4a}$	$e_x=b$ $e_y=a$	$i_x=\sqrt{\frac{I_x}{A}}$ $i_y=\sqrt{\frac{I_y}{A}}$
带孔矩形 y H x x h b y	$b(H-h)$	$I_x=\frac{b(H^3-h^3)}{12}$ $I_y=\frac{b^3(H-h)}{12}$	$W_x=\frac{b(H^3-h^3)}{6H}$ $W_y=\frac{b^2(H-h)}{6}$	$e_x=\frac{H}{2}$ $e_y=\frac{b}{2}$	$i_x=\sqrt{\frac{H^2+Hh+h^2}{12}}$ $i_y=0.289b$

续表

简　图	面　积 A	惯性矩 I	抗弯截面系数 $W=\frac{I}{e}$	重心 S 到相应边的距离 e	惯性半径 $i=\sqrt{\frac{I}{A}}$
空心正方形 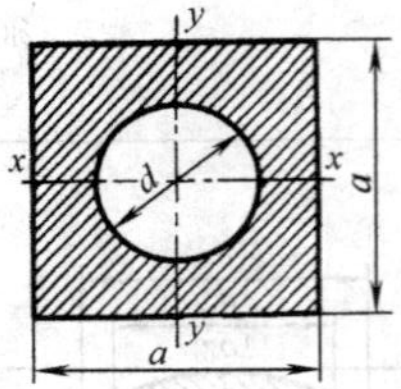	$a^2-\frac{\pi d^2}{4}$	$\frac{1}{12}\left(a^4-\frac{3\pi d^4}{16}\right)$	$\frac{1}{6a}\left(a^4-\frac{3\pi d^4}{16}\right)$	$\frac{a}{2}$	$\sqrt{\frac{16a^4-3\pi d^4}{48(4a^2-\pi d^2)}}$
型钢截面 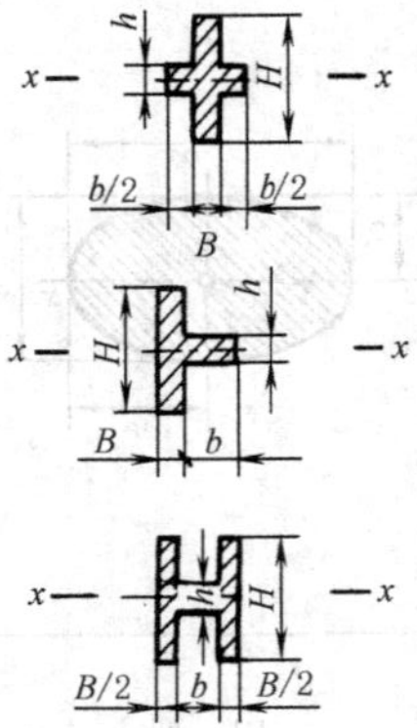	$BH+bh$	$I_x=\frac{BH^3+bh^3}{12}$	$W_x=\frac{BH^3+bh^3}{6H}$	$e_x=\frac{H}{2}$	$i_x=\sqrt{\frac{I_x}{A}}$

续表

简图	面积 A	惯性矩 I	抗弯截面系数 $W=\frac{I}{e}$	重心 S 到相应边的距离 e	惯性半径 $i=\sqrt{\frac{I}{A}}$
型钢截面 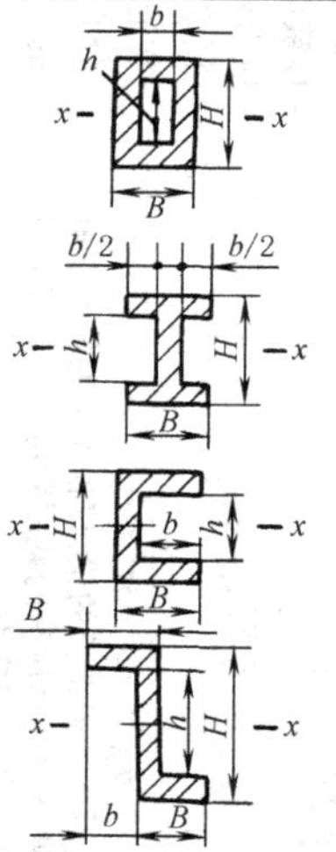	$BH-bh$	$I_x=\frac{BH^3-bh^3}{12}$	$W_x=\frac{BH^3-bh^3}{6H}$	$e_x=\frac{H}{2}$	$i_x=\sqrt{\frac{I_x}{A}}$
型钢截面 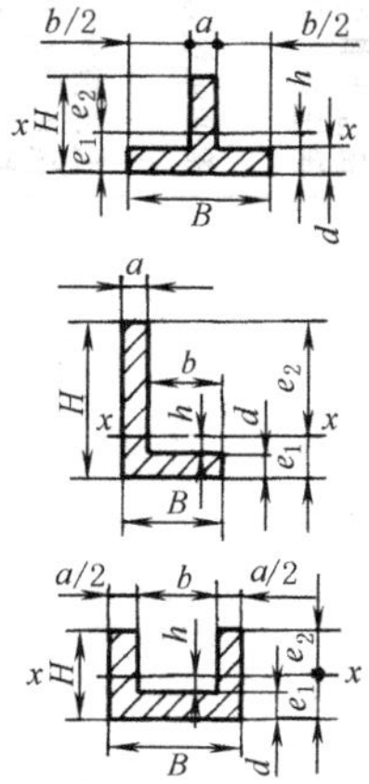	$BH-b(e_2+h)$	$I_x=\frac{1}{3}(Be_1^3-bh^3+ae_2^3)$	$W_{x_1}=\frac{I_x}{e_1}$ $W_{x_2}=\frac{I_x}{e_2}$	$e_1=\frac{aH^2+bd^2}{2(aH+bd)}$ $e_2=H-e_1$	$i_x=\sqrt{\frac{I_x}{A}}$

注：1. 表中 I_x、I_y 均为轴惯性矩；I_p 为极惯性矩。

2. 表中 α 单位为度。

杆件计算的基本公式

表 1-1-94

载荷情况	计算公式	符号意义
等截面直杆中心拉伸和压缩 (当 $l>3C$)	纵向力作用下的正应力: $\sigma=\frac{P}{A}\leqslant\sigma_{tp}$(拉伸) $\sigma=\frac{P}{A}\leqslant\sigma_{cp}$(压缩) $A\geqslant\frac{P}{\sigma_p}$ 纵向绝对变形:$\Delta l=\frac{Pl}{EA}$ 纵向应变:$\varepsilon=\frac{\Delta l}{l}=\frac{\sigma}{E}$ } 虎克定律 横向应变:$\varepsilon_1=-\mu\varepsilon$	P——纵向力 E——材料拉压弹性模量 A——横截面面积 σ_{tp}——材料抗拉许用应力 σ_{cp}——材料抗压许用应力 σ_p——材料许用应力 μ——泊松比 l——杆件原长(或杆件长度) Q——切力 τ_p——材料许用切应力 φ_p——许用扭转角,单位为(°)/m $G=\frac{E}{2(1+\mu)}$——材料的切变模量 M_t——扭矩 W_t——抗扭截面系数 实心圆轴: $W_t=\frac{I_t}{r}=\frac{\pi d^3}{16}\approx0.2d^3$ 空心圆管:$W_t=\frac{I_t}{r}$ $=\frac{\pi}{32}\times\frac{D^4(1-\alpha^4)}{D/2}$ $\approx0.2D^3\times(1-\alpha^4)$ I_t——抗扭惯性矩,等于圆面积对于形心的极惯性矩 I_p,即 实心圆轴: $I_p=\frac{\pi d^4}{32}\approx0.1d^4$ 空心圆管: $I_p=\frac{\pi}{32}\times D^4\times(1-\alpha^4)$ $\approx0.1D^4(1-\alpha^4)$ α——圆管内外圆直径之比 $\alpha=\frac{d}{D}$ Q'——横截面上的切力 b——横截面上,在所求切应力处的宽度 S_x——横截面上切力 τ 所在的横线至边缘部分的面积对中心轴的静矩
剪切	横向力作用下的切应力: $\tau=\frac{Q}{A}\leqslant\tau_p$ (假定横截面上切应力 τ 均匀分布) 切应变: $\gamma=\frac{\tau}{G}$ (纯剪切的虎克定律)	
等直圆杆与圆管的扭转	扭矩作用下的切应力: $\tau_{max}=\frac{M_t}{W_t}\leqslant\tau_p$ 最大扭转角: $\varphi=\frac{M_t l}{GI_t}\times\frac{180}{\pi}$ (°) 或 $\varphi=\frac{M_t\times100}{GI_t}\times\frac{180}{\pi}<\varphi_p$,单位为(°)/m,(此式中 M_t、G、I_t 中所包含的长度单位应用"cm")	
直杆横向平面弯曲 a—a截面	弯矩作用下的正应力:$\sigma=\frac{M_b y}{I_x}$ 在受拉一边的最大拉应力:$\sigma_{max}=\frac{M_b y_{max1}}{I_x}=\frac{M_b}{W_{x1}}\leqslant\sigma_{tp}$ 在受压一边的最大压应力:$\sigma_{max}=\frac{M_b y_{max2}}{I_x}=\frac{M_b}{W_{x2}}\leqslant\sigma_{cp}$ a—a 截面处的弯矩:$M_b=M+PZ-\frac{q(K_1^2-K_2^2)}{2}$ 矩形截面弯曲切应力:$\tau=\frac{Q'S_x}{Ib}$ 截面上最大切应力(中性轴上):$\tau_{max}=\frac{Q'S_0}{Ib_0}=\frac{3Q'}{2bh}\leqslant\tau_p$ a—a 截面处的切力: $Q'=P-q(K_1-K_2)$ 截面上其他任意点应力: 第三强度理论 $\sigma_{Ⅲ}=\sqrt{\sigma^2+4\tau^2}\leqslant\sigma_p$ 第四强度理论 $\sigma_{Ⅳ}=\sqrt{\sigma^2+3\tau^2}\leqslant\sigma_p$ 通常情况下,对于一般细长的梁,仅根据梁的最大弯矩按正应力强度条件选择应有的截面就可以。只有下列情况时才需校核梁的切应力: 1. 高度较大的铆接或焊接的组合梁,其梁的腹板上的切应力要校核 2. 跨度短、载荷大,或很大载荷均作用于支座附近 3. 材料抗剪强度比弯曲强度小得多(如木材)	

续表

载荷情况	计算公式	符号意义
直杆斜弯曲	弯矩作用平面与截面主轴线 $x—x$, $y—y$ 不重合时,弯矩的合应力: $\sigma_{max}=\pm\dfrac{M_{max}\cos\alpha}{W_y}\pm\dfrac{M_{max}\sin\alpha}{W_x}$ 上式是指工程中常用截面,即有棱角的对称截面,这类截面上最大拉应力与最大压应力相等,恒发生在距中性轴最远的棱角上。拉应力取"+",压应力取"-"。最大应力所在点无切应力,按正应力进行强度计算,对钢制梁其拉伸与压缩的许用应力相等,所以强度条件: $\sigma_{max}=\left[\dfrac{M_{max}\cos\alpha}{W_y}+\dfrac{M_{max}\sin\alpha}{W_x}\right]\leqslant\sigma_p$ 简化为 $\dfrac{M_{max}\cos\alpha}{W_y}\left[1+\dfrac{W_y}{W_x}\tan\alpha\right]\leqslant\sigma_p$	M_b——弯矩 y——截面中任意一点至中性轴 $x—x$ 的距离 y_{max}——截面边缘至中性轴的距离 I_x——截面对 $x—x$ 轴的抗弯惯性矩 I——整个横截面对于中性轴的惯性矩 W_x——截面对 $x—x$ 轴的抗弯截面系数 W_y——截面对 $y—y$ 轴的抗弯截面系数 W——抗弯截面系数 q——一段杆件上的均布载荷 S_0——中性轴以上或以下的这部分横截面面积对于中性轴的静矩 b_0——截面沿中性轴的宽度 α——载荷平面与截面主轴 $x—x$ 间的夹角 M——作用在杆件上的力矩 M_{max}——杆件上受的最大弯矩 σ_{IV}, σ_{I}——根据第四强度理论和第一强度理论的合成正应力 h_1——截面外边至中性轴距离 h_2——截面内边至中性轴距离 R_0——截面形心层曲率半径 R_1——截面外边缘曲率半径 R_2——截面内边缘曲率半径 θ——截面 $m—n$ 与作用载荷的夹角 r——中性层曲率半径
直杆拉伸(或压缩)与弯曲 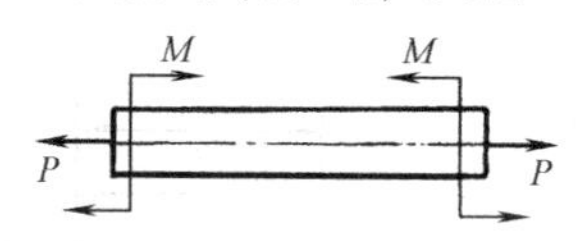 	拉力(或压力)与弯矩联合作用下的正应力: $\sigma=\pm\dfrac{P}{A}\pm\dfrac{M}{W}\leqslant\sigma_p$ (拉应力取+,压应力取-)	
圆直杆的弯曲与扭转  	弯矩与扭矩联合作用时,最大应力分别为(危险点在上下边缘) 正应力: $\sigma=\dfrac{M}{W}$　切应力: $\tau=\dfrac{M_t}{W_t}$, $(W_t=2W)$ 合成正应力(相当应力): 根据第三强度理论 $\sigma_{\mathrm{III}}=\sqrt{\sigma^2+4\tau^2}$ 根据第四强度理论 $\sigma_{\mathrm{IV}}=\sqrt{\sigma^2+3\tau^2}\leqslant\sigma_p$ (用于钢材等塑性材料) 根据第一强度理论 $\sigma_{\mathrm{I}}=\dfrac{\sigma}{2}+\dfrac{\sqrt{\sigma^2+4\tau^2}}{2}\leqslant\sigma_p$ (用于铸铁等脆性材料)	
曲杆弯曲 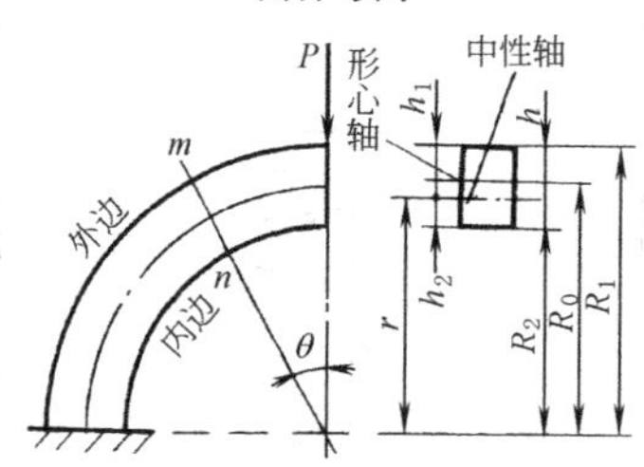 (用于 $\dfrac{R_0}{h}\leqslant5$;当 $\dfrac{R_0}{h}\geqslant5$ 时仍按直杆弯曲计算;与切力 Q 对应的切应力一般很小,可略去不计) 有关等截面曲梁的计算公式,见表1-1-103,表1-1-104。	曲杆任意截面 $m—n$ 上　法向力: $N=P\sin\theta$ 弯矩: $M=PR_0\sin\theta$;曲杆内外边缘的正应力: 外边 $\sigma_1=\dfrac{Mh_1}{A(R_0-r)R_1}-\dfrac{N}{A}\leqslant\sigma_{tp}$ 内边 $\sigma_2=-\dfrac{Mh_2}{A(R_0-r)R_2}-\dfrac{N}{A}\leqslant\sigma_{cp}$ (如 P 力方向与图相反,式中前后二项的正负号应相反,括号中符号不变) 中性层曲率半径 r 可按表1-1-95中公式计算 对于圆截面和矩形截面,亦可按下式大略计算 外边 $\sigma_1=k_1\dfrac{M}{W}$,内边 $\sigma_2=k_2\dfrac{M}{W}$ 式中系数 k_1, k_2 由下表查出	

截面	系数	$\frac{R_0}{d}$及$\frac{R_0}{h}$						
		1	1.5	2	3	4	5	6
圆截面(直径 d,R_0)	k_1	0.73	0.82	0.86	0.91	0.93	0.95	0.96
	k_2	1.6	1.36	1.26	1.17	1.12	1.09	1.08
矩形截面(高 h,R_0)	k_1	0.75	0.82	0.86	0.92	0.96	0.97	0.98
	k_2	1.53	1.29	1.21	1.12	1.09	1.06	1.05

表 1-1-95　　不同形状截面中性层和形心层的曲率半径值

截面形状	中性层的曲率半径 r 形心层的曲率半径 R_0	截面形状	中性层的曲率半径 r 形心层的曲率半径 R_0
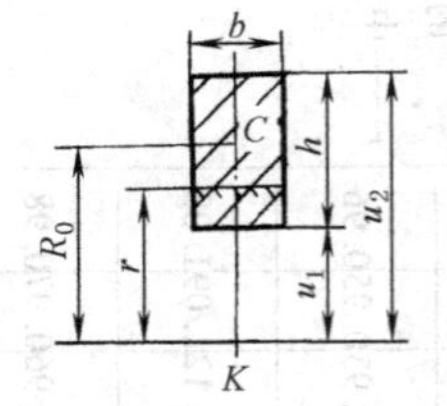	$r=\dfrac{h}{\ln\dfrac{u_2}{u_1}}$ C——截面形心；K——曲率中心 （全表相同） $R_0=u_1+\dfrac{h}{2}$	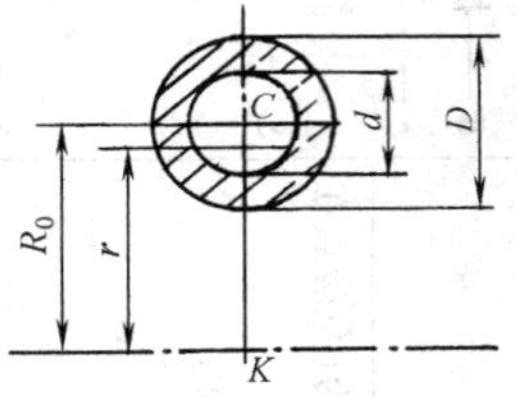	$r=\dfrac{D^2-d^2}{8R_0\left[\sqrt{1-\left(\dfrac{d}{2R_0}\right)^2}-\sqrt{1-\left(\dfrac{D}{2R_0}\right)^2}\right]}$
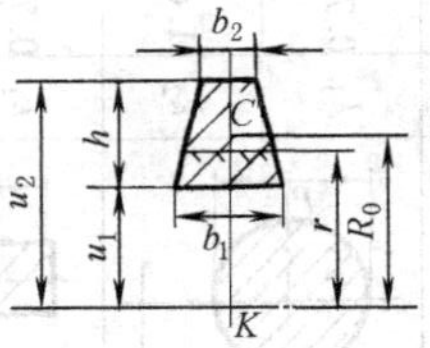	$r=\dfrac{\dfrac{(b_1+b_2)h}{2}}{\left[\dfrac{b_1u_2-b_2u_1}{h}\right]\ln\dfrac{u_2}{u_1}-(b_1-b_2)}$ $R_0=u_1+\dfrac{(b_1+2b_2)}{3(b_1+b_2)}h$	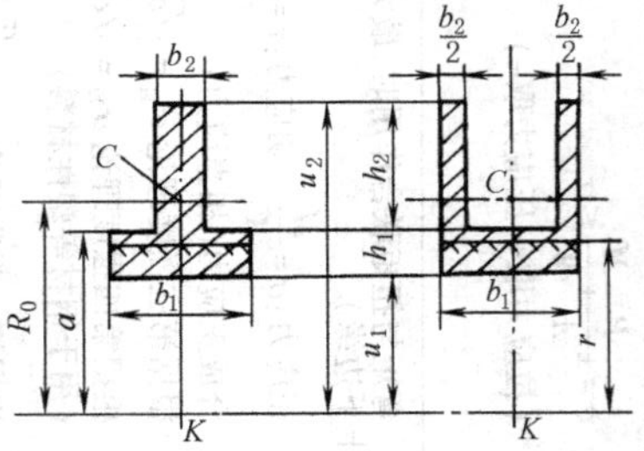	$r=\dfrac{b_1h_1+b_2h_2}{b_1\ln\dfrac{a}{u_1}+b_2\ln\dfrac{u_2}{a}}$ $R_0=u_1+\dfrac{\dfrac{1}{2}b_1h_1^2+b_2h_2\left(\dfrac{h_2}{2}+h_1\right)}{A}$ A——面积（下同）
圆形　椭圆形 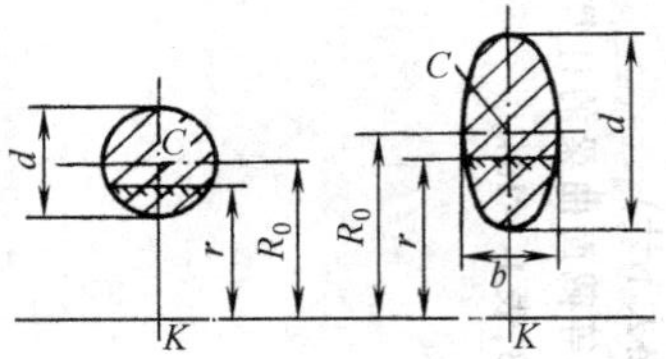	$r=\dfrac{d^2}{8R_0\left[1-\sqrt{1-\left(\dfrac{d}{2R_0}\right)^2}\right]}$	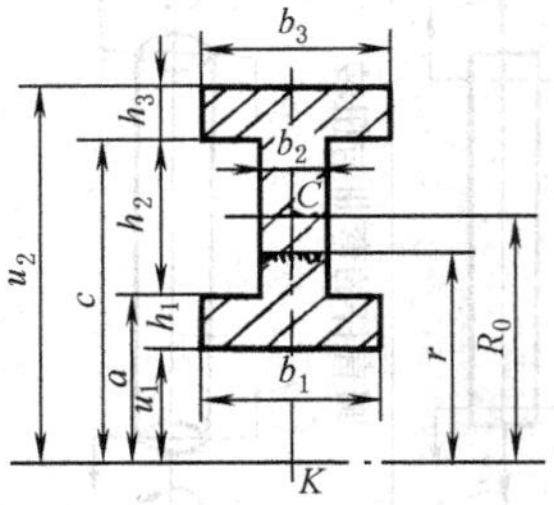	$r=\dfrac{b_1h_1+b_2h_2+b_3h_3}{b_1\ln\dfrac{a}{u_1}+b_2\ln\dfrac{c}{a}+b_3\ln\dfrac{u_2}{c}}$；$R_0=u_1+\dfrac{\dfrac{1}{2}b_1h_1^2+b_2h_2\left(\dfrac{h_2}{2}+h_1\right)+b_3h_3\left(\dfrac{h_3}{2}+h_1+h_2\right)}{A}$ 当 $b_1=b_3$，$h_1=h_3$ 时：$R_0=u_1+h_1+\dfrac{h_2}{2}$

表 1-1-96　　非圆截面直杆自由扭转时的应力和变形计算式（线弹性范围）

最大扭转切应力　　$\tau_{max}=\dfrac{M_t}{W_t}$　　(1)

单位杆长相对扭转角　　$\theta=\dfrac{M_t}{GI_t}$　　(2)

式中　M_t——扭矩；G——切变模量；I_t，W_t——截面抗扭惯性矩和抗扭截面系数

截面形状与扭转切应力分布	I_t	W_t	附　注
矩形($b/a\geq1$) 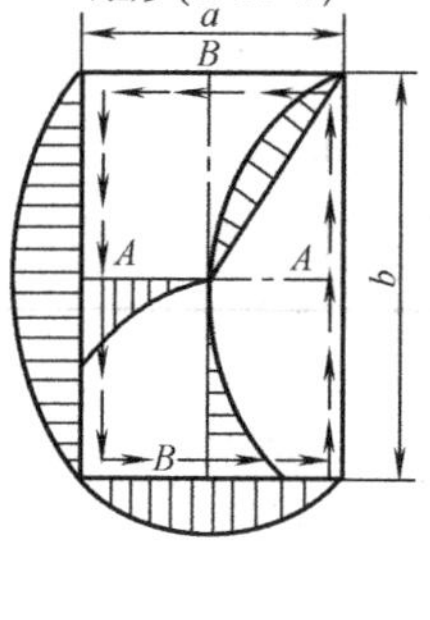	$I_t=\beta a^3 b$	$W_t=\alpha a^2 b$	τ_{max}在长边中点A，短边中点B的应力为 $\tau_B=\gamma\tau_{max}$ 近似公式：$I_t=\dfrac{a^3b}{16}\left[\dfrac{16}{3}-3.36\times\dfrac{a}{b}\left(1-\dfrac{a^4}{12b^4}\right)\right]$ $W_t=\dfrac{a^2b^2}{3b+1.8b}$
正多边形（边长为a）	$I_t=\begin{cases}0.02165a^4 \\ \text{(正三角形)} \\ 1.039a^4 \\ \text{(正六边形)} \\ 3.658a^4 \\ \text{(正八边形)}\end{cases}$	$W_t=\begin{cases}0.05a^3 \\ \text{(正三角形)} \\ 0.981a^3 \\ \text{(正六边形)} \\ 2.605a^3 \\ \text{(正八边形)}\end{cases}$	τ_{max}在各边中点
开口薄壁截面 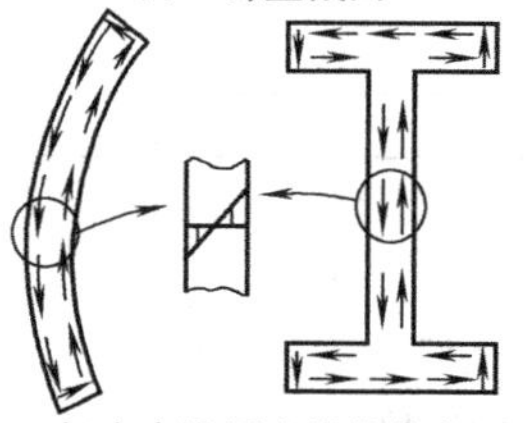 切应力沿厚度线性分布	$I_t=\eta\dfrac{1}{3}\sum s_i t_i^3$	$W_t=I_t/t_{max}$	τ_{max}发生在各狭条矩形中厚度最大处的周边上
空心矩形 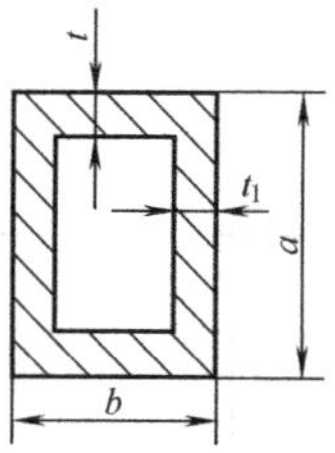	$I_t=\dfrac{2tt_1(a-t)^2(b-t_1)^2}{at+bt_1-t^2-t_1^2}$	长边中点 $W_t=2t_1(a-t)(b-t_1)$ 短边中点 $W_t=2t(a-t)(b-t_1)$	
空心椭圆 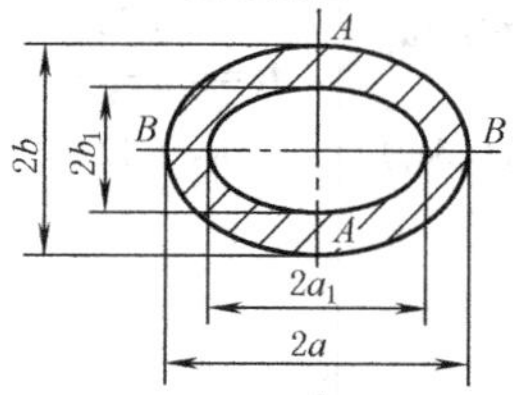 $\dfrac{a}{b}>1$　$\dfrac{a_1}{a}=\dfrac{b_1}{b}=c<1$	$I_t=\dfrac{\pi a^3(b^4-b_1^4)}{b(a^2+b^2)}$ 实心椭圆 $I_t=\dfrac{\pi a^3b^3}{a^2+b^2}$	$W_t=\dfrac{\pi(ab^3-a_1b_1^3)}{2b}$ 实心椭圆 $W_t=\dfrac{\pi ab^2}{2}$	τ_{max}在A点，B点应力为 $\tau_B=\dfrac{b}{a}\tau_{max}$

矩形截面系数：

b/a	1	1.2	1.5	1.75	2	2.5	3
α	0.208	0.219	0.231	0.239	0.246	0.258	0.267
β	0.141	0.166	0.196	0.214	0.229	0.249	0.263
γ	1.0	0.930	0.860	0.820	0.795	0.766	0.753
b/a	4	5	6	8	10	∞	
α	0.282	0.291	0.299	0.307	0.312	0.333	
β	0.281	0.291	0.299	0.307	0.312	0.333	
γ	0.745	0.744	0.743	0.742	0.742	0.742	

开口薄壁截面：

式中　s_i——第i个狭矩形(直的或弯的)的长度

t_i——第i个狭矩形的厚度

t_{max}——各狭矩形中的最大厚度

η——修正系数

$\eta=\begin{cases}1 & \text{对非型钢和角钢} \\ 1.12 & \text{槽钢} \\ 1.14 & \text{Z 型钢} \\ 1.15 & \text{T 型钢} \\ 1.20 & \text{工字钢}\end{cases}$

续表

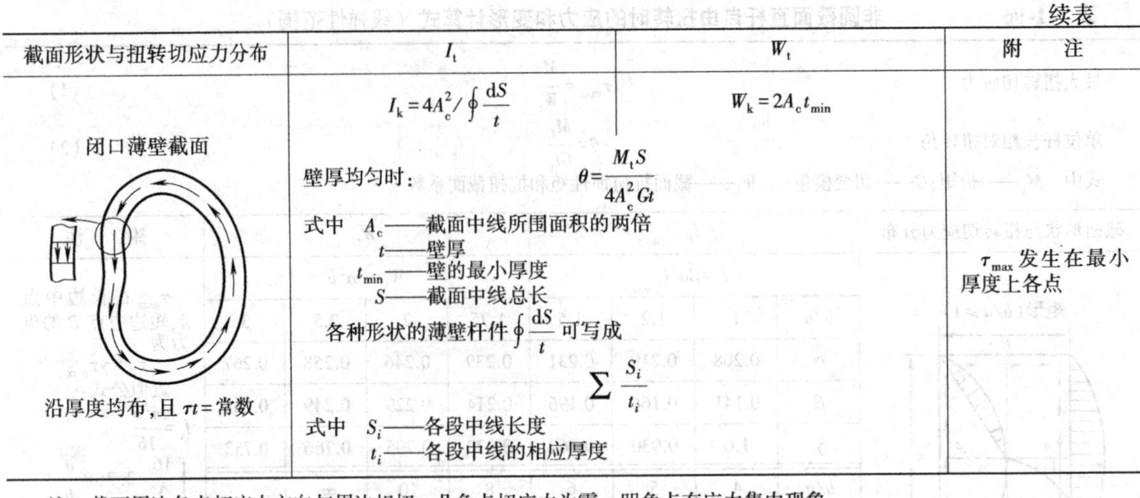

截面形状与扭转切应力分布	I_t	W_t	附注
闭口薄壁截面 沿厚度均布,且τt=常数	$I_k=4A_c^2/\oint\frac{dS}{t}$ 壁厚均匀时: $\theta=\frac{M_tS}{4A_c^2Gt}$ 式中 A_c——截面中线所围面积的两倍 t——壁厚 t_{min}——壁的最小厚度 S——截面中线总长 各种形状的薄壁杆件$\oint\frac{dS}{t}$可写成 $\sum\frac{S_i}{t_i}$ 式中 S_i——各段中线长度 t_i——各段中线的相应厚度	$W_k=2A_ct_{min}$	τ_{max}发生在最小厚度上各点

注:截面周边各点切应力方向与周边相切,凸角点切应力为零,凹角点有应力集中现象。

表 1-1-97　开口薄壁杆件截面几何参数

扇性坐标　$\omega=\int_0^s r\mathrm{d}s$

r——截面剪心S至各板段中心线的垂直距离,均取正号;
s——由剪心S算起的截面上任意点s的坐标

扇性静矩　$S_\omega=\int_0^s\omega\mathrm{d}A$

截面扇性惯性矩　$J_\omega=\int_A\omega^2\mathrm{d}A$

ω——扇性坐标,mm^2;
S_ω——扇性静矩,mm^4;
J_ω——扇性惯性矩,mm^6;
J_K——自由扭转截面抗扭几何刚度,mm^4

截面形状与尺寸	扭心(弯心)A位置	$\omega(s)$	$S_\omega(s)$	J_ω	J_K
1.	$a_y=\frac{I_{yy1}}{I_{yy}}h=\frac{t_1b_1^3}{t_1b_1^3+t_2b_2^3}h$ 当$t_1=t_2=t$ 与$b_1=b_2=b$时 $a_y=\frac{h}{2}$	$\omega_1=(h-a_y)b_1/2$ $\omega_3=-a_yb_2/2$	$S_{\omega2}=(h-a_y)b_1^2t_1/8$ $S_{\omega4}=a_yb_2^2t_2/8$	$J_\omega=\frac{t_1b_1^3t_2b_2^3h^2}{(t_1b_1^3+t_2b_2^3)12}$ 当$t_1=t_2=t$ 与$b_1=b_2=b$时 $J_\omega=\frac{b^3h^2t}{24}$	$J_K=a\frac{b_1t_1^3+b_2t_2^3+ht^3}{3}$ $a=1.2$
2.	$a_x=\frac{2I_{xx1}}{I_{xx}}c_x=\frac{b}{2\left(1+\frac{ht}{6bt_1}\right)}$	$\omega_1=\frac{b-a_x}{2}h$ $\omega_3=\frac{-a_xh}{2}$	$S_{\omega_2}=(b-a_x)^2ht_1/4$ $S_{\omega_3}=(b-2a_x)bht_1/4$ $S_{\omega_4}=(b-2a_x)ht_1/4-a_xh^2t/8$	$J_\omega=\frac{h^2}{12}(ht+6bt_1)a_x^2+\frac{b^2h^2t_1}{6}(b-3a_x)$	$J_K=a\frac{2bt_1^3+ht^3}{3}$ $a=1.12$

续表

截面形状与尺寸	扭心(弯心)A 位置	$\omega(s)$	$S_\omega(s)$	J_ω	J_K
3.	$a_x=0$ $a_y=0$	$\omega_1=\dfrac{(b-d)h}{2}$ $\omega_2=-\dfrac{hd}{2}$ $d=\dfrac{b^2t_1}{ht+2bt_1}$	$S_{\omega_3}=\dfrac{(ht+bt_1)^2hb^2t_1}{4(ht+2bt_1)^2}$ $S_{\omega_2}=\dfrac{h^2b^2tt_1}{4(ht+2bt_1)}$	$J_\omega=\dfrac{b^3t_1h^2}{12}\times\dfrac{2ht+bt_1}{ht+2bt_1}$	$J_K=a\dfrac{2bt_1^3+ht^3}{3}$ $a=1.14$
4.	$a_x=2R\dfrac{\sin\alpha_0-\alpha_0\cos\alpha_0}{\alpha_0-\sin\alpha_0\cos\alpha_0}-R$	$\omega=R^2\left[\phi-2\times\left(\dfrac{\sin\alpha_0-\alpha_0\cos\alpha_0}{\alpha_0-\sin\alpha_0\cos\alpha_0}\right)\sin\phi\right]$	$S_\omega=R^3t\left[2(\cos\phi-\cos\alpha_0)\times\dfrac{\sin\alpha_0-\alpha_0\cos\alpha_0}{\alpha_0-\sin\alpha_0\cos\alpha_0}+\dfrac{\phi^2}{2}-\dfrac{\alpha_0^2}{2}\right]$	$J_\omega=\dfrac{2R^2t}{3}\left[\alpha_0-\dfrac{6(\sin\alpha_0-\alpha_0\cos\alpha_0)^2}{\alpha_0-\sin\alpha_0\cos\alpha_0}\right]$	$J_K=\dfrac{2R\alpha_0t^3}{3}$
5. 此为序号 4 当 $\alpha_0=\pi$ 时的特例	$a_x=R$	$\omega=R^2(\phi-2\sin\phi)$	$S_\omega=\dfrac{R^3t}{2}(4\cos\phi+\phi^2-5.86)$	$J_\omega=\dfrac{2}{3}\pi(\pi^2-b)R^5t$	$J_K=\dfrac{2\pi Rt^3}{3}$
6. 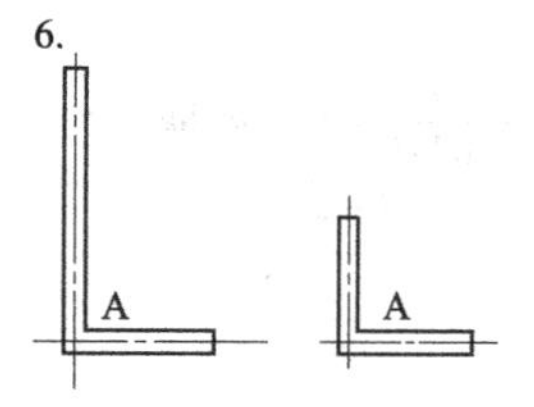 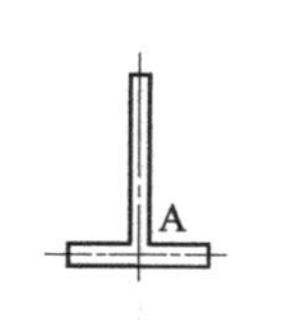	对于不等边或等边角材及分叉状的开式薄壁截面(左图),其扭心(弯心)位于截面中线交点 A 上,$\omega(s)\approx0$,$S_\omega(s)\approx0$,$J_\omega\approx0$,$J_K=\dfrac{1}{3}\sum bt^3$				

表 1-1-98　　开口薄壁杆件受约束扭转时的双力矩 B 和约束扭矩 M_ω

双力矩　$B=\int_A \sigma_\omega \omega \mathrm{d}A=-E_1 J_\omega \dfrac{\mathrm{d}^2\theta}{\mathrm{d}z^2}$　　　$E_1=\dfrac{E}{1-\mu^2}$

约束扭矩　$M_\omega=\dfrac{\mathrm{d}B}{\mathrm{d}z}=-E_1 J_\omega \dfrac{\mathrm{d}^3\theta}{\mathrm{d}z^3}$　　　E——弹性模量；μ——泊松比

序号	支承及载荷情况	$B(z)$	$M_\omega(z)$
1	$B(0)$, $B(l)$, z, l	$B(0)\dfrac{\mathrm{sh}k(l-z)}{\mathrm{sh}kl}+B(l)\dfrac{\mathrm{sh}kz}{\mathrm{sh}kl}$	$-B(0)k\dfrac{\mathrm{ch}k(1-z)}{\mathrm{sh}kl}+B(l)k\dfrac{\mathrm{ch}kz}{\mathrm{sh}kl}$
2	z, B, a, z, l	$z\leqslant a$ $B\dfrac{\mathrm{ch}k(l-a)}{\mathrm{ch}kl}\mathrm{ch}kz$ $z\geqslant a$ $-Bk\dfrac{\mathrm{sh}k(l-z)}{\mathrm{ch}kl}\mathrm{sh}ka$	$z\leqslant a$ $Bk\dfrac{\mathrm{ch}k(l-a)}{\mathrm{sh}kl}\mathrm{sh}kz$ $z\geqslant a$ $Bk\dfrac{\mathrm{ch}k(l-z)}{\mathrm{ch}kl}\mathrm{sh}ka$
3	$B(l)$, z, l	$B(l)\dfrac{\mathrm{ch}kz}{\mathrm{ch}kl}$	$B(l)k\dfrac{\mathrm{sh}kz}{\mathrm{ch}kl}$
4	m, z, l	$\dfrac{m}{k^2}\left[1-\dfrac{\mathrm{ch}k\left(\dfrac{l}{2}-z\right)}{\mathrm{ch}\dfrac{kl}{2}}\right]$	$\dfrac{m}{k}\dfrac{\mathrm{sh}k\left(\dfrac{l}{2}-z\right)}{\mathrm{ch}\dfrac{kl}{2}}$
5	T, z, $l/2$, $l/2$, l	$\dfrac{T}{2k}\dfrac{\mathrm{sh}kz}{\mathrm{ch}\dfrac{kl}{2}}$	$\dfrac{T}{2}\dfrac{\mathrm{ch}kz}{\mathrm{ch}\dfrac{kl}{2}}$
6	T, z, l	$-\dfrac{T}{k}\dfrac{\mathrm{sh}k(1-z)}{\mathrm{ch}kl}$	$T\dfrac{\mathrm{ch}k(l-z)}{\mathrm{ch}kl}$
7	m, z, l	$-\dfrac{m}{k^2\mathrm{ch}kl}[kl\mathrm{sh}k(l-z)-\mathrm{ch}kl+\mathrm{ch}kz]$	$-\dfrac{m}{k\mathrm{ch}kl}[\mathrm{sh}kz-kl\mathrm{ch}k(l-z)]$

续表

序号	支承及载荷情况	$B(z)$	$M_\omega(z)$
8	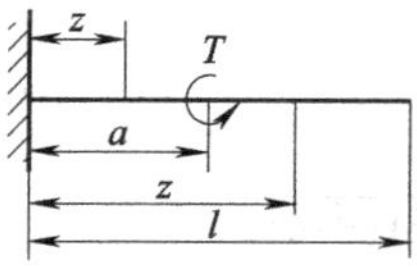	$z\leqslant a$ $-\frac{T}{k\mathrm{ch}kl}\{[\mathrm{sh}kl-\mathrm{sh}k(l-a)]\mathrm{ch}kz-\mathrm{ch}kl\,\mathrm{sh}kz\}$ $z\geqslant a$ $\frac{T}{k\mathrm{ch}kl}\mathrm{sh}k(l-z)(\mathrm{ch}ka-1)$	$z\leqslant a$ $\frac{T}{\mathrm{ch}kl}\{\mathrm{ch}kl\cdot\mathrm{ch}kz-[\mathrm{sh}kl-\mathrm{sh}k(1-a)]\mathrm{sh}kz\}$ $z\geqslant a$ $-\frac{T}{\mathrm{ch}kl}\mathrm{ch}k(l-z)(\mathrm{ch}ka-1)$
9	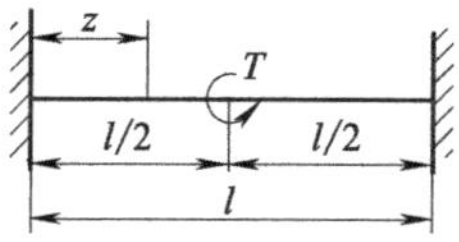	$\frac{T}{2k}\frac{\mathrm{ch}kz-\mathrm{ch}k\left(\frac{l}{2}-z\right)}{\mathrm{sh}\frac{kl}{2}}$	$\frac{T}{2}\frac{\mathrm{sh}kz+\mathrm{sh}k\left(\frac{l}{2}-z\right)}{\mathrm{sh}\frac{kl}{2}}$
10	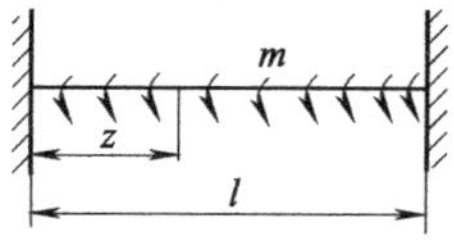	$\frac{m}{k^2}\left[1-\frac{kl\mathrm{ch}k\left(\frac{1}{2}-z\right)}{2\mathrm{sh}\frac{kl}{2}}\right]$	$\frac{ml}{2}\frac{\mathrm{sh}k\left(\frac{l}{2}-z\right)}{\mathrm{sh}\frac{kl}{2}}$
11	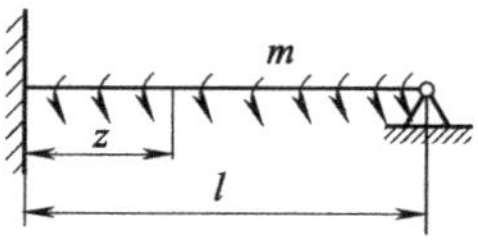	$\frac{m}{k^2}\left[1-\mathrm{ch}k(l-z)+\mathrm{sh}k(l-z)\frac{1+kl\mathrm{sh}kl-\mathrm{ch}kl-\frac{k^2l^2}{2}}{kl\mathrm{ch}kl-\mathrm{sh}kl}\right]$	$\frac{m}{k}\left[\mathrm{sh}k(l-z)-\mathrm{ch}k(l-z)\times\frac{1+kl\mathrm{sh}kl-\mathrm{ch}kl-\frac{k^2l^2}{2}}{kl\mathrm{ch}kl-\mathrm{sh}kl}\right]$
12	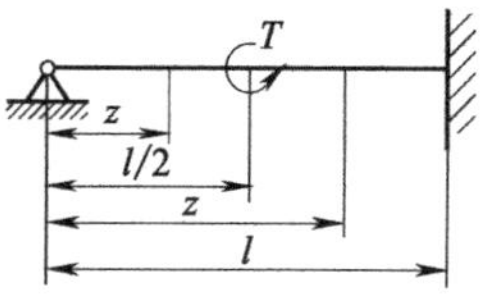	$z\leqslant\frac{l}{2}$ $\frac{T}{k}\frac{1}{kl\mathrm{ch}kl-\mathrm{sh}kl}\times\left(kl\mathrm{ch}\frac{kl}{2}-\mathrm{sh}\frac{kl}{2}-\frac{kl}{2}\right)\mathrm{sh}kz$ $z\geqslant\frac{l}{2}$ $\frac{T}{k}\left[\frac{\mathrm{sh}kz}{kl\mathrm{ch}kl-\mathrm{sh}kl}\times\left(kl\mathrm{ch}\frac{kl}{2}-\mathrm{sh}\frac{kl}{2}-\frac{kl}{2}\right)-\mathrm{sh}k\left(z-\frac{l}{2}\right)\right]$	$z\leqslant\frac{l}{2}$ $\frac{T}{\mathrm{sh}kl-kl\mathrm{ch}kl}\left(kl\mathrm{ch}\frac{kl}{2}-\mathrm{sh}\frac{kl}{2}-\frac{kl}{2}\right)\mathrm{ch}kz$ $z\geqslant\frac{l}{2}$ $T\left[\frac{\mathrm{ch}kz}{\mathrm{sh}kl-kl\mathrm{ch}kl}\times\left(kl\mathrm{ch}\frac{kl}{2}-\mathrm{sh}\frac{kl}{2}-\frac{kl}{2}\right)+\mathrm{ch}k\left(z-\frac{l}{2}\right)\right]$

表 1-1-99　弯曲切应力的计算公式及其分布（线弹性范围）

序号	截面形状和切应力分布图	垂直切应力 τ、沿周边切应力 τ_1 和最大切应力
1	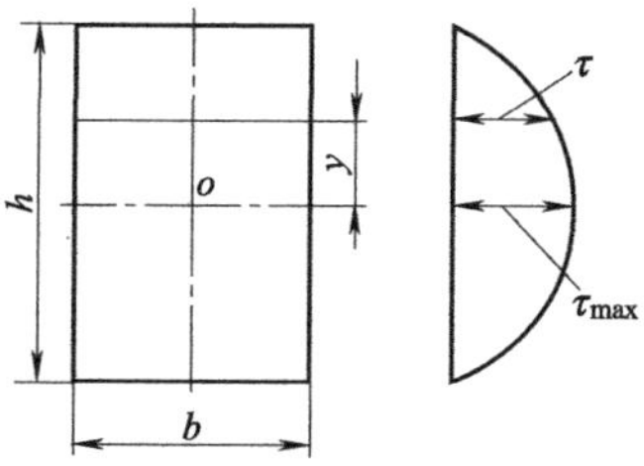	$\tau=\tau_1=\frac{3}{2}\frac{F_s}{A}\left[1-4\left(\frac{y}{h}\right)^2\right]$ $y=0$: $\tau_{max}=\tau_{1max}=\frac{3}{2}\frac{F_s}{A}$ $A=bh$

续表

序号	截面形状和切应力分布图	垂直切应力 τ、沿周边切应力 τ_1 和最大切应力
2	$2r_1$，$2r_2$，o，y，τ，τ_{max}	$r_1 \leqslant y \leqslant r_2$： $\tau=\dfrac{4F_s}{3\pi(r_2^4-r_1^4)}(r_2^2-y^2)$ $0 \leqslant y \leqslant r_1$： $\tau=\dfrac{4F_s}{3\pi(r_2^4-r_1^4)}\left[r_2^2+r_1^2-2y^2+\sqrt{(r_2^2-y^2)(r_1^2-y^2)}\right]$ $0 \leqslant y \leqslant r_1$ $\tau_1=\tau\bigg/\sqrt{1-\left(\dfrac{y}{r_2}\right)^2}$ $y=0$： $\tau_{max}=\tau_{1max}=\dfrac{F_s}{A}\times\dfrac{4(r_2^2+r_2r_1+r_1^2)}{3(r_2^2+r_1^2)}$ $A=\pi(r_2^2-r_1^2)$
3	t，r，y，τ，τ_{max} 薄壁圆环$\left(\dfrac{t}{r}\leqslant 5\right)$	$\tau=\dfrac{2F_s}{A}\left[1-\left(\dfrac{y}{r}\right)^2\right]$，$\tau_1=\dfrac{2F_s}{A}\left[1-\left(\dfrac{y}{r}\right)^2\right]^{1/2}$ $y=0$： $\tau_{max}=\dfrac{2F_s}{A}=\tau_{1max}$ $A=2\pi rt$
4	$2a_2$，$2a_1$，$2b_1$，$2b_2$，o，y，τ，τ_{max}	$a_1 \leqslant y \leqslant a_2$： $\tau=\dfrac{4F_s}{3\pi(a_2^3b_2-a_1^3b_1)}(a_2^2-y^2)$ $0 \leqslant y \leqslant a_1$： $\tau=\dfrac{4F_s}{3\pi(a_2^3b_2-a_1^3b_1)}\times\dfrac{\dfrac{b_2}{a_2}(a_2^2-y^2)^{\frac{3}{2}}-\dfrac{b_1}{a_1}(a_1^2-y^2)^{\frac{3}{2}}}{\dfrac{b_2}{a_2}(a_2^2-y^2)^{\frac{1}{2}}-\dfrac{b_1}{a_1}(a_1^2-y^2)^{\frac{1}{2}}}$ $y=0$： $\tau_{max}=\dfrac{F_s}{A}\times\dfrac{4(a_2^2b_2-a_1^2b_1)(a_2b_2-a_1b_1)}{3(a_2^3b_2-a_1^3b_1)(b_2-b_1)}$ $A=\pi(a_2b_2-a_1b_1)$
5	F_s，b，t，x，S，τ_{1max}，τ_1	$\tau_1=\dfrac{3\sqrt{2}}{2}\dfrac{F_s}{A}\left[1-\left(\dfrac{x}{b}\right)^2\right]$ $x=0$： $\tau_{1max}=\dfrac{3\sqrt{2}}{2}\dfrac{F_s}{A}$ $A=2bt$

续表

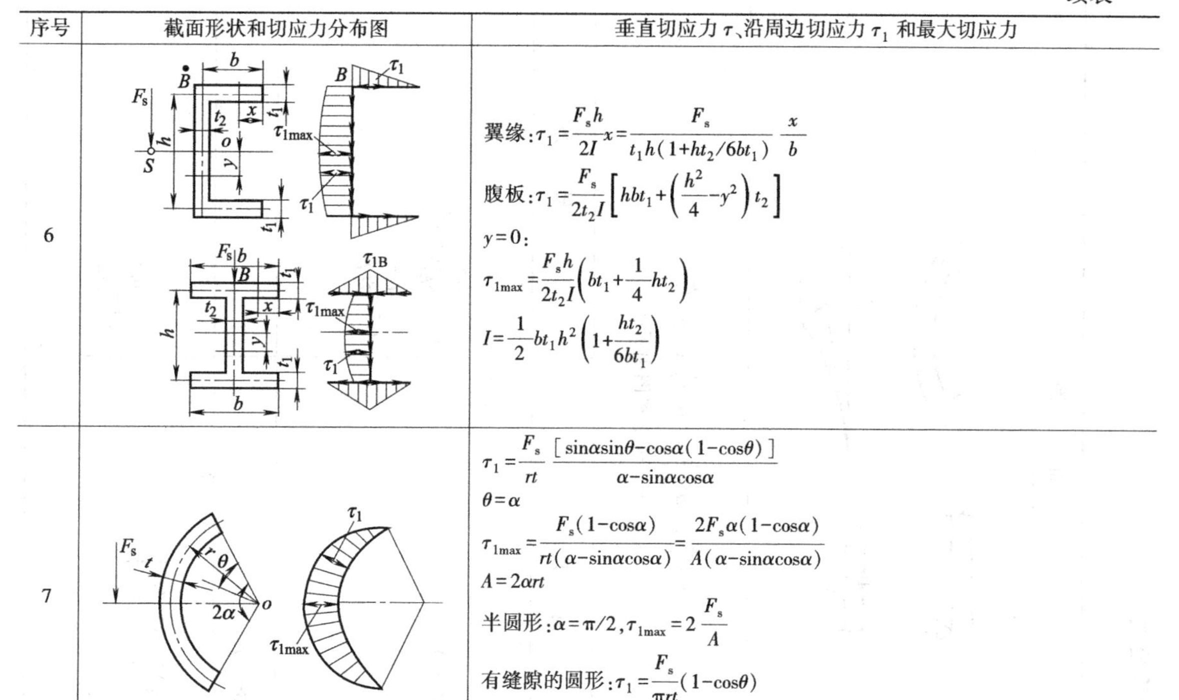

序号	截面形状和切应力分布图	垂直切应力 τ、沿周边切应力 τ_1 和最大切应力
6		翼缘：$\tau_1=\dfrac{F_s h}{2I}x=\dfrac{F_s}{t_1 h(1+ht_2/6bt_1)}\ \dfrac{x}{b}$ 腹板：$\tau_1=\dfrac{F_s}{2t_2 I}\left[hbt_1+\left(\dfrac{h^2}{4}-y^2\right)t_2\right]$ $y=0$： $\tau_{1\max}=\dfrac{F_s h}{2t_2 I}\left(bt_1+\dfrac{1}{4}ht_2\right)$ $I=\dfrac{1}{2}bt_1h^2\left(1+\dfrac{ht_2}{6bt_1}\right)$
7		$\tau_1=\dfrac{F_s}{rt}\ \dfrac{[\sin\alpha\sin\theta-\cos\alpha(1-\cos\theta)]}{\alpha-\sin\alpha\cos\alpha}$ $\theta=\alpha$ $\tau_{1\max}=\dfrac{F_s(1-\cos\alpha)}{rt(\alpha-\sin\alpha\cos\alpha)}=\dfrac{2F_s\alpha(1-\cos\alpha)}{A(\alpha-\sin\alpha\cos\alpha)}$ $A=2\alpha rt$ 半圆形：$\alpha=\pi/2,\tau_{1\max}=2\dfrac{F_s}{A}$ 有缝隙的圆形：$\tau_1=\dfrac{F_s}{\pi rt}(1-\cos\theta)$ $\alpha\to\pi,\tau_{1\max}=4\dfrac{F_s}{A}$

注：1. F_s—作用在横截面上垂直于中性轴的剪力。

2. 垂直切应力 τ 沿中性轴等垂直距离处均布，周边切应力 τ_1 与周边相切，且为全切应力。对薄壁截面序号 3、5、6 和 7 各点的全切应力即为 τ_1，且沿厚度均布。

表 1-1-100　　常用截面弯曲中心的位置

序号	截面形状	弯曲中心位置	序号	截面形状	弯曲中心位置
1	具有两个对称轴的截面	两对称轴的交点	5	槽形薄壁截面	$e_z=\dfrac{3b^2t_1}{6bt_1+ht}$
2	实心截面或闭口薄壁截面	通常与形心位置很接近			
3	各窄条矩形中心线汇交于一点的开口薄壁组合截面	在各矩形中心线的汇交点			
4	Ⅰ字形薄壁截面(非对称)	$e_y=\dfrac{t_1b_1^3}{t_1b_1^3+t_2b_2^3}h$	6	环形段薄壁截面	$e=2\dfrac{(\sin\alpha-\alpha\cos\alpha)}{(\alpha-\sin\alpha\cos\alpha)}r$ 当 $\alpha=\dfrac{\pi}{2}$　$e=\dfrac{4}{\pi}r$ $\alpha=\pi$　$e=2r$

注：对于非对称开口薄壁截面梁，要求载荷通过截面的某特定点如图中 S，且载荷所在平面平行于形心主惯性平面，此时梁不产生扭转变形，只产生平面弯曲，此特定点 S 称为截面的弯曲中心。

受静载荷梁的内力及变位计算公式

表 1-1-101

符号意义及正负号规定	简图
P——集中载荷 q——均布载荷 R——支座反力，作用方向向上者为正 Q——剪力，对邻近截面所产生的力矩沿顺时针方向者为正 M——弯矩，使截面上部受压，下部受拉者为正 θ——转角，顺时针方向旋转者为正 f——挠度，向下变位者为正 E——弹性模量 I——截面的轴惯性矩	R　Q　M　M　θ　f
1. 悬臂梁　A　B　M_B　x　l　R_B	$\xi=\frac{x}{l}$；　$\alpha=\frac{a}{l}$；　$\beta=\frac{b}{l}$；　$\gamma=\frac{c}{l}$ a、b、c——见各栏图中所示

简图	支座反力、支座反力矩	区段	剪力	弯矩	挠度	转角
P　A　B　l　M　Q	$R_B=P$ $M_B=-Pl$		$Q_x=-P$	$M_x=-Px$	$f_x=\frac{Pl^3}{6EI}(2-3\xi+\xi^3)$ $f_A=\frac{Pl^3}{3EI}$	$\theta_x=-\frac{Pl^2}{2EI}(1-\xi^2)$ $\theta_A=-\frac{Pl^2}{2EI}$
P　A　C　B　a　b　l　M　Q	$R_B=P$ $M_B=-Pb$	AC	$Q_x=0$	$M_x=0$	$f_x=\frac{Pb^2l}{6EI}(3-\beta-3\xi)$	$\theta_A=-\frac{Pb^2}{2EI}$
		CB	$Q_x=-P$	$M_x=-P(x-a)$	$f_x=\frac{Pb^2l}{6EI}\left[2-3\frac{x-a}{b}+\frac{(x-a)^3}{b^3}\right]$ $f_A=\frac{Pb^2l}{6EI}(3-\beta)$	

续表

简　图	支座反力、支座反力矩	区段	剪　力	弯　矩	挠　度	转　角
	$R_B=nP$ $M_B=-\frac{n+1}{2}Pl$				$f_A=\frac{3n^2+4n+1}{24nEI}Pl^3$	$\theta_A=-\frac{2n^2+3n+1}{12nEI}Pl^2$
	$R_B=ql$ $M_B=-\frac{ql^2}{2}$		$Q_x=-qx$	$M_x=-\frac{qx^2}{2}$	$f_x=\frac{ql^4}{24EI}(3-4\xi+\xi^4)$ $f_A=\frac{ql^4}{8EI}$	$\theta_x=-\frac{ql^3}{6EI}(1-\xi^3)$ $\theta_A=-\frac{ql^3}{6EI}$
	$R_B=qc$ $M_B=-qcb$	AC	$Q_x=0$	$M_x=0$	$f_x=\frac{qc}{24EI}[12b^2l-4b^3+ac^2-(12b^2+c^2)x]$	$\theta_x=\theta_A=-\frac{qc}{24EI}(12b^2+c^2)$
		CD	$Q_x=-q(x-d)$	$M_x=-\frac{q}{2}(x-d)$	$f_x=\frac{qc}{24EI}\left[12b^2l-4b^3+ac^2-(12b^2+c^2)x+\frac{(x-d)^4}{c}\right]$	$\theta_x=-\frac{qc}{24EI}\left[12b^2+c^2-\frac{4(x-d)^3}{c}\right]$
		DB	$Q_x=-qc$	$M_x=-qc(x-a)$	$f_x=\frac{qc}{6EI}[3b^2l-b^3-3b^2x+(x-a)^3]$ $f_A=\frac{qc}{24EI}(12b^2l-4b^3+ac^2)$	$\theta_x=-\frac{qc}{2EI}[b^2-(x-a)^2]$
	$R_B=\frac{ql}{2}$ $M_B=-\frac{ql^2}{6}$		$Q_x=-\frac{qx^2}{2l}$	$M_x=-\frac{qx^3}{6l}$	$f_x=\frac{ql^4}{120EI}(4-5\xi+\xi^5)$ $f_A=\frac{ql^4}{30EI}$	$\theta_x=-\frac{ql^3}{24EI}(1-\xi^4)$ $\theta_A=-\frac{ql^3}{24EI}$

续表

简图	支座反力、支座反力矩	区段	剪力	弯矩	挠度	转角
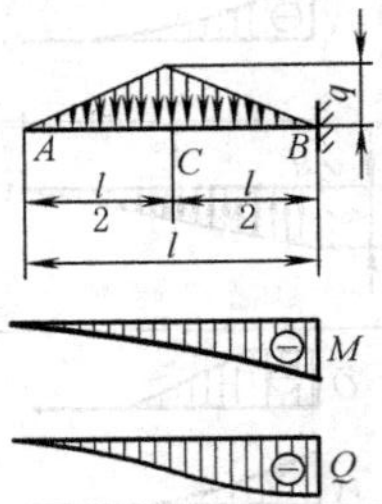	$R_B=\frac{ql}{2}$ $M_B=-\frac{ql^2}{4}$	AC	$Q_x=-\frac{qx^2}{l}$	$M_x=-\frac{qx^3}{3l}$	$f_A=\frac{11ql^4}{192EI}$	$\theta_A=-\frac{7ql^3}{96EI}$
		CB	$Q_x=\frac{ql}{2}(1-4\xi+2\xi^2)$	$M_x=-\frac{ql^2}{12}(1-6\xi+12\xi^2-4\xi^3)$		
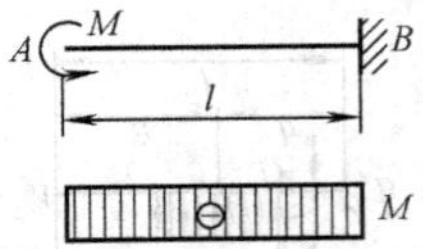	$R_B=0$ $M_B=M_x=-M$		$Q_x=0$	$M_x=-M$	$f_x=\frac{Ml^2}{2EI}(1-\xi)^2$ $f_A=\frac{Ml^2}{2EI}$	$\theta_x=-\frac{Ml}{EI}(1-\xi)$ $\theta_A=-\frac{Ml}{EI}$
2. 简支梁	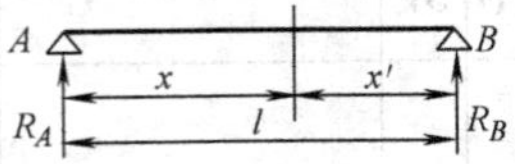				$\xi=\frac{x}{l};\zeta=\frac{x'}{l};\alpha=\frac{a}{l};\beta=\frac{b}{l};\gamma=\frac{c}{l}$;$\omega$ 值见表 1-1-102;a、b、c——见各栏中所示	
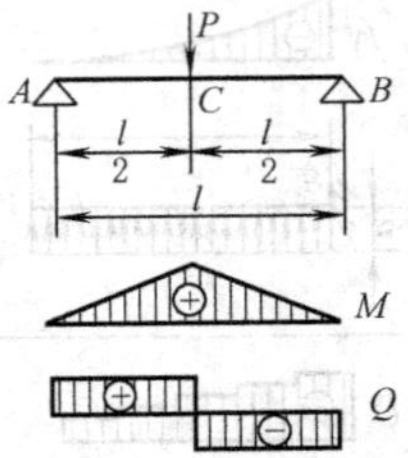	$R_A=R_B=\frac{P}{2}$	AC	$Q_x=\frac{P}{2}$	$M_x=\frac{Px}{2}$ $M_C=M_{\max}=\frac{Pl}{4}$	$f_x=\frac{Pl^2x}{48EI}(3-4\xi^2)$ $f_C=f_{\max}=\frac{Pl^3}{48EI}$	$\theta_x=\frac{Pl^2}{16EI}(1-4\xi^2)$ $\theta_A=-\theta_B=\frac{Pl^2}{16EI}$
		CB	$Q_x=-\frac{P}{2}$	$M_x=\frac{Pl}{2}(1-\xi)$ $=\frac{Pl}{2}\zeta$		
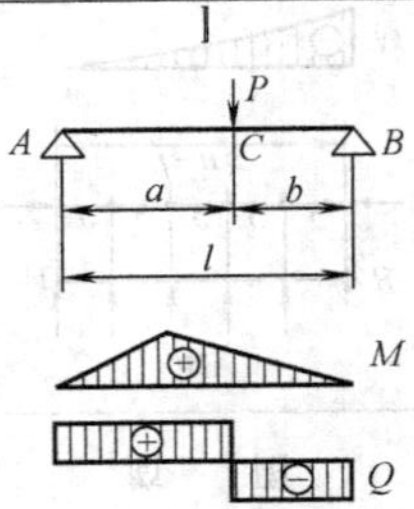	$R_A=\frac{Pb}{l}$ $R_B=\frac{Pa}{l}$	AC	$Q_x=\frac{Pb}{l}$	$M_x=\frac{Pbx}{l}$	$f_x=\frac{Pbl^2}{6EI}(\omega_{D\xi}-\beta^2\xi)$	$\theta_x=-\frac{Pbl}{6EI}(\omega_{M\zeta}+\beta^2)$ $\theta_A=\frac{Pbl}{6EI}(1-\beta^2)=\frac{Pl^2}{6EI}\omega_{D\beta}$
		CB	$Q_x=-\frac{Pa}{l}$	$M_x=Pa(1-\xi)$ $=Pa\zeta$ $M_C=M_{\max}=\frac{Pab}{l}=Pl\omega_{R\alpha}$	$f_x=\frac{Pal^2}{6EI}(\omega_{D\zeta}-\alpha^2\zeta)$　$f_C=\frac{Pa^2b^2}{3EIl}=\frac{Pl^3}{3EI}\omega_{R\alpha}^2$ 若 $a>b$,当 $x=\sqrt{\frac{a}{3}(a+2b)}$ 则 $f_{\max}=\frac{Pb}{9EIl}\sqrt{\frac{(a^2+2ab)^3}{3}}$	$\theta_x=\frac{Pal}{6EI}(\omega_{M\zeta}+\alpha^2)$ $\theta_B=-\frac{Pal}{6EI}(1-\alpha^2)=-\frac{Pl^2}{6EI}\omega_{D\alpha}$

续表

简图	支座反力、支座反力矩	区段	剪力	弯矩	挠度	转角
	$R_A=R_B=P$	AC	$Q_x=P$	$M_x=Px$	$f_x=\frac{Pl^2x}{6EI}(3\omega_{R\alpha}-\xi^2)$	$\theta_x=\frac{Pl^2}{2EI}(\omega_{R\alpha}-\xi^2)$
		CD	$Q_x=0$	$M_x=M_{max}=Pa$	$f_x=\frac{Pal^2}{6EI}(-\alpha^2+3\omega_{R\xi})$	$\theta_x=\frac{Pal}{2EI}(1-2\xi)$
					$f_{max}=\frac{Pal^2}{24EI}(3-4\alpha^2)$	$\theta_A=-\theta_B=\frac{Pal}{2EI}(1-\alpha)=\frac{Pl^2}{2EI}\omega_{R\alpha}$
	$R_A=\frac{P}{l}(2c+b)$ $R_B=\frac{P}{l}(2a+b)$	AC	$Q_x=\frac{P}{l}(2c+b)$	$M_x=\frac{P}{l}(2c+b)x$	$f_C=\frac{Pa}{6EIl}[(2a+c)l^2-4a^2l+2a^3-a^2c-c^3]$ $f_D=\frac{Pc}{6EIl}[(2c+a)l^2-4c^2l+2c^3-ac^2-a^3]$	$\theta_A=\frac{P}{6EIl}[(2a+c)l^2-3a^2l+a^3-c^3]$ $\theta_B=-\frac{P}{6EIl}[(2c+a)l^2-3c^2l+c^3-a^3]$
		CD	$Q_x=\frac{P}{l}(c-a)$	$M_x=\frac{P}{l}[(c-a)x+al]$		
		DB	$Q_x=-\frac{P}{l}(2a+b)$	$M_x=\frac{P}{l}(2a+b)\times(l-x)$ 若 $a>c$： $M_C=M_{max}=\frac{Pa}{l}(2c+b)$		
	$R_A=R_B=\frac{n-1}{2}P$			当 n 为奇数： $M_{max}=\frac{n^2-1}{8n}Pl$ 当 n 为偶数： $M_{max}=\frac{n}{8}Pl$	当 n 为奇数： $f_{max}=\frac{5n^4-4n^2-1}{384n^3EI}Pl^3$ 当 n 为偶数： $f_{max}=\frac{5n^2-4}{384nEI}Pl^3$	$\theta_A=-\theta_B=\frac{n^2-1}{24nEI}Pl^2$

续表

简图	支座反力、支座反力矩	区段	剪力	弯矩	挠度	转角
nP, A, B, c/2, c, c, c, c, c/2, l=nc, M, Q	$R_A=R_B=\frac{n}{2}P$			当 n 为奇数：$M_{max}=\frac{n^2+1}{8n}Pl$ 当 n 为偶数：$M_{max}=\frac{n}{8}Pl$	当 n 为奇数：$f_{max}=\frac{5n^4+2n^2+1}{384n^3EI}Pl^3$ 当 n 为偶数：$f_{max}=\frac{5n^2+2}{384nEI}Pl^3$	$\theta_A=-\theta_B=\frac{2n^2+1}{48nEI}Pl^2$
q, A, B, l, M, Q	$R_A=R_B=\frac{ql}{2}$		$Q_x=\frac{ql}{2}(1-2\xi)$	$M_x=\frac{qlx}{2}(1-\xi)$ $=\frac{ql^2}{2}\omega_{R\xi}$ $M_{max}=\frac{ql^2}{8}$	$f_x=\frac{ql^3x}{24EI}(1-2\xi^2+\xi^3)=\frac{ql^4}{24EI}\omega_{S\xi}$ $f_{max}=\frac{5ql^4}{384EI}$	$\theta_x=\frac{ql^3}{24EI}(1-6\xi^2+4\xi^3)$ $\theta_A=-\theta_B=\frac{ql^3}{24EI}$
q, A, C, D, B, a, a, l, M, Q	$R_A=R_B=qa$	AC	$Q_x=q(a-x)$	$M_x=\frac{qx}{2}(2a-x)$	$f_{max}=\frac{qa^2l^2}{48EI}(3-2\alpha^2)$	$\theta_A=-\theta_B=\frac{qa^2l}{12EI}(3-2\alpha)$
		CD	$Q_x=0$	$M_x=M_{max}=\frac{qa^2}{2}$		
q, A, C, D, B, a, c, a, l, M, Q	$R_A=R_B=\frac{qc}{2}$	AC	$Q_x=\frac{qc}{2}$	$M_x=\frac{qcx}{2}$	$f_x=\frac{qcl^2x}{48EI}(3-\gamma^2-4\xi^2)$	$\theta_x=\frac{qcl^2}{48EI}(3-\gamma^2-12\xi^2)$
		CD	$Q_x=\frac{q}{2}[c-2\times(x-a)]$	$M_x=\frac{q}{2}[cx-(x-a)^2]$	$f_x=\frac{qcl^3}{48EI}\left[(3-\gamma^2-4\xi^2)\xi+\frac{2(x-a)^4}{cl^3}\right]$	$\theta_x=\frac{qcl^2}{48EI}\left[3-\gamma^2-12\xi^2+\frac{8(x-a)^3}{cl^2}\right]$
				$M_{max}=\frac{qcl}{8}(2-\gamma)$	$f_{max}=\frac{qcl^3}{384EI}(8-4\gamma^2+\gamma^3)$	$\theta_A=-\theta_B=\frac{qcl^2}{48EI}(3-\gamma^2)$

续表

简图	支座反力、支座反力矩	区段	剪力	弯矩	挠度	转角
$a=d+\frac{c}{2}$	$R_A=\frac{qcb}{l}$ $R_B=\frac{qca}{l}$	AC	$Q_x=\frac{qcb}{l}$	$M_x=\frac{qcbx}{l}$	$f_x=\frac{qcb}{24EI}\left[\left(4l-4\frac{b^2}{l}-\frac{c^2}{l}\right)x-4\frac{x^3}{l}\right]$	$\theta_x=\frac{qcb}{24EI}\left(4l-4\frac{b^2}{l}-\frac{c^2}{l}-12\frac{x^2}{l}\right)$
		CD	$Q_x=qc\left(\frac{b}{l}-\frac{x-d}{c}\right)$	$M_x=qc\left[\frac{bx}{l}-\frac{(x-d)^2}{2c}\right]$	$f_x=\frac{qcb}{24EI}\left[\left(4l-4\frac{b^2}{l}-\frac{c^2}{l}\right)x-4\frac{x^3}{l}+\frac{(x-d)^4}{bc}\right]$	$\theta_x=\frac{qcb}{24EI}\left[4l-4\frac{b^2}{l}-\frac{c^2}{l}-12\frac{x^2}{l}+4\frac{(x-d)^3}{bc}\right]$
		DB	$Q_x=-\frac{qca}{l}$	$M_x=qca\left(1-\frac{x}{l}\right)$	$f_x=\frac{qc}{24EI}\left[4b\left(1-\frac{b^2}{l}\right)x-4\frac{bx^3}{l}+4(x-a)^3-ac^2\left(1-\frac{x}{l}\right)\right]$	$\theta_x=\frac{qc}{24EI}\left[4bl-4\frac{b^3}{l}+\frac{ac^2}{l}-12\frac{bx^2}{l}+12(x-a)^2\right]$
				当 $x=d+\frac{cb}{l}$：$M_{max}=\frac{qcb}{l}\left(d+\frac{cb}{2l}\right)$		$\theta_A=\frac{qcb}{24EI}\left(4l-4\frac{b^2}{l}-\frac{c^2}{l}\right)$ $\theta_B=-\frac{qca}{24EI}\left(4l-4\frac{a^2}{l}-\frac{c^2}{l}\right)$
$b=a+\frac{c}{2}$	$R_A=R_B=qc$	AC	$Q_x=qc$	$M_x=qcx$	$f_x=\frac{qc}{2EI}\left[\left(lb-b^2-\frac{c^2}{12}\right)x-\frac{x^3}{3}\right]$	$\theta_x=\frac{qc}{2EI}\left(lb-b^2-\frac{c^2}{12}-x^2\right)$
		CD	$Q_x=qc\left(1-\frac{x-a}{c}\right)$	$M_x=qc\left[x-\frac{(x-a)^2}{2c}\right]$	$f_x=\frac{qc}{2EI}\left[\left(lb-b^2-\frac{c^2}{12}\right)x-\frac{x^3}{3}+\frac{(x-a)^4}{12c}\right]$	$\theta_x=\frac{qc}{2EI}\left[lb-b^2-\frac{c^2}{12}-x^2+\frac{(x-a)^3}{3c}\right]$
		DE	$Q_x=0$	$M_x=M_{max}=qcb$	$f_x=\frac{qcb}{2EI}\left(lx-x^2-\frac{b^2}{3}-\frac{c^2}{12}\right)$	$\theta_x=\frac{qcb}{2EI}(l-2x)$
					$f_{max}=\frac{qcb}{2EI}\left(\frac{l^2}{4}-\frac{b^2}{3}-\frac{c^2}{12}\right)$	$\theta_A=-\theta_B=\frac{qc}{2EI}\left(lb-b^2-\frac{c^2}{12}\right)$
	$R_A=\frac{ql}{6}$ $R_B=\frac{ql}{3}$		$Q_x=\frac{ql}{6}(1-3\xi^2)=-\frac{ql}{6}\omega_{M\xi}$	$M_x=\frac{qlx}{6}(1-\xi^2)=\frac{ql^2}{6}\omega_{D\xi}$ 当 $x=\frac{l}{\sqrt{3}}$：$M_{max}=\frac{ql^2}{\sqrt{3}}$	$f_x=\frac{ql^3x}{360EI}(7-10\xi^2+3\xi^4)$ 当 $x=0.519l_2$　$f_{max}=0.00652\frac{ql^4}{EI}$	$\theta_x=\frac{ql^3}{360EI}(7-30\xi^2+15\xi^4)$ $\theta_A=\frac{7ql^3}{360EI}$；$\theta_B=-\frac{ql^3}{45EI}$

续表

简图	支座反力、支座反力矩	区段	剪力	弯矩	挠度	转角
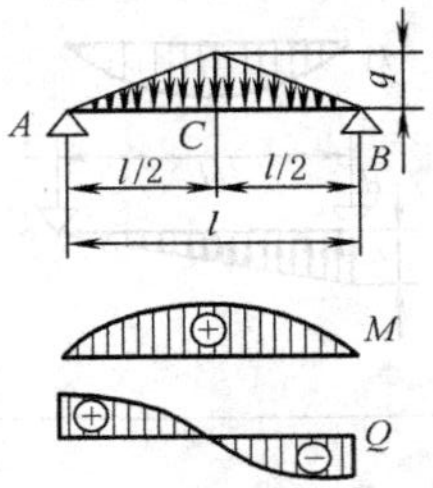	$R_A=R_B=\frac{ql}{4}$	AC	$\theta_x=\frac{ql}{4}(1-4\xi^2)$	$M_x=\frac{qlx}{12}(3-4\xi^2)$	$f_x=\frac{ql^3x}{120EI}\left(\frac{25}{8}-5\xi^2+2\xi^4\right)$	$\theta_x=\frac{ql^3}{24EI}\left(\frac{5}{8}-3\xi^2+2\xi^4\right)$
				$M_{max}=\frac{ql^2}{12}$	$f_{max}=\frac{ql^4}{120EI}$	$\theta_A=-\theta_B=\frac{5ql^3}{192EI}$
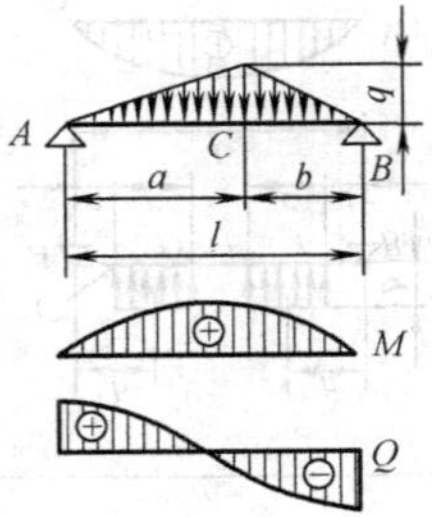	$R_A=\frac{ql}{6}(1+\beta)$	AC	$Q_x=-\frac{ql^2}{6a}(\beta^2+\omega_{M\xi})$	$M_x=\frac{ql^3}{6a}(\omega_{D\xi}-\beta^2\xi)$	$f_C=\frac{ql^4}{45EI}[4(\alpha^5+\beta^5)-9(\alpha^4+\beta^4)+5(\alpha^3+\beta^3)]$	$\theta_A=\frac{ql^3}{360EI}(1+\beta)(7-3\beta^2)$ $\theta_B=-\frac{ql^3}{360EI}(1+\alpha)(7-3\alpha^2)$
	$R_B=\frac{ql}{6}(1+\alpha)$	CB	$Q=\frac{ql^2}{6b}(\alpha^2+\omega_{M\xi})$	$M_x=\frac{ql^3}{6b}(\omega_{D\xi}-\alpha^2\xi)$		
				若 $a>b$,当 $x=\sqrt{\frac{a(l+b)}{3}}$: $M_{max}=\frac{q}{9}\sqrt{\frac{a(l+b)^3}{3}}$		
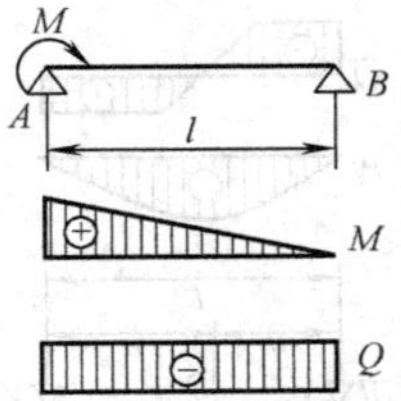	$R_A=-R_B=-\frac{M}{l}$		$Q_x=-\frac{M}{l}$	$M_x=M(1-\xi)$ $M_{max}=M$	$f_x=\frac{Ml_x}{6EI}(2-3\xi+\xi^2)=\frac{Ml^2}{6EI}\omega_{D\xi}$ 若 $x=0.423l$: $f_{max}=0.0642\frac{Ml^2}{EI}$	$\theta_A=\frac{Ml}{3EI}$ $\theta_B=-\frac{Ml}{6EI}$ $\theta_x=\frac{Ml}{6EI}(2-6\xi+3\xi^2)=\frac{M}{6EI}\omega_{M\xi}$
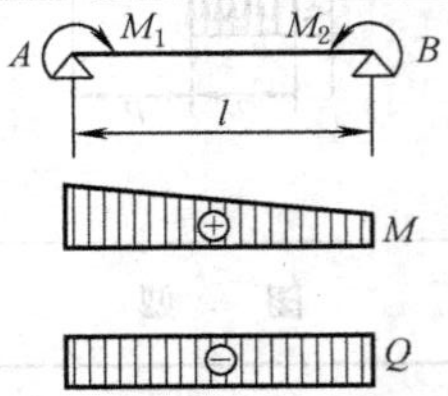	$M_0=M_2-M_1$ $R_A=-R_B=\frac{M_0}{l}$		$Q_x=\frac{M_0}{l}$	$M_x=M_1+M_0\frac{x}{l}$ 若 $M_1>M_2$: $M_{max}=M_1$	$f_x=\frac{l^2}{6EI}(3M_1\omega_{R\xi}+M_0\omega_{D\xi})$	$\theta_x=\frac{l}{6EI}[3M_1(1-2\xi)-M_0\omega_{M\xi}]$ $\theta_A=\frac{(2M_1+M_2)l}{6EI}$ $\theta_B=-\frac{(M_1+2M_2)l}{6EI}$

续表

简图	支座反力、支座反力矩	区段	剪力	弯矩	挠度	转角
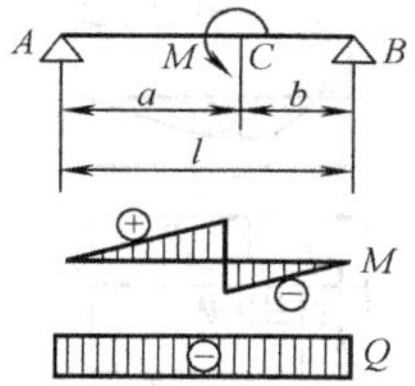	$R_A=-R_B$ $=\frac{M}{l}$	AC	$Q_x=\frac{M}{l}$	$M_x=M\xi$ $M_{C左}=M\alpha$	$f_x=\frac{Ml^2}{6EI}(\omega_{D\xi}-3\beta^2\xi)$	$\theta_x=-\frac{Ml}{6EI}(\omega_{M\xi}+3\beta^2)$
		CB		$M_x=-M\zeta$ $M_{C右}=-M\beta$	$f_x=-\frac{Ml^2}{6EI}(\omega_{D\xi}-3\alpha^2\zeta)$	$\theta_x=-\frac{Ml}{6EI}(\omega_{M\zeta}+3\alpha^2)$
						$\theta_A=\frac{Ml}{6EI}(1-3\beta^2)=-\frac{Ml}{6EI}\omega_{M\beta}$ $\theta_B=\frac{Ml}{6EI}(1-3\alpha^2)=-\frac{Ml}{6EI}\omega_{M\alpha}$

3. 一端简支另一端固定梁

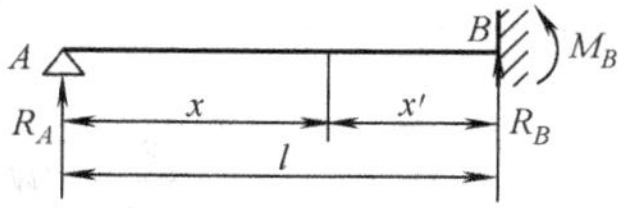

$\xi=\frac{x}{l};\zeta=\frac{x'}{l};\alpha=\frac{a}{l};\beta=\frac{b}{l};\gamma=\frac{c}{l}$;$\omega$ 值见表 1-1-102;a,b,c——见各栏图中所示

简图	支座反力、支座反力矩	区段	剪力	弯矩	挠度	转角
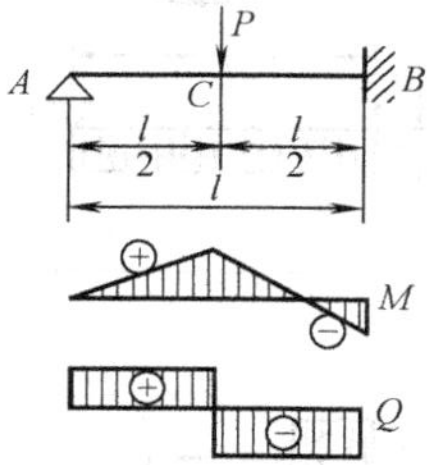	$R_A=\frac{5P}{16}$	AC	$Q_x=\frac{5P}{16}$	$M_x=\frac{5Px}{16}$	$f_x=\frac{Pl^2x}{96EI}(3-5\xi^2)$	$\theta_A=\frac{Pl^2}{32EI}$
		CB	$Q_x=-\frac{11P}{16}$	$M_x=\frac{Pl}{16}(8-11\xi)$	$f_x=\frac{Pl^3}{96EI}(-2+15\xi-24\xi^2+11\xi^3)$	
	$R_B=\frac{11P}{16}$			$M_B=-\frac{3Pl}{16}$ $M_C=M_{max}=\frac{5Pl}{32}$	$f_C=\frac{7Pl^3}{768EI}$ 当 $x=0.447l$: $f_{max}=0.00932\frac{Pl^3}{EI}$	
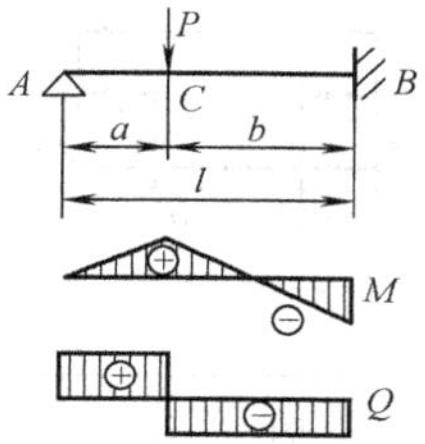	$R_A=\frac{Pb^2}{2l^2}(3-\beta)$ $R_B=\frac{Pa}{2l}(3-\alpha^2)$ $M_B=-\frac{Pab}{2l}(1+\alpha)$ $=-\frac{Pl}{2}\times\omega_{D\alpha}$	AC	$Q_x=R_A$	$M_x=R_Ax$	$f_x=\frac{1}{6EI}[R_A(3l^2x-x^3)-3Pb^2x]$	$\theta_A=\frac{Pab^2}{4EIl}=\frac{Pl^2}{4EI}\omega_{\tau\beta}$
		CB	$Q_x=R_A-P$	$M_x=R_Ax-P(x-a)$	$f_x=\frac{1}{6EI}[R_A(3l^2x-x^3)-3Pb^2x+P(x-a)^3]$	
				$M_C=M_{max}$ $=\frac{Pab^2}{2l^2}(3-\beta)$ $=\frac{Pl}{2}(3-\beta)\omega_{\tau\beta}$		

续表

简　图	支座反力、支座反力矩	区段	剪　力	弯　矩	挠　度	转　角
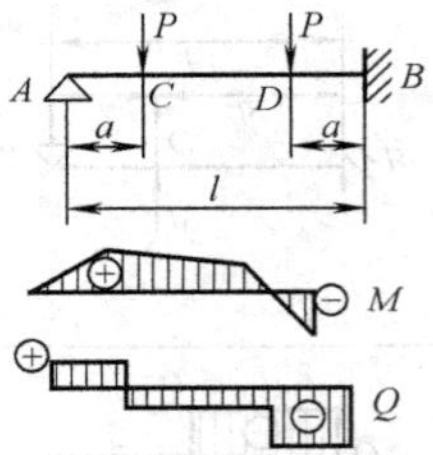	$R_A=\frac{P}{2}(2-3\alpha+3\alpha^2)$ $=\frac{P}{2}(2-3\omega_{R\alpha})$ $R_B=\frac{P}{2}(2+3\alpha-3\alpha^2)$ $=\frac{P}{2}(2+3\omega_{R\alpha})$ $M_B=-\frac{3Pa}{2}(1-\alpha)$ $=-\frac{3Pl}{2}\omega_{R\alpha}$	AC	$Q_x=R_A$	$M_x=R_Ax$	$f_x=\frac{1}{6EI}[R_A(3l^2x-x^3)-3P(l^2-2al+2a^2)x]$	$\theta_A=\frac{Pal}{4EI}(1-\alpha)=\frac{Pl^2}{4EI}\omega_{R\alpha}$
		CD	$Q_x=R_A-P$	$M_x=R_Ax-P(x-a)$	$f_x=\frac{1}{6EI}[R_A(3l^2x-x^3)-3P(l^2-2al+2a^2)x+P(x-a)^3]$	
		DB	$Q_x=R_A-2P$	$M_x=R_Ax-P(2x-l)$	$f_x=\frac{1}{6EI}[R_A(3l^2x-x^3-2l^3)+P(l^3-3lx^2+2x^3)]$	
				$M_C=M_{max}=R_Aa$	$f_C=\frac{Pa^2l}{12EI}(3-5\alpha+3\omega_{\tau\alpha})$	
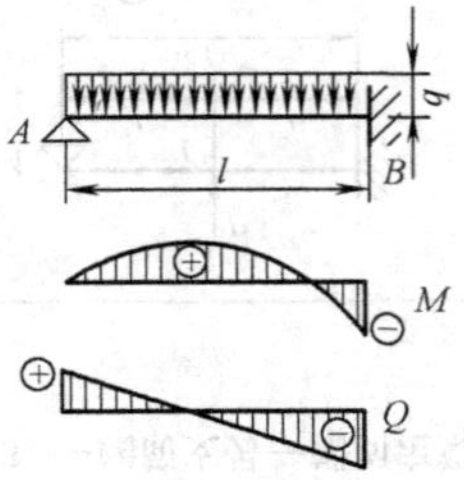	$R_A=\frac{3ql}{8}$ $R_B=\frac{5ql}{8}$ $M_B=-\frac{ql^2}{8}$		$Q_x=\frac{ql}{8}(3-8\xi)$	$M_x=\frac{qlx}{8}(3-4\xi)$ 当 $x=\frac{3}{8}l$: $M_{max}=\frac{9ql^2}{128}$	$f_x=\frac{ql^3x}{48EI}(1-3\xi^2+2\xi^3)$ $=\frac{ql^4}{48EI}(2\omega_{S\xi}-\omega_{D\xi})$ 当 $x=0.422l$: $f_{max}=0.00542\frac{ql^4}{EI}$	$\theta_x=\frac{ql^3}{48EI}(1-9\xi^2+8\xi^3)$ $\theta_A=\frac{ql^3}{48EI}$
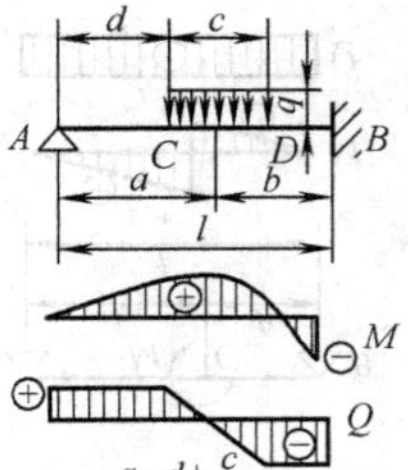	$R_A=\frac{qc}{8l^3}(12b^2l-4b^3+ac^2)$ $R_B=qc-R_A$ $M_B=R_Al-qcb$	AC	$Q_x=R_A$	$M_x=R_Ax$	$f_x=\frac{1}{24EI}[4R_A(3l^2x-x^3)-qc(12b^2+c^2)x]$	$\theta_A=\frac{1}{24EI}[12R_Al^2-qc(12b^2+c^2)]$
		CD	$Q_x=R_A-q(x-d)$	$M_x=R_Ax-\frac{q}{2}(x-d)^2$	$f_x=\frac{1}{24EI}[4R_A(3l^2x-x^3)-qc(12b^2+c^2)x+q(x-d)^4]$	
		DB	$Q_x=R_A-qc$	$M_x=R_Ax-qc(x-a)$	$f_x=\frac{1}{24EI}[4R_A(3l^2x-x^3)-12qcb^2x+4qc(x-a)^3-qac^3]$	
$a=d+\frac{c}{2}$				当 $x=d+\frac{R_A}{q}$: $M_{max}=R_A\left(d+\frac{R_A}{2q}\right)$		

续表

简图	支座反力、支座反力矩	区段	剪力	弯矩	挠度	转角
A B q l M ⊕ ⊖ Q ⊕ ⊖	$R_A=\frac{ql}{10}$ $R_B=\frac{2ql}{5}$ $M_B=-\frac{ql^2}{15}$		$Q_x=\frac{ql}{10}(1-5\xi^2)$	$M_x=\frac{qlx}{30}(3-5\xi^2)$ 当 $x=0.447l$： $M_{max}=0.0298ql^2$	$f_x=\frac{ql^3x}{120EI}(1-2\xi^2+\xi^4)$ 当 $x=0.447l$： $f_{max}=0.00239\frac{ql^4}{EI}$	$\theta_x=\frac{ql^3}{120EI}(1-6\xi^2+5\xi^4)$ $\theta_A=\frac{ql^3}{120EI}$
q A B l M ⊕ ⊖ Q ⊕ ⊖	$R_A=\frac{11ql}{40}$ $R_B=\frac{9ql}{40}$ $M_B=-\frac{7ql^2}{120}$		$Q_x=$ $\frac{ql}{2}\left(\frac{11}{20}-2\xi+\xi^2\right)$	$M_x=$ $\frac{qlx}{6}\left(\frac{33}{20}-3\xi+\xi^2\right)$ 当 $x=0.329l$： $M_{max}=0.0423ql^2$	$f_x=\frac{ql^3x}{240EI}(3-11\xi^2+10\xi^3-2\xi^4)$ 当 $x=0.402l$： $f_{max}=0.00305\frac{ql^4}{EI}$	$\theta_x=\frac{ql^3}{240EI}(3-33\xi^2+40\xi^3-10\xi^4)$ $\theta_A=\frac{ql^3}{80EI}$
A C B q $\frac{l}{2}$ $\frac{l}{2}$ l M ⊕ ⊖ Q ⊕ ⊖	$R_A=\frac{11ql}{64}$ $R_B=\frac{21ql}{64}$ $M_B=-\frac{5ql^2}{64}$	AC	$Q_x=$ $ql\left(\frac{11}{64}-\xi^2\right)$	当 $x=0.415l$： $M_{max}=0.0475ql^2$	当 $x=0.430l$： $f_{max}=0.00357\frac{ql^4}{EI}$	$\theta_A=\frac{5ql^3}{384EI}$

续表

简图	支座反力、支座反力矩	区段	剪力	弯矩	挠度	转角
	$R_A=-R_B=-\frac{3M}{2l}$ $M_B=-\frac{M}{2}$		$Q_x=-\frac{3M}{2l}$	$M_x=\frac{M}{2}(2-3\xi)$ $M_A=M_{\max}=M$	$f_x=\frac{Mlx}{4EI}(1-2\xi+\xi^2)=\frac{Ml^2}{4EI}\omega_{\tau\xi}$ 当 $x=\frac{l}{3}$：$f_{\max}=\frac{Ml^2}{27EI}$	$\theta_x=\frac{Ml}{4EI}(1-4\xi+3\xi^2)$ $\theta_A=\frac{Ml}{4EI}$
	$R_A=-R_B$ $=-\frac{3M}{2l}(1-\alpha^2)$ $M_B=-\frac{M}{2}(1-3\alpha^2)$ $=\frac{M}{2}\omega_{M\alpha}$	AC	$Q_x=R_A$	$M_x=-\frac{3M}{2}(1-\alpha^2)\xi$	$f_x=\frac{Ml^2}{4EI}[(1-4\alpha+3\alpha^2)\xi+(1-\alpha^2)\xi^3]$	$\theta_A=\frac{Ml}{4EI}(1-4\alpha+3\alpha^2)$
		CB		$M_x=$ $\frac{M}{2}[2-3(1-\alpha^2)\xi]$	$f_x=\frac{Ml^2}{4EI}[(1-\xi)^2\xi-(2-3\xi+\xi^3)\alpha^2]$	
				$M_{C左}=-\frac{3M}{2}(\alpha-\alpha^3)$ $=-\frac{3M}{2}\omega_{D\alpha}$ $M_{C右}=M_{\max}$ $=M+M_{C左}$		
4. 两端固定梁	$\xi=\frac{x}{l}$；$\zeta=\frac{x'}{l}$；$\alpha=\frac{a}{l}$；$\beta=\frac{b}{l}$；$\gamma=\frac{c}{l}$；ω 值见表 1-1-102；a,b,c——见各栏图中所示					
	$R_A=R_B=\frac{P}{2}$ $M_A=M_B=-\frac{Pl}{8}$	AC	$Q_x=\frac{P}{2}$	$M_x=-\frac{Pl}{8}(1-4\xi)$ $M_{\max}=\frac{Pl}{8}$ 反弯点在 $x=\frac{l}{4}$ 及 $x=\frac{3l}{4}$ 处	$f_x=\frac{Plx^2}{48EI}(3-4\xi)$ $f_{\max}=\frac{Pl^3}{192EI}$	

续表

简图	支座反力、支座反力矩	区段	剪力	弯矩	挠度	转角
	$R_A=R_B=P$ $M_A=M_B$ $=-Pa(1-\alpha)$ $=-Pl\omega_{R\alpha}$	AC	$Q_x=P$	$M_x=Pl(\xi-\omega_{R\alpha})$	$f_x=\frac{Plx^2}{6EI}(3\omega_{R\alpha}-\xi)$	
		CD	$Q_x=0$	$M_x=M_{max}=\frac{Pa^2}{l}$	$f_x=\frac{Pa^2l}{6EI}(3\omega_{R\xi}-\alpha)$	
					$f_{max}=\frac{Pa^2l}{24EI}(3-4\alpha)$	
	$R_A=\frac{Pb^2}{l^2}(1+2\alpha)$ $R_B=\frac{Pa^2}{l^2}(1+2\beta)$ $M_A=-\frac{Pab^2}{l^2}$ $=-Pl\omega_{\tau\beta}$ $M_B=-\frac{Pa^2b}{l^2}$ $=-Pl\omega_{\tau\alpha}$	AC	$Q_x=R_A$	$M_x=M_A+R_Ax$	$f_x=\frac{Pb^2x^2}{6EIl}[3\alpha-(1+2\alpha)\xi]$	
		CB	$Q_x=R_A-P$	$M_x=M_A+R_Ax-P(x-a)$	$f_x=-\frac{Pa^2(l-x)^2}{6EIl}[\alpha-(1+2\beta)\xi]$	
				$M_C=M_{max}$ $=\frac{2Pa^2b^2}{l^3}$ $=2Pl\omega_{R\alpha}^2$	$f_C=\frac{Pa^3b^3}{3EIl^3}=\frac{Pl^3}{3EI}\omega_{R\alpha}^3$ 若 $a>b$，当 $x=\frac{2al}{3a+b}$： $f_{max}=\frac{2P}{3EI}\times\frac{a^3b^3}{(3a+b)^2}$	
	$R_A=R_B$ $=\frac{n-1}{2}P$ $M_A=M_B$ $=-\frac{n^2-1}{12n}Pl$			当 n 为奇数： $M_{max}=\frac{n^2-1}{24n}Pl$ 当 n 为偶数： $M_{max}=\frac{n^2+2}{24n}Pl$	当 n 为奇数： $f_{max}=\frac{n^4-1}{384n^3EI}Pl^3$ 当 n 为偶数： $f_{max}=\frac{nPl^3}{384EI}$	

续表

简图	支座反力、支座反力矩	区段	剪力	弯矩	挠度	转角
	$R_A=R_B=\frac{n}{2}P$ $M_A=M_B$ $=-\frac{2n^2+1}{24n}Pl$			当 n 为奇数： $M_{max}=\frac{n^2+2}{24n}Pl$ 当 n 为偶数： $M_{max}=\frac{n^2-1}{24n}Pl$	当 n 为奇数： $f_{max}=\frac{n^4+1}{384n^3EI}Pl^3$ 当 n 为偶数： $f_{max}=\frac{nPl^3}{384EI}$	
	$R_A=R_B=\frac{ql}{2}$ $M_A=M_B$ $=-\frac{ql^2}{12}$		$Q_x=\frac{ql}{2}(1-2\xi)$	$M_x=\frac{ql^2}{12}(6\omega_{R\xi}-1)$ $M_{max}=\frac{ql^2}{24}$ 反弯点在 $x=0.211l$ 及 $x=0.789l$ 处	$f_x=\frac{ql^2x^2}{24EI}(1-\xi)^2=\frac{ql^4}{24EI}\omega_{R\xi}^2$ $f_{max}=\frac{ql^4}{384EI}$	
	$R_A=R_B=qa$ $M_A=M_B$ $=-\frac{qa^2}{6}(3-2\alpha)$	AC	$Q_x=$ $qa\left(1-\frac{x}{a}\right)$	$M_x=\frac{qa^2}{6}\left(-3+2\alpha+6\frac{x}{a}-3\frac{x^2}{a^2}\right)$	$f_x=\frac{qa^2x^2}{24EI}\left(6-4\alpha-4\frac{x}{a}+\frac{x^2}{a^2}\right)$	
		CD	$Q_x=0$	$M_x=M_{max}=\frac{qa^3}{3l}$	$f_x=\frac{qa^3l}{24EI}(4\omega_{R\xi}-\alpha)$	
					$f_{max}=\frac{qa^3l}{24EI}(1-\alpha)=\frac{qal^3}{24EI}\omega_{\tau\alpha}$	

续表

简图	支座反力、支座反力矩	区段	剪力	弯矩	挠度	转角
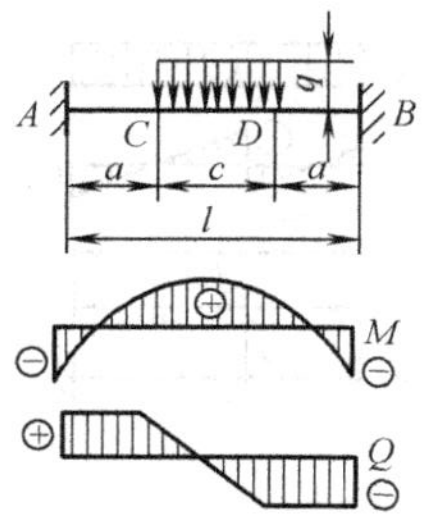	$R_A=R_B=\frac{qc}{2}$ $M_A=M_B$ $=-\frac{qcl}{24}(3-\gamma^2)$	AC	$Q_x=\frac{qc}{2}$	$M_x=\frac{qcl}{24}\times$ $(-3+\gamma^2+12\xi)$	$f_x=\frac{qcl^3}{48EI}[(3-\gamma^2)\xi^2-4\xi^3]$	
		CD	$Q_x=\frac{qc}{2}\times$ $\left[1-\frac{2(x-a)}{c}\right]$	$M_x=\frac{qcl}{24}\times$ $\left[-3+\gamma^2+12\xi-12\times\frac{(x-a)^2}{cl}\right]$	$f_x=\frac{qcl^3}{48EI}\left[(3-\gamma^2)\xi^2-4\xi^3+2\frac{(x-a)^4}{cl^3}\right]$	
				$M_{\max}=\frac{lqc}{24}(3-3\gamma+\gamma^2)$	$f_{\max}=\frac{qcl^3}{384EI}(2-2\gamma^2+\gamma^3)$	
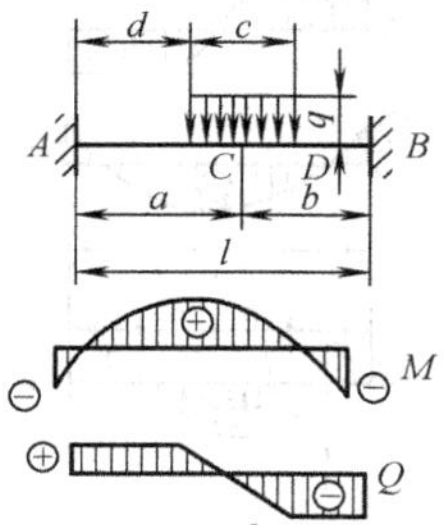 $a=d+\frac{c}{2}$	$R_A=\frac{qc}{4l^3}(12b^2l-8b^3+c^2l-2bc^2)$ $R_B=qc-R_A$ $M_A=-\frac{qc}{12l^2}(12ab^2-3bc^2+c^2l)$ $M_B=-\frac{qc}{12l^2}(12a^2b+3bc^2-2c^2l)$	AC	$Q_x=R_A$	$M_x=M_A+R_Ax$	$f_x=\frac{1}{6EI}(-R_Ax^3-3M_Ax^2)$	
		CD	$Q_x=R_A-q(x-d)$	$M_x=M_A+R_Ax-\frac{q(x-d)^2}{2}$	$f_x=\frac{1}{6EI}\left[-R_Ax^3-3M_Ax^2+\frac{q(x-d)^4}{4}\right]$	
		DB	$Q_x=R_A-qc$	$M_x=M_A+R_Ax-qc(x-a)$	$f_x=\frac{1}{6EI}\times$ $\left[-R_Ax^3-3M_Ax^2+qc(x-a)^3+\frac{qc^3(x-a)}{4}\right]$	
				当 $x=d+\frac{R_A}{q}$： $M_{\max}=M_A+R_A\left(d+\frac{R_A}{2q}\right)$		
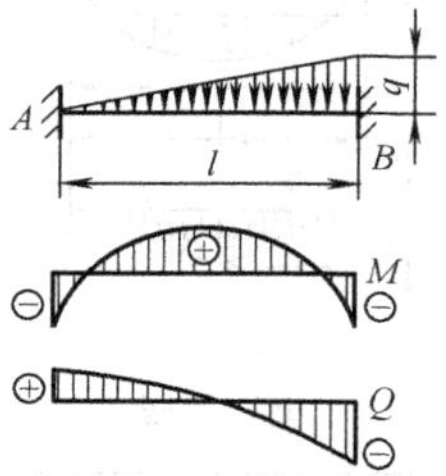	$R_A=\frac{3ql}{20}$ $R_B=\frac{7ql}{20}$ $M_A=-\frac{ql^2}{30}$ $M_B=-\frac{ql^2}{20}$		$Q_x=$ $\frac{ql}{20}(3-10\xi^2)$	$M_x=\frac{ql^2}{60}(-2+9\xi-10\xi^3)$ 当 $x=0.548l$： $M_{\max}=0.0214ql^2$	$f_x=\frac{ql^2x^2}{120EI}(2-3\xi+\xi^3)$ 当 $x=0.525l$： $f_{\max}=0.00131\frac{ql^4}{EI}$	

续表

简图	支座反力、支座反力矩	区段	剪力	弯矩	挠度	转角
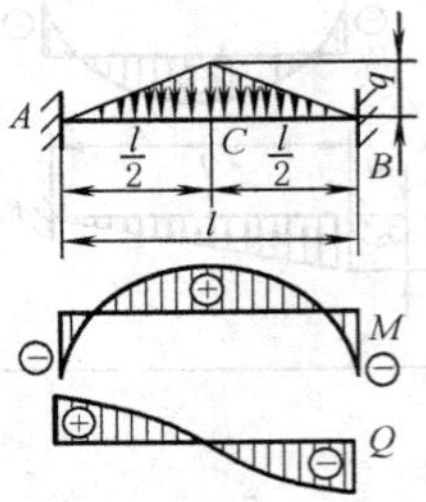	$R_A=R_B=\frac{ql}{4}$ $M_A=M_B=-\frac{5ql^2}{96}$	AC	$Q_x=\frac{ql}{4}(1-4\xi^2)$	$M_x=\frac{ql^2}{12}\times\left(-\frac{5}{8}+3\xi-4\xi^3\right)$	$f_x=\frac{ql^2x^2}{120EI}\left(\frac{25}{8}-5\xi+2\xi^3\right)$	
				$M_{max}=\frac{ql^2}{32}$	$f_{max}=\frac{7ql^4}{3840EI}$	
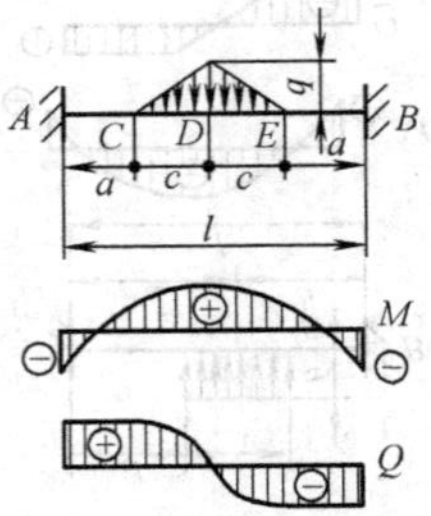	$R_A=R_B=\frac{qc}{2}$ $M_A=M_B=-\frac{qcl}{24}(3-2\gamma^2)$	AC CD	$Q_x=\frac{qc}{2}$ $Q_x=\frac{qc}{2}\times\left[1-\frac{(x-a)^2}{c^2}\right]$	$M_{max}=\frac{qcl}{24}(3-4\gamma+2\gamma^2)$	$f_{max}=\frac{qcl^3}{960EI}(5-10\gamma^2+8\gamma^3)$	
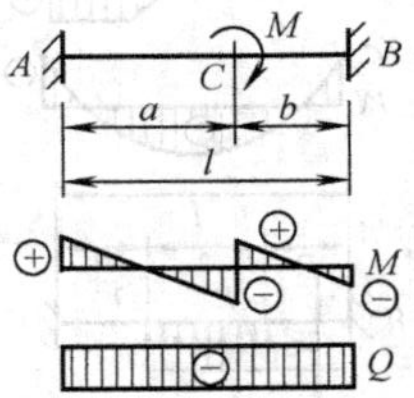	$R_A=-R_B=-\frac{6Mab}{l^3}=-\frac{6M}{l}\omega_{R\alpha}$ $M_A=\frac{Mb}{l}(2-3\beta)$ $M_B=-\frac{Ma}{l}(2-3\alpha)$	AC	$Q_x=R_A$	$M_x=M_A+R_Ax$	$f_x=\frac{1}{6EI}(-3M_Ax^2-R_Ax^3)$	
		CB		$M_x=M_A+R_Ax+M$	$f_x=\frac{1}{6EI}[(M_A+M)(6lx-3x^2-3l^2)-R_A(2l^3-3l^2x+x^3)]$	
				$M_{C右}=M_{max}=\frac{Ma}{l}(4-9\alpha+6\alpha^2)$ $M_{C左}=-M(1-4\alpha+9\alpha^2-6\alpha^3)$		

续表

简　图	支座反力、支座反力矩	区段	剪　力	弯　矩	挠　度	转　角
5. 带悬臂的梁					$\lambda=\frac{m}{l}$	
	$R_A=P(1+\lambda)$ $R_B=-P\lambda$ $M_A=-Pm$	AC	$Q_x=-P$	$M_x=-Px$	$f_C=\frac{Pm^2l}{3EI}(1+\lambda)$ 当 $x=m+0.423l$ 时： $f_{\min}=-0.0642\frac{Pml^2}{EI}$	$\theta_C=-\frac{Pml}{6EI}(2+3\lambda)$ $\theta_A=-\frac{Pml}{3EI}$ $\theta_B=\frac{Pml}{6EI}$
		AB	$Q_x=R_A-P$	$M_x=-Px+P(1+\lambda)(x-m)$		
	$R_A=R_B=P$ $M_A=M_B=-Pm$	AC	$Q_x=-P$	$M_x=-Px$	$f_C=f_D=\frac{Pm^2l}{6EI}(3+2\lambda)$ 当 $x=m+0.5l$ 时： $f_{\min}=-\frac{Pml^2}{8EI}$	$\theta_C=-\theta_D=-\frac{Pml}{2EI}(1+\lambda)$ $\theta_A=-\theta_B=-\frac{Pml}{2EI}$
		AB	$Q_x=0$	$M_x=-Pm$		
	$R_A=R_B=\frac{ql}{2}(1+2\lambda)$ $M_A=M_B=-\frac{qm^2}{2}$	AC AB	$Q_x=-qx$ $Q_x=R_A-qx$	$M_{\max}=\frac{ql^2}{8}(1-4\lambda^2)$	$f_C=f_D=\frac{qml^3}{24EI}(-1+6\lambda^2+3\lambda^3)$ $f_{\max}=\frac{ql^4}{384EI}(5-24\lambda^2)$	$\theta_C=-\theta_D=\frac{ql^3}{24EI}(1-6\lambda^2-4\lambda^3)$ $\theta_A=-\theta_B=\frac{ql^3}{24EI}(1-6\lambda^2)$
	$R_A=\frac{qm}{2}(2+\lambda)$ $R_B=-\frac{qm^2}{2l}$ $M_A=-\frac{qm^2}{2}$	AC	$Q_x=-qx$	$M_x=-\frac{qx^2}{2}$	$f_C=\frac{qm^3l}{24EI}(4+3\lambda)$ 当 $x=m+0.423l$ 时： $f_{\min}=-0.0321\frac{qm^2l^2}{EI}$	$\theta_C=-\frac{qm^2l}{6EI}(1+\lambda)$ $\theta_A=-\frac{qm^2l}{6EI}$ $\theta_B=\frac{qm^2l}{12EI}$
		AB	$Q_x=\frac{qm^2}{2l}$	$M_x=-\frac{qm^2}{2}\left(\frac{m+l-x}{l}\right)$		

续表

简图	支座反力、支座反力矩	区段	剪力	弯矩	挠度	转角
	$R_A=R_B=qm$ $M_A=M_B=-\frac{qm^2}{2}$	AC	$Q_x=-qx$	$M_x=-\frac{qx^2}{2}$	$f_C=f_D=\frac{qm^3l}{8EI}(2+\lambda)$ 当 $x=m+0.5l$ 时： $f_{\min}=-\frac{qm^2l^2}{16EI}$	$\theta_C=-\theta_D=-\frac{qm^2l}{12EI}(3+2\lambda)$ $\theta_A=-\theta_B=-\frac{qm^2l}{4EI}$
		AB	$Q_x=0$	$M_x=-\frac{qm^2}{2}$		
	$R_A=\frac{P}{2}(2+3\lambda)$ $R_B=-\frac{3Pm}{2l}$ $M_A=-Pm$ $M_B=\frac{Pm}{2}$	AC	$Q_x=-P$	$M_x=-Px$	$f_C=\frac{Pm^2l}{12EI}(3+4\lambda)$ 当 $x=m+\frac{l}{3}$ 时： $f_{\min}=-\frac{Pml^2}{27EI}$	$\theta_C=-\frac{Pml}{4EI}(1+2\lambda)$ $\theta_A=-\frac{Pml}{4EI}$
		AB	$Q_x=\frac{3Pm}{2l}$	$M_x=-Px+R_A(x-m)$		
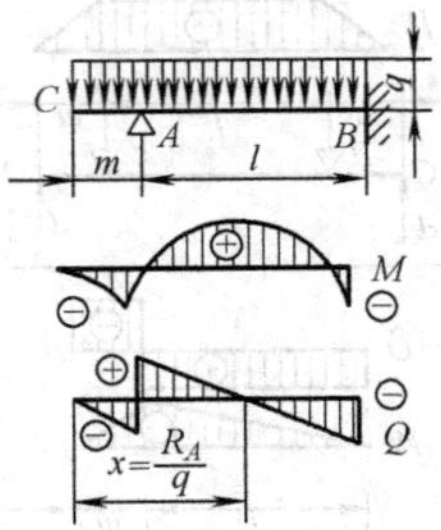	$R_A=\frac{ql}{8}(3+8\lambda+6\lambda^2)$ $R_B=\frac{ql}{8}(5-6\lambda^2)$ $M_A=-\frac{qm^2}{2}$ $M_B=-\frac{ql^2}{8}(1-2\lambda^2)$	AC AB	$Q_x=-qx$ $Q_x=R_A-qx$	当 $x=\frac{R_A}{q}$ 时： $M_{\max}=\frac{R_B}{2q}-M_B$ 当 $m=0.707l$ 时： $M_B=0$	$f_C=\frac{qml^3}{48EI}(-1+6\lambda^2+6\lambda^3)$	$\theta_C=\frac{ql^3}{48EI}(1-6\lambda^2-8\lambda^3)$ $\theta_A=\frac{ql^3}{48EI}(1-6\lambda^2)$
	$R_A=\frac{qm}{4}(4+3\lambda)$ $R_B=-\frac{3qm^2}{4l}$ $M_A=-\frac{qm^2}{2}$ $M_B=\frac{qm^2}{4}$	AC	$Q_x=-qx$	$M_x=-\frac{qx^2}{2}$	$f_C=\frac{qm^3l}{8EI}(1+\lambda)$	$\theta_C=-\frac{qm^2l}{24EI}(3-4\lambda)$ $\theta_A=-\frac{qm^2l}{8EI}$
		AB	$Q_x=R_A-qx$	$M_x=-qm\left(x-\frac{m}{2}\right)+R_A(x-m)$		

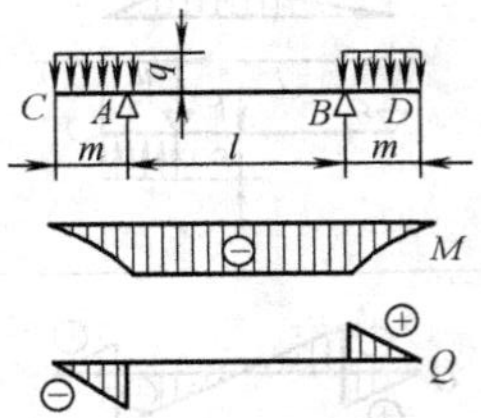

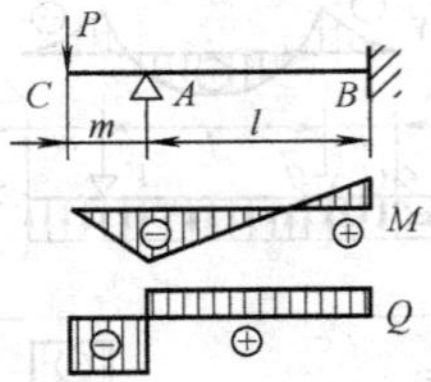

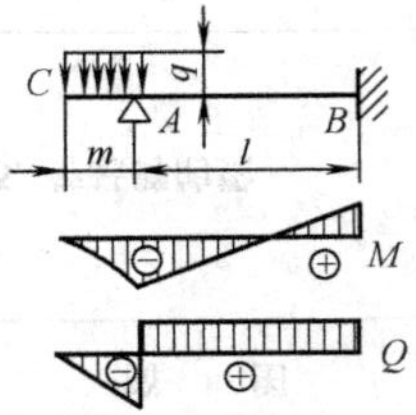

续表

简　　图	支座反力、支座反力矩	区段	剪　力	弯　矩	挠　度	转　角
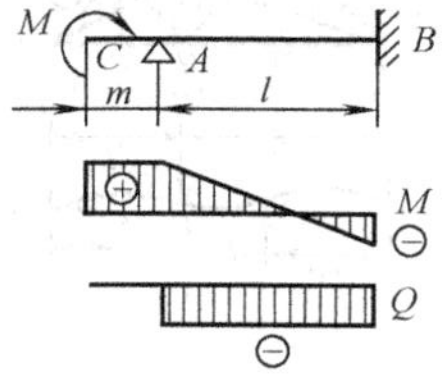	$R_A=-\frac{3M}{2l}$ $R_B=\frac{3M}{2l}$ $M_A=M$ $M_B=-\frac{M}{2}$	AC	$Q_x=0$	$M_x=M$	$f_C=-\frac{Mml}{4EI}(1+2\lambda)$ 当 $x=m+\frac{l}{3}$ 时： $f_{max}=\frac{Ml^2}{27EI}$	$\theta_C=\frac{Ml}{4EI}(1+4\lambda)$ $\theta_A=\frac{Ml}{4EI}$
		AB	$Q_x=-\frac{3M}{2l}$	$M_x=-R_A(x-m)+M$		
6. 双跨、三跨梁						
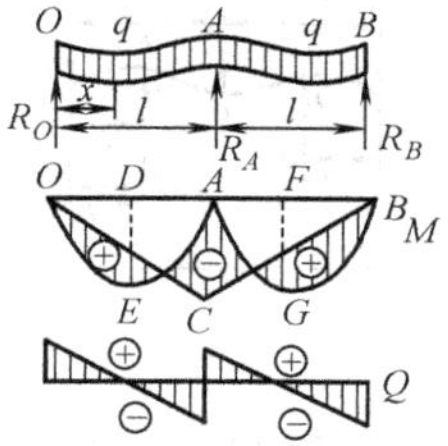	$R_O=R_B=\frac{3}{8}ql$ $R_A=\frac{5}{4}ql$	OA		$M_x=\frac{q}{8}(3lx-4x^2)$	$f=\frac{qx}{48EI}(l^3-3lx^2+2x^3)$	
				$M_O=M_B=0$ $M_A=-\frac{ql^2}{8}$ $DE=AC=FG$ $=\frac{ql^2}{8}$	两支点中间： $f=\frac{ql^4}{192EI}$ $x=0.421l$ 处： $f_{max}=0.0054\frac{ql^4}{EI}$	
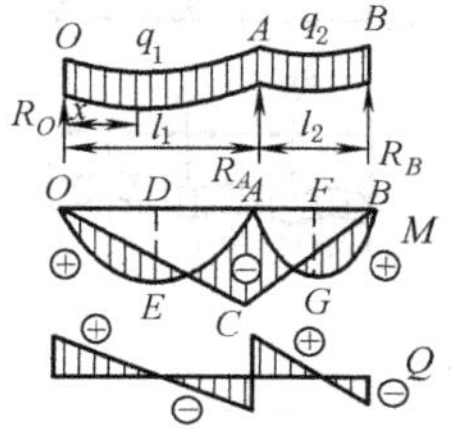	$R_O=\frac{1}{l_1}\times$ $\left[\frac{q_1l_1^2}{2}-\frac{q_1l_1^3+q_2l_2^5}{8(l_1+l_2)}\right]$ $R_A=(q_1l_1+q_2l_2)$ $-(R_O+R_B)$ $R_B=\frac{1}{l_2}\times$ $\left[\frac{q_2l_2^2}{2}-\frac{q_1l_1^3+q_2l_2^3}{8(l_1+l_2)}\right]$	OA		$M_x=R_Ox-\frac{q_1x^2}{2}$	$f=\frac{1}{24EI}[q_1x^4-4R_Ox^3+l_1^2x(4R_O-q_1l_1)]$	
				$M_O=M_B=0$ $M_A=-\frac{q_1l_1^3+q_2l_2^3}{8(l_1+l_2)}$ $DE=\frac{q_1l_1^2}{8}$ $FG=\frac{q_2l_2^2}{8}$		

续表

简图	支座反力、支座反力矩	区段	剪力	弯矩	挠度	转角
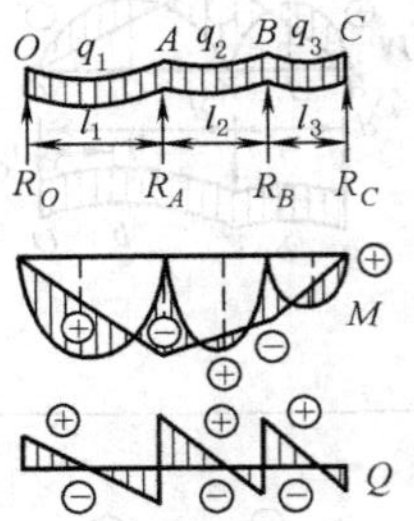	$R_O=\frac{1}{l_1}\left(\frac{q_1l_1^2}{2}+M_A\right)$ $R_A=\frac{q_1l_1}{2}+\frac{q_2l_2}{2}-\frac{M_A}{l_1}-\frac{M_A-M_B}{l_2}$ $R_B=\frac{q_3l_3}{2}+\frac{q_2l_2}{2}-\frac{M_B}{l_3}-\frac{M_B-M_A}{l_2}$ $R_C=\frac{1}{l_3}\left(\frac{q_3l_3^2}{2}+M_B\right)$			$M_O=M_C=0$ $M_A=-[2q_1l_1^3(l_2+l_3)+q_2l_2^3(l_2+2l_3)-q_3l_3^3l_2]/16\left[l_1(l_2+l_3)+l_2\left(l_3+\frac{3}{4}l_2\right)\right]$ $M_B=-\frac{q_2l_2^3+q_3l_3^3+4M_Al_2}{8(l_2+l_3)}$		
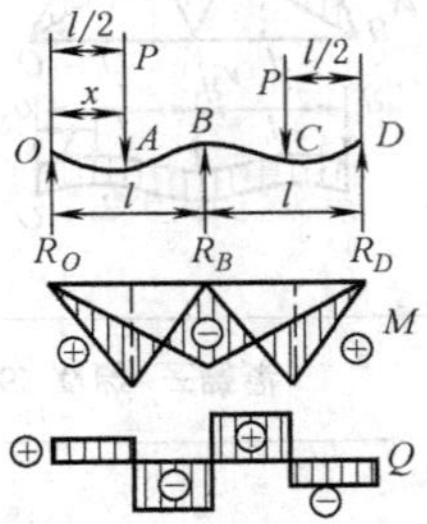	$R_O=R_D=\frac{5}{16}P$ $R_B=\frac{11}{8}P$	OA		$M_x=\frac{5}{16}Px$	$f=\frac{P}{96EI}(3l^2x-5x^3)$	
		AB		$M_x=\frac{P}{16}(8l-11x)$	$f=\frac{P}{96EI}(11x^3-24lx^2+15l^2x-2l^2)$	
				$M_O=M_D=0$ $M_B=-\frac{3}{16}Pl$	$x=0.447l$ 处： $f_{\max}=0.0093\frac{Pl^3}{EI}$ $f_C=\frac{7Pl^3}{768EI}$	
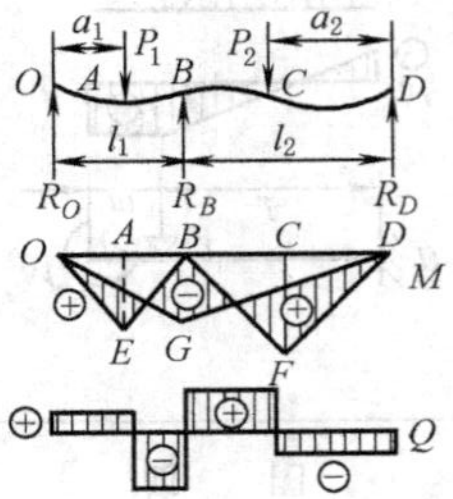	$R_O=\frac{M_B+P_1(l_1-a_1)}{l_1}$ $R_B=P_1+P_2-(R_O+R_2)$ $R_D=\frac{M_B+P_2(l_2-a_2)}{l_2}$			$M_O=M_D=0$ $AE=\frac{P_1a_1(l_1-a_1)}{l_1}$ $CF=\frac{P_2a_2(l_2-a_2)}{l_2}$ $M_B=-\left[P_1\frac{a_1}{l_1}(l_1^2-a_1^2)+P_2\frac{a_2}{l_2}(l_2^2-a_2^2)\right]/[2(l_1+l_2)]$		

单跨超静定梁因支承错位和温度变化时的计算公式（EI 为常数）			
梁的支承与受力情况	支座反力	剪力方程、弯矩方程、最大弯矩	挠度方程、端截面转角、最大挠度
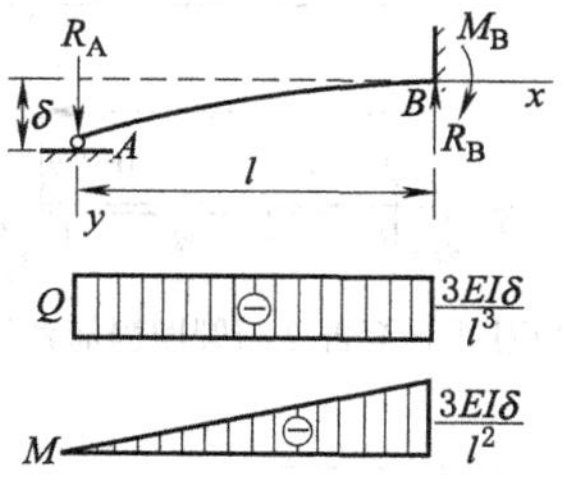	$R_A=\frac{3EI\delta}{l^3}$ （↓） $R_B=\frac{-3EI\delta}{l^3}$ （↑） $M_B=\frac{-3EI\delta}{l^2}$ （↺）	当 $0\leqslant x\leqslant l$ $Q(x)=-\frac{3EI\delta}{l^3}$ $M(x)=-\frac{3EI\delta}{l^3}x$ 在 B 截面处有 $M_{max}=-\frac{3EI\delta}{l^2}$	当 $0\leqslant x\leqslant l$ $f(x)=\frac{\delta}{2}\left(2-3\frac{x}{l}+\frac{x^3}{l^3}\right)$ 在 $x=0$ 处 $f_{max}=\delta$ $\theta_{max}=\theta_A=-\frac{3\delta}{2l}$
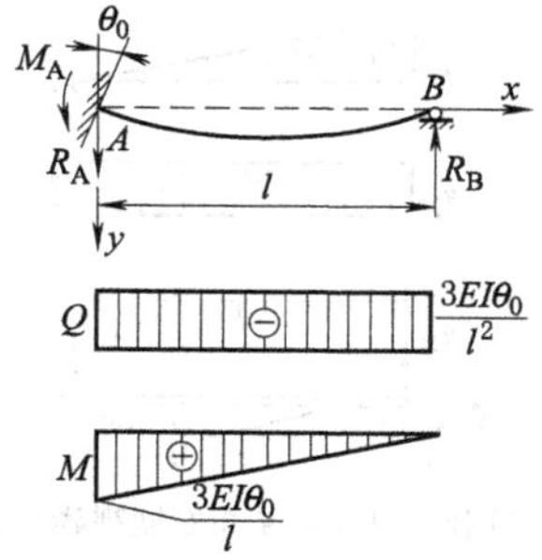	$R_A=\frac{3EI\theta_0}{l^2}$ （↓） $R_B=\frac{3EI\theta_0}{l^2}$ （↑） $M_A=\frac{3EI\theta_0}{l}$ （↻）	当 $0\leqslant x\leqslant l$ $Q(x)=-\frac{3EI\theta_0}{l^2}$ $M(x)=\frac{3EI\theta_0}{l^2}(1-x)$ 在 A 截面处有 $M_{max}=\frac{3EI\theta_0}{l}$	当 $0\leqslant x\leqslant l$ $f(x)=\frac{\theta_0 l}{2}\left(\frac{2x}{l}-\frac{3x^2}{l^2}+\frac{x^3}{l^3}\right)$ 在 $x=0.422l$ 处 $f_{max}=0.193\theta_0 l$ 在 $x=0$ 处 $\theta_A=\theta_0$ 在 $x=l$ 处 $\theta_B=-\frac{1}{2}\theta_0$
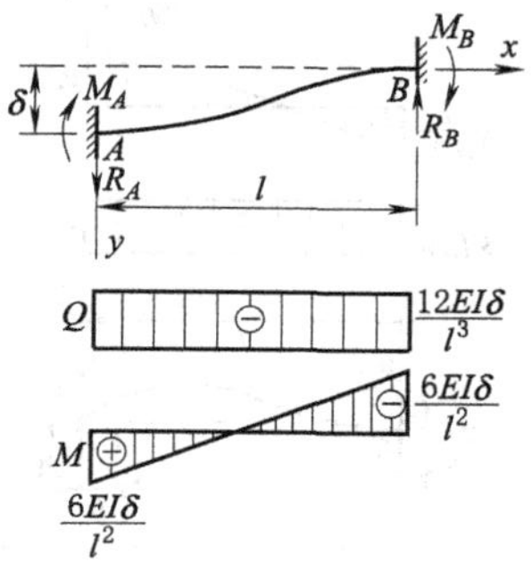	$R_A=\frac{12EI}{l^3}\delta$ （↓） $R_B=\frac{-12EI}{l^3}\delta$ （↑） $M_A=\frac{6EI}{l^2}\delta$ （↻） $M_B=\frac{-6EI}{l^2}\delta$ （↺）	当 $0\leqslant x\leqslant l$ $Q(x)=-\frac{12EI}{l^3}\delta$ $M(x)=\frac{6EI}{l^2}\delta\left(1-2\frac{x}{l}\right)$ 在 A 截面处有 $M_{+max}=M_A=\frac{6EI}{l^2}\delta$ 在 B 截面处有 $M_{-max}=M_B=-\frac{6EI}{l^2}\delta$	当 $0\leqslant x\leqslant l$ $f(x)=\delta\left[1-\left(3-2\frac{x}{l}\right)+\frac{x^2}{l^2}\right]$ 在 $x=0$ 处 $f_{max}=\delta$

续表

梁的支承与受力情况	支座反力	剪力方程、弯矩方程、最大弯矩	挠度方程、端截面转角、最大挠度
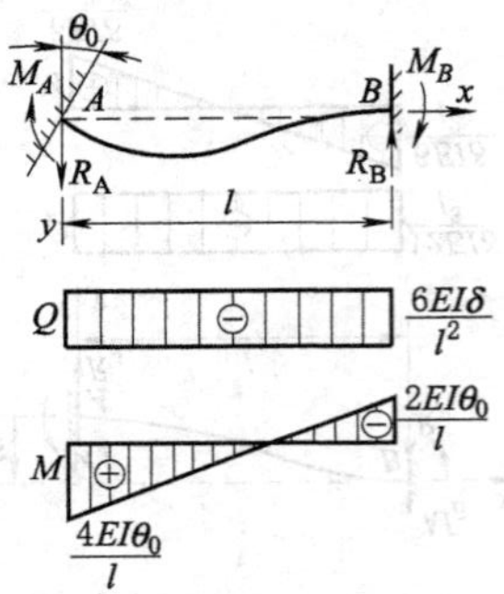	$R_A=\frac{6EI\theta_0}{l^2}$ (↓) $R_B=\frac{-6EI\theta_0}{l^2}$ (↑) $M_A=\frac{4EI\theta_0}{l}$ (↻) $M_B=\frac{-2EI\theta_0}{l}$ (↺)	当$0\leqslant x\leqslant l$ $Q(x)=-\frac{6EI\theta_0}{l^2}$ $M(x)=\frac{2EI\theta_0}{l}\left(2-3\frac{x}{l}\right)$ A截面处,有 $M_{+\max}=\frac{4EI\theta_0}{l}$ B截面处,有 $M_{-\max}=-\frac{2EI\theta_0}{l}$	当$0\leqslant x\leqslant h$ $f(x)=\theta_0 l\left(\frac{x^3}{l^3}-2\frac{x^2}{l^2}+\frac{x}{l}\right)$ 在$x=\frac{1}{3}l$处 $f_{\max}=\frac{4}{27}\theta_0 l$ 在$x=0$处 $\theta_{\max}=\theta_0$
温度沿梁截面高度h呈线性变化($t_2>t_1$) 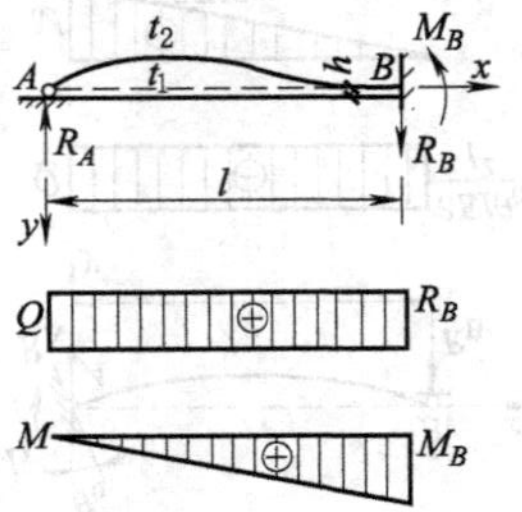	$R_A=\frac{-3\alpha(t_2-t_1)EI}{2hl}$ (↑) $R_B=\frac{3\alpha(t_2-t_1)EI}{2hl}$ (↓) $M_B=\frac{3\alpha(t_2-t_1)EI}{2h}$ (↑) α——线膨胀系数	当$0\leqslant x\leqslant l$ $Q(x)=\frac{3\alpha(t_2-t_1)EI}{2hl}$ $M(x)=\frac{3\alpha(t_2-t_1)EI}{2hl}\cdot x$ B截面处有 $M_{\max}=\frac{3\alpha(t_2-t_1)EI}{2h}$	当$0\leqslant x\leqslant l$ $f(x)=-\frac{\alpha(t_2-t_1)l^2}{4h}\left(\frac{x}{l}-2\frac{x^2}{l^2}+\frac{x^3}{l^3}\right)$ 在$x=\frac{1}{3}l$处有 $f_{\max}=\frac{\alpha(t_2-t_1)l^2}{27h}$ 在$x=0$处有 $\theta_{\max}=-\frac{\alpha(t_2-t_1)l}{4h}$
温度沿梁的截面高度h呈线性变化($t_1>t_2$) 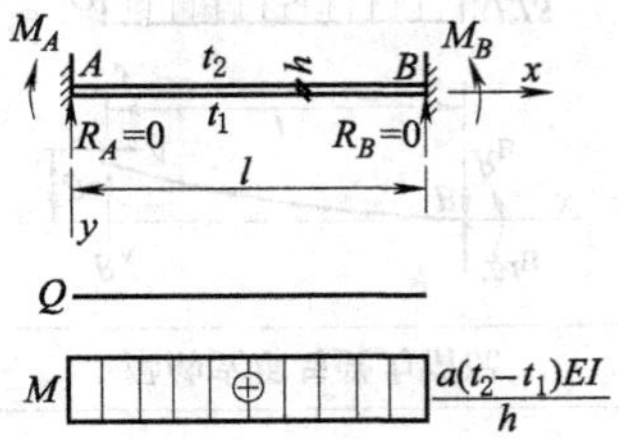	$R_A=R_B=0$ $M_A=\frac{\alpha(t_2-t_1)EI}{h}$(↓) $M_B=\frac{\alpha(t_2-t_1)EI}{h}$(↑) α——线膨胀系数	当$0\leqslant x\leqslant l$ $Q(x)=0$ $M(x)=\frac{\alpha(t_2-t_1)EI}{h}$	当$0\leqslant x\leqslant l$ $f(x)=0$ $\theta(x)=0$

表 1-1-102

梁分段的比值及 ω 的函数表

α	α^2	α^3	α^4	α^5	$\omega_{R\alpha}$	$\omega_{R\alpha}^2$	$\omega_{D\alpha}$	$\omega_{M\alpha}$	$\omega_{\tau\alpha}$	$\omega_{S\alpha}$
0.00	0.0000	0.0000	0.0000	0.0000	0.0000	0.0000	0.0000	−1.0000	0.0000	0.0000
0.01	0.0001	0.0000	0.0000	0.0000	0.0099	0.0001	0.0100	−0.9997	0.0001	0.0100
0.02	0.0004	0.0000	0.0000	0.0000	0.0196	0.0004	0.0200	−0.9988	0.0004	0.0200
0.03	0.0009	0.0000	0.0000	0.0000	0.0291	0.0008	0.0300	−0.9973	0.0009	0.0299
0.04	0.0016	0.0001	0.0000	0.0000	0.0384	0.0015	0.0399	−0.9952	0.0015	0.0399
0.05	0.0025	0.0001	0.0000	0.0000	0.0475	0.0023	0.0499	−0.9925	0.0024	0.0498
0.06	0.0036	0.0002	0.0000	0.0000	0.0564	0.0032	0.0598	−0.9892	0.0034	0.0596
0.07	0.0049	0.0003	0.0000	0.0000	0.0651	0.0042	0.0697	−0.9853	0.0046	0.0693
0.08	0.0064	0.0005	0.0000	0.0000	0.0736	0.0054	0.0795	−0.9808	0.0059	0.0790
0.09	0.0081	0.0007	0.0001	0.0000	0.0819	0.0067	0.0893	−0.9757	0.0074	0.0886
0.10	0.0100	0.0010	0.0001	0.0000	0.0900	0.0081	0.0990	−0.9700	0.0090	0.0981
0.11	0.0121	0.0013	0.0001	0.0000	0.0979	0.0096	0.1087	−0.9637	0.0108	0.1075
0.12	0.0144	0.0017	0.0002	0.0000	0.1056	0.0112	0.1183	−0.9568	0.0127	0.1168
0.13	0.0169	0.0022	0.0003	0.0000	0.1131	0.0128	0.1278	−0.9493	0.0147	0.1259
0.14	0.0196	0.0027	0.0004	0.0001	0.1204	0.0145	0.1373	−0.9412	0.0169	0.1349
0.15	0.0225	0.0034	0.0005	0.0001	0.1275	0.0163	0.1466	−0.9325	0.0191	0.1438
0.16	0.0256	0.0041	0.0007	0.0001	0.1344	0.0181	0.1559	−0.9232	0.0215	0.1525
0.17	0.0289	0.0049	0.0008	0.0001	0.1411	0.0199	0.1651	−0.9133	0.0240	0.1610
0.18	0.0324	0.0058	0.0010	0.0002	0.1476	0.0218	0.1742	−0.9028	0.0266	0.1694
0.19	0.0361	0.0069	0.0013	0.0002	0.1539	0.0237	0.1831	−0.8917	0.0292	0.1776
0.20	0.0400	0.0080	0.0016	0.0003	0.1600	0.0256	0.1920	−0.8800	0.0320	0.1856
0.21	0.0441	0.0093	0.0019	0.0004	0.1659	0.0275	0.2007	−0.8677	0.0348	0.1934
0.22	0.0484	0.0106	0.0023	0.0005	0.1716	0.0294	0.2094	−0.8548	0.0378	0.2010
0.23	0.0529	0.0122	0.0028	0.0006	0.1771	0.0314	0.2178	−0.8413	0.0407	0.2085
0.24	0.0576	0.0138	0.0033	0.0008	0.1824	0.0333	0.2262	−0.8272	0.0438	0.2157
0.25	0.0625	0.0156	0.0039	0.0010	0.1875	0.0352	0.2344	−0.8125	0.0469	0.2227
0.26	0.0676	0.0176	0.0046	0.0012	0.1924	0.0370	0.2424	−0.7972	0.0500	0.2294
0.27	0.0729	0.0197	0.0053	0.0014	0.1971	0.0388	0.2503	−0.7813	0.0532	0.2359
0.28	0.0784	0.0220	0.0061	0.0017	0.2016	0.0406	0.2580	−0.7648	0.0564	0.2422
0.29	0.0841	0.0244	0.0071	0.0021	0.2059	0.0424	0.2656	−0.7477	0.0597	0.2483
0.30	0.0900	0.0270	0.0081	0.0024	0.2100	0.0441	0.2730	−0.7300	0.0630	0.2541
0.31	0.0961	0.0298	0.0092	0.0029	0.2139	0.0458	0.2802	−0.7117	0.0663	0.2597
0.32	0.1024	0.0328	0.0105	0.0034	0.2176	0.0473	0.2872	−0.6928	0.0696	0.2649
0.33	0.1089	0.0359	0.0119	0.0039	0.2211	0.0489	0.2941	−0.6733	0.0730	0.2700
1/3	0.1111	0.0370	0.0123	0.0041	0.2222	0.0494	0.2963	−0.6667	0.0741	0.2716
0.34	0.1156	0.0393	0.0134	0.0045	0.2244	0.0504	0.3007	−0.6532	0.0763	0.2748
0.35	0.1225	0.0429	0.0150	0.0053	0.2275	0.0518	0.3071	−0.6325	0.0796	0.2793
β	β^2	β^3	β^4	β^5	$\omega_{R\beta}$	$\omega_{R\beta}^2$	$\omega_{D\beta}$	$\omega_{M\beta}$	$\omega_{\tau\beta}$	$\omega_{S\beta}$

α	α^2	α^3	α^4	α^5	$\omega_{R\alpha}$	$\omega_{R\alpha}^2$	$\omega_{D\alpha}$	$\omega_{M\alpha}$	$\omega_{\tau\alpha}$	$\omega_{S\alpha}$
0.36	0.1296	0.0467	0.0168	0.0060	0.2304	0.0531	0.3133	−0.6112	0.0829	0.2835
0.37	0.1369	0.0507	0.0187	0.0069	0.2331	0.0543	0.3193	−0.5893	0.0862	0.2874
0.38	0.1444	0.0549	0.0209	0.0079	0.2356	0.0555	0.3251	−0.5668	0.0895	0.2911
0.39	0.1521	0.0593	0.0231	0.0090	0.2379	0.0566	0.3307	−0.5437	0.0928	0.2945
0.40	0.1600	0.0640	0.0256	0.0102	0.2400	0.0576	0.3360	−0.5200	0.0960	0.2976
0.41	0.1681	0.0689	0.0283	0.0116	0.2419	0.0585	0.3411	−0.4957	0.0992	0.3004
0.42	0.1764	0.0741	0.0311	0.0131	0.2436	0.0593	0.3459	−0.4708	0.1023	0.3029
0.43	0.1849	0.0795	0.0342	0.0147	0.2451	0.0601	0.3505	−0.4453	0.1054	0.3052
0.44	0.1936	0.0852	0.0375	0.0165	0.2464	0.0607	0.3548	−0.4192	0.1084	0.3071
0.45	0.2025	0.0911	0.0410	0.0185	0.2475	0.0613	0.3589	−0.3925	0.1114	0.3088
0.46	0.2116	0.0973	0.0448	0.0206	0.2484	0.0617	0.3627	−0.3652	0.1143	0.3101
0.47	0.2209	0.1038	0.0488	0.0229	0.2491	0.0621	0.3662	−0.3373	0.1171	0.3112
0.48	0.2304	0.1106	0.0531	0.0255	0.2496	0.0623	0.3694	−0.3088	0.1198	0.3119
0.49	0.2401	0.1176	0.0576	0.0282	0.2499	0.0625	0.3724	−0.2797	0.1225	0.3124
0.50	0.2500	0.1250	0.0625	0.0313	0.2500	0.0625	0.3750	−0.2500	0.1250	0.3125
0.51	0.2601	0.1327	0.0677	0.0345	0.2499	0.0625	0.3773	−0.2197	0.1274	0.3124
0.52	0.2704	0.1406	0.0731	0.0380	0.2496	0.0623	0.3794	−0.1888	0.1298	0.3119
0.53	0.2809	0.1489	0.0789	0.0418	0.2491	0.0621	0.3811	−0.1573	0.1320	0.3112
0.54	0.2916	0.1575	0.0850	0.0459	0.2484	0.0617	0.3825	−0.1252	0.1341	0.3101
0.55	0.3025	0.1664	0.0915	0.0503	0.2475	0.0613	0.3836	−0.0925	0.1361	0.3088
0.56	0.3136	0.1756	0.0983	0.0551	0.2464	0.0607	0.3844	−0.0592	0.1380	0.3071
0.57	0.3249	0.1852	0.1056	0.0602	0.2451	0.0601	0.3848	−0.0253	0.1397	0.3052
0.58	0.3364	0.1951	0.1132	0.0656	0.2436	0.0593	0.3849	0.0092	0.1413	0.3029
0.59	0.3481	0.2054	0.1212	0.0715	0.2419	0.0585	0.3846	0.0443	0.1427	0.3004
0.60	0.3600	0.2160	0.1296	0.0778	0.2400	0.0576	0.3840	0.0800	0.1440	0.2976
0.61	0.3721	0.2270	0.1385	0.0845	0.2379	0.0566	0.3830	0.1163	0.1451	0.2945
0.62	0.3844	0.2383	0.1478	0.0916	0.2356	0.0555	0.3817	0.1532	0.1461	0.2911
0.63	0.3969	0.2500	0.1575	0.0992	0.2331	0.0543	0.3800	0.1907	0.1469	0.2874
0.64	0.4096	0.2621	0.1678	0.1074	0.2304	0.0531	0.3779	0.2288	0.1475	0.2835
0.65	0.4225	0.2746	0.1785	0.1160	0.2275	0.0518	0.3754	0.2675	0.1479	0.2793
0.66	0.4356	0.2875	0.1897	0.1252	0.2244	0.0504	0.3725	0.3068	0.1481	0.2748
2/3	0.4444	0.2963	0.1975	0.1317	0.2222	0.0494	0.3704	0.3333	0.1481	0.2716
0.67	0.4489	0.3008	0.2015	0.1350	0.2211	0.0489	0.3692	0.3467	0.1481	0.2700
0.68	0.4624	0.3144	0.2138	0.1454	0.2176	0.0473	0.3656	0.3872	0.1480	0.2649
0.69	0.4761	0.3285	0.2267	0.1564	0.2139	0.0458	0.3615	0.4283	0.1476	0.2597
0.70	0.4900	0.3430	0.2401	0.1681	0.2100	0.0441	0.3570	0.4700	0.1470	0.2541
β	β^2	β^3	β^4	β^5	$\omega_{R\beta}$	$\omega_{R\beta}^2$	$\omega_{D\beta}$	$\omega_{M\beta}$	$\omega_{\tau\beta}$	$\omega_{S\beta}$

续表

α	α^2	α^3	α^4	α^5	$\omega_{R\alpha}$	$\omega_{R\alpha}^2$	$\omega_{D\alpha}$	$\omega_{M\alpha}$	$\omega_{\tau\alpha}$	$\omega_{S\alpha}$	α	α^2	α^3	α^4	α^5	$\omega_{R\alpha}$	$\omega_{R\alpha}^2$	$\omega_{D\alpha}$	$\omega_{M\alpha}$	$\omega_{\tau\alpha}$	$\omega_{S\alpha}$
0.71	0.5041	0.3579	0.2541	0.1804	0.2059	0.0424	0.3521	0.5123	0.1462	0.2483	0.86	0.7396	0.6361	0.5470	0.4704	0.1204	0.0145	0.2239	1.2188	0.1035	0.1349
0.72	0.5184	0.3732	0.2687	0.1935	0.2016	0.0406	0.3468	0.5552	0.1452	0.2422	0.87	0.7569	0.6585	0.5729	0.4984	0.1131	0.0128	0.2115	1.2707	0.0984	0.1259
0.73	0.5329	0.3890	0.2840	0.2073	0.1971	0.0388	0.3410	0.5987	0.1439	0.2359	0.88	0.7744	0.6815	0.5997	0.5277	0.1056	0.0112	0.1985	1.3232	0.0929	0.1168
0.74	0.5476	0.4052	0.2999	0.2219	0.1924	0.0370	0.3348	0.6428	0.1424	0.2294	0.89	0.7921	0.7050	0.6274	0.5584	0.0979	0.0096	0.1850	1.3763	0.0871	0.1075
0.75	0.5625	0.4219	0.3164	0.2373	0.1875	0.0352	0.3281	0.6875	0.1406	0.2227	0.90	0.8100	0.7290	0.6561	0.5905	0.0900	0.0081	0.1710	1.4300	0.0810	0.0981
0.76	0.5776	0.4390	0.3336	0.2536	0.1824	0.0333	0.3210	0.7328	0.1386	0.2157	0.91	0.8281	0.7536	0.6857	0.6240	0.0819	0.0067	0.1564	1.4843	0.0745	0.0886
0.77	0.5929	0.4565	0.3515	0.2707	0.1771	0.0314	0.3135	0.7787	0.1364	0.2085	0.92	0.8464	0.7787	0.7164	0.6591	0.0736	0.0054	0.1413	1.5392	0.0677	0.0790
0.78	0.6084	0.4746	0.3702	0.2887	0.1716	0.0294	0.3054	0.8252	0.1338	0.2010	0.93	0.8649	0.8044	0.7481	0.6957	0.0651	0.0042	0.1256	1.5947	0.0605	0.0693
0.79	0.6241	0.4930	0.3895	0.3077	0.1659	0.0275	0.2970	0.8723	0.1311	0.1934	0.94	0.8836	0.8306	0.7807	0.7339	0.0564	0.0032	0.1094	1.6508	0.0530	0.0596
0.80	0.6400	0.5120	0.4096	0.3277	0.1600	0.0256	0.2880	0.9200	0.1280	0.1856	0.95	0.9025	0.8574	0.8145	0.7738	0.0475	0.0023	0.0926	1.7075	0.0451	0.0498
0.81	0.6561	0.5314	0.4305	0.3487	0.1539	0.0237	0.2786	0.9683	0.1247	0.1776	0.96	0.9216	0.8847	0.8493	0.8153	0.0384	0.0015	0.0753	1.7648	0.0369	0.0399
0.82	0.6724	0.5514	0.4521	0.3707	0.1476	0.0218	0.2686	1.0172	0.1210	0.1694	0.97	0.9409	0.9127	0.8853	0.8587	0.0291	0.0008	0.0573	1.8227	0.0282	0.0299
0.83	0.6889	0.5718	0.4746	0.3939	0.1411	0.0199	0.2582	1.0667	0.1171	0.1610	0.98	0.9604	0.9412	0.9224	0.9039	0.0196	0.0004	0.0388	1.8812	0.0192	0.0200
0.84	0.7056	0.5927	0.4979	0.4182	0.1344	0.0181	0.2473	1.1168	0.1129	0.1525	0.99	0.9801	0.9703	0.9606	0.9510	0.0099	0.0001	0.0197	1.9403	0.0098	0.0100
0.85	0.7225	0.6141	0.5220	0.4437	0.1275	0.0163	0.2359	1.1675	0.1084	0.1438	1.00	1.0000	1.0000	1.0000	1.0000	0.0000	0.0000	0.0000	2.0000	0.0000	0.0000
β	β^2	β^3	β^4	β^5	$\omega_{R\beta}$	$\omega_{R\beta}^2$	$\omega_{D\beta}$	$\omega_{M\beta}$	$\omega_{\tau\beta}$	$\omega_{S\beta}$	β	β^2	β^3	β^4	β^5	$\omega_{R\beta}$	$\omega_{R\beta}^2$	$\omega_{D\beta}$	$\omega_{M\beta}$	$\omega_{\tau\beta}$	$\omega_{S\beta}$

注：1. α 和 β 的含义见表 1-1-101。

2. 对于脚标为 β 的 ω 值，必须根据已知的 β 值自底行向上查。如果已知值为 α，则按公式 $\beta=1-\alpha$ 求得 β 后再查表。

3. 函数 ω 与参数 α 或 β 间的关系式：

$\omega_{R\alpha}=\omega_{R\beta}=\alpha\beta=\alpha-\alpha^2=\beta-\beta^2$；

$\omega_{D\alpha}=\alpha-\alpha^3=\alpha(1-\alpha^2)=\beta(2-3\beta+\beta^2)=3\omega_{R\alpha}-\omega_{D\beta}=\omega_{R\alpha}(1+\alpha)=\omega_{R\alpha}(2-\beta)$；

$\omega_{D\beta}=\beta-\beta^3=\beta(1-\beta^2)=\alpha(2-3\alpha+\alpha^2)=3\omega_{R\alpha}-\omega_{D\alpha}=\omega_{R\alpha}(1+\beta)=\omega_{R\alpha}(2-\alpha)$；

$\omega_{M\alpha}=3\alpha^2-1=2-6\beta+3\beta^2=\omega_{M\beta}-3(2\beta-1)=1-6\omega_{R\alpha}-\omega_{M\beta}$；

$\omega_{M\beta}=3\beta^2-1=2-6\alpha+3\alpha^2=\omega_{M\alpha}-3(2\alpha-1)=1-6\omega_{R\alpha}-\omega_{M\alpha}$；

$\omega_{S\alpha}=\omega_s\beta=\alpha-2\alpha^3+\alpha^4=\beta-2\beta^3+\beta^4=\omega_{R\alpha}(1+\omega_{R\alpha})$；

$\omega_{\tau\alpha}=\alpha\omega_{R\alpha}=\alpha^2\beta=\alpha^2-\alpha^3$；

$\omega_{\tau\beta}=\beta\omega_{R\alpha}=\alpha\beta^2=\beta^2-\beta^3=\alpha-2\alpha^2+\alpha^3$；

函数 ω 的参数也可以是 ξ 或 ζ，关系式是相同的，只是变换脚标以示区别。ω 的脚标的意义是：第一个字母表示某一特定的函数关系，如上列诸关系式；第二个字母表示参数的符号，例如 $\omega_{M\beta}=3\beta^2-1$，$\omega_{M\zeta}=3\zeta^2-1$，$\omega_{R\xi}=\xi\zeta$ 等。但必须符合下列条件：$\alpha+\beta=1$ 或 $\xi+\zeta=1$ 等。

表 1-1-103　等截面曲梁在其平面内受载时的某截面的轴力 N、切力 Q、弯矩 M 及自由端位移

序号	简图	N	Q	M	垂直位移 δ_y	水平位移 δ_x	角位移 θ
1	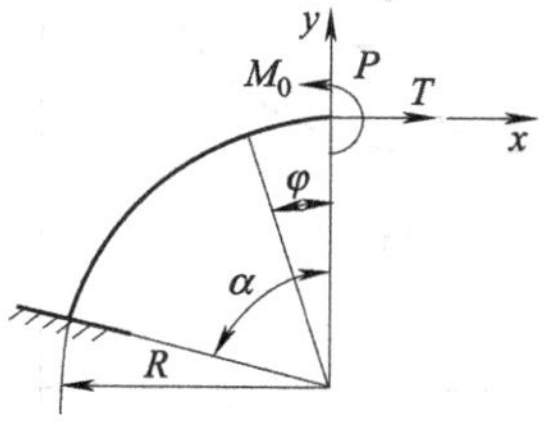 y, M_0, P, T, x, φ, α, R	$P\sin\varphi+T\cos\varphi$	$P\cos\varphi-T\sin\varphi$	$M_0+PR\sin\varphi-TR(1-\cos\varphi)$	$\frac{R^2}{EI}\left[M_0(1-\cos\alpha)+PR\left(\frac{\alpha}{2}-\frac{\sin2\alpha}{4}\right)-TR\frac{(1-\cos\alpha)^2}{2}\right]$	$\frac{R^2}{EI}\left[-M_0(\alpha-\sin\alpha)-PR\frac{(1-\cos\alpha)^2}{2}+TR\left(\frac{3\alpha}{2}-2\sin\alpha+\frac{\sin2\alpha}{4}\right)\right]$	$\frac{R}{EI}[M_0\alpha+PR(1-\cos\alpha)-TR\times(\alpha-\sin\alpha)]$
2	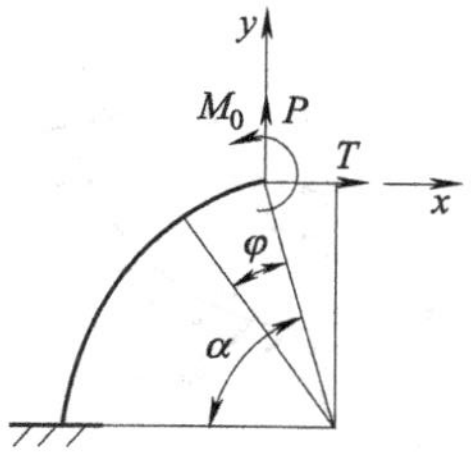 y, M_0, P, T, x, φ, α	$P\cos(\alpha-\varphi)+T\sin(\alpha-\varphi)$	$P\sin(\alpha-\varphi)-T\cos(\alpha-\varphi)$	$M_0+PR[\cos(\alpha-\varphi)-\cos\alpha]-TR\times[\sin\alpha-\sin(\alpha-\varphi)]$	$\frac{R^2}{EI}\left[M_0(\sin\alpha-\alpha\cos\alpha)+PR\left(\alpha+\frac{1}{2}\alpha\cos2\alpha-\frac{3}{4}\sin2\alpha\right)-TR\times\left(\cos\alpha-\frac{3}{4}\cos2\alpha-\frac{1}{2}\alpha\sin2\alpha-\frac{1}{4}\right)\right]$	$\frac{R^2}{EI}\left[-M_0(\alpha\sin\alpha-1+\cos\alpha)-PR\left(\cos\alpha-\frac{3}{4}\cos2\alpha-\frac{1}{2}\alpha\times\sin2\alpha-\frac{1}{4}\right)+TP\times\left(\alpha-\frac{1}{2}\alpha\cos2\alpha+\frac{3}{4}\sin2\alpha-2\sin\alpha\right)\right]$	$\frac{R}{EI}[M_0\alpha+PR\times(\sin\alpha-\alpha\cos\alpha)-TR(\alpha\sin\alpha-1+\cos\alpha)]$
3	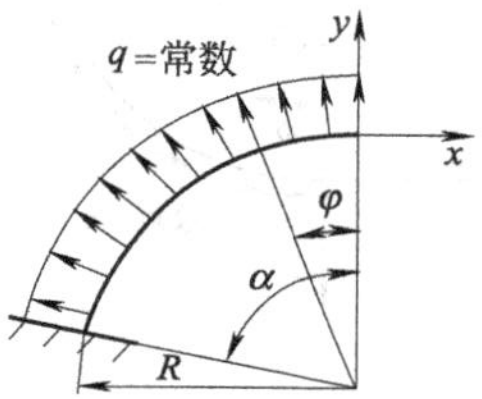 q=常数, y, x, φ, α, R	$qR(1-\cos\varphi)$	$qR\sin\varphi$	$qR^2(1-\cos\varphi)$	$\frac{qR^4}{EI}\times\frac{(1-\cos\alpha)^2}{2}$	$-\frac{qR^4}{EI}\left(\frac{3}{2}\alpha-2\sin\alpha+\frac{\sin2\alpha}{4}\right)$	$\frac{qR^3}{EI}(\alpha-\sin\alpha)$

续表

序号	简图	N	Q	M	垂直位移 δ_y	水平位移 δ_x	角位移 θ
4	q=常数	$qR\sin\varphi$	$-qR(1-\cos\varphi)$	$-qR^2(\varphi-\sin\varphi)$	$\frac{qR^4}{EI}\left(\frac{\alpha}{2}+\alpha\cos\alpha-\sin\alpha-\frac{\sin2\alpha}{4}\right)$	$\frac{qR^4}{EI}\left(\frac{\alpha^2}{2}-\alpha\sin\alpha+\frac{\sin^2\alpha}{2}\right)$	$\frac{qR^3}{EI}\left(1-\cos\alpha-\frac{\alpha^2}{2}\right)$
5	m=常数	0	0	$mR\varphi$	$\frac{mR^3}{EI}(\sin\alpha-\alpha\cos\alpha)$	$\frac{mR^3}{EI}(1-\cos\alpha-\alpha\sin\alpha)$	$\frac{mR^2}{EI}\times\frac{\alpha^2}{2}$

表 1-1-104　载荷垂直于等截面曲梁所在平面时，某截面内力及自由端截面的位移（λ 为抗弯刚度 EI 与抗扭刚度 EI_n 之比）

序号	简图	扭矩 M_n	弯矩 M（垂直于 xy 面）	δ_z（垂直于 xy 面）	绕 x 轴的转角	绕 y 轴的转角
1		$PR(1-\cos\varphi)$	$PR\sin\varphi$	$\frac{PR^3}{EI}\left(\frac{1+3\lambda}{2}\alpha+\frac{\lambda-1}{4}\sin2\alpha-2\lambda\sin\alpha\right)$	$\frac{PR^2}{EI}\left(\frac{\lambda-1}{2}\sin2\alpha+\frac{1+\lambda}{2}\alpha-\lambda\sin\alpha\right)$	$\frac{PR^2}{EI}\left[\frac{\lambda-1}{2}\sin^2\alpha+\lambda(1-\cos\alpha)\right]$

续表

序号	简图	扭矩 M_n	弯矩 M（垂直于 xy 面）	δ_z（垂直于 xy 面）	绕 x 轴的转角	绕 y 轴的转角
2	y, x, M_0, φ, α, R	$-M_0\cos\varphi$	$M_0\sin\varphi$	$\frac{M_0R^2}{EI}\left(\frac{\lambda-1}{4}\sin2\alpha+\frac{1+\lambda}{2}\alpha-\lambda\sin\alpha\right)$	$\frac{M_0R}{EI}\left(\frac{1+\lambda}{2}\alpha+\frac{\lambda-1}{2}\sin2\alpha\right)$	$\frac{M_0R}{EI}\left(\frac{\lambda-1}{2}\right)\sin^2\alpha$
3	y, x, M_0, φ, α, R	$M_0\sin\varphi$	$M_0\cos\varphi$	$\frac{M_0R^2}{EI}\left[\frac{\lambda-1}{4}\sin^2\alpha+\lambda(1-\cos\alpha)\right]$	$\frac{M_0R}{EI}\left(\frac{\lambda-1}{2}\right)\sin^2\alpha$	$\frac{M_0R}{EI}\left(\frac{1+\lambda}{2}\alpha-\frac{\lambda-1}{4}\sin2\alpha\right)$
4	q＝常数, y, x, φ, α, R	$qR^2(\varphi-\sin\varphi)$	$qR^2(1-\cos\varphi)$	$\frac{qR^4}{EI}[(1-\cos\alpha)^2+\lambda(\alpha-\sin\alpha)^2]$	$\frac{qR^3}{EI}\left[(\lambda+1)(1-\cos\alpha)-\frac{\lambda-1}{4}(1-\cos2\alpha)-\lambda\alpha\sin\alpha\right]$	$\frac{qR^3}{EI}\left[(\lambda+1)\left(\sin\alpha-\frac{\alpha}{2}\right)+\frac{\lambda-1}{4}\sin2\alpha-\lambda\alpha\cos\alpha\right]$

单跨刚架计算公式

（引起刚架内侧拉伸的是正弯矩）

表 1-1-105

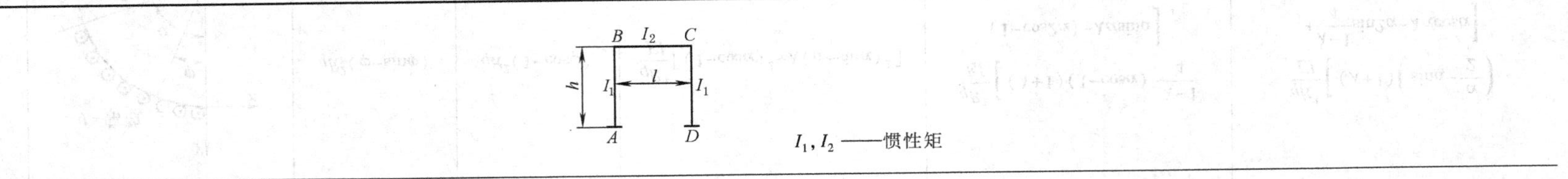

I_1, I_2 ——惯性矩

$k=\dfrac{I_2}{I_1}\times\dfrac{h}{l}$；　$N=2k+3$

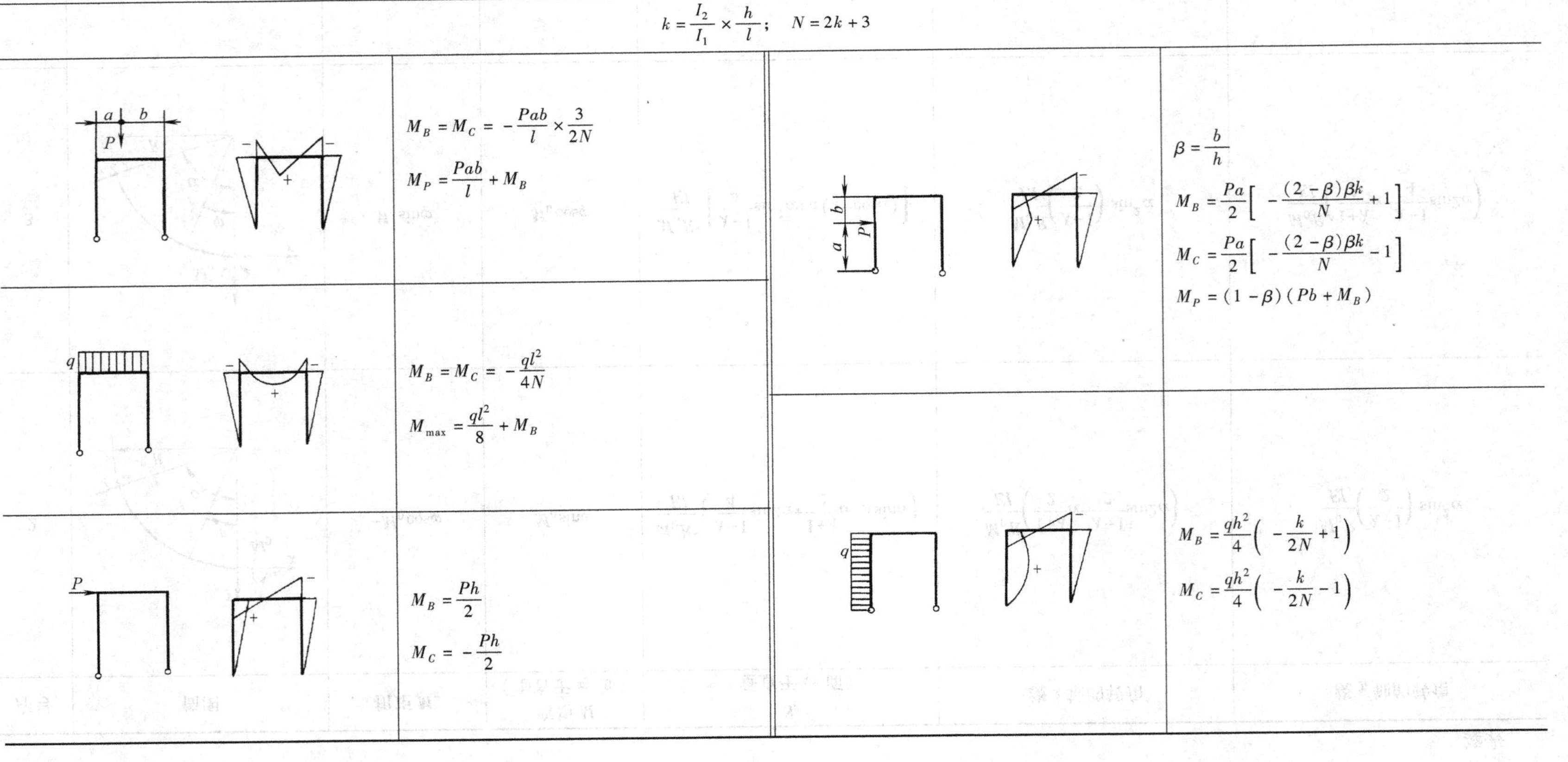

简图	公式	简图	公式
	$M_B=M_C=-\dfrac{Pab}{l}\times\dfrac{3}{2N}$ $M_P=\dfrac{Pab}{l}+M_B$		$\beta=\dfrac{b}{h}$ $M_B=\dfrac{Pa}{2}\left[-\dfrac{(2-\beta)\beta k}{N}+1\right]$ $M_C=\dfrac{Pa}{2}\left[-\dfrac{(2-\beta)\beta k}{N}-1\right]$ $M_P=(1-\beta)(Pb+M_B)$
	$M_B=M_C=-\dfrac{ql^2}{4N}$ $M_{\max}=\dfrac{ql^2}{8}+M_B$		$M_B=\dfrac{qh^2}{4}\left(-\dfrac{k}{2N}+1\right)$ $M_C=\dfrac{qh^2}{4}\left(-\dfrac{k}{2N}-1\right)$
	$M_B=\dfrac{Ph}{2}$ $M_C=-\dfrac{Ph}{2}$		

续表

$k=\frac{I_2}{I_1}\times\frac{h}{l}$；$N_1=k+2$；$N_2=6k+1$；$\beta=\frac{b}{l}$或$\frac{b}{h}$

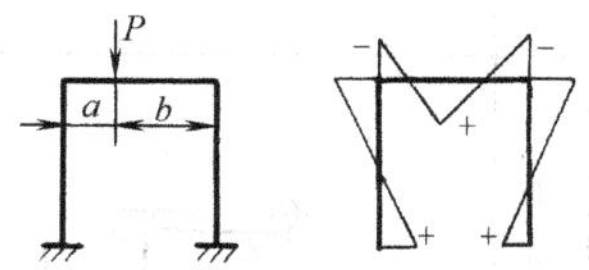	$M_A=\frac{Pab}{l}\left[\frac{1}{2N_1}-\frac{2\beta-1}{2N_2}\right]$ $M_D=\frac{Pab}{l}\left[\frac{1}{2N_1}+\frac{2\beta-1}{2N_2}\right]$ $M_B=-\frac{Pab}{l}\left[\frac{1}{N_1}+\frac{2\beta-1}{2N_2}\right]$ $M_C=-\frac{Pab}{l}\left[\frac{1}{N_1}-\frac{2\beta-1}{2N_2}\right]$
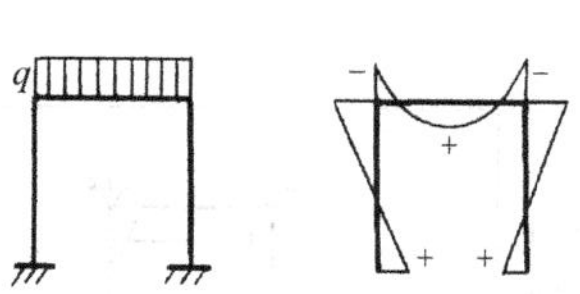	$M_A=M_D=\frac{ql^2}{12N_1}$ $M_B=M_C=-\frac{ql^2}{6N_1}$ $M_{\max}=\frac{ql^2}{8}+M_B$
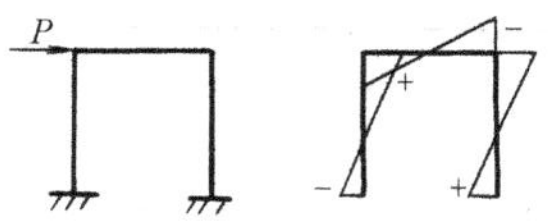	$M_A=-\frac{Ph}{2}\times\frac{3k+1}{N_2}$ $M_B=\frac{Ph}{2}\times\frac{3k}{N_2}$ $M_C=-M_B$ $M_D=-M_A$
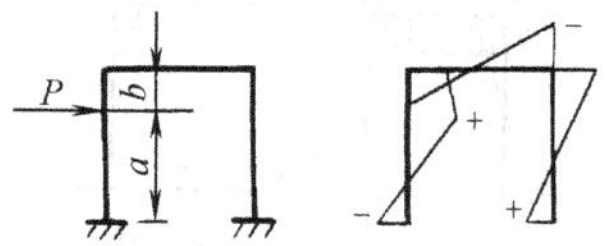	$X_1=\frac{Pab}{h}\times\frac{1+\beta+\beta k}{2N_1}$ $X_2=\frac{Pab}{h}\times\frac{(1-\beta)k}{2N_1}$ $X_3=\frac{3Pa(1-\beta)k}{2N_2}$ $\left.\begin{matrix}M_A\\M_D\end{matrix}\right\}=-X_1\mp\left(\frac{Pa}{2}-X_3\right)$ $\left.\begin{matrix}M_B\\M_C\end{matrix}\right\}=-X_2\pm X_3$
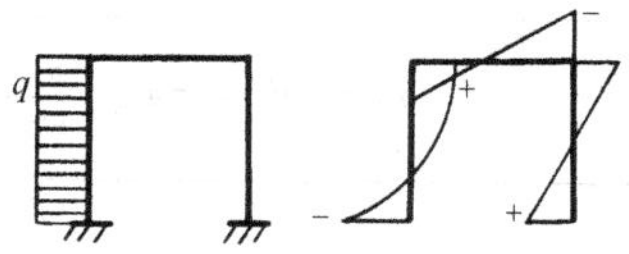	$M_A=\frac{qh^2}{4}\left[-\frac{k+3}{6N_1}-\frac{4k+1}{N_2}\right]$ $M_B=\frac{qh^2}{4}\left[-\frac{k}{6N_1}+\frac{2k}{N_2}\right]$ $M_C=\frac{qh^2}{4}\left[-\frac{k}{6N_1}-\frac{2k}{N_2}\right]$ $M_D=\frac{qh^2}{4}\left[-\frac{k+3}{6N_1}+\frac{4k+1}{N_2}\right]$

续表

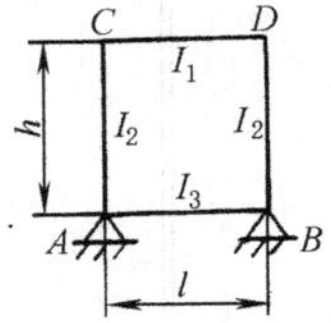			
$k=\frac{I_1}{I_2}\times\frac{h}{l}$；$m=\frac{I_1}{I_3}$；$\alpha=\frac{x}{l}$；$\nu=2+k+\frac{m}{k}(3+2k)$；$\mu=1+6k+m$			
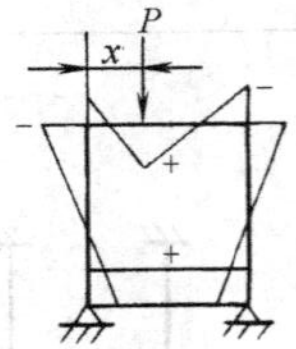	$\left.\begin{matrix}M_A\\M_B\end{matrix}\right\}=\frac{Pl}{2}\alpha(1-\alpha)\left[\frac{1}{\nu}\mp\frac{1-2\alpha}{\mu}\right]$ $\left.\begin{matrix}M_C\\M_D\end{matrix}\right\}=\frac{Pl}{2}\alpha(1-\alpha)\left[-\frac{2k+3m}{k\nu}\mp\frac{1-2\alpha}{\mu}\right]$	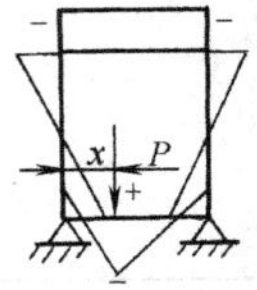	$\left.\begin{matrix}M_A\\M_B\end{matrix}\right\}=\frac{Pl}{2}\alpha(1-\alpha)m\left[\frac{3+2k}{k\nu}\pm\frac{1-2\alpha}{\mu}\right]$ $\left.\begin{matrix}M_C\\M_D\end{matrix}\right\}=-\frac{Pl}{2}\alpha(1-\alpha)m\left[\frac{1}{\nu}\mp\frac{1-2\alpha}{\mu}\right]$
$k=\frac{I_1}{I_2}\times\frac{h}{l}$；$m=\frac{I_1}{I_3}$；$\nu=2+k+\frac{m}{k}(3+2k)$；$\mu=1+6k+m$			
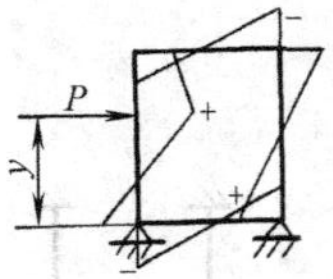	$\left.\begin{matrix}M_A\\M_B\end{matrix}\right\}=\frac{Ph}{2}\eta\times$ $\left\{\frac{1-\eta}{\nu}[(1+k)\eta-(2+k)]\mp\frac{1}{\mu}[1+3k(2-\eta)]\right\}$ $\left.\begin{matrix}M_C\\M_D\end{matrix}\right\}=\frac{Ph}{2}\eta\left\{-\frac{1-\eta}{\nu}[\eta(k+m)+m]\pm\frac{1}{\mu}(3k\eta+m)\right\}$ $\eta=y/h$	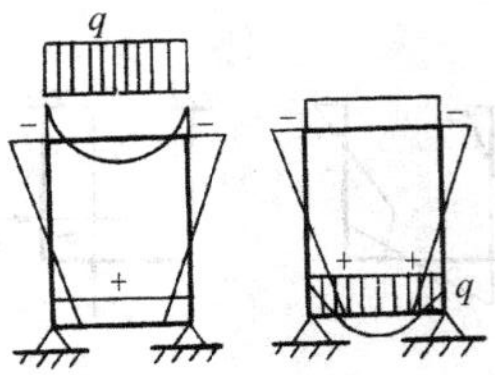	(1)载荷在构件 CD 上 $M_A=M_B=\frac{ql^2}{12}\times\frac{1}{\nu}$；$M_C=M_D=-\frac{ql^2}{12}\times\frac{2k+3m}{k\nu}$ (2)载荷在构件 AB 上 $M_A=M_B=\frac{ql^2}{12}m\frac{3+2k}{k\nu}$；$M_C=M_D=-\frac{ql^2}{12}\times\frac{m}{\nu}$
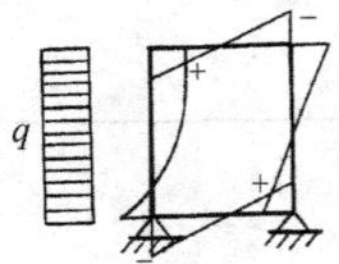	$\left.\begin{matrix}M_A\\M_B\end{matrix}\right\}=\frac{qh^2}{4}\left[-\frac{3+k}{6\nu}\mp\frac{1+4k}{\mu}\right]$ $\left.\begin{matrix}M_C\\M_D\end{matrix}\right\}=\frac{qh^2}{4}\left[-\frac{k+3m}{6\nu}\pm\frac{2k+m}{\mu}\right]$	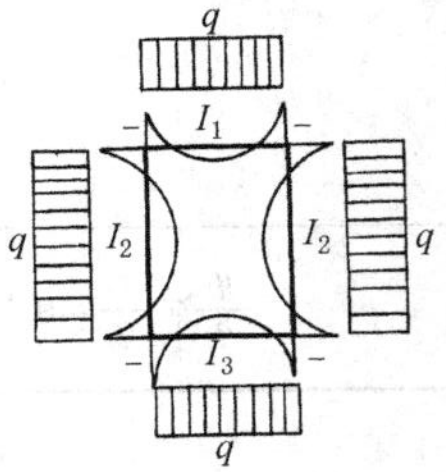	$I_1=I_3$ $M_A=M_B=M_C=M_D=-\frac{q}{12}\times\frac{l^2+kh^2}{k+1}$

5.3 接触应力

高副机构，理论上载荷是通过点或线接触传递的，实际上零件受载后接触部分产生局部弹性变形，从而形成接触面很小的面接触，这样在零件的接触处产生很大的局部应力，离开接触面稍远处接触应力急剧下降，此时应力称为接触应力。机械零件遇到的接触应力多为变应力，其引起的失效属于接触疲劳破坏。它的特点是零件在接触应力的反复作用下，零件表面产生疲劳裂纹，逐渐扩展，使金属表层脱落，产生疲劳点蚀。影响疲劳点蚀的主要因素是接触应力的大小。接触区材料处于三向压应力状态受力后各方向变形受到限制，所以接触面中心处材料能承受很大的压力而不屈服，因此接触面上的许用压应力较高。表1-1-106所引用的是弹性力学的结果，σ_{max}为接触表面中心处的最大接触压应力。实际上接触体的危险点并不在接触表面，而是在接触面中心下面、接触体内某深度上，按第四强度理论，危险点的计算应力为$\sigma_{rIV}=0.6\sigma_{max}$。通常接触问题的强度校核按接触表面处的接触应力进行校核，其强度条件为

$$\sigma_{max}\leqslant\sigma_{HP}$$

式中　σ_{HP}——许用接触应力，与材料及其热处理情况、点或线接触、动或静接触的不同情况有关，见表1-1-107～表1-1-109。

表1-1-106　　接触应力计算公式

接触体的形式		接触椭圆方程 $Ax^2+By^2=C$ 的系数		接触面中心最大接触压应力 σ_{max}（当接触体 $E_1=E_2=E$；$\mu_1=\mu_2=0.3$ 时）
接触简图	接触体尺寸	A	B	
（图：P, R_1, R_2, P）	半径为R_1及R_2的两球	$\frac{R_1+R_2}{2R_1R_2}$	$\frac{R_1+R_2}{2R_1R_2}$	$0.388\sqrt[3]{PE^2\left(\frac{R_1+R_2}{R_1R_2}\right)^2}$
（图：R_2, P, R_1）	半径为R_1的球及半径为R_2的球面	$\frac{R_2-R_1}{2R_1R_2}$	$\frac{R_2-R_1}{2R_1R_2}$	$0.388\sqrt[3]{PE^2\left(\frac{R_2-R_1}{R_1R_2}\right)^2}$
（图：P, R）	半径为R的球及平面（$R_2=\infty$）	$\frac{1}{2R}$	$\frac{1}{2R}$	$0.388\sqrt[3]{PE^2\frac{1}{R^2}}$
（图：P, R_1, R_2, P）	半径为R_1的球及半径为R_2的圆柱体（$R_2>R_1$）	$\frac{1}{2R_1}$	$\frac{1}{2}\left(\frac{1}{R_1}+\frac{1}{R_2}\right)$	$a\sqrt[3]{PE^2\frac{1}{R_1^2}}$
（图：P, R_2, R_1, P）	半径为R_1的球及半径为R_2的圆筒槽（$R_2>R_1$）	$\frac{1}{2}\left(\frac{1}{R_1}-\frac{1}{R_2}\right)$	$\frac{1}{2R_1}$	$a\sqrt[3]{PE^2\left(\frac{R_2-R_1}{R_1R_2}\right)^2}$
（图：P, R_1, R_3, R_2）	半径为R_1的球及半径为R_2及R_3的环形槽（球珠滑轮）（$R_2>R_3$）	$\frac{1}{2}\left(\frac{1}{R_1}-\frac{1}{R_2}\right)$	$\frac{1}{2}\left(\frac{1}{R_1}+\frac{1}{R_3}\right)$	$a\sqrt[3]{PE^2\left(\frac{R_2-R_1}{R_1R_2}\right)^2}$

续表

接触体的形式		接触椭圆方程 $Ax^2+By^2=C$ 的系数		接触面中心最大接触压应力 σ_{max}（当接触体 $E_1=E_2=E$；$\mu_1=\mu_2=0.3$ 时）
接触简图	接触体尺寸	A	B	
	半径为 R_1 及 R_2 的滚柱及半径为 R_3 及 R_4 的环形槽（$R_4>R_2$）	$\frac{1}{2}\left(\frac{1}{R_2}-\frac{1}{R_4}\right)$	$\frac{1}{2}\left(\frac{1}{R_1}+\frac{1}{R_3}\right)$	$a\sqrt[3]{PE^2\left(\frac{R_4-R_2}{R_2R_4}\right)^2}$
	成十字形的半径为 R_1 及 R_2 的二圆柱体（$R_2>R_1$）	$\frac{1}{2R_2}$	$\frac{1}{2R_1}$	$a\sqrt[3]{PE^2\frac{1}{R_2^2}}$
	半径为 R_1、r_1 的滑轮槽及半径为 r 的圆柱体	—	—	$\frac{0.41}{ab}\sqrt[3]{PE'^2\left(\frac{1}{r}-\frac{1}{r_1}+\frac{1}{R_1}\right)^2}$ E'——滑轮的弹性模量 a,b——根据辅助角 θ 查本表，辅助角按下式计算 $\cos\theta=\frac{1/r-1/r_1-1/R_1}{1/r-1/r_1+1/R_1}$
	半径为 R_1 及 R_2 的二轴相平行的圆柱体	—	$\frac{1}{2}\left(\frac{1}{R_1}+\frac{1}{R_2}\right)$	$0.418\sqrt{\frac{PE}{l}\times\frac{R_1+R_2}{R_1R_2}}$
	半径为 R_1 及 R_2 的二轴相平行的圆柱体与圆柱凹面	—	$\frac{1}{2}\left(\frac{1}{R_1}-\frac{1}{R_2}\right)$	$0.418\sqrt{\frac{PE}{l}\times\frac{R_2-R_1}{R_1R_2}}$
	半径为 R 的圆柱体及平面（$R_2=\infty$）	—	$\frac{1}{2R}$	$0.418\sqrt{\frac{PE}{lR}}$

续表

系数 α 值							
$\frac{A}{B}$	α	$\frac{A}{B}$	α	$\frac{A}{B}$	α	$\frac{A}{B}$	α
1.0	0.388	0.6	0.468	0.2	0.716	0.02	1.800
0.9	0.400	0.5	0.490	0.15	0.800	0.01	2.271
0.8	0.420	0.4	0.536	0.1	0.970	0.007	3.202
0.7	0.440	0.3	0.600	0.05	1.280		

系数 a,b 值										
θ	90°	80°	70°	60°	50°	40°	30°	20°	10°	0°
a	1	1.128	1.284	1.486	1.754	2.136	2.731	3.778	6.612	∞
b	1	0.893	0.802	0.717	0.641	0.567	0.493	0.408	0.319	0

注：表中 E 为弹性模量；μ 为泊松比。

表 1-1-107　许用接触应力

		材料牌号	强度极限/MPa	布氏硬度 HB	接触面许用接触应力 σ_{HP}/MPa	
静载荷作用下接触面上的许用接触应力	一开始为线接触时	30	500	180	σ_{HLP}（许用线接触应力）	850~1050
		40	580	200		1000~1350
		50	640	230		1050~1400
		50Mn	660	240		1100~1450
		15Cr	750	240		1050~1600
		20Cr	850	240		1200~1450
		10CrV		240		1350~1600
		GCr15		—		3800
	一开始为点接触时				$\sigma_{HPP}=(1.3\sim1.4)\sigma_{HLP}$ σ_{HPP}——许用点接触应力	
接触应力实例	起重机车轮（与钢轨），材料 35				1700（点接触），750（线接触）	
	铁路钢轨				800~1000（线接触）	
	翻车机（翻转火车箱）滚圈，材料 35				750（线接触）	
	火车轮，表面硬度 310HB				2100	
	烧结机的环状冷却机的球形支承材料 14MnMoVNb				1500	
	滚动轴承 GCr15				2300~5000	
	汽车转向器中的螺杆滚子轴承				5000	
	润滑良好的凸轮 300~500HB				770~1300	
	润滑一般的走轮，材料 45，调质 215~255HB				440~470	
	润滑一般的走轮，材料 35SiMn，调质 215~280HB				490~540	
	润滑一般的走轮，材料 38SiMnMo，调质 195~270HB				500~540	
	润滑一般的走轮，材料 42MnMoV，调质 220~260HB				500~550	
	润滑一般的走轮，材料 40Cr，调质 240~280HB				530~550	

注：本表仅供参考。

表 1-1-108　　重型机械用钢的许用接触应力

钢号	热处理	截面尺寸/mm	许用面压应力/MPa	许用接触应力/MPa
35	正火回火	≤100	130	380
		>100~300	126	360
		>300~500	122	330
		>500~750	120	325
		>750~1000	118	310
	调质	≤100	140	430
		>100~300	134	400
20SiMn	正火回火	400~600	130	380
		>600~900	126	360
		>900~1200	124	350
35SiMn	调质	≤100	176	545
		>100~300	169	525
		>300~400	164	500
		>400~500	160	490
42SiMn	调质	≤100	176	545
		>100~200	171	530
		>200~300	169	525
		>300~500	160	490
38SiMnMo	调质	≤100	182	565
		>100~300	179	555
		>300~500	175	540
		>500~800	164	500
37SiMn2MoV	调质	≤200	187	525
		>200~400	185	490
		>400~600	182	465

钢号	热处理	截面尺寸/mm	许用面压应力/MPa	许用接触应力/MPa
45	正火回火	≤100	140	430
		>100~300	136	415
		>300~500	134	400
		>500~700	130	380
	调质	≤200	158	470
20MnMo	调质	100~300	142	445
		>300~500	134	400
42MnMoV	调质	100~300	182	565
		>300~500	179	555
		>500~800	175	540
18MnMoNb	调质	100~300	175	540
		>300~500	169	525
		>500~800	155	475
30CrMn2MoB		100~300	186	590
		>300~500	185	580
		>500~800	183	570
35CrMo	调质	≤100	179	550
		>100~300	175	540
		>300~500	169	525
		>500~800	164	500
40Cr	调质	≤100	179	550
		>100~300	175	540
		>300~500	169	525
		>500~800	155	475

注：表中的许用应力值，仅适用于表面粗糙度为 *Ra* 6.3~0.8μm 的轴，对于 *Ra*12.5μm 以下的轴，许用应力应降低 10%；*Ra*0.4μm 以上的轴，许用应力可提高 10%。

表 1-1-109　润滑一般的走轮类零件的许用接触应力

材料	热处理	硬度 HB	许用接触应力/MPa	材料	热处理	硬度 HB	许用接触应力/MPa
35	正火	140~185	320~380	37SiMn2MoV	调质	240~290	500~560
	调质	155~205	400~430	42MnMoV	调质	220~260	500~550
45	正火	160~215	380~430	18MnMo	调质	190~230	480~540
	调质	215~255	440~470	18MnMoB	调质	240~290	500~580
20SiMn	正火	—	350~380	30CrMn2MoB	调质	240~300	570~590
35SiMn	调质	215~280	490~540	35CrMo	调质	220~265	500~550
42SiMn	调质	215~285	500~540	40Cr	调质	240~285	530~550
38SiMnMo	调质	195~270	500~540			215~260	480~530

5.4　动荷应力

惯性力引起的动应力

表 1-1-110

运动状况	实　例	计 算 公 式
构件作等加速运动	起重机吊索以等加速上升 σ_k　γAx　$\frac{\gamma Ax}{g}a$　x　Q　$\frac{Q}{g}a$　a　Q	$\sigma_k=\frac{Q+\gamma Ax}{A}\left(1+\frac{a}{g}\right)=\sigma_s K_k$ $\Delta l_k=\Delta l_s K_k$ $K_k=1+\frac{a}{g}$ 称为动载荷系数 强度条件 $\sigma_{kmax}=K_k\sigma_{smax}\leqslant\sigma_p$（以下均同）
构件作等角速转动	杆轴与旋转轴平行的构件，如图示绕 CD 轴旋转的 AB 铰接杆 A　M_{max}　B　R　ω　C　D　l	对于 AB 杆 $\sigma_{kmax}=\frac{\rho\omega^2 ARl^2}{8W}$ 对于 AC、BD 杆，除计算出自身的惯性应力外在杆端部需附加 AB 梁引起的集中力 $Q_k=\frac{1}{2}\rho AR\omega^2 l$

续表

<table>
<tr><th>运动状况</th><th>实　例</th><th>计 算 公 式</th></tr>
<tr><td rowspan="2">构件作等角速转动</td><td>绕中心轴旋转的薄壁圆环</td><td>圆环横截面上的应力
$$\sigma_k=\rho\omega^2R^2=\rho v^2$$
直径变形
$$\Delta D=\frac{D}{E}\sigma_k$$
圆环圆周速度 v 与应力 σ_k 的关系表（$\rho=7.85\times10^3\mathrm{kg/m^3}$）
<table>
<tr><td>v/m·s^{-1}</td><td>25</td><td>50</td><td>75</td><td>100</td><td>150</td><td>200</td><td>250</td><td>300</td></tr>
<tr><td>σ_k/GPa</td><td>4.9</td><td>19.6</td><td>44.2</td><td>78.5</td><td>176.6</td><td>314.0</td><td>490.6</td><td>706.5</td></tr>
</table></td></tr>
<tr><td>以直径为旋转轴的薄壁圆环</td><td>圆环 AB 截面上的应力
$$\sigma_{kmax}=\rho\omega^2R^2+\frac{\rho\omega^2AR^3}{4W}=\rho v^2\left(1+\frac{AR}{4W}\right)$$</td></tr>
<tr><td>构件作等角加速度转动</td><td>飞轮轴受 M_t 作用使飞轮以等角加速度 ε 转动</td><td>轴横截面上最大切应力
$$\tau_{kmax}=\frac{M_t}{W_t}=\frac{I_0\varepsilon}{W_t}$$</td></tr>
<tr><td>构件作变加速运动</td><td>机车车轮连杆</td><td>当连杆与曲柄垂直时应力最大
$$\sigma_{kmax}=\frac{\rho Al^2R\omega^2}{8W}$$</td></tr>
<tr><td>构件作平面运动</td><td>发动机连杆</td><td>当连杆与曲柄垂直时应力最大
$$\sigma_{kmax}=\frac{\rho Al^2R\omega^2}{9\sqrt{3}W}$$</td></tr>
</table>

注：σ_k—动应力；σ_s—静应力；σ_p—许用应力；a—加速度；ω—角速度；ε—角加速度；ρ—构件材料的密度；A—横截面面积；W—抗弯截面模量；W_t—抗扭截面模量；I_0—转动惯量。

冲击载荷计算公式

表 1-1-111

冲击型式	实　　例	最大静变形 δ_s	未考虑被冲击物质量时 最大冲击变形 δ_k	未考虑被冲击物质量时 动荷系数 $K_k=\frac{\delta_k}{\delta_s}$	未考虑被冲击物质量时 最大冲击应力 σ_k	考虑被冲击物质量时修正系数 α	说　　明
纵向冲击	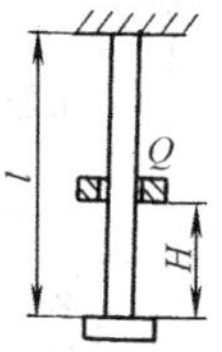	$\frac{Ql}{EA}$	$\delta_k=\delta_s K_k$	$1+\sqrt{1+\frac{2HEA}{Ql}}$ E——弹性模量(下同) A——杆截面积(下同)	$\frac{Q}{A}K_k$	$\alpha=\frac{1}{3}$	在很短的时间内(作用时间小于受力构件的基波自由振动周期的一半)以很大速度作用在构件上的载荷,称为冲击载荷。其应力与变形的计算相当复杂。计算时一般按机械能守恒定律作如下简化: (1)当冲击物的质量比被冲击物质量大 5~10 倍以上时,被冲击物的质量可略去不计 (2)冲击物的变形略去不计,视为刚体。被冲击物的局部塑性变形也不计,视为弹性体 (3)冲击物在冲击时的弹性回跳量略去不计,冲击应力波引起的能量损耗不计 冲击动荷系数计算公式为: (1)已知冲击物冲击前的高度 H,则 $K_k=1+\sqrt{1+\frac{2H}{\delta_s}}$ (2)已知冲击物以速度 v 作用于被冲击物,则 $K_k=1+\sqrt{1+\frac{v^2}{g\delta_s}}$ 从前两公式可知,当 $H=0$ 或 $v=0$,即载荷突然全部加于构件,称为突加载荷,此时 $K_k=2$ (3)已知冲击物的动能 T_k,则
	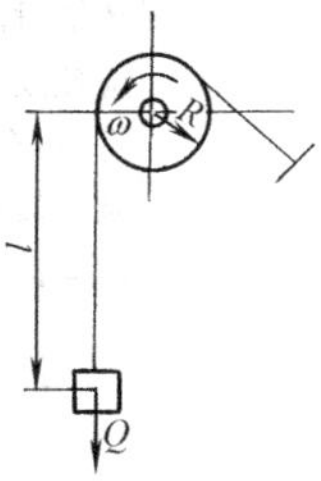	$\frac{Ql}{EA}$		$1+\sqrt{\frac{v^2EA}{gQl}}$	$\frac{Q}{A}K_k$ $v=R\omega$		
横向冲击	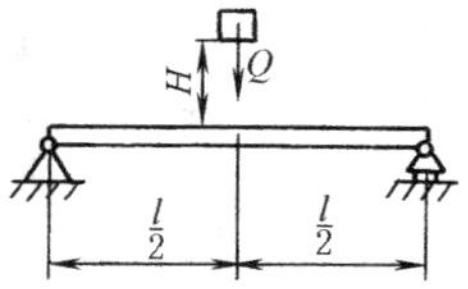	$\frac{Ql^3}{48EI}$		$1+\sqrt{1+\frac{96HEI}{Ql^3}}$ I——截面惯性矩(下同)	$\frac{Ql}{4W}K_k$	$\alpha=\frac{17}{35}$	
	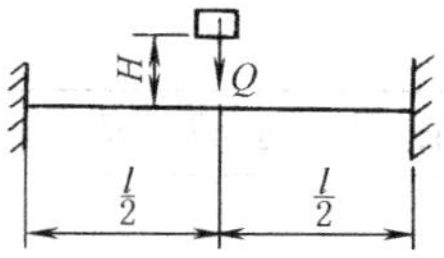	$\frac{Ql^3}{192EI}$		$1+\sqrt{1+\frac{384HEI}{Ql^3}}$	$\frac{Ql}{8W}K_k$		
	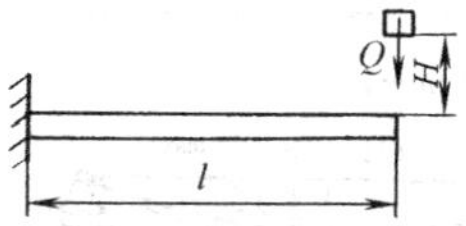	$\frac{Ql^3}{3EI}$		$1+\sqrt{1+\frac{6HEI}{Ql^3}}$	$\frac{Ql}{W}K_k$	$\alpha=\frac{33}{140}$	
水平冲击	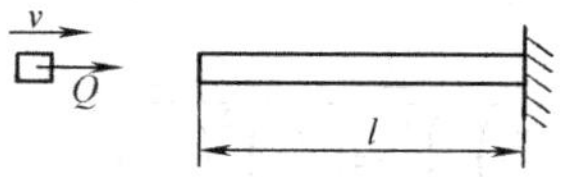	$\frac{Ql}{EA}$		$\sqrt{\frac{v^2EA}{gQl}}$	$\frac{Q}{A}K_k$	$\alpha=\frac{1}{3}$	

续表

冲击型式	实例	最大静变形 δ_s	未考虑被冲击物质量时：最大冲击变形 δ_k	未考虑被冲击物质量时：动荷系数 $K_k=\frac{\delta_k}{\delta_s}$	未考虑被冲击物质量时：最大冲击应力 σ_k	考虑被冲击物质量时修正系数 α	说明
水平冲击		$\frac{Ql^3}{3EI}$		$\sqrt{\frac{3v^2EI}{gQl^3}}$	$\frac{Ql}{W}K_k$	$\alpha=\frac{33}{140}$	$K_k=1+\sqrt{1+\frac{T_k}{U_s}}$ U_s——被冲击物在静载荷作用下的变形能 若被冲击物的质量较大需考虑时，被冲击物的冲击应力与应变以波的形式传播，称为应力波或应变波，作为简化计算，可在动荷系数中乘以修正系数 α，即 $K_k=1+\sqrt{1+\frac{2H}{\delta_s\left(1+\alpha\frac{m'}{m}\right)}}$ m'——被冲击物的质量 m——冲击物的质量
冲击扭转		$\varphi_s=\frac{Qal}{GI_t}$ $\delta_s=\frac{Qa^2l}{GI_t}$	$\delta_k=\delta_sK_k$	$1+\sqrt{1+\frac{2HGI_t}{Qa^2l}}$ I_t——抗剪惯性矩 G——切变模量	$\tau_k=\frac{Qa}{W_t}K_k$		
	转轴突然刹车			n——转轴转速，r/min	$\tau_k=\sqrt{\frac{2\omega^2GI}{Al}}=\frac{\pi n}{30}\sqrt{\frac{2GI}{Al}}$		

振动应力

表 1-1-112

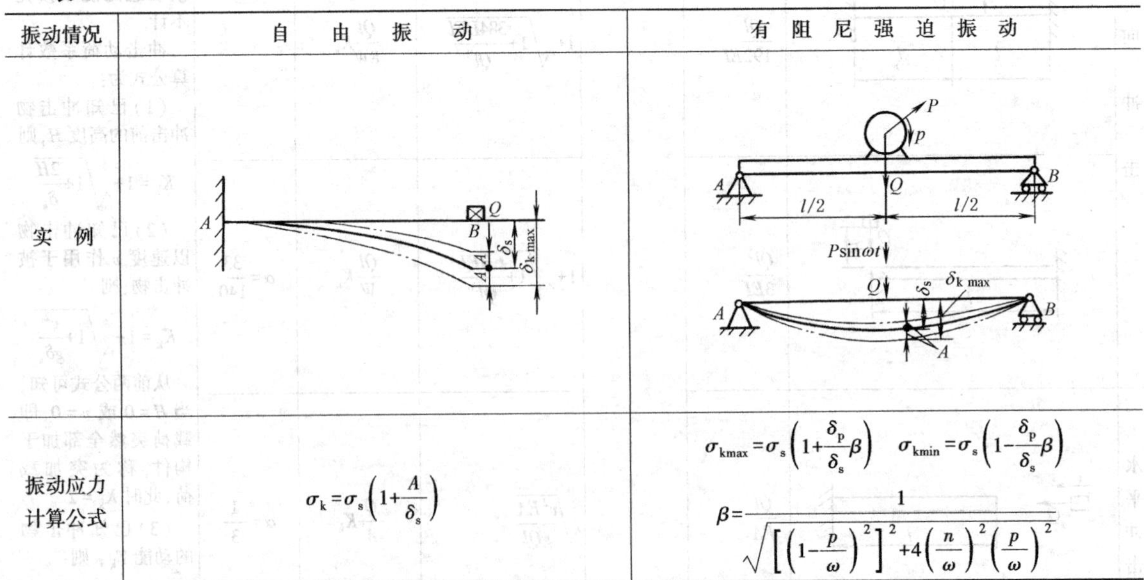

振动情况	自由振动	有阻尼强迫振动
实例		
振动应力计算公式	$\sigma_k=\sigma_s\left(1+\frac{A}{\delta_s}\right)$	$\sigma_{kmax}=\sigma_s\left(1+\frac{\delta_p}{\delta_s}\beta\right)$　$\sigma_{kmin}=\sigma_s\left(1-\frac{\delta_p}{\delta_s}\beta\right)$ $\beta=\frac{1}{\sqrt{\left[\left(1-\frac{p}{\omega}\right)^2\right]^2+4\left(\frac{n}{\omega}\right)^2\left(\frac{p}{\omega}\right)^2}}$

注：σ_k—振动应力；σ_s—静应力；A—振幅；δ_s—静变形；δ_p—干扰力 P 按静载荷作用产生的变形；Q—静载荷；P—离心惯性力；$P\sin\omega t$—惯性力垂直分量；β—放大系数；p—干扰力频率；ω—振动系统固有频率；n—阻尼系数。

5.5 厚壁圆筒、等厚圆盘及薄壳中的应力

厚壁圆筒计算公式

表 1-1-113

载荷类型与应力分布图	半径为 r 的圆柱面上点的主应力：σ_r—径向应力，σ_t—切向应力，σ_z—轴向应力	半径为 r 的圆柱面上点的径向位移 Δr，沿长度 l 方向的位移 Δl	危险点的主应力；危险点的相当应力 ($k=r_1/r_2$)
承受内压 p 作用的圆筒 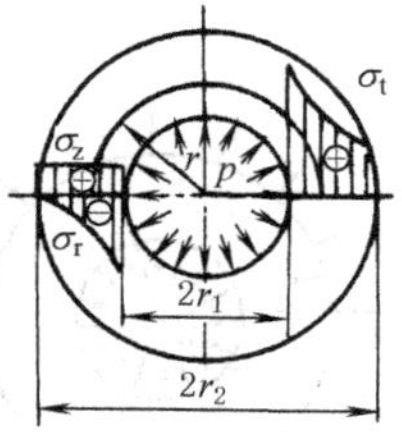 圆筒长度为 l(下同)	$\sigma_r=\frac{pr_1^2}{r_2^2-r_1^2}\left(1-\frac{r_2^2}{r^2}\right)$ $\sigma_t=\frac{pr_1^2}{r_2^2-r_1^2}\left(1+\frac{r_2^2}{r^2}\right)$ $\sigma_z=0$（开口圆筒） $\sigma_z=\frac{pr_1^2}{r_2^2-r_1^2}$（封闭圆筒）	开口圆筒 $\Delta r=\frac{pr_1^2}{E(r_2^2-r_1^2)}\left[(1-\mu)r+(1+\mu)\frac{r_2^2}{r}\right]$ $\Delta l=\frac{p\mu l}{E}\times\frac{2r_2^2}{r_2^2-r_1^2}$ 封闭圆筒 $\Delta r=\frac{pr_1^2}{E(r_2^2-r_1^2)}\left[(1-2\mu)r+(1+\mu)\frac{r_2^2}{r}\right]$ $\Delta l=\frac{pl}{E}\times\frac{r_1^2(1-2\mu)}{r_2^2-r_1^2}$	$r=r_1$ $\sigma_1=\sigma_t=\frac{1+k^2}{1-k^2}p$ $\sigma_2=\sigma_z=0$（开口圆筒） $\sigma_2=\sigma_z=\frac{k^2}{1-k^2}p$（封闭圆筒） $\sigma_3=\sigma_r=-p$ $\sigma_{Ⅲ}=\frac{2p}{1-k^2}$ 当 $r_2\to\infty$，$k\to0$ 时，根据第三强度理论有 $\sigma_{Ⅲ}=\sigma_1-\sigma_3\leqslant\sigma_p$ 强度条件为 $2p\leqslant\sigma_p\quad p\leqslant\frac{\sigma_p}{2}$ 说明即使很厚的圆筒，其内压也不能超过一定的限度 $\sigma_M=p\left(\frac{1+k^2}{1-k^2}+\frac{\sigma_{pt}}{\sigma_{pc}}\right)$ $\sigma_{pt}=\frac{\sigma_{bt}}{S}$，$\sigma_{pc}=\frac{\sigma_{bc}}{S}$
承受外压 p 作用的圆筒 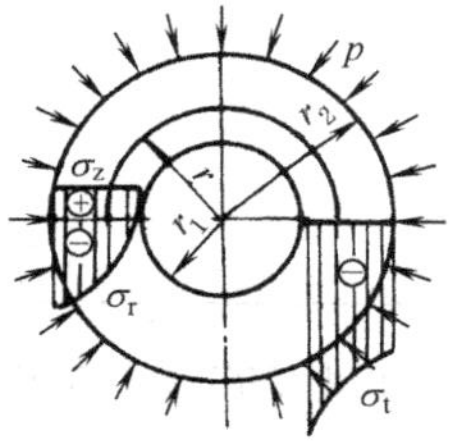	$\sigma_r=-\frac{pr_2^2}{r_2^2-r_1^2}\left(1-\frac{r_1^2}{r^2}\right)$ $\sigma_t=-\frac{pr_2^2}{r_2^2-r_1^2}\left(1+\frac{r_1^2}{r^2}\right)$ $\sigma_z=0$（开口圆筒） $\sigma_z=-\frac{pr_2^2}{r_2^2-r_1^2}$（封闭圆筒）	开口圆筒 $\Delta r=-\frac{pr_2^2}{E(r_2^2-r_1^2)}\left[(1-\mu)r+(1+\mu)\frac{r_1^2}{r}\right]$ $\Delta l=\frac{p\mu l}{E}\times\frac{2r_2^2}{r_2^2-r_1^2}$ 封闭圆筒 $\Delta r=-\frac{pr_2^2}{E(r_2^2-r_1^2)}\left[(1-2\mu)r+(1+\mu)\frac{r_1^2}{r}\right]$ $\Delta l=\frac{-pl}{E}\times\frac{r_2^2(1-2\mu)}{r_2^2-r_1^2}$	$r=r_1$，$\sigma_1=\sigma_r=0$ $\sigma_2=\sigma_z=0$（开口圆筒） $\sigma_2=\sigma_z=-\frac{p}{1-k^2}$（封闭圆筒） $\sigma_3=\sigma_t=-\frac{2p}{1-k^2}$ $\sigma_{Ⅲ}=\frac{2p}{1-k^2}$ $\sigma_M=\frac{2p}{1-k^2}\times\frac{\sigma_{pt}}{\sigma_{pc}}$ $\sigma_{pt}=\frac{\sigma_{bt}}{S}$，$\sigma_{pc}=\frac{\sigma_{bc}}{S}$

续表

载荷类型与应力分布图	半径为 r 的圆柱面上点的主应力;σ_r—径向应力,σ_t—切向应力,σ_z—轴向应力	半径为 r 的圆柱面上点的径向位移 Δr,沿长度 l 方向的位移 Δl	危险点的主应力;危险点的相当应力 ($k=r_1/r_2$)
同时承受内压 p_1 和外压 p_2 作用的圆筒	$\sigma_r=\frac{r_1^2p_1-r_2^2p_2}{r_2^2-r_1^2}-\frac{r_1^2r_2^2(p_1-p_2)}{r_2^2-r_1^2}\times\frac{1}{r^2}$ $\sigma_t=\frac{r_1^2p_1-r_2^2p_2}{r_2^2-r_1^2}+\frac{r_1^2r_2^2(p_1-p_2)}{r_2^2-r_1^2}\times\frac{1}{r^2}$ $\sigma_z=0$(开口圆筒) $\sigma_z=\frac{p_1r_1^2-p_2r_2^2}{r_2^2-r_1^2}$(封闭圆筒)	开口圆筒 $\Delta r=\frac{1-\mu}{E}\times\frac{r_1^2p_1-r_2^2p_2}{r_2^2-r_1^2}r+\frac{1+\mu}{E}\times\frac{r_1^2r_2^2(p_1-p_2)}{r_2^2-r_1^2}\times\frac{1}{r}$ 封闭圆筒 $\Delta r=\frac{1-2\mu}{E}\times\frac{r_1^2p_1-r_2^2p_2}{r_2^2-r_1^2}r+\frac{1+\mu}{E}\times\frac{r_1^2r_2^2(p_1-p_2)}{r_2^2-r_1^2}\times\frac{1}{r}$	$r=r_1$ $\sigma_r=-p_1$ $\sigma_t=\frac{(1+k^2)p_1-2p_2}{1-k^2}$ $\sigma_z=\frac{k^2p_1-p_2}{1-k^2}$

注:1. 当外径与内径之比 $d_2/d_1>1.1$ 时,一般按厚壁圆筒计算。

2. $\sigma_{Ⅲ}$、σ_M 分别为按第三强度理论和莫尔强度理论计算的相当应力。

3. σ_{bt}、σ_{bc} 分别为拉伸和压缩时的强度极限;S 为安全系数;σ_{pt}、σ_{pc} 分别为拉伸与压缩时的许用应力;E、μ 分别为弹性模量和泊松比。

4. 从表可知,单纯增加壁厚并不能提高内压圆筒的承载能力,而且增加壁厚将使圆筒内、外侧的应力相差更大,使圆筒外侧的大部分材料不能充分利用。为了有效地提高承载能力,可采用过盈配合的方法制成组合圆筒。

5. 内压厚壁圆筒的压力容器的计算,按钢制压力容器标准(摘自 GB 150.1~150.4—2011)计算,外压厚壁圆筒要考虑筒体的稳定性。

等厚旋转圆盘计算公式

表 1-1-114

	应力公式	最大应力		应力公式	最大应力
实心圆盘	当外表面不存在压力，仅考虑离心力 径向应力 $\sigma_r=\frac{3+\mu}{8}\rho\omega^2(r_2^2-r^2)$ 切向应力 $\sigma_t=\frac{\rho\omega^2}{8}[(3+\mu)r_2^2-(1+3\mu)r^2]$	最大应力发生在盘中心处（$r=0$） $\sigma_{r\max}=\sigma_{t\max}=\frac{3+\mu}{8}\rho\omega^2r_2^2$	带中心孔的圆盘	$\sigma_r=\frac{3+\mu}{8}\rho\omega^2\left(r_2^2+r_1^2-\frac{r_2^2r_1^2}{r^2}-r^2\right)$ $\sigma_t=\frac{3+\mu}{8}\rho\omega^2\left(r_2^2+r_1^2+\frac{r_2^2r_1^2}{r^2}-\frac{1+3\mu}{3+\mu}r^2\right)$	最大径向应力发生在 $r=\sqrt{r_2r_1}$ 处，最大切向应力发生在中心孔内径上（$r=r_1$） $\sigma_{r\max}=\frac{3+\mu}{8}\rho\omega^2(r_2-r_1)^2$ $\sigma_{t\max}=\frac{3+\mu}{4}\rho\omega^2\left(r_2^2+\frac{1-\mu}{3+\mu}r_1^2\right)$ 当 $r_1\to0$，中心孔处的切向应力比实心盘中心处的应力约大一倍
强度校核	按第三强度理论，当 σ_t 和 σ_r 同号时，取其中绝对值较大者作为相当应力 $\sigma_{Ⅲ}$，强度条件为 $\sigma_{Ⅲ}\leqslant\sigma_p$ 当 σ_t 和 σ_r 异号时，则相当应力取两者之差，强度条件为 $\sigma_{Ⅲ}=\sigma_t-\sigma_r\leqslant\sigma_p$				

注：μ—泊松比；ρ—圆盘材料密度；ω—旋转角速度；r_2—圆盘外圆半径；r_1—圆盘中心孔半径；r—圆盘内任一点处半径；σ_p—许用应力。

薄壳中应力与位移计算公式

p——压力
q——单位载荷
σ_m 和 σ_t——径向和环向应力（拉伸时为正）
h——壳体厚度
R——壳体横截面中面的半径
E，μ，ρ_M——分别为壳体材料的弹性模量、泊松比和密度
ω——壳表面垂直方向上的位移（离开壳体轴线或中心者为正）
ρ——液体密度
g——重力加速度

表 1-1-115

类型	公式	类型	公式
承受均匀内压的球罐	$\sigma_m=\sigma_t=\frac{pR}{2h}$ $\omega=\frac{pR^2}{2Eh}(1-\mu)$	装满液体并且在半径为 $R\sin\alpha_0$ 处支承的球罐	内压 $p=\rho gR(1-\cos\alpha)$ $\alpha\leqslant\alpha_0$　$\sigma_m=\frac{\rho gR^2}{6h}\left(1-\frac{2\cos^2\alpha}{1+\cos\alpha}\right)$ $\sigma_t=\frac{\rho gR^2}{6h}\left(5-6\cos\alpha+\frac{2\cos^2\alpha}{1+\cos\alpha}\right)$ $\alpha>\alpha_0$　$\sigma_m=\frac{\rho gR^2}{6h}\left(5+\frac{2\cos^2\alpha}{1-\cos\alpha}\right)$ $\sigma_t=\frac{\rho gR^2}{6h}\left(1-6\cos\alpha-\frac{2\cos^2\alpha}{1-\cos\alpha}\right)$

续表

类型	公式	类型	公式
装满液体的球形容器，边界上自由支承	内压 $p=\rho gR(\cos\varphi-\cos\beta)$ $\sigma_m=\dfrac{\rho gR^2}{h}\left[\dfrac{1+\cos\varphi+\cos^2\varphi}{3(1+\cos\varphi)}-\dfrac{\cos\beta}{2}\right]$ $\sigma_t=\dfrac{\rho gR^2}{h}\left[\dfrac{-1+2\cos\varphi+2\cos^2\varphi}{3(1+\cos\varphi)}-\dfrac{\cos\beta}{2}\right]$ 当 $\varphi=0$ 时， $\sigma_m=\sigma_t=\dfrac{\rho gR^2}{h}\times\dfrac{1-\cos\beta}{2}=\sigma_{max}$ 当 $\varphi=\beta$ 时， $\sigma_m=-\sigma_t=\dfrac{\rho gR^2}{h}\times\dfrac{2-\cos\beta-\cos^2\beta}{6(1+\cos\beta)}$ 外轮廓圆周半径的改变量 $\Delta=-\dfrac{\rho gR^2\sin\beta}{Eh}\times\dfrac{(1+\mu)(2-\cos\varphi-\cos^2\varphi)}{6(1+\cos\varphi)}$	装满液体的圆柱壳，上边自由支承	$\sigma_m=\dfrac{\rho gHR}{2h}$ $\sigma_t=\dfrac{\rho g(H-x)R}{h}$
装满液体的圆锥壳，边界上自由支承	$\sigma_m=\dfrac{\rho gx\tan\alpha\left(H-\dfrac{2}{3}x\right)}{2h\cos\alpha}$ $\sigma_t=\dfrac{\rho gx\tan\alpha}{h\cos\alpha}(H-x)$ $\sigma_{mmax}=\dfrac{3\rho gH^2\tan\alpha}{16h\cos\alpha}\left(x=\dfrac{3}{4}H\text{处}\right)$ $\sigma_{tmax}=\dfrac{\rho gH^2\tan\alpha}{4h\cos\alpha}\left(x=\dfrac{H}{2}\text{处}\right)$ 轮廓圆周半径的改变量 $\Delta=-\mu\dfrac{\rho gH^3\tan^2\alpha}{6hE\cos\alpha}$	带有锥底的圆柱壳，装满液体	锥底中的应力 $\sigma_m=\dfrac{\rho g\tan\alpha}{2h\cos\alpha}\left(H+H_k-\dfrac{2}{3}x\right)x$ $\sigma_t=\dfrac{\rho gx\tan\alpha}{h\cos\alpha}(H+H_k-x)$ 若 $H>H_k/3$，则 $\sigma_{mmax}=\dfrac{\rho g\tan\alpha}{2h\cos\alpha}\left(H+\dfrac{H_k}{3}\right)H_k$（在 $x=H_k$ 处） 若 $H<H_k/3$，则 $\sigma_{mmax}=\dfrac{3\rho g\tan\alpha}{16h\cos\alpha}(H+H_k)^2\left(\text{在 } x=\dfrac{3}{4}(H+H_k)\text{处}\right)$ 若 $H\geqslant H_k$，则 $\sigma_{tmax}=\dfrac{\rho g\tan\alpha}{4h\cos\alpha}(H+H_k)^2\left(\text{在 } x=\dfrac{H+H_k}{2}\text{处}\right)$ 若 $H\leqslant H_k$，则 $\sigma_{tmax}=\dfrac{\rho g\tan\alpha}{h\cos\alpha}HH_k$（在 $x=H_k$ 处）

续表

类型	公式	类型	公式
自重作用下的球形拱，拱边自由支承	$\sigma_m=-\dfrac{\rho_M gR}{1+\cos\varphi}$ $\sigma_t=\rho_M gR\dfrac{1-\cos\varphi-\cos^2\varphi}{1+\cos\varphi}$ $\varphi=51°50'$时，$\sigma_t=0$； $0<\varphi<51°50'$时，$\sigma_t<0$； $\varphi>51°50'$时，$\sigma_t>0$	带底的长圆柱壳，承受均匀内压	离开边界较远处 $\sigma_m=\dfrac{pR}{2h}$ $\sigma_t=\dfrac{pR}{h}=\sigma_{max}$ $\omega=\dfrac{pR^2}{Eh}\left(1-\dfrac{\mu}{2}\right)$
在自重作用下的圆锥壳，边界自由支承	距离边界较远处 $\sigma_m=\dfrac{\rho_M gx}{2\cos\alpha}$；　$\sigma_t=\dfrac{\rho_M gx\sin^2\alpha}{\cos\alpha}$ 边界（$x=l$）处的径向位移 $\Delta=\dfrac{\rho_M gl^2}{E}\tan\alpha\left(\sin^2\alpha-\dfrac{\mu}{2}\right)$ 当 $\sin\alpha=\sqrt{\dfrac{\mu}{2}}$时，$\Delta=0$	带有球底的圆柱壳，装满液体	球底中的应力 $\sigma_m=\dfrac{\rho gR}{2h}\left[H+H_C-x+\dfrac{x(3R-x)}{3(2R-x)}\right]$ $\sigma_{mmax}=\dfrac{\rho gR}{2h}(H+H_C)$（在 $x=0$ 处） $\sigma_t=\dfrac{\rho gR}{2h}\left[H+H_C-x-\dfrac{x(3R-x)}{3(2R-x)}\right]$ $\sigma_{t\,max}=\dfrac{\rho gR}{2h}(H+H_C)$（在 $x=0$ 处） 对于半球底（$H_C=R$） $\sigma_{mmax}=\sigma_{t\,max}=\dfrac{\rho gR}{2h}(H+R)$（在 $x=0$ 处）

注：1. 当外径与内径之比 $d_2/d_1\leqslant1.1$ 时，按薄壳计算。

2. 表中计算系“薄膜理论”方法。如仅在边界处考虑弯矩、扭矩及剪切力的影响，而在离开边界稍远部分仍用薄膜理论计算，这种近似计算方法称为“边缘效应”方法，可参考有关书籍。

5.6 平板中的应力

直角坐标系的 xOz 平面和平板的水平中层面重合，y 轴的方向垂直向下。对于矩形平板，x 轴的方向和平板长边之一重合，坐标原点和一角重合（图 1-1-5a）。对于圆形平板，用圆柱坐标系；基面和中层面重合，y 轴通过中心（图 1-1-5b）。

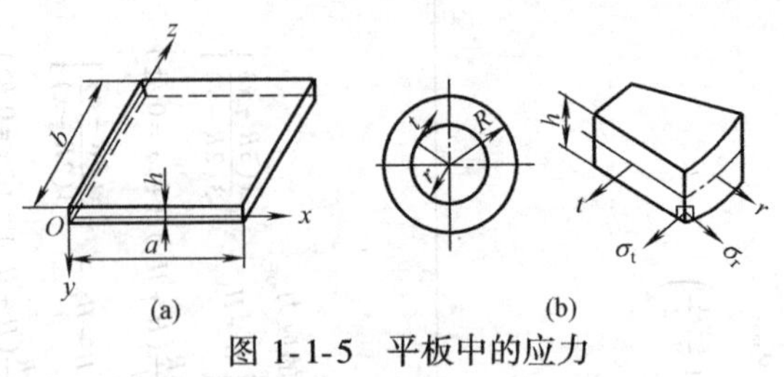

图 1-1-5　平板中的应力

表 1-1-116 中所列矩形或表 1-1-119 中所列圆形板公式适用于 $h\leqslant 0.2b$（小边）的刚性薄板（即 $\dfrac{f}{h}\leqslant 0.2$ 的小挠度板，即薄膜内力很小）。公式中取泊松比 $\mu=0.3$。薄板的大挠度计算请参考其他有关手册。

表 1-1-116　　**矩形平板计算公式**（$a\geqslant b$）

支承与载荷特性	中心挠度	中心应力	长边中心应力
周界铰支,整个板面受均布载荷 q	$f=c_0\dfrac{qb^4}{Eh^3}$	$\sigma_z=c_1q\left(\dfrac{b}{h}\right)^2$ $\sigma_x=c_2q\left(\dfrac{b}{h}\right)^2$	
周界固定,整个板面受均布载荷 q	$f=c_3\dfrac{qb^4}{Eh^3}$	$\sigma_z=c_4q\left(\dfrac{b}{h}\right)^2$ $\sigma_x=c_5q\left(\dfrac{b}{h}\right)^2$	$\sigma=-c_6q\left(\dfrac{b}{h}\right)^2$
周界铰支,中心受集中载荷 P	$f=c_7\dfrac{Pb^2}{Eh^3}$	载荷作用点附近的应力分布,大致和半径为 $0.64b$、中心受集中力的圆形平板相同	
周界固定,中心受集中载荷 P	$f=c_8\dfrac{Pb^2}{Eh^3}$		$\sigma=-c_9\dfrac{P}{h^2}$

续表

支承与载荷特性	中心挠度	中心应力	长边中心应力
两个对边简支，第三边固定，第四边自由，整个板面受均布载荷	最大挠度在自由边的中点 A 处 $f=a\dfrac{qb^4}{Eh^3}$		最大弯曲应力发生在长边中心的 A 点及 B 点处 A 点处： $\sigma=\beta_1 q\left(\dfrac{a}{h}\right)^2$ B 点处： $\sigma=-\beta_2 q\left(\dfrac{b}{h}\right)^2$
两个对边简支，第三边固定，第四边自由，自由边中心受集中载荷 P	当 $a\gg b$ 时，受力点的挠度 $f=\dfrac{1.82Pb^2}{Eh^3}$		当 $a\gg b$ 时，受力点的计算应力 $\sigma=\dfrac{3.06P}{h^2}$

注：1. 负号表示上边纤维受拉伸。

2. 系数 $c_0\sim c_9$ 及 α、β_1、β_2 见表 1-1-117 和表 1-1-118。

表 1-1-117　　矩形平板系数表（$a\geqslant b$）

$\dfrac{a}{b}$	c_0	c_1	c_2	c_3	c_4	c_5	c_6	c_7	c_8	c_9	$\dfrac{a}{b}$
1.0	0.0443	0.2874	0.2874	0.0138	0.1374	0.1374	0.3102	0.1265	0.0611	0.7542	1.0
1.1	0.0530	0.3318	0.2964	0.0165	0.1602	0.1404	0.3324	0.1381			1.1
1.2	0.0616	0.3756	0.3006	0.0191	0.1812	0.1386	0.3672	0.1478	0.0706	0.8940	1.2
1.3	0.0697	0.4158	0.3024	0.0210	0.1968	0.1344	0.4008				1.3
1.4	0.0770	0.4518	0.3036	0.0227	0.2100	0.1290	0.4284	0.1621	0.0755	0.9624	1.4
1.5	0.0843	0.4872	0.2994	0.0241	0.2208	0.1224	0.4518				1.5
1.6	0.0906	0.5172	0.2958	0.0251			0.4680	0.1714	0.0777	0.9906	1.6
1.7	0.0964	0.5448	0.2916								1.7
1.8	0.1017	0.5688	0.2874	0.0267			0.4872	0.1769	0.0786	1.0002	1.8
1.9	0.1064	0.5910	0.2826								1.9
2.0	0.1106	0.6102	0.2784	0.0277			0.4974	0.1803	0.0788	1.0044	2.0
3.0	0.1336	0.7134	0.2424					0.1846			3.0
4.0	0.1400	0.7410	0.2304								4.0
5.0	0.1416	0.7476	0.2250								5.0
∞	0.1422	0.7500	0.2250	0.0284			0.5000	0.1849	0.0792	1.008	∞

表 1-1-118　　系数 α，β_1，β_2 的数值

$\dfrac{b}{a}$	0	$\dfrac{1}{3}$	$\dfrac{1}{2}$	$\dfrac{2}{3}$	1	$\dfrac{3}{2}$	2	3	∞
α	1.37	1.03	0.635	0.366	0.123	0.154	0.164	0.166	0.166
β_1	0	0.0468	0.176	0.335	0.583	0.738	0.786	0.798	0.798
β_2	3.0	2.568	1.914	1.362	0.714	0.744	0.750	0.750	0.750

表 1-1-119　　圆形平板计算公式

支承与载荷特性	中心挠度	中心应力	周界应力
周界铰支，整个板面受均布载荷 q	$f=\frac{0.7qR^4}{Eh^3}$	$\sigma_r=\sigma_t=\mp 1.24q\left(\frac{R}{h}\right)^2$ "+"号指下表面，"−"号指上表面，下同	$\sigma_r=0;\sigma_t=\mp 0.52q\left(\frac{R}{h}\right)^2$ "+、−"号同左边
周界固定，整个板面受均布载荷 q	$f=\frac{0.17qR^4}{Eh^3}$	$\sigma_r=\sigma_t=\mp 0.49q\left(\frac{R}{h}\right)^2$	$\sigma_r=\pm 0.75q\left(\frac{R}{h}\right)^2;\sigma_t=\mu\sigma_r$ "+"号指上表面，"−"号指下表面
周界铰支，载荷均布在中心半径为 r 的圆面积上。比值 $\frac{r}{R}=\beta$	$f=(1.73-1.03\beta^2+0.68\times\beta^2\ln\beta)\frac{qR^2r^2}{Eh^3}$	$\sigma_r=\sigma_t=\mp(1.5-0.262\beta^2-1.95\ln\beta)q\left(\frac{r}{h}\right)^2$	$\sigma_r=0;$ $\sigma_t=\mp 0.525(2-\beta^2)q\left(\frac{r}{h}\right)^2$ "+" 号指下表面，"−" 号指上表面
周界固定，载荷均布在中心半径为 r 的圆面积上。比值 $\frac{r}{R}=\beta$	$f=(0.68-0.51\beta^2+0.68\times\beta^2\ln\beta)\frac{qR^2r^2}{Eh^3}$	$\sigma_r=\sigma_t=\mp 0.49(\beta^2-4\ln\beta)q\left(\frac{r}{h}\right)^2$	$\sigma_r=\pm 0.75(2-\beta^2)q\left(\frac{r}{h}\right)^2;$ $\sigma_t=\mu\sigma_r$ "+" 号指上表面，"−" 号指下表面
周界铰支，中心受集中载荷 P	$f=\frac{0.55PR^2}{Eh^3}$	最大拉伸应力在下表面 $\sigma_{max}=\sigma_r=\sigma_t=\frac{P}{h^2}\left(0.63\ln\frac{R}{h}+1.16\right)$	$\sigma_t=\mp 0.334\frac{P}{h^2}$ "+"号指下表面，"−"号指上表面
周界固定，中心受集中载荷 P	$f=\frac{0.218PR^2}{Eh^3}$	最大拉伸应力在下表面 $\sigma_{max}=\sigma_r=\sigma_t=\frac{P}{h^2}\left(0.63\ln\frac{R}{h}+0.68\right)$	$\sigma_r=\pm 0.477\frac{P}{h^2}$ "+"号指上表面，"−"号指下表面

注：表中 σ_r、σ_t 表示径向应力和圆周向应力；μ 为泊松比。

表 1-1-120　　圆环形平板计算公式

支承与载荷特性	最大挠度	内、外周界处转角	内周界处应力	外周界处应力
1. 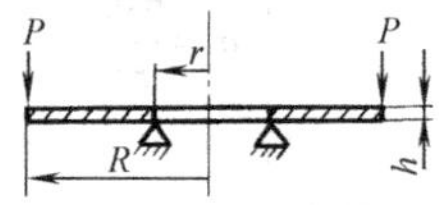	$f=C_1\dfrac{PR^2}{Eh^3}$	$\theta_r=K_1\dfrac{PR^2}{rEh^3}$	$\sigma_r=0$	$\sigma_r=0$
		$\theta_R=K_2\dfrac{PR^2}{rEh^3}$	$\sigma_t=A_1\dfrac{P}{h^2}$	$\sigma_t=B_1\dfrac{P}{h^2}$
2. 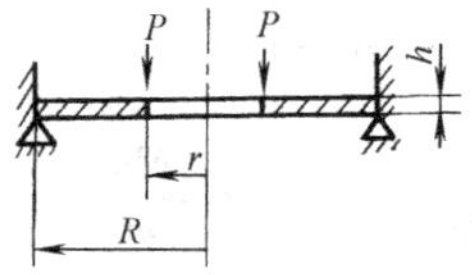	$f=C_2\dfrac{PR^2}{Eh^3}$		$\sigma_r=0$	$\sigma_r=B_2\dfrac{P}{h^2}$
			$\sigma_t=A_2\dfrac{P}{h^2}$	$\sigma_t=B_3\dfrac{P}{h^2}$
3. 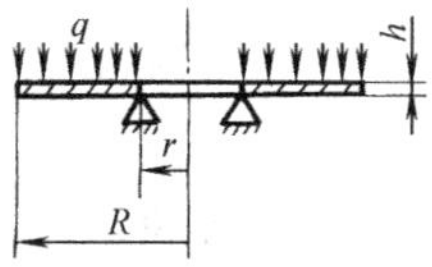	$f=C_3\dfrac{qR^4}{Eh^3}$	$\theta_r=K_3\dfrac{qR^4}{rEh^3}$	$\sigma_r=0$	$\sigma_r=0$
		$\theta_R=K_4\dfrac{qR^4}{rEh^3}$	$\sigma_t=A_3\dfrac{qR^2}{h^2}$	$\sigma_r=B_4\dfrac{qR^2}{h^2}$
4. 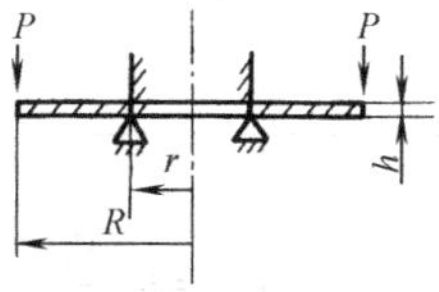	$f=C_4\dfrac{PR^2}{Eh^3}$	$\theta_r=0$	$\sigma_r=A_4\dfrac{P}{h^2}$	$\sigma_r\approx 0$
		$\theta_R=K_5\dfrac{PR^2}{rEh^3}$	$\sigma_t=A_5\dfrac{P}{h^2}$	$\sigma_t=B_5\dfrac{P}{h^2}$
5. 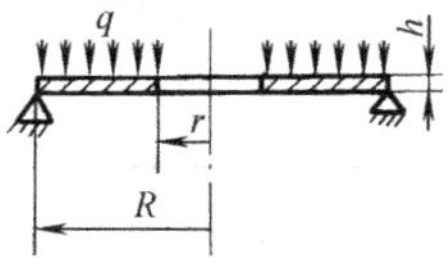	$f=C_5\dfrac{qR^4}{Eh^3}$	$\theta_r=K_6\dfrac{qR^4}{rEh^3}$	$\sigma_r=0$	$\sigma_r=0$
		$\theta_R=K_7\dfrac{qR^4}{rEh^3}$	$\sigma_t=A_6\dfrac{qR^2}{h^2}$	$\sigma_t=B_6\dfrac{qR^2}{h^2}$
6. 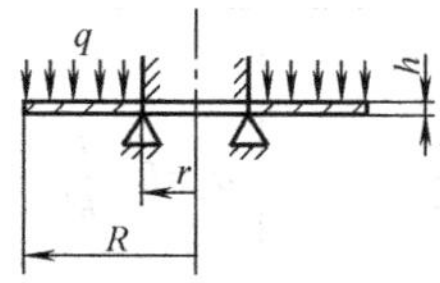	$f=C_6\dfrac{qR^4}{Eh^3}$	$\theta_r=0$	$\sigma_r=A_7\dfrac{qR^2}{h^2}$	$\sigma_r=0$
		$\theta_R=K_8\dfrac{qR^4}{rEh^3}$	$\sigma_t=A_8\dfrac{qR^2}{h^2}$	$\sigma_t=B_7\dfrac{qR^2}{h^2}$

续表

支承与载荷特性	最大挠度	内、外周界处转角	内周界处应力	外周界处应力
7.	$f=C_7\dfrac{M_0R^2}{Eh^3}$	$\theta_r=K_9\dfrac{M_0R^2}{rEh^3}$	$\sigma_r=0$	$\sigma_r=\dfrac{6M_0}{h^2}$
		$\theta_R=K_{10}\dfrac{M_0R^2}{rEh^3}$	$\sigma_t=A_9\dfrac{M_0}{h^2}$	$\sigma_t=B_8\dfrac{M_0}{h^2}$
8.	$f=C_8\dfrac{M_0R^2}{Eh^3}$	$\theta_r=0$	$\sigma_r=A_{10}\dfrac{M_0}{h^2}$	$\sigma_r=\dfrac{6M_0}{h^2}$
		$\theta_R=K_{11}\dfrac{M_0R^2}{rEh^3}$	$\sigma_t=A_{11}\dfrac{M_0}{h^2}$	$\sigma_t=B_9\dfrac{M_0}{h^2}$
9.	$f=C_9\dfrac{M_0R^2}{Eh^3}$	$\theta_r=K_{12}\dfrac{M_0R^2}{rEh^3}$	$\sigma_r=\dfrac{6M_0}{h^2}$	$\sigma_r=0$
		$\theta_R=K_{13}\dfrac{M_0R^2}{rEh^3}$	$\sigma_t=A_{12}\dfrac{M_0}{h^2}$	$\sigma_t=B_{10}\dfrac{M_0}{h^2}$
10.	$f=C_{10}\dfrac{M_0R^2}{Eh^3}$	$\theta_r=K_{14}\dfrac{M_0R^2}{rEh^3}$	$\sigma_r=\dfrac{6M_0}{h^2}$	$\sigma_r=B_{11}\dfrac{M_0}{h^2}$
		$\theta_R=0$	$\sigma_t=A_{13}\dfrac{M_0}{h^2}$	$\sigma_t=B_{12}\dfrac{M_0}{h^2}$
11.	$f=C_{11}\dfrac{PR^2}{Eh^3}$	$\theta_r=0$	$\sigma_r=A_{14}\dfrac{P}{h^2}$	$\sigma_r=B_{13}\dfrac{P}{h^2}$
		$\theta_R=0$	$\sigma_t=A_{15}\dfrac{P}{h^2}$	$\sigma_t=B_{14}\dfrac{P}{h^2}$

续表

支承与载荷特性	最大挠度	内、外周界处转角	内周界处应力	外周界处应力
12.	$f=C_{12}\dfrac{qR^4}{Eh^3}$		$\sigma_r=A_{16}\dfrac{qR^2}{h^2}$	$\sigma_r=B_{15}\dfrac{qR^2}{h^2}$
			$\sigma_t=A_{17}\dfrac{qR^2}{h^2}$	$\sigma_t=B_{16}\dfrac{qR^2}{h^2}$
13.	$f=C_{13}\dfrac{qR^4}{Eh^3}$		$\sigma_r=0$	$\sigma_r=B_{17}\dfrac{qR^2}{h^2}$
			$\sigma_t=A_{18}\dfrac{qR^2}{h^2}$	$\sigma_t=B_{18}\dfrac{qR^2}{h^2}$
14. 周界固定,中心受力矩 M		中心刚性部分的转角 $\theta=K_{15}\dfrac{M}{Eh^3}$	在内周界上 $\sigma_{r\,max}=A_{19}\dfrac{M}{Rh^2}$	在外周界上 $\sigma_r=B_{19}\dfrac{M}{Rh^2}$

注：1. 周界固定表示周界（圆柱面）相对支承可以向下或向上产生挠度，但不能旋转（亦称可动固定）。如带有不能变形的轮缘的板（图 1-1-6a）就是属于外周界固定，内周界固定并支起的情况见图 1-1-6b。

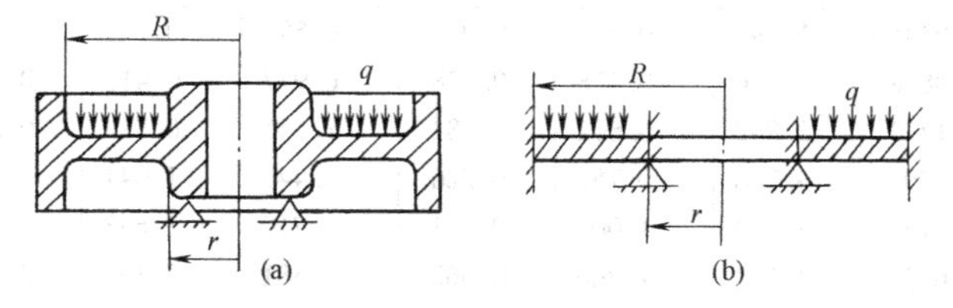

图 1-1-6　周界固定情况

2. 表中 σ_r 表示径向应力，σ_t 表示圆周向应力。

3. 表中挠度计算应满足下列条件：

如果圆环形板的一个或两个边缘自由支起，应该 $h\leqslant\dfrac{2}{3}(R-r)$；如果板的一个或两个边缘固定，则应该 $h\leqslant\dfrac{1}{3}(R-r)$。

如果上述条件不能满足，则表中所引入的挠度中应附加下列由切力作用所产生的挠度

对 1，4，11 情况　　$\Delta f=\dfrac{0.239P\ln\dfrac{R}{r}}{hG}$

对 5 情况　　$\Delta f=\dfrac{0.375qR^2}{hG}\left[1-\left(\dfrac{r}{R}\right)^2-\dfrac{2r^2\ln R/r}{R^2}\right]$

对 3、6、12 情况　　$\Delta f=\dfrac{0.375qR^2}{hG}\left[2\ln R/r-1+\left(\dfrac{r}{R}\right)^2\right]$

式中　G——剪切弹性模量。

4. 表中 P 为沿周界分布的载荷；q 为单位面积上的载荷分布在板的全部表面上；M_0 为单位长度上受的力矩，分布在板的周界上。

5. 系数 A、B、C、K 见表 1-1-121～表 1-1-125。

表 1-1-121　　圆环形平板挠度计算系数表

$\frac{R}{r}$	C_1	C_2	C_3	C_4	C_5	C_6	C_7	C_8	C_9	C_{10}	C_{11}	C_{12}	C_{13}
1.25	0.341	0.00504	0.201	0.00512	0.184	0.00212	10.39	0.232	8.876	0.197	0.00128	0.0008	0.162
1.50	0.519	0.0241	0.491	0.0249	0.414	0.018	9.26	0.661	6.927	0.485	0.00639	0.00625	0.118
1.75	0.616	0.0516	0.727	0.0545	0.576	0.0523	8.433	1.100	5.604	0.707	0.0143	0.0175	0.0486
2.00	0.672	0.0810	0.901	0.0878	0.674	0.0935	7.804	1.493	4.654	0.847	0.0237	0.0331	0.0114
2.50	0.721	0.133	1.116	0.153	0.782	0.192	6.923	2.114	3.395	0.955	0.0435	0.0706	0.0915
3.00	0.734	0.172	1.225	0.2096	0.820	0.289	6.342	2.556	2.609	0.940	0.0619	0.1097	0.135
3.50	0.732	0.199	1.278	0.256	0.829	0.374	5.937	2.872	2.080	0.878	0.0782	0.146	0.158
4.00	0.724	0.217	1.302	0.294	0.827	0.448	5.642	3.105	1.704	0.802	0.0922	0.179	0.171
4.50	0.714	0.229	1.340	0.325	0.820	0.511	5.419	3.281	1.426	0.726	0.104	0.209	0.178
5.00	0.704	0.238	1.309	0.350	0.811	0.564	5.246	3.418	1.214	0.656	0.115	0.234	0.182

表 1-1-122　　圆环形平板转角计算系数表

$\frac{R}{r}$	K_1	K_2	K_3	K_4	K_5	K_6	K_7	K_8	K_9	K_{10}	K_{11}	K_{12}	K_{13}	K_{14}
1.25	1.413	1.323	1.169	6.869	0.0296	3.332	2.774	0.144	42.67	40.85	1.799	37.29	34.13	1.642
1.50	1.102	0.983	0.547	4.597	0.0702	2.330	1.770	0.488	19.20	18.4	2.510	15.47	12.80	2.110
1.75	0.892	0.767	0.258	3.508	0.1000	1.712	1.250	0.936	11.64	11.45	2.749	8.894	6.649	2.136
2.00	0.741	0.621	0.110	2.922	0.119	1.307	0.945	1.436	8.000	8.200	2.777	5.900	4.000	1.998
2.50	0.540	0.441	0.0173	2.352	0.135	0.330	0.629	2.486	4.571	5.189	2.600	3.227	1.829	1.616
3.00	0.415	0.336	0.059	2.083	0.136	0.573	0.467	3.540	3.000	3.800	2.348	2.067	1.000	1.277
3.50	0.331	0.270	0.072	1.920	0.131	0.418	0.373	4.573	2.133	3.010	2.111	1.448	0.610	1.016
4.00	0.271	0.224	0.074	1.804	0.124	0.319	0.310	5.582	1.600	2.500	1.905	1.075	0.400	0.819
4.50	0.227	0.192	0.0716	1.711	0.116	0.251	0.267	6.57	1.247	2.144	1.729	0.832	0.277	0.671
5.00	0.193	0.167	0.0674	1.633	0.109	0.203	0.234	7.54	1.000	1.880	1.579	0.664	0.200	0.558

表 1-1-123　　圆环形平板内周界处应力计算系数表

$\frac{R}{r}$	A_1	A_2	A_3	A_4	A_5	A_6	A_7	A_8	A_9	A_{10}
1.25	1.1035	0.0245	1.894	0.227	0.0682	0.592	0.135	0.0456	33.33	6.865
1.50	1.240	0.0868	2.426	0.428	0.128	0.977	0.410	0.123	21.6	7.45
1.75	1.366	0.1723	2.882	0.602	0.181	1.245	0.724	0.217	17.82	7.85
2.00	1.4815	0.270	3.286	0.753	0.226	1.443	1.041	0.312	16.00	8.136
2.50	1.688	0.475	3.983	1.004	0.301	1.710	1.633	0.490	14.29	8.50
3.00	1.868	0.673	4.574	1.206	0.362	1.881	2.153	0.646	13.50	8.71
3.50	2.027	0.855	5.090	1.372	0.412	1.998	2.606	0.782	13.67	8.84
4.00	2.170	1.021	5.547	1.514	0.454	2.082	3.006	0.902	12.80	8.93
4.50	2.298	1.170	5.957	1.637	0.491	2.144	3.362	1.009	12.62	8.99
5.00	2.415	1.305	6.330	1.746	0.524	2.192	3.681	1.104	12.50	9.04

$\frac{R}{r}$	A_{11}	A_{12}	A_{13}	A_{14}	A_{15}	A_{16}	A_{17}	A_{18}
1.25	2.059	27.33	0.517	0.114	0.0343	0.0895	0.0269	0.921
1.50	2.234	15.60	0.574	0.219	0.0658	0.273	0.0819	0.677
1.75	2.355	11.82	1.47	0.316	0.0948	0.488	0.146	0.564
2.00	2.440	10.00	2.195	0.405	0.126	0.710	0.213	0.519
2.50	2.550	8.286	3.251	0.564	0.169	1.143	0.343	0.520
3.00	2.613	7.500	3.947	0.703	0.211	1.541	0.462	0.562
3.50	2.653	7.067	4.420	0.825	0.248	1.904	0.571	0.611
4.00	2.679	6.800	4.752	0.935	0.280	2.233	0.670	0.656
4.50	2.698	6.623	4.992	1.033	0.310	2.534	0.760	0.696
5.00	2.71	6.50	5.17	1.123	0.337	2.809	0.843	0.729

表 1-1-124　　圆环形平板外周界处应力计算系数表

$\frac{R}{r}$	B_1	B_2	B_3	B_4	B_5	B_6	B_7	B_8	B_9	B_{10}	B_{11}	B_{12}	B_{13}	B_{14}	B_{15}	B_{16}	B_{17}	B_{18}
1.25	0.827	0.194	0.0583	0.488	0.0183	0.447	0.0075	27.33	2.924	21.33	5.013	1.504	0.0986	0.0296	0.040	0.012	0.330	1.393
1.50	0.737	0.320	0.096	0.690	0.0526	0.596	0.0346	15.60	3.683	9.60	4.174	1.252	0.168	0.0503	0.110	0.033	0.352	1.347
1.75	0.671	0.402	0.121	0.775	0.0875	0.645	0.0725	11.82	4.206	5.818	3.485	1.045	0.218	0.0655	0.181	0.054	0.415	1.309
2.00	0.621	0.454	0.136	0.807	0.119	0.656	0.113	10.00	4.576	4.000	2.927	0.878	0.257	0.077	0.244	0.073	0.476	1.281
2.50	0.551	0.510	0.153	0.810	0.168	0.644	0.186	8.286	5.048	2.286	2.115	0.634	0.311	0.0932	0.346	0.104	0.566	1.246
3.00	0.505	0.531	0.159	0.786	0.203	0.624	0.247	7.500	5.323	1.500	1.579	0.474	0.346	0.104	0.421	0.126	0.620	1.228
3.50	0.472	0.538	0.161	0.757	0.229	0.606	0.294	7.067	5.495	1.067	1.215	0.365	0.371	0.111	0.477	0.143	0.653	1.218
4.00	0.449	0.539	0.162	0.731	0.247	0.592	0.330	6.80	5.609	0.800	0.960	0.288	0.389	0.117	0.520	0.156	0.675	1.212
4.50	0.431	0.536	0.161	0.707	0.261	0.580	0.358	6.623	5.690	0.623	0.775	0.233	0.403	0.121	0.553	0.166	0.690	1.208
5.00	0.417	0.533	0.160	0.688	0.272	0.572	0.381	6.500	5.747	0.500	0.638	0.191	0.413	0.124	0.579	0.174	0.700	1.206

表 1-1-125　　圆环形平板的系数表

$\frac{r}{R}$	K_{15}	A_{19}	B_{19}	$\frac{r}{R}$	K_{15}	A_{19}	B_{19}
0.5	0.081	1.14	0.573	0.7	0.0128	0.465	0.325
0.6	0.035	0.685	0.452	0.8	0.0032	0.262	0.212

刚性薄板计算示例

在压强 0.637MPa 下操作的活塞见图 1-1-7。求活塞中的最大应力。

解　因为联系活塞上下底板的环有很大刚性，故可以将上下底板当作内边界固定并支起，外边界固定（即可动固定），故板可以弯曲，不能扭转。

板半径 $R=30.3\text{cm}$，$r=6.25\text{cm}$，厚度 $h=2.4\text{cm}$。在下板的外周界上作用有上板传来的分布力 P（如图 b）。该板的支承及载荷特性如表 1-1-120 中 11 项。外周界挠度 $f=C_{11}\dfrac{PR^2}{Eh^3}$。根据 $\dfrac{R}{r}=\dfrac{30.3}{6.25}=4.85$，查表 1-1-121 取 $C_{11}\approx0.115$，代入公式得：

$$f_{下}=0.115\times\frac{0.303^2P}{0.024^3E}=763.7\times\frac{P}{E}$$

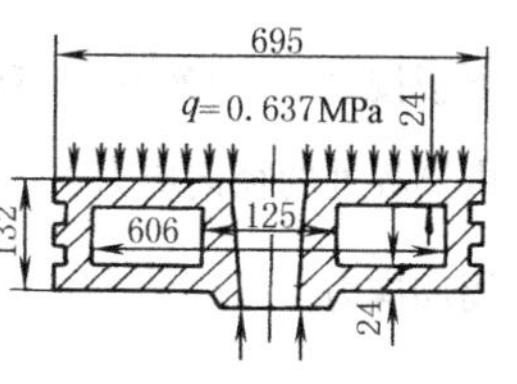

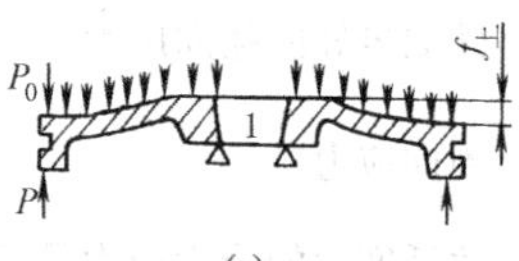

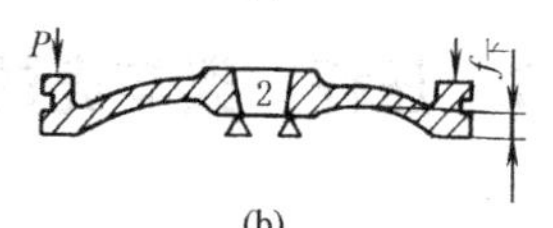

图 1-1-7　活塞应力计算

上板受的作用力有：

① 加在外周界上向上的下板的作用力 P；

② 压强 $q=0.637\text{MPa}$ 在板轮缘上形成的压力 P_0，

$$P_0=\frac{\pi}{4}\times(0.695^2-0.606^2)\times0.637\times10^6=57929\text{N}$$

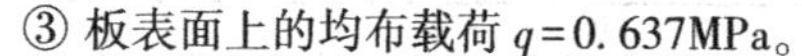

③ 板表面上的均布载荷 $q=0.637\text{MPa}$。

上板的支承及载荷特性如表 1-1-120 中的 11 和 12 两项叠加。

在①、②两个力作用下，板外周界的挠度 $f_1=763.7\times\dfrac{P_0-P}{E}=763.7\times\dfrac{57929-P}{E}$。

在③力作用下，板外周界的挠度可按表 1-1-120 中的 12 项公式 $f_2=C_{12}\dfrac{qR^4}{Eh^3}$。根据 $\dfrac{R}{r}=4.85$，查表 1-1-121，取 $C_{12}\approx0.234$，代入公式得：

$$f_2=0.234\times\frac{0.637\times10^6\times0.303^4}{0.024^3E}=\frac{90884972}{E}$$

$$f_{上}=f_1+f_2$$

上下板外周界处的挠度应当相等，即 $f_{下}=f_{上}$，所以

$$763.7\times\frac{P}{E}=763.7\times\frac{57929-P}{E}+\frac{90884972}{E}$$

则

$$P=88469\text{N}$$

上板的应力可根据表 1-1-120 中 11 和 12 两项的应力公式计算。

内周界处的径向应力

$$\sigma_r=A_{14}\frac{P_0-P}{h^2}+A_{16}\frac{qR^2}{h^2}$$

查表 1-1-123，取 $A_{14}\approx1.123$，$A_{16}\approx2.809$，代入公式得：

$$\sigma_r=1.123\times\frac{57929-88469}{0.024^2}+2.809\times\frac{0.637\times10^6\times0.303^2}{0.024^2}=225660509\text{N/m}^2$$

周向应力 $$\sigma_t=A_{15}\frac{P_0-P}{h^2}+A_{17}\frac{qR^2}{h^2}$$

查表 1-1-123，取 $A_{15}\approx0.337$，$A_{17}\approx0.843$，代入公式得：

$$\sigma_t=0.337\times\frac{57929-88469}{0.024^2}+0.843\times\frac{0.637\times10^6\times0.303^2}{0.024^2}=67723310\text{N/m}^2$$

外周界处的径向应力 $$\sigma_r=B_{13}\frac{P_0-P}{h^2}+B_{15}\frac{qR^2}{h^2}$$

查表 1-1-124，取 $B_{13}\approx0.413$，$B_{15}\approx0.579$，代入公式得：

$$\sigma_r=0.413\times\frac{57929-88469}{0.024^2}+0.579\times\frac{0.637\times10^6\times0.303^2}{0.024^2}=36889324\text{N/m}^2$$

周向应力 $$\sigma_t=B_{14}\frac{P_0-P}{h^2}+B_{16}\frac{qR^2}{h^2}$$

查表 1-1-124，取 $B_{14}\approx0.124$，$B_{16}\approx0.174$，代入公式得：

$$\sigma_t=0.124\times\frac{57929-88469}{0.024^2}+0.174\times\frac{0.637\times10^6\times0.303^2}{0.024^2}=11091955\text{N/m}^2$$

下板按表 1-1-120 中 11 项的公式计算。

内周界处的径向应力 $$\sigma_r=A_{14}\frac{P}{h^2}=1.123\times\frac{88469}{0.024^2}=172483831\text{N/m}^2$$

周向应力 $$\sigma_t=A_{15}\frac{P}{h^2}=0.337\times\frac{88469}{0.024^2}=51760509\text{N/m}^2$$

外周界处的径向应力 $$\sigma_r=B_{13}\frac{P}{h^2}=0.413\times\frac{88469}{0.024^2}=63433502\text{N/m}^2$$

周向应力 $$\sigma_t=B_{14}\frac{P}{h^2}=0.124\times\frac{88469}{0.024^2}=19045410\text{N/m}^2$$

故活塞中的最大应力是活塞上板内周界处的径向应力。

5.7 压杆、梁与壳的稳定性

等断面立柱受压稳定性计算

表 1-1-126　　等断面立柱受压静力稳定性计算

<table>
<tr><th colspan="2">项目</th><th>稳定条件</th><th>说明</th></tr>
<tr><td rowspan="2">中心压杆</td><td>安全系数法</td><td>$S=\frac{P_c}{P}\geqslant S_s$，常用于机械，用于稳定校核</td><td rowspan="3">P_c——临界载荷，见表 1-1-130，N
P——实际工作载荷，N
S——实际稳定安全系数
S_s——规定的稳定安全系数，推荐数值见表 1-1-127
A——压杆断面的毛面积，cm²
φ——折减系数，参考表 1-1-128
σ_p——强度计算时材料的许用应力，N/cm²
φ_e——偏心压杆的折减系数，其值根据杆的柔度 λ 及 ε 查表 1-1-129
$\varepsilon=\frac{eA}{W}$
e——偏心距，cm
W——断面的抗弯截面系数，cm³</td></tr>
<tr><td>折减系数法</td><td>$\sigma=\frac{P}{\varphi A}\leqslant\sigma_p$，常用于杆结构，用于截面选择</td></tr>
<tr><td>偏心压杆</td><td>折减系数法</td><td>$\sigma=\frac{P}{\varphi_e A}\leqslant\sigma_p$</td></tr>
<tr><td>确定压杆截面尺寸</td><td colspan="3">用稳定条件进行已知压杆的稳定校核十分方便。但要计算压杆的截面积 A 时，因 φ 与 A 有关，故需采用逐次渐近法。一般第一次试算取 $\varphi_1=0.5\sim0.6$，将 φ_1 代入上面折减系数法公式，确定毛面积 A 及其截面型式。按此截面计算其 I_{min}、i_{min} 及 λ 值，即可求得实际的 φ_1' 值，如 φ_1' 和 φ_1 差别较大，应重复计算。取 φ_1 和 φ_1' 的平均值 $\varphi_2=\frac{1}{2}(\varphi_1+\varphi_1')$ 进行第二次试算。第二次试算结果，得到 φ_2'。若 φ_2' 与 φ_2 仍相差较大，则进行第三次试算，取 $\varphi_3=\frac{1}{2}(\varphi_2+\varphi_2')$，同样得到 φ_3'。类推下去，直至 φ 与 φ' 接近为止。一般进行 2~3 次即可完成</td></tr>
</table>

表 1-1-127　　常用零件规定的稳定安全系数的参考数值

压杆类型	S_s	压杆类型	S_s
金属结构中的压杆	1.8~3.0	低速发动机挺杆	4~6
矿山和冶金设备中的压杆	4~8	高速发动机挺杆	2~5
机床走刀丝杆	2.5~4	拖拉机转向机构纵、横推杆	>5
空压机及内燃机连杆	3~8	起重螺旋	3.5~5
磨床油缸活塞杆	4~6	铸铁	4.5~5.5
水平长丝杆或精密丝杆	>4	木材	2.5~3.5

注：除铸铁和木材外其余均为钢制杆。

表 1-1-128　　中心压杆折减系数 φ

	柔度 $\lambda=\frac{\mu l}{i_{min}}$	0	10	20	30	40	50	60	70	80	90	100	110	120	130	140	150	160	170	180	190	200
φ 值	Q215 Q235 Q255	1.00	0.99	0.98	0.96	0.93	0.89	0.84	0.79	0.73	0.67	0.60	0.54	0.47	0.40	0.35	0.31	0.27	0.24	0.22	0.2	0.18
	Q275	1.00	0.98	0.95	0.92	0.89	0.86	0.82	0.76	0.70	0.62	0.51	0.43	0.37	0.33	0.29	0.26	0.24	0.21	0.19	0.17	0.16
	16Mn	1.00	0.99	0.97	0.94	0.90	0.84	0.78	0.71	0.63	0.55	0.46	0.38	0.33	0.28	0.24	0.21	0.19	0.17	0.15	0.14	0.12
	高强度钢 $\sigma_s\geqslant$ 310N/mm²	1.00	0.97	0.95	0.91	0.87	0.83	0.79	0.72	0.65	0.55	0.43	0.35	0.30	0.26	0.23	0.21	0.19	0.17	0.15	0.14	0.13
	铸铁	1.00	0.97	0.91	0.81	0.69	0.57	0.44	0.34	0.26	0.20	0.16	—	—	—	—	—	—	—	—	—	—
	木材	1.00	0.99	0.97	0.93	0.87	0.80	0.71	0.60	0.48	0.38	0.31	0.25	0.22	0.13	0.16	0.14	0.12	0.11	0.10	0.09	0.08

注：i_{min}查表 1-1-93；μ 为压杆的长度系数，见表 1-1-131。

表 1-1-129　　偏心压杆折减系数 φ_e（Q235，$\sigma_s=235\text{N/mm}^2$）

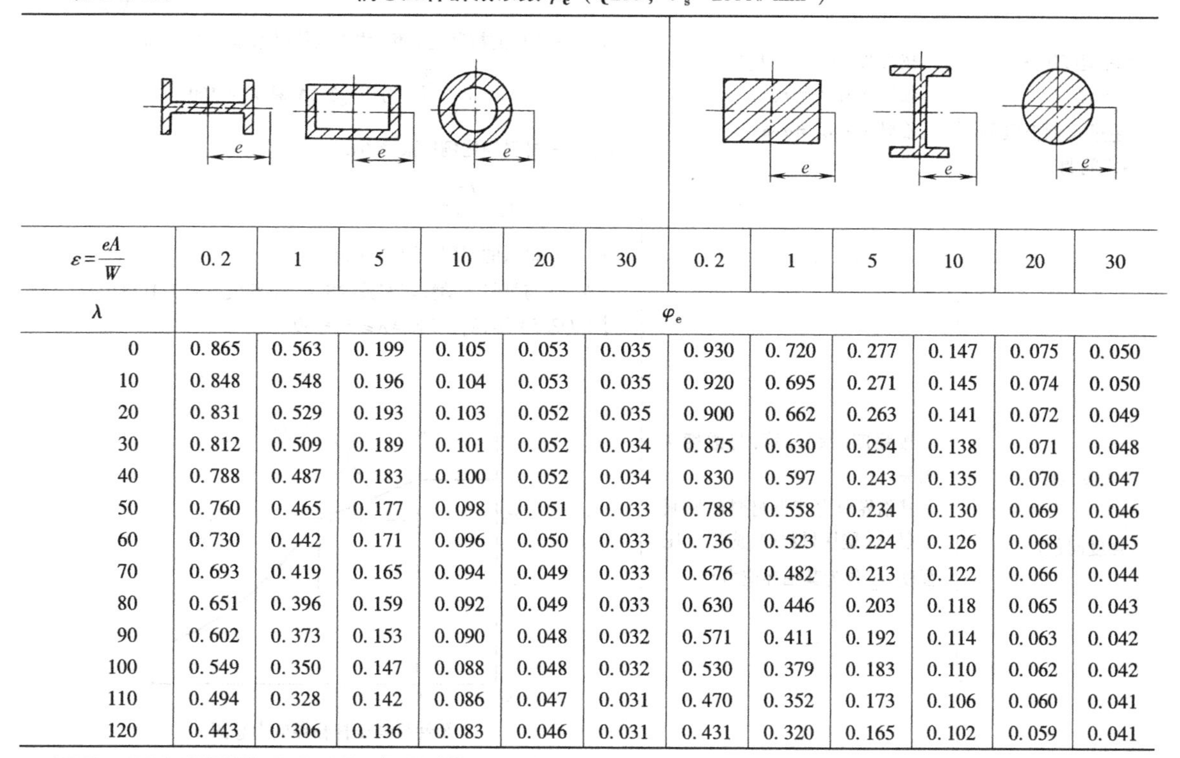

$\varepsilon=\frac{eA}{W}$	0.2	1	5	10	20	30	0.2	1	5	10	20	30
λ	φ_e											
0	0.865	0.563	0.199	0.105	0.053	0.035	0.930	0.720	0.277	0.147	0.075	0.050
10	0.848	0.548	0.196	0.104	0.053	0.035	0.920	0.695	0.271	0.145	0.074	0.050
20	0.831	0.529	0.193	0.103	0.052	0.035	0.900	0.662	0.263	0.141	0.072	0.049
30	0.812	0.509	0.189	0.101	0.052	0.034	0.875	0.630	0.254	0.138	0.071	0.048
40	0.788	0.487	0.183	0.100	0.052	0.034	0.830	0.597	0.243	0.135	0.070	0.047
50	0.760	0.465	0.177	0.098	0.051	0.033	0.788	0.558	0.234	0.130	0.069	0.046
60	0.730	0.442	0.171	0.096	0.050	0.033	0.736	0.523	0.224	0.126	0.068	0.045
70	0.693	0.419	0.165	0.094	0.049	0.033	0.676	0.482	0.213	0.122	0.066	0.044
80	0.651	0.396	0.159	0.092	0.049	0.033	0.630	0.446	0.203	0.118	0.065	0.043
90	0.602	0.373	0.153	0.090	0.048	0.032	0.571	0.411	0.192	0.114	0.063	0.042
100	0.549	0.350	0.147	0.088	0.048	0.032	0.530	0.379	0.183	0.110	0.062	0.042
110	0.494	0.328	0.142	0.086	0.047	0.031	0.470	0.352	0.173	0.106	0.060	0.041
120	0.443	0.306	0.136	0.083	0.046	0.031	0.431	0.320	0.165	0.102	0.059	0.041

续表

$\varepsilon=\dfrac{eA}{W}$	0.2	1	5	10	20	30	0.2	1	5	10	20	30
λ	φ_e											
130	0.397	0.284	0.131	0.081	0.045	0.030	0.388	0.293	0.156	0.098	0.057	0.040
140	0.354	0.262	0.126	0.079	0.045	0.030	0.348	0.271	0.149	0.095	0.055	0.040
150	0.306	0.242	0.121	0.076	0.044	0.030	0.306	0.247	0.141	0.091	0.054	0.039
160	0.272	0.225	0.116	0.074	0.043	0.029	0.272	0.227	0.134	0.087	0.053	0.038
170	0.243	0.207	0.112	0.071	0.043	0.029	0.243	0.209	0.127	0.084	0.052	0.038
180	0.218	0.192	0.108	0.069	0.042	0.028	0.218	0.191	0.120	0.080	0.051	0.037
190	0.197	0.177	0.104	0.067	0.041	0.028	0.197	0.176	0.114	0.078	0.049	0.036
200	0.180	0.164	0.099	0.065	0.040	0.028	0.180	0.165	0.107	0.075	0.048	0.035

注：对 16Mn 应按 $\lambda=\dfrac{\mu l}{i_{min}}\sqrt{\dfrac{\sigma_s}{235}}$ 查本表确定 φ_e。

表 1-1-130　等断面立柱受压缩的临界载荷和临界应力计算

压杆类型	计算公式	说明
大柔度压杆 $\lambda>\lambda_1$ （比例极限内的稳定问题）	按欧拉公式计算 临界载荷 $P_c=\dfrac{\pi^2EI_{min}}{(\mu l)^2}$ 或 $P_c=\eta\dfrac{EI_{min}}{l^2}$ 临界应力 $\sigma_c=\dfrac{\pi^2E}{\lambda^2}$ （大柔度压杆采用高强度钢没有意义）	E——材料弹性模量，N/cm^2 l——压杆全长，cm I_{min}——压杆截面的最小惯性矩，cm^4 λ——压杆的柔度（长细比），$\lambda=\dfrac{\mu l}{i_{min}}$ i_{min}——压杆截面的最小惯性半径，cm，$i_{min}=\sqrt{\dfrac{I_{min}}{A}}$，查表 1-1-93 μ——压杆的长度系数，见表 1-1-131 η——压杆的稳定系数，见表 1-1-131～表 1-1-132，$\eta=\left(\dfrac{\pi}{\mu}\right)^2$ A——压杆的横截毛面积（强度校核时用净面积），cm^2 $\lambda_1=\pi\sqrt{\dfrac{E}{\sigma_p}}$，对于 Q235A 钢，$\lambda_1\approx100$ σ_p——材料的比例极限，N/cm^2 $\lambda_2=\dfrac{a-\sigma_s}{b}$ σ_s——材料的屈服极限，N/cm^2 a，b——与材料力学性能有关的常数，推荐值见表 1-1-134 对于 Q235A 钢，$\lambda_1\approx100\geqslant\lambda\geqslant\lambda_2\approx60$
中等柔度压杆 $\lambda_1\geqslant\lambda\geqslant\lambda_2$ （超过比例极限的稳定问题）	按直线经验公式计算 临界载荷 $P_c=\sigma_cA$ 临界应力 $\sigma_c=a-b\lambda$	
小柔度压杆 $\lambda<\lambda_2$ （强度问题）	按强度问题计算，与柔度 λ 无关 其临界应力接近材料的屈服极限 σ_s（脆性材料时，应以抗压强度 σ_{bc} 作为其临界应力）	σ_c　$\sigma_c=\sigma_s$　$\sigma_c=a-b\lambda$　A　B　C　D　σ_s　σ_p　$\sigma_c=\dfrac{\pi^2E}{\lambda^2}$　O　λ_2　λ_1　λ 塑性材料压杆临界应力总图

表 1-1-131 单跨度等截面压杆的长度系数与稳定系数

	一端固定 一端自由；一端铰接 一端可侧向和轴向移动，但不能转动	二端铰接；一端固定 一端可侧向和轴向移动，但不能转动	一端固定 一端铰接；一端铰接 一端可轴向移动，但不能转动和侧向移动	一端固定 一端可轴向移动，但不能转动和侧向移动
μ	2	1	0.699	0.5
η	2.467	9.87	20.19	39.48

注：表 1-1-131～表 1-1-133 所列的 μ、η 是指理想支座，对实际的非理想支座应做出尽可能符合实际的修正。如考虑实际固定端不可能对位移完全限制，应将理想的 μ 值适当加大，对表中一端固定的情况，可分别取 2.1、1.2、0.8、0.65；考虑到桁架中有节点的腹杆，其两端并非理想铰支，应降低 μ 值，理想 $\mu=1$ 时应降到 0.8～0.9；又如丝杆两端滑动轴承支承，依轴套的长度 l 与内径 d 之比取如下 μ 值：

当两端轴承均有 $l/d \geqslant 3$ 时，$\mu=0.5$；当两端轴承均有 $l/d \leqslant 1.5$ 时，$\mu=1.0$；

当一端支承 $l/d \geqslant 3$，另一端支承 $1.5<l/d<3$ 时，$\mu=0.6$；当两端支承均有 $1.5<l/d<3$ 时，$\mu=0.75$。

表 1-1-132 立柱的稳定系数 η

$P_c=P_1+P_2=\eta\dfrac{EI_{min}}{l^2}$

b/l	P_2/P_1 = 0	0.1	0.2	0.5	1.0	2.0	5.0	10	20	50	100	b/l
0		2.714	2.961	3.701	4.935	7.402	14.80	27.14	51.82	125.8	249.2	0
0.1		2.714	2.960	3.698	4.930	7.377	14.68	26.66	49.86	111.6	176.3	0.1
0.2		2.710	2.953	3.679	4.880	7.207	13.78	23.19	36.33	50.96	56.48	0.2
0.3		2.703	2.936	3.622	4.712	6.769	11.70	16.82	21.37	24.89	26.14	0.3
0.4		2.688	2.904	3.525	4.470	6.074	9.187	11.57	13.29	14.52	14.97	0.4
0.5	2.467	2.665	2.856	3.384	4.136	5.268	7.060	8.210	8.963	9.488	9.675	0.5
0.6		2.635	2.793	3.211	3.759	4.497	5.504	6.048	6.434	6.674	6.764	0.6
0.7		2.599	2.715	3.020	3.385	3.830	4.376	4.660	4.834	4.952	4.993	0.7
0.8		2.557	2.636	2.821	3.040	3.280	3.551	3.685	3.765	3.818	3.836	0.8
0.9		2.513	2.551	2.641	2.734	2.832	2.936	2.986	3.015	3.033	3.040	0.9
1.0		2.467	2.467	2.467	2.467	2.467	2.467	2.467	2.467	2.467	2.467	1.0

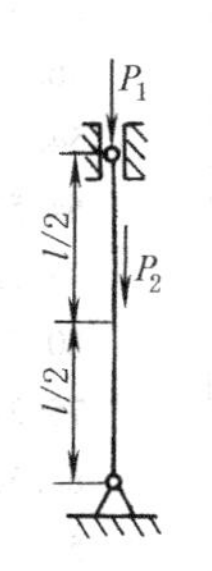

$P_c=(P_1+P_2)_c=\eta\dfrac{EI}{l^2}$

P_2/P_1	0.5	1	2
η	11.9	13.0	14.7

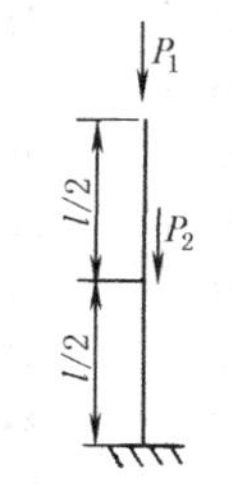

$P_c=(P_1+P_2)_c=\eta\dfrac{EI}{l^2}$

P_2/P_1	0.5	1	2
η	3.38	4.14	5.27

续表

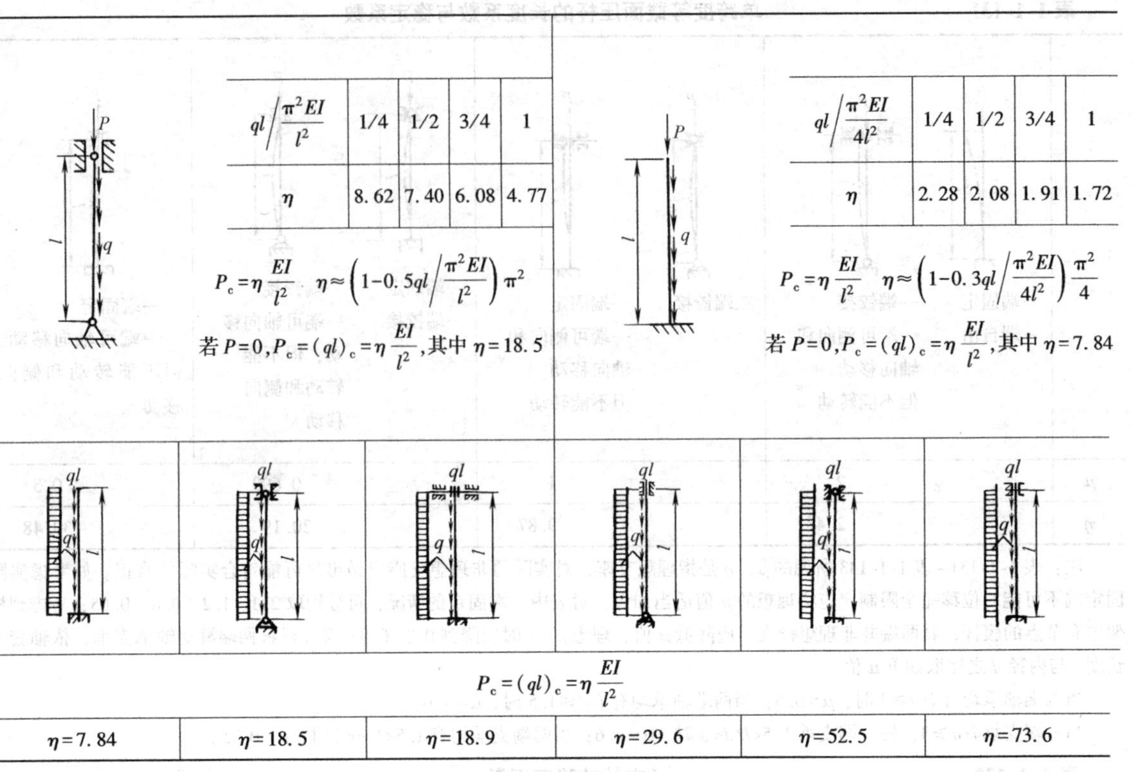

$ql\Big/\dfrac{\pi^2EI}{l^2}$	1/4	1/2	3/4	1
η	8.62	7.40	6.08	4.77

$P_c=\eta\dfrac{EI}{l^2}$　$\eta\approx\left(1-0.5ql\Big/\dfrac{\pi^2EI}{l^2}\right)\pi^2$

若$P=0$，$P_c=(ql)_c=\eta\dfrac{EI}{l^2}$，其中$\eta=18.5$

$ql\Big/\dfrac{\pi^2EI}{4l^2}$	1/4	1/2	3/4	1
η	2.28	2.08	1.91	1.72

$P_c=\eta\dfrac{EI}{l^2}$　$\eta\approx\left(1-0.3ql\Big/\dfrac{\pi^2EI}{4l^2}\right)\dfrac{\pi^2}{4}$

若$P=0$，$P_c=(ql)_c=\eta\dfrac{EI}{l^2}$，其中$\eta=7.84$

$P_c=(ql)_c=\eta\dfrac{EI}{l^2}$

$\eta=7.84$	$\eta=18.5$	$\eta=18.9$	$\eta=29.6$	$\eta=52.5$	$\eta=73.6$

表 1-1-133　中部支撑的柱的稳定系数 η

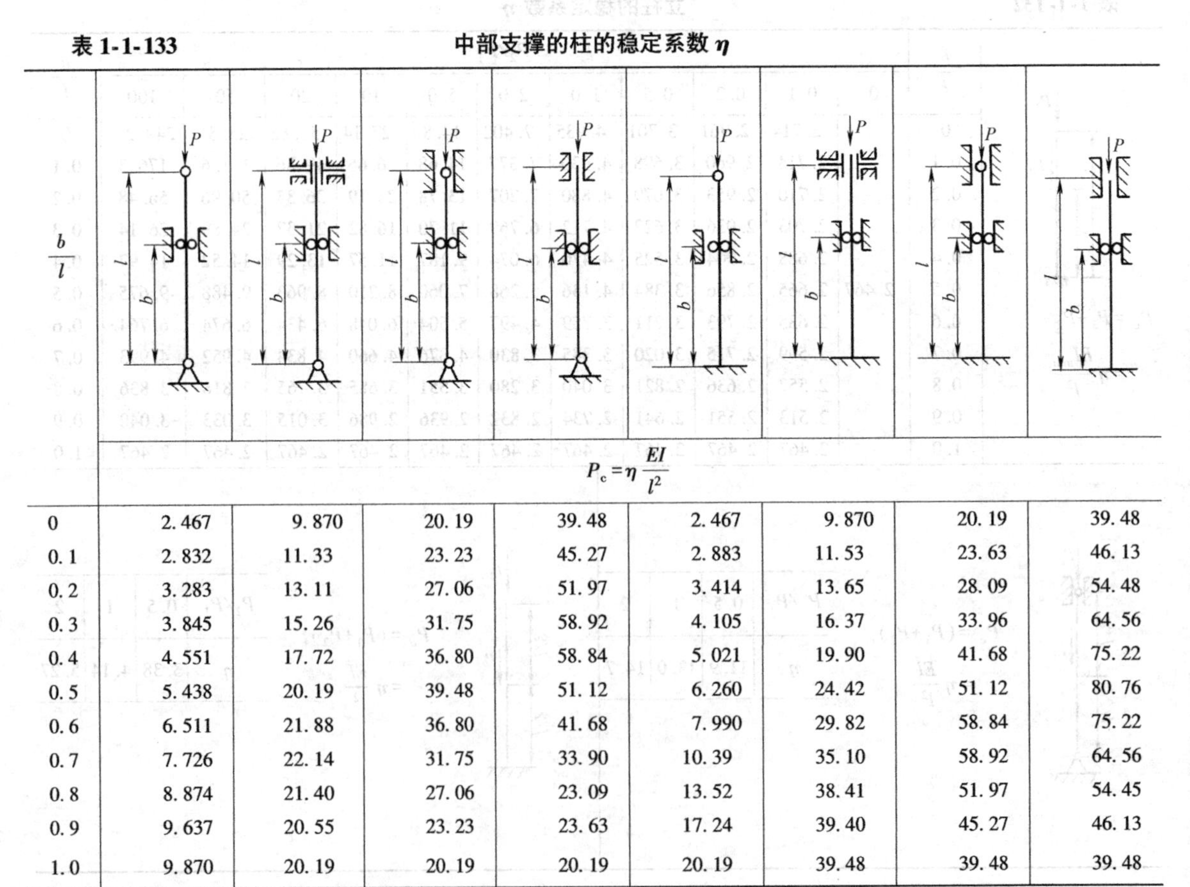

$P_c=\eta\dfrac{EI}{l^2}$

$\dfrac{b}{l}$								
0	2.467	9.870	20.19	39.48	2.467	9.870	20.19	39.48
0.1	2.832	11.33	23.23	45.27	2.883	11.53	23.63	46.13
0.2	3.283	13.11	27.06	51.97	3.414	13.65	28.09	54.48
0.3	3.845	15.26	31.75	58.92	4.105	16.37	33.96	64.56
0.4	4.551	17.72	36.80	58.84	5.021	19.90	41.68	75.22
0.5	5.438	20.19	39.48	51.12	6.260	24.42	51.12	80.76
0.6	6.511	21.88	36.80	41.68	7.990	29.82	58.84	75.22
0.7	7.726	22.14	31.75	33.90	10.39	35.10	58.92	64.56
0.8	8.874	21.40	27.06	23.09	13.52	38.41	51.97	54.45
0.9	9.637	20.55	23.23	23.63	17.24	39.40	45.27	46.13
1.0	9.870	20.19	20.19	20.19	20.19	39.48	39.48	39.48

表 1-1-134　　直线公式系数 a、b 及 λ 范围

材料（σ_b、σ_s 的单位为 N/cm²）	a /N·cm⁻²	b /N·cm⁻²	λ_1	λ_2	材料	a /N·cm⁻²	b /N·cm⁻²	λ_1
Q235　$\sigma_b \geqslant 37200$；$\sigma_s = 23500$	30400	112	105	61	铸铁	33220	145.4	
优质碳钢 $\sigma_b \geqslant 47100$；$\sigma_s = 30600$	46100	256.8	100	60	硬铝	37300	215	≥50
硅钢 $\sigma_b \geqslant 51000$；$\sigma_s = 35300$	57800	374.4	100	60	松木	3870	19	≥59
铬钼钢	98070	529.6	≥55					

压杆稳定性计算举例

例 1　某平面磨床的工作台液压驱动装置的油缸，活塞杆上的最大压力 $P=3980$N，活塞杆长度 $l=1250$mm，材料为 35 钢，$\sigma_p=220\times10^2$N/cm²，$E=210\times10^5$N/cm²，稳定安全系数 $S_s=6$，求活塞杆直径 d。

解　活塞杆的临界载荷为

$$P_c=S_sP=6\times3980=23900\text{N}$$

由于活塞杆直径 d 尚待确定，无法求出柔度 λ，无法判断使用的计算公式，现用欧拉公式试算，求出 d，然后检查是否满足欧拉公式条件。将活塞杆两端简化为铰支座，查表 1-1-131，$\mu=1$，由欧拉公式得

$$P_c=\frac{\pi^2EI_{\min}}{(\mu l)^2}=\frac{\pi^2\times210\times10^5\times\dfrac{\pi}{64}d^4}{(1\times125)^2}$$

将 P_c 的数值代入求得 $d=25$mm

检查柔度 λ：

$$\lambda=\frac{\mu l}{i_{\min}}=\frac{1\times1250}{\dfrac{25}{4}}=200$$

$$\lambda_1=\pi\sqrt{\frac{E}{\sigma_p}}=\pi\sqrt{\frac{210\times10^5}{220\times10^2}}=97$$

由于 $\lambda>\lambda_1$，所以用欧拉公式试算是正确的。

例 2　某搓丝机连杆（图 1-1-8）工作时承受的最大轴向压力 $P=12\times10^4$N，已知连杆的材料为 45 钢，$E=210\times10^5$N/cm²，$\sigma_s=350\times10^2$N/cm²，$\sigma_p=280\times10^2$N/cm²，稳定安全系数 $S_s=3$，校核连杆的稳定性。

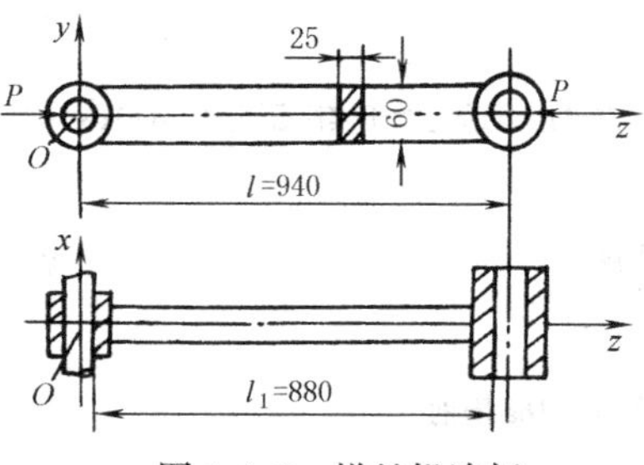

图 1-1-8　搓丝机连杆

解　先求柔度。若连杆失稳时，在 yOz 平面内弯曲，则两端可简化为铰支端，取 $\mu=1$

$$i_x=\sqrt{\frac{I_x}{A}}=\sqrt{\frac{\dfrac{1}{12}\times2.5\times6^3}{2.5\times6}}=1.73\text{cm}$$

$$\lambda_x=\frac{\mu l}{i_x}=\frac{1\times94}{1.73}=54.3$$

若连杆失稳时在 xOz 面内弯曲，则杆两端可简化为固定端，取 $\mu=0.5$

$$i_y=\sqrt{\frac{I_y}{A}}=\sqrt{\frac{\dfrac{1}{12}\times6\times2.5^3}{6\times2.5}}=0.721\text{cm}=i_{\min}\quad \lambda=\lambda_y=\frac{\mu l_1}{i_{\min}}=\frac{0.5\times88}{0.721}=61=\lambda_{\max}$$

所以以 y 轴为中性轴，失稳的临界应力较小，校核时以 λ_y 为准。

$\lambda_1=\pi\sqrt{\dfrac{E}{\sigma_p}}=\pi\sqrt{\dfrac{210\times10^5}{280\times10^2}}=86$，由于 $\lambda<\lambda_1$，所以不能用欧拉公式计算临界载荷。

$\lambda_2=\dfrac{a-\sigma_s}{b}$，由表 1-1-134 查出 $a=461\times10^2$N/cm²，$b=2.568\times10^2$N/cm²，则

$$\lambda_2=\frac{461-350}{2.568}=43.2$$

由于 $\lambda_2<\lambda<\lambda_1$，故用直线公式计算临界应力

$$\sigma_c=a-b\lambda=(461-2.568\times61)\times10^2\text{N/cm}^2=304\times10^2\text{N/cm}^2$$

工作安全系数 $S=\frac{P_c}{P}=\frac{\sigma_c A}{P}=\frac{304\times10^2\times6\times2.5}{12\times10^4}=3.8>S_s$

故连杆满足稳定要求。

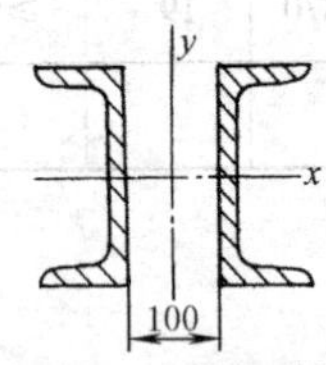

图 1-1-9 压杆截面

例 3 长为 6m 的压杆，两端简化为铰支座，压力 $P=440\text{kN}$，压杆由两个槽钢组成（图 1-1-9），设限定两个槽钢背与背之间的距离为 100mm，许用应力 $\sigma_p=160\times10^2\text{N/cm}^2$，试选择适用的槽钢型号。

解 由稳定条件 $\frac{P}{A}\leqslant\varphi\sigma_p$

由于 A、φ 皆为未知量，所以用试凑法确定压杆的截面，先假设 $\varphi=0.5$

$$A=\frac{P}{\varphi\sigma_p}=\frac{440\times10^3}{0.5\times160\times10^2}=55\text{cm}^2$$

选用两个 20a 槽钢

$$A=2\times28.83=57.66\text{cm}^2$$

$$I_x=2\times1780.4\text{cm}^4$$

$$I_y=2[128+28.83(5+2.01)^2]=2\times1546\text{cm}^4$$

$$i_{\min}=i_y=\sqrt{\frac{I_y}{A}}=\sqrt{\frac{2\times1546}{2\times28.83}}=7.32\text{cm}$$

$$\lambda=\frac{\mu l}{i_{\min}}=\frac{1\times6}{7.32\times10^{-2}}=82$$

由表 1-1-128 根据低碳钢和 $\lambda=82$，用插入法查得 $\varphi=0.719$，则压杆上的许可压力为

$$P=A\varphi\sigma_p=57.66\times0.719\times160\times10^2=665\text{kN}$$

许可压力远远大于实际压力 $P=440\text{kN}$，所以截面过大。

再假设 $$\varphi=0.7,\ A=\frac{P}{\varphi\sigma_p}=\frac{440\times10^3}{0.7\times160\times10^2}=39.3\text{cm}^2$$

选用两个 16a 槽钢

$$A=2\times21.95=43.9\text{cm}^2$$

$$I_x=2\times866.2\text{cm}^4$$

$$I_y=2[73.3+(5+1.8)^2\times21.95]=2\times1088.3\text{cm}^4$$

$$i_{\min}=i_x=\sqrt{\frac{I_x}{A}}=\sqrt{\frac{2\times866.2}{2\times21.95}}=6.28\text{cm}$$

$$\lambda=\frac{\mu l}{i_{\min}}=\frac{1\times600}{6.28}=95.4$$

由表 1-1-128 并用插入法，$\lambda=95.4$ 时，$\varphi=0.634$，压杆上的许可压力为

$$P=A\varphi\sigma_p=43.9\times0.634\times160\times10^2=445\text{kN}$$

所以最后选用两个 16a 槽钢较合适。

变断面立柱受压稳定性计算

表 1-1-135

支承及加载方式	临界力计算公式	稳定系数 η							
	$P_c=\eta\frac{EI_2}{l^2}$	$\frac{I_2-I_1}{I_1}$		0.1	0.2	0.5	1.0	2.0	5.0
		$\frac{b}{l}$	0.4	2.396	2.327	2.141	1.897	1.499	0.917
			0.5	2.423	2.379	2.256	2.068	1.756	1.178
			0.6	2.444	2.420	2.350	2.235	2.025	1.531
			0.7	2.457	2.446	2.415	2.356	2.256	1.95
			0.8	2.464	2.461	2.453	2.440	2.402	2.297
	$(P_1+P_2)_c=\eta\frac{EI_2}{l^2}$	$\frac{P_1+P_2}{P_1}$		1.00	1.25	1.50	1.75	2.00	
		$\frac{I_2}{I_1}$	1.00	9.87	10.94	11.92	12.46	13.04	
			1.25	8.79	9.77	10.49	11.17	11.79	
			1.50	7.87	8.79	9.49	10.07	10.71	
			1.75	7.09	8.01	8.62	9.13	9.77	
			2.00	6.42	7.33	7.87	8.46	8.40	

注：稳定条件计算与等断面杆相同。

梁的稳定性

表 1-1-136 **矩形截面梁整体弯扭失稳的临界载荷**

临界载荷计算式

最大弯矩临界值 $(M_{max})_c=\frac{c}{l}\sqrt{EI_yGJ}$

最大弯曲应力临界值 $(\sigma_{max})_c=\frac{(M_{max})_c}{W_x}$

$I_y=\frac{bh^3}{12}$ $W_x=\frac{bh^2}{6}$ EI_y——弯曲时最小刚度

$J=\frac{bh^3}{3}\left(1-0.63\frac{b}{h}\right)$ GJ——扭转刚度

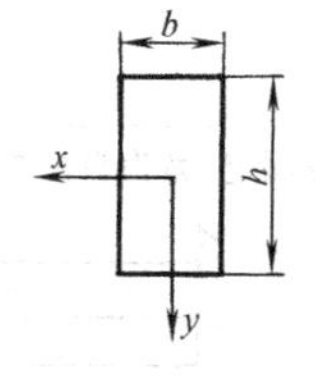

续表

载荷及支座约束	弯矩图及最大弯矩	系数 c
1. 支座在水平面内及垂直面内均为铰支	$M_{\max}=M$	π
2. 支座在水平面内固定,在垂直面内铰支		2π
3. 支座同 1	$M_{\max}=\eta(1-\eta)Pl$	η: 0.20, 0.30, 0.40, 0.50 c: 4.66, 4.41, 4.27, 4.23
4. 支座同 2		η: 0.20, 0.30, 0.40, 0.50 c: 6.68, 6.60, 6.50, 6.47
5. 支座同 1	$M_{\max}=ql^2/8$	3.54
6. 支座同 2		6.08
7. 支座固定,另为自由端	$M_{\max}=M$	$\frac{\pi}{2}$

续表

<table>
<tr><th>载荷及支座约束</th><th>弯矩图及最大弯矩</th><th>系数 c</th></tr>
<tr><td>8. 支座固定,另为自由端
P g l</td><td>$M_{\max}=Pl$</td><td>当 $g=0$(g 表示载荷 P 作用位置)
<table>
<tr><td>b/h</td><td><1/10</td><td>1/10</td><td>1/5</td><td>1/3</td></tr>
<tr><td>c</td><td>4.01</td><td>4.09</td><td>4.32</td><td>5.03</td></tr>
</table>
当 $g\neq 0, c=4.013\left(1-\frac{g}{l}\sqrt{\frac{EI_y}{GJ}}\right)$
P 作用在轴线以上 g 为正,反之为负</td></tr>
<tr><td>9. 支座固定,另为自由端
q l</td><td>$M_{\max}=ql^2/2$</td><td>6.43</td></tr>
</table>

表 1-1-137　　工字形截面梁的整体弯扭失稳的临界载荷

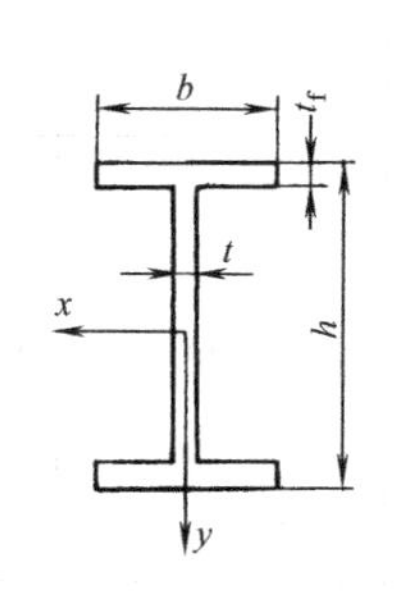

最大弯矩临界值

$$(M_{\max})_c=\frac{c}{l}\sqrt{EI_yGJ}$$

最大弯曲应力临界值

$$(\sigma_{\max})_c=\frac{(M_{\max})_c}{W_x}$$

$$c=\frac{c_1}{\mu}\pi\left[\sqrt{1+\frac{\pi^2E\Gamma}{(\mu l)^2GJ}(1+c_2^2)}\pm\frac{c_2\pi}{\mu l}\sqrt{\frac{E\Gamma}{GJ}}\right]$$

式中　Γ——扇形惯性矩,对工字板梁

$$\Gamma\approx\frac{I_y}{4}h^2,\text{对型钢可查表}$$

J——扭转相当极惯性矩,$J=\frac{\alpha}{3}(2bt_f^3+ht^3)$,其中板梁 $\alpha=1$,型钢 $\alpha=1.2$

横向载荷作用于上翼缘,式中第二项取负号;作用于下翼缘取正号,其他符号同表 1-1-136

<table>
<tr><th>载荷与支座约束</th><th>弯矩图及最大弯矩</th><th>μ</th><th>c_1</th><th>c_2</th></tr>
<tr><td>M　βM
l
$-1\leqslant\beta\leqslant 1$</td><td>M　βM
$M_{\max}=M$</td><td>1</td><td>$c_1=1.75+1.05\beta+0.3\beta^2\leqslant 2.3$
当弯曲有反向曲率时,β 取正值</td><td>0</td></tr>
<tr><td>l/2　P
l</td><td rowspan="2">$M_{\max}=Pl/4$</td><td>1</td><td>1.35</td><td>0.55</td></tr>
<tr><td>l/2　P
l</td><td>0.5</td><td>1.07</td><td>0.42</td></tr>
</table>

续表

载荷与支座约束	弯矩图及最大弯矩	μ	c_1	c_2
$l/2$, P, l	$M_{\max}=Pl/8$	1.0	1.70	1.42
$l/2$, P, l		0.5	1.04	0.84
$l/4$, P, P, $l/4$, l	$M_{\max}=Pl/4$	1.0	1.04	0.42
q, l	$M_{\max}=ql^2/8$	1.0	1.13	0.45
q, l		0.5	0.97	0.29
q, l	$ql^2/24$, $ql^2/2$	1.0	1.30	1.55
q, l		0.5	0.86	0.82

续表

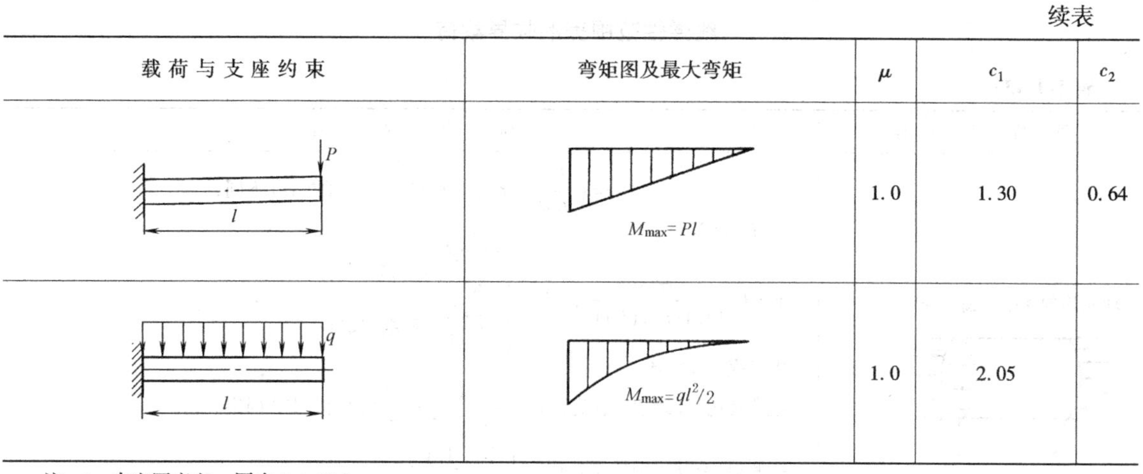

载荷与支座约束	弯矩图及最大弯矩	μ	c_1	c_2
P, l	$M_{max}=Pl$	1.0	1.30	0.64
q, l	$M_{max}=ql^2/2$	1.0	2.05	

注：1. 支座图意义，同表1-1-136。

2. 梁的整体稳定性条件

据我国钢结构设计规范，梁的整体稳定性条件为

$$\sigma=\frac{M_{max}}{\varphi_s W_x}\leqslant\sigma_p$$

式中 M_{max}——梁的最大弯矩（在最大弯曲刚度平面内）；

W_x——抗弯截面系数；

σ_p——梁的弯曲许用应力，当梁的截面厚度不超过16mm时，

$$\sigma_p=215\text{MPa}\ (\text{Q235钢});$$

$$\sigma_p=315\text{MPa}\ (\text{16Mn，16Mnq钢});$$

φ_s——梁的整体稳定系数。轧制普通工字钢简支梁的φ_s见表1-1-138。轧制槽钢的$\varphi_s=\frac{570bt}{lh}\times\frac{235}{\sigma_s}\leqslant 1$，其中$h$、$b$和$t$分别为槽钢截面的高度、翼缘宽度和厚度；$l$为跨长；屈服极限$\sigma_s$的单位为MPa。当所算得的$\varphi_s>0.6$时，应以$\varphi'_s=1.1-0.4646/\varphi_s+0.1269/\sqrt{\varphi_s^3}$代替。

表1-1-138　　轧制普通工字钢梁的整体稳定系数φ_s

载荷情况			工字钢型号	自由长度l/m								
				2	3	4	5	6	7	8	9	10
跨中无侧向支承点的梁	集中载荷作用于	上翼缘	10~20	2.0	1.30	0.99	0.80	0.68	0.58	0.53	0.48	0.43
			22~32	2.4	1.48	1.09	0.86	0.72	0.62	0.54	0.49	0.45
			36~63	2.8	1.60	1.07	0.83	0.68	0.56	0.50	0.45	0.40
		下翼缘	10~20	3.1	1.95	1.34	1.01	0.82	0.69	0.63	0.57	0.52
			22~40	5.5	2.80	1.84	1.37	1.07	0.86	0.73	0.64	0.56
			45~63	7.3	3.60	2.30	1.62	1.20	0.96	0.80	0.69	0.60
	均布载荷作用于	上翼缘	10~20	1.7	1.12	0.84	0.68	0.57	0.50	0.45	0.41	0.37
			22~40	2.1	1.30	0.93	0.73	0.60	0.51	0.45	0.40	0.36
			45~63	2.6	1.45	0.97	0.73	0.59	0.50	0.44	0.38	0.35
		下翼缘	10~20	2.5	1.55	1.08	0.83	0.68	0.56	0.52	0.47	0.42
			22~40	4.0	2.20	1.45	1.10	0.85	0.70	0.60	0.57	0.46
			45~63	5.6	2.80	1.80	1.25	0.95	0.78	0.65	0.55	0.49
跨中有侧向支承点的梁（不论载荷作用于何处）			10~20	2.2	1.39	1.01	0.79	0.66	0.57	0.52	0.47	0.42
			22~40	3.0	1.80	1.24	0.96	0.76	0.65	0.56	0.49	0.43
			45~63	4.0	2.20	1.38	1.01	0.80	0.66	0.56	0.49	0.43

注：1. 表中的φ_s适用于Q235钢，对其他牌号的钢，表中系数值应乘以$235/\sigma_s$，σ_s的单位为MPa。

2. 当φ_s值大于0.6时，应以$\varphi'_s=1.1-0.4646/\varphi_s+0.1269/\sqrt{\varphi_s^3}$代替。

线弹性范围壳的临界载荷

表 1-1-139

载荷与壳体	临界载荷
轴向均匀受压的圆柱壳 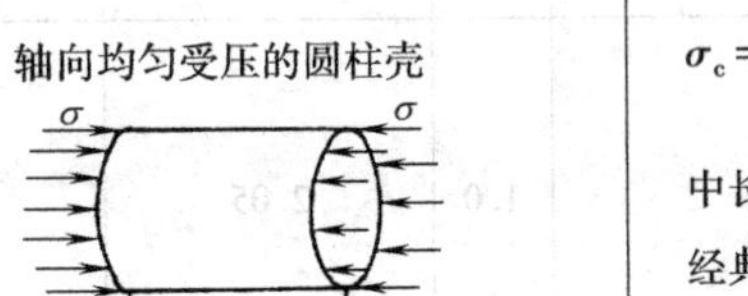 D——平均直径 R——平均半径 t——厚度 （下同）	$z=\left(\dfrac{l}{R}\right)^2(R/t)\sqrt{1-\nu^2}$，$\nu$——泊松比（下同） 短壳，$z<2.85$ $\sigma_c=k_c\dfrac{\pi^2E}{12(1-\nu^2)(l/t)^2}$，$k_c=\begin{cases}\dfrac{1+12z^2}{\pi^4}（两端简支）\\ \dfrac{4+3z^2}{\pi^4}（两端固定）\end{cases}$ 中长壳，$z>2.85$ 经典理论解（理想圆柱壳）$\sigma_c=\dfrac{1}{\sqrt{3(1-\nu^2)}}\dfrac{Et}{R}$（两端简支或固定） 实测值（有缺陷圆柱壳）$\sigma_c'=\left(\dfrac{1}{5}\sim\dfrac{1}{3}\right)\sigma_c$ 对精度较差的柱壳可取 $\sigma_c'=\dfrac{1}{5}\sigma_c$ 对精度较高的柱壳可取 $\sigma_c'=\left(\dfrac{1}{4}\sim\dfrac{1}{3}\right)\sigma_c$ 长壳，z 很大的细长壳 $\sigma_c=\dfrac{\pi^2E}{\lambda^2}$，$\lambda=\dfrac{\sqrt{2}\mu l}{R}>\pi\sqrt{\dfrac{E}{\sigma_s}}$，$\mu$ 为长度系数，见表 1-1-131
纵向对称面内受弯矩作用圆柱壳 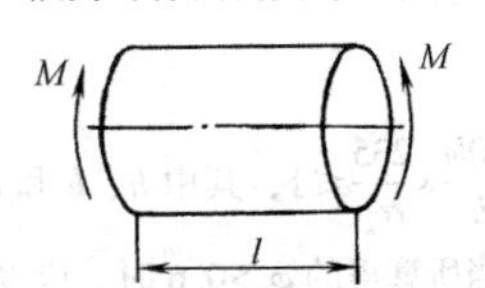	中长壳，临界弯矩 $M_c=\dfrac{\pi ERt^2}{\sqrt{3(1-\nu^2)}}$，实测值 $M_c'=(0.4\sim0.7)M_c$
两端受扭圆柱壳 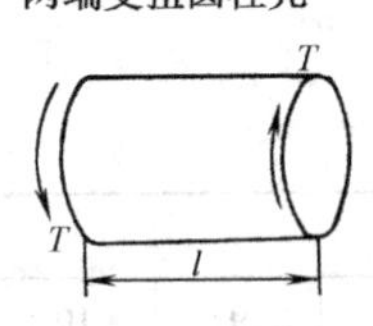 $\tau=\dfrac{T}{2\pi R^2t}$	$\tau_c=k_s\left[\dfrac{\pi^2E}{12(1-\nu^2)(l/t)^2}\right]=\dfrac{0.904k_sE}{(l/t)^2}$（当 $\nu=0.3$ 时） 短壳，$z=(l/R)^2(R/t)\sqrt{1-\nu^2}<50$，$k_s=\begin{cases}5.35+0.213z（两端简支）\\ 8.98+0.101z（两端固定）\end{cases}$ 中长壳，$100\leqslant z\leqslant 19.5(1-\nu^2)(D/t)^2=17.5(D/t)^2$（当 $\nu=0.3$ 时），$k_s=0.85z^{0.75}$（$\nu=0.3$，无论什么边界），考虑初始缺陷影响，建议取 k_s 比上式低 15% 长壳，$k_s=\dfrac{0.416z}{(D/t)^{0.5}}$
径向均匀外压球壳 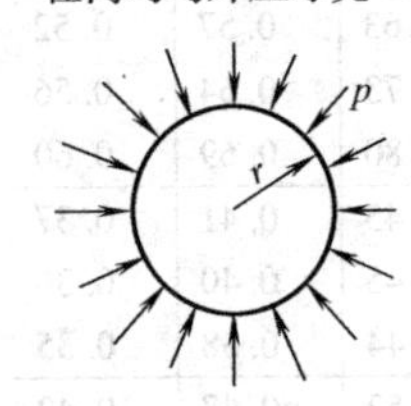	经典理论解 $p_c=\dfrac{2Et^2}{r^2\sqrt{3(1-\nu^2)}}=1.2E\left(\dfrac{t}{r}\right)^2$（当 $\nu=0.3$ 时） 实测值 $p_c'=\left(\dfrac{1}{4}\sim\dfrac{2}{3}\right)p_c$ 经典解也适用于碟形和椭圆形封头，但式中的 r 应为碟形封头球面部分的内半径；用于椭圆形封头，式中 r 应取下表中的当量半径 r

长短半轴比 a/b	3.0	2.8	2.6	2.4	2.2	2.0	1.8	1.6	1.4	1.2
当量半径与容器外直径比 $\dfrac{r}{D}$	1.36	1.27	1.18	1.08	0.99	0.90	0.81	0.73	0.65	0.57

注：1. 轴向受压圆柱壳的屈曲形式与长径比 l/R 及径厚比 R/t 有关。l/R 大、R/t 小的厚长壳将发生和中心受压细长杆一样的整体屈曲；l/R 及 R/t 为中等数值的中长壳，将发生局部屈曲，在柱面上出现一系列凹凸菱形的褶皱；l/R 小、R/t 大的短壳，出现沿轴向成半波形的轴对称屈曲（鼓形）。

2. 轴向压缩或弯矩作用下的圆柱壳以及静水外压的球壳，初始缺陷使壳的极限承载能力显著降低，实测破坏载荷值，仅为临界载荷的 (1/5)~(1/3)，作为设计依据，应视壳体制造精度从试验结果中取适当值。

3. 扭转或径向外压作用的圆柱壳，微小初始缺陷对极限承载能力无明显影响，仅略低于临界载荷。

第2章 铸件设计的工艺性和铸件结构要素

1 铸造技术发展趋势及新一代精确铸造技术

表 1-2-1

发展方向	轻量化、精确化、强韧化、高效化、数字化、网络化和清洁化									
1.铸件轻量化	近年来，对通过降低产品自重，以降低能源消耗和减少环境污染，提出了更迫切的需要，由于铝、镁合金的质量轻以及它们的优异性能，受到各国的普遍重视，尤其是镁合金是金属中最轻的，而且其产品材料回收率高，被认为是一种最具开发和发展前途的“绿色材料”。例如，美国福特汽车公司新车型中使用的主要材料中钢铁用量将大幅度减少，将从978kg降低到218kg，而铝及镁合金将显著增加，铝合金将从129kg增加到333kg，镁合金将从4.5kg增加到39kg。目前，汽车发动机汽缸体及缸盖基本上都用铝合金铸造									
2.铸件的精确化——新一代的精确铸造技术	名称	原理和特点	适用生产的铸件					出品率	毛坯利用率	应用
			材料	(1)质量 (2)最小壁厚/mm	(1)尺寸公差 (2)表面粗糙度/μm	形状特征	批量	/%		
	消失模铸造	是先用成形机获得零件形状的泡沫塑料模型(代替铸模进行造型)，接着涂抹耐火涂料及干燥，然后放入砂箱中填砂，并直接浇注液体金属，烧去塑料模型，得到铸件的方法。是一种近无余量，精确成形的新工艺 它无需取模，无分型面，无砂芯，并减少了由于型芯组合、合型而造成的尺寸误差，因此，铸件没有飞边、毛刺和超模斜度，尺寸精度高；工序简单，生产效率高；生产清洁，工人劳动强度低，要求技术熟练程度低；零件设计自由度大；投资少，成本低；但生产准备较复杂	铝合金、铜合金、铁、钢	(1)从数克到数吨 (2)铝合金2~3，铸铁4~5，铸钢5~6	(1)CT6~CT9级 (2)*Ra*=6.3~12.5，加工余量最多为1.5~2mm	各种形状铸件	干砂振动造型，大批量，中、小件；自硬砂造型，单件，小批量，中、大件	40~75	70~80	铸件结构越复杂，砂芯越多，越能体现其优越性和经济性。目前国外多用在汽车发动机缸体、缸盖、进气歧管等铝合金铸件上，国内多是管件、耐磨耐热件、齿轮箱等钢铁铸件

续表

<table>
<tr><th rowspan="3"></th><th rowspan="3">名称</th><th rowspan="3">原理和特点</th><th colspan="5">适用生产的铸件</th><th>出品率</th><th>毛坯利用率</th><th rowspan="3">应用</th></tr>
<tr><th rowspan="2">材料</th><th rowspan="2">(1)质量
(2)最小壁厚/mm</th><th rowspan="2">(1)尺寸公差
(2)表面粗糙度/μm</th><th rowspan="2">形状特征</th><th rowspan="2">批量</th><th colspan="2"></th></tr>
<tr><th colspan="2">/%</th></tr>
<tr><td rowspan="2">2.铸件的精确化——新一代的精确铸造技术</td><td>顺序凝固熔模铸造</td><td colspan="8">由于科学技术的发展,传统的失蜡铸造技术已发展成为顺序凝固熔模铸造新技术,可以直接生产高温合金单晶体燃气轮机叶片(见图),这是精确铸造成形技术在航空、航天工业中应用的杰出范例。从20世纪60年代初期等轴晶高温合金实心涡轮叶片发展到20世纪90年代中期单晶高温合金空心涡轮叶片,叶片的承温能力提高了400℃左右。单晶高温合金涡轮叶片已在航空发动机上获得广泛应用(见图1)。美国第四代战斗机F22所用的推重比为10的发动机的第二代单晶合金高压涡轮空心工作叶片是材料与铸造成形制造技术高度集成的杰出体现。在这方面,我国与美国等工业发达国家相比,仍有较大差距。

坩埚
加热区
壳型
石墨加热器
叶片
隔板
冷却区
下拉装置

(a) 等轴晶
(b) 柱状晶
(c) 单晶

图1 单晶高温合金涡轮叶片的应用</td></tr>
<tr><td>熔模铸造(又称失蜡铸造)</td><td>它是用可熔(溶)性一次模和一次型(芯)使铸件成形的方法。其铸件接近零件最后形状,可不加工,或加工量很小,就可直接使用,是一种近净形生产金属零件的先进工艺
它可以铸造形状复杂的铸件;产品精密;合金材料不受限制;生产灵活性高,适应性强
但生产铸件尺寸不能太大,工艺流程繁琐,铸件冷却速度较慢,生产周期长</td><td>铝、镁、铜、钛四种合金,铸铁、碳钢、不锈钢、合金钢、贵金属、镍、钴基高温合金</td><td>(1)1g到1t
(2)最小壁厚0.5mm,最小孔径0.5mm,轮廓尺寸从几毫米到上千毫米</td><td>(1)CT4~CT6级
(2)Ra=0.4~3.2μm</td><td>复杂铸件</td><td>小、中、大批量</td><td>30~60</td><td>90</td><td>主要用于精密复杂的中、小铸件,目前几乎已应用于所有工业部门,如航空航天、造船、汽轮机、燃气轮机、兵器、电子、石油、化工、交通运输、机械、泵、阀、纺织、医疗、仪器仪表、家电等</td></tr>
</table>

续表

<table>
<tr><th>名称</th><th colspan="2">原理和特点</th><th>应　用</th></tr>
<tr><td rowspan="2">半固态金属铸造</td><td colspan="2">是利用球状初生固相的固液混合浆料铸造成形；或先将这种固液混合浆料完全凝固成坯料，再根据需要将坯料切分，并重新加热至固液两相区，利用这种半固态坯料进行铸造成形。这两种方法均称为半固态金属铸造。其工艺过程主要分为两大类</td><td rowspan="2">由于半固态金属及合金坯料的加热、输送很方便，并易于实现自动化操作，因此，当固态金属触变压铸和触变锻造已成为当今金属半固态成形中的主要工艺方法。但流程更短、成本更低的半固态金属及合金的流变成形技术也正在逐步进入实际商业应用

例如，利用触变铸造法，1997 年美国两家半固态铝合金成形工厂的生产能力分别达到每年 5000 万件，近年来，它的一些主要零件毛坯年产量为：制动总泵体 240 万件，油道和发动机支架各 100 万件，摇臂座 150 万～200 万件，同步带托座 20 万件。另一公司利用镁合金触变射铸技术生产了 50 余万件半固态镁合金汽车零件。北京科技大学也成功连续铸出球状初生晶粒的 AlSi7Mg 合金坯料，并触变成形出汽车制动总泵壳及其他零件，触变成形实验达到中试水平等</td></tr>
<tr><td>工艺过程分类</td><td>（1）流变铸造　是利用剧烈搅拌等方法制出预定固相分散的半固态金属料浆进行保温，然后将其直接送入成形机，铸造或锻造成形。采用压铸机成形的称为流变压铸，采用锻造机成形的，称为流变锻造

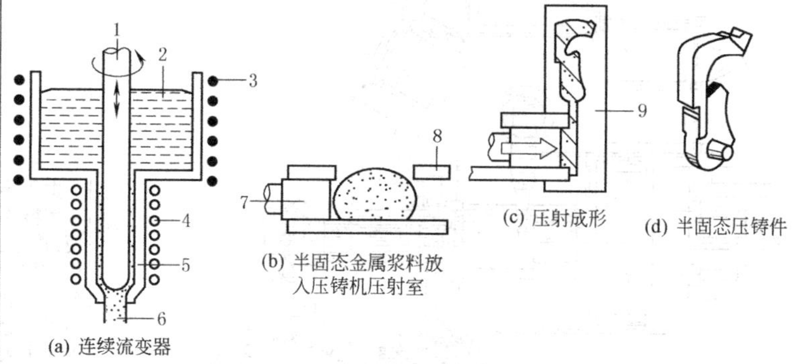

图 2　半固态金属流变压铸示意图
1—搅拌棒；2—合金液；3—加热器；4—冷却器；5—搅拌室；6—半固态合金浆料；7—压射冲头；8—压铸压射室；9—压铸型

（2）触变铸造　也是利用剧烈搅拌等方法制出球状晶的半固态金属料浆，并将它进一步凝固成锭坯或坯料，再按需要将坯料分切成一定大小，重新加热至固液两相区，然后利用机械搬运将其送入成形机，进行铸造或锻造。根据采用成形机不同，也可分为触变压铸、触变锻造等

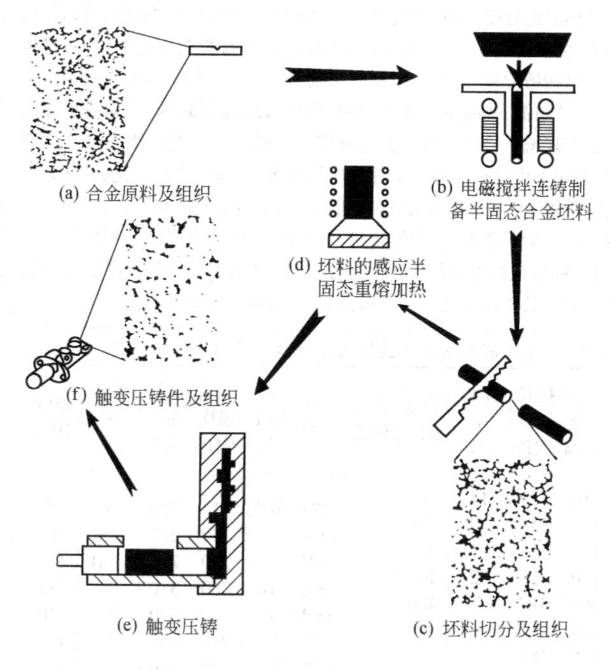

图 3　半固态金属触变压铸示意图</td></tr>
</table>

名称		原理和特点	应用
2.铸件的精确化——新一代的精确铸造技术	半固态金属铸造	工艺过程分类：图4 半固态金属触变压铸设备平面布置图 1—坯料搬运机器人；2—H-630SC型压铸机；3—铸件抓取机器人；4—浇注系统锯切机构；5—铸件冷却箱；6—涂料喷涂装置；7—加热系统	由于半固态金属及合金坯料的加热、输送很方便，并易于实现自动化操作，因此，当固态金属触变压铸和触变锻造已成为当今金属半固态成形中的主要工艺方法。但流程更短、成本更低的半固态金属及合金的流变成形技术也正在逐步进入实际商业应用 例如，利用触变铸造法，1997年美国两家半固态铝合金成形工厂的生产能力分别达到每年5000万件，近年来，它的一些主要零件毛坯年产量为：制动总泵体240万件，油道和发动机支架各100万件，摇臂座150万~200万件，同步带托座20万件。另一公司利用镁合金触变射铸技术生产了50余万件半固态镁合金汽车零件。北京科技大学也成功连续铸出球状初生晶粒的AlSi7Mg合金坯料，并触变成形出汽车制动总泵壳及其他零件，触变成形实验达到中试水平等
		优点：①在重力下，重熔加热后的黏度很高，可机械搬运，便于实现自动化，在高速剪切作用下，黏度又可迅速降低，便于铸造；②生产效率高；③改善了金属的充型过程，不易发生喷溅，减少了合金的氧化和铸件裹气，提高了铸件的致密性，可通过热处理进一步强化，其强度比液体金属压铸件更高；④减少了凝固收缩，铸件收缩孔洞减少，可承受更高液体压力；⑤铸件不存在宏观偏析，性能更均匀；⑥其固相分散，便于调整，借此改变半固态金属料浆或坯料的表面黏度以适应不同工件的成形要求；⑦铸件为近终化成形，大幅度减少毛坯加工量，降低了生产成本；⑧充型温度低，减轻了对模具的热冲击，提高了模具寿命；⑨节约能源25%~30%；⑩操作更安全，工作环境更好；⑪半固态金属的黏度较高，便于加入增强材料（颗粒或纤维）廉价生产复合材料；⑫充填应力显著降低，因此，可成形很复杂的零件毛坯，其铸件性能与固态锻件相当，而降低了成本	
		不同铸件力学性能比较：见下表	

A356和A357合金半固态触变压铸件与其他铸件的力学性能比较

合金种类	成形工艺	热处理工艺	屈服强度/MPa	抗拉强度/MPa	伸长率/%	硬度HBS	合金种类	成形工艺	热处理工艺	屈服强度/MPa	抗拉强度/MPa	伸长率/%	硬度HBS
A356	SSM	铸态	110	220	14	60	A357	SSM	铸态	115	220	7	75
	SSM	T4	130	250	20	70		SSM	T4	150	275	15	85
	SSM	T5	180	255	5~10	80		SSM	T5	200	285	5~10	90
	SSM	T6	240	320	12	105		SSM	T6	260	330	9	115
	SSM	T7	260	310	9	100		SSM	T7	290	330	7	110
	PM	T6	186	262	5	80		PM	T6	296	359	5	100
	PM	T51	138	186	2	—		PM	T51	145	200	4	—
	CDF	T6	280	340	9	—							

注：SSM—半固态触变压铸件，PM—金属型铸件，CDF—闭模锻件

续表

<table>
<tr><th></th><th>名称</th><th colspan="2">原理和特点</th><th>应　用</th></tr>
<tr><td rowspan="4">2. 铸件的精确化——新一代的精确铸造技术</td><td rowspan="4">快速铸造</td><td colspan="2">快速铸造是利用快速成形技术直接或间接制造铸造用熔模、消失模、模样、模板、铸型或型芯等，然后结合传统铸造工艺快捷地制造铸件的一种新工艺
快速铸造与传统铸造比较有下列特点：
(1)适宜小批量、多品种、复杂形状的铸件
(2)尺寸任意缩放，数字随时修改，所见即所得
(3)工艺过程简单，生产周期短，制造成本低
(4)返回修改容易
(5)CAD三维设计所有过程基于同一数学模型
(6)设计、修改、验证、制造同步</td><td rowspan="4">快速铸造可以将CAD模型快速有效地转变为金属零件。它不仅能使过去小批量、难加工、周期长、费用高的铸件生产得以实现，而且将传统的分散化、多工序的铸造工艺过程集成化、自动化、简单化。它的推广应用对新产品开发试制和单件小批量铸件的生产，产生积极的影响，SLA或SL适合成形中、小件，可直接得到类似塑料的产品</td></tr>
<tr><td colspan="2">快速成形技术　是指在计算机控制与管理下，根据零件的CAD模型，采用材料精确堆积的方法制造原型或零件的技术，是一种基于离散/堆积成形原理的新型制造方法</td></tr>
<tr><td>原理</td><td>它是先由CAD软件设计出所需零件的计算机三维实体模型，即电子模型。然后根据工艺要求，将其按一定厚度进行分层，把原来的三维电子模型变成二维平面信息(截面信息)。再将分层后的数据进行一定的处理，加入加工参数，生成数控代码，在微机控制下，数控系统以平面加工方式，顺序地连续加工出每个薄层模型，并使它们自动粘接成形。这样就把复杂的三维成形问题变成了一系列简单的平面成形问题
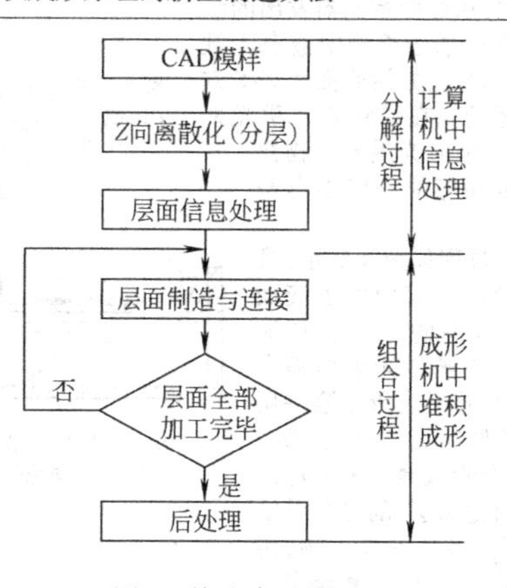

图5　快速成形的原理</td></tr>
<tr><td>特点</td><td>它是一种新的成形方法，不同于传统的铸、锻、挤压等“受迫成形”和车、铣、钻等“去除成形”。它几乎能快速制造任意复杂的原型和零件，而零件的复杂程度对成形工艺难度、成形质量、成形时间影响不大
(1)高度柔性　它取消了专用工具，在计算机的管理和控制下可以制造任意复杂形状的零件，将信息过程和物理过程高度相关地并行发生，把可重编程、重组、连续改变的生产装备用信息方式集中到一个制造系统中，使制造成本完全与批量无关
(2)技术高度集成　是计算机技术、数控技术、激光技术、材料技术和机械技术的综合集成。计算机和数控技术为实现零件的曲面和实体造型、精确离散运算和繁杂的数据转换，为高速精确的二维扫描以及精确高效堆积材料提供了保证；激光器件和功率控制技术使采用激光能源固化、烧结、切割材料成为现实；快速扫描的高生产率喷头为材料精密堆积提供了技术条件等
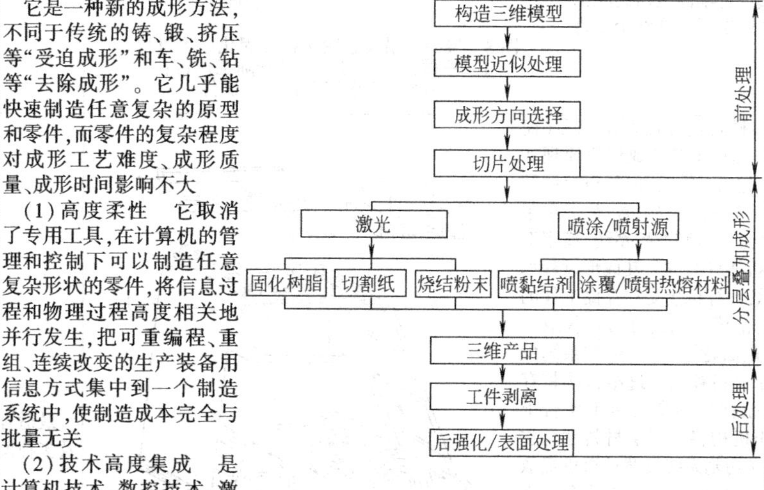

图6　快速成形的过程
(3)设计、制造一体化　由于采用了离散/堆积的加工工艺，工艺规划不再是难点，CAD和CAM能够顺利地结合在一起，实现了设计、制造一体化
(4)快速性　从CAD设计到原型加工完毕，只需几小时至几十小时，复杂、较大的零部件也可能达几百小时，从总体看，比传统加工方法快得多</td></tr>
</table>

续表

名称			原理和特点	应用
2. 铸件的精确化——新一代的精确铸造技术	快速铸造	几种典型工艺	(1)液态光敏聚合物选择性固化成形(简称SLA或SL)　这种工艺的成形机原理如图7所示，由液槽、升降工作台、激光器(为紫外激光器，如氦隔激光器、氩离子激光器和固态激光器)、扫描系统和计算机数控系统等组成。液槽中盛满液态光敏聚合物，带有许多小孔的升降工作台，在步进电动机的驱动下，沿 Z 轴作往复运动，激光器功率一般为10~200mW，波长为320~370nm，扫描系统为一组定位镜，它根据控制系统的指令，按照每一截面轮廓的要求作高速往复摆动，从而使激光器发出的激光束发射并聚焦于液槽中液态光敏聚合物的上表面，并沿此面作 X-Y 方向的扫描运动。在受到紫外激光束照射的部位，液态光敏聚合物快速固化形成相应的一层固态截面轮廓 它的成形过程如图8所示，升降工作平台的上表面处于液面下一个截面层厚的高度，该层液态光敏聚合物被激光束扫描发生聚合固化，并形成所需第一层固态截面轮廓后，工作台下降一层高度，液态光敏聚合物流过已固化的截面轮廓层，刮刀按设定的层高，刮去多余的聚合物，再对新铺上的一层液态聚合物进行扫描固化，形成第二层所需固态截面轮廓，它牢固地黏结在前一层上，如此重复直到整个工件成形完成 图7　液态光敏聚合物选择性固化成形机原理 1—激光器；2—扫描系统；3—刮刀；4—可升降工作台1；5—液槽；6—可升降工作台2 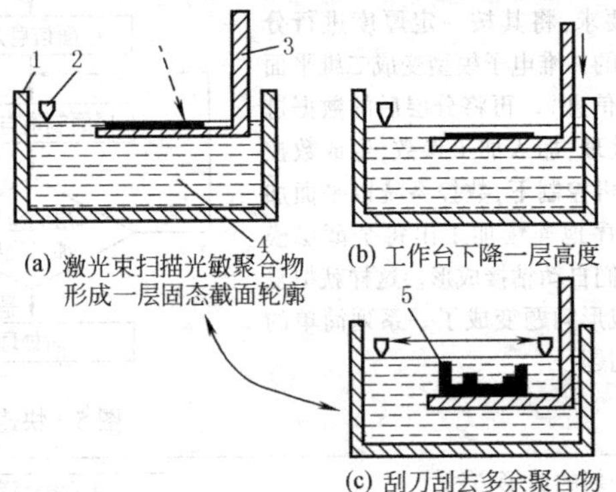 (a) 激光束扫描光敏聚合物形成一层固态截面轮廓　(b) 工作台下降一层高度　(c) 刮刀刮去多余聚合物 图8　液态光敏聚合物选择性固化成形过程 1—液槽；2—刮刀；3—可升降工作台；4—液态光敏聚合物；5—制件	快速铸造可以将CAD模型快速有效地转变为金属零件。它不仅能使过去小批量、难加工、周期长、费用高的铸件生产得以实现，而且将传统的分散化、多工序的铸造工艺过程集成化、自动化、简单化。它的推广应用对新产品开发试制和单件小批量铸件的生产，产生积极的影响，SLA或SL适合成形中、小件，可直接得到类似塑料的产品
			(2)薄形材料选择性切割成形(简称LOM)　这种工艺的成形机原理如图9所示，它由计算机、原材料存储及送进机构、热粘压机构、激光切割系统、可升降工作台和数控系统、模型取出装置和机架等组成。其成形过程如图10所示，计算机接受和存储工件的三维模型，沿模型的高度方向提取一系列的横截面轮廓线，向数控系统发出指令，原材料存储及进给机构将存于其中的原材料逐步送至工作台上方，热粘压机构将一层层材料粘合在一起。激光切割系统按照计算机提取的横截面轮廓线，逐一在工作台上方的材料上切割出轮廓线，并将无轮廓区切割成小方网格，这是为了在成形之后能剔除废料，可升降工作台支承正在成形的工件，并在每层成形之后，降低一层材料厚度，以便送进、粘合和切割新的一层材料。数控系统执行计算机发出的指令，使一段段的材料逐步送至工作台的上方，然后粘合、切割，最终形成三维工件 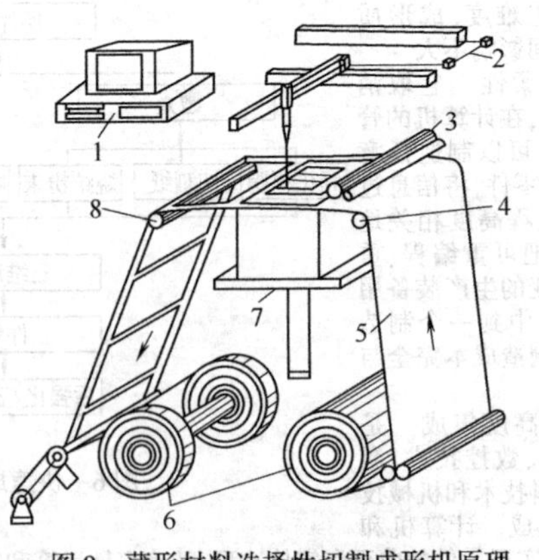 图9　薄形材料选择性切割成形机原理 1—计算机；2—激光切割系统；3—热粘压机构；4—导向辊1；5—原材料；6—原材料存储及送进机构；7—工作台；8—导向辊2	最适合成形中、大件以及多种模具

续表

<table>
<tr><th colspan="2">名称</th><th>原理和特点</th><th>应用</th></tr>
<tr><td rowspan="3">快速铸造</td><td rowspan="3">几种典型工艺</td><td>原材料
热粘压机构
新一层
工件
叠加一层新材料
热粘压
激光束
工作台下降
切割

图 10　薄形材料选择性切割成形过程</td><td>最适合成形中、大件以及多种模具</td></tr>
<tr><td>(3)丝状材料选择性熔覆成形(简称FDM)　这种工艺的成形机的原理图如图 11 所示，加热喷头在计算机的控制下，根据截面轮廓的信息作 X-Y 平面运动和 Z 方向运动。丝状热塑性材料，如ABS 及 MABS 塑料丝、蜡丝、聚烯烃树脂丝、尼龙丝、聚酰胺丝等由供丝机构送至喷头，并在喷头中加热至熔融态，然后被选择性地涂覆在工作台上，快速冷却后形成截面轮廓。完成一层成形后，喷头上升一截面层的高度，再进行下一层的涂覆，如此循环，最终形成三维产品。为提高成形效率，可采用多个热喷头进行涂覆。由于结构的限制，加热器的功率不能太大，因此，实芯柔性丝材一般为熔点不太高的热塑性塑料或蜡料

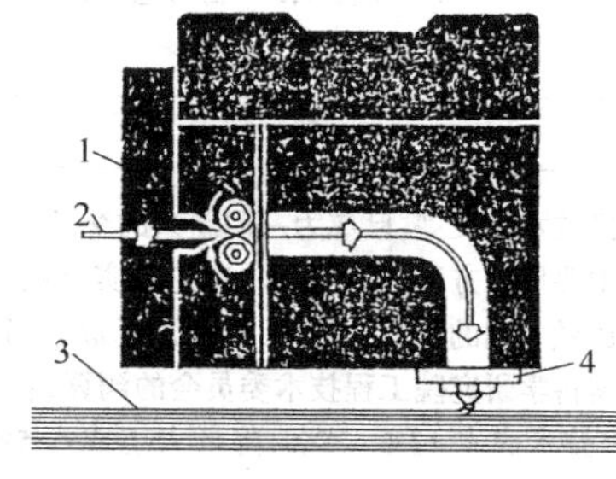
图 11　丝状材料选择性熔覆成形机的原理
1—供丝机构；2—丝状材料；
3—制件；4—加热喷头</td><td>适合制造中、小塑料件和蜡件</td></tr>
<tr><td>(4)粉末材料选择性黏结成形(简称 TDP)　是用多通道喷头在计算机的控制下，根据截面轮廓信息在铺好的一层粉末材料上有选择性地喷射黏结剂使部分粉末黏结，形成截面轮廓。一层成形完成后，工作台下降一截面层的高度，再进行下一层的黏结，如此循环，最终形成三维工件。一般情况下，黏结得到的工件必须放在加热炉中，进一步固化或烧结，以便提高黏结强度。其工艺原理如图 12 所示

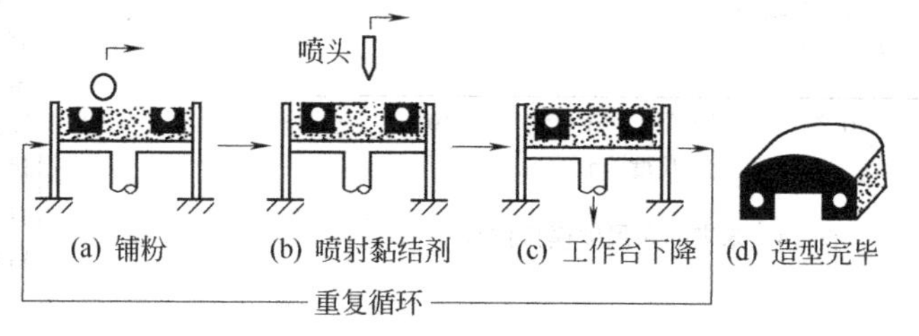

图 12　粉末材料选择性黏结工艺原理

图 13 是按上述原理设计用于制作陶瓷模的 TDP 型快速成形机，它有一个陶瓷粉喷头 1，在直线步进电动机的驱动下，沿 Y 方向作往复运动，向工作台面喷洒一层厚度为 100～200μm 的陶瓷粉；另一个黏结剂喷头 2，也用步进电动机驱动，跟随 1，有选择性地喷洒黏结剂，黏结剂液滴的直径为 15～20μm</td><td>适合成形小件</td></tr>
</table>

续表

	名称		原理和特点	应用
2. 铸件的精确化——新一代的精确铸造技术	快速铸造	几种典型工艺	该工艺成形工件表面不够光洁，必须对整个截面进行扫描黏结，成形时间较长。采用多喷头可提高成形效率 图13　TDP 型快速成形机 1—陶瓷粉喷头；2—黏结剂喷头；3—导轨 1； 4—导轨 2；5—驱动电动机；6—制件	适合成形小件

	原理和特点	应用
3. 数字化铸造——铸造过程的模拟仿真	计算材料科学随着计算机技术的发展，已成为一门新兴的交叉学科，是除实验和理论外解决材料科学中实际问题的第三个重要研究方法。它可以比理论和实验做得更深刻、更全面、更细致，可以进行一些理论和实验暂时还做不到的研究。因此，模拟仿真成为当前材料科学与制造科学的前沿领域及研究热点。根据美国科学研究院工程技术委员会的测算，它可以大幅度提高产品质量，增加材料出品率 25%，降低工程技术成本 13%~30%，降低人工成本 5%~20%，增加投入设备利用率 30%~60%，缩短产品设计和试制周期 30%~60%等 多学科、多尺度、高性能、高保真及高效率是模拟仿真技术的努力目标，而微观组织模拟（从毫米、微米到纳米尺度）则是近年来研究的热点课题（图 14）。通过计算机模拟，可深入研究材料的结构、组成及其各物理化学过程中宏观、微观变化机制，并由材料化学成分、结构及制备参数的最佳组合进行材料设计 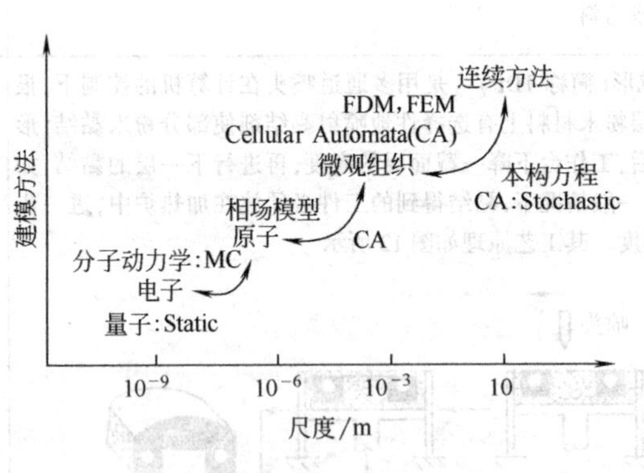 图 14　未来的多尺度模拟仿真 在国外，多尺寸模拟已在汽车及航天工业中得到应用。福特汽车公司提出了虚拟铝合金发动机缸体研究，其目标是能预测缸体的疲劳寿命。国内在相场法研究铝合金枝晶生长、无脆自动机法研究铝合金组织演变及汽车球墨铸铁件微观组织与性能预测等方面均已取得重要进展。最近，成功地采用 CA 方法研究单晶体叶片的结晶过程及组织演变 铸造过程的宏观模拟在工程应用中已是一项十分成熟的技术，已有很多商品化软件如 MAGMA、PROCAST、DEFORM 及中国的铸造之星（FT-STAR）等，并在生产中取得显著的经济及社会效益	①长江三峡水轮机重 62t 的不锈钢叶片已由中国二重集团铸造厂，采用模拟仿真技术，经反复模拟得到最优化铸造工艺方案，一次试制成功（2000 年） ②一片重 218t 的热轧薄板用轧机机架铸件到全部 18 片冷热轧机机架铸件由马鞍山钢铁公司制造厂与清华大学合作，采用先进铸造技术和凝固过程计算机模拟技术，优质完成，仅用 10 个月，且节约了上千万元生产费用

续表

		原理和特点	应　用
4.网络化铸造	(1)产品及铸造工艺设计集成系统	现代的产品设计及制造开发系统是在网络化环境下以设计与制造过程的建模与仿真为核心内容，进行的全生命周期设计。美国汽车工业希望汽车的研发周期缩短为15~25个月，而20世纪90年代汽车的研发周期为5年。美国先进金属材料加工工程研究中心提出了产品设计/制造（铸造）集成系统在网络化环境下，产品零部件的设计过程中同时要进行影响产品及零部件性能的铸造等成形制造过程的建模与仿真，它不仅可以提供产品零部件的可制造性评估，而且可以提供产品零部件的性能预测。因此，在网络化环境下，铸造过程的模拟仿真将在新产品的研究与开发中发挥重要作用。图15为产品虚拟开发与传统方法比较 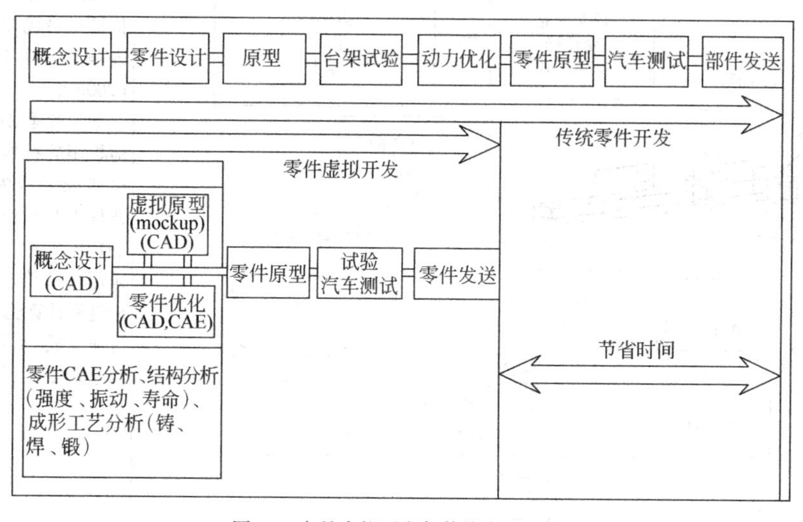 图15　产品虚拟开发与传统方法比较	①长江三峡水轮机重62t的不锈钢叶片已由中国二重集团铸造厂，采用模拟仿真技术，经反复模拟得到最优化铸造工艺方案，一次试制成功(2000年) ②一片重218t的热轧薄板用轧机机架铸件到全部18片冷热轧机机架铸件由马鞍山钢铁公司制造厂与清华大学合作，采用先进铸造技术和凝固过程计算机模拟技术，优质完成，仅用10个月，且节约了上千万元生产费用
	(2)虚拟制造	虚拟制造是CAD、CAM和CAPP等软件的集成技术。其关键是建立制造过程的计算模型、模拟仿真制造过程。虚拟制造的基础是虚拟现实技术。所谓“虚拟现实”技术是利用计算机和外围设备，生成与真实环境一致的三维虚拟环境，使用户通过辅助设备从不同的“角度”和“视点”与环境中的“现实”交互	
	(3)网络化、数字化设计、铸造与管理系统	集成的设计、制造与管理信息系统是未来铸造企业取得成功的必要条件（见图16）。所有工程、铸造与管理系统无缝连接，确保在正确的时间与地点能实时作出正确的决定。可在异地进行实时、协同的分布式生产，建成“虚拟企业” 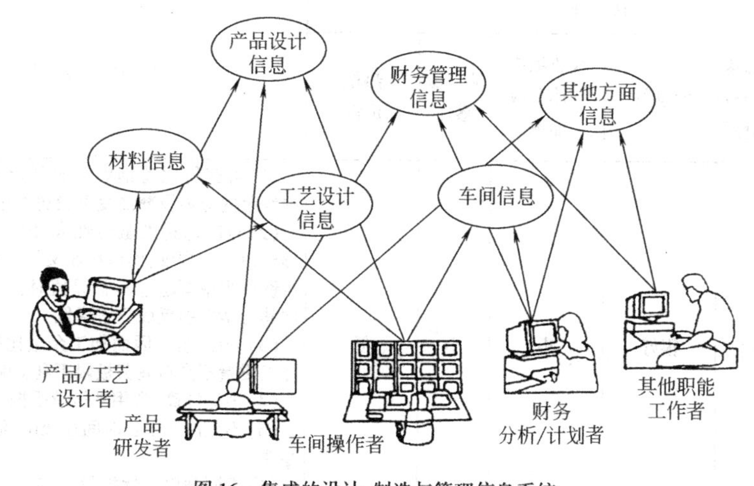 图16　集成的设计、制造与管理信息系统	

续表

<table>
<tr><th></th><th>原理和特点</th><th>应　用</th></tr>
<tr><td>5. 洁净化铸造——绿色铸造</td><td>美国在展望制造业前景时，进一步把“精确成形工艺”发展为“无废弃物成形加工技术（waste-free process）”。所谓“无废弃物加工”的新一代制造技术是指加工过程中不产生废弃物；或产生的废弃物能在整个制造过程中作为原料而利用，并在下一个流程中不再产生废弃物。由于无废物加工减少了废料、污染和能量消耗，并对环境有利，从而成为今后推广的重要绿色制造技术。绿色铸造是长期的努力方向及目标，最近日本铸造工厂提出了3R的环境保护新概念（见图17），即：减少废弃物（reduce）、再利用（reuse）及再循环（recvcle）。德国制定了《产品回收法规》
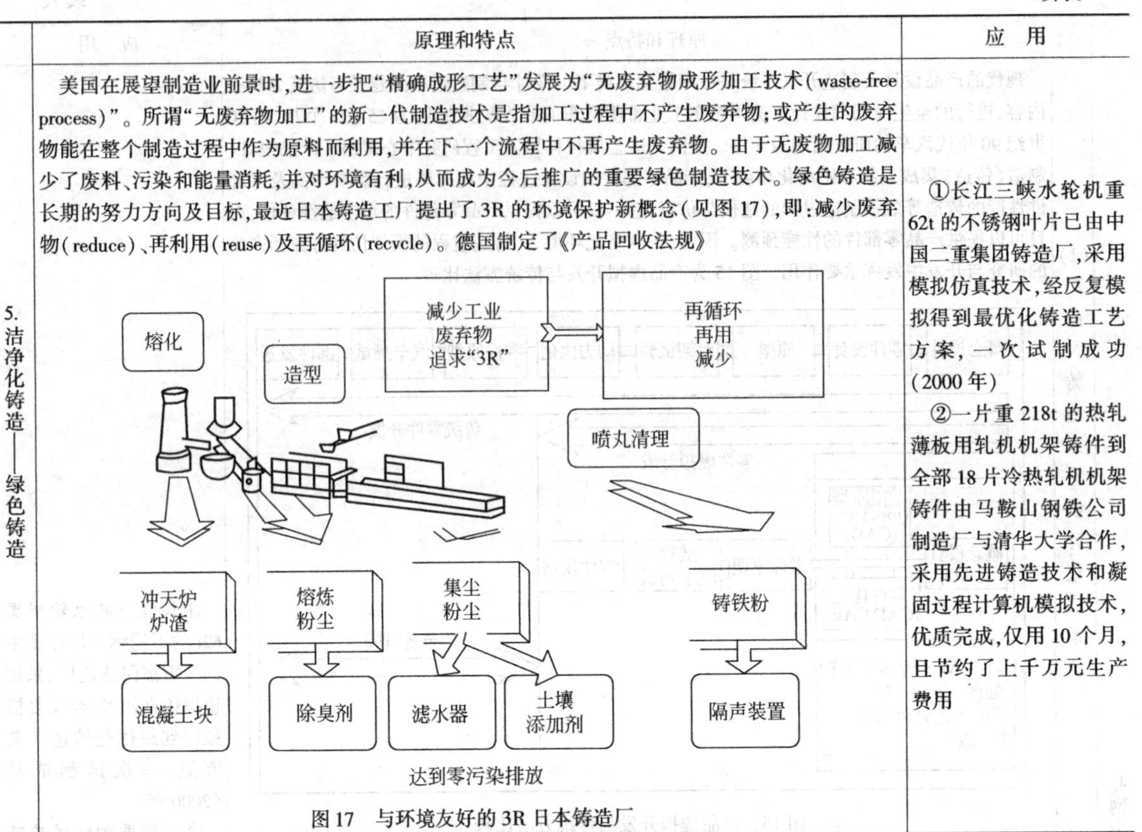

图17　与环境友好的3R日本铸造厂</td><td>①长江三峡水轮机重62t的不锈钢叶片已由中国二重集团铸造厂，采用模拟仿真技术，经反复模拟得到最优化铸造工艺方案，一次试制成功（2000年）
②一片重218t的热轧薄板用轧机机架铸件到全部18片冷热轧机机架铸件由马鞍山钢铁公司制造厂与清华大学合作，采用先进铸造技术和凝固过程计算机模拟技术，优质完成，仅用10个月，且节约了上千万元生产费用</td></tr>
</table>

2　常用铸造金属的铸造性和结构特点

铸铁和铸钢的特性与结构特点

表 1-2-2

材料类别	材料特性							结构特点
	综合力学性能	壁厚变化对力学性能的影响	冷却速度的敏感性	流动性	线收缩率与体积收缩率	缺口敏感性	热稳定性	
灰铸铁	综合力学性能低，抗压强度大、为本身抗拉强度的3~4倍，消振能力比钢大10倍，弹性模量较低	大	很大	很好	小	小	低	（1）可获得比铸钢更薄而复杂的铸件，铸件中残余内应力及翘曲变形较铸钢小 （2）对冷却速度敏感性大，因此薄截面容易形成白口和裂纹，而厚截面又易形成疏松，故灰铸铁件当壁厚超过其临界值时，随着壁厚的增加其力学性能反而显著降低 （3）表面光洁，因而加工余量比铸钢小，表面加工质量不高对疲劳极限不利影响小 （4）消振性高，常用来做承受振动的机座 （5）不允许用于长时间在250℃温度下工作的零件 （6）不同截面上性能较均匀，适于做要求高、截面不一的较厚（大型）铸件

续表

材料类别	材料特性							结构特点
	综合力学性能	壁厚变化对力学性能的影响	冷却速度的敏感性	流动性	线收缩率与体积收缩率	缺口敏感性	热稳定性	
蠕墨铸铁	介于灰铸铁与球墨铸铁之间，冲击韧性及伸长率均比球墨铸铁低，而高于灰铸铁	比灰铸铁小		加蠕化剂去硫去氧后，流动性良好	蠕化率越高，体积收缩率越小，接近灰铸铁。蠕化率越低，体积收缩率越大，接近球墨铸铁		热导率在球墨铸铁与灰铸铁之间	具有介于灰铸铁和球墨铸铁之间的良好性能，如抗拉强度及屈服强度高于高强度灰铸铁而低于球墨铸铁，热传导性、耐热疲劳性、切削加工性、减振性近似一般灰铸铁，疲劳极限和冲击韧度不如球墨铸铁，但明显地优于灰铸铁。铸造性能接近灰铸铁，因而铸造工艺简单，成品率高。由于蠕墨铸铁所具有的这些优异的综合性能，使其具有广泛应用的条件 (1)由于强度高，对断面的敏感性小，铸造性能好，因而可用来制造复杂的大型零件 (2)由于蠕墨铸铁具有较高的力学性能，同时还具有较好的导热性，因而常用来制造在热交换以及有较大温度梯度下工作的零件，如汽车制动盘、钢锭模、金属型等 (3)由于蠕墨铸铁的强度较高;致密性好，可用来代替孕育铸铁件，不仅节约了废钢，减轻了铸件重量(碳当量较高，强度却比灰铸铁高)，铸件的成品率也大幅度提高，而且使铸件的气密性增加，这一点特别适用于液压件的生产 (4)加工蠕墨铸铁时的刀具寿命介于灰铸铁和球墨铸铁之间 (5)加工表面的表面粗糙度值通常比灰铸铁大
球墨铸铁	强度、塑性和弹性模量均比灰铸铁好，抗磨性比灰铸铁约大一倍，消振力比灰铸铁低	小	大	与灰铸铁相近	比灰铸铁体积收缩率大，而线收缩率小，易形成缩孔、缩松	与铸钢相近	高	(1)铸件多设计成均匀厚度，尽量避免厚大断面 (2)相连壁的圆角，不同壁厚的过渡段与铸钢相似 (3)球墨铸铁体积收缩率与铸钢相近，因此，其结构设计与铸钢相近;由于其流动性好，在某些情况下可代替铸钢作薄壁零件 (4)可制造在300~400℃温度下使用的零件 (5)可锻铸铁往往因化学成分控制不当引起铸件不合格而报废，但球墨铸铁的化学成分可在较宽范围内变动而不致引起极大的力学性能变化
可锻铸铁	退火前很脆，综合力学性能稍逊于球墨铸铁，冲击韧性比灰铸铁高3~4倍，是韧性与冲击值最好的一种铸铁	大	大	比灰铸铁差，比铸钢好	体积收缩率比铸钢大，退火后最终线收缩率比灰铸铁小得多	小	较高	(1)体积收缩率大，目前只宜做厚度不大的零件，最适合厚度为5~16mm范围，避免十字形截面 (2)可锻铸铁是由白口铸铁热处理(退火或韧化)而得，故其不同厚度截面中的力学性能有很大变化，因此，加工余量很小(尺寸<500mm的铸件为2~3mm)。同一铸件的厚度一定要均匀，厚度之比为1∶1.6~1∶2较合适 (3)一些薄截面、形状复杂、工作中又受震动的零件，如用铸钢，因其铸造性能差，不易得到合格品，且价格贵，用灰铸铁又嫌其塑性、韧性不足，可用可锻铸铁，如汽车后桥 (4)可以在300~350℃温度下使用 (5)铸件表面比一般灰铸铁光洁，表面韧性较好，适用于力学性能要求较高的表面不加工的毛坯件 (6)突出部分都要用筋加固

续表

材料类别	材料特性							结构特点
	综合力学性能	壁厚变化对力学性能的影响	冷却速度的敏感性	流动性	线收缩率与体积收缩率	缺口敏感性	热稳定性	
铸钢	综合力学性能高，抗压强度与本身抗拉强度相等，消振性能低	小	不大	不好，其中低碳钢比高碳钢差，低合金钢又比碳钢差，但高锰钢较好	大，线收缩率约为2%，而灰铸铁只有0.5%~1%	大	高	(1)铸件壁厚比铸铁大，内应力及翘曲较大，不易铸出复杂零件 (2)可做出大厚度铸件，其力学性能在厚度增加时没有显著降低，但必须使铸件保持顺序凝固的条件(即使铸件壁保持有一定的斜度和节点位于铸件上部等)，以防止疏松与缩孔，但对一些壁较薄而且均匀的铸件，则应创造同时凝固的条件 (3)相连壁的圆角，不同壁厚的过渡段均比灰铸铁大 (4)减少节点及金属积聚比灰铸铁要求严格 (5)气体饱和倾向大，流动性差，表面杂质及气泡多，故加工余量比灰铸铁大 (6)含碳量增高，收缩率增加，导热性能降低，故高碳钢件容易发生冷裂，低合金钢比碳钢易裂，高锰钢导热性很差，收缩率大，很容易开裂，设计时更应强调，壁厚要均匀，转角要圆滑

用灰铸铁、蠕墨铸铁、球墨铸铁制造汽车零件和钢锭模的技术经济比较

表 1-2-3

名称	6110柴油机(104kW)缸盖	集成块	EQ140汽车发动机排气管
毛坯质量	80kg，897mm×249mm×110mm，主要壁厚5.5mm，最大壁厚40mm	最小12kg(壁厚92mm) 最大136kg(壁厚280mm)	14.2kg，总长676.5mm，主要管壁5mm局部最大壁厚22mm
技术要求	该铸件结构复杂，系六缸一盖连体铸件，工作时受较高机械热应力，要求材质具有良好力学性能、抗热疲劳性能、铸造性能和气密性	要求铸件致密、耐高压(7~32MPa)、耐磨，表面粗糙度小、加工性能好	该零件服役温度差别大(室温~1000℃)，承受较大的热循环载荷，要求材质有良好的抗热疲劳性能
原设计材质为灰铸铁	(1)缸盖上喷油嘴座旁的气道壁因热疲劳最易开裂，该部位加工后壁厚仅3~4mm，工作温度250~370℃ (2)缸盖渗漏严重，在导杆孔、螺栓孔等热节处(均为非铸出孔)易产生缩松(孔)缺陷，经加工钻孔后铸壁有微孔穿透造成渗漏 (3)因铸件热节多达50处，尺寸精度高，内腔结构复杂，难以采用冒口补缩和内外冷铁工艺 (4)HT250(CuMo合金铸铁)	(1)由于HT300高牌号灰铸铁碳硅质量分数低，所以铸造性能差，铸件易产生缩裂或晶间缩松而报废，废品率高达60% (2)工艺出品率低，只有55%左右，压边浇冒口的质量是铸件质量的80%以上 (3)HT300	(1)寿命短，汽车行驶不到10000km，管壁开裂严重；若改用球墨铸铁排气管，虽不发生开裂，但变形严重，通道口错开漏气 (2)HT150
蠕墨铸铁	(1)由于蠕墨铸铁的抗拉强度、抗蠕变能力和塑性均明显优于原材质，故采用蠕墨铸铁缸盖，开裂倾向大为降低，使用寿命显著提高 (2)缸盖渗漏率下降15%，当蠕化率大于50%时，其体收缩率小于HT250低合金铸铁，其气密性又与球墨铸铁相近 (3)低合金灰铸铁的抗热疲劳性能、气密性和铸造性能、加工性等对碳当量和合金元素的敏感性大，尤其对薄壁复杂件更为突出，而蠕墨铸铁的上述性能对碳当量敏感性小，加之采用稀土蠕化剂又有较宽的蠕化范围，冲天炉生产条件下缸盖质量也易于控制 (4)节省贵重合金元素，成本下降21%	(1)废品率大幅度下降，总废品率约16.9%(其中夹砂、夹杂物气孔占9%) (2)工艺出品率提高到75%，压边浇冒口质量比原来的减少2/5 (3)经济效益明显，扣除蠕墨铸铁生产成本比HT300灰铸件增加约8%外，仅废品率下降、工艺出品率提高两项，使蠕墨铸铁件成本降低1/3以上	(1)提高寿命3~5倍以上，根本上解决了排气管开裂问题 (2)取消了加强肋，铸件自重减轻了10%

续表

名称	钢锭模
技术要求	钢锭模制作目前一般采用普通灰铸铁和球墨铸铁 钢锭模在反复受热、冷却的恶劣条件下工作，所以其材质的特性直接影响使用寿命。在热应力的作用下，脆性材料可能发生断裂，塑性材料则会发生永久变形。热应力的大小与温度梯度、热膨胀系数和弹性模量有关。材质的导热性好（可降低温度梯度）、弹性模量低、强度高（特别是高温强度）、韧性好都有利于承受热循环载荷。在非常快的热循环条件下，导热性是主要影响因素，在缓慢热循环的条件下，高强度则更为重要。对于不同结构和冷却方式的钢锭模，对其材质的要求也不尽相同。它要求材质具有良好力学性能、抗热疲劳性能 蠕墨铸铁的力学性能比灰铸铁高，导热性能比球墨铸铁好，所以它也是一种生产钢锭模的良好材质

灰铸铁、球墨铸铁、蠕墨铸铁

（1）某钢铁厂采用蠕虫状石墨 10%~55% 的蠕墨铸铁制作中小型钢锭模（用冲天炉熔炼），在雨淋及空冷的冷却条件下，得到最佳的使用效果，使炼钢车间的钢锭模消耗量明显下降

（2）图为各种材质钢锭模的对比试验结果，可见在空冷条件下球墨铸铁寿命最长，消耗最少，次之是体积分数为 10%~50% 的蠕虫状石墨铸铁；在喷水雨淋冷却条件下体积分数为 10%~50% 蠕虫状石墨铸铁最佳；浸水冷却条件下灰铸铁最好

（3）生产中发现，空冷的断面厚 50.8cm 的钢锭模因断面厚，石墨难以全部球化。即使石墨全部球化时，锭模底部圆角处出现缩孔，其上部石墨漂浮也严重；而体积分数为 10%~50% 蠕虫状石墨，可以避免这些缺陷，给铸造工艺带来方便，其使用寿命与球墨铸铁相差不大

（4）该厂采用体积分数为 10%~50% 蠕虫状石墨的蠕墨铸铁生产空冷断面厚 50.8cm 和雨淋冷却断面厚 28cm 钢锭模，经过一年左右的实际使用，其模耗与原使用的灰铸铁锭模相比明显降低（见右表），每年节约钢锭模数千吨，价值百万元以上

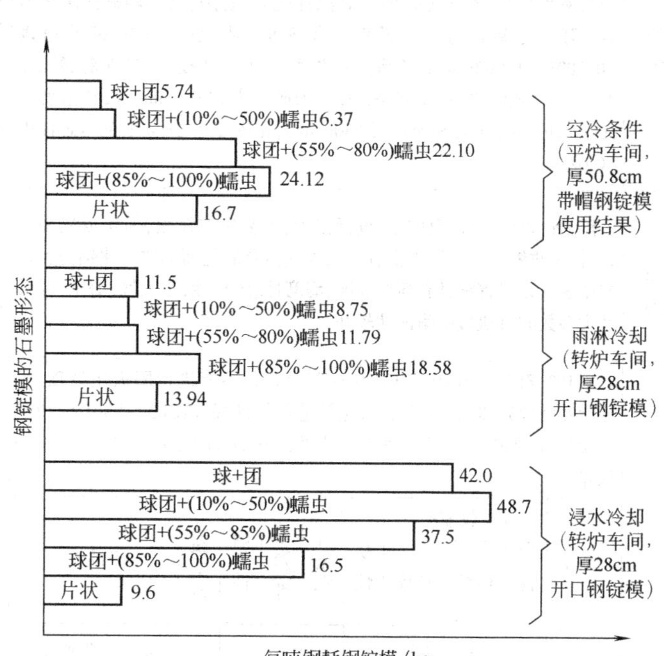

蠕虫—蠕虫石墨；球—球状石墨；团—团球状石墨；百分数为体积分数

车间	锭模类型	吨钢消耗量/kg	每吨钢消耗降低/kg	备注
平炉	厚 50.8cm 空冷锭模	8.06	11.9	包括体积分数为 55%~80% 蠕虫状石墨铸铁锭模
转炉	厚 28cm 雨淋开口模	11.32	3.62	

常用铸造有色合金的特性与结构特点

表 1-2-4

材料分类	材 料 特 性	结 构 特 点
黄铜	铸造性良好，流动性好，线收缩率不大，缩松及偏析倾向小，生成集中性缩孔，生成气孔倾向较小。在大气及低速、干燥纯净的蒸汽中腐蚀极微，在纯净淡水中腐蚀速度为 0.0025～0.25mm/a，海水中约 0.0075～0.1mm/a；在含 CO_2、H_2S、SO_2、NH_3 等气体的水溶液中腐蚀速度剧增。普通黄铜的强度与塑性，在含锌较低时，随含锌量增加而提高，含锌 32%塑性最高，含锌 40%～50%强度最高。所有工业黄铜在 200～700℃间存在低塑性区，热加工不低于 700℃	(1)类同铸钢件 (2)不需另外脱氧处理，可获得致密铸件 (3)含锌较高的 α 黄铜或 β 黄铜中常出现脱锌腐蚀破裂(季节性破裂)，可加 Al、Sn、Ni、Si 等防止。另止，黄铜还有应力腐蚀破裂(自动破裂)，但可能性较小
锡青铜	铸造性比黄铜差：流动性不好，结晶范围大，容易偏析，易产生缩松，线收缩率不大，体积收缩率小，高温性能差，易脆，强度随截面增大显著下降。耐磨性好。耐低温。含 Sn8% 时，在大气中腐蚀速度 <0.00015～0.002mm/a，随锡含量的增加，耐蚀性提高，锡青铜腐蚀速度，在淡水及海水中<0.05mm/a，在浓硝酸中约 0.5mm/月，在浓度为 2mol/L 的 HCl 中含 Sn5%时约 50mm/a，在浓度为 2mol/L 的 NaOH 中 <0.025mm/a	(1)可用作铸造各种厚薄不均、尺寸准确的铸件和花纹清晰的工艺美术品，壁厚不得过大，零件突出部分应用较薄的加强筋加固以免热裂 (2)不能用来铸造要求高密封性的铸件 (3)采用金属型或离心铸造可以大大减少缺陷，质量较有保证(大量生产用)，单件、小批量生产仍用砂型铸造
无锡青铜	流动性很好，结晶范围小，偏析很少，不易生成缩松，但生成集中缩孔，体积收缩率大。铝青铜容易吸收气体及氧化而形成氧化铝薄膜造成微裂。无锡青铜具有高的强度、耐磨性、耐热性，在大气、海水、硫酸及大多数的有机酸中耐蚀性较好	(1)类同铸钢件 (2)铝青铜具有很高的强度(可与钢比)和高的冲击韧性，高的疲劳强度，耐磨，耐低温，耐热，冲击不产生火花，可获得致密铸件，在很多情况下，可代替不锈钢
铝合金	ZL102、ZL104、ZL101、ZL103(这些铝合金不能进行阳极化处理，只能涂漆处理)、ZL105 五种铝合金铸造性能良好，ZL203、ZL301 两种铝合金则比较差。它们之间的性能特点比较如下：5——最好，1——最差（见下表）	(1)ZL102 力学性能不高，只能做受力不大的零件，可以铸造薄壁、形状复杂、尺寸大的铸件 (2)ZL104 广泛用于汽车、航空发动机以及一般机械电气器具等形状复杂的铸件 (3)ZL101、ZL103 吸气倾向大，极易形成细小的针孔，对于大型厚壁铸件，最好在加压下进行结晶，多用来铸造形状复杂的中型和大型铸件 (4)ZL301 做的铸件厚大截面易出现黄褐色到暗黑色的显微疏松，使强度急剧下降，对厚薄截面变化敏感性大 (5)铝合金铸件的强度随壁厚增大，下降得更显著。可铸出壁薄而形状比较复杂的铸件

牌号	流动性	线收缩率/%		补缩性	气密性	抗吸气性	耐热性	抗热裂性	耐蚀性
		砂模	铁模						
ZL102	5	0.9～1.1	0.5～0.8	4	5	3	3	5	4(在潮湿大气中很好)
ZL104	5	0.9～1.0	0.5～0.8	4	4	3	3	5	3(在潮湿大气中好)
ZL101	5	0.8～1.1		4	5	4	3	5	3(在潮湿大气中好)
ZL103	4	0.9～1.1		4	4	4	5	3	2
ZL105	4	0.9～1.1		4	4	4	4	4	3
ZL203	2	1.3～1.5		2	3	3	3	1	2
ZL301	3	1.0～1.3		1	1	3	1	3	5(在水中最高)
ZL303	3	1.0～1.3		2	2	3	5	3	4

续表

材料分类	材料特性	结构特点
镁合金	(1)纯镁在20℃时的密度仅为1.738g/cm³,镁合金为1.75~1.85g/cm³,是钢、铁的1/4,铝的2/3,是常用结构材料中最轻的金属,与塑料相近 (2)具有优良的力学性能,比强度和比刚度高,优于钢、铝;比弹性模量与高强铝合金、合金钢大致相近 (3)弹性模量较低,受外力作用时,应力分布更为均匀,可避免过高应力集中,在弹性范围内承受冲击载荷时,所吸收的能量比铝高50%左右,可制造承受猛烈冲击的零部件 (4)极佳的防振性,耐冲击、耐磨性好;镁合金在受到冲击或摩擦时,表面不会产生火花 (5)镁的体积热容比其他所有金属都低,因此,镁及其镁合金加热升温与散热降温,都比其他金属快 (6)铸造性能优良,可以用几乎所有铸造工艺来铸造成形 (7)加工切削性能好,切削速度大大高于其他金属,不需磨削、抛光处理,不使用切削液,即可以得到粗糙度很低的表面 (8)非磁性金属,抗电磁波干扰,电磁屏蔽性好 (9)镁在液态下容易剧烈氧化燃烧,因此镁合金必须在熔剂覆盖下或保护气氛下熔炼。镁合金铸件的固熔处理也要在SO_2、CO_2或SF_6气体保护下进行,或在真空下进行。镁合金的固溶处理和时效处理时间均较长 (10)镁的化学活泼性高。而且在室温下,镁的表面能与空气氧化形成氧化薄膜,但比较脆,疏松多孔,耐蚀性很差,因此,镁及其合金使用时常需进行表面处理	(1)密度低,便于产品轻量化,降低能源消耗;运动零部件惯性低,高速时尤为明显 (2)为满足零件对刚度的要求,可增大壁厚,勿需用加筋、肋等复杂结构 (3)镁合金压铸件可将多种部件组合一次成形,大大提高生产率,并可减少制造误差,减少部件间的摩擦、振动,降低噪声 (4)镁牺牲阳极可用于延长各种金属装置的寿命 (5)优良的热传导性,可改善电子产品散热 (6)它对X射线和热中子的低透射有阻力,特别适用于X射线 (7)它的中温性能使其能在飞机等上面替代工程塑料和树脂基复合材料 (8)替代工程塑料,解决零件老化、变形和变色等问题,而且尺寸稳定,收缩率小 (9)加工成品性好,产品美观,质地好,(相对塑料)无可燃性 (10)具有良好的刻蚀性能和力学性能,又耐磨损,故适于制造光刻板 (11)由于含铝小于30%的细小镁铝合金颗粒在燃烧时能产生耀眼的白光,比自然光线更有利于照相,因此被广泛用于照相用闪光灯 (12)材料回收率高,符合环保要求,由于它的优良性能,被认为是21世纪最具开发应用价值的"绿色材料"

3　铸件的结构要素

最小壁厚

表1-2-5

mm

铸造方法	铸件尺寸	铸　钢	灰铸铁	球墨铸铁	可锻铸铁	铝合金	镁合金	铜合金	高锰钢
砂　型	≤200×200	6~8	5~6	6	4~5	3		3~5	20 (最大壁厚不超过125)
	>200×200~500×500	10~12	6~10	12	5~8	4	3	6~8	
	>500×500	18~25	15~20			5~7			
金属型	≤70×70	5	4		2.5~3.5	2~3		3	
	>70×70~150×150		5		3.5~4.5	4	2.5	4~5	
	>150×150	10	6			5		6~8	

注:1. 一般铸造条件下,各种灰铸铁的最小允许壁厚:

HT100、HT150　$\delta=4\sim6$mm;HT200　$\delta=6\sim8$mm;HT250　$\delta=8\sim15$mm;HT300、HT350　$\delta=15$mm。

2. 如有特殊需要,在改善铸造条件下,灰铸铁最小壁厚可达3mm,可锻铸铁可小于3mm。

外壁、内壁与筋的厚度

表 1-2-6　　mm

零件质量/kg	零件最大外形尺寸	外壁厚度	内壁厚度	筋的厚度	零件举例
<5	300	7	6	5	盖、拨叉、杠杆、端盖、轴套
6~10	500	8	7	5	盖、门、轴套、挡板、支架、箱体
11~60	750	10	8	6	盖、箱体、罩、电机支架、溜板箱体、支架、托架、门
61~100	1250	12	10	8	盖、箱体、搪模架、油缸体、支架、溜板箱体
101~500	1700	14	12	8	油盘、盖、壁、床鞍箱体、带轮、搪模架
501~800	2500	16	14	10	搪模架、箱体、床身、轮缘、盖、滑座
801~1200	3000	18	16	12	小立柱、箱体、滑座、床身、床鞍、油盘

壁的连接

表 1-2-7

连接示意图	连接尺寸	连接示意图	连接尺寸
	$b=a$，$\alpha<75°$ $R=\left(\frac{1}{6}\sim\frac{1}{3}\right)a$ $R_1=R+a$		$b>1.25a$，对于铸铁 $h=4c$ $c=b-a$，对于铸钢 $h=5c$ $\alpha<75°$ $R=\left(\frac{1}{6}\sim\frac{1}{3}\right)\left(\frac{a+b}{2}\right)$ $R_1=R+m=R+a+c=R+b$
	$b\approx1.25a$，$\alpha<75°$ $R=\left(\frac{1}{6}\sim\frac{1}{3}\right)\left(\frac{a+b}{2}\right)$ $R_1=R+b$	三壁厚相等时	$R\geqslant\left(\frac{1}{6}\sim\frac{1}{3}\right)a$
	$b\approx1.25a$，对于铸铁 $h\approx8c$ $c=\frac{b-a}{2}$，对于铸钢 $h\approx10c$ $\alpha<75°$ $R=\left(\frac{1}{6}\sim\frac{1}{3}\right)\left(\frac{a+b}{2}\right)$ $R_1=R+a+c=\frac{a+b}{2}+R$	壁厚 $b>a$ 时	$a+c\leqslant b$，$c\approx3\sqrt{b-a}$ 对于铸铁 $h\geqslant4c$ 对于钢 $h\geqslant5c$ $R\geqslant\left(\frac{1}{6}\sim\frac{1}{3}\right)\left(\frac{a+b}{2}\right)$
两壁厚相等时	$R\geqslant\left(\frac{1}{6}\sim\frac{1}{3}\right)a$ $R_1\geqslant R+a$	壁厚 $b<a$ 时	$b+2c\leqslant a$，$c\approx1.5\sqrt{a-b}$ 对于铸铁 $h\geqslant8c$ 对于钢 $h\geqslant10c$ $R\geqslant\left(\frac{1}{6}\sim\frac{1}{3}\right)\left(\frac{a+b}{2}\right)$
壁厚 $b\leqslant2a$ 时	$R\geqslant\left(\frac{1}{6}\sim\frac{1}{3}\right)\left(\frac{a+b}{2}\right)$ $R_1\geqslant R+\frac{a+b}{2}$	b 与 a 相差不多	$\alpha<90°$ $r=1.5a$（不小于 25mm） $R=r+a$ 或 $R=1.5r+a$
壁厚 $b>2a$ 时	$a+c\leqslant b$，$c\approx3\sqrt{b-a}$ 对于铸铁 $h\geqslant4c$ 对于钢 $h\geqslant5c$ $R\geqslant\left(\frac{1}{6}\sim\frac{1}{3}\right)\left(\frac{a+b}{2}\right)$ $R_1\geqslant R+\frac{a+b}{2}$	b 比 a 大得多	$\alpha<90°$ $r=\frac{b+a}{2}$（不小于 25mm） $R=r+a$ $R_1=r+b$

注：1. 圆角半径标准整数系列为：2mm、4mm、6mm、8mm、10mm、12mm、16mm、20mm、25mm、30mm、35mm、40mm、50mm、60mm、80mm、100mm。

2. 当壁厚大于 20mm 时，R 取系数中的小值。

壁厚的过渡

表 1-2-8

mm

	$b \leqslant 2a$	铸铁	$R \geqslant \left(\frac{1}{6} \sim \frac{1}{3}\right)\left(\frac{a+b}{2}\right)$										
		钢、可锻铸铁、有色金属	$\frac{a+b}{2}$	<12	12~16	16~20	20~27	27~35	35~45	45~60	60~80	80~110	110~150
			R	6	8	10	12	15	20	25	30	35	40
	$b>2a$	铸 铁	$L \geqslant 4(b-a)$										
		钢	$L \geqslant 5(b-a)$										
	$b<1.5a$	$R=\frac{2a+b}{2}$											
	$b>1.5a$	$R=4a, L=4(a+b)$											

最 小 铸 孔

表 1-2-9

mm

材料	孔壁厚度	<25		26~50		51~75		76~100		101~150		151~200		201~300		≥301	
		最小孔径															
	孔的深度	加工后	不加工	加工后	不加工	加工后	不加工	加工后	不加工	加工后	不加工	加工后	不加工	加工后	不加工	加工后	不加工
碳钢与一般合金钢	≤100	75	55	75	55	90	70	100	80	120	100	140	120	160	140	180	160
	101~200	75	55	90	70	100	80	110	90	140	120	160	140	180	160	210	190
	201~400	105	80	115	90	125	100	135	110	165	140	195	170	215	190	255	230
	401~600	125	100	135	110	145	120	165	140	195	170	225	200	255	230	295	270
	601~1000	150	120	160	130	180	150	200	170	230	200	260	230	300	270	340	310
高锰钢	孔壁厚度	<50				51~100				≥101							
	最小孔径	20				30				40							
灰铸铁	大量生产:12~15。成批生产:15~30。小批、单件生产:30~50																

注：1. 不透圆孔最小允许铸造孔直径应比表中值大 20%，矩形或方形孔其短边要大于表中值的 20%，而不透矩形或方形孔则要大 40%。

2. 难加工的金属，如高锰钢铸件等的孔应尽量铸出，而其中需要加工的孔，常用镶铸碳素钢的办法，待铸出后，再对镶铸的碳素钢部分进行加工。

铸造内圆角及过渡尺寸（JB/ZQ 4255—2006）

表 1-2-10

$a \approx b$
$R_1 = R + a$

$b < 0.8a$
$R_1 = R + b + c$

$\frac{a+b}{2}$	内圆角 α											
	≤50°		>50°~75°		>75°~105°		>105°~135°		>135°~165°		>165°	
	钢	铁	钢	铁	钢	铁	钢	铁	钢	铁	钢	铁
	过渡尺寸 R/mm											
≤8	4	4	4	4	6	4	8	6	16	10	20	16
9~12	4	4	4	4	6	6	10	8	16	12	25	20
13~16	4	4	6	4	8	6	12	10	20	16	30	25
17~20	6	4	8	6	10	8	16	12	25	20	40	30
21~27	6	6	10	8	12	10	20	16	30	25	50	40
28~35	8	6	12	10	16	12	25	20	40	30	60	50
36~45	10	8	16	12	20	16	30	25	50	40	80	60
46~60	12	10	20	16	25	20	35	30	60	50	100	80
61~80	16	12	25	20	30	25	40	35	80	60	120	100
81~110	20	16	25	20	35	30	50	40	100	80	160	120
111~150	20	16	30	25	40	35	60	50	100	80	160	120
151~200	25	20	40	30	50	40	80	60	120	100	200	160
201~250	30	25	50	40	60	50	100	80	160	120	250	200
251~300	40	30	60	50	80	60	120	100	200	160	300	250
>300	50	40	80	60	100	80	160	120	250	200	400	300

c 和 h 值/mm						
b/a		≤0.4	>0.4~0.65	>0.65~0.8	>0.8
c ≈		$0.7(a-b)$	$0.8(a-b)$	$a-b$	—
h ≈	钢	$8c$			
	铁	$9c$			

注：对于锰钢件应比表中数值增大 1.5 倍。

铸造外圆角（JB/ZQ 4256—2006）

表 1-2-11

表面的最小边尺寸 P/mm	过渡尺寸 R/mm					
	外圆角 α					
	≤50°	>50°~75°	>75°~105°	>105°~135°	>135°~165°	>165°
≤25	2	2	2	4	6	8
>25~60	2	4	4	6	10	16
>60~160	4	4	6	8	16	25
>160~250	4	6	8	12	20	30
>250~400	6	8	10	16	25	40
>400~600	6	8	12	20	30	50
>600~1000	8	12	16	25	40	60
>1000~1600	10	16	20	30	50	80
>1600~2500	12	20	25	40	60	100
>2500	16	25	30	50	80	120

注：如果铸件按上表可选出许多不同的圆角“R”时，应尽量减少或只取一适当的“R”值以求统一。

铸造斜度

表 1-2-12

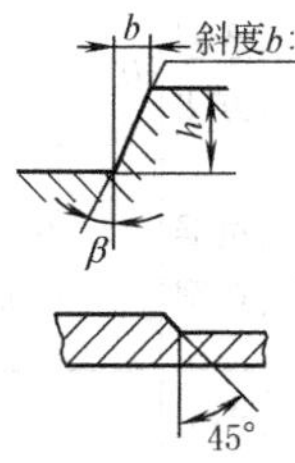

图	斜度 $b:h$	角度 β	使用范围
斜度$b:h$；45°	1 : 5	11°30′	$h<25$mm 时钢和铁的铸件
	1 : 10 1 : 20	5°30′ 3°	h 在 25 ~ 500mm 时钢和铁的铸件
	1 : 50	1°	$h>500$mm 时钢和铁的铸件
	1 : 100	30′	有色金属铸件

注：当设计不同壁厚的铸件时，在转折点处的斜角最大增到 30° ~ 45°（参见表中下图）。

法兰铸造过渡斜度（JB/ZQ 4254—2006）

表 1-2-13 mm

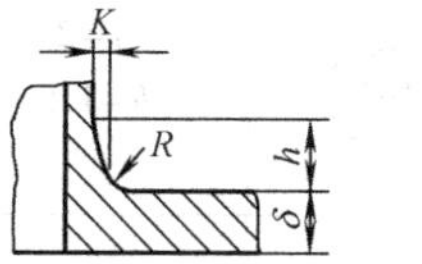

	铸铁和铸钢件的壁厚 δ	K	h	R
适用于减速器、机盖、连接管、汽缸及其他各种机件连接法兰等铸件的过渡部分尺寸	10 ~ 15	3	15	5
	>15 ~ 20	4	20	5
	>20 ~ 25	5	25	5
	>25 ~ 30	6	30	8
	>30 ~ 35	7	35	8
	>35 ~ 40	8	40	10
	>40 ~ 45	9	45	10
	>45 ~ 50	10	50	10
	>50 ~ 55	11	55	10
	>55 ~ 60	12	60	15
	>60 ~ 65	13	65	15
	>65 ~ 70	14	70	15
	>70 ~ 75	15	75	15

凸出部分最小尺寸（JB/ZQ 4169—2006）

表 1-2-14 mm

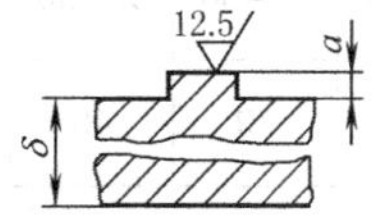

图	公称尺寸(壁厚)δ		≤180	>180 ~ 500	>500 ~ 1250	>1250 ~ 2500	>2500
12.5	a（凸台）	铸钢	5	8	12	16	20
		灰铸铁 球墨铸铁	4	6	10	13	17

注：最小可浇铸的壁厚、铸钢为 8mm；灰铸铁和球墨铸铁为 5mm，达到这壁厚还取决于工件的尺寸与形状。

加强筋

表 1-2-15

中部的筋

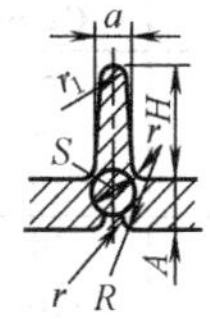

$H\leqslant 5A$　　$S=1.25A$

$a=0.8A$　　$r=0.5A$

（铸件内部的筋与外壁厚应为 $a\approx 0.6A$）　　$r_1=0.25A$

$R=1.5A$

两边的筋

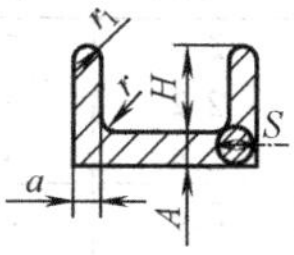

$H\leqslant 5A$　　$r=0.3A$

$a=A$　　$r_1=0.25A$

$S=1.25A$

筋的布置与形状

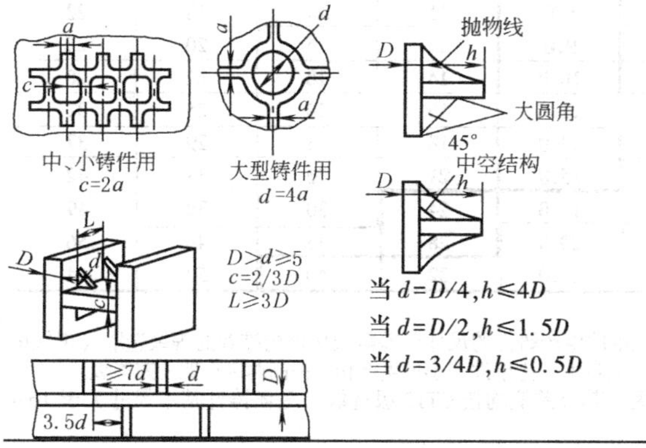

中、小铸件用 $c=2a$

大型铸件用 $d=4a$

抛物线；大圆角；45°；中空结构

$D>d\geqslant 5$，$c=2/3D$，$L\geqslant 3D$

≥7d；3.5d

当 $d=D/4, h\leqslant 4D$

当 $d=D/2, h\leqslant 1.5D$

当 $d=3/4D, h\leqslant 0.5D$

带有筋的截面的铸件尺寸比例

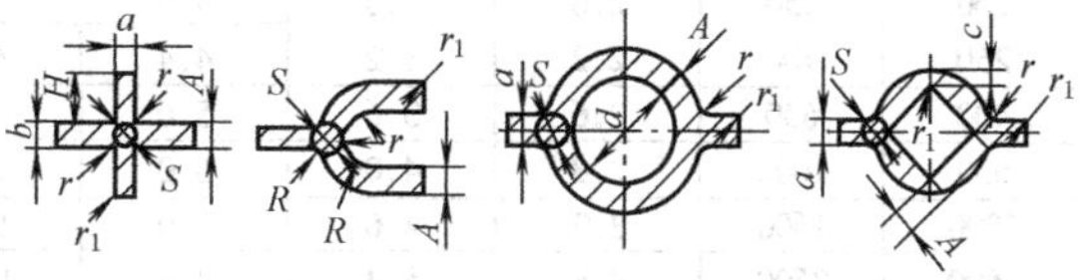

表中尺寸为 A 的倍数

断面	H	a	b	c	R	r	r_1	S
十字形	3	0.6	0.6	—	—	0.3	0.25	1.25
叉形	—	—	—	—	1.5	0.5	0.25	1.25
环形附筋	—	0.8	—	—	—	0.5	0.25	1.25
同上，但为方孔	—	1.0	—	0.5	—	0.25	0.25	1.25

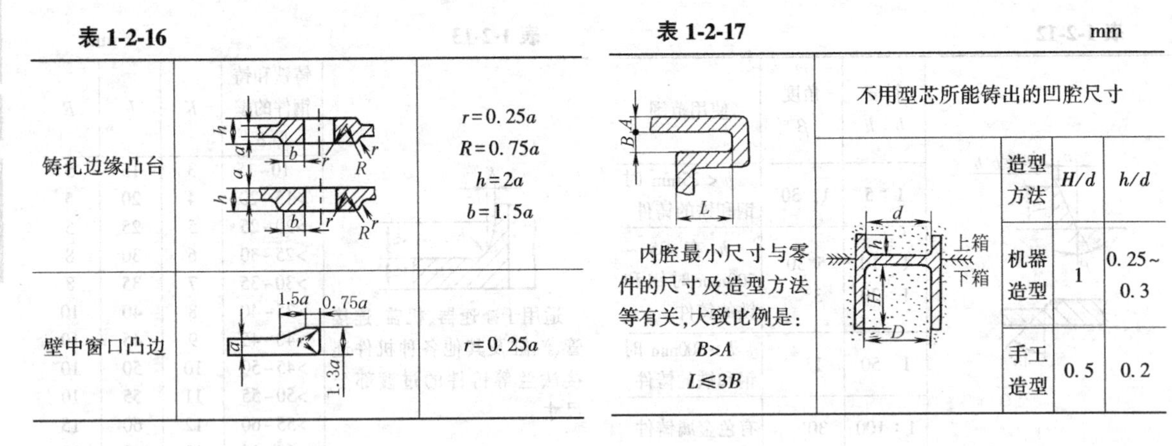

孔 边 凸 台

表 1-2-16

铸孔边缘凸台		$r=0.25a$ $R=0.75a$ $h=2a$ $b=1.5a$
壁中窗口凸边		$r=0.25a$

内 腔

表 1-2-17 mm

	不用型芯所能铸出的凹腔尺寸		
	造型方法	H/d	h/d
内腔最小尺寸与零件的尺寸及造型方法等有关，大致比例是： $B>A$ $L\leqslant 3B$	机器造型	1	0.25~0.3
	手工造型	0.5	0.2

凸 座

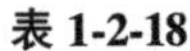

表 1-2-18

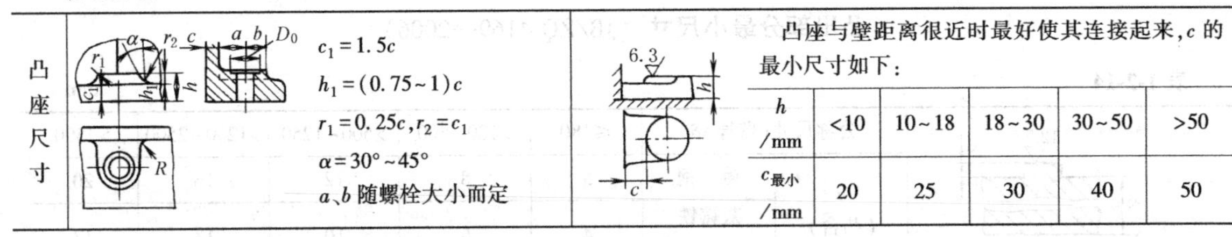

凸座尺寸		$c_1=1.5c$ $h_1=(0.75\sim1)c$ $r_1=0.25c, r_2=c_1$ $\alpha=30°\sim45°$ a、b 随螺栓大小而定	凸座与壁距离很近时最好使其连接起来，c 的最小尺寸如下：

h /mm	<10	10~18	18~30	30~50	>50
$c_{最小}$ /mm	20	25	30	40	50

4 铸造公差（摘自 GB/T 6414—1999）

表 1-2-19 铸铁件、铸钢件、有色金属铸件尺寸公差 mm

铸件毛坯基本尺寸		公差等级								
>	≤	CT8	CT9	CT10	CT11	CT12	CT13	CT14	CT15	CT16
—	10	1.0	1.5	2.0	2.8	4.2	—	—	—	—
10	16	1.1	1.6	2.2	3.0	4.4	—	—	—	—
16	25	1.2	1.7	2.4	3.2	4.6	6	8	10	12
25	40	1.3	1.8	2.6	3.6	5.0	7	9	11	14
40	63	1.4	2.0	2.8	4.0	5.6	8	10	12	16
63	100	1.6	2.2	3.2	4.4	6.0	9	11	14	18
100	160	1.8	2.5	3.6	5.0	7.0	10	12	16	20
160	250	2.0	2.8	4.0	5.6	8.0	11	14	18	22
250	400	2.2	3.2	4.4	6.2	9.0	12	16	20	25
400	630	2.6	3.6	5.0	7.0	10.0	14	18	22	28
630	1000	2.8	4.0	6.0	8.0	11.0	16	20	25	32
1000	1600	3.2	4.6	7.0	9.0	13.0	18	23	29	37
1600	2500	3.8	5.4	8.0	10.0	15.0	21	26	33	42
2500	4000	4.4	6.2	9.0	12.0	17.0	24	30	38	49
4000	6300	—	7.0	10.0	14.0	20.0	28	35	44	56
6300	10000	—	—	11.0	16.0	23.0	32	40	50	64

注：1. 铸件尺寸公差不包括拔模斜度。

2. 凡图样及技术文件未作规定时，对铸铁件、有色金属铸件小批和单件生产铸件的尺寸公差等级按框内推荐的等级选取（黑线框内为铸铁件；点划线框内为铸钢件；虚线框内为有色金属铸件）；成批和大量生产比单件、小批生产相应提高两级选取公差等级。

3. 对铸钢件、毛坯铸件基本尺寸不大于 16mm 的 CT13~CT15 级，其公差值均按 CT12 级选取；毛坯铸件基本尺寸大于 16~25mm 的 CT13~CT15 级，其公差等级提高一级。

5 铸件设计的一般注意事项（摘自 JB/ZQ 4169—2006）

表 1-2-20

注 意 事 项	不 好 的 设 计	改 进 后 的 设 计
一、必须针对不同的铸造材料的性能、铸造方法等考虑合理的结构 二、铸件的壁厚变化对金属的力学性能均有影响，查阅手册时必须注意它随壁厚变化的指标。一般在壁厚增加时，铸铁的抗弯强度和硬度下降，壁厚太薄又会发生白口；锡青铜的强度和韧性均下降；铝合金则强度下降，塑性提高 三、铸件的最小壁厚必须结合零件的复杂程度、尺寸大小、材料以及制造工艺来确定 四、简化模型设计		
1. 铸件结构或泥心形状力求简单，在可能情况下尽量采用直线形的轮廓 图 a 的外形及泥心的形状与泥心的支承、造型都比图 a′困难 图 b 是有曲面的泥心，制造比改成平面的 b′图要贵	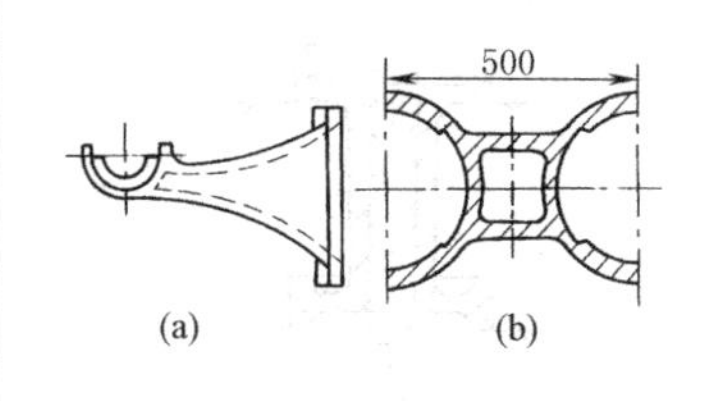 (a) (b)	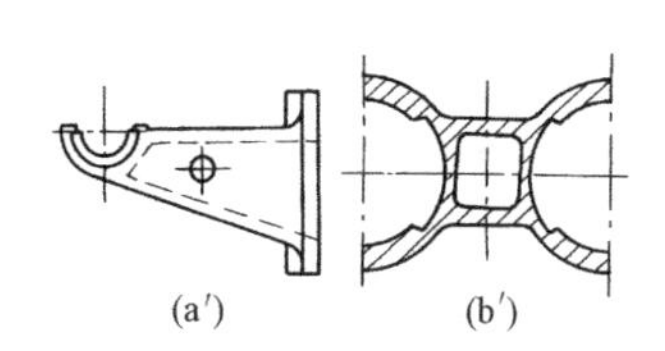 (a′) (b′)
2. 在满足使用要求前提下，应尽可能缩小轮廓尺寸，这样既可以降低制造工作量和造型费用，又可以使结构更加紧凑	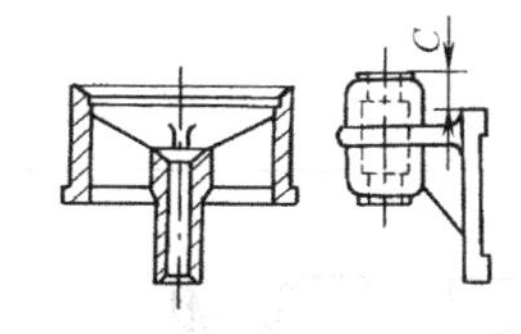	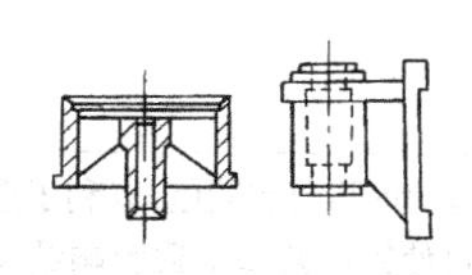
3. 在使用和制造许可条件下，应考虑用刮板造型代替砂模 图 a 垂直方向的撑筋必须用撑筋模型，而且三角形孔的泥心必须用特别的木框做成，对小而窄的轮子可用图 a′代替，采用刮板造型	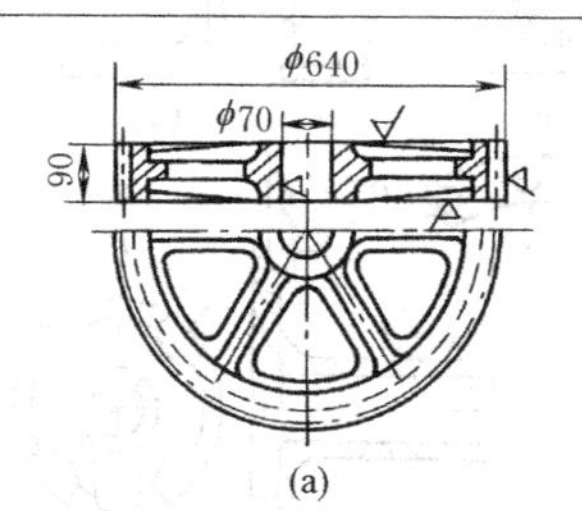 (a)	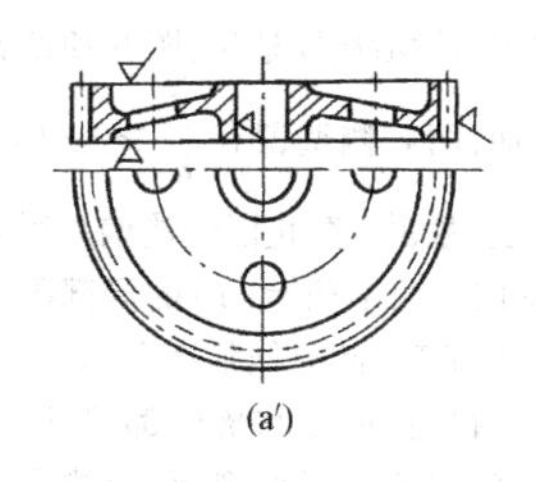 (a′)
五、易于造型及合理确定分型面		
1. 拔模方向应留适当的结构斜度和圆角，便于拔模，保证砂型质量，提高劳动生产率	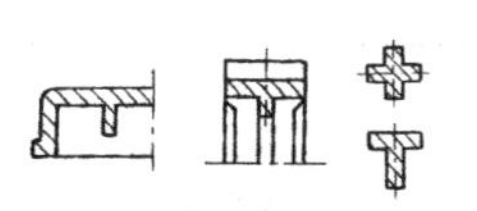	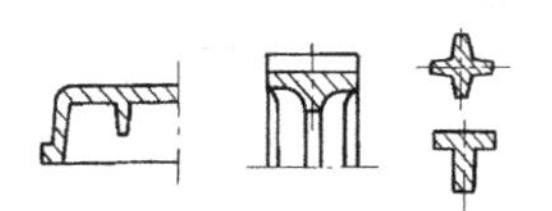
2. 避免出现使造型发生困难的死角（如内凹） 左边两图都存在内凹，容易发生撞砂，砂型质量无法保证，难于造型	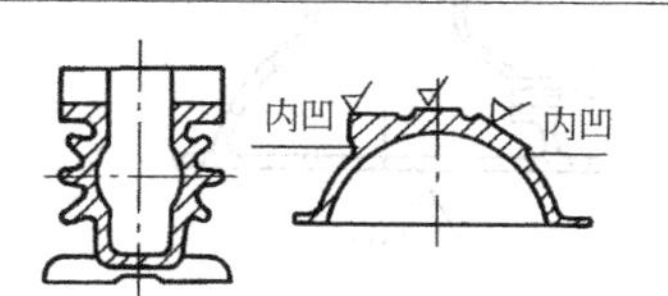	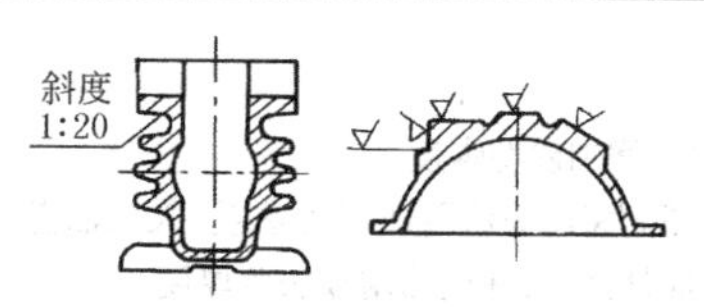
3. 分型面形状力求简单，数目力求减少 图 a 需要复杂的分型面，图 b 则需要有特制的型芯或可拆卸的模子，而图 a′、图 b′只需一个分型面，简化了造型。图 c′适当改变外形，方便了分型	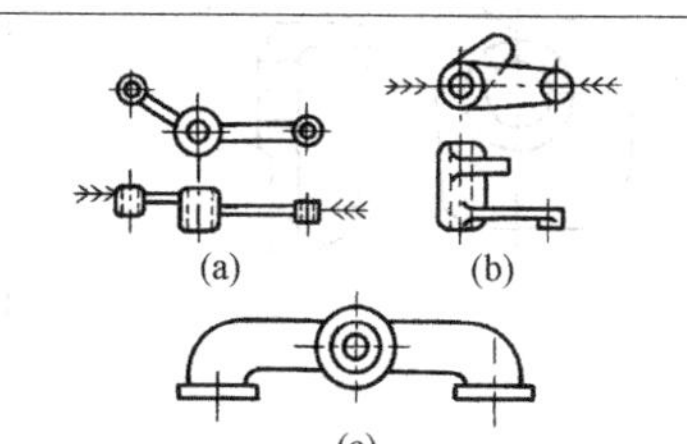 (a) (b) (c)	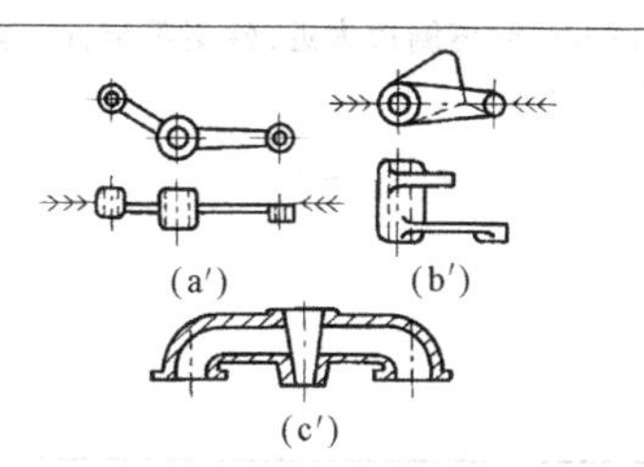 (a′) (b′) (c′)

续表

注意事项	不好的设计	改进后的设计
图d、e需两个分型面，改成图d′、e′后只需一个分型面	(d) (e)	(d′) (e′)
4. 合理设置凸台和圆座，以利于造型和加工，并可使铸造偏差不致影响结构的性能要求 图a′不需设活块模造型，图b′使凸台在同一平面，图c′侧壁留有$\frac{f}{h} \geqslant 3$的沟槽，便于加工，图d′可防止因铸造偏差影响使用，图e因为四个凸台(T)的局部阻碍沿$B—A$分模造型，而只能采用图示分型面，使得上箱很高，造型和落砂都费劲，改成图e′后，将四凸台局部削薄，而能采用图示分型面，从而大大简化了造型和减少了落砂劳动量	(a) (b) (c) (d) B—B A—A T A B 上 下 (e)	f h (a′) (b′) (c′) (d′) (e′)
5. 增加砂型强度 图a′将小头法兰改成内法兰，大头法兰改成外法兰，并适当增加法兰厚度 图b凸台离侧边太近，砂型不牢，改为图b′较好	(a) 容易掉砂 (b)	螺孔 (a′) (b′)

续表

注 意 事 项	不 好 的 设 计	改进后的设计
图 c 两凸台相距太近，容易掉砂，可改为图 c′型式	容易掉砂 (c)	(c′)
6. 尽量避免或减少采用型芯 图 a′取消了穿透的细长孔和中间空腔的内凹部分，便可以不用型芯了。图 b 是左右上托板的原设计，由于外形有圆弧曲面 A，因此需采用两块型芯，改成图 b′后，将曲面改为平面 B，省去两个型芯	A (a) (b)	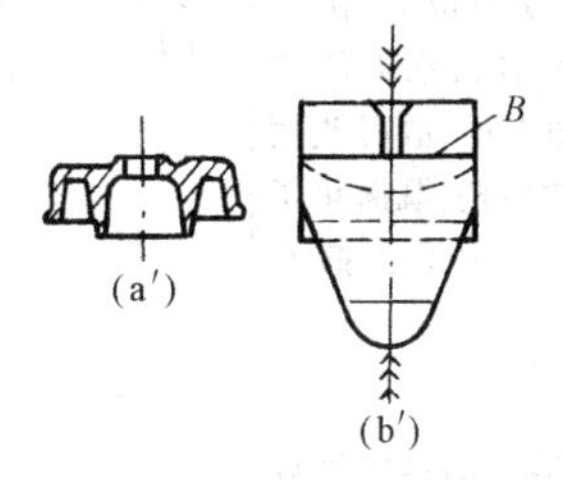 (a′) (b′)
7. 保证型芯能牢固地安置在铸型里。一般用型芯头定位，尽量不用型芯撑或吊挂型芯的方法。采用型芯撑如图 a 易使铸件不紧密，并发生硬块，对受压、耐火和耐腐蚀的铸件，以及在滑动的平面上，都不能使用。图 b 采用两个孤悬的型芯，很不容易安设；改为图 b′，采用一个型芯或两个型芯、两端分别设置型芯头的方法，安设就很方便。图 d 改为图 d′，减少了型芯，不用芯撑。图 e 改为图 e′，可不用吊芯和芯撑。图 f 下芯十分不便，需先放入中间芯，放芯撑固定后，再从侧面放入两边型芯，芯头处需用干砂填实；改为图 f′后两边型芯可先放入，不妨碍中间型芯的安放；图 c′在铸件内部增加一个工艺孔，不影响使用性能，但改善了型芯的固定，并使型芯中的气体易于排出，也有利于出砂	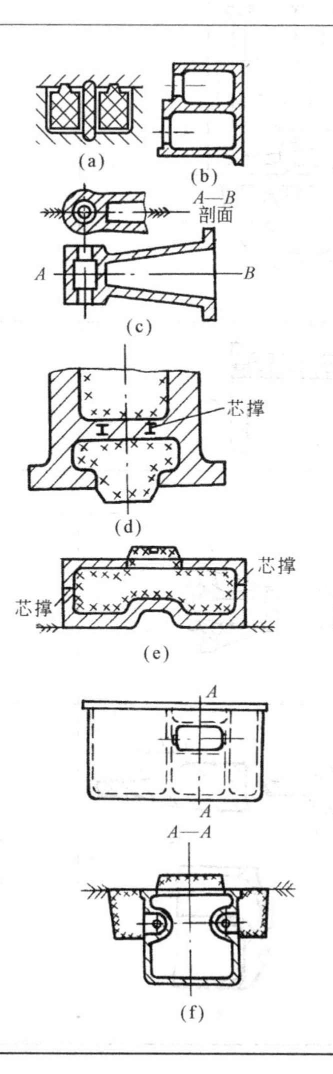 (a) (b) (c) (d) (e) (f)	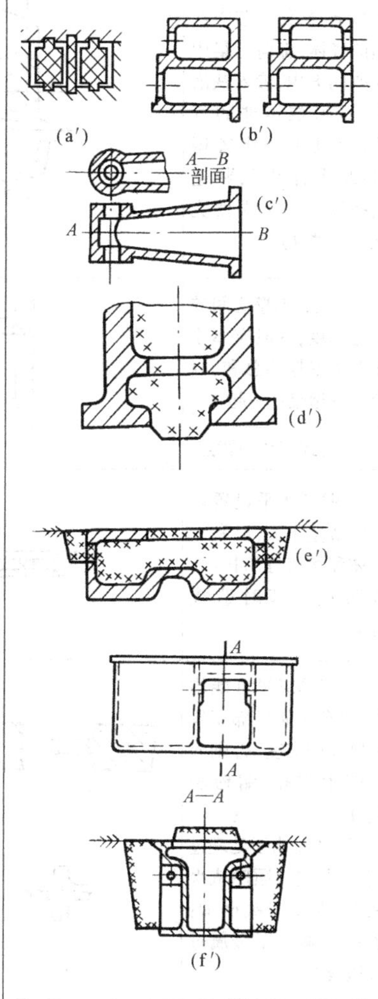 (a′) (b′) (c′) (d′) (e′) (f′)

续表

注意事项	不好的设计	改进后的设计
8. 型芯形状要简单，出砂要方便 图a是XC624万能铣头本体原设计，需要四个型芯，改进成图a′后，只要一个型芯。图b有一厚度仅25mm且有双曲面的型芯，制造困难，费用很大，由于这是没有特别大压力的冷却夹层，故可改用图b′的结构，既简化了型芯，也便于支撑和出砂	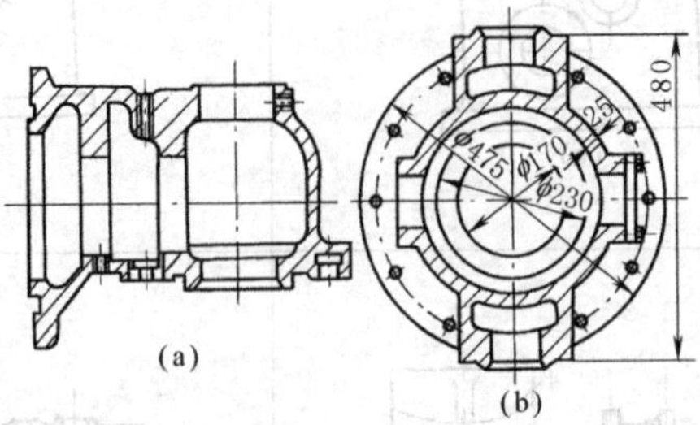 (a) (b)	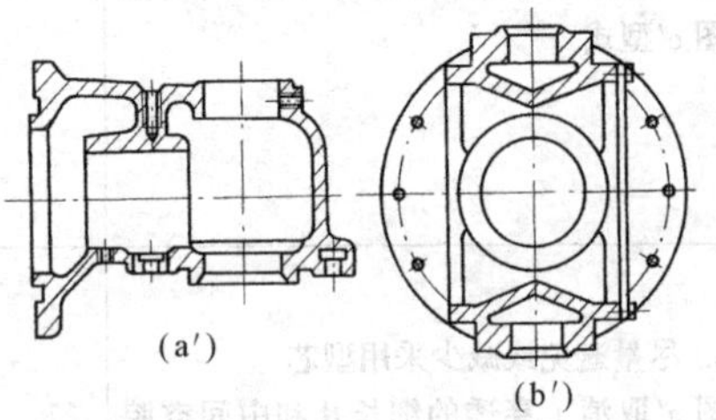 (a′) (b′)
9. 型芯的透气性要好。左图透气孔未设在最上端，使型芯中逸出的气体，都向上集中在空间b内，渗入铁液中，而形成铸件的气孔，而且出砂比较困难；改成右图后，将透气孔移至最上端便克服了这些缺点	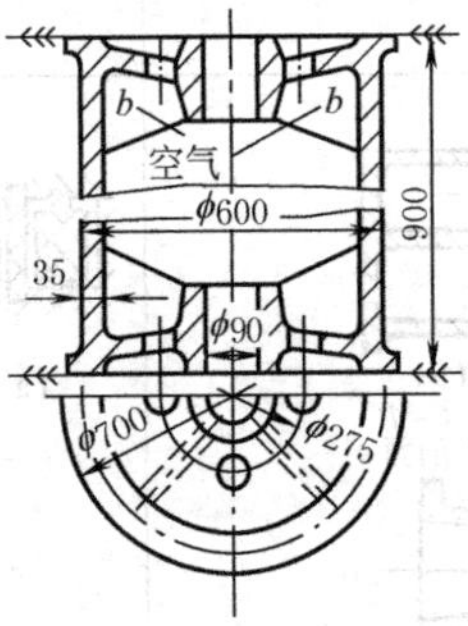	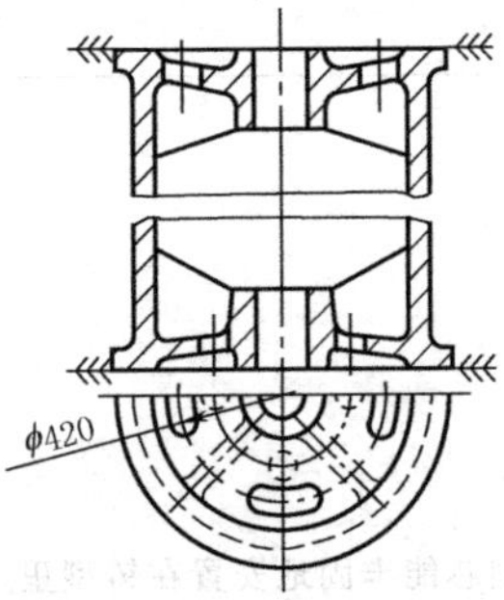
10. 铸件两壁之间的型芯厚度，一般应不小于两边壁厚的总和，以免两壁熔接在一起	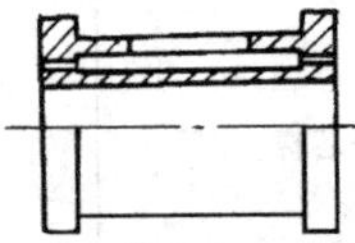	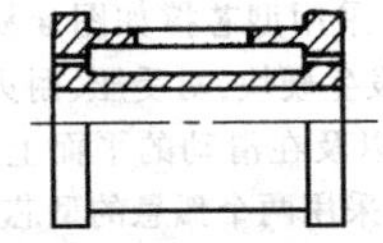
六、考虑浇铸的特点		
1. 避免水平设置较大的薄壁平面，以利于气体和熔渣等的排出，并防止冷却时造成冷隔	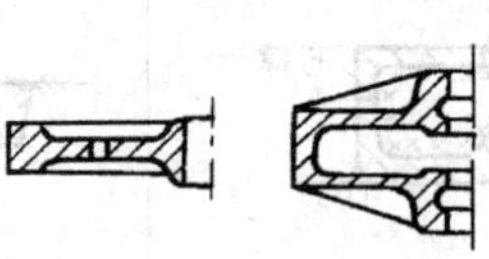	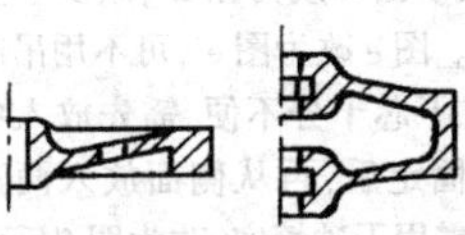
2. 壁厚应尽可能均匀，避免金属局部积聚和厚度的突变，否则容易产生缩孔、缩松和裂纹 图a、b、c由于处理过渡不同，应力顺序依次减少，强度依次增加；图d′、e′减少了金属过多积聚	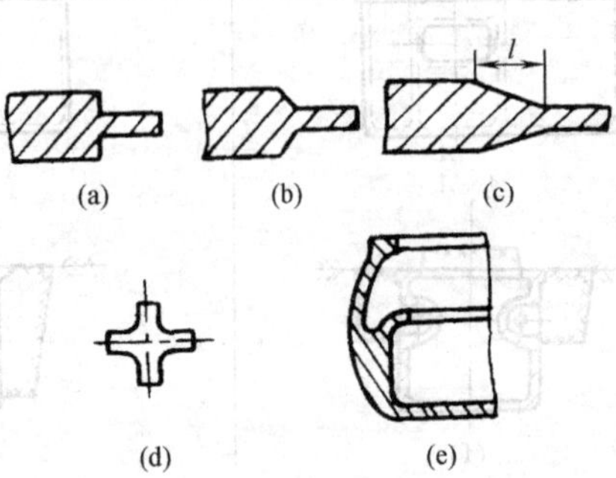 (a) (b) (c) (d) (e)	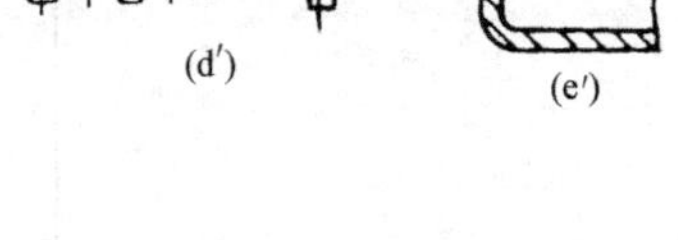 (d′) (e′)

续表

<table>
<tr><th>注 意 事 项</th><th>不 好 的 设 计</th><th>改进后的设计</th></tr>
<tr><td>在交叉区内的最大圆的直径不应大于 1.5S(壁厚)，两交叉区应逐渐过渡，图 f、g 应改为图 f′、g′
过渡圆太大，如图 h，也会产生缩孔，应改成图 h′
筋的配置和厚度不当，也会产生缩孔、缩松等，如图 i、j、k，应改为图 i′、j′、k′
筋厚 $S_R=(0.6\sim0.8)S$，$r=\left(\frac{1}{3}\sim\frac{1}{4}\right)S_R$</td><td>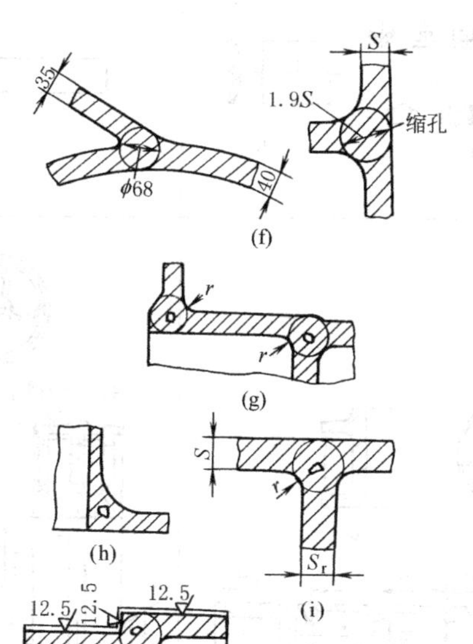</td><td>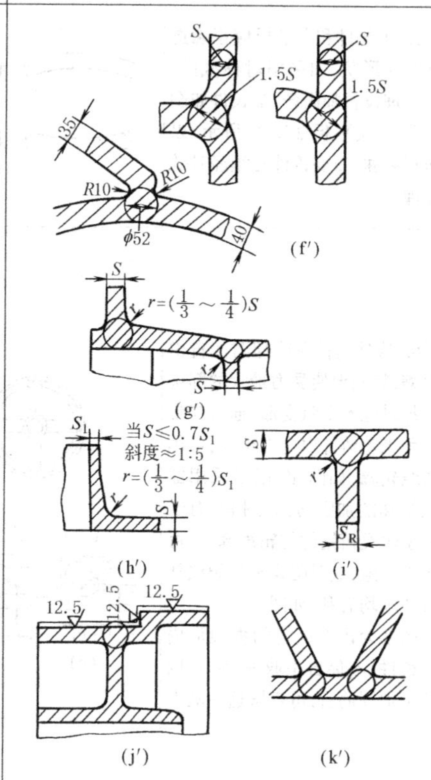</td></tr>
<tr><td>3. 内部壁厚比外壁应适当减薄，使整个铸件能均匀冷却，防止产生内应力和裂纹，如图 a′
断面要逐渐过渡，并要有适当的过渡圆弧，如图 b′
图 c 会因轮圈收缩，使两孔之间产生裂纹，可如图 c′所示通过增加孔圆周凸缘束避免，相关尺寸，如表所示
<table><tr><td>S /mm</td><td>5~8</td><td>>8~12</td><td>>12~20</td><td>>20</td></tr><tr><td>r_{min} /mm</td><td>4</td><td>6</td><td>8</td><td>10</td></tr></table>$b-h=(0.5\sim0.6)S$</td><td>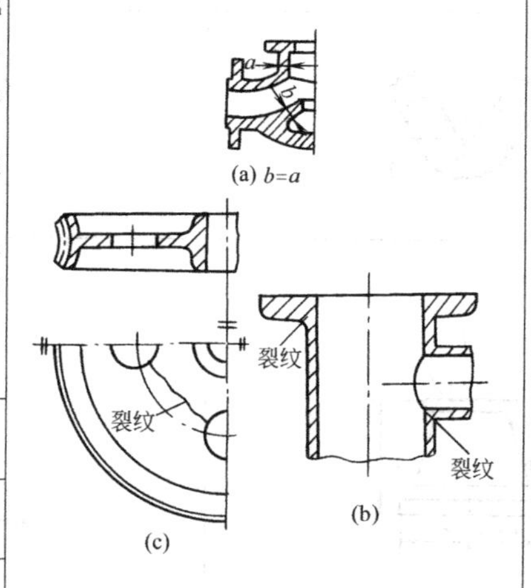(a) $b=a$
(c)
(b)</td><td>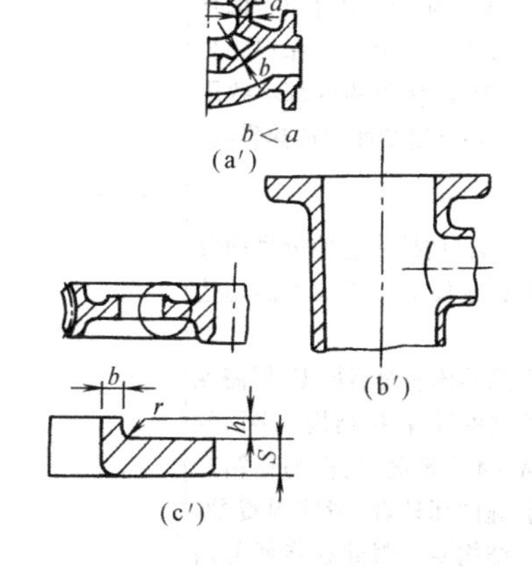$b<a$
(a′)
(b′)
(c′)</td></tr>
<tr><td>4. 在条件允许时，可改变铸件的结构或设置防裂筋来增加铸件过热处的强度，以防止热裂。右图两截面交接处，由直角形转弯改成圆弧形，以减少应力集中，防止热裂</td><td>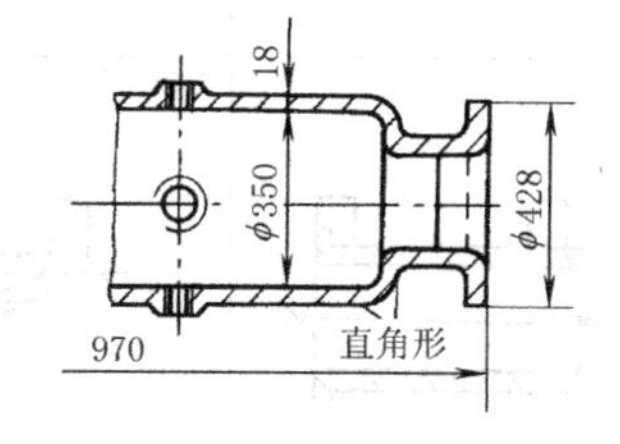</td><td>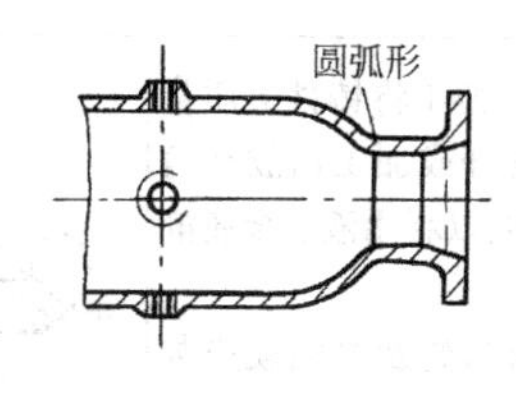</td></tr>
</table>

续表

注意事项	不好的设计	改进后的设计
5. 细长件和大平板应正确选择截面形状，如采用对称截面，或合理设置加固筋，细长件如图a′所示，大平板如图b′所示，以防止翘曲，重要铸件必须经时效处理	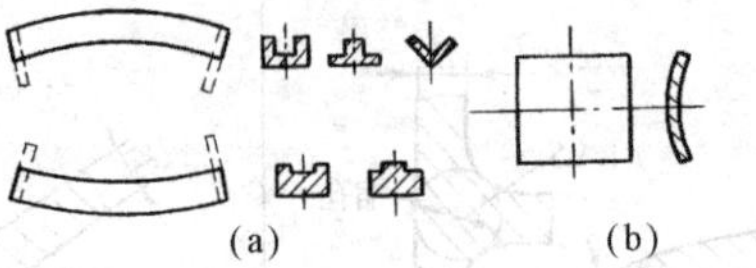 (a) (b)	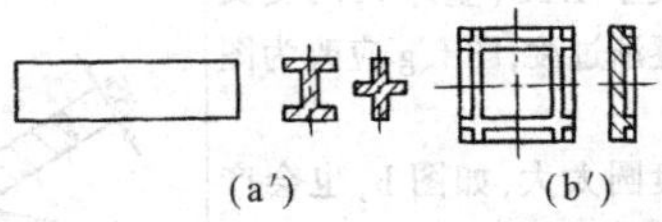 (a′) (b′)
6. 应使铸件在冷却时能自由收缩，特别要使受力最大的部位冷却时能不受阻变形；通常皮带轮和飞轮铸件内应力很大，可用曲线轮辐，如图a′，以及采用曲线轮廓的加固筋，如图b′；对于大型轮类铸钢件的轮毂部分，可作出缝隙，这对防止辐板裂纹和对装配均有利，如图c 图d为内部设筋的框架形内腔铸件，不能自由收缩，图d′取消了加固筋后，可克服这一缺点	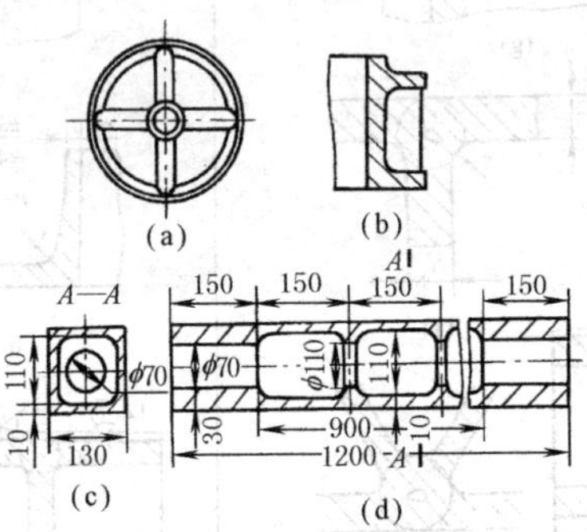 (a) (b) A—A φ70 110 10 130 (c) 150 150 150 150 φ70 φ110 110 30 900 10 1200 A A (d)	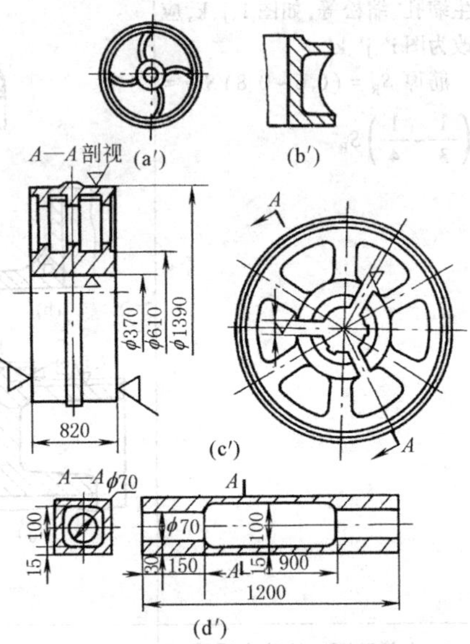 A—A剖视 (a′) (b′) φ370 φ610 φ1390 820 (c′) A A A—A φ70 100 15 φ70 100 30 150 15 900 1200 A A (d′)
7. 铸件角部设计也应考虑均匀冷却，所以应将角顶壁厚减少20%～25%，使角的内部不致因为迟迟不能凝结而造成热裂纹	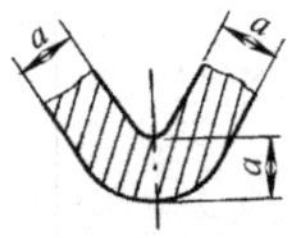 a a a	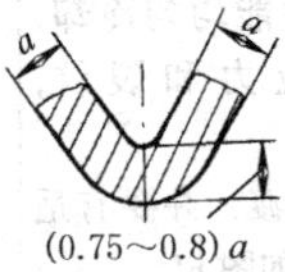 a a (0.75～0.8) a
8. 铸件的结构应使分型面便于安置在加工面或加工面的边缘上 左图锥体表面不加工，但需保持光洁的外观，按结构分型面放在A—A上最简单，但易错箱产生裂缝破坏外观，清除很费劲，不改结构要克服此缺点便要增加砂箱，提高了成本，因此最好改成右图结构	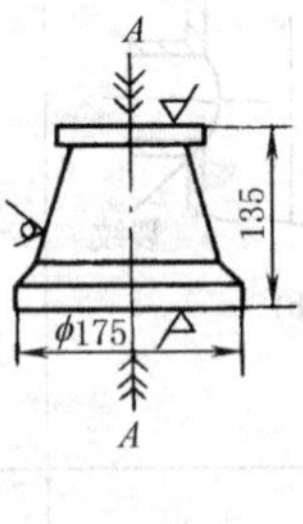 A 135 φ175 A	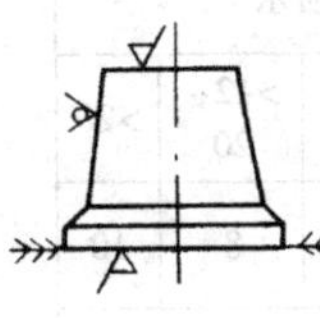
9. 结构应便于将铸件上质量要求高的部分或加工面放在铸型内的下面，以利用液态金属静压补缩 例如圆锥齿轮及套筒就应如右图所示位置浇铸	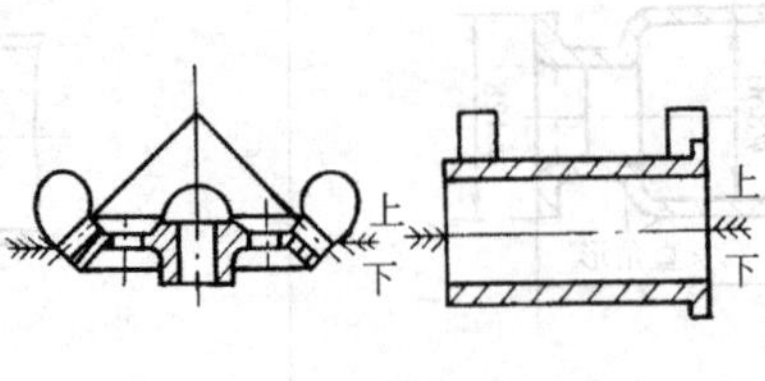 上 下 上 下	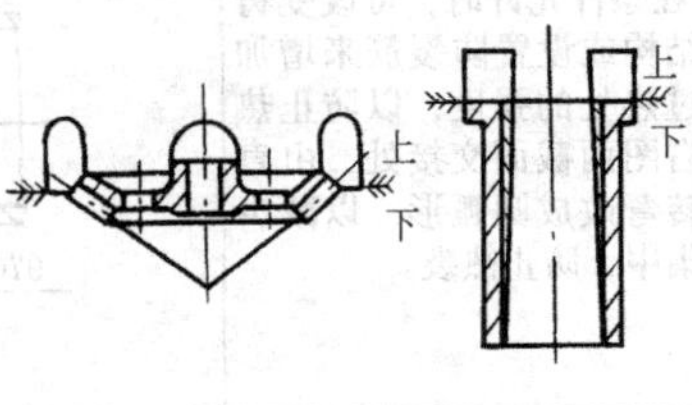 上 下 上 下

续表

注意事项	不好的设计	改进后的设计
七、充分发挥材料的特性和考虑材料的不同特性		
1. 充分利用铸铁的抗压强度，将加固筋布置在受压的部位，或采用非对称形的截面	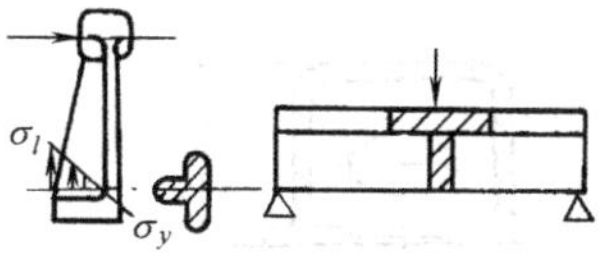 σ_l σ_y	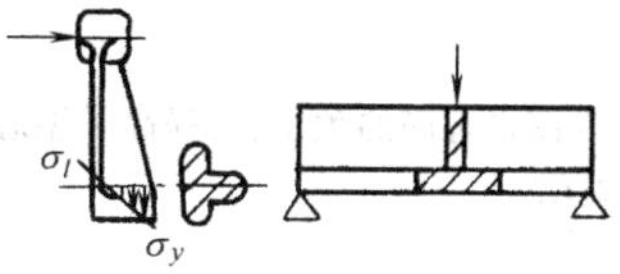 σ_l σ_y
2. 可锻铸铁体积收缩很大，在结构的厚大部分容易产生缩孔，因此，要避免十字形截面，如图 a 球墨铸铁线收缩率与灰铸铁相似，但体积收缩率很大，和铸钢相似，因此结构中壁厚尽量均匀，如图 b′	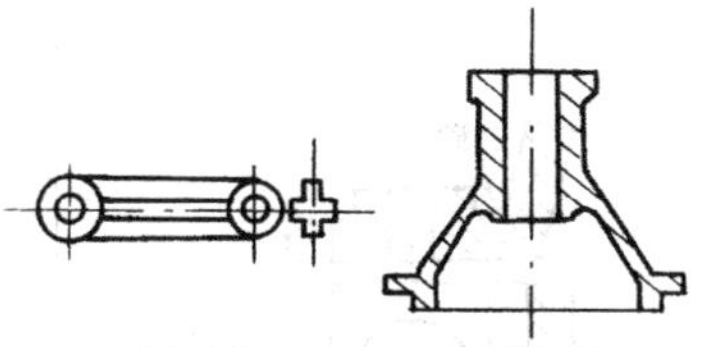 (a) 可锻铸铁件 (b) 球墨铸铁件	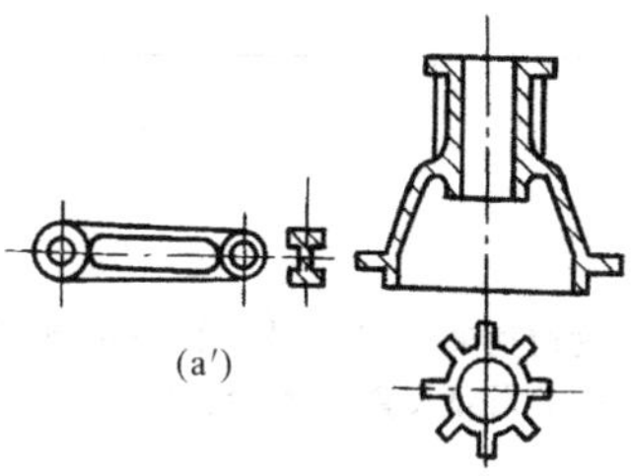 (a′) (b′)
3. 合理选用筋的截面形状。在要求高刚性、抗弯和抗扭强度的零件内，可应用壁上有尽量多的窗口的封闭截面，如图 j	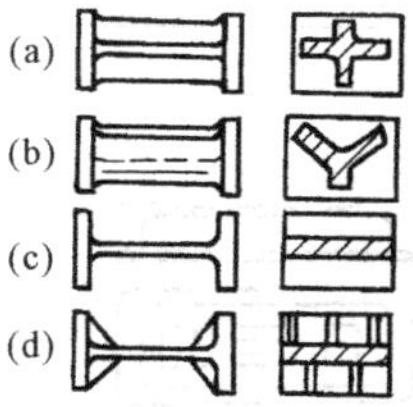 (a) (b) (c) (d)	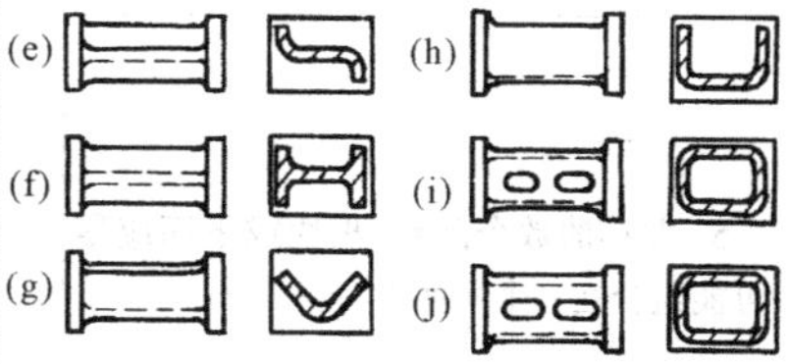 (e) (f) (g) (h) (i) (j)
八、考虑铸造方法的影响		
铸造方法改变，铸件设计必须随着作相应的改变，如由砂型铸造改为压力铸造就必须采用更圆滑的铸件形状，既便于液态金属在铸型内流动，又便于出砂	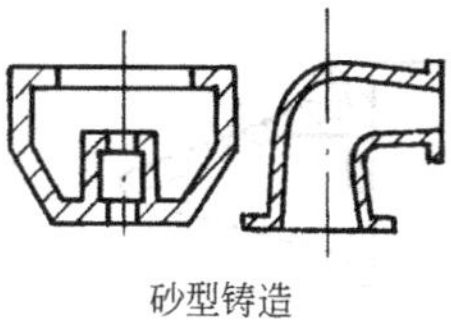 砂型铸造	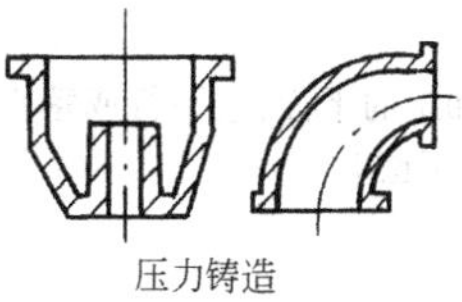 压力铸造
九、铸件结构形状在满足功能要求同时力求简化，以方便制作和加工，降低成本，并避免废品		
1. 相邻孔的凸台较小时，可铸成一个，如尺寸较大，则可用一根辅筋将其连接起来。浇铸斜度 1∶20，不必标出	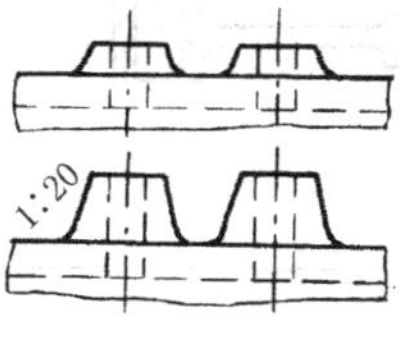 1∶20	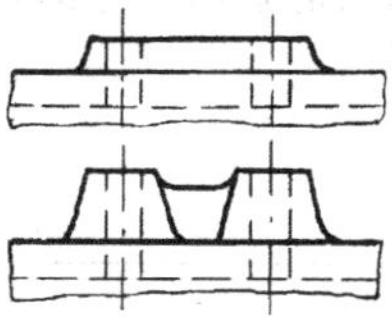
2. 为简化铸造工艺，加固凸台应布置在臂的外侧	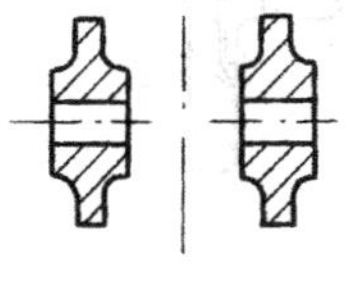	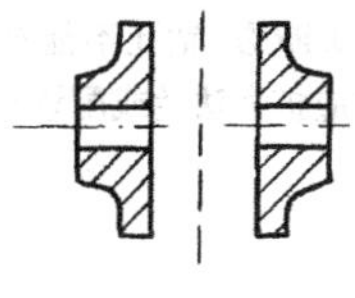

续表

注意事项	不好的设计	改进后的设计
3. 左图设有筋的预留孔，提高了型芯箱的费用		
4. 为避免夹砂，对于支承面采用锪孔或刮平，以保证夹紧长度 x 尺寸	夹砂	
5. 并排的数个凸台、板块或平面应尽可能组合在一个平面上		
6. 需加工的平面，应平行或垂直地放置在定位平面上		
7. 平行布置的加工面，应尽可能在一个平面内		12.5
8. 防止钻头断裂，钻孔不能布置在交接处，必要时应扩大法兰或配置加固凸台		

续表

注意事项	不好的设计	改进后的设计
9. 当型芯直径减小时，只有在 $d_2>50\text{mm}$，$d_1 \geqslant d_2+30\text{mm}$ 时，才能采用图示结构，否则应做成直通孔	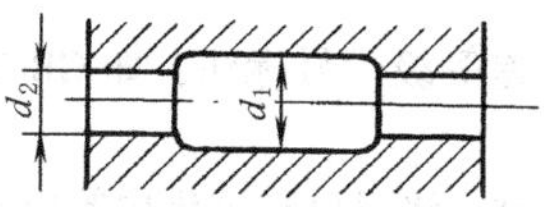	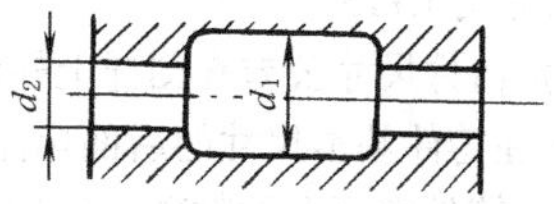
10. 圆形铸件的加工面必须与不加工处留有充分的间隙 a，以提高铸件的圆度	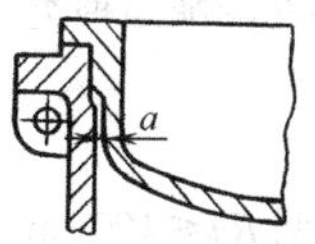	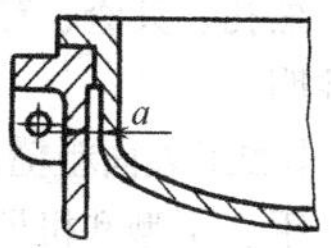
11. 设置通风孔，但因考虑到型芯的位移不能将通风孔设置在壁旁	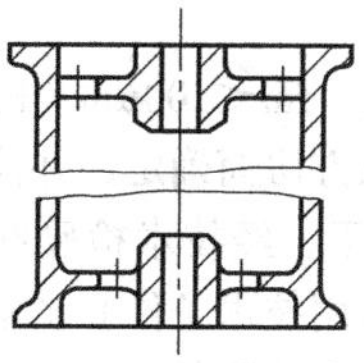	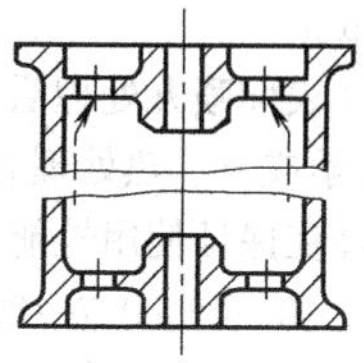
12. 大一些的型芯，需设置足够的排砂孔	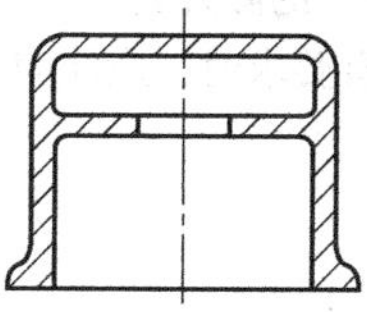	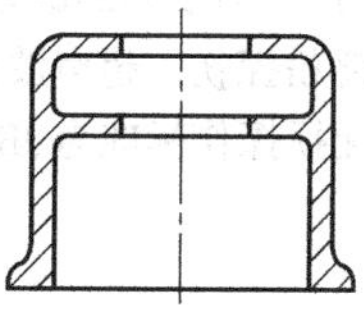
13. 结合面尽可能考虑得大一些，因为由于装配面的收缩往往会影响到结合面的减小	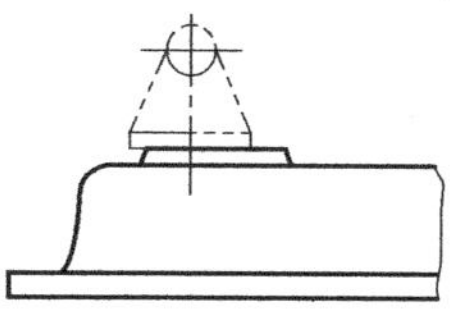	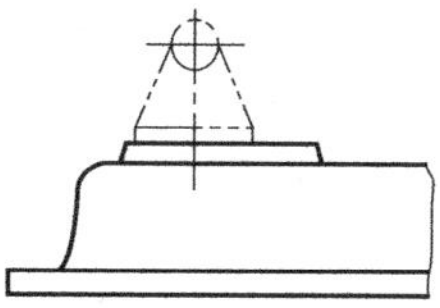
14. 加工表面应有凸缘，否则粗糙面铸壳会磨损工具，平直的表面例外		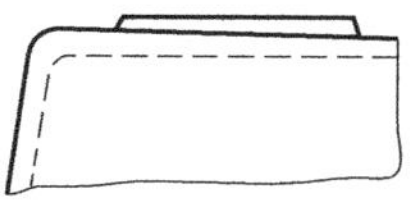

6　铸铁件（摘自 JB/T 5000.4—2007）、铸钢件（摘自 JB/T 5000.6—2007）、有色金属铸件（摘自 JB/T 5000.5—2007）等铸件通用技术条件

1）灰铸铁件应符合 GB/T 9439—2010 的规定；球墨铸铁件应符合 GB/T 1348—2009 的规定；耐热铸铁件应符合 GB/T 9437—2009 的规定；耐磨铸铁应符合 JB/ZQ 4304—2006 的规定；可锻铸铁件应符合 GB/T 9440—2010 的规定。

2）一般工程用铸造碳钢件应符合 GB/T 11352—2009 的规定；大型低合金钢铸件应符合 JB/T 6402—2006 的规定；耐热钢铸件应符合 GB/T 8492—2002 的规定；高锰钢铸件应符合 GB/T 5680—2010 的规定；焊接结构用碳素钢铸件应符合 GB/T 7659—2010 的规定；大型不锈钢铸件应符合 JB/T 6405—2006 的规定。

3）铝合金铸件应符合 GB/T 1173—2013 的规定；锌合金铸件应符合 GB/T 1175—1997 的规定；铜合金铸件应符合 GB 1176—2013 的规定。

4）铸件尺寸公差按 GB/T 6414—1999，常用等级代号与公差见表 1-2-19。同一铸件应选用同一种公差等级，公差等级按铸件毛坯最大尺寸选取。公差带应对称于铸件毛坯基本尺寸配置，即公差的一半位于正侧，另一半位

于负侧。有特殊要求时，公差带也可非对称配置，但应在图样上标注。斜面公差带应沿斜面对称配置。

5）铸铁件和有色金属铸件的非机械加工铸造内、外圆角或圆弧，其最小极限尺寸为图样标注尺寸，最大极限尺寸为图样标注尺寸加公差值，壁厚尺寸公差等级可降一级选用。如果图样上一般尺寸公差为CT12，则壁厚尺寸公差为CT13。

6）铸件尺寸公差在图样上标注时采用公差等级代号标注，如GB/T 6414—1999CT10。有特殊要求时，公差应直接在铸件基本尺寸的后面标注，如95±1。

7）铸件表面上的粘砂、夹砂、飞边、毛刺、浇冒口和氧化皮等应清除干净。不允许有影响铸件使用性能的裂纹、冷隔、缩孔、夹渣、穿透性气孔等。允许存在的缺陷种类、范围、数量以及缺陷的修补技术条件由供需双方商定，并注明。

8）铸件非加工表面粗糙度如下

铸铁件：手工干型和机器干型 $Ra\leqslant50\mu m$，湿型 $Ra\leqslant100\mu m$。有色金属件：砂型 $Ra\leqslant50\mu m$；金属型和离心铸造 $Ra\leqslant25\mu m$。

铸钢件（表面喷丸处理后）：铸件重≤5000kg，$Ra\leqslant100\mu m$；铸件重>5000kg，$Ra\leqslant800\mu m$。

9）对化学成分、热处理有要求时，由供需双方协商确定，并注明。

10）铸件在保证使用性能和外观质量的情况下，经技术检验部门同意及需方认可才能进行补焊。对于铸钢件，补焊应按JB/T 5000.7—2007（铸钢件补焊通用技术条件）的规定执行。在补焊后应进行消除应力的热处理（对铸铁件冷加工后发现的缺陷采用铸308焊条补焊的除外）。

11）对磁粉探伤、超声波检验、射线检验等有要求时，应注明。

铸钢件无损探伤标准为JB/T 5000.14—2007。

第3章 锻造、冲压和拉深设计的工艺性及结构要素

1 锻 造

1.1 金属材料的可锻性

金属材料的可锻性是指金属材料在锻造过程中经受塑性变形而不开裂的能力。一般随着钢的含碳量和某些降低金属塑性等因素的合金元素的增加而变坏，并与其内部组织和锻压规范有很大关系。

碳钢一般均能锻造。低碳钢可锻性最好，锻后一般不需热处理，中碳钢次之；高碳钢则较差，锻后常需热处理，当含碳量达2.2%时，就很难锻造了。低合金钢的锻造性能，近似于中碳钢。

高合金钢锻造比碳钢困难，对比碳钢，其锻造性能有如下特点：①热导率低，特别是含铬及镍较多的高合金钢的热导率比碳钢要低得多；②锻造温度范围窄，一般碳钢的锻造温度范围为350~400℃，而高合金钢有些只有100~200℃；③变形抗力大，硬化倾向性大，高合金钢在锻造温度下的变形抗力较碳钢甚至普通合金结构钢高好几倍，高温合金可高达5~8倍；④塑性低，某些耐热钢允许的镦粗变形量为60%，而有些高温合金仅允许40%。

铝合金：低碳钢能锻出的各种形状的锻件，都可以用铝合金锻出来，可以自由锻、模锻、顶锻、滚锻和扩孔，但是，一般说来，铝合金锻造时，需用比低碳钢大30%的能量，它在锻造温度下的塑性比钢的低，而且模锻时的流动性比较差，锻造温度范围较窄，一般都在150℃范围内，甚至某些高强度铝合金小于100℃。

锻造铝合金有以下几种：①Al-Mg-Si系合金，如LD2具有高的塑性和耐腐蚀性，易锻造，但强度较低；②Al-Mg-Si-Cu系合金，如LD5、LD6、LD10，由于加入了铜提高了强度，但工艺性有些变差，LD5与LD6合金可以通用，两者的区别在于后者加入了微量的铬与钛，LD10由于含有较多的铜，故强度较高，但热态下塑性不如LD5，故只用作高载荷而形状简单的锻件，又由于它具有晶间腐蚀与应力腐蚀倾向，故不宜作薄壁零件；③Al-Cu-Mg-Fe-Ni系合金，如LD7、LD8，这类合金含有较多的铁和镍，故有较高的抗热性，常称为耐热锻铝，用于制造活塞、叶片、导轮及其他高温零件。LD7比LD8有较高的力学性能和冲压工艺性，特别是高温塑性较好。

铜合金的锻造性能一般较好。尤其是锻造黄铜（60Cu-38Zn-2Pb）、锡黄铜（60Cu-39.25Zn-0.75Sn，又称海军黄铜）和锰黄铜（58.5Cu-39Zn-1.4Fe-1Sn-0.1Mn）的锻造性更好。与碳钢相比，铜合金的始锻温度较低，锻造温度范围窄，只有100~200℃，在250~650℃还有脆性区，但需要锻造的能力比普通碳钢低，铜及黄铜在20~200℃的低温和650~900℃的高温下，都有很高的塑性，即在热态和冷态下都可锻造，某些特殊黄铜（如铅黄铜和青铜）塑性很低，很难锻造。含Sn<10%的锡青铜，含P 0.1%~0.4%、含Sn<7%的锡磷青铜和锰青铜都可以进行压力加工，含Al 5%~7%的铝青铜冷热压力加工均可，但当含Al>9%时很脆，只能在热态下挤压加工，含Sn>10%的锡青铜则不能压力加工。铍青铜塑性很差，就是热压力加工也是比较困难的。

钛合金与不锈钢类似，锻造性能不好。它在锻造温度下变形抗力比钢高很多，并随温度的降低而急剧升高，比钢也快得多，变形速度对钛合金的变形抗力的影响也较大，流动性差，模锻时粘模现象比其他金属严重。而且因为钛合金受热后会生成摩擦性氧化皮，对模具磨蚀较大，也增加了钛合金锻造的困难。

1.2 锻造零件的结构要素（摘自 GB/T 12361—2003、JB/T 9177—1999）

模锻斜度（摘自 GB/T 12361—2003）

为了便于模具制造时采用标准刀具，模锻斜度可按下列数值选用：0°15′，0°30′，1°00′，1°30′，3°00′，5°00′，7°00′，10°00′，12°00′，15°00′。

表 1-3-1　模锻锤、热模锻压力机、螺旋压力机锻件外模锻斜度 α 数值

$\frac{H}{B}$	$\frac{L}{B}$ ≤1.5	$\frac{L}{B}$ >1.5
≤1	5°00′	5°00′
>1~3	7°00′	5°00′
>3~4.5	10°00′	7°00′
>4.5~6.5	12°00′	10°00′
>6.5	15°00′	12°00′

注：1. 内模锻斜度 β 的确定，可按表中数值加大 2°或 3°（15°除外）。

2. 当模锻设备具有顶料机构时，外模锻斜度可比表中数值减小 2°或 3°，但一般不宜小于 3°；不使用顶料机构时，则按上表确定。

表 1-3-2　平锻件各种模锻斜度数值

冲头内成形模锻斜度 α	$\frac{H}{d}$	≤1	>1~3	>3~5
	α	0°15′	3°00′	1°00′
凹模成形内模锻斜度 β	Δ	≤10	>10~20	>20~30
	β	5°~7°	7°~10°	10°~12°
	θ	3°~5°	3°~5°	3°~5°
内孔模锻斜度 γ	$\frac{H}{d_{孔}}$	≤1	<1~3	>3~5
	γ	0°30′	0°30′~1°	1°30′

圆角半径（摘自 GB/T 12361—2003、JB/T 9177—1999）

圆角半径系列：锻件外圆角半径 r、内圆角半径 R 按下列圆角半径数值选用：（1.0），（1.5），2.0，2.5，3.0，4.0，5.0，6.0，8.0，10.0，12.0，16.0，20.0，25.0，30.0，40.0，50.0，60.0，80.0，100.0。当圆角半径值超过 100mm 时，按 GB/T 321。括号内数值尽量少用。

截面形状变化部位外圆角半径值（a）和内圆角半径值（b）（摘自 GB/T 12361—2003）

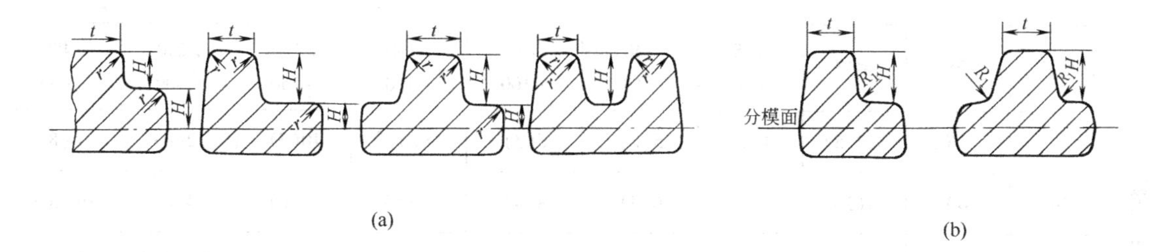

(a) (b)

表 1-3-3

mm

	t/H	阶梯高度H						
		≤10	>10~16	>16~25	>25~40	>40~63	>63~100	>100~160
(a)	>0.5~1	2.5	2.5	3	4	5	8	12
	>1	2	2	2.5	3	4	6	10
	t/H	阶梯高度H						
		≤10	>10~16	>16~25	>25~40	>40~63	>63~100	>100~160
(b)	>0.5~1	4	5	6	8	10	16	25
	>1	3	4	5	6	8	12	20

收缩截面、多台阶截面、齿轮轮辐、曲轴的凹槽圆角半径（摘自 JB/T 9177—1999）

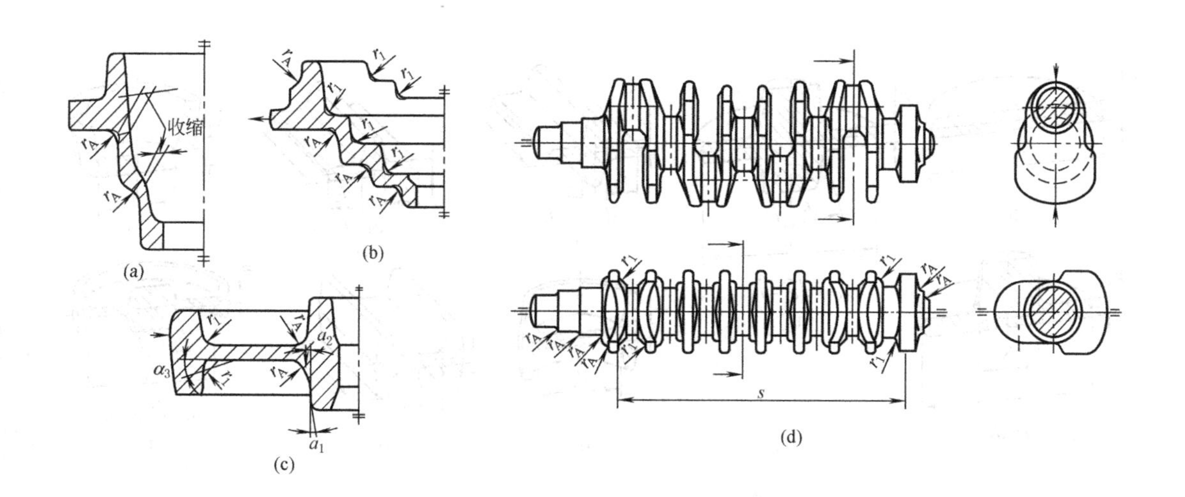

(a) (b) (c) (d)

表 1-3-4

mm

	所在的凸肩高度		锻件的最大直径或高度							
	大于	至	≤25	>25~40	>40~63	>63~100	>100~160	>160~250	>250~400	>400~630
内凹槽圆角 r_A		16	3(1.5)	4(2)	5(2)	6(3)	8(4)	10(5)	12(6)	14(8)
	16	40	4(2)	5(2)	6(3)	8(4)	10(5)	12(6)	14(8)	16(10)
	40	63	—	6(3)	8(4)	10(5)	12(6)	14(8)	16(10)	20(12)
	63	100	—	—	12(6)	14(8)	16(10)	18(12)	20(14)	25(16)
	100	160	—	—	—	18(10)	20(12)	22(14)	25(16)	32(18)
	160	250	—	—	—	—	25(14)	28(16)	32(18)	40(20)
外凹槽圆角 r_I	大于	至	≤25	>25~40	>40~63	>63~100	>100~160	>160~250	>250~400	>400~630
		16	4(2)	5(2)	6(3)	8(3)	10(4)	12(5)	14(6)	16(8)
	16	40	6(3)	8(3)	10(4)	12(5)	14(6)	16(8)	18(10)	20(12)
	40	63	—	12(5)	14(6)	16(8)	18(10)	20(12)	22(14)	25(16)
	63	100	—	—	18(10)	20(12)	22(14)	25(16)	28(18)	32(20)
	100	160	—	—	—	25(16)	28(18)	32(20)	36(22)	40(25)
	160	250	—	—	—	—	36(22)	40(25)	50(28)	63(32)

注：1. 括号内的数据因技术费用较高而尽可能不用。

2. 指向锻件中心的锻件内圆角半径称为内凹槽圆角 r_A；指向飞边的锻件内圆角半径，称为外凹槽圆角 r_I。

最小底厚（摘自 JB/T 9177—1999）

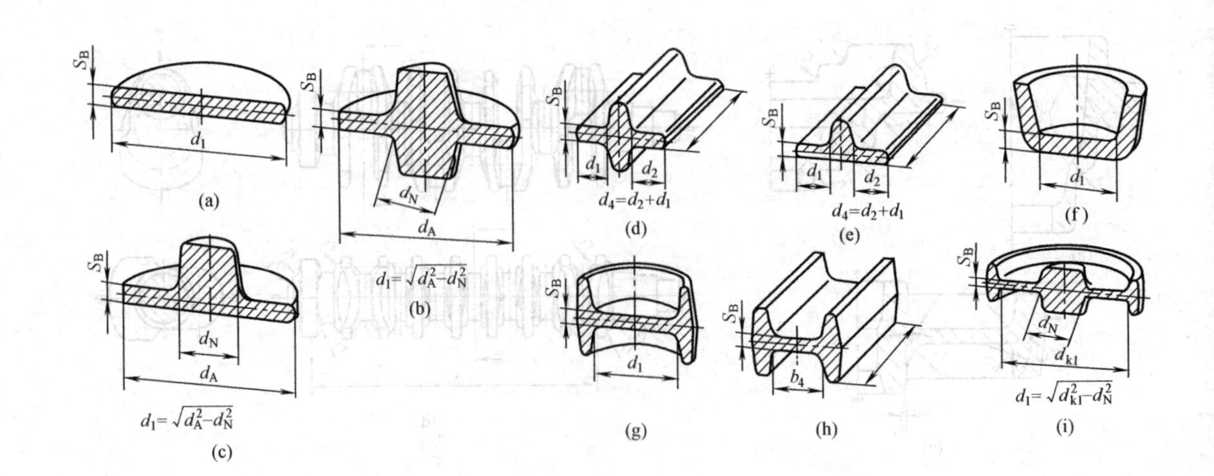

表 1-3-5

mm

旋转对称的			非旋转对称的										备注：括号内的数据因技术费用较高而尽可能不用
直径 d_1		底厚 S_B	宽度 b_4		长度 l								
大于	至		大于	至	≤25	>25~40	>40~63	>63~100	>100~160	>160~250	>250~400	>400~630	
	20	2(1.5)		16	2(1.5)	2.5(1.5)	2.5(1.5)	3(2)	3(2)	—	—	—	
20	50	4(2)	16	40	—	4(2)	4(2)	4(2)	5(2.5)	5(3)	7(4)	7(5)	
50	80	5(3)	40	63	—	—	5(3)	5(3)	6(4)	7(5)	8(5)	10(7)	
80	125	7(5)	63	100	—	—	—	7(5)	8(5)	10(7)	10(7)	13(9)	
125	200	11(7)	100	160	—	—	—	—	11(7)	11(7)	13(9)	16(11)	
200	315	16(11)	160	250	—	—	—	—	—	16(11)	18(13)	22(16)	
315	500	22(16)	250	400	—	—	—	—	—	—	22(16)	25(18)	
500	800	32(22)	400	630	—	—	—	—	—	—	—	32(22)	

最小壁厚、筋宽及筋端圆角半径（摘自 JB/T 9177—1999）

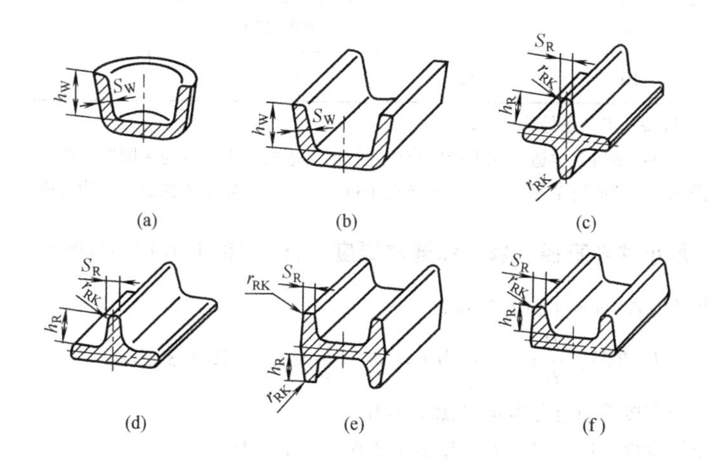

表 1-3-6

壁高或筋高(h_W 或 h_R)		壁厚	筋宽	筋端圆角半径
大于	至	S_W	S_R	r_{RK}
	16	4(2)	4(2)	2(1)
16	40	8(4)	8(4)	4(2)
40	63	12(8)	12(8)	6(4)
63	100	20(12)	20(12)	10(6)
100	160	32(20)		

腹板最小厚度（摘自 JB/T 9177—1999）

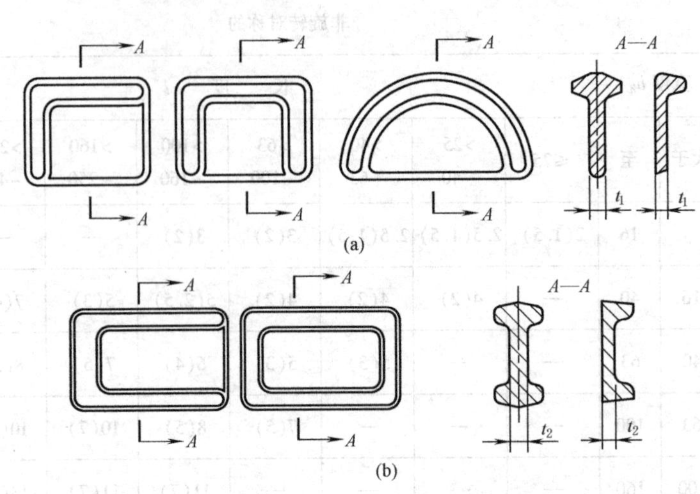

表 1-3-7 mm

锻件在分模面上的投影面积/cm²	无限制腹板 t_1	有限制腹板 t_2	锻件在分模面上的投影面积/cm²	无限制腹板 t_1	有限制腹板 t_2
≤25	3	4	>800~1000	12	14
>25~50	4	5	>1000~1250	14	16
>50~100	5	6	>1250~1600	16	18
>100~200	6	8	>1600~2000	18	20
>200~400	8	10	>2000~2500	20	22
>400~800	10	12			

注：1. t_1 和 t_2 允许根据设备、工艺条件协商变动。

2. 无限制腹板（开式腹板）：金属在锻造过程中能较自由地流向飞边的腹板，称为无限制腹板（图 a）。

3. 有限制腹板（闭式腹板）：被筋完全包围，或虽未被完全包围，但开口较小的腹板，称为有限制腹板（图 b）。

最小冲孔直径、盲孔和连皮厚度（摘自 JB/T 9177—1999）

1）锻件最小冲孔直径为 ϕ20mm（图 1-3-1a）。

2）单向盲孔深度：当 $L=B$ 时，$\frac{H}{B}\leqslant 0.7$；当 $L>B$ 时，$\frac{H}{B}\leqslant 1.0$（图 1-3-1b）。

3）双向盲孔深度：分别按单向盲孔确定（图 1-3-1c）。

4）连皮厚度应不小于腹板的最小厚度 t_2，见表 1-3-6 和图 1-3-1d。

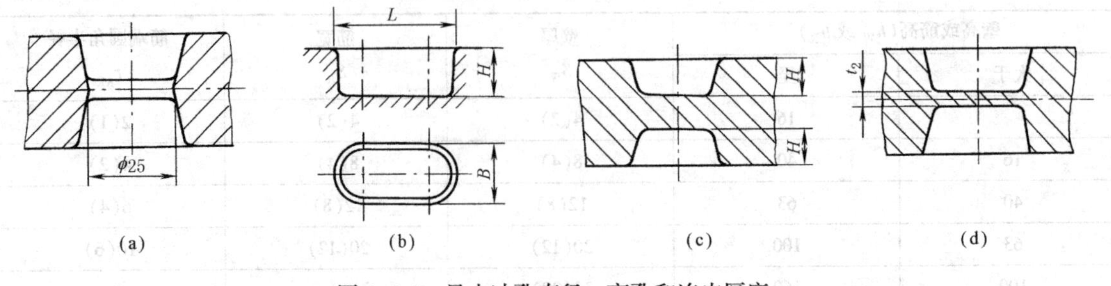

图 1-3-1 最小冲孔直径、盲孔和连皮厚度

扁钢辗成圆柱形端尺寸

表 1-3-8

mm

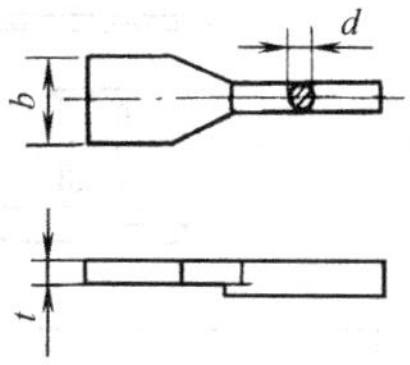

d	t	b
8	3~4	25~20
10	4~5	30~25
12	4~6	35~25
16	6~8	45~25

注：若使用直径在 16mm 以上的圆杆，则它的横截面面积应不大于扁钢的横截面面积的 70%。

圆钢锤扁尺寸

表 1-3-9

mm

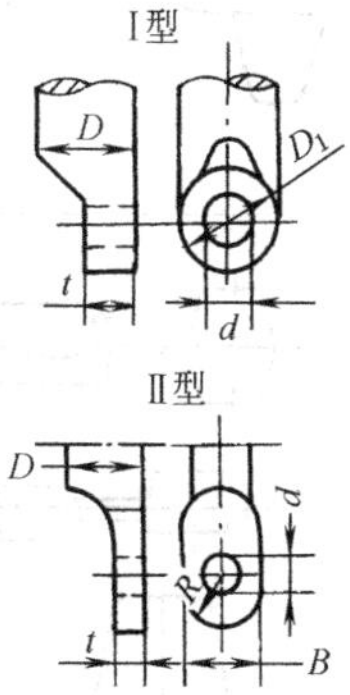

I 型				II 型				
D	D_1	t	d <	D①	B	t	d <	R
8	20	5	10	8	15	3	8	15
10	25	6	13	10	20	4	10	15
12	30	6	15	12	22	5	12	25
16	35	10	18	14	26	6	13	25
18	40	10	20	16	28	7	14	25

① 若有必要将直径大于 16mm 的棒料锤扁时，锤扁的横截面应大于棒料横截面的 10%。

1.3 锻件设计注意事项

表 1-3-10

类别	注 意 事 项	不 好 的 设 计	改 进 后 的 设 计
自由锻造	尽量简化锻件外形,应避免锥形和楔形表面	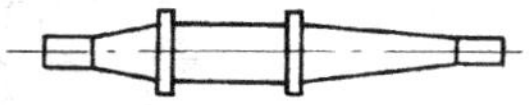	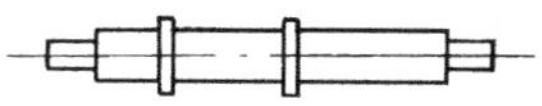
		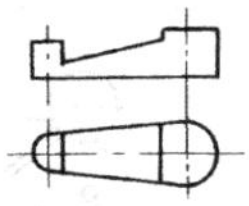	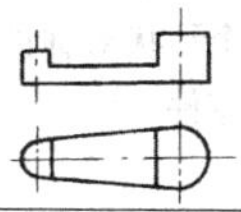
	避免两个圆柱形表面或一个圆柱形表面与棱柱形表面交接	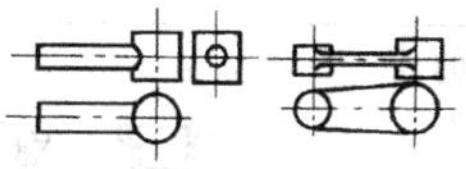	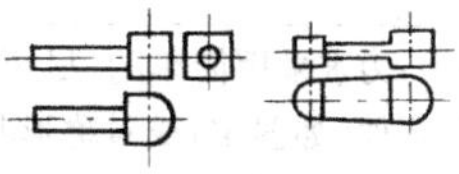
	不允许有加固筋。在多数情况下,必须设置敷量才能锻出加固筋	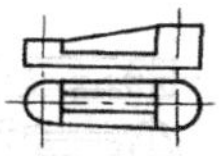	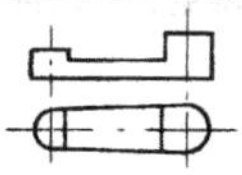
	不允许在基体上或在叉形件内部有凸台	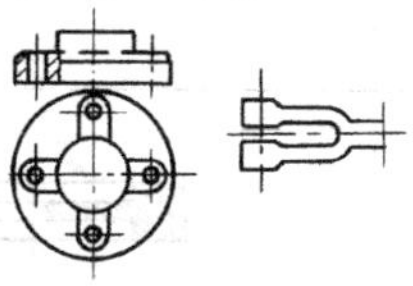	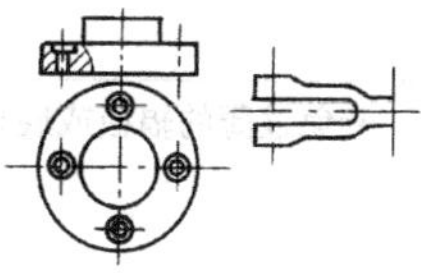

续表

类别	注 意 事 项	不 好 的 设 计	改 进 后 的 设 计
自由锻造	当零件具有骤变的横截面尺寸或复杂的形状或长柄时,必须设法改用几个较简单的部分组合或焊接而成	2250	
冲模锻造	应有规定的拔模斜度,并避免下部横截		
	合理设计分模面 尽量使分模面位于高度一半处左右,并与最小高度相垂直 避免分模面曲折(飞边),便于检查上下模的相对错移 节约金属材料便于模具加工		
	较深盘状部分与分模面错开		
	两个形状对称的零件,应尽量设计成一种零件		
	力求采用简单的、尽可能回转对称的零件(如图a′)或对称形状的零件(如图b′),避免有突出部分,如图a	(a) (b)	(a′) (b′)
	避免过薄的辐板或底板		

续表

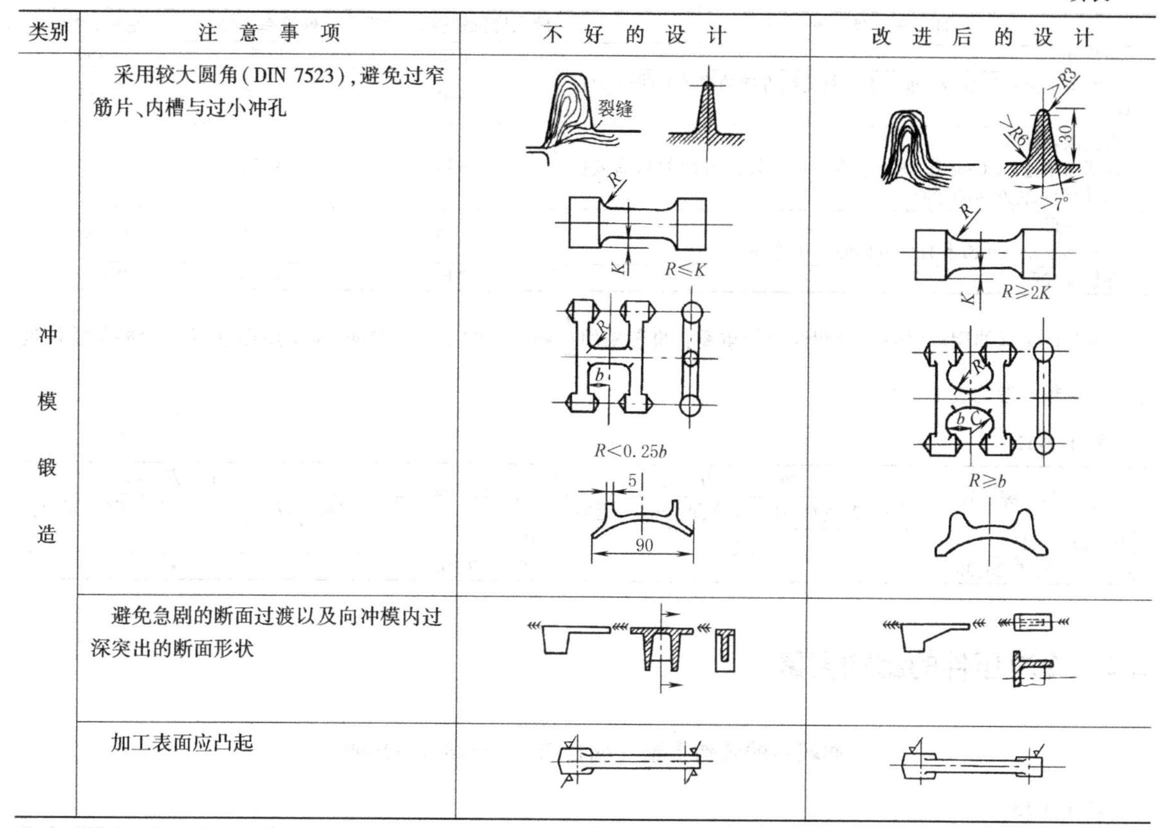

类别	注 意 事 项	不 好 的 设 计	改 进 后 的 设 计
冲模锻造	采用较大圆角(DIN 7523),避免过窄筋片、内槽与过小冲孔	裂缝 R K R≤K R b R<0.25b 5 90	>R3 >R6 30 >7° R K R≥2K R b C R≥b
	避免急剧的断面过渡以及向冲模内过深突出的断面形状		
	加工表面应凸起		

1.4 锻件通用技术条件（碳素钢和合金结构钢）（摘自 JB/T 5000. 8—2007）

1）锻件不允许有肉眼可见的裂纹、折叠和其他影响使用的外观缺陷。局部缺陷可以清除，但清理深度不得超过该面加工余量的 75%，锻件非加工面上的缺陷应清理干净并圆滑过渡，清理深度不得超过生产厂规定的锻件尺寸偏差。对超过加工余量和锻件尺寸偏差的缺陷，在征得需方同意后方可清除并补焊。

2）锻件不允许存在白点、内部裂纹和残余缩孔。

3）锻件的力学性能、化学成分应符合订货合同或图样的规定。

4）当需方认为有必要时，可提出无损检测、高温强度、低温韧性、晶粒度、夹渣物、金相组织及其他补充要求，其检验方法和验收标准 由供需双方协商确定。

5）锻件的验收规则和试验方法按本标准要求进行。

2 冲　　压

2.1 冷冲压零件推荐用钢

冷冲压零件所用的材料，不仅要适合零件在机器中的工作条件，而且要适合冲压过程中材料变形特点及变形程度所决定的制造工艺要求。满足这种要求的材料应具有足够的强度及较高的可塑性，前者决定于强度极限 σ_b，后者决定于伸长率 δ 及拉伸时的收缩率 ψ；可塑性也可由强度极限及屈服点确定。

各类冲压件对材料的要求：在一般情况下，不同结构类型的冲压件对材料力学性能的要求见下表。对于有复杂变形工序的冲压件，则对材料有更多的要求，如对加工硬化指数 n 值、塑性应变比 γ 值和凸耳参数 $\Delta\gamma$ 值的要求等。

表 1-3-11　　一般冲压件对材料的要求（摘自 JB/T 4378.2—1999）

冲压件类别	最大抗拉强度 σ_b/MPa	伸长率 δ/%	硬度 HRB
冲裁件	650	1~5	84~96
以圆角半径 $r>2t$ 作 90°垂直于板料轧制方向的简单弯曲（t 为材料厚度）	500	4~14	75~85
浅拉深和成形 以圆角半径 $r\geqslant0.5t$ 作 180°垂直于板料轧制方向的弯曲或作 90°平行于轧制方向的弯曲	430	13~27	64~74
拉深成形 以圆角半径 $r<0.5t$ 作任何方向的 180°弯曲	380	24~36	52~64
深拉深成形	340	33~45	48~52

在选择深延伸用金属时，可塑性更加重要，推荐采用 $\frac{\sigma_s}{\sigma_b}<0.75$ 的金属。根据不同的冲压方法，冷冲压零件推荐用的材料可参见表 1-3-12。

表 1-3-12

材料牌号	冲压方法：剪裁、落料、冲孔	冲压方法：弯曲	冲压方法：压延（延伸）	材料牌号	冲压方法：剪裁、落料、冲孔	冲压方法：弯曲	冲压方法：压延（延伸）
Q195,08,10,15		+	+	40,45	+	+	
Q215,Q235,15,20,30	+	+	+	65Mn,70Mn	+	+	

2.2　冷冲压件的结构要素

冲裁件的结构要素（摘自 JB/T 4378.1—1999）

表 1-3-13

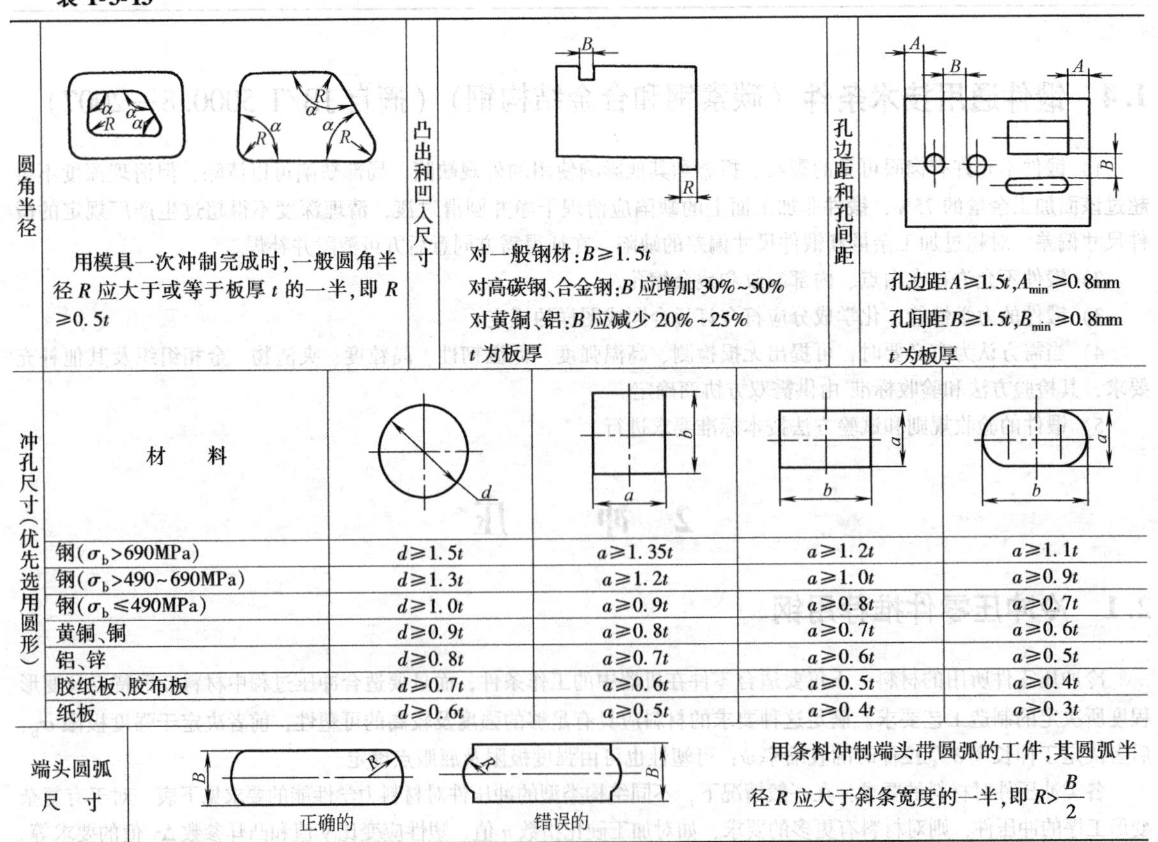

圆角半径	用模具一次冲制完成时，一般圆角半径 R 应大于或等于板厚 t 的一半，即 $R\geqslant0.5t$
凸出和凹入尺寸	对一般钢材：$B\geqslant1.5t$ 对高碳钢、合金钢：B 应增加 30%~50% 对黄铜、铝：B 应减少 20%~25% t 为板厚
孔边距和孔间距	孔边距 $A\geqslant1.5t$，$A_{min}\geqslant0.8$mm 孔间距 $B\geqslant1.5t$，$B_{min}\geqslant0.8$mm t 为板厚

冲孔尺寸（优先选用圆形）

材料	圆孔（d）	方孔（a）	矩形孔（a）	长圆孔（a）
钢（$\sigma_b>690$MPa）	$d\geqslant1.5t$	$a\geqslant1.35t$	$a\geqslant1.2t$	$a\geqslant1.1t$
钢（$\sigma_b>490\sim690$MPa）	$d\geqslant1.3t$	$a\geqslant1.2t$	$a\geqslant1.0t$	$a\geqslant0.9t$
钢（$\sigma_b\leqslant490$MPa）	$d\geqslant1.0t$	$a\geqslant0.9t$	$a\geqslant0.8t$	$a\geqslant0.7t$
黄铜、铜	$d\geqslant0.9t$	$a\geqslant0.8t$	$a\geqslant0.7t$	$a\geqslant0.6t$
铝、锌	$d\geqslant0.8t$	$a\geqslant0.7t$	$a\geqslant0.6t$	$a\geqslant0.5t$
胶纸板、胶布板	$d\geqslant0.7t$	$a\geqslant0.6t$	$a\geqslant0.5t$	$a\geqslant0.4t$
纸板	$d\geqslant0.6t$	$a\geqslant0.5t$	$a\geqslant0.4t$	$a\geqslant0.3t$

端头圆弧尺寸：用条料冲制端头带圆弧的工件，其圆弧半径 R 应大于斜条宽度的一半，即 $R>\frac{B}{2}$

弯曲件的结构要素（摘自 JB/T 4378.1—1999）

弯曲半径：标准建议取 0.1、0.2、0.3、0.5、1.0、1.5、2.0、2.5、3.0、4.0、5.0、6.0、8.0、10、12、15、20、25、30、35、40、45、50、63、80、100（单位为 mm）。

表 1-3-14　　最小弯曲半径（t 为工件厚度）

材　料	退火或正火		冷作硬化		材　料	退火或正火		冷作硬化	
	弯　曲　线　位　置					弯　曲　线　位　置			
	与轧纹垂直	与轧纹平行	与轧纹垂直	与轧纹平行		与轧纹垂直	与轧纹平行	与轧纹垂直	与轧纹平行
08、10 钢	$0.5t$	$1.0t$	$1.0t$	$1.5t$	软杜拉铝	$1.3t$	$2.0t$	$2.0t$	$3.0t$
20、30、45 钢	$0.8t$	$1.5t$	$1.5t$	$2.5t$	硬杜拉铝	$2.5t$	$3.5t$	$3.5t$	$5.0t$
60、65Mn、T_7	$1.0t$	$2.0t$	$2.0t$	$3.0t$	黄铜、铝	$0.3t$	$0.45t$	$0.5t$	$1.0t$

注：板料最小压弯半径见标准 JB/T 5109—2001。

表 1-3-15　　弯曲件直边高度及孔边距离

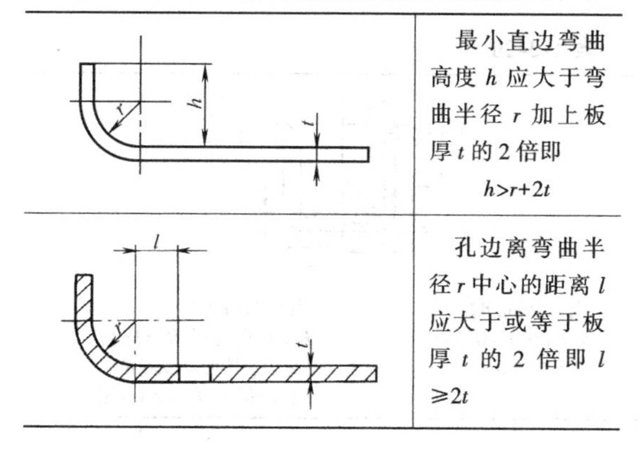

图示	说明
	最小直边弯曲高度 h 应大于弯曲半径 r 加上板厚 t 的 2 倍即 $h>r+2t$
	孔边离弯曲半径 r 中心的距离 l 应大于或等于板厚 t 的 2 倍即 $l\geqslant 2t$

表 1-3-16　　弯曲线的位置

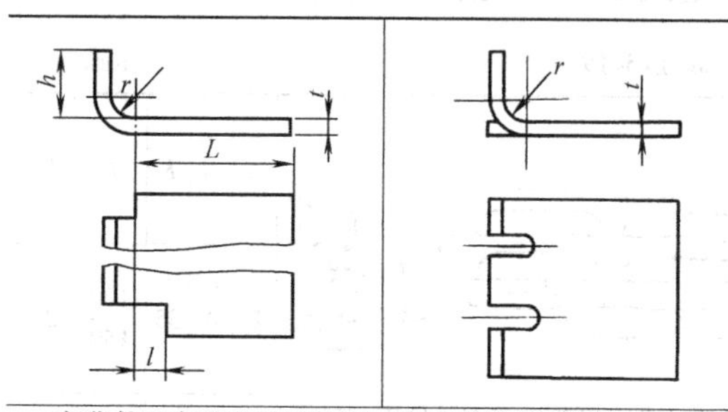

弯曲件的弯曲线不应在尺寸突变的位置，离突变处的距离 l 应大于弯曲半径 r，即 $l>r$；或切槽或冲工艺孔，将变形区与不变形区分开

铁皮咬口类型、用途和余量

表 1-3-17

咬　口　类　型		用　　　　途
Ⅰ型 光面咬口 普通咬口		圆柱形、圆锥形和长方形管子连接时，采用Ⅰ型咬口，咬口需附着在平面上或需要有气密性时使用光面咬口，需要咬口具有强度时才使用普通咬口。连接长度不同时，尺寸 B 可根据长的零件选择，但两个零件的尺寸 B 应相同
Ⅱ型 折角咬口		折角咬口（Ⅱ型）在制造折角联合肘管时使用
Ⅲ型 过渡咬口		过渡咬口（Ⅲ型）在连接接管、肘管和从圆过渡到另一些截面肘时，用作各种过渡连接

钢板强度/$N\cdot m^{-2}$		30~40		45~60		65~80	90~100
零件极限尺寸/mm	直径或方形边 D	<200	>200	<600	>600	>600	在一切情况下
	长　度　L	<200	>200	<800	>800	>800	在一切情况下
接头长度 B/mm		5	7	7	10	10	14
咬口裕量 $3B$/mm		15	21	21	30	30	42

卷 边 直 径

表 1-3-18 mm

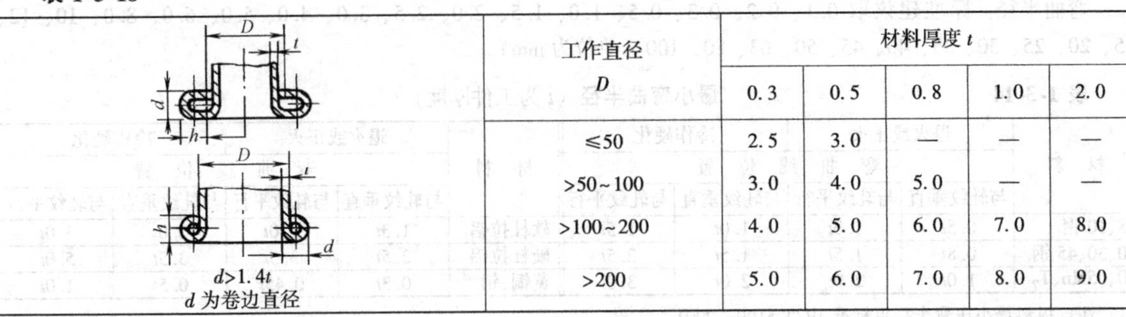

工作直径 D	材料厚度 t 0.3	0.5	0.8	1.0	2.0
≤50	2.5	3.0	—	—	—
>50~100	3.0	4.0	5.0	—	—
>100~200	4.0	5.0	6.0	7.0	8.0
>200	5.0	6.0	7.0	8.0	9.0

通风罩冲孔（摘自 JB/ZQ 4262—2006）

表 1-3-19 mm

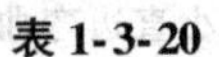

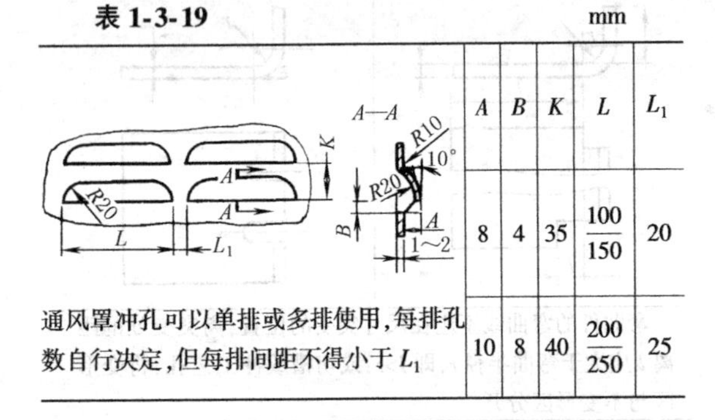

	A	B	K	L	L_1
	8	4	35	100 150	20
通风罩冲孔可以单排或多排使用，每排孔数自行决定，但每排间距不得小于 L_1	10	8	40	200 250	25

零件弯角处必须容纳另一个直角零件的做法

表 1-3-20

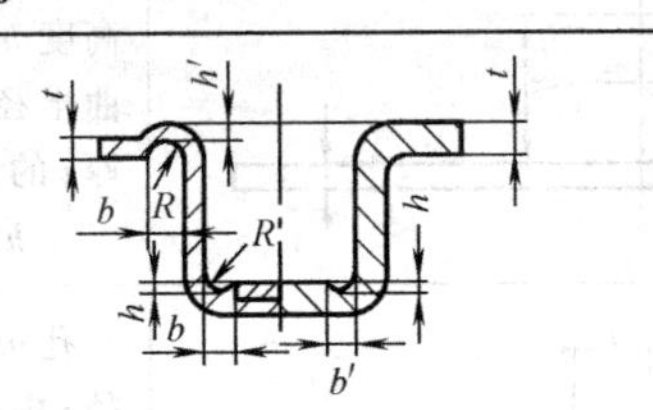

当 $t>2$mm 时
$h'=(0.1\sim0.3)t$
$b'=2\sim5$mm

当 $t<2$mm 时
$R\geqslant t$（但必须 $R\geqslant 1$mm）
$b\geqslant 2t$（但必须 $b>2R$）
$h\geqslant t$（但必须 $h\geqslant 1$mm）

最小可冲孔眼的尺寸（为板厚的倍数）

表 1-3-21

材　　料	圆　孔 直　径	方　孔 边　长	长方孔 短　边	长圆孔 边　长
钢（$\sigma_b>700$MPa）	1.5	1.3	1.2	1.1
钢（500MPa<$\sigma_b\leqslant 700$MPa）	1.3	1.2	1	0.9
钢（$\sigma_b\leqslant 500$MPa）	1	0.9	0.8	0.7
黄铜、铜	0.9	0.8	0.7	0.6
铝、锌	0.8	0.7	0.6	0.5
胶木、胶布板	0.7	0.6	0.5	0.4
纸板	0.6	0.5	0.4	0.3

注：当板厚≤4mm 时，可以冲出垂直孔；当板厚>4~5mm 时，孔的每边必须做出 6°~10°的斜度。

翻孔尺寸及其距离边缘的最小距离

表 1-3-22

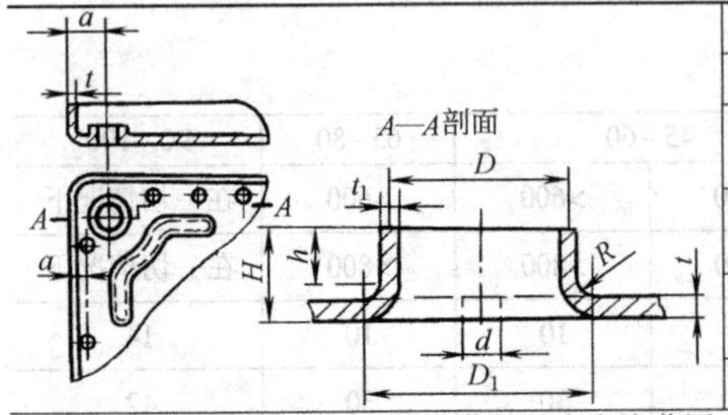

翻孔的圆角半径	$t\leqslant 2$ 时，$R=(4\sim5)t$；$t>2$ 时，$R=(2\sim3)t$		
翻孔边缘的最小厚度	$t_1=t\sqrt{K}$		
翻边高度	$H=\dfrac{D-d}{2}+0.43R+0.72t$		
翻边前孔的直径	$d=D_1-\left[\pi\left(R+\dfrac{t}{2}\right)+2h\right]$		
翻孔的适宜板厚	$t=0.25\sim0.30$	翻孔离边缘的距离	a 一般不宜小于 $(7\sim8)t$
凸缘的最大允许直径	（根据中线）$D=d/K$		

K——翻边时材料（退火的）变薄的最大允许范围系数：白铁皮为 0.7；黄铜 H62（$t=0.5\sim5$）为 0.68；酸洗钢板为 0.72；软铝为 0.76；硬铝为 0.89

加固筋的形状、尺寸及间距

表 1-3-23

	尺寸	h	B	r	R_1	R_2
半圆形筋	最小允许	$2t$	$7t$	t	$3t$	$5t$
	一般	$3t$	$10t$	$2t$	$4t$	$6t$
	尺寸	h	B	r	r_1	R_2
梯形筋	最小允许	$2t$	$20t$	t	$4t$	$24t$
	一般	$3t$	$30t$	$2t$	$5t$	$32t$
加固筋之间及加固筋与边缘之间的适宜距离	$l \geqslant 3B$ $K \geqslant (3\sim5)t$					

弯曲件尾部弯出长度

表 1-3-24

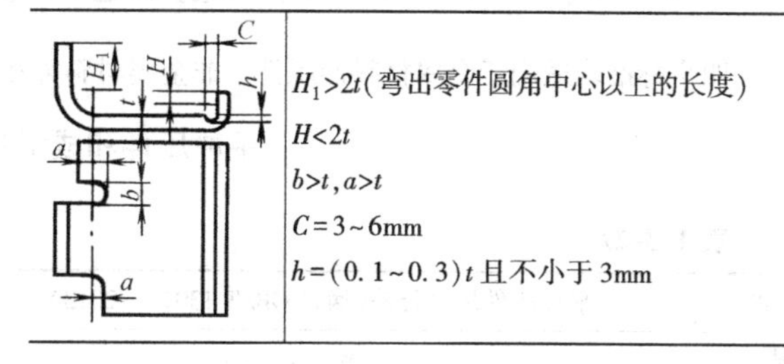

$H_1>2t$（弯出零件圆角中心以上的长度）

$H<2t$

$b>t, a>t$

$C=3\sim6$mm

$h=(0.1\sim0.3)t$ 且不小于 3mm

冲出凸部的高度

表 1-3-25

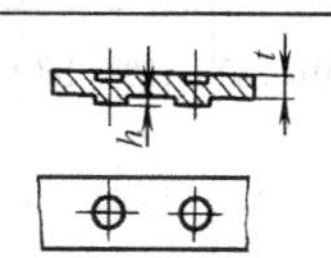

$h=(0.25\sim0.35)t$

超出这个范围，凸部容易脱落

箱形零件的圆角半径、法兰边宽度和工件高度

表 1-3-26

mm

材料	圆角半径	材料厚度 t ≤0.5	>0.5~3	>3~5
软钢	R_1	$(5\sim7)t$	$(3\sim4)t$	$(2\sim3)t$
	R_2	$(5\sim10)t$	$(4\sim6)t$	$(2\sim4)t$
黄铜	R_1	$(3\sim5)t$	$(2\sim3)t$	$(1.5\sim2.0)t$
	R_2	$(5\sim7)t$	$(3\sim5)t$	$(2\sim4)t$

	材料	当 $R_0>0.14B, R_1\geqslant1$	
H/R_0	酸洗钢	4.0~4.5	当 H/R_0 需大于左列数值时，则应采用多次拉伸工序
	冷拉钢、铝、黄铜、铜	5.5~6.5	
B	$\leqslant R_2+(3\sim5)t$		
R_3	$\geqslant R_0+B$		

冲裁件最小许可宽度与材料的关系

表 1-3-27

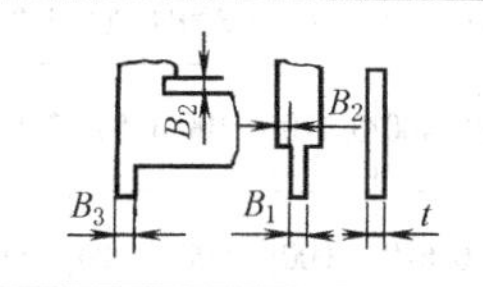

材料	最小值 B_1	B_2	B_3
中等硬度的钢	$1.25t$	$0.8t$	$1.5t$
高碳钢、合金钢	$1.65t$	$1.1t$	$2t$
有色合金	t	$0.6t$	$1.2t$

箍压时直径缩小的合理比例

表 1-3-28

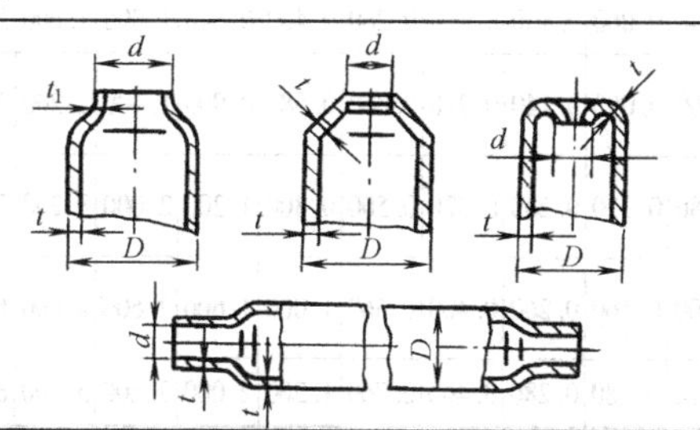

$D/t\leqslant10$ 时，$d\geqslant0.7D$

$D/t>10$ 时，$d=(1-K)D$

钢制件：$K=0.1\sim0.15$

铝制件：$K=0.15\sim0.2$

箍压部分壁厚将增加到 $t_1=t\sqrt{\dfrac{D}{d}}$

2.3 冲压件的尺寸和角度公差、形状和位置未注公差（摘自GB/T 13914、13915、13916—2013）、未注公差尺寸的极限偏差（摘自GB/T 15055—2007）

四个标准均适用于金属材料冲压件，非金属材料冲压件可参照执行。

平冲压件和成形冲压件尺寸公差

表 1-3-29　　　　mm

项目		平冲压件尺寸公差(摘自GB/T 13914—2013)											成形冲压件尺寸公差(摘自GB/T 13914—2013)									
基本尺寸	材料厚度	公差等级											公差等级									
		ST1	ST2	ST3	ST4	ST5	ST6	ST7	ST8	ST9	ST10	ST11	FT1	FT2	FT3	FT4	FT5	FT6	FT7	FT8	FT9	FT10
>0~1	0.5	0.008	0.010	0.015	0.020	0.030	0.040	0.060	0.080	0.120	0.160	—	0.010	0.016	0.026	0.040	0.060	0.100	0.160	0.260	0.400	0.600
	>0.5~1	0.010	0.015	0.020	0.030	0.040	0.060	0.080	0.120	0.160	0.240	—	0.014	0.022	0.034	0.050	0.090	0.140	0.220	0.340	0.500	0.900
	>1~1.5	0.015	0.020	0.030	0.040	0.060	0.080	0.120	0.160	0.240	0.340	—	0.020	0.030	0.050	0.080	0.120	0.200	0.320	0.500	0.900	1.400
>1~3	0.50	0.012	0.018	0.026	0.036	0.050	0.070	0.100	0.140	0.200	0.280	0.400	0.016	0.026	0.040	0.070	0.110	0.180	0.280	0.440	0.700	1.000
	>0.5~1	0.018	0.026	0.036	0.050	0.070	0.100	0.140	0.200	0.280	0.400	0.560	0.022	0.036	0.060	0.090	0.140	0.240	0.380	0.600	0.900	1.400
	>1~3	0.026	0.036	0.050	0.070	0.100	0.140	0.200	0.280	0.400	0.560	0.780	0.032	0.050	0.080	0.120	0.200	0.340	0.540	0.860	1.200	2.000
	>3~4	0.034	0.050	0.070	0.090	0.130	0.180	0.260	0.360	0.500	0.700	0.980	0.040	0.070	0.110	0.180	0.280	0.440	0.700	1.100	1.800	2.800
>3~10	0.50	0.018	0.026	0.036	0.050	0.070	0.100	0.140	0.200	0.280	0.400	0.560	0.022	0.036	0.060	0.090	0.140	0.240	0.380	0.600	0.960	1.400
	>0.5~1	0.026	0.036	0.050	0.070	0.100	0.140	0.200	0.280	0.400	0.560	0.780	0.032	0.050	0.080	0.120	0.200	0.340	0.540	0.860	1.400	2.200
	>1~3	0.036	0.050	0.070	0.100	0.140	0.200	0.280	0.400	0.560	0.780	1.100	0.050	0.070	0.110	0.180	0.300	0.480	0.760	1.200	2.000	3.200
	>3~6	0.046	0.060	0.090	0.130	0.180	0.260	0.360	0.480	0.680	0.980	1.400	0.060	0.090	0.140	0.240	0.380	0.600	1.000	1.600	2.600	4.000
	>6	0.060	0.080	0.110	0.160	0.220	0.300	0.420	0.600	0.840	1.200	1.600	0.070	0.110	0.180	0.280	0.440	0.700	1.100	1.800	2.800	4.400
>10~25	0.50	0.026	0.036	0.050	0.070	0.100	0.140	0.200	0.280	0.400	0.560	0.780	0.030	0.050	0.080	0.120	0.200	0.320	0.500	0.800	1.200	2.000
	>0.5~1	0.036	0.050	0.070	0.100	0.140	0.200	0.280	0.400	0.560	0.780	1.100	0.040	0.070	0.110	0.180	0.280	0.460	0.720	1.100	1.800	2.800
	>1~3	0.050	0.070	0.100	0.140	0.200	0.280	0.400	0.560	0.780	1.100	1.500	0.060	0.100	0.160	0.260	0.400	0.640	1.000	1.600	2.600	4.000
	>3~6	0.060	0.090	0.130	0.180	0.260	0.360	0.500	0.700	1.000	1.400	2.000	0.080	0.120	0.200	0.320	0.500	0.800	1.200	2.000	3.200	5.000
	>6	0.080	0.120	0.160	0.220	0.320	0.440	0.600	0.880	1.200	1.600	2.400	0.100	0.140	0.240	0.400	0.620	1.000	1.600	2.600	4.000	6.400
>25~63	0.50	0.036	0.050	0.070	0.100	0.140	0.200	0.280	0.400	0.560	0.780	1.100	0.040	0.060	0.100	0.160	0.260	0.400	0.640	1.000	1.600	2.600
	>0.5~1	0.050	0.070	0.100	0.140	0.200	0.280	0.400	0.560	0.780	1.100	1.500	0.060	0.090	0.140	0.220	0.360	0.580	0.900	1.400	2.200	3.600
	>1~3	0.070	0.100	0.140	0.200	0.280	0.400	0.560	0.780	1.100	1.500	2.100	0.080	0.120	0.200	0.320	0.500	0.800	1.200	2.000	3.200	5.000
	>3~6	0.090	0.120	0.180	0.260	0.360	0.500	0.700	0.980	1.400	2.000	2.800	0.100	0.160	0.260	0.400	0.660	1.000	1.600	2.600	4.000	6.400
	>6	0.110	0.160	0.220	0.300	0.440	0.600	0.860	1.200	1.600	2.200	3.000	0.110	0.180	0.280	0.460	0.760	1.200	2.000	3.200	5.000	8.000

续表

项目		平冲压件尺寸公差(摘自 GB/T 13914—2013)											成形冲压件尺寸公差(摘自 GB/T 13914—2013)									
基本尺寸	材料厚度	公差等级											公差等级									
		ST1	ST2	ST3	ST4	ST5	ST6	ST7	ST8	ST9	ST10	ST11	FT1	FT2	FT3	FT4	FT5	FT6	FT7	FT8	FT9	FT10
>63~160	0.5	0.040	0.060	0.090	0.120	0.180	0.260	0.360	0.500	0.700	0.980	1.400	0.050	0.080	0.140	0.220	0.360	0.560	0.900	1.400	2.200	3.600
	>0.5~1	0.060	0.090	0.120	0.180	0.260	0.360	0.500	0.700	0.980	1.400	2.000	0.070	0.120	0.190	0.300	0.480	0.780	1.200	2.000	3.200	5.000
	>1~3	0.090	0.120	0.180	0.260	0.360	0.500	0.700	0.980	1.400	2.000	2.800	0.100	0.160	0.260	0.420	0.680	1.100	1.800	2.800	4.400	7.000
	>3~6	0.120	0.160	0.240	0.320	0.460	0.640	0.900	1.300	1.800	2.500	3.600	0.140	0.220	0.340	0.540	0.880	1.400	2.200	3.400	5.600	9.000
	>6	0.140	0.200	0.280	0.400	0.560	0.780	1.100	1.500	2.100	2.900	4.200	0.150	0.240	0.380	0.620	1.000	1.600	2.600	4.000	6.600	10.000
>160~400	0.5	0.060	0.090	0.120	0.180	0.260	0.360	0.500	0.700	0.980	1.400	2.000	—	0.100	0.160	0.260	0.420	0.700	1.100	1.800	2.800	4.400
	>0.5~1	0.090	0.120	0.180	0.260	0.360	0.500	0.700	1.000	1.400	2.000	2.800	—	0.140	0.240	0.380	0.620	1.000	1.600	2.600	4.000	6.400
	>1~3	0.120	0.180	0.260	0.360	0.500	0.700	1.000	1.400	2.000	2.800	4.000	—	0.220	0.340	0.540	0.880	1.400	2.200	3.400	5.600	9.000
	>3~6	0.160	0.240	0.320	0.460	0.640	0.900	1.300	1.800	2.600	3.600	4.800	—	0.280	0.440	0.700	1.100	1.800	2.800	4.400	7.000	11.000
	>6	0.200	0.280	0.400	0.560	0.780	1.100	1.500	2.100	2.900	4.200	5.800	—	0.340	0.540	0.880	1.400	2.200	3.400	5.600	9.000	14.000
>400~1000	0.5	0.090	0.120	0.180	0.240	0.340	0.480	0.660	0.940	1.300	1.800	2.600	—	—	0.240	0.380	0.620	1.000	1.600	2.600	4.000	6.600
	>0.5~1	—	0.180	0.240	0.340	0.480	0.660	0.940	1.300	1.800	2.600	3.600	—	—	0.340	0.540	0.880	1.400	2.200	3.400	5.600	9.000
	>1~3	—	0.240	0.340	0.480	0.660	0.940	1.300	1.800	2.600	3.600	5.000	—	—	0.440	0.700	1.100	1.800	2.800	4.400	7.000	11.000
	>3~6	—	0.320	0.450	0.620	0.880	1.200	1.600	2.400	3.400	4.600	6.600	—	—	0.560	0.900	1.400	2.200	3.400	5.600	9.000	14.000
	>6	—	0.340	0.480	0.700	1.000	1.400	2.000	2.800	4.000	5.600	7.800	—	—	0.620	1.000	1.600	2.600	4.000	6.400	10.000	16.000
>1000~6300	0.5	—	—	0.260	0.360	0.500	0.700	0.980	1.400	2.000	2.800	4.000										
	>0.5~1	—	—	0.360	0.500	0.700	0.980	1.400	2.000	2.800	4.000	5.600										
	>1~3	—	—	0.500	0.700	0.980	1.400	2.000	2.800	4.000	5.600	7.800										
	>3~6	—	—	—	0.900	1.200	1.600	2.200	3.200	4.400	6.200	8.000										
	>6	—	—	—	1.000	1.400	1.900	2.600	3.600	5.200	7.200	10.000										

注：1. 平冲压件是经平面冲裁工序加工而成形的冲压件。

成形冲压件是经弯曲、拉深及其他成形方法加工而成的冲压件。

2. 平冲压件尺寸公差适用于平冲压件，也适用于成形冲压件上经冲裁工序加工而成的尺寸。

3. 平冲压件、成形冲压件尺寸的极限偏差按下述规定选取。

① 孔（内形）尺寸的极限偏差取表中给出的公差数值，冠以“+”作为上偏差，下偏差为0。

② 轴（外形）尺寸的极限偏差取表中给出的公差数值，冠以“-”号作为下偏差，上偏差为0。

③ 孔中心距、孔边距、弯曲、拉深与其他成形方法而成的长度、高度及未注公差尺寸的极限偏差，取表中给出的公差值的一半，冠以“±”号分别作为上、下偏差。

表 1-3-30　　未注公差（冲裁、成形）尺寸的极限偏差　　mm

项　目		未注公差冲裁尺寸的极限偏差				未注公差成形尺寸的极限偏差			
基本尺寸	材料厚度	公差等级				公差等级			
		f	m	c	v	f	m	c	v
>0.5~3	1	±0.05	±0.10	±0.15	±0.20	±0.15	±0.20	±0.35	±0.50
	>1~3	±0.15	±0.20	±0.30	±0.40	±0.30	±0.45	±0.60	±1.00
>3~6	1	±0.10	±0.15	±0.20	±0.30	±0.20	±0.30	±0.50	±0.70
	>1~4	±0.20	±0.30	±0.40	±0.55	±0.40	±0.60	±1.00	±1.60
	>4	±0.30	±0.40	±0.60	±0.80	±0.55	±0.90	±1.40	±2.20
>6~30	1	±0.15	±0.20	±0.30	±0.40	±0.25	±0.40	±0.60	±1.00
	>1~4	±0.30	±0.40	±0.55	±0.75	±0.50	±0.80	±1.30	±2.00
	>4	±0.45	±0.60	±0.80	±1.20	±0.80	±1.30	±2.00	±3.20
>30~120	1	±0.20	±0.30	±0.40	±0.55	±0.30	±0.50	±0.80	±1.30
	>1~4	±0.40	±0.55	±0.75	±1.05	±0.60	±1.00	±1.60	±2.50
	>4	±0.60	±0.80	±1.10	±1.50	±1.00	±1.60	±2.50	±4.00
>120~400	1	±0.25	±0.35	±0.50	±0.70	±0.45	±0.70	±1.10	±1.80
	>1~4	±0.50	±0.70	±1.00	±1.40	±0.90	±1.40	±2.20	±3.50
	>4	±0.75	±1.05	±1.45	±2.10	±1.30	±2.00	±3.30	±5.00
>400~1000	1	±0.35	±0.50	±0.70	±1.00	±0.55	±0.90	±1.40	±2.20
	>1~4	±0.70	±1.00	±1.40	±2.00	±1.10	±1.70	±2.80	±4.50
	>4	±1.05	±1.45	±2.10	±2.90	±1.70	±2.80	±4.50	±7.00
>1000~2000	1	±0.45	±0.65	±0.90	±1.30	±0.80	±1.30	±2.00	±3.30
	>1~4	±0.90	±1.30	±1.80	±2.50	±1.40	±2.20	±3.50	±5.50
	>4	±1.40	±2.00	±2.80	±3.90	±2.00	±3.20	±5.00	±8.00
>2000~4000	1	±0.70	±1.00	±1.40	±2.00	注：对于0.5mm及0.5mm以下的尺寸应标公差。			
	>1~4	±1.40	±2.00	±2.80	±3.90				
	>4	±1.80	±2.60	±3.60	±5.00				

表 1-3-31　　未注公差（冲裁、成形）圆角半径的极限偏差（摘自 GB/T 15055—2007）　　mm

冲裁圆角半径的极限偏差						成形圆角半径	
基本尺寸	材料厚度	公差等级				基本尺寸	极限偏差
		f	m	c	v		
>0.5~3	≤1	±0.15		±0.20		≤3	+1.00 −0.30
	>1~4	±0.30		±0.40			
>3~6	≤4	±0.40		±0.60		>3~6	+1.50 −0.50
	>4	±0.60		±1.00			
>6~30	≤4	±0.60		±0.80		>6~10	+2.50 −0.80
	>4	±1.00		±1.40			

续表

冲裁圆角半径的极限偏差						成形圆角半径	
基本尺寸	材料厚度	公差等级				基本尺寸	极限偏差
		f	m	c	v		
>30~120	≤4	±1.00		±1.20		>10~18	+3.00 -1.00
	>4	±2.00		±2.40			
>120~400	≤4	±1.20		±1.50		>18~30	+4.00 -1.50
	>4	±2.40		±3.00			
>400	≤4	±2.00		±2.40		>30	+5.00 -2.00
	>4	±3.00		±3.50			

表 1-3-32　尺寸公差等级的选用（摘自 GB/T 13914—2013）

类别	加工方法	尺寸类型	公差等级										
			ST1	ST2	ST3	ST4	ST5	ST6	ST7	ST8	ST9	ST10	ST11
平冲压件	精密冲裁	外形	—	—	—	—	—						
		内形	—	—	—	—							
		孔中心距	—	—	—	—							
		孔边距				—	—	—					
	普通冲裁	外形		—	—	—	—	—	—	—	—	—	—
		内形		—	—	—	—	—	—	—	—	—	—
		孔中心距		—	—	—	—	—	—	—	—	—	—
		孔边距				—	—	—	—	—	—	—	—
	成形冲压平面冲裁	外形					—	—	—	—	—	—	—
		内形				—	—	—	—	—	—	—	—
		孔中心距				—	—	—	—	—	—	—	—
		孔边距						—	—	—	—	—	—
			FT1	FT2	FT3	FT4	FT5	FT6	FT7	FT8	FT9	FT10	
成形冲压件	拉深	直径	—	—	—	—	—	—	—	—	—	—	
		高度			—	—	—	—	—	—	—	—	
	带凸缘拉深	直径	—	—	—	—	—	—	—	—	—	—	
		高度					—	—	—	—	—	—	
	弯曲	长度					—	—	—	—	—	—	
	其他成形方法	直径	—	—	—	—	—	—	—	—	—	—	
		高度			—	—	—	—	—	—	—	—	
		长度				—	—	—	—	—	—	—	

表 1-3-33　　角度公差（摘自 GB/T 13915—2013）

	公差等级	短边尺寸 L/mm							图形
		≤10	>10~25	>25~63	>63~160	>160~400	>400~1000	>1000~2500	
冲压件冲裁角度公差	AT1	0°40′	0°30′	0°20′	0°12′	0°5′	0°4′	—	
	AT2	1°	0°40′	0°30′	0°20′	0°12′	0°6′	0°4′	
	AT3	1°20′	1°	0°40′	0°30′	0°20′	0°12′	0°6′	
	AT4	2°	1°20′	1°	0°40′	0°30′	0°20′	0°12′	
	AT5	3°	2°	1°20′	1°	0°40′	0°30′	0°20′	
	AT6	4°	3°	2°	1°20′	1°	0°40′	0°30′	

	公差等级	短边尺寸 L/mm							图形
		≤10	>10~25	>25~63	>63~160	>160~400	>400~1000	>1000	
冲压件弯曲角度公差	BT1	1°	0°40′	0°30′	0°16′	0°12′	0°10′	0°8′	
	BT2	1°30′	1°	0°40′	0°20′	0°16′	0°12′	0°10′	
	BT3	2°30′	2°	1°30′	1°15′	1°	0°45′	0°30′	
	BT4	4°	3°	2°	1°30′	1°15′	1°	0°45′	
	BT5	6°	4°	3°	2°30′	2°	1°30′	1°	

注：1. 冲压件冲裁角度：在平冲压件或成形冲压件的平面部分，经冲裁工序加工而成的角度。
2. 冲压件弯曲角度：经弯曲工序加工而成的冲压件的角度。
3. 冲压件冲裁角度与弯曲角度的极限偏差按下述规定选取。
① 依据使用的需要选用单向偏差。
② 未注公差的角度极限偏差，取表中给出的公差值的一半，冠以“±”号分别作为上、下偏差。

表 1-3-34　　未注公差（冲裁、弯曲）角度的极限偏差（摘自 GB/T 15055—2007）　　mm

	公差等级	短边长度						
		≤10	>10~25	>25~63	>63~160	>160~400	>400~1000	>1000~2500
冲裁	f	±1°00′	±0°40′	±0°30′	±0°20′	±0°15′	±0°10′	±0°06′
	m	±1°30′	±1°00′	±0°40′	±0°30′	±0°20′	±0°15′	±0°10′
	c v	±2°00′	±1°30′	±1°00′	±0°40′	±0°30′	±0°20′	±0°15′

	公差等级	短边长度						
		≤10	>10~25	>25~63	>63~160	>160~400	>400~1000	>1000
弯曲	f	±1°15′	±1°00′	±0°45′	±0°35′	±0°30′	±0°20′	±0°15′
	m	±2°00′	±1°30′	±1°00′	±0°45′	±0°35′	±0°30′	±0°20′
	c v	±3°00′	±2°00′	±1°30′	±1°15′	±1°00′	±0°45′	±0°30′

表 1-3-35　　**角度公差等级选用**（摘自 GB/T 13915—2013）

	材料厚度/mm	公差等级					
		AT1	AT2	AT3	AT4	AT5	AT6
冲压件冲裁角度	≤2	—	—	—	—	—	—
	>2~4		—	—	—	—	—
	>4			—	—	—	—

	材料厚度/mm	公差等级				
		BT1	BT2	BT3	BT4	BT5
冲压件弯曲角度	≤2	—	—	—	—	—
	>2~4		—	—	—	—
	>4			—	—	—

冲压件形状和位置未注公差（摘自 GB/T 13916—2013）

① 范围　本标准规定了金属冲压件的直线度、平面度、同轴度、对称度的未注公差等级和数值，规定了金属冲压件的圆度、圆柱度、平行度、垂直度、倾斜度的未注公差。

② 公差等级　冲压件的直线度、平面度、同轴度、对称度未注公差均分为 f（精密级）、m（中等级）、c（粗糙级）、*v*（最粗级）四个公差等级，冲压件的圆度、圆柱度、平行度、垂直度、倾斜度未注公差不分公差等级。

③ 公差数值　直线度、平面度未注公差值按表 1 规定，平面度未注公差应选择较长的边作为主参数。主参数。*D*、*H*、*L* 选用见表。

直线度、平面度未注公差

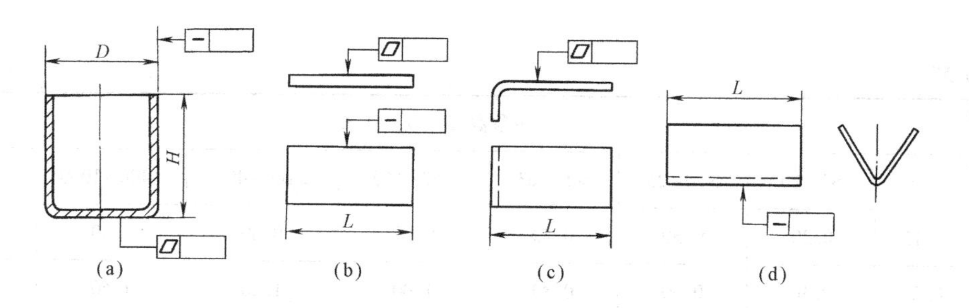

表 1-3-36　　mm

公差等级	主参数(*L*、*H*、*D*)						
	≤10	>10~25	>25~63	>63~160	>160~400	>400~1000	>1000
f	0.06	0.10	0.15	0.25	0.40	0.60	0.90
m	0.12	0.20	0.30	0.50	0.80	1.20	1.80
c	0.25	0.40	0.60	1.00	1.60	2.50	4.00
v	0.50	0.80	1.20	2.00	3.20	5.00	8.00

同轴度、对称度未注公差

同轴度、对称度未注公差主参数（*B*、*D*、*d*、*L*）按表规定，示例如图

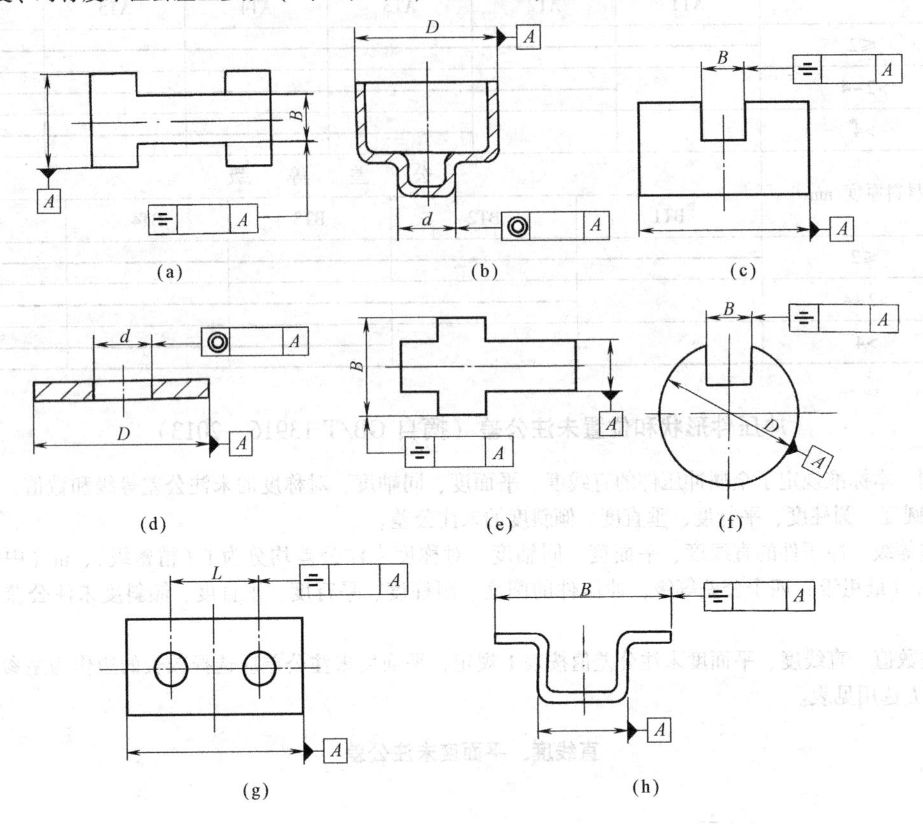

表 1-3-37　　mm

公差等级	主参数(B、D、d、L)							
	≤3	>3~10	>10~25	>25~63	>63~160	>160~400	>400~1000	>1000
f	0.12	0.20	0.30	0.40	0.50	0.60	0.80	1.00
m	0.25	0.40	0.60	0.80	1.00	1.20	1.60	2.00
e	0.50	0.80	1.20	1.60	2.00	2.50	3.20	4.00
v	1.00	1.60	2.50	3.20	4.00	5.00	6.50	8.00

圆度、圆柱度、平行度、垂直度、倾斜度未注公差

圆度未注公差值应不大于相应尺寸公差值。
圆柱度未注公差由其圆度、素线的直线度未注公差值和要素的尺寸公差分别控制。
平行度未注公差由平行要素的平面度或直线度的未注公差值和平行要素间的尺寸公差分别控制。
垂直度、倾斜度未注公差由角度公差和直线度公差值分别控制。

2.4　冷挤压件结构要素

挤压是坯料在封闭模腔内受三向不均匀压应力作用，从模具的孔口或缝隙挤出，使其横截面积减小，成为所

需制品的加工方法。在室温下进行的挤压加工，简称冷挤。

冷挤压件的分类

表 1-3-38

类别	名称与特点	工艺简图	制品举例
按形状分	(1)旋转对称形 (2)简单的轴对称和非对称 (3)具有沟纹、齿形等形状的型材	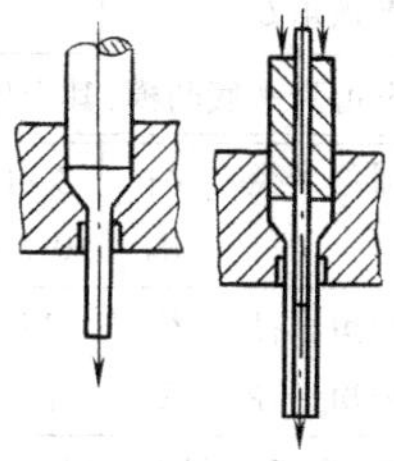 (a) (b) 实心(a)、空心(b)件正挤压	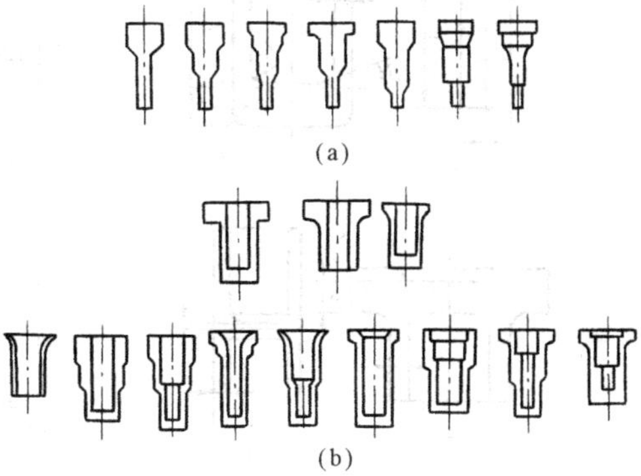 (a) (b)
按工艺分	(1)正挤压：坯料从模孔中流出部分的运动方向与凸模运动方向相同的挤压 (2)反挤压：二者运动方向相反的挤压。又分杯形件反挤压(c图)与杯-杆件反挤压(d图) (3)复合挤压：同时兼有正、反挤时金属流动特征的挤压，又分杯-杯件(e图)、杯-杆件(f图)、杆-杆件复合挤压(g图) (4)镦挤：镦粗、挤压复合组成(h图)	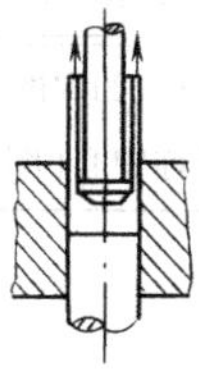 杯形件反挤压(c)	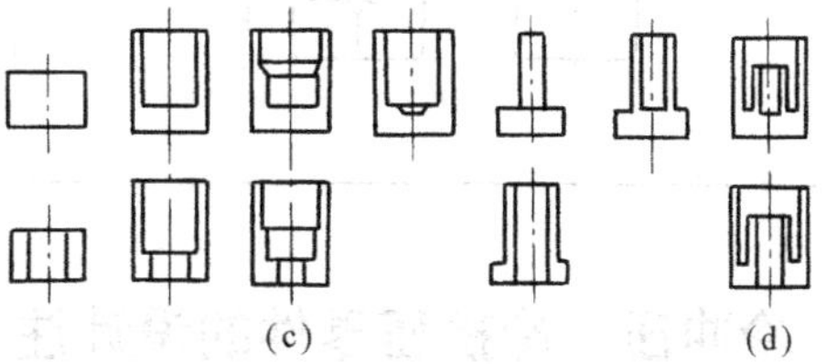 (c) (d)
		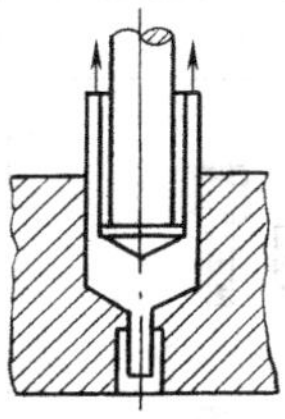 杯-杆件复合挤压(f)	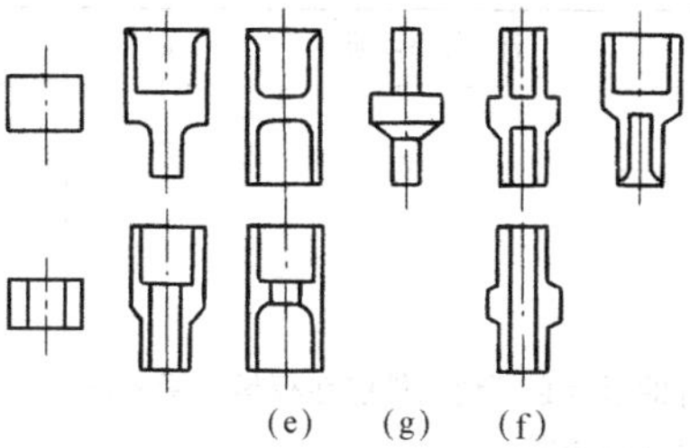 (e) (g) (f)
			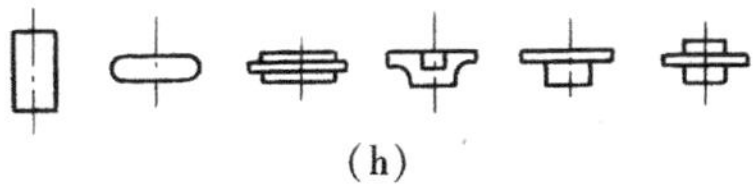 (h)

确定结构要素的一般原则

1) 冷挤压件结构必须利用冷挤压工艺的变形特性，尽量达到少或无切削加工。
2) 冷挤压件结构要考虑冷挤压工艺变形特性所产生的物理和力学性能变化。
3) 冷挤压件结构必须保证足够的模具寿命。
4) 冷挤压件结构在保证成形和模具寿命的条件下，应尽量减少成形工步。
5) 冷挤压件结构要考虑材料及其后续热处理工序的影响因素。
6) 非对称形状的冷挤压件可合并为对称形状进行挤压。

冷挤压件结构要素

表 1-3-39

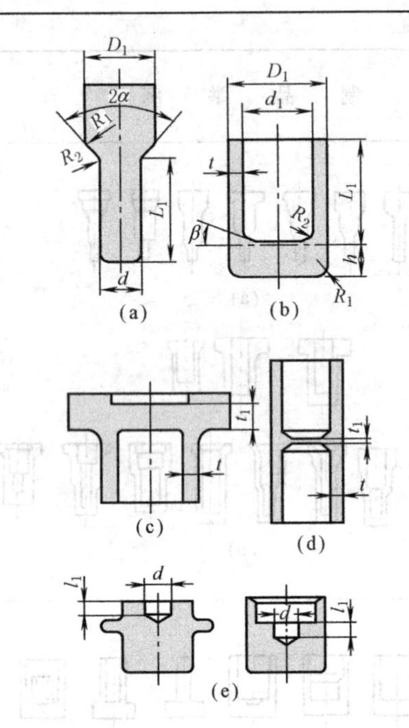

(a) (b) (c) (d) (e)

杯形反挤压件内孔	纯铝	紫铜	铜合金	钢
长径比 L_1/d_1	≤7	≤5	≤3	≤2.5
底厚和壁厚比 h/t	>0.5		铜及其合金>1.0	>1.2
正挤压凹模入口角 2α	90°~120°(图 a)			
反挤压凸模锥顶角 β	7°~9°(图 b)			
特殊情况下可为平底凸模,其交界面应有圆角				
正挤压件的圆角半径 R_1	3~10mm(图 a)			
R_2	0.5~1.5mm			
反挤压件外圆角半径 R_1	一般与零件的圆角			
内圆角半径 R_2	半径相同(图 b)			
特殊情况下,为了有利于金属流动可适当加大(图 b)。应注意两圆角之间的距离不能小于壁厚				
复合挤压件连皮位置及厚度 t_1:一般情况下杯-杯形挤压件连皮位置应放在中间(图 d);扁平类挤压件连皮位置应设在大端(图 c);连皮厚度 t_1 大于或等于壁厚 t				
凹穴的尺寸和位置:凹穴的深度 l_1 应小于直径 d,一个凹穴时,其位置应设在制件的对称中心(图 e)				

2.5 冷冲压、冷挤压零件的设计注意事项

表 1-3-40

类别	注 意 事 项	不 好 的 设 计	改 进 后 的 设 计
冲裁	工件的形状必须使工件能在板料上紧密排列。可节约金属		
	轮廓应避免出现尖(锐)角,以免产生毛刺或塌角,并避免过紧公差		
	优先采用在连续切割时不易产生错位的工具形状		

续表

类别	注意事项	不好的设计	改进后的设计
冲裁	避免太小的孔间距	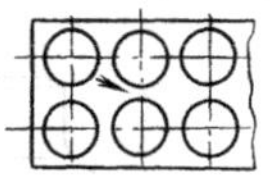	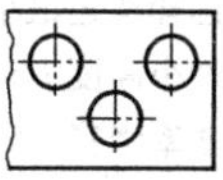
	尽量采用相同的冲剪形状	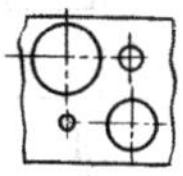	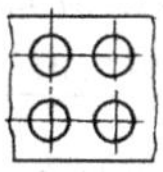
	避免复杂轮廓	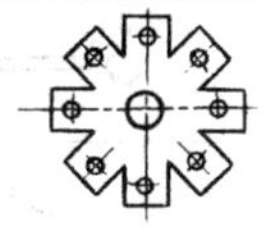	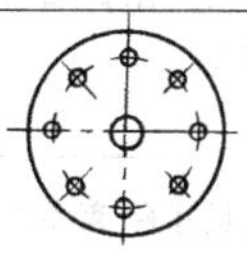
	避免过薄的冲模结构		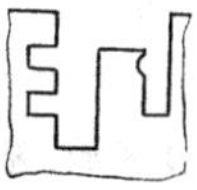
	形状尽量简单,优先采用斜切角,避免圆角	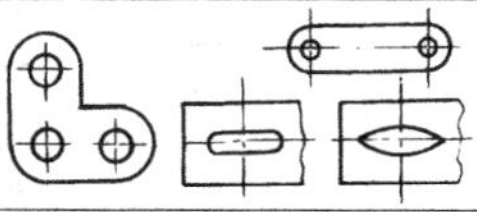	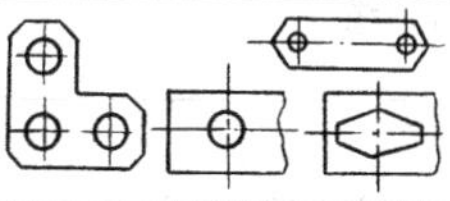
	切口处应有适当斜度,以免工件从凹模中退出时舌部与凹模内壁摩擦	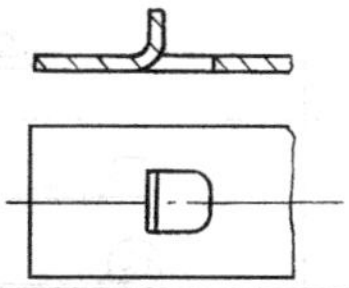	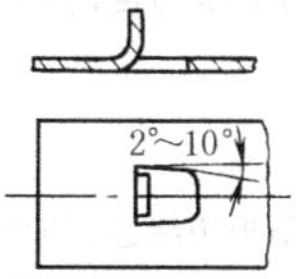 2°～10°
弯曲	考虑材料的弹性变形。图a必须附加整形工序才能实现,图a′弯曲后不需整形	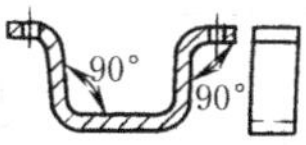 90° 90° (a)角度偏差要求严格 (在10′~30′之内)	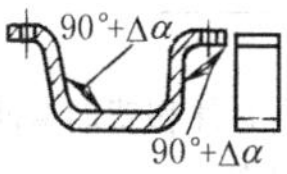 90°+Δα 90°+Δα (a′)角度偏差考虑了材料的弹性变形 (允差2°~3°)
	弯曲件的形状最好对称 图a弯曲时必须用较大的力压紧,而且还可能达不到要求的尺寸	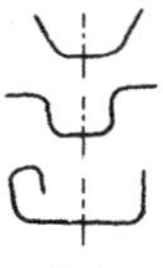 (a)	 (a′)
	窄料小半径弯曲件且宽度有严格要求时,应在弯曲处留切口	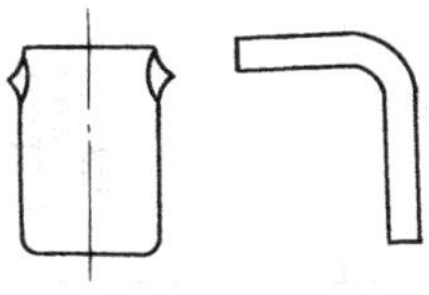	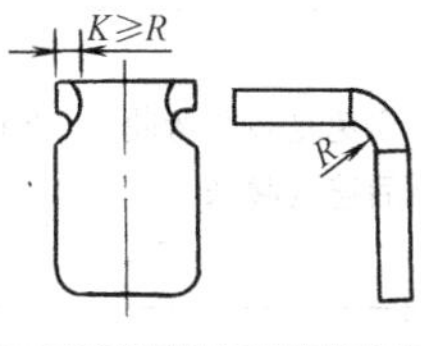 K≥R R
	在折角处采用缺口以便于折边	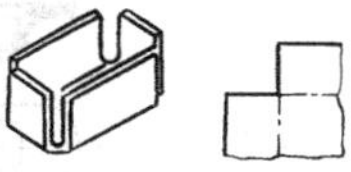	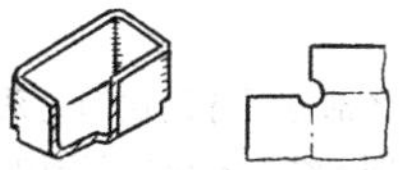
	对需要局部弯曲的工件,应预冲防裂槽或外移弯曲线,以免在交界处产生撕裂	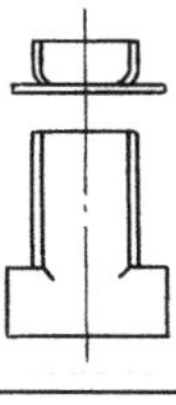	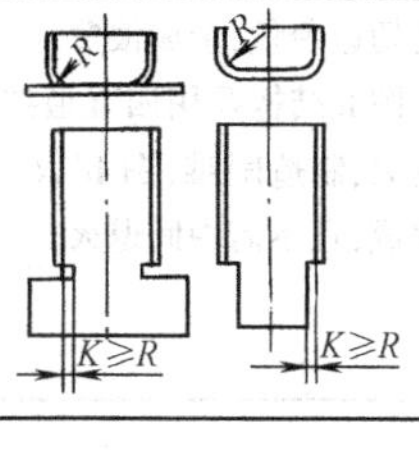 R R K≥R K≥R

续表

类别	注意事项	不好的设计	改进后的设计
弯曲	正确选择弯边最小高度和最小弯曲半径 弯边最小高度 $H>2t$ 最小曲率半径 $R\geqslant\begin{cases}(0\sim1.3)t & 弯曲线垂直轧制方向\\(0.4\sim2.0)t & 弯曲线平行轧制方向\end{cases}$	$a=f(t,R,材料)$	$R=f(t,材料)$
	当在折角附近有冲孔时,注意其与折边的最小距离		$x\geqslant r+1.5t$
	倘若最小距离不能实现,则力求断口和切槽通过折边		
	在折边区域,避免倾斜变化和缩小的外边缘		
	规定足够宽度的卷边		
	在薄板边缘进行加固		
	对空心件和背向弯曲件尽量采用大的保留开口宽度		
	采用图 a′方式,先打出一孔 A,再用切口、弯曲的方法代替图 a 所示结构,可节省很大劳动量	(a)	(a′)
	避免复杂的弯曲件(下料复杂),最好是分开后连接起来		
拉深	各部分尺寸的比例关系要恰当 图 a 结构不仅拉深困难,且需增加工序,放宽切边余量,金属浪费大 图 b 结构要用四五道拉深工序,并需中间退火,制造困难,图 b′仅用一二道工序即可完成,且不需中间退火	(a) $D>2.5d$ (b)	(a′) $D<1.5d$ (b′)

续表

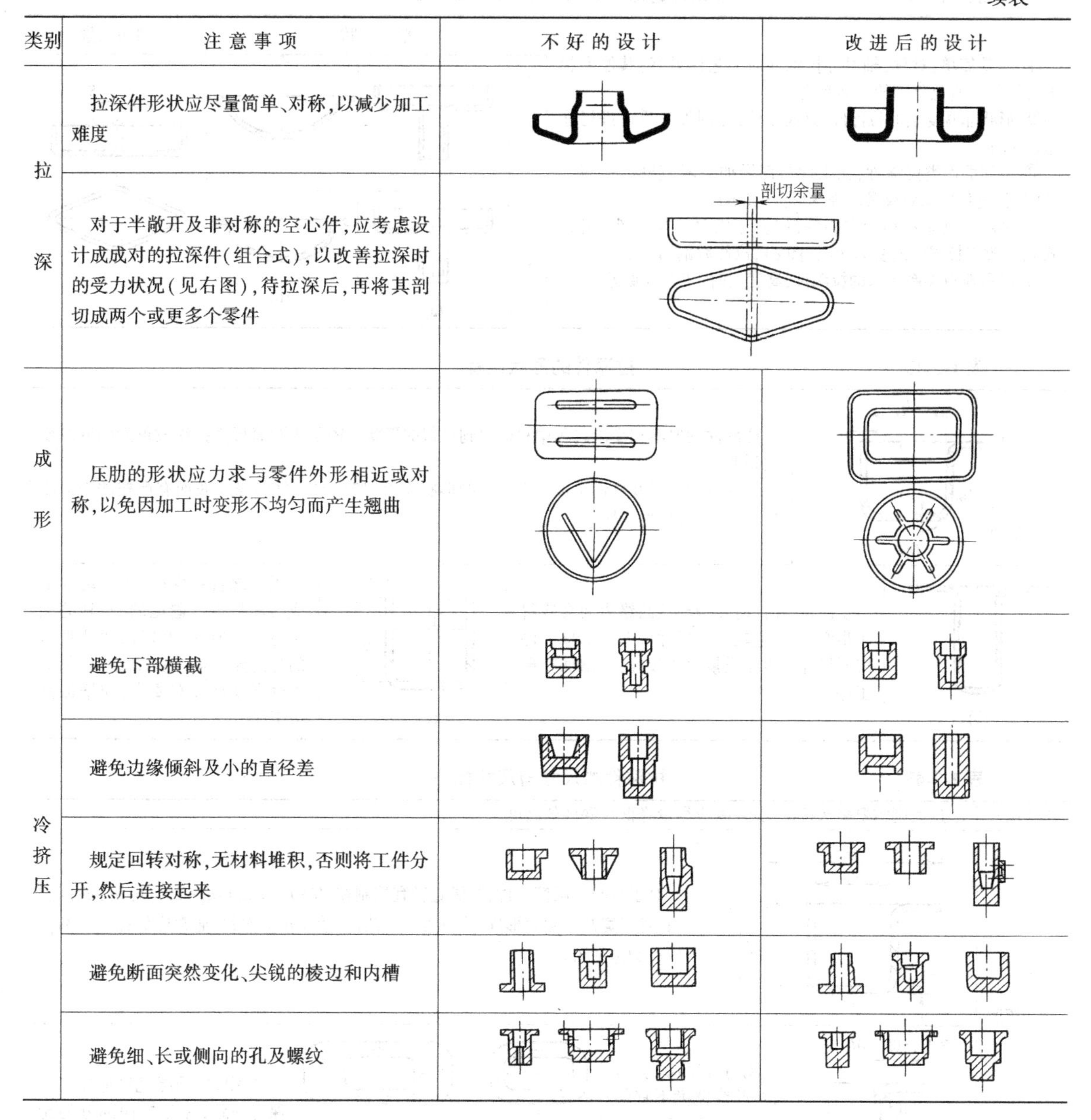

类别	注意事项	不好的设计	改进后的设计
拉深	拉深件形状应尽量简单、对称，以减少加工难度		
	对于半敞开及非对称的空心件，应考虑设计成成对的拉深件（组合式），以改善拉深时的受力状况（见右图），待拉深后，再将其剖切成两个或更多个零件		
成形	压肋的形状应力求与零件外形相近或对称，以免因加工时变形不均匀而产生翘曲		
冷挤压	避免下部横截		
	避免边缘倾斜及小的直径差		
	规定回转对称，无材料堆积，否则将工件分开，然后连接起来		
	避免断面突然变化、尖锐的棱边和内槽		
	避免细、长或侧向的孔及螺纹		

3 拉　　深

3.1 拉深件的设计及注意事项

拉深载荷的计算圆筒形件、椭圆形件及盒形件的拉深载荷可按式（1-3-1）近似计算：

$$P=K_pL_st\sigma_b \tag{1-3-1}$$

式中 L_s——工件断面周长（按料厚中心计）mm；

K_p——系数。对于圆筒形件的拉深，$K_p=0.5\sim1.0$；对于椭圆形件及盒形件的拉深，$K_p=0.5\sim0.8$；对于其他形状工件的拉深，$K_p=0.7\sim0.9$。当拉深趋近极限时 K_p 取大值；反之，取小值。

表 1-3-41　　拉深件的形状设计（JB/T 6959—2008）

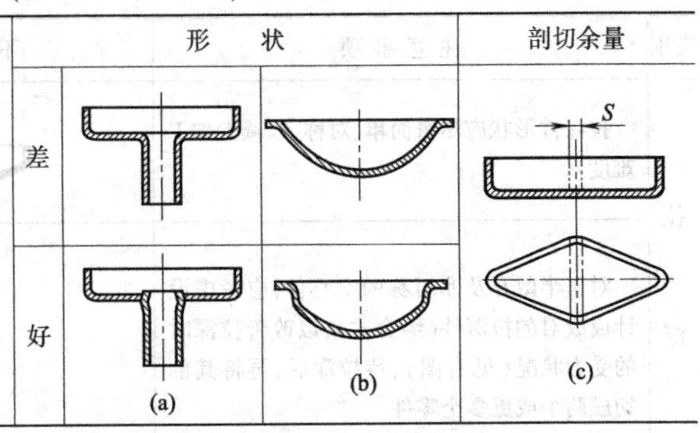

	形状		剖切余量
① 尽量简单、对称，轴对称拉深件的工艺性最好，其他形状的拉深件应避免急剧的轮廓变化 ② 形状非常复杂的拉深件，分成多件，分别加工后再进行连接（图 a） ③ 空间曲面类拉深件，在工件口部增加一段直壁以提高工件刚度，避免拉深皱纹及凸缘变形。（图 b） ④ 半敞开及非对称的空心件，应设计成对的拉深件（组合式），以改善拉深时的受力状况（图 c），拉伸后剖切 ⑤ 尽量避免尖底形状的拉深件，高度大时，工艺性更差	差 / 好 (a)	(b)	(c)

表 1-3-42　　拉深件的形状误差

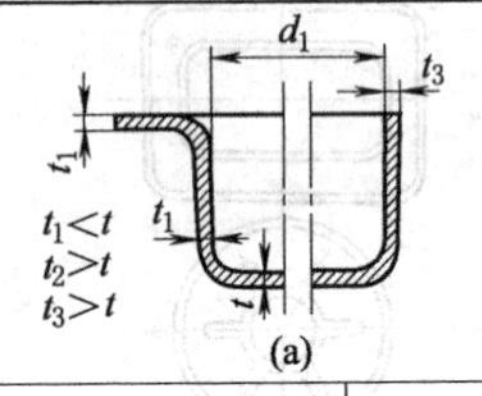

拉深件的壁厚在变形过程中只能得到近似的形状。图示为圆筒形件拉深成形后的壁厚变化说明

拉深件的凸缘及底部平面存在一定的形状误差，如果对工件凸缘及底面有严格的平面度要求，应增加整形工序

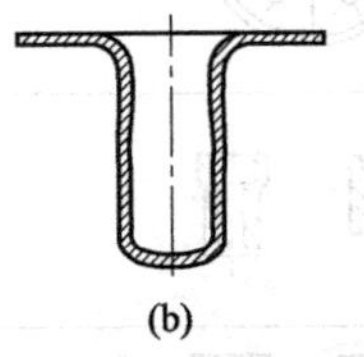

(b)

多次拉深时，内外侧壁及凸缘表面会残留工步弯痕，产生较大的尺寸偏差。如果工件壁厚尺寸及表面质量要求较高，应增加整形工序

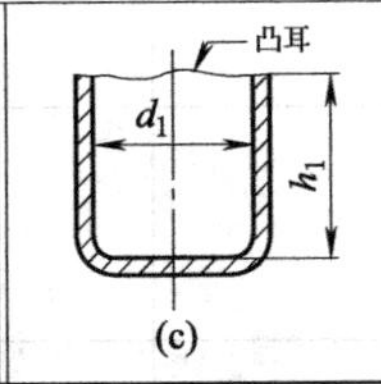

无凸缘件拉深时，工件端部形成凸耳是不可避免的，凸耳的大小与工件形状、毛坯尺寸及板料的各向异性等因素有关。如果对工件高度尺寸有要求，应增加修边工序

表 1-3-43　　拉深件的尺寸与尺寸标注

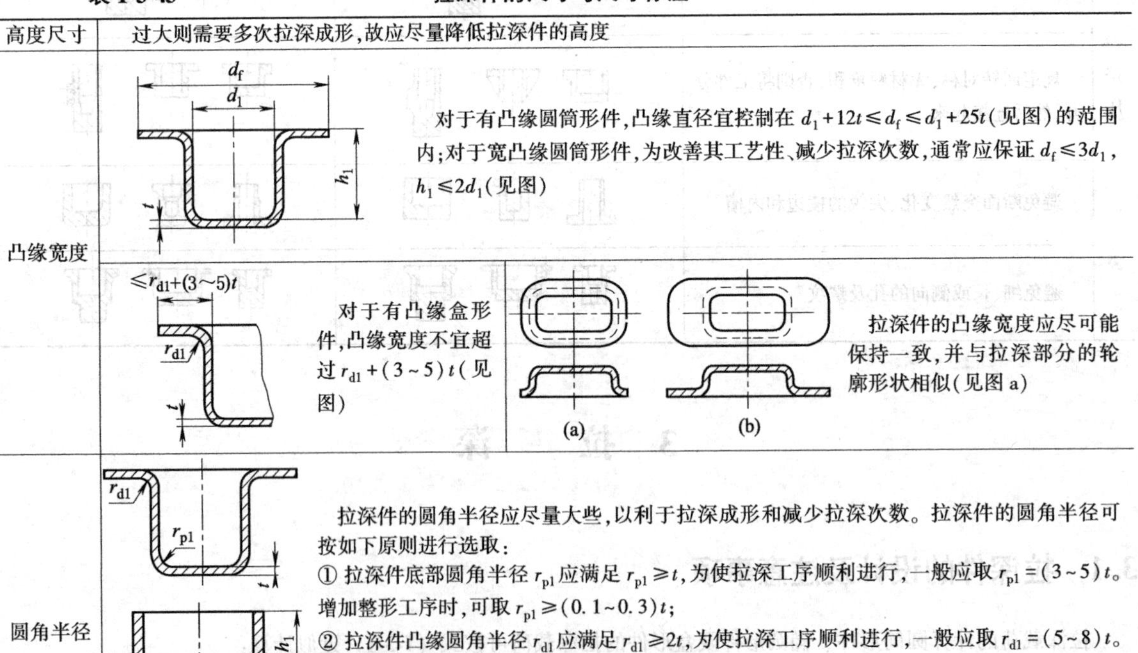

高度尺寸	过大则需要多次拉深成形，故应尽量降低拉深件的高度
凸缘宽度	对于有凸缘圆筒形件，凸缘直径宜控制在 $d_1+12t \leqslant d_f \leqslant d_1+25t$（见图）的范围内；对于宽凸缘圆筒形件，为改善其工艺性、减少拉深次数，通常应保证 $d_f \leqslant 3d_1$，$h_1 \leqslant 2d_1$（见图）
	对于有凸缘盒形件，凸缘宽度不宜超过 $r_{d1}+(3\sim5)t$（见图） （图注：$\leqslant r_{d1}+(3\sim5)t$）
	拉深件的凸缘宽度应尽可能保持一致，并与拉深部分的轮廓形状相似（见图 a） (a)　(b)
圆角半径	拉深件的圆角半径应尽量大些，以利于拉深成形和减少拉深次数。拉深件的圆角半径可按如下原则进行选取： ① 拉深件底部圆角半径 r_{p1} 应满足 $r_{p1} \geqslant t$，为使拉深工序顺利进行，一般应取 $r_{p1}=(3\sim5)t$。增加整形工序时，可取 $r_{p1} \geqslant (0.1\sim0.3)t$； ② 拉深件凸缘圆角半径 r_{d1} 应满足 $r_{d1} \geqslant 2t$，为使拉深工序顺利进行，一般应取 $r_{d1}=(5\sim8)t$。增加整形工序时，可取 $r_{d1} \geqslant (0.1\sim0.3)t$； ③ 盒形拉深件转角半径 r_{c1} 应满足 $r_{c1} \geqslant 3t$，为使拉深工序顺利进行，一般应取 $r_{c1} \geqslant 6t$。为便于一次拉深成形，应保证 $r_{c1} \geqslant 0.15h_1$

续表

冲孔设计	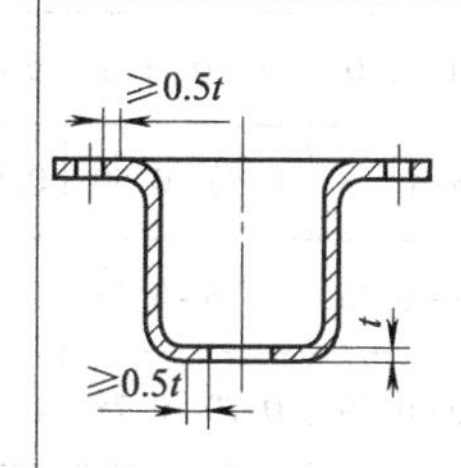 拉深件底部及凸缘上的冲孔的边缘与工件圆角半径的切点之间的距离不应小于 0.5t	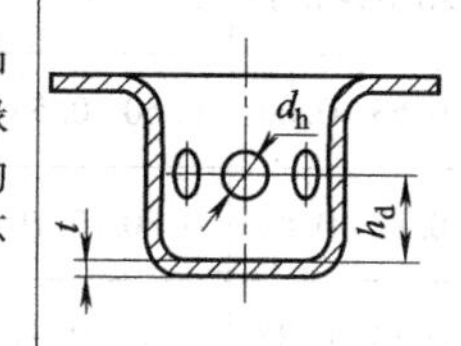 拉深件侧壁上的冲孔，孔中心与底部或凸缘的距离应满足 $h_d \geqslant 2d_h+t$	
	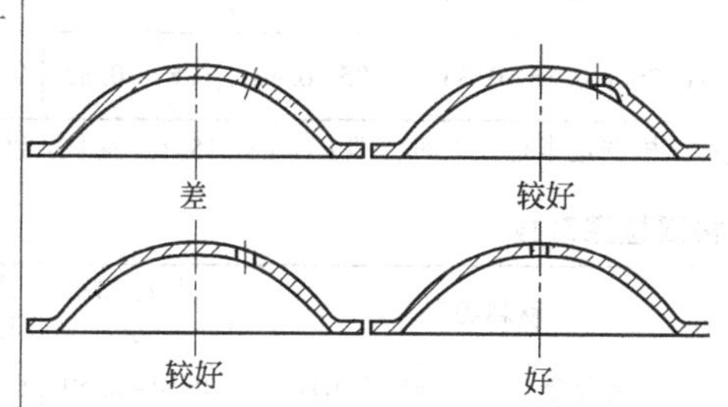	拉深件上的孔位应设置在与主要结构面（凸缘面）同一平面上，或使孔壁垂直于该平面，以便冲孔与修边同时在一道工序中完成	
尺寸标注	在拉深件图样上应注明必须保证的内腔尺寸或外部尺寸，不能同时标注内外形尺寸。对于有配合要求的口部尺寸应标注配合部分的深度 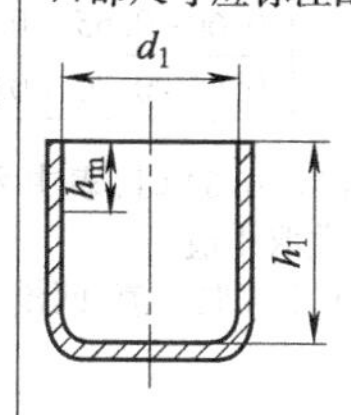	对于拉深件的圆角半径，应标注在较小半径的一侧，即模具能够控制到的圆角半径的一侧 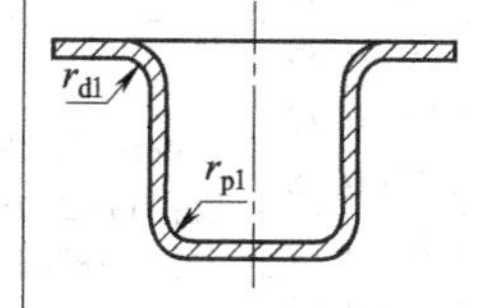	有台阶的拉深件，其高度尺寸应以底部为基准进行标注 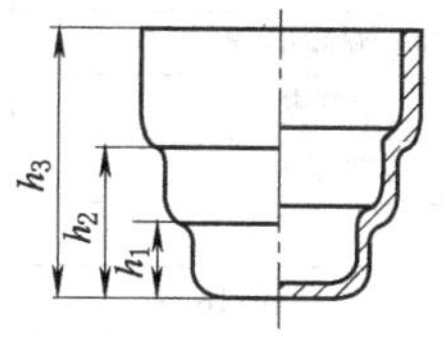

3.2 无凸缘圆筒形件的拉深（JB/T 6959—2008）

（1）毛坯直径的计算和修边余量的确定

无凸缘圆筒形件毛坯直径 D 的计算按式

$$D=\sqrt{d^2-1.72dr_p-0.56r_p^2+4dh} \tag{1-3-2}$$

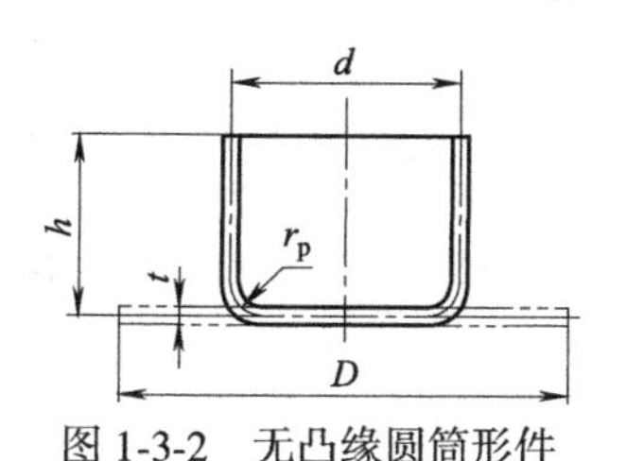

图 1-3-2　无凸缘圆筒形件

表 1-3-44　无凸缘圆筒形件修边余量 Δh 的确定

工件高度 h	工件相对高度 h/d			
	>0.5~0.8	>0.8~1.6	>1.6~2.5	>2.5~4.0
≤10	1.0	1.2	1.5	2.0
>10~20	1.2	1.6	2.0	2.5
>20~50	2.0	2.5	3.3	4.0
>50~100	3.0	3.8	5.0	6.0
>100~150	4.0	5.0	6.5	8.0
>150~200	5.0	6.3	8.0	10.0
>200~250	6.0	7.5	9.0	11.0
>250	7.0	8.5	10.0	12.0

（2）拉深系数的选取

表 1-3-45　　无凸缘圆筒形件的极限拉深系数

适用材料	各次极限	毛坯相对厚度 $t/D\times100$					
	拉深系数	>0.08~0.15	>0.15~0.3	>0.3~0.6	>0.6~1.0	>1.0~1.5	>1.5~2.0
08、10S、15S 钢与软黄铜 H62、H68。 当材料的塑性好、屈强比小、塑性应变比大时（05、08Z 及 10Z 钢等），应比表中的数值减小（1.5~2.0）%；而当材料的塑性差、屈强比大、塑性应变比小时（20、25、Q215、Q235、酸洗钢、硬铝、硬黄铜等），应比表中的数值增大（1.5~2.0）%。（符号 S 为深拉深钢；Z 为最深拉深钢）	$[m_1]$	0.63~0.60	0.60~0.58	0.58~0.55	0.55~0.53	0.53~0.50	0.50~0.48
	$[m_2]$	0.82~0.80	0.80~0.79	0.79~0.78	0.78~0.76	0.76~0.75	0.75~0.73
	$[m_3]$	0.84~0.82	0.82~0.81	0.81~0.80	0.80~0.79	0.79~0.78	0.78~0.76
	$[m_4]$	0.86~0.85	0.85~0.83	0.83~0.82	0.82~0.81	0.81~0.80	0.80~0.78
	$[m_5]$	0.88~0.87	0.87~0.86	0.86~0.85	0.85~0.84	0.84~0.82	0.82~0.80

注：凹模圆角半径较小时，即 $R_d=(4\sim8)t$，表中系数取大值；凹模圆角半径较大时，即 $R_d=(8\sim15)t$，表中系数取小值。

表 1-3-46　　其他金属材料的极限拉深系数

材料牌号		首次拉深 $[m_i]$	以后各次拉深 $[m_i]$
铝和铝合金	8A06、1035、3A21	0.52~0.55	0.70~0.75
杜拉铝	2A11、2A12	0.56~0.58	0.75~0.80
黄铜	H62	0.52~0.54	0.70~0.72
	H68	0.50~0.52	0.68~0.72
纯铜	T2、T3、T4	0.50~0.55	0.72~0.80
无氧铜		0.50~0.58	0.75~0.82
镍、镁镍、硅镍		0.48~0.53	0.70~0.75
康铜（铜镍合金）		0.50~0.56	0.74~0.84
白铁皮		0.58~0.65	0.80~0.85
酸洗钢板		0.54~0.58	0.75~0.78
不锈钢	Cr13	0.52~0.56	0.75~0.78
	Cr18Ni	0.50~0.52	0.70~0.75
	1Cr18Ni9Ti	0.52~0.55	0.78~0.81
	Cr18Ni11Nb、Cr23Ni13	0.52~0.55	0.78~0.80

材料牌号		首次拉深 $[m_i]$	以后各次拉深 $[m_i]$
镍铬合金	Cr20Ni80Ti	0.54~0.59	0.78~0.84
合金结构钢	30CrMnSiA	0.62~0.70	0.80~0.84
可伐合金		0.65~0.67	0.85~0.90
钼铱合金		0.72~0.82	0.91~0.97
钽		0.65~0.67	0.84~0.87
铌		0.65~0.67	0.84~0.87
钛及钛合金	TA2、TA3	0.58~0.60	0.80~0.85
	TA5	0.60~0.65	0.80~0.85
锌		0.65~0.70	0.85~0.90

备注：1. 毛坯相对厚度 $t/D\times100<0.62$ 时，表中系数取大值；当 $t/D\times100\geqslant0.62$ 时，表中系数取小值

2. 凹模圆角半径 $R_d<6t$ 时，表中系数取大值；凹模圆角半径 $R_d\geqslant(7\sim8)t$ 时，表中系数取小值

（3）无凸缘圆筒形件拉深次数及各次拉深变形尺寸的确定

确定无凸缘圆筒形件拉深次数及各次拉深变形尺寸的步骤和方法如下：

① 按表 1-3-44 确定修边余量 Δh。

② 按式（1-3-2）计算毛坯直径 D。

③ 在表 1-3-45 及表 1-3-46 中查得各次拉深的极限拉深系数，并依次计算各次拉深的极限拉深直径，一直计算到小于或等于工件要求的直径，从而得到工件所需的拉深次数。

④ 拉深次数确定以后，为使各次拉深变形程度分配更为合理，应调整各次拉深系数，并使之满足：$d=m_1m_2\cdots m_iD$。

⑤ 根据调整后的拉深系数计算各次拉深直径。

⑥ 确定各工序制件的底部圆角半径。

⑦ 按式（1-3-3）计算各工序制件的高度。

$$h_i=0.25\left(\frac{D^2}{d_i}-d_i\right)+0.43\frac{r_{pi}}{d_i}(d_i+0.32r_{pi}) \tag{1-3-3}$$

式中，符号下标 $i=1$、2、3、…，表示第 i 次拉深。

3.3　有凸缘圆筒形件的拉深

（1）有凸缘圆筒形件毛坯直径的计算和修边余量的确定

有凸缘圆筒形件毛坯直径 D 的计算按式（1-3-4）：

$$D=\sqrt{d_f^2-1.72d(r_p+r_d)-0.56(r_p^2-r_d^2)+4dh} \tag{1-3-4}$$

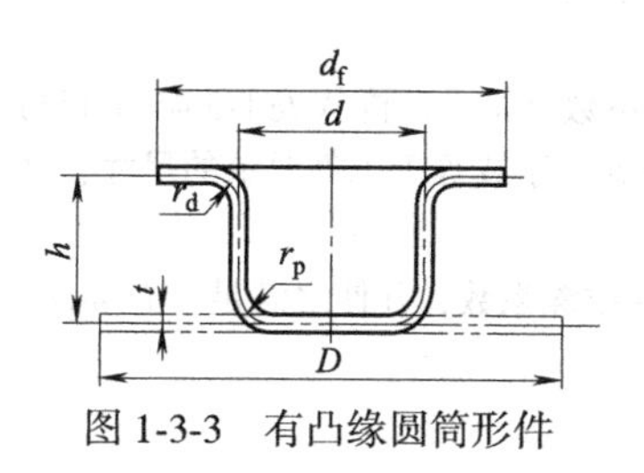

图 1-3-3　有凸缘圆筒形件

表 1-3-47　有凸缘圆筒形件的修边余量 Δd_f 的确定　mm

凸缘直径 d_f	凸缘相对直径 d_f/d				附图
	≤1.5	>1.5~2.0	>2.0~2.5	>2.5	
≤25	1.8	1.6	1.4	1.2	
>25~50	2.5	2.0	1.8	1.6	
>50~100	3.5	3.0	2.5	2.2	
>100~150	4.3	3.6	3.0	2.5	
>150~200	5.0	4.2	3.5	2.7	
>200~250	5.5	4.6	3.8	2.8	
>250	6.0	5.0	4.0	3.0	

（2）首次拉深的最大相对高度和极限拉深系数

有凸缘圆筒形件首次拉深的最大相对高度、极限拉深系数见表 1-3-48。对于以后各次拉深，可相应地选取表 1-3-45 中的 [m_2]、[m_3] …… [m_i]。

表 1-3-48　有凸缘圆筒形件首次拉深的最大相对高度 [h_1/d_1]，首次拉深的极限拉深系数 [m_1]

凸缘相对直径 d_f/d_1	毛坯相对厚度 $t/D\times100$									
	[h_1/d_1]					[m_1]				
	>0.06~0.2	>0.2~0.5	>0.5~1.0	>1.0~1.5	>1.5	>0.06~0.2	>0.2~0.5	>0.5~1.0	>1.0~1.5	>1.5
≤1.1	0.45~0.52	0.50~0.62	0.57~0.70	0.60~0.80	0.75~0.90	0.59	0.57	0.55	0.53	0.50
>1.1~1.3	0.40~0.47	0.45~0.53	0.50~0.60	0.56~0.72	0.65~0.80	0.55	0.54	0.53	0.51	0.49
>1.3~1.5	0.35~0.42	0.40~0.48	0.45~0.53	0.50~0.63	0.58~0.70	0.52	0.51	0.50	0.49	0.47
>1.5~1.8	0.29~0.35	0.34~0.39	0.37~0.44	0.42~0.53	0.48~0.58	0.48	0.48	0.47	0.46	0.45
>1.8~2.0	0.25~0.30	0.29~0.34	0.32~0.38	0.36~0.46	0.42~0.51	0.45	0.45	0.44	0.43	0.42
>2.0~2.2	0.22~0.26	0.25~0.29	0.27~0.33	0.31~0.40	0.35~0.45	0.42	0.42	0.42	0.41	0.40
>2.2~2.5	0.17~0.21	0.20~0.23	0.22~0.27	0.25~0.32	0.28~0.35	0.38	0.38	0.38	0.38	0.37
>2.5~2.8	0.13~0.16	0.15~0.18	0.17~0.21	0.19~0.24	0.22~0.27	0.35	0.35	0.34	0.34	0.33
>2.8~3.0	0.10~0.13	0.12~0.15	0.14~0.17	0.16~0.20	0.18~0.22	0.33	0.33	0.32	0.32	0.31

注：1. 表中系数适用于 08、10 号钢。对于其他材料，可根据其成形性能的优劣对表中数值作适当修正。

2. 最大相对高度部分较小值对应于工件圆角半径较小的情况，即 r_p、$r_d=(4\sim8)t$；较大值对应于工件圆角半径较大的情况，即 r_p、$r_d=(10\sim20)t$。

（3）多次拉深的设计原则

有凸缘圆筒形件的多次拉深可按如下原则进行设计：

① 对于窄凸缘圆筒形件（$d_f/d=1.1\sim1.4$），前几次拉深中不留凸缘或只留凸缘和圆角部分，而在以后的拉深中形成锥形凸缘，并于整形工序中将凸缘压平。

② 对于宽凸缘圆筒形件（$d_f/d>1.4$），应在首次拉深中形成工件要求的凸缘直径，而在以后的拉深中凸缘直径保持不变。

a. 当毛坯相对厚度较大时，应在首次拉深中得到凸缘与底部圆角半径较大的中间毛坯，而在以后的拉深中制件高度基本保持不变，仅减小圆筒直径和圆角半径。

b. 当毛坯相对厚度较小并且首次拉深圆角半径较大的中间毛坯具有起皱危险时，应按正常圆角半径大小进行首次拉深设计，而在以后的拉深中制件圆角半径基本保持不变，仅以减小圆筒直径来增大制件高度。

③ 为了避免凸缘直径在以后的拉深中发生收缩变形，宽凸缘圆筒形件首次拉深时拉入凹模的毛坯面积（凸缘圆角以内的部分，包括凸缘圆角）应加大 3%~10%。多余材料在以后的拉深中，逐次将 1.5%~3%的部分挤回到凸缘位置，使凸缘增厚。

④ 当工件的凸缘与底部圆角半径过小时，可先以适当的圆角半径拉深成形，然后再整形至工件要求的圆角尺寸。

（4）拉深次数及各次拉深变形尺寸的确定

确定有凸缘圆筒形件拉深次数及各次拉深变形尺寸的步骤和方法如下：

① 按表 1-3-47 确定修边余量 Δd_f。

② 按式（1-3-4）计算毛坯直径 D。

③ 计算 $t/D\times100$ 和 d_f/d，从表 1-3-48 中查得首次拉深的最大相对高度［h_1/d_1］，然后与工件的相对高度 h/d 进行比较，判断能否一次拉深成形。

④ 如需多次拉深，则先用逼近法确定首次拉深的圆筒直径 d_1 和极限拉深系数［m_1］，再从表 1-3-45 中查得以后各次拉深的极限拉深系数。依次计算各次拉深的极限拉深直径，一直计算到小于或等于工件要求的尺寸，从而得到工件所需的拉深次数。

⑤ 拉深次数确定以后，为使各次拉深变形程度分配更为合理，应调整各次拉深系数，并使之满足：$d=m_1m_2\cdots m_iD$。

⑥ 根据上面（3）中③原则，重新计算毛坯直径 D。

⑦ 根据调整后的毛坯直径和拉深系数计算各次拉深直径。

⑧ 确定各工序制件的凸缘与底部圆角半径。

⑨ 按下式计算各工序制件的高度。

$$h_i=\frac{0.25}{d_i}(D^2-d_f^2)+0.43(r_{pi}+r_{di})+\frac{0.14}{d_i}(r_{pi}^2-r_{di}^2) \tag{1-3-5}$$

式中，符号下标 $i=1$、2、3…，表示第 i 次拉深。

⑩ 校核首次拉深的制件相对高度。如果首次拉深的 $h_1/d_1>$［h_1/d_1］，则应重新调整各次拉深系数。

3.4 无凸缘椭圆形件的拉深

无凸缘椭圆形件如图 1-3-4 所示。根据能否一次拉深成形，将无凸缘椭圆形件分为两类：能一次拉深成形的称为无凸缘低椭圆形件；需多次拉深成形的称为无凸缘高椭圆形件。

（1）修边余量的确定

无凸缘椭圆形件的修边余量 Δh 的确定可参考表 1-3-49。

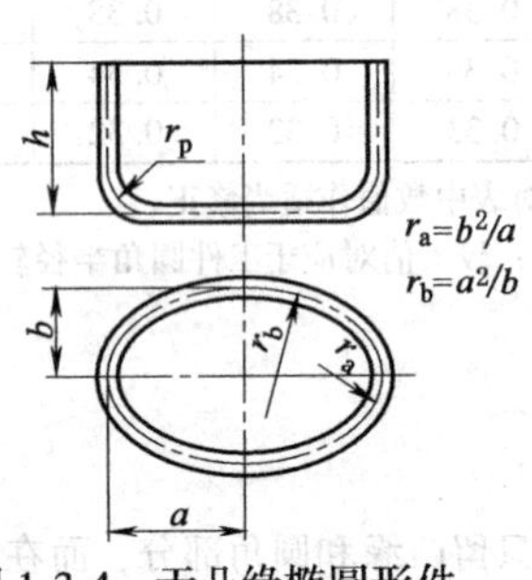

图 1-3-4　无凸缘椭圆形件

表 1-3-49　　mm

工件高度 h	工件相对高度 $h/2b$			
	>0.5~0.8	>0.8~1.6	>1.6~2.5	>2.5~4.0
≤10	1.0	1.2	1.5	2.0
>10~20	1.2	1.6	2.0	2.5
>20~50	2.0	2.5	3.3	4.0
>50~100	3.0	3.8	5.0	6.0
>100~150	4.0	5.0	6.5	8.0
>150~200	5.0	6.3	8.0	10.0
>200~250	6.0	7.5	9.0	11.0
>250	7.0	8.5	10.0	12.0

（2）一次拉深的判断

无凸缘椭圆形件一次拉深时的拉深系数按式（1-3-6）计算：

$$m_a=\frac{r_a}{R_a} \tag{1-3-6}$$

式中　R_a——无凸缘椭圆形件长轴端部的毛坯展开半径按式（1-3-7）计算。

$$R_a=\sqrt{r_a^2-0.86r_ar_p-0.14r_p^2+2r_ah} \tag{1-3-7}$$

无凸缘椭圆形件首次拉深的极限拉深系数按式（1-3-8）计算。

$$[m_{a1}]=K_a\sqrt{\frac{b}{a}}[m_1] \tag{1-3-8}$$

式中　K_a——与材料性能有关的系数，$K_a=1.04\sim1.08$。材料成形性能好时取小值；反之，取大值；

［m_1］——无凸缘圆筒形件的首次拉深的极限拉深系数，表 1-3-45 中的毛坯相对厚度以 $t/2a\times100$ 代换。

（3）无凸缘低椭圆形件与无凸缘高椭圆形件的拉深

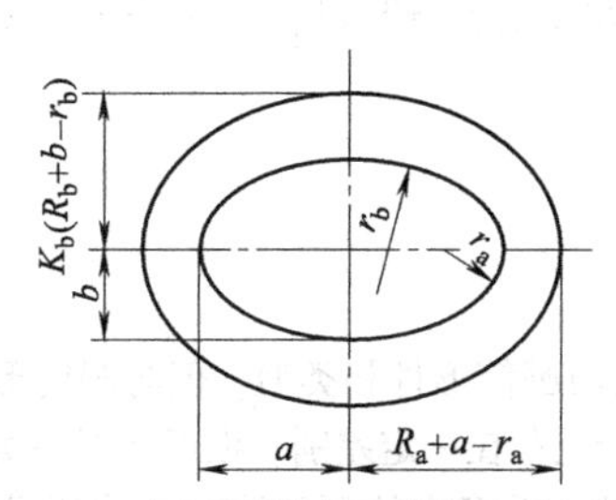

图 1-3-5　无凸缘低椭圆形件的毛坯设计

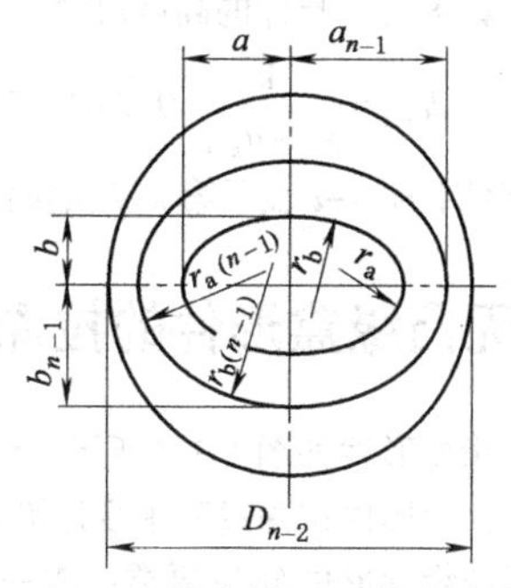

图 1-3-6　无凸缘高椭圆形件的多次拉深

无凸缘低椭圆形件的毛坯展开形状仍为椭圆（见图 1-3-5），图中尺寸 R_b 为短轴端部的毛坯展开半径，按式（7）计算，式中以 r_b 代换 r_a。图中系数 $K_b=1.0\sim1.1$，当工件椭圆度 a/b 较大时，K_b 取大值。

无凸缘高椭圆形件的多次拉深，其各工序制件应采用无凸缘椭圆形或圆筒形件，拉深工艺计算应由末道工序向前推算。为确保均匀变形，要求各工序制件的椭圆长、矩轴处的拉深系数相等，见式（1-3-9）。

$$m_{n-i}=\frac{r_{a(n-i)}}{r_{a(n-i)}+a_{n-i-1}-a_{n-i}}=\frac{r_{b(n-i)}}{r_{b(n-i)}+b_{n-i-1}-b_{n-i}}=0.75\sim0.85 \tag{1-3-9}$$

式中，符号下标 $n-i$ 和 $n-i-1$ 分别表示第 $n-i$ 次和第 $n-i-1$ 次拉深，其中 $i=0$、1、2、…。材料成形性能差、拉深次数多，拉深接近末道工序时，拉深系数取大值；反之，取小值。

（4）确定无凸缘高椭圆形件各次拉深变形尺寸的步骤和方法

① 选定末道工序椭圆长、短轴处的拉深系数，按式（1-3-9）计算 $n-1$ 序制件的椭圆长、短半轴尺寸，按式（1-3-10）和式（1-3-11）计算 $n-1$ 序制件的椭圆长、短轴处的曲率半径。

$$r_{a(n-1)}=\frac{b_{n-1}^2}{a_{n-1}} \tag{1-3-10}$$

$$r_{b(n-1)}=\frac{a_{n-1}^2}{b_{n-1}} \tag{1-3-11}$$

② 按 3.4 之（2）中的方法判断 $n-1$ 序制件能否一次拉深成形。

③ 如果 $n-1$ 序制件无法一次拉深成形，则应进行 $n-2$ 序制件的工艺计算。

a. 当 $a_{n-1}/b_{n-1}\leqslant1.3$ 时，$n-2$ 序制件扔选用无凸缘圆筒形件，并按式（1-3-12）计算圆筒直径。其他各道工序的计算，可参考无凸缘圆筒形件的拉深。

$$D_{n-2}=2\frac{r_{b(n-1)}a_{n-1}-r_{a(n-1)}b_{n-1}}{r_{b(n-1)}-r_{a(n-1)}} \tag{1-3-12}$$

b. 当 $a_{n-1}/b_{n-1}>1.3$ 时，$n-2$ 序制件仍选用无凸缘椭圆形件，其计算方法与 $n-1$ 序制件完全相同，只需变换各公式符号中的下标。

④ 通过①、②和③的反复计算，最终可得到各工序制件的截面尺寸及拉深次数。综合考虑各工序变形情况，对各工序拉深系数进行调整，并按调整后的拉深系数重新计算各工序制件的截面尺寸。

⑤ 按以下步骤计算各工序制件的高度：

a. 确定修边余量 Δh；

b. 按式（1-3-13）计算与工件椭圆周长相等效的圆筒当量直径 d，式中系数 $\lambda=(a-b)^2/(a+b)^2$；

$$d=(a+b)\left(1+\frac{3\lambda}{10+\sqrt{4-3\lambda}}\right) \tag{1-3-13}$$

c. 按式（1-3-14）计算无凸缘椭圆形件的近似毛坯当量直径 D：

$$D=1.13\sqrt{3.14[(a-r_p)(b-r_p)+dh]+1.79dr_p-3.58r_p^2} \tag{1-3-14}$$

d. 对于椭圆形制件，按式（1-3-13）计算与各工序制件椭圆周长相等效的圆筒当量直径 d_{n-i}，式中以 a_{n-i} 和 b_{n-i} 代换 a 和 b；

e. 确定各工序制件的底部圆角半径；

f. 计算各工序制件的高度尺寸，椭圆形制件按式（1-3-15）计算；圆筒形制件按式（1-3-3）计算。

$$h_{n-i}=\frac{1}{3.14d_{n-i}}[0.79D^2-3.14(a_{n-i}-r_{p(n-i)})(b_{n-i}-r_{p(n-i)})-1.79d_{n-i}r_{p(n-i)}+3.58r_{p(n-i)}^2]\cdots\cdots \quad (1\text{-}3\text{-}15)$$

式中，符号下标 $n-i$ 表示第 $n-i$ 次拉深，其中 $i=0$、1、2、…。

3.5 无凸缘盒形件的拉深

无凸缘盒形件如图 1-3-7 所示。无凸缘盒形件的拉深，在变形性质上与圆筒形件相类似。但与圆筒形件拉深不同的是，盒形件拉深过程中变形沿周向分布不均，因此在拉深工艺设计上存在一定差别。根据能否一次拉深成形，将无凸缘盒形件分为两类：能一次拉深成形的称为无凸缘低盒形件；需多次拉深成形的称为无凸缘高盒形件。

（1）修边余量的确定（表 1-3-50）

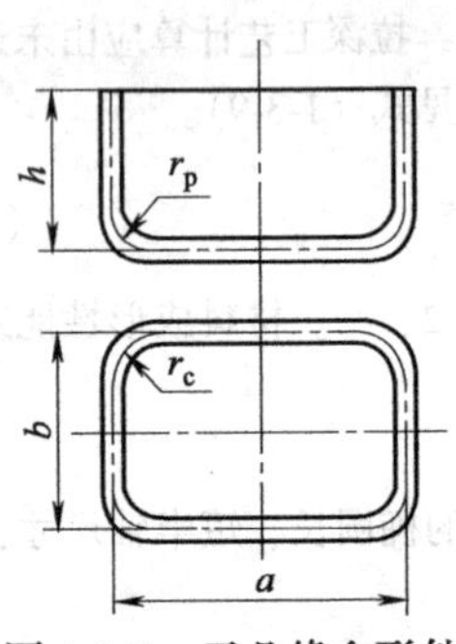

图 1-3-7 无凸缘盒形件

表 1-3-50 无凸缘盒形件的修边余量 Δh 的确定

工件高度	工件相对高度 h/b			
h	>0.5~0.8	>0.8~1.6	>1.6~2.5	>2.5~4.0
≤10	1.0	1.2	1.5	2.0
>10~20	1.2	1.6	2.0	2.5
>20~50	2.0	2.5	3.3	4.0
>50~100	3.0	3.8	5.0	6.0
>100~150	4.0	5.0	6.5	8.0
>150~200	5.0	6.3	8.0	10.0
>200~250	6.0	7.5	9.0	11.0
>250	7.0	8.5	10.0	12.0

（2）一次拉深的判断

无凸缘盒形件首次拉深的最大相对高度见表 1-3-51。

表 1-3-51 无凸缘盒形件首次拉深的最大相对高度［h/b］

相对转角半径	毛坯相对厚度 t/D×100				备　注
r_c/b	>0.2~0.5	>0.5~1.0	>1.0~1.5	>1.5~2.0	
0.05	0.35~0.50	0.40~0.55	0.45~0.60	0.50~0.70	1. 表中系数适用于08、10钢。对于其他材料，可根据其成形性能的优劣对表中数值作适当修正 2. D为毛坯尺寸，对于圆形毛坯为其直径对于矩形毛坯为其短边宽度 3. 当 b≤100mm 时，表中系数取大值；当 b>100mm 时，表中系数取小值
0.10	0.45~0.60	0.50~0.65	0.55~0.70	0.60~0.80	
0.15	0.60~0.70	0.65~0.75	0.70~0.80	0.75~0.90	
0.20	0.70~0.80	0.70~0.85	0.82~0.90	0.90~1.00	
0.30	0.85~0.90	0.90~1.00	0.95~1.10	1.00~1.20	

（3）无凸缘低盒形件的毛坯设计

无凸缘低盒形件的初始毛坯设计（图 1-3-8）可按如下步骤进行，而最终毛坯尺寸应根据拉深试验的具体情况做进一步修改。

① 按式（1-3-16）计算直边部分毛坯展开长度 L_a 和 L_b

$$L_a=L_b=h+0.57r_p \quad (1\text{-}3\text{-}16)$$

② 按式（1-3-17）计算转角部分毛坯展开半径 R_c

$$R_c=\sqrt{r_c^2-0.86r_cr_p-0.14r_p^2+2r_ch} \quad (1\text{-}3\text{-}17)$$

③ 如图 1-3-8 所示作出从转角到直边呈阶梯形过渡的毛坯形状 ABCDEF，过线段 BC、DE 中点分别向半径为 R_c 的圆弧引切线，并用圆弧 R_c 过渡所有的直线相交位置。

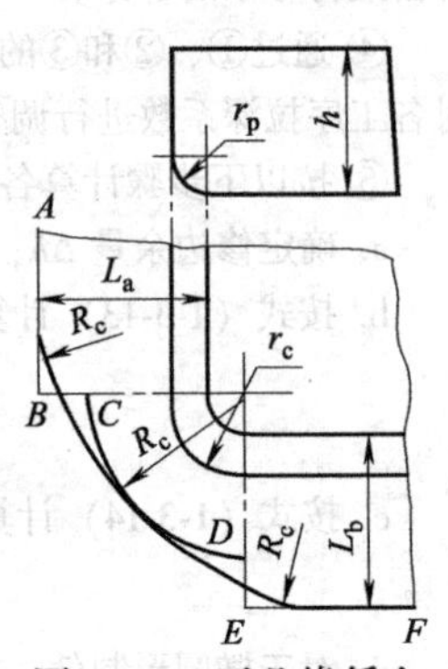

图 1-3-8 无凸缘低盒形件的毛坯设计

（4）无凸缘高盒形件的拉深

① 无凸缘高方形盒件的拉深　对于无凸缘高方形盒件的多次拉深，其各工序制件

可采用无凸缘圆筒形件，并由末道拉深工序得到工件的形状和尺寸。

确定无凸缘高方形盒件各次拉深（图 1-3-9）变形尺寸的步骤和方法见表 1-3-52。

② 无凸缘高矩形盒件的拉深　无凸缘高矩形盒件 $n-1$ 序制件可采用无凸缘椭圆形件，为保证末道拉深工序顺利进行，应选用合理的椭圆形毛坯制件形状。

确定无凸缘高矩形盒件各次拉深（图 1-3-10）变形尺寸的步骤和方法见表 1-3-52。

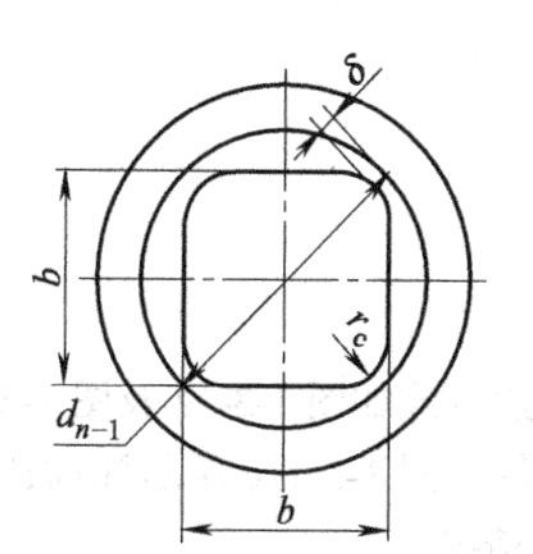

图 1-3-9　无凸缘高方形盒件的多次拉深

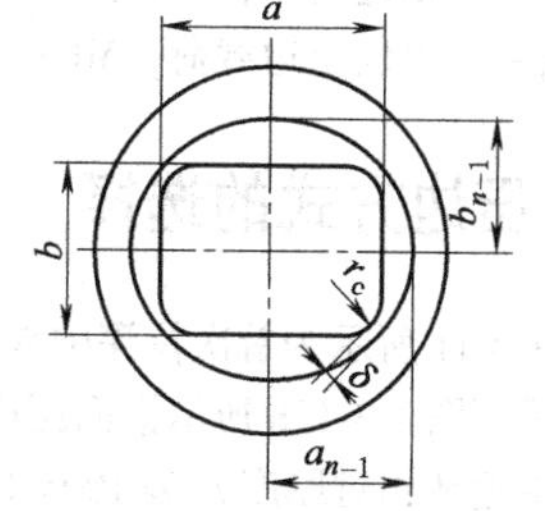

图 1-3-10　无凸缘高矩形盒件的多次拉深

表 1-3-52　　无凸缘高方形和高矩形盒件的多次拉深尺寸的确定

无凸缘高方形盒件的多次拉深	① 确定修边余量 Δh； ② 按式(a)计算毛坯直径 D； $D=1.13\sqrt{b^2+4b(h-0.43r_p)-1.72r_c(h+0.5r_c)-4r_p(0.11r_p-0.18r_c)}$　(a) ③ 按式(b)计算 $n-1$ 序制件的圆筒直径，式中转角间距 $\delta=0.2\sim0.3(r_c-0.5t)$； $d_{n-1}=1.41b-0.82r_c+2\delta$　(b) ④ 确定 $n-1$ 序制件的底部圆角半径； ⑤ 按式(A.1)计算 $n-1$ 序制件的高度； ⑥ 其他各道工序的计算，可参考无凸缘圆筒形件的拉深。
无凸缘高矩形盒件的多次拉深	① 确定修边余量 Δh； ② 按式(c)计算毛坯当量直径 D； $D=1.13\sqrt{ab+(a+b)(2h-0.86r_p)-1.72r_c(h+0.5r_c)-4r_p(0.11r_p-0.18r_c)}$　(c) ③ 按式(d)计算 $n-1$ 序制件的椭圆长，短半轴尺寸，式中转角间距 $\delta=0.2\sim0.3(r_c-0.5t)$； $\begin{cases}a_{n-1}=0.5a+0.205b-0.41r_c+\delta\\b_{n-1}=0.5b+0.205a-0.41r_c+\delta\end{cases}$　(d) ④ 按 C.1 中 e)的 2)～6)计算 $n-1$ 序制件的高度； ⑤ 其他各道工序的计算，可参考无凸缘椭圆形件的拉深。

4　压边（JB/T 6959—2008）

4.1　压边拉深的条件

圆筒形件拉深时，按式（1-3-18）和式（1-3-19）判断是否采用压边拉深。

首次拉深中制件不起皱的条件是：

$$\frac{t}{D}\geqslant K_y(1-m_1) \tag{1-3-18}$$

以后各次拉深中制件不起皱的条件是：

$$\frac{t}{d_{i-1}}\geqslant K_y\left(\frac{1}{m_i}-1\right) \tag{1-3-19}$$

式中，采用平面凹模拉深时，系数 $K_y=0.045$；采用锥面凹模（通常凹模锥面与冲压方向所成角度为 30°）拉深时，系数 $K_y=0.03$。符号下标 $i-1$ 和 i 分别表示第 $i-1$ 次和第 i 次拉深，其中 $i=2$、3、4…。

对于椭圆形件及盒形件的拉深，则应根据椭圆长轴端部及盒形件转角部分的拉深变形情况近似判断是否采用压边拉深。

4.2 压边载荷的计算

圆筒形件、椭圆形件及盒形件的压边载荷可按式（1-3-20）近似计算：

$$Q=Fq \tag{1-3-20}$$

式中 F——压边面积，mm^2；

q——单位压边载荷，MPa，通常取 $q=\sigma_b/150$。

4.3 压边方式的选择

图 1-3-11 所示为首次拉深中常用的三种压边方式，以后各次拉深中的压边方式如图 1-3-12 及图 1-3-13 所示。当采用图 1-3-11b 所示锥面压边时，首次拉深的极限拉深系数可适当降低。图 1-3-11c 所示弧面压边用于首次位深中毛坯相对厚度 $t/D\times100\leqslant0.3$、凸缘宽度较小且凸缘圆角半径较大的情况。

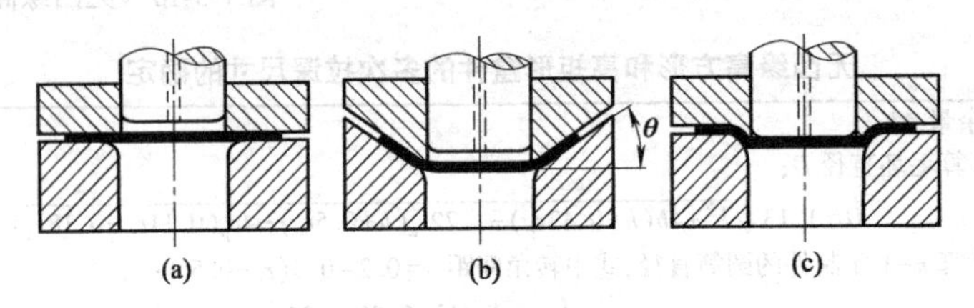

图 1-3-11　首次拉深中的压边方式

当采用单动压力机拉深工件时，为了获得更好的压边效果，常采用带限位装置的压边圈，如图 1-3-12 所示，限位距离一般取 $s=(1.05\sim1.1)t$。

图 1-3-12　带限位装置的压边方式

4.4 压机能力的选择

对于单动压力机，设备公称压力应满足式（1-3-21）：

$$P_0>P+Q \tag{1-3-21}$$

对于双动压力机，设备公称压力应满足式（1-3-22）和式（1-3-23）：

$$P_1>P \tag{1-3-22}$$

$$P_2>Q \tag{1-3-23}$$

式中 P_0——单动压力机的公称压力，N；

P_1——双动压力机拉深滑块的公称压力，N；

P_2——双动压力机压边滑块的公称压力，N。

选择设备的公称压力时，还应考虑设备制造厂家规定的安全系数。

5 模具结构设计（JB/T 6959—2008）

5.1 模具的结构形式

当必须采用压边拉深时，可参考图 1-3-13 所示模具结构形式，其中斜角结构通常用于拉深直径大于 100mm 的工件。

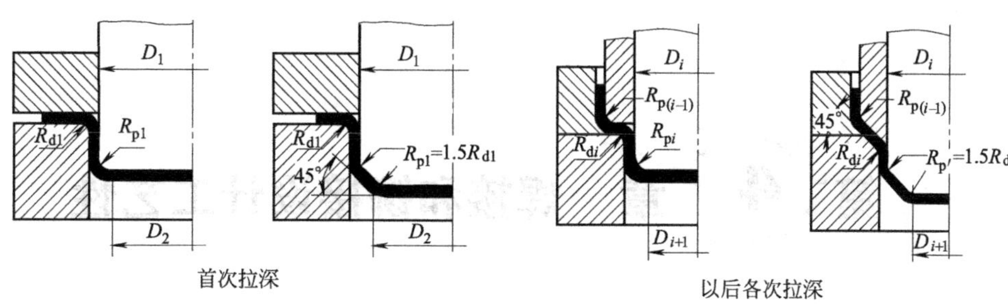

图 1-3-13　常用模具结构形式

5.2　模具的圆角半径

（1）凹模的圆角半径

圆筒形件拉深时的凹模圆角半径可按式（1-3-24）计算：

$$R_{di}=0.8\sqrt{(d_{i-1}-d_i)t} \tag{1-3-24}$$

式中，符号下标 $i-1$ 和 i 分别表示第 $i-1$ 次和第 i 次拉深，$i=1$、2、3…。

椭圆形件拉深时，可按长轴端部拉深变形情况计算凹模圆角半径，式（1-3-24）中以 $2r_{a(i-1)}$ 和 $2r_{ai}$ 代换 d_{i-1} 和 d_i，而对于盒形件的拉深，直边部分可取 $R_d=(4\sim6)t$，转角部分可取 $R_d=(8\sim10)t$。

（2）凸模的圆角半径

一般情况下，除末道拉深工序外，可取 $R_{pi}=R_{di}$；对于末道拉深工序，凸模圆角半径 R_{pn} 可取工件圆角尺寸，且有 $R_{pn}\geqslant t$。如果工件要求的圆角半径小于上述允许值，应增加整形工序。

5.3　模具间隙的确定

对于圆筒形件及椭圆形件的拉深，凸、凹模具的单边间隙 c 可按式（1-3-25）计算：

$$c=t_{max}+K_c t \tag{1-3-25}$$

式中　t_{max}——板料最大厚度，mm；

　　　K_c——系数，见表 1-3-53。

表 1-3-53　　　　**系数 K_c**

板料厚度 t mm	一般精度		较精密	精密	备　注
	一次拉深	多次拉深			
≤0.4	0.07~0.09	0.08~0.10	0.04~0.05	0~0.04	1. 对于强度高的材料，表中系数取小值 2. 精度要求高的工件，建议末道工序采用间隙(0.9~0.95)t 的整形拉深
>0.4~1.2	0.08~0.10	0.10~0.14	0.05~0.06		
>1.2~3.0	0.10~0.12	0.14~0.16	0.07~0.09		
>3.0	0.12~0.14	0.16~0.20	0.08~0.10		

对于盒形件的拉深，模具转角部分的间隙应较直边部分大出 $0.1t$，而直边部分的模具间隙可按式（1-3-25）计算，系数 K_c 按表 1-3-53 中较精密或精密级选取。

第4章 焊接和铆接设计工艺性

1 焊 接

1.1 金属常用焊接方法分类、特点及应用

表 1-4-1

<table>
<tr><th colspan="4" rowspan="2">焊接方法分类</th><th rowspan="2">原 理</th><th rowspan="2">特 点</th><th rowspan="2">应用范围</th><th colspan="3">板厚/mm</th><th rowspan="2">设备费</th><th rowspan="2">焊接费</th></tr>
<tr><th><3</th><th>3~50</th><th>>50</th></tr>
<tr><td rowspan="7">熔化焊</td><td colspan="3">气焊</td><td>利用可燃气体与氧气混合燃烧的火焰所产生的高热（3000℃）熔化焊件和焊丝进行焊接</td><td>火焰温度和性质可以调节，与弧焊热源相比，热影响区宽，热量不如电弧集中，生产率比较低</td><td>应用于薄壁结构和小件的焊接，可焊钢、铸铁、铝、铜及其合金、硬质合金等</td><td>最适用</td><td>适用</td><td>不适用</td><td>少</td><td>中</td></tr>
<tr><td rowspan="6">电弧焊</td><td colspan="2">手弧焊</td><td>以涂料焊条与工件为电极，利用电弧放电产生的高热（6000~7000℃）熔化焊条和焊件，用手工操纵焊条进行焊接为手弧焊</td><td>具有灵活、机动，适用性广泛，可进行全位置焊接，所用设备简单、耐用性好、维护费用低等优点。但劳动强度大，质量不够稳定，决定于操作者水平</td><td>在单件、小批、零星、修配中广泛应用，适于焊接3mm以上的碳钢、低合金钢、不锈钢和铜、铝等非铁合金</td><td>适用</td><td colspan="2">常用3~20</td><td>少</td><td>少</td></tr>
<tr><td colspan="2">埋弧焊</td><td>利用焊丝与焊件间产生的电弧将焊剂熔化，使电弧与外界隔绝，电弧继续燃烧，焊丝不断熔化，与被熔化的焊件液态金属混合形成熔池，冷却凝固形成焊缝</td><td>生产率比手工电弧焊提高5~10倍，焊接质量高且稳定，节省金属材料，改善劳动条件</td><td>在大量生产中适用于长直、环形或垂直位置的横焊缝，能焊接碳钢、合金钢以及某些铜合金等中、厚壁结构</td><td>不适用</td><td colspan="2">最适用</td><td>中</td><td>少</td></tr>
<tr><td rowspan="4">气体保护焊（气电焊）</td><td>非熔化极（钨极氩弧焊）</td><td rowspan="2">用外加气体作为电弧介质并保护电弧和焊接区的电弧焊
使用纯钨或活化钨电极的惰性气体保护焊为钨极惰性气体保护焊
使用熔化电极的惰性气体保护焊</td><td rowspan="2">气体保护充分、热量集中，熔池较小，焊接速度快，热影响区较窄，焊接变形小，电弧稳定，飞溅小，焊缝致密，表面无熔渣，成形美观，明弧便于操作，易实现自动化，限于室内焊接</td><td rowspan="2">最适用于焊接易氧化的铜、铝、钛及其合金，锆、钽、钼等稀有金属以及不锈钢，耐热钢等</td><td>最适用</td><td>适用</td><td>不适用</td><td>少</td><td>中</td></tr>
<tr><td>熔化极（金属极氩弧焊）</td><td>不适用</td><td colspan="2">最适用</td><td>中</td><td>中</td></tr>
<tr><td>CO_2气体保护焊</td><td>利用CO_2作保护气体的气体保护焊简称CO_2焊</td><td>成本低，为埋弧和手工弧焊的40%左右，质量较好，生产率高，操作性能好，大电流时飞溅较大，成形不够美观，设备较复杂</td><td>广泛应用于造船、机车车辆、起重机、农业机械中的低碳钢和低合金钢结构</td><td>不适用</td><td>最适用</td><td>适用</td><td>中</td><td>少</td></tr>
<tr><td>窄间隙气体保护电弧焊</td><td>以很高的熔焊率在窄小的间隙内完成焊缝的高效率熔极气体保护焊</td><td>高效率的熔化极电弧焊，节省金属，限于垂直位置焊缝</td><td>应用于碳钢、低合金钢、不锈钢，耐热钢、低温钢等厚壁结构</td><td></td><td></td><td></td><td></td><td></td></tr>
</table>

续表

焊接方法分类			原　理	特　点	应用范围	板厚/mm			设备费	焊接费
						<3	3~50	>50		
熔化焊	电弧焊：气体保护焊（气电焊）	等离子弧焊	借助水冷喷嘴对电弧的约束作用，获得较高能量密度的等离子弧进行焊接的方法 能量密度大，电弧温度高（8000~24000℃）	除具有氩弧焊特点外，等离子弧能量密度大，弧柱温度高，穿透能力强，能一次焊透双面成形；电流小到0.1A时，电弧仍能稳定燃烧，并保持良好的挺度和方向性	广泛应用于铜合金、合金钢、钨、钼、钴、钛等金属，如钛合金的导弹壳体、波纹管及膜盒，微型电容器、电容器的外壳封接以及飞机和航天装置上的一些薄壁容器的焊接	碳钢≤24，合金钢≤10，不锈钢、耐热钢、铜、钛及其合金≤8				
熔化焊	电渣焊		利用电流通过熔渣而产生的电阻热来熔化金属进行焊接	生产率高，任何厚度不开坡口，一次焊成，焊缝金属比较纯净，热影响区比其他焊法都宽，晶粒粗大，易产生过热组织，焊后必须进行正火处理以改善其性能	应用于碳钢、合金钢，大型和重型结构如水轮机、水压机、轧钢机等全焊或组合结构的制造	不适用	0~100 常用 35~400		大	少
熔化焊	电子束焊		利用加速和聚焦的电子束轰击置于真空或非真空中的焊件所产生的热能进行焊接	在真空中焊无金属电极沾污，保证焊缝金属的高纯度，表面平滑无缺陷，热源能量密度大，熔深大，焊速快，焊缝深窄，能单道焊厚件，热影响区小，不产生变形，可防止难熔金属焊接时产生裂纹和泄漏，焊接时一般不填加金属，参数可在较宽范围内调节，控制灵活	用于从微型电子线路组件、真空膜盒、钼箔蜂窝结构、原子能燃料元件到大型的导弹外壳，以及异种金属、复合结构件的焊接等，由于设备复杂，造价高，使用维护技术要求高，焊件尺寸受限制等，其应用范围受一定限制	最适用	几十毫米		大	中
熔化焊	激光焊		以聚焦的激光束作为能源轰击焊件所产生的热量进行焊接 按工作方式分为脉冲激光点焊和二氧化碳连续激光焊	辐射能量释放迅速，生产率高，可在大气中焊接，不需真空环境和保护气体；能量密度很高，热量集中、时间短，热影响区小；焊接不需与工件接触；焊接异种材料比较容易。但设备有效系数低、功率较小，焊接厚度受限	特别适用于焊接微型精密、排列非常密集、对受热敏感的焊件，除焊接一般薄壁搭接外，还可焊接细的金属线材以及导线和金属薄板的搭接，如集成电路内外引线、仪表游丝等的焊接，特别是能焊接一些难熔金属和异种金属					
压焊	电阻焊	点焊 缝焊	焊件组合后通过电极施加压力，利用电流通过接头的接触面及邻近区域产生的电阻热进行焊接的方法称电阻焊 点焊是将焊件装配成搭接接头，并压紧在两电极之间，利用电阻热熔化母材金属，形成焊点的电阻焊接方法	低电压大电流，生产率高，变形小，限于搭接。不需填加焊接材料，易于实现自动化，设备较一般熔化焊复杂，耗电量大，缝焊过程中分流现象较严重	点焊主要适用于焊接各种薄板冲压结构及钢筋，目前广泛用于汽车制造、飞机、车厢等轻型结构，利用悬挂式点焊枪可进行全位焊接。缝焊主要用于制造油箱等要求密封的薄壁结构	最适用	稍适用	不适用	大（点焊） 大（缝焊）	中（点焊） 中（缝焊）

续表

焊接方法分类		原理	特点	应用范围	板厚/mm <3	3~50	>50	设备费	焊接费
压焊	电阻焊 接触对焊 闪光对焊	闪光对焊是利用电阻热加热焊件接头，使接触点产生闪光，使焊件端面金属熔化，直至端部在一定深度范围内达到预定温度时，迅速施加顶锻力完成焊接的方法。它又分为连续闪光焊和预热闪光焊	接触（电阻）对焊，焊前对被焊工件表面清理工作要求较高，一般仅用于断面简单、直径小于20mm和强度要求不高的工件，而闪光焊对工件表面焊前无需加工，但金属损耗多	闪光对焊用于重要工件的焊接，可焊异种金属（铝-钢、铝-铜等），从直径0.01mm的金属丝到约20000mm^{2}的金属棒。如刀具、钢筋、钢轨等	稍适用	最适用	稍适用	大	少
压焊	摩擦焊	利用焊件摩擦产生的热量将工件加热到塑性状态，加压焊接。分为连续驱动摩擦焊和惯性摩擦焊	接头组织致密，表面不易氧化，质量好且稳定，可焊金属范围较广，可焊异种金属，焊接操作简单、不需添加焊接材料，易实现自动控制，生产率高，设备简单，电能消耗少	广泛用于圆形工件及管子的对接，如大直径铜铝导线的连接、管-板的连接					
压焊	气压焊	将金属局部加热到熔化状态，加外力使其焊接	利用火焰将金属加热到熔化状态后加外力使其连接在一起	用于连接圆形、长方形截面的杆件与管子	稍适用	最适用	稍适用	中	少
压焊	扩散焊	焊件紧密贴合，在真空或保护气氛中，在一定温度和压力下保持一段时间，使接触面之间的原子相互扩散完成焊接的一种压焊方法	接头力学性能高；可焊接性能差别大的异种金属，可用来制造双层和多层复合材料；可焊形状复杂的互相接触的面与面，代替整锻；焊接变形小						
压焊	高频焊	用高频（高于100kHz）电流使焊件边缘表层加热至熔化或接近熔化的塑性状态；随后加压，使金属焊接。实质是塑态压焊	热能高度集中，生产率高，成本低；焊缝质量稳定，焊件变形小；适于连续性高速生产	适于生产有缝金属管；可焊低碳钢、工具钢、铜、铝、钛、镍、异种金属等					
压焊	爆炸焊	应用炸药在爆炸瞬时释放的化学能量产生的高温高压爆震波，使焊件以极高的速度相互碰撞，实现焊接的一种压焊方法	爆炸焊接好的双金属或多种金属材料，结合强度高，工艺性好，焊后可经冷热加工。操作简单，成本低	适于各种可塑性金属的焊接					
钎焊	软钎焊 / 硬钎焊	利用熔融钎焊材料的黏着力或熔合力使焊件表面黏合的办法。钎料熔点比焊件低，焊时焊件本身不熔化。分软钎焊（低温钎焊，钎料熔点低于450℃）和硬钎焊（高温钎焊，钎料熔点高于450℃）	焊件加热温度低、组织和力学性能变化很小，变形也小，接头平整光滑，工件尺寸精确。软钎焊接头强度较低，硬钎焊接头强度较高。焊前工件需清洗、装配要求较严	广泛应用于机械、仪表、航空、空间技术所用装配中，如电真空器件、导线、蜂窝和夹层结构、硬质合金刀具等	最适用	适用	不适用	少	中

续表

两材料结合时状态			液相				固相		固相兼液相	
焊接过程中手段			熔化不加压力		熔化加压力		加压不熔化	加压熔化		
热源类型（其强度由上向下减）			焊接方法类型							
			基本型	变型应用	基本型	变型应用			基本型钎焊	变型热喷涂
高能束	电子束		电子束焊						电子束钎焊	
高能束	激光束		激光焊							
电弧热	涂料（焊剂）保护		焊条电弧焊	手弧堆焊						
电弧热	涂料（焊剂）保护		埋弧焊	埋弧堆焊						
电弧热	涂料（焊剂）保护			水下电弧埋		电能储能焊				
电弧热	涂料（焊剂）保护			电弧点焊		电弧螺柱焊				
电弧热	涂料（焊剂）保护			碳弧气割						
电弧热	气体保护		钨极氩弧焊	钨极氩弧堆焊						
电弧热	气体保护		等离子弧焊	等离子弧堆焊						等离子喷涂
电弧热	气体保护		熔化极气体保护焊	管状焊丝电弧堆焊						
电阻热	熔渣电阻		电渣焊							
电阻热	固体电阻 工频	接触式			点焊		电阻对焊	闪光对焊	电阻钎焊	
电阻热	固体电阻 工频	接触式			缝焊					
电阻热	固体电阻 工频	接触式			凸焊		电阻扩散焊			
电阻热	固体电阻 工频	感应式			感应电阻焊					
电阻热	固体电阻 高频	接触式					接触高频对焊			
电阻热	固体电阻 高频	接触式					电阻对焊	闪光对焊		
电阻热	固体电阻 高频	感应式					感应高频对焊		高频感应钎焊	
电阻热	固体电阻 高频	感应式					电阻对焊	闪光对焊		
化学反应热	火焰		气焊气割	火焰堆焊			气压焊		火焰钎焊	钎接焊火焰喷焊
化学反应热	热剂		热剂焊							
化学反应热	炸药						爆炸焊			
机械热							摩擦焊			
机械热							超声波焊			
机械热							冷压焊			
间接加热	传热介质	气体					扩散焊		炉中钎焊	扩散钎焊
间接加热	传热介质	液体							浸沾钎焊	
间接加热	传热介质	固体								

不同焊接热源的主要特点

热源	最小加热面积/m^2	最大功率密度/$kW\cdot cm^{-2}$	正常焊接条件下温度/K	热源	最小加热面积/m^2	最大功率密度/$kW\cdot cm^{-2}$	正常焊接条件下温度/K
氧-乙炔火焰	10^{-6}	2×10^4	3473	熔化极氩弧和 CO_2 气体保护焊	10^{-8}	$10^5\sim10^6$	
金属极电弧	10^{-7}	10^5	6000				
钨极氩弧	10^{-7}	1.5×10^5	8000				
埋弧焊	10^{-7}	2×10^5	6400	等离子弧	10^{-9}	1.5×10^6	18000~24000
				电子束	10^{-11}	$10^8\sim10^{10}$	
电渣焊	10^{-6}	10^5	2300	激光束	10^{-12}	$10^8\sim10^{10}$	

不同焊接方法的电弧热效率 η

焊接方法	碳弧焊	厚皮焊条手工电弧焊	自动埋弧焊	电渣焊	电子束及激光束焊	钨极氩弧焊 交流	钨极氩弧焊 直流	熔化氩弧焊 钢	熔化氩弧焊 铝
η	0.5~0.65	0.77~0.87	0.77~0.90	0.83	>0.9	0.68~0.85	0.78~0.85	0.66~0.69	0.7~0.85

表 1-4-2　　常用金属材料适用的焊接方法

焊接方法	铁	碳钢					铸钢		铸铁			低合金钢											不锈钢			耐热合金		轻金属								铜合金					锆
	纯铁	低碳钢	中碳钢	高碳钢	工具钢	含铜钢	碳素铸钢	高锰钢	灰铸铁	可锻铸铁	合金铸铁	镍钢	镍铜钢	锰钼钢	碳素钼钢	镍铬钢	铬钼钢	镍铬钼钢	镍钼钢	铬钢	铬钒钢	锰钢	铬钢M型	铬钢F型	铬镍钢A型	耐热超合金	高镍合金	纯铝	铝合金①	铝合金②	纯镁	镁合金	纯钛	钛合金①	钛合金②	纯铜	黄铜	磷青铜	铝青铜	镍青铜	铌
手弧焊	A	A	A	A	B	A	A	B	B	B	B	A	A	A	A	A	A	B	B	A	A	A	A	A	A	A	A	B	B	B	D	D	D	D	D	B	B	B	B	B	D
埋弧焊	A	A	A	B	B	A	A	B	D	D	D	A	A	A	A	A	A	A	B	B	A	A	A	A	A	A	A	D	D	D	D	D	D	D	D	C	D	C	D	D	D
CO_2 焊	B	A	A	C	D	C	A	B	D	D	D	C	C	C	C	C	C	C	C	C	C	C	B	B	B	C	C	D	D	D	D	D	D	D	D	C	C	C	C	C	D
氩弧焊	C	B	B	B	B	B	B	B	B	B	B	B	—	—	—	—	B	B	A	—	—	B	A	A	A	A	A	A	A	B	A	A	A	A	B	A	A	A	A	A	B
电渣焊	A	A	A	B	C	A	A	A	B	B	B	D	D	D	D	D	D	D	D	D	D	B	C	C	C	C	C	D	D	D	D	D	D	D	D	D	D	D	D	D	D
气电焊	A	A	A	B	C	A	A	A	B	B	B	D	D	B	B	D	D	D	D	D	D	B	B	B	B	C	C	D	D	D	D	D	D	D	D	D	D	D	D	D	D
氧-乙炔焊	A	A	A	B	A	A	A	B	A	B	A	A	A	A	A	A	A	B	B	A	A	A	B	B	A	A	A	A	A	B	B	B	D	D	D	B	B	C	C	C	D
气压焊	A	A	A	A	A	A	B	D	D	D	D	A	A	B	B	A	A	A	B	A	A	B	B	B	A	B	B	C	C	C	C	C	D	D	D	C	C	C	C	C	D
点缝焊	A	A	B	D	D	A	B	B	D	D	D	A	A	A	—	D	D	D	D	D	D	D	C	A	A	A	A	A	A	A	A	A	A	B	B	C	C	C	C	C	B
闪光焊	A	A	A	A	B	A	A	B	D	D	D	A	A	A	A	A	A	B	B	A	A	A	B	A	A	A	A	A	A	A	A	A	D	D	D	C	C	C	C	C	D
铝热焊	A	A	A	A	B	B	A	B	B	B	A	B	B	B	B	B	B	B	B	B	B	B	D	D	D	D	D	D	D	D	D	D	D	D	D	D	D	D	D	D	D
电子束焊	A	A	A	A	A	A	A	A	C	C	C	A	A	A	A	A	A	A	A	A	A	A	A	A	A	A	A	A	A	A	B	B	A	A	A	B	B	B	B	B	B
钎焊	A	A	B	B	B	B	B	B	C	C	C	B	B	B	B	B	B	B	B	B	B	B	C	C	B	C	B	B	B	C	B	C	C	D	D	B	B	B	B	B	C

注：1. 表中铝、钛合金①为非热处理型；铝、钛合金②为热处理型。

2. A—最适用；B—适用；C—稍适用；D—不适用。

1.2　金属的可焊性

金属的可焊性，是指金属在某种焊接方法和工艺参数等条件下，获得优质焊接接头的难易程度。同一金属，采用不同焊接方法或工艺参数等，其可焊性可能有很大差别。

在设计时，必须注意焊件结构形状、刚度、焊接方法、焊接材料及焊接工艺条件，考虑工件材料的可焊性。设计重要焊件，必须依据可焊性试验，选择焊接母材。

钢的可焊性

可通过碳当量公式的估算或可焊性试验对钢的可焊性进行评价。

碳当量法是根据化学成分对钢材焊接热影响区淬硬性的影响程度粗略地评价焊接时产生冷裂缝倾向及脆化倾向的一种估算方法。

碳钢及低合金结构钢常用的碳当量公式（国际焊接学会推荐的）如下：

$$C_E=C+\frac{Mn}{6}+\frac{Cr+Mo+V}{5}+\frac{Ni+Cu}{15}$$

对合金成分为 C≤0.5%、Mn≤1.6%、Cr≤1%、Ni≤3.5%、Mo≤0.6%、Cu≤1%的合金钢，其碳当量公式推荐如下：

$$C_E=C+\frac{Mn}{6}+\frac{Cr+V}{5}+\frac{Ni}{15}+\frac{Mo+Si}{4}+\frac{Cu}{13}+\frac{P}{2}$$

根据经验：

1）当 $C_E<0.4\%$ 时，钢材的淬硬倾向不明显，可焊性优良，焊接时不必预热。

2）当 C_E = 0. 4%~0. 6%时，钢材的淬硬倾向逐渐明显，需要采取适当预热、控制线能量等工艺措施。

3）当 C_E>0. 6%时，淬硬倾向强，属于较难焊的钢材，需采取较高的预热温度和严格的工艺措施。

表 1-4-3　　常用钢材的可焊性

可焊性	钢种	评定可焊性的概略指标/%		常用钢号	特点
		合金元素含量	含碳量		
良好（Ⅰ）	低碳钢	—	<0. 25	Q195,Q215,Q235,ZG200-400,ZG230-450,08,10,15,20,15Mn,20Mn	在普通条件下可焊接,环境温度低于-5℃时需预热。板厚大于20 mm,结构刚度大时,需预热并在焊后进行消除应力热处理
	低合金钢	1~3	<0. 20	Q295、Q345、Q390、Q420、Q460(相关旧牌号有09MnV,09MnNb,12Mn,18Nb,09MnCuPTi,10MnSiCu,12MnV,12MnPRE,14MnNb,16Mn,16MnRE,10MnPNbRE,15MnV,15MnTi,16MnNb,14MnVTiRE,15MnVN)	沸腾钢是在不完全脱氧情况下获得的,含氧量较高,硫磷等杂质分布很不均匀,时效敏感性及冷脆倾向大,焊接时热裂倾向大,一般不宜用于承受动载或严寒下(-20℃)工作的重要焊接结构。镇静钢的杂质分布很均匀,含氧量较低,用于制造承受动载或低温条件下(-40℃)工作的重要焊接结构
	不锈钢	>3	<0. 18	0Cr13,0Cr18Ni9,1Cr18Ni9,1Cr18Ni12,0Cr17Ni12Mo2,0Cr18Ni10Ti,1Cr18Ni9Ti,0Cr18Ni12Mo2Ti,1Cr18Ni12Mo2Ti,0Cr18Ni12Mo3Ti,1Cr18Ni12Mo3Ti	
一般（Ⅱ）	中碳钢	<1	0. 25~0. 35	Q275,30,30Mn,ZG270-500	形成冷裂倾向小,采用适当的焊接规范,可以得到满意的结果。在结构复杂或零件较厚时,必须预热150℃以上,并在焊后进行热处理以消除应力
	合金结构钢	<3	<0. 3	12CrMo,15CrMo,20CrMo,12Cr1MoV,30Cr,20CrV,20CrMnSi,20CrNiMo	
	不锈钢	13~25	≤0. 18	1Cr13,Cr25Ti	
较差（Ⅲ）	中碳钢	<1	0. 35~0. 45	35、40、45,45Mn	一般情况下,有形成裂纹的倾向,焊前应预热,焊后进行消除应力热处理
	合金结构钢	1~3	0. 30~0. 40	30CrMo,35CrMo,35CrMoV,25Cr2MoVA;40CrNiMoA;30CrMnSi;30Mn2,40Mn2,40Cr	
	不锈钢	13	0. 2	2Cr13	
不好（Ⅳ）	中、高碳钢	<1	>0. 45	50、55、60、65、70、75、80、85,50Mn,60Mn	极易形成裂纹,在采用预热条件下能焊接,焊后必须进行消除应力热处理
	合金结构钢	1~3	>0. 40	45Mn2,50Mn2;50Cr;38CrSi;38CrMoAlA	
	不锈钢	13	0. 3~0. 4	3Cr13,4Cr13	

铸铁的可焊性

铸铁的焊接，主要用于修补铸件缺陷（如气孔、缩孔、砂眼、裂纹等）和损坏的铸铁零件。要求焊后变形小、不脆裂、不产生白口化、易于加工，同时补焊处应无裂纹及气孔，密封性好。

铸铁焊接特点：

1）由于它的脆性大，焊接时不均匀加热和冷却都能促使铸铁白口化和产生裂纹；

2）熔化后的铸铁冷却时，焊缝中容易出现气孔；

3）铸铁仅适合平焊，它比低碳钢焊接要困难得多。

表 1-4-4　　　　铸铁的可焊性

<table>
<tr><th rowspan="2">铸铁类别</th><th colspan="2">可焊性</th><th rowspan="2">焊接说明</th></tr>
<tr><th>与同类材料比较</th><th>与低碳钢比较</th></tr>
<tr><td>灰铸铁</td><td rowspan="2">一般</td><td rowspan="3">很困难</td><td>1. 电弧焊法
(1)低碳钢焊条:焊缝不经热处理不能用一般加工方法加工,只能用砂轮打磨,焊缝极易出现裂缝。只适用于不需机加工的不重要工件缺陷的焊补。焊缝处只能承受较小的静载荷
(2)铸铁焊条:焊接接头加工性能一般,焊缝易出现裂缝。只适用于中、小型零件待加工面和已加工面的较小缺陷的焊补,如小砂眼、小缩孔及小裂缝等
(3)铜焊条:加工性能较差,焊缝抗裂纹性能较好,强度较高,能承受较大静载荷及一定的动载荷,能基本满足紧密性要求。对复杂的、刚度大的工件不宜采用
2. 气焊法
铸铁焊条:加工性能良好,接头具有与母材相近的力学性能与颜色,焊补处刚度大,结构复杂时,易出现裂纹。适用于焊补刚度不大、结构不复杂、待加工尺寸不大的缺陷
3. 热焊法及半热焊法
铸铁焊条:加工性能、紧密性都好,内应力小,不易出现裂纹,接头具有与母材相近的强度。适用于焊后必须加工,要承受较大静载荷、动载荷,要求紧密性等的复杂结构。大的缺陷且工件壁较厚时用电弧焊,中小缺陷且工件较薄时用气焊</td></tr>
<tr><td>可锻铸铁</td><td>复杂铸件应整体加热,简单零件用焊具局部加热即可。重熔部分易产生白口</td></tr>
<tr><td>球墨铸铁</td><td>较差</td><td>1. 手工电弧焊
(1)低碳钢焊条:焊缝极易出现裂纹,加工性能极坏,只用于焊补很不重要的工件
(2)铁镍焊条:加工性能良好,接头力学性能基本可达到与母材相差不大
2. 气焊
焊后不热处理,焊接接头加工性好。适用于接头质量要求较高的中小型缺陷的修补。焊条成分以C3%~3.5%,Si3%~3.6%,Mn<0.45%,S<0.015%,P<0.07%,Mg 0.07%~0.12%较为合适</td></tr>
<tr><td>白口铸铁</td><td colspan="2">不　好</td><td>硬度高、脆性大、容易产生裂纹、不宜进行焊接</td></tr>
</table>

注：半热焊一般预热 400℃左右，并在焊后保温缓冷。热焊预热 500~650℃，并保持工件温度在焊接过程中不低于 400℃，焊后 600~650℃保温退火消除应力。

有色金属的可焊性

表 1-4-5

<table>
<tr><th rowspan="3"></th><th rowspan="2">焊接方法</th><th colspan="5">材料牌号</th><th rowspan="3">适用的厚度范围/mm</th></tr>
<tr><th>1060、1050A
1035、8A06</th><th>3A21</th><th>5A05,5A06</th><th>5A02,5A03</th><th>2A11、2A12
2A16</th></tr>
<tr><th></th><th colspan="5">可焊性</th></tr>
<tr><td rowspan="9">铝及铝合金</td><td>钨极氩弧焊</td><td>良好</td><td>良好</td><td>良好</td><td>良好</td><td>不好</td><td>1~10</td></tr>
<tr><td>熔化极氩弧焊</td><td>良好</td><td>良好</td><td>良好</td><td>良好</td><td>较差</td><td>≥3</td></tr>
<tr><td>熔化极脉冲氩弧焊</td><td>良好</td><td>良好</td><td>良好</td><td>良好</td><td>较差</td><td>≥0.8</td></tr>
<tr><td>电阻焊(点焊、缝焊)</td><td>一般</td><td>一般</td><td>良好</td><td>良好</td><td>一般</td><td>≤4</td></tr>
<tr><td>气　焊</td><td>良好</td><td>良好</td><td>不好</td><td>较差</td><td>不好</td><td>0.5~10</td></tr>
<tr><td>碳弧焊</td><td>一般</td><td>一般</td><td>不好</td><td>不好</td><td>不好</td><td>1~10</td></tr>
<tr><td>手工电弧焊</td><td>一般</td><td>一般</td><td>不好</td><td>不好</td><td>不好</td><td>3~8</td></tr>
<tr><td>电子束焊</td><td>良好</td><td>良好</td><td>良好</td><td>良好</td><td>一般</td><td>3~75</td></tr>
<tr><td>等离子弧焊</td><td>良好</td><td>良好</td><td>良好</td><td>良好</td><td>较差</td><td>1~10</td></tr>
</table>

续表

	焊接方法	材料牌号				适用的厚度范围/mm
		紫铜	黄铜	青铜	镍白铜	
		可焊性				
铜及铜合金	钨极氩弧焊	良好	一般	一般	良好	1~12
	熔化极自动氩弧焊	良好	一般	一般	良好	4~50
	气焊	不好	一般	不好	—	0.5~10
	碳弧焊	较差	较差	一般	—	2~20
	手工电弧焊	不好	不好	较差	一般	2~10
	埋弧自动焊	一般	较差	一般	—	6~30
	等离子弧焊	一般	一般	一般	良好	1~16

	类别	牌号	相对焊接性	类别	牌号	相对焊接性
镁合金	铸造镁合金	ZM1	差	变形镁合金	MB1	良
					MB2	良
		ZM2	一般		MB3	良
					MB5	一般
		ZM3	良		MB6	差
					MB7	一般
		ZM5	良		MB8	良
					MB15	差

常用异种金属间的可焊性

表 1-4-6

金属名称	铬钢	镀锡铁皮	镀锌铁皮	锌	镉	锡	铅	钼	镁	铝	紫铜	青铜	黄铜	镍铜合金	镍铬合金	镍	不锈钢	碳钢
碳钢	·	·	·					·		·	·	·	·	·	·	·	·	·
不锈钢	·	·	·	⊕	⊕	⊕		·		×	·	·	·	·	·	·	·	
镍	·	·	·	⊕	×	×		·		○	·	·	·	·	·	·		
镍铬合金	·	·	·	○	·	·	⊕	·		⊕	·	·	·	·	·			
镍铜合金	⊕	·	·	○	·	·	×	×		○	·	·	·	·				
黄铜	⊕	·	·	○	·	·	×	×	⊕	⊕	·	·	·					
青铜	·	·	·	○	·	·		×		○	·	·						
紫铜	×	·	⊕	·	×	×		⊕	·	·	·							
铝									·	·								
镁									·									
钼		·	⊕	⊕	·	·		⊕										
铅		·	·	⊕	·	·	·											
锡		·	·	⊕	·	·												
镉		⊕	⊕	○	·													
锌	·	·	·	·														
镀锌铁皮	·	·	·															
镀锡铁皮	·	·																
铬钢	·																	

符号说明

·——可焊性好

○——可焊性尚好，但焊缝脆弱

⊕——可焊性不好

×——不能焊接

空白——未经试焊

表 1-4-7　　用不同焊接方法时异种钢的可焊性

方法	金属 A↓ B→	锆	锡青铜	钨	钛	钽	高合金钢	碳素钢	银	锡青铜	铌	镍	钼	黄铜	锡	柯伐合金	纯铜	锑	硬质合金	灰铸铁	钒	球墨铸铁	铅	铍	铝
电弧焊	锆	○											○	○											
	锡青铜		○	○		○		○								○				○		○		○	○
	钨		○	○	○		○					○													
	钛			○	○		○					○	○	○				○			○	○		○	○
	钽		○			○												○							
	高合金钢		○		○		○	○			○		○	○			○		○	○	○	○		○	○
	碳素钢								○																
	银						○	○		○			○				○					○		○	○
	锡青铜						○	○			○	○		○		○									
	铌			○	○						○	○		○		○		○			○	○		○	○
	镍						○	○		○			○	○		○	○								
	钼	○			○		○	○			○	○	○	○		○	○	○	○		○	○		○	○
	黄铜														○										
	锡		○									○	○	○		○	○	○				○			○
	柯伐合金						○	○		○			○	○		○					○	○			○
	纯铜	○			○	○														○					
	锑				○	○						○		○		○		○	○						
	硬质合金						○	○						○					○						○
	灰铸铁		○				○	○												○					
	钒				○		○					○		○			○				○	○		○	
	球墨铸铁		○				○	○		○												○			
	铅																						○		
	铍		○		○		○	○		○				○							○			○	
	铝		○		○		○	○		○		○		○		○	○		○						○

方法	金属 A↓ B→	铝	铝合金	铍	铍合金	铜	铜合金	钴	钴合金	铁	铁合金	钼	钼合金	镍	镍合金	铌	铌合金	钽	钽合金	钛	钛合金	钨	钨合金	锆	锆合金	金属陶瓷
扩散焊	铝	○				○								○						○	○			○		
	铝合金	○	○			○																				
	铍			○																						
	铍合金			○																						
	铜	○				○								○							○					○
	铜合金						○				○						○									
	钴							○																		
	钴合金							○					○													
	铁								○	○			○													○
	铁合金		○						○	○			○								○		○		○	○
	钼									○	○															
	钼合金											○														
	镍								○	○			○	○								○				
	镍合金													○												
	铌									○					○	○										○
	铌合金															○	○									
	钽														○			○								○
	钽合金																	○	○							
	钛																			○						○
	钛合金						○				○									○	○					
	钨													○								○				
	钨合金																						○			
	锆																							○		
	锆合金																								○	○
	金属陶瓷					○				○	○					○		○		○					○	

方法	金属 A↓ B→	铝	铜	银	金	镍	铁	锌	钨	铅	锡	锑	钯	铍	镉	钛
冷压焊	铝	○		○	○	○	○	○		○		○				○
	铜	○	○	○	○	○	○	○		○		○				○
	银	○	○	○	○	○		○		○		○				
	金	○	○	○	○	○		○		○	○					
	镍	○	○	○	○	○	○	○		○						
	铁	○	○			○	○	○								○
	锌	○	○	○	○	○	○			○		○	○			
	钨		○													
	铅	○	○	○	○	○		○		○	○	○			○	
	锡									○	○	○			○	
	锑	○	○	○	○	○		○		○	○	○				
	钯				○			○								
	铍													○		
	镉									○	○				○	
	钛	○	○				○									○

方法	金属 A↓ B→	碳素钢	合金钢	不锈钢	铝合金	铜合金	镍合金	钛	钽	铌	银	金	铂	钴合金	镁	锆
爆炸焊	锆	○	○					○								○
	镁	○	○		○		○	○							○	
	钴合金		○	○												
	铂						○			○			○			○
	金	○		○		○	○		○							
	银	○		○		○		○			○					
	铌	○		○	○	○		○		○			○			
	钽	○	○	○	○	○		○	○	○		○				
	钛	○	○	○	○		○	○	○	○	○				○	○
	镍合金	○	○	○	○	○	○	○				○	○		○	
	铜合金	○	○	○		○	○		○	○	○	○				
	铝合金	○	○	○	○		○	○	○	○	○				○	
	不锈钢	○		○	○	○	○	○	○	○	○	○		○		
	合金钢	○	○	○	○	○	○	○	○					○	○	○
	碳素钢	○	○	○	○	○	○	○	○	○	○	○			○	○

方法	金属 A↓ B→	钴	锗	银	金	钛	钨	硅	镍	钽	铜	铁	钼	铝
激光焊	钴	○			○									
	锗				○				○					
	银			○					○					
	金	○	○					○	○					○
	钛					○								
	钨						○		○					○
	硅				○						○			
	镍		○	○	○		○		○	○	○			○
	钽								○	○	○	○	○	
	铜							○	○	○	○	○		
	铁									○	○	○		
	钼									○			○	
	铝				○		○							○

续表

方法	金属A↓ B→	合金钢	铀	钒	锆	钨	钛	铱	钽	银	硅	铂	钯	镍	钼	镁	铁	锗	铜	铍	铝
电子束焊	合金钢																			○	
	铀		○	○	○	○							○		○						○
	钒		○	○	○										○			○			○
	锆			○	○	○						○			○			○	○		
	钨		○		○	○						○	○						○		○
	钛									○		○	○		○						
	铱							○			○	○	○				○	○			
	钽							○	○	○		○	○			○		○	○		
	银						○		○			○	○			○	○				
	硅							○			○				○		○				
	铂				○	○	○	○	○	○		○			○	○		○		○	
	钯		○			○	○	○	○	○			○		○	○		○	○	○	○
	镍													○		○					○
	钼		○	○	○		○				○	○	○		○			○	○	○	
	镁								○	○		○	○	○		○	○	○		○	○
	铁							○		○	○					○	○		○	○	
	锗			○	○			○	○		○	○	○		○	○			○		
	铜				○	○			○				○		○	○		○	○	○	○
	铍	○										○	○		○	○	○		○	○	○
	铝		○	○		○							○	○		○			○	○	○

方法	金属A↓ B→	铀	钒	锆	钨	钛	铱	钽	银	硅	锑	钯	镍	钼	镁	铁	金	铜	铍	铝
等离子弧焊	铀	○																	○	
	钒		○	○		○						○			○					○
	锆		○	○											○					○
	钨				○	○									○			○		
	钛		○		○	○						○			○			○		○
	铱											○								
	钽							○			○	○			○					
	银								○	○		○					○	○	○	
	硅								○			○				○				
	锑							○			○	○			○	○				
	钯		○			○	○	○	○	○	○				○	○				
	镍												○		○			○	○	○
	钼													○						
	镁		○	○	○	○		○			○	○	○		○			○	○	○
	铁									○	○	○				○	○	○	○	
	金								○							○				
	铜				○	○			○				○		○	○		○		
	铍	○													○	○		○	○	○
	铝		○	○		○							○		○			○	○	○

方法	金属A↓ B→	锆	钨	钛及钛合金	锡	钽	银	硅	铂	钯	镍	钼	镁	钢	金	锗	黄铜	铍	铝
超声波焊	锆	○										○		○					
	钨		○									○		○					
	钛及钛合金			○							○	○		○			○	○	
	锡				○														
	钽					○	○	○				○							
	银					○	○			○			○	○					
	硅					○			○						○				
	铂							○			○			○	○	○			
	钯						○			○									
	镍			○					○		○	○		○	○				
	钼	○	○	○		○					○	○		○					
	镁						○						○						
	钢	○	○	○			○		○		○	○		○	○				
	金							○	○		○			○	○	○			
	锗								○						○				
	黄铜	○		○			○		○		○	○		○	○		○		
	铍			○														○	
	铝	○		○	○	○	○	○	○	○	○	○	○	○	○	○	○	○	○

方法	金属A↓ B→	金	铝合金	铝	银	铁镍钴合金	铁镍合金(50/50)	铁镍合金	铁铬镍合金	铁铬合金	镀铬钢	镀锡钢	镀锌钢	钴钢	高强度钢	加热的钢	酸洗的钢	未氧化的铁	纯铁
电阻焊	金					○		○											
	铝合金		○					○										○	○
	铝						○		○										
	银							○		○	○	○	○			○	○	○	○
	铁镍钴合金	○																○	○
	铁镍合金(50/50)			○						○	○	○	○			○	○	○	○
	铁镍合金	○	○		○			○			○	○	○			○	○	○	○
	铁铬镍合金			○					○			○	○					○	○
	铁铬合金				○		○						○			○	○	○	○
	镀铬钢				○		○	○			○		○	○					
	镀锡钢				○		○	○	○			○			○	○	○	○	○
	镀锌钢				○		○	○	○	○	○		○			○	○	○	○
	钴钢										○					○	○	○	○
	高强度钢										○	○						○	○
	加热的钢				○		○	○		○		○	○	○		○			
	酸洗的钢				○		○	○		○		○	○	○			○		○
	未氧化的钢											○	○	○	○			○	○
	纯铁		○		○	○	○	○	○	○		○	○	○	○		○	○	○

方法	金属A↓ B→	锆	钒	钨	钛	钽	不锈钢	合金钢	碳素钢	银	镍铬钛合金	镍	蒙乃尔	黄铜	电解铜	铜	铸铁	青铜	铅	硬铝	铝
摩擦焊	钛				○	○														○	○
	钽				○						○										
	不锈钢	○					○	○	○		○		○		○					○	○
	合金钢						○	○	○		○	○	○				○			○	○
	碳素钢						○	○						○	○	○	○	○		○	○
	银														○						
	镍铬钛合金					○	○	○			○										○
	镍							○													
	蒙乃尔						○	○					○								

方法	金属A↓ B→	锆	钒	钨	钛	钽	不锈钢	合金钢	碳素钢	银	镍铬钛合金	镍	蒙乃尔	黄铜	电解铜	铜	铸铁	青铜	铅	硬铝	铝
摩擦焊	锆	○																			○
	钒																				
	钨			○																	
	黄铜								○					○						○	○
	电解铜						○		○	○					○						
	铜								○							○				○	○
	铸铁							○	○												
	青铜								○									○		○	○
	铅																		○		
	硬铝						○		○					○		○		○		○	○
	铝	○			○		○	○	○			○		○		○		○		○	○

注："○"表示可以采用该焊接方法焊接，空白表示不宜采用该方法焊接或焊接性很差。

1.3 焊接材料及其选择

不同焊接方法采用的焊接材料及其作用

表 1-4-8 不同焊接方法采用的焊接材料

焊接方法	焊 接 材 料	焊接材料应有作用
手工电弧焊	电焊条(普通焊条、专用焊条、自动盘状焊条)	(1)保证电弧稳定燃烧和焊接熔滴金属容易过渡 (2)在焊接电弧的周围造成一种还原性或中性的气氛,保护液态熔池金属,以防止空气中氧、氮等侵入熔敷金属 (3)进行冶金反应和过渡合金元素,调整和控制焊缝金属的成分与性能 (4)生成的熔渣均匀地覆盖在焊缝金属表面,防止气孔、裂纹等焊接缺陷的产生,并获得良好的焊缝外形 (5)改善焊接工艺性能,在保证焊接质量的前提下尽可能提高焊接效率 此外,在焊条药皮、焊剂中加入一定量的铁粉,可以改善焊接工艺性能,或提高熔敷效率
气焊	气焊溶剂(焊粉)	
气体保护焊	焊丝(实芯焊丝、药芯焊丝)+保护气体(活性气体、惰性气体、混合气体)	
埋弧焊、电渣焊	焊丝、带极+焊剂(熔炼焊剂、非熔炼焊剂)	
钎焊	钎剂、钎料	
堆焊	焊条、焊丝、带极、焊剂	
热喷涂	丝极、带极、合金粉末(打底面粉末、工作面粉末)	
其他	保护气体、衬垫、熔嘴	

表 1-4-9 焊接材料在焊接过程中的作用

材料	作　　用
焊芯焊丝	(1)传导电流 (2)作为焊件产生电弧的一个电极 (3)在焊接热源(电阻热、电弧热和化学热)的作用下,焊芯或焊丝作为填充材料受热熔化,以熔滴形式进入熔池,并与熔化了的母材共同组成焊缝,其化学成分和性能对焊缝金属的质量有直接影响
药皮	(1)保护作用　由于电弧的热作用使药皮熔化形成熔渣,在焊接冶金过程中又会产生某些气体。熔渣和电弧气氛起着保护熔滴、熔池和焊接区,隔离空气的作用,防止氮气等有害气体侵入焊缝 (2)冶金作用　在焊接过程中,由于药皮的组成物质进行冶金反应,其作用是去除有害杂质(例如O、N、H、S、P等),并保护或添加有益合金元素,保证焊缝的抗气孔性及抗裂性能良好,使焊缝金属满足各种性能要求 (3)使焊条具有良好的工艺性能　焊条药皮的作用可以使电弧容易引燃,并能稳定地连续燃烧;焊接飞溅小;焊缝成形美观;易于脱渣以及可适用于各种空间位置的施焊
药皮材料	(1)稳弧　一般含低电离电位元素的物质都有稳弧作用。主要作用是改善焊条的引弧性能和提高电弧燃烧的稳定性。这种药皮原材料,通常称为稳弧剂。常用的稳弧剂有碳酸钾、大理石、水玻璃、长石、金红石等 (2)造渣　药皮中某些原材料受焊接热源的作用而熔化,形成具有一定物理、化学性能的熔渣,从而保护熔滴金属和焊接熔池,并能改善焊缝成形。这种原材料被称为造渣剂。它们是焊条药皮中最基本的组成物。常用的造渣剂有:钛铁矿、金红石、大理石、石英砂、长石、云母、萤石等 (3)造气　药皮中的有机物和碳酸盐在焊接时产生气体,从而起到隔离空气、保护焊接区的作用。这类物质被称为造气剂。如木粉、淀粉、大理石、菱苦土等 (4)脱氧　降低药皮或熔渣的氧化性和脱除金属中的氧,该原材料称为脱氧剂。在焊接钢时,对氧亲和力比铁大的金属及其合金都可作为脱氧剂。常用的有锰铁、硅铁、钛铁、铝粉等 (5)合金化　其作用就是补偿焊缝金属中有益元素的烧损和获得必要的合金成分。合金剂通常采用铁合金或金属粉,如锰铁、硅铁、钼铁等 (6)黏结　为了把药皮材料涂敷到焊芯上,并使焊条药皮具有一定的强度,必须在药皮中加入黏结力强的物质。常用的黏结剂是钠水玻璃、钾钠水玻璃等 (7)成形　加入某些物质使药皮具有一定的塑性、弹性及流动性,以便于焊条的压制,使焊条表面光滑而不开裂。常用的成形剂有白泥、云母、钛白粉、糊精等

续表

材料	作用												
	材料	主要成分	造气	造渣	脱氧	合金化	稳弧	黏结	成形	增氢	增硫	增磷	氧化
药皮材料	金红石	TiO_2		A			B						
	钛白粉	TiO_2		A			B		A				
	钛铁矿	TiO_2,FeO		A			B						B
	赤铁矿	Fe_2O_3		A			B				B	B	B
	锰矿	MnO_2		A								B	B
	大理石	$CaCO_3$	A	A			B						B
	菱苦土	$MgCO_3$	A	A			B						B
	白云石	$CaCO_3+MgCO_3$	A	A			B						B
	石英砂	SiO_2		A									
	长石	SiO_2,Al_2O_3,K_2O+Na_2O		A			B						
	白泥	SiO_2,Al_2O_3,H_2O		A					A	B			
	云母	SiO_2,Al_2O_3,H_2O,K_2O		A			B		A	B			
	滑石	SiO_2,Al_2O_3,MgO		A					B				
	萤石	CaF_2		A									
	碳酸钠	Na_2CO_3		B			B		A				
	碳酸钾	K_2CO_3		B			A						
	锰铁	Mn-Fe		B	A	A						B	
	硅铁	Si-Fe		B	A	A							
	钛铁	Ti-Fe		B	A	B							
	铝粉	Al		B	A								
	钼铁	Mo-Fe		B	B	A							
	木粉		A		B		B		B	B			
	淀粉		A		B		B		B	B			
	糊精		A		B		B		B	B			
	水玻璃	K_2O,Na_2O,SiO_2		B			A	A					
焊剂	焊剂的作用相当于焊条的药皮 在焊接过程中起隔离空气,保护焊接区金属使其不受空气的侵害,以及进行冶金处理作用。因此,焊剂与焊丝的正确配合使用是决定焊缝金属化学成分和力学性能的重要因素												

注：A—主要作用；B—附带作用。

表 1-4-10　焊接用钢盘条（焊芯用）牌号及其化学成分（摘自 GB/T 3429—2002）

序号	牌号	化学成分(质量分数)/%									
		C	Mn	Si	Cr	Ni	Cu	Mo	V,Ti,Zr,Al	S	P
										不大于	
非合金钢											
1	H04E	≤0.04	0.30~0.60	≤0.10	—	—	—	—	—	0.010	0.015
2	H08A	≤0.10	0.35~0.60	≤0.03	≤0.20	≤0.30	≤0.20	—	—	0.030	0.030
3	H08E	≤0.10	0.35~0.60	≤0.03	≤0.20	≤0.30	≤0.20	—	—	0.020	0.020
4	H08C	≤0.10	0.35~0.60	≤0.03	≤0.10	≤0.10	≤0.10	—	—	0.015	0.015
5	H08MnA	≤0.10	0.80~1.10	≤0.07	≤0.20	≤0.30	≤0.20	—	—	0.030	0.030
6①	H10MnSiA	0.06~0.15	0.90~1.40	0.45~0.75	—	—	≤0.20	—	—	0.030	0.025
7	H15A	0.11~0.18	0.35~0.65	≤0.03	≤0.20	≤0.30	≤0.20	—	—	0.030	0.030
8	H15Mn	0.11~0.18	0.80~1.10	≤0.03	≤0.20	≤0.30	≤0.20	—	—	0.035	0.035
低合金钢											
9①	H05MnSiTiZrAlA	≤0.07	0.90~1.40	0.40~0.70	—	—	≤0.20	—	Ti:0.05~0.15 Zr:0.02~0.12	0.025	0.035
10	H08MnSi	≤0.11	1.20~1.50	0.40~0.70	≤0.20	≤0.30	≤0.20	—	—	0.035	0.035
11	H10MnSi	≤0.14	0.80~1.10	0.60~0.90	≤0.20	≤0.30	≤0.20	—	—	0.035	0.035
12①	H11MnSi	0.07~0.15	1.00~1.50	0.65~0.85	—	—	≤0.20	—	—	0.035	0.025
13	H11MnSiA	0.07~0.15	1.00~1.50	0.65~0.95	≤0.20	≤0.30	≤0.20	—	—	0.025	0.035
合金钢(序号 14~49)											
14①	H05SiCrMoA	≤0.05	0.40~0.70	0.40~0.70	1.20~1.50	≤0.02	≤0.20	0.40~0.65	—	0.025	0.025
15①	H05SiCr2MoA	≤0.05	0.40~0.70	0.40~0.70	2.30~2.70	≤0.02	≤0.20	0.90~1.20	—	0.025	0.025
16①	H05Mn2Ni2MoA	≤0.08	1.25~1.80	0.20~0.50	≤0.30	1.40~2.10	≤0.02	0.25~0.55	V≤0.05 Ti≤0.10 Zr≤0.10 Al≤0.10	0.010	0.010
17①	H08Mn2Ni2MoA	≤0.09	1.40~1.80	0.20~0.55	≤0.50	1.90~2.60	≤0.20	0.25~0.55	V≤0.04 Ti≤0.10 Zr≤0.10 Al≤0.10	0.010	0.010
18	H08CrMoA	≤0.10	0.40~0.70	0.15~0.35	0.80~1.10	≤0.30	≤0.20	0.40~0.60	—	0.030	0.030
19	H08MnMoA	≤0.10	1.20~1.60	≤0.25	≤0.20	≤0.30	≤0.20	0.30~0.50	Ti:0.15 (加入量)	0.030	0.030
20	H08CrMoVA	≤0.10	0.40~0.70	0.15~0.35	1.00~1.30	≤0.30	≤0.20	0.50~0.70	V:0.15~0.35	0.030	0.030
21	H08Mn2Ni3MoA	≤0.10	1.40~1.80	0.25~0.60	≤0.60	2.00~2.80	≤0.20	0.30~0.65	V≤0.03 Ti≤0.10 Zr≤0.10 Al≤0.10	0.010	0.010
22	H08CrNi2MoA	0.05~0.10	0.50~0.85	0.10~0.30	0.70~1.00	1.40~1.80	≤0.20	0.20~0.40	—	0.025	0.030
23①	H08MnSiCrMoVA	0.06~0.10	1.20~1.60	0.60~0.90	1.00~1.30	≤0.25	≤0.20	0.50~0.70	V:0.20~0.40	0.025	0.030
24①	H08MnSiCrMoA	0.06~0.10	1.20~1.70	0.60~0.90	0.90~1.20	≤0.25	≤0.20	0.45~0.65	—	0.025	0.030

续表

序号	牌号	化学成分(质量分数)/%									
		C	Mn	Si	Cr	Ni	Cu	Mo	V,Ti,Zr,Al	S	P
										不大于	
25	H08Mn2Si	≤0.11	1.70~2.10	0.65~0.95	≤0.20	≤0.30	≤0.20	—	—	0.035	0.035
26	H08Mn2SiA	≤0.11	1.80~2.10	0.65~0.95	≤0.20	≤0.30	≤0.20	—	—	0.030	0.030
27	H08Mn2MoA	0.06~0.11	1.60~1.90	≤0.25	≤0.20	≤0.30	≤0.20	0.50~0.70	Ti：0.15(加入量)	0.030	0.030
28	H08Mn2MoVA	0.06~0.11	1.60~1.90	≤0.25	≤0.20	≤0.30	≤0.20	0.50~0.70	V：0.06~0.12 Ti：0.15(加入量)	0.030	0.030
29	H10MoCrA	≤0.12	0.40~0.70	0.15~0.35	0.45~0.65	≤0.30	≤0.20	0.40~0.60	—	0.030	0.030
30	H10Mn2	≤0.12	1.50~1.90	≤0.07	≤0.20	≤0.30	≤0.20	—	—	0.035	0.035
31[①]	H10MnSiNiA	≤0.12	≤1.25	0.40~0.80	≤0.15	0.80~1.10	≤0.20	≤0.35	V≤0.05	0.025	0.025
32[①]	H10MnSiNi2A	≤0.12	≤1.25	0.40~0.80	—	2.00~2.75	≤0.20	—	—	0.025	0.025
33[①]	H10MnSiNi3A	≤0.12	≤1.25	0.40~0.80	—	3.00~3.75	≤0.20	—	—	0.025	0.025
34[①]	H10Mn2SiNiMoA	≤0.12	1.25~1.80	0.40~0.80	—	0.50~1.00	≤0.20	0.20~0.55	Ti≤0.20 Al≤0.10	0.020	0.020
35[①]	H10Mn2NiMoCuA	≤0.12	1.25~1.80	0.20~0.60	≤0.30	0.80~1.25	0.35~0.65	0.20~0.55	V≤0.05 Ti≤0.10 Zr≤0.10 Al≤0.10	0.010	0.010
36[①]	H10Mn2SiMoTiA	≤0.12	1.20~1.90	0.40~0.80	—	—	≤0.20	0.20~0.50	Ti≤0.20	0.025	0.025
37[①]	H10SiCrMoA	0.70~0.12	0.40~0.70	0.40~0.70	1.20~1.50	≤0.02	≤0.20	0.40~0.65	—	0.025	0.025
38[①]	H10SiCr2MoA	0.07~0.12	0.40~0.70	0.40~0.70	2.30~2.70	≤0.20	≤0.20	0.90~1.20	—	0.025	0.025
39[①]	H10Mn2SiMoA	0.07~0.12	1.60~2.10	0.50~0.80	—	≤0.15	≤0.20	0.40~0.60	—	0.025	0.025
40	H10MnSiMoTiA	0.08~0.12	1.00~1.30	0.40~0.70	≤0.20	≤0.30	≤0.20	0.20~0.40	Ti：0.05~0.15	0.025	0.030
41	H10Mn2MoA	0.08~0.13	1.70~2.00	≤0.40	≤0.20	≤0.30	≤0.20	0.60~0.80	Ti:0.15(加入量)	0.030	0.030
42	H10Mn2MoVA	0.08~0.13	1.70~2.00	≤0.40	≤0.20	≤0.30	≤0.20	0.60~0.80	V:0.06~0.12 Ti:0.15(加入量)	0.030	0.030
43	H10MnSiMo	≤0.14	0.90~1.20	0.70~1.10	≤0.20	≤0.30	≤0.20	0.15~0.25	—	0.035	0.035
44	H10Mn2A	≤0.17	1.80~2.20	≤0.05	≤0.20	≤0.30	—	—	—	0.030	0.030
45	H11Mn2SiA	0.06~0.15	1.40~1.85	0.80~1.15	≤0.20	≤0.30	≤0.20	—	—	0.025	0.025
46	H13CrMoA	0.11~0.16	0.40~0.70	0.15~0.35	0.80~1.10	≤0.30	≤0.20	0.40~0.60	—	0.030	0.030
47[①]	H15MnSiAl	0.07~0.19	0.90~1.40	0.30~0.60	—	—	≤0.20	—	Al:0.50~0.90	0.035	0.025
48	H18CrMoA	0.15~0.22	0.40~0.70	0.15~0.35	0.80~1.10	≤0.30	≤0.20	0.15~0.25	—	0.025	0.030
49	H30CrMnSiA	0.25~0.35	0.80~1.10	0.90~1.20	0.80~1.10	≤0.30	≤0.20	—	—	0.025	0.025

① 牌号中作为残余元素的 Ni、Cr、Mo、V 总量应不大于 0.50%。

注：本标准适用于手工电弧焊、埋弧焊、电渣焊、气焊和气体保护焊等用途的焊接用钢盘条。不适用不锈钢盘条。

表 1-4-11 焊接用不锈钢盘条（焊芯用）钢的牌号及化学成分（熔炼分析）（摘自 GB/T 4241—2006）

类型	序号	牌号	化学成分(质量分数)/%[①]										
			C	Si	Mn	P	S	Cr	Ni	Mo	Cu	N	其他
奥氏体	1	H05Cr22Ni11Mn6Mo3VN	≤0.05	≤0.90	4.00~7.00	≤0.030	≤0.030	20.50~24.00	9.50~12.00	1.50~3.00	≤0.75	0.10~0.30	V:0.10~0.30
	2	H10Cr17Ni8Mn8Si4N	≤0.10	3.40~4.50	7.00~9.00	≤0.030	≤0.030	16.00~18.00	8.00~9.00	≤0.75	≤0.75	0.08~0.18	
	3	H05Cr20Ni6Mn9N	≤0.05	≤1.00	8.00~10.00	≤0.030	≤0.030	19.00~21.50	5.50~7.00	≤0.75	≤0.75	0.10~0.30	
	4	H05Cr18Ni5Mn12N	≤0.05	≤1.00	10.50~13.50	≤0.030	≤0.030	17.00~19.00	4.00~6.00	≤0.75	≤0.75	0.10~0.30	
	5	H10Cr21Ni10Mn6	≤0.10	0.20~0.60	5.00~7.00	≤0.030	≤0.020	20.00~22.00	9.00~11.00	≤0.75	≤0.75		
	6	H09Cr21Ni9Mn4Mo	0.04~0.14	0.30~0.65	3.30~4.75	≤0.030	≤0.030	19.50~22.00	8.00~10.70	0.50~1.50	≤0.75		
	7	H08Cr21Ni10Si	≤0.08	0.30~0.65	1.00~2.50	≤0.030	≤0.030	19.50~22.00	9.00~11.00	≤0.75	≤0.75		
	8	H08Cr21Ni10	≤0.08	≤0.35	1.00~2.50	≤0.030	≤0.030	19.50~22.00	9.00~11.00	≤0.75	≤0.75		
	9	H06Cr21Ni10	0.04~0.08	0.30~0.65	1.00~2.50	≤0.030	≤0.030	19.50~22.00	9.00~11.00	≤0.50	≤0.75		
	10	H03Cr21Ni10Si	≤0.030	0.30~0.65	1.00~2.50	≤0.030	≤0.030	19.50~22.00	9.00~11.00	≤0.75	≤0.75		
	11	H03Cr21Ni10	≤0.030	≤0.35	1.00~2.50	≤0.030	≤0.030	19.50~22.00	9.00~11.00	≤0.75	≤0.75		
	12	H08Cr20Ni11Mo2	≤0.08	0.30~0.65	1.00~2.50	≤0.030	≤0.030	18.00~21.00	9.00~12.00	2.00~3.00	≤0.75		
	13	H04Cr20Ni11Mo2	≤0.04	0.30~0.65	1.00~2.50	≤0.030	≤0.030	18.00~21.00	9.00~12.00	2.00~3.00	≤0.75		
	14	H08Cr21Ni10Si1	≤0.08	0.65~1.00	1.00~2.50	≤0.030	≤0.030	19.50~22.00	9.00~11.00	≤0.75	≤0.75		
	15	H03Cr21Ni10Si1	≤0.030	0.65~1.00	1.00~2.50	≤0.030	≤0.030	19.50~22.00	9.00~11.00	≤0.75	≤0.75		
	16	H12Cr24Ni13Si	≤0.12	0.30~0.65	1.00~2.50	≤0.030	≤0.030	23.00~25.00	12.00~14.00	≤0.75	≤0.75		
	17	H12Cr24Ni13	≤0.12	≤0.35	1.00~2.50	≤0.030	≤0.030	23.00~25.00	12.00~14.00	≤0.75	≤0.75		
	18	H03Cr24Ni13Si	≤0.030	0.30~0.65	1.00~2.50	≤0.030	≤0.030	23.00~25.00	12.00~14.00	≤0.75	≤0.75		
	19	H03Cr24Ni13	≤0.030	≤0.35	1.00~2.50	≤0.030	≤0.030	23.00~25.00	12.00~14.00	≤0.75	≤0.75		
	20	H12Cr24Ni13Mo2	≤0.12	0.30~0.65	1.00~2.50	≤0.030	≤0.030	23.00~25.00	12.00~14.00	2.00~3.00	≤0.75		
	21	H03Cr24Ni13Mo2	≤0.030	0.30~0.65	1.00~2.50	≤0.030	≤0.030	23.00~25.00	12.00~14.00	2.00~3.00	≤0.75		

续表

类型	序号	牌号	化学成分(质量分数)/%[1]										
			C	Si	Mn	P	S	Cr	Ni	Mo	Cu	N	其他
奥氏体	22	H12Cr24Ni13Si1	≤0.12	0.65~1.00	1.00~2.50	≤0.030	≤0.030	23.00~25.00	12.00~14.00	≤0.75	≤0.75		
	23	H03Cr24Ni13Si1	≤0.030	0.65~1.00	1.00~2.50	≤0.030	≤0.030	23.00~25.00	12.00~14.00	≤0.75	≤0.75		
	24	H12Cr26Ni21Si	0.08~0.15	0.30~0.65	1.00~2.50	≤0.030	≤0.030	25.00~28.00	20.00~22.50	≤0.75	≤0.75		
	25	H12Cr26Ni21	0.08~0.15	≤0.35	1.00~2.50	≤0.030	≤0.030	25.00~28.00	20.00~22.50	≤0.75	≤0.75		
	26	H08Cr26Ni21	≤0.08	≤0.65	1.00~2.50	≤0.030	≤0.030	25.00~28.00	20.00~22.50	≤0.75	≤0.75		
	27	H08Cr19Ni12Mo2Si	≤0.08	0.30~0.65	1.00~2.50	≤0.030	≤0.030	18.00~20.00	11.00~14.00	2.00~3.00	≤0.75		
	28	H08Cr19Ni12Mo2	≤0.08	≤0.35	1.00~2.50	≤0.030	≤0.030	18.00~20.00	11.00~14.00	2.00~3.00	≤0.75		
	29	H06Cr19Ni12Mo2	0.04~0.08	0.30~0.65	1.00~2.50	≤0.030	≤0.030	18.00~20.00	11.00~14.00	2.00~3.00	≤0.75		
	30	H03Cr19Ni12Mo2Si	≤0.030	0.30~0.65	1.00~2.50	≤0.030	≤0.030	18.00~20.00	11.00~14.00	2.00~3.00	≤0.75		
	31	H03Cr19Ni12Mo2	≤0.030	≤0.35	1.00~2.50	≤0.030	≤0.030	18.00~20.00	11.00~14.00	2.00~3.00	≤0.75		
	32	H08Cr19Ni12Mo2Si1	≤0.08	0.65~1.00	1.00~2.50	≤0.030	≤0.030	18.00~20.00	11.00~14.00	2.00~3.00	≤0.75		
	33	H03Cr19Ni12Mo2Si1	≤0.030	0.65~1.00	1.00~2.50	≤0.030	≤0.030	18.00~20.00	11.00~14.00	2.00~3.00	≤0.75		
	34	H03Cr19Ni12Mo2Cu2	≤0.030	≤0.65	1.00~2.50	≤0.030	≤0.030	18.00~20.00	11.00~14.00	2.00~3.00	1.00~2.50		
	35	H08Cr19Ni14Mo3	≤0.08	0.30~0.65	1.00~2.50	≤0.030	≤0.030	18.50~20.50	13.00~15.00	3.00~4.00	≤0.75		
	36	H03Cr19Ni14Mo3	≤0.030	0.30~0.65	1.00~2.50	≤0.030	≤0.030	18.50~20.50	13.00~15.00	3.00~4.00	≤0.75		
	37	H08Cr19Ni12Mo2Nb	≤0.08	0.30~0.65	1.00~2.50	≤0.030	≤0.030	18.00~20.00	11.00~14.00	2.00~3.00	≤0.75		Nb[2]:8×C~1.00
	38	H07Cr20Ni34Mo2Cu3Nb	≤0.07	≤0.60	≤2.50	≤0.030	≤0.030	19.00~21.00	32.00~36.00	2.00~3.00	3.00~4.00		Nb[2]:8×C~1.00
	39	H02Cr20Ni34Mo2Cu3Nb	≤0.025	≤0.15	1.50~2.00	≤0.015	≤0.020	19.00~21.00	32.00~36.00	2.00~3.00	3.00~4.00		Nb[2]:8×C~0.40
	40	H08Cr19Ni10Ti	≤0.08	0.30~0.65	1.00~2.50	≤0.030	≤0.030	18.50~20.50	9.00~10.50	≤0.75	≤0.75		Ti:9×C~1.00
	41	H21Cr16Ni35	0.18~0.25	0.30~0.65	1.00~2.50	≤0.030	≤0.030	15.00~17.00	34.00~37.00	≤0.75	≤0.75		
	42	H08Cr20Ni10Nb	≤0.08	0.30~0.65	1.00~2.50	≤0.030	≤0.030	19.00~21.50	9.00~11.00	≤0.75	≤0.75		Nb[2]:10×C~1.00
	43	H08Cr20Ni10SiNb	≤0.08	0.65~1.00	1.00~2.50	≤0.030	≤0.030	19.00~21.50	9.00~11.00	≤0.75	≤0.75		Nb[2]:10×C~1.00
	44	H02Cr27Ni32Mo3Cu	≤0.025	≤0.50	1.00~2.50	≤0.020	≤0.030	26.50~28.50	30.00~33.00	3.20~4.20	0.70~1.50		
	45	H02Cr20Ni25Mo4Cu	≤0.025	≤0.50	1.00~2.50	≤0.020	≤0.030	19.50~21.50	24.00~26.00	4.20~5.20	1.20~2.00		

续表

类型	序号	牌号	化学成分(质量分数)/%①										
			C	Si	Mn	P	S	Cr	Ni	Mo	Cu	N	其他
奥氏体	46	H06Cr19Ni10TiNb	0.04~0.08	0.30~0.65	1.00~2.00	≤0.030	≤0.030	18.50~20.00	9.00~11.00	≤0.25	≤0.75		Ti≤0.05 Nb②:≤0.05
奥氏体	47	H10Cr16Ni8Mo2	≤0.10	0.30~0.65	1.00~2.00	≤0.030	≤0.030	14.50~16.50	7.50~9.50	1.00~2.00	≤0.75		
奥氏体加铁素体	48	H03Cr22Ni8Mo3N	≤0.030	≤0.90	0.50~2.00	≤0.030	≤0.030	21.50~23.50	7.50~9.50	2.50~3.50	≤0.75	0.08~0.20	
奥氏体加铁素体	49	H04Cr25Ni5Mo3Cu2N	≤0.04	≤1.00	≤1.50	≤0.040	≤0.030	24.00~27.00	4.50~6.50	2.90~3.90	1.50~2.50	0.10~0.25	
奥氏体加铁素体	50	H15Cr30Ni9	≤0.15	0.30~0.65	1.00~2.50	≤0.030	≤0.030	28.00~32.00	8.00~10.50	≤0.75	≤0.75		
马氏体	51	H12Cr13	≤0.12	≤0.50	≤0.60	≤0.030	≤0.030	11.50~13.50	≤0.60	≤0.75	≤0.75		
马氏体	52	H06Cr12Ni4Mo	≤0.06	≤0.50	≤0.60	≤0.030	≤0.030	11.00~12.50	4.00~5.00	0.40~0.70	≤0.75		
马氏体	53	H31Cr13	0.25~0.40	≤0.50	≤0.60	≤0.030	≤0.030	12.00~14.00	≤0.60	≤0.75	≤0.75		
铁素体	54	H06Cr14	≤0.06	0.30~0.70	0.30~0.70	≤0.030	≤0.030	13.00~15.00	≤0.60	≤0.75	≤0.75		
铁素体	55	H10Cr17	≤0.10	≤0.50	≤0.60	≤0.030	≤0.030	15.50~17.00	≤0.60	≤0.75	≤0.75		
铁素体	56	H01Cr26Mo	≤0.015	≤0.40	≤0.40	≤0.020	≤0.020	25.00~27.50	Ni+Cu≤0.50	0.75~1.50	Ni+Cu≤0.50	≤0.015	
铁素体	57	H08Cr11Ti	≤0.08	≤0.80	≤0.80	≤0.030	≤0.030	10.50~13.50	≤0.60	≤0.50	≤0.75		Ti:10×C~1.50
铁素体	58	H08Cr11Nb	≤0.08	≤1.00	≤0.80	≤0.040	≤0.030	10.50~13.50	≤0.60	≤0.50	≤0.75		Nb②:10×C~0.75
沉淀硬化	59	H05Cr17Ni4Cu4Nb	≤0.05	≤0.75	0.25~0.75	≤0.030	≤0.030	16.00~16.75	4.50~5.00	≤0.75	3.25~4.00		Nb②:0.15~0.30

① 在对表中给出元素进行分析时，如果发现有其他元素存在，其总量（除铁外）不应超过 0. 50%。

② Nb 可报告为 Nb+Ta。

注：本标准适用于制作电焊条焊芯、气体保护焊丝、埋弧焊丝、电渣焊丝等焊接用不锈钢盘条。

焊条、焊丝及焊剂的分类、特点和应用

表 1-4-12　　焊条的分类、特点和应用

分类方法	内容
按药皮厚度分类	电焊条是在金属丝(即焊芯)表面涂上适当厚度药皮的手弧焊用的熔化电极。它由焊芯和涂料药皮两部分组成,因而也称药皮焊条。焊条的药皮都有一定的厚度,用“药皮重量系数 K”表示药皮与焊芯的相对重量比,即: K=(药皮重量/相同部分的焊芯重量)×100% K=30%~50%　为厚药皮焊条 K=1%~2%　为薄药皮焊条

分类方法	焊条型号			焊条牌号(参考)		应　用
	焊条分类	代号	国家标准	焊条分类、代号汉字(字母)		主要用于焊接
按用途分类	非合金钢及细晶粒钢焊条	E	GB/T 5117—2012	结构钢焊条	结(J)	碳钢或低合金高强钢
	热强钢焊条	E	GB/T 5118—2012	钼及铬钼耐热钢焊条	热(R)	珠光体耐热钢和马氏体耐热钢
				低温钢焊条	温(W)	在低温下工作的结构
	不锈钢焊条	E	GB/T 983—2012	不锈钢焊条 (1)铬不锈钢焊条 (2)铬镍不锈钢焊条	铬(G) 奥(A)	不锈钢和热强钢
	堆焊焊条	ED	GB/T 984—2001	堆焊焊条	堆(D)	以获得热硬性、耐磨、耐蚀的堆焊层
	铸铁焊条	EZ	GB 10044—2006	铸铁焊条	铸(Z)	焊补铸铁构件
	镍及镍合金焊条	ENi	GB/T 13814—2008	镍及镍合金焊条	镍(Ni)	镍及高镍合金、也可用异种金属及堆焊
	铜及铜合金焊条	ECu	GB/T 3670—1995	铜及铜合金焊条	铜(Cu)	铜及铜合金
	铝及铝合金焊条	E 数字 1、3、4	GB/T 3669—2001	铝及铝合金焊条	铝(L)	铝及铝合金
	—	—		特殊用途焊条	特(TS)	水下焊接、水下切割等特殊工艺

分类方法	药皮类型	电源种类	主要特点和应用
按药皮主要成分分类	不属已规定的类型	不规定	在某些焊条中采用氧化锆、金红石碱性型等,这些新渣系目前尚未形成系列
	氧化钛型	直流或交流	含多量氧化钛,焊条工艺性能良好,电弧稳定,再引弧方便,飞溅很小,熔深较浅,熔渣覆盖性良好,脱渣容易,焊缝波纹特别美观,可全位置焊接,尤宜于薄板焊接,但焊缝塑性和抗裂性稍差。随药皮中钾、钠及铁粉等用量的变化,分为高钛钾型、高钛钠型及铁粉钛型等
	钛钙型	直流或交流	药皮中含氧化钛30%以上,钙、镁的碳酸盐20%以下,焊条工艺性能良好,熔渣流动性好,熔深一般,电弧稳定,焊缝美观,脱渣方便,适用于全位置焊接,如 J422 即属此类型,是目前碳钢焊条中使用最广泛的一种焊条
	钛铁矿型	直流或交流	药皮中含钛铁矿≥30%,焊条熔化速度快,熔渣流动性好,熔深较深,脱渣容易,焊波整齐,电弧稳定,平焊、平角焊工艺性能较好,立焊稍次,焊缝有较好的抗裂性
	氧化铁型	直流或交流	药皮中含多量氧化铁和较多的锰铁脱氧剂,熔深大,熔化速度快,焊接生产率较高,电弧稳定,再引弧方便,立焊、仰焊较困难,飞溅稍大,焊缝抗热裂性能较好,适用于中厚板焊接。由于电弧吹力大,适于野外操作。若药皮中加入一定量的铁粉,则为铁粉氧化钛型
	纤维素型	直流或交流	药皮中含15%以上的有机物,30%左右的氧化钛,焊接工艺性能良好,电弧稳定,电弧吹力大,熔深大,熔渣少,脱渣容易。可作立向下焊、深熔焊或单面焊双面成形焊接。立、仰焊工艺性好。适用于薄板结构、油箱管道、车辆壳体等焊接。随药皮中稳弧剂、黏结剂含量变化,分为高纤维素钠型(采用直流反接)、高纤维素钾型两类
	低氢钾型 铁粉+低氢钾	直流或交流	药皮组分以碳酸盐和萤石为主。焊条使用前必须经300~400℃烘焙。短弧操作,焊接工艺性一般,可全位置焊接。焊缝有良好的抗裂性和综合力学性能。适于焊接重要的焊接结构。按照药皮中稳弧剂量、铁粉量和黏结剂不同,分为低氢钠型、低氢钾型和铁粉低氢型等
	低氢钠型	直流	
	石墨型	直流或交流	药皮中含有多量石墨,通常用于铸铁或堆焊焊条。采用低碳钢焊芯时,焊接工艺性能较差,飞溅较多,烟雾较大,熔渣少,适于平焊。采用有色金属焊芯时,能改善其工艺性能,但电流不易过大
	盐基型	直流	药皮中含多量氯化物和氟化物,主要用于铝及铝合金焊条。吸潮性强,焊前要烘干。药皮熔点低,熔化速度快。采用直流电源,焊接工艺性较差,短弧操作,熔渣有腐蚀性,焊后需用热水清洗

续表

<table>
<tr><td colspan="2">分类</td><td>特点和应用</td></tr>
<tr><td rowspan="3">按熔渣的酸碱性分类</td><td colspan="2">主要是根据焊接熔渣的碱度，即按熔渣中碱性氧化物与酸性氧化物的比例来划分</td></tr>
<tr><td>酸性焊条</td><td>药皮中含有大量的TiO_2、SiO_2等酸性造渣物及一定数量的碳酸盐等，熔渣氧化性强，熔渣碱度系数小于1。酸性焊条焊接工艺性好，电弧稳定，可交、直流两用，飞溅小、熔渣流动性和脱渣性好，熔渣多呈玻璃状，较疏松，脱渣性能好，焊缝外表美观。酸性焊条的药皮中含有较多的二氧化硅、氧化铁及氧化钛，氧化性较强，焊缝金属中的氧含量较高，合金元素烧损较多，合金过渡系数较小，熔敷金属中含氢量也较高，因而焊缝金属塑性和韧性较低</td></tr>
<tr><td>碱性（低氢型）焊条</td><td>药皮中含有大量的碱性造渣物（大理石、萤石等），并含有一定数量的脱氧剂和渗合金剂。碱性焊条主要靠碳酸盐（如$CaCO_3$等）分解出CO_2作保护气体，弧柱气氛中的氢分压较低，而且萤石中的氟化钙在高温时与氢结合成氟化氢（HF），降低了焊缝中的含氢量，故碱性焊条又称为低氢型焊条。采用甘油法测定时，每100g熔敷金属中的扩散氢含量，碱性焊条为1～8mL，酸性焊条为17～50mL
碱性渣中CaO数量多，熔渣脱硫的能力强，熔敷金属的抗热裂纹的能力较强。而且，碱性焊条由于焊缝金属中氧和氢含量低，非金属夹杂物较少，具有较高的塑性和冲击韧性。碱性焊条由于药皮中含有较多的萤石，电弧稳定性差，一般多采用直流反接，只有当药皮中含有较多量的稳弧剂时，才可以交、直流两用。碱性焊条一般用于较重要的焊接结构，如承受动载荷或刚性较大的结构</td></tr>
<tr><td colspan="2">按焊条性能分类</td><td>按性能分类的焊条，都是根据其特殊使用性能而制造的专用焊条，如超低氢焊条、低尘低毒焊条、立向下焊条、躺焊焊条、打底层焊条、高效铁粉焊条、防潮焊条、水下焊条、重力焊条等</td></tr>
<tr><td colspan="2" rowspan="2">其他</td><td>各大类焊条按主要性能的不同还可分为若干小类，如低合金钢焊条，又可分为低合金高强钢焊条、低温钢焊条、耐热钢焊条、耐海水腐蚀用焊条等。有些焊条同时可以有多种用途</td></tr>
<tr><td>对于药皮中含有多量铁粉的焊条，可以称为铁粉焊条。这时，按照相应焊条药皮的主要成分，又可分为铁粉钛型、铁粉钛钙型、铁粉钛铁矿型、铁粉氧化铁型、铁粉低氢型等，构成了铁粉焊条系列</td></tr>
</table>

表1-4-13　焊丝的分类、特点和应用

<table>
<tr><td rowspan="13">实芯焊丝</td><td colspan="5">实芯焊丝是由热轧线材经拉拔加工而成。为了防止焊丝生锈，必须对焊丝（除不锈钢焊丝外）表面进行特殊处理。目前主要是镀铜处理，包括电镀、浸铜及化学镀铜处理等方法。是目前最常用的焊丝。
实芯焊丝包括埋弧焊，电渣焊、CO_2气体保护焊、氩弧焊、气焊以及堆焊用的焊丝</td></tr>
<tr><td colspan="3">分　类</td><td colspan="2">特点和应用</td></tr>
<tr><td rowspan="7">埋弧焊、电渣焊焊丝</td><td colspan="4">埋弧焊和电渣焊时焊剂对焊缝金属起保护和冶金处理作用，焊丝主要作为填充金属，同时向焊缝添加合金元素，二者直接参与焊接过程中的冶金反应，焊缝成分和性能是由焊丝和焊剂共同决定的</td></tr>
<tr><td rowspan="6">按被焊材料分类</td><td>低碳钢用焊丝</td><td rowspan="5">埋弧焊、电渣焊时电流大，要采用粗焊丝，焊丝直径3.2～6.4mm</td><td rowspan="5"></td></tr>
<tr><td>低合金高强钢用焊丝</td></tr>
<tr><td>Cr-Mo耐热钢用焊丝</td></tr>
<tr><td>低温钢用焊丝</td></tr>
<tr><td>不锈钢用焊丝</td></tr>
<tr><td>表面堆焊用焊丝</td><td colspan="2">焊丝因含碳或合金元素较多，难于加工制造，目前主要采用液态连铸拉丝方法进行小批量生产</td></tr>
<tr><td rowspan="3">气体保护焊焊丝</td><td rowspan="3">按焊接方法分类</td><td>TIG焊用焊丝</td><td>一般不加填充焊丝，有时加填充焊丝。手工填丝为切成一定长度的焊丝，自动填丝时采用盘式焊丝</td><td rowspan="3">气体保护焊分为惰性气体保护焊（TIG，MIG）和活性气体保护焊（MAG）。惰性气体主要采用Ar气，活性气体主要采用CO_2气体。MIG采用$Ar+2\%O_2$或$Ar+5\%CO_2$；MAG采用CO_2、$Ar+CO_2$或$Ar+O_2$</td></tr>
<tr><td>MIG、MAG焊用焊丝</td><td>主要用于焊接低合金钢、不锈钢等</td></tr>
<tr><td>CO_2焊用焊丝</td><td>焊丝成分中应有足够数量的脱氧剂，如Si、Mn、Ti等。如果合金含量不足，脱氧不充分，将导致焊缝中产生气孔；焊缝力学性能（特别是韧性）将明显下降</td></tr>
<tr><td colspan="3">自保护焊用焊丝</td><td colspan="2">利用焊丝中所含有的合金元素在焊接过程中进行脱氧、脱氮，以消除从空气中进入焊接熔池的氧和氮的不良影响，为此，除提高焊丝中的C、Si、Mn含量外，还要加入强脱氧元素Ti、Zr、Al、Ce等</td></tr>
</table>

续表

<table>
<tr><td rowspan="19">药芯焊丝</td><td colspan="4">药芯焊丝是将药粉包在薄钢带内卷成不同的截面形状经轧拔加工制成的焊丝。也称为粉芯焊丝、管状焊丝或折叠焊丝，用于气体保护焊、埋弧焊和自保护焊，是一种很有发展前途的焊接材料。它可以制成盘状供应，易于实现机械化焊接。根据焊丝结构，药芯焊丝可分为有缝焊丝和无缝焊丝两种。无缝焊丝可以镀铜，性能好、成本低，已成为今后发展的方向</td></tr>
<tr><td colspan="3">分　类</td><td>特点和应用</td></tr>
<tr><td rowspan="4">按是否使用外加保护气体分类</td><td colspan="3">药芯焊丝可作为熔化极（MIG、MAG）或非熔化极（TIG）气体保护焊的焊接材料
TIG 焊接时，大部分使用实芯焊丝作填充材料。焊丝内含有特殊性能的造渣剂，底层焊接时不需充氩保护，芯内粉剂会渗透到熔池背面，形成一层致密的熔渣保护层，使焊道背面不受氧化，冷却后该焊渣很易脱落。MAG 焊接是 CO_2 焊和 Ar 加超过 5%的 CO_2 或超过 2%的 O_2 等混合气体保护焊的总称。由于加入了一定量的 CO_2 或 O_2，氧化性较强。MIG 焊接是纯 Ar 或在 Ar 中加入少量活性气体（≤2%的 O_2 或≤5%的 CO_2）</td></tr>
<tr><td colspan="2">气体保护焊丝
（有外加保护气）</td><td>工艺性能和熔敷金属冲击性能比自保护的好</td></tr>
<tr><td colspan="2">自保护焊丝
（无外加保护气）</td><td>具有抗风性，更适合室外或高层结构现场使用</td></tr>
<tr><td colspan="2">气电立焊用药芯焊丝</td><td>是专用于气体保护强制成形焊接方法的一种焊丝。为了向上立焊，熔渣不能太多，故该焊丝中造渣剂的比例约为 5%～10%，同时含有大量的铁粉和适量的脱氧剂、合金剂和稳弧剂，以提高熔敷效率和改善焊缝性能</td></tr>
<tr><td rowspan="3">按药芯焊丝的横截面结构分类</td><td colspan="3">药芯焊丝的截面形状对焊接工艺性能与冶金性能有很大影响</td></tr>
<tr><td colspan="2">分为简单断面的 O 形和复杂断面的折叠形两类，折叠形又可分为梅花形、T 形、E 形和中间填丝形等</td><td>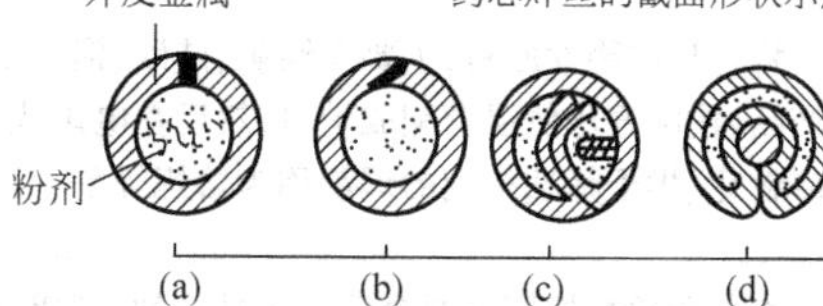</td></tr>
<tr><td colspan="3">一般地说，药芯焊丝的截面形状越复杂越对称，电弧越稳定，药芯的冶金反应和保护作用越充分。但是随着焊丝直径的减小，这种差别逐渐缩小，当焊丝直径小于 2mm 时，截面形状的影响已不明显了。目前，小直径（不大于 2.0mm）药芯焊丝一般采用 O 形截面，大直径（≥2.4mm）药芯焊丝多采用 E 形、T 形等折叠形复杂截面</td></tr>
<tr><td rowspan="6">按药皮中有无造渣剂分类</td><td colspan="3">药芯焊丝芯部粉剂的成分与焊条药皮相类似</td></tr>
<tr><td colspan="2">熔渣型
（有造渣剂）</td><td>在熔渣型药芯焊丝中加入粉剂，主要是为了改善焊缝金属的力学性能、抗裂性及焊接工艺性能。这些粉剂有脱氧剂（硅铁、锰铁）、造渣剂（金红石、石英等）、稳弧剂（钾、钠等）、合金剂（Ni、Cr、Mo 等）及铁粉等</td></tr>
<tr><td rowspan="3">按造渣剂种类及渣的碱度细分</td><td>钛型</td><td>钛型渣系药芯焊丝的焊道成形美观，全位置焊接工艺性能优良，电弧稳定，飞溅小，但焊缝金属的韧性和抗裂性稍差（钛型又称金红石型、酸性渣）</td></tr>
<tr><td>钙型</td><td>钙型渣系药芯焊丝焊缝金属的韧性和抗裂性优良，但焊道成形和焊接工艺性稍差（钙型又称碱性渣）</td></tr>
<tr><td>钛钙型</td><td>钛钙型渣系介于上述二者之间（又称金红石碱性、中性或弱碱性渣）</td></tr>
<tr><td colspan="2">金属粉型
（无造渣剂）</td><td>金属粉型药芯焊丝几乎不含造渣剂，焊接工艺性能类似于实芯焊丝，但电流密度更大。具有熔敷效率高、熔渣少的特点，抗裂性能优于熔渣型药芯焊丝。这种焊丝粉芯中大部分是金属粉（铁粉、脱氧剂等），其造渣量仅为熔渣型药芯焊丝的 1/3，多层焊可不清渣，使焊接生产率进一步提高。此外，还加入了特殊的稳弧剂，飞溅小，电弧稳定，而且焊缝扩散氢含量低，抗裂性能得到改善</td></tr>
<tr><td rowspan="3">两丝比较</td><td colspan="3">药芯焊丝与实芯焊丝相同点</td><td>与实芯焊丝相比，药芯焊丝的特点：</td></tr>
<tr><td colspan="3">a. 与手工电弧焊焊条相比，可能实现高效焊接
b. 容易实现自动化、机械化焊接
c. 能直接观察到电弧，容易控制焊接状态
d. 抗风能力较弱，存在保护不良的危险</td><td>a. 药芯焊丝具有比实芯焊丝更高的熔敷速度，特别是在全位置焊接场合，可使用大电流，提高了焊接效率
b. 电弧柔软，飞溅很少
c. 焊道外观平坦、美观
d. 烟尘发生量较多
e. 当产生焊渣时，必须清除</td></tr>
<tr><td colspan="4">近几年来全位置焊接采用细直径药芯焊丝的用量急剧增加，这类焊丝多为钛型渣系，具有十分优异的焊接工艺性能。过去实芯焊丝难以解决的诸多问题，如飞溅大、成形差、电弧硬等，采用细直径药芯焊丝焊接就解决了</td></tr>
</table>

表 1-4-14　　焊剂的分类、特点和应用

<table>
<tr><th colspan="3">分　类</th><th>特 点 和 应 用</th></tr>
<tr><td>含义</td><td colspan="3">焊剂是焊接时能够熔化形成熔渣和气体，对熔化金属起保护、冶金处理作用并改善焊接工艺性能，具有一定粒度的颗粒状物质。烧结焊剂还具有渗合金作用。焊剂与焊丝的正确配合使用是决定焊缝金属化学成分和力学性能的重要因素</td></tr>
<tr><td rowspan="3">按用途分类</td><td colspan="2">(1)按使用用途分类</td><td>有埋弧焊焊剂、电渣焊焊剂、堆焊焊剂</td></tr>
<tr><td colspan="2">(2)按所焊材料分类</td><td>有低碳钢用焊剂、低合金钢用焊剂、不锈钢用焊剂、镍及镍合金用焊剂、钛及钛合金用焊剂、有色金属用焊剂</td></tr>
<tr><td colspan="2">(3)按焊接工艺特点分类</td><td>① 单道焊或多道焊焊剂，仅适用于单面单道焊、双面单道焊
② 高速焊焊剂，用于焊接速度大于 60m/h 的焊接场合
③ 超低氢焊剂，熔敷金属中的扩散金属小于或等于 2mL/100g，有利于消除焊接延迟裂纹
④ 抗锈焊剂，对铁锈不敏感，有良好的抗气孔性能
⑤ 高韧性焊剂，焊缝金属的韧性高，适于焊接低温下工作的压力容器
⑥ 单面焊双面成形焊剂，使焊缝背面根部成形满足需要，主要在造船业使用</td></tr>
<tr><td rowspan="4">按制造方法分类</td><td colspan="2">(1)熔炼焊剂</td><td>将各种矿物性原料，主要有锰矿、硅砂、铝矾土、镁矿、萤石、生石灰、钛铁矿等及冰晶石、硼砂等化工产品，按配方比例混合配成炉料，然后在电炉或火焰炉中加热到 1300℃ 以上熔化均匀后，出炉经过水冷粒化、烘干筛选得到的焊剂称为熔炼焊剂</td></tr>
<tr><td colspan="2" rowspan="3">(2)非熔炼焊剂</td><td>将各种粉料按配方混合后加入黏结剂，制成一定粒度的小颗粒，经烘焙或烧结后得到的焊剂，称为非熔炼焊剂
根据烘焙温度的不同，非熔炼焊剂又分为：黏结焊剂和烧结焊剂</td></tr>
<tr><td>① 黏结焊剂　又称陶质焊剂或低温烧结焊剂，通常以水玻璃作黏结剂，经 350～500℃ 低温烘焙或烧结得到的焊剂。由于烧结温度低，黏结焊剂有吸潮倾向大，颗粒强度低等缺点。目前国内产品供应量不多</td></tr>
<tr><td>② 烧结焊剂　通常在较高的温度（700～1000℃）烧结，烧结后，粉碎成一定尺寸的颗粒即可使用。经高温烧结后，颗粒强度明显提高，吸潮性大大降低。与熔炼焊剂相比，烧结焊剂熔点较高，松装密度较小，故这类焊剂适于大线能量焊接。烧结焊剂的碱度可以在较大范围内调节，能保持良好的工艺性能，可以根据施焊钢种的需要通过焊剂向焊缝过渡合金元素，烧结焊剂适用性强，制造简便，近年来发展很快</td></tr>
<tr><td rowspan="4">按焊剂的化学成分或渣系分类</td><td rowspan="4">(1)按焊剂主要成分分类</td><td>①按 SiO_2 含量分类</td><td>有高硅焊剂（SiO_2>30%）、中硅焊剂（SiO_2=10%～30%）、低硅焊剂（SiO_2<10%）、无硅焊剂</td></tr>
<tr><td>②按 MnO 含量分类</td><td>有高锰焊剂（MnO>30%）、中锰焊剂（MnO=15%～30%）、低锰焊剂（MnO=2%～15%）、无锰焊剂（MnO<2%）</td></tr>
<tr><td>③按 CaF_2 含量分类</td><td>有高氟焊剂（CaF_2>30%）、中氟焊剂（CaF_2=10%～30%）、低氟焊剂（CaF_2<10%）</td></tr>
<tr><td>④ 按 MnO、SiO_2、CaF_2 含量组合分类</td><td>高锰高硅低氟焊剂，是酸性焊剂，焊接工艺性能好，适于交直流电源，主要用于焊接低碳钢及对韧性要求不高的低合金钢
中锰中硅中氟焊剂，是中性焊剂，焊接工艺性和焊缝韧性均可，多用于低合金钢焊接
低锰中硅中氟焊剂，是碱性焊剂，焊接工艺性较差，仅适用于直流电源，焊剂氧化性小，焊缝韧性高，可焊接不锈钢等高合金钢</td></tr>
</table>

续表

分类			特点和应用
按焊剂的化学成分或渣系分类	(1)按焊剂主要成分分类	⑤按焊剂的主要成分与特点分类	是国际焊接学会推荐的焊剂分类方法，我国的烧结焊剂采用此法。此方法直观性强，易于分辨焊剂的主要成分为特性

焊剂类型	焊剂类型代号	主要成分	焊剂特点
锰-硅型	MS	$(MnO+SiO_2)>50\%$	与含锰量少的焊丝配合，可以向焊缝过渡适量的锰与硅
钙-硅型	CS	$(CaO+MgO+SiO_2)>60\%$	由于焊剂中含有较多的SiO_2，即使采用含硅量低的焊丝仍可得到含硅量较高的焊缝金属，适于大电流焊接
铝-钛型	AR	$(Al_2O_3+TiO_2)>45\%$	适于多丝焊接和高速焊接
氟-碱型	FB	$(CaO+MgO+MnO+CaF_2)>50\%$，其中$SiO_2\leqslant20\%$，$CaF_2\geqslant15\%$	SiO_2含量低，减少了硅的过渡，可得到高冲击韧性的焊缝金属
铝-碱型	AB	$(Al_2O_3+CaO+MgO)>45\%$ 其中$Al_2O_3\approx20\%$	性能介于铝-钛型和氟-碱型焊剂之间
特殊型	ST	不规定	—

分类			特点和应用
按焊剂的化学成分或渣系分类	(2)按焊剂的渣系分类	①硅酸盐型	氧化锰-二氧化硅型$(MnO+SiO_2)>50\%$、氧化钙-二氧化硅型$(CaO+MgO+SiO_2)>60\%$、氧化锆-二氧化硅型$(ZrO_2+SiO_2)>35\%$
		②铝酸盐型	氧化铝-二氧化钛型$(Al_2O_3+TiO_2)>45\%$、碱性氧化铝型$(Al_2O_3+CaO+MgO)>45\%$，其中$Al_2O_3\geqslant20\%$
		③碱性氟化物型	如氟化物的焊剂$(CaO+MgO+MnO+CaF_2)>50\%$，其中$SiO_2\leqslant20\%$，$CaF_2>15\%$
按焊剂的化学性质分类	按焊剂氧化性的强弱分类	①氧化性焊剂	焊剂对焊缝金属有较强的氧化作用。一种是含有大量SiO_2、MnO的焊剂，另一种是含有FeO较多的焊剂
		②弱氧化性焊剂	焊剂含SiO_2、MnO、FeO等活性氧化物等较少。焊剂对焊缝金属有较弱的氧化作用，焊缝金属含氧量较低
		③惰性焊剂	又称中性焊剂，焊剂里基本不含SiO_2、MnO、FeO等氧化物。焊剂对焊缝金属基本没有氧化作用；焊剂由Al_2O_3、CaO、MgO及CaF_2等组成

按熔渣的碱度分类

碱度是熔渣的最重要的冶金特征之一，对熔渣-金属相界面处冶金反应、焊接工艺性能和焊缝金属的力学性能有很大影响。目前，有关焊剂碱度的计算公式应用较广泛的是国际焊接学会(IIW)推荐的公式，即

$$B=\frac{CaO+MgO+BaO+Na_2O+K_2O+CaF_2+0.5(MnO+FeO)}{SiO_2+0.5(Al_2O_3+TiO_2+ZrO_2)}$$

式中，各组分的含量按质量分数计算，根据计算结果分类如下：

分类	特点和应用
①酸性焊剂	碱度$B<1.0$，具有良好的焊接工艺性能，焊缝成形美观，但可使焊缝金属增硅，焊缝金属含氧量高，低温冲击韧性低
②中性焊剂	碱度$B=1.0\sim1.5$，熔敷金属的化学成分与焊丝的化学成分相近，焊缝含氧量有所降低
③碱性焊剂	碱度$B>1.5$，采用碱性焊剂得到的熔敷金属含氧量低，可以获得较高的焊缝冲击韧性，抗裂性好，但焊接工艺性能较差。$B>2.0$的焊剂为高碱度焊剂，有除硫及降硅的作用，焊缝金属的氧含量很低，低温冲击韧性值高，但是，随着碱度的提高，焊道形状变得窄而高，并容易产生咬边、夹渣等缺陷。部分国产焊剂的碱度值(按上式算得)如下

焊剂牌号	130	131	150	172	230	250	251	260	330	350	360	430	431	433
碱度值	0.78	1.40	1.30	2.68	0.80	1.75	1.68	1.11	0.81	1.0	0.94	0.78	0.79	0.67

续表

比较	特点和应用

熔炼焊剂

熔炼焊剂的化学成分见下表1。熔炼焊剂可以分为以下三类:

(1)高硅焊剂　是以硅酸盐为主的焊剂,焊剂中 $w(SiO)_2$>30%。由于 SiO_2 含量高,焊剂有向焊缝中过渡硅的作用

根据焊剂含 MnO 数量的不同,高硅焊剂又可分为:高硅高锰焊剂、高硅中锰焊剂、高硅低锰焊剂和高硅无锰焊剂四种。使用高硅焊剂焊接,由于通过焊剂向焊缝中过渡硅,所以焊丝就不必再特意加硅。高硅焊剂应按下列配合方式焊接低碳钢或某些合金钢:

①高硅无锰或低锰焊剂应配合高锰焊丝[$w(Mn)$=1.5%~2.9%]

②高硅中锰焊剂应配合含锰焊丝[$w(Mn)$=0.8%~1.1%]

③高硅高锰焊剂应配合低碳钢焊丝或含锰焊丝。这是国内目前应用最广泛的一种配合方式,多用于焊接低碳钢或某些低合金钢。由于采用高硅高锰焊剂的焊缝金属含氧量及含磷量较高,韧脆转变温度高,不宜用于焊接对于低温韧性要求较高的结构

(2)中硅焊剂　由于焊剂中含 SiO_2 的数量较少,碱性氧化物 CaO 或 MgO 的含量较多,所以焊剂的碱度较高。大多数中硅焊剂属于弱氧化性焊剂,焊缝金属含氧量较低,所以焊缝的韧性更高一些。因此,这类焊剂配合适当的焊丝可用于焊接合金结构钢。但是中硅焊剂的焊缝金属含氢量较高,对于提高焊缝金属抗冷裂纹的能力是很不利的。在中硅焊剂中,如加入相当数量的 FeO,由于提高了焊剂的氧化性就能减少焊缝金属的含氢量。这种焊剂属于中硅氧化性焊剂,是焊接高强度钢的一种新型焊剂

(3)低硅焊剂　这类焊剂由 CaO、Al_2O_3、MgO、CaF_2 等组成。焊剂对于金属基本上没有氧化作用。HJ172 属于这种类型的焊剂,配合相应焊丝可用来焊接高合金钢,如不锈钢、热强钢等

熔炼焊剂的配用焊丝及用途列于表2,可供选用埋弧焊焊接材料时参考

表1　熔炼焊剂的化学成分(质量分数)　%

焊剂类型	焊剂牌号	SiO_2	Al_2O_3	MnO	CaO	MgO	TiO_2	CaF_2	NaF	ZrO_2	FeO	S	P	R_2O
无锰高硅低氟	HJ130	35~40	12~16	—	10~18	14~19	7~11	4~7	—	—	2	≤0.05	≤0.05	—
无锰高硅低氟	HJ131	34~38	6~9	—	48~55	—	—	2~5	—	—	≤1	≤0.05	≤0.08	≤3
无锰中硅中氟	HJ150	21~23	28~32	—	3~7	9~13	—	25~33	—	—	≤1	≤0.08	≤0.08	≤3
无锰低硅高氟	HJ172	3~6	28~35	1~2	2~5	—	—	45~55	2~3	2~4	≤0.8	≤0.05	≤0.05	≤3
低锰高硅低氟	HJ230	40~46	10~17	5~10	8~14	10~14	—	7~11	—	—	≤1.5	≤0.05	≤0.05	—
低锰中硅中氟	HJ250	18~22	18~23	5~8	4~8	12~16	—	23~30	—	—	≤1.5	≤0.05	≤0.05	≤3
低锰中硅中氟	HJ251	18~22	18~23	7~10	3~6	14~17	—	23~30	—	—	≤1.0	≤0.08	≤0.05	—
低锰高硅中氟	HJ260	29~34	19~24	2~4	4~7	15~18	—	20~25	—	—	≤1.0	≤0.07	≤0.07	—
中锰高硅低氟	HJ330	44~48	≤4	22~26	≤3	16~20	—	3~6	—	—	≤1.5	≤0.08	≤0.08	≤1
中锰中硅中氟	HJ350	30~35	13~18	14~19	10~18	—	—	14~20	—	—	—	≤0.06	≤0.07	—
中锰高硅中氟	HJ360	33~37	11~15	20~26	4~7	5~9	—	10~19	—	—	≤1.5	≤0.10	≤0.10	—
高锰高硅低氟	HJ430	38~45	≤5	38~47	≤6	—	—	5~9	—	—	≤1.8	≤0.10	≤0.10	—
高锰高硅低氟	HJ431	40~44	≤4	34~38	≤6	5~8	—	3~7	—	—	≤1.8	≤0.10	≤0.10	—
高锰高硅低氟	HJ433	42~45	≤3	44~47	≤4	—	—	2~4	—	—	≤1.8	≤0.15	≤0.10	≤0.5

表2　国产焊剂配用焊丝及用途

焊剂牌号	焊剂类型	配用焊丝	焊剂用途
HJ130	无锰高硅低氟	H10Mn2	焊接低碳结构钢、低合金钢,如16Mn等
HJ131	无锰高硅低氟	配Ni基焊丝	焊接镍基合金薄板结构
HJ230	低锰高硅低氟	H08MnA,H10Mn2	焊接低碳结构钢及低合金结构钢
HJ260	低锰高硅中氟	Cr19Ni9型焊丝	焊接不锈钢及轧辊堆焊
HJ330	中锰高硅低氟	H08MnA,H08Mn2,H08MnSi	焊接重要的低碳钢结构和低合金钢,如Q235A、15g、20g、16Mn、15MnVTi等
HJ430	高锰高硅低氟	H08A、H10Mn2A、H10MnSiA	焊接低碳结构钢及低合金钢
HJ431	高锰高硅低氟	H08A、H08MnA、H10MnSiA	焊接低碳结构钢及低合金钢
HJ433	高锰高硅低氟	H08A	焊接低碳结构钢
HJ150	无锰中硅中氟	配2Cr13或3Cr2W8、配铜焊丝	堆焊轧辊,焊铜
HJ250	低锰中硅中氟	H08MnMoA、H08Mn2MoA、H08Mn2MoVA	焊接15MnV、14MnMoV、18MnMoNb等
HJ350	中锰中硅中氟	配相应焊丝	焊接锰钼、锰硅及含镍低合金高强钢
HJ172	无锰低硅高氟	配相应焊丝	焊接高铬铁素体热强钢(15Cr11CuNiWV)或其他高合金钢

续表

比较	特点和应用
烧结焊剂	烧结焊剂是继熔炼焊剂之后发展起来的新型焊剂。国外已广泛采用烧结焊剂焊接碳钢、高强度钢和高合金钢 黏结焊剂与烧结焊剂都属于非熔炼焊剂。黏结焊剂又称为低温烧结焊剂，烧结焊剂又称为高温烧结焊剂。由于黏结焊剂与烧结焊剂并无本质不同，因此可以将它们归为一类 烧结焊剂的主要优点是可以灵活地调整焊剂的合金成分。其特点如下： (1)可以连续生产，劳动条件较好。成本低，一般为熔炼焊剂的1/3～1/2 (2)焊剂碱度可在较大范围内调节。熔炼焊剂的碱度最高为2.5左右。烧结焊剂当其碱度高达3.5时，仍具有良好的稳弧性及脱渣性，并可交直流两用，烟尘量也很小。目前各国研究与开发的窄间隙埋弧焊接都是采用高碱度烧结焊剂 (3)由于烧结焊剂碱度高，冶金效果好，所以能获得较好的强度、塑性和韧性的配合 (4)焊剂中可加入脱氧剂及其他合金成分，具有比熔炼焊剂更好的抗锈能力 (5)焊剂的松装密度较小，一般为0.9～1.2g/cm^3，焊接时焊剂的消耗量较少。可以采用大的焊接电流值(可达2000A)，焊接速度可高达150m/h，适用于多丝大电流高速自动埋弧焊工艺 (6)烧结焊剂颗粒圆滑，在管道中输送和回收焊剂时阻力较小 (7)缺点是吸潮性较大。焊缝成分易随焊接工艺参数变化而波动 国产的烧结焊剂有以下几种： (1)SJ101　是氟碱型烧结焊剂，属于碱性焊剂。为灰色圆形颗粒状。焊剂成分为：$w(SiO_2+TiO_2)=25\%$，$w(CaO+MgO)=30\%$，$w(Al_2O_3+MnO)=25\%$，$w(CaF_2)=20\%$。配合H08MnA、H08MnMoA、H08Mn2MoA、H10Mn2等焊丝可焊接多种低合金结构钢。焊接产品为锅炉、压力容器以及管道等重要结构，其焊缝金属具有较高的低温冲击韧度。它可用于多丝埋弧焊，特别适用于大直径容器的双面单道焊 (2)SJ301　是硅钙型烧结焊剂，属于中性焊剂，呈黑色圆形颗粒状。焊剂成分(质量分数)为：$w(SiO_2+TiO_2)=40\%$，$(CaO+MgO)=25\%$，$w(Al_2O_3+MnO)=25\%$，$w(CaF_2)=10\%$。配合H08MnA、H08MnMoA、H10Mn2等焊丝可焊接普通结构钢、锅炉钢及管线钢等。这种焊丝可用于多丝快速焊接，特别适用于双面单道焊。由于它属于短渣，可以焊接小直径的管线 (3)SJ401　是硅锰型烧结焊剂，属于酸性焊剂，为灰褐色到黑色圆形颗粒状。焊剂成分(质量分数)为：$w(SiO_2+TiO_2)=25\%$，$w(CaO+MgO)=10\%$，$w(Al_2O_3+MnO)=40\%$。配合H08A焊丝可以焊接低碳钢及某些低合金钢，多应用于矿山机械及机车车辆等金属结构的焊接。其焊接工艺性能良好，具有较高的抗气孔性能 (4)SJ501　是铝钛型烧结焊剂，属于酸性焊剂，为深褐色圆形颗粒。焊剂成分(质量分数)为：$w(SiO_2+TiO_2)=30\%$，$w(Al_2O_3+MnO)=55\%$，$w(CaF_2)=5\%$。配合H08A、H08MnA等焊丝可焊接低碳钢及Q345(16Mn)、Q390(15MnV)等低合金钢，多应用于船舶、锅炉、压力容器的焊接施工中。该焊剂具有较强的抗气孔能力，对少量铁锈及高温氧化膜不敏感 (5)SJ502　是铝钛型烧结焊剂，属于酸性焊剂，为灰褐色圆形颗粒状。焊剂成分(质量分数)为：$w(MnO+Al_2O_3)=30\%$，$w(TiO_2+SiO_2)=45\%$，$w(CaO+MgO)=10\%$，$w(CaF_2)=5\%$。配合H08A焊丝可以焊接重要的低碳钢及某些低合金钢的重要结构，例如锅炉、压力容器等。当焊接锅炉膜式水冷壁时，焊接速度可达70m/h以上，焊接质量良好 总之，烧结焊剂由于具有松装密度比较小，熔点比较高等特点，适用于大热量输入焊接。此外，烧结焊剂较容易向焊缝中过渡合金元素。因此，在焊接特殊钢种时宜选用烧结焊剂。熔炼焊剂与烧结焊剂的比较列于表3，可供选择焊剂时参考

熔炼焊剂与烧结焊剂的特点比较

表3

比较项目		熔炼焊剂	烧结焊剂
一般特点		熔点较低，松装密度较大，颗粒不规则，但强度较高。焊剂的生产中耗电量大，成本较高	熔点较高，松装密度较小，颗粒圆滑较规则，但强度低，可连续生产，成本较低
焊接工艺性能	高速焊接性能	焊道均匀，不易产生气孔和夹渣	焊道无光泽，易产生气孔、夹渣
	大规范焊接性能	焊道凸凹显着，易粘渣	焊道均匀，容易脱渣
	吸潮性能	比较小，可不必再烘干	比较大，必须烘干
	抗锈性能	比较敏感	不敏感
焊缝性能	韧性	受焊丝成分和焊剂碱度影响大	比较容易得到高韧性
	成分波动	焊接规范变化时成分波动较小	成分波动较大
	多层焊性能	焊缝金属的成分变动小	焊缝成分变动较大
	脱氧性能	较差	较好
	合金剂的添加	十分困难	可以添加

对焊条、焊丝及焊剂工艺性能的要求

表 1-4-15　对焊条工艺性能的要求

项目	含义及要求
焊接电弧的稳定性	焊条的工艺性能是指焊条在焊接操作中的性能，它是衡量焊条质量的重要指标之一 电弧稳定性是指电弧容易引燃，并且保持稳定燃烧（不产生断弧、飘移和磁偏吹等）的程度。它直接影响着焊接过程的连续性及焊接质量。焊接电源的特性、焊接工艺参数、焊条药皮类型及组成物等许多因素都影响着电弧的稳定性。焊条药皮中加入电离电位低的物质，可以降低电弧气氛的电离电位，因而就能提高电弧稳定性，由于造渣及压涂工艺的需要，一般在焊条药皮中都含有云母、长石、钛白粉或金红石等成分，所以，电弧稳定性都比较好。然而，低氢焊条由于药皮中萤石的反电离作用，在用交流电源焊接时电弧不能稳定燃烧，只有采用直流电源才能维持电弧连续稳定地燃烧。但在其药皮中加入稳弧剂（例如碳酸钾等）时，也可以在采用交流电源焊接时保持电弧的稳定性。当药皮的熔点过高或药皮太厚时，就容易在焊条端部形成较长的套筒，致使电弧易于熄灭
焊缝成形	良好的焊缝成形要求表面光滑，波纹细密美观，焊缝的几何形状及尺寸正确。焊缝应圆滑地向母材过渡，余高符合标准，无咬边等缺陷。表面成形不仅影响美观，更重要的是影响焊接接头的力学性能。成形不好的焊缝会造成应力集中，引起焊接部件的早期破坏 焊缝成形的影响因素除操作原因以外，主要是熔渣凝固温度、高温熔渣的黏度、表面张力以及密度等。熔渣凝固温度是指由焊条药皮熔化所形成的液态熔渣转变为固态时的温度。熔渣的凝固温度过高，就会产生压铁水的现象，严重影响焊缝成形，甚至产生气孔。凝固温度过低又使熔渣不能均匀地覆盖在焊缝表面，也会造成表面成形很差 高温时熔渣的黏度过大，将使焊接冶金反应缓慢，焊缝表面成形不良，并易产生气孔、夹杂等缺陷。如果熔渣黏度过小，将会造成熔渣对焊缝覆盖不均匀，失去应有的保护作用 液态熔渣的表面张力对于焊缝成形也有很大的影响，一般地，0.3～0.4N/m 即可使熔化状态的熔渣均匀覆盖在焊缝表面上。当熔池结晶时，表面张力急剧增加，使焊缝具有良好的成形
各种位置焊接的适应性	工艺性能良好的焊条能适应空间全位置焊接。不同类型的焊条在各种位置上焊接的适应性是不同的。几乎所有的焊条都能进行平焊，而横焊、立焊、仰焊就不是所有焊条都能胜任的。它的主要困难是：在重力的作用下熔滴不易向熔池过渡；熔池金属和熔渣向下淌以致不能形成正常的焊缝。因此，需适当增加电弧和气流吹力，以便把熔滴送向熔池并阻止金属和熔渣下淌。调节熔渣的熔点、黏度及表面张力也是解决焊条全位置焊接的技术措施。因为这不仅可以阻止熔渣及铁水的下淌，而且还能使高温熔渣尽快地凝固
飞溅	焊接过程中由熔滴或熔池中飞出金属颗粒称为飞溅。飞溅不仅弄脏焊缝及其附近的部位，增加清理工作量，而且过多的飞溅还会破坏正常的焊接过程，降低焊条的熔敷效率。熔渣的黏度较大或焊条含水量过多、焊条偏心率过大等均会造成较大飞溅。增大焊接电流及电弧长度，飞溅也随之增加。此外，电源类型、熔滴过渡形态对于飞溅也有一定的影响。一般钛钙型焊条，电弧燃烧稳定，熔滴为细颗粒过渡，飞溅较小。低氢型焊条的电弧稳定性较差，熔滴多为大颗粒短路过渡，飞溅较大
脱渣性	脱渣性是指焊后从焊缝表面清除渣壳的难易程度。它的影响因素有以下几方面： （1）熔渣的线胀系数　熔渣与焊缝金属的线胀系数相差越大，冷却时熔渣越容易与焊缝金属脱离。不同类型焊条的熔渣具有不同的线胀系数，钛型焊条 E4313（J421）熔渣与低碳钢的线胀系数相差最大，脱渣性最好。低氢型焊条 E4315（J427）熔渣与低碳钢的线胀系数相差较小，脱渣性较差 （2）熔渣的氧化性　在焊缝金属冷却结晶的开始阶段，尚未凝固的液体熔渣与处于高温状态的焊缝金属间，仍会发生一定的冶金反应。如果熔渣的氧化性很强就会使焊缝表面氧化，生成一层氧化膜，其主要成分是氧化铁（FeO），它的晶格结构是体心立方晶格。搭建在焊缝金属的 α-Fe 体心立方晶格上，牢固地粘在焊缝金属表面上，导致脱渣困难 如果熔渣中含有能形成尖晶石型化合物的二价和三价金属氧化物（如 Al_2O_3，V_2O_3，Cr_2O_3 等），可以与渣中的 FeO、MnO、CaO、MgO 等形成体心立方晶格的尖晶石型化合物 $MeO \cdot Me_2O_3$。尖晶石晶格常数与 FeO 的晶格常数相差不大，它们可以互相联成共同晶格。这样，熔渣与焊缝金属通过 FeO 薄膜的中介而牢固地联系起来，于是脱渣性恶化，焊缝金属表面出现粘渣现象。因此，含 V、Al、Cr 的合金钢焊接时脱渣性不好的原因就是这些合金元素在焊接过程中形成了氧化物。加强焊条的脱氧能力就可以明显地改善脱渣性 （3）熔渣的松脆性　熔渣越松脆就越容易清除。在平板表面堆焊时，一般脱渣都比较容易。然而，在角焊缝和深坡口底层焊接时，由于熔渣夹在钢板之间而使脱渣造成困难。钛型焊条熔渣的结构比较密实坚硬，在坡口中的脱渣性较差。低氢型焊条的脱渣性最不理想
焊条熔化速度	焊条熔化速度反映着焊接生产率的高低，它可以用焊条的熔化系数 α_p 来表示。考虑到飞溅造成的损失，真正反映焊接生产的指标是焊条的熔敷系数 α_H，即单位时间内单位电流所能熔敷在焊件上的金属质量。α_P 与 α_H 的关系是： $\alpha_H = \alpha_P(1-\Psi)$ 式中，Ψ 为损失系数 表 1 是几种焊条熔化系数与熔敷系数的实测数据。不同类型焊条的熔化系数是不同的，造成这个差别的主要原因是它们的药皮组成不同。药皮成分影响电弧电压，电弧气氛的电离电位越低，电弧电压就越低，电弧的热量也就越少，因此焊条的熔化系数就越小。药皮成分影响熔滴过渡形态，调整药皮成分可以使熔滴由短路过渡变为颗粒过渡，从而提高了焊条的熔化系数；药皮中含有进行放热反应的物质时，由于化学反应热加速焊条熔化，也提高了焊条的熔化系数，此外，药皮中加入铁粉，可以提高焊条的熔化系数
药皮发红	药皮发红是指焊条在使用到后半段时，由于药皮温升过高而发红、开裂或药皮脱落的现象。这时药皮就失去保护作用及冶金作用。药皮发红引起焊接工艺性能恶化，严重影响焊接质量，也造成了材料的浪费。解决药皮发红的技术关键就是调整焊条药皮配方，改善熔滴过渡形态、提高焊条的熔化系数、减少电阻热以降低焊条的表面温升
焊接烟尘	在焊接电弧的高温作用下，焊条端部的液态金属和熔渣激烈蒸发。同时，在熔滴和熔池的表面上也发生蒸发。由于蒸发而产生的高温蒸气从电弧区被吹出后迅速被氧化和冷凝，变为细小的固态粒子。分散飘浮于空气中，弥散于电弧周围，就形成了焊接烟尘。低碳钢和低合金钢焊条一般均采用低碳钢焊芯，因此焊接烟尘主要取决于药皮成分。不同药皮类型焊条的发尘速度及发尘量范围如表 2 所示。低氢型焊条的发尘速度和发尘量均高于其他类型的焊条。烟尘中含有各种致毒物质，污染环境，危害焊工健康

表 1　几种焊条的 α_P 与 α_H

焊条型号	焊条牌号	$\alpha_P/g \cdot (A \cdot h)^{-1}$	$\alpha_H/g \cdot (A \cdot h)^{-1}$
E4303	J422	9.16	8.25
E4301	J423	10.1	9.7
E4320	J424	9.1	8.2
E4315	J427	9.5	9.0
E5015	J507	9.06	8.49

表 2　发尘速度和发尘量

焊条类别	发尘速度/$mg \cdot min^{-1}$	发尘量/$g \cdot kg^{-1}$
钛钙型焊条	200～280	6～8
高钛型焊条	280～320	7～9
钛铁矿型焊条	300～360	8～10
低氢型焊条	360～450	10～20

表 1-4-16　　对焊剂工艺性能及质量的要求

项目		要求
一般要求	良好的冶金性能	焊接时配以适当的焊丝和合理的焊接工艺,焊缝金属能得到适宜的化学成分、良好的力学性能(与母材相适应的强度和较高的塑性、韧性)和较强的抗冷裂纹和热裂纹的能力
	良好的工艺性	电弧燃烧稳定,熔渣具有适宜的熔点、黏度和表面张力。焊道与焊道间及焊道与母材间充分熔合,过渡平滑,没有明显咬边,脱渣容易,焊缝表面成形良好,以及焊接过程中产生的有害气体少
	一定的颗粒度和颗粒强度	多次回收使用。焊剂的颗粒度分两种:普通颗粒度为 2.5~0.45mm(8~40 目),用于普通埋弧焊和电渣焊;细颗粒度为 1.25~0.28mm(14~60 目),适用于半自动或细丝埋弧焊。其中小于规定粒度 60 目以下的细颗粒不大于 5%,规定粒度 14 目以上的粗颗粒不大于 2%
	较低的含水量、良好的抗潮性	出厂焊剂含水量的质量分数不得大于 0.10%。焊接在温度 25℃、相对湿度 70%的环境条件下,放置 24 h,其吸潮率不应大于 0.15%
	S、P 含量较低	一般为 S≤0.06%,P≤0.08%
	机械夹杂物(碳粒、生料、铁合金凝珠及其他杂质)的含量	不得大于焊剂质量分数的 0.30%
电渣焊用焊剂的要求	熔渣电导率应适宜	若电导率过低,焊接无法进行;若电导率过高,电阻热过低,影响电渣焊过程的顺利进行
	熔渣黏度适宜	黏度过小,流动性过大,易造成熔渣和金属流失,使焊接过程中断 黏度过大、熔点过高,易形成咬边和夹渣
	熔渣开始蒸发温度适宜	熔渣开始蒸发的温度取决于熔渣中最易蒸发的成分,例如氟化物的沸点低,使熔渣的开始蒸发温度降低,易产生电弧,导致电渣焊过程的稳定性降低,并易产生飞溅
其他要求和说明	通常情况下,焊剂中的 SiO_2 含量增多时,电导率降低,黏度增大;氟化物和 TiO_2 增多时,电导率增大,黏度降低 要获得高质量的焊接接头,焊剂除符合以上要求外,还必须针对不同的钢种选用合适牌号的焊剂及配用焊丝。通常主要根据被焊钢材的类别及对焊接接头性能的要求来选择焊丝,并选择适当的焊剂相配合。一般情况下,对低碳钢、低合金高强钢的焊接,应选用与母材强度相匹配的焊丝;对耐热钢、不锈钢的焊接,应选用与母材成分相匹配的焊丝;堆焊时应根据对堆焊层的技术要求、使用性能等,选择合金系统及相近成分的焊丝,并选用合适的焊剂 还应根据所焊产品的技术要求(如坡口和接头形式、焊后加工工艺等)和生产条件,选择合适的焊剂与焊丝的组合,必要时应进行焊接工艺评定,检测焊缝金属的力学性能、耐腐蚀性、抗裂性以及焊剂的工艺性能,以考核所选焊接材料是否合适 焊剂的焊接工艺性能和化学冶金性能是决定焊缝金属化学成分和性能的主要因素之一,采用同样的焊丝和同样的焊接参数,而配用的焊剂不同,所得焊缝的性能将有很大的差别。一种焊丝可与多种焊剂合理组合,无论是在低碳钢还是在低合金钢上都有这种合理的组合	

不同药皮类型焊条工艺性等比较

表 1-4-17 酸性焊条与碱性焊条性能对比

酸性焊条	碱性焊条
药皮成分氧化性强	药皮成分还原性强
对水、锈产生气孔的敏感性不大，焊条在使用前经150～200℃烘焙1h，若不受潮，也可不烘	对水、锈产生气孔的敏感性较大，要求焊条使用前经300～400℃烘焙1～2h
电弧稳定，可用交流或直流焊接	由于药皮中含有氟化物使电弧稳定性变坏，必须采用直流焊接，只有当药皮中加稳弧剂后才可交直流两用
焊接电流较大	焊接电流较小，较同规格的酸性焊条小10%左右
可长弧操作	必须短弧操作，否则容易引起气孔
合金元素过渡效果差	合金元素过渡效果好
焊缝成形较好，除氧化铁型外，熔深较小	焊缝成形尚好，容易堆高，熔深较大
熔渣结构呈玻璃状	焊渣结构呈结晶状
脱渣较容易	坡口内第一层脱渣较困难，以后各层脱渣较容易
焊缝常、低温冲击性能一般	焊缝常、低温冲击韧度较高
除氧化铁型外，抗裂性能较差	抗裂性能好
熔敷金属中的含氢量高，容易产生白点，影响塑性	熔敷金属中含氢量低
焊接时烟尘较少	焊接时烟尘较多

表 1-4-18 各种药皮类型的结构钢焊条工艺性能

焊条牌号	J××1	J××2	J××3	J××4	J××5	J××6	J××7
药皮主要成分	TiO_2 45%～60%、硅酸盐、锰铁、有机物	TiO_2 30%～45%、硅酸盐、锰铁	钛铁矿>30%、硅酸盐、锰铁、有机物	氧化铁>30%、硅酸盐、锰铁、有机物	有机物>15%、TiO_2、硅酸盐	碳酸盐>30%、萤石、铁合金、稳弧剂	碳酸盐>30%、萤石、铁合金，不加稳弧剂
熔渣特性	酸性、短渣		酸性、较短渣	酸性、长渣	酸性、短渣	碱性、短渣	
电弧稳定性	柔和、稳定	稳定				较差，交、直流	较差，直流
电弧吹力	大		稍大		很大	稍大	
飞溅	少		中		多	较多	
焊缝外观	纹细、美观	美观			粗	稍粗	
熔深	小	中		稍大	大	中	
咬边	小		中	小		小	
焊脚形状	凸	平	平或稍凸	平		平或凹	
脱渣性	好						较差
熔化系数	中		稍大	大		中	
尘	少		稍多	多	少	多	
平焊	易						
立向上焊	易				极易	易	
立向下焊	易		困难	不可	易		
仰焊	稍易		易		极易	稍难	

表 1-4-19　　各种药皮类型结构钢焊条的冶金性能

焊条类型（牌号）	所属渣系	熔渣碱度 B_1	焊缝金属化学成分（质量分数）/%					焊缝金属力学性能			
			C	Si	Mn	S	P	σ_b/MPa	δ/%	ψ/%	A_{kV}/J
E4313（J421）	钛型 TiO_2 SiO_2-CaO-Al_2O_3	0.40～0.50	0.07～0.10	0.15～0.20	0.25～0.35	0.018～0.030	0.02～0.032	430～490	20～28	60～65	常温，50～750℃ ≥47
E4303（J422）	钛钙型 TiO_2-CaO-SiO_2	0.65～0.76	0.07～0.08	0.10～0.15	0.35～0.5	0.015～0.025	0.02～0.030	430～490	22～30	60～70	0℃　-20℃ 70～115　≥47
E4301（J423）	钛铁矿型 TiO_2-FeO-MnO-SiO_2	1.06～1.30	0.07～0.10	<0.10	0.4～0.50	0.016～0.028	0.022～0.035	420～480	20～30	60～68	0℃ 60～110
E4320（J424）	氧化铁型 FeO-MnO-SiO_2	1.02～1.40	0.08～0.10	约0.10	0.52～0.8	0.018～0.025	0.030～0.05	430～470	25～30	60～68	常温 60～110
E4311（J425）	纤维素型 FeO-MnO-SiO_2	1.10～1.34	0.08～0.10	0.06～0.10	0.25～0.40	0.016～0.022	0.025～0.035	430～490	20～28	60～65	-30℃ 100～130
E4316（J426）	低氢碱性 CaO-CaF_2-SiO_2	1.60～1.80	0.07～0.10	0.35～0.45	0.70～1.10	0.015～0.025	0.025～0.028	470～540	22～30	68～72	-30℃ 80～180
E4315（J427）	低氢碱性 CaO-CaF_2-SiO_2	1.60～1.80	0.07～0.10	0.35～0.45	0.70～1.1	0.012～0.025	0.020～0.025	470～540	24～35	70～75	-20℃　-30℃ 80～230　80～180

焊条类型（牌号）	焊缝中气体			Mn/S	Mn/Si	氧化物-硅酸盐夹杂总含量/%	抗热裂性	抗气孔性	备注
	φ(N)/%	φ(O)/%	[H]/mL·$(100g^{-1})$						
E4313（J421）	0.025～0.03	0.06～0.08	25～30	8～12	1.5～1.8	0.109～0.131	一般	大电流或焊接含硫、含硅较高的钢时，气孔敏感性强。对铁锈、水分不太敏感	以Mn脱氧为主
E4303（J422）	0.024～0.030	0.06～0.1	25～30	13～16	2.5～3.0		尚好	大电流或焊接含硫、含硅较高的钢时，气孔敏感性强。对铁锈、水分不太敏感。药皮氧化性强，易出现CO气孔，脱氧性增强，易出现氢气孔	
E4301（J423）	0.025～0.030	0.08～0.11	24～30	12～18	4～5	0.134～0.203	尚好	一般，与E4303差不多	氧化性较强、合金过渡系数较低
E4320（J424）	0.02～0.025	0.10～0.12	26～30	14～28	6～8		较好	较好，对铁锈、水分不敏感	
E4311（J425）	0.01～0.020	0.06～0.09	30～40	8～14	3.5～4.0	约0.10	一般	氢白点敏感性强，对铁锈、水分等不太敏感	属于造气保护
E4316（J426）	0.01～0.022	0.025～0.035	8～10	30～38	2～2.5	0.028～0.090	良好	对铁锈、水分很敏感，有铁锈时易产生CO气孔；有水锈时易出现氢气孔。长弧焊时易出现气孔	正接或交流电源时易出现气孔
E4315（J427）	0.007～0.020	0.025～0.035	6～8	30～38	2～2.5				正接时易出现气孔

选择焊条的基本原则

表 1-4-20 同类钢材焊接时选择焊条原则

考虑因素	选择原则
焊件的力学性能和化学成分	(1)根据等强度的观点,选择满足母材力学性能的焊条,或结合母材的可焊性,改用非等强度而焊接性好的焊条,但考虑焊缝结构型式,以满足等强度、等刚度要求 (2)使其合金成分符合或接近母材 (3)母材含碳、硫、磷有害杂质较高时,应选择抗裂性和抗气孔性能较好的焊条。建议选用氧化钛钙型、钛铁矿型焊条。如果尚不能解决,可选用低氢型焊条
焊件的工作条件和使用性能	(1)在承受动载荷和冲击载荷情况下,除保证强度外,对冲击韧性、伸长率均有较高要求,应依次选用低氢型、钛钙型和氧化铁型焊条 (2)接触腐蚀介质的,必须根据介质种类、浓度、工作温度以及区分是一般腐蚀还是晶间腐蚀等,选择合适的不锈钢焊条 (3)在磨损条件下工作时,应区分是一般还是受冲击磨损,是常温还是在高温下磨损等 (4)非常温条件下工作时,应选择相应的保证低温或高温力学性能的焊条
焊件的结构特点和受力状态	(1)形状复杂、刚性大或大厚度的焊件,焊缝金属在冷却时收缩应力大,容易产生裂缝,必须选用抗裂性强的焊条,如低氢型焊条、高韧性焊条或氧化铁型焊条 (2)受条件限制不能翻转的焊件,有些焊缝处于非平焊位置必须选用能全位置焊接的焊条 (3)焊接部位难以清理的焊件,选用氧化性强、对铁锈、氧化皮和油污不敏感的酸性焊条
施焊条件及设备	在没有直流焊机的地方,不宜选用限用直流电源的焊条,而应选用用于交直流电源的焊条。某些钢材(如珠光体耐热钢)需焊后进行消除应力热处理,但受设备条件限制(或本身结构限制)不能进行热处理时,应改用非母体金属材料焊条(如奥氏体不锈钢焊条),可不必焊后热处理 在狭小或通风条件差的场合,选用酸性焊条或低尘焊条;对焊接工作量大的结构,有条件时应尽量采用高效率焊条,如铁粉焊条,高效率重力焊条等,或选用底层焊条、立向下焊条之类的专用焊条
改善焊接工艺和保护工人身体健康	在酸性焊条和碱性焊条都可以满足要求的地方,应尽量采用工艺性能好的酸性焊条
劳动生产率和经济合理性	在使用性能相同的情况下,应尽量选择价格较低的酸性焊条,而不用碱性焊条,在酸性焊条中又以钛型、钛钙型为贵,根据我国矿藏资源情况,应大力推广钛铁矿型药皮的焊条

表 1-4-21 异种钢、复合钢板焊接时选择焊条原则

焊接材料	原则
一般碳钢和低合金钢的焊接	(1)应使焊接接头的强度大于被焊钢材中最低的强度 (2)应使焊接接头的塑性和冲击韧度不低于被焊钢材 (3)为防止焊接裂缝,应根据焊接性较差的母材选取焊接工艺
低合金钢和奥氏体不锈钢的焊接	(1)一般选用含铬镍比母材高,塑性、抗裂性较好的奥氏体不锈钢焊条 (2)对于不重要的焊件,可选用与不锈钢相应的焊条
不锈钢复合钢板的焊接	(1)推荐使用基层、过渡层、复合层三种不同性能的焊条 (2)一般情况下,复合钢板的基层与腐蚀性介质不直接接触,常用碳钢、低合金钢等结构钢,所以基层的焊接可选用相应等级的结构钢焊条 (3)过渡层处于两种不同材料的交界处,应选用含铬镍比复合钢板高的塑性、抗裂性较好的奥氏体不锈钢焊条 (4)复合层直接与腐蚀性介质接触,可选用相应的奥氏体不锈钢焊条

表 1-4-22 焊丝选用要点

考虑因素	说明
总的要求	焊丝的选择要根据被焊钢材种类、焊接部件的质量要求、焊接施工条件(板厚、坡口形状、焊接位置、焊接条件、焊后热处理及焊接操作等)、成本等综合考虑
根据被焊结构的钢种	对于碳钢及低合金高强钢,主要是按"等强匹配"的原则,选择满足力学性能要求的焊丝 对于耐热钢的耐候钢,主要是侧重考虑焊缝金属与母材化学成分的一致或相似,以满足对耐热性和耐腐蚀性等方面的要求
根据被焊部件的质量要求	选择焊丝与焊接条件、坡口形状、保护气体混合比等工艺条件有关,要在确保焊接接头性能(特别是冲击韧性)的前提下,选择达到最大焊接效率及降低焊接成本的焊接材料
根据现场焊接位置	对应于被焊工件的板厚选择所使用的焊丝直径,确定所使用的电流值,参考各生产厂的产品介绍资料及使用经验,选择适合于焊接位置及使用电流的焊丝牌号
根据焊接工艺性能	对于碳钢及低合金钢的焊接(特别是半自动焊),主要是根据焊接工艺性能来选择焊接方法及焊接材料。焊接工艺性包括电弧稳定性、飞溅颗粒大小及数量、脱渣性、焊缝外观与形状等

考虑因素	焊接工艺性能			实芯焊丝		CO_2 焊接,药芯焊丝	
				CO_2 焊接	$Ar+CO_2$ 焊接	熔渣型	金属粉型
实芯焊丝和药芯焊丝气体保护焊的焊接工艺性的对比	操作难易	平焊	超薄板($\delta \leq 2mm$)	稍差	优	稍差	稍差
			薄板($\delta < 6mm$)	一般	优	优	优
			中板($\delta > 6mm$)	良好	良好	良好	良好
			厚板($\delta > 25mm$)	良好	良好	良好	良好
		横角焊	单层	一般	良好	优	良好
			多层	一般	良好	优	良好
		立焊	向下	良好	优	优	稍差
			向下	良好	良好	优	稍差
	焊缝外观		平焊	一般	优	优	良好
			横角焊	稍差	优	优	良好
			立焊	一般	优	优	一般
			仰焊	稍差	良好	优	稍差
	其他		电弧稳定性	一般	优	优	优
			熔深	优	优	优	优
			飞溅	稍差	优	优	优
			脱渣性	—	—	优	稍差
			咬边	优	优	优	优

几种常用钢材的焊条选择举例

表 1-4-23

钢种	选用说明
低碳钢	碳钢的焊接性与钢中含碳量多少密切相关,含碳量越高,钢的焊接性越差。用于焊接的碳钢,含碳量不超过 0.9%。几乎所有的焊接方法都可以用于碳钢结构的焊接,其中以手弧焊、埋弧焊和 CO_2 气体保护焊应用最为广泛 碳钢焊条的焊缝强度通常小于 540MPa(55kgf/mm^2),我国碳钢焊条国家标准 GB/T 5117—1995 中只有 E43××系列及 E50××系列两种型号,即抗拉强度只有 420MPa(43kgf/mm^2)和 490MPa(50kgf/mm^2)两个强度级别。目前焊接中大量使用的是 490MPa 级以下的焊条。焊接低碳钢(碳含量小于 0.25%)时大多使用 E43××(J42×)系列的焊条 常用低碳钢焊接时焊接材料的选择如下。其中,一般焊接结构可选用酸性焊条,承受动载荷或复杂的厚壁结构及低温使用时选用碱性焊条

续表

钢种	选用说明
低碳钢	常用低碳钢的焊接材料选择；各类低碳钢焊条工艺性能的比较；各类低碳钢焊条冶金性能综合比较（见下表）

常用低碳钢的焊接材料选择

钢号	手工电弧焊		埋弧焊	CO_2 气体保护焊	电渣焊
	焊条牌号	焊条型号			
Q235	J421,J422,J423	E4313,E4303,E4301	H08A,H08MnA + HJ431,HJ430	H08MnSi H08Mn2Si H08MnSiA H08Mn2SiA	H10MnSiA H10Mn2A H10Mn2MoA + HJ350
Q255	J424,J426,J427	E4320,E4316,E4315			
Q275	J426,J427, J506,J507	E4316,E4315, E5016,E5015			
08、10	J422,J423,J424	E4303,E4301,E4320			
15、20	J426,J427,J507	E4316,E4315,E5015			
20g	J422,J426,J427	E4303,E4316,E4315			
22g	J506,J507	E5016,E5015			
25	J426,J427	E4316,E4315			
ZG230-450	J506,J507	E5016,E5015			

各类低碳钢焊条工艺性能的比较

牌号	型号	药皮类型	熔渣特性	焊条工艺性能							
				电弧稳定性	焊缝成形	脱渣性	焊接位置	熔敷系数	飞溅	熔深	发尘量 /g·kg^{-1}
J421	E4313	高钛钾型	酸性短渣	好	美观	好	全位置	一般	少	较浅	5~8
J422	E4303	钛钙型	酸性短渣	较好	美观	好	全位置	一般	少	较浅	5~8
J423	E4301	钛铁矿型	酸性(介于长短渣之间)	较好	整齐	一般	全位置	较高	一般	一般	6~9
J424	E4320	氧化铁型	酸性长渣	一般	整齐	一般	平焊	高	较多	较深	8~12
J425	E4310	纤维素型	酸性短渣	一般	波纹粗	好	全位置	高	较多	较深	—
J426	E4316	低氢钾型	碱性短渣	较差	波纹粗	较差	全位置	一般	一般	稍深	14~20
J427	E4315	低氢钠型	碱性短渣	一般	波纹粗	较差	全位置	一般	一般	稍深	11~17

各类低碳钢焊条冶金性能综合比较

牌号	型号	药皮类型	熔敷金属力学性能			抗裂性	抗气孔性	氧化物-硫化物夹杂总量/%
			抗拉强度 σ_b/MPa	伸长率 δ/%	冲击功 A_{kV}/J			
J421	E4313	钛型	440~490	20~28	98~147	较差	大电流或焊接含Si、S较高的钢材时，气孔敏感性强，对铁锈、水分不太敏感	0.109~0.131
J422	E4303	钛钙型	440~490	20~30	123~196	尚好		
J423	E4301	钛铁矿型	420~480	20~30	123~196	尚好		
J424	E4320	氧化铁型	430~470	25~30	110~160	较好	较好，对铁锈、水分不敏感	0.134~0.203
J425	E4310	纤维素型	430~490	20~28	98~147	较好	氢白点敏感性强，对铁锈、水分不太敏感	0.10
J426	E4316	低氢钾型	460~510	22~32	245~368	良好	对铁锈、水分很敏感，引弧处及长弧焊时易出气孔，直流正接焊时也易出气孔	0.028~0.090
J427	E4315	低氢钠型	460~510	24~35	270~390	良好		

续表

<table>
<tr><th>钢种</th><th>选用说明</th></tr>
<tr><td>中碳钢、高碳钢</td><td>
焊接中碳钢(C=0.25%~0.60%)和高碳钢(C>0.60%)时,应选用杂质含量较低且具有一定脱硫能力的碱性低氢型焊条。在个别情况下,也可采用钛铁矿型或钛钙型焊条,但要有严格的工艺措施配合。中碳钢焊接时焊条的选择如下
中碳钢焊接,由于钢材含碳量较高,焊接裂纹倾向增大,可选用低氢型焊条或焊缝金属具有较高塑、韧性的焊条,而且大多数情况需要预热和缓冷处理。高碳钢焊接则必须采取严格的预热、后热措施,以防止产生焊接裂纹
高碳钢焊接时焊缝与母材性能完全相同比较困难,高碳钢的抗拉强度大多在675MPa(69kgf/mm²)以上,焊接材料的选用应视产品设计要求而定。强度要求高时,可用E7015(J707)或E6015(J607)焊条;强度要求不高时,可用E5016(J506)或E5015(J507)焊条;或者分别选用与以上强度等级相当的低合金钢焊条。所有焊接材料都应当是低氢型的
在我国,焊接低碳钢用的钛钙型焊条E4303(J422)的消耗量最大,约占全部焊条产量的80%以上
<table>
<tr><td rowspan="8">中碳钢焊接时焊条的选择</td><th rowspan="2">钢号</th><th rowspan="2">含碳量/%</th><th rowspan="2">焊接性</th><th colspan="2">焊条型号(牌号)</th></tr>
<tr><th>不要求等强度</th><th>要求等强度</th></tr>
<tr><td>35</td><td>0.32~0.40</td><td>较好</td><td>E4303,E4301(J422,J423)</td><td rowspan="2">E5016,E5015
(J506,J507)</td></tr>
<tr><td>ZG270-500</td><td>0.31~0.40</td><td>较好</td><td>E4316,E4315(J426,J427)</td></tr>
<tr><td>45</td><td>0.42~0.50</td><td>较差</td><td>E4303,E4301,E4316
(J422,J423,J426)</td><td rowspan="2">E5516,E5515
(J556,J557)</td></tr>
<tr><td>ZG310-570</td><td>0.41~0.50</td><td>较差</td><td rowspan="3">E4315,E5016,E5015
(J427,J506,J507)</td></tr>
<tr><td>55</td><td>0.52~0.60</td><td>较差</td><td rowspan="2">E6016,E6015
(J606,J607)</td></tr>
<tr><td>ZG340-640</td><td>0.51~0.60</td><td>较差</td></tr>
</table>
</td></tr>
<tr><td>低合金高强度钢</td><td>
低合金高强度钢根据强度级别及热处理状态,又可分为热轧及正火钢、低碳调质钢、中碳调质钢等。低合金钢一般依钢材的强度等级来选用相应的焊条,同时,还需根据母材焊接性、焊接结构尺寸、坡口形状和受力情况等的影响,进行综合考虑。在冷却速度较大,使焊缝强度增高、焊接接头容易产生裂纹的不利情况下,可选用比母材强度低一级的焊条
焊接热轧及正火钢时,选择焊接材料的主要依据是保证焊缝金属的强度、塑性和冲击韧性等力学性能与母材相匹配,不必考虑焊缝金属的化学成分与母材的一致性。焊接厚大构件时,为了防止出现焊接冷裂纹,可选用焊缝金属强度低于母材强度的焊接材料。焊缝强度过高,将导致焊缝金属塑、韧性及抗裂性能的降低
低碳调质钢产生冷裂纹的倾向较大,因此严格控制焊接材料中的氢是十分重要的。用于低碳调质钢的焊条应是低氢型或超低氢型焊条。中碳调质钢焊接为确保焊缝金属的塑、韧性和强度,提高焊缝的抗裂性,应采用低碳合金系统,尽量降低焊缝金属的硫、磷杂质含量。对于需焊后热处理的构件,还应考虑焊缝金属合金成分应与母材相近
</td></tr>
<tr><td>低合金耐热钢</td><td>
低合金耐热钢要在高温下长期工作,为了保证耐热钢的高温性能,必须向钢中加入较多的合金元素(如Cr、Mo、V、Nb等)。在选择焊接材料时,首先要保证焊缝性能与母材匹配,具有必要的热强性,因此要求焊缝金属的化学成分应尽量与母材一致。如果焊缝金属与母材化学成分相差太大,高温长期使用后,接头区域某些元素发生扩散现象(如碳元素在熔合线附近的扩散),使接头高温性能下降
耐热钢焊条一般可按钢种和构件的工作温度来选用。选配耐热钢焊接材料的原则是焊缝金属的合金成分和性能与母材相应指标一致,或应达到产品技术条件提出的最低性能指标。为了提高焊缝金属的抗热裂能力,焊缝中的碳含量应略低于母材的碳含量,一般应控制在0.07%~0.15%之间。由于钢中碳和合金元素的共同作用,耐热钢焊接时极易形成淬硬组织,焊接性较差。为此耐热钢一般焊前预热,焊后进行回火处理
近年来,在薄壁管焊接中普遍采用了氩弧焊打底,酸性焊条手弧焊盖面的工艺,大大提高了焊接质量。但这类焊条抗裂性次于低氢型焊条,在单独使用或用于厚壁管焊接时,应选择低氢型耐热钢焊条
</td></tr>
<tr><td>低温钢</td><td>
低温钢是在-40~-196℃的低温范围工作的低合金专用钢材。按化学成分来划分,低温钢主要有含镍钢和无镍钢两类。国外一般使用含镍低温钢,如3.5Ni钢、5Ni钢和9Ni钢等;我国多使用无镍低温钢
选择低温钢焊接材料首先应考虑接头使用温度、韧性要求以及是否要进行焊后热处理等,尽量使焊缝金属的化学成分和力学性能(尤其是冲击韧性)与母材一致。经焊后热处理后,焊缝仍应具有较高的低温韧性。由于对焊缝金属的低温韧性提出了严格的要求,低温钢焊条药皮均采用低氢型。焊接时要求尽量采用小的焊接线能量,避免焊缝金属及近缝区形成粗晶组织而降低低温韧性。含镍低温钢除手弧焊外,主要采用氩弧焊进行焊接,采用与母材相同成分的焊丝,保护气体为Ar或在Ar中加入2%的O_2或5%~10%的CO_2,以改善焊缝成形
</td></tr>
</table>

续表

钢种	选用说明
不锈钢	奥氏体不锈钢含Cr14%~25%，含Ni8%~25%，以Cr18Ni8为代表的系列主要用于耐蚀条件，以Cr25Ni20为代表的系列则主要用于耐高温场合。选择奥氏体不锈钢焊接材料时，首先要保证焊缝金属具有与母材一致的耐蚀性能，即焊缝金属主要化学成分要尽量接近母材，其次还应保证焊缝具有良好的抗裂性和综合力学性能 Cr13系列及以Cr12为基的多元合金化的钢属马氏体不锈钢，这类钢具有较大的淬硬倾向。马氏体不锈钢焊接时出现的问题主要是冷裂纹及近缝区淬硬脆化。马氏体不锈钢焊接材料的选择有两条途径：一是为了满足使用性能要求，保证焊缝金属与母材的化学成分一致，使焊后热处理后二者力学性能及使用性能（如耐蚀性）相接近，这时必须采用同质填充材料；二是在无法采用预热或焊后热处理的情况下，为了防止裂纹，采用奥氏体型焊接材料，使焊缝成为奥氏体组织，这种情况下焊缝强度难以与母材匹配 含Cr17%~28%的高铬钢属铁素体不锈钢，主要用作热稳定钢。铁素体不锈钢在焊接加热和冷却过程中不发生相变，焊后即使快速冷却也不会产生淬硬组织。铁素体不锈钢焊接时出现的问题主要是近缝区晶粒易于长大，形成粗大铁素体，热影响区韧性下降导致脆化。铁素体不锈钢焊接应选择杂质（C、N、S、P等）含量低的焊接材料，同时对焊缝进行合理的合金化，以便改善其焊接性和韧性。根据对焊接接头性能的要求，铁素体不锈钢焊接时采用的焊接材料可以是与母材成分相近的高铬铁素体焊条或焊丝，也可以是铬镍奥氏体焊条或焊丝。采用奥氏体焊接材料时焊前不预热，也不进行焊后热处理
铸铁	根据碳的存在形态，铸铁可分类为白口铸铁、灰口铸铁、可锻铸铁、蠕墨铸铁和球墨铸铁五种。铸铁的特点是碳与硫、磷杂质含量高，组织不均匀，塑性低，属于焊接性不良的材料。铸铁焊接时出现的主要问题，一是焊接接头区域易出现白口及淬硬组织，二是易出现裂纹 铸铁焊接（或焊补）大致分为冷焊、半热焊和热焊三种，焊接材料的选择分为同质焊缝和异质焊缝两类 对焊后需要为灰口铸铁焊缝的，可选用Z208、Z248焊条，对焊缝表面需经加工的，可选用Z308、Z408、Z418、Z508焊条，其中Z308最易加工；对焊缝表面不需加工的，可选用Z100、Z116、Z117、Z607、Z612焊条；对球墨铸铁和高强度铸铁，可选用Z408、Z418、Z258焊条。铸铁焊补除了合理选用焊接材料外，还必须根据工件要求采取适当的工艺措施，如预热、分段焊、大（小）电流、瞬时点焊、锤击、后热等，才能取得满意的效果
堆焊	堆焊金属类型很多，反映出堆焊金属化学成分、显微组织及性能的很大差异。堆焊工件及工作条件十分复杂，堆焊时必须根据不同要求选用合适的焊条。不同的堆焊工件和堆焊焊条要采用不同的堆焊工艺，才能获得满意的堆焊效果，堆焊中最常碰到的问题是裂纹，防止开裂的方法主要是焊前预热、焊后缓冷，焊接过程中还可采用锤击等方法消除焊接应力。堆焊金属的硬度和化学成分，一般是指堆焊三层以上的堆焊金属而言 堆焊焊条的药皮类型一般有钛钙型、低氢钠型、低氢钾型和石墨型。为了使堆焊金属具有良好的抗裂性及减少焊条中合金元素的烧损，大多数堆焊焊条采用低氢型药皮 低氢钠型药皮主要组成物是钙或镁的碳酸盐矿石和氟化物。熔渣为碱性，流动性好，焊接工艺性能一般，应短弧操作。焊接时要求焊条药皮很干燥。该类型焊条具有良好的抗裂性能和力学性能。适用于直流焊接。低氢钾型具备低氢钠型焊条的各种特性并可交流施焊。为了用于交流，在药皮中加入稳弧组成物，还增加硅酸钾作黏合剂
有色金属	有色金属焊条主要指的是镍及镍合金焊条、铜及铜合金焊条、铝及铝合金焊条和镁及镁合金焊条等。 镍及镍合金焊条主要用于焊接镍及高镍合金，也可用于异种金属的焊接及堆焊，焊接接头的坡口尺寸及焊接工艺接近铬镍奥氏体不锈钢焊接工艺。镍及镍合金的导热性差，焊接时容易过热引起晶粒长大和热裂纹，而且气孔敏感性强。因此焊条中应含有适量的Al、Ti、Mn、Mg等脱氧剂，焊接操作时选用小电流，控制弧长，收弧时注意填满弧坑，保持较低的层间温度 铜及铜合金焊条用途较广，除了用紫铜焊条焊接紫铜外，目前采用较多的是用青铜焊条焊接各种铜及铜合金、铜与钢等。同时，由于铜及铜合金具有良好的耐蚀性、耐磨性等，因此也常用于堆焊轴承等承受金属磨损的零件和耐腐蚀（如耐海水腐蚀）的零件，铜及铜合金焊条也可用来焊补铸铁

续表

钢种	选用说明
有色金属[48,53]	（见下）

镁及镁合金焊接时一般可选用与母材化学成分相同的焊丝，有时为了防止在近缝区沿晶界析出低熔点共晶体，增大金属流动性，减少裂纹倾向，也可采用与母材不同的焊丝，如焊接MB8时，选用MB3焊丝。下面列出了国产常用镁合金的焊接材料

合金牌号	适用焊丝	合金牌号	适用焊丝
MB1	MB1	MB7	MB7
MB2	MB2	MB8	MB3
MB3	MB3	MB15	MB15
MB5	MB5	ZM5	ZM5
MB6	MB6		

常用镁合金的焊接性及适用焊丝

合金牌号	结晶区间/℃	焊接性	适用焊丝
M2M	646～649	良	M2M
AZ40M	565～630	良	AZ40M
AZ41M	545～620	良	AZ41M
AZ61M	510～615	可	AZ61M
AZ62M	454～613	—	—
AZ80M	430～605	可	AZ80M
ME20M	646～649	良	ME20M
ZK61K	515～635	尚可	ZK61M

镁及镁合金的焊接方法有气焊、钨极氩弧焊、熔化、极氩弧焊、真空电子束焊、激光焊、电阻焊、钎焊、搅拌摩擦焊和螺柱焊

氩弧焊是镁合金最常用的焊接方法，热影响区尺寸和变形比气焊小，焊缝的力学性能和耐蚀性能比气焊高

氩弧焊一般用交流电源，焊接电流的选择主要决定于合金成分、板料厚度和反面有无垫板等，如MB8比MB3具有较高熔点，MB8比MB3的焊接电流大1/6～1/7，为了减小过热，防止烧穿，焊接镁合金时，应尽可能实施快速焊接，如焊接镁合金MB8，当板厚5mm，V形坡口，反面用不锈钢成形垫板时，焊速可达35～45cm/min以上。

镁及镁合金焊接和补焊时，坡口设计极为重要，下表列出了相应的坡口形式

接头名称	坡口形式	适用厚度 T/mm	几何尺寸/mm a	c	b	p	α/(°)	焊接方法
焊接时坡口形式								
不开坡口对称		≤3.0	0～0.2T	—	—	—	—	钨极手工或自动氩弧焊
外角接		>1.0	—	0.2T	—	—	—	钨极手工或自动氩弧焊（加填充焊丝）
搭拉		>1.0	—	—	3～4T	—	—	钨极手工或自动氩弧焊
V形坡口对称		3～8	0.5～2.0	—	—	0.5～1.5	50～70	用可折垫板加填充焊丝的钨极手工或自动氩弧焊
X形坡口对称		≥20	1.0～2.0	—	—	0.8～1.2	60	加填充焊丝的钨极手工或自动氩弧焊

补焊坡口形式

补焊时，先将缺陷清除干净，然后加工成坡口，一般形式如下：

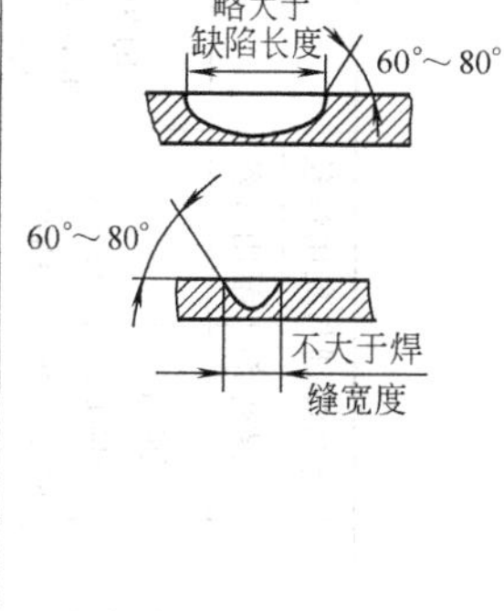

说明：1. 不开坡口的对接接头，如仅在一面施焊时，应在其背面加工坡口，以防止产生不熔合或夹渣缺陷，坡口尺寸见右图

2. 附图中 $p=T/3$，$\alpha=10°\sim30°$

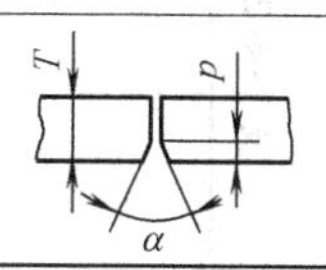

表 1-4-24

几种常用钢材埋弧焊焊剂与焊丝的选配举例

<table>
<tr><th rowspan="2"></th><th rowspan="2">钢号</th><th colspan="2">烧结焊剂与配用焊丝</th><th rowspan="2">说　明</th><th colspan="2">熔炼焊剂与配用焊丝</th><th rowspan="2">说　明</th></tr>
<tr><th>烧结焊剂</th><th>配用焊丝</th><th>熔炼焊剂</th><th>配用焊丝</th></tr>
<tr><td rowspan="7">常用低碳钢</td><td>Q235(A3)</td><td rowspan="3">SJ401,SJ403,SJ402(薄板、中厚板)</td><td rowspan="3">H08A,H08E</td><td rowspan="3">SJ401 抗气孔能力强,SJ402 抗锈能力强,适于薄板和中厚板的焊接;其中 SJ402 更适于薄板的高速焊接</td><td rowspan="3">HJ431,HJ430</td><td rowspan="3">H08A,H08MnA</td><td rowspan="7">选用高锰高硅低氟焊剂时,目前常用 H08A+HJ431(HJ430、HJ433、HJ434)组合。焊剂中的 MnO 和 SiO_2 在高温下与 Fe 反应,Mn 和 Si 得以还原,过渡到焊接熔池中,冷却时起脱氧剂和合金剂的作用,保证焊缝金属的力学性能。HJ431 与 HJ430 相比,电弧稳定性改善,但抗锈能力和抗气孔能力降低;HJ433 含 CaF 较低、SiO_2 较高,有较高的熔化温度及黏度,焊缝成形好,适宜薄板的快速焊接;HJ434 由于加入了 TiO_2,且 CaO 和 CaF_2 含量略高,其抗锈能力、脱渣性更好
选用中锰、低锰或无锰的高硅低氟焊剂时,应选配含锰较高的焊丝,才能保证在焊接过程中有足够数量的锰、硅过渡到熔池,保证焊缝的脱氧和力学性能。常用的焊丝与焊剂的组合有:(H08MnA、H08Mn2、H10Mn2Si、H10Mn2)+(HJ330、HJ230、HJ130)</td></tr>
<tr><td>Q255(A4)</td></tr>
<tr><td>Q275(A5)</td></tr>
<tr><td>15,20</td><td rowspan="4">SJ301,SJ302,SJ502,SJ501,SJ503(中厚度板)</td><td rowspan="4">H08A,H08E,H08MnA</td><td rowspan="4">(H08A、H08E)+(SJ301、SJ302)焊接工艺性能良好,熔渣属"短渣"性质,焊接时不下淌,适于环缝的焊接,其中 SJ302 的脱渣性、抗吸潮性和抗裂性更好,焊剂的消耗量低
(H08A、H08E、H08MnA)+(SJ501、SJ502、SJ503、SJ504)焊接工艺性能良好,易脱渣、焊缝成形美观。其中 SJ501 抗气孔能力强,主要用于多丝快速焊,特别适合双面单道焊;SJ502、SJ504 适于锅炉压力容器的快速焊;SJ503 抗气孔能力更强,焊缝金属低温韧性好,适于中、厚板的焊接</td><td rowspan="4">HJ431,HJ430
HJ330</td><td>H08A,H08MnA</td></tr>
<tr><td>25,30</td><td>H08MnA,H10Mn2</td></tr>
<tr><td>20g,22g</td><td>H08MnA,H08MnSi
H10Mn2</td></tr>
<tr><td>20R</td><td>H08MnA</td></tr>
</table>

<table>
<tr><th rowspan="6">低合金钢</th><th rowspan="6">常用热轧、正火低合金钢</th><th>钢号</th><th>屈服强度/MPa</th><th>焊剂</th><th>配用焊丝</th><th colspan="2">说　明</th></tr>
<tr><td>09Mn2,09Mn2Si,09Mn</td><td>294</td><td>HJ430,HJ431,SJ301</td><td>H08A,H08MnA</td><td rowspan="5">①用于薄板
②用于不开坡口对接
③用于中板开坡口对接
④用于厚板深坡口</td><td rowspan="5">低合金钢埋弧焊焊剂与焊丝选配
(1)低合金高强钢焊剂与焊丝的选配
埋弧焊焊接低合金钢时,主要用于热轧正火钢。选用焊剂与焊丝时应保证焊缝金属的力学性能,应选用与母材强度相当的焊接材料,并综合考虑焊缝金属的冲击韧性、塑性及焊接接头的抗裂性。焊缝金属的强度不宜过高,通常控制不低于或略高于母材强度,过高会导致焊缝金属的冲击韧性、塑性及焊接接头的抗裂性降低
对调质钢,为避免热影响区韧性和塑性的降低,一般不采用粗丝、大电流、多丝埋弧焊,采用陶质焊剂 572F-6+HJ350 的混合焊剂(其中 HJ350 占 80%~82%),配合 H18CrMoA 焊丝可实现 30CrMnSiNi2A 的埋弧焊接</td></tr>
<tr><td rowspan="4">16Mn,16MnCu,14MnNb</td><td rowspan="4">343</td><td>SJ501,SJ502</td><td>H08Mn,H08MnA①</td></tr>
<tr><td>HJ430,HJ431,SJ301</td><td>H08A②</td></tr>
<tr><td>HJ430,HJ431,SJ301</td><td>H08MnA,H10Mn2③</td></tr>
<tr><td>HJ350</td><td>H10Mn2,H08MnMoA④</td></tr>
</table>

类别		钢号	屈服强度/MPa	焊剂	配用焊丝	备注
低合金钢	常用热轧、正火低合金钢	15MnV，15MnVCu，16MnNb，15MnVR	392	HJ430，HJ431	H08MnA⑤	⑤用于不开坡口对接 ⑥用于中板开坡口对接 ⑦用于厚板深坡口
				HJ430，HJ431	H10Mn2，H10MnSi⑥	
				HJ250，HJ350，SJ101	H08MnMoA⑦	
		15MnVN，15MnVNCu，15MnVTiRE，15MnVNR	414	HJ431	H10Mn2	
				HJ350，HJ250，HJ252，SJ101	H08MnMoA，H08Mn2MoA	
		18MnMoNb，14MnMoV，14MnMoVCu，14MnMoVg，18MnMoNbg，18MnMoNbR	490	SJ102	H08MnMoA	
				HJ250，HJ252，HJ350，SJ101	H08Mn2MoA，H08Mn2MoVA，H08Mn2NiMo	
		X60 低合金管线钢	414	HJ431	H08Mn2MoA	
				SJ101	H08MnMoA	
				SJ102	H10Mn2	
		X65 低合金管线钢	450	SJ102，SJ301	H08MnMoA	
				SJ101	H08Mn2MoA	

类别		钢种	钢号	焊剂	配用焊丝
低合金钢	低合金耐热钢	0.5Mo	—	HJ350	H08MnMoA
		0.5Cr-0.5Mo	12CrMo	HJ350，SJ103	H08CrMoA，H10CrMoA
		1Cr-0.5Mo，1.25Cr-0.5Mo	15CrMo	HJ350，SJ103	H08CrMoA，H10CrMoA，H13CrMoA
		1Cr-0.5MoV	12CrMoV	HJ350，HJ250，SJ103	H08CrMoV
		2.25Cr-1Mo	Cr2Mo	HJ350，SJ103，SJ104	H08Cr3MoMnA，H13Cr2Mo1A
		2Cr-MoWVTiB	12Cr2MoWVTiB	HJ250	H08Cr2MoWVNbB
		Mn-Mo	14MnMoV 18MnMoNb	HJ350，SJ603，SJ101	H08Mn2MoA
		Mn-Ni-Mo	13MnNiMoNb	HJ350，SJ603，SJ101	H08Mn2NiMo

说明：

（2）耐热钢焊剂与焊丝的选配

耐热钢按其合金成分的含量可分为低合金、中合金、高合金耐热钢。

1）低合金耐热钢焊剂与焊丝的选配

低合金耐热钢埋弧焊在锅炉、压力容器、管道及汽轮机转子等耐高温工件的焊接生产上应用广泛。焊剂与焊丝组合的基本原则是焊缝金属的合金成分、力学性能与母材基本一致或达到产品所要求的性能；为提高焊缝金属的抗热裂性能，应控制焊接材料的含碳量略低于母材

Cr-Mo 耐热钢焊缝金属如果含碳过低，长时间的焊后热处理会促使铁素体形成，使韧性下降。Cr-Mo 耐热钢的碳含量一般应控制在 0.08%～0.12%范围内，在 Cr-Mo 较低时，碳含量最好控制在 0.08%左右；Cr-Mo 较高时，碳含量最好控制在 0.10%左右。这样焊缝金属具有较高的冲击韧性和与母材相当的蠕变强度。焊缝金属的含硅量也应合理控制，过高的硅含量会增大回火脆性。Cr-Mo 较低时，硅含量宜在 0.1%；Cr-Mo 较高时，硅含量最好控制在 0.15%～0.35%。磷含量应严格控制在 0.012%以下

2）中合金耐热钢焊剂与焊丝的选配

中合金耐热钢（如 5Cr-0.5Mo、9Cr-1Mo、9Cr-2Mo 等）比低合金耐热钢具有更大的淬硬倾向，对焊接冷裂纹更为敏感，因此焊剂、焊丝的选用原则为：在保证焊接接头与母材具有相同的高温蠕变强度和抗氧化性的前提下，提高其抗冷裂性。厚壁工件的窄间隙焊接时应选用低氢型碱性焊剂，或采用高碱度的烧结焊剂，如 SJ601、SJ605、SJ103 和 SJ104 等。焊丝的选用有两种方案，一种是选用高 Cr-Ni 奥氏体钢焊丝，能有效地防止焊接接头热影响区裂纹；另一种是选用与母材成分基本相同的焊丝，可得到同质焊缝金属的接头，容易满足使用要求

（3）低温钢埋弧焊焊剂与焊丝的选配

低温钢要求在较低的使用温度下具有足够的韧性及抗脆性破坏的能力。为此，应选用碱性焊剂，焊丝应严格控制其含碳量，S、P 含量应尽量低。目前常选用烧结焊剂配合 Mn-Mo 或含 Ni 焊丝；如 C-Mo 焊丝，配合非熔炼焊剂，通过焊剂向焊缝过渡微量 Ti、B 合金元素，以保证焊缝金属的低温韧性。焊接时采用较小的线能量，一般在 28～45kJ/cm，其目的在于控制焊缝及近缝区粗晶组织的形成，从而提高焊接接头的低温韧性

续表

类别		钢号	工作温度/℃	焊剂	配用焊丝	说明
低合金钢	常用低温钢	16MnDR	-40	SJ101，SJ603	H10MnNiMoA，H06MnNiMoA	
		DG50	-46	SJ603	H10Mn2Ni2MoA	
		09MnTiCuREDR	-60	SJ102，SJ603	H08MnA，H08Mn2	
		09Mn2VDR，2. 5Ni 钢	-70	SJ603	H08Mn2Ni2A	
		3. 5Ni 钢	-90	SJ603	H05Ni3A	
不锈钢		钢号		焊剂	配用焊丝	
	高铬铁素体不锈钢	1Cr17，1Cr17Ti，1Cr17Mo		SJ601，SJ701，SJ608，HJ171，HJ151	H1Cr17，H0Cr21Ni10，H1Cr24Ni13，H0Cr26Ni21	
		1Cr25Ti，1Cr28			H0Cr26Ni21，H1Cr26Ni21，H1Cr24Ni13	
	常用奥氏体不锈钢	00Cr18Ni10N		SJ601，SJ605，SJ608，SJ701，HJ107，HJ151，HJ172，HJ260	H00Cr21Ni10	
		0Cr18Ni9，1Cr18Ni9			H0Cr19Ni9，H0Cr21Ni10，H1Cr19Ni10Nb	
		0Cr18Ni9Ti，1Cr18Ni9Ti			H1Cr19Ni10Nb，H0Cr21Ni10Ti，H0Cr21Ni10Nb	
		0Cr18Ni11Nb			H0Cr19Ni10Nb	
		1Cr18Ni12Mo2Ti			H0Cr19Ni12Mo2	
		0Cr18Ni12Mo2Ti			H00Cr19Ni12Mo2	
		00Cr17Ni14Mo2			H00Cr18Ni14Mo2	
		0Cr17Ni12Mo2			H0Cr19Ni11Mo3	
		0Cr18Ni14MoCu2			H00Cr19Ni12Mo2Cu2	

不锈钢埋弧焊焊剂与焊丝的选配

不锈钢按其金相组织通常分为马氏体不锈钢、铁素体不锈钢、奥氏体不锈钢、奥氏体-铁素体双相不锈钢、沉淀硬化型不锈钢五类，焊接性能差别很大。其中奥氏体-铁素体双相不锈钢和沉淀硬化型不锈钢很少采用埋弧焊进行焊接。

采用埋弧焊对不锈钢进行焊接时，焊剂与匹配焊丝的选配如下。

（1）马氏体不锈钢焊剂与焊丝的选配

马氏体耐热钢淬硬倾向大，防止冷裂纹是焊接中的首要问题。应选用 Cr 含量与母材相同的同质焊丝，以保证高温使用性能，并选用高碱度低氢型焊剂。对于常用的马氏体耐热钢（如1Cr13、2Cr13 等），采用的焊丝与焊剂组合为：（H1Cr13、H0Cr14）+（SJ601、SJ605、SJ608）

马氏体不锈钢焊缝和热影响区焊后状态为硬而脆的马氏体组织，在焊接应力的作用下易产生冷裂纹，因此常采用预热、后热和焊后立即高温回火等工艺措施；由于马氏体不锈钢的导热性低，易过热，在热影响区产生淬硬组织，降低焊接接头的性能，一般不采用埋弧焊。如采用埋弧焊，应选用碱性焊剂以降低焊缝中的含氢量，降低产生冷裂纹的倾向。例如，1Cr13 不锈钢可采用（HJ151、SJ601）+（H1Cr13、H0Cr14、H0Cr21Ni10、H1Cr24Ni13、H0Cr26Ni21）等焊丝

（2）铁素体不锈钢焊剂与焊丝的选配

铁素体不锈钢（如 0Cr11Ti、00Cr12、0Cr13Al、1Cr17 等）由于对过热较敏感，一般采用低热量输入的焊接方法，不宜采用大焊接线能量的埋弧焊

焊接高铬铁素体不锈钢应注意的主要问题是晶间裂纹和脆性问题。由于在焊接热循环的作用下引起的热影响区晶粒长大和碳、氮化物在晶界的聚集，焊接区的塑性和韧性都很低，采用同成分的焊接材料，易产生裂纹，焊前需预热。采用奥氏体焊缝，可与铁素体母体等强，且塑性较好，但焊前不预热和焊后不进行热处理

续表

类别		钢号	焊剂	配用焊丝	说明
不锈钢	常用奥氏体不锈钢	0Cr18Ni13Si4	SJ601，SJ605 SJ608，SJ701， HJ107，HJ151， HJ172，HJ260	H0Cr19Ni11Mo3	（3）奥氏体不锈钢焊剂与焊丝的选配 奥氏体不锈钢较马氏体、铁素体不锈钢容易焊接，埋弧焊方法通常适用于中厚板的焊接，有时也用于薄板。在焊接过程中 Cr、Ni 元素的烧损可通过焊剂或焊丝中合金元素的过渡来补充。由于埋弧焊熔深大，应注意防止焊缝中心区热裂纹的产生和热影响区耐蚀性的降低 奥氏体不锈钢热裂纹敏感性大，这就要求其焊缝成分大致与母材成分匹配。同时应控制焊缝金属中的铁素体含量，对长期在高温下工作的焊件，焊缝中的铁素体含量应不大于 5%。大多数奥氏体耐热钢都可采用埋弧焊，应选用低硅、低硫、低磷、成分与母材相近的焊丝；对 Cr、Ni 含量大于 20%的奥氏体钢，为提高抗裂性能，可选用高 Mn（6%～8%）焊丝。焊剂应选用碱性或中性焊剂，以防止向焊缝增硅。奥氏体不锈钢专用焊剂增硅极少，还可过渡合金、补偿元素烧损，可以满足焊缝性能和化学成分的要求，如 SJ601、SJ601Cr 等 常用奥氏体不锈钢埋弧焊焊接时应选择细焊丝和较小的焊接线能量 弥散硬化耐热钢是通过热处理获得高强度的高合金钢，这类钢不仅具有耐热性和抗氧化性，而且具有较高的塑性和断裂韧性。埋弧焊可用来焊接厚度小于 13mm 的弥散硬化耐热钢。如不要求焊缝金属与母材等强，可使用 Cr-Ni 奥氏体钢焊丝，否则必须使用特种焊丝和焊剂。特别是含 Al、Ti 等元素的钢，焊接时应采用无氧化性的焊剂，以保证焊丝和母材中的铝大部分过渡到焊缝金属中
		0Cr19Ni13Mo3		H0Cr25Ni13Mo3	
		1Cr20Ni14Si2		H1Cr25Ni13	
		0Cr23Ni13		H1Cr25Ni13	
		0Cr25Ni20		H1Cr25Ni20	
	常用弥散硬化耐热钢	S17400（17-4PH）， S15500（15-5PH）	SJ601， SJ605， SJ608	H0Cr19Ni9	
		1Cr17Ni7Al， X17H5M3， S3500（AM350）		H1Cr25Ni20， ERNiCr-3， AWS5774B	
		0Cr15Ni25Ti2Mo- AlVB， A-286， 1Cr22Ni20Co20- Mo3W3NbN		H1Cr25Ni13Mo3， H1Cr25Ni20， ERNiCrFe-6	
其他高合金钢	（1）马氏体时效钢焊剂与焊丝的选配 马氏体时效钢指以铁、镍为基础，含碳≤0.03%、镍 18%～25%，并含有能产生时效强化的合金元素，具有高屈服强度、高断裂韧性以及良好的工艺性能，主要用于航空、航天等构件，有 Ni18%、Ni20%、Ni25%三种类型。焊接时应注意焊接热影响区的软化、焊缝金属的强度、韧性、热裂纹以及应力腐蚀等问题。采用与母材化学成分相同的填充金属，其焊缝金属为低碳马氏体，时效后可得到硬化；但是焊丝中应含有较高的 Ti。应采用不含硅酸盐的碱性焊剂，普通焊剂不宜用来焊接马氏体时效钢。常用碱性焊剂的化学组分举例如下：$Al_2O_3$37%，$CaCO_3$28%，$CaF_2$15%，$Mn_2O_3$14%，Ti-Fe6% （2）高锰钢焊剂与焊丝的选配 高锰钢是指含碳 0.9%～1.3%和含锰 11%～14%的奥氏体铸钢，焊接性差，焊接时会在热影响区析出碳化物引起脆化和在焊缝上产生热裂纹，特别是在热影响区产生液化裂纹。焊接时采用冷焊并使用小的焊接线能量，一般不用埋弧焊，但有时采用埋弧焊焊接道岔，常用焊丝与焊剂组合为：H0Cr16Mn16+（HJ107、HJ151）				

续表

母材类别及牌号			焊剂	焊丝	说明
有色金属	常用耐蚀合金		HJ131	镍基合金焊丝	焊接相应镍基合金的薄板
			InconFlux4 号	因康镍 62	用于因康镍 600 合金焊接
				因康镍 82	因康镍 600、因康洛依 800 以及几种合金间的异种钢焊接，还适于这几种合金与不锈钢、碳钢间的异种钢焊接
				因康镍 625	适于因康镍 601、625、因康洛依 825 的对接接头的焊接或在钢上堆焊，也可用于 9Ni 的对接埋弧焊
			InconFlux5 号	蒙乃尔 60	适于蒙乃尔 400、404 的堆焊与对接焊，也适于这两种合金间的焊接及其对钢的异种金属的焊接
				蒙乃尔 67	用于铜镍合金的对接接头
			InconFlux6 号	镍 61	用于镍 200、镍 201 的对接接头的同质和异质埋弧焊及钢上的堆焊
				因康镍 82,625	可用于因康镍 600、601 和因康洛依 800 合金的焊接及其相互间的异种钢焊接及在钢上的堆焊，大于三层的堆焊需用 InconFlux4 号焊剂
	纯铜	T2,T3,T4	HJ430	HSCu	（1）镍基合金焊剂与焊丝的选配 镍及镍基耐蚀合金是化学、石油、有色合金冶炼、航空航天、核能工业中耐高温、高压、高浓度或混有不纯物等各种苛刻腐蚀环境的比较理想的金属结构材料。镍基耐蚀合金按合金中主要元素 Ni、Cu、Cr、Fe 及 Mo 含量进行划分，通常分为 Ni、Ni-Cu（蒙乃尔）、Ni-Mo-（Fe）（哈斯特洛依）、Ni-Cr-Fe（因康镍）、Ni-Cr-Mo、Ni-Cr-Mo-Cu 与 Ni-Fe-Cr（因康洛依）等合金系列。其中的固溶强化镍基耐蚀合金适于埋弧焊，特别是对于厚大板材，焊接稀释率较高、电弧稳定、焊缝表面光滑。普通焊剂不适于焊接镍基耐蚀合金，需采用专用焊剂。 （2）铜及其合金焊剂与焊丝的选配 埋弧焊可用于纯铜、锡青铜、铝青铜、硅青铜的焊接，也可用于黄铜及铜-钢的焊接。采用直流反接，适于厚度 6~30mm 的中、厚板长焊缝的焊接，厚度 20mm 以下的工件可在不预热和不开坡口的工艺下获得优良的接头。针对焊接时易出现焊道成形差、焊缝和热影响区热裂倾向大、气孔倾向严重及接头性能下降的问题，无论是单面焊还是双面焊，反面均需采用各种形式的垫板、铜引弧板和收弧板等 焊剂常采用 HJ430、HJ431、HJ260、HJ150、SJ570、SJ671 等，其中 HJ431、HJ430 焊接工艺性好，但氧化性较强，易向焊缝过渡 Si、Mn 等元素，造成焊接接头导电性、耐蚀性及塑性降低。HJ260、HJ150 氧化性较弱，增 Si、增 Mn 倾向小，与普通紫铜焊丝配合，焊缝金属的伸长率达 38%~45%，适于接头性能要求高的焊件。SJ570 适于厚度 20mm 以下铜板的焊接，SJ671 适于厚度20~40mm 无氧铜板的焊接
	黄铜	H68, H62, H59	HJ431, HJ260, HJ150, SJ570, SJ671	HSCuZn-3, HSCuSi, HSCuSn	
	青铜	QSn6.5-0.4, QAl9-2, QSi3-1		HSCuSn, HSCuAl, HSCuSi	
	铜-钢	—	HJ431, HJ260, HJ150, SJ570, SJ671	HSCu, HSCuSi	

焊条的型号和牌号示例

表 1-4-25　　国标焊条类型及型号（一）

类别	型号	型号1、2位数字 熔敷金属抗拉强度/MPa(kgf/mm^2)	型号3、4位数字 药皮及电源类型 数字	药皮	电源	焊接位置	型号意义及示例
非合金钢及细晶粒钢焊条（摘自GB/T 5117—2012）	E43××	≥430 (43)	03	钛型	交流或直流正、反接	全位置	示例1： E ×× ×× ××：药皮类型、焊接电源及焊条适用的焊接位置 ××：熔敷金属抗拉强度的最小值 E：焊条
			13	金红石		全位置	
	E50××	≥490 (50)	14	金红石+铁粉		全位置	示例2： E 55 15-N5 P U H10 H10：可选附加代号，表示熔敷金属扩散氢含量不大于10mL/100g U：可选附加代号，表示在规定温度下，冲击吸收能量47J以上 P：表示焊后状态代号，此处表示热处理状态 N5：表示熔敷金属化学成分分类代号 15：表示药皮类型为碱性，适用于全位置焊接，采用直流反接 55：表示熔敷金属抗拉强度最小值为550MPa E：表示焊条
	E55××	≥550 (55)	15	碱性	直流反接	全位置	
热强钢焊条（摘自GB/T 5118—2012）	E50××-×	≥490 (50)	15	碱性	直流反接	全位置	E 62 15-2C1M H10 H10：可选附加代号，表示熔敷金属扩散氢含量不大于10mL/100g 2C1M：表示熔敷金属化学成分类代号 15：表示药皮类型为碱性，适用于全位置焊接，采用直流反接 62：表示熔敷金属抗拉强度最小值为620MPa E：表示焊条
			11	纤维素	交流或直流反接	全位置	
	E55××-×	≥550 (55)	13	金红石	交流和直流　正反接	全位置	
			18	碱性+铁粉	交流和直流　反接	全位置 (PG除外)	
	E62××-×	≥620 (62)	15	碱性	直流反接	全位置	
			16	碱性	交流和直流反接	全位置	

续表

类别	型号	型号1、2位数字 熔敷金属抗拉强度/MPa(kgf/mm²)	型号3、4位数字 药皮及电源类型 数字	药皮	电源	焊接位置	型号意义及示例
不锈钢焊条(摘自GB/T 983—2012)	E308-××	≥550	见下表				E 308-1 6 6—表示药皮类型为金红石型，适用于交直流两用焊接 -1—表示焊接位置 308—表示熔敷金属化学成分分类代号 E—表示焊条
	E430-××	≥450					
	E630-××	≥930					

焊接位置代号

代号	焊接位置
-1	PA、PB、PD、PF
-2	PA、PB
-4	PA、PB、PD、PF、PG

药皮类型代号

代号	药皮类型	电流类型
5	碱性	直流
6	金红石	交流和直流
7	钛酸型	交流和直流

46型采用直流焊接

47型采用交流焊接

注：1. 药皮类型代号含义表（仅限GB/T 5117、GB/T 5118）

代号	药皮类型	焊接位置[a]	电流类型
03	钛型	全位置[b]	交流和直流正、反接
10	纤维素	全位置	直流反接
11	纤维素	全位置	交流和直流反接
12	金红石	全位置[b]	交流和直流正接
13	金红石	全位置[b]	交流和直流正、反接
14	金红石+铁粉	全位置[b]	交流和直流正、反接
15	碱性	全位置[b]	直流反接
16	碱性	全位置[b]	交流和直流反接
18	碱性+铁粉	全位置[b]	交流和直流反接
19	钛铁矿	全位置[b]	交流和直流正、反接
20	氧化铁	PA、PB	交流和直流正接
24	金红石+铁粉	PA、PB	交流和直流正、反接
27	氧化铁+铁粉	PA、PB	交流和直流正、反接
28	碱性+铁粉	PA、PB、PC	交流和直流反接
40	不做规定由制造商确定		
45	碱性	全位置	直流反接
48	碱性	全位置	交流和直流反接

2. a表示焊接位置见GB/T 16672，其中PA=平焊、PB=平角焊、PC=横焊、PD=仰角焊、PF=向上立焊、PG=向下立焊。b“全位置”表示平、横、立、仰均可焊接，但此处“全位置”并不一定包含向下立焊，由制造商确定。

3. GB/T 5118—2012中没有代号12、24、28、45、48。对于GB/T 5118—2012中的代号10、11、19、20、27仅限于熔敷金属化学成分代号1M3。GB/T 5117—2012的化学成分和GB/T 5118—2012的化学成分见表1-4-29。

表 1-4-26　　　　国标焊条类型及型号（二）

类别	型号	ED后的元素符号为熔敷金属化学成分	短划线后二位数字表示药皮及电源类型：数字	药皮	电源	碳化钨管状焊条型号说明	型号意义及示例
堆焊焊条（摘自GB/T 984—2001）	EDP××-××	普通低中合金钢	00	特殊型	交流或直流	（1）E——焊条，D——表示用于表面耐磨堆焊；ED字母后的字母“G”和元素符号“WC”表示碳化钨管状焊条，其后用数字1,2,3表示芯部碳化钨粉化学成分分类代号，见下表A，短划“-”后面为碳化钨粉粒度代号，用通过筛网和不通过筛网的两个目数表示，以斜线“/”相隔，或只是通过筛网的一个目数表示 （2）下面表中B碳化钨粉的粒度 ① 型号中的“×”代表“1”或“2”或“3” ② 允许通过（-）筛网的≤5%，不通过（+）筛网的≤20%	E D PCrMo - Al - 03 03—药皮类型为钛钙型，采用交流或直流焊接 Al—细分类代号 PCrMo—普通低中合金钢类型，含铬钼合金元素 D—用于表面耐磨堆焊 E—焊条 E D GWC - 1 - 12/13 12/13—碳化钨粉粒度分布为1.70mm～600μm（-12～+30目） 1—碳化钨粉化学成分分类代号 GWC—管状焊条芯部填充碳化钨粉 D—表面耐磨堆焊 E—焊条 药皮类型和焊接电流种类不要求限定时，型号可以简化，如EDPCrMo-Al-03可简化成EDPCrMo-Al
	EDR××-××	热强合金钢					
	EDCr××-××	高铬钢	03	钛钙型			
	EDMn××-××	高锰钢					
	EDCrMn××-××	高铬锰钢					
	EDCrNi××-××	高铬镍钢	15	低氢钠型	直流		
	EDD××-××	高速钢					
	EDZ××-××	合金铸铁					
	EDZCr××-××	高铬铸铁	16	低氢钾型	交流或直流		
	EDCoCr××-××	钴基合金					
	EDW××-××	碳化钨	08	石墨型			
	EDT××-××	特殊型					
	EDNi××-××	镍基合金					

碳化钨管状焊条

A 碳化钨粉的化学成分

型号	C	Si	Ni	Mo	Co	W	Fe	Th
EDGWC1-××	3.6～4.2	≤0.3		≤0.6	≤0.3	≥94.0	≤1.0	≤0.01
EDGWC2-××	6.0～6.2	≤0.3		≤0.6	≤0.3	≥91.5	≤0.5	≤0.01
EDGWC3-××	由供需双方商定							

B 碳化钨粉的粒度

型号	粒度分布
EDGWC×-12/30	1.70mm～600μm（-12～+30目）
EDGWC×-20/30	650～600μm（-20～+30目）
EDGWC×-30/40	600～425μm（-30～+40目）
EDGWC×-40	<425μm（-40目）
EDGWC×-40/120	425～125μm（-40～+120目）

EDGWC型为碳化钨管状堆焊焊条。WC1型粉是WC和W_2C的混合物。WC2型粉是WC结晶体。焊缝的硬度一般在30～60HRC，耐磨性能极为优良，适用于低冲击的耐磨场合，如钻井机、挖掘机等。某些工具也用这类焊条进行表面堆焊，如油井钻头、农用工具等

续表

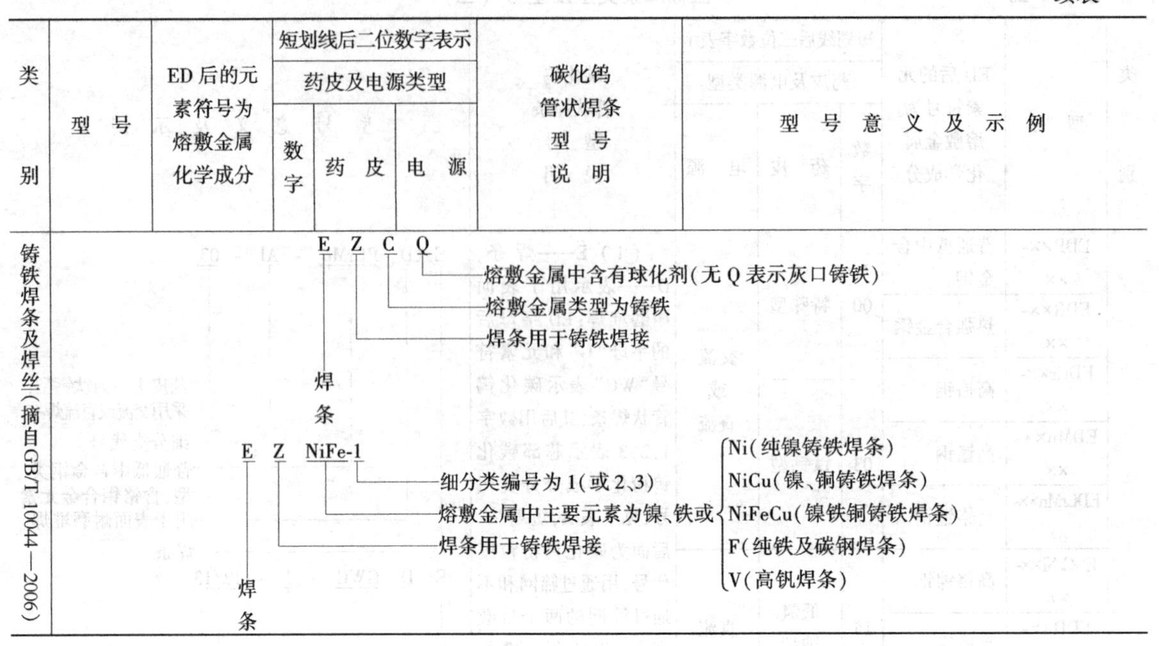

类别	型号	ED后的元素符号为熔敷金属化学成分	短划线后二位数字表示药皮及电源类型：数字	药皮	电源	碳化钨管状焊条型号说明	型号意义及示例
铸铁焊条及焊丝(摘自GB/T 10044—2006)	E Z C Q E：焊条 Z：焊条用于铸铁焊接 C：熔敷金属类型为铸铁 Q：熔敷金属中含有球化剂(无Q表示灰口铸铁) E Z NiFe-1 E：焊条 Z：焊条用于铸铁焊接 NiFe：熔敷金属中主要元素为镍、铁或 Ni(纯镍铸铁焊条)、NiCu(镍、铜铸铁焊条)、NiFeCu(镍铁铜铸铁焊条)、F(纯铁及碳钢焊条)、V(高钒焊条) -1：细分类编号为1(或2、3)						

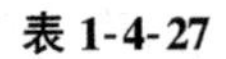

表 1-4-27　焊丝类别及型号意义

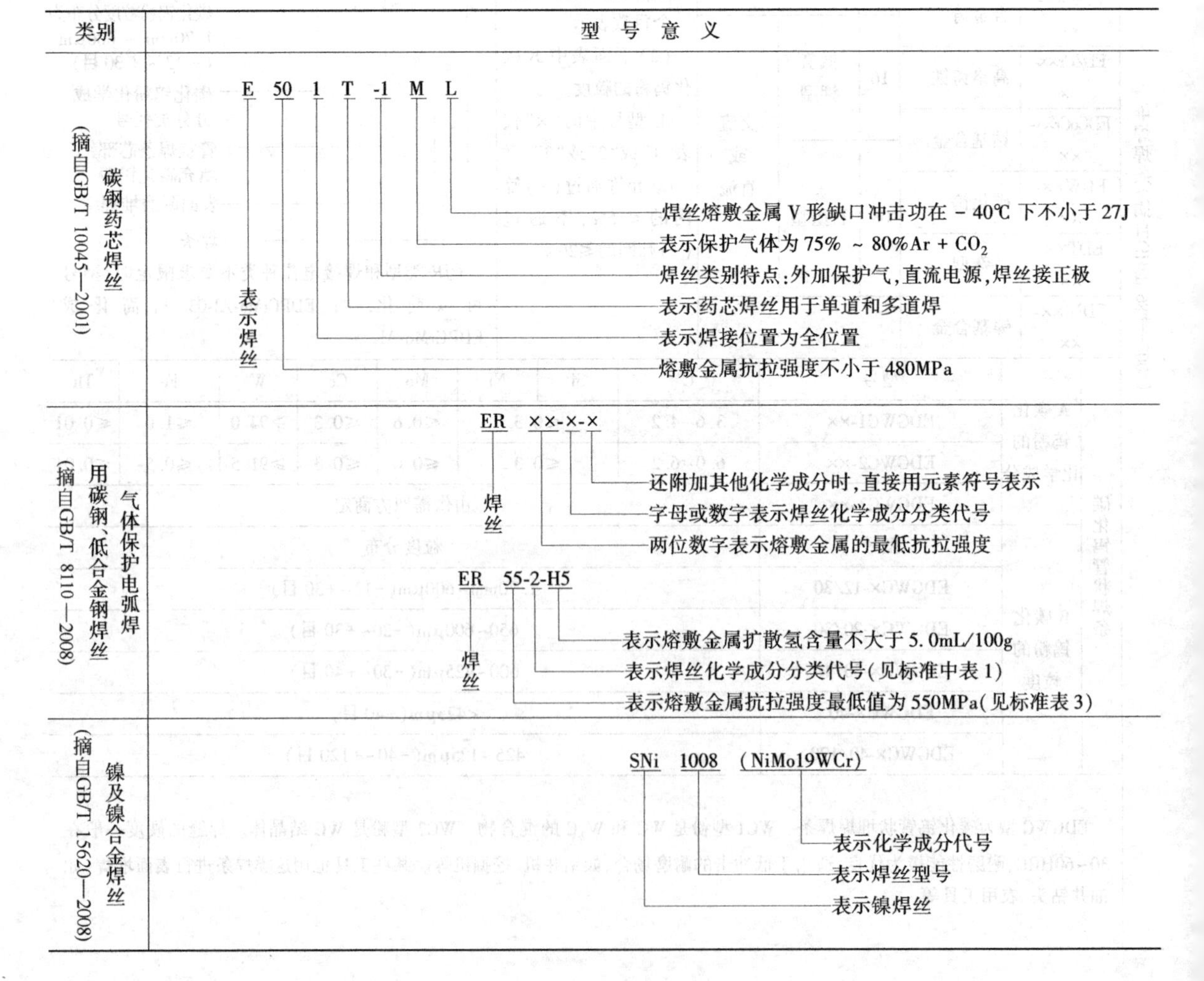

类别	型号意义
碳钢药芯焊丝(摘自GB/T 10045—2001)	E 50 1 T -1 M L E：表示焊丝 50：熔敷金属抗拉强度不小于480MPa 1：表示焊接位置为全位置 T：表示药芯焊丝用于单道和多道焊 -1：焊丝类别特点：外加保护气，直流电源，焊丝接正极 M：表示保护气体为75% ~ 80%Ar + CO_2 L：焊丝熔敷金属V形缺口冲击功在 −40℃ 下不小于27J
气体保护电弧焊用碳钢、低合金钢焊丝(摘自GB/T 8110—2008)	ER ××-×-× ER：焊丝 ××：两位数字表示熔敷金属的最低抗拉强度 -×：字母或数字表示焊丝化学成分分类代号 -×：还附加其他化学成分时，直接用元素符号表示 ER 55-2-H5 ER：焊丝 55：表示熔敷金属抗拉强度最低值为550MPa(见标准表3) 2：表示焊丝化学成分分类代号(见标准中表1) H5：表示熔敷金属扩散氢含量不大于5.0mL/100g
镍及镍合金焊丝(摘自GB/T 15620—2008)	SNi 1008 (NiMo19WCr) SNi：表示镍焊丝 1008：表示焊丝型号 (NiMo19WCr)：表示化学成分代号

续表

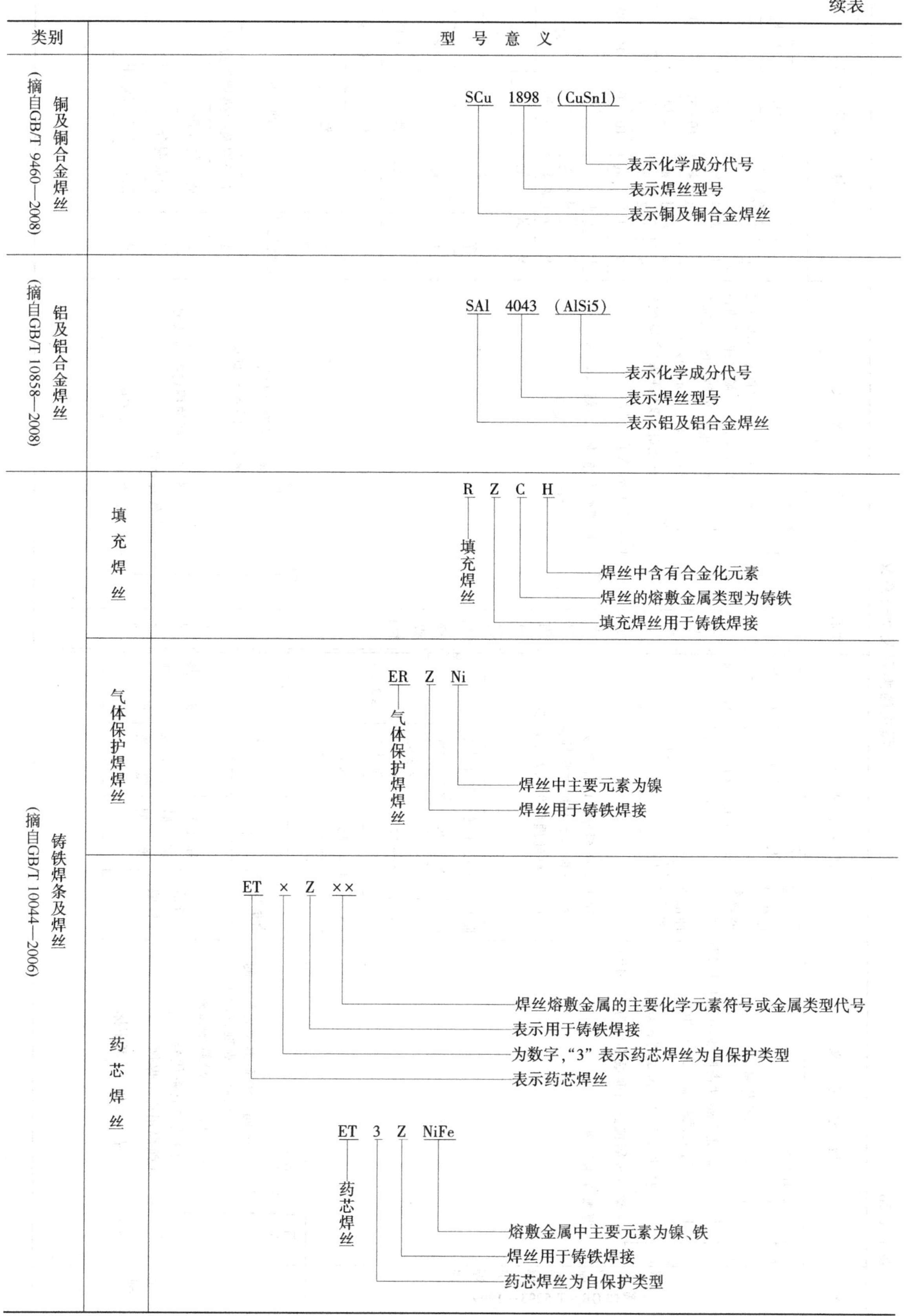
类别
型 号 意 义
铜及铜合金焊丝
(摘自GB/T 9460—2008)
SCu 1898 (CuSn1)
表示化学成分代号
表示焊丝型号
表示铜及铜合金焊丝
铝及铝合金焊丝
(摘自GB/T 10858—2008)
SAl 4043 (AlSi5)
表示化学成分代号
表示焊丝型号
表示铝及铝合金焊丝
铸铁焊条及焊丝
(摘自GB/T 10044—2006)
填充焊丝
R Z C H
填充焊丝
焊丝中含有合金化元素
焊丝的熔敷金属类型为铸铁
填充焊丝用于铸铁焊接
气体保护焊焊丝
ER Z Ni
气体保护焊焊丝
焊丝中主要元素为镍
焊丝用于铸铁焊接
药芯焊丝
ET × Z ××
焊丝熔敷金属的主要化学元素符号或金属类型代号
表示用于铸铁焊接
为数字,“3” 表示药芯焊丝为自保护类型
表示药芯焊丝
ET 3 Z NiFe
药芯焊丝
熔敷金属中主要元素为镍、铁
焊丝用于铸铁焊接
药芯焊丝为自保护类型

表 1-4-28　焊剂的类别及型号意义

碳素钢埋弧焊用焊剂（摘自 GB/T 5293—1999）

型号意义

F 4 A 2-H08A

- H08A——焊丝牌号
- 2——焊缝金属冲击吸收功不小于 27J 时的试验温度为 -20℃
- A——拉伸试样和冲击试样的状态
- 4——熔敷金属抗拉强度最小值为 415MPa
- F——埋弧焊用焊剂

型号中数字意义

试验温度代号	0	2	3	4	5	6
试验温度/℃	0	-20	-30	-40	-50	-60
冲击吸收功 J	无要求	27				

拉伸试样和冲击试样符号：

A——焊态下测试力学性能

P——热处理后测试力学性能

强度代号	抗拉强度/$N \cdot mm^{-2}$	屈服强度/$N \cdot mm^{-2}$	伸长率/%
4	415~550	≥330 ≥400	≥22.0
5	480~650	≥406	≥22.0

烧结焊剂

型号意义

□ F × ××

- ××——同一渣系类型焊剂中的不同牌号焊剂，按 01、02、…、09 顺序排列
- ×——焊剂的渣系代号
- F——埋弧焊用烧结焊剂
- □——产品厂家代号（可不标）

型号中数字意义

渣系代号	1	2	3	4	5	6
渣系类型	氟碱型	铝碱型	硅钙型	硅锰型	铝钛型	其他型

埋弧焊及电渣焊用焊剂（熔炼焊剂）

型号意义

□ F × × ×

- ×——同一类型焊剂不同牌号按 0、1、2、…、9 顺序排列，同一牌号生产两种粒度时，牌号后加“×”表示细颗粒
- ×②——二氧化硅、氟化钙的含量代号
- ×①——氧化锰含量代号
- F——埋弧焊及电渣焊用熔炼焊剂
- □——生产厂家代号（可不标）

型号中数字意义

×②	焊剂类型	SiO_2/%	CaF_2/%
1	低硅低氟	<10	<10
2	中硅低氟	10~30	<10
3	高硅低氟	>30	<10
4	低硅中氟	<10	10~30
5	中硅中氟	10~30	10~30
6	高硅中氟	>30	10~30
7	低硅高氟	<10	>30
8	中硅高氟	10~30	>30
9	其他		

×①	类型	MnO/%
1	无锰	<2
2	低锰	2~15
3	中锰	15~30
4	高锰	>30

气焊熔剂

型号意义

□ CJ × ××

- ××——同一类型气焊熔剂的不同牌号如 01
- ×——气焊熔剂的用途类型代号
- CJ——气焊熔剂
- □——生产厂家代号（可不标）

型号中数字意义

类型代号	熔剂用途
1	不锈钢及耐热钢气焊用
2	铸铁气焊用
3	铜及铜合金气焊用
4	铝及铝合金气焊用

表 1-4-29 焊条的性能和用途

类别	焊条型号	熔敷金属的化学成分(质量分数)/%										熔敷金属的力学性能				用途
		C	Mn	Si	P	S	Ni	Cr	Mo	V	其他	抗拉强度 R_m/MPa	屈服强度 $R_{eL}^{①}$/MPa	断后伸长率 A/%	冲击试验温度/℃	
非合金钢及细晶粒钢焊条(摘自GB/T 5117—2012)	E4303	0.20	1.20	1.00	0.040	0.035	0.30	0.20	0.30	0.08	—	≥430	≥330	≥20	0	(1)E4303,E5003 熔渣流动性良好,脱渣容易,电弧稳定,熔深适中,飞溅少,焊波整齐,适用于全位置焊接。主要焊接重要的低碳钢结构 (2)E4310 焊接时有机物在电弧区分解产生大量的气体,保护熔敷金属。电弧吹力大,熔深较深,熔化速度快,熔渣少,脱渣容易,飞溅一般,通常限制采用大电流焊接。适用于全位置焊接,主要焊接一般的低碳钢结构,如管道的焊接等,也可用于打底焊接
	E4310	0.20	1.20	1.00	0.040	0.035	0.30	0.20	0.30	0.08	—	≥430	≥330	≥20	-30	
	E4311	0.20	1.20	1.00	0.040	0.035	0.30	0.20	0.30	0.08	—	≥430	≥330	≥20	-30	
	E4312	0.20	1.20	1.00	0.040	0.035	0.30	0.20	0.30	0.80	—	≥430	≥330	≥16	—	
	E4313	0.20	1.20	1.00	0.040	0.035	0.30	0.20	0.30	0.08	—	≥430	≥330	≥16	—	
	E4315	0.20	1.20	1.00	0.040	0.035	0.30	0.20	0.30	0.08	—	≥430	≥330	≥20	-30	
	E4316	0.20	1.20	1.00	0.040	0.035	0.30	0.20	0.30	0.08	—	≥430	≥330	≥20	-30	
	E4318	0.03	0.60	0.40	0.025	0.015	0.30	0.20	0.30	0.08	—	≥430	≥330	≥20	-30	
	E4319	0.20	1.20	1.00	0.040	0.035	0.30	0.20	0.30	0.08	—	≥430	≥330	≥20	-20	
	E4320	0.20	1.20	1.00	0.040	0.035	0.30	0.20	0.30	0.08	—	≥430	≥330	≥20	—	
	E4324	0.20	1.20	1.00	0.040	0.035	0.30	0.20	0.30	0.08	—	≥430	≥330	≥16	—	
	E4327	0.20	1.20	1.00	0.040	0.035	0.30	0.20	0.30	0.08	—	≥430	≥330	≥20	-30	
	E4328	0.20	1.20	1.00	0.040	0.035	0.30	0.20	0.30	0.08	—	≥430	≥330	≥20	-20	
	E4340	—	—	—	0.040	0.035	—	—	—	—	—	≥430	≥330	≥20	0	
	E5003	0.15	1.25	0.90	0.040	0.035	0.30	0.20	0.30	0.08	—	≥490	≥400	≥20	0	
	E5010	0.20	1.25	0.90	0.035	0.035	0.30	0.20	0.30	0.08	—	490~650	≥400	≥20	-30	
	E5011	0.20	1.25	0.90	0.035	0.035	0.30	0.20	0.30	0.08	—	490~650	≥400	≥20	-30	
	E5012	0.20	1.20	1.00	0.035	0.035	0.30	0.20	0.30	0.08	—	≥490	≥400	≥16	—	
	E5013	0.20	1.20	1.00	0.035	0.035	0.30	0.20	0.30	0.08	—	≥490	≥400	≥16	—	
	E5014	0.15	1.25	0.90	0.035	0.035	0.30	0.20	0.30	0.08	—	≥490	≥400	≥16	—	
	E5015	0.15	1.60	0.90	0.035	0.035	0.30	0.20	0.30	0.08	—	≥490	≥400	≥20	-30	
	E5016	0.15	1.60	0.75	0.035	0.035	0.30	0.20	0.30	0.08	—	≥490	≥400	≥20	-30	
	E5016-1	0.15	1.60	0.75	0.035	0.035	0.30	0.20	0.30	0.08	—	≥490	≥400	≥20	-45	
	E5018	0.15	1.60	0.90	0.035	0.035	0.30	0.20	0.30	0.08	—	≥490	≥400	≥20	-30	
	E5018-1	0.15	1.60	0.90	0.035	0.035	0.30	0.20	0.30	0.08	—	≥490	≥400	≥20	-45	
	E5019	0.15	1.25	0.90	0.035	0.035	0.30	0.20	0.30	0.08	—	≥490	≥400	≥20	-20	
	E5024	0.15	1.25	0.90	0.035	0.035	0.30	0.20	0.30	0.08	—	≥490	≥400	≥16	—	
	E5024-1	0.15	1.25	0.90	0.035	0.035	0.30	0.20	0.30	0.08	—	≥490	≥400	≥20	-20	
	E5027	0.15	1.60	0.75	0.035	0.035	0.30	0.20	0.30	0.08	—	≥490	≥400	≥20	-30	
	E5028	0.15	1.60	0.90	0.035	0.035	0.30	0.20	0.30	0.08	—	≥490	≥400	≥20	-20	

续表

类别	焊条型号	熔敷金属的化学成分(质量分数)/%										熔敷金属的力学性能				用途
		C	Mn	Si	P	S	Ni	Cr	Mo	V	其他	抗拉强度 R_m/MPa	屈服强度 $R_{eL}^{①}$/MPa	断后伸长率 A/%	冲击试验温度/℃	
非合金钢及细晶粒钢焊条(摘自GB/T 5117—2012)	E5048	0.15	1.60	0.90	0.035	0.035	0.30	0.20	0.30	0.08	—	≥490	≥400	≥20	-30	
	E5716	0.12	1.60	0.90	0.03	0.03	1.00	0.30	0.35	—	—	≥570	≥490	≥16	-30	
	E5728	0.12	1.60	0.90	0.03	0.03	1.00	0.30	0.35	—	—	≥570	≥490	≥16	-20	
	E5010-P1	0.20	1.20	0.60	0.03	0.03	1.00	0.30	0.50	0.10	—	≥490	≥420	≥20	-30	
	E5510-P1	0.20	1.20	0.60	0.03	0.03	1.00	0.30	0.50	0.10	—	≥550	≥460	≥17	-30	
	E5518-P2	0.12	0.90~1.70	0.80	0.03	0.03	1.00	0.20	0.50	0.05	—	≥550	≥460	≥17	-30	
	E5545-P2	0.12	0.09~1.70	0.80	0.03	0.03	1.00	0.20	0.50	0.05	—	≥550	≥460	≥17	-30	
	E5003-1M3	0.12	0.60	0.40	0.03	0.03	—	—	0.40~0.65	—	—	≥490	≥400	≥20	—	
	E5010-1M3	0.12	0.60	0.40	0.03	0.03	—	—	0.40~0.65	—	—	≥490	≥420	≥20	—	(3)E4311、E5011　电弧稳定。当采用直流反接焊接时，熔深浅，其他工艺性能与E4310相似，适用于全位置焊接，主要焊接一般的低碳钢结构
	E5011-1M3	0.12	0.60	0.40	0.03	0.03	—	—	0.40~0.65	—	—	≥490	≥400	≥20	—	
	E5015-1M3	0.12	0.90	0.60	0.03	0.03	—	—	0.40~0.65	—	—	≥490	≥400	≥20	—	(4)E4312　电弧稳定，再引弧容易，熔深较浅，渣覆盖良好，脱渣容易，焊波整齐，适用于全位置焊接，熔敷金属塑性及抗裂性能较差，主要焊接一般的低碳钢结构、薄板结构，也可用于盖面焊
	E5016-1M3	0.12	0.90	0.60	0.03	0.03	—	—	0.40~0.65	—	—	≥490	≥400	≥20	—	
	E5018-1M3	0.12	0.90	0.80	0.03	0.03	—	—	0.40~0.65	—	—	≥490	≥400	≥20	—	
	E5019-1M3	0.12	0.90	0.40	0.03	0.03	—	—	0.40~0.65	—	—	≥490	≥400	≥20	—	
	E5020-1M3	0.12	0.60	0.40	0.03	0.03	—	—	0.40~0.65	—	—	≥490	≥400	≥20	—	
	E5027-1M3	0.12	1.00	0.40	0.03	0.03	—	—	0.40~0.65	—	—	≥490	≥400	≥20	—	
	E5518-3M2	0.12	1.00~1.75	0.80	0.03	0.03	0.90	—	0.25~0.45	—	—	≥550	≥460	≥17	-50	
	E5515-3M3	0.12	1.00~1.80	0.80	0.03	0.03	0.90	—	0.40~0.65	—	—	≥550	≥460	≥17	-50	
	E5516-3M3	0.12	1.00~1.80	0.80	0.03	0.03	0.09	—	0.40~0.65	—	—	≥550	≥460	≥17	-50	

续表

类别	焊条型号	熔敷金属的化学成分(质量分数)/%										熔敷金属的力学性能				用途
		C	Mn	Si	P	S	Ni	Cr	Mo	V	其他	抗拉强度 R_m/MPa	屈服强度 $R_{eL}^{①}$/MPa	断后伸长率 A/%	冲击试验温度/℃	
非合金钢及细晶粒钢焊条(摘自GB/T 5117—2012)	E5518-3M3	0.12	1.00~1.80	0.80	0.03	0.03	0.90	—	0.40~0.65	—	—	≥550	≥460	≥17	-50	(5)E4313　电弧比W4312稳定，工艺性能、焊缝成形比E4312好。适于全位置焊接。主要焊接一般的低碳钢结构、薄板结构，也可用于盖面焊 (6)E5014　熔敷效率较高，焊缝表面光滑，焊波整齐，脱渣性好，角焊缝略凸，适于全位置焊接。主要焊接一般的低碳钢结构 (7)E4324，E5024　熔敷效率高，飞溅少，熔深浅，焊缝表面光滑，适于平焊和平角焊。主要焊接一般的低碳钢结构
	E5015-N1	0.12	0.60~1.60	0.90	0.03	0.03	0.30~1.00	—	0.35	0.05	—	≥490	≥390	≥20	-40	
	E5016-N1	0.12	0.60~1.60	0.90	0.03	0.03	0.30~1.00	—	0.35	0.05	—	≥490	≥390	≥20	-40	
	E5028-N1	0.12	0.60~1.60	0.90	0.03	0.03	0.30~1.00	—	0.35	0.05	—	≥490	≥390	≥20	-40	
	E5515-N1	0.12	0.60~1.60	0.90	0.03	0.03	0.30~1.00	—	0.35	0.05	—	≥550	≥460	≥17	-40	
	E5516-N1	0.12	0.60~1.60	0.90	0.03	0.03	0.30~1.00	—	0.35	0.05	—	≥550	≥460	≥17	-40	
	E5528-N1	0.12	0.60~1.60	0.90	0.03	0.03	0.30~1.00	—	0.35	0.05	—	≥550	≥460	≥17	-40	
	E5015-N2	0.08	0.40~1.40	0.50	0.03	0.03	0.80~1.10	0.15	0.35	0.05	—	≥490	≥390	≥20	-40	
	E5016-N2	0.08	0.40~1.40	0.50	0.03	0.03	0.80~1.10	0.15	0.35	0.05	—	≥490	≥390	≥20	-40	
	E5018-N2	0.08	0.40~1.40	0.50	0.03	0.03	0.80~1.10	0.15	0.35	0.05	—	≥490	≥390	≥20	-50	
	E5515-N2	0.12	0.40~1.25	0.80	0.03	0.03	0.80~1.10	0.15	0.35	0.05	—	≥550	470~550	≥20	-40	
	E5516-N2	0.12	0.40~1.25	0.80	0.03	0.03	0.80~1.10	0.15	0.35	0.05	—	≥550	470~550	≥20	-40	
	E5518-N2	0.12	0.40~1.25	0.80	0.03	0.03	0.80~1.10	0.15	0.35	0.05	—	≥550	470~550	≥20	-40	
	E5015-N3	0.10	1.25	0.60	0.03	0.03	1.10~2.00	—	0.35	—	—	≥490	≥390	≥20	-40	
	E5016-N3	0.10	1.25	0.60	0.03	0.03	1.10~2.00	—	0.35	—	—	≥490	≥390	≥20	-40	

续表

类别	焊条型号	熔敷金属的化学成分(质量分数)/%										熔敷金属的力学性能				用途
		C	Mn	Si	P	S	Ni	Cr	Mo	V	其他	抗拉强度 R_m/MPa	屈服强度 $R_{eL}^{①}$/MPa	断后伸长率 A/%	冲击试验温度/℃	
非合金钢及细晶粒钢焊条(摘自GB/T 5117—2012)	E5515-N3	0.10	1.25	0.60	0.03	0.03	1.10~2.00	—	0.35	—	—	≥550	≥460	≥17	-50	(8)E4320　电弧吹力大,熔深较深,电弧稳定,再引弧容易,熔化速度快,渣覆盖好,脱渣性好,焊缝致密,略带凹度,飞溅稍大。这类焊条不宜焊薄板,适于平焊及平角焊。主要焊接重要的低碳钢结构 (9)E4327,E5027　熔敷效率很高,电弧吹力大,焊缝表面光滑,飞溅少、脱渣好,焊缝稍凸,适于平焊、平角焊,可采用大电流焊接。主要焊接较重要的低碳钢结构 (10)E4315,E5015　熔渣流动性好,焊接工艺性一般,焊波较粗,角焊缝略凸,熔深适中,脱渣性较好,焊接时要求焊条干燥,并采用短弧焊。适于全位置焊接,这类焊条的熔敷金属具有良好的抗裂性和力学性能,主要焊接重要的低碳钢结构,也可焊接与焊条强度相当的低合金钢结构
	E5516-N3	0.10	1.25	0.60	0.03	0.03	1.10~2.00	—	0.35	—	—	≥550	≥460	≥17	-50	
	E5516-3N3	0.10	1.60	0.60	0.03	0.03	1.10~2.00	—	—	—	—	≥550	≥460	≥17	-50	
	E5518-N3	0.10	1.25	0.80	0.03	0.03	1.10~2.00	—	—	—	—	≥550	≥460	≥17	-50	
	E5015-N5	0.05	1.25	0.50	0.03	0.03	2.00~2.75	—	—	—	—	≥490	≥390	≥20	-75	
	E5016-N5	0.05	1.25	0.50	0.03	0.03	2.00~2.75	—	—	—	—	≥490	≥390	≥20	-75	
	E5018-N5	0.05	1.25	0.50	0.03	0.03	2.00~2.75	—	—	—	—	≥490	≥390	≥20	-75	
	E5028-N5	0.10	1.00	0.80	0.025	0.020	2.00~2.75	—	—	—	—	≥490	≥390	≥20	-60	
	E5515-N5	0.12	1.25	0.60	0.03	0.03	2.00~2.75	—	—	—	—	≥550	≥460	≥17	-60	
	E5516-N5	0.12	1.25	0.60	0.03	0.03	2.00~2.75	—	—	—	—	≥550	≥460	≥17	-60	
	E5518-N5	0.12	1.25	0.80	0.03	0.03	2.00~2.75	—	—	—	—	≥550	≥460	≥17	-60	
	E5015-N7	0.05	1.25	0.50	0.03	0.03	3.00~3.75	—	—	—	—	≥490	≥390	≥20	-100	
	E5016-N7	0.05	1.25	0.50	0.03	0.03	3.00~3.75	—	—	—	—	≥490	≥390	≥20	-100	
	E5018-N7	0.05	1.25	0.50	0.03	0.03	3.00~3.75	—	—	—	—	≥490	≥390	≥20	-100	
	E5515-N7	0.12	1.25	0.80	0.03	0.03	3.00~3.75	—	—	—	—	≥550	≥460	≥17	-75	

续表

类别	焊条型号	熔敷金属的化学成分(质量分数)/%										熔敷金属的力学性能				用途
		C	Mn	Si	P	S	Ni	Cr	Mo	V	其他	抗拉强度 R_m/MPa	屈服强度 $R_{eL}^{①}$/MPa	断后伸长率 A/%	冲击试验温度/℃	
非合金钢及细晶粒钢焊条(摘自GB/T 5117—2012)	E5516-N7	0.12	1.25	0.80	0.03	0.03	3.00~3.75	—	—	—	—	≥550	≥460	≥17	-75	
	E5518-N7	0.12	1.25	0.80	0.03	0.03	3.00~3.75	—	—	—	—	≥550	≥460	≥17	-75	
	E5515-N13	0.06	1.00	0.60	0.025	0.020	6.00~7.00	—	—	—	—	≥550	≥460	≥17	-100	
	E5516-N13	0.06	1.00	0.60	0.025	0.020	6.00~7.00	—	—	—	—	≥550	≥460	≥17	-100	
	E5518-N2M3	0.10	0.80~1.25	0.60	0.02	0.02	0.80~1.10	0.10	0.40~0.65	0.02	Cu:0.10 Al:0.05	≥550	≥460	≥17	-40	
	E5003-NC	0.12	0.30~1.40	0.90	0.03	0.03	0.25~0.70	0.30	—	—	Cu:0.20~0.60	≥490	≥390	≥20	0	(11)E4316,E5016　电弧稳定,工艺性能、焊接位置与E4315和E5015型焊条相似,这类焊条的熔敷金属具有良好的抗裂性能和力学性能,主要焊接重要的低碳钢结构,也可焊接与焊条强度相当的低合金钢结构 (12)E5018　焊接时应采用短弧,适于全位置焊接,但角焊缝较凸,焊缝表面平滑,飞溅较少,熔深适中,熔敷效率较高,主要焊接重要的低碳钢结构,也可焊接与焊条强度相当的低合金钢结构
	E5016-NC	0.12	0.30~1.40	0.90	0.03	0.03	0.25~0.70	0.30	—	—	Cu:0.20~0.60	≥490	≥390	≥20	0	
	E5028-NC	0.12	0.30~1.40	0.90	0.03	0.03	0.25~0.70	0.30	—	—	Cu:0.20~0.60	≥490	≥390	≥20	0	
	E5716-NC	0.12	0.30~1.40	0.90	0.03	0.03	0.25~0.70	0.30	—	—	Cu:0.20~0.60	≥570	≥490	≥16	0	
	E5728-NC	0.12	0.30~1.40	0.90	0.03	0.03	0.25~0.70	0.30	—	—	Cu:0.20~0.60	≥570	≥490	≥16	0	
	E5003-CC	0.12	0.30~1.40	0.90	0.03	0.03	—	0.30~0.70	—	—	Cu:0.20~0.60	≥490	≥390	≥20	0	
	E5016-CC	0.12	0.30~1.40	0.90	0.03	0.03	—	0.30~0.70	—	—	Cu:0.20~0.60	≥490	≥390	≥20	0	
	E5028-CC	0.12	0.30~1.40	0.90	0.03	0.03	—	0.30~0.70	—	—	Cu:0.20~0.60	≥490	≥390	≥20	0	
	E5716-CC	0.12	0.30~1.40	0.90	0.03	0.03	—	0.30~0.70	—	—	Cu:0.20~0.60	≥570	≥490	≥16	0	
	E5728-CC	0.12	0.30~1.40	0.90	0.03	0.03	—	0.30~0.70	—	—	Cu:0.20~0.60	≥570	≥490	≥16	0	

续表

类别	焊条型号	熔敷金属的化学成分(质量分数)/%									熔敷金属的力学性能				用途
		C	Mn	Si	P	S	Ni	Cr	Mo	V	其他	抗拉强度 R_m/MPa	屈服强度 R_{eL}[①]/MPa	断后伸长率 A/%	冲击试验温度/℃	
非合金钢及细晶粒钢焊条(摘自GB/T 5117—2012)	E5003-NCC	0.12	0.30~1.40	0.90	0.03	0.03	0.05~0.45	0.45~0.75	—	—	Cu:0.30~0.70	≥490	≥390	≥20	0	
	E5016-NCC	0.12	0.30~1.40	0.90	0.03	0.03	0.05~0.45	0.45~0.75	—	—	Cu:0.30~0.70	≥490	≥390	≥20	0	
	E5028-NCC	0.12	0.30~1.40	0.90	0.03	0.03	0.05~0.45	0.45~0.75	—	—	Cu:0.30~0.70	≥490	≥390	≥20	0	
	E5716-NCC	0.12	0.30~1.40	0.90	0.03	0.03	0.05~0.45	0.45~0.75	—	—	Cu:0.30~0.70	≥570	≥490	≥16	0	
	E5728-NCC	0.12	0.30~1.40	0.90	0.03	0.03	0.05~0.45	0.45~0.75	—	—	Cu:0.30~0.70	≥570	≥490	≥16	0	
	E5003-NCC1	0.12	0.50~1.30	0.35~0.80	0.03	0.03	0.40~0.80	0.45~0.70	—	—	Cu:0.30~0.75	≥490	≥390	≥20	0	
	E5016-NCC1	0.12	0.50~1.30	0.35~0.80	0.03	0.03	0.40~0.80	0.45~0.75	—	—	Cu:0.30~0.75	≥490	≥390	≥20	0	
	E5028-NCC1	0.12	0.50~1.30	0.80	0.03	0.03	0.40~0.80	0.45~0.70	—	—	Cu:0.30~0.75	≥490	≥390	≥20	0	
	E5516-NCC1	0.12	0.50~1.30	0.35~0.80	0.03	0.03	0.40~0.80	0.45~0.70	—	—	Cu:0.30~0.75	≥550	≥460	≥17	-20	(13)E5048　具有良好的向下立焊性能。其他方面与E5018型焊条一样
	E5518-NCC1	0.12	0.50~1.30	0.35~0.80	0.03	0.03	0.40~0.80	0.45~0.70	—	—	Cu:0.30~0.75	≥550	≥460	≥17	-20	
	E5716-NCC1	0.12	0.50~1.30	0.35~0.80	0.03	0.03	0.40~0.80	0.45~0.70	—	—	Cu:0.30~0.75	≥570	≥490	≥16	0	(14)E4328,E5028　熔敷效率很高,只适用于平焊、平角焊。主要焊接重要的低碳钢结构,也可焊接与焊条强度相当的低合金钢结构
	E5728-NCC1	0.12	0.50~1.30	0.80	0.03	0.03	0.40~0.80	0.45~0.70	—	—	Cu:0.30~0.75	≥570	≥490	≥16	0	
	E5016-NCC2	0.12	0.40~0.70	0.40~0.70	0.025	0.025	0.20~0.40	0.15~0.30	—	0.08	Cu:0.30~0.60	≥490	≥420	≥20	-20	
	E5018-NCC2	0.12	0.40~0.70	0.40~0.70	0.025	0.025	0.20~0.40	0.15~0.30	—	0.08	Cu:0.30~0.60	≥490	≥420	≥20	-20	
	E50XX-G[②]	—	—	—	—	—	—	—	—	—	—	≥490	≥400	≥20	—	
	E55XX-G[②]	—	—	—	—	—	—	—	—	—	—	≥550	≥460	≥17	—	
	E57XX-G[②]	—	—	—	—	—	—	—	—	—	—	≥570	≥490	≥16	—	

① 当屈服发生不明显时,应测定规定塑性延伸强度 $R_{p0.2}$。

② 焊条型号中“XX”代表焊条的药皮类型。

备注:表中单值均为最大值。

续表

类型	焊条型号	C	Mn	Si	P	S	Cr	Mo	V	其他①
		熔敷金属化学成分(质量分数)								
热强钢焊条(摘自GB/T 5118—2012)	EXXXX-1M3	0.12	1.00	0.80	0.030	0.030	—	0.40~0.65	—	—
	EXXXX-CM	0.05~0.12	0.90	0.80	0.030	0.030	0.40~0.65	0.40~0.65	—	—
	EXXXX-C1M	0.07~0.15	0.40~0.70	0.30~0.60	0.030	0.030	0.40~0.60	1.00~1.25	0.05	—
	EXXXX-1CM	0.05~0.12	0.90	0.80	0.030	0.030	1.00~1.50	0.40~0.65	—	—
	EXXXX-1CML	0.05	0.90	1.00	0.030	0.030	1.00~1.50	0.40~0.65	—	—
	EXXXX-1CMV	0.05~0.12	0.90	0.60	0.030	0.030	0.80~1.50	0.40~0.65	0.10~0.35	—
	EXXXX-1CMVNb	0.05~0.12	0.90	0.60	0.030	0.030	0.80~1.50	0.70~1.00	0.15~0.40	Nb:0.10~0.25
	EXXXX-1CMWV	0.05~0.12	0.70~1.10	0.60	0.030	0.030	0.80~1.50	0.70~1.00	0.20~0.35	W:0.25~0.50
	EXXXX-2C1M	0.05~0.12	0.90	1.00	0.030	0.030	2.00~2.50	0.90~1.20	—	—
	EXXXX-2C1ML	0.05	0.90	1.00	0.030	0.030	2.00~2.50	0.90~1.20	—	—
	EXXXX-2CML	0.05	0.90	1.00	0.030	0.030	1.75~2.25	0.40~0.65	—	—
	EXXXX-2CMWVB	0.05~0.12	1.00	0.60	0.030	0.030	1.50~2.50	0.30~0.80	0.20~0.60	W:0.20~0.60 B:0.001~0.003
	EXXXX-2CMVNb	0.05~0.12	1.00	0.60	0.030	0.030	2.40~3.00	0.70~1.00	0.25~0.50	Nb:0.35~0.65
	EXXXX-2C1MV	0.05~0.15	0.40~1.50	0.60	0.030	0.030	2.00~2.60	0.90~1.20	0.20~0.40	Nb:0.010~0.050
	EXXXX-3C1MV	0.05~0.15	0.40~1.50	0.60	0.030	0.030	2.60~3.40	0.90~1.20	0.20~0.40	Nb:0.010~0.050
	EXXXX-5CM	0.05~0.10	1.00	0.90	0.030	0.030	4.0~6.0	0.45~0.65	—	Ni:0.40
	EXXXX-5CML	0.05	1.00	0.90	0.030	0.030	4.0~6.0	0.45~0.65	—	Ni:0.40
	EXXXX-5CMV	0.12	0.5~0.9	0.50	0.030	0.030	4.5~6.0	0.40~0.70	0.10~0.35	Cu:0.5
	EXXXX-7CM	0.05~0.10	1.00	0.90	0.030	0.030	6.0~8.0	0.45~0.65	—	Ni:0.40
	EXXXX-7CML	0.05	1.00	0.90	0.030	0.030	6.0~8.0	0.45~0.65	—	Ni:0.40
	EXXX-9C1M	0.05~0.10	1.00	0.90	0.030	0.030	8.0~10.5	0.85~1.20	—	Ni:0.40
	EXXXX-9C1ML	0.05	1.00	0.90	0.030	0.030	8.0~10.5	0.85~1.20	—	Ni:0.40
	EXXXX-9C1MV	0.08~0.13	1.25	0.30	0.01	0.01	8.0~10.5	0.85~1.20	0.15~0.30	Ni:1.0 Mn+Ni≤1.50 Cu:0.25 Al:0.04 Nb:0.02~0.10 N:0.02~0.07
	EXXXX-9C1MV1②	0.03~0.12	1.00~1.80	0.60	0.025	0.025	8.0~10.5	0.80~1.20	0.15~0.30	Ni:1.0 Cu:0.25 Al:0.04 Nb:0.02~0.10 N:0.02~0.07
	EXXXX-G	其他成分								

备注:表中单值均为最大值。① 如果有意添加表中未列出的元素,则应进行报告,这些添加元素和在常规化学分析中发现的其他元素的总量不应超过0.50%。② Ni+Mn的化合物能降低AC1点温度,所要求的焊后热处理温度可能接近或超过了焊缝金属的AC1点

续表

类型	焊条型号①	熔敷金属力学性能				焊后热处理③	
		抗拉强度 R_m/MPa	屈服强度② R_{eL}/MPa	断后伸长率 A/%	预热和道间温度/℃	热处理温度/℃	保温时间④/min
热强钢焊条(摘自 GB/T 5118—2012)	E50XX-1M3	≥490	≥390	≥22	90~110	605~645	60
	E50YY-1M3	≥490	≥390	≥20	90~110	605~645	60
	E55XX-CM	≥550	≥460	≥17	160~190	675~705	60
	E5540-CM	≥550	≥460	≥14	160~190	675~705	60
	E5503-CM	≥550	≥460	≥14	160~190	675~705	60
	E55XX-C1M	≥550	≥460	≥17	160~190	675~705	60
	E55XX-1CM	≥550	≥460	≥17	160~190	675~705	60
	E5513-1CM	≥550	≥460	≥14	160~190	675~705	60
	E52XX-1CML	≥520	≥390	≥17	160~190	675~705	60
	E5540-1CMV	≥550	≥460	≥14	250~300	715~745	120
	E5515-1CMV	≥550	≥460	≥15	250~300	715~745	120
	E5515-1CMVNb	≥550	≥460	≥15	250~300	715~745	300
	E5515-1CMWV	≥550	≥460	≥15	250~300	715~745	300
	E62XX-2C1M	≥620	≥530	≥15	160~190	675~705	60
	E6240-2C1M	≥620	≥530	≥12	160~190	675~705	60
	E6213-2C1M	≥620	≥530	≥12	160~190	675~705	60
	E55XX-2C1ML	≥550	≥460	≥15	160~190	675~705	60
	E55XX-2CML	≥550	≥460	≥15	160~190	675~705	60
	E5540-2CMWVB	≥550	≥460	≥14	250~300	745~775	120
	E5515-2CMWVB	≥550	≥460	≥15	320~360	745~775	120
	E5515-2CMVNb	≥550	≥460	≥15	250~300	715~745	240
	E62XX-2C1MV	≥620	≥530	≥15	160~190	725~755	60
	E62XX-3C1MV	≥620	≥530	≥15	160~190	725~755	60
	E55XX-5CM	≥550	≥460	≥17	175~230	725~755	60
	E55XX-5CML	≥550	≥460	≥17	175~230	725~755	60
	E55XX-5CMV	≥550	≥460	≥14	175~230	740~760	240
	E55XX-7CM	≥550	≥460	≥17	175~230	725~755	60
	E55XX-7CML	≥550	≥460	≥17	175~230	725~755	60
	E62XX-9C1M	≥620	≥530	≥15	205~260	725~755	60
	E62XX-9C1ML	≥620	≥530	≥15	205~260	725~755	60
	E62XX-9C1MV	≥620	≥530	≥15	200~315	745~775	120
	E62XX-9C1MV1	≥620	≥530	≥15	205~260	725~755	60
	EXXXX-G	供需双方协商确认					

备注：①焊条型号中 XX 代表药皮类型 15、16 或 18，YY 代表药皮类型 10、11、19、20 或 27。

②当屈服发生不明显时，应测定规定塑性延伸强度 $R_{p0.2}$

③试件放入炉内时，以 85~275℃/h 的速率加热到规定温度，达到保温时间后，以不大于 200℃/h 的速率随炉冷却至 300℃以下。试件冷却至 300℃以下的任意温度时，允许从炉中取出，在静态大气中冷却至室温。

④保温时间公差为 0~10min。

续表

类型	国标型号	熔敷金属化学成分/%										熔敷金属力学性能 ≥			用途
		C	Cr	Ni	Mo	Mn	Si	P	S	Cu	其他	抗拉强度 R_m /MPa (kgf/mm^2)	断后伸长率 A /%	热处理	
不锈钢焊条(摘自GB/T 983—2012)	E209-××	0.60	20.5~24.0	9.5~12.0	1.5~3.0	4.0~7.0	1.00	0.040	0.030	0.75	N:0.10~0.30 V:0.10~0.30	690	15		E209、E219、E240通常用于焊接相同类型的不锈钢，也可以用于异种钢的焊接，如低碳钢和不锈钢，或在低碳钢上堆焊以防腐蚀，E240还可耐磨损
	E219-××		19.0~21.5	5.5~7.0	0.75	8.0~10.0	1.00				N:0.10~0.30	620			
	E240-××		17.0~19.0	4.0~6.0		10.5~13.5						690	25		
	E307-××	0.04~0.14	18.0~21.5	9.0~10.7	0.5~1.5	3.30~4.75	1.00				—	590	25		E307通常用于异种钢的焊接，如奥氏体锰钢与碳钢锻件或铸件的焊接。焊缝强度中等，具有良好的抗裂性
	E308-××	0.08	18.0~21.0	9.0~11.0	0.75	0.5~2.5						510	30		E308通常用于焊接相同类型的不锈钢。E308H由于含碳量高，在高温下具有较高的抗拉强度和蠕变强度。E308L由于含碳量低，在不含铌、钛等稳定剂时，也能抵抗因碳化物析出而产生的晶间腐蚀。但与铌稳定化的焊缝相比，其高温强度较低。E308Mo、E308MoL通常用于焊接相同类型的不锈钢。当希望熔敷金属中的铁素体含量超过E316型焊条时，也可以用于Cr18Ni12Mo型不锈钢锻件的焊接
	E308H-××	0.04~0.08										550			
	E308L-××	0.04		9.0~12.0								510			
	E308Mo-××	0.08		9.0~12.0	2.0~3.0							550			
	E308LMo-××	0.04										520			
	E309-××	0.15	22.0~25.0	12.0~14.0	0.75							550	25		E309通常用于焊接相同类型的不锈钢，也可用于焊接在强腐蚀介质中使用的要求焊缝合金元素含量较高的不锈钢或用于异种钢的焊接(如Cr18Ni9型不锈钢与碳钢)
	E309H-××	0.04~0.15										550			
	E309L-××	0.04										510			E309L由于含碳量低，因此在不含铌、钛等稳定剂时，也能抵抗因碳化物析出而产生的晶间腐蚀。但与铌稳定化的焊缝相比，其高温强度较低。E309Nb的铌使焊缝金属的抗晶间腐蚀能力和高温强度提高。通常用于0Cr18Ni11Nb型复合钢板的焊接或在碳钢上堆焊。E309Mo通常用于0Cr17Ni12Mo2型复合钢板的焊接或在碳钢上堆焊。E309LMo熔敷金属含碳量低，因此焊缝抗晶间腐蚀能力较强
	E309LNb-××	0.04									Nb+Ta: 0.70~1.00	510			
	E309Nb-××	0.12										550			
	E309Mo-××				2.0~3.0						—				
	E309LMo-××	0.04										510			

续表

类型	国标型号	熔敷金属化学成分/%										熔敷金属力学性能 ≥			用途
		C	Cr	Ni	Mo	Mn	Si	P	S	Cu	其他	抗拉强度 R_m /MPa (kgf/mm^2)	断后伸长率 A /%	热处理	
不锈钢焊条(摘自GB/T 983—2012)	E310-××	0.08~0.20	25.0~28.0	20.0~22.5	0.75	1.0~2.5	0.75	0.030	0.030	0.75	—	550	25		E310通常用于焊接相同类型的不锈钢,如0Cr25Ni20型不锈钢。E310H通常用于相同类型的耐热、耐腐蚀不锈钢铸件的焊接和补焊。不宜在高硫气氛中或者有剧烈热冲击条件下使用。E310Nb用于焊接耐热的铸件、0Cr18Ni11Nb型复合钢板或在碳钢上堆焊。E310Mo用于耐热铸件、0Cr17Ni12Mo2型复合钢板的焊接,或在碳钢上堆焊
	E310H-××	0.35~0.45										620	8		
	E310Nb-××	0.12		20.0~22.0							Nb+Ta: 0.70~1.00	550	23		
	E310Mo-××				2.0~3.0						—		28		
	E312-××	0.15	28.0~32.0	8.0~10.5	0.75	0.5~2.5	1.00	0.040				660	15		E312通常用于高镍合金与其他金属的焊接。焊缝金属为双相组织,因此具有较高的抗裂能力。不宜在420℃以下温度使用,以避免二次脆化相的形成
	E316-××	0.08	17.0~20.0	11.0~14.0	2.0~3.0							520	25		E316用于焊接0Cr17Ni12Mo2型不锈钢及相类似的合金,也可用于焊接在较高温度下使用的不锈钢。E316H由于含碳量较高,在高温下具有较高的抗拉强度和蠕变强度。E316L通常用于焊接低碳含钼奥氏体钢
	E316H-××	0.04~0.08													
	E316L-××	0.04										490			
	E316LCu-××	0.04	17~20	11~16	1.20~2.75	0.5~2.5	1.0	0.04	0.03	1.0~2.5		510	25		
	E316LMn-××	0.04	18~21	15~18	2.5~3.5	5~8	0.9	0.04	0.03	0.75	N:0.10~0.25	550	15		
	E317-××	0.08	18.0~21.0	12.0~14.0	3.0~4.0	0.5~2.5	1.00	0.040	0.03	0.75	—	550	20		E317通常用于焊接相同类型的不锈钢,可在强腐蚀条件下使用。E317L由于含碳量低,因此在不含铌、钛等稳定剂时,也能抵抗因碳化物析出而产生的晶间腐蚀,焊缝强度不如E317型焊条。E317MoCu含铜量较高,因此具有较高的耐腐蚀性能。通常用于焊接相同类型的含铜不锈钢
	E317L-××	0.04										510			
	E317MoCu-××	0.08			2.0~2.5		0.90	0.035		2		540	25		
	E317LMoCu-××	0.04													E317LMoCu用于焊接在稀、中浓度硫酸介质中工作的同类型超低碳不锈钢
	E318-××	0.08	17.0~20.0	11.0~14.0	2.0~3.0		1.0	0.040		0.75	Nb+Ta: 6×C~1.00	550	20		E318加铌提高了焊缝金属抗晶间腐蚀能力。通常用于焊接相同类型不锈钢。E318V加钒提高了焊缝金属热强性和抗腐蚀能力。通常用于焊接相同类型含钒不锈钢
	E318V-××				2.0~2.5			0.035		0.75	V:0.30~0.70	540	25		
	E320-××	0.07	19.0~21.0	32.0~36.0	2.0~3.0		0.60	0.040		3.0~4.0	Nb+Ta: 8×C~1.00	550	28		E320加铌后,提高了抗晶间腐蚀能力,用于焊接在硫酸、亚硫酸及其盐类等强腐蚀介质中工作的相同类型不锈钢。也可用于焊接不进行后热处理的相同类型的不锈钢。不含铌时,可用于含铌不锈钢铸件的补焊,但焊后必须进行固溶处理。E320LR用于为获得含有铁素体的奥氏体不锈钢的焊接。焊缝强度比E320型焊条低
	E320LR-××	0.03				1.5~2.5	0.30	0.020	0.015		Nb+Ta:8×C~0.40	520	28		

续表

类型	国标型号	熔敷金属化学成分/%										熔敷金属力学性能 ≥			用途
		C	Cr	Ni	Mo	Mn	Si	P	S	Cu	其他	抗拉强度 R_m /MPa (kgf/mm^2)	断后伸长率 A /%	热处理	
不锈钢焊条(摘自GB/T 983—2012)	E330-××	0.18~0.25	14.0~17.0	33.0~37.0	0.75	1.0~2.5	1.0	0.040	0.030	0.75	—	520	23		E330 用于焊接在 980℃以上工作的、要求具有耐热性能的设备以及铸造合金与锻造合金，相同类型的不锈钢铸件的补焊。E330H 用于相同类型的耐热及耐腐蚀高合金铸件的焊接和补焊。E330MoMnWNb 用于在 850~950℃高温下工作的耐热及耐腐蚀高合金钢，如 Cr20Ni30 和 Cr18Ni37 型不锈钢等的焊接和补焊 E347 用于焊接以铌或钛作稳定剂成分相近的铬镍合金 E349 常用于焊接相同类型的不锈钢 E383 用于焊接与其成分相近的母材和其他类型不锈钢 E385 用于焊接在硫酸和一些含有氯化物介质中使用的不锈钢，也可用于焊接 00Cr19Ni13Mo3 型不锈钢 E410 焊接接头属于空气淬硬型材料，焊接时必须进行预热和后热处理，用于焊接相同类型的不锈钢或在碳钢上堆焊，以提高抗腐蚀和擦伤的能力。E410NiMo 焊后热处理温度不应超过 620℃，温度过高时，可能使焊缝组织中未回火的马氏体在冷却到室温后重新淬硬 E430 焊接时，通常需要进行预热和后热处理，才能获得理想的力学性能和抗腐蚀能力
	E330H-××	0.35~0.45										620	8		
	E330MoMnWNb-××	0.20	15.0~17.0		2.0~3.0	3.5	0.70	0.035		0.75	Nb:1.0~2.0 W:2.0~3.0	590	25		
	E347-××	0.08		9.0~11.0	0.75	0.5~2.5	1.0	0.040			Nb+Ta: 8×C~1.00	510			
	E347L-××	0.04	18~21	9.0~11.0	0.75			0.04		0.75	Nb+Ta: 8×C~1.00	510	25		
	E349-××	0.13	18.0~21.0	8.0~10.0	0.35~0.65			0.040			Nb+Ta: 0.75~1.20 V:0.10%~0.30 Ti≤0.15 W:1.25%~1.75	690	23		
	E383-××	0.03	26.5~29.0	30.0~33.0	3.2~4.2			0.020	0.020		—	520	28		
	E385-××		19.5~21.5	24.0~26.0	4.2~5.2	1.0~2.5	0.90	0.030		0.6~1.5					
	E409Nb-××	0.12	11.0~14.0	0.60	0.75	1.0	1.0	0.04	0.03	0.75	Nb+Ta: 0.50~1.50	450	13	a	
	E410-××	0.12	11.0~14.0	0.7	0.75	1.0	0.90	0.040	0.030	0.75	—	450	15	b	
	E410NiMo-××	0.06	11.0~12.5	4.0~5.0	0.40~0.70							760	10	c	
	E430-××	0.10	15.0~18.0	0.6	0.75							450	13	a	
	E430Nb-××	0.10		0.60	0.75		1.0	0.04	0.03	0.75	Nb+Ta: 0.15~0.30	450	13		

续表

类型	国标型号	熔敷金属化学成分/%										熔敷金属力学性能 ≥			用途
		C	Cr	Ni	Mo	Mn	Si	P	S	Cu	其他	抗拉强度 R_m /MPa (kgf/mm²)	断后伸长率 A /%	热处理	
不锈钢焊条(摘自GB/T 983—2012)	E630-××	0.05	16.00~16.75	4.5~5.0	0.75	0.25~0.75	0.75	0.040		3.25~4.00	Nb+Ta: 0.15~0.30	930	6	d	E630 用于焊接 Cr16Ni4 型沉淀硬化不锈钢 E16-8-2 通常用于焊接高温、高压不锈钢管路 E16-25MoN 用于焊接淬火状态下的低合金钢、中合金钢、刚性较大的结构件及相同类型的耐热钢等，如用于淬火状态下的30CrMnSi钢。也可用于异种金属的焊接，如不锈钢与碳钢的焊接 E2209 用于焊接含铬量约为22%的双相不锈钢 E2553 用于焊接含铬量约为25%的双相不锈钢
	E16-8-2-××	0.10	14.5~16.5	7.5~9.5	1.0~2.0	0.5~2.5	0.60	0.030		0.75	—	550	25	—	
	E16-25MoN-××	0.12	14.0~18.0	22.0~27.0	5.0~7.0		0.90	0.035	0.030	0.75	N≥0.1	610	30		
	E2209-××	0.04	21.5~23.5	7.5~10.5	2.5~3.5	0.5~2.0	1.0	0.040		0.75	N:0.08~0.20	690	20	—	
	E2553-××	0.06	24.0~27.0	6.5~8.5	2.9~3.9	0.5~1.5	1.0			1.5~2.5	N:0.10~0.25	760	13		
	E2593-××	0.04	24.0~27.0	8.5~10.5	2.9~3.9	0.5~1.5	1.0	0.04	0.030	1.5~3.0	N:0.08~0.25	760	13		
	E2594-××	0.04	24.0~27.0	8.0~10.5	3.5~4.5	0.5~2.0	1.0	0.04	0.030	0.75	N:0.2~0.3	760	13		
	E2595-××	0.04	24.0~27.0	8.0~10.5	2.5~3.5	2.5	1.2	0.03	0.025	0.4~1.5	N:0.2~0.3 W:0.4~1.0	760	13		
	E3155-××	0.10	20.0~22.5	19.0~21.0	2.5~3.5	1.0~2.5	1.0	0.04	0.030	0.75	Nb+Ta: 0.75~1.25 Co:18.5~21.0 W:2.0~3.0	690	15		
	E33-31-××	0.03	31.0~35.0	30.0~32	1.0~2.0	2.5~4.0	0.9	0.02	0.010	0.4~0.8	N:0.3~0.5	720	20		

备注：1. 表中单值均为最小值。
2. a—加热到 760~790℃，保温 2h，以不高于 55℃/h 的速度炉冷至 595℃以下，然后空冷至室温；
b—加热到 730~760℃，保温 1h，以不高于 110℃/h 的速度炉冷至 315℃以下，然后空冷至室温；
c—加热到 595~620℃，保温 1h，然后空冷至室温；
d—加热到 1025~1050℃，保温 1h，空冷至室温，然后在 610~630℃保温 4h 沉淀硬化处理，空冷至室温。

续表

类型	焊条型号	熔敷金属化学成分/%														熔敷金属硬度HRC（HB）	用途
		C	Mn	Si	Cr	Ni	Mo	W	V	Nb	Co	Fe	B	S	P	其他元素总量		
堆焊焊条(摘自GB/T 984—2001)	EDPMn2-××| 0.2	3.50	—	—	—	—	—	—	—	—	余量	—	—	—	—	（220）	EDPMn、EDPCrMo、EDPCrMnSi、EDPCrMoV、EDPCrSi 型为普通低中合金钢堆焊焊条。一般用于常温及非腐蚀条件下工作的零部件的堆焊。含碳量低的硬度较低，韧性较好，适用于在激烈冲击载荷下工作的部件，如车轮、车钩、轴、齿轮、铁轨等磨损部件的堆焊。含碳量高的硬度高，韧性较差，适用于带有磨料磨损的冲击载荷条件下工作的零件，如推土机刀板、挖泥斗牙、混凝土搅拌机叶牙、水力机械及矿山机械零件等的堆焊
	EDPMn4-××		4.50													2.00	30	
	EDPMn5-××		5.20													—	40	
	EDPMn6-××	0.45	6.50	1.00													50	
	EDPCrMo-A0-××	0.04～0.20	0.50～2.00		0.50～3.50		1.50							0.035	0.035	1.00	—	
	EDPCrMo-A1-××	0.25	—	—	2.00									—	—	2.00	（200）	
	EDPCrMo-A2-××	0.50			3.00											—	30	
	EDPCrMo-A3-××				2.50		2.50										40	
	EDPCrMo-A4-××	0.30～0.60			5.00		4.00										50	
	EDPCrMo-A5-××	0.50～0.80	0.50～1.50	1.00	4.00～8.00		1.00							0.035	0.035	1.00	—	
	EDPCrMnSi-A1-××	0.30～1.00	2.50		3.50		—										50	
	EDPCrMnSi-A2-××	1.00～2.00	0.50～2.00		3.00～5.00												—	
	EDPCrMoV-A0-××	0.10～0.30			1.80～3.80	1.00	1.00		0.35									
	EDPCrMoV-A1-××	0.30～0.60	—	—	8.00～10.00	—	3.00		0.50～1.00					—	—	4.00	50	
	EDPCrMoV-A2-××	0.45～0.65			4.00～5.00		2.00～3.00		4.00～5.00							—	55	
	EDPCrSi-A-××	0.35	0.80	1.80	6.50～8.50		—		—				0.20～0.40	0.03	0.03		45	
	EDPCrSi-B-××	1.00		1.50～3.00									0.50～0.90				60	

续表

类型	焊条型号	熔敷金属化学成分/%															熔敷金属硬度HRC（HB）	用途
		C	Mn	Si	Cr	Ni	Mo	W	V	Nb	Co	Fe	B	S	P	其他元素总量		
堆焊焊条(摘自GB/T 984—2001)	EDRCrMnMo-××	0.60	2.50	1.00	2.00		1.00	—	—							—	40、45③	EDRCrMnMo、EDRCrW、EDRCrMoWV型为热强合金钢堆焊焊条。熔敷金属除Cr外还含有Mo、W、V或Ni等其他合金元素，在高温中能保持足够的硬度和抗疲劳性能，主要用于锻模、冲模、热剪切机刀刃、轧辊等堆焊 EDRCrMoWCo型适用于工作条件差的热模具，如镦粗、拉伸、冲孔等模具的堆焊，也可用于金属切削刀具的堆焊
	EDRCrW-××	0.25~0.55	—	—	2.00~3.50		—	7.00~10.00			—			0.035	0.04	1.00	48	
	EDRCrMoWV-A1-××	0.50			5.00		2.50		1.00							—	55	
	EDRCrMoWV-A2-××	0.30~0.50			5.00~6.50	—	2.00~3.00	2.00~3.50	1.00~3.00								50	
	EDRCrMoWV-A3-××	0.70~1.00			3.00~4.00		3.00~5.00	4.50~6.00	1.50~3.00							1.50		
	EDRCrMoWCo-A-××	0.08~0.12	0.30~0.70	0.80~1.60	2.00~4.20		3.80~6.20	5.00~8.00	0.50~1.10		12.70~16.30			—	—	—	52~58③	
	EDRCrMoWCo-B-××	0.08~0.12	0.30~0.70	0.80~1.60	1.80~3.20		7.80~11.20	8.80~12.20	0.40~0.80		15.70~19.30						62~65③	
	EDCr-A1-××	0.15	—	—	10.00~16.00		—	—		—		余量	—	0.03	0.04	2.50	40	EDCr型为高铬钢堆焊焊条。堆焊层具有空淬特性，有较高的中温硬度，耐蚀性较好。常用于金属间磨损及在水蒸气、弱酸、汽蚀等作用下的部件，如阀门密封面、轴、搅拌机桨、螺旋输送机叶片等的堆焊
	EDCr-A2-××	0.20				6.00	2.50	2.00									37	
	EDCr-B-××	0.25					—									5.00	45	
	EDMn-A-××	1.10	11.00~16.00		—	—											(170)	EDMn型为高锰钢堆焊焊条。该类焊条堆焊后硬度不高，但经加工硬化后可达450~500HB。适用于严重冲击载荷和金属间磨损条件下工作的零部件，如破碎机颚板、铁轨道岔等的堆焊
	EDMn-B-××		11.00~18.00				2.50				—							
	EDMn-C-××		12.00~16.00	1.30	2.50~5.00	2.50~5.00		—										
	EDMn-D-××	0.50~1.00	15.00~20.00		4.50~7.50	—	—		0.40~1.20					0.035	0.035	1.00		
	EDMn-E-××				3.00~6.00	1.00												
	EDMn-F-××	0.80~1.20	17.00~21.00															

续表

<table>
<tr><th rowspan="2">类型</th><th rowspan="2">焊条型号</th><th colspan="15">熔敷金属化学成分/%</th><th rowspan="2">熔敷金属硬度HRC(HB)</th><th rowspan="2">用途</th></tr>
<tr><th>C</th><th>Mn</th><th>Si</th><th>Cr</th><th>Ni</th><th>Mo</th><th>W</th><th>V</th><th>Nb</th><th>Co</th><th>Fe</th><th>B</th><th>S</th><th>P</th><th>其他元素总量</th></tr>
<tr><td rowspan="14">堆焊焊条(摘自GB/T 984—2001)</td><td>EDCrMn-A-××</td><td>0.25</td><td>6.00~8.00</td><td>1.00</td><td>12.00~14.00</td><td>—</td><td>—</td><td rowspan="7">—</td><td rowspan="7">—</td><td rowspan="5">—</td><td rowspan="14">—</td><td rowspan="14">余量</td><td rowspan="14">—</td><td rowspan="4">—</td><td rowspan="4">—</td><td>—</td><td>30</td><td rowspan="14">EDCrMn 型为高铬锰钢堆焊焊条。熔敷金属具有较好的耐磨、耐热、耐腐蚀和汽蚀性能。EDCrMn-B 型用于水轮机受汽蚀破坏的零件，如叶片、导水叶等的堆焊。EDCrMn-A、EDCrMn-C、EDCrMn-D 型适用于阀门密封面的堆焊
EDCrNi 型为高铬镍钢堆焊焊条。熔敷金属具有较好的抗氧化、汽蚀、腐蚀性能和热强性能。加入 Si 或 W 能提高耐磨性，可以堆焊 600～650℃以下工作的锅炉阀门、热锻模、热轧辊等
EDD 型为高速钢堆焊焊条。熔敷金属具有很高的硬度、耐磨性和韧性，适用于工作温度不超过 600℃的零部件的堆焊；含碳量高的适用于切割及机械加工；含碳量低的热加工及韧性较好，通常可用于剪刀、绞刀等刀具、成形模、剪模、导轨、锭钳、拉刀及其他类似工具的堆焊</td></tr>
<tr><td>EDCrMn-B-××</td><td>0.80</td><td>11.00~18.00</td><td>1.30</td><td>13.00~17.00</td><td>2.00</td><td>2.00</td><td>4.00</td><td>(210)</td></tr>
<tr><td>EDCrMn-C-××</td><td>1.10</td><td>12.00~18.00</td><td>2.00</td><td>12.00~18.00</td><td>6.00</td><td>4.00</td><td>3.00</td><td>28</td></tr>
<tr><td>EDCrMn-D-××</td><td>0.50~0.80</td><td>24.00~27.00</td><td>1.30</td><td>9.50~12.50</td><td>—</td><td rowspan="2">—</td><td rowspan="2">—</td><td>(210)</td></tr>
<tr><td>EDCrNi-A-××</td><td rowspan="2">0.18</td><td>0.60~2.00</td><td>4.80~6.40</td><td>15.00~18.00</td><td>7.00~9.00</td><td rowspan="5">0.03</td><td rowspan="5">0.04</td><td>(270~320)</td></tr>
<tr><td>EDCrNi-B-××</td><td>0.60~5.00</td><td>3.80~6.50</td><td>14.00~21.00</td><td>6.50~12.00</td><td>3.50~7.00</td><td>0.50~1.20</td><td>2.50</td><td rowspan="2">37</td></tr>
<tr><td>EDCrNi-C-××</td><td>0.20</td><td>2.00~3.00</td><td>5.00~7.00</td><td>18.00~20.00</td><td>7.00~10.00</td><td>—</td><td rowspan="8">—</td><td>—</td></tr>
<tr><td>EDD-A-××</td><td>0.70~1.00</td><td rowspan="2">0.60</td><td rowspan="2">0.80</td><td rowspan="2">3.00~5.00</td><td rowspan="2">—</td><td>4.00~6.00</td><td>5.00~7.00</td><td>1.00~2.50</td><td rowspan="2">1.00</td><td rowspan="2">55</td></tr>
<tr><td>EDD-B1-××</td><td>0.50~0.90</td><td>5.00~9.50</td><td>1.00~2.50</td><td>0.80~1.30</td></tr>
<tr><td>EDD-B2-××</td><td>0.60~1.00</td><td>0.40~1.00</td><td>1.00</td><td rowspan="2">3.00~5.00</td><td rowspan="5">—</td><td>7.00~9.50</td><td>0.50~1.50</td><td>0.50~1.50</td><td>0.035</td><td>0.035</td><td rowspan="2">1.00</td><td>—</td></tr>
<tr><td>EDD-C-××</td><td>0.30~0.50</td><td>0.60</td><td>0.80</td><td>5.00~9.00</td><td>1.00~2.50</td><td>0.80~1.20</td><td>0.03</td><td rowspan="2">0.04</td><td rowspan="2">55</td></tr>
<tr><td>EDD-D-××</td><td>0.70~1.00</td><td>—</td><td>—</td><td>3.80~4.50</td><td>—</td><td>17.00~19.50</td><td>1.00~1.50</td><td rowspan="2">0.035</td><td>1.50</td></tr>
<tr><td>EDZ-A0-××</td><td>1.50~3.00</td><td>0.50~2.00</td><td>1.50</td><td>4.00~8.00</td><td>1.00</td><td rowspan="2">—</td><td rowspan="2">—</td><td>0.035</td><td>1.00</td><td>—</td></tr>
<tr><td>EDZ-A1-××</td><td>2.50~4.50</td><td>—</td><td>—</td><td>3.00~5.00</td><td>3.00~5.00</td><td></td><td></td><td>—</td><td>55</td></tr>
</table>

续表

类型	焊条型号	熔敷金属化学成分/%														熔敷金属硬度HRC（HB）	用途
		C	Mn	Si	Cr	Ni	Mo	W	V	Nb	Co	Fe	B	S	P	其他元素总量		
堆焊焊条(摘自GB/T 984—2001)	EDZ-A2-××| 3.00~4.50	1.50	2.50	26.00~34.00		2.00~3.00									3.00	60	
	EDZ-A3-××	4.80~6.00			35.00~40.00		4.20~5.80	—						—	—	—		
	EDZ-B1-××	1.50~2.20	—	—	—			8.00~10.00	—	Ti：4.00~7.00						1.00	50	
	EDZ-B2-××	3.00			4.00~6.00	—	—	8.50~14.00								3.00	60	
	EDZ-E1-××	5.00~6.50	2.00~3.00	0.80~1.50	12.00~16.00			—										
	EDZ-E2-××	4.00~6.00	0.50~1.50	1.50	11.00~20.00				1.50	—			—	0.035	0.035	1.00	—	EDZ型为合金铸铁堆焊焊条。熔敷金属含有少量Cr、Ni、Mo或W等合金元素，除提高耐磨性能外，也改善耐热、耐蚀及抗氧化性能和韧性。常用于混凝土搅拌机、高速混砂机、螺旋送料机等主要受磨料磨损部件的堆焊
	EDZ-E3-××	5.00~7.00	0.50~2.00	0.50~2.00	18.00~28.00		5.00~7.00	3.00~5.00	—									
	EDZ-E4-××	4.00~6.00	0.50~1.50	1.00	20.00~30.00			2.00	0.50~1.50	4.00~7.00	—	余量						
	EDZCr-A-××	1.50~3.50	1.50~3.00	1.50	28.00~32.00	5.00~8.00										—	40	EDZCr型为高铬铸铁堆焊焊条。熔敷金属具有优良的抗氧化和耐汽蚀性能，硬度高，耐磨料磨损性能好。常用于工作温度不超过500℃的高炉料钟、矿石破碎机、煤孔挖掘器等耐磨耐蚀件的堆焊
	EDZCr-B-××		1.00	—	22.00~32.00	—	—									7.00	45	
	EDZCr-C-××	2.50~5.00	8.00	1.00~4.80	25.00~32.00	3.00~5.00				—				—	—	2.00	48	
	EDZCr-D-××	3.00~4.00	1.50~3.50	3.00	22.00~32.00			—	—				0.50~2.50			6.00	58	
	EDZCr-A1A-××	3.50~4.50	4.00~6.00	0.50~2.00	20.00~25.00	—	0.50						—	0.035	0.035	1.00	—	
	EDZCr-A2-××	2.50~3.50	0.50~1.50	0.50~1.50	7.50~9.00		—			Ti：1.20~1.80								

类型	焊条型号	熔敷金属化学成分/%															熔敷金属硬度HRC(HB)	用途
		C	Mn	Si	Cr	Ni	Mo	W	V	Nb	Co	Fe	B	S	P	其他元素总量		
堆焊焊条(摘自GB/T 984—2001)	EDZCr-A3-××	2.50~4.50	0.50~2.00	1.00~2.50	14.00~20.00	—	1.5	—	—	—	—	余量	—	0.035	0.035	1.00	—	EDCoCr型为钴基合金堆焊焊条。熔敷金属具有综合耐热性、耐腐蚀性及抗氧化性能，在600℃以上的高温中能保持高的硬度。调整C和W的含量可改变其硬度和韧性，以适应不同用途的要求。含碳量愈低，韧性愈好，而且能够承受冷热条件下的冲击，适用于高温高压阀门、热锻模、热剪切机刀刃等的堆焊。含碳量高，硬度高，耐磨性能好，但抗冲击能力弱，且不易加工，常用于牙轮钻头轴承、锅炉旋转叶轮、粉碎机刀口、螺旋送料机等部件的堆焊 EDW型为碳化钨堆焊焊条。熔敷金属的基体组织上弥散地分布着碳化钨颗粒，硬度很高，抗高、低应力磨料磨损的能力较强，可在650℃以下工作，但耐冲击力低，裂缝倾向大。适用于受岩石强烈磨损的机械零件，如混凝土搅拌机叶片、推土机、挖泥机叶片、高速混砂箱等表面的堆焊 EDTV型为特殊型堆焊焊条。用于铸铁压延模、成形模以及其他铸铁模具的堆焊 EDNi型为镍基合金堆焊焊条。熔敷金属具有综合耐热性、耐腐蚀性，由于含有大量的碳化物，对应力开裂较敏感。主要适用于低应力磨损场合，如泥浆泵、活塞泵套筒、螺旋进料机、挤压机螺杆、搅拌机等部件的堆焊
	EDZCr-A4-××	3.50~4.50	1.50~3.50	1.50	23.00~29.00		1.00~3.00											
	EDZCr-A5-××	1.50~2.50	0.50~1.50	2.0	24.00~32.00	4.00	4.00											
	EDZCr-A6-××	2.50~3.50		1.00~2.50	24.00~30.00	—	0.50~2.00											
	EDZCr-A7-××	3.50~5.00		0.50~2.50	23.00~30.00		2.00~4.50											
	EDZCr-A8-××	2.50~4.50		1.50	30.00~40.00		2.00											
	EDCoCr-A-××	0.70~1.40	2.00	2.00	25.00~32.00		—	3.00~6.00			余量	5.00	—	—	—	4.00	40	
	EDCoCr-B-××	1.00~1.70						7.00~10.00									44	
	EDCoCr-C-××	1.70~3.00			25.00~33.00			11.00~19.00									53	
	EDCoCr-D-××	0.20~0.50			23.00~32.00			9.50								7.00	28~35	
	EDCoCr-E-××	0.15~0.40	1.50		24.00~29.00	2.00~4.00	4.50~6.50	0.50						0.03	0.03	1.00	—	
	EDW-A-××	1.50~3.00	2.00	4.00	—	—	—	40.00~50.00			—	余量		—	—	—	60	
	EDW-B-××	1.50~4.00	3.00		3.00	3.00	7.00	50.00~70.00								3.00		
	EDTV-××	0.25	2.00~3.00	1.00	—	—	2.00~3.00	—	5.00~8.00				0.15	0.03	0.03	—	(180)	
	EDNiCr-C	0.50~1.00	—	3.50~5.50	12.00~18.00	余量	—		—		1.00	3.50~5.50	2.50~4.50	0.03	0.03	1.00	—	
	EDNiCrFeCo	2.20~3.00	1.00	0.60~1.50	25.00~30.00	10.00~33.00	7.00~10.00	2.00~4.00			10.00~15.00	20.00~25.00	—					

说明：1. 若存在其他元素，也应进行分析，以确定是否符合“其他元素总量”一栏的规定

2. 化学成分的单值均为最大值。硬度的单值均为最小平均值

续表

类型	国标型号	熔敷金属化学成分/%											力学性能	
		Cu	Si	Mn	Fe	Al	Sn	Ni	P	Pb	Zn	f成分合计	σ_b/MPa	δ_5/%
铜及铜合金焊条(摘自GB/T 3670—1995)	ECu	>95.0	0.5		f								170	20
	ECuSi-A	>93.0	1.0~2.0	3.0	—		—						250	22
	ECuSi-B	>92.0	2.5~4.0			f			0.03				270	20
	ECuSn-A						5.0~7.0	f		0.02			250	15
	ECuSn-B		f		f		7.0~9.0						270	12
	ECuAl-A2		1.5	f	0.5~5.0	6.5~9.0	f						410	20
	ECuAl-B				2.5~5.0	7.5~10.0			—		f	0.5	450	10
	ECuAl-C	余量	1.0	2.0	1.5	6.5~10.0		0.5					390	15
	ECuNi-A		0.5	2.5	2.5	Ti0.5	—	9.0~11.0	0.020	0.02 f			270	20
	ECuNi-B							29.0~33.0					350	20
	ECuAlNi		1.0	2.0	2.0~6.0	7.0~10.0		2.0	—				490	13
	ECuMnAlNi			11.0~13.0		5.0~7.5	f	1.0~2.5		0.02			520	15

用途：

ECu 可用于脱氧铜、无氧铜及韧性(电解)铜的焊接修补和堆焊以及碳钢和铸铁上堆焊

ECuSi 主要用于焊接铜-硅合金，偶尔用于铜、异种金属和某些铁基金属的焊接，常用在腐蚀区域的堆焊，很少用作堆焊承载面

ECuSn 用于焊接类似成分的磷青铜、黄铜，在某些场合下，用于黄铜与铸铁和碳钢的焊接。ECuSn-A 主要用于焊接类似成分的板材。ECuSn-B 焊条具有较高的锡含量，因而焊缝金属比 ECuSn-A 焊缝金属具有更高的硬度、拉伸和屈服强度

ECuAl-A2 焊条用在连接类似成分的铝青铜、高强度铜-锌合金、硅青铜、锰青铜、某些镍基合金、多数黑色金属与合金及异种金属的连接，也适合作耐磨和耐腐蚀表面的堆焊。ECuAl-B用于修补铝青铜和其他铜合金铸件，也用于高强度耐磨和耐腐蚀面的堆焊

ECuNi 类焊条用于锻造的或铸造的 70/30、80/20 和 90/10 铜镍合金的焊接，也用于焊接铜-镍包覆钢的包覆侧。通常不需预热

ECuAlNi 焊条用于铸造和锻造的镍-铝青铜材料的连接或修补。也可用于在盐和微水中需高耐腐蚀、耐侵蚀或汽蚀的应用中

ECuMnAlNi 焊条用于铸造或锻造的锰-镍铝青铜材料的连接或修补

焊条型号示例：

E Cu Si-A
- Si-A：同一类焊条中有不同化学成分时，用字母 A、B、C 表示
- Cu：元素符号表示型号分类
- E：焊条

类型	焊条型号	焊芯化学成分/%											焊接接头
		Si	Fe	Cu	Mn	Mg	Zn	Ti	Be	其他 单个	其他 合计	Al	抗拉强度 σ_b/MPa
铝及铝合金焊条(摘自GB/T 3669—2001)	E1100	Si+Fe 0.95		0.05~0.20	0.05	—		—				≥99.00	≥80
	E3003	0.6	0.7		1.0~1.5		0.10		0.0008	0.05	0.15	余量	≥95
	E4043	4.5~6.0	0.8	0.30	0.05	0.05		0.20					

用途：

E1100 焊缝塑性高，导电性好，最低抗拉强度为 80MPa。用于焊接 1100 和其他工业用的纯铝合金

E3003 焊缝塑性高，最低抗拉强度为 95MPa。用于焊接 1100 和 3003 铝合金

E4043 焊条含有大约 5% 的硅，在焊接温度下具有极好的流动性，焊缝塑性相当好，最低抗拉强度为 95MPa。可用于焊接 6×××系列铝合金、5×××系列(Mg 含量在 2.5%以下)铝合金和铝-硅铸造合金以及 1100、3003 铝合金

许多铝合金的应用，要求焊缝具有耐腐蚀性能。在这种情况下，选择焊条的成分应尽可能接近母材的成分。对于这种用途的焊条，除了母材为 1100 铝合金和 3003 铝合金以外，一般来说，都需要特殊定货。采用气体保护电弧焊方法更为有利，因为用气体保护电弧焊容易得到成分范围较宽的填充金属

说明：表中单值除规定外，其他均为最大值

续表

类型	焊条型号	化学成分代号	化学成分(质量分数)/%																
			C	Mn	Fe	Si	Cu	Ni①	Co	Al	Ti	Cr	Nb②	Mo	V	W	S	P	其他③
镍	ENi2061	NiTi3	0.10	0.7	0.7	1.2	0.2	≥92.0	—	1.0	1.0~4.0	—	—	—	—	—	0.015	0.020	
镍	ENi2061A	NiNbTi	0.06	2.5	4.5	1.5	—	≥92.0	—	0.5	1.5	—	2.5	—	—	—	0.015	0.015	
镍铜	ENi4060	NiCu30Mn3Ti	0.15	4.0	2.5	1.5	27.0~34.0	≥62.0	—	1.0	1.0	—	—	—	—	—	0.015	0.020	
镍铜	ENi4061	NiCu27Mn3NbTi	0.15	4.0	2.5	1.3	24.0~31.0	≥62.0	—	1.0	1.5	—	3.0	—	—	—	0.015	0.020	
镍铬	ENi6082	NiCr20Mn3Nb	0.10	2.0~6.0	4.0	0.8	0.5	≥63.0	—	—	0.5	18.0~22.0	1.5~3.0	2.0	—	—	0.015	0.020	
镍铬	ENi6231	NiCr22W14Mo	0.05~0.10	0.3~1.0	3.0	0.3~0.7	0.5	≥45.0	5.0	0.5	0.1	20.0~24.0	—	1.0~3.0	—	13.0~15.0	0.015	0.020	
镍铬铁	ENi6025	NiCr25Fe10AlY	0.10~0.25	0.5	8.0~11.0	0.8	—	≥55.0	—	1.5~2.2	0.3	24.0~26.0	—	—	—	—	0.015	0.020	Y:0.15
镍铬铁	ENi6062	NiCr15Fe8Nb	0.08	3.5	11.0	0.8	0.5	≥62.0	—	—	—	13.0~17.0	0.5~4.0	—	—	—	0.015	0.020	
镍铬铁	ENi6093	NiCr15Fe8NbMo	0.20	1.0~5.0	12.0	1.0	0.5	≥60.0	—	—	—	13.0~17.0	1.0~3.5	1.0~3.5	—	—	0.015	0.020	
镍铬铁	ENi6094	NiCr14Fe4NbMo	0.15	1.0~4.5	12.0	0.8	0.5	≥55.0	—	—	—	12.0~17.0	0.5~3.0	2.5~5.5	—	1.5	0.015	0.020	
镍铬铁	ENi6095	NiCr15Fe8NbMoW	0.20	1.0~3.5	12.0	0.8	0.5	≥55.0	—	—	—	13.0~17.0	1.0~3.5	1.0~3.5	—	1.5~3.5	0.015	0.020	
镍铬铁	ENi6133	NiCr16Fe12NbMo	0.10	1.0~3.5	12.0	0.8	0.5	≥62.0	—	—	—	13.0~17.0	0.5~3.0	0.5~2.5	—	—	0.015	0.020	
镍铬铁	ENi6152	NiCr30Fe9Nb	0.05	5.0	7.0~12.0	0.8	0.5	≥50.0	—	0.5	0.5	28.0~31.5	1.0~2.5	0.5	—	—	0.015	0.020	
镍铬铁	ENi6182	NiCr15Fe6Mn	0.10	5.0~10.0	10.0	1.0	0.5	≥60.0	—	—	1.0	13.0~17.0	1.0~3.5	—	—	—	0.015	0.020	Ta:0.3
镍铬铁	ENi6333	NiCr25Fe16CoNbW	0.10	1.2~2.0	≥16.0	0.8~1.2	0.5	44.0~47.0	2.5~3.5	—	—	24.0~26.0	—	2.5~3.5	—	2.5~3.5	0.015	0.020	—
镍铬铁	ENi6701	NiCr36Fe7Nb	0.35~0.50	0.5~2.0	2.0	0.5~2.0	—	42.0~48.0	—	—	—	33.0~39.0	0.8~1.8	—	—	—	0.015	0.020	—
镍铬铁	ENi6702	NiCr28Fe6W	0.35~0.50	0.5~1.5	6.0	0.5~2.0	—	47.0~50.0	—	—	—	27.0~30.0	—	—	—	4.0~5.5	0.015	0.020	—

镍及镍合金焊条(摘自GB/T 13814—2008)

续表

类型		焊条型号	化学成分代号	化学成分(质量分数)/%															
				C	Mn	Fe	Si	Cu	Ni[1]	Co	Al	Ti	Cr	Nb[2]	Mo	V	W	S	P	其他[3]
镍及镍合金焊条(摘自GB/T 13814—2008)	镍铬铁	ENi6704	NiCr25Fe10A13YC	0.15~0.30	0.5	8.0~11.0	0.8	—	≥55.0		1.8~2.8	0.3	24.0~26.0	—	—					Y:0.15
		ENi8025	NiCr29Fe30Mo	0.06	1.0~3.0	30.0	0.7	1.5~3.0	35.0~40.0	—	0.1	1.0	27.0~31.0	1.0	2.5~4.5	—	—	0.015	0.020	
		ENi8165	NiCr25Fe30Mo	0.03					37.0~42.0			1.0	23.0~27.0	—	3.5~7.5					—
	镍钼	ENi1001	NiMo28Fe5	0.07	1.0	4.0~7.0	1.0		≥55.0	2.5			1.0		26.0~30.0	0.6	1.0			
		ENi1004	NiMo25Cr5Fe5	0.12				0.5					2.5~5.5		23.0~27.0					
		ENi1008	NiMo19WCr	0.10	1.5	10.0	0.8		≥60.0				0.5~3.5		17.0~20.0		2.0~4.0			
		ENi1009	NiMo20WCu			7.0		0.3~1.3	≥62.0	—	—		—		18.0~22.0					
		ENi1062	NiMo24Cr8Fe6		1.0	4.0~7.0	0.7	—	≥60.0			—	6.0~9.0	—	22.0~26.0	—	—	0.015	0.020	
		ENi1066	NiMo28	0.02	2.0	2.2	0.2	0.5	≥64.5				1.0		26.0~30.0		1.0			
		ENi1067	NiMo30Cr			1.0~3.0			≥62.0	3.0			1.0~3.0		27.0~32.0		3.0			
		ENi1069	NiMo28Fe4Cr		1.0	2.0~5.0	0.7	—	≥65.0	1.0	0.5		0.5~1.5		26.0~30.0		—			
	镍铬钼	ENi6002	NiCr22Fe18Mo	0.05~0.15		17.0~20.0	1.0		≥45.0	0.5~2.5	—	—	20.0~23.0	—	8.0~10.0	—	0.2~1.0			
		ENi6012	NiCr22Mo9	0.03	10	3.5	0.7	0.5	≥58.0	—	0.4	0.4		1.5	8.5~10.5		—			
		ENi6022	NiCr21Mo13W3	0.02		2.0~6.0	0.2		≥49.0	2.5			20.0~22.5	—	12.5~14.5	0.4	2.5~3.5			
		ENi6024	NiCr26Mo14		0.5	1.5			≥55.0	—	—	—	25.0~27.0		13.5~15.0	—	—			
		ENi6030	NiCr29Mo5Fe15W2	0.03	1.5	13.0~17.0	1.0	1.0~2.4	≥36.0	5.0			28.0~31.5	0.3~1.5	4.0~6.0	—	1.5~4.0			

续表

类型		焊条型号	化学成分代号	化学成分(质量分数)/%																
				C	Mn	Fe	Si	Cu	Ni[①]	Co	Al	Ti	Cr	Nb[②]	Mo	V	W	S	P	其他[③]
镍及镍合金焊条(摘自GB/T 13814—2008)	镍铬钼	ENi6059	NiCr23Mo16	0.02	1.0	1.5	0.2	—	≥56.0	—	—	—	22.0~24.0	—	15.0~16.5	—	—		0.020	
		ENi6200	NiCr23Mo16Cu2			3.0		1.3~1.9	≥45.0	2.0			20.0~24.0		15.0~17.0					
		ENi6205	NiCr25Mo16		0.5	5.0		2.0	≥50.0	—	0.4		22.0~27.0		13.5~16.5					
		ENi6275	NiCr15Mo16Fe5W3	0.10	1.0	4.0~7.0	1.0	0.5		2.5	—		14.5~16.5		15.0~18.0	0.4	3.0~4.5			
		ENi6276	NiCr15Mo15Fe6W4	0.02			0.2								15.0~17.0					
		ENi6452	NiCr19Mo15	0.025	2.0	1.5	0.4		≥56.0	—			18.0~20.0	0.4	14.0~16.0		—			
		ENi6455	NiCr16Mo15Ti	0.02	1.5	3.0	0.2			2.0		0.7	14.0~18.0	—	14.0~17.0	—	0.5			
		ENi6620	NiCr14Mp7Fe	0.10	2.0~4.0	10.0	1.0		≥55.0	—		—	12.0~17.0	0.5~2.0	5.0~9.0		1.0~2.0			
		ENi6625	NiCr22Mo9Nb	0.10	2.0	7.0	0.8						20.0~23.0	3.0~4.2	8.0~10.0		—	0.015		
		ENi6627	NiCr21MoFeNb	0.03	2.2	5.0	0.7		≥57.0				20.5~22.5	1.0~2.8	8.8~10.0		0.5			
		ENi6650	NiCr20Fe14Mo11WN		0.7	12.0~15.0	0.6		≥44.0	1.0	0.5		19.0~22.0	0.3	10.0~13.0		1.0~2.0	0.02		N:0.15
		ENi6686	NiCr21Mo16W4	0.02	1.0	5.0	0.3		≥49.0	—	—	0.3	19.0~23.0	—	15.0~17.0		3.0~4.4	0.015		
		ENi6985	NiCr22Mo7Fe19			18.0~21.0	1.0	1.5~2.5	≥45.0	5.0		—	21.0~23.5	1.0	6.0~8.0		1.5			
	镍钴铬钼	ENi6117	NiCr22Co12Mo	0.05~0.15	3.0	5.0	1.0	0.5	≥45.0	9.0~15.0	1.5	0.6	20.0~26.0	1.0	8.0~10.0	—	—	0.015	0.020	

备注:除 Ni 外所有单值元素均为最大值。

① 除非另有规定,Co 含量应低于该含量的 1%,也可供需双方协商,要求较低的 Co 含量。

② Ta 含量应低于该含量的 20%。

③ 未规定数值的元素总量不应超过 0.5%。

续表

类型		焊条型号	化学成分代号	熔敷金属力学性能 屈服强度① R_{eL}/MPa	 抗拉强度 R_m/MPa	 伸长率 A /%	应用
				不小于			
镍及镍合金焊条（摘自GB/T 1814—2008）	镍	ENi2061	NiTi3	200	410	18	该种焊条用于焊接纯镍（UNS N02200 或 N02201）锻造及铸铁构件，用于复合镍钢的焊接和钢表面堆焊以及异种金属的焊接
		ENi2061A	NiNbTi				
	镍铜	ENi4060 ENi4061	NiCu30Mn3Ti NiCu27Mn3NbTi	200	480	27	该分类焊条用于焊接镍铜等合金（UNS N04400）的焊接，用于镍铜复合钢焊接和钢表面堆焊。ENi4060 主要用于含铌耐腐蚀环境的焊接
	镍铬	ENi6082	NiCr20Mn3Nb	360	600	22	ENi6082（NiCr20Mn3Nb）焊条　该种焊条用于镍铬合金（UNS N06075，N07080）和镍铬铁合金（UNS N06600，N06601）的焊接，焊缝金属不同于含铬高的其他合金。这种焊条也用于复合钢和异种金属的焊接。也用于低温条件下的镍钢焊接。ENi6231（NiCr22W14Mo）焊条用于 UNS N06230 镍铬钨钼合金的焊接
		ENi6231	NiCr22W14Mo	350	620	18	
	镍铬铁	ENi6025	NiCr25Fe10AlY	400	690	12	ENi6025（NiCr25Fe10AlY）焊条用于同类镍基合金的焊接，如 UNS N06025 和 UNS N06603 合金。焊缝金属具有抗氧化、抗渗碳、抗硫化的特点，也可用于 1200℃ 高温条件下的焊接 ENi6062（NiCr15Fe8Nb）焊条用于镍铬铁合金（UNS N06600，UNS N06601）的焊接，用于镍铬铁复合合金焊接以及钢的堆焊。具有良好的异种金属焊接性能。这种焊条也可以在工作温度 980℃ 时应用，但温度高于 820℃ 时，抗氧化性强度下降 ENi6093（NiCr15Fe8NbMo）、ENi6094（NiCr14Fe4NbMo）、ENi6095（NiCr15Fe8NbMoW）这些焊条用于 Ni9%（UNS K81340）钢焊接，焊缝强度比 ENi6133 焊条高 ENi6133（NiCr16Fe12NbMo）焊条用于镍铁铬合金（UNS N08800）和镍铬铁合金（UNS N06600）的焊接，特别适用于异种金属的焊接。这种焊条也可以在工作温度 980℃ 时应用，但温度高于 820℃ 时，抗氧化性和强度下降 ENi6152（NiCr30Fe9Nb）焊条熔敷金属铬含量比本标准规定的其他镍铬铁焊条的高。用于高铬镍基合金如 UNS N06690 的焊接。也可以用于低合金抗腐蚀层和不锈钢以及异种金属的焊接 ENi6182（NiCr15Fe6Mn）焊条用于镍铬铁合金（UNS N06600）的焊接，用于镍铬铁复合合金焊接以及钢的堆焊。也可以用于钢与镍基合金的焊接。在最近的应用中，工作温度提高到 480℃，另外根据上述的类别条件下，可以在高温时使用该焊条，其抗热裂性能优于本组的其他焊缝金属 ENi6333（NiCr25Fe16CoNbW）焊条用于同类镍基合金（特别是 UNS N06333）的焊接。焊缝金属具有抗氧化、抗渗碳、抗硫化的特点，用于 1000℃ 高温条件下的焊接 ENi6701（NiCr36Fe7Nb）、ENi6702（NiCr28Fe6W）焊条用于同类铸造镍基合金的焊接。焊缝金属具有抗氧化的特点，用于 1200℃ 高温条件下的焊接 ENi6704（NiCr25Fe10Al3YC）焊条用于同类镍基合金如 UNS N06025 和 UNS N06603 的焊接。焊缝金属具有抗氧化、抗渗碳、抗硫化的特点，用于 1200℃ 高温条件下的焊接 ENi8025（NiCr29Fe30Mo）、ENi8165（NiCr25Fe30Mo）焊条用于铜合金、奥氏体不锈钢铬镍钼合金（UNS N08904）和镍铬钼合金（UNS N08825）的焊接。也可以在钢上堆焊，提供镍铬铁合金层
		ENi6062	NiCr15Fe8Nb	360	550	27	
		ENi6093 ENi6094 ENi6095	NiCr15Fe8NbMo NiCr14Fe4NbMo NiCr15Fe8NbMoW	360	650	18	
		ENi6133 ENi6152 ENi6182	NiCr16Fe12NbMo NiCr30Fe9Nb NiCr15Fe6Mn	360	550	27	
		ENi6333	NiCr25Fe16CoNbW	360	550	18	
		ENi6701 ENi6702	NiCr36Fe7Nb NiCr28Fe6W	450	650	8	
		ENi6704	NiCr25Fe10Al3YC	400	690	12	
		ENi8025 ENi8165	NiCr29Fe30Mo NiCr25Fe30Mo	240	550	22	
	镍钼	ENi1001 ENi1004	NiMo28Fe5 NiMo25Cr5Fe5	400	690	22	ENi1001（NiMo28Fe5）焊条用于同类镍钼合金的焊接，特别是 UNS N10001，用于镍钼复合合金的焊接，以及镍钼合金与钢和其他镍基合金的焊接 ENi1004（NiMo25Cr5Fe5）焊条用于异种镍基、钴基和铁基合金的焊接 ENi1008（NiMo19WCu）、ENi1009（NiMo20WCu）焊条用于 Ni9%（UNS K81340）钢焊接，焊缝强度比 ENi6133 焊条的高 ENi1062（NiMo24Cr8Fe6）焊条用于镍钼合金的焊接，特别是 UNS N10629，用于镍钼复合合金的焊接，以及镍钼合金与钢和其他镍基合金的焊接
		ENi1008 ENi1009	NiMo19WCr NiMo20WCu	360	650	22	
		ENi1062	NiMo24Cr8Fe6	360	550	18	
		ENi1066	NiMo28	400	690	22	
		ENi1067	NiMo30Cr	350	390	22	
		ENi1069	NiMo28Fe4Cr	360	550	20	

续表

类型		焊条型号	化学成分代号	屈服强度① R_{eL}/MPa	抗拉强度 R_m/MPa	伸长率 A /%
				熔敷金属力学性能（不小于）		
镍及镍合金焊条（摘自GB/T 13814—2008）	镍铬钼	ENi6002	NiCr22Fe18Mo	380	650	18
		ENi6012	NiCr22Mo9	410	650	22
		ENi6022 ENi6024	NiCr21Mo13W3 NiCr26Mo14	350	690	22
		ENi6030	NiCr29Mo5Fe15W2	350	585	22
		ENi6059	NiCr23Mo16	350	690	22
		ENi6200 ENi6275 ENi6276	NiCr23Mo16Cu2 NiCr15Mo16Fe5W3 NiCr15Mo15Fe6W4	400	690	22
		ENi6205 ENi6452	NiCr25Mo16 NiCr19Mo15	350	690	22
		ENi6455	NiCr16Mo15Ti	300	690	22
		ENi6620	NiCr14Mo7Fe	350	620	32
		ENi6625	NiCr22Mo9Nb	420	760	27
		ENi6627	NiCr21MoFeNb	400	650	32
		ENi6650	NiCr20Fe14Mo11WN	420	660	30
		ENi6686	NiCr21Mo16W4	350	690	27
		ENi6985	NiCr22Mo7Fe19	350	620	22
	镍铬钴钼	ENi6117	NiCr22Co12Mo	400	620	22

备注：① 屈服发生不明显时，应采用 0.2% 的屈服强度（$R_{p0.2}$）

焊条型号示例如下：

ENi 6022 （NiCr21Mo13W3）
- NiCr21Mo13W3 —— 表示化学成分代号
- 6022 —— 表示焊条型号
- ENi —— 表示镍及镍合金焊条

应用

ENi1066（NiMo28）焊条用于镍钼合金的焊接，特别是 UNS N10665，用于镍钼复合合金的焊接，以及镍钼合金与钢和其他镍基合金的焊接

ENi1067（NiMo30Cr）焊条用于镍钼合金的焊接，特别是 UNS N10665 和 UNS N10675，以及镍钼合金与钢和其他镍基合金的焊接

ENi1069（NiMo28Fe4Cr）焊条用于镍基、钴基和铁基合金与异种金属结合的焊接

ENi6002（NiCr22Fe18Mo）焊条用于镍铬钼合金的焊接，特别是 UNS N06002，用于镍铬钼复合合金的焊接，以及镍铬钼合金与钢和其他镍基合金的焊接

ENi6012（NiCr22Mo9）焊条用于 6-Mo 型高奥氏体不锈钢的焊接。焊缝金属具有优良的抗氯化物介质点蚀和晶间腐蚀能力。铌含量低时可改善可焊性

ENi6022（NiCr21Mo13W3）焊条用于低碳镍铬钼合金的焊接，尤其是 UNS N06022 合金。用于低碳镍铬钼复合合金的焊接，以及低碳镍铬钼合金与钢和其他镍基合金的焊接

ENi6024（NiCr26Mo14）焊条用于奥氏体铁素体双向不锈钢的焊接，焊缝金属具有较高的强度和耐蚀性能，所以特别适用于双向不锈钢的焊接，如 UNS S32750

ENi6030（NiCr29Mo5Fe15W2）焊条用于低碳镍铬钼合金的焊接，特别是 UNS N06059 合金，用于低碳镍铬钼复合合金的焊接，以及低碳镍铬钼合金与钢和其他镍基合金的焊接

ENi6059（NiCr23Mo16）焊条用于低碳镍铬钼合金的焊接，尤其是适用于 UNS N06059 合金和铬镍钼奥氏体不锈钢的焊接，用于低碳镍铬钼复合合金的焊接，以及低碳镍铬钼合金与钢和其他镍基合金的焊接

ENi6200（NiCr23Mo16Cu2）、ENi6205（NiCr25Mo16）焊条用于 UNS N06200 类镍铬钼铜合金的焊接

ENi6275（NiCr15Mo16Fe5W3）焊条用于镍铬钼合金的焊接，特别是 UNS N10002 等类合金与钢的焊接以及镍铬钼合金复合钢的表面堆焊

ENi6276（NiCr15Mo15Fe6W4）焊条用于镍铬钼合金的焊接，特别是 UNS N10276 合金，用于低碳镍铬钼复合合金的焊接，以及低碳镍铬钼合金与钢和其他镍基合金的焊接

ENi6452（NiCr19Mo15）、ENi6455（NiCr16Mo15Ti）焊条用于低碳镍铬钼合金的焊接，特别是 UNS N06455 合金，用于低碳镍铬钼复合合金的焊接，以及低碳镍铬钼合金与钢和其他镍基合金的焊接

ENi6620（NiCr14Mo7Fe）焊条用于 Ni9%（UNS K81340）钢的焊接，焊缝金属具有与钢相同的线膨胀系数。交流焊接时，短弧操作

ENi6625（NiCr22Mo9Nb）焊条用于镍铬钼合金的焊接，特别是 UNS N06625 类合金与其他钢种以及镍铬钼合金复合钢的焊接和堆焊，也用于低温条件下的 Ni9% 钢焊接。焊缝金属与 UNS N06625 合金比较，具有抗腐蚀性能，焊缝金属可以在 540℃ 条件下使用

ENi6627（NiCr21MoFeNb）焊条用于铬镍钼奥氏体不锈钢、双相不锈钢。镍铬钼合金及其他钢材。焊缝金属通过降低不利于耐蚀的母材熔合比来平衡成分

ENi6650（NiCr20Fe14Mo11WN）焊条用于低碳镍铬钼合金和海洋及化学工业使用的铬镍钼奥氏体不锈钢的焊接，如 UNS N08926 合金。也用于异种金属和复合钢，如低碳镍铬钼合金与碳钢或镍基合金的焊接。也可焊接镍 9% 钢。

ENi6686（NiCr21Mo16W4）焊条用于低碳镍铬钼合金的焊接，特别是 UNS N06686 合金，也用于低碳镍铬钼复合钢的焊接，以及低碳镍铬钼合金与碳钢或镍基合金的焊接

ENi6985（NiCr22Mo7Fe19）焊条用于低碳镍铬钼合金的焊接，特别是 UNS N06985 合金，也用于低碳镍铬钼复合钢的焊接，以及低碳镍铬钼合金与碳钢或镍基合金的焊接

ENi6117（NiCr22Co12Mo）焊条用于镍铬钴钼合金的焊接，特别是 UNS N06617 合金与其他钢种的焊接和堆焊，也可以用于 1150℃ 条件下要求具有高温强度和抗氧化性能的不同的高温合金，如 UNS N08800，UNS N08811。也可以焊接铸造的高镍合金

续表

类型	国标型号	焊条和药芯焊丝熔敷金属化学成分/%												用途
		C	Si	Mn	S	P	Fe	Ni	Cu	Al	V	球化剂	其他元素总量	
铸铁焊条(摘自GB/T 10044—2006)	EZC	2.00~4.00	2.5~6.5	≤0.75	≤0.10	≤0.15	余量	—	—	—	—	—	—	EZC型是钢芯或铸铁芯、强石墨化型药皮铸铁焊条，可交流、直流两用
	EZCQ	3.20~4.20	3.20~4.00	≤0.80				—	—	—		0.04~0.15		EZCQ型是钢芯或铸铁芯、强石墨化型药皮的球墨铸铁焊条。焊缝可承受较高的残余应力而不产生裂纹。重要的铸件可以焊后进行热处理得到所需要的性能和组织
	EZNi-1	≤2.0	≤2.50	≤1.0	≤0.03	—	≤8.0	≥90	—	—		—	≤1.00	EZNi型是纯镍芯、强石墨化型药皮的铸铁焊条，可交流、直流两用，可进行全位置焊接。广泛用于铸铁薄件及加工面的补焊
	EZNi-2		≤4.0	≤2.5				≥85	≤2.5	≤1.0				
	EZNi-3									1.0~3.0				
	EZNiFe-1						余量	45~60		≤1.0	—			EZNiFe型是镍铁芯、强石墨化型药皮的铸铁焊条。可交流、直流两用，进行全位置焊接。可用于重要灰口铸铁及球墨铸铁的补焊
	EZNiFe-2									1.0~3.0				
	EZNiFeMn		≤1.0	10~14				35~45		≤1.0				
	EZNiCu-1	0.35~0.55	≤0.75	≤2.3	≤0.025		3.0~6.0	60~70	25~35	—				EZNiCu型是镍铜合金焊芯、强石墨化药皮的铸铁焊条，可交流、直流两用，可进行全位置焊接。由于收缩率较大，焊缝金属抗拉强度较低，不宜用于刚度大的铸件补焊。可在常温或低温预热至300℃左右焊接。用于强度要求不高，塑性要求好的灰铸件的补焊
	EZNiCu-2							50~60	35~45					
	EZNiFeCu	≤2.0	≤2.0	≤1.5	≤0.03		余量	45~60	4~10					EZNiFeCu型是镍铁铜合金芯或镀铜镍铁芯、强石墨化药皮的铸铁焊条。可交流、直流两用，进行全位置焊接。强度高，塑性好，抗裂性优良，与母材熔合好。可用于重要灰口铸铁及球墨铸铁的补焊
	EZV	≤0.25	≤0.70	≤1.50	≤0.04	≤0.04		—	—		8~13			EZV型高钒焊条是低碳钢芯、低氢型药皮焊条。焊缝致密性好、强度较高，但熔合区白口较严重，加工困难。适用于补焊高强度灰口铸铁及球墨铸铁
		纯铁及碳钢焊条焊芯化学成分/%												
	EZFe-1	≤0.04	≤0.10	≤0.60	≤0.010	≤0.015	余量							EZFe-1型是纯铁芯药皮焊条。焊缝金属具有好的塑性和抗裂性能，但熔合区白口较严重。加工性能较差。适于补焊铸铁非加工面
	EZFe-2	≤0.10	≤0.03	≤0.60	≤0.030	≤0.030	余量							EZFe-2型是低碳钢芯、低熔点药皮的低氢型碳钢焊条。焊缝与母材的结合较好，有一定强度，但熔合区白口较严重，加工困难，用于补焊铸铁非加工面

注：1. 不锈钢焊条、铜及铜合金焊条表中单值均为最大值。

2. 铜及铜合金焊条：ECuNi-A和ECuNi-B类S含量应控制在0.015%以下；字母f表示微量元素；Cu元素中允许含Ag。

3. 当对不锈钢焊条表中给出的元素进行化学分析还存在其他元素时，这些元素的总量不得超过0.5%（铁除外）。

表 1-4-30

焊丝类型、性能和用途

类别	型号	熔敷金属力学性能要求① 抗拉强度 σ_b/MPa	屈服强度 σ_s 或 $\sigma_{0.2}$/MPa	伸长率 δ_5/%	V形缺口冲击功 试验温度/℃	冲击功/J
碳钢药芯焊丝(摘自GB/T 10045—2001)	E50×T-1 E50×T-1M②	480	400	22	-20	27
	E50×T-2 E50×T-2M③		—	—	—	—
	E50×T-3③		—	—	—	—
	E50×T-4		400	22		
	E50×T-5 E50×T-5M②				-30	27
	E50×T-6②				-30	27
	E50×T-7				—	—
	E50×T-8②				-30	27
	E50×T-9 E50×T-9M②				-30	27
	E50×T-10③		—	—	—	—
	E50×T-11		400	20	—	—
	E50×T-12 E50×T-12M②	480~620	400	22	-30	27
	E43×T-13③	415	—	—	—	—
	E50×T-13③	480	—	—		
	E50×T-14③	480	—	—		
	E43×T-G	415	330	22		
	E50×T-G	480	400	22		
	E43×T-GS③	415	—	—		
	E50×T-GS③	480	—	—		

①表中所列单值均为最小值

②型号带有字母"L"的焊丝，其熔敷金属冲击性能应满足以下要求（无字母"L"时，如上面所示）

③这些型号主要用于单道焊接而不用于多道焊接。因为只规定了抗拉强度，所以只要求做横向拉伸和纵向辊筒弯曲（缠绕式导向弯曲）试验

型号	V形缺口冲击性能要求
E50×T-1L，E50×T-1ML E50×T-5L，E50×T-5ML E50×T-6L E50×T-8L E50×T-9L，E50×T-9ML E50×T-12L，E50×T-12ML	-40℃，≥27J

熔敷金属化学成分①、②

型号	E50×T-1 E50×T-1M E50×T-5 E50×T-5M E50×T-9 E50×T-9M	E50×T-4 E50×T-6 E50×T-7 E50×T-8 E50×T-11	E××T-G⑥	E50×T-12 E50×T-12M
C	0.18	—⑤	—⑤	0.15
Mn	1.75	1.75	1.75	1.60
Si	0.90	0.60	0.90	0.90
S	0.03	0.03	0.03	0.03
P	0.03	0.03	0.03	0.03
Cr③	0.20	0.20	0.20	0.20
Ni③	0.50	0.50	0.50	0.50
Mo③	0.30	0.30	0.30	0.30
V③	0.08	0.08	0.08	0.08
Al③④	—	1.8	1.8	—
Cu③	0.35	0.35	0.35	0.35

型号	E50×T-2 E50×T-2M E50×T-3 E50×T-10 E43×T-13 E50×T-13 E50×T-14 E××××T-CS
C、Mn、Si、S、P、Cr③、Ni③、Mo③、V③、Al③④、Cu③	无规定

①应分析表中列出值的特定元素

②单值均为最大值

③这些元素如果是有意添加的，应进行分析

④只适用于自保护焊丝

⑤该值不做规定，但应分析其数值并出示报告

⑥该类焊丝添加的所有元素总和不应超过5%

续表

碳钢药芯焊丝(摘自GB/T 10045—2001)

型号	型号分类依据→ 焊接位置①	外加保护气②	极性③	适用性
E500T-1	H,F	CO_2	DCEP（为直流电源，焊丝接正极）	M
E500T-1M	H,F	75%～80%Ar+CO_2		
E501T-1	H,F,VU OH	CO_2		
E501T-1M		75%～80%Ar+CO_2		
E500T-2	H,F	CO_2		S（单道焊）
E500T-2M	H,F	75%～80%Ar+CO_2		
E501T-2	H,F,VU OH	CO_2		
E501T-2M		75%～80%Ar+CO_2		
E500T-3	H,F	无		
E500T-4				
E500T-5		CO_2		M（单道和多道焊）
E500T-5M		75%～80%Ar+CO_2		
E501T-5	H,F,VU OH	CO_2	DCEP 或 DCEN③	
E501T-5M		75%～80%Ar+CO_2	DCEP 或 DCEN③	
E500T-6	H,F	无	DCEP	
E500T-7			DCEN（为直流电源，焊丝接负极）	
E501T-7	H,F,VU OH			
E500T-8	H,F			

型号	型号分类依据→ 焊接位置①	外加保护气②	极性③	适用性
E501T-8	H,F,VU,OH	无	DCEN	M
E500T-9	H,F	CO_2	DCEP	
E500T-9M		75%～80%Ar+CO_2		
E501T-9	H,F,VU OH	CO_2		
E501T-9M		75%～80%Ar+CO_2		
E500T-10	H,F	无	DCEN	S
E500T-11				M
E501T-11	H,F,VU,OH			
E500T-12	H,F	CO_2	DCEP	
E500T-12M		75%～80%Ar+CO_2		
E501T-12	H,F,VU OH	CO_2		
E501T-12M		75%～80%Ar+CO_2		
E431T-13	H,F,VD OH	无	DCEN	S
E501T-13				
E501T-14	H,F,VD,OH			
E××0T-G	H,F	—	—	M
E××1T-G	H,F,VD 或 VU,OH	—		
E××1T-GS				S
E××0T-GS	H,F			

①H—横焊，F—平焊，OH—仰焊，VD—立向下焊，VU—立向上焊

②对于使用外加保护气的焊丝(E×××T-1,E×××T-1M,E×××T-2,E×××T-2M,E×××T-5,E×××T-5M,E×××-9,E×××T-9M 和 E×××T-12,E×××T-12M)，其金属的性能随保护气类型不同而变化，用户在未向焊丝制造商咨询前不应使用其他保护气

③E501T-5 和 E501T-5M 型焊丝可在 DCEN 极性下使用以改善不适当位置的焊接性。推荐的极性请咨询制造商

续表

类别		焊丝型号	焊丝化学成分(质量分数)/%														熔敷金属拉伸试验要求						用途
			C	Mn	Si	P	S	Ni	Cr	Mo	V	Ti	Zr	Al	Cu①	其他元素总量	保护气体④	抗拉强度 R_m⑤/MPa	屈服强度 $R_{p0.2}$⑤/MPa	伸长率 A/%	试样状态	
气体保护电弧焊用碳钢、低合金钢焊丝(摘自 GB/T 8110—2008)	碳钢	ER50-2	0.07	0.90~1.40	0.40~0.70	0.025	0.025	0.15	0.15	0.15	0.03	0.05~0.15	0.02~0.12	0.05~0.15	0.50	—	CO_2	≥500	≥420	≥22	焊态	ER49-1 CO_2气体保护焊焊丝，具有良好的抗气孔性能，飞溅较少，用于焊接低碳钢和某些低合金钢 ER50-3 CO_2气体保护焊焊丝，具有优良的焊接工艺性能。用于焊接碳钢及低合金钢 ER50-4 采用CO_2或Ar+(5%~20%)CO_2作为保护气体，具有优良的焊接工艺性能，电弧稳定，飞溅小。适于薄板的高速焊接，可向下立焊。用于碳钢，适于薄板、管的高速焊接 ER50-6 保护气体和焊接工艺同MG50-4，焊丝熔化速度快，抗铁锈能力强，气孔敏感性小，可全位置施焊。用于碳钢及高强钢结构、薄板管的高速焊接 ER55-B2、ER55-B2L 钨极氩弧焊焊丝，
		ER50-3	0.06~0.15		0.45~0.75							—	—	—								
		ER50-4		1.00~1.50	0.65~0.85																	
		ER50-6		1.40~1.85	0.80~1.15																	
		ER50-7	0.07~0.15	1.50~2.00②	0.05~0.80																	
		ER49-1	0.11	1.80~2.10	0.65~0.95	0.030	0.030	0.30	0.20	—	—							≥490	≥372	≥20		
	碳钼钢	ER49-A1	0.12	1.30	0.30~0.70	0.025	0.025	0.20	—	0.40~0.65	—	—	—	—	0.35	0.50	Ar+(1%~5%)O_2	≥515	≥400	≥19	焊后热处理	
	铬钼钢	ER55-B2	0.07~0.12	0.40~0.70	0.40~0.70	0.025	0.025	0.20	1.20~1.50	0.40~0.65	—	—	—	—	0.35	0.50	Ar+(1%~5%)O_2	≥550	≥470	≥19	焊后热处理	
		ER49-B2L	0.05															≥515	≥400			
		ER55-B2-MnV	0.06~0.10	1.20~1.60	0.60~0.90	0.030		0.25	1.00~1.30	0.50~0.70	0.20~0.40						Ar+20%CO_2	≥550	≥440			
		ER55-B2-Mn		1.20~1.70					0.90~1.20	0.45~0.65	—									≥20		
		ER62-B3	0.07~0.12	0.40~0.70	0.40~0.70	0.025		0.20	2.30~2.70	0.90~1.20							Ar+(1%~5%)O_2	≥620	≥540	≥17		
		ER55-B3L	0.05															≥550	≥470			
		ER55-B6	0.10		0.50			0.60	4.50~6.00	0.45~0.65												
		ER55-B8	0.10					0.50		0.80~1.20												
		ER62-B9③	0.07~0.13	1.20	0.15~0.50	0.010	0.010	0.80	8.00~10.50	0.85~1.20	0.15~0.30			0.04	0.20		Ar+5%O_2	≥620	≥410	≥16		

续表

类别		焊丝型号	焊丝化学成分(质量分数)/%														熔敷金属拉伸试验要求					用途
			C	Mn	Si	P	S	Ni	Cr	Mo	V	Ti	Zr	Al	Cu①	其他元素总量	保护气体④	抗拉强度 R_m⑤/MPa	屈服强度 $R_{p0.2}$⑤/MPa	伸长率 A/%	试样状态	
气体保护电弧焊用碳钢、低合金钢焊丝(摘自 GB/T 8110—2008)	镍钢	ER55-Ni1	0.12	1.25	0.40~0.80	0.025	0.025	0.80~1.10	0.15	0.35	0.05	—	—	—	0.35	0.50	Ar+(1%~5%)O_2	≥550	≥470	≥24	焊态	可全位置焊接,适于打底焊。用于工作温度在550℃以下的管道、高压容器、石油炼制设备等。主要焊接1.25%Cr-0.5%Mo珠光体耐热钢。也可用于30CrMnSi铸钢件的修补及打底焊 ER55-B2-MnV钨极氩弧焊丝,适于焊接1.25%Cr-0.5%Mo-V珠光体耐热钢。用于工作温度在580℃以下的锅炉受热面管子和540℃以下的蒸汽管道、石化设备等的打底焊接 ER62-B3、ER62-B3L2.25%Cr-1%Mo珠光体耐热钢用钨极氩弧焊丝,全位置操作性能良好,适于打底焊接。用于工作温度在580℃以下的锅炉受热面管子和工作温度在550℃以下的高温高压蒸汽管道、合成化工机械、石油裂化设备等
		ER55-Ni2						2.00~2.75	—	—	—										焊后热处理	
		ER55-Ni3						3.00~3.75	—	—	—											
	锰钼钢	ER55-D2	0.07~0.12	1.60~2.10	0.50~0.80	0.025	0.025	0.15	—	0.40~0.60	—	—	—	—	0.50	0.50	CO_2	≥550	≥470	≥17	焊态	
		ER62-D2															Ar+(1%~5%)O_2	≥620	≥540	≥17		
		ER55-D2-Ti	0.12	1.20~1.90	0.40~0.80			—		0.20~0.50		0.20					CO_2	≥550	≥470	≥17		
	其他低合金钢	ER55-1															Ar+20%CO_2	≥550	≥450	≥22	焊态	
		ER69-1															Ar+2%O_2	≥690	≥610	≥16		
		ER76-1																≥760	≥660	≥15		
		ER83-1																≥830	≥730	≥14		
		ERXX-G	供需双方协商确定														供需双方协商					

备注:表中单值均为最大值
① 如果焊丝镀铜,则焊丝 Cu 含量和镀铜层中 Cu 含量之和不应大于 0.50%
② Mn 的最大含量可以超过 2.00%,但每增加 0.05%的 Mn,最大含 C 量应降低 0.01%
③ Nb(Cb):0.02%~0.10%;N:0.03%~0.07%;(Mn+Ni)≤1.50%
④ 本标准分类时限定的保护气体类型,在实际应用中并不限制采用其他保护气体类型,但力学性能可能会产生变化
⑤ 对于 ER50-2、ER50-3、ER50-4、ER50-6、ER50-7 型焊丝,当伸长率超过最低值时,每增加 1%,抗拉强度和屈服强度可减少 10MPa,但抗拉强度最低值不得小于 480MPa,屈服强度最低值不得小于 400MPa

续表

类别		焊丝型号	化学成分代号	焊丝化学成分(质量分数)/%													
				C	Mn	Fe	Si	Cu	Ni[①]	Co[①]	Al	Ti	Cr	Nb[②]	Mo	W	其他[③]
镍及镍合金焊丝(摘自GB/T 15620—2008)	镍	SNi2061	NiTi3	≤0.15	≤1.0	≤1.0	≤0.7	≤0.2	≥92.0	—	≤1.5	2.0~3.5	—	—	—	—	—
	镍	SNi4060	NiCu30Mn3Ti	≤0.15	2.0~4.0	≤2.5	≤1.2	28.0~32.0	≥62.0	—	≤1.2	1.5~3.0	—	—	—	—	—
	镍	SNi4061	NiCu30Mn3Nb	≤0.15	≤4.0	≤2.5	≤1.25	28.0~32.0	≥60.0	—	≤1.0	≤1.0	—	≤3.0	—	—	—
	镍	SNi5504	NiCu25Al3Ti	≤0.25	≤1.5	≤2.0	≤1.0	≥20.0	63.0~70.0	—	2.0~4.0	0.3~1.0	—	—	—	—	—
	镍铬	SNi6072	NiCr44Ti	0.01~0.10	≤0.20	≤0.50	≤0.20	≤0.50	≥52.0	—	—	0.3~1.0	42.0~46.0	—	—	—	—
	镍铬	SNi6076	NiCr20	0.08~0.25	≤1.0	≤2.00	≤0.30	≤0.50	≥75.0	—	≤0.4	≤0.5	19.0~21.0	—	—	—	—
	镍铬	SNi6082	NiCr20Mn3Nb	≤0.10	2.5~3.5	≤3.0	≤0.5	≤0.5	≥67.0	—	—	≤0.7	18.0~22.0	2.0~3.0	—	—	—
	镍铬铁	SNi6002	NiCr21Fe18Mo9	0.05~0.15	≤2.0	17.0~20.0	≤1.0	≤0.5	≥44.0	0.5~2.5	—	—	20.5~23.0	—	8.0~10.0	0.2~1.0	—
	镍铬铁	SNi6028	NiCr25Fe10AlY	0.15~0.25	≤0.5	8.0~11.0	≤0.5	≤0.1	≥59.0	—	1.8~2.4	0.1~0.2	24.0~26.0	—	—	—	Y:0.05~0.12;Zr:0.01~0.10
	镍铬铁	SNi6030	NiCr30Fe15Mo5W	≤0.03	≤1.5	13.0~17.0	≤0.8	1.0~2.4	≥36.0	≤5.0	—	—	28.0~31.5	0.3~1.5	4.0~6.0	1.5~4.0	—
	镍铬铁	SNi6052	NiCr30Fe9	≤0.04	≤1.0	7.0~11.0	≤0.5	≤0.3	≥54.0	—	≤1.1	1.0	28.0~31.5	0.10	0.5	—	Al+Ti:≤1.5
	镍铬铁	SNi6062	NiCr15Fe8Nb	≤0.08	≤1.0	6.0~10.0	≤0.3	≤0.5	≥70.0	—	—	—	14.0~17.0	1.5~3.0	—	—	—
	镍铬铁	SNi6176	NiCr16Fe6	≤0.05	≤0.5	5.5~7.5	≤0.5	≤0.1	≥76.0	≤0.05	—	—	15.0~17.0	—	—	—	—
	镍铬铁	SNi6601	NiCr23Fe15Al	≤0.10	≤1.0	≤20.0	≤0.5	≤1.0	58.0~63.0	—	1.0~1.7	—	21.0~25.0	—	—	—	—
	镍铬铁	SNi6701	NiCr36Fe7Nb	0.35~0.50	0.5~2.0	≤7.0	0.5~2.0	—	42.0~48.0	—	—	—	33.0~39.0	0.8~1.8	—	—	—
	镍铬铁	SNi6704	NiCr25FeAl3YC	0.15~0.25	≤0.5	8.0~11.0	≤0.5	≤0.1	≥55.0	—	1.8~2.8	0.1~0.2	24.0~26.0	—	—	—	Y:0.05~0.12;Zr:0.01~0.10

续表

类别		焊丝型号	化学成分代号	焊丝化学成分(质量分数)/%													
				C	Mn	Fe	Si	Cu	Ni[①]	Co[①]	Al	Ti	Cr	Nb[②]	Mo	W	其他[③]
镍及镍合金焊丝(摘自GB/T 15620—2008)	镍铬铁	SNi6975	NiCr25Fe13Mo6	≤0.03	≤1.0	10.0~17.0	≤1.0	0.7~1.2	≥47.0	—	—	0.70~1.50	23.0~26.0	—	5.0~7.0	—	—
		SNi6985	NiCr22Fe20Mo7Cu2	≤0.01	≤1.0	18.0~21.0	≤1.0	1.5~2.5	≥40.0	≤5.0	—	—	21.0~23.5	≤0.50	6.0~8.0	≤1.5	—
		SNi7069	NiCr15F7eNb	≤0.08	≤1.0	5.0~9.0	≤0.50	≤0.50	≥70.0	—	0.4~1.0	2.0~2.7	14.0~17.0	0.70~1.20	—	—	—
		SNi7092	NiCr15Ti3Mn	≤0.08	2.0~2.7	≤8.0	≤0.3	≤0.5	≥67.0	—	—	2.5~3.5	14.0~17.0	—	—	—	—
		SNi7718	NiFe19Cr19Nb5Mo3	≤0.08	≤0.3	≤24.0	≤0.3	≤0.3	50.0~55.0	—	0.2~0.8	0.7~1.1	17.0~21.0	4.8~5.5	2.8~3.3	—	B:0.006;P:0.015
		SNi8025	NiFe30Cr29Mo	≤0.02	1.0~3.0	≤30.0	≤0.5	1.5~3.0	35.0~40.0	—	≤0.2	≤1.0	27.0~31.0	—	2.5~4.5	—	—
		SNi8065	NiFe30Cr21Mo3	≤0.05	1.0	≥22.0	≤0.5	1.5~3.0	38.0~46.0	—	≤0.2	0.6~1.2	19.5~23.5	—	2.5~3.5	—	—
		SNi8125	NiFe26Cr25Mo	≤0.02	1.0~3.0	≤30.0	≤0.5	1.5~3.0	37.0~42.0	—	≤0.2	≤1.0	23.0~27.0	—	3.5~7.5	—	—
	镍钼	SNi1001	NiMo28Fe	≤0.08	≤1.0	4.0~7.0	≤1.0	≤0.5	≥55.0	≤2.5	—	—	≤1.0	—	26.0~30.0	≤1.0	V:0.20~0.40
		SNi1003	NiMo17Cr7	0.04~0.08	≤1.0	≤5.0	≤1.0	≤0.50	≥65.0	≤0.20	—	—	6.0~8.0	—	15.0~18.0	≤0.50	V≤0.50
		SNi1004	NiMo25Cr5Fe5	≤0.12	≤1.0	4.0~7.0	≤1.0	≤0.5	≥62.0	≤2.5	—	—	4.0~6.0	—	23.0~26.0	≤1.0	V≤0.60
		SNi1008	NiMo19WCr	≤0.1	≤1.0	≤10.0	≤0.50	≤0.50	≥60.0	—	—	—	0.5~3.5	—	18.0~21.0	2.0~4.0	—
		SNi1009	NiMo20WCu	≤0.1	≤1.0	≤5.0	≤0.5	0.3~1.3	≥65.0	—	1.0	—	—	—	19.0~22.0	2.0~4.0	—
		SNi1062	NiMo24Cr8Fe6	≤0.01	≤0.5	5.0~7.0	≤0.1	≤0.4	≥62.0	—	0.1~0.4	—	7.0~8.0	—	23.0~25.0	—	—
		SNi1066	NiMo28	≤0.02	≤1.0	2.0	≤0.1	≤0.5	≥64.0	≤1.0	—	—	≤1.0	—	26.0~30.0	≤1.0	—
		SNi1067	NiMo30Cr	≤0.01	≤3.0	1.0~3.0	≤0.1	≤0.2	≥52.0	≤3.0	≤0.5	≤0.2	1.0~3.0	≤0.2	27.0~32.0	≤3.0	V≤0.20
		SNi1069	NiMo28Fe4Cr	≤0.01	≤1.0	2.0~5.0	0.05	≤0.01	≥65.0	≤1.0	≤0.5	—	0.5~1.5	—	26.0~30.0	—	—
	镍铬钼	SNi6012	NiCr22Mo9	≤0.05	≤1.0	≤3.0	≤0.5	≤0.5	≥58.0	—	≤0.4	≤0.4	20.0~23.0	≤1.5	8.0~10.0	—	—
		SNi6022	NiCr21Mo13Fe4W3	≤0.01	≤0.5	2.0~6.0	≤0.1	≤0.5	≥49.0	≤2.5	—	—	20.0~22.5	—	12.5~14.5	2.5~3.5	V≤0.3
		SNi6057	NiCr30Mo11	≤0.02	≤1.0	≤2.0	≤1.0	—	≥53.0	—	—	—	29.0~31.0	—	10.0~12.0	—	V≤0.4
		SNi6058	NiCr25Mo16	≤0.02	≤0.5	≤2.0	≤0.2	≤2.0	≥50.0	—	≤0.4	—	22.0~27.0	—	13.5~16.5	—	—
		SNi6059	NiCr23Mo16	≤0.01	≤0.5	≤1.5	≤0.1	—	≥56.0	≤0.3	0.1~0.4	—	22.0~24.0	—	15.0~16.5	—	—

续表

类别		焊丝型号	化学成分代号	焊丝化学成分(质量分数)/%												
				C	Mn	Fe	Si	Cu	Ni①	Co①	Al	Ti	Cr	Nb②	Mo	W	其他③
镍及镍合金焊丝(摘自GB/T 15620—2008)	镍铬钼	SNi6200	NiCr23Mo16Cu2	≤0.01	≤0.5	≤3.0	≤0.08	1.3~1.9	≥52.0	≤2.0	—	—	22.0~24.0	—	15.0~17.0	—	—
		SNi6276	NiCr15Mo16Fe6W4	≤0.02	≤1.0	4.0~7.0	≤0.08	≤0.5	≥50.0	≤2.5	—	—	14.5~16.5	—	15.0~17.0	3.0~4.5	V≤0.3
		SNi6452	NiCr20Mo15	≤0.01	≤1.0	≤1.5	≤0.1	≤0.5	≥56.0	—	—	—	19.0~21.0	≤0.4	14.0~16.0	—	V≤0.4
		SNi6455	NiCr16Mo16Ti	≤0.01	≤1.0	≤3.0	≤0.08	≤0.5	≥56.0	≤2.0	—	≤0.7	14.0~18.0	—	14.0~18.0	≤0.5	—
		SNi6625	NiCr22Mo9Nb	≤0.1	≤0.5	≤5.0	≤0.5	≤0.5	≥58.0	—	≤0.4	≤0.4	20.0~23.0	3.0~4.2	8.0~10.0	—	—
		SNi6650	NiCr20Fe14Mo11WN	≤0.03	≤0.5	12.0~16.0	≤0.5	≤0.3	≥45.0	—	≤0.5	—	18.0~21.0	≤0.5	9.0~13.0	0.5~2.5	N:0.05~0.25 S≤0.010
		SNi6660	NiCr22Mo10W3	≤0.03	≤0.5	≤2.0	≤0.5	≤0.3	≥58.0	≤0.2	≤0.4	≤0.4	21.0~23.0	≤0.2	9.0~11.0	2.0~4.0	—
		SNi6686	NiCr21Mo16W4	≤0.01	≤1.0	≤5.0	≤0.08	≤0.5	≥49.0	—	≤0.5	≤0.25	19.0~23.0	—	15.0~17.0	3.0~4.4	—
		SNi7725	NiCr21Mo8Nb3Ti	≤0.03	≤0.4	≥8.0	≤0.20	—	55.0~59.0	—	≤0.35	1.0~1.7	19.0~22.5	2.75~4.00	7.0~9.5	—	—
	镍铬钴	SNi6160	NiCr28Co30Si3	≤0.15	≤1.5	≤3.5	2.4~3.0	—	≥30.0	27.0~33.0	—	0.2~0.8	26.0~30.0	≤1.0	≤1.0	≤1.0	—
		SNi6617	NiCr22Co12Mo9	0.05~0.15	≤1.0	≤3.0	≤1.0	≤0.5	≥44.0	10.0~15.0	0.8~1.5	≤0.6	20.0~24.0	—	8.0~10.0	—	—
		SNi7090	NiCr20Co18Ti3	≤0.13	≤1.0	≤1.5	≤1.0	≤0.2	≥50.0	15.0~21.0	1.0~2.0	2.0~3.0	18.0~21.0	—	—	—	④
		SNi7263	NiCr20Co20Mo6Ti2	0.04~0.08	≤0.6	≤0.7	≤0.4	≤0.2	≥47.0	19.0~21.0	0.3~0.6	1.9~2.4	19.0~21.0	—	5.6~6.1	—	Al+Ti:2.4~2.8⑤
	镍铬钨	SNi6231	NiCr22W14Mo2	0.05~0.15	0.3~1.0	≤3.0	0.25~0.75	≤0.50	≥48.0	≤5.0	0.2~0.5	—	20.0~24.0	—	1.0~3.0	13.0~15.0	—

备注:1.“其他”包括未规定数值的元素总和,总量应不超过0.5%

2. 根据供需双方协议,可生产使用其他型号的焊丝。用SNiZ表示,化学成分代号由制造商确定

① 除非另有规定,Co含量应低于该含量的1%。也可供需双方协商,要求较低的Co含量

② Ta含量应低于该含量的20%

③ 除非具体说明,P最高含量0.020%,S最高含量0.015%

④ Ag≤0.0005%,B≤0.020%,Bi≤0.0001%,Pb≤0.0020%,Zr≤0.15%

⑤ S≤0.007%,Ag≤0.0005%,B≤0.005%,Bi≤0.0001%

续表

类别	型号	化学成分/%																	抗拉强度 σ_b/MPa
		C	Mn	Fe	P	S	Si	Cu	Ni	Co	Al	Ti	Cr	Nb+Ta	Mo	V	W	其他元素	
镍及镍合金焊丝	ERNi-1	≤0.15	≤1.0	≤1.0	≤0.03		≤0.75	≤0.25	≥93.0	—	≤1.5	2.0~3.5	—	—	—	—	—	≤0.50	380
	ERNiCu-7		≤4.0	≤2.5	≤0.02		≤1.25	余量	62.0~69.0		≤1.25	1.5~3.0							480
	ERNiCr-3	≤0.10	2.5~3.5	≤3.0	≤0.03	≤0.015	≤0.50	≤0.50	≥67.0		—	≤0.75	18.0~22.0	2.0~3.0					550
	ERNiCrFe-5	≤0.08	≤1.0	6.0~10.0			≤0.35		≥70.0			—	14.0~17.0	1.5~3.0					
	ERNiCrFe-6		2.0~2.7	≤8.0					≥67.0			2.5~3.5		—					
	ERNiFeCr-1	≤0.05	≤1.0	≥22.0		≤0.03	≤0.50	1.50~3.0	38.0~46.0		≤0.20	0.60~1.2	19.5~23.5		2.5~3.5				
	ERNiFeCr-2	≤0.08	≤0.35	余量	≤0.015	≤0.015	≤0.35	≤0.30	50.0~55.0		0.20~0.80	0.65~1.15	17.0~21.0	4.75~5.50	2.80~3.30				1138
	ERNiMo-1		≤1.0	4.0~7.0	≤0.025	≤0.03	≤1.0	≤0.50	余量	≤2.5	—	—	≤1.0	—	26.0~30.0	0.20~0.40	≤1.0		690
	ERNiMo-2	0.04~0.08		≤5.0	≤0.015	≤0.02				≤0.20			6.0~8.0		15.0~18.0	≤0.50	≤0.50		
	ERNiMo-3	≤0.12		4.0~7.0						≤2.5			4.0~6.0		23.0~26.0	≤0.60			
	ERNiMo-7	≤0.02		≤2.0	≤0.04	≤0.03				≤1.0			≤1.0		26.0~30.0		≤1.0		760
	ERNiCrMo-1	≤0.05	1.0~2.0	18.0~21.0				1.5~2.5		≤2.5			21.0~23.5	1.75~2.50	5.5~7.5	—			590
	ERNiCrMo-2	0.05~0.15	≤1.0	17.0~20.0						0.50~2.5			20.5~23.0	—	8.0~10.0		0.20~1.0		660
	ERNiCrMo-3	≤0.10	≤0.50	≤5.0	≤0.02	≤0.015	≤0.50	≤0.50	≥58.0	—	≤0.40	≤0.40	22.0~23.0	3.15~4.15			—		760
	ERNiCrMo-4	≤0.02	≤1.0	4.0~7.0	≤0.04	≤0.03	≤0.08		余量	≤2.5	—	—	14.5~16.5	—	15.0~17.0	≤0.35	3.0~4.5		690
	ERNiCrMo-7	≤0.015		≤3.0						≤2.0		≤0.70	14.0~18.0		14.0~18.0		≤0.50		
	ERNiCrMo-8	≤0.03		余量	≤0.03		≤1.0	0.7~1.20	47.0~52.0	—		0.70~1.50	23.0~26.0		5.0~7.0	—	—		590
	ERNiCrMo-9	≤0.015		18.0~21.0	≤0.04			1.5~2.5	余量	≤5.0		—	21.0~23.5	≤0.50	6.0~8.0		≤1.5		

续表

类别		焊丝型号	化学成分代号	化学成分(质量分数)/%													用途
				Cu	Zn	Sn	Mn	Fe	Si	Ni+Co	Al	Pb	Ti	S	P	其他	
铜及铜合金焊丝(摘自GB/T 9460—2008)	铜	SCu1897[1]	CuAg1	≥99.5(含Ag)	—	—	≤0.2	≤0.05	≤0.1	≤0.3	≤0.01	≤0.01	—	—	0.01~0.05	≤0.2	
		SCu1898	CuSn1	≥98.0		≤1.0	≤0.50	—	≤0.5	—		≤0.02			≤0.15	≤0.5	
		SCu1898A	CuSn1MnSi	余量		0.5~1.0	0.1~0.4	≤0.03	0.1~0.4	≤0.1		≤0.01			≤0.015	≤0.2	
	黄铜	SCu4700	CuZn40Sn	57.0~61.0	余量	0.25~1.0	—	—	—	—	≤0.01	≤0.05	—	—	—	≤0.5	
		SCu4701	CuZn40SnSiMn	58.5~61.5		0.2~0.5	0.05~0.25	≤0.25	0.15~0.4			≤0.02				≤0.2	
		SCu6800	CuZn40Ni	56.0~60.0		0.8~1.1	0.01~0.50	0.25~1.20	0.04~0.15	0.2~0.8		0.05				≤0.5	加入锡改善了熔融铜的流动性,焊接工艺性能优良,焊缝成形良好,力学性能高,抗裂性好等。用于紫铜氩弧焊及氧-乙炔气焊时填充材料 含少量硅的黄铜焊丝,熔点约905℃。硅在熔池表面形成一层致密的氧化膜,可减少锌的蒸发和氧化,并有效地防止氢的溶入而造成的气孔。用于黄铜氧-乙炔气焊及碳弧焊时作为填充材料,也可用于钎焊铜、钢、铜镍合金、灰口铸铁以及镶嵌硬质合金刀具等
		SCu6810	CuZn40Fe1Sn1						0.04~0.25	—							
		SCu6810A	CuZn40SnSi	58.0~62.0		≤1.0	≤0.3	≤0.2	0.1~0.5			≤0.03				≤0.2	
		SCu7730	CuZn40Ni10	46.0~50.0		—	—	—	0.04~0.25	9.0~11.0		≤0.05			≤0.25	≤0.5	
	青铜	SCu6511	CuSi2Mn1	余量	≤0.2	0.1~0.3	0.5~1.5	≤0.1	1.5~2.0	—	≤0.01	≤0.02	—	—	≤0.02	≤0.5	
		SCu6560	CuSi3Mn		≤1.0	≤1.0	≤1.5	≤0.5	2.8~4.0						—		
		SCu6560A	CuSi3Mn1		≤0.4	—	0.7~1.3	≤0.2	2.7~3.2		≤0.05	≤0.05			≤0.05		
		SCu6561	CuSi2Mn1Sn1Zn1		≤1.5	≤1.5	≤1.5	≤0.5	2.0~2.8		—	≤0.02			—		
		SCu5180	CuSn6P		—	4.0~6.0	—	—	—		≤0.01				0.1~0.4		
		SCu5180A	CuSn5P		≤0.1	4.0~7.0		≤0.1							0.01~0.4	≤0.2	
		SCu5210	CuSn8P		≤0.2	7.5~8.5				≤0.2	—						
		SCu5211	CuSn10MnSi		≤0.1	9.0~10.0	0.1~0.5		0.1~0.5	—	≤0.01				≤0.1	≤0.5	

续表

类别		焊丝型号	化学成分代号	化学成分(质量分数)/%													用途
				Cu	Zn	Sn	Mn	Fe	Si	Ni+Co	Al	Pb	Ti	S	P	其他	
铜及铜合金焊丝(摘自GB/T 9460—2008)	青铜	SCu5410	CuSn12P	余量	≤0.05	11.0~13.0	—	—	—	—	≤0.005	≤0.02	—	—	0.01~0.4	≤0.4	
		SCu6061	CuAl5Ni2Mn		≤0.2	—	0.1~1.0	≤0.5	≤0.1	1.0~2.5	4.5~5.5	≤0.02			—	≤0.5	
		SCu6100	CuAl7				≤0.5	—		—	6.0~8.5	—					
		SCu6100A	CuAl8			≤0.1		≤0.5	≤0.2	≤0.5	7.0~9.0	≤0.02				≤0.2	
		SCu6180	CuAl10Fe		≤0.1	—	—	≤1.5	≤0.1	—	8.5~11.0					≤0.5	
		SCu6240	CuAl11Fe3					2.0~4.5			10.0~11.5						
		SCu6325	CuAl8Fe4Mn2Ni2				0.5~3.0	1.8~5.0		0.5~3.0	7.0~9.0					≤0.4	熔点约890℃，铝能提高焊丝的流动性、强度和抗腐蚀性，而硅可有效地控制锌的蒸发、消除气孔和得到满意的力学性能。用于黄铜氧-乙炔气焊及碳弧焊时作填充材料使用，也广泛用于钎焊铜、钢。铜镍合金、灰口铸铁以及镶嵌硬质合金刀具，用途很广
		SCu6327	CuAl8Ni2Fe2Mn2		≤0.2		0.5~2.5	0.5~2.5	≤0.2	0.5~3.0	7.0~9.5						
		SCu6328	CuAl9Ni5Fe3Mn2		≤0.1		0.6~3.5	3.0~5.0	≤0.1	4.0~5.5	8.5~9.5					≤0.5	
		SCu6338	CuMn13Al8Fe3Ni2		≤0.15		11.0~14.0	2.0~4.0		1.5~3.0	7.0~8.5						
	白铜	SCu7158②	CuNi30Mn1FeTi	余量	—	—	0.5~1.5	0.4~0.7	≤0.25	29.0~32.0	—	≤0.02	0.2~0.5	≤0.01	≤0.02	≤0.5	
		SCu7061③	CuNi10					0.5~2.0	≤0.2	9.0~11.0			0.1~0.5	≤0.02		≤0.4	

备注：1. 应对表中所列规定值的元素进行化学分析，但常规分析存在其他元素时，应进一步分析，以确定这些元素是否超出“其他”规定的极限值

2. “其他”包含未规定数值的元素总和

3. 根据供需双方协议，可生产使用其他型号焊丝。用 SCuZ 表示，化学成分代号由制造商确定

① As 的质量分数不大于 0.05%，Ag 的质量分数：0.8%~1.2%

② 碳的质量分数不大于 0.04%

③ 碳的质量分数不大于 0.05%

续表

类别		焊丝型号	化学成分代号	化学成分(质量分数)/%												其他元素		用途
				Si	Fe	Cu	Mn	Mg	Cr	Zn	Ga、V	Ti	Zr	Al	Be	单个	合计	
铝及铝合金焊丝(摘自GB/T 10858—2008)	铝	SAl 1070	Al 99.7	0.20	0.25	0.04	0.03	0.03	—	0.04	V 0.05	0.03	—	99.70	0.0003	0.03	—	SAl 1450 用于氩弧焊、氧-乙炔气焊焊接纯铝及对接头性能要求不高的铝合金时作填充材料，广泛应用于化学工业铝制设备上 SAlMg 5556 具有较好的耐蚀及抗热裂性能，强度高。用于铝镁合金氩弧焊及氧-乙炔焊的最基本填充金属，也可用于铝锌镁合金的焊接及铝镁铸件的补焊
	铝	SAl 1080A	Al 99.8(A)	0.15	0.15	0.03	0.02	0.02	—	0.06	Ga 0.03	0.02	—	99.80	0.0003	0.02	—	
	铝	SAl 1188	Al 99.88	0.06	0.06	0.005	0.01	0.01	—	0.03	Ga 0.03 V 0.05	0.01	—	99.88	0.0003	0.01	—	
	铝	SAl 1100	Al 99.0Cu	Si+Fe0.95		0.05～0.20	0.05	—	—	0.10	—	—	—	99.00	0.0003	0.05	0.15	
	铝	SAl 1200	Al 99.0	Si+Fe1.00		0.05	0.05	—	—	0.10	—	0.05	—	99.00	0.0003	0.05	0.15	
	铝	SAl 1450	Al 99.5Ti	0.25	0.40	0.05	0.05	0.05	—	0.07	—	0.10～0.20	—	99.50	0.0003	0.03	—	
	铝铜	SAl 2319	AlCu6MnZrTi	0.20	0.30	5.8～6.8	0.20～0.40	0.02	—	0.10	V0.05～0.15	0.10～0.20	0.10～0.25	余量	0.0003	0.05	0.15	
	铝锰	SAl 3103	AlMn1	0.50	0.7	0.10	0.9～1.5	0.30	0.10	0.20	—	Ti+Zr0.10		余量	0.0003	0.05	0.15	
	铝硅	SAl 4009	AlSi5Cu1Mg	4.5～5.5	0.20	1.0～1.5	0.10	0.45～0.6	—	0.10	—	0.20	—	余量	0.0003	0.05	0.15	
	铝硅	SAl 4010	AlSi7Mg	6.5～7.5	0.20	0.20	0.10	0.30～0.45	—	0.10	—	0.20	—	余量	0.0003	0.05	0.15	
	铝硅	SAl 4011	AlSi7Mg0.5Ti	6.5～7.5	0.20	0.20	0.10	0.45～0.7	—	0.10	—	0.04～0.20	—	余量	0.04～0.07	0.05	0.15	
	铝硅	SAl 4018	AlSi7Mg	6.5～7.5	0.20	0.05	0.10	0.50～0.8	—	0.10	—	0.20	—	余量	0.0003	0.05	0.15	
	铝硅	SAl 4043	AlSi5	4.5～6.0	0.8	0.30	0.05	0.05	—	0.10	—	0.20	—	余量	0.0003	0.05	0.15	
	铝硅	SAl 4043A	AlSi5(A)	4.5～6.0	0.6	0.30	0.15	0.20	—	0.10	—	0.15	—	余量	0.0003	0.05	0.15	
	铝硅	SAl 4046	AlSi10Mg	9.0～11.0	0.50	0.30	0.40	0.20～0.50	—	0.10	—	0.15	—	余量	0.0003	0.05	0.15	
	铝硅	SAl 4047	AlSi12	11.0～13.0	0.8	0.30	0.15	0.10	—	0.20	—	—	—	余量	0.0003	0.05	0.15	
	铝硅	SAl 4047A	AlSi12(A)	11.0～13.0	0.6	0.30	0.15	0.10	—	0.20	—	0.15	—	余量	0.0003	0.05	0.15	
	铝硅	SAl 4145	AlSi10Cu4	9.3～10.7	0.8	3.3～4.7	0.15	0.15	0.15	0.20	—	—	—	余量	0.0003	0.05	0.15	
	铝硅	SAl 4643	AlSi4Mg	3.6～4.6	0.8	0.10	0.05	0.10～0.30	—	0.10	—	0.15	—	余量	0.0003	0.05	0.15	

续表

类别		焊丝型号	化学成分代号	化学成分(质量分数)/%														用途
				Si	Fe	Cu	Mn	Mg	Cr	Zn	Ga、V	Ti	Zr	Al	Be	其他元素 单个	其他元素 合计	
铝及铝合金焊丝(摘自GB/T 10858—2008)	铝镁	SAl 5249	AlMg2Mn0.8Zr	0.25	0.40	0.05	0.50~1.1	1.6~2.5	0.30	0.20	—	0.15	0.10~0.20	余量	0.0003	0.05	0.15	SAlMn 3103 具有良好的耐腐蚀性能和较纯铝高的强度，焊接性及塑性也很好。用在铝锰及其他铝合金氩弧焊及氧-乙炔气焊时作为填充材料
		SAl 5554	AlMg2.7Mn			0.10	0.50~1.0	2.4~3.0	0.05~0.20	0.25		0.05~0.20	—					
		SAl 5654	AlMg3.5Ti	Si+Fe0.45		0.05	0.01	3.1~3.9	0.15~0.35	0.20		0.05~0.15						
		SAl 5654A	AlMg3.5Ti												0.0005			
		SAl 5754①	AlMg3	0.40	0.40	0.10	0.50	2.6~3.6	0.30			0.15			0.0003			
		SAl 5356	AlMg5Cr(A)	0.25			0.05~0.20	4.5~5.5		0.10		0.06~0.20						
		SAl 5356A	AlMg5Cr(A)						0.05~0.20						0.0005			
		SAl 5556	AlMg5Mn1Ti				0.50~1.0	4.7~5.5		0.25		0.05~0.20			0.0003			
		SAl 5556C	AlMg5Mn1Ti												0.0005			
		SAl 5556A	AlMg5Mn				0.6~1.0	5.0~5.5		0.20					0.0003			
		SAl 5556B	AlMg5Mn												0.0005			
		SAl 5183	AlMg4.5Mn0.7(A)	0.40			0.50~1.0	4.3~5.2	0.05~0.25	0.25		0.15			0.0003			
		SAl 5183A	AlMg4.5Mn0.7(A)												0.0005			
		SAl 5087	AlMg4.5MnZr	0.25		0.05	0.7~1.1	4.5~5.2					0.10~0.20		0.0003			
		SAl 5187	AlMg4.5MnZr												0.0005			

备注：1. Al 的单值为最小值，其他元素单值均为最大值。

2. 根据供需双方协议，可生产使用其他型号焊丝，用 SAlZ 表示，化学成分代号由制造商确定。

① SAl 5754 中(Mn+Cr)：0.10~0.60。

类别			型号	化学成分/%												用途
				C	Si	Mn	S	P	Fe	Ni	Ce	Mo	球化剂			
铸铁焊条及焊丝(摘自GB/T 10044—2006)	铁基填充焊丝	灰口铸铁填充焊丝	RZC-1	3.2~3.5	2.7~3.0	0.60~0.75	≤0.10	0.50~0.75	余量	—	—	—	—			RZC 型是采用石墨化元素较多的灰铸铁浇铸成焊丝。适用于中小型薄壁件铸铁的气焊。可以配合焊粉使用 RZCH 型焊丝中含有一定数量的合金元素,焊缝强度较高。适用于高强度灰口铸铁及合金铸铁等气焊。可配合焊粉使用 RZCQ 型焊丝中含有一定数量的球化剂,焊缝中的石墨呈球状,具有良好的塑性和韧性。适用于球墨铸铁,高强度灰口铸铁及可锻铸铁的气焊。二者补焊工艺与 RZC 基本相同。焊后可进行热处理 ERZNiFeMn 型为实芯连续焊丝,用于和 EZNiFeMn 型焊条相同的应用场合。这类焊丝的强度和塑性使它适宜于焊接较高强度等级的球墨铸铁件 ERZNi 型是实芯连续焊丝,为纯镍铸铁焊丝,不含脱氧剂,用于焊接需要机械加工的、高稀释焊缝的铸铁件 ET3ZNiFe 型是用于不外加保护气体操作的连续自保护药芯焊丝,但如果制造商推荐也可以使用外加保护气体。这类焊丝的成分除去锰含量更高外,其他与 EZNiFe 型焊条类似。它用于和 EZNiFe 型焊条同样场合的应用。通常用于厚母材或采用自动焊工艺的场合。该焊丝含有 3%~5%锰,有利于提高焊缝金属抗热裂纹的能力和改善焊缝金属的强度和塑性 保护气体应使用制造商推荐的保护气体
			RZC-2	3.2~4.5	3.0~3.8	0.30~0.80	≤0.10	≤0.50	余量	—	—	—	—			
		合金铸铁填充焊丝	RZCH	3.2~3.5	2.0~2.5	0.50~0.70	≤0.10	0.20~0.40	余量	1.2~1.6	—	0.25~0.45	—			
		球墨铸铁填充焊丝	RZCQ-1	3.2~4.0	3.2~3.8	0.10~0.40	≤0.015	≤0.05	余量	≤0.50	≤0.20	—	0.04~0.10			
			RZCQ-2	3.5~4.2	3.5~4.2	0.50~0.80	≤0.03	≤0.10	余量	—	—	—	0.04~0.10			
	镍基气体保护焊丝	纯镍铸铁气体保护焊丝	型号	C	Si	Mn	S	P	Fe	Ni	Cu	Al	其他元素总量			
			ERZNi	≤1.0	≤0.75	≤2.5	≤0.03	—	≤4.0	≥90	≤4.0	—	≤1.0			
		镍铁锰铸铁气体保护焊丝	ERZNiFeMn	≤0.50	≤1.0	10~14	≤0.03	—	余量	35~45	≤2.5	≤1.0	≤1.0			
	镍基药芯焊丝	镍铁铸铁自保护药芯焊丝	型号	C	Si	Mn	S	P	Fe	Ni	Cu	Al	V	球化剂	其他元素总量	
			ET3ZNiFe	≤2.0	≤1.0	3.0~5.0	≤0.03	—	余量	45~60	≤2.5	≤1.0	—	—	≤1.0	

表 1-4-31　　焊剂的类型及用途（参考）

	牌号	焊剂类型	用途
熔炼焊剂	HJ130	无锰高硅低氟	配合 H10Mn2 焊丝及其他低合金钢焊丝，埋弧焊接低碳钢或其他低合金钢（如 16Mn 等）结构
	HJ131	无锰高硅低氟	配合镍基焊丝焊接镍基合金薄板结构
	HJ150	无锰中硅中氟	配合适当焊丝，如 H2Cr13 或 H3Cr2W8，堆焊轧辊
	HJ151	无锰中硅中氟	配合奥氏体不锈钢焊丝或焊带（如 H0Cr21Ni10、H0Cr20Ni10Ti、H00Cr24Ni12Nb、H00Cr21Ni10Nb、H00Cr26Ni12、H00Cr21Ni10 等）进行带极堆焊或焊接，用于核容器及石油化工设备耐腐蚀层堆焊和构件的焊接。配合 H0Cr16Mn16 焊丝可用于高锰钢补焊。配方中若加入适量氧化铌，还可解决含铌不锈钢焊后脱渣难的问题
	HJ172	无锰低硅高氟	配合适当焊丝，可焊接高铬马氏体热强钢如 Cr12MoWV 及含铌的铬镍不锈钢
	HJ230	低锰高硅低氟	配合 H08MnA、H10Mn2 焊丝及某些低合金钢焊丝，焊接低碳钢及某些低合金钢（16Mn）等结构
	HJ250	低锰中硅中氟	配合适当焊丝（H08MnMoA、H08Mn2MoA 及 H08Mn2MoVA）可焊接低合金钢（15MnV、14MnMoV、18MnMoNb 等）。配合 H08Mn2MoVA 焊丝焊接-70℃低温用钢（如 09Mn2V），具有较好的低温冲击韧性
	HJ251	低锰中硅中氟	配合铬钼钢焊丝焊接珠光体耐热钢（如焊接汽轮机转子）
	HJ252	低锰中硅中氟	配合 H08Mn2NiMoA、H08Mn2MoA、H10Mn2 焊丝焊接低合金钢 15MnV、14MnMoV、18MnMoNb 等，焊缝具有良好的抗裂性和较好的低温韧性，可用于核容器、石油化工等压力容器的焊接
	HJ260	低锰高硅中氟	配合奥氏体不锈钢焊丝（如 H0Cr21Ni10、H0Cr20Ni10Ti 等）焊接相应的耐酸不锈钢结构，也可用于轧辊堆焊
	HJ330	中锰高硅低氟	配合 H08MnA、H08Mn2SiA 及 H10MnSi 等焊丝，可焊接低碳钢和某些低合金钢（如 16Mn、15MnTi、15MnV 等）结构，如锅炉、压力容器等
	HJ350	中锰中硅中氟	配合适当焊丝，可以焊接低合金钢（如 16Mn、15MnV、15MnVN 等）重要结构，如船舶、锅炉、高压容器等。细粒度焊剂可用于细丝埋弧焊，焊接薄板结构
	HJ351	中锰中硅中氟	用于埋弧自动焊和半自动焊，配合适当焊丝可焊接锰钼、锰硅及含钼的低合金钢重要结构，如船舶、锅炉、高压容器等。细粒度焊剂可用于焊接薄板结构
	HJ360	中锰高硅中氟	主要用于电渣焊，配合 H10MnSi、H10Mn2、H08Mn2MoVA 等，焊接低碳钢及某些合金钢大型结构（Q235、20g、16Mn、15MnV、14MnMoV 及 18MnMoNb），如轧钢机架、大型立柱或轴

续表

	牌号	焊剂类型	用　　途
熔炼焊剂	HJ430	高锰高硅低氟	配合 H08A、H08MnA、H10MnSi 等焊丝，焊接低碳钢及某些低合金钢（如 16Mn、16MnV 等）结构，如锅炉、船舶、压力容器、管道等。细粒度焊剂用于细焊丝埋弧焊，焊接薄板结构
	HJ431	高锰高硅低氟	配合 H08A、H08MnA、H10MnSi 等焊丝，焊接低碳钢及某些低合金钢（如 16Mn、15MnV 等）结构，如锅炉、船舶、压力容器等。也可以用于电渣焊及铜的焊接
	HJ433	高锰高硅低氟	配合 H08A 焊丝，用于焊接低碳钢结构，适合管道及容器的快速焊接，常用于输油、输气管道的焊接
	HJ434	高锰高硅低氟	配合 H08A、H08MnA、H10MnSi 等焊丝，焊接低碳钢及某些低合金钢结构，如管道、锅炉、压力容器、桥梁等
烧结焊剂	SJ101	氟碱型	配合 H08MnA、H08MnMoA、H08Mn2MoA、H10Mn2 焊丝，焊接多种低合金结构钢，用于重要的焊接结构，如锅炉、压力容器、管道等。可用于多丝埋弧焊，特别适于大直径容器的双面单道焊
	SJ301	硅钙型	配合 H08MA、H08MnMoA、H08Mn2 焊丝，焊接普通结构钢、锅炉用钢、管线用钢等。可用于多丝快速焊，特别适于双面单道焊
	SJ401	硅锰型	配合 H08A 焊丝，可焊接低碳钢及某些低合金钢，用于机车车辆、矿山机械等金属结构的焊接
	SJ501	铝钛型	配合 H08A、H08MnA 等焊丝，焊接低碳钢及某些低合金钢（如 16Mn、15MnV 等）结构，如锅炉、船舶、压力容器等。可用于多丝快速焊，特别适于双面单道焊
	SJ502	铝钛型	配合 H08A 焊丝，可焊接重要的低碳钢及某些低合金钢结构，如锅炉、压力容器等
气焊熔剂	CJ101	不锈钢及耐热钢气焊熔剂	不锈钢及耐热钢气焊时作助熔剂
	CJ201	铸铁气焊熔剂	铸铁件气焊时作助熔剂
	CJ301	铜气焊熔剂	紫铜及黄铜合金气焊或钎焊时作助熔剂
	CJ401	铝气焊熔剂	铝及铝合金气焊时作助熔剂，并起精炼作用，也可作气焊铝青铜时的熔剂

1.4 焊缝

焊接及相关工艺方法代号及注法（摘自 GB/T 5185—2005）

用阿拉伯数字代号来表示金属焊接及钎焊等各种焊接方法，此数字代号均可在图样上作为焊接方法来使用，标在指引线尾部。此代号与 GB/T 324—2008《焊缝符号表示方法》配套使用（见表 1-4-33~表 1-4-40）。

单一焊接方法代号的表示，如角焊缝采用手工电弧焊时见图 1-4-1。组合焊接方法代号的表示，即一个焊接接头同时采用两种焊接方法打底，后用埋弧焊盖面时见图 1-4-2。

图 1-4-1　　　　图 1-4-2

表 1-4-32

代号	焊接及相关工艺方法	代号	焊接及相关工艺方法	代号	焊接及相关工艺方法
1	电弧焊	29	其他电阻焊方法	81	火焰切割
101	金属电弧焊	291	高频电阻焊	82	电弧切割
11	无气体保护的电弧焊	3	气焊	821	空气电弧切割
111	焊条电弧焊	31	氧-燃气焊	822	氧电弧切割
112	重力焊	311	氧-乙炔焊	83	等离子弧切割
114	自保护药芯焊丝电弧焊	312	氧-丙烷焊	84	激光切割
12	埋弧焊	313	氢氧焊	86	火焰气刨
121	单丝埋弧焊	4	压力焊	87	电弧气刨
122	带极埋弧焊	41	超声波焊	871	空气电弧气刨
123	多丝埋弧焊	42	摩擦焊	872	氧电弧气刨
124	添加金属粉末的埋弧焊	44	高机械能焊	88	等离子气刨
125	药芯焊丝埋弧焊	441	爆炸焊	9	硬钎焊、软钎焊及钎接焊
13	熔化极气体保护电弧焊	45	扩散焊	91	硬钎焊
131	熔化极惰性气体保护电弧焊(MIG)	47	气压焊	911	红外线硬钎焊
135	熔化极非惰性气体保护电弧焊(MAG)	48	冷压焊	912	火焰硬钎焊
		5	高能束焊	913	炉中硬钎焊
136	非惰性气体保护的药芯焊丝电弧焊	51	电子束焊	914	浸渍硬钎焊
		511	真空电子束焊	915	盐浴硬钎焊
137	惰性气体保护的药芯焊丝电弧焊	512	非真空电子束焊	916	感应硬钎焊
14	非熔化极气体保护电弧焊	52	激光焊	918	电阻硬钎焊
141	钨极惰性气体保护电弧焊(TIG)	521	固体激光焊	919	扩散硬钎焊
15	等离子弧焊	522	气体激光焊	924	真空硬钎焊
151	等离子 MIG 焊	7	其他焊接方法	93	其他硬钎焊
152	等离子粉末堆焊	71	铝热焊	94	软钎焊
18	其他电弧焊方法	72	电渣焊	941	红外线软钎焊
185	磁激弧对焊	73	气电立焊	942	火焰软钎焊
2	电阻焊	74	感应焊	943	炉中软钎焊
21	点焊	741	感应对焊	944	浸渍软钎焊
211	单面点焊	742	感应缝焊	945	盐浴软钎焊
212	双面点焊	75	光辐射焊	946	感应软钎焊
22	缝焊	753	红外线焊	947	超声波软钎焊
221	搭接缝焊	77	冲击电阻焊	948	电阻软钎焊
222	压平缝焊	78	螺柱焊	949	扩散软钎焊
225	薄膜对接缝焊	782	电阻螺柱焊	951	波峰软钎焊
226	加带缝焊	783	带瓷箍或保护气体的电弧螺柱焊	952	烙铁软钎焊
23	凸焊	784	短路电弧螺柱焊	954	真空软钎焊
231	单面凸焊	785	电容放电螺柱焊	956	拖焊
232	双面凸焊	786	带点火嘴的电容放电螺柱焊	96	其他软钎焊
24	闪光焊	787	带易熔颈箍的电弧螺柱焊	97	钎接焊
241	预热闪光焊	788	摩擦螺柱焊	971	气体钎接焊
242	无预热闪光焊	8	切割和气刨	972	电弧钎接焊
25	电阻对焊				
已被新标准删除,但在某些特定场合仍可能应用的工艺方法					
113	光焊丝电弧焊	32	空气燃气焊	752	弧光光束焊
115	涂层焊丝电弧焊	321	空气乙炔焊	781	电弧螺柱焊
118	躺焊	322	空气丙烷焊	917	超声波硬钎焊
149	原子氢焊	43	锻焊	923	摩擦硬钎焊
181	碳弧焊			953	刮擦软钎焊

焊缝符号表示方法（摘自 GB/T 324—2008、GB/T 12212—2012）

在技术图样或文件上需要表示焊缝或接头时，推荐采用焊缝符号。必要时，也可采用一般技术制图方法表示。

完整的焊缝符号一般由基本符号、补充符号、尺寸符号及数据等与指引线组成。图形符号的比例、尺寸和在图样上的位置参见 GB/T 12212，为了简化在图样上标注焊缝时通常只采用基本符号和指引线，其他内容一般在有关的文件中（如焊接工艺规程等）明确。

表 1-4-33　基本符号及应用举例

符号名称	示意图	标注方法
卷边焊缝（卷边完全熔化）	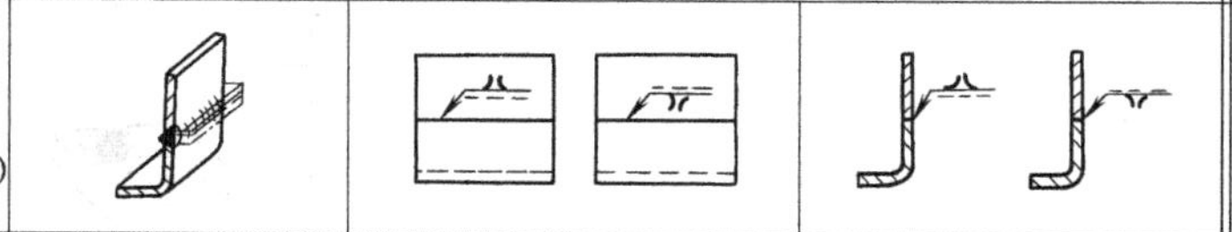	
I 形焊缝	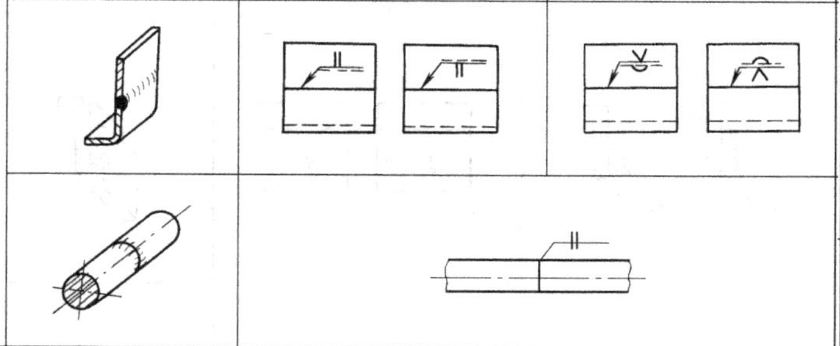	
V 形焊缝	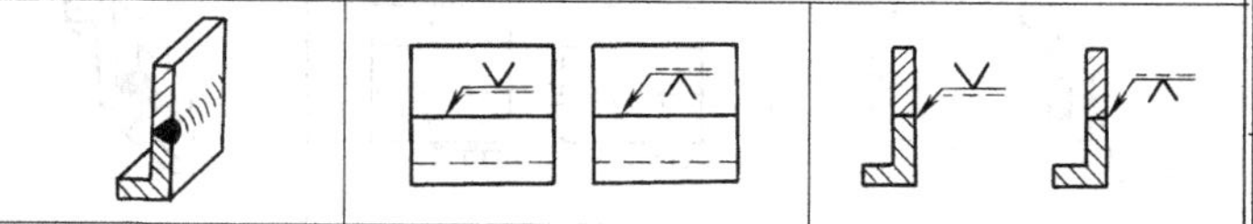	
单边 V 形焊缝	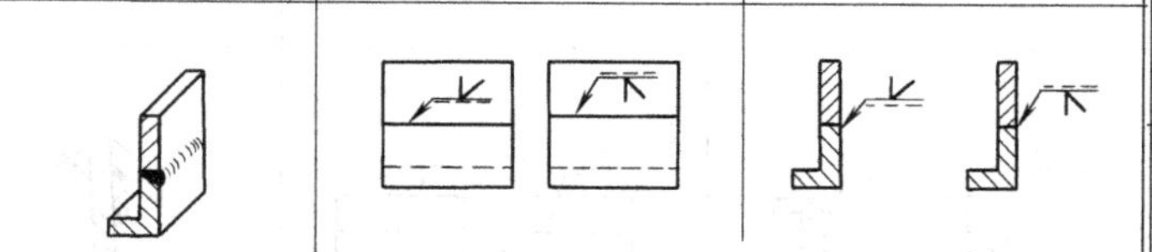	箭头应指向带有坡口一侧的工件
带钝边 V 形焊缝	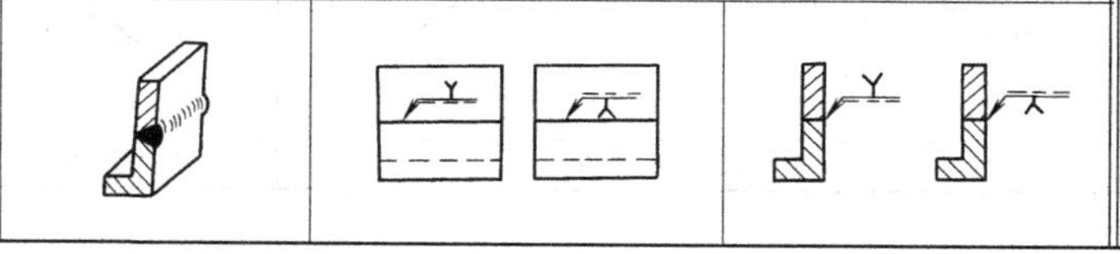	
带钝边单边 V 形焊缝	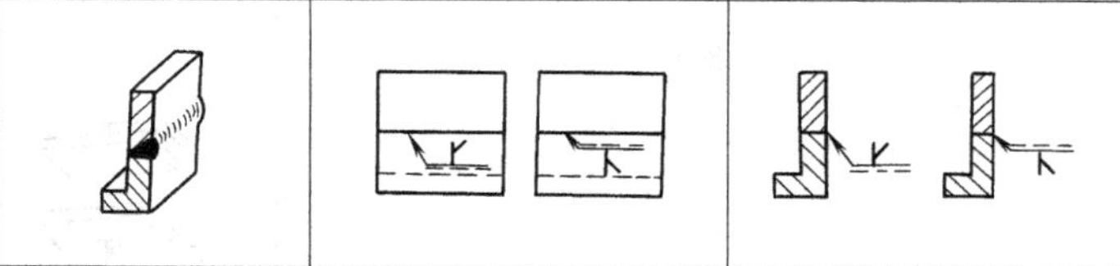	
带钝边 U 形焊缝	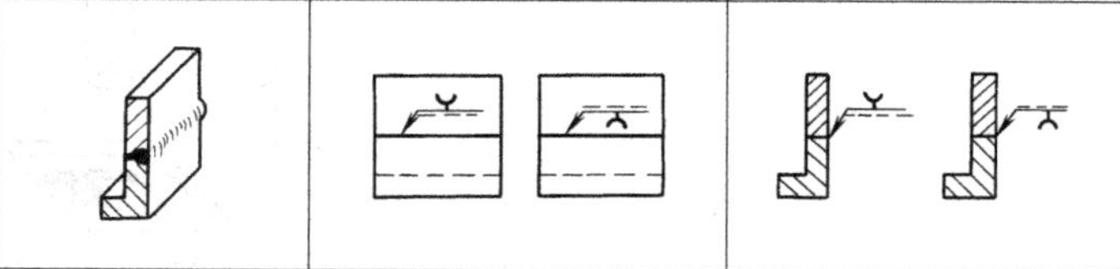	
带钝边 J 形焊缝	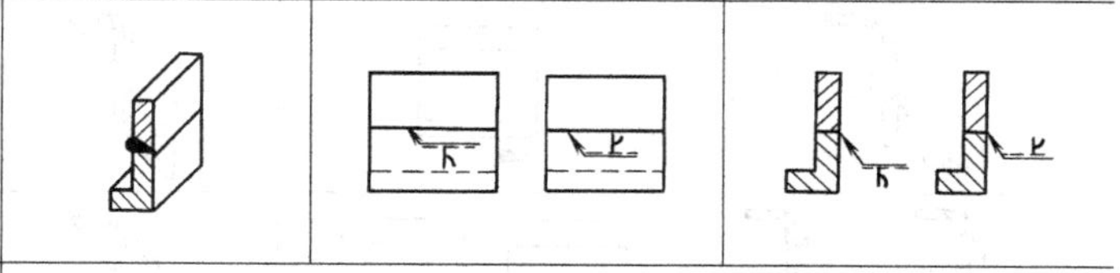	
封底焊缝	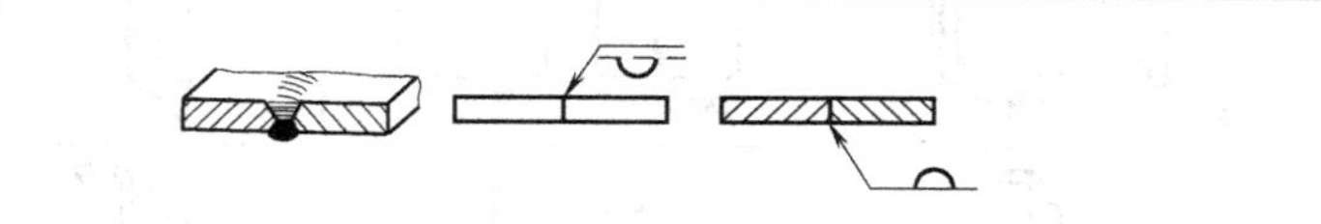	
角焊缝	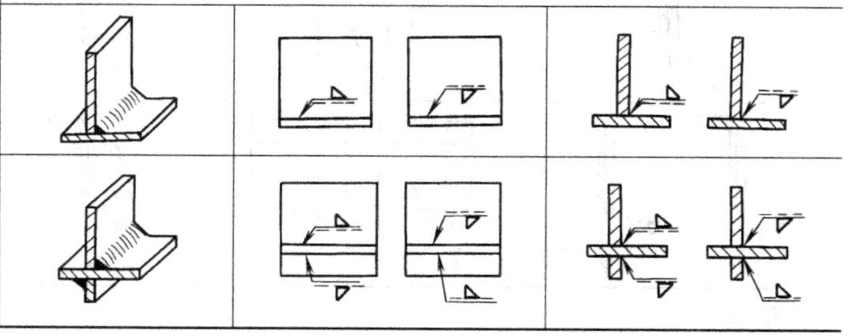	

续表

符号名称	示意图	标注方法	符号名称	示意图	标注方法
角焊缝			点焊缝		
塞焊缝或槽焊缝			缝焊缝		
陡边 V 形焊缝		（省略）	堆焊缝		（省略）
陡边单 V 形焊缝		（省略）	平面连接（钎焊）		（省略）
端焊缝		（省略）	斜面连接（钎焊）		（省略）
			折叠连接（钎焊）		（省略）

表 1-4-34　　基本符号的组合举例

符号组合	示意图	标注方法	符号组合	示意图	标注方法
卷边与封底组合	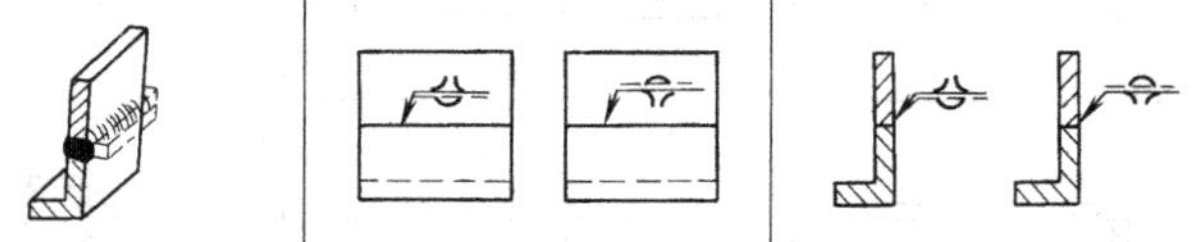		带钝边双面单 V 形焊缝	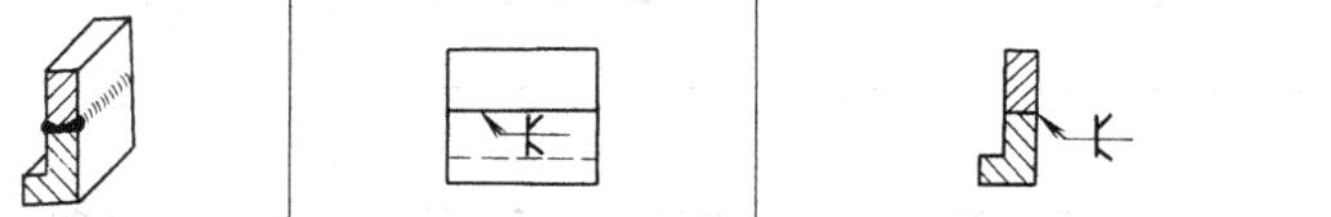	
双面 I 形	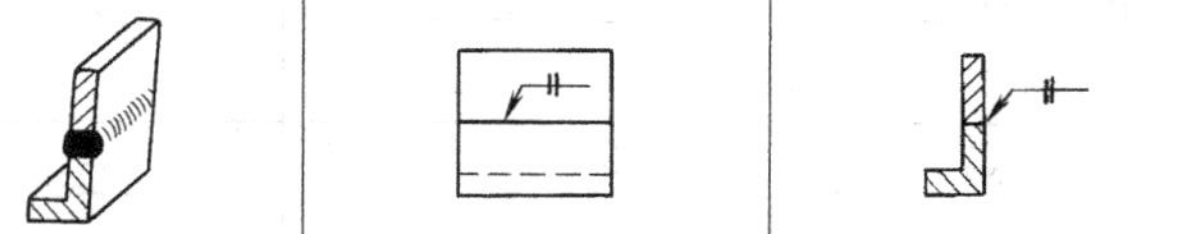		双面 U 形焊缝	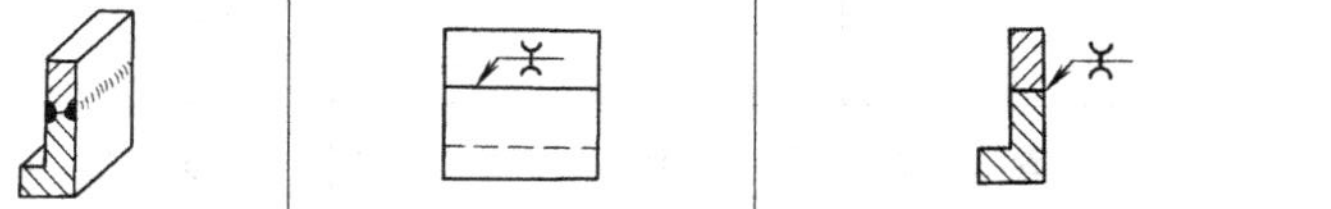	
V 形与封底组合	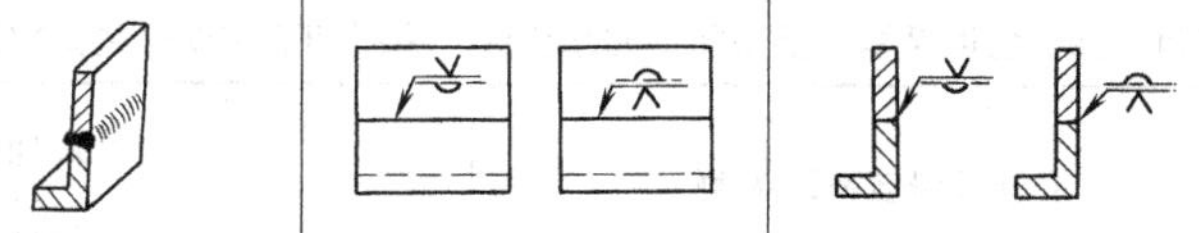		带钝边双面 J 形焊缝	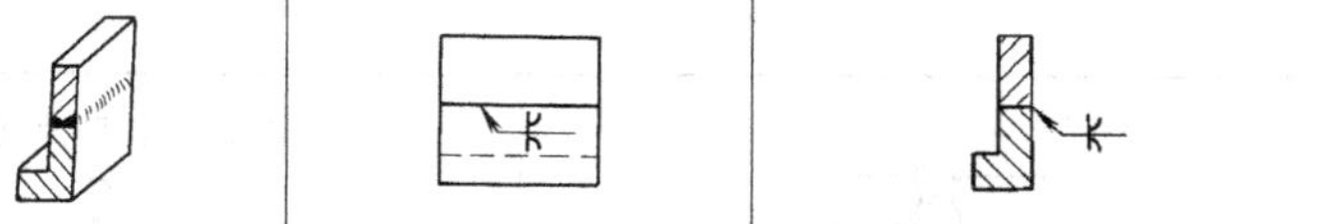	
双面 V 形	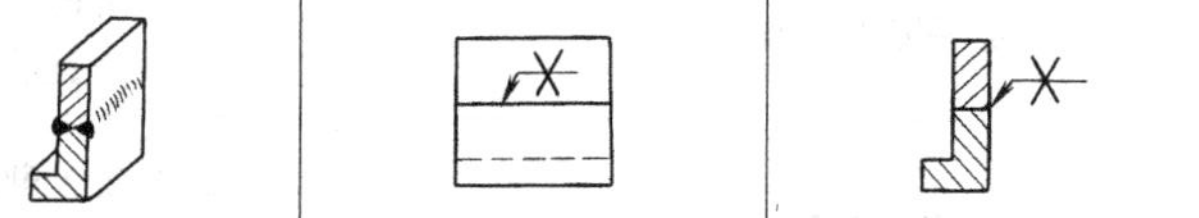		带钝边 V 与 U 结合	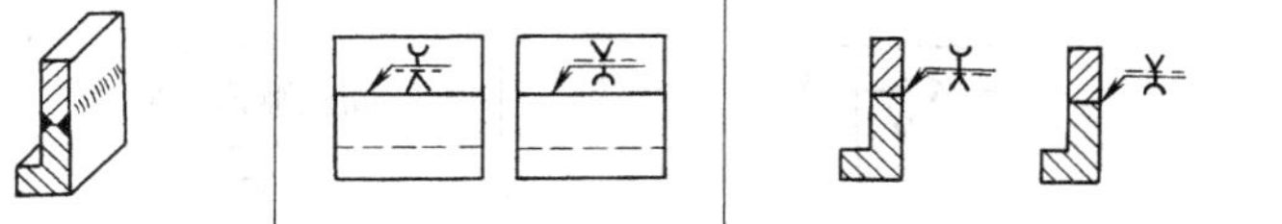	
双面 V 形（K 焊缝）	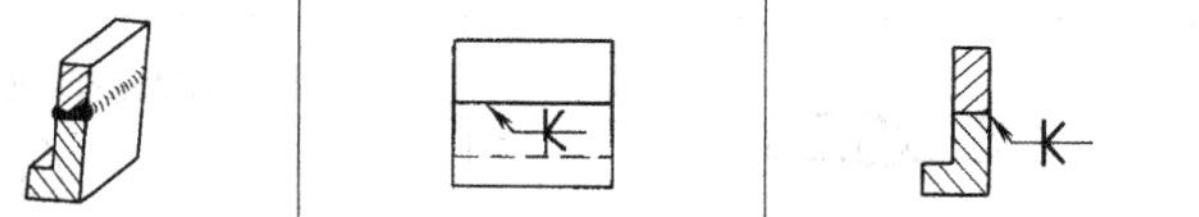		双面角焊缝	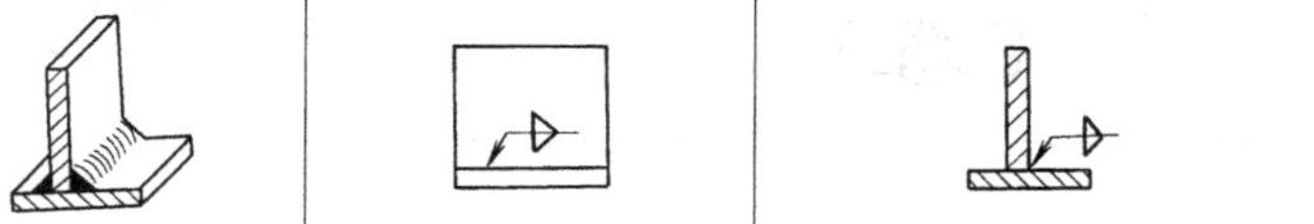	
				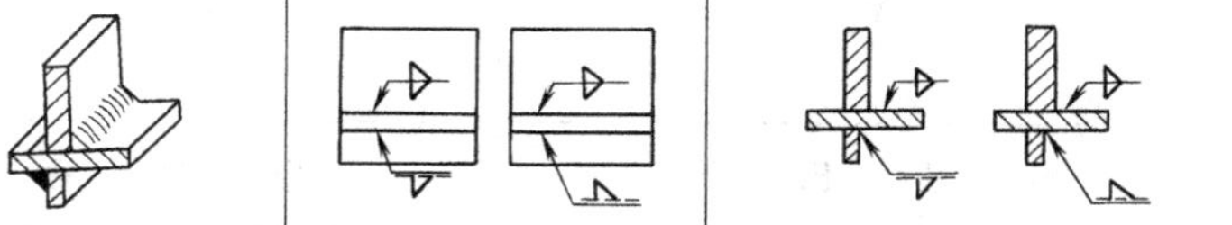	
带钝边双面 V 形焊缝	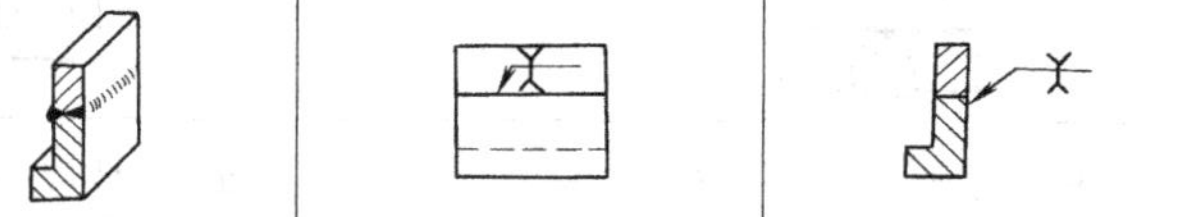				

表 1-4-35 辅助符号及应用示例

符号名称	应用示例	符号名称	应用示例
— 平面符号	焊缝表面齐平（一般通过加工平整）	凹面符号	焊缝表面凹陷
平齐 V 形对接焊缝		凸面符号	焊缝表面凸起
平齐封底 V 形焊缝		凹陷角焊缝　表面过渡平滑的角焊缝	
M 永久衬垫	衬垫永久保留	凸起的双面 V 形焊缝	
MR 临时衬垫	焊接完成后拆除衬垫		

注：辅助符号表示焊缝表面形状的符号，如不需确切地说明焊缝表面形状时，可以不用。

表 1-4-36 基本符号与辅助符号的组合举例

符号组合	示意图	标注方法		符号组合	示意图	标注方法	

续表

符号组合	示意图	标注方法		符号组合	示意图	标注方法	

符号组合	示例	说明	符号组合	示例	说明
		表示现场施焊：塞焊缝或槽焊缝在箭头侧。箭头线可由基准线的左端引出，位置受限制时，允许弯折一次		5 210	表示角焊缝（凹面）在箭头侧，焊缝高5mm，焊缝长210mm，工件三面带有焊缝
	4条	表示相同角焊缝4条，在箭头侧		5 210	表示I形焊缝在非箭头侧，焊缝有效厚度5mm，焊缝长210mm
	111/12	表示周围施焊，由埋弧焊形成的V形焊缝（平齐）在箭头侧，由手工电弧焊形成的封底焊缝（平齐）在非箭头侧		5 35×50 (30) 5 35×50 (30)	表示交错断续角焊缝，焊脚尺寸为5mm，相邻焊缝的间距为30mm，焊缝段数为35，每段焊缝长度为50mm

表 1-4-37　　补充符号及应用示例

符号名称	示意图	标注示例	符号名称	示意图	标注示例
带垫板符号 □	表示焊缝底有垫板	表示 V 形焊缝的背面底部有垫板	周围焊缝符号 ○	表示环绕工件周围焊缝	表示在现场沿工件周围施焊
三面焊符号 ⊏	表示三面带有焊缝	工件三面带有焊缝，手工电弧焊	现场符号	表示在野外或现场工地上进行焊接	
			尾部符号	A1（见本表注）	交错断续焊接符号

注：尾部标注的内容如下：相同焊缝数量；焊接方法代号（按 GB/T 5185 规定）；缺欠质量等级（按 GB/T 19418 规定）；焊接位置（按 GB/T 16672 规定）；焊接材料（按相关焊接材料标准）每个项目应用斜线“/”分开。

为了简化图样，也可将上述内容包括在一个文件中，采用封闭尾部，并标出文件编号，如 *A*1。

表 1-4-38　　焊缝符号的标注

符号及位置	示意图	符号及位置	示意图
指引线（箭头线）	箭头线　基准线（实线）　基准线（虚线） （箭头线允许折一次）	箭头线相对接头的位置	单角焊缝的T形接头 非箭头侧　箭头侧　箭头线　焊缝在箭头侧 箭头侧　非箭头侧　箭头线　焊缝在非箭头侧
基准线（实线或虚线）	指引线一般由带箭头的指引线（简称箭头线）和两条基准线（一条为实线，另一条为虚线）两部分组成。基准线的虚线可以画在基准线的实线下侧或上侧。基准线一般与图样的底边相平行，特殊时也可与底边相垂直		

续表

符号及位置	示　意　图
箭头线相对接头的位置	双角焊缝十字接头 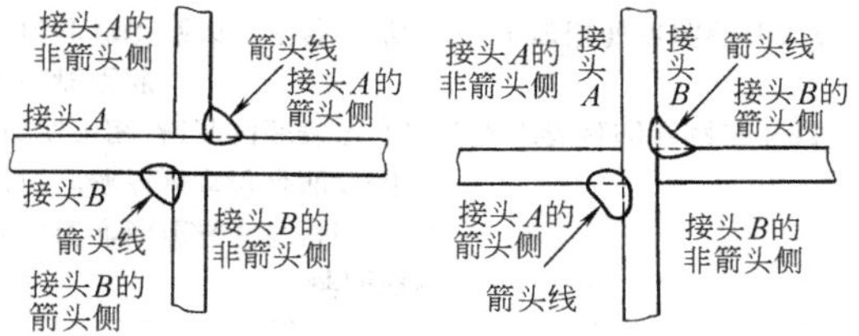 接头A的非箭头侧　箭头线　接头A的箭头侧　接头A　接头B　箭头线　接头B的非箭头侧　接头B的箭头侧 接头A的非箭头侧　接头A　接头B　箭头线　接头B的箭头侧　接头A的箭头侧　箭头线　接头B的非箭头侧
箭头线的位置	一般情况 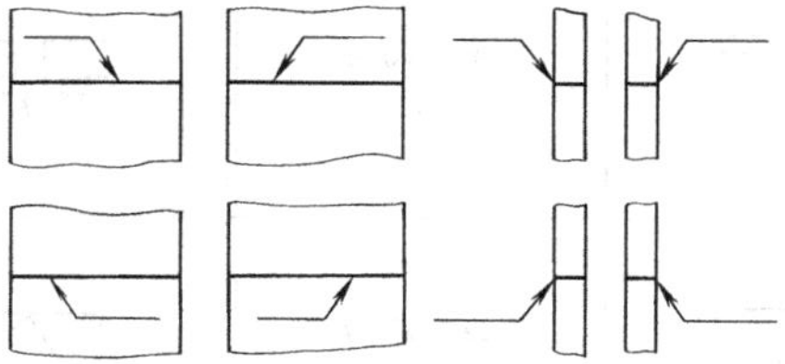
	标注 V、Y、J 形等焊缝时，箭头线应指向带有坡口一侧 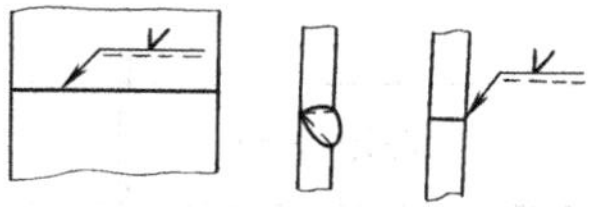

符号及位置	示　意　图
基本符号相对基准线的位置	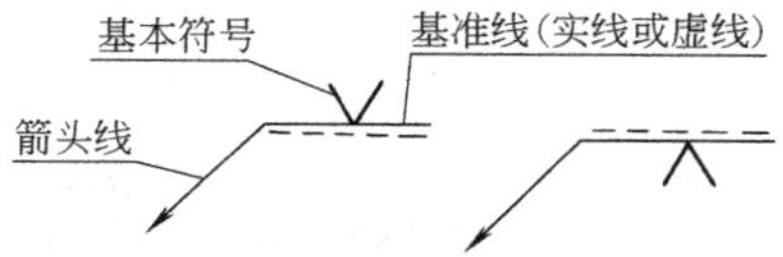 基本符号　基准线(实线或虚线)　箭头线 焊缝在接头的箭头侧，基本符号标在基准线的实线侧
	 焊缝在接头的非箭头侧，基本符号标在基准线的虚线侧
	对称焊缝　双面焊缝 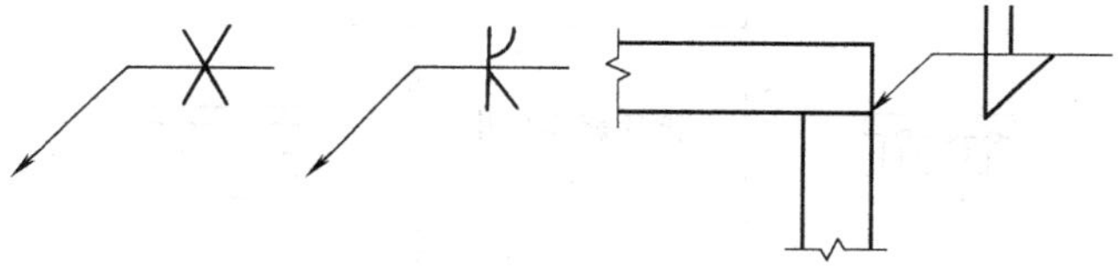 对称焊缝及双面焊缝，可不加虚线

表 1-4-39　焊缝尺寸符号及其标注原则

符号、名称	示意图	符号、名称	示意图	符号、名称	示意图	符号、名称	示意图
δ 工作厚度		c 焊缝宽度		e 焊缝间距		N 相同焊缝数量	$N=3$
α 坡口角度		R 根部半径		K 焊脚尺寸		H 坡口深度	
b 根部间隙		l 焊缝长度		d 点焊:熔核直径 塞焊:孔径		h 余　高	
P 钝　边		n 焊缝段数	$n=2$	S 焊缝有效厚度		β 坡口面角度	

尺寸标注方法及原则

标注原则

(1)焊缝横截面上的尺寸标在基本符号的左侧

(2)焊缝长度方向尺寸标在基本符号的右侧

(3)坡口角度、坡口面角度、根部间隙等尺寸标在基本符号的上侧或下侧

(4)相同焊缝数量标在尾部

(5)当需要标注的尺寸数据较多又不易分辨时,可在数据前面标注相应的尺寸符号。当箭头线方向变化时,上述原则不变

(6)关于尺寸的其他规定

① 确定焊缝位置的尺寸不在焊缝符号中标注,应将其标注在图样上。

② 在基本符号的右侧无任何尺寸标注又无其他说明时,意味着焊缝在工件的整个长度方向上是连续的。

③ 在基本符号的左侧无任何尺寸标注又无其他说明时,意味着对接焊缝应完全焊透。

④ 塞焊缝、槽焊缝带有斜边时,应标注其底部的尺寸。

标注方法

$\alpha \cdot \beta \cdot b$
$P \cdot H \cdot K \cdot h \cdot S \cdot R \cdot c \cdot d$(基本符号)$n \times l$ (e)　N(参见表1-4-38)
$P \cdot H \cdot K \cdot h \cdot S \cdot R \cdot c \cdot d$(基本符号)$n \times l$ (e)
$\alpha \cdot \beta \cdot b$

$\alpha \cdot \beta \cdot b$
$P \cdot H \cdot K \cdot h \cdot S \cdot R \cdot c \cdot d$(基本符号)$n \times l$ (e)　N(参见同上)
$P \cdot H \cdot K \cdot h \cdot S \cdot R \cdot c \cdot d$(基本符号)$n \times l$ (e)
$\alpha \cdot \beta \cdot b$

表 1-4-40 焊缝的视图、剖视图及其焊缝位置的定位尺寸简化注法示例（摘自 GB/T 12212—2012）

序号	视图或剖视图画法示例	焊缝符号及定位尺寸简化注法示例	说明
1	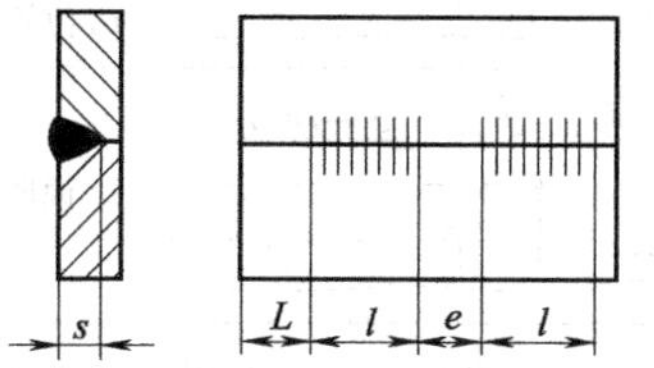	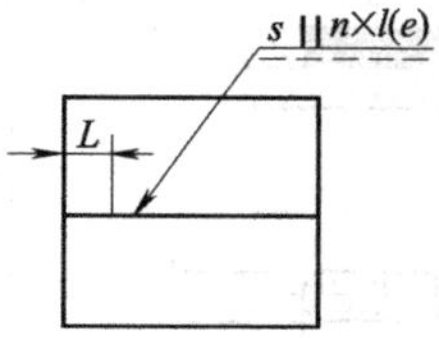	断续I形焊缝在箭头侧；其中 L 是确定焊缝起始位置的定位尺寸
		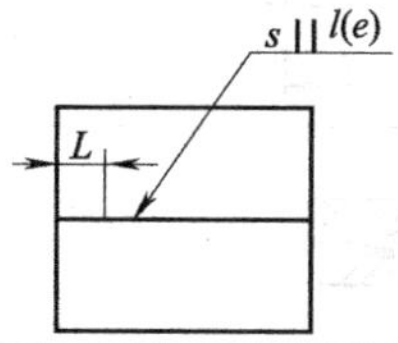	按照表注2和表注3的规定，焊缝符号标注中省略了焊缝段数和非箭头侧的基准线（虚线）
2	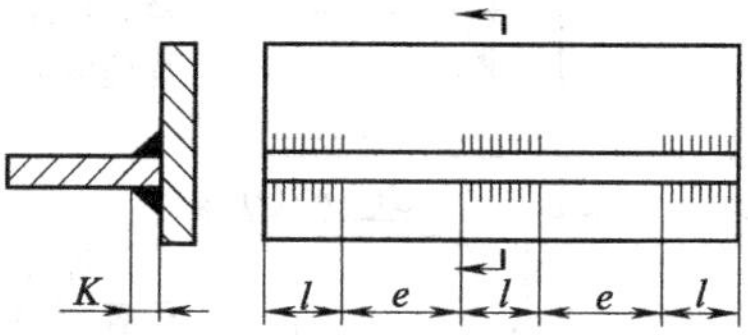	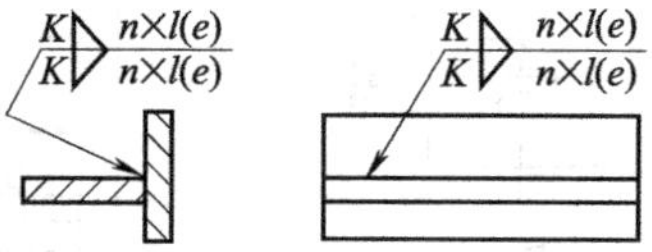	对称断续角焊缝，构件两端均有焊缝
		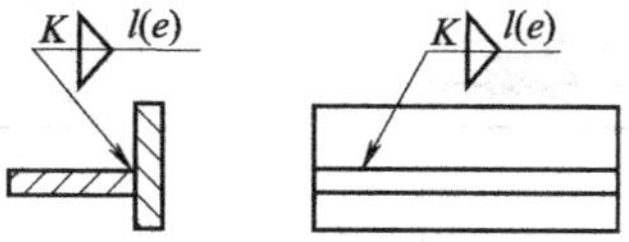	按照表注2的规定，焊缝符号标注中省略了焊缝段数；按照表注1的规定，焊缝符号中的尺寸只在基准线上标注一次
3	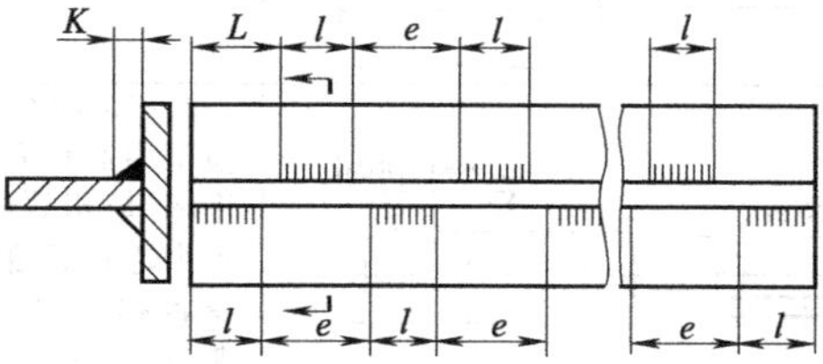	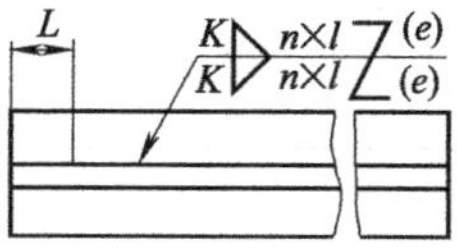	交错断续角焊缝；其中 L 是确定箭头侧焊缝起始位置的定位尺寸；工件在非箭头侧两端均有焊缝
		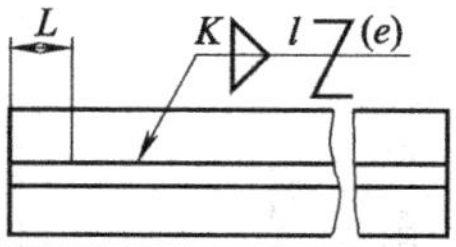	说明见序号2
4	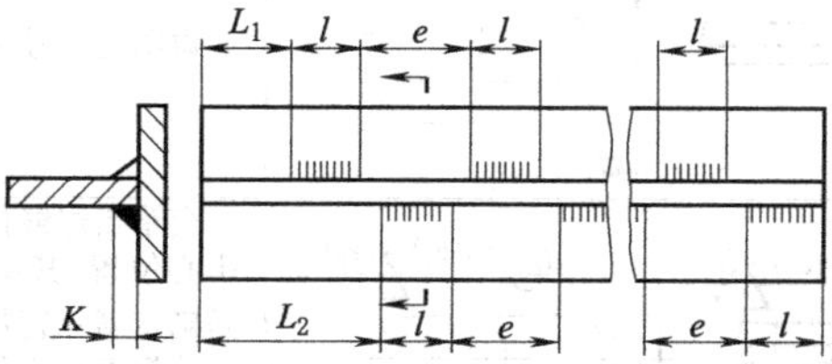	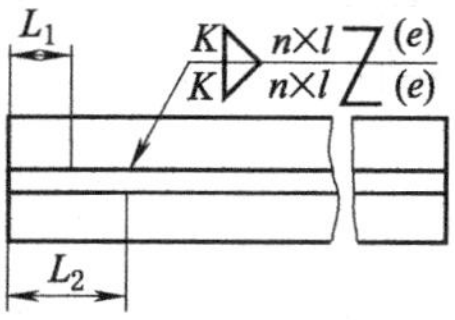	交错断续角焊缝；其中 L_1 是确定箭头侧焊缝起始位置的定位尺寸；L_2 是确定非箭头侧焊缝起始位置的定位尺寸
		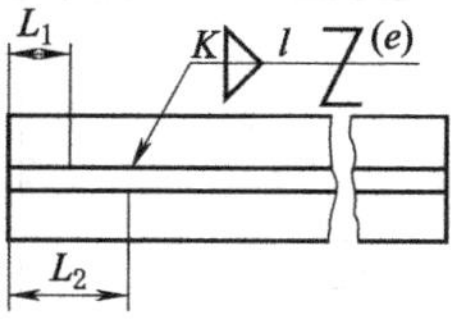	说明见序号2
5	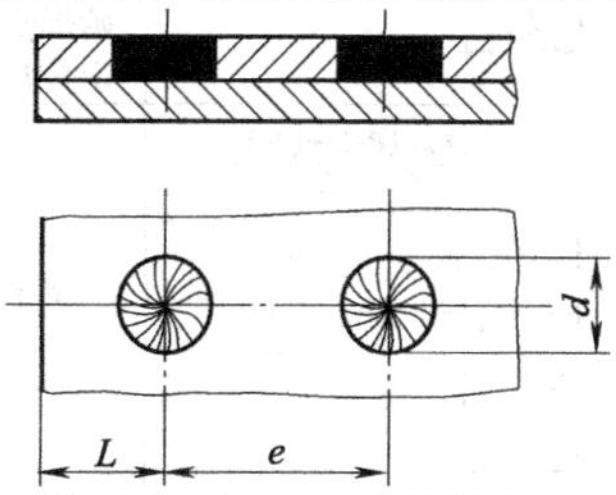	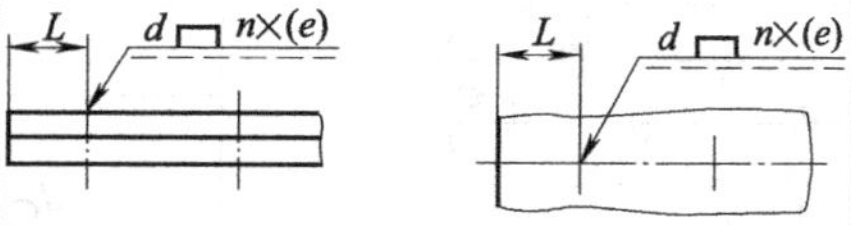	塞焊缝在箭头侧；其中 L 是确定焊缝起始孔中心位置的定位尺寸
		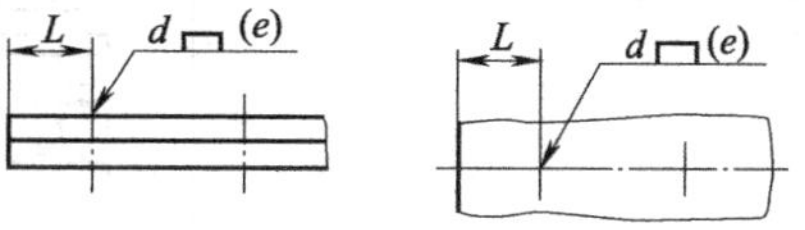	说明见序号1

续表

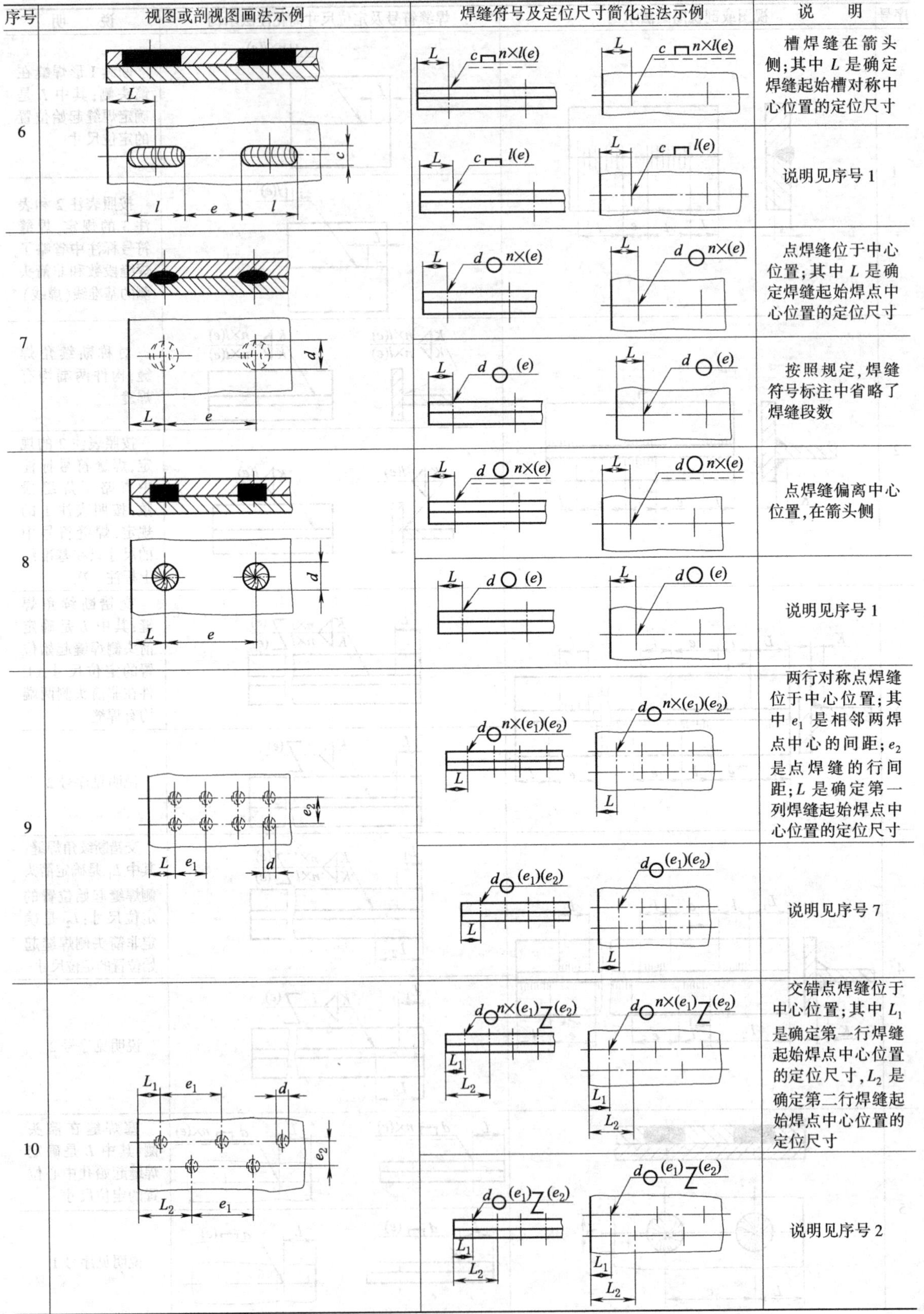

序号	视图或剖视图画法示例	焊缝符号及定位尺寸简化注法示例	说明
6			槽焊缝在箭头侧；其中 L 是确定焊缝起始槽对称中心位置的定位尺寸
			说明见序号 1
7			点焊缝位于中心位置；其中 L 是确定焊缝起始焊点中心位置的定位尺寸
			按照规定，焊缝符号标注中省略了焊缝段数
8			点焊缝偏离中心位置，在箭头侧
			说明见序号 1
9			两行对称点焊缝位于中心位置；其中 e_1 是相邻两焊点中心的间距；e_2 是点焊缝的行间距；L 是确定第一列焊缝起始焊点中心位置的定位尺寸
			说明见序号 7
10			交错点焊缝位于中心位置；其中 L_1 是确定第一行焊缝起始焊点中心位置的定位尺寸，L_2 是确定第二行焊缝起始焊点中心位置的定位尺寸
			说明见序号 2

续表

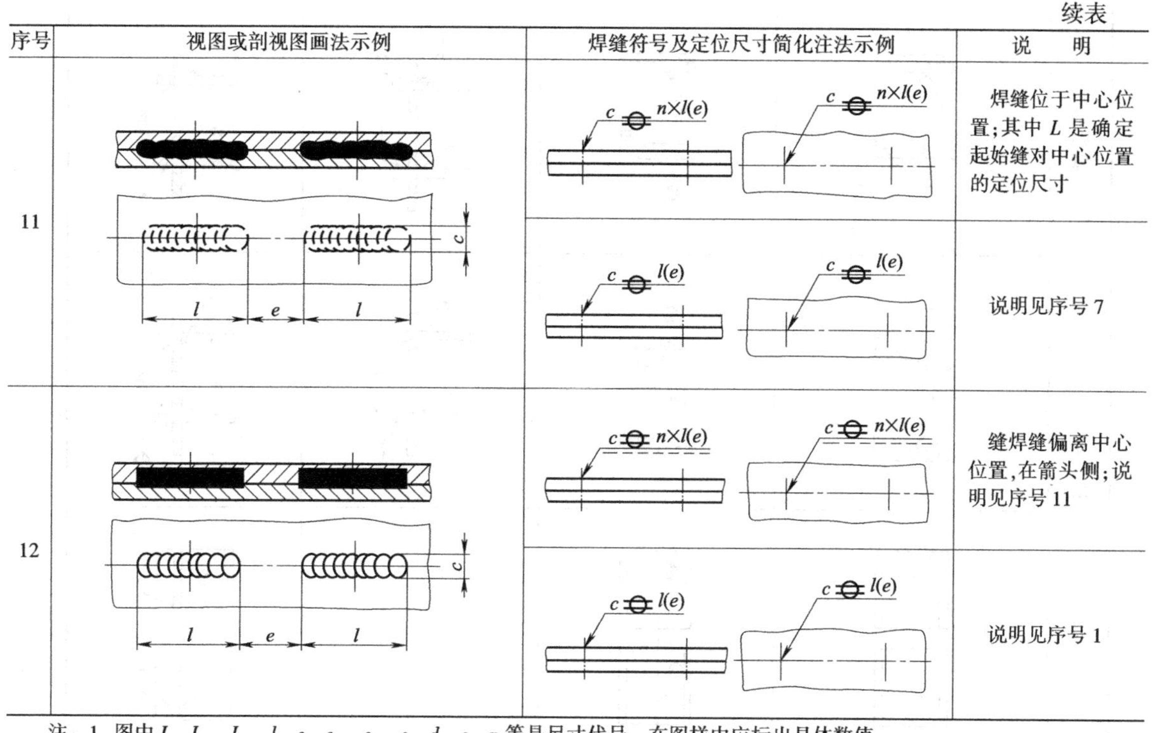

序号	视图或剖视图画法示例	焊缝符号及定位尺寸简化注法示例	说　明
11			焊缝位于中心位置;其中 L 是确定起始缝对中心位置的定位尺寸
			说明见序号 7
12			缝焊缝偏离中心位置,在箭头侧;说明见序号 11
			说明见序号 1

注：1. 图中 L、L_1、L_2、l、e、e_1、e_2、s、d、c、n 等是尺寸代号，在图样中应标出具体数值。

2. 在焊缝符号标注中省略焊缝段数和非箭头侧的基准线（虚线）时，必须认真分析，不得产生误解。

3. 标注对称焊缝和交错对称焊缝的尺寸时，允许在基准线上只标注一次，如图 a 所示。

4. 当断续焊缝、对称断续焊缝和交错断续焊缝的段数无严格要求时，允许省略焊缝段数，如图 b 所示。

5. 在不致引起误解的情况下，当箭头线指向焊缝，而非箭头侧又无焊缝要求时，允许省略非箭头侧的基准线（虚线），如图 f 所示。

6. 当同一图样上全部焊缝所采用的焊接方法完全相同时，焊缝符号尾部表示焊接方法的代号可省略不注，但必须在技术要求或其他技术文件中注明“全部焊缝均采用……焊”等字样；当大部分焊接方法相同时，也可在技术要求或其他技术文件中注明“除图样中注明的焊接方法外，其余焊缝均采用……焊”等字样。

7. 在同一图样中，当若干条焊缝的坡口尺寸和焊缝符号均相同时，可采用图 c 的方法集中标注；当这些焊缝同时在接头中的位置均相同时，也可采用在焊缝符号的尾部加注相同焊缝数量的方法简化标注，但其他型式的焊缝，仍需分别标注，如图 d 所示。

8. 当同一图样中全部焊缝相同且已用图示法明确表示其位置时，可统一在技术要求中用符号表示或用文字说明，如“全部焊缝为 5⊿”；当部分焊缝相同时，也可采用同样的方法表示，但剩余焊缝应在图样中明确标注。

9. 为了简化标注方法，或者标注位置受到限制时，可以标注焊缝简化代号图 e，但必须在该图样下方或在标题栏附近说明这些简化代号的意义。

10. 当焊缝长度的起始和终止位置明确（已由构件的尺寸等确定）时，允许在焊缝符号中省略焊缝长度，如图 f 所示。

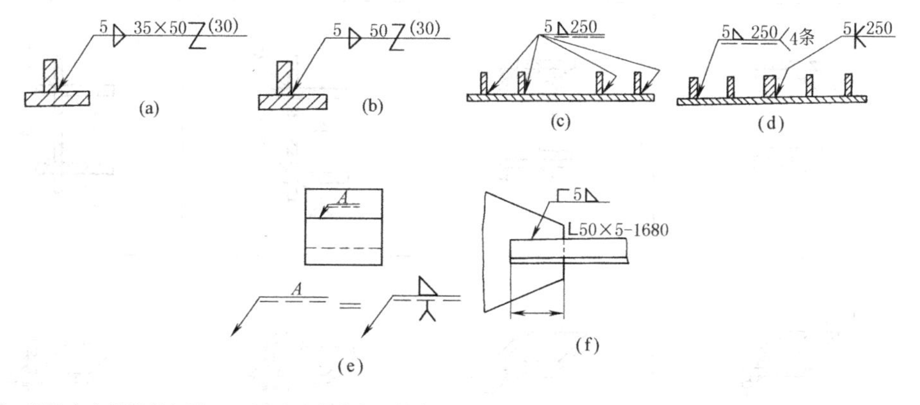

(a) (b) (c) (d) (e) (f)

11. 当同一图样中全部焊缝相同且已用图示明确表示其位置时，可统一在技术要求中用符号表示或用文字说明，如“全部焊缝为 5⊿”；当部分焊缝隙相同时，也可采用同样的方法表示，但剩余焊缝应在图样中明确标注。

表 1-4-41　　错误标注示例

示意图	正确标法	错误标法	示意图	正确标法		错误标法

注：当箭头指不到所要表示的接头时，不可采用焊缝符号标注方法。

表 1-4-42　钢材气焊、焊条电弧焊、气体保护焊和高能束焊的推荐坡口（摘自 GB/T 985. 1—2008）　　mm

单面对接焊坡口										
母材厚度 t	坡口/接头种类	基本符号	横截面示意图	尺寸				适用的焊接方法	焊缝示意图	备注
				坡口角 α 或 坡口面角 β	间隙 b	钝边 c	坡口深度 h			
≤2	卷边坡口	八	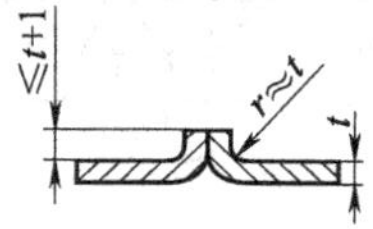	—	—	—	—	3 111 141 512	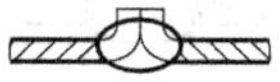	通常不填加焊接材料
≤4	I 形坡口	‖	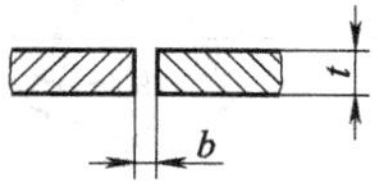	—	≈t	—	—	3 111 141	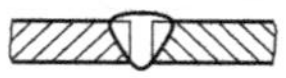	—
3<t≤8					3≤b≤8 ≈t			13 141		必要时加衬垫
≤15					≤1^b 0			52		
≤100	I 形坡口（带衬垫）	—	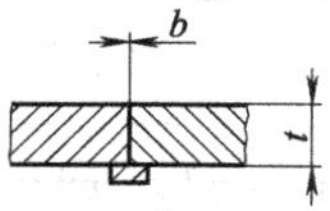	—	—	—	—	51	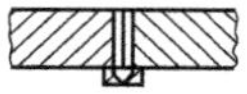	—
	I 形坡口（带锁底）		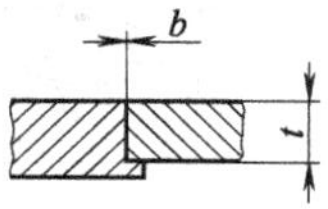						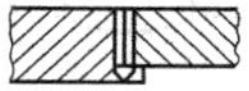	
3<t≤10	V 形坡口	V	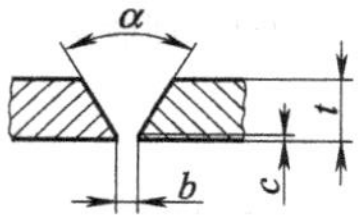	10°≤α≤60°	≤4	≤2	—	3 111 13 141	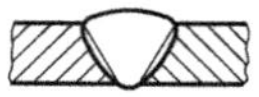	必要时加衬垫
8<t≤12				6°≤α≤8°	—			52		

续表

母材厚度 t	坡口/接头种类	基本符号	横截面示意图	尺寸				适用的焊接方法	焊缝示意图	备注
				坡口角 α 或 坡口面角 β	间隙 b	钝边 c	坡口深度 h			
>16	陡边坡口			$5° \leqslant \beta \leqslant 20°$	$5 \leqslant b \leqslant 15$	—	—	111 13		带衬垫
$5 \leqslant t \leqslant 40$	V形坡口（带钝边）			$\alpha \approx 60°$	$1 \leqslant b \leqslant 4$	$2 \leqslant c \leqslant 4$	—	111 13 141		—
>12	U-V形组合坡口			$60° \leqslant \alpha \leqslant 90°$ $8° \leqslant \beta \leqslant 12°$	$1 \leqslant b \leqslant 3$	—	≈4	111 13 141		$6 \leqslant R \leqslant 9$
>12	V-V形组合坡口			$60° \leqslant \alpha \leqslant 90°$ $10° \leqslant \beta \leqslant 15°$	$2 \leqslant b \leqslant 4$	>2	—	111 13 141		—
>12	U形坡口			$8° \leqslant \beta \leqslant 12°$	≤4	≤3	—	111 13 141		—

续表

母材厚度 t	坡口/接头种类	基本符号	横截面示意图	尺寸：坡口角 α 或坡口面角 β	尺寸：间隙 b	尺寸：钝边 c	尺寸：坡口深度 h	适用的焊接方法	焊缝示意图	备注
$3<t\leqslant10$	单边V形坡口	⊬	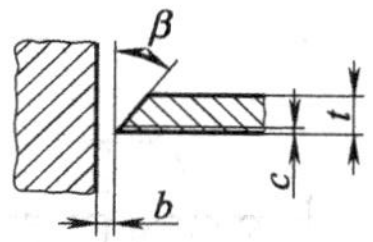 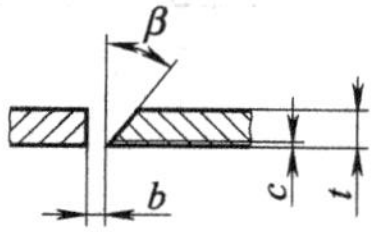	$35°\leqslant\beta\leqslant60°$	$2\leqslant b\leqslant4$	$1\leqslant c\leqslant2$	—	111 13 141	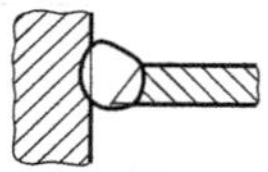 	—
>16	单边陡边坡口	⊔/	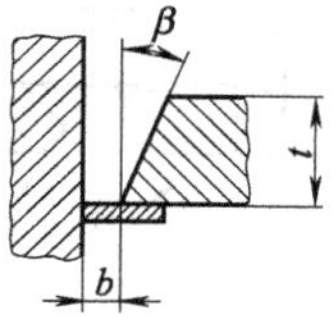	$15°\leqslant\beta\leqslant60°$	$6\leqslant b\leqslant12$	—	—	111	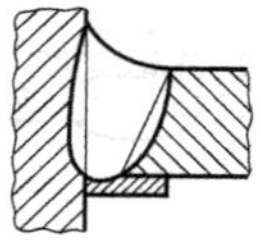	带衬垫
					≈12			13 141		
>16	J形坡口	⊬	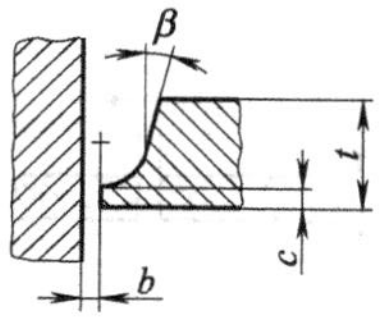	$10°\leqslant\beta\leqslant20°$	$2\leqslant b\leqslant4$	$1\leqslant c\leqslant2$	—	111 13 141	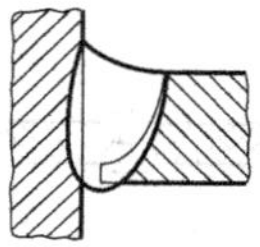	—
≤15	T形接头		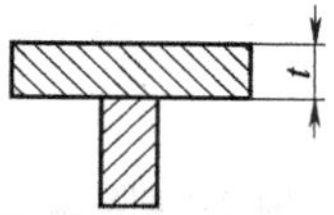	—	—	—	—	52		—
≤100								51		
≤15	T形接头		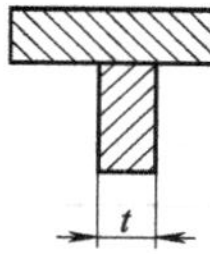	—	—	—	—	52	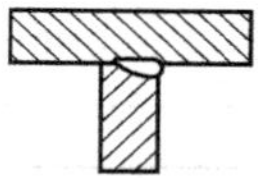	—
≤100								51		

续表

母材厚度 t	坡口/接头种类	基本符号	横截面示意图	双面对接坡口 尺寸 坡口角 α 或坡口面角 β	间隙 b	钝边 c	坡口深度 h	适用的焊接方法	焊缝示意图	备注
≤8	I 形坡口	‖		—	≈t/2	—	—	111 141 13		
≤15					0			52		
3≤t≤40	V 形坡口			$\alpha\approx60°$	≤3	≤2	—	111 141		封底
				$40°\leq\alpha\leq60°$				13		
>10	带钝边 V 形坡口			$\alpha\approx60°$	$1\leq b\leq3$	$2\leq c\leq4$	—	111 141		特殊情况下可适用更小的厚度和气保焊方法。注明封底
				$40°\leq\alpha\leq60°$				13		
>10	双 V 形坡口（带钝边）			$\alpha\approx60°$	$1\leq b\leq4$	$2\leq c\leq6$	$h_1=h_2=\frac{t-c}{2}$	111 141		—
				$40°\leq\alpha\leq60°$				13		

续表

母材厚度 t	坡口/接头种类	基本符号	横截面示意图	尺寸 坡口角 α 或坡口面角 β	尺寸 间隙 b	尺寸 钝边 c	尺寸 坡口深度 h	适用的焊接方法	焊缝示意图	备注
>10	双V形坡口	X		$\alpha \approx 60°$	$1 \leqslant b \leqslant 3$	≤2	$\approx t/2$	111 141		—
				$40° \leqslant \alpha \leqslant 60°$				13		
	非对称双V形坡口			$\alpha_1 \approx 60°$ $\alpha_2 \approx 60°$			$\approx t/3$	111 141		—
				$40° \leqslant \alpha_1 \leqslant 60°$ $40° \leqslant \alpha_2 \leqslant 60°$				13		
>12	U形坡口		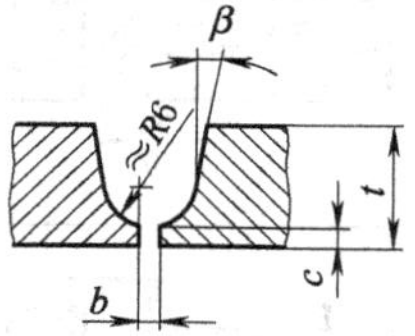	$8° \leqslant \beta \leqslant 12°$	$1 \leqslant b \leqslant 3$	≈5	—	111 13	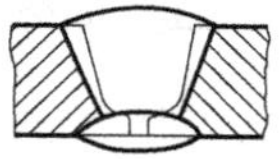	封底
					≤3			141		
≥30	双U形坡口		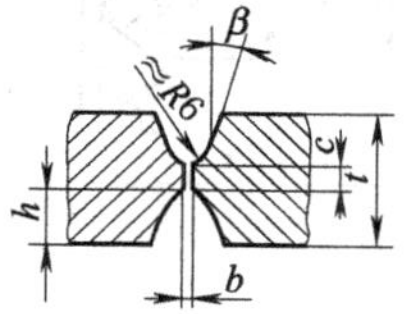	$8° \leqslant \beta \leqslant 12°$	≤3	≈3	$\approx \frac{t-c}{2}$	111 13 141	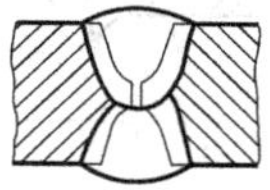	可制成与V形坡口相似的非对称坡口形式
$3 \leqslant t \leqslant 30$	单边V形坡口		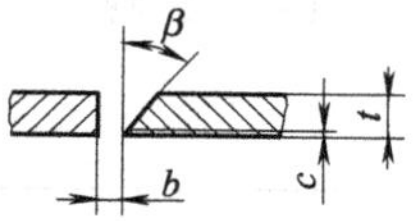	$35° \leqslant \beta \leqslant 60°$	$1 \leqslant b \leqslant 4$	≤2	—	111 13 141	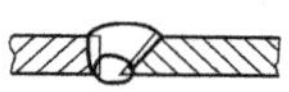	封底

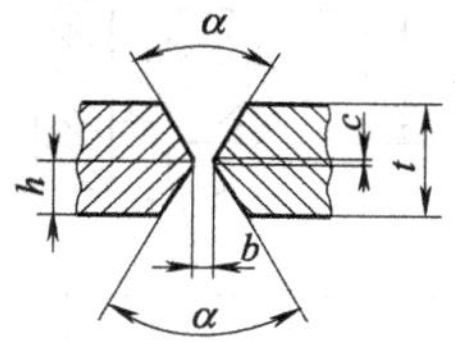

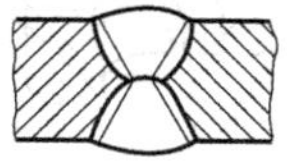

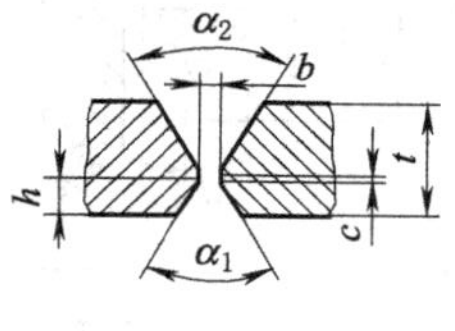

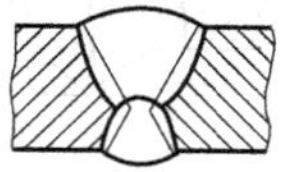

续表

母材厚度 t	坡口/接头种类	基本符号	横截面示意图	尺寸 坡口角 α 或坡口面角 β	尺寸 间隙 b	尺寸 钝边 c	尺寸 坡口深度 h	适用的焊接方法	焊缝示意图	备注
>10	K 形坡口			$35° \leqslant \beta \leqslant 60°$	$1 \leqslant b \leqslant 4$	≤2	$\approx t/2$ 或 $\approx t/3$	111 13 141[a]		可制成与 V 形坡口相似的非对称坡口形式
>16	J 形坡口			$10° \leqslant \beta \leqslant 20°$	$1 \leqslant b \leqslant 3$	≥2	—	111 13 141[a]		封底
>30	双 J 形坡口			$10° \leqslant \beta \leqslant 20°$	≤3	≥2	$\frac{t-c}{2}$	111 13 41		可制成与 V 形坡口相似的非对称坡口形式
						<2	$\approx t/2$			
≤25	T 形接头			—	—	—	—	52		—
≤170								51		

续表

角焊缝的接头形式(单面焊)

母材厚度 t	接头形式	基本符号	横截面示意图	尺寸 角度 α	尺寸 间隙 b	适用的焊接方法	焊缝示意图
$t_1>2$ $t_2>2$	T形接头			$70° \leqslant \alpha \leqslant 100°$	$\leqslant 2$	3 111 13 141	
$t_1>2$ $t_2>2$	搭接			—	$\leqslant 2$	3 111 13 141	
$t_1>2$ $t_2>2$	角接			$60° \leqslant \alpha \leqslant 120°$	$\leqslant 2$	3 111 13 141	
$t_1>3$ $t_2>3$	角接			$70° \leqslant \alpha \leqslant 100°$	$\leqslant 2$	3 111 13 141	
$t_1>2$ $t_2>5$	角接			$60° \leqslant \alpha \leqslant 120°$	—	3 111 13 141	

续表

母材厚度 t	接头形式	基本符号	横截面示意图	尺寸		适用的焊接方法	焊缝示意图
				角度 α	间隙 b		
$2 \leqslant t_1 \leqslant 4$ $2 \leqslant t_2 \leqslant 4$	T形接头			—	$\leqslant 2$	3 111 13 141	
$t_1 > 4$ $t_2 > 4$					—		

窄间隙热丝焊坡口

母材厚度 t	坡口/接头种类	基本符号	横截面示意图	尺寸				适用的焊接方法	焊缝示意图	备注
				坡口角 α 或 坡口面角 β	间隙 b	钝边 c	坡口深度 h			
$20 \leqslant t \leqslant 150$	U形坡口			$1° \leqslant \beta \leqslant 1.5°$	—	$c \approx 2$	—	141（热丝）		

注：1. 各类坡口适用于相应的焊接方法。必要时，也可采用两种以上适用方法组合焊接。

2. 焊接方法代号参见 GB/T 5185。

表 1-4-43　钢材埋弧焊的推荐坡口（摘自 GB/T 985．2—2008）　mm

单面对接焊坡口

工件厚度 t	焊缝			坡口形式和尺寸					焊接位置	备注
	名称	基本符号	焊缝示意图	横截面示意图	坡口角 α 或坡口面角 β	间隙 b、圆弧半径 R	钝边 c	坡口深度 h		
$3 \leqslant t \leqslant 12$	平对接焊缝	||			—	$b \leqslant 0.5t$ 最大 5	—	—	PA	带衬垫，衬垫厚度至少：5mm 或 $0.5t$

续表

焊缝				坡口形式和尺寸					焊接位置	备注
工件厚度 t	名称	基本符号	焊缝示意图	横截面示意图	坡口角 α 或坡口面角 β	间隙 b、圆弧半径 R	钝边 c	坡口深度 h		
$10 \leqslant t \leqslant 20$	V形焊缝		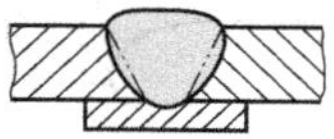	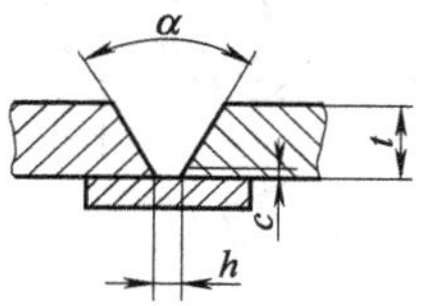	$30° \leqslant \alpha \leqslant 50°$	$4 \leqslant b \leqslant 8$	$c \leqslant 2$	—	PA	带衬垫，衬垫厚度至少：5mm或0.5t
$t>20$	陡边V形焊缝		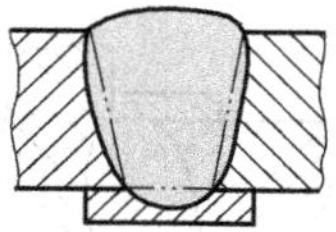	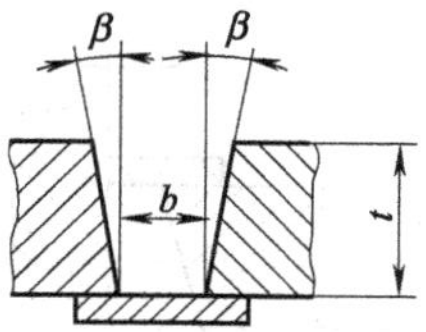	$4° \leqslant \beta \leqslant 10°$	$16 \leqslant b \leqslant 25$	—	—	PA	带衬垫，衬垫厚度至少：5mm或0.5t
$t>12$	双V形组合焊缝		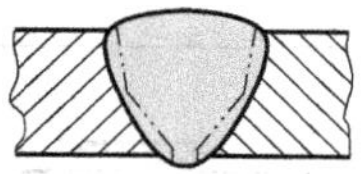	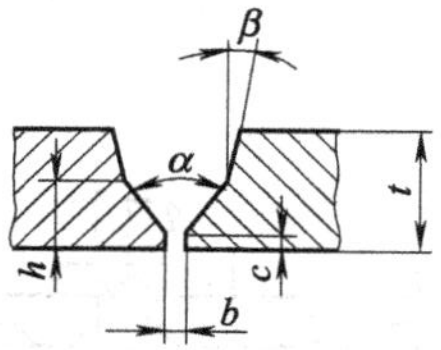	$60° \leqslant \alpha \leqslant 70°$ $4° \leqslant \beta \leqslant 10°$	$1 \leqslant b \leqslant 4$	$0 \leqslant c \leqslant 3$	$4 \leqslant h \leqslant 10$	PA	根部焊道可采用合适的方法焊接
$t \geqslant 12$	U-V形组合焊缝		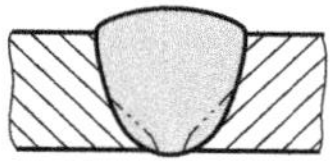	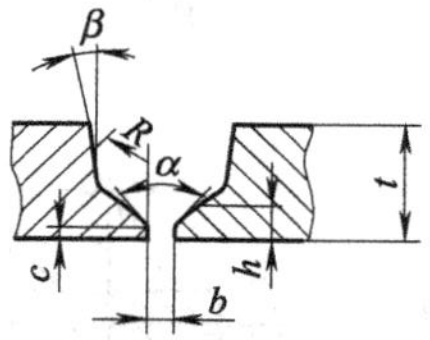	$60° \leqslant \alpha \leqslant 70°$ $4° \leqslant \beta \leqslant 10°$	$1 \leqslant b \leqslant 4$ $5 \leqslant R \leqslant 10$	$0 \leqslant c \leqslant 3$	$4 \leqslant h \leqslant 10$	PA	根部焊道可采用合适的方法焊接
$t \geqslant 30$	U形焊缝		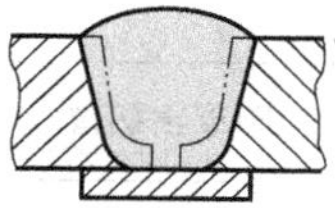	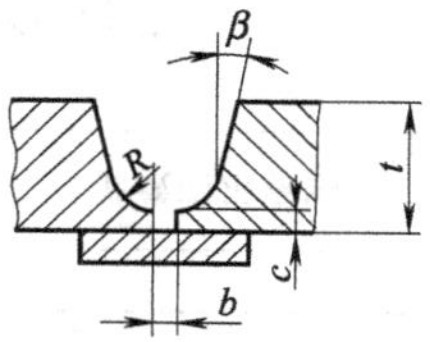	$4° \leqslant \beta \leqslant 10°$	$1 \leqslant b \leqslant 4$ $5 \leqslant R \leqslant 10$	$2 \leqslant c \leqslant 3$	—	PA	带衬垫，衬垫厚度至少：5mm或0.5t

续表

工件厚度 t	焊缝 名称	基本符号	焊缝示意图	坡口形式和尺寸 横截面示意图	坡口角 α 或坡口面角 β	间隙 b、圆弧半径 R	钝边 c	坡口深度 h	焊接位置	备注
$3\leqslant t\leqslant 16$	单边 V 形焊缝		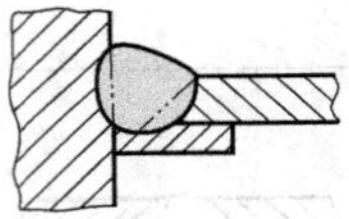 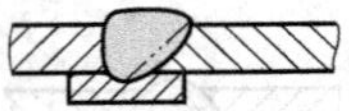	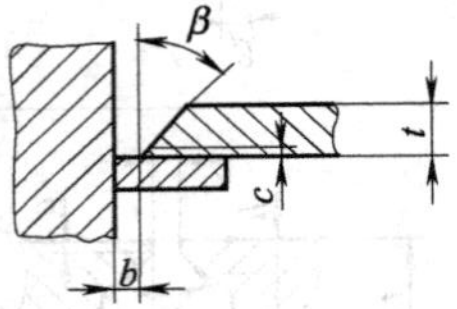 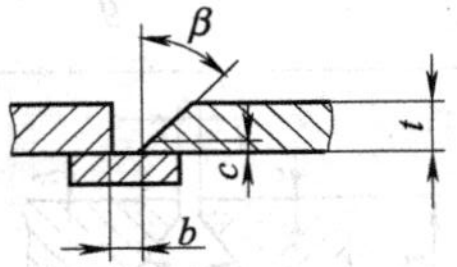	$30°\leqslant\beta\leqslant 50°$	$1\leqslant b\leqslant 4$	$c\leqslant 2$	—	PA PB	带衬垫，衬垫厚度至少：5mm 或 $0.5t$
$t\geqslant 16$	单边陡边 V 形焊缝		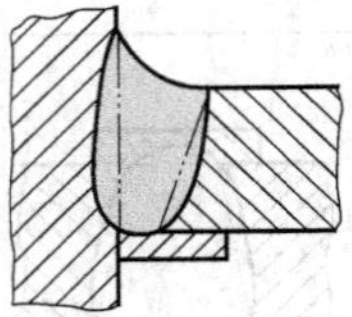	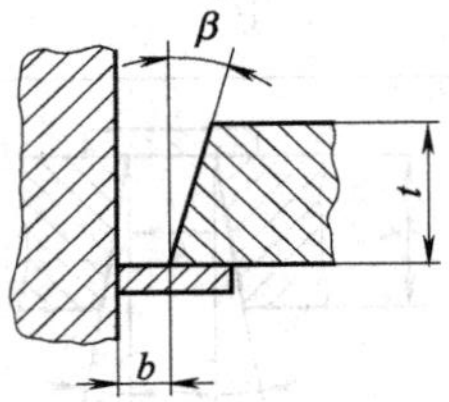	$8°\leqslant\beta\leqslant 10°$	$5\leqslant b\leqslant 15$	—	—	PA PB	带衬垫，衬垫厚度至少：5mm 或 $0.5t$
$t\geqslant 16$	J 形焊缝		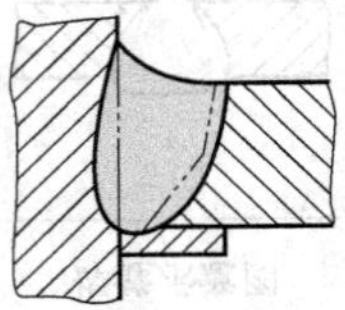	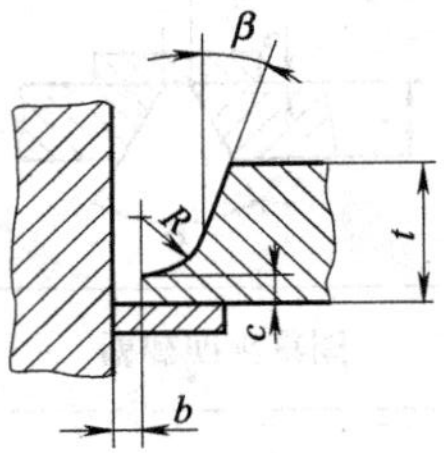	$4°\leqslant\beta\leqslant 10°$	$2\leqslant b\leqslant 4$ $5\leqslant R\leqslant 10$	$2\leqslant c\leqslant 3$	—	PA PB	带衬垫，衬垫厚度至少：5mm 或 $0.5t$

续表

双面对接焊坡口										
焊缝				坡口形式和尺寸					焊接位置	备　注
工件厚度 t	名称	基本符号	焊缝示意图	横截面示意图	坡口角 α 或坡口面角 β	间隙 b、圆弧半径 R	钝边 c	坡口深度 h		
$3 \leqslant t \leqslant 20$	平对接焊接				—	$b<2$	—	—	PA	间隙应符合公差要求
$10 \leqslant t \leqslant 35$	带钝边 V 形焊缝/封底				$30° \leqslant \alpha \leqslant 60°$	$b \leqslant 4$	$4 \leqslant c \leqslant 10$	—	PA	根据焊道可用其他方法焊接
$10 \leqslant t \leqslant 20$	V 形焊缝/平对接焊缝				$60° \leqslant \alpha \leqslant 80°$	$b \leqslant 4$	$5 \leqslant c \leqslant 15$	—	PA	根据焊道可用其他方法焊接
$t \geqslant 16$	带钝边的双 V 形焊缝				$30° \leqslant \alpha \leqslant 70°$	$b \leqslant 4$	$4 \leqslant c \leqslant 10$	$h_1 = h_2$	PA	—
$t \geqslant 30$	U 形焊缝/封底焊缝				$5° \leqslant \beta \leqslant 10°$	$b \leqslant 4$ $5 \leqslant R \leqslant 10$	$4 \leqslant c \leqslant 10$	—	PA	—

续表

焊缝				坡口形式和尺寸					焊接位置	备注
工件厚度 t	名称	基本符号	焊缝示意图	横截面示意图	坡口角 α 或坡口面角 β	间隙 b、圆弧半径 R	钝边 c	坡口深度 h		
$t \geqslant 50$	双U形焊缝		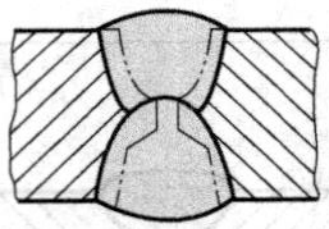	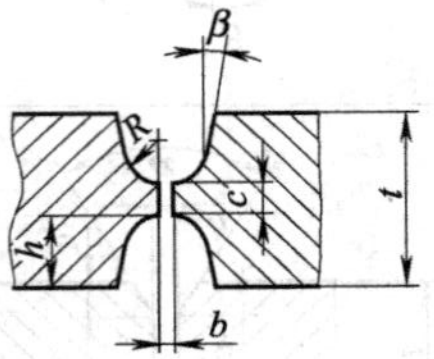	$5° \leqslant \beta \leqslant 10°$	$b \leqslant 4$ $5 \leqslant R \leqslant 10$	$4 \leqslant c \leqslant 10$	$h=0.5(t-c)$	PA	与双V形对称坡口相似,这种坡口可制成对称的形式
$t \geqslant 12$	带钝边的K形焊缝	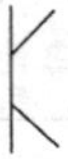	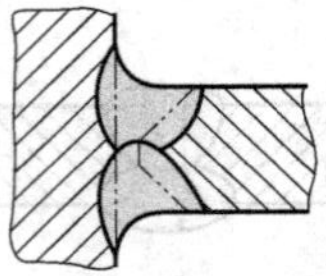 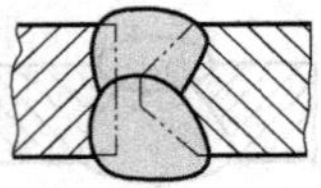	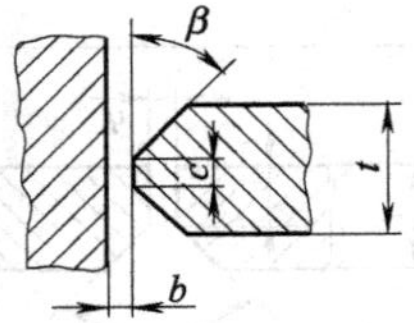 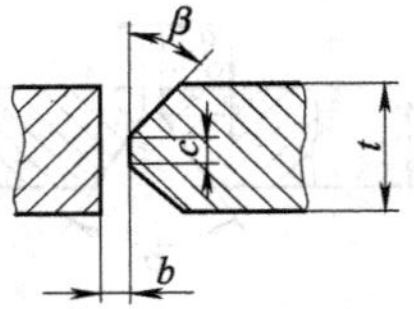	$30° \leqslant \beta \leqslant 50°$	$b \leqslant 4$	$4 \leqslant c \leqslant 10$	—	PA PB	与双V形对称坡口相似,这种坡口可制成对称的形式。 必要时可进行打底焊
$t \geqslant 20$	J形焊缝/封底焊缝		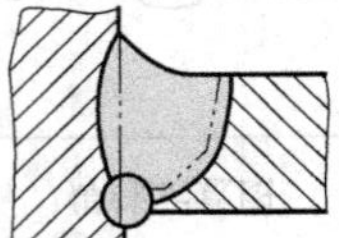	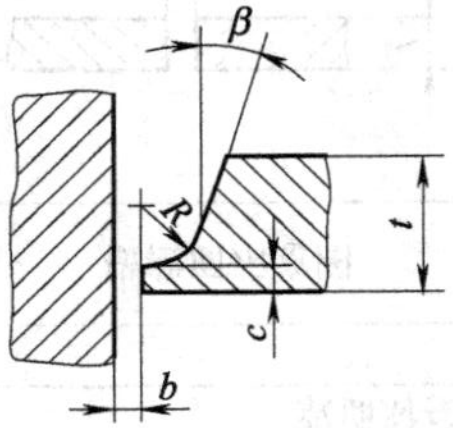	$5° \leqslant \beta \leqslant 10°$	$b \leqslant 4$ $5 \leqslant R \leqslant 10$	$4 \leqslant c \leqslant 10$	—	PA PB	必要时可进行打底焊接

续表

焊缝				坡口形式和尺寸					焊接位置	备注
工件厚度 t	名称	基本符号	焊缝示意图	横截面示意图	坡口角 α 或坡口面角 β	间隙 b、圆弧半径 R	钝边 c	坡口深度 h		
$t<12$	单边 V 形焊缝				$30° \leqslant \beta \leqslant 50°$	$b \leqslant 4$	$c \leqslant 2$	—	PA PB	必要时可进行打底焊接
$t \geqslant 30$	双面 J 形焊缝				$5° \leqslant \beta \leqslant 10°$	$b \leqslant 4$ $5 \leqslant R \leqslant 10$	$2 \leqslant c \leqslant 7$	—	PA PB	与双 V 形对称坡口相似，这种坡口可制成对称的形式。必要时可进行打底焊
$t \leqslant 12$	双面 J 形焊缝				—	$b \leqslant 2$ $5 \leqslant R \leqslant 10$	$2 \leqslant c \leqslant 3$	—	PA PB	单道焊坡口
$t>12$	双面 J 形焊缝				$5° \leqslant \beta \leqslant 10°$	$b \leqslant 4$ $5 \leqslant R \leqslant 10$	$2 \leqslant c \leqslant 7$	—	PA PB	多道焊坡口。必要时可进行打底焊接

续表

窄间隙埋弧焊坡口										
	焊缝			坡口形式和尺寸					焊接位置	备注
工件厚度 t	名称	基本符号	焊缝示意图	横截面示意图	坡口角 α 或坡口面角 β	间隙 b、圆弧半径 R	钝边 c	坡口深度 h		
$t \geqslant 30$	UY 形坡口		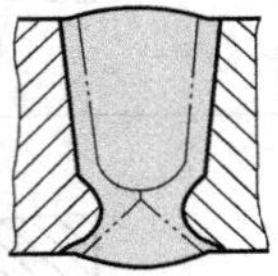	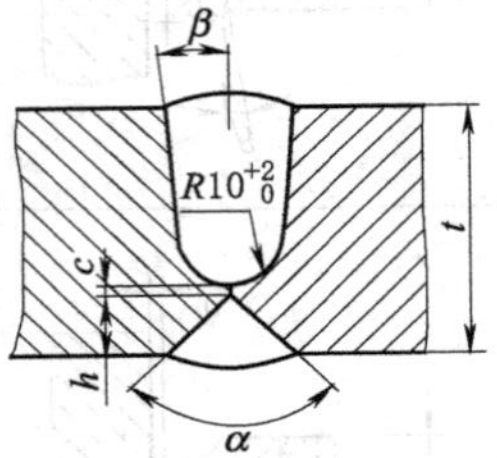	$1° \leqslant \beta \leqslant 1.5°$ $85° \leqslant \alpha \leqslant 95°$	$0 \leqslant b \leqslant 2$	$c \approx 2$	$4 \leqslant h \leqslant 10$	PA	适用于环缝，V 形坡口侧焊条电弧焊封底
					$1.5° \leqslant \beta \leqslant 2°$ $85° \leqslant \alpha \leqslant 95°$	$0 \leqslant b \leqslant 2$	$c \approx 2$	$4 \leqslant h \leqslant 10$	PA	适用于纵缝，V 形坡口侧焊条电弧焊封底
$t \geqslant 30$	陡边 V 形坡口		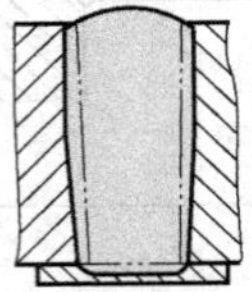	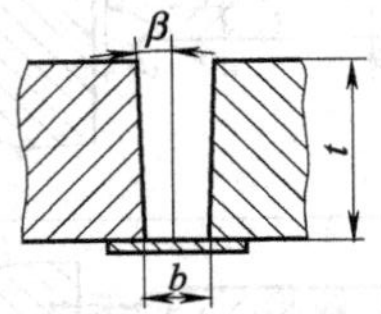	$1.5° \leqslant \beta \leqslant 2°$	$b \approx 20$	—	—	PA	带衬垫，衬垫厚度至少：10mm

注：本表按照完全熔透的原则，规定了对接接头的坡口形式和尺寸。对于不完全熔透的对接接头，允许采用其他形式的焊接坡口。

表 1-4-44　复合钢的推荐坡口（摘自 GB/T 985.4—2008）　mm

复合钢双面焊坡口								
工件厚度 t_1	坡口	示意图	坡口角 α、坡口面角 β	间隙 b、半径 R	钝边 c	坡口深度 h	复合层去除宽度 e	备注
$t_1 \leqslant 18$	带钝边的 V 形对接焊缝	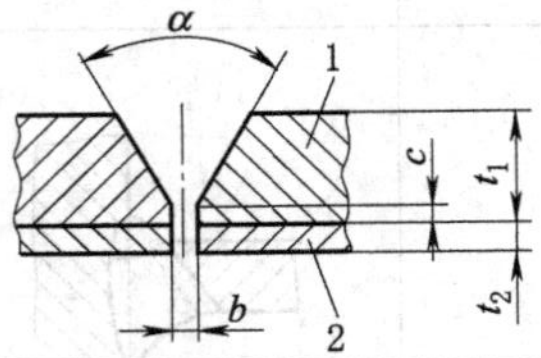	$50° < \alpha < 70°$ $5° < \beta < 15°$	$4 < R < 8$ $b \leqslant 3$	$2 \leqslant c \leqslant 4$	—	—	在复合层侧进行背面打磨或机械加工
$t_1 \leqslant 18$	U 形对接焊缝	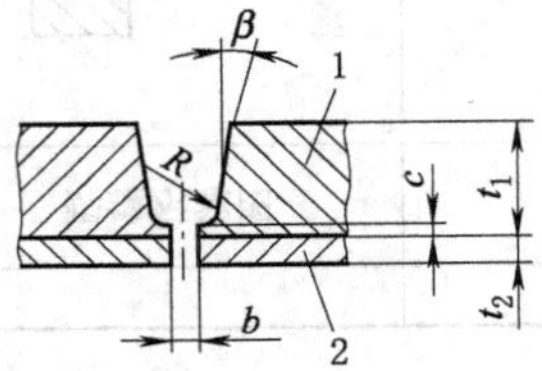						

续表

工件厚度 t_1	坡口	示意图	坡口角 α、坡口面角 β	间隙 b、半径 R	钝边 c	坡口深度 h	复合层去除宽度 e	备注
$t_1>18$	双 V 形焊缝	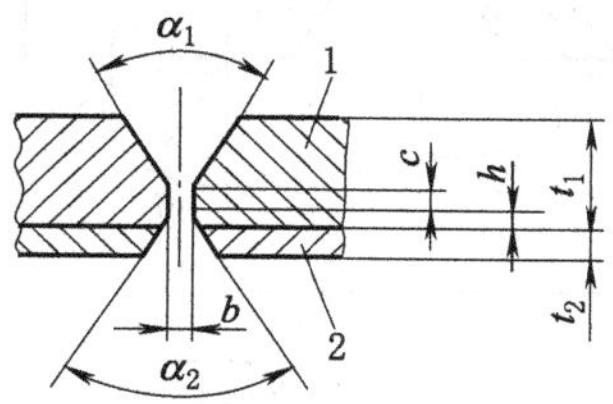	$50°\leqslant\alpha\leqslant70°$ $5°\leqslant\beta\leqslant15°$	$4\leqslant R\leqslant8$ $b\leqslant3$	$2\leqslant c\leqslant6$	$b=3$	—	
$t_1>18$	U-V 形组合焊缝	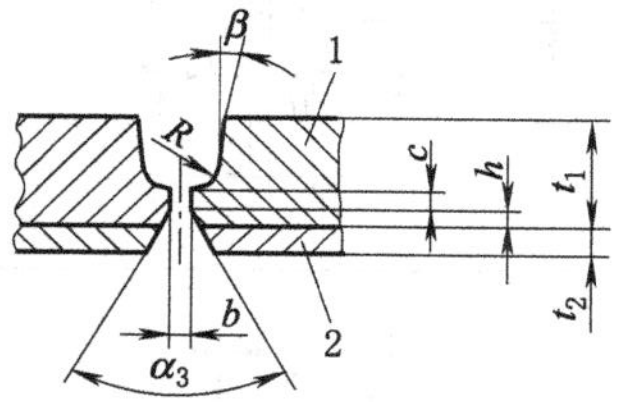						
复合钢双面焊坡口(复合层做去除加工处理)								
$t_1\leqslant18$	V 形对接焊缝	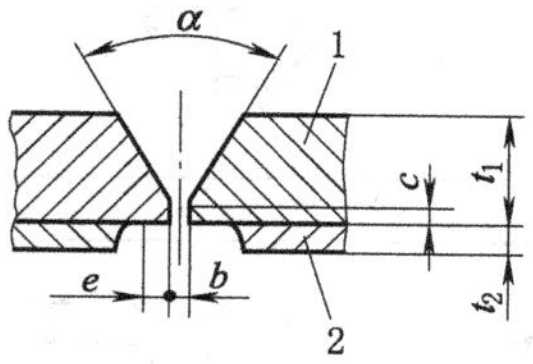	$50°\leqslant\alpha\leqslant70°$ $5°\leqslant\beta\leqslant15°$	$3\leqslant b\leqslant5$ $4\leqslant R\leqslant8$	$c\leqslant2$	—	$e\geqslant4$	建议进行背面打磨或机械加工。 邻近的复合层表面应做保护处理,防止打磨颗粒影响。 采用埋弧焊时,e 至少应 8mm
$t_1\leqslant18$	U 形对接焊缝	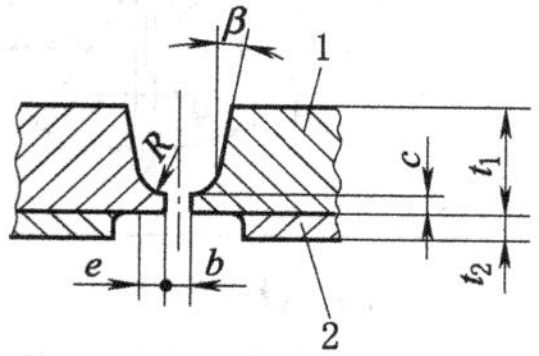						

续表

工件厚度 t_1	坡口	示意图	坡口角 α、坡口面角 β	间隙 b、半径 R	钝边 c	坡口深度 h	复合层去除宽度 e	备注
$t_1>18$	双V形焊缝	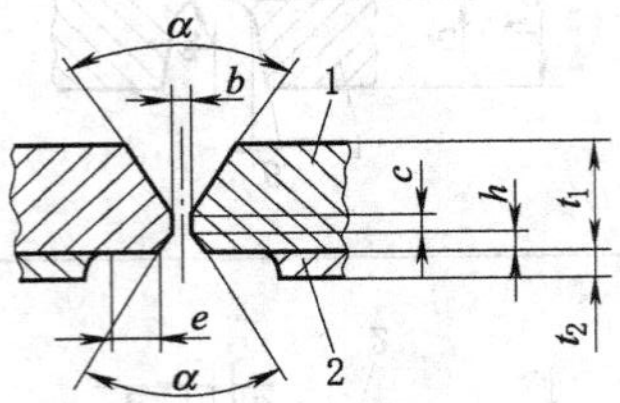	$50° \leqslant \alpha \leqslant 70°$	$3 \leqslant b \leqslant 5$	$c \leqslant 2$	$h \approx \frac{1}{3}t_1$	$e \geqslant 4$	
复合钢单面焊坡口								
$t_1<18$	V形对接焊缝	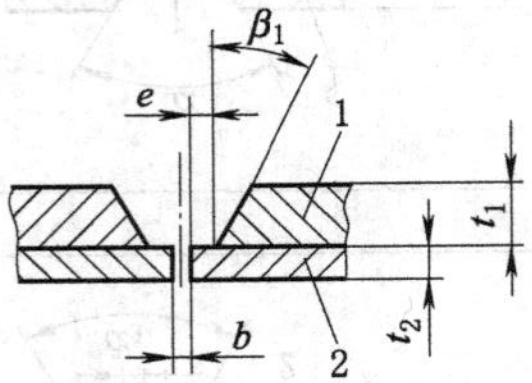	$20° \leqslant \beta_1 \leqslant 45°$ $20° \leqslant \beta_2 \leqslant 45°$	$2 \leqslant b \leqslant 4$	—	—	$e \geqslant 3$	
$t_1<18$	V-V形组合焊缝	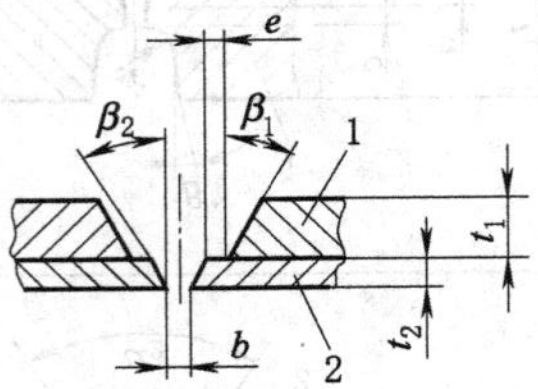						
$t_1 \leqslant 18$ $1 \leqslant t_1 \leqslant 4$	管道焊缝	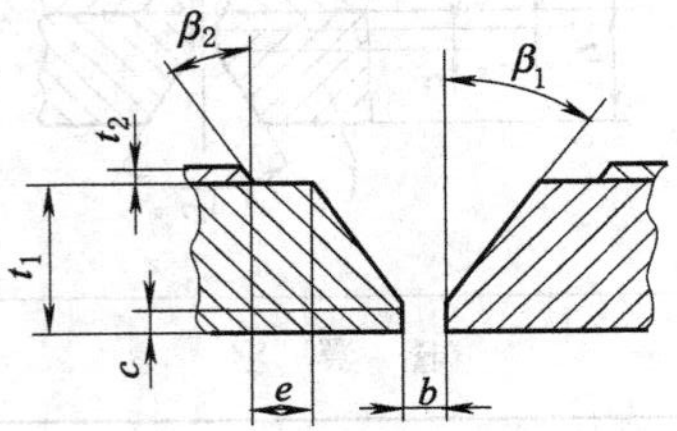	$30° \leqslant \beta_1 \leqslant 40°$ $20° \leqslant \beta_2 \leqslant 45°$	$1 \leqslant b \leqslant 4$	$c \leqslant 2$	—	$e \geqslant 2$	适合管道焊接

续表

复合钢焊接坡口(带衬垫、垫板或盖板)								
工件厚度 t_1	坡口	示意图	坡口角 α、坡口面角 β	间隙 b、半径 R	钝边 c	坡口深度 h	复合层去除宽度 e	备注
$t_1 \leqslant 18$	V形对接焊缝	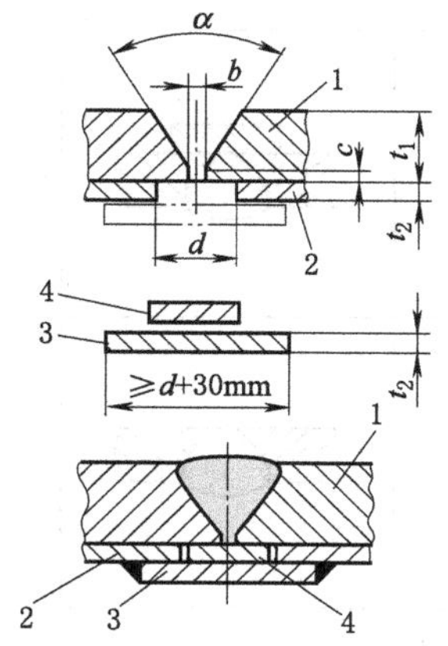	$50° \leqslant \alpha \leqslant 70°$	$b \leqslant 3$	$c \leqslant 2$	—	—	为了组成坡口,在复合层去除之后在复合层一侧放置插件(其尺寸约为: $d \approx (b+10)t_2$ $t_3 \geqslant t_2$
$t_1 \leqslant 18$	V形对接焊缝	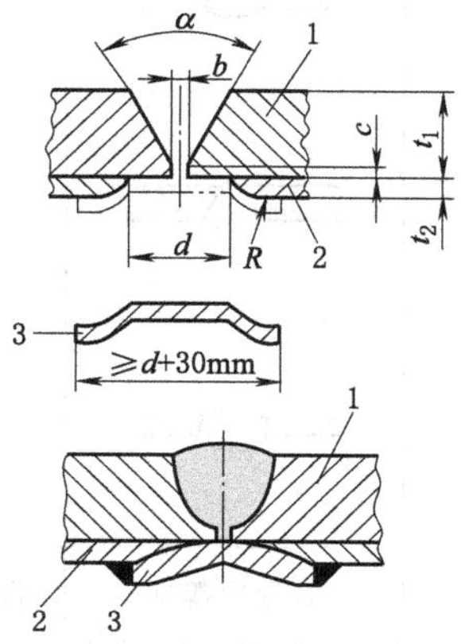	$50° \leqslant \alpha \leqslant 70°$	$b \leqslant 3$ $R>10$	$c \leqslant 2$	—	—	复合层去除宽度: $d \approx b+15$

注:1. 示意图中:1—基材;2—复合层;3—盖板;4—垫板;t_2—复合层厚度。

2. 本表推荐的焊接坡口通常适合所有可焊的复合钢。但复合层含有钛、锆及其合金时,因为可能产生脆化层,必要时可做适当修正。

表 1-4-45　铝及铝合金气体保护焊的推荐坡口（摘自 GB/T 985．3—2008） mm

单面对接焊坡口

工件厚度 t	焊缝 名称	基本符号	焊缝示意图	横截面示意图	坡口角 α 或坡口面角 β	间隙 b	钝边 c	其他尺寸	适用的焊接方法	备注
$t \leqslant 2$	卷边焊缝	八			—	—	—	—	141	
$t \leqslant 4$	I 形焊缝	‖			—	$b \leqslant 2$	—	—	141	建议根部倒角
$2 \leqslant t \leqslant 4$	带衬垫的 I 形焊缝	‖			—	$b \leqslant 1.5$	—	—	131	
$3 \leqslant t \leqslant 5$	V 形焊缝	V			$\alpha \geqslant 50°$	$b \leqslant 3$	$c \leqslant 2$	—	141	
					$60° \leqslant \alpha \leqslant 90°$	$b \leqslant 2$			131	
	带衬垫的 V 形焊缝	V			$60° \leqslant \alpha \leqslant 90°$	$b \leqslant 4$	$c \leqslant 2$	—	131	
$8 \leqslant t \leqslant 20$	带衬垫的陡边焊缝	⊔			$15° \leqslant \beta \leqslant 20°$	$3 \leqslant b \leqslant 10$	—	—	131	

续表

焊缝				坡口形式及尺寸					适用的焊接方法	备注
工件厚度 t	名称	基本符号	焊缝示意图	横截面示意图	坡口角 α 或坡口面角 β	间隙 b	钝边 c	其他尺寸		
$3 \leqslant t \leqslant 15$	带钝边 V 形焊缝	Y	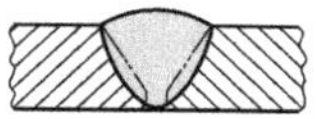	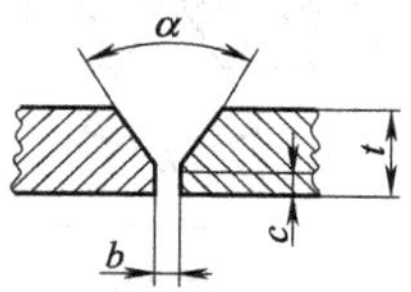	$\alpha \geqslant 50°$	$b \leqslant 2$	$c \leqslant 2$	—	131 141	
$6 \leqslant t \leqslant 25$	带钝边 V 形焊缝（带衬垫）	Y	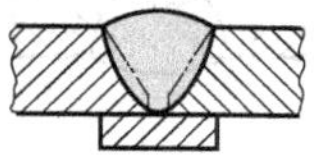	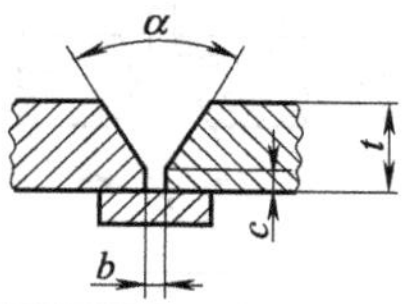	$\alpha \geqslant 50°$	$4 \leqslant b \leqslant 10$	$c = 3$	—	131	
板 $t \geqslant 12$ 管 $t \geqslant 5$	带钝边 U 形焊缝		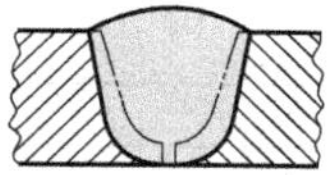	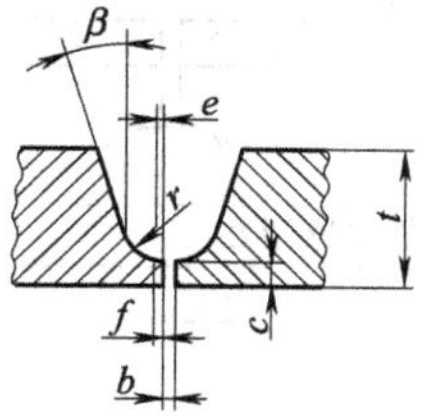	$15° \leqslant \beta \leqslant 20°$	$b \leqslant 2$	$2 \leqslant c \leqslant 4$	$4 \leqslant r \leqslant 6$ $3 \leqslant f \leqslant 4$ $0 \leqslant e \leqslant 4$	141	
$5 \leqslant t \leqslant 30$	带钝边 U 形焊缝				$15° \leqslant \beta \leqslant 20°$	$1 \leqslant b \leqslant 3$	$2 \leqslant c \leqslant 4$		131	根部焊道建议采用 TIG 焊(141)
$4 \leqslant t \leqslant 10$	单边 V 形焊缝	V		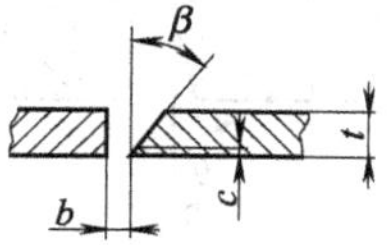	$\beta \geqslant 50°$	$b \leqslant 3$	$c \leqslant 2$	—	131 141	
$3 \leqslant t \leqslant 20$	带衬垫单边 V 形焊缝	V	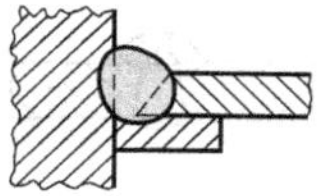 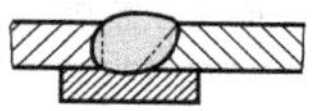	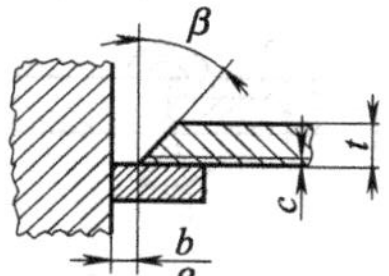 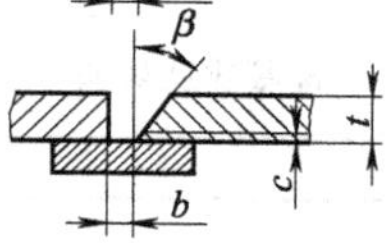	$50° \leqslant \beta \leqslant 70°$	$b \leqslant 6$	$c \leqslant 2$	—	131 141	

续表

工件厚度 t	焊缝			坡口形式及尺寸					适用的焊接方法	备注
	名称	基本符号	焊缝示意图	横截面示意图	坡口角 α 或坡口面角 β	间隙 b	钝边 c	其他尺寸		
$2\leqslant t\leqslant 20$	锁底焊缝	—	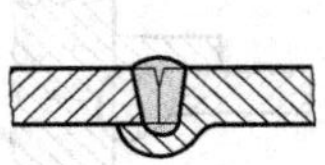	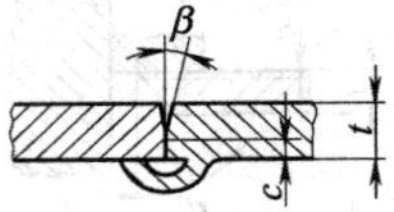	$20°\leqslant\beta\leqslant 40°$	$b\leqslant 3$	$1\leqslant c\leqslant 3$	—	131 141	
$6\leqslant t\leqslant 40$	锁底焊缝	—	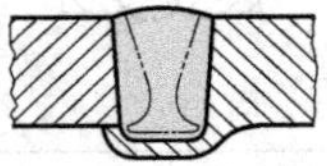	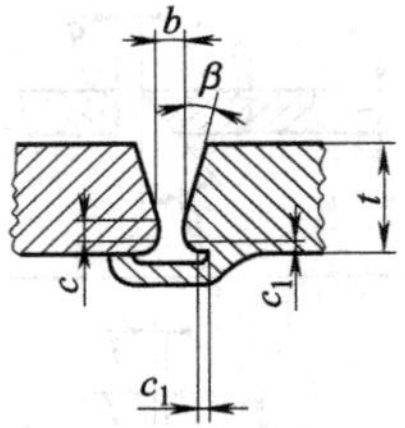	$10°\leqslant\beta\leqslant 20°$	$0\leqslant b\leqslant 3$	$2\leqslant c\leqslant 3$	$c_1\geqslant 1$	131 141	
双面对接焊坡口										
$6\leqslant t\leqslant 20$	I形焊缝	‖		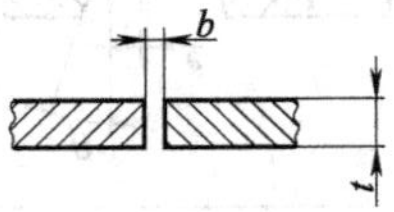	—	$b\leqslant 6$	—	—	131 141	
$6\leqslant t\leqslant 15$	带钝边V形焊缝封底	Y	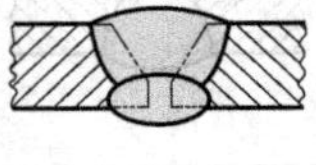	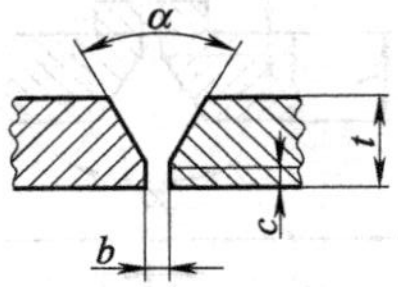	$\alpha\geqslant 50°$	$b\leqslant 3$	$2\leqslant c\leqslant 4$	—	141 131	
$6\leqslant t\leqslant 15$	双面V形焊缝	X	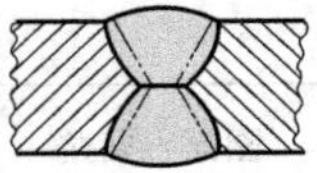	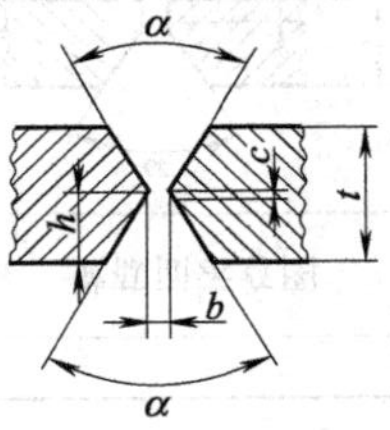	$\alpha\geqslant 60°$	$\leqslant 3$	$c\leqslant 2$	—	141	
$t>15$					$\alpha\geqslant 70°$		$c\leqslant 2$		131	

续表

焊缝				坡口形式及尺寸					适用的焊接方法	备注
工件厚度 t	名称	基本符号	焊缝示意图	横截面示意图	坡口角 α 或坡口面角 β	间隙 b	钝边 c	其他尺寸		
$6\leqslant t\leqslant 15$	带钝边双面V形焊缝		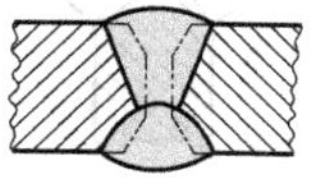	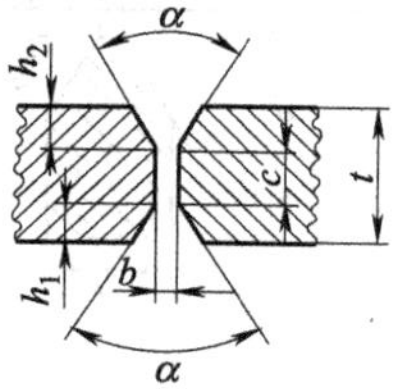	$\alpha\geqslant 50°$	$b\leqslant 3$	$2\leqslant c\leqslant 4$	$h_1=h_2$	141	
$t>15$					$60°\leqslant\alpha\leqslant 70°$		$2\leqslant c\leqslant 6$		131	
$3\leqslant t\leqslant 15$	单边V形焊缝封底		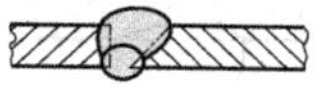	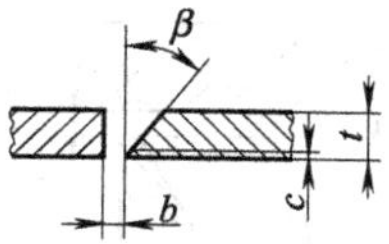	$\beta\geqslant 50°$	$b\leqslant 3$	$c\leqslant 2$	—	141 131	
$t\geqslant 15$	带钝边双面U形焊缝		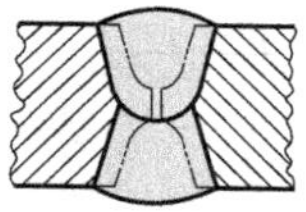	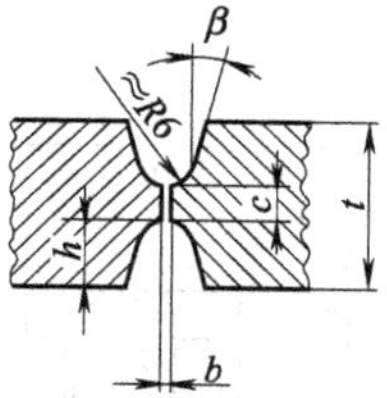	$15°\leqslant\beta\leqslant 20°$	$b\leqslant 3$	$2\leqslant c\leqslant 4$	$h=0.5(t-c)$	131	
T形接头										
—	单面角焊缝		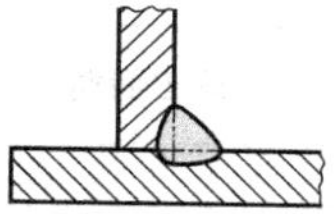	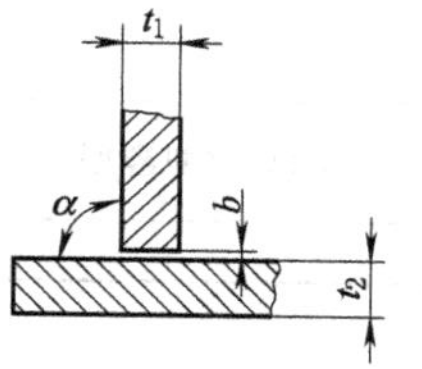	$\alpha=90°$	$b\leqslant 2$	—	—	141 131	

续表

工件厚度 t	焊缝			坡口形式及尺寸					适用的焊接方法	备注
	名称	基本符号	焊缝示意图	横截面示意图	坡口角 α 或坡口面角 β	间隙 b	钝边 c	其他尺寸		
—	双面角焊缝				$\alpha=90°$	$b\leqslant2$	—	—	141 131	
$t_1\geqslant15$	单V形焊缝				$\beta\geqslant50°$	$b\leqslant2$	$c\leqslant2$	$t_2\geqslant5$	141 131	
$t_1\geqslant8$	双V形焊缝				$\beta\geqslant50°$	$b\leqslant2$	$c\leqslant2$	$t_2\geqslant8$	141 131	采用双人双面同时焊接工艺时，坡口尺寸可适当调整

注：同表1-4-43。

不同厚度钢板的对接焊接

不同厚度钢板对接焊接时，如果两板厚度差（$\delta-\delta_1$）不超过表 1-4-46 规定，则焊接接头的基本型式与尺寸按较厚板的尺寸数据来选取，否则，应在较厚的板上作出单面（如表中图 a）或双面（如图 b）削薄，其削薄长度 $L \geqslant 3(\delta-\delta_1)$。

表 1-4-46

mm

图	较薄板的厚度 δ_1	≥2~5	>5~9	>9~12	>12
(a) L, δ_1, δ (b) L, δ_1, δ	允许厚度差($\delta-\delta_1$)	1	2	3	4

表 1-4-47 铜及铜合金焊接坡口型式及尺寸（参数）

mm

<table>
<tr><td colspan="3">坡口型式</td><td>a</td><td>a</td><td>a</td><td colspan="2">α p a</td><td>α p a</td><td>α p a</td></tr>
<tr><td rowspan="24">坡口尺寸</td><td rowspan="4">氧-乙炔气焊</td><td>板厚</td><td>1~3</td><td>3~6</td><td>3~6</td><td colspan="2">5~10</td><td>10~15</td><td>15~25</td></tr>
<tr><td>间隙 a</td><td>1~1.5</td><td>1~2</td><td>3~4</td><td colspan="2">1~3</td><td>2~3</td><td>2~3</td></tr>
<tr><td>钝边 p</td><td>—</td><td>—</td><td>—</td><td colspan="2">1.5~3</td><td>1.5~3</td><td>1~3</td></tr>
<tr><td>角度 α/(°)</td><td>—</td><td>—</td><td>—</td><td colspan="4">60~80</td></tr>
<tr><td rowspan="4">手工电弧焊</td><td>板厚</td><td>—</td><td>—</td><td>—</td><td colspan="2">5~10</td><td>—</td><td>10~20</td></tr>
<tr><td>间隙 a</td><td>—</td><td>—</td><td>—</td><td colspan="2">0~2</td><td>—</td><td>0~2</td></tr>
<tr><td>钝边 p</td><td>—</td><td>—</td><td>—</td><td colspan="2">1~3</td><td>—</td><td>1.5~2</td></tr>
<tr><td>角度 α/(°)</td><td>—</td><td>—</td><td>—</td><td colspan="2">60~70</td><td>—</td><td>60~80</td></tr>
<tr><td rowspan="4">碳弧焊</td><td>板厚</td><td>3~5</td><td>—</td><td colspan="3">5~10</td><td>—</td><td>10~20</td></tr>
<tr><td>间隙 a</td><td>2~2.5</td><td>—</td><td>2~3</td><td colspan="2">2~2.5</td><td>—</td><td>2~2.5</td></tr>
<tr><td>钝边 p</td><td>—</td><td>—</td><td>3~4</td><td colspan="2">1~2</td><td>—</td><td>1.5~2</td></tr>
<tr><td>角度 α/(°)</td><td>—</td><td>—</td><td>—</td><td colspan="4">60~80</td></tr>
<tr><td rowspan="4">钨极手工氩弧焊</td><td>板厚</td><td>3</td><td>—</td><td>—</td><td colspan="2">6</td><td>12~18</td><td>>24</td></tr>
<tr><td>间隙 a</td><td>0~1.5</td><td>—</td><td>—</td><td colspan="4">0~1.5</td></tr>
<tr><td>钝边 p</td><td>—</td><td>—</td><td>—</td><td colspan="2">1.5</td><td colspan="2">1.5~3</td></tr>
<tr><td>角度 α/(°)</td><td>—</td><td>—</td><td>—</td><td colspan="2">70~80</td><td colspan="2">80~90</td></tr>
<tr><td rowspan="4">熔化极自动氩弧焊</td><td>板厚</td><td>3~4</td><td>6</td><td>—</td><td colspan="2">8~10</td><td>12</td><td>—</td></tr>
<tr><td>间隙 a</td><td>1</td><td>2.5</td><td>—</td><td colspan="2">1~2</td><td>1~2</td><td>—</td></tr>
<tr><td>钝边 p</td><td>—</td><td>—</td><td>—</td><td colspan="2">2.5~3</td><td>2~3</td><td>—</td></tr>
<tr><td>角度 α/(°)</td><td>—</td><td>—</td><td>—</td><td colspan="2">60~70</td><td>70~80</td><td>—</td></tr>
<tr><td rowspan="4">埋弧自动焊</td><td>板厚</td><td>3~4</td><td>5~6</td><td>—</td><td>8~10</td><td>12~16</td><td>21~25</td><td>≥20</td></tr>
<tr><td>间隙 a</td><td>1</td><td>2.5</td><td>—</td><td>2~3</td><td>2.5~3</td><td>1~3</td><td>1~2</td></tr>
<tr><td>钝边 p</td><td>—</td><td>—</td><td>—</td><td colspan="2">3~4</td><td>4</td><td>2</td></tr>
<tr><td>角度 α/(°)</td><td>—</td><td>—</td><td>—</td><td>60~70</td><td>70~80</td><td>80</td><td>60~65</td></tr>
</table>

表 1-4-48 铅焊接接头坡口型式及尺寸（参数）

mm

板厚	坡口尺寸	板厚	坡口尺寸
<3	1~2.5	4~15	30°~90° 1~2.5 1~2

续表

板厚	坡口尺寸	板厚	坡口尺寸
>15	30°~90° 1~2 1~2.5	≤7	25~40
<3	1~2.5 2~5	≤7	1~2 搭靠处

焊缝强度计算

焊缝静载强度计算见表 1-4-49，不同外形的角焊缝的计算厚度见图 1-4-3。

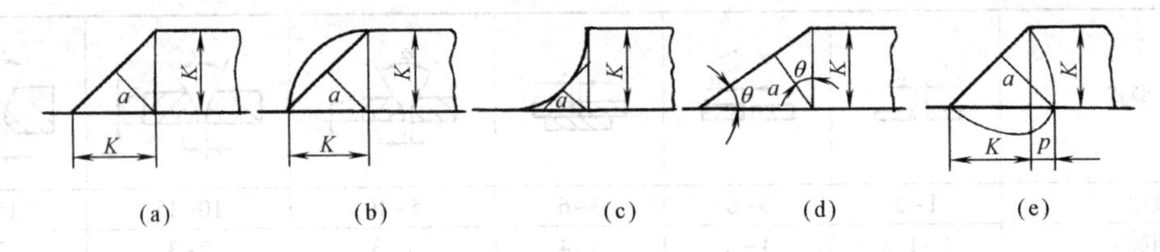

图 1-4-3　不同外形的角焊缝的计算厚度

表 1-4-49　　**电弧焊接头静强度计算基本公式**

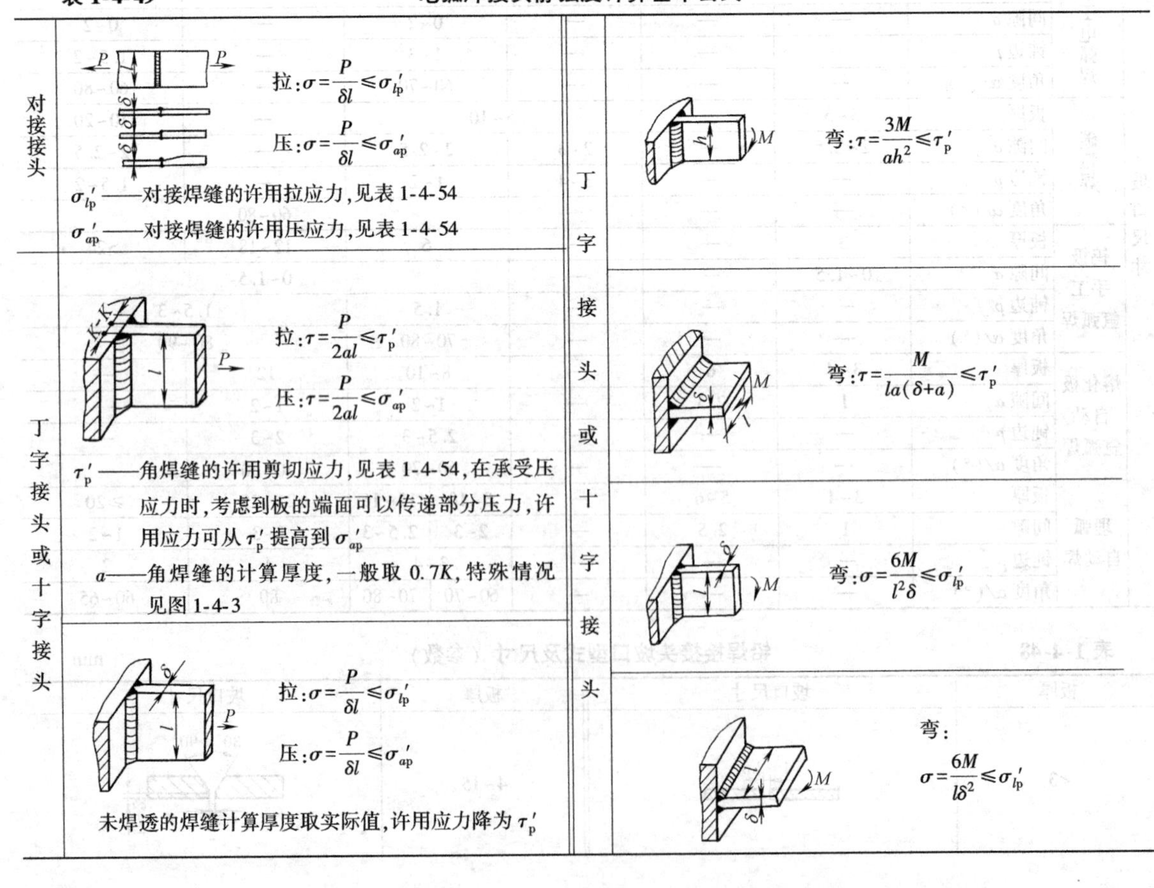

接头	计算公式	接头	计算公式
对接接头	拉：$\sigma=\frac{P}{\delta l}\leqslant\sigma'_{lp}$ 压：$\sigma=\frac{P}{\delta l}\leqslant\sigma'_{ap}$ σ'_{lp}——对接焊缝的许用拉应力，见表 1-4-54 σ'_{ap}——对接焊缝的许用压应力，见表 1-4-54	丁字接头或十字接头	弯：$\tau=\frac{3M}{ah^2}\leqslant\tau'_p$
丁字接头或十字接头	拉：$\tau=\frac{P}{2al}\leqslant\tau'_p$ 压：$\tau=\frac{P}{2al}\leqslant\sigma'_{ap}$ τ'_p——角焊缝的许用剪切应力，见表 1-4-54，在承受压应力时，考虑到板的端面可以传递部分压力，许用应力可从 τ'_p 提高到 σ'_{ap} a——角焊缝的计算厚度，一般取 0.7K，特殊情况见图 1-4-3	丁字接头或十字接头	弯：$\tau=\frac{M}{la(\delta+a)}\leqslant\tau'_p$
丁字接头或十字接头	拉：$\sigma=\frac{P}{\delta l}\leqslant\sigma'_{lp}$ 压：$\sigma=\frac{P}{\delta l}\leqslant\sigma'_{ap}$ 未焊透的焊缝计算厚度取实际值，许用应力降为 τ'_p	丁字接头或十字接头	弯：$\sigma=\frac{6M}{l^2\delta}\leqslant\sigma'_{lp}$
		丁字接头或十字接头	弯：$\sigma=\frac{6M}{l\delta^2}\leqslant\sigma'_{lp}$

续表

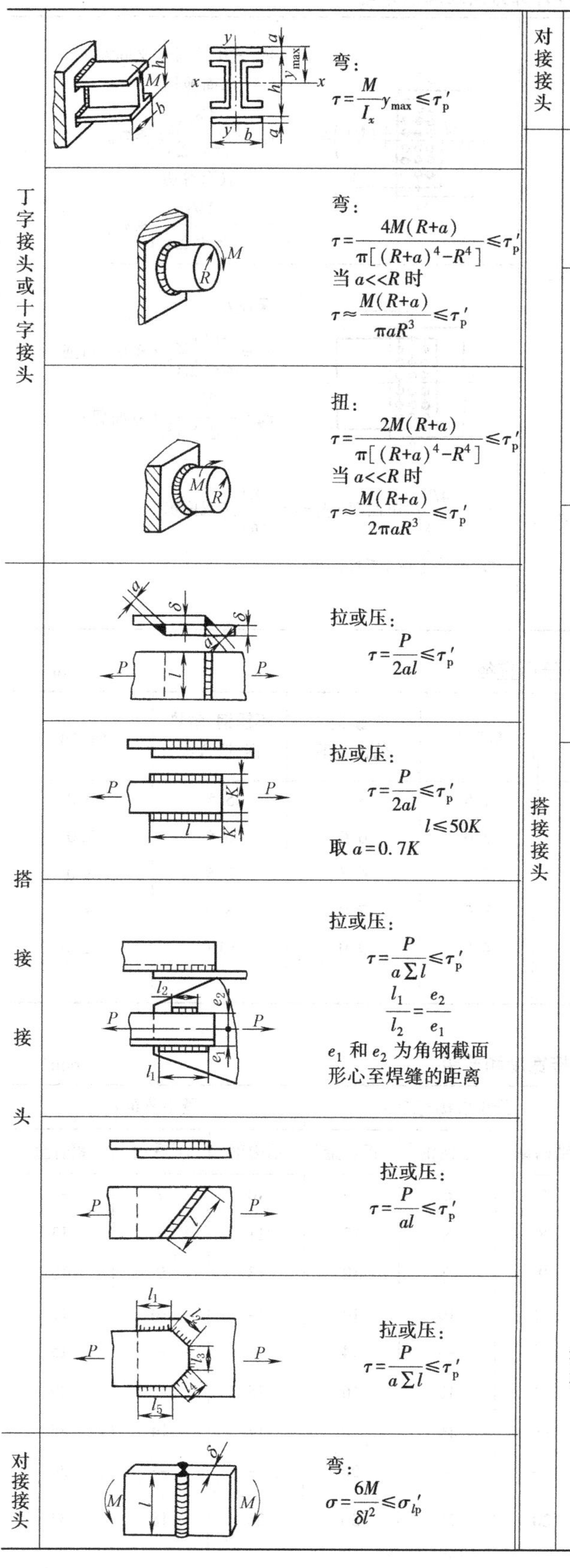

接头型式	计算公式
丁字接头或十字接头	弯： $\tau=\frac{M}{I_x}y_{\max}\leqslant\tau_p'$
丁字接头或十字接头	弯： $\tau=\frac{4M(R+a)}{\pi[(R+a)^4-R^4]}\leqslant\tau_p'$ 当 $a<<R$ 时 $\tau\approx\frac{M(R+a)}{\pi aR^3}\leqslant\tau_p'$
丁字接头或十字接头	扭： $\tau=\frac{2M(R+a)}{\pi[(R+a)^4-R^4]}\leqslant\tau_p'$ 当 $a<<R$ 时 $\tau\approx\frac{M(R+a)}{2\pi aR^3}\leqslant\tau_p'$
搭接接头	拉或压： $\tau=\frac{P}{2al}\leqslant\tau_p'$
搭接接头	拉或压： $\tau=\frac{P}{2al}\leqslant\tau_p'$ $l\leqslant50K$ 取 $a=0.7K$
搭接接头	拉或压： $\tau=\frac{P}{a\sum l}\leqslant\tau_p'$ $\frac{l_1}{l_2}=\frac{e_2}{e_1}$ e_1 和 e_2 为角钢截面形心至焊缝的距离
搭接接头	拉或压： $\tau=\frac{P}{al}\leqslant\tau_p'$
搭接接头	拉或压： $\tau=\frac{P}{a\sum l}\leqslant\tau_p'$
对接接头	弯： $\sigma=\frac{6M}{\delta l^2}\leqslant\sigma_{lp}'$

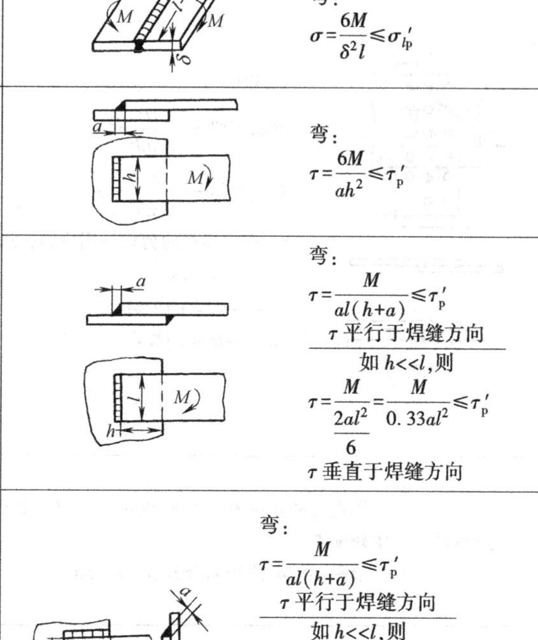

接头型式	计算公式
对接接头	弯： $\sigma=\frac{6M}{\delta^2 l}\leqslant\sigma_{lp}'$
搭接接头	弯： $\tau=\frac{6M}{ah^2}\leqslant\tau_p'$
搭接接头	弯： $\tau=\frac{M}{al(h+a)}\leqslant\tau_p'$ τ 平行于焊缝方向 如 $h<<l$，则 $\tau=\frac{M}{\frac{2al^2}{6}}=\frac{M}{0.33al^2}\leqslant\tau_p'$ τ 垂直于焊缝方向

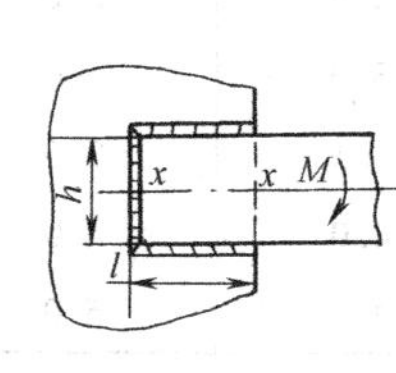

接头型式	计算公式
搭接接头	弯： $\tau=\frac{M}{al(h+a)}\leqslant\tau_p'$ τ 平行于焊缝方向 如 $h<<l$，则 $\tau=\frac{M}{0.33al^2}\leqslant\tau_p'$ τ 垂直于焊缝方向
搭接接头	弯： 第一法 弯矩 M 被一对水平焊缝的力偶及垂直焊缝的力矩所平衡，即 $M=\tau al(h+a)+\frac{\tau ah^2}{6}$ $\tau=\frac{M}{al(h+a)+\frac{ah^2}{6}}\leqslant\tau_p'$

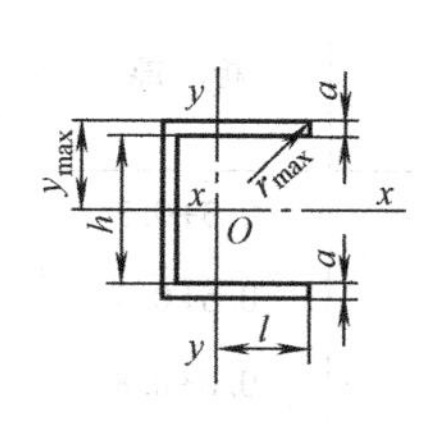

第二法

按焊缝的轴惯性矩计算

$$\tau=\frac{M}{I_x}y_{\max}\leqslant\tau_p'$$

第三法

按焊缝的极惯性矩计算

$$\tau=\frac{M}{I_p}r_{\max}$$

第一法较简便，但只适用于简单的焊缝型式。第二、三法不及第一法方便，可用于复杂型式，第一、二法计算结果相近，三法较准确

$y_{\max}$——焊缝截面距 x 轴的最大距离

I_p——焊缝的计算截面对 O 点的极惯性矩

$$I_p=I_x+I_y$$

I_x——焊缝的计算截面对 x 轴的轴惯性矩

I_y——焊缝的计算截面对 y 轴的轴惯性矩

$r_{\max}$——焊缝的计算截面距 O 点的最大距离

表 1-4-50　　点焊接头静载强度计算方法及焊点布置

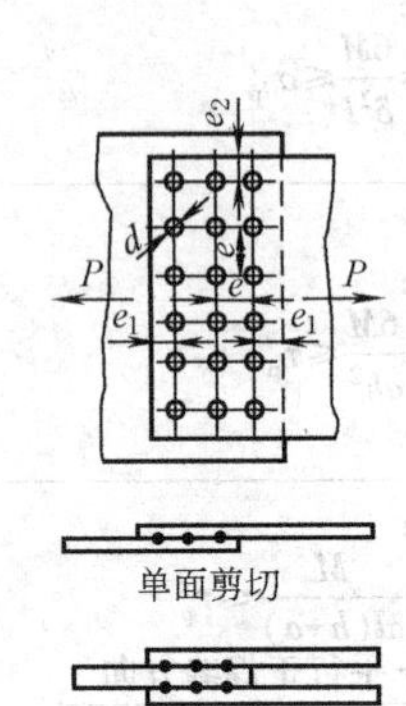 单面剪切　双面剪切 拉或压： 单面剪切 $\tau=\dfrac{4P}{ni\pi d^2}\leqslant\tau_{0p}'$ 双面剪切 $\tau=\dfrac{2P}{ni\pi d^2}\leqslant\tau_{0p}'$ τ_{0p}'——焊点的剪切许用应力，见表 1-4-59 i——焊点的列数 n——每列的焊点数	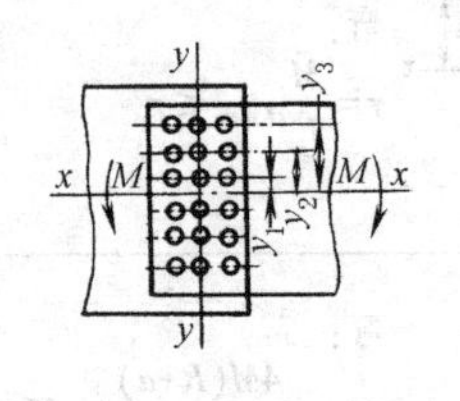 弯：式中符号含义同左 单面剪切 $\tau_{\max}=\dfrac{4My_{\max}}{i\pi d^2\sum y^2 i}\leqslant\tau_{0p}'$ 双面剪切 $\tau_{\max}=\dfrac{2My_{\max}}{i\pi d^2\sum y^2 i}\leqslant\tau_{0p}'$
	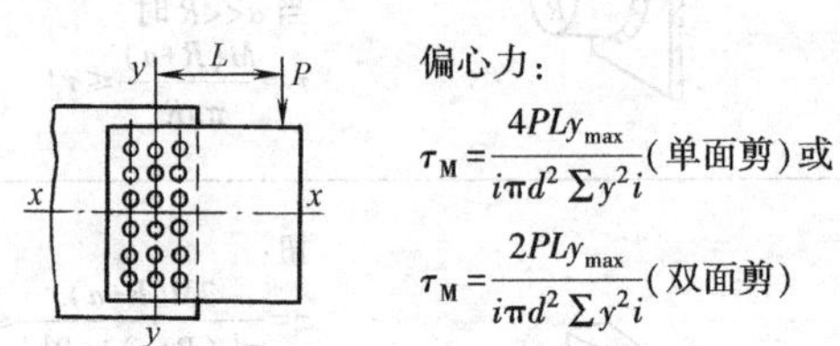 偏心力： $\tau_M=\dfrac{4PLy_{\max}}{i\pi d^2\sum y^2 i}$(单面剪)或 $\tau_M=\dfrac{2PLy_{\max}}{i\pi d^2\sum y^2 i}$(双面剪)
焊点布置：焊点直径 d 见表 1-4-50 或 $d=5\sqrt{\delta}$，δ 为被焊板中较薄者 节距 $e\geqslant3d$，边距 $e_1\geqslant2d$，$e_2\geqslant1.5d$	$\tau_Q=\dfrac{4P}{ni\pi d^2}$(单面剪)或 $\tau_Q=\dfrac{2P}{ni\pi d^2}$(双面剪) $\tau_R=\sqrt{\tau_M^2+\tau_Q^2}\leqslant\tau_{0p}'$

表 1-4-51　　焊点最小直径　　mm

板厚①	低碳钢、低合金钢	不锈钢、耐热钢、钛合金	铝合金	板厚①	低碳钢、低合金钢	不锈钢、耐热钢、钛合金	铝合金
0.3	2.0	2.5	—	1.5	5.0	5.5	6.0
0.5	2.5	2.5	3.0	2.0	6.0	6.5	7.0
0.6	2.5	3.0	—	2.5	6.5	7.5	8.0
0.8	3.0	3.5	3.5	3.0	7.0	8.0	9.0
1.0	3.5	4.0	4.0	4.0	9.0	10.0	12.0
1.2	4.0	4.5	5.0				

① 指被焊板中的较薄者。

表 1-4-52　　点焊搭接宽度和节距　　mm

简图	板厚	最小搭接宽度 a			最小节距 e		
		结构钢	不锈钢	铝合金	结构钢	不锈钢	铝合金
	0.3+0.3	6	6	—	10	7	—
	0.5+0.5	8	8	12	11	8	13
	0.8+0.8	9	9	12	13	9	15
	1.0+1.0	12	10	14	14	10	15
	1.2+1.2	—	—	14	—	—	15
	1.5+1.5	14	13	16	15	12	20
	2.0+2.0	18	16	20	17	14	25
	2.5+2.5	—	—	26	—	—	30
	3.0+3.0	20	20	30	26	18	35

表 1-4-53　　缝焊搭接宽度、焊缝宽度及强度验算　　mm

焊缝强度验算：

P　P　l　b　a

$$\tau=\frac{P}{bl}\leqslant\tau_{0p}'$$

a——搭接宽度；l——焊缝长度；
b——焊缝宽度；τ_{0p}'——见表 1-4-59

材料	结构钢		不锈钢		铝合金	
板厚	a	b	a	b	a	b
0.3+0.3	8	3.0~4.0	7	3.0~3.5	—	—
0.5+0.5	9	3.5~4.5	8	3.5~4.0	10	5.0~5.5
0.8+0.8	11	4.0~5.5	12	5.5~6.0	12	5.5~6.0
1.0+1.0	13	5.0~6.5	14	6.0~7.0	13	6.0~6.5
1.2+1.2	—	—	—	—	14	6.5~7.0
1.5+1.5	16	6.0~8.0	18	8.0~9.0	16	7.0~8.0
2.0+2.0	20	8.0~10.0	20	9.0~10.0	18	8.0~9.0
2.5+2.5	22	9.0~11.0	22	10.0~11.0	22	10.0~11.0
3.0+3.0	24	10.0~12.0	25	11.0~12.5	24	11.0~12.0
3.5+3.5	—	—	—	—	26	12.0~13.0

焊缝许用应力

1）建筑钢结构焊缝许用应力按表 1-4-54、表 1-4-55 选取。

表 1-4-54　　建筑钢结构焊缝许用应力　　MPa

焊缝种类	应力种类	符号	埋弧自动、半自动焊和用E43型焊条的手工焊				埋弧自动、半自动焊和用E50型焊条的手工焊		
			构件的钢号						
			Q215		Q235		Q345和16MnQ		
			第1组②	第2、3组	第1组	第2、3组	第1组	第2组	第3组
对接焊缝	抗压	σ_{ap}'	152	137	167	152	235	226	211
	抗拉								
	(1)当用埋弧自动焊时	σ_{lp}'	152	137	167	152	235	226	211
	(2)当用埋弧半自动焊和手工焊时，焊缝的质量检查为①：								
	精确方法	σ_{lp}'	152	137	167	152	235	226	211
	普通方法	σ_{lp}'	127	118	142	127	201	191	181
	抗剪	τ_{p}'	93	83	98	93	142	137	127
角焊缝	抗拉、抗压、抗剪	τ_{p}'	108	108	118	118	167	167	167

① 检查焊缝的普通方法指外观检查、钻孔检查等；精确方法是在普通方法基础上，用X射线方法进行补充检查。

② 钢材按尺寸分组，见表 1-4-55。

注：原表单位为 kgf/cm^2，表中值为按 $1kgf/cm^2=0.0980665MPa$ 换算值的近似值。

按表 1-4-54 选取的许用应力数值为结构受静载荷时的数值。在表 1-4-56 的情况下工作的构件，其焊缝许用应力值应乘以相应的折减系数 Ψ（见表 1-4-56）。受变应力的构件，其许用应力也乘以降低系数 γ，γ 值可以从

表 1-4-56 中曲线图查得。

表 1-4-55　钢材分组的尺寸　mm

组别	钢材的钢号			
	Q215 或 Q235			Q345 或 16MnQ
	条钢直径或厚度	异形钢厚度	钢板厚度	钢材直径或厚度
第 1 组	≤40	≤15	4~20	≤16
第 2 组	>40~100	>15~20	>20~40	17~25
第 3 组	>100~250	>20	>40~60	26~36

表 1-4-56　折减系数 Ψ 和许用应力降低系数 γ

折减系数 Ψ	许用应力降低系数 γ
(1)重级工作制的起重机金属结构的焊缝 0.95 (2)施工条件较差的高空安装焊缝 0.90 (3)单面连接的单角钢杆件按轴心受力计算焊缝 0.85	γ 0.9 0.8 0.7 0.6；1 0.6 0.2 0 −0.2 −0.6 −1；对接焊缝；贴角焊缝；→ $\frac{\delta_{min}}{\delta_{max}}$ 或 $\frac{\tau_{min}}{\tau_{max}}$

2）起重机金属结构焊缝许用应力，按表 1-4-57 选取。起重机结构件的基本许用应力见表 1-4-58。

表 1-4-57　起重机金属结构焊缝的许用应力（摘自 GB/T 3811—2008）　$N \cdot mm^{-2}$

焊缝型式			纵向拉、压许用应力 σ_{hp}	剪切许用应力 τ_{hp}
对接焊缝	质量分数	B 级 C 级	σ_p	$\sigma_p/\sqrt{2}$
		D 级	$0.8\sigma_p$	$0.8\sigma_p/\sqrt{2}$
角焊缝	自动焊、手工焊		—	$\sigma_p/\sqrt{2}$

注：1. 计算疲劳强度时的焊缝许用应力见 GB/T 3811—2008 标准的 5.8.5。

2. 焊缝质量分级按 GB/T 19418 的规定。质量要求严格为 B 级中等为 C 级，一般为 D 级，详见标准。

3. 表中 σ_p 为母材的基本许用应力，见表 1-4-59。

4. 施工条件较差的焊缝或受横向载荷的焊缝，表中焊缝许用应力宜适当降低。

表 1-4-58　结构件材料的基本许用应力

σ_s/σ_b	基本许用应力	说明
<0.7	按表 1-4-59	σ_p——钢材的基本许用应力，即表 1-4-59 中相应于载荷组合 A、B、C σ_s——钢材的屈服点，当材料无明显的屈服点时，取 σ_s 为 $\sigma_{0.2}$，$\sigma_{0.2}$ 为钢材标准拉力试验残余应变达 0.2%时的试验应力，MPa（见第 3 篇） σ_b——钢材的抗拉强度，MPa（见第 3 篇） n——与载荷组合类别相应的安全系数，见表 1-4-59
≥0.7	$\sigma_p=\frac{0.5\sigma_s+0.35\sigma_b}{n}$	

表 1-4-59　强度安全系数 n 和钢材的其本许用应力 σ_p

载荷组合	A	B	C
强度安全系数 n	1.48	1.34	1.22
基本许用应力 $\sigma_p/N \cdot mm^{-2}$	$\sigma_s/1.48$	$\sigma_s/1.34$	$\sigma_s/1.22$

1. 载荷组合：A—无风工作情况；B—有风工作情况；C—受到特殊载荷作用的工作情况或非工作情况。详见 GB/T 3811—2008。

2. 在一般非高危险的正常情况下，高危险度系数 $\gamma_n=1$，强度安全系数 n 就是 GB/T 3811—2008 表 H.1 中的强度系数 γ_{fi}（即 1.48、1.34、1.22）。

3. σ_s 值应根据钢材厚度选取，见 GB/T 700 和 GB/T 1591。

1.5　焊接结构的一般尺寸公差和形位公差（摘自 GB/T 19804—2005）

适用于焊件、焊接组装件和焊接结构。复杂的结构可根据需要做特殊规定。每个尺寸和形状、位置要求均是独立的，应分别满足要求（依据 GB/T 4249 规定的独立原则）。

表 1-4-60　　线性尺寸与直线度、平面度和平行度公差　　mm

线性尺寸公差：

公差等级	2~30	>30~120	>120~400	>400~1000	>1000~2000	>2000~4000	>4000~8000	>8000~12000	>12000~16000	>16000~20000	>20000	应用范围
	公差 t											
A	±1	±1	±1	±2	±3	±4	±5	±6	±7	±8	±9	A、E：尺寸精度要求高、重要的焊接件
B	±1	±2	±2	±3	±4	±6	±8	±10	±12	±14	±16	B、F：比较重要的结构，焊接和矫直产生的热变形小，成批生产
C	±1	±3	±4	±6	±8	±11	±14	±18	±21	±24	±27	C、G：一般结构，如箱形结构，焊接和矫直产生的热变形大
D	±1	±4	±7	±9	±12	±16	±21	±27	±32	±36	±40	D、H：允许偏差大的结构件

直线度、平面度与平行度公差（公称尺寸 l（对应表面的较长边）的范围）：

公差等级	>30~120	>120~400	>400~1000	>1000~2000	>2000~4000	>4000~8000	>8000~12000	>12000~16000	>16000~20000	>20000
	公差 t									
E	±0.5	±1	±1.5	±2	±3	±4	±5	±6	±7	±8
F	±1	±1.5	±3	±4.5	±6	±8	±10	±12	±14	±16
G	±1.5	±3	±5.5	±9	±11	±16	±20	±22	±25	±25
H	±2.5	±5	±9	±14	±18	±26	±32	±36	±40	±40

角度尺寸公差

角度尺寸公差应采用角度的短边为基准边，其长度从图样标明的基准点算起，见下图。如在图样上不标注角度，而只标注长度尺寸，则允许偏差以 mm/m 计。一般选 B 级，可不标注，选用的其他精度等级均应在图样的技术要求（见表 1-4-96）中。

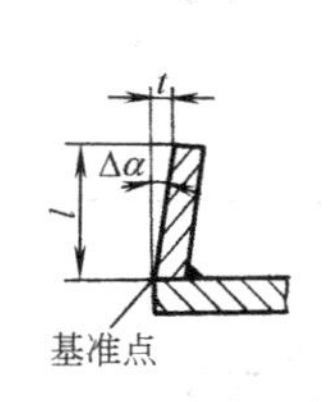

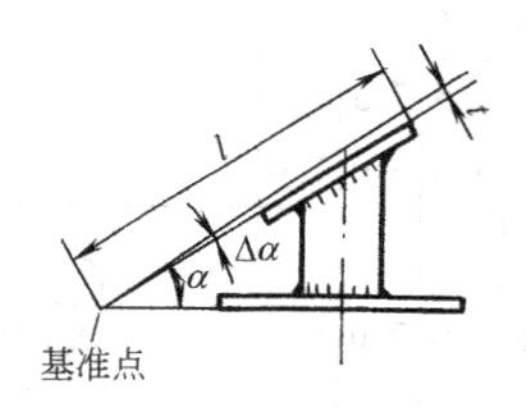

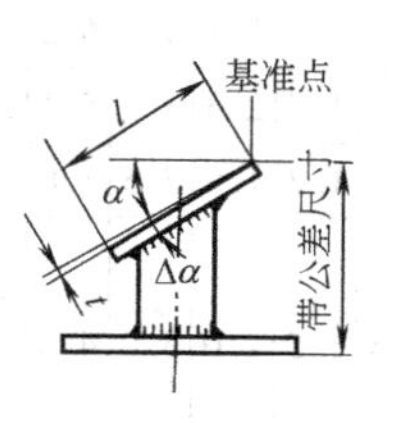

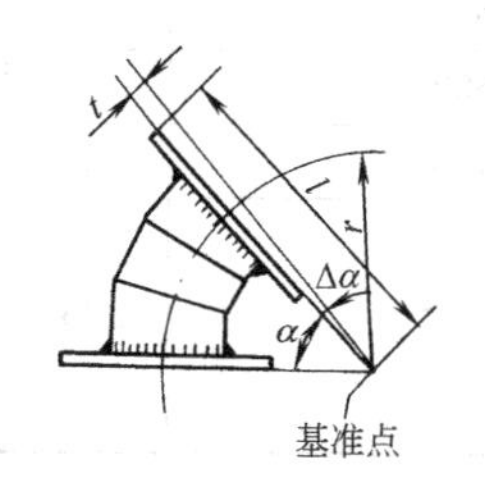

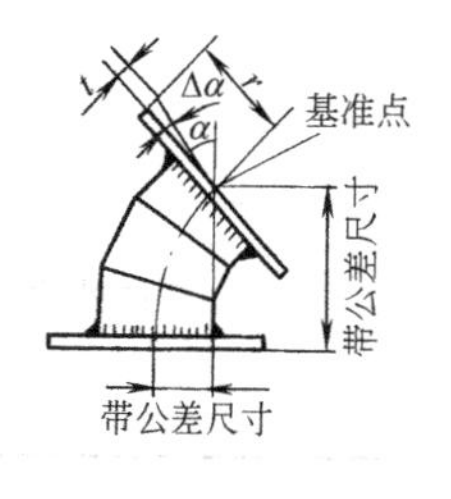

表 1-4-61　　角度尺寸公差

公差等级	0~400	>400~1000	>1000	0~400	>400~1000	>1000
	以角度表示的公差 $\Delta\alpha$/(°)			以长度表示的公差 t/(mm/m)		
A	±20′	±15′	±10′	±6	±4.5	±3
B	±45′	±30′	±20′	±13	±9	±6
C	±1°	±45′	±30′	±18	±13	±9
D	±1°30′	±1°15′	±1°	±26	±22	±18

（表头：公称尺寸 l（工件长度或短边长度）范围/mm）

注：t 为 $\Delta\alpha$ 的正切值，它可由短边的长度计算得出，以 mm/m 计，即每米短边长度内所允许的偏差值。

表 1-4-62　焊前弯曲成形的筒体尺寸允差（摘自 JB/T 5000.3—2007）　mm

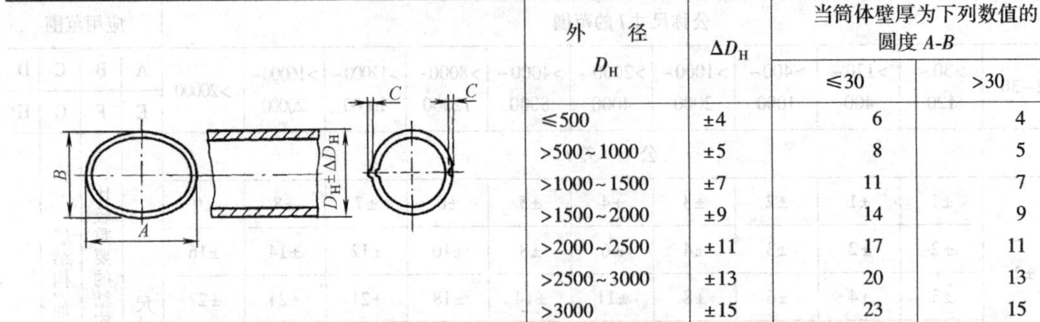

外　径 D_H	ΔD_H	当筒体壁厚为下列数值的圆度 A-B		弯角 C
		≤30	>30	
≤500	±4	6	4	3
>500~1000	±5	8	5	3
>1000~1500	±7	11	7	4
>1500~2000	±9	14	9	4
>2000~2500	±11	17	11	5
>2500~3000	±13	20	13	5
>3000	±15	23	15	6

注：要求筒体内外表面或单面机械加工时，其卷圆成形校圆后，筒体圆度值可取表中的 1/2。

表 1-4-63　焊前管子的弯曲半径允差、圆度允差及允许的波纹深度（摘自 JB/T 5000.3—2007）　mm

允差名称		管子外径 30	38	50	60	70	83	102	108	127	150	200	示意图
弯曲半径 R 的允差	R=75~125	±2	±2	±3	±3	±4							
	R=160~300	±1	±1	±2	±2	±3							
	R=400						±5	±5	±5	±5	±5	±5	
	R=500~1000						±4	±4	±4	±4	±4	±4	
	R>1000						±3	±3	±3	±3	±3	±3	
在弯曲半径处的圆度允差 a 或 b	R=75	3.0											
	R=100	2.5	3.1										
	R=125	2.3	2.6	3.6									
	R=160	1.7	2.1	3.2									
	R=200		1.7	2.8	3.6								
	R=300		1.6	2.6	3.0	4.6	5.8						
	R=400				2.4	3.8	5.0	7.2	8.1				
	R=500				1.8	3.1	4.2	6.2	7.0	7.6			
	R=600				1.5	2.3	3.4	5.1	5.9	6.5	7.5		
	R=700				1.2	1.9	2.5	3.6	4.4	5.0	6.0	7.0	
弯曲处的波纹深度 a		—	1.0	1.5	1.5	2.0	3.0	4.0	5.0	6.0	7.0	8.0	

表 1-4-64　筋板倒角形式及尺寸（摘自 JB/T 5000.3—2007）

倒角形式			倒角尺寸/mm		
			筋板厚度	焊缝高 a	l 或 r
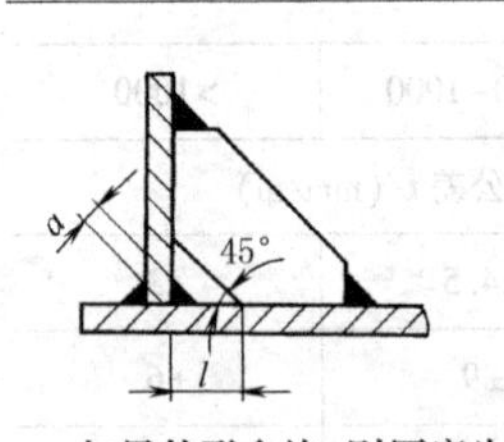 如果外形允许，则厚度为 12mm 以下的筋板一般采用剪切的情况	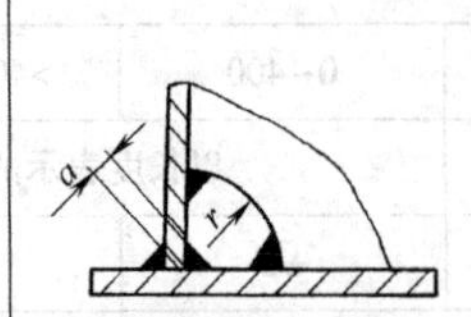 当筋板厚度大于 12mm，以及由于外形的原因，不管怎样处理，筋板都必须是从钢板上气割下来时的情况	不重要的焊接件，筋板宽度 100mm 以下，位置紧凑，筋板可不进行倒角焊接，图样不要求专门标注。因为强度原因，密封焊接都不采用这种筋板	≤12	≤5	25
			>12~30	>5~7	40
			>30	>7~12	50

1.6 钎焊

钎焊是采用比母材熔点低的金属材料作钎料，将焊件和钎料加热到高于钎料熔点，低于母材熔点的温度，利用液态钎料润湿母材，填充接头间隙并与母材相互扩散实现连接焊件的方法。

钎焊时，焊件加热温度较低，焊件的组织和力学性能变化不大，变形较小，接头平整光滑，工艺简单，生产率高，因此钎焊获得广泛应用。

钎焊的缺点是一般情况下接头强度较低，必须用搭接达到与母材等强度。钎焊时接头连接面间要保证一定的间隙。残余的钎剂有腐蚀作用，因而对装配及钎焊后的清理要求较严。

按钎料的熔化温度和钎焊接头的强度不同，钎料可分为：难熔钎料（硬钎料，熔点在450℃以上），易熔钎料（软钎料，熔点在450℃以下）。钎料见表1-4-73，钎剂见表1-4-74~表1-4-79。

为了获得优质的钎焊接头，应根据所钎焊的材料、形状结构及尺寸、接头的使用性能、生产效率及所具备的条件等因素，正确地选择相应的钎焊方法、钎料、钎剂以及钎焊工艺等。

各种钎焊方法的比较及应用范围

表1-4-65

方法	优点	缺点	应用范围
火焰钎焊	(1)设备简单，价格低 (2)热源可以移动，操作灵活 (3)过程可以实现自动化	(1)钎焊零件发生氧化 (2)局部加热，工件易变形 (3)需熟练的技术	钢、合金钢、硬质合金、铜、铝、铸铁的钎焊
空气炉中钎焊	(1)设备投资少 (2)加热均匀，零件变形小 (3)生产效率高，可实现自动化	(1)钎焊零件发生氧化 (2)钎料需预置	适用于多种金属的钎焊，如各种钢种、铜、铝、铸铁等
保护气氛炉中钎焊	(1)温度可正确控制 (2)均匀加热，工件变形小 (3)钎焊时得到保护，不被氧化 (4)易实现机械化，适于大量生产	(1)设备投资大 (2)大多数情况下必须用夹具 (3)钎焊过程不易观察	适用于多种黑色金属及铜、铝的钎焊
真空炉中钎焊	(1)可不加钎剂进行钎焊 (2)钎焊后零件表面光洁 (3)钎焊接头抗腐蚀性好 (4)可钎焊难钎焊的金属及陶瓷等	(1)设备投资大 (2)生产效率低	用于铝合金、钛合金、高温合金、耐熔合金以及陶瓷的钎焊
感应钎焊	(1)加热速度快，成本低 (2)可观察钎焊过程 (3)适用于单件和大量生产	(1)设备投资大 (2)钎焊温度不易控制 (3)局部加热引起工件变形 (4)空气中加热易使工件氧化	多适用于导磁性好的金属，如各种钢、铸铁及硬质合金的钎焊
电阻钎焊	(1)加热迅速，生产率高 (2)热量集中，对周围的热影响小 (3)可以观察钎焊过程 (4)易实现自动化	(1)调节温度困难 (2)零件尺寸和形状受限制 (3)金属发生氧化	刀具、带锯、电机绕组、电触点及电子元器件的钎焊

续表

方法	优　点	缺　点	应用范围
电弧钎焊	(1)加热快 (2)操作灵活、方便	(1)焊件易氧化 (2)需使用电弧面罩观察	电机绕组、汽车蒙皮等钎焊
盐浴钎焊	(1)零件加热均匀 (2)加热迅速，生产效率高 (3)钎焊温度容易控制 (4)作业人员的技术要求不高	(1)熔盐对环境有污染 (2)用电量大 (3)钎焊后必须严格清除残渣 (4)设备价格高	各类钢、高温合金、铜及铜合金、铝及铝合金的盐浴钎焊
浸渍钎焊	(1)迅速而均匀地加热零件 (2)精确控制温度 (3)操作技术要求不高 (4)生产效率高	(1)设备价格高 (2)钎料消耗量大 (3)钎料必须经常更换	钢、铜及其合金、印刷电路板的软钎焊
扩散钎焊、接触反应钎焊	(1)钎焊接头质量高 (2)钎缝金属量少，并易控制 (3)易实现精密连接	(1)钎焊金属常需涂以过渡金属 (2)常需在气体保护或真空下进行 (3)钎焊时间长	同种或异种金属的精密连接
烙铁钎焊	(1)设备简单 (2)操作方便、灵活	(1)只应用于易熔钎料 (2)钎焊接头强度不高	适用于软钎焊
波峰钎焊	生产效率高	设备投资大	印刷电路板的引线与铜箔电路的软钎焊
再流钎焊：气相钎焊	焊件受热均匀	工作液价格贵，所选温度受限	印刷电路板、集成电路板的软钎焊
再流钎焊：红外钎焊	可连续生产	需专用设备	
再流钎焊：激光钎焊	热量集中，焊点周围不受热影响	只能单点扫描，设备昂贵	
再流钎焊：热板钎焊	可连续生产	需专用设备	
再流钎焊：热风钎焊	受热均匀，生产率高	需专用设备	

钎料和钎剂的选择原则

表1-4-66

名称	考虑因素	原　则
钎料	钎料与母材的匹配	钎料应具有适当的熔点，对母材具有良好的润湿性和填缝能力。应能避免形成脆性的金属间化合物、晶间渗入、因母材过分溶解而造成溶蚀，以及避免热膨胀系数失配等
	钎料与钎焊方法匹配	不同的钎焊方法对钎料性能的要求是不同的：如电阻钎焊法，要求钎料的电阻率比母材电阻率大一些，以提高加热效率；炉中钎焊法，要求钎料中易挥发元素的含量要少，以保证在相对较长的钎焊时间内不会因为合金元素的挥发而影响钎料性能；真空钎焊法，要求钎料不含蒸气压高的合金元素，避免对真空系统的污染；火焰钎焊法，希望钎料与母材的熔点相差尽可能大，以避免母材局部过热、过烧或熔化等
	满足使用要求	不同产品在不同工作环境和使用条件下对钎焊接头性能的要求是不同的。可能涉及很多方面，如导电性、导热性、工作温度、强度、塑性、密封性、防氧化性、抗腐蚀性等。但对于一个具体的钎焊件来说，只能着重考虑其最主要的使用要求
	钎焊结构的要求	钎焊结构本身的复杂性和钎焊方法的限制，有时使手工送进钎料不可能实现，因而常常要将钎料预先加工成形，如环形、箔材、垫片和粉末等形式，并预先放在钎焊间隙中或附近。因此要考虑钎料的加工性能是否可以制成所需的形式
	生产成本	生产成本包括钎料的材料成本、成形加工成本、钎焊方法及设备投资等，要视钎焊件的批量大小、重要程度等因素，全面综合地分析决定

续表

名称	考虑因素	原　　则
钎剂	母材和钎料	选择钎剂首先应考虑母材和钎料的种类，不同种类要求各异：锡铅钎料焊铜，用活性较小的松香钎剂；焊钢时，用活性较强的氯化锌水溶液（无机软钎剂）；焊不锈钢，用活性很强的氯化锌盐酸溶液（无机软钎剂）；黄铜钎料焊普通铜及铜合金时，用脱水硼砂（硬钎剂）；钎焊铝及铝合金，由于氧化铝膜稳定性大，因此必须选用铝钎焊专用钎剂
	钎焊方法	不同的钎焊方法对钎剂要求也不同：如电阻钎焊，它应有一定的导电性；浸渍钎焊，它应去除水分，以免沸腾和爆炸；感应钎焊的钎焊时间短，加热速度快，它的反应要快，活性要大；炉中钎焊时间长，加热速度慢，它的活性可小些，但热稳定性要好
	钎焊温度	钎剂的熔化温度要与钎焊温度相适应，其熔点应低于钎料的熔点，使钎料在熔化前便为熔化的钎剂所覆盖，为钎料的润湿铺展做好准备；它的沸点应比钎焊温度高，以防止钎剂的蒸发；它的最低活性温度不能比钎料的熔化温度低得太多，否则氧化膜除去过早，随后还会重新生成，而钎剂已消耗完，这点对钎焊时间长、加热速度慢的钎焊过程尤为重要
	钎缝形状	钎缝形状复杂的钎焊接头，应选择腐蚀性小且易去除的钎剂，以便于焊后残渣清除干净

钎料的选择

表 1-4-67

接合的金属或合金	铝及铝合金	镍及镍合金	碳　钢	不锈钢	铸　铁	铜及铜合金	高碳钢及工具钢	耐热钢
铝及铝合金	Al，Zn							
镍及镍合金	不推荐	Cu，Ag Cu-Zn Cr-Ni						
碳钢	Al-Si	Cu，Ag Cu-Zn Cr-Ni	Cu，Ag，Pb Sn，Cu-Zn Cr-Ni					
不锈钢	不推荐	Cu，Ag Cu-Zn Cr-Ni	Cu，Ag Cu-Zn Cr-Ni	Cu，Ag Cu-Zn Cr-Ni				
铸铁	不推荐	Cu，Ag Cu-Zn	Cu，Ag Cu-Zn Pb-Sn	Cu，Ag Cu-Zn	Cu，Ag Cu-Zn Pb-Sn			
铜及铜合金	不推荐	Ag Cu-Zn	Ag Cu-Zn Pb-Sn	Ag Cu-Zn	Ag Cu-Zn Pb-Sn	Ag，Cu-P Cu-Zn Pb-Sn		
高碳钢及工具钢	不推荐	Cu，Ag Cu-Zn	Cu，Ag Cu-Zn	Cu-Zn Cu，Ag	Cu，Ag Cu-Zn	Ag Cu-Zn	Cu，Ag Cu-Zn	
耐热钢	不推荐	Cu，Ag Cu-Zn Cr-Ni	Cu，Ag Cu-Zn Cr-Ni	Cu，Ag Cu-Zn Cr-Ni	Cu，Ag Cu-Zn Cr-Ni	Ag Cu-Zn	Cu，Ag Cu-Zn	Cu，Ag Cu-Zn Cr-Ni

续表

钎接方法	钎接的金属与合金							
	铝及铝合金	镍及镍合金	碳　钢	不锈钢	铸铁	铜及铜合金	高碳钢及工具钢	耐热钢
烙铁	Zn	Pb-Sn	Pb-Sn	—	Pb-Sn	Pb-Sn	—	—
气焊枪	Al Zn	Ag Cu-Zn	Cu-Zn Ag,Zn-Pb	Ag Cu-Zn	Ag Cu-Zn Pb-Sn	Cu-P Cu-Zn Ag,Pb-Sn	Ag Cu-Zn	Ag Cu-Zn
电阻加热	Al	Ag Cu-Zn	Cu-Zn Ag	Ag	—	Cu-P Cu-Zn Ag	Ag	Ag
感应加热	Al	Ag	Cu-Zn Ag,Pb-Sn	Ag	Ag Cu-Zn	Cu-P Cu-Zn Pb-Sn,Ag	Ag Cu-Zn Pb-Sn	Ag
电弧加热	Al	Ag Cu-Zn	Ag Cu-Zn	Ag	Ag Cu-Zn	Cu-P Cu-Zn,Ag	Ag Cu-Zn	Ag
熔融盐浴	Al	Ag	Cu-Zn Ag	Ag	Ag Cu-Zn	Ag,Cu-P Cu-Zn	Ag Cu-Zn	Ag
浸渍熔化钎料	—	Ag(Zn) Cu-Zn	Cu-Zn Ag(Zn)	Cu-Zn Ag(Zn)	Ag Cu-Zn	Cu-P Ag(Zn) Ag(P)	Cu-Zn Ag	Cu-Zn Ag-(Zn)
在炉中加热	Al	Ag,Cu Cr-Ni	Cu,Ag Cu-Zn Cr-Ni	Ag,Cu Cr-Ni	Ag Cu-Zn	Cu-P Ag Pb-Sn	Ag,Cu Cu-Zn	Cu,Ag Cr-Ni

典型钎焊的接头形式

表 1-4-68

接头形式	简　图	接头形式	简　图
平面接头搭接		容器堵头接头	不良　不良　良　良
闭合接头		线接头	
套管法兰接头		薄壁锁边接头	

续表

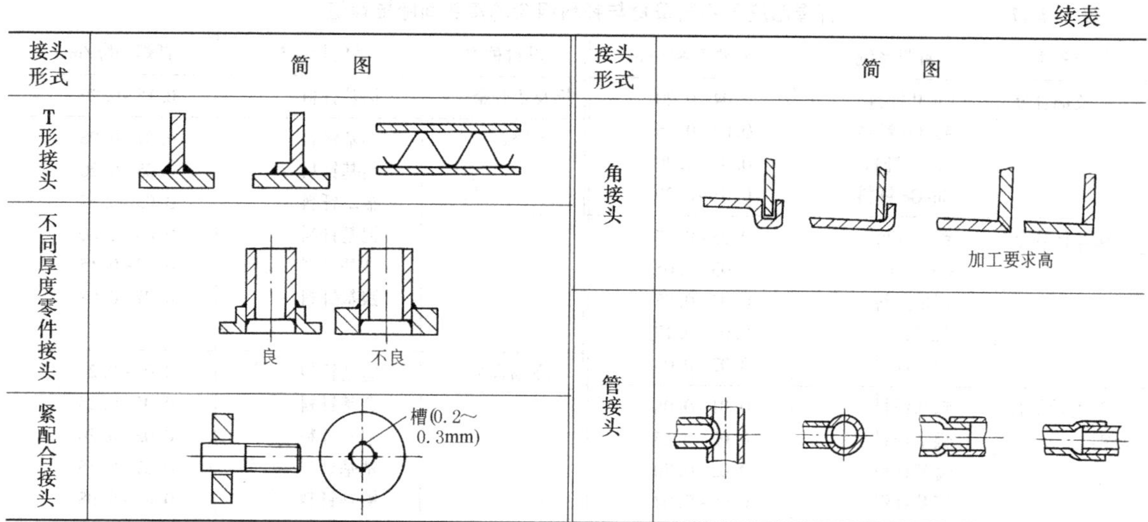

表 1-4-69　　常用“自保持”接头形式

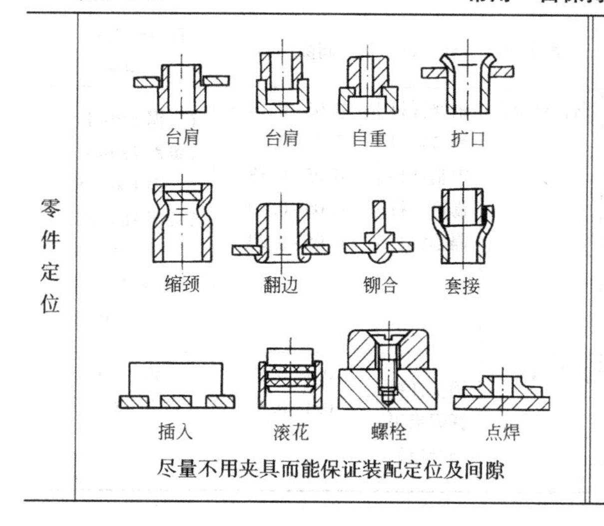

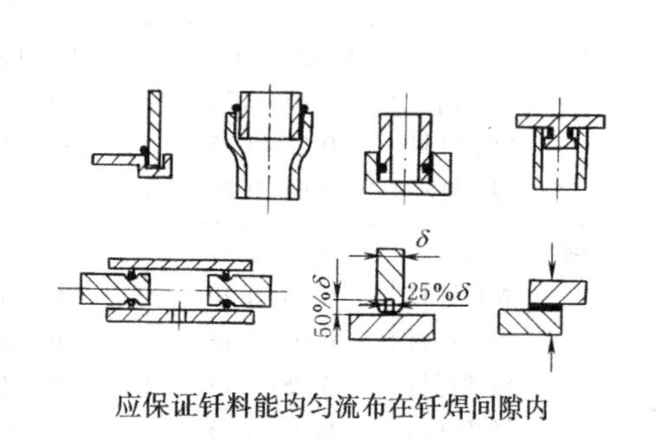

钎焊接头的间隙

表 1-4-70　　不同类别钎料在钎焊温度下接头间隙的推荐值

钎料类别	接头间隙/mm	备　注
AlSi 类	0.05～0.20	搭接长度小于 0.63mm
	0.20～0.25	搭接长度大于 0.63mm
CuP 类	0.025～0.13	无钎剂钎焊和无机钎剂钎焊
Ag 类	0.05～0.13	钎剂钎焊
	0.00～0.05	气相钎剂(气体保护钎焊)
Au 类	0.05～0.13	钎剂钎焊
	0.00～0.05	气相钎剂(气体保护钎焊)
Cu 类	0.00～0.05	气相钎剂(气体保护钎焊)
CuZn 类	0.05～0.13	钎剂钎焊
Mg 类	0.10～0.25	钎剂钎焊
Ni 类	0.05～0.13	一般应用(钎剂/气体保护钎焊)
	0.00～0.05	自由流动型,气体保护钎焊

表 1-4-71　钎焊温度下不同母材与钎料组合的接头间隙推荐值

母材种类	钎料系统	钎焊间隙/mm	母材种类	钎料系统	钎焊间隙/mm
铜及铜合金	Cu-P 钎料	0.04~0.20	铝及铝合金	铝基钎料	0.15~0.25
	Ag-Cu 钎料	0.02~0.15	不锈钢	铜基钎料	0.02~0.08
	Cu-Si 钎料	0.01~0.20		锰基钎料	0.05~0.20
	Cu-Ge 钎料	0.01~0.20		金基钎料	0.03~0.25
钛及钛合金	铝基钎料	0.05~0.25		钯基钎料	0.05~0.20
	Cu-P 钎料	0.03~0.05		钴基钎料	0.02~0.15
	铜系钎料	0.03~0.05		镍基钎料	0.01~0.08
	Ag-Cu	0.02~0.10			
	银系钎料	0.03~0.08	高温合金	锰基钎料	0.03~0.2
碳钢及低合金钢	铜基钎料	0.01~0.05		金基钎料	0.05~0.25
	银基钎料	0.02~0.15		钯基钎料	0.03~0.20
	锰基钎料	0.05~0.20		钴基钎料	0.02~0.15
	镍基钎料	0.00~0.04		镍基钎料	0.00~0.08

表 1-4-72　钎焊接头间隙和抗剪强度

钎焊金属	钎　料	间隙/mm	抗剪强度 σ_τ /MPa	钎焊金属	钎　料	间隙/mm	抗剪强度 σ_τ /MPa
碳钢	铜	0.000~0.05①	100~150	铜和铜合金	铜锌钎料	0.05~0.13	铜 170~190 黄铜 270~400
	黄铜	0.05~0.20	200~250		铜磷钎料	0.02~0.15	铜 160~180 黄铜 160~220
	银基钎料	0.05~0.15	150~240		银基钎料	0.05~0.13	铜 21~46 黄铜 28~46
	锡基钎料	0.05~0.20	38~51		锡铅钎料	0.05~0.20	40~80
不锈钢	铜	0.02~0.07			镉基钎料	0.05~0.20	
	铜基钎料	0.03~0.20	370~500				
	银基钎料	0.05~0.15	190~230				
	镍基钎料	0.05~0.12	190~210	铝和铝合金	铝基钎料	0.1~0.3	60~100
	锰基钎料	0.04~0.15	约 300		钎焊铝用软钎料	0.1~0.3	40~80

① 必要时用负间隙（过盈配合），强度最大。

表 1-4-73　钎料

类　别	牌　号	名　称	熔化温度/℃(约) 固相线	熔化温度/℃(约) 液相线	用　途
锡铅钎料(摘自GB/T 3131—2001)	S-Sn95PbA(B)	95A(B)锡铅钎料	183	224	电气、电子工业、餐具锡制器件的焊接、耐高温器件焊接
	S-Sn90PbA(B)	90A(B)锡铅钎料		215	
	S-Sn65PbA(B)	65A(B)锡铅钎料		186	电气、电子工业、印刷线路、微型技术、航空工业及镀层金属的焊接
	S-Sn63PbA(B)	63A(B)锡铅钎料		183	
	S-Sn60PbA(B)	60A(B)锡铅钎料		190	
	S-Sn60PbSbA(B)	60A(B)锡铅锑钎料			
	S-Sn55PbA(B)	55A(B)锡铅钎料		203	普通电气、电子工业(电视机、收录机共用天线、石英钟)、航空
	S-Sn50PbA(B)	50A(B)锡铅钎料		215	
	S-Sn50PbSbA(B)	50A(B)锡铅锑钎料			
	S-Sn45PbA(B)	45A(B)锡铅钎料		227	

续表

类别	牌号	名称	熔化温度/℃(约) 固相线	液相线	用途
锡铅钎料(摘自GB/T 3131—2001)	S-Sn40PbA(B)	40A(B)锡铅钎料	183	238	钣金、铅管焊接、电缆线、换热器金属器材、辐射体、制罐等的焊接
	S-Sn40PbSbA(B)	40A(B)锡铅锑钎料			
	S-Sn35PbA(B)	35A(B)锡铅钎料		248	
	S-Sn30PbA(B)	30A(B)锡铅钎料		258	
	S-Sn30PbSbA(B)	30A(B)锡铅锑钎料		258	灯泡、冷却机制造、钣金、铅管焊接
	S-Sn25PbSbA(B)	25A(B)锡铅锑钎料		260	
	S-Sn20PbA(B)	20A(B)锡铅钎料		279	
	S-Sn18PbSbA(B)	18A(B)锡铅锑钎料			
	S-Sn10PbA(B)	10A(B)锡铅钎料	268	301	钣金、锅炉用及其他高温用处的焊接
	S-Sn5PbA(B)	5A(B)锡铅钎料	300	314	
	S-Sn2PbA(B)	2A(B)锡铅钎料	316	322	
	S-Sn50PbCdA(B)	50A(B)锡铅镉钎料	145		轴瓦、陶瓷的烘烤焊接、热切割、分级焊接及其他低温焊接
	S-Sn5PbAgA(B)	5A(B)锡铅银钎料	296	301	电气工业、高温工作条件的焊接
	S-Sn63PbAgA(B)	63A(B)锡铅银钎料	183		同S-Sn63Pb,但焊点质量等方面优于S-Sn63Pb
	S-KSn40PbSbA(B)	40A(B)抗氧化锡铅钎料	183	238	用于对抗氧化有较高要求的场合
	S-KSn60PbSbA(B)	60A(B)抗氧化锡铅钎料	183	190	

标记示例
锡铅钎料的牌号表示方法按 GB/T6208 的规定进行。
用 S-Sn95PbA 制造的,直径为 2mm 的实芯丝状钎料标记为:
丝 S-Sn95PbA ϕ2 GB/T 3131—2001
用 S-Sn63PbB 制造的,直径为 2mm 的,钎剂类型为 R 型的树脂单芯(三芯、五芯)丝状钎料标记为:
丝 S-Sn63PbB ϕ2-R-1(3、5) GB/T 3131—2001
用 S-Sn35PbA 制造的,直径为 10mm 的棒状钎料标记为:
棒 S-Sn35PbA ϕ10 GB/T 3131—2001

类别	牌号	名称	固相线	液相线	用途
铜基钎料(摘自GB/T 6418—2008)	BCu87	高铜	1085	1085	主要用于以气体火焰钎焊、感应钎焊、盐浴浸渍钎焊等方法来钎焊铜及铜合金、镍、钢、铸铁及硬质合金等
	BCu99		1085	1085	
	BCu100-A		1085	1085	
	BCu100-B		1085	1085	
	BCu100(P)		1085	1085	
	BCu99Ag		1070	1080	
	BCu97Ni(B)		1085	1100	
	BCu48ZnNi(Si)	铜锌	890	920	
	BCu54Zn		885	888	
	BCu57ZnMnCo		890	930	
	BCu58ZnMn		880	909	
	BCu58ZnFeSn(Si)(Mn)		865	890	
	BCu58ZnSn(Ni)(Mn)(Si)		870	890	
	BCu59Zn(Sn)(Si)(Mn)		870	900	
	BCu60Zn(Sn)		875	895	
	BCu60ZnSn(Si)		890	905	
	BCu60Zn(Si)		875	895	
	BCu60Zn(Si)(Mn)		870	900	

续表

类别	牌号	名称	熔化温度/℃(约)		用途
			固相线	液相线	
铜基钎料(摘自GB/T 6418—2008)	BCu95P	铜磷	710	925	铜磷钎料是生产上广泛应用的空气自钎剂钎料,在钎焊铜及铜合金时具有自钎剂作用 铜磷钎料加入银可改善钎料塑性和可加工性,提高抗拉强度和导电性,降低钎料熔点,并可提高钎料的润湿性,因而适合于各种碳钢的钎焊
	BCu94P		710	890	
	BCu93P-A		710	793	
	BCu93P-B		710	820	
	BCu92P		710	770	
	BCu92PAg		645	825	
	BCu91PAg		643	788	
	BCu89PAg		645	815	
	BCu88PAg		643	771	
	BCu87PAg		643	813	
	BCu80AgP		645	800	
	BCu76AgP		643	666	
	BCu75AgP		645	645	
	BCu80SnPAg		560	650	
	BCu87PSn(Si)		635	675	
	BCu86SnP		650	700	
	BCu86SnPNi		620	670	
	BCu92PSb		690	825	
	BCu94Sn(P)	其他铜	910	1040	
	BCu88Sn(P)		825	990	
	BCu98Sn(Si)(Mn)		1020	1050	
	BCu97SiMn		1030	1050	
	BCu96SiMn		980	1035	
	BCu92AlNi(Mn)		1040	1075	
	BCu92Al		1030	1040	
	BCu89AlFe		1030	1040	
	BCu74MnAlFeNi		945	985	
	BCu84MnNi		965	1000	

标记示例:

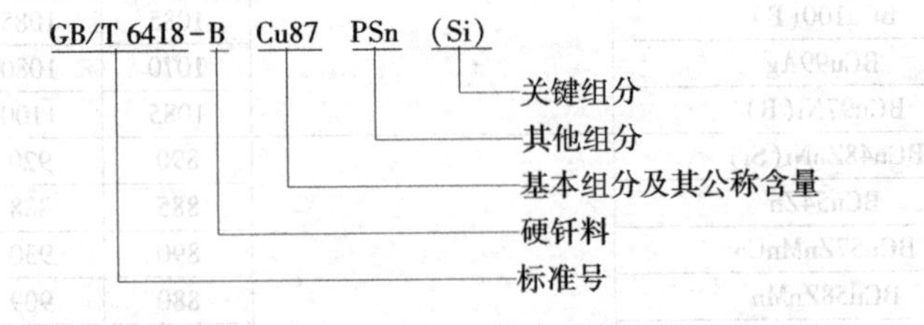

类别	牌号	名称	固相线	液相线	用途
铝基钎料(摘自GB/T 13815—2008)	BAl95Si	铝硅	575	630	用于铝及铝合金的炉中钎焊和火焰钎焊 钎焊接头具有优良的抗腐蚀性能,应用广泛
	BAl92Si		575	615	
	BAl90Si		575	590	
	BAl88Si		575	585	
	BAl86SiCu	铝硅铜	520	585	用于铝及铝合金的火焰钎焊,钎料脆,使用不方便

续表

类别	牌号	名称	熔化温度/℃(约) 固相线	熔化温度/℃(约) 液相线	用途
铝基钎料(摘自GB/T 13815—2008)	BAl89SiMg	铝硅镁	555	590	用于真空钎焊,一般不适于钎剂钎焊
	BAl89SiMg(Bi)		555	590	
	BAl89Si(Mg)		559	591	
	BAl88Si(Mg)		562	582	
	BAl87SiMg		559	579	
	BAl87SiZn	铝硅锌			
	BAl85SiZn				
	标记示例: GB/T 13815-B Al89 SiMg (Bi) (Bi)——关键组分 SiMg——其他组分 Al89——基本组分及其公称含量 B——硬钎料 GB/T 13815——标准号				
镍基钎料(摘自GB/T 10859—2008)	BNi73CrFeSiB(C)	镍铬硅硼	980	1060	由于镍具有优良的抗腐蚀性、抗氧化性和塑性,因此,镍基钎料常用于钎焊在高温下工作的零件。并常添加铬、硼、硅、锰、钨、磷、铜等
	BNi74CrFeSiB		980	1070	
	BNi81CrB		1055	1055	
	BNi82CrSiBFe		970	1000	
	BNi78CrSiBCuMoNb		970	1080	
	BNi63WCrFeSiB	镍铬钨硼	980	1040	
	BNi67WCrSiFeB		980	1070	
	BNi71CrSi	镍铬硅	1080	1135	
	BNi73CrSiB		1065	1150	
	BNi77CrSiBFe		1030	1125	
	BNi92SiB	镍硅硼	970	1105	添加一些合金元素用来提高其热强度。硼能显著提高钎料的高温强度和润湿性,但其含量增多会使钎料对母材的溶蚀倾向大大增加,并可使合金变脆
	BNi95SiB		970	1095	
	BNi89P	镍磷	875	875	
	BNi76CrP	镍铬磷	890	890	
	BNi65CrP		880	950	
	BNi66MnSiCo	镍铬硅铜	980	1010	
	标记示例: GB/T 10859-B Ni73 CrFeSiB (C) (C)——关键组分 CrFeSiB——其他组分 Ni73——基本组分及其公称含量 B——硬钎料 GB/T 10859——标准号				
银钎料(摘自GB /T10046—2008)	BAg72Cu	银铜	779	779	是在电真空器件中应用最广的共晶型钎料,工艺性和导电性好
	BAg85Mn	银锰	960	970	
	BAg72CuLi	银铜锂	766	766	由于含有锂而使其具有自钎剂作用,因而使用时可不用钎剂

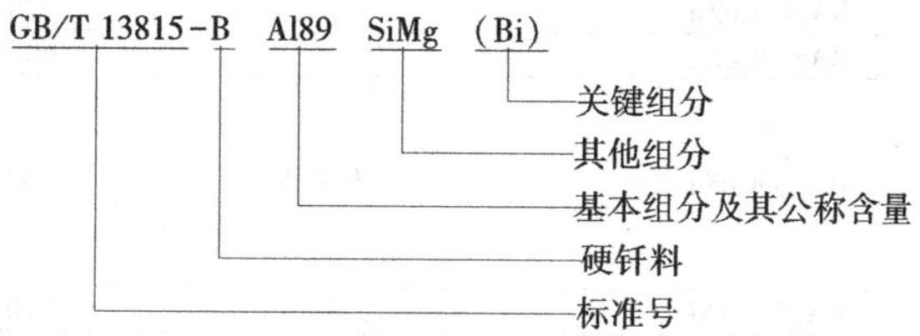

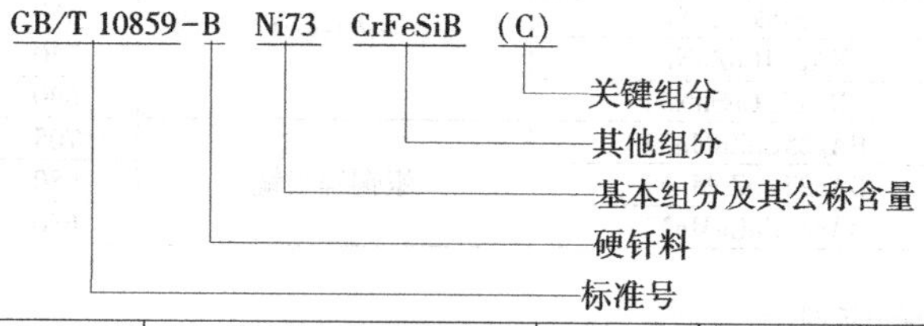

续表

类　别	牌　号	名　称	熔化温度/℃(约)		用　途
			固相线	液相线	
银钎料(摘自GB/T10046—2008)	BAg5CuZn(Si)	银铜锌	820	870	
	BAg12CuZn(Si)		880	830	
	BAg20CuZn(Si)		690	810	
	BAg25CuZn		700	790	
	BAg30CuZn		680	765	
	BAg35ZnCu		685	775	
	BAg44CuZn		675	735	
	BAg45CuZn		665	745	
	BAg50CuZn		690	775	
	BAg60CuZn		695	730	
	BAg63CuZn		690	730	
	BAg65CuZn		670	720	
	BAg70CuZn		690	740	
	BAg60CuSn	银铜锡	600	730	对钢和镍的润湿性优异,但强度低,脆性大。用于受静载接头
	BAg56CuNi	银铜镍	770	895	
	BAg25CuZnSn	银铜锌锡	680	760	BAg56CuZnSn的性能与BAg50CdZnCu钎料相当,但含银量较高,可代替镉钎料用于铜合金、钢和不锈钢等的钎焊。接头具有优良的力学性能
	BAg30CuZnSn		665	755	
	BAg34CuZnSn		630	730	
	BAg38CuZnSn		650	720	
	BAg40CuZnSn		650	710	
	BAg45CuZnSn		640	680	
	BAg55ZnCuSn		630	660	
	BAg56CuZnSn		620	655	
	BAg60CuZnSn		620	685	
	BAg20CuZnCd	银铜锌镉	605	765	适于火焰、高频等快速加热来钎焊铜及其合金、钢、不锈钢间隙、不均匀接头 BAg50CuZnCdNi适于钎焊硬质合金,镍可提高不锈钢钎焊接头抗腐蚀性,这在银钎料中几乎是最好的
	BAg21CuZnCdSi		610	750	
	BAg25CuZnCd		607	682	
	BAg30CuZnCd		607	710	
	BAg35CuZnCd		605	700	
	BAg40CuZnCd		595	630	
	BAg45CdZnCu		605	620	
	BAg50CdZnCu		625	635	
	BAg40CuZnCdNi		595	605	
	BAg50ZnCdCuNi		635	690	
	BAg40CuZnIn	银铜锌铟	635	715	同银铜锌锡
	BAg34CuZnIn		660	740	
	BAg30CuZnIn		640	755	
	BAg56CuInNi		600	710	
	BAg40CuZnNi	银铜锌镍	670	780	
	BAg49ZnCuNi		660	705	
	BAg54CuZnNi		720	855	
	BAg63CuSnNi		690	800	
	BAg25CuZnMnNi	银铜锌镍锰	705	800	
	BAg27CuZnMnNi		680	830	
	BAg49ZnCuMnNi		680	705	

标记示例:

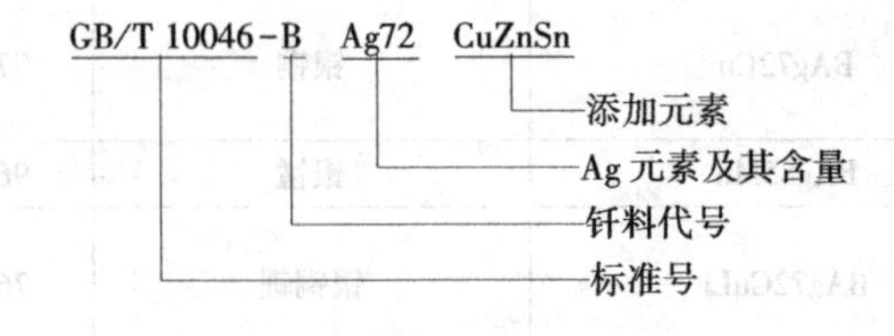

续表

类别	牌号	名称	熔化温度/℃(约)		用途
			固相线	液相线	
锰基钎料(摘自GB/T 13679—1992)	BMn70NiCr	锰镍铬	1035~1080	1140~1180	锰基钎料可用于要求在较高温度(600~700℃)下工作的接头 主要用于钎焊碳钢、合金钢、不锈钢和高温合金。钎焊不锈钢时,无明显的溶蚀和晶间渗入现象,适合于钎焊薄壁零件
	BMn40NiCrCoFe		1065~1135	1160~1200	
	BMn68NiCo	锰镍钴	1050~1070	约1120	
	BMn65NiCoFeB		1010~1035	1040~1100	
	BMn52NiCuCr	锰镍铜	1000~1010	约1060	
	BMn50NiCuCrCo		1010~1035	约1080	
	BMn45NiCu		920~950	约1000	

钎　剂

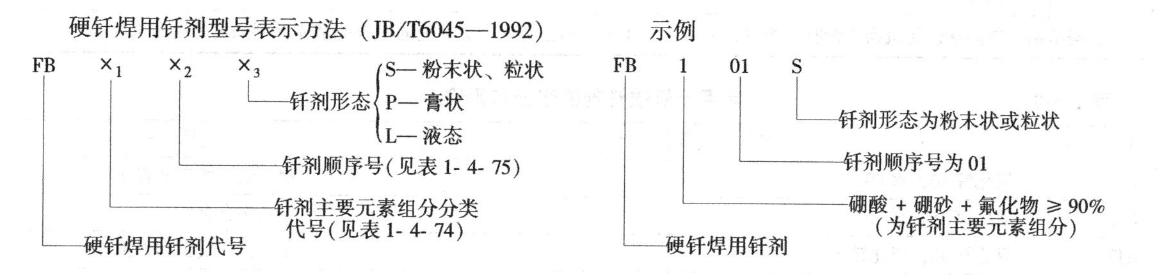

表1-4-74　钎剂主要元素组分分类

钎剂主要组分分类代号	钎剂主要组分	钎焊温度/℃
1	硼酸+硼砂+氟化物≥90%	550~850
2	卤化物≥80%	450~620
3	硼砂+硼酸≥90%	800~1150
4	硼酸三甲酯≥60%	>450

表1-4-75　常用钎剂的化学成分推荐表

型号	化学成分/%					
	H_3BO_3	KBF_4	KF	B_2O_3	$Na_2B_4O_7$	CaF_2
FB101	30	70	—	—	—	—
FB102	—	23	42	35	—	—
FB103	—	>95	—	—	—	—
FB104	35	—	15	—	50	—
FB105	80	—	—	—	14.5	5.5
FB106	—	42	35	23	—	—
FB301	—	—	—	—	>95	—
FB302	75	—	—	—	25	—
	LiCl	KCl	$ZnCl_2$		$CdCl_2$	NH_4Cl
FB201	25	25	15		30	5

表 1-4-76　　软钎焊用钎剂分类及代码（摘自 GB/T 15829—2008）

钎剂类型	钎剂主要组分	钎剂活性剂	钎剂形态
1 树脂类	1 松香	1 未加活性剂 2 加入卤化物活性剂 3 加入非卤化物活性剂	A 液态
	2 非松香（树脂）		
2 有机物类	1 水溶性		
	2 非水溶性		B 固态
3 无机物类	1 盐类	1 加入氯化铵 2 未加氯化铵	
	2 酸类	1 磷酸 2 其他酸	C 膏状
	3 碱类	胺及（或）氨类	

代码举例：磷酸活性无机物类膏状钎剂的编号为 3.2.1.C，不含卤化物活性剂的松香类液体钎剂的编号为 1.1.3.A。

表 1-4-77　　常用无机软钎剂的组分和用途

牌　号	组分的质量分数/%	适用母材
RJ1	氯化锌 40，水 60	钢、铜、黄铜和青铜
RJ2	氯化锌 25，水 75	铜及铜合金
RJ3	氯化锌 40，氯化铵 5，水 55	钢、铜、黄铜和青铜
RJ4	氯化锌 18，氯化铵 6，水 76	铜及铜合金
RJ5	氯化锌 25，盐酸（密度 $1.19\times10^3kg/m^3$）25，水 50	不锈钢、碳钢、铜合金
RJ6	氯化锌 6，氯化铵 4，盐酸（密度 $1.19\times10^3kg/m^3$）10，水 80	钢、铜及铜合金
RJ7	氯化锌 40，氯化锡 5，氯化亚铜 0.5，盐酸 3.5，水 51	钢、铸铁
RJ8	氯化锌 65，氯化钾 14，氯化钠 11，氯化铵 10	铜及铜合金
RJ9	氯化锌 45，氯化钾 5，氯化锡 2，水 48	铜及铜合金
RJ10	氯化锌 15，氯化铵 1.5，盐酸 36，变性酒精 12.8，正磷酸 2.2，氯化铁 0.6，水余量	碳钢
RJ11	正磷酸 60，水 40	不锈钢、铸铁
QJ205	氯化锌 50，氯化铵 15，氯化镉 30，氯化钠 5	钢、铜及铜合金

表 1-4-78　　常用有机软钎剂的组分和用途

牌　号	组分的质量分数/%	适用范围
—	乳酸 15，水 85	铜、黄铜和青铜
—	盐酸肼 5，水 95	铜、黄铜和青铜
—	松香 100	铜、镉、锡和银
—	松香 25，酒精 75	铜、镉、锡和银
—	松香 40，盐酸谷氨酸 2，酒精余量	铜及铜合金
—	松香 40，三硬脂酸甘油酯 4，酒精余量	铜及铜合金
—	松香 40，水杨酸 2.8，三乙醇胺 1.4，酒精余量	铜及铜合金
—	松香 70，氯化铵 10，溴酸 20	铜、锌和镍
—	松香 24，盐酸二乙胺 4，三乙醇胺 2，酒精余量	铜、锌和镍
201	树脂 A20，溴化水杨酸 10，松香 20，酒精余量	波峰焊和浸渍焊
201-2	溴化水杨酸 10，松香 29.5，甘油 0.5，酒精余量	同 201
202-B	溴化肼 8，甘油 4，松香 20，水 20，酒精余量	引线搪锡

续表

牌　号	组分的质量分数/%	适用范围
SD-1	改性酚醛55,松香30,溴化水杨酸15	印刷电路板的波峰焊、浸渍焊和引线搪锡
HY-3B	溴化水杨酸12,松香20,改性丙烯酸树脂1.3,缓蚀剂0.25,酒精余量	同SD-1
氟碳B	氟碳0.3,松香23,异丙醇76.7	同SD-1
—	聚丙二醇40~50,正磷酸10~20,松香35,盐酸二乙胺5	镍铬丝的钎焊
RJ11	工业凡士林80,松香15,氯化锌4,氯化铵1	铜及铜合金
RJ12	松香30,氯化锌3,氯化铵1,酒精余量	镀锌铁皮、铜及铜合金
RJ13	松香25,二乙胺5,三羟乙基胺2,酒精余量	钢、铜及铜合金
RJ14	凡士林35,松香20,硬脂酸20,氯化锌13,盐酸苯胺3,水9	钢、铜及铜合金
RJ15	松香34,蓖麻油26,硬脂酸14,氯化锌7,氯化铵8,水11	铜合金和镀锌板
RJ16	松香28,氯化锌5,氯化铵2,酒精65	黄铜挂锡
RJ18	松香24,氯化锌1,酒精75	铜及铜合金
RJ19	松香18,甘油25,氯化锌1,酒精56	同RJ18
RJ21	松香38,正磷酸12,酒精50	铬钢、镍铬不锈钢的挂锡和钎焊
RJ24	松香55,盐酸苯胺2,甘油2,酒精41	铜及铜合金

表1-4-79　　常用硬钎剂的组分和用途

牌　号	组分的质量分数/%	钎焊温度/℃	用　途
YJ1	硼砂100	800~1150	铜基钎料钎焊碳钢、铜、铸铁和硬质合金
YJ2	硼砂25,硼酸75	850~1150	同YJ1
YJ6	硼砂15,硼酸80,氟化钙5	850~1150	铜基钎料钎焊不锈钢和高温合金
YJ7	硼砂50,硼酸35,氟化钾15	650~850	银基钎料钎焊钢、铜合金、不锈钢和高温合金
YJ8	硼砂50,硼酸10,氟化钾40	>800	铜基钎料钎焊硬质合金
YJ11	硼砂95,过锰酸钾5	>800	铜锌钎料钎焊铸铁
QJ101	硼酸30,氟硼酸钾70	550~850	银基钎料钎焊铜及铜合金、钢、不锈钢和高温合金
QJ102	氟化钾42,硼酐35,氟硼酸钾23	650~850	同QJ101
QJ103	氟硼酸钾>95,碳酸钾<5	550~750	银铜锌镉钎料钎焊铜及铜合金、钢和不锈钢
QJ104	硼砂50,硼酸35,氟化钾15	650~850	银基钎料炉中钎焊铜合金、钢和不锈钢
QJ105	氯化镉29~31,氯化锂24~26,氯化钾24~26,氯化锌13~16,氯化铵4.5~5.5	450~600	钎焊铜及铜合金
200	硼酐66±2,脱水硼砂19±2,氟化钙15±1	850~1150	铜基钎料或镍基钎料钎焊不锈钢和高温合金
201	硼酐77±1,脱水硼砂12±1,氟化钙10±0.5	850~1150	同200
284	氟化钾(脱水)35,氟硼酸钾42,硼酐23	500~850	同QJ101
F301	硼砂30,硼酸70	850~1150	同YJ1
铸铁钎剂	硼酸40~45,碳酸锂11~18,碳酸钠24~27,氟化钠加氯化钠10~20(二者比例27:73)	650~750	银基钎料和低熔点铜基钎料钎焊和修补铸铁

1.7 塑料焊接

热塑性塑料的可焊性

表 1-4-80

塑料名称	焊接方法						
	电加热		火加热			机械加热	
	接触加热	高频电流加热	热空气加热	热惰性气体加热	热混合气体加热	摩擦加热	热工具加热
聚乙烯(板材、薄膜)	好	—	好	好	一般	—	好
聚乙烯(棒料、管)	好	—	好	好	好	—	好
硬聚氯乙烯塑料(板材、薄膜)	好	好	好	好	好	好	好
硬聚氯乙烯塑料(棒料、管)	好	好	好	好	好	好	好
聚酰胺	好	好	好	好	—	—	好
巴维诺尔薄膜	好	好	好	好	—	—	好
聚甲基丙烯酸甲酯(有机玻璃)	好	一般	—	—	一般	一般	好
聚异丁烯	—	—	好	好	一般	—	—
聚苯乙烯	好	—	好	—	—	好	好
软聚氯乙烯塑料	好	一般	好	好	一般	—	—
氟塑料(板材、薄膜)	好	一般	一般	一般	—	—	好
聚丙烯(板材、薄膜)	好	一般	一般	一般	—	—	好

注：高频电流焊接广泛用于塑料薄膜（总厚度小于 2mm）的焊接。

塑料焊接温度

表 1-4-81

塑料名称	焊接温度/℃	塑料名称	焊接温度/℃
硬聚氯乙烯	200~240	聚甲基丙烯酸甲酯(有机玻璃)	200~220
聚乙烯	140~180	软聚氯乙烯	180~200
聚酰胺	160~230	聚四氟乙烯	380~385
聚苯乙烯	140~160	聚丙烯	160~165

硬聚氯乙烯塑料焊接接头形式及尺寸

表 1-4-82

焊接形式	焊接名称	形式	尺寸/mm	应用说明
对接焊缝	单面焊接V形对接焊缝	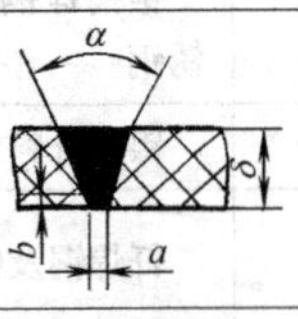		应用于只能在一面焊接的焊缝。在不焊的一面有一缺口,受外力易造成应力集中。一般 $\delta \leqslant 6$
	双面对接V形对接焊缝	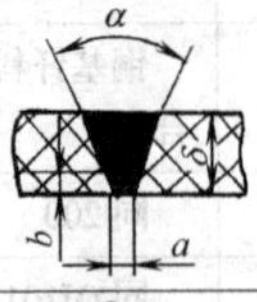	$a=0.5\sim1.5$, $b=1\sim1.5$ $\delta \leqslant 5$: $\alpha=60^\circ\sim70^\circ$ $\delta>5$: $\alpha=70^\circ\sim90^\circ$ $\delta \leqslant 10$: $\beta=60^\circ\sim70^\circ$ $\delta>10$: $\beta=70^\circ\sim90^\circ$	两面进行焊接,一面只焊一条焊缝,可免除缺口应力集中。一般用于 $\delta \leqslant 10$
	对称X形对接焊缝	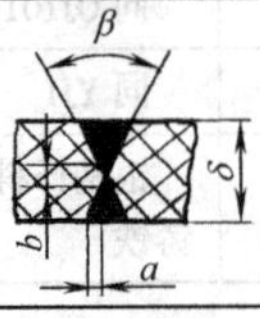		两面进行焊接。是三种对接形式中用料最省、强度最高的一种。一般用于 $\delta \geqslant 6$

续表

焊接形式	焊接名称	形　式	尺寸/mm	应用说明
搭接焊缝	平边双面搭接	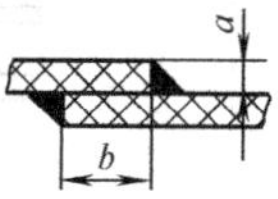	$b \geqslant 3a$	不适于焊接由薄片层压而成的板材，由于两板的中心线不在一起，故在受外力时会产生弯曲力矩。一般很少单独使用，大多用于辅助焊缝
T形连接焊缝	单斜边单面T形连接	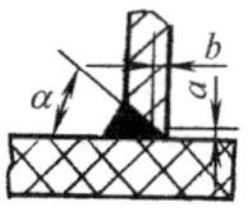	$a=0.5\sim1$ $b=1\sim1.5$ $\alpha=45°\sim55°$	用于焊接安装在塔或贮槽内的架子、隔板等处，不宜用于塔或贮槽等底部的焊缝，即不能用作主要结构焊缝
	双斜边双面T形连接	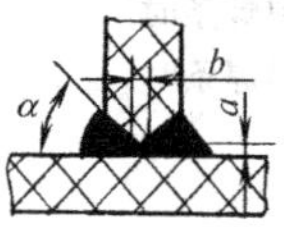		
对角焊缝	单斜边单面角形连接	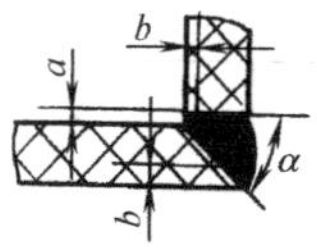	$a=0.5\sim1$ $b=1\sim1.5$ $\alpha=45°\sim55°$ $\beta=80°\sim90°$	用于塔式容器及槽体顶部、底部和器壁的连接。一般用于板厚$\delta \geqslant 6$mm
	双斜边单面角形连接	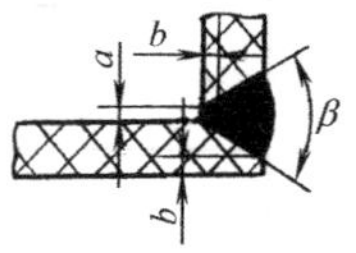		用于塔式容器及槽体顶部、底部和器壁的连接。一般用于板厚$\delta \geqslant 6$mm
	双斜边双面角形连接	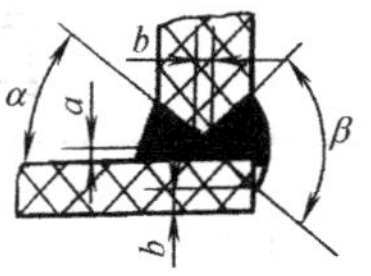		用于塔式容器及槽体顶部、底部和器壁的连接。一般用于板厚$\delta > 10$mm

1.8　焊接结构设计注意事项

在设计焊接结构时，应尽可能采用最合理的结构和焊接工艺，以便：①在满足设计功能要求下，焊接工作量能减至最少；②焊接件可不再需要或只需要少量的机械加工；③变形和应力能减至最少；④为焊工创造良好的劳动条件。

表 1-4-83　　焊接结构一般注意事项

注　意　事　项	不好的设计	改进后的设计
考虑最有效的焊接位置，以最小的焊接量达到最大的效果	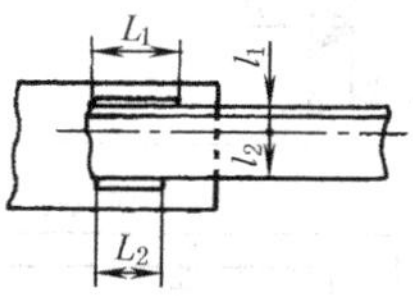 $L_1 l_1 = L_2 l_2$	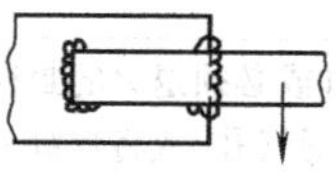

续表

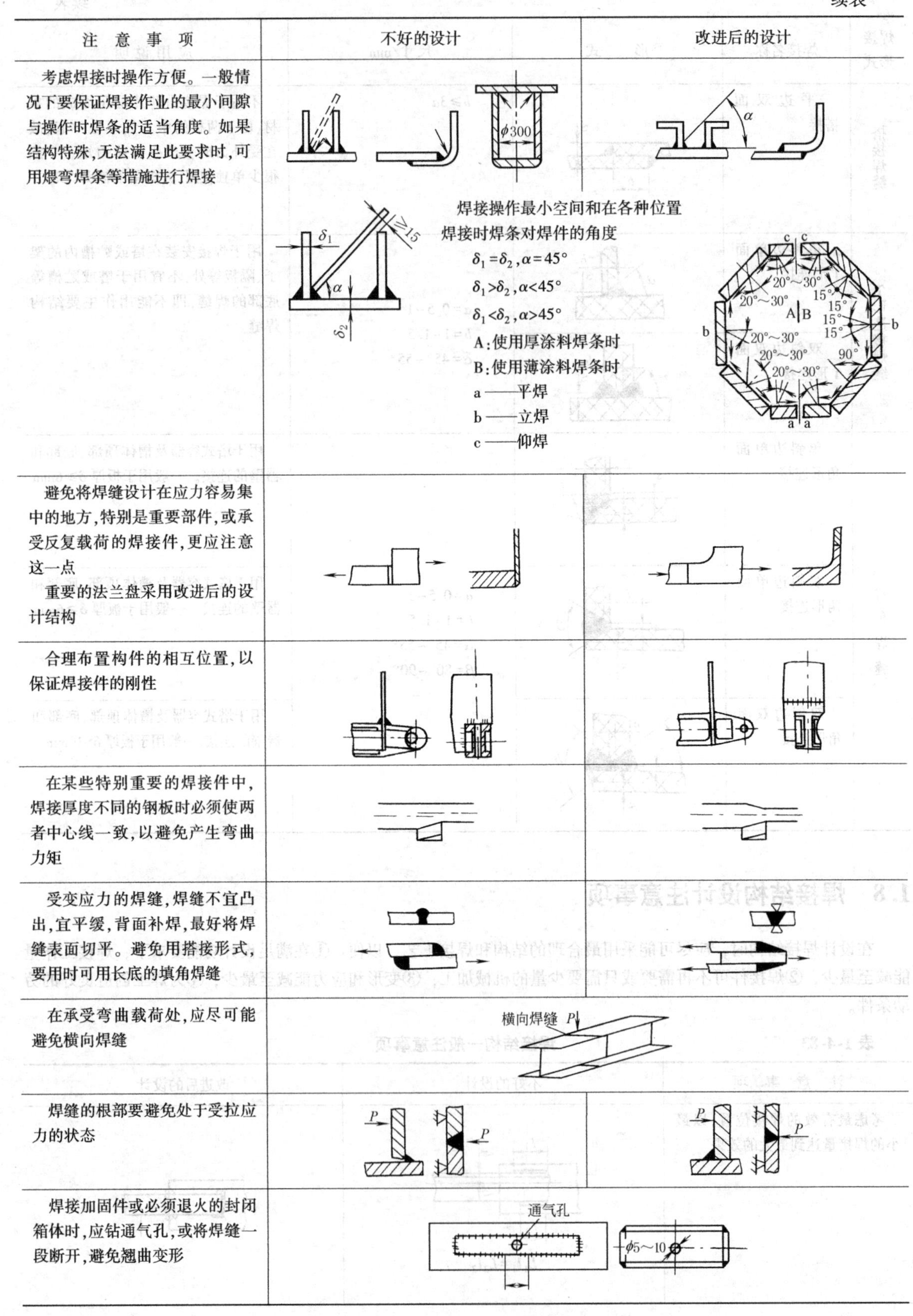

注意事项	不好的设计	改进后的设计
考虑焊接时操作方便。一般情况下要保证焊接作业的最小间隙与操作时焊条的适当角度。如果结构特殊，无法满足此要求时，可用煨弯焊条等措施进行焊接		
避免将焊缝设计在应力容易集中的地方，特别是重要部件，或承受反复载荷的焊接件，更应注意这一点 重要的法兰盘采用改进后的设计结构		
合理布置构件的相互位置，以保证焊接件的刚性		
在某些特别重要的焊接件中，焊接厚度不同的钢板时必须使两者中心线一致，以避免产生弯曲力矩		
受变应力的焊缝，焊缝不宜凸出，宜平缓，背面补焊，最好将焊缝表面切平。避免用搭接形式，要用时可用长底的填角焊缝		
在承受弯曲载荷处，应尽可能避免横向焊缝		
焊缝的根部要避免处于受拉应力的状态		
焊接加固件或必须退火的封闭箱体时，应钻通气孔，或将焊缝一段断开，避免翘曲变形		

续表

注意事项	不好的设计	改进后的设计
盖板与侧板焊接时，应按板的厚度选择不同的角接接头。钢板厚度>25mm 时还应注意改善外观焊缝	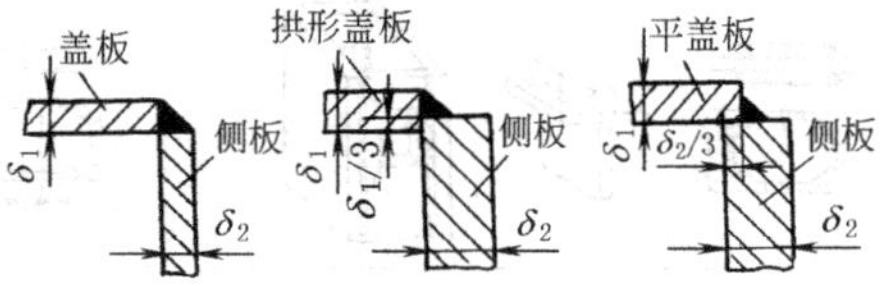 盖板 侧板 δ_1 δ_2；拱形盖板 侧板 δ_1 $\delta_{1/3}$ δ_2；平盖板 侧板 δ_1 $\delta_2/3$ δ_2	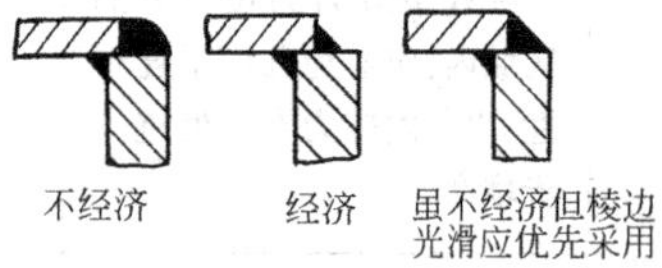 不经济；经济；虽不经济但棱边光滑应优先采用
直接传递负载的焊接件，采用整体嵌接为好	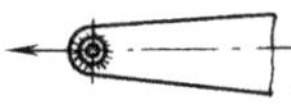	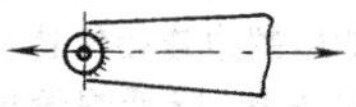
薄板焊接时，为避免拱起现象，应考虑开孔焊接		
不允许液体从螺孔或其他地方泄出的焊件，在强度允许情况下，应加内部密封焊缝		
在角形连接中，应避免外向开口的焊缝，防止生锈。在要求密封和承受动载荷时，应在内部增加焊缝	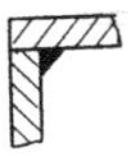	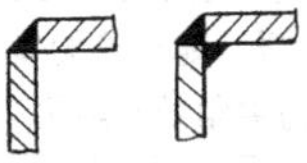
小构件避免内部焊接，在可能的情况下，采用槽焊。δ>12mm，采用单边 V 形或 V 形焊缝，而不用角焊缝	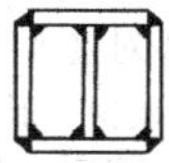	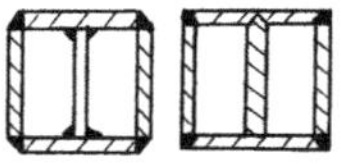
箱形焊接结构应该由带边缘的钢板或型钢拼焊		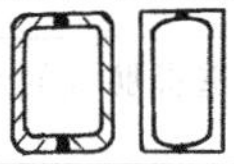
缘、幅、毂之类零件组焊时，应选用适当的间隙	机械加工：0.2~0.3mm 毛坯和气割件：1~2mm	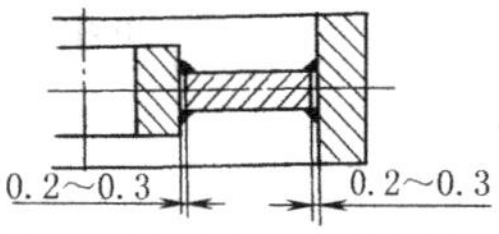 0.2～0.3　0.2～0.3
剖分面尽可能不要被焊缝断开	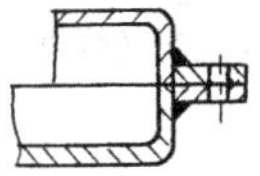	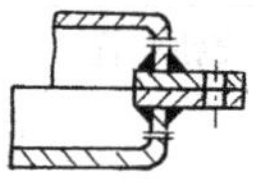
焊接由扁钢制造的轮缘时，应将焊缝配置在轮齿之间；焊接前轮毂、轮缘都不要加工	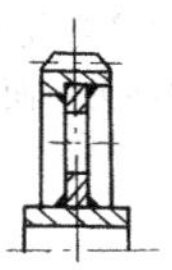	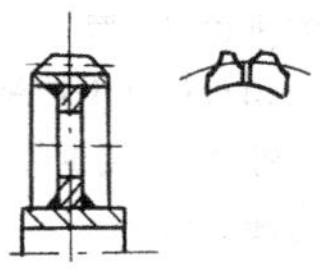
毛坯上与其他件连接的部分应离开焊缝至少 3mm	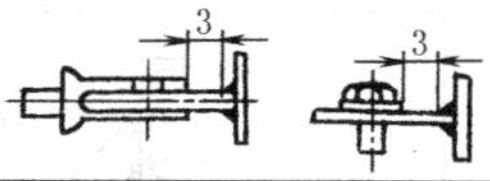 3　3	
调节焊接应力：避免焊缝过分集中，以防止裂纹，减少变形；同时，焊缝间应保持足够的距离	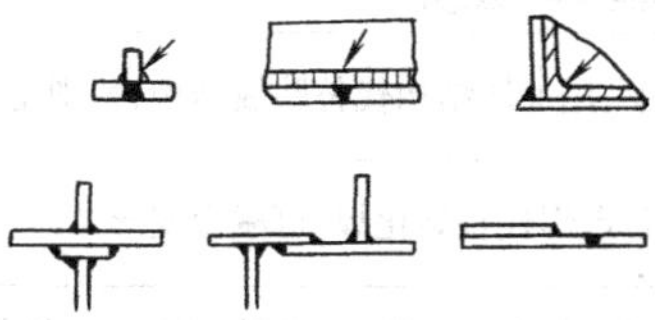	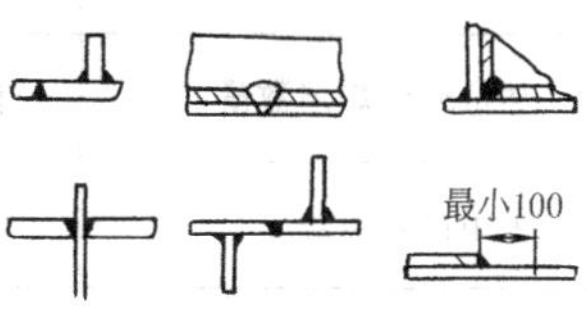 最小100
调节焊接应力	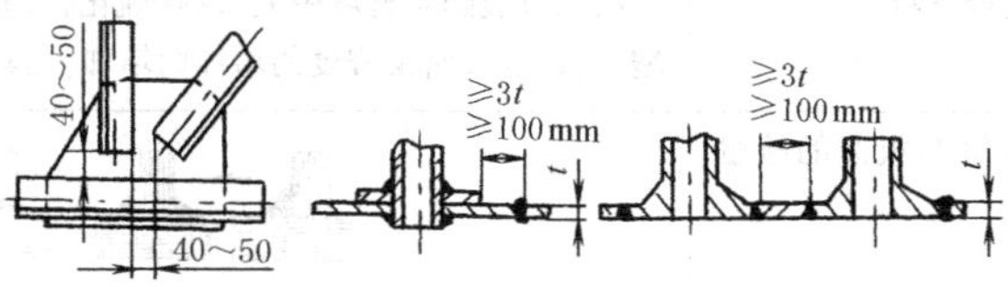 40～50　40～50	≥3t ≥100mm t　≥3t ≥100mm t

续表

注意事项		不好的设计	改进后的设计
调节焊接应力	在残余应力为拉应力的区域内，应避免几何不连续性，以免内应力在该处进一步增高		25 25
	采用刚性较小的接头型式。如用翻边连接代替插入式管连接，降低焊缝的拘束度		
	采用收缩切口来减少收缩应力		
焊接端部产生锐角的地方，应尽量使角度变缓。薄板筋的锐角必须去掉，因为尖角处易熔化			
预防焊接变形	选用合理的焊缝尺寸和型式	在保证结构的功能要求下，尺寸尽量小，对仅起连接作用、受力不大、按计算很小的角焊缝，按板厚选取工艺上可能的最小尺寸 采用右图X形坡口，可减少对接接头的角变形。在薄板结构中采用接触点焊代替熔化焊缝可以减少变形和焊后校正工作。采用断续焊减少收缩变形，但在动载荷作用下，增加应力集中的影响 α_1 b δ h $h=\dfrac{\delta}{3}$ α_2	
	合理地选择肋板的形状和布置	用槽钢加固轴承座，比用辐射形肋板更好 采用辐射形肋板 A A A—A 采用槽钢加固	
	焊缝应交错布置	特别是厚截面时，必须避免交叉焊缝	
	合理安排焊缝位置 焊缝应相对构件中性轴，或靠近中性轴，以减少收缩力矩或弯曲变形	如有困难，则应使较厚的焊缝布置在靠近中性轴 *S-S*，较薄的焊缝布置在另一面 S e_1 a_1 S e_2 a_2 $a_1>a_2$ $a_1e_1=a_2e_2$	
	尽量减少焊缝数量	在可能情况下，用冲压结构代替肋板结构，特别是对薄板结构十分有效	
	采用接触点焊	蒙皮采用接触点焊代替熔化焊，可减少变形	
防止层状撕裂	合理选择材料	层状撕裂随着材料中夹杂物（硫化物、硅酸盐、氧化物）的数量、平行于表面夹杂物面积的增大，以及其密集程度的增加而增加，尤其是硫的含量影响更甚，选材时应特别注意	
	增大焊缝与板面的接触面积		

续表

注 意 事 项		不好的设计	改进后的设计
防止层状撕裂	选择适宜的坡口角度,减少空腔体积	采用适宜的坡口角度 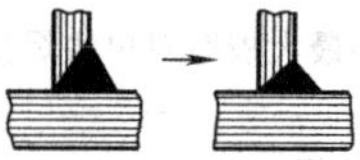	减少焊道数量 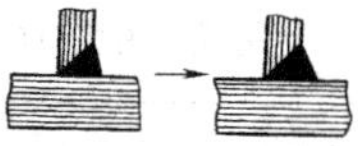
	改变焊道焊接次序	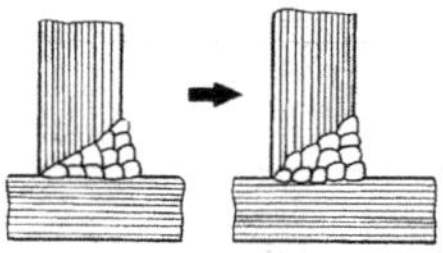	 654123 对称焊采用对称焊接顺序 642135
	加中间块焊接,代替十字交叉件结构	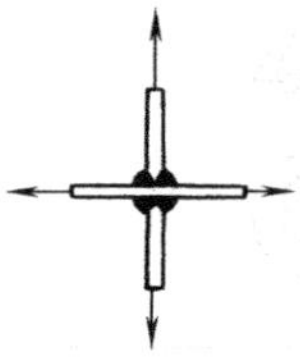	
	在承载方向上,加焊变形能力大的焊接材料,增加缓冲层,扩大连接面	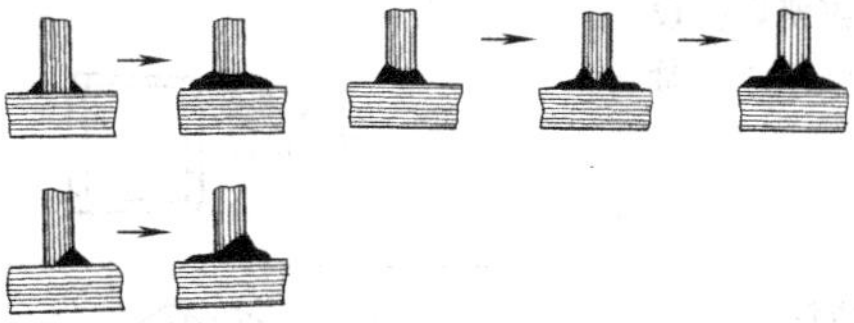	
	预热	减少层状撕裂的措施之一,其目的是降低冷却速度,使收缩范围增大	
正确选用角焊缝的计算厚度		角焊缝在较小的负载下,不必计算强度,可按经验确定下凹焊缝的高度 a,即按连接钢板中较薄的板厚考虑。双面角焊缝 $a \geqslant 0.3\delta$,单面角焊缝 $a \geqslant 0.6\delta$。考虑经济性,a 不应超过 12mm,当需 $a>12$mm 时,则应选择其他型式焊缝 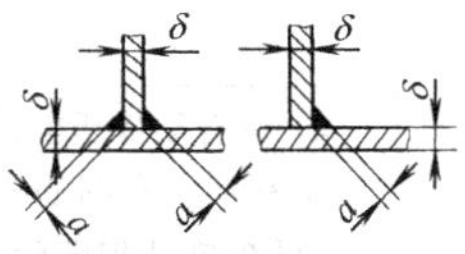	δ a
经济性	提高材料利用率	确定零部件的形状和尺寸时,必须考虑材料的合理利用 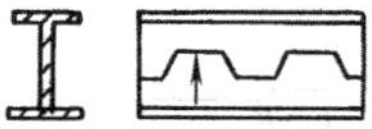	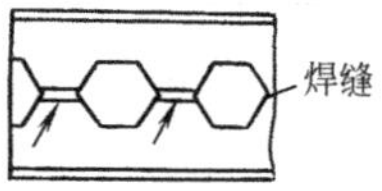 焊缝
	合理选择焊缝型式	同一结构中尽可能选用厚度相同的钢板 V 形焊缝准备成本较低,但焊接空间大,使焊接成本提高 X 形焊缝,准备成本高,但焊接空间较小,在对接焊缝中可适当选用,在角焊缝中双面角焊缝所需焊接金属比单面角焊缝少,并能承受较高负载,变形也较小,应优先采用,但在一面难以施焊或处于强迫位置时,采用单面角焊缝比较经济	
	考虑合理的焊接位置,尽可能选择横焊	焊接位置 / 时间比: 平焊 1 横焊(角焊缝) 1.3 横焊(对接焊缝) 1.8 立焊 2.2 仰焊 2.5	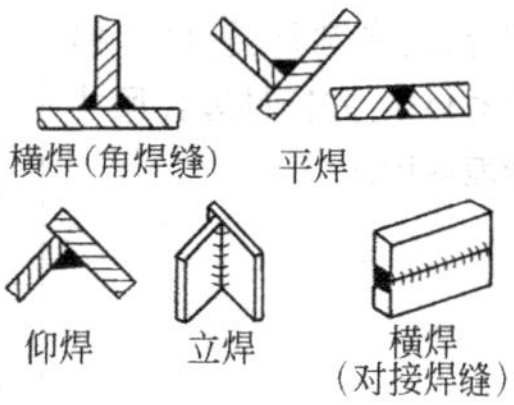 横焊(角焊缝) 平焊 仰焊 立焊 横焊(对接焊缝)
	在一般情况下,不需要过高的定心要求	不经济的  $\phi\frac{H8}{e9}$	经济的 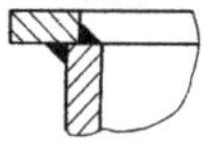
	不要把焊缝布置在加工面上	不经济的 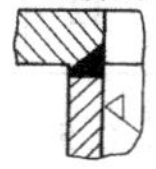	经济的 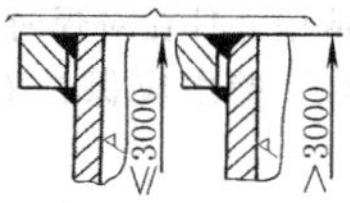 $\leqslant 3000$ >3000

续表

<table>
<tr><th colspan="2">注 意 事 项</th><th>不好的设计</th><th>改进后的设计</th></tr>
<tr><td colspan="4">不用或少用坡口(手工电弧焊可以不用坡口的最大板厚对单边焊接为4mm,对双边焊为6mm)</td></tr>
<tr><td colspan="4">尽可能采用连续的细长焊缝而不用断续的短粗焊缝</td></tr>
<tr><td colspan="4">考虑焊接方法的不同特点,设计还应注意以下几点:</td></tr>
<tr><td rowspan="4">埋弧自动焊</td><td>1. 同一工件上的焊接接头应采用同一型式,而且以采用直线焊缝为好(左图箭头处表示圆弧)</td><td>对接 搭接</td><td>搭接 搭接</td></tr>
<tr><td>2. 焊缝位置需使焊接设备的调整次数和工件的翻转次数为最少</td><td>自动焊机的轴心位置</td><td>自动焊机的轴心位置</td></tr>
<tr><td>3. 便于保存熔剂</td><td>需另设挡板</td><td></td></tr>
<tr><td>4. 使自动焊机能沿焊缝自由移动。右图筋板开缺口,可在自动焊缝焊好后,再焊上</td><td></td><td></td></tr>
<tr><td rowspan="2">接触对焊</td><td>1. 接触对焊和加压气焊,对接两截面面积大小应相等,或者圆杆、管尺寸偏差≤15%,方杆料边长尺寸偏差≤10%</td><td>$l \geqslant d+a/2$
d
$l \geqslant 4\delta+a/2$
δ</td><td>$l \geqslant \delta+a/2$
δ</td></tr>
<tr><td>2. 薄壁管件在对焊时,管径与管壁厚应保持右表关系</td><td colspan="2">见下表</td></tr>
</table>

接触对焊 1. 附表:

	棒料直径 d/mm	6	10	14	18	22	28	36	45	55
对于实心棒料 a/mm	手工接触焊	6	8	8	10	12	14	18	22	24
	自动接触焊	6	8	12	16	18	22	28	34	40
	加压气焊	2	3	4	5	7	8	11	14	17
自动接触焊	板料和管壁厚 δ/mm	1.2	2.5	3.0	4.0	5.0	6.2	10.0		
	a/mm	5.0	13.0	16.0	17.0	19.5	22.0	24.0		

接触对焊 2. 附表:

被焊管外径 d/mm	12	38	75	150	375	500
管壁厚度 δ/mm	0.5	1.5	2.5	4.5	8.0	12.5

续表

<table>
<tr><th colspan="2">注 意 事 项</th><th colspan="6">不好的设计</th><th>改进后的设计</th></tr>
<tr><td rowspan="2">接触滚焊</td><td rowspan="2">必须保证接合边的最小长度 a</td><td>一块板的厚度/mm</td><td>0.25~0.5</td><td>0.75~1</td><td>1.5</td><td>2</td><td>3</td><td rowspan="2">a δ 3~6</td></tr>
<tr><td>a/mm</td><td>10</td><td>12</td><td>15</td><td>18</td><td>20</td></tr>
<tr><td rowspan="2">电渣焊</td><td>1. 禁用不便于电渣焊的对接截面
电渣焊最便于焊接的是长方形和环形截面。梯形截面和其他由直线或半径不变的弧形所构成的截面，只要角度不过大，也可以施焊
2. 焊缝上端应保留焊机退出的空间</td><td colspan="6">r_2 r_1 R_1 R_3 R_2 R_4 a B h C</td><td>a B R r a h B a R_1 R_2 B a R_1 R_2 B a R B</td></tr>
<tr><td>3. 避免焊缝中断</td><td colspan="6">焊缝</td><td>焊完之后割出</td></tr>
</table>

2 铆　　接

2.1 铆接设计注意事项

(1) 尽量要使铆钉的中心线与构件的断面重心线重合。

(2) 铆接厚度一般规定不大于 $5d$，使用大头截锥形铆钉时，其总厚度可达直径的 7 倍。

(3) 在同一结构上铆钉种类不宜太多，一般有两种已够使用。

(4) 冲孔铆接承载力比钻孔约小 20%，因此冲孔的方法只可用于不受力构件。

(5) 冷铆一般只用于直径小于 8mm、受力不大、不很重要的地方。

(6) 板厚大于 4mm 时才能进行敛边；板厚小于 4mm 而要求有很高的紧密性时，可以把涂有铅丹的亚麻布放在钢板之间以获得紧密性。

(7) 工地制成的铆钉，其许用应力应降低。

(8) 尽量避免焊铆同时使用。

(9) 尽量减少在同一截面上的钉孔数，将铆钉交错排列（见表 1-4-84 中的 a）。

(10) 多层板铆合时，需将各层板的接口错开（见表 1-4-84 中的 b）。

(11) 在传力铆接中，排在力的作用方向的铆钉不宜超过 6 个，但不应少于 2 个（见表 1-4-84 中的 c）。

表 1-4-84

	a	b	c
不好的设计			
改进后的设计			

2.2 型钢焊接接头尺寸、螺栓和铆钉连接规线、最小弯曲半径及截切

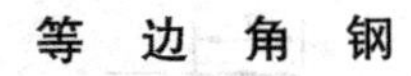

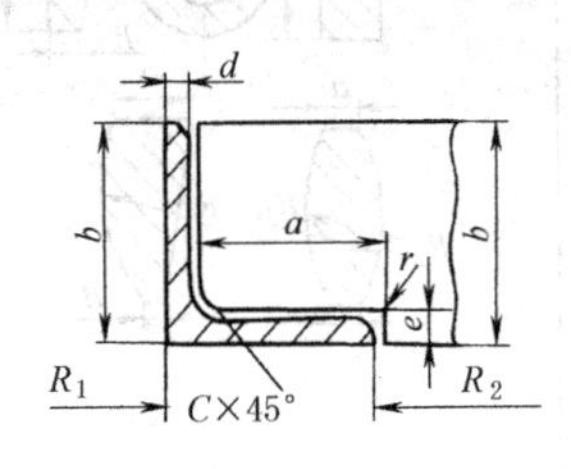

$e=d+1$，$a=b-d$

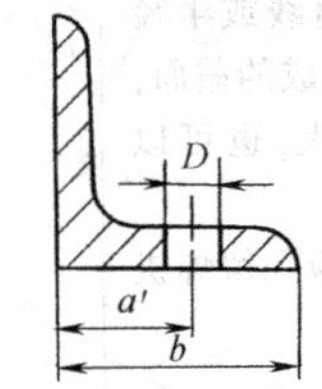

标准 JB/T 5000.3—2007 规定，
卷圆冷弯弯曲半径（内半径）为：
$R\geqslant45b$

表 1-4-85

mm

角钢尺寸		焊接接头尺寸			螺栓、铆钉连接规线		最小弯曲半径			
							热弯		冷弯	
b	d	a	e	C	a'	D	R_1	R_2	R_1	R_2
20	3	17	4	3	13	4.5	95	85	345	335
	4	16	5				90	85	335	325
25	3	22	4		15	5.5	120	110	435	425
	4	21	5				115	105	425	415
30	3	27	4	4	18	6.6	145	130	530	515
	4	26	5				140	130	520	505
36	3	33	4		20	9	175	160	640	625
	4	32	5				170	155	630	615
	5	31	6				170	145	620	605

角钢尺寸		焊接接头尺寸			螺栓、铆钉连接规线		最小弯曲半径			
							热弯		冷弯	
b	d	a	e	C	a'	D	R_1	R_2	R_1	R_2
40	3	37	4	5	22	11	195	180	735	715
	4	36	5				195	175	705	690
	5	35	6				190	170	695	680
45	3	42	4		25		220	200	810	790
	4	41	5				220	200	800	775
	5	40	6				215	195	790	770
	6	39	7				215	195	780	760
50	3	47	4		30	13	250	225	900	880
	4	46	5				245	220	880	860
	5	45	6				240	220	880	860
	6	44	7				240	220	870	850
56	3	53	4	6			280	255	1000	1090
	4	52	5				275	250	1000	980
	5	51	6				270	250	990	965
	8	48	9				265	240	965	940

续表

角钢尺寸		焊接接头尺寸			螺栓、铆钉连接规线		最小弯曲半径			
							热弯		冷弯	
b	d	a	e	C	a'	D	R_1	R_2	R_1	R_2
63	4	59	5	7	35	17	310	285	1135	1105
	5	58	6				310	280	1120	1095
	6	57	7				305	280	1110	1085
	8	55	9				300	275	1090	1065
	10	53	11				295	270	1070	1045
70	4	66	5	8	40	20	350	315	1265	1235
	5	65	6				345	315	1255	1220
	6	64	7				340	310	1240	1210
	7	63	8				340	310	1230	1200
	8	62	9				335	305	1225	1115
75	5	70	6	9	45	21.5	370	335	1345	1310
	6	69	7				365	335	1335	1305
	7	68	8				365	330	1330	1295
	8	67	9				360	330	1330	1285
	10	65	11				355	325	1300	1265
80	5	75	6				395	360	1440	1400
	6	74	7				395	360	1430	1390
	7	73	8				390	355	1420	1385
	8	72	9				385	350	1420	1375
	10	70	11				380	345	1390	1355
90	6	84	7	10	50	23.5	445	405	1615	1575
	7	83	8				440	400	1605	1565
	8	82	9				440	400	1600	1560
	10	80	11				435	395	1575	1535
	12	78	13				425	390	1555	1515
100	6	94	7	12	55		495	450	1815	1765
	7	93	8				495	450	1795	1745
	8	92	9				485	440	1780	1740
	10	90	11				485	440	1765	1720
	12	88	13				475	435	1740	1700
	14	86	15				470	430	1720	1680
	16	84	17				465	425	1705	1665

角钢尺寸		焊接接头尺寸			螺栓、铆钉连接规线		最小弯曲半径			
							热弯		冷弯	
b	d	a	e	C	a'	D	R_1	R_2	R_1	R_2
110	7	103	8	12	60	26	555	505	1980	1930
	8	102	9				550	490	1965	1915
	10	100	11				535	490	1945	1895
	12	98	13				530	480	1930	1880
	14	96	15				520	475	1910	1860
125	8	117	9	14	70	26	620	560	2245	2190
	10	115	11				610	555	2225	2170
	12	113	13				600	550	2205	2150
	14	111	15				600	545	2205	2150
140	10	130	11		80	32	690	625	2500	2440
	12	128	13				680	620	2485	2425
	14	126	15				675	615	2460	2400
	16	124	17				670	610	2440	2380
160	10	150	11	16	90		790	720	2875	2805
	12	148	13				785	715	2855	2785
	14	146	15				775	705	2840	2765
	16	144	17				775	705	2815	2745
180	12	168	13	16	100	32	890	805	3230	3150
	14	166	15				880	800	3210	3130
	16	164	17				875	795	3190	3110
	18	162	19				870	790	3160	3080
200	14	186	15	18	110		985	895	3575	3485
	16	184	17				980	890	3565	3475
	18	182	19				970	885	3535	3445
	20	180	21				965	880	3525	3435
	24	176	25				950	870	3470	3390

不等边角钢

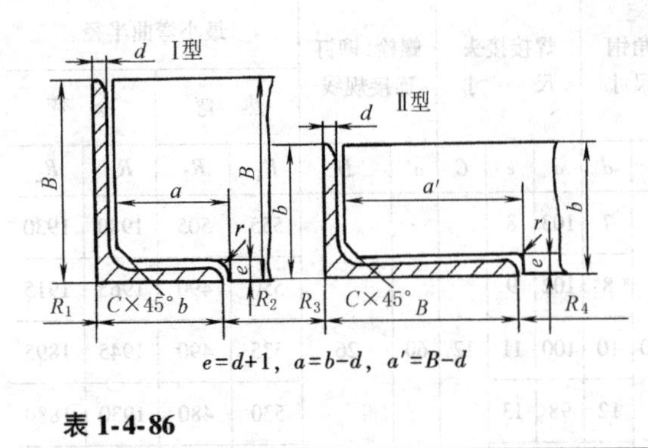

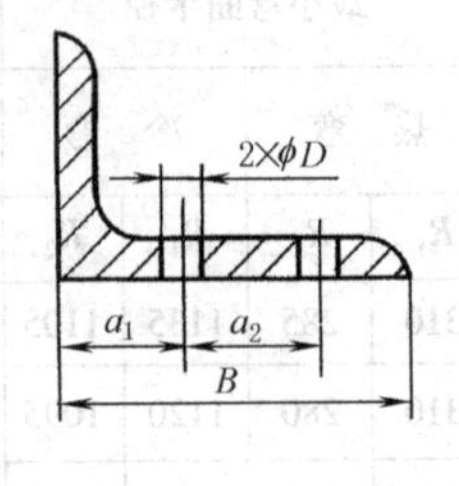

标准 JB/T 5000.3—2007 规定的冷弯半径同等边角钢

表 1-4-86

mm

角钢尺寸			焊接接头尺寸				螺栓、铆钉连接规线						最小弯曲半径							
							孔并列			孔交错排列			朝小的翼缘方向				朝大的翼缘方向			
			Ⅰ	Ⅱ									热弯		冷弯		热弯		冷弯	
B	b	d	a	a'	e	C	a_1	a_2	D	a_1	a_2	D	R_1	R_2	R_1	R_2	R_3	R_4	R_3	R_4
25	16	3	13	22	4	3							80	75	290	285	110	100	400	395
		4	12	21	5								75	70	280	280	105	100	390	385
32	20	3	17	29	4	4							100	90	370	360	140	130	520	510
		4	16	28	5								100	90	360	360	140	130	510	500
40	25	3	22	37	4	5							130	115	470	470	180	180	655	655
		4	21	36	5								125	115	460	460	175	160	645	630
45	28	3	25	42	4								150	135	535	535	200	185	745	730
		4	24	41	5								145	130	520	525	200	185	735	720
50	32	3	29	47	4		18	22	6.6	18	20	6.6	170	150	610	610	225	210	835	815
		4	28	46	5								165	150	600	600	220	190	820	790
56	36	3	33	53	4	7		25					190	170	690	690	255	235	935	915
		4	32	52	5								190	170	680	680	250	230	925	905
		5	31	51	6								185	165	670	670	250	230	915	895
63	40	4	36	59	5		20	32	9	20	28	9	210	190	760	760	285	260	1045	1020
		5	35	58	6								210	185	755	750	285	260	1035	1005
		6	34	57	7								205	185	745	745	280	255	1025	1005
		7	33	56	8								200	180	730	730	275	255	1015	995
70	45	4	41	66	5	8	25			25			240	215	860	860	320	295	1165	1140
		5	40	65	6								235	215	850	850	315	290	1160	1135
		6	39	64	7								235	210	840	840	310	290	1145	1125
		7	38	63	8								230	210	830	830	310	285	1140	1115
75	50	5	45	70	6	9	28			30			260	235	945	945	340	315	1255	1225
		6	44	69	7								260	235	935	935	335	310	1240	1215
		8	42	67	9								252	230	915	915	330	305	1220	1195
		10	40	65	11								245	225	895	890	325	300	1200	1175
80	50	5	45	75	6						35	11	265	235	955	955	360	330	1325	1295

续表

角钢尺寸			焊接接头尺寸				螺栓、铆钉连接规线						最小弯曲半径							
							孔并列			孔交错排列			朝小的翼缘方向				朝大的翼缘方向			
			Ⅰ	Ⅱ									热弯		冷弯		热弯		冷弯	
B	b	d	a	a'	e	C	a_1	a_2	D	a_1	a_2	D	R_1	R_2	R_1	R_2	R_3	R_4	R_3	R_4
		6	44	74	7								260	235	945	945	355	330	1310	1285
80	50	7	43	73	8	9	28	32	9		35	11	260	235	935	935	355	325	1305	1275
		8	42	72	9								255	230	925	925	350	325	1295	1265
		5	51	85	6					30			300	265	1075	1075	405	375	1495	1460
90	56	6	50	84	7	10	30						295	265	1065	1065	405	375	1485	1450
		7	49	83	8								290	260	1055	1055	400	370	1470	1440
		8	48	82	9								290	260	1045	1045	395	365	1460	1430
		6	57	94	7								335	300	1205	1170	455	415	1660	1620
100	63	7	56	93	8			40	11		40	13	330	295	1195	1160	450	415	1645	1615
		8	55	92	9								325	290	1185	1150	440	410	1635	1600
		10	53	90	11								320	290	1165	1130	440	405	1615	1585
		6	74	94	7								410	370	1485	1490	475	435	1730	1690
100	80	7	73	93	8	12	35			40			410	370	1480	1480	470	430	1720	1680
		8	72	92	9								405	365	1470	1460	470	430	1710	1670
		10	70	90	11								400	360	1445	1450	460	425	1690	1650
		6	64	104	7								370	335	1340	1340	500	460	1835	1795
110	70	7	63	103	8						45	15	370	330	1330	1335	495	460	1820	1780
		8	62	102	9								365	330	1325	1320	490	455	1810	1775
		10	60	100	11			55	15				360	325	1305	1305	485	450	1790	1750
		7	73	118	8								425	380	1530	1530	570	525	2080	2035
125	80	8	72	117	9					55	35		420	380	1520	1520	565	520	2070	2025
		10	70	115	11								415	375	1500	1500	555	515	2050	2010
		12	68	113	13	14	45					23.5	410	370	1480	1480	550	510	2030	1980
		8	82	132	9								480	430	1720	1720	635	585	2330	2280
140	90	10	80	130	11			70			40		470	420	1700	1700	630	580	2315	2265
		12	78	128	13								465	420	1680	1680	620	575	2290	2245
		14	76	126	15				21	60			460	415	1660	1660	615	570	2270	2225
		10	90	150	11								530	475	1905	1910	720	660	2640	2580
160	100	12	88	148	13			75			70		525	470	1900	1885	710	655	2600	2565
		14	86	146	15								515	465	1870	1870	705	655	2595	2545
		16	84	144	17	16	55						510	460	1845	1845	700	645	2575	2525
		10	100	170	11								590	525	2115	2115	810	745	2980	2910
180	110	12	98	168	13					65			580	520	2095	2095	800	740	2940	2880
		14	96	166	15							26	575	520	2075	2085	795	735	2930	2870
		16	94	164	17								510	510	2055	2055	790	730	2900	2840
		12	113	188	13			90	26		80		665	595	3030	2390	900	830	3295	3225
200	125	14	111	186	15	18	70			80			655	590	3025	2370	890	820	3275	3205
		16	109	184	17								650	590	3020	2350	890	815	3255	3190
		18	107	182	19								640	580	3015	2330	880	815	3240	3180

热轧普通槽钢

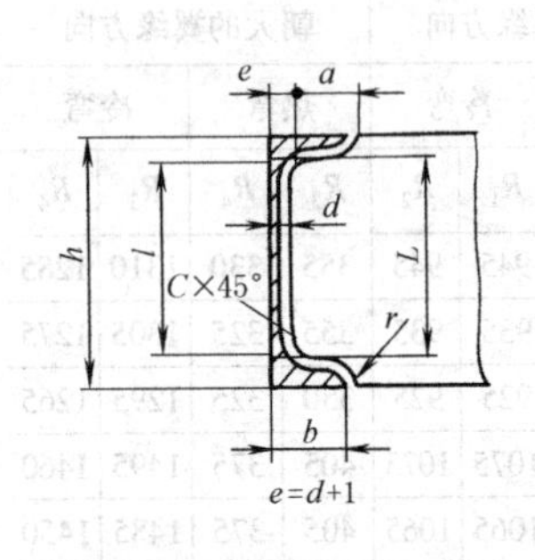

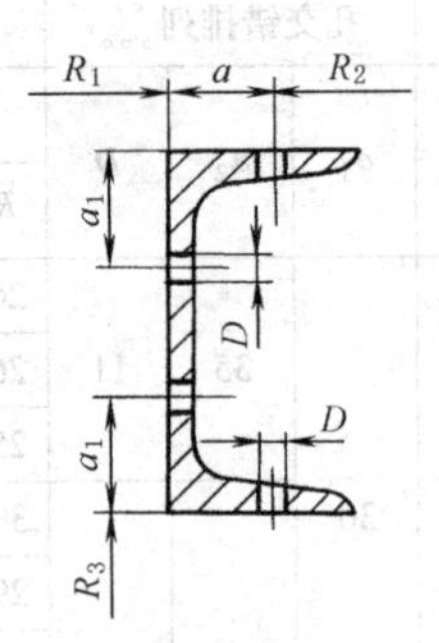

标准 JB/T 5000.3—2007 规定，卷圆冷弯弯曲半径为：$R\geqslant45b$ 或 $R\geqslant25h$（随弯曲方向定）

表 1-4-87 mm

型号	焊接接头尺寸				螺栓、铆钉连接规线					最小弯曲半径					
										热弯			冷弯		
	L	l	a	C	e	b	a	a_1	D	R_1	R_2	R_3	R_1	R_2	R_3
5	38	31	33	3	5.5	37	21	—	12	155	145	155	575	565	600
6.3	51	43	36	4	5.8	40	22			175	160	195	645	635	755
8	66	58	38	5	6.0	43	25	29	14	190	175	245	700	685	960
10	86	77	43		6.3	48	28	30		220	200	305	805	790	1200
12.6	104	94	48		6.5	53	30	34	18	250	230	385	910	890	1510
14a	124	114	52		7.0	58	35	36		270	250	430	1005	980	1680
14b					9.0	60				295	265		1065	1010	
16a	144	133	57	6	7.5	63	36	39	20	305	275	490	1105	1080	1920
16					9.5	65				320	290		1170	1140	
18a	162	150	61		8.0	68	38	40		335	305	555	1210	1180	2160
18					10.0	70				350	315		1270	1240	
20a	182	169	66		8.0	73	40	41	22	360	325	615	1300	1270	2400
20					10.0	75				375	340		1370	1335	
22a	200	186	70		8.0	77	42	43		380	345	675	1380	1345	2640
22					10.0	79				400	360		1450	1410	
25a	230	215	72	7	8	78	45	46	26	390	350	770	1415	1380	2995
25b					10	80				410	370		1485	1445	
25c					12	82				430	385		1550	1505	
28a	258	242	76		8.5	82	46	48		415	375	860	1505	1465	3360
28b					10.5	84				445	400		1575	1530	
28c					12.5	86				455	410		1640	1595	
32a	296	278	80	8	9	88	49	50	30	445	405	985	1620	1575	3840
32b					11	90				455	420		1690	1640	
32c					13	92				485	435		1770	1710	
36a	334	316	88	9	11.0	96	55	55		490	445	1105	1775	1720	4320
36b					12.0	98				505	455		1835	1795	
36c					14.0	100				525	470		1890	1840	
40a	370	352	90	10	11.5	100	60	59		515	460	1230	1855	1805	4800
40b					13.5	102				530	475		1915	1860	
40c					15.5	104				555	490		1970	1915	

热轧普通工字钢

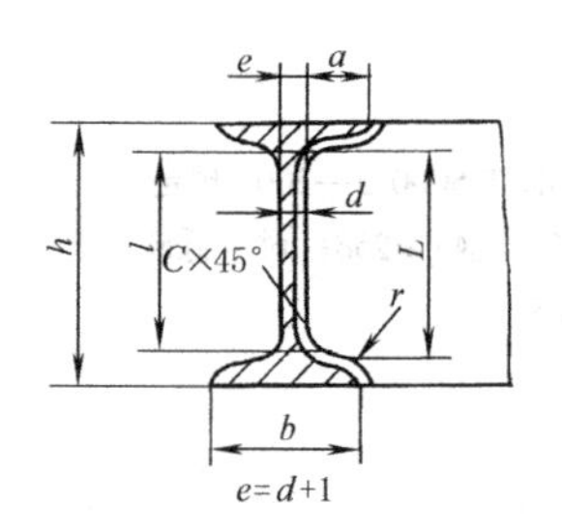

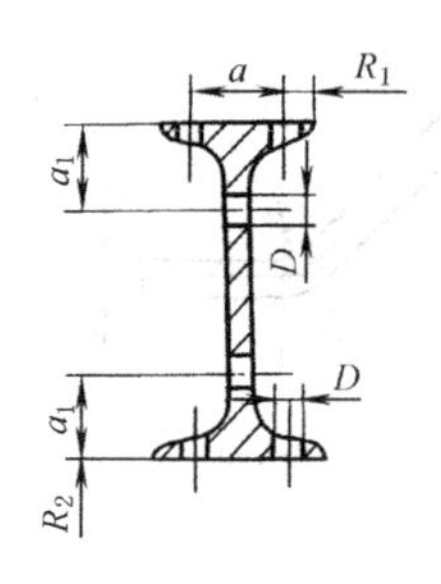

标准 JB/T 5000.3—2007 规定，卷圆冷弯弯曲半径为：$R \geqslant 25h$ 或 $R \geqslant 25b$（随弯曲方向定）

表 1-4-88

mm

型号	焊接接头尺寸					螺栓、铆钉连接规线				最小弯曲半径			
										热弯		冷弯	
	L	l	a	C	e	b	a	a_1	D	R_1	R_2	R_1	R_2
10	88	77	32	4	5.5	68	36	—	12	210	305	815	1200
12.6	106	95	35		6.0	74	40			225	385	890	1510
14	126	113	38	5	6.5	80	44			245	430	960	1680
16	144	130	41		7.0	88	48		14	270	490	1055	1920
18	164	149	44		7.5	94	50	45	17	290	555	1130	2160
20a	182	166	47		8.0	100	54	47		305	615	1200	2400
20b					10.0	102				315		1220	
22a	202	185	52		8.5	110	60	48		340	675	1320	2640
22b					10.5	112				345		1345	
25a	220	202	55		9	116	65	54	20	355	770	1390	2995
25b					11	118				365		1415	
28a	248	229	58		9.5	122	66	56		375	860	1465	3360
28b					11.5	124				380		1490	
32a	308	288	61	6	10.5	130	75	58	22	400	985	1560	3840
32b					12.5	132				405		1585	
32c					14.5	134				410		1610	
36a	336	316	64		11.0	136	80	64		420	1105	1630	4320
36b					13.0	138				425		1655	
36c					15.0	140				430		1680	
40a	376	354	66	7	11.5	142	80	65	24	435	1230	1705	4800
40b					13.5	144				440		1730	
40c					15.5	146				450		1750	
45a	424	400	70		12.5	150	85	67		460	1380	1800	5395
45b					14.5	152				465		1825	
45c					16.5	154				475		1850	
50a	472	446	74		13.0	158	90	70		485	1535	1895	6000
50b					15.0	160				490		1920	
50c					17.0	162				500		1940	
56a	520	494	78	8	13.5	166	94	72	26	510	1720	1995	6720
56b					15.5	168				515		2015	
56c					17.5	170				520		2035	
63a	590	564	83		14.0	176	95	75		540	1935	2110	7560
63b					16.0	178				545		2135	
63c					18.0	180				565		2160	

板材最小弯曲半径

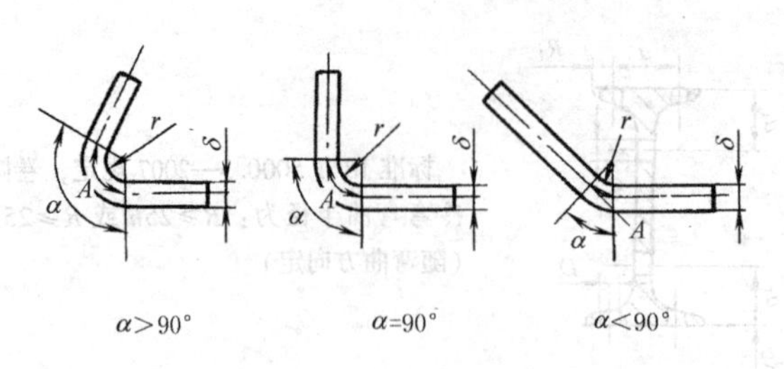

标准 JB/T 5000.3—2007 规定：对于低合金钢 $r\geqslant 25\delta$；对于低碳钢 $r\geqslant 20\delta$

$$A=\pi(r+K\delta)\frac{\alpha}{180°}$$

表 1-4-89

mm

材料	回火或正火		淬火	
	弯曲半径 r			
	垂直于轧制纹路	平行于轧制纹路	垂直于轧制纹路	平行于轧制纹路
工业纯铁	0	0.2δ	0.2δ	0.5δ
铝			0.3δ	0.8δ
黄铜			0.4δ	0.8δ
铜			1.0δ	2.0δ
10,Q195,Q215,	0	0.4δ	0.4δ	0.8δ
15,20,Q235,	0.1δ	0.5δ	0.5δ	1.0δ
25,30,Q255,	0.2δ	0.6δ	0.6δ	1.2δ
35,40,Q275	0.3δ	0.8δ	0.8δ	1.5δ
45,50,	0.5δ	1.0δ	1.0δ	1.7δ
55,60,	0.7δ	1.3δ	1.3δ	2.0δ
硬铝	1.0δ	1.5δ	1.5δ	2.5δ
超硬铝	2.0δ	3.0δ	3.0δ	4.0δ

δ	1	1.5	2	3	4	5	6	8	10
r	K								
1	0.350								
2	0.375	0.357	0.350						
3	0.398	0.375	0.362	0.350					
4	0.415	0.391	0.374	0.360	0.350				
5	0.428	0.404	0.386	0.367	0.357	0.350			
6	0.440	0.415	0.398	0.375	0.363	0.355	0.350		
7	0.450	0.425	0.407	0.383	0.369	0.360	0.354		
8	0.459	0.433	0.415	0.391	0.375	0.365	0.356	0.350	
9	0.465	0.440	0.423	0.398	0.381	0.370	0.362	0.353	
10	0.470	0.447	0.429	0.405	0.387	0.375	0.366	0.356	0.350
12	0.480	0.459	0.440	0.416	0.399	0.385	0.375	0.362	0.355
14		0.467	0.450	0.425	0.408	0.395	0.385	0.369	0.360
16		0.473	0.459	0.433	0.416	0.403	0.392	0.375	0.365
18		0.479	0.465	0.440	0.423	0.409	0.400	0.382	0.370
20	0.50		0.470	0.447	0.430	0.415	0.405	0.388	0.375
22			0.475	0.453	0.435	0.421	0.410	0.394	0.380
25		0.5		0.460	0.443	0.430	0.417	0.402	0.387
28			0.5	0.466	0.450	0.436	0.425	0.408	0.395
30				0.470	0.455	0.440	0.430	0.412	0.400

管材最小弯曲半径

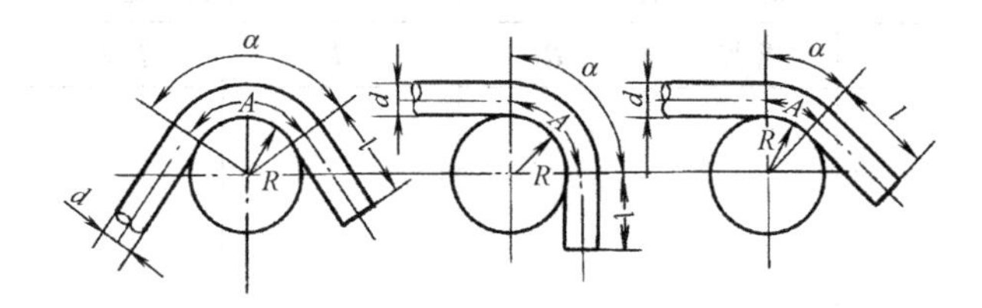

$$A=\pi\left(R+\frac{d}{2}\right)\frac{\alpha}{180°}$$

标准 JB/T 5000.11—2007 规定管子冷弯半径为：$d \leqslant 42$mm时，$R \geqslant 2.5d$；$d > 42$mm时，$R \geqslant 3d$

表 1-4-90

mm

硬聚氯乙烯管			铝管			紫铜管与黄铜管				焊接钢管					
d	壁厚	R	d	壁厚	R	d	壁厚	R	$l_{最小}$	d		壁厚	R		$l_{最小}$
													热	冷	
12.5	2.25	30	6	1	10	5	1	10		13.5	¼″		40	80	40
15	2.25	45	8	1	15	6	1	10	18	17	⅜″		50	100	45
25	2	60	10	1	15	7	1	15		21.25	½″	2.75	65	130	50
25	3	80	12	1	20	8	1	15	25	26.75	¾″	2.75	80	160	55
32	3	110	14	1	20	10	1	15	30	33.5	1″	3.25	100	200	70
40	3.5	150	16	1.5	30	12	1	20	35	42.25	1¼″	3.25	130	250	85
51	4	180	20	1.5	30	14	1	20		48	1½″	3.5	150	290	100
65	4.5	240	25	1.5	50	15	1	30	45	60	2″	3.5	180	360	120
76	5	330	30	1.5	60	16	1.5	30		75.5	2½″	3.75	225	450	150
90	6	400	40	1.5	80	18	1.5	30	50	88.5	3″	4	265	530	170
114	7	500	50	2	100	20	1.5	30		114	4″	4	340	680	230
140	8	600	60	2	125	24	1.5	40	55	125	5″		400		
166	8	800				25	1.5	40		150	6″		500		
						28	1.5	50							
						35	1.5	60							
						45	1.5	80							
						55	2	100							

无缝钢管			不锈钢管			不锈无缝钢管		
d	壁厚	R	d	壁厚	R	d	壁厚	R
6	1	15	14	2	18	6	1	15
8	1	15	18	2	28	8	1	15
10	1.5	20	(22)	2	50	10	1.5	20
12	1.5	25	25	2	50	12	1.5	25
14	1.5	30	32	2.5	60	14	1.5	30
14	3	18	38	2.5	70	16	1.5	30
16	1.5	30	45	2.5	90	18	1.5	40
18	1.5	40	57	2.5	110	20	1.5	40
18	3	28	(76)	3.5	225	22	1.5	60
20	1.5	40	89	4	250	25	3	60
22	3	50	102			32		80
25	3	50	(108)	4	360	38	3	80
32	3	60	133	4	400	41	3	100
32	3.5	60	139	4	450	57	4	180
38	3	80				76	4	220
38	3.5	70				89	4	270
44.5	3	100				102		
45	3.5	90				108	6	340
57	3.5	110				133	6	420
57	4	150				159	6	600
76	4	180				194	10	800
89	4	220				219	12	900
102								
108	4	270						

续表

无缝钢管			不锈钢管			不锈无缝钢管		
d	壁厚	R	d	壁厚	R	d	壁厚	R
133	4	340						
159	4.5	450						
159	6	420						
194	6	500						
219	6	500						
245	6	600						
273	8	700						
325	8	800						
371	10	900						
426	10	1000						

扁钢、圆钢弯曲的推荐尺寸

表 1-4-91 mm

扁钢平面弯曲

S	2	3	4	5	6	7	8	10	12	14	16	18	20
R	3		5			8		10		15		20	
α	7°,15°,20°,30°,40°,45°,50°,60°,70°,75°,80°,90°												

扁钢侧面弯曲

S	2	3	4	5	6	7	8	10	12	14	16	18	20
b	15~40							40~70					
R	30							50					
α	7°,15°,20°,30°,40°,45°,50°,60°,70°,75°,80°,90°												

圆钢弯曲

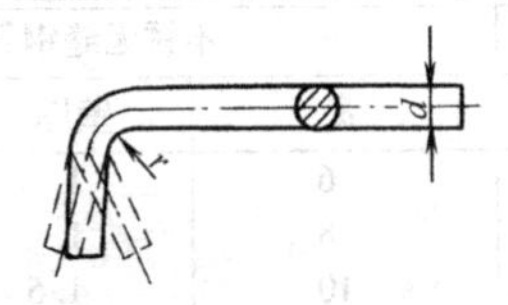

d	6	8	10	12	14	16	18	20	25	28	30
r 最小	4		6		8		10		12	15	
r 一般	=d										

圆钢弯钩环

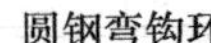

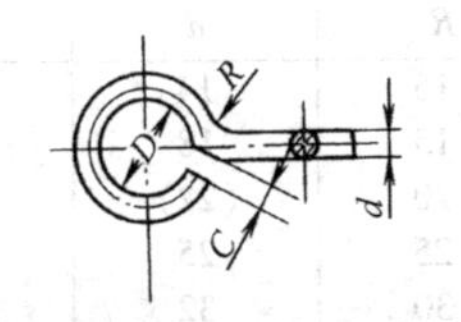

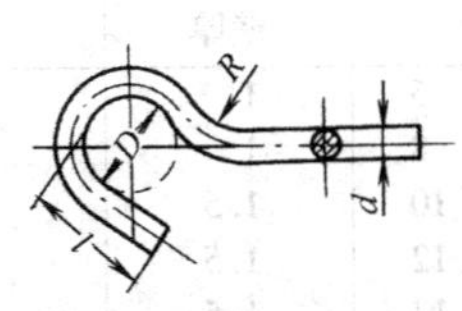

d	D	C <	R	l
6	8~14	6	5~8	14~26
8	10~18	6	5~10	27~36
10	10~20	8	5~10	30~40
12	12~24	10	5~12	36~48
14	12~28	12	8~15	40~56
16	16~32	16	8~15	48~64
18	18~36	20	10~20	54~72

说明：1. 直径 D 由下列尺寸系列中选择：8mm，10mm，12mm，14mm，16mm，18mm，20mm，22mm，24mm，28mm，32mm，36mm

2. 半径 R 在 5mm，8mm，10mm，12mm，15mm，20mm 各数值选择，应约等于$\frac{D}{2}$

圆钢弯小钩

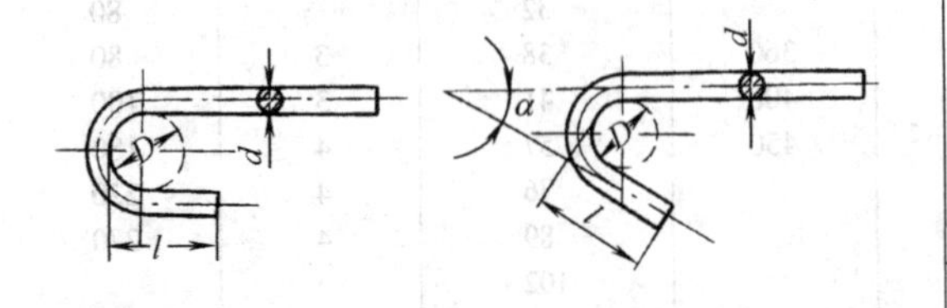

$\alpha=45°$ 或 $75°$ $l=3d$

$D=2d$；其尺寸最好从下列尺寸系列中选择：8mm，10mm，12mm，14mm，16mm，18mm，20mm，22mm，24mm，28mm，32mm，36mm，40mm

角钢坡口弯曲 c 值

表 1-4-92

mm

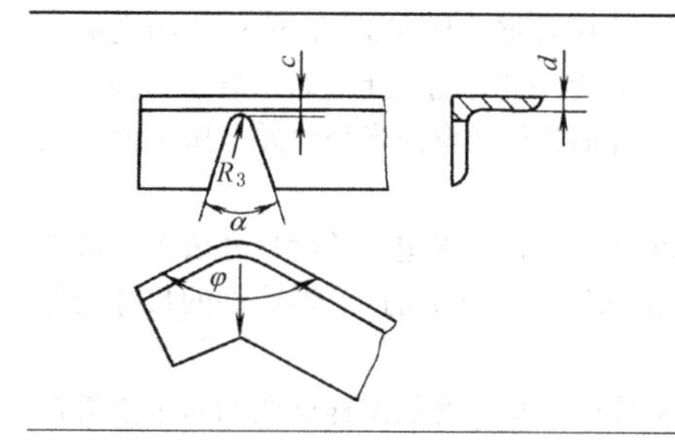

截切角 α	角钢厚度 d								
	3	4	5	6	7	8	9	10	12
<30°	6	9	11	15	16	17	18	19	21
>30°~60°	6	7	8	11	12	14	15	16	18
>60°~90°	5	6	7	9	10	11	12	13	15
>90°	4	5	6	7	8	9	10	11	13

截切角 $\alpha=180°-\varphi$

角钢截切角推荐值

表 1-4-93

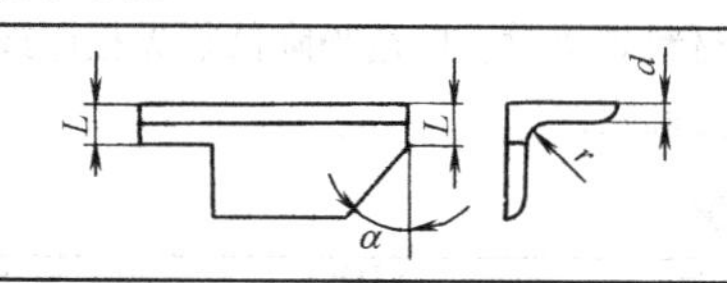

截切角 α	15°	30°	45°	60°	75°	90°
L	$\geqslant d+r$					

3 焊接件通用技术条件（摘自 JB/T 5000.3—2007）

1）各种钢材在画线前，其钢板局部的平面度、型钢各种变形按表 1-4-94 的规定均必须矫正，达到要求的公差才可画线；且型钢的局部波状及平面度在每米长度内不超过 2mm。

表 1-4-94

名称	简图	允许值/mm
钢板平面度	1000, f, δ	1000 长度内平面度允许值 f： $\delta\leqslant14, f\leqslant2$ $\delta>14, f\leqslant1$
	测量工具：1000 长平尺	
角钢直线度与腿宽倾斜	f, L	全长直线度 $f\leqslant\dfrac{1.5}{1000}L$
	f, B	腿宽倾斜不成 90°，按腿宽 B 计算，$f\leqslant\dfrac{1}{100}B$ 但不大于 1.5 （不等边角钢按长腿宽度计算）
槽钢与工字钢直线度	L, f	全长直线度 $f\leqslant\dfrac{1.5}{1000}L$
槽钢与工字钢歪扭	f	歪扭： $L\leqslant10000$， $f\leqslant3$ $L>10000$， $f\leqslant5$ （L 为槽钢与工字钢的长度）
	f, B, f, B	腿宽倾斜 $f\leqslant\dfrac{1}{100}B$

2）焊前钢材（钢板、型钢等）的卷圆弯曲半径 R（内半径）参见表 1-4-85～表 1-4-90（表中数据非标准 JB/T 5000.3 的规定）所列数值。钢材热弯温度 900～1100℃。弯曲完成时，温度不得低于 700℃。对普通低合金钢应注意缓冷。

3）焊前管子的最小弯曲半径 R（内半径）参见表 1-4-90 所列数据（表中数据非标准 JB/T 5000.3 的规定）。热弯时加热温度为 800～1000℃，弯曲过程中温度不得低于 700℃，冷弯应在专用的弯管机上进行。管子弯曲后壁厚减薄量（受拉面），对于冷弯不大于壁厚 15%，热弯不大于壁厚 20%。焊前管子的弯曲半径允差、圆度允差及允许的波纹深度见表 1-4-63。弯曲成形的筒体尺寸允差见表 1-4-62。

4）焊接件的长度尺寸未注极限偏差及未注直线度、平面度和平行度公差见有关规定。长度尺寸公差一般选 B 级，形位公差一般选 F 级，均可不标注，否则应在设计图样上标注（指标注在图纸上的）。焊接件的尺寸公差与形位公差精度等级选用见表 1-4-60。

5）角度未注极限偏差见表 1-4-61，角度偏差的公称尺寸以短边为基准边，其长度从图样标明的基准点算起（见表 1-4-61）。如在图样上不标注角度，而只标注长度尺寸，则允许偏差以 mm/m 计。一般选 B 级，可不标注，否则应在设计图样上标注。

6）低碳钢的焊接件，一般无须预热就可进行焊接，但当环境温度低于 0℃或者厚度较大时，焊前也必须根据工艺要求进行预热并焊后缓冷。

7）低合金结构钢的焊接件，必须综合考虑碳当量、构件厚度、焊接接头的拘束度、环境温度以及所使用的焊接材料等因素，确定焊接预热温度，见表 1-4-95。当采用非低氢焊接材料焊接时，应适当降低临界板厚或者适当提高预热温度。具体构件的预热温度由焊接技术人员根据结构具体情况确定。

表 1-4-95　　低合金结构钢焊接件焊接预热温度

钢　号	厚度/mm	焊前预热/℃	钢　号	厚度/mm	焊前预热/℃
09Mn2(Q295)		不预热	15MnTi(Q390)	>32	≥100
09Mn2Si		不预热	14MnMoNb	>32	≥100
09MnV(Q295)		不预热	15MnVN(Q420)	≤32	
12Mn(Q295)		不预热	14MnVTiRE(Q420)	>32	≥100
16Mn(Q345)	>40	≥100	18MnMoNb		≥150
16MnRE(Q345)	>40	≥100	14MnMoV		≥150
14MnNb(Q345)	>40	≥100	14MnMoVB		≥150
15MnV(Q390)	≤32	不预热			

8）焊接件焊后消除应力处理可按 JB/T 6046—1992 的规定进行。

9）有密闭内腔的焊接件，在热处理之前，应在中间隔板上适当的位置加工 ϕ10mm 孔，使其空腔与外界相通。需在外壁上钻的孔，热处理后要重新堵上。

10）焊接接头及坡口型式与尺寸应符合 GB/T 985.1—2008 与 GB/T 985.2—2008 的规定。焊缝盛水试漏、液压试验、气密性试验、煤油渗漏试验可参照 NB/T 47003.1—2009、NB/T 47003.2—2009 中相关规定。焊缝超声波探伤应符合 GB/T 11345—2003 的规定。焊缝射线探伤应符合 GB/T 3323—2005 的规定。焊缝表面磁粉探伤应符合 GB/T 26951—2011、JB/T 6061—2007 的规定。要进行力学性能试验的焊缝，应在图样或订货技术要求中注明。焊缝的力学性能试验种类、试样尺寸按 GB/T 2649—1989、GB/T 2650～2654—2008 的规定。试样板焊后与工件经过相同的热处理，并预先经过外观无损探伤检查。

11）图样上应标注焊缝符号（应符合 GB/T 324—2008 的有关规定）、焊缝探伤所采用的标准及级别、焊后是否消除应力处理及种类和部位、对有预热要求的焊缝应标明预热温度等。

12）设计人员根据焊接件的技术要求填写表 1-4-96。也可采用其他形式标注。

表 1-4-96

焊接件技术要求		焊接件技术要求	
通用技术要求	JB/T 5000.3	形位公差精度等级	
焊缝质量评定级别		密封性试验	是/否
尺寸公差精度等级		耐压试验	是/否

注：空格中可补充其他技术要求。

13）火焰切割件的质量要符合 JB/T 5000.2 的规定。

14）焊接件涂装前要进行表面除锈处理，其质量等级见 JB/T 5000.12 的规定。

 第 5 章 零部件冷加工设计工艺性与结构要素

1 金属材料的切削加工性

金属材料的切削加工性指金属经过切削加工成为合乎要求的工件的难易程度。影响切削加工性的因素很多，到目前为止，还不能用材料的某一种性能，例如金相组织或力学性能等来全面地表示出材料的切削加工性。一般是根据具体情况，选用不同的方法来表示的。目前生产中最常用的是以刀具耐用度为 60min 时的切削速度 V_{60} 来表示。V_{60} 愈高，表示材料的切削加工性愈好，并以 $\sigma_b=600$MPa 的 45 钢的 V_{60} 作为基准，简写为 $(V_{60})_f$。若以其他材料的 V_{60} 和 $(V_{60})_f$ 相比，其比值 $K_{IV}=\dfrac{V_{60}}{(V_{60})_f}$ 称为相对加工性。常用材料的相对加工性见表 1-5-1。

表 1-5-1　常用材料的相对加工性（参考）

钢种	材料代号	相对加工性
优质碳素钢	20	170
	35	131
	45	100
	55	77
合金结构钢	35SiMn	54
	42SiMn	54
	38SiMnMo	65
	38CrMoAlA	45
	60SiMnMo	54
	37SiMn2MoV	44
	20MnMo	97
	18MnMoNb	74
	20Cr	105
	20CrMnMo	27
	20Cr2Mn2Mo	38
合金结构钢	40Cr	100
	50Cr	80
	35CrMo	73
	40CrSi	54
	38CrSiMnMo	54
	35Cr2MnMo	44
轧辊钢	60CrMnMo	44
	60CrMoV	44
弹簧钢	65Mn	50
	60Cr2MoW	33
	50CrVA	44
碳素工具钢	T7	73
	T8	73
	T10	73
	T12	62
合金工具钢	4CrW2Si	73
	Cr12MoV	62
	CrWMn	62
	5CrMnMo	62
	GCr15	73
	GCr15SiMn	73
	W18Cr4V	47
不锈钢	2Cr13	100
	3Cr13	77
	1Cr18Ni9Ti	62
碳素铸钢	ZG230-450	144
	ZG270-500	144
	ZG310-570	118
合金铸钢	ZG35SiMn	100
	ZG35CrMnSi	100
合金铸钢	ZG35CrMo	100
	ZGMn13	118
	ZGCr22Ni2N	100
灰铸铁	HT150	83
	HT200	65
	HT250	52
	HT300	45
铸造有色合金	ZQSn6-6-3	
	ZQSn10-1	181
	ZQA19-4	181
	ZHA166-6-3-2	181
	ZHMn58-2-2	307
	ZL104	551
	ZL203	551

若根据金属的力学性能来分析，一般认为，硬度在 170~230HB 范围内时，切削加工性良好。过高的硬度不但难以加工，且会造成刀具很快磨损。当 HB>300 时，切削加工性就显著下降；HB=400 时，切削加工性就很差了。而过低的硬度，则易形成很长的切屑缠绕，造成刀具的发热和磨损，零件加工后，表面粗糙度也很高。当材料塑性增加，$\psi=50\%\sim60\%$时，切削加工性也显著下降。

难加工的金属就必须采用硬质合金刀片等高级刀具来加工。例如，采用硬质合金刀片 YG6X 加工耐热合金效果良好；YG3 可加工淬火钢等；YW1 可加工不锈钢、高锰钢等；YW2 可加工钛合金、奥氏体不锈钢等；YA6 可加工高锰钢、淬火钢以及硬铸铁等；白刚玉 60#(ZR1) 磨轮可磨削硬度≤70HRC 的渗氮的活塞杆等；还有 YW1-

YG6X 刀具车削 45 淬硬钢（55~62HRC，表面粗糙度可达 $Ra6.3 \sim 1.6\mu m$）。

影响钢、铁切削加工性的因素及有色金属加工的特点见表 1-5-2，可作为考虑材料切削加工性时的参考。

表 1-5-2　　影响钢、铁切削加工性的因素及有色金属加工的特点

材料	影响因素	切削加工性	影响因素	切削加工性
钢	力学性能	硬度：170~230HB 最好，HB>300 显著下降，HB≈400很差 塑性：ψ=50%~60%时，显著下降	轧制方法	含碳量<0.3%：冷轧或冷拔比热轧好 含碳量 0.3%~0.4% 的中碳钢：冷轧与热轧差不多 含碳量>0.4%的高碳钢：热轧比冷轧好
	化学成分（质量分数）	C：0.25%~0.35%左右最好 Mn：当 C<0.2%时 1.5%最好 Ni：>8%加工更困难 Mo：0.15%~0.40%时，稍提高；当淬火钢硬度为 HB>350 时，加入一些 Mo，可提高其切削加工性 （图：纵轴 对钢的切削加工性的影响，改善/0/下降；横轴 钢中化学成分含量/%，0 0.4 0.8 1.2 1.6 2.0；曲线 S、P、Pb、C、Si、Mn、Mo、Cr、W、Ni）	金相组织	铁素体：塑性很大的铁素体钢，切削加工性很低，切削前一般经过冷轧或冷拔可提高 珠光体：含碳量>0.6%时，粒状珠光体比片状珠光体好；低碳钢以断续细网状的片状珠光体为好 索氏体、屈氏体：二者都比珠光体硬。稍差 马氏体：更硬。更差 奥氏体：软而韧，加工硬化厉害，导热性差，易粘刀。很差
			冶炼方法	转炉钢：含硫、磷较高，最好 平炉钢：含硫、磷较低，较差 电炉钢：含硫、磷更低，最差
			热处理	退火：提高 正火、淬火：低碳钢提高
铸铁	硬度一般虽然不高，但是其热导率较低，并含有碳化铁及其他坚硬的杂质，且切下的切屑是崩碎的，所以刃口附近的较小面积上的温度梯度较大，并且集中地受到一些硬质点的摩擦，因此其切削加工性同样应综合多方面因素来考虑			
	化学成分（质量分数）	C、Si、Al、Ni、Cu、Ti：提高。适当含量是 Si0.1%~0.2%，Ni0.1%~3.0%，Ti0.05%~0.10%，Mo0.5%~2.0% Cr、V、Mn、Co、S、P 等：超过某种限度时就降低。其含量不宜大于 Cr1.0%，V0.5%，Mn1.5%，P0.14%	金相组织	自由石墨（显微硬度 15~40）：提高，但石墨颗粒太大，表面粗糙度会增加 自由铁素体（显微硬度 215~270）：一般铸件中约占 10%，提高 珠光体（显微硬度 300~390）：一般 针状组织（显微硬度 400~495）：略降低 磷铁共晶体（P10%+Fe%，显微硬度 600~1200）：存在于含 P>0.1%的铸铁中，一般当其在铸铁中的比重小于 5%时，影响不大，再多就降低 自由碳化物（显微硬度 1000~2300）：很硬，降低
	热处理	退火使硬度下降 15%~30%，可提高切削速度 30%~80%		
铜、铝合金	铜合金： 1. 强度、硬度比钢低，切削加工性好 2. 青铜比较硬脆，切削时与灰铸铁类似；黄铜比较韧软，切削时与低碳钢有些相同，但较易获得较低的表面粗糙度 3. 黄铜容易产生“扎刀”的毛病 4. 除车某些青铜外，刀具使用寿命比钢、铁高 5. 装卡容易引起变形 6. 线胀系数比钢、铁大，加工发热，尺寸精度较难控制		铝合金： 1. 强度、硬度比铜更低，切削加工性更好，但车螺纹容易“崩扣” 2. 加工时容易粘刀，形成刀瘤，增加表面粗糙度 3. 组织不够致密，很难获得较低的表面粗糙度 4. 除车铸造硅铝明合金外，刀具使用寿命一般都较高（禁止使用陶瓷刀具） 5. 装卡和加工时容易引起变形，工件表面也易碰伤或划伤 6. 线胀系数比铜更大，影响尺寸精度更突出	

续表

材料	
镁合金	镁合金与其他金属结构材料相比，密度较小，机加工较容易。可以采用较高的速度、较大的切削深度和进给速度。它的切屑形成类型主要取决于材料成分、热处理状态、工件形状以及刀具进给量大小。其他金属机加工时，刀具倾角和切削速度对切屑形成有很大影响，但对镁合金的影响很小，可以忽略。单点刀具在车、刨、铣、钻等过程中产生的切屑一般分为三种：大进给量时短而易断；中等进给量时短，部分易断；小进给量时则长而卷。铸造合金易于产生折断或部分折断的切屑，并与热处理状态有关；锻件和挤压件则易产生部分断裂或卷曲的切屑，主要与进给速度有关 车、铣、刨、磨、钻、铰、拉、镗等加工工艺均可以满足镁合金工件不同加工及其表面精度的要求。但应遵循的一个共同原则是刀具应尽可能保持锋利、光滑，且无刮痕、毛刺、卷口 镁合金散热极快，加工表面冷却迅速，常常不需要润切液。如果需要主要是用来冷却工件，减小工件变形，减少切屑燃烧的机会（尤其是切屑较细时，若无液体覆盖很容易起火）。因此，镁合金机加工过程中采用的润切液常被称为冷却液。在大批量生产中，冷却液是延长刀具寿命的主要因素。在钻深孔或进行高速大进给量加工时，需要润切液冷却 镁合金采用的油基冷却剂一般为矿物油，而不宜用动物油或植物油 水溶性油或油水乳化液已成功应用于镁合金的某些机加工工艺中，但是不允许使用水基冷却剂。由于水和镁反应将生成易燃易爆气体 H_2，导致在镁合金湿切屑的储存和运输过程中出现氢的积累，即使少量氢的不断积累也是极其危险的[40]。此外，水会降低镁合金废屑的回收价值 对镁合金进行机加工时，必须考虑切屑着火的问题。切屑被加热到接近熔点以后会引燃，应特别注意安全

各种金属机加工能量和速度对比

金属	相对能量	粗车速度/m·min^{-1}	拉削速度（加工5~10mm）/m·min^{-1}
镁合金	1.0	可达1200	150~500
铝合金	1.8	75~750	60~400
铸铁	3.5	30~90	10~40
低碳钢	6.3	40~200	15~30
镍合金	10.0	20~90	5~20

镁合金孔加工的一般速度和进给量

工艺	速度① /m·min^{-1}	进给量/mm·r^{-1}							
		1.6mm④	3.2mm④	6.4mm④	13mm④	19mm④	25mm④	38mm④	51mm④
钻孔	43~100	0.025	0.076	0.18	0.30	0.41	0.51	0.64	0.76
枪钻	198	0.025	0.025	0.076	0.13	0.20	0.25	0.25	0.25
铰孔	120②	—	0.13	0.20	0.30	—	0.41	0.51	0.76
锪孔									
高速钢	195②	—	—	0.13	0.15	0.18	0.22	0.28	0.33
硬质合金	490③	—	—	0.15	0.18	0.20	0.25	0.30	0.36

① 受设备、刚度条件限制

② 适用于高速钢刀具，也可以采用硬质合金刀具，速度为260m·min^{-1}

③ 适用于 ϕ76mm 的孔，进给量为0.41mm·r^{-1}

④ 孔径

镁合金车削速度、进给量和最大切削深度

	车削速度 /m·min^{-1}	进给量/mm·r^{-1}	最大切削深度/mm
粗车	90~185	0.76~2.5	12.7
	185~305	0.51~2.0	10.2
	305~460	0.25~1.5	7.62
	460~610	0.25~1.0	5.08
	610~1525	0.25~0.76	3.81
精车	90~185	0.13~0.64	2.54
	185~305	0.13~0.51	2.03
	305~1525	0.076~0.38	1.27

推荐的矿物油冷却剂

特性	大小	特性	大小
密度/g·cm^{-3}	0.79~0.86	最大皂化值	16
黏度(313K)/SUS	55	游离酸最大含量（质量分数）/%	0.2
最低燃烧点/K	408		

2 一般标准

标准尺寸（摘自 GB/T 2822—2005）

表 1-5-3　　mm

R			R′		
R10	R20	R40	R′10	R′20	R′40
1.00	1.00		1.0	1.0	
	1.12			**1.1**	
1.25	1.25		**1.2**	**1.2**	
	1.40			1.4	
1.60	1.60		1.6	1.6	
	1.80			1.8	
2.00	2.00		2.0	2.0	
	2.24			**2.2**	
2.50	2.50		2.5	2.5	
	2.80			2.8	
3.15	3.15		**3.0**	**3.0**	
	3.55			**3.5**	
4.00	4.00		4.0	4.0	
	4.50			4.5	
5.00	5.00		5.0	5.0	
	5.60			**5.5**	
6.30	6.30		**6.0**	**6.0**	
	7.10			**7.0**	
8.00	8.00		8.0	8.0	
	9.00			9.0	
10.00	10.00		10.0	10.0	
	11.2			**11**	
12.5	12.5	12.5	**12**	**12**	12
		13.2			**13**
	14.0	14.0		14	14
		15.0			15
16.0	16.0	16.0	16	16	16
		17.0			17
	18.0	18.0		18	18
		19.0			19
20.0	20.0	20.0	20	20	20
		21.2			**21**
	22.4	22.4		**22**	**22**
		23.6			**24**
25.0	25.0	25.0	25	25	25
		26.5			**26**
	28.0	28.0		28	28
		30.0			30
31.5	31.5	31.5	**32**	**32**	**32**
		33.5			**34**
	35.5	35.5		**36**	**36**
		37.5			**38**
40.0	40.0	40.0	40	40	40
		42.5			**42**
	45.0	45.0		45	45
		47.5			**48**
50.0	50.0	50.0	50	50	50
		53.0			53
	56.0	56.0		56	56
		60.0			60
63.0	63.0	63.0	63	63	63

R			R′		
R10	R20	R40	R′10	R′20	R′40
		67.0			67
	71.0	71.0		71	71
		75.0			75
80.0	80.0	80.0	80	80	80
		85.0			85
	90.0	90.0		90	90
		95.0			95
100.0	100.0	100.0	100	100	100
		106			**105**
	112	112		**110**	**110**
		118			**120**
125	125	125	125	125	125
		132			**130**
	140	140		140	140
		150			150
160	160	160	160	160	160
		170			170
	180	180		180	180
		190			190
200	200	200	200	200	200
		212			**210**
	224	224		**220**	**220**
		236			**240**
250	250	250	250	250	250
		265			**260**
	280	280		280	280
		300			300
315	315	315	**320**	**320**	**320**
		335			**340**
	355	355		**360**	**360**
		375			**380**
400	400	400	400	400	400
		425			**420**
	450	450		450	450
		475			**480**
500	500	500	500	500	500
		530			530
	560	560		560	560
		600			600
630	630	630	630	630	630
		670			670
	710	710		710	710
		750			750
800	800	800	800	800	800
		850			850
	900	900		900	900
		950			950
1000	1000	1000	1000	1000	1000
		1060			

R		
R10	R20	R40
	1120	1120
		1180
1250	1250	1250
		1320
	1400	1400
		1500
1600	1600	1600
		1700
	1800	1800
		1900
2000	2000	2000
		2120
	2240	2240
		2360
2500	2500	2500
		2650
	2800	2800
		3000
3150	3150	3150
		3350
	3550	3550
		3750
4000	4000	4000
		4250
	4500	4500
		4750
5000	5000	5000
		5300
	5600	5600
		6000
6300	6300	6300
		6700
	7100	7100
		7500
8000	8000	8000
		8500
	9000	9000
		9500
10000	10000	10000
		10600
	11200	11200
		11800
12500	12500	12500
		13200
	14000	14000
		15000
16000	16000	16000
		17000
	18000	18000
		19000
20000	20000	20000

注：1. “标准尺寸”为直径、长度、高度等系列尺寸。

2. 标准中 0.01~1.0mm 的尺寸，此表未列出。

3. R′系列中的黑体字，为 R 系列相应各项优先数的化整值。

4. 选择尺寸时，优先选用 R 系列，按照 R10、R20、R40 顺序。如必须将数值圆整，可选择相应的 R′系列，应按照 R′10、R′20、R′40 顺序选择。

标准角度（参考）

表 1-5-4

第一系列	第二系列	第三系列	第一系列	第二系列	第三系列	第一系列	第二系列	第三系列	第一系列	第二系列	第三系列	第一系列	第二系列	第三系列
0°	0°	0°			4°			18°			55°			110°
		0°15′	5°	5°	5°		20°	20°	60°	60°	60°	120°	120°	120°
	0°30′	0°30′			6°			22°30′			65°			135°
		0°45′			7°			25°			72°		150°	150°
	1°	1°			8°	30°	30°	30°		75°	75°			165°
		1°30′			9°			36°			80°	180°	180°	180°
	2°	2°		10°	10°			40°			85°			270°
		2°30′			12°	45°	45°	45°	90°	90°	90°	360°	360°	360°
	3°	3°	15°	15°	15°			50°			100°			

注：1. 本标准为一般用途的标准角度，不适用于由特定尺寸或参数所确定的角度以及工艺和使用上有特殊要求的角度。

2. 选用时优先选用第一系列，其次是第二系列，再次是第三系列。

锥度与锥角系列（摘自 GB/T 157—2001）

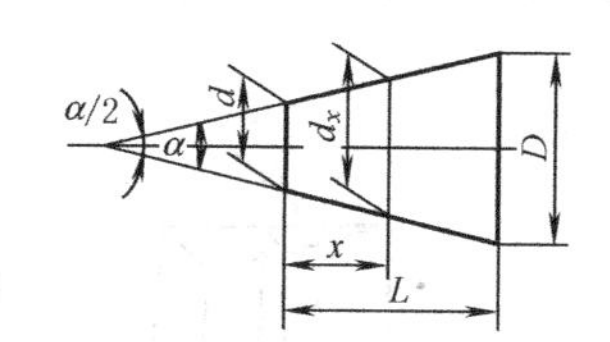

锥度 $C=\dfrac{D-d}{L}=2\tan\dfrac{\alpha}{2}$

表 1-5-5（a）　　一般用途圆锥的锥度与锥角

基本值		推算值				应用举例
系列 1	系列 2	圆锥角 α			锥度 C	
		(°)(′)(″)	(°)	rad		
120°				2. 094 395	1 : 0. 288675	螺纹孔的内倒角,填料盒内填料的锥度
90°				1. 570 796	1 : 0. 500000	沉头螺钉头,螺纹倒角,轴的倒角
	75°	—	—	1. 308 997	1 : 0. 651613	车床顶尖,中心孔
60°		—	—	1. 047 198	1 : 0. 866025	车床顶尖,中心孔
45°		—	—	0. 785 398	1 : 1. 207107	轻型螺旋管接口的锥形密合
30°		—	—	0. 523 599	1 : 1. 866025	摩擦离合器
1 : 3		18°55′28. 7″	18. 924644°	0. 330 297	—	有极限转矩的摩擦圆锥离合器
1 : 5		11°25′16. 3″	11. 421186°	0. 199 337	—	易拆机件的锥形连接,锥形摩擦离合器
	1 : 6	9°31′38. 2″	9. 522783°	0. 166 282	—	
	1 : 7	8°10′16. 4″	8. 171234°	0. 142 615	—	重型机床顶尖,旋塞
	1 : 8	7°9′9. 6″	7. 152669°	0. 124 838	—	联轴器和轴的圆锥面连接
1 : 10		5°43′29. 3″	5. 724810°	0. 099 917	—	受轴向力及横向力的锥形零件的接合面,电机及其他机械的锥形轴端
	1 : 12	4°46′18. 8″	4. 771888°	0. 083 285	—	固定球及滚子轴承的衬套
	1 : 15	3°49′5. 9″	3. 818305°	0. 066 642	—	受轴向力的锥形零件的接合面,活塞与活塞杆的连接
1 : 20		2°51′51. 1″	2. 864192°	0. 049 990	—	机床主轴锥度,刀具尾柄,公制锥度铰刀,圆锥螺栓
1 : 30		1°54′34. 9″	1. 909683°	0. 033 330	—	装柄的铰刀及扩孔钻
1 : 50		1°8′45. 2″	1. 145877°	0. 019 999	—	圆锥销,定位销,圆锥销孔的铰刀
1 : 100		0°34′22. 6″	0. 572953°	0. 010 000	—	承受陡振及静变载荷的不需拆开的连接机件
1 : 200		0°17′11. 3″	0. 286478°	0. 005 000	—	承受陡振及冲击变载荷的需拆开的零件,圆锥螺栓
1 : 500		0°6′62. 5″	0. 114592°	0. 002 000	—	

注：系列 1 中 120°~1 : 3 的数值近似按 R10/2 优先数系列，1 : 5~1 : 500 按 R10/3 优先数系列（见 GB/T 321）。

表 1-5-5（b）

特殊用途圆锥的锥度与锥角

基本值	圆锥角α		锥度 C	应用举例	基本值	圆锥角α		应用举例
18°30′	—	—	1 : 3.070115	纺织工业	1 : 18.779	3°3′1.2″	3.050335°	贾各锥度 No. 3
11°54′	—	—	1 : 4.797451	纺织工业	1 : 19.264	2°58′24.9″	2.973573°	贾各锥度 No. 6
8°40′	—	—	1 : 6.598442	纺织工业	1 : 20.288	2°49′24.8″	2.823550°	贾各锥度 No. 0
7°40′	—	—	1 : 7.462208	纺织工业	1 : 19.002	3°0′52.4″	3.014554°	莫氏锥度 No. 5
7 : 24	16°35′39.4″	16.594290°	1 : 3.428571	机床主轴,工具配合	1 : 19.180	2°59′11.7″	2.936590°	莫氏锥度 No. 6
1 : 9	6°21′34.8″	6.359660°	—	电池接头	1 : 19.212	2°58′53.8″	2.981618°	莫氏锥度 No. 0
1 : 16.666	3°26′12.7″	3.436853°	—	医疗设备	1 : 19.254	2°58′30.4″	2.975117°	莫氏锥度 No. 4
1 : 12.262	4°40′12.2″	4.670042°	—	贾各锥度 No. 2	1 : 19.922	2°52′31.4″	2.875402°	莫氏锥度 No. 3
1 : 12.972	4°24′52.9″	4.414696°	—	贾各锥度 No. 1	1 : 20.020	2°51′40.8″	2.861332°	莫氏锥度 No. 2
1 : 15.748	3°38′13.4″	3.637067°	—	贾各锥度 No. 33	1 : 20.047	2°51′26.9″	2.857480°	莫氏锥度 No. 1

棱体的角度与斜度（摘自 GB/T 4096—2001）

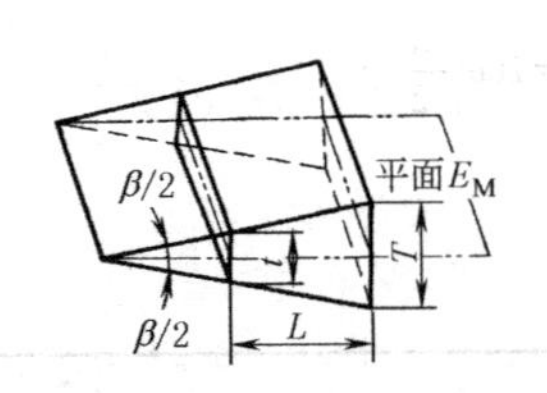

棱体比率 $C_p=\dfrac{T-t}{L}$

$C_p=2\tan\dfrac{\beta}{2}=1:\dfrac{1}{2}\cot\dfrac{\beta}{2}$

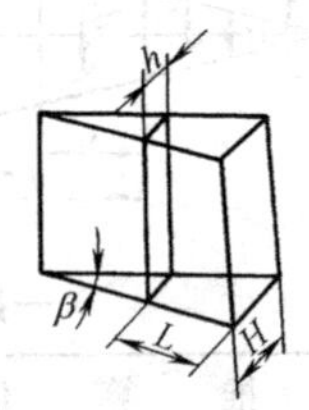

棱体斜度 $S=\dfrac{H-h}{L}$

$S=\tan\beta=1:\cot\beta$

表 1-5-6

	基本值			推算值		
	系列 1	系列 2	S	C_p	S	β
一般用途	120°	—	—	1 : 0.288675	—	
一般用途	90°	—	—	1 : 0.500000	—	
一般用途	—	75°	—	1 : 0.651613	1 : 0.267949	
一般用途	60°	—	—	1 : 0.866025	1 : 0.577350	
一般用途	45°	—	—	1 : 1.207107	1 : 1.000000	
一般用途	—	40°	—	1 : 1.373739	1 : 1.191754	
一般用途	30°	—	—	1 : 1.866025	1 : 1.732051	
一般用途	20°	—	—	1 : 2.835641	1 : 2.747477	
一般用途	15°	—	—	1 : 3.797877	1 : 3.732051	
一般用途	—	10°	—	1 : 5.715026	1 : 5.671282	
一般用途	—	8°	—	1 : 7.150333	1 : 7.115370	
一般用途	—	7°	—	1 : 8.174928	1 : 8.144346	
一般用途	—	6°	—	1 : 9.540568	1 : 9.514364	
一般用途	—	—	1 : 10	—	—	5°42′38″
一般用途	5°	—	—	1 : 11.451883	1 : 11.430052	

	基本值			推算值		
	系列 1	系列 2	S	C_p	S	β
一般用途	—	4°	—	1 : 14.318127	1 : 14.300666	
一般用途	—	3°	—	1 : 19.094230	1 : 19.081137	
一般用途	—	—	1 : 20	—	—	2°51′44.7″
一般用途	—	2°	—	1 : 28.644982	1 : 28.636253	
一般用途	—	—	1 : 50	—	—	1°8′44.7″
一般用途	—	1°	—	1 : 57.294327	1 : 57.289962	—
一般用途	—	—	1 : 100	—	—	0°34′25.5″
一般用途	—	0°30′	—	1 : 114.590832	1 : 114.588650	—
一般用途	—	—	1 : 200	—	—	0°17′11.3″
一般用途	—	—	1 : 500	—	—	0°6′52.5″

说明：优先选用系列 1，当不能满足需要时，选用系列 2

			角度 β	C_p	S
特殊用途	V 形体	角度 β	108°	1 : 0.3632713	
特殊用途	V 形体	角度 β	72°	1 : 0.6881910	
特殊用途	燕尾体	角度 β	55°	1 : 0.9604911	1 : 0.700207
特殊用途	燕尾体	角度 β	50°	1 : 1.0722535	1 : 0.839100

莫氏和公制锥度（附斜度对照）

表 1-5-7

圆锥号数		锥　度 $C=2\tan(\alpha/2)$	锥角 α	斜角 $\alpha/2$	斜度 $\tan(\alpha/2)$	圆锥号数		锥　度 $C=2\tan(\alpha/2)$	锥角 α	斜角 $\alpha/2$	斜度 $\tan(\alpha/2)$
莫氏	0	1∶19.212=0.05205	2°58′54″	1°29′27″	0.026	公制	4	1∶20=0.05	2°51′51″	1°25′56″	0.025
	1	1∶20.047=0.04988	2°51′26″	1°25′43″	0.0249		6	1∶20=0.05	2°51′51″	1°25′56″	0.025
	2	1∶20.020=0.04995	2°51′41″	1°25′50″	0.025		80	1∶20=0.05	2°51′51″	1°25′56″	0.025
	3	1∶19.922=0.05020	2°52′32″	1°26′16″	0.0251		100	1∶20=0.05	2°51′51″	1°25′56″	0.025
	4	1∶19.254=0.05194	2°58′31″	1°29′15″	0.026		120	1∶20=0.05	2°51′51″	1°25′56″	0.025
	5	1∶19.002=0.05263	3°00′53″	1°30′26″	0.0263		140	1∶20=0.05	2°51′51″	1°25′56″	0.025
	6	1∶19.180=0.05214	2°59′12″	1°29′36″	0.0261		160	1∶20=0.05	2°51′51″	1°25′56″	0.025
	7	1∶19.231=0.052	2°58′36″	1°29′18″	0.026		200	1∶20=0.05	2°51′51″	1°25′56″	0.025

注：1. 公制圆锥号数表示圆锥的大端直径，如 80 号公制圆锥，它的大端直径即为 80mm。

2. 莫氏锥度目前在钻头及铰刀的锥柄、车床零件等应用较多。

60°中心孔（摘自 GB/T 145—2001）

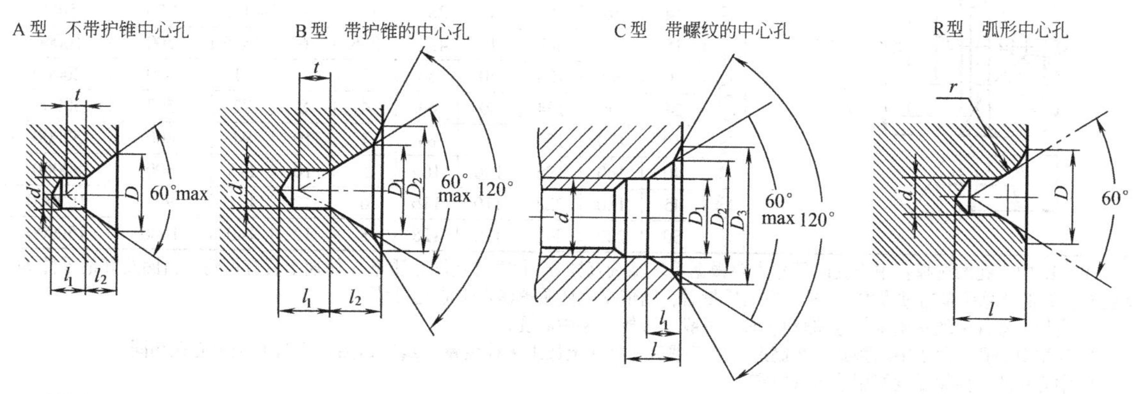

表 1-5-8

mm

d	D		D_1	D_2	l_2		t 参考		l_{min}	r max	r min	d	D_1	D_2	D_3	l	l_1 参考
A、B、R 型	A 型	R 型	B 型		A 型	B 型	A 型	B 型	R　型			C　型					
(0.50)	1.06	—	—	—	0.48	—	0.5	—	—	—	—	M3	3.2	5.3	5.8	2.6	1.8
(0.63)	1.32	—	—	—	0.60	—	0.6	—	—	—	—	M4	4.3	6.7	7.4	3.2	2.1
(0.80)	1.70	—	—	—	0.73	—	0.7	—	—	—	—	M5	5.3	8.1	8.8	4.0	2.4
1.00	2.12	2.12	2.12	3.15	0.97	1.27	0.9	0.9	2.3	3.15	2.50	M6	6.4	9.6	10.5	5.0	2.8
(1.25)	2.65	2.65	2.65	4.00	1.21	1.60	1.1	1.1	2.8	4.00	3.15	M8	8.4	12.2	13.2	6.0	3.3
1.60	3.35	3.35	3.35	5.00	1.52	1.99	1.4	1.4	3.5	5.00	4.00	M10	10.5	14.9	16.3	7.5	3.8
2.00	4.25	4.25	4.25	6.30	1.95	2.54	1.8	1.8	4.4	6.30	5.00	M12	13.0	18.1	19.8	9.5	4.4
2.50	5.30	5.30	5.30	8.00	2.42	3.20	2.2	2.2	5.5	8.00	6.30	M16	17.0	23.0	25.3	12.0	5.2
3.15	6.70	6.70	6.70	10.00	3.07	4.03	2.8	2.8	7.0	10.00	8.00	M20	21.0	28.4	31.3	15.0	6.4
4.00	8.50	8.50	8.50	12.50	3.90	5.05	3.5	3.5	8.9	12.50	10.00	M24	26.0	34.2	38.0	18.0	8.0
(5.00)	10.60	10.60	10.60	16.00	4.85	6.41	4.4	4.4	11.2	16.00	12.50						
6.30	13.20	13.20	13.20	18.00	5.98	7.36	5.5	5.5	14.0	20.00	16.00						
(8.00)	17.00	17.00	17.00	22.40	7.79	9.36	7.0	7.0	17.9	25.00	20.00						
10.00	21.20	21.20	21.20	28.00	9.70	11.66	8.7	8.7	22.5	31.50	25.00						

注：1. 括号内尺寸尽量不用。

2. A、B 型中尺寸 l_1 取决于中心钻的长度，即使中心孔重磨后再使用，此值不应小于 t 值。

3. A 型同时列出了 D 和 l_2 尺寸，B 型同时列出了 D_2 和 l_2 尺寸，制造厂可分别任选其中一个尺寸。

75°、90°中心孔

表 1-5-9　　　　mm

A型　不带护锥　　B型　带护锥　　D型　带护锥

α	规格 D	D_1	D_2	L	L_1	L_2	L_3	L_0	选择中心孔的参考数据：毛坯轴端直径(min) D_0	毛坯质量(max) /kg
75°(摘自JB/ZQ 4236—1997)	3	9		7	8	1			30	200
	4	12		10	11.5	1.5			50	360
	6	18		14	16	2			80	800
	8	24		19	21	2			120	1500
	12	36		28	30.5	2.5			180	3000
	20	60		50	53	3			260	9000
	30	90		70	74	4			360	20000
	40	120		95	100	5			500	35000
	45	135		115	121	6			700	50000
	50	150		140	148	8			900	80000
90°(摘自JB/ZQ 4237—1997)	14	56	77	36	38.5	2.5	6	44.5	250	5000
	16	64	85	40	42.5	2.5	6	48.5	300	10000
	20	80	108	50	53	3	8	61	400	20000
	24	96	124	60	64	4	8	72	500	30000
	30	120	155	80	84	4	10	94	600	50000
	40	160	195	100	105	5	10	115	800	80000
	45	180	222	110	116	6	12	128	900	100000
	50	200	242	120	128	8	12	140	1000	150000

注：1. 中心孔的选择：中心孔的尺寸主要根据毛坯轴端直径 D_0 和零件毛坯总质量（如轴上装有齿轮、齿圈及其他零件等）来选择。若毛坯总质量超过表中 D_0 相对应的质量时，则依据毛坯质量确定中心孔尺寸。

2. 当加工零件毛坯总质量超过 5000kg 时，一般宜选择 B 型中心孔。

3. D 型中心孔是属于中间型式，在制造时要考虑到在机床上加工去掉余量“L_3”以后，应与 B 型中心孔相同。

4. 中心孔的表面粗糙度按用途自行规定。

零件倒圆与倒角（摘自 GB/T 6403.4—2008）

表 1-5-10　　　　mm

$C_1>R$　$R_1>R$　$C<0.58R_1$　$C_1>C$

根据直径 D 确定 R(或 R_1)、C，另一相配零件的圆角或倒角按图中关系确定

	直径 D	≤3		>3~6		>6~10		>10~18
R、C	R_1	0.1	0.2	0.3	0.4	0.5	0.6	0.8
	$C_{max}(C<0.58R_1)$	—	0.1	0.1	0.2	0.2	0.3	0.4
	直径 D	>18~30	>30~50		>50~80	>80~120	>120~180	
R、C	R_1	1.0	1.2	1.6	2.0	2.5	3.0	
	$C_{max}(C<0.58R_1)$	0.5	0.6	0.8	1.0	1.2	1.6	
	直径 D	>180~250	>250~320	>320~400	>400~500	>500~630	>630~800	
R、C	R_1	4.0	5.0	6.0	8.0	10	12	
	$C_{max}(C<0.58R_1)$	2.0	2.5	3.0	4.0	5.0	6.0	
	直径 D	>800~1000		>1000~1250		>1250~1600		
R、C	R_1	16	20	25	32	40	50	
	$C_{max}(C<0.58R_1)$	8.0	10	12				

注：1. α 一般采用 45°，也可采用 30°或 60°。倒圆半径、倒角的尺寸标准符合 GB/T 4458.4 的要求。

2. 本部分适用于一般机械切削加工零件的外角和内角的倒圆、倒角，不适用于有特殊要求的倒圆、倒角。

球面半径（摘自 GB/T 6403.1—2008）

表 1-5-11

mm

系列												
1	0.2	0.4	0.6	1.0	1.6	2.5	4.0	6.0	10	16	20	
2	0.3	0.5	0.8	1.2	2.0	3.0	5.0	8.0	12	18	22	
1	25	32	40	50	63	80	100	125	160	200	250	
2	28	36	45	56	71	90	110	140	180	220	280	
1	320	400	500	630	800	1000	1250	1600	2000	2500	3200	
2	360	450	560	710	910	1100	1400	1800	2200	2800		

圆形零件自由表面过渡圆角半径和静配合连接轴用倒角

表 1-5-12

mm

圆角半径

D−d	2	5	8	10	15	20	25	30	35	40	50	55	65	70	90	100	130
R	1	2	3	4	5	8	10	12	12	16	16	20	20	25	25	30	30
D−d	140	170	180	220	230	290	300	360	370	450	460	540	550	650	660	760	
R	40	40	50	50	60	60	80	80	100	100	125	125	160	160	200	200	

静配合连接轴倒角

D	≤10	>10~18	>18~30	>30~50	>50~80	>80~120	>120~180	>180~260	>260~360	>360~500
a	1	1.5	2	3	5	5	8	10	10	12
α	30°				10°					

注：尺寸 $D-d$ 是表中数值的中间值时，则按较小尺寸来选取 R。例如 $D-d=98$，则按 90 选 $R=25$。

燕尾槽（摘自 JB/ZQ 4241—2006）

表 1-5-13

mm

A	40~65	50~70	60~90	80~125	100~160	125~200	160~250	200~320	250~400	320~500
B	12	16	20	25	32	40	50	65	80	100
c	1.5~5(为推荐值)									
e	2		3				4			
f	2		3				4			
H	8	10	12	16	20	25	32	40	50	65

备注：“A”的系列为 40、45、50、60、65、70、80、90、100、110、125、140、160、180、200、225、250、280、320、360、400、450、500

机床工作台 T 形槽（摘自 GB/T 158—1996）

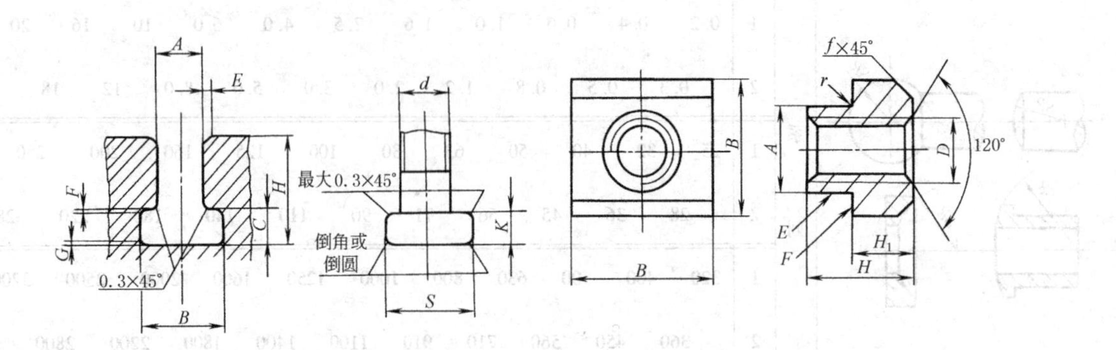

E、F 和 G 倒 45°角或倒圆

T 形槽用螺母

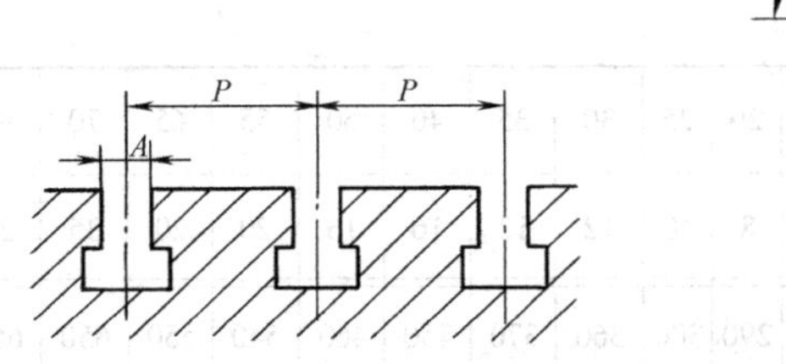

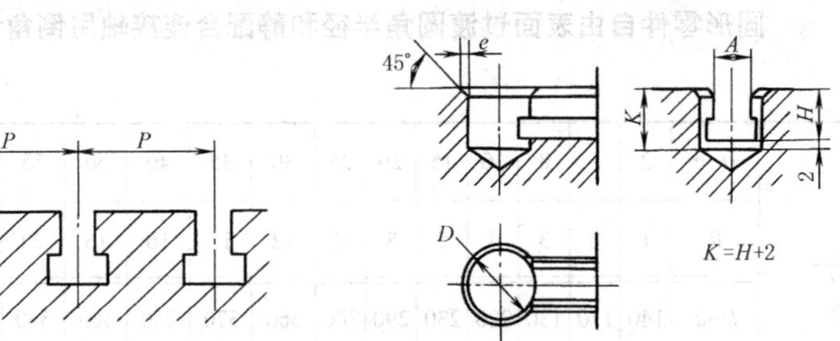

T 形槽不通端型式

表 1-5-14

mm

T 形槽										螺栓头部			T 形槽间距 P				T 形槽间距偏差	
A	B		C		H		E	F	G	d	S	K					间距 P	极限偏差
基本尺寸	最小尺寸	最大尺寸	最小尺寸	最大尺寸	最小尺寸	最大尺寸	最大尺寸	最大尺寸	最大尺寸	公称	最大尺寸	最大尺寸						
5	10	11	3.5	4.5	8	10	1	0.6	1	M4	9	3		20	25	32	20	±0.2
6	11	12.5	5	6	11	13				M5	10	4		25	32	40	25	
8	14.5	16	7	8	15	18				M6	13	6		32	40	50	32~100	±0.3
10	16	18	7	8	17	21				M8	15	6		40	50	63		
12	19	21	8	9	20	25				M10	18	7	(40)	50	63	80		
14	23	25	9	11	23	28	1.6		1.6	M12	22	8	(50)	63	80	100	125~250	±0.5
18	30	32	12	14	30	36		1		M16	28	10	(63)	80	100	125		
22	37	40	16	18	38	45			2.5	M20	34	14	(80)	100	125	160		
28	46	50	20	22	48	56				M24	43	18	100	125	160	200		
36	56	60	25	28	61	71				M30	53	23	125	160	200	250	320~500	±0.8
42	68	72	32	35	74	85	2.5	1.6	4	M36	64	28	160	200	250	320		
48	80	85	36	40	84	95		2	6	M42	75	32	200	250	320	400		
54	90	95	40	44	94	106				M48	85	36	250	320	40	500		

续表

T形槽宽度*A*	T形槽用螺母尺寸 *D* 公称尺寸	*A* 基本尺寸	*A* 极限偏差	*B* 基本尺寸	*B* 极限偏差	H_1 基本尺寸	H_1 极限偏差	*H* 基本尺寸	*H* 极限偏差	*f* 最大尺寸	*r* 最大尺寸	T形槽不通端尺寸 宽度*A*	*K*	*D* 基本尺寸	*D* 极限偏差	*e*
5	M4	5	-0.3 -0.5	9	±0.29	3	±0.2	6.5	±0.29	1	0.3	5	12	15	+1 0	0.5
6	M5	6		10		4	±0.24	8		1.6		6	15	16		
8	M6	8		13	±0.35	6		10				8	20	20	+1.5 0	1
10	M8	10		15		6		12	±0.35			10	23	22		
12	M10	12	-0.3 -0.6	18		7	±0.29	14		2.5	0.4	12	27	28		
14	M12	14		22	±0.42	8		16				14	30	32		
18	M16	18		23		10		20	±0.42			18	38	42		1.5
22	M20	22		34	±0.5	14	±0.35	28			0.5	22	47	50	+2 0	
28	M24	28		43		18		36	±0.5	4		28	58	62		2
36	M30	36	-0.4 -0.7	53	±0.6	23	±0.42	44		6		36	73	76		
42	M36	42		64		28		52	±0.6		0.8	42	87	92		
48	M42	48		75		32	±0.5	60				48	97	108		
54	M48	54		85	±0.7	36		70				54	108	122		

注：螺母材料为45钢。螺母表面粗糙度（按GB 1031）最大允许值，基准槽用螺母的*E*面和*F*面为3.2μm；其余为6.3μm。螺母进行热处理，硬度为35HRC，并发蓝。

砂轮越程槽（摘自GB/T 6403.5—2008）

表1-5-15

mm

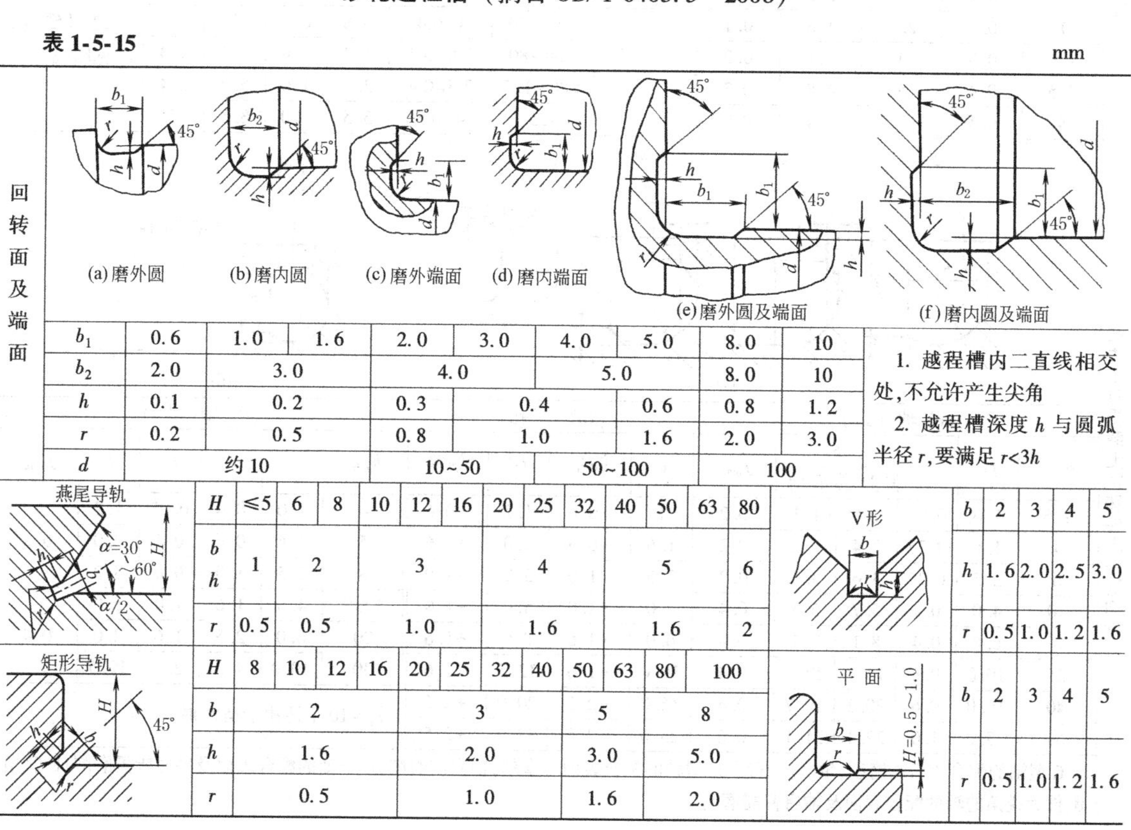

回转面及端面

b_1	0.6	1.0	1.6	2.0	3.0	4.0	5.0	8.0	10
b_2	2.0	3.0		4.0		5.0		8.0	10
h	0.1	0.2		0.3	0.4		0.6	0.8	1.2
r	0.2	0.5		0.8	1.0		1.6	2.0	3.0
d	约10			10~50		50~100		100	

1. 越程槽内二直线相交处,不允许产生尖角
2. 越程槽深度*h*与圆弧半径*r*,要满足*r*<3*h*

燕尾导轨

H	≤5	6	8	10	12	16	20	25	32	40	50	63	80
b *h*	1	2		3			4			5			6
r	0.5	0.5		1.0			1.6			1.6			2

V形

b	2	3	4	5
h	1.6	2.0	2.5	3.0
r	0.5	1.0	1.2	1.6

矩形导轨

H	8	10	12	16	20	25	32	40	50	63	80	100
b	2				3				5		8	
h	1.6				2.0				3.0		5.0	
r	0.5				1.0				1.6		2.0	

平面

b	2	3	4	5
r	0.5	1.0	1.2	1.6

刨切、插、珩磨越程槽

表 1-5-16 mm

图	机床	图	珩磨
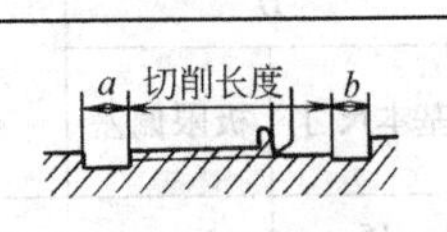	龙门刨 $a+b=100\sim200$ 牛头刨床、立刨床 $a+b=50\sim75$ 大插床 50~100，小插床 10~12	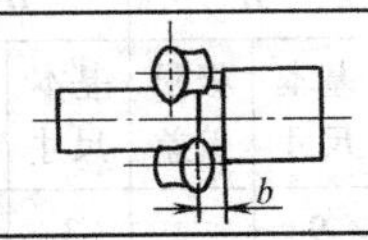	珩磨内圆 $b>30$ 珩磨外圆 $b=6\sim8$

退刀槽（摘自 JB/ZQ 4238—2006）

表 1-5-17 mm

适用于交变载荷，也可用于一般载荷的磨削件

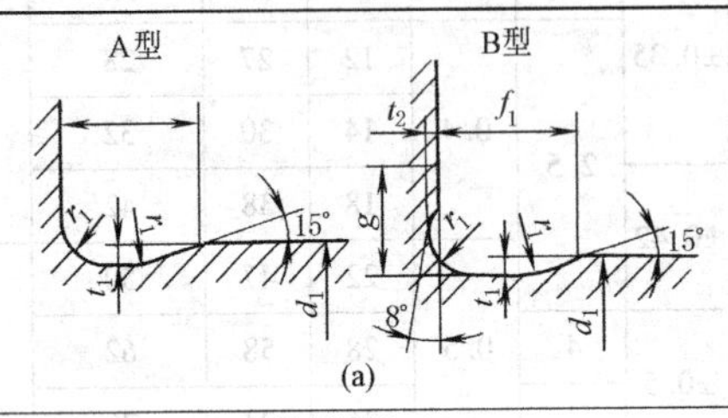

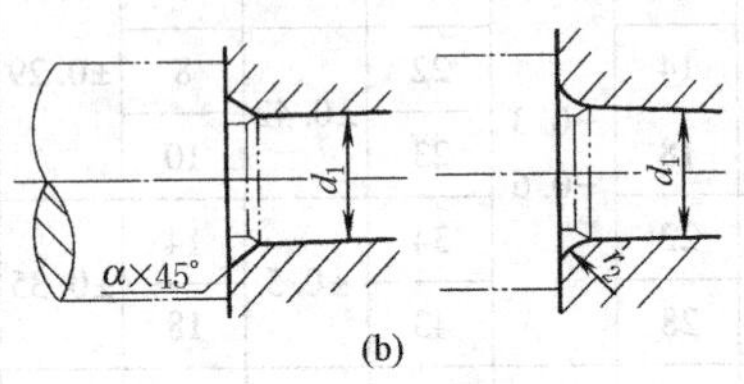

(a) 外圆(图 a)							(b) 相配件(图 b)					说明
退刀槽 r_1	退刀槽 $t_1{}^{+0.1}_{\ 0}$	f_1	$g\approx$	$t_2{}^{+0.05}_{\ 0}$	推荐的配合直径 d_1 用在一般载荷	推荐的配合直径 d_1 用在交变载荷	退刀槽尺寸 $r_1\times t_1$	倒角最小值 α A型	倒角最小值 α B型	倒圆最小值 r_2 A型	倒圆最小值 r_2 B型	
0.6	0.2	2	1.4	0.1	约18		0.6×0.2	0.4	0.1	1	0.3	A型轴的配合表面需磨削，轴肩不磨削。B型轴的配合表面及轴肩都需磨削 退刀槽 r_1、t_1 见图(a)
0.6	0.3	2.5	2.1	0.2	>18~80	—	0.6×0.3	0.3	0	0.8	0	
1	0.4	4	3.2	0.3	>80		1×0.2	0.6	0	1.5	0	
1	0.2	2.5	1.8	0.1		>18~50	1×0.4	0.8	0.4	2	1	
1.6	0.3	4	3.1	0.2	—	>50~80	1.6×0.3	1.3	0.6	3.2	1.4	
2.5	0.4	5	4.8	0.3		>80~125	2.5×0.4	2.1	1.0	5.2	2.4	
4	0.5	7	6.4	0.3		125	4×0.5	3.5	2.0	8.8	5	

适用于对受载无特殊要求的磨削件

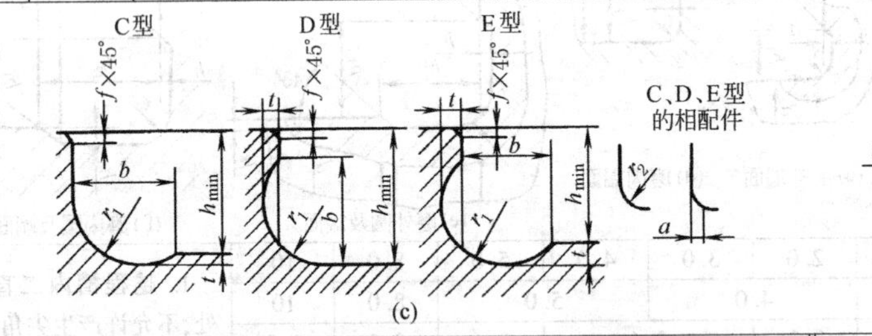

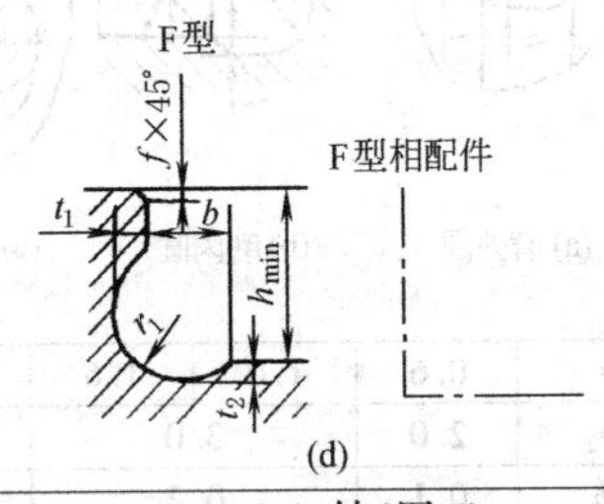

(c) 轴(图 c)						相配件(孔)				(d) 轴(图 d)					
h_{min}	r_1	t	b C、D型	b E型	f_{max}	a	偏差	r_2	偏差	h_{min}	r_1	t_1	t_2	b	f_{max}
2.5	1.0	0.25	1.6	1.1	0.2	1	+0.6	1.2	+0.6	4	1.0	0.4	0.25	1.2	
4	1.6	0.25	2.4	2.2	0.2	1.6	+0.6	2.0	+0.6	5	1.6	0.6	0.4	2.0	0.2
6	2.5	0.25	3.6	3.4	0.2	2.5	+1.0	3.2	+1.0	8	2.5	1.0	0.6	3.2	
10	4.0	0.4	5.7	5.3	0.4	4.0	+1.0	5.0	+1.0	12.5	4.0	1.6	1.0	5.0	
16	6.0	0.4	8.1	7.7	0.4	6.0	+1.6	8.0	+1.6	20	6.0	2.5	1.6	8.0	0.4
25	10.0	0.6	13.4	12.8	0.4	10.0	+1.6	12.5	+1.6	30	10.0	4.0	2.5	12.5	
40	16.0	0.6	20.3	19.7	0.6	16.0	+2.5	20.0	+2.5	$r_1=10$ 不适用于精整辊					
60	25.0	1.0	32.1	31.1	0.6	25.0	+2.5	32.0	+2.5						

C型轴的配合表面需磨削，轴肩不磨削；D型轴的配合表面不磨削，轴肩需磨削；E型轴的配合表面及轴肩皆需磨削；F型相配件为锐角的轴的配合表面及轴肩皆需磨削

续表

公称直径相同具有不同配合的退刀槽（图e）

A型　B型

(e)

r	t	b≈	r	t	b≈
2.5	0.25	2.2	10	0.6	6.8
4	0.4	3.5	16	0.6	8.7
6	0.4	4.3	25	1.0	14.0

带槽孔退刀槽（图f）、插齿空刀槽（图g）

(f)

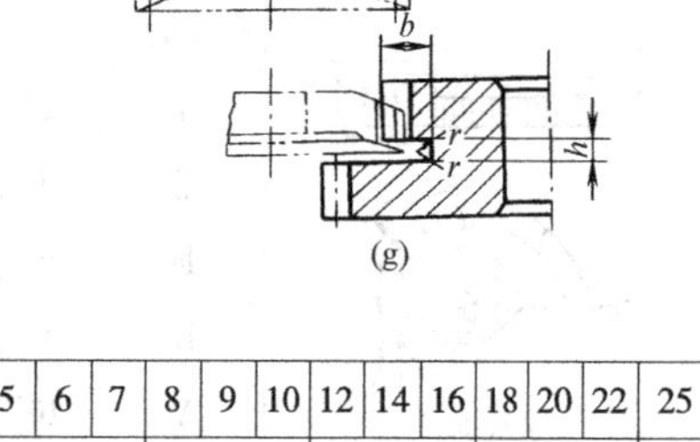

(g)

模数	2	2.5	3	4	5	6	7	8	9	10	12	14	16	18	20	22	25
h_{min}	5	6			7			8			9			10			12
b_{min}	5	6	7.5	10.5	13	15	16	19	22	24	28	33	38	42	46	51	58
r	0.5			1.0													

1. A型退刀槽各部分尺寸根据直径 d_1 的大小按表中a表取。B型退刀槽各部分尺寸见表中e表

2. 带槽孔退刀槽直径 d_2 可按选用的平键或楔键而定。退刀槽的深度 t_2 一般为20mm，如因结构上的原因 t_2 的最小值不得小于10mm

滚人字齿轮退刀槽（摘自JB/ZQ 4238—2006）

表1-5-18 mm

退刀槽深度 h 由设计者决定，一般可取 $0.3m_n$

法向模数 m_n	螺旋角β 25°	30°	35°	40°	法向模数 m_n	螺旋角β 25°	30°	35°	40°	法向模数 m_n	螺旋角β 25°	30°	35°	40°
	退刀槽最小宽度 b					退刀槽最小宽度 b					退刀槽最小宽度 b			
4	46	50	52	54	12	118	124	130	136	28	238	252	266	278
5	58	58	62	64	14	130	138	146	152	30	246	260	276	290
6	64	66	72	74	16	148	158	165	174	32	264	270	300	312
7	70	74	78	82	18	164	175	184	192	36	284	304	322	335
8	78	82	86	90	20	185	198	208	218	40	320	330	350	370
9	84	90	94	98	22	200	212	224	234					
10	94	100	104	108	25	215	230	240	250					

弧形槽端部半径（摘自GB/T 1127—2007）

表1-5-19 mm

花键槽

铣切深度 H	5	10	12	25
铣切宽度 B	4	4	5	10
R	20~30	30~37.5	37.5	55

弧形键槽（摘自半圆键槽铣刀GB/T 1127—2007）

d是铣削键槽时键槽弧形部分的直径

键公称尺寸 B×d	铣刀 D	键公称尺寸 B×d	铣刀 D	键公称尺寸 B×d	铣刀 D
1×4	4.5	3×16	16.5	6×22	22.5
1.5×7	7.5	4×16		6×25	25.5
2×7		5×16		8×28	28.5
2×10	10.5	4×19	19.5	10×32	32.5
2.5×10		5×19			
3×13	13.5	5×22	22.5		

分度盘和标尺刻度（摘自 JB/ZQ 4260—2006）

表 1-5-20 mm

刻线剖面	刻线类型	L	L_1	L_2	C	e	h	h_1	α
	Ⅰ	$2^{+0.2}_{0}$	$3^{+0.2}_{0}$	$4^{+0.3}_{0}$	$0.1^{+0.03}_{0}$	0.15～1.5	$0.2^{+0.08}_{0}$	$0.15^{+0.03}_{0}$	15°±10′
	Ⅱ	$4^{+0.3}_{0}$	$5^{+0.3}_{0}$	$6^{+0.5}_{0}$	$0.1^{+0.03}_{0}$		$0.2^{+0.08}_{0}$	$0.15^{+0.03}_{0}$	
	Ⅲ	$6^{+0.5}_{0}$	$7^{+0.5}_{0}$	$8^{+0.5}_{0}$	$0.2^{+0.03}_{0}$		$0.25^{+0.08}_{0}$	$0.2^{+0.03}_{0}$	
	Ⅳ	$8^{+0.5}_{0}$	$9^{+0.5}_{0}$	$10^{+0.5}_{0}$	$0.2^{+0.03}_{0}$		$0.25^{+0.08}_{0}$	$0.2^{+0.03}_{0}$	
	Ⅴ	$10^{+0.5}_{0}$	$11^{+0.5}_{0}$	$12^{+0.5}_{0}$	$0.2^{+0.03}_{0}$		$0.25^{+0.08}_{0}$	$0.2^{+0.03}_{0}$	

注：1. 数字可按打印字头型号选用。
2. 尺寸 h_1 在工作图上不必注出。
3. 尺寸 e 的数值可在 0.15～1.5mm 中选取，但在一个零件中的位置应相等。

滚花（摘自 GB/T 6403.3—2008）

表 1-5-21 mm

直纹滚花 网纹滚花	标记	模数 m	h	r	节距 P
	模数 $m=0.3$ 直纹滚花：直纹 $m0.3$（GB 6403.3—2008） 模数 $m=0.4$ 网纹滚花：网纹 $m0.4$（GB 6403.3—2008）	0.2	0.132	0.06	0.628
		0.3	0.198	0.09	0.942
		0.4	0.264	0.12	1.257
		0.5	0.326	0.16	1.571

注：1. 表中 $h=0.785m-0.414r$。
2. 滚花前工件表面粗糙度的轮廓算术平均偏差 Ra 的最大允许值为 12.5μm。
3. 滚花后工件直径大于滚花前直径，其值 $\Delta\approx(0.8\sim1.6)m$，$m$ 为模数。

锯缝尺寸（摘自 JB/ZQ 4246—2006）

表 1-5-22 mm

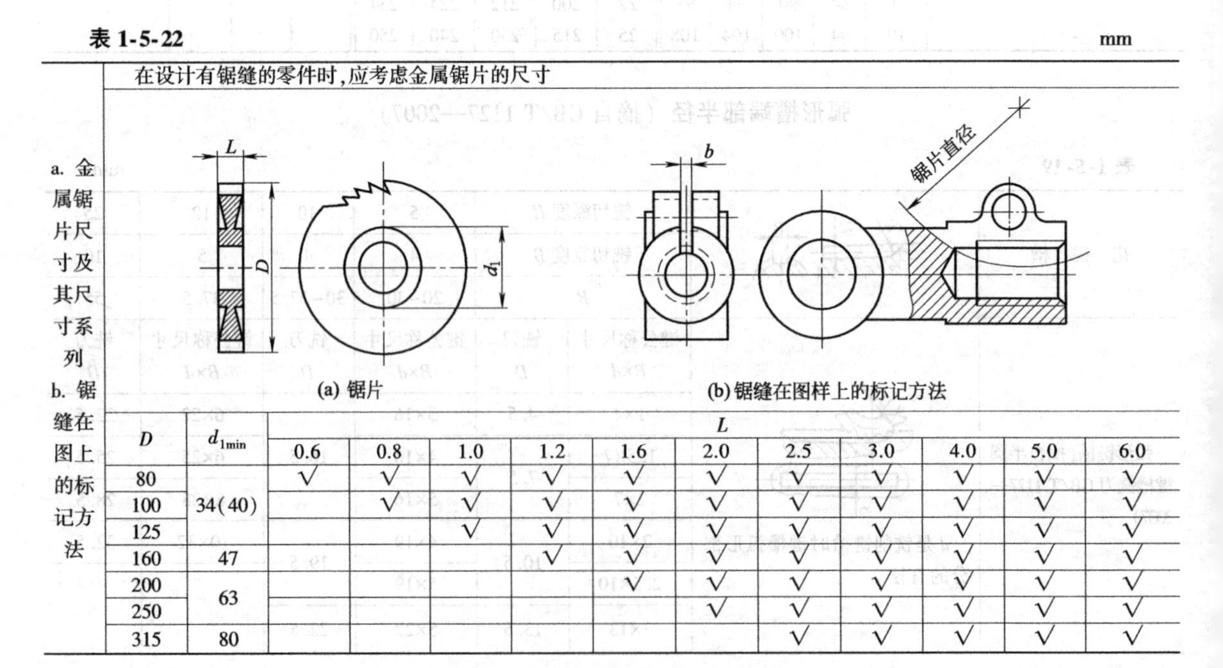

a. 金属锯片尺寸及其尺寸系列
b. 锯缝在图上的标记方法

在设计有锯缝的零件时，应考虑金属锯片的尺寸

(a) 锯片

(b) 锯缝在图样上的标记方法

D	$d_{1\min}$	L 0.6	0.8	1.0	1.2	1.6	2.0	2.5	3.0	4.0	5.0	6.0
80	34(40)	√	√	√	√	√	√	√	√	√	√	√
100			√	√	√	√	√	√	√	√	√	√
125				√	√	√	√	√	√	√	√	√
160	47				√	√	√	√	√	√	√	√
200	63					√	√	√	√	√	√	√
250							√	√	√	√	√	√
315	80							√	√	√	√	√

3 冷加工设计注意事项

表 1-5-23

注 意 事 项	不 好 的 设 计	改进后的设计
一、尽量减少加工量		
1. 简化整体机构，减少机械运动链中的环节数，并恰当地制定加工精度和表面粗糙度 2. 毛坯的形状和尺寸尽可能与成品近似		
3. 减少加工面数和表面面积 图 a′、图 b′分别减少了内圆柱或平面加工面积，图 c′减少了磨削平面面积	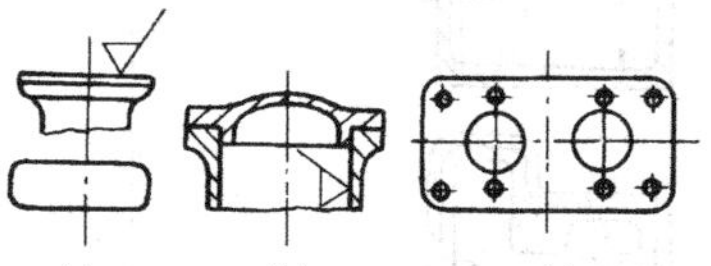 (a) (b) (c)	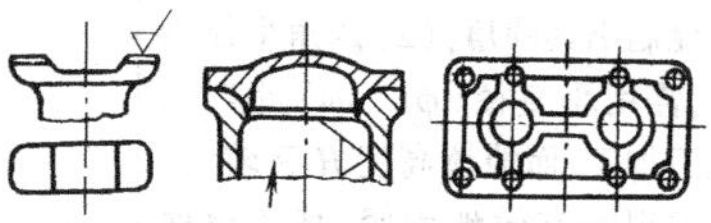 (a′) (b′) (c′)
将孔的锪平面改为端面车削，如图 d′	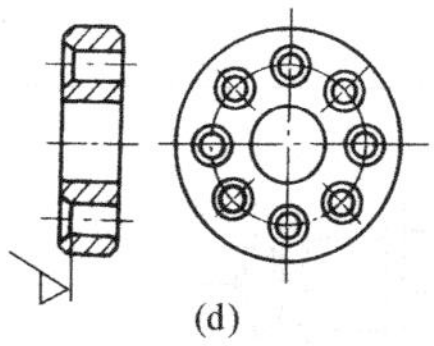 (d)	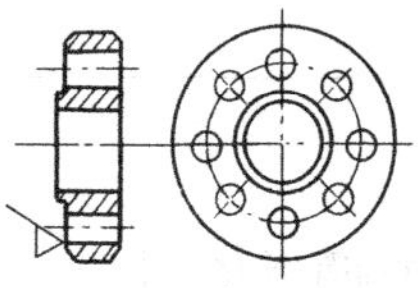 (d′)
将中间部位加大或粗车一些，可减少加工或精车长度，如图 e′	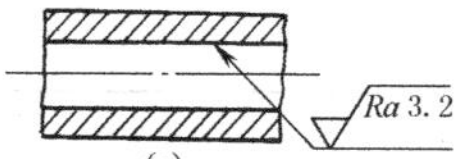 Ra 3.2 (e)	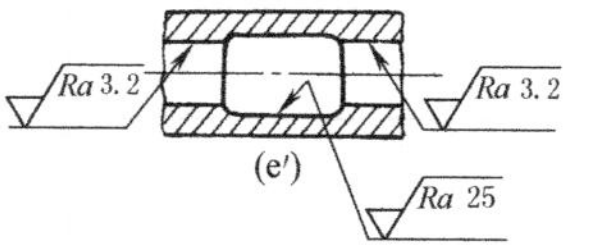 Ra 3.2 Ra 3.2 Ra 25 (e′)
轴上仅有部分长度直径有严格公差要求时，应采用阶梯轴，减少磨削，如图 f′	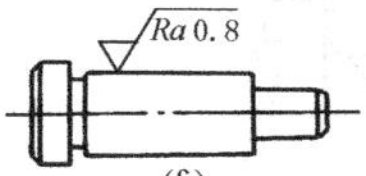 Ra 0.8 (f)	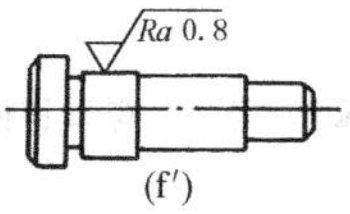 Ra 0.8 (f′)
4. 尽量避免在不敞开的内部表面上加工 图 a′加上轴套，内端面不再受力，从而取消了加工 图 b 需在轴上作较复杂的端部车削，改成图 b′后即可用简易的镗削方法了	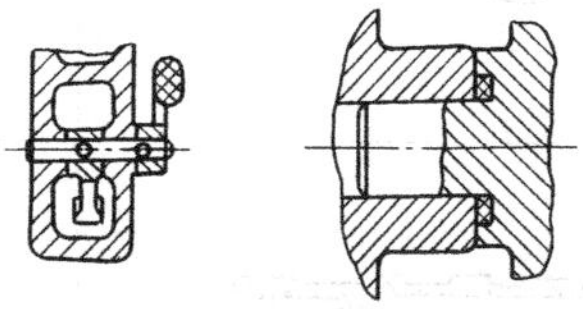 (a) (b)	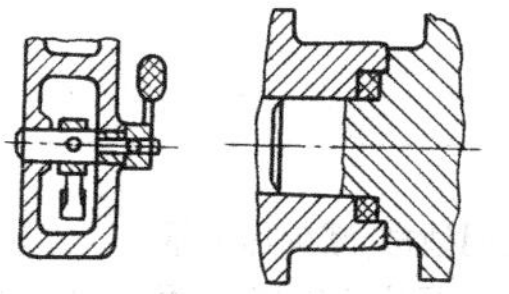 (a′) (b′)
5. 应避免采用大直径的锥形孔 (1)降低孔和轴的加工量； (2)简化刀具结构； (3)简化尺寸检验工作	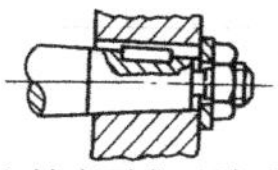 定心精度要求不严时采用	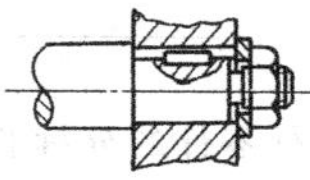 定心精度要求高时采用
6. 应避免深长的花键孔 (1)简化加工过程，降低加工量； (2)简化刀具结构，并减少其轮廓尺寸	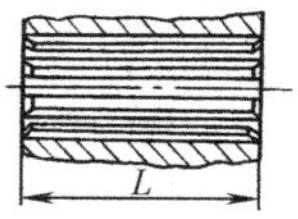 L	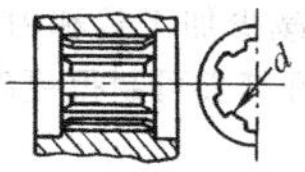 d

续表

注意事项	不好的设计	改进后的设计
7. 简化零件的结构形状 图 a 的细长孔加工费比图 a′昂贵 图 b 的槽形改成图 b′后,就可以用钻一比槽宽 2mm 的孔的加工方法加工,比较经济 图 c 箱体底部形状复杂:(1)加工凸台需要仿形装置的专用机床,才能制出其圆角;(2)四角半径较小,需用小直径(ϕ12mm)的指形铣刀加工,而箱体高度 H 又较大,铣刀很难有效地固紧,高速地加工。改成图 c′两种结构后,加工就可以大大简化	(a) b (b) H B ϕ10 r6 (c)	(a′) $b+2$ (b′) ϕ40 r20 ϕ40 r20 (c′)
8. 用弹性挡圈,简化设计 用弹性挡圈代替轴肩,如图 a′	(a)	(a′)
用弹性挡圈代替法兰、螺母和轴肩,如图 b′	(b)	(b′)
9. 使用型材,减少加工量 改进前,用实心毛坯必须深孔加工。改用无缝钢管,外缘焊上套环,可减少加工量		
10. 正确进行零件的分拆和合并 图 a 表示与轴制成一体的轧钢机上的抛油环,改成图 a′所示分开制造时,可以减少加工量和内应力,同时抛油环峰尖可制得更高,使用性能更好	(a)	(a′)

续表

注 意 事 项	不 好 的 设 计	改进后的设计
二、便于提高加工精度		
1. 应在一次装卡中加工出具有相互位置精度要求的工作表面 图 a 改进后可在一次装夹中同时加工出两个内孔表面，如图 a′	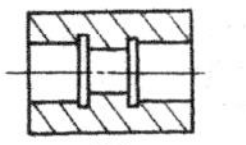 (a)	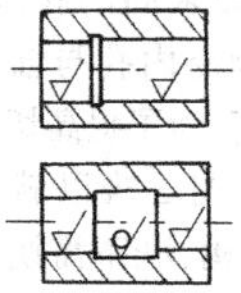 (a′)
图 b 改进后的齿轮毛坯，可在一次装夹中同时加工出外圆、端面及内孔，如图 b′	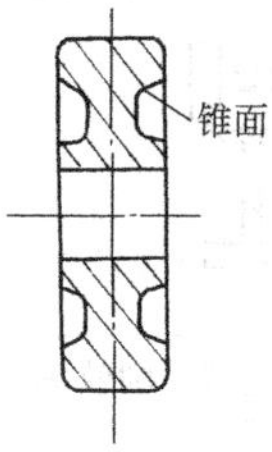 锥面 (b)	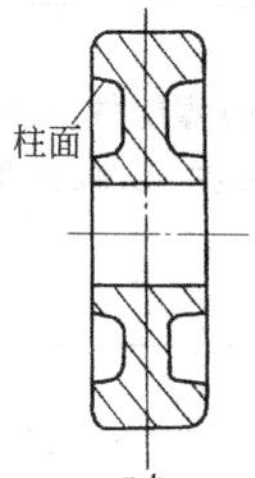 柱面 (b′)
图 c 外圆与内孔有同轴度要求，改进后可在一次装夹后同时加工出外圆与内孔，如图 c′	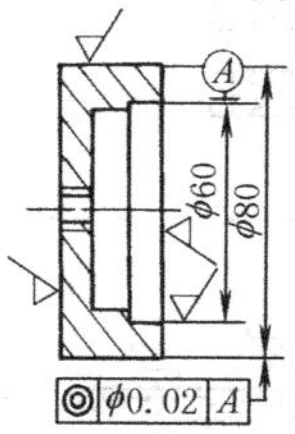 A $\phi60$ $\phi80$ ◎ $\phi0.02$ A (c)	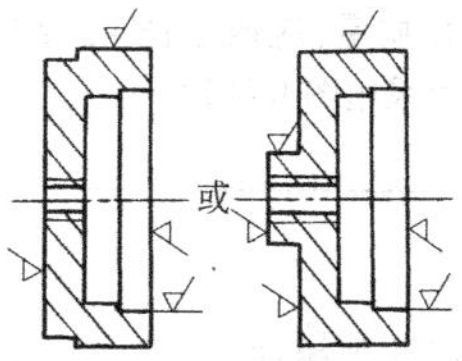 或 (c′)
2. 尽量避免内凹面及内表面加工 图 a′既可简化加工，又可提高尺寸精度和降低表面粗糙度数值	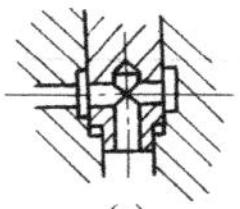 (a)	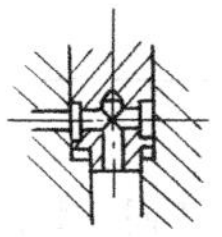 (a′)
加工外圆表面要比内圆表面容易；加工阀杆凹槽要比加工阀套沉割槽方便，且精度易保证，如图 b′	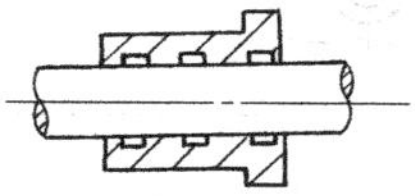 (b)	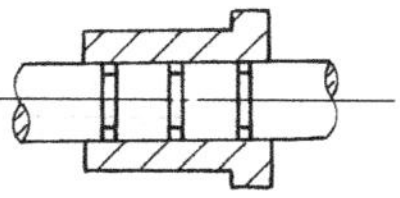 (b′)
3. 大直径的孔尽可能不采用螺纹来固紧相连接的零件，也不要采用螺纹来使相连接的零件确定中心，并要避免用多个同径同时定心 如用螺纹定心，由于螺纹加工的偏差，不易保证连接的精度，并不能采用高产加工方法。多径同时定心，也不易保证精度，而且增加了工作量	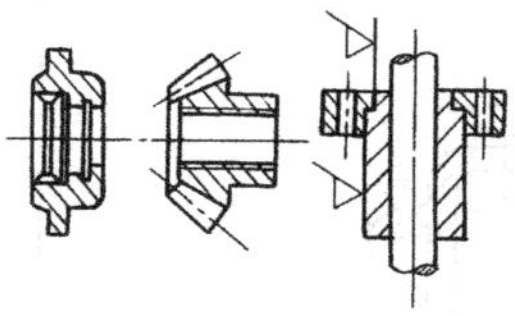	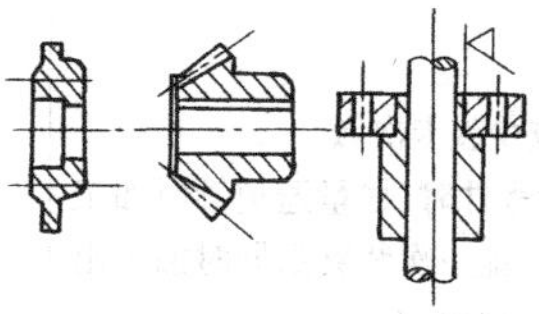

续表

注 意 事 项	不 好 的 设 计	改进后的设计
4. 对同轴度要求高的孔，避免换头车孔。轴承座内孔与轴承配合要求同轴度高，为了提高切削效率需一次安装，图a难以满足要求，改为图a′结构，既不需换头车孔，还可研磨	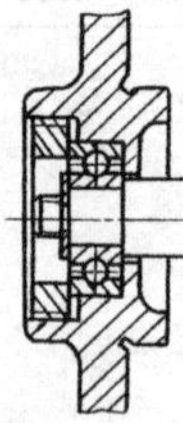 (a)	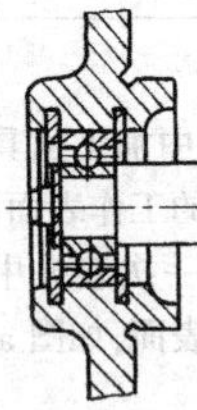 (a′)
5. 较大尺寸的薄壁件，应加肋板，提高工件刚度，以减少加工变形	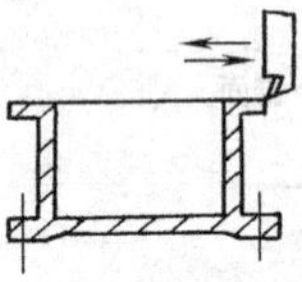	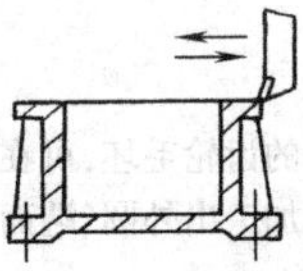
三、便于提高切削效率		
1. 提高毛坯的刚度，并使其结构刚性与加工方法相适应 左图如用叠装法加工，便会因振动影响齿面质量，应改成图a，若成对加工可采用图b结构	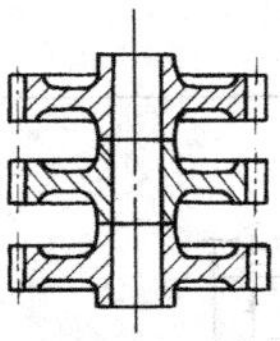	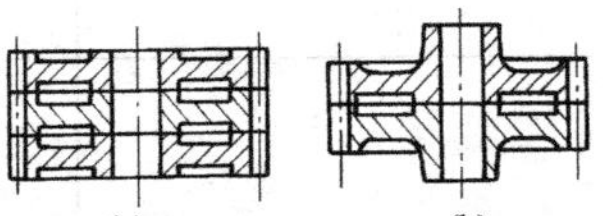 (a) (b)
2. 被加工面应敞开 有利于加工，提高生产效率和加工精度	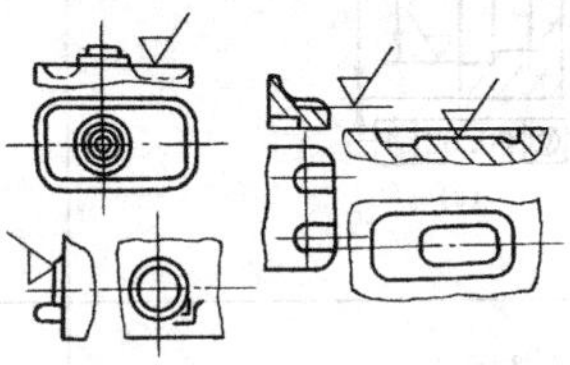	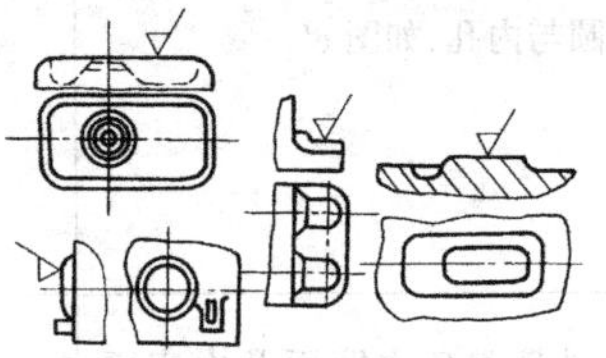
3. 加工面应位于同一水平面上 有利于加工，提高效率，并可同时加工几个零件，简化检验工作	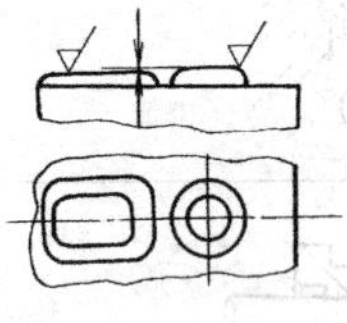	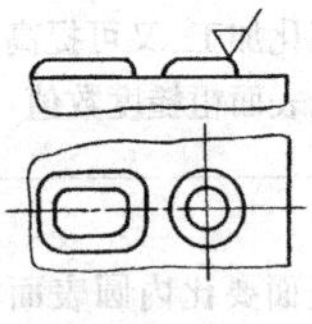
4. 避免用不通的花键孔和键槽孔 便于采用拉削加工	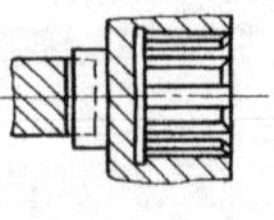	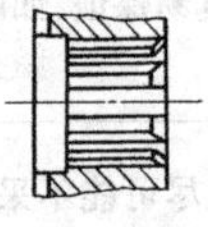
5. 减少装卡次数 设计零件时，尽量避免倾斜加工面，以保证一次装夹后同时加工出各平面，如图a′	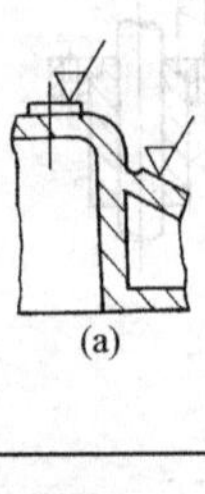 (a)	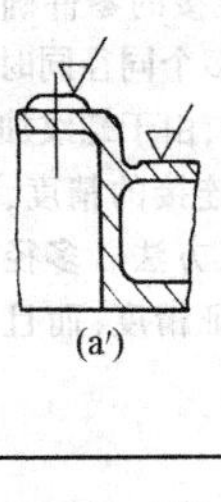 (a′)

续表

注意事项	不好的设计	改进后的设计
图 b′改为通孔后，可减少装夹次数，且可保证同轴度	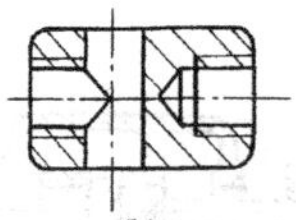 (b)	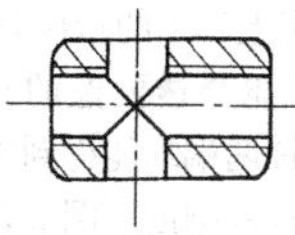 (b′)
图 c′只需装夹一次即可铣削出两键槽	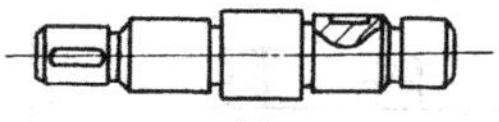 (c)	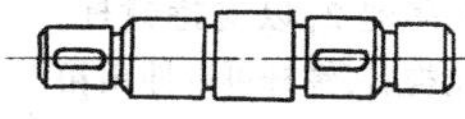 (c′)
6. 减少调整及走刀 尽量使工件上两锥面的锥度相同，只需作一次调整即可加工出两锥面，如图 a′	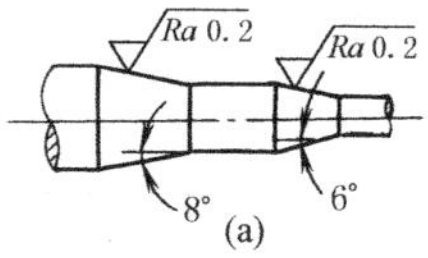 Ra 0.2　Ra 0.2　8°　6° (a)	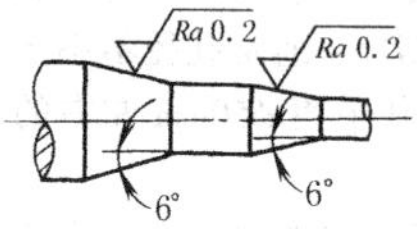 Ra 0.2　Ra 0.2　6°　6° (a′)
图 b 工件底部为圆弧形，只能单件垂直进刀加工；图 b′底部改为平面后，可多件同时加工	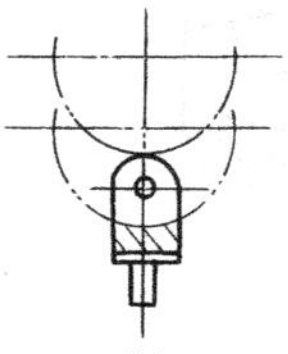 (b)	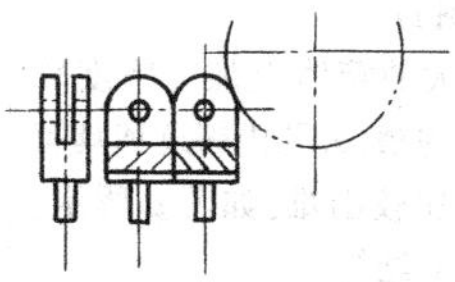 (b′)
在使用条件允许情况下，使零件加工面尽量与刀具外形相同，以减少走刀量，如图 c′	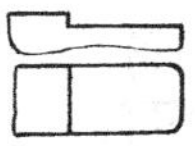 (c)	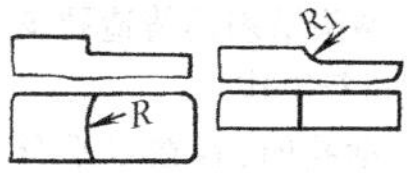 R　R_1 (c′)
凹窝的转角半径应具有与凹窝宽度相适应的一致的尺寸 (1)能用一把刀具加工；(2)减少行程次数和加工量	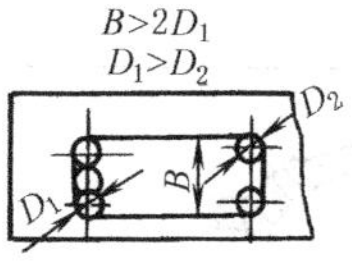 $B>2D_1$　$D_1>D_2$　D_1　D_2　B (d)	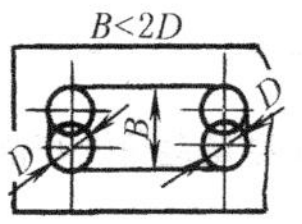 $B<2D$　D　B　D (d′)

7. 凹槽底部应避免用圆角，倒棱应适应标准刀具的要求

(1)能采用标准刀具；(2)提高刀具寿命，建议在凹窝底部采用倒棱，如右表

槽底面的形式　$C\times45°$

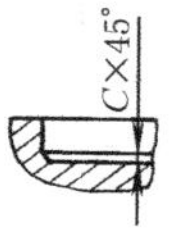

尺寸	铣刀直径/mm					
	3~12	14~20	22~35	40~50	60~80	≥100
C	0.3~0.4	0.5	0.8	1.0	1.5	2

注意事项	不好的设计	改进后的设计
不应有封闭的凹窝和不穿透的槽	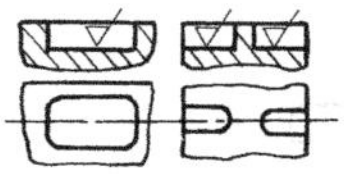	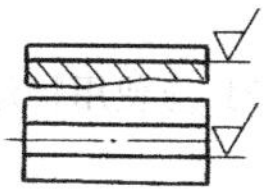

续表

注 意 事 项	不 好 的 设 计	改进后的设计
8. 设计在镗床上加工的箱体时 (1)要使镗杆能穿透要镗的孔和箱体,以便镗杆两端均能得到支承,从而增加镗杆的刚度。图 a 须采用特制夹具 A 来支承镗杆的一端。图 b 须加辅助轴套 B,随加工顺序,从 1 移到 2,以支持镗杆。改成图 c 结构后,镗杆可以伸出箱体进行支承 (2)要镗的孔不可太小,如图 d 的 3。孔太小会影响镗杆刚度和孔的加工精度。通常孔径不小于 ϕ70mm,以便采用 ϕ50mm 左右的镗杆 (3)箱体内部要镗的孔应小于外部的孔或相等,并尽量使同心孔的直径从一边向另一边递减排列(图 e 和图 f) (4)在大的箱体上加工精度较高的孔内沟槽,大孔内螺纹和具有锥度的孔比较困难,如图 g 所示。应改成图 h 结构	(a) (b) (c) (g)	(d) (e) (f) 如果不能开穿孔,可增加闷头、闷塞 (h)
四、改善刀具工作条件		
1. 避免使钻头沿斜的铸造硬皮或只是单边进行工作 在斜边上钻孔时,存在水平分力,单边工作受力不均,均容易损坏刀具,钻孔精度也不易保证,并影响钻孔效率	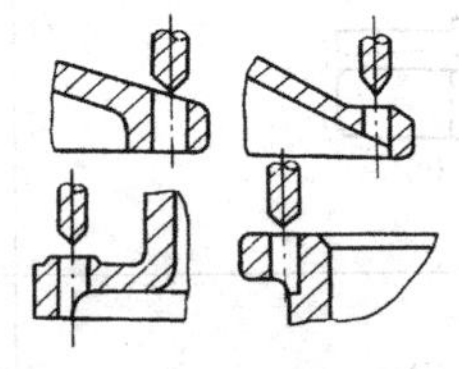	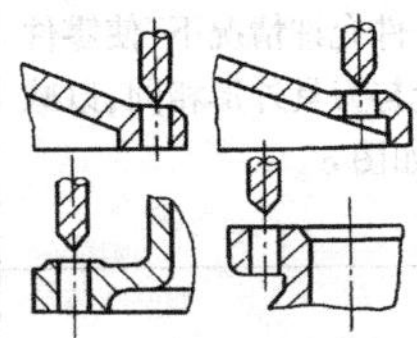
2. 孔的轴线尽量避免设在倾斜方向	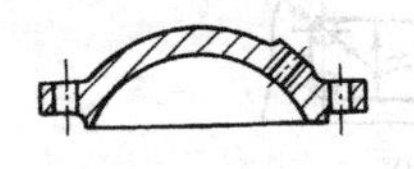	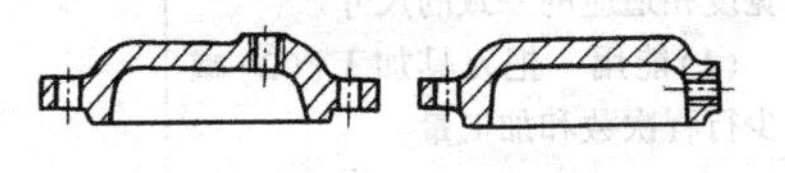
3. 避免钻深孔,因其冷却、排屑困难,孔易偏斜,钻头易折断,可改成图 a′	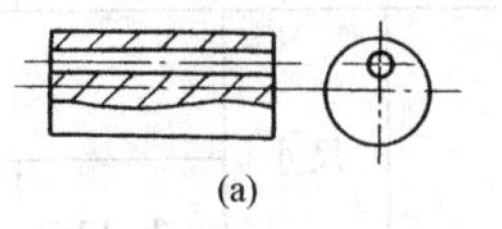 (a)	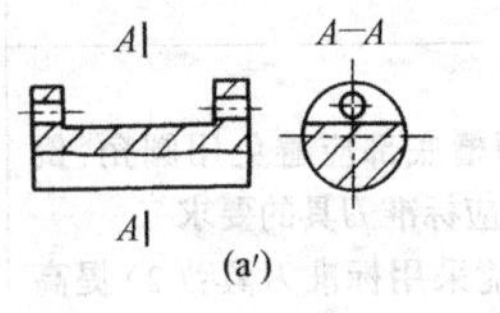 (a′)
4. 孔的安排应使具有标准长度的刀具可能工作 一般 $S\geqslant\frac{D}{2}+(2\sim5\text{mm})$。当 $S<\frac{D}{2}+(2\sim5\text{mm})$ 时,应使用特殊的加长钻头	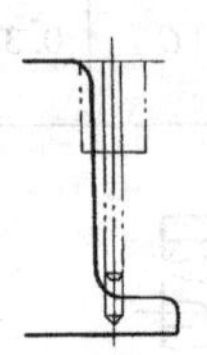	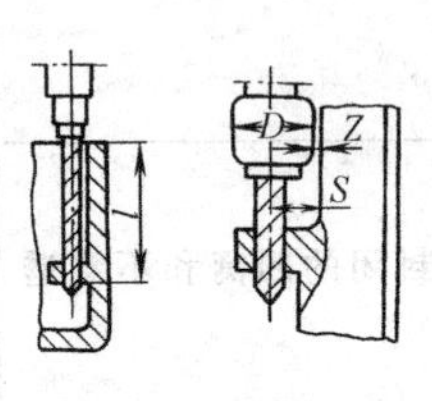

续表

注 意 事 项	不 好 的 设 计	改进后的设计
5. 钻眼镜状孔时，可加工完一个后，镶嵌相同材料，再钻另一孔，以免钻头单边受力	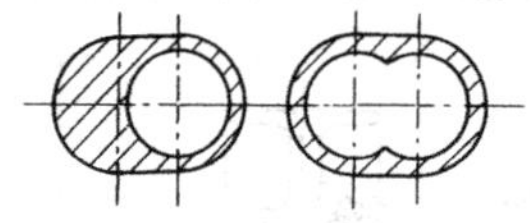	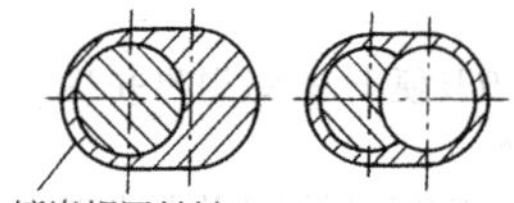 镶嵌相同材料
6. 设计出工艺孔，便于钻孔和攻螺纹	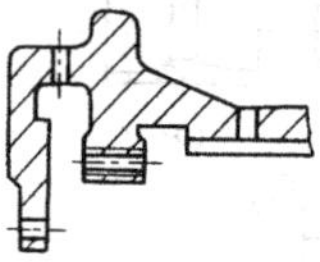	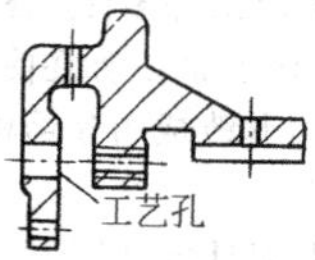 工艺孔
7. 加工面应尽可能具有均匀的宽度 这样可以均匀并无冲击地切削，以便提高切削速度，改善刀具工作条件	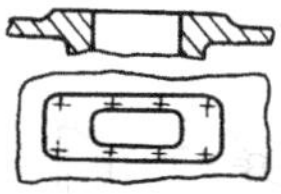	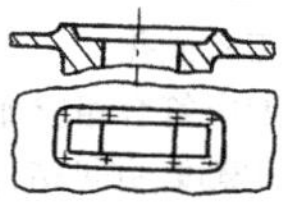
8. 花键孔应是连续而不中断的，拉削孔的两端均须倒角 中断的花键孔加工时，刀具受到冲击，容易损坏，而且切屑难以排除	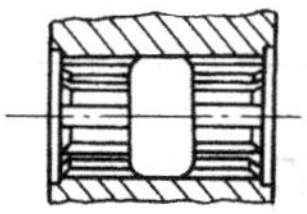	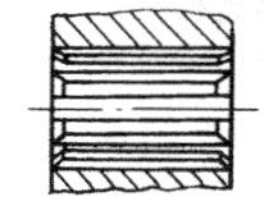
9. 两偏贯孔的加工位置要正确选定 图 a 钻孔距离太小，易产生钻头偏滑或折断，改为图 a′，加大距离，可先钻一小孔 d，然后用带有导向头的深孔钻打大孔，可防止钻头偏滑	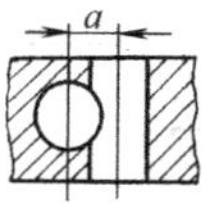 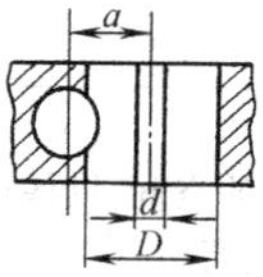 a (a)	a d D (a′)
10. 槽和棱面的深度应和标准刀具的尺寸相适应 能采用标准刀具，提高刀具使用寿命	D_1 D k h d l	$h=\frac{D-D_1}{2}-(m+k)$ h——沟或槽的最大深度； D——铣刀直径； D_1——夹紧环； m——铣刀磨削量； k——间隙

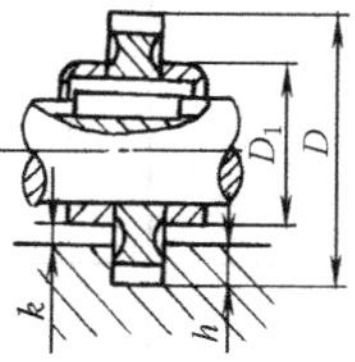

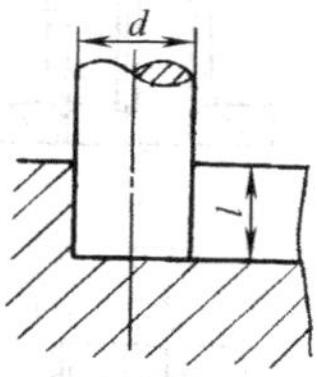

d	3	4	5	6	8	10	12	14	16
$l\leqslant$	9	9	12	14	18	18	23	30	33
d	18	20	22	25	28	32	36	40	45、50
$l\leqslant$	37	41	41	47	47	51	56	61	66

续表

注 意 事 项	不 好 的 设 计	改进后的设计
五、便于加工		
1. 使刀具便于进入、退出并达到加工面 图a加工必须用端铣从侧边进刀，一个一个加工，效率低，而且结构也没有必要这样设计，改成图a′后则可以同时加工许多件。图b带轮的油孔不便于加工，如在使用允许情况下，将其改成图b′结构，则可简化加工 图c加工时，刀具会切削到非加工部位，改成图c′刀具就便于进退了	1/4″ (a) (b) D (c)	φ15 进刀方向 1/4″ (a′) (b′) D (c′)
2. 必须留退刀槽或孔 退刀槽的宽度应符合相应加工方法的标准退刀宽度，并可结合工厂的实际情况、结构需要，适当调整 采用标准宽度可以避免损坏刀具和刀具的过早磨损		
3. 在套筒上插削键槽时，宜在键槽前端设置一孔，以便让刀		
4. 留有较大的空间，以保证快速钻削的正常进行		
5. 图a铸件应在法兰上铸出一半圆槽(如图a′)，以避免铣槽刀具损坏	4×40 (a)	(a′)
6. 减少配合面数 图a同时保证轴、孔之间的轴向配合尺寸很难，盲孔应改为通孔，如图a′	(a)	(a′)
图b圆锥面和轴肩同时起轴向定位作用，难以保证，宜只靠锥面定位，如图b′	(b)	(b′)

续表

注 意 事 项	不 好 的 设 计	改进后的设计
只用两个限制平面即可，如图 c′	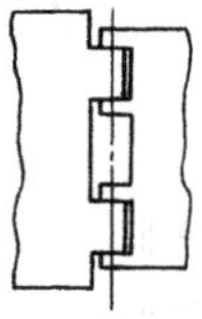 (c)	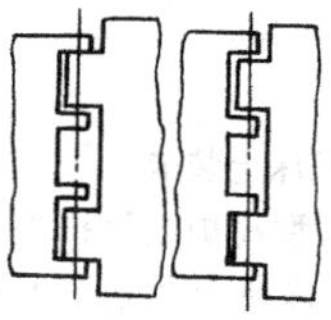 (c′)
7. 铣削表面要便于对刀 图 a 结构如采用半径为 $b/2$ 的成形铣刀加工，易产生偏移，改为图 a′，使铣刀半径 > $b/2$，即使有偏移，在零件上也不会留下偏移残迹	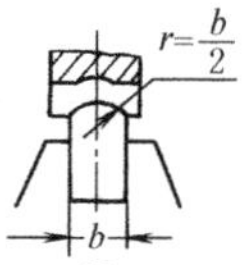 $r=\frac{b}{2}$ b (a)	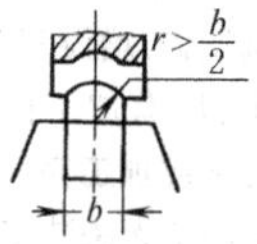 $r>\frac{b}{2}$ b (a′)
8. 防止损伤已加工的表面 图 a 已车好的平面在铣方时易受损，如改为图 a′，轴肩和四方柱之间设一台阶，可防止损伤已车好的端面	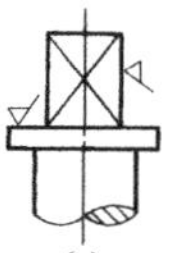 (a)	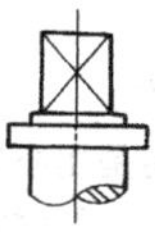 (a′)
9. 长度较大的工件，没有特殊要求，一般以采用外螺纹为宜，采用内螺纹工件不易装卡	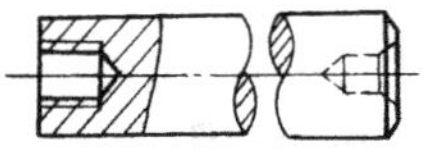	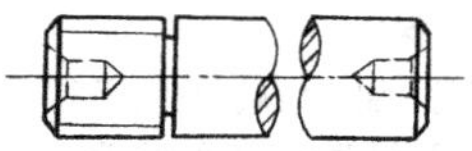
10. 拉削时，夹持平面必须与拉削轮廓保持垂直，图 a 中两夹持平面均与拉削轮廓倾斜是不行的，图 a′则无这一缺点	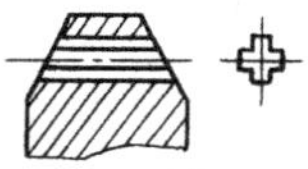 (a)	 夹持平面 (a′)
11. 设计非标准滚珠轴承时，滚珠的滚道设计要考虑加工的工艺性，图 a 结构左右滚道中心不易对中，改成图 a′结构后加工就比较方便，质量也易保证	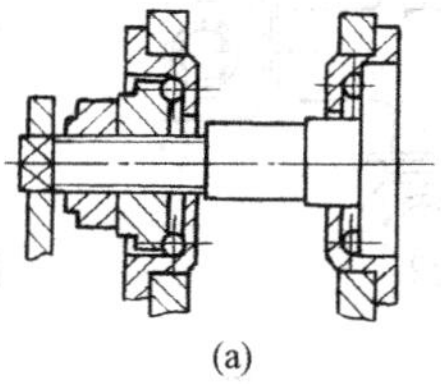 (a)	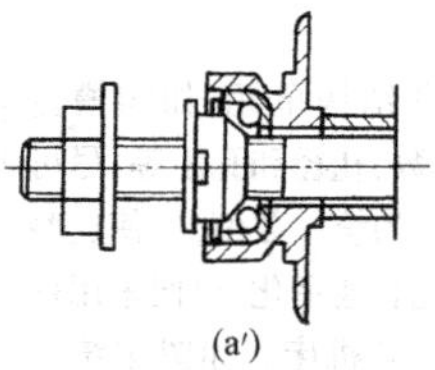 (a′)
12. 考虑测量检验的方便 右图是一精密端盖，由于 $\phi280$ 台阶只有 5mm，千分尺无法测量，而卡尺测量精度又不够，又由于单件生产，制造专用卡规很不经济，所以虽然加工不困难，但无法测量，必须加高台阶	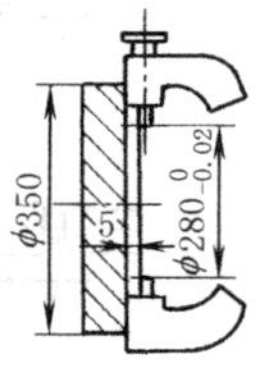 $\phi350$ 5 $\phi280_{-0.02}^{\ 0}$	

续表

<table>
<tr><th>注 意 事 项</th><th>不 好 的 设 计</th><th>改进后的设计</th></tr>
<tr><td colspan="3">六、尽量缩短辅助时间</td></tr>
<tr><td rowspan="2">1. 便于在机床上装卡
图 a 是一大型高炉鼓风机进风室铸件，应考虑便于在立车上装卡，但如将吊装用的凸块 A 形状稍加改变，制出一个小平面，并将 K 处加工，问题就解决了
图 b 是电动机端盖，增设三个加工搭子便于装卡，所有加工面，可以在一次装卡后全部加工完
图 c 没有加工搭子无法装卡，应改成图 c′结构</td><td>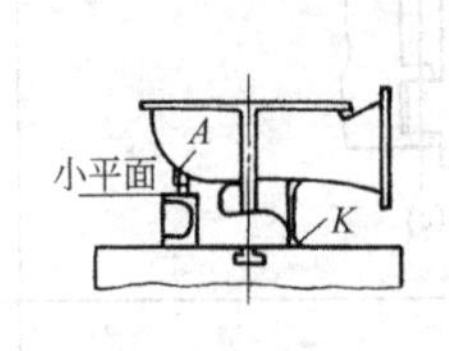
(a)</td><td>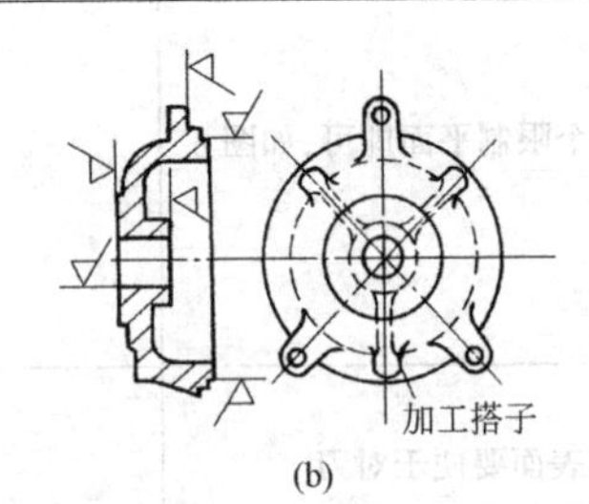
(b)</td></tr>
<tr><td>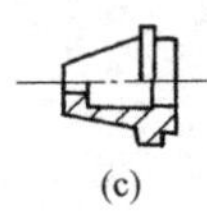
(c)</td><td>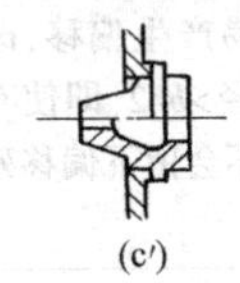
(c′)</td></tr>
<tr><td>2. 减少装卡次数
图 a 无论找正还是用心轴加工都不方便，改成图 a′后，增加一个 C 台阶，以 C 作精加工基准面，这样装卡 C 面，可在一次装卡中完成 A、B 面的加工而且 A 对 B 的同心度也容易保证
图 b 和图 c 加工两端的孔，必须装卡两次，并须调头，不但辅助时间增加，而且不容易保证同心，因此最好设计成穿通的，如图 b′及图 c′，则只须装卡一次，而且容易使左右孔严格同心</td><td>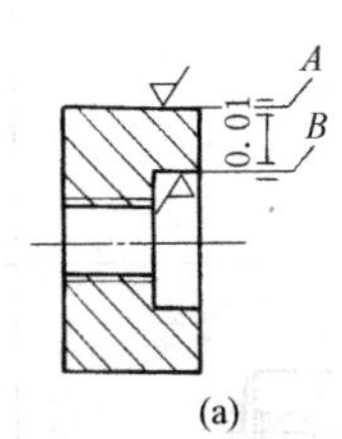
(a)
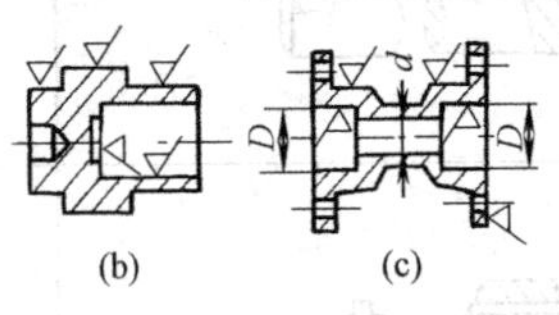
(b) (c)</td><td>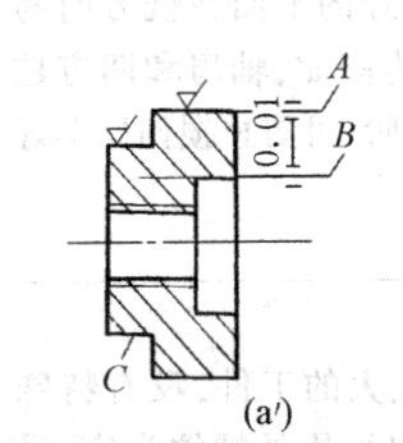
(a′)
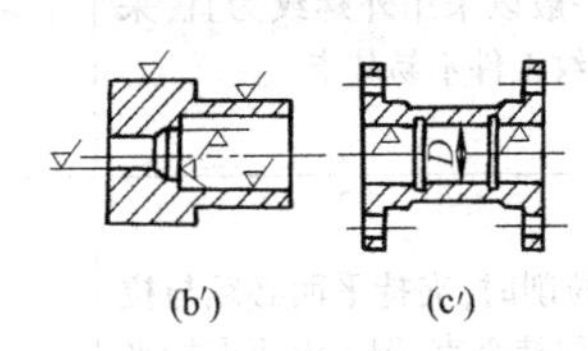
(b′) (c′)</td></tr>
<tr><td>3. 采用标准和通用的刀具和夹具
零件的各结构单元，如沟槽宽度、齿轮模数、孔径和孔距等，尽可能采用较少的统一数值，并使这些数值标准化和通用化，以便采用标准刀具和高效机床。如图 a′统一了孔距后，就可采用四轴钻床；图 b′统一了沟槽宽、键槽、模数后，刀具就能通用了
阶梯轴各段传递的力矩是相等的，大直径处圆周速度亦较大，受力反而小些，故键槽反可小些，可将两键改成一个规格，使铣刀通用化</td><td>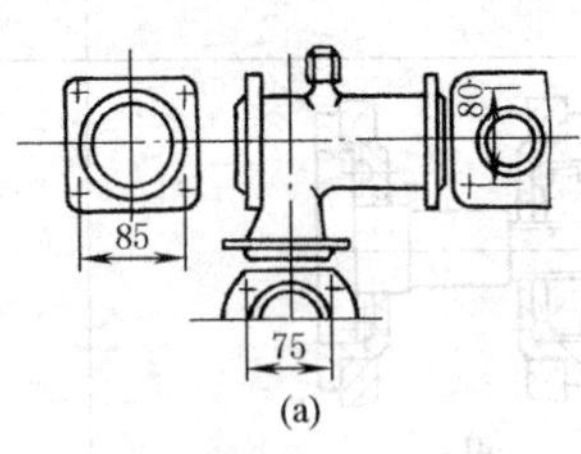
(a)
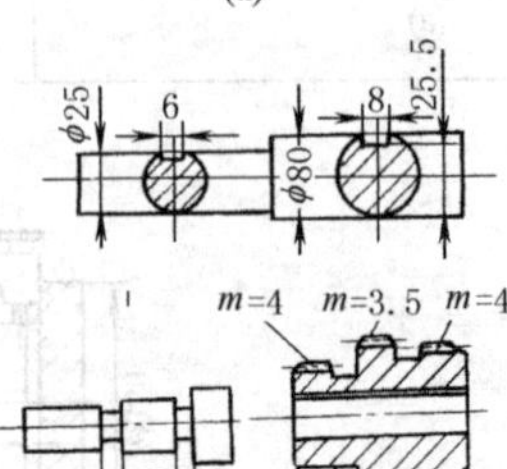
(b)</td><td>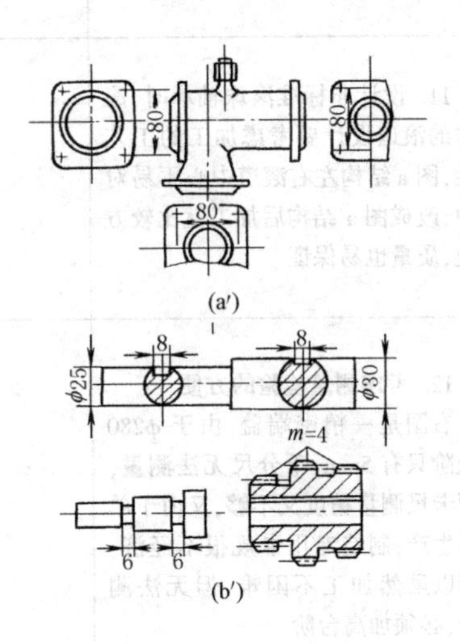
(a′)
(b′)</td></tr>
</table>

续表

注 意 事 项	不 好 的 设 计	改进后的设计
4. 尽量减少辅助工序的加工 图 a 所示螺套，由于端处切槽，使螺孔表面产生毛刺，需加工修理，改为图 a′在切槽处与螺孔之间用一内圆柱孔隔开，则可避免在铣槽后留下毛刺	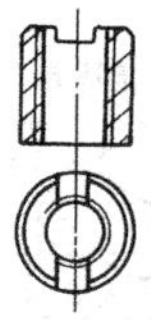 (a)	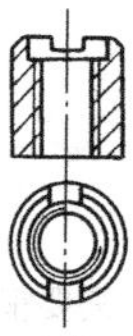 (a′)
七、标注尺寸应考虑加工方便		
1. 加工的尺寸，尽可能避免计算，应由图直接读出 图 a 标注加工时须计算尺寸确定凸肩位置，以调整滑板挡块，此外工件运转时很难测量其尺寸；图 a′标注则不必计算，可直接确定滑板挡块，而且运转中也能测量凸肩长度	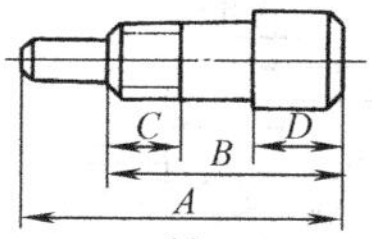 C B D A (a)	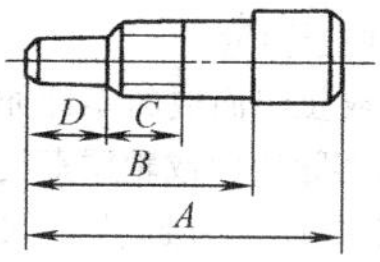 D C B A (a′)
图 b 二锥度相交尺寸须计算才能知道，按图 b′标注 *A*、*D* 和小锥度，开始尺寸就知道了，节省加工的辅助时间，也避免计算误差	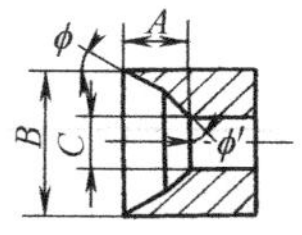 φ A B C φ′ (b)	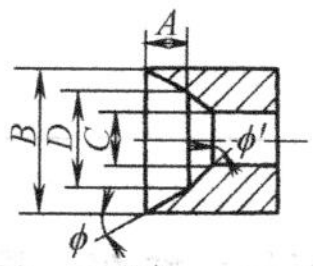 A B D C φ′ φ (b′)
图 c 需要操作者计算确定角度或试切，时间长，废品多；按图 c′标注可直接加工	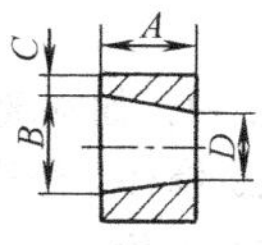 A C B D (c)	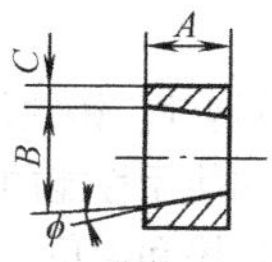 A C B φ (c′)
图 d′板厚可以直接从图读出	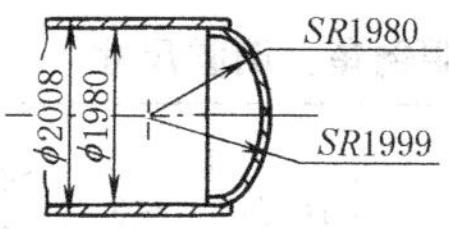 SR1980 φ2008 φ1980 SR1999 (d)	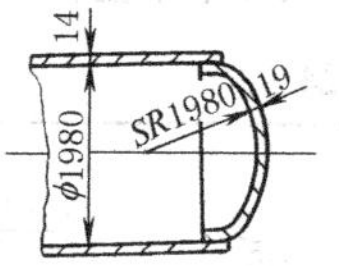 14 SR1980 19 φ1980 (d′)
2. 尺寸标注应符合工艺过程 图 a 标注不符合加工顺序，改为图 a′标注，既有利简化工艺装置，又有利于提高生产效率 图 b 所示成形扩孔钻加工阶梯孔，由于零件尺寸与扩孔钻上相应尺寸的标注基准不同，不能获得所需精度。改为图 b′标注，则可达到精度要求 图 c、图 d 所示尺寸标注不便加工，而图 c′、图 d′则是便于机加工的标注	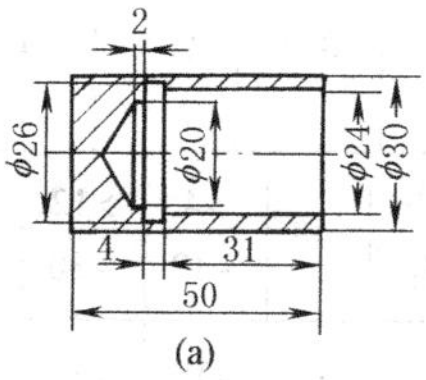 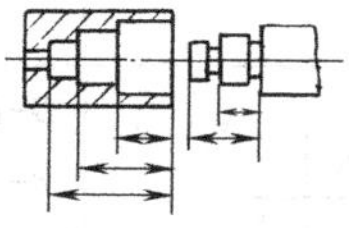 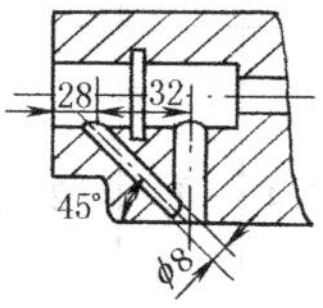 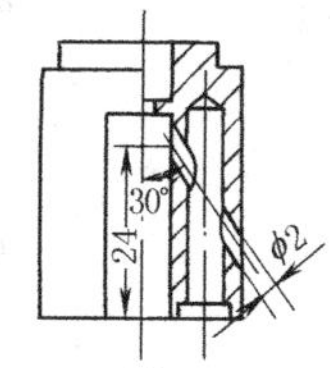 2 φ26 φ20 φ24 φ30 4 31 50 (a) (b) 28 32 45° φ8 (c) 30° 24 φ2 (d)	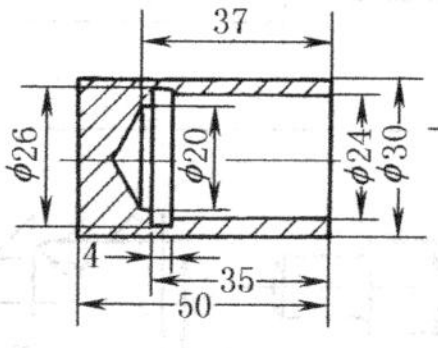 37 φ26 φ20 φ24 φ30 4 35 50 (a′) B C A 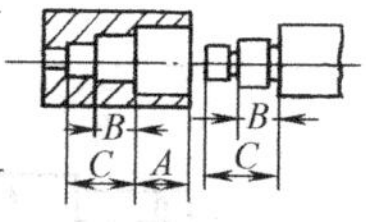 B 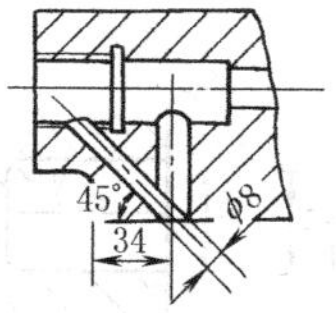 C 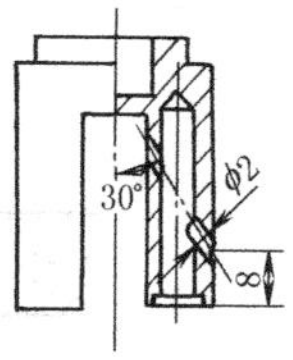 (b′) 45° 34 φ8 (c′) 30° φ2 8 (d′)

续表

注 意 事 项	不 好 的 设 计	改进后的设计
3. 便于测量 图 a 中被测尺寸，需要很多换算时间，而图 a′则便于测量 为了测量方便，应多用实际的表面作为测量基准，不要或少用隐蔽基准（虚基准）作为测量基准 图 c 中尺寸 L_4 不便测量，改为图 c′注法则便于测量 对于弯曲或拉伸而成的零件如图 d，也应从实际表面或轮廓素线标注尺寸，不要从零件轴线标注尺寸，图 d′标注是正确的	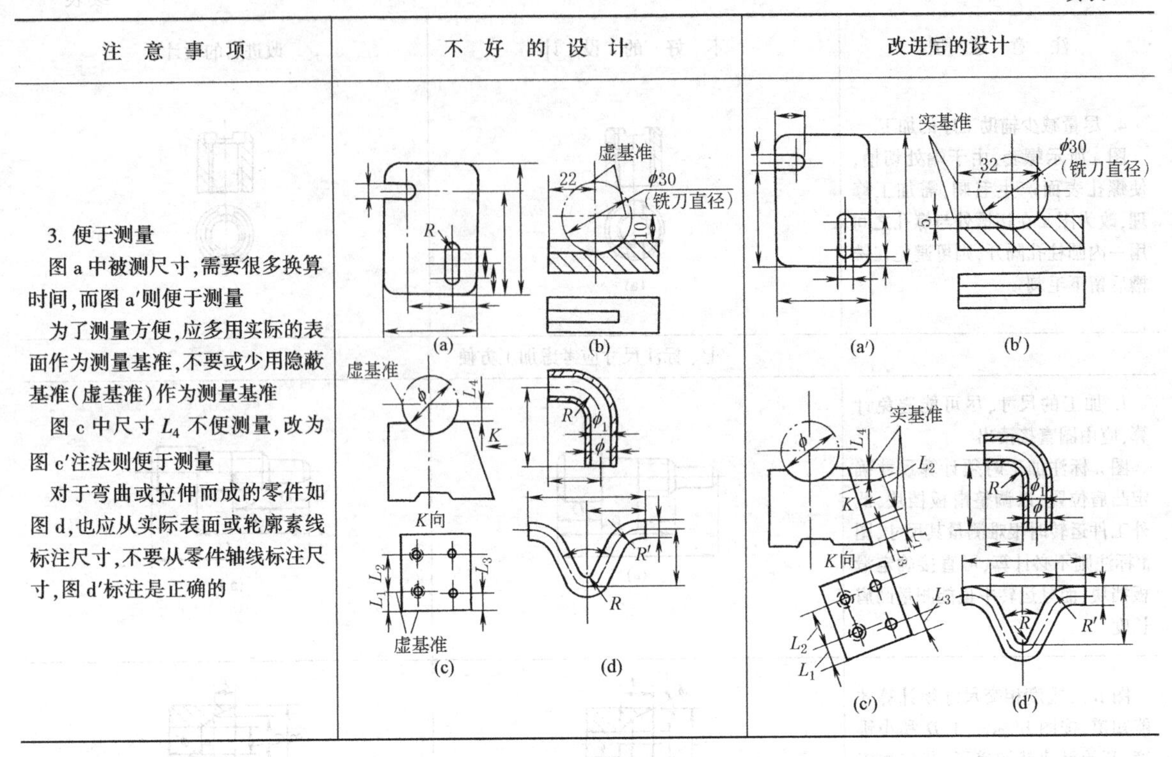	

4 切削加工件通用技术条件（重型机械）（摘自 JB/T 5000.9—2007）

1）各种铸钢件、铸铁件、有色金属铸件、锻件加工中，如发现有砂眼、缩孔、夹渣、裂纹等缺陷时，在不降低零件强度和使用性能的前提下，可分别按照有关规定修补，经检验合格后，方可继续加工。加工后的零件不允许有毛刺、尖棱和尖角（除有特殊要求，允许有尖棱和尖角）。

2）零件图样中未注明倒角、倒圆（无明确要求）尺寸见表 1-5-24。

表 1-5-24　　　　未注明倒角、倒圆尺寸　　　　mm

图示（C×45°，d，D）	$D(d)$	≤5	>5~30	>30~100	>100~250	>250~500	>500~1000	>1000
	C	0.2	0.5	1	2	3	4	5

图示（D_1，D，R，d，d_1）	$D-D_1$ $d-d_1$	≤4	>4~12	>12~30	>30~80	>80~140	>140~200	>200~300	>300~500
	d	>3~10	>10~30	>30~80	>80~260	>260~630	>630~1000	>1000~1600	>1600~2500
	R	0.4	1	2	4	8	12	16	20

注：非回转体类零件的倒角、倒圆尺寸也可参照本表，主参数 D（d）、d 取倒角及倒圆相邻两边中较短者。

3）未注线性尺寸、倒圆半径、倒角高度及角度的极限偏差见表1-5-25、表1-5-26和表1-5-27。三表适用范围为：适用于两个切削加工面之间未注明公差要求的尺寸，对于毛坯表面和切削表面之间的尺寸，如图中未标注公差，则采用毛坯尺寸的未注公差之半加上本标准中的未注公差。本标准的未注公差不适用于：括号内的参数尺寸及方框中的理论尺寸；有配合的孔分布圆直径尺寸及划分圆周的角度尺寸；分度圆直径尺寸及零件装配后形成的线性尺寸和角度；十字交叉轴线上的未注90°角度等。

表1-5-25　未注线性尺寸的极限偏差　mm

公差等级	0.5~6	>6~30	>30~120	>120~400	>400~1000	>1000~2000	>2000~4000	>4000~8000	>8000~12000	>12000~16000	>16000~20000
m级	±0.1	±0.2	±0.3	±0.5	±0.8	±1.2	±2	±3	±4	±5	±6

注：1. 公称尺寸小于0.5mm时，偏差直接标注在公称尺寸上。
2. 公差等级共分4级，即f（精密级）、m（中等级）、c（粗糙级）、v（最粗级），本表只列出m级。

表1-5-26　未注倒圆半径和倒角高度尺寸的极限偏差数值　mm

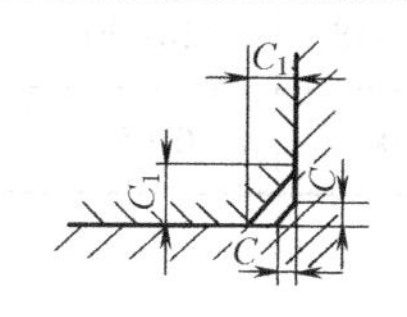

ΔC
ΔC_1

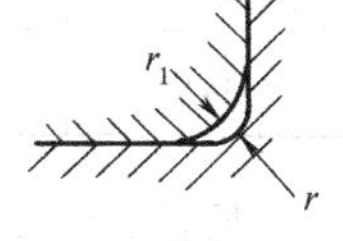

Δr

公称尺寸 C、C_1、r、r_1	0.5~3	>3~6	>6~30	>30~120	>120~400
ΔC、Δr	−0.2	−0.5	−1	−2	−4
ΔC_1、Δr_1	+0.2	+0.5	+1	+2	+4

注：无配合时，可取表中值的正负值为相应尺寸的极限偏差。

表1-5-27　未注角度的极限偏差

长度/mm	约10	>10~50	>50~120	>120~400	>400
偏差（m级）	±1°	±30′	±20′	±10′	±5′
润滑油孔角度偏差（c级）	±1°30′	±1°	±30′	±15′	±10′

注：1. 偏差值按角度短边长度确定，对圆锥角按圆锥素线长度确定。
2. 公差等级分m（中等级）、c（粗糙级）、v（最粗级）三级，本表只列出m级。

4）未注形位公差：本标准的未注形位公差适用于用去除材料方法形成的要素。除本标准规定的各项目未注公差外，其他项目如线轮廓度、面轮廓度、倾斜度、位置度和全跳动均应由各要素的注出或未注线性尺寸公差或角度公差控制。

① 未注形状公差。圆度、圆柱度的未注公差值应不大于其未注尺寸公差值。

表1-5-28　直线度和平面度的未注公差　mm

长度范围	≤10	>10~30	>30~100	>100~300	>300~1000	>1000~3000	>3000~6000	>6000~10000
公差值	0.02	0.05	0.1	0.2	0.3	0.4	0.7	1.0

注：对于直线度应按其相应线的长度选择；对于平面度应按其表面的较长一侧或圆表面的直径选择。

② 未注位置公差。平行度的未注公差值等于给出的尺寸公差值或是直线度和平面度未注公差值中的较大者，应取两要素中的较长者作为基准。圆跳动和全跳动的公差值不应大于该要素的形状和位置未注公差的综合值。

表1-5-29　垂直度未注公差　mm

长度范围	≤100	>100~300	>300~1000	>1000~3000	>3000
公差值	0.2	0.3	0.4	0.5	>0.6

注：形成直角边中较长的一边作为基准，较短的一边作为被测要素。

表 1-5-30　　同轴度和对称度未注公差　　mm

主参数 d、B、L	≤1	>1~3	>3~6	>6~10	>10~18	>18~30	>30~50	>50~120	>120~250
公差值	0.04	0.06	0.08	0.10	0.12	0.15	0.20	0.25	0.30
主参数 d、B、L	>250~500	>500~800	>800~1250	>1250~2000	>2000~3150	>3150~5000	>5000~8000	>8000~10000	
公差值	0.40	0.50	0.60	0.80	1.00	1.20	1.50	2.00	—

注：本表数据符合 GB/T 1184—1996 表 2 中 c 级规定。

5）键槽的对称度未注公差见表 1-5-31。

表 1-5-31　　键槽的对称度未注公差　　mm

键槽宽度	>1~3	>3~6	>6~10	>10~18	>18~30	>30~50	>50~120	>120~250
公差	0.02	0.025	0.03	0.04	0.05	0.06	0.08	0.10

6）螺纹孔与螺栓通孔未注位置度公差见表 1-5-32。

表 1-5-32　　螺纹孔与螺栓通孔未注位置度公差　　mm

螺栓直径		M4	M5	M6	M8	M10	M12	M16	M20	M24	M30	M36	M42	M48	M56	M64	M72	M80	M90	M100
通孔直径		4.5	5.5	6.6	9	11	13.5	17.5	22	26	33	39	45	52	62	70	78	86	96	107
公差	通孔	φ0.25	φ0.25	φ0.3	φ0.5	φ0.5	φ0.75	φ0.75	φ1.0	φ1.0	φ1.5	φ1.5	φ1.5	φ2.0	φ0.30					φ0.35
	螺纹孔	φ0.125	φ0.125	φ0.15	φ0.25	φ0.25	φ0.375	φ0.375	φ0.5	φ0.5	φ0.75	φ0.75	φ0.75	φ1.0	φ0.15					φ1.75

7）未注表面粗糙度：螺纹通孔、长孔和麻花钻或尖头钻加工的孔 *Ra* 值不大于 25μm。退刀槽、润滑槽、螺纹、螺纹退刀槽、楔键和平键槽的 *Ra* 值不大于 3.2μm。内倒圆（倒角）与它相连的精表面相同，外倒圆（倒角）与它相连的粗表面相同。

第6章 热处理

1 钢铁热处理

1.1 铁-碳合金平衡图及钢的结构组织

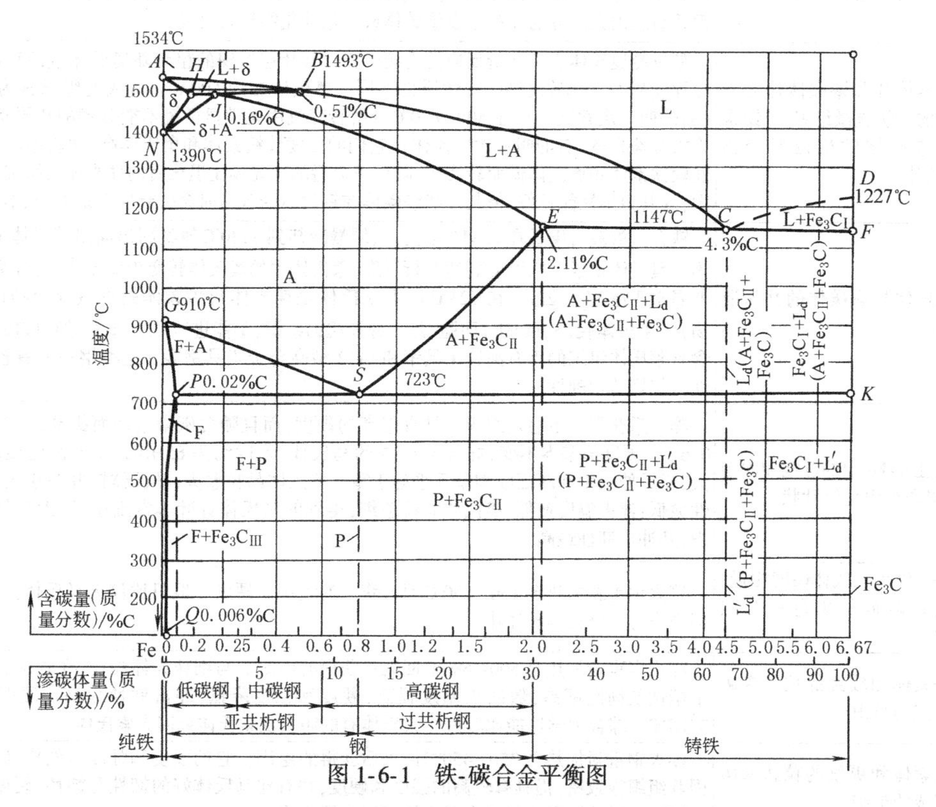

图 1-6-1 铁-碳合金平衡图

表 1-6-1 铁-碳合金平衡图中的特性点和特性线（按冷却叙述，加热为可逆的）

符号	说明	符号	说明
A	纯铁的凝固点	*ES*	A_{cm}线，渗碳体开始从奥氏体中析出
E	碳在 γ-Fe 中的最大溶解度	*ECF*	共晶线，开始从液体结晶出奥氏体和渗碳体的共晶混合物
G	γ-Fe→α-Fe 转变点	*GS*	A_3 线，自奥氏体开始析出铁素体，即 γ-Fe→α-Fe 的开始线
C	共晶点		
S	共析点	*PSK*	共析线或称 A_1 线，自奥氏体开始析出铁素体和渗碳体的共析混合物
ABCD	液相线，液体开始结晶		
AHJECF	固相线，液体结晶终止		

注：1. A_3 线在加热时称为 A_{c3}线，冷却时称为 A_{r3}线。

2. A_1 线在加热时称为 A_{c1}线，冷却时称为 A_{r1}线。

表 1-6-2　　室温下铁-碳合金的平衡组织

名　称	含碳量（质量分数）/%	平　衡　组　织
亚共析钢	0.02~0.8	铁素体+珠光体
共析钢	0.8	珠光体
过共析钢	0.8~2.11	珠光体+二次渗碳体
亚共晶白口铁	2.11~4.3	树状珠光体+二次渗碳体+共晶体
共晶白口铁	4.3	共晶体（珠光体+渗碳体）
过共晶白口铁	>4.3~6.67	板状一次渗碳体+共晶体

表 1-6-3　　钢的结构组织和特性

名称	组　织	特　　性
铁素体(F)	碳在 α 铁(α-Fe)中的固溶体	呈体心立方晶格。溶碳能力很小，最大为 0.02%；硬度和强度很低，80~120HB，σ_b = 250MPa；而塑性和韧性很好，δ=50%，Ψ=70%~80%。因此，含铁素体多的钢材(软钢)可用来制作可压、挤、冲板与耐冲击震动的机件。这类钢有超低碳钢，如 0Cr13、1Cr13、硅钢片等
奥氏体(A)	碳在 γ 铁(γ-Fe)中的固溶体	呈面心立方晶格。最高溶碳量为 2.11%，在一般情况下，具有高的塑性，但强度和硬度低，170~220HB，奥氏体组织除了在高温转变时产生以外，在常温时亦存在于不锈钢、高铬钢和高锰钢中，如奥氏体不锈钢等
渗碳体(C)	铁和碳的化合物(Fe_3C)	呈复杂的八面体晶格。含碳量为 6.67%，硬度很高，70~75HRC，耐磨，但脆性很大，因此，渗碳体不能单独应用，而总是与铁素体混合在一起。碳在铁中溶解度很小，所以在常温下，钢铁组织内大部分的碳都是以渗碳体或其他碳化物形式出现
珠光体(P)	铁素体片和渗碳体片交替排列的层状显微组织，是铁素体与渗碳体的机械混合物(共析体)	是过冷奥氏体进行共析反应的直接产物。其片层组织的粗细随奥氏体过冷程度不同，过冷程度越大，片层组织越细，性质也不同。奥氏体在约 600℃分解成的组织称为细珠光体(有的叫一次索氏体)，在 500~600℃分解转变成用光学显微镜不能分辨的片层状的组织称为极细珠光体(有的叫一次屈氏体)，它们的硬度较铁素体和奥氏体高，而较渗碳体低，其塑性较铁素体和奥氏体低而较渗碳体高。正火后的珠光体比退火后的珠光体组织细密，弥散度大，故其力学性能较好，但其片状渗碳体在钢材承受载荷时会引起应力集中，故不如索氏体
莱氏体(L)(L_d，L'_d)	奥氏体与渗碳体的共晶混合物	铁合金溶液含碳量在 2.11%以上时，缓慢冷却到 1130℃便凝固出高温莱氏体 L_d，由渗碳体与奥氏体组成。当温度到达共析温度，莱氏体中的奥氏体转变为珠光体，此时莱氏体称为低温莱氏体 L'_d。因此，在 723℃以下莱氏体是珠光体与渗碳体的机械混合物(共晶混合物)。莱氏体硬(>700HB)而脆，是一种较粗的组织，不能进行压力加工，如白口铁。在铸态含有莱氏体组织的钢有高速工具钢和 Cr12 型高合金工具钢等。这类钢一般有较大的耐磨性和较好的切削性
淬火马氏体(M)	碳在α-Fe 中的过饱和固溶体，显微组织呈针叶状	淬火后获得的不稳定组织。具有很高的硬度，而且随含碳量增加而提高，但含碳量超过 0.6%后硬度值基本不变，如含 C0.8%的马氏体，硬度约为 65HRC，冲击韧性很低，脆性很大，断后伸长率和断面收缩率几乎等于零。奥氏体晶粒愈大，马氏体针叶愈粗大，则冲击韧性愈低；淬火温度愈低，奥氏体晶粒愈细，得到的马氏体针叶非常细小，即无针状马氏体组织，其冲击韧性最高
回火马氏体	是与淬火马氏体硬度相近，而脆性略低的黑色针叶状组织	淬火钢重新加热至 150~250℃回火获得的组织。硬度一般只比淬火马氏体低 1~3HRC，但内应力比淬火马氏体小
索氏体(S)	铁素体和较细的粒状渗碳体组成的组织	淬火钢重新加热至 500~680℃回火后获得的组织。与细珠光体相比，在强度相同的情况下塑性及韧性都高，随回火温度提高，硬度和强度降低，冲击韧性提高。硬度约为 23~35HRC。综合力学性能比较好。索氏体有的叫二次索氏体或回火索氏体
屈氏体(T)	铁素体和更细的粒状渗碳体组成的组织	淬火钢重新加热至 350~450℃回火后获得的组织。它的硬度和强度虽然比马氏体低，但因其组织很致密，仍具有较高的强度和硬度，并有比马氏体好的韧性和塑性，硬度约为 35~45HRC。屈氏体有的叫二次屈氏体或回火屈氏体
下贝氏体(B)	显微组织呈黑色针状形态，其中的铁素体呈针状，而碳化物呈极细小的质点以弥散状分布在针状铁素体内	过冷奥氏体在 400~240℃等温转变后的产物。具有较高的硬度，约为 40~55HRC，良好的塑性和很高的冲击韧性，其综合力学性能比索氏体更好，因此，在要求较大的塑性、韧性和高强度相配合时，常以含有适当合金元素的中碳结构钢等温淬火，获得贝氏体以改善钢的力学性能，并减小内应力和变形
低碳马氏体	低碳钢或低合金钢经淬火、低温回火获得的板条状低碳马氏体组织	具有高强度与良好的塑性、韧性相结合的特点(σ_b = 1200~1600MPa，$\sigma_{0.2}$ = 1000~1300MPa，$\delta_5 \geqslant 10\%$，$\Psi \geqslant 40\%$，$a_k \geqslant 60\mathrm{J/cm^2}$)；同时还有低的冷脆转化温度(≤-60℃)；在静载荷、疲劳及多次冲击载荷下，其缺口敏感性和过载敏感性都较低。低碳马氏体状态的 20SiMn2MoVA 的综合力学性能，比中碳合金钢等温淬火获得的下贝氏体更好。保持了低碳钢的工艺性能，但切削加工较难

1.2 热处理方法分类、特点和应用

整体热处理方法、特点和应用

表 1-6-4

名称		操作	特点	目的和应用
退火（焖火）		将工件加热到 A_{c1} 或 A_{c3} 以上（发生相变）或 A_{c1} 以下（不发生相变），保温后，缓冷下来，通过相变以获得珠光体型组织，或不发生相变以消除应力、降低硬度的一种热处理方法	退火后的组织，硬度较低，便于加工。发生相变的退火的组织：亚共析钢→铁素体+珠光体；共析钢→珠光体；过共析钢→珠光体+二次渗碳体	1.降低硬度，提高塑性，改善切削加工性能和压力加工性能（对于不存在珠光体型转变的某些高合金钢，不能采用退火来软化，而要用正火后加高温回火来降低硬度，此时高温回火也属于不发生相变的退火） 2.细化晶粒，调整组织（限于有相变的退火），改善力学性能，为下一步工序作准备 3.消除铸、锻、焊、轧、冷加工等所产生的内应力

碳钢退火后的力学性能

含碳量/%	0.10	0.20	0.30	0.40	0.50	0.60	0.70	0.80	0.90
抗拉强度 σ_b/MPa	328.5	446	510	608	637	657	682	701	711
硬度 HB	95	125	142	172	180	185	191	197	201

40Cr 钢退火后的力学性能	σ_b/MPa	$\sigma_{0.2}$/MPa	a_k/J·cm^{-2}	δ/%	Ψ/%
	656	364	56	21	53.5

名称		操作	特点	目的和应用
退火（焖火）	完全退火	将工件加热到 A_{c3} 以上 30~50℃的温度，并在此温度保温后，缓冷下来	加热得到均一奥氏体组织后，再缓冷转变为珠光体型的组织	主要用于亚共析组织的各种碳钢和合金钢的铸件、锻件及热轧型材，有时也用于焊接结构
	扩散退火	将工件或钢锭加热到约1300℃，保温较长时间，然后缓冷下来	是利用高温下原子扩散作用，来消除铸件内化学成分的不均匀性（即偏析）	主要是使钢材成分均匀。由于这种退火耗时长，费用高，只在必要时用于高级优质合金钢。扩散退火又称均匀化，其工艺也属于完全退火
	不完全退火	将工件加热到高于 A_{c1} 而低于 A_{c3} 或 A_{cm} 的温度，并在此温度停留一定时间，然后缓冷下来	部分珠光体发生重结晶相变成奥氏体（完全退火是全部），冷却后又得到片层间距较大的珠光体，冷却速度快，珠光体层片薄，硬度高，慢则较厚，硬度也较低，细化晶粒方面不如完全退火，但加热温度低，效率高，所以使用较广	主要用于过共析钢。但只有在锻造后，没有网状渗碳体析出或在消除了网状渗碳体之后才可以采用。对亚共析钢来说，如果原始组织的晶粒已经很细小，只是为了消除锻、轧而产生的内应力或降低硬度，也可采用
	等温退火	将工件加热到 A_{c3} 以上 30~50℃，保温后，较快地冷却到略低于 A_{r1} 的温度，并在此温度下等温到奥氏体全部分解为止，然后空冷下来	等温退火比普通退火时间短，工件的氧化和脱碳倾向要小，同时，内部组织和截面上的硬度分布均匀，但对温度的控制有较高的要求	主要用于亚共析钢、共析钢及合金钢，尤其是广泛用于合金钢 等温退火还可以用来防止钢中白点的形成

续表

名称		操作	特点	目的和应用
退火（焖火）	球化退火	将工件加热到 A_{c1} 以上10~20℃，保温适当时间后，缓冷到略低于 A_{r1} 的温度，并停留一段时间，使组织转变完成，然后炉冷至500℃以下再空冷	球化退火是将球光体中的片状渗碳体球化。球化退火后的过共析钢组织是铁素体与球状渗碳体，不但组织比较均匀，而且可以减少淬火时的变形开裂倾向，也降低了硬度，便于加工	主要用于过共析的碳钢及合金工具钢。对于一些形状复杂、淬火时要求变形小、工作时受力复杂的工模具以及轴承用钢，都必须进行球化退火，并严格控制球化级别（按冶标规定） 某厂采用T10V制作凿岩机的活塞，未经球化退火，淬火时大批开裂，球化退火后，开裂很少 球化困难的钢，可连续重复球化退火操作，即循环退火
	去应力退火	将工件以缓慢的速度加热至500~650℃，经适当保温，随炉缓冷至200~300℃以下出炉（又称软化退火）	由于退火温度低于 A_1，因此，钢在去应力退火过程中并无组织变化，内应力主要是在保温后缓冷过程中消除的	用于消除铸件、锻件、焊接件、热轧件、冷拉件以及切削、冷冲压过程中所产生的内应力 对于严格要求减少变形的重要零件在淬火或渗氮后常增加去应力退火，亦称低温退火或高温回火
	再结晶退火	将钢加热到再结晶温度以上150~250℃（碳钢再结晶退火温度即为650~700℃），保温一定时间，然后缓慢冷却下来	通过加热，增加了钢中的原子扩散能力，使冷加工后钢中破碎和歪扭的晶粒发生再结晶，从而使金属的强度、硬度下降，而塑性升高	是使经过冷加工，如冷冲、冷拔、冷轧等发生加工硬化的钢材，降低硬度，提高塑性，以利于加工继续进行，因此，再结晶退火是冷压力加工后钢的中间退火。例如冷冲薄板制造汽车车体的主要工艺过程：热轧→正火→冷轧→中间退火（650~750℃）→冲成汽车车体。中间退火即为消除加工硬化
正火（又称正常化或明火）		将工件加热到 A_{c3} 或 A_{cm} 以上30~50℃，保温一定时间，然后以稍大于退火的冷却速度冷却下来，如空冷、风冷、喷雾等，得到片层间距较小的珠光体组织（有的叫正火索氏体）	与退火相比，正火后的组织虽然同样是珠光体型的，但组织细，弥散度大，从而有较高的力学性能，还有生产周期短、设备利用率高、成本较低的优点，但劳动条件较差	正火的目的与退火相似，已如前述。具体应用如下： 1.用于含碳量低于0.25%的低碳钢工件，以代替退火，有利于钢的切削加工，此时钢的正火温度应提高到 A_{c3}+（100~150℃）为宜，通称高温正火 2.用于消除过共析钢中的网状渗碳体，以利球化退火。对于截面尺寸较大的过共析钢，应避免采用正火处理 3.对某些大型重型钢件以及形状复杂、截面有急剧变化的钢件应用正火处理来代替淬火处理，以免发生严重变形或开裂 4.对于含碳量在0.25%~0.5%范围内的中碳钢，如35、45钢也适于用正火代替退火，但对同样含碳量的合金钢如5CrMnMo、38CrMoAl等在正火后还需进行去应力退火 5.对于性能要求不高的普通结构零件，可以用正火作为最终热处理，来提高力学性能

碳钢正火后的力学性能

含碳量（质量分数）/%	0.10	0.20	0.30	0.40	0.50
抗拉强度 σ_b/MPa	363	480.5	549	652	691
硬度 HB	101	134	155	185	194
含碳量（质量分数）/%	0.60	0.70	0.80	0.90	
抗拉强度 σ_b/MPa	740	794	824	883	
硬度 HB	207	225	235	260	

40Cr钢正火后的力学性能	σ_b/MPa	$\sigma_{0.2}$/MPa	a_k/J·cm^{-2}	δ/%	Ψ/%
	754	45	78	21	56.9

续表

名称		操　作	特　点	目 的 和 应 用
淬火		将钢加热到相变温度以上，保温一定时间，而后快速冷却下来的一种热处理方法。常用淬火方法如下	淬火一般是为了得到高硬度的马氏体组织，但有时对某些高合金钢，如不锈钢、耐磨钢淬火，则是为了获得单一均匀的奥氏体组织，以分别提高其耐蚀性和耐磨性	淬火的目的是： 1.提高硬度和耐磨性 2.淬火加中温或高温回火以获得良好的综合力学性能 应根据淬火零件的材料、形状、尺寸和所要求的力学性能的不同，采用不同的淬火方法 如果工件只需局部提高硬度，则可进行局部淬火，以避免工件其他部分产生变形和开裂
		正火、球化淬火后硬度与碳含量的关系 硬度(HV)：1100, 1000, 800, 600, 400, 200 硬度(HRC)：65, 60, 50, 40, 30, 20, 10 淬火 正火 球化 含碳量(质量分数)/%：0, 0.4, 0.8, 1.2	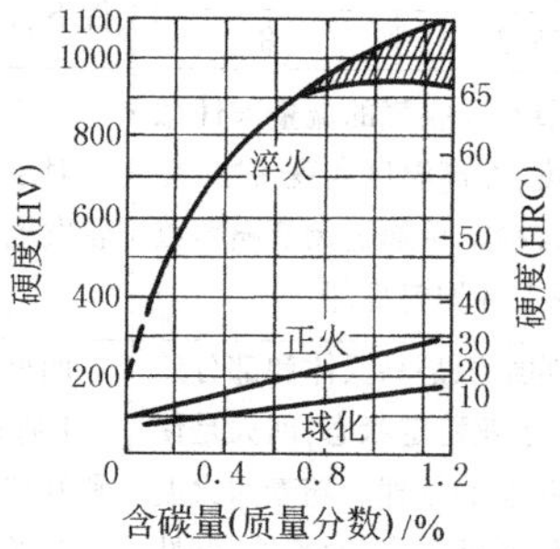	
	单液淬火	将工件加热到淬火温度后，浸入一种淬火介质中，直到工件冷至室温为止	此法优点是操作简便，缺点是易使工件产生较大内应力，发生变形，甚至开裂	适用于形状简单的工件；对于碳钢工件，直径大于5mm的在水中冷却，直径小于5mm的可以在油中冷却，合金钢工件大都在油中冷却
	双液淬火	将加热后的工件先放在水中淬火冷却至接近 M_s 点（200～300℃）时，从水中取出立即转到油中（或甚至放在空气中）冷却	利用冷却速度不同的两种介质，先快冷躲过奥氏体最不稳定的温度区间（550～650℃），至接近发生马氏体转变（钢发生体积变化）时再缓冷，以减小内应力和变形开裂倾向	主要适用于碳钢制成的中型零件和由合金钢制成的大型零件 双液淬火法的关键在于恰当地掌握好在水中停留的时间，时间过短，中心部分淬不硬；时间过长，又失去了双液淬火的意义。掌握得好，可以有效地防止裂纹的产生 未能很好减小表里温差是此法的又一不足
	分级淬火	将工件加热到淬火温度，保温后，取出置于温度略高（也可稍低）于 M_s 点的淬火冷却剂（盐浴或碱浴）中停留一定时间，待表里温度基本一致时，再取出置于空气中冷却	1.减小了表里温差，降低了热应力 2.马氏体转变主要是在空气中进行，降低了组织应力，所以工件的变形与开裂倾向小 3.便于热校直 4.比双液淬火容易操作	由于盐浴或碱浴中淬火冷却速度不够大，对于淬透性较低的钢，容易在分级过程中析出珠光体，故此法多用于形状复杂、小尺寸的碳钢和合金钢工件，如各种刀具。对于淬透性较低的碳素钢工件，其直径或厚度应小于10mm。为了克服这一缺点，生产中有采用 M_s 点以下分级淬火的，它的特点是第一段的冷却速度加大，适用于低淬透性钢而尺寸较大的工件，并能保证较小的内应力
	等温淬火	将工件加热到淬火温度后，浸入温度稍高于 M_s 点的淬火冷却剂（盐浴或碱浴）中，保温足够的时间，使其发生下贝氏体转变后在空气中冷却	与其他淬火相比： 1.淬火后得到下贝氏体组织，在相同硬度情况下强度和冲击韧性都高，如下表所示 2.一般工件淬火后可以不经回火直接使用，所以也无回火脆性问题，对于要求性能较高的工件，仍需回火 3.下贝氏体比体积比马氏体小，减小了内应力与变形、开裂	1.由于变形很小，因而很适合于处理一些精密的结构零件，如冷冲模、轴承、精密齿轮等 2.由于组织结构均匀，内应力很小，显微和超显微裂纹产生的可能性小，因而用于处理各种弹簧，可以大大提高其疲劳抗力 3.特别对于有显著的第一类回火脆性的钢，等温淬火优越性更大 4.受等温槽冷却速度限制，工件尺寸不能过大

续表

<table>
<tr><th colspan="2">名称</th><th>操作</th><th>特点</th><th>目的和应用</th></tr>
<tr><td rowspan="2">淬火</td><td>等温淬火</td><td colspan="2"><table>
<tr><th>处理方法</th><th></th><th>硬度 HRC</th><th>a_k/J·cm^{-2}</th><th>δ/%</th></tr>
<tr><td rowspan="2">水淬火</td><td>水淬火</td><td>53.0</td><td>16.6</td><td></td></tr>
<tr><td>回火</td><td>52.5</td><td>19.4</td><td></td></tr>
<tr><td rowspan="2">分级淬火</td><td>分级淬火</td><td>53.0</td><td>38.7</td><td>0</td></tr>
<tr><td>回火</td><td>52.8</td><td>33.2</td><td>0</td></tr>
<tr><td colspan="2" rowspan="2">等温淬火</td><td>52.0</td><td>62.2</td><td>11</td></tr>
<tr><td>52.5</td><td>55.3</td><td>8</td></tr>
</table></td><td>5.球墨铸铁件也常用等温淬火以获得高的综合力学性能,成功地用稀土镁钼球铁代替合金结构钢。一般合金球铁零件等温淬火有效厚度可达100mm或更高(左表中水淬回火与分级淬火回火的比较数据是以含碳量0.95%的碳素钢,在同一淬火温度、同一回火温度条件下,试验取得的)</td></tr>
<tr><td>喷雾淬火</td><td>工件加热到淬火温度后,将压缩空气通过喷嘴使冷却水雾化后喷到工件上进行冷却</td><td>可通过调节水及空气的流量来任意调节冷却速度,在高温区实现快冷,在低温区实现缓冷。可通过调节喷嘴数量、水量实现工件均匀冷却</td><td>对于大型复杂工件或重要轴类零件(如汽轮发电机的轴),可使其旋转以实现均匀冷却</td></tr>
<tr><td rowspan="4">回火</td><td colspan="2">将淬火后的工件重新加热到A_{c1}以下某一温度,保温一段时间,然后取出以一定方式冷却下来
常用回火方法如下</td><td>钢淬火后的组织是马氏体和部分残余奥氏体,处于亚稳定状态,回火是使其趋于稳定状态的处理。随着回火温度升高,硬度、强度下降,而塑性、韧性提高</td><td>回火的主要目的是:
1.降低脆性,消除内应力,减少工件的变形和开裂
2.调整硬度,提高塑性和韧性,获得工件所要求的力学性能
3.稳定工件尺寸</td></tr>
<tr><td>低温回火</td><td>回火温度为150~250℃</td><td>回火后获得回火马氏体组织,但内应力消除不彻底,故应适当延长保温时间</td><td>目的是降低内应力和脆性,而保持钢在淬火后的高硬度和耐磨性。主要用于各种工具、模具、滚动轴承和渗碳或表面淬火的零件等</td></tr>
<tr><td>中温回火</td><td>回火温度为350~450℃左右</td><td>回火后获得屈氏体组织,在这一温度范围内回火,必须快冷,以避免第二类回火脆性</td><td>目的在于保持一定韧性的条件下提高弹性和屈服强度,故主要用于各种弹簧、锻模、冲击工具及某些要求高强度的零件,如刀杆等</td></tr>
<tr><td>高温回火</td><td colspan="2">回火温度为500~680℃,回火后获得索氏体组织。淬火+高温回火称为调质处理,可获得强度、塑性、韧性都较好的综合力学性能,并可使某些具有二次硬化作用的高合金钢(如高速钢)二次硬化,当处理有第二类回火脆性的钢时,需油冷。其缺点是工艺较复杂,在提高塑性、韧性同时,强度、硬度有所降低,目前在某些地方已可用形变热处理来代替调质处理,球铁等温淬火代替45钢调质</td><td>广泛地应用于各种较为重要的结构零件,特别是在交变载荷下工作的连杆、螺栓、齿轮及轴等。不但可作为这些重要零件的最终热处理,而且还常作为某些精密零件如丝杠等的预先热处理,以减小最终热处理中的变形,并为获得较好的最终性能提供组织基础</td></tr>
<tr><td rowspan="2">调质</td><td colspan="2">调质钢淬火后马氏体含量与硬度值的关系</td><td colspan="2"><table>
<tr><th rowspan="2">含碳量(质量分数)/%</th><th colspan="5">马氏体含量(质量分数)/%</th></tr>
<tr><th>99.9</th><th>95</th><th>90</th><th>80</th><th>50</th></tr>
<tr><th></th><th colspan="5">硬度 HRC</th></tr>
<tr><td>0.3</td><td>49~54</td><td>45~50</td><td>42~48</td><td>37~46</td><td>33~42</td></tr>
<tr><td>0.4</td><td>55~58.5</td><td>50~55.5</td><td>48~52</td><td>42~50</td><td>38~47</td></tr>
<tr><td>0.5</td><td>59~61</td><td>56~60</td><td>53~57</td><td>48~54</td><td>42~51</td></tr>
<tr><td>0.6</td><td>62~64</td><td>60~62</td><td>58~59.5</td><td>52~58</td><td>48~54</td></tr>
</table></td></tr>
<tr><td colspan="4"><table>
<tr><th colspan="11">调质钢淬火、回火硬度关系的参考数据(适用于尺寸小于120mm的零件)</th></tr>
<tr><td>回火后要求的硬度 HRC</td><td>15</td><td>20</td><td>25</td><td>30</td><td>35</td><td>40</td><td>45</td><td>50</td><td>55</td><td>60</td></tr>
<tr><td>淬火后须达到的硬度 HRC</td><td>42.5</td><td>43</td><td>44</td><td>45</td><td>47</td><td>48.5</td><td>52</td><td>55</td><td>58</td><td>62</td></tr>
</table></td></tr>
<tr><td colspan="2">亚温淬火</td><td colspan="2">传统调质工艺是完全淬火加高温回火。淬火所得组织为马氏体,高温回火后为回火索氏体。此种显微组织提供了强度和韧性的良好配合。对亚共析结构钢采用完全淬火的理由是避免出现未熔铁素体
随着强韧化工艺的发展,发现对亚共析钢采用不完全淬火有助于在不降低材料强度的同时提高其韧性,即亚温淬火,亦即亚共析钢的不完全淬火,或称临界区淬火、两相区加热淬火。亚温淬火是指将具有平衡态或非平衡原始组织的亚共析钢加热至铁素体和奥氏体两相区保温一定时间后进行淬火、等温淬火的热处理,是一种新型的利用复相强韧化和组织细化的强韧化热处理工艺
采用亚温淬火可以大幅度提高钢的室温和低温韧性,降低冷脆转变温度,抑制可逆回火脆性,改善冷脆行为,防止变形开裂</td><td>解决油淬淬不透、水淬又开裂的大件淬火困难问题</td></tr>
</table>

续表

名称	操作		特点	目的和应用
亚温淬火	亚温处理与常规调质处理性能对比			

名称	项目	钢号	临界点/℃ A_{c1}	临界点/℃ A_{c3}	热处理规范	HRC	a_k /J·cm^{-2}	韧脆转变温度/℃
亚温淬火	亚温处理与常规调质处理性能对比	22CrMnSiMo	—	800~860	860℃+575℃×2h 回火	27.5	63.7	—
					860℃+575℃×2h 回火+785℃淬火+575℃×2h 回火	24.4	97.8	
		35CrMo	755	800	860℃+575℃×2h 回火	36.4	125.0	约 60
					800℃+575℃×2h 回火+785℃淬火+550℃×2h 回火	37.3	153.8	
		40Cr	743	782	860℃+630℃×2h 回火	30.7	160.2	<20
					860℃+600℃×2h 回火+770℃淬火+600℃×2h 回火	29.8	150.2	
		42CrMo	730	780	860℃+600℃×2h 回火	36.0	122.5	—
					860℃+600℃×2h 回火+765℃淬火+600℃×2h 回火	38.7	—	
		45	724	780	830℃+600℃×2h 回火	17.0	149.8	—
					830℃+600℃×2h 回火+700℃淬火+600℃×2h 回火	20.2	155.7	

名称	操作		特点	目的和应用
时效处理	高温时效	加热略低于高温回火的温度，保温后缓冷到 300℃以下出炉	时效与回火有类似的作用，这种方法操作简便，效果也很好，但是耗费时间太长	时效的目的是使淬火后的工件进一步消除内应力，稳定工件尺寸 常用来处理要求形状不再发生变形的精密工件，例如精密轴承、精密丝杠、床身、箱体等 低温时效实际就是低温补充回火
	低温时效	将工件加热到 100~150℃，保温较长时间(约 5~20h)		
冷处理	将淬火后的工件，在 0℃以下的低温介质中继续冷却到-80℃，待工件截面冷到温度均匀一致后，取出空冷		可使残余奥氏体全部或大部分转变为马氏体。因此，不仅提高了工件硬度、抗拉强度，还可以稳定工件尺寸	主要适用于合金钢制成的精密刀具、量具和精密零件，如量块、量规、铰刀、样板、高精度的丝杠、齿轮等。还可以使磁钢更好地保持磁性
	常用钢材的冷处理效果			

名称	项目	类别	钢号	马氏体转变范围 M_s/℃	马氏体转变范围 M_f/℃	残余奥氏体量(质量分数)/% 20℃时	残余奥氏体量(质量分数)/% 冷到 M_f	冷到 M_f 后的硬度增值 HRC
冷处理	常用钢材的冷处理效果	碳素工具钢	T7	300~255	-55	≤5	1	≤0.5
			T8	255~230	-55	3~8	1~6	≤1.0
			T9	230~210	-55	5~12	3~10	1.0~1.5
			T10	210~175	-60	6~18	4~12	1.5~3.0
			T12	175~160	-70	10~25	5~14	3~4
		合金工具钢	Cr06	150~140	-95	15~30	2~14	4~7
			Cr	175~150	-85	10~27	5~14	2~4
			7Cr2	280~230	-55	3~10	1~8	≤1.0
			9Cr2	220~180	-70	6~18	4~13	1.0~2.5
			Cr2	175~145	-90	10~28	5~14	3~6
			7Cr3	240~185	-60	4~17	2~12	1.0~2.5
			9SiCr	210~185	-60	6~17	4~12	1.5~2.5
			CrWMn	155~120	-110	13~45	2~17	≤10
			CrMn	120~100	-120	22~60	≤20	<15
		滚动轴承钢	GCr15	180~145	-90	9~28	4~14	3~6
		弹簧钢	60Mn、65Mn、70Mn	290~230	-55	≤8	≤6	≤1.0
		合金渗碳钢的渗碳层	20Cr3	140~120	-100	17~40	≤15	≤10
			15CrNi2	160~140	-95	12~30	3~14	4~7
			13Ni5A、21Ni5A	120~100	-120	22~60	≤20	≤15
			18CrNiWA	130~120	-120	20~45	≤15	≤10

续表

名称	冷处理(−183℃)对合金钢力学性能和耐磨性的影响											
冷处理	钢号	力学性能										耐磨性增加/%
		冷处理前					冷处理后					
		抗弯强度 σ_{bb}/MPa	挠度 f/mm	冲击值 a_k/J·cm^{-2}	硬度 HRC	磨损量 /μm	抗弯强度 σ_{bb}/MPa	挠度 f/mm	冲击值 a_k/J·cm^{-2}	硬度 HRC	磨损量 /μm	
	12Cr2Ni4A	2177	2.60	153	58~59	5.75	1873	2.20	131	58~64	3.99	32
	20CrMnTi	2471	2.95	33.5	57~58	2.85	2256	2.75	24	60~63	2.33	16
	20CrNiMoA	2520	4.07	105	46~50	3.85	1824	2.90	72.7	60~61	2.38	38
	20CrMnMo	1981	2.40	35	58.5~59.9	3.90	1736	1.68	18.2	60~61	2.45	37
	试件尺寸为10mm×10mm×120mm;气体渗碳(渗碳层深度1.5mm)后直接淬火,150℃回火											

表面热处理、化学热处理方法、特点和应用

表 1-6-5

名称	操作	特点	应用
表面热处理是通过改变零件表层组织,以获得硬度很高的马氏体,而保留心部韧性和塑性(即表面淬火),或同时改变表层的化学成分,以获得耐蚀、耐酸、耐碱性及表面硬度比前者更高(即化学热处理)的处理方法			
火焰表面淬火	用乙炔-氧或煤气-氧的混合气体燃烧的火焰,喷射到零件表面上,快速加热,当达到淬火温度后,立即喷水或用乳化液进行冷却	淬透层深度一般为2~6mm,过深往往引起零件表面严重过热,易产生淬火裂纹。表面硬度钢可达65HRC,灰铸铁为40~48HRC,合金铸铁为43~52HRC。这种方法简便,无需特殊设备,但易过热,淬火效果不稳定,因而限制了它的应用	适用于单件或小批生产的大型零件和需要局部淬火的工具或零件,如大型轴类、大模数齿轮等 常用钢材为中碳钢,如35、45钢,及中碳合金钢(合金元素低于3%),如40Cr、65Mn等,还可用于灰铸铁件、合金铸铁件。碳含量过低,淬火后硬度低,而碳和合金元素过高,则易碎裂,因此,以含碳量在0.35%~0.5%之间的碳素钢最适宜
感应加热表面淬火	将工件放入感应器中,使工件表层产生感应电流,在极短的时间内加热到淬火温度后,立即喷水冷却,使工件表层淬火,从而获得非常细小的针状马氏体组织 根据电流频率不同,感应加热表面淬火,可以分为 1.高频淬火:100~1000kHz 2.中频淬火:1~10kHz 3.工频淬火:50Hz	1.表层硬度比普通淬火高2~3HRC,并具有较低的脆性 2.疲劳强度、冲击韧性都有所提高,一般工件可提高20%~30% 3.变形小 4.淬火层深度易于控制 5.淬火时不易氧化和脱碳 6.可采用较便宜的低淬透性钢 7.操作易于实现机械化和自动化,生产率高 8.电流频率愈高,淬透层愈薄。例如高频淬火一般1~2mm,中频淬火一般3~5mm,工频淬火能到≥10~15mm 缺点:处理复杂零件比渗碳困难	常用中碳钢(含碳0.4%~0.5%)和中碳合金结构钢,也可用高碳工具钢和低合金工具钢以及铸铁 一般零件淬透层深度为半径的1/10左右时,可得到强度、耐疲劳性和韧性的最好配合。对于小直径(10~20mm)的零件,建议用较深的淬透层深度,即可达半径的1/5,对于截面较大的零件可取较浅的淬透层深度,即小于半径1/10以下。参见下表

工作条件及零件种类	淬透层深度/mm	采用材料	采用设备
工作于摩擦条件下的零件,如m<4mm的齿轮,直径小于ϕ50mm的轴类等	1.5~2	45、40Cr、42MnVB	电子管式高频设备
承受扭曲、压力载荷的零件,如曲轴、(m=5~8mm)齿轮、磨床主轴等	3~5	45、40Cr、65Mn、9Mn2V、球墨铸铁	8000Hz中频发电机
承受扭曲、压力载荷的大型零件,如冷轧辊等	≥5~15	9Cr2Mo、9Cr2W、GCr15	工频设备
承受变向载荷的零件	(0.1~0.15)D(D为零件直径)		

续表

名称	操作	特点	应用
感应加热表面淬火	见下表		

感应加热设备频率与淬硬层深度的关系

材料	加热温度/℃		工频/Hz	中频/kHz			超声频/kHz			高频/kHz	
			频率								
			50	1	2.5	8	35	55	150	250	500
			淬硬层深度/mm								
钢铁	880~900	最小值	17	3.5	2.5	2	1.5	1	0.5	0.3	—
		最大值	70	16	15	8	4	3	2.5	2.5	—
		最佳值	34	8	6	1~3	2.5	2	1.5	1~1.5	0.8
黄铜	850	一般值	25	6	4	2	1.1	0.8	0.5	0.4	0.27
铝	600	一般值	24	5.4	3.4	1.7	0.84	0.66	0.42	0.34	0.24

备注:淬硬层深度约为电流透入深度的1/2为最佳。淬硬层深度应大于电流透入深度的1/4

表面淬火、普通淬火后碳钢的疲劳强度比较

含碳量/%	热处理方法	扭转弯曲疲劳强度/MPa
0.33	高频表面淬火	600
	火焰表面淬火	350
	电炉内整体加热淬火	90
0.41	高频表面淬火	600
	电炉内整体加热淬火	110
	正火	130
0.63	高频表面淬火	360
	火焰表面淬火	390
	电炉内整体加热淬火	150

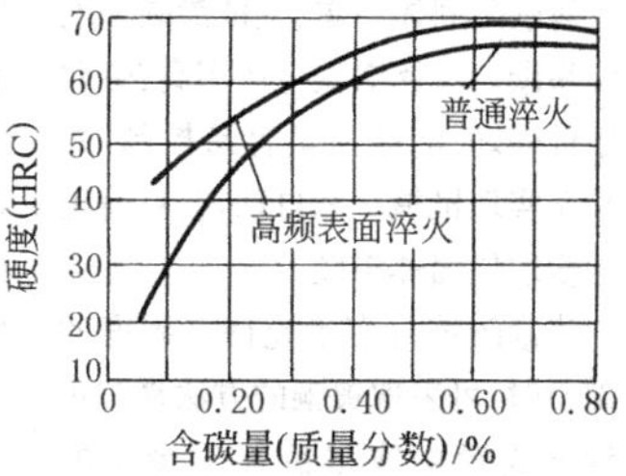

硬度比较

名称	操作	特点	应用
电接触加热表面淬火	利用低电压大电流,通过滚轮在工件表面滚动,使表面有大电流通过,靠接触电阻加热表面到淬火温度,滚轮(电极)移去后,靠自身冷却淬火	1.工件变形极小,不需回火 2.淬硬层薄,仅0.15~0.35mm 3.工件淬硬层金相组织、硬度不均匀 4.设备简单,操作方便	多用于大型铸铁件,如机床导轨、汽缸套等,以提高其耐磨性,改善抗摩擦能力 形状复杂工件不宜采用
脉冲表面淬火	用脉冲能量加热可使工件表面以极快速度(1/1000s)加热到临界点以上,然后冷却淬火	1.由于加热冷却迅速,工件组织极细,无淬火变形,无氧化膜 2.淬火后不需回火 3.淬火层硬度高,950~1250HV	用于热导率高的钢种,高合金钢难于进行这种淬火。用于小型零件如木材、金属切削工具、照相机、钟表等机器易磨损件
激光表面淬火	应用激光束可获得高达10^8W/cm^{2}的能量密度,使工件表面极快速加热,并利用工件本身散热冷却淬火 为了提高工件表面对激光吸收率,应对被加热的表面进行"表面黑化处理",所用涂料有粉状金属氧化物、胶质状石墨粉、普通墨汁、炭黑及锌和镁的磷化物等	加热速度非常快,并可靠自身冷却淬火;对形状复杂表面如微孔、沟槽拐角、盲孔等均可处理;应力和变形极小,表面光洁,无需再精加工	是一种可进行表面选择性局部硬化处理及局部表面合金化的多功能工艺方法

续表

名称	操　作	特　点	应　用
电子束热处理	利用电子枪发出电子束打击金属表面，使之极快达到淬火温度，之后自身冷却淬火。被处理工件的加热深度是加速电压和金属密度的函数	工件变形极小，无需后续的校正工作，淬火后的金相组织可获细晶结构，由于(表面)淬火是在真空中进行，所以淬火时，几乎无表面氧化	凡激光能处理的表面都能用电子束来加热，且不需"表面黑化处理"过程 此法可广泛应用于凸轮、透平叶轮、曲轴、阀座、球窝接头和偶合件等的热处理

化学热处理是将工件置于适当的活性介质中加热、保温，使一种或几种元素渗入其表层，以改变其化学成分、组织和性能的热处理

名称	操　作	特　点	应　用
渗碳	将工件放入渗碳介质中，在900~950℃加热，保温，使钢件表层增碳的过程。渗碳后，必须淬火，使表面得到马氏体，才能实现渗碳的目的 渗碳分固体渗碳、气体渗碳和液体渗碳。气体渗碳生产率高，劳动条件较好，渗碳质量容易控制，并易于实现机械化和自动化，目前正逐步取代固体渗碳 当渗碳零件有不允许高硬度的部位时，可采取镀铜的方法来防止渗碳或者采取多留加工余量的方法	①零件经渗碳热处理后的最终组织，其表面为针状回火马氏体及二次渗碳体，硬度为58~65HRC，而心部组织随钢种不同有低碳马氏体、屈氏体和索氏体等组织，其硬度在20~45HRC之间变动，重载荷零件不低于30HRC(合金钢) ②渗碳层深度可达4~10mm，渗碳层硬度分布曲线比渗氮层硬度分布曲线要平缓，所以受到冲击时，不易剥落 ③具有较高的抗弯曲疲劳性能 ④表面耐磨性或心部抗冲击性能都较中碳钢表面淬火后的零件为高 ⑤获得均匀的硬化层，几乎不受零件形状复杂程度的限制；表面淬火则较困难	渗碳的目的是提高钢表层的硬度和耐磨性而心部仍保持韧性和高塑性 通常采用含碳量为0.15%~0.25%的低碳钢及低合金钢，但对大截面的零件或中心部分要求较高的强度及承受重载荷的零件，均采用含碳量为0.2%~0.3%的钢材进行渗碳 渗碳层深度随零件的具体尺寸及工作条件的要求而定，太薄易引起表面疲劳剥落，太厚则受不起冲击，一般常采用0.5~2.5mm。可按载荷情况近似参考下表选取(要求耐磨性大)

载　荷	低	较大	重	超重
渗碳层深度/mm	<0.5	0.5~1.0	1.0~1.5	>1.5

渗碳层表面硬度应不低于56HRC，对于用合金钢制造的重要零件应不低于60HRC

为了保证渗碳后零件的性能，渗碳层的含碳量最好在0.85%~1.05%之间

模数大于4mm、齿宽大于直径的重载荷圆柱齿轮和圆弧齿轮，或模数为5~8mm的重载荷直齿锥齿轮、弧齿锥齿轮等，因为表面淬火不能获得均匀分布的淬透层，而采用渗碳

几种典型零件的渗碳层深度

机床齿轮模数/mm							汽车、拖拉机齿轮模数/mm			
1~1.25	1.5~1.75	2~2.25	3	3.5	4~4.5	5	>5	2.5	3.5~4	4~5	>5

渗碳层深度/mm											
0.3~0.5	0.4~0.6	0.5~0.8	0.6~0.9	0.7~1.0	0.8~1.1	1.1~1.5	1.2~2	0.6~0.9	0.9~1.2	1.2~1.5	1.4~1.8

厚度小于1.2mm的摩擦片、样板等	厚度小于2mm的摩擦片、样板、离合器等	轴、套筒、活塞、支承销、离合器等	主轴、套筒、大型离合器等	镶钢导轨、大轴、大模数齿轮等
渗碳层深度/mm				
0.2~0.4	0.4~0.7	0.7~1.1	1.1~1.5	1.5~2

续表

名称	操作	特点	应用
渗氮	将工件放在渗氮气氛中，加热到500~600℃，使工件表面渗入氮原子形成氮化物的过程 为了保证工件心部的力学性能，氮化前应进行调质等热处理	①工件氮化后，不再需要淬火便具有很高的表面硬度（约1100~1200HV）及耐磨性，而且具有高的热硬性，在550℃时，硬度仍有915~925HV，在600℃时，硬度仍有850~870HV ②显著提高了钢的疲劳强度，一般可提高25%~32% ③处理温度低，变形极小，比渗碳及表面淬火的变形小得多，渗氮后，一般只需精磨或研磨抛光即可 ④具有较高的耐蚀性。使工件在大气、自来水、热蒸气和弱碱溶液等介质中不受腐蚀 缺点：①渗氮时间太长；②强化渗氮必须采用特殊的合金钢 另外，由于氮的渗入，工件还略有"长大"现象。在设计尺寸要求极严格的工件时，应考虑补救	渗氮的目的是提高表面硬度、耐磨性和疲劳强度（实现这两个目的的为强化渗氮）以及耐蚀能力（耐蚀渗氮） 强化渗氮用钢通常是用含有Al、Cr、Mo等合金元素的钢，如38CrMoAlA（目前专门用于渗氮的钢种），其他如40Cr、35CrMo、42CrMo、50CrV、12Cr2Ni4A等钢种也可用于渗氮。用Cr-Al-Mo钢渗氮得到的硬度比Cr-Mo-V钢渗氮的高，但其韧性不如后者 耐蚀渗氮常用材料是碳钢和铸铁 渗氮广泛用于各种高速传动精密齿轮，高精度机床主轴，如镗杆、磨床主轴；在变向载荷工作条件下要求很高疲劳强度的零件，如高速柴油机轴及要求变形很小和在一定抗热、耐蚀工作条件下耐磨的零件，如发动机的汽缸、阀门等 渗氮层厚度根据渗氮工艺性和使用性能，一般不超过0.6~0.7mm 渗氮层的脆性分为四级，允许使用范围如下表

等级	性质	等级	性质	允许使用范围	等级	性质	允许使用范围	等级	性质	允许使用范围
Ⅰ	不脆	Ⅱ	略脆	在一切场合下均可使用	Ⅲ	脆	磨削表面许可	Ⅳ	极脆	不许使用

几种零件渗氮层深度

工件	材料	温度/℃	时间/h	渗氮层深度/mm	表面硬度	工件	材料	温度/℃	时间/h	渗氮层深度/mm	表面硬度
汽缸筒	38CrMoAlA	Ⅰ.510±10 Ⅱ.560±10 Ⅲ.560±10	20 34 3	0.5~0.75	≥750HV	齿轮	40Cr	510±5	55	0.55~0.60	77~78HRA
							42CrMo	Ⅰ.500±5 Ⅱ.530±5	53 5	0.39~0.42	493~599HV
螺杆		Ⅰ.495±5 Ⅱ.525±5	63 5	0.58~0.65	974~1026HV	弹簧	50CrV	430±10	25~30	0.15~0.3	
小齿轮、垫圈等				0.35~0.4		较大模数齿轮、轴		38CrMoAlA		0.45~0.60	

名称	操作	特点	应用
离子氮化	是利用稀薄的含氮气体的辉光放电现象进行的。气体电离后所产生的氮、氢正离子在电场作用下向零件移动，以很大速度冲击零件表面，氮被零件吸附，并向内扩散形成氮化层 氮化前应经过消除切削加工引起的内应力的人工时效，时效温度低于调质回火温度，高于渗氮温度	与一般渗氮比较：生产周期短，仅为气体渗氮的1/5~1/2；氮化层质量好，脆性低；变形小，可不留磨量或少留磨量；采用简单的机械屏蔽方法，就可实现局部氮化，可省去镀锡或镀镍；不锈钢、耐热钢离子氮化不需预先去除钝化膜，可省去喷砂、酸洗等辅助工序；省电、省氨气，无公害、操作条件好 缺点是零件形状复杂或截面悬殊时很难同时达到统一的硬度和深度	基本上适用于所有的钢铁材料。但含有Al、Cr、Ti、Mo、V等合金元素的合金钢离子氮化后比碳钢离子氮化后的表面硬度高 多用于精密零件以及一些要求耐磨而该种材料（如不锈钢）用其他处理方法又难于达到高的表面硬度的零件，例如磨床主轴、燃油泵螺旋长齿轮、万能工具铣床长齿轮（外径ϕ100mm，长222mm）、发动机排气阀、不锈钢转子外圈、不锈钢螺母、内燃机车合金铸铁缸套以及细长管件（内径15mm，长1m左右）内壁氮化等。下面介绍几种常用材料离子氮化效果，供参考

续表

名称	操作	特点	应用

离子氮化

材料	预先热处理	离子氮化效果 表面硬度 HV5	离子氮化效果 渗层深度 /mm
45	正火	250~400	0.06
T10	球化退火	200~300	0.06
20Cr	正火	600~750	0.20~0.50
20CrMnTr	正火	650~800	0.20~0.50
18Cr2Ni4WA	调质	600~800	0.20~0.50
40Cr	正火	500~700	0.20~0.50
	调质	500~650	
42CrMo	调质	550~700	0.20~0.50
38CrMoAlA	调质	950~1200	0.30~0.60
25Cr3Mo3VNb	调质	1000~1150	0.15~0.30
3Cr2W8	球化退火	650~900	0.15~0.30
	淬火+回火 45~47HRC	1000~1200	0.10~0.25
Cr12MoV	退火	850~950	0.10~0.20
	淬火+回火 60HRC	1000~1200	

材料	预先热处理	离子氮化效果 表面硬度 HV5	离子氮化效果 渗层深度 /mm
5CrNiMo	调质 41HRC	600~750	0.20~0.40
GCr15	淬火+回火 38HRC	550~650	0.20~0.40
CrWMn	退火	350~550	0.20~0.40
	调质	450~650	
	淬火+回火	880~950	0.10~0.25
W18Cr4V	淬火+回火 65HRC	1000~1300	0.02~0.10
2Cr13	调质	950~1200	0.10~0.30
1Cr18Ni9Ti	固溶	950~1200	0.08~0.15
4Cr9Si2	淬火+回火 31HRC	950~1200	0.10~0.30
4Cr14Ni14W2Mo		700~1050	0.06~0.12
HT200	铸态	300~500	0.10~0.30
QT600-3	正火	400~700	0.10~0.30
TC4(钛合金)	退火	850~1600 HV0.05	0.05~0.20
TA7(钛合金)	退火	1000~1800 HV0.05	0.05~0.20

①碳钢渗氮后,表面硬度不高,但从共析温度(590℃)以上渗氮急冷淬火后的表面硬度可达1100HV

②渗氮层深度在0.3mm左右时,处理时间为6~12h;深度超过0.3mm,处理时间则需较大延长

③38CrMoAlA等含铝钢渗氮后留磨量<0.10mm,其他不含铝的合金结构钢渗氮后留磨量<0.05mm

④表面硬度与预先热处理有关,一般正火态比调质态的高;淬火后的回火温度愈低,原始组织硬度愈高,渗氮后的表面硬度也愈高

⑤为降低脆性,高速钢宜采用浅层(0.01~0.025mm)渗氮

名称	操作	特点	应用
碳氮共渗	向工件表面同时渗碳和渗氮的方法 碳氮共渗分气体碳氮共渗、液体碳氮共渗和固体碳氮共渗 按加热温度还可分高温碳氮共渗、中温碳氮共渗和低温碳氮共渗 液体碳氮共渗有毒,已很少采用 非共渗部位的防护,通常采用镀铜。但要求铜层较渗碳用的厚而且更致密一些 低温碳氮共渗(软氮化,500~600℃)以渗氮为主,共渗后一般空冷即可 中温碳氮共渗(氰化,800~860℃)以渗碳为主,共渗后要淬火及低温回火	与渗碳相比: ①共渗层的硬度(约1000HV)比渗碳层略高,并能保持到较高的温度,耐磨性也比渗碳层高 ②耐蚀性高 ③具有较高的疲劳强度 ④零件变形小 ⑤生产周期比渗氮更短 ⑥中、高温氰化表面组织应为氮碳化物的马氏体和屈氏体-马氏体,低碳钢高温碳氮共渗组织与渗碳的相似,由共析和亚共析层组成。碳钢的过渡层为屈氏体-索氏体	碳氮共渗的目的是:提高零件表面的硬度、耐磨性和耐蚀性;提高疲劳强度 低温碳氮共渗(以渗氮为主)主要是为了提高合金工具钢、高速钢制工具、刀具的热硬性、耐磨性,这种碳氮共渗的结果与渗氮相似,共渗层深度可达0.02~0.06mm 中温碳氮共渗主要适用于一般承受压力不很大而只受磨损的中碳结构钢零件。共渗层深度一般为0.3~0.8mm 高温(900~950℃)碳氮共渗(以渗碳为主)主要用于承受压力很大的中碳钢及合金钢的小型结构零件,也可用于低碳钢件代替渗碳,能获得1~2mm的共渗层;中温或高温碳氮共渗用于提高表面硬度、耐磨性和抗疲劳性能 目前,气体碳氮共渗已广泛应用于汽车、拖拉机齿轮及各种标准件的表面强化处理上。汽车调质钢齿轮共渗层深度:轻型汽车0.15~0.25mm;载重汽车0.25~0.35mm

续表

<table>
<tr><th>名称</th><th>操作</th><th>特点</th><th>应用</th></tr>
<tr><td>QPQ或无公害盐浴复合处理</td><td>国外也称无公害盐浴氮碳共渗
清洗→预热→氮化→氧化→清洗→浸油
T 525～580℃ 300～350℃ 氮化 350～400℃ 氧化 抛光 350～400℃ QPQ 预热</td><td>①盐浴复合处理后的工件(未淬火)的耐磨性远远高于高频淬火、渗碳的工件
②可使调质的45钢疲劳强度提高40%以上
③QPQ处理后的工件的耐蚀性比发黑高几十倍到几百倍，比镀硬铬高几倍到十几倍，甚至远远高于镀装饰铬和不锈钢
④可代替很多零件的高频淬火或渗碳淬火-回火-发黑或镀硬铬三道工序，大大节能</td><td>①适用于各种结构钢、工具钢、不锈钢、铸铁和粉末冶金件
②可以大量替代渗碳淬火、高频淬火、易变形件的淬火，代替发黑、镀硬铬、镀装饰铬和某些不锈钢件
③适用于汽车、机车、柴油机、纺织机械、农业机械、机床、齿轮、枪炮、工具、模具等各种要求耐磨、耐蚀、耐疲劳的零件
例如，已淬火的高合金工模具钢处理后的寿命可以提高1~3倍</td></tr>
<tr><td>渗铝</td><td>以铝渗入钢或铸铁表面，形成铝铁化合物或固溶体的过程。目前采用较广的渗铝方法有：
①固体渗铝
②镀层扩散渗铝
③熔融铝渗铝</td><td>渗铝件在850℃下工作具有良好的抗氧化能力。高于800℃时的抗氧化性能优于渗铬
低碳钢管渗铝后，能耐高温氧化和耐硫化氢、二氧化硫、二氧化碳、碳酸、硝酸、液氮、水煤气的腐蚀。特别耐硫化氢腐蚀的能力更为显著</td><td>渗铝的目的是提高钢或铁在高温下的抗氧化性能
常用低碳钢和中碳钢渗铝来代替高合金的耐热钢和耐热合金。可用在800~900℃要求有较高的抗氧化性能的零件。渗铝层深度一般为0.1~1.0mm。近来对于具有相当高的抗高温氧化性能的铁基或铁-镍基高温合金(耐热钢)也采用渗铝，进一步提高高温抗氧化性能。渗铝层深度一般为0.01~0.04mm
渗铝钢管适用于石油、化工、化肥、冶金等方面的管道及容器</td></tr>
<tr><td>渗铬</td><td>向工件表面渗铬，形成一层结合牢固的铬-铁-碳的合金层的过程。渗铬方法有：
①固体渗铬
②气体及半气体渗铬
③液体渗铬</td><td>渗铬零件具有耐蚀、抗氧化、耐磨和较好的抗疲劳性能，兼有渗碳、渗氮和渗铝的优点
渗层深度视材料不同在0.02~0.30mm之间，一般地说，含碳量越高，渗层越浅
高碳钢渗铬层深度仅0.012~0.038mm，硬度约1300HV以上，但脆性大，耐磨，耐酸、碱，耐高温(≤800℃)、耐锈蚀
低碳钢渗铬，表面硬度约为200~300HV，富延展性，可以进行冷变形而不开裂，还可施焊。其耐蚀性能与高铬不锈钢相似</td><td>渗铬在全面提供工件保护性能方面较为突出，不仅有效地应用在化学、冶金等工业代替铬不锈钢，而且也用来保护要求抗磨蚀的精密零件。目前喷气发动机上非铁基合金涡轮机叶片、钼制导弹头也用渗铬来提高其表面抗摩擦和抗氧化的能力
选用渗铬工件用钢时，必须根据用途，考虑采用具有适当碳含量及其合金元素含量的钢种，以便得到合适的渗铬层深度和要求的性能。如液体渗铬，温度在950~1000℃，加热4h，渗铬层深度：低碳钢10约为0.07~0.19mm；中碳钢45约为0.02~0.12mm；高碳钢T10约为0.02~0.07mm</td></tr>
<tr><td>渗硼</td><td>向工件表面渗硼的过程。渗硼可分固体渗硼、液体渗硼、气体渗硼、膏糊渗硼等几种，目前国内应用较多的是液体盐浴渗硼</td><td>渗硼零件具有高的硬度(1400~1800HV)、高的耐磨性和好的红硬性(800℃以下硬度不降低)，并在盐酸、硫酸和碱内具有耐蚀性。而其内部还保持一定的塑性和韧性</td><td>应用在磨蚀条件下工作的零件，例如石油、采矿工业中的高压阀门闸板，煤、水泵的密封套，泥浆泵和深井泵的缸套、活塞杆等
渗铬层薄，而且渗层的硬度梯度太陡，容易造成渗层剥落。渗层深度一般为0.1~0.15mm
钢在不同条件下渗硼所得渗层深度参见下表</td></tr>
</table>

渗硼条件		钢的主要化学成分(质量分数)/%						
温度/℃	时间/h	C0.03	C0.54	C0.40,Cr0.95	C0.04,V1.12	C0.05,Ti1.07	C0.27,Cu1.85	C0.20,Ni12
900	20	0.22	0.18	0.12	0.10	0.10	0.18	—
900	40	0.32	0.26	0.21	0.18	0.11	0.23	0.30
1000	20	0.45	0.26	0.28	0.23	0.18	0.45	0.50

<table>
<tr><td>渗硫</td><td>将工件置于含硫介质中，以低温、中温、高温的适当温度，使硫渗入工件表面，以形成FeS层</td><td>渗硫层硬度虽不高，但减摩作用很好，主要目的是减摩，提高抗咬合能力</td><td>适于刀具的补充处理，以及钢和铸铁制的耐磨、抗咬合零件，如汽轮机凸轮轴、汽车及机床齿轮，冷冲模、缸套、滑动轴承等</td></tr>
<tr><td>硫氮共渗</td><td colspan="2">向工件表面同时渗入硫和氮而形成硫化物(深度小于0.01mm)及氮化物(深度为0.01~0.03mm)的化学热处理工艺。主要目的是减摩，提高抗咬合能力、耐磨性及抗疲劳性</td><td>适用于碳钢、合金钢、高速钢制的工模具、缸套等，以提高其表面硬度(300~1200HV)、抗咬合能力、耐磨性及疲劳强度</td></tr>
<tr><td>硫碳氮共渗</td><td colspan="2">向工件表面同时渗入硫、碳、氮而形成深度小于0.01mm的硫化物和0.01~0.03mm深的碳氮化合物层的化学热处理工艺
有固体粉末法、液体熔盐法、气体法等工艺方法</td><td>适用于碳钢、合金钢、高速钢制的工模具(如铝型材挤压模等)、缸套等，以使工件表面获得高的硬度(600~1200HV)、耐磨性、抗咬合和抗擦伤能力以及疲劳强度</td></tr>
</table>

注：QPQ由成都工具厂提供资料。

形变热处理方法、特点和应用

表 1-6-6

原理	形变热处理是将塑性变形和热处理结合（合理地综合运用形变强化与相变强化），以提高工件的力学性能的复合工艺。其原理是用形变的方法给金属中引进大量的位错①，再用热处理方法将这些位错牢固地钉扎起来，使金属得到包含大量难于移动的位错的相当稳定的组织状态，从而达到更高的强度及塑性（韧性）

名称		操作	特点	应用
低温形变热处理	低温形变淬火	将钢加热至奥氏体状态保持一定时间，急速冷却至 A_{c1} 以下（低于奥氏体再结晶温度）而高于 M_s 的某一中间温度，进行形变然后淬火得到马氏体组织的综合处理工艺称为亚稳奥氏体形变淬火或低温形变淬火	与普通淬火处理相比：①低温形变淬火能在塑性基本保持不变的情况下提高抗拉强度 300～700MPa，有时甚至能提高 1000MPa。例如，Vasco MA 钢经普通热处理后抗拉强度为 2200MPa，屈服强度为 1950MPa，断后伸长率为 8%，低温形变淬火处理后则分别达到 3200MPa、2900MPa 和 8%。②能提高其高温力学性能，从下图可见，低温形变淬火钢在 593℃ 下的抗拉强度比普通淬火钢在 482℃ 下的抗拉强度还高，在 538℃ 的高温抗拉强度与普通淬火钢的常温抗拉强度相当。③低温形变淬火对钢的冲击性能的影响规律尚无统一认识。④适当规范低温形变淬火可适当提高结构钢的疲劳性能	高强度零件，如飞机起落架、火箭蒙皮、高速钢刀具、模具、板簧、炮弹及穿甲弹壳

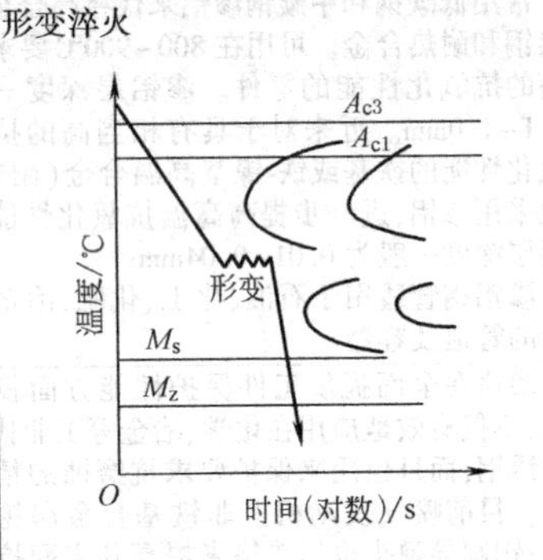

●—91%形变淬火，550℃回火；○—普通淬火，580℃回火

低温形变淬火钢的力学性能

钢种	低温形变淬火			抗拉强度 σ_b/MPa		屈服强度 $\sigma_{0.2}$/MPa		断后伸长率 δ/%	
	形变温度/℃	形变量（体积分数）/%	回火温度/℃	低温形变淬火	普通热处理	低温形变淬火	普通热处理	低温形变淬火	普通热处理
Vasco MA	590	91	570	3200	2200	2900	1950	8	8
V63(0.63C-3Cr-1.6Ni-1.5Si)	540	90	100	3200	2250	2250	1700	8	1
V48(0.48C-3Cr-1.6Ni-1.5Si)	540	90	100	3100	2400	2100	1550	9	5
D6A	590	71	—	3100	2100	2300	1650	6	10
A41(0.41C-2Cr-1Ni-1.5Si)	540	93	370	3750	—	2750	1800	—	—
A47(0.47C-2Cr-1Ni-1.5Si)	540	93	315	3750	—	2750	1900	—	—
H11	500	91	540	2700	2000	2450	1550	9	10
Halcomb 218	480	50	—	2700	2000	2100	1600	9	4.5
B12(0.4C-5Ni-1.5Cr-1.5Si)	540	75	—	2700	2200	1950	1750	7.5	2
Labelle HT	480	65	—	2600	1900	2450	1700	5	6
A31(0.31C-2Cr-1Ni-1.5Si)	540	93	370	2600	—	2600	1600	—	—
A26	540	75	—	2600	2100	1900	1800	9	0
Super Tricent	480	65	—	2400	2200	2100	1800	10	6
AISI 4340	840	71	100	2200	1900	1700	1600	10	10
12Cr 不锈钢	430	57	—	1700	—	1400	—	13	—
12Cr-2Ni	550	80	430	1650	1280	1400	1000	15	21

续表

低温形变热处理

低温形变淬火

低温形变淬火钢的力学性能

钢种	低温形变淬火			抗拉强度 σ_b/MPa		屈服强度 $\sigma_{0.2}$/MPa		断后伸长率 δ/%	
	形变温度/℃	形变量(体积分数)/%	回火温度/℃	低温形变淬火	普通热处理	低温形变淬火	普通热处理	低温形变淬火	普通热处理
12Cr-8.5Ni-0.3C	310	90	—	—	—	1800	420	—	—
24Ni-0.38C	100	79	150	—	—	1750	1350	—	—
25Ni-0.005C	260	79	—	—	—	980	840	—	—
34CrNi4	—	85	—	—	—	2880	2970	12	2
40CrSiNiWV	—	85	—	2760	2000	2260	1660	5.9	5.5
40CrMnSiNiMoV	—	85	—	2800	2110	2250	1840	7.1	8.0
En30B	450	46	250	1820	1520	1340	1070	16	18

各种处理方式对不同碳含量的Cr5Mo2SiV钢冲击韧度的影响

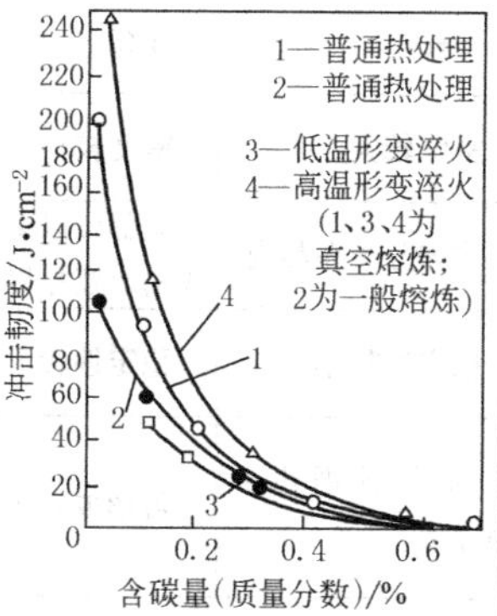

1—普通热处理
2—普通热处理
3—低温形变淬火
4—高温形变淬火
(1、3、4为真空熔炼;2为一般熔炼)

冲击韧度/J·cm⁻²
含碳量(质量分数)/%

钢的疲劳比(σ_{-1}/σ_b)与抗拉强度 σ_b 之间的关系

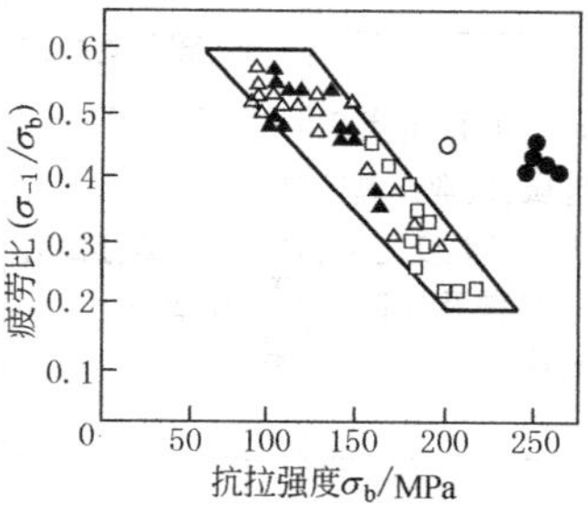

疲劳比(σ_{-1}/σ_b)
抗拉强度σ_b/MPa

△,▲,□—取自不同研究者的数据;
○—H-11钢普通淬火回火;
●—H-11钢低温形变淬火回火

H-11钢低温形变淬火和普通淬火、回火的应力-循环曲线

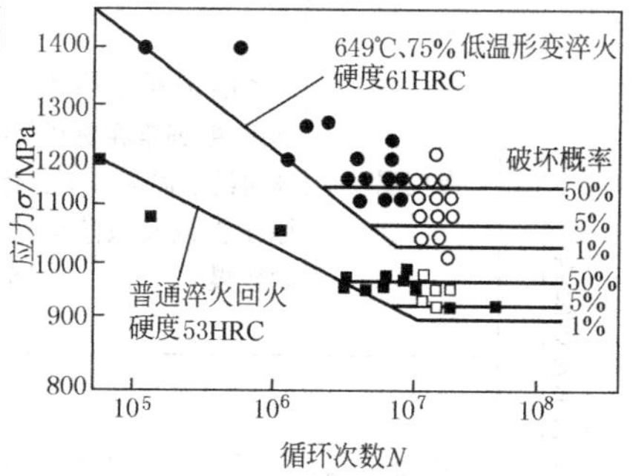

649℃、75%低温形变淬火 硬度61HRC
普通淬火回火 硬度53HRC
破坏概率 50% 5% 1%
应力σ/MPa
循环次数N

●,■—破断;○,□—未破断

名称	操作	特点	应用
低温形变等温淬火	钢在奥氏体化后急冷至最大转变孕育区(500~600℃),施行形变后在贝氏体区等温淬火	在保持较高韧性的前提下,提高强度至2300~2400MPa	热作模具
等温形变淬火	在等温淬火的奥氏体-珠光体或奥氏体-贝氏体转变过程中形变	提高强度,显著提高珠光体转变产物的冲击韧性	适合于等温淬火的小零件,如小轴、小模数齿轮、垫片、弹簧、链节等
连续冷却形变处理	在奥氏体连续冷却转变过程中施行形变	可实现强度与韧性的良好配合	适用于小型精密耐磨、抗疲劳件
诱发马氏体的低温形变	对奥氏体钢施行室温或更低温度的形变(一般为轧制),然后时效	在保证韧性的前提下提高强度	18-8型不锈钢,PH15-7Mo过渡型不锈钢以及TRIP钢
珠光体低温转变	钢丝奥氏体化后在铅浴或盐浴中等温淬火得到细珠光体组织,再施行超过80%形变量的拔丝	使珠光体组织细化、晶粒畸变。冷硬化显著提高强度	制造钢琴丝和钢缆丝
马氏体(回火马氏体、贝氏体)形变时效	对钢在回火马氏体或贝氏体态施行室温形变,最后200℃回火	使屈服强度提高3倍,冷脆温度下降	低碳钢淬成马氏体,室温下形变,最后回火
预形变热处理	钢材室温形变强化,中间软化退火,然后快速淬火、回火	提高强度及韧性,省略预备热处理工序	适用于形状复杂、切削量大的高强钢零件
晶粒多边化强化	钢材于室温或较高温度施行小形变量(0.5%~10%)形变,于再结晶温度加热,使晶粒成稳定多边化组织	提高高温持久强度和蠕变抗力	锅炉紧固件、汽轮机或燃气轮机零件

续表

名称		项目	低温形变淬火	高温形变淬火
低温形变热处理		对钢材要求	过冷奥氏体需有较高稳定性	无特殊要求
			只适用于中、高合金钢	碳钢、低合金钢亦可
			在形变设备能力许可下对载荷无尺寸要求	适用较小截面零件及型材，截面过大则形变时因内热而引起再结晶，影响强化效果
高温形变热处理	高温形变淬火与低温形变淬火的比较 特性	形变温度	$<A_{c1}$的亚稳奥氏体区域，通常在奥氏体再结晶温度以下，原子扩散及缺陷运动较慢	$>A_{c3}$的稳定奥氏体区域，通常在奥氏体再结晶温度之上，原子扩散及缺陷运动较快
		形变前的预冷	奥氏体化后需在特殊设备中快速预冷至形变温度	不需要特殊预冷设备，奥氏体化后可在空气中冷却至形变温度
		有效强化时的形变量	一般大于60%，常为75%~90%	一般较小，为20%~50%
		形变速度	对形变速度没有限制，在过冷奥氏体稳定区内可以尽量减小形变速度	形变速度不能过小，否则再结晶现象严重
		形变设备及工艺安排	形变抗力高，需能力较大的压力加工设备	形变抗力小，普通压力加工设备即可满足要求
			需要设计专门的生产流程	可在压力加工生产线中直接插入淬火、回火工序

项目		低温形变淬火	高温形变淬火
显微组织特征		缺陷（位错）密度大但稳定性较小，多均匀分布在晶内	缺陷密度小但稳定性较大，可按多边化机构形成网络式位错结构
		晶界结构无特殊变化	晶界常呈锯齿状
强化因素	马氏体细化	程度较大	程度较小
	碳化物析出	存在	存在
	点阵缺陷及其结构	密度较大	密度较小
		均匀分布在晶内	大部分以多边化方式构成亚晶界
		稳定性较小	稳定性较大
	晶界状态	难形成锯齿状晶界	可形成锯齿状晶界
强韧化效果	强度	提高较多	提高较少
	塑性	变化不大或略有降低	改善较多
	韧性	略有增减	提高较显著
	冷脆性	脆性转变温度变化不大	脆性转变温度下降
	可逆回火脆	略有抑制	消除可逆回火脆
	不可逆回火脆	无甚影响	减弱不可逆回火脆
	断裂韧度	尚无定论	显著提高
	脆断强度	影响不大	显著提高
	缺口敏感性	影响不大	显著提高
	疲劳性能	提高较少	提高较多
	热强性	多数情况使之降低	可提高短期热强性

续表

名称	操作	特点	应用
高温形变热处理 / 高温形变淬火	将钢加热至稳定奥氏体区保持一段时间，在该温度下形变，随后进行淬火以获得马氏体组织的综合处理工艺称为稳定奥氏体形变淬火或高温形变淬火。例如，精确控制终锻和终轧温度，利用锻、轧余热直接淬火，然后回火 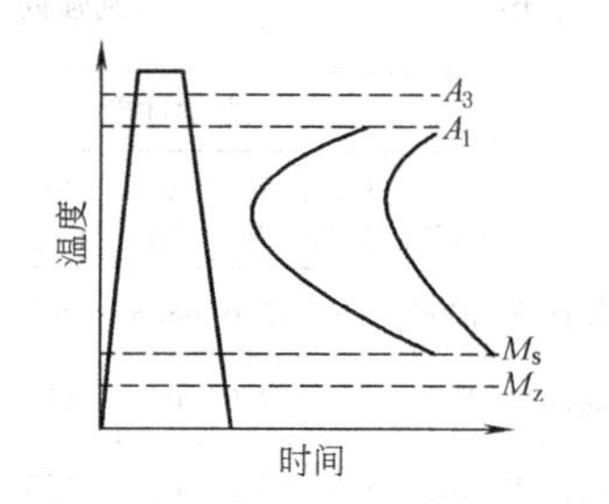 	高温形变淬火辅以适当温度的回火能有效地改善钢材的性能组合，即在提高强度的同时，大大改善其塑性和韧性。如高温形变淬火可提高钢材的裂纹扩散功、冲击疲劳抗力、断裂韧度、疲劳破断抗力、延迟破断裂纹扩展抗力、磨损抗力、接触疲劳抗力(尤其是在超载区)等，从而增加钢件使用的可靠性 它还可降低钢材脆性转变温度及缺口敏感性，在低温破断时呈韧性断口 它对钢材无特殊要求，一般碳钢、低合金钢均可应用 它的形变温度高，形变抗力小，因而在一般压力加工(轧、锻)条件下即可采用，并且极易安插在轧制或锻造生产流程之中 与低温形变淬火相比，高温形变淬火的缺点有：因形变通常是在奥氏体再结晶温度以上的范围内进行的，因而强化程度一般不如低温形变淬火的大；这种工艺适宜在截面较小的材料上进行，否则会因产生大量内热而使再结晶发展，严重影响强化效果 提高强度10%～30%；改善韧性、疲劳抗力、回火脆性、低温脆性和缺口敏感性	高温形变淬火由于能使钢材得到较高的强韧化组合效果以及工艺上极易进行，近年来发展得非常迅速，甚至具有比低温形变淬火更为广阔的前途 适用于加工量不大的碳钢和合金结构钢零件，如连杆、曲柄、叶片、弹簧、农机具及枪炮零件

高温形变淬火钢的力学性能

钢种	高温形变热处理工艺			σ_b/MPa		σ_s/MPa		δ/%	
	形变量/%	形变温度/℃	回火温度/℃	高温形变淬火	普通淬火	高温形变淬火	普通淬火	高温形变淬火	普通淬火
50CrNi4Mo	90	900	100	2700	2400	1900	1750	9	6
50Si2W	50	900	250	2610	2230	2360	1980	6	4
55Si2MoV	50	900	250	2580	2300	2330	2080	6	5
60Si2Ni3	50	950	200	2800	2250	2230	1930	7	5
M75(俄钢轨钢)	35	1000	350	1750	1300	1500	800	6.5	4
Mn13	45	1050	—	1150	1040	430	447	53.3	53.3
45CrMnSiMoV	50	900	315	2100	1875	—	—	8.5	7
20	20	—	200	1400	1000	1150	850	6	4.5
20Si2	40	—	200	1350	1100	1000	800	11	5
40	40	—	200	2100	1920	1800	1540	5	5
40Si2	40	—	200	2280	1970	1750	1400	8	3
60	20	—	200	2330	2060	2200	1500	3.5	2.5
Q235(A3,Cr3)	30	940	—	690	—	635	350	—	—
45CrMnSiNiWTi	40	800～820	100	2410	2100	2160	2000	5	4
20CrMnSiWTi	50	800	—	1760	1520	1560	1340	7.8	8.3
45CrNi	50	950	250	1970	1740	—	—	8.2	4.5
18CrNiW	60	900	100	1450	1150	—	—	—	—
AISI,SAE4340	40	845	95	2250	2230	1690	1470	10	9
55CrMnB	25	900	200	2400	1800	2100	—	4.5	1
40Cr2Ni4SiMo	60	—	—	2500	2000	1900	1350	13	8
47Cr8	75	—	200	2420	1650	2200	1520	8	3.5
55Si2	15～20	—	300	2220	1820	2010	1750	—	—
50SiMn	15～20	—	300	2040	1750	1760	1540	—	—
40CrSiNiWV	85	—	200	2370	2000	2150	1660	8.1	5.9
40Cr2NiSiMoV	95	—	200	2300	1910	2140	1590	9.1	6.4
40CrMnSiNiMoV	85	—	200	2200	1960	1750	1530	10.5	8.3
55Cr5NiSiMoV	85	—	250	2280	2110	1990	1840	9.0	7.1

续表

名称		操作	特点	应用
高温形变热处理	锻热淬火	锻热淬火是在热锻成形后立即淬火，以获得淬火组织的一种将锻造和淬火结合在一起的工艺方法，也叫锻造余热淬火。是一种奥氏体化及形变温度较高（一般在1050~1250℃）的典型高温形变热处理工艺	普通淬火在强度、硬度上升的同时总是伴随着塑性及韧性的下降，但锻热淬火却能得到较高的力学性能的组合，使锻热淬火钢具有优良的拉伸、冲击和疲劳性能。锻热淬火钢的高硬度一直保持到600℃回火以前，其回火抗力很高。以550℃回火为例，锻热淬火可提高硬度13.5%，抗拉强度8%，断后伸长率15%、冲击韧度23%。在同等强度（或硬度）下，锻热淬火钢具有优越的冲击韧性和疲劳性能。同时由于它利用锻后余热还节省了热处理（正火加调质）的重新加热	采用锻热淬火后，可用低价的碳钢代替高价的合金钢，它既能降低热处理成本，减少材料费用，又能确保得到强韧的锻件

力学性能

零件名称	工艺	σ_b /MPa	σ_s /MPa	δ /%	ψ /%	a_k /J·cm^{-2}	硬度
农机耙片（65Mn）	锻热淬火	—				113	49HRC
	普通淬火	—				119.6	49HRC
4115连杆（45）	锻热淬火	820			46	102	260HBS
	普通淬火	770			63	123	221HBS
拖拉机接片（45）	锻热淬火	880		16	47	56	—
	普通淬火	790		17	43	58	—
拖拉机转向臂（45）	锻热淬火	—		—	—	100	255HRC
	普通淬火	—		—	—	105	—
拖拉机立直落管（45）	锻热淬火	785	690	22.5	41	—	22HRC
	普通淬火	840	660	15	32	—	25HRC
拖拉机主动升降臂（45）	锻热淬火	925	778	10.0	42	70	23HRC
	普通淬火	830	635	30.0	57	120	21HRC
拖拉机转向节半轴（45）	锻热淬火	770	680	23	62	92	—
	普通淬火	—	—	—	—	110	—
拖拉机转向臂轴（45）	锻热淬火	860	705	15	20.5	—	18HRC
	普通淬火	755	720	24	59	—	14HRC

零件名称	工艺	σ_b /MPa	σ_s /MPa	δ /%	ψ /%	a_k /J·cm^{-2}	硬度
S195连杆（45）	锻热淬火	1000	—	13.6	48.8	67	302HBS
	普通淬火	841	—	19.6	64	113	294HBS
	锻热淬火	942	829	13.6	61	125	27.8HRC
	普通淬火	867	708	21.6	58.1	123	24.4HRC
K701拖拉机连杆（45）	锻热淬火	1000	—	13.7	44.3	130	290HBS
	普通淬火	745	—	17.2	61	84	280HBS
K701拖拉机吊物（40Cr）	锻热淬火	1130	—	10.7	37.1	88	327HBS
	普通淬火	1002	—	9.6	45.2	57	235HBS
135柴油机连杆（40Cr）	锻热淬火	830	—	21	68	175	250HBS
	普通淬火	770	—	19	66	160	235HBS
高强螺母（20CrMn）	锻热淬火	868	769	24.0	74.3	—	247HBS
	普通淬火	727	655	22	73.2	—	210HBS
履带链板（40Mn）	锻热淬火	870	780	2.0	—	89	268HBS
	普通淬火	800	620	21.8	—	85	246HBS
汽车第一轴凸缘（45）	锻热淬火	846	—	—	—	106	264HBS
	普通淬火	817	—	—	—	106	225HBS

	回火温度/℃	抗拉强度/MPa				断后伸长率/%				冲击韧度/J·cm^{-2}				硬度 HRC			
		锻热淬火	普通淬火	差值	增加率/%	锻热淬火	普通淬火	差值	增加率/%	锻热淬火	普通淬火	差值	增加率/%	锻热淬火	普通淬火	差值	增加率/%
545C（45）钢	500	960	900	60	6.7	8.5	6.1	2.4	39	96	82	14	17	35.2	31.0	4.2	13.5
	550	930	855	75	8.8	9.2	8.0	1.2	15	145	118	27	23	34.0	30.0	4.0	13.3
	600	770	725	45	6.2	11.2	9.0	2.2	24.4	160	146	14	9.6	31.0	27.2	3.8	14.0
	650	750	705	45	6.4	12.0	11.0	1.0	9.1	180	162	18	11.1	26.6	25.6	1.0	3.9
	700	645	610	35	5.7	16.0	12.0	4.0	33	195	180	15	8.3	25.8	25.2	0.6	2.4

名称	操作/特点
	是将钢材的轧制与热处理相结合的一种高温形变热处理工艺，它在组织性能及强韧化机理方面，与锻热淬火一样，均服从一般高温形变淬火的规律。是与锻热淬火相似的方法，各种板材、带材、棒材和管材都可以用此法处理

续表

名称：高温形变热处理——轧热淬火(或称控制轧制)

化学成分(质量分数)/%

钢号	成分序号	C	Mn	Si	S	P	Cr	Ni	Cu
10XHCД	1	0.10	0.59	0.97	0.015	0.024	0.73	0.52	0.57
	2	0.12	0.79	0.98	0.020	0.029	0.81	0.52	0.44
	3	0.08	0.63	0.85	0.028	0.010	0.62	0.55	0.48
	4	0.11	0.72	0.94	0.011	0.015	0.64	0.59	0.53
CT3	1	0.18	0.57	0.26	0.031	0.035	0.10	0.08	0.06
	2	0.19	0.57	0.26	0.030	0.008	0.06	0.06	0.08
	3	0.19	0.48	0.20	0.036	0.008	0.08	0.08	0.05
	4	0.17	0.50	0.23	0.040	0.006	0.08	0.09	0.08

轧后淬火的冷却制度

板厚/mm	终轧温度/℃	淬火温度/℃	耗水量/$m^3 \cdot h^{-1}$ 上喷水管	耗水量/$m^3 \cdot h^{-1}$ 下喷水管	钢板移动速度/$m \cdot s^{-1}$
8	890~950	800~860	715~780	1400~1665	0.75
10~12	980~1010	920~960	715~865	1350~1650	0.50
16~20	960~1060	940~1000	715~920	1300~1900	0.25
25~40	1010~1100	950~1050	950~1200	2000~2700	0.25

标准力学性能

钢板	σ_b/MPa	σ_s/MPa	δ/%	a_k(-40℃)/$J \cdot cm^{-2}$
CT3 ГОСТ 380—1960	440~470	240	25	50
10XHCД ГОСТ 5038—1965	540	400	—	50

力学性能

钢号	成分序号	板厚/mm	钢板处理状态	σ_b/MPa	σ_s/MPa	δ/%	ψ/%	a_k(时效前)/$J \cdot cm^{-2}$	a_k(时效后)/$J \cdot cm^{-2}$
10XHCД(俄罗斯钢号,相当于我国10CrNiSiCu)	1	10	淬火机上快冷	820~990	720~840	12~19	—	30~35	35~40
		10	热轧	540~560	400~420	15~25	22~23	24~35	26~38
		20	淬火机上快冷	890~1010	750~840	7.5~14	41~58	35~60	41~63
		20	补充回火	690~730	550~640	19~22	—	50~40	55~104
		20	热轧	570~580	410~450	24~30	58~64	15~20	21~26
		20	淬火压床上快冷	720~820	680~750	16~20	54~61	25~35	30~41
	2	12	淬火机上快冷	760~890	630~750	15~12	—	45~52	49~56
		12	热轧	560~580	400~420	26~30	—	20~32	23~36
		20	淬火机上快冷	880~970	720~850	8.8~14.5	45~54	—	—
		20	淬火压床上冷却	700~790	650~680	12~21	—	45~90	48~95
	3	25	淬火机上快冷	690~790	570~670	9~18	30~42	45~50	51~56
		25	补充回火	570~610	430~490	19~25	—	55~100	60~101
		25	热轧	470~490	300~350	25~26	50~52	20~25	24~28
	4	20	淬火机上快冷	820~1080	700~860	12~20	30~55	31~45	34~49
		20	热轧	480~490	320~340	26~29	55~57	23~31	28~56
		20	淬火压床上冷却	720~820	590~720	8~9	38~58	28~40	34~61
CT3(俄罗斯钢号,相当于我国Q235)	1	10	淬火机上快冷	590~700	400~560	8~20	34~38	53~82	57~68
		20	淬火机上快冷	630~670	470~570	14~19	38~57	31~42	35~46
		20	淬火机上快冷,补充回火	530~580	380~450	21~31	—	35~58	40~63
		20	热轧	470~480	310~330	26~28	50~57	30~38	35~45
	2	12	淬火机上快冷	540~640	360~450	12~24	—	60~96	63~102
		12	热轧	450~490	300~350	30~31	53~55	13~43	38~45
		20	淬火机上快冷	570~590	390~480	12~24	—	30~80	33~82
		20	淬火压床上快冷,补充回火	500~590	340~410	20~27	51~58	40~88	42~91
		20	热轧	490~510	270~310	25~31	—	28~31	31~85
	3	20	回火压床上冷却	520~550	380~400	20~28	46~61	30~60	35~64
		20	淬火机上快冷	650~700	500~550	12~19	44~47	20~49	23~52
		20	淬火机上快冷,补充回火	480~570	360~440	19~29	50~56	35~53	39~58
		20	热轧	480~490	320~340	26~29	55~57	21~25	24~28
	4	16	淬火机上快冷	580~720	430~570	13~19	42~57	27~65	31~70
		16	淬火机上快冷,补充回火	520~550	420~470	21~26	—	40~60	45~46
		16	热轧	460~470	300~340	26~30	52~55	21~25	24~30

续表

类别	名称	操作	特点	应用
高温形变热处理	高温形变正火	适当降低终锻、终轧温度，然后空冷、或强制空冷、或等温空冷	提高钢材韧性，降低脆性转变温度，提高疲劳抗力	适用于改善以微量元素V、Nb、Ti强化的建筑结构材料塑性和碳钢及合金结构钢锻件的预备热处理
	高温形变等温淬火	利用锻、轧后余热施行珠光体区域或贝氏体区域内的等温淬火	提高强度及韧性	用于0.4%C钢缆绳高碳钢丝及小型紧固件
	亚温形变淬火	在A_{c1}和A_{c3}间施行形变淬火	明显改善合金结构钢脆性，降低冷脆阈	在严寒地区工作的构件和冷冻设备构件
	利用形变强化遗传性的热处理	用高温或低温形变淬火使毛坯强化，然后施行中间软化回火，以便于切削加工，最后二次淬火，低温回火，可再现形变强化效果	提高强度和韧性，取消毛坯预备热处理工艺	适用于形状复杂、切削量大的高强钢零件
表面形变热处理	是表面形变强化工艺，如喷丸强化、滚压强化等；与零件整体热处理强化或表面热处理强化相结合的工艺			
	表面高温形变淬火	用高频或盐浴使工件表层加热至A_{c1}或A_{c3}以上，施行滚压强化淬火	显著提高零件疲劳强度和耐磨性及使用寿命	高速传动轴、轴承套圈等圆柱形或环形零件，履带板和机铲等磨损零件

9Cr钢表面高温形变淬火后接触疲劳强度与滚压力的关系

1—形变温度950~970℃；
2—形变温度900~920℃

9Cr钢接触疲劳曲线的对比

1—普通高频感应加热淬火；
2—950℃滚压形变（滚压力650kN，160~180℃回火）

9Cr钢表面高温形变淬火后的力学性能

形变温度/℃	弯矩/kN·m	抗弯强度σ_{bb}/MPa	挠度f/mm	强化层深度/mm	硬度HRC
850	3133/3194	3747/3790	18.7/17.5	3.0/2.7	67/66
900	3270/3318	3932/3940	18.2/17.7	5.0/4.5	68/67
950	3044/3518	3714/4438	13.7/16.6	穿透	66/66
1000	2911/3268	3431/3842	10.0/9.3	穿透	66/67

① 拉拔速度0.5m/min，140℃回火1.5h。

②分子的形变量为10%，分母的形变量为15%。

续表

名称	操　　作	特　　点	应用

高温形变热处理 — 表面形变热处理

40、40Cr钢表面形变淬火后的接触疲劳极限与滚压力的关系（形变温度950℃，回火温度180～200℃）

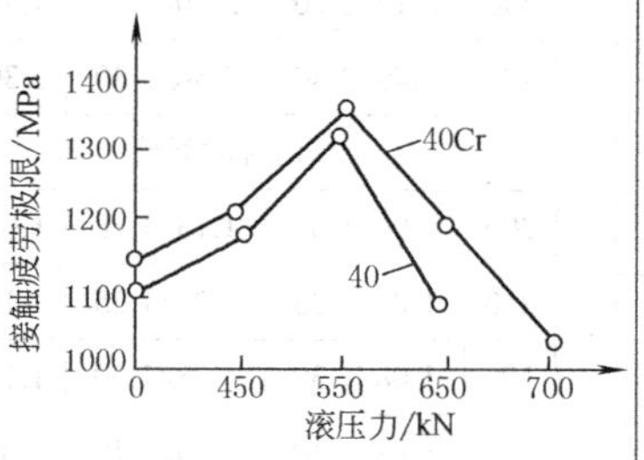

40、65Mn钢耐磨性与滚压力间的关系

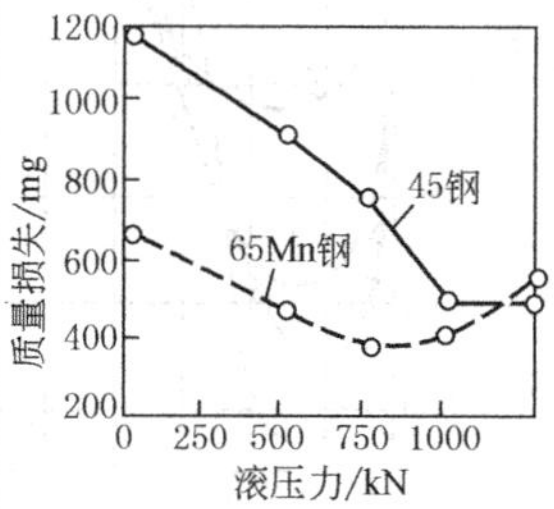

40Cr钢经各种处理后的接触疲劳极限

处理工艺	硬度 HRC	接触疲劳极限/MPa
整体淬火，低温回火	46～48	940
整体淬火，低温回火，喷丸强化	49～51	1080
高频感应加热淬火，低温回火	51～53	1180
高频感应加热淬火，低温回火喷丸强化	54～56	1233
高温滚压淬火，950℃，550N，180～200℃回火	50～52	1270

钢体表面高温形变淬火后的表面粗糙度（Ra）与原始粗糙度（Ra_0）及形变力间的关系

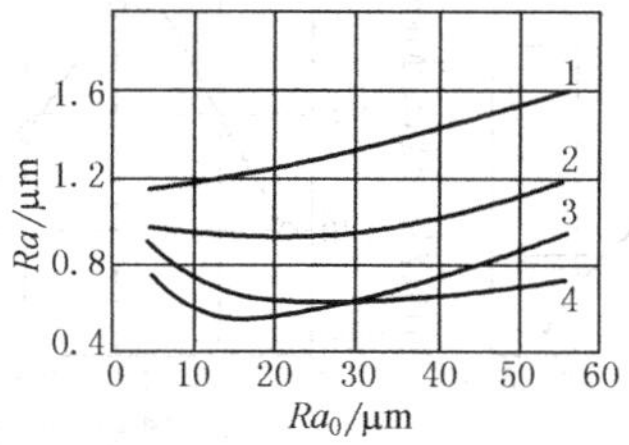

1—600kN；2—800kN；3—1000kN；4—1200kN

表面高温形变淬火可明显改善钢的表面粗糙度，从而能提高疲劳极限

40Cr钢表面高温形变淬火后的强化层深度和相对耐磨性

项目	滚压力/kN	形变温度850℃ 形变时间6s	形变温度850℃ 形变时间8s	形变温度950℃ 形变时间6s	形变温度950℃ 形变时间8s	形变温度950℃ 形变时间10s
强化层深度/mm	600	2.10	1.10	2.30	2.00	1.66
	800	2.10	2.00	2.50	2.20	1.90
	1000	2.90	2.30	3.00	2.70	2.40
	1200	3.70	2.90	3.90	3.50	3.10
相对耐磨性	600	1.00	0.97	1.13	0.91	0.80
	800	1.19	1.00	1.34	1.09	0.93
	1000	1.30	1.16	1.43	1.23	1.04
	1200	1.16	1.10	1.21	1.04	0.90

由9Cr钢接触疲劳曲线的对比可看出，与普通高频感应加热淬火相比，表面高温形变淬火能够有效地提高接触疲劳强度。随着滚压力（亦即表面形变量）的增大，表面破损的接触循环次数先增后减，到650N时为最大值，在最佳处理条件下，对应10^7循环次数的接触疲劳极限从普通处理时的2000MPa提高到2250MPa，而在小于10^7循环次数的范围内，接触疲劳寿命可以提高2.5～5倍

名称	操作	特点
预冷形变表面形变热处理	给工件预先施加压力再进行表面形变淬火	可使工件形成高的残余压应力，可显著提高其抗疲劳能力、表面粗糙度和耐磨性

续表

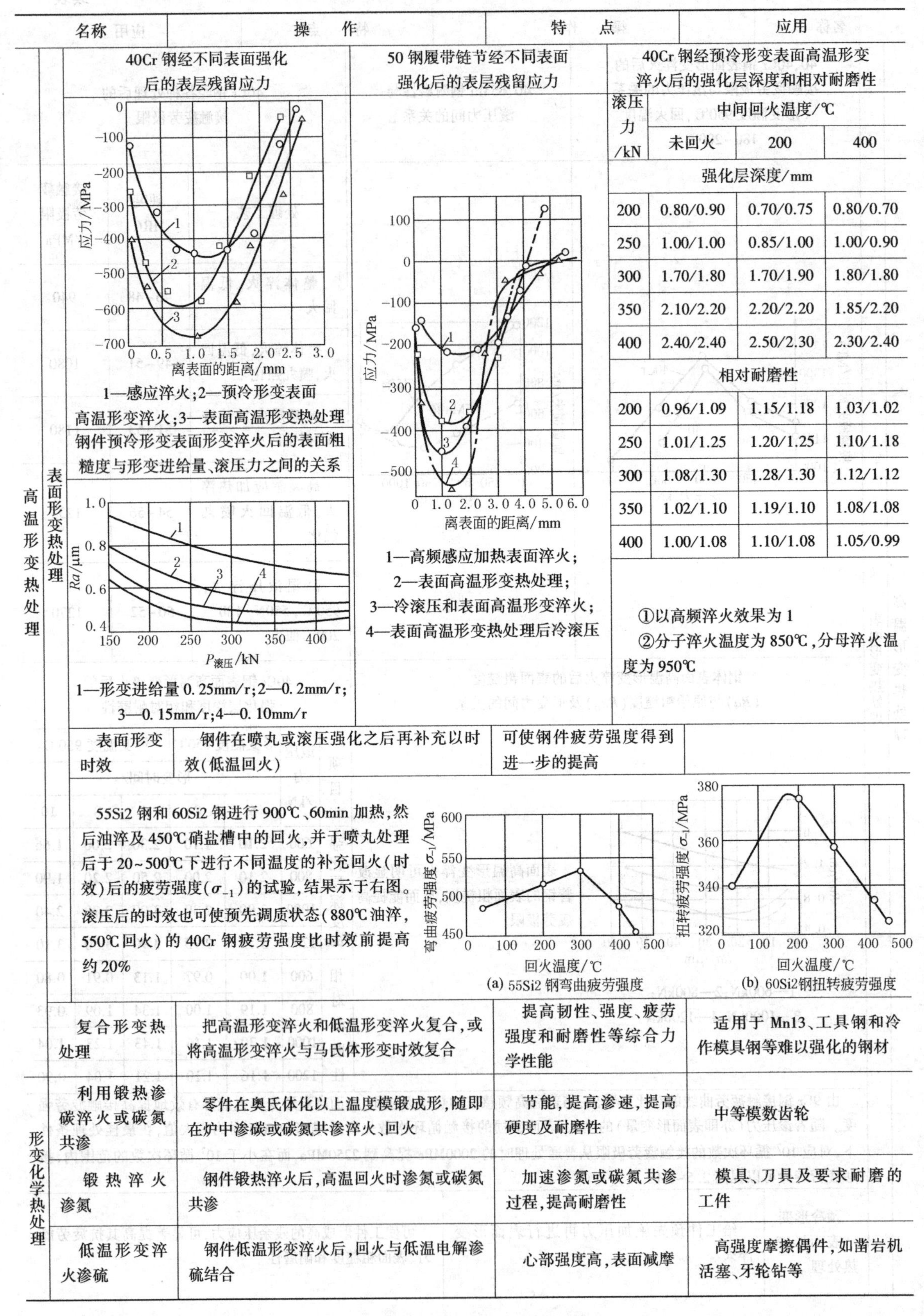

名称		操作	特点	应用
高温形变热处理	表面形变热处理	40Cr钢经不同表面强化后的表层残留应力；钢件预冷形变表面形变淬火后的表面粗糙度与形变进给量、滚压力之间的关系；50钢履带链节经不同表面强化后的表层残留应力；40Cr钢经预冷形变表面高温形变淬火后的强化层深度和相对耐磨性（见下）		
	表面形变时效	钢件在喷丸或滚压强化之后再补充以时效(低温回火)	可使钢件疲劳强度得到进一步的提高	
		55Si2钢和60Si2钢进行900℃、60min加热，然后油淬及450℃硝盐槽中的回火，并于喷丸处理后于20~500℃下进行不同温度的补充回火(时效)后的疲劳强度(σ_{-1})的试验，结果示于右图。滚压后的时效也可使预先调质状态(880℃油淬，550℃回火)的40Cr钢疲劳强度比时效前提高约20%		
	复合形变热处理	把高温形变淬火和低温形变淬火复合，或将高温形变淬火与马氏体形变时效复合	提高韧性、强度、疲劳强度和耐磨性等综合力学性能	适用于Mn13、工具钢和冷作模具钢等难以强化的钢材
形变化学热处理	利用锻热渗碳淬火或碳氮共渗	零件在奥氏体化以上温度模锻成形，随即在炉中渗碳或碳氮共渗淬火、回火	节能，提高渗速，提高硬度及耐磨性	中等模数齿轮
	锻热淬火渗氮	钢件锻热淬火后，高温回火时渗氮或碳氮共渗	加速渗氮或碳氮共渗过程，提高耐磨性	模具、刀具及要求耐磨的工件
	低温形变淬火渗硫	钢件低温形变淬火后，回火与低温电解渗硫结合	心部强度高，表面减摩	高强度摩擦偶件，如凿岩机活塞、牙轮钻等

40Cr钢经不同表面强化后的表层残留应力

1—感应淬火；2—预冷形变表面高温形变淬火；3—表面高温形变热处理

钢件预冷形变表面形变淬火后的表面粗糙度与形变进给量、滚压力之间的关系

1—形变进给量0.25mm/r；2—0.2mm/r；3—0.15mm/r；4—0.10mm/r

50钢履带链节经不同表面强化后的表层残留应力

1—高频感应加热表面淬火；2—表面高温形变热处理；3—冷滚压和表面高温形变淬火；4—表面高温形变热处理后冷滚压

40Cr钢经预冷形变表面高温形变淬火后的强化层深度和相对耐磨性

滚压力/kN	中间回火温度/℃ 未回火	200	400
	强化层深度/mm		
200	0.80/0.90	0.70/0.75	0.80/0.70
250	1.00/1.00	0.85/1.00	1.00/0.90
300	1.70/1.80	1.70/1.90	1.80/1.80
350	2.10/2.20	2.20/2.20	1.85/2.20
400	2.40/2.40	2.50/2.30	2.30/2.40
	相对耐磨性		
200	0.96/1.09	1.15/1.18	1.03/1.02
250	1.01/1.25	1.20/1.25	1.10/1.18
300	1.08/1.30	1.28/1.30	1.12/1.12
350	1.02/1.10	1.19/1.10	1.08/1.08
400	1.00/1.08	1.10/1.08	1.05/0.99

①以高频淬火效果为1

②分子淬火温度为850℃，分母淬火温度为950℃

(a) 55Si2钢弯曲疲劳强度

(b) 60Si2钢扭转疲劳强度

续表

名称		操　作	特　点	应用
形变化学热处理	渗碳件表面形变时效	渗碳、渗氮、碳氮共渗零件渗后在常温下施行表面喷丸或滚压，随后低温回火，使表面产生形变时效作用	显著提高零件表面硬度、耐磨性，使表面产生压应力，明显提高疲劳抗力	航空发动机齿轮、内燃机缸套等耐磨及疲劳性能要求极高的零件
	渗碳表面形变淬火	用高频电流加热渗碳件表面，然后施行滚压强化，也可在渗碳后直接进行滚压强化	零件表面可以获得极高的耐磨性	齿轮等渗碳件

① 位错——晶体中常见的一维缺陷（线缺陷），在透射电子显微镜下金属薄膜试样衍射像中表现为弯曲的线条。

1.3 常用材料的热处理

材料在热处理中的特性

表 1-6-7

特性	含义及影响	设计中如何考虑
淬透性（可淬性）	指钢接受淬火的能力 不同的钢种，接受淬火的能力不同，因而淬成马氏体（指结构钢和工具钢）组织的深度（淬透层深度）也不同，钢的淬透层深度愈大，表明该钢种的淬透性愈好 淬透性不同的钢，淬火后得到的淬透层深度、金相组织以及沿截面分布的力学性能都不同。以回火至同一硬度水平来比较，淬透性大的钢，其力学性能沿截面是均匀分布的；而淬透性小的钢，心部力学性能低，特别是 σ_s、a_k 值显著下降。但全部淬透的工件，通常表面残留拉应力，对工件承受疲劳不利，工件热处理中也易变形开裂。未淬透工件则表面可残留压应力，反而有一定好处 淬透层深度是指由淬火表面马氏体到50%马氏体+50%珠光体层的深度 钢的淬透性通常用淬透性曲线图来表示，并用临界淬透直径 D_c 来比较各种钢材的淬透性大小 钢心部能淬透［淬透，大多数是指心部达到半马氏体，也有个别（工具钢）指心部达到90%或95%的马氏体］的最大直径，称为该种钢的“临界淬透直径” 临界淬透直径 D_c 越大，淬透性越好。淬透性值以 $J\frac{HRC}{d}$ 表示，d 表示至水冷端的距离，HRC 为该处测得的硬度值	淬透性大小受钢的化学成分、奥氏体的均匀度、奥氏体化温度和奥氏体晶粒度等因素的影响而变化，但与工件尺寸大小等无关；淬透层深度则除受以上这些因素影响外，还受冷却速度、冷却剂和工件尺寸大小等因素的影响，两者有密切的关系，但其概念不同，不能混淆，例如不能笼统地认为一个淬透了的小尺寸零件的淬透性就一定比一个未淬透的大尺寸零件的淬透性大。钢的淬透性是选择材料和热处理工艺的主要根据之一。必须注意： ①要根据零件不同的工作条件合理确定对钢的淬透性要求，并不是所有场合都要求淬透，或者淬透都是有益的 ②设计大截面或形状复杂的重要构件采用多元合金钢，可保证沿整个截面具有高强度和高韧性的配合，获得综合力学性能，减少淬火变形或避免开裂 ③零件尺寸越大，内部热容量越大，淬火时零件冷却速度越慢，因此，淬透层越薄，性能越差，例如同样的40Cr钢经调质后，当直径为30mm时，$\sigma_b \geqslant 900$MPa，直径为120mm时，$\sigma_b \geqslant 750$MPa，直径为240mm时，$\sigma_b \geqslant 650$MPa，这种现象叫做“钢材的尺寸效应”。但是淬透性大的钢，尺寸效应不明显，如合金元素总量在3%～6%之间的多元合金，在大截面的条件下，仍能保证较高的综合力学性能。查阅手册注意，不能根据小尺寸试样测定的性能指标，用于大尺寸零件的强度计算 ④由于碳钢的淬透性低，有时在设计大尺寸零件时，用碳钢正火比用碳钢调质更经济，而效果相似。例如设计尺寸为 ϕ100mm，用45钢调质达到 $\sigma_b = 610$MPa，正火也能达到 $\sigma_b = 600$MPa ⑤直径较大并具有几个台阶的传动轴，需经调质处理时，考虑到淬透性影响，应先粗车成形，然后调质。如果以棒料先调质，再车外圆，由于直径大，表面淬透层浅，阶梯轴尺寸较小的部分，调质后的组织在粗车时可能被车去，起不到调质作用

部分常用钢材的淬透性值和临界淬透直径

钢　号	淬透性值 $J\frac{HRC}{d}$	$D_{c水}$（20℃）	$D_{c油}$（矿物油）	钢　号	淬透性值 $J\frac{HRC}{d}$	$D_{c水}$（20℃）	$D_{c油}$（矿物油）
20Mn2	J 33/5	26(23)	12(13.5)	40Cr	J 43/7.5	36(32)	20(21)
20MnTiB	J 33/8	38(34)	21(22)	40CrMn	J 43/12	51(47)	36(34)
20MnVB	J 33/15	61(57)	43(42)	40CrV	J 43/10	45(40)	27(29)
20Cr	J 33/5	26(23)	12(13.5)	40Mn2	J 43/9	41(36)	25(26)
20CrMnB	J 33/17	66(64)	45(47)	35SiMn	J 40/9	41(36)	25(26)
20CrMoB	J 33/12	51(47)	36(34)	30CrMnSi	J 40/15	61(57)	43(42)
20CrNi	J 33/9	41(36)	25(26)	30CrMnTi	J 40/12	51(47)	36(34)
20CrMnMoVB	J 33/18	68(66)	48(50)	20CrMnTi	J 33/9	41(36)	25(26)
20SiMnVB	J 33/20	75(71)	54(56)	30CrMo	J 40/10	45(40)	27(29)
12CrNi3	J 30/30	—	78(84)	40Cr2MoV	J 43/15	61(57)	43(42)
12Cr2Ni4	J 30/33	—	84(96)	40MnB	J 43/15	61(57)	43(42)
45	J 43/3	16(15)	8(8.5)	40MnVB	J 43/18	71(66)	51(50)

续表

<table>
<tr><th>特性</th><th colspan="4">含义及影响</th><th colspan="4">设计中如何考虑</th></tr>
<tr><td rowspan="16">淬透性（可淬性）</td><td colspan="8">部分常用钢材的淬透性值和临界淬透直径</td></tr>
<tr><td>钢号</td><td>淬透性值 $J\frac{HRC}{d}$</td><td>$D_{c水}$（20℃）</td><td>$D_{c油}$（矿物油）</td><td>钢号</td><td>淬透性值 $J\frac{HRC}{d}$</td><td>$D_{c水}$（20℃）</td><td>$D_{c油}$（矿物油）</td></tr>
<tr><td>40CrMnB</td><td>J 43/22</td><td>84(77)</td><td>60(62)</td><td>GCr15</td><td>J 55/9</td><td>41(36)</td><td>25(26)</td></tr>
<tr><td>40CrMnMoVB</td><td>J 43/39</td><td>—</td><td>94(115)</td><td>GCr15SiMn</td><td>J 55/18</td><td>71(66)</td><td>51(50)</td></tr>
<tr><td>40CrNi</td><td>J 43/21</td><td>80(76)</td><td>58(60)</td><td>9Mn2V</td><td>J 55/13.5</td><td>57(52)</td><td>38(37)</td></tr>
<tr><td>40CrNiMo</td><td>J 43/23</td><td>87(78)</td><td>66(63)</td><td>5SiMnMoV</td><td>J 45/6</td><td>31(28)</td><td>15(17)</td></tr>
<tr><td>65</td><td>J 50/9.5</td><td>43(39)</td><td>26(28)</td><td>5Si2MnMoV</td><td>J 45/21</td><td>81(76)</td><td>59(60)</td></tr>
<tr><td>65Mn</td><td>J 50/10</td><td>45(40)</td><td>27(29)</td><td>9SiCr</td><td>J 55/12</td><td>51(47)</td><td>36(34)</td></tr>
<tr><td>55Si2Mn</td><td>J 50/6.5</td><td>32(29)</td><td>16(18)</td><td>Cr2</td><td>J 55/12</td><td>51(47)</td><td>36(34)</td></tr>
<tr><td>50CrV</td><td>J 45/15</td><td>61(57)</td><td>43(42)</td><td>CrMn</td><td>J 55/6</td><td>31(28)</td><td>15(17)</td></tr>
<tr><td>50CrMn</td><td>J 45/17</td><td>66(64)</td><td>45(47)</td><td>CrW</td><td>J 55/5.5</td><td>28(25)</td><td>17(15)</td></tr>
<tr><td>50CrMnV</td><td>J 45/33</td><td>—</td><td>84(96)</td><td>9CrV</td><td>J 55/7</td><td>35(31)</td><td>18(19)</td></tr>
<tr><td>T9</td><td>J 55/5</td><td>26(23)</td><td>12(13.5)</td><td>9CrWMn</td><td>J 55/32</td><td>—</td><td>80(90)</td></tr>
<tr><td>GCr9</td><td>J 55/7.5</td><td>32(33)</td><td>20(21)</td><td>CrWMn</td><td>J 55/13.5</td><td>57(52)</td><td>38(37)</td></tr>
<tr><td>GCr9SiMn</td><td>J 55/14</td><td>58(55)</td><td>39(40)</td><td></td><td></td><td></td><td></td></tr>
<tr><td>淬硬性</td><td colspan="4">指钢在正常淬火条件下，以超过临界冷却速度所形成的马氏体组织能够达到的最高硬度，又叫淬硬性</td><td colspan="4">淬硬性不同于淬透性，它主要与含碳量有关，含碳量愈高，淬火后硬度愈高，而合金元素对其无显著影响。所以，淬火硬度高的钢不一定淬透性就高，而硬度低的钢也可能具有高的淬透性</td></tr>
<tr><td>过热、过烧敏感性</td><td colspan="4">温度过高引起奥氏体晶粒粗大叫过热，温度更高不仅晶粒粗大，而且晶间因氧化而出现氧化物或局部熔化叫过烧</td><td colspan="4">奥氏体晶粒长大往往使钢在冷却后的力学性能降低，特别是冲击韧性变坏，甚至在淬火时会形成裂纹。本质粗晶粒钢的过热敏感性大，本质细晶粒钢只有在加热到930~950℃以上晶粒才显著长大，过热可通过适当热处理挽救，过烧工件只能报废</td></tr>
<tr><td>回火稳定性、热稳定性</td><td colspan="4">指回火时减慢钢的组织和性能的变化，使淬火钢在较高温度回火后仍能保持较高硬度
热稳定性是指硬化后的钢在较高温度（600℃左右）长时间保持时抗软化的能力。对于在较高温下工作的零件这种特性非常重要，如热作模具钢零件</td><td colspan="4">回火稳定性好的钢，可在较高的温度回火，使韧性增加，内应力消除更完善。合金钢的回火稳定性比碳钢好。因此，要达到同一回火硬度时，合金钢的回火温度比碳钢高，回火时间比碳钢长，故回火后，合金钢的内应力比碳钢小，韧性比碳钢好。对于要求内应力尽量消除完全（因而回火温度要高一些），但强度指标又要损失小一些的零件（如弹簧等），就应采用回火稳定性较好的材料</td></tr>
<tr><td>变形开裂倾向</td><td colspan="4">指钢在加热和冷却过程，产生热应力和组织应力，其综合作用引起超过钢的 σ_s 或 σ_b 而产生变形开裂的倾向</td><td colspan="4">加热或冷却速度太快，加热和冷却不均匀，以及奥氏体向马氏体转变过程中体积的变化，都会造成零件的热应力和组织应力，因此：①零件设计应尽量避免尖角和厚薄断面的突然变化；②采用分级淬火、等温淬火或双液淬火等方法，可降低应力，减少变形，试验表明，如GCr15钢套管分级淬火时，比油淬时的外径变形可减少一半</td></tr>
<tr><td>尺寸稳定性</td><td colspan="4">指零件在长期存放或使用中不变形的性能。这对于精密零件等是极为重要的</td><td colspan="4">引起尺寸变化的主要原因是内应力的存在，以及残余奥氏体的分解，因此，设计精密度高的零件和量具时，必须进行稳定化处理，如淬火后进行冷处理以减少残余奥氏体的含量，或低温时效，使马氏体趋向稳定并减少内应力，以稳定尺寸（适量的奥氏体存在，可减少组织应力，从而也可减少淬火变形）</td></tr>
<tr><td>回火脆性</td><td colspan="4">指钢在某个温度范围回火时，发生冲击韧性降低的现象
产生回火脆性的钢，不仅室温下的冲击韧性较正常钢为低，而且使钢的冷脆温度大大提高</td><td colspan="4">当回火温度在250~400℃时，会引起钢的脆性，称为第一类回火脆性，它一产生就不易消除，故又称不可逆回火脆性。因此，在热处理时很少采用250~400℃温度回火。一般认为碳钢的第一类回火脆性影响不大，但弹簧一般多在350~500℃回火，则只有根据需要与可能，首先保证弹簧要求性能的主要方面
某些合金钢（Cr钢、Cr-Ni钢、Cr-Mn钢）在450~575℃或更高温度回火后，缓冷，还会出现第二类回火脆性，又称可逆回火脆性，即可以再次回火后，快冷消除。对于难以快冷的大截面零件可加入Mo0.3%~0.4%或W0.8%~1.2%，来防止回火脆性</td></tr>
<tr><td>氧化脱碳敏感性</td><td colspan="8">氧化是工件在氧化性气氛和未脱碳的盐浴中加热时，气氛中的 O_2 与 Fe 发生化学反应形成 FeO、Fe_2O_3、Fe_3O_4 等氧化物，俗称氧化皮。脱碳是钢中的碳（溶于奥氏体中的碳和形成碳化物的碳）被氧化烧损的现象。脱碳除了氧的作用外，水蒸气和二氧化碳也引起脱碳。在含有0.05%水汽还原性气氛中，也会脱碳
氧化使工件表面粗糙，淬火时阻碍冷却介质与工件的热交换，降低冷却速度，形成软点、硬度不足等缺陷。脱碳改变了表层的化学成分，使工件淬火后硬度下降，形变量增加，对工件淬火回火后的力学性能尤其是疲劳性能也有极坏的负面影响。对于渗氮工件，表面脱碳使渗氮层脆性增加。脱碳也是引起裂纹的主要原因，因为脱碳层相变延迟可产生巨大的拉应力
为此，现代热处理已大都采用可控气氛炉、真空炉、脱氧干净的盐浴炉或流态床等先进热处理设备
Si对钢的氧化脱碳敏感性影响较大，故含Si钢如9SiCr、4Cr5MoSiV1、4Cr5MoSiV等氧化脱碳敏感性大，热处理时应注意</td></tr>
</table>

注：括号内数值是根据淬透性曲线图和淬透性标准图查得的数据。

淬透性曲线图及其应用

淬透性曲线一般都要实测，也可根据炉号成分按下列统计公式计算。

当 C≤0.28%：$J6\sim40=87C+14Cr+5.3Ni+29Mo+16Mn-17\sqrt{d}+1.4d+22$

当 C≥0.29%：$J6\sim40=78C+22Cr+21Mn+6.9Ni+33Mo-16.3\sqrt{d}+1.13d+18$

$J6\sim40$ 表示试样端淬距离 d 在 6~40mm 范围内时任一 d 值部位的硬度 HRC；d 为端淬距离，即至水冷端的距离（mm）。公式适用于含 0.1%~0.6%C，0.2%~1.88%Mn，0~9%Ni，0~1.97%Cr，0~0.53%Mo，0~3.8%Si 的钢种。

（1）各种常用钢种的淬透性曲线图[1]

相同淬火硬度的棒料直径/mm
硬度部位
淬火
97
表 面
28 51 74 97 122 147 170
距中心(3/4)R
水淬
18 31 41 51 61 71 81 91 99
中 心
20 46 64 76 86 97
表 面
13 25 41 51 61 71 81 91 102
距中心(3/4)R
油淬
5 15 25 36 43 51 61 71 79
中 心
硬度 HRC
至水冷端的距离/mm

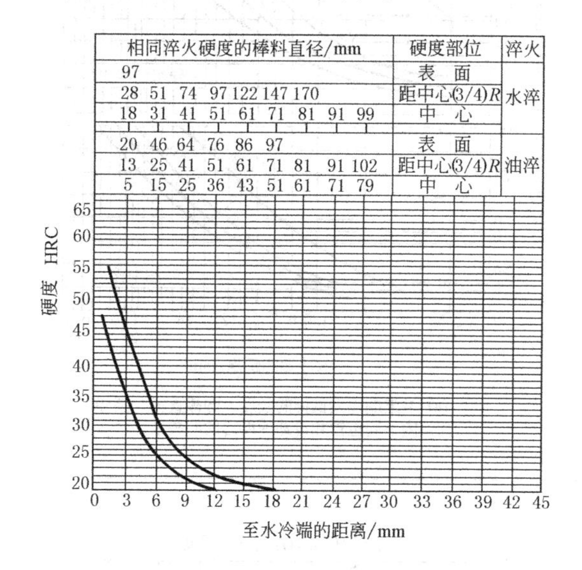

图 1-6-2 45 钢淬透曲线

相同淬火硬度的棒料直径/mm
硬度部位
淬火
97
表 面
28 51 74 97 122 147 170
距中心(3/4)R
水淬
18 31 41 51 61 71 81 91 99
中 心
20 46 64 76 86 97
表 面
13 25 41 51 61 71 81 91 102
距中心(3/4)R
油淬
5 15 25 36 43 51 61 71 79
中 心
硬度 HRC
至水冷端的距离/mm

图 1-6-4 65Mn 钢淬透曲线

相同淬火硬度的棒料直径/mm
硬度部位
淬火
97
表 面
28 51 74 97 122 147 170
距中心(3/4)R
水淬
18 31 41 51 61 71 81 91 102
中 心
20 46 64 76 86 97
表 面
13 25 41 51 61 71 81 91 102
距中心(3/4)R
油淬
5 15 25 36 43 51 61 71 79
中 心
硬度 HRC
至水冷端的距离/mm

图 1-6-3 40Cr 钢淬透曲线

相同淬火硬度的棒料直径/mm
硬度部位
淬火
97
表 面
28 51 74 97 122 147 170
距中心(3/4)R
水淬
18 31 41 51 61 71 81 91 99
中 心
20 46 64 76 86 97
表 面
13 25 41 51 61 71 81 91 102
距中心(3/4)R
油淬
5 15 25 36 43 51 61 71 79
中 心
硬度 HRC
至水冷端的距离/mm

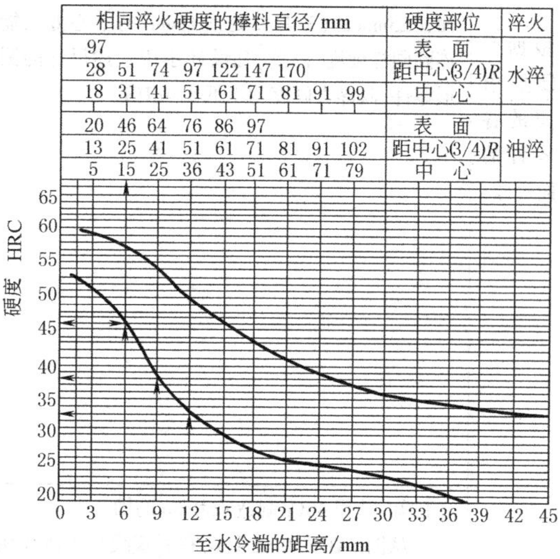

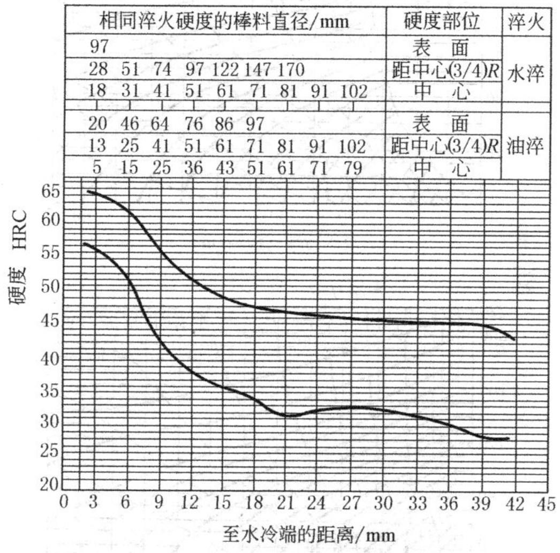

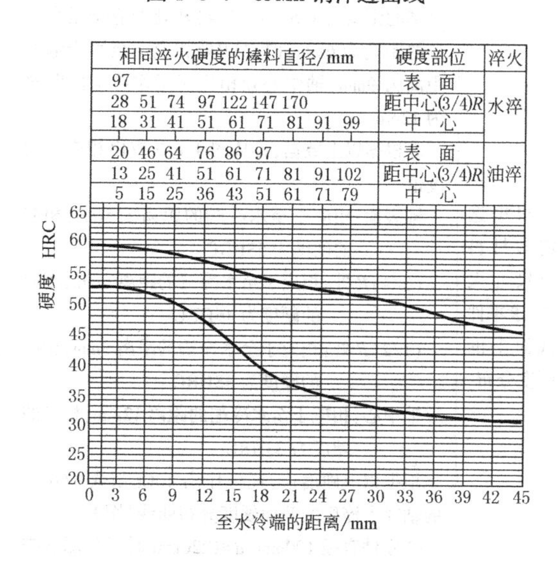

图 1-6-5 40CrMnMo 钢淬透曲线

[1] 本节仅选列几种钢的淬透曲线图，其他钢种可参考傅代直等编著的《钢的淬透性手册》。

（2）淬透性曲线图的应用

表 1-6-8

<table>
<tr><th>项　目</th><th>应　　用　　举　　例</th></tr>
<tr><td>根据要求硬度，求相应的各种零件的截面尺寸</td><td>已知：选用 40Cr，回火前不同断面硬度值大于 46HRC
首先直接从图 1-6-3 上的纵坐标 46HRC 处向右引水平线交淬透性带的下线，再由交点向上作垂线就可查得圆形零件尺寸，或由交点向下作垂线，找到 $d=6$，再由图 a 查得水淬时，ϕ51mm 的 (3/4)R 处，ϕ31mm 的中心；油淬时，ϕ46mm 的表面，ϕ25mm 的 (3/4)R 处，ϕ15mm 的中心处均能淬到同样硬度，因此，凡设计小于上述尺寸的圆形零件，其淬火硬度均不低于 46HRC
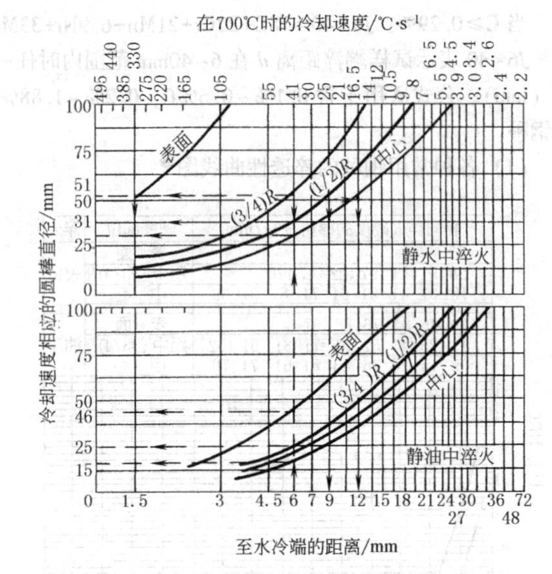

(a) 沿末端淬火试样的长度，圆棒直径、圆棒内不同位置和冷却速度之间的关系</td></tr>
<tr><td>根据选定的材料及尺寸大小，求零件截面上的硬度分布</td><td>已知：选用 40Cr 制造 ϕ50mm 的轴
①从图 a 在 ϕ50mm 处向右引直线与各曲线相交，查出钢材在该直径时水淬后与末端淬火试样的至水冷端的距离的关系为：轴表面相应于至水冷端的距离为 1.5mm，(3/4)R 处相应于至水冷端的距离为 6mm，(1/2)R处相应于至水冷端的距离为 9mm，轴中心处相应于至水冷端的距离为 12mm
②根据以上数据，再从图 1-6-3 查出相应的硬度值
轴表面：相应于至水冷端的距离 1.5mm，相应的硬度为 53HRC
(3/4)R 处：相应于至水冷端的距离 6mm，相应的硬度为 46HRC
(1/2)R 处：相应于至水冷端的距离 9mm，相应的硬度为 38HRC
轴中心：相应于至水冷端的距离 12mm，相应的硬度为 33HRC
根据以上硬度值，便可作出 40Cr 制成 ϕ50mm 的轴径水淬后的截面硬度分布曲线（图 b）
③零件直径 100mm<d≤220mm 时可从图 b 查得不同零件直径水淬后与末端淬火试样的至水冷端的距离的关系，然后再从相应钢号的淬透性曲线图中查出相应的硬度值。例如 $d=120$mm，水淬时可按图 b 中箭头所示方向查找
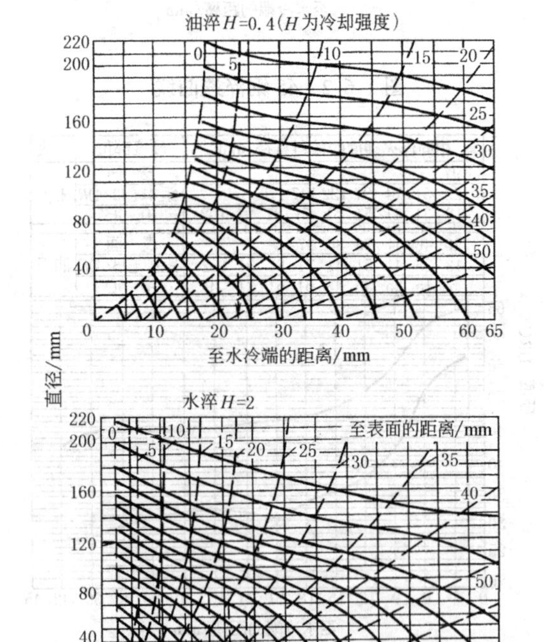

(b) 硬度分布曲线</td></tr>
</table>

续表

<table>
<tr><th>项　目</th><th>应　用　举　例</th></tr>
<tr><td>根据零件尺寸大小及要求的淬火硬度选择材料</td><td>已知：φ45mm的发动机轴，在交变弯曲及扭转应力下工作，为了保证使用要求，热处理后的硬度要求大于36HRC，问选用40CrMnMo能否满足要求
①由图c查得，要获得36HRC的硬度，则钢材淬火硬度应大于45HRC
②由图d查得，要保证淬火硬度大于45HRC，所选用的钢号淬火后的组织含M约50%时，含碳量应>0.45%；含M约80%时，含碳量应>0.35%。40CrMnMo的含碳量约0.37%～0.44%，不能满足含M约50%组织的要求，但可满足获得含M约80%的要求
③根据轴的工作条件，表面处应力最大，中心处应力趋于零，故不需全部淬透，一般淬硬厚度不低于(1/4)R即可。因此，根据此淬硬厚度，从图a查出相应直径时油淬或水淬后为末端淬火法试样至水冷端距离的关系，即φ45mm的轴油淬时，其距中心(3/4)R处的冷却速度同末端淬火样品距端部约10.5mm处的冷却速度是相当的。查图1-6-5，按至水冷端的距离为10.5mm时，油淬后硬度约49HRC，故可满足要求
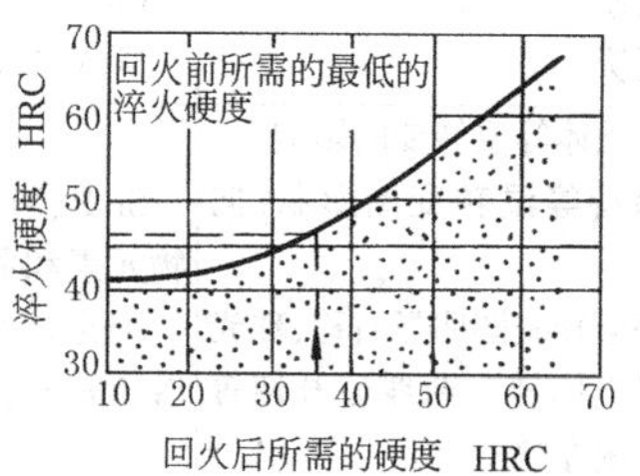

(c) 回火所需硬度与淬火硬度的关系
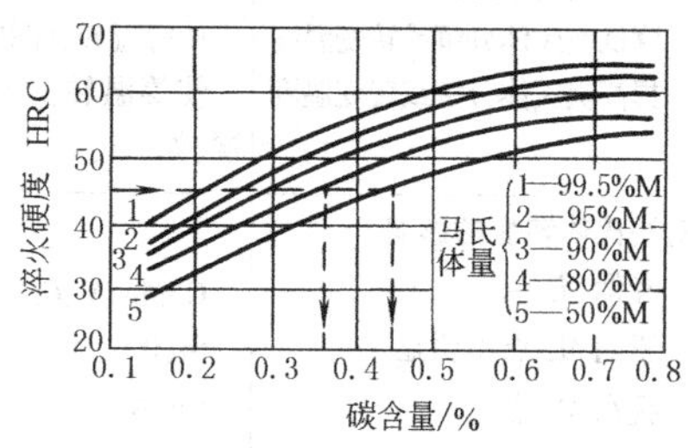

(d) 淬火硬度与碳含量的关系</td></tr>
<tr><td>根据选定材料的淬透性曲线求该钢号的临界淬透直径D_c</td><td>已知：材料的淬透性曲线
①根据选用材料的含碳量从图d找出相当于半马氏体(50%M)区的硬度，并由已知淬透性曲线上找出相同硬度下至水冷端的距离
②从第一步找出的距离在图e的横坐标上找到相同数值处，引出垂线与各冷却强度曲线相交，再由交点向左引纵坐标的垂线，便可得出相应冷却剂的临界淬透直径
③如果理想临界淬透直径的马氏体量不是以50%为标准，则可按图f进行换算
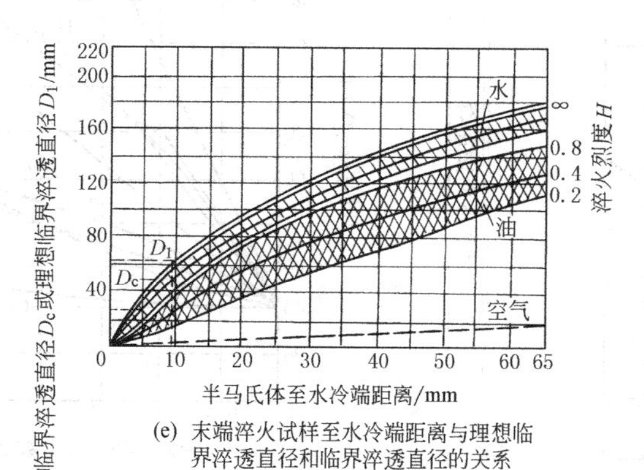

(e) 末端淬火试样至水冷端距离与理想临界淬透直径和临界淬透直径的关系
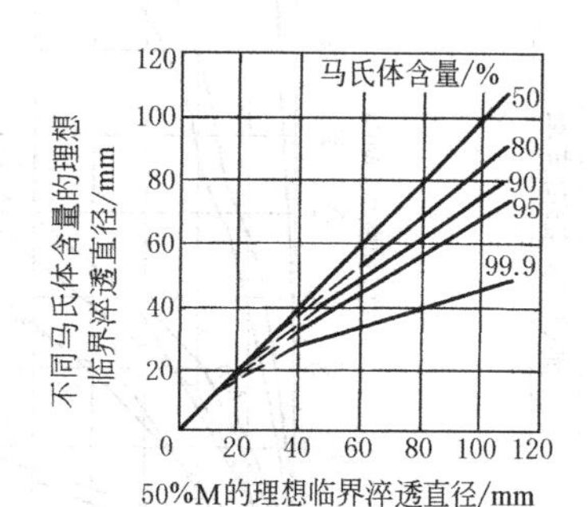

(f) 不同马氏体含量的理想临界淬透直径与50%马氏体含量的理想临界淬透直径之间的关系</td></tr>
</table>

合金元素对钢组织性能和热处理工艺的影响

表 1-6-9

	影响方面	合金元素	影响方面	合金元素
对钢组织的影响	对奥氏体化过程的影响 加速 延缓	 Co Ti、V、Mo、W	对奥氏体晶粒度的影响 阻碍晶粒长大	 Ti、V、Ta、Zr、Nb 和少量 W、Mo 等形成稳定难溶碳化物元素，N、O、S 等形成高熔点非金属夹杂物和金属间化合物元素
	对奥氏体等温转变的影响 保持等温转变图形状，向右移 等温转变图明显右移，珠光体和贝氏体转变曲线分开使等温转变图左移	 Si、P、Ni、Cu 等不形成碳化物元素和弱形成碳化物元素 强形成碳化物元素 Ti、V、Cr、Mo、W、Co	 影响不明显 加速晶粒长大	Si、Ni、Co 等促进石墨化元素 Cu 结构上自由存在的元素 Cr 等形成比较易溶解碳化物的元素 Mn、P
			多种元素综合作用	比较复杂，不是简单叠加
	对连续冷却转变图的影响 降低奥氏体分解或转变温度 提高奥氏体分解或转变温度	 使等温转变图向右移的元素 使等温转变图向左移的元素，如 Co、Al	对 Fe-C 相图奥氏体区的影响 缩小和封闭 γ 区	 Cr、W、Mo、Si、V、Ti 等
			防止或延迟回火脆性	Be、Mo、W
	对马氏体转变的影响 降低 M_s 点 影响 M_s 点不明显 提高 M_s 点	 C、Mn、V、Cr、Ni、Cu、Mo、W Si、B Co、Al	对回火二次硬化的影响 残余奥氏体转变 沉淀硬化	 Mn、Mo、W、Cr、Ni、Co、V V、Mo、W、Cr、Ni、Co
对铁素体固溶硬化作用	（图：硬度 HBS—溶于铁素体中的合金元素（质量分数）/%；曲线 P、Si、Mn、Ni、Mo、V、W、Cr）		马氏体碳含量与最高硬度的关系	（图：钢淬火最高硬度 HRC—w(C)/%）
对钢力学性能的影响	对抗拉强度的影响（图：抗拉强度 σ_b/MPa—合金元素（质量分数）/%；曲线 Be、Si、Ti、Mo、Ni、W、Al、Mn、V、Co、Cr）		对屈服点的影响	（图：屈服点 σ_s/MPa—合金元素（质量分数）/%；曲线 Be、Ti、Si、W、Mo、Al、Co、V、Cr）

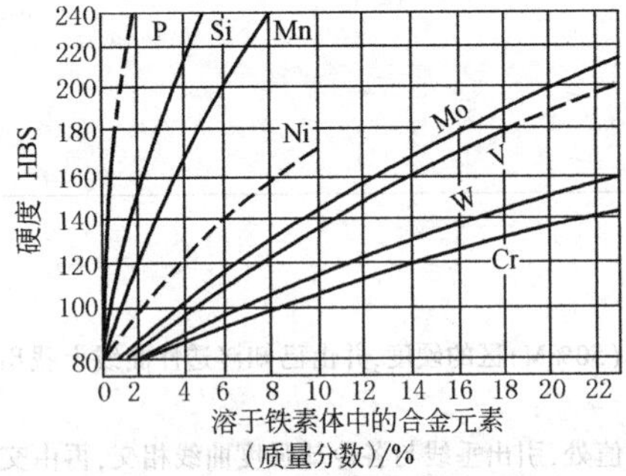

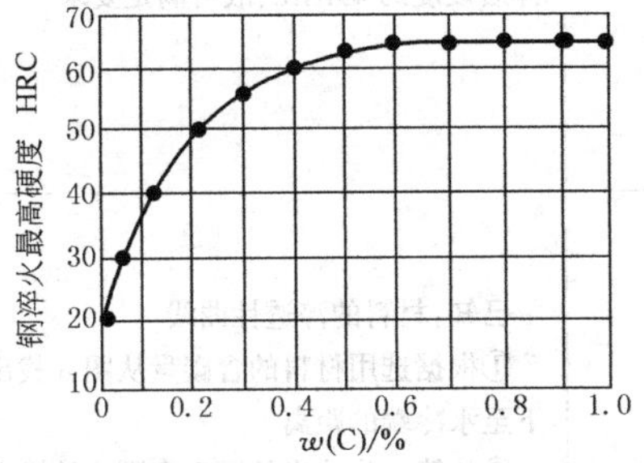

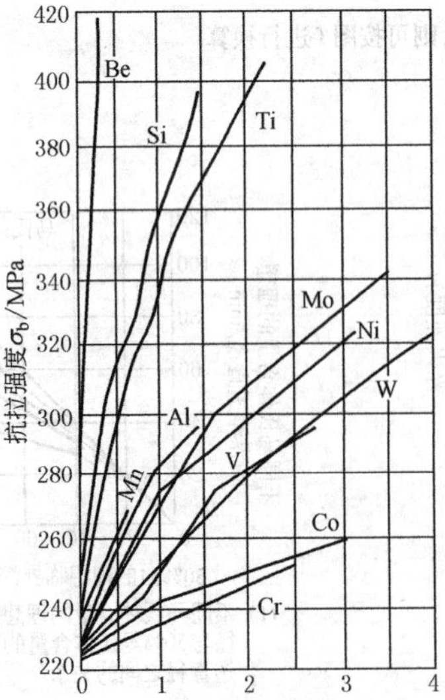

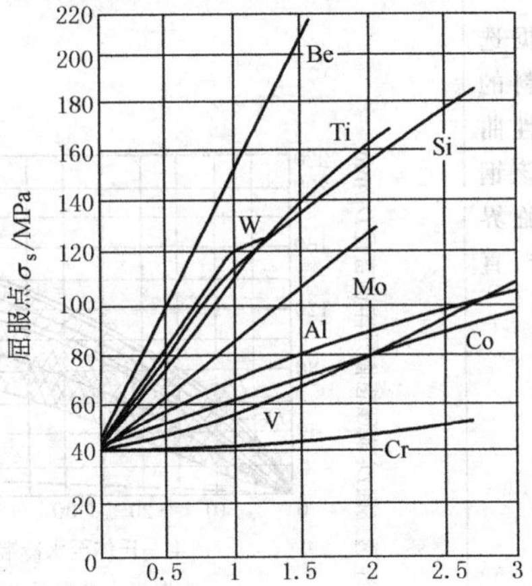

续表

<table>
<tr><td rowspan="2">对钢力学性能的影响</td><td>对脆性转变温度的影响</td><td colspan="3">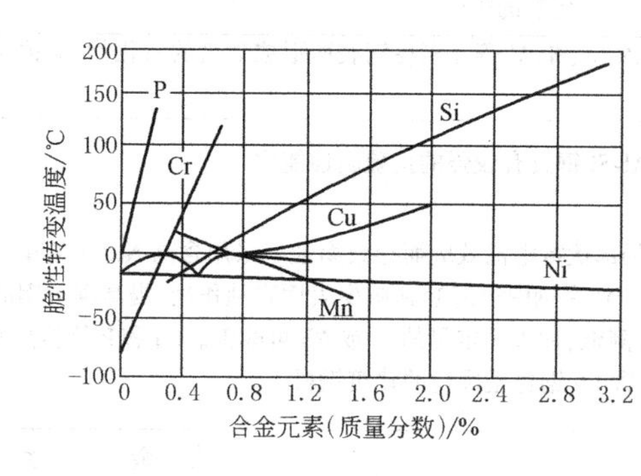

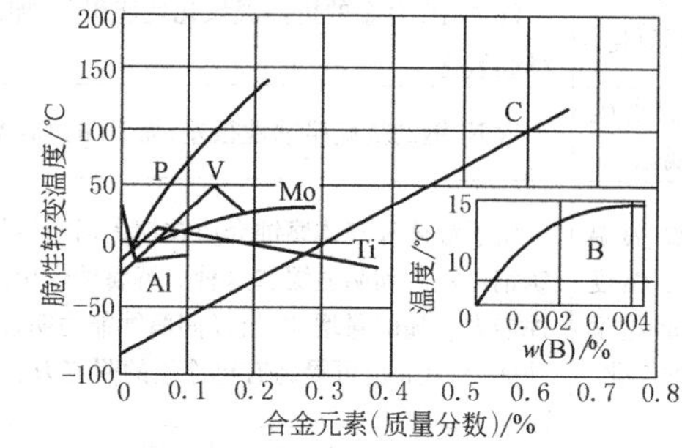

（以质量分数为C0.3%，Mn1.0%，Si0.3%的钢的脆性转变温度为基础，分别加入其他合金元素后对其脆性转变温度的影响）</td></tr>
<tr></tr>
<tr><td rowspan="3">对钢物理性能的影响</td><td>对铁素体蠕变强度的影响</td><td>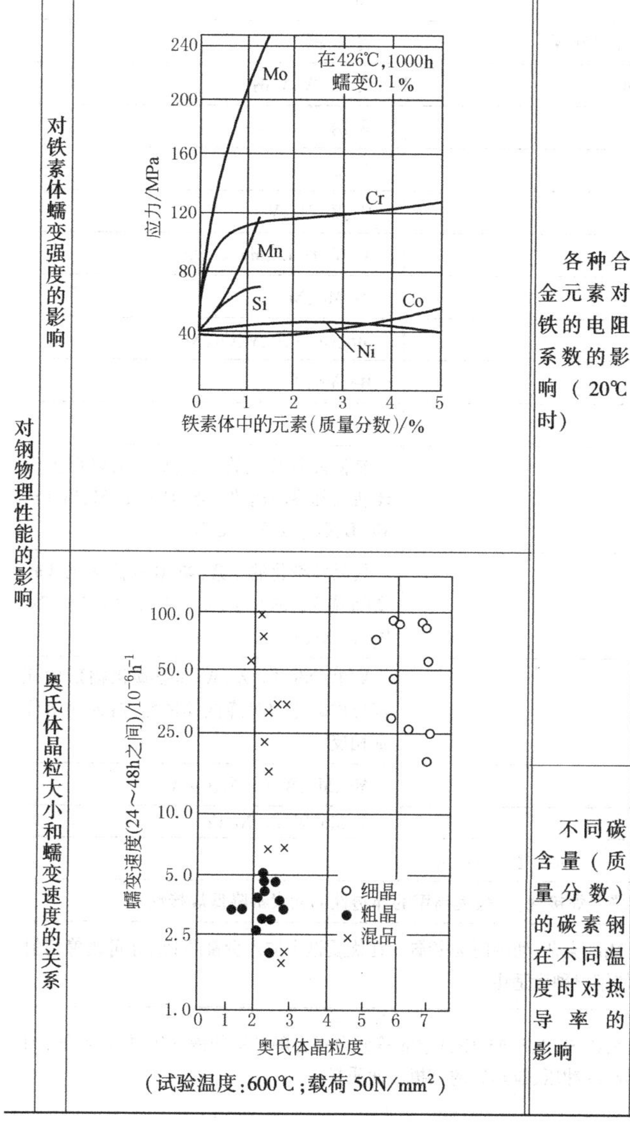
</td><td>各种合金元素对铁的电阻系数的影响（20℃时）</td><td>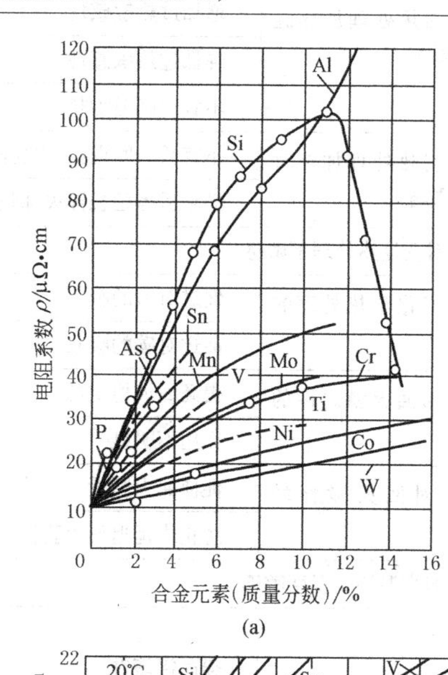

(a)
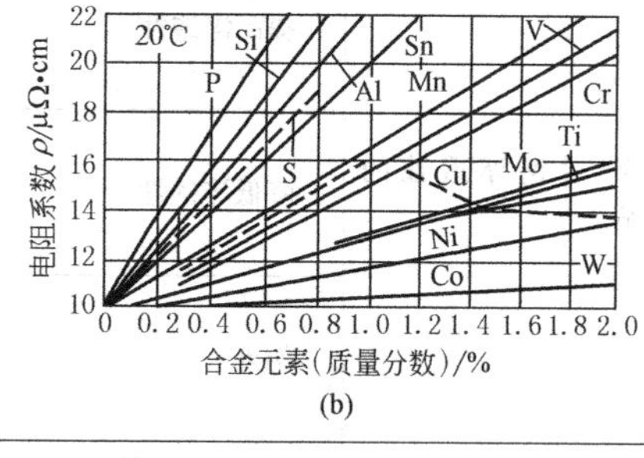

(b)</td></tr>
<tr><td>奥氏体晶粒大小和蠕变速度的关系</td><td>蠕变速度(24～48h之间)/10

（试验温度：600℃；载荷50N/mm²）</td><td>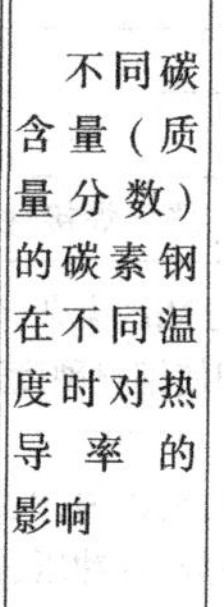
不同碳含量（质量分数）的碳素钢在不同温度时对热导率的影响</td><td>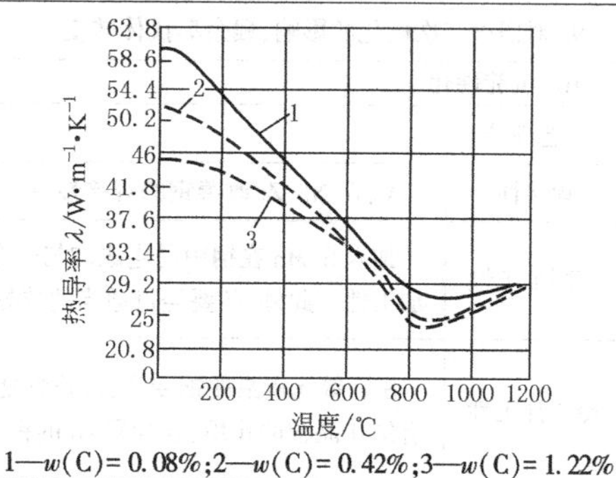

1—w(C)=0.08%；2—w(C)=0.42%；3—w(C)=1.22%</td></tr>
</table>

第1篇

续表

	化学性能	元素的影响
对钢化学性能的影响	高温氧化	$Fe-Fe_3C$ 合金的抗高温氧化性能很差，加入Cr、Si、Al等元素在钢表面形成致密的氧化物，保护钢材表面不继续氧化
	高温含硫气体腐蚀	含Ni钢的抗硫腐蚀性很差，无Ni的Cr-Al-Si钢具有较强的抗硫腐蚀能力
	低温、常温和零下温度的表面化学性能的变化	由于液体和气体腐蚀介质在钢表面产生局部伏特电池效应而导致腐蚀。采用含高Ni、Cr的单相奥氏体不锈钢可避免和明显缓和这种电解腐蚀作用。Al在钢中也能起到减少表面腐蚀作用，提高碳对钢的抗大气腐蚀能力。随碳量增加，抗晶间腐蚀能力明显降低，加入一定量的Ti或Nb可改善。Cu和P能提高钢抗大气腐蚀能力。Cu也可提高有机涂层的附着力。含Cu钢也是优良的建筑钢材

	影响方面		合金元素
对热处理工艺的影响	1. 对热处理加热温度的影响	提高退火、淬火、回火温度	Cr、Co、V、Al、Ti
		增加过热敏感性	C、Mn、Cr
		降低过热敏感性	W、Mo、Ti、V、Ni、Si、Ta、Co
		不宜在高温加热	Mo
	2. 对热处理加热时间的影响	不宜长时间退火，以免降低淬火硬度	含W钢
		必须适当延长淬火加热时间	含Cr、W、V钢
	3. 对反复热处理不敏感		W钢
	4. 对化学热处理的影响	促进对氧的吸收	Al、Cr、Ta
		促进对碳的吸收	Cr、W、Mo、V
	5. 对回火稳定性的影响	提高回火稳定性	V、W、Ti、Cr、Mo、Co、Si
		作用不明显	Al、Mn、Ni
	6. 对回火脆性的影响	促使回火脆性	Mn、Cr、N、P、V、Cu、Ni
		防止或延迟回火脆性	Be、Mo、W
	7. 对高温渗碳温度敏感		Cr、Mo、Mn
	8. 对钢淬透性的影响	提高淬透性	易使晶粒长大的元素，如Mn；降低奥氏体转变临界冷速的元素，如C、P、Si、Ni、Cr、Mo、B、Cu、As、Sb、Be、N
		降低淬透性	使晶粒细化的元素，如Al提高奥氏体转变临界冷速的元素，如S、V、Ti、Co、Nb、Ta、W、Te、Zr、Se
		例外	V、Ti、Nb、Ta、Zr、W等强碳化物形成元素形成碳化物时降低淬透性，溶入固溶体则相反
	9. 对回火二次硬化的影响，残余奥氏体转变		Mn、Mo、W、Cr、Ni、Co、V
	10. 沉淀硬化		V、Mo、W、Cr、Ni、Co

	工艺性能	元素影响
对钢材加工工艺性的影响	焊接性	V、Ti、Nb、Zr改善钢的焊接性，P、S、C恶化焊接性，一般提高钢的淬透性的元素都降低焊接性
	切削加工性	加入S、Mn在钢中易生成均匀分布的MnS夹杂，切削时易断屑。在优质钢中加入少量的Pb，亦可改善切削加工性。此外，还要经过适当的热处理使钢材硬度适中
	冷态加工性	S、P等元素易使钢变脆，冷作性能变差，C、Si、P、S、Ni、Cr、V、Cu等元素都会降低钢的深冲压、拉延性能，Al有细化晶粒的作用，含少量Al的钢可提高深冲压、拉延后的钢板表面质量

常用材料的工作条件和热处理

表 1-6-10

材料	组织、性能特点和工作条件		牌号	热处理		力学性能 ≥							应用示例	临界淬透直径 /mm
				淬火 /℃	回火 /℃	σ_b /MPa	σ_s /MPa	δ /%	ψ /%	a_k /J·cm^{-2}	硬度 HB	硬度 HRC		
渗碳钢	含碳量 0.1%~0.25% 合金元素总量一般不超过 3%，少数达 5%~7%。作用为提高淬透性（Cr、Mn、Mo、Ni 等），阻碍高温渗碳时奥氏体晶粒长大（Ti、V、W、Mo、Cr 等）以及提高渗碳层和心部的强韧性（Ni 最显著） 经渗碳、淬火、低温回火后，碳钢的表层组织为回火马氏体和粒状渗碳体及少量残余奥氏体，心部为珠光体型组织；合金渗碳钢表层为回火马氏体、粒状合金碳化物和少量残余奥氏体，心部淬透时为低碳马氏体，不淬透时还有珠光体型组织 可获得表面硬而耐磨，心部强韧相济的性能 用于受冲击和磨损条件下工作的工件 按合金元素的类型和数量，可分为低淬透性（低强度）、中淬透性（中强度）和高淬透性（高强度）几个等级，以适应不同的应用场合	低淬透性渗碳钢	15、20	（1）渗碳 900~950℃ （2）淬火 一般采用渗碳后预冷到 800~850℃淬火或渗碳后冷到室温，然后重新加热到 750~780℃淬火 对 20Cr2Ni4 和 18Cr2Ni4W 等高合金渗碳钢，为减少淬火后的残余奥氏体，可采用高温回火后再加热到 800℃左右淬火 有时为了消除网状渗碳体、细化晶粒，也有采用二次淬火的，但不常用 （3）回火 一般为 180~200℃		450~550					心部 ≤30 HRC	表面 ≥59	用于受力不太大，心部强度要求不高的耐磨零件，如小齿轮，活塞销，柴油机凸轮轴、顶杆，中小型机床变速箱齿轮等	水淬 20~35
			15Cr			750	500	10	45	70				
			15MnV			750	500	11	45	70				
			20Cr			850	550	10	40	60				
			20Mn2			800	600	10	40	60				
			20MnV			950	800	9	40	50				
		中淬透性渗碳钢	12CrNi3			950	700	11	50	90	心部 30~45 HRC	表面 58~63	用于受中等动载荷的耐磨零件，如汽车、拖拉机变速箱齿轮、联轴器、齿轮轴、十字销头、花键轴套等	油淬 25~60
			20CrNi3			950	750	11	55	100				
			20CrMnTi			1100	850	10	45	70				
			20MnVB			1100	900	10	45	70				
			20CrMnMo			1200	900	10	45	70				
		高淬透性渗碳钢	12Cr2Ni4			1100	850	10	50	90	心部 35~45 HRC	表面 58~63	用于受重载和强烈磨损的重要大型零件，如飞机坦克变速箱齿轮，内燃机车主动牵引齿轮，柴油机曲轴、连杆、缸头螺栓等	油淬 ≥100
			20Cr2Ni4			1200	1100	10	45	80				
			18Cr2Ni4W			1200	850	10	45	100				
			16SiMn2WV			1200	900	10	45	80				
			15SiMn3MoWV			1200	900	10	45	100				
			15CrMn2SiMo			1200	900	10	45	80				

续表

材料	组织、性能特点和工作条件		牌号	热处理		力学性能 ≥							应用示例	临界淬透直径 /mm
				淬火 /℃	回火 /℃	σ_b /MPa	σ_s /MPa	δ /%	ψ /%	a_k /J·cm^{-2}	硬度 HB	硬度 HRC		
调质钢	含碳量 0.25%~0.50%，要求硬度、强度、耐磨性为主的取上限，要求高塑性和韧性的零件取下限 主加合金元素有 Cr、Mn、Ni、Si 等，用以提高淬透性，强化铁素体，另加入少量细化晶粒（如 W、Mo、V、Ti 等）和防止回火脆性（如 Mo、W）的元素 调质钢一般是经调质后获得回火索氏体组织 具有强度、硬度、塑性和韧性良好配合的综合力学性能 用于承受动载荷的重要零件 为了改善表面耐磨性，可在调质后加表面淬火、软氮化或氮化处理 对某些要求强度高而有适当韧性的零件可进行淬火加 200℃左右的低温回火（如凿岩机活塞）或中温回火（如模锻锤杆） 调质钢按淬透性和强度分为低、中等、较高和高几个等级	低淬透性钢	45	840 水	560	650	360	17	35	40	210~250		用于小截面的零件，如各种小轴、小齿轮、螺栓等 此类钢在一般机械制造中应用很广 如零件力学性能要求不高，可用正火代替调质	水淬 15~30
			50	830 水	580	700	400	13	34	25				
			40Mn	840 水	600	800	520	18	45	50				
			50Mn	820 水	580	800	550	8	40	35				
		中等淬透性钢	40Cr	850 油	520 水、油	1000	800	9	45	58	250~350		用于中等截面、中载零件，如曲轴、齿轮、连杆、螺栓等。在内燃机车、汽车、拖拉机、机床上应用很广，其中，用得最多的是40Cr（可用40MnB、35SiMn等代替）；38CrMoAl是典型氮化钢	油淬 25~45
			35SiMn	900 水	570 水、油	900	750	15	45	58				
			40MnB	850 油	500 水、油	1000	800	10	45	58				
			40CrV	880 油	650 水、油	900	750	10	50	88				
			38CrMoAl	940 水、油	640 水、油	1000	850	14	50	88				
		较高淬透性钢	40CrNi	820 油	500 水、油	1000	800	10	45	68	250~350		用于截面较大、受载较重的零件，如大截面的曲轴、连杆、变速箱主动轴等，其中，40CrNi 可用40MnMoB等代替	油淬 45~75
			40CrMn	840 油	550 水、油	1000	850	9	45	58				
			35CrMo	850 油	550 水、油	1000	850	12	45	78				
			42CrMo	850 油	560 水、油	1100	950	12	45	78				
			30CrMnSi	880 油	520 水、油	1100	900	10	45	48				
		高淬透性钢	37CrNi3	820 油	500 水、油	1150	1000	10	50	60	250~350		用于大截面、受重载零件，如汽轮机主轴、叶轮、电力机车大齿轮等	油淬 ≥75
			37SiMn2MoV	870 水、油	650 水、油	1000	850	12	50	78				
			40CrNiMo	850 油	600 水、油	1000	850	12	55	98				
			40CrMnMo	850 油	600 水、油	1000	850	10	45	78				

续表

材料	组织、性能特点和工作条件	牌号	热处理 淬火/℃	热处理 回火/℃	力学性能 ≥ σ_b/MPa	σ_s/MPa	δ/%	ψ/%	a_k/J·cm^{-2}	硬度 HB	硬度 HRC	应用示例	临界淬透直径/mm
非调质钢	微合金化的非调质钢，即在中碳钢基础上添加微量钒、钛、铌等元素的钢 钢材在锻轧后施行控制冷却。用这种钢材加工出的工件可免除毛坯的调质处理，其力学性能不低于甚至高于调质处理的中碳钢和中碳低合金钢 右列三种牌号的非调质钢的金相组织为珠光体+铁素体，晶粒度为5~7 非调质钢是1970年开发出来的	S53C（调质钢）	调质		875~885	660~670	17~19	55~57	60~63	231~248HBS		这里列出的是几种用于柴油机连杆的非调质钢 目前这类非调质钢已广泛用于曲轴连杆、半轴、齿轮轴等汽车、拖拉机零件	
		35MnVS	锻后空冷		875~890	610~630	17~20	46~50	45~50	249~260HBS			
		40MnVS	锻后空冷		875~932	610~634	15~18	46~50	50~72.5	260~277HBS			
		35MnVNbS	锻后空冷		970~1123	684~765	12~16	32~46	47.5~65	265~288HBS			

几种非调质钢和调质钢的锻造工艺和控冷方式；连杆抗拉试验结果；疲劳抗力的安全系数

钢号	加热温度/℃	始锻温度/℃	终锻温度/℃	控冷方式	断裂负荷平均值/kN	最小截面积/mm^2	整体抗拉强度/MPa	强度比/%	处理工艺	疲劳抗力/kN	安全系数	强度比/%
S53C（调质钢）	1200±10	1100±10	950±20	锻后调质	221	257	976	100	调质	57.7	1.7	100
35MnVS	1210±10	1120±10	960±20	先空冷后堆冷	230	257	1021	104	锻后空冷	85.0	2.5	147
40MnVS	1200±10	1100±10	950±20	先空冷后堆冷	242	257	1102	112	锻后空冷	77.5	2.3	134
35MVNbS	1210±10	1120±10	960±20	先空冷后堆冷	286	257	1167	120	锻后空冷	89.1	2.6	154

材料	组织、性能特点和工作条件		牌号	热处理	σ_b/MPa	σ_s/MPa	δ/%	ψ/%	a_k/J·cm^{-2}	应用
新型准贝氏体钢	准贝氏体钢是在贝氏体钢合金化的基础上添加适量硅而成的。硅一方面强烈抑制碳化物析出，另一方面增加组织中残余奥氏体量及其稳定性。与一般的结构钢相比，在同等强度水平下，准贝氏体钢具有更高的塑性，冲击韧性的提高非常显著，良好的强度与塑性配合以及循环硬化特征，使准贝氏体钢具有低缺口敏感性和高疲劳强度	系列新型准贝氏体钢的常规力学性能	工程构件高强度准贝氏体钢 BZ-10	热轧 热轧+高温回火	692 585	— 490	10.5 28.0	— —	49 202	高强度板材、型材工程构件
			机器零件用高强度准贝氏体钢 BZ-11 BZ-15	正火+高温回火 正火+低温回火	1137 1270	950 980	16.7 15.0	59.0 58.0	91 87	石油钻采设备、重型钎杆、高强链环、高强钢筋、重载渗碳齿轮等
			机器零件用超高强度准贝氏体钢 BZ-25 BZ-30	正火+低温回火 热轧+低温回火	1570 1849	1310 1581	14.0 10.1	50.0 51.0	71 38	重载弹簧、耐磨板、锥齿、潜孔钻头等
			准贝氏体铸钢 ZGBZ-20 ZGBZ-35	正火+低温回火 正火+低温回火	1025 1746	— —	12.0 6.9	30.0 23.0	38 16	需焊接的耐磨构件、衬板、斗齿

续表

材料	组织、性能特点和工作条件	牌号	热处理 淬火 /℃	热处理 回火 /℃	力学性能 ≥ σ_b /MPa	σ_s /MPa	δ /%	ψ /%	a_k /J·cm^{-2}	硬度 HB	硬度 HRC	应用示例	临界淬透直径 /mm
新型准贝氏体钢	准贝氏体钢焊后空冷相变应力较小，抗裂纹能力很大，因而具有优异的焊接性能。其破断抗力较高，并且在磨损过程中残余奥氏体受形变诱发转变为高碳马氏体，因而表现出优良的耐磨性。奥氏体良好的塑性，可以缓解应力集中，协调塑性变形，使钢的成形加工性较一般贝氏体钢更为优越	高强度准贝氏体钢与强度相当的一般钢号力学性能比较											
		钢号	σ_b/MPa	$\sigma_{0.2}$/MPa	δ_5/%	ψ/%	A_{kV}/J	钢号	σ_b/MPa	$\sigma_{0.2}$/MPa	δ_5/%	ψ/%	A_{kV}/J
		BZ-11（准贝氏体钢）	1137	950	17	59	73	40CrNiMoA	≥980	≥835	≥12	≥55	≥41
		BZ-15（准贝氏体钢）	1270	980	15	58	70	18Cr2Ni4WA	≥1175	≥835	≥10	≥45	≥41
		Fortweld70（贝氏体钢）	1164	920	20	62	24	23MnNiCrMo54	≥1180	≥980	≥10	≥45	≥52
		本栏有关系列新型准贝氏体钢的常规力学性能数据由西北工业大学康沫狂教授提供，若需详细资料，请向康教授及其课题组索取											
低淬透性含钛优质碳素结构钢	含碳量为0.55%～0.70%，并含有0.03%～0.10%的Ti 这类钢一般是经正火后再进行感应加热表面淬火	55DTi	正火 830±10		550	$\sigma_{0.2}$ 300	δ_5 16	35			感应加热表面淬火后54～57	用于齿轮的全齿感应加热表面淬火、获得沿齿廓分布的硬化层，而达到齿轮渗碳时的硬化效果，在某些场合代替渗碳而简化工艺 适用齿轮模数：55DTi，≤5mm；60DTi，5～8mm	8～10 $\left(\frac{HRC}{3}<47\right)$
		60DTi	正火 825±10		600	$\sigma_{0.2}$ 350	δ_5 14	30					10～12.5 $\left(\frac{HRC}{3}<50\right)$
		70DTi	正火 815±10		700	$\sigma_{0.2}$ 400	δ_5 12	25					$\left(\frac{HRC}{3}<55\right)$

续表

材料	组织、性能特点和工作条件	牌号	热处理		力学性能 ≥							应用示例	临界淬透直径 /mm
			淬火 /℃	回火 /℃	σ_b /MPa	σ_s /MPa	δ /%	ψ /%	a_k /J·cm^{-2}	硬度 HB	硬度 HRC		
低碳马氏体钢	含碳量不超过0.25%（有时达0.4%） 合金元素总量一般不超过3%，主要有Cr、Mn、Si（提高淬透性）、Mo、V（细化晶粒）等 热处理是经强烈淬火获得板条状低碳马氏体，是钢材强韧化的重要途径之一。与调质钢相比，强度较高，冷脆转化温度低，而其他性能则与之相当 用在要求具有比调质钢更好的综合力学性能处	16Mn	900℃淬10%盐水，200℃回火		1440	1220	11.4	40.1	49.8		45	代替调质钢可获高的强度和韧性，如用15MnVB代替40Cr制造螺栓；用大截面低碳马氏体钢20SiMn2MoVA等代替40Cr等调质钢制造吊环、吊卡等石油钻井零件，可大大提高使用寿命	7~10（>95%M）
		20Mn	880℃淬10%盐水，200℃回火		1500	1260	10.8	42.5	95		44		
		20Mn2	880℃淬10%盐水，250℃回火		1500	1265	12.4	52.5	83		45		
		20MnV	880℃淬10%盐水，200℃回火		1435	1245	12.5	43.3	89~126		45		15~18（>95%M）
		20Cr	880℃淬10%盐水，200℃回火		1450	1200	10.5	49	≥70		45		12~15（95%M）
		20CrMnTi	880℃淬10%NaOH，水溶液，200℃回火		1510	1310	12.2	57	80~100		45		35~40（95%M）
		20CrMnSi	800℃淬水，200℃回火		1575	1315	13	53	93~107		47		
		15MnV	880℃淬10%NaCl水溶液，200℃回火		1390	1169	14.8	63.9	112		43		
		15MnVB	880℃淬10%NaCl水溶液，200℃回火		1353	1133	12.6	51	95		43		12~18（95%M）
		20MnVB	880℃淬10%NaCl水溶液，200℃回火		1435	1245	12.5	43	—		45		
		20MnTiB	870℃淬10%盐水，200℃回火		1450	1230	11.3	55	104				
		25MnTiB	850℃油淬，200℃回火		1535	1330	12.5	54	96				
		25MnTiBRE	850℃油淬，200℃回火		1700	1345	13	57.5	95				
		20SiMn2MoVA	900℃油淬，250℃回火		1511	1238	13.4	58.5	160		45.8		60~80油 110~120水 （95%M）
		25SiMn2MoVA	900℃油淬，250℃回火		1676	1378	11.3	51.0	68				
		18Cr2Ni4WA	890℃油淬，220℃回火		1496	1214	9.3	38.1	—				110~130（>95%M）
		20Cr2Ni4A	880℃油淬，250℃回火		1437	1192	13.8	59.6	—		44.5		
		25Si2Mn2CrNiMoV	450±10	300	1765	1422	13.5	59.3	89		534HV		
		40CrNi2Mo	900±10	230	1900	1560	10	35	—		531HV		

续表

材料	组织、性能特点和工作条件	牌号	热处理		力学性能 ≥							应用示例	临界淬透直径/mm
			淬火/℃	回火/℃	σ_b/MPa	σ_s/MPa	δ/%	ψ/%	a_k/J·cm^{-2}	硬度			
										HB	HRC		
弹簧钢	碳素弹簧钢含碳量为0.6%~0.9%。合金弹簧钢含碳量为0.45%~0.75% 主加元素为Si、Mn，起提高淬透性和强化作用，并加入少量W、V、Cr等防止石墨化和提高弹性极限、屈强比和耐热性的元素 热处理一般是淬火加中温回火，获得回火屈氏体组织，硬度为41~48HRC，个别高强度钢可达47~52HRC。重要弹簧热处理后再喷丸处理，以提高疲劳极限。对高温工作或精密弹簧，有时还进行松弛处理①。对一般小于ϕ10mm的小弹簧，冷卷成形后不必淬火，而只进行250~300℃去应力处理 要求高的抗拉强度、高的屈强比、高的疲劳强度（尤其是缺口疲劳）及高的弹性极限，并有足够的塑性和韧性 用在频繁的交变载荷下，主要是疲劳破坏	65	840 油	500	1000	800	9	35			30~45	小于 ϕ12mm 的弹簧	7~12
		85	820 油	480	1100	900	7	30			40~50	小于 ϕ12mm 的弹簧	
		65Mn	830 油	540	1000	800	8	30			35~40	小于 ϕ12mm 的弹簧	8~15
		55Si2Mn	870 水、油	480	1300	1200	6	30			45~48	ϕ20~25mm 的弹簧	20~25
		60Si2Mn	870 油	480	1300	1200	5	25			45~48	ϕ25~30mm 的弹簧	25~30
		50CrVA	850 油	500	1300	1150	δ_5 10	40			43~45	ϕ30~50mm 的弹簧	30~50
		60Si2CrVA	850 油	410	1900	1700	δ_5 6	20			45~52	小于 ϕ50mm 的弹簧	50
		55SiMnMoVA	880 油	550	1400	1300	6	30			46~48	小于 ϕ70mm 的弹簧	75
		55SiMnVB	860 油	460	1400	1250	5	30			40~45	小于 ϕ50mm 的弹簧	50

续表

材料	组织、性能特点和工作条件	牌号	热处理		力学性能 ≥							应用示例	临界淬透直径 /mm
			淬火 /℃	回火 /℃	σ_b /MPa	σ_s /MPa	δ /%	ψ /%	a_k /J·cm^{-2}	硬度 HB	硬度 HRC		
特殊性能弹簧用钢和弹性合金	用于高温、腐蚀以及特殊条件的工作	3Cr13	1050℃油淬，450℃回火		175	$\sigma_{0.2}$143	15	46			17～50		
		1Cr18Ni9Ti	冷拔钢丝 ϕ1mm 冷拔钢丝 ϕ4～5mm		180～200 140～160	—	—	—			—		
		0Cr17Ni7Al	（1）1050℃，空冷→950℃，10min＋4min/mm，空冷→－73℃，8h→510℃，1h，空冷		（1）158 （2）186	147 182	$\delta_4$6 $\delta_4$2	—			47 49		
		0Cr15Ni7Mo2Al	（2）1050℃，空冷→60%以上冷加工→480℃，1h，空冷		（1）164 （2）186	152 182	$\delta_4$6 $\delta_4$2	—			48 50		
		0Cr12Ni4Mn5Mo5TiAl	冷加工60%→520℃，空冷		185	—	—	—			—		
		00Cr18Co9Mo5TiAl	820℃，30min，空冷→480℃，3h，空冷		206	$\sigma_{0.2}$204	11.8	57			52～55		
		Cr14Ni25Mo（A286）	980℃，1h，油淬→30%冷加工→650～700℃，8～19h，空冷		127～138	$\sigma_{0.2}$110～121	$\delta_4$10～16	43～52			—		
		Ni36CrTiAlMo8	1000～1050℃水淬→750℃，4h，空冷		140～150	$\sigma_{0.2}$110～115	6～7	—			46		
		Ni42CrTiAl	910℃±10℃水淬→600℃，3h，空冷		120～125	$\sigma_{0.2}$80～100	10～15				35～38		
		Inconel718	1040℃，1h，空冷→720℃，8h，炉冷，50℃/h→620℃，8h，空冷		139	$\sigma_{0.2}$118.5	25	48					
		Co40NiCrMo	1100～1150℃水冷→冷加工→400～450℃，4h，空冷		250～270	$\sigma_{0.2}$ 230～250	3～5				54～58		

1-491

第1篇

续表

材料	组织、性能特点和工作条件	牌号	热处理		力学性能 ≥							应用示例	临界淬透直径 /mm
			淬火 /℃	回火 /℃	σ_b /MPa	σ_s /MPa	δ /%	ψ /%	a_k /J·cm^{-2}	硬度 HB	硬度 HRC		
轴承钢	含碳量0.95%~1.15% 含铬量0.40%~1.65%,以增加淬透性和耐磨性。对大型轴承常加入Si、Mn、Mo、V,进一步提高淬透性和耐磨性。为保证疲劳强度,S和P分别≤0.020%和≤0.027% 热处理一般是先球化退火,然后淬火加低温回火,得到回火马氏体和分布均匀的细粒状碳化物及少量残余奥氏体,以保证高而均匀的硬度、耐磨性、弹性极限、接触疲劳强度、足够韧性及一定的耐蚀性 精密轴承及偶合件淬火后即进行-80~-70℃冷处理,并在磨削后进行低温时效 要求高而均匀的硬度和耐磨性、高的弹性极限和接触疲劳强度、足够的韧性,同时在大气或润滑剂中具有一定的耐蚀能力 用在承受高压而集中的周期性交变载荷,同时不但存在着转动,而且还有由于滑动产生极大的摩擦处	GCr6	800~820	150~170							62~64	小于 ϕ13mm 滚珠 ϕ10mm 滚柱	
		GCr9	810~830	150~170							62~64	小于 ϕ20mm 滚珠 ϕ17mm 滚柱	
		GCr9SiMn	810~830	150~160							62~64	ϕ25~50mm 滚珠 ϕ18~22mm 滚柱	
		GCr15	820~840	150~160							62~64	ϕ25~50mm 滚珠 柴油机精密耦件	
		GCr15SiMn	820~840	150~170							62~64	ϕ50~100mm 滚珠 大于 ϕ22mm 滚柱	
		GSiMnV	780~820	160							62~64	代 GCr15	
		GSiMnMoV	780~820	160							62~64	代 GCr15 GCr15SiMn	
		GSiMnMoVRE	805	150							62~64	代 GCr15 GCr15SiMn	

续表

材料	组织、性能特点和工作条件	类型	牌号	热处理		力学性能 ≥							应用示例	临界淬透直径 /mm
				淬火 /℃	回火 /℃	σ_b /MPa	σ_s /MPa	δ /%	ψ /%	a_k /J·cm^{-2}	硬度 HB	硬度 HRC		
不锈钢	含碳量：马氏体不锈钢0.1%～0.4%；铁素体不锈钢≤0.12%～0.15%；奥氏体不锈钢≤0.2% 不锈钢含大量的Cr和Ni，作用是提高电极电位，形成Cr_2O_3保护膜，当Cr≥11.7%时可使钢成为单一合金铁素体组织，大量的Cr和Ni可使钢呈单一奥氏体状态 马氏体型钢靠热处理强化，得到回火索氏体或回火马氏体，有较高强度、硬度和耐磨性，耐蚀性一般 铁素体型钢和奥氏体型钢不能用热处理强化，主要靠形变强化① 铁素体型钢一般经退火（抗晶间腐蚀）使用，可抗硝酸，抗高温氧化，耐蚀性好。强度较低，切削加工性比奥氏体型钢好 奥氏体型钢一般进行固溶处理②，对含Ti和Nb的钢必须进行稳定化处理和去应力处理。耐蚀性强，塑性、韧性好，切削加工性差 用在酸、碱、盐类溶液中、潮湿大气中或在高温下的蒸汽和气体作用下工作，一般承受压力或交变载荷，易发生电化学或化学腐蚀处	马氏体型	0Cr13	1000～1050 水、油	700～790	500	350	24	60				用于弱腐蚀介质中受冲击载荷的零件，如汽轮机叶片、水压机阀、内燃机车水泵轴、结构架、螺栓、螺母等	
			1Cr13	1000～1050 水、油	700～790	600	420	20	60	90				
			2Cr13	1000～1050 水、油	660～770	660	450	16	55	80				
			3Cr13	1000～1050 水、油	200～300	1600	1300	3	4			48	用于具有较高硬度和耐磨性的医疗器具、量具、刃具、针阀、弹簧等	
			4Cr13	1050～1100 油	200～300	1680	1400	4	8			50		
			9Cr18	1000～1050 油	200～300							55	滚珠轴承、刃具、量具、内燃机车动密封环等	
		铁素体型	Cr17	退火 750～800	—	400	250	20	50	20～80	156		用于硝酸及食品工业设备等	
			Cr17Mo2Ti	退火 750～800	—	500	300	20	55		145		用于有机酸及人造纤维工厂设备等	
		奥氏体型	0Cr18Ni9	1080～1130 水	—	500	200	45	60				化工用冲压耐蚀件焊条的焊芯等	
			1Cr18Ni9	1100～1150 水	—	550	200	45	50				用于耐酸设备、抗磁仪表、医疗器械等	
			2Cr18Ni9	1100～1150 水	—	580	220	40	55					
			1Cr18Ni9Ti③	1100～1150 水	—	520	200	40	55					
			Cr18Ni18Mo2Cu2Ti	1050～1100 水	—	650	230	40	55					

续表

材料	组织、性能特点和工作条件	类型	牌号	热处理 淬火 /℃	热处理 回火 /℃	力学性能 ≥ σ_b /MPa	σ_s /MPa	δ /%	ψ /%	a_k /J·cm^{-2}	硬度 HB	硬度 HRC	应用示例	临界淬透直径 /mm
耐热钢	耐热钢应有良好的热安定性(对高温气体的腐蚀抗力)和热强性,主要是抗晶间氧化,基本途径是合金化。主加合金元素是Cr、Si、Al,以生成致密氧化保护膜。同时加入W、Mo、V等能提高钢的再结晶温度,明显提高高温强度的元素Si、Al,形成的氧化层在高温下变脆,而且Al的氧化层易剥落,所以需与Cr配合使用 在高温下承受不同机械载荷或同时承受摩擦的条件下工作	珠光体型	15CrMo	930~960空冷	680~730	450	240	21		48			在550℃以下工作的零件,如过热器、高中压蒸汽导管等	
		珠光体型	12Cr1MoV	980~1020空冷	720~760	480	260	21		48				
		马氏体型	1Cr12WMoV	1000油	680~700	750	600	15	48	48			580℃以下的汽轮机叶片	
		马氏体型	4Cr9Si2	1050油	700油	900	600	20	55				650℃以下的内燃机排气阀	
		奥氏体型	1Cr18Ni9Ti[3]	1100~1150水	—	520	200	40	55				适于在500~650℃工作的零件,如喷气发动机排气管、柴油机进排气阀	
		奥氏体型	4Cr14Ni14W2MoTi	1170~1200固溶	750时效	720	320	15	35	40				
		镍基合金	Cr20Ni44MoW	1130~1180空冷	—	750		40					用于在700~1000℃下工作的零件,如汽轮机叶片、燃烧室等	
耐磨钢	最常用的是高锰钢ZGMn13,含碳量1.0%~1.3%,含锰11%~14%,高锰钢只有在全部获得奥氏体组织时才呈现出最良好的韧性和耐磨性。而且奥氏体只有在受到剧烈的冲击力或压力时产生加工硬化后,才能提高硬度(450~550HB),具有高的耐磨性 热处理是经水韧处理获得单一奥氏体 在同时受到严重磨损及强烈冲击的条件下工作			水韧处理 1050~1100℃加热,淬入温度低于20℃的盐水		560~700	300	15	15	150~200	180~200		用于工作时受严重磨损及强烈冲击的工件,如挖掘机斗、齿斗、铁道道岔、拖拉机、破碎机的颚板和坦克履带板等	
灰铸铁	含碳量2.5%~4.0%,硅1.0%~3.0%及少量的锰、硫和磷 普通灰铸铁组织为铁素体或珠光体加片状石墨,经孕育处理的变质铸铁为在细珠光体基体上分布着细小片状石墨 灰铸铁的抗拉强度较低,但具有良好的耐磨性、消震性和工艺性能 用于承受压力和要求消震性或经受摩擦的条件		铁素体灰铸铁 HT100	一般只进行去应力退火(高温时效)。表面有白口时,用850~900℃退火消除,对机床导轨等耐磨件可用高(中)频或电接触加热表面淬火处理。淬硬层:电接触加热为0.15~0.35mm;高频加热为1.1~2.5mm;中频加热为3~4mm。硬度>50HRC		100							手工铸造用砂箱、盖、下水管、底座、手轮等	
			铁素体-珠光体灰铸铁 HT150			150							底座、手轮、刀架、水泵壳、阀体、阀盖等	
			珠光体灰铸铁 HT200			200							汽缸体、缸盖、飞轮、机床床身等	
			变质铸铁 HT250 HT300 HT350			250 300 350							机床床身、立柱、机座、汽缸体、凸轮、机床导轨等需表面淬火的铸件	

续表

材料	组织、性能特点和工作条件	牌号	热处理		力学性能 ≥							应用示例	临界淬透直径/mm
			淬火/℃	回火/℃	σ_b/MPa	σ_s/MPa	δ/%	ψ/%	a_k/J·cm^{-2}	硬度 HB	硬度 HRC		
球墨铸铁	大致化学成分为C3.8%~4.0%,Si2.0%~2.8%,Mn 0.6%~0.8%,P < 0.1%,S < 0.04%,Mg0.03%~0.08% 组织为球状石墨和基体,基体依成分、铸造冷速、热处理而不同,有铁素体、铁素体+珠光体、珠光体、回火索氏体、下贝氏体等 球墨铸铁中的石墨呈球形,对基体削弱作用和应力集中的程度较小,故可与钢一样,可用表面合金化和热处理强化进一步提高力学性能 球墨铸铁抗拉强度较高,小能量多次冲击下的疲劳强度接近于钢,而σ_s/σ_b比钢约高40%,耐磨性也比钢好。但消震性比灰铸铁差	铁素体球铁 QT400-17 QT420-10	相应热处理 退火		400 420	$\sigma_{0.2}$ 250 270	17 10		60 30	≤197 ≤207		汽车、拖拉机底盘零件,阀门的阀盖和阀体	
		铁素体-珠光体球铁 QT500-05	相应热处理 退火		500	$\sigma_{0.2}$ 350	5		—	147~241		机油泵齿轮等	
		珠光体球铁 QT600-02 QT700-02	相应热处理 正火		600 700	$\sigma_{0.2}$ 420 490	2 2		—	229~302 231~304		柴油机、汽油机的曲轴,机床主轴等	
		回火索氏体基体球铁 QT800-02	相应热处理 调质		800	$\sigma_{0.2}$ 560	2		—	241~321		空压机、冷冻机的缸体、缸套等	
		下贝氏体基体球铁 QT1200-01	相应热处理 等温淬火		1200	$\sigma_{0.2}$ 840	1		30		≥38	汽车、拖拉机齿轮,柴油机凸轮轴等	
碳素结构钢	塑性较高,有一定强度,作普通零件及金属结构件用	Q195、Q215 Q235	一般不经热处理而直接采用		普通低合金钢	含碳量<0.2%,合金元素<3%,但σ_b尤其是σ_s比相等含碳量的碳素结构钢高;并有更低的冷脆临界温度,加入Mn、Si等元素主要是对铁素体进行固溶强化和细化晶粒等 普通低合金钢一般在正火状态使用,其组织为铁素体+索氏体							
	制造中等应力的零件	Q255 Q275	一般也可经正火或调质处理										

① 是对弹簧预先加上一个超过其工作载荷的变形量(弹性变形),然后固定起来加热,温度略高于弹簧的工作温度,保温8~24h,使弹簧预先发生了应力松弛和永久变形,从而使其以后在工作中的松弛现象大大减轻,达到尺寸稳定的目的。

② 是指把合金加热到适当温度,保温,使其中某些组成物溶解到基体里形成均匀的固溶体,然后迅速冷却,使溶入物留在基体内成为过饱和固溶体,从而改善其延展性和韧性的处理。

③ 除专用外,一般情况下,不推荐使用。

1.4 如何正确地提出零件的热处理要求

工作图上应注明的热处理要求

表 1-6-11

方法	一 般 零 件	重 要 零 件
普通热处理	①热处理方法 ②硬度标注波动范围一般为:HRC 在 5 个单位左右;HB 在 30~40 个单位左右	①热处理方法 ②零件不同部位的硬度 ③必要时提出零件不同部位的金相组织要求,例如

普通热处理(一般零件):

已知	各种硬度的近似换算式	适用范围
HRA	HRC≈2HRA-(101~101.6)	39~51HRC
	HRC ≈ 2HRA -(101.8 ~ 102.4)	52~61HRC
	HRC ≈ 2HRA -(102.6 ~ 102.8)	63~65HRC
HRC	HB≈2500/[(118~101)-HRC]	30~51HRC
HRB	HB≈7300/(135-HRB)	

心算可粗略为:HRC≈(1/10)HB;当 HB<400 时 HV≈HB;HB≈7HS

普通热处理(重要零件):

零件名称	材料	热处理	硬度	金相组织
连杆螺栓	40Cr	调质	31HRC	回火索氏体,不允许有块状铁素体
柴油机凸轮轴	QT600-3	等温淬火	45~50HRC	下贝氏体+球状石墨
汽车板簧	60Si2Mn	淬火、回火	40~45HRC	回火屈氏体
铲齿	ZGMn13	水韧处理	180~200HB	奥氏体
车床主轴	45	整体调质,轴颈高频淬火	200~230HB 45~50HRC	回火索氏体 回火马氏体

方法	一 般 零 件	重 要 零 件
表面淬火	①热处理方法 ②硬度 ③淬火区域	①热处理方法,必要时提出预先热处理要求 ②表面淬火硬度、心部硬度 ③淬硬层深度 ④表面淬火区域 ⑤必要时提出变形要求
渗碳	①热处理方法 ②硬度 ③渗碳层深度,目前工厂多用下述方法确定	①热处理方法 ②淬火、回火后表面硬度、心部硬度 ③渗碳层深度 ④渗碳区域 ⑤必要时提出渗碳层含碳量,一般在下述范围

渗碳(一般零件):

使用场合	渗碳层深度
碳素渗碳钢	由表面至过渡层 1/2 处
含铬渗碳钢	由表面至过渡层 2/3 处
合金渗碳钢汽车齿轮	过共析、共析、过渡区总和

④渗碳区域

渗碳(重要零件):

状态	含碳量(质量分数)/%		
	表面过共析区	共析区	亚共析(过渡)区
炉冷	0.9~1.2	0.7~0.9	<0.7
空冷	1.0~1.2	0.6~1.0	<0.6

⑥必要时提出心部金相组织要求

方法	一 般 零 件	重 要 零 件
氮化(渗碳)	①热处理方法 ②表面和心部硬度(表面硬度用 HV 或 HRA 测定) ③氮化层深度(一般应≤0.6mm) ④氮化区域	①热处理方法 ②除一般零件的几项要求外,还需提出心部力学性能 ③必要时,还要提出金相组织及对氮化层脆性要求(直接用维氏硬度计压头的压痕形状来评定,评定级别见表 1-6-5)
碳氮共渗	①中温碳氮共渗与渗碳同 ②低温碳氮共渗与氮化同	①中温碳氮共渗与渗碳同 ②低温碳氮共渗与氮化同

金属热处理工艺分类及代号的表示方法（摘自 GB/T 12603—2005）

热处理工艺代号标记规定如下（铝合金热处理工艺代号可参照执行）：

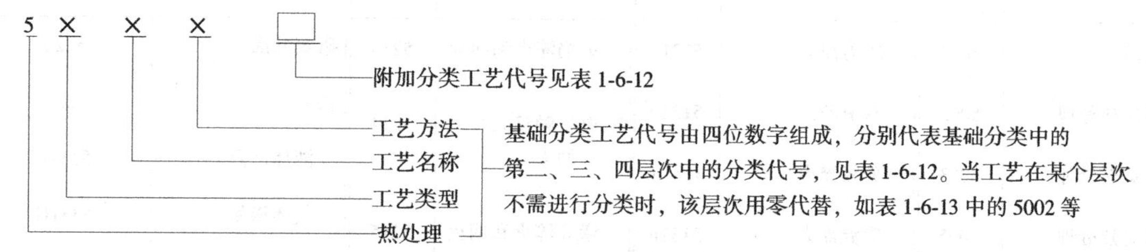

多工序热处理工艺代号用连接符号将各工艺代号连接组成，但除第一个工艺外，后面的工艺均省略第一位数字“5”，如 5151-331G 表示调质和气体渗氮。

表 1-6-12

基础分类								附加分类										说明
工艺总称	代号	工艺类型	代号	工艺名称	代号	加热方法	代号	1. 加热		2. 退火		3. 淬火冷却				4. 渗碳、碳氮共渗后冷却		
								介质	代号（大写）	工艺	代号	介质	代号	方法	代号	方法	代号	
热处理	5	整体热处理	1	退火	1	加热炉	1	固体	S	去应力退火	e	空气	a	压力淬火	p	直接淬火	g	①当附加分类工艺代号多于一个字母时，按表中序号顺序标注 ②当对冷却介质及方法需要用表中两个以上字母表示时，用加号将两个或几个字母连接起来，如s+m代表盐浴分级淬火 ③化学热处理中，没有表明渗入元素的各种工艺，如多元渗、渗金属、渗其他非金属和熔渗，可以在其代号后用其化学符号表示出渗入元素，并用括号括起来，如5336（Cr），5337（Cr-V）分别代表渗铬和铬钒共渗 ④多工序热处理工艺代号用连接符号将各工艺代号连接组成，但除第一个工艺外，后面的工艺均省略第一位数字“5”，如 5151-331G 表示调质和气体渗氮
				正火	2													
				淬火	3													
				淬火和回火	4	感应	2	液体	L	扩散退火	d	油	e	双液淬火	d			
				调质	5													
				稳定化处理	6	火焰	3	气体	G	再结晶退火	r	水	w	分级淬火	m	一次加热淬火	r	
				固溶处理；水韧处理	7													
				固溶处理和时效	8													
		表面热处理	2	表面淬火和回火	1	电阻	4	真空	V	石墨化退火	g	盐水	b	等温淬火	n			
				物理气相沉积	2													
				化学气相沉积	3	激光	5	保护气氛	P	去氢退火	h	有机水溶液	y	形变淬火	f	二次加热淬火	t	
				等离子体化学气相沉积	4													
		化学热处理	3	渗碳	1	电子束	6	可控气氛	C	球化退火	s	盐浴	s	冷处理	z			
				碳氮共渗	2													
				渗氮	3													
				氮碳共渗	4	等离子体	7	流态床	F	等温退火	n							
				渗其他非金属	5													
				渗金属	6	其他	8									表面淬火	h	
				多元共渗	7													
				熔渗	8													

表 1-6-13　　常用热处理工艺及代号的表示方法示例

工艺	代号	工艺	代号	工艺	代号	工艺	代号
热处理	5000	压力淬火	5131p	火焰淬火和回火	5213	碳氮共渗	5320
感应热处理	5002	双液淬火	5131d	电接触淬火和回火	5214	渗氮	5330
火焰热处理	5003	分级淬火	5131m	激光淬火和回火	5215	液体渗氮	5331L
激光热处理	5005	等温淬火	5131n	电子束淬火和回火	5216	气体渗氮	5331G
电子束热处理	5006	形变淬火	5131f	物理气相沉积	5228	离子渗氮	5337
离子热处理	5007	淬火及冷处理	5131z	化学气相沉积	5238	流态床渗氮	5331F
真空热处理	5000V	感应加热淬火	5132	等离子体化学气相沉积	5248	氮碳共渗	5340
保护气氛热处理	5000P	真空加热淬火	5131V	化学热处理	5300	渗其他非金属	5350
可控气氛热处理	5000C	保护气氛加热淬火	5131P	渗碳	5310	渗硼	5350(B)
流态床热处理	5000F	可控气氛加热淬火	5131C	固体渗碳	5311S	固体渗硼	5351(B)S
整体热处理	5100	流态床加热淬火	5131F	液体渗碳	5311L	液体渗硼	5351(B)L
退火	5111	盐浴加热淬火	5131L	气体渗碳	5311G	离子渗硼	5357
去应力退火	5111e	盐浴加热分级淬火	5131Lm	真空渗碳	5311V	渗硅	5350(Si)
扩散退火	5111d	盐浴加热盐浴分级淬火	5131Ls+m	可控气氛渗碳	5311C	渗硫	5350(S)
再结晶退火	5111r	淬火和回火	5141	流态床渗碳	5311F	渗金属	5360
石墨化退火	5111g	调质	5151	离子渗碳	5317	渗铝	5360(Al)
去氢退火	5111h	稳定化处理	5161	渗碳及直接淬火	5311g	渗铬	5360(Cr)
球化退火	5111s	固溶处理,水韧处理	5171	气体渗碳及直接淬火	5311Gg	渗锌	5360(Zn)
等温退火	5111n	固溶处理和时效	5181	渗碳及一次加热淬火	5311r	渗钒	5360(V)
正火	5121	表面热处理	5200	渗碳及二次加热淬火	5311t	多元共渗	5370
淬火	5131	表面淬火和回火	5210	渗碳及表面淬火	5311h	硫氮共渗	5370(S-N)
空冷淬火	5131a	感应淬火和回火	5212			铬硼共渗	5370(Cr-B)
油冷淬火	5131e					钒硼共渗	5370(V-B)
水冷淬火	5131w					铬硅共渗	5370(Cr-Si)
盐水淬火	5131b					硫氮碳共渗	5370(S-N-C)
有机水溶液淬火	5131y					铬铝硅共渗	5370(Cr-Al-Si)
盐浴淬火	5131s					熔渗	5380
						激光熔渗	5385
						电子束熔渗	5386

热处理技术要求在零件图上的表示方法（摘自 JB/T 8555—2008）

表 1-6-14

<table>
<tr><th>零件</th><th>标 注 方 法</th><th>图 例</th></tr>
<tr><td>总则</td><td>1)技术要求中硬度和有效硬化层深度的指标值可用三种方法表示(同一产品的所有零件图上,应采用统一的表示)
①一般采用:标出上、下限,如 60~65HRC,DC=0.8~1.2
②也可采用:偏差表示法,如 60^{+5}_{0}HRC,DC=$0.8^{+0.4}_{0}$
③特殊情况可只标下限值或上限值,如不小于 50HRC,不大于 229HRS
2)有效硬化层深度代号、深度、定义和测定方法标准
<table>
<tr><td>表面淬火回火</td><td>DS</td><td rowspan="3">mm
(可省略)</td><td>深度>0.3mm,按 GB/T 5617
≤0.3mm,GB/T 9451</td></tr>
<tr><td>渗碳或碳氮共渗淬火回火</td><td>DC</td><td>深度>0.3mm,按 GB/T 9450
≤0.3mm,GB/T 9451</td></tr>
<tr><td>渗氮</td><td>DN</td><td>按 GB/T 11354</td></tr>
</table>
3)复杂零件或其他原因导致技术要求难以标注,文字也难以表达时,则须另绘标注热处理技术要求的图,如右图要求零件硬度检测必须在指定点(部位)时,用如图中的测量点符号表示,指定硬度测量点位置时,应符合 JB/T 6050—2006 第 6 章规定</td><td>1. 复杂零件热处理的标注方法
(a) 零件热处理标注
表面硬度测量点　DS测量点
(b) Y部热处理技术要求的标注
DS测量点　表面硬度测量点
(c) Z部热处理技术要求的标注</td></tr>
<tr><td>正火、退火及淬火回火(含调质)零件</td><td>正火、退火、淬火回火(含调质)作为最终热处理状态的零件标注硬度要求一般用布氏硬度(GB/T 231.1)或洛氏硬度(GB/T 230.1)表示,也可以用其他硬度表示
局部热处理零件需将有硬化要求的部位在图形上用点画线框出。轴对称零件或在不致引起误会情况下,也可用一条粗点画线画在热处理部位外侧表示,如右图</td><td>2. 局部热处理的标注方法
不大于30HRC　56~62HRC
(a) 范围表示法
35^{+5}_{0}HRC
(b) 偏差表示法</td></tr>
</table>

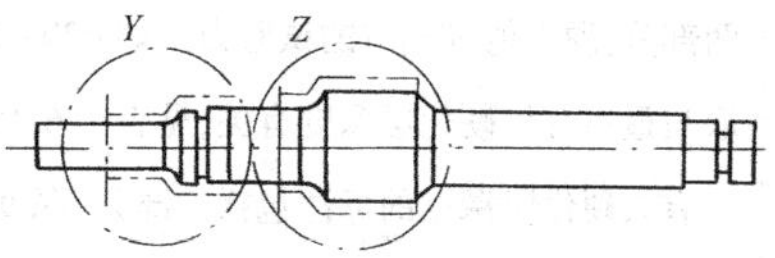

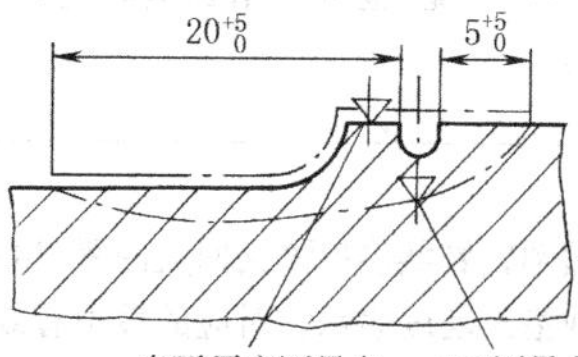

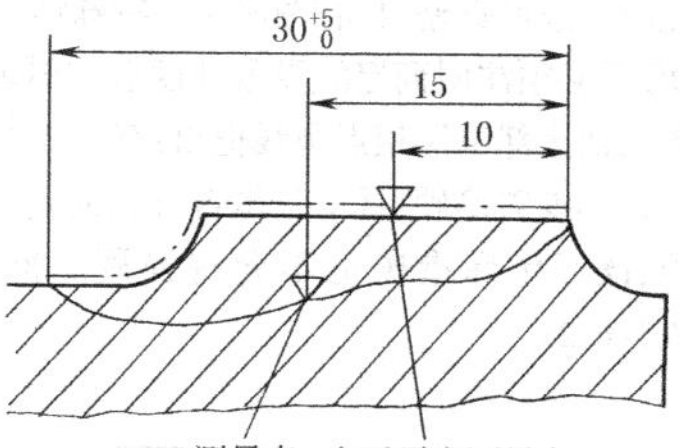

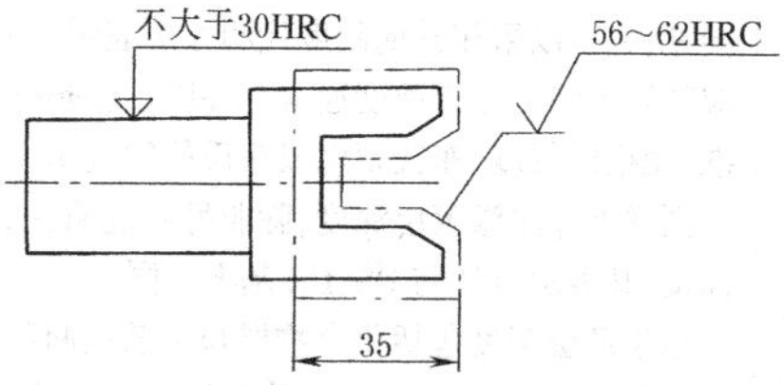

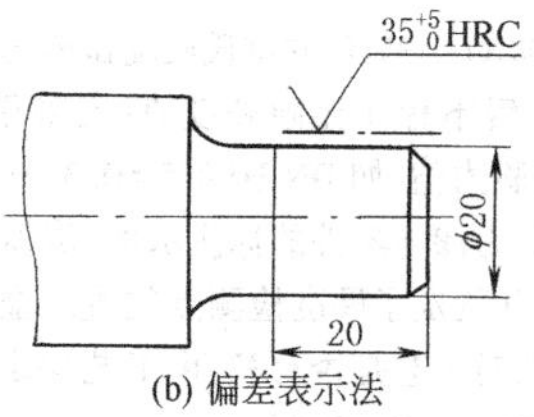

续表

零件	标注方法	图例
表面淬火零件	表面淬火的表面硬度可用维氏硬度（GB/T 4340.1）、表面洛氏硬度（GB/T 1818）、洛氏硬度（GB/T 230）表示。但标注包括两部分：硬度值和相应的试验力。如620~780HV30。试验力选取与最小有效硬化层深度有关，见表1-6-15 有效硬化层深度的标注包括三部分：深度代号、界限硬度值和要求的深度。界限硬度值可根据最低表面硬度值按表1-6-16选取，特殊情况，也可采用其他商定界限硬度值，同样须在DS后标明	3. 局部感应加热淬火回火标注方法 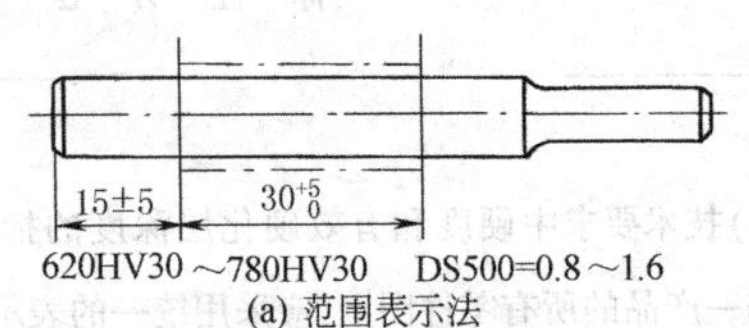 (a) 范围表示法 DS=0.8$^{+0.8}_{0}$, 620$^{+160}_{0}$HV30 15±5　30^{+5}_{0} (b) 偏差表示法
渗碳和碳氮共渗零件	渗碳和碳氮共渗后淬火回火的零件的表面硬度，通常用维氏硬度或洛氏硬度表示。对应的最小有效硬化层深度和试验力与表面淬火零件相同。其有效硬化层深度DC的表示法与DS基本相同，只是它的界限硬度值是恒定的，通常取550HV1，而且标注时一般可省略，如右图所示。特殊情况下可不采用此值，此时DC后必须注明商定的界限硬度值和试验力。图中要求渗碳后淬火回火部位用粗点画线框出；有的部位允许同时渗碳淬硬，也可以不渗碳淬硬，视工艺是否有利而定，用虚线表示；未标注部位，既不允许渗碳也不允许淬硬。推荐的DC及上偏差见表1-6-23	4. 局部渗碳标注方法 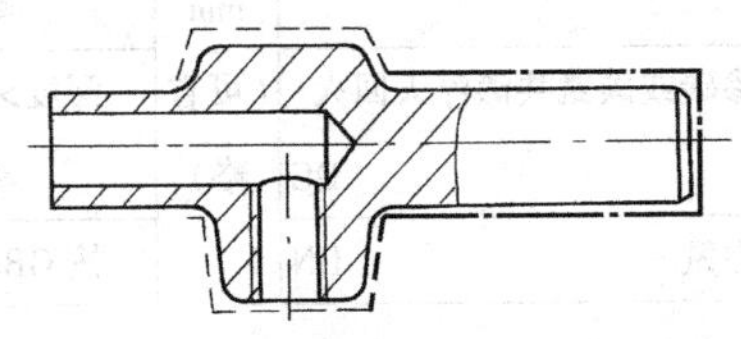 局部渗碳淬火回火 57~63HRC DC＝1.2~1.7
渗氮（氮化）零件	表面硬度常用维氏硬度表示，包括维氏硬度、小载荷维氏硬度（见GB/T 5030）、显微维氏硬度（见GB/T 4342）三种。表面硬度值由于检测方法不同、有效渗氮层深度不同而有差异，标注时应准确选择。有效渗氮层深度不大于0.3mm时按GB/T 9451执行，大于0.3mm时按GB/T 11354执行。经协商同意，也可以采用其他硬度检测方法表示。心部硬度有要求时，应特别说明。心部硬度通常允许以预备热处理后的检测结果为准，用维氏硬度、布氏硬度或洛氏硬度表示 图样上标注渗氮层深度，除非另有说明，一般均指有效渗氮层深度，其表示方法与DS、DC基本相同 总渗氮层深度包括化合物层和扩散层两部分。零件以化合物层厚度代替DN要求时，应特别说明。厚度要求随零件服役条件不同而改变，一般零件推荐的化合物层厚度及公差值见表1-6-23 采用2.94N（0.3kgf）的维氏硬度试验力测量有效渗氮层深度DN时，DN后不标注界限硬度值；当采用其他试验力时，应在DN后加试验力值，如DN HV0.5＝0.3~0.4（见表1-6-17） 右图所示为渗氮零件的标注示例，渗氮部位边缘以粗点画线予以标注，并规定了硬度检测点位置。虚线部位允许渗氮或不允许渗氮视对工艺是否有利，由工艺决定。未标注部位不允许渗氮，如需防渗，必须说明	5. 渗氮零件的标注方法 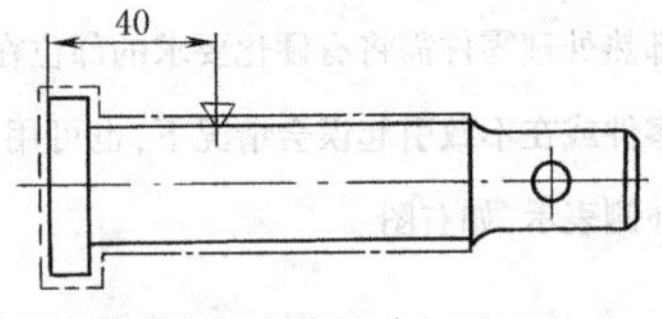 局部渗氮　硬度不小于800HV30 DN＝0.4~0.6，脆性不大于3级

表 1-6-15　最低表面硬度、最小有效硬化层深度与试验力之间的关系（摘自 JB/T 8555—2008）

以维氏硬度表示时

最小有效硬化层深度/mm	最低表面硬度　HV				最小有效硬化层深度/mm	最低表面硬度　HV			
	400~500	>500~600	>600~700	>700		400~500	>500~600	>600~700	>700
0.05	—	HV0.5	HV0.5	HV0.5	0.45	HV10	HV10	HV30	HV30
0.07	HV0.5	HV0.5	HV0.5	HV1	0.5	HV10	HV30	HV30	HV50
0.08	HV0.5	HV0.5	HV1	HV1	0.55	HV30	HV30	HV50	HV50
0.09	HV0.5	HV1	HV1	HV1	0.6	HV30	HV30	HV50	HV50
0.1	HV1	HV1	HV1	HV1	0.65	HV30	HV50	HV50	HV50
0.15	HV3	HV3	HV3	HV3	0.7	HV50	HV50	HV50	HV50
0.2	HV5	HV5	HV5	HV5	0.75	HV50	HV50	HV50	HV100
0.25	HV5	HV5	HV10	HV10	0.8	HV50	HV100	HV100	HV100
0.3	HV10	HV10	HV10	HV10	0.9	HV50	HV100	HV100	HV100
0.4	HV10	HV10	HV10	HV30	1.0	HV100	HV100	HV100	HV100

以表面洛氏硬度表示时

最小有效硬化层深度/mm	最低表面硬度（以 HR…N 表示）										
	82~85 HR15N	>85~88 HR15N	>88 HR15N	60~68 HR30N	>68~73 HR30N	>73~78 HR30N	>78 HR30N	44~54 HR45N	>54~61 HR45N	>61~67 HR45N	>67 HR45N
0.1	—	—	HR15N	—	—	—	—	—	—	—	—
0.15	—	HR15N	HR15N	—	—	—	—	—	—	—	—
0.2	HR15N	HR15N	HR15N	—	—	—	HR30N	—	—	—	—
0.25	HR15N	HR15N	HR15N	—	—	HR30N	HR30N	—	—	—	—
0.35	HR15N	HR15N	HR15N	—	HR30N	HR30N	HR30N	—	—	—	HR45N
0.4	HR15N	HR15N	HR15N	HR30N	HR30N	HR30N	HR30N	—	—	HR45N	HR45N
0.5	HR15N	HR15N	HR15N	HR30N	HR30N	HR30N	HR30N	—	HR45N	HR45N	HR45N
≥0.55	HR15N	HR15N	HR15N	HR30N	HR30N	HR30N	HR30N	HR45N	HR45N	HR45N	HR45N

以洛氏硬度A标尺或C标尺表示时

最小有效硬化层深度/mm	最低表面硬度							
	HRA				HRC			
	70~75	>75~78	>78~81	>81	40~49	>49~55	>55~60	>60
0.4	—	—	—	HRA	—	—	—	—
0.45	—	—	HRA	HRA	—	—	—	—
0.5	—	HRA	HRA	HRA	—	—	—	—
0.6	HRA	HRA	HRA	HRA	—	—	—	—
0.8	HRA	HRA	HRA	HRA	—	—	—	HRC
0.9	HRA	HRA	HRA	HRA	—	—	HRC	HRC
1.0	HRA	HRA	HRA	HRA	—	HRC	HRC	HRC
1.2	HRA	HRA	HRA	HRA	HRC	HRC	HRC	HRC

表 1-6-16　表面淬火界限硬度值（摘自 JB/T 8555—2008）

界限硬度值 HV	最低表面硬度					
	HRA	HR15N	HR30N	HR45N	HV	HRC
250	65~70	75~76	51~53	32~35	300~330	32~33
275	68	77~78	54~55	36~38	335~355	34~36
300	69~70	79	56~58	39~41	360~385	37~38
325	71	80~81	59~62	42~46	390~420	40~42
350	72~73	82~83	63~64	47~49	425~455	43~45
375	74	84	65~66	50~52	460~480	46~47
400	75	85	67~68	53~54	485~515	48~49
425	76	86	69~70	55~57	520~545	50~51
450	77	87	71	58~59	550~575	52~53
475	78	88	72~73	60~61	580~605	54
500	79	89	74	62~63	610~635	55~56
525	80	—	75~76	64~65	640~665	57
550	81	90	77	66~67	670~705	58~59
575	82	—	78	68	710~730	60
600	—	91	79	69	735~765	61~62
625	83	—	80	70	770~795	63
650	—	92	81	71~72	800~835	64
675	84	—	82	73	840~865	65

表 1-6-17　最小有效渗氮层深度、最低表面硬度与试验力之间的关系（摘自 JB/T 8555—2008）

最小有效渗氮层深度 /mm	最低表面硬度　HV						
	200~300	>300~400	>400~500	>500~600	>600~700	>700~800	>800
0.05	—	—	—	HV0.5	HV0.5	HV0.5	HV0.5
0.07	—	HV0.5	HV0.5	HV0.5	HV0.5	HV1	HV1
0.08	HV0.5	HV0.5	HV0.5	HV0.5	HV1	HV1	HV1
0.09	HV0.5	HV0.5	HV0.5	HV1	HV1	HV1	HV1
0.1	HV0.5	HV1	HV1	HV1	HV1	HV1	HV3
0.15	HV1	HV1	HV3	HV3	HV3	HV3	HV5
0.2	HV1	HV3	HV5	HV5	HV5	HV5	HV5
0.25	HV3	HV5	HV5	HV5	HV10	HV10	HV10
0.3	HV3	HV5	HV10	HV10	HV10	HV10	HV10
0.4	HV5	HV10	HV10	HV10	HV10	HV30	HV30
0.45	HV5	HV10	HV10	HV10	HV30	HV30	HV30
0.5	HV10	HV10	HV10	HV30	HV30	HV30	HV30
0.55	HV10	HV10	HV30	HV30	HV30	HV50	HV50
0.6	HV10	HV10	HV30	HV30	HV50	HV50	HV50
0.65	HV10	HV30	HV30	HV50	HV50	HV50	HV50
0.7	HV10	HV30	HV50	HV50	HV50	HV50	HV50
0.75	HV20	HV30	HV50	HV50	HV50	HV100	HV100

注：表内检验方法通常是指允许采用最大试验力，允许用较低的试验力代替表中规定的试验力，如用 HV10 代替 HV30。

常见的热处理技术要求的标注错例

表 1-6-18

	摇杆	机床主轴
	表面硬化	
热处理要求	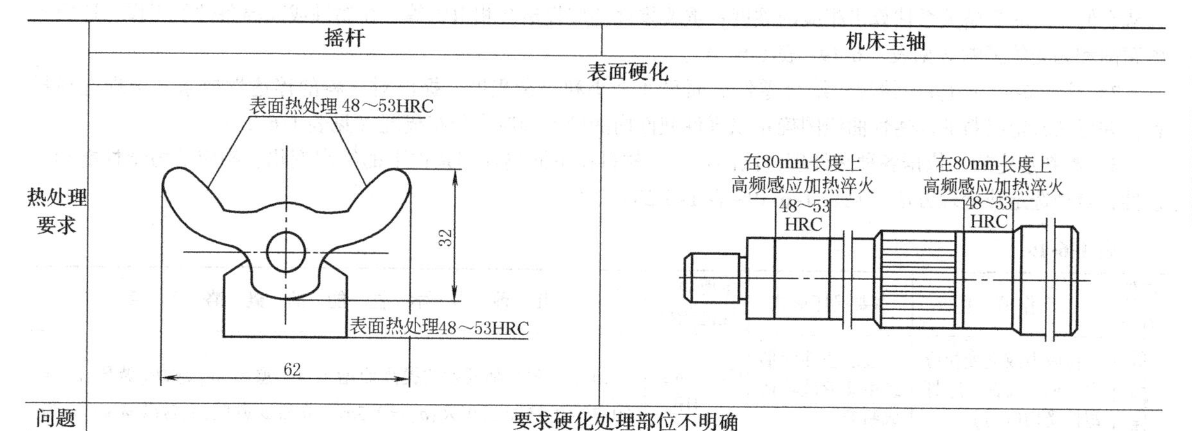	
问题	要求硬化处理部位不明确	
影响	从左图所示摇杆标注的技术要求，可以理解为外表面全部要求表面硬化，也可以理解为伸出的两端指引线所指示处局部表面硬化。从右图所示的机床主轴可知，要求两段表面淬硬，但其左边一段长 80mm 的位置没有标注，这样给制定热处理工艺和施工带来困难 正确的方法应按 JB/T 8555—2008 或 GB/T 131 规定，在需要局部淬硬的部位用点画线框出	
	弧齿锥齿轮	
	采用 40Cr 钢高频感应加热淬火、硬度 52^{+5}_{0}HRC	
热处理要求	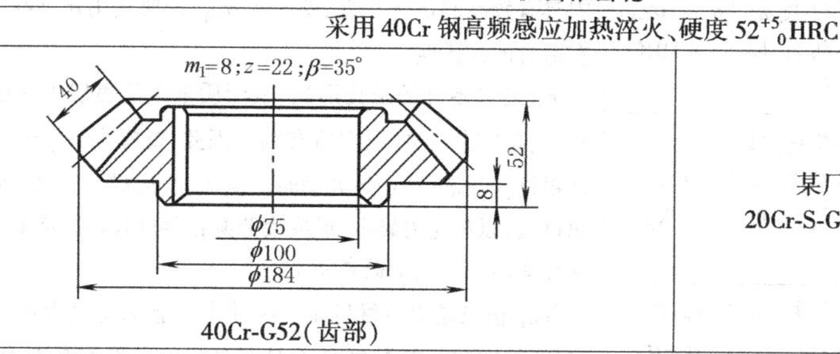 40Cr-G52(齿部)	某厂设计师建议改用下列要求 20Cr-S-G59，或 40Cr-D500，或 20Cr-D600
问题	同时提出几种工艺要求，令工艺人员无所适从	
影响	图纸原始热处理要求 40Cr-G52(齿部)。高频感应加热淬火工艺虽有许多优点，但受设备频率、功率、零件结构形状、生产批量等许多条件制约。弧齿锥齿轮采用普通高频设备(如 250kHz 高频或 80kHz 中频)都难以达到理想的仿齿形硬化分布效果，工艺性很差 某厂设计师建议改用 20Cr-S-G59(20Cr 钢、渗碳、高频淬火、59HRC)或 40Cr-D500(40Cr、渗氮、硬度 500HV)或 20Cr-D600(20Cr 钢、渗氮、硬度 600HV) 这种建议叫工艺人员无所适从。它的要求到底是什么？高频感应加炉淬火 52HRC 合格，20Cr 钢渗碳 59HRC 也行，渗氮后 500~600HV 都可以。而且渗氮层有效深度 DN 也没有提出来，说明设计者对该零件准确的技术要求心中无数 此建议还有下列问题： ①热处理工艺有许多种，各种工艺都有其特点，相应地适用于某钢种(如渗氮适用于渗氮钢，有最佳效果)以及达到何种最佳性能。某种工艺适用于某种类型的零件，有的可以互相替代，但大多数是不能替代的，随意更换容易出错 ②硬度互相替代也易出错。硬度是大多数零件的热处理技术要求，硬度的测量方法有多种(常用的有洛氏硬度、布氏硬度、维氏硬度、努氏硬度等)，它们依据的原理不同，测量方法不同，适用于不同场合。它们之间的差别有时很悬殊。在理论上它们没有简单准确的对应关系作为换算的基础。现在有一些换算经验公式或对照表，只是根据对同类金属材料，在相同状态下和一定硬度范围内进行比较试验，在积累了大量数据以后，经过分析而归纳出来的经验关系，有一定的实用价值。但在不少情况下是不能互相替代的。如薄硬化层的渗氮零件，只能用维氏硬度、努氏硬度或表面洛氏硬度(负荷≤30kgf)测定。若硬度要求标注大负荷的洛氏硬度 HRC(C 级，150kgf)，是不合适的。大负荷会把硬化层压穿，测量结果不可能正确 ③表面硬化的化学热处理工艺，渗碳、渗氮应用最广，在技术要求中不提出硬化层深度是不对的。提得不准确、不合理也是不对的，硬化层不是越深越好，过深不仅浪费能源、工时，增加成本，延长生产周期，而且对性能(尤其是疲劳性能)有害	
热处理要求指标值应有允差	任何一个零件的尺寸和形状都有允许偏差，硬度或硬化层深度也有允差，任何一种测量方法的结果都有一个允许的误差。热处理技术要求的指标值也同样，在提出热处理技术指标值时，应该有一个合理的范围，既保证了零件的质量，又保证有一定的经济性(合格率)和测量方便。常规情况下设计或工艺提出的允差值均应在标准范围内。热处理技术要求的硬度允差，化学热处理渗层深度的允差值，在热处理工艺行业标准中均有规定，可供参考	

注：不同材质零件的有效硬化层深度要求，各行业都有标准规定，可参考。

制定热处理要求的要点

1）根据零件的工作条件，分析载荷特点和应力分布情况，掌握主要损坏形式，确定应有的力学性能指标，并从它们之间的概略关系估算出相应的硬度；重要零件还应提出金相组织等。在腐蚀或高温条件下工作，还应考虑腐蚀和蠕变的影响（见表1-6-19~表1-6-24）。

2）依据零件应力分布情况，结合零件截面尺寸大小和复杂程度，提出对材料的淬透性要求，合理选择材料，并可从选定材料的淬透性曲线图确定该零件截面内的硬度和应力分布概况（见表1-6-25）。

3）材料选定后，依据各种热处理方法的特点、材料在不同热处理条件下的组织变化、相应的力学性能和工艺性，合理选定热处理方法（见表1-6-19~表1-6-28）。

表1-6-19

<table>
<tr><th>零件名称</th><th>工作条件</th><th>主要损坏形式</th><th>主要力学性能指标</th><th>几种力学性能的概略关系</th></tr>
<tr><td>重要螺栓</td><td>拉应力或交变拉应力，冲击载荷（连杆螺栓受切应力）</td><td>过度塑性变形或由疲劳破坏造成断裂</td><td>σ_{-1l}、$\sigma_{0.2}$、HB</td><td rowspan="13">①σ_b 一般是随硬度的提高而增加，σ_b 愈高、σ_s 愈高［调质：$\sigma_s \approx (0.75\sim0.85)\sigma_b$；正火：$\sigma_s \approx 0.5\sigma_b$］，$\delta$ 和 ψ 愈低，而含碳量 $w(C)$ 为0.2%~0.6%的各种钢的淬火马氏体的硬度 $HRC \approx 60\sqrt{w(C)}+20$
②σ_{-1} 一般与 σ_b 成正比（碳钢 $\sigma_{-1} \approx 0.43\sigma_b$，合金钢 $\sigma_{-1} \approx 0.35\sigma_b+12$），但当 $\sigma_b>1000$MPa后，σ_{-1} 增加不再显著，而主要依钢的组织而异。在 σ_b 相同条件下，马氏体回火组织比正火或退火组织具有较高的 σ_{-1}，因此，要提高 σ_{-1}，既要选用 σ_b 较高的材料，又要有适宜的淬透性
σ_{-1} 还和零件的结构形状、表面质量以及表层中残留应力的类型有关，拉应力有害，压应力有利。因此，要提高 σ_{-1} 还应注意降低表面粗糙度数值，防止热处理时产生氧化、脱碳等现象，并尽可能用圆角过渡，以免应力集中，形成疲劳源；还可用渗碳、渗氮、高频淬火、喷丸和滚压等方法来提高 σ_{-1}
③a_k 值只是表示材料在一次冲击下能承受最大冲击能量的抗力指标，但在实际工作中，不少情况是零件承受能量不大的反复冲击，此时零件的耐力不仅与 a_k 值有关，也与 σ_{-1} 有关；一般 a_k 值与 σ_b 成反比，而 σ_{-1} 与 σ_b 成正比。因此，对于承受冲击作用的零件，要提高其强度，不能片面强调 a_k 值，应根据具体情况考虑。生产实践证明，在小能量和较高频率的冲击作用下，要提高零件寿命，还应适当降低 a_k 值，而增大 σ_b，根据试验，相应的最佳硬度为40HRC左右
④K_{IC} 为平面应变断裂脆性，代表一个裂纹源失稳扩张的强度因子临界值。$K_{IC}=Y\sigma_c\sqrt{a_c}$，式中 a_c 为裂纹深度；σ_c 为断裂应力；Y 为裂纹形状因子（常见的半椭圆表面裂纹 $Y\approx1.4$）。例如40Cr热处理到52HRC，此时 $\sigma_s \approx 1500$MPa，$K_{IC} \approx 1500$N/mm$^{3/2}$ 则对 $a_c=1$mm 裂纹，$\sigma_c=\dfrac{K_{IC}}{Y\sqrt{a_c}}=\dfrac{1500}{1.4}\approx 1070\text{MPa}<\sigma_s$，发生脆断。若处理到46HRC，$\sigma_s \approx 1300$MPa，$K_{IC} \approx 2200N/mm^{3/2}$ 时，$\sigma_c \approx 1570\text{MPa}>\sigma_s$，则不会脆断，而许用应力要比处理到52HRC为高。这是40Cr齿轮心部硬度过高后崩齿的一个实例。但 K_{IC} 过高，降低 σ_b、σ_s 则易于疲劳破坏，因此原则是在不发生脆断的前提下，尽可能提高强度</td></tr>
<tr><td>重要传动齿轮</td><td>交变弯曲应力、交变接触压应力、冲击载荷、齿表面带滑动的滚动摩擦</td><td>齿的折断、过度磨损、疲劳麻点、剥落、压塌、磨损为主</td><td>σ_{-1}、σ_w（接触疲劳强度）、HRC</td></tr>
<tr><td>轴、曲轴</td><td>交变弯曲应力、扭转应力、冲击载荷、局部磨损</td><td>局部过度磨损、疲劳断裂、以疲劳为主</td><td>$\sigma_{0.2}$、σ_{-1}、HRC</td></tr>
<tr><td>凿岩机活塞</td><td>小能量多次冲击、交变应力</td><td>疲劳折断，冲击端部塑性变形，崩裂，过度磨损</td><td>σ_{-1l}、K_{IC}</td></tr>
<tr><td>弹簧</td><td>交变应力、振动</td><td>弹性丧失、疲劳断裂</td><td>σ_e、σ_{-1l} σ_s/σ_b</td></tr>
<tr><td>滚动轴承</td><td>点接触或线接触下的交变压应力、磨损</td><td>过度磨损、疲劳断裂</td><td>σ_e、σ_r、σ_{-1l}、HRC</td></tr>
<tr><td>抽油杆</td><td>腐蚀疲劳</td><td>脆性断裂</td><td>σ_{-1l}</td></tr>
<tr><td>石孔油射器</td><td>高温大能量瞬时冲击（火药爆炸）</td><td>过度塑性变形至开裂</td><td>σ_b、δ_s ψ、a_k</td></tr>
<tr><td>刹车鼓</td><td>热疲劳、磨损</td><td>龟裂、磨损</td><td>HRC</td></tr>
<tr><td>泥浆泵活塞杆</td><td>磨损、冲刷、疲劳</td><td>磨损、脆断</td><td>HRC、σ_{-1l}</td></tr>
<tr><td>石化油管裂等</td><td>高温、蠕变、腐蚀</td><td>塑性变形至断裂，或脆性断裂</td><td></td></tr>
<tr><td>石井油钻钻头</td><td>接触疲劳、多次冲击、磨损</td><td>脆性断裂、磨损</td><td>σ_w（接触疲劳强度）、HRC</td></tr>
</table>

续表

零件名称	工作条件	主要损坏形式	主要力学性能指标	几种力学性能的概略关系
石油钻机吊环	循环周期长的周期变动载荷，磨损，有时有大的冲击载荷、低温	磨损、疲劳断裂	σ_b、$\sigma_{0.2}$、HB、缺口敏感性小、过载敏感性小，适应低温	
拖拉机带板履	主要承受压力和一定的冲击载荷	磨损、节销断裂	σ_b、a_k、HRC	

注：σ_{-1l}—对称拉伸或压缩应力时的疲劳极限。

表 1-6-20　　硬度选择

零件结构特点、工作条件		选择要点
承受均匀的静载荷、没有引起应力集中的缺口的零件		硬度越高，强度越高，可根据载荷大小，选择较高的硬度或与强度相适应的硬度（缺口一般是指槽、沟或断面变化很大）
有产生应力集中的缺口的零件		需要较高的塑性，使其在承载情况下，应力分布趋于均匀，减少应力集中现象，只能具有适当的硬度。如工作情况不允许降低硬度，则可用滚压等表面强化处理改善应力分布
承受冲击、疲劳应力的零件		冲击力不大时，一般可用中碳钢全部淬硬；冲击力较大，一般用中碳钢全部淬硬，或表面淬硬；冲击力和疲劳应力都大时，一般是表面淬硬
从磨损或精度要求出发的零件		高速度或高精度一般要求高硬度 50~62HRC，如滚子轴承；中速度一般采用中硬度 40~45HRC；低速度一般采用低硬度，正火或调质硬度 220~260HB
大尺寸零件，如汽轮机转子轴		轴径很大，虽然转速很高（3000r/min），但由于不可能淬到很高的硬度（一般只能达 220HB 左右），便不能一律要求高速度、高硬度，而要通过降低配合件的硬度和其他措施来处理
摩擦副或两对相互摩擦的零件的硬度差	机床主轴	在滑动轴承中运转时：轴瓦用巴氏合金，硬度低，约 30HB，轴颈表面硬度可低些，一般为 45~50HRC；锡青铜硬度高，一般约 60~120HB，轴颈表面硬度相应要高一些，约≥50HRC；钢质轴承硬度更高，轴颈表面硬度则需更高一些，因此还需要渗氮处理 有些带内锥孔或外圆锥度的主轴，工作时和配件并无相对滑动，但配件装配频繁，为了保证配合的精度与使用寿命，也必须提高主轴的耐磨性，一般硬度>45HRC
	传动齿轮	小齿轮齿面硬度一般比大齿轮齿面硬度高 25~40HB
	螺母与螺栓	螺母材料比螺栓低一级，硬度低 20~40HB（可以避免咬死和减少磨损）
	滚珠丝杠副	丝杠（GCr15SiMn）58~62HRC，螺母（GCr15）60~62HRC，滚珠（GCr6）62~65HRC
	传动链	链轮齿按工作条件和材料不同取 40~45HRC、45~50HRC、50~58HRC。套筒滚子链的销轴表面硬度≥80HRA，套筒表面硬度 76~80HRA，滚子表面硬度 74~78HRA
	起重机等的转盘的滚子与转动轨道①	滚子：购买。柱：GCr15SiMn，淬火 60~65HRC。转动轨道表面硬度：材料 50Mn，淬火 50~55HRC，淬硬层深 2.5~4mm

续表

零件结构特点、工作条件		选择要点
摩擦副或两对相互摩擦的零件的硬度差	起重机车轮与钢轨	轮缘踏面硬度≥200~300HB;钢轨轨面硬度≥220HB
整体淬火后的硬度与材料有效厚度关系的经验数据如下表		设计要求的硬度应小于最低值,不然就需改选材料来满足高的硬度要求

材料	热处理	截面有效厚度/mm						
		<3	4~10	11~20	20~30	30~50	50~80	80~120
		淬火后硬度 HRC						
15	渗碳、水淬	58~65	58~65	58~65	58~65	58~62	50~60	
15	渗碳、油淬	58~62	40~60					
35	水淬	45~50	45~50	45~50	35~45	30~40		
45	水淬	54~59	50~58	50~55	48~52	45~50	40~45	25~35
45	油淬	40~45	30~35					
T8	水淬	60~65	60~65	60~65	60~65	56~62	50~55	40~45
T8	油淬	55~62						
20Cr	渗碳、油淬	60~65	60~65	60~65	60~65	56~62	45~55	
40Cr	油淬	50~60	50~55	50~55	45~50	40~45	35~40	
35SiMn	油淬	48~53	48~53	48~53			35~40	
65SiMn	油淬	58~64	58~64	50~60	48~55	45~50	40~45	35~40
GCr15	油淬	60~64	60~64	60~64	58~63	52~62	48~50	
CrWMn	油淬	60~65	60~65	60~65	60~64	58~63	56~62	56~60

① 北京起重机器厂资料。

表 1-6-21　零件的失效原因和工作条件对硬化层深度的要求（感应加热淬火）

失效原因	工作条件	硬化层深度及硬度值要求
磨损	滑动磨损且负荷较小	以尺寸公差为限,一般 1~2mm,硬度 55~63HRC,可取上限
	载荷较大或承受冲击载荷	一般在 2.0~6.5mm 之间,硬度 55~63HRC,可取下限
疲劳	周期性弯曲或扭转载荷	一般为 2.0~12mm,中小型轴类可取半径的 10%~20%,直径小于 40mm 取下限;过渡层为硬化层的 25%~30%

注：齿轮硬化层深度（mm）一般取 0.2~0.4m，m 为齿轮模数。

表 1-6-22　表面淬火有效硬化层深度分级和相应的上偏差（摘自 JB/T 8555—2008）　mm

DS	上偏差		DS	上偏差		DS	上偏差		DS	上偏差	
	感应淬火	火焰淬火		感应淬火	火焰淬火		感应淬火	火焰淬火		感应淬火	火焰淬火
0.1	0.1	—	0.8	0.8	—	1.6	1.3	2.0	3.0	2.0	2.0
0.2	0.2	—	1.0	1.0	—	2.0	1.6	2.0	4.0	2.5	2.5
0.4	0.4	—	1.3	1.1	—	2.5	1.8	2.0	5.0	3.0	3.0
0.6	0.6	—									

表 1-6-23　推荐的渗碳后淬火回火或碳氮共渗淬火回火零件有效硬化层深度及上偏差（摘自 JB/T 8555—2008）

mm

	DC	上偏差	DC	上偏差		DN	上偏差	DN	上偏差		化合物层厚度	上偏差
推荐的有效硬化层深度DC及上偏差	0.05	0.03	1.2	0.5	推荐的有效渗氮层深度DN及上偏差	0.05	0.02	0.35	0.15	推荐的化合物层厚度及上偏差	0.005	0.003
	0.07	0.05	1.6	0.6		0.1	0.05	0.4	0.2		0.008	0.004
	0.1	0.1	2.0	0.8		0.15	0.05	0.5	0.25		0.010	0.005
	0.3	0.2	2.5	1.0		0.2	0.1	0.6	0.3		0.012	0.006
	0.5	0.3	3.0	1.2		0.25	0.1	0.75	0.3		0.015	0.008
	0.8	0.4				0.3	0.1				0.020	0.010
											0.024	0.012

注：DC—渗碳后淬火回火或碳氮共渗后淬火回火有效硬化层深度代号。
DN—有效渗氮层深度代号。

表 1-6-24　金相组织的确定

零件名称、工作条件		金　相　组　织
连杆螺栓		索氏体，不允许有块状铁素体
传动齿轮		表面：回火马氏体+少量残余奥氏体+细粒状碳化物 中心：铁素体+细珠光体+低碳回火马氏体
轴	机床主轴	细致的索氏体，氮化钢制主轴还必须限制各种材料在离表面1/4半径处铁素体含量小于5%，带有内外锥孔锥面及花键部分为屈氏体+少量回火马氏体
	汽车半轴	索氏体+屈氏体
	汽车曲轴	球铁曲轴等温淬火，下贝氏体

零件名称、工作条件	金　相　组　织
弹　簧	屈氏体
滚动轴承及用轴承钢制作的精密零件	极细的马氏体+分布均匀的细粒状渗碳体+少量残余奥氏体
严重磨损及强烈冲击的零件，如用ZGMn13制作的挖掘机的铲齿	单一的奥氏体（其他还有如颚式破碎机的齿板，球磨机衬板，辊式破碎机的辊筒，铁道道岔等）
凿岩机活塞	回火马氏体+小而少、均匀的圆的未溶碳化物
锅炉零件（15CrMo）	索氏体
刀具，如圆板牙（9SiCr）	下贝氏体
量具	马氏体+少量残余奥氏体

表 1-6-25　典型零件所用材料淬透性要求

零件工作条件	应　力　分　布　及　说　明	所选材料的淬透性要求
受轴向拉伸或压缩应力或交变拉应力、冲击载荷，如重要的螺栓、拉杆等	应力在零件的截面上分布均匀	全部淬透
受交变弯曲应力、扭转应力、冲击载荷和局部磨损，如轴	应力主要集中于外层，心部应力小，不需要高强度	一般淬透到$\left(\frac{1}{4}\sim\frac{1}{2}\right)R$深，根据载荷大小进行调整
受小能量多次冲击、交变应力，如曲轴	应力分布外大里小	与轴相似
受交变弯曲应力、交变接触压应力、冲击载荷以及带滑动的滚动摩擦，如齿轮	齿轮受交变接触应力、交变弯曲应力和冲击载荷等，对交变接触应力来说表面硬度要高一些好，随不同模数接触点曲率半径不同而异。疲劳（点蚀）系在表面下0.5b（b为接触线宽度）处，此处切应力为最大（约0.31×接触应力）	淬透层应大于0.5b。模数大，载荷大，淬透性可高一些，心部硬度33~48HRC
受交变应力和振动，如弹簧	弹簧工作时主要要求不要永久变形，因此材料应有稳定的高的屈强比σ_s/σ_b，如果淬透性不好，中心将出现游离铁素体，使σ_s/σ_b大大降低，工作时容易产生塑性变形而失效	一般要求全部淬透

续表

零件工作条件	应力分布及说明	所选材料的淬透性要求
受点或线接触下交变压应力和磨损,如滚珠轴承	主要是按接触应力考虑强度,因此必须保证表面的硬度值,但大的轧机轴承冲击载荷大,应同时考虑	小轴承全部淬透,大的受冲击大的轴承则不宜淬透
受较大能量高频冲击,如凿岩机活塞	应力在整个截面上是均匀分布的	全部淬透
耐磨零件	耐磨性一般和表面的硬度有关,硬度越高,耐磨性越好	含碳量及淬透性能够保证热处理后要求的硬度即可
焊接零件	为了防止脆性增加和裂纹产生	淬透性不宜过高
渗碳零件	为了防止淬火后残余奥氏体增加,反而使硬度降低	
高频淬火零件	短时表面加热,淬透性一般并不起多大作用	

表 1-6-26　　按性能要求或工作条件选择热处理方法

<table>
<tr><td rowspan="4">退火与正火</td><td>性能要求</td><td colspan="5">选　择</td></tr>
<tr><td>切削加工性</td><td colspan="5">金属的硬度在170~230HB时切削加工性比较良好,从表1-6-4中的碳钢在退火或正火后的硬度看出,低、中碳钢以正火为预先热处理较好,高碳结构钢和工具钢则以退火较好,合金钢由于合金元素的加入,硬度有所提高,在多数情况下,中碳以上合金钢都需退火,而不宜正火</td></tr>
<tr><td>使用性能</td><td colspan="5">性能要求不高,随后不宜再进行淬火与回火的一般工件,可用正火来提高力学性能;但复杂的零件或大型铸件,正火冷却速度快,有形成裂纹危险时,则应退火。另外从减少最终热处理(淬火)的形变开裂倾向来看,正火也不如退火</td></tr>
<tr><td>经济效果</td><td colspan="5">正火比退火生产周期短,耗热量少,且操作简便,故在可能条件下,应优先考虑以正火代替退火</td></tr>
<tr><td rowspan="8">整体淬火与表面热处理</td><td colspan="2">工　作　条　件</td><td colspan="4">选　择</td></tr>
<tr><td colspan="2">一般受力情况均可</td><td colspan="4">整体淬火</td></tr>
<tr><td colspan="2">同时受磨损和交变应力者,应考虑采用</td><td colspan="4">表面热处理</td></tr>
<tr><td colspan="2">受磨损较大而不受交变应力的零件</td><td colspan="4">可用高碳钢经淬火及低温回火,或用低碳钢经渗碳、淬火及低温回火</td></tr>
<tr><td>传递功率大,摩擦压力小,摩擦速度高,冲击小</td><td rowspan="4">用于磨损与交变应力作用下的零件</td><td>中碳合金钢</td><td>渗氮</td><td>变形极小</td><td>零件简单、复杂均可</td></tr>
<tr><td>传递功率较大,摩擦压力大,摩擦速度不太高,冲击不太大</td><td>中碳钢</td><td>高频淬火</td><td>变形小</td><td>零件简单</td></tr>
<tr><td rowspan="2">传递功率大,摩擦压力大,摩擦速度不高,冲击大</td><td>低碳合金钢</td><td rowspan="2">渗碳</td><td>变形较小</td><td rowspan="2">零件简单、复杂均可</td></tr>
<tr><td>低碳钢</td><td>变形大</td></tr>
<tr><td rowspan="4">回火</td><td>低温回火</td><td colspan="2">要求高硬度及高耐磨性的零件,如渗碳件、表面淬火齿轮等</td><td colspan="3" rowspan="4">①一般零件尽量不用中温回火,以防止回火脆性
②时效一般只用于高合金钢,对碳钢、低合金钢不适用
③高温回火可消除残余奥氏体,但不能保证高硬度,而低温回火可保证高硬度,但不能消除更多残余奥氏体,故精密件须冷处理、回火、时效</td></tr>
<tr><td>中温回火</td><td colspan="2">要求在一定韧性条件下具有高的弹性极限及屈服点的零件,如弹簧及热锻模等</td></tr>
<tr><td>高温回火</td><td colspan="2">要求有高的综合力学性能的零件,如各种连接件及传动件(连杆、轴等)</td></tr>
<tr><td>冷处理及低温时效</td><td colspan="2">要求保持淬火后的高硬度及尺寸稳定性的精密零件,如柴油机喷嘴、精密轴承及量具等</td></tr>
</table>

表 1-6-27　　零件材料和热处理方法选用的一般原则

零件工作条件	零件类别	用　材	热处理工艺方法
单纯受压应力，并要求消震及耐磨	机床床身、机架、箱体等	灰口铸铁	①一般高温时效 ②要求高的可正火、调质、等温淬火 ③耐磨部位可进行表面淬火或软氮化
单纯受拉应力（要求有高的 σ_s 和 σ_b）	拉杆、连杆、重要螺栓等	中碳钢及中碳合金钢	调质
		低碳合金钢	淬火+低温回火
承受交变载荷为主（要求有高的强度、疲劳极限和塑性、韧性）并要求局部表面耐磨	主轴、曲轴、凸轮轴及其他传动轴	中碳钢及中碳合金钢	①正火或调质（重要或高精度零件应调质），要求耐磨处（如轴颈）表面淬火，精度高的（如镗杆）可调质后氮化等 ②轴类表面最后还可进行滚压、喷丸加工，以增加表面压应力，提高疲劳强度
		低碳钢及低碳合金钢	渗碳淬火+低温回火
		球墨铸铁	正火、调质或等温淬火，耐磨处表面淬火
承受大幅度弹性变形为主（要求高的 σ_s/σ_b 值、疲劳极限，足够的韧性）	各种弹簧	碳素或合金弹簧钢	①淬火+中温回火 ②小弹簧在冷卷成形后进行 200~300℃ 去应力处理
除承受一般应力外，还受强烈磨损	齿轮、凸轮、活塞销等	低碳钢及低碳合金钢	渗碳或氰化后淬火+低温回火
		中碳钢及中碳合金钢	①正火或调质后表面淬火 ②氰化淬火+低温回火
	精密偶件	GCr15 或高速钢	淬火+冷处理+回火
		18Cr2Ni4WA 等	渗碳、淬火+冷处理+低温回火
以高硬度、高耐磨性、高热硬性、高淬透性为主	各种工模具	碳素或低合金工具钢	淬火+低温回火
		W18Cr4V、Cr12MoV、3Cr2W8 等高速钢、模具钢	淬火+500~560℃多次回火
		5CrNiMo 等热模具钢	淬火+中温回火
以特殊物理、化学性能为主	汽轮机叶片、内燃机进排气阀等	不锈钢、耐热钢等	淬火+回火、固溶处理等

表 1-6-28　　常用最后热处理方法的应用

最后热处理方法	用　途	硬度范围 HRC	在工艺路线中的位置
整体淬火+低温回火	处理以高硬度、高耐磨性为主的高碳钢或高碳合金钢工件，如刀具、工具、量具、滚珠轴承等	58~64	锻造→球化退火→机加工→淬火+低温回火→磨
	处理承受中等载荷同时又需耐磨的含碳量在 0.38%~0.50%的中碳钢及中碳合金钢工件，如低速、低载的精密、传动齿轮和轴等	45~55	锻造→退火→机加工→淬火+低温回火→磨
整体淬火+中温回火	处理要求在一定韧性条件下具有高的弹性极限和屈服点的工件，如弹簧及热锻模等	35~45	以汽车板簧为例： 扁钢剪断→加热成形→淬火+中温回火→喷丸→装配

续表

最后热处理方法		用途	硬度范围 HRC	在工艺路线中的位置
调质		处理要求有高的综合力学性能的含碳0.38%～0.50%的中碳钢及中碳合金钢工件，如连杆、轴等各种连接件及传动件	200～350HB	锻造→退火（正火）→粗机加工→调质→精机加工
调质（或正火）后表面淬火+低温回火		处理承受重载荷并具有良好耐磨性含碳0.40%～0.50%的调质钢工件，如机床齿轮、主轴及曲轴的轴颈等	心部 200～250HB 表面 45～55	锻造→退火→粗机加工→调质→精机加工→表面淬火+低温回火→磨
渗碳、淬火+低温回火		处理承受重载荷，在复合应力及冲击负荷下具有高耐磨性的含碳0.15%～0.32%的低碳钢及低碳合金钢工件，如汽车、拖拉机齿轮、轴等	心部 25～35 表面 58～62	锻造→正火→机加工→渗碳→淬火+低温回火→磨
氰化、淬火+低温回火		处理承受较重载荷并具有耐磨性的低碳或中碳的碳钢和合金钢工件，如齿轮、轴等	心部 25～55 （视材料而定） 表面 56～62	锻造→正火或退火→机加工→氰化→淬火+低温回火→磨
调质后氮化		处理心部要求有高的综合力学性能，表面耐磨性高并有一定耐蚀性，同时要求热处理变形小的中碳合金钢工件，如精密磨床主轴、镗杆、齿轮、高精度钻模、阀门等	心部 25～35 表面≥900HV	锻造→退火→粗机加工→调质→精机加工→去应力退火→粗磨→氮化→精磨→时效→研磨
人工时效	高温人工时效	消除铸造、焊接、机械加工所造成的内应力、稳定工件形状及尺寸，如用于处理铸铁床身、焊接机架或精密件机加工间去应力等	—	以铸件为例： 铸造→高温人工时效→粗机加工→高温人工时效→精机加工
	冷处理和低温人工时效	用于要求保持高硬度及尺寸稳定性的精密工件，如柴油机喷嘴、精密轴承、量具等	≥62	以精密偶件针阀体为例： 下料→机加工→去应力→机加工→淬火→冷处理→低温人工时效→精磨→低温人工时效

表 1-6-29　结构钢零件热处理方法选择

热处理方法	用途	热处理方法	用途
1. 退火（完全退火、不完全退火） 2. 正火（在静止空气中或吹风中冷却）	处理工作载荷轻、速度低的含碳0.15%～0.45%的碳钢零件	7. 正火+渗碳+淬火+低温回火 8. 正火+高温回火+渗碳+高温回火+淬火+低温回火	处理承受重载荷、在复合应力及冲击载荷下具有高的耐磨性的含碳0.15%～0.32%的低碳钢及低碳合金钢零件 处理淬火后在渗碳层中有大量残余奥氏体的含碳0.15%～0.32%的高合金钢，如20Cr2Ni4A、18CrNiW等的渗碳零件，如坦克、重型汽车的齿轮、大型轧钢机轴承等
3. 淬火+高温回火 4. 正火+高温回火	处理中等载荷的含碳0.38%～0.5%的中碳钢和中碳合金钢零件，方法4也可用处理锻件的预先热处理代替长时间的退火		
5. 退火或正火+淬火+低温回火 6. 正火+高温回火+淬火+低温回火	处理承受中等载荷同时需要耐磨而含碳0.38%～0.50%的中碳合金钢和中碳钢零件	9. 氰化+淬火+低温回火 10. 正火（或调质）+氮化 11. 正火（或调质）+表面淬火+低温回火	处理在承受较重载荷下具有耐磨性的低碳或中碳钢及合金钢的零件 处理耐磨性高或耐蚀的低碳或中碳钢及合金钢零件或用于零件耐蚀氮化 处理在承受重载荷下具有良好耐磨性的含碳0.4%～0.5%的调质钢

表 1-6-30　常用不锈钢和耐热钢的热处理方法的选择

钢号			要求与选择
热处理不可强化	0Cr18Ni9 1Cr18Ni9 2Cr18Ni9 1Cr18Ni9Ti 2Cr13Ni4Mn9 1Cr23Ni18 4Cr14Ni14W2Mo	2Cr18Ni8W2 1Cr21Ni5Ti 1Cr18Mn8Ni5N 1Cr19Ni11Si2AlTi 1Cr14Mn14Ni 1Cr14Mn14Ni3Ti	要求提高耐蚀性能和塑性,消除冷作硬化的工件,应进行固溶处理 对于形状复杂不宜固溶处理的工件,可进行去应力退火 含钛或铌的不锈钢,为了获得稳定的耐蚀性能,可进行稳定化退火
热处理可强化	1Cr13、2Cr13、3Cr13 4Cr13、1Cr17Ni2 2Cr13Ni2、9Cr18 9Cr18MoV、2Cr3WMoV 1Cr11Ni2W2MoV 1Cr12Ni2WMoVNb 3Cr13Ni7Si2 4Cr10Si2Mo 1Cr14Ni3W2VB 0Cr17Ni7Al 0Cr17Ni4Cu4Nd 0Cr15Ni7Mo2Al 3Cr13Mo		要求提高强度、硬度和耐蚀性能的工件,应进行淬火加低温回火处理 要求较高的强度和弹性极限,而对耐蚀性能要求不高的工件,应进行淬火加中温回火处理 要求得到良好的力学性能和一定的耐蚀性能的工件,应进行淬火加高温回火处理 要求消除加工应力、降低硬度和提高塑性的工件,可进行退火处理 要求改善原始组织的工件,可进行正火加高温回火的预备热处理 要求得到良好的力学性能和耐蚀性能的沉淀硬化型不锈钢工件,可进行固溶加时效、固溶加深冷处理或冷变形加时效等调整处理
由热处理可强化的不锈钢和耐热钢构成的焊接组合件			根据工件图样的要求可进行淬火加回火或去应力退火
由热处理不可强化的不锈钢和耐热钢构成的焊接组合件			要求改善焊缝区域组织和耐蚀性能以及较充分地消除应力时,可进行固溶处理。对于形状复杂不宜进行固溶处理的焊接组合件,可采用去应力退火
由热处理可强化与不可强化的不锈钢和耐热钢构成的焊接组合件			当要求以耐蚀性能为主时,应进行固溶处理加低温回火;当要求以力学性能为主时,应进行淬火加低温或中温回火处理。对于形状复杂的焊接组合件,可进行去应力退火或高温回火

几类典型零件的热处理实例

表 1-6-31

名称	工作条件	材料与热处理要求	备注
齿轮	1. 低速、轻载又不受冲击	HT200、HT250、HT300:去应力退火	1. 机床齿轮按工作条件可分三组 (1)低速:转速 2m/s,单位压力 350~600MPa (2)中速:转速 2~6m/s,单位压力 100~1000MPa,冲击载荷不大 (3)高速:转速 4~12m/s,弯曲力矩大,单位压力 200~700MPa
	2. 低速(<1m/s)、轻载,如车床溜板齿轮等	45:调质,200~250HB	
	3. 低速、中载,如标准系列减速器齿轮	45、40Cr、40MnB(50、42MnVB):调质,220~250HB	
	4. 低速、重载、无冲击,如机床主轴箱齿轮	40Cr(42MnVB):淬火、中温回火,40~45HRC	

续表

名称	工作条件	材料与热处理要求	备注
齿轮	5. 中速、中载，无猛烈冲击，如机床主轴箱齿轮	40Cr、40MnB、42MnVB：调质或正火，感应加热表面淬火，低温回火，时效，50~55HRC	2. 机床常用齿轮材料及热处理 (1)45：淬火，高温回火，200~250HB，用于圆周速度小于1m/s、承受中等压力的齿轮；高频淬火，表面硬度52~58HRC，用于表面硬度要求高、变形小的齿轮 (2)20Cr：渗碳，淬火，低温回火，56~62HRC，用于高速、压力中等并有冲击的齿轮 (3)40Cr：调质，220~250HB，用于圆周速度不大、中等单位压力的齿轮；淬火、回火，40~50HRC，用于中等圆周速度、冲击载荷不大的齿轮；除上述条件外，如尚要求热处理时变形小，则用高频淬火，硬度52~58HRC 3. 汽车、拖拉机齿轮的工作条件比机床齿轮要繁重得多，要求耐磨性、疲劳强度、心部强度和冲击韧性等方面比机床齿轮高，因此，一般是载荷重、冲击大，多采用低碳合金钢(除左行列出的牌号以外，尚有20MnMoB、30CrMnTi、30MnTiB、20MnTiB等)，经渗碳、淬火、低温回火处理。拖拉机最终传动齿轮的传动转矩较大，齿面单位压力较高，密封性不好，砂土、灰尘容易进入，工作条件比较差，常采用20CrNi3A等渗碳 4. 一般机械齿轮最常用的材料是45和40Cr。其热处理方法选择如下 (1)整体淬火：强度、硬度(50~55HRC)提高，承载能力增大，但韧性减小，变形较大，淬火后须磨齿或研齿，只适用于载荷较大、无冲击的齿轮，应用较少 (2)调质：由于硬度低，韧性也不太高，不能用于大冲击载荷下工作的齿轮，只适用于低速、中载的齿轮。一对调质齿轮的小齿轮齿面硬度要比大齿轮齿面硬度高出25~40HB (3)正火：受条件限制不适合淬火和调质的大直径齿轮用 (4)表面淬火：45、40Cr高频淬火机床齿轮广泛采用，直径较大的用火焰表面淬火。但对受较大冲击载荷的齿轮因其韧性不够，须用低碳钢(有冲击、中小载荷)或低碳合金钢(有冲击、大载荷)渗碳
	6. 中速、中载或低速、重载，如车床变速箱中的次要齿轮	45：高频淬火，350~370℃回火，40~45HRC(无高频设备时，可采用快速加热齿面淬火)	
	7. 中速、重载	40Cr、40MnB(40MnVB、42CrMo、40CrMnMo、40CrMnMoVBA)：淬火，中温回火，45~50HRC	
	8. 高速、轻载或高速、中载，有冲击的小齿轮	15、20、20Cr、20MnVB：渗碳，淬火，低温回火，56~62HRC。38CrAl，38CrMoAl：渗氮，渗氮层深度0.5mm，900HV	
	9. 高速、中载，无猛烈冲击，如机床主轴箱齿轮	40Cr、40MnB(40MnVB)：高频淬火，50~55HRC	
	10. 高速、中载、有冲击、外形复杂的重要齿轮，如汽车变速箱齿轮(20CrMnTi淬透性较高，过热敏感性小，渗碳速度快，过渡层均匀，渗碳后直接淬火变形较小，正火后切削加工性良好，低温冲击韧性也较好)	20Cr、20MnVB：渗碳，淬火，低温回火或渗碳后高频淬火，56~62HRC 18CrMnTi、20CrMnTi(锻造→正火→加工齿形→局部镀铜→渗碳、预冷淬火、低温回火→磨齿→喷丸)：渗碳层深度1.2~1.6mm，齿面硬度58~60HRC，心部硬度25~35HRC。表面：回火马氏体+残余奥氏体+碳化物。中心：索氏体+细珠光体	
	11. 高速、重载、有冲击、模数<5mm	20Cr：渗碳，淬火，低温回火，56~62HRC	
	12. 高速、重载或中载、模数>6mm，要求高强度、高耐磨性，如立车重要螺旋圆锥齿轮	18CrMnTi：渗碳、淬火、低温回火，56~62HRC	
	13. 高速、重载、有冲击、外形复杂的重要齿轮，如高速柴油机、重型载重汽车、航空发动机等设备上的齿轮	12Cr2Ni4A、20Cr2Ni4A、18Cr2Ni4WA、20CrMnMoVBA(锻造→退火→粗加工→去应力→半精加工→渗碳→退火软化→淬火→冷处理→低温回火→精磨)：渗碳层深度1.2~1.5mm，59~62HRC	
	14. 载荷不高的大齿轮，如大型龙门刨齿轮	50Mn2、50、65Mn：淬火，空冷，≤241HB	
	15. 低速、载荷不大、精密传动齿轮	35CrMo：淬火，低温回火，45~50HRC	
	16. 精密传动、有一定耐磨性的大齿轮	35CrMo：调质，255~302HB	
	17. 要求耐蚀性的计量泵齿轮	9Cr16Mo3VRE：沉淀硬化	
	18. 要求高耐磨性的鼓风机齿轮	45：调质，尿素盐浴软氮化	
	19. 要求耐磨、保持间隙精度的25L油泵齿轮	粉末冶金(生产批量要大)	
	20. 拖拉机后桥齿轮(小模数)、内燃机车变速箱齿轮(m=6~8mm)	55DTi或60D(均为低淬透性中碳结构钢)：中频淬火，回火，50~55HRC，或中频加热全部淬火。可获得渗碳合金钢的质量，而工艺简化，材料便宜	

续表

名称	工作条件	材料与热处理要求	备注
轴类	1. 在滑动轴承中工作,圆周速度 $v<2m/s$,要求表面有较高的硬度的小轴、心轴,如机床走刀箱、变速箱小轴	45、50,形状复杂的轴用40Cr、42MnVB:调质,228~255HB,轴颈处高频淬火,45~50HRC	主轴和轴类的材料与热处理选择必须考虑:受力大小;轴承类型;主轴形状及可能引起的热处理缺陷 在滚动轴承或是轴颈上有轴套在滑动轴承中回转,轴颈不需特别高的硬度,可用45、40Cr,调质,220~250HB;50Mn,正火或调质,28~35HRC。在滑动轴承中工作的轴颈应淬硬,可用15、20Cr,渗碳,淬火,回火到硬度56~62HRC;轴颈处渗碳深度为0.8~1mm。直径或重量较大的主轴渗碳较困难,要求变形较小时,可用45或40Cr,在轴颈处进行高频淬火 高精度和高转速(>2000r/min)机床主轴尚需采用氮化钢进行渗氮处理,以得到更高硬度。在重载下工作的大断面主轴,可用20SiMnVB或20CrMnMoVBA,渗碳,淬火,回火,56~62HRC
	2. 在滑动轴承中工作,$v<3m/s$,要求高硬度、变形小,如中间带传动装置的小轴	40Cr、42MnVB:调质,228~255HB;轴颈处高频淬火,45~50HRC	
	3. $v\geqslant3m/s$,大的弯曲载荷及摩擦条件下工作的小轴,如机床变速箱小轴	15、20、20Cr、20MnVB:渗碳,淬火,低温回火,58~62HRC	
	4. 高载荷的花键轴,要求高强度和耐磨,变形小	45:高频加热,水冷,低温回火,52~58HRC	
	5. 在滚动或滑动轴承中工作,轻或中等载荷,低速,精度要求不高,稍有冲击,疲劳载荷可忽略的主轴;或在滚动轴承中工作,轻载,$v<1m/s$ 的次要花键轴	45:调质,225~255HB(如一般简易机床主轴)	
	6. 在滚动或滑动轴承中工作,轻或中等载荷,转速稍高,$pv\leqslant150N\cdot m/(cm^2\cdot s)$,精度要求较高,冲击,疲劳载荷不大	45:正火或调质,228~255HB;轴颈或装配部位表面淬火,45~50HRC	
	7. 在滑动轴承中工作,中载或重载,转速较高,$pv\leqslant400N\cdot m/(cm^2\cdot s)$,精度较高,冲击、疲劳载荷较大	40Cr:调质,228~255HB或248~286HB,轴颈表面淬火,≥54HRC,装配部位表面淬火,≥45HRC	
	8. 其他同7,但转速与精度要求比7高,如磨床砂轮主轴	45Cr、42CrMo:其他同上,表面硬度≥56HRC	
	9. 在滑动或滚动轴承中工作,中载,高速,心部强度要求不高,精度不太高,冲击不大,但疲劳应力较大,如磨床、重型齿轮铣床等的主轴	20Cr:渗碳,淬火,低温回火,58~62HRC	1. 心部强度不高,受力易扭曲变形 2. 表面硬度高,宜作高速低载荷主轴 3. 热处理变形较大
	10. 在滑动或滚动轴承中工作,重载,高速,$pv\leqslant400N\cdot m/(cm^2\cdot s)$,冲击、疲劳应力都很高	18CrMnTi、20CrMnMoVA:渗碳,淬火,低温回火,≥59HRC	1. 心部有较高的 σ_b 及 a_k 值,表面有高的硬度及耐磨性 2. 有热处理变形
	11. 在滑动轴承中回转,重载,高速,精度很高(≤0.003mm),很高疲劳应力,如高精度磨床、镗床主轴	38CrAlMoA:调质,硬度248~286HB,轴颈渗氮,硬度≥900HV	1. 很高的心部强度,表面硬度极高,耐磨 2. 变形量小
	12. 电机轴,主要受扭	35及45:正火或正火并回火,187HB及217HB	860~880℃正火
	13. 水泵轴,要求足够抗扭强度和耐蚀性能	3Cr13及4Cr13:1000~1050℃油淬,硬度分别为42HRC及48HRC	或1Cr13:1100℃油淬,350~400℃回火,56~62HRC

续表

名称	工 作 条 件	材料与热处理要求	备 注
轴类	14. C616-416车床主轴:45钢 (1)承受交变弯曲应力、扭转应力,有时还受冲击载荷 (2)主轴大端内锥孔和锥度外圆,经常与卡盘、顶针有相互摩擦 (3)花键部分经常有磕碰或相对滑动 (4)在滚动轴承中运转,中速,中载	(1)整体调质后硬度200~230HB,金相组织为索氏体 (2)内锥孔和外圆锥面处硬度45~50HRC,表面3~5mm内金相组织为屈氏体和少量回火马氏体 (3)花键部分硬度48~53HRC,金相组织为屈氏体和少量回火马氏体	加工和热处理步骤:下料→锻造→正火→粗加工→调质→半精车外圆,钻中心孔,精车外圆,铣键槽→锥孔及外圆锥局部淬火,260~300℃回火→车各空刀槽,粗磨外圆,滚铣花键槽→花键高频淬火,240~260℃回火→精磨
	15. 跃进-130型载重(2.5t)汽车半轴 承受冲击、反复弯曲疲劳和扭转,主要瞬时超载而扭断,要求有足够的抗弯、抗扭、抗疲劳强度和较好的韧性	40Cr、35CrMo、42CrMo、40CrMnMo、40Cr:调质后中频表面淬火,表面硬度≥52HRC,深度4~6mm,静转矩6900 N·m,疲劳≥3×10^5次,估计寿命≥3×10^5km 金相组织:索氏体+屈氏体 (原用调质加高频淬火寿命仅为4×10^4km)	
曲轴	内燃机曲轴:承受周期性变化的气体压力、曲柄连杆机构的惯性力、扭转和弯曲应力以及冲击力等。此外,在高速内燃机中还存在扭转振动,会造成很大应力 要求有高强度及一定的冲击韧性、弯曲、扭转、疲劳强度和轴颈处高的硬度与耐磨性	低速内燃机:采用正火状态的碳钢、球墨铸铁 中速内燃机:采用调质碳钢或合金钢,如45、40Cr、45Mn2、50Mn2等及球墨铸铁 高速内燃机:采用高强度合金钢,如35CrMo、42CrMo、18Cr2Ni4WA等 以110型柴油机曲轴为例:QT60-2正火,中频淬火,$\sigma_b\geq650$MPa,$a_k>15$J/mm^2(试样20mm×20mm×110mm),轴体240~300HB,轴颈≥55HRC,珠光体数量:试棒≥75%,曲轴≥70%	

续表

名称	工作条件	材料与热处理要求	备注
蜗杆蜗轮	1. 载荷不大,断面较小的蜗杆	45:调质,220~250HB	1. 蜗轮材料与热处理 (1)圆周速度≥3m/s的重要传动:锡磷青铜QSn10-1 (2)圆周速度≤4m/s:QAl9-4 (3)圆周速度≤2m/s,效率要求不高:铸铁,防止蜗轮变形一般进行时效处理 2. 蜗杆材料与热处理 (1)高速重载:15、20Cr渗碳淬火,56~62HRC;40、45、40Cr淬火,45~50HRC (2)不太重要或低速中载:40、45调质
	2. 有精度要求(螺纹磨出)而速度<2m/s	45:淬火,回火,45~50HRC	
	3. 滑动速度较高、载荷较轻的中小尺寸蜗杆	15:渗碳,淬火,低温回火,56~62HRC	
	4. 滑动速度>2m/s(最大7~8m/s);精度要求很高,表面粗糙度为0.4μm的蜗杆,如立车中的主要蜗杆	20Cr:900~950℃渗碳,800~820℃油淬,180~200℃低温回火,56~62HRC	
	5. 要求高耐磨性、高精度及尺寸大的蜗杆	18CrMnTi:处理同上,56~62HRC	
	6. 要求足够耐磨性和硬度的蜗杆	40Cr、42SiMn、45MnB:油淬,回火,45~50HRC	
	7. 中载、要求高精度并与青铜蜗轮配合使用(热处理后再加工螺纹)的蜗杆	35CrMo:调质(850~870℃油淬,600~650℃回火),255~303HB	
	8. 要求高硬度和最小变形的蜗杆	38CrMoAlA、38CrAlA:正火或调质后渗氮,硬度>850HV	
	9. 汽车转向蜗杆	35Cr:815℃氰化、200℃回火,渗层深度0.35~0.40mm,表面锉刀硬度,心部硬度<35HRC	
弹簧	1. 形状简单、断面较小、受力不大的弹簧	65:785~815℃油淬,300℃、400℃、500℃、600℃回火,相应的硬度为512HB、430HB、369HB、340HB。75:780~800℃油淬或水淬,400~420℃回火,42~48HRC	弹簧热处理一般要求淬透,晶粒细,残余奥氏体少。脱碳层深度每边应符合:<ϕ6mm的钢丝或钢板,应<1.5%直径或厚度;>ϕ6mm的钢丝或钢板,应<1.0%直径或厚度 大型弹簧在热状态加工成形随即淬火+回火,中型弹簧在冷态加工成形(原材料要求球化组织或大部分球化),再淬火+回火。小型弹簧用冷轧钢带、冷拉钢丝等冷态加工成形后,低温回火 处理后可经喷丸处理:40~50N/cm^2的压缩空气或离心机70m/s的线速度,将ϕ0.3~0.5mm(对小零件、气门弹簧、齿轮等)、ϕ0.6~0.8mm(对板簧、曲轴、半轴等)铸铁丸或淬硬钢丸喷射到弹簧表面,强化表层。疲劳循环次数可提高8~13倍,寿命可提高2~2.5倍以上
	2. 中等载荷的大型弹簧	60Si2MnA、65Mn:870℃油淬,460℃回火,40~45HRC(农机座位弹簧65Mn:淬火,回火,280~370HB)	
	3. 重载荷、高弹性、高疲劳极限的大型板簧和螺旋弹簧	50CrVA、60Si2MnA:860℃油淬,475℃回火,40~45HRC	
	4. 在多次交变载荷下工作的直径为8~10mm的卷簧	50CrMnA:840~870℃油淬,450~480℃回火,387~418HB	
	5. 机车、车辆、煤水车板弹簧	55Si2Mn、60Si2Mn:39~45HRC(363~432HB)(解放牌汽车板簧:55Si2Mn:363~441HB)	

续表

名称	工　作　条　件	材料与热处理要求	备　　注
弹簧	6. 车辆及缓冲器螺旋弹簧、汽车张紧弹簧	55Si2Mn、60Si2Mn、60Si2CrA：淬火，回火，40~47HRC或370~441HB	
	7. 柴油泵柱塞弹簧、喷油嘴弹簧、农用柴油机气阀弹簧及中型、重型汽车的气门弹簧和板弹簧	50CrVA：淬火，回火，40~47HRC	
	8. 在高温蒸汽下工作的卷簧和扁簧，自来水管道弹簧和耐海水侵蚀的弹簧，ϕ10~25mm	3Cr13：39~46HRC 4Cr13：48~50HRC，48~49HRC，47~49HRC，37~40HRC，31~35HRC，33~37HRC	
	9. 在酸碱介质下工作的弹簧	2Cr18Ni9：1100~1150℃水淬，绕卷后消除应力，400℃回火60min，160~200HB	
	10. 弹性挡圈 δ=4mm，ϕ85mm	60Si2：400℃预热，860℃油淬，430℃回火空冷，40~45HRC	
机床丝杠	1. ≤8级精度，受力不大，如各类机床传动丝杠	45、45Mn2：一般丝杠可用正火，≥170HB；受力较大的丝杠，调质，250HB；方头、轴颈局部淬硬，42HRC	1. 丝杠的选材与热处理 (1)丝杠的主要损坏形式：一般丝杠(≤7级精度)为弯曲及磨损；≥6级精度丝杠为磨损及精度丧失或螺距尺寸变化 (2)丝杠材料应具有足够的力学性能，优良的加工性能，不易产生磨裂，能得到低的表面粗糙度和低的加工残余内应力，热处理后具有较高硬度，最少淬火变形和残余奥氏体 常用于不要求整体热处理至高硬度的材料，有45、40Mn、40Cr、T10、T10A、T12A、T12等。淬硬丝杠材料，有GCr15、9Mn2V、CrWMn、GCr15SiMn、38CrMoAlA等 (3)热处理 一般丝杠：正火(45钢)或退火(40Cr)，去应力处理和低温时效，调质和轴颈、方头高频淬火与回火 精密不淬硬丝杠：去应力处理，低温时效，球化退火，调质球化，如遇原始组织不良等，还需先经900℃(T10、T10A)~950℃(T12、T12A)正火处理，然后再球化退火，或直接调质球化 精密淬硬丝杠：退火或高温正火后退火，去应力处理，淬火和低温时效 2. 考虑热加工工艺性，丝杠结构设计注意事项 (1)结构尽可能简单，避免各种沟槽、突变的台阶、锐角等，尤其是氮化丝杠更应避免一切棱角 (2)丝杠一端应留有空刀槽、凸起台阶或吊装螺钉孔，便于冷热加工中吊挂用 (3)不应有较大的凸起台阶，以免除局部镦粗的锻造工序 3. 滚珠丝杠副的材料与热处理 (1)材料选用 滚珠丝杠：L≤2m、ϕ40~80mm、变形小、耐磨性高的6~8级丝杠用CrWMn整体淬火
	2. ≥7级精度，受力不大，轴颈、方头等处均不需淬硬，如车床走刀丝杠	45Mn易切削钢和45钢：热轧后σ_b=600~750MPa，除应力后170~207HB。金相组织：片状珠光体+铁素体	
	3. 7~8级精度，受力较大，如各类大型镗床、立车、龙门铣和刨床等的走刀和传动丝杠	40Cr、42MnVB(65Mn)：调质220~250HB，σ_b≥850MPa；方头、轴颈局部淬硬，42HRC。金相组织：均匀索氏体	
	4. 8级精度，中等载荷，要求耐磨，如平面磨床、砂轮架升降丝杠与滚动螺母啮合	40Cr、42MnVB：调质，250HB，中频加热表面淬火54HRC。调质后基体组织：均匀索氏体+细粒状珠光体	
	5. ≥6级精度，要求具有一定耐磨性、尺寸稳定性、较高强度和较好的切削加工性，如丝杠车床、齿轮机床、坐标镗床等的丝杠	T10、T10A、T12、T12A：球化退火，163~193HB，球化等级3~5级，网状碳化物≤3级，调质，201~229HB。金相组织：细粒状珠光体	
	6. ≥6级精度，要求耐蚀、较高的抗疲劳性和尺寸稳定性，如样板镗床或其他特种机床精密丝杠	38CrMoAlA：调质，280HB；渗氮，850HV。调质后基体组织：均匀的索氏体。渗氮前表面应无脱碳层	

续表

名称	工 作 条 件	材料与热处理要求	备 注
机床丝杠	7. ≥6级精度，要求耐磨、尺寸稳定，但载荷不大，如螺纹磨床、齿轮磨床等高精度传动丝杠（硬丝杠）	9Mn2V（直径≤60mm）、CrWMn（直径>60mm）：球化退火后，球状珠光体1.5~4级，网状碳化物≤3级，硬度≤227HB，淬火硬度56HRC+0.5HRC。金相组织：回火马氏体，无残余奥氏体存在	<ϕ50mm、耐磨性高、承受较大压力的6~8级丝杠用GCr15整体或中频淬火 >ϕ50mm、耐磨性高、6~8级丝杠用GCr15SiMn整体或中频淬火 ≤ϕ40mm、L≤2m、变形小、耐磨性高的6~8级丝杠用9Mn2V、整淬，冷处理 有耐蚀要求特殊用途的丝杠用9Cr18，中频加热表面淬火 L≤1m、变形小、耐磨性高的6~7级丝杠用20CrMoA，渗碳，淬火 L≤2.5m、变形小、耐磨性高的6~7级丝杠用40CrMoA，高频或中频淬火 7~8级的丝杠用55、50Mn、60Mn，高频淬火 L≤2.5m、变形小、耐磨性高的5~6级精度的丝杠用38CrMoAlA或38CrWVAlA，氮化 螺母：GCr15、CrWMn、9CrSi，也有用18CrMnTi、12CrNiA等渗碳钢的 （2）硬度要求 推荐60HRC±2HRC，螺母取上限，当丝杠L≥1.5m或精度为5、6级时，硬度可低一些，但需≥56HRC 采用表面热处理的淬透层深度，磨削后，应为： 中频处理　>2mm 高频渗碳处理　>1mm 氮化处理　>0.4mm 7级精度以上的丝杠应进行消除残余应力的稳定处理
	8. ≥6级精度，受点载荷的，如螺纹或齿轮磨床、各类数控机床的滚珠丝杠	GCr15（直径≤70mm）、GCr15SiMn（直径>80mm）：球化退火后，球状珠光体1.5~4级，网状碳化物≤3级，60~62HRC。金相组织：回火马氏体	
汽车、拖拉机配件	推土机用销套：承受重载、大冲击和严重磨损	20Mn、25MnTiB：渗碳，二次淬火，低温回火，59HRC，渗碳层深2.6~3.8mm	
	推土机履带板：承受重载、大冲击和严重磨损	40Mn2Si：调质，履带齿中频淬火或整体淬火，中频回火，距齿顶淬硬层深30mm	
	推土机链轨节：承受重载、大冲击和严重磨损	50Mn、40MnVB：调质，工作面中频淬火，回火，淬硬层深6~10.4mm	
	推土机支承轮	55SiMn、45MnB：滚动面中频淬火，回火，淬硬层深6.2~9.1mm	
	推土机驱动轮	45SiMn：轮齿中频淬火，淬硬层深7.5mm	
	活塞销：受冲击性的交变弯曲剪应力、磨损大，主要是磨损、断裂	20Cr：渗碳，淬火，低温回火，59HRC（双面）	
	刮板弹簧：转子发动机用，要求在高温下保持弹性和抗疲劳性能	718耐热合金：1050℃固溶处理，冷变形，690℃真空时效，8h（或620℃下8h，500℃下松弛8h）	
	受冲击性的迅速变化着的拉应力和装配时的预应力作用，在发动机运转中，连杆螺栓折断会引起严重事故，要求有足够的强度、冲击韧性和抗疲劳能力	40Cr调质，31HRC，不允许有块状铁素体 下料→锻造→退火或正火→加工→调质（回火水冷防止第二类回火脆性）→加工→装配	

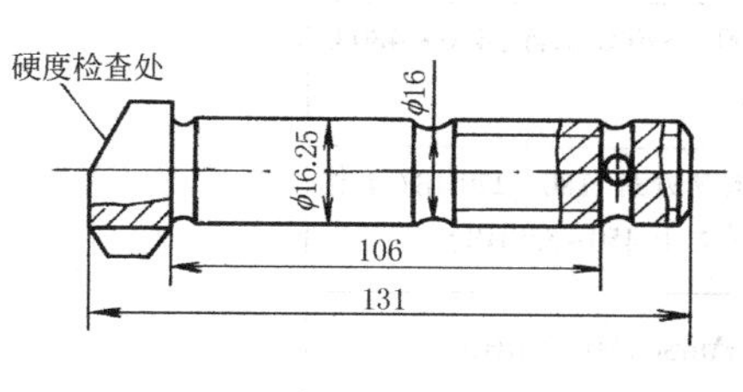

硬度检查处　ϕ16　ϕ16.25　106　131

续表

名称	工 作 条 件	材料与热处理要求	备 注
矿山机械及其他零件	牙轮钻头：主要是磨坏	20CrMo：渗碳，淬火，低温回火，61HRC	
	输煤机溜槽（原用16Mn钢板，未处理，仅用3~6个月）	16Mn：钢板中频淬火（寿命可提高1倍）	
	铁锹（原用低碳钢固体渗碳淬火，回火，质量很差）	低碳钢：淬火，低温回火，得低碳马氏体，质量大大提高	
	石油钻井提升系统用吊环（原用35钢）、吊卡（原用40CrNi或35CrMo）：正火或调质，质量差，笨重	20SiMn2MoVA：淬火，低温回火，得低碳马氏体，质量大大提高	
	石油射孔枪：承受火药爆炸大能量高温瞬时冲击，类似于枪炮。主要是过量塑性变形引起开裂	20SiMn2MoVA：淬火，低温回火，得低碳马氏体，$\sigma_b=1610\text{MPa}$，$a_k=80\text{J/mm}^2$	
	煤矿用圆环牵引链，要求高抗拉强度和抗疲劳，主要是疲劳断裂及加工时冷弯开裂	20MnV、25Mn2V：弯曲后闪光对焊，正火，880℃淬火，250℃回火获得低碳马氏体，预变形强化。$\sigma_b\geqslant850\text{MPa}$，$\sigma_s\geqslant650\text{MPa}$，$a_k\geqslant100\text{J/mm}^2$	
	凿岩机钎尾：受高频冲击，要求抗多次冲击能力强，耐疲劳，主要是断裂与凹陷	30SiMnMoV、32SiMnMoV：56HRC，渗碳淬火→650℃回火，二次加热260~280℃等温淬火→螺纹部分滚压强化	
	凿岩机钎杆：受高频冲击与矿石摩擦严重，要求抗多次冲击能力强，耐疲劳和磨损，主要是折断与磨损	30SiMnMoV：59HRC，900~920℃下用"603"液体渗碳2h，至880℃空冷25~30s，油冷，230℃回火3h	
	中压叶片油泵定子：要求槽口耐磨和抗弯曲性能好。主要是槽口磨损、折断	38CrMoAl：渗氮，900HV，调质→粗车→去应力→精车→渗氮	
	机床导轨：要求轨面耐磨和保持高精度。主要是磨损和精度丧失	HT200、HT300：表面电接触加热淬火，56HRC	
	化工用阀门、管件等腐蚀大的零件，要求耐蚀性好	普通碳素钢渗硅	
	锅炉排污阀：主要是锈蚀，要求耐蚀性好	45：渗硼	
	1t蒸汽锤杆 ϕ120mm，L=2345mm 10t模锻锤锤杆：受较剧烈多次冲击和疲劳应力。主要是疲劳断裂	45Cr：850℃淬火，10%盐水冷，450℃回火，45HRC	
		35CrMo：860~870℃水淬，450~480℃回火，40HRC	
	电耙耙斗、电铲铲斗的齿部：冲击大、摩擦严重。主要是磨坏	ZGMn13：水韧处理，180~220HB（工作时在冲击和压力下450~550HB）	
	ϕ840mm及ϕ650mm的矿车轮	ZG55、ZGCrMnSi：280~330HB	

1.5 热处理对零件结构设计的要求

一 般 要 求

表 1-6-32

<table>
<tr><th>要求</th><th>说　　明</th><th>图　　例</th></tr>
<tr><td>避免尖角、棱角</td><td>零件的尖角、棱角部分是淬火应力最为集中的地方，往往成为淬火裂纹的起点，因此应尽量避免，而设计成圆角或倒角，如右图所示
渗氮处理的零件对轴肩或截面改变处，采用 $R\geqslant 0.5$mm 圆角，否则此处渗氮层易发生脆性崩裂。阶梯轴淬火前粗加工时截面变化处的 R 如下表所示
mm
<table>
<tr><th>D−d</th><th>R</th><th>D−d</th><th>R</th><th>D−d</th><th>R</th></tr>
<tr><td>11～15</td><td>2</td><td>26～50</td><td>10</td><td>126～300</td><td>20</td></tr>
<tr><td>16～25</td><td>5</td><td>51～125</td><td>15</td><td>301～500</td><td>30</td></tr>
</table>
</td><td>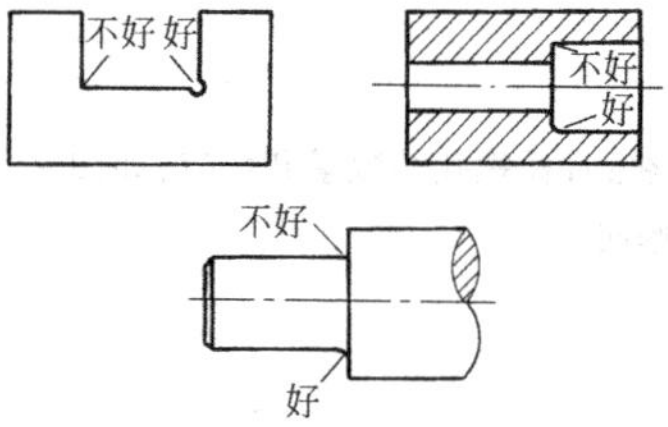
</td></tr>
<tr><td>避免厚薄悬殊的截面</td><td>厚薄悬殊的零件，在淬火冷却时，由于冷却不均匀而造成的变形、开裂倾向较大，设计时采取：开工艺孔，如图 a；合理安排孔的位置，如图 b；变不通孔为通孔（内孔要求淬硬时，也不应是不通孔），如图 c；或加厚零件太薄的部分，如图 d。图 d 为攻螺纹凸轮，原设计要求 15 钢渗碳淬火，桃形凹槽淬硬为 59～62HRC，由于槽底太薄，淬火后，变形向里凹入，修改设计，加厚槽底。渗碳齿轮应加开工艺孔，增厚 t，使截面均匀，以减小畸变，如图 e
图 f 是一根主轴，轴肩法兰虽然用 9Mn2V 钢油淬，但在螺孔部分淬火时近螺纹口还是会淬裂。解决办法：
① 减小螺纹孔的中心距，适当增加螺孔到边缘的距离
② 增加法兰厚度，并在淬火时在螺孔内旋一螺钉，淬火后拆去
图 g 也是一根截面悬殊的轴，即使采用合金钢也会产生裂纹，虽然可以采用“预冷”淬火法防止淬裂，但轴的硬度会受影响，因此设计时一定要尽量避免厚薄悬殊，并采用淬火应力小的分级或等温淬火</td><td>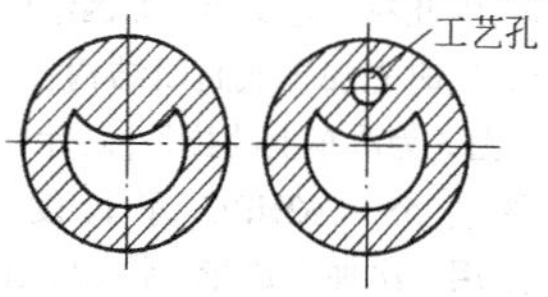

(a)
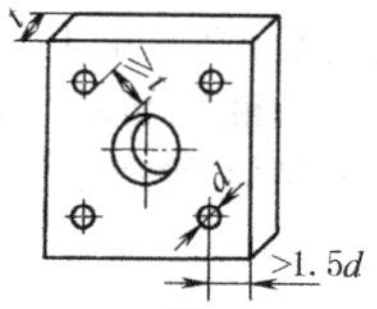

(b)
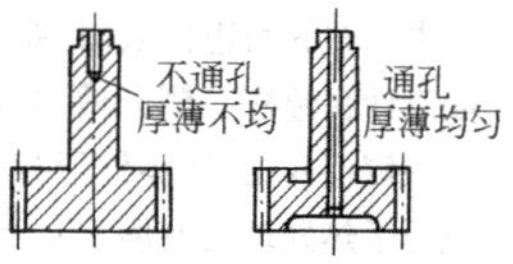

(c)
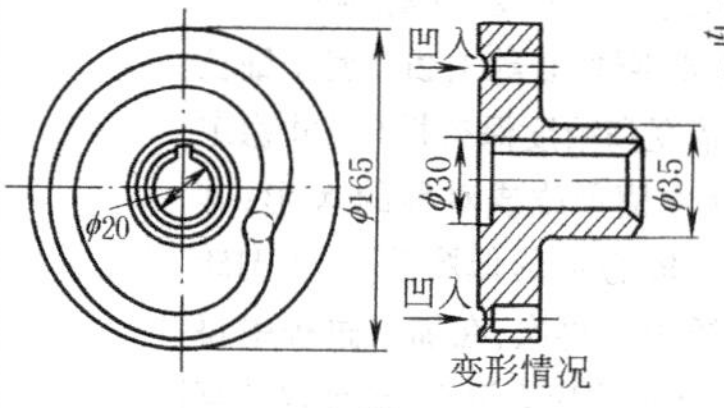

(d)
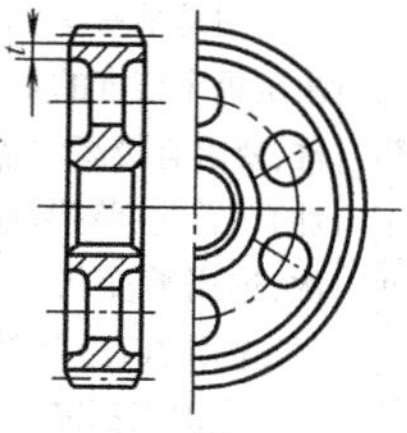

(e)
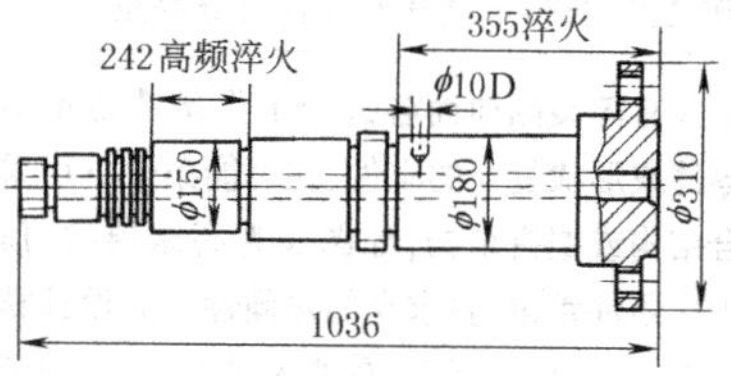

(f)
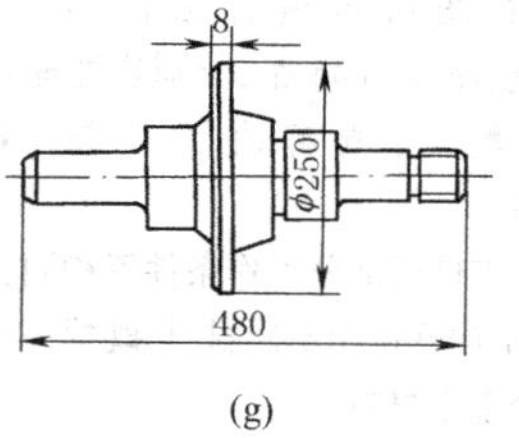

(g)</td></tr>
</table>

续表

要求	说　　明	图　　例
避免太薄边缘	当零件要求必须是薄边时，应在热处理后成形，如图 a′(加工去多余部分)	(a)　(a′)
合理安排孔的位置	改变图 a 冲模螺孔的数量和位置，如图 a′，减少淬裂倾向	(a)　(a′)
尽量采用封闭对称结构	零件形状为开口或不对称结构时，淬火时应力分布不均匀，因此易引起变形。如因结构必须用开口，建议制造时先加工成封闭结构，淬火回火后成形。如图 a 为汽车上的拉条，设计要求 T8A 钢，淬火硬度 58～62HRC，平行度公差为 0.15mm。采用一次加工成形，淬火后沿开口处胀开较大。改用淬火回火后成形，便能达到设计要求。图 b 为镗杆截面，要求渗氮后变形极小。如设计在镗杆一侧开槽，弯曲变形就很大，如在另一侧也开槽，使零件形状呈对称结构，就大大减小了热处理的变形	淬硬面　淬硬面　淬硬面　(a)　好　不好　(b)
形状力求简单对称	右图是精密坐标镗床的刻线尺(标准尺)，是决定机床精度的重要零件，长约 1.2m，属于细长件，要求有极高的精度和精度保持性(尺寸稳定性)。首先，将形状由槽形改成对称的 X 形；其次，选用畸变极小、极稳定的低膨胀合金 4J58(原来用 2Cr13 不锈钢)；再次，在加工过程中每经一次加工都需一次消除应力退火，全过程共有 27 次之多，获得了良好的综合经济效益	
采用组合结构	某些有淬裂倾向而各部分工作条件要求不同的零件或形状复杂的零件，在可能条件下可采用组合结构或镶拼结构，如图 a 为磨床顶尖，顶尖的工作条件繁重，要求高的热硬性。原设计整体采用 W18Cr4V 钢制造，在整体淬火后，出现了裂纹。改用右图所示组合结构，顶尖仍用 W18Cr4V 钢，尾部用 45 钢，分别热处理后，采用热套方式配合，既解决了开裂，又节省了 W18Cr4V 图 b 所示零件两部分工作条件不相同，设计成组合结构，不同部位用不同材料，既提高工艺性，又节约高合金钢材料	W18Cr4V　W18Cr4V　45　(a)　(b)

续表

<table>
<tr><th>要求</th><th>说　　明</th><th>图　　例</th></tr>
<tr><td>合理的技术条件</td><td>图 a 是带槽的轴，材料为 T8A，原设计要求>55HRC，经整体水淬后，槽口开裂如图 a 所示；该零件实际只需槽部有高硬度，后改成只要求槽部硬度为>55HRC，经硝盐分级淬火冷却后，槽部为≥55HRC，其余部分为≥40HRC，达到了要求，也避免了槽部开裂现象
图 b 为定位槽口板，如全部淬硬，容易翘曲，用局部淬硬，便可以防止变形，满足要求
图 c 是球头销，原设计材料为 20CrMnTi，渗碳深度 0.8~1mm，淬火回火后硬度 58~62HRC，仅尺寸“23”范围渗碳，不但质量不易保证，而且工艺也比较麻烦。如改用全部渗碳，直接淬硬，既可简化工艺，又可保证质量
图 d 是一根心轴，原设计用 T10A，淬火回火后，全部硬度 56~62HRC，发蓝，螺纹部分也淬到高硬度，不但没有必要，而且也影响了使用性能，应降低螺纹的硬度</td><td>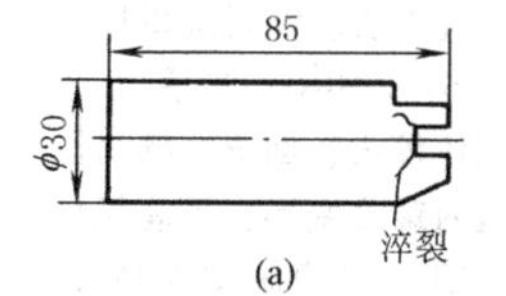

(a)
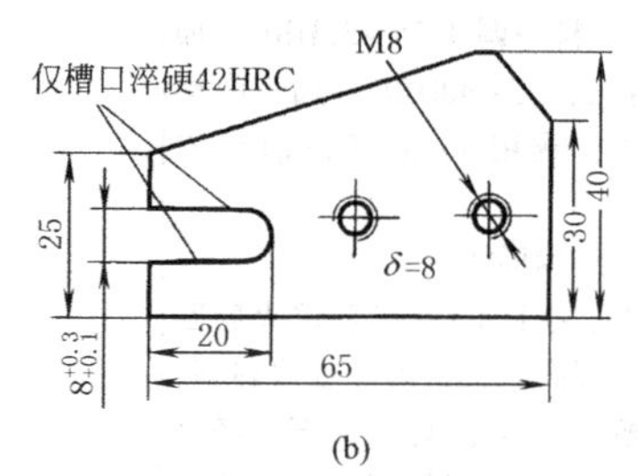

(b)
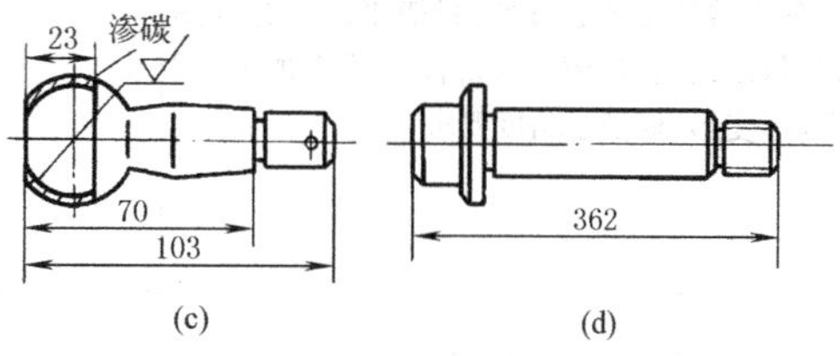

(c)　(d)</td></tr>
<tr><td>考虑淬火后尺寸变化</td><td>图 a 是用 45 钢制的闷头螺塞类零件，在全部淬火后，内外螺纹会变形，在装配时，拧不进去，应在槽口部分采用高频淬火 42HRC
图 b 是压配精度的定位销一类的精密零件，虽然形状简单，如全部淬硬，端部会胀大，中间会收缩，必须在淬前放余量，淬火后再磨到尺寸，或局部淬硬
图 c 是大型剪刀板，原设计要求用 65Mn，硬度 55~60HRC，经水淬油冷后，长度伸长达 6mm 左右，因孔距公差显著超差而报废。改用 CrWMn、Cr12Mo 钢，淬火后伸长仅 1~2mm，这样可预先控制孔距的加工尺寸，则刚好符合设计要求</td><td>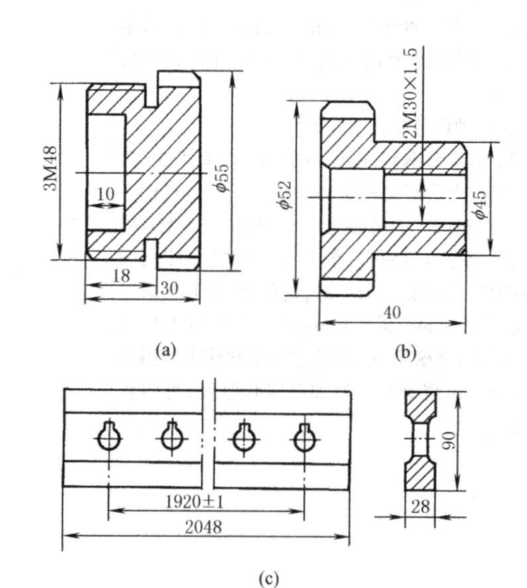

(a)　(b)
(c)</td></tr>
</table>

续表

<table>
<tr><th>要求</th><th>说　　明</th><th>图　　例</th></tr>
<tr><td>考虑淬火变形</td><td>(1)采用适当的热处理方法
45钢制造的套环类零件如图a所示，在淬火后尺寸会胀大，而且有形成椭圆的倾向，因此，对于比较重要的精密紧固件，如锁紧螺母等，就要考虑采用适当的热处理方法。锁紧螺母原设计为45钢，槽口硬度35~40HRC，当槽口、内螺纹等全部加工，再整体淬火、回火，槽口硬度可达到技术条件，但内螺纹变形，不能保证精度，如热处理后再加工，又嫌硬度太高。如调整工艺如下：下料→调质25~30HRC→加工槽→槽口高频淬火，35~40HRC→加工内螺纹，即可达到要求，或用15钢槽口渗碳淬硬，59HRC
(2)合理设计零件结构形状
图b圆锥齿轮设计要求40Cr,齿部淬火后回火至45~50HRC。齿部淬火后,内孔变成扁圆,齿部啮合恶化,键槽失去精度,且因齿部已经淬硬,一般机械加工无法修整,只能报废。若按图示虚线修改结构,键槽待齿部淬火后再加工,减少了齿形变形,保证了精度要求</td><td>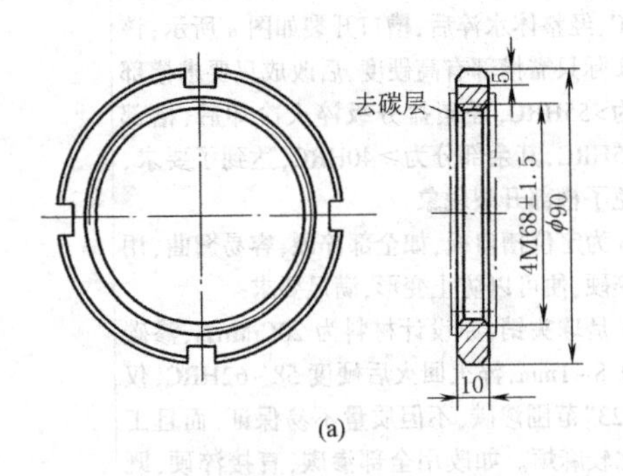

(a)
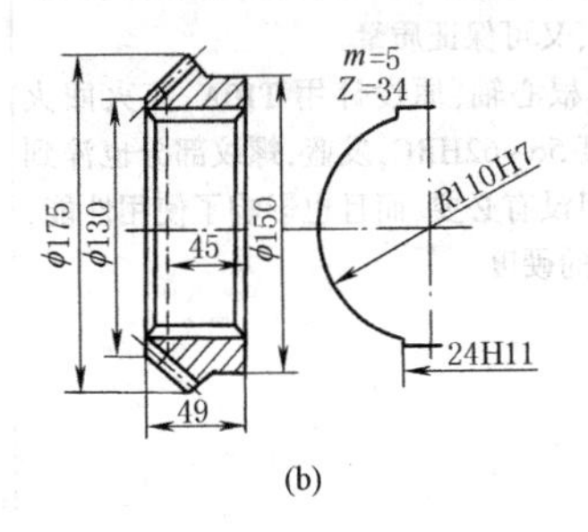

(b)</td></tr>
<tr><td>考虑淬火裂纹</td><td>(1)合理选用材料和热处理方法
图a是铣床刀排用螺母,如采用45钢制造,在淬火时应力集中,在内壁易产生放射状裂纹,故此类零件应采用合金钢42MnVB或40Cr等,以便采用等温淬火或分级淬火来减少淬火应力,减少淬火变形和避免开裂
图b是类似的结构,一般并无相对摩擦,但要求提高综合力学性能,可采用45钢,毛坯调质后再加工
(2)合理设计零件结构形状
图c是镶铜钢套,设计要求用45钢,“45H7”槽两侧淬火后回火硬度45~50HRC,“20f9”槽中心线对“φ80f7”的同心允差0.03mm,对“45H7”槽垂直允差0.03mm。依此精度要求在淬火时“φ45H7”内孔必须加工好,这就使“45H7”槽底极薄(钢厚2mm,铜厚1.5mm)。当淬“45H7”槽两侧时,即使槽底不淬透也会由于热应力作用而在铜套上出现裂纹。如加厚铜套厚度,可防止开裂</td><td>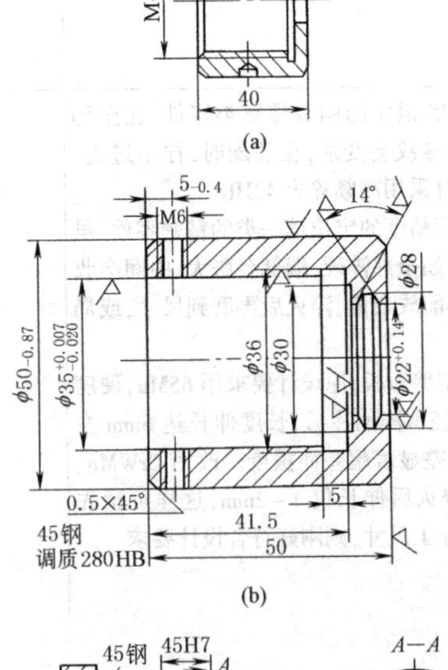

(a)

(b)
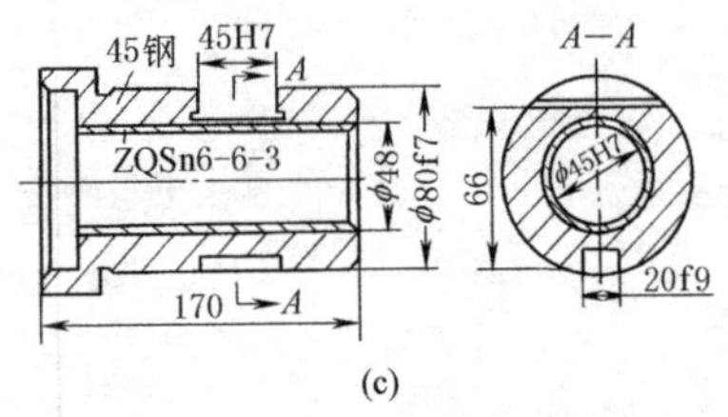

(c)</td></tr>
</table>

续表

要求	说　　明	图　　例
适当提高表面光洁度	切削加工后零件的表面光洁度不够，有时也可能成为淬火裂纹的起因，如某些轴承套圈，因切削刀痕过深，造成应力集中，在淬火时沿刀痕方向形成淬火裂纹（热处理零件最终热处理时表面应清洁和有较低表面粗糙度，一般淬火零件表面粗糙度 Ra 不大于 3.2μm；渗氮零件要求 ≤0.80～0.10μm，一般是经磨削加工以后的表面粗糙度）	
考虑其他热处理工艺性	图 a 是一根在小尺寸范围内要求不同硬度的轴，材料为 45 钢，要求尺寸“35”处 40～45HRC，尺寸“20”的两段 27～40HRC，工艺性太差，无法回火 图 b 是镶钢的导轨，由于截面不均匀，淬火后弯曲变形是难免的，在设计时必须考虑到校直问题：①要避免形成两个方向的弯曲，在上下不可能对称的情况下，左右一定要对称；②要采用残余奥氏体较多的合金工具钢（如 9Mn2V）或轴承钢（如 GCr15），以便在淬火后及时进行“热校直”（用低碳钢渗碳亦可），同时一定要把毛坯锻造后球化退火的金相组织要求列入技术条件，孔口边缘必须倒角 $R \geqslant 0.5 \sim 1$mm，以免校直时产生裂纹 图 c 是导轨板，应尽可能采用电接触加热的方法进行表面硬化处理，最好能把零件加工到尺寸后，安装在床身上再表面淬火，材料则仍可用碳钢如 50 钢，淬硬层愈浅则变形愈小	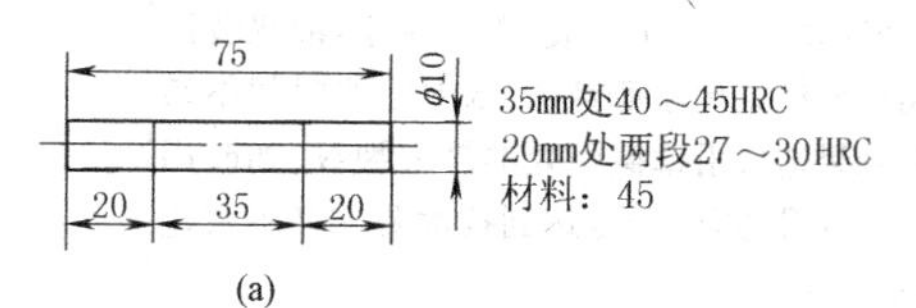 (a) 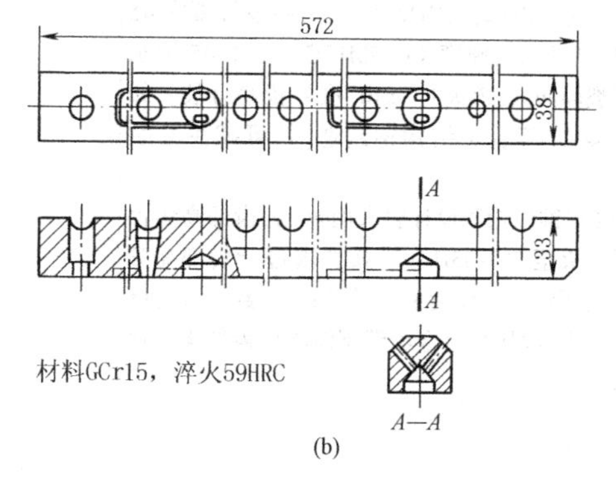 (b) 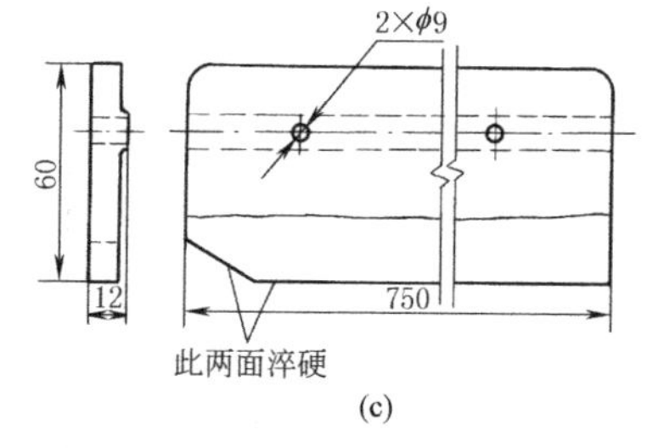 (c)
考虑材料的工艺性	图 a、b 是用 45 钢制造的轴，强度及其他力学性能是足够的，如在图示位置包扎良好，开裂也可避免，但淬火后，端面槽口尺寸是无法校正的，图 a 的会胀大，图 b 的会收缩。从淬火变形考虑就必须改用硬化性较好的合金结构钢如 42MnVB 等，以便采用等温淬火的方法减少变形，外圆的沟槽变形也可减少	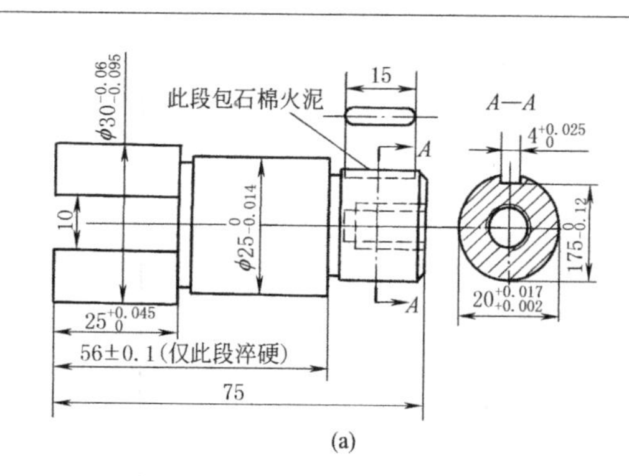 (a)

续表

要求	说明	图例
考虑材料的工艺性	图c为一滚轮，“12”槽部要求淬硬，槽附近有“$\phi8$”的配钻孔，要在淬火后配钻。若选用45或40Cr钢，在淬火前加工出孔，则淬火后变形大，硬度高，配钻有困难；若淬火后加工孔，又加工不动，故选用中碳钢整体淬火不合适。若采用高频淬火，则零件较小，单独淬槽部有困难。如果改用20Cr钢，先加工槽，然后渗碳，再将配钻孔处的渗碳层去掉，然后油淬，低温回火，“$\phi8$”锥孔因含碳低而淬不硬，故可以配钻 图d为一内凸轮，原设计采用45钢制造，要求凹槽处淬硬。为防止开裂，曾采用水-油双液淬火，由于该件结构厚薄悬殊，水中停留时间不易掌握，结果造成沿薄截面处的淬火裂纹，如改用40Cr钢，采用油淬，既可达到技术要求又不致造成淬火开裂 图e为一滑阀，结构比较复杂，原设计要求45钢淬火后回火，硬度45～50HRC。由于45钢水淬开裂倾向大，淬火时“$\phi10$”孔处极易开裂。如改用40Cr等合金结构钢制造，就可减少开裂倾向 图f圆锥齿轮原设计要求用40Cr，齿部高频淬火后回火至50～55HRC。按要求进行齿部高频淬火后两弧齿面硬度不一，特别是模数较大时硬度差更大，改用低合金渗碳钢渗碳后齿部淬火比较合适	(b) 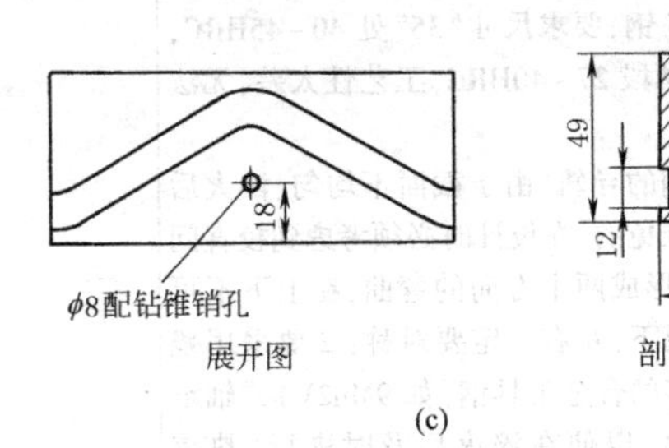 (c) 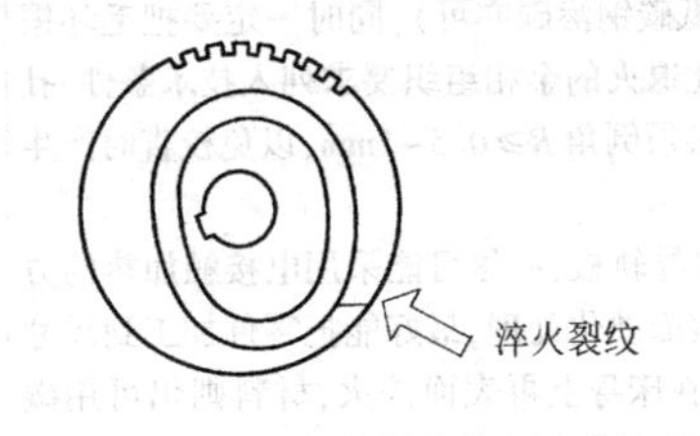 (d) 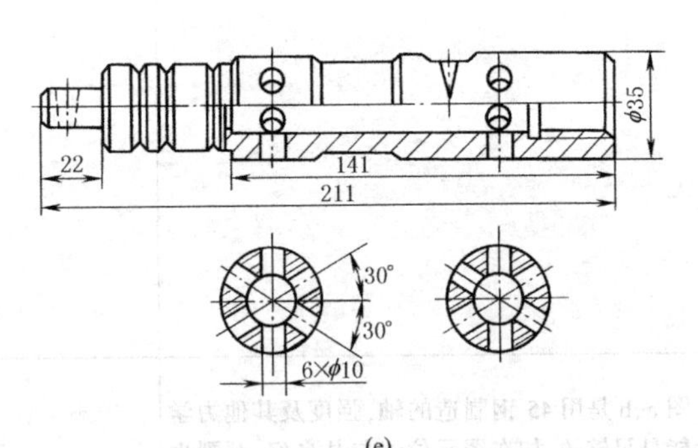 (e) 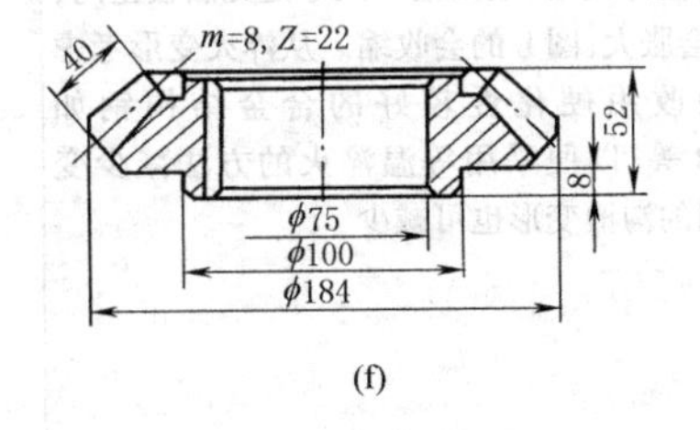 (f)

续表

要求	说明	图例
按变形规律调整加工尺寸	如某汽车变速齿轮键宽要求 $10^{+0.09}_{+0.03}$。渗碳淬火后的变形规律试验数据为缩小 0.05mm。因此，冷加工可控制在 $10^{+0.12}_{0}$，则热处理后一般为 $10^{+0.07}_{0}$，符合技术要求	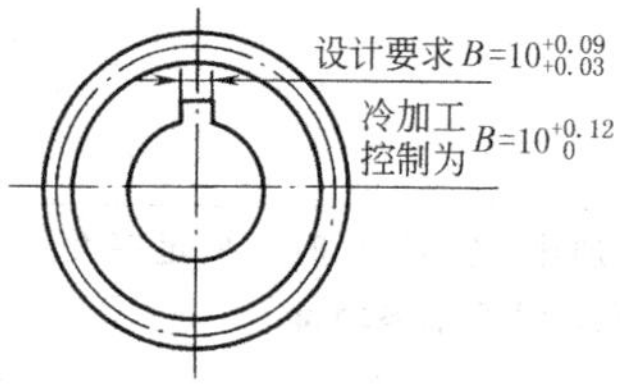 设计要求 $B=10^{+0.09}_{+0.03}$ 冷加工控制为 $B=10^{+0.12}_{0}$
结合工艺改进结构	图 a 所示薄壁套筒，一端带凸缘，氮化后易变成喇叭口，如改为图 a′所示结构，则变形可消失	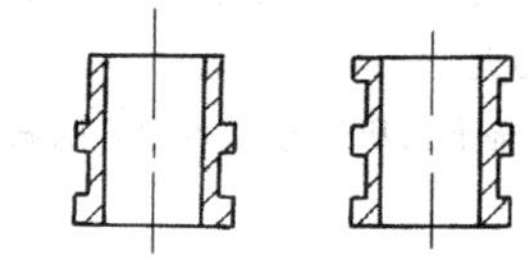 (a) (a′)
	注意孔距的合理安排 对于受力较大的零件合理安排孔位置尤为重要。图 a 所示模板，其螺孔与落料孔距离太近，淬火时易变形，改为图 a′所示 $l \geqslant s$ 较好 螺钉孔不应位于交叉刃口的延线上，尤其不应靠近小锐角，以免局部减弱模具强度，而出现裂纹，改成图 b′所示结构较好	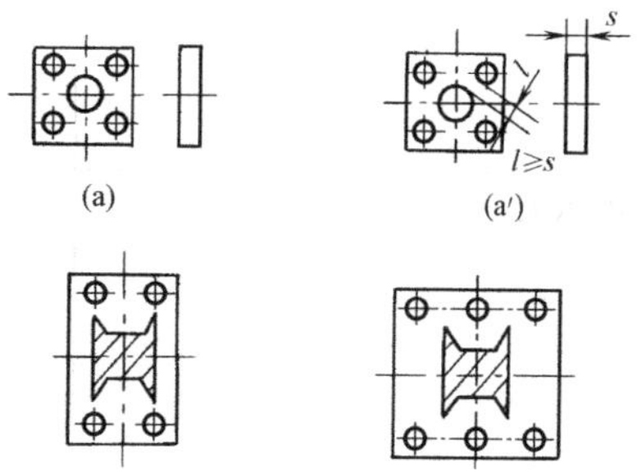 s $l \geqslant s$ (a) (a′) (b) (b′)
	当键槽离轮齿较近时，其键槽不应置于齿根下面，以免太薄产生断裂，应改成图 a′所示结构	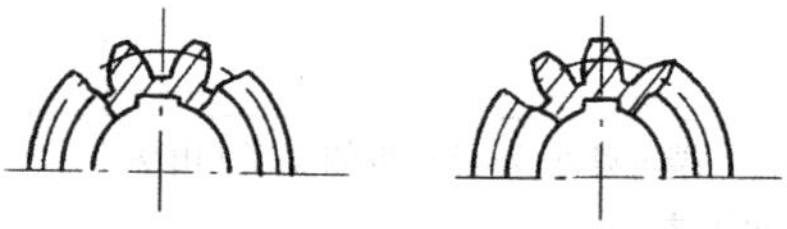 (a) (a′)
	臂较长而又单薄的铸件应设置加强肋，使其具有合理的刚度，以免热处理时发生畸变或断裂。改成图 a′所示结构，加设了横梁，使铸件刚度和强度显著增加	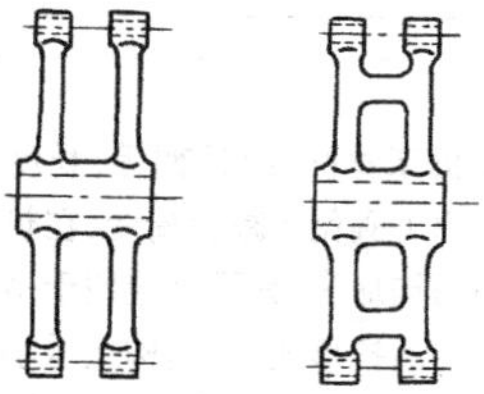 (a) (a′)

续表

<table>
<tr><th>要求</th><th>说明</th><th>图例</th></tr>
<tr><td rowspan="8">结合工艺改进结构</td><td>b_1 和 b_2 不宜相差太大</td><td>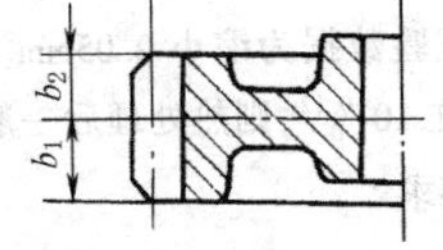</td></tr>
<tr><td>全部齿一次加热，高频淬火时，t 要足够大，b 不宜太大，一般 $t \geqslant 2.5h$，$b \leqslant 55$mm</td><td>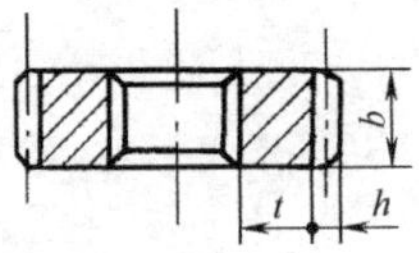</td></tr>
<tr><td>t/D 不宜太小，一般在 0.1～0.2 以上，l_2 不要太小，约为 $2l_1$，R 要大
渗碳齿轮可在轮辐上加开工艺孔，增厚 t，以减小变形</td><td>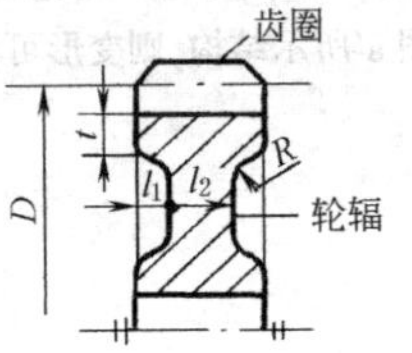</td></tr>
<tr><td>b_1 和 b_2 要相当，相差愈大变形愈大</td><td>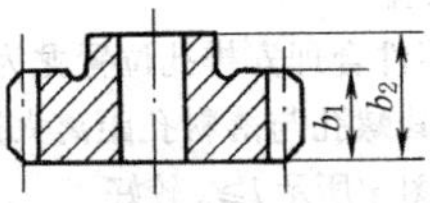</td></tr>
<tr><td>l/d 比不要太大</td><td>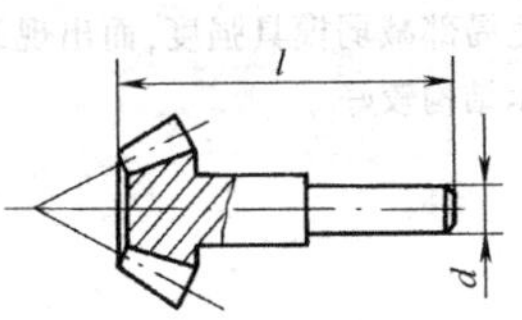</td></tr>
<tr><td>附加余量是为了减少渗碳时变形，热处理后应切去</td><td>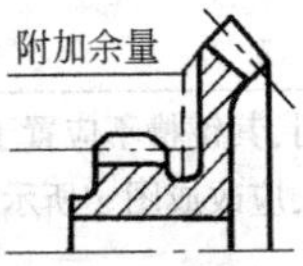</td></tr>
<tr><td>从小端到大端过渡处，不淬火带的宽度 f 由 $D-d$ 确定，参见下表：
mm<table><tr><td>$D-d$</td><td><15</td><td>15～20</td><td>>20</td></tr><tr><td>f</td><td>1.5～3</td><td>3～5</td><td>5～12</td></tr></table></td><td>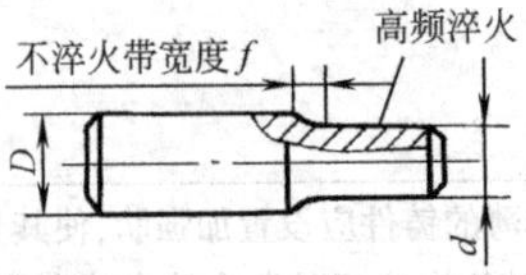</td></tr>
<tr><td>细而长的零件如机床丝杠、细长轴等，长度与直径比不宜太大。为了避免或减少畸变，在热处理时应在井式炉内吊挂加热，其形状应便于吊具装夹。右图是常见的吊挂形式，从结构上看小件 a 较好，大件 d 最好，c 是最差的、最不经济的，只有单件或极小批量生产时采用</td><td>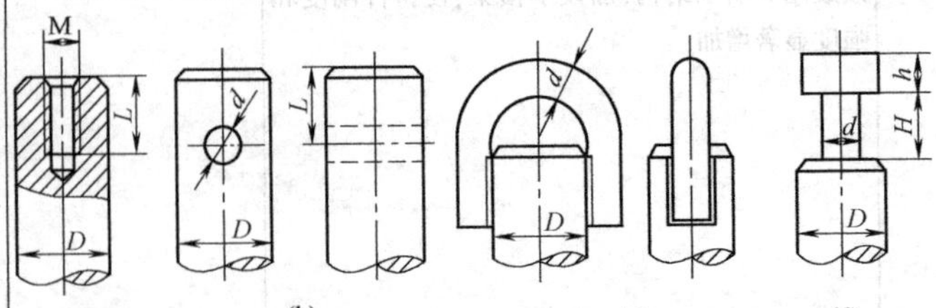
(a) (b) (c) (d)</td></tr>
</table>

感应加热表面淬火的特殊要求

表 1-6-33

<table>
<tr><th>要　　求</th><th>说　　明</th><th>图　　例</th></tr>
<tr><td>轴端、轴孔及齿轮端部均应有倒角</td><td>感应加热表面淬火时尖角处易过热，甚至熔化，因此轴端应有倒角，若轴有孔，孔也应倒角，如右图，孔径较大时还应配入铜铆钉，淬后拆除</td><td> 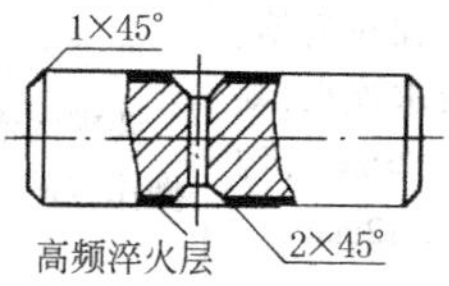</td></tr>
<tr><td>从轴的小径到大径，应允许有“硬度递减区（即过渡区）”</td><td>硬度递减区的宽度和两个直径之差有关，其规定见下表：
mm<table><tr><td>$D-d$</td><td>10~20</td><td>20~30</td><td>>30</td></tr><tr><td>硬度递减区宽度</td><td>5~10</td><td>10~15</td><td>15</td></tr></table>如按表所列数值进行表面淬火后对质量有影响时，则应改变设计结构，因高中频感应圈本身有一定宽度，故淬火时不能淬硬到凸肩根部</td><td> 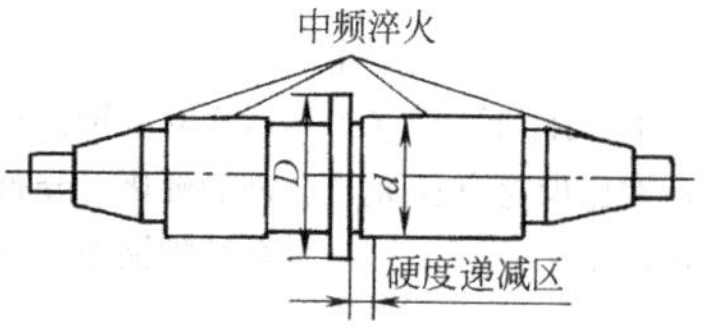</td></tr>
<tr><td>轴上键槽两端必须留6~8mm不淬火带，键槽距轴端应>10mm或开通</td><td>目的是防止淬火时键槽熔化，如设计要求必须淬硬时，应考虑能镶配紫铜销（两端要有间隙），淬后不淬火带的硬度，大约在下表范围：<table><tr><td>钢　　号</td><td>35</td><td>45</td><td>40Cr</td></tr><tr><td>硬度　HRC</td><td>25~30</td><td>30~33</td><td>33~36</td></tr></table>键槽距轴端间距>10mm或开通是为了防止淬裂</td><td> 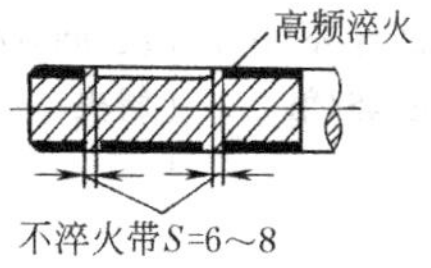</td></tr>
<tr><td>细长的调节螺钉要考虑淬火变形（螺距变化）</td><td>细长的调节螺钉，一般都用热轧圆钢制成，如全部都加热淬火，不仅易造成弯曲，而且螺距也会变化，造成淬火后旋不进螺母，因此对此类工件可广泛采用局部火焰淬火或高频淬火的方法，承受载荷较大的可在毛坯调质后，再局部淬硬</td><td> 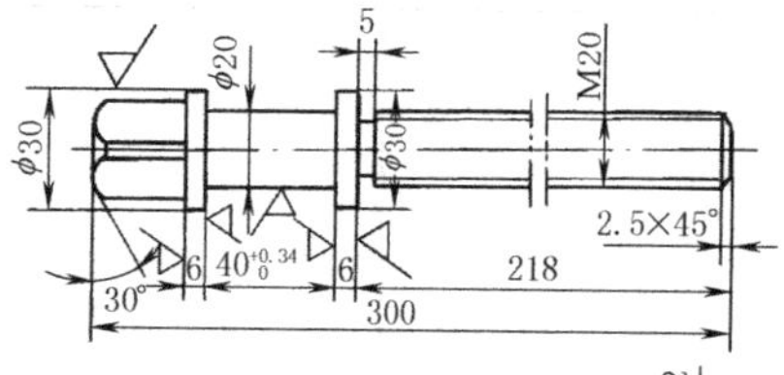</td></tr>
<tr><td>二联或三联以上而外径相差不大的齿轮，若齿部均需淬火时，齿部两端面间的间距应≥8mm。b_2、b_3要相近</td><td>为了防止在分别淬火后，先淬硬的齿轮受到后淬齿轮感应圈感应影响硬度，故二联齿轮淬火时，应先淬直径小的，再淬直径大的</td><td> 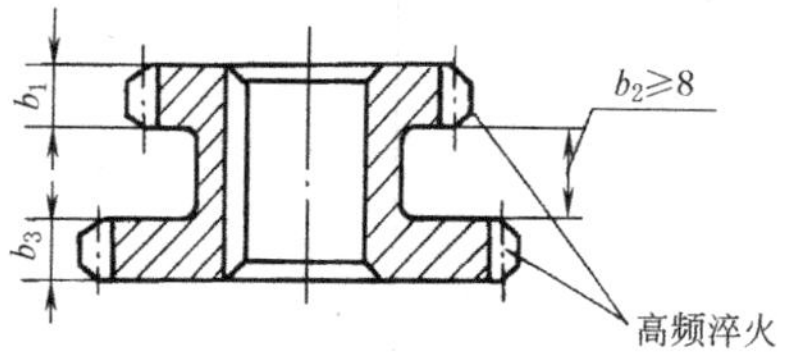</td></tr>
</table>

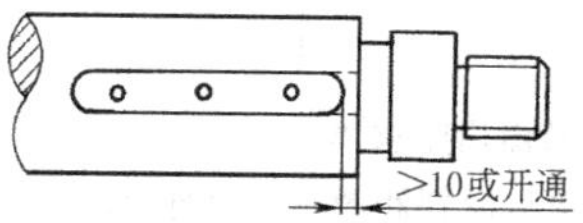

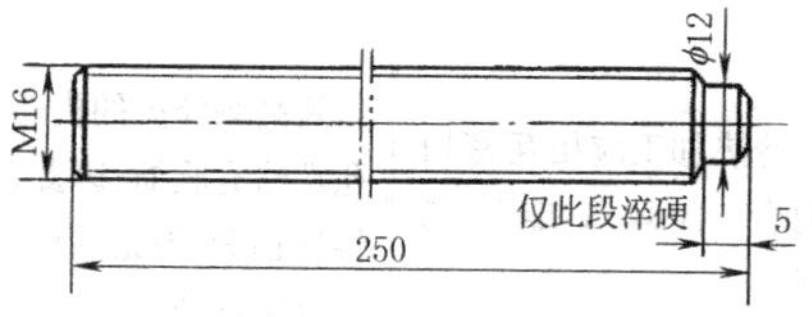

续表

要　求	说　明	图　例
塔形齿轮如在沟槽、拨叉部分要求淬火,则端部厚度应≥5mm,沟槽部分宽度≥12mm	要求端部有一定厚度,是为了防止端部开裂 要求沟槽有一定宽度,是考虑感应器的制作及操作方便	>1×45°　≥12　≥5　高频淬火
在一般条件下,不宜设计齿宽比齿轮直径大的柱形齿轮	这样的齿轮容易发生变形,而且也比较难获得合理的硬化层分布,如必须这样设计,则应采用低合金结构钢等温或分级淬硬	D　H
齿轮端面淬火时,淬火部分应凸起不小于1mm,并倒成45°角	这样一方面可避免在端面淬火时影响齿部硬度,同时淬火面积小了,高频的感应圈也比较好解决	1×45°　高频淬火
齿部及端面均要求淬火时,端面与齿部距离≥5mm	这样可以防止端面淬硬时影响齿部的硬度	高频淬火　≥5
冷热加工应相互密切配合,合理安排工艺路线	凡高频淬火的齿轮、长轴套等零件,在淬火后内孔都略有收缩,因此在要求精度较高的情况下,应将长轴套、齿轮的键槽、花键在淬火之后再拉削一次以保证精度	A　A—A　ϕ200　ϕ280　ϕ35　30　A 若全部先加工,后淬火,淬火后靠近"ϕ35"孔处的节圆直径处将会下凹。因此6个孔只能在高频淬火后制出

2 有色金属热处理

2.1 有色金属材料热处理方法及选用

表 1-6-34　　有色金属材料热处理方法、目的与用途

名　称	工艺方法	目的与用途	
均匀化退火（扩散退火）	在加热、保温过程中，由于原子扩散作用而使合金化学成分趋于均匀	均匀化退火、再结晶退火、去应力退火等工艺方法与钢比较只是热处理温度较低、工艺参数不同而已。但热处理强化机理则与钢不同，不是利用相变强化，而是利用强化相在固溶体中溶解度变化的原理，使强化相弥散、均匀地分布在固溶体基体中进行强化的	用于铸件或热加工前的铸锭，以消除或减少成分偏析和组织的不均匀性，提高塑性，改善加工产品的质量
再结晶退火	将冷变形加工后的制品加热到再结晶温度以上，保温后空冷		用于经冷变形加工后的制品。目的是消除冷作硬化，恢复塑性，以利于下一加工工序的顺利进行 也作为产品的最终退火，以获得细晶粒组织，改善性能
去应力退火	加热到低于再结晶温度的退火		消除锻造、铸造、焊接和切削加工产生的内应力 消除黄铜的蚀裂现象 对于不能热处理强化的铝合金和纯铝等，则是为了消除形变应力、保留冷作硬化
固溶处理（淬火）	加热到稍高于强化相最大溶解度的温度，保温后水冷，获得过饱和固溶体		是各种有色金属合金强化处理的准备工序（此时尚未强化），与随后的时效处理配合使合金达到强化的目的
自然时效	在常温下长时间停留，使固溶处理后的过饱和固溶体中的强化相脱溶		提高强度、硬度。由于此法所用时间太长，除冶金工厂外，生产中一般不采用
人工时效	在加热条件下（一般 150℃左右），使固溶处理下的过饱和固溶体中的强化相脱溶		提高强度、硬度。普遍用于铝、铜等有色金属合金的强化过程
回归现象	自然时效后的铝合金，在高于人工时效的温度短时间加热后快速冷却到室温。此时合金重新变软，恢复到刚固溶处理后的状态，且仍能进行正常的时效		可使自然时效硬化了的铝合金重新软化、恢复塑性，以继续进行冷变形加工 用于铝合金制品的返修

表 1-6-35　　常用有色金属材料热处理方法的选用

材　料		热处理方法	目　的
铝合金	热处理不能强化的形变铝合金	高温退火	消除冷作硬化，提高塑性
		低温退火	提高塑性的同时，部分保留冷变形所获得的强化效果
	热处理可强化的形变铝合金	完全退火或快速（中间）退火	提高塑性并消除由于淬火时效的强化
		淬火（即固溶处理，下同）+时效	获得高的强度和足够韧性
	铸造铝合金	①不预先淬火的人工时效	提高强度和硬度，改善切削加工性和表面粗糙度
		②退火	适于强度要求不高或不能热处理强化的合金。消除铸造应力和加工硬化。改善组织中某些脆性相形态，提高塑性，稳定尺寸
		③淬火+自然时效	提高零件的强度和在 100℃以下工作的耐蚀性
		④淬火+不完全人工时效	用于中等载荷和在不高温度下工作的零件，以获得高的强度，并保持较高塑性
		⑤淬火+完全人工时效	用于处理大载荷零件，获得最高的强度和硬度
		⑥淬火+稳定化回火处理	用于高温工作的零件，与④、⑤相比，强度较低，而塑性较高，回火温度接近工作温度，使组织稳定、耐蚀性提高
		⑦淬火+软化回火处理	回火温度高于⑥，适于在比⑥更高温度状态下工作的零件，以获得高的塑性和尺寸稳定性
		⑧冷处理+冷热循环处理	使零件获得高的尺寸稳定性

续表

材料		热处理方法	目的
铜合金	纯(紫)铜	再结晶退火	消除由冷变形加工引起的加工硬化,恢复塑性
	黄铜	低温退火	消除内应力,防止应力腐蚀开裂和切削加工时变形
		再结晶退火	包括加工工序间的中间退火和成品的最终退火。消除加工硬化,恢复塑性
	青铜	均匀化退火(扩散退火)	消除或减少铸锭成分偏析和组织不均匀性,提高塑性
		再结晶退火	包括加工工序间的中间退火和成品的最终退火。消除加工硬化,恢复塑性
		去应力(低温)退火	消除内应力,防止应力腐蚀开裂,稳定冷变形或焊接工作的尺寸和性能,以及防止切削加工时产生变形
		淬火+时效	用于铍青铜、硅青铜、复杂铝青铜 提高强度、硬度
钛合金		去应力退火(450~650℃)	消除铸、焊和切削加工内应力,部分恢复塑性
		完全退火(650~800℃)	使组织和力学性能均匀,在室温下具有良好塑性和适当韧性;对于耐热合金,是使其在高温下具有尺寸和组织稳定性 钛合金多在退火状态下使用
		去氢退火(540~760℃)	防止氢脆,必须在真空下进行
		淬火+时效	获得高的强度并保持足够韧性
镁合金		去应力退火	消除铸造、冷热加工、校直和焊接产生的内应力,稳定尺寸
		再结晶退火	消除冷作硬化
		淬火+时效	提高硬度和强度

2.2 铝及铝合金热处理

铝及铝合金按加工方法分为变形铝合金和铸造铝合金。按热处理性质分为：热处理强化的铝合金，包括硬铝、锻铝及大部分铸造铝合金，它只能在淬火+时效状态下使用；热处理不强化的铝合金，包括工业纯铝、防锈铝，它只能在退火或冷作状态下使用，一部分低强度的铸造铝合金，它只能在退火状态下使用。

变形铝合金的热处理方法和应用

表 1-6-36

合金类型、牌号		方法	有效厚度/mm	退火温度/℃	保温时间/min	冷却方式	应用	备注
热处理不强化的铝合金	1070A、1060、1050A、1035、1200、8A06、3A21	高温退火	≤6	350~500	热透为止	空冷	降低硬度,提高塑性,可达到最充分的软化,完全消除冷作硬化	需要特别注意退火温度和保温时间的选择,以免发生再结晶过程而使晶粒长大
	5A02、5A03		>6	350~420	30			
	5A05、5A06			310~335				
	1070A、1060、1035、8A06、3A21		0.3~3	350~420 (井式炉)	50~55			
			>3~6		60~65			
			>6~10		80~85			
	1070A、1060、1050A、1035、1200、8A06、3A21	低温退火	—	150~250	120~180	空冷	既提高塑性,又部分地保留由于冷作变形而获得的强度 消除应力,稳定尺寸	退火温度与杂质含量有关,随杂质含量的增加而升高
	5A02		—	150~180	60~120			
	5A03		—	270~300	60~120			
	3A21		—	250~280	60~150			

续表

合金类型、牌号		方法	有效厚度/mm	退火温度/℃	保温时间/min	冷却方式	应　　用	备　　注
热处理强化的铝合金	2A06	完全退火	—	380~430	10~60	30℃/h炉冷至260℃，然后空冷	提高塑性，并完全消除由于淬火及时效而获得的强度，同时可以消除内应力和冷作硬化	完全退火后，半成品可以进行高变形程度的冷压加工 淬火后或淬火及时效后用冷变形强化的2A11、2A12、7A04、合金板材，不宜进行退火，因冷作硬化程度不超过10%，即在临界变形程度范围内，缓慢退火加热，可引起晶粒粗大
	2A11、2A12、2A16、2A17			390~450				
	LT42(旧牌号)			400~450				
	LC6(旧牌号)			390~430				
	7A04		0.3~2	390~430（井式炉）	40~45	30℃/h炉冷至150℃，然后空冷		
			>2~4		50~55			
			>4~6		60~65			
	2A11 2A12 6A02	快速退火	0.3~4	350~370（井式炉）	40~45	空冷	提高经淬火与时效而强化的变形铝合金的半成品及零件的塑性和软化程度 部分消除内应力 缩短退火时间	7A04、LC6(旧牌号)合金在个别情况下，可按2A12合金规范进行快速退火，但可能产生强化，所以退火与变形加工之间的放置时间不应超过240h
			>4~6		60~65			
			>6~10		90~95			
	2A06、2A16、2A17		—	350~370	120~240	空冷或水冷		
	7A04			290~320				
	6A02			380~420				
	2A50			350~400				
	2A14			390~410				
	2A06 2A11 2A12	瞬时退火	—	350~380（硝盐槽）	60~120	水冷	为消除其半成品的加工冷作硬化，以获得继续加工的可能性	
		淬火	半成品种类	淬火最低温度/℃	最佳温度/℃	发生过烧危险温度/℃	淬火是将零件加热到接近共晶熔点或为保证细的晶粒和某种特殊性能而足以使强化相充分溶解的温度，并保温一定时间，然后强冷至室温，以得到稳定的过饱和固溶体	淬火后强度增高，但塑性仍然足够高，可进行冷变形 自然时效的铝合金淬火后只能短时间保持良好塑性，这个时间是：2A12为1.5h；2A11、6A02、2A50、2A70、2A80、2A14、2A02、2A06等为2~3h；7A04、LC6(旧牌号)、7A09为6h，因此变形工艺过程必须在上述时间内完成
	2A02		棒材、锻件	490	495~508	512		
	2A11、2A13			480	485~510	525		
	2A06			495	500~510	515		
	2A11		板材、管材	485	490~510	520		
	2A12			490	495~503	505		
			棒材、锻件	485	490~503			
	2A16		板材、管材	525	530~542	545		
			棒材、锻件	520	530~542			
	7A04		板材、管材	450	455~480	520~530		
	7A09			450	455~480	525		
	LC6(旧牌号)		棒材、锻件	450	455~473	—		
	6A02		板材、管材	510	515~540	565		

续表

合金类型、牌号		方法		半成品种类	淬火最低温度/℃	最佳温度/℃	发生过烧危险温度/℃	应用	备注
热处理强化的铝合金	6A02	淬火			510	515~530	—		
	2A50、2B50				500	510~540	545		
	2A70			棒材、锻件	520	525~540	545		
	2A80				510	515~535	545		
	2A90				510	510~530	—		
	2A14			板材、管材	490	500~510	517		
				棒材、锻件		495~505	515		
				半成品种类	时效温度/℃		时效时间/h		
	2A06、2A11、2A12、6A02、2A50、2A14	自然时效		各种半成品	室温		48~144(>96)	时效的目的是将淬火所得到的过饱和固溶体在低温(人工时效)或室温(自然时效)的条件下,保持一定的时间,使强化相从固溶体中呈弥散质点析出,从而使合金异常强化,获得很高的力学性能	2A06、2A11、2A12合金如低于150℃使用时,则进行自然时效;高于150℃使用时,则进行人工时效 6A02、2A50、2B50、2A70、2A80、2A90、2A14、2A02、2A16、2A17合金零件高温使用(≥150℃)时,需人工时效,但6A02、2A50、2A14合金零件也可采用自然时效
	6A02、2A50、2B50、2A14	人工时效		各种半成品	150~165		6~15		
	2A70				180~195		8~12		
	2A80				165~180		8~14		
	2A90			挤压半成品	135~150		2~4		
	2A02			各种半成品	165~175		10~16		
	2A11			—	160±5		6~10		
	2A12			板材、挤压半成品	185~195		6~12		
	2A16			各种半成品	规范1:160~175		10~16		
					规范2:200~220		8~12		
	2A17				180~195		12~16		
	7A04、7A09			板材挤压半成品	120~140		12~24		
		分级时效	一级		120±5		8		
			二级		160±5		8		
	LC5(旧牌号)、LC6(旧牌号)		一级	模锻件、其他各种锻件	115~125		2~4		
			二级		160~170		3~5		

铸造铝合金的热处理方法和应用

表 1-6-37

合金牌号	方法	操作	应用
ZL-103 ZL-104 ZL-105 ZL-401	不预先淬火的人工时效	时效温度大约是150~180℃,保温1~24h 用湿砂型或金属型铸造时,可获得部分淬火效果,即固溶体有着不同程度的过饱和度	改善铸件切削加工性;提高某些合金(如ZL-103、ZL-105)零件的硬度和强度(约30%) 用来处理承受载荷不大的硬模铸造零件

续表

合金牌号	方法	操作	应用
ZL-101 ZL-102 ZL-103 ZL-501	退火	退火温度大约是280~300℃,保温2~4h 一般铸件在铸造后或粗加工后常进行此种处理	消除铸件的铸造应力和机械加工引起的冷作硬化,提高塑性 用于要求使用过程中尺寸很稳定的零件
ZL-101 ZL-201 ZL-203 ZL-301 ZL-302	淬火	淬火温度约为500~535℃,铝镁系合金为435℃ 这种处理亦称为固溶化处理,对具有自然时效特性的合金,淬火亦表示淬火并自然时效	提高零件的强度并保持高的塑性,提高在100℃以下工作零件的耐蚀性,用于受动载荷冲击作用的零件
ZL-101 ZL-103 ZL-105 ZL-201 ZL-202 ZL-203	淬火后瞬时(不完全)人工时效	在低温或瞬时保温条件下进行人工时效,时效温度约为150~170℃	获得足够高的强度(较淬火为高)并保持较高的屈服点 用于承受高静载荷及在不很高温度下工作的零件
ZL-101 ZL-104	淬火后完全人工时效	在较高温度和长时间保温条件下进行人工时效;时效温度约为175~185℃	使合金获得最高强度而塑性稍有降低 用于承受高静载荷而不受冲击作用的零件
ZL-101 ZL-103 ZL-105	淬火后稳定回火	最好在接近零件工作温度的条件下进行回火 回火温度约为190~230℃,保温4~9h	获得足够强度和较高的稳定性,防止零件高温工作时力学性能下降和尺寸变化 适用于高温工作的零件
ZL-101 ZL-103	淬火后软化回火	回火温度更高,一般约为230~270℃,保温4~9h	获得较高的塑性,但强度有所降低 适用于要求高塑性的零件

2.3 铜及铜合金热处理

表 1-6-38　铜及铜合金热处理方法和应用

合金牌号	方法	应用	备注
除铍青铜外所有合金	退火	消除应力及冷作硬化,恢复组织,降低硬度,提高塑性,消除铸造应力,均匀组织和成分,改善加工性	可作为黄铜压力加工件的中间热处理工序,青铜件毛坯或中间热处理工序加热保温后空冷
H62、H68、HPb59-1等	低温退火	消除内应力,提高黄铜件(特别是薄的冲压件)抗腐蚀破裂(又称季裂)的能力	一般作为冷冲压件及机加工零件的成品热处理工序

续表

合金牌号	方法	应用	备注
锡青铜 硅黄铜	致密化退火	消除铸件的显微疏松，提高铸件的致密性	
	淬火	提高塑性，获得过饱和固溶体	采用水冷
铍青铜	淬火时效 （调质处理）	提高铍青铜零件的硬度、强度、弹性极限和屈服点	淬火温度为790℃±10℃，需用氢气或分解氨气保护
QAl9-2、QAl9-4、QAl10-3-1.5、QAl10-4-4	淬火回火	提高青铜铸件和零件的硬度、强度和屈服点	
QSn6.5-0.1、QSn4-3、QSi3-1、QAl7、BZn15-20	回火	消除应力，恢复和提高弹性极限	一般作为弹性元件的成品热处理工序
HPb59-1		稳定尺寸	可作为成品热处理工序

2.4 及 合金热处理

表 1-6-39　　钛及钛合金热处理方法和应用

合金牌号	方法	操作	应用	备注
TA3～TA8、TB1、TB2、TC1、TC2、TC4、TC6、TC10	不完全退火	将零件加热至稍低于再结晶温度（一般为450～650℃），保温1～1.5h，然后空冷	消除因切削加工、锻造、焊接所产生的内应力，使塑性得到部分恢复	为防止零件加热时受到污染，可在真空炉加热，或通氩气或氮气予以保护
TA3～TA8、TB1、TB2、TC1～TC7、TC10等	完全退火	将零件加热至高于再结晶温度而低于（α+β）→β的转变温度（一般为650～800℃），保温后空冷	较彻底地消除内应力，降低硬度、恢复塑性，并使组织力学性能均匀	为了消除和防止钛合金氢脆现象，可进行除氢退火，其温度一般是540～760℃，保温2～4h 为了使合金具有更好的综合性能，又发展了多次退火工艺
TC1、TC2、TC4、TC6、TC8、TC9	稳定化退火	加热至比相变温度低30～80℃，保温并炉冷至低于相变温度300～400℃，再保温80min±20min，然后空冷	使合金组织尽可能接近平衡状态，保证组织与性能稳定，以保证零件在较高温度下长期工作	
TB1、TB2、TC3、TC4、TC6、TC8～TC10等	淬火时效	将合金加热至一定温度（α+β合金为相变点以下30～80℃，即在α+β相区内，β合金为相变点以上10～40℃），水冷而得到过饱和的固溶体；然后再在高于脆相ω形成温度（450～600℃）加热、保温并空冷，使过饱和固溶体分解，可溶相（α相及金属间化合物）从β固溶体中呈弥散质点析出，使合金化	使合金获得很高的强度并保持足够的韧性 使合金组织和性能具有足够的热稳定性	

2.5 镁合金的热处理

镁合金的常规热处理工艺分为退火（消除内应力退火和完全再结晶退火）和固溶时效两大类。①消除内应力退火的目的在于消除工件加工成形过程中的内应力，退火温度低于再结晶温度，退火时间短。②再结晶退火的目的在于消除加工硬化，回复和提高工件的塑性，退火温度高于再结晶退火的温度，退火保温时间也长。对于尺寸要求比较严格的零部件，去应力退火是必需的。③有些镁合金，如 MB6、ZM5 等压力加工或铸造成形后，为提高抗拉强度和断后伸长率，可进行固溶淬火处理。要使强化相充分溶解，需要较长的加热保温时间。④有些镁合金，如 MB15，可以直接进行人工时效处理，得到相当高的时效硬化效果。又如对 Mg-Zn 系合金，加热淬火使晶粒长大，反不如进行直接人工时效。⑤固溶处理可以提高合金的屈服强度，但塑性有所降低，主要用于 Mg-Al-Zn 系和 Mg-RE-Zr 系。

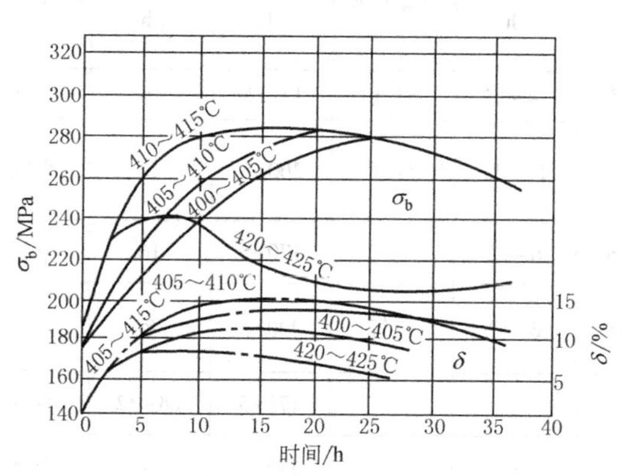

图 1-6-6　固溶温度和时间对 ZM5 合金性能的影响
（实线为 σ_b 曲线，点画线为 δ 曲线）

镁合金能否进行热处理强化完全取决于合金元素的固溶度是否随温度变化，当其变化时，镁合金可以进行热处理强化。可进行热处理强化的铸造镁合金有六大系列，变形镁合金有三大系列：

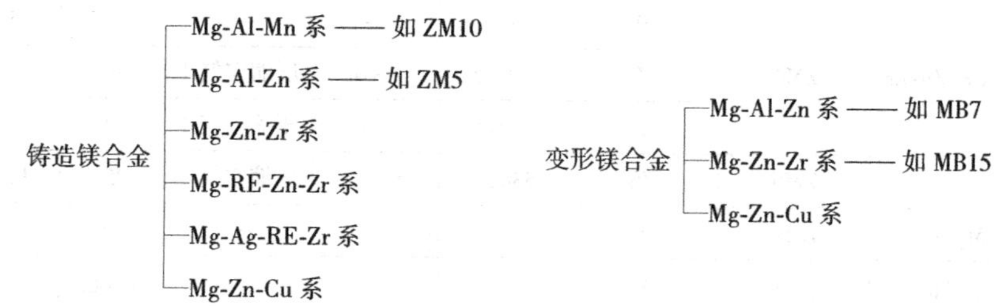

某些热处理强化效果不显著的镁合金通常选择退火作为最终热处理。

镁合金热处理的主要特点是固溶和时效处理时间较长，这是因为合金元素的扩散和合金相的分解过程极其缓慢。由于同样原因，镁合金淬火时不需要快速冷却，通常在静止空气中或人工强制流动的气流中冷却。

表 1-6-40　　镁合金热处理退火规范

合金牌号	完全退火		消除内应力退火			
	温度/℃	时间/h	板材		挤压件和锻件	
			温度/℃	时间/h	温度/℃	时间/h
MB1	340~400	3~5	205	1	260	0.25
MB2	350~400	3~5	150	1	260	0.25
MB3	—	—	250~280	0.5	—	—
MB8	280~320	2~3	—	—	—	—
MB15	380~400	6~8	—	—	260	0.25

表 1-6-41　　镁合金常用的热处理规范

合金类别	合金系	合金牌号	热处理类型	固溶处理			时效(退火)		
				加热温度/℃	加热时间/h	冷却介质	加热温度/℃	加热时间/h	冷却介质
高强度铸造镁合金	Mg-Al-Zn	ZM5	Ⅰ Z	415±5	14~24	空气	175±5	16	空气
			Ⅰ ZS	415±5	14~24	空气	200±5	8	空气
			Ⅱ Z	415±5	6~12	空气	170±5	16	空气
			Ⅱ ZS	415±5	6~12	空气	200±5	8	空气
	Mg-Zn-Zr	ZM1	S	—	—	—	175±5	28~32	空气
				—	—	—	195±5	16	空气
		ZM2	S	—	—	—	325±5	5~8	空气
		ZM8	ZS	480(H_2)	24	空气	150	24	空气
耐热铸造镁合金	Mg-RE-Zn-Zr	ZM3	S	—	—	—	200±5	10	空气
		ZM4	M	—	—	—	325±5	5~8	空气
			Z	570±5	4~6	压缩空气	—	—	—
			ZS	570±5	4~6	压缩空气	200	12~16	空气
		ZM6	ZS	530±5	8~12	压缩空气	205	12~16	空气
	Mg-Y	ZM9	S	—	—	—	310	16	空气
高强度变形镁合金	Mg-Mn	MB1	M	—	—	—	340~400	3~5	空气
	Mg-Mn-Ce	MB8	M	—	—	—	280~320	2~3	空气
	Mg-Al-Zn	MB2	M	—	—	—	280~350	3~5	空气
		MB3	M	—	—	—	250~280	0.5	空气
		MB5	M	—	—	—	320~380	4~8	空气
		MB6	M	—	—	—	320~350	4~6	空气
			Z	380±5	—	—	—	—	—
		MB7	M	—	—	—	200±10	1	空气
			ZS	415±5	—	—	175±5	10	—
	Mg-Zn-Zr	MB15	S	—	—	—	150	2	空气
			ZS	515	2	水	150	2	空气
耐热变形镁合金	Mg-Nd-Zr	MA11	ZS	490~500	—	水	175	24	空气
		MA12	ZS	530~540	—	水	200	16	空气
镁锂合金	Mg-Li		M	—	—	—	175	6	空气
				—	—	—	150	16	空气

注：M 为退火；Z 为固溶处理；S 为人工时效；ZS 为固溶处理加人工时效。

表 1-6-42　镁合金主要化学成分及力学性能

类别	牌号	主要成分(质量分数)/%							热处理状态	20℃		150℃		250℃		500℃	
		Zn	Zr	Mn	RE	Nd	Ce	Al		σ_b/MPa	δ/%	σ_b/MPa	δ/%	σ_b/MPa	$\sigma_{0.2/100}$/MPa	σ_b/MPa	$\sigma_{0.2/100}$/MPa
铸造镁合金	ZM1	3.5~5.5	0.5~1.0	—	—	—	—	—	SZS	240	5.0	—	—	—	—	—	—
	ZM2	3.5~5.0	0.5~1.0	—	0.7~1.7	—	—	—	S	220	4.0	—	—	—	—	—	—
	ZM3	0.2~0.7	0.4~1.0	—	2.3~4.0	—	—	—	M	145	3.0	—	—	145	25	110	—
	ZM4	2.0~3.0	0.5~1.0	—	2.5~4.0	—	—	—	S	150	4.0	—	—	130	30	95	—
	ZM5	0.2~0.8	—	0.15~0.5	—	—	—	7.5~9.0	Z(ZS)	230(230)	5(2)	—	—	—	—	—	—
	ZM6	0.2~0.7	0.4~1.0	—	—	2.0~3.0	—	—	ZS	260	5.0	—	—	170	38	110	—
	ZM8	5.5~6.5	0.5~1.0	—	2.0~3.0	—	—	—	ZS	310	9.5	—	—	—	—	—	—
	ZM9			—		—	—	—	S	220	8.0	—	—	140			
变形镁合金	MB1	—	—	1.3~2.5	—	—	—	—	M	210	4	130	45	60			
	MB2	0.2~0.8	—	0.15~0.5	—	—	—	3.0~4.0	M	240	12						
	MB3	0.8~1.5	—	0.4~0.8	—	—	—	4.0~5.0	M	250	12						
	MB5	0.5~1.5	—	0.15~0.5	—	—	—	5.5~7.0	M	260	8.0						
	MB6	2.0~3.0	—	0.20~0.5	—	—	—	5.0~7.0	M(Z)	290(300)	7.0(10.0)	—	—	—	—	—	—
	MB7	0.2~0.8	—	0.15~0.5	—	—	—	7.8~9.2	Z	300	8.0	—	—	—	—	—	—
	MB8	—	—	1.5~2.5	—	—	0.15~0.35	—	M	250	18	160	—	120	—	—	—
	MB15	5.0~6.0	0.3~0.9	—	—	—	—	—	Z(ZS)	280(370)	23.4(9.5)	—	—	—	—	—	—

注：M 为退火处理；Z 为固溶处理；S 为人工时效；ZS 为固溶淬火加人工时效。

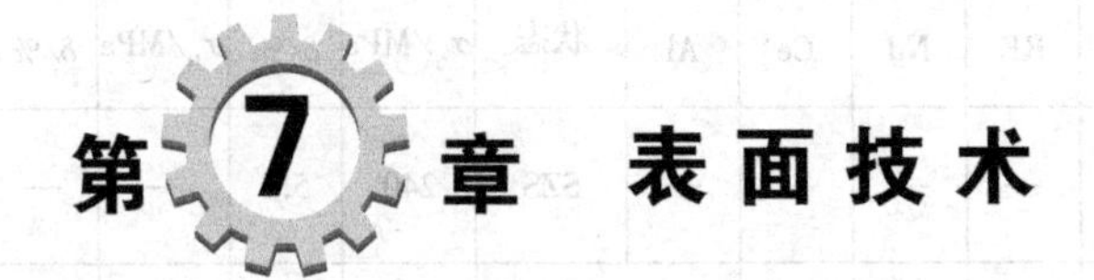

第7章 表面技术

1 表面技术的分类和功能

1.1 表面技术的含义和分类

表面技术是用机械、物理或化学方法，来改变工件表面状态、化学成分、组织结构和应力状态，或施加各种覆盖层，使工件表面具有不同于其基体的某种特殊性能，从而达到特定使用要求的一种应用技术。

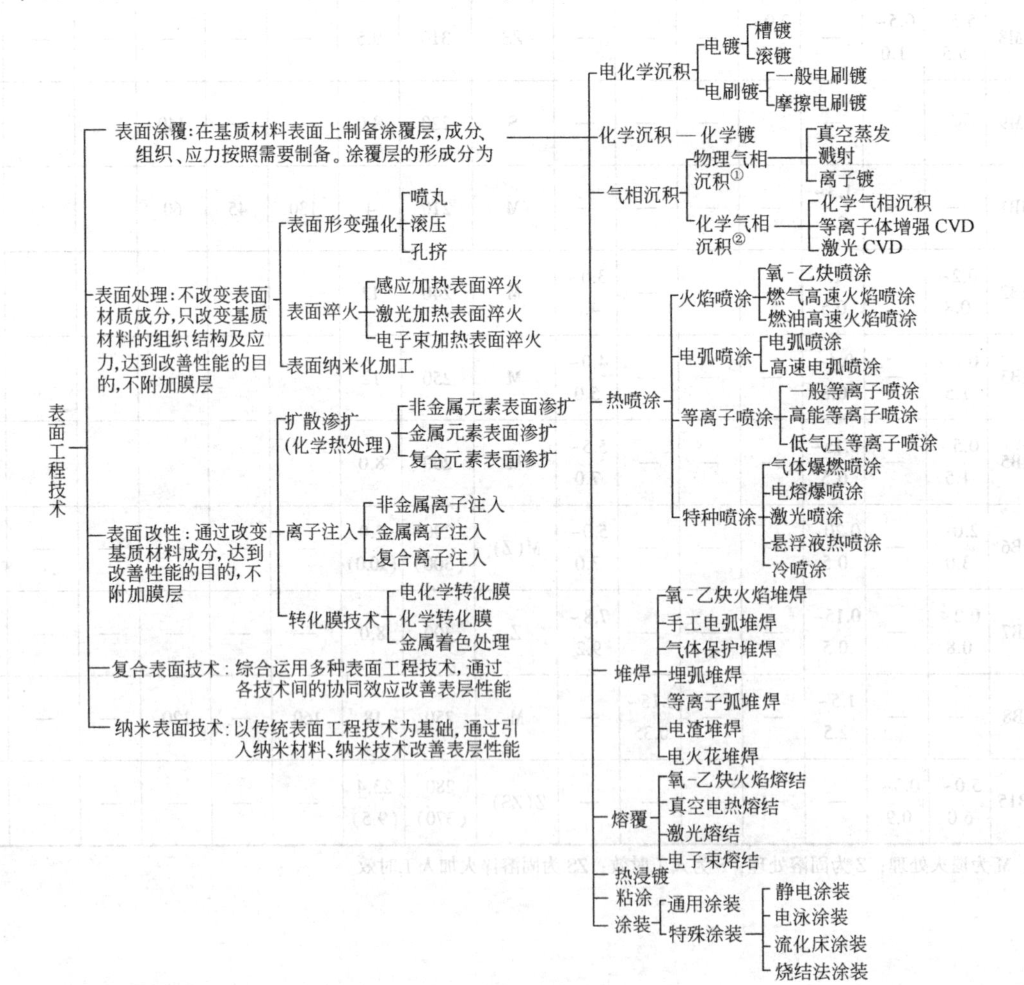

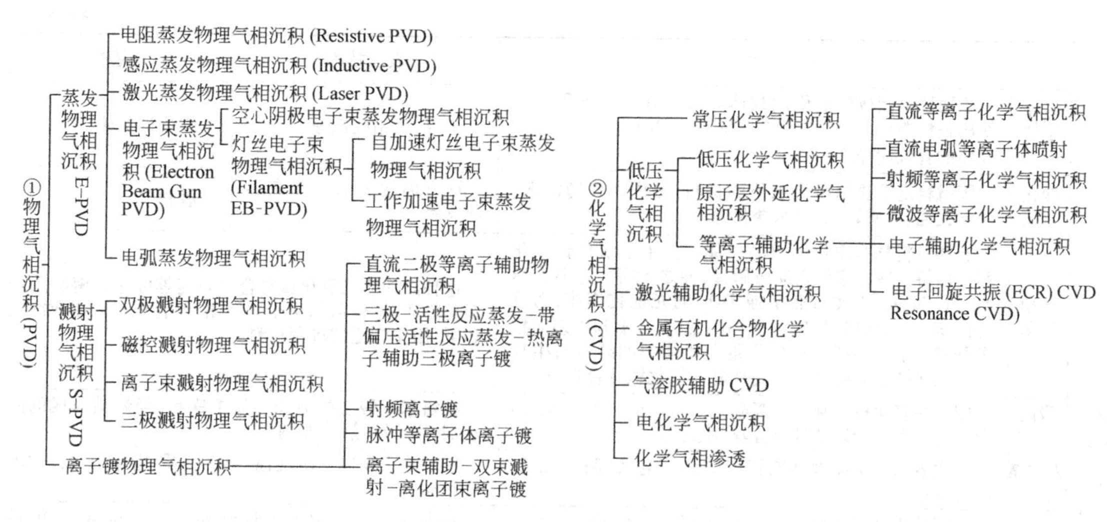

图 1-7-1　表面技术的分类

表面技术具有学科的综合性，手段的多样性，广泛的功能性，潜在的创造性，环境的保护性，以及很强的实用性和巨大的增效性。

它可使产品和零部件的局部或整个表面具有如下功能：①提高耐磨性、耐蚀性、耐疲劳、耐氧化、防辐射性能和自润滑性；②实现自修复性（自适应、自补偿和自愈合）和生物相容性；③改善传热性或隔热性，导电性或绝缘性，导磁性、磁记忆性或屏蔽性，增光性、反光性或吸波性，湿润性或憎水性，黏着性或不黏性，吸油性或干摩性，摩擦因数提高或降低，减振性，密封性，以及装饰性或仿古艺术性等。因而得到了迅速的发展和广泛的应用。可以说没有表面技术，就没有现代机电产品。

1.2　表面技术的功能

表 1-7-1　　表面技术在机械零部件、工程和功能构件等方面的功能

	功能		表面技术	应用
在机械零部件、工程构件、结构材料方面	防护	提高材料或工件表面的耐蚀性、耐热性、耐氧化性和防辐射性	针对不同腐蚀情况,选用不同耐蚀涂层	
	耐磨	磨损大体分磨料、粘着、疲劳腐蚀、冲蚀、汽蚀等磨损。正确确定磨损类别,合理选择表面技术,可有效提高材料或工件表面的耐磨性	根据磨损类别,选择相应表面技术,涂覆有关涂(膜)层,如硬质膜、固体润滑膜、耐磨耐热膜、耐磨耐蚀膜等	
	强化	主要指通过各种表面强化处理来提高材料或工件表面抵抗除腐蚀和磨损之外的环境作用能力,如提高工件的疲劳强度	化学热处理、喷丸、滚压、激光表面处理	在制造业、汽车工业中得到广泛应用
	修复	磨损、剥落、锈蚀,使工件外形尺寸变小以致尺寸超差,或强度降低,修复不仅可修复尺寸精度,而且还可提高表面性能,延长使用寿命	堆焊、电刷镀、热喷涂、粘涂等	工程中各种金属零部件的修复
	装饰	表面装饰主要包括光亮(镜面、全光亮、亚光、光亮缎状、无光亮缎状等)、色泽(各种颜色和多彩等)、花纹(各种平面花纹、刻花和浮雕等)、仿照(仿贵金属、仿大理石、仿花岗石等)多方面特性	选用相应表面技术制成如光亮膜、亚光膜、色泽膜、仿照膜等	可对各种材料表面装饰,方便、高效,而且美观、经济,故应用广泛

续表

	功能		表面技术	应用
在环保、医疗、卫生方面	净化大气	表面技术制成的催化剂载体等，是回收、分解和替代使用各种燃料、原料产生的大量 CO_2、NO_2、SO_2 等有害气体的有效途径之一	涂覆、气相沉积等	催化剂载体
	净化水质	膜材料是重要的净化水质的材料，可用来处理污水、化学提纯、水质软化、海水淡化等	这方面的表面技术在迅速发展	膜材料
	抗菌灭菌	有些材料具有净化环境的功能。其中二氧化钛催化剂可以将一些污染的物质分解掉，使之无害。过渡金属Ag、Pt、Cu、Zn 等元素能增强 TiO_2 的光催化作用，而且有抗菌、灭菌作用（特别是 Ag 和 Cu）。日本利用表面技术开发出了一种把具有吸附蛋白质能力的磷灰石生长在二氧化钛表面而制成的高功能二氧化钛复合材料	这种高功能二氧化钛复合材料能够完全分解吸附的菌类物质，不仅可以半永久使用，而且还可以制成纤维和纸，用作广泛的抗菌材料	
	吸附杂质	用一些表面技术制成的吸附剂，可以除去空气、水、溶液中的有害成分以及具有除臭、吸湿等作用	在氨基甲酸乙酰泡沫上涂覆铁粉，经烧结而成的除臭剂，用于冰箱、汽车内	
	去除藻类污垢	运用表面化学原理制成特定的组合电极，例如 Cl-Cu 组合电极	用于除去发电厂沉淀池、热交换器、管道等内部的藻类污垢	
	活化功能	远红外线具有活化空气和水的功能，活化的空气和水有利于人的健康	在水的净化器中加上远红外陶瓷涂层装置，能活化水	
	生物医学	医用涂层可在保持基体材料特性的基础上，或增进基体表面的生物学性质，或阻隔基材离子向周围组织溶出扩散，或提高基体表面的耐磨性、绝缘性等，促进了生物医学材料的发展	等离子喷涂、气相沉积、离子注入、电泳等	在金属材料上涂以生物陶瓷，用作人造骨、人造牙、植入装置导线的绝缘层等
	绿色能源	提高能量转换效率	是许多绿色能源装置如太阳能电池、半导体制冷器等制造的基础之一；用于制造固体氧化物燃料电池中的极板和电解质	
	优化环境	在研制能调光、调温的“智能窗”中，表面技术发挥了积极作用	利用涂覆、镀膜等使窗可按人的意愿来调节光的透过率和光照温度	
	治疗疾病	用表面技术和其他技术制成的磁性涂层敷在人体的一定穴位，有治疗疼痛、高血压等功能。敷驻极体膜，具有促进骨裂愈合等功能		

	功能		表面技术	应用
在功能材料和器件方面	光学特性	反射性	电镀、化学转化处理、涂装、气相沉积	反射镜
		防反射性		防眩零件
		增透性		激光材料增透膜
		光选择透过		反射红外线、透过可见光的透明隔热膜
		分光性		用多层介质膜组成的分光镜
		光选择吸收		太阳能选择吸收膜
		偏光性		起偏器
		发光		光致发光材料
		光记忆		薄膜光致变色材料
	电学特性	导电性	涂装、化学镀、气相沉积等	表面导电玻璃
		超导性		用表面扩散制成的 Nb-Sn 线材
		约瑟夫逊效应		约瑟夫逊器件
		各种电阻特性		膜电阻材料
		绝缘性		绝缘涂层

	功能		表面技术	应用
在功能材料和器件方面	电学特性	半导性	气相沉积、涂装等	半导体材料（膜）
		波导性		波导管
		低接触电阻特性		开关
	磁学特性	存储记忆		磁泡材料
		磁记录		磁记录介质
		电磁屏蔽		电磁屏蔽材料
	声学特性	声反射和声吸收	涂装、气相沉积等	吸声涂层
		声表面波		声表面波器件
	热学特性	导热性	电镀、涂装、气相沉积等	散热材料
		热反射性		热反射镀膜玻璃
		耐热性、蓄热性		集热板
		热膨胀性		双金属温度计

	功能		表面技术	应用
在功能材料和器件方面	热学特性	保温性、绝缘性	大多数表面技术	保温材料
		耐热性		耐热涂层
		吸热性		吸热材料
	化学特性	选择过滤性		分离膜材料
		活性		活性剂
		耐蚀		防护涂层
		防沾污性		医疗器件
		杀菌性		餐具镀银
	功能转换	光-电转换	涂装、气相沉积、粘涂、等离子喷涂	薄膜太阳能电池
		电-光转换		电致发光器件
		热-电转换		电阻式温度传感器
		电-热转换		薄膜加热器
		光-热转换		选择性涂层
		力-热转换		减振膜
		力-电转换		电容式压力传感器
		磁-光转换		磁光存储器
		光-磁转换		光磁记录材料

续表

<table>
<tr><th rowspan="2"></th><th colspan="3">新型材料</th><th rowspan="2">表面技术</th><th rowspan="2">表面技术所起作用</th></tr>
<tr><th>名称</th><th>特点</th><th>应用</th></tr>
<tr><td rowspan="8">在研制和生产新型材料方面</td><td>金刚石薄膜</td><td>为金刚石结构。硬度高达80～100GPa，室温热导率达到11W/(cm·K)，是铜的2.7倍，有较好的绝缘性和化学稳定性，在很宽的光波段范围内透明；与Si、GaAs等半导体材料相比，有较宽的禁带宽度</td><td>它在微电子技术、超大规模集成电路、光学、光电子等方面有良好的应用前景，有可能是继Ge、Si、GaAs之后的新一代半导体材料</td><td>热化学气相沉积、等离子体增强化学气相沉积等</td><td>过去制备金刚石材料是在高温高压条件下进行的，现在利用所列表面技术，在低压或常压条件下就可以制得</td></tr>
<tr><td>类金刚石碳膜</td><td colspan="2">是一种具有非晶态和微晶结构的含氢碳化膜，又名i-C膜、a-C、H膜等。其化学键为sp^3和sp^2。在拉曼谱上特征峰为1552～1558cm^{-1}的漫散峰，而金刚石的特征峰为1333cm^{-1}。类金刚石碳膜的一些性能接近金刚石膜，如高硬度、高热导率、高绝缘性，良好的化学稳定性，从红外到紫外的高光学透过率等
可考虑用作光学器件上的保护膜和增透膜、工具的耐磨层、真空润滑层等</td><td>所用的表面技术与金刚石薄膜相似，但条件较低</td><td>通常可用低能量的碳氢化合物等离子体分解或碳离子束沉积技术来制得，因而设备较为简单，成本较低，容易实现工业生产。缺点是结构为亚稳态等</td></tr>
<tr><td>立方氮化硼薄膜</td><td>为立方结构。硬度仅次于金刚石，而耐氧化性、耐热性和化学稳定性比金刚石更好。具有高电阻率、高热导率。掺入某些杂质可成为半导体</td><td>正逐步用于半导体、电路基板、光电开关以及耐磨、耐热、耐蚀涂层</td><td>以化学气相沉积和物理气相沉积为主</td><td>不仅能在高压下合成，也可在低压下合成，具体方法很多，主要的有左列两种</td></tr>
<tr><td>超导薄膜</td><td>用YBaCuO等高温超导薄膜可望制成微波调制、检测器件，超高灵敏的电磁场探测器件，超高速开关存储器件</td><td>用于超高速计算机等</td><td colspan="2">主要用物理气相沉积如真空蒸发、溅射、分子束外延等方法制备。沉积膜为非晶态，经高温氧化处理后，转变为具有较高转变温度的晶态薄膜</td></tr>
<tr><td>LB薄膜</td><td>LB薄膜是有机分子器件的主要材料。它是由羧酸及其盐、脂肪酸烷基族以及染料、蛋白质等有机物构成的分子薄膜</td><td>在分子聚合、光合作用、磁学、微电子、光电器件、激光、声表面波、红外检测、光学等领域有广泛的应用</td><td colspan="2">将有机高分子材料溶于某种易挥发的有机溶剂中，然后滴在水面或其他溶液上，待溶剂挥发后，液面保持恒温和被施加一定的压力，溶质分子沿液面形成致密排列的单分子膜层。接着用适当装置将分子逐层转移，组装到固体载片，并按需要制备几层到数百层LB膜</td></tr>
<tr><td>超微颗粒膜材料</td><td>是将超微颗粒嵌于薄膜中构成的复合薄膜</td><td>在电子、能源、检测、传感器等许多方面应用前景良好</td><td colspan="2">通常用两种在高温互不相溶的材料组合制成复合靶，然后在基片上生成复合膜。改变靶膜中的组分的比例，可以改变膜中颗粒大小和形态</td></tr>
<tr><td>非晶硅薄膜</td><td>非晶硅太阳电池的转换效率虽不及单晶硅器件，但它具有合适的禁带宽度(1.7～1.8eV)，太阳辐射峰附近的光吸收系数比晶硅大一个数量级，便于采用大面积薄膜工艺生产，因而工艺简便，成本低廉</td><td>这种薄膜还可制成摄像管的靶、位敏检测器件和复印鼓等</td><td colspan="2">等离子体增强化学气相沉积等</td></tr>
<tr><td>微米硅</td><td>又称纳米晶。晶粒尺寸在10nm左右。它的带隙达2.4eV，电子与空穴迁移率都高于非晶硅两个数量级以上，光吸收系数介于晶体硅与非晶硅之间</td><td>可取代掺氢的SiC作非晶硅太阳电池的窗口材料，以提高其转换效率，也可制作异质结双极型晶体管、薄膜晶体管等</td><td colspan="2">等离子体增强化学气相沉积、磁控溅射等</td></tr>
</table>

续表

	新型材料			表面技术	表面技术所起作用
	名称	特点	应用		
在研制和生产新型材料方面	多孔硅	多孔硅的孔隙度很大,一般为60%~90%。可用蓝光激发它在室温下发出可见光,也能电致发光 可制成频带宽、量子效率高的光检测器,它的禁带宽度明显超过晶硅		以硅为原料在以氢氟酸为基的电解液中阳极氧化而制得	
	碳60	由60个碳原子组成空心圆球状,它的四周是由12个正五边形碳环(碳-碳单键结构)和20个正六边形碳环(苯环式)构成,宛如一个"足球" 碳60分子的物理性质相对稳定,化学性质相对活泼,它和它的衍生物具有潜在的应用前景。已发现K_3C_{60}以及Rb、Cs等碱金属掺杂的超导性。目前这类材料的T_c已超过40K,高于其他有机超导体,进一步发展后,可望成为一种高性能、低成本的超导材料		碳60是Rohlfing等人在1984年将碳蒸气骤冷淬火时,通过质谱图发现的	
	纤维补强陶瓷基复合材料	是以各种金属纤维、玻璃纤维、陶瓷纤维为增强体,以水泥、玻璃陶瓷等为基体,通过一定的复合工艺结合在一起所构成的复合材料 这类材料具有高强度、高韧性和优异的热学、化学稳定性,是一类新型结构材料 目前除了纤维增强水泥基复合材料碳-碳复合材料等已获得实际应用外,还有许多重要的纤维补强陶瓷仍处于实验室阶段,但在一系列高新技术领域中有着良好的应用前景		复合材料在力场中,只有通过界面才能使增强剂和基体二者起到协同作用。界面是影响复合材料性能的关键之一。在一些重要的复合材料中,如碳纤维补强陶瓷基复合材料等,纤维必须通过一定的表面处理,使纤维与基体"相容"	
	梯度功能材料	根据要求选择两种或多种不同性质的材料,连续地改变各材料的组成和结构,使其结合部位的界面消失,得到连续、平稳变化的非均质材料。其组织连续变化,层间内应力降低,材料的功能随之变化 这种材料用于航空、航天领域,可以有效地解决热应力缓和问题,获得耐热性与力学强度都优异的新功能。此外,还可望在核工业、生物、传感器、发动机等许多领域有广泛的应用		许多表面技术如等离子喷涂、离子镀、离子束合成薄膜技术、化学气相沉积、电镀、电刷镀等,都是制备梯度功能材料的重要方法	

2 不同表面技术的特点

2.1 表面技术的特点与应用

表 1-7-2

镀覆方法				操作	特点	应用
表面涂覆技术	是利用机械、物理或化学等工艺手段,在工件表面制备一涂层或膜层。其化学成分、组织结构可以和工件材料完全不同,以满足工件表面性能,如耐磨、耐蚀、耐热、抗疲劳、耐辐射、提高产品质量、延长使用寿命、涂层与工件基材的结合强度适应工况要求、经济性好、环境性好为准则。涂层的厚度可以为几毫米或几微米。通常在工件表面预留加工余量,以实现表面具有工况需要的涂层厚度。与表面改性和表面处理相比,其约束条件少,技术类型和材料的选择空间大,因而属于这类的表面技术非常多,应用也最为广泛					
	电化学沉积	是由电子直接参加化学反应的表面沉积工艺方法				
		电镀	槽镀	是指在含有欲镀金属的盐类溶液中,以被镀工件为阴极,通过电解作用,使镀液中欲镀金属的阳离子在工件表面沉积出来,形成镀层的方法	可沉积单金属,如锌、镉、铜、镍、铬、锡、银、金、钴、铁等数十种;合金,如锌-铜、镍-铁、锌-镍-铁等100多种及复合镀层;可形成较厚镀层,镀层性能不同于工件金属,功能多样,工艺成熟,质量稳定,适合批量生产。因在槽中施镀,需要厂房、镀槽及辅具、废水等配套设备,工件受镀槽尺寸限制,非电镀部分需加保护	制备防护性镀层、装饰性镀层和功能性镀层。功能性镀层有耐磨、减摩、抗高温氧化、导电、磁性、焊接修复性镀层以及工业生产中应用的其他功能性镀层

续表

镀覆方法				操作	特点	应用
表面涂覆技术	电化学沉积	电镀	流镀	用强制手段使电解液高速流过阴、阳极的窄小空间(1~10mm)沉积出镀层的方法	适用于外形简单或规则的工件,电流密度大,生产效率高 但需根据具体工件制作专用设备、夹具或自动控制装置	轴类零件、型材、活塞杆、印刷电路、缸套等镀覆镍、铁、铜、锌、铬、金等
			脉冲电镀	用脉冲电流施镀	脉冲电流有方波、锯齿波等,导通时间短,峰值电流大,可改善深镀能力和分散能力,降低孔隙,提高镀层质量,提高电流效率,但需要大电流脉冲电源	制备金、银、镍等镀层
			电铸	用电化学方法将金属沉积在芯膜上,后将两者分离,制出与芯模逆反形状的制品的方法	芯模可用低熔点金属、蜡、石膏等制作,电铸金属常用铜、镍、铁等	制作复制品、冲压模、塑料挤出模、吹塑模、玻璃模、橡胶模及金属箔、网
		电刷镀		用吸水材料包裹阳极镀笔,浸满镀液,在阴极工件表面刷涂形成镀层的方法	不用镀槽,设备简单,工艺灵便,镀层种类多,电流密度大,镀积速度快,工件尺寸不受限制,能完成许多槽镀不能完成或不易完成的电镀工作。适于大型零件局部表面处理及对工件进行现场不解体修复	修复零件,制备各种耐蚀、耐磨及功能性镀层
	化学沉积	化学镀		在固体表面催化作用下通过水溶液中还原剂与金属离子在界面的氧化-还原反应产生金属沉积的方法	不用外电源,设备简单,镀层致密,孔隙率低,可在复杂表面上沉积出均匀的镀层,容易制取非晶态镀层和特殊功能性镀层,可在非金属基材上沉积;沉积速度慢,常需维持较高操作温度,镀液稳定性低,寿命较短,生产维护较难。均镀能力比电镀好	制备各种耐蚀、耐磨、减摩及功能性镀层。可自催化沉积 Ni、Co、Pd、Cu、Au、Ag 等十几种单金属镀层和多种合金镀层
	气相沉积	是利用气相之间的反应,在各种材料或工件表面沉积单层或多层薄膜,使其获得所需的优异性能。可分物理气相沉积和化学气相沉积。物理气相沉积是在真空条件下,利用各种物理方法将镀料气化成原子、分子或离子化为离子,直接沉积到基体表面的方法。化学气相沉积是把含有构成薄膜元素的一种或几种化合物或单质气体供给基体,借助气相作用或基体表面上的化学反应生成所要求的薄膜;它比物理气相沉积具有更好的覆盖性,可以在深孔、阶梯、洼面或其他复杂的三维形体上沉积				
		物理气相沉积(PVD)	真空蒸发	是将工件放入真空室,并用一定方法加热镀膜材料,使其蒸发或升华,飞至工件表面凝聚成膜	薄膜的沉积速率较高,纯度易于保证。工件材料有金属、半导体、绝缘体及塑料、纸张、织物等;镀膜材料有金属、合金、化合物、半导体和一些有机聚合物等。加热方式有电阻、高频感应、电子束、激光、电弧加热等	最适合制备成分较简单、膜纯度要求较高的金属和化合物薄膜。能制备金属磁记录薄膜和热障陶瓷涂层等
			溅射	是将工件放入真空室,并用正离子轰击作为阴极的靶(镀膜材料),使靶材中的原子、分子逸出,飞至工件表面凝聚成膜	溅射镀膜的致密性和结合强度较好,基片温度较低,但成本较高。溅射粒子的动能约 10eV 左右,为热蒸发粒子的 100 倍。按入射离子来源不同,分为直流溅射、射频溅射和离子溅射。入射离子的能量还可用电磁场调节,常用值为 10eV。比真空蒸镀法制得的膜更为致密,其附着力也较高	制备各种金属和合金薄膜,各种化合物和各种不同物质有机组合而成的多层薄膜,以及宽度达数米、厚度均匀性很高的各种薄膜

续表

镀覆方法				操作	特点	应用
表面涂覆技术	气相沉积	物理气相沉积(PVD)	离子镀	是将工件放入真空室,并利用气体放电原理将部分气体和蒸发源(镀膜材料)逸出的气相粒子电离,在离子轰击的同时,把蒸发物或其反应物沉积在工件表面成膜	是一种等离子体增强的物理气相沉积,镀膜致密,结合牢固,可在工件温度低于550℃时得到良好的镀层,绕镀性也较好,即使形状复杂的工件也可得到均匀涂覆,沉积速率高,通常为1~50μm/min,而溅射(二极型)只有0.01~1μm/min。可镀材质广泛,可在金属或非金属,包括石英、陶瓷、玻璃、塑料、橡胶等表面上涂覆不同性能的单一镀层、化合物镀层、合金镀层及复合镀层	制备耐磨、耐蚀镀层、润滑镀层、各种颜色的装饰镀层,以及电子学、光学、能源科学所需的特殊功能性镀层
		化学气相沉积(CVD)	化学气相沉积(CVD)	是将工件放入密封室,加热到一定温度,同时通入反应气体,利用室内气相化学反应在工件表面沉积成膜	其物质源可以是气态、液态和固态,沉积过程包括:①反应气体到达基材表面;②反应气体分子被基体表面吸附;③在基体表面产生化学反应;④化学反应生成物从基体表面扩散。采用的化学反应有:热分解、氢还原、金属还原、化学输送反应、等离子体激发反应、氧化反应等。工件加热方式有电阻、高频感应、红外线加热等。设备和操作费用相对较低,适合于批量生产和连续生产,与其他加工过程有很好的相容性,与其他方法相比,更突出的是它可以在很宽的范围内控制薄膜的化学计量比	可以制备各种涂层,如各种冶金涂层、防护涂层和装饰涂层;粉末、纤维和成形元器件。广泛用于微电子-光电子集成技术、光电子技术、微电子技术、半导体材料以及工具、模具、磨具等
			等离子体增强CVD(PECVD)	是依靠等离子体能量激活CVD反应,利用等离子体产生的化学性质活泼的离子和原子团沉积成膜	在热CVD工艺中,CVD化学反应是靠热能激活的,因此沉积温度一般较高,对于许多应用来说是不适宜的。而本法是利用等离子体能量激活CVD反应,因此可以显著地降低衬底的温度,并使许多在热CVD条件下进行十分缓慢或不能进行的反应能够得以进行;其次可以减小由于薄膜和衬底热膨胀系数不匹配造成的内应力;还可提高沉积速率,改善膜厚均匀性,并有利于得到非晶态和微晶态薄膜,两者往往具有独特的优异性能	可制备钝化膜、光学纤维、金刚石膜、类金刚石膜,摩擦、磨损、腐蚀防护等涂层;广泛应用于半导体器件、半导体光电器件、集成电路、切削工具以及电子、热学、工具等方面
			激光CVD(LCVD)	是利用激光的能量激活CVD化学反应进行沉积成膜	它的沉积机制有两种:①光热解机制,光子加热了衬底,使在衬底发生要求的CVD反应,但其光热分解反应相对于热CVD的优点是可利用激光束快速加热和脉冲特性在热敏感衬底上沉积;②光化学机制,其化学反应是靠光子激活的,因此不需要加热,沉积有可能在室温下进行,但其沉积速率太慢,限制了它的应用	热解LCVD用来制作不同材料的耐氧化、耐蚀和耐磨损涂层;而光解LCVD通常用来沉积电子材料和同位素分离。可有效控制薄膜沉积过程及薄膜尺寸
	热喷涂	它是将金属、合金、金属陶瓷材料加热到熔融或部分熔融,以高的动能使其雾化成微粒并喷至工件表面,形成牢固的涂覆层				
		火焰喷涂		是利用乙炔等燃料与氧气燃烧时所释放出的化学能产生热源,喷制涂层	可以喷涂各种金属、非陶瓷、塑料及尼龙等材料,使用设备简单轻便,可移动,价格低于其他喷涂设备,成本低,手工操作,灵活方便。但火焰线材喷涂,由于喷出熔滴大小不均,因而涂层不均匀,孔隙大	
		电弧喷涂		是通过相互呈15°~30°的两根金属丝之间产生的电弧热能将丝材熔化,利用高压气流将熔化的金属雾化喷制涂层	①涂层性能优异。可以在不提高工件温度、不使用贵重底材的情况下获得性能好、结合强度高的表面涂层,是火焰喷涂涂层的2.5倍。②喷涂效率高。单位时间内喷涂金属的重量大,生产效率正比于电弧电流。如:当电弧喷涂电流为300A时,喷Zn,30kg/h;Al,10kg/h;不锈钢,15kg/h,比火焰喷涂提高了2~6倍。③能源利用率达57%,而等离子喷涂和火焰喷涂分别只有12%和13%。④经济性好,其费用通常约为火焰喷涂的1/10。设备投资一般为等离子喷涂设备的1/5以下。⑤安全性好。仅使用电和压缩空气。⑥设备相对超音速火焰喷涂、等离子喷涂、爆炸喷涂简单、轻、小,便于现场施工	除广泛应用于维修工作,加工工件不当的修复外,已大量直接用于新产品的设计,并开发出许多新材料、新涂层,为生物工程新材料、某些领域的压电陶瓷材料、非晶态材料以及宇航技术中应用的防远红外、微波、激光等功能性涂层。一般常用耐磨、耐蚀、耐热、耐氧化以及导电、绝缘等涂层
		等离子喷涂		利用钨极与水冷铜电极之间产生非转移型压缩电弧,获得高温、高压等离子射流进行喷涂	①基体受热温度低(<200℃),零件无变形,不改变基体金属的热处理性质,因此,可以喷涂一些高强度钢或一些薄壁的、细长的零部件;②喷焰温度高,可喷涂材料非常广泛,包括金属或合金涂层、陶瓷和一些高熔点的难熔金属,这是燃烧火焰或电弧热喷涂难以达到的;③等离子射流速度高,因此形成的涂层更致密,结合强度更高,特别是在喷涂高熔点的陶瓷粉末或难熔金属等方面更显示出独特的优越性	

续表

镀覆方法				操　作	特　点	应　用
表面涂覆技术	热喷	特种喷涂	悬浮液热喷涂	是采用一定的溶液与喷涂微粉制成悬浮液，以液体为载体将粉末送入热源中实现均匀喷涂	作为载体的溶液可以是水、乙醇等简单的载体溶液，也可以是受热后发生化学反应生成某种物质的金属有机或无机盐类溶液。当完全用金属有机或无机盐类溶液作原料时，可通过化学反应生成目标沉积物质制备涂层，称为液体热喷涂	采用钛酸丁酯乙醇溶液，可以通过反应制备 TiO_2 涂层。其特点是可以制备纳米结构涂层
			激光喷涂	在工件被一辅助激光加热器加热的同时，用激光束接近工件表面直射，这时需喷的粉末以倾斜的角度被吹送到激光束中熔化黏结到工作表面，形成涂覆层 获得的涂层结构与原始粉末相同，与工件表面结合良好。可喷涂从低熔点到超高熔点的涂层材料		可制备如高超导薄膜、固体氧化物燃料电池的陶瓷涂层等
			气体爆燃喷涂	是一种利用可燃气体混合物有方向性的爆燃，将被喷涂的粉末材料加热，加速轰击到工件表面形成涂层的方法，其涂层结合强度高（可达250MPa）、致密度好（孔隙率0.5%～3.0%），喷涂材料广泛，工件受热小，不发生相变或形变，操作简便，易于掌握，制备耐磨、耐蚀涂层有独特优势		从航空、航天逐步向冶金、机械、纺织、石油、化工、钻探、造纸、生物、医学等方面发展
			超音速火焰喷涂（HVOF）	第三代HVOF：火焰功率达100～200kW，可实现高效喷涂，喷涂速率可达6～8kg/h（WC-Co），为其他轴向送粉枪的2倍，粒子速度可达300～650m/s，高速粒子使涂层产生压应力；粒子与周围大气接触时间短，对喷涂碳化物金属陶瓷能有效避免其分解和脱碳；高速区范围大，可操作喷涂距离大（150～300mm），工艺性好；火焰温度比等离子喷涂要低很多。因此喷涂WC和硬质合金类效果最佳。其涂层的孔隙率可小于0.5%，结合强度可达150MPa，接近或达到爆燃喷涂层的质量，涂层的耐磨性能与爆燃喷涂层相当，显著优于等离子喷涂层和电镀硬铬层		
			冷喷涂	是采用温度远低于材料熔点的超音速气流（一般低于600℃），将具有一定塑性变形能力的粉末加速到某一临界速度以上，通过与基体的塑性碰撞实现涂层沉积的方法	①可以避免喷涂粉末的氧化、分解、相变、晶粒长大等 ②对基体几乎没有热影响 ③可以用来喷涂对温度敏感材料，如易氧化材料、纳米结构材料等 ④粉末可以进行回收利用 ⑤涂层组织致密，可以保证良好的导电、导热等性能 ⑥涂层内残余应力小，且为压应力，有利于沉积厚涂层 ⑦送粉率高，可以实现较高的沉积效率和生产率 ⑧噪声小，操作安全	喷涂具有一定塑性的材料如纯金属、金属合金、金属陶瓷、塑料以及金属基复合材料等，甚至可以在金属基体上制备较薄的陶瓷功能涂层。不但可制备高硬度、耐磨损、耐蚀、导电、导热、导磁等性能的涂层，也用于快速成形，直接生产零部件
	堆焊	氧-乙炔火焰堆焊		是用焊接方法把填充金属熔敷在金属工件表面，以满足工艺要求的性能和尺寸的方法	①在各种表面技术中，堆焊的表面（镀）层最厚，特别适合严重磨损工况下工件表面的强化或修复；②堆焊层与工件基材为冶金结合，剥落倾向小，因而容易满足各种要求，适用范围广；③受工件大小、形状的限制小，有利于现场施工；④能堆焊的合金种类多，有铁基、镍基、钴基、碳化钨基和铜基等几种类型，且焊层致密	可制备包覆层、耐磨层、堆积层和隔离层（用于焊接异种或有特殊要求的材料时，防止基材的不良影响等情况）
		手工电弧堆焊				
		气体保护堆焊				
		埋弧堆焊				
		等离子弧堆焊				
		电渣堆焊				
		电火花堆焊				
	熔敷（熔结）	氧-乙炔火焰熔结		与堆焊相似，也是在材料或工件表面熔敷金属涂层，但用的涂敷金属是以铁、镍、钴为基，含有强脱氧元素硼和硅而具有自熔性和熔点低于基体的自熔性合金	金属表面强化有多种，其中表面冶金强化是常用的一种，它包括四个方面：表面熔化-结晶处理；表面熔化-非晶态处理；表面合金化；涂层熔化，凝结于表面。涂层熔化，凝结于表面，可以是直接喷焊（一步法），也可以是先喷后熔（二步法），冷凝后形成与基体具有冶金结合的表面层，通常简称为熔结。与表面合金化相比，特点是基体不熔化或熔化极少，因而涂层成分不会被基体金属稀释或轻微稀释 所用工艺是真空熔敷、激光熔敷和喷熔涂敷等	真空熔结涂层主要用于耐磨、耐蚀涂层、多孔润滑涂层、高比表面积涂层和非晶态涂层，还可熔结成形、熔结钎接、熔结封孔、熔结修复等
		真空电热熔结				
		激光熔结				
		电子束熔结				
	热浸镀			是将工件浸在熔融的液态金属中，使工件表面发生一系列物理和化学反应，取出后表面形成金属镀层	镀层金属的熔点必须低于基体金属，而且通常要低得多。常用的镀层金属有锡、锌、铝、铅、Al-Sn、Al-Si、Pb-Sn等。基体材料为钢、铸铁、铜，以钢最为常用。热浸镀工艺包括表面预处理、热浸镀和后处理三部分。可分为熔剂法和保护气体还原法	提高工件的防护能力和延长使用寿命

续表

<table>
<tr><th colspan="4">镀覆方法</th><th>操　作</th><th>特　点</th><th>应　用</th></tr>
<tr><td rowspan="13">表面涂覆技术</td><td colspan="3">粘涂</td><td>是将二硫化钼金属粉末和纤维等特殊填料的胶黏剂，直接涂覆于材料或工件表面形成涂层的方法</td><td>它具有粘接技术的大部分优点，如应力分布均匀，容易作到密封、绝缘、耐蚀和隔热等。且工艺简单，不需要专门设备，通常在室温下操作，不会使工件产生热影响和变形等。能粘涂各种不同的材料。粘涂厚度可以从几十微米到几十毫米。具有良好的结合强度。该工艺适应面广，除可用于一般零件外，突出优点是对无法焊接的工件、薄壁件、复杂件、有爆炸危险的零件，以及需要现场修复的零件也都可使用。粘涂层材料品种繁多，一般由黏料、固化剂、特殊填料及辅助材料等组成</td><td>可制备耐磨、耐蚀、耐高温(低温)涂层，密封堵漏涂层，保温、导电、导磁、绝缘、抗辐射等涂层。目前主要用于表面强化和修复</td></tr>
<tr><td rowspan="12">涂装</td><td colspan="5">是以涂料为原料，通过涂装方法使涂料在被涂工件表面形成牢固的、连续的涂膜，而发挥装饰、防护和特殊功能等作用的方法</td></tr>
<tr><td rowspan="8">通用涂装</td><td>刷涂</td><td colspan="3">最简便，所用工具简单，适用各种材质、各种形状的工件的涂装，除极少数流平性较差或干燥较快的涂料不适宜外，大部分油性、合成树脂、水性涂料等都适应；它不受涂装场所、环境条件的限制，应用范围广，但效率低，工作条件差，涂膜外观易出现刷痕</td></tr>
<tr><td>刮涂</td><td colspan="3">主要用于刮涂腻子，修饰工件凹凸不平的表面，工件的造型缺陷，广泛用于铸造成形物等</td></tr>
<tr><td>滚刷</td><td colspan="3">比刷涂效率高一倍，但对窄小的工件和棱角、圆角等形状复杂的部位比较困难，用于船舶、桥梁、大型机械、建筑涂漆</td></tr>
<tr><td>浸涂</td><td colspan="3">适用于形状复杂工件，如热交换器、弹簧等，但对带有深槽、不通孔等部位，能积存余漆且不易除去的工件不宜采用</td></tr>
<tr><td>淋涂</td><td colspan="3">和浸涂差不多，都是用过量的涂料润湿、黏附、覆盖工件表面，并借助涂料自身重力流平，滴去余漆成膜，用于会漂浮不易浸涂的大型板状、中空类的工件，不适于形状复杂和有易存留余漆部位的工件</td></tr>
<tr><td>转鼓涂</td><td colspan="3">是将工件与涂料同置入密闭的鼓形容器中，借助转鼓转动，使工件相互摩擦，将涂料均匀地涂覆在工件表面，用于批量多的小件，如小五金等</td></tr>
<tr><td>压缩空气喷涂</td><td colspan="3">几乎适应各种涂料和各种工件，虽然目前有许多新的涂装方法，但它仍是应用最广泛的涂装方法之一。简称压气喷涂</td></tr>
<tr><td>高压无气喷涂</td><td colspan="3">不需要借助压缩空气喷出使涂料雾化，而是给涂料施加高压使涂料喷出时雾化的工艺，涂装效率比压气喷涂高3倍以上，漆膜质量好，避免了压气对漆膜造成的不良影响，减少环境污染，对涂料黏度适应范围广，可获得较厚的漆膜。简称无气喷涂</td></tr>
<tr><td rowspan="3">特殊涂装</td><td>静电涂装</td><td colspan="2">是在喷枪口(或喷盘)与工件之间形成一高压静电场，工件接地为阳极，喷枪口为负高压，当电场强度足够高时，枪口附近的空气即产生电晕放电，使空气发生电离，当涂料粒子通过枪口带上电荷，成为带电粒子，在通过电晕放电区时，进一步与离子化的空气结合而再次带电，并在高压静电场的作用下，向极性相反的工件运动，沉积于工件表面形成涂层。可多支喷枪同时喷涂，与压气喷涂比，效率提高1~3倍(盘式更高)，涂料利用提高1~2倍，可获得均匀、平整、光滑、丰满的高装饰性涂层，并显著改善了涂装作业环境，但存在高压火花放电，易引起火灾危险，尖端效应对坑凹部位会产生电场屏蔽，形成涂层较薄，需手工补喷，对涂料的电性能也有一定要求，并易受环境温度、湿度的影响</td><td>可制备高级装饰性涂层
广泛用于汽车、电器、家电、小五金等工业领域</td></tr>
<tr><td>电泳涂装</td><td>是将工件浸渍在水溶性涂料中作为阳极(或阴极)，另设一与其相对应的阴极(或阳极)，在两极间通直流电，通过电流产生的物理化学作用，使涂料沉积在工件表面。分阳极电泳(工件是阳极，涂料是阴离子型)和阴极电泳两种</td><td colspan="2">① 两种电泳用的涂料均是与传统涂料完全不同的水溶性涂料体系；用电沉积工艺
② 易于实现机械化、自动化，大大减轻了劳动强度，提高了生产率、涂料利用率
③ 涂层均匀，边缘覆盖性好，有优异的附着力及抗冲击强度
④ 从根本上改善了劳动条件和环境污染
⑤ 阴极电泳涂膜耐蚀性突出，其耐盐雾性一般为阳极电泳的3~4倍，达720~1000h，耗电量少30%，泳透力为阳极电泳的1.3~1.5倍，适用于形状复杂的工件，如汽车车身的涂装，不需要加辅助电极即可获得厚度均匀的涂层，从而简化了工艺。其缺点是电泳液对设备有腐蚀性，相关设备要用不锈钢制作，成本较高。以环氧树脂为基础的阴极电泳涂层耐候性较差，只能作耐蚀性底漆，若面漆透光性太高，仍易引起底漆粉化，导致面漆剥落，应加中间涂层</td></tr>
<tr><td>流化床涂装</td><td colspan="2">是先将净化的压缩空气通入气室，气流均压后，通过微孔板进入流化槽中，把槽中的粉末涂料搅动上浮，形成平稳悬浮流动的沸腾状态，再将预热到粉末涂料熔点以上温度的工件浸入槽中，粉末涂料接触到工件立即黏附、熔融在工件表面，然后取出工件加热烘烤，形成连续均匀的涂层
对热塑性和热固性粉末涂料均适应，但对热容量小的工件不一定适用</td><td>主要用于绝缘和耐蚀涂层，广泛用于家用电器和生活用品的工业领域</td></tr>
</table>

续表

镀覆方法			操作	特点	应用
表面处理技术	是不改变工件基质材料的化学成分，只改进表面组织结构，达到改善表面性能的目的				
表面处理技术	表面形变强化	喷丸	是利用高速弹丸强烈冲击零件表面，使之产生形变硬化层，引进残余应力的一种再结晶温度以下的强化方法	① 可显著提高抗弯曲疲劳、抗腐蚀疲劳、抗应力腐蚀疲劳、抗微动磨损、耐点蚀（孔蚀）能力 ② 能减弱或消除许多表面缺陷的影响，使表面层浅的缺陷压合，产生超过缺陷深度的压应力层 ③ 设备简单，操作简便，耗能少，生产效率高 ④ 不受工件表面状态的限制。适于各种普通钢、高强度钢和有色金属的表面处理，适应性广	广泛应用于弹簧、齿轮、链条、轴、叶片、火车轮、轴承、涡轮盘、模具、工具以及焊接件的防腐和延长寿命等方面
表面处理技术	表面形变强化	滚压	是利用辊轮对工件表面施加滚压力，实现滚压强化的方法。如图 a	对于圆角、沟槽等可通过滚压获得表层形变强化，并能产生约 5mm 深的残余压应力，如图 b 所示，目前滚压强化用的辊轮、滚压力大小等尚无标准	辊轮 工件 $+\sigma_r$ 0 $-\sigma_r$ (a) (b)
表面处理技术	表面形变强化	孔挤	是使孔的内表面获得形变强化的方法，效果明显		
表面处理技术	表面淬火	感应加热表面淬火	是将工件放入感应圈内，通以交流电后，圈内形成交流磁场，工件被加热，引起感应电动势，在工件内产生闭合电流，即涡流，在每一瞬间，涡流的方向与感应线圈中电流方向相反，由于工件的电阻很小，所以涡流很大，工件被迅速加热到淬火温度，喷水快冷，形成表面硬化的方法 它具有加热温度高，加热效率高，温度容易控制，可局部加热，适用形状复杂的工件，工件容易加热均匀，表面氧化脱碳小，变形小，便于机械化、自动化，作业环境好等特点 所得表面组织为细小隐晶马氏体，碳化物质点弥散分布，质量稳定，表面硬度比普通淬火高 2~3HRC，耐磨性也高了		
表面处理技术	表面淬火	激光加热表面淬火	是以高能密度的激光束照射工件表面，使其需要硬化的部位瞬间吸收光能并立即转化为热能，使激光作用区的温度急剧上升，形成奥氏体，并在激光停止辐射后，快速自淬火，获得极细小马氏体和其他组织的高硬化层的方法 它不需外加淬火介质；加热、冷却快；工艺简便易行，一般不需后续加工即可直接装配；并可不回火即能应用；特别适合形状复杂、体积大，精加工后不宜采用其他方法强化的工件；处理的工件表面光滑，变形小，硬化层硬度很高；它可在工件表面有选择性地局部产生硬化带，以提高耐磨性；还可通过在表面产生压应力，提高表面疲劳抗力		
表面处理技术	表面淬火	电子束加热表面淬火	是采用散焦方式的电子束轰击金属工件表面，控制加热速度为 10^3~10^5℃/s，使工件表面加热到相变点以上、熔点以下时，自身淬火冷却（冷速可以超过 10^5K/s）达到表面硬化 本法所得硬化层的硬度比感应加热、火焰加热等方法所得硬化层硬度高 3~4HRC，组织也更加细化。硬化层深度一般为几微米到几毫米，摩擦性能得到大幅度提高，疲劳性能也得到改善		适用于低碳钢、合金结构钢、轴承钢、工具钢以及白口铁和灰铸铁
表面处理技术	表面纳米化加工		是目前已经开发出来的 8 种实用纳米表面工程技术中的一种 金属表面纳米晶化可以通过不同方法实现。例如，应用超声冲子冲击工艺，可以在 Fe 或不锈钢表面获得晶粒平均尺寸为 10~20nm 的表面层。超声冲子冲击 450s 后，纯 Fe 表面层的显微组织形成了结晶位向为任意取向的纳米晶相，晶粒平均尺寸为 10nm，而 Fe 的原始晶粒尺寸为 50nm		改善表面力学性能使后续渗扩处理节省能源，缩短时间
表面改性技术	是通过改变工件表面的化学成分，达到改善表面组织结构和性能的目的				
表面改性技术	化学热处理（表面渗扩）	非金属元素（如 C、N、B、S）表面渗扩	是将工件置于含有渗入元素的活性介质中加热，使渗入元素的活性原子或离子通过吸附、扩散渗入工件表面中，以改变其表层的成分、组织和性能	①大多数化学热处理形成的表面层与基体没有明显的界面，表面化合物层与其基体为冶金结合，故其结合强度比镀/涂层高得多 ②选择合适的渗入元素及改变工艺条件（如温度、时间等）可形成从几十微米到几毫米的渗层深度范围 ③一些化学热处理可原位形成表面复合处理层，即表面化合物层及其底下的扩散层，以获得高的表面耐磨性或耐蚀性和很高的承载能力，同时，大多数化学热处理及渗碳、渗氮等，还可以在表面层中引入残余压应力，以提高材料的疲劳强度 ④化学热处理与离子注入、气相沉积及高能束等近代表面技术相比，具有成本低、不受工件几何形状和尺寸的限制等优点 但多数传统的化学热处理工艺较复杂，处理周期长，耗能高，有一些化学热处理工艺，特别是液态处理还对环境造成污染，工作条件较差。近年来新工艺不断涌现，在很大程度上，克服了上述不足之处	①可以赋予普通廉价的金属材料以特殊的性能来代替高成本的优质材料或贵重的特种材料 ②几种主要方法渗扩不同元素，可以获得下表所列主要功能
表面改性技术	化学热处理（表面渗扩）	金属元素（Al、Cr、Si、V 等）表面渗扩			

续表

<table>
<tr><th colspan="4">镀覆方法</th><th colspan="3">操 作</th><th colspan="3">特 点</th><th colspan="3">应 用</th></tr>
<tr><td rowspan="13">表面改性技术</td><td rowspan="10">化学热处理(表面渗扩)</td><td colspan="2" rowspan="7">复合元素表面渗扩</td><td colspan="9">原则上说表列绝大多数的化学热处理可在固态、液态、气态及等离子态四种渗入介质的任一种中进行，但对于渗非金属来说，目前使用最普遍的是气态及液态，而对于渗金属来说是固态及液态，基于环境及可持续发展的要求，液态处理将逐渐减少，无污染、低能耗的等离子渗扩处理逐渐得到越来越广泛的应用</td></tr>
<tr><td>方法(元素)</td><td>基体状态</td><td>主要功能</td><td>方法(元素)</td><td>基体状态</td><td>主要功能</td><td>方法(元素)</td><td>基体状态</td><td>主要功能</td></tr>
<tr><td>渗碳(C)</td><td rowspan="2">奥氏体</td><td>提高硬度、耐磨性和疲劳强度</td><td>渗硼(B)</td><td rowspan="5">奥氏体</td><td>提高硬度、耐磨性和耐蚀性</td><td>渗钒(V)</td><td rowspan="5">奥氏体</td><td>提高硬度、耐磨性及耐蚀性</td></tr>
<tr><td>碳氮共渗(C+N)</td><td>提高硬度、耐磨性和疲劳强度</td><td>渗硅(Si)</td><td>提高耐蚀性和抗氧化性</td><td>铬铝共渗(Cr+Al)</td><td>提高抗高温氧化、硫介质腐蚀性及抗疲劳性</td></tr>
<tr><td>渗氮(N)</td><td rowspan="3">铁素体</td><td>提高硬度、耐磨性、疲劳强度和耐蚀性</td><td rowspan="2">渗铝(Al)</td><td rowspan="2">提高抗高温氧化及硫介质腐蚀性</td><td rowspan="2">硼铝共渗(B+Al)</td><td rowspan="2">提高耐磨性、耐蚀性和抗氧化性</td></tr>
<tr><td>氮碳共渗(N+C)</td><td>提高硬度、抗咬合性、疲劳强度和耐蚀性</td></tr>
<tr><td>渗硫(碳氮)[S(C,N)]</td><td>降低摩擦，提高抗咬合性及抗疲劳性</td><td>渗铬(Cr)</td><td>提高抗氧化性、耐蚀性及耐磨性</td><td>铬硅共渗(Cr+Si)</td><td>提高耐磨性、耐蚀性和抗氧化性</td></tr>
<tr><td rowspan="3">等离子化学热处理</td><td>离子渗氮</td><td colspan="3" rowspan="3">等离子渗扩处理是利用稀薄气体中的工件(阴极)与炉体(阳极)之间的辉光放电现象进行的化学热处理</td><td colspan="3" rowspan="3">离子渗氮具有渗速快、渗层性能好、处理温度范围大、无污染的特点。它与可控气体渗氮相比：①二者都可实现对化合物层厚的控制，防止厚的脆性氮化物形成；②离子渗氮适用材料范围广，由于处理时的溅射，它可以处理表面有钝化膜的奥氏体不锈钢、耐热合金及钛合金等，而可控气体渗氮则难且贵；③离子渗氮对零件形状与装炉要求苛刻些；④对工件的局部保护，离子渗氮用机械屏蔽即可，而气体渗氮则需镀或涂层；⑤离子渗氮的能耗、气耗和废气排放都比可控气体渗氮的少；⑥可控气体渗氮最佳处理温度一般为480~570℃，而离子渗氮过程中，氮的活化是由外加电场控制的，与处理温度关系不大，所以它可以在很宽的温度范围内进行，例如，钛合金离子渗氮时温度可提高到700~900℃，对奥氏体不锈钢低温离子渗氮时温度则为300~450℃</td><td colspan="3" rowspan="3">氮、碳、硼、硫等元素都可通过这种处理方法渗入到金属工件表面，从而使工件的表面硬度、耐磨性和疲劳强度得到大幅度提高</td></tr>
<tr><td>离子碳氮共渗</td></tr>
<tr><td>离子渗碳</td></tr>
<tr><td rowspan="3">离子注入</td><td colspan="2">非金属离子注入</td><td colspan="3" rowspan="3">是将所需的气体或固体蒸气在真空系统中电离，引出离子束后，用数千电子伏至数十万电子伏进行加速直接注入材料达一定深度，改变表面成分与结构，以改善性能的方法</td><td colspan="3" rowspan="3">① 离子注入表面改性，注入元素不受材料固溶度限制，适用于各种材料
② 注入元素的数量可精确测量和控制，控制方法是监测注入电荷的数量
③ 离子注入是原子的直接混合，注入层厚度为0.1μm，但在摩擦条件下工作时，由于摩擦热作用，注入原子不断向内迁移，其深度可达原始注入深度的100~1000倍，使用寿命延长。注入元素是分散停留在基体内部的，没有界面，故改性层与基体之间结合强度很高，附着性好。改变注入离子的能量大小，可以控制注入层的厚度
④ 离子注入是在高真空($10^{-4}\sim10^{-5}$Pa)下进行的，并且靶温可以控制在低温、室温、高温，被处理工件不会受环境污染，在低温、室温处理时不会变形或退火软化
⑤ 离子注入具有直进性，横向扩展小，可以实现大面积均匀性掺杂
⑥ 对复杂形状的工件注入有困难</td><td colspan="3" rowspan="3">①适宜于零件和产品的最后表面处理；②制作大规模集成电路、大容量磁芯存储器，延长磁头寿命几倍；③可得到许多很难互溶的金属合金相和金属玻璃</td></tr>
<tr><td colspan="2">金属离子注入</td></tr>
<tr><td colspan="2">复合离子注入</td></tr>
</table>

续表

镀覆方法			操作	特点		应用
表面改性技术	转化膜技术	是指采用化学处理液使金属表面与溶液界面上产生化学或电化学反应,生成稳定的化合物薄膜的处理方法				
		氧化处理	是金属在含有氧化剂的溶液中形成的膜	铝、铝合金	有化学氧化和电化学阳极氧化。化学氧化处理液多以铬酸(盐)法为主,其设备简单,不受工件大小限制,氧化膜厚 0.5~4μm,质地软,吸附能力好;阳极氧化处理有硫酸法、铬酸法、草酸法、磷酸法、硬质法和瓷质法等,膜厚 5~20μm,膜硬,耐蚀、耐热、绝缘及吸附能力更好,硬质法硬度可达 400~1500HV,熔点可达 2050℃	硫酸法:涂装底层、装饰与防护层;草酸法:电器绝缘、日用品装饰;硬质法:耐磨、耐热、绝缘,如活塞、汽缸、轴承等
				钢铁等	钢铁氧化以化学法为主,处理液分碱性和酸性,按膜颜色分发蓝和发黑,多在含氧化剂的浓碱中进行,形成厚度 0.6~1.5μm 以 Fe_3O_4 为主的膜,后经皂化、填充或封闭处理;镁合金、锌合金的氧化多在重铬酸盐中进行,铜合金氧化多在碱性溶液中进行	钢铁氧化可提高耐蚀与润滑性;镁合金氧化用于装饰及涂装底层;铜合金氧化用于装饰及电器仪表
		磷化处理	是金属在磷酸盐溶液中形成的膜	钢铁	分高、中、低温工艺,漆前磷化用锌或碱金属磷酸盐,防锈磷化用锌、锰或铁的磷酸盐,冷变形前磷化用锌或锰磷酸盐,耐磨磷化用锰磷酸盐,后处理有皂化、填充或封闭等,膜多孔,吸附力好	钢铁防护层,涂装,塑性加工和滑动摩擦副中的减摩,硅钢片绝缘
				锌、铝	锌材磷化常用锌系磷化液 铝及铝合金磷化常用锌系溶液和铬-磷酸系溶液(Alodine 法),其耐蚀性好,应用广泛	锌磷化用于热镀锌、热浸锌等;铝磷化用于塑性变形加工及耐蚀
		钝化处理	是金属在铬酸或铬酸盐溶液中形成的膜	铜、锌及其合金	铜及铜合金常用铬酸法、重铬酸盐法、钛酸盐法等进行钝化处理 锌及锌合金的钝化常用于电镀锌及锌基合金的后处理,以铬酸盐法为最普遍,按色彩分为彩色、白色、黑色及草绿色钝化,一般需进行老化后处理	铜钝化用于防护及装饰;锌钝化用于耐蚀、涂装或装饰
				不锈钢等	不锈钢钝化用硝酸或硝酸加重铬酸钠,保持原色;镉镀层钝化可参照锌钝化;银钝化可用铬酸盐或有机物钝化液,电化学钝化防变色效果好	不锈钢钝化可提高耐蚀性;银钝化用于防变色
		金属着色处理	是通过表面转化形成有色膜或干扰膜的过程	一般着色膜层厚度为 25~55nm,其色调与处理方法及膜厚有关。通常可获得黄、红、蓝、绿等色调及彩虹、花斑等多种色彩。杂色色彩的产生,源于膜厚不均匀对光反射过程的影响。处理方法有化学转化法与电化学转化法(通过热处理或化学置换反应也能形成着色膜,以及金属染色处理,即用颜料通过金属表面的吸附作用和化学反应而着色,或通过电解作用使金属离子与染料共沉积而产生色彩,均不属此范围)。钢铁包括不锈钢、铝材及铜等金属材料经不同的着色处理,可呈现不同的色调或色彩		

续表

镀覆方法	操作	特点	应用
复合表面技术	是将两种或两种以上的表面处理工艺方法，用于同一工件的处理，不仅可以发挥各种表面处理技术的各自特点，而且更能显示组合使用的突出效果，使表面性能达到优化，即称复合表面技术，又叫第二代表面技术	复合表面技术已有：复合表面化学热处理、表面热处理与表面化学热处理的复合强化处理、热处理与表面形变强化的复合处理、镀覆层与热处理的复合处理、覆层与表面冶金化的复合处理、离子辅助涂覆、激光、电子束复合气相沉积和复合涂镀层，以及离子注入与气相沉积复合表面改性等 在生产实际中许多方法已获得广泛应用，例如，渗碳淬火与低温电解渗硫复合处理，将工件先渗碳淬火，使表面获得高硬度、高耐磨性和较高的抗疲劳性能，然后渗硫获得复合渗层。渗硫层为多孔鳞片状的硫化物，其中的间隙和孔洞能储存润滑油，具有很好的自润滑性能，降低摩擦因数，改善润滑性能和抗咬合性能，减少磨损。又例如，液体碳氮共渗与高频感应加热表面淬火的复合强化，其表面硬度可达60~65HRC，硬化层深度达1.2~2mm，零件的疲劳强度也比单纯高频淬火的零件明显增加，其弯曲疲劳强度提高10%~15%，接触疲劳强度提高15%~20%	
纳米表面技术	是充分利用纳米材料的优异性能，将传统表面技术与纳米材料、纳米技术交叉、综合、融合，制备出含纳米颗粒的复合覆层或纳米结构的表面技术	当前已开发出8种进入实用阶段的纳米表面技术：①纳米颗粒复合电刷镀技术；②纳米热喷涂技术；③纳米涂装技术；④纳米减摩自修复添加剂技术；⑤纳米固体润滑干膜技术；⑥纳米粘涂技术；⑦纳米薄膜制备技术；⑧金属表面纳米化 由于纳米材料的奇异特性，赋予纳米表面技术比传统表面技术更多优越的新特点： ① 涂覆层本身性能如抗拉强度、屈服点和抗接触疲劳性能大幅度提高 ② 涂覆层功能的提升，解决了许多传统表面技术解决不了的问题，如高性能的纳米声、光、电、磁膜反超硬膜的制备；纳米原位动态自修复技术，由于纳米颗粒材料的作用，能够在金属摩擦副表面形成修复薄膜，能够在工作状态下完成金属摩擦副的原位动态修复，延长了工件的使用寿命 ③ 纳米涂层与基材优化组合，使设计选材更有利于节约能源和节约贵重金属 ④ 为表面技术的复合提供新途径，例如，金属表面纳米化，赋予了基材表面层以优异性能，与离子渗氮技术复合，使渗氮工艺由原来的在500℃条件下处理24h，转变为在300℃条件下处理9h	

2.2 各种薄膜气相沉积技术的特点对比

表 1-7-3

项目		真空蒸发	溅射	离子镀	化学气相沉积	电镀	热喷涂
沉积物质产生机制		热蒸发	离子动能转移	热蒸发	化学反应	液体中的电极反应	火焰或等离子体携带的物质颗粒
薄膜沉积机制		原子（及离子）	原子（及离子）	离子和原子	离子及原子团	离子	物质颗粒
薄膜沉积速率/μm·min^{-1}		较高（可达75）	较低（如对于Cu，可达1）	很高（可达25）	中等（20~250nm/min）	依工艺条件而定，较低至较高	很高
沉积粒子能量		低（0.1~0.5eV/原子）	可较高（1~100eV/离子）	可较高（1~100eV/离子）	在等离子体辅助的情况下较高	可较高	可较高
膜层特点[2]	密度	依材料而变化	较高	高	较高		中等
	气孔	低温时多	气孔少，但混入溅射气体较多	无气孔，但膜层缺陷较多			

续表

项目		真空蒸发	溅射	离子镀	化学气相沉积	电镀	热喷涂
膜层特点[2]	内应力	拉应力	压应力	依工艺条件而定			
	附着力	一般	较好	好	依具体情况而定	好	较好
	绕射性	差	较好	较好			
	纯度	很好	较好	较好	好	一般	—
原材料种类		纯固态物质	大面积固体靶	纯固态物质或适当面积的金属靶	特定种类的气态物质	金属盐类	物质粉末、线材等
薄膜对于复杂形状基体的涂覆能力		差	好于蒸发	好于溅射	好	好	好
制备金属薄膜的能力		好	可以,纯度一般	好	较好	有限的几种金属	可以
制备合金薄膜的能力		可以,但需采取特殊措施	好	可以,但需采取特殊措施	可以	极为有限	可以
制备化合物薄膜的能力		可以,有时需采取措施	可以			不可以	可以
离子轰击基底的可能性		不普遍采用	可以采用	是	可以采用	没有	可以
薄膜与基底间界面元素的扩散		较少	是	是	是	没有	有限
薄膜低温沉积的可能性		可以	可以	较为有限	不可以,在等离子体辅助的情况下有限	可以	有限
大面积沉积的可能性		可以,但需措施保证均匀性	可以	可以,但需措施保证均匀性	可以,但在等离子体辅助的情况下困难	复杂形状较为困难	采取顺序涂覆的方法
对环境产生的污染		无			依原材料而变	较严重	噪声污染、喷物污染
设备复杂性		简单,但大面积时复杂	较为简单	较为复杂	简单,但在等离子体辅助的情况下很复杂	简单	较复杂
薄膜制造成本		较低		稍高	低	很低	较高

3 机械产品表面防护层质量分等分级（JB/T 8595—1997）

表 1-7-4 表面防护层质量外观等级（涂覆层不得有漏底和明显的厚薄不匀等缺陷）

	等级		外观检查要求
外观等级	1 等		外观良好,无明显变化和缺陷
	2 等	a 级	允许涂层表面轻微失光(失光率为 16%~30%),轻微褪色[色差值(NBS)3.1~6.0],有少量针孔等缺陷
		b 级	对于表面防护层为平光的涂层表面,不得有明显的橘皮或流挂现象
		c 级	产品主要表面的涂层,任一平方米正方形面积内直径为 0.5mm 的气泡不得超过 2 个,不允许出现直径大于 1mm 的气泡及超过 10%表面面积的隐形气泡
		d 级	铁芯迭片表面锈蚀面积不得超过 5%

续表

	等级		外观检查要求
外观等级	3等	a级	产品主要表面的涂层,任一平方分米正方形面积内直径为0.5~3mm的气泡,不得多于9个,其中直径大于1mm的气泡不超过3个,直径大于2mm的气泡不超过1个,不允许出现直径大于3mm的气泡及超过30%表面面积的隐形气泡
		b级	允许底金属出现个别锈点(即大于1平方分米的试样,最多不得超过一个锈点,小于1平方分米的试样不得有锈点)以及涂层边缘有少量起皱
		c级	不得有脱落、开裂、严重的橘皮或流挂现象
		d级	铁芯迭片表面锈蚀面积不得超过15%
	4等		缺陷超过3等的即为4等
附着力等级	零等		刀痕十分光滑,无涂层小片脱落
	1等		在栅格交点处有细小涂层碎片剥落,剥落面积约占栅格面积5%以下
	2等		涂层沿刀痕和(或)栅格交点处剥落,其剥落面积约占栅格面积的5%~15%之间
	3等		涂层沿刀痕部分或全部呈宽条状剥落和(或)从各栅格上部分或全部剥落,剥落面积约占栅格面积的15%~35%之间
	4等		涂层沿刀痕呈宽条状剥落和(或)从各栅格上部分或全部剥落,剥落面积约占栅格面积的35%~65%之间
	5等		涂层剥落面积超过栅格面积的65%

表 1-7-5　　电镀化学处理层等级

等级		要　　求
1等		允许镀层光泽稍变暗(失光率为16%~30%),颜色稍褪[色差值(NBS)3.1~6.0],但镀层化学处理层和金属表面不得腐蚀
2等	a级	标牌、导电零件的接触部位,活动零件的关键部位等能影响产品性能的零件(或部件)不得出现腐蚀
	b级	除2等a级零件外的其他零(部)件出现腐蚀破坏面积,为该零件主要表面面积5%~25%的零件数不得超过产品零件总数的20%
3等	a级	2等a级的零件(或部件)出现腐蚀破坏面积,为该零件主要表面面积5%~25%的零件不得超过该零件总数的20%
	b级	2等中第a级零件以外的其他零件(或部件)出现腐蚀破坏面积,为该零件主要表面5%~25%的零件数不得超过该产品零件总数的30%。但允许个别零件的腐蚀破坏面积大于25%,小于30%
4等		缺陷超过3等者即为4等

3.1　技术要求

(1) 机械产品表面涂、镀层应具有一定的耐候、耐腐蚀性及装饰性。

(2) 机械产品表面涂覆层按GB/T 2423.4规定的条件进行12周期40℃交变湿热试验。

1) 湿热试验后进行外观检查。

2) 湿热试验后的附着力测试必须在12h正常化处理后进行。

① 涂层附着力测试采用25格划格法，其刀具采用6刃刀具。按实测涂层厚度选用刀具，刀具刀刃间距选择见表1-7-6。

表 1-7-6

涂层厚度/μm	刀刃间距/mm
≤60	1
6C以上,120以下	2
>120	3

② 按表1-7-6所列涂层厚度数据选择相应间距的刀具。在产品表面涂层上划6道深及底金属的水平直线刀痕，并在与此6条水平直线成90°角的位置上再划6道垂直并与水平直线刀痕相交的刀痕，这样就形成25个方格的栅格。划格时刀具速度应均匀连续地划出刀痕，不得停顿或跳跃。刀尖必须触及底金属，但不应过深地切入底金属。若涂层硬度高或厚度过厚，致使刀痕不能触及底金属，则应在报告中说明。

③ 附着力测试必须在试样的两个不同部位进行。

④ 划好栅格后，用油漆刷子在栅格表面两个对角线方向轻轻地来回各刷5次。

⑤ 用 2.5 倍放大镜对栅格划痕观察并与相应的条款对照，并参照相应图号的图片评出附着力等级。

⑥ 用 2.5 倍放大镜对栅格划痕观察，如划痕已起毛则该刀具应换新刀具后重新划格。

（3）机械产品表面镀层化学处理层按 GB/T 2423.17 标准中的有关规定进行盐雾试验。试验后按表 1-7-5 评定等级。

（4）在户外使用的机械产品表面涂层尚需进行紫外线冷凝试验。按 GB/T 14522 标准中的紫外线冷凝试验方法进行，并按表 1-7-4 评定等级。

（5）在寒带、寒温带使用的机械产品需增加低温试验。按 GB/T 2423.1 规定的低温试验方法进行试验。试验后按表 1-7-4 评定等级。

3.2 试验方法

表 1-7-7　交变湿热试验

<table>
<tr><td colspan="6">对涂层质量考核用 GB/T 2423.4 进行 40℃交变湿热试验</td></tr>
<tr><td>试验前检查</td><td colspan="5">试样在正常条件下(温度 15~35℃、相对湿度 45%~75%)进行涂覆层外观质量检查测厚并记录</td></tr>
<tr><td rowspan="2">预处理</td><td colspan="5">试样在正常条件下放入湿热箱(室)内进行试验前预处理</td></tr>
<tr><td>预处理条件</td><td>温度　25℃±3℃
相对湿度　45%~75%</td><td>预处理时间</td><td colspan="2">大件不得少于 3h;
中件不得少于 2h;
小件不得少于 1h</td></tr>
<tr><td rowspan="2">试验周期</td><td colspan="5">12 周期</td></tr>
<tr><td colspan="5">对于呼吸效应不明显的产品降温阶段相对湿度下限值可为 85%</td></tr>
<tr><td>试验后检测</td><td colspan="5">12 周期试验结束后即将试样取出试验箱(室)外，在正常条件下检查外观，然后在正常条件下放置 12h 后进行附着力测试
正常条件:温度　15~35℃;
相对湿度 45%~75%</td></tr>
</table>

表 1-7-8　盐雾试验

按 GB/T 2423.17 规定的盐雾试验方法对金属表面镀层化学处理层质量进行考核
(1)测定被试零(部)件镀层厚度并记录 (2)根据镀层的镀种、镀层厚度选择盐雾试验持续时间 推荐试验持续时间为:16h、24h、48h、96h、168h、336h、672h。选择相应的试验持续时间 (3)试验结束后用清水冲洗干净,即刻检查外观,并按表 1-7-5 评定等级

表 1-7-9　荧光紫外线/冷凝试验

按 GB/T 14522 规定的人工气候加速试验方法对在户外使用的机械产品中的粉末涂料、涂料材料制成的零部件进行荧光紫外线/冷凝试验进行考核
(1)将试样固定安装在样品架上,面对荧光灯 (2)试验温度:光照时可采用 50℃、60℃、70℃三种温度中的一种;冷凝阶段的温度为 50℃。温度的容许误差为±3℃ (3)光照和冷凝周期可先 4h 光照 4h 冷凝或 8h 光照 4h 冷凝两种循环。涂料一般进行 240h、500h、1000h 试验的其中一种 (4)试验后按表 1-7-4 评定等级

表 1-7-10　低温试验

<table>
<tr><td colspan="4">按 GB/T 2423.1 规定的低温试验方法考核在寒带、寒温带地区使用的机械产品的涂、镀层质量</td></tr>
<tr><td>试验温度</td><td>-30℃、-40℃、-55℃</td><td>试验周期</td><td>2h、16h、72h 或 96h</td></tr>
<tr><td>说明</td><td colspan="3">1. 根据产品所到地区或需方要求选其中一个试验温度及试验周期进行试验
2. 试验后按表 1-7-4 及表 1-7-5 检验及评定等级</td></tr>
</table>

3.3 检验规则

表 1-7-11

依据	本标准是对同底金属、同涂(镀)层材料、同工艺及同一施工条件下的机械产品、出口产品表面防护层质量的考核、检验及评定等级的依据
试样数量	同底金属、同涂(镀)层材料、同工艺及同施工条件的试样三件
在右列情况之一时,需用本标准对产品表面防护层质量进行重新评定等级	①新产品投产前; ②产品涂(镀)层工艺或涂(镀)层材料改变可能影响其表面防护层质量时; ③不经常生产的机械产品及出口产品再次投产时; ④对批量生产及出口产品表面防护层质量定期抽试,其间隔时间一般为一年一次,仲裁时

3.4 试验结果的判断及复试要求

（1）按照 3.2 试验方法规定的交变湿热试验、盐雾试验、荧光紫外线/冷凝试验及低温试验进行试验后，对照表 1-7-4 及表 1-7-5 进行评定等级。

（2）若三件试样全部处于一个等级或其中二件处于同一等级则该试样即为这一个等级。若三件试样试验后为三个级别，则另取加倍数量的试样进行复试。复试试样的 2/3 试验后为同一等级则为该一等级。若少于 2/3 试样为同一等级，则该批产品不得评定等级不得再复试。

4 电　镀

利用外加电流作用从电解液中析出金属，并在物件表面沉积而获得金属覆盖层的方法。

电镀层的分类

表 1-7-12

分类		说明	举例
按镀层金属与基体金属之间的电位关系分	阳极性镀层	是指比被保护的基体金属电极电位负、电性强，而使基体金属在一定介质中不受电化学腐蚀的镀层	对钢铁来说，镀锌层在大气腐蚀条件下就是阳极性镀层
	阴极性镀层	是指比被保护的基体金属电极电位正、电性弱，仅能机械地保护而不能使基体金属不受电化学腐蚀的镀层	对钢铁来说，镍、铜、铬、银、金等镀层都是阴极性镀层
按使用目的分	防护性镀层	防止锈蚀或腐蚀 ①一般大气条件下的黑色金属制品 ②海洋性气候条件下 ③要求镀层薄而耐蚀能力强 ④用铜合金制作的海洋仪器 ⑤接触有机酸的黑色金属制品，如食品容器 ⑥耐硫酸和铬酸的腐蚀	 镀锌 镀镉 用镉锡合金代替单一的锌或镉镀层 镀银镉合金 镀锡 镀铅
	工作-保护性镀层	除了防止零件免受腐蚀外，主要在于提高零件的抗机械磨损能力和表面硬度	铬、镍
	装饰性镀层	以装饰性为主，兼备一定防护性 防腐及使制品具有经久不变的光泽外观。多为多层镀覆，底层+（或中间层）+表层。底层常用铜锡镀层，或镀锌铜，或镀铜；表层常用光亮铬或镍、铬。例如，铜/镍/铬多层镀，也有采用多层镍和微孔铬的	铜锡镀层+光亮铬；锌铜镀层+光亮铬；铜镀层+镍+铬 汽车、自行车、钟表等就使用这类镀层
		电镀贵金属，如金、银等和仿金镀层，近年来应用比较广泛，特别在一些贵重装饰品和小五金商品中，用量较多，产量也较大，并有部分出口	主要电镀贵金属及各种合金，例如，铜锡合金、铜锌合金、铜锡锌合金以及锡钴合金和锡镍合金等
	耐磨和减摩镀层	耐磨是指提高表面硬度，镀硬铬能使镀件的表面硬度达到或超过 1000HV；减摩是指在滑动接触面上镀上能起固体润滑剂作用的韧性金属（减摩合金）以减小滑动摩擦 对一些仪器和仪表的接插件，既要求有良好的导电能力，又要求耐磨损，通常镀硬银、硬金、铑及其他合金	耐磨镀层多采用镀硬铬，如大型轴、曲轴的轴颈、发动机的汽缸和活塞环、冲击模具、压印辊的辊面、枪、炮管的内腔等 减摩镀层多用锡、铅锡合金、铟铅合金及铅锡铜合金等，多用于轴瓦或轴套上
	热加工镀层	① 防止局部渗碳 ② 防止局部渗氮 ③ 防止局部碳氮共渗 ④ 钎焊前	镀铜 镀锡 镀锡 镀锡、镀铜或镀银
	高温抗氧化镀层	防止高温氧化 ① 转子发动机内腔，喷气发动机转子叶片等高温工作零件，有些情况下，还需使用复合镀层 ② 更特殊场合下工作的零件	 镀镍铬或镀铬合金、复合镀层，如 Ni-Al_2O_3、Ni-Zr_2O_3 和 Cr-TiO_2 等 镀铂铑合金
	焊接性镀层	有些电子元器件组装时需要进行钎焊，为了改善其焊接性能，在表面需要镀一层铜、锡、银以及锡铅合金等	

续表

分类		说明	举例
按使用目的分	修复性镀层	修复报废或磨损的零件	镀铬、铜、铁等,用于轴与齿轮等零件
	导电性镀层	提高表面导电性能的镀层 ① 一般情况 ② 同时要求耐磨的 ③ 在高频波导生产中	镀铜、镀银 镀银锑合金、银金合金、金钴合金等 采用镜面光泽的镀银层
	磁性镀层	电镀工艺参数改变可以调整镀层的磁性能参数	常用的电沉积磁性合金有镍铁、镍钴、镍钴磷等。这种镀层多用于录音机、电子计算机等设备中的录音带、磁环线上
	其他镀层	① 保持零件表面的润滑剂 ② 改善零件表面的磨合性 ③ 为了增加钢丝和橡胶热压时的黏合性 ④ 为了增加反光能力	多孔性镀铬 镀铜、镀锡、镀铬 镀黄铜 镀铬、镀银、镀高锡青铜等

金属镀层的特点及应用

表 1-7-13

名称	特点	应用
镀锌	锌在干燥空气中比较稳定,不易变色,在水中及潮湿大气中则与氧或二氧化碳作用生成氧化物或碱性碳酸锌薄膜,可以防止锌继续氧化,起保护作用。锌在酸及碱、硫化物中极易遭受腐蚀。镀锌层一般都要经钝化处理,在铬酸或在铬酸盐液中钝化后,由于形成的钝化膜不易与潮湿空气作用,防腐能力大大加强。对弹簧零件、薄壁零件(壁厚<0.5mm)和要求机械强度较高的钢铁零件,必须进行除氢,铜及铜合金零件可不除氢。镀锌成本低、加工方便、效果良好 锌的标准电位较负,所以锌镀层对很多金属均为阳极性镀层	在大气条件和其他良好环境中使用的钢铁零件普遍使用镀锌。但不宜作摩擦零件的镀层
镀镉	与海洋性的大气或海水接触的零件及在70℃以上的热水中,镉镀层比较稳定,耐蚀性强,润滑性好,在稀盐酸中溶解很慢,但在硝酸里却极易溶解,不溶于碱,它的氧化物也不溶于水。镉镀层比锌镀层质软,镀层的氢脆性小,附着力强,而且在一定电解条件下,所得到的镉镀层比锌镀层美观。但镉在熔化时所产生的气体有毒,可溶性镉盐也有毒 在一般条件下,镉对钢铁为阴极性镀层,在海洋性和高温大气中为阳极性镀层	它主要用来保护零件免受海水或与海水相类似的盐溶液以及饱和海水蒸气的大气腐蚀作用。航空、航海及电子工业零件、弹簧、螺纹零件,很多都用镀镉 可以抛光、磷化和作油漆底层,但不能作食具
镀铬	铬在潮湿的大气、碱、硝酸、硫化物、碳酸盐的溶液以及有机酸中非常稳定,易溶于盐酸及热的浓硫酸。在直流电的作用下,如铬层作为阳极则易溶于苛性钠溶液。铬层附着力强,硬度高,800~1000HV,耐磨性好,光反射性强,同时还有较高的耐热性,在480℃以下不变色,500℃以上开始氧化,700℃则硬度显著下降。其缺点是硬、脆,容易脱落,当受交变的冲击载荷时更为明显。并具有多孔性 金属铬在空气中容易钝化生成钝化膜,因而改变了铬的电位。因此铬对铁就成了阴极性镀层	在钢铁零件表面直接镀铬作防腐层是不理想的,一般是经多层电镀(即镀铜→镍→铬)才能达到防锈、装饰的目的。目前广泛应用在为提高零件的耐磨性、修复尺寸、光反射以及装饰等方面

续表

名称	特点	应用
松孔镀铬	松孔镀铬是耐磨镀铬的一种特殊形式，它与一般镀铬的明显区别在于其铬镀层的表面上产生网状沟纹或点状孔隙。目的是为了保存足够的润滑油，以改善摩擦条件，减少两摩擦面的金属接触，提高耐磨性	广泛应用于内燃机的汽缸、汽缸套、活塞环、活塞销以及上述零件磨损后的修复等方面
镀铜	铜在空气中不太稳定，易于氧化，在加热过程中尤甚。同时具有较高的正电位，不能很好地防护其他金属不受腐蚀，但铜具有较高的导电性，铜镀层紧密细致，与基体金属结合牢固，有良好的抛光性能等 铜比铁的电位高，对铁来说是阴极性镀层	铜镀层很少用作防护性镀层。一般用来提高其他材料的导电性，作其他电镀的底层、防止渗碳的保护层以及在轴瓦上用来减少摩擦或作装饰等
镀镍	镍在大气和碱液中化学稳定性好，不易变色，在温度600℃以上时，才被氧化。在硫酸和盐酸中溶解很慢，但易溶于稀硝酸。在浓硝酸中易钝化，因而具有好的耐蚀性能。镍镀层硬度高、易于抛光、有较高的光反射性并可增加美观。其缺点是具有多孔性，为克服这一缺点，可采用多层金属镀层，而镍为中间层 镍对铁为阴极性镀层，对铜为阳极性镀层	通常为了防止腐蚀和增加美观用，所以一般用于保护-装饰性镀层上。铜制品上镀镍防腐较为理想 但由于镍比较贵重，多用镀铜锡合金代替镀镍
镀锡	锡具有较高的化学稳定性，在硫酸、硝酸、盐酸的稀溶液中几乎不溶解，在加热的条件下，锡缓慢地溶于浓酸中。在浓、热的碱液中溶解并生成锡酸盐。硫化物对锡不起作用。锡在有机酸中也很稳定，其化合物无毒。锡的焊接性很好 在一般条件下，锡镀层对铁属于阴极性镀层，对铜则属于阳极性镀层	广泛用于食品工业的容器上和航空、航海及无线电器材的零件上。还可以用来防止铜导线不受橡胶中硫的作用，以及作为非渗氮表面的保护层
镀铅	铅在硫酸、二氧化硫及其他硫化物和硫酸盐中不受腐蚀，但在高温（高于200℃）的浓硫酸中及浓盐酸中则发生强烈的腐蚀，在稀盐酸中反应缓慢，在有机酸——醋酸、乳酸、草酸中也比较稳定	在化学工业中应用较多，如加热器、结晶器、真空蒸发器等内壁镀铅
镀铜锡合金	电镀铜锡合金是在零件上镀铜锡合金后，不必镀镍，而直接镀铬。对于钢制零件用低锡青铜（含锡5%~15%），对于铜及铜合金零件用高锡青铜（含锡约38%以上）。低锡青铜镀层防腐能力良好，其物理、力学性能和工艺性能比中锡（含锡15%~25%）及高锡青铜镀层好	镍是一种比较稀少而贵重的金属，目前在电镀工业上广泛采用电镀铜锡合金来代替镀镍

镀层选择

选择金属镀层时必须注意掌握下列几点：①正确分析零件工作条件，确定对电镀层的工作要求；②被电镀零件的金属种类及该金属电镀层在介质中的稳定性；③被电镀零件的结构、形状和尺寸的公差以及在零件表面上进行电镀并达到所需均匀厚度的可能性；④镀层与被镀零件表面的结合力。

表 1-7-14　　电镀层电镀顺序

被镀金属	电镀层									
	金	镉	铜或铜合金（氰化物法）	铜（酸性法）	镍	锡	铅	银	铬	锌
铁或钢	必须以铜或黄铜为底层	直接镀	直接镀	必须以铜或黄铜为底层	直接镀。最好以铜或黄铜为底层	直接镀	直接镀。对断面大的制品最好以镍为底层	薄层直接镀。其他以铜或黄铜为底层	硬铬直接镀。其他以铜或黄铜为底层	直接镀

续表

被镀金属	电镀层									
	金	镉	铜或铜合金(氰化物法)	铜(酸性法)	镍	锡	铅	银	铬	锌
镉	—	直接镀	直接镀	必须以铜或黄铜为底层	薄层直接镀。其他以铜或黄铜为底层(氰化物法)	直接镀	直接镀	最好以铜或黄铜为底层(氰化物法)	直接镀,在光泽的镉上镀成无光泽铬	—
铜或铜合金	直接镀	直接镀	直接镀	直接镀	直接镀	直接镀	直接镀	浸汞处理	黄铜直接镀。最好以镍为底层	直接镀
镍	直接镀	直接镀	直接镀	直接镀	必须以铜或黄铜为底层	—	必须以铜或黄铜为底层(氰化物法)	以铜或黄铜为底层	直接镀	—
锡	必须以铜或黄铜为底层(氰化物法)	—	直接镀	必须以铜或黄铜为底层(氰化物法)	必须以铜或黄铜为底层(氰化物法)	在热镀锡之后直接镀	直接镀	以铜或黄铜为底层	必须以铜或黄铜为底层(氰化物法)	—
铅或铅合金	必须以铜或黄铜为底层(氰化物法)	直接镀	直接镀	直接镀	—	直接镀	直接镀	以铜或黄铜为底层	必须以铜或黄铜或镍为底层	—
银	直接镀	直接镀	直接镀	直接镀	直接镀	—	—	直接镀	直接镀。最好以镍为底层	—
锌	最好以铜或黄铜为底层	—	直接镀	必须以铜或黄铜为底层(氰化物法)	直接镀。最好以铜或黄铜为底层(氰化物法)	直接镀	—	直接镀。或以铜或黄铜为底层	必须以铜或黄铜为底层(氰化物法)	—

表 1-7-15　　主要金属镀层厚度

镀层名称	使用条件	镀层厚度/mm
锌镀层	室内或良好条件 室外或潮湿空气 十分潮湿空气或工业性大气 汽油、煤油、润滑油等油类	0.007~0.010 0.010~0.020 0.020~0.040 0.020~0.050
镉镀层	海洋性大气 海水或氯化钠溶液 工业性大气 潮湿大气	0.010~0.040 0.040~0.050 0.005~0.015 0.007~0.015

续表

镀层名称	使用条件			镀层厚度/mm			
铜镀层	镀镍、镀铬的底层	轻度腐蚀的大气		≥0.015			
		中等腐蚀的大气		≥0.030			
		严重腐蚀的大气		≥0.045			
	防止局部渗碳	渗碳层厚度/mm	0.1~0.8	0.010~0.020			
			0.8~1.2	0.030~0.040			
			>1.2	0.050~0.070			
铜镀层	防止氰化			0.030~0.060			
	修复磨损的尺寸			<3			
	提高钢制品的导电性			0.010~0.200			
镍镀层				铜(氰化物法)	铜(酸性法)	镍	铬
	轻度腐蚀条件			0.003	0.012	0.010	0.001
	中等腐蚀条件			0.003	0.022	0.015	0.001
	严重腐蚀条件			0.003	0.032	0.020	0.001
铬镀层	装饰性镀铬			0.001~0.003			
	耐磨性镀铬（轴、汽缸套等）			0.05~1.0			
	恢复尺寸镀铬			根据磨损程度来确定厚度，铬镀到一定厚度后要加以研磨			
锡镀层	防止渗氮			0.010~0.020			

表 1-7-16　镀铬层厚度

被镀零件的材料			铜及铜合金				钢铁			
			使用条件分类							
			一类	二类	三类	四类	一类	二类	三类	四类
无光泽镀铬层	铜层	厚度/μm					30~35	20~25	10~15	
	镍层						15~20	10~15	7~10	5~7
	铜锡层		20~25	15~20	10~15	7~10				
	铬层		0.8~1.2	0.5~0.8	0.25~0.5	0.25~0.5	0.8~1.2	0.5~0.8	0.25~0.5	0.25~0.5
	总厚度		21~27	16~21	11~16	7.5~11	46~56	31~41	18~26	6~8
	孔隙率/气孔数·cm^{-2}						3	4		
光亮镀铬层	铜层	厚度/μm					30~35	20~25	10~15	
	镍层						15~20	10~15	7~10	5~7
	铜锡层		20~25	15~20	10~15	7~10				
	铬层		0.8~1.2	0.5~0.8	0.25~0.5	0.25~0.5	0.8~1.2	0.5~0.8	0.25~0.5	0.25~0.5
	总厚度		20.8~26.2	15.5~20.8	10.25~15.5	7.25~10.5	45.8~56.2	30.5~40.8	17.25~25.5	5.25~7.5

注：一般零件的使用条件分为良好、中等、恶劣三级，相应的电镀层厚度一般分为四类。

一类（恶劣工作条件）——含有大量工业气体、燃料废气、灰尘、海水蒸发物或其他活性腐蚀剂的大气，以及空气的相对湿度周期性地达到98%的场所，经常要用手握住操作的零件，在湿热带、干热带地区使用的零件。

二类（中等工作条件）——含有少量工业气体、燃料废气、海水蒸发物或其他活性腐蚀剂，而且比较干燥的室内外大气，产品运输、保管时间不长。

三类（良好工作条件）——不含工业气体、燃料废气、海水蒸发物及其他活性腐蚀剂，而且比较干燥的室内外大气，而产品的运输、保管时间不长。

四类——用于较三类更好的条件。

5 复合电镀

复合电镀是采用电化学的方法使金属（或合金）与固体微粒（或纤维）共沉积，而获得复合材料的工艺过程，又称为分散电镀。这种复合材料层称为复合镀层或分散镀层。它由两部分构成：一部分是通过电化学反应而形成镀层的金属或合金，通常称为基质金属，是均匀的连续相；另一部分则为不溶性的固体颗粒或纤维，通常是不连续地分散于基质金属之中，形成一个不连续相，又称为分散相。所以复合镀层属于金属基复合材料。基质金属和不溶性颗粒之间的相界面基本是清晰的，几乎不发生扩散现象，从形式上看是机械混合物，但获得的复合镀层却具有基体金属和固体颗粒两类物质的综合性能。

复合电镀的优缺点

表 1-7-17

<table>
<tr><td rowspan="2">优点</td><td>优于热加工工艺</td><td>热加工方法制取复合材料需要很高温度，从而很难使用有机物来制取金属基复合材料。而复合电镀法制取复合材料时，大多是在水溶液中进行的，温度很少超过90℃。因此，除了目前使用的耐高温陶瓷外，各种遇热容易分解的物质和各种有机物，都可以作为不溶性固体微粒分散到镀层中，以制取各种不同类型的复合材料
在通常的情况下，基质金属和固体微粒之间基本上不发生相互作用，而保持它们各自的特性。如果需要复合镀层中的基质金属和固体微粒之间相互发生扩散，可以将复合镀层通过热处理手段，获得所需特性</td><td>工艺、设备简单</td><td>复合电镀工艺和设备与一般电镀技术差不多，仅在使用的设备、镀液和阳极等进行略加改造即可，主要是增加能使固体微粒充分悬浮的措施。与其他制备复合材料的方法相比，设备投资少，工艺比较简单，易于控制，生产费用低，能源消耗少，原材料利用率较高。所以通过电沉积的方法来制备复合材料是比较方便而且经济的</td></tr>
<tr><td>可获得任意厚度</td><td>复合电镀可根据需要得到任意厚度的镀层，以满足各种不同材料的特性要求。在很多情况下可用廉价的基体材料镀上复合镀层，来代替由贵重材料制造的部件。如在钢钉上镀上银基复合镀层，就可取代纯银电触头，其经济效益是非常明显的</td><td>适用范围广</td><td>由于基质金属和合金种类繁多以及固体微粒的多样性，提供了广阔的选择性。同一种基体金属可以方便地镶嵌一种或数种性质各异的固体微粒，而同一种固体微粒也可以方便地镶嵌到不同的基体金属中，制成各种各样不同性能的复合镀层。为改变和调节材料的力学、物理和化学等性能创造了有利的途径，扩大了复合电镀的通用性和适应性</td></tr>
<tr><td>缺点</td><td colspan="4">①复合镀层太厚，镀层的均匀性受影响，甚至出现不同程度的变形，影响镀件的整体质量
②固体微粒在基质金属中的含量不能过高，一般不易超过质量分数50%，因此其整体特性的发挥在一定程度上受到限制
③在有些情况下，仅在部件表面镀覆一层复合材料还不能完全满足使用特性的要求，必须采用整体材料进行制造。因此，复合电镀不可能完全取代热加工方法来制备复合材料</td></tr>
</table>

复合电镀的类型和应用

表 1-7-18

<table>
<tr><td>分类依据</td><td colspan="2">根据复合电镀使用的微粒和镀层的关系，可将复合电镀分为下列4种类型</td></tr>
<tr><td rowspan="5">类型</td><td>特　征</td><td>举　例</td></tr>
<tr><td>微粒在单金属中沉积所形成的镀层</td><td>用肼作还原剂所获得的镍基复合镀层</td></tr>
<tr><td>微粒在镍基合金中形成的合金复合镀层</td><td>碳化硅微粒在镍磷合金中形成的复合镀层</td></tr>
<tr><td>在单金属镀层中存在着两种复合微粒的复合镀层</td><td></td></tr>
<tr><td>复合在镀层中的微粒经过热处理后形成了均相的合金镀层</td><td>铝粉与镍磷合金共沉积所得到的镀层，进行热处理后独立的金属铝相消失，形成了镍铝磷合金</td></tr>
</table>

续表

<table>
<tr><th>类型依据</th><th>原理或特性</th><th>组成材料及实例</th><th>应用</th></tr>
<tr><td rowspan="2">耐磨复合镀层</td><td>是利用微粒自身的硬度及其共沉积所引起的基质金属的结晶细化来提高其耐磨性的
涂层具有高的硬度和耐磨性能，以提高零部件表面的抗摩擦磨损等特性</td><td>通常以镍、镍基合金、铬等为基质金属，而以硬质固体微粒，如三氧化二铝、氧化锆、碳化硅、碳化硼、碳化钛、碳化铬、氮化钛等为分散相得到的复合镀层</td><td rowspan="2">主要应用在汽缸壁、模具、压辊和轴承等上。例如在瓦特镀镍溶液中加入碳化硅微粒，以获得 Ni-SiC 复合镀层，其耐磨性能比普通镀镍层提高 70%，可用在汽车摩托车等发动机的铝制零件上，已广泛用来取代电镀硬铬层</td></tr>
<tr><td colspan="2">①Ni-SiC(2.3%~4.5%，质量分数)复合镀层是在氨基磺酸盐镀镍溶液中加入 1~3μm 的碳化硅微粒，获得硬度和耐磨性高于瓦特镀镍层，使磨损量大大降低。该复合镀层已用在汽车发动机汽缸内腔表面，作为耐高温耐磨镀覆层。其磨损量是通常铁套汽缸的 60%，可比电镀铬层降低成本 20%~30%
②Ni-Al_2O_3 和 Ni-TiO_2 等复合镀层也在汽车及航空工业中得到应用
③以钴为基质金属的复合镀层具有很好的高温耐磨性能，在 600~1000℃高温条件下，仍保持较好的特性。可应用在飞机发动机的活塞环、制动器和启动装置的弹簧等上。Co-Cr_3C_2 复合镀层在 300℃以上时，在接触摩擦面上生成玻璃状氧化钴层，因此能保持高温耐磨性。在干燥的空气中，Co-Cr_3C_2 复合镀层在 800℃下仍能保持耐磨性</td></tr>
<tr><td>润滑复合镀层</td><td>润滑有干膜润滑和液体润滑(又称湿润滑)两种类型。干膜润滑比液体润滑方便，对于较轻负荷或间隙动作的部件，用干膜润滑更是简单而有效。通常干膜润滑是用粘接剂或涂料等将润滑材料粘接在一起，但其强度、附着力、耐磨性和持久性均不如复合镀层
用复合电镀的方法来制备润滑镀层，在操作上相对比耐磨镀层难一些。因为石墨和二硫化钼等分散相在镀液中不容易均匀悬浮，形成共沉积比较困难。需要选择适宜的表面活性剂和分散剂才能得到均匀稳定的悬浮</td><td>润滑用的复合镀层采用的润滑剂通常是固体微粒。最常用的有石墨、聚四氟乙烯(PTFP)、MoS_2、$(CF)_n$、BN 和 CaF_2 等，但也能直接复合液体的润滑剂，如普通的润滑油。利用微胶囊化的方法很容易将液态物质包裹成珠粒，也能在复合镀液中悬浮，而夹带入复合镀层内</td><td>主要应用在汽缸、活塞环、活塞头、轴承等方面
另外，螺纹或紧固件容易在高温下黏结而咬死，可以用镍基石墨或镍基氟化石墨的复合镀层以及其他复合镀层来防止</td></tr>
<tr><td>电接触复合镀层</td><td colspan="2">在电子工业上广泛应用的金、银等金属镀层虽然具有高的导电性和较低的接触电阻，但是耐磨性差、摩擦因数较大、抗电弧烧蚀性不好、镀层容易变色，且金镀层成本又高，改用复合镀层，效果显著
①采用 Au-WC(质量分数为 17%)或 Au-BN 等复合镀层，其硬度、耐磨性均高于纯金镀层，可使电接触点使用寿命显著提高
②采用 Ag-石墨、Ag-La_2O_3 等复合镀层可使电接点的使用寿命明显增加，抗电弧烧蚀性能提高
③采用 Ag-Ce_2O_3 复合镀层可提高电插拔件的使用寿命，还能节约贵金属</td><td>可广泛应用于电子工业</td></tr>
<tr><td>分散强化合金镀层</td><td>以金属粉作为分散微粒，悬浮在电镀液中并与基质金属共沉积，即可获得金属微粒弥散于另一金属之中的复合镀层。然后将复合镀层进行热处理，可得到一定组成的新合金镀层。通过这种方法可以得到在水溶液中难以共沉积的合金镀层</td><td>①在瓦特镀镍溶液中加入铬粉(颗粒约为 5μm)，即可得到 Ni-Cr 复合镀层，再经过 1000℃以上的热处理，就得到了 Ni-Cr 合金镀层
②将钼、钨等耐热金属粉加入镀铬溶液中，获得的复合镀层在 1100℃下进行热处理，就可获得 Cr-Mo 和 Cr-W 等分散强化合金镀层</td><td>复合镀层应用的另一重要领域是分散强化合金镀层</td></tr>
<tr><td>防护性复合镀层</td><td colspan="2">①将非导电微粒如 SiO_2、SiC、$BaSO_4$ 等加入镀镍溶液中，获得 Ni-SiO_2、Ni-SiC、Ni-$BaSO_4$ 等复合镀层。当继续镀铬时就得到微孔铬或微裂纹铬，它使真实腐蚀电流密度大大下降，从而使其耐蚀性提高 3~5 倍
②在镀锌溶液中加入固体微粒如 SiC、SiO_2、TiO_2、ZrO_2 等，可得到耐蚀性高的 Zn-SiC、Zn-SiO_2、Zn-TiO_2、Zn-ZrO_2 等复合镀层，与锌镀层相比，其耐蚀性有很大的提高</td><td>早在 20 世纪 60 年代为了改善和提高铜/镍/铬体系的耐蚀性，就研究采用了镍封和缎面镍作中间层以代替金属镍层</td></tr>
</table>

续表

类型依据	原 理 或 特 征	组成材料及实例	应 用
装饰性复合镀层	①在瓦特镀镍溶液中加入粒径为3μm的α-Al_2O_3为分散相,再加入光性强的表面活性剂,既能促进微粒进行共沉积,同时由于α-Al_2O_3微粒上吸附了荧光表面活性剂,使复合镀层具有荧光彩色 ②以三聚氰胺树脂为颜料,以柠檬黄、橙、粉红等有机荧光颜料作为分散相,用复合电镀可以获得相应颜色,并在夜间发出荧光彩色的镍镀层。荧光粒子在复合镀层表面的比例约占80%。为了防止荧光粒子从镀层表面脱落,可在复合镀层的表面再镀一层薄金(0.2~0.5μm)		荧光彩色复合镀层可以作为金属荧光板、汽车和摩托车的尾灯等,以节约能源
其他类型复合镀层	①用镍作为基质金属,以CdS、CdTe等为分散相进行的共沉积,得到的复合镀层可作为光敏元件 ②用镍或镍钴合金为基质金属,复合以陶瓷粉、CeO_2等微粒得到的复合镀层有很好的耐高温特性,可用于航空航天 ③用镍复合ZrO_2、WC等得到的复合镀层,可用来作电解电极,以提高催化活性等		由于利用复合电镀的方法制备某些特殊功能材料比较方便。目前复合镀层逐渐向功能应用方面发展。如通过复合电镀法进行材料组合,就能提供改善性能和开发新的应用领域

6 (电) 刷镀

刷镀是电镀的一种特殊方式,它不用镀槽,而是用浸有专用镀液的镀笔与镀件作相对运动,通过电解而获得镀层的过程。工作时,工件接电源的负极,镀笔接电源的正极,靠包裹着浸满溶液的阳极在工件表面擦拭,溶液中的金属离子在工件表面与阳极相接触的各点发生放电结晶,并不断长大,形成镀层。如果工件接正极,镀笔接负极,同一刷镀设备还可进行去毛刺、蚀刻和电抛光。

刷镀的特点是镀笔可以制成各种形状,以适应工件的表面形状和工作要求,镀液中金属离子浓度高,且储存方便,操作安全,设备简单,用电量、用水量较少,同一套设备可以在各种基材上获得几十种单金属、合金及复合镀层,还可对基材表面进行电净与活化处理。它允许使用比槽镀大几倍到几十倍的电流密度(最大可达500A/dm^2),因此镀覆速度快,是一般槽镀的5~50倍。镀层厚度的均匀性可以控制,镀后一般不需要机械加工。这种方法适用于野外及现场修复,尤其对于大型零件、不易拆卸的零件以及带有不宜浸入槽液的附件,使用特别经济、方便。缺点是不适于加工大面积或大批量零件。

表1-7-19　　制镀通用工艺流程

工件材质		低碳钢 普通低碳合金钢	中碳钢 高碳钢 淬火钢	铸铁 铸钢	不锈钢 镍、铬层	超高强度钢	铜及铜合金	注意事项
工序	电解除油	阴极除油				阳极除油	阴极除油	1. 在活化与刷镀金属的全部过程中,刷镀面应始终保持湿润 2. 在高强度钢上刷镀时,应先采用有机溶剂除油后用机械除锈 3. 在铝和铝合金上刷镀时,应先采用阳极处理,直至表面呈现均匀的灰色到黑色为止,不得过度。水洗后用阴极处理到表面呈现均匀光亮色泽为止
	水洗	自来水冲洗,去除残留的除油物						
	电解除锈	盐酸型电解除锈液			硫酸型电解除锈液		硫酸型除锈液,阳极腐蚀	
		自来水冲洗,去除残留的除锈物						
		电解除膜液						
	水洗	自来水冲洗、去除残留的除膜物						
	活化	普通活化液 阴极活化			铬活化液			
	水洗	用自来水冲洗,去除残留的活化液						
	刷底层	特殊		中性镍 碱镍 快速镍 碱铜	特殊镍	低氢脆性镉		

续表

工件材质		低碳钢 普通低碳合金钢	中碳钢 高碳钢 淬火钢	铸铁 铸钢	不锈钢 镍、铬层	超高强度钢	铜及铜合金	注意事项
工序	水洗	自来水冲洗，去除残留的刷镀液						
	刷工作层	选择所需要的金属层						
	水洗	自来水冲洗，去除残留的刷镀液						
	干燥	用压缩空气或电风机吹干，并涂防锈油						

注：1. 耗电系数表示某种镀液在 $1dm^2$ 的面积上刷镀 $1\mu m$ 厚的镀层所消耗的电量（Ah）值。

2. 刷镀溶液应稳定，不产生混浊和沉淀物。新配制镀液必须经过严格的性能测定应符合使用说明书要求。

3. 刷镀前工件必须经过表面清理、除油、除锈、除膜及活化等表面准备（如下表）：

电解除油、电解除锈、电解除膜、阴极活化

电解除油（本表适合常用金属材料的电解除油）

目的	主要清除金属表面的油污及杂质			
设备	刷镀整流器：工件接阴极，通电处理转台：要求阳极与工件作相对运动			
电解除油液	主要成分	浓度/$g \cdot L^{-1}$	pH	
	磷酸钠（工业级）	50	11～12	
	氢氧化钠（工业级）	15～20		
	碳酸钠（工业级）	20		
	氯化钠（工业级）	2～3		
阳极	石墨（纯度为99.99%） 铂-铱合金（含90%铂和10%铱） 亦可用不锈钢			
工作条件	阴极电流密度/$A \cdot dm^{-2}$	电压/V	温度/℃	
	20～50	4～20	室温～70	

电解除锈

目的	盐酸型电解除锈液具有较强的除去金属表面锈蚀和氧化物的能力，使被镀表面露出新鲜的金属。便于放电还原后的金属原子与基体金属表面良好结合				
设备	刷镀整流器：工件接阳极，通电处理转台：要求工件与阴极作相对运动				
电解除锈液		主要成分	浓度/$g \cdot L^{-1}$	pH	
	盐酸型溶液	盐酸（工业级）	30～40	0.5～0.6	
		氯化钠（工业级）	120～140		
	硫酸型溶液	硫酸（工业级）	80～90	0.2～0.5	
		硫酸钠（工业级）	100～110		
阴极	石墨（纯度为99.99%）。铂-铱合金（含90%铂和10%铱），也可用不锈钢				
工作条件	溶液选型	电流密度/$A \cdot dm^{-2}$	电压/V	温度/℃	极性
	盐酸型	10～40	10～15	室温～60	工件接阳极
	硫酸型	10～50	8～15	室温～60	工件接阳极
适用范围	盐酸型	碳钢、淬火钢、铝合金、不锈钢、镍铬钢等			
	硫酸型	铸铁、钢、各种合金钢等			

电解除膜

目的	去除金属表面经电解除锈后残留在金属表面的炭黑		
设备	刷镀电源：工件接阳极，通电处理转台：要求阳极和工件作相对运动		
电解除膜液	主要成分	浓度/$g \cdot L^{-1}$	pH
	柠檬酸钠（工业级）	80～90	4～5
	柠檬酸（工业级）	90～100	
阴极	石墨（纯度为99.99%），铂-铱合金（含90%铂和10%铱），不锈钢		
工作条件	电流密度/$A \cdot dm^{-2}$	电压/V	温度/℃
	20～40	10～20	室温～60

所有经电解除锈后表面残留有炭黑杂物的工件，必须用电解除膜液进行除炭黑处理。不含炭素的金属材料。如铜、铝、不锈钢等，不必进行电解除膜

用电解除膜液去除炭黑时，金属表面必须呈现灰白色后，方可进行刷镀，这是确保镀层附着强度良好的关键

经电解除膜后，应立即用水冲洗干净，紧接着刷镀底层或工作层，此步骤衔接越迅速越好

工序之间金属表面一定要保持湿润，以免刚显露的金属与空气接触生成氧化膜

阴极活化

目的	按照阴极还原的原理，消除阳极过程中因阳极极化所产生的钝化作用，使基本金属表面的金属原子被活化				
设备	刷镀整流器：工件接阴极、通电处理转台：要求工件与阳极作相对运动				
活化溶液	普通活化液	硫酸	H_2SO_4（工业级）80～100g/L		
		硫酸铵	$(NH_4)_2SO_4$（工业级）80～100g/L		
	镍铬活化液	硫酸	H_2SO_4（化学纯）80～100g/L		
		磷酸	H_2PO_4（化学纯）30～40g/L		
		氟硅酸	H_2SiF_6（化学纯）5～10g/L		
		硫酸铵	$(NH_4)_2SO_4$（化学纯）80～100g/L		
阴极	石墨（纯度99.99%），铂-铱合金（90%铂，10%铱），不锈钢				
工作条件	溶液选型	电流密度/$A \cdot dm^{-2}$	电压/V	温度/℃	工件极性
	普通活化液	10～20	4～10	室温	阴极
	镍铬活化液	20～40	6～12	室温	阴极
适用范围	普通活化液：铸铁、钢、普通合金钢；镍铬活化液：镍铬合金钢、镍铬镀层				

表 1-7-20 **刷镀层的厚度控制**

刷镀层的质量除了与刷镀工艺有关外，还与镀层厚度密切相关，每种金属镀层都具有各自的安全厚度（见刷镀溶液生产厂家说明书），一般不要超过其安全厚度，否则会导致结合不良，甚至表面粗糙。如果工件的实际镀层要求超过安全厚度，则应刷镀夹心层，为了获得良好的镀层质量，必须符合以下要求。

厚度计算	根据工件的被镀面积和镀层的厚度值，采用以下公式计算耗电量： $Q=C\delta S$ 式中 C——耗电系数，$Ah/(dm^2 \cdot \mu m)$； δ——要求的镀层厚度，μm； S——被镀面积，dm^2 按计算所需耗电量由安时计来控制镀层厚度 每种刷镀液都具有各自标定的耗电系数。见刷镀溶液生产厂家说明书	组合镀层厚度	(1)底层厚度通常在1~3μm范围内 (2)夹心镀层。根据待镀层使用要求，应选用碱铜镀液，低应力镍镀液、碱镍镀液、快速镍镀液等刷镀夹心镀层，厚度一般不超过50μm (3)工作镀层。应根据工件要求，选择相应镀层，并保证厚度满足使用要求

不同工况下镀层的选择

表 1-7-21

工况要求	镀层及其要求与应用	工况要求	镀层及其要求与应用
耐蚀性	①阳极性保护镀层：电极电位比基体金属负的金属镀层。对钢铁基体可选择锌、镉镀层，镀层需用重铬酸盐后处理 ②阴极性保护镀层：电极电位比基体金属正的金属镀层。对钢铁基体可选择金、银、铑、钯、镍、锡、铜、铬等镀层 ③银镀层上沉积一薄层铟，可使银保持银白色又可防锈蚀 ④铜上镀金时应以镍作过渡层，防止铜原子扩散到金镀层中影响金镀层纯度 ⑤三价铬镀液沉积的铬镀层同样具有良好的耐蚀性 ⑥锌、锡镀层能耐硫酸、盐水腐蚀 ⑦铟、铟锡合金在盐水和工业气氛中有良好的耐蚀性 ⑧锌镀层耐有机气氛腐蚀 ⑨一般而言，同一金属镀层，由酸性镀液沉积的镀层耐蚀性比碱性镀液沉积的镀层耐蚀性好	高硬度高耐磨性	①单金属镀层：铁、镍、钴、铑等 ②合金镀层：镍-钨、镍-铁、镍-钴、镍-磷、铁-钴、钴-钨等 ③复合镀层：镍-碳化钨、镍-三氧化二铝等 ④用脉冲电流镀出的单金属、合金镀层 ⑤快速镍镀液（硬度可达40~45HRC） 适于各类轴颈、轴承、凸轮、滚针、滚筒、密封键槽等表面的刷镀
		减摩性	①铬、铟、铟-锡、铅-铟、铅-锡、银、锡、镉、锡-铅-锑或锡-锑-铜等巴氏合金镀层 ②经渗硫、浸渗含氟树脂、阳极化处理的镀层 适于各类轴瓦的修复和制作
低孔隙率	耗电系数大的镀液，沉积出来的镀层孔隙率低。每种镀液为获得低孔隙率的镀层，应注意工艺规范的选择 ①使用允许电压（电流）的下限值 ②阳极、工件、镀液勿过热（<40℃） ③采用涤棉或全涤包套，防止棉纤维夹杂在镀层中	高沉积速度	①在静配合面上，用快速镍、高堆积铜等镀层 ②在滑动摩擦面上，用快速镍等镀层 ③在修复划痕、拉伤时，选择锡或铜镀层 ④厚镀层（≥0.5mm），应采用复合镀层，如快速镍-低应力镍、快速镍-铜、快速镍-镉、金、铑等
导电性	金、银、铜、锡等镀层 适于电子、电气元件如电触点、触头及开关等的刷镀	修复性	镀液沉积速度快，镀层与基体结合强度高，安全厚度大 快速镍、致密快速镍、酸性镍、高堆积酸性镍、高速酸铜和高堆积碱铜等 同时可选用两种以上镀液，交替沉淀组成复合镀层 适于造纸烘缸、车床导轨修复；各类轴、柱塞环、推拉杆套管及汽缸等的修复
钎焊性	锡、锡-铅、铟、铜、锡-镍、金、银及钯等镀层		
电器触点	铑、铂、锑、金、银镀层		
低氢脆	镉、低氢脆镉镀液 适于超高强度钢制件上刷镀低氢脆镉镀液阳极保护层，可不进行时效处理。如飞机起落架、操作件、固定柱、支承滑板等的修复	防护装饰性	要求耐蚀好，而且表面美观 硬铬、光亮镍、快速镍 塑料模具、工艺品、造纸烘缸等

在不同金属材料上的电刷镀

表 1-7-22

被镀材料	电刷镀工艺的主要特点
铸铁	铸铁组织疏松，表面有较多的微孔，油污存留在微孔中，很难除净，所以采取化学、有机溶剂、电化学等多种形式多次脱脂 活化时不仅要除去表面的氧化膜和疲劳层，而且要除去金属表面的石墨炭黑，使金属原子的晶格充分显露出来，所以要采用2号加3号活化液的工艺，并且活化时间要比钢零件长约30%~50% 电刷镀工艺参数选择上，铸铁件与钢件相比，电刷镀工作电压要高2~4V，电刷镀铸铁材料时，工件与镀笔的相对运动速度要适当降低，约4~6m/min 经过电化学处理的铸铁、铸铝等材料的待镀表面，由于组织缺陷，耐蚀能力差，故不宜采用酸性镀液起镀，而应用弱碱性或中性镀液起镀。目前，快速镍或中性镍是被广泛应用的铸铁起镀层镀液
纯铜、青铜、黄铜	有色金属耐强酸腐蚀能力差，故电净处理后可直接用3号弱活化液进行活化，而省去强活化工序。在起镀时，也避免使用酸性特殊镍镀液镀底层，通常用中性镍或碱铜镀液镀底层
高碳钢、高碳合金钢	这类材料的特点是对氢脆敏感，因此电净处理时，应使电源极性反接，采用阳极脱脂。电刷镀时，在镀笔运动、镀液供送方面有利于氢气逸出，必要时，镀后可低温回火，进行除氢处理
镀铬层	镀铬层上的氧化膜十分牢固，因此，活化好是保证镀层与基体结合强度的关键。对镀铬层的活化可采用铬活化液，也可用10%氢氧化钠水溶液。可采用阴、阳极交替活化的方法，电压适当降低，时间适当延长

被镀材料	电刷镀工艺的主要特点		
低碳钢和低合金钢如10、20、Q235、20Cr、18CrMnTi、15CrMo、20CrMo等	底镀层	工作镀层为铜镀层	特殊镍镀液或碱铜镀液，镀层厚度约2μm
	底镀层	工作镀层为镍镀层并承受较大载荷	特殊镍镀液，镀层厚度约1~2μm
	工作镀层	恢复尺寸，并要求提高耐磨性	快速镍镀液，镀层厚度约10μm
	工作镀层	仅恢复尺寸	碱铜镀液和快速镍镀液刷镀复合镀层，以增大尺寸、厚度，降低镀层内应力
中碳钢和中碳低合金钢如25、40、45、50Cr、38CrSi、40CrMo等	底镀层		特殊镍镀液，镀层厚度约1~2μm
	工作镀层		根据工件表面技术要求选定
不锈钢、高合金钢、特殊钢、镍、铬及合金	底镀层		特殊镍镀液，镀层厚度约1000~2000μm
	工作镀层		根据工作表面技术要求选定
铝及铝合金	底镀层	一般采用特殊镍镀液，镀层厚度约2μm	铝是一种很活泼的两性金属，在空气中能氧化而很快生成一层致密而又坚固的氧化膜。其次，铝和铝合金在酸和碱中都能溶解，铝和其他金属的盐溶液能发生置换反应，铝与其他金属相比，线胀系数差别较大，所以铝与铝合金件刷镀较困难 但在2A70、2A80、LF8（旧牌号）等铝及铝合金表面镀镍、铜、钴很方便，镀层与铝基体能良好结合
	工作镀层	根据工件技术要求选定	

单一镀层安全厚度和夹心镀层

机械零件磨损表面需要恢复的尺寸，往往高于单一镀层所允许的安全厚度值。

安全厚度是指在镀层质量多项性能指标都得到保证的前提下，一次所允许镀覆的单一镀层厚度。当厚度超过安全厚度时，镀层内应力就会增大，裂纹率增高，结合强度下降。单一镀层过厚时，会由于应力增大引起镀层脱落，所以，必须限制单一镀层厚度。不同的镀液，都有一个比较安全的厚度，见表1-7-23。

表1-7-23　　常用单一镀层安全厚度

渡液名称	快速镍	碱铜	高堆积碱铜	碱镍	高堆积镍	中性镍	致密快镍	镍-钨合金	镍-钴合金	高速铜	半光亮镍	特殊镍	镍-钨50	低应力镍	半光亮铜	低氢脆镉	锌	铟	铁	铬
镀层安全厚度/μm	130	130	200	100	130	100	130	70	50	200	100	5	70	130	100	100	100	100	200	50

为了满足磨损表面恢复尺寸需要厚镀层的要求，又要改变镀层的应力状态，往往在尺寸镀层中间夹镀一层或几层其他种类的镀层，称为夹心镀层。

夹心镀层的主要作用是改变镀层的应力分布，防止应力向一个方向增加至大于镀层与基体的结合力而造成镀层脱落。常用作夹心镀层的镀液有低力镍、快速镍、碱镍等，夹心镀层厚度一般不超过0.05mm。

单一镀层的安全厚度与被镀面积的大小有关，在较小面积电刷镀时，安全厚度可稍大一些。例如，一条较深且窄的沟槽（长×宽×深：200mm×3mm×1mm），可用一种镀液一次填平而不用镀夹心镀层。

7　纳米复合电刷镀

纳米复合电刷镀技术是在电刷镀技术基础上发展起来的新技术，它是纳米技术与传统技术的结合，不仅保持了电刷镀的优点，还将大大拓宽传统技术的应用范围，提高其应用效果；它不仅是表面处理技术，也是零件再制造的关键技术。

表1-7-24　　纳米复合电刷镀技术原理、特点和应用

原理	与普通电刷镀技术相似。采用专用的直流电源设备，电源的正极接镀笔，作为刷镀时的阳极，电源的负极接工件，作为刷镀时的阴极。镀笔：通常采用高纯细石墨块作阳极材料，石墨块外面包裹上棉花和耐磨的涤棉套。刷镀时使浸满复合镀液的镀笔以一定的相对运动速度并保持适当压力，在工件表面上移动，在镀笔与工件接触的部位，复合镀液中的金属离子在电场力的作用下扩散到工件表面，并在工件表面获得电子被还原成金属原子，这些金属原子在工件表面沉积结晶，形成复合镀层的金属基质相；复合镀液中的纳米颗粒在电场力或在络合离子挟持等作用下，沉积到工件表面，成为复合镀层的颗粒增强相。纳米颗粒与金属发生共沉积，形成复合电刷镀层。由于该镀层具有超细晶强化、高密度位错强化、弥散强化和纳米颗粒效应强化，因此，有比普通电刷镀层和电镀层更高的硬度和耐磨性
特点	既具有普通电刷镀技术的一般特点，又具有其独特性能，主要有以下几方面： ①纳米复合电刷镀镀液中含有纳米尺度的不溶性固体颗粒，但并不显著影响镀液的性质(酸碱性、导电性、耗电性等)和沉积性能(镀层沉积速度、镀覆面积等) ②纳米复合电刷镀层组织更致密、晶粒更细小，镀层显微组织特点为纳米颗粒弥散分布在金属基质相中，基质相组织主要由微纳米晶构成 ③镀层的耐磨性能、高温性能等综合性能优于同种金属镀层，工作温度更高 ④根据加入的纳米颗粒材料体系的不同，可以采用普通镀液体系获得具有耐蚀、润滑减摩、耐磨等多种性能的复合镀层以及功能镀层 ⑤在同一基质金属的纳米复合电刷镀层中，纳米不溶性固体颗粒的成分、尺寸、含量、纯度等，对镀层性能有不同程度的影响，优化这些影响因素可以获得性能/价格比最佳的纳米复合电刷镀层。这也是获得含纳米结构的金属陶瓷材料的有效途径 ⑥纳米复合电刷镀技术的关键是制备纳米复合镀溶液。不同材料的纳米复合电刷镀溶液，其工艺也不尽相同，可获得不同性能的纳米复合电刷镀层

续表

应用范围	提高表面耐磨性	由于纳米陶瓷颗粒弥散分布在镀层基质金属中，形成了金属陶瓷镀层，这些纳米陶瓷硬质点使镀层的耐磨性显著提高。使用纳米复合电刷镀层可以代替零件镀硬铬、渗碳、渗氮、相变硬化等工艺
	降低表面摩擦因数	使用具有润滑减摩作用的纳米不溶性固体颗粒制成的纳米复合减摩电刷镀层，弥散分布了无数个固体润滑点，能有效降低摩擦副的摩擦因数，起到固体减摩作用，也减少了零件表面的磨损，延长了零件使用寿命
	提高零件表面的高温耐磨性	纳米复合电刷镀层的纳米不溶性固体颗粒多为陶瓷材料，具有优异的耐高温性能。当镀层在较高温度下工作时，陶瓷相能保持优良的高温稳定性，对镀层整体起到支撑作用，有效提高了镀层的高温耐磨性
	提高零件表面的抗疲劳性能	许多表面技术获得的涂层能迅速恢复损伤零件的尺寸精度和几何精度，提高零件表面的硬度、耐磨性、防腐性，但都难以承受交变负荷，抗疲劳性能不高。纳米复合电刷镀层有较高的抗疲劳性能，因为纳米复合电刷镀层中无数个纳米不溶性固体颗粒沉积在镀层晶体的缺陷部位，相当于在众多的位错线上打下无数个“限制桩”，这些“限制桩”可有效地阻止晶格滑移。另外，位错是晶体中的内应力源，“限制桩”的存在也改善了晶体的应力状况。因此，纳米复合电刷镀层的抗疲劳性能明显高于普通镀层。当然，如果纳米复合电刷镀层中的纳米不溶性固体颗粒没有打破团聚，颗粒尺寸太大，或配制镀液时，颗粒表面没有被充分浸润，那么沉积在复合镀层中的这些“限制桩”很可能就是裂纹源，它不仅不能提高镀层的抗疲劳性能，反而会产生相反的作用
	改善有色金属的使用性能	零件使用有色金属，主要是为了发挥其导电、导热、减摩、防腐等性能，但有色金属往往因硬度较低，强度较差，造成使用寿命短，易损坏。在其表面制备纳米复合电刷镀层，不仅能保持它固有的各种优良性能，还能改善它的耐磨性、减摩性、防腐性、耐热性。如用纳米复合电刷镀处理电器设备的铜触点、银触点，处理各种铅青铜、锡青铜轴瓦等，都可有效改善其使用性能
	零件的再制造和性能提升	再制造以废旧零件为毛坯，首先要恢复零件损伤的尺寸精度和几何形状精度。这可先用传统的电镀、电刷镀的方法快速恢复磨损的尺寸，然后使用纳米复合电刷镀技术在尺寸镀层上镀纳米复合电刷镀层作为工作镀层，以提升零件的表面性能，使其优于新品。不仅充分利用了废旧零件的剩余价值，而且节省了资源，有利于环保。在某些备件紧缺的情况下，这种方法可能是备件的唯一来源

纳米复合电刷镀层的性能

表 1-7-25

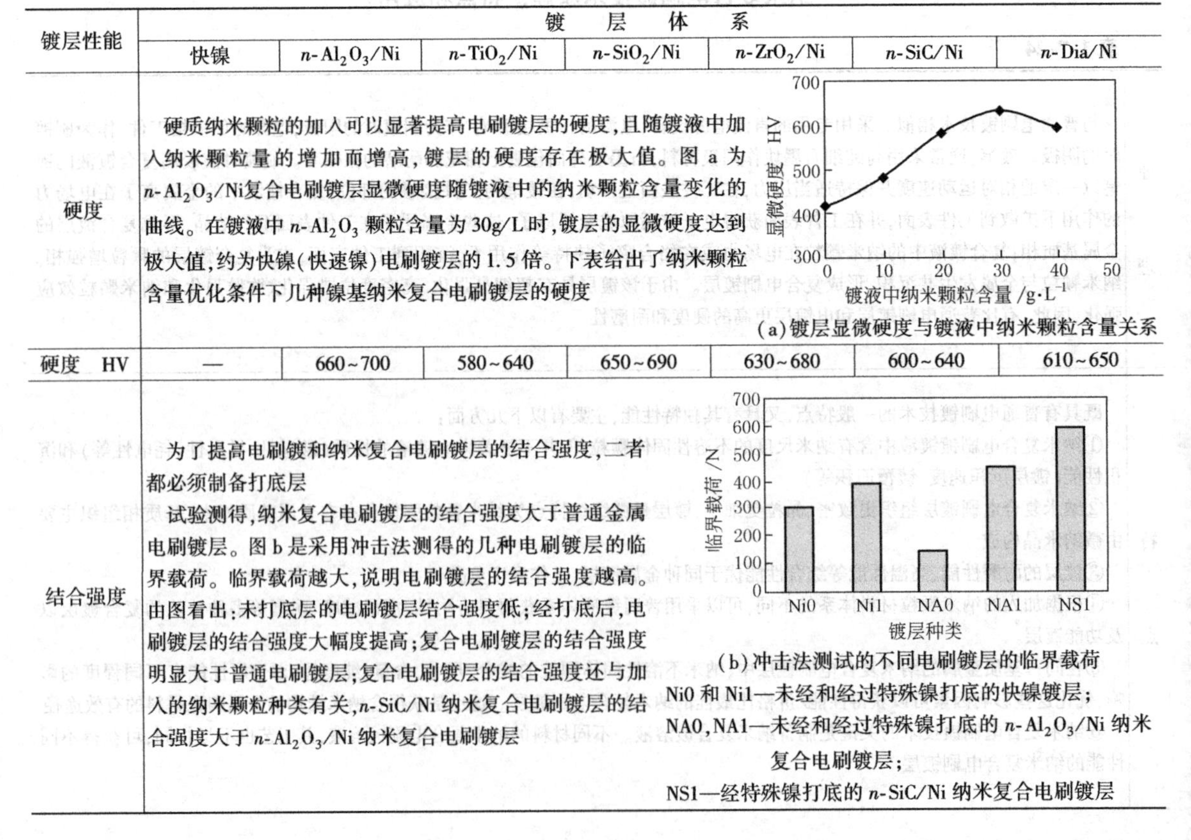

镀层性能	镀层体系						
	快镍	n-Al_2O_3/Ni	n-TiO_2/Ni	n-SiO_2/Ni	n-ZrO_2/Ni	n-SiC/Ni	n-Dia/Ni
硬度	硬质纳米颗粒的加入可以显著提高电刷镀层的硬度，且随镀液中加入纳米颗粒量的增加而增高，镀层的硬度存在极大值。图 a 为 n-Al_2O_3/Ni复合电刷镀层显微硬度随镀液中的纳米颗粒含量变化的曲线。在镀液中 n-Al_2O_3 颗粒含量为 30g/L 时，镀层的显微硬度达到极大值，约为快镍（快速镍）电刷镀层的 1.5 倍。下表给出了纳米颗粒含量优化条件下几种镍基纳米复合电刷镀层的硬度 (a)镀层显微硬度与镀液中纳米颗粒含量关系						
硬度 HV	—	660~700	580~640	650~690	630~680	600~640	610~650
结合强度	为了提高电刷镀和纳米复合电刷镀层的结合强度，二者都必须制备打底层 试验测得，纳米复合电刷镀层的结合强度大于普通金属电刷镀层。图 b 是采用冲击法测得的几种电刷镀层的临界载荷。临界载荷越大，说明电刷镀层的结合强度越高。由图看出：未打底层的电刷镀层结合强度低；经打底后，电刷镀层的结合强度大幅度提高；复合电刷镀层的结合强度明显大于普通电刷镀层；复合电刷镀层的结合强度还与加入的纳米颗粒种类有关，n-SiC/Ni 纳米复合电刷镀层的结合强度大于 n-Al_2O_3/Ni 纳米复合电刷镀层 (b)冲击法测试的不同电刷镀层的临界载荷 Ni0 和 Ni1—未经和经过特殊镍打底的快镍镀层； NA0，NA1—未经和经过特殊镍打底的 n-Al_2O_3/Ni 纳米复合电刷镀层； NS1—经特殊镍打底的 n-SiC/Ni 纳米复合电刷镀层						

续表

<table>
<tr><td rowspan="2">镀层性能</td><td colspan="7">镀　层　体　系</td></tr>
<tr><td>快镍</td><td>n-Al_2O_3/Ni</td><td>n-TiO_2/Ni</td><td>n-SiO_2/Ni</td><td>n-ZrO_2/Ni</td><td>n-SiC/Ni</td><td>n-Dia/Ni</td></tr>
<tr><td>耐磨性</td><td colspan="7">

纳米复合电刷镀层的耐磨性能是影响镀层实用性的重要因素。复合电刷镀层的耐磨性除与电刷镀工艺参数(电压、电流、温度、相对运动速度等)和基质镀液种类有关外,还与所加入纳米颗粒种类及其含量等因素有关

图c为n-Al_2O_3/Ni复合电刷镀层的磨损失重与镀液中纳米颗粒含量的关系。磨损失重越小,电刷镀层的耐磨性越好。由图看出,由于纳米颗粒的加入,复合电刷镀层的耐磨性明显优于快镍电刷镀层。在镀液中n-Al_2O_3颗粒含量为20g/L时,n-Al_2O_3/Ni复合电刷镀层的耐磨性最好,比快镍电刷镀层提高约1.5倍。以快镍电刷镀层的相对耐磨性为1,下表给出了几种镍基纳米复合电刷镀层的相对耐磨性

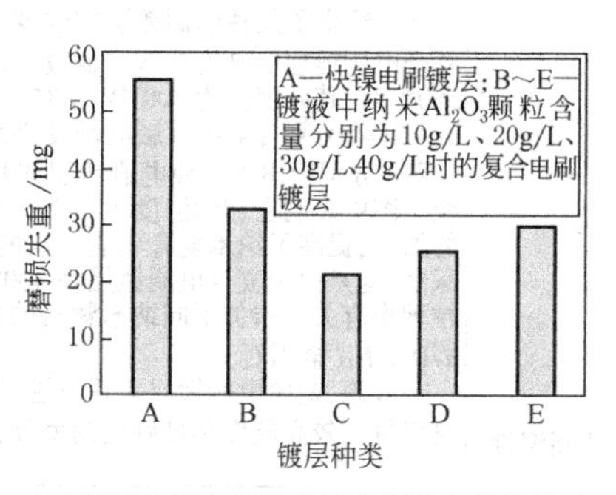

(c)磨损失重与镀液中纳米颗粒含量的关系

</td></tr>
<tr><td>相对耐磨性</td><td>1</td><td>2.2～2.5</td><td>1.9～2.2</td><td>2.0～2.4</td><td>1.5～2.0</td><td>1.6～2.0</td><td>1.4～1.8</td></tr>
<tr><td>抗接触疲劳性</td><td colspan="7">

是指其在循环载荷作用下抵抗破坏的能力。它与电刷镀层的硬度、结合强度、内聚强度、应力状态均有密切关系。纳米复合电刷镀层的抗接触疲劳强度直接受电刷镀工艺参数(电压、电流、温度、相对运动速度等)、基质镀液种类和纳米颗粒种类及含量等因素的影响。图d为n-Al_2O_3/Ni复合电刷镀层的抗接触疲劳特征寿命(载荷3000MPa)与镀液中纳米颗粒含量的关系。纳米颗粒含量为0的电刷镀层是普通快镍电刷镀层。抗接触疲劳特征寿命越长,说明镀层的抗接触疲劳性能越好。可以看出,普通快镍电刷镀层的抗接触疲劳性能较差,其抗接触疲劳特征寿命仅为10^5周,n-Al_2O_3/Ni复合电刷镀层的抗接触疲劳特征寿命可达10^6周;在n-Al_2O_3纳米颗粒含量为20g/L时,n-Al_2O_3/Ni复合电刷镀层的抗接触疲劳性能最好,其抗接触疲劳特征寿命可达到$2×10^6$周。但是此后,随着纳米颗粒含量的增加,其抗接触疲劳性能急剧下降。下表为多次试验测试得到的几种镍基纳米复合电刷镀层在不同试验载荷条件下的抗接触疲劳特征寿命。结果表明:纳米复合电刷镀层的抗接触疲劳性能与加入的纳米颗粒材料种类有关;随试验载荷增大,纳米复合电刷镀层的抗接触疲劳寿命缩短

一定种类、一定含量的纳米颗粒能有效提高纳米复合电刷镀层的抗接触疲劳性能。纳米颗粒对复合电刷镀层抗接触疲劳性能的影响可能存在如下机制:①纳米颗粒的存在使得复合电刷镀层金属组织更加细小致密,其中存在大量晶界,对镀层起到晶界强化作用;②复合电刷镀层中弥散分布着大量纳米颗粒硬质点,对复合电刷镀层起到弥散强化作用,在接触疲劳循环载荷作用下,纳米复合电刷镀层中产生疲劳裂纹,镀层金属中的大量细小晶界和弥散分布的纳米颗粒能有效阻碍疲劳裂纹的扩展,从而提高其抗接触疲劳性能。但是,当镀液中纳米颗粒含量很高时,由于电刷镀液分散能力的限制,镀液中可能存在纳米颗粒团聚体,这些团聚的纳米颗粒沉积在复合电刷镀层中,很可能引发初始微裂纹,从而导致复合电刷镀层性能下降。有关这些机理的推断,尚无足够的实验证据,需进一步深入研究分析

抗接触疲劳特征寿命 /10^6周　试验载荷3000MPa　镀液中纳米颗粒含量 /g·L^{-1}

(d) n-Al_2O_3/Ni复合电刷镀层的抗接触疲劳性能

几种纳米复合电刷镀层的抗接触疲劳特征寿命

10^6周

镀层体系	3000MPa试验载荷	4000MPa试验载荷
快镍	1.20	0.92
n-Al_2O_3/Ni	1.98	1.20
n-SiO_2/Ni	1.48	1.34
n-TiO_2/Ni	1.47	0.94
n-ZrO_2/Ni①	1.55	—

① 镀液中纳米颗粒含量为20g/L。

</td></tr>
</table>

续表

镀层性能	镀层体系						
	快镍	n-Al_2O_3/Ni	n-TiO_2/Ni	n-SiO_2/Ni	n-ZrO_2/Ni	n-SiC/Ni	n-Dia/Ni
抗高温性	复合电刷镀层中的纳米颗粒可以有效阻碍涂层中的位错运动和微裂纹扩展，因此可在一定程度上对涂层所受载荷起到支撑作用，这直接表现为其高温硬度和高温耐磨性等的提高 图e给出了几种电刷镀层的硬度与温度的关系。图中曲线表明，n-Al_2O_3/Ni、n-SiC/Ni和n-Dia/Ni（金刚石）3种复合电刷镀层的硬度在各个温度下均高于快镍电刷镀层；快镍电刷镀层的硬度在高于200℃后即快速降低，当温度达250℃时，其硬度仅为300HV左右；几种复合电刷镀层的硬度直到温度达400℃时才表现出下降趋势，在500℃时，n-Al_2O_3/Ni复合电刷镀层的硬度仍高达450HV左右 图f分别给出了快镍电刷镀层和几种纳米复合电刷镀层在相同的微动磨损试验条件下磨痕深度随温度的变化曲线。图中表明在相同温度下，纳米复合电刷镀层的磨痕深度小于快镍电刷镀层的磨痕深度。这说明，由于纳米颗粒的加入，提高了纳米复合电刷镀层的高温耐磨性能。400℃时的复合电刷镀层的磨痕深度小于室温和200℃时的磨痕深度，这是由于复合电刷镀层在400℃条件下发生了再强化现象。同时，复合电刷镀层的高温耐磨性能与所用纳米颗粒种类有关。添加不同纳米颗粒的几种复合电刷镀层的耐磨性能由高到低的顺序排列为：n-Al_2O_3/Ni、n-SiC/Ni和n-Dia/Ni（金刚石） 一般地，金属电刷镀层只适宜在常温下应用。而纳米复合电刷镀层尤其是纳米n-Al_2O_3/Ni复合电刷镀层在400℃时仍具有较高硬度和良好的耐磨性，可以在400℃条件下工作 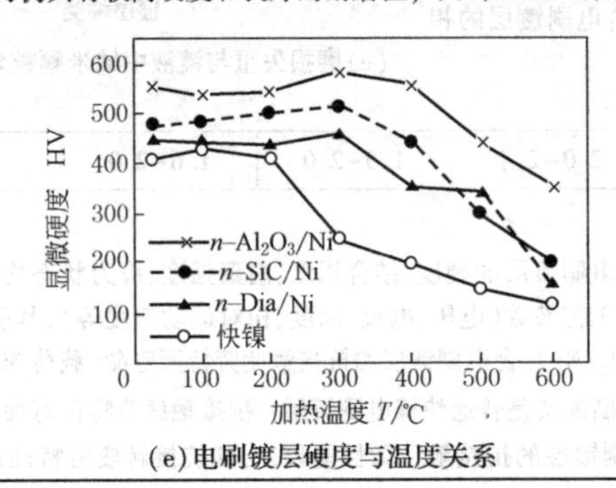 （e）电刷镀层硬度与温度关系 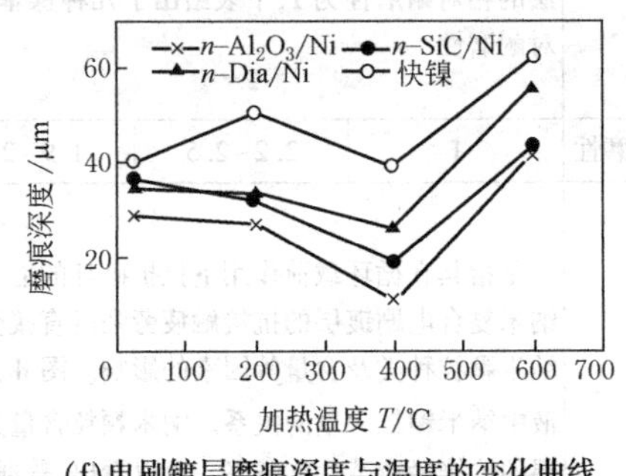 （f）电刷镀层磨痕深度与温度的变化曲线							

8 热喷涂

热喷涂是利用由燃料气或电弧等提供的热量，经喷枪将丝（棒）状或粉末状喷涂材料加热到熔化或软化状态，并通过高速气流使其进一步雾化、加速，然后喷射到经过制备的工件表面而形成涂层的方法。

这种技术的特点是：①涂层和被喷涂的工件材料非常广泛，可作涂层材料的有金属及其合金、自熔合金粉末（包括镍基、钴基、铁基的自熔合金）、陶瓷材料（包括金属氧化物、碳化物、硼化物、氮化物和硅化物）、塑料及复合粉末，可被喷涂的工件材料有金属及其合金、陶瓷、塑料、石膏、木材、纸张等；②工艺灵活，施工对象可以小到10mm，大到像桥梁等大型构件，既可在真空或保护气氛下喷涂活性材料，也可在野外工作；③涂层厚度可以在几十微米到几毫米的较大范围内变化；④生产效率高，大多数工艺可达每小时数千克，有的甚至高达50kg；⑤受喷涂的工件受热程度低（喷熔和等离子弧粉末堆焊除外），并且可以控制，因此可以避免工件因受热可能产生的各种损伤，如应力变形等；⑥与其他堆焊相比，火焰喷熔层和等离子弧粉末堆焊层的母材稀释率较低，有利于合金材料的利用；⑦可喷涂成形，即制造机械零件实体，方法是先在成形模表面形成涂层，然后用适当方法脱去成形模后，成为涂层成形制品；⑧涂层面积小时经济性差，对小零件进行喷涂或者所需涂层面积较小时，作为有用涂层结合在基体上的量占喷涂时消耗的喷涂材料的量较小，经济性差，在这种情况下改用电镀较适宜。

热喷涂的质量和涂层的性能受喷涂材料、喷涂方法及相关参数、被喷涂工件表面制备情况以及应用范围选择是否适当等因素的影响而有很大的差别。

由于涂层材料性能优异，工艺灵活，热喷涂技术除广泛应用于维修工作、加工工件不当的修复外，已直接在新产品设计中应用，并利用它开发出一些新材料、新涂层，如生物工程新材料，某些领域的压电陶瓷材料，非晶态材料，以及宇航技术中应用的防远红外、微波、激光等的功能性涂层，它作为一门高科技和综合应用技术已显示很大作用。可以预见，随着热喷涂技术的不断发展，它必将改变许多新产品的结构和设计，带来更大的经济和社会效益。

热喷涂方法的选用原则：

1）热喷涂层适于作各种耐磨损表面（各种轴颈、轴承、轴瓦、导轨、滑座等摩擦面）、耐蚀表面（各种钢铁构件、塔架、盖板、油罐、船体等表面）和耐热表面（电站锅炉受热面、燃烧室内衬、火箭头部和喷管等）。不同喷涂方法所适用的喷涂材料及所获得的涂层性能有较大的差别，应根据工件的使用条件、技术要求进行具体分析去选择。

2）对涂层的结合力要求不能很高。热喷涂层与基体的结合强度一般为5~100MPa。其中粉末火焰喷涂、普通电弧喷涂涂层的结合强度偏低，而气体爆炸喷涂、超音速火焰喷涂、超音速等离子喷涂涂层的结合强度较高。

3）对涂层的致密性要求不能很高。热喷涂层的孔隙率一般为1%~15%。其中，气体爆炸喷涂、超音速火焰喷涂、低压等离子喷涂、超音速等离子喷涂涂层的孔隙率较低，而粉末火焰喷涂、普通电弧喷涂的孔隙率较高。对喷涂层进行封孔处理可减少孔隙的影响。

4）热喷涂层的厚度一般为0.2~3mm，最大可达25mm；热喷涂对工件的材料一般不作要求；预热和喷涂过程中工件温度一般不超过250℃（温度可控），工件的热处理状态不受影响，也不会产生变形。

5）对大面积的金属喷涂施工最好采用电弧喷涂，对于批量大的工件最好采用自动喷涂。自动喷涂装置可自行制作或订购。

6）不同热喷涂方法中，电弧喷涂、粉末火焰喷涂所用设备简单，成本低；而气体爆炸喷涂、低压等离子喷涂、超音速等离子喷涂等所用设备复杂，成本较高。应根据经济条件、场地面积、人员素质等情况综合考虑选择。

表1-7-26综合了各种热喷涂方法（包含喷熔法）的主要技术特性，可供选择时参考。

不同热喷涂方法的技术特性比较

表1-7-26

热喷涂方法		火焰喷涂					电弧喷涂		等离子喷涂			特种喷涂		喷熔(熔结)	
		线材火焰喷涂	陶瓷棒火焰喷涂	粉末火焰喷涂	气体爆炸喷涂	超音速火焰喷涂	电弧喷涂	高速电弧喷涂	等离子喷涂	低压等离子喷涂	超音速等离子喷涂	激光喷涂	线材爆炸喷涂	火焰喷熔	低真空熔结
热源		燃烧火焰	燃烧火焰	燃烧火焰	爆燃火焰	燃烧火焰	电弧	电弧	等离子弧焰流	等离子弧焰流	等离子弧焰流	激光	电容放电能源	燃烧火焰	电热源
喷涂力源		压缩空气等		燃烧火焰	热压力波	焰流	压缩空气		等离子焰流			—	放电爆炸波	—	—
火焰温度/℃		3000	2800	3000	3000	略低于等离子	4000	4000~5000	6000~12000	—	18000	—		3000	—
喷涂粒子飞行速度/m·s⁻¹		80~120	150~240	30~90	700~1200	500~1000	100~200	200~400	200~350	200~350	3660(电弧速度)	—	400~600	—	—
喷涂材料	形状	线材	棒材	粉末	粉末	粉末	丝材	丝材	粉末	粉末	粉末丝材	粉末	丝材	粉末	粉末
	种类	金属复合材料	陶瓷	金属陶瓷复合材料	金属陶瓷复合材料	金属陶瓷硬质合金	金属丝、粉芯丝	金属丝、粉芯丝	金属陶瓷复合材料	MCrAlY等合金碳化物	金属合金陶瓷	低熔点到高熔点的各种材料	金属	金属陶瓷复合材料	金属陶瓷复合材料
喷涂量/kg·h⁻¹		2.5~3.0(金属)	0.5~1.0	1.5~2.5(陶瓷) 3.5~10(金属)	20~30		10~35	10~38	3.5~10(金属) 6.0~7.5(陶瓷)	5~5.5	55(ZrO_2) 25(Al)	—	—	—	—
喷涂层结合强度/MPa		10~20(金属)	5~10	10~20(金属)	70(陶瓷) >100(金属)	>70(WC-Co)	10~30	20~60	30~60(金属)	>80	40~80	良好	30~60	200~300	200~300
涂层孔隙率/%		5~20(金属)	2~8	5~20(金属)	<1	<1(金属)	5~15	<2	3~6(金属)	<1	<1	较低	2.0~2.5	0	0
基体受热温度/℃		均小于250					<250		均小于250			<250		约1050	
设备投资		低	低	低	高	较高	低	中	中	高	高	高	高	低	中

表 1-7-27　　喷焊与喷涂的特性比较

项　目	喷　焊	喷　涂	项　目	喷　焊	喷　涂
喷涂粉末颗粒尺寸/μm	74~246	46.2~121.2	涂层厚度	可在较大范围内控制(最厚可超过10mm)	一般控制在1mm以内
结合强度/MPa	约200	≤70			
孔隙率/%	约0	(多数方法)1~10			
基体受热形式	表面熔化	<200℃	氧化物夹杂	无或少量	有
涂层与基体的结合	冶金	机械(或半冶金)	功率特点(与等离子喷涂比)	低电压,大电流	高电压,大电流
涂层硬度	均匀	不均匀			
涂层组织结构	固溶合金	层状	施工的基体材质及喷涂(焊)料	金属	金属、非金属、陶瓷
基体组织改变	有	无	工艺	先喷涂,后加重熔	喷涂
基体变形程度	易变形	不变形			

喷涂基体表面基本设计要求

表 1-7-28

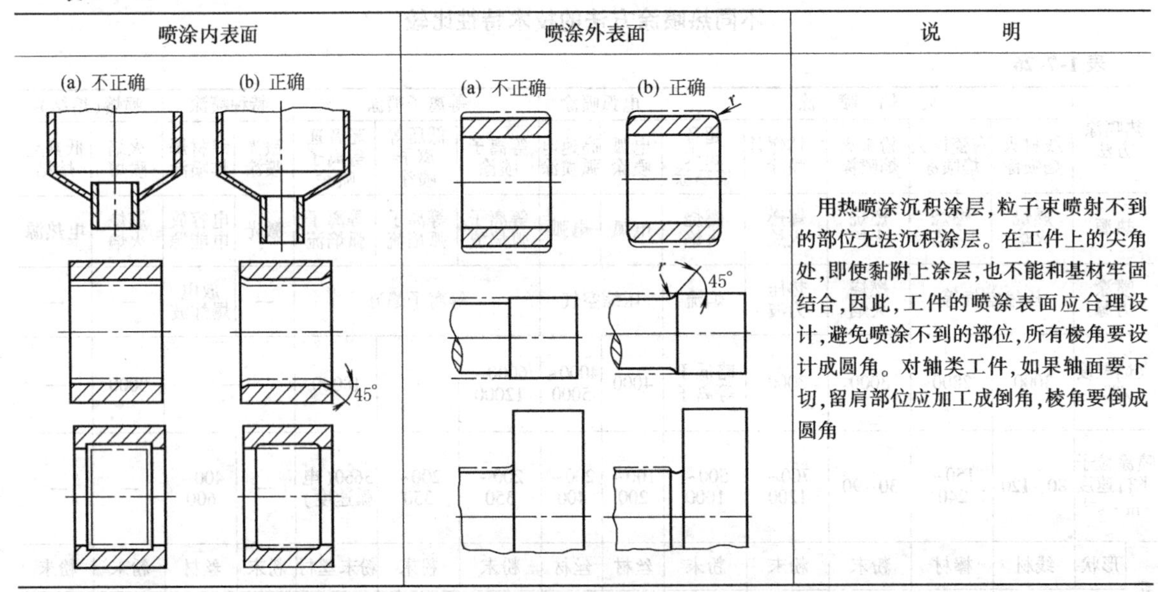

喷涂内表面	喷涂外表面	说　　明
		用热喷涂沉积涂层,粒子束喷射不到的部位无法沉积涂层。在工件上的尖角处,即使黏附上涂层,也不能和基材牢固结合,因此,工件的喷涂表面应合理设计,避免喷涂不到的部位,所有棱角要设计成圆角。对轴类工件,如果轴面要下切,留肩部位应加工成倒角,棱角要倒成圆角

热喷涂材料的选择原则

表 1-7-29

选择原则	1)应满足涂层性能要求,并兼顾工艺性和经济性。例如:钴基合金性能优越,但国内资源比较缺乏,宜少用。我国镍资源比较丰富,可考虑多用些镍基合金。但镍基合金价格比较昂贵,因而在满足使用要求的情况下尽量采用铁基合金。铁基合金的工艺性较差,施工时应确保质量 2)应与工艺方法的选择相适应。不同的喷涂方法所适用的喷涂材料范围并不一样。例如,某些高熔点合金或陶瓷的喷涂需要用较高温度的火焰或较高能量密度的能源;某些需要防止合金元素氧化、烧蚀的重要涂层需要在低真空或有保护气氛的环境下才能获得;大面积构件的防护性 Zn、Al 及其合金的喷涂采用电弧喷涂方法具有较高的喷涂效率和经济性;一些塑料的喷涂应选用特殊设计的喷枪并在较低温度的火焰下进行。总的来讲,要求高性能的重要涂层必须使用满足要求的喷涂材料及与之适应的喷涂方法和喷涂设备,而使用一般材料即可符合要求的涂层则应以获得最大经济效益为准则 3)复合材料的选择。当单一材料涂层不能满足工件的使用要求时,可考虑使用复合涂层,以达到与基体材料的牢固结合,并发挥不同涂层之间的协同效应。如使用具有高耐磨和抗高温氧化性能的陶瓷涂层(如 Al_2O_3、ZrO_2、ZrO_2-Y_2O_3 等)时,为了解决陶瓷与基体金属物理或化学的不相容性,克服两者不能结合或结合力不高的弊病,可在陶瓷表层与基体间引入一层或多层中间层,如第一层(底层)可以是 Ni-Cr、Ni/Al、Mo、W、NiCrAlY 等,第一层至陶瓷表层间还可加入二层至数层成分含量不同的梯度过渡层,其成分由以底层为主表层为辅过渡到以表层为主底层为辅 不同涂层的喷涂材料选择可参考表 1-7-30~表 1-7-34

续表

<table>
<tr><td>热喷涂材料分类</td><td colspan="6">等离子喷涂技术的发展,使可用于喷涂形成涂层的材料极为广泛。一般只要具有物理熔点的材料均可用于喷涂,包括:金属及其合金,无机陶瓷、金属陶瓷,有机高分子,以及这些材料的复合材料。对于在高温下分解的材料,如碳化物,可以与某些金属材料复合在一起制成复合材料,如金属陶瓷,而实现喷涂
从材料形态来分,可以分为线材、棒材和粉末三大类。对于粉末材料,基于送粉特性及经济性考虑,其颗粒大小一般具有一定的粒度分布范围。一般金属粉末的粒度范围为-105~+53μm,而陶瓷粉末常为-44~-10μm
根据材料种类分为金属与合金、氧化物陶瓷、金属陶瓷复合材料、有机高分子材料。按照使用性能与目的又可分为防腐材料、耐磨材料、耐高温热障材料、减摩材料以及其他功能材料。下表给出了按照用途列出的各类典型材料</td></tr>
<tr><td rowspan="5">不同目的的典型材料</td><td>目的</td><td colspan="2">喷涂材料</td><td>目的</td><td colspan="2">喷涂材料</td></tr>
<tr><td rowspan="2">防腐蚀</td><td>金属材料</td><td>锌、铝、锌铝合金、不锈钢、镍与镍基合金(镍铬合金、蒙乃尔合金等)、自熔剂合金、铜与铜合金、其他(钛、锆、锡、铅与铅合金、镉等)</td><td>耐热(含热障)</td><td>非金属材料</td><td>陶瓷、金属陶瓷及其他</td></tr>
<tr><td>非金属材料</td><td>陶瓷、塑料</td><td rowspan="3">耐磨损</td><td>金属材料</td><td>碳素钢、低合金钢、不锈钢(主要为马氏体不锈钢)、镍铬合金、自熔剂合金、硬质金属(钼等)、碳化物硬质合金及其他(如镍铝金属间化合物等)</td></tr>
<tr><td rowspan="2">耐热(含热障)</td><td rowspan="2">金属材料</td><td rowspan="2">耐热钢(含不锈钢等)、耐热合金(含镍铬合金)、自熔剂合金、MCrAlY 系合金及其他</td><td></td><td></td></tr>
<tr><td>非金属材料</td><td>陶瓷</td></tr>
</table>

涂层类别、特性及其喷涂材料选择

表 1-7-30

涂层类别		涂层特性	实例	推荐用喷涂材料
耐磨涂层	1. 软支承面涂层	软支承材料涂层,允许磨粒嵌入,也允许变形以调整轴承表面,需要充分润滑	巴氏合金轴承、水压机轴承、止推轴承瓦、活塞导承、压缩机十字头滑块等	铝青铜复合喷涂丝,磷青铜喷涂丝,铝铅复合喷涂丝,镍包二硫化钼复合粉
	2. 硬支承面涂层	硬的和具有高磨损性能的支承材料的涂层。耐粘着磨损。用于不嵌入性和自动调整的不重要的、润滑有界限的部位。通常应用于具有高载荷和低速度	冲床的减振器曲轴、糖粉碎辊辊颈、防擦伤轴套、方向舵轴承、涡轮轴、主动齿轮轴颈、燃料泵转子等	铁、镍、钴基自熔剂合金,87% Al_2O_3+13% TiO_2 复合粉,12%Co 包碳化钨粉
	3. 抗磨粒磨损涂层(低温,<540℃)	能经受外来磨料颗粒作用的涂层。因此,涂层硬度应超过磨料颗粒硬度	泥浆泵活塞杆、抛光杆衬套(石油工业)、吸油管连接杆、混凝土搅拌机的螺旋输送器、磨碎锤(烟草制品)、干电池电解槽等	铁、镍、钴基自熔剂合金,含碳化钨型自熔剂合金,Al_2O_3 粉末,Cr_2O_3 粉末,87%Al_2O_3+13%TiO_2 复合粉
	4. 抗磨粒磨损(高温,540~815℃)	同上。同时必须在工作温度时有抗氧化性能		Co 基自熔剂合金(使用温度高达 816℃)、Ni+20% Al 复合喷涂丝(使用温度<600℃)、Ni 基自熔剂合金(<760℃)、Cr_2C_2+25%Ni-Cr 混合粉末
	5. 抗摩擦磨损涂层(低温,540℃)	这种磨损发生于硬的表面或含硬质点的软表面在更软的表面上滑动的场合。涂层应比配对表面硬	拉丝绞盘、制动器卷筒、绳斗电铲、拨叉、插塞规、轧管定径穿孔器、挤压模、导向杆、刀片破碎机、纤维导向装置、泵密封、精密捣碎机和成形工具	铁、镍基自熔剂合金,含碳化钨型镍基自熔剂合金,12% Co 包碳化钨粉末

续表

	涂层类别	涂层特性	实　例	推荐用喷涂材料
耐磨涂层	6. 抗摩擦磨损涂层(高温,540~815℃)	同上。但涂层在538℃以上至843℃以下温度范围内使用	锻造工具、热的破碎辊、热成形模具	钴基、镍基自熔剂合金,Cr_3C_2+自熔剂合金+铝化镍混合粉末,Cr_3C_2+25%Ni-Cr混合粉末
	7. 耐纤维和丝线磨损涂层(<538℃以下)	可抵制纤维和丝线以高速从金属表面掠过时所发生的磨损	张力闸阀、牵引辊、刻痕板输送枢轴、卷绕器杆、导丝轮按钮导向装置、丝导向槽、加热板、预张辊	Al_2O_3粉末,60% Al_2O_3+40% TiO_2混合粉末,87% Al_2O_3+13% TiO_2混合粉
	8. 耐微振磨损涂层(可预计的运动)(表面疲劳磨损)	能抵制在一轨道上反复滑动、滚动或冲击所引起的磨损。反复地加载和卸载产生周期应力,从而诱发表面裂纹或表面下裂纹,最后导致表面破裂和大断片的损失(只发生在没有粘着磨损或磨粒磨损的情况下)以及承受连续撞击的磨损	伺服电动机轴、车床和磨床的顶针、凸轮随动件、摇臂、活塞环(内燃机)、汽缸衬套	自熔剂合金+细钼混合粉,自熔剂合金+Ni-Al复合粉,Ni+20%Al复合丝,Ni+5%Al复合粉,含碳化钨型镍基自熔剂合金(35%WC),12%Co包碳化钨,87%Al_2O_3+13%TiO_2混合粉
	9. 耐微振磨损涂层(低温,<540℃,不可预计的运动)(表面疲劳磨损)	能抵制接触表面经受小振幅的振动位移时所引起的磨损。由于无可预计的运动进入系统,因此,此种磨损难以预防	飞机襟翼导向装置、伸胀接缝、压缩机防气圈、压缩机导叶、螺旋桨空气发动机部分和加强杆、中间翼展支承(螺旋桨叶片)	自熔剂合金和细钼粉混合物,自熔剂合金和Ni-Al复合粉,铝青铜喷涂丝,12%Co包碳化钨
	10. 耐微振磨损涂层(高温,538~843℃,不可预计的运动)(表面疲劳磨损)	同上。但涂层在538~843℃的温度范围内使用	涡轮机气密圈、涡轮机气密环、涡轮机气密垫圈、涡轮机导流片调节板、涡轮机排气支承、涡轮叶片	钴基自熔剂合金,Ni+5%Al复合粉,Cr_3C_2+25%Ni-Cr混合粉
	11. 耐气蚀诱发的机械振动磨损涂层	耐液体流中气蚀诱发的机械振动所引起的磨损。最有效的涂层性能是韧性、高耐磨性和耐蚀性	水轮机耐磨环、水轮机叶片、水轮机喷头、柴油机汽缸衬、泵	自熔剂合金+Ni-Al复合粉,Ni+20%Al复合喷涂丝,316型不锈钢粉,铝-青铜喷涂丝,超细纯Al_2O_3粉
	12. 耐颗粒冲蚀涂层(低温,<540℃)	能经受通过气体或液体载带,并具有一定速度的尖利而硬的颗粒的冲击所引起的磨损。冲击角小于45°时,涂层硬度是首要的;冲击角大于45°时,韧性是最为重要的	抽风机、水电阀、旋风除尘器、切断阀阀杆和阀座	铁、镍基自熔剂合金+细铜粉,铁、镍基自熔剂合金+Ni-Al复合粉,Ni+20%Al复合丝,含碳化钨型自熔剂合金,超细纯Al_2O_3粉末,纯Cr_2O_3粉末,12%Co包碳化钨粉末
	13. 耐颗粒冲蚀涂层(高温,540~815℃)	同上。但涂层能在538℃以上温度使用	排气阀座	钴、镍基自熔剂合金,自熔剂合金+Ni-Al复合粉,Ni+5%Al复合粉,Cr_3C_2+25%Ni-Cr混合粉末

续表

涂层类别		涂层特性	实　例	推荐用喷涂材料
耐磨涂层	14. 自润滑减磨涂层	自润滑性好,并有较好的结合性、间隙控制能力 常用于具有低摩擦因数的动密封零部件	用于550℃飞机发动机动密封件、耐磨密封圈及低于550℃时的端面密封(镍包石墨涂层),用于550℃以上动密封处(镍包二硫化钼),用作电触头材料及低摩擦因数材料(铜包石墨)	镍包石墨:润滑性好,结合力较高 铜包石墨:润滑性好,力学性能及焊接性能良好,导电性较高 镍包二硫化钼,自润滑、自黏结镍基合金,自润滑、自黏结铜基合金;及其他包覆材料(聚酯、聚酰胺等)均为减摩材料,润滑性好 镍包硅藻土:可作为500℃以上高温减摩材料,耐磨、封严、动密封
耐热、耐氧化、耐蚀涂层	1. 耐氧化气氛涂层	涂层必须能阻止大气中氧的扩散,具有比操作温度高的熔点,并能阻止本身向基体的迅速扩散	排气消声器、退火盘、热处理夹具、回转窑的外表面	80%Ni+20%Cr合金粉,Ni-Cr合金+6%Al复合粉,铝喷涂丝
	2. 耐热腐蚀气体涂层	能保护暴露在高温腐蚀气体中的基体材料,并可防止黏附氧化物或者脆性化合物的生成,耐机械的作用,并不是一个必要条件,然而这些涂层中某些涂层的耐冲蚀性比其他涂层更好	柱塞端部、回转窑的内表面、钎焊夹具、排气阀杆、氰化处理坩埚	80%Ni+20%Cr合金粉,Ni-Cr合金+6%Al复合粉,铝喷涂丝
	3. 耐工业大气涂层	能保护暴露于有烟尘和化学烟雾的环境的基体材料	所有类型的结构和构件钢、电的导线管、桥梁、输电线路的金属构件等	锌及锌合金喷涂丝,铝及铝合金喷涂丝(涂层表面若经有机封闭剂处理,可大大延长涂层寿命)
	4. 耐盐类气氛涂层	能保护靠近海岸或其他含盐水物体环境的基体材料	高于水线以上的桥梁和船坞结构部分、储藏容器外壁、船的上层结构、栈桥,变压器表面	锌及锌合金喷涂丝,铝及铝合金喷涂丝(应选用适当的封闭剂处理表面)
	5. 耐饮用淡水涂层	能保护暴露于淡水中的基体材料,并不影响水质	淡水储器,高架渠、过滤机水槽、水输送管	锌喷涂丝(采用的表面封闭剂中不含铬酸盐等有害物)
	6. 耐非饮用淡水涂层	能保护非饮用的淡水(水温不超过52℃,pH值在5~10之间)中的基体材料	发电厂引入线、浸渍在淡水中的结构装置、航行在淡水中的船身	锌及锌合金喷涂丝、铝及铝合金喷涂丝(可选用酚醛树脂、石蜡为封闭剂)
	7. 耐热淡水涂层	耐超过52℃的水直到高达204℃的蒸汽,pH值在5~10之间	热交换器、热水储藏容器、蒸汽净化设备、暴露于蒸汽中的零件	铝喷涂丝(涂层表面涂覆封闭剂)
	8. 耐盐水涂层	对盐水介质(如静止或运动着的海水或咸水)具有耐蚀性。但涂层必须正确使用密封剂	船用发动机的集油盘、钢体河桩和桥墩、船体	铝及铝合金喷涂丝(涂层表面再涂覆底漆及防污漆)
	9. 耐化学药品和食品腐蚀的涂层	耐化学、药品(如石油、燃料或溶剂等)和食品的侵蚀,但不改变其化学组成及食品的味道	汽油类、甲苯等药剂的储罐、啤酒厂的麦芽浆槽、软饮料设备、乳品及制酪业设备、食品油储槽及糖罐甘油槽内衬、木屑洗涤机	铝喷涂丝(表面涂覆封闭剂)

续表

涂层类别	涂层特性	实　例	推荐用喷涂材料
导电涂层	电阻小,电流易于通过	电容器的接触器、接地连接器、避雷器、大型闸刀开关的接触面、印刷线路板等	纯铜喷涂丝,纯铝喷涂丝,Ag等
绝缘(电阻)涂层	对电流有阻止作用,相当于绝缘体	加热器管道的绝缘、电烙铁的焊接头	超细纯 Al_2O_3 粉末,87% Al_2O_3+13%TiO_2 复合粉
耐熔融金属涂层	能经受熔渣和溶剂的腐蚀作用,以及金属蒸气和氧的侵蚀 耐熔融锌 耐熔融铝 耐熔融铜 耐熔融铁和钢	镀锌浸渍槽、浇铸槽模具、风口、输出槽锭模 风口、连铸用的模子	①Al_2O_3+21/2%TiO_2 喷涂粉 ②底层:Ni-Cr合金+6%Al 工作层:锆酸镁($MgO \cdot ZrO_2$)+24%MgO
黏结底层 (涂层薄,一般只需0.08~0.18mm)	喷底层目的是增加面层的黏结力。用镍包铝或铝包镍增效材料,还因为喷涂时能产生化学反应,生成金属间化合物的自黏结成分,形成底层无孔隙且为冶金结合,可防止气体渗透对基体的腐蚀	面层是陶瓷材料,基体是金属材料,喷底层后,可防止因热膨胀不同,热应力作用下被破坏	Mo、Nb、T8(用等离子喷涂粉①)Ni-Al(80%、20%)、Ni-Al(83%、17%)(用火焰粉末喷涂②、线材电弧③、线材火焰喷涂④),Ni-Al(95%、5%)(用①~④),Ni-Cr-Al(用①、③、④)Ni-Cr(80%、20%)(用③、④),铝青铜(用①~③);Ni-Al-Mo(90%、5%、5%)(用①、②)
功能性涂层	防微波、远红外、辐射等功能 高 T_c 超导体层,具有 T_c 为81K的超导性能	微波吸收层:用在高能物理电子直线加速器、雷达、微波系统,材料有Fe-Cr-Al、Fe-Cr-Ni-Al、Fe-Cr-Mn、Fe-Ni等 高 T_c 超导体层:可在氧化铝、氧化锆、蓝宝石等基体上获取超导陶瓷薄膜层,用于生物医学;喷涂羟基磷灰石、氟磷灰石及其他陶瓷层防护人工牙和关节假体 防远红外、激光等功能涂层:用于宇航等技术	

表 1-7-31　机械零件间隙控制涂层(可磨耗密封涂层)

含义	
含义	由气体在压力之下驱动的机器其机械效率取决于转子的密封能力,密封能力高可以减小或防止气体的泄漏,因此,要求转子与定子之间具有非常紧密的配合间隙。由于转动零件在工作条件下可能延伸或膨胀,而与静止零件发生碰撞,所以,要制造具有紧密间隙的机器是很困难的,但使用可磨耗密封涂层即可解决这一问题。方法是在静止零件上喷涂一层可磨耗封严层,通过转动部分的零件,使涂层形成紧密尺寸配合的密封通道 典型的可磨耗密封涂层用于喷气发动机压气机匣和涡轮机匣上。涂层应有足够厚度,以使发动机装配时,转子叶片和机匣之间互相搭接。当发动机启动时,叶片顶端与涂层摩擦,磨去一些涂层,形成通道,而叶片本身不受损伤,由于涂层适应叶片径向和轴向移动,每个叶片的顶端都能在涂层中获得最佳密封。在设计可磨耗密封涂层时,必须解决两个根本对立的要求,即涂层不仅是可磨耗的,而且必须耐气流的冲刷和粒子的冲蚀。因此有必要比较涂层的可磨耗性能与抗冲蚀性能,下表给出了几种常用的可磨耗密封涂层材料及性能以及耐热性能和耐化学腐蚀性能

涂层名称	喷涂方法	涂层硬度	喷涂态涂层表面粗糙度/nm	最高使用温度/℃	说　明
聚苯酯-硅铝	等离子喷涂	55~65 HR15Y	600~900	340	涂层中含约55%(体积分数)的硅铝和45%的聚苯酯,涂层的孔隙率约2%
镍-石墨	粉末火焰喷涂	10~40 HR15Y	1000~1300	480	以镍-铝为底层,涂层中含石墨约15%(体积分数),其余为镍或镍的氧化物,孔隙率约为25%
镍-石墨	粉末火焰喷涂	75~80 HR15Y	1000~1200	480	以镍-铝为底层,涂层中含石墨约12%(体积分数),其余为镍或镍的氧化物,孔隙率约为25%
氮化硼-镍、铬、铝	粉末火焰喷涂	40~50 HR15Y	900~1300	815	以镍-铝为底层,涂层中含氮化硼约25%,其余为镍-铬-铝合金,孔隙率约25%
镍-铝	粉末火焰喷涂	(32±5) HR15W	1000~1500	815	以镍-铝为底层,采用特殊的喷涂方法制备孔隙率较高的铝-镍涂层
镍、铬-铝	粉末火焰喷涂	85HRB	300~400	1040	涂层为含铝6%的镍铬合金

表 1-7-32　　几种典型耐高温热障涂层

涂层类型及特点			选用的涂层材料和工艺方法		
			丝材火焰喷涂	粉末火焰喷涂	等离子喷涂
耐高温涂层	这类涂层能改善基体零件的高温工作条件,并能承受高温条件下的化学或物理分解作用或由于腐蚀造成的化学损坏				
	耐大气氧化	这种涂层能防止基体由于高温氧化造成的损坏。涂层的熔点高于工作温度,在工作温度下具有低蒸气压。不要求涂层承受机械磨损	镍-铬合金、镍-铝、铝	镍-铬-铝	镍-铬合金、镍-铬-铝
	耐气体腐蚀	这类涂层能保护基体免于暴露在高温腐蚀气体中。必须考虑到气体与涂层发生反应时,要防止形成吸附氧化物,或形成易碎的成分,或穿透涂层侵蚀基体。不要求这种涂层具有承受机械冲击或磨损的作用	镍-铬合金铝	镍-铬-铝	镍-铬合金、镍-铬-铝
	耐高温(850℃以上)冲蚀	这类涂层能耐高温,同时也要能耐粒子冲蚀。在高温下的高速粒子和高压气体形成各种恶劣环境,因此,涂层必须能承受由运动着的尖锐和坚硬的粒子所造成的冲蚀。当粒子的冲蚀角度小于45°时,粒子沿表面产生磨料磨损,故要求涂层具有高硬度;当粒子的冲蚀角度大于45°时,要求涂层具有高的韧性	—	—	白色氧化铝、氧化锆、锆酸镁、锆酸钙
	热障	这类涂层具有较低的热传导性能,此种热障作用可以防止基体材料达到其熔点,也具有转移辐射热的作用	—	—	灰白色氧化铝、氧化锆、锆酸镁、氧化锆-镍-铝、锆酸镁-镍-铝、锆酸镁-镍铬-铝
耐熔融金属涂层	这类涂层能承受熔融金属的腐蚀,并对熔融金属不发生润湿作用。如耐熔融的锌、铝、钢和铁,以及铜等的涂层				
	耐熔融锌		—	—	钨、灰色氧化铝、锆酸镁
	耐熔融铝		—	—	灰色氧化铝、锆酸镁
	耐熔融钢铁		钼	—	钼、锆酸镁
	耐熔融铜		铝	—	钨、钼、灰色氧化铝、锆酸镁

表 1-7-33　　几种典型的电绝缘或导电涂层

涂层类型			选用的涂层材料和工艺方法			
			丝材（火焰喷涂）	粉末（火焰喷涂）	冷喷涂	等离子喷涂
导电涂层		这类涂层必须具有良好的导电性能和低电阻	铝、铜	铜	铝、铜	铝、铜
介电涂层		这类涂层必须具有阻止电流通过的绝缘体作用。击穿涂层的强度(通常以单位长度上的电压表示)和容许的电导是介电强度的表征参量		白色氧化铝、氧化铝-氧化钛		白色氧化铝、氧化铝-氧化钛、氧化铬-氧化硅
屏蔽涂层	无线电频率屏蔽	这种涂层必须能接收干扰无线电频率并将其传导到大地,能对无线电频率起屏蔽作用而使超高频通过	铝、锡、锌	铜	铜、铝、锡、锌	铜、铝
	原子能屏蔽	这类涂层通过阻止热中子或 γ 射线的通过,对射线起屏蔽作用。高原子密度的材料,如铅和钢能有效地屏蔽 γ 射线。吸收中子较好的一些元素有硼、氢、锂和镉,其中以硼和硼化物最好,这种材料可以用热喷涂的方法喷涂,并具有吸收热中子的能力,而不产生大量的次级强烈的 γ 射线	铅、钢	钢	钢	钢、硼化物
说明	热喷涂层也可以作为导电体使用,如印刷线路板和炉子加热元件的触点。氧化物和有机塑料的热喷涂层可作为电绝缘体。本表中所列为典型的电绝缘或导电涂层选用的材料和喷涂方法。基体材料的电性能受到喷涂材料影响。喷涂材料一般应根据材料的已知性能和其使用状态来选择					

热喷涂应用实例

表 1-7-34

喷涂工件		喷涂金属	喷涂工艺	效果
名称	工况			
1. 水闸门	长期处于干湿交替,浸没水下,并受海水、淡水、工业污水、气体、日光、水生物的侵蚀,以及泥砂、冰凌和其他漂流物的冲磨,易发生磨蚀	锌	用SQP-1型火焰喷涂枪喷涂锌丝,火焰为中性焰或稍偏碳化焰,多次喷涂,涂层厚度0.3mm左右,喷涂合格后,用沥青漆封闭(喷涂前用0.5~2mm石英砂喷砂处理)	过去用涂料保护,一般用3~4年,比较好的用7~8年,较差的1~2年。改用喷涂锌后,可延长到20~30年
2. 刹车摩擦片	进口(日)10m落地车床的刹车片	钼	喷砂除锈,粗化后,用SQP-1型喷枪,进行钼线材气喷涂0.2mm厚的涂层	原使用不到半年就磨损报废,喷涂后,使用1年多,无磨损现象
3. 提引水龙头内管(总管)	工程钻机用提引水龙头内管,由于嵌入密封圈内的泥砂对内管外壁产生磨料磨损	50%碳化钨、50%镍基自熔剂合金	用火焰喷熔涂层强化,喷熔层的宏观硬度可以达到52~60HRC。比焊条堆焊平整光滑,后加工余量较小	不需通过热处理来提高硬度,抗磨能力分别为45淬火钢和65Mn淬火钢的22倍和23倍
4. 贪苯菲尔溶液泵耐磨环	贪苯菲尔溶液有较强的腐蚀性,泵中零件要求既要耐磨又要耐蚀	Cr_2O_3	等离子喷涂氧化铬,间歇喷涂,涂层厚度一般在0.8mm左右,太厚容易开裂	使用寿命达2~3年
5. 活塞环	机车柴油机240活塞环随着机车向高速高载荷发展,要求承受更高的热载荷和机械载荷	钼和镍基自熔剂合金	等离子喷涂钼和镍基自熔剂合金的混合材料,涂层的抗拉强度从0.539MPa提高到1.176MPa,涂层出现龟裂温度从180~200℃提高到400℃	使用寿命从(9~12)×10^4km(纯钼涂层)提高到2.4×10^5km
6. 内燃机排气门	承受腐蚀性气体的高温腐蚀和高温燃烧产物的高速冲刷(流速高达800m/s),以及排气门高速启闭使之承受冲击性交变载荷,从而对排气门锥面产生高温腐蚀、磨损和疲劳破坏	钴基合金(Co-02)	在4Cr14Ni14W2Mo制作的排气门锥面上采用等离子弧粉末堆焊钴基合金(Co-02),堆焊层硬度40~48HRC $\phi 21^{0}_{-0.021}$, $\phi 72$, R6, 325, $\phi 85^{-0.05}_{-0.15}$, 6±0.1, 12.5	①针对排气门各部分工况不同,避免采用一种高合金材料,节省了贵重金属 ②提高了寿命和生产效率,降低了成本

续表

喷涂工件		喷涂金属	喷涂工艺	效果
名称	工况			
7. 端面浮动油封密封装置	在工程、矿山、建筑、化工、农业等机械中使用，作用是防止润滑油的外泄，同时阻止外部泥水、土砂等介质向内部侵入，使用过程中，两个成对用的环承受一定的压力（工作面压强为0.392～0.588MPa）并以变化的转速相互转动对摩，开始是滑动摩擦磨损，随着泥砂侵入密封面后，又产生磨粒磨损和腐蚀作用	铁基或镍基合金	在普通碳钢环体的工作面上，采用等离子弧粉末喷焊一层铁基或镍基合金涂层，所用合金粉末仅为整体型合金密封环的15%～20%，喷焊层硬度为61～65HRC φ93等离子弧粉末堆焊密封环尺寸	使用寿命已达到国外同类产品先进水平，零件尺寸精度高，易保证装配质量 节省了贵重合金材料，产品的成品率也提高了30%～40% 浮动油封密封原理
8. 高速轴颈（氨压缩机低压缸转子无键联轴器轴颈）、裂解气压缩机转子，耐磨损 压榨辘轴轴颈，耐磨损		等离子喷涂修复与强化 火焰喷涂耐磨层，修复尺寸		四川化工机械厂：效果好 海南上坡糖厂：每根节省2000多元
9. φ300mm轧机减速箱巴氏合金轴瓦		采用火焰喷涂耐磨层		广西南宁市钢铁厂：效果较好
10. 内燃机曲轴，耐磨 进口车的汽车曲轴，耐磨损		等离子喷涂 火焰喷涂+离子氮化处理		黑龙江省机械研究所、西安公路学院：效果好
11. 1700mm轧钢机（德国进口件）平整线扩张机轴的修复，耐滑动摩擦 8t东风大吊车6m长的液压长轴修复（长4m） 纺丝生产恒温用空调风机主轴维修（纤维三厂）		用火焰喷涂涂层 用火焰喷涂耐磨涂层		武汉钢铁厂、中国人民解放军4805工厂：修复后使用正常 鞍钢南部热喷涂厂：节约了时间，提高了效益
12. 井下钻车滑架进行喷涂 耐泥浆、碎石磨粒磨损		用等离子喷涂		沈阳有色冶金机械总厂：寿命提高3倍
13. 氨泵柱塞维修		用等离子喷涂		洛阳氮肥厂：寿命可提高3倍
14. 精锻机芯棒的喷涂，耐高温磨损		采用真空等离子喷涂WC-Co涂层		广州有色金属研究院：效果好
15. 造纸施胶烘缸		火焰喷涂，耐磨损及腐蚀磨损		上海造纸厂：效果好
16. 压缩机部分：风扇叶片，压气机叶片及燕尾槽，尾翼座，叶片制动环，轴承箱，低、中、高的压气机机匣，迷宫，燃料嘴阀等耐磨涂层，抗微振磨损、抗侵蚀涂层，可磨削封严涂层等		火焰喷涂，等离子喷涂，气体爆炸喷涂，超高速火焰喷涂		均为航空发动机上涂层使用的主要部位

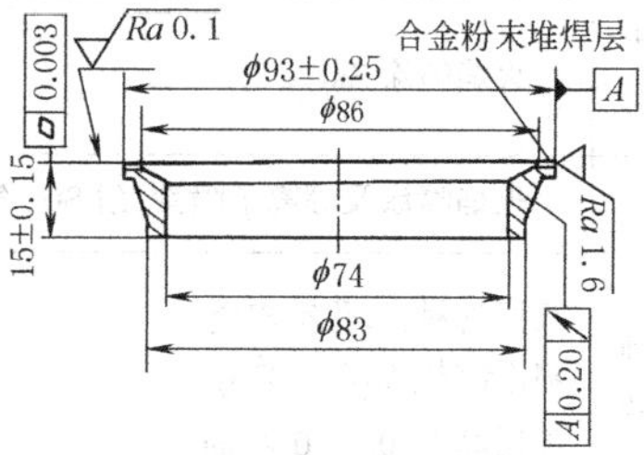

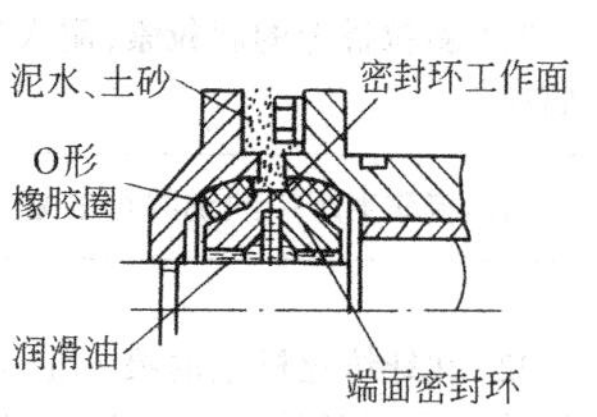

续表

喷涂工件		喷涂金属	喷涂工艺	效果
名称	工况			
17. 燃烧室隔热涂层		等离子喷涂,超音速火焰喷涂(ZrO_2-Y_2O_3-Al_2O_3、ZrO_2-CaO 等)		均为航空发动机上涂层使用的主要部位
18. 主轴抗氧化耐蚀涂层,抗侵蚀涂层,隔热涂层,可磨涂层		火焰喷涂,等离子喷涂,气体爆炸喷涂		
19. 燃气涡轮定向凝固叶片的耐高温腐蚀涂层		真空等离子喷涂(MCrAlY 涂层)		
20. 斜拉桥上的斜拉索,耐大气、海水腐蚀		火焰喷涂 Zn-Al		节约费用 1/3
21. 硫酸生产用的沸腾炉的复水管		火焰喷涂及等离子喷涂,耐 SO_2 气体腐蚀		
22. 化纤纺丝机上的喂入轮以及各种导丝转子、导丝轮和导丝棒;卷绕头上的辅助槽锟和各种导丝器等,耐磨,耐蚀		涂层材料:氧化铝陶瓷 喷涂粉末:Al_2O_3 · TiO_2 涂层厚度:0.2~0.4mm	结合强度:15.5MPa　宏观硬度:58.5HRC 整体密度:3.50g/cm^3 喷涂工艺:氧-乙炔火焰喷涂或等离子喷涂	
23. 纺织机械中机械密封装置的动环与静环的结合面;弹力丝加捻机上摩擦片,耐磨、耐蚀		涂层材料:氧化铬陶瓷 喷涂粉末:Cr_2O_3 涂层厚度:0.2~0.4mm	结合强度:44.8MPa　喷涂工艺:等离子喷涂 整体密度:4.80g/cm^3 宏观硬度:58.5HRC	
24. 多用于氧化铝陶瓷涂层与工件金属基体的过渡涂层,耐蚀		涂层材料:镍铬合金 喷涂粉末:80Ni20Cr 涂层厚度:0.05~0.15mm	整体密度:7.48g/cm^3　结合强度:31.0MPa 宏观硬度:188HB 喷涂工艺:氧-乙炔火焰喷涂或等离子喷涂	
25. 等离子喷涂生产中空球状的陶瓷材料		它具有密度小、成分均匀、流动性好、热导率低、快速熔化等优点。可作为不定型的高温隔热填充材料或高温轻质块体绝热材料,应用于宇航飞行器,也可作为橡胶、合成树脂等有机材料的一种特殊性的填充剂,是一种新型的耐磨绝缘材料		
26. 热喷涂生产高折射率玻璃微珠材料		可制作汽车号牌的反光膜,广泛用于交通标志		
27. 真空等离子喷涂(或大气等离子喷涂)制造新的高 T_c 超导材料		它是当温度降至某一临界值 T_c(K)时,材料的电阻突然消失,产生了"超导"现象。可应用于量子电子器件、微波元件、电磁屏蔽		
28. 用真空等离子喷涂制造电解活性固体氧化燃料电池薄膜及生产添加钼的催化剂镍电极				
29. 连续退火炉(CAL)辊 ① 汽车用外壳薄板和硅钢片板材表面质量要求极高,不允许有任何划痕和缺陷。故生产中对与钢板接触传动的炉辊表面状态要求十分严格 ② 武钢 CAL 辊长 2700mm、工作部位长 1500mm,辊径 ϕ20mm、工作温度 800~920℃,工作介质为氮氢还原性气氛并具有不同露点		① 在宝钢薄板生产线上采用 HVOF 技术在连续退火炉辊表面喷涂 NiCr-Cr_3C_2 作抗积瘤涂层具有耐磨、耐高温、自清洁作用 ② 在武钢硅钢片生产线上采用等离子喷涂 NiCr-8%Y_2O_3/ZrO_2 涂层抗积瘤		① 生产的产品达到日本同类产品水平 ② 寿命超过 6 个月,最长达 2 年,表明陶瓷涂层抗积瘤效果明显,硅钢片表面质量达到武钢设计要求

续表

喷涂工件		喷涂金属	喷涂工艺	效果
名称	工况			
30. 热浸镀生产线沉没辊	采用森吉米尔(Sendzimir)法进行薄板钢带连续热浸镀锌(CGU)和热浸镀铝、锡等金属熔液生产线中(见示意图) 熔液坩埚中工作的沉没辊和稳定辊等均遭受694~800℃铝熔液和452~570℃锌熔液侵蚀,同时钢带由辊面带动的运动速度高达35~40m/s。合金辊一般在铝熔液中寿命仅为2~3天,锌熔液中则仅10天左右就会产生很深的磨痕和蚀坑,划伤带钢表面,使废次品率增加		采用等离子喷涂 $Al_2O_3+TiO_2$、MgO-ZrO_2、$MoAl_2O_4$ 和NiCrAlY形成的梯度涂层(总厚达1mm),以及用HVOF喷涂Co-WC涂层作为沉没辊和稳定辊工作层 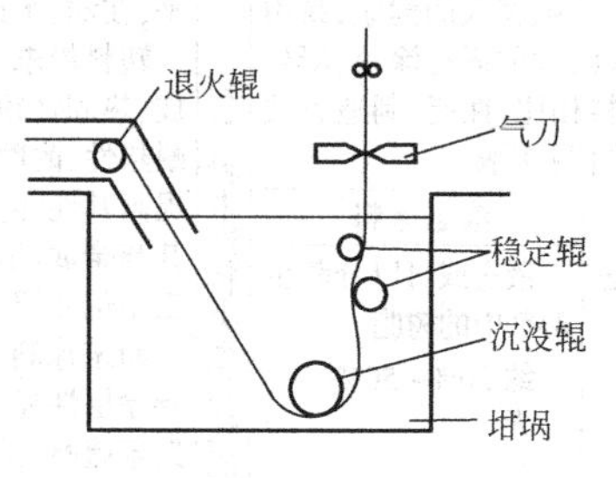 连续热浸镀锌、铝生产线示意图	由于涂层材料与铝、锌熔液不润湿和不产生化学反应,上述两种工艺涂层分别在连续热浸镀铝、锌生产线坩埚中运动的寿命提高3~4倍。该类涂层还可用在熔融Cu、钢液方面作锭模、运输槽、坩埚内壁涂层和热电偶套管、搅拌器、支架等保护层
31. 热轧工具	大口径无缝钢管(φ219~4377mm)自动轧管机所用的轧管机顶头,传统采用Cr17Ni2Mo整体铸造的耐热马氏体不锈钢制造,顶头与970~1050℃的钢管内壁以3~3.5m/s速度相对位移,实际顶头表面温度高达1050~1150℃,使顶头高温硬度和强度急剧下降,表面氧化烧伤,产生结瘤、撕裂、拉伤、凹陷。其消耗量为每轧制千吨钢管耗顶头16t		采用等离子喷焊技术,在锻制的45钢顶头基体上(如图示)喷焊Ni基高温合金+35%碳化钨焊层,厚度为1.2~1.5mm 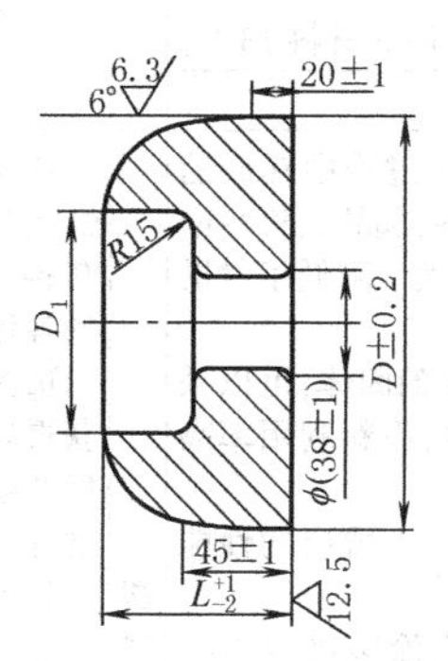 	经包钢无缝钢管厂3年的实际生产验证,喷焊顶头平均使用寿命提高3~5倍。每轧制千吨钢管耗顶头降至3t,年增效益达1000万元以上 其他工模具的应用,例如结晶器、高炉风机、热剪刃、压铸和挤压模具等

9 塑料粉末热喷涂

塑料粉末热喷涂是在金属零部件表面喷涂一层塑料的涂覆层,使其既有金属本身的各项特点,如力学性能及电、气性能等,又有塑料所具有的独特性能,如耐蚀、耐磨、自润滑性、高绝缘等的一种新型工艺。采用这种工艺,在同时需要这两种特性的场合,对提高产品质量和效益,节约资源、能源,降低环境污染等方面都有很大的意义。

喷涂的方法和原理参见表1-7-36。设计时,需根据各种方法的特点,按照不同的零件,考虑其喷涂的可能性;涂层的性质不但决定于涂层的涂料,而且由于施工方法不同,同一种涂料仍可得到不同的效果。

塑料粉末热喷涂的特点、涂料类别、涂层性能和应用

表 1-7-35

粉末固态涂料与传统液态涂料涂装的比较

传统的油性漆，对金属表面有优异的润湿性和较好的耐候性，但涂膜本身的耐蚀性，特别是耐水性、耐化学介质性差，不能满足恶劣环境下的防腐蚀要求。常规的液态树脂涂料成分中含有有机溶剂（有机溶剂是涂料配方中的一个重要组分，没有它，则会给涂料的制造、储存、施工都带来困难，涂层的质量会受影响），涂料成膜后，溶剂全部挥发到空气中，造成空气污染和材料浪费。有机溶剂中大多数是有毒有害物质，是造成大气污染的主要原因之一，损害人的健康，易引起火灾和爆炸。粉末涂料是一种不含溶剂的固态涂料，诞生于20世纪40年代末，与传统液态涂料相比，性能、制造方法和涂装作业等各个方面都有很大差异（见下表）

比较项目	粉末涂料	液态涂料
可以使用的树脂	能够熔融的固态树脂	液态或可以分散在溶剂中的树脂
喷涂损失	<10%	约20%~50%
回收可能性	有	无
溶剂挥发	无	有
一次涂厚性	良好	差
需要涂装次数	1次	多次
边角覆盖性	良好	差
利用率	粉末散失损耗5% 可回收利用的粉末35% 材料利用60%	喷涂材料散失50% 喷涂中溶剂散失23% 干燥时溶剂损失14% 利用的材料13%

塑料粉末涂料类型和性能改善

从塑料粉末涂料的成膜性质可以把塑料粉末涂料分为热固性和热塑性两大类。热固性粉末涂料的主要组成是各种热固性的合成树脂，如环氧、聚酯、丙烯酸、聚氨酯树脂等，热固性树脂能与固化剂交联后成为大分子网状结构，从而得到不溶、不熔的坚韧而牢固的保护涂层

热塑性粉末涂料以热塑性合成树脂为主要成膜物质，例如聚乙烯、聚丙烯、聚氯乙烯树脂等，热塑性粉末涂料经熔化、流平，在油、水或空气中冷却固化而成膜，配方中不加固化剂

塑料粉末一般由基料树脂、颜料、防老化剂及其他添加剂组成，热固性粉末中还含有固化剂。单独的树脂涂层，其强度、耐热性、耐磨性有限，可以采用添加改性树脂或填料的办法来提高其性能。如改善聚乙烯粉末涂料涂层的力学性能和提高其与金属的附着力的措施成为发展这个品种的重要手段，下表举例介绍了聚乙烯改性品种的情况

粉末涂料中添加金属粉末、陶瓷粉末等材料可以显著地改善涂层性能。如为了提高聚苯硫醚涂层的耐磨性，可以采用聚苯硫醚-氧化铝复合喷涂粉末

	序号	改性树脂	主要改性特点
聚乙烯粉末树脂改性品种	1	醋酸纤维素	提高硬度和流平性
	2	聚丙烯	提高硬度和其他力学性能
	3	EVA 树脂	提高附着力，降低加热温度
	4	聚丁烯	提高光泽度和力学性能

塑料粉末热喷涂的特点

① 塑料粉末涂料不含溶剂，其制造和施工过程中释放的有机溶剂几乎为零，避免了有机溶剂挥发所引起的大气污染和火灾事故，节省了大量溶剂，且物料无毒，大大降低了对操作人员的危害

② 粉末涂装利用率高。由于涂料是100%的固体，可以采用闭路循环体系，喷溢的粉末涂料可以回收，涂料利用率高达95%

③ 树脂的相对分子质量比溶剂型涂料大，涂覆层的性能和耐久性比溶剂型涂料有很大提高

④ 粉末涂料涂装时，厚度可以控制，一次涂装可达30~500μm，相当于溶剂型涂料几道至几十道涂装的厚度，减少了施工时间，节能、高效

⑤ 可以选择相应的涂层材料来满足所需性能要求，所提供的粉末均为标准化生产

⑥ 操作简单，对操作人员需要较少的培训；使用方便，涂装前无需进行物料混合，不需要随季节调节黏度，厚膜也不易产生流挂且易于实现自动化流水线生产

⑦ 所有涂装工作均在同一系统中完成，没有溶剂的干燥时间，因而涂装时间大大缩短；不需要通风来干燥溶剂，因而输入的热量保持在炉内，减少了能源损耗

⑧ 易于保持施工环境的卫生等

粉末涂料是一种高性能、低污染、省能源、省资源的新型涂料。其制造工艺比普通涂料复杂，制造成本较高，需要专门设备，涂料成膜烘烤温度高，制备厚涂层较容易，但很难制备薄到15~30μm 的厚度，更换涂料颜色、品种比普通涂料麻烦

塑料涂层的性能及其应用

金属材料的耐蚀能力有限，特别是耐酸碱盐等强腐蚀介质性能差，而多数塑料对酸碱盐介质具有良好的耐蚀防腐性能。塑料粉末涂覆于金属基体上，利用金属的强度，发挥塑料本身的各种特性，形成满足各种要求的塑料涂覆层

选择合适的塑料品种、涂层厚度和成膜过程，塑料涂层可以获得如下性能：①对无机酸碱盐、大多数溶剂和有机酸具有良好的耐化学腐蚀性；②对许多材料具有减摩性、防黏性；③耐磨性、防滑性；④抗机械振动性；⑤电绝缘性；⑥装饰性等。

目前，塑料粉末涂料在许多领域得到了应用。

① 家电行业。主要应用于家用电器外壳涂装市场

② 建筑行业。耐候性粉末涂料用于户外建筑物型铝和包铝的保护，解决钢门窗路牌、公路标志、门牌等防腐问题

③ 石化行业。化工机械、化工设备容器等的防腐管道行业。石油输送管、化工防腐管、住房用水管、电站水管、煤气管、船舶水管等

④ 汽车及其车辆零部件。采用粉末涂料涂装的比例越来越高，粉末涂膜代替电镀和涂装零部件，不仅提高了装饰性、防腐性，而且经济效益也非常可观

⑤ 金属丝网等金属物件。涂塑后的性能大大优于镀锌工艺

⑥ 电子元器件绝缘涂层及其绝缘包装等。塑料涂层作为电子元器件、电阻、电容器绝缘包装、变压器、电动机转子的绝缘涂层逐步兴起，如通过对电容器采用绝缘型涂料全封闭涂装，其电性能优良，外观光滑，效果极佳

⑦ 金属家具。金属制品涂塑取代纯木制品

塑料粉末喷涂方法的原理、特点和应用

表 1-7-36

方法	(1)静电喷涂法
原理	是利用高压静电电晕电场，在喷枪头部金属上接高压负极，被涂金属工件接地形成正极，工件和喷枪电极之间施加高压直流电形成静电场，塑料粉末从储粉筒经输粉管送到喷枪的导流杯时，导流杯上的高压负极产生电晕放电，产生密集电荷使粉末带负电，在静电和压缩空气作用下，粉末均匀地飞向正极工件，随着粉末沉积层的不断增加，达到一定厚度时，金属工件最表层因粉末所带电与再飞来的粉末电荷同性，使新粉末受到排斥而不再附着，即完成一道喷涂。这时，将吸附于工件表面的粉末加热到一定温度，使疏松堆积的固体塑料粉末熔融、流平并固化后形成均匀、连续、平滑的涂层
材料	主要是热固性粉末。除了防腐、装饰作用外，还有绝缘、导电、阻燃、耐热等特殊功能的涂料。静电喷涂对粉末有以下要求：粉末疏松，流动性好，稳定的储藏性，合适的细度（80~100μm），分布范围越窄越好，球状粒子效果好，粉末是极性的或容易极化的粉种，粉末的体积电阻要适当，粉末涂料表面的电阻要高
优缺点	主要优点是工件不需预热，粉末利用率高（≥90%），涂层较薄（40~100μm），涂膜厚薄均匀且易于控制，无流挂现象，适于大批量生产。在防腐、装饰及各种功能性涂层方面应用广泛 主要缺点是涂膜较薄，不适于强腐蚀介质环境，需要专门的烘干室烘干，烘干温度较高，需要封闭的涂装室和回收装置，不适宜形状复杂工件和大工件
应用	家用电器工业、机电工业、轻工业、石油化工以及建筑五金、仪器仪表等 电冰箱箱体静电喷涂的主要工艺：上工件→前处理→干燥→静电喷涂→固化→冷却→卸件
方法	(2)流动浸塑法
原理	也称流化床法，其基本原理是利用工件的热容量进行塑料粉末的熔覆，是粉末涂料施工中用得比较多的方法。先将塑料粉末放入底部透气的容器即流化槽中，槽下通入的压缩空气使塑料粉末沸腾并悬浮于一定高度，而后把预先加热到塑料粉末熔点以上温度的工件浸入流化槽中，塑料粉末就均匀地黏附到被涂工件的表面上，浸渍一定时间后取出并进行机械振荡，除掉多余粉末，然后送入塑化炉经流平、塑化，最后出炉冷却，从而得到均匀的涂层
材料	常用的粉末涂料：①聚乙烯，流动浸塑的主要原料，成本低、加工性好、耐化学性好，耐热性不足；②聚氯乙烯，加热过程有发烟现象，耐化学性好，耐热性不足；③聚酰胺，流浸用的主要是尼龙 1010、尼龙 11、尼龙 12，耐磨性好，自润滑性好，耐油性好，耐强酸性差 大多数热塑性和热固性塑料粉末都可以使用流动浸塑法
优缺点	优点：工艺上省能源、无污染、效率高、质量好、涂层厚，涂膜的耐久性、耐蚀性和外观均较好，粉末涂料损耗少，设备简单，投资少。其缺点是不易涂覆约 75μm 以下膜厚的涂层，工件必须进行预热，主要适用于热塑性涂料
应用	在交通道路、建筑、电器通信、管道材料、养殖、家庭、办公等方面用途广泛。钢管流动浸塑工艺流程如下：钢管表面清理→脱脂→酸洗→水洗→中和→水洗→热水洗→磷化处理或上底漆→预热→流动浸塑→塑化→冷却→检查→包装
方法	(3)静电流浸法
原理	静电流浸法是综合了静电喷涂和流动浸塑的原理而设计的一种方法，该法在流动浸塑槽的多孔板上安装了许多电极；电极上有高压直流电通过，于是使流动浸塑槽中的空气电离而带电，带电的空气离子与塑料粉末撞击使塑料粉末带电，粉末粒子带负电，工件接地带正电，静电吸引作用使塑料粉末被吸附到工件表面，再经加热熔融固化即可形成涂层
材料	静电喷涂的粉末原则上都可以用于静电流浸，但粒度范围较窄，其粒子大小以 20~100μm 为宜。目前常用于静电流浸的粉末有聚乙烯、聚氯乙烯、聚酰胺、环氧树脂、环氧聚酯、聚酯等
优缺点	静电流浸法具有效率高、涂层厚度可以控制、设备小巧、投资较少、操作方便等优点。缺点是不适于大型工件
应用	主要用于线材、带材、电器、电子元器件等形状比较简单、厚度较小的金属材料的防腐、绝缘及装饰涂塑，被涂物的尺寸应在流动浸塑槽的尺寸内，但带状物的长度无限制
方法	(4)火焰喷涂法
原理	粉末火焰喷涂是在特殊设计的喷枪中利用燃气（乙炔、氢气、煤气等）与助燃气（氧气、空气）燃烧产生的热量将塑料粉末加热至熔融状态及半熔融状态，在运载气体（常为压缩空气）的作用下喷向经过预处理的工件表面，液滴经流动、流平形成涂层
材料	喷涂用的粉末应能满足如下要求：粉末的形状应有良好的气体输送性，材料的熔融温度和热分解温度的温差要大，否则容易造成材料过热分解，粉末不能是易分解、易燃烧的微细颗粒，为了便于形成涂层，熔融温度应低，材料的收缩变形要小。能够喷涂的塑料粉末范围较广，如聚乙烯、聚丙烯、尼龙、环氧树脂等
优缺点	能涂覆的涂层厚度大；设备简单，投资少，操作方便；可现场进行施工修补各种涂层缺陷；适应性强，基材可以是金属，也可以是混凝土、木材等非金属材料；更换粉末颜色及品种方便。对于形状复杂的工件涂覆困难，现场喷涂对较大工件预热比较困难，粉末的烧损较大，靠手工控制，不易获得十分均匀的涂层
应用	可以获得防腐、耐磨、减摩等多种性能涂层。喷涂粉末可以是单一的塑料粉末或树脂改性粉末，也可以是复合粉末，可以将金属、陶瓷等粉末与塑料粉末混合后实施喷涂，以改善涂层性能。实验表明，在高密度聚乙烯粉末（HDPE）中添加 5%~30%（体积分数）的 Fe-Ni-B 合金粉末获得的喷涂层，其耐磨性、导热性和承载能力均得到显著提高。在无润滑剂的滑动摩擦情况下，涂层摩擦因数可降低 1.2~1.5 倍，相对耐磨性可提高7.3~18 倍；添加 5%~10%（体积分数）的粉末固体润滑剂，涂层摩擦因数从 0.38 降至 0.19；而在润滑剂存在的条件下，摩擦因数降低得更多 目前，塑料粉末火焰喷涂技术已经应用于化工、纺织、食品机械等行业，在防腐、减摩等方面发挥作用。如：某葡萄酒厂低温发酵车间的 16 个发酵罐是采用不锈钢焊接的，罐体直径 2400mm，高 5400mm，厚 3mm。使用后发现罐内壁出现点状腐蚀，使酒中铁离子超标，影响了产品质量。该厂使用涂刷涂料，使用一段时间后脱落。采用塑料粉末火焰喷涂技术在罐内壁喷涂聚乙烯和环氧树脂，效果良好
方法	(5)分散液喷涂法
原理	分散液喷涂法包括悬浮液喷涂和乳浊液喷涂两种。它是将树脂粉末、溶剂混合成分散液，用喷、淋、浸、涂等方法涂覆于工件表面上，然后在室温或干燥温度下使溶剂挥发，从而在金属表面形成一层松散的粉状堆积层，再在一定的高温下烧结，使其形成一整体膜，并与金属表面牢固结合，烧结后经冷却可再继续涂下一层
材料	聚四氟乙烯、聚三氟乙烯、氯化聚醚、聚苯硫醚等粉种其熔融黏度比普通热塑性树脂高很多，难以采用一般热塑性塑料的加工方法。可将粉末加热到熔点以上，使其由结晶相转变为无定形相，形成密实、连续、透明的弹性体，再通过降温转变为结晶相
优缺点	用分散液喷涂法，可涂装比较复杂的工件，得到性能优良的涂膜。缺点是施工费用较高，对粉末要求高，须分散得很细
应用	石油化工、日用品等防腐、减摩、防黏、装饰涂层，如硫酸铝加热器的 PPS 涂覆，具体工艺如下：制备分散液→工件表面预处理→分散液喷涂→烧结塑化→淬火→针孔检验
方法	(6)不预热塑料粉末火焰喷涂法
原理	不预热塑料粉末火焰喷涂，即在金属表面预涂一层胶黏剂，再直接在胶黏剂表面喷涂塑料粉末以获得涂层的方法
材料	选用改性环氧类胶黏剂作为底胶，采用调整的喷涂枪头进行喷涂，可以得到流平良好的聚乙烯喷涂涂层，涂层与基体结合良好，剥离试验中涂层多为内聚破坏
应用	不预热塑料火焰喷涂技术应用于大型钢结构，喷涂效率低，预热困难可采用本法 典型不预热塑料粉末火焰喷涂工艺流程如下：工件预处理（喷砂、磷化等）→用刷涂、辊涂的方式在金属基体上均匀涂布一层底胶→火焰喷涂→工件冷却（空冷、水冷）→涂层检验→成品

塑料涂层的应用实例

表 1-7-37

涂层类型	使用场合	工作条件	涂层特性			喷涂方法	效果
			厚度/mm	材料	其他		
耐磨	渔轮主机;推力轴承	推力块承受压强1.55MPa,最大线速度425m/min,油温比使用巴氏合金时低20%	0.3~0.5	尼龙1010+5%MoS_2		火焰喷涂	代替巴氏合金使用一年半运转6000h以上,磨损仅0.02mm
	渔轮主机连杆大端轴承内孔	轴瓦承受压强为17.5MPa,有较大冲击力,轴壳温度比用巴氏合金时低2℃	0.5	尼龙1010+5%MoS_2		火焰喷涂	代替巴氏合金使用3000h情况良好
耐蚀	柴油机主机的汽缸和水套	长期泡在海水中,腐蚀十分严重		低压聚乙烯和三元共聚尼龙		火焰喷涂	延长了使用寿命,降低了成本
耐蚀	铬酸泵不锈钢制转轴	腐蚀严重		低压聚乙烯		火焰喷涂	解决了防腐问题
作液压件的密封	油泵配油盘阀面	15MPa压力下工作		尼龙1010	喷后只需一般车削加工	火焰喷涂	密封性超过规定指标
	三通阀闸门密封面			尼龙	喷后只需车削,不用拂刮	火焰喷涂	性能较好
气密	玻璃钢气瓶内衬	工作压力15MPa 爆破压力60MPa		用尼龙代铝制内衬		火焰喷涂	从原来充放1000次提高到3000次以上,尚能工作
	铸铝真空阀阀体			塑料		火焰喷涂	解决了铸铝疏松漏气问题
吸声	振动式自动送料斗	由于工件与送料斗都是金属制的,工作时噪声很大		尼龙		火焰喷涂	噪声减少,吸声效果良好
绝缘	电火花加工头子	端面要求导电,四周侧面要求绝缘		尼龙		火焰喷涂	达到技术要求
隔热	风动工具手柄	冬天操作戴薄手套仍很冷,厚手套又不方便		塑料		火焰喷涂	效果很好
装饰	渔轮上各种门柄	为了防腐和装饰,过去均用铜制		改为铸铝涂有色塑料		火焰喷涂	既达到装饰要求又节约了铜材
其他	玻璃纤维纺织机	导纱钩要求耐磨 捻线机滚轮上要解决静电问题		塑料		火焰喷涂	

注:1. 涂层厚度一般不希望超过1mm,且只能一次成形。

2. 耐蚀或电绝缘涂层须进行电火花探伤或半导体高频探伤。机械零件用涂层须进行拉伸、冲击、弯曲、压缩、剪切等强度试验以及弯曲疲劳、耐磨等性能试验。

塑料喷涂对被涂件结构的一般要求

1）设备各部棱角必须加工成圆弧形，曲率半径应尽量大，一般不小于 5mm。

2）被涂设备应采用焊接结构，不宜采用铆接结构，应尽可能采用对焊，焊缝要磨光，不允许有气孔、夹渣和焊瘤等缺陷。焊缝凸出高度应小于 3mm。

3）为了防止受冲击和局部过冷过热而损坏涂层，应采取适当的措施改进被涂设备的结构。

4）在涂覆后进行装配的零部件，必须考虑留出互相配合的余量，其余量大小，应根据所选用的涂层厚度而定（有资料介绍，作轴承使用的涂层与对磨件的安装间隙，在涂层厚度为 0.5mm 时，要求比原来的安装间隙大 0.015mm 左右）。

5）被涂设备的接管应采用法兰连接，避免采用螺纹连接。所用的接管尽可能采用无缝钢管。

6）被涂设备的强度试验、静平衡、动平衡试验、气密性试验以及所有金属加工、热加工都应在涂覆前进行完毕，并须检查合格后，才能进行涂覆。

7）被涂工件的材料一般为钢、铸铁、青铜、铝等。

10 钢铁制件粉末镀锌（摘自 JB/T 5067—1999）

粉末镀锌是利用原子扩散渗透原理，将渗锌工件置于含有锌粉和填充剂的转动密闭容器中同时加热，在金属锌与工件不断碰撞过程中，使锌原子扩散到工件中去，形成镀层的方法。填充剂的作用是：①防止锌粉黏结，有助于锌粉的均匀分布；②有利于工件均匀加热；③容器旋转时，可防止工件遭受机械损伤。目前，粉末渗镀锌被广泛用于弹簧、紧固件以及需要严格控制尺寸误差的零件部分的防腐蚀。

粉末渗镀锌适用于碳钢、低合金钢、45 钢、16Mn、弹簧钢、铸铁、白口铁等材质的中小件。

（1）特点

镀层厚度均匀，可保证原有材质的力学性能，并具有热浸镀无法达到的零件加工精度和表面粗糙度，镀层厚度可达到热镀锌国家标准规定的厚度。

镀层与基体结合牢固，用于反复拆卸的螺栓等也不会脱落；有一定的耐高温能力，可在 400~500℃温度范围内使用；镀层硬度高于热浸镀层，一般均高于 350HV，因此，耐磨性比热浸镀件好。

镀层耐蚀能力在同等条件下优于热浸镀层，且耗锌量仅为热浸镀锌的 1/3，生产成本比热浸镀锌约低 35%。

镀层表面可直接涂漆或包覆高分子材料，不需特殊处理就可结合牢固。

（2）镀层技术要求

1）外观。待镀件表面应平整、光滑，边缘无锐角。镀前应除去表面的油污、锈迹、氧化层等。镀层表面应均匀平整，镀件不经后处理，其表面为暗灰色，无光泽；镀件经钝化处理，表面光滑，呈浅灰色，见光泽；经化学抛光和钝化处理，表面有金属光泽，呈银白色；镀锌铸件经化学和机械抛光，表面光滑、致密，有金属光泽。

2）镀层厚度按使用环境和使用寿命不同，选择不同厚度等级。镀层厚度应均匀，误差在±10%以内，其等级及范围见表 1-7-38。

3）镀层应牢固地附着在基体表面，用锤击试验，镀层应无起皮、无脱落。

4）不同厚度等级的镀层做中性盐雾试验时，红锈出现时间及硫酸铜试验次数见表 1-7-38。

镀层厚度等级及厚度值

表 1-7-38

渗锌镀层厚度等级(摘自 JB/T 5067—1999)	等级	1	2	3	4	5
	厚度/μm	≥15	≥30	≥50	≥65	≥85
	注:在给定条件下,渗锌镀层的耐蚀寿命与其厚度成正比。但增加渗锌镀层厚度的同时,也增加了零件的几何尺寸,所以在考虑寿命的同时也应考虑制件的配合要求。有关紧固件及其他制作渗锌镀层厚度选择(推荐)见附录 A					

续表

	渗锌镀层厚度等级	使用环境及制件
推荐的渗锌镀层厚度等级(摘自 JB/T 5067—1999)附录 A	1 级	室内及农村大气环境下使用的紧固件及其他钢铁制件
	2 级	室外使用的紧固件及其他钢铁制件
	3 级	要求比 2 级更长的耐蚀寿命,且渗锌后能满足配合要求的紧固件及其他制件
	4 级、5 级	特殊要求的制件
	注:1. 公称尺寸为 1mm、2mm 的紧固件即使采用 1 级渗锌也可能会产生旋拧困难的现象,建议采用可获得较薄的镀锌层的其他工艺 2. 特殊要求的制件是指某些要求有尽可能长的耐蚀寿命,且无配合要求或渗锌前已预留渗锌镀层间隙的制件	

	厚度等级	1	2	3	4	5
JB/T 5067—1991	厚度范围/μm	>10~25	>25~40	>40~60	>60~85	>85~110
	出现红锈时间/h	>120	>168	>216	>244	>312
	耐硫酸铜侵蚀试验次数	3	4	5	6	7

注:硫酸铜试验符合 GB/T 2694—2010 输电线路铁塔制造技术条件。

11　化学镀、热浸镀、真空镀膜

化学镀、热浸镀、真空镀膜的特点及应用

表 1-7-39

名称		特　点	应　用
化学镀		化学镀不用外加电源,利用还原剂将镀液中的金属离子还原并沉积在有催化活性的工件表面形成镀层 化学镀层厚度均匀且不受工件形状复杂程度的影响,无明显边缘效应。镀层晶粒细、致密、孔隙少、外观光亮、耐蚀性好 化学镀有镍、铜、银、钯、金、铂、钴等金属或合金及复合镀层。其中,常用的是化学镀镍和化学镀铜	不仅可使金属而且可使经特殊镀前处理的非金属(如塑料、玻璃、陶瓷等)直接获得镀层
	化学镀镍	化学镀镍层是含磷 3%~15%的镍磷合金层。硬度和耐磨性较好。当磷含量大于 8%时,具有优异的耐蚀性和抗氧化性。化学镀镍层与其他镀层结合较好,具有较高的热稳定性。能进行锡焊或铜焊	用作其他镀层的底层;钢铁零件的中温保护层;磨损件的尺寸修复镀层;铜与钢铁制件防护装饰等。在石油(如管道)、电子(如印刷线路板、磁屏蔽罩)和汽车等工业上有广泛应用
	化学镀铜	化学镀铜层一般很薄(0.5~1μm),外观呈红铜色,具有优良的导电性和焊接性	主要用于非金属材料的表面金属化,特别是印刷线路板的孔金属化。在电子工业中应用广泛,例如通孔的双面或多层印刷线路板制作。使塑料波导、腔件或其他塑料件金属化后进行电镀等
热浸镀		热浸镀是将工件浸入熔融金属中,靠两种金属互相溶解和扩散获得冶金结合的金属涂层的方法 镀层金属是低熔点的锌、锡、铅和铝。但钢铁不能直接热浸镀铅(因铁与铅不能生成合金),而要先热浸镀锡后再热浸镀铅 热浸镀可以单槽进行,也可以连续自动化生产	一般只适于形状简单的板材、带材、管材、丝材等 热浸镀锌主要用于钢管、钢板、钢带和钢丝 热浸镀锡可用于薄钢板,因锡无毒,在食品加工和储存容器上应用较多 热浸镀铅用于化工防腐和包覆电缆 热浸镀铝主要用于钢铁高温抗氧化
真空镀膜		真空镀膜是指在真空室或充有惰性气体的真空室内进行气相镀覆的一类技术。主要包括真空蒸镀(真空蒸发)、阴极溅射镀和离子镀。其膜层还可进一步在高温下扩散渗镀,以提高与基体的结合力	
	真空蒸镀	基体可以是金属或非金属。涂层有铝、银、锌、镍和铬等金属及 ZrO_2、SiO_2 等高熔点化合物。膜层平滑光亮,反射性好。耐蚀性优于电镀层,但覆盖能力不如电镀层	主要用于制作各种薄膜电子元件;沉积各种光学薄膜如车灯反光罩等;以及用在某些非金属工艺品上作装饰膜层
	阴极溅射镀	与真空蒸镀比较,具有结合力强、涂层材料不受熔点和蒸气压限制等优点,但沉积速度不如真空蒸镀	可溅镀金、铂等高熔点膜层;TiN、TiC、WC 等超硬膜层;MoS_2 等耐磨膜层;Al_2O_3 等隔热膜层和 Co-Cr-Al-Y 等高温膜层;以及电子、光学器件和塑料的装饰膜层
	离子镀	具有真空蒸镀和阴极溅射镀的综合优点。基体是金属或非金属均可,膜层材料可以是金属、合金、化合物及陶瓷等。膜层与基体结合力很好	可镀铝、锌、镉等耐蚀膜层;铝、钨、钛、钽耐热膜层;铬、碳化钛耐磨膜层;金、银、氮化钛装饰膜层;塑料上镀镍、铜、铬用于汽车及电器零件及制作印刷线路板、磁带等

离子镀 TiN、TiC 化合物镀膜

表 1-7-40

镀层类别	被镀工件			镀层性能				应用举例
	表面要求	材料	最大尺寸/mm	厚度/μm	结合强度	耐蚀性	表面粗糙度	
工具镀	表面无油污、无氧化皮及氰化处理层,工作部位表面粗糙度数值低于 R_a0.8μm,硬度≥60HRC	高速钢、硬质合金、模具钢	ϕ200×900	2~10	良好	—	取决于被镀件表面粗糙度显微硬度 1800~2500HV	氮化钛镀层钻头按 JB/GQ,将转速和走刀量各提高 33% 进行试验,其使用寿命比无镀层的钻头提高 4 倍以上
一般装饰镀	表面无油污、无氧化皮及其他处理层,表面粗糙度数值低于 R_a0.4μm	不锈钢、碳钢(表面电镀铜镍铬层);锌铝合金(表面电镀铬层);玻璃	600×1000	0.5~1	良好,在压力 5MPa 下用布轮抛光 3000m 以上不露底	①人汗水 30~35℃,>100h ②盐雾 35℃±2℃,3.5% NaCl,相对湿度大于 90%,24h 后保持光泽,无锈斑	被镀件表面粗糙度在 R_a10μm 以下的,镀后保持不变	装饰品如戒指、项链等,表壳、表链、各类灯具、餐具等
建筑装饰镀	抛光表面无油污、氧化皮、划伤,表面粗糙度 R_a0.4μm		2500×1500×180,ϕ800×2000	1~5	良好			各类卫生洁具,各种标牌、门框、立柱、旗杆顶等

注:生产单位为北京钛金公司等。

12 化学转化膜法(金属的氧化、磷化和钝化处理)和金属着色处理

“转化膜”法是指由金属的外层原子和选配的介质的阴离子反应而在金属表面上产生不溶性化合物覆盖物的方法,这是一种化学成膜处理法,通常把这种经过化学处理而生成的覆盖膜,称为“转化膜”或“化学转化膜”。

金属的氧化、磷化和钝化处理的特点与应用

表 1-7-41

名称	操作	特点	应用
氧化	黑色金属的氧化是将工件置于含硝酸钠或亚硝酸钠的氢氧化钠浓溶液中处理,使工件表面生成一层很薄的氧化膜的过程。也称发蓝或发黑	钢铁的氧化膜主要由磁性氧化铁(Fe_3O_4)组成。厚度约为 0.5~1.5μm,一般呈蓝黑色(铸铁和硅钢呈金黄至浅棕色),有一定的防护能力。膜层很薄,不影响工件的尺寸精度。氧化没有氢脆现象,但有时会产生碱脆 为提高膜的耐蚀性、耐磨性和润滑性,可利用其良好的吸附性,进行浸热肥皂水及浸油(锭子油、机油或变压器油)处理	膜层黑亮,有防护和装饰效果。广泛用于各种精密仪器、光学仪器、机械零件及各式武器上作防护装饰 氧化也用于铝、铜、镁等有色金属及合金,以提高耐蚀性或作油漆底层。但处理溶液及膜的组成、颜色、性质随合金不同而异

续表

名称	操作	特点	应用
磷化	磷化是将工件置于含有锰、铁、锌的磷酸盐溶液中处理，使工件表面生成一层难溶于水的磷酸盐薄膜的过程，又称磷酸盐处理 磷化按操作温度可分为高温、中温、低温(冷)磷化三种类型	磷化膜厚度约为3~20μm，呈灰或暗灰色。与金属基体结合较好，在大气条件下很稳定，在有机油类、苯、甲苯及各种气体燃料中有很好的耐蚀性，耐蚀能力为氧化膜的2~10倍以上。但不耐酸、碱、氨、海水及水蒸气等。膜经重铬酸盐封闭后，耐蚀性可大为提高 磷化膜与油漆涂层有良好的结合力；膜层的电绝缘性很高，涂绝缘漆后可耐1000~1200V；膜层具有多孔性，可吸附大量润滑油而减小摩擦；膜层具有不黏附熔融金属的特性 磷化膜的使用温度一般在150℃以下，但可经受400~500℃的短时烘烤，温度过高则耐蚀性下降 磷化后基体的力学性能、强度、磁性等基本不变。但膜本身硬度、强度较低，有一定脆性	用作一般机械零件、制品的保护层和油漆底层；用于冷冲压、冷镦时的减摩和防裂；用于电机、变压器等电磁装置的硅钢片和要求绝缘的钢件，在不影响透磁的情况下提高绝缘性；还可作热浸锌、浸铅-锡及浇铸电机铝转子的钢模的防粘保护层 在国防工业上，可作各种武器的防护层和润滑层；航空发动机上的燃油及润滑油系统的导管、飞机操纵系统上的高压气瓶内腔，起落架轮轴以及其他类似零件也常用磷化膜作保护层 磷化不仅用于黑色金属，也用于锌、镉、铝等有色金属及其合金
钝化	钝化是将金属置于亚硝酸盐、硝酸盐、铬酸盐或重铬酸盐溶液中处理，使金属表面生成一层铬酸盐钝化膜的过程，又称铬酸盐处理	铬酸盐钝化膜主要由三价铬与六价铬的化合物以及基体金属的铬酸盐组成。外观随合金成分、膜厚而变化，可由无色到彩虹色或棕黄色。膜层具有良好的耐蚀性和装饰性；膜层紧密，与基体结合较好，对基体金属可起隔离保护作用。膜中的三价铬不溶于水，构成膜的骨架，使膜有较高的强度与化学稳定性。而六价铬是可溶性的，在膜中起填充作用，在潮湿大气中，即使膜被划伤，六价铬也能溶于水生成铬酸盐，使划伤处重新钝化而具有自愈合能力	常作为锌、镉镀层的后处理，以提高镀层的耐蚀性；用作铝合金、镁合金、铜及铜合金等的防护；在航空工业和其他部门，还用来代替铝的阳极氧化膜用；对于黑色金属，较少单独使用，多是用来封闭磷化层，增强防腐能力；也用于保护金属在防腐施工前不再生锈，并提高漆膜的附着力

金属着色处理

表1-7-42

含义	金属着色处理是通过表面转化形成有色膜或干扰膜的过程，一般着色膜层厚度为25~55nm，其色调与处理方法及膜厚有关，通常可获得黄、红、蓝、绿等色及彩虹、花斑等色彩。杂色色彩的产生源于膜厚不均对光反射过程的影响 金属着色处理方法有化学转化法与电化学转化法(通过热处理或化学置换反应也能形成着色膜)。金属着色处理是使用颜料通过金属表面的吸附作用和化学反应使其发色，或通过电解作用使金属离子与染料共沉积而产生色彩		
材料	着色技术	颜色	应用
铝和铝合金	自然发色法 交流电解着色法 吸附染色法(化学染色法)	青铜色、茶色、红棕色、琥珀色、金黄色、褐色、黑色 青铜色、古铜色、浅黄、黑色、深古铜色、金绿色、红褐色、粉红色、淡紫色、赤紫色、褐色 用有机染料染色：黑色、红色、蓝色、金黄色、绿色 用无机染料染色：黄色、褐色、黑色、金黄色、橙黄色、白色、暗棕色	着色氧化膜在轻工、建筑等方面应用激增
铜及铜合金		绿、黑、蓝、红等基调色，并派生出古铜色、金黄色、古褐色、褐色、蓝黑色、淡绿色、紫罗兰色、橄榄绿色、巧克力色、灰绿色、灰黄色、红黑色等	用于装饰光学仪器及美术
不锈钢	表面化学氧化着色法 电解着色法 氧化着色法	仿金色、巧克力色、黑色等氧化着色 褐色、金黄、红、绿等不同色 此法所显示出的色彩并非形成的有色表面覆盖层，而是表面形成的无色透明氧化膜对光的干涉而呈现出各种色彩	

13 喷丸、滚压和表面纳米化

喷丸原理与应用

表 1-7-43

分类	原理	应用
喷丸除锈	以压缩空气带动铁丸通过专门工具，高速喷射于金属表面，利用铁丸的冲击和摩擦作用，清除金属表面的铁锈及其他污染，并得到有一定表面粗糙度的、显露金属本色的表面 对于铝质表面的漆层可用喷塑料丸清除	为了提高防护层的结合力
喷丸强化	利用压缩空气（或离心式喷丸机）将淬硬钢丸（一般为锰钢丸，直径为0.8~1.2mm，硬度为47~50HRC）喷射到金属表面，利用喷丸的冲击，使金属表层产生极为强烈的塑性变形，形成0.1~0.8mm深的强化层，强化层内组织结构细密，又有较高残余压应力，从而提高了零件表面对塑性变形和断裂的抗力，特别是对在交变载荷下工作的零件的疲劳强度和寿命的提高更为明显。同时使零件表面缺陷和机加工带来的损伤减少，降低应力集中 喷丸强化的特点主要有：①显著提高弯曲、接触、应力腐蚀等疲劳强度；②材料的强度越高，表面强化效果越好，因此钢的喷丸强化效果优于其他金属或合金；③喷丸强化能减弱或消除许多表面缺陷，使表层浅的缺陷压合，产生超过缺陷深度的压应力层，不受工件表面状态的限制；④喷丸强化不改变工件表面材料的化学成分，适合于对特殊材料的处理 喷丸强化一般对拉伸面起作用，而对压缩面不起作用，因此板簧的喷丸只在凹面进行	用在承受交变应力下工作的零件可以大大提高其疲劳强度，如汽车板簧、螺旋弹簧、轴类、连杆等喷丸处理后，均可使寿命提高几倍 处理质量一般应以最佳喷丸应力表示（但目前有些工厂在衡量板簧喷丸质量时是用板簧片弧高的变化 ΔH 来表示） 喷丸的直径、材料、硬度以及喷速等对喷丸强化处理质量都有直接影响，必须注意

滚压原理与参数

表 1-7-44

分类	原理	参数	应用
外圆滚压	利用滚压工具在常温状态下对零件表面施加压力，使金属表面层产生塑性变形，修正零件表面的微观几何形状，降低表面粗糙度；同时使零件表面层的金相组织改变，形成有利的压应力分布，提高零件疲劳强度以及耐磨性和硬度	滚压前零件表面粗糙度应有 $Ra6.3\mu m$ 或更低，滚压速度 $v=30\sim200m/min$，走刀量 $s=0.10\sim0.15mm/r$，实际滚压深度 $t=0.01\sim0.02mm$，滚压时滚轮切线点应比零件中心约高1mm	可滚压圆柱形或锥形内外表面，曲线旋转体的外表面、平面、端面、凹槽、台阶轴的过渡圆角及其他形状的外表面，例如轴类，汽、液缸体内壁，活塞杆、锻锤杆等，特别是对受反复载荷零件的疲劳强度的提高效果显著。对有色金属、碳钢、合金钢和铸铁都适用。采用滚压工艺，可以在各种大、中、小型车床上进行。滚压后，零件表面粗糙度可以从 Ra 6.3~3.2μm 降低到 $Ra0.8\sim0.32\mu m$
内圆滚压		$v=40m/min$，$s=0.08\sim0.15mm/r$ $t=0.015\sim0.025mm$ 滚轮直径一般比待加工孔径大0.12mm左右	
深孔滚压		滚压时滚柱与零件有0°30′或1°的斜角，$v=60\sim80m/min$，$s=0.15\sim0.25mm/r$，一般钢材滚压过盈量为0.12mm，滚压后孔径增大0.02~0.03mm	

注：滚压参数应根据工件材料、硬度、壁厚等条件，通过实验得出。

滚珠滚压加工对碳钢零件表面性质的改善程度

表 1-7-45

钢 号	滚压前性质		滚 压 用 量				滚 压 结 果		
	表面粗糙度 Ra/μm	硬度 HB	压力/N	走刀量 /mm·r^{-1}	滚珠直径 /mm	速度 /m·min^{-1}	硬度增长 /%	表面粗糙度 Ra/μm	强化层深度 /mm
20	12.5	140	1500	0.15	30	120	80	0.2	2
45	3.2	190	1800	0.06	10	60	65	0.4	2.5
T7	3.2	180	2500	0.12	10	60	50	0.4	2

表面强化使疲劳强度增加的百分数

表 1-7-46 %

表面强化的种类	轴				
	截面不变的		有显著应力集中的		曲 轴
	d=10~20mm	d=40mm	d=10~20mm	d=40mm	
渗氮	20~40	10~15	100~200①	100	30(60)
高频淬火	20~60	—	70~100	50~100②	—
喷丸④	20	10~20	>50	30~50	15~25
滚压⑤	30	20~30	40~100③	40~80③	60(100④)

① 较小的数值用于横向孔应力集中的情况。

② 在整个应力集中区域全进行淬火并且保持塑性中心。

③ 轴上装配压合零件之凸起部分经碾压者；碾磨阶梯式轴的过渡圆角；用冲头锤打压在具有横向孔的轴中的孔边。碾磨曲轴的圆角。

④ 碾磨曲轴的圆角。

⑤ 当受热及在长期工作条件下，因冷作而强化的影响变弱，括号中的数字需要补充检验。

表 1-7-47 喷丸处理对汽车变速箱齿轮弯曲疲劳强度和接触疲劳强度的影响

喷丸工艺	弯曲疲劳试验			接触疲劳试验		
	寿命范围 /10^6	平均寿命 /10^6	相对寿命	寿命范围 /10^6	平均寿命 /10^6	相对寿命
未喷丸	0.167~1.83	0.998	1.00	3.15~4.41	3.78	1.00
一般喷丸	2.30~2.77	2.54	2.54	1.89~2.23	2.06	0.545
加强喷丸	2.20~4.48	3.34	3.35	4.92~5.31	5.115	1.35

注：东风汽车公司早在20世纪70年代，用喷丸强化解决了汽阀弹簧和变速箱1-倒挡齿轮的早期断裂问题，显示喷丸处理可显著提高汽车变速箱齿轮的弯曲疲劳强度和接触疲劳强度。该工艺目前已成为汽车悬挂弹簧的常规处理方法。

各种表面强化方法的特点

表 1-7-48

类别	强化方法	表面层组织结构	硬化层厚度/mm 最小	硬化层厚度/mm 最大	可获得的表面硬度或变化	表层残余应力/MPa	适用材料
表面形变强化 表面抛光、磨光、	喷　丸	亚晶粒碎化高密度位错	0.4	1.0	增加20%~40%	压应力4~8	钢、铸铁、有色金属
	滚轮磨光		1.0	2.0	增加20%~50%	压应力6~8	
	流体抛光		0.1	0.3	增加20%~40%	压应力2~4	
	金刚砂磨光		0.01	0.20	增加30%~60%	压应力8~10	
化学热处理	渗　碳	马氏体+粒状碳化物	0.5	2.0	60~65HRC	压应力4~10	低碳钢
	氮　化	合金氮化物	0.05	0.60	650~1200HV	压应力4~10	钢、铸铁
	渗　硼	硼化物	0.07	0.15	1300~1800HV	—	
	渗　钒	碳化钒	0.005	0.02	2800~3500HV	—	
	渗　硫	低硬度硫化物(减摩)	0.05	1.0	—	—	
表面冶金强化	表面冶金涂层	固溶体+化合物	0.5	2.0	200~650HB	拉应力1~5	钢、铸铁、有色金属
	表面激光处理	细化组织			1000~1200HV	—	钢
	表面激光上釉	非晶态			Fe-P-Si 1290~1530HV	—	
表面薄膜强化	镀　铬	纯金属	0.01	1.0	500~1200HV	拉应力2~6	钢、铸铁、有色金属
	化学气相沉积	TiC、TiN	0.001	0.01	1200~3500HV	—	
	离子镀	Al膜、Cr膜等	0.001	0.01	200~2000HV	—	
	化学镀	Ni-P、Ni-B	0.005	0.1	400~1200HV	—	
	电刷镀	高密度位错	0.005	0.3~0.5	200~700HV	—	

表面纳米化

表 1-7-49

特点	①纳米金属材料由于晶粒细小，界面密度高，表现出独特的力学性能和物理化学性能。因此，利用纳米金属的优异性能对传统工程金属材料进行表面结构改良，即制备出一层具有纳米晶体结构的表面层，提高工程材料的综合力学性能和环境服役行为 ②由于表面纳米层晶界密度高，晶界作为易快速扩散传质的通道，可以降低渗碳、渗氮的温度，缩短渗透时间，改善渗层质量 ③另外，表面纳米化还可有效抑制裂纹萌生，内部粗晶组织可减缓其扩展，提高材料的抗疲劳强度
制备方法	传统的纳米金属制备方法，如金属蒸发凝聚-原位冷压成形法、机械研磨法、非晶晶化法和电解沉积法等，由于制备技术复杂、成本太高，限制了纳米材料在工业上的实际应用。近年来，随着高速、高精确度喷丸投射机的开发成功，利用喷丸技术可成功实现金属表面的纳米化。目前利用超音速喷丸技术，已可以在平板类、轴类、发动机的叶片等复杂工件上实现表面纳米化
举例	①对316L不锈钢表面进行30s的轰击后，表层显微组织形成了结晶位向为任意取向的纳米晶相，晶粒平均尺寸为10nm，硬化层深度达5~30μm ②将SS400钢对接接头进行高能喷丸处理，其硬度和疲劳寿命得到显著提高：母材HAZ和焊缝三个区域表层的硬度在喷丸处理前分别为148HV、212HV和277HV，处理后增加为494HV、501HV和483HV。疲劳试验结果显示，当疲劳寿命为2×10^6周时，高能喷丸处理使焊接接头的疲劳强度提高了79% ③采用高能喷丸技术对工业纯钛进行表面纳米化处理，发现喷丸时间对材料的塑性变形和显微硬度有明显的影响(见图a和图b) 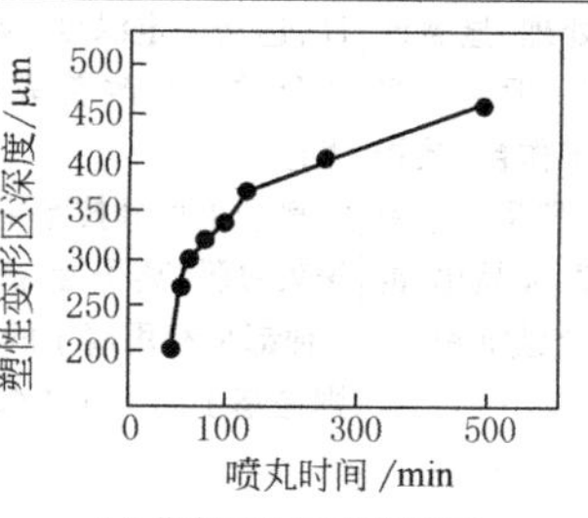 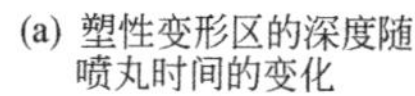 (a) 塑性变形区的深度随喷丸时间的变化 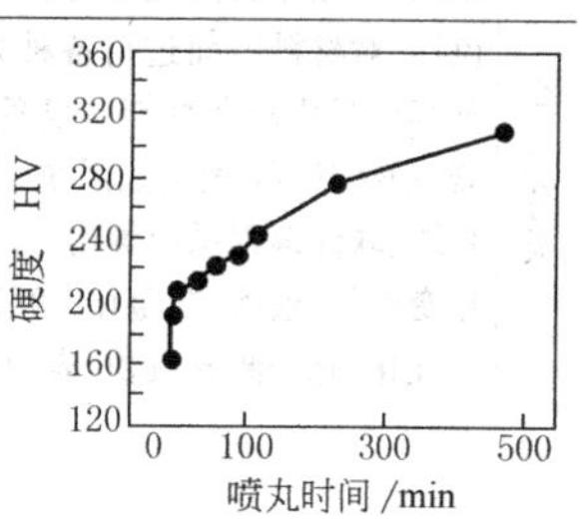 (b) 表面显微硬度随时间的变化

14 高能束表面强化技术

高能束表面强化技术的含义、特点及比较

高能束表面强化技术是采用$10^3 W/cm^2$以上功率密度的高能束流集中作用在金属表面，通过表面扫描或伴随有附加填充材料的加热，使金属表面由于加热、熔化、气化而产生冶金的、物理的、化学的或相结构的转变，达到金属表面改性目的的加工技术。有电子束表面强化技术、离子束表面强化技术、激光束表面强化技术等。

高能束是能供给材料表面不低于$10^3 W/cm^2$功率密度的能源。包括：激光束、电子束、离子束、电火花、超高频感应冲击、太阳能和同步辐射等，如下表：

各种高能束能源的功率密度和相关参数

类型	功率密度 $/W·cm^{-2}$	峰值密度 $/W·cm^{-2}$	材料表面吸收的能量密度 $/J·cm^{-2}$	处理能力 $/cm^3·cm^{-2}$	能源类型
激光束	10^4~10^8	10^8~10^9	10^5	10^{-5}~10^{-4}	光
电子束	10^4~10^7	10^7~10^8	10^6	10^{-6}~10^{-5}	电子
离子束	10^4~10^5	10^6~10^7	10^5~10^6	1~10	强磁场下微波放电
超声波	10^4~10^5	10^5~10^6	10^5~10^6	10^{-5}~10^{-4}	超声波振动
电火花	10^5~10^6	10^6~10^7	10^4~10^5	10^{-5}~10^{-4}	电气
太阳能	$1.9×10^3$	10^4~10^5	10^5	10^{-5}~10^{-4}	光
超高频感应冲击	$3×10^3$	10^4	10^4	10^{-4}~10^{-3}	电感应

激光束表面强化方法采用的激光束功率密度和作用时间

工艺方法	功率密度 $/W·cm^{-2}$	作用时间/s
相变硬化	10^3~10^4	0.01~1
重熔	10^4~10^6	
合金化		
熔覆		
非晶化	10^6~10^8	10^{-7}~10^{-6}
冲击硬化	10^8~10^{10}	

激光束、电子束表面强化和离子束注入技术的分类、特点及应用

表 1-7-50

	激光束表面处理技术	离子束注入技术	电子束表面处理技术
含义、分类	是通过激光(激光束)与材料的相互作用,使材料表面发生要求的物理化学变化,利用激光的高亮度、高方向性和高单色性,对材料表面进行各种处理,显著改善其组织结构和性能。设备一般由激光器、功率计、导光聚焦系统、工作台、数控系统、软件编程系统等构成。典型工艺有相变硬化、重熔、合金化、熔覆、非晶化、冲击硬化、脉冲激光沉积、表面烧蚀沉积	是将所需的气体或固体蒸气在真空系统中电离,引出离子束后,用数千至数十万电子伏加速轰击工件表面直接注入工件,达到一定深度,从而改变材料表面的成分、结构,改善表面性能的真空处理工艺 离子束处理技术主要有离子束刻蚀、离子束镀膜、离子镀、离子注入四种,其中前3种都是利用离子的溅射效应,最后一种则是基于离子注入效应	通常由电子枪阴极灯丝加热后发射带负电的高能电子流,通过一个环状的阳极,经加速射向工件表面,电子能深入金属表面一定深度,与工件金属的原子核及电子发生相互作用,能量以热能形式传给工件,达到改善表面性能的目的 电子束加热的深度和尺寸比激光大。但电子束是在真空中工作的,因而,推广受到限制,如工件尺寸大、大批量流水线生产时则不适宜。典型工艺有表面淬火、熔凝、熔覆、合金化

续表

<table>
<tr><th></th><th colspan="2">激光束表面处理技术</th><th>离子束注入技术</th><th>电子束表面处理技术</th></tr>
<tr><td>特点</td><td colspan="2">① 加热冷却速度快，处理效率高
② 激光能量、光斑大小和形状以及激光作用时间可以精确控制，处理效果好
③ 只在需要的部位进行处理，热输入低，工件热变形小甚至基本无变形
④ 激光束易于传输和导向，因此，可以对复杂零件表面进行处理，如深孔、沟槽表面，管状零件内壁等
⑤ 易于实现自动化控制，劳动生产率高
⑥ 节省能源，不产生环境污染
⑦ 激光处理可与热处理和热-化学处理、喷丸处理（激光处理前后均可）、热喷涂、放电加工（EDM）沉积或爆炸、离子注入、制作薄膜层化学气相沉积和物理气相沉积过程结合。将激光加热与机加工结合能加工其他方法难以加工的材料
激光处理的优点与电子束处理类似，但免除了电子束处理中有害 X 射线、真空以及表面需去磁的限制。其不足是需要严守安全规程，提高表面的能量吸收，镜面的寿命短，激光器设计复杂，价格昂贵，但由于激光处理的工件寿命可提高数十个百分点乃至几倍，总体看优点大</td><td>① 可根据需要获得不同的引出离子，注入到各种各样的固态物质中，并不受固体溶解度和扩散系数的限制，即在常规下互不共溶的元素，也能实现掺杂。因此，用这种方法可获得不同于平衡结构的特殊物质，方便开发新材料
② 离子注入和注入后的温度可任意控制，且在真空中进行，不氧化、不变形、不发生退火软化，表面粗糙度一般无变化，可作为最终工艺
③ 可控性和重复性好。改变离子源和加速器能量，可以调整离子注入深度和分布；通过可控扫描机构，不仅可实现在较大面积上的均匀化，而且可以在很小范围内进行局部改性
④ 可获得 2 层或 2 层以上性能不同的复合材料。复合层不易脱落。注入层薄，工件尺寸基本不变
现存缺点：注入层薄（$<1\mu m$）；离子只能直线行进，不能绕行，对于复杂的、有内孔的零件不能进行离子注入；设备贵</td><td>① 加热和冷却速度快。将金属材料表面由室温加热至奥氏体化温度或熔化温度仅几分之一到千分之一秒，其冷却速度可达 $10^6 \sim 10^8$ ℃/s
② 与激光比使用成本低。电子束设备一次性投资仅为激光的 1/3，每瓦约 8 美元，而大功率激光器每瓦约 30 美元，电子束实际使用成本也只有激光处理的 1/2
③ 结构简单。电子束靠磁偏转动、扫描，而不需要工件转动、移动和光传输机构
④ 电子束与金属表面偶合性好。电子束所射表面的角度除 3°～4°特小角度外，电子束与表面的偶合不受反射的影响，能量利用率达 90% 以上，远高于激光。因此电子束处理工件前，工件表面不需加吸收涂层
⑤ 电子束能量的控制比较方便，通过灯丝电流和加速电压很容易实施准确控制（比激光束方便）。根据工艺要求，很容易实现计算机控制
⑥ 电子束加热时，材料表面的熔化层至少有几个微米厚，这会影响冷却阶段固-液相界面的推进速度。其加热时能量沉积范围较宽，而且约有一半电子作用区几乎同时熔化。其加热的液相温度相对激光加热偏低，因而温度梯度较小
⑦ 当使用电压超过 150kW 时，电子束易激发 X 射线，使用过程中应注意防护
⑧ 电子束处理前，工件需进行消磁处理</td></tr>
<tr><td rowspan="3">激光表面强化技术的应用</td><td rowspan="3">改进材料表面性能</td><td>激光相变硬化</td><td colspan="2">是在激光作用下使材料表面快速加热至奥氏体化温度，随后通过热量往基体内部的传导，被加热表面以很快的速度冷却，从而获得细小的马氏体组织，以提高零件表面的耐磨性，并通过在表面产生压应力来提高疲劳强度。仅适用于固态具有多形性转变的钢铁类材料</td></tr>
<tr><td>激光熔覆</td><td colspan="2">是以激光束为热源在零件表面熔接一层成分和性能完全不同于基体而又与基体具有冶金结合的合金表层，以提高表面的耐磨、耐蚀性能。与表面合金化不同，激光熔覆要求基体材料仅表面一极薄层熔化，以保证熔覆材料最大限度地不被熔化的基体材料所稀释（稀释将降低熔覆层的性能）。这种合金熔覆层基本保持其原有成分和性质不变。比之合金化，激光熔覆能更好地控制表层的成分、厚度和性能</td></tr>
<tr><td>激光重熔</td><td colspan="2">是在激光作用下使材料表面局部区域快速加热至熔化，随后借助于冷态的金属基体的热传导作用，使熔化区域快速凝固，形成组织结构极其细小的非平衡铸态组织，硬度高，耐磨、耐蚀性好。当扫描速度很快或激光作用时间很短时，对于有些合金，熔化层快速凝固后将得到非晶表面，有极好的耐磨损和耐蚀性能，这就是激光非晶化，有时也称为激光玻璃化</td></tr>
</table>

续表

激光表面强化技术的应用	改进材料表面性能	激光合金化	是在激光重熔的基础上通过向熔化区内添加一些合金元素，熔化的基体材料和添加的合金元素由于激光熔池的运动而得到混合，凝固后形成以基体成分为基础而又不同于基体成分的新的合金层，以达到所要求的使用性能。在熔化区内不仅可以添加合金元素，而且还可以添加一些碳化物类等硬质粒子，这些硬质粒子将镶嵌在合金化的基体中，从而使表面的硬度和耐磨性获得提高 激光合金化具有很高的冷却速度。这种快速冷却的非平衡过程可使合金元素在凝固后的组织达到极高的过饱和度，形成普通合金化方法很难获得的化合物、介稳相和新相，且晶粒极其细小。激光合金化既可以在合金元素用量很小的情况下获得高性能的合金化表层，也可以获得合金含量高、常规方法无法获得或不可能获得的具有特殊性能的合金层。激光合金化为创造新的合金表层提供了广泛的可能性
		激光冲击硬化	是将极高功率密度的激光束作用于材料表面，使其在极短的时间内发生爆炸性气化。原子从表面逸出时形成巨大的冲击波，其产生的压力可以高达10^4MPa以上，这一压力远远高于材料的动态屈服点而使材料表面产生强烈的塑性变形，从而造成组织中位错密度增加形成亚结构。这种组织能大大提高材料的表面硬度、屈服强度和疲劳寿命，从而使材料性能大为改善。实践表明，用激光对7075铝合金进行冲击强化后疲劳强度可以提高3倍左右，抗裂纹扩张性能也大为提高。铝合金构件的焊缝强度采用激光冲击硬化处理后可恢复到接近母材数值
	沉积薄膜	脉冲激光沉积(PLD)	是将高功率脉冲激光束聚焦在放置于真空室中的靶材表面，使靶材表面产生高温($T \geq 10^4$K)，蒸发、电离、膨胀而形成羽辉，羽辉到达基片，在其上淀积成膜。目前所用脉冲激光器中以准分子激光器能量效果最好，已能够制备从高温超导薄膜到类金刚石薄膜的几乎所有薄膜。采用PLD成膜方法易于在较低温度(如室温)下制备和靶材成分一致的多元化合物薄膜，尤其适于高熔点及含易挥发成分膜材的制备。该法具有易于引进新技术的特点，在高质量纳米薄膜、外延单晶膜、多层膜及超晶格薄膜的生长方面具备广阔的应用前景
		激光化学气相沉积(LCVD)	是在传统化学气相沉积(CVD)的基础上发展起来的、利用激光形成薄膜的一项新技术。CVD是在高温下利用气态物质在固态工件表面上进行化学反应生成固态沉积薄膜的过程。LCVD是指利用激光诱导的化学反应产生游离原子或分子沉积在基材表面形成薄膜的技术，其产生的化学反应包括反应气体相、基片表面吸附相和基片表面的热化学反应、光化学反应和等离子体反应等
	表面清洗	激光表面清洗	是基于激光与物质相互作用效应的一项新技术。它采用高能激光束照射到待清洗的工件表面，使表面的污物、锈斑或涂层产生瞬态超热，发生气化挥发；或在基体表面瞬间产生热膨胀，该膨胀导致的平均加速度相当巨大，所引起的热应力使得吸附在工件表面的微粒或油脂克服吸附力的束缚而向前喷射，从而达到洁净工件表面的目的。该过程大致包括激光气化分解、激光剥离、污物粒子热膨胀、基体表面振动和粒子振动等几个方面。以激光辐射清洗法和激光蒸发液膜法为实际常用方法。激光清洗技术去污范围广，运行成本低，易实现自动化操作，且不使用化学试剂，是一种高经济效益的“绿色清洗”技术
	制备纳米粉	激光表面烧蚀沉积法(PLA)	作为简单有效的气化样品手段，除了被扩展到脉冲激光沉积薄膜(PLD)技术上，也是当前激光制备金属、陶瓷、金属间化合物等纳米粉的主要工艺方法。当脉冲激光束作用到置于反应室中的靶材表面，靶材被瞬间($<10^{-3}$s)加热到气化温度以上，发生高温光热化学反应，瞬时完成粒子成核长大，快凝成为纳米粉体。这是一个从固态到气态的直接相变过程，有利于制备平衡态下得不到的新相。所制备纳米粉体粒径均匀，可小于10nm，纯度高，无烧结性团聚。该过程中，激光主要作用于固-气界面，随着对材料性能的新要求，采用激光烧蚀液-固界面的尝试也已开始

续表

类别	应用											
离子注入技术的应用	提高耐磨性	基材	铍合金	铜合金	钛合金	工具钢	锆合金	高合金钢	低合金钢	不锈钢	轴承钢	超合金
		离子	B	B、N、P	N、C、B	N	C、N、Cr+C	Ta、Ti+C	N	N	Ti+C	Y、C、N
	改善摩擦性能	基材	钛合金	高合金钢	低合金钢	不锈钢		改善疲劳性能	基材	钛合金	高合金钢	低合金钢
		离子	Sn、Ag	Sn、Ag、Au、Mo+S	Sn	C+Ti			离子	N、C、Ba	N、Mn、C、B、Ni	Ni、Ti
	提高硬度	基材	铝合金	铍合金	钛合金	锆合金	高合金钢	低合金钢	高速钢	烧结陶瓷	铜合金	
		离子	N	B	N、C、B	C、B	Ti+C	N	N、B	Y、N、Zr、Cr	B、C、N、P	
	改善耐蚀性能	基材	铝合金	铜合金	锆合金	高合金钢	低合金钢	超合金	纯铜	医用合金		
		离子	Mo	Cr、Al	Cr、Sn	Cr、Ta、Y	Cr、Ta	N、C、Y、Ce	N	N		
	改善催化性能	基材	金属材料陶瓷	消除氢脆	基材	钢	更易形成氮化物	基材	铜、铅	改变光学性能	基材	玻璃、人造材料
		离子	Pt、Mo、Pd		离子	Pt、Pd		离子	Ti、Mo		离子	Nb、Ti、Mo、Zr、Y

应用在表面工程中的注入技术主要是简单离子束注入及其后续加工所采用的反冲注入

该技术中，氮离子注入在工业范围内占主要优势，主要应用于切削及成形工具中，较少应用在机械零部件中。它可使工具的寿命提高2~10倍（见表1-7-51）

目前，在工业范围内，较为成熟的技术是锌、硅、碳等注入金属，在不久的将来，可用于实际的有硼、钛、锶、钇及其他金属元素的注入技术，以及不同元素的混合注入技术，如Ti+C、N+O、Mo+S、Cr+C

电子束表面强化技术的应用

电子束无论是脉冲式还是连续式，均可用于加工不同表面粗糙度（但不超过 Ra 40μm）及形状的零件，以及加工零件的不同部分，但应使被加工面与电子束垂直，最好是长且平整的表面或旋转对称面（见图b），若偏差不超过一定程度，不与之垂直的表面也是可行的（见图c）。电子束加工的优点：能加工通常方法不能加工的表面，利用计算机控制可精确调整加热参数，消除变形，无污染，可加工精加工后的磨制表面，易实现自动化及在公差允许范围内的高度精加工，高效率、低能耗（效率达80%~90%），不需冷却剂，加工过程有高度可重复性。其加工质量可与激光技术相媲美

电子束除了可以获得比传统强化工艺更高的硬度，还可以对一个选择的点精确地进行加热，这个点可以是非常小的尺寸，而且仅在被处理材料上很小的区域或微观区域里，可以保持非常小的硬化层厚度差，并且具有较小的淬火应力。电子束强化方法可使硬化后的材料尺寸不变，这一优点，使该工艺得到广泛应用

在电子束加工前，零件需进行消磁处理。一般非重熔加工不需要后续加工，但在有重熔发生的情况下，通常需要后续处理来使已加工表面达到合适的表面粗糙度。电子束完成硬化过程需要使用几千瓦到几十千瓦的加热器

电子束硬化的典型零件是汽车和农用机械的零部件、机械工具部件、滚珠轴承，例如大尺寸活塞环、联轴器、齿轮、曲轴、凸轮连杆、凸轮、轮缘、摇臂、环、涡轮叶片、模具切割边、铣削工具、车削刀具、钻具等

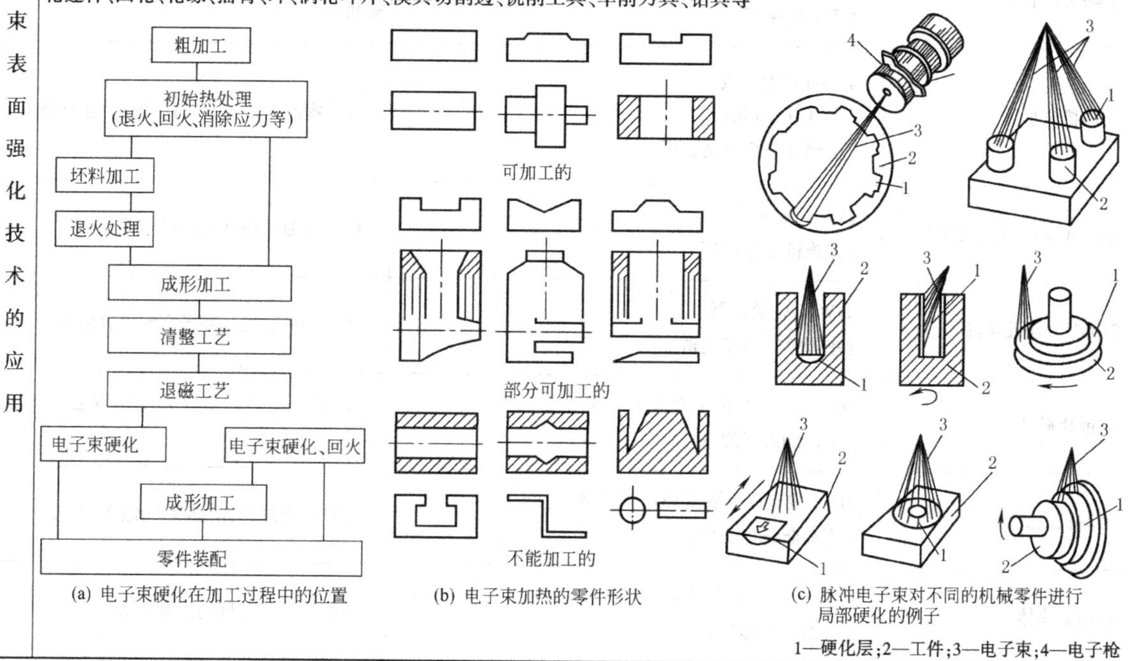

(a) 电子束硬化在加工过程中的位置 (b) 电子束加热的零件形状 (c) 脉冲电子束对不同的机械零件进行局部硬化的例子

1—硬化层；2—工件；3—电子束；4—电子枪

续表

电子束表面强化技术的应用	电子束表面相变强化处理	用散焦方式的电子束轰击金属工件表面，控制加热速度为 $10^3 \sim 10^5$℃/s，使金属表面加热到相变点以上，随后高速冷却（冷却速度达 $737\times10^5 \sim 737\times10^7$℃/s）产生马氏体等相变强化。此方法适用于碳钢、中碳低合金钢、铸铁等材料的表面强化处理
	电子束表面重熔处理	利用电子束轰击工件表面使表面产生局部熔化并快速凝固，从而细化组织，达到硬度和韧性的最佳配合。对某些合金，电子束表面重熔可使各组成相间的化学元素重新分布，降低某些元素的显微偏析程度，改善工件表面的性能。目前，电子束表面重熔主要用于工模具的表面处理上，以便在保持或改善工模具韧性的同时，提高工模具的表面强度、耐磨性和热稳定性 应用表面重熔技术，可使工具钢的硬度及耐磨性提高 3 倍，使冷作模具的使用寿命提高 2.5~3 倍；使车削刀具的使用寿命提高 80%~90%，使共晶或过共晶铝合金的显微硬度提高 30%~50% 由于电子束表面重熔是在真空条件下进行的，表面重熔时有利于去除工件表层的气体，因此可有效地提高铝合金和钛合金表面处理质量
	电子束表面合金化处理	先将具有特殊性能的合金粉末涂敷在金属表面上，再用电子束轰击加热熔化，或在电子束作用的同时加入所需合金粉末使其熔融在工件表面上，在工件表面上形成一层新的具有耐磨、耐蚀、耐热等性能的合金表层。电子束表面合金化所需电子束功率密度约为电子束表面相变强化的 3 倍以上，或增加电子束辐照时间，使基体表层的一定深度内发生熔化
	此外，电子束表面非晶化处理目前还处在研究阶段。电子束覆层、电子束蒸镀及电子束溅射也在不断发展和应用	

表 1-7-51　激光表面处理和离子注入技术应用实例

零件及材料名称	工艺及设备 （应用单位）	效　果
汽车与拖拉机缸套	国产 1~2kW CO_2 激光器 （西安内燃机配件厂）	提高寿命约 40%，降低成本 20%，汽车缸套大修期从 10 万~15 万公里提高到 30 万公里。拖拉机缸套寿命达 8000h 以上
手锯条（T10 钢）	国产 2kW CO_2 激光器 （重庆机械厂）	使用寿命比国家标准提高 61%，使用中无脆断
发动机汽缸体	4 条自动生产线 2kW CO_2 激光器 （中国第一汽车制造厂）	寿命提高 1 倍以上，行车超过 20 万公里
东风 4 型内燃机汽缸套	2kW CO_2 激光器 （大连机车车辆厂）	使用寿命提高到 50 万公里
2-351 组合机导轨	2kW CO_2 激光器 （中国第一汽车制造厂）	硬度和耐磨性远高于高频淬火的组织
硅钢片模具	美国 820 型横流 1.5kW CO_2 激光器 （天津渤海无线电厂）	变形小，模具耐磨性和使用寿命提高约 10 倍
采油机汽缸套	HJ-3 型千瓦级横流 CO_2 激光器 （青岛激光加工中心）	可取代硼缸套，耐磨性和配副性优良
转向器壳体	2kW 横流 CO_2 激光器 （江西转向器厂）	耐磨性比未处理的提高 4 倍

续表

零件及材料名称		工艺及设备（应用单位）		效果
机床导轨	铸铁	激光淬火	5kW CO_2 激光器，波导镜，带宽 20mm，v = 0.6m/min	硬度：650HV
定位环	C60		5kW CO_2 激光器，波导镜，带宽 15mm，v = 0.65m/min	淬火深度：1mm 硬度：700HV
凸轮轴	铸铁		4.5kW CO_2 激光器，波导镜，带宽 15mm，v = 0.9m/min	淬火深度：1.2mm 硬度：800HV
法兰凸轮	42CrMo4V		① CO_2 激光器，4.7kW，带宽 10mm，v=1.5m/min ② CO_2 激光器，5kW，带宽 6mm，v=1.8m/min	淬火深度：0.3mm，硬度：500HV 淬火深度：0.2mm，硬度：550HV
活塞环	耐热钢 ϕ420mm×8mm	激光重熔，5kW CO_2 激光器		重熔宽度：4mm 重熔深度：1.2mm
钛合金工件	Ti6Al4V ϕ200mm×20mm	激光气体表面合金化，5kW CO_2 激光器，氮气 30L/min，扫描速度：5mm/min		合金化宽度：16mm（圆柱面、搭接） 合金化深度：0.15mm，硬度：1800HV
阀杆密封面	耐热钢 ϕ60mm	激光熔覆	5kW CO_2 激光器，Co 基合金粉末，熔覆速度：0.3m/min	硬度：650HV
活塞摩擦面	耐热钢		CO_2 激光 2kW，NiCrBSi/WS 粉末，熔覆层厚度：1mm，熔覆速度：1.2m/min	硬度：620HV
活塞摩擦面	耐热钢		5kW CO_2 激光器，v=1.2m/min，填充材料：药芯焊丝	
辊环	低合金钢		CO_2 激光器，6kW，Co 基合金粉末，熔覆层厚度：1.5mm×3 层，熔覆速度：0.3m/min	硬度：700HV
汽车阀座	AlSi10Mg		CO_2 激光器，6.8kW，AlSi12+Delom15 粉末，熔覆速度：0.6m/min	硬度：340HV
凹模	CrMo 耐热钢		5kW CO_2 激光器，v=0.4m/min	熔覆层深度：1.5mm，硬度：600HV
螺旋	不锈钢	激光熔覆直接成形，CO_2 激光器，4kW，Delom50 粉末，熔覆层厚度：1.2mm×5 层，熔覆速度：0.4m/min，硬度：610HV		

零件及材料名称		离子	效果	零件及材料名称		离子	效果
轴承、齿轮、阀、模具	Fe 基合金	Ti^++C^+	耐磨性	铜拉丝模	WC-CO	C^+	5（寿命提高倍数，以下同）
外科手术器械	Fe 基合金	Cr^+	耐蚀性	刀具	工具钢	N^+	5
齿轮	Fe 基合金	Ta^++C^+	抗咬合性	刀具	WC-CO	N^+	2~4
海洋器件、化工装置	不锈钢	P^+	耐蚀性	切割塑料的刀具	90% Mn、8% V、金刚石	N^+	5
人工骨骼、宇航器件	Ti 合金	C^+、N^+	耐磨性、耐蚀性	模具	钢、WC、WC-CO	N^+	2~4
橡胶、塑料模具	Al 合金	N^+	耐磨性、起模能力	贵重金属铆接砧板	D3	N^+	2~5
宇航、海洋用器件	Al 合金	Mo^+	耐蚀性	轧辊（用于铝、铜）	合金钢		3~6

续表

零件及材料名称		离　子	效　　果	零件及材料名称		离　子	效　　果
铝罐、管挤压工具	D3		3~5	金属钻头	工具钢	N^+	0.2~6
铸模工具	钢	N^+	3~5	印刷线路板钻头	高速钢	N^+	4
丝锥	工具钢		8~10	石墨用钻	WC		6
细丝模	工具钢		3~4	滚铣刀	高速钢	N^+	2~3
人造髋关节	钛合金 Ti6Al4V	— N^+	100 400	丝状切割器	高速钢		5
				环状切换器	高速钢		11
原子炉构件、化工装置	Zr合金	N^+	硬度、耐磨性、耐蚀性	注入器嘴、模	工具钢	N^+	2~10
				燃料注入器	工具钢		100
阀座、搓丝板、移动式起重机	硬Cr层	N^+	硬度	精密航空轴承	M50、440C		更好耐蚀性
				铍合金轴承	铍合金	B^+	3~5
涡轮机叶片	超合金	Y^+、Ce^+、Al^+	抗氧化性	球轴承	4210钢	Cr^+	海水中腐蚀降低3倍
纺丝模口	超合金	$Ti^+ + C^+$	耐磨性	球轴承	M50	Ti^+	降低磨损和腐蚀
电池	铜合金	Cr^+	耐蚀性	玻璃纤维挤压器	工具钢	Ti^+	显著降低磨损
轴承	Be合金	B^+	耐磨性	涡轮叶片	Ni钢	Y^+	高抗氧化性
工具、刀具	WC+Co	N^+	耐磨性	蒸汽阀门	钢	Sn^+	摩擦降低90%
牙钻	WC-Co	N^+	2~3	泵部件	17-4PH	$Ti^+ + C^+$	降低磨损

零件及材料名称		离子类型及剂量	寿命提高倍数	零件及材料名称		离子类型及剂量	寿命提高倍数
纸　　刀	1% C、1.6%Cr钢	N^+ $8\times10^{17}/cm^2$	2	铜拉丝模	WC-6% Co	N^+ $5\times10^{17}/cm^2$	5
塑料孔钻	高速钢	N^+ $8\times10^{17}/cm^2$	5	注入器嘴	D3	N^+ $5\times10^{17}/cm^2$	5
乳液割刀	WC-6%Co	N^+ $8\times10^{17}/cm^2$	12	螺纹板牙	M2高速钢	N^+ $8\times10^{17}/cm^2$	5
铜条模具	WC-6%Co	C^+ $5\times10^{17}/cm^2$	5	模具和冲头	2%C、12%Cr钢	N^+ $4\times10^{17}/cm^2$	显著降低粘着磨损
钢拉丝模	WC-6%Co	C^+ $5\times10^{17}/cm^2$	3	酚醛树脂用丝锥	M2高速钢	N^+ $8\times10^{17}/cm^2$	12

	基　材	离子元素	混合元素、磁控溅射、离子镀	应　　用
离子混合的应用	Ti6Al4V	N^+	Sn	耐磨性
	超合金、钢	Ar^+	Y	抗氧化性
	碳	Ar^+	Pt	表面催化
	钢 钛 铁	Ar^+、Kr^+ Ar^+ Ar^+、Xe^+	CrPd PtAl Cr	耐蚀性
	铜	Ne^+	Al、Cr	抗表面失泽性
	Al_2O_3、石英、陶瓷、塑料	Ne^+、He^+	Al、Cu、Au	改善黏结性

	基材	离子元素	蒸气沉积元素	应　　用
动态离子混合的应用	钢	N^+	B	超硬氮化硼
	钢	N^+	Ti、Hf	强的黏结硬化层（TiN、HfN）
	任何材料	Ne^+	Al、Cu、Au	小气孔率的强黏结金属层
	钢	Ne^+、He^+	Cr、Ta	耐蚀涂层
	任何材料	N^+	Ti	PVD涂层的基材准备

15 涂　装

涂装是用有机涂料通过一定方法涂覆于材料或制件表面，形成涂膜的全部工艺过程。

涂装用的有机涂料是涂于材料或制件表面而能形成具有保护、装饰或特殊性能（如绝缘、防腐、标志等）固体涂膜的一类液体或固体材料的总称。早期大多数以植物油为主要原料，故有“油漆”之称，后来合成树脂逐步取代了植物油，因而统称为“涂料”。现在除呈黏稠液态的具体涂料品种仍可称“漆”外，其他为水性、粉末涂料等就不能称“漆”了。

涂装技术的涂层体系和涂料的设计选用

表 1-7-52

原则	涂层类型		性能要求	应用范围	设计选用
一、根据涂层类型和性能要求确定涂层体系和涂料	装饰性涂层	一般装饰性涂层	漂亮、鲜艳，有良好的耐候性和耐潮湿性，允许有细小缺陷	一般汽车、仪器、仪表、家用电器、家具	根据对装饰性能的要求确定涂层的层数、厚度，从光泽、丰满度、鲜艳性、耐候性等对工件的适应性上选择合适的涂料 根据对防护性能（如耐盐雾性能、耐湿热性能、耐酸碱及化学物质性能）的要求，以及力学性能（如耐冲击性、韧性、硬度、附着力）的要求，来选择涂料，确定其涂层结构及厚度 涂层体系的一般选择原则如下： ① 一般装饰性涂装仅涂双层面漆 ② 一般防护装饰性涂装为底漆，2~3 道面漆 ③ 中级涂装为底漆、中间涂层及双层面漆，或高质量底漆加双层面漆 ④ 高级涂装为底漆、中间涂层、双层面漆及罩光 根据所选涂料的性能、质量情况，在保证涂装质量的情况下可简化涂层体系，减少层次 一般涂层的防护能力和耐久性随膜厚的增加而增长 涂层的耐久性一般可根据涂层的理化性质及其随时间的变化来估计。作为涂层材料所要求的理化性质，主要是对材料的附着性、吸水性及对氧、水汽的透过率等。就金属基材而言，按涂料对其附着力的大小，可将其排列为：镍>钢>铜>黄铜>铝>锡。钢铁几乎对所有类型的底漆都能适用，而镁铝件及其合金通常采用以铬酸锌为基体的钝化底漆。对铝件及镀锌件绝不能用红丹颜料为底漆，否则会引起电化学作用，使附着力下降。不同涂料的理化性质数据多数可在有关资料中查找到 应参照工程上已有的成功经验和新型有机涂料特性，设计和选择涂层体系及其厚度匹配。不同用途涂装层应控制的总厚度参见下表
		高级装饰性涂层	漆膜坚硬，优良的耐候性和耐潮湿性，无肉眼可见的缺陷	高级轿车、高档家具和室内艺术品	
	防护涂层	一般防护涂层	优良的耐酸、碱、电介质等腐蚀的能力和一定的力学性能	矿山机械、建筑桥梁及室外管道	
		重防护涂层	极优异的耐海水、多种化学物质等腐蚀的能力	海船、水下或地下管网、化工设备、码头及海上设备	
	防护装饰性涂层	一般防护装饰性涂层	在装饰性方面与一般装饰性涂层要求相当，但必须具有良好的耐蚀性	载重汽车、农机和一般机器设备	
		高级防护装饰性涂层	除具有高级装饰性涂层的要求外，还应有良好的耐候性和耐湿热温变等性能	轿车、面包车、高档摩托车	

	涂层类别	总厚度	涂层类别	总厚度	涂层类别	总厚度	涂层类别	总厚度	一道涂层的厚度	约为
应控制的总厚度/μm	一般性涂层	80~100	耐蚀涂层	100~150	耐磨耐蚀涂层	250~300	高固体分涂层	700~1000	通常油性涂料	30~35
									合成树脂系列涂料	25~30
	装饰性涂层	80~100	重耐蚀涂层	150~300	超重耐蚀涂层	300~500			无溶剂涂料和特殊的原浆涂料	50~60 和 100 以上

续表

二、涂层间应有良好的配套性	① 涂料和基材(被涂物)应匹配。如木材制品、纸张、皮革和塑料表面不能选用需要高温烘干的烘烤成膜涂料,必须采用自干或仅需低温烘干涂料。钢铁表面可选用铁红或红丹防锈底漆,而有色金属特别是铝及铝镁合金表面则绝对不能使用红丹防锈底漆,否则会发生电化学腐蚀,不仅起不到保护作用,还会加速腐蚀的发生,对这类有色金属要选择锌黄或锶黄防锈底漆。对塑料薄膜及皮革表面,则宜选用柔韧性良好的乙烯类和聚氨酯类涂料。水泥的表面因具有一定的碱性,可选用具有良好的耐碱性的乳胶涂料或过氯乙烯底漆。参见表1-7-53和表1-7-56 ② 涂膜各层之间应匹配。底漆与面漆最好是烘干型底漆与烘干型面漆配套,自干型底漆与自干型面漆配套,同漆基的底漆与面漆配套。选用强溶剂的面漆时,底漆必须能耐强溶剂而不被咬起。此外,底漆和面漆应有大致相同的强度和伸张强度。硬度高的面漆与硬度很低的底漆配套,常产生起皱的弊病。醇酸底漆的油度比面漆的油度应小些,否则面漆的耐候性差,并且由于底、面漆干燥收缩的不同,易造成涂层的龟裂 ③ 在采用多层异类涂层时,应考虑涂层之间的附着性。附着力差的面漆(如过氯乙烯漆、硝基漆)应选择附着力强的底漆(如环氧底漆、醇酸底漆等)。在底漆和面漆性能都很好而两者层间结合不太好的情况下,可采用中间漆作为过渡层,以改善底层和面层的附着性能 ④ 应注意使用条件对配套性的影响。如在富锌底漆上不能采用油改性醇酸树脂面漆作水下设备的防护涂层,这是因为醇酸树脂的耐水性欠佳,当被涂物浸入水中使用时,渗过面漆的水常和底漆中的锌粉发生反应而生成碱性较强的氢氧化物,腐蚀金属基材,破坏整个涂层,所以在富锌底漆或镀锌的工件上采用耐水、耐碱性良好的氯化橡胶、聚氨酯、环氧树脂等涂料品种为宜,也可考虑使用具有良好封闭性能的中间漆作为封闭性中间涂层 ⑤ 涂料与施工工艺的配套。高黏度厚膜涂料一般选用高压无空气设备进行喷涂施工;高固体分涂料,如长效防腐玻璃鳞片涂料采用高压无空气喷涂时所得涂膜的防腐效果大大优于刷涂施工时的性能 ⑥ 涂料与辅助材料应匹配。辅助材料包括稀释剂、催干剂、固化剂、防潮剂、消泡剂、增塑剂、稳定剂、流平剂等。它们的作用主要是改善涂料的施工性能和涂料的使用性能,防止涂层产生弊病,但必须使用得当,例如,当过氯乙烯漆使用硝基漆稀释剂时,将会使过氯乙烯树脂析出,而胺固化环氧树脂涂料使用酯类溶剂作稀释剂时,涂膜固化速度将明显降低,影响涂膜性能	
三、从节能、节资和环保要求选择涂料	1. 选用对环境无污染或少污染的涂料	水性涂料以水为分散介质,无毒,其应用日益广泛,已成为涂料发展的必然趋势。粉末涂料、无溶剂涂料和高固体分涂料对于减少环境污染和对人体的危害起了很大作用,其采用日益增多。溶剂型涂料对环境造成的污染和对人体造成的危害是不可忽视的
	2. 选用节能、节省资源的涂料	从涂料性能来讲,同类涂料一般是烘干型比自干型好,但烘干需要烘干设备,能源消耗大,采用自干型既省能源,施工也方便。目前许多涂料,如电泳漆、粉末涂料、各种烤漆均需烘烤成膜。选择低温、快速成形或自干型涂料是节能的主要途径,也是涂料研究的重要内容。电子束固化涂料、紫外线固化涂料以及高固体分涂料均属省资源涂料,但其品种少,正处于发展中
	3. 选用长效型涂料	普通涂料漆膜易损坏,寿命短,频繁的维护施工对于室外大型设备和构筑物尤为不便。选择长效型涂料,如新型的玻璃鳞片涂料及其他各种耐蚀涂料等,使用寿命达10年以上,可大大延长涂膜的维护周期,提高经济效益和社会效益
	4. 选用简化施工工艺的涂料	为方便施工,提高经济性,应考虑选择室温固化涂料;底、面合一涂料(即施工一道,既可形成底漆膜,又可形成面漆膜);对前处理要求低的涂料(如带锈底漆、带锈带水施工的涂料);特殊环境固化的涂料(如低温干燥涂料、水下固化涂料);一次成形的美术漆;一次涂装就能达到需要厚度的涂料等

按不同因素选择涂料

表1-7-53

	涂装类别	产品使用环境	适用产品及部件范围	涂层总厚度和底漆厚度/μm	推荐涂料品种(涂料性能)
按产品使用环境	A类	一般使用环境	安装在内陆地区的一般产品	80~120 35~60	底漆:C06-1铁红醇的底漆,C06-11铁红醇酸底漆,C53-1红丹醇酸防锈漆,H06-2铁红环氧酯底漆 面漆:C04-2各色醇酸瓷漆,C04-42各色醇酸瓷漆 (见表1-7-56A类产品)

续表

	涂装类别	产品使用环境	适用产品及部件范围	涂层总厚度和底漆厚度/μm	推荐涂料品种（涂料性能）
按产品使用环境	B类	沿海地区及腐蚀性较强的环境	安装在含有盐雾的沿海港口，有一定腐蚀的工业大气等地区作业的机械产品	150~220 50~100	底漆：H06-4环氧富锌底漆，H06-2铁红环氧酯底漆，H53-1红丹环氧酯防锈漆，云铁环氧防锈漆，G06-4锌黄、铁红过氯乙烯底漆 面漆：氯化橡胶漆，环氧树脂瓷漆，各色丙烯酸瓷漆，G04-2各色过氯乙烯瓷漆，G04-9各色过氯乙烯外用瓷漆 （见表1-7-56B类产品）
	C类	油的环境	与油类接触的部位或油介质的箱体、容器等	80~160 25~50	底漆：云铁环氧防锈漆，C06-1铁红醇酸底漆，C06-11铁红醇酸底漆，G06-4铁红过氯乙烯底漆，聚氨酯耐油漆 面漆：G04-6过氯乙烯油箱漆，C54-1醇酸耐油漆，Q04-3硝基内用瓷漆，C54-31各色醇酸耐油漆，环氧耐油漆，聚氨酯耐油漆 （见表1-7-56C类产品）
	D类	高温环境	各种在高温环境下需涂漆保护的部件和产品	50~85 25~50	无机硅酸锌底漆（400℃），W61-32铝粉有机硅热漆（300~350℃），W61-42各色有机硅耐热漆（300℃），W61-37各色有机硅耐热漆（300~400℃） （选用耐热漆的耐热性大于或等于使用环境的最高温度见表1-7-56D类产品）
	E类	强腐蚀性环境	长期受潮水和在潮湿、湿热条件下作业的机械及部件（包括地下管外表面）	230~270 60~195	底漆：H06-4环氧富锌底漆，沥青漆 中间漆：云铁环氧防锈漆，环氧厚浆漆 面漆：氯化橡胶铝粉防锈漆，厚浆型氯化橡胶面漆、环氧沥青厚浆防锈漆 （见表1-7-56E类产品）
			在水下作业的机械及部件	250~300 125~250	

	用途	涂料种类											
		油性漆	脂胶漆	大漆	酚醛漆	沥青漆	醇酸漆	过氯乙烯漆	乙烯漆	环氧漆	聚氨酯漆	有机硅漆	无机富锌漆
按不同用途	一般防护	✓	✓				✓						✓
	防化工大气			✓		✓		✓					
	耐酸			✓	✓	✓		✓	✓		✓		
	耐碱			✓		✓		✓	✓	✓	✓		
	耐盐类					✓		✓	✓	✓	✓		
	耐溶剂			✓					✓	✓	✓		✓
	耐油			✓			✓	✓		✓	✓		✓
	耐水			✓	✓	✓		✓	✓	✓	✓	✓	✓
	耐热									✓		✓	✓
	耐磨				✓				✓	✓	✓		✓
	耐候性	✓			✓		✓	✓			✓	✓	✓

	金属类别	底漆品种
按不同金属	黑色金属	铁红纯酸底漆、铁红纯酚醛底漆、铁红酚醇底漆、铁红脂胶底漆、铁红过氯乙烯底漆、沥青底漆、磷化底漆、各色树脂的红丹防锈漆、铁红环氧底漆、铁红硝基底漆、富锌底漆、氨基底漆
	铝及铝镁合金	锌黄纯酚醛底漆、环氧底漆、钙黄丙烯酸底漆
	锌	锌黄纯酚醛底漆、磷化底漆、锌黄环氧底漆、环氧富锌底漆

续表

	金属类别	底 漆 品 种
按不同金属	镉	锌黄纯酚醛底漆、环氧底漆
	铜及铜合金	氨基底漆、铁红醇酸底漆、磷化底漆、环氧底漆
	铬	铁红醇酸底漆
	锡	铁红醇酸底漆、磷化底漆、环氧底漆
	镉铜合金	铁红纯酚醛底漆、酚醛底漆、环氧底漆、磷化底漆
	钛合金	钙黄氯醋-氯化橡胶底漆
	镁及其合金	锌黄、钙黄纯酚醛底漆、丙烯酸底漆、环氧底漆
	铅	铁红醇酸底漆

	底漆类别	涂底漆的工艺					面漆类型				
							自干型面漆			烘烤型面漆	
		涂底漆	局部刮腻子		涂中间层	腻子修补	硝基瓷漆	高固体分硝基瓷漆	热塑性丙烯酸树脂瓷漆	氨基醇酸树脂涂料	热固性丙烯酸树脂涂料
按底漆和面漆的配套	硝基系	硝基系	硝基系	—	硝基系	—	○	○	○	×	×
		—	硝基系	—	硝基系	—	○	○	○	×	×
		—	—	—	硝基系	—	○	○	○	×	×
		—	—	—	—	硝基系	○	○	○	×	×
	油性硝基系	—	硝基系	—	合成系	—	○	○	○	×	×
		—	油性系	—	硝基系	—	○	○	○	×	×
	油性合成系	合成系	合成系	—	合成系	—	○	○	○	△	△
		—	油性系	—	合成系	—	○	○	○	△	△
		—	油性系	—	合成系	—	○	○	○	△	△
		—	油性系	—	合成系	—	○	○	○	×	×
		—	油性系	—	油性系	—	○	○	×	×	×
		—	—	—	油性系	—	○	○	×	×	×
		—	—	—	合成系	—	○	○	○	△	△
	聚酯腻子油性硝基系	聚氨酯类	聚酯系	油性系	油性系	—	○	○	○	×	×
		磷化底漆	聚酯系	硝基系	硝基系	—	○	○	○	×	×
		磷化底漆	聚酯系	油性系	合成系	—	○	○	○	×	×
	烘烤型	合成系	合成系	—	合成系	—	—	—	—	○	○
		—	—	—	合成系	—	—	—	—	○	○
		—	—	—	—	合成系	—	—	—	○	○

注：○—配合良好；△—在一定条件下可用；×—不可用；硝基系—硝化纤维素底漆；油性系—油性清漆系底漆；合成系—合成树脂系底漆（如酚醛改性醇酸树脂涂料），包括各种电泳漆。

耐 热 涂 层

表 1-7-54

序号	表面预处理	涂层系统	干燥规范		涂层厚度/μm	涂层特性	用途
			温度/℃	时间/h			
1	镁合金零件化学氧化	① 浸一层 H01-2 环氧酚醛清漆 ② 喷一层 H61-3 底漆 ③ 喷一层 H61-1 铝色耐热漆	<60 后 150~160 110~120	20~30min 3 4		较好的耐湿、耐盐雾、耐海水和耐热性能	涂于 300℃ 下工作的耐热零件（飞机）
2	铝合金阳极化；镁合金化学氧化或氟化；钢铁零件机械加工、吹砂磷化	① 涂一层 H61-1 环氧有机硅聚酰胺铝粉漆 ② 涂第二层 H61-1 环氧有机硅聚酰胺铝粉漆	室　温 室　温 后 100~120 或室温	30min 30min 4~3 7 天	20~30	对黑色金属、镁合金、铝合金零件表面具有较好的附着力，较好的耐汽油、耐润滑油、耐水、耐湿热、耐盐雾与人工老化性能，漆膜坚硬耐久	涂于长期在 300℃温度下工作的铝、镁、钢零件（发动机）
3	磷化	① 喷一层 W61-25 铝色有机硅耐热漆 ② 喷第二层 W61-25 铝色有机硅耐热漆	室　温 后 150~170 室　温 后 150~170	30min 2.5~2 30min 2		较好的耐热性能，经 500℃ ± 10℃、3h 后，其抗冲击强度 ≥150MPa	涂于在 300 ~ 500℃范围内工作的钢零件（发动机）
4	铝零件阳极化或化学氧化；钢铁零件吹砂、磷化	① 喷一层 H06-2 锌黄环氧酯底漆或铁红环氧酯底漆 ② 喷一层 W61-1 铝粉有机硅耐热漆	80~90 或 100~120 室　温 或 80~90 或 100~120	4~3 2~1 18~24 4~3 2~1		比两层 W61 耐热漆涂层的附着力好，但耐热性稍低	涂于 200~250℃ 下工作的耐热零件（飞机）
5	铝零件阳极化或化学氧化；钢铁零件吹砂、磷化	① 喷一层 W61-1 铝粉有机硅耐热漆 ② 喷第二层 W61-1 铝粉有机硅耐热漆	室　温 室　温 或 80~90 或 100~120	30min 18~24 4~3 2~1		有一定的耐蚀性，能室温干燥，但防护性不如 H61-1 耐热漆	涂于 200~250℃ 下工作的耐热零件（飞机）
6	吹砂、磷化	涂一层 600# 铝色有机硅耐热漆	180±5	2		经 600℃、200h，具有耐高温抗氧化、耐蚀性能，瞬间使用可耐 1200℃	适于 600℃ 下工作的碳钢、高温合金等高温部件

三防（防湿热、防盐雾、防霉菌）涂层系统

表 1-7-55

基体材料	表面预处理	涂层系统		涂层厚度/μm	涂层性能	说明
		底漆	面漆			
钢铁零部件	无处理或有处理（吹砂、镀锌、镀镉、氧化、磷化）	H06-2 铁红环氧酯底漆	13-4 各色丙烯酸聚氨酯瓷漆	40~60	优良的力学性能、耐介质性能、“三防”性能，优异的耐候性。漆膜光亮、丰满，具有良好的装饰性	
			B04-6 白丙烯酸瓷漆	35~55	漆膜耐光、耐候性优良，不泛黄，在湿热带气候下具有良好的稳定性	烘干（70～80℃）的漆膜比自干的漆膜防护性能好
			灰、黑色丙烯酸氨基半光瓷漆	40~60	漆膜坚硬，具有优良的耐候性能、“三防”性能和装饰性能	
			黑色丙烯酸氨基无光瓷漆	40~60	漆膜坚硬，具有优良的耐候性能、“三防”性能和装饰性能	
			丙烯酸氨基锤纹漆（银灰、蓝、绿、红色）	70~90	漆膜光泽好，防护性好，呈锤痕花纹	
			各色聚酯氨基橘形漆	80~100	花纹美观，色彩柔和，防护性能较好	
		无底漆	H61-1 铝色环氧有机硅聚酰胺耐热漆	40~60	漆膜坚硬、耐久，具有较好的附着力，耐汽油、耐润滑油、耐水、耐湿热、耐盐雾、耐霉菌，人工老化性能良好，耐热 300℃	
			各色环氧粉末涂料	40~120	涂层致密，附着力好，防护性能好，但涂层不够平整	
铜及铜合金零部件	钝化或氧化	H06-2 锌黄或铁红环氧酯底漆或不涂底漆	13-4 各色丙烯酸聚氨酯瓷漆	40~60	优良的力学性能、耐介质性能，优异的耐候性。漆膜光亮、丰满，具有良好的装饰性	有底漆的涂层防护性能比无底漆的好
			B04-6 白丙烯酸瓷漆	35~55	漆膜耐光、耐候性优良，不泛黄，在湿热带气候具有良好的稳定性	必须与底漆配套使用
			灰、黑色丙烯酸氨基半光瓷漆	40~60	漆膜坚硬，具有优良的“三防”性能和装饰性能	有底漆的涂层防护性能比无底漆的好
			黑色丙烯酸氨基无光瓷漆	40~60	漆膜坚硬，具有优良的“三防”性能和装饰性能	
			各色聚酯氨基橘形漆	80~100	花纹美观，色彩柔和，防护性能较好	

续表

基体材料	表面预处理	涂层系统		涂层厚度/μm	涂层性能	说明
		底漆	面漆			
铜及铜合金零部件	钝化或氧化	H06-2 锌黄或铁红环氧酯底漆或不涂底漆	丙烯酸氨基锤纹漆（银灰、蓝、绿、红色）	70~90	漆膜光泽好，防护性好，呈锤痕花纹	有底漆的涂层防护性能比无底漆的好
铝及铝合金零部件	阳极氧化或化学氧化	H06-2 锌黄环氧酯底漆或无底漆	13-4 各色丙烯酸聚氨酯瓷漆	40~60	优良的力学性能、耐介质性质、“三防”性能，优异的耐候性。漆膜光亮、丰满，具有良好的装饰性	有底漆的涂层防护性能比无底漆的好
			B04-6 白丙烯酸瓷漆	35~55	漆膜耐光、耐候性优良，不泛黄，在湿热带气候具有良好的稳定性	
			灰、黑色丙烯酸氨基半光瓷漆	40~60	漆膜坚硬，具有优良的耐候性能、“三防”性能和装饰性能	
			黑色丙烯酸氨基无光瓷漆	40~60	漆膜坚硬，具有优良的耐候性能、“三防”性能和装饰性能	
			丙烯酸氨基锤纹漆（银灰、蓝、绿、红色）	70~90	漆膜光泽好，防护性好，呈锤痕花纹	
			各色聚酯氨基橘形漆	80~100	花纹美观，色彩柔和，防护性能较好	
		无底漆	H61-1 铝色环氧有机硅聚酰胺耐热漆	40~60	漆膜坚硬、耐久，具有较好的附着力，耐汽油、耐润滑油、耐水、耐湿热、耐盐雾、耐霉菌，人工老化性能良好，耐热 300℃	
			各色环氧粉末涂料	60~120	涂层致密，附着力好，防护性能好，但涂层不够平整	

各种涂装类别所用油漆的通用技术要求（摘自 JB/T 5000. 12—2007）

表 1-7-56

产品类别		项目	指标	试验方法
A类产品	底漆	漆膜颜色及外观	颜色随油漆所用颜料而定,漆膜平整	按有关规定
		黏度(涂-4 黏度计)/s	≥40	
		细度/μm	≤60	
		硬度	2B	
		柔韧性/mm	≤2	
		冲击强度/kg · cm	50	
		附着力	1 级	
		耐盐水性(25℃±1℃,浸 48h)	不起泡、不生锈	
		对面漆的适应性	无不良现象	
		干燥时间	符合产品说明书规定	
	面漆	漆膜颜色及外观	符合标准样板及其色差范围平整光滑	
		黏度(涂-4 黏度计)/s	60~90	
		细度/μm	≤40	
		光泽/%	≥90	
		柔韧性/mm	1	
		冲击强度/kg · cm	50	
		附着力	2 级	
		耐水性 6h	允许轻微失光、发白,经 2h 恢复后小泡消失,失光率不大于 20%	
		耐汽油性(浸于 SH 0004—1990、SH 0005—1990 的 NY-120 溶剂油中,6h)	不起泡、不起皱,允许失光 1h 内恢复	
		干燥时间	符合产品说明书规定	
B类产品	底漆	附着力	2 级	
		固体含量/%	符合产品说明书规定	
		氧化型	55	
		其他类型	符合产品说明书规定	
		柔韧性/mm	≤2	
		耐盐水性(25℃±1℃,浸 96h)	漆膜无剥落、无起泡、无锈点,允许颜色轻微变浅失光	
		对面漆的适应性	无不良现象	
		干燥时间	符合产品说明书规定	
	面漆	漆膜颜色及外观	符合产品标准	
		细度/μm	≤40	
		附着力	≤2 级	
		固体含量/%	符合产品说明书规定	
		柔韧性/mm	1	
		耐候性(经广州地区 12 个月自然暴晒后测定)	漆膜颜色变色不超过 4 级,粉化不超过 3 级,裂纹不超过 2 级	
		干燥时间	符合产品说明书规定	

续表

<table>
<tr><th colspan="2">产品类别</th><th>项　　目</th><th>指　　标</th><th>试验方法</th></tr>
<tr><td rowspan="2">C类产品</td><td>底漆</td><td colspan="3">按 GB/T 9274 规定中第 5 章浸泡法并按 4.1.3 制板后浸入符合 GB 443 的 L-AN 中黏度等级(按 GB/T 3141)为 32 的润滑油中进行,经 48h 外观无明显变化
其他指标同 B 类产品底漆</td></tr>
<tr><td>面漆</td><td>附着力
柔韧性/mm
冲击强度/kg · cm
耐盐雾性,200h
耐盐水性(±30%盐水浸泡)
浸泡(25℃±1℃,21 天, 0℃±2℃,2h)
耐汽油性(浸于 SH 0004—1990、SH 0005—1990 的 NY-120 溶剂油中,21 天)
耐润滑油(浸入GB 443—1989 的 L-AN 黏度等级为 32 的润滑油中,21 天)
干燥时间</td><td>≤2 级
≤2
符合产品说明书规定
1 级
漆膜不起泡、不脱落

漆膜不起泡、不脱落

漆膜不起泡、不脱落

符合产品说明书规定</td><td rowspan="2">按有关规定</td></tr>
<tr><td colspan="2">D类产品</td><td>漆膜颜色及外观
附着力
冲击强度/kg · cm
耐盐水性(25℃±1℃,浸 24h)
耐热性(产品规定耐热最高温度下,100h)
干燥时间</td><td>漆膜平整光滑
≤2 级
≥35
不起泡、不生锈
漆膜完整、但允许失光
符合产品说明书规定</td></tr>
<tr><td rowspan="3">E类产品</td><td>底漆</td><td colspan="3">同 B 类产品</td></tr>
<tr><td>中间漆</td><td>附着力
耐盐水性(25℃±1℃,浸 21 天)
干燥时间:表干/h
实干/h</td><td>≤2 级
漆膜无脱落,允许锈蚀面积不超过 5%
符合产品说明书规定
不大于 24</td><td rowspan="2">按有关规定</td></tr>
<tr><td>面漆</td><td>附着力
耐盐水性(80℃±2℃,2h)
耐油性(浸于 SY1152 柴油机润滑油中,48h)
耐盐雾性(200h)
耐候性(经广州地区天然暴晒 12 个月后测定)
干燥时间</td><td>≤2 级
漆膜不起泡,不生锈、不脱落
漆膜不起泡、不脱落、无软化、无斑点
1 级
变色不超过 4 级,粉化不超过 3 级,裂纹不超过 2 级
符合产品说明书规定</td></tr>
</table>

涂装通用技术条件（摘自 JB/T 5000.12—2007）

1）所有需要进行涂装的钢铁制件表面在涂漆前，必须将铁锈、氧化皮、油脂、灰尘、泥土、盐和污物等除去。若焊接结构件成形后需要热处理，则除锈工序应放在热处理工序之后进行。除锈前先用有机溶剂、碱液、乳化剂、蒸汽等除去钢铁制件表面油脂、污垢。

2）钢铁制件表面的除锈方法、等级及适用范围见表 1-7-57。

表 1-7-57　钢铁制件表面的除锈方法、等级及适用范围

<table>
<tr><th colspan="2" rowspan="2">除锈方法</th><th colspan="6">除锈等级（GB/T 8923）</th><th rowspan="2">适用范围</th></tr>
<tr><th colspan="4">等效采用 SISO 55900—1967</th><th colspan="2">SSPC</th></tr>
<tr><td rowspan="2">手工及动力工具</td><td rowspan="2">使用铲刀、钢丝刷、机械钢丝刷、砂轮等工具除锈</td><td>St2</td><td>比较彻底地除去疏松的氧化皮、铁锈和污物</td><td rowspan="5">最后用吸尘器、清洁干燥的压缩空气或干净的刷子清理表面</td><td>表面呈现淡淡的金属光泽</td><td colspan="2" rowspan="2">SP2和SP3</td><td>凡与高温接触并且不需要涂耐热漆的钢铁制件</td></tr>
<tr><td>St3</td><td>比 St2 进一步除净疏松的氧化皮、铁锈和污物</td><td>表面具有明显的金属光泽</td><td>凡受设备限制，无法进行喷丸除锈的特大钢铁构件，钢铁构件形状特殊无法进行喷丸除锈的部位</td></tr>
<tr><td rowspan="5">喷射或抛射</td><td rowspan="5">喷射各种磨料除锈</td><td>Sa2</td><td>彻底地喷射除锈，除去几乎所有氧化皮、铁锈和污物</td><td>表面稍呈灰色</td><td>SP6</td><td>工业级喷射除锈</td><td>辅助部件或辅助设备及用于在轻度腐蚀性环境中的钢铁制件表面，与混凝土接触或埋入其中的钢铁制件</td></tr>
<tr><td rowspan="2">Sa2½</td><td rowspan="2">非常彻底地喷射除铁锈、氧化皮及污物，清除到仅剩有轻微的点状或条纹状痕迹</td><td rowspan="2">牢固附着的涂层应完好无损表面的其他部分，在不放大的情况下观察，应无可见的油污及疏松涂层、氧化皮、铁锈和外来杂质</td><td>SP10</td><td>接近出白级喷射除锈</td><td rowspan="2">主要部件或主要设备及用于腐蚀较强的环境下的钢铁制件表面，长期在潮水、潮湿、湿热、盐雾等环境下作业的钢铁制作，与高温接触并且需要涂耐热漆的钢铁制件</td></tr>
<tr><td rowspan="2">SP5</td><td rowspan="2">出白级喷射除锈</td></tr>
<tr><td rowspan="2">Sa3</td><td rowspan="2">喷射除铁锈到出白，完全除去氧化皮、锈和污物</td><td rowspan="2">表面呈现均匀一致金属光泽</td><td rowspan="2">与液体介质或腐蚀介质接触的表面，如油箱、减速机箱体、水箱的内表面</td></tr>
<tr><td colspan="2"></td></tr>
<tr><td>化学除锈</td><td>酸洗</td><td>Be</td><td colspan="2">彻底清除氧化皮、锈及残留的覆盖层</td><td>相当于 Sa3</td><td>SP8</td><td>酸洗、复式酸洗或电解酸洗</td><td>设备上各类钢铁管道不能喷丸的薄板件（壁厚小于 5mm）结构，复杂的中、小件及小型零件</td></tr>
</table>

3）用于制造结构件的钢铁板材及型材（壁厚大于 5mm），应预先进行喷丸或抛丸除锈，除锈等级为 Sa2½ 级，并立即涂保养底漆（车间底漆）即进行制造前的表面预处理，涂料技术要求见表 1-7-56，推荐厚度范围为 15~30μm，推荐涂料品种：无机硅酸锌底漆、环氧富锌底漆、磷化底漆及铁红环氧酯底漆。

4）各种涂装类别、产品使用环境、适用产品及部件范围、推荐涂层厚度及涂料品种见表 1-7-52。

表 1-7-58　钢材表面焊缝、边缘和其他区域的表面缺陷的处理等级（GB/T 8923. 3—2009）

缺陷类型			处理等级		
名称		图示	P1	P2	P3
1. 焊缝	1.1　焊接飞溅物	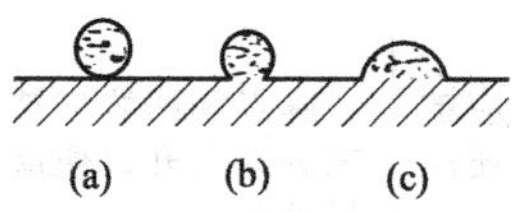 (a)　(b)　(c)	表面应无任何疏松的焊接飞溅物[见图示 a]	表面应无任何疏松的和轻微附着的焊接飞溅物[见图示 a 和 b]，图 c 显示的焊接飞溅物可保留	表面应无任何焊接飞溅物
	1.2　焊接波纹/表面成形	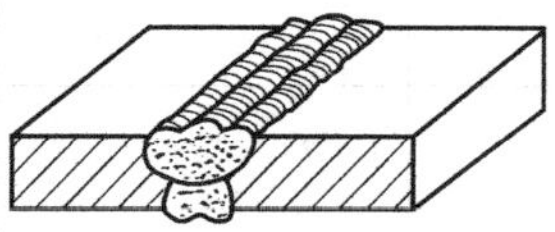	不需处理	表面应去除（如采用打磨）不规则的和尖锐边缘部分	表面应充分处理至光滑
	1.3　焊渣	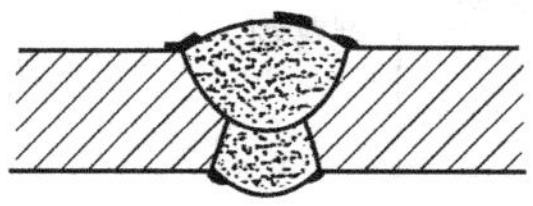	表面应无焊渣	表面应无焊渣	表面应无焊渣
	1.4　咬边	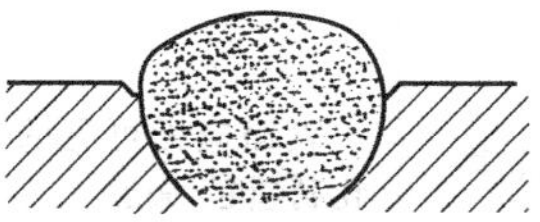	不需处理	表面应无尖锐的或深度的咬边	表面应无咬边
	1.5　气孔	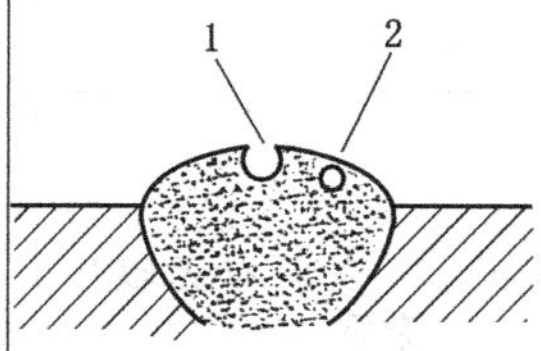 1—可见孔； 2—不可见孔（可能在磨料喷射清理后打开）	不需处理	表面的孔应被充分打开以便涂料渗入，或孔被磨去	表面应无可见的孔
	1.6　弧坑（端部焊坑）	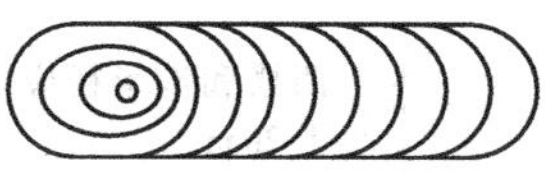	不需处理	弧坑应无尖锐边缘	表面应无可见的弧坑
2. 边缘	2.1　辊压边缘	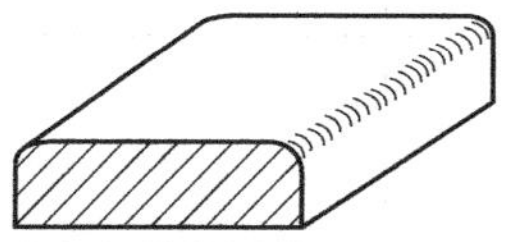	不需处理	不需处理	边缘应进行圆滑处理，半径不小于 2mm（见 ISO 12944-3）
	2.2　冲、剪、锯或钻切边缘	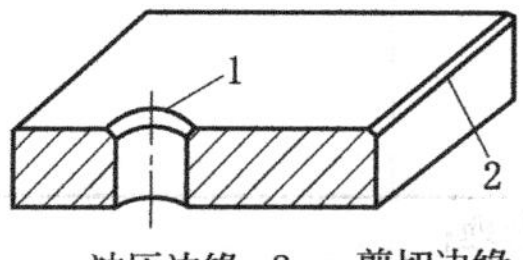 1—冲压边缘；2—剪切边缘	无锐边；边缘无毛刺	无锐边；边缘无毛刺	边缘应进行圆滑处理，半径不小于 2mm（见 ISO 12944-3）
	2.3　热切边缘	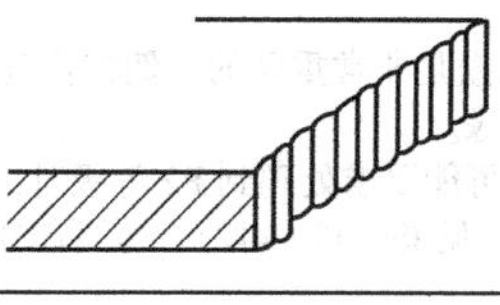	表面应无残渣和疏松剥落物	边缘应无不规则粗糙度	切割面应被磨掉，边缘应进行圆滑处理，半径不小于 2mm（见 ISO 12944-3）

续表

缺陷类型			处理等级		
	名称	图示	P1	P2	P3
3. 一般表面	3.1 麻点和凹坑		麻点和凹坑应被充分地打开以便涂料渗入	麻点和凹坑应被充分地打开以便涂料渗入	表面应无麻点和凹坑
	3.2 剥落 注:"shelling"、"slivers"和"hackles"都可用来描述该类缺陷。		表面应无翘起物	表面应无可见的剥落物	表面应无可见的剥落物
	3.3 轧制翘起/夹层		表面应无翘起物	表面应无可见的轧制翘起/夹层	表面应无可见的轧制翘起/夹层
	3.4 辊压杂质		表面应无辊压杂质	表面应无辊压杂质	表面应无辊压杂质
	3.5 机械性沟槽		不需处理	凹槽和沟半径应小于 2mm	表面应无凹槽,沟的半径应大于 4mm
	3.6 凹痕和压痕		不需处理	凹痕和压痕应进行光滑处理	表面应无凹痕和压痕

注：1. P1—轻度处理，在涂覆涂料前不需处理或仅进行最小程度的处理；

P2—彻底处理，大部分缺陷已被清除；

P3—非常彻底处理，表面无重大的可见缺陷。这种重大的缺陷更合适的处理方法应由相关各方依据特定的施工工艺达成一致。

2. 要达到这些处理等级的处理方法对钢材表面或焊缝区域的完整性无损是非常重要的。例如：过度的打磨可能导致钢材表面形成热影响区域，且依靠打磨清除缺陷可能在打磨区域边缘留下尖锐边缘。

结构上的不同缺陷可能要求不同的处理等级。例如：在所有其他缺陷可能要求处理到 P2 等级时，咬边（表中 1.4）可能要求处理到 P3 等级，特别是当末道漆有外观要求时，即使无耐腐蚀性要求（见 ISO 12944-2），也可能要求处理到 P3 等级。

5）铆接件相互接触的表面，在连接前必须涂厚度为30~40μm的防锈漆，所用涂料见表1-7-52中A、B类底漆的规定。搭接边缘应用油漆、腻子或粘接剂封闭。由于加工或焊接损坏的底漆，要重新涂装。

6）不封闭的箱形结构内表面，溜槽、漏斗、裙板内表面，平衡重箱内表面，安全罩内表面，在运输过程中是敞开的内表面等，必须涂厚度为60~80μm的防锈漆，所用涂料见表1-7-52中A、B类底漆的规定。木制品按要求涂清漆或色漆。

7）机器产品面漆颜色应符合用户的要求。如用户对机器产品面漆颜色无特殊要求，则由设计人员按表1-7-59选定，并在图样与技术文件中注明。

表1-7-59

	名称	面漆色别(GSBG 51001—1994)	名称	面漆色别(GSBG 51001—1994)
产品类别	热轧设备	淡绿(G02)、湖绿(BG02)、苹果绿(G01)、中绿(G04)、艳绿(G03)	工矿车辆	中灰(B02)、橘黄(YR04)、橘红(R05)、黑色
	冷轧设备	淡绿(G02)、湖绿(BG02)、苹果绿(G01)、豆绿(GY01)、天蓝(PB09)	冶金车辆	黑色
	装卸机械	橘黄(YR04)、橘红(R05)、中灰(B02)、棕(YR05)	连铸设备	纺织绿(GY02)、苹果绿(G01)、银白
	锻压机械、启闭机	淡绿(B02)、苹果绿(G01)、湖绿(BG02)、中绿(G04)、海蓝(PB05)	冶金机械、冶金除尘设备	淡灰(B03)、苹果绿(G01)、黑色
	矿山设备	橘红(R05)、淡黄(Y06)、黑色、苹果绿(G01)、豆绿(GY01)	破碎机械	淡灰(B03)
	焦炉机械、煤气化设备	苹果绿(G01)、纺织绿(GY02)、淡海蓝(B11)、中灰(B02)	造矿烧结设备	纺织绿(GY02)
			人造板设备	湖绿(BG02)
			橡胶设备	湖绿(BG02)
			水泥设备	淡灰(B03)

	名　称	面漆色别(按GSBG 51001—1994)
产品特殊部位	油箱、减速机壳体内表面及其内零件的涂漆面	奶油色(Y03)等浅颜色
	栏杆、扶手	黄色(Y06、Y07、Y08)
	操纵室的顶棚及内壁	半光浅色漆
	操纵室地板	铁红色(R01)
	盖板、走台板、辅板、楼梯板	与主机同色、黑色
	外露的快速回转件,如飞轮、带轮、联轴器、大齿轮等	大红色(R03)
	要求迅速发现的部位,如保险装置的手柄、开关刹车操纵把、润滑系统的油嘴、指示器表面极限位置的刻度	大红色(R03)

表1-7-60

管道类别	面漆颜色(按GB 7231—2003)	管道类别	面漆颜色(按GB 7231—2003)
稀油压油管	深黄色(Y08)	水管	淡绿色(G02)
稀油回油管	柠黄色(Y05)	高压水管	大红色(R03)
干油管	棕色(YR05)	暖气管	银灰色(B04)

续表

管道类别	面漆颜色（按GB 7231—2003）	管道类别	面漆颜色（按GB 7231—2003）
蒸汽管	铝色	煤气管	中(酞)蓝(PB04)
氧气管	淡酞蓝色(PB06)	电线管	中灰(B02)
压缩空气管	淡酞蓝色(PB06)	下水及粪便管	黑

8）机器在工作时容易碰撞的外表面，必须涂以宽度约100mm与水平面成45°斜度的黄、黑相同的“虎皮”条纹。如表面面积较小，条纹宽度可以适当缩小，与水平面的斜度可成75°，但黄条与黑条每种不得少于2条。

9）机器产品配管面漆颜色与机器面漆颜色相同；远离1m以外的配管颜色符合GB 7231—2003的规定，见表1-7-60。

10）漆膜要均匀，不可漏涂，边角、夹缝、螺钉头、铆焊处要先刷涂，后大面积涂装。在焊后和装配后无法涂漆的零件或部位，可在焊前和组装前涂漆。设备最后一层面漆应在总装试车合格后涂刷。

11）机器产品表面是否涂刮腻子应在图样与技术文件中注明。

12）涂层的检查项目及方法应符合本标准的规定。

13）在机器产品总图与技术文件中，应注明产品涂装类别、面漆颜色及其涂层厚度。对整机的使用环境按表1-7-52中的涂装类别进行标注，如“本产品涂装为A类”。不同于整机涂装类别的部件及部位，标注方法同整机，但必须在涂装类别前注明部件的图号、名称及部位。

14）涂装的面漆颜色，应按GSBG 51001—1994（见表1-7-58和表1-7-59）或GB/T 3181—2008标准规定标注颜色名称及代号，如“本产品面颜色苹果绿G01”。也可按油漆厂色卡（板）进行标注，但必须注明色卡的来源及其编号。不同于整机面漆颜色的部件及部位，也应进行标注，方法基本同整机，但必须注明部件的图号、名称及部位。机器产品涂层厚度按表1-7-52选用，并注明涂层厚度。

16　复合表面技术

将两种或多种表面技术以适当的顺序和方法加以组合，或以某种表面技术为基础，制造复合涂层（镀层、膜层）、复合改性层或表面复合材料的技术，称复合表面技术，又称第二代表面技术。

复合表面技术能够发挥不同种表面技术或不同种涂层材料各自的优势，取长补短，有机配合，可以得到最优的表面性能和最佳的使用效果。它是发展一系列高新技术的重要工艺保障。

16.1　以增强耐磨性为主的复合涂层

电镀、化学镀复合材料及其复合涂层

表1-7-61

类别	性能和应用
电镀、化学镀复合材料	复合材料是由两种或多种均匀相结合在一起而构成的多相混合物。它具有各个单相所不能获得的独特性能。采用电镀或化学镀，使金属和不溶性固体微粒共同沉积，可以获得各种微粒弥散金属基质复合镀层 复合镀层的性能主要取决于基质金属和固体微粒。目前国内外曾用于复合电镀的基质金属和固体微粒列于下表 耐磨复合电镀层多以镍为基质金属，也可以用铁、铬、镍合金等为基质金属，常用的固体微粒为各种氧化物、碳化物、氮化物、硼化物等陶瓷粉末；耐磨化学复合镀最常见的体系是Ni-P/SiC和Ni-P/金刚石 复合镀层耐磨性提高的主要原因是加入的固体微粒的耐磨性能比基质金属高，且微粒能够弥散强化基质金属镀层，并使镀层能保持一定的延性和韧性

续表

类别		基质金属	分散粒子	基质金属	分散粒子
	基质金属和固体微粒分散相的选择	Ni	Al_2O_3、Cr_2O_3、Fe_2O_3、TiO_2、ZrO_2、ThO_2、SiO_2、CeO_2、BeO、MgO、CdO、金刚石、SiC、TiC、WC、VC、ZrC、TaC、Cr_3C_2、B_4C、BN(α,β)、ZrB_2、TiN、Si_3N_4、WSi_2、PTFE、$(CF)_n$、石墨、MoS_2、WS_2、CaF_2、$BaSO_4$、$SrSO_4$、ZnS、CdS、TiH_2、Cr、Mo、Ti、Ni、Fe、W、V、Ta、玻璃、高岭土	Ag	Al_2O_3、TiO_2、BeO、SiC、BN、MoS_2、刚玉、石墨、La_2O_3
				Zn	ZrO_2、SiO_2、TiO_2、Cr_2O_3、SiC、TiC、Cr_3C_2、Al
				Cd	Al_2O_3、Fe_2O_3、B_4C、刚玉
				Pb	Al_2O_3、TiO_2、TiC、B_4C、Si、Sb、刚玉
		Cu	Al_2O_3、TiO_2、ZrO_2、SiO_2、CeO_2、SiO、TiC、WC、ZrC、NbC、B_4C、BN、Cr_3B_2、PTFE、$(CF)_n$、石墨、MoS_2、WS_2、$BaSO_4$、$SrSO_4$	Sn	刚玉
				Ni-Co	Al_2O_3、SiC、Cr_3C_2、BN
		Co	Al_2O_3、Cr_2O_3、Cr_3C_2、WC、TaC、ZrB_2、BN、Cr_3B_2、金刚石	Ni-Fe	Al_2O_3、Eu_2O_3、SiC、Cr_3C_2、BN
				Ni-Mn	Al_2O_3、SiC、Cr_3C_2、BN
		Fe	Al_2O_3、Fe_2O_3、SiC、WC、B、PTFE、MoS_2	Pb-Sn	TiO_2
		Cr	Al_2O_3、CeO_2、ZrO_2、TiO_2、SiO_2、UO_2、SiC、WC、ZaB_2、TiB_2	Ni-P	Al_2O_3、Cr_2O_3、TiO_2、ZrO_2、SiC、Cr_3C_2、B_4C、PTFE、BN、CaF_2、金刚石
		Au	Al_2O_3、Y_2O_3、SiO_2、TiO_2、ThO_2、CeO_2、TiC、WC、Cr_3B_2、BN、$(CF)_n$、石墨	Ni-B	Al_2O_3、Cr_2O_3、SiC、Cr_3C_2、金刚石
				Co-B	Al_2O_3、Cr_2O_3、BN

电镀、化学镀复合材料 — 电镀镍、钴、铁基复合镀层

① Ni-SiC(质量分数为2.3%~4.0%)复合镀层:在氨基磺酸盐镀镍溶液加入1~3μm的SiC微粒制成

耐磨性比普通镀镍层提高70%,且随摩擦时间增加,效果更为明显。用于发动机汽缸内壁,缸壁的磨损量为普通铁套汽缸的60%

固体微粒在镍基复合镀层中的含量对镀层的耐磨性影响较大。图b表明电镀Ni-SiC复合镀层的耐犁沟磨料磨损和耐擦伤磨料磨损能力均优于电镀镍层,且随SiC含量的增加而逐渐提高,但前者的变化不如后者显著

② Co-Cr_3C_2复合镀层:它在800℃以下仍能保持高的耐磨性,在400~600℃时其耐磨性远优于镍基复合镀层。图a为几种钴基和镍基复合镀层的高温耐磨性能

③ Fe-Al_2O_3和Fe-B_4C复合镀铁:Al_2O_3和B_4C粒度一般为3~7μm,添加量为30~55g/L。复合镀铁层的硬度为900~1000HV,其耐磨性对比见图b。该镀层在农机、交通、矿山设备的轴类零件、内燃机汽缸套及犁铧的表面强化与修复上应用较多

④ 纳米金刚石复合镀层:是将不同含量的金刚石粉(含金刚石27%~30%,石墨和无定形碳的纳米级金刚石粉,其颗粒为3~15nm,用混合酸处理后,得到纯度为90%以上的金刚石粉)与快速镍溶液混合后,用电刷镀方法制成。该复合镀层具有极好的耐磨、减摩性能,并随纳米金刚石粉含量的增加而提高,含量为50g/L时,其耐磨性比纯镍镀层高2倍,摩擦因数降低40%,镀层呈非晶化趋势

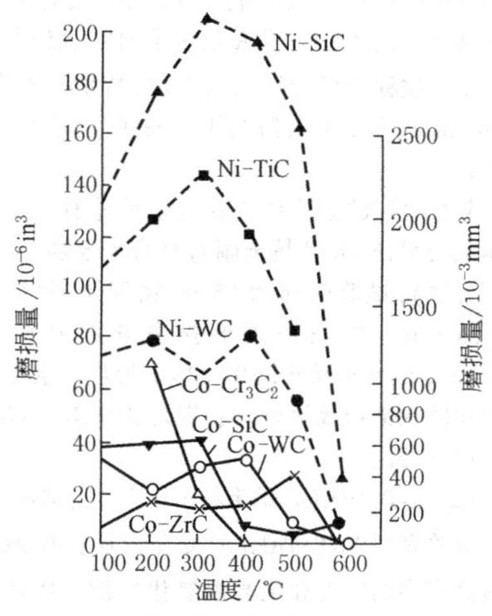

(a) 几种钴基和镍基复合镀层的高温耐磨性能

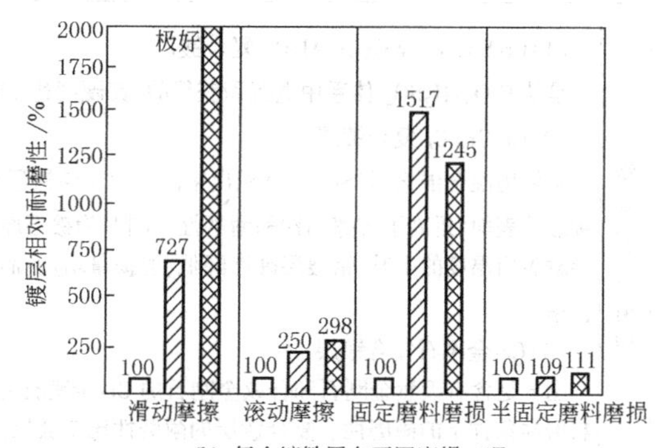

(b) 复合镀铁层在不同磨损工况下的相对耐磨性

续表

<table>
<tr><th colspan="2">类别</th><th>性能和应用</th></tr>
<tr><td rowspan="3">电镀、化学镀复合材料</td><td>电镀纤维复合材料</td><td>是含有连续的细丝或非连续的纤维增强金属基复合材料(用电沉积方法制得)
1)该复合材料用的纤维可以是金属的和非金属的。如钨、硼、石墨、钢、碳化硅、晶须(如 Al_2O_3、SiC)、玻璃等纤维,使其强度和刚度与金属的强度结合起来
2)纤维必须彼此隔开,排列方向应与载荷一致
3)实际采用的电镀成形工艺,有连续细丝缠绕法及交替缠绕和电镀法
4)连续细丝缠绕与电镀是同时进行的。导电纤维从溶液表面向缠绕物运动的行程中就发生了沉积,并由此导致复合材料中易出现孔洞;而对于绝缘纤维,沉积物并不在细丝上生成,仅仅是围绕它生长,并将其封闭。碳纤维尽管导电,但通常仅能以纤维束的形式获得。电镀不可能穿透纤维束的心部,为均匀覆盖,可将纤维束预先镀上金属基材料,然后再缠绕,并同时进行电镀
5)交替缠绕是缠绕一层纤维就接着镀一层金属
6)电成形纤维增强金属基复合材料适用于旋转体表面,其最高使用温度受纤维与基质金属的反应限制</td></tr>
<tr><td>化学镀镍、磷复合镀层</td><td>(1)Ni-B(P)-金刚石复合镀层
在 Ni-B 基镀层中,金刚石复合镀层的耐磨性比不加粒子的镀层或加入 Al_2O_3、SiC 的镀层优越得多,合成金刚石化学镀层又比天然金刚石复合镀层的耐磨性好;原因在于它表面的非催化活性、表面粗糙、有效多边缘及棱角,易于在镀层生长过程中被包裹住,而光滑的天然金刚石没有这个优点。人造金刚石价格便宜,容易控制尺寸。施镀金刚石的前处理很重要,尤其是合成产品,必须依次用浓 HNO_3、HCl 及 H_2SO_4 处理,溶去生产过程中可能混入的杂质,特别是具有活性的金属 Ni、Co、Cu、Fe 等,然后漂洗,干燥备用。金刚石的粒度以 1~6μm 为宜
复合镀层的耐磨性与其粒子尺寸有关。Yamline 耐磨试验结果表明,Ni-B 多晶金刚石复合镀层在粒子含量为 20%(体积分数),试验时间为 85min 情况下,对应粒子平均尺寸为 5μm、9μm、22μm 时的磨损率分别为 6.2μm/h、5.1μm/h、3.4μm/h,粒子尺寸以 9~22μm 为佳。也有试验证明,片状铝粉比球状铝粉效果好。右表是化学镀 Ni-B(P)-金刚石复合镀层耐磨性
<table>
<tr><th>镀层材料</th><th>试验时间 /min</th><th>磨损率 /$\mu m \cdot h^{-1}$</th></tr>
<tr><td>Ni-B</td><td>1/30</td><td>23000</td></tr>
<tr><td>Ni-B-9μm 多晶人造金刚石</td><td>85</td><td>5.1</td></tr>
<tr><td>Ni-B-9μm 天然金刚石</td><td>85</td><td>10.2</td></tr>
<tr><td>Ni-B-9μm 金刚石 B①</td><td>85</td><td>13.1</td></tr>
<tr><td>Ni-B-8μm Al_2O_3</td><td>9</td><td>109</td></tr>
<tr><td>Ni-B-10μm SiC</td><td>5</td><td>278</td></tr>
<tr><td>Ni-P-1μm 多晶人造金刚石</td><td>2</td><td>378</td></tr>
<tr><td>Ni-P-1μm 天然金刚石</td><td>2</td><td>732</td></tr>
</table>
① 金刚石 B 按美国专利 2.947.608~2.947.611 制造
(2)Ni-P-TiO_2(n)纳米粒子化学复合镀层
试验表面 Ni-P-TiO_2(n)复合镀层比单纯 Ni-P 合金镀层具有高得多的硬度和抗高温氧化性能。热处理后 Ni-P 合金镀层的硬度峰值在 400℃,而 Ni-P-TiO_2(n)化学复合镀层的在 500℃(见图)
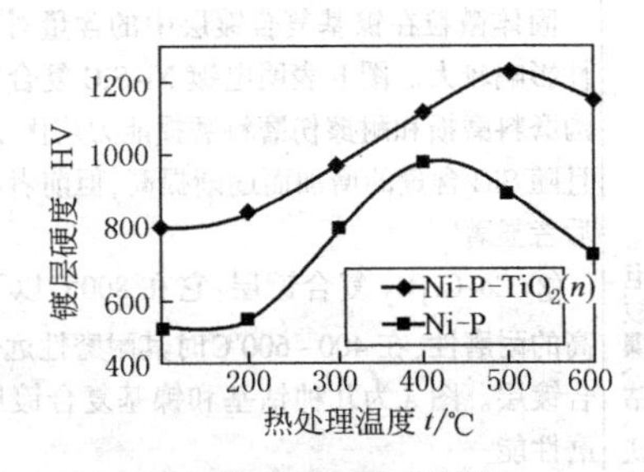

热处理对镀层硬度的影响</td></tr>
<tr><td>铬基复合镀层</td><td>(1)Cr-SiC、Cr-WC、Cr-Al_2O_3 复合镀层
是从 CrO_3-H_2SO_4 体系中电沉积获得的,其硬度达 1200~1400HV,耐磨性能比硬铬镀层高 2~3 倍以上(见图 a)
(2)Cr-$Cr_{23}C_6$ 复合镀层
是使用混合催化剂(SC-7)沉积出来的。由于该镀层在摩擦过程中的摩擦热所生成的钝化膜(Cr_2O_3)出现在与金属相接触的表面,提高了抗擦伤性和耐磨性。图 b 为镀层厚度一定时用磨损试验机的试验结果。试验表明,随着摩擦过程中接触表面温度的上升,铬镀层硬度降低,磨损量增加;而 Cr-$Cr_{23}C_6$ 复合镀层因形成了高强度的钝化膜,维持了较低的磨损率
(3)Cr-金刚石复合镀层
图 c 是含有天然金刚石和合成金刚石的 Cr-金刚石复合镀层[金刚石含量(质量分数)为 0.1%]与 Cr 镀层在擦伤型磨料磨损条件下的耐磨性。复合镀层的耐磨性比铬镀层大有提高,而且随着磨损试验时间延长,效果更显著。下表为几种铬基复合镀层的硬度和磨损率</td></tr>
</table>

续表

类别		性能和应用
电镀、化学镀复合材料	铬基复合镀层	（见下表及图）

镀层种类	微粒含量（质量分数）/%	显微硬度 HV	磨损率 $/10^{-5}mm^3 \cdot N^{-1} \cdot m^{-1}$
Cr-NbC	1.3		0.20
Cr-ZrO_2	1.4		0.35
Cr-ZrB_2	2.0	1200	0.26
Cr-NbC-h-BN	4.0	1000	0.08
Cr-ZrO_2-h-BN	2.2	1100	0.23
Cr-ZrB_2-h-BN	2.5	920	0.12
Cr-HfC	1.2	1000	0.29
Cr-HfC-h-BN	3.0	940	0.19
Cr-Al_2O_3	1.6	800	0.32
Cr-Al_2O_3-h-BN	2.1	860	0.14
Cr-HfB_2	2.0	1200	0.24
Cr-HfB_2-h-BN	2.5	1100	0.24

注：基质金属显微硬度：900；基质金属磨损率：0.54

大樾式耐磨试验
P=55N　v=0.94m/s
硬 Cr
Cr-0.98%SiC(2μm)
Cr-0.28%SiC(0.5μm)
Cr-0.48%SiC(0.5μm)
磨损量/mm³
摩擦距离/m

(a) Cr-SiC复合镀层耐磨性试验结果（与硬铬镀层对比）

硬铬
Cr-$Cr_{23}C_6$
磨损量/mm³
摩擦距离/m

(b) Cr-$Cr_{23}C_6$复合镀层磨损试验结果

滑动速度：0.208m/s；最终载荷：12N；旋转试样：45钢调质，表面电镀，镀层厚度15μm；固定试样：含石墨的金属基自润滑滑动轴承材料。试验时无油润滑

磨损量/mg·cm⁻²
转数/10²r

(c) Cr-金刚石复合镀层与Cr镀层磨料磨损试验结果

［CS-10（Taber磨损试验机），负荷9.8N］

1—Cr，20A/dm^2；2—天然金刚石，0.1%，20A/dm^2；

3—天然金刚石，0.1%，10A/dm^2；

4—合成金刚石，0.1%，10A/dm^2；

5—合成金刚石，0.1%，20A/dm^2

多层涂层

表1-7-62

类别	性能和应用
多层涂层	有些单相涂层，如已广泛应用的TiC、TiN和TiCN涂层尽管具有超硬、摩擦因数低、耐磨性、耐蚀性好，但难以同时具备高的硬度、良好的韧性、高的膜基结合强度和弱的表面反应性等综合性能，而合理设计和制备多层涂层，可以发挥不同单层复合镀层各自的优势，取长补短，有机配合，获得最优涂层性能，以及大的涂镀层厚度。电镀、化学镀、热喷涂、堆焊、熔接等都可制备多层膜（涂层）

续表

类别		性能和应用
多层涂层	双层复合镀层	(1) Ni-P/Ni-P-Al_2O_3 双层复合镀层 Ni-P 化学镀层具有低的孔隙率、较高的耐蚀性、与基体的结合强度高，而 Ni-P-Al_2O_3 化学复合镀层经适当的热处理之后，比 Ni-P 化学镀层具有更高的硬度及耐磨性，但该复合镀层使用中易脱落，耐蚀性低。如果在施镀 Ni-P-Al_2O_3 复合镀层前，先镀制 Ni-P 镀层作为底层，制成 Ni-P/Ni-P-Al_2O_3 双层复合镀层，则可将两种镀层的优点结合起来。试验证明，它的结合力和耐蚀性比单层复合镀层都好。与单层 Ni-P 和单层 Ni-P-Al_2O_3 相比，双层复合镀层经 400℃ 热处理后具有更高的硬度，耐磨性也最好 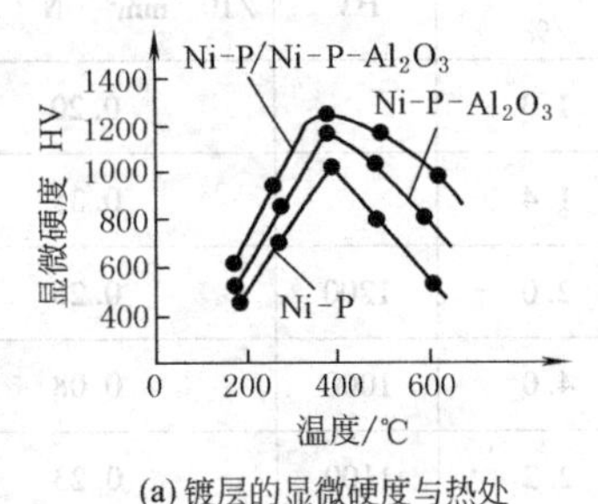 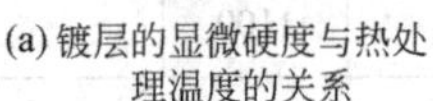 (a) 镀层的显微硬度与热处理温度的关系 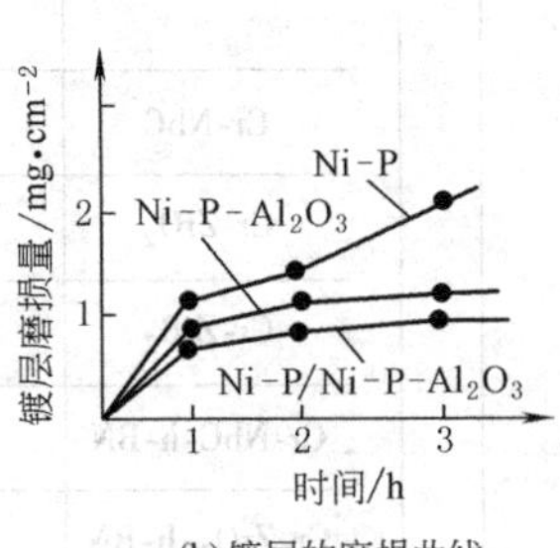 (b) 镀层的磨损曲线
	双层堆焊层	(2) GM1/ZO_3 双层堆焊层 GM1 是一种自行研制的具有很强奥氏体化能力的专用超高锰钢过渡层焊条。GM1 焊条熔敷金属的力学性能为：σ_b = 595MPa，σ_s = 220MPa，δ = 34%，硬度 212HBS，冲击吸收功（0℃时）180×10^6J。用于超高锰钢破碎机锤头（锰的质量分数为 16.5%~18.5%）的堆焊修复，采用“母材+中间过渡层+耐磨层”的双层堆焊层 超高锰钢锤头的堆焊应达到以下要求：① 和超高锰钢直接连接的材料及热影响区，必须有足够的韧性，保证堆焊层在堆焊应力和冲击力作用下不产生剥落及掉块；② 耐磨堆焊层必须具备优良的抗冲击、抗冲刷磨损的综合性能，即高硬度、高韧性 用 GM1 焊条堆焊过渡层后，再在过渡层上面用 ZD3 型堆焊焊条堆焊耐磨层。堆焊时基本采用冷焊工艺，减少基体在 300℃ 以上的停留时间，以避免超高锰钢锤体的性能恶化。采用这种双层堆焊修复后的超高锰钢破碎机锤头基体、过渡层、耐磨层相互间结合良好，未发生堆焊层剥落和掉块。在某水泥厂破碎机的 120kg 锤头修复试验中，一次破碎矿石达到 10 万吨，最高达到 13.5 万吨，使用寿命提高了 2.5~3 倍
	三层复合涂层	(3) TiC/TiCN/TiN 三层复合涂层 在气相沉积中，TiC、TiN、TiCN 和 α-Al_2O_3 都是面心立方晶格，具有相近的热膨胀系数、良好的互溶性和化学稳定性，可以作为复合涂层的子涂层。在 CVD 中，TiC 与基体元素在高温下能发生强烈相互扩散，可得到很高的结合强度，TiN 具有良好的化学稳定性和抗黏着磨损的能力，又呈美丽的金黄色，而 TiCN 的性能介于两者之间，故设计多层复合涂层时，常以 TiC 作底层，TiN 为表层，TiCN 为过渡层 用在 YG8 硬质合金拉丝模上的一种 TiC/TiCN/TiN 涂层，硬度为 2200~2250HV；过渡层 TiC_xN_{1-x} 中 x 为 0.3 左右。这种多层复合涂层拉丝模，经 300 多个模具批量生产试验表明：单位磨损（孔径扩大 0.01mm）生产量提高 1~4 倍，使用寿命长，断丝概率小，抗黏着性好，拉出的钢丝表面质量好 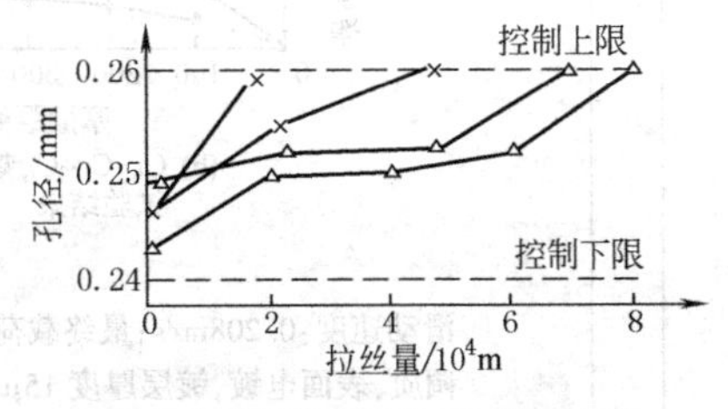 涂层与未涂层拉丝模的对比磨损曲线 △—多层涂层模；×—非涂层模（YG8）
	七层复合涂层	(4) TiC/TiCN/TiC/TiCN/TiC/TiCN/TiN 七层复合涂层 涂层厚度控制在 6~8μm。因为，CVD 陶瓷涂层脆性大，弹性变化范围很小，不宜太厚。而且钢基体的热膨胀系数比涂层大，在涂层与基体界面上会产生切应力，而此切应力又是厚度的函数，当涂层厚度在 6~8μm 以内，它可以忽略不计。涂层层数：实验表明，在厚度一定时，层数愈多，子涂层厚度愈小，这可使子涂层在晶粒形核后开始长大之际，即改涂新的子涂层时，避免晶粒择优取向连续长大，出现各向异性而降低涂层性能 在 Cr12MoV 钢上做的这种七层复合涂层，硬度为 3100HV，涂层与基体的结合强度比单相 TiC 涂层高 2 倍。涂在 9Cr18 钢上耐磨性比未加涂层的和单相涂层的都好，其相对耐磨性提高了 1.2~44 倍。涂层磨损表面形貌观测说明，多层涂层的强韧性也比较好，并显著提高了 9Cr18 不锈轴承钢的滚动接触疲劳寿命，额定寿命提高 4 倍；一些工厂对七层涂层镀制的各种 YG8 冷拉模、Cr12MoV 冷压模及刀具做了应用试验，使用寿命提高了 3~7 倍

续表

类别		性能和应用
	纳米多层膜	(5)纳米多层膜(纳米超点阵膜) 纳米多层膜一般是由两种在纳米尺度上的不同材料交替排列而成的涂层体系。由于膜层在纳米量级上排列的周期性，两种材料具有一个基本固定的超点阵周期。双层厚度约为5~10nm。该膜是广义上的金属超晶格，因二维表面上形成的特殊纳米界面的二元协同作用，表现出既不同于各组元，也不同于均匀混合态薄膜的异常特性——超模量、超硬度现象、巨磁阻效应和其他独特的机械、电、光及磁学性能等，在表面改性、强化、功能化改造及超精加工等领域极具潜力；在特定基材上沉积、组装纳米超薄膜，将会产生表面功能化的许多新材料，从而对功能器件、微型电机等机电产品的开发具有特别重要的意义 PVD法在制备纳米多层膜方面具有独特的优越性，可采用各种蒸发、溅射、离子镀方法，选择不同氮化物、碳化物、氧化物、硼化物等材料作物源，通过开启或关闭不同的源、改变靶的几何布置，或者工件旋转经过不同的源，能够方便地调节薄膜组成物的顺序和各层的厚度 利用PVD、CVD和电沉积技术已制出Cu/Ni、Cu/Pd、Cu/Al、Ni/Mo、TiN/VN、TiC/W、TiN/AlN等几十种纳米多层叠膜 M. Shinn等用磁控溅射制备了TiN/NbN、TiN/VN、TiN/VNbN超点阵膜，超点阵周期$\lambda=1.6\sim450$nm，TiN/NbN的$\lambda=4.6$nm，最高硬度49~51GPa(TiN硬度约21GPa，NbN硬度约14GPa)；Chen等制备了TiN/SiN_x纳米多层膜，TiN厚度2nm，SiN_x厚度0.3~1.0nm，最高硬度45GPa±5GPa，内应力显著降低；Yoon等制备了WC-$Ti_{1-x}AlN_x$纳米复合超点阵涂层，硬度50GPa。IBM等公司利用膜的巨磁阻效应，可使磁盘的磁记录密度增加许多倍，正在生产巨磁阻磁头产品；利用巨磁阻纳米多层膜存储芯在计算机开断时保持“记忆”的特性，制成了低噪声、快速、长寿命的MRAM。住友已有TiN/AlN纳米涂层铣刀出售，单层厚度2~3nm，层数超过2000层；法国汤姆逊公司利用巨磁阻效应正在开发用于汽车制动系统的新产品
多层涂层	多种膜层结合的复合膜层	在现代电子工业中，大量采用多种工艺，如电镀、氧化、溅射、蒸镀、金属有机化合物化学气相沉积、分子束外延等方法制成功能各异、多种膜层结合的复合膜层 (1)$In_2O_3/Y_2O_3/ZnS:Mn/Y_2O_3/Al$五层复合膜层 用在双层绝缘膜结构的高辉度、长寿命器件上(见图a) 该器件是在玻璃基板上蒸镀In_2O_3透明导电薄膜，其上形成厚约200nm致密的Y_2O_3高介电性绝缘膜，然后再蒸镀仅含有少量Mn的ZnS荧光体约500nm的薄膜作为发光层，接着在发光层上蒸镀一层厚度尽可能同前一绝缘膜相同的Y_2O_3膜，最后再蒸镀一层铝金属作为背面电极，制成三明治结构 为了提高绝缘膜与铝金属膜之间的附着性，在它们之间可形成厚约20~500nm的Al_2O_3膜。近年来，还在背面补加一层玻璃，以便在它与背面电极之间封入少量黑色的硅油，可以充分防止湿气从外面侵入，从而实现3万~5万小时的长寿命和高可靠性 (2)$Al_2O_3/ZnS:Mn/Al_2O_3$三层复合膜层 同样是双层绝缘膜结构器件，有的则采用原子束外延蒸镀法来制作发光层(ZnS:Mn)和绝缘层Al_2O_3，从而使发光效率得到大幅度提高。元件的结构如图b所示。在玻璃基板上用溅射法形成厚约50nm的ITO薄膜，其上用原子束外延生长法制作Al_2O_3和ZnS:Mn所形成的绝缘层-发光层-绝缘层的三层夹层结构 (3)$Al_2O_3/NiO/ZrO_2/Ni/Al/Al_2O_3/Cu/LaCoO_3$七层复合膜层 为了满足某功能的需要常要制备多层涂层，例如，一种高温固体电解燃料电池即用了七层，其顺序为：① Al_2O_3气密层；② NiO燃料电池层；③ 温度ZrO_2层；④ Ni/Al电流导出膜层；⑤ Al_2O_3气密保护层；⑥ Cu层；⑦ $LaCoO_3$空气电极层 磁性膜、磁线存储器、约瑟夫森集成电路等元器件也都采用多层膜结构

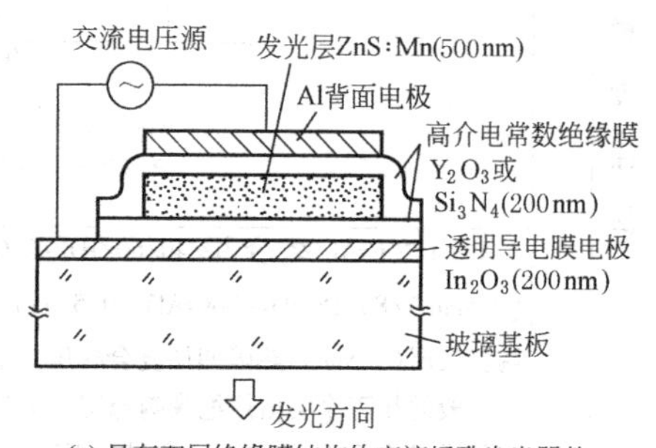

(a) 具有双层绝缘膜结构的交流场致发光器件

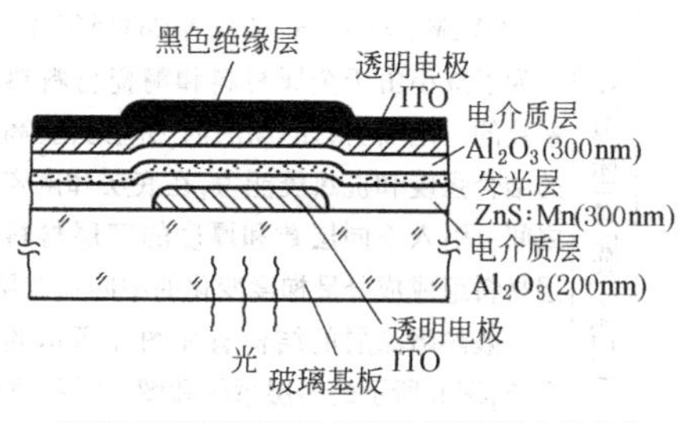

(b) 利用原子束外延法制作的交流场致发光器件

功能梯度涂层

表 1-7-63

类别		性能和应用
功能梯度涂层		在通常情况下,涂层与基体不属同一类材料,突变界面的涂层与基体间由于各自热膨胀系数不同等性能差异,存在较大的应力,导致涂层与基体结合不牢,涂层厚度也受到限制。功能梯度涂层可使基体到涂层的成分逐渐变化,形成一个缓和应力的过渡层。这样既保证了涂层与基体的结合,又保证了涂层使用要求的特殊性能 功能梯度涂层可用多种方法制备,如用热喷涂法,通过多次逐层喷涂,并随之变化成分,即可得到一定的梯度涂层。用IBAD法,在反应气分压一定时,通过变化蒸发速率或溅射速率也可方便地获得梯度涂层
	梯度涂层	(1)Ni-WC 梯度涂层 涂层内WC颗粒含量从基体到表面逐渐增多。图a示出该梯度涂层与普通激光重熔涂层硬度沿深度的分布曲线。图b示出该梯度涂层与对比涂层的累计磨损失重与行程的关系曲线。表明梯度涂层从基体到表面硬度缓慢上升,有一明显的过渡区,这种内韧外硬的涂层比普通激光重熔涂层的耐磨性提高很多 (2)Ta-W 梯度涂层 Ta-W合金是目前解决高初速、高射速火炮内膛表面烧蚀问题的较理想的涂层。为了增加涂层与基体的结合强度,某所进行了用磁控溅射法制备梯度过渡层的试验研究。靶材选用Ta-10W,过渡区的成分用调整靶的功率加以控制。设过渡区靶材的原子百分浓度为C,选用$C=X/D$,$C=(X/D)^2$,$C=(X/D)^{1/2}$(其中,X为距基体表面的距离,D为过渡层的厚度)三种曲线形式加以过渡,过渡区外再涂一层同厚度的纯Ta-10W层。AES等分析证明,过渡区内各元素变化形式与理论设计基本相符,过渡层与外层组织均为纤维状结构,且界面不明显,结合良好 (a) 梯度涂层与普通激光重熔涂层硬度沿深度分布 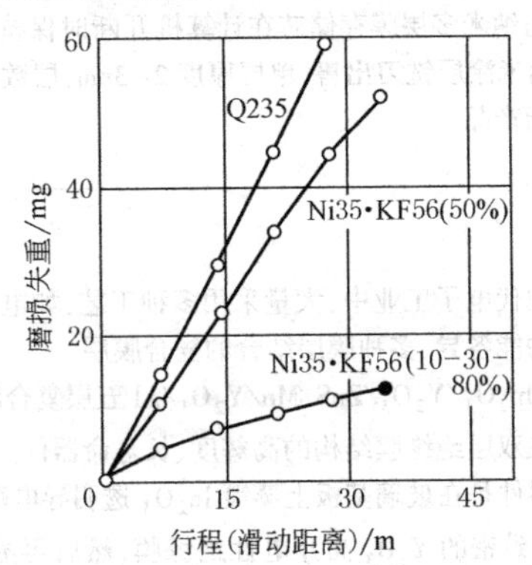 (b) 梯度涂层、普通激光重熔涂层与Q235钢基体累计磨损失重与行程的关系
	热障涂层(隔热涂层)	(3)NiCrAl 结合层/40/60ZrO_2-CoCrAlY(0.5mm)/85/15ZrO_2-CoCrAlY(0.5mm)/ZrO_2陶瓷表层(1.5mm)热障四层复合梯度涂层 一般的热障涂层由热绝缘陶瓷层(多使用稳定的或部分稳定的ZrO_2)和结合底层(多用MCrAlY,M是Fe、Co、Ni或NiCo)所组成 为了减小由于金属材料和陶瓷材料热膨胀系数的不同而引起的涂层内热应力,提高涂层的结合强度和抗热震能力,在底层和陶瓷表层之间可引入不同层数和厚度的底层材料和表层材料组成成分呈梯度变化的中间过渡层 (a) 双层热障涂层的结构和隔热原理 (b) 多层热障涂层的结构示意图 (c) 梯度热障涂层的结构示意图 几种热障涂层的典型结构 一般热障涂层的结构有如图a所示的双层系统,图b所示的多层系统和图c所示的梯度系统。其中双层系统由黏结层(过渡层)和隔热的陶瓷层组成;多层系统通常由黏结层、陶瓷隔热层、氧扩散阻碍层、耐蚀层和封闭层等组成 制备梯度热障涂层可用物理气相沉积和等离子喷涂等方法,由于等离子喷涂法沉积速度快,能在一个工艺过程中完成整个热障涂层的制备,因而目前常被采用。一些厚的梯度热障涂层已应用在柴油机的一些零件上,并具有巨大的应用前景。二维有限元模拟计算表明:四层2.5mm厚的热障复合梯度涂层能满足柴油机零件工况要求。它由NiCrAl结合层、40/60ZrO_2-CoCrAlY(0.5mm)、85/15ZrO_2-CoCrAlY(0.5mm)及1.5mm厚的ZrO_2陶瓷表层组成 梯度热障复合涂层在飞机发动机、陆地燃气轮机、柴油机、锅炉燃烧器等高温零部件上已有不同程度的应用

含表面热处理的复合强化层

表 1-7-64

类别	性能与应用
含表面热处理的复合强化层	与表面热处理有关的复合应是其组成工序的有机组合，它应使各道组成工序的性能优点都能充分保留，避免后道工序对前道工序有抵消作用

1. 复合热处理层

表面热处理与一般热处理或其他表面热处理的复合方法十分广泛，例如

复合方法		性能	复合方法		性能
与渗氮有关的复合表面热处理	调质+渗氮	使工件具有高强韧性的基体和高硬度、高耐磨性、高疲劳强度的表层	与渗碳和碳氮共渗有关的复合表面热处理	渗碳+渗硼	可在较厚的渗碳层表面覆盖一层0.1mm左右的渗硼层，得到一种具有强塑支承基体的硬度极高的表面，适于重载且要求有很高耐磨性的工件
	渗氮+淬火	使工件得到更有效的强化，硬度、强度、旋转弯曲疲劳强度普遍提高		渗碳+碳氮共渗	能在表面形成0.015~0.02mm的富碳氮层，具有很高的抗咬合、抗擦伤等能力
	氮化+回火	改善硬度分布，提高工件使用寿命		渗碳+渗铬	可增加碳化物层厚度，渗层下没有贫碳区，复合渗层具有高的硬度、疲劳强度、耐磨性、热稳定性和在各种介质中的耐蚀性（包括在铝合金、锌合金熔体中的侵蚀性）
	渗氮+蒸气处理	使渗氮层表面形成一层厚约数微米的均匀而致密的 Fe_3O_4，具有多孔性，坚硬而能储油，大大提高工件的使用寿命		渗碳+熔盐浸镀（TD法）	可在工件上涂覆一层5~10μm厚的NbC、VC、Cr-C等碳化物，它们与金属基体紧密结合的碳化物硬度高达1300~4000HV，具有极高的耐磨、耐蚀、抗咬合、耐热冲击等性能
	渗氮+渗磷	可使渗氮层表面形成一层磷酸盐膜，具有良好的减摩作用			
金属共渗+适当热处理	ЖС6-K合金铬铝共渗后，再经960℃×6h和1210℃×3h退火，抗热震性进一步提高				
	5ХИМ钢模具在铬钒共渗+渗氮，退火处理后，硬度、抗氧化性显著提高				

日本还发明了钢渗镍、铬和渗氮的工艺。经上述工艺复合处理的钢具有优良的耐磨性和耐高温腐蚀性能，适用于锅炉、热交换器、加热炉等承受高温腐蚀的部位

共渗与复合渗的目的是吸收各种单元渗的优点，弥补其不足，使工件表面达到更高的综合性能指标。下表列出了一些元素的共渗、复合渗层的主要性能及应用

类别	处理方法	工艺与渗层厚度/mm	性能特点及应用
含铝共渗及复合渗	Al-Si复合渗	粉末法：1000℃，8h，厚度：20钢，0.23mm；45钢，0.18mm；T8钢，0.175mm	提高零件热稳定性，如镍铬合金，奥氏体类、铁素体类耐热钢；可用碳钢、低合金钢经Al-Si复合渗代替高合金耐热钢；还可用于提高钛、难熔金属及其合金的耐高温气体腐蚀性
	Al-Cr共渗及复合渗	粉末法：1025℃，10h，厚度：10钢，0.37mm；1Cr18Ni9Ti，0.22mm	共渗用于提高钛、铜及其合金的热稳定性，提高零件抵抗冲蚀磨损和磨料磨损的能力，可用廉价钢种Al-Gr共渗代替高合金钢。复合渗主要用于防止高温气体腐蚀；提高零件持久强度和热疲劳性，如燃气轮机叶片、燃烧室及各种耐热钢制零件
	Al-B共渗及复合渗	提高热稳定性和耐磨性。适于防止镍铬合金、热稳定钢和热强钢制零件的高温气体腐蚀；可大大提高严重磨损条件下零件的使用寿命，如与熔融金属相接触的、受冲击载荷作用的、在高温下工作的零件；复合渗比共渗能使渗层获得较高浓度的Al和B	
	Al-Ti共渗及复合渗	粉末法：1000℃，6h	提高热稳定性、耐磨性和耐蚀性，但对提高钢的抗氧化性并不比单独渗Al优越
	Al-V共渗及复合渗		较单独渗Al有更高的热稳定性，可使钢的热稳定性提高数十倍，使钢在酸性水溶液中的耐蚀性提高1~2倍
	Al-Cr-Si共渗及复合渗	提高热稳定性和耐蚀、耐冲蚀磨损能力。对镍基热强合金，比单独渗Al的热稳定性提高50%，并有较高的热疲劳抗力；该渗层可用于保护中碳、高碳钢在硝酸、氯化钠水溶液中免受腐蚀；可使某些合金的耐蚀、耐磨损能力提高1~5倍。如用于防止直升机钼制发动机叶片的氧化，叶片边缘处温度可达1500~1600℃	
	Al-Ti-Si、Al-Zr-Si共渗	Al-Zr-Si共渗粉末法：800~1100℃，2~8h	提高热稳定性和在某些腐蚀介质中的耐蚀性，如可使碳钢在NaCl、盐酸和醋酸水溶液中的耐蚀性得到提高

续表

类别		性能与应用			
		类别	处理方法	工艺与渗层厚度/mm	性能特点及应用
含表面热处理的复合强化层	1.复合热处理层	含铬共渗及复合渗	Cr-Si 共渗	1000℃,10h,厚度 0.15;20h,厚度 0.20~0.25	提高耐磨(含冲蚀磨损)、耐蚀(汽蚀、气体腐蚀、电化学腐蚀)能力。渗层具有高的热稳定性和耐急冷急热性
			Cr-Ti 共渗	1100℃, 4h, 厚度 0.03~0.06	提高抗氧化、耐蚀、耐磨及耐汽蚀性,还可用于提高热稳定性。抗高温氧化及耐磨性均高于渗铬层。渗层表面硬度 2200HV
			Cr-Ti/V/Nb 复合渗	渗 Cr(或镀铬)后在含 V 或 Ti、Nb 的硼砂熔盐中扩散渗 V(或 Ti、Nb),900~1050℃,2~8h,厚度 0.01~0.02	在高硬度的 VC、TiC、NbC 与基体中间是碳化铬,使硬度逐渐降低,从而使其抗冲击剥落性、耐蚀性高于单一碳化物层。表面硬度 3000HV 以上(VC),或 2400HV 以上(NbC)
			Cr-RE 复合渗	渗铬盐浴中加适量稀土:950℃,4~8h,厚 0.01~0.015	提高渗铬速度改善渗铬层质量,使渗层耐蚀性、抗高温氧化性、耐磨性、韧性都得到提高
			Cr-V 共渗后再渗 N	Cr-V 共渗后气体渗 N: 1050℃, 8h, 540℃, 6h,共渗层 0.1~0.4,氮化物层 0.01~0.02	渗层抗高温氧化、耐磨性比渗铬或铬钒共渗好
		含硼共渗与复合渗	硼铝共渗与复合渗	用粉末法共渗:1100℃×6h,45 钢厚度 0.36;复合渗:900~1100℃ 渗硼,2~4h;1000℃渗铝,2~4h	钢铁和镍基合金硼铝共渗的目的是提高耐磨性和耐蚀性。硼铝复合渗也是为了获得硬度高、耐磨性和抗氧化性好的表层。主要用于高温下承受磨损和腐蚀的工件,如燃气轮机叶片、发动机的喷射器、火管、热锻模和挤压模
			硼硅共渗与复合渗	用粉末法: 1050℃×3h,45 钢厚度 0.24	改善渗硼层的高脆性,提高钢的抗氧化和耐蚀性能,表面硬度也有所提高
			硼锆共渗	膏剂法: 950℃, 2~10h,厚 0.04~0.1	改善渗层脆性,提高抗冲击载荷的能力。5CrMnMo 钢共渗后在 MLD-10 冲击磨损试验机上试验其磨损失重约为渗硼层的 1/4
			硼铬共渗与复合渗	如:膏剂法渗硼 900℃×(1~2)h+粉末法渗铬 1050℃×3h	渗层由铁、铬的硼化物以及碳化物组成,前者起硬质相作用,后者塑性较好,因而渗层的塑性和耐磨性,尤其在动载下比渗硼层好得多
			碳氮硼共渗	多用盐浴法:常用(730℃±10℃)×(4~6)h,厚度 0.36~0.46	进一步提高碳氮共渗零件的耐磨性。渗层表面硬度一般比碳氮共渗高 2~3HRC,耐磨性显著提高,但疲劳强度不如碳氮共渗
			氧硫碳氮硼五元共渗	气体法:(560℃±10℃)×(1~3)h,厚度 0.04~0.1	可得到单元渗难以实现的综合效果。主要用于高速钢刀具,能使其使用寿命稳定地提高 1~2 倍。工件表面乌黑美观

2.电镀(化学镀)、热处理复合强化层

(1)镀渗层

钢铁、铜及铜合金、铝及铝合金等材料表面电镀几种金属或合金,然后通过热扩散处理,可形成各种具有耐磨、减摩、耐蚀性能的镀渗层。下面列出几种钢铁、铝合金镀渗复合处理的技术性能

处理	工件材料	镀层材料	热扩散工艺	镀扩层组织、结构和硬度	耐蚀性	摩擦学性能(在 Falex 摩擦磨损试验机上进行试验)	适用范围
镀锡锑热扩散(Stanal 法)	碳素钢、合金结构钢、模具钢、不锈钢、铸铁粉末冶金件	以 Sn 为主,含 Sn7%~10%,可增加少量 Cd 以提高耐蚀性	在充氮炉膛中于 580~600℃ 保温 10~15h,高精度工件在精磨前于 600℃ 去应力再加工并电镀	表面为 1~2μm 富锡的减摩层,其下为以 FeSn 和 $FeSn_2$、Fe_3SnC 为主,硬度为 600~800HV 的扩散层,渗层深度为 10~30μm	在大气、海水、矿物油中耐蚀性良好,对碱性介质、硝酸钾溶液等有一定的耐蚀性	销子试样和 V 形块均为 35 钢,未经表面处理时,在 1500N 载荷下瞬时咬死,经 Stanal 处理则 7h 才咬死(试样置于水中);试样置于油中连续加载,未经处理件在 2600N 时咬死,经 Stanal 处理直至 25000N 仍运转正常	承载不重的轴、齿轮、滑动轴承、挺杆、部分蜗杆和蜗轮(某些情况下可用钢或铸铁代青铜)
镀铜锡热扩散(Forez 法)	碳素钢、工具钢、模具钢	以 Cu 为主,含 Sn 可达 30%	在氮气中加热到 550~600℃,持续 4~6h	表面为 1~2μm 富锡的减摩层,其下是 FeSn、$FeSn_2$、Fe_3SnC,硬度约为 450HV 的渗层,渗层深度 10~20μm,可深达 100μm	在大气、工业大气中有一定的耐蚀性,抗盐雾腐蚀性能明显提高	转速 300r/min 试样上涂凡士林,未经表面处理时 6000N 咬死,经 Forez 处理件直至 24000N 运行正常	减速器、轻工机械中的轻载齿轮、轴瓦、水泵零件、蜗轮(钢件处理可代黄铜、青铜)

续表

类别		性能与应用							
		处理	工件材料	镀层材料	热扩散工艺	镀扩层组织、结构和硬度	耐蚀性	摩擦学性能(在 Falex 摩擦磨损试验机上进行试验)	适用范围
含表面热处理的复合强化层	2.电镀(化学镀)、热处理复合强化层	镀锡镉或锑热扩散(Delsun 法)	铜、青铜和黄铜	一般镀 7~10μm Sn、Cd 或 Sb,铝青铜基体加厚至 10~12μm	无需在保护气氛中加热,于空气中加热至 410~430℃,保温 8~14h	表面是抗咬死性能良好的 Cu-Sn-Cd 合金薄层,其下是 Cu_2Sn、Cu_4Sn 等化合物,硬度为 480~600HV,渗层深度约 30μm 为宜	在大气、海水及矿物油中耐蚀	销子为铜合金,V 形块是渗碳、淬火和回火的 15CrNi3A 钢,摩擦速度为 0.1m/s,经过 Delsun 处理的 QSn12 和 HPb59-2 的摩擦学性能显著提高同时提高接触疲劳强度	青铜与黄铜齿轮、蜗轮、油泵壳体、轴承、铜质模具、过滤板
		镀铜热扩散(Zinal 法)	铝与铝合金	In、Cu,可加少量 Zn 以提高结合力	在一般加热炉中于 150~165℃ 保温 4~8h	表面为 1μm 左右的富铟抗咬死层,其下为 In-Cu 化合物,硬度约为 200~250HV,镀渗层深度为 10~50μm	耐蚀性能有所改善	销子是含铜及少量镁、锰的铝合金,V 形块为调质的 35 钢,以 0.1m/s 速率在水中试验,未经处理件在 500N 载荷下瞬时烧伤,经过 Zinal 处理则经 1h 才开始擦伤	铝合金武器零件、水龙头、活塞、滑轮等

在渗铝以前进行镀镍、镀铂(有时渗钽、渗铌)可以在金属表面形成一层扩散屏障,以阻滞在高温服役条件下铝的二次扩散,提高渗层的使用寿命。如 527 铁基合金先镀镍,然后进行 750℃×(6~8)h 的粉末渗铝,形成 40~70μm 的镀镍渗铝层,由 $FeAl_3$、Fe_2Al_5、Ni_2Al_3 组成,硬度 850~1000HV;若采用铝铬共渗则层厚为 25~35μm。800℃×100h 氧化试验的增重,未经表面处理、渗铝、镀镍+渗铝、镀镍+铝铬共渗的表面依次为 37.8g/m²、5.4g/m²、1.9g/m² 和 2.8g/m²。

铝铬共渗前渗钽用于镍基和钴基合金,可有效防止铝铬共渗层的再扩散,明显提高渗层的高温疲劳强度和抗高温氧化、硫蚀性能。

(2)电镀(化学镀)+热处理

下表为 45 钢经不同热处理+表面处理后,在"球-盘"试验机上进行的摩擦磨损对比试验结果。试验中上试样是固定的 GCr15 钢球,下试样是 45 钢制成的圆盘

盘试样(45钢)处理工艺	试验结果	对比说明
1—860℃ 水淬和 200℃ 回火,硬度 627HV 2—860℃ 水淬和 200℃ 回火,硬度 627HV,刷镀 Ni-Cu-P 镀层(Ni64%,Cu34%,P2%),硬度 961HV 3—860℃ 水淬和 590℃ 回火,硬度 243HV,刷镀 Ni-Cu-P 镀层,硬度 904HV 4—860℃ 水淬和 550℃ 回火,硬度 487HV,离子渗氮,电压 370V,电流 7.6A,(540~560℃)×13h,硬度 478HV 5—860℃ 水淬和 550℃ 回火,硬度 487HV,离子渗氮加刷镀 Ni-Cu-P 镀层,硬度 502HV	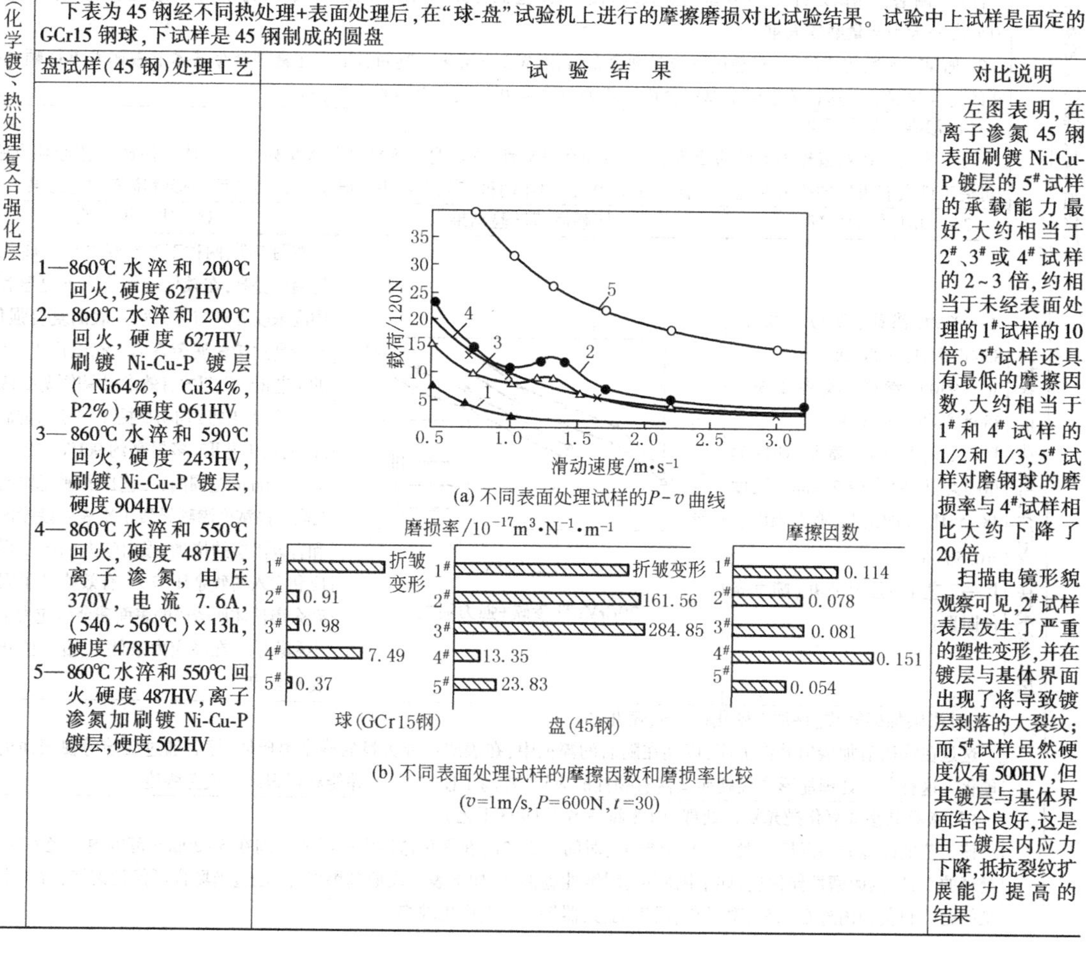 (a) 不同表面处理试样的 $P-v$ 曲线 (b) 不同表面处理试样的摩擦因数和磨损率比较 (v=1m/s, P=600N, t=30)	左图表明,在离子渗氮 45 钢表面刷镀 Ni-Cu-P 镀层的 5# 试样的承载能力最好,大约相当于 2#、3# 或 4# 试样的 2~3 倍,约相当于未经表面处理的 1# 试样的 10 倍。5# 试样还具有最低的摩擦因数,大约相当于 1# 和 4# 试样的 1/2 和 1/3,5# 试样对磨钢球的磨损率与 4# 试样相比大约下降了 20 倍 扫描电镜形貌观察可见,2# 试样表层发生了严重的塑性变形,并在镀层与基体界面出现了将导致镀层剥落的大裂纹;而 5# 试样虽然硬度仅有 500HV,但其镀层与基体界面结合良好,这是由于镀层内应力下降,抵抗裂纹扩展能力提高的结果

续表

类别	性能与应用
含表面热处理的复合强化层	

3. 铸渗复合层

机理 铸渗复合法是在铸型型腔壁上涂敷、贴固一定粒度的合金粉末膏剂（铸渗膏剂），然后将液态金属倒入，液态金属浸透膏剂的毛细孔隙中，靠其热量熔融膏剂并与基体表面熔合为一体。由于界面处的扩散渗透，在铸件表面上形成一定厚度且与基体组织、成分、性能截然不同的合金耐磨覆层——铸渗复合涂层

特点 铸渗法在砂型铸造、精密铸造和压力铸造中均可应用。基体材料可为各种铸钢和铸铁

铸渗膏剂选用 制作耐磨铸渗膏剂，一般选用耐磨性好、熔点较低的高铬白口铁合金粉末，或在其中加入碳化物硬颗粒，再加入1%左右的熔剂（硼砂等）及适量的黏结剂（水玻璃、聚乙烯醇等）调成膏状，或将膏剂压成一定形状备用

合金膏剂获得最大浸透深度的粉末粒度为0.06～0.50mm，制备薄铸渗涂层粉末粒度为0.20～0.32mm。膏剂层厚度一般为铸件厚度的1/10以下，当膏剂涂层厚度小于5mm，铸渗层厚度相当于1～3倍膏剂厚度

WC颗粒复合铸渗层

WC颗粒复合膏剂系列	复合铸渗层磨损面中WC颗粒的面积比/%	相对耐磨性 ε	WC颗粒复合膏剂系列	复合铸渗层磨损面中WC颗粒的面积比/%	相对耐磨性 ε
30MnSiTi 铸钢	0	1.0	高铬白口铁+WC（铸态）	47.3	24.5
30MnSiTi+WC（铸态）	53.6	31.2		44.5	21.4
	19.9	14.3		41.7	20.2
高铬白口铁+WC（950℃淬火，250℃回火）	48.2	21.4		25.0	19.2
	11.7	12.8		0	1.8
	5.3	4.0			

高铬白口铁铸渗层

膏剂系列	铸渗层化学成分（质量分数）/%						涂层厚度/mm	铸渗层平均厚度/mm	热处理状态	硬度HRC	相对耐磨性 ε
	C	Cr	Mo	Cu	V	Fe					
Cr	3.84	20.3	—	—	—	余量	2.5	2.7	950℃淬火，250℃回火	60	1.76
Cr-Mo-Cu	2.45	16.8	1.74	0.14	—	余量	2.5	3.4		58	2.45
Cr-V	2.45	15.8	—	—	0.99	余量	2.5	3.0		60	2.74
30MnSiTi 铸钢标样										48	1.00

注：1. 耐磨性测试条件：ML-10型销盘式磨料磨损试验机；30MnSiTi 铸钢标样，磨料为106μm刚玉砂纸，载荷49N，用万分之一天平测量磨损失重

2. 加WC颗粒的铸渗层，浸透过程中膏剂合金熔化，WC不熔化。凝固后形成在膏剂合金基体上嵌镶着WC颗粒硬质相的复合铸渗层。这种铸渗层中WC含量一般为30%～70%，粒度为900～590μm

4. 表面热处理与其他表面技术复合层

（1）渗碳加强力喷丸

可以提高变速箱齿轮等工件的疲劳强度、寿命和可靠性，尤其是表面能获得大量残余奥氏体的渗碳工艺经喷丸强化可使工件具有很好的疲劳性能。下面是20CrMnTi钢在两种工艺参数下渗碳加强力喷丸后的接触疲劳试验结果

20CrMnTi钢的处理工艺	接触疲劳试验结果	对比说明
Ⅰ—930℃渗碳，碳势1.05%，850℃淬油，190℃回火 Ⅱ—930℃渗碳，碳势1.3%，880℃淬油，190℃回火 Ⅲ—工艺Ⅰ+强力喷丸（HC-34型喷丸机，用直径2.8mm、硬度48～55HRC的钢丸，喷丸强度 f_a=0.56mm） Ⅳ—工艺Ⅱ+强力喷丸（喷丸条件同Ⅲ）	20CrMnTi 渗碳+强力喷丸	左图表明，两种工艺经喷丸后其疲劳寿命均明显提高，在较低接触应力下更显著。其中高浓度渗碳与强力喷丸表面复合强化，具有最高的接触疲劳寿命。测试得出，高碳势的工艺Ⅱ比工艺Ⅰ的有效渗层深度增加18.8%；喷丸后表层硬度均明显提高，工艺Ⅰ提高50HV左右，而工艺Ⅱ最多提高约90HV。在次表层0.3～1.0mm范围内，工艺Ⅳ的硬度均比工艺Ⅲ高。高浓度渗碳导致了次表层硬度的提高和有效渗层的增加，强力喷丸的形变强化效应和引入的残余压应力，有效弥补了因大量残余奥氏体所造成的表面残余压应力下降的不利影响。在高应力条件下，复合强化效果受到影响

（2）渗碳加碳氮共渗+加工硬化（压迫、喷丸等）

这是在渗碳后加碳氮共渗工序，以期在随后的淬火中，在表层形成大量的残余奥氏体，然后通过压迫等使表面进一步硬化。这种复合处理能形成很硬而又富有韧性的表层，提高了使用寿命，并能获得很高的疲劳强度

（3）碳氮共渗加氧化抛光复合处理（国外商品名为QPQ工艺）

该工艺的碳氮共渗温度一般为540～580℃，时间0.5～3h，在氧化盐浴中的浸渍时间在5～20min范围内。经QPQ工艺处理的工件，其耐磨性能优良，如下图所示，耐蚀性也很高，如下表。表面乌黑发亮，在适当场合可代替镀铬，解决电镀污染问题。目前国内外在汽车、摩托车、照相机、兵器等零件上应用较多

续表

类别		性能与应用

含表面热处理的复合强化层 — 4. 表面热处理与其他表面技术复合层

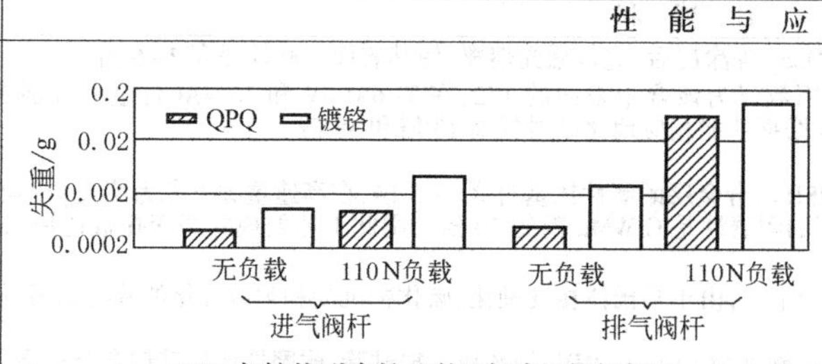

QPQ 与镀铬耐磨性比较(发动机阀门杆)

QPQ 工艺与几种电镀层盐雾试验结果

表面处理	每 24h 失重/$g \cdot m^{-2}$
QPQ 工艺	0.34
12μm 硬铬	7.1
20μm 软铬+25μm 硬铬	7.2
20μm 硬铬	2.9
37.0μm 铜+45.0μm 镍+1.3μm 铬	0.45

(4)在 Al 或 Al-Ti 渗层中嵌夹 Al_2O_3 陶瓷

该工艺可使渗层具有非常优异的抗高温氧化、抗热疲劳和抗冲蚀磨损性能。用固体粉末法时，先将 Al_2O_3、TiO_2(粒度为 1~20μm)和黏结剂(丙烯酸树脂溶于甲苯或丙酮)按比例调成料浆，用刷涂，浸渍或喷涂等方法涂敷于零件表面，干燥后埋入由 60% Al_2O_3+40%渗剂(34%Al+61%Ti+5%碳粉)另加 0.2%NH_4F 组成的粉末中，在氢气保护下 1050℃保温 3~4h，钛与铝的卤化物气体透过陶瓷层与基体产生互扩散，形成以铝为主的铝钛共渗层，陶瓷嵌夹在渗层内。含陶瓷层厚度约 25μm，渗层厚度为 50μm。除粉末法外，还可用电泳法或熔浴法获得这种渗层。用镍基合金渗铝及渗铝夹嵌陶瓷进行对比试验发现，后者的氧化失量率下降到渗铝层的 2%以下，热腐蚀试验的失效时间是渗铝层的 4 倍以上

含激光处理的复合强化层及其他表面技术的复合

表 1-7-65

类别		性能和应用

含激光处理的复合强化层 — 1. 激光制备表面复合涂层

利用高密度能源的激光束对金属表面进行改性和强化，制备各种高性能的复合涂层

(1)激光熔覆复合涂层

目前对激光熔覆的研究主要是在一般材料表面包敷 Co 基、Ni 基、Cr 基等合金及 WC、TiC、Al_2O_3 等陶瓷材料，以提高所需的表面性能。激光熔覆工艺常用的基体材料、熔覆材料及应用范围如下表

基体材料	熔覆材料	应用范围
碳钢、铸铁、不锈钢、合金钢、铝合金、铜合金、镍基合金、钛基合金等	纯金属及合金，如 Cr、Ni 及 Co、Ni、Fe 基合金	提高耐磨、耐蚀、耐热等性能
	氧化物陶瓷，如 Al_2O_3、ZrO_2、SiO_2、Y_2O_3 等	提高绝热、耐高温、抗氧化等性能
	金属、类金属与 C、N、B、Si 等元素组成的化合物，如 WC、TiC、SiC、B_4C、TiN 等并以 Ni 或 Co 基材料为黏结金属	提高硬度、耐磨性或耐蚀性等

①Ni-Cr-B-Si(基体)+Ni(WC)。是一利用激光熔覆的陶瓷涂层。用来解决沙漠汽车风冷发动机缸套极易磨损的问题，取得显著成效

它是以 Ni-Cr-B-Si 为基础合金，加入 50%左右的镍包碳化钨——Ni(WC)陶瓷作为硬质相，通过热喷涂进行预置，而后用激光将其熔覆。熔覆后的(铸铁缸套)表层可分为熔覆层、淬硬区和铸铁基体三个区域。熔覆层与基体为冶金结合。熔覆层组分比较均匀，无缺陷、无裂纹，在软基体上弥散分布着 WC 颗粒。熔覆层的硬度分布如图所示，其耐磨性提高达 6 倍以上

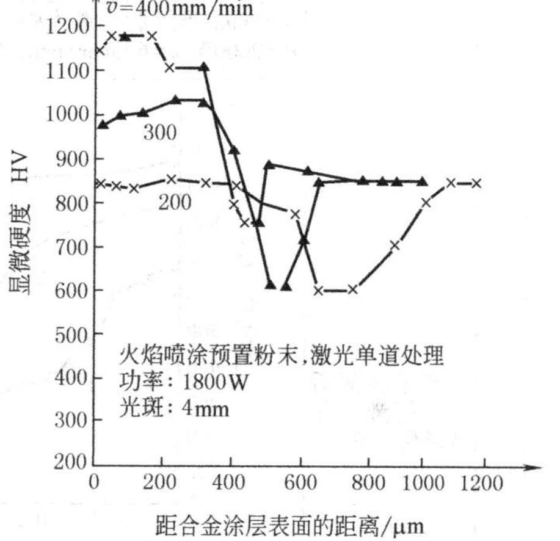

热喷涂+激光熔覆陶瓷涂层硬度分布
[Ni60 :Ni(WC)= 1 :1 合金粉末]

②20Ni4Mo(基材)+Ni60(WC 颗粒尺寸 450~900μm，含量 60%)激光熔覆粗颗粒 WC 复合涂层后续渗碳淬火，经干砂磨损试验机试验及金相分析表明，其耐磨性明显优于氢原子焊层和氧-乙炔焊层，原因在于复合涂层 WC 颗粒的烧损程度低和硬度高。这种含粗颗粒 WC 的陶瓷涂层在冶金、矿山、煤炭、石油等工业部门承受严重磨粒磨损的零件中得到成功的应用

③15MnV(基材)+Ni(WC)激光熔覆涂层，硬度达 1090~1150HV，耐磨性较基材提高 2 倍以上

④60 钢(基材)+(WC)碳钨激光熔覆涂层，硬度最高达 2200HV 以上，耐磨料磨损为 60 钢的 20 倍左右

⑤铸铁+FeCrNiSiB(自熔性合金)激光熔覆涂层的耐磨性比基材提高 4~5 倍

⑥将 Ni-Al-Cr-Hf 合金粉末涂于 Rene-80 合金上进行激光熔覆，可显著提高其在 1200℃时的抗高温氧化性能；Incoloy800 合金表面激光熔覆 Ni-Cr-Al-Zr-Y 涂层，大大改善基材抗高温氧化性能

续表

类别		性能和应用
含激光处理的复合强化层	1. 激光制备表面复合涂层	⑦在ZL109铝合金表面涂Si、WC、Al_2O_3、MoS_2等涂层后，进行激光熔覆，使其表面耐磨性提高2~6倍 ⑧在Ti-6Al-4V合金表面熔覆TiC，其摩擦因数仅为该合金表面的1/2；在Ti-6Al-4V和2024Al合金上分别激光熔覆TiC和WC陶瓷，熔覆层的耐干砂橡皮轮磨粒磨损性能相应地比基材提高13倍和38倍 （2）激光合金化复合涂层 ① 对45钢进行NiCr合金化后，硬度为728HV，合金层耐磨性比基材高2~3倍，在高速重载下尤为明显；在45钢上制备的TiC-Al_2O_3-B_4C-Al激光合金化复合涂层的耐磨性是CrWMn钢的10倍。用此工艺处理的磨床托板比原CrWMn钢制托板寿命提高了3~4倍 ② 在工具钢表面进行W、WC、TiC的激光合金化，由于马氏体相变硬化、碳化物沉淀和弥散强化的共同作用，使合金层耐磨料磨损性能明显提高 ③ 铝硅合金经激光Ni、Cr合金化后，合金层硬度为140~180HV，经环块磨损试验，耐磨性比原硅铝合金提高2~4倍 ④ Ti合金利用激光碳硼和碳硅共渗的方法实现了表面合金化，硬度由299~376HV提高到1430~2290HV，与硬质合金对磨时，合金化后耐磨性可提高两个数量级 ⑤ 20CrNiMo和20CrNi4Mo钢在渗碳、渗硼后，经激光熔覆使合金元素重新分布并均匀化，消除了Fe_2B相的择优取向。可使硬度略有增加，并提高了耐低应力磨料磨损性能 激光合金化处理所用的基材（基本材料），添加的合金元素及获得的表面硬度如下表

基体材料	添加的合金元素	硬度 HV	基体材料	添加的合金元素	硬度 HV
Fe、45、40Cr	B	1950~2100	工业纯钛	化合物 金属 非金属	1600~2300 820~930 570~790
45、GCr15、TC6、工业纯Ti	MoS_2、Cr、Cu	耐磨性提高2~5倍			
T10	Cr	900~1100	Fe	石墨 TiN、Al_2O_3	1400 2000
ZL104铸铝合金	Fe	480			
Fe、45、T8A	Cr_2O_3、TiO_2	达1080	45	WC+Co WC+Ni+Cr+B+Si WC+Co+Mo	1450 700 1200
Fe、GCr15	Ni、Mo、Ti、Ta、Nb、V	达1650			
1Cr12Ni12MoV	B 胺盐	1225 950	铬钢	WC TiC B	2100 1700 1600
Fe、Q235、45、T8	C、Cr、Ni、W、YG8	达900			
Cr18Ni9	TiC	58HRC	铸铁	FeTi、FeCr、FeV、FeSi	300~700

（3）其他含激光处理的复合强化层

类　别	处理工艺	性　能
先电镀再进行激光表面处理	先用Watts镀镍溶液加ZrO_2微粒制备Ni-ZrO_2复合镀层，而后进行激光合金化处理（激光功率$P=1000$W，扫描速度$v=700$mm/min，光斑直径$D=6$mm）	处理后比原复合镀层的硬度提高6%，磨损量减少20%，耐高温氧化性提高10%；与高温镍基合金K17相比，硬度和耐磨性相近，耐高温氧化性提高20%
与激光相变硬化相复合的表面处理	为了修复严重磨损的轴头（见说明），先用D132焊条（含C0.34%，Cr3.00%，Mo1.40%）进行堆焊，而后再进行激光相变硬化处理，并比较了高频感应加热淬火、激光强化、堆焊后激光强化三种试样的接触疲劳寿命，其中单纯激光强化所采用的优化参数为：激光功率$P=2000$W，扫描速度$v=300$mm/min，光斑直径$D=5$mm；堆焊后的激光强化所采用的优化参数为：$P=2000$W，$v=600$mm/min，$D=5$mm	结果证明，堆焊后激光强化试样在各种接触应力下的接触疲劳寿命均最高 说明： 轴头为履带重载车辆悬挂装置的细长零件扭力轴（长2.18m），由45CrNiMoVA钢制造，轴头热处理硬度不低于50HRC，与支座中的滚柱直接接触。由于工件条件恶劣，轴头容易磨损
离子渗氮后再进行激光相变硬化处理	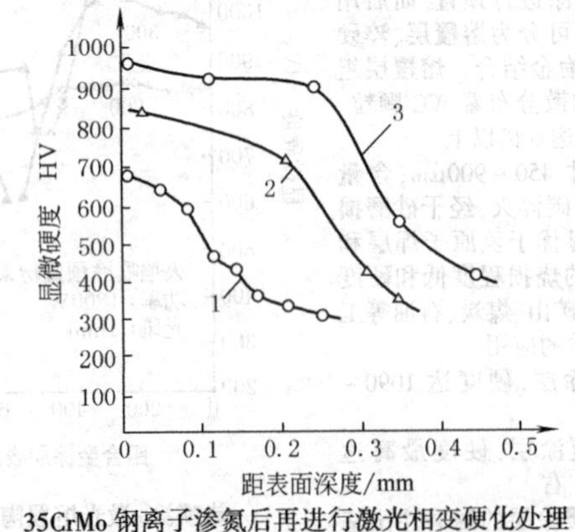 35CrMo钢离子渗氮后再进行激光相变硬化处理（热处理：850℃油淬和550℃回火2h，硬度380HV） 1—540℃离子氮化10h；2—2.5kWCO₂激光相变硬化，激光功率400W，激光束直径3mm，移动深度10mm/s；3—1+2复合处理	左图示出了这种复合表面处理与单一渗氮处理和单一激光相变硬化处理的硬度随距表面深度的变化情况。图中曲线表明，复合处理的表面硬度最高，可达950HV，硬化层深也达到0.46mm，均明显高于单一表面处理的数值；三种试样在NUS-ISO-1型往复磨损试验机上进行耐磨性比较得出，复合表面处理的耐磨性比单一离子渗氮提高约75%，比单一激光处理提高38%。XPS分析表明，激光辐照后使表面渗氮层深度明显增加，在复合处理试样中，0.3mm深处仍有氮原子存在，而单一离子渗氮试样到0.2mm处氮原子已经消失

续表

<table>
<tr><th>类别</th><th colspan="3">性能和应用</th></tr>
<tr><td rowspan="6">含激光处理的复合强化层</td><td rowspan="6">2.激光增强沉积（或激光诱导沉积、激光镀）</td><td>机理</td><td>①热解机理。利用激光的局部高温，特别是脉冲激光，瞬间达到很高的微区温度，使某些金属络合物产生热裂解。这种裂解反应可使金属实现微区局部镀
②光解机理。某些化合物在特定波长的激光照射下发生分解，实现金属化学沉积
③光电化学机理。一定波长的激光，当其光子能量大于半导体的禁带宽度时就可能与金属离子结合并使之沉积。而空穴则可以产生氧化反应，或使基体溶解。以光电化学机理沉积的基体一般为半导体，如 InP，在 InP/$HAuCl_4$ 体系中用氩离子激光照射，不通电就可观察到金的沉积</td></tr>
<tr><td>比普通电镀具有的优点</td><td>①沉积速度高。比普通电镀高出 2~3 个数量级，结合溶液喷射时，镀金速度可达 30μm/s 以上
②适用范围广。不但可在金属上沉积，还可在多种半导体（Si、InP、GaAs）、绝缘体（陶瓷、微晶玻璃、聚酰亚胺、聚四氟乙烯）等材料上直接镀覆
③沉积选择性强。可实现无掩膜微区沉积的直接写入，金属线条宽度可以达到 1~2μm
④结合性能优良。镀层与基体有一定的相互扩散作用
⑤工艺性好。可在常温下工作，工艺简单，易于实现微机控制，通过控制激光束的扫描轨迹，可精确镀制多种线图形</td></tr>
<tr><td rowspan="2">(1)激光增强电镀</td><td>是以高密度激光束辐照液-固分界面，造成局部温升和微区搅拌，从而诱发或增强辐射区的化学反应，引起液体物质的分解并在固体表面沉积出反应生成物。激光增强电镀分普通激光增强电镀和激光喷射电镀，沉积机理主要是激光的热效应</td></tr>
<tr><td>① 普通激光增强电镀 Cu。电镀装置采用图示的三电极体系。电解液采用 0.05mol $CuSO_4$ 和 1mol H_2SO_4 的混合体系。在待沉积的阴极电极上预先沉积一层厚约 50~1000nm 的 Cu 膜或 Au 膜。激光束光柱直径 100~500μm，能量密度为 0.1~2kW/cm^2，波长为 514.5nm。在此条件下，可制得宽度在微米级的铜线，通过计算机对 X-Y 操作台的控制可进行图形的沉积
② 激光喷射电镀 Au。它是在激光增强电镀的基础上发展而来的一种新技术，由 IBM 公司在 1985 年首先提出。目前主要用在印刷线路板图形的直接制作，以及插件的局部电镀等方面。用得较多的是用金的氰化物来沉积金，其基体一般是合金。当激光功率大约为 20~25W 时，用直径 0.3mm 的喷嘴可得到 20μm/s 的镀速。IBM 公司得到的金镀层由极微小的颗粒组成，没有孔隙，和基体的结合力相当好。另外还有用激光喷射电镀在不锈钢基体上沉积金，电镀液采用 $KAu(CN)_2$、磷酸盐和微量添加剂组合的混合物，其 pH 值约为 6.4，维持温度在 20℃±2℃，激光波长为 514.5nm，功率为 0.8W。阳极用镀铂黑的铂丝绕制而成，阴极为不锈钢圆盘，移动速度为 80μm/s，喷嘴直径为 0.5mm

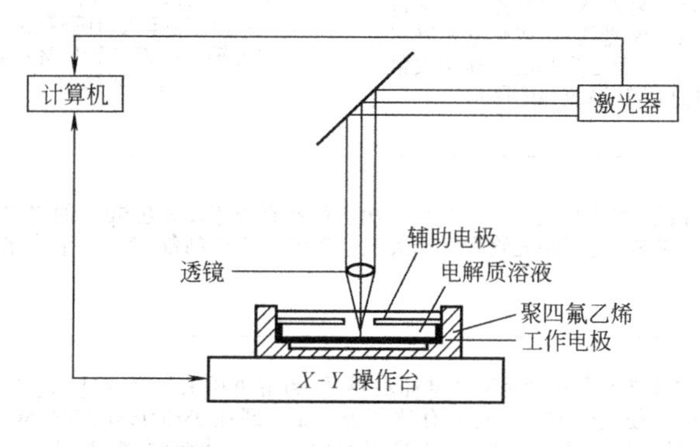

普通激光电镀的实验装置有多种形式：左图是其中的一种。
整个过程在恒电位仪的控制下在聚四氟乙烯或玻璃容器中进行。电极直接浸入电解液中，间距约 1cm。激光束一般通过阳极上的小孔直接照射在阴极上。激光波长的选择应考虑尽量避免电解液的吸收，用得较多的是 Ar^+ 激光。普通激光增强电镀也可采用两电极体系，阳极一般采用 Pt 片，而阴极则用一块预蒸镀上一层金属原子的玻璃片，如蒸镀 Ni、Mo、Cu、W 等，其厚度一般为 20~200μm，使玻璃导电
激光喷射电镀装置大致上与激光增强电镀相似，其主要特色就在于其喷嘴。该装置的阳极装在压力室内，可以是 Au 片或 Pt 片，片上有小孔，以利于激光穿过此孔后通过喷嘴照在阴极表面上。同时，从加压室出来的电解液以一定的流速通过喷嘴射到阴极表面上，沉积出金属。其镀速相当快，且可以和计算机联用</td></tr>
<tr><td rowspan="2">(2)激光诱导化学镀</td><td>激光诱导化学镀就是利用激光的光效应来激发化学镀的过程，从而实现金属的微区镀覆。它无需外加电源，可以在常温溶液中于多种基体上一步沉积出金属，工艺简单，易于实施</td></tr>
<tr><td>① 在 p 型、n 型及未掺杂的 InP 上激光诱导化学沉积 Pt、Cu、Ni。可用染料激光器，电解液为 $HPtCl_6$、$CuSO_4$、$NiSO_4$ 混合液。其过程机理是脉冲激光束产生了局部瞬时高温，使镀液发生微区分解，生成的金属沉积在基体表面上
② 在半导体硅片及砷化镓和聚酰亚胺材料上激光诱导化学镀金
在半导体上镀金的机理主要是由于半导体在激光照射区产生了电子-孔穴对，使金属离子还原而沉积在基体光照区表面
在聚酰亚胺上的沉积机理则主要是激光引发了电子转移，亚胺转变为胺类物质使金属离子获得了电子后被还原沉积在光照区。该技术可以利用上图所示的装置，只是因为无需电源，而没有阴阳极。激光可直接照射在待沉积的基体材料上，通过控制 X-Y 操作台或激光束的移动来进行图形的沉积</td></tr>
</table>

续表

类别			性能和应用
含激光处理的复合强化层	2. 激光增强沉积(或激光诱导沉积、激光镀)	(3) 固态膜法激光诱导金属沉积	它是将金属的有机化合物涂覆在基体表面,然后用激光照射使其分解,纯金属被还原出来并局部沉积在基体表面。与液相激光镀相比,固态膜法工艺简单,操作方便,且易于与常规工艺的光刻技术兼容 固态膜法激光镀的原理如图 a 所示。其工艺流程一般为:基体活化→涂浆→激光扫描→清洗浆料→热处理→化学镀增厚→电镀。其中热处理是为了清除镀层中的杂质;化学镀和电镀是为了提高镀层的电性能。图 b 所示是在陶瓷基板上沉积的电路图形 (a) 沉积原理示意图(涂膜、膜层、基板、曝光扫描、光照区、显影、金属层)　(b) 陶瓷基体上沉积的电路图形

镀层	材料	处理工艺	机理及性质	应用
固态膜法镀金	原材料用 Au 的络合物 NH_4AuAl_4,载体材料一般为硝化赛璐珞	先将硝化赛璐珞和 NH_4AuCl_4 分别溶于 $CH_3(CH_2)_4OO(CH_3)$ 和乙醇,再将两种溶液混在一起,硝化赛璐珞和 NH_4AuCl_4 的比例约 3∶1。用离心式涂胶机将这种混合溶液在机体上涂覆一层均匀的胶状膜,在 80℃烘 30min,然后用 193nmArF 准分子激光曝光,使活性物质分解,生成的 Au 留在基体材料上。然后将样品置于 CH_2Cl_2 中显影,除去其余的活性物质,即可得沉积金	此过程的机制为 Au 的固相光化学分解沉积,Au 线最小宽度可达亚微米级,Au 膜的附着强度也很高	上述几种激光无掩膜局部沉积技术在电接插件局部镀方面可大幅度减少贵金属的消耗,在集成电路等微电子器件制作中具有广泛的应用前景

类别				性能和应用
含激光处理的复合强化层	2. 激光增强沉积(或激光诱导沉积、激光镀)	(4) 激光化学气相沉积(LCVD)(激光辅助化学气相沉积)	原理和装置	是使用激光的能量激活 CVD 化学反应。LCVD 存在两种可能的机制:光热解机制和光化学机制。光热解机制是光子加热了基板,使在其上方的气体裂解,从而产生所要求的 CVD 反应。显然光热解沉积要求基板对激光的吸收系数较高,且熔化温度必须高于气体的裂解温度。而激光波长必须选择能使气体分子对激光能量的吸收很小或根本不吸收。光热解机制涉及的沉积机理和化学反应在本质上与热 CVD 没有什么根本不同,但光热解反应相对于热 CVD 的一个优点是可以利用激光束快速加热和脉冲特性在热敏感基板上进行沉积。光化学机制则是依靠光子的能量直接使气体发生分解(单分子吸收)。此时多要求使用紫外线,因为紫外线具有足够的光子能量去打断反应气体分子的化学键 准分子激光器是普遍采用的紫外激光器,可以提供能量范围为 3.4(XeF 激光器)~6.4eV(ArF 激光器)。光化学机制对基板类型没有要求,可在室温下沉积,但因为其沉积速率太慢而大大限制了它的应用。典型的 LCVD 系统如图所示 (图中标注:193nm 激光束;1~7) 激光 CVD 系统示意图 1—光栏;2—窗口;3—衰减器;4—反应气体入口喷嘴;5—缩小望远镜;6—副产物气体排放口;7—加热器
			应用	目前 LCVD 主要应用在半导体的"直接写入",使卤化物一次沉积具有线宽仅为 0.5μm 的完整线路花样。也可以制作空心硼纤维和碳纤维。此外,还有激光物理气相沉积(LPVD),它可制备 BN 膜、半导体膜、电介质膜、陶瓷膜等
其他表面技术的复合	电刷镀与喷熔相复合			当喷熔工艺用在难熔材料或用在同一零部件上含异种金属的基体材料时,为解决粉末在喷熔过程中呈水珠状的不浸润问题,采用电刷镀改善基材的表面性能,是使喷熔顺利进行的有效办法。如某部在 38CrMoAl 柱塞、5Cr21Mn9Ni4N 和 69A 焊条的异种金属排气门、1Cr18Ni9Ti 阀座上分别用 NiO_2、Co8002、Fe8001 合金粉末喷熔,都不同程度出现冒泡等不浸润现象。用短时间的多次交替活化,在基材表面刷镀一定厚度的镍镀层,而后再喷熔相应合金粉末,由于在 1100℃喷熔中界面元素的扩散和 Fe-Ni、Ni-Co 等固溶体的形成,在基材表面得到了牢固的熔覆层。运用该复合工艺已成功地修复了数百根柱塞
	电刷镀与离子注入复合			目前使用最多的镍及镍合金刷镀层的硬度一般不超过 60HRC。为了进一步提高其硬度和耐磨性,某部分别在厚度 0.1mm 的快速镍、碱铜和镍-钨 50 刷镀层上进行了氮离子注入,注入使用的加速电压为 50kV,注入剂量为 $(3\sim5)\times10^{17}$ 离子/cm^2。测试得出,注氮后的快速镍和碱铜镀层的显微硬度均为未注氮镀层的 1.7 倍,镍-钨 50 刷镀层上的为 1.43 倍。在 SKODA-SAVIN 磨损试验机上测得,注氮后的快速镍、碱铜、镍-钨 50 刷镀层的耐磨性分别为未注氮镀层的 1.3、1.7、1.3 倍
	其他			此外,还有喷丸、滚压等表面形变强化与电镀、热处理等技术的复合,导电胶粘涂与电刷镀的复合,焊补、修光与电刷镀的复合等

16.2 以增强耐蚀性为主的复合涂层

耐蚀复合镀层和多层镍-铬镀层

表 1-7-66

类别			性能和应用
耐蚀复合镀层	1.复合电镀层		(1)锌-铝复合镀层(镀液由 $ZnSO_4$、250#铝粉及抑制铝粉溶解的物质等组成) 具有很高的耐蚀性。镀层中锌与铝组成腐蚀电池,因铝表面存在氧化膜,故铝为阴极。由于氧在铝上的扩散速率低,电子转移受阻,致使电极过程减慢,金属锌的阳极溶解速度下降。该复合镀层的耐蚀寿命远远高于锌镀层及电镀锌后进行扩散处理的镀层。用镀层的腐蚀失重代表其腐蚀速度,试验测得电镀锌层、电镀锌后扩散处理层、电镀 Zn-Al 复合镀层的腐蚀速度依次为 30~40g/(m^2·日),20~25g/(m^2·日)、2~5g/(m^2·日)。锌-铝复合镀层的焊接性也比电镀锌好;在其上涂装后的协同效果比锌镀层上涂装好得多 锌-氧化铝复合镀层的耐蚀性也优于镀锌层,其中 Al_2O_3 的粒径可取 1~5μm
			(2)Ni-Pd 复合镀层 该镀层的化学稳定性高于普通镍镀层,这是由于钯的标准电极电位比镍正得多,在腐蚀微电池中,钯是阴极。在复合镀层中只要含有不到 1%(体积分数)的钯微粒,即可使基质金属镍强烈地阳极化,结果引起镍层阳极钝化,提高了复合镀层的化学稳定性 根据相同的原理,除钯之外,还可向复合镀层中引入比较便宜的铜、石墨或导电的金属氧化物(Fe_3O_4、MnO_2 等)微粒,也能起到提高以镍、钴、铁、铬、铝为基质金属的复合镀层的化学稳定性的作用
			(3)69Fe-16Ni-Cr 复合镀层 目前,按照不锈钢中 Fe、Ni、Cr 合金元素的比例,电沉积出 Fe-Ni-Cr 三元合金尚较难实现,但若将铬以微粒形式悬浮于镀液中,电沉积出(Fe-Ni)-Cr 复合镀层,则比较容易。这种复合镀层再经过热处理扩散后可形成与不锈钢成分相近的合金 天津大学郭鹤桐等人根据这个思想,采用复合电镀法[镀液由 $FeSO_4$、$NiSO_4$ 及金属铬粉(平均粒径为 3μm)等成分组成]制取了 69Fe-16Ni-Cr 的复合镀层。将这种复合镀层在氮保护气氛中以 950℃×16h 进行扩散热处理,其耐蚀性能较未经热处理的复合镀层提高了 20 倍,已接近 304 不锈钢 该镀层的耐蚀性较单一 γ 相的 304 不锈钢稍差,是由于热处理后的组织为以 γ 相为主,兼有一定量 α 相和$(Fe,Cr)_{23}C_6$ 合金碳化物的混合组织
	2.复合机械镀锌层	机械镀	是把冲击介质(如玻璃球)、促进剂、光亮平整剂、金属粉和工件一起放入镀覆用的滚筒中,并通过滚筒滚动时产生的动能,把金属粉冷压到工件表面上而形成镀层的工艺 适用机械镀的多是软金属,常用的是锌、镉、锡及其合金 机械镀因具有镀层无氢脆、耗能小、污染少、生产效率高、成本低等优点,在国外应用相当普遍。但普通机械镀锌外观不如电镀层平滑、光亮,存在微小的凹凸及厚度不均匀等问题,从而影响了镀层的致密性和耐蚀性
		复合机械镀	是一种机械镀过程中添加少许惰性聚合物颗粒的复合机械镀工艺,使镀层表观及性能得到了改善 其主要工艺步骤仍然是:脱脂→漂洗→酸洗→漂洗→闪镀→镀锌→分离→漂洗 →干燥。唯一不同的就是在镀锌过程中,随着锌粉的加入,添加一定量的惰性聚合物颗粒,如聚乙烯。该微粒粒径为 0.5~5μm,加入量为锌粉的 5%~10%。微粒的加入可起到润滑和填充作用,能有效地提高锌粉的利用率,显著增加镀层的耐蚀性和耐磨性
多层镍-铬镀层	性能特征		多层镍-铬镀层具有优良的耐蚀性和外观,不仅大大提高了防护装饰性,而且可以采用较薄镀层而节约了金属 从单层镍到双层镍、三层镍体系,其耐蚀性和外观依次得以改善。单层镍体系在铬层缺陷处开始针孔腐蚀,并迅速穿透镍层至基体;双层镍体系腐蚀向横向伸展,腐蚀坑呈“平底”特征;三层镍体系腐蚀点较小,当其中铬层为微孔铬时腐蚀呈分散状,延缓了腐蚀向纵深发展。据报道,厚度为 30.5μm 的双层镍耐蚀性优于厚度为 51μm 的单层镍,也优于 40μm 铜-镍-铬镀层
	类型		目前常采用的多层镍-铬组成类型有: 半光亮镍-光亮镍-铬 半光亮镍-光亮镍-镍封-铬 半光亮镍-高硫镍-光亮镍-镍封-铬
	应用		现今多层镍-铬镀层已成为在严酷环境下使用的钢铁零件的防护装饰性镀层。在摩托车、汽车等户外交通工具上得到越来越广泛的应用

镍镉扩散镀层和金属-非金属复合涂层

表 1-7-67

类别	性能和应用

镍镉扩散镀层

镍镉扩散镀层是先在钢表面镀一层镍，再在镍上镀镉，然后在一定温度下进行扩散处理而获得的

性能特征

它是结构钢的中温防护层，在500℃以下工作环境中能很好地保护钢不被腐蚀和氧化，并具有一定的耐冲蚀能力，外观由橄榄色、淡褐色、灰色到黑色。扩散层是镍和镉的金属间化合物 $NiCd_4 \cdot NiCd_3$，由于其结构、性能与镍镉合金镀层完全不同，因而在使用上不能用镍镉合金镀层代替它，否则在中温下会使钢基体产生脆断

该镀层的电极电位为-0.69V，对低合金钢、不锈钢均为阳极性防护层，它与另外几种中温防护层在3%NaCl溶液中的电极电位见右图。当镍镉扩散镀层被破坏而裸露镍底层时，裸露部分即与纯镍镀层一样，具有阴极防护层的特性

该镀层在常温与中温下的耐蚀性都比锌镀层好，周期浸渍腐蚀试验的结果为：5448h后，该镀层仅表面附一层黄白色膜层，基体金属没有腐蚀，而锌镀层在120h表面铁锈点达80%；盐雾腐蚀试验结果为：试验8个月经间断喷雾试验累计1209h，镍镉扩散镀层仅出现灰色膜，基体金属没有生锈，而锌镀层试验两个半月基体金属开始腐蚀

按HB 5228—1973试验方法试验，在550℃×100h的条件下，镍镉扩散层与38Cr2Mo2VA钢的氧化速度分别为0.057g/(m·h)与0.127g/(m·h)，前者耐氧化能力比后者高1倍以上

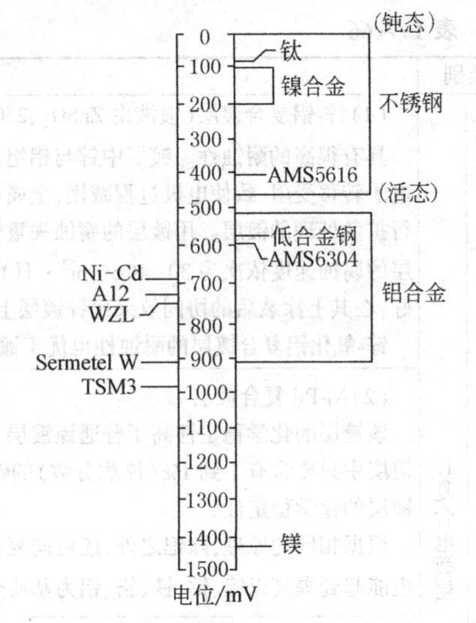

几种中温涂层在3%NaCl溶液中的电位序(饱和甘汞电极做参考电极)

对基体疲劳强度的影响及改善措施

由于电镀时镍镀层的内应力、机械加工时的表面残余应力以及工作时承受的应力相叠加，会造成基体材料承受循环载荷的疲劳强度有不同程度降低。右表为不同处理方法镍镉扩散层对Cr17Ni2材料疲劳性能的影响。可见，Cr17Ni2钢上直接覆盖镍镉扩散镀层可使基体的疲劳强度下降20%

为改善这种情况，在工艺上应该做到如下几点

①对疲劳性能要求较高的钢件，镀前应进行喷丸处理

②选择低应力的镀镍溶液，使镀层应力控制在-34～103MPa(负值为压应力)

③电镀镍溶液的分散能力较镀镉溶液低，在形状复杂零件的深凹处可能出现未镀上镍而镀上了镉。为防止产生镉脆，在没有镍镀层的表面不许有镉镀层存在。局部电镀在镀与不镀的过渡区，距镍镀层边缘5～7mm范围内的大镍镀层上也不允许有镉存在，如已镀上镉层只允许用化学方法退除。形状复杂零件可用化学镀镍代替电镀镍

④ 镍镀层厚度不低于5μm，镉镀层厚度不超过5μm。镍和镉镀层的厚度比一般控制在3∶1。通常镍镉扩散镀层的厚度约3μm

加工工艺	残余应力/MPa①		疲劳极限 σ_{-1}/MPa	σ_{-1}增加率/%
	基体	镀层		
抛光	-480		500	—
镍镉扩散镀层	834	343	402	-20
喷丸	567	—	534.5	7
喷丸+镍镉扩散镀层	-500	980	500	—
基体喷丸+镍镉扩散镀层+喷丸	-873	-348	549	10

① 负值表示压应力，正值表示拉应力

应用

镍镉扩散镀层用于在500℃以下工作的钢零件及要求耐热并耐冲刷的零件。在335℃加热后对基体性能有影响时，不能用此镀层

此外，还有TSM3、A12等中温防护涂层。TSM3复合涂层是Ni-Mg扩散涂层外加一层很薄的陶瓷涂层，它对钢是一种阳极性保护层，在3%NaCl溶液中的电极电位很负，对钢有非常好的保护能力；A12复合涂层由铝化物涂层外加很薄的陶瓷涂层组成，对钢也是阳极性保护层，该涂层光滑、均匀、耐冲蚀，对基体疲劳性能影响小

金属-非金属复合涂层

一般阳极性金属涂层都有孔隙和局部破损，腐蚀介质容易渗透到基体表面，为了保护基体，需在金属涂层上覆盖一层由封孔涂料作底层、耐蚀涂料为面层组成的涂层，这种金属-非金属复合涂层的防护寿命，是单一阳极性金属涂层或单一涂装层的若干倍，而且在同等防护寿命要求下，还可减少金属涂层的厚度。在金属-非金属复合涂层防护体系中，下述复合涂层具有优异的耐蚀性能

1. 无机盐铝涂层

是用无机黏结剂和分散的铝粉组成的浆料喷涂后，经过干燥、烘烤、固化的涂层

(1)WZL系列铝涂层

该系列涂层具有良好的耐大气腐蚀和盐雾腐蚀能力，由于涂层中含有铬酸盐，所以其耐蚀性比纯铝层高。当涂层被划破露出钢时，涂层的牺牲阳极保护作用优于锌、镉镀层。涂层耐有机溶剂，耐冲刷，可经受磨、钻等机械加工，是一种全包覆型涂层，涂敷过程不影响基体材料的疲劳性能。其主要性能是：

续表

类别			性能和应用
金属-非金属复合涂层	1. 无机盐铝涂层		①耐热性。具有中温防护作用,在 370℃±15℃下加热 23h,再在 650℃±15℃下加热 4h,涂层不应开裂或起泡,但涂色外观允许褪色。对涂覆 WZL-1 和 WZL-2 的与无涂层的 38Cr2Mo2VA 钢和 1Cr11Ni2W2MoVA 钢,在室温和 350℃下进行疲劳性能对比试验,其循环次数(或疲劳强度)基本相同 ②耐蚀性。在试片上划上十字交叉线,其每条线长约 35~38mm,按 ASTM B117 进行盐雾试验 100h,除了试片的任何一边的 3.2mm 和划线的 1.6mm 圈,不应有基体金属发生腐蚀,但允许涂层有褪色或腐蚀斑点 ③耐热水浸渍。在沸水中浸渍 10min±0.2min,取出后,不应起泡,也不应有涂层组分溶解出来 ④耐油性。按 ASTM D.471 试验方法,室温下在煤油中浸 4h,试片取出 24h 后,应能满足结合力试验要求;浸入 96℃±10℃的油中 8h,不应脱皮、起泡和出现轻微软化 ⑤表面电阻。用万用表测量,两表笔间距 25mm,Ⅱ、Ⅳ类涂层及Ⅲ类涂层的底层表面电阻值小于 15Ω WZL 系列涂层分四类:Ⅰ类(WZL-1)涂层是阻挡型涂层,用于耐蚀要求较低的环境。Ⅱ类(WZL-2)涂层对黑色基体金属为阳极性保护层,表面导电,有良好的热稳定性。Ⅲ类(WZL-3)涂层是双层涂层,底层导电,外层不导电,进一步提高了涂层的耐蚀性。这三类涂层为灰白色或暗灰色。Ⅳ类(WZL-4)涂层性能与Ⅱ类涂层相同,只是工艺方法不同。Ⅳ类涂层为带光泽的银灰色 它们都是 650℃以下环境中钢制件良好的保护层,并具有优异的热稳定性。如果在Ⅰ类涂层表面上增加使涂层导电的工序,并再喷涂一层封闭面层时,可得到表面不导电的组合涂层,对钢具有阳极保护能力,有很高的耐蚀性和热稳定性
			(2) Sermetel W 涂层 是一种使用范围很广的黑色金属的耐蚀、耐热涂层,该系列涂层包含的品种很多(资料介绍) ①该涂层在 5%或 20%的盐雾试验中,可以超过 5000h 不生锈,在海洋环境中其耐蚀性远远超过纯铝涂料,优于镉镀层。在工业的、海上的、核的环境中,在淡水、有机酸、酸酐、醇、氨等化学物质中和许多石油产品的设备上是最好的耐蚀涂层之一。它能防止钛和高强钢应力腐蚀和由应力腐蚀引起的裂纹。在锅炉、热交换器和炼油厂的加热器上能长时间防止深度点蚀的产生,对热交换器管道涂比不涂寿命延长 5 倍 该涂层对钢零件具有牺牲性阳极保护作用,将试样中间去除 12mm 宽的涂层露出基体金属进行盐雾试验时,可保持 1000h 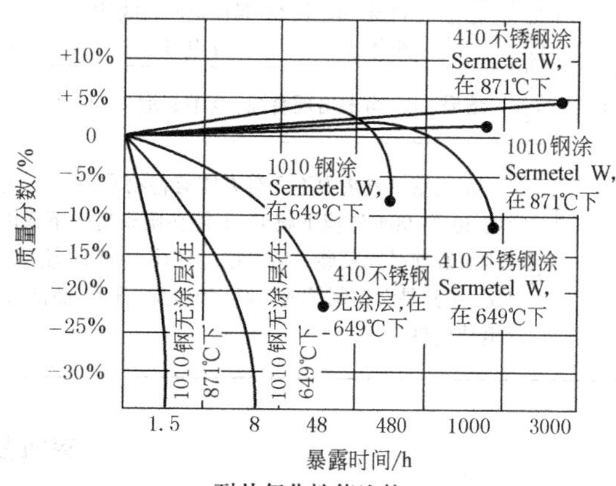 耐热氧化性能比较 ②涂层的耐热氧化腐蚀性能优良,将试样加热到 543℃保温 16h,然后进行盐雾试验,32h 为一周期,经过 15 个周期基体没有产生红锈,只有轻微的铝涂层的白色腐蚀产物。涂覆或未涂覆 Sermetel W 涂层的几种钢和不锈钢在 649℃和 871℃下的耐氧化性能见右上图 ③该涂层的耐冲刷能力较高,在不同冲击角下的耐侵蚀能力比镍镉扩散镀层和铝化物扩散涂层至少高 2 倍;它还具有较好的耐磨性,其耐磨性能远高于有机涂层。涂覆这种涂层的零件在经受轧、锤、剪、磨、钻等加工时,涂层不会剥落,涂层性能也不会改变
			无机盐铝涂层的使用范围:高强钢的防护层,使用温度不超过 650℃的中温防护层(如发动机叶片于 500℃下的防腐蚀),恶劣环境下钢制件的耐蚀层,钛及其他金属接触腐蚀的保护层等
	2. 无机盐富锌涂层		是由金属锌粉和无机黏结剂、助剂混合组成的水溶性浆料,涂覆后在常温下固化得到的对钢具有良好防护能力的无机涂层
		性能特征	该涂层在大气、工业大气、海水、淡水、水蒸气和 pH=5~9 的氯化钠水溶液中均有良好的耐蚀性能,在有机溶剂、各种油类中不变软、不溶解也不起泡。有资料报道,它还有防射线辐射的功能。其外观为无光泽的灰色,如果在其表面再涂一层无机铝浆料,则不仅能进一步提高涂层防护体系的耐蚀性,而且还能使其表面呈现光亮的银灰色。该涂层对钢是阴极防护层,但由于涂层致密,与基体的结合力较高,因而对钢具有良好的保护作用和长期的使用寿命。当钢基体出现腐蚀时,腐蚀产物不会在涂层与基体之间扩展,而使涂层鼓起失效,只要去除腐蚀产物,清理干净,涂敷料浆并固化,就仍能保持整体的防护性能,还不会影响涂层的外观 几种富锌涂层中水基无机锌、溶剂型无机富锌、环氧富锌的使用寿命依次为 25a、12~15a、3~5a

续表

类别		性能和应用									
金属-非金属复合涂层	2. 无机盐富锌涂层	与其他涂层用几种试验方法的耐蚀性对比	防护层类型	盐雾试验结果①		周期浸润试验结果②		全浸腐蚀试验结果			说明
				涂层厚度/μm	基体金属开始生锈的时间/h	涂层厚度/μm	基体金属开始生锈的时间/h	涂层厚度/μm	基体金属开始生锈的时间③/h		
									pH=5 / pH=7 / pH=9		
			无机富锌涂层	8~10	24	30~33	>3556	40~50	>3048 / >2048 / >3048		① 按 JB 88—1975 进行盐雾试验 ② 按 HB/T 5094—1985 进行试验 ③ 试验溶液：3%NaCl 水溶液
				40~45	>1344	40~45	>3556	10~20	648 / >4200 / >4000		
			锌镀层（钝化）	16~23	120	20~30	2688				
			锌镀层（未钝化）	21~28	48			21~28	>1008 / <1008 / >1008		
			热浸锌层	43~58	48	35~55	264				
			涂 C06-1 醇酸铁锈红防锈漆	16~25	48	15~26	24	15~26	<24 / <24 / <24		
			涂 C06-1 漆后涂 C04-42 醇酸瓷漆	40~50	120	40~50	24	40~50	864生锈 / 864生锈 / 864生锈		

其他耐蚀试验						
试验条件	在室温下放入自来水中浸泡半年	35℃下在 3% NaCl 溶液中半浸 1 年半	在相对湿度>95%、48~51℃下两个月	在350℃下,100h	在 70℃四氯化碳中半浸 100h	在 120 汽油、航空煤油中浸泡 4h
结果	均未出现腐蚀,也不起泡、不脱落		涂层无变化			附着力检查合格

应用：无机富锌料浆中不含对人体有害物质,对施工通风要求不严,也无火灾隐患。但必须在环境温度 5~30℃、相对湿度 30%~90%环境下施工,不能在阳光暴晒下或雨天施工。无机富锌涂层不能在承受动载荷的制件上使用,对钢基体涂敷前必须喷砂。该涂层的使用范围是:船舶、铁路、水利、石油、化工、电业、化学、运输、建筑等行业的钢制件防腐,尤其是大型制件的防腐,如桥梁、管道、储油罐、船闸、塔架、汽车壳体、有机溶剂容器,以及 400℃以下的工作的钢结构件等

有机复合膜层

表 1-7-68

有机复合膜层

1. 聚乙烯复合防腐膜

(1)金属-聚乙烯复合防腐膜

该膜是将事先用偶联剂表面处理过的金属粉末(如铁粉)和聚乙烯(PE)粉末按顺序撒布并一起加热制成的,膜的一边是金属粉末过渡层,另一边是耐蚀的塑料层。施工时,将复合膜金属粉一面用胶黏剂粘贴到金属基体上,再用热风焊等方法对膜的接缝处进行焊合,即可方便地实现对强腐蚀介质下的大型槽、罐等容器贴制防护衬里。聚乙烯(PE)等塑料具有优良的耐蚀性,室温下几乎不溶于任何有机溶剂,能耐多种酸、碱和盐类的腐蚀

(2)玻璃纤维-聚乙烯复合防腐膜

是用浸渍偶联剂的玻璃纤维(GF)布与加热熔融的 PE 粉层压成复合膜。由于 GF 布对多种胶黏剂有着良好的润湿性,因而利用玻璃纤维布作过渡层可解决 PE 在防腐工程上存在的难粘接的问题。该复合膜在 10% HCl 水溶液、20% H_2SO_4 水溶液、20%NaOH 水溶液和水等介质中浸渍 500h,均未出现剥落、起泡、变色、失光等现象

2. 环氧煤沥青-玻璃布复合膜层

(1)环氧煤焦沥青-玻璃布复合膜层

采用中碱、无捻、无蜡的玻璃布作加强基布。涂层制备主要步骤为:表面处理(清除表面油污)→配制→刷底层涂料→打腻子→涂布和缠玻璃布→静置自干→质量检验

一般情况用于普通级防腐,如地沟管道、保温管道、储罐内外壁、异形金属构件、混凝土表面等;对直接埋地管道选用加强级;对腐蚀环境恶劣或维修困难的场合,应选用特加强级,如穿越管道、水下管道、储罐底部等

SY/T 0447—1996 标准规定的防腐等级和结构见右表

防腐等级和结构	等级	结构	干膜厚/mm	用漆量/kg·m⁻² 底漆	用漆量/kg·m⁻² 面漆
	普通级	底-面-面-面	≥0.3	0.1	0.7
	加强级	底-面-面、布、面-面	≥0.4	0.1	1.0
	特加强级	底-面-面、布、面-面、布、面-面	≥0.6	0.1	1.5

注:“面、布、面”表示连续涂敷,也可用一层浸满面层涂料的玻璃布代替

续表

有机复合膜层	2.环氧煤沥青-玻璃布复合膜层		(2)铁甲牌 CH_4 型环氧煤沥青冷缠带(北京东方防腐技术开发公司产品) 它由冷缠带和定型胶两部分组成。冷缠带采用丙纶无纺毡浸渍环氧煤沥青面漆,经分切、收卷后制成,按厚度分普通型和加厚型两种。定型胶由分装的甲、乙组分组成,按使用温度分为普通型(气温5℃以上使用)和低温型(仅在5℃以下使用)两种。施工时定型胶甲、乙组分等量混合,再按照定型胶→冷缠带→定型胶的结构缠在钢管外表面,静置自然固化后形成环氧煤沥青-玻璃布复合防腐层 这种冷缠带施工方便、快捷,一次缠绕即可制成行业标准(SY/T 0447)要求的加强级或特加强级防腐层。适用于埋地和水下输油(水)管道、煤气、自来水、供热管道的外壁防腐,也适用于钢质储罐底防腐及污水池、屋顶防水层、地下室等混凝土结构的防渗漏
	3.玻璃鳞片复合涂料涂层	组成及施工工艺	该涂层由玻璃鳞片与树脂混合而成。最常用的树脂是环氧树脂、呋喃树脂、乙烯基树脂、不饱和聚酯树脂。鳞片的选择极为重要,按涂料的要求,宜选择第四代"硼硅酸盐"玻璃鳞片。鳞片的片径与涂层的耐蚀性及施工性能有关。涂层水蒸气透过率随鳞片片径增大而降低,即鳞片的径厚比越大,涂层耐水性越好。玻璃鳞片的用量一般为5%~40%,太大或太小均导致耐蚀性下降。鳞片在混入树脂前,应进行清洗及用偶联剂处理。玻璃鳞片涂料涂层可采用喷涂、滚涂、刮涂、刷涂等方法施工。其工艺流程一般为:工件前处理→刷底层涂料→刮腻子→涂中间层涂料(刷涂或喷涂鳞片涂料中间层涂料)→涂面层涂料→检查及补漏。一般底层涂料每道干膜厚度约25~50μm,中间层涂料每道干膜厚度为150~170μm,面层涂料每道干膜厚度为25~50μm 树脂 腐蚀介质渗透路径 玻璃鳞片 被保护基体界面 涂层 基体 玻璃鳞片耐蚀示意图
		性能特征	该涂层能耐各种浓度的无机酸、碱、石油溶剂以及各类盐和水的侵蚀。用几种常见的腐蚀介质,如酸类:10%HCl、20%HCl、10%H_2SO_4;20%H_2SO_4,有机溶剂:乙醇、丁醇、二甲苯、汽油,碱类:10%NaOH、20%NaOH、30%NaOH、浓氨水、饱和Na_2CO_3,在常温下浸泡1000h以上,涂层无变化。盐雾试验3000h,涂层表面微暗,但无腐蚀,因含有大量玻璃鳞片,涂层的收缩率及热膨胀系数降低到接近于碳钢能承受温度急变而不发生龟裂和剥落。对于环氧玻璃鳞片涂料来说,由于环氧树脂中存在羟基等极性基团,故与钢铁、水泥、木材等基体有良好的附着力
		应用	已广泛用于大型河闸、海洋平台、油田及炼油厂输油管道、跨海大桥、大型海轮等较严酷腐蚀条件下的钢结构耐蚀防护

自蔓延技术制备钢基陶瓷复合材料和耐高温热腐蚀复合涂层

表 1-7-69

自蔓延高温技术制备钢基陶瓷复合涂层	自蔓延高温合成技术	自蔓延高温合成技术(SHS)是利用高温放热反应的热量使化学反应自动持续下去的一种技术。具有生产过程简单、反应迅速、外部能源消耗少、合成产品成本低等优点,因而在材料制备中应用较多。目前用SHS技术已能合成数百种陶瓷、金属间化合物等多种耐高温材料 对于陶瓷材料的合成,SHS反应的一般特性为:反应温度为2000~4000℃,合成反应传播速度(即燃烧波速度)0.1~15cm/s,反应区域宽度为0.1~5mm,反应开始后材料的加热速度为10^3~10^6℃/s,点火时间为0.05~4s SHS工艺已发展到40多种,大体分为6种类型 1)粉末的制备。许多产品已达到工业化生产水平。TiC、BN、硬质合金等粉末广泛用于磨料、模具、添加剂、热喷涂、刀具及结构与功能性材料等方面 2)SHS烧结。可制备多孔过滤器、催化剂载体,已得到较广泛的应用 3)SHS致密化技术。把SHS工艺与常规工艺结合,如SHS-加压法用于生产硬质合金轧辊、拉丝模、刀片等 4)SHS熔炼。可制备碳化物、氧化物、硼化物等陶瓷和金属陶瓷铸件 5)SHS焊接。物料的燃烧反应蔓延至整个焊缝后,施压即可得到性能优异的焊缝 6)SHS涂层。有两种工艺:①熔铸涂层,即利用SHS反应在金属工件表面形成高温熔体同基体金属反应得到具有冶金结合的金属陶瓷涂层,厚度可达1~4mm;②气相传输涂层,它是通过气相传输在金属、陶瓷或石墨等表面形成10~250μm厚的金属陶瓷涂层。其原理是在反应物$A_{固}$+$B_{固}$中加入气体载体$D_{气}$,如在碳钢上涂敷C-Cr陶瓷时,反应物料为Cr_2O_3+Al+炭+气体载体,在钢工件表面形成的SHS涂层组织为Cr、Al在α-Fe中的固溶体及Cr_7O_3、$Cr_{23}O_6$和Al_2O_3 相应不同的反应物料,用SHS工艺制备的金属陶瓷涂层具有很高的耐蚀性、耐磨性和耐高温等性能。我国已有专门的燃烧合成技术公司批量生产不同形状和用途的陶瓷复合钢管,并成功应用在矿山、石油、电力等领域。这种复合钢管在管道运输业中具有广阔的发展前景

续表

自蔓延高温技术制备钢基陶瓷复合涂层 — 钢基陶瓷复合衬管

$8Al+3Fe_3O_4 \longrightarrow 9Fe+4Al_2O_3+3326.3kJ$

离心铝热剂法（C-T法）原理示意

钢基陶瓷复合衬管的具体制作方法是离心铝热剂法（即C-T法）。它是将装有铝热剂粉末（如铝粉、Fe_3O_4粉及各种添加剂粉）的管子（或中空零部件）置于旋转装置上，在其一端点火后，依靠反应自身所放出的热量使燃烧波从一端传至另一端，从而在装有粉末的整个管道上得到所需的覆层。C-T法的原理示意如左图，其典型反应为

$$2Al+Fe_2O_3 \rightleftharpoons 2Fe+Al_2O_3+828.4kJ$$

$$8Al+3Fe_3O_4 \longrightarrow 4Al_2O_3+9Fe+3326.3kJ$$

这种反应的温度可达3000℃以上，足以使反应物和生成物熔化。在旋转所产生的离心力的作用下，使得密度具有显著差异的不同液态产物分离，结果形成以钢为基体，Fe为过渡层，耐蚀、耐热、耐磨的Al_2O_3为主的表层的复合衬管。对复合管三层组织的两个结合界面而言，选择合适的离心力可使陶瓷与Fe层的界面产生参差不齐的机械结合；选择合适的参数及铝热剂成分可使铁层与基体达到理想的冶金结合

制备钢基陶瓷复合衬管时，应设法解决陶瓷涂层与钢管热膨胀系数不一致等相容性问题。由于铝热反应的温度很高；被涂敷的钢管常在900℃以上，冷却过程中钢管对涂层的压应力，常造成陶瓷涂层崩裂剥落。可通过适当加入添加剂提高涂层韧性、改变涂层结构、降低反应温度和陶瓷层密度等途径来解决，如一种网状结构的陶瓷涂层可大大改善涂层的力学性能，消除了陶瓷层的崩裂和剥落现象。C-T法还可扩大到生成碳化物或硼化物与氧化铝的复合衬管

除离心自蔓延外，也可利用静态自蔓延合成法在钢管内壁及一些非回转体内表面（如弯管、异形管及复杂形状的内表面）形成陶瓷涂层

耐高温热腐蚀复合涂层

1. 热喷涂复合涂层

（1）自黏结镍铝复合涂层

自黏结材料是指喷涂过程中发生剧烈的化学反应并释放出大量能量，从而与基体形成良好结合的一类材料。镍铝复合材料属于自黏结材料，它在喷涂过程中，熔融的铝和镍产生强烈的化学反应，生成金属间化合物Ni_3Al或NiAl，放出的热量促进了熔融粒子与基体材料的反应，形成的扩散微区提高了涂层的结合强度

质量好的镍铝复合粉末火焰喷涂涂层，其抗拉强度可达30MPa。对等离子喷涂层，抗拉强度可大于40MPa。涂层致密，抗氧化性能优良，涂层在1096℃保持300h后，质量仅增加1.25mg/cm^2。该涂层的热膨胀系数与大多数钢接近，介于金属基体和金属陶瓷之间，是一种常用的理想黏结底层

（2）自黏结不锈钢材料涂层

利用镍铝复合粉末及钼等在喷涂过程中对基体材料和涂层自身良好的黏结性能，可将其与镍铬合金粉末（包括镍基自熔性合金、铁基自熔性合金和不锈钢等粉末）均匀混合，用团聚法、料浆喷干法等制成不锈钢自黏结复合粉末。通过设计复合粉末的组成，可制备出兼具自黏结性能和基本组分耐蚀、耐磨、耐高温氧化的涂层。这类涂层不需喷涂底层就能与基体良好结合，喷涂厚度达数毫米也不会产生裂纹

左述涂层及其他耐高温氧化涂层的特性见下表

涂层材料	熔点/℃	特性
Al_2O_3	2040	封孔后耐高温氧化腐蚀
TiO_2	1920	孔隙少，结合性好，耐蚀
Cr	1890	封孔后耐蚀
Cr_3Si_2	1600～1700	硬、致密，耐高温氧化，耐磨
高铬不锈钢	1480～1530	收缩率低，封孔后耐氧化
镍包铝	1510	自黏结，耐氧化
Si	1410	防石墨高温氧化
$MoSi_2$	1393	防石墨高温氧化
80Ni-20Cr	1038	耐氧化，耐热腐蚀
特种Ni-Cr合金	1038	耐高温氧化，耐蚀
$Ni-Cr-Al+Y_2O_3$		耐高温氧化
镍包氧化铝		800～900℃工作，耐热冲击
镍包碳化铬		800～900℃工作，耐热冲击

2. 耐氧化复合镀层

$Ni-Al_2O_3$复合镀层的抗高温氧化性能如右图所示。与电镀镍相比，$Ni-Al_2O_3$复合镀层在高温下的增重很少。同时，从图中还可看出，无论是电镀镍层还是$Ni-Al_2O_3$复合镀层，退火温度越高抗氧化性能越好。随着Al_2O_3含量的增加复合镀层的硬度升高，镀层的含氢量增加，脆性也加大。含1.5%（质量分数）Al_2O_3的镀层，其硬度约为纯镍镀层的1.5倍。含3.8%Al_2O_3的$Ni-Al_2O_3$复合镀层具有较好的抗高温氧化能力，耐磨性能也好

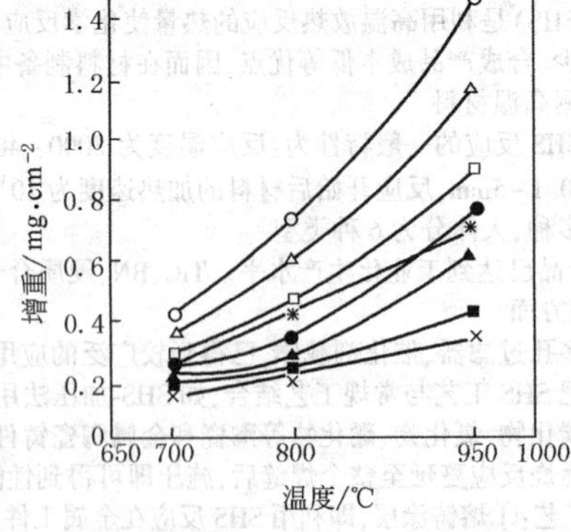

○未经退火的纯镍镀层；□500℃退火后的镍镀层；●未经退火的镍-氧化铝复合镀层；△370℃退火后的镍镀层；×900℃退火后的镍镀层；▲370℃退火后的镍-氧化铝复合镀层；■500℃退火后的镍-氧化铝复合镀层；*900℃退火后的镍-氧化铝复合镀层

3. 高温珐琅涂层（又称高温搪瓷）

是采用高温熔烧工艺在金属零件表面涂敷一层能对基体金属起耐氧化、防腐蚀、电绝缘或其他防护作用的玻璃或陶瓷涂层

（1）W-2高温珐琅涂层

该涂层具有良好的耐高温氧化、耐热腐蚀和耐热震性能，涂层与基体结合力强，主要适用于镍基和钴基高温合金热端部位，如燃烧室、加力点火器等。该涂层能显著提高零件的热疲劳抗力、高温持久和高温蠕变性能，零件使用寿命可延长2～2.5倍。W-2涂层的组织结构、釉料组成及涂层性能见下表

续表

耐高温热腐蚀复合涂层

3.高温珐琅涂层(又称高温搪瓷)

涂层的釉料组成(质量)/份	涂层组成(质量分数)/%	涂层性能		
		项　目	试验条件与内容	数　据
硅钡酸盐玻璃70,三氧化二铬30,黏土5,水70 将釉料涂搪于零件表面,经1180℃±20℃熔烧2~7min,即可制成具有深绿色玻璃光泽的涂层	SiO_2 43.0 BaO 42.5 CaO 4.0 ZnO 5.0 BeO 2.5 MoO_3 3.0	密度	—	$3.6g/cm^2$
		涂层厚度	—	0.05~0.10mm
		最高工作温度	—	1050℃
		熔化温度范围	高温显微镜下观察	收缩点980℃;软化点1140℃ 半球点1280~1310℃; 流动点>1400℃
		弯曲性能	—	弯曲角=30°~42°
		热震性能	1200℃⟷ 20℃±2℃水冷	涂层热震次数>6次
		热冲刷性能	GH39+W-2涂层, 900℃±20℃煤油火焰 冲刷,风冷至50℃以下	200次试验后涂层仍保持良好
		拉伸性能	GH39+W-2涂层,室温拉伸 GH39,室温拉伸 GH39+W-2涂层,900℃拉伸 GH39,900℃拉伸	抗拉强度为701MPa,断后伸长率为57.7% 抗拉强度为813MPa,断后伸长率为48.8% 抗拉强度为160MPa,断后伸长率为91.0% 抗拉强度为156MPa,断后伸长率为99.2%
涂层的组织结构		高温持久性能	GH39+W-2涂层, 900℃/40MPa GH39,900℃/40MPa	231h20min 47h05min
是在玻璃体中镶嵌有三氧化二铬细微晶体的均匀组织。随着使用时间的延长,可能析出$BaO\cdot 2SiO_2$、$BaO\cdot SiO_2$、$2BaO\cdot SiO_2$及β方石英等微晶		高温蠕变性能	GH39+W-2涂层, 900℃/25MPa/100h GH39,900℃/25MPa 作用100h	残余伸长率为0.814% 残余伸长率为1.802%
		1100℃的耐氧化性能	1100℃下停留时间/h	25　50　75　100
			GH39+W-2珐琅涂层 增重/$g\cdot m^{-2}$ GH39合金增重 金属氧化增重/涂层后试样氧化增重	3.75　5.60　7.50　9.45 22.00　41.30　45.90　53.00 5.87　7.38　6.12　5.61

另有T-1珐琅涂层,其性能与W-2相似。T-1涂层最主要的优点是涂层组分中不含危及操作人员健康的有毒的氧化铍,故该涂层又称为无铍珐琅

(2) B-1000珐琅涂层

B-1000涂层的特点是熔烧温度低(1050℃),工艺性能好,适用于耐热不锈钢和高温合金基体,如用于航空发动机热端部位的燃烧室、滑轮静止叶片、加力燃烧室等零件上。涂层的釉料组成、涂层的组成及性能见下表

涂层的釉料组成(质量)/份	涂层组成(质量分数)/%	涂层性能		
		项　目	试验条件	数　据
硼硅钡酸盐玻璃70,三氧化二铬30,黏土5,水70	SiO_2 38.0~42.0 BaO 40.3~44.3 CaO 3.6~4.4 ZnO 4.2~5.3 B_2O_3 5.5~6.5 TiO_2 2.6~3.4 涂层具有深绿色玻璃光泽	工作温度	—	800~900℃
		熔化温度范围	高温显微镜下观察	收缩点810℃,软化点930℃; 半球点1090℃;流动点>1300℃
		弯曲性能	—	弯曲角=30°~45°
		热震性能	1040℃⟷20℃±2℃水冷	涂层热震次数>6次
			1000℃⟷100℃风冷	涂层热震次数>100次
			GH44合金+B-1000涂层, 850℃⟷20℃±2℃水冷150周	裂纹长度为0.37mm
			GH44合金,850℃⟷20℃± 2℃水冷150周	裂纹长度为0.78mm
		振动疲劳性能	GH44合金+B-1000涂层	断裂前循环次数为 $(576\sim6833)\times10^3$周
			GH44合金	断裂前循环次数为 $(259\sim1426)\times10^3$周
		落球冲击性能	100g钢球从1.5m处自由下落	>1次
		电绝缘性能	0.04~0.06mm厚的B-1000涂层	20℃时的击穿电压为3800~4200V
		热冲刷性能	GH39合金+B-1000涂层,经910℃±10℃焊枪加热,风冷至50℃以下,其中受热面直径为30mm	10次试验后,涂层仍保持良好

另一种418珐琅涂层,使用温度和B-1000涂层相同,特点与B-1000涂层相似,熔烧温度也是1050℃

16.3 以增强固体润滑性为主的复合涂层

复合镀固体润滑材料和气相沉积复合膜和多层膜

表 1-7-70

机理

固体润滑是用固体微粉、薄膜或复合材料代替润滑油脂，涂敷在工件表面，隔离相对运动的摩擦面以达到减摩和耐磨的目的。固体润滑材料由基材、固体润滑剂和起特定作用的其他组元组成。涂覆型和黏结型固体润滑材料的基材可以是金属和非金属材料

固体润滑剂的材料

固体润滑剂有软金属、金属化合物、无机物和有机物等

①软金属。如 Pb、Sn、In、Zn、Ba、Ag、Au 等

②金属化合物。如 PbO、Pb_3O_4、Fe_3O_4 等金属氧化物，CaF_2、BaF_2、$CdCl_2$ 等金属卤化物，WSe_2、$MoSe_2$ 等金属硒化物，MoS_2 等金属硫化物以及 $Zn_3(PO_4)_2$、Ag_2SO_4 等金属盐类

③无机物。如石墨、氟化石墨、玻璃等

④有机物。如蜡、固体脂肪酸和醇、联苯、染料和涂料、塑料和树脂[如聚四氟乙烯(PTFE)、聚酰胺(尼龙)、酚醛]等

对复合镀层，采用的固体润滑剂有石墨、MoS_2、聚四氟乙烯(PTFE)、氟化石墨[$(CF)_n$]和 WS_2 等，采用的基体材料有镍和铜等。不同基材与固体润滑剂所组成的固体润滑复合镀层列于右表

基材	固体润滑剂
Ni	MoS_2、WS_2、$(CF)_n$、石墨、PTFE、BN、CaF_2、PVC
Cu	MoS_2、WS_2、$(CF)_n$、石墨、PTFE、BN、$BaSO_4$
Co	PTFE
Fe	石墨、PTFE
Ag	MoS_2、石墨、BN
Au	石墨、$(CF)_n$、MoS_2
Zn	石墨
Ni-P	PTFE、BN、CaF_2
Ni-B	PTFE、CaF_2
Co-B	CaF_2

应用

固体润滑镀层的使用效果十分显著，如 Ni-$(CF)_n$ 镀层用于水平连铸设备中的结晶器内壁，不需要振动结晶器，也不加润滑剂，就能以较小的力量顺利地将铸坯从结晶器内拉出，且铸坯表面良好；Ni-PTFE 镀层用于增塑聚氯乙烯热压模具内壁，不加起模剂就很容易起模；Au-$(CF)_n$ 镀层的摩擦因数为 Au 镀层的 1/10~1/8，用于电接触表面性能良好，插拔力小，寿命高；Cu-$BaSO_4$ 复合镀层具有抗黏着性能，可用于滑动接触场合；Zn-石墨复合镀层用在汽车工业的钢紧固件上，其抗擦伤能力完全能与贵重的镉镀层相比

用电镀、电刷镀、化学镀可方便地镀制内层坚硬、表层为软金属的既耐磨又减摩的双层或多层镀层。如在电刷镀施工中，工作镀层镀镍钨合金，表面再刷镀一薄层铟效果很好

涂层	性 能 和 应 用

Ni-P-PTFE 复合化学镀层

是一种抗黏着的自润滑涂层。镀层组成为 Ni84.0%(质量)，P8.8%，PTFE7.2%。镀层的热处理温度为 200~400℃，1h。其磨损率明显比同样温度热处理的 Ni-P 镀层低，摩擦学性能如下图所示；摩擦因数与往复次数关系如下表所示，随着热处理的提高，镀层的减摩作用逐渐增强，以 400℃ 热处理的效果最好。这是由于高温热处理促使镀层硬化，并形成了硬基体上均匀分布着 PTFE 软颗粒的缘故。但 400℃ 以上热处理会导致 PTFE 分解

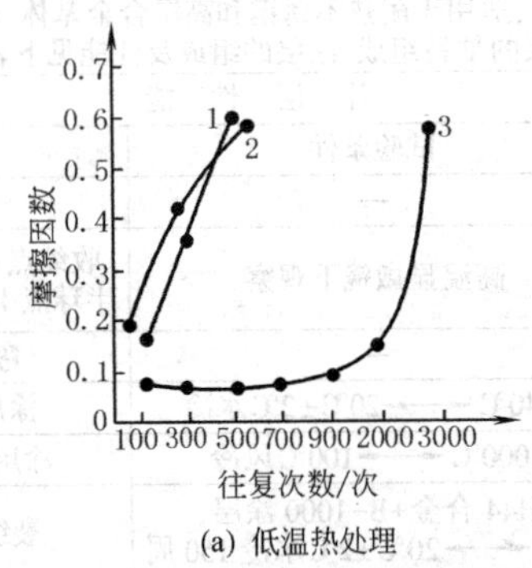

(a) 低温热处理

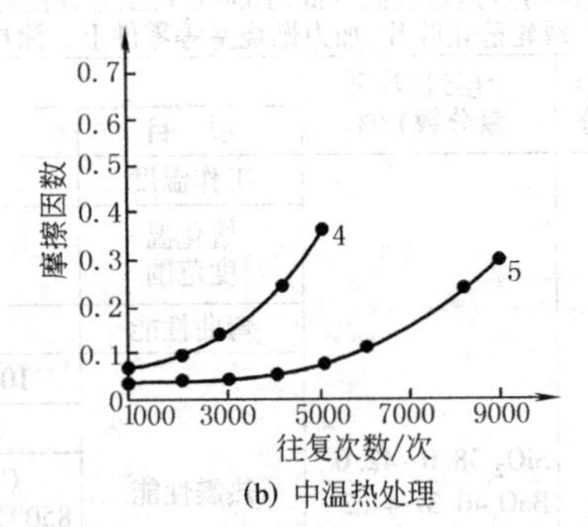

(b) 中温热处理

1—镀态；2—200℃热处理；3—300℃热处理；4—360℃热处理；5—400℃热处理

热处理温度/℃	往复运动次数/次	摩擦因数	Ni-P-PTFE	Ni-P
			镀层磨损率/$10^{-5}mg \cdot N^{-1} \cdot m^{-1}$	
镀态	900	0.13~0.70	6.6	56
200	900	0.20~0.60	6.5	38
300	2500	0.10~0.63	3.0	7.5
360	4400	0.10~0.60	1.6	5.8
400	9000	0.07~0.30	0.64	2.1

注：在日制 RFT-Ⅲ型往复摩擦试验机上测试。试验条件为：负荷 98N，往复频率 40 次/min(滑动速度 0.09m/s)

Ni-P-石墨复合镀层	是在 Ni-P 镀层中加入石墨后摩擦因数明显降低的镀层。该镀层与不同对偶材料在不同负荷下的摩擦因数如右图所示。它与较软的 20 钢或 Ni-P 镀层对磨的摩擦因数均比 45 钢高得多。无论与何种材料对磨,镀层摩擦因数与负荷的关系呈现出相同的变化规律 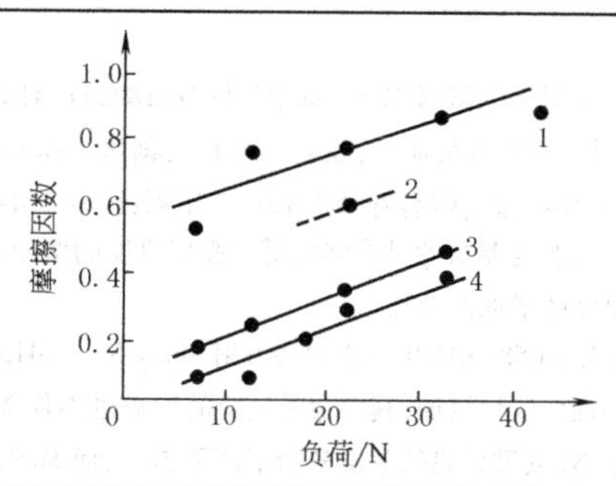 1—化学镀 Ni-P 层与 45 钢配副; 2—Ni-P-石墨复合镀层与 20 钢配副; 3—Ni-P-石墨复合镀层与 Ni-P 层配副; 4—Ni-P-石墨复合镀层与 45 钢配副
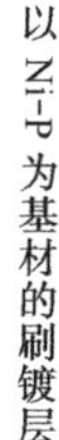 以 Ni-P 为基材的刷镀层	以 Ni-P 为基材的复合刷镀层可获得良好的固体润滑性能和耐磨性。例如,在 40Cr(400HV)表面刷镀复合镀层,以 GCr15(750HV)为对偶,在球-盘摩擦磨损试验机上测得其摩擦学性能如下图所示。由图可见,Ni-P-MoS_2 镀层在负荷和速度小时摩擦因数小,但随着负荷和速度的增大而升高;Ni-P-WC 在低负荷和低速时摩擦因数最大,但随负荷和速度的增大而明显下降,当负荷增至 1362N 时摩擦因数比 Ni-P-MoS_2 的还小。在高负荷(1362N)下,几种复合镀层的摩擦因数随着滑动速度的增加呈下降趋势,其中以 Ni-P-WC 最为明显,说明它的减摩效果最好 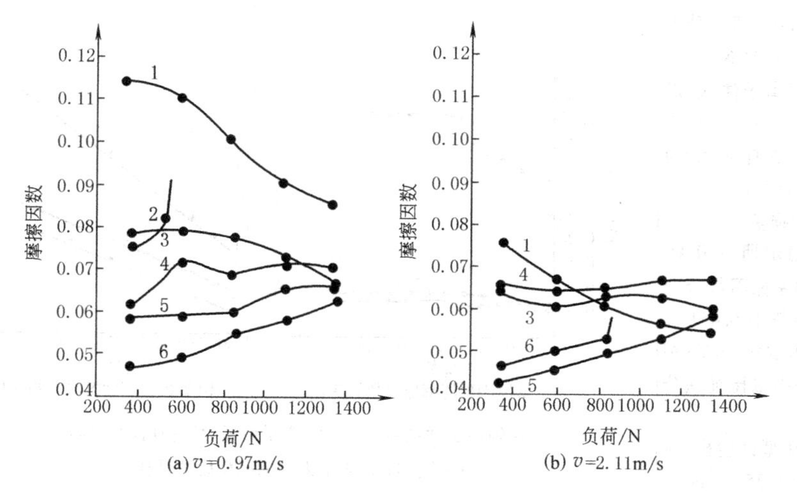 (a) v=0.97m/s (b) v=2.11m/s 1—Ni-P-WC(WC 加入量为 60g/L); 2—无镀层; 3—Ni-P; 4—Ni-P-BN(BN 加入量为 30g/L); 5—Ni-P-MoS_2(MoS_2 加入量为 10g/L); 6—Ni-MoS_2 所用的微粒粒径均为 1μm,复合镀层的厚度约 50μm
Ni-Cu-P/MoS_2 刷镀层	电刷镀 Ni-Cu-P/MoS_2 固体润滑镀层是一种既耐磨又减摩的镀层,成分为:Ni57.6%(质量分数,下同)、Cu11.2%、P3.2%、$MoS_2$28%(正交磨损实验得出)。其耐磨性优于 Ni-P/MoS_2,对比这两种镀层的结构发现,含有一定量铜的镀层中有 Ni_7P_3、$Ni_{12}P_5$ 等间隙相存在。上述镀层会因其中的 MoS_2 在潮湿天气中容易受到氧化而导致摩擦学性能下降。若在镀液中添加稀土 Ce^{4+},不仅能提高 MoS_2 的抗氧化腐蚀能力,而且能进一步降低镀层的摩擦因数,提高镀层减摩的稳定性 电刷镀 Ni-Cu-P/MoS_2 镀层可用于油田钻具(如钻杆、套筒)的螺纹接头上,以代替原来的涂有油的铜镀层
气相沉积复合膜和多层膜 — MoS_2-Au 和 MoS_2-Ni 共溅射膜	MoS_2-Au 和 MoS_2-Ni 共溅射膜是采用 MoS_2-金属共溅射的方法制备复合膜。共溅射膜更致密,摩擦因数稳定,耐磨寿命长。下图是 MoS_2-Au 和 MoS_2-Ni 共溅射膜与 MoS_2 溅射膜摩擦学性能的比较。由图可以看出两种共溅射膜的摩擦学性能都比 MoS_2 溅射膜好(试验采用栓-盘式试验机,负荷 5N,滑动速度 0.1m/s,大气中干摩擦条件) 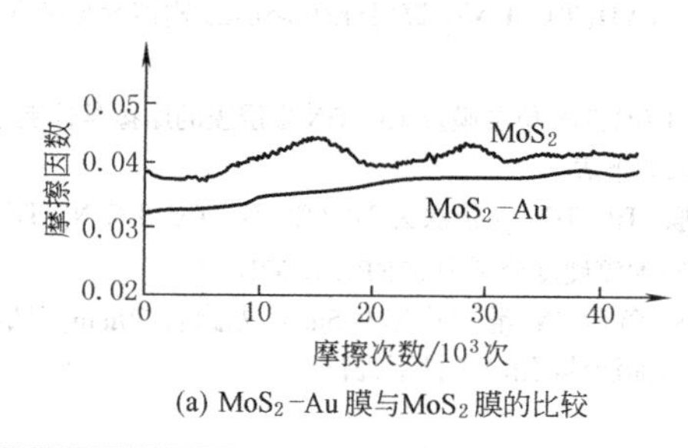 (a) MoS_2-Au 膜与 MoS_2 膜的比较 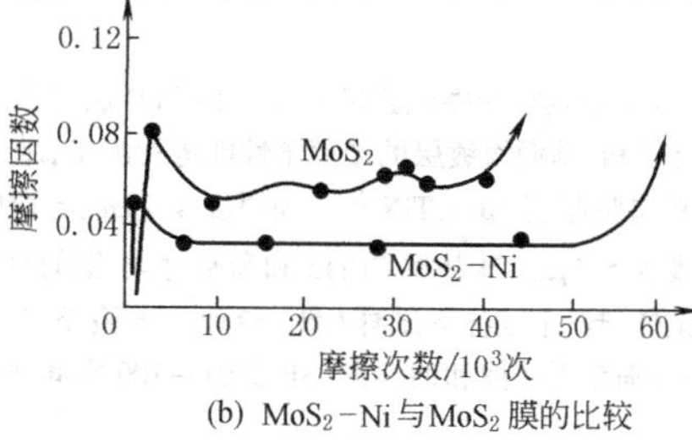 (b) MoS_2-Ni 与 MoS_2 膜的比较 耐磨寿命定义为:摩擦因数达到 0.3 时,所实现的摩擦次数

<table>
<tr><td rowspan="3">气相沉积复合膜和多层膜</td><td>MoS_2-Au和MoS_2-Ni共溅射膜</td><td colspan="2">在1Cr18Ni9Ti基材上共溅射MoS_2-Au膜，与1Cr18Ni9Ti对磨发现，随溅射膜厚度的增加，其耐摩寿命增大，在对摩过程中，当负荷超过某一临界负荷时，膜就从基材上剥落。MoS_2-Au膜的临界负荷随着膜厚的增加而加大。膜厚0.4μm时，临界负荷为1.0~2.0N，耐磨寿命为10~13千周；膜厚2.0~2.5μm时，临界负荷为5.9~6.9N，耐磨寿命为30~90千周。说明MoS_2-Au膜与基材的结合强度随着膜层厚度的增加而加大。而MoS_2膜的厚度在超过临界值0.2mm之后，其寿命就不再随厚度的增加而延长
在AISI452淬火钢（58~61HRC）表面共溅射MoS_2-Ni，与4130淬火钢（60HRC）的对磨试验表明，共溅射膜的耐磨寿命几乎随膜厚的增加成线性增加，其寿命受负荷的影响也不像MoS_2溅射膜那样强烈。在膜厚为0.74μm时负荷由187N增至703N，MoS_2-Ni共溅射膜的耐磨寿命下降了50%，而MoS_2溅射膜的耐磨寿命几乎损失了93%</td></tr>
<tr><td>$Al+N^+$和$Ti+N^+$离子束辅助沉积层</td><td>用Ar^+将Al和Ti溅射在工业纯铁表面，同时用能量为100keV的N^+以2×10^{17}个/cm^2的剂量进行离子注入，以形成0.3μm厚的$Al+N^+$和$Ti+N^+$离子束辅助沉积（IBAD）层。在日制DFPM型试验机上测定其摩擦因数，在自制球-盘试验机上测定其磨损量
图a表明，在进入稳定期后IBAD $Al+N^+$和$Ti+N^+$试样的摩擦因数分别为0.093和0.076，比纯铁的0.451分别降低80%和83%；图b表明，IBAD $Al+N^+$和$Ti+N^+$试样的磨损量比纯铁分别降低71%和86%
试验条件：图a DFPM型试验机，对偶件GCr15，负荷2N，速度35mm/min
图b 球-盘试验机，对偶件GCr15，负荷6N，速度22mm/min，滑动行程8mm</td><td>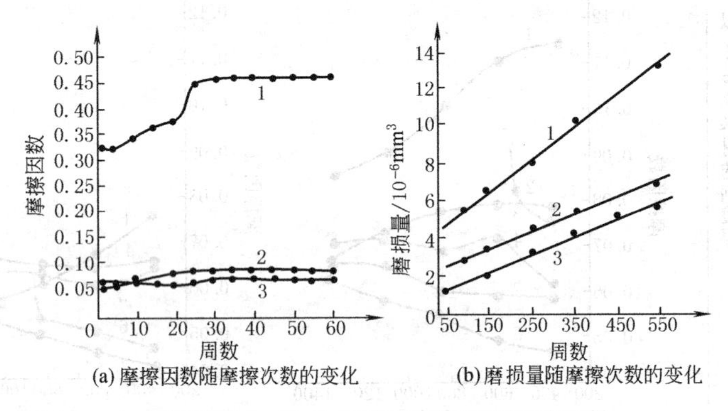

(a) 摩擦因数随摩擦次数的变化　(b) 磨损量随摩擦次数的变化
1—纯铁试样；2—经$Al+N^+$离子束辅助沉积后的试样；3—经$Ti+N^+$离子束辅助沉积后的试样</td></tr>
<tr><td>TiC/TiN七层膜、CVD镀层与Pb基润滑镀层</td><td colspan="2">多层膜的摩擦学性能优于单层膜，即在干摩擦和油润滑条件下，它的摩擦因数和磨损率低于单层膜。在钢材表面用CVD法获得的镀层，更适于真空条件下工作
Pb-Sn-Cu复合刷镀盘的摩擦因数均比单纯Pb刷镀盘的小，而复合刷镀盘的磨损率却高于单纯Pb刷镀盘，这是因为Sn、Cu相对于Pb是较硬的颗粒，且与Fe有较高的黏着性；但CVD$(TiC/TiN)_7$镀层球/Pb-Sn-Cu刷镀盘却是真空下良好的摩擦副
在自制的MT-1型真空摩擦试验机上对：(1)CVD法沉积的TiC、TiN单层膜及TiC/TiN多层膜的摩擦学性能进行测定；(2)CVD镀层与Pb基润滑镀层的摩擦学性能进行测定，结果如下表
其中，TiC单层膜厚度3μm，TiN单层膜厚度4.7μm，七层膜$(TiC/TiN)_7$(依次为$TiC/TiC_xN_y/TiC/TiC_xN_y/TiC/TiC_xN_y/TiN$)的总厚度为5.5μm，球基材GCr15和盘基材45钢的真空油淬硬度分别为62HRC和52HRC
试验中上试样(球)固定，下试样(盘)转动。试验条件为：负荷5N，滑动速度0.5m/s，先跑合30min。试验时间为30min。试验分别在干摩擦和油润滑(SP 8801—100空间润滑油滴油润滑)条件下进行</td></tr>
</table>

续表

气相沉积复合膜和多层膜

TiC/TiN七层膜、CVD镀层与Pb基润滑镀层

(1) 摩擦副 (球←→盘)	摩擦因数				磨损率/$10^{-15}m^3 \cdot m^{-1}$			
	干摩擦①		油润滑		干摩擦①		油润滑	
	大气中	真空中②	大气中	真空中	大气中	真空中	大气中	真空中
GCr15←→45钢	0.68	0.47	0.086	0.053	1.60	13.60	0.075	0.890
$(TiC/TiN)_7$←→45钢	0.46	0.26	0.081	0.052	1.13	0.80	0.060	0.020
TiC←→45钢	0.42	0.24	0.082	0.080	1.02	0.60	0.065	0.040
TiN←→45钢	0.48	0.31	0.089	0.068	1.31	0.96	0.075	0.032
GCr15←→$(TiC/TiN)_7$	0.67	0.35	0.090	0.101	17.70	9.20	2.10	1.400
$(TiC/TiN)_7$←→$(TiC/TiN)_7$	0.17	0.27	0.051	0.042	5.10	8.30	1.50	0.320
TiC←→TiC	0.19	0.31	0.095	0.165	8.60	12.40	2.80	3.300
TiN←→TiN	0.18	0.32	0.092	0.100	9.10	13.60	1.90	0.810

①镀层磨穿前的平均值

②真空度为6.67×10^{-3}Pa

(2) 摩擦副 (球←→盘)	摩擦因数				磨损率/$10^{-15}m^3 \cdot m^{-1}$			
	干摩擦		油润滑		干摩擦		油润滑	
	大气中	真空中	大气中	真空中	大气中	真空中	大气中	真空中
GCr15①←→Pb②	0.40	0.32	0.079	0.052	4.40	1.90	0.21	0.28
GCr15←→Pb-Sn-Cu③	0.37	0.28	0.062	0.041	5.80	1.70	0.17	0.10
$(TiC/TiN)_7$④←→Pb	0.32⑤	0.18	0.073	0.043	1.10⑤	0.83	0.014	0.041
$(TiC/TiN)_7$←→Pb-Sn-Cu	0.26⑥	0.17	0.050	0.032	1.30⑥	0.81	0.057	0.066

①GCr15(淬火)钢球,无涂层

②45钢(淬火)基材盘,电刷镀Pb,厚18.4μm

③45钢(淬火)基材盘,表面电刷镀Pb76.4%-Sn12.6%-Cu11.0%(均为质量分数)镀层,厚20.345μm

④GCr15(淬火)基材钢球,表面CVD法镀$(TiC/TiN)_7$七层镀层,厚度5

⑤⑥约50min后固体润滑涂层完全磨穿,此后的摩擦因数为0.61

Si_3N_4、TiN薄膜和MoS_x薄膜

在52100钢表面利用IBAD法分别沉积Si_3N_4和TiN薄膜(厚约1μm),后在其上面再用IBAD法沉积MoS_x薄膜。为了比较,在Si_3N_4和TiN薄膜表面又利用磁控溅射法(MS法)制取MoS_x薄膜。经测定IBAD MoS_x中的$x=1.287$,MS MoS_x中的$x=1.700$。在SRV试验机上进行摩擦学性能测定。试验结果见下图,在给定的范围内,负荷和频率越大,摩擦因数越小。与基材对比,两种MoS_x膜都显示出良好的减摩性能,而且MoS_x对TiN的减摩作用优于对S_3N_4的减摩作用。两种MoS_x中,MS MoS_x膜的减摩性能优于IBAD MoS_x膜

在测定摩擦因数随时间的变化中发现,MS MoS_x膜的摩擦因数在15min后由0.06左右突然升高到0.14,而IBAD MoS_x膜的摩擦因数基本保持不变(0.10左右)。在测定磨损率随负荷和频率的变化关系得出,磨损量随负荷和频率的增加而增加,两种MoS_x膜的耐磨性比Si_3N_4和TiN膜的高3~4倍。而MS MoS_x膜的耐磨性优于IBAD MoS_x,尤其在低负荷或低频率下更为明显

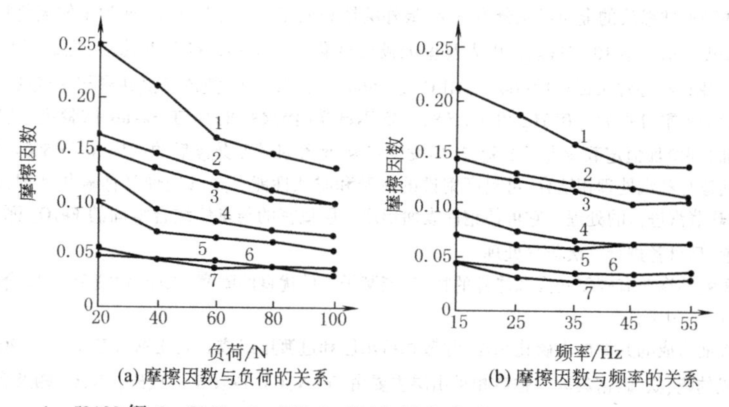

(a) 摩擦因数与负荷的关系　(b) 摩擦因数与频率的关系

1—52100钢;2—Si_3N_4;3—TiN;4—IBAD MoS_x-Si_3N_4;5—IBAD MoS_x-TiN;6—MS MoS_x-Si_3N_4;7—MS MoS_x-TiN

上试样为ϕ10mm的Si_3N_4陶瓷球,下试样为沉积了薄膜的圆盘

试验条件:振幅为1mm,时间为30min,液体石蜡润滑,用15Hz的振动频率测定摩擦因数-负荷关系,用40N的负荷测定摩擦因数-频率关系

含扩渗改性的表面膜层

表 1-7-71

<table>
<tr><th>类别</th><th>性能和应用</th></tr>
<tr><td>含有渗硫工序的表面热处理层</td><td>1)在复合表面热处理中,与渗硫相复合的表面热处理具有较好的自润滑效果。应用较多的是在表面硬化处理之后增加一道低温电解渗硫工艺。低温电解渗硫工艺的处理温度为180~190℃,可与低温回火结合进行。常用的有:
①高频感应加热淬火加低温电解渗硫,如800℃高频感应加热淬火,190℃低温电解渗硫
②渗碳淬火加低温电解渗硫,如930℃渗碳,预冷至800℃淬火,190℃低温电解渗硫
③渗氮加低温电解渗硫,如550℃气体氮化,190℃低温电解渗硫
④碳氮共渗、淬火加低温电解渗硫,如850~880℃碳氮共渗后直接淬火,190℃低温电解渗硫等
图a是在严酷条件下工作的零件表面的理想硬度分布曲线,图中的第1、2、3层分别是易塑性变形的软质层、机械强度好的硬化层和硬度缓降的扩散层。上述硬化处理是为了得到要求的第2、3层,而低温电解渗硫可以生成减摩性良好的第1层
渗硫后硫在钢铁表面主要以硫化铁形成存在。在盐浴中渗硫时,200℃以上形成FeS_2层(黄铜色),180~200℃形成FeS混有FeS_2(黑色混入黄铜色),170℃以下仅有FeS层。渗硫层实质上是由FeS(或$FeS+FeS_2$)组成的化学转化膜。FeS具有密排六方晶格,硬度仅为60HV,受力时沿(0001)晶面滑移,使摩擦时实际接触面积增大,改善了初期的磨合,抗烧伤、咬合效果好。渗硫层是有大量微孔的软质层,有良好的储油能力和减摩性,即使在无润滑状态下摩擦因数也很低。图b是渗碳后各种表面处理的SCM415钢的摩擦因数随载荷的变化曲线
渗硫方法有固体、气体和液体渗硫三种。按渗硫温度又分为低温(160~200℃)、中温(520~560℃)和高温(800~930℃)渗硫
低温渗硫零件无畸变。在低温渗硫中,除低温电解渗硫、低温气体渗硫、低温液体渗硫外,真空辉光放电离子渗硫也日益受到重视
我国不仅研制出系列设备和配套的工艺,而且已将其成功地应用于轴承、轴瓦、轧辊、齿轮、丝杠、滑板等零件的批量处理中
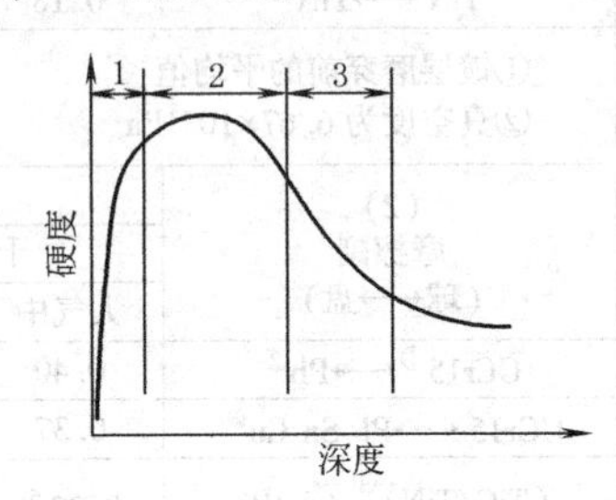

(a)在严酷条件下工作的零件表面的理想硬度分布
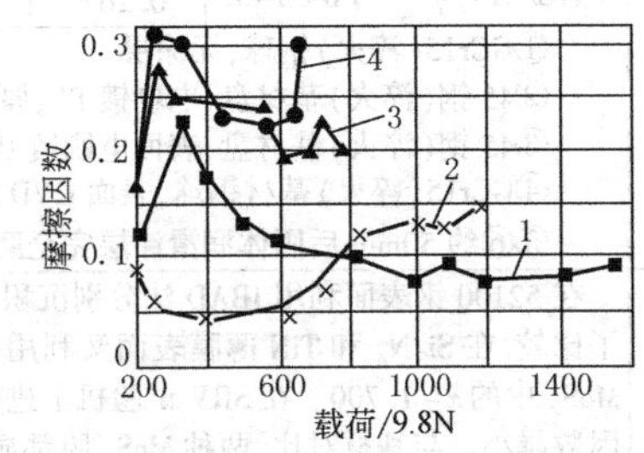

(b)渗碳后不同表面处理的SCM415钢的摩擦状况
1—渗碳加低温电解渗硫;2—渗碳加磷酸盐处理加MoS_2;3—渗碳加磷酸盐处理;4—渗碳淬火</td></tr>
<tr><td></td><td>2)渗氮、渗碳后再进行渗硫处理、硫氮二元共渗和硫碳氮三元共渗,也可使工件表面兼有渗硫后的减摩特性和渗氮、渗碳后的耐磨特性
①气体硫氮共渗后的金相组织分为三层,最外层是FeS,第二层是以$Fe_{2\sim3}N$为主的氮化物白亮层,第三层是氮的扩散层。硬度峰值可达$1000HV_{0.05}$,由表及里的硬度变化较为平缓。硫氮共渗后,提高了材料的减摩、耐磨性能。如W18Cr4V钢试样在淬火回火后(64~65HRC)经(560℃±10℃)×1h液体硫氮共渗与未经共渗的磨损试验结果是:对磨20000r后的失重分别为0.0131g和0.1008g。45钢试样(淬火+回火)在Fa-lex试验机上以全损耗系统用油L-AN32(20#机油)润滑加恒定载荷进行试验,2s即发生咬卡,而经过硫氮共渗后的试样,运行500s还未发生咬卡
硫氮共渗与蒸汽处理相结合,可提高钢件的减摩和耐蚀性能。蒸汽处理又称氧化处理,是指在500~600℃的温度下,用过热蒸汽进行的处理。它可使钢件表面形成一层致密的与基体结合牢固的Fe_3O_4薄膜。对于高速钢刀具在硫氮共渗前、后可各进行一次蒸汽处理
②硫碳氮共渗兼有碳氮共渗和渗硫的特点,能赋予工件优良的耐磨、减摩、耐疲劳、抗咬合性能,并改善了钢铁件(不锈钢除外)的耐蚀性
钢铁表面形成的共渗层由硫化物层、弥散相析出层和过渡层组成。硫化物层厚度为5~20μm,是由FeS、FeS_2、Fe_3O_4等相组成的硫、氮、碳富集区。弥散相析出层主要由Fe(N,C)、Fe_3(N、C)、Fe_4(N、C)相及含氮的马氏体、残余奥氏体等相组成。过渡层是含氮量高于基体的固溶强化区
对于大多数结构钢和不锈钢,常以(565℃±5℃)×(1~3)h进行盐浴硫碳氮共渗。其处理效果十分明显,如45、45Cr钢的轴和齿轮处理后寿命可提高1~3倍;Cr12MoV硅钢片冷冲头等高精度冷作模的寿命提高1~4倍;1Cr13~3Cr13和1Cr18Ni9Ti钢泵轴、阀门寿命提高2~4倍;ZGCr28的叶轮、中壳抗咬合负荷提高4~6倍,台架试验时间延长3个数量级。45钢以570℃×3h进行离子硫碳氮共渗与未处理相比,在干摩擦下起始摩擦因数由0.14~0.15下降至0.08</td></tr>
</table>

续表

类别	性能和应用
镀渗层	将电刷镀与渗金属工艺相复合，可以在金属表面形成一层减摩、耐磨的固溶合金化镀覆层。如在 40Cr 钢表面先刷镀一层 Sn（厚度 0.5~3μm），而后在氮气气氛中按 500℃×6h/550℃×3h/600℃×6h 进行渗金属；或在 Cu 合金（H62）表面刷镀 8~15μm 的 Sn，在氮气气氛中按 300℃×6h/400℃×4h 渗金属，可获得较好的减摩、耐磨效果 在 Al 合金（LY12）表面先刷镀一层 Cu（厚度 0~9μm）+In（厚度 16μm），然后在空气中按 140℃×4h/160℃×2h 的工艺渗金属，所得到的镀层的摩擦学性能与 Cu 镀层厚度的关系见下图。摩擦学试验是在改进的 MPX-200 型试验机上进行的。对偶为 GCr15（62HRC），30# 机械油润滑，试验时间 30min，结果表明，在该试验条件下，LY12 基材刷镀 4μmCu+16μmIn 后实施渗入工艺的效果最好 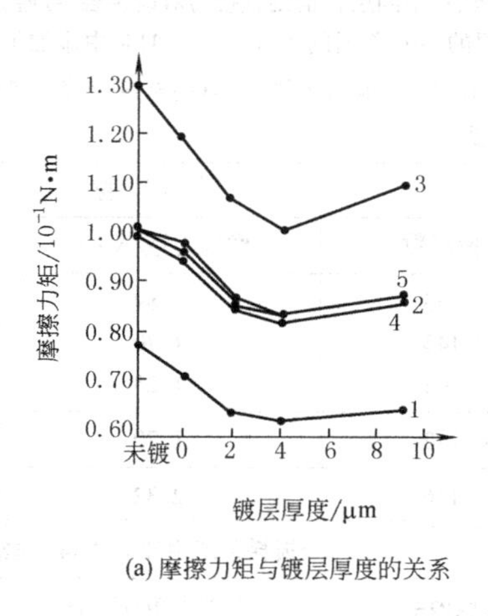 (a) 摩擦力矩与镀层厚度的关系 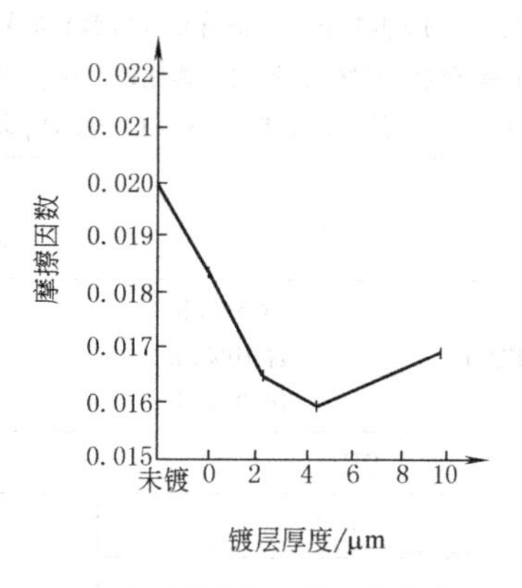 (b) 摩擦因数与镀层厚度的关系 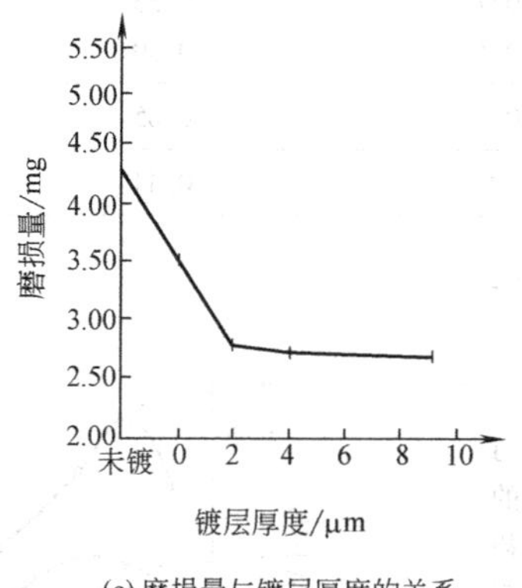 (c) 磨损量与镀层厚度的关系 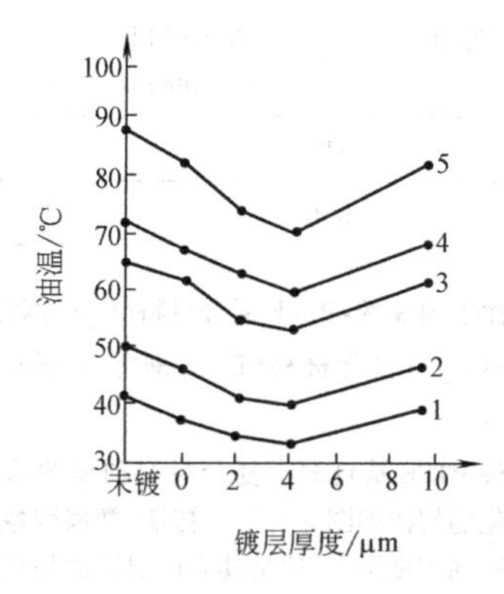 (d) 油温与镀层厚度的关系 1—300N，370r/min；2—400N，370r/min；3—500N，370r/min；4—400N，549r/min；5—400N，1102r/min

金属塑料复合材料

表 1-7-72

<table>
<tr><th>类别</th><th>性能和应用</th></tr>
<tr><td rowspan="1">PTFE-钢背复合材料</td><td>

金属塑料复合材料又称为“背衬型润滑材料”、“三层复合自润滑材料”。它由钢背-多孔青铜-高分子润滑材料复合而成。其力学性能相当于钢,摩擦学性能相当于高分子材料。具有机械强度高、摩擦因数小、耐磨性好、热膨胀小、导热性优良等特点。这类材料目前已有很多种,其中应用得比较广泛而有效的有 PTFE-钢背和聚甲醛-钢背,国外分别称其为 DU 材料和 DX 材料。这些材料适于制作轴套、衬套、垫片、导轨、滑板和半球碗等机械零件

(1)PTFE-钢背复合材料(DU 材料)

DU 材料由英国 Glacier 金属公司发明,其应用很广。国产的选用 10 钢或 08F 低碳钢冷轧钢板,厚度一般在 0.5~3.0mm,其上镀厚度为 10~15μm 的 Cu,而后采用黏结的方法敷 0.26~0.35mm 厚的球形青 Cu 粉(粒径0.06~0.19mm),在氢气炉中以 840℃±10℃的温度进行烧结。表面层高分子材料主要是 PTFE(可填充 PbO、硼铅玻璃、SiO_2、天然云母、Cr_2O_3 等物),采用辊压烧结(温度 375℃±5℃)而成,表面层厚度为 0.02~0.06mm。钢背的作用在于提高材料的强度和承载能力,镀 Cu 是为了提高钢背与青铜中间层之间的结合强度。在摩擦升温时表层的 PTFE 及其填充物从孔隙中挤出,起到自润滑作用。一旦表面层被磨破后,中间层青铜则直接与对偶接触,可避免严重烧伤

下表是国产的 FQ-1(PTFE-钢背复合材料)与英国的 DU、美国的 Turcite-B(PTFE 中添加了 50%的青铜粉、MoS_2 和玻璃纤维等制成的带材)材料的性能比较。试验在 Amsler 试验机上进行,对偶材料 45 钢(350HBS),负荷 600N,滑动速度 25.12m/min,总转数 1.5×10^4r(约 1.9km),室温

材料		干摩擦		
		摩擦因数	摩擦力矩/N·m	磨痕宽度/mm
FQ-1	含 5%Pb	0.153	1.89	4.92
	含 10%Pb	0.143	1.70	4.08
	含 20%Pb	0.101	1.25	3.62
DU		0.142	1.70	2.53
Turcite-B		0.186	2.32	6.70

材料		全损耗系统用油 L-AN46 润滑		
		摩擦因数	摩擦力矩/N·m	磨痕宽度/mm
FQ-1	含 5%Pb	0.024	0.30	3.33
	含 10%Pb	0.027	0.35	2.92
	含 20%Pb	0.025	0.30	3.26
DU		0.046	0.65	2.81
Turcite-B		0.36	0.44	4.63

(2)钢背-青铜粉-PTFE 复合材料(C_2)、钢背-青铜粉-(PTFE+Co_2O)复合材料(D_2)、钢背-青铜粉-(PTFE+Pb)(E_2)

①三种 PTFE 基自润滑复合材料轴承的摩擦因数与负荷变化的规律如图 a 所示。初期,摩擦因数随负荷的增大而不同程度增大,这是其表面层因磨损而露出铜粉逐渐增多的结果,而后,由于 PTFE 受热膨胀被挤出,摩擦因数又随负荷的增大而减小。三种材料中含 Pb 表面层的摩擦因数最小,含 CuO 的最大,说明填充 Pb 能降低复合材料的摩擦因数,而填充 CuO_2 却增大了摩擦因数

在 MPV-1500 试验机上采用逐级加载法(每隔 10min 增加一级负荷)。在干摩擦和运动速度为 1m/s 的情况下试验

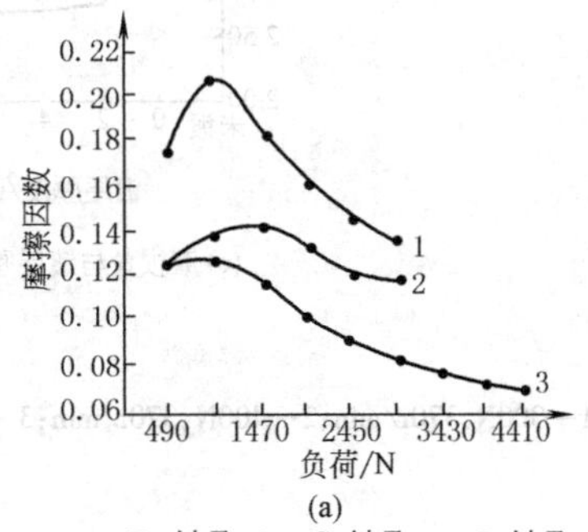

(a)

1—D_2 轴承;2—C_2轴承;3—E_2轴承

</td></tr>
</table>

续表

类别	性能和应用
PTFE-钢背复合材料 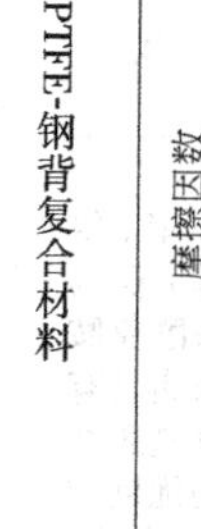	②在全损耗系统用油 L-AN32(20#机油)润滑条件下,三种材料的摩擦因数可比干摩擦条件低 1~2 个数量级,摩擦因数都随负荷和速度的增大而减小。另外试验表明,填充 PTFE 的耐磨性比纯 PTFE 的要好;在油润滑条件下,C_2 的极限 pv 值可达到 128MPa·m/s,D_2、E_2 的在 135MPa·m/s 以上,而在干摩擦下三种材料的极限 pv 值在 9MPa·m/s 以下。三种 PTFE 基复合材料轴承在不同速度下摩擦因数随负荷的变化曲线如图 b~图 d 所示 (b) D_2轴承 (c) C_2轴承 (d) E_2轴承 (纵轴:摩擦因数;横轴:负荷/N) 1—1m/s;2—2m/s;3—3m/s;4—4m/s
DX 材料	(3)聚甲醛-钢背复合材料(DX 材料) 它由钢背、多孔青铜和在多孔结构上滚压的表面层三部分组成。表面层是约 500μm 厚的聚甲醛层,其上压有许多凹痕以储存油、脂等润滑剂 这种材料在使用前必须涂敷润滑剂进行预润滑,它兼有高承载能力和低摩擦因数,适于在高速运动的摩擦构件中应用。含油聚甲醛-钢背复合材料的静承载能力约 140MPa,在速度为 22m/min 时能承受大于 10MPa 的载荷 在干摩擦条件下,DX 材料的摩擦学性能不理想。在油脂润滑条件下,它的跑合磨损很小,几乎与稳定磨损相当。在油脂消耗到一定程度后,磨损便逐渐加大。若加油的间隔时间合适,材料的使用寿命可大为延长

黏结固体润滑膜

表 1-7-73

类别		性能和应用
黏结固体润滑膜		黏结固体润滑膜是将固体润滑剂分散于有机或无机黏结剂中,采用喷涂、刷涂或浸涂等方法涂敷于摩擦表面上,经固化而成的膜。干膜厚度一般为 20~50μm,厚的可大于 100μm。干膜具有与基体相同的承载能力,摩擦因数通常在 0.05~0.2 之间,最小可达 0.02。因其可在高温、高负荷、超低温、超高真空、强氧化还原和强辐射等环境下有效地润滑,而获得了从民用机械到空间技术等各个方面的广泛应用
	1.有机黏结固体润滑膜	(1)环氧树脂黏结干膜 以环氧树脂为黏结剂、EMR 为固化剂、邻苯二甲酸二丁酯为添加剂与固体润滑剂 MoS_2 所组成的干膜具有较好的摩擦学性能。按环氧树脂:邻苯二甲酸二丁酯:固化剂:MoS_2(质量)=1:0.07:0.072:(3~4)的配比在不锈钢表面进行喷涂,常温下固化 5 天,而后在 MHK-500 型环-块试验机上进行摩擦学性能测定。在负荷 327N、转速 1000r/min 下,其摩擦因数为 0.07~0.16,磨损寿命为 144~212m/μm。根据"协同效应",在 MoS_2 中添加石墨,MoS_2 与石墨的质量比为(4~15):1。按环氧树脂:邻苯二甲酸二丁酯:固化剂:(MoS_2+石墨)(质量)=1:0.07:0.072:3.5 的配比,以同样的方法制备干膜。在同样的测试条件下,测得的摩擦因数基本相同,但磨损寿命却增加到 186~274m/μm。不同的基材影响着干膜的黏着强度。干膜如果浸泡在油中会降低其耐磨性 以环氧树脂为黏结剂、环氧丙烷丁基醚为固化剂、邻苯二甲酸二丁酯为添加剂,并添加各种填充剂和固体润滑剂所组成的 HNT 涂层系列配方见右表。基材表面涂敷该涂层后,在常温下固化 24h 后即可投入使用。为增加涂层的结合强度,在涂层固化时应对其施加约 0.1MPa 的压力。在龙门铣床的铸铁导轨表面涂敷 HNT 涂层,按正常条件运行,其年磨损量为 5~7μm

配方号及加入量 组分	HNT11-J5	HNT17-5	HNT20-1	HNT21-4
	加入量/g			
环氧树脂(6101)	100	100	100	100
邻苯二甲酸二丁酯	10	10	15	15
环氧丙烷丁基醚	12	10	10	15
气相二氧化硅	2	1	2	1
铁粉	25	15	25	15
二氧化钛		30	15	30
MoS_2	100	80	80	80
石墨	25	20	20	20
总量	274	266	267	276

续表

类别		性能和应用
黏结固体润滑膜	1.有机黏结固体润滑膜	见下

(2)聚双马来酰亚胺干膜

几种这类干膜的性能如下表：

组成(质量)	室温下性能			真空下性能			说明			
	膜厚/μm	摩擦因数	磨损寿命/m·μm^{-1}	膜厚/μm	摩擦因数	磨损寿命/m·μm^{-1}	①	②	③	④
氟化石墨：树脂=0.5：1	33 35	0.04~0.07 0.03~0.07	612 602					本表是以聚(氨基)双马来酰亚胺树脂为黏结剂，氟化石墨、MoS_2和石墨为固体润滑剂，二甲基甲酰胺为稀释剂，喷涂在不锈钢表面静置12h，然后在240℃固化3h而成的几种干膜的性能	在室温下和高真空(133.322×10^{-6}Pa)下的试验条件为：负荷25MPa，滑动速度1.25m/m，可见，室温下IF-3干膜有优良的摩擦学性能；高真空下氟化石墨黏结膜的性能不如MoS_2黏结膜，但优于石墨黏结膜	聚(氨基)双马来酰亚胺树脂具有聚酰亚胺的优良力学性能，且价格低，能溶解在一些有机溶剂中
氟化石墨：树脂=0.6：1	54 43	0.04~0.07 0.04~0.09	777 870	41 44	0.02 0.02~0.03	69 86	IF-3			
氟化石墨：树脂=0.7：1	42 52	0.05~0.09 0.05~0.11	462 452							
氟化石墨：树脂=1：1	59 54	0.04~0.08 0.03~0.07	238 274							
MoS_2：树脂=1.52：1	38 39	0.05~0.13 0.08~0.10	72 84	29 37	0.01~0.02 0.01~0.03	258 126				
石墨：树脂=0.6：1	37 31	0.06~0.07 0.05~0.09	662 707	47	0.26	13				

以聚双马来酰亚胺为黏结剂，固体润滑剂为氟化石墨+MoS_2及氟化石墨+石墨，分别制成的IF-1及IF-2干膜，其使用温度可达300℃，蒸发率低，且有耐辐射能力。IF干膜已成功用于航天工业机械的防冷焊和润滑

以改性聚双马来酰亚胺树脂为黏结剂，在固体润滑剂MoS_2中添加Sb_2O_3，在300℃下固化2h所制备的干膜称为PI干膜。其组成(质量)为聚酰亚胺：MoS_2：Sb_2O_3=1：3：1。可用于-178~300℃温度范围及真空条件下，其磨损寿命为270m/μm

用环氧树脂来改性聚双马来酰亚胺使聚合物的综合性能进一步提高，以其作为黏结剂，MoS_2作润滑剂，二甲苯和间甲酚为溶剂，喷涂后，在200℃下固化3h，形成的干膜称为DMI-2干膜。它比以聚双马来酰亚胺为黏结剂的DMI-1干膜(润滑剂、溶剂和制备过程均与前者相同，仅改在240℃下固化3h)的摩擦学性能进一步提高。在高真空下测试DMI-2干膜也表现出良好的摩擦学性能

(3)粉末喷涂黏结干膜

粉末喷涂聚合物基固体润滑黏结膜具有与悬浮液涂层膜相同的摩擦学性能，可以实现100%固体粉末的喷涂。膜厚100~300μm，有较好的弹性和韧性。喷涂方法可采用流化床法、高压静电喷涂法、粉末电泳法、氧-乙炔火焰喷涂法等。用作黏结剂的聚合物有聚乙烯、聚丙烯、聚丁烯、聚酰胺(尼龙)等热塑性树脂和环氧、酚醛、聚氨酯等热固性树脂。以聚酰胺作黏结剂的粉末喷涂干膜，常根据基体工况要求再添加其他材料组成复合膜

添加物质	可提高干膜的
环氧树脂	黏结强度(如尼龙1010由10.6MPa提高到64.1MPa)
Al粉或Cu粉	导热性和抗压强度
石英粉(或刚玉粉)	硬度、强度和耐热性等

不同组成的干膜	可用于
(由)尼龙粉+石英粉(组成的干膜)	发电机驱动轴轴承
尼龙粉+MoS_2粉+Cu(Al)粉	滑动轴承、凸轮轴、纺织机械和车床主轴等
尼龙粉+MoS_2粉(或MoS_2+石墨)	机床导轨、滑动轴承、柴油机的活塞等
尼龙粉+玻璃粉	发动机汽缸套
尼龙粉+环氧树脂粉等	水力机械的轮机和水泵叶片和轴等
尼龙1010粉(100份)+MoS_2粉(50份)经常温冷喷涂或180~200℃热喷涂	齿轮箱、光杠、丝杠等
低压聚乙烯(90份)+MoS_2粉(10份)经热喷涂(聚乙烯熔融后喷涂)	车床的挂轮箱、溜板箱和尾座等
在耐热、耐多种酸碱和溶剂的氯化聚醚中，添加MoS_2、石墨和PTFE等	化工池槽内壁、输液管道、齿轮的耐磨涂层、铝质旋塞的密封涂料等

续表

类别		性能和应用
黏结固体润滑膜	2. 无机黏结固体润滑膜	无机黏结固体润滑膜是以硅酸盐、磷酸盐、硼酸盐等无机盐以及陶瓷、金属等作黏结剂的黏结型润滑材料。虽然具有使用温度宽、耐辐射、真空出气率低、与液氧液氢的相容性好等优点，但因存在脆性大、耐负荷性差、摩擦学性能不如有机膜等不足，目前多数限于在特殊工况（如液氧液氢介质、特殊高温、忌有机蒸气污染的航天机械等）下使用
		（1）SS-2 干膜 在硅酸盐黏结干膜中，以硅酸钾为黏结剂，MoS_2 和石墨为润滑剂，水作稀释剂的黏结干膜称为 SS-2 干膜。该膜适于 −178～400℃温度范围内工作。在不锈钢上喷涂 40～50μm 厚的这种干膜，在 TimKen 试验机上，以负荷 315N、速度 2.5m/s 的条件试验，其摩擦因数为 0.06～0.08，平均磨损寿命为 120m/μm。在 ^{60}Co 源的射线下累积辐照量达 6.8×10^8R（伦琴）后，7 次试验的平均磨损寿命 100m/μm。SS-2 干膜具有良好的储存稳定性，可以满足液氧输送泵轴承的润滑要求 （2）SS-3 干膜 以硅酸钾为黏结剂，MoS_2、石墨和银粉为润滑剂，水作稀释剂的黏结干膜称为 SS-3 干膜。该膜的耐磨性优于 SS-2 干膜 （3）SS-4 干膜 在 SS-3 干膜基础上通过改进工艺制成的 该膜在 TimKen 试验机上，以负荷 320N、转速 1000r/min 的条件做试验，测得其摩擦因数为 0.09～0.016，平均磨损寿命为 206～417m/μm（膜厚 20～50μm，室温）。在环-块试验机上的测定表明，它的摩擦因数随负荷和速度的增加而减小，磨损寿命随负荷和速度增加而降低。在 CZM 型真空试验机上对 10～20μm 的 SS-4 干膜进行摩擦学性能测定（真空度 133.322×10^{-6}Pa，负荷 15MPa，滑动速度 10m/s，栓、盘材料均为不锈钢），结果由下图可见，该膜在真空条件下的摩擦因数随负荷和速度的增加而减小，磨损寿命随负荷和速度的增加而降低。由于薄的 SS-4 干膜的耐磨性较好，所以可以用在滚动轴承和精度要求较高的相对运动部件上 以磷酸盐为黏结剂，石墨、氟化石墨和 BN 为固体润滑剂，水为稀释剂的黏结干膜是为了在室温到 700℃的宽范围内使用而研制的。在 650～700℃的温度下，该干膜的摩擦因数很小，但耐磨性很差。将干膜喷剂进行表面活化处理后再进行喷涂可提高干膜的结构强度和耐磨性 对于黏结固体润滑干膜的润滑和失效机理的某些研究得出：一般黏结固体润滑干膜的磨损寿命受速度的影响比负荷的影响更敏感，即润滑膜在重负荷、低速度下的使用寿命长于在同样 pv 值下低负荷、高速度下的耐磨寿命；部分黏结固体润滑干膜的磨损过程主要是由于摩擦过程中所产生的小气泡的作用，气泡的形成、扩大和破裂是这部分润滑膜的主要失效过程；在摩擦对偶表上可看到转移膜的形成及其性质是影响润滑膜摩擦学性能的重要因素之一，如在摩擦中能迅速在对偶面上形成与基材结合良好的均匀转移膜，则摩擦因数就低而稳定，耐磨寿命长 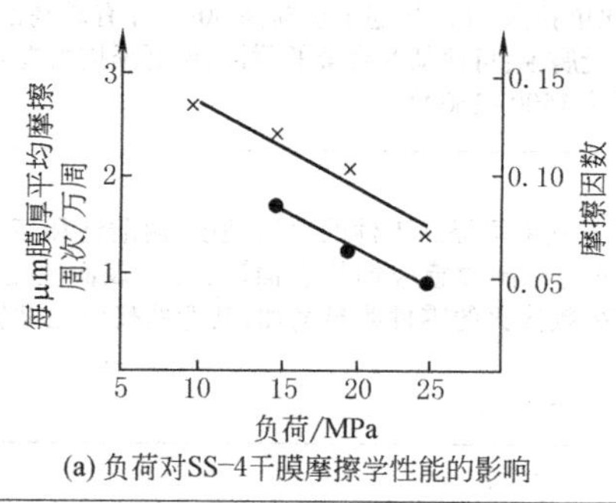 (a) 负荷对SS-4干膜摩擦学性能的影响 ●—摩擦因数； ×—耐磨性 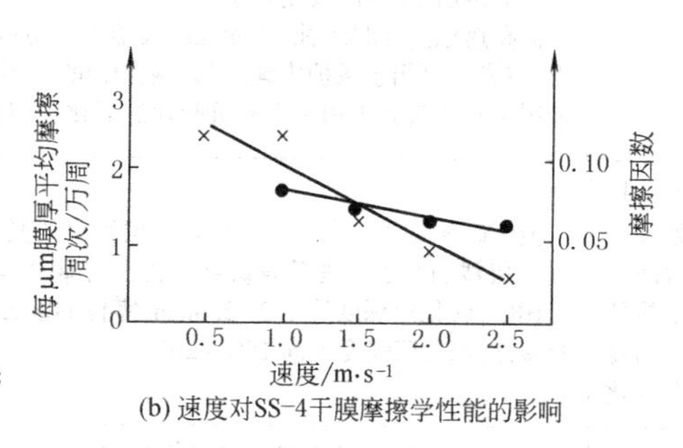 (b) 速度对SS-4干膜摩擦学性能的影响
	3. 应用	（1）在高低温条件下的应用 由于这类干膜在适用温度范围内无相的变化，且摩擦因数比较稳定，因而被广泛用于解决润滑油脂所无法解决的高低温机械的润滑和防粘问题。在从−200℃下的极低温到接近 1000℃的高温下都有可供使用的黏结固体润滑干膜。如各类发动机（包括火箭发动机）的高温滑动部件、远程炮炮膛、热加工模具、炼钢机械、耐高温烧蚀紧固件等；低温下的火箭氢氧发动机涡轮泵齿轮和超导设备的有关部件等 （2）在高负荷条件下的应用 由于含 MoS_2 和石墨等层状固体润滑剂的干膜的耐负荷性超出极压性能好的润滑油脂的 10 倍以上，且长期静压后不会从摩擦面流失，因而可解决许多高负荷下的润滑难题，如鱼雷舵机蜗轮蜗杆组件、坦克支承传动系统、大型桥梁与立体高速公路支承台座、建筑减振支承移动系统等润滑，以及机床卡盘和金属冷热加工模具的润滑

续表

类别		性能和应用
黏结固体润滑膜	3. 应用	(3)在真空机械中的应用 由于润滑油脂在真空中会急剧蒸发干燥而失效，因而可考虑选用黏结固体润滑涂层。含 MoS_2 的黏结固体润滑膜在其他条件相同的情况下，其在真空中的摩擦因数约为大气中的1/3，耐磨寿命比大气中长几倍甚至几十倍，是真空机械的首选品种。例如，人造卫星上的天线驱动系统、太阳电池帆板机构、星箭分离机构及卫星搭载机械等都使用了黏结固体润滑涂层技术 (4)在其他方面的应用 这类干膜还具有耐蚀、防污、减振和降噪的作用。某些黏结固体润滑干膜的耐蚀性能甚至与某些耐蚀涂料相当；纺织机械、复印机、印刷机等设备采用固体润滑干膜，解决了污染问题，使产品质量明显提高；汽车等车辆采用黏结固体润滑涂层能明显降低振动和噪声；钟表和电子仪表传动机构、照相机快门机构、计算机磁盘和电子音像设备磁带驱动机构等采用黏结固体润滑涂层使其反应灵敏，精度得到大幅度提高。此外，这类干膜还可以作为动密封材料、非金属材料的润滑材料以及辐射环境和水介质环境下的润滑材料

16.4 以提高疲劳强度等综合性能的表面复合涂层

表 1-7-74

类别	性能与应用
复合表面化学热处理	(1)渗碳淬火与低温电解渗硫复合处理 先将零件按技术条件要求进行渗碳淬火，表面获得高硬度、高耐磨性和较高的疲劳性能，然后再将零件置于温度为190℃±5℃的盐浴中进行电解渗硫。盐浴成分为75%KSCN+25%NaSCN[①]，电流密度为 $2.5\sim3A/dm^2$，时间为15min。渗硫后获得复合渗层，渗硫层为多孔鳞片状的硫化物，其中的间隙和孔洞能储存润滑油，因此具有很高的自润滑性能，有利于降低摩擦因数，改善润滑性能和抗咬合性能，减少磨损 (2)渗碳加渗铬 可增加碳化物层厚度，渗层下没有贫碳区，复合渗层具有高的硬度、疲劳强度、耐磨性、热稳定性和在各种介质中的耐蚀性(包括在铝合金、锌合金熔体的侵蚀性) (3)Al-Cr 共渗及复合渗 粉末法：1025℃，10h，渗层厚度：10 钢，0.37mm；1Cr18Ni9Ti，0.22mm。共渗用于提高钛、铜及其合金的热稳定性，提高工件抵抗冲蚀磨损和磨料磨损的能力，可用廉价钢种 Al-Cr 共渗代替高合金钢。复合渗主要用于防止高温气体腐蚀，提高工件持久强度和热疲劳性，如燃气轮机叶片、燃烧室及各种耐热钢制零件 (4)Al-Cr-Si 共渗及复合渗 提高热稳定性和耐蚀、耐冲蚀磨损能力。对镍基热强合金，比单独渗 Al 的热稳定性提高 50%，并有较高的热疲劳抗力；该渗层可用于保护中碳、高碳钢在硝酸、氯化钠水溶液中免受腐蚀；可使某些合金的耐蚀、耐磨损抗力提高 1~5 倍。如用于防止直升机钼制发动机叶片的氧化，叶片边缘处温度可达 1500~1600℃
表面热处理与表面化学热处理的复合强化	液体碳氮共渗与高频感应加热表面淬火的复合强化：液体碳氮共渗可提高工件的表面硬度、耐磨性和疲劳性能，但有渗层浅、硬度不理想等缺点。将液体碳氮共渗后的工件再进行高频感应加热表面淬火，则表面硬度可达 60~65HRC，硬化层深度达 1.2~2.0mm，零件的疲劳强度也比单纯高频淬火的零件明显增加，其弯曲疲劳强度提高10%~15%，接触疲劳强度提高 15%~20%
热处理与表面形变的复合强化	(1)普通淬火回火与喷丸的复合处理 该工艺在生产中应用很广泛，如齿轮、弹簧、曲轴等重要受力件经淬火回火后再经喷丸表面形变处理，其疲劳强度、耐磨性和使用寿命都有明显提高 (2)复合表面热处理与喷丸的复合处理 例如离子渗氮后，经过高频表面淬火再进行喷丸处理，不仅使组织细致，而且还可以获得具有较高的硬度和疲劳强度的表面 (3)渗碳加强力喷丸的复合处理 可以提高变速箱齿轮等工件的疲劳强度、寿命和可靠性，尤其是表面能获得大量残余奥氏体的渗碳工艺经喷丸强化可使工件具有很好的疲劳性能 (4)渗碳加碳氮共渗，再加工硬化(压延、喷丸等) 在渗碳后加碳氮共渗，以期在随后的淬火中在表面形成大量的残余奥氏体，然后通过压延使表面进一步硬化。这种复合处理能形成很硬而又富有韧性的表层，提高了使用寿命，并获得很高的疲劳强度

续表

类别	性能与应用
镀覆层与热处理的复合强化	(1)铜合金先镀7~10μm锡合金,然后加热到400℃左右(铝青铜加热到450℃左右)保温扩散,最表层是抗咬合性能良好的锡基固溶体,其下是Cu_3Sn和Cu_4Sn,硬度450HV(锡青铜)或600HV(含铅黄铜)左右,提高了铜合金工件的抗咬合、抗擦伤、抗磨料磨损和黏着磨损性能,并提高表面接触疲劳强度和耐蚀能力 (2)在渗铝前进行镀镍、镀铂(有时渗铂、渗铌)可以在金属表面形成一层扩散屏障,以阻滞在高温条件下铝的二次扩散,提高渗层的使用寿命。如527铁基合金先镀镍,然后进行750℃×(6~8)h的粉末渗铝,形成40~70μm的镀镍渗铝层(由$FeAl_3$、Fe_2Al_5、Ni_2Al_3组成),硬度850~1000HV;若采用铝铬共渗,则层厚为25~35μm。800℃×100h氧化试验,未经处理表面、渗铝、镀镍+渗铝、镀镍+铝铬共渗的增重依次为:37.8g/m²、5.6g/m²、1.9g/m²和2.8g/m²。铝铬共渗前渗钽用于镍基和钴基合金,可有效防止铝铬共渗层的再扩散,明显提高渗层的高温疲劳强度和抗高温氧化、硫蚀性能 (3)铜、青铜和黄铜进行镀锡镉(或锑)热扩散复合处理。一般镀7~10μm Sn、Cd或Sb,铝青铜基体加厚至10~12μm,在空气中加热至410~430℃,保温8~14h,表面呈抗咬死性能良好的Cu-Sn-Cd合金薄层,其下是Cu_2Sn、Cu_4Sn等化合物,硬度为480~600HV,镀渗层厚度约30μm,在大气、海水及矿物油中耐蚀。在Felex摩擦磨损试验机上进行摩擦学性能试验:铜合金销子与经渗碳、淬火、回火的15CrNi3A钢V形块之间摩擦速度为0.1m/s,经镀锡镉(或锑)扩散处理的QSn12和HPb59-2的摩擦学性能显著提高,同时提高了接触疲劳强度
含激光处理的复合强化	与激光相变硬化相复合表面处理:为了修复严重磨损的轴头,先用D132焊条(含C 0.34%,Cr 3.00%,Mo 1.40%)进行堆焊,后再进行激光相变硬化处理,并比较了高频感应加热淬火、激光强化、堆焊后激光强化三种试样的接触疲劳寿命。其中单纯激光强化采用的优化参数为:激光功率$P=2000W$,扫描速度$v=300mm/min$,光斑直径$D=5mm$;堆焊后的激光强化所采用的优化参数为:$P=2000W$,$v=600mm/min$;$D=5mm$。结果证明,堆焊后激光强化试样在各种接触应力下的接触疲劳寿命均最高[轴头为履带重载车辆悬挂装置的细长零件扭力轴(长2.18m),由45CrNiMoVA钢制造,轴头热处理硬度不低于50HRC,与支座中的滚柱直接接触。由于工作条件恶劣,轴头容易磨损]

① KSCN和NaSCN分别为硫氰化钾和硫氰化钠。

17 陶瓷涂层

陶瓷涂层是以氧化物、碳化物、硅化物、硼化物、氮化物、金属陶瓷和其他无机物为原料,用各种方法涂敷在金属等基材表面而使之具有耐热、耐蚀、耐磨以及某些光、电等特性的一类涂层。它的主要用途是作金属等基材的高温防护涂层。

表1-7-75

	陶瓷涂层的分类			陶瓷涂层的选用
	1. 按涂层物质分	2. 按涂敷方法分	3. 按使用性能分	必须考虑下列因素
陶瓷涂层的分类和选用	1)玻璃质涂层。包括以玻璃为基与金属或金属间化合物组成的涂层、微晶搪瓷等 2)氧化物陶瓷涂层 3)金属陶瓷涂层 4)无机胶黏物质黏结的陶瓷涂层 5)有机胶黏剂黏结的陶瓷涂层 6)复合涂层	1)高温熔烧涂层 2)高温喷涂涂层。包括火焰喷涂、等离子喷涂、爆震喷涂涂层等 3)热扩散涂层。包括固体粉末包渗、气相沉积渗、流化床渗、料浆渗涂层等 4)低温烘烤涂层 5)热解沉积涂层	1)高温抗氧化涂层 2)高温隔热涂层 3)耐磨涂层 4)热处理保护涂层 5)红外辐射涂层 6)变色示温涂层 7)热控涂层	1)涂层与基材的相容性和结合力 2)涂层抵御周围环境影响的必要能力 3)在高温长时间使用时,涂层与基材的相互作用和扩散应避免基材性能的恶化,同时要考虑选择能适应基材蠕变性能的涂层 4)高温瞬时使用的涂层应避免急冷急热条件下发生破碎或剥落 5)选择最适合的涂敷方法 6)选择最佳的适用厚度 7)确定允许的储存期和储运方法 8)涂层的再修补能力

续表

类型			特点	几种典型涂层	
陶瓷涂层的工艺	（一）熔烧	釉浆法	搪瓷是其典型代表。该方法的优点是涂层成分变化广泛，质地致密，与基材结合良好；缺点是基材要承受较高温度，有些涂层需在真空或惰性气氛中熔烧		
		溶液陶瓷法	它是将涂层成分中各种氧化物先配制成金属硝酸盐或有机化合物的水溶液（或溶胶），喷涂在一定温度的基材上，经高温熔烧形成约 1μm 厚的玻璃质涂层；如需加厚，可重复多次涂烧。其优点是熔烧温度比釉浆法低，但涂层薄，并且局限于复合氧化物组成		
	（二）高温喷涂	火焰喷涂法	它是用氧-乙炔火焰将条棒或粉末原料熔融，依靠气流将陶瓷熔滴喷涂在基材表面形成涂层。其优点是设备投资小，基材不必承受高温，但涂层多孔，涂层原料的熔点不能高于2700℃，涂层与基材结合较差	火焰喷涂氧化铝涂层	涂层原料：质量分数为98%的 Al_2O_3，φ2.5mm，棒料 喷涂工艺参数：O_2，0.12～0.20MPa；C_2H_2，0.1～0.15MPa；空气，0.4～0.6MPa 性能：涂层气孔率 8%～9.5%；涂层抗折强度 31～33MPa；涂层热导率（6.4～7.0）$\times10^{-3}$ W/（cm·℃）（在400～750℃范围）；涂层线胀系数 7.4×10^{-6}℃$^{-1}$（在20～1000℃范围）；氧化气氛中长期使用最高温度 1200℃，瞬时温度低于 2000℃ 用途：隔热、防热、耐磨零部件，如柴油机活塞、阀门、汽缸盖，熔炼金属用坩埚内表面，铸造合金泵、柱塞、高温滚筒等
		等离子喷涂法	它是用等离子喷枪产生的 1500～8000℃高温，以高速射流将粉末原料喷涂到工件表面；也可将整个喷涂过程置于真空室中进行，以提高涂层与基材的结合力和减少涂层的气孔率。它适用于任何可熔而不分解、不升华的原料，基材不必承受高温，喷涂速度较快，但设备投资较大，又不太适用于形状复杂的小零件，工艺条件对涂层性能有较大影响	等离子喷涂涂层	1）Al_2O_3 涂层：用于耐磨、耐蚀、硬度较高、电绝缘、低热导、抗急冷急热性零部件 2）Cr_2O_3 涂层：用于高温耐磨、耐蚀零部件 3）$Al_2O_3+TiO_2$ 涂层：用于耐磨、耐蚀零部件 4）WC+Co 涂层：用于高温耐磨、耐蚀零部件 5）Cr_3C_2+NiCr 涂层：用于高温耐磨、耐蚀零部件 6）$TiO_2+ZrO_2+Nb_2O_5$ 涂层：用于红外加热元件的涂层 7）$ZrO_2+NiO+Cr_2O_3$ 涂层：用于红外加热元件的涂层 8）ZrO_2+金属涂层：用于低热导、抗急冷急热的零部件 9）ZrO_2 涂层：用于隔热、抗金属熔体侵蚀的零部件，也可用于一些生物体的表面层 10）生物玻璃涂层：用于生物体的表面层 11）羟基磷灰石涂层：用于生物体的表面层 12）NiCr、NiAl、NiCrAly 涂层：常用于金属基材与陶瓷涂层之间的过渡层
		爆震喷涂法	它是用一定混合比的氧-乙炔气体在爆震喷枪上脉冲点火爆震，即以脉冲的高温（约3300℃）冲击波，夹带熔融或半熔融的粉末原料，高速（800m/s）喷涂在基材表面。其优点是涂层致密，与基材结合牢固，但涂层性能随工艺条件变化大，设备庞大，噪声达 150dB，对形状复杂的工件喷涂较困难	爆震喷涂涂层	（1）Al_2O_3 涂层 气孔率 1%～2%；抗折强度 132MPa；线胀系数 7.0×10^{-6}℃$^{-1}$（70～1800℃范围）；显微硬度 1000～1200HV（载荷 2.95N）；与 1Cr18Ni9 不锈钢基材结合强度 23.1MPa；氧气氛中最高使用温度 1000℃。用于耐磨、耐蚀、抗氧化零部件 （2）WC+（13%～15%）Co 金属陶瓷涂层 气孔率 0.5%～1.0%；抗折强度 590～657MPa；线胀系数 8.1×10^{-6}℃$^{-1}$（70～1000℃范围）；显微硬度 1150～1250HV（载荷 2.95N）；氧气氛中最高使用温度 500～550℃。用于耐磨、抗冲击、抗急冷急热性的零部件

续表

	类型		特点	几种典型涂层	
陶瓷涂层的工艺	(三)热扩散	气相或化学蒸气沉积扩散法	它是将涂层原料的金属蒸气或金属卤化物经热分解还原而成的金属蒸气,在一定温度的基材上沉积并与之反应扩散形成涂层。其优点是可以得到均匀而致密的涂层,但工艺过程需在真空或控制气氛下进行	热扩散涂层	它主要是难熔金属及其合金的硅化物涂层和高温合金的铝化物涂层,共同特点是防护金属基材而使之具有高温抗氧化性。例如 (1)钼及钼合金的二硅化钼涂层 钼及含钛的钼合金,用气相热扩散法,在1000~1250℃含质量分数为40%的$SiCl_4$的氢气中热扩散10~240min,基材表面形成$MoSi_2$涂层 (2)铌合金的热扩散硅化物涂层 Nb-10W-25Zr的铌合金用Si-20Cr-20Fe料浆在真空(0.1Pa)、137℃热扩散1h,得到厚约90μm的多元硅化物涂层;外层的$NbSi_2$为主相,中间层为复杂硅物相,内层以Nb_5Si_3为主相 (3)钽合金的热扩散硅化物涂层 Ta-10W合金用Si-20Ti-10Mo料浆在真空(0.1Pa)、1370~1400℃热扩散1h,得到厚约100μm的硅化物涂层 (4)铁基合金的铝化物涂层 铁锰铝铸造合金(Fe基,其他合金的质量分数为:Al3.3%,Mn30%,W+Mo+V+Nb5.95%,C0.4%,B0.1%,RE0.15%,Si<0.35%,P+S<0.035%)采用40铁铝粉(Fe50%、Al50%)、10%Al、50%Al_2O_3料浆(外加2%硝化纤维素,与适量的稀释剂丙酮-酒精,一起球磨混合50h),在氩气包箱内经700℃、10h热扩散,得到20~25μm的多元铝化物涂层,外层以$FeAl_3$相为主,中间层以FeAl和Fe_3Al为主相,内层以Fe_3Al相为主 (5)K_3镍基高温合金的铝化物涂层 K_3镍基高温合金(Ni67%,Al5.6%,Cr10.4%,Ti2.7%,Fe0.22%)用50%Al、50%Fe的铁铝粉(加质量分数为1%~3%的NH_4Cl)在氩气包箱中950℃热扩散90min,这样的粉末包埋渗涂法处理后得到厚约20~40μm的铝化物涂层。它是单一层,以Ni_2Al_3及NiAl为主相 (6)钢和不锈钢的热扩散铝化物涂层 可用粉末包埋热扩散、液相热扩散、喷涂铝后的热扩散等方法得到不同厚度的铝化物涂层,用于各种耐温、耐蚀零部件
		固相热扩散法(粉末包埋渗镀法)	是将原料粉末与活化剂、惰性填充剂混合后装填在反应器内的工件周围,一起置于高温下,使原料经活化、还原而沉积在工件表面,再经反应扩散形成涂层。其优点是设备简单,与基材结合良好,但涂层组成受扩散过程限制		
		液相扩渗法	它是将工件浸入低熔点金属熔体内,或将工件上的涂层原料加热到熔融或半熔融状态,使原料与基材之间发生反应扩散而形成涂层。其优点是适合于形状复杂的工件,能大量生产,但涂层组成有一定的限制,需进行热扩散及表面处理附加工艺		
		流化床法	它是涂层原料在带有卤素蒸气的惰性气体流吹动下悬浮于吊挂在反应器内的工件周围,形成流化床,并在一定温度下,原料均匀地沉积在工件表面,与之反应扩散,形成涂层。流化床加静电场还可进一步提高涂层的均匀性。这种方法的优点是工件受热迅速、均匀,涂层较厚、均匀,对形状复杂的工件也适用。其缺点是需消耗大量保护气体,涂层组成也受一定的限制		
	(四)低温烘烤		它是将涂层原料预先混合,再与无机黏结剂或有机黏结剂及稀释剂等一起球磨成涂料,用喷涂、浸涂或涂刷等方法涂敷在工件表面,然后自然干燥或在300℃以下低温烘烤成涂层。其优点是设备、工艺简单,化学组成广泛,基材不承受高温,基材与涂层之间有一定的化学作用而结合较牢固,但含无机黏结剂的涂层一般多孔,表面易沾污,含有机黏结剂的涂层一般耐高温性能较差	低温烘烤陶瓷涂层(又称陶瓷涂料)	(1)热处理保护陶瓷涂料 例如1306高抗氧化防脱碳陶瓷涂料,是用氧化铝粉(约45份)、氧化硅粉(约45份)、碳化硅粉(约10份)、硅酸钾(约10份)与水球磨混合成涂料,用喷、浸、刷等方法涂敷在去锈脱脂的干燥工件表面,形成厚0.1~0.3mm的涂层 (2)高温隔热陶瓷涂料 例如用刚玉、镁砂、氧化铬等粉末作陶瓷基料,加磷酸铝黏结剂和水,混合后涂敷于玻璃钢表面,在100~200℃固化成涂层,能在2000℃下瞬时使用 (3)示温变色陶瓷涂料 有单变色型、脱水变色型、多变色型等。例如用镉红、锶黄、氧化铝、偏硼酸钠、碳酸钡、三氧化二钴作基料,加环氧改性有机硅树脂(黏结剂)和二甲苯或二甲苯与异丁醇(稀释剂),配成多变色型陶瓷涂料,220℃时绿变棕;550℃时红棕变红黄;550~600℃时红黄变青黄;600~700℃时青黄变浅棕;700~800℃时浅棕变浅绿;800~900℃时浅绿变蓝绿 (4)红外辐射陶瓷涂料 它以红外波发射率较高的陶瓷粉末为基料,以水玻璃或有机硅树脂为黏结剂,水或有机溶液为稀释剂,均匀混合形成涂料,涂敷于金属、陶瓷或耐火材料表面。这种涂层有明显的节能效果。具体配方较多,下表为某些因素对红外辐射涂料性能的影响
	(五)热解沉积		它是将原料的蒸气和气体在基材表面上高温分解和化学反应形成新的化合物,定向沉积形成涂层。其优点是涂层与基材结合良好,涂层致密,但基材需加热到高温,仅适用于耐热结构基材,并且涂层内应力高,需退火		

续表

				400℃时法向发射率（红外分波段）ε			
				全辐射	1~14μm	1~8μm	1~4μm
陶瓷涂层的工艺	某些因素对红外辐射涂料性能的影响	黏结剂含量对涂料性能的影响（基料为氧化铁）	氧化铁：水玻璃：水（质量比）				
			1：1：0	0.88	0.89	0.86	0.79
			4：3：0	0.83	0.82	0.80	0.67
			5：2.5：1	0.80	0.77	0.74	0.59
			20：5：9	0.76	0.72	0.69	0.47
		基料种类对涂料性能的影响（黏结剂为水玻璃）	碳化硅	0.87	0.87	0.86	0.78
			氧化铁	0.85	0.84	0.82	0.78
			氧化铁经1000℃煤气充分接触热处理	0.95	0.94	0.93	0.92
		涂层厚度对 ε 的影响	层厚30μm，ε 约0.80；层厚60μm，ε 约0.86；层厚>70μm，ε 约0.88				

注：陶瓷涂层种类很多，应用广泛，此处仅简略介绍几种典型的高温无机涂层。

18 表面技术的设计选择

表面技术种类很多，特点各异，但使用某些不同表面技术却能达到同一目的，因此，对于具体的工件，如何在众多可用的表面技术中选择一种或加以复合的几种，对工件表面进行处理，获得最佳的技术经济效果，是设计首先要解决的问题。

18.1 表面（复合表面）技术设计选择的一般原则

表 1-7-76

原则		内容要求
明确工件特点和设计要求	工件的特点和技术要求	工件形状、尺寸大小、厚薄、长短，是否有薄壁或细长件等易变形件，材料热处理状态，表面成分、组织、硬度、加工精度、相应位置精度、表面粗糙度等要求，以及受热的适应程度
	工件的工作条件	载荷性质和大小、相对运动速度、润滑条件、工作温度、压力、湿度以及介质等情况
	工件的失效情况	失效形式、损坏部位、程度及范围，如磨损量大小，磨损面积、深度，裂纹形式及尺寸，断裂性质及断口形貌，腐蚀部位、尺寸、形貌，表面层状态及腐蚀产物等
	工件的制造（或修复）工艺过程	当使用表面技术只是作为工件制造（或修复）工艺流程中的一个或一组工序时，要明确它在其中所处的位置、与前后工序衔接的要求及应采用的工艺措施
	工件涂层设计要求	根据涂层受力状态如冲击、振动、滑动及其载荷大小，摩擦与润滑状态，工作介质如氧化气氛，腐蚀介质的成分、含量、温度及其变化状况，可能发生的失效类型等，设计涂层（表面）应具有的耐磨、耐蚀、耐氧化、绝热、绝缘或其他性能，同时设计选择涂层厚度、结合强度、尺寸精度、表面粗糙度等参数
熟悉表面技术相关资料	①表面技术的原理和工艺过程；②采用的材料及所获得的涂层性能（包括耐磨、耐蚀、耐高温、抗疲劳等使用性能以及硬度、应力状态、孔隙率、涂层缺陷等）；③涂层与工件的结合形式及结合强度；④工艺对工件的热影响程度；⑤能制备的涂层的厚度范围；⑥对前后处理（加工）的要求与影响	

续表

原则	内容要求	
涂覆(改性)工艺和涂层与工件应有良好的适应性	涂层与工件材料	二者的热膨胀系数、热处理状态等物理、化学性能应有良好的匹配性
	涂层与工件表面的结合力	涂层与工件表面要有足够的结合力、不起皱、不鼓泡、不剥离;不加速相互间的腐蚀和磨损;不同表面技术中,离子注入层和表面合金元素扩散层没有明显界面;各种堆焊层、熔接层、激光熔覆层和激光合金化涂层、电火花强化层具有较高的结合强度;热喷涂层和黏结涂层结合强度相对较低
	涂层厚度	不同表面技术获得的涂层(或改性层)厚度差别很大,而厚度将影响其使用寿命、结合力及工件和涂层的性能,因此涂层厚度应适应工件及表面技术工艺的要求与可能。例如,离子注入虽然能显著改善表面的耐磨、耐蚀等性能,但在应用中往往嫌其厚度不足,一些重防腐表面多要求具有一定厚度,单一电镀层常显得不够;对于修复还要考虑恢复到所要求的尺寸的可能性,单独使用薄膜技术一般难以满足恢复尺寸的要求。选择可参见表1-7-69、表1-7-70
	表面技术工艺影响	所选表面技术的工艺对工件尺寸、性能等影响应不超过允许范围。如采用一些高温工艺,如堆焊、熔接(1000℃左右)、CVD(800~1200℃)等,会因受热过高引起工件变形(对细长、薄壁件尤甚)、工件组织或热处理性能改变;一些电镀工艺会降低材料的疲劳性能或产生氢脆性;镀镉需防止产生镉脆
	工艺实施的可行性	考虑表面技术工艺的实施可行性,如工件过大,设备是否配套;与镀膜相关的前后处理工序实施的可能性等
涂层与工作条件、基材、环境的匹配性	1.适应工作条件	1)处于摩擦状态的表面,必须考虑与对偶件的匹配性。多种材料表面与不同对偶组成摩擦副时,呈现出的摩擦学特性和润滑效果是不同的,如匹配不当,摩擦因数会很大,耐磨性会很差,并将发生黏着磨损等现象。在对偶摩擦表面的黏着性倾向方面,经验表明,塑性材料比脆性材料大;单相金属比多相金属大;互溶性大的材料(相同的金属或晶格类型和电化学性能接近)比互溶性小的材料大;金属中单相固溶体比化合物大;金属-金属组成的摩擦副比金属-非金属摩擦副大 2)在与滚珠、滚柱直接接触的轴颈表面,属于具有较高接触应力的工作表面,就不宜采用热喷涂层(一般不适宜在较高接触应力下使用),而应采用适宜在高接触应力下工作的表面热处理层、表面化学热处理层及合金化熔覆层 3)要求高耐磨、高耐蚀及高温等条件下工作的表面或具有高综合性能的表面,由于单一表面技术的局限性往往就需设计或选用适宜的复合表面技术。如在海水全浸或海水飞溅条件下的钢结构表面,采用喷铝+封闭+涂装方法进行保护可获得10年以上的寿命 4)不同涂层的致密程度有较大差别,如粉末火焰喷涂层的孔隙率约为5%~20%,因其具有储油性,可用作一般油润滑摩擦面,但用作要求致密度高的表面必须进行后续处理
	2.涂层与基材匹配	在延展性较好的基材表面涂敷耐磨、减摩涂层时,涂层与基材在弹性模量、热膨胀系数、化学和结构上的合理匹配,不仅能使镀层内和界面区的应力减小,而且会增大涂层与基体的结合强度 当涂(膜)层-基体受外力作用时,膜-基体系在弹性模量上的差异将导致其界面应力的不连续。若涂层的弹性模量比基材大,涂层内将会产生较大的应力,如高速钢基材的弹性模量比TiC镀层的小,在加载时会产生较大的应力,而WC基材的弹性模量比TiC涂层的大,故在加载时涂层中产生的应力小 涂层的热膨胀系数应稍大于基材,使其在温度升高时不造成太大的张应力。若基材的热膨胀系数比涂层大,张应力会随温度的升高而增大;相反,则随着温度的升高,压应力会增大 涂层与基材在结构和化学上的合理匹配,能得到较低的界面能和较高的结合强度。理论上分析,涂层与基材的结合强度是两者的内聚能与界面能之差。两者的内聚能越大,结合强度越高。如果涂层与基材在结构上的一致性好,化学结合力大,则两者结构匹配、界面能低、结合强度高。如TiC与WC可以生成无限固溶体,因而TiC镀层与WC基材间有很强的结合力。TiC和Al_2O_3的化学亲和性也很强,所以通常用TiC作为Al_2O_3镀层与WC基材的中间层 复合表面技术中的梯度涂层、多层涂层和复合涂层能有效改善单一涂层的硬度与韧性的矛盾,以及膜-基结合强度不高等缺陷。为解决匹配性差的问题,可选用有互溶性的材料相结合,如TiN、TiC及Al_2O_3。亦可用具有结合界面而使层间得到足够强度的键合的材料相组合,如TiC或TiN和TiB_2。在多层涂层中最内层应与基材结合良好,中间层应有足够的硬度和强度,表层则起到耐磨和减摩的作用。在复合镀层中存在大量的低能界面,因而其结合强度、韧性和耐磨性均比单相镀层好

续表

原则		内 容 要 求
涂层与工作条件、基材、环境的匹配性	3. 性能组合原则	运用复合镀、热喷镀、表面粘涂等方法可制备各种功能的复合材料。复合材料具有优异的综合性能。例如碳纤维与树脂通过复合,不仅可以获得比铝合金和普通钢高得多的比强度和比弹性模量,而且保持了碳和树脂的耐蚀、减摩、耐磨和自润滑特性。按强化相存在的形态,复合材料分为纤维复合材料、层叠复合材料、细粒复合材料和骨架状复合材料等。按不同方向的性能差异程度可分为多向同性和多向异性复合材料。多种材料的科学组合将同时影响磨损、腐蚀机理及其相应性能 高聚物复合材料通常是硬相分布于软塑料基体中,各组成相的性能及摩擦的工况条件对复合材料的磨损机理起着决定性作用。当硬相对塑料基体的犁沟和切削作用不大时,复合材料的耐磨性与硬度符合混合规律。其体积磨损率$\overline{W}$,满足以下公式: $\overline{W}=K\sigma/(H_\alpha f_\alpha+H_\beta f_\beta)$ 式中,σ为正应力;H_α、H_β分别为α、β相的硬度值;f_α、f_β分别为α、β相占有的体积分数;K为磨损系数,通常受塑性变形、犁沟和切削作用、微裂纹成核传播等因素的影响 当硬相为网状脆性组织时,硬相对基体起着支撑作用,能阻止软相的变形和犁沟与被切削,可使复合材料的耐磨性接近硬相的水平。当硬相为弥散粒子时,正应力小于临界断裂应力,在犁沟宽度小于粒子尺寸时,也会有好的耐磨性 强化相中纤维强化的耐磨性优于颗粒强化,长纤维(纤维纵向尺寸与横向尺寸之比大于20~100)强化的耐磨性优于短纤维,此时复合材料的耐磨性与组织结构的各相异性有密切关系。对耐磨性好的基体组元,强化相的作用不大,而对易磨损的基体组元(如PTFE等),强化相可使磨损率大大降低 金属基复合材料通常也是硬相分布于软基体中,但耐磨性却不一定符合混合规律。其原因有内部存在残余应力,强化相与基体界面上存在着相互作用,强化相尺寸、形貌等不一致。由于磨损机理主要是薄层的塑性变形和断裂,所以影响其耐磨性的主要因素往往不是材料的硬度(有时硬度过高反而会降低材料的耐磨性),而是硬颗粒与基体界面的结合强度。金属基纤维增强复合材料的磨损和摩擦因数也有明显的方向性。纤维轴向与滑动方向一致时的摩擦因数最小,垂直时最大,如B纤维强化的Pb基复合材料。复合材料的致密性对磨损也有影响,如在研究TiB_2纤维强化的Fe基复合材料时发现,在磨料磨损的条件下,含5%孔隙率的材料的磨损为无孔隙的2.7倍 金属基复合材料的摩擦学特性和物理、化学、力学性能受强化相与基体界面作用的影响十分明显。例如化学镀Ni-P合金的结构与P含量有关,晶态的低P合金具有较高的耐磨性,而非晶态的高P合金的耐磨性差。这是因为非晶态结构原子间的结合力小。如果将化学沉积Ni-P合金镀层在低于或(和)高于390℃的温度下加热处理到相同的硬度,发现低于390℃处理后的磨损体积明显大于390℃以上处理的磨损体积。低P的Ni-P合金镀层在加热时,晶态固溶体硬度增加,耐磨性也随之变好,至390℃时耐磨性为最好;高P镀层加热时除了固溶体外,还有化合物Ni_3P析出,成为机械混合物。在390℃以下加热时,硬度虽然降低,但由于Ni_3P相的尺寸变大,耐磨性却有所提高。实践证明,Ni_3P相的尺寸较大的组织具有较好的耐磨性。在相同硬度下两相机械混合物组织的耐磨性比单相固溶体好
	4. 协同效应	单质固体润滑剂中加入另一种(或几种)固体润滑剂,甚至加入非润滑剂物质后,能明显改善其摩擦学性能,这种增强了的润滑效果称为协同效应 例如当石墨与MoS_2的质量比为5∶1时,其体系的磨损率最低。如果再加入ZnS和CaF_2,则磨损率更低。LaF_3与MoS_2间同样存在协同效应,这是由于LaF_3具有抑制MoS_2氧化的作用,可以形成$MoS_2\cdot nLaF_3$结构,夺去了MoS_2与氧和水键合的机会,但又不破坏MoS_2的层状结构。二正丁基磷酸铈(BuC)与MoS_2、石墨间也存在协同效应,BuC可阻止空气与MoS_2的作用,同时也使石墨与被BuC钝化的金属表面的电化学作用受到了抑制,从而可大大改善润滑膜的摩擦学性能和耐蚀性能。在PTFE中加30%的极性石墨可使其磨损率下降到纯PTFE的1/100~1/80,但摩擦因数增大了;在Pb-石墨体系中加入少量的强氧化剂$KMnO_4$,该体系便具有良好的润滑性能;在石墨系润滑剂中加入NaF能使其在高温下具有良好的耐磨性。一些氧化物与氟化物复合具有协同效应,如NiO-CaF_2和ZrO_2-CaF_2的等离子喷涂涂层在500~930℃的范围内都具有良好的摩擦学性能
耐久性原则(指使用寿命)		使用寿命随其使用目的不同,有不同的度量方法。除断裂、变形等工件本体失效外,因磨损、疲劳、腐蚀、高温氧化等表面失效而导致的寿命终结也各有其本身的评价和度量方法:①因磨损失效的机器零件,常用相对耐磨性来评价表面技术的使用效果,即对比其耐久性;②因腐蚀失效的零件,常用其在使用环境下的腐蚀速率来比较其耐久性;③因高温氧化失效的零件常用高温氧化速率来度量其耐高温氧化性能。这些度量与评价方法可参考专门资料。在不同环境下经表面强化的零件的使用寿命的有关资料有待进一步丰富和完善
经济性原则		分析技术经济性时要综合考虑表面涂敷或改性处理成本和采用表面技术所产生的经济效益与环境效益,即要按照绿色设计与绿色制造的要求,考虑零部件的可再制造性,在材料和工艺上为其多次修复与表面强化创造条件,当其报废时,要便于回收和进行资源化处理

18.2 涂覆层界面结合的类型、原理和特点

表 1-7-77

<table>
<tr><td rowspan="6">覆层的冶金结合</td><td rowspan="3">覆材与基材的熔化冶金结合</td><td>原理</td><td>是将覆层材料(覆材)和基体材料(基材)表面加热至熔化状态,通过液-固相作用后,再冷却结晶形成覆层。电弧堆焊是这类结合的典型代表。堆焊时,堆焊材料与基体材料受电弧加热进行熔池冶炼,电弧移开后,熔池冷却结晶形成堆焊层(覆层或焊缝)</td></tr>
<tr><td>特点</td><td>焊缝的结晶属于外延结晶。这种由外延结晶形成的覆层的冶金结合,其本质是靠形成的金属键的价键力而结合,具有很高的结合强度。一些拉伸试验表明,覆材与基材的结合强度常会大于覆层的强度
等离子堆焊由于采用温度高、热量集中的等离子弧为热源,可控制基材的熔深,降低稀释率
激光合金化是用高能激光束辐照,使基材表面和覆层合金熔化,凝固后形成新的合金表层
激光熔敷只将基材熔到刚刚足以确保覆层能很好地结合,即激光束使工件上非常薄的表层熔化,该薄液层与液态熔敷合金相混合,并伴随着扩散作用冷凝成合金覆层
电火花熔敷是利用电极与工件之间的电火花放电,使电极和工件材料局部产生熔化,并相互作用而形成合金覆层
上述工艺在熔敷过程中,基材表面的熔化程度和范围有着较大的差别,但其覆层与基体的结合都属于异种材料的冶金结合,都遵循覆材与基材受热熔化与冷却结晶的规律。因为基材的熔化是局部的,所以合金覆层与基材之间都存在一定的半熔化(过渡)区和热影响区,其大小和结构随材料成分、加热方法和速度等而异。它们的工件表面冷却速度变化范围很大。加大冷却速度,可细化晶粒,改变显微组织,形成特殊结构的硬化层。在足够快的冷却速度下(一般为 10^6℃/s 以上),将抑制熔化材料的结晶过程,内部原子冻结在接近熔点的液体状态,从而形成类似于玻璃结构的非晶态硬化层。用激光束使金属表层快速熔化并离开,造成与基体间足够大的温度梯度,可形成超细化晶体结构或非晶态金属玻璃</td></tr>
<tr><td>属这类的表面技术</td><td>手工电弧堆焊、埋弧自动堆焊、二氧化碳保护堆焊、等离子堆焊、激光合金化、激光熔敷、电火花涂覆等</td></tr>
<tr><td rowspan="3">熔融覆材和基材的扩散冶金结合</td><td>原理</td><td>熔结喷涂时,覆材熔化,基材基本不熔化,两者间产生液-固相之间的相互作用,即充分的相互溶解与扩散,形成覆层。其中的主要过程是界面区扩散</td></tr>
<tr><td>特点</td><td>氧-乙炔火焰喷熔和真空熔结等熔结技术中,熔融的合金涂料与固态基材表面经历了较为充分的相互溶解与扩散,界面区扩散是其中的主要过程,其结合称为扩散冶金结合。由于也可形成金属键,因而覆层结合牢固。熔结过程一般包括喷涂和熔结两个步骤
所用涂料通常为含有硅和硼的自熔性合金,因此,合金的熔点比大多数钢的熔点低 370~430℃。在熔结时,熔融涂料与基材表面之间在热作用下,形成一条狭窄的扩散互溶区,产生类似硬钎焊的扩散冶金结合。与其相近,热浸镀也可得到类似软钎焊的带有冶金结合的覆层
热喷涂是以高速气流将熔融涂料雾化后,喷到工件表面并迅速冷凝而成的。某些涂料,如 Al/Ni、Ni/Al 合金,熔滴到达基材表面后,放热反应还可持续数微秒,可得到一定程度的扩散冶金结合,但多数涂层是以机械嵌合为主的。故热喷涂层的结合强度约比堆焊、熔结涂层低一个数量级</td></tr>
<tr><td>属这类的表面技术</td><td>各种熔结技术和多种热喷涂技术</td></tr>
</table>

采用不同的工艺方法和加热热源可以得到各种不同结合性质的表面覆层。目前常用的热源在正常规范下的温度和能量密度如下表所示。其中激光束等高密度热源可方便地进行上述各种熔敷工艺

几种热源的温度和能量密度	热源种类	氧-乙炔焰	手工电弧焊(埋弧焊)	钨极氩弧	等离子弧	电子束	激光束
	正常规范下的温度/K	3500	6000(6400)	8000	15000~30000		
	最大能量密度/W·cm^{-2}	2×10^3	10^4(2×10^4)	1.5×10^4	10^5~10^6	10^8~10^9(聚焦)	10^7~10^9(聚焦)

续表

化学溶液沉积镀层结合	原理	是在化学溶液中利用电极反应或化学物质的相互作用,在制件表面沉积成镀层的
	特点	电镀、电刷镀、特种电镀如复合电镀、珩磨镀、非金属上电镀是当电流通过电解液时,在阴极基材上沉积金属的过程;阳极氧化是当电流通过电解液时,在阳极基材上形成氧化膜的过程,如铝及铝合金的氧化;化学镀是含有镀膜金属离子的溶液在还原剂的作用下,在具有催化作用的基材表面上沉积成膜的过程;化学转化膜处理是基材表面原子与溶液中阴离子反应,在基材表面形成化合物膜的过程,如氧化物膜、磷酸盐膜、铬酸盐膜等。化学镀和转化膜处理都是在无外电流通过的情况下进行的。与熔池(熔滴)凝固过程相似,电镀等溶液沉积过程,也遵循形核和晶体长大规律,形成具有晶体结构的沉积膜。所不同的是,前者以过冷度为形核生长的动力学条件,后者以阴极极化等为动力学条件。化学溶液沉积在某些条件下亦可形成非晶态沉积膜。一定沉积条件下的镀层不仅可以和基材金属形成金属键连接,而且可以顺着基材金属的晶粒生长,形成外延结晶。因而理想的沉积镀层具有较高的结合强度
	属这类的表面技术	电镀、电刷镀、特种电镀、化学镀、阳极氧化、化学转化膜处理等
气相沉积膜层结合	原理	是在真空条件下镀制薄膜的技术。其中真空蒸镀是将膜材加热蒸发成气体后,在基材表面沉积成膜;溅射镀是利用荷能粒子轰击靶材表面,使溅射出来的粒子在附近的基材上沉积成膜;离子镀是在气体离子或蒸发物离子的轰击作用下进行蒸发镀膜的 CVD是一种化学气相生长法。它把含有构成元素的一种或几种化合物、单质元素供给基材,借助气体作用或在基材表面上的化学反应生成要求的薄膜
	特点	真空蒸镀沉积粒子的能量仅为0.1eV左右,其沉积的薄膜附着能力和密度一般。溅射镀和离子镀是借助电磁场的作用,在气体放电形成的等离子体环境中激活沉积粒子,使其以几电子伏至几百电子伏的能量轰击基体,这样形成的薄膜,其结合性能等得到了明显提高。PVD技术的处理温度较低,基体一般无受热变形或材料变质问题 CVD的反应有热分解、还原、置换等类型,其反应温度多在1000℃左右。许多基材由于难以经受其高温,使其应用大受限制。因为存在着反应气体、反应产物和基材的相互扩散,CVD镀膜可以获得好的附着强度。等离子体增强化学气相沉积(PECVD)近年来发展很快,它借助于气体辉光放电产生的低温等离子体增强反应物质的活性,促进气体间的化学反应,从而在较低温度下也能沉积出具有好的结合性能的均匀而致密的薄膜 气相沉积成膜过程与熔池凝固过程相似,也遵循形核与晶体长大的结晶规律,沉积成具有晶体结构的薄膜。改变工艺方法和生成条件,可制备出各种单晶、多晶和非晶态固体膜
	属这类的表面技术	物理气相沉积(PVD,包括真空蒸镀、溅射镀和离子镀三种基本方法)、化学气相沉积(CVD)等
高分子涂层结合	原理	利用胶黏剂对被粘物进行连接的技术称为粘接(胶接)技术。表面粘涂技术是粘接技术的一个新的分支。它是将特殊功能胶黏剂(在胶黏剂中加入特殊的填料)直接涂敷于零件表面上,使其具有所需功能的一种表面强化技术 粘接(粘涂)层是通过高分子材料的固化反应而形成的。粘接过程是一个复杂的物理化学过程。目前,有关胶黏剂与被粘物界面产生结合力的理论,有机械结合、吸附、化学键、扩散等理论 涂装层(涂膜)是有机高分子涂料涂敷于基材表面后,干燥而成的膜层 从涂料与胶黏剂的组成来看,粘接层和涂装层与基体的连接是具有共同本质的
	特点	胶黏剂大多由黏料、固化剂等多组分组成。合成高分子化合物是量最多、性能最好的黏料。固化剂用于使胶黏剂固化,并可改变黏料的自身结构 涂料由成膜物质(基料)、分散介质(溶剂和水)、填料(功能填料和着色填料)和助剂等组成 环氧树脂、酚醛树脂、有机硅等树脂作为主要成膜物质(黏料或基料)已在两种涂层(粘涂和涂装)中得到广泛应用。在主要成膜物质中加入不同功能填料形成的耐磨、耐蚀及其他功能性涂层已使粘涂层和涂装层难以区分 胶黏涂层与基体的结合强度与热喷涂层的结合强度大致相近,其抗拉强度一般为30~80MPa
	属这类的表面技术	普遍采用的涂装(涂料)层、胶黏涂层、黏结固体润滑层(干膜)及一些特殊功能高分子涂层等。这类涂层包含的范围很广

18.3 镀层和不同材料相互接触时的接触腐蚀等级

接触材料	金、银、铂、铑、钯	铜、黄铜、青铜	铜镀镍	铜镀锡	铜镀银	铜镀镉	铜镀锌、钝化处理	不锈钢	钢①镀铬	钢①镀镍	铅	锡(焊料)	钢③和铸铁	钢镀镉、钝化处理	钢镀锌、钝化处理	铝	铝、氧化处理	锌合金、钝化处理	镁合金、钝化处理	硬铝、氧化处理	铝镀锌、钝化处理	铝④镀铜	钛与其合金	炭刷	涂料覆盖层
金、银、铂、铑、钯	0																								
铜、黄铜、青铜	1	0																							
铜镀镍	0~1	0	0																						
铜镀锡	1	1	0~1	0																					
铜镀银	0	0	0~1	1	0																				
铜镀镉	1~2	2	2	—	2	0																			
铜镀锌、钝化处理	2	2	2	1~2	2	—	0																		
不锈钢	0	0~1	0	0~1	0	2	2	0																	
钢镀铬①	0	1	0~1	1	0~1	2	2	0	0																
钢镀镍②	1	0~1	0	0~1	0~1	1~2	1~2	0	0	0															
铅	2	1	1	0~1	1	1	2	1	1	0~1	0														
锡(焊料)	2	1	1	0	0~1	0	1	1	1	0~1	0	0													
钢③和铸铁	2	1	1~2	2	2	1~2	2	1	1~2	1~2	1	1~2	0												
钢镀镉、钝化处理	2	1~2	1~2	2⑦	2	0	—	1~2⑤	2	1~2	1	0~1	2	0											
钢镀锌、钝化处理	2	2	2	2⑥	2	—	0	2	2	1~2	1	0~1	2	2⑦	0										
铝	2	2	1~2	0~1	2	0~1	0~1	2	2	1~2	1~2	0~1	2	0~1	0~1	0									
铝、氧化处理	2	2	1	0~1	2	0~1	0~1	1	1	1	1	0	2	0	0~1	0	0								
锌合金、钝化处理	2	2	1	0~1	2	0~1	0~1	2	2	1~2	1	0	2	0	0~1	0~1	0	0							
镁合金、钝化处理	2	2	2	0~1	2	1~2	0~1	2	2	2	1	0~1	2	1~2	0~1	1~2	1	0~1	0						
硬铝、氧化处理	—	2	1	0~1	2	—	—	1	0~1	—	—	—	—	—	—	—	—	—	—	0					
铝镀锌、钝化处理	—	2	—	—	—	—	—	—	—	—	—	—	—	—	—	1	—	—	—	—	0				
铝镀铜④	—	0	—	—	—	—	—	—	—	—	—	—	—	—	—	2	—	—	—	—	2	0			
钛与其合金	—	0	0	0	0	2	—	0	0	0	—	—	—	2	—	2	1	—	—	1	—	—	0		
炭刷	—	—	—	1	—	—	—	—	—	—	—	—	—	2	2	—	—	—	—	—	—	—	—	0	
涂料覆盖层	—	0	0	0	0	1	—	0	0	0	—	—	—	1	—	0	0	—	—	0	—	—	0	—	0

①铜、镍、铬复合镀层。②铜、镍复合镀层。③碳素钢和低合金钢。④锌、铜复合镀层。⑤1Cr18Ni9Ti 的不锈钢。⑥沿海地区（无工业大气影响）属 1 级。⑦沿海地区（无工业大气影响）属 0~1 级。

18.4 镀层厚度系列及应用范围

镀层的种类及厚度随其使用条件和应用场合不同有很大差别。其使用条件分类见表1-7-78，常用材料镀层厚度系列及应用范围见表1-7-79、表1-7-80。

表1-7-78 镀层使用条件分类

分类	代号	使用特征	举例
良好	L	相对湿度小于或等于70%，不暴露在大气中，无工业气体、燃料废气、介质蒸气及其他腐蚀性介质	密封仪表（气密的仪器）的内部、与液压油直接接触的部位、卫星内部
一般	Y	相对湿度小于或等于95%，不受阳光、雨雪、沿海海雾、工业气体、燃料废气及其他腐蚀性介质直接影响，或者温度、湿度变化较大的环境的影响	飞机舱内、导弹非密封仪器舱内、舰船驾驶舱内、无空气调节装置的室内及车厢内部
恶劣	E	相对湿度大于95%，受风、砂、雨、雪、海水等直接侵害，有少量工业气体、燃料废气、介质蒸气和海雾的一般大气条件	飞机外部、导弹外罩、火炮、雷达天线等部位
海上	H	直接与海水接触或经常处于饱和海雾中	舰船舷侧及甲板、水上飞机外部
特殊	T	除要求防护和装饰性外，还要求具有某些特殊性能	要求耐磨、减摩、导电、隔热、绝缘、防高温黏结、防氧化、黏结橡胶等

表1-7-79 电镀、化学镀不同金属镀层厚度系列和应用范围

镀层种类	零件材料	使用条件	厚度/μm	应用范围
锌镀层	钢、铜及铜合金	L Y	3~5 5~8	① 螺距（P）≤0.8mm的螺纹零件 ② 有IT6、IT7精度等级的零件
		L Y	5~8 8~12	① P>0.8mm的螺纹零件 ② 有IT6、IT7精度等级的零件
		L Y E	8~12 12~18 18~25 25~30	① 主要用于外观和物理性能无特殊要求的耐大气腐蚀的零件 ② 与铝、铝合金、镁合金或橡胶接触的零件 ③ 煤油、汽油或双氧水中的零件（锌层应无孔）
	铝及铝合金	T	8~12 12~18 18~25	
镉镀层	钢、铜及铜合金	L Y	3~5 5~8	① P≤0.8mm的螺纹零件 ② 有IT6、IT7精度等级的零件 ③ 小于0.5mm厚的薄片，或直径D<1mm的弹簧丝零件
		L Y	5~8 8~12	① P>0.8mm的螺纹零件 ② 有IT6、IT7精度等级的零件
		L Y	8~12 12~18	① 海水、海雾直接作用的零件 ② 在压缩空气、氧、过氧化氢、酒精、高锰酸钾盐及高于60℃的水中工作的零件
镍镀层	钢、不锈钢	L Y	3~5 5~8	① 螺距P≤0.8mm的螺纹零件 ② 改善不锈钢钎焊性能和温控性能
		L	5~8	P≥0.8mm的螺纹零件
		Y	8~12	
		T	18~25	防止零件在300~600℃下氧化
		L	Cu 8~12 Ni 8~12 16~24	① 要求防护和装饰的电器、仪表零件 ② 承受轻度摩擦的零件
		Y	Cu 12~18 Ni 8~12 20~30	

续表

镀层种类	零件材料	使用条件	厚度/μm	应用范围
黑镍镀层 镉镀层	钢、铜及铜合金	L E H	Zn 3~5 Zn 5~8 黑镍不规定 18~25 25~30	① 要求黑色外观的零件 ② 电器、仪表等零件的消除反光和防护、装饰 ③ 弹簧和有渗碳面的零件，直径 $D\geqslant10$mm 的 30CrMnSiA 钢螺栓 ④ 与铝及铝合金、镁合金接触的零件 ⑤ 抗拉强度超过 1240MPa 低氢脆镀镉
铜镀层	钢	T	3~5 5~8	① 防止精密零件冷作硬化 ② 防止钢和耐热钢制螺纹（$P\leqslant0.8$mm）在较高温度下工作时相互黏结 ③ 挤压成形或绕制弹簧时的润滑
			5~8 8~12	防止钢和耐热钢制螺纹（$P\leqslant0.8$mm）在较高温度下工作时相互黏结
			12~18	① 提高黑色金属导电性，用于需浸锡或钎焊的零件 ② 要求黑色外观零件（需氧化） ③ 防止松动零件在较高温度时黏结和冷作硬化
			20~30	① 要求减摩的零件 ② 防止恶劣条件下工作的零件在高温时黏结
			25~40	用于渗碳保护
	不锈钢		12~18	冷墩时的润滑
	铝及铝合金		18~25	① 便于铝合金的钎焊 ② 作为铝及铝合金镀锡前的底层，便于钎焊
	钛及钛合金	T	5~8	① 减摩 ② 便于钎焊
镍镀层	钢、不锈钢	Y	Cu 12~18 Ni 12~18 24~36	① 减摩 ② 便于钎焊
		E、T	Cu 25~30 Ni 18~25 43~55	
	铜及铜合金	L	3~5 5~8	① 要求防护或装饰的零件 ② 作为氧气系统的防护层
		Y	8~12	
		E	12~18	
	铝及铝合金	T	18~25	防燃气腐蚀
	钛及钛合金		5~8	改善导电性和钎焊性
黑镍镀层	钢、铜及铜合金	Y	Zn 8~12 黑镍不规定	① 要求黑色外观的零件 ② 电器、仪表等零件的消除反光和防护、装饰

续表

镀层种类	零件材料	使用条件	厚度/μm	应用范围
硬铬及装饰铬镀层	钢	T	1~3 3~5	① 精密仪表零件 ② 在润滑条件下承受轻微摩擦的零件
			5~10 10~20	① 有IT6、IT7精度等级的模具零件 ② 定期润滑条件下受摩擦不大的零件 ③ 润滑条件下要求耐磨的零件 ④ 无润滑条件下受轻微摩擦的零件
			20~40	① 定期润滑条件下受摩擦较大的零件 ② 无润滑条件下受摩擦不大的零件
			40~60 60~80	无润滑条件下受摩擦较大的零件
			15~50 150~200	一些特殊用途,如枪管等
			<200	修复零件尺寸
	铜及铜合金		1~3 3~5	① 小模数齿轮零件的耐磨 ② 润滑条件下受摩擦较小的零件
			5~10	润滑条件下受摩擦较大的零件
			10~20	无润滑条件下受摩擦较大的零件
	铝及铝合金		20~40 40~80	承受滑动摩擦零件
	钛及钛合金		10~20	无润滑条件下受摩擦较大的零件
	钢	Y	Cu 20~25 Ni 10~15 Cr 0.5	① 要求具有较高反射率的零件 ② 表面需要装饰的零件 ③ 在飞机、导弹外部使用的要求气动性良好的零件
		E	Cu 30~35 Ni 15~20 Cr 0.5~2	
乳白铬镀层	钢	Y、E	10~20 20~40 40~60	① 负荷不大的零件的耐磨与防护 ② 300~600℃下零件的防护 ③ 作为防护、耐磨硬铬镀层的底层
松孔铬镀层	钢	T	80~160	要求吸附润滑油的耐磨零件,如涨圈等
			100~250	要求吸附润滑油并在较高压力下工作的耐磨零件,如汽缸等
黑铬镀层	钢、铜及铜合金	Y、E、T	底层厚度同硬铬 黑铬厚度不规定	① 要求黑色外观的零件 ② 消光零件 ③ 作标志用
黄铜镀层	钢	T	3~5	黏结橡胶的零件
		L	5~8	需要特殊装饰与防护的零件
		Y	8~12	防零件在300~500℃下工作时氧化;需要特殊装饰与防护的零件
铅锡合金镀层	铜及铜合金	T	3~5	受力较小零件的减摩
			5~8	减摩、改善磨合、改善钎焊性能
			15~30	要求减摩和抗化学腐蚀零件
铅铜扩散镀层	铜及铜合金	L、T	Pb 3~5 铜不规定	改善和提高钎焊性能 常在润滑油、脂作用下的轴瓦和衬套之类零件的耐磨与防护,并增加磨合性

续表

镀层种类	零件材料	使用条件	厚度/μm	应用范围
锡铋合金镀层	钢	L Y	3~5 5~8 8~12 12~18	要求钎焊性能好的零件 氧气系统的零件
		T	5~10	防止渗氮
	铜及铜合金		3~5 5~8 8~12 12~18	要求改善钎焊性能的零件 防止导电零件表面氧化 氧气系统的零件
锌镍合金镀层	钢、铜及铜合金	L、T	3~5 5~8 8~12	耐大气和海洋气候腐蚀的零件 与铝及铝合金、镁合金接触的零件
镉钛合金镀层	高强度钢	Y	8~12	高强度钢(30CrMnSiNi2A、40CrMnSiMoVA 等)制零件;弹性零件
		E、T	18~25	
镍镉扩散镀层	钢、不锈钢	Y	Ni 5~8 Cd 3~5	250~500℃下钢零件的防护 要求一定耐磨性零件的防护
		E	Ni 8~12 Cd 3~5	
锡镀层	钢	L T	Cu 4~7, Sn 7~12, 总 11~19	要求钎焊性好的零件;需热熔的零件
			Cu 7~12, Sn 7~12, 总 14~24	与含硫非金属橡胶垫片等,如接触的零件
			Cu 7~12, Sn 12~18, 总 19~30	100℃下的导电零件;氧气系统的零件
	铜及铜合金	T	5~10	防止渗氮
		T	4~7 7~12 12~18	改善钎焊性零件;氧气系统的零件 防导电零件表面氧化 防导线在橡胶硫的作用下对铜的腐蚀
铅镀层	钢、不锈钢、铜及铜合金	T	8~12	较低温度下改善零件磨合和封严作用,以防润滑油氧化产物的腐蚀
			18~25	硫化物中工作的零件 减摩和防润滑油氧化产物腐蚀的零件
银镀层	钢	L	3~5	螺距 $P\leqslant 0.8$mm 的螺纹零件;防高温黏结
		L T	5~8 8~12	$P>0.8$mm 的螺纹零件;防高温黏结
		T	100~250	一般摩擦下的减摩
			250~500	受力较大摩擦下的减摩
		L、T	Cu 3~5, Ag 5~8, 总 8~13	需要高温钎焊、高频焊接或导电的零件
		Y、T	Cu 5~8, Ag 8~12, 总 13~20	
		E、T	Cu 8~12, Ag 12~18, 总 20~30	

续表

镀层种类	零件材料	使用条件	厚度/μm	应用范围
银镀层	铜及铜合金	L、T	5~8	① 提高导电性，稳定接触电阻和要求高度反射率零件 ② 要求插拔、耐磨零件
		Y、T	8~12	
		E、T	12~18	导电且受较大摩擦零件；高频导电零件
	铝及铝合金	Y、T	12~18	高频导电零件
		E、T	18~25	
金及硬金镀层	铜及铜合金	T	1~3	电器上减少接触电阻的零件
			3~5	波导管和多导线接线柱的接点
			5~8	耐磨导电零件，如电器回路条等
			8~12	耐蚀和耐磨的导电零件
钯镀层			Ag 8~12，Pd 1~2	防银变色；提高无线电元件和波导管耐磨性
			Ag 8~12，Pd 2~3	提高电接触元件接触可靠性；防氧化和烧伤
铑镀层			硬金 2~3，Rh 1~2	
			硬金 3~5 Rh 2~3	① 提高电接触元件接触可靠性、耐磨性，适于低摩擦力矩零件 ② 防止铜及铜合金电器接触簧片烧伤和黏结
			Ag 8~12，Rh 2~3	防液体电门在氯化锂介质中腐蚀
化学镀镍层	钢、不锈钢、铜及铜合金	L、T	5~8	形状复杂和要求得到均匀镀层零件的防护与耐磨
		Y、T	8~12	
		E、T	12~18	零件的防护与耐磨；300~600℃下零件的耐氧化
化学镀锡层	铜及铜合金	L、Y	1~3	形状复杂和要求镀层均匀而又不易电镀的弹性零件

表 1-7-80　常用转化膜层的厚度系列和应用范围

膜层种类	零件材料	使用条件	厚度/μm	应用范围
磷化膜层	钢	L、Y、T	不规定	① 作涂装和乳化处理的底层 ② 冷镦时的润滑 ③ 要求绝缘和在润滑油下工作的零件 ④ 高强度钢（30CrMnSiNi2A、40CrMnSiMoVA 等）零件的防护 ⑤ 不允许电镀部位的防护 ⑥ 导管内腔和形状复杂零件的防护
钝化膜层	铜及铜合金	L、Y、E		① 本色钝化用于需进行钎焊零件的防护 ② 彩色钝化用于涂装底层或不要求电镀零件的防护
	不锈钢	T		成品件：导管及容器
化学氧化膜层	钢	L、Y、T		① 在 200℃下润滑油中工作的尺寸精度高的零件 ② 要求黑色外观而又不能用其他镀覆层的零件 ③ 点火系统零件的抗氧化防护
	铜及铜合金			① 要求黑色外观的零件 ② 仪表内部零件 ③ 要求散热的零件

续表

膜层种类		零件材料	使用条件	厚度/μm	应用范围
化学氧化膜层		铝及铝合金	L、Y、E	不规定	① 形状复杂零件的防护 ② 铆钉、垫片零件的防护 ③ 涂漆(电冰箱等)的底层 ④ 库存材料的防护 ⑤ 点焊或胶接点焊组件的防护
		镁合金			① 有机涂层的底层 ② 工序间防锈
镁合金	阳极化膜层		Y、E	10~20 20~40 40~60	① 要求耐磨性较高、形状比较简单的零件 ② 涂漆的底层
钛及钛合金		钛及钛合金	E、T	不规定	① 转动配合中耐磨、耐擦伤,尤其与碳化钨制品转动配合的零件 ② 用于胶接或涂装的底层 ③ 提高与铝合金、不锈钢等多种金属材料接触的耐蚀能力 ④ 要求绝缘的零件
硫酸	阳极化膜层	铝及铝合金	L、Y、E、T	不规定	① 一般性防护,在海上和恶劣条件下还需涂漆保护 ② 气孔率不超过3级的铸件及形状简单对接气焊件 ③ 作涂装底层 ④ 作识别标记或特殊颜色的零件 ⑤ 要求具有装饰或外观光亮并有一定耐磨性的零件
铬酸					① 疲劳性能要求较高的零件 ② 气孔率超过3级的零件 ③ 搭接、铆接、焊接,有孔、槽、缝或形状复杂的零件 ④ 精度高、表面粗糙度低的零件防护 ⑤ 要求检查材料晶粒度或锻、铸加工表面质量的零件
绝缘			T		① 要求有较高绝缘性能的仪表零件 ② 要求有较高硬度和良好耐磨性的仪器仪表零件
硬质				20~40	① 受力较小的耐磨零件 ② 耐气流冲刷的零件 ③ 要求绝缘(需补充浸电绝缘清漆)的零件
				40~60	要求具有高硬度和良好耐磨性的零件
				60~80	需隔热的零件
磁质				不规定	① 精密仪器仪表零件的防护与装饰 ② 需保持原表面尺寸精度和表面粗糙度,又要求有表面硬度和电绝缘性的零件
硼硫酸				1~3	① 对疲劳性能要求较高的零件 ② 气孔率超过3级的零件 ③ 搭接、铆接、焊接,有孔、槽、缝或形状复杂的零件 ④ 精度高、表面粗糙度低的零件
磷酸				不规定	① 需要胶接的铝合金零件的防护 ② 铝合金电镀的底层

18.5 不同金属及合金基体材料的镀覆层的选择

表 1-7-81

目的		镀覆层			
		铁基合金基材	铝及铝合金基材	铜及铜合金基材	钛及钛合金基材
耐蚀	常温大气中	镀锌、镉、双层镀镍、镀乳白铬	硫酸阳极氧化并封闭	镀锌、铬、镉	
	500℃以下的热大气中	镀镍、黄铜、乳白铬、镍镉扩散镀层			
	油中	氧化(发蓝)		钝化	
	60℃以上水中	镀镉			
	海水和海雾中	镀镉、锌镍合金			
	低氢脆、阻滞吸氢脆裂	镀镉钛、松孔镀镉			阳极氧化
	减、防接触腐蚀			镀镉、锌	阳极氧化
	防缝隙腐蚀				镀钯、铜、银
	防热盐应力腐蚀				化学镀镍
防气体污染					阳极氧化
防着火					镀铜、镍、钝化
氧气系统防护		镀锡、锡铋合金		镀锡、锡铋合金	
防护装饰		复合镀铜镍铬、青铜铬、镍铬、铜镍、镍封铬			
装饰			瓷质阳极氧化、缎面或纱面阳极氧化	镀镍、镍铬	
染色			硫酸阳极氧化后着色		
涂料的底层		磷化	化学氧化、铬酸或硫酸阳极氧化		
耐磨		镀硬铬、松孔铬、化学镀镍	硬质阳极氧化、镀硬铬或化学镀镍	化学镀镍、镀硬铬	镀硬铬
减少摩擦		镀硬铬、铅锡合金、铅铟合金、银		镀铅、铅锡合金、铅铟合金	
插拔耐磨				镀银后镀硬金、镀银后镀钯、镀铑	
保持较高抗疲劳性能			铬酸阳极氧化、化学氧化或硫酸、硼酸复合阳极氧化		
防黏结、防烧伤		镀银、铜、磷化		镀锡后镀金	
绝缘		磷化	草酸或硬质阳极氧化		
导电		镀铜、银、金	镀铜、锡或化学氧化	镀银、金	
电磁屏蔽			化学镀镍		
反射热		镀金			
消光			黑色阳极氧化或喷砂后阳极氧化	黑色氧化、镀黑镍、黑铬	
胶接			磷酸、铬酸或薄层硫酸阳极氧化		
便于黏结橡胶		镀黄铜			
便于钎焊		镀铜、锡、镍、银、铅锡合金	化学镀镍或铜	镀锡、银、铅锡合金、锡铋合金、化学镀锡	
防渗碳、防渗氮		镀锡、镍			
识别标志		镀黑铬、黑镍、黑色磷化、氧化	硫酸阳极氧化后着色		

18.6 表面处理的表示方法

金属镀覆和化学处理

GB/T 13911—2008 规定了金属镀覆和化学处理的标识方法，适用于金属和非金属制件上进行电镀、化学镀、化学处理和电化学处理的表示。对金属镀覆和化学处理有该标准未予规定的要求时，允许在有关的技术文件中加以说明。

(1) 标识方法

金属镀覆：

基体材料 / 镀覆方法　镀覆层名称 | 镀覆层厚度 | 镀覆层特征　后处理

化学处理和电化学处理：

基体材料 / 处理方法　处理名称 | 处理特征　后处理（颜色）

① 基体材料在图样或有关的技术文件中有明确规定时，允许省略。

② 由多种镀覆方法形成镀层时，当某一镀覆层的镀覆方法不同于最左侧标注的“镀覆方法”时，应在该镀覆层名称的前面标出其镀覆方法符号及间隔符号“·”。

镀覆层特征、镀覆层厚度或后处理无具体要求时或对化学处理或电化学处理的处理特征、后处理或颜色无具体要求时，允许省略。见例 1~例 7。

③ 合金镀覆层的名称以组成该合金的各化学元素符号和含量表示。合金元素之间用连字符“-”相连接。合金含量为质量分数的上限值，用阿拉伯数字表示，写在相应的化学元素符号之后，并加上圆括号。含量多的元素成分排在前面。二元合金标出一种元素成分的含量，三元合金标出两种元素成分的含量，依此类推。合金成分含量无需表示或不便表示时，允许不标注。见例 8、例 9。

如果需要表示某种金属镀覆层的金属纯度时，可在该金属的元素符号后用括号列出质量分数，精确至小数点后一位，见例 10。

进行多层镀覆时，按镀覆先后，自左至右顺序标出每层的名称、厚度和特征，每层的标记之间应空出一个字母的宽度。也可只标出最后镀覆层的名称与总厚度，并在镀覆层名称外加圆括号，以与单层镀覆层相区别，但必须在有关技术文件中加以规定或说明。见例 1、例 3、例 4 及例 11。

④ 镀覆层厚度用阿拉伯数字表示，单位为 μm。厚度数字标在镀覆层名称之后，该数值为镀覆层厚度范围的下限。必要时，可以标注镀层厚度范围。见例 12。

⑤ 轻金属及其合金电化学阳极氧化后进行套色时，按套色顺序列出颜色代码，并在其中间插入加号“+”表示。

轻金属及其合金电化学阳极氧化后着色的色泽以及电化学阳极氧化后套色的要求应以加工样品为依据。

颜色字母代码用括号标在后处理“着色”符号之后。见例 5、例 13。

标注示例：

例 1 Fe/Ep · Cu10 Ni15b Cr0. 3mc

（钢材，电镀铜 10μm 以上，光亮镍 15μm 以上，微裂纹铬 0. 3μm 以上）

例 2 Fe/Ep · Zn7 · c2C

（钢材，电镀锌 7μm 以上，彩虹铬酸盐处理 2 级 C 型）

例 3 Fe/Ep · Cu20Ap · Ni10 Cr0. 3cf

（钢材，电镀铜 20μm 以上，化学镀镍 10μm 以上，电镀无裂纹铬 0. 3μm 以上）

例 4 PL/Ep · Cu10b Ni15b Cr0. 3

（塑料，电镀光亮铜 10μm 以上，光亮镍 15μm 以上，普通铬 0. 3μm 以上。普通铬符号 r 省略）

例 5 Al/Et · A · Cl (BK)

（铝材，电化学处理，阳极氧化，着黑色，对阳极氧化方法无特定要求）

例 6 Cu/Ct · P

（铜材，化学处理，钝化）

例 7 Al/Et · Ec

（铝材，电化学处理，电解着色）

例 8 Cu/Ep · Sn（60）-Pb15 · Fm

（铜材，电镀含锡 60%的锡铅合金 15μm 以上，热熔）

例 9 Cu/Ep · Au-Cu1～3

（铜材，电镀金铜合金 1～3μm）

例 10 Ti/Ep · Au（99.9）3

（钛材，电镀纯度达 99.9%的金 3μm 以上）

例 11 Fe/Ep ·（Cr）25b

（钢材，表面电镀铬，组合镀覆层特征为光亮，总厚度 25μm 以上，中间镀覆层按有关规定执行）

例 12 Cu/Ep · Ni5 Au1～3

（铜材，电镀镍 5μm 以上，金 1～3μm）

例 13 Al/Et · A（s）· Cl（BK+RD+GD）

（铝材，电化学处理，硫酸阳极氧化，套色颜色顺序为黑、红、金黄）

例 14 Fe/SD

（钢材，有机溶剂除油）

（2）表示符号

表 1-7-82

常用基体材料		镀覆、处理方法						镀覆层特征、处理特征			
名称	符号	名称		符号	名称		符号	名称	符号	名称	符号
铁、钢	Fe	电镀		Ep	磷化磷酸盐处理	磷酸锰锌盐处理	MnZnPh	光亮	b	松孔	p
铜及铜合金	Cu	化学镀		Ap				半光亮	s	花纹	pt
铝及铝合金	Al	电化学处理		Et		磷酸锌钙盐处理	ZnCaPh	暗	m	黑色	bk
锌及锌合金	Zn	化学处理		Ct				缎面	st	乳色	O
镁及镁合金	Mg	钝化		P	阳极氧化	硫酸阳极氧化	A(S)	双层	d	密封[2]	se
钛及钛合金	Ti	氧化		O		铬酸阳极氧化	A(Cr)	三层	d	复合	cp
塑料	PL	电解着色		Ec				普通[1]	r	硬质	hd
硅酸盐材料（陶瓷、玻璃等）	CE	磷化磷酸盐处理	磷酸锰盐处理	MnPh		磷酸阳极氧化	A(P)	微孔	mp	瓷质	pc
								微裂纹	mc	导电	cd
其他非金属	NM		磷酸锌盐处理	ZnPh		草酸阳极氧化	A(O)	无裂纹	cf	绝缘	i

(1)后处理；(2)电镀锌和电镀镉后铬酸盐处理						颜色				独立加工工序			
(1)名称	符号	(1)名称	符号	分级	类型	颜色	符号	颜色	符号	名称	符号	名称	符号
钝化	P	封闭	S			黑	BK	灰、蓝灰	GY	有机溶剂除油	SD	机械抛光	MP
磷化(磷酸盐处理)	Ph	防变色	At			棕	BN	白	WH	化学除油	CD	喷砂	SB
氧化	O	铬酸盐封闭	Cs			红	RD	粉红	PK	电解除油	ED	喷丸	SHB
乳化	E	(2)名称	符号	分级	类型	橙	OG	金黄	GD	化学酸洗	CP	滚光	BB
着色	Cl	光亮铬酸盐处理	c	1	A	黄	YE	青绿	TQ	电解酸洗	EP	刷光	BR
热熔	Fm	漂白铬酸盐处理			B	绿	GN	银白	SR	化学碱洗	AC	磨光	CR
扩散	Di	彩虹铬酸盐处理		2	C	蓝、浅蓝	BU			电化学抛光	ECP	振动擦光	VI
涂装	Pt	深色铬酸盐处理			D	紫、紫红	VT			化学抛光	CHP		

① 无特别指定的要求，可省略不标注，如常规镀铬。

② 指弥散镀方式获得的镀覆层，如镍密封。

注：对磷化及阳极氧化无特定要求时，允许只标注 Ph（磷酸盐处理符号）或 A（阳极氧化符号）。

涂料涂覆标记（摘自 GB/T 4054—2008）

适用于金属、非金属制品表面涂料涂覆的标记。

（1）表示方法

涂覆符号 · 涂料颜色（或代号）、型号（或名称） · 外观等级 · 使用环境条件

① 涂覆符号用“涂”字汉语拼音第一个字母“T”表示。

② 涂料颜色（或代号）、型号（或名称），一般是指面涂层涂料。

③ 涂料颜色按 GB/T 3181—2008《漆膜颜色标准样本》的规定。

④ 涂料型号按 GB/T 2705—2003《涂料产品分类、命名和型号》的规定。

⑤ 外观等级分为四级，用罗马数字Ⅰ、Ⅱ、Ⅲ、Ⅳ分别表示。使用环境条件分为一般、恶劣、海洋、特殊等四种，用汉语拼音字母“Y”、“E”、“H”、“T”分别表示。见表 1-7-83。

（2）标注要求

① 如果被涂制品内、外面涂层的涂覆要求不同时，则不同部分用横线“—”区分，线上为外表面涂层的涂覆要求，线下为内表面涂层的涂覆要求。见例 2、例 3。

② 施涂前处理若必须表示时，以斜线“/”将前处理表示方法与涂料涂覆标记隔开。斜线左面为前处理表示方法，右面为涂料涂覆标记。前处理表示方法按 GB 1238《金属镀层及化学处理表示方法》的规定。见例 4、例 5。

③ 复合涂层的层次一般不应在涂覆标记中反映。必要时，允许将需要表示的层次按施涂顺序表示。层次间用斜线“/”隔开。

④ 若对涂料涂覆有特殊要求，用上述方法不能清楚地表达时，允许用文字说明。

（3）标注示例：

例 1　T · 深绿 A04-9 · Ⅲ · Y

［使用于一般环境条件下的制品，表面涂深绿色（G05）A04-9 氨基烘干瓷漆，并按Ⅲ级外观等级加工］

例 2　$\text{T}\cdot\dfrac{\text{淡灰 G04-9}\cdot\text{Ⅱ}\cdot\text{Y}}{\text{铁红 C54-31}\cdot\text{Ⅳ}\cdot\text{T}}$

［外表面涂层处于一般环境条件，内表面涂层处于需要耐油的特殊环境使用的制品，外表面涂淡灰色（B03）G04-9 过氯乙烯瓷漆，并按Ⅱ级外观等级加工；内表面涂铁红色（R01）C54-31 醇酸耐油漆，并按Ⅳ级外观等级加工］

例 3　$\text{T}\cdot\text{(Y06) C04-42}\cdot\dfrac{\text{Ⅱ}}{\text{Ⅳ}}\cdot\text{Y}$

［使用于一般环境条件下的制品，表面涂淡黄色（Y06）C04-42 醇酸瓷漆，外表面按Ⅱ级外观等级加工，内表面按Ⅳ级外观等级加工］

例 4　SB/T ·（PB10）G52-31 · Ⅲ · H

［使用于海洋环境的制品，内、外表面均涂天蓝色（PB10）G52-31 过氯乙烯防腐漆，并按Ⅲ级外观等级加工。前处理采用喷砂，并必须表示］

例 5　D · Y · GF/T · 白 B04-9/B01-3 · Ⅱ · E

［使用于恶劣环境下的制品，内、外表面均涂奶油色（Y03）B04-9 丙烯酸瓷漆，用 B01-3 丙烯酸清漆罩光，并按Ⅱ级外观等级加工。前处理采用电化学氧化后铬酸盐封闭，并必须表示］

（4）表示代号

表 1-7-83

项目	等级	代号	特　征
外观等级	一级	Ⅰ	涂膜表面丰满、光亮(无光、半光涂料除外)、平整、光滑,色泽一致,美观,几何形状修饰精细。基本无机械杂质,无修整痕迹及其他缺陷。美术涂覆还应纹理清晰、分布均匀、特征突出,具有强烈的美术效果 用于高级精饰要求的制品涂覆
	二级	Ⅱ	涂膜基本平整、光滑,色泽基本一致,几何形状修饰较好,机械杂质较少,无显著的修整痕迹及其他缺陷,无影响防护性能的疵病。美术涂覆还应纹理清晰,分布比较均匀,具有美术特点 用于装饰性要求较高的制品涂覆

续表

项目	等级	代号	特征
外观等级	三级	Ⅲ	涂膜完整,色泽无显著的差异。表面允许有少量细小的机械杂质、修整痕迹及其他缺陷。无影响防护性能的疵病。美术涂覆还应具有美术特点 用于装饰性要求一般的制品涂覆
	四级	Ⅳ	涂膜完整。允许有不影响防护性能的缺陷 用于无装饰性要求的制品涂覆

项目	条件	代号	特征
使用环境条件	一般	Y	温度在-40~55℃之间 当温度高于30℃时,相对湿度不超过90%;当相对湿度超过90%时,温度应低于30℃ 不受雨、雪、海水等的直接影响,没有或仅有少量工业气体、海雾及日照影响的工作环境。如在机房或实验室(化学实验室除外)内的工作环境;在室外条件下不受雨、雪、海雾、日照等的直接影响的工作环境等
	恶劣	E	温度在55~85℃之间,或-40~-55℃之间,或-40~55℃之间温差剧变的条件 相对湿度可达90%以上,同时温度高于30℃ 受雨、雪、风沙、日照等直接影响的工作环境。如在室外暴露条件下的工作环境等
	海洋	H	受海水的直接影响或处于海洋气候条件下的工作环境。如在海水中或舰船甲板上的工作环境等
	特殊	T	直接受水(特别是高温水)的连续或周期性影响 有酸、碱溶液或酸性、碱性气体的直接影响 有85~155℃高温的连续影响或155℃以上高温的直接影响,或者-55℃以下低温的直接影响 有电弧和放电的短期影响 有射线辐射影响等的特殊工作环境 如耐水涂覆;耐酸、耐碱涂覆;耐油和汽油涂覆;耐高温、耐低温涂覆;绝缘涂覆;防辐射涂覆;其他特殊作用的涂覆等

19 有色金属表面处理

19.1 铝及铝合金的氧化与着色

表 1-7-84 铝及铝合金阳极氧化的分类、特点和应用

类别		特点	应用
保护、装饰性阳极化	硫酸阳极化	氧化膜较厚(10~35μm);有较高的硬度和耐磨性;经封闭后有良好的防护性能,就防护上的应用来说,适用于所有类型的铝合金;对装饰上的应用,如选用纯铝或均相的铝合金,可得到无色透明的膜层,能接受各种着色处理。是应用最广、成本较低的一种工艺方法	可作所有铝合金的防护膜,以及适于要求表面着色装饰的制件。但不适于铆接、搭接件的处理(因接缝处残留的微量硫酸会产生腐蚀)
	铬酸阳极化	氧化膜较薄(2~10μm),呈浅灰色,也能接受染色,耐蚀性好,不影响疲劳强度,有足够的电绝缘性,可防止接触其他金属的电偶腐蚀。因此,对承受应力和在结构上不易清洗残留电解液的零件或组合件特别适宜。膜一般不封闭(但封闭有利于提高耐蚀性)	广泛用于飞机、舰船零件及其他机械零件的防护,特别适于要表面光洁、精度高的工件,以及铆接、搭接件的处理。但不适于含铜大于5%的铝合金(因铜溶于铬酸)。一般仅作防护,很少作装饰

续表

类别		特点	应用
保护、装饰性阳极化	草酸阳极化	氧化膜较厚(10~60μm),呈军绿或黄色,具有很好的耐蚀性、耐磨性和电绝缘性。调整工艺参数可得硬度较高或韧性较好的不同膜层;经添加铊、锆或钛盐可获特殊仿瓷装饰外观的膜层	韧性膜广泛用于铝线材和带材的处理;硬性膜适于摩擦件的防护;也用作要求绝缘性的精密仪器仪表零件的防护
电绝缘性阳极化	磷酸阳极化与硼酸阳极化	氧化膜薄而致密,电绝缘性高	主要用作电容器和电解电容器的绝缘膜
抗磨性阳极化(硬阳极化)	常用硫酸、草酸、丙二酸、苹果酸及其他一些有机酸作硬质阳极化的溶液。但往往某种铝合金要与某种溶液相配	氧化膜具有高的硬度,当膜厚大于50μm时,硬度达4~5HV,如经适当处理可达6~1000HV以上。因此,硬氧化膜耐磨性和耐蚀性都很好,且有很高的耐热性,可耐1500~2000℃瞬时高温。但膜层脆性较大,且对基体的疲劳强度有一定影响 硬氧化膜一般不进行封闭处理 硬阳极化可以采用直流电源、交流电源、交直流叠加电源及脉冲电源作外电源。其中,以直流电源加压缩空气搅拌低温硫酸电解液的方法因液槽成分简单、稳定、操作方便、成本低而应用较广。脉冲阳极化可在室温操作,成膜速度快,膜层的硬度、耐蚀性、韧性及厚度均匀性则较好	用于要求硬度高、耐磨性好的各种零件的防护,并可用于修复受磨损的铝合金件的尺寸

表 1-7-85　铝及铝合金的着色

着色方法	着色机理	特点
电解着色法	将在硫酸溶液中常规阳极氧化后的铝及铝合金在金属盐的着色液中电解着色,使金属离子在氧化膜孔的底部电沉积,利用光在沉积金属粒子表面产生光散射而发色 工业生产上应用最多的是锡盐和镍盐电解液,产生古铜色系列。另外,也可用铜、硒盐、钼酸盐、银盐等电解液产生紫红、亮金、蓝、土黄等颜色。如先后在两种金属盐中连续着色,可产生紫色(先银盐后镍盐)、深褐色(先银盐后铜盐)等多种着色效果。还可采用电解着色和有机染料吸附着色两者的复合着色,可获金、红、蓝、黄等各种色调	电解着色的氧化膜具有古朴典雅的装饰效果,有极好的耐晒性,且能耗小(仅为整体着色法的40%),工艺条件易于控制 电解着色一般采用纯铝系、铝-锰系、铝-镁系及铝-锰-硅系的合金。而铝-铜系及铝-硅系的合金很难进行电解着色 是目前工业上应用广泛的着色方法
干涉着色法	是由电解着色法发展起来的,也称三步法。即先进行硫酸阳极化,然后磷酸阳极化,最后电解着色。磷酸阳极化的作用是改变氧化膜孔的结构,使氧化膜孔底部的孔径增大,再通过沉积一层很薄的金属取得光干涉效果,使在同一种着色液中产生多种不同颜色的着色膜,扩大了建筑用铝材的着色范围 干涉着色的条件见表1-7-86	干涉着色膜与电解着色膜一样具有很好的耐光性和耐蚀性。但耐磨性比电解着色膜稍差 它进一步扩大了电解着色法的着色范围

注：传统染色法目前已不流行；整体着色法已逐渐为电解着色法所代替，故未列入。

表 1-7-86　　干涉着色的条件

硫酸阳极化	磷酸阳极化	电解着色	着色时间/min									
			2	3	4	5	6	8	12	16	20	24
硫酸 165g/L 温度 20℃ 时间 30min 电流密度 1.5A/dm²	磷酸 120g/L 草酸 30g/L 温度 32℃ 时间 8min 电压(DC) 25V	Sn-Ni 着色液 温度 20℃ pH 7 电压(AC) 15V		亮青铜色	亮青铜色		带灰紫红色	蓝灰色	灰绿色	橙黄色		
硫酸 165g/L 温度 20℃ 时间 30min 电流密度 1.5A/dm²	磷酸 100g/L 温度 20℃ 时间 4min 电压(AC) 10V	Ni 盐着色液 温度 24℃ pH 5.6 电压(AC) 11.5V	亮青铜色	蓝粉红色	蓝灰色		绿灰色	绿青铜色				
硫酸 165g/L 温度 20℃ 时间 30min 电流密度 1.5A/dm²	磷酸 120g/L 温度 25℃ 时间 10min 电压(DC) 10V	Co 盐着色液 温度 20℃ pH 6 电压(AC) 9V			青铜色		蓝灰色	绿灰色	黄绿色	橘黄色	红色	粉红色
硫酸 165g/L 温度 20℃ 时间 30min 电压(DC) 17.5V	磷酸 100g/L 温度 22℃ 时间 4min 电压(AC) 10V	Ni-Sn 着色液 温度 22℃ pH 1.5 电压(AC) 20V	亮蓝 20s 红蓝		亮灰绿色		亮黄色	亮橘黄色	10min 亮粉红色			
硫酸 165g/L 温度 20℃ 时间 30min 电压(DC) 17.5V	磷酸 100g/L 温度 20℃ 时间 4min 电压(AC) 10V	Sn 盐着色液 温度 22℃ pH 0.5 电压(AC) 10V	亮金色	亮黄色	亮橘黄色	亮粉红色						

表 1-7-87　　铝及铝合金氧化膜的封闭

	说　　明	应　　用
封闭方法	因氧化膜呈多孔结构,腐蚀介质易渗入膜孔而腐蚀基体,所以必须进行封闭处理,使膜孔闭合以提高膜的防护性能和经久保持膜的着色效果	除有特殊要求,作功能性用途的硬氧化膜及磷酸阳极氧化膜外,一般的阳极氧化膜及着色氧化膜都应封闭
蒸汽封闭	在压力容器中进行,饱和蒸汽温度为100~200℃。方法是把工件放入容器,抽真空放置20min后通蒸汽封闭	适于处理罐、箱、塔和管子类大型制件的内表面
热水封闭	常用98~100℃,电导率不超过10μS/cm、pH=6~7的蒸馏水封闭30~60min。应用广泛	一般阳极氧化膜的封闭,特别适于染料着色后的封闭
镍盐、钴盐封闭	用镍盐、钴盐或混合二者的水溶液为介质的封闭。既有水合作用,也有镍或钴盐在膜孔内生成氢氧化物沉淀的水解反应。对避免染料被湿气漂洗褪色有良好效果。工作温度为98~100℃,时间为30~60min	用于防护性阳极化膜,特别适于着色阳极化膜的封闭处理
重铬酸盐溶液封闭	重铬酸盐对铝及铝合金有缓蚀作用,可阻滞阳极化时留在制件缝隙内的残液对基体的腐蚀,也可阻滞膜层轻微受损部位腐蚀的发生。工作温度为98~100℃,时间为30~60min	是防护性阳极化膜的流行封闭方法。耐蚀性好。但膜封闭后呈草黄色,不适于装饰用膜的封闭
两步封闭法	先在1.5%的醋酸钴溶液中在35~70℃温度下浸渍3~10min,然后在80℃的重铬酸盐溶液中进行2~4min的封闭	提高重铬酸盐封闭的防护效果

19.2 镁合金的表面处理

表 1-7-88　　镁合金的表面处理

工艺流程	一般为：清洗（机械清洗和化学清洗，主要是去除表面油污）→预处理（主要是活化表面）→表面处理→清洗→封孔处理
激光表面处理	激光表面处理是材料表面在高能量激光流的作用下熔化，在纳秒范围内脉冲激光产生高达 10^{10}℃/s 的冷却速度，使金属表面快速凝固，在合金表面形成亚稳态结构固溶体，使表面合金晶粒细化，减少了阴极相的面积，从而提高镁合金耐蚀性 通常用作镁合金激光表面处理的金属涂层有：Al、Ca、Cu、Mo、Ni、Si、W、Al+Cu、Al+Mo、Al+Ni 和 Al+Si 等，其中耐蚀性最好的是通过 Al 形成 $MgAl_2O_4$ 尖晶石的镁基铝合金。该方法有 1）激光表面重熔。可以获得均匀细小或非晶的耐蚀性组织，提高镁合金的耐蚀性能 2）激光表面合金化。可以在镁合金表面制备高耐蚀性的合金层 3）激光熔敷（又称激光涂敷）。即在合金表面涂敷一层耐蚀性的金属涂层，提高镁合金的耐蚀性。如纯镁表面激光熔敷 Mg-Al 合金层，改性合金层的组成相为 α（Al）和 β（Mg_5Al_8），界面上生成共晶层，与纯镁相比，激光改性层的腐蚀电位正移了约 0.7V，钝化区间加大，耐蚀性能优于纯镁。Mg/SiC 复合材料进行表面激光涂敷 $Cu_{60}Zn_{40}$ 后，涂敷层 $Cu_{60}Zn_{40}$ 与 Mg/SiC 基体结合良好，材料的腐蚀电位（Ecorr）比未处理时提高 3.7 倍
气相沉积	利用物理气相沉积（PVD）、化学气相沉积（CVD）和等离子体辅助沉积（IBAD）等技术，可以获得具有一定耐蚀性的防护膜层 气相沉积涂层材料选择原则有：①可提高电位的元素；②可用作牺牲阳极的元素；③可形成具有耐蚀性的薄膜（如尖晶石结构）的元素。常用的涂层材料有：Al、Cr、Mn、V、Ti 等，此外，玻璃搪瓷也可以用于镁合金的防护和装饰
离子注入技术	是将一高能离子在真空条件下加速注入固体表面的方法，该方法可以注入任何离子。离子注入的深度与离子的能量和靶的状态有关，一般为 50～500nm。注入的离子在固溶体中处于置换或间隙位置，形成非平衡相的均匀组织表面层，提高合金的耐蚀性。其优点是可在表面形成新的合金层，改变表面状态，解决了其他工艺制备的涂层表面与基体的结合强度问题。提高合金的耐蚀性与注入离子的种类有关。如注入耐蚀元素 Cr，可提高合金的耐蚀性；在纯镁表面注入硼，可使 Mg 的开路电位正移 200mV，扩大钝化区电位范围，降低临界钝化电流密度
保护膜与涂层处理	镁合金表面的保护膜与涂层处理，通常采用的方法有：化学转化、阳极氧化、有机涂装与金属镀层保护。是提高镁合金耐蚀性能最常用最有效的方法。涂层方法和防护效果，可以根据其服役环境和处理成本进行选择 （1）化学转化膜处理 又叫化学氧化法，是使金属工件表面与处理液发生化学反应，生成一层保护性钝化膜，比自然形成的保护膜有更好的保护效果。同阳极氧化膜相比，化学转化膜比较薄（0.5～3μm），硬度和耐蚀性稍低，适用于在特定的环境下的防护，如运输和储存过程中镁的防护、镁合金机械加工表面后的长期防护。该工艺具有设备简单、投资少、处理成本低等优点。但是在恶劣环境下工作的镁合金部件，化学转化处理必须和其他保护方法联合使用 镁合金的化学转化膜处理，常用的成膜剂有铬酸盐成膜剂和磷酸盐成膜剂两大类

保护膜与涂层处理	常用镁合金化学转化膜处理方法及特点	名称	化学处理液组成	特　点	膜的主要组成和厚度
		铬化处理	重铬酸钠（$Na_2Cr_2O_7 \cdot 2H_2O$）：120～180g/L 氟化钙（CaF_2）或氟化镁（MgF_2）：2.5g/L 水：余量	所有镁合金的涂装底层，室内储存、中性环境中独立保护	铬酸盐和 $Mg(OH)_2$ 8～11μm
		铬-锰处理	重铬酸钠（$Na_2Cr_2O_7 \cdot 2H_2O$）：100g/L 硫酸锰（$MnSO_4 \cdot 2H_2O$）：50g/L 水：余量	镁锌合金的涂装底层	铬酸盐 2～5μm
		硝酸铁处理	铬酐（CrO_3）：180g/L 硝酸铁[$Fe(NO_3)_3 \cdot 9H_2O$]：40g/L KF：3.5g/L H_2O：余量	所有镁合金的涂装底层，室内存放或中性环境保护	铬酸盐 0.5～5μm
		磷化处理	磷酸铵（$NH_4H_2PO_4$）：100g/L 高锰酸钾（$KMnO_4$）：20g/L 磷酸（H_3PO_4）：调溶液 pH 值为 3.5	所有镁合金的涂装底层	$Mg_3(PO_4)_2$ 和 Al、Mn 等磷化物 1～6μm
		锡酸盐处理	氢氧化钠（NaOH）：9.95g/L 锡酸钾（$K_2SnO_3 \cdot H_2O$）：49.87g/L 乙酸钠（$NaC_2H_3O_2 \cdot H_2O$）：9.95g/L 焦磷酸钠（$Na_4P_2O_7$）：49.87g/L	所有镁合金的涂装底层	$MgSnO_3$、$Mg(OH)_2$ 2～5μm

续表

保护膜与涂层处理

(2)阳极氧化处理

其工艺根据氧化处理液的成分分为酸性氧化液和碱性氧化液两种类型。主要以磷酸盐、高锰酸盐、可溶性硅酸盐、硫酸盐、氢氧化物和氧化物为主的阳极氧化,具体工艺参数如下表

阳极氧化处理比大多数化学转化处理的成本高,主要用在一些特殊性能要求的场合,如耐磨或苛刻条件下的涂装前处理。镁合金阳极处理膜中不仅包含了合金元素的氧化膜,还包含了溶液中通过热分解沉积到工件表面的其他氧化物,如 B_2O_3、P_2O_3 或 Al_2O_3 等。其阳极氧化膜具有不同程度的孔隙率、双层结构,内层为较薄的致密层,外层为较厚的多孔层。因此,必须进行着色与封孔处理。着色与封孔用的处理液需根据阳极氧化处理的工艺不同而不同

镁合金阳极氧化处理的主要工艺参数

阳极氧化处理液组成/$g \cdot L^{-1}$	处理条件	膜的性质
CrO_3:25 H_3PO_4(85%):50 NH_4OH(30%):160~180mL/L	温度:75~95℃ 电流密度:16A/cm² 电压:350V(AC)	无光泽的深绿色膜
KOH:250~300 Na_2SiO_3:25~45 C_6H_5OH:2~5	温度:77~93℃ 电流密度:20~32A/cm² 电压:4~8V	无光泽的白色软膜
KF:35 Na_3PO_4:35 $Al(OH)_3$:35 KOH:165 K_2MnO_4 或 $KMnO_4$:20	温度:≤20℃ 电流密度:1.5~2.5A/cm² 薄膜 电压:65~70V 时间:7~10min 厚膜 电压:80~90V 时间:60~90min(AC)	厚5~40μm,棕黄色氧化膜
NH_4HF_2:225~450 $Na_2Cr_2O_7 \cdot 2H_2O$:50~125 H_3PO_4(85%):50~110mL/L	温度:70~80℃ 电流密度:0.5~5A/cm² 薄膜 电压:65~70V 时间:4~5min 厚膜 电压:90~100V 时间:25min	厚6~30μm,暗绿色复合膜
NH_4F:450 $(NH_4)_2HPO_4$:25	温度:20~25℃ 电流密度:48~100mA/cm² 电压:190V	无光泽的白色硬膜
$K_2Cr_2O_7$:25 $(NH_4)_2SO_4$:25	pH值:5.5 温度:20℃±1℃ 时间:60min 电流密度:0.8~2.4mA/cm² 电压密度:1.2~3.6mA/cm²	黑色膜

(3)等离子微弧阳极氧化处理

又称等离子阳极氧化或阳极火花沉积。它是利用电化学方法将材料置于脉冲电场环境的电解质溶液中用高电压大电流在材料表面微孔中产生火花放电斑点,在热化学、等离子体化学和电化学共同作用下原位生长成陶瓷膜层的阳极氧化方法。应用金属有 Al、Mg、Ti、Zr、Nb、Ta 等金属或合金

微弧氧化过程一般认为分4个阶段:第1阶段,表面生成氧化膜;第2阶段,氧化膜被击穿,并发生等离子微弧放电;第3阶段,氧化进一步向深层渗透;第4阶段,为氧化、熔融,凝固平衡阶段。在微弧氧化过程中,当电压增大至某一值时,镁合金表面微孔中产生火花放电,使表面局部温度高达1000℃以上,从而使金属表面生成一层陶瓷质的氧化膜,其显微硬度在1000HV以上,最高可达2500~3000HV;而且氧化时间越长,电压越高,生成的氧化膜越厚。但电压过高,将导致氧化膜大块脱落,并在膜表面形成一些小坑,降低氧化膜性质

微弧氧化膜与普通氧化膜一样,具有两层结构:致密层和疏松层,但微弧氧化膜的孔隙小,孔隙率低,生成的膜与基体结合紧密,质地坚硬,分布均匀,从而有更高的耐蚀性和耐磨性。其工艺比普通阳极氧化更简单,成本低,效率高,而且无污染。由于它具有比普通氧化膜更好的性能又兼有陶瓷喷涂层的优点,因而是镁合金阳极氧化的主要发展方向

可根据需要,应用微弧氧化技术,制备耐蚀膜层、耐磨膜层、装饰膜层、电防护膜层、光学膜层、功能性膜层等,应用于航空航天、汽车、机械、化工、电工、医疗、建筑装饰等领域

镁合金常用微弧氧化工艺

电解液体系	电压/V	电流密度/$A \cdot dm^{-2}$	温度/℃	时间/min	膜厚度/μm
六偏磷酸盐系	≤340	2~10	15~30	15~120	30~100
硅酸盐系	300	5~15	10~20		10~95
磷酸盐系	≤300		15~30		10~100
偏铝酸盐系	≤340	15	20~40	15~120	20~105
磷酸盐与硅酸盐的复合系	≤300	2~10	15~30		10~100

续表

保护膜与涂层处理	(4)表面渗层处理 1)氮化处理。是将氮气解离,用高压加速装置把氮离子植入镁合金的表面,以提高表面耐蚀性 2)渗铝处理。是通过化学热处理或其他热扩散方法,在镁合金表面形成扩散型的富 Al 层,氧化时在镁合金的表面生成致密的 Al_2O_3 或 $MgAl_2O_3$ 层,从而提高镁合金的表面硬度和耐蚀性、耐磨性 (5)金属涂层处理 一般采用电镀、化学镀和喷涂方法制备金属涂层。电镀、化学镀是利用化学还原法或电化学还原法在镁合金表面沉积所需金属元素,并与表面的镁形成结合牢固的致密层。但镁合金表面电镀或化学镀比较困难,一般采用化学转化镀金属。电镀一般选用 Cu、Ni-Cr-Cu 涂层 (6)溶胶-凝胶法 该技术的反应条件温和(室温或稍高温度、常压),合成手段灵活多样的;它制备的金属涂层材料具有耐热、耐蚀及光、电、磁等功能。是开发多功能无机-有机复合膜材料的新的研究方向 (7)有机涂层及特殊涂层 是保护镁合金表面常用的方法,应用的有机物涂层很多,如环氧树脂、乙烯树脂、聚氨酯以及橡胶等。涂装方法有喷涂、浸涂、刷涂、电泳涂或粉末静电涂装。这种防护只能用作短期保护,表面涂覆油、油脂、油漆、蜡和沥青等也可作短时保护

第8章 装配工艺性

1 装配类型和方法

表 1-8-1

项目		特点
装配类型	厂内装配好	一般小型的、运输方便的机器
	厂内部分装配	最后总装、调试、检验等工作都在使用现场,如一些大型的、重型的、不便于运输的机器
装配方法	单件装配	大部分零件可以按经济精度制造,用于新品种试制
	完全互换法	要求任何一个零件不再经过修配及补充加工就能满足技术要求装配。零件制造精度要求较高,制造费用大,但有利于组织装配流水线和专业化协作生产。用于大批、大量生产
	选配法(不完全互换法)	按照严格的尺寸范围将零件分成若干组,然后将对应的各组配合件装配在一起,以达到所要求的装配精度,零件的制造公差可适当放大。用于成批生产的某些精密配合件
	修配法	是以修正某个配合零件的方法来达到规定的装配精度。增加了装配工作量,但可降低零件的加工精度,因此虽然要求较高装配精度,但仍能降低产品成本。用于成批生产精度高的产品或单件、小批生产
	调整法	通过调整一个或几个零件的位置,以消除零件的积累误差,达到装配精度。如使用不同尺寸的可换垫片、衬套、可调节螺钉镶条等。比修配法方便,也能达到很高的装配精度。结构稍复杂,有时使部件的刚性降低。用于大批生产或单件生产

2 装配工艺设计注意事项

表 1-8-2

注意事项	不好的设计	改进后的设计
1. 尽可能使装配操作分开		
(1)便于分解为组件,以便实现包括预装配和终了装配的装配分级		G:预装组

续表

注　意　事　项	不好的设计	改进后的设计
(2)分解成若干装配单元，便于平行作业，缩短装配周期，又便于维修 图示电动绞车，将减速器输出轴与卷筒轴分开，用联轴器连接，二者就可各自单独组装，简化了装配，避免了长轴加工，并便于减速器的标准化、系列化	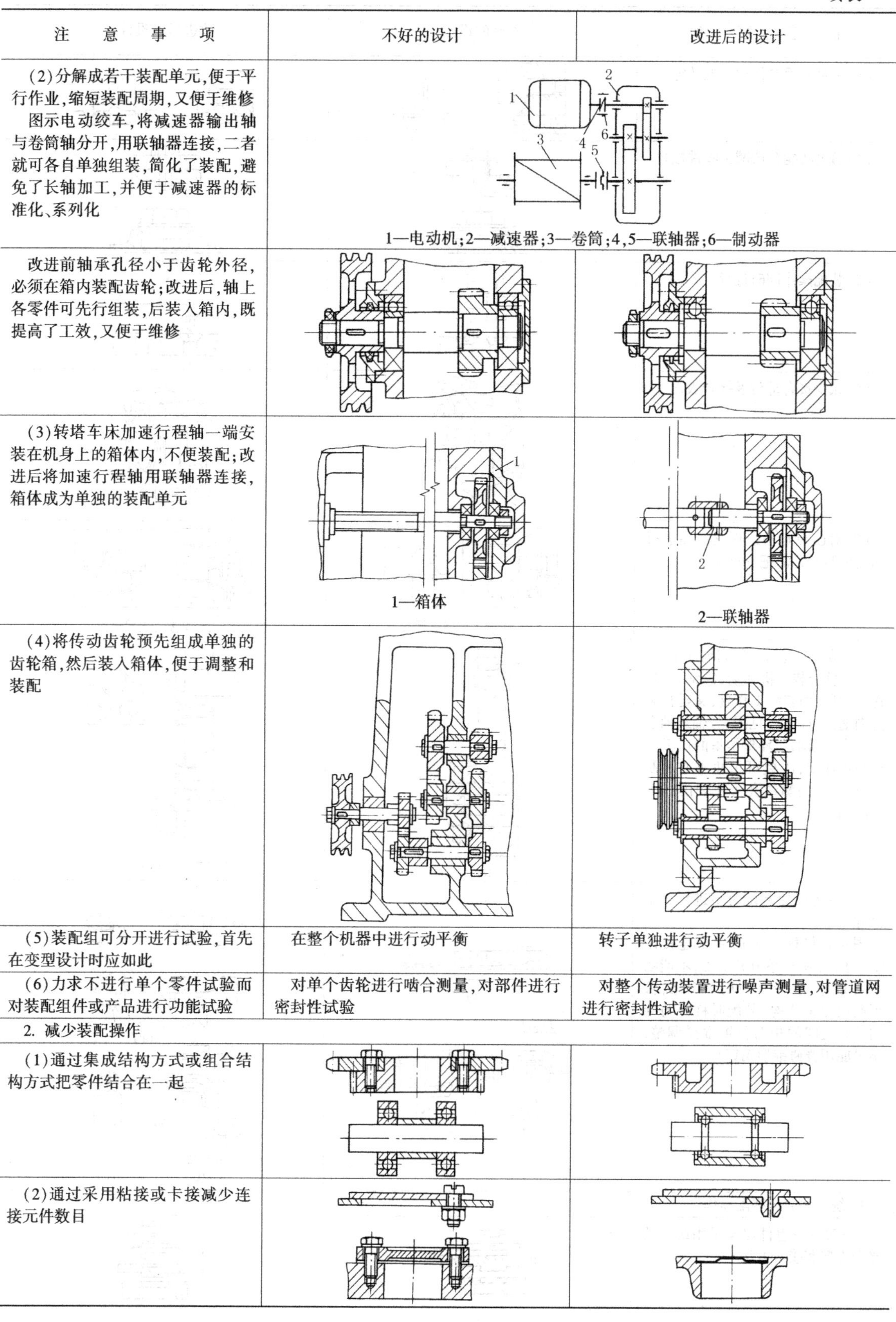 1—电动机；2—减速器；3—卷筒；4，5—联轴器；6—制动器	
改进前轴承孔径小于齿轮外径，必须在箱内装配齿轮；改进后，轴上各零件可先行组装，后装入箱内，既提高了工效，又便于维修		
(3)转塔车床加速行程轴一端安装在机身上的箱体内，不便装配；改进后将加速行程轴用联轴器连接，箱体成为单独的装配单元	1—箱体	2—联轴器
(4)将传动齿轮预先组成单独的齿轮箱，然后装入箱体，便于调整和装配		
(5)装配组可分开进行试验，首先在变型设计时应如此	在整个机器中进行动平衡	转子单独进行动平衡
(6)力求不进行单个零件试验而对装配组件或产品进行功能试验	对单个齿轮进行啮合测量，对部件进行密封性试验	对整个传动装置进行噪声测量，对管道网进行密封性试验
2. 减少装配操作		
(1)通过集成结构方式或组合结构方式把零件结合在一起		
(2)通过采用粘接或卡接减少连接元件数目		

续表

注　意　事　项	不好的设计	改进后的设计
(3)尽量采用自作用对准及定位		
(4)通过功能合成减少零件数目		
(5)装配操作同时进行	1　2	1
(6)减少接合部位及接合表面		
(7)对已装好的组件或产品进行功能试验时无需把它拆开	气隙测量不可能进行	气隙测量可直接进行
(8)避免装配时进行切削加工 图 a 轴套装入机体后，需钻孔、攻螺纹，既增加装配工作量，又延长装配周期。改进后(见图 a′)轴或轴套用卡在轴或轴套环形槽里的压板固连在机体上，压板可用冲压方法制造，机体上的螺纹孔可在切削加工车间加工	(a)	(a′)
(9)尽可能使装配时不进行手工修配 图 a 是杠杆与导向叶轮连接用键，两个半圆柱系分开加工，不能吻合得很好，装配时须用手工修配。可改用图 a′结构(装配时杠杆与导向叶轮之间的相对位置常需调整，不可能用普通锥形销钉)	1:100 (a) 加工死角 加工死角需要手修 (b) 需手工去毛刺 (c)	Ⅱ　Ⅰ D Ⅱ　Ⅰ (a′) P　O 将 O 点设计在 P 圆弧以内，去掉了加工死角 (b′) (c′)
3. 统一和简化装配操作		
(1)对每一组件尽量采用统一的接合方向和接合方法		

续表

注　意　事　项	不好的设计	改进后的设计
(2)选用合适的接合方式,使机械加工和装配的总劳动量减少 减速箱用图 a′接合方式,机械加工量虽然比图 a 大,但由于装配大大简化,还是合理的	(a)	(a′)
根据实际情况,有时采用对称结构,可简化装配。图 a′轴套内的槽,采用对称结构,比图 a 的槽和孔容易对准,简化了装配	(a)	(a′)
(3)用弹性挡圈代替开口销和垫圈,可提高装配效率		A—A A A
(4)用弹性垫圈代替螺钉和垫圈		
(5)平面形挡圈代替轴肩,曲面形挡圈可限制齿轮轴向位置		改进前原材料直径
(6)当轴向载荷较小时,用弹性挡圈代替法兰、螺母和轴肩,以便于装配,提高装配效率		
4. 保证装配质量		
(1)应设定位基准 图 a 两法兰盘用普通螺栓连接,两法兰盘轴孔有同轴度要求,无定位基准时难以满足同轴度要求	(a)	(a′)
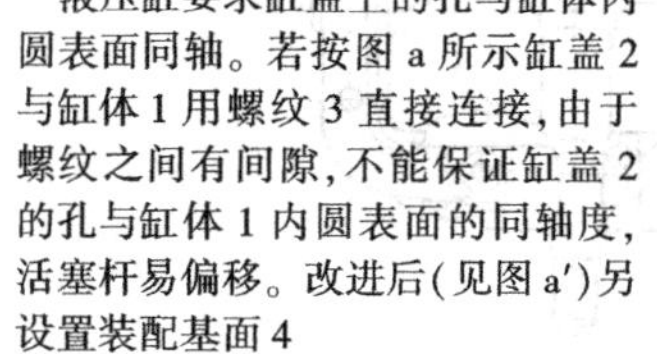 液压缸要求缸盖上的孔与缸体内圆表面同轴。若按图 a 所示缸盖 2 与缸体 1 用螺纹 3 直接连接,由于螺纹之间有间隙,不能保证缸盖 2 的孔与缸体 1 内圆表面的同轴度,活塞杆易偏移。改进后(见图 a′)另设置装配基面 4	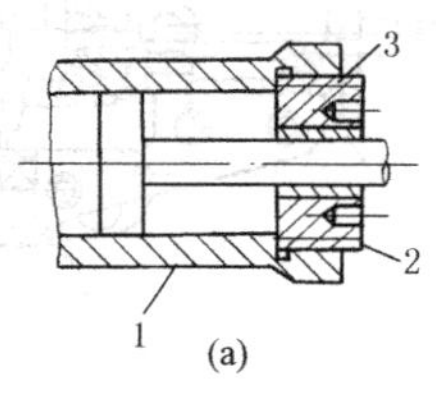 (a)	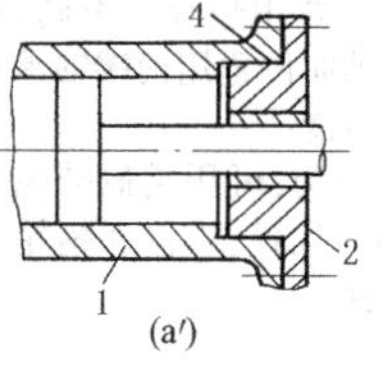 (a′)

续表

注　　意　事　项	不好的设计	改进后的设计
两锥轮支架1和2同机架之间不应有径向游隙,应设置装配基面	游隙 1 2	1 2
(2)正确布置定位销 图a支承座安装用两销钉定位。按左图的布置,因为左右两销钉孔到支座轴线的距离不要求也不可能加工得绝对相等,如左孔距离为 $a+\Delta$,右孔距离为 $a-\Delta$,若不慎将支座转180°安装,则此时左孔距离为 $a-\Delta$,右孔距离为 $a+\Delta$,从而使支座轴线较原来的正确位置向左偏移 2Δ。改进后的设计(见图a′)可避免产生上述错误	2Δ(转了180°时) b $a+\Delta$ $a-\Delta$ $2a$ (a)	(a′)
(3)采用结构措施补偿误差 图a′一对圆柱齿轮中的小齿轮比大齿轮稍加宽一些,当有装配误差时,仍能保证两齿沿全齿宽啮合,这就可在保证安装要求前提下,降低装配精度的要求	(a)	(a′)
图中左右两边的轴肩不要分别与零件2和轴承1内圈的端面取齐,这样既保证了安装要求,也降低了机械加工精度的要求,避免了装配时的修配工作	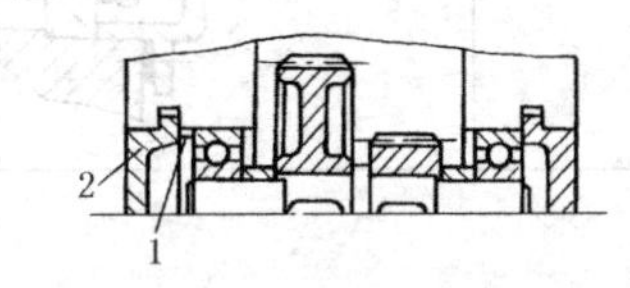	
(4)采用调整零件 如图所示结构,在轴承外圈与轴承盖2之间加一环状零件1,它的厚度在装配时根据测量结果配制,组件的轴向尺寸加工时可按自由公差,积累的轴向误差可用零件1补偿,以保证对轴承内外圈的固定要求	2 1	
如图所示是装配精度要求较高的圆锥齿轮机构,要求两轮的节圆锥共顶,以保证正确啮合。因此装配时要使两轮能沿各自轴线有控制地移动,以便将两轮调整到所要求的合适位置。小齿轮的轴向位置用垫片1来调整,大圆锥齿轮的轴向位置用两端轴承盖处的垫片2来调整 蜗杆蜗轮机构,可用类似措施来调整蜗轮的轴向位置,以保证蜗轮与蜗杆的正确位置 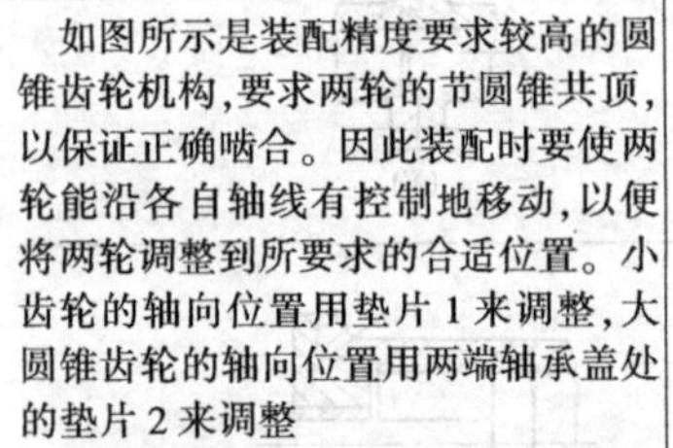	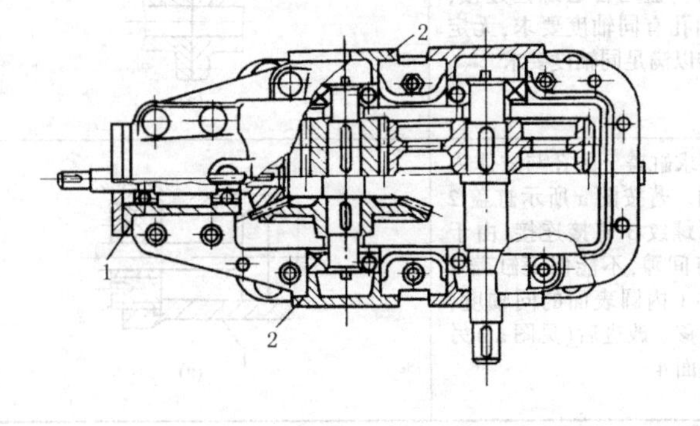	

续表

注意事项	不好的设计	改进后的设计
修配两调整垫1、2的厚度，可保证两锥齿轮的正确啮合	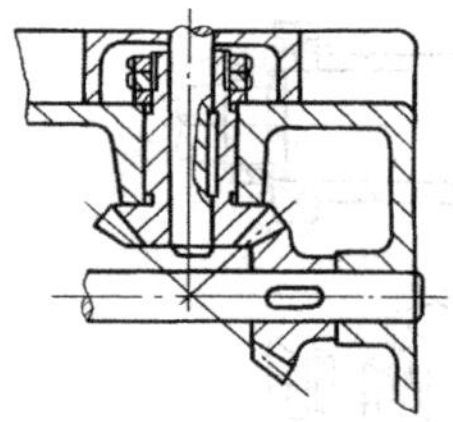	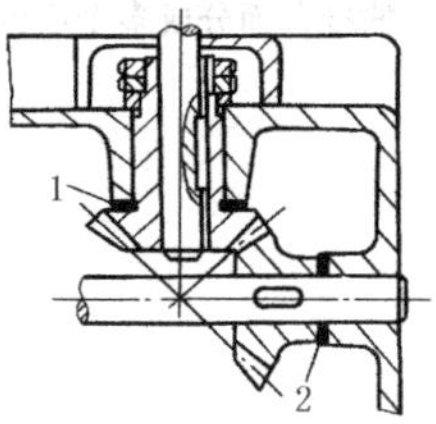 1 2
用调整垫片1来调整丝杠支承与螺母之间的同轴度	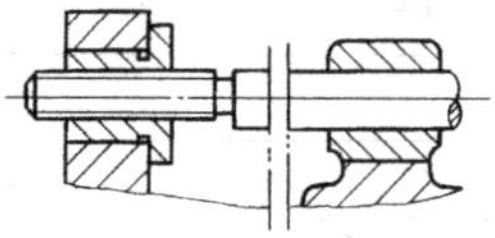	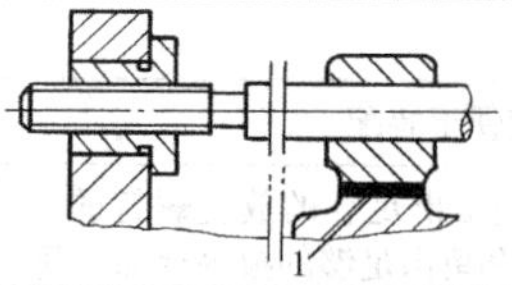 1
蜗杆传动装配时，需保证蜗杆轴线1与蜗轮齿冠的中线2相重合，利用调整垫厚 a 的变化来调整蜗杆轴向位置，以保证蜗轮、蜗杆啮合精度	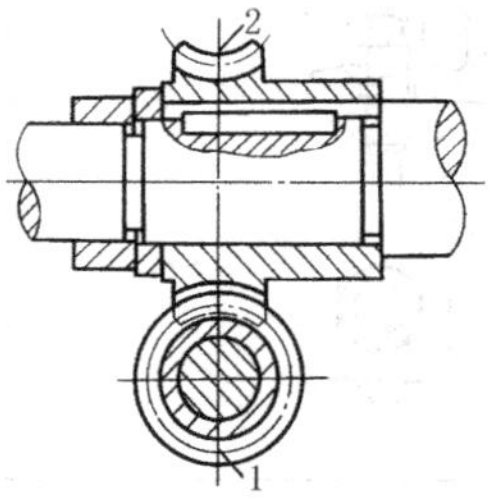 2 1	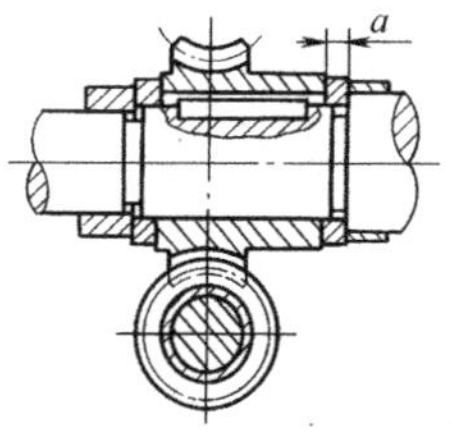 a
(5)避免双重配合以获得明确的定位，并且减少尺寸公差	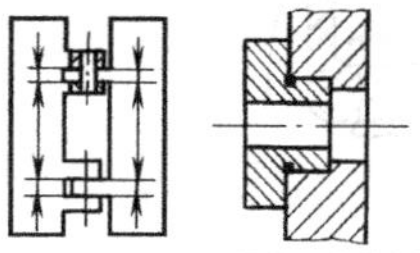	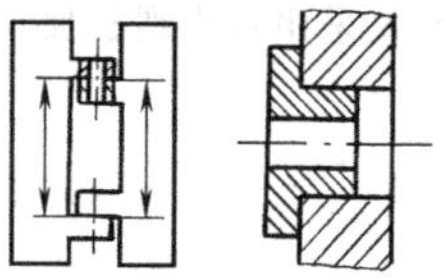
(6)为避免两段配合面同时进入，图a应改为图a′。图b蜗杆轴装入箱体时，两轴承外圈不是同时而是一先一后地装入轴承孔配合面	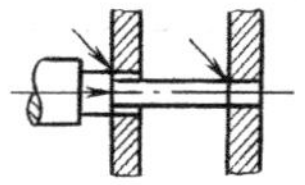 (a) 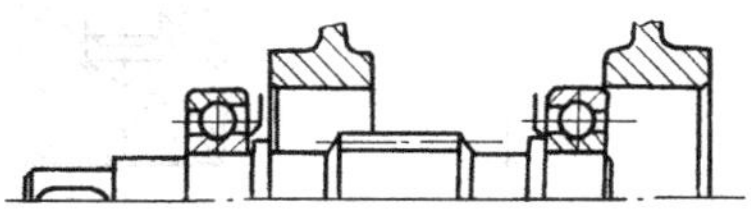 (b)	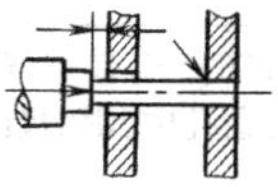 (a′)
(7)图a结构在装配零件1时，其键槽与轴上的键要对准比较困难。改进后的设计(见图a′)，键与键槽则很容易对准	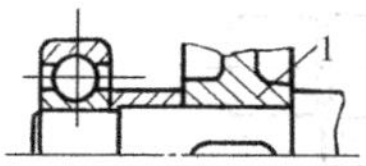 1 (a)	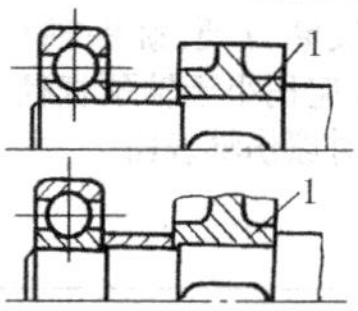 1 1 (a′)
(8)利用弹性降低对装配件的公差要求	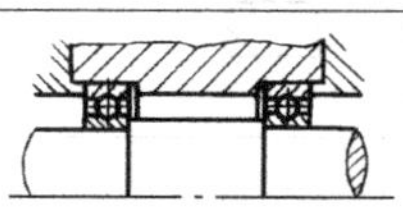	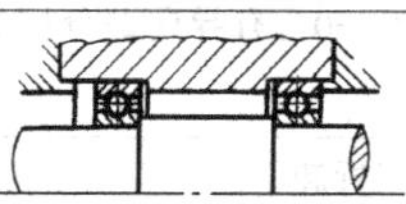
(9)轴与轮毂为紧配合时，须将伸出于轮毂外的轴径车小一些，以利装卸	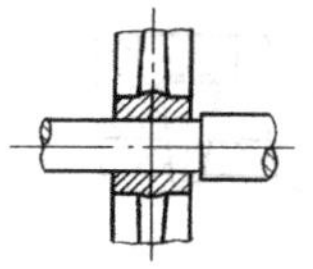	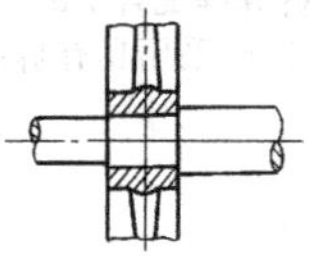

续表

注意事项	不好的设计	改进后的设计
(10)将大的接合面分成多个小的接合面		
5. 应便于装配		
(1)应留出足够的放置螺钉的高度空间和留出足够的扳手活动空间		
(2)图 a 装配困难,图 a′旁开工艺孔稍好,图 b′采用双头螺柱便于装配	(a)	(a′) (b′)
(3)打入销钉时,应有空气逸出口,以防空气留在孔中,影响装配		
(4)为了装卸方便,确保轴承位置,右端轴径应稍小于轴颈直径,以免装拆轴承时擦伤轴表面		
(5)配合件应倒角,以便装配。若倒角为 15°~30°,有导向部分则装配更容易		45° 15°~30°
6. 应便于拆卸		
(1)为便于拆卸静配合 1 的零件,应配置拆卸螺钉或采用具有拆卸螺孔的锥销	1	

续表

注　意　事　项	不好的设计	改进后的设计
(2)图a轴承内圈或图b轴承外圈不易拆卸,应使轴肩高度小于内圈厚度(图a′),或孔的凸肩高度小于外圈厚度(图b′)	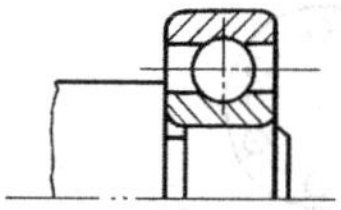 (a) 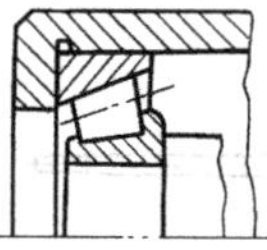 (b)	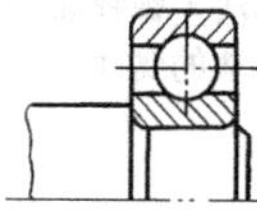 (a′) 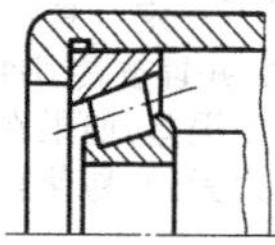 (b′)
(3)端盖上应留有工艺螺孔,以便于拆卸端盖,避免用非正常拆卸方法而损坏零件	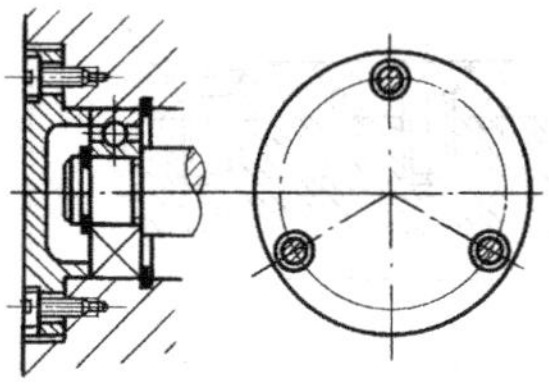	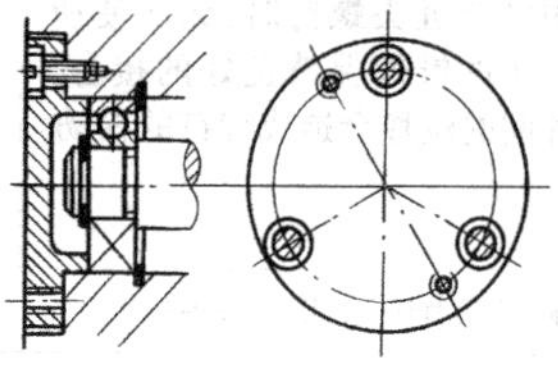
(4)带止转装置的轴要考虑拆卸方便,图a所设销子可防止轴转动,但轴的拆卸较困难。改为图a′结构,则易于拆卸	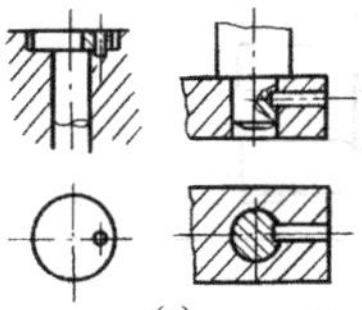 (a)	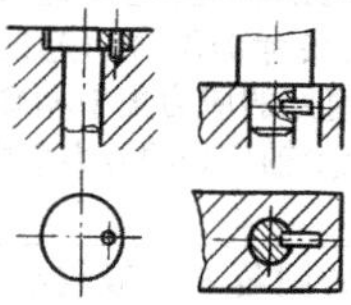 (a′)
7. 考虑螺纹连接的工艺性		
滚压加工的双头螺栓,其d大于螺纹底径,若螺孔深度过大,会使螺栓拧不紧或损坏孔口部分螺纹。要控制螺栓上的螺纹长度和螺孔深度,或在螺孔口锪孔,保证螺栓拧紧	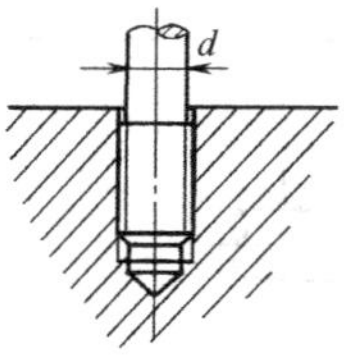 d	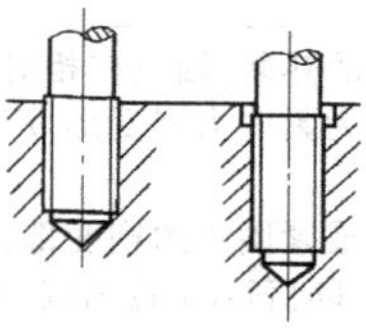
图a只是对螺母止动,而对螺栓并未止动,改进后(见图a′)同时对螺栓和螺母止动,保证了止动的确实可靠	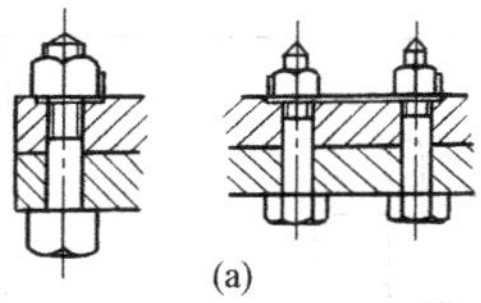 (a)	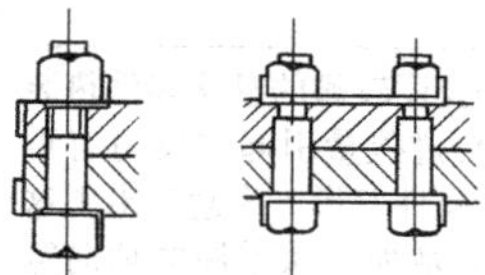 (a′)
图a因安装位置的周围无足够的空间弯曲止动垫圈的爪,不能止动。改进后(见图a′)采用骑缝螺钉,保证止动可靠	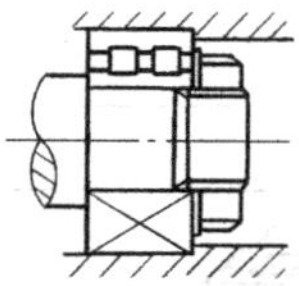 不能折弯垫圈的爪 (a)	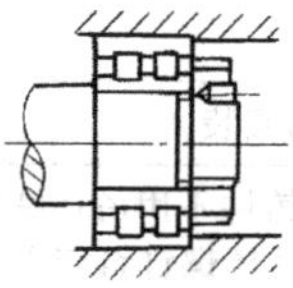 (a′)
高速旋转体连接螺栓的头和螺母等伸出在外,既影响安全也容易造成各种不良影响,应当使之沉入	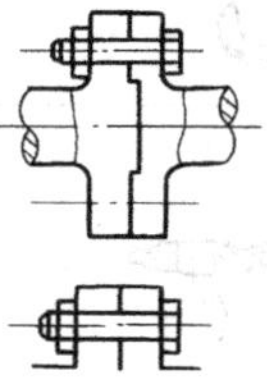	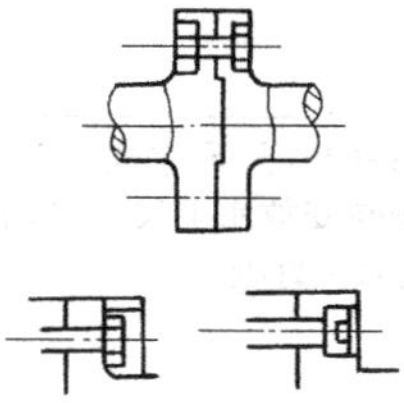

续表

注　意　事　项	不好的设计	改进后的设计
化工管道等的法兰螺栓布置在正下面易受泄漏溶液的腐蚀		
螺母的端面不一定与螺纹相垂直，螺纹有间隙，并且被紧固件两端面也存在平行度误差，如果在长轴中央处进行强力紧固，易使轴产生弯曲		
使用多个沉头螺钉时，无法使所有螺钉头的锥面保持良好的接合，连接件间的位移会造成螺钉的松动		
8. 避免装配时的应力集中		
过盈量大的配合处，尤其是采用热装的部位，要考虑配合引起的应力集中与轴肩处的应力集中相叠加的问题，以减少轴肩处的应力集中		
滚动轴承的圆角 R 一般较小，如果相应减小轴部的 R 则应力集中会增大。应采取必要措施，使轴的 R 不致过小		
过盈量大的热装，轴上在相对于轮毂端部处为紧固力剧变部，产生应力集中 为了不形成紧固力的剧变部，最好从轮毂端部向套入端逐渐减小过盈量		
将轴向宽度较薄的盘状零件热装到轴上时，过盈量引起的反力有可能使盘状零件变形。为避免出现这种情况，要增加盘状零件的轴向宽度，不能增加时要从轴肩向套入端调整过盈量		
9. 便于起吊安装		
(1)很大的铸件不用吊环螺钉起吊，因为此时吊环螺钉斜着受力很大，较好的办法是用事先铸好的洞孔或铸成的凸起搭子		
(2)在允许的情况下，事先留有使用调节楔子与安放水平尺的平面，在装配时有很大好处		

续表

注　意　事　项	不好的设计	改进后的设计
10. 可能实现并简化自动储存和装配		
(1)如果没有特殊要求,轮廓应尽量对称,以便于确定正确位置,避免装错	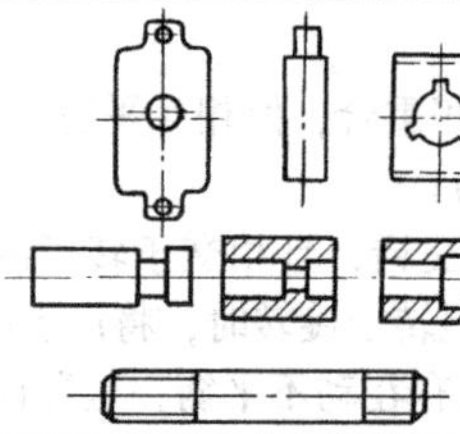	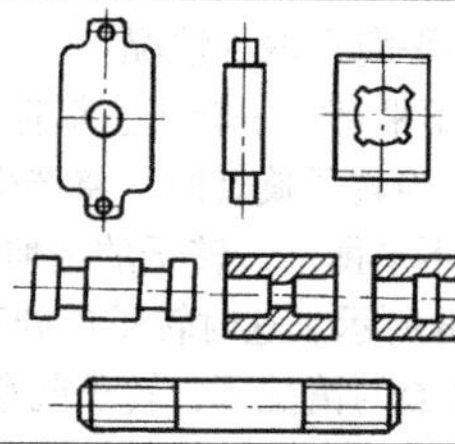
(2)零件孔径不同,为保证装配位置正确,宜在相对于小孔径处切槽或倒角,以便识别	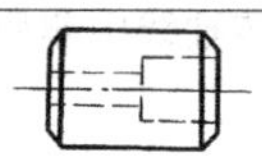	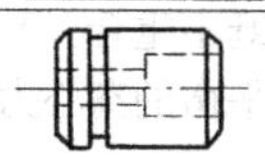
(3)自动装配时,宜将夹紧处车成圆柱面,使之与内孔同轴	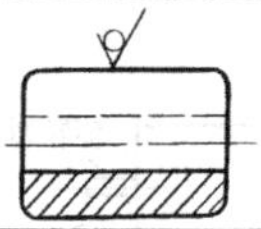	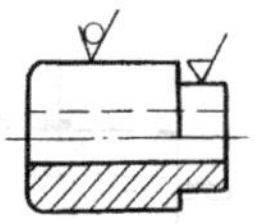
(4)为易于保证垫片上偏心孔的正确位置,可加工出一小平面		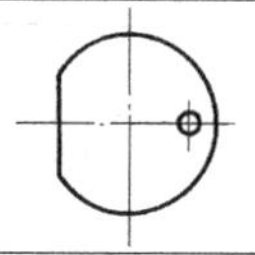
(5)装配时,要求孔的方向一定,若不影响零件性能,可在零件上铣一小平面,其位置与孔成一定关系,平面较孔易定位	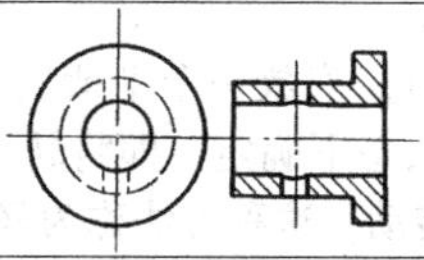	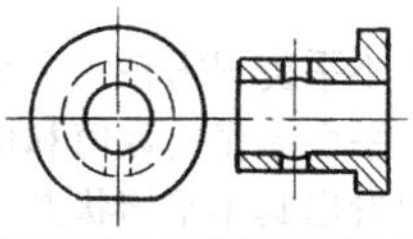
(6)工件底端为圆弧面时,便于导向,有利于自动装配的输送	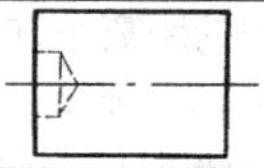	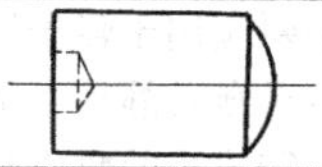
(7)使两相邻零件的内外锥不等,运输中不易"卡死"	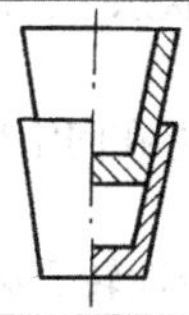	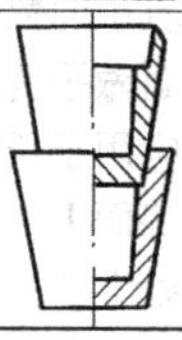

3　转动件的平衡

3.1　基本概念

具有一定转速的转动件——转子，由于材料组织不均匀、零件外形的误差（尤其具有非加工部分）、装配误差以及结构形状局部不对称（如键槽）等原因，使通过转子质心的主惯性轴与旋转轴线不相重合。因而旋转时，转子产生不平衡的离心力，其值由下式计算：

$$C=me\omega^2=me\left(\frac{\pi n}{30}\right)^2 \quad (\mathrm{N}) \qquad (1\text{-}8\text{-}1)$$

式中　m——转子的质量，kg；

e——转子质心对旋转轴线的偏移，即偏心距，m；

n——转子的转速，r/min；

ω——转子的角速度，rad/s。

由式（1-8-1）可知，重型或高转速的转子，即使具有很小的偏心距，也会引起非常大的不平衡离心力，成为轴的断裂，轴承的磨损，轴系、机器或基础振动的主要原因之一。所以，机器，特别是高速、重型机器在装配时，其转子必须进行平衡。

平衡是改善转子的质量分布，以保证将转子在其轴承中旋转时因不平衡而引起的振动或振动力减小到允许范围内的工艺过程。利用现有的测量仪器可以把转子的不平衡减小到许用的范围，但对平衡品质要求过高是不经济的，也是不必要的。

转子不平衡有两种情况：

1）静不平衡——转子主惯性轴与旋转轴线不相重合，但相互平行，即转子的质心不在旋转轴线上，如图1-8-1a所示。当转子旋转时，将产生不平衡的离心力。

2）动不平衡——转子的主惯性轴与旋转轴线交错，且相交于转子的质心上，即转子的质心在旋转轴线上，如图1-8-1b所示。这时转子虽处于静平衡状态，但转子旋转时，将产生一不平衡力矩。又称偶不平衡。

在大多数的情况下，转子既存在静不平衡，又存在动不平衡，这种情况称静动不平衡。此时，转子主惯性轴线与旋转轴线既不重合，又不平行，而相交于转子旋转轴线中非质心的任何一点，如图1-8-1c所示。当转子旋转时，产生不平衡的离心力和力矩。

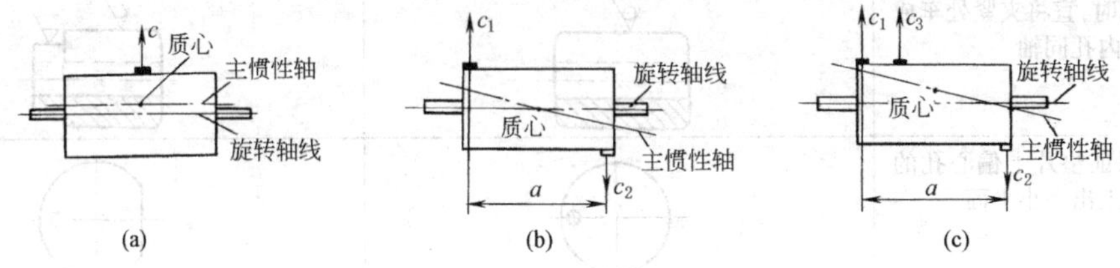

图1-8-1　转子平衡的类型

转子静不平衡只需在一个平面上（即校正平面）安放一个平衡质量，就可以使转子达到平衡要求，故又称单面平衡。平衡质量的数值和位置，在转子静力状态下确定，即将转子的轴颈搁置在水平刀刃支承上，加以观察，就可以看出其不平衡状态，较重部分会向下转动，这种方法称为静平衡。

静平衡主要应用于转子端面之间的距离比轴承之间的距离小许多的盘形转子，如齿轮、飞轮、带轮等。

转子动不平衡及静动不平衡必须在垂直于旋转轴的两个平面（即校正平面）内各加一个平衡质量，使转子达到平衡。平衡质量的数值和位置，必须使转子在动力状态下，即转子在旋转的情况下确定，这种方法称为动平衡。因需两个平面做平衡校正，故又称双面平衡。

动平衡主要应用于长度较长的转子。校正平面应选择在间距尽可能最大的两个平面，为此，校正平面往往选择在转子的两个端面上。

必须指出，以上所述系指刚性转子的平衡问题。挠性转子必须选定两个以上的校正平面，以及采用专门方法才能达到平衡。挠性转子的平衡及许用不平衡的确定见GB/T 6557—2009《挠性转子的机械平衡方法和准则》。

3.2　静平衡和动平衡的选择

厚度与直径之比小于0.2的盘状转子，一般只需进行静平衡。

圆柱形转子或厚度与直径之比大于0.2的盘状转子应根据转子的工作转速来决定平衡方式。图1-8-2表示平衡的应用范围，用转子尺寸比$\frac{b}{D}$（b为转子厚度，D为转子直径）和每分钟转速n的关系表达。下斜线以下的转子只需进行静平衡，上斜线以上的转子必须进行动平衡，两斜线间的转子应根据转子的质量、制造工艺、加工情况（部分加工还是全部加工）及轴承的距离等因素，来确定是否需要进行动平衡。

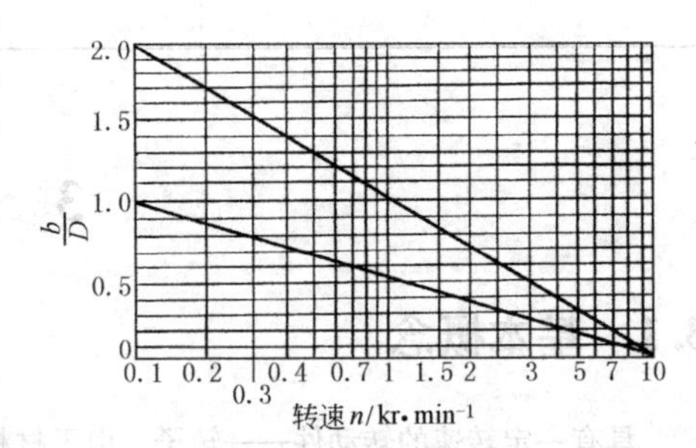

图1-8-2　平衡法的选择

3.3　平衡品质的确定（摘自GB/T 9239.1～9239.2—2006）

转子所需平衡品质常用经验法确定。经验法是根据所制定的平衡等级来确定平衡品质的。表1-8-3中每一个平衡品质等级包括从上限到零的许用不平衡范围，平衡品质等级的上限由乘积$e_{per}\omega$除以1000确定，单位为

mm/s，用 G 表示。共分 11 个平衡等级。

$$G=\frac{e_{per}\omega}{1000} \tag{1-8-2}$$

式中　e_{per}——转子单位质量的许用不平衡度，g · mm/kg；

ω——转子最高工作角速度，rad/s。

图 1-8-3 表示对应于最高工作转速的 e_{per} 的上限，转子许用不平衡量为：

$$U_{per}=e_{per}m \tag{1-8-3}$$

式中　m——转子质量，kg；

U_{per}——转子许用不平衡量，g · mm。

式（1-8-3）可以改写为 $e_{per}=\frac{U_{per}}{m}$，说明转子质量越大，许用不平衡量也越大。因此 e_{per} 可用来表示许用不平衡量与转子质量的关系。

常用各种刚性转子的平衡品质等级见表 1-8-3。在确定平衡品质等级后，也可查出相对应的最大许用不平衡度（见图 1-8-3）。

表 1-8-3　　恒态（刚性）转子平衡品质分级指南

机械类型:一般示例	平衡品质级别 G	量值 $e_{per}\cdot\Omega$ /$mm\cdot s^{-1}$
固有不平衡的大型低速船用柴油机(活塞速度小于 9m/s)的曲轴驱动装置	G1000	4000
固有平衡的大型低速船用柴油机(活塞速度小于 9m/s)的曲轴驱动装置	G1600	1600
弹性安装的固有不平衡的曲轴驱动装置	G630	630
刚性安装的固有不平衡的曲轴驱动装置	G250	250
汽车、卡车和机车用的往复式发动机整机	G100	100
汽车车轮、轮箍、车轮总成、传动轴、弹性安装的固有平衡的曲轴驱动装置	G40	40
农业机械 刚性安装的固有平衡的曲轴驱动装置 粉碎机 驱动轴(万向传动轴、螺桨轴)	G16	16
航空燃气轮机 离心机(分离机、倾注洗涤器) 最高额定转速达 950r/min 的电动机和发电机(轴中心高不低于 80mm) 轴中心高小于 80mm 的电动机 风机 齿轮 通用机械 机床 造纸机 流程工业机器 泵 透平增压机 水轮机	G6. 3	6. 3
压缩机 计算机驱动装置 最高额定转速大于 950r/min 的电动机和发电机(轴中心高不低于 80mm) 燃气轮机和蒸汽轮机 机床驱动装置 纺织机械	G2. 5	2. 5
声音、图像设备 磨床驱动装置	G1	1
陀螺仪 高精密系统的主轴和驱动件	G0. 4	0. 4

注：1. 本表是按典型的完全组装好的转子进行分类的，对特殊情况，可使用相邻较高或较低的级别代替。对于部件，见第 9 章。

2. 如果不另作说明（往复运动）或显而易见（例如曲轴驱动装置），则所有列出的项目均为旋转类的。

3. 对于受构成工况（平衡机、工艺装置）限制的情况，见 5. 2 的注 4 和注 5。

4. 有关选择平衡品质级别的一些附加信息见图 2。基于一般经验，图 2 包括了通常使用的区域（工作转速和平衡品质级别）

5. 曲轴驱动装置可包括曲轴、飞轮、离合器、减振器及连杆的转动部分。固有不平衡的曲轴驱动装置理论⊥是不能被平衡的，固有平衡的曲轴驱动装置理论上是能被平衡的。

6. 有些机器可能有专门规定其平衡允差的国际标准（见参考文献）。

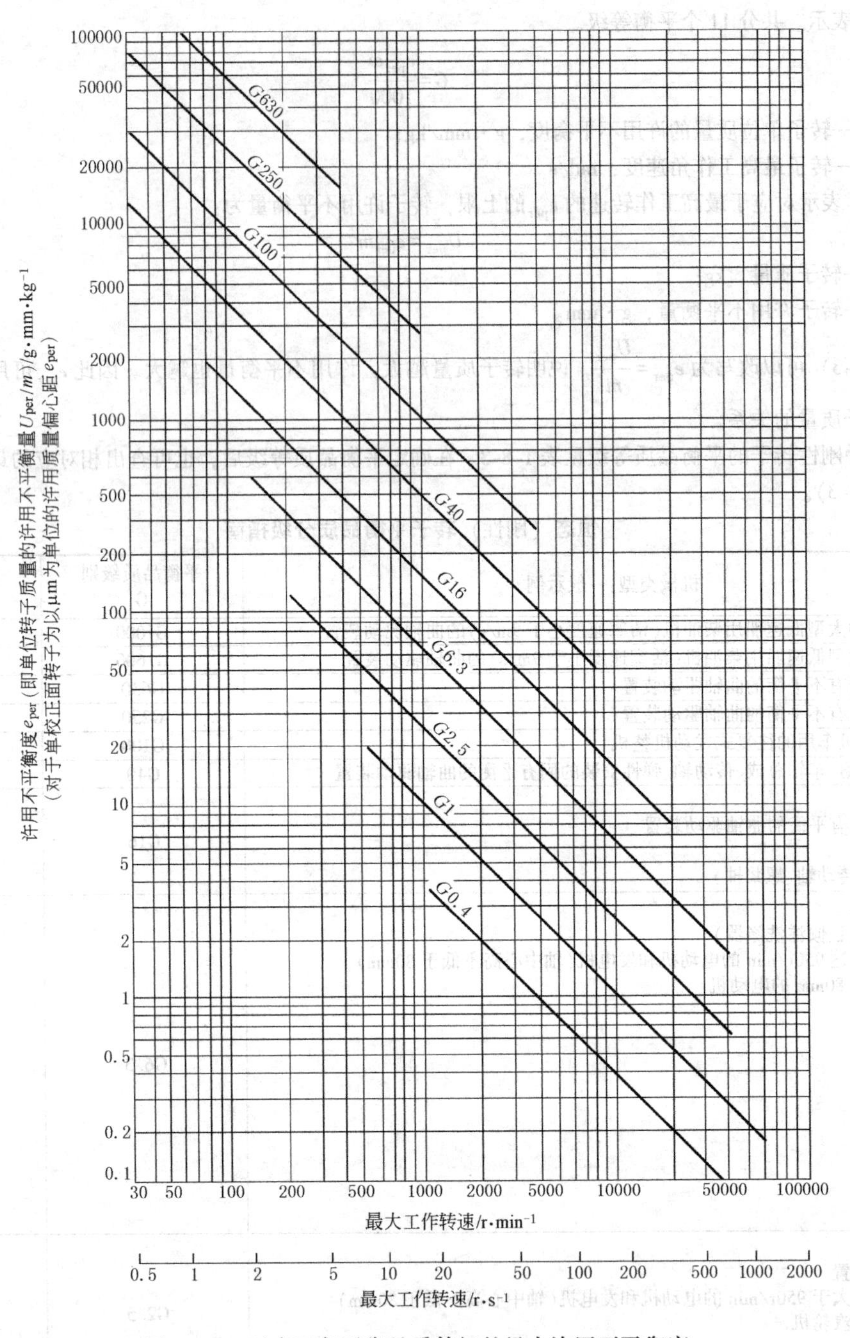

图 1-8-3　对应于各平衡品质等级的最大许用不平衡度

3.4　转子许用不平衡量向校正平面的分配（摘自 GB/T 9239.1~9239.2—2006）

（1）单面（静）平衡

对于具有一个校正平面的转子，在该校正平面上测量的许用不平衡量等于 U_{per}。

（2）双面（动）平衡

1）适用于所有转子的通用方法。本方法适用于各类转子并考虑了校正平面的位置和校正平面上剩余不平衡量间最不利的相位关系。

令 $U_{per\,\mathrm{I}}$ 和 $U_{per\,\mathrm{II}}$ 分别为校正平面Ⅰ和Ⅱ上的许用不平衡量，其确定方法如下：

选择一个支承作为参考点，所有距离在该参考点到另一支承一侧时为正。

设支承间距为 L，参考支承到校正平面Ⅰ的距离为 a，校正平面间距离为 b（见图 1-8-4）。

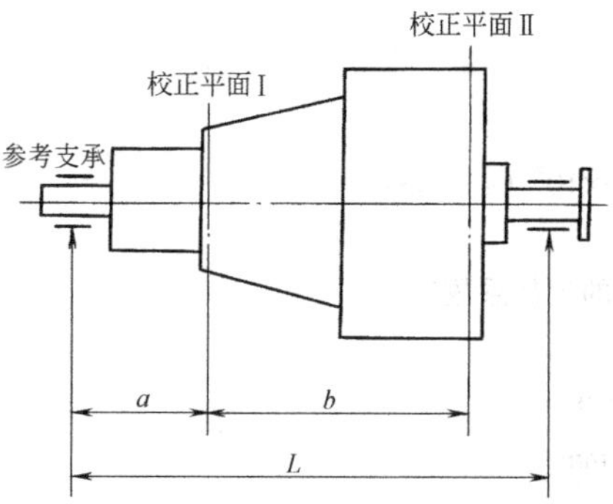

图 1-8-4　通用方法计算中所使用的转子参数

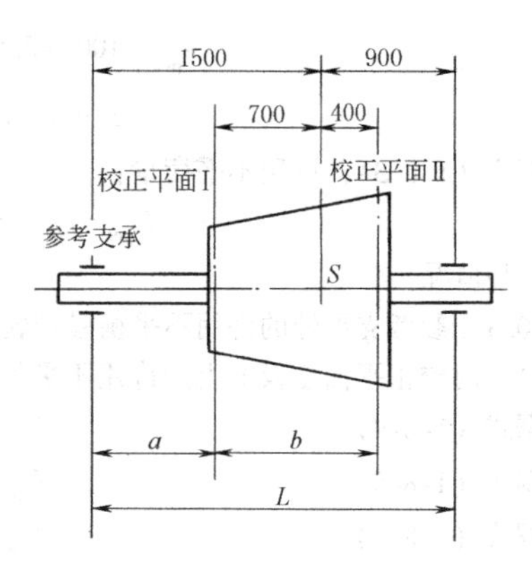

图 1-8-5　转子诸参数

根据本方法[1]的定义确定参考支承的许用不平衡量与转子许用不平衡量 U_{per} 的比例为 K，则另一支承的许用不平衡量为（1−K）U_{per}，两支承的许用不平衡量之和等于 U_{per}。

根据本方法[2]确定校正平面Ⅱ及Ⅰ上的许用不平衡量之比为 $R=U_{per\,\mathrm{II}}/U_{per\,\mathrm{I}}$。

按下列方程计算 $U_{per\,\mathrm{I}}$ 的四个值：

$$U_{per\,\mathrm{I}}=U_{per}\frac{KL}{(L-a)+R(L-a-b)} \tag{1-8-4}$$

$$U_{per\,\mathrm{I}}=U_{per}\frac{KL}{(L-a)-R(L-a-b)} \tag{1-8-5}$$

$$U_{per\,\mathrm{I}}=U_{per}\frac{(1-K)L}{a+R(a+b)} \tag{1-8-6}$$

$$U_{per\,\mathrm{I}}=U_{per}\frac{(1-K)L}{a-R(a+b)} \tag{1-8-7}$$

从上述 4 个方程求得的值中选取绝对值最小的，作为校正平面Ⅰ上的许用不平衡量 $U_{per\,\mathrm{I}}$。

利用下式计算校正平面Ⅱ上的许用不平衡量 $U_{per\,\mathrm{II}}$。

$$U_{per\,\mathrm{II}}=RU_{per\,\mathrm{I}} \tag{1-8-8}$$

如果校正平面Ⅰ及Ⅱ上的剩余不平衡量都分别不超过 $U_{per\,\mathrm{I}}$ 和 $U_{per\,\mathrm{II}}$，则转子具有所要求的平衡品质。

2）校正平面间距远小于支承间距转子的一般方法。这种方法特别适用于因两校正平面上不平衡同相或反相180°造成许用不平衡量有很大差异的转子、校正平面间距远比支承间距小的转子及两个校正平面都位于同一外伸端的悬臂转子。

将 U_{per} 分配到各校正平面时，应使每个支承平面上的剩余不平衡量之比与工作支承上许用动载荷之比有相同的比值。如果在工作支承平面进行测量是不可能的，则应选择尽量靠近工作支承的平面。

3）通用方法计算实例

转子种类：透平转子（见图 1-8-5）

平衡品质等级：G2.5

---

[1] K 值取决于不同的设计及操作条件，多数情况下其值为 0.5；特殊情况下，如支承的载荷容量或刚度不同时，允许一支承相对于另一支承有不同的剩余不平衡量，这是需要的。这种情况下，K 值允许在 0.3~0.7 之间变化。

[2] 在实际应用的大多数场合，比例 R 应选为 1；特殊情况下，例如两个校正平面上的预期不平衡显著不同时，选用不同的 R 值更合适，各支承平面上的剩余不平衡量是独立于 R 值的。R 值如超出 0.5~2.0 的范围是不实际的。

转子质量：$m=3600\text{kg}$

工作转速：$n=4950\text{r/min}$

根据式（1-8-2），许用不平衡度：

$$e_{per}=1000\times 2.5\times\left(\frac{60}{2\pi\times 4950}\right)$$
$$=4.8\ (\text{g}\cdot\text{mm/kg})$$

根据式（1-8-3），许用不平衡量：

$$U_{per}=me_{per}=3600\times 4.8=17.3\times 10^3\ (\text{g}\cdot\text{mm})$$

第一种情况：

$K=0.5$（参考支承处的许用不平衡量与转子许用不平衡量的比例系数）

$R=1$（两校正平面Ⅰ及Ⅱ上的许用不平衡量的比例系数）

根据式（1-8-4）　$U_{per\,\mathrm{I}}=9.9\times 10^3\text{g}\cdot\text{mm}$

根据式（1-8-5）　$U_{per\,\mathrm{I}}=18.9\times 10^3\text{g}\cdot\text{mm}$

根据式（1-8-6）　$U_{per\,\mathrm{I}}=7.7\times 10^3\text{g}\cdot\text{mm}$

根据式（1-8-7）　$U_{per\,\mathrm{I}}=-18.9\times 10^3\text{g}\cdot\text{mm}$

其中绝对值最小的为

$$U_{per\,\mathrm{I}}=7.7\times 10^3\text{g}\cdot\text{mm}$$

又因 $U_{per\,\mathrm{II}}=RU_{per\,\mathrm{I}}$，故

$$U_{per\,\mathrm{II}}=7.7\times 10^3\text{g}\cdot\text{mm}$$

转子许用不平衡量为

$$U_{per\,\mathrm{I}}+U_{per\,\mathrm{II}}=15.4\times 10^3\ (\text{g}\cdot\text{mm})<U_{per}$$

第二种情况：

$$K=\frac{900}{2400}\left(\frac{\text{参考支承的静载荷}}{\text{总静载荷或转子的重力}}\right)=0.38$$

$$R=\frac{700}{400}\left(\frac{\text{校正平面Ⅰ与质心距离}}{\text{校正平面Ⅱ与质心距离}}\right)=1.75$$

根据式（1-8-4）~式（1-8-7），分别有

$$U_{per\,\mathrm{I}}=6.3\times 10^3\text{g}\cdot\text{mm}$$
$$U_{per\,\mathrm{I}}=21.8\times 10^3\text{g}\cdot\text{mm}$$
$$U_{per\,\mathrm{I}}=6.3\times 10^3\text{g}\cdot\text{mm}$$
$$U_{per\,\mathrm{I}}=-10.2\times 10^3\text{g}\cdot\text{mm}$$

其中绝对值最小的为

$$U_{per\,\mathrm{I}}=6.3\times 10^3\text{g}\cdot\text{mm}$$

又因 $U_{per\,\mathrm{II}}=RU_{per\,\mathrm{I}}$，故

$$U_{per\,\mathrm{II}}=11.0\times 10^3\text{g}\cdot\text{mm}$$

转子许用不平衡量为

$$U_{per\,\mathrm{I}}+U_{per\,\mathrm{II}}=17.3\times 10^3\ (\text{g}\cdot\text{mm})\leqslant U_{per}$$

3.5 转子平衡品质等级在图样上的标注方法（参考）

在刚性转子的零件图或部件图中标注转子平衡品质等级的规则如下：

1）在图样的标题栏中应明确记入转子质量（单位 kg）。

2）在图样的技术要求中应写明转子的最高工作转速（单位 r/min）。

3）校正平面的位置应用细实线标出，并以尺寸线标明其与基准平面的距离；当校正平面与某一基准平面重

合时，可以用尺寸界线表示校正平面的位置。

4）单面（静）平衡以“Ò”号表示，双面（动）平衡以“Ó”号表示。

5）平衡品质等级应记在由校正平面引出的指引线处，标注内容为平衡符号及平衡品质等级、校正方式。平衡品质等级后可用“:”号加注，对单面平衡可加注许用不平衡度或许用质量偏心距（见图 1-8-6）；对双面平衡可加注许用不平衡量（见图 1-8-7）。双面平衡时，平衡品质等级在任意一个校正平面上标注即可。

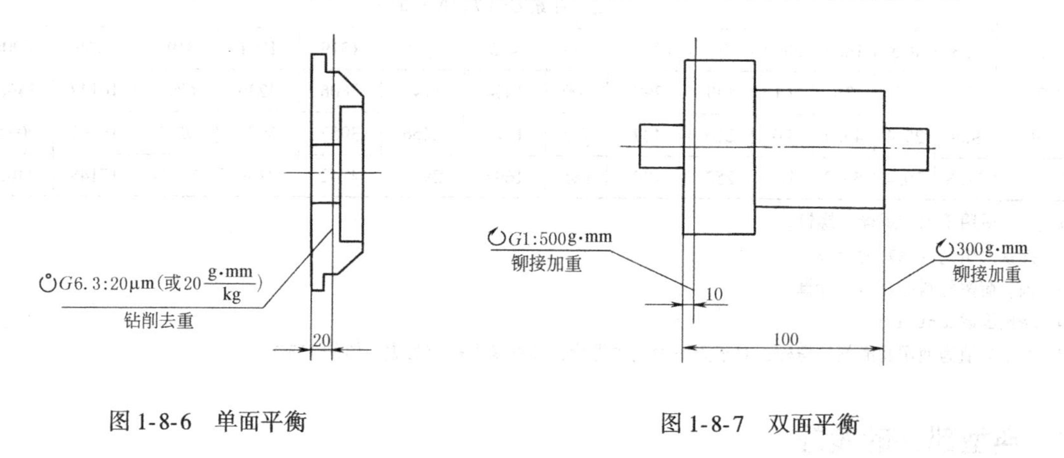

图 1-8-6　单面平衡　　　图 1-8-7　双面平衡

4　装配通用技术条件（摘自 JB/T 5000.10—2007）

4.1　一般要求

1）进入装配的零件及部件（包括外购件、外协件），均必须具有检验部门的合格证方能进行装配。

2）机座、机身等机器的基础件，装配时应校正水平（或垂直）。其校正精度：对结构简单、精度低的机器不低于 0.2mm/1000mm；对结构复杂、精度高的机器不低于 0.1mm/1000mm。

4.2　装配连接方式

1）螺母拧紧后，螺栓、螺钉头部应露出螺母端面 2~3 个螺距。

2）沉头螺钉紧固后，沉头不得高出沉孔端面。

3）各种密封毡圈、毡垫、石棉绳、皮碗等密封件装配前必须浸透油。钢纸板用热水泡软。紫铜垫做退火处理。

4）圆锥销装配时应与孔进行涂色检查，其接触率不应小于配合长度的 60%，并应分布均匀。定位销的端面一般应凸出零件表面。带螺尾圆锥销装入相关零件后，其大端应沉入孔内。

5）钩头键、楔键装配后，其接触面积应不小于工作面积的 70%，且不接触部分不得集中于一段。外露部分应为斜面的 10%~15%。

6）花键装配时，同时接触的齿数不少于 2/3，接触率在键齿的长度和高度方向不得低于 50%。滑动配合的平键（或花键）装配后，相配件须移动自如，不得有松紧不均现象。

7）压装的轴或套允许有引入端，其导向锥角 10°~20°，导锥长度等于或小于配合长度的 15%。实心轴压入盲孔时允许开排气槽，槽深不大于 0.5mm。

8）锥轴伸与轴孔配合表面接触应均匀，着色研合检验时其接触率不低于 70%。

9）采用压力机压装时，压力机的压力一般为所需压入力的 3~3.5 倍。压装过程中压力变化应平稳。

10）过盈连接各种装配方法的工艺特点及适用范围见表 5-4-1。

11）胀套连接的螺栓必须使用力矩扳手，并对称、交叉、均匀拧紧。拧紧力矩 T_A 值按设计图样或工艺规定，亦可参考表 1-8-4，并按下列步骤进行：①以 $T_A/3$ 拧紧；②以 $T_A/2$ 拧紧；③以 T_A 值拧紧；④以 T_A 值检查全部螺栓。

表 1-8-4　　一般连接螺栓拧紧力矩

螺栓性能等级	螺栓公称直径/mm													
	6	8	10	12	16	20	24	30	36	42	48	56	64	72
	拧紧力矩 T_A/N·m													
5.6	3.3	8.5	16.5	28.7	70	136.3	235	472	822	1319	1991	3192	4769	6904
8.8	7	18	35	61	149	290	500	1004	1749	2806	4236	6791	10147	14689
10.9	9.9	25.4	49.4	86	210	409	705	1416	2466	3957	5973	9575	14307	20712
12.9	11.8	30.4	59.2	103	252	490	845	1697	2956	4742	7159	11477	17148	24824

注：1. 适用于粗牙螺栓、螺钉。

2. 拧紧力矩允许偏差为±5%。

3. 预载荷按材料的 $0.7\sigma_s$ 计算。

4. 摩擦因数 $\mu=0.125$。

5. 所给数值为使用润滑剂的螺栓，对于无润滑剂的螺栓，其拧紧力矩应为表中值的 133%。

4.3　典型部件的装配

4.3.1　滚动轴承

1）滚动轴承外圈与开式轴承座及轴承盖的半圆孔不准有卡住现象，装配时允许修整半圆孔，修整尺寸不应超过表 1-8-5 的规定值。

表 1-8-5　　轴承盖（座）修整尺寸　　mm

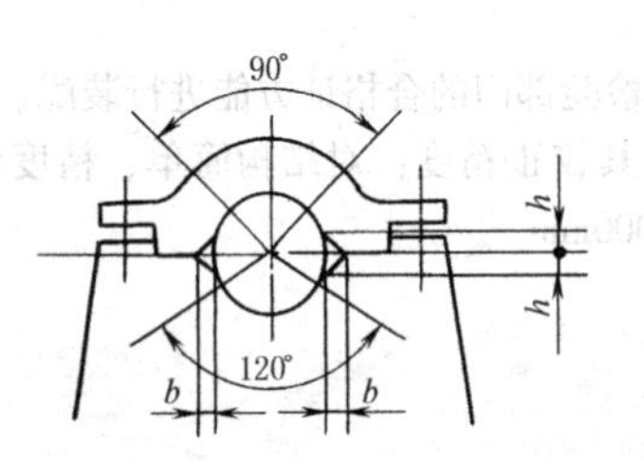

轴承外径 D	b_{max}	h_{max}
≤120	0.10	10
>120~260	0.15	15
>260~400	0.20	20
>400	0.25	30

2）滚动轴承外圈与开式轴承座及轴承盖的半圆孔应接触良好，用涂色检验时，与轴承座在对称于中心线 120°、与轴承盖在对称于中心线 90°的范围内应均匀接触。在上述范围内用 0.03mm 的塞尺检查时，塞尺不得塞入外圈宽度的 1/3。

3）滚动轴承内圈端面应紧靠轴向定位面，其允许最大间隙：对圆锥滚子轴承和角接触球轴承为 0.05mm；其他轴承为 0.1mm。

4）采用润滑脂的滚动轴承，装配后在轴承空腔内注入相当空腔容积约 30%~50%的符合规定的清洁润滑脂。凡稀油润滑的轴承，不准加润滑脂。

5）滚动轴承热装时，其加热温度应不高于 100℃；冷装时，其冷却温度应不低于-80℃。

6）在轴两端采用了径向间隙不可调的向心轴承，且轴向位移是以两端端盖限定时，其一端必须留出间隙 C（见图 1-8-8）。间隙 C 的数值可按下式计算。

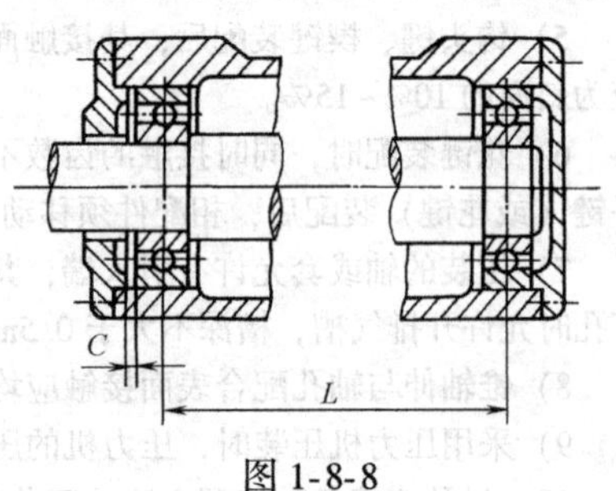

图 1-8-8

$$C=\alpha\Delta tL+0.15$$

式中　C——轴承外座圈与端盖间的间隙，mm；

L——两轴承中心距，mm；

α——轴材料的线胀系数，对钢：$\alpha=12\times10^{-6}$℃$^{-1}$；

Δt——轴最高工作时温度与环境温度之差，℃；

0.15——轴膨胀后剩余的间隙，mm。

一般情况取 $\Delta t=40$℃，故装配时只需根据 L 尺寸，即可按如下简易公式计算 C 值。

$$C=0.0005L+0.15$$

7）单列圆锥滚子轴承、角接触球轴承、双向推力球轴承轴向游隙按表 1-8-6 调整。双列和四列圆锥滚子轴承装配时应检查其轴向游隙，并应符合表 1-8-7 的要求。

表 1-8-6　角接触球轴承、单列圆锥滚子轴承、双列推力球轴承轴向游隙　mm

轴承内径	角接触球轴承轴向游隙		单列圆锥滚子轴承轴向游隙		双列推力球轴承轴向游隙	
	轻系列	中及重系列	轻系列	轻宽、中及中宽系列	轻系列	中及重系列
≤30	0.02～0.06	0.03～0.09	0.03～0.10	0.04～0.11	0.03～0.08	0.05～0.11
>30～50	0.03～0.09	0.04～0.10	0.04～0.11	0.05～0.13	0.04～0.10	0.06～0.12
>50～80	0.04～0.10	0.05～0.12	0.05～0.13	0.06～0.15	0.05～0.12	0.07～0.14
>80～120	0.05～0.12	0.06～0.15	0.06～0.15	0.07～0.18	0.06～0.15	0.10～0.18
>120～150	0.06～0.15	0.07～0.18	0.07～0.18	0.08～0.20	—	—
>150～180	0.07～0.18	0.08～0.20	0.09～0.20	0.10～0.22	—	—
>180～200	0.09～0.20	0.10～0.22	0.12～0.22	0.14～0.24	—	—
>200～250	—	—	0.18～0.30	0.18～0.30	—	—

表 1-8-7　双列、四列圆锥滚子轴承的轴向游隙　mm

双列			四列			
轴承内径	一般情况	内圈比外圈温度高25～30℃	轴承内径	轴向游隙	轴承内径	轴向游隙
≤80	0.10～0.20	0.30～0.40	>120～180	0.15～0.25	>500～630	0.30～0.40
>80～180	0.15～0.25	0.40～0.50	>180～315	0.20～0.30	>630～800	0.35～0.45
>180～225	0.20～0.30	0.50～0.60	>315～400	0.25～0.35	>800～1000	0.35～0.45
>225～315	0.30～0.40	0.70～0.80	>400～500	0.30～0.40	>1000～1250	0.40～0.50
>315～580	0.40～0.50	0.90～1.00				

4.3.2　滑动轴承

1）上、下轴瓦的结合面要紧密贴合，用 0.05mm 塞尺检查不能插入。轴瓦垫片应平整，无棱刺，形状与瓦口相同，其宽度和长度比瓦口面的相应尺寸小 1～2mm；垫片与轴颈必须有 1～2mm 的间隙，两侧厚度应一致，其允差应小于 0.2mm。

2）用定位销固定轴瓦时，应在保证瓦口面和端面与相关轴承孔的开合面和端面保持平齐状态下钻铰、配销。销打入后不得松动，销端面应低于轴瓦内孔 1～2mm。

3）上、下轴瓦外圆与相关轴承座孔应接触良好，在允许接触角内的接触率应符合表 1-8-8 的要求。

表 1-8-8　　上、下轴瓦外圆与相关轴承座孔的接触要求

项目		接触要求	
		上瓦	下瓦
接触角 α	稀油润滑	130°±5°	150°±5°
	油脂润滑	120°±5°	140°±5°
α 角内接触率		≥60%	≥70%
瓦侧间隙 b		D≤200mm 时，0.05mm 塞尺不准塞入	
		D>200mm 时，0.10mm 塞尺不准塞入	

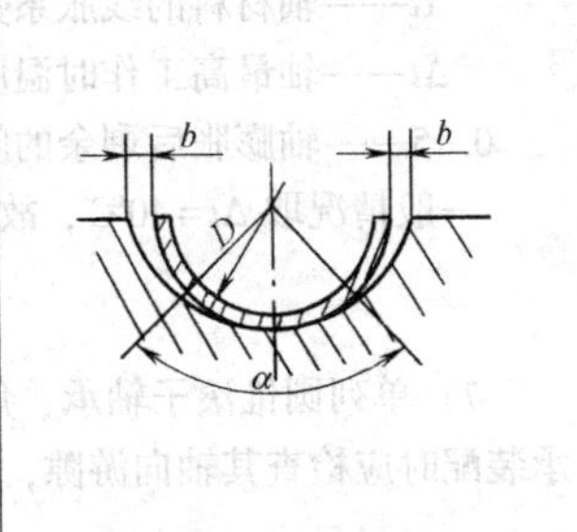

4）上、下轴瓦内孔与相关轴颈接触角 α 以外的部分均需加工出油楔（如表 1-8-9 图示的 C_1），楔形从瓦口开始由最大逐步过渡到零，楔形最大值按表 1-8-9 规定。

表 1-8-9　　上、下轴瓦油楔尺寸

油楔最大值 C_1	
稀油润滑	$C_1 \approx C$
油脂润滑	距瓦两端面 10~15mm 范围内，$C_1 \approx C$
	中间部位 $C_1 \approx 2C$

注：C 值为轴的最大配合间隙。

5）轴瓦内孔刮研后，应与相关轴颈接触良好，在接触角范围内的接触斑点按表 1-8-10 规定。合金轴承衬的刮研接触要求也按表 1-8-10 规定，但刮削量不得大于合金轴承衬壁厚的 1/30。

表 1-8-10　　上、下轴瓦内孔与相关轴颈的接触要求

接触角 α		α 范围内接触点数(25mm×25mm 范围)			
		轴转速 /r·min^{-1}	轴瓦内径/mm		
			≤180	>180~360	>360~500
稀油润滑 120°	油脂润滑 90°	≤300	4	3	2
		>300~500	5	4	3
		>500~1000	6	5	4
		>1000	8	6	5

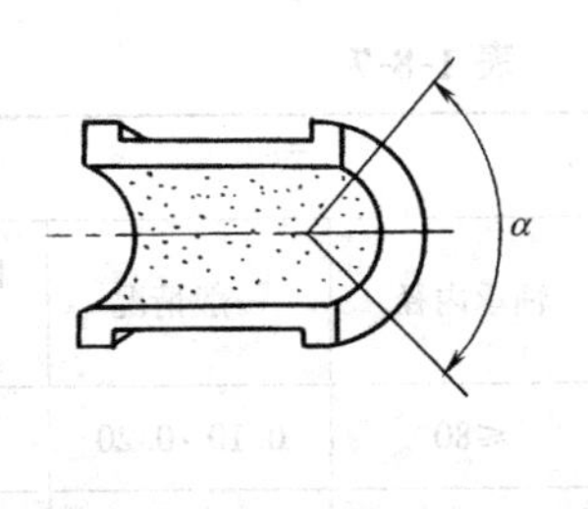

6）球面轴承的轴承体与球面座应均匀接触，用涂色法检查，其接触率不应小于 70%。

7）整体轴套的装配，可根据过盈的大小采用压装或冷装。

8）轴套装入机件后，轴套内径与轴配合应符合设计要求，必要时可通过适当修刮来保证。两件结合面经着色研合，接触痕迹应均匀分布，其未接触部分按限定区域内不得超过表 1-8-11 中限定的方块值。

表 1-8-11　　均匀接触限定值　　mm

长度参数范围	限定方块值	长度参数范围	限定方块值
≤200	25×25	>800~1600	80×80
>200~400	40×40	>160	100×100
>400~800	60×60		

注：1. 长度参数范围系指长方形平面的长度，对于圆柱面和弧面按其展开图形的长度。

2. 如果结合面宽度尺寸小于或等于所选范围中限定方块值的边长时，可降到相应结合面的宽度大于限定方块值边长的范围使用。

4.3.3 齿轮与齿轮箱装配

1）齿轮（蜗轮）基准端面与轴肩（或定位套端面）应贴合，用0.05mm塞尺检查不能插入，并应保证齿轮基准端面与轴线的垂直度要求。

2）相啮合的圆柱齿轮副，两齿宽中心平面的轴向位置偏差应符合如下规定：当齿宽 $B \leqslant 100$mm 时，位置偏差 $\Delta B \leqslant 0.05B$；当齿宽 $B > 100$mm 时，位置偏差 $\Delta B \leqslant 5$mm。

3）齿轮（蜗轮）副啮合时的齿面接触斑点不小于表1-8-12的规定。接触斑点的分布位置应趋近于齿面中部，齿顶和齿端棱边不允许有接触。

表 1-8-12　　齿面接触斑点　　%

<table>
<tr><th rowspan="2">精度等级</th><th colspan="2">圆柱齿轮</th><th colspan="2">圆锥齿轮</th><th colspan="2">蜗　轮</th></tr>
<tr><th>沿齿高</th><th>沿齿长</th><th>沿齿高</th><th>沿齿长</th><th>沿齿高</th><th>沿齿长</th></tr>
<tr><td>5</td><td>55</td><td>80</td><td>65~85</td><td>60~80</td><td rowspan="2">65</td><td rowspan="2">60</td></tr>
<tr><td>6</td><td>50</td><td>70</td><td rowspan="2">55~75</td><td rowspan="2">50~70</td></tr>
<tr><td>7</td><td>45</td><td>60</td><td rowspan="2">55</td><td rowspan="2">50</td></tr>
<tr><td>8</td><td>40</td><td>50</td><td rowspan="2">40~70</td><td rowspan="2">30~65</td></tr>
<tr><td>9</td><td>30</td><td>40</td><td rowspan="2">45</td><td rowspan="2">40</td></tr>
<tr><td>10</td><td>25</td><td>30</td><td rowspan="2">30~60</td><td rowspan="2">25~55</td></tr>
<tr><td>11</td><td>20</td><td>30</td><td>30</td><td>30</td></tr>
</table>

4）齿轮（蜗轮）副装配后应检查齿侧间隙，并符合图样或工艺要求。圆锥齿轮应按加工配对编号装配。

5）齿轮箱与盖的结合面应接触良好。在自由状态下，箱盖与箱体的间隙不应超过表1-8-13的规定值；紧固后用0.05mm塞尺检查，局部塞入不应超过结合面宽的1/3。

表 1-8-13　　箱盖与箱体在自由状况下的允许间隙　　mm

齿轮箱长度	≤1000	>1000~2000	>2000~3000	>3000~4000
箱体与箱盖间隙	≤0.08	≤0.12	≤0.15	≤0.20

4.3.4 带和链传动装配

1）平行传动轴的带轮，两轴线平行度公差为（0.15/1000）L（L 为两轴中心距），两轮的轮宽中间平面应在同一平面上，公差为0.5mm。

2）主动链轮与从动链轮的轮齿几何中心线应重合，其偏移误差 $C \leqslant 0.015L/1000$（L 为两链轮的中心距），如图1-8-9所示。

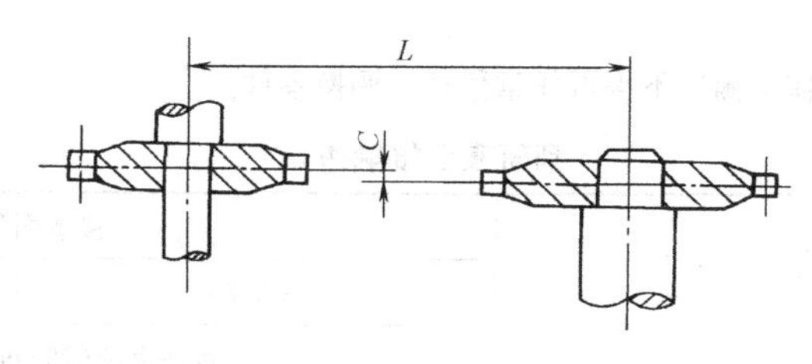

图 1-8-9

3）链条非工作边的初垂度，按两链轮中心距的1%~5%调整。

4.3.5 联轴器装配

1）刚性联轴器装配时，两轴线的径向位移应小于0.3mm。

2）挠性、齿式、轮胎、链条联轴器装配时，其装配精度应符合表1-8-14的规定。

表 1-8-14　　联轴器装配精度　　mm

联轴器轴孔直径	两轴线的同轴度允差(圆周跳动)	两轴线的角度偏差
≤100	0.05	0.05°
>100~180		
>180~250	0.10	0.10°
>250~315		
>315~450		0.15°
>450~560	0.15	0.20°
>560~630		
>630~710	0.20	0.25°
>710~800		0.30°

注：1. 两个半联轴器均须进行转动测量，这样可以补偿其外圆的圆度偏差。
2. 用百分表测量，两轴径间差值是表列公差之半。
3. 两轴线的角度偏差，可用百分表或塞尺检查联轴器两法兰间的间隙偏差。

4.3.6 制动器、离合器装配

1）制动带与制动板铆接后必须贴紧，局部间隙应符合以下要求：

① 制动轮直径<500mm时，局部间隙≤0.3mm；

② 制动轮直径≥500mm时，局部间隙≤0.5mm；

③ 塞尺插入深度小于等于带宽的1/3，且全长上不得多于2处。

2）制动带与制动板铆接时，铆钉头应埋入制动带厚度的1/3，制动带不许有铆裂现象。

3）带式制动器在自由状态时，制动带与制动轮之间的间隙为1~2mm。

4）块式制动器在自由状态时，制动块与制动轮之间的间隙为0.25~0.50mm。

5）片式摩擦离合器在自由状态时，主动盘与被动盘必须彻底分离。

6）干式摩擦片必须干燥、清洁，工作面不允许沾上油污和杂物。

7）离合器的摩擦片接触面积不小于总摩擦面积的75%。

4.4 平衡试验及其他

1）有平衡力矩要求的零、部件，装配时应按规定进行静平衡或动平衡试验。

2）对有静平衡试验要求，而未注明具体要求时，则按GB/T 9239.1~9239.2—2006《刚性转子平衡品质要求》中G16级执行。

3）对组合式转动体，经总体平衡后不得再任意移动、调换零件。

表 1-8-15　　刮研表面接触斑点

滑动速度 /m·s⁻¹	接触面积/m²	
	≤0.20	>0.20
	接触点数(25mm×25mm 范围)	
≤0.50	3	2
>0.50~1.50	4	3

4）相关两个平面需要互研时，只有在两个平面各自按平板或平尺刮研接近合格后方准互研。被刮研表面的接触斑点不少于表1-8-15的规定。

4.5 总装及试车

1）产品出厂前必须进行总装。对于特大型产品或成套设备，因受制造厂条件所限而不能总装的，应进行试装。试装时必须保证所有连接或配合部位均符合设计要求。

2）产品总装后均应按产品标准和有关技术文件的规定进行试车和检验。对于特大型产品或成套设备，因受制造厂条件限制而不能试车时，则应按有关合同或协议执行。

3）产品的运转为双向旋转的，必须双向试车；运转为单向的，试车方向必须与工作方向一致。

4）凡机器产品（包括成套设备中的单机）都应在装配后进行空运转试车（包括手动盘车试验）。单机空运转试车时，对需手动盘车的设备，应不少于3个全行程；对连续运转的设备，试车时间不少于2h；对往复运动的设备，全行程往复不少于5次。对有多种动作程序的设备，各动作要进行联动程序的连续操作或模拟操作，运转5次以上，各动作应平稳、到位、无故障。

5）载荷及工艺性试车按产品标准、技术文件或合同规定进行。

6）在试车过程中轴承温度应符合图样或工艺要求，在图样及工艺没有规定时，应符合表1-8-16规定。

7）有压力要求的设备（如液压机），应对密封及系统进行密封耐压试验。其试验压力为工作压力的100%~125%，保压5~10min，不得渗漏。

表1-8-16　　轴承试车时的温升要求　　℃

项目		温升	最高温度
滚动轴承	空运转试车	≤35	≤85
	载荷试车	≤45	≤85
滑动轴承	空运转试车	≤20	≤70
	载荷试车	≤30	≤70

注：1. 最高温度包括室温。

2. 运转规定时间内每相隔30min测温1次，做好记录。若30min内温度变化≤0.5℃，则为最终温度。

5　配管通用技术条件（摘自JB/T 5000.11—2007）

1）本标准适用于油润滑、脂润滑、液压、气动和工业用水配管。但不适用于压力容器配管。

2）管子应用锯切割，也可以使用砂轮切割，但不允许使用火焰切割。

3）弯曲半径R见《焊接件通用技术要求》（JB/T 5000.3）。管子弯曲后的各段尺寸及总长偏差均不大于±2mm（见图1-8-10）。弯制焊接钢管时，应使焊缝位于弯曲方向的侧面。

4）同一机体上排列的各种管道应相互不干涉，并便于拆装。同平面交叉的管道不得接触。

5）装配前，所有钢管（包括预制成形管道）都要进行脱脂、酸洗、中和、水洗及防锈处理。焊接后的不锈钢管只用酸洗，不进行防锈处理。不锈钢管及铜管不用酸洗，也不进行防锈处理。除锈要达到JB/T 5000.12《涂装通用技术条件》中附录A规定的Be级。

6）工业用水管道经酸洗、预装完成后，要进行通水冲洗检验（阀类件除外），保证达到管道清洁度要求，见表1-8-17；对于脂润滑系统，在配管完成后，拆下各给脂装置（分配阀等）入口的连接，进行油脂清洗，直至流出的油脂清洁无异色后再进行连接；对于普通油润滑、液压系统应通油清洗，清洗一段时间后用清洗液清洗过的烧杯或玻璃杯采100mL的清洗液放在明亮的场所30min后，目测确认无杂质后为合格。对于清洁度高于此要求的油润滑、液压系统应在图样上注明。

7）管螺纹部位缠绕密封带时，应从根部往前右方向缠绕，顶端剩1~2牙，见图1-8-11。对小于3/8的管螺纹，在缠绕密封胶带时，用1/2胶带宽度进行缠绕。

8）采用卡套式管接头连接的钢管应先酸洗，然后将卡套预先紧固在管端上。卡套式管接头应按GB/T 3765—2008《卡套式管接头技术条件》中附录A装配。

表 1-8-17

管道名称	入口压力、流量	出口处液体状态	出口液体过滤要求	备　注
等通径的工业用水管道	选择适当的压力和流量，使管内液体达到紊流状态	液柱离开管口水平喷射长度不小于100mm	用180～240目的过滤网接2min，目测，无残留物为合格	在冲洗过程中，用木棒或塑料棒逐段敲击，使杂质冲洗下去

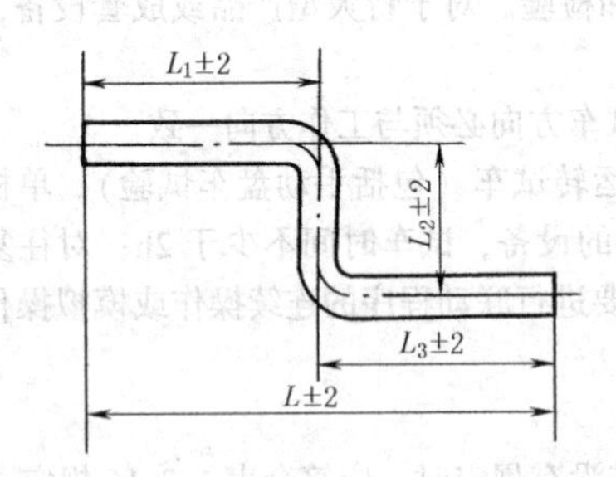

图 1-8-10　管子弯曲后的尺寸偏差

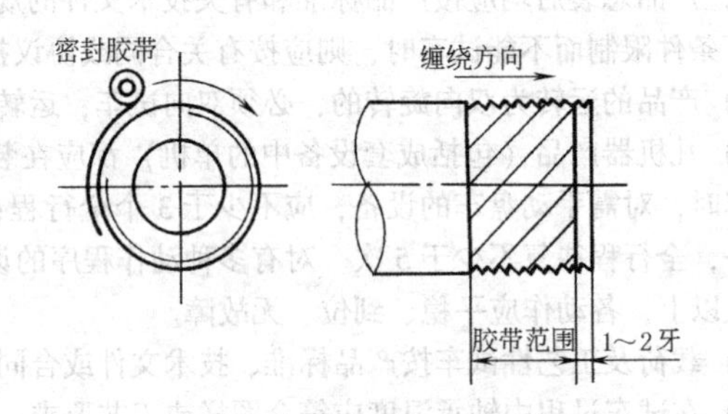

图 1-8-11　管螺纹部分密封带的缠绕

9）预制完成的管子焊接部位都要进行耐压试验。试验压力为工作压力的 1.5 倍，保压 10min，应无泄漏及其他异常现象发生。试验完成的管子应打标记。

10）对装配完成的管道按不同的系统做密封及耐压试验，试验压力见表 1-8-18。

表 1-8-18　　管道系统试验压力

管道系统		试验压力			保压时间/min	试压后要求
脂润滑	双线式系统	$1.25p_s$			10	检查各处应无泄漏
	非双线式系统	p_s				
油润滑		$1.25p_s$			10	降至工作压力进行全面检查，应无泄漏及其他异常现象发生
气　压		$1.15p_s$			10	降至工作压力进行全面检查，应无泄漏和变形
液压及工业用水		$p_s<16.0$	$p_s=16\sim31.5$	$p_s>31.5$	10	应无泄漏
		$1.50p_s$	$1.25p_s$	$1.15p_s$		

注：1. p_s 为系统工作压力，MPa。

2. 试压时要逐级增压（5MPa 为一级），每级持续 2～3min，严禁超压。达到试验压力后，保压时间按表中规定。

11）固定管件用的管夹装配位置及装配方法见表 1-8-19。

表 1-8-19　　管夹装配位置及装配方法

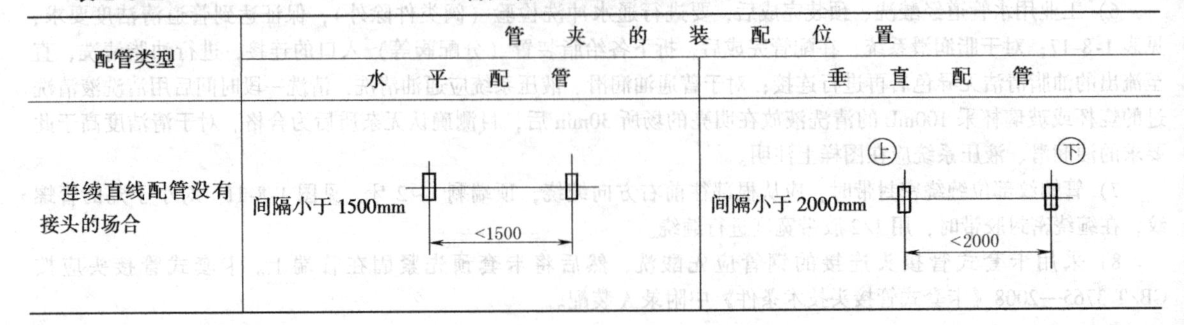

配管类型	管夹的装配位置	
	水平配管	垂直配管
连续直线配管没有接头的场合	间隔小于 1500mm	间隔小于 2000mm

续表

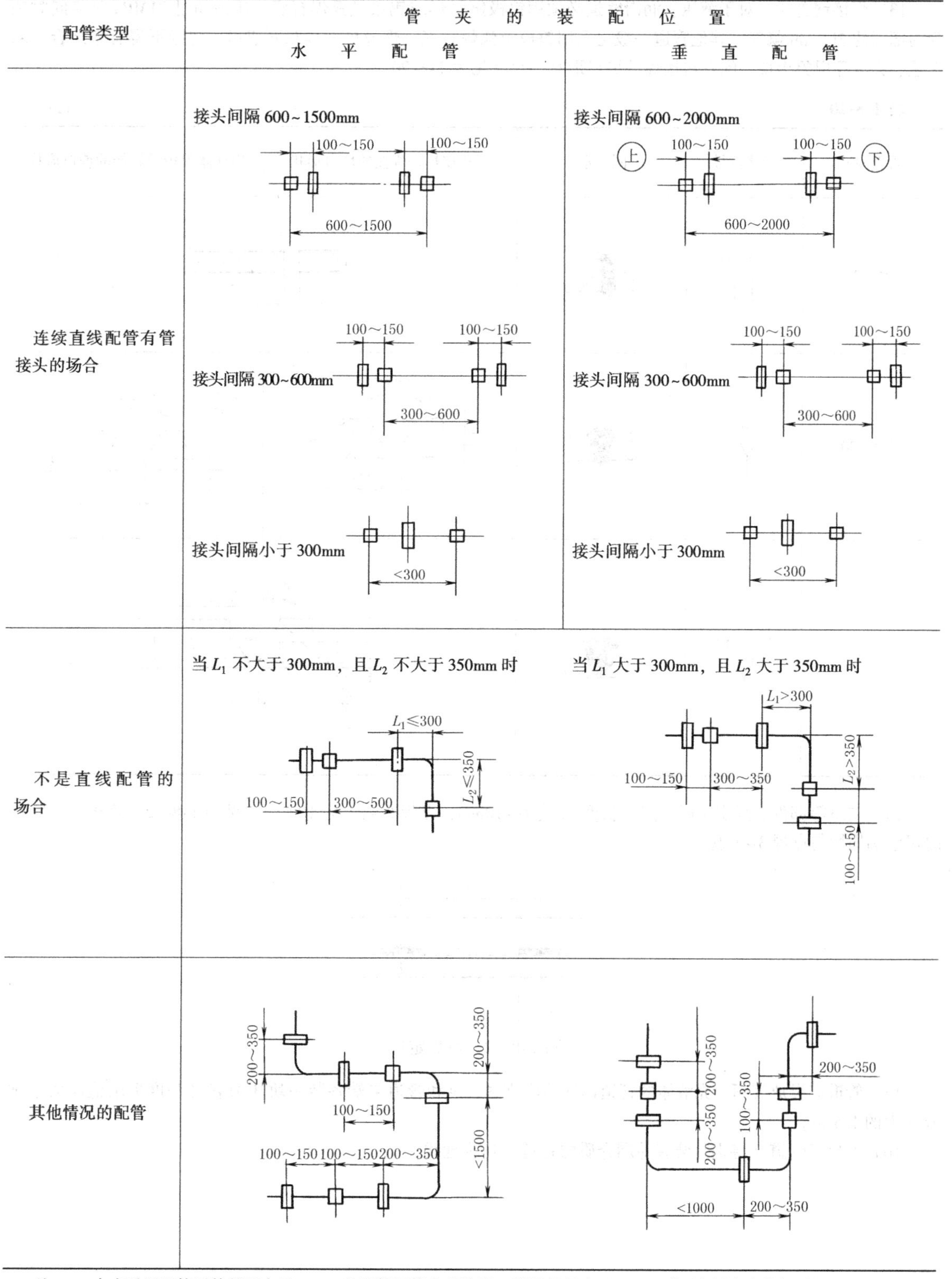

配管类型	管夹的装配位置	
	水平配管	垂直配管
连续直线配管有管接头的场合	接头间隔 600~1500mm 接头间隔 300~600mm 接头间隔小于 300mm	接头间隔 600~2000mm 接头间隔 300~600mm 接头间隔小于 300mm
不是直线配管的场合	当 L_1 不大于 300mm，且 L_2 不大于 350mm 时	当 L_1 大于 300mm，且 L_2 大于 350mm 时
其他情况的配管		

注：1. 本表适用于管子外径不大于 25mm 的配管用管夹的装配。管子外径大于 25mm 时两个固定点的间距见 JB/T 5000. 11。

2. 固定管件用的支架、管夹等，可按实际需要调整并确定其位置。

3. 运转（包括试运转）时，如管子的振动振幅大于 1mm，应在其发生最大振幅附近装配管夹。

12）完全按图样预装完成的管道，要结合总装要求，留出调整管，最后确定尺寸。

13）焊接钢管时，对于液压、润滑管道必须用钨极氩弧焊或钨极氩弧焊打底，压力超过 21MPa 时应同时在管内部通约 5L/min 氩气。其他管道一般也采用钨极氩弧焊打底。焊缝单面焊双面成形。焊缝不得有未熔合、未焊透、夹渣等现象出现。配管对接焊的坡口形状、尺寸见表 1-8-20。

表 1-8-20 mm

管壁厚 t	焊缝符号	图　示	用药皮焊条焊接的坡口形状	用气体保护焊焊接的坡口形状
≤2.0	I形焊缝 ‖	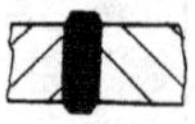	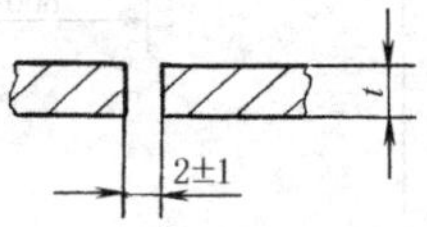 t；2±1	
>2.0~20	Y形焊缝		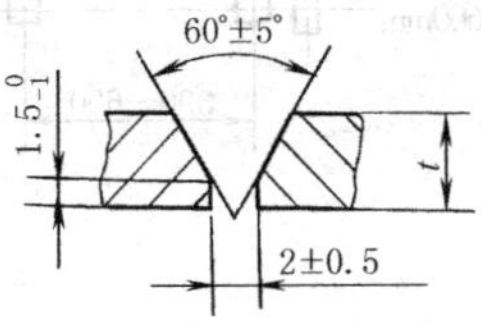 60°±5°；1.5_{-1}^{0}；t；2±0.5	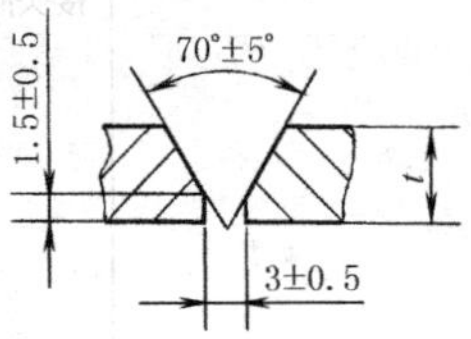 70°±5°；1.5±0.5；t；3±0.5
>20	U形焊缝		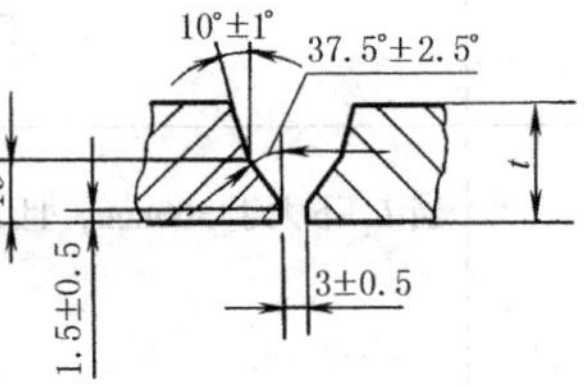 10°±1°；37.5°±2.5°；t；1.5±0.5；3±0.5	

14）支座等部件点焊定位时，点焊长度 L_1 为 6~10mm，点焊距离 L 为 100mm，见图 1-8-12。管子点焊定位时可沿圆周均匀点焊 3~4 点。

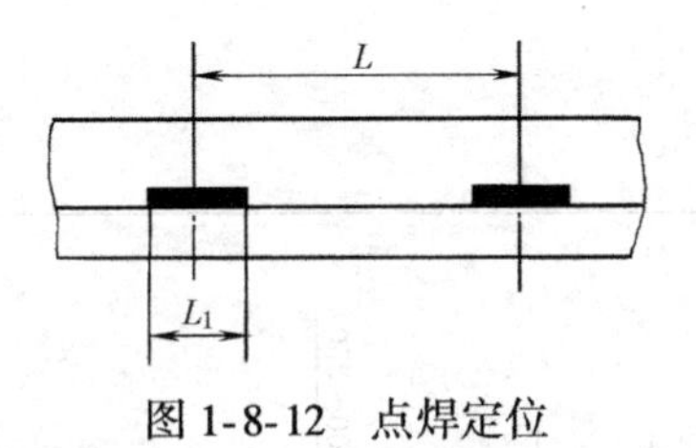

图 1-8-12　点焊定位

15）管道应设放气阀，充液体的管道内气体应排尽，泵和管道末端各装一块压力表（刻度极限值应大于试验压力的 1.5 倍）。

16）严禁用管道（特别是装有易燃介质的管道）作为地线。

第9章 工程用塑料和粉末冶金零件设计要素

1 工程用塑料零件设计要素

1.1 塑料分类、成形方法及应用

塑料按其热性能可分为热塑性和热固性两类。

热塑性塑料的特点是遇热软化或熔融，冷却后又变硬，这一过程可以反复多次。典型产品有聚氯乙烯、聚丙烯、聚乙烯、聚苯乙烯、聚甲基丙烯酸甲（有机玻璃）、ABS、聚酰胺、聚甲醛、聚碳酸酯、氯化聚醚、聚砜、氟塑料等。

热固性塑料的特点是在一定温度下，经过一定时间的加热或加入固化剂即可固化，质地坚硬，既不溶于溶剂，也不能用加热的方法使之再软化。典型产品有酚醛塑料、环氧树脂、不饱和聚酯树脂、氨基塑料和呋喃树脂等。

塑料按功能可分为通用性塑料、工程塑料和功能性塑料。

通用性塑料的特点是原料来源丰富，产量大，应用面广，价格便宜，成形加工容易，如PVC、PE、PP、PS等。

工程塑料的特点是力学性能、耐高低温性能、电性能等的综合性能好，可以代替金属作某些工程结构材料，如聚酰胺、ABS、聚碳酸酯、聚甲醛、热塑性聚酯等。

功能性塑料的特点是具有某种特殊的物理功能，如耐高温、耐烧蚀、耐辐射、导电、导磁、耐蚀、自润滑等，如聚酰亚胺、聚芳砜、聚苯硫醚、聚苯醚、聚四氟乙烯等。

表1-9-1 塑料主要成形方法、特点及应用

成形方法	特点	应用
模压成形	将塑料粉及增强、耐磨、耐热等填加材料置于金属模中，用加压、加热方法制得一定形状的塑料制品	一般用于热固性塑料的成形，也适于热塑性塑料的成形
注塑成形	将颗粒状或粉状塑料置于注射机料筒内加热，使其软化后用推杆或旋转螺杆施加压力，使料筒内的物料自料筒末端的喷嘴注射到所需形状的模具中，然后冷却起模，即得所需的制品。该法适宜于加工形状复杂及大批量的制件，成本低，速度快	用于聚乙烯、ABS、SAS、聚酰胺、聚丙烯、聚苯乙烯、硬聚氯乙烯、聚碳酸酯、聚甲醛、氯化聚醚等热塑性塑料的成形。可制作形状复杂的零件。近来酚醛树脂等热固性树脂也可采用注塑成形
挤出成形	将颗粒状或粉状塑料由加料漏斗连续地加入带有加热装置的料筒中，受热软化后，用旋转的螺杆连续从模口挤出(模口的形状即为所需制品的断面形状，其长度视需要而定)，冷却定型后即为所需制品	用于硬聚氯乙烯、聚丙烯、聚苯乙烯、ABS、AS、聚酰胺、聚甲醛、聚碳酸酯等加工成连续的管、棒、片或特种断面的制品
浇注成形	将加有填料或未加填料的流动状态树脂倒入具有一定形状的模具中，在常压或低压下置于一定温度的烘箱中烘焙使其固化，即得所需形状的制品	用于酚醛树脂、环氧树脂等热固性塑料的成形，也适用于MC尼龙、聚酰胺等热塑性塑料的成形。可制作大型复杂的零件
吹塑成形	先将已制成的片材、管材塑料加热软化或直接把挤压、注射成形出来的熔融状态的管状物，置于模具内，吹入压缩空气，使塑料处在高于弹性变形温度而又低于其流动温度下吹成所需的空心制品	用于聚乙烯、软聚氯乙烯、聚丙烯、聚苯乙烯等热塑性塑料的成形。可制作瓶子和薄壁空心制品及其他特定形状的空心制品
真空成形	将已制成的塑料片加热到软化温度，借真空的作用使之紧贴在模具上，经过一定时间的冷却使其保持模具的形状，即得所需制品	用于聚碳酸酯、聚砜、聚氯乙烯、聚苯乙烯、ABS等热塑性塑料的成形。可制作薄壁的杯、盘、罩、盖、壳、盒等敞口制品

1.2 工程常用塑料的选用

1）根据零件使用特点和要求，以及拟选用的塑料本身的化学、物理、力学等性能，以及成形方法等进行综合分析后合理选用。表1-9-2为不同用途的零件所选用的材料。

表 1-9-2

用途	要求	应用举例	材料
一般结构零件	强度和耐热性无特殊要求，一般用来代替钢材或其他材料，但由于批量大，要求有较高的生产率，成本低，有时对外观有一定要求	汽车调节器盖及喇叭后罩壳、电动机罩壳、各种仪表罩壳、盖板、手轮、手柄、油管、管接头、紧固件等	低压聚乙烯、聚氯乙烯、改性聚苯乙烯（203A、204）、ABS、高冲击聚苯乙烯、聚丙烯等。这些材料只承受较低的载荷，当受力小时，大约在60~80℃范围内使用
	同上，并要求有一定的强度	罩壳、支架、盖板、紧固件等	聚甲醛、聚碳酸酯、聚酰胺、ABS、高冲击聚苯乙烯、玻璃增强聚丙烯、尼龙1010
透明结构零件	除上述要求外，必须具有良好的透明度	透明罩壳、汽车用各类灯罩、油标、油杯、视镜、光学镜片、信号灯、防爆灯、防护玻璃以及透明管道等	改性有机玻璃（372、613）、有机玻璃、AS树脂、改性聚苯乙烯（204、203A）、聚苯乙烯、聚碳酸酯、热塑性聚酯
耐磨受力传动零件	要求有较高的强度、刚性、韧性、耐磨性、耐疲劳性，并有较高的热变形温度、尺寸稳定	轴承、齿轮、齿条、蜗轮、凸轮、辊子、联轴器等	尼龙、MC尼龙、聚甲醛、聚碳酸酯、聚酚氧、氯化聚醚、增强聚丙烯、聚苯硫醚等。这类塑料的拉伸强度都在60MPa以上，使用温度可达80~120℃
减摩自润滑零件	对机械强度要求往往不高，但运动速度较高，故要求具有低的摩擦因数，优异的耐磨性和自润滑性	活塞环、机械动密封圈、填料、轴承等	聚四氟乙烯、填充的聚四氟乙烯、聚四氟乙烯填充的聚甲醛、聚全氟乙丙烯（F-46）、含油聚甲醛、超高分子量聚乙烯等；在小载荷、低速时可采用低压聚乙烯
耐高温结构零件	除耐磨受力传动零件和减摩自润滑零件要求外，还必须具有较高的热变形温度及高温抗蠕变性	高温工作的结构传动零件，如汽车分速器盖、轴承、齿轮、活塞环、密封圈、阀门、阀杆、螺母等	聚砜、聚苯醚砜、氟塑料（F-4、F-46）、聚酰亚胺、聚苯硫醚、聚四氟乙烯、石墨填充的聚苯醚砜和聚芳砜，以及各种玻璃纤维增强塑料等。这些材料都可在150℃以上使用
耐蚀设备与零件	对酸碱和有机溶剂等化学药品具有良好的耐蚀能力，还具有一定的机械强度	化工容器、管道、阀门、泵、风机、叶轮、搅拌器以及它们的涂层或衬里等	聚四氟乙烯、聚全氟乙丙烯（F-46）、聚三氟氯乙烯（F-3）、氯化聚醚、ABS、聚氯乙烯、聚碳酸酯、低压聚乙烯、聚丙烯、聚苯乙烯、聚苯硫醚、酚醛塑料等

2）由于塑料的导热性很差，故选用时必须注意设计最有利的散热条件，如采取以金属为基体的再复合塑料，必须在塑料中加入导热性能良好的填充剂或采取利于散热的金属结构设计等。

3）和金属材料一样，当作为轴承材料时，每种塑料均有其最高的使用速度（v）及载荷（p），即 pv^{α}=常数。不同塑料的α值不相同，如尼龙α=1.47，聚甲醛α=1.2。在设计使用时，必须注意根据所采用的材料来决定其载荷、速度范围。同时还必须注意，各种塑料均有其压力和速度极限，如超过此极限，不论在任何固定的速度或载荷条件下，即使其pv乘积不超过允许的pv值，也不能使用。材料篇列有几种适宜作为轴承的塑料及其有关性能。

4）由于塑料受热易膨胀变形，故在设计轴承等零件时，必须考虑有足够的配合间隙，一般约为0.005d（d为轴承直径），但不同的塑料其配合间隙也不尽相同。常用几种塑料轴承的配合间隙见表1-9-16和表1-9-17。

1.3 工程用塑料零件的结构要素

表 1-9-3 几种塑料的起模斜度（推荐值）

塑 料 名 称	起模斜度
聚乙烯、聚丙烯、软聚氯乙烯	30′~1°
ABS、聚酰胺、聚甲醛、氟化聚醚、聚苯醚	40′~1°30′
硬聚氯乙烯、聚碳酸酯、聚砜	50′~2°
聚苯乙烯、有机玻璃	50′~2°
热固性塑料	20′~1°

表 1-9-4 零件不同表面的起模斜度（推荐值）

表面部位	连接零件与薄壁零件	其他零件
外表面	15′	30′~1°
内表面	30′	1°~2°
孔(深度<1.5d)	15′	30′~1°
加强筋凸缘等	2°、3°、5°、10°	

表 1-9-5 热固性塑料零件的壁厚（推荐值）

mm

塑 料 名 称	零 件 高 度 尺 寸		
	<50	50~100	>100
粉状填料的酚醛塑料	0.7~2.0	2.0~3.0	5.0~6.5
纤维状填料的酚醛塑粉	1.5~2.0	2.5~3.5	6.0~8.0
氨基塑料	1.0	1.3~2.0	3.0~4.0
聚酯玻璃纤维塑料	1.0~2.0	2.4~3.2	>4.8
聚酯无机物填料的塑料	1.0~2.0	3.2~4.8	>4.8

表 1-9-6 热塑性塑料零件的壁厚（推荐值）

mm

塑料名称	最小壁厚	小型零件	中型零件	大型零件
聚酰胺	0.45	0.76	1.5	2.4~3.2
聚乙烯	0.60	1.25	1.6	2.4~3.2
聚苯乙烯	0.75	1.25	1.6	3.2~5.4
有机玻璃(372)	0.80	1.50	2.2	4.0~6.5
硬聚氯乙烯	1.20	1.60	1.8	3.2~5.8
聚丙烯	0.85	1.45	1.75	2.4~3.2
聚碳酸酯	0.95	1.80	2.3	3.0~4.5
聚甲醛	0.80	1.40	1.6	3.2~5.4
氯化聚醚	0.90	1.35	1.8	2.5~3.4
聚苯醚	1.20	1.75	2.5	3.5~6.4
聚砜	0.95	1.80	2.3	3.0~4.5

注：最小壁厚值可随成形条件而变。

表 1-9-7 加强筋

底部宽度	高度	两筋之间中心距
A	≤3A	≥2A

表 1-9-8 塑料零件壁宽与最佳厚度的关系

mm

塑料名称	壁 宽				
	<20	20~50	50~80	80~150	150~250
聚酰胺模塑粉	0.8	1.0	1.3~1.5	3.0~3.5	4.0~6.0
纤维增强塑料		1.5	2.5~3.5	4.0~6.0	6.0~8.0
耐高温塑料	0.5	0.5~1.0	1.0~1.5	1.5~2.0	2.0~3.0
酚醛塑料压塑粉		1.0~1.5	2.0~2.5	5.0~6.0	

表 1-9-9 孔的尺寸关系（最小值）

mm

孔径 d	孔深与孔径比 h/d		边距尺寸		盲孔的最小厚度 h_1
	零件边孔	零件中孔	b_1	b_2	
≤2	2.0	3.0	0.5	1.0	1.0
>2~3	2.3	3.5	0.8	1.25	1.0
>3~4	2.5	3.8	0.8	1.5	1.2
>4~6	3.0	4.8	1.0	2.0	1.5
>6~8	3.4	5.0	1.2	2.3	2.0
>8~10	3.8	5.5	1.5	2.8	2.5
>10~14	4.6	6.5	2.2	3.8	3.0
>14~18	5.0	7.0	2.5	4.0	3.0
>18~30	—	—	4.0	4.0	4.0
>30	—	—	5.0	5.0	5.0

当 $b_2 \geqslant 0.3$mm 时，采用 $h_2 \leqslant 3b_2$

表 1-9-10　开孔最小直径（当孔深 $h \leqslant 2d$ 时）

mm

材　　料	d_{min}
聚酰胺	0.5
其他热塑性塑料	0.8
玻璃纤维增强塑料	1.0
塑压料	1.5
纤维塑料	2.5
酚醛塑料	4.0

表 1-9-11　螺孔的尺寸关系（最小值）　mm

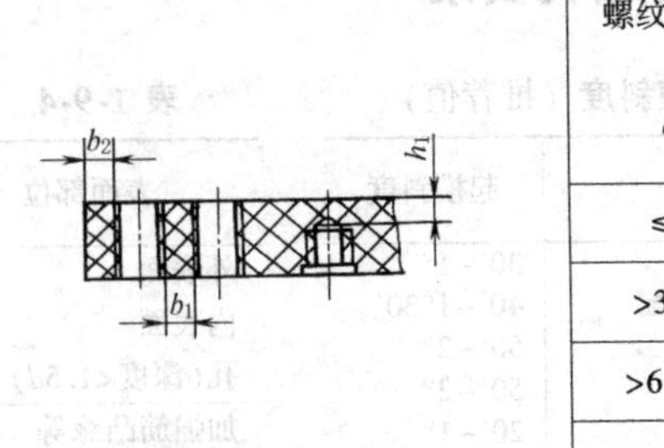

螺纹直径 d	边距尺寸 b_1	b_2	盲螺纹孔最小底厚 h_1
≤3	1.3	2.0	2.0
>3~6	2.0	2.5	3.0
>6~10	2.5	3.0	3.8
>10	3.8	4.3	5.0

表 1-9-12　螺纹退刀尺寸　mm

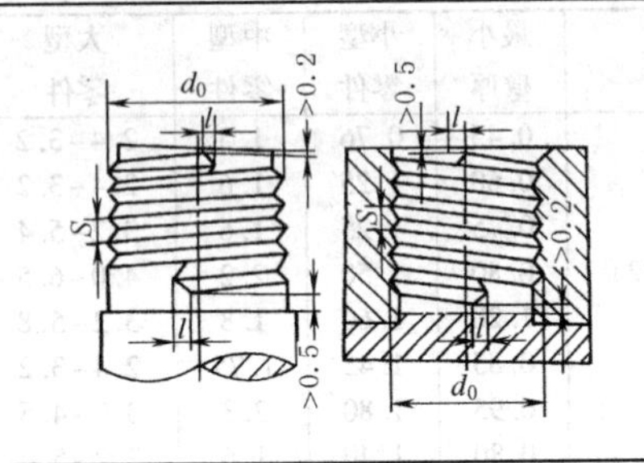

螺纹直径 d_0	螺距 S ≤0.5	>0.5~1	>1
	退刀尺寸 l		
≤10	1	2	3
>10~20	2	2	4
>20~34	2	4	6
>34~52	3	6	8
>52	3	8	10

表 1-9-13　滚花尺寸（推荐值）　mm

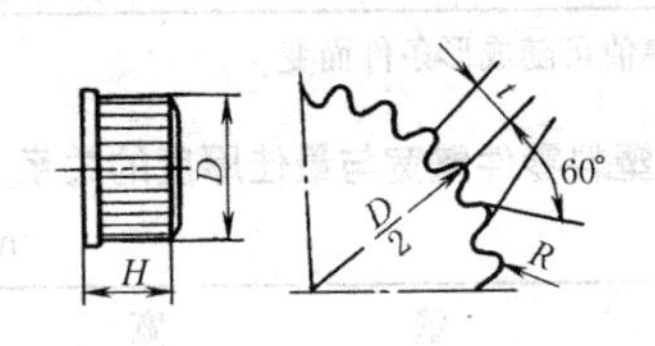

零件直径 D	滚花的距离 齿距 t	半径 R	$\frac{D}{H}$
≤18	1.2~1.5	0.2~0.3	1
>18~50	1.5~2.5	0.3~0.5	1.2
>50~80	2.5~3.5	0.5~0.7	1.5
>80~120	3.5~4.5	0.7~1	1.5

表 1-9-14　条纹设计推荐尺寸　mm

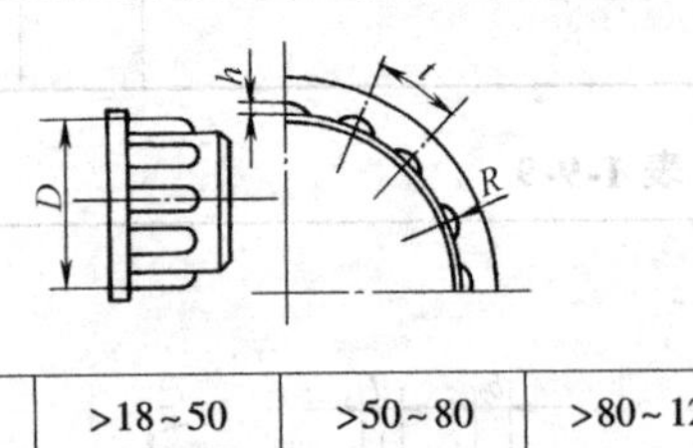

	细条纹				粗条纹			
零件直径 D	≤18	>18~50	>50~80	>80~120	≤18	>18~50	>50~80	>80~120
齿　距　t	1.2~1.5	1.5~2.5	2.5~3.5	3.5~4.5	4R			
半　径　R	0.2~0.3	0.3~0.5	0.5~0.7	0.7~1.0	0.3~1.0	0.5~4.0	1.0~5.0	2.0~6.0
齿　高　h	约 0.86t				0.8R			

1.4　塑料零件的尺寸公差和塑料轴承的配合间隙

塑料零件的尺寸精度受各方面因素的影响。主要因素是塑料的收缩率、成形条件、几何形状、模具的制造精度等。塑料零件的尺寸公差推荐值见表 1-9-15。

表 1-9-15　　塑料零件尺寸公差推荐值　　mm

公称尺寸范围	热固性塑料零件及热塑性塑料中收缩范围小的零件			热塑性塑料中收缩范围大的零件		
	精密级	中级	自由尺寸级	精密级	中级	自由尺寸级
≤6	0.06	0.10	0.20	0.08	0.14	0.24
>6~10	0.08	0.16	0.30	0.12	0.20	0.34
>10~18	0.10	0.20	0.40	0.16	0.26	0.44
>18~30	0.16	0.30	0.50	0.24	0.38	0.60
>30~50	0.24	0.40	0.70	0.36	0.56	0.80
>50~80	0.36	0.60	0.90	0.52	0.70	1.20
>80~120	0.50	0.80	1.20	0.70	1.00	1.60
>120~180	0.64	1.00	1.60	0.90	1.30	2.00
>180~260	0.84	1.30	2.10	1.20	1.80	2.60
>260~360	1.20	1.80	2.70	1.60	2.40	3.60
>360~500	1.60	2.40	3.40	2.20	3.20	4.80
>500	2.40	3.60	4.80	3.40	4.50	5.40

表 1-9-16　几种塑料轴承的配合间隙　　mm

轴径	聚酰胺和高冲击聚苯乙烯	聚四氟乙烯	酚醛布基层压塑料
6	0.050~0.075	0.050~0.100	0.030~0.075
12	0.075~0.100	0.100~0.200	0.040~0.085
20	0.100~0.125	0.150~0.300	0.060~0.120
25	0.125~0.150	0.200~0.375	0.080~0.150
38	0.150~0.200	0.250~0.450	0.100~0.180
50	0.200~0.250	0.300~0.525	0.130~0.240

表 1-9-17　聚甲醛轴承的配合间隙　　mm

轴径	常温~60℃	常温~120℃	-45~120℃
6	0.076	0.100	0.150
13	0.100	0.200	0.250
19	0.150	0.310	0.380
25	0.200	0.380	0.510
31	0.250	0.460	0.640
38	0.310	0.530	0.710

1.5　工程用塑料零件的设计注意事项

表 1-9-18

注意事项	不好的设计	改进后的设计
壁厚应尽可能均匀一致，防止在成形过程中由于不均匀的固化与收缩，在厚壁处产生气泡和收缩变形，在急剧过渡处因收缩应力引起裂纹	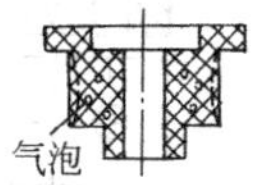 气泡	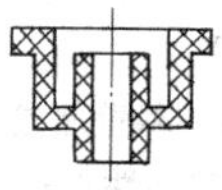
零件内外表面相连及转角处应为圆角，以免产生应力集中，影响强度。在无特殊要求时，零件转角处的圆角半径应不小于0.5~1mm	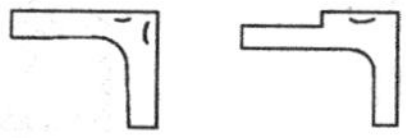	
避免采用整体基面作支承面，加强筋与支承面应相距0.5mm的高度，以免因加强筋而影响支承面的准确度	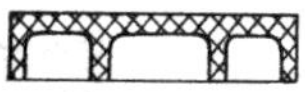	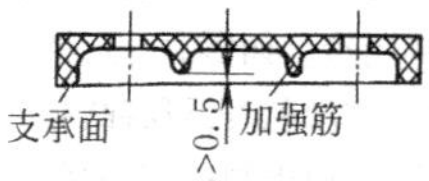 支承面　>0.5　加强筋
孔尽可能设置在不易削弱零件强度的位置。除相邻孔之间以及孔到边缘之间保留适当的距离外，尽可能使有孔部分壁厚厚一些，以防止孔眼处安装零件而破裂。由于锥形埋头螺钉头对于孔的边缘有侧向力，易使边缘发生崩裂，应避免采用	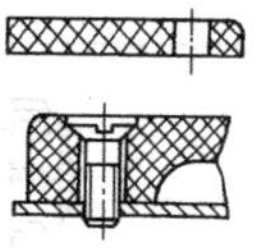	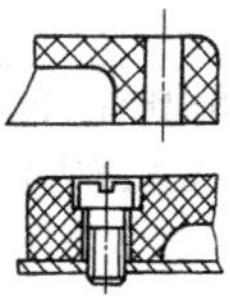

续表

注意事项	不好的设计	改进后的设计
在注塑成形零件时,由于塑料流动产生的压力不平衡,使型芯变形、弯曲或折断。通常不通孔 $H<(3\sim5)d$;通孔 $H<(8\sim10)d$,孔径 $<\phi1.5$mm 时 $H\approx(3\sim6)d$ 侧孔和侧凹的设置要简化模具结构,以便于零件的起模,缩短生产周期,提高产品质量		H d
合理采用加强筋可减少壁厚,节省材料,提高制件的强度和刚性,防止翘曲 加强筋的布置应考虑塑料局部集中而形成缩孔和凹形。如左图的布置,就易产生收缩和气泡	凹痕 气泡	
凸出部分尽量位于转角处,凸出部分的高度不应超过孔直径的 2 倍,并应有足够的倾斜角以便起模。过高的凸出部分会关住气体,使这部分强度和密度减小。凸出点不宜多于 3 个,如超过 3 个,需进行机械加工	>2d d	
外螺纹不应延长到与支承面相连接处,以免端部螺纹脱落 为防止螺孔内最外圈的螺纹崩裂,应增加一个台阶形的空穴 同一零件的上下两段螺纹,其螺距与旋转方向应相同,否则其中一段螺纹就得用镶拼螺纹型芯、型腔成形或机加工制成,增加了模具结构与工艺的复杂性	t_2 $t_1\neq t_2$	>0.5 >0.2 t_1 t_2 $t_1=t_2$ >0.2 >0.5
必须考虑有足够的起模斜度,斜度的大小与塑料的性质、收缩率、厚度、形状有关。一般推荐的起模斜度为 15′~1°		α α α
零件的壁与底部的厚度应均匀或尽量平缓过渡,厚薄悬殊或突变,将引起收缩不一致,产生气泡、凹陷或变形 对于热固性塑料壁厚过渡比,模压时为 1∶3,挤压时为 1∶5,热塑性塑料为 1∶(1.5~2)		
外表面有凹凸纹的手轮或手柄等零件,应使凹凸纹的条纹与起模方向一致,以便于简化模具和起模		
零件上的文字、符号或装饰花纹应采用凸形,以简化模具制造。如零件上不允许有凸起,或在文字、符号上需涂色时,可将凸起的文字或符号设置在凹坑内,既便于制造,又避免碰坏凸起的文字或符号		10°
成形后分型面处的飞边应易清除。右图的分型面处为一圆形飞边,容易清除		

续表

注　意　事　项	不　好　的　设　计	改　进　后　的　设　计
齿轮设计： 1)齿形目前多采用标准齿廓，即分度圆压力角 $\alpha_{分}=20°$，齿高系数 $f=1$ 的形式 2)塑料齿轮的结构尺寸： $t\geqslant 3t_1, t_3\leqslant t_2, t_4>t_2, t_4=d_1, d_2=(1.5\sim3)d_1$ 设计原则是保证最小的应力集中和防止成形收缩不均匀所造成的齿形歪斜，因此在结构上应避免尖角和断面的突变，尽可能使各部分厚度相同，圆角和圆弧应大些 3)尽量不在齿轮辐板上开孔与加筋，以防止由于各部分收缩不均而引起轮齿歪斜 4)与轴的连接形式：可采用花键或半圆键连接。采用花键连接时，连接精度较高，键槽工作面比压较小；而采用半圆键连接时，可降低应力集中。如采用单个平键连接，当传递转矩较大时，往往在键槽处发生压溃变形或尖角开裂	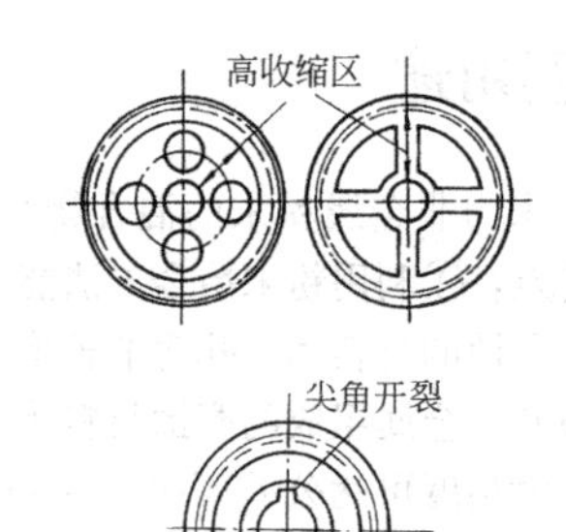	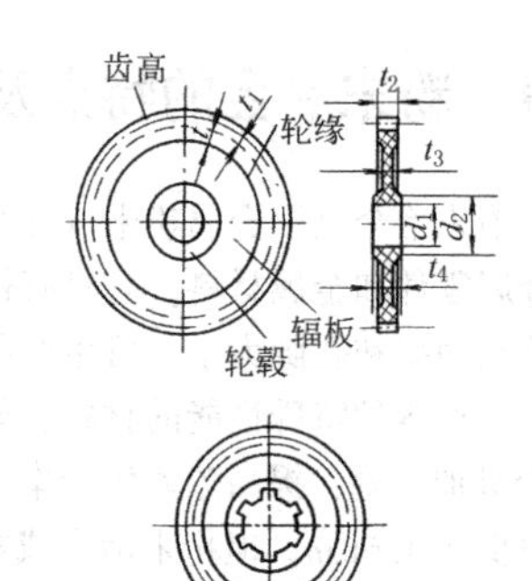
合理设计塑料零件的嵌件： 图 a，尽量采用不通孔或不穿的螺纹孔，这样可在设计模具时采用插入式解决嵌件的定位 图 b，嵌件表面需滚花或开设沟槽时，一般小嵌件的沟槽，深为 1~2mm，宽为 2~3mm，转角处为圆弧，滚花为菱形，齿高 1~2mm，如零件受力很小时，可只采用菱形滚花，不开沟槽 图 c，条件许可时，金属嵌件应凸起或凹入1.5~2mm，以保证嵌件稳定 图 d，布置在凸耳或凸起部分的嵌件，应比凸耳或凸起部分长一些，以提高零件的机械强度 图 e，尽量避免采用片状、细长的嵌件。当必须采用膜片、细长的嵌件时，为防止成形时塑料对嵌件冲击而造成弯曲变形，应采用销钉支承或打孔 *A* 通流 图 f，螺杆嵌件的光杆部分与模具应为 H8/f9 配合。为防止塑料沿螺纹部分溢料，螺纹部分应留在塑料外面，如图 f′设计 图 g，螺纹通孔嵌件高度应低于成形高度 0.05mm。嵌件过高易产生变形 图 h，嵌件的装夹定位部分应具有 H8/f9 配合，以保证金属嵌件能精确地固定在模具中 图 i，圆柱形或套筒形嵌件推荐结构尺寸见图，在特殊情况下 *H* 可加大，但不得大于 2*D* 图 j，板形、片状金属嵌件可采用此方式固定。当嵌件厚度小于 0.5mm 时，最好不用孔固定结构，而采用切口或折弯的方法固定 图 k，金属嵌件周围的塑料不能太薄，否则塑料会因冷却收缩而破裂。右表中列出了嵌件周围塑料层的推荐尺寸	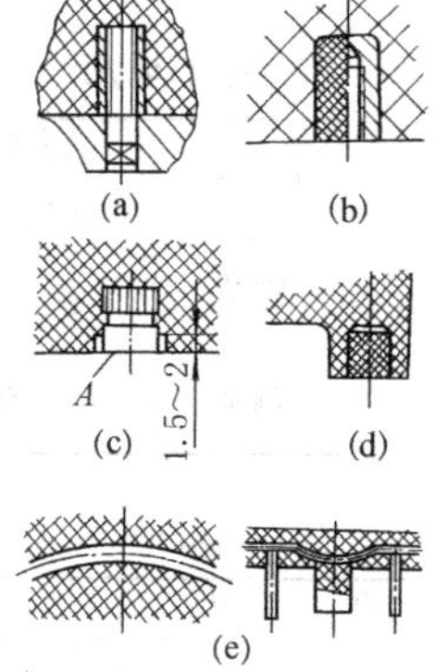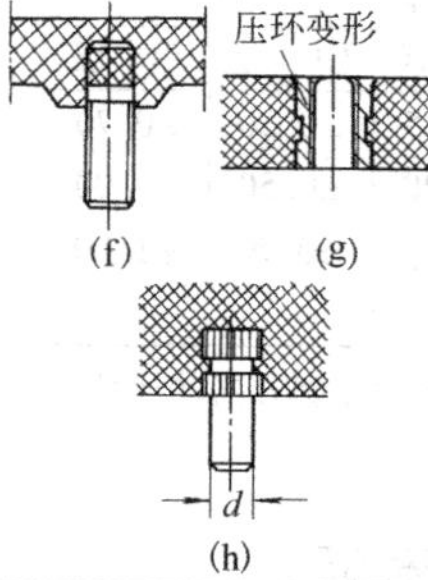	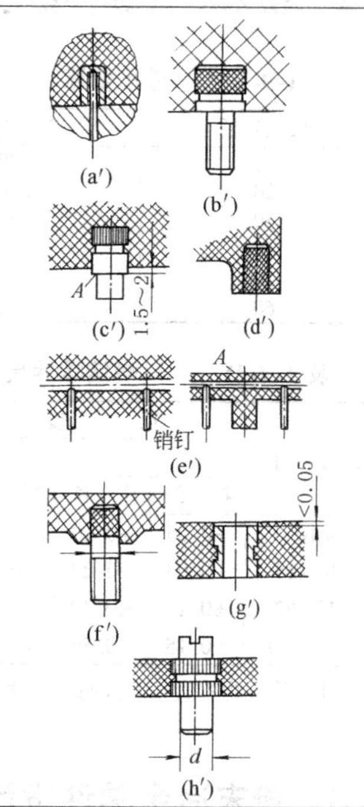
	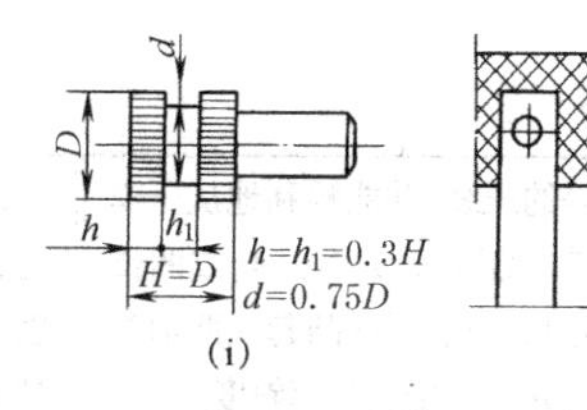	
	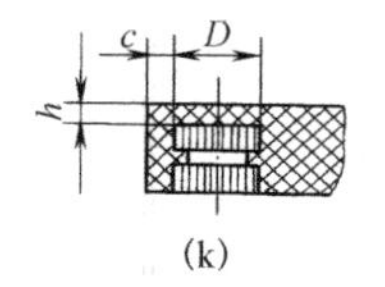	见下表

mm

D	*h*	*c*
≤4	1	1.5
>4~8	1.5	2.0
>8~12	2.0	3.0
>12~16	2.5	4.0
>16~25	3.0	5.0

2　粉末冶金零件设计要素

2.1　粉末冶金的特点及主要用途

粉末冶金是以金属粉末（或金属粉末与非金属粉末的混合物）作原料，经过成形和烧结，制造出各种类型的金属零件和金属材料。它具有很多特点：①利用粉末冶金方法能生产具有特殊性能的零件和材料，如能控制制品的孔隙率和孔隙大小，可生产各种多孔性的材料和多孔含油轴承，能利用金属和金属、金属和非金属的组合效果，生产各种特殊性能的材料，如金属和非金属组成的摩擦材料等。②可制成无切削或少切削的机器零件，从而减少机加工量，提高劳动生产率。其尺寸精度可达公差等级12~13级，必要时也可达10级，表面粗糙度 R_a 的数值低于1.6μm。但粉末冶金成本高，制品的大小和形状受到一定限制。

粉末冶金材料主要用于制作机械零件、工具材料、磁性材料、电工材料、高温材料及原子能工业材料等。用于制作机械零件的粉末冶金成分、性能、特点及用途参见材料篇。

2.2　粉末冶金零件最小厚度、尺寸范围及其精度

表 1-9-19　最小壁厚　mm

最大外径	最小壁厚
10	0.80
20	1.00
30	1.50
40	1.75
50	2.15
60	2.50

表 1-9-20　一般烧结零件的尺寸范围

材　料	最大横断面面积/cm²	宽度/mm 最大	宽度/mm 最小	高度/mm 最大	高度/mm 最小
铁基	40	120	5	40	3
铜基	50	120	5	50	3

表 1-9-21　烧结零件尺寸公差　mm

公称尺寸	宽度 尺寸公差 精级	宽度 尺寸公差 中级	宽度 尺寸公差 粗级	高度 尺寸公差 精级	高度 尺寸公差 中级	高度 尺寸公差 粗级
<10	±0.05	±0.10	±0.30	±0.15	±0.30	±0.70
>10~25	±0.07	±0.20	±0.50	±0.20	±0.50	±1.20
>25~63	±0.10	±0.30	±0.70	±0.40	±0.70	±1.80
>63~160	±0.15	±0.50	±1.20			

注：宽度为垂直压制方向的尺寸，高度为平行压制方向的尺寸。

表 1-9-22　精压零件尺寸公差　mm

公称直径	尺寸公差	长　度	尺寸公差
≤40	+0 −0.025	≤40	±0.125
>40~65	+0 −0.04	>40~75	±0.19
>65	+0 −0.05	>75	±0.25

2.3　粉末冶金零件设计注意事项

表 1-9-23

1. 应使压模中的粉末受到大致相等的压缩，并能顺利地从压模中取出已经模压成形的制品。在零件压制方向如有凸起或凹槽时，则粉末在压制时各部分的密实度不易一致，因此凸起或凹槽的深度以不大于零件总高度的1/5为宜，并有一定的起模斜度

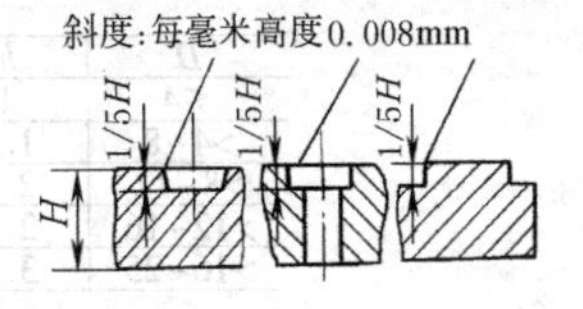

2. 当由上向下压制的结构零件较长时，其中间部分和两端的粉末密实度差别也较大。所以在实际生产中，常限制其长度为直径的2.5~3.5倍，壁越薄其长度与直径之比的倍数越低

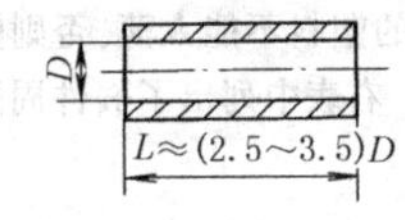

续表

3. 当零件的壁厚急剧变化或零件的壁厚悬殊时，零件各部的密度也相差很大，这样烧结时会引起尺寸变化和变形，应尽量避免

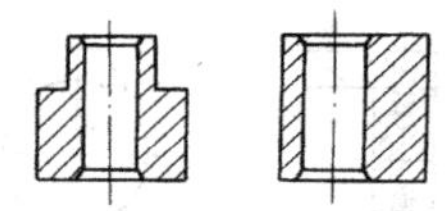

4. 设计带有凸缘或台阶的零件，其内角应设计成圆角，以利于压制时凹模中粉末的流动和便于起模，并可避免产生裂纹

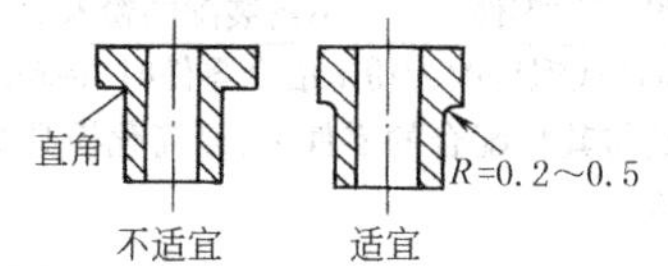

5. 尽量避免深窄的凹槽、尖角或薄边的轮廓，避免细齿滚花和细齿外形，因为这些结构装粉成形都很困难

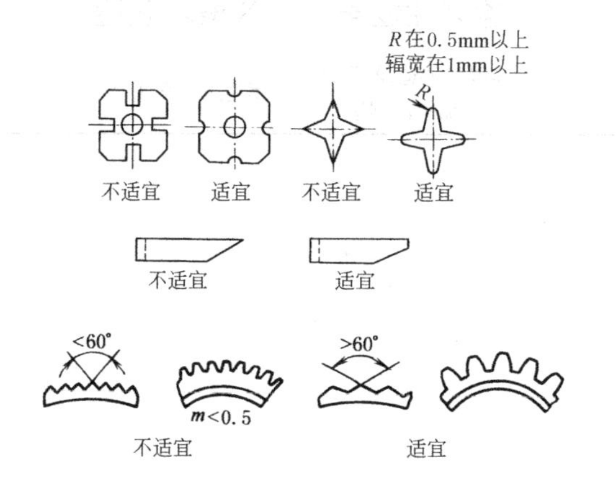

6. 避免尖边、锐角和切向过渡

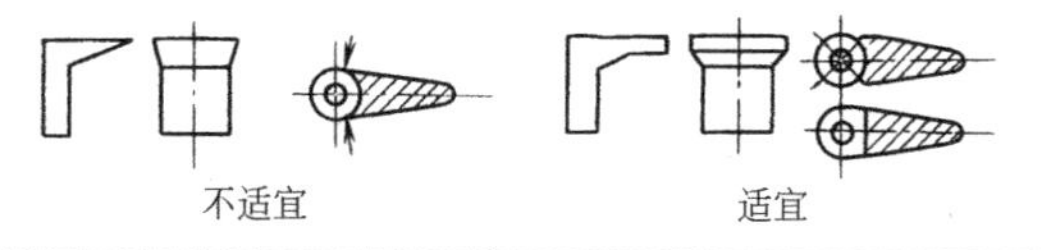

7. 零件只能设计成与压制方向平行的花纹，菱形的花纹不能成形，应避免

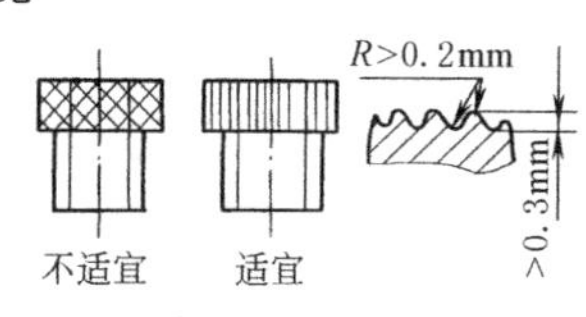

8. 与压制方向垂直的孔（见图 a）、径向凹槽（见图 b）、内螺纹及外螺纹（见图 c、d）、倒锥（见图 e）、拐角处的退刀槽（见图 f）等结构难以压制成形，当需要时可在烧结后进行切削加工

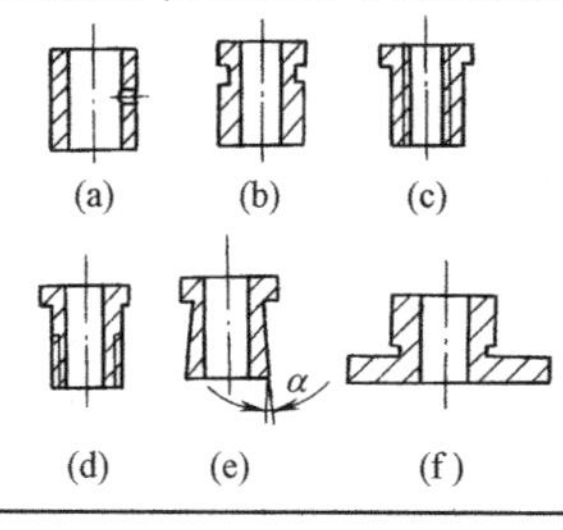

9. 底部凹陷的法兰（见图 a）、外圆中部的凸缘（见图 b）不能压制成形。上部凹陷的法兰（见图 c）为坯件，当埋头孔的面积小于压制面积的 1/2，深度（H）小于零件全高的 1/4 左右时，要作 5°的拔梢（见图 d）才可以成形

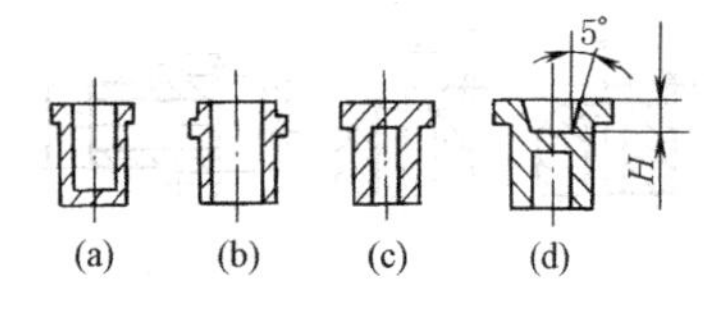

10. 从模具强度和压制件强度方面的因素考虑，并从孔与外侧间的壁厚要便于装粉考虑，制品窄条部分的最小尺寸应有一定的限度

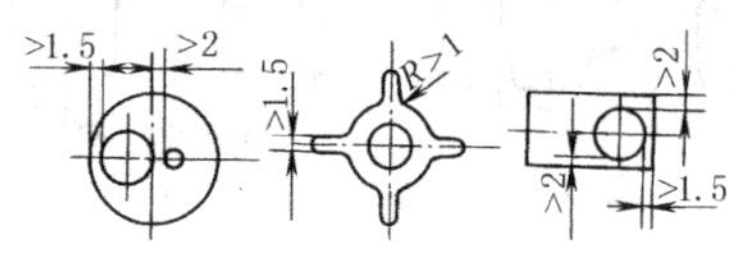

11. 为了使凸模具有必要的刚度，使粉末容易充满型腔和便于从压模内取出制品，零件结构应避免尖锐的棱角，并适当增加横截面的面积

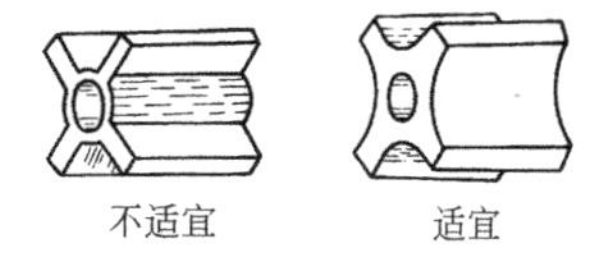

12. 避免过小的公差

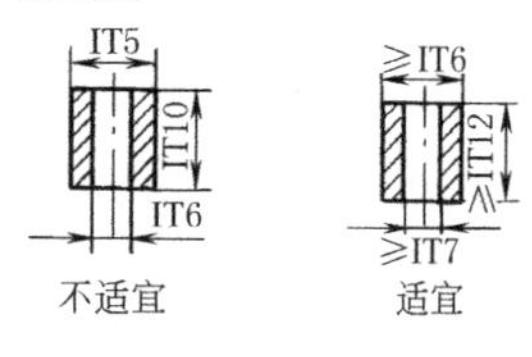

13. 对于长度大于 20mm 的法兰制件，法兰直径不应超过轴套直径的 1.5 倍，在可能条件下，应尽量减小法兰的直径，以避免烧结后的变形。法兰根部的圆角半径可参考下表：

轴套直径/mm	≤12	>12～25	>25～50	>50～65	>65
圆角半径/mm	0.8	1.2	1.6	2.4	>2.5

轴套壁厚（δ）与法兰边宽（b）都必须大于 1.5mm

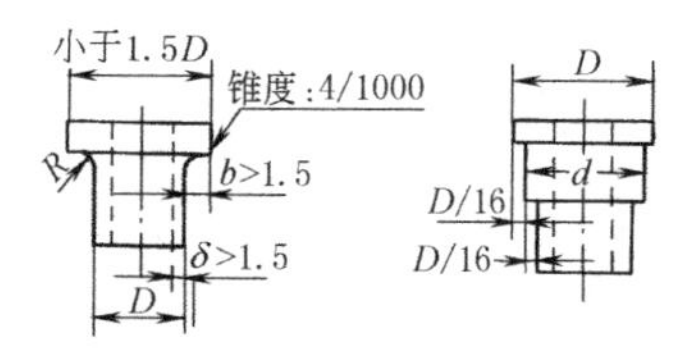

设计阶梯形制件时，阶差不应小于直径的 1/16，其尺寸不应小于 0.9mm

续表

14. 粉末冶金制件的端部最好不要有过锐棱角，并避免工具倒圆。倒角时尽可能留出0.2mm左右的小平面，以延长凸模的寿命	15. 在很多情况下，粉末冶金零件适于代替机械加工比较困难或加工劳动量大、材料利用率低的一些零件。在某些情况下，还可以代替一些本来需要加工后装配在一起的部件
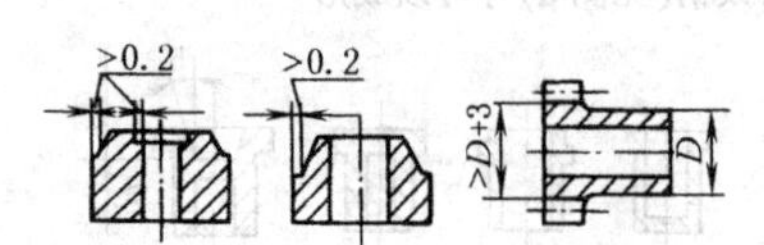 在设计粉末冶金齿轮时，齿根圆直径应大于轮毂直径3mm以上，以减小成形中的困难 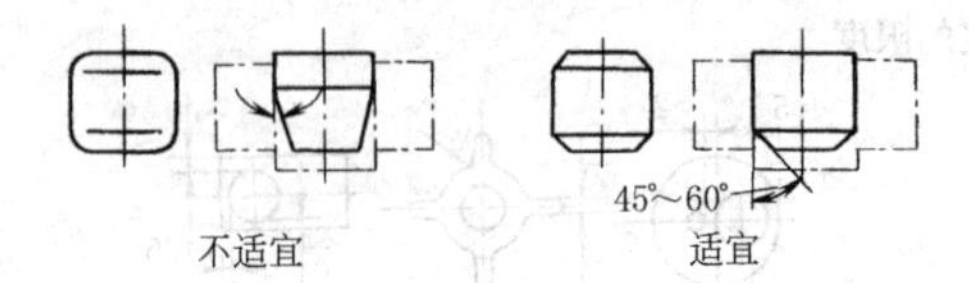 不适宜　适宜	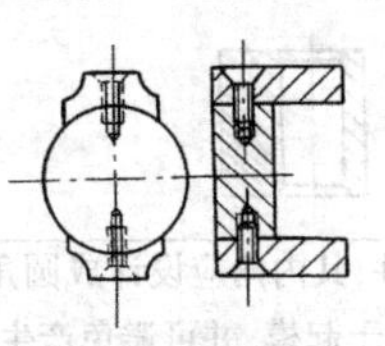 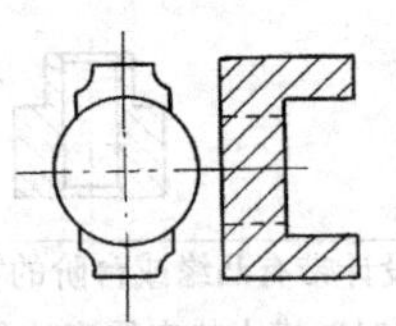 需要装配的零件　不需装配的粉末冶金零件
	16. 当把铸件或锻件改为粉末冶金零件时，将粉末冶金零件上的凸部移到与其相配合的零件上，以简化模具结构和减少制造上的困难 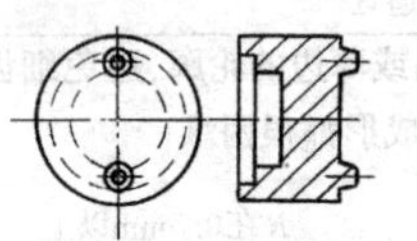 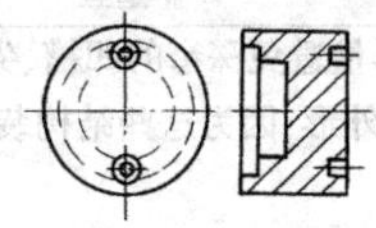 用模锻或铸造，然后用机械加工法制造　用粉末冶金法制造

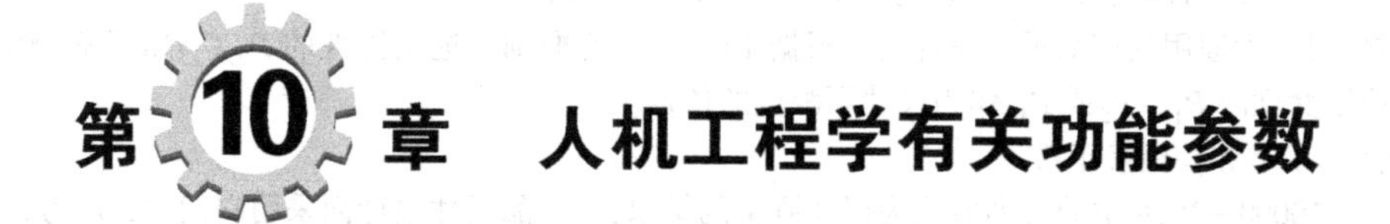

第10章 人机工程学有关功能参数

1 人体尺寸百分位数在产品设计中的应用

在涉及人体尺寸的产品尺寸设计时应用人体尺寸百分位数。

百分位数是一种位置指标、一个界值，以符号 P_K 表示。一个百分位数将群体或样本的全部观测值分为两部分，有 K%的观测值等于和小于它，有（100-K)%的观测值大于它。人体尺寸用百分位数表示时，称人体尺寸百分位数。即表示某一人体尺寸范围内，有百分之几的人大于或小于给定值。例如：

第5百分位代表“小”身材，即只有5%的数值低于此下限值。

第95百分位代表“大”身材，即只有5%的数值高于此上限值。

第50百分位代表“适中”身材，即有50%的数值高于和低于此值。

产品尺寸设计除根据人体尺寸百分位数设计外，还需根据下列不同情况，作适当修正。

为了保证实现产品的某项功能而对作为产品尺寸设计依据的人体尺寸百分位数所作的尺寸修正量，称为功能修正量。为了消除空间压抑感、恐惧感或为了追求美观等心理需要而作的尺寸修正量，称为心理修正量。为了保证实现产品的某项功能而设定的产品最小尺寸，称为产品最小功能尺寸（=人体尺寸百分位数+功能修正量)。为了方便、舒适地实现产品的某项功能而设定的产品尺寸，是产品最佳功能尺寸（=人体尺寸百分位数+功能修正量+心理修正量)。所设计的产品在尺寸上能满足多少人使用，以合适地使用的人占使用者群体的百分比表示，称为满足度。

1.1 人体尺寸百分位数的选择（摘自GB/T 12985—1991)

(1) 产品尺寸设计的分类

1) Ⅰ型产品尺寸设计：需要两个人体尺寸百分位数作为尺寸上限值和下限值的依据，称为Ⅰ型产品尺寸设计。又称双限值设计。

2) Ⅱ型产品尺寸设计：只需要一个人体尺寸百分位数作为尺寸上限值或下限值的依据，称为Ⅱ型产品尺寸设计。又称单限值设计。

3) ⅡA型产品尺寸设计：只需要一个人体尺寸百分位数作为尺寸上限值的依据，称为ⅡA型产品尺寸设计。又称大尺寸设计。

4) ⅡB型产品尺寸设计：只需要一个人体尺寸百分位数作为尺寸下限值的依据，称为ⅡB型产品尺寸设计。又称小尺寸设计。

5) Ⅲ型产品尺寸设计：只需要第50百分位数（P_{50}）作为产品尺寸设计的依据，称为Ⅲ型产品尺寸设计。又称平均尺寸设计。

(2) 百分位数的选择

1) Ⅰ型产品尺寸设计时，对涉及人的健康、安全的产品，应选用 P_{99} 和 P_1 作为尺寸上、下限值的依据，这时满足度为98%；对于一般工业产品，选用 P_{95} 和 P_5 作为尺寸上、下限值的依据，这时满足度为90%。

2) ⅡA型产品尺寸设计时，对于涉及人的健康、安全的产品，应选用 P_{99} 或 P_{95} 作为尺寸上限值的依据，这时满足度为99%或95%；对于一般工业产品，选用 P_{90} 作为尺寸上限值的依据，这时满足度为90%。

3）ⅡB 型产品尺寸设计时，对于涉及人的健康、安全的产品，应选用 P_1 或 P_5 作为尺寸下限值的依据，这时满足度为 99%或 95%；对于一般工业产品，选用 P_{10} 作为尺寸下限值的依据，这时满足度为 90%。

4）Ⅲ型产品尺寸设计时，选用 P_{50} 作为产品尺寸设计的依据。

5）在成年男、女通用的产品尺寸设计时，根据 1）~3）的准则，选用男性的 P_{99}、P_{95} 或 P_{90} 作为尺寸上限值的依据；选用女性的 P_1、P_5 或 P_{10} 作为尺寸下限值的依据。

（3）功能修正量和心理修正量

因为 GB/T 10000—1988 中的表列值均为裸体测量的结果，在产品尺寸设计而采用它们时，应考虑由于穿鞋引起的高度变化量和穿着衣服引起的围度、厚度变化量。其次，在人体测量时要求躯干采取挺直姿势，但人在正常作业时，躯干采取自然放松的姿势，因此要考虑由于姿势的不同所引起的变化量。最后是为了确保实现产品的功能所需的修正量。所有这些修正量的总计为功能修正量。

1）功能修正量举例

着衣修正量：坐姿时的坐高、眼高、肩高、肘高加 6mm，胸厚加 10mm，臀膝距加 20mm。

穿鞋修正量：身高、眼高、肩高、肘高对男子加 25mm，对女子加 20mm。

姿势修正量：立姿时的身高、眼高等减 10mm；坐姿时的坐高、眼高减 44mm。

在确定各种操纵器的布置位置时，应以上肢前展长为依据，但上肢前展长是后背至中指尖点的距离，因此对按按钮、推滑板推钮、搬动搬钮开关的不同操作功能应作如下的修正：按减 12mm，推和搬、拨减 25mm。

功能修正量通常为正值，但有时也可能为负值。例如针织弹力衫的胸围功能修正量取负值。

功能修正量通常用实验方法求得。

2）心理修正量举例

例 1 在护栏高度设计时，对于 3000~5000mm 高的工作平台，只要栏杆高度略为超过人体重心高度就不会发生因人体重心高所致的跌落事故。但对于高度更高的平台来说，操作者在这样高的平台栏杆旁时，因恐惧心理而足发“酸、软”，手掌心和腋下出“冷汗”，患恐高症的人甚至会晕倒，因此只有将栏杆高度进一步加高才能克服上述心理障碍。这项附加的加高量便属于“心理修正量”。

例 2 在确定下蹲式厕所的长度和宽度时，应以下蹲长和最大下蹲宽为尺寸依据，再加上由于衣服厚度引起的尺寸增加和上厕所时所进行的必要动作引起的变化量作为功能修正量。但这时厕所的门就几乎紧挨着鼻子，使人在心理上产生一种“空间压抑感”，因此还应增加一项心理修正量。

例 3 在设计鞋的举例（略）中给出了各种鞋的功能修正量，但鞋类很重视款式美，这样小的放余量（设计鞋时，鞋的内底长应比足长长一些，所长出部分称为放余量）使鞋的造型较不美观，因此还需加上心理修正量——超长度，于是演变出了形形色色美观的鞋品种

① 素头皮鞋：放余量+14mm，超长度+2mm；

② 三节头皮鞋：放余量+14mm，超长度+11mm；

③ 网球鞋（胶鞋）：放余量+14mm，超长度+2mm。

心理修正量也是用实验的方法求得的。根据被试者对不同超长度的试验鞋进行试穿实验，将被试者的主观评价量表的评分结果进行统计分析，求出心理修正量。

（4）产品尺寸设计举例

1）Ⅰ型产品尺寸设计

例 在汽车驾驶员的可调式座椅的调节范围设计时，为了使驾驶员的眼睛位于最佳位置、获得良好的视野以及方便地操纵驾驶盘及踩刹车，高身材驾驶员可将座椅调低和调后，低身材驾驶员可将座椅调高和调前。因此对于座椅的高低调节范围的确定需要取眼高的 P_{90} 和 P_{10} 为上、下限值的依据；对于座椅的前后调节范围的确定需要取臀膝距的 P_{90} 和 P_{10} 为上、下限值的依据。

2）ⅡA 型产品尺寸设计

例 1 在设计门的高度、床的长度时，只要考虑到高身材的人的需要，那么对低身材的人使用时必然不会产生问题。所以应取身高的 P_{90} 为上限值的依据。

例 2 为了确定防护可伸达危险点的安全距离时，应取人的相应肢体部位的可达距离的 P_{99} 为上限值的依据。

3）ⅡB 型产品尺寸设计

例 在确定工作场所采用的栅栏结构、网孔结构或孔板结构的栅栏间距，网、孔直径应取人的相应肢体部位的厚度的 P_1 为下限值的依据。

4）Ⅲ型产品尺寸设计

例 1 门的把手或锁孔离地面的高度、开关在房间墙壁上离地面的高度设计时，都分别只确定一个高度供不同身高的人使

用，所以应平均地取肘高的 P_{50} 为产品尺寸设计的依据。

例 2 当工厂由于生产能力有限，对本来应采用尺寸系列的产品只能生产其中一个尺寸规格时，也取相应人体尺寸的 P_{50} 为设计依据。

1.2 以主要百分位和年龄范围的中国成人人体尺寸数据（摘自 GB/T 10000—1988）

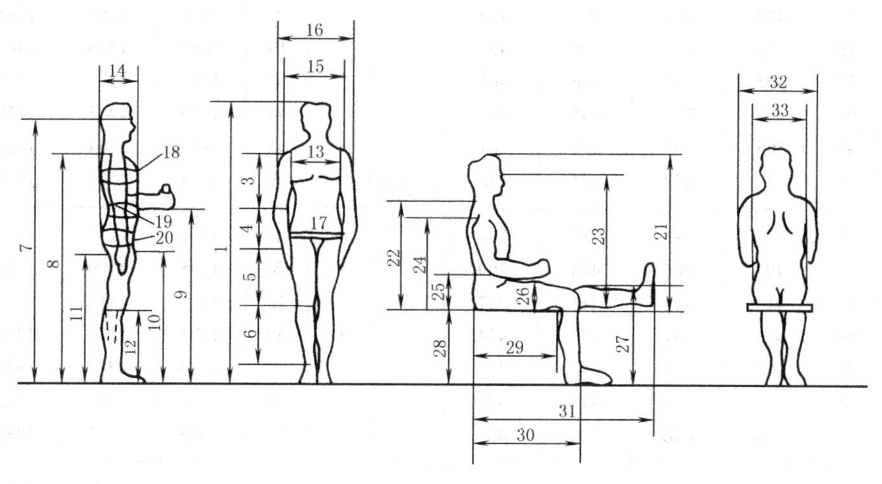

表 1-10-1

代号及测量项目	性别	百分位数	年龄分组 18~60岁	18~25岁	26~35岁	36~60岁
1. 身高/mm	男	1	1543	1554	1545	1553
		5	1583	1591	1588	1576
		10	1604	1611	1608	1596
		50	1678	1686	1683	1667
		90	1754	1764	1755	1739
		95	1775	1789	1776	1761
		99	1814	1830	1815	1798
	女	1	1449	1457	1449	1445
		5	1484	1494	1486	1477
		10	1503	1512	1504	1494
		50	1570	1580	1572	1560
		90	1640	1647	1642	1627
		95	1659	1667	1661	1646
		99	1697	1709	1698	1683
2. 体重/kg	男	1	44	43	45	45
		5	48	47	48	49
		10	50	50	50	51
		50	59	57	59	61
		90	71	66	70	74
		95	75	70	74	78
		99	83	78	80	85
	女	1	39	38	39	40
		5	42	40	42	44
		10	44	42	44	46
		50	52	49	51	55
		90	63	57	62	66
		95	66	60	65	70
		99	74	66	72	76

代号及测量项目	性别	百分位数	年龄分组 18~60岁	18~25岁	26~35岁	36~60岁
3. 上臂长/mm	男	1	279	279	280	278
		5	289	289	289	289
		10	294	294	294	294
		50	313	313	314	313
		90	333	333	333	331
		95	338	339	339	337
		99	349	350	349	348
	女	1	252	253	253	251
		5	262	263	263	260
		10	267	268	267	265
		50	284	286	285	282
		90	303	304	304	301
		95	308	309	309	306
		99	319	319	320	317
4. 前臂长/mm	男	1	206	207	205	206
		5	216	216	216	215
		10	220	221	221	220
		50	237	237	237	235
		90	253	254	253	252
		95	258	259	258	257
		99	268	269	268	267
	女	1	185	187	184	185
		5	195	194	194	192
		10	198	198	198	197
		50	213	214	214	213
		90	229	229	229	229
		95	234	235	234	233
		99	242	243	243	241

续表

代号及测量项目	性别	百分位数	年龄分组			
			18~60岁	18~25岁	26~35岁	36~60岁
5. 大腿长/mm	男	1	413	415	414	411
		5	428	432	427	425
		10	436	440	436	434
		50	465	469	466	462
		90	496	500	495	492
		95	505	509	505	501
		99	523	532	521	518
	女	1	387	391	385	384
		5	402	406	403	399
		10	410	414	411	407
		50	438	441	438	434
		90	467	470	467	463
		95	476	480	475	472
		99	494	496	493	489
6. 小腿长/mm	男	1	324	327	324	322
		5	338	340	338	336
		10	344	346	345	343
		50	369	372	370	367
		90	396	399	397	393
		95	403	407	403	400
		99	419	421	420	416
	女	1	300	301	299	300
		5	313	314	312	311
		10	319	322	319	318
		50	344	346	344	341
		90	370	371	370	367
		95	376	379	376	373
		99	390	395	389	388
7. 眼高/mm	男	1	1436	1444	1437	1429
		5	1474	1482	1478	1465
		10	1495	1502	1497	1488
		50	1568	1576	1572	1558
		90	1643	1653	1645	1629
		95	1664	1678	1667	1651
		99	1705	1714	1705	1689
	女	1	1337	1341	1335	1333
		5	1371	1380	1371	1365
		10	1388	1396	1389	1380
		50	1454	1463	1455	1443
		90	1522	1529	1524	1510
		95	1542	1541	1544	1530
		99	1579	1588	1581	1561
8. 肩高/mm	男	1	1244	1245	1244	1241
		5	1281	1285	1283	1278
		10	1299	1300	1303	1295
		50	1367	1372	1369	1360
		90	1435	1442	1438	1426
		95	1455	1464	1456	1445
		99	1494	1507	1496	1482
	女	1	1166	1172	1166	1163
		5	1195	1199	1196	1191
		10	1211	1216	1212	1205
		50	1271	1276	1273	1265
		90	1333	1336	1335	1325
		95	1350	1353	1352	1343
		99	1385	1393	1385	1376
9. 肘高/mm	男	1	925	929	925	921
		5	954	957	956	950
		10	968	973	971	963
		50	1024	1028	1026	1019
		90	1079	1088	1081	1072
		95	1096	1102	1097	1087
		99	1128	1140	1128	1119
	女	1	873	877	873	871
		5	899	904	900	895
		10	913	916	913	908
		50	960	965	961	956
		90	1009	1013	1010	1004
		95	1023	1027	1025	1018
		99	1050	1060	1048	1042
10. 手功能高/mm	男	1	656	659	658	651
		5	680	683	683	676
		10	693	696	695	689
		50	741	745	742	736
		90	787	792	789	782
		95	801	808	802	795
		99	828	831	828	818
	女	1	630	633	628	628
		5	650	653	649	646
		10	662	665	662	660
		50	704	707	704	700
		90	746	749	746	742
		95	757	760	757	753
		99	778	784	778	775

续表

代号及测量项目	性别	百分位数	年龄分组 18~60岁	18~25岁	26~35岁	36~60岁
11. 会阴高/mm	男	1	701	707	703	700
		5	728	734	728	724
		10	741	749	742	736
		50	790	796	792	784
		90	840	848	841	832
		95	856	864	857	846
		99	887	895	886	875
	女	1	648	653	647	646
		5	673	680	672	668
		10	686	694	686	681
		50	732	738	732	726
		90	779	785	780	771
		95	792	797	793	784
		99	819	827	819	810
12. 胫骨点高/mm	男	1	394	397	394	392
		5	409	411	409	407
		10	417	419	417	415
		50	444	446	444	441
		90	472	475	473	469
		95	481	485	481	478
		99	498	500	498	493
	女	1	363	366	362	363
		5	377	379	376	375
		10	384	387	384	382
		50	410	412	410	407
		90	437	439	438	433
		95	444	446	445	441
		99	459	463	460	456
13. 胸宽/mm	男	1	242	239	244	243
		5	253	250	254	254
		10	259	256	260	261
		50	280	275	281	285
		90	307	298	305	313
		95	315	306	313	321
		99	331	320	327	336
	女	1	219	214	221	225
		5	233	228	234	238
		10	239	234	240	245
		50	260	253	260	269
		90	289	274	287	301
		95	299	282	295	309
		99	319	296	313	327
14. 胸厚/mm	男	1	176	170	177	181
		5	186	181	187	192
		10	191	186	192	198
		50	212	204	212	219
		90	237	223	233	245
		95	245	230	241	253
		99	261	241	254	266
	女	1	159	155	160	166
		5	170	166	171	177
		10	176	171	177	183
		50	199	191	198	208
		90	230	215	227	240
		95	239	222	236	251
		99	260	237	253	268
15. 肩宽/mm	男	1	330	331	331	328
		5	344	344	346	343
		10	351	351	352	350
		50	375	375	376	373
		90	397	398	398	395
		95	403	404	404	401
		99	415	417	415	415
	女	1	304	302	304	305
		5	320	319	320	323
		10	328	328	328	329
		50	351	351	350	350
		90	371	370	372	372
		95	377	376	378	378
		99	387	386	387	390
16. 最大肩宽/mm	男	1	383	380	386	383
		5	398	395	399	398
		10	405	403	406	406
		50	431	427	432	433
		90	460	454	460	464
		95	469	463	469	473
		99	486	482	486	489
	女	1	347	342	347	356
		5	363	359	363	368
		10	371	367	371	376
		50	397	391	396	405
		90	428	415	426	439
		95	438	424	435	449
		99	458	439	455	468

续表

代号及测量项目	性别	百分位数	年龄分组			
			18~60岁	18~25岁	26~35岁	36~60岁
17. 臀宽/mm	男	1	273	271	272	275
		5	282	280	282	285
		10	288	285	287	291
		50	306	302	305	311
		90	327	322	326	332
		95	334	327	332	338
		99	346	339	344	349
	女	1	275	270	277	282
		5	290	286	290	296
		10	296	292	296	301
		50	317	311	317	323
		90	340	331	339	345
		95	346	338	345	352
		99	360	349	358	366
18. 胸围/mm	男	1	762	746	772	775
		5	791	778	799	803
		10	806	792	812	820
		50	867	845	869	885
		90	944	908	939	967
		95	970	925	958	990
		99	1018	970	1008	1035
	女	1	717	710	718	724
		5	745	735	747	760
		10	760	750	762	780
		50	825	802	823	859
		90	919	865	907	955
		95	949	885	934	986
		99	1005	930	988	1036
19. 腰围/mm	男	1	620	610	625	640
		5	650	634	652	670
		10	665	650	669	690
		50	735	702	734	782
		90	859	771	832	900
		95	895	796	865	932
		99	960	857	921	986
	女	1	622	608	636	661
		5	659	636	672	704
		10	680	654	691	728
		50	772	724	775	836
		90	904	803	882	962
		95	950	832	921	998
		99	1025	892	993	1060

代号及测量项目	性别	百分位数	年龄分组			
			18~60岁	18~25岁	26~35岁	36~60岁
20. 臀围/mm	男	1	780	770	780	785
		5	805	800	805	811
		10	820	814	820	830
		50	875	860	874	895
		90	948	915	941	966
		95	970	936	962	985
		99	1009	974	1000	1023
	女	1	795	790	792	812
		5	824	815	824	843
		10	840	830	838	858
		50	900	881	900	926
		90	975	940	970	1001
		95	1000	959	992	1021
		99	1044	994	1030	1064
21. 坐高/mm	男	1	836	841	839	832
		5	858	863	862	853
		10	870	873	874	865
		50	908	910	911	904
		90	947	951	948	941
		95	958	963	959	952
		99	979	984	983	973
	女	1	789	793	792	786
		5	809	811	810	805
		10	819	822	820	816
		50	855	858	857	851
		90	891	894	893	886
		95	901	903	904	896
		99	920	924	921	915
22. 坐姿颈椎点高/mm	男	1	599	596	600	599
		5	615	613	617	615
		10	624	622	626	625
		50	657	655	659	658
		90	691	691	692	691
		95	701	702	702	700
		99	719	718	722	719
	女	1	563	565	563	561
		5	579	581	579	576
		10	587	589	588	584
		50	617	618	618	616
		90	648	649	650	647
		95	657	658	658	655
		99	675	677	677	672

续表

代号及测量项目	性别	百分位数	年龄分组			
			18~60岁	18~25岁	26~35岁	36~60岁
23. 坐姿眼高/mm	男	1	729	732	733	724
		5	749	753	753	743
		10	761	763	764	756
		50	798	801	801	795
		90	836	840	837	832
		95	847	851	849	841
		99	868	868	873	864
	女	1	678	680	679	674
		5	695	636	696	692
		10	704	707	705	701
		50	739	741	740	735
		90	773	774	775	769
		95	783	785	786	778
		99	803	806	806	796
24. 坐姿肩高/mm	男	1	539	538	539	538
		5	557	557	559	556
		10	566	565	569	564
		50	598	597	600	597
		90	631	631	633	630
		95	641	641	642	639
		99	659	658	660	657
	女	1	504	503	506	504
		5	518	517	520	518
		10	526	526	528	525
		50	556	555	556	555
		90	585	584	587	584
		95	594	593	596	592
		99	609	608	610	608
25. 坐姿肘高/mm	男	1	214	215	217	210
		5	228	227	230	226
		10	235	234	237	234
		50	263	261	264	263
		90	291	289	291	292
		95	298	297	299	299
		99	312	311	313	313
	女	1	201	200	204	201
		5	215	214	217	215
		10	223	222	225	223
		50	251	249	251	251
		90	277	275	277	279
		95	284	283	284	287
		99	299	299	298	300

代号及测量项目	性别	百分位数	年龄分组			
			18~60岁	18~25岁	26~35岁	36~60岁
26. 坐姿大腿厚/mm	男	1	103	106	102	102
		5	112	114	111	110
		10	116	117	115	115
		50	130	130	130	131
		90	146	144	147	148
		95	151	149	152	152
		99	160	156	160	162
	女	1	107	107	107	108
		5	113	113	113	114
		10	117	116	116	118
		50	130	129	130	133
		90	146	143	145	149
		95	151	148	150	154
		99	160	156	160	164
27. 坐姿膝高/mm	男	1	441	443	441	439
		5	456	459	456	455
		10	464	468	464	462
		50	493	497	494	490
		90	523	527	523	518
		95	532	535	531	527
		99	549	554	553	543
	女	1	410	412	409	409
		5	424	428	423	422
		10	431	435	431	429
		50	458	461	458	455
		90	485	487	486	483
		95	493	494	493	490
		99	507	512	508	503
28. 小腿加足高/mm	男	1	372	375	373	370
		5	383	386	384	380
		10	389	393	391	386
		50	413	417	415	409
		90	439	444	441	435
		95	448	454	448	442
		99	463	468	462	458
	女	1	331	336	334	327
		5	342	346	345	338
		10	350	355	353	344
		50	382	384	383	379
		90	399	402	399	396
		95	405	408	405	401
		99	417	420	417	412

续表

代号及测量项目	性别	百分位数	年龄分组 18~60岁	18~25岁	26~35岁	36~60岁	代号及测量项目	性别	百分位数	年龄分组 18~60岁	18~25岁	26~35岁	36~60岁
29. 坐深/mm	男	1	407	407	405	407	31. 坐姿下肢长/mm	女	1	826	825	826	826
		5	421	423	421	420			5	851	854	850	848
		10	429	429	429	428			10	865	867	865	862
		50	457	457	458	457			50	912	914	912	909
		90	486	486	486	486			90	960	963	960	957
		95	494	494	493	494			95	975	978	976	972
		99	510	511	510	511			99	1005	1008	1004	996
	女	1	388	389	390	386	32. 坐姿臀宽/mm	男	1	284	281	283	289
		5	401	401	403	400			5	295	292	295	299
		10	408	409	409	406			10	300	297	300	304
		50	433	433	434	432			50	321	316	320	327
		90	461	460	463	461			90	347	338	344	354
		95	469	468	470	468			95	355	345	351	361
		99	485	485	485	487			99	369	360	365	375
30. 臀膝距/mm	男	1	499	500	497	500		女	1	295	289	295	302
		5	515	516	514	515			5	310	306	311	317
		10	524	525	523	524			10	318	313	318	325
		50	554	554	554	554			50	344	336	345	353
		90	585	585	586	585			90	374	360	372	382
		95	595	594	595	596			95	382	368	381	390
		99	613	615	611	613			99	400	382	398	411
	女	1	481	480	481	482	33. 坐姿两肘间宽/mm	男	1	353	348	353	359
		5	495	495	494	496			5	371	364	372	378
		10	502	501	501	502			10	381	374	381	389
		50	529	529	529	529			50	422	410	421	435
		90	561	560	561	562			90	473	454	470	485
		95	570	568	570	572			95	489	467	485	499
		99	587	586	590	588			99	518	495	513	527
31. 坐姿下肢长/mm	男	1	892	893	889	892		女	1	326	320	331	344
		5	921	925	919	922			5	348	338	352	367
		10	937	939	934	938			10	360	348	362	379
		50	992	992	991	992			50	404	384	404	427
		90	1046	1050	1045	1045			90	460	426	453	481
		95	1063	1068	1064	1060			95	478	439	469	496
		99	1096	1100	1095	1095			99	509	465	500	526

造型尺寸选用百分位界限建议	确定造型尺寸的性质	由人体总长决定的造型尺寸	由人体某部分决定的造型尺寸	由人完成的可调尺寸			按人体尺寸确定适宜操作的最佳范围	造型尺寸需要考虑人的多项身体尺寸
	选用百分位数	第95百分位	第5百分位	第5百分位至第95百分位	第99百分位	第1百分位	第50百分位	以上述性质确定百分位后，不应以比例适中的人作为基准，应按可能出现的尺寸差距，改变造型形式加以适应
	应用举例	门、船舱口通道、床、担架	取决于臂长、腿长的坐平面高度，或调节构件必要的可及范围	坐位、坐位安全带、至调节构件的距离	至运转着的机器部件的有效半径或紧急出口的直径	人操作紧急制动杆的距离	门铃、开关、插座等的安置尺寸	同一百分位高度的人，由于比例不匀称，大腿长短不一，坐深尺寸则不相同，从而使坐位表面适合臀部的造型对人的最佳配合失去意义。若将坐位表面改为平的座椅，则可解决因坐深不同的适应问题

1.3 工作空间人体尺寸（摘自 GB/T 13547—1992）

人体立姿尺寸

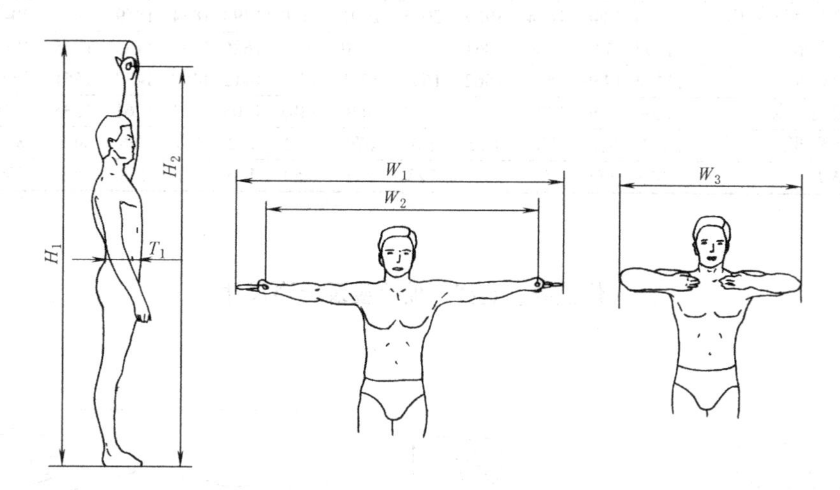

表 1-10-2

mm

性别	年龄分组	18~60岁							18~25岁						
	测量项目	百分位数 P													
		1	5	10	50	90	95	99	1	5	10	50	90	95	99
男	中指指尖点上举高 H_1	1913	1971	2002	2108	2214	2245	2309	1930	1990	2014	2122	2231	2264	2329
	双臂功能上举高 H_2	1815	1869	1899	2003	2108	2138	2203	1828	1889	1913	2018	2125	2155	2220
	两臂展开宽 W_1	1528	1579	1605	1691	1776	1802	1849	1532	1585	1607	1695	1782	1810	1861
	两臂功能展开宽 W_2	1325	1374	1398	1483	1568	1593	1640	1328	1378	1403	1486	1570	1600	1651
	两肘展开宽 W_3	791	816	828	875	921	936	966	795	818	831	877	925	941	976
	立姿腹厚 T_1	149	160	166	192	227	237	262	143	157	162	180	206	215	240
	年龄分组	26~35岁							36~60岁						
	测量项目	百分位数 P													
		1	5	10	50	90	95	99	1	5	10	50	90	95	99
	中指指尖点上举高 H_1	1917	1977	2007	2113	2218	2246	2312	1907	1959	1988	2090	2191	2224	2282
	双臂功能上举高 H_2	1817	1872	1903	2009	2111	2141	2205	1806	1856	1885	1987	2088	2117	2178
	两臂展开宽 W_1	1534	1587	1610	1698	1781	1805	1851	1522	1572	1599	1683	1767	1794	1837
	两臂功能展开宽 W_2	1331	1378	1402	1489	1571	1594	1639	1319	1368	1392	1477	1560	1584	1635
	两肘展开宽 W_3	794	818	830	877	924	937	966	788	812	825	870	915	929	956
	立姿腹厚 T_1	149	160	166	191	218	230	245	156	171	178	204	238	249	267
女	年龄分组	18~55岁							18~25岁						
	测量项目	百分位数 P													
		1	5	10	50	90	95	99	1	5	10	50	90	95	99
	中指指尖点上举高 H_1	1798	1845	1870	1968	2063	2089	2143	1812	1852	1882	1981	2070	2098	2154
	双臂功能上举高 H_2	1696	1741	1766	1860	1952	1976	2030	1711	1751	1779	1874	1960	1986	2041
	两臂展开宽 W_1	1414	1457	1479	1559	1637	1659	1701	1422	1460	1482	1562	1639	1663	1709
	两臂功能展开宽 W_2	1206	1248	1269	1344	1418	1438	1480	1216	1254	1274	1348	1420	1441	1486
	两肘展开宽 W_3	733	756	770	811	856	869	892	739	760	772	815	859	873	899
	立姿腹厚 T_1	139	151	158	186	226	238	258	135	145	151	175	204	211	230

续表

	年龄分组	26~35岁							36~55岁						
	测量项目	百分位数 P													
		1	5	10	50	90	95	99	1	5	10	50	90	95	99
女	中指指尖点上举高 H_1	1796	1846	1874	1969	2065	2091	2150	1790	1834	1859	1953	2047	2075	2126
	双臂功能上举高 H_2	1692	1742	1769	1861	1955	1980	2031	1686	1732	1753	1845	1937	1964	2008
	两臂展开宽 W_1	1412	1459	1482	1562	1640	1661	1703	1412	1450	1472	1551	1628	1652	1689
	两臂功能展开宽 W_2	1206	1250	1274	1348	1421	1440	1481	1203	1241	1261	1335	1410	1430	1470
	两肘展开宽 W_3	731	758	770	812	859	870	892	732	753	766	805	850	863	887
	立姿腹厚 T_1	140	153	159	187	223	233	250	146	161	168	201	239	250	272

人体坐姿、跪姿、俯卧姿及爬姿尺寸

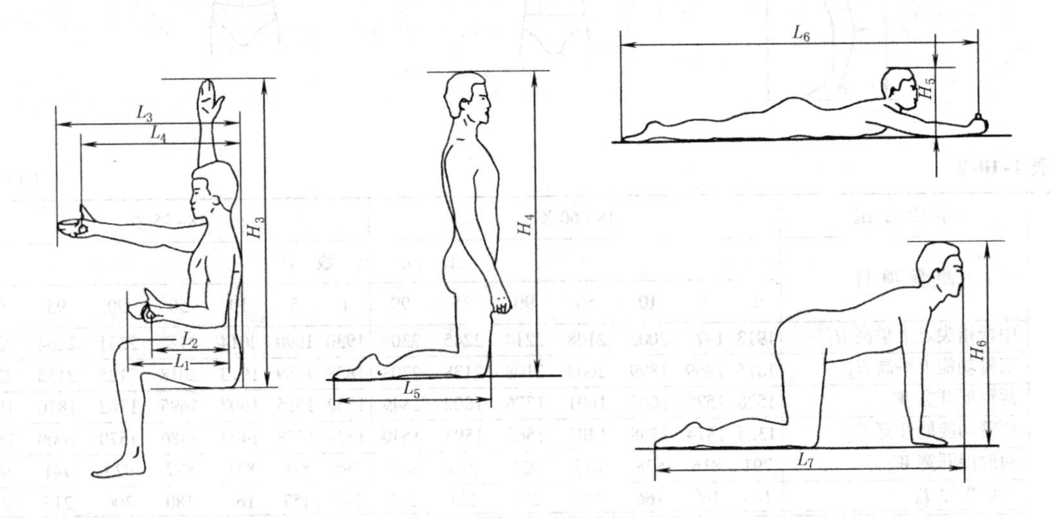

表 1-10-3

mm

	年龄分组	18~60岁							18~25岁						
	测量项目	百分位数 P													
		1	5	10	50	90	95	99	1	5	10	50	90	95	99
人体坐姿尺寸（男）	前臂加手前伸长 L_1	402	416	422	447	471	478	492	401	416	423	448	472	480	494
	前臂加手功能前伸长 L_2	295	310	318	343	369	376	391	295	311	319	344	369	378	393
	上肢前伸长 L_3	755	777	789	834	879	892	918	748	773	784	829	875	889	915
	上肢功能前伸长 L_4	650	673	685	730	776	789	816	648	669	682	725	772	785	810
	坐姿中指指尖点上举高 H_3	1210	1249	1270	1339	1407	1426	1467	1218	1264	1281	1348	1416	1435	1481
	年龄分组	26~35岁							36~60岁						
	测量项目	百分位数 P													
		1	5	10	50	90	95	99	1	5	10	50	90	95	99
	前臂加手前伸长 L_1	404	417	424	448	471	478	489	401	414	421	446	469	476	490
	前臂加手功能前伸长 L_2	296	311	318	344	369	375	390	296	309	317	343	368	375	390
	上肢前伸长 L_3	758	779	790	835	879	892	916	757	778	792	836	880	894	920
	上肢功能前伸长 L_4	650	675	686	731	776	788	814	652	676	688	733	779	793	819
	坐姿中指指尖点上举高 H_3	1213	1255	1275	1343	1411	1428	1470	1202	1238	1259	1327	1393	1412	1448

续表

	年龄分组	18~55岁							18~25岁						
	测量项目	百分位数 P													
		1	5	10	50	90	95	99	1	5	10	50	90	95	99
人体坐姿尺寸（女）	前臂加手前伸长 L_1	368	383	390	413	435	442	454	368	382	389	411	434	441	454
	前臂加手功能前伸长 L_2	262	277	283	306	327	333	346	262	276	283	305	326	333	345
	上肢前伸长 L_3	690	712	724	764	805	818	841	689	710	722	762	802	813	841
	上肢功能前伸长 L_4	586	607	619	657	696	707	729	581	607	617	655	693	704	730
	坐姿中指指尖点上举高 H_3	1142	1173	1190	1251	1311	1328	1361	1153	1179	1196	1259	1316	1332	1364
	年龄分组	26~35岁							36~55岁						
	测量项目	百分位数 P													
		1	5	10	50	90	95	99	1	5	10	50	90	95	99
	前臂加手前伸长 L_1	369	383	391	414	437	443	455	369	384	390	412	435	442	453
	前臂加手功能前伸长 L_2	262	278	284	307	328	334	347	263	276	283	305	326	332	345
	上肢前伸长 L_3	690	712	723	765	808	820	841	692	714	726	765	806	818	840
	上肢功能前伸长 L_4	585	606	619	658	697	710	732	590	609	619	658	696	707	728
	坐姿中指指尖点上举高 H_3	1143	1176	1193	1253	1313	1331	1363	1135	1166	1183	1242	1302	1319	1348

	年龄	18~60岁						
	尺寸项目	百分位数 P						
		1	5	10	50	90	95	99
人体跪、俯卧、爬姿尺寸（男）	跪姿体长 L_5	577	592	599	626	654	661	675
	跪姿体高 H_4	1161	1190	1206	1260	1315	1330	1359
	俯卧姿体长 L_6	1946	2000	2028	2127	2229	2257	2310
	俯卧姿体高 H_5	361	364	366	372	380	383	389
	爬姿体长 L_7	1218	1247	1262	1315	1369	1384	1412
	爬姿体高 H_6	745	761	769	798	828	836	851

	年龄	18~55岁						
	尺寸项目	百分位数 P						
		1	5	10	50	90	95	99
人体跪、俯卧、爬姿尺寸（女）	跪姿体长 L_5	544	557	564	589	615	622	636
	跪姿体高 H_4	1113	1137	1150	1196	1244	1258	1284
	俯卧姿体长 L_6	1820	1867	1892	1982	2076	2102	2153
	俯卧姿体高 H_5	355	359	361	369	381	384	392
	爬姿体长 L_7	1161	1183	1195	1239	1284	1296	1321
	爬姿体高 H_6	677	694	704	738	773	783	802

注：跪、俯卧、爬姿数据计算方法见表1-10-4。

表 1-10-4　　跪姿、俯卧姿、爬姿人体尺寸的计算

静态姿势	尺寸项目/mm	推算公式	
		男	女
跪姿	跪姿体长	18.8+0.362H①	5.2+0.372H
	跪姿体高	38.0+0.728H	112.8+0.690H
俯卧姿	俯卧姿体长	−124.6+1.342H	−124.7+1.342H
	俯卧姿体高	330.7+0.698W②	314.5+1.048W
爬姿	爬姿体长	115.1+0.715H	223.0+0.647H
	爬姿体高	140.1+0.392H	−56.6+0.506H

① H—身高，mm。② W—体重，kg。

注：应用举例，计算我国成年男子第 50 百分位的跪姿体长。

第一步，查 GB/T 10000—1988（见表 1-10-1）得全国成年男子身高第 50 百分位数值（H）为 1678mm。

第二步，将身高第 50 百分位数值 H=1678mm 代入表 1-10-4 中的相应计算公式得男子第 50 百分位的跪姿体长为：

$$18.8+0.362H=18.8+0.362\times1678=626\text{ (mm)}$$

1.4　工作岗位尺寸设计的原则及其数值（摘自 GB/T 14776—1993）

根据作业时人体的作业姿势，工作岗位分为三种类型：坐姿工作岗位、立姿工作岗位和坐立姿交替工作岗位。根据与作业关系的程度，工作岗位尺寸分为与作业有关的和与作业无关的两类。

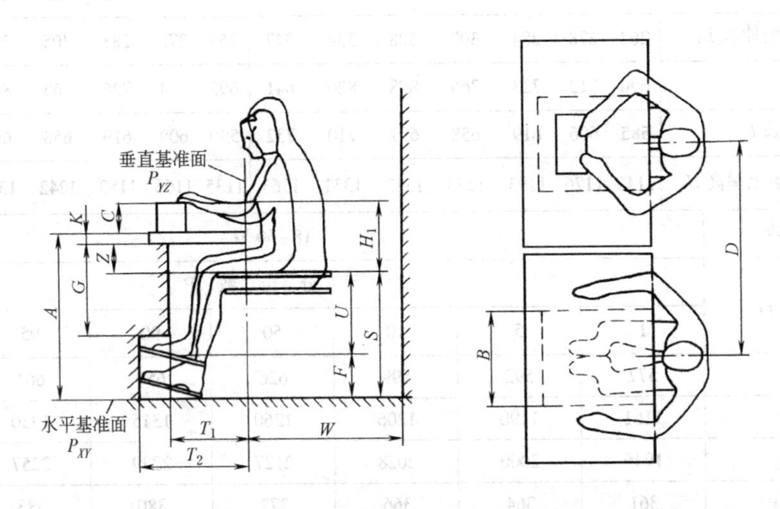

(a) 坐姿工作岗位尺寸

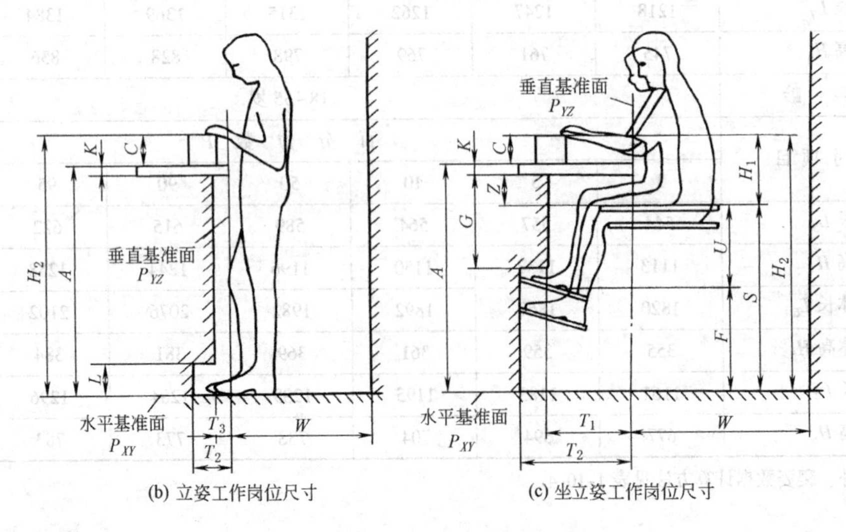

(b) 立姿工作岗位尺寸　　(c) 坐立姿交替工作岗位尺寸

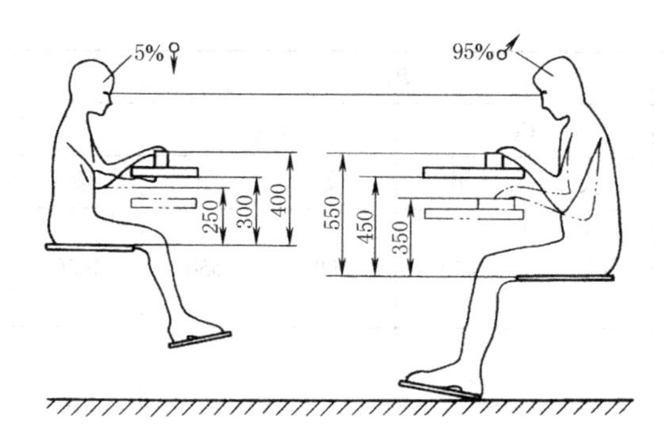

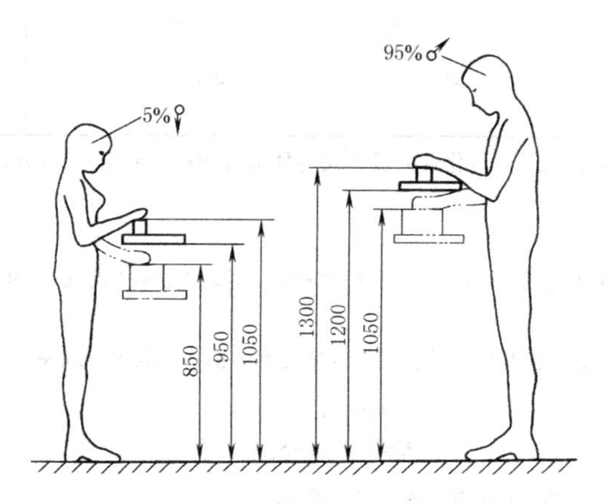

(d)依作业要求确定的坐姿工作岗位相对高度 H_1 和立姿工作岗位的工作高度 H_2 数值。展示了第 5 百分位数女性（5%♀）和第 95 百分位数男性（95%♂）情况，以及对视距和手、臂姿势的影响

P_{XY}—水平基准面；P_{YZ}—垂直基准面；S—座位面高度；H_1—坐姿工作岗位的相对高度；H_2—立姿工作岗位的工作高度；A—工作平面高度；C—作业面高度；K—工作台面厚度；F—脚支撑高度；U—小腿空间高度；Z—大腿空间高度；G—坐姿工作岗位的腿空间高度；L—立姿工作岗位的脚空间高度；T_1—腿部空间进深；T_2—脚空间进深；B—腿部空间宽度（图 a~图 c 中 B 尺寸同）；D—横向活动间距（图 a~图 c 中 D 尺寸同）；W—向后活动间距

表 1-10-5

mm

与作业无关的工作岗位尺寸

尺寸符号	坐姿工作岗位	立姿工作岗位	坐立姿工作岗位
D		≥1000	
W		≥1000	
T_1	≥330	≥80	≥330
T_2	≥530	≥150	≥530
G	≤340	—	≤340
L		≥120	—
B	≥480	—	480≤A≤800
			700≤A≤800

大腿空间高度 Z 和小腿空间高度 U 的最小限值与最大限值

尺寸符号	P_5	
	女性	男性
Z	135	135
U	375	415
尺寸符号	P_{95}	
	女性	男性
Z	175	175
U	435	480

续表

坐姿工作岗位相对高度 H_1，立姿工作岗位工作高度 H_2	类别	举　例	H_1				H_2			
			P_5		P_{95}		P_5		P_{95}	
			女	男	女	男	女	男	女	男
	Ⅰ	调整作业 检验工作 精密元件装配	400	450	500	550	1050	1150	1200	1300
	Ⅱ	分检作业 包装作业 体力消耗大的 重大工件组装	250		350		850	950	1000	1050
	Ⅲ	布线作业 体力消耗小的 小零件组装	300	350	400	450	950	1050	1100	1200

注：1. 表中的与作业无关的工作岗位尺寸是以作业人员有关身体部位的第5或第95百分位数值（见GB/T 12985和GB/T 10000）推导出来的。

2. 与作业有关的工作岗位尺寸有

（1）作业面高度 C 通常依据作业对象、工作面上配置的尺寸确定；对较大的或形状复杂的加工对象，以满足最佳加工条件来确定被加工对象的方位。

（2）工作台面厚度 K。对原有设备，K 值是已知的；新设计情况的 K 值，应满足下式关系。

$$K=A-Z_{5\%}-S_{5\%} \tag{1-10-1}$$

$$K=A-Z_{95\%}-S_{95\%} \tag{1-10-2}$$

（3）坐姿工作岗位的相对高度 H_1 和立姿工作岗位的工作高度 H_2。

根据作业时使用视力和臂力的情况，把作业分为三个类别。

Ⅰ类：使用视力为主的手工精细作业。分别以GB/T 10000中坐姿、立姿女性、男性眼高的第5和第95百分位数为参照，并考虑到姿势修正量和经验，确定坐姿工作岗位的相对高度 H_1 和立姿工作岗位的工作高度 H_2。

Ⅱ类：使用臂力为主，对视力也有一般要求的作业。分别以GB/T 10000中坐姿、立姿女性、男性肘高的第5和第95百分位数为参照，结合经验，确定坐姿工作岗位的相对高度 H_1 和立姿工作岗位的工作高度 H_2。

Ⅲ类：兼顾视力和臂力的作业。以Ⅰ、Ⅱ两类相应的高度平均值分别确定坐姿、立姿工作岗位的女性、男性的第5和第95百分位数的相对高度 H_1 和工作高度 H_2。

（4）工作平面高度 A 的最小限值

坐姿工作岗位

$$A \geqslant H_1-C+S \tag{1-10-3}$$

或

$$A \geqslant H_1-C+U+F \tag{1-10-4}$$

立姿工作岗位

$$A \geqslant H_2-C \tag{1-10-5}$$

（5）坐位面高度 S 的调整范围

$$S_{95\%}-S_{5\%}=H_{1(5\%)}-H_{1(95\%)} \tag{1-10-6}$$

（6）脚支撑高度 F 的调整范围

$$F_{5\%}-F_{95\%}=S_{5\%}-S_{95\%}+U_{95\%}-U_{5\%} \tag{1-10-7}$$

$$F_{5\%}-F_{95\%}=H_{1(95\%)}-H_{1(5\%)}+U_{95\%}-U_{5\%} \tag{1-10-8}$$

1.4.1　工作岗位尺寸设计

（1）工作岗位尺寸设计的一般程序

1）确定工作岗位类型；

2）根据表1-10-5确定作业要求的类别，在表中查出和作业人员性别相符的第95百分位数的相对高度 H_1 或

工作高度 H_2。

（2）坐姿工作岗位

1）工作面高度 A 被限定、不能升降时，坐位面高度 S、脚支撑高度 F 必须满足第 5 和第 95 百分位数的作业人员身材的升降调整范围。

2）工作面高度 A 可以升降时，坐位面高度 S 必须可以升降调整，以适应第 5 和第 95 百分位数身材的作业人员。

3）在设计女性和男性共同使用的坐姿工作岗位时，应选取男性的相对高度 H_1 计算工作面高度 A；同时坐位面高度 S 和脚支撑高度 F 必须有较大的调节范围，以适应女性作业人员。

4）在用式（1-10-4）计算工作面高度 A 时，必须使用小腿空间高度 U 和脚支撑高度 F 的第 95 百分位数，保证第 95 百分位数的作业人员有必要的腿部空间高度 G。

5）按式（1-10-6）~式（1-10-8）分别确定坐位平面高度 S 和脚支撑高度 F 的调节范围。

6）检验第 5 和第 95 百分位数的大腿空间高度 $Z_{5\%}$ 和 $Z_{95\%}$ 是否大于表 1-10-5 中的最小限值。

如果不符合要求，可参照下述方面进行修改

① 加大工作平面高度 A 的尺寸；

② 减小作业点高度 C，如改变工件、工装夹具安置方位；

③ 减小工作台面厚度 K 值。

经修改后的设计，应再作复核。

7）设计步骤举例见例 1。

（3）立姿工作岗位

1）在工作面高度 A 被限定情况下，可使用踏脚台解决作业人员的适应性，同时必须注意：

① 踏脚台的设置对立姿工作岗位原有灵活性的限制；

② 踏脚台的设置增加意外伤害的可能性；

③ 踏脚台对不同百分位数身材作业人员的适应性。

2）在工作面高度 A 未被限定情况下可以使用工作面能升降调节的台面以适应第 5 和第 95 百分位数的作业人员。

3）在工作平面高度 A 必须统一的情况下（如生产流水线），工作高度 H_2 按作业人员性别异同分两种情况确定。

① 作业人员性别一致时

$$H_2=[H_{2(5\%)}+H_{2(95\%)}]/2 \tag{1-10-9}$$

式中，$H_{2(5\%)}$ 和 $H_{2(95\%)}$ 分别为表 1-10-5 中某一类别作业的女性或男性第 5 和第 95 百分位数立姿工作岗位高度。

② 作业人员性别不一致时，取

$$H_2=[H_{2(\text{W.}95\%)}+H_{2(\text{M.}5\%)}]/2 \tag{1-10-10}$$

式中 $H_{2(\text{W.}95\%)}$——表 1-10-5 中某一类别女性第 95 百分位数立姿工作岗位高度；

$H_{2(\text{M.}5\%)}$——表 1-10-5 中该类别男性第 5 百分位数立姿工作岗位高度。

4）用式（1-10-5）确定工作平面高度 A。同时必须注意：

① 对第 95 百分位数的男性（或女性）作业人员增加了视距，应检查是否影响观察和操作；

② 对第 5 百分位数的女性（或男性）作业人员，应该检查作业点是否可及。

5）当作业点在垂直基准面以外 150mm 以上时，必须保证立姿腿部空间进深 T_1、脚空间进深 T_2 和脚空间高度 L 符合表 1-10-5 中规定的数值。

（4）坐、立姿交替工作岗位

1）用立姿工作岗位设计方法，确定工作高度 H_2 和工作平面高度 A。

2）根据作业要求的类别，从表 1-10-5 中查出工作高度 $H_{1(5\%)}$ 和 $H_{1(95\%)}$；分别按式（1-10-6）和式（1-10-7）计算坐位面高度 S 调整范围和脚支撑 F 调整范围，核算大腿空间高度 Z 是否大于表 1-10-5 中规定的最小限值。

3）检查在立姿工作时第 5 百分位数的作业人员能否触及以坐姿为主安排的工装卡具、作业对象。

1.4.2 工作岗位尺寸设计举例

例1 坐姿工作岗位。

已知作业内容及作业要求类别：用风动改锥拧紧外罩，Ⅲ类；作业人员性别：女性；作业点高度 $C=150$mm；工作台面厚度 $K=30$mm。

从表1-10-5中查出相对高度：$H_{1(5\%)}=300$mm；$H_{1(95\%)}=400$mm。

按式（1-10-4）计算工作平面高度 A：

$$A \geqslant H_{1(95\%)}-C+U_{95\%}+F_{95\%}$$

式中，$U_{95\%}=435$mm（见表1-10-5）。

$F_{95\%}$是脚支撑的最低部位，按图1-10-1安装时，$F_{95\%}=(350/2)\ \sin10°+20\approx50$（mm）

$$A \geqslant 400-150+435+50=735\text{（mm）}$$

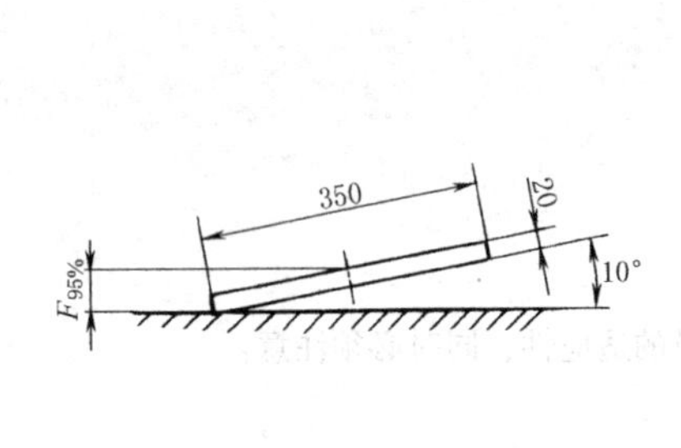

图1-10-1 脚支撑安排

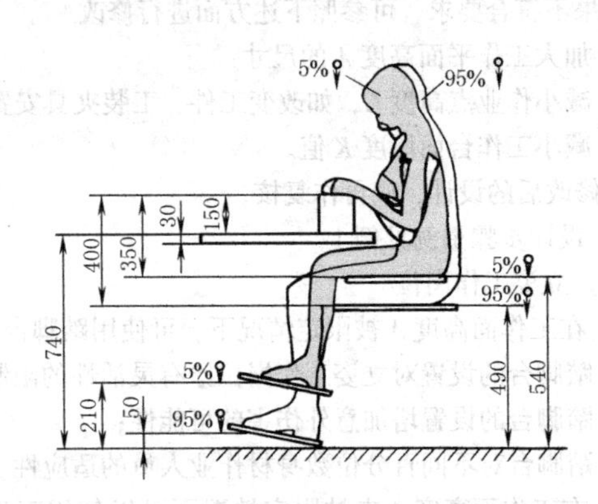

图1-10-2 设计的工作岗位

（5%♀是第5百分位的女性，95%♀是第95百分位的女性）

计算出的 A 值是最小值，在实际计算中，应该按实际确定的 A 值进行以下的计算（例如，$A=800$mm）。

按式（1-10-3）计算坐位面高度 S

$$S_{5\%} \leqslant A+C-H_{1(5\%)}=735+150-300=585\text{（mm）}$$

$$S_{95\%} \leqslant A+C-H_{1(95\%)}=735+150-400=485\text{（mm）}$$

按式（1-10-7）和式（1-10-8）计算第5百分位数身材的作业人员脚支撑高度 F：

$$F_{5\%}=S_{5\%}-U_{5\%}=585-375=210\text{（mm）}$$

$$F_{95\%}=S_{95\%}-U_{95\%}=485-435=50\text{（mm）}$$

与作业无关的工作岗位尺寸按表1-10-5所规定的数值确定。

与作业有关的尺寸汇总如下：

工作面高度 $A \geqslant 735$mm；

坐位面高度 S 调整范围为485~585mm；

脚支撑高度 F 调整范围为50~210mm。

坐姿工作岗位示意如图1-10-2所示。

根据式（1-10-1）、式（1-10-2）检验大腿空间高度 Z 是否符合表1-10-5中规定的最小限值。

$Z_{5\%}=A-S_{5\%}-K=735-585-30=120$（mm），小于表1-10-5中规定的最小值135mm。

$Z_{95\%}=A-S_{95\%}-K=735-485-30=220$（mm），大于表1-10-5中规定的最小值175mm。

当得出 Z 值小于表1-10-5中规定的最小值时，可在实际的设计中通过调整作业点高度 C 值或工作台的结构尺寸加以改进。

例2 坐、立姿交替的工作岗位。

已知作业内容及作业要求类别：电流表布线，Ⅲ类。作业人员性别：男性；作业点高度 $C=150$mm，工作台面厚度 $K=30$mm。

以式（1-10-9）和表1-10-5值为依据确定工作高度 H_2：

$$H_2=[H_{2(5\%)}+H_{2(95\%)}]/2=(1050+1200)/2=1125\text{（mm）}$$

按式（1-10-5）计算工作面高度 A：

$$A\geqslant H_2-C=1125-150=975\text{（mm）}$$

从表1-10-5中查出Ⅲ类、坐姿工作岗位时的男性工作高度 H_1：

$$H_{1(5\%)}=350\text{mm},\ H_{1(95\%)}=450\text{mm}$$

按式（1-10-3）计算坐位面高度 S：

$$S_{5\%}\leqslant A+C-H_{1(5\%)}=975+150-350=775\text{（mm）}$$

$$S_{95\%}\leqslant A+C-H_{1(95\%)}=975+150-450=675\text{（mm）}$$

按式（1-10-7）计算脚支撑高度 F：

$$F_{5\%}=S_{5\%}-U_{5\%}=775-420=355\text{（mm）}$$

$$F_{95\%}=S_{95\%}-U_{95\%}=675-480=195\text{（mm）}$$

因工作面高度 A 为975mm，大于800mm，腿部空间宽度 B 应该选择大于或等于700mm。与作业无关的工作岗位尺寸，按表1-10-5所规定的数据确定。

与作业有关的尺寸汇总如下：

工作面高度 $A\geqslant 975$mm；

坐位面高度 S 的调整范围为675～775mm；

脚支撑高度 F 的调整范围为190～355mm。

坐、立姿交替的工作岗位示意如图1-10-3所示。

最后，根据式（1-10-1）和式（1-10-2）检验大腿空间高度 Z 是否符合表1-10-5中规定的最小限值。

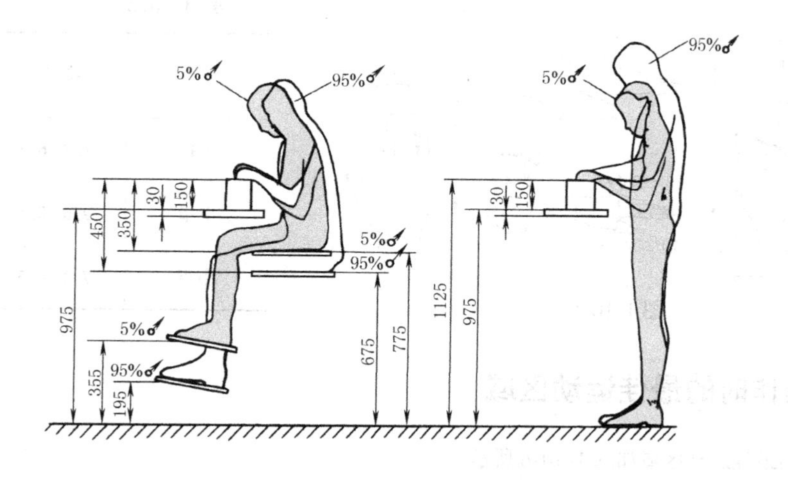

图1-10-3 设计的坐立姿工作岗位尺寸

（5%♂是第5百分位的男性，95%♂是第95百分位的男性）

2　人体必需和可能的活动空间

2.1　人体必需的空间

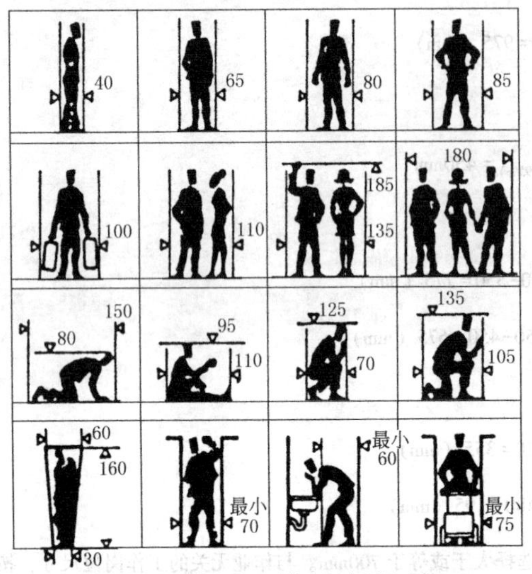

身高为175cm的人所必需的空间主要尺寸/cm

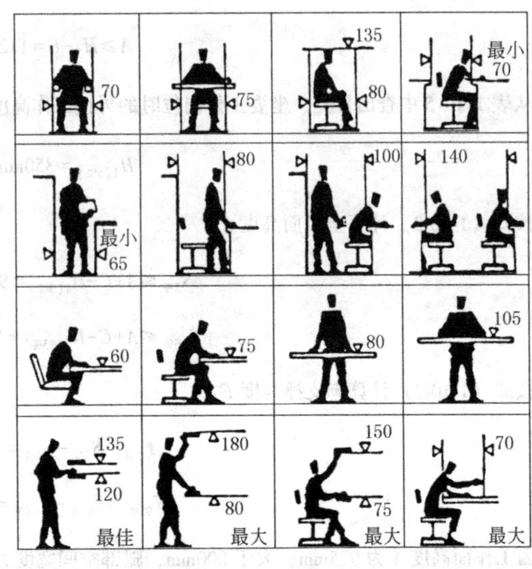

人坐着和站着时所必需的空间主要尺寸/cm

图 1-10-4　人体必需的空间

2.2　人手运动的范围

设计工具和装置的把手、手柄、手接触的筛板和其他产品的安全孔时，要考虑人手尺寸及其运动的可能性。图 1-10-5 和表 1-10-6 给出了手的主要尺寸的平均值，图中上部是男性手尺寸，下部是女性手尺寸。男性手最长为 21cm，女性手最长为 20.5cm。握拳时，手可摆动 135°；手指伸开时，手可摆动 150°。

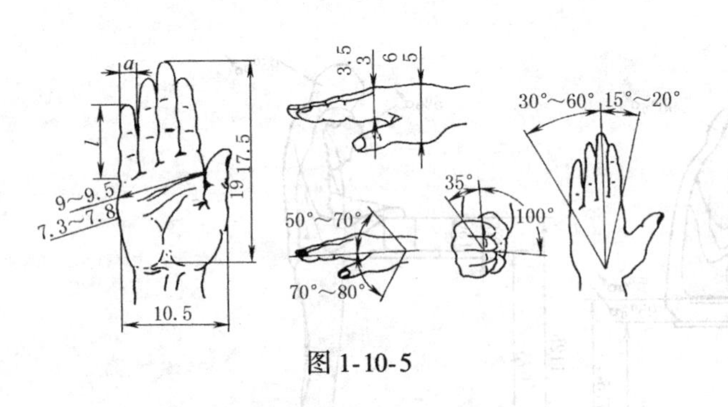

图 1-10-5

表 1-10-6　　cm

	指长 l	指宽 a
大指	7.8~6.3	2.4~2.2
中指	9.6~8.5	2.1~1.9
小指	7.4~6.5	1.8~1.5

2.3　上肢操作时的最佳运动区域

上肢操作时的最佳运动区域如图 1-10-6 所示。

2.4　腿和脚运动的范围

脚各部分的比例及其弯曲范围对于研究脚部操纵机构是重要的。如自行车的结构要适应脚部尺寸和运动学，

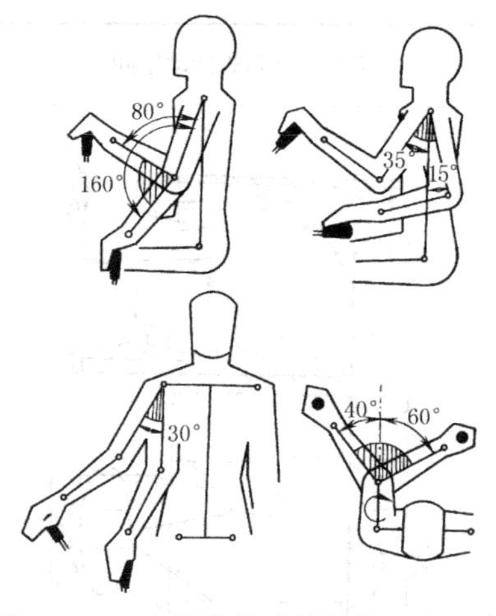

图 1-10-6　上肢操作时的最佳运动区域

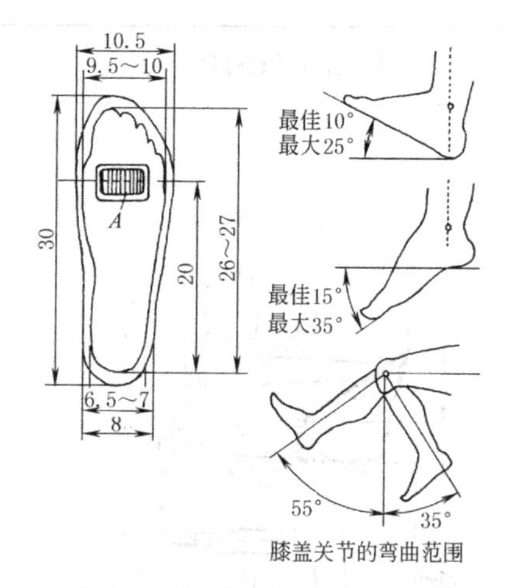

图 1-10-7　腿和脚运动的范围

操作台或台下空间的大小取决于操作者坐着的身体尺寸和姿态，小腿高度决定坐位的最佳高度。图 1-10-7 所示为身高 175cm 男性的脚部尺寸（穿鞋和不穿鞋）。脚的长度最大为 29cm，最小为 23cm；脚的宽度最大为 10.5cm，最小为 7.8cm；脚掌与踏板接触的面积为 A。实际上还必须考虑到鞋后跟的高度。

3　操作者有关尺寸

3.1　坐着工作时手工操作的最佳尺寸

表 1-10-7　　cm

工作台高度	工作台表面上手的工作区域
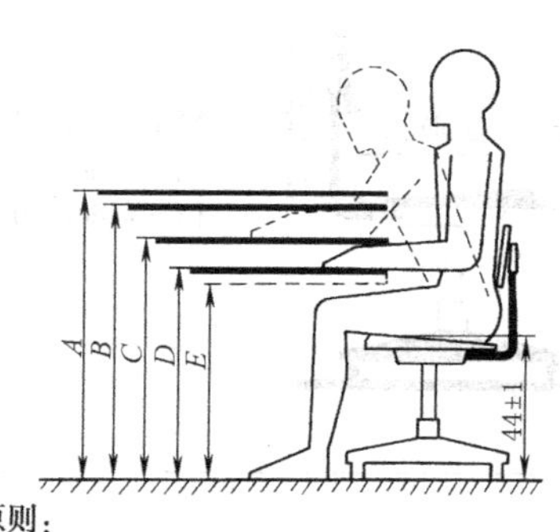 设计原则： ①需力越大，应该越低 ②要求视力越强，应该越高 ③高度还决定于工作时人体的姿势、操纵机构的大小和操作者的身高 A——要求手臂运动有较高精度的工作（钟表组装），88±2 B——视力强度较高的工作，84±2 C——一般工作台，74±2；会议桌，69～70 D——打字桌，需要较大力气才能完成的工作的工作台，66±2 E——放腿空间的最低高度，60	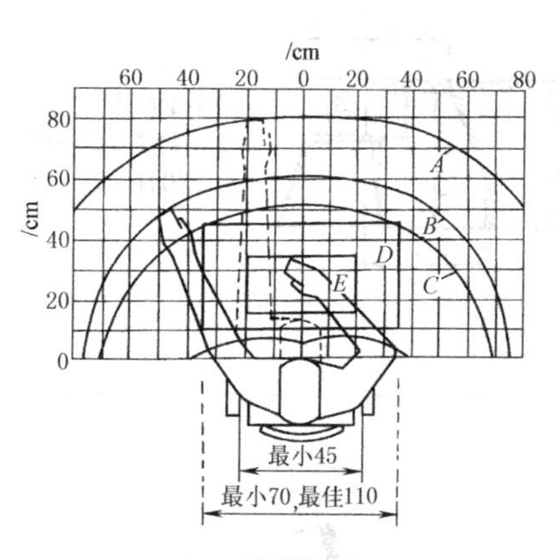 手的运动区 A——最大可达到区域，在此区内，完成手工操作需要用一定的力 B——伸直手臂时，手指可达到区域 C——手掌容易达到区域 D——粗的手工工作最佳的可达到区域 E——精度和手艺要求很高的手工劳动的最佳可达到区域 本图尺寸推荐用于中等身高的男性，坐在高 70cm 左右的工作台前。对于女性，到达区应该减小 10%

续表

手工操作的最佳区	工作台下腿脚活动空间
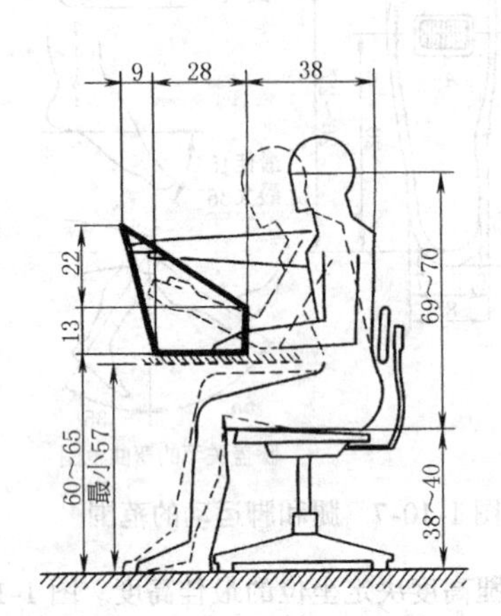	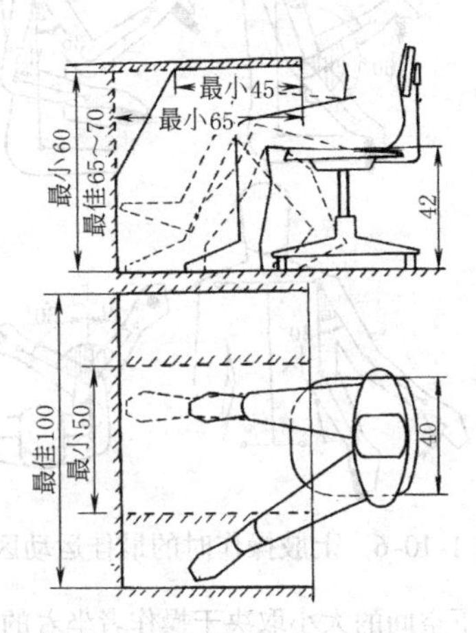
本图给出的尺寸，推荐用于身高为155~160的男性 在这些条件下，他们能够方便地用手工作（装配、安装、包装等工作，力为100N）	本图尺寸适用于身高不超过181者 图上示出了腿脚七种姿势：两腿伸直；脚在右角上；腿在坐位下弯曲；一只脚在前，另一只脚在后；两腿交叉；脚放在脚踏板上；在一只腿置于另一只腿上，或对身高为200者，腿脚区高等于75~77

3.2 工作坐位的推荐尺寸

表 1-10-8 cm

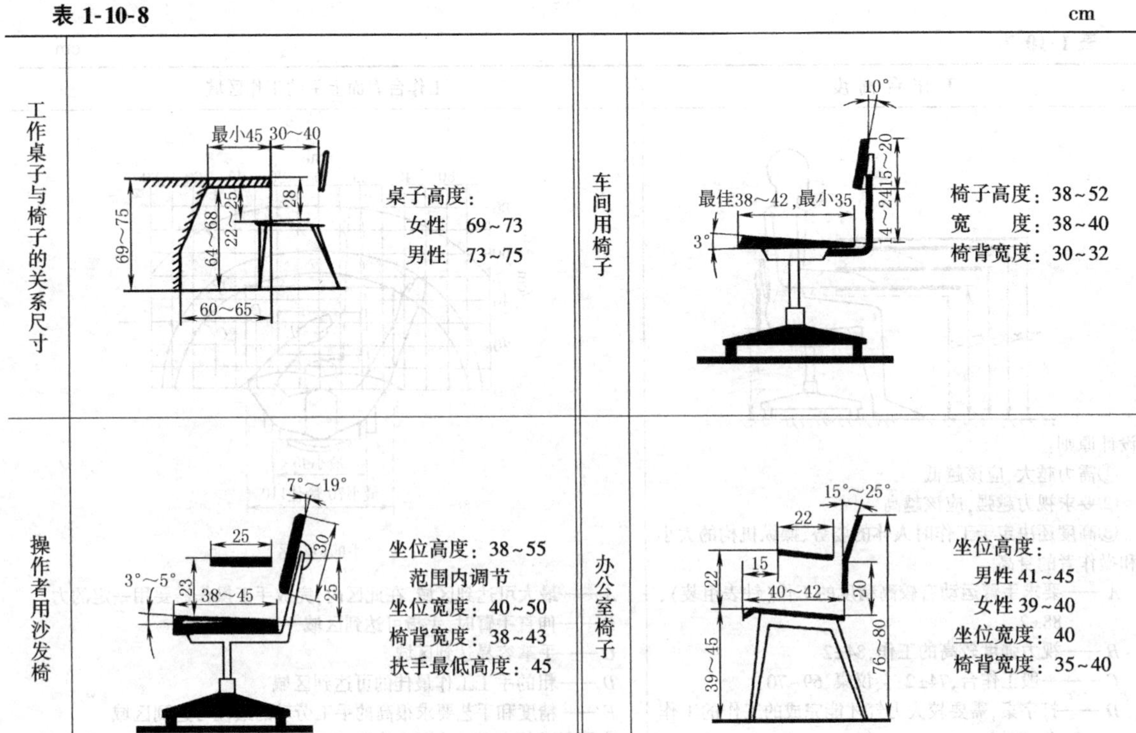

工作桌子与椅子的关系尺寸	最小45　30~40　28　69~75　64~68　22~25　60~65 桌子高度： 女性　69~73 男性　73~75	车间用椅子	10°　15~20　14~24　最佳38~42，最小35　3° 椅子高度：38~52 宽　度：38~40 椅背宽度：30~32
操作者用沙发椅	7°~19°　25　30　25　3°~5°　23　38~45 坐位高度：38~55 范围内调节 坐位宽度：40~50 椅背宽度：38~43 扶手最低高度：45	办公室椅子	15°~25°　22　15　22　40~42　20　39~45　76~80 坐位高度： 男性 41~45 女性 39~40 坐位宽度：40 椅背宽度：35~40

3.3 运输工具的坐位及驾驶室尺寸

表 1-10-9

cm

运输工具内的坐位

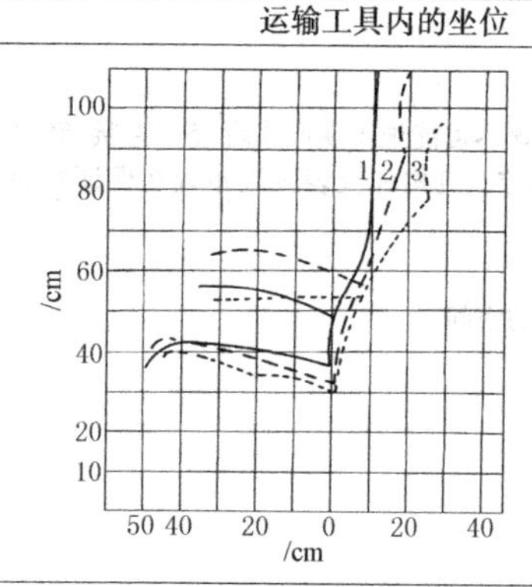

1—英国航空公司飞机的坐位；

2—瑞典高速火车的坐位；

3—英国铁路货车上的坐位

轻便小汽车的驾驶室

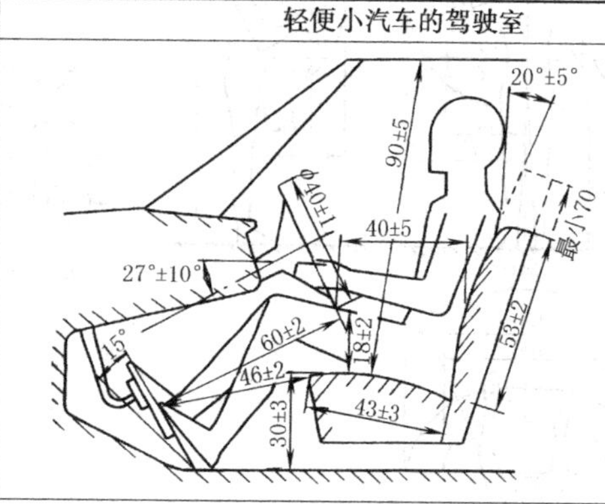

本尺寸以身高 169～180 者为基础

坐位在水平面上可调约±10，在垂直面上可调±4

载重汽车的驾驶室

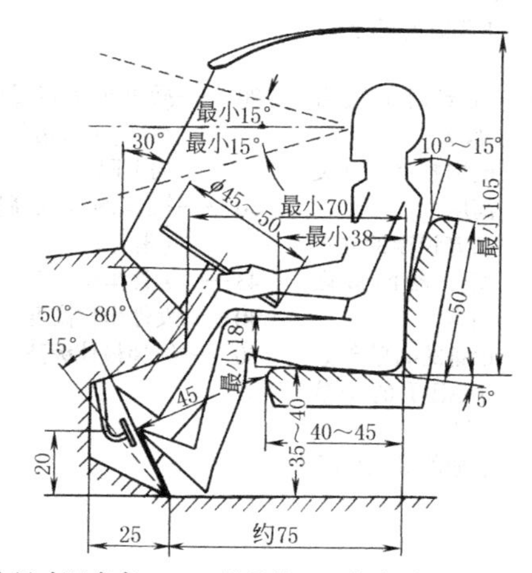

本尺寸以身高 175±5 者最佳。坐位水平可调±10，垂直可调±5，坐位最小宽度 48

火车头的驾驶室

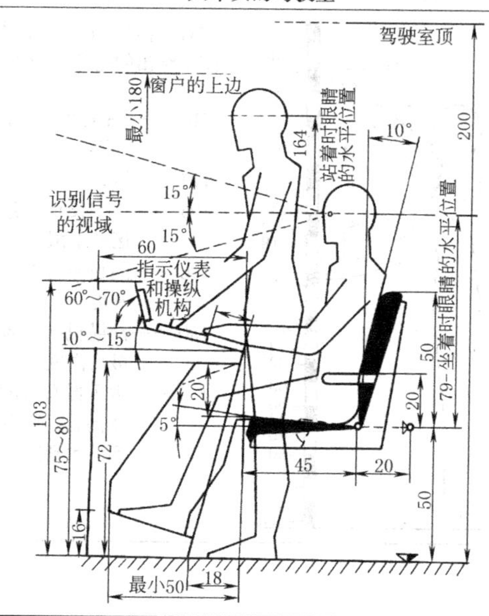

3.4 站着工作时手工操作的有关尺寸

表 1-10-10

cm

工作台的高度	
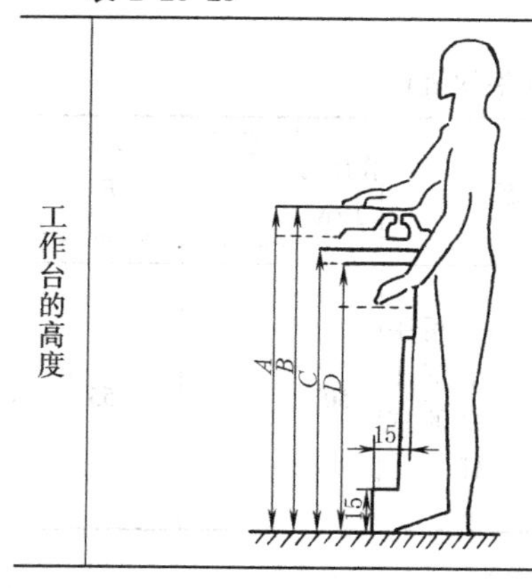	适于身高 175 男性，165 女性（括号内尺寸） 设计原则：工作场地的高度决定于作用力、操作者操作物件的尺寸、视力要求和人的身高 *A*——精密工作，靠肘支承工作，如在书写时，105～115（100～110） *B*——虎钳固定在工作台上的高度，113 *C*——轻手工工作（包装等），95～100（90～95） *D*——用劲大的工作（重的钳工工作），80～95（75～90）

续表

机床上用手操纵控制机构的工作区	按身高175的男性给出 设计原则：站着工作时，应该尽可能地不使操作者经常弯腰、转身等。机床（设备）上的大部分控制机构和仪表应该布置在保证容易操作的最佳区内 *A*——作用空间 *B*——便于操纵控制机构的空间 *C*——最佳工作区
手的工作区	站着工作时，手臂的最佳和许用工作区尺寸 图上给出的是身高为175左右男性站着工作时的尺寸 210——站着时手可达到区 197——门高 195——手方便地可达到区的上限 190——隔板布置的最高高度 180——操纵机构布置的最高高度 175——指示器布置的最高高度，坐着时手可达到区 160——站着时的视力水平 140——电网挂墙式开关高度 135——站着识读的立式指示器的极限高度 120——设备的隔栅高度 105——门把手的安装高度 100——隔栅的最低高度 80——操纵机构布置的高度，手可达到区的下限 50——操作的最低高度（坐着） 43——男性坐位高度 40——女性坐位高度 30——绳梯最佳级高

4　手工操作的主要数据

4.1　操作种类和人力关系

表 1-10-11　　几种操作状态下人力发挥的作用力、速度和功率（平均值）

操作类别	操作状态	作用力 P/N	速度 v /m·s^{-1}	功率 Pv /N·m·s^{-1}	操作类别	操作状态	作用力 P/N	速度 v /m·s^{-1}	功率 Pv /N·m·s^{-1}
空手	空手举重	120	0.8	96	杠杆	用手上下压泵的杠杆	50	1.1	55

续表

操作类别	操作状态	作用力 P/N	速度 v /m·s⁻¹	功率 Pv /N·m·s⁻¹	操作类别	操作状态	作用力 P/N	速度 v /m·s⁻¹	功率 Pv /N·m·s⁻¹
曲摇柄	 回转曲柄或摇柄	100	0.8	80	锤击	 挥锤打铁砧	120	0.4	48
推拉船橹	 水平推拉船橹	100	0.6	60	绞车	 转动绞车的把柄提升重物	200	0.3	60
拉链	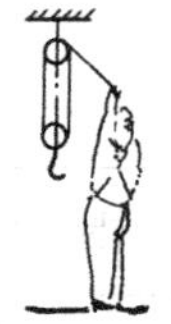 拉滑轮链提升重物	280	0.4	112	踏车	 以自身的重量上楼梯或脚踏水车旋转	550	0.15	82.5

注：表中数据是根据实验测得的人力平均值。体重为65kg的工作者，如在极短时间内动作，作用力 P 值可达表中数值的2倍（但是踏车情况下的 P 值仍旧一样）。

表 1-10-12　　人的推拉力　　N

430	420	400	390	385	380	380	370	370
370	350	330	320	300	290	285	280	270

注：人的两腿分开50°。

表 1-10-13　　操作物体时的最佳位置

操作说明	图例
1. 用双手拿起物体的最初位置：手距地面高度为500～600mm左右；低于此值，拿起物体不方便	
2. 手摇杠杆的位置：手摇杠杆的高度约为750mm，适宜的行程为250mm	
3. 双手加压物体的高度：用双手加压，最大压力的作用高度为500mm，但400～700mm之间无显著差别，可施加近于体重的压力	
4. 手摇摇柄的位置：摇柄的中心高度为800～900mm，力臂视力矩大小取250～400mm	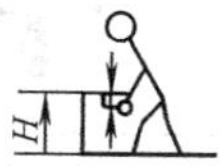
5. 用锤打物体的位置：竖打的情况下，物体的高度在400～800mm之间，其效果无显著差别，适宜高度为500～600mm，横打最佳高度为900～1000mm	
6. 水平推或拉的位置：握棒的位置离地面的适宜高度为850～950mm	
7. 拉链时手的位置：拉链时手的位置从最高1700mm（H_1）拉下至1200mm（H_2）为最佳	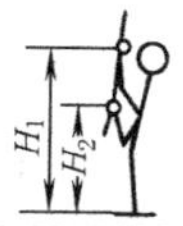

表 1-10-14　人的体力

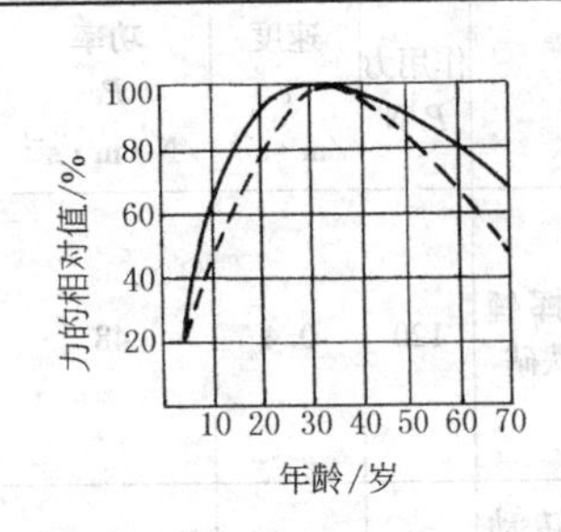	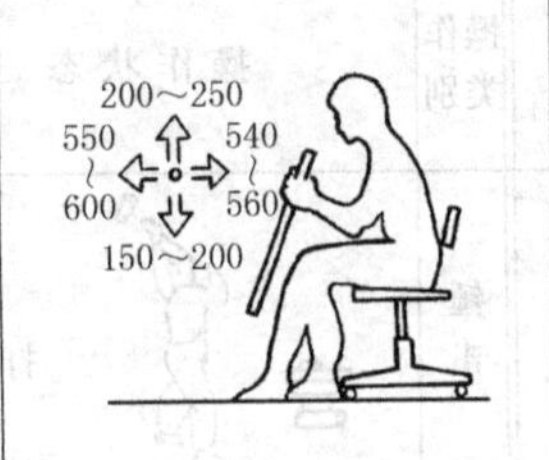	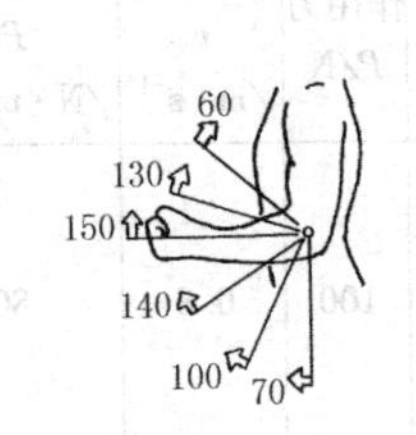	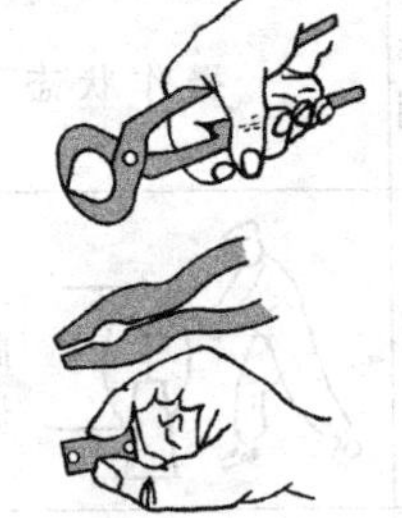
——男性，---女性 女性体力比男性低 30%～40%	操纵把手在操作者前高 70～90cm 的地方，手在各个方向上的最大力(N)	前臂弯曲时静力(N)的大概值	手的握压力(N)： 男性手掌的平均握压力为 400（最大为 500）；女性为 300；手指捏压力为 100

注：设计时需根据各地区具体情况进行修正。

表 1-10-15　健康男人骑自行车发出的平均功率

骑车人	发出功率/kW	持续时间	骑车人	发出功率/kW	持续时间
一流选手	0.74	最高发出功率约 10s	中学生	0.22 0.15 0.07	最高发出功率约 10s 短时间（5～10min） 长时间（10～60min）
成年人	0.51 0.22 0.15	最高发出功率约 10s 短时间（5～30min） 长时间（30～60min）			

4.2　操纵机构的功能参数及其选择

操纵系统的可靠性和安全性取决于操纵机构型式选择的正确与否，选择操纵机构的型式取决于切换力、装置的精度、调节范围、切换速度（接通或断开）、调节或调整精度的等级，以及切换开关的可能位置等因素，参见表 1-10-16～表 1-10-18。

表 1-10-16　操纵机构型式及最佳力

操纵机构名称	两种		三种	四种	操纵力	
	调节位置				较小	较大
	快速开和关			精确调节的快速操纵	精确调节的慢操纵	快速操纵
操纵机构型式	按钮	脚踏板	旋转杠杆开关		旋钮	曲柄把手
最佳力/N	10	30～50	10	10	20～40	20～80
操纵机构型式	两投杠杆转换开关	脚踏按钮	杠杆	旋转把手	手轮	带把的手轮
最佳力/N	5	30～50	70	30～50	20～50	20～50

续表

操纵机构名称	两种	三种	四种	操纵力	
	调节位置			较小	较大
	快速开和关		精确调节的快速操纵	精确调节的慢操纵	快速操纵
操纵机构作用型式		光信号		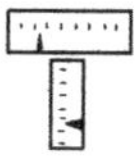	

表 1-10-17　　操纵力推荐值　　N

操纵方式	操纵器形式			
	按钮	操纵杆	手轮、驾驶盘	踏板
用手指	5	10	10	
用手掌	10			
用手臂		60(150)	40(150)	
用双手		90(200)	60(250)	
用脚				120(200)

注：1. 括号内的数值适用于不常用的操纵器。

2. 用双手操纵管道阀门的手动操纵杆和操纵轮，用力不得超过450N。

表 1-10-18　　操纵机构其他功能参数

工作情况	杠杆	踏板	曲柄把手	杠杆/cm					手轮布置位置/cm
				布置				相关尺寸	
				杠杆把手的最佳布置	运动方向	操纵力/N 最大	操纵力/N 最佳		
1. 转动角度 2. 主要和经常使用时的工作行程 3. 辅助的或不经常使用时的工作行程	<30° 250mm 400mm	<60° 150mm 250mm	1. 最大旋转半径<400mm 2. 旋转中心离地面高度900~1100mm 3. 手把上的平均运动速度<1m/s	 40~60 60~80	→推	600	90~130	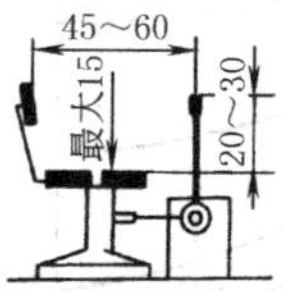 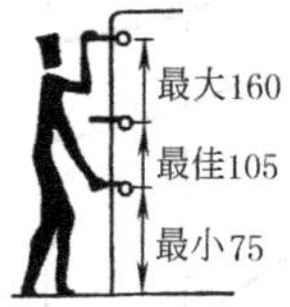 45~60 最大15 20~30 最大160 最佳105 最小75	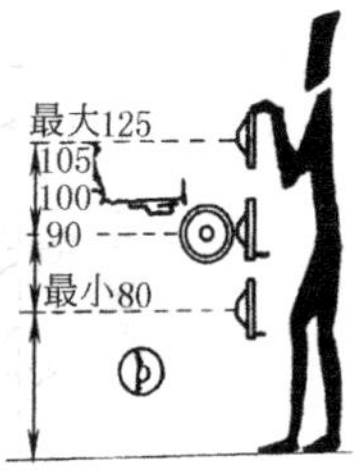 最大125 105 100 90 最小80 当坐着操纵手轮时，手轮的转动中心应比坐位高约40cm
					←拉	500	50~130		
				 70~80	↑向上	250	70~120		
					↓向下	250	70~120		
				 70~75	←拉向操作者	200	50~70		
					→向外推	150	50~70		

5 工业企业噪声有关数据

表 1-10-19 新建、扩建、改进企业噪声卫生标准（试行草案）

每个工作日接触噪声时间/h	允许噪声/dB
8	85
4	88
2	91
1	94
最高不得超过	115

表 1-10-20 工作场地噪声的极限允许值 dB

极限允许值	活动型式
85	体力工作(不要求思想集中和不监听周围环境)
75	体力工作(要求精度和注意力集中或连续监听周围环境)
65	经常要求发布口头命令和声音信号的工作;要求连续监听周围环境的工作;死板性质的脑力活动为主的工作
55	脑力工作(要求注意力集中,注意周围环境)
40	脑力工作(操纵)(要求长时间注意力集中和注意周围环境),有重大责任的工作

注：表中给出的噪声级是大致的，在研究具体的噪声时必须考虑到其作用的时间长短，连续或间断性质，白天或者夜间和局部条件。

表 1-10-21 不同工作场所的噪声级测量值 dB

噪声级	场所	噪声级	场所
200~800	宇宙火箭启动	75~80	焊接设备,钻床,呼喊声
190	功率巨大的火箭发动机	75	电话铃声
140	喷气式飞机	70~80	机械制造厂,机加工车间,建筑工地,电子计算机
130	飞机发动机,高压蒸汽排出	65~70	电动打字机
110~120	铆接,风动工具清除铸件	65	加重的说话声音
95~115	轧钢机	60~65	机械打字机,工厂办公室
95~110	熔炼炉和煅烧炉	50	相隔 1m 距离的谈话
90~100	锅炉房,汽笛,锯木间	30~40	机关和安静的工作地点
85~105	制模机,振动器和压机	10~12	钟表滴答声
80~90	重型加工机床,计算中心		

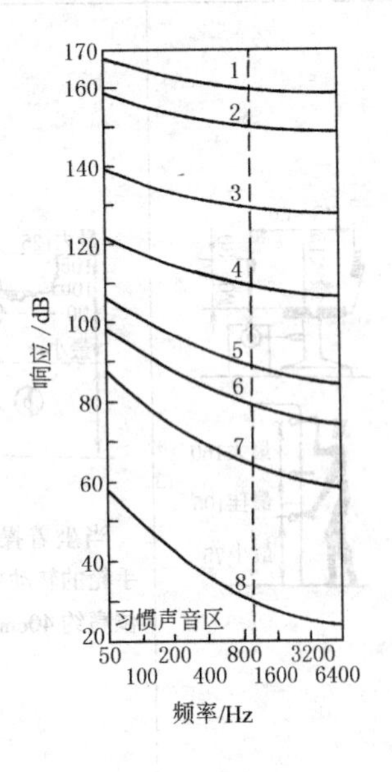

1—造成瞬时致聋或致死；
2—造成听觉器官严重损伤和致聋；
3—引起强烈的病态感觉和头晕；
4—产生病态感觉，开始损伤听觉器官，必须采用噪声抑止器；
5—引起非常不愉快的感觉，疲乏和头痛；
6—对听觉器官有害；
7—造成神经性刺激，干扰智力集中，降低工作质量；
8—相对噪声区，它是人心理上对噪声源有感受的噪声，随着时间的推移，对操作工作和要求智力集中很强的动作产生不良影响

图 1-10-8 噪声对人的作用

6 照　　明

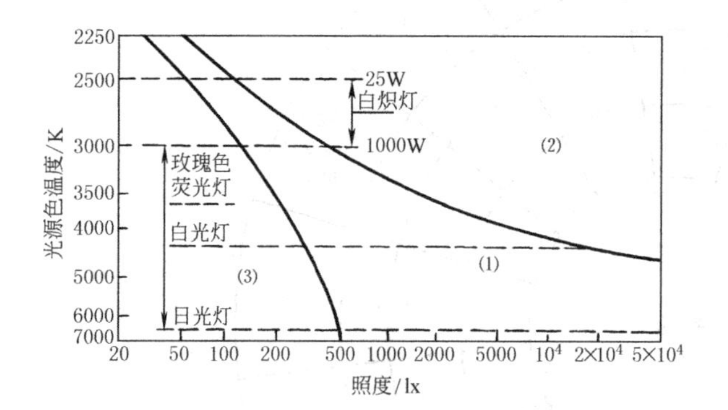

图 1-10-9　照度和颜色的影响

克劳依脱霍夫图表是一种定向的辅助手段，用此图表从美学上决定舒适的和不舒适的照明。美学上舒适的和自然的照明由区域（1）内照度（lx）和色温度（K）的交点来决定，如果交点位在区域（1）之外，那么照明不是自然光而是失真颜色（2）或者是冷光，这时会感到光线不足（3）

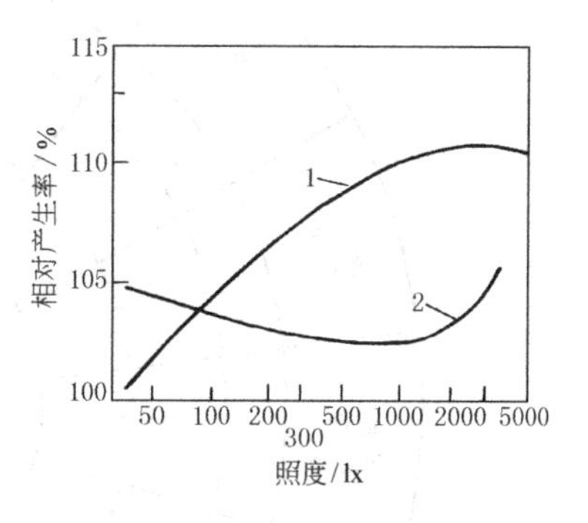

图 1-10-10　相对生产率和眼睛疲劳度同照度的关系曲线

1—相对生产率；2—眼睛疲劳度

实验证明，在工作面上和工作地点有较强的照明时，可以提高劳动生产率和降低眼睛与机体的疲劳度。但是对每一种视力工作来说，它具有自己的界限，这是由于使眼睛发花的亮度会对视力产生不良作用

表 1-10-22　　按照工作形式和视力活动特点推荐的工作地点人工照明的照度

照度/lx	视力活动特点	照度/lx	工 作 形 式
5000	最精确的工作，认清的零件尺寸<0.2mm（特殊视力任务）	5000	最复杂视觉任务
		3000	精确的检查
		2000	中等对比度和弱反射时的最佳照明（仪表的生产和组装）
1000	精确的工作，区分的零件尺寸为 0.2～1mm（正常视力任务）	1500	雕刻工作
		1000	最精确的机械工作；区分颜色；机器加工的精确工作
		500	设计和绘制图纸、精确的机械试验、实验室、计算中心、机器印刷
500	中等精度工作，区分的零件尺寸为 1～10mm（简单视力任务）	300	对没有日光照明的工作地点；卫生上的最低要求；阅读、写信、机关工作、钳工工作、压力机车间工作
		160	车间总体照明卫生上的最低要求：大致的检查、加工车间、储存、包装工作、分发、铸造生产
250	粗糙的工作，区分的零件尺寸为 10～100mm	100	建筑物的入口、通道和楼梯等地方
		60	视力分析状态上最低要求的照度
125	一般地识别方位	25	安全工作的最低照度（内部交通和指向）

注：照度主要影响同眼睛工作有关的劳动生产率，提高照度在某些范围内意味着提高劳动生产率。表内列出的人工照明的照度值，必须在工作地点内全日使用。

7　综合环境条件的不同舒适度区域和振动引起疲劳的极限时间

图 1-10-11 为综合环境不同条件给出的不同舒适度的区域，可以对比人的工作区是否适应或应加以改进，但是有些条件对人体的影响不是单一的。例如图中加速度在（0.1～1）g（重力加速度）为不舒适区。但对于冲击及振动等连续作用情况下，其对于人体器官的疲劳作用，与振动频率及作用时间有很明显的关系。图 1-10-12a、b 分别为由垂直振动和水平振动作用于人体器官产生不同疲劳的极限时间及其频率的关系，加速度以振动的均方值决定。

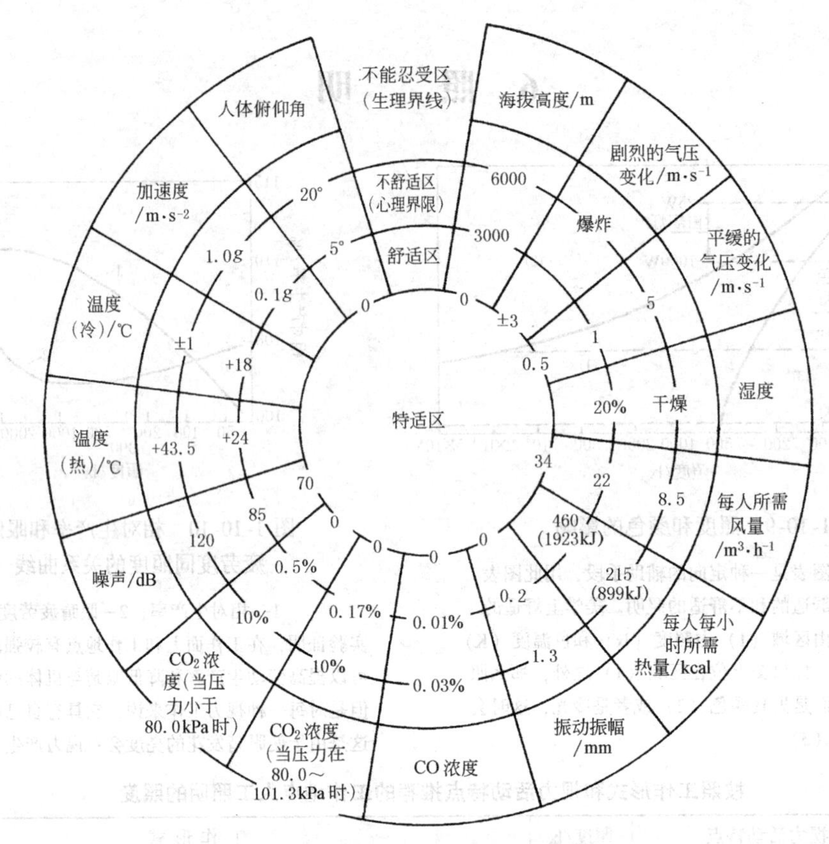

图 1-10-11　综合环境条件的不同舒适度区域

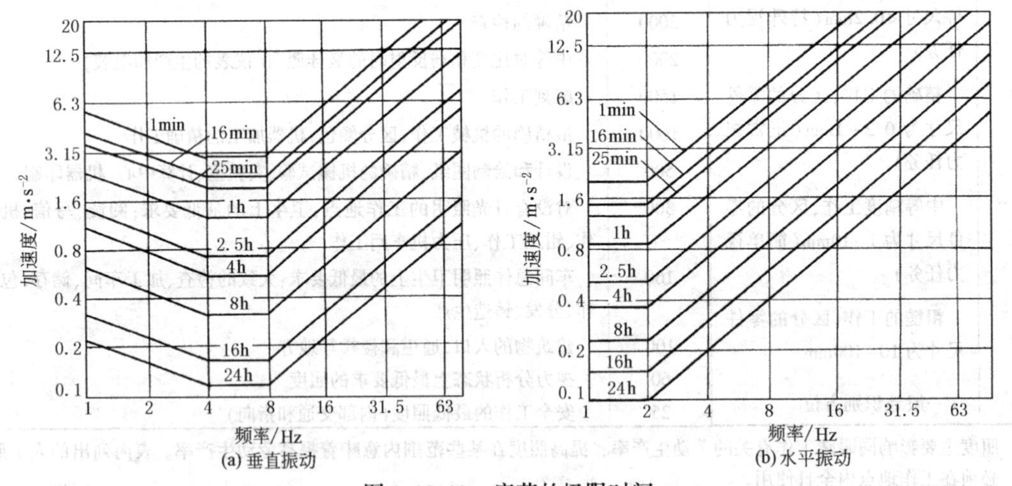

图 1-10-12　疲劳的极限时间

8　安全隔栅及其他

8.1　安全隔栅

人手经过隔栅可达到的距离，见图 1-10-13。

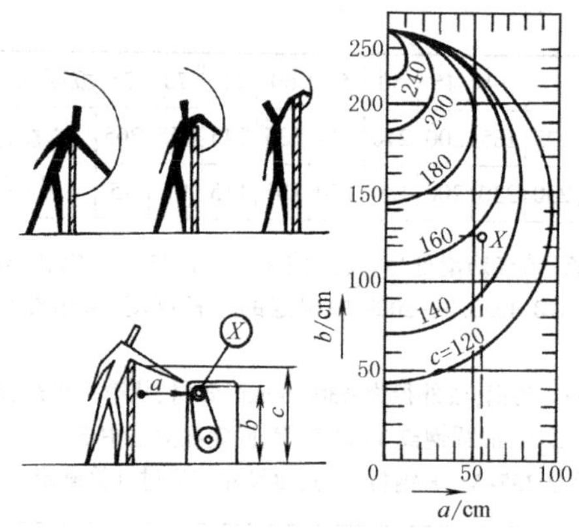

图 1-10-13　人手经过隔栅可达到的距离（本图为身高 175cm 的人的试验结果）

8.2　梯子（摘自 GB 4053.1，4053.2—2009）及防护栏杆（摘自 GB 4053.3—2009）

本标准规定的固定钢斜梯和固定钢直梯安全技术条件只适用于工业企业生产中，防护栏杆安全技术条件只适用于工业企业中的平台、人行通道、升降口等有跌落危险的场所；钢斜梯、防护栏杆不适用于交通及其他移动设备上，钢直梯不适用于船舶、通信塔、电线杆和烟囱上。

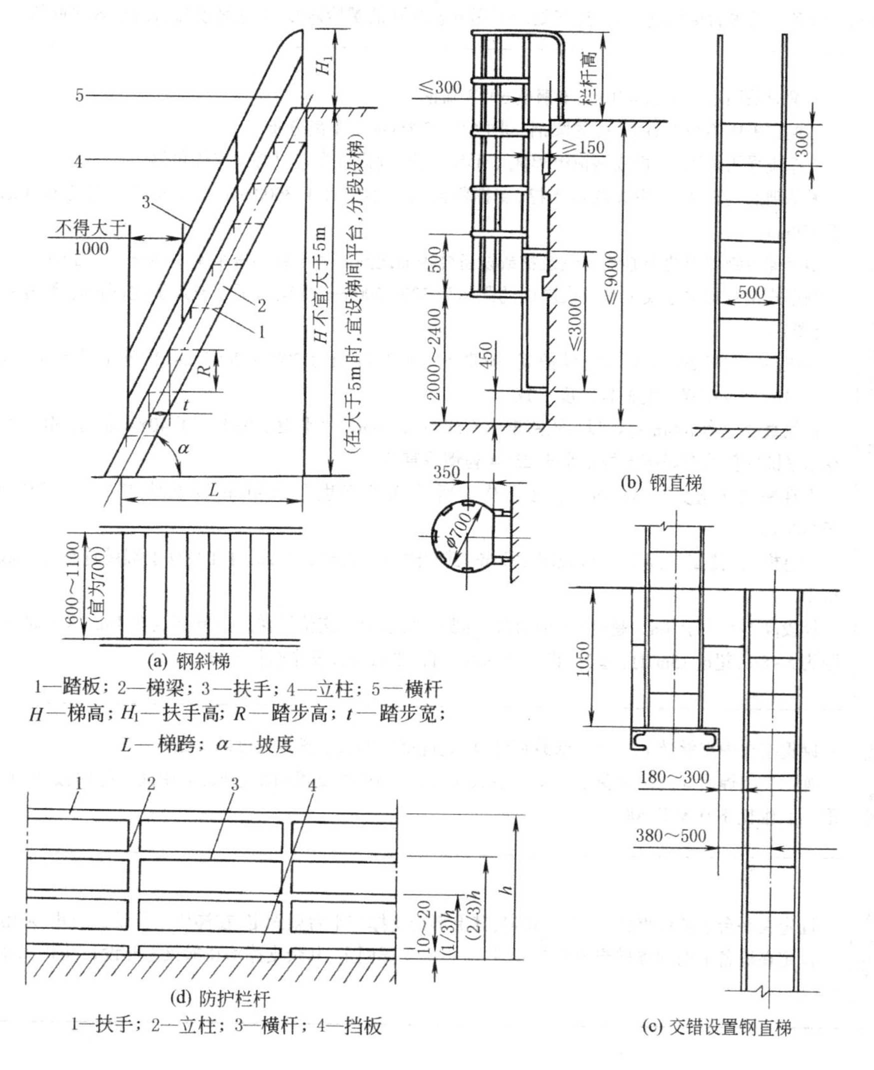

(a) 钢斜梯

1—踏板；2—梯梁；3—扶手；4—立柱；5—横杆

H—梯高；H_1—扶手高；R—踏步高；t—踏步宽；

L—梯跨；α—坡度

(b) 钢直梯

(c) 交错设置钢直梯

(d) 防护栏杆

1—扶手；2—立柱；3—横杆；4—挡板

表 1-10-23

<table>
<tr><td rowspan="4">固定式钢斜梯（摘自 GB 4053.2—2009）</td><td colspan="2">
<table>
<tr><td>坡度 α/(°)</td><td>30</td><td>35</td><td>40</td><td>45</td><td>50</td><td>55</td><td>60</td><td>65</td><td>70</td><td>75</td><td>坡度 α/(°)</td><td>45</td><td>51</td><td>55</td><td>59</td><td>73</td></tr>
<tr><td>踏步高 R/mm</td><td>160</td><td>175</td><td>185</td><td>200</td><td>210</td><td>225</td><td>235</td><td>245</td><td>255</td><td>265</td><td rowspan="2">高跨比
$H:L$</td><td rowspan="2">1:1</td><td rowspan="2">1 0.8</td><td rowspan="2">1 0.7</td><td rowspan="2">1 0.5</td><td rowspan="2">1 0.3</td></tr>
<tr><td>踏步宽 t/mm</td><td>280</td><td>250</td><td>230</td><td>200</td><td>180</td><td>150</td><td>135</td><td>115</td><td>95</td><td>75</td></tr>
</table>
</td></tr>
<tr><td>零件尺寸及材质</td><td>踏板：$\delta\geqslant$4mm 花纹钢板，或经防滑处理的普通钢板，或由 25×4 扁钢和小角钢组焊成的格子板
扶手：H=900mm，或按 GB 4053.3—2009 中规定的栏杆高度；采用外径为 ϕ30～50mm，壁厚不小于 2.5mm 的管材
立柱：用不小于 40×40×4 角钢，或外径为 ϕ30～50mm 管材，从第一级踏板开始设置，间距不宜大于 1000mm
横杆：采用直径不小于 ϕ16mm 圆钢或 30×4 扁钢，固定在立柱中部
梯梁：采用性能不低于 Q 235-A · F 钢材，其截面尺寸应通过计算确定</td></tr>
<tr><td>载荷规定</td><td>钢斜梯活载荷应按实际要求采用，但不得小于下列数值
①钢斜梯水平投影面上的活载荷标准值取 3.5kN/m^2
②踏板中点集中活载荷取 1.5kN/m^2
③扶手顶部水平集中活载荷取 0.5kN/m
④挠度不大于受弯构件跨度的 1/250</td></tr>
<tr><td colspan="2">与附在设备上的平台梁相连接时，连接处应采用开长圆孔的螺栓连接，其他坡度按直线插入法取值</td></tr>
<tr><td rowspan="3">固定式钢直梯（摘自 GB 4053.1—2009）</td><td>构件尺寸及设计有关规定</td><td>梯梁应采用不小于 50×50×5 角钢或 60×8 扁钢
踏棍宜采用不小于 ϕ20mm 的圆钢，间距宜为 300mm 等距离分布
支撑应采用角钢、钢板或钢板组焊成 T 形钢制作，埋设或焊接时必须牢固可靠
无基础的钢直梯，至少焊两对支撑，支撑竖向间距不宜大于 3000mm，最下端的踏棍与基准面距离不宜大于 450mm
钢直梯每级踏棍的中心线与建筑物或设备外表面之间的净距离不得小于 150mm（见图 b）
侧进式钢直梯中心线至平台或屋面的距离为 380～500mm，梯梁与平台或屋面之间的净距离为 180～300mm（见图 c）
梯段高度超过 3000mm 时应设护笼，护笼下端距基准面为 2000～2400mm，护笼上端高出基准面应与 GB 4053.3—2009 中规定的栏杆高度一致
护笼直径应为 700mm，其圆心距踏棍中心线为 350mm。水平圈采用不小于 40×4 扁钢，间距为 450～750mm，在水平圈内侧均布焊接 5 根不小于 25×4 扁钢垂直条
钢直梯最佳宽度为 500mm。由于工作面所限，攀登高度在 5000mm 以下时，梯宽可适当缩小，但不得小于 300mm
钢直梯上端的踏棍应与平台或屋面平齐，其间隙不得大于 300mm，并在直梯上端设置高度不低于1050mm的扶手
梯段高不宜大于 9m。超过 9m 时宜设梯间平台，以分段交错设梯。攀登高度在 15m 以下时，梯间平台的间距为 5～8m，超过 15m 时，每 5m 设一个梯间平台，平台应设安全防护栏杆</td></tr>
<tr><td>载荷规定</td><td>踏棍按在中点承受 1kN 集中活载荷计算，允许挠度不大于踏棍长度的 1/250
梯梁按组焊后其上端承受 2kN 集中活载荷计算（高度按支撑间距选取，无中间支撑时按两端固定点距离选取），长细比不宜大于 200</td></tr>
<tr><td>固定注意</td><td>固定在平台上的钢直梯，应下部固定，其上部的支撑与平台梁固定，在梯梁上开设长圆孔，采用螺栓铰接
固定在设备上的钢直梯当温差较大时，应一个支撑固定，其余支撑均在梯梁上开设长圆孔，采用螺栓铰接</td></tr>
</table>

续表

固定式工业防护栏杆	构件尺寸及设计有关规定	防护栏杆的高度宜为 1050mm。离地高度小于 20m 的平台、通道及作业场所的防护栏杆高度不得低于 1000mm,离地高度等于或大于 20m 高的平台、通道及作业场所的防护栏杆不得低于 1200mm 扶手宜采用外径 ϕ33.5~50mm 的钢管,立柱宜采用不小于 50×50×4 角钢或 ϕ33.5~50mm 钢管,立柱间隙宜为 1000mm 横杆采用不小于 25×4 扁钢或 ϕ16mm 的圆钢,横杆与上、下构件的净间距不得大于 380mm 挡板宜采用不小于 100×2 扁钢制造。如果平台设有满足挡板功能及强度要求的其他结构边沿时,允许不另设挡板 室外栏杆、挡板与平台间隙为 10~20mm,室内不留间隙 栏杆端部必须设置立柱或与建筑物牢固连接
	强度要求:栏杆的设计,必须保证其扶手所能承受水平方向垂直施加的载荷不小于 500N/m	
钢斜梯、直梯、栏杆共同规定	钢斜梯梯梁、钢直梯及栏杆的全部构件采用性能不低于 Q 235-A · F 的钢材制造 钢斜梯、钢直梯及栏杆全部采用焊接,焊接要求应符合 GBJ 205—1983 的技术规定。当栏杆不便焊接时,也可用螺栓连接,但必须保证其结构强度要求 所有结构表面应光滑、无毛刺,安装后不应有歪斜、扭曲、变形及其他缺陷 钢斜梯、直梯及栏杆安装后表面必须认真除锈,并做防腐涂装	

8.3 倾斜通道

表 1-10-24

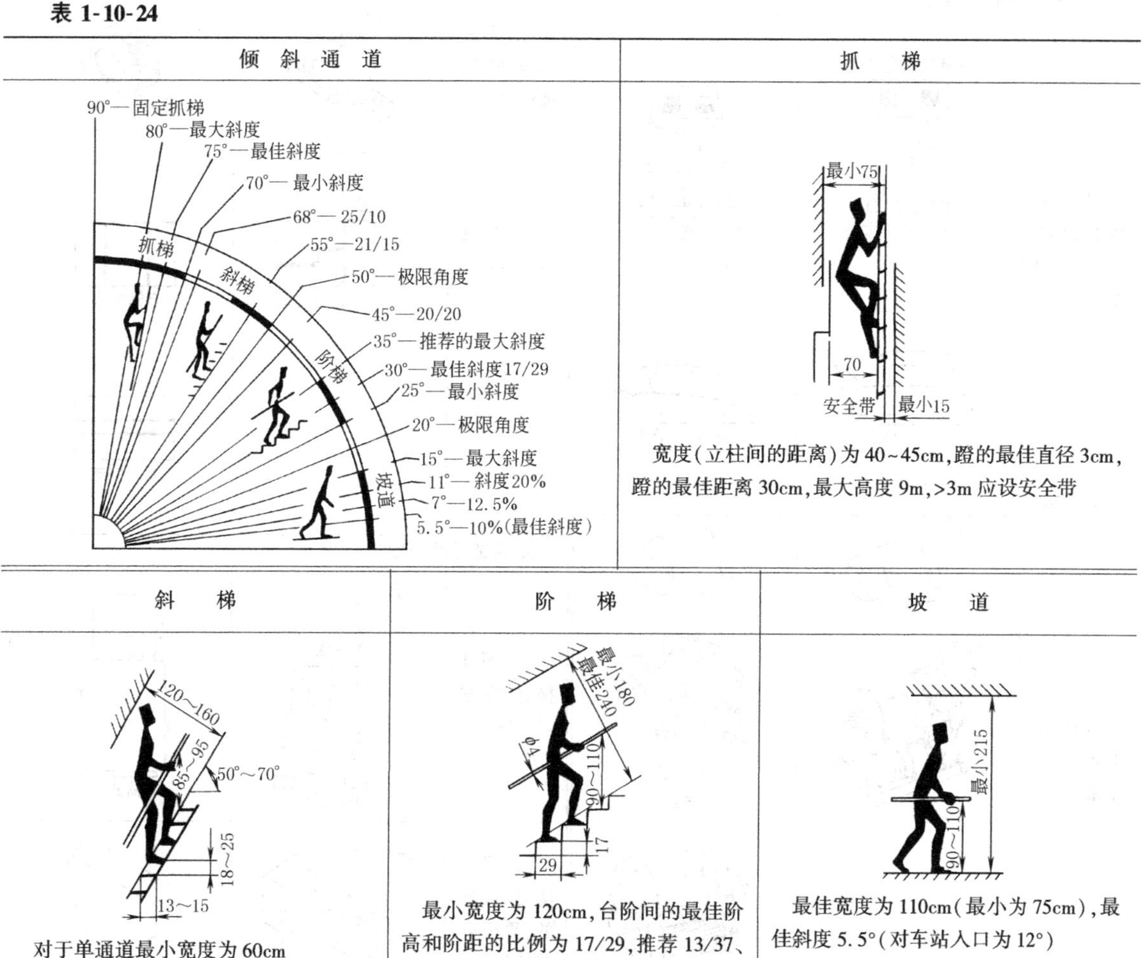

抓梯	斜梯	阶梯	坡道
宽度(立柱间的距离)为 40~45cm,蹬的最佳直径 3cm,蹬的最佳距离 30cm,最大高度 9m,>3m 应设安全带	对于单通道最小宽度为 60cm	最小宽度为 120cm,台阶间的最佳阶高和阶距的比例为 17/29,推荐 13/37、14/34、15/33、16/31、18/27、19/25	最佳宽度为 110cm(最小为 75cm),最佳斜度 5.5°(对车站入口为 12°)

第11章 符合造型、载荷、材料等因素要求的零部件结构设计准则

1 符合造型要求的结构设计准则

表 1-11-1

准　则	造型不合理	造型合理
1. 选择合理的表达方式		
寻求一种有目的的、合理的表达方式	交流立式电动机 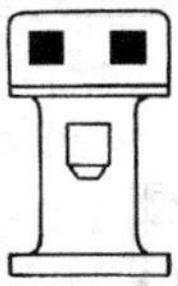 不稳定,头部太重	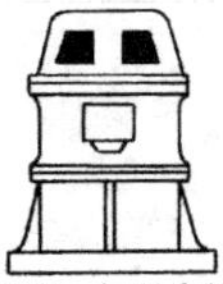 稳定,安全站立
	熨斗 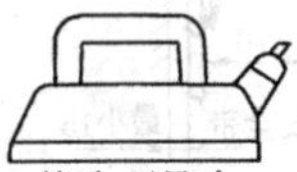 笨重,不易动	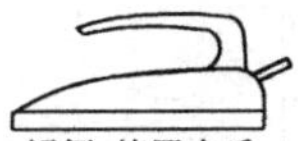 轻便,使用合手
2. 形状统一		
(1)应用少的形状变体	发电机	
	绞车	开式结构
		闭式结构
(2)力求形状与轮廓相似	轴承 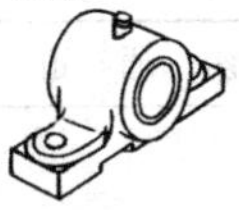	
(3)线缝走向合适	空调器 混淆,不协调	方框型式
		展开型式
3. 构造总的外形		
(1)用可描述的方式安置	真空泵 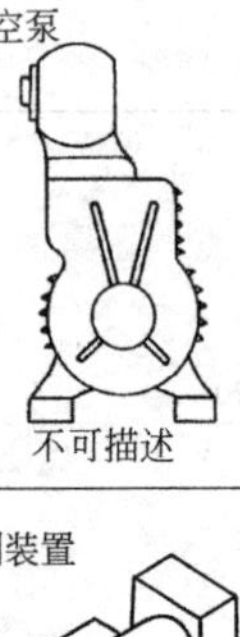 不可描述	 盒式
(2)可分解成清晰的、界限分明的部分	控制装置  堆积,不可描述	 明确分段,L形

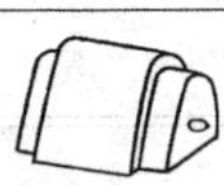

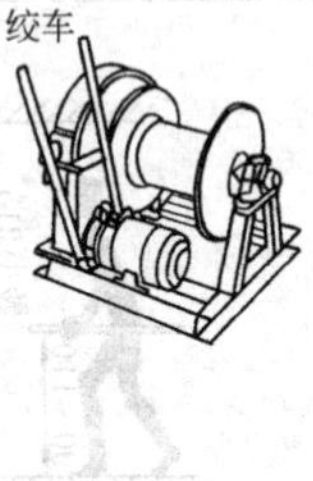

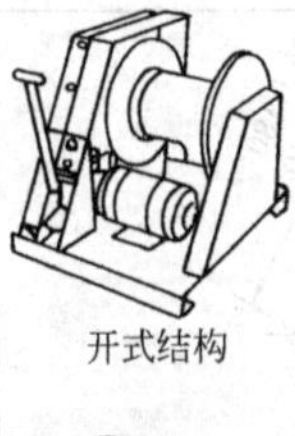

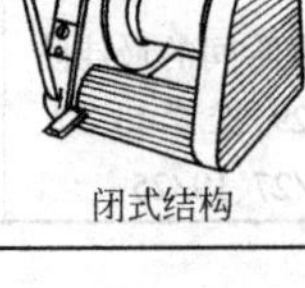

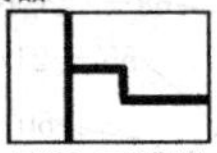

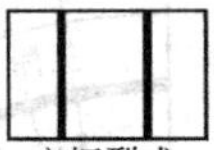

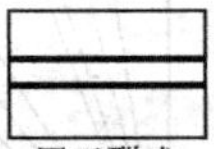

续表

准 则	造型不合理	造型合理	准 则	造型不合理	造型合理
4. 通过色彩支持			5. 通过图形补充		
(1)色彩与造型协调		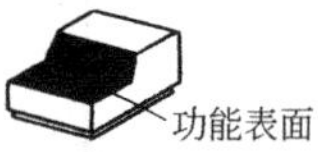 功能表面	(1)采用格式相同的字体与符号	 MBA MBA 50	 MBA50 集中的，统一的
(2)减少色调与材料差别		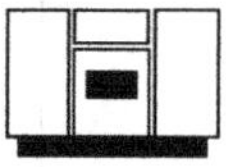	(2)力求表达一致	 50 MBA	 MBA50 全用凸形字
(3)规定与衬色协调的特征色	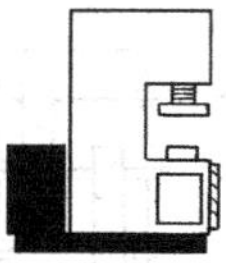	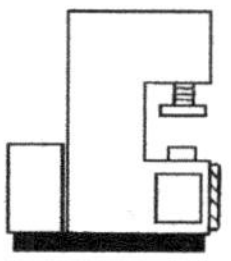	(3)图形单元在种类、大小与色彩方面与其他部分构形相协调	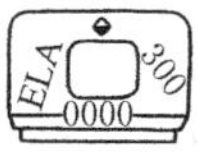 ELA 300 0000	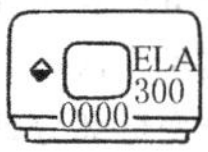 ELA 300 0000

2 符合载荷要求的结构设计准则

表 1-11-2

准 则	改进前的设计	改进后的设计
1. 铸钢受压应力比受拉应力或扭转应力好	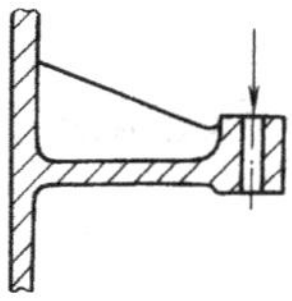	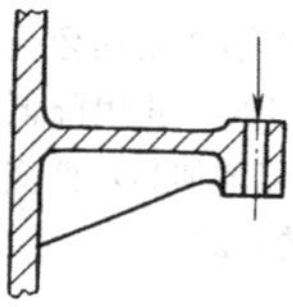
2. 由于纵向弯曲的原因，钢或塑料受拉比受压好	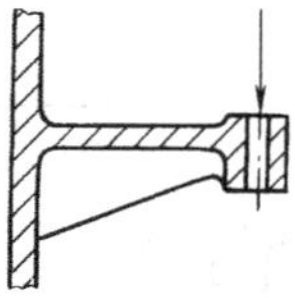	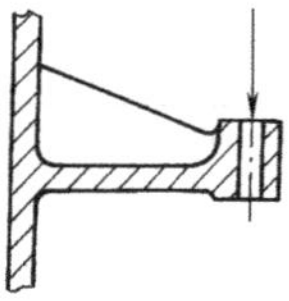
3. 力求力流传递路径合理。图a力流在A处急剧转向流经齿轮，致使A处应力很大，产生较大应力集中；图a′力流过渡平缓，应力分布较均匀，不易出现应力集中	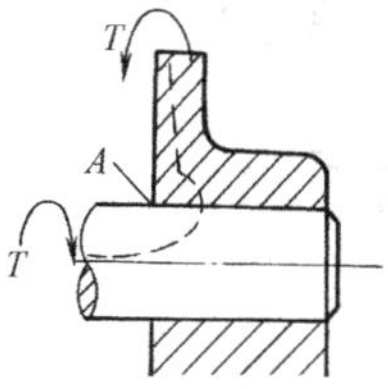 T A T (a)	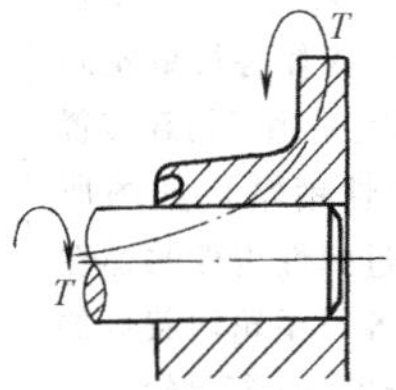 T T (a′)

续表

准　　则	改进前的设计	改进后的设计
4. 力求力流传递路线长短合理 1)图 a 为普通轧机,它有一个高大的工作机架。图 a′为无机架轧机,由于没有机架,其应力回线长度比普通轧机大大缩短,这样,整个结构尺寸和零部件尺寸均大大缩小,变形小,刚度增大,提高了轧材轧制精度,节省了材料,因此而得名短应力线轧机 2)图 b′为使力流线长更为合理的实例。这是因为在利用轴的扭转变形部分地改善因轴的弯曲变形而产生的轮齿齿面上载荷不均的程度方面,图 b′的齿轮布置优于图 b	(a) (b)	(a′) (b′)
5. 力求载荷分布均匀化 (1)增加结构弹性变形 图 a 各圈螺纹受力不均,第 1 圈螺牙受力可为第 7 圈螺牙受力的十几倍。图 b、c、d 用降低螺母局部刚度,以增加其弹性变形来达到均载的目的	螺纹上的载荷 (a)	(b) (c)　(d)
(2)设置载荷均载装置 行星轮系由于制造误差和工作时各构件变形,致使各行星轮间受力不均。为使各行星轮间载荷分配均匀,采用了均载装置(弹性轴、弹性销轴),如图所示。它是通过弹性构件的弹性变形来达到各行星轮均载目的的(图中仅绘出一个行星轮)	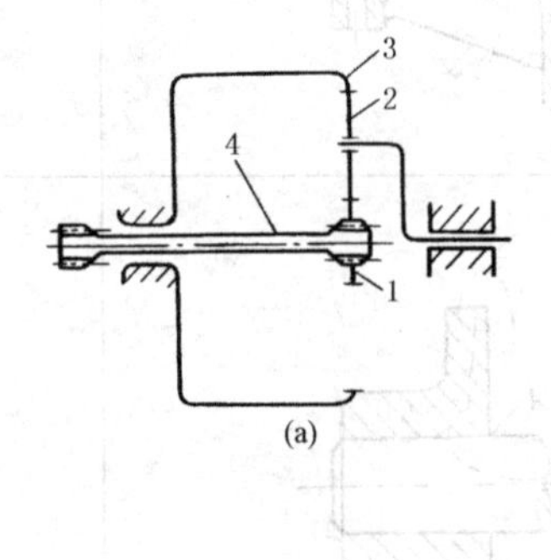 (a)	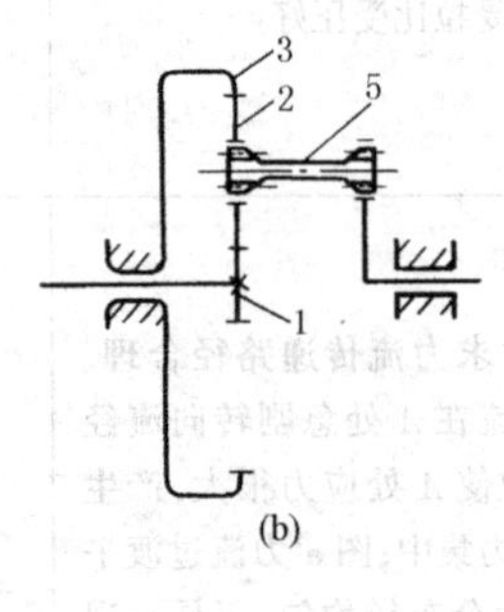 (b)
	1,3—中心轮;2—行星轮;4—弹性轴;5—弹性销轴	

续表

<table>
<tr><th>准　　则</th><th>改进前的设计</th><th>改进后的设计</th></tr>
<tr><td>图 c 为某星型高速大马力柴油机曲轴自由端弹性连接结构，曲轴通过弹性轴 1 驱动辅助机组，通过空心弹性轴 2 驱动凸轮传动机构。弹性轴两端采用弹性卡圈定位，这种定位结构使用较多</td><td colspan="2">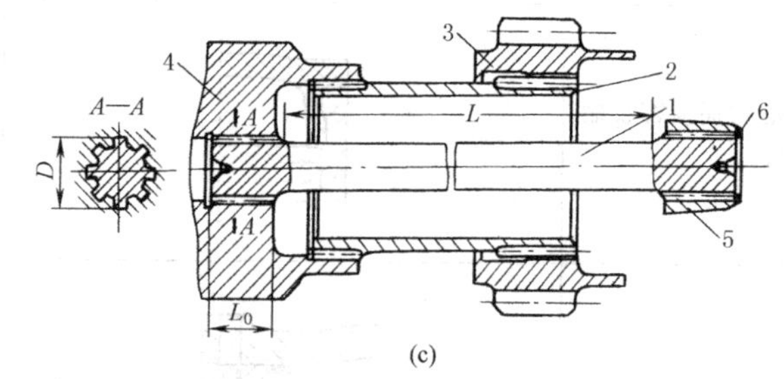

(c)
1—弹性轴；2—空心弹性轴；3—凸轮轴传动机构的齿轮；4—曲轴；5—辅助机组传动机构的齿轮；6—定位用弹性卡圈</td></tr>
<tr><td>6. 借助力的平衡设计部分或全部地将某些零部件由于本身结构而伴生的无用力平衡掉
(1)采用对称结构设计
如图 a 人字齿轮传动，可全部抵消；图 b 二级圆柱斜齿减速器，可部分抵消，从而减轻该轴及轴承上的载荷
(2)设置平衡装置
图 c 为齿轮泵简图，为平衡液压径向力，在泵壳或侧板上开有液压力平衡槽，将高压油引入低压区，同时，又将低压油与高压区连通，这样两个齿轮轴上的载荷由于液压力被平衡掉而仅是齿轮啮合力，减轻了轴承上的作用载荷</td><td colspan="2">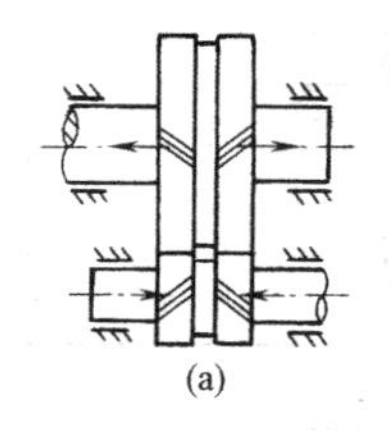
(a)
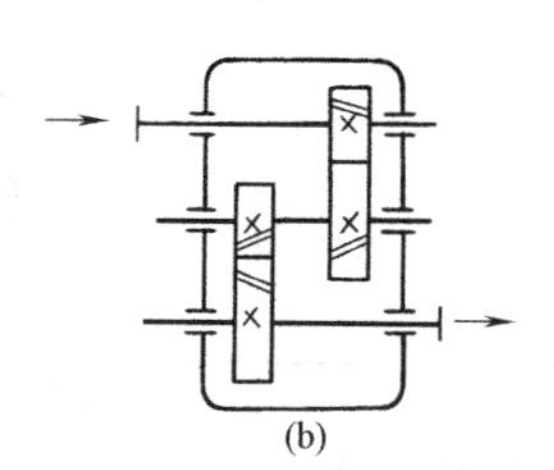
(b)
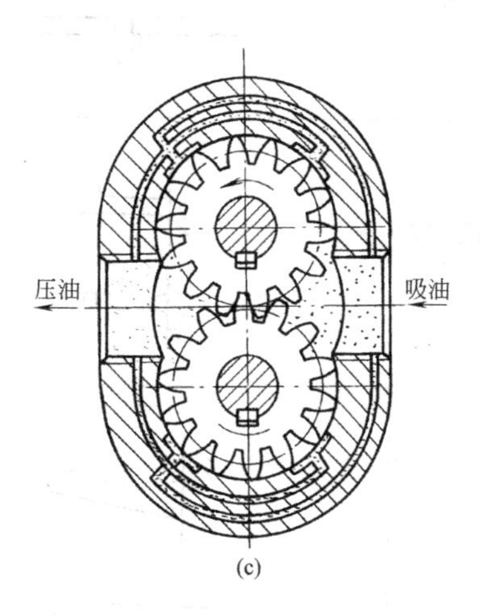

(c)</td></tr>
<tr><td>7. 合理分配载荷。如图采用了卸载结构设计，使轴承座 2 和输出轴 1 悬臂段分别只承受单一的径向力和传递单一转矩，从而大大改善了输出轴的受力条件和蜗轮副的啮合条件</td><td colspan="2">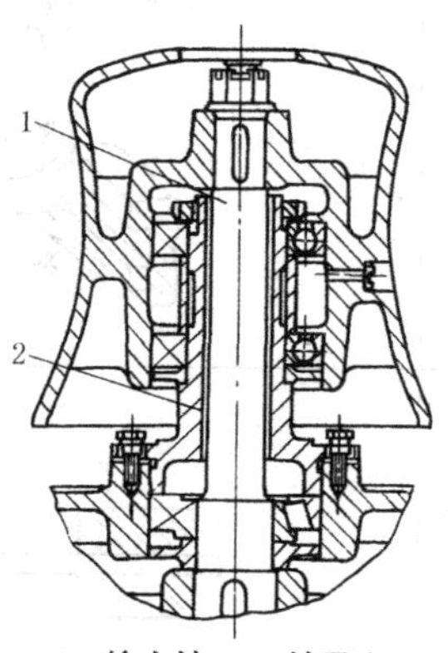

1—输出轴；2—轴承座</td></tr>
</table>

续表

准　　则	改进前的设计	改进后的设计
8. 避免因离心力而损害收缩接合(过盈连接)	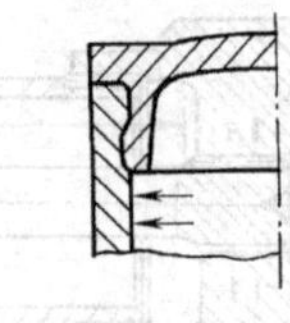	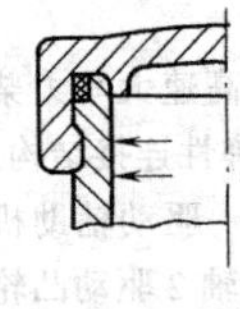
9. 避免由于变形产生的内压力造成不密封	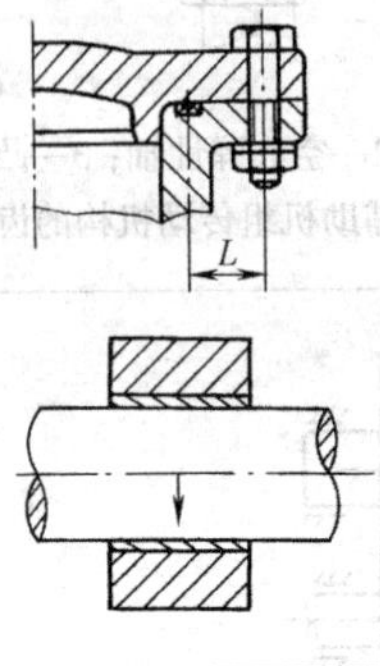 L	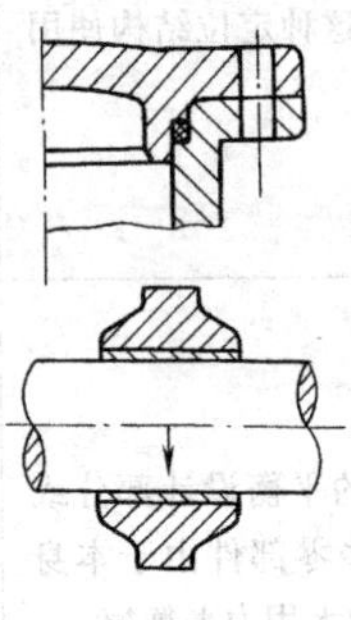
10. 通过增大弹簧长度减小弯曲应力(软弹簧特性)	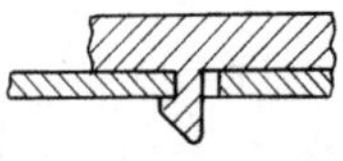	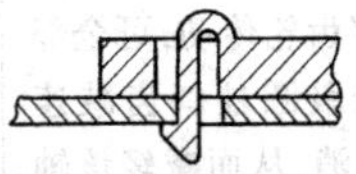
11. 力求具有恒定强度(应力)的梁	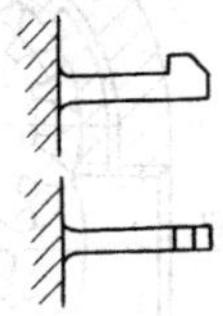	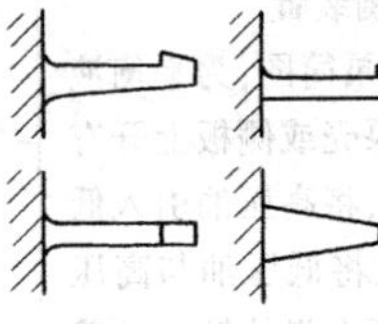
12. 避免零件高应力部位的切口	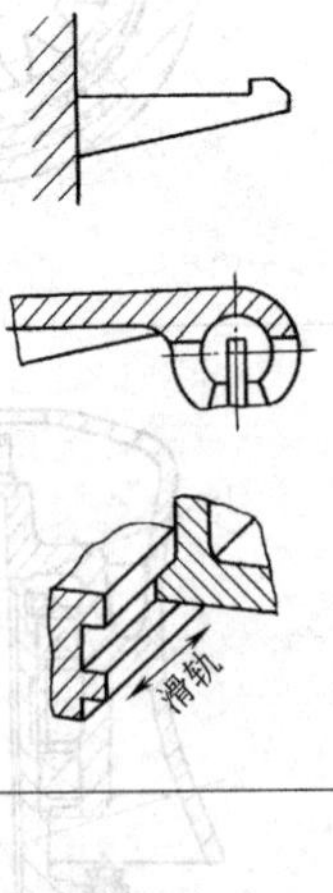 滑轨	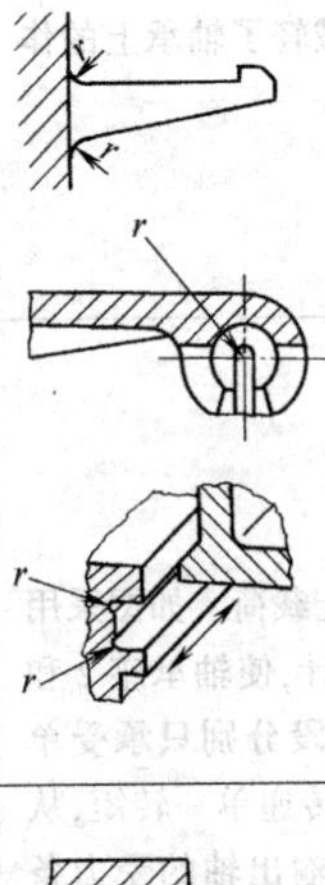 r
13. 在板带和缆索上通过夹紧部位的阻尼保持小的弯曲交变应力	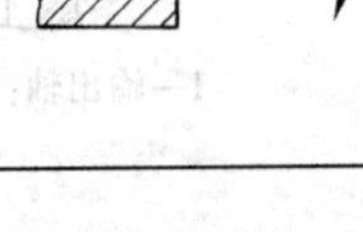	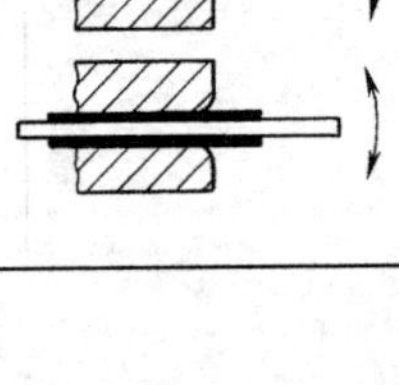

准　　则	改进前的设计	改进后的设计
14. 利用压力自适性。如图是中部凸起的平带轮，目的是防止平带从带轮轮面脱落下来。平带运动时，一旦出现跑偏，则借助摩擦力将平带拉回到中央，以保持带与轮面的正常接触	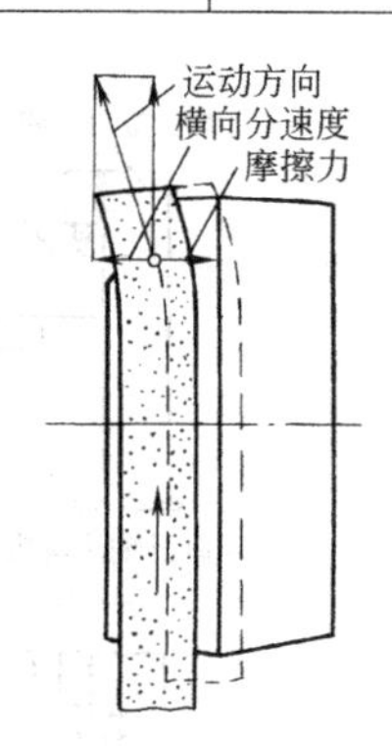	
15. 利用速度自适应。如图为汽车后轴差速器传动简图。通过差速器既可实现将驱动轴的转动转化为两个后轮轴的同步转动（汽车直行），同时又可以实现将驱动轴的转动转化成两个后轮的两个不同的转速（汽车转弯行驶，且随弯道曲率半径不同而任意组合），实现汽车两后轮轴转动速度的自适应	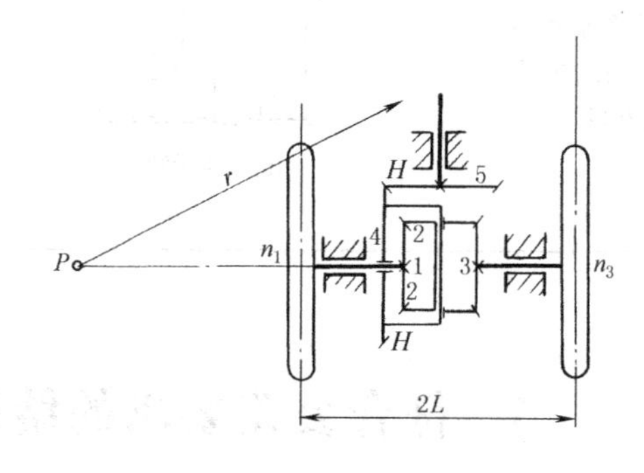	
16. 改用新轴承，提高可靠性。CARB 轴承是一种综合了短圆柱滚子轴承、球面滚子轴承和滚针轴承的优点，克服了它们的缺点的一种新型轴承。它可以调节变形、不同心和轴向位移，如图 a、图 b。因此，其承载能力比传统轴承高。它用于轧机定位端（见图 b），在轧制材料进入辊隙，轴承受到极大撞击时，可以明显降低振动幅度，提高使用寿命	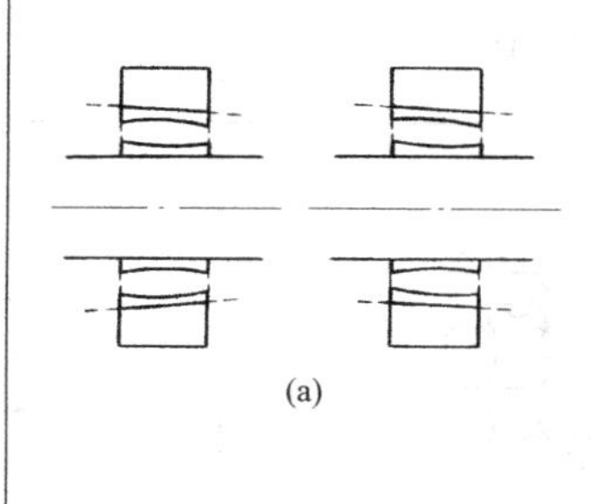 (a)	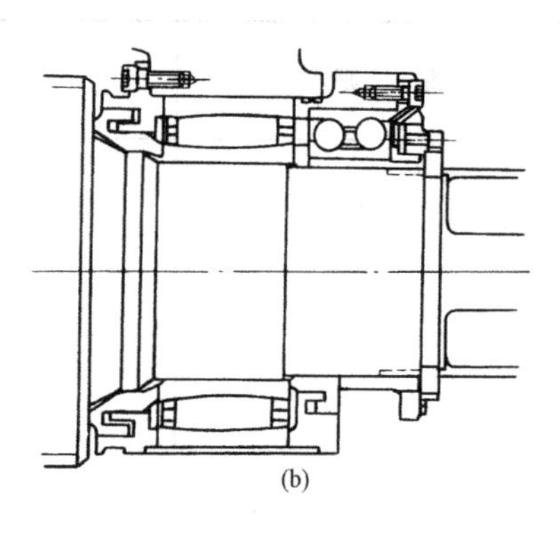 (b)
17. 合理地合并为整体。图 a 所示的齿轮传动，齿轮作用力通过各自的轴承座传给连接螺栓。如果将两个轴承座合并为一个整体，如图 b，则整体轴承座承受大部分作用力而且是内力，螺栓受力就小多了	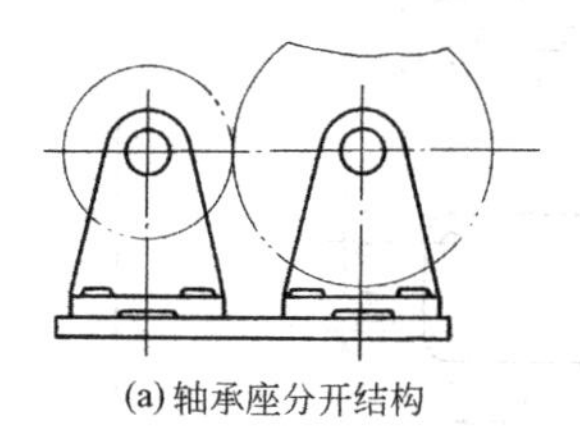 (a) 轴承座分开结构	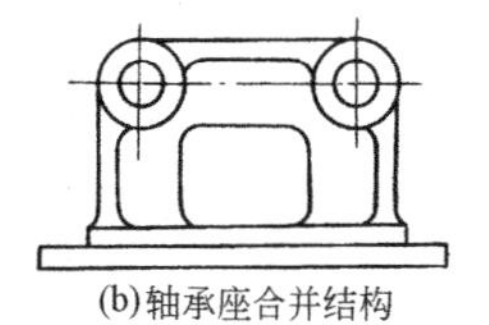 (b) 轴承座合并结构

续表

准　　则	改进前的设计	改进后的设计
18. 外力尽量作用在形心位置,避免产生或减小附加力矩。图a所示结构油缸安放位置,油缸驱动力 P 对立柱将产生附加弯矩(见图b),改成图c,使截面形心外移,可减小附加力矩,但制作易使立柱发生挠曲。如将油缸中心线安放在立柱的对称中心线上,则使立柱受力得到很大改善。但因油缸外移,横梁跨度加大,对横梁的强度和刚度都不利,故应综合分析对比,求得整机结构设计的合理方案	立柱　油缸　上横梁 (a)三轴滚弯机(滚弯板料) $M=PL$　L　P　P　A　A (b)弯矩示意	$A—A$ (c)立柱截面形状 O　P　O (d)油缸驱动力通过立柱截面形心

3　符合公差要求的结构设计准则

表 1-11-3

准　　则	改进前的设计	改进后的设计
1. 通过避免双重配合来避免小的公差	50±0.1 100±0.1	50±0.1 100

续表

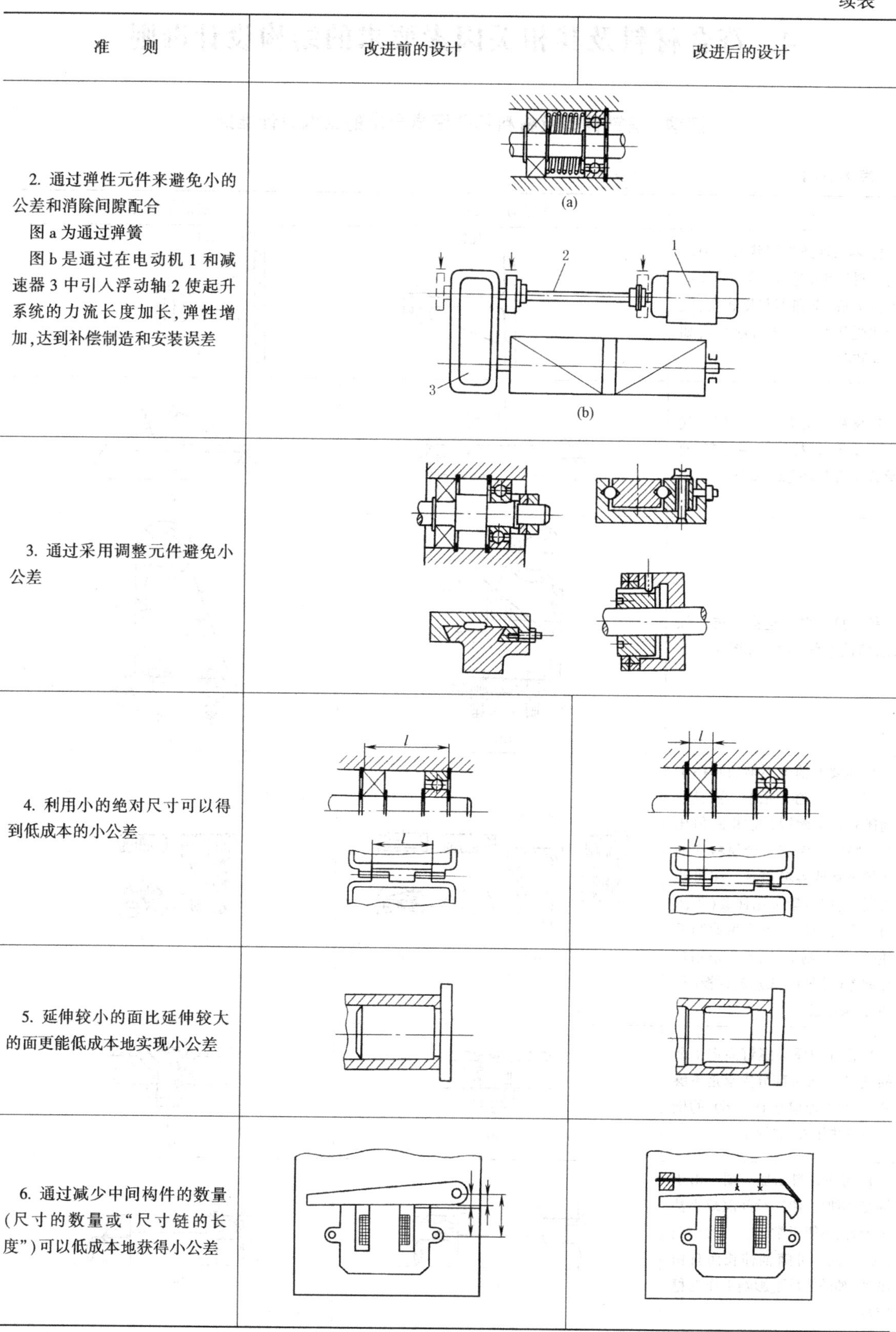

准　　则	改进前的设计	改进后的设计
2. 通过弹性元件来避免小的公差和消除间隙配合 图 a 为通过弹簧 图 b 是通过在电动机 1 和减速器 3 中引入浮动轴 2 使起升系统的力流长度加长，弹性增加，达到补偿制造和安装误差		
3. 通过采用调整元件避免小公差		
4. 利用小的绝对尺寸可以得到低成本的小公差		
5. 延伸较小的面比延伸较大的面更能低成本地实现小公差		
6. 通过减少中间构件的数量（尺寸的数量或“尺寸链的长度”）可以低成本地获得小公差		

4 符合材料及其相关因素要求的结构设计准则

铸钢、铸铁件等及材料相关因素要求的结构设计准则

表 1-11-4

准　　则	改进前的设计	改进后的设计
1. 零部件结构形状和受力应与材料特性相适应：铸钢受压比受拉更好，钢和塑料则相反，受拉比受压好些（纵向弯曲），如图 a 和图 b	铸钢 (a)	钢、塑料 (b)
钢材料结构应以三角桁架代替筒支梁，以拉压代替受弯，使承载能力大为提高，如图 c′	F D l (c)	F d l (c′)
铸铁抗压强度远高于抗拉强度，铸铁支座应设计成图 d′	F (+) 拉应力 (−) 压应力 (d)	F (+) (−) (d′)
2. 重要的轴类不能用圆棒车出（见图 a），必须锻制。而且锻制还应避免缩锻（见图 b，但比图 a 好），因为缩锻会使料中的轧丝破坏或容易破坏。在可能情况下，应尽量采用伸锻（见图 e）。重要的齿轮也应用锻制毛坯（见图 f）制造，而不要采用热轧钢棒（见图 c）或热轧钢板（见图 d）来加工	(a) (b) (c) (d)	(e) (f)
3. 图 a 用埋头螺钉固定很薄的铁皮，靠沉头部分支承是不够的，须将下面厚板锪一 60° 的倒角将铁皮压入，如图 a′	(a)	(a′)
4. 考虑材料膨胀。图 a 由于轴受热伸长，使轴承间隙减小甚至卡死，不能正常工作。改成图 a′后右轴承可随轴伸长而自由窜动，轴的伸长不影响工作的稳定性	(a)	(a′)

续表

准　　则	改进前的设计	改进后的设计
在壳体及法兰盘中，特别是在加热阶段，温度的差异将引起椭圆变形。若零件不是完全回转对称，应使导轨元件设在对称线上，以防导轨卡死。图b导向元件安排得不符合膨胀规律，椭圆变形可能引起导轨的卡死。图b′是符合膨胀规律的布置形式，导轨位于对称线上，不会产生椭圆变形下的卡死危险	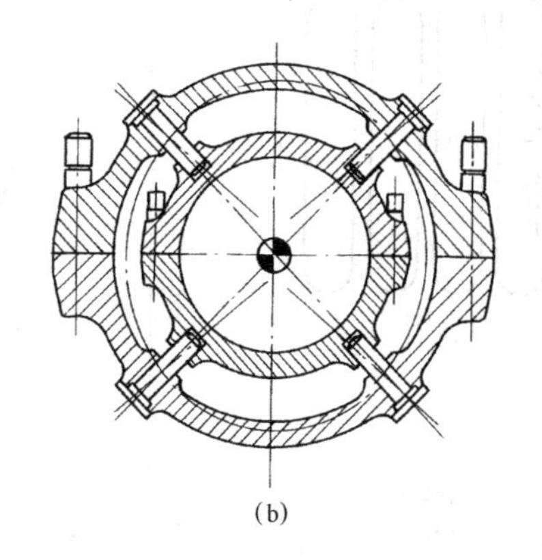 (b)	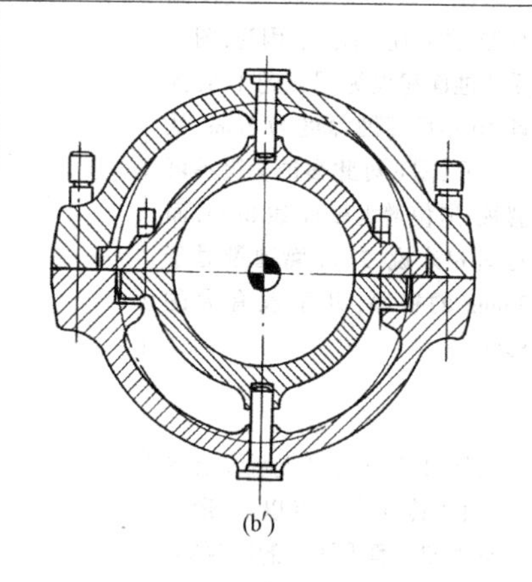 (b′)
5. 考虑材料蠕变。在图a中，材料在圆柱面附近蠕变，受热较快的盖体被限制在中心，同时在y处发生蠕变，盖体无法拆卸。改为图a′后，尽管发生蠕变，也可以毫无损害地拆卸	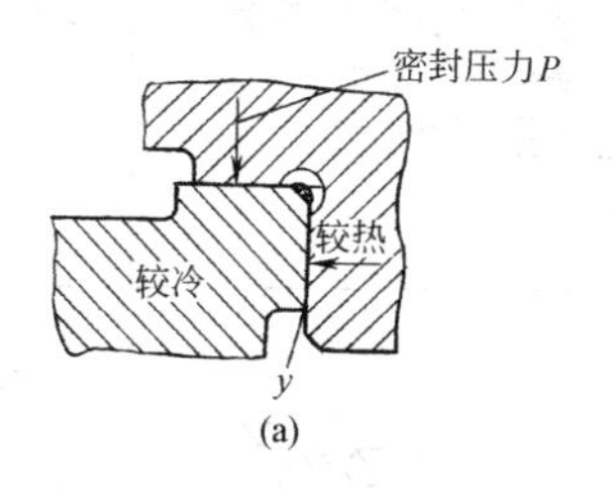 (a)	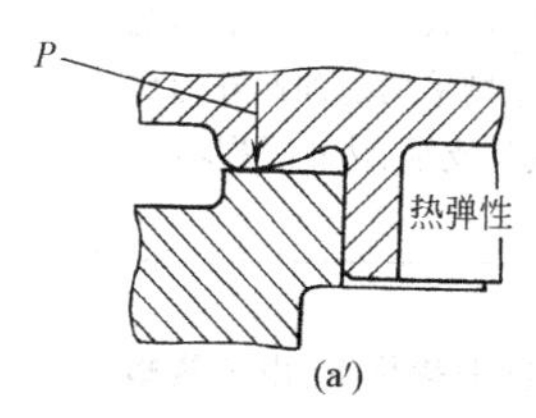 (a′)
6. 考虑腐蚀 1)应避免潮气或腐蚀液体集中部位，如图a	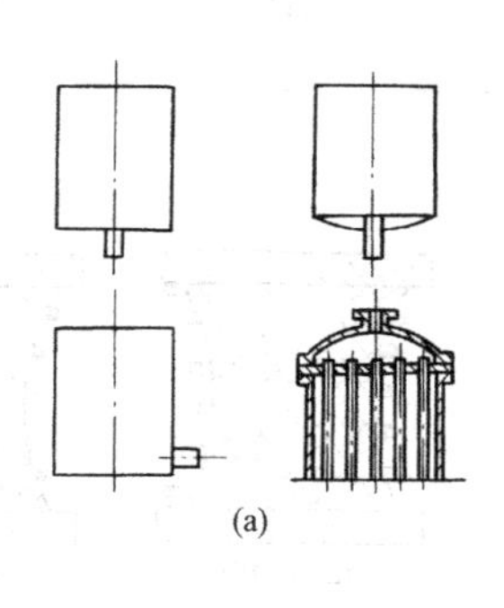 (a)	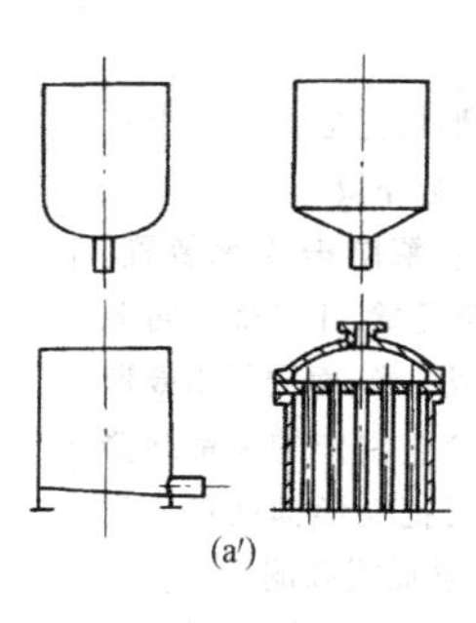 (a′)
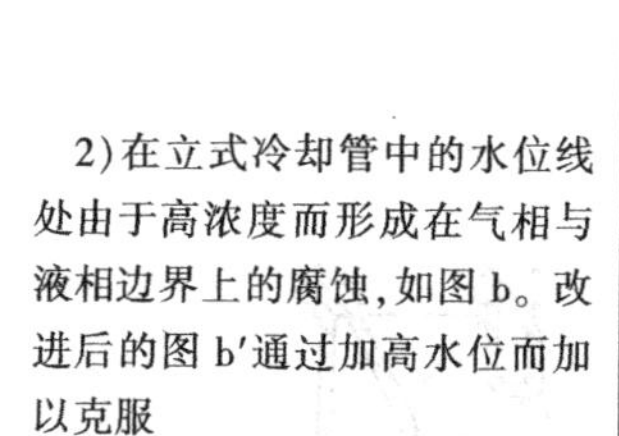 2)在立式冷却管中的水位线处由于高浓度而形成在气相与液相边界上的腐蚀，如图b。改进后的图b′通过加高水位而加以克服	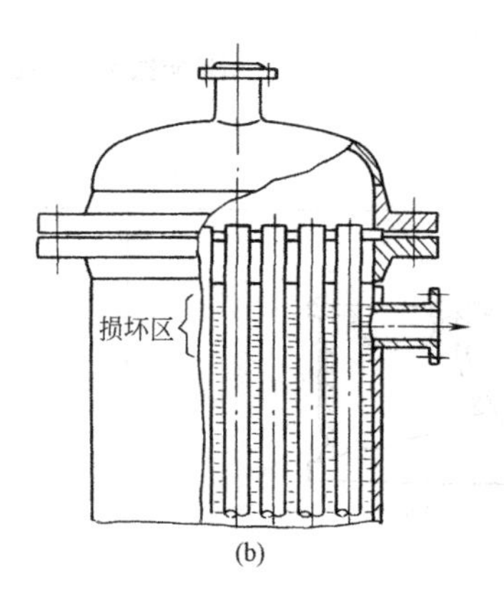 (b)	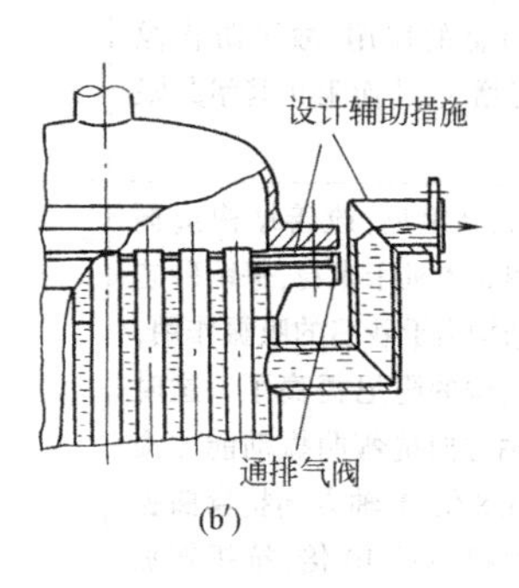 (b′)

续表

准　　则	改进前的设计	改进后的设计
3)图c、c′是两种高压气体储藏器，图c′优于图c。因为，图c′受腐蚀面积仅为图c的1/6；预计10年后腐蚀深度为2mm，从强度看，图c对此腐蚀量决不可忽视，迫使增大壁厚达8mm，而对图c′来说，2mm腐蚀量对于30mm的壁厚，几乎没有大的影响	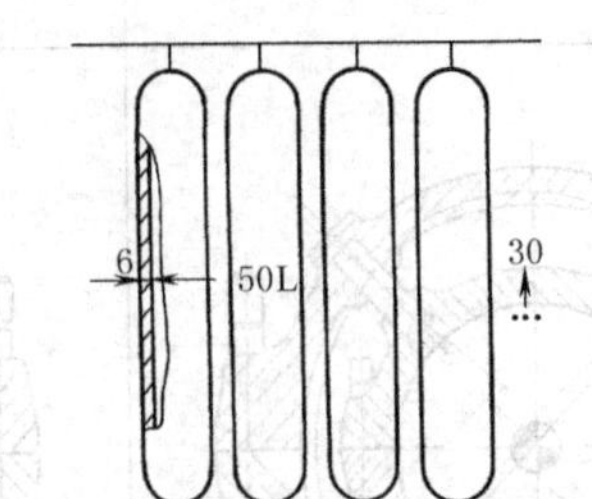 (c)	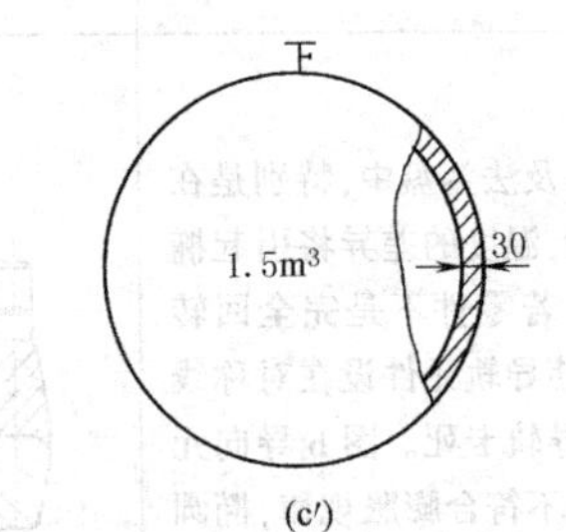 (c′)
4)图d容器出口支承没有绝缘，由于冷却到露点以下，形成具有强烈电解质性质的冷凝物。在冷凝物与气体的过渡处产生可能导致支承损坏的腐蚀。改进后的图d′、图d″，一边采用绝缘，另一边则采用耐蚀性好的材料制成特殊支承，防止了损坏	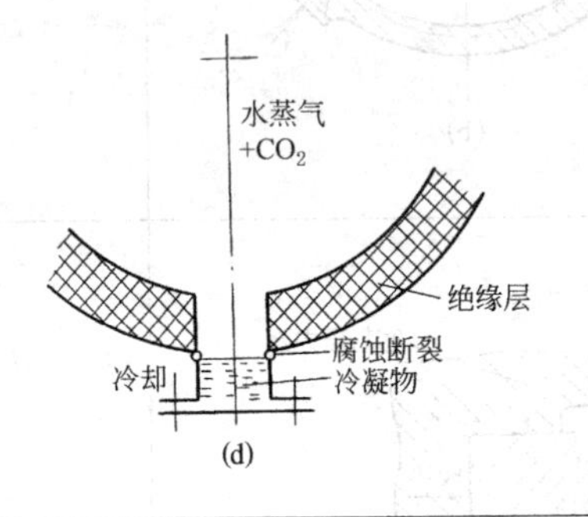 (d)	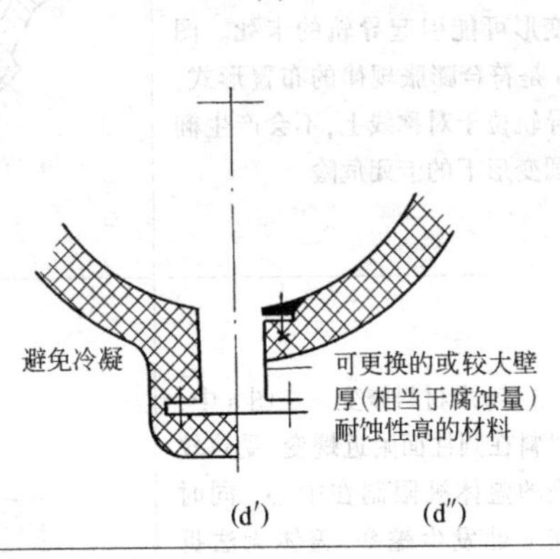 (d′)　(d″)
7. 在冲击载荷下，由于热塑性塑料具有蠕变这一不利特性，因此，塑料字头的形状应与钢不同	 	
8. 利用形状记忆合金防止防振橡胶耐久限下降 如图是引擎防振支承装置。它用加入苯乙烯、丁二烯的防振橡胶制作成鼓形，而周围用鼓形形状记忆合金制作的弹簧缠绕制成。它可把变形抑制在一定的范围内，从而提高耐久性。当环境温度超过预定值时，弹簧半径变小，使橡胶收缩起到抑制(变形)器的作用，故可防止橡胶变形增大，从而阻止其耐久限下降	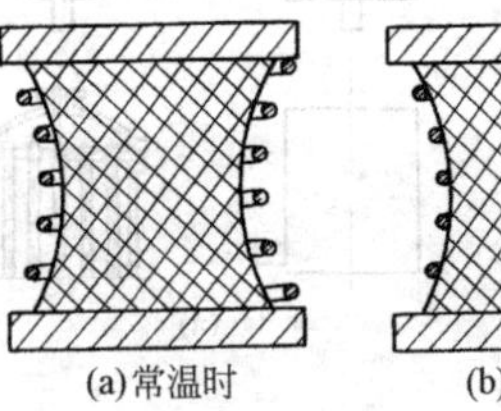 (a)常温时	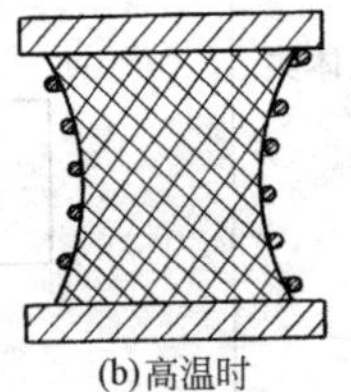 (b)高温时 引擎防振支承装置
9. 提高阻尼，改善结构抗振性。图a′为机床床身，保留砂芯的新结构由于砂芯的吸振作用，比原结构的阻尼提高了。这时沿Z轴方向抗弯曲振动能力提高了6.8倍，Y轴方向抗弯曲振动能力提高了10倍，抗扭转振动能力提高了0.1倍	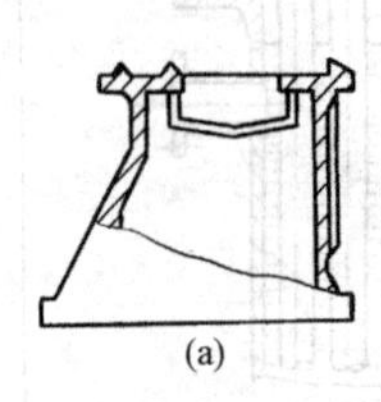 (a)	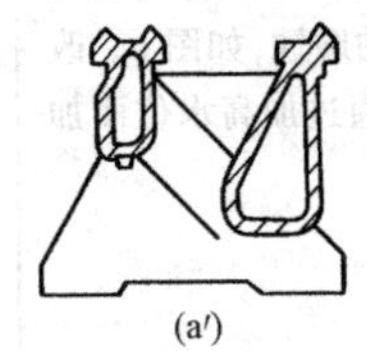 (a′)

镁合金件合理的结构设计

表 1-11-5

根据镁合金的腐蚀特征	镁及镁合金的腐蚀类型有全面腐蚀、电偶腐蚀、高温氧化、点蚀、缝隙腐蚀、晶间腐蚀、应力腐蚀开裂和腐蚀疲劳等。其中,电偶腐蚀、应力腐蚀开裂和腐蚀疲劳是镁合金应用中常见的和危害较大的腐蚀类型 由于镁合金中通常含有较多的电极电位较高的组元如重金属等(特别是 Fe、Cu、Ni),以及镁及其合金在实际应用中经常与其他高电位金属(如钢等)接触,从而很容易发生电偶腐蚀,因此电偶腐蚀是镁合金腐蚀的基本类型。人们常常忽视镁合金组合件的电偶腐蚀,从而出现灾难性后果,这已成为镁合金结构应用的障碍。通常,镁基体中与阴极相邻的局部区域都会产生严重的腐蚀,阴极可能是外部与镁合金相接触的其他金属,也可能是镁合金内的第二相或杂质。在盐水环境中,通过严格控制杂质含量如 Fe、Ni、Cu 及 Fe-Mn 可以减轻内部腐蚀,提高镁合金耐蚀性。镁与不同金属形成电偶是电化学腐蚀电动势的主要外部来源 电偶腐蚀包括阴极、阳极、电解质和导体四个基本环节。其中任何一个环节消失,电偶腐蚀就会停止。因此,可按下表所列措施与方法进行镁合金件的结构设计

设计程序与方法

程序	措施	方法
消除密封的污损区域,尽量避免湿气与金属直接接触	① 选择与镁电化学相容的异种金属,或在镁上镀一层与镁电化学相容的金属 ② 采用适当的表面处理对镁和异种金属进行保护 ③ 异种金属加绝缘的垫圈或填充填料,避免出现封闭电路 ④ 在密封化合物或底漆中加入铬酸盐,抑制微电池作用	仔细注意结构细节,设计出完整工件,设计合适的排水孔,最小孔径为 3.2mm,防止堵塞
选择吸附性差、无芯的材料作为与镁接触的材料		测量所用材料的含水量 采用环氧树脂、塑料带和薄膜,用蜡和橡胶保护 尽可能避免使用木头、纸张、纸板、多孔泡沫和海绵状橡皮
保护所有的搭接面		所有的搭接面都采用合适的密封材料,使用底漆 加长连续流体路径以减小电偶腐蚀电流
采用兼容金属		大多数 5000 和 6000 系列铝合金与镁兼容,镁铁连接中有锌钢板、80%Sn-20%Zn、锡或镉 双金属接头材料择优顺序见右栏
选择合适的精整方法		根据要求选择化学处理、涂层和电镀,并在安装运行前进行检测

双金属接头材料择优顺序

顺序	镁-铝
1	5056 铝合金(线材和铆钉)
2	5052 铝合金(压延板材)
3	6061 铝合金(挤压材和压延板材)
4	6053 铝合金(挤压材和铆钉)
顺序	**镁-钢**
1	镀锌
2	镀 80%锡-20%锌
3	镀锡
4	镀镉

设计示例

	设计注意事项	改进前的设计	改进后的设计
镁合金与镁合金连接	在许多实际使用情况下,镁合金之间的连接,由于同牌号镁合金的成分几乎保持不变,它们之间的电化学腐蚀是非常轻微的。但是,在结合处可能会出现缝隙,聚集腐蚀介质,使镁与镁合金之间产生缝隙腐蚀。因此,在装配时,需要采取一些有效的预防措施:一是在镁合金零件表面采用铬酸盐颜料涂层,或者采用在连接处用封口胶的“湿装配”技术,阻碍水由毛细管作用而进入镁合金表面;二是正确地设计接触面和配套面,如螺栓连接时,螺栓的曲度有助于减少连接的腐蚀问题。另一种保护方式是,在构件组装前涂覆底漆,组装后再涂一层漆。镁与镁装配时的正确方法如图 a 所示。镁螺栓连接装配件也可以采用此方法	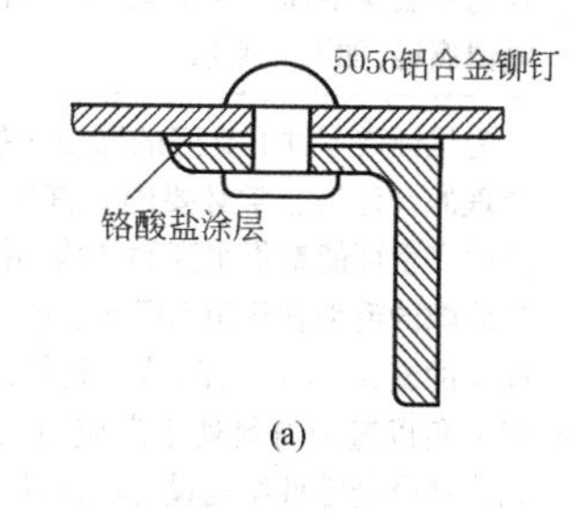 (a)	

续表

设计注意事项				改进前的设计	改进后的设计
	镁合金构件与非金属材料连接		镁构件与非金属的组合，虽然连接的大多数非金属材料，如塑料和陶瓷，对镁构件都不会产生电化学腐蚀，但是，镁构件与木材连接时，由于木材有吸水性，木材吸水后内部的天然酸被浸析出来，使镁合金构件长期与酸接触，引起镁构件腐蚀。因此，与镁合金构件接触的木材必须采用油漆或清漆封闭，以防止吸水；并且，在接触面还必须采用镁与镁装配时所用的保护措施，如镁零件表面采用铬酸盐颜料涂层。与镁合金构件连接的碳纤维增强塑料和镁构件与木材的装配一样，在一般的电解液中，镁表面易发生电化学腐蚀，如果不加保护将导致镁的腐蚀。镁合金构件与木材或异种金属连接时正确的保护方法如图 b 所示	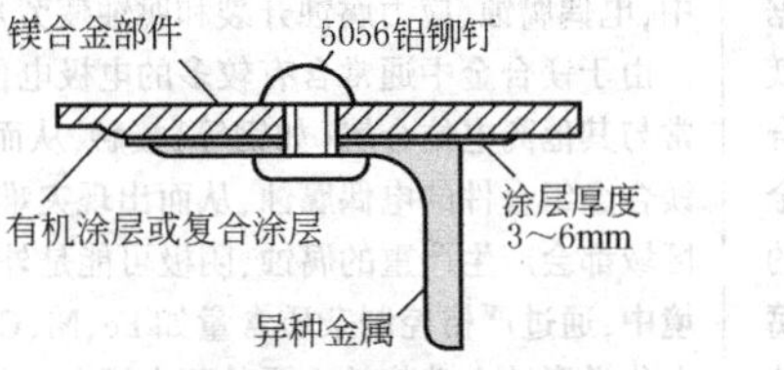 (b) 镁与木材或异种金属连接	
设计示例	镁合金构件与异种金属连接[47,55]		镁与异种金属装配时，接触金属之间的电位差和工作环境是引起镁腐蚀的主要因素。阻止或减少镁与异种金属之间的接触腐蚀，可以采用以下几种方法	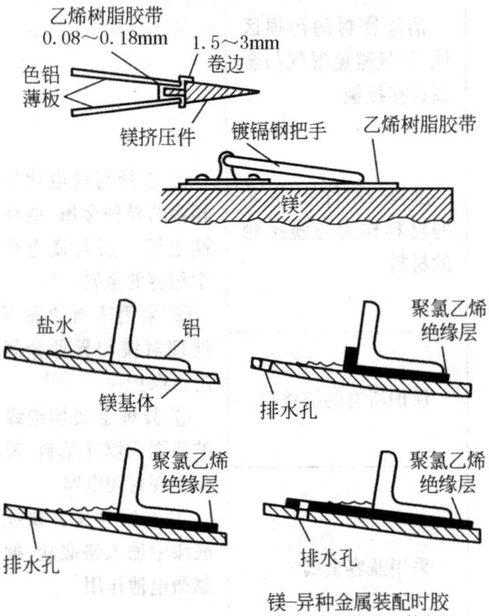	
		采用与镁相容的异种金属	镁与异种金属接触时，材料的电化学相容性尤为重要，异种金属与镁合金的电化学相容性好，可以明显减少构件的电化学腐蚀。高纯度的铝（99.99%）与镁有很好的电化学相容性，但在工业铝合金中，常有铁、铜的存在，会严重破坏这种相容性；此外，在高 pH 值的水溶液中，铝与镁的接触，会导致铝的腐蚀。常用的与镁相容的异种金属有：铝合金体系（5052、6053、6061、6063）、锌和锌合金体系。这些合金体系可用来制作垫片、衬垫、紧固件和构件。当镁与其他金属，如不锈钢、钛、铜连接时，必须对其他金属进行表面处理，采取防护措施。与镁连接的金属材料，一般遵循下列优选原则 镁合金与铝装配：5056、6061、5052、6053；镁合金与钢装配：镀锌钢、镀锌-锡（80%Sn-20%Zn）合金钢、镀锡钢 镁合金与其他金属的装配：在腐蚀条件下镁都会发生腐蚀，因此都必须采取防护措施。镁合金与异种金属铆接的正确方法如图 a、图 b 所示	镁-异种金属装配时胶带密封和排水孔的位置 (c)	
		隔开异种金属	隔开异种金属，避免腐蚀介质构成回路。通常在异种金属之间使用绝缘的垫圈、填料或防潮膜，使镁与异种金属（如铝或钢）分开。如采用厚度为 0.08mm 的乙烯树脂胶带或不吸水的橡胶胶带，或者在密封化合物和底漆中加入铬酸盐，避免电解液环境，以抑制电偶腐蚀，如图 c 所示	螺栓连接不合理，积水能把垫圈连接起来	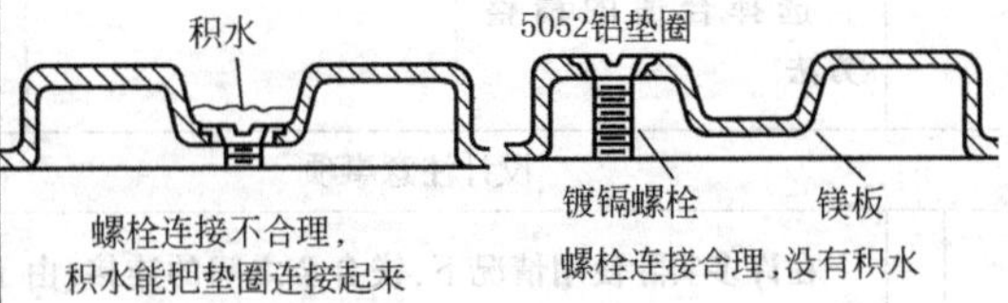 螺栓连接合理，没有积水 (d)
		表面避免积水	为保证镁零件有良好的腐蚀防护性，装配件连接处合理的设计是非常必要的。首先应尽量避免镁构件表面产生可能聚集水滴的结构，并且考虑排水。为避免缝隙的毛细管作用而吸水，应尽量避免在零件上形成窄的缝隙、缺口或凹槽。此外，在零件上应避免形成尖角以避免材料处于高应力状态。图 d 和图 e 分别为镁合金零件结构设计时应注意的问题 填充缝隙，如图 f 所示，能有效降低电偶腐蚀	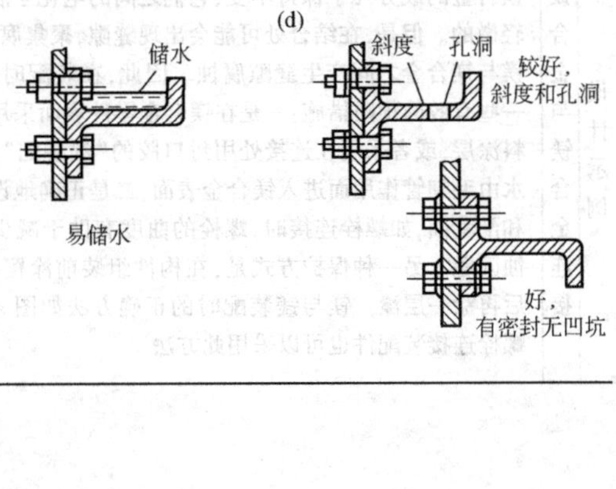 易储水	较好，斜度和孔洞 好，有密封无凹坑

续表

设计注意事项	改进前的设计	改进后的设计

设计示例 — 镁合金构件与异种金属连接[47,55] — 表面避免积水

盐雾腐蚀环境中异种金属-AZ91D 压铸合金装配时的电偶腐蚀情况

电偶腐蚀程度	金属
轻微	高纯铝（10×10^{-6} Fe）、5056 铝合金、5052 铝合金、6061 铝合金、6063 铝合金
中等	镀锌+铬酸盐+硅酸盐① 镀 80%Sn-20%Zn+铬酸盐①
严重	50% Sn-50% Pb、镀锡①②、镀镉①②、镀锌①②、铅、黄铜、钛
非常严重	碳钢、不锈钢、镍、锌粉/无机胶黏剂/密封剂①、380 铸铝 铝粉/无机黏结剂/密封剂①、离子束沉积 1100 铝（1000×10^{-6}Fe）①

① 钢紧固件上有薄膜

② 铬酸盐将提高镀层的相容性

易储水　斜度　孔洞

(e)

镶块　填隙物　镁　填隙物　镶块

较好的　某些场合必要的

(f)

设计示例 — 镁合金构件与异种金属连接[47,55] — 对镁合金和异种金属同时采取保护措施

镁合金与异种金属接触时，用适当的表面处理保护镁和异种金属。通常对异种金属和镁都覆盖一层完整的膜，如图 g 中的 1，可以避免发生电偶腐蚀。但是，如果镁的防护膜破裂，则形成小阳极面积的镁与大阴极面积的异种金属原电池，镁的腐蚀速度显著增加，使镁发生严重的电化学腐蚀，如图 g 中的 2。一般情况下，应尽可能避免这种现象出现。同时，在使用防潮膜时，任何情况下，采用的保护膜必须是抗碱腐蚀的，这样，才能避免因腐蚀而形成强碱性的氢氧化镁所引起膜的破裂。阴极与阳极的面积比对镁合金腐蚀速率的影响见右表

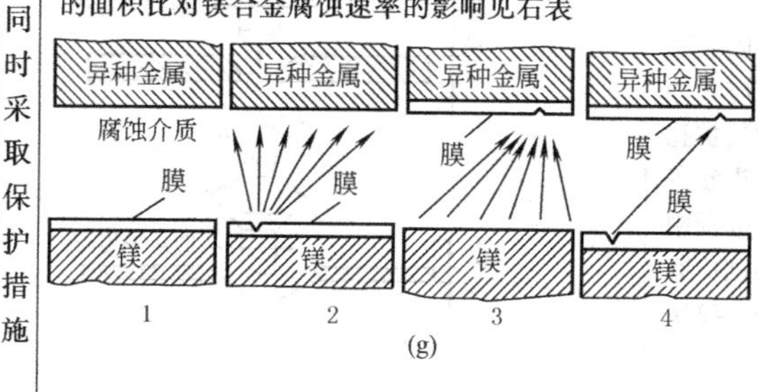

(g)

镁合金 AZ31B-H24 与工业纯钛连接的面积比对腐蚀速率的影响

环境气氛	与暴露时间/d	腐蚀速率/$g\cdot m^{-2}\cdot d^{-1}$ 未配对 AZ31B-H24	阴极与阳极的面积比为 1:6	阴极与阳极的面积比为 6:1
潮湿环境	3	17.4	26.5	88.7
	358	0.106	0.171	0.372
	715	0.095	0.156	0.235
	1087	0.082	0.125	0.207
	2563	0.077	0.115	0.204
	平均腐蚀速率	0.090	0.142	0.255
城市环境	368	0.096	0.120	0.148
	722	0.101	0.120	0.173
	1087	0.096	0.120	0.161
	2575	0.078	0.099	0.130
	平均腐蚀速率	0.093	0.112	0.153

紧固件的选择

镁合金不宜用作紧固件，而绝大多数镁合金装配件需要用铆钉、螺钉、螺母这类紧固件，因此螺栓组合的设计、紧固件材料的选择对镁在盐水中的应用是非常重要的。一般情况下，非金属材料能完全避免镁合金的电化学腐蚀，可以用作镁合金部件的紧固件和绝缘的垫圈。纯铝几乎能与所有的镁合金相容，含镁、锰、硅的铝合金与镁合金相容性较好，可以用来制作镁合金部件的紧固件，如 5×××系铝合金的 5056 合金铆钉、5052 合金垫圈以及 6×××系的 6061 和 6053 合金铆钉。但铝铆钉在使用前需进行化学处理或阳极氧化处理

对于镀铬钢螺栓，一般采用 5052 铝合金垫圈。对于钢铆钉、铜铆钉、钢、镍、铝（除 5056、6053 或 6061 铝合金以外）或黄铜螺钉与螺栓，在镁合金装配件中使用时，由于其与镁不相容，不能裸露使用，而必须对这些部件先进行镀锡、锌或锡-铅合金，然后再进行化学处理才能使用

对于紧固件与镶嵌件的隔离，可采用特殊的有机涂层，如烘干的乙烯塑料溶胶、环氧树脂和耐高温的氟化烃类树脂涂层

续表

<table>
<tr><th colspan="2">设计注意事项</th><th>改进前的设计</th><th>改进后的设计</th></tr>
<tr><td>用于镁合金工件的两种拧入式垫圈、尼龙垫圈应用</td><td>螺纹垫圈可以压入或热装到镁合金工件上，但拧入式垫圈应用得较多。为了使螺纹孔与垫圈配合更好，可采用一次攻螺纹后再精攻
拧入式垫圈有两种类型，如图h、图i所示。其中一种为管状，螺纹在其外表面，它被拧入到工件的螺纹孔中，这种垫圈可以起到轴承和轴瓦的作用，见图h。螺纹也可攻在里面，从而与螺杆、螺栓或其他螺纹紧固件连接。大螺距可以有效地增加强度，BWS倒角螺纹或类似系列的螺纹可以减小根部应力集中。垫圈与螺栓或螺杆的强度应保证在扭曲过程中后者先失效，而不是垫圈内部的螺纹先剥落。另一种类型是由弹簧线圈精确螺旋而成的螺纹衬套，它用于攻螺纹孔与螺栓、螺钉或螺杆的配合，螺纹与美国标准系列类似，见图i。采用热处理钢质螺栓时，垫圈塞入深度为螺栓直径的2.5倍效果最好。对于盲孔，垫圈厚度应为紧固件直径的3倍
压入式或热装式垫圈的室温过盈不能大于垫圈紧固的极限。应变为0.1%时产生的残余应力很小，一般情况下不会发生问题，其中0.03%的应变已成功应用于生产。同时，应变为0.3%的过盈配合也已得到了应用，但此时产生的残余应力较大，可能导致应力腐蚀开裂，增大镁合金的疲劳破坏倾向。另外，镁合金的热膨胀系数一般比垫圈金属的大，所以在高温下装配可以增加室温过盈，从而使之在高温下保持足够的紧固力</td><td colspan="2">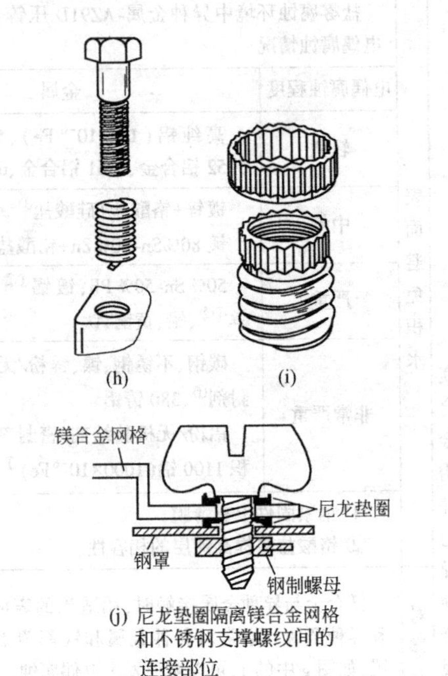
(j) 尼龙垫圈隔离镁合金网格和不锈钢支撑螺纹间的连接部位</td></tr>
<tr><td>镁合金板闪光铆接接头设计形式</td><td>闪光铆接可以用于镁合金的连接，其接头设计形式如图k所示。机械沉头孔孔深至少为1.3mm，底部圆柱形台阶的最小高度为0.38mm，以保证与铆钉尺寸匹配
厚1.3mm左右的材料可以采用上连接板攻螺纹的闪光铆接，螺纹孔和铆钉坡口标准张角为100°。攻螺纹前，应先冲好或钻好铆钉孔，且孔径应略小于铆钉直径；攻螺纹时，扩孔到标准尺寸。倒角圆孔将会减小边缘应力集中和接头疲劳破坏。攻螺纹必须在热态下进行，使板局部加热，其范围刚好达到攻螺纹尺寸。如果板材处于H24状态，加热时间应有所限制，以避免局部淬火。例如，AZ31B-H24板材在423K温度下加热5s不会发生淬火效应</td><td colspan="2">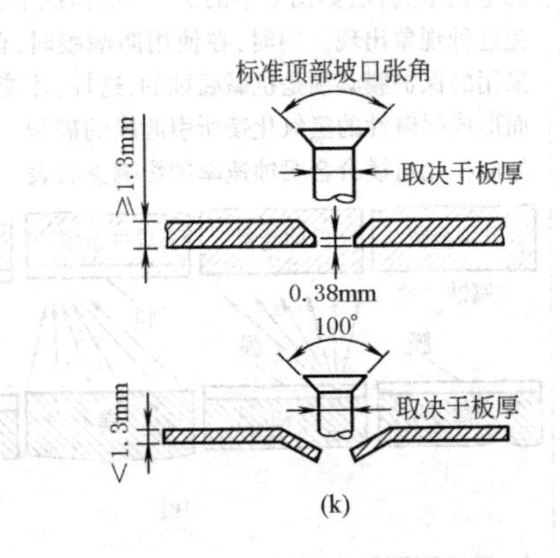
(k)</td></tr>
</table>

第12章 装运要求及设备基础

1 装运要求

1.1 包装通用技术条件（摘自JB/T 5000.13—2007）

1）产品在包装前应按GB/T 4879—1999《防锈包装》的要求进行防锈、清洗、涂油。

2）采用集装箱运输的产品，应符合集装箱的要求。集装箱外部尺寸、额定质量、最小内部尺寸和门框开口尺寸要求按GB/T 1413—2008《系列1集装箱分类、尺寸和额定质量》的有关规定（见表1-12-1和表1-12-2）。

表1-12-1　　系列1集装箱外部尺寸、允许偏差和额定质量

集装箱型号	长度L				宽度W				高度H				额定重量R①（总重量）	
	/mm	极限偏差/mm	/ft+/in	极限偏差/in	/mm	极限偏差/mm	/ft	极限偏差/in	/mm	极限偏差/mm	/ft+/in	极限偏差/in	/kg	/lb
1AAA	12192	0 −10	40	0 −3/8	2438	0 −5	8	0 −3/16	2896②	0 −5	9+6②	0 −3/16	30480②	67200②
1AA									2591②	0 −5	8+6②	0 −3/16		
1A									2438	0 −5	8	0 −3/16		
1AX									<2438		<8			
1BBB	9125	0 −10	29+11¼	0 −3/16	2438	0 −5	8	0 −3/16	2896②	0 −5	9+6②	0 −3/16	25400②	56000②
1BB									2591②	0 −5	8+6②	0 −3/16		
1B									2438	0 −5	8	0 −3/16		
1BX									<2438		<8			
1CC	6058	0 −6	19+10½	0 −1/4	2438	0 −5	8	0 −3/16	2591②	0 −5	8+6②	0 −3/16	24000②	52900②
1C									2438	0 −5	8	0 −3/16		
1CX									<2438					
1D	2991	0 −5	9+9¾	2 −3/16	2438	0 −5	8	0 −3/16	2438	0 −5	8	0 −3/16	10160	22400
1DX									<2438		<8			

① 所示额定质量适用于各种类型集装箱。但对1BBB、1BB、1B、1BX、1CC、1C和1CX型，在某些特殊情况下，其额定质量可允许超过表列数据。也可作为ISO集装箱对待，但其最大总质量（R）不得超过30480kg，并按该值进行试验和标记。

② 某些国家对车辆和装载货物的总高度有法规限制（如铁路和公路部门）。

注：1. 本表所示的外部尺寸和允许偏差适用于各种类型集装箱，但对允许降低高度的罐式集装箱、敞顶集装箱、干散货集装箱、平台集装箱和台架式集装箱除外。

2. 某些特殊运输中根据某些专用集装箱的需求，出现了有一定数量的长度和宽度类似ISO系列的集装箱，但其额定质量和高度超过本标准的规定。这类集装箱不能参与国际联运，其运输需作特殊安排。

表 1-12-2　　系列1通用集装箱最小内部尺寸和门框开口尺寸　　mm

<table>
<tr><th rowspan="2">集装箱型号</th><th colspan="3">最小内部尺寸</th><th colspan="2">最小门框开口尺寸</th></tr>
<tr><th>高度</th><th>宽度</th><th>长度</th><th>高度</th><th>宽度</th></tr>
<tr><td>1AAA</td><td rowspan="9">集装箱外部高度尺寸减 241</td><td rowspan="9">2330</td><td>11998</td><td>2566</td><td rowspan="9">2286</td></tr>
<tr><td>1AA</td><td>11998</td><td>2261</td></tr>
<tr><td>1A</td><td>11998</td><td>2134</td></tr>
<tr><td>1BBB</td><td>8931</td><td>2566</td></tr>
<tr><td>1BB</td><td>8931</td><td>2261</td></tr>
<tr><td>1B</td><td>8931</td><td>2134</td></tr>
<tr><td>1CC</td><td>5867</td><td>2261</td></tr>
<tr><td>1C</td><td>5867</td><td>2134</td></tr>
<tr><td>1D</td><td>2802</td><td>2134</td></tr>
</table>

注：1. 顶角件伸入箱内的部分不作为减少集装箱的内部尺寸。

2. 内部尺寸指在不考虑顶角件伸入箱内部分的条件下，集装箱的内接最大矩形六面体的尺寸。除另有规定者外，内部尺寸与内部净空尺寸是同义词。

3. 通常对设在集装箱端部的门孔称为门框开口，也即按箱内最大平行六面体的宽度和高度设置门孔，使货物能无阻碍地进入集装箱。

3）装箱件的清点以装箱单为依据（不管何种包装形式，均应填写装箱单）。装箱编号以分数形式表示，分母为总箱数，分子为顺序数。

4）产品应按包装设计图样要求进行包装，图中无法绘出的加固方法应在技术要求中加以说明。

5）内销产品在储运、装卸条件允许的情况下，尽量以完整的机器（部件）包装发至用户。但对经海运又多次装卸的产品，其每箱质量以不大于 3000kg 为宜。在一个包装箱（件）中只能装同台次产品的零部件。

6）传动带、橡胶运输带等应拆下用牛皮纸（不得用油纸）或塑料薄膜包装，固定在箱内适当的位置，切勿与油脂接触。

7）一般情况下，装箱时零部件不得与箱板或框架木方直接接触，其距离为 30~50mm。

8）长度达到 5.5m 的产品应捆扎，紧固不少于 3 处，10m 以内的产品应不少于 5 处，10m 或超过 10m 的产品原则上相隔 3m 捆扎一处。薄壁管材不允许捆扎，应用木箱包装，管子层数以不大于 20 层为宜，以防压扁、压弯。

9）对于质量超过 3t 或接近 3t 且偏重的货物，需喷涂起吊位置和重心。包装箱起吊线的位置无论上部或下部均应对称于重心线的两侧。

10）储运标志应符合 GB/T 191—2008《包装储运图示标志》的规定。危险货物包装标志应符合 GB 190—2009《危险货物包装标志》的规定。外购件利用原包装箱时，应换成主机厂的标志。

11）箱面应注明油封日期，便于按时维修保养。

12）随每台产品供给用户的随机文件（产品证明书、说明书、安装图、易损件图、装箱单等）应用塑料袋封装，放在总箱数的第一箱内，并应在此箱面上注明“随机文件在此”的字样。

1.2　有关运输要求

1）凡经铁路运输的产品，均应符合铁路部门运输的有关规定，确保产品安全地运到用户手中。

2）包装箱或产品零部件的最大外形尺寸、质量应符合国内外运输方面有关超限超重的规定。设计产品包装时，应尽量不超过机车车辆限界尺寸，见图 1-12-1。如无法解决时，可按一、二级超限的装载限界进行包装，见图 1-12-2 及图 1-12-3。

3）特大、特重零部件，以铁路运输需用特殊车辆时，应绘出装车加固结构图，并注明最大外形尺寸、重心位置。

4）产品装车后，机车的重心高度从轨面起不得超过2m。产品应配置均衡，不得偏重一侧或一端。应注意体积小、质量大的零件与车体接触的面积，如砧座有可能集重，集重件应采取措施增加装载件与车体接触面积。

5）凡经公路运送的产品，其外形尺寸应考虑运行公路沿线路面与桥梁、管线交叉时的净空尺寸。一般桥梁、管线的下部与公路路面间的最小净空尺寸如下：

公路与公路桥或管道交叉时，5m；

公路与铁路桥交叉时，5m；

公路与低压电力线交叉时，6m；

公路桥梁桥面上部的最小净空，5m。

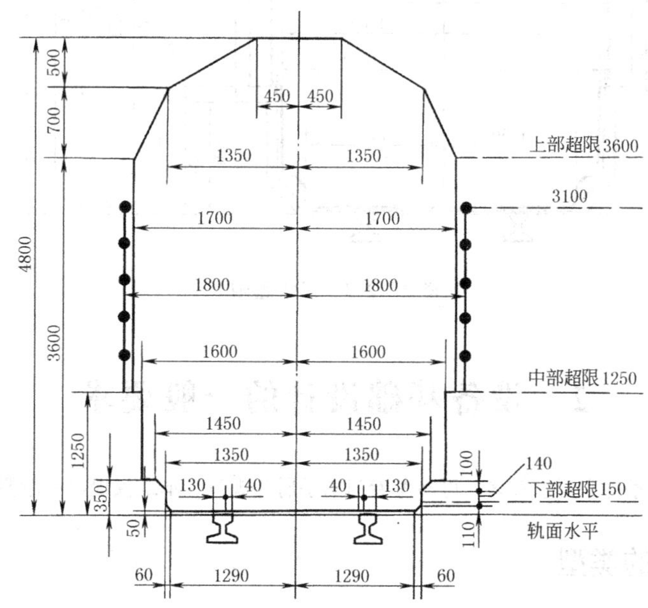

图1-12-1　机车车辆限界图

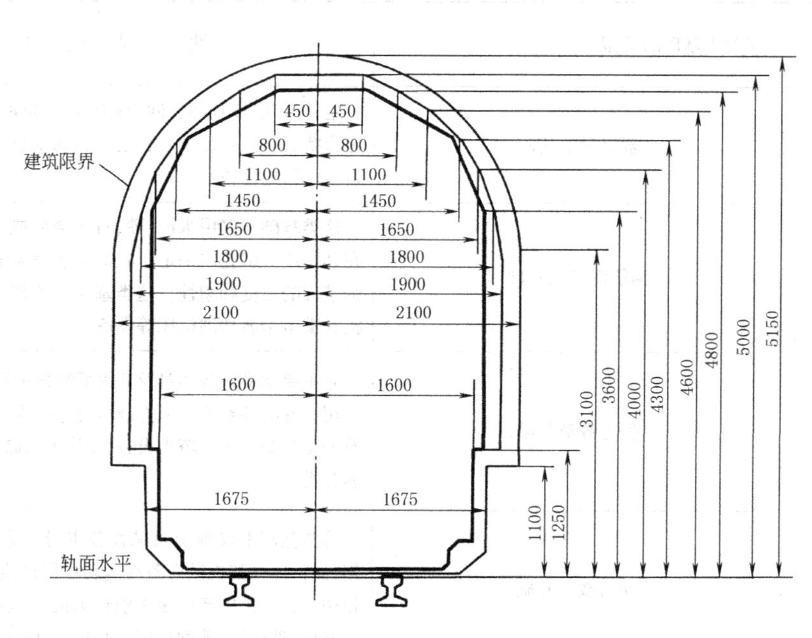

图1-12-2　一级超限

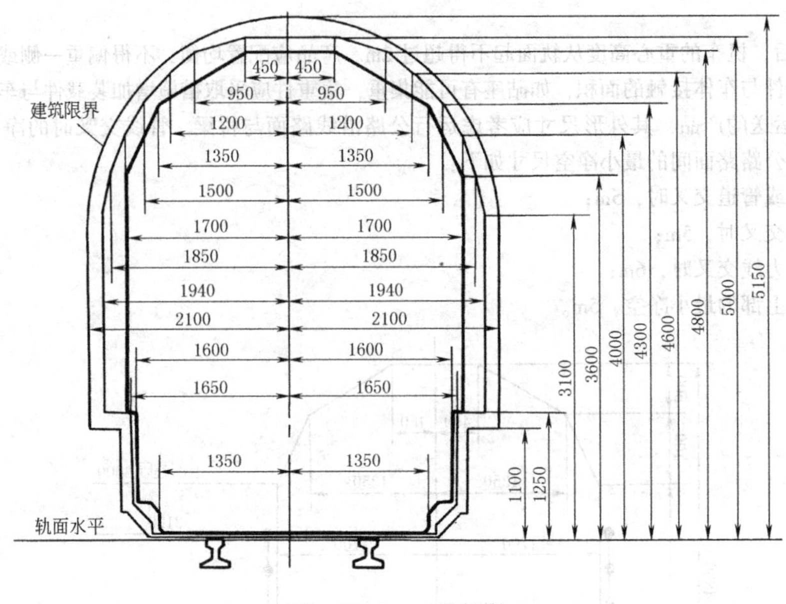

图 1-12-3 二级超限

2 设备基础设计的一般要求

设备基础设计涉及的条件和要求较多，可参考专门的手册和规范。本章仅提出一般要求。

2.1 混凝土基础的类型

表 1-12-3

混凝土基础的类型		性 质 与 应 用
不同用料的基础	素混凝土基础	这类基础只用水泥、砂、石子，按一定的配比浇灌成一定形状。它主要适用于普通金属切削机床、电机及其他运转均匀的设备
	钢筋混凝土基础	这类基础不仅用水泥、砂、石子浇灌成一定形状，而且在其中放有绑扎成一定形状的钢筋骨架和钢筋网，以加强基础的强度和刚性。这类基础主要用于压缩机、轧钢机和重型金属切削机床等设备
承受不同性质载荷的基础	静力载荷基础	它主要承受设备本身及其内部物料重量的静力载荷的作用。有时还要考虑风力载荷对它产生的倾覆力矩。如石油化工企业中的塔类设备、加热炉和储罐等的基础，均属此类
	动力载荷基础	这类基础不仅承受机械设备本身重量的静力载荷作用，而且还受到机械设备在运转中所产生的动力载荷的作用。在工作中产生很大惯性力的机械设备，如往复式压缩机、破碎机、轧钢机械等的基础，均属此类

续表

混凝土基础的类型		性 质 与 应 用
不同结构外形的基础	单块式基础 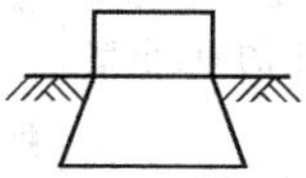 (a) 实体式 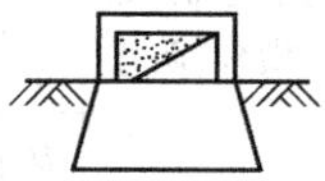 (b) 地下室式 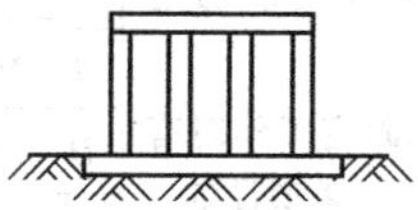 (c) 墙式 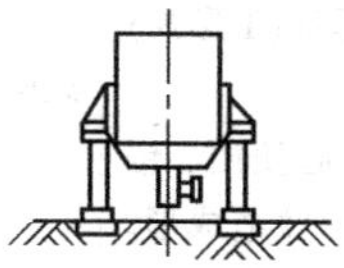 (d) 构架式	单块式基础是根据工艺上的要求单独建成的。它与其他基础或厂房基础无关。其顶面形状和机械设备底座相似,或稍大一些,标高以工艺要求来确定。单块式基础以其结构形状的不同,又分为下列几种: (1) 实体式基础 它的形状见图a,主要用于安装重量较大的塔类设备和构形简单的机械设备。这种基础顶面有方形的、矩形的和圆形的等,其外形有单节的、多节的和阶梯式的等 (2) 地下室基础 它的形状见图b,主要用于安装重量较轻的机械设备 (3) 墙式基础 它的形状见图c,主要用于安装回转式机械设备及储罐 (4) 构架式基础 它的形状见图d,主要用于安装在底部操作的设备,如合成塔等
	大块式基础 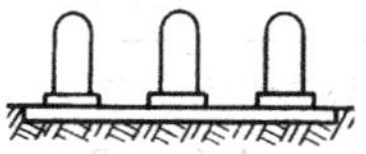 (a) 无地下室式 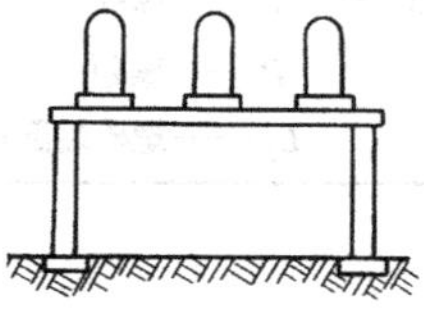 (b) 屋顶或楼板式	这种基础建成连续的大块形状,以供邻近的多台机械设备、辅助设备和工艺管道安装使用,见图a。有时也可将厂房的混凝土楼板或屋顶作为大块式基础进行安装,见图b

2.2 地脚螺栓

地脚螺栓的作用是将设备与基础牢固地连接起来，以免在工作时发生位移和倾覆。设备在安装过程中用垫铁找平，然后用地脚螺栓固定。

地脚螺栓的种类和选用

表 1-12-4

种　类	应　用	选　用
短地脚螺栓（死地脚螺栓）	① 往往与基础浇筑在一起 ② 主要用来固定工作时没有强烈振动和冲击的中、小型机械设备 ③ 长度一般为100~1000mm ④ 常用的死地脚螺栓头部制成开叉式或带钩的形状，如左图示。钩中穿一横杆，防止螺栓旋转或拔出	地脚螺栓、螺母和垫圈一般是随机带来的，应符合设计和设备安装说明书的规定。无规定时可参照下列原则选用 地脚螺栓直径 $d<$ 设备底座上地脚螺栓孔径 D：（见下表）
长地脚螺栓（活地脚螺栓） (a) T形式　(b) 双头式 1—螺栓；2—锚板	① 是一种可拆卸的地脚螺栓 ② 主要用来固定工作时有强烈振动和冲击的重型设备 ③ 长度一般为1~4m ④ 它的形状分为两端都带螺纹及螺母的和锤形（T形式）的，如图所示 ⑤ 它和锚板一起使用。锚板可用钢板焊接或铸造成形。锚板中间带有一个矩形孔或圆孔，供穿螺栓之用	地脚螺栓长度按施工图规定，无规定时可按下式确定： $L_1=15D+S+(5\sim10)$ mm 式中　L_1——地脚螺栓长度，mm D——地脚螺栓直径，mm S——垫铁高度，机座和螺母厚度以及预留余量（2~3牙）的总和，mm

d	M8	M10	M12	M16	M20
D	15	17	20	24	28
d	M24	M30	M36	M42	M48
D	34	40	46	52	58
d	M56	M64	M72	M80	M90
D	66	74	82	90	100
d	M100	M110	M125	M140	M160
D	110	120	135	155	175

地脚螺栓的外露长度

表 1-12-5

安装型式	简　图	外露长度	说　明
一个螺母，一个垫圈		$L_3\approx2d$，$L_0\approx3d$	L 及 L_0 太大或太小都会影响设备安装
两个螺母（一个标准型，一个扁螺母），一个垫圈		$L_2\approx(1.5\sim5)P$ 式中　L_0——螺纹长度 P——螺距 L_2——螺栓端部外露长度	

2.3　设备和基础的连接方法及适应范围

表 1-12-6

类　型	连接方法	型　式	适用范围	安装注意事项
无地脚螺栓连接	设备直接用水泥砂浆固定在基础上	垫板　底座　二次灌浆层　基础	用于安装轻型和平衡良好、振动较小的设备	

续表

<table>
<tr><th colspan="2">类　型</th><th>连接方法</th><th>型　　式</th><th>适用范围</th><th>安装注意事项</th></tr>
<tr><td rowspan="2">短地脚螺栓(死地脚螺栓)埋置</td><td>一次浇灌法</td><td>在浇灌基础时，预先把地脚螺栓埋入，与基础同时浇灌。根据螺栓埋入深度不同，可分为全部预埋和部分预埋两种形式。其优点是减少模板工程，增加地脚螺栓的稳定性、坚固性和抗振性；缺点是不便于调整</td><td>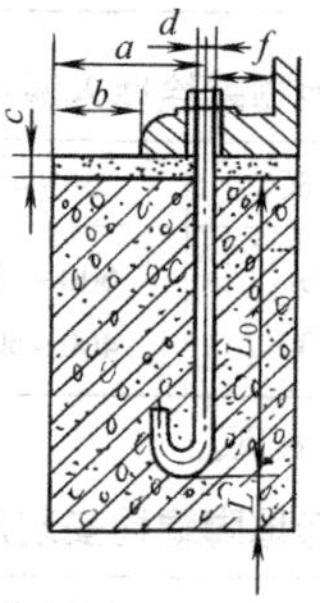
全部预埋法
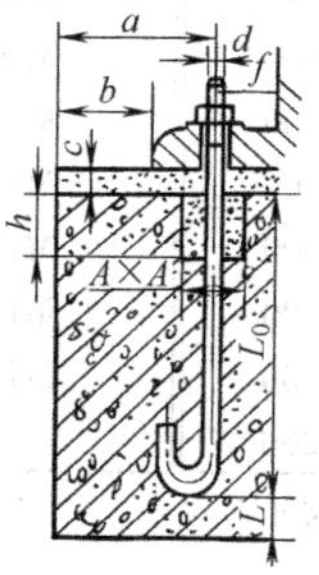
部分预埋</td><td rowspan="2">固定动力载荷较轻、冲击振动较小的轻型设备</td><td rowspan="2">$a \geqslant 4d$（或 $a \geqslant$ 150mm）
$b \geqslant$ 100mm
A，h 按 JB/ZQ 4364—2006 的规定，并参见表1-12-7
L_0 为最小埋入深度，按实际作用力确定或$L_0 \approx 20d$。采用 100 号混凝土时，埋入深度按表1-12-8 选取
f=300～500mm
c=50～100mm
$L \geqslant$ 100mm
$e \geqslant$ 15mm
g 按以下要求
基础不配筋
d<25mm 时，$g \geqslant$ 100mm；d>25mm 时，$g \geqslant$ 150mm　基础配筋时
$g \geqslant$ 50mm</td></tr>
<tr><td>二次浇灌法</td><td>在浇灌基础时，预先在基础上留出地脚螺栓的预留孔，安装设备时穿上螺栓，然后用混凝土或水泥砂浆把地脚螺栓预留孔浇灌捣实</td><td>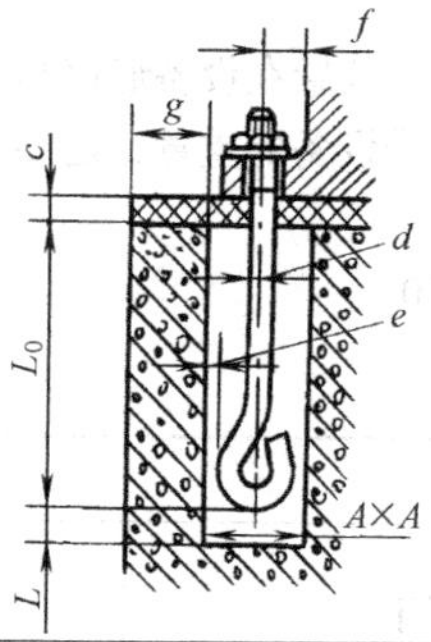</td></tr>
<tr><td colspan="2">长地脚螺栓(活地脚螺栓)埋置</td><td>设备用可换的地脚螺栓固定在预先埋入基础孔内的锚板上。安装地脚螺栓的螺栓孔是在浇灌基础时留出来的，地脚螺栓和锚板一起使用。这类地脚螺栓可分为两种：一种是两端带有螺纹的；另一种是顶部有螺纹，下端是T形的</td><td>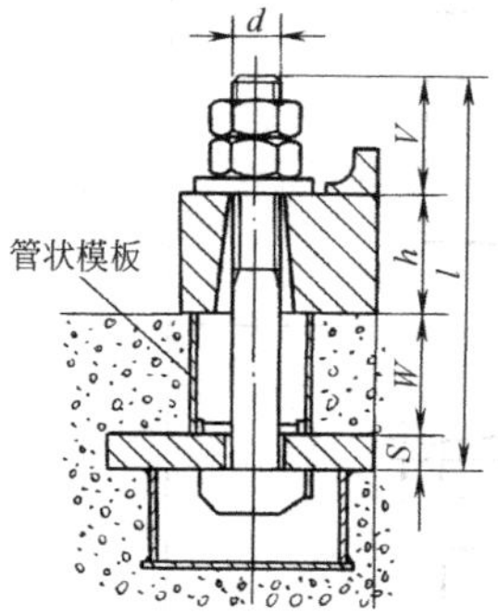</td><td>有强烈振动和冲击载荷的重型机械设备</td><td>T形地脚螺栓尺寸见 JB/ZQ 4362—2006，并见表 1-12-9
T形地脚螺栓用锚板尺寸见 JB/ZQ 4172—2006</td></tr>
</table>

注：1. 对于螺栓中心线到基础边缘尺寸 a，如设备有特殊要求，取 $a<4d$ 时，可对基础边沿进行加固处理。

2. 设备基础内地脚螺栓预留孔及埋设件的简化表示法见 JB/ZQ 4173—2006。

表 1-12-7　　设备基础预留调整孔的尺寸　　mm

d	16~18	20	24	30	36	42	48	56
A	80	100		130		160		180
h	150	200		300		400		500

表 1-12-8　　地脚螺栓埋入深度　　mm

地脚螺栓直径 d		10~20	24~30	30~42	42~48	52~64	68~80
最小埋入深度 L_0	弯钩式	200~400	500	600~700	700~800		
	锚定式	200~400	400	400~500	500	600	700~800

注：本表是采用100号混凝土时，地脚螺栓的埋入深度。

表 1-12-9　　T形地脚螺栓安装尺寸　　mm

螺纹规格(d×P)	S	V_{min}	W_{max}	螺纹规格(d×P)	S	V_{min}	W_{max}
M24	20	55	800	M80×6	40	175	2400
M30	25	65	1000	M90×6	50	200	2600
M36	30	85	1200	M100×6	50	220	2800
M42	30	95	1400	M110×6	60	250	3000
M48	35	110	1600	M125×6	60	270	3200
M56	35	130	1800	M140×6	80	320	3600
M64	40	145	2000	M160×6	80	340	3800
M72×6	40	160	2200				

注：如果只用一个螺母，螺栓伸出长度 V 可适当减小。

3　垫铁种类、型式、规格及应用

垫铁是机械设备安装找平找正用的调整件，放置在设备底座与基础之间。通过垫铁厚度的调整，可使设备安装达到所要求的标高和水平度。垫铁不仅要承受设备的重量，还要承受地脚螺栓的锁紧力。垫铁还应方便于二次灌浆。

垫铁种类、型式、规格及应用见表1-12-10。

表 1-12-10

种类	型　式	规　格	应　用
平垫铁(矩形垫铁)	H, L, B 平垫铁		用于承受主要载荷和连续振动较强的设备，如一般轧钢设备
斜垫铁	A, H, C, B, 1:10～1:20 斜垫铁		用于不承受主要载荷，只起设备找正找平作用的场合，设备的主要载荷由灌浆层承受。常用于安装精度要求不高的容器设备

续表

种类	型　式	规　格	应　用
钩头成对斜垫铁	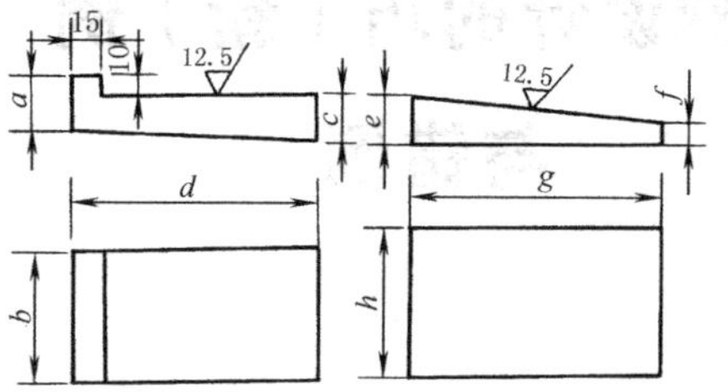 (a) 上块　(b)下块	$a \sim h$ 按实际需要确定(其中 $g \approx d+10$、$h \approx b+10$)，斜度为 1 :(10~20)	分上、下两块成对使用，用于不需设置地脚螺栓而直接安放在地坪上的设备。垫铁承受主要载荷，底座与垫铁之间需要放置防振填料。可采用钩头垫铁找平后用电弧焊焊牢或用灌浆层固定
开口型和开孔型垫铁	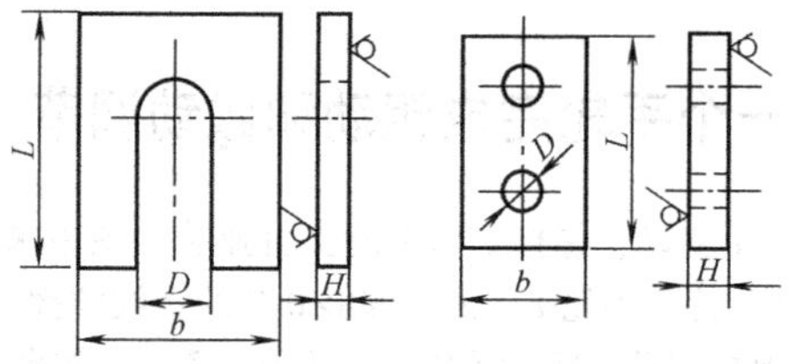 开口型　开孔型	尺寸与普通平垫铁相同。其开口度和开孔的大小比地脚螺栓直径大 2~5mm；宽度根据机械设备的底座尺寸而定，一般应与设备底座宽度相等，如需焊接固定时，应比底座宽度稍大些；长度比机械设备底座长度略长 20~40mm；厚度按实际需要而定	这种垫铁用于安设在金属结构或地坪上的机械设备，且支承面积又较小
可调垫铁	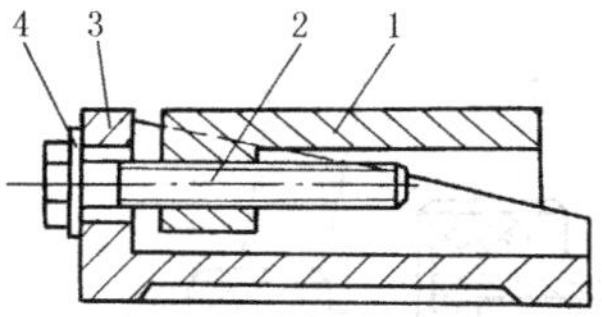 两块调整垫铁 1—调整块；2—螺栓；3—垫座；4—垫圈 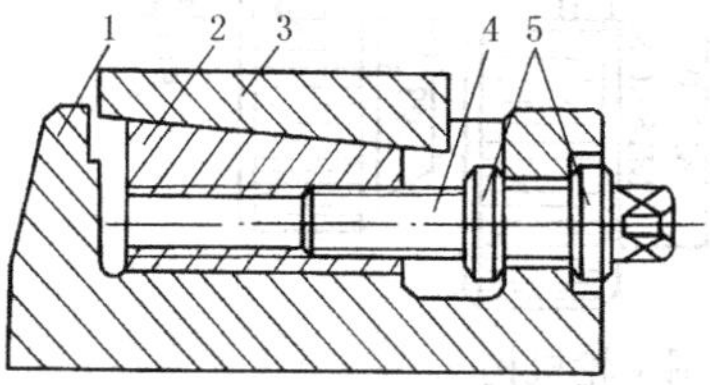 三块调整垫铁 1—垫座；2—调整块；3—升降块；4—调整螺栓；5—挡圈	垫铁随机床带来，其规格和数量由设备制造厂设计	用于安装精度要求较高的设备，一般用于金属切削机床的安装(如精密车床、磨床、镗床、龙门刨床、导轨磨床等) 这种垫铁利用两块斜滑板相对移动，从而改变设备的调整高度

注：垫铁材料有铸铁和钢两种。铸铁垫铁厚度一般在 20mm 以上，钢垫铁厚度在 0.3~20mm 之间。

第13章 机械设计的巧（新）例与错例

1 巧（新）例

1.1 利用差动螺旋和锥面摩擦实现用一个手轮完成粗动和微动调节

图1-13-1中螺杆2锥形头向前运动时，推动工作台1移动，螺杆2后退时，由弹簧（图中未示出）推动工作台移动，使工作台与螺杆1的钳端保持接触。粗调时，转动手轮8，由于M8×0.7的螺纹摩擦力矩小于M18×0.8的螺纹摩擦力矩，所以转动手轮8时，微调手轮7保持不动，粗调手轮8每转动一圈，工作台1移动0.7mm。微调时，转动手轮7，5、6、7三个零件靠摩擦力互相连接成一体，而螺杆2不会转动。这是因为设计者在设计螺杆2钳端的角度θ和直径时，使圆锥端部分的摩擦力矩大于M8×0.7的螺纹摩擦力矩。由于在转动手轮7时，螺杆2和螺纹支承座4都不会转动，因而M18×0.8和M8×0.7的两个螺纹副（同为右旋）形成差动螺旋。微调手轮转一周，工作台移动0.1mm。

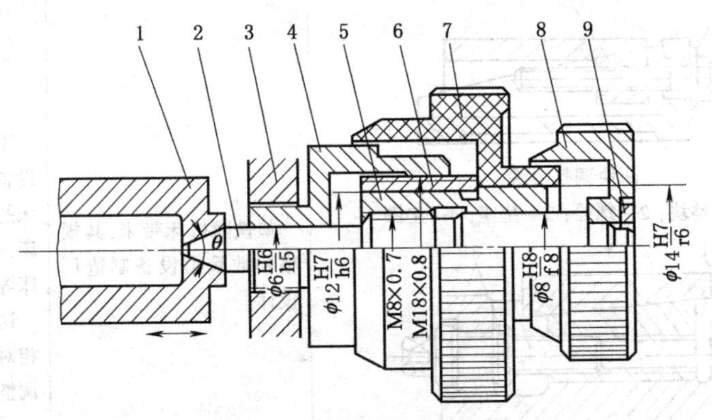

图1-13-1　粗微调手轮机构

1—工作台（移动件）；2—粗动螺杆；3—固定基座；4—螺纹支承套，固定在基座上；5—内螺纹套；6—外螺纹套；7—微调手轮；8—粗调手轮；9—固定螺母

这一机构的结构简单，使用方便，按操作精密机械的经验，操纵者转动手转350~400次，手轮转动一周，因而操纵者能实现工作台在操纵者能感觉和控制的一次微调转动时，移动0.25~0.3μm。又由于粗微调两个手轮在一起，可操作任一手轮，不需其他转换或调整，所以操作方便。

此机构可用于要求精密调节的仪器或精密机械。但调整范围不大，不能承受大的载荷。

此机构的设计要点在于使圆锥端的摩擦力矩T_1大于螺纹M8×0.7的摩擦力矩T_2。

$$T_1=\frac{F\mu_1 d_m}{2\sin\theta}$$

$$T_2=\frac{1}{2}Fd_2\tan(\alpha+\delta_v)$$

要求 $$T_1=KT_2$$

式中 F——轴向推力，N；

μ_1——锥端摩擦因数；

d_m——锥端平均直径，mm；

d_2——M8×0.7 螺纹中径；

α——M8×0.7 螺纹升角；

δ_v——μ_v 螺纹当量摩擦因数，$\delta_v=\tan^{-1}\mu_v$。

1.2 多头螺纹半自动车床

多头螺纹半自动车床用于加工光学仪器目镜多头螺纹，此种螺纹常用头数有 2、4、6、8、10、12 等。对它的配合精度要求高，间隙要小，转动舒适均匀。

如图 1-13-2 所示半自动车床的传动系统，它可以加工螺距为 1.5mm 头数为 2、4、6、8 的目镜螺纹。只需操作者装拆工件，加工螺纹全部自动进行。

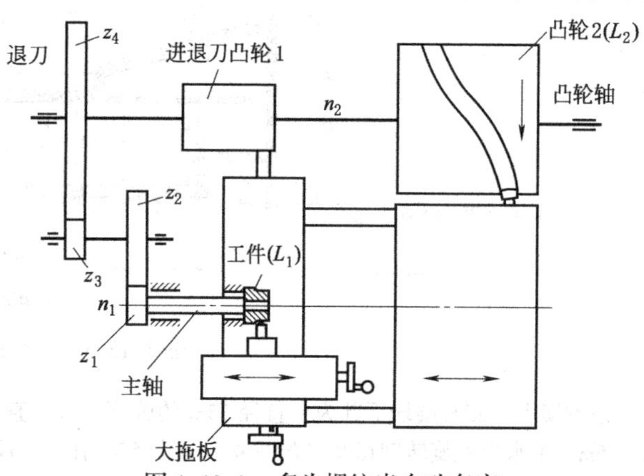

图 1-13-2 多头螺纹半自动车床

（1）传动系统

主要是利用圆柱凸轮 2 带动大拖板作往复运动，凸轮 2 旋转一周车刀左右移动一次。车床主轴与凸轮轴转速具有一定传动比，以达到车制多头螺纹的目的。凸轮 1 与凸轮 2 相配合，使刀具左右移动的同时进刀和退刀。

（2）分度原理

主轴转速 n_1 与凸轮轴转速 n_2 的关系：

$$\frac{n_1}{n_2}=\frac{z_2\times z_4}{z_1\times z_3} \tag{1-13-1}$$

又因为刀具是凸轮 2 带动的，作往复运动，所以凸轮的导程 L_2 与工件的导程 L_1，与转速 n_1、n_2 之间有如下的关系：

$$n_1L_1=n_2L_2 \tag{1-13-2}$$

由式（1-13-1）和式（1-13-2）可得

$$L_2=L_1\frac{z_2\times z_4}{z_1\times z_3} \tag{1-13-3}$$

若要加工多头螺纹则必须

$$\frac{n_1}{n_2}=a+\frac{1}{z} \tag{1-13-4}$$

式中，a 为整数；z 为螺纹头数。

由式（1-13-2）和式（1-13-4）可知，实现自动加工多头螺纹的要求是：

$$L_2=aL_1+\frac{L_1}{z} \tag{1-13-5}$$

刀具行程 $S=L_2/2>$螺纹最大长度 L_{max}。数据实例：

螺纹头数 z	螺距 t	螺纹导程 L_1	凸轮导程 L_2	z_1	z_2	z_3	z_4
2	1.5	3	73.5	24	96	24	147
4	1.5	6	73.5	24	48	24	147
6	1.5	9	73.5	24	48	36	147
8	1.5	12	73.5	36	36	24	147

1.3 中华世纪坛传动方案设计

中华世纪坛是北京市迎接21世纪的建筑工程，以《易经》中的“天行健，君子以自强不息；地势坤，君子以厚德载物”的思想作为展示中华民族精神的依据。要求重达3000t、直径47m的代表“天”的圆坛以4~6小时一周的速度转动。对于这一工程，提出了三个传动方案。

（1）水浮卸荷方案（图1-13-3）

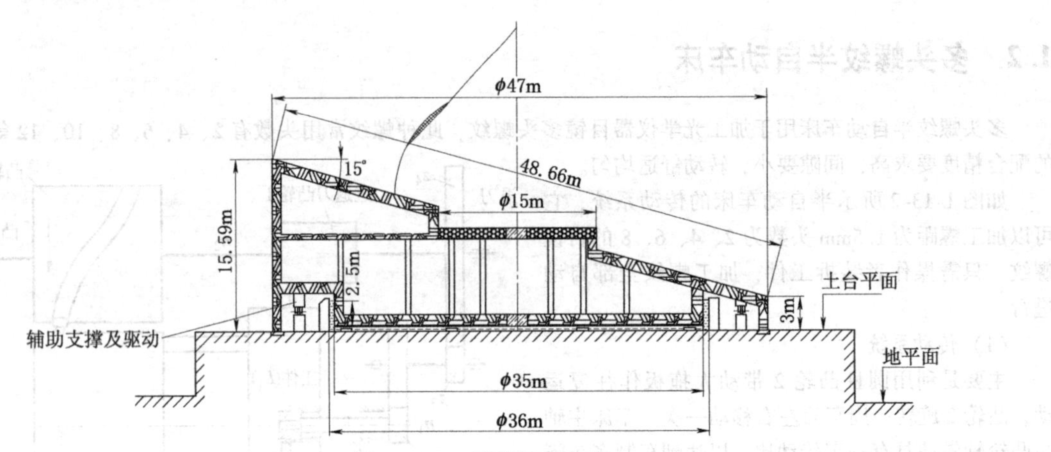

图1-13-3　浮筒卸荷方案

该方案中，旋转圆坛下部为一直径35m的圆筒，放在直径36m的水槽中，圆筒底部距水槽0.8m，水槽内水深2.5m。由水承载旋转圆坛95%的重量。其余5%则由承载滚轮支持。由于水的摩擦阻力非常小而承载能力大，所以对传动和支撑装置的要求相应较低。此方案设计新颖，转动灵活，平稳性好。但其不足之处是：水槽占据一定高度（中华世纪坛总高度有很严格的限制），水在冬天会冻冰，夏天会发臭（都可以采取一些防止措施），遇地震等情况容易被破坏，如水池裂开而漏水等。

（2）摩擦传动方案（图1-13-4）

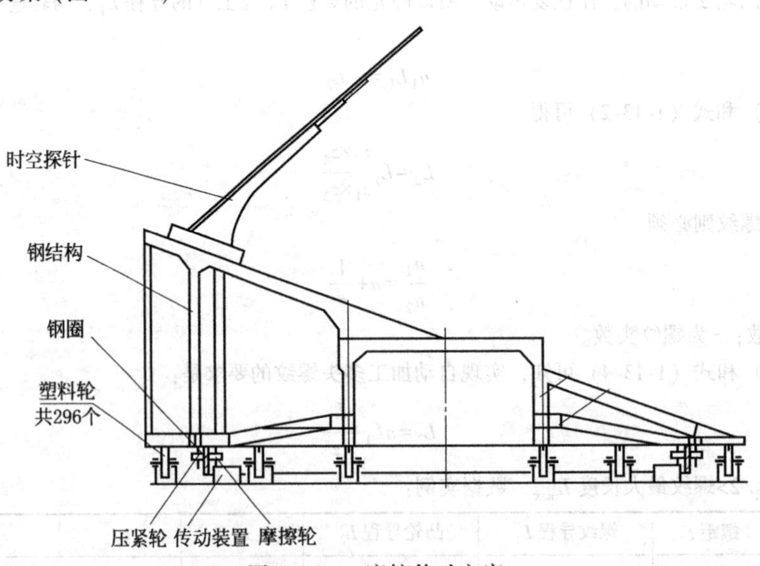

图1-13-4　摩擦传动方案

该方案旋转圆坛由三圈共296个直径1m的塑料轮支持，在旋转圆坛下面有一钢圈，用摩擦轮驱动钢圈。这一方案的优点是，用塑料轮承载，用钢圈和摩擦轮传动，两种功能分开安排，符合“功能分担”的设计原理。其难点是塑料承载轮有老化问题，支撑面很大而加工要求高，有一定难度，拖动钢圈的圆度和与回转中心的同心度也是加工的难点。此方案已在多个饭店旋转餐厅使用，效果良好。

(3) 钢轮支撑与驱动方案（图 1-13-5）

在直径为 13.6m 和 39m 的内环和外环圆周上分别安置 32 台和 64 台车组，每车组有 2 个钢制车轮，车轮直径

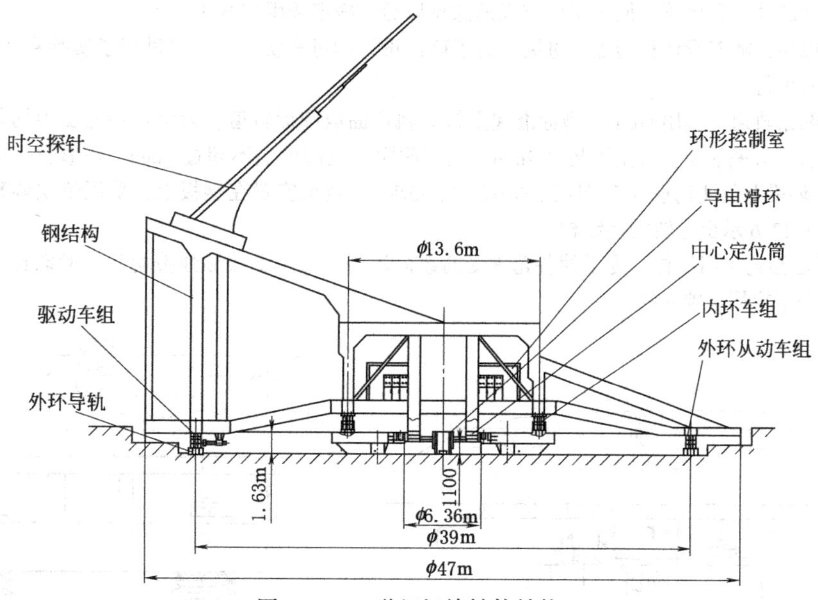

图 1-13-5　世纪坛旋转体结构

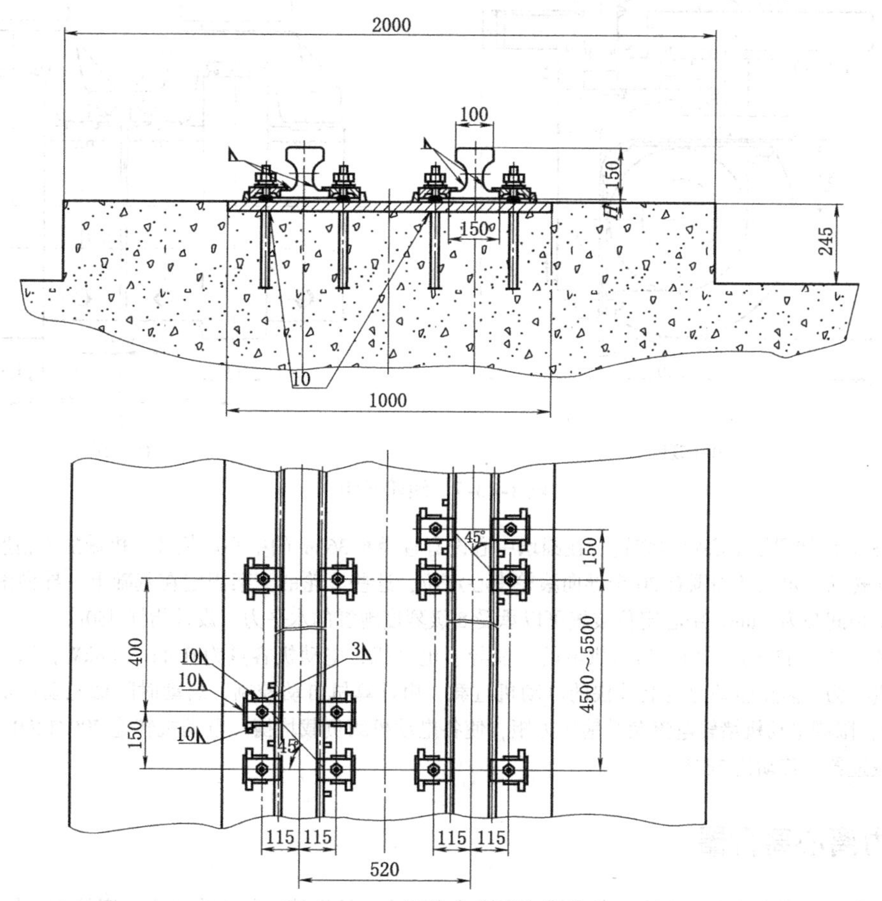

图 1-13-6　钢轨定位固定结构

600mm，宽度 160mm。旋转圆坛有中心圆筒，用 20 个滚轮作中心定位。外圈车轮有 16 个驱动轮，各由电动机—减速器—离合器—万向联轴器—驱动车轮，用电气控制解决各驱动电动机均载问题。这一方案的优点是结构原理简单明确，便于加工、安装、使用、管理。

经全面和仔细的分析和比较，征求了多方面的意见以后，确定选用方案 3。

在方案确定以后，随着设计和施工的进展，为了确保设计的可靠实现，专门进行了实验室实验和现场测试，证明了此方案切实可行。

内外圈各有两条轨道，选用 QU100 型标准起重机钢轨弯曲成圆形轨道。为保证各轮受力均匀，对轨道提出了很高的精度要求。水平平面度误差不超过 4mm，相邻两圈轨道高度差不超过 1mm，环形轨道圆度误差不超过 10mm。在混凝土环梁上预埋钢板（对钢板水平有一定要求），轨道安置在钢板上，采用垫铁调整钢轨水平，用水平仪测量。图 1-13-6 示出导轨安装结构。

图 1-13-7 示出滚轮车组结构。为了使各轮承受的载荷均匀，采用了碟形弹簧均载，考虑到内外两圈轨道存在高度误差，每个车轮都是独立的。

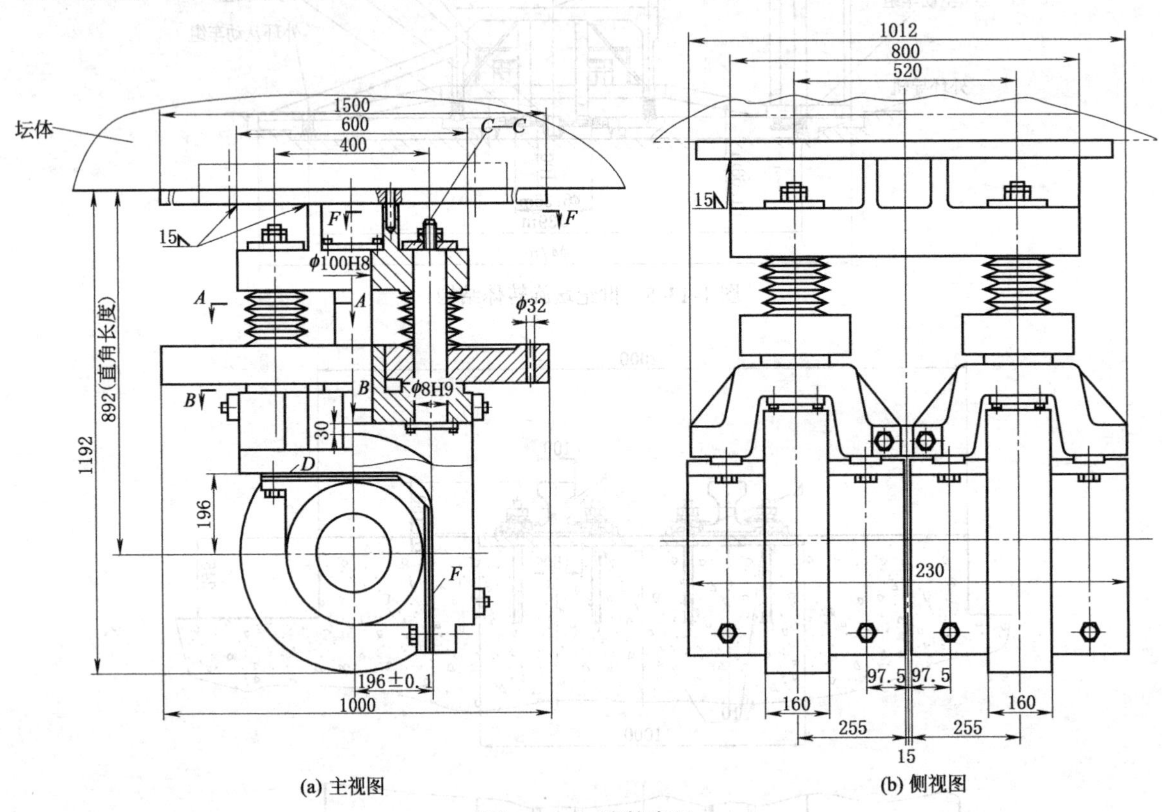

图 1-13-7　滚轮车组

图 1-13-8 为旋转圆坛中心定位装置。在圆坛中心设有直径 6.364m 的中心定位环，机械加工精度 2.3mm，此环与圆坛一起转动。定位环周围有 20 个导向滚轮中心定位，这些滚轮的支架固定在基础上，导向滚轮与中心定位环之间的半径间隙为 5mm。中心定位装置可以承受 8 级烈度地震的水平力，设计指标 480t。

驱动系统（图 1-13-9）采用变频器供电的交流异步电动机，电动机容量为 0.44/0.88kW，选用双速三相鼠笼异步电动机。为了防止驱动力矩上升快的电动机过载，由计算机自动控制，启动时降低电动机供电频率（同时降低电压），限制电动机堵转电流及其输出力矩，使各电动机的负载均衡。电动机转速 700/1400r/min。采用 6 级圆柱齿轮减速器，传动比 3655。

1.4　增力离心离合器

离心离合器是利用安装在主动件上高速转动物体的离心力，挤压从动件内表面产生摩擦力，使从动件转动，

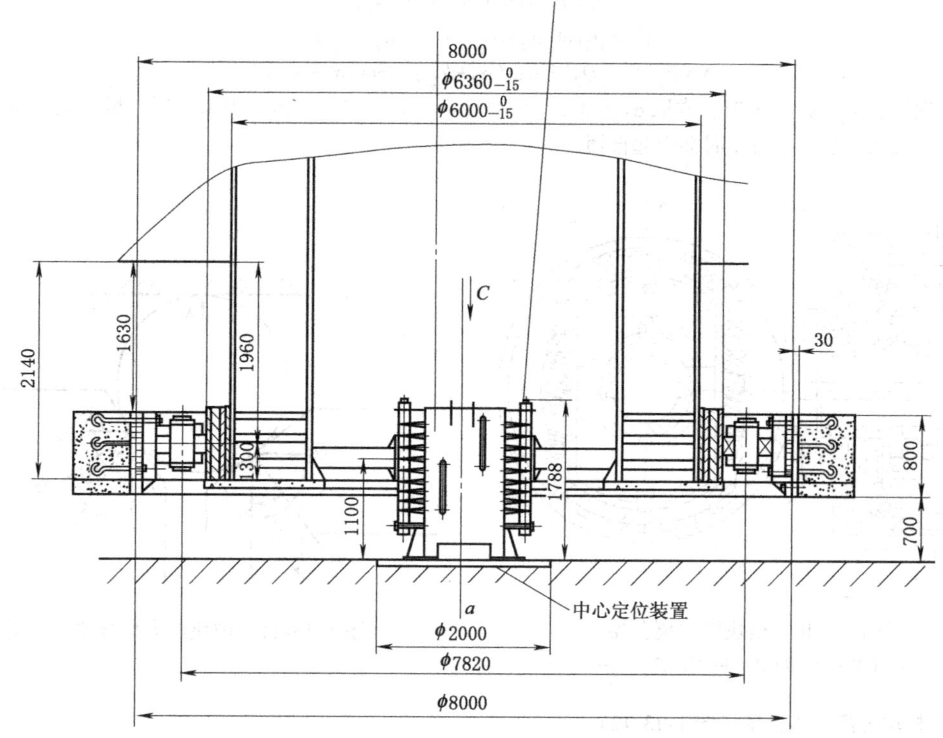

图 1-13-8　旋转圆坛中心定位装置

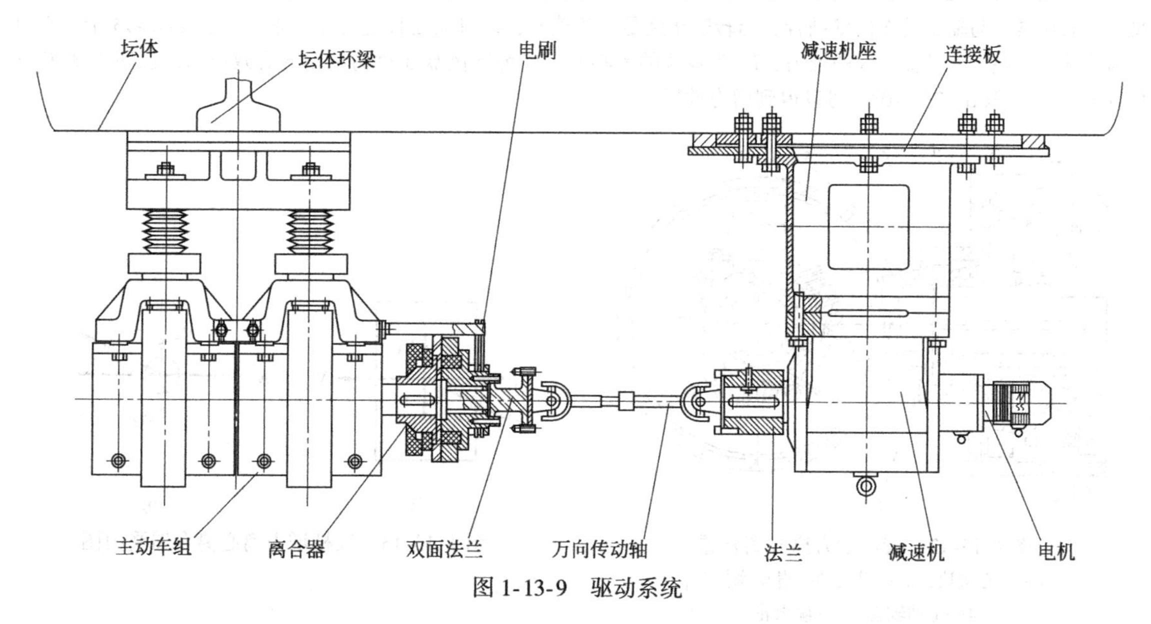

图 1-13-9　驱动系统

从而实现在一定速度下两轴的自动连接。传统的离心离合器直接利用离心重块产生的离心力作用于从动件工作表面（一般为圆筒状）。由离心力计算公式 $F=mr\omega$ 可知，增加离心力 F 必须加大重块的质量 m、重块质心与回转轴线的距离 r 或增加转速 ω。这些方法都受到一定的限制，因而可以采用各种增力方法。

（1）楔块增力离合器（图 1-13-10）

输入轴 3 转速达到一定值时（一般取为额定转速的 70%），由于离心力的作用，离心重块 1 的离心力大于弹簧的径向拉力，经楔块增力，由两滚子 4 推动闸块 2 与从动轮毂的内壁接触，转速达到一定值时，即可带动从动轮毂转动。其受力情况见图 1-13-11，N_1、N_2 为滚子对导轨面的压力，F_1、F_2 为导轨面所受摩擦力，R_1、R_2 分别为 Q_1、P_1 和 Q_2、P_2 的合力，α_1、α_2 为楔块的斜角，ψ_{1p}、ψ_{2p} 为滚子的当量摩擦角。由图 1-13-11 可以求得：

$$Q_1=P_2=Q_2\cdot\cot(\alpha_2+\psi_{2p})$$
$$P_1=Q_2\cot(\alpha_2+\psi_{2p})\cdot\cot(\alpha_1-\psi_{1p})$$
$$N=P_1+Q_2=Q_2[1+\cot(\alpha_2+\psi_{2p})\cdot\cot(\alpha_1-\psi_{1p})]$$

一般情况下，$\psi_{1p}=\psi_{2p}=5.7°$，常取 α_1（或 α_2）$\geqslant 8°$（常用 $8°\sim12°$）。当 α 值减小时，增力效果显著，但要求的径向位移加大，当 α 值过小时会引起自锁。

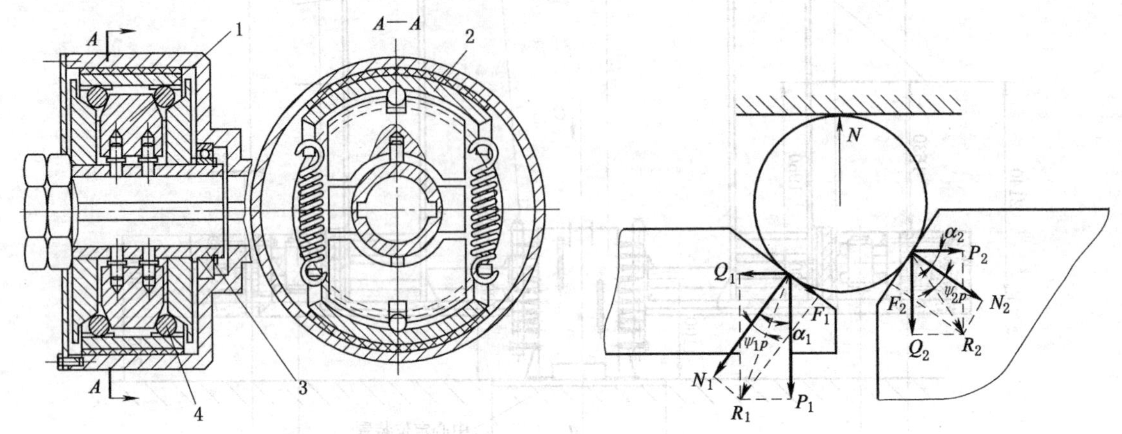

图 1-13-10　楔块增力离合器

1—离心重块；2—闸块；3—输入轴；4—滚子

图 1-13-11　楔块增力离合器受力图

（2）铰杆增力离心离合器（图 1-13-12）

当主动轴套 4 旋转时，推离心重块 1 转动，达到一定转速时，离心重块克服弹簧拉力，经连杆 2 推滑动摩擦盘 3 向右压紧，与输出轮 5 内壁贴合，当转速达到足够数值时，即可满足传递力矩要求。在图 1-13-13 中，F 和 F' 为连杆对重块 1 和摩擦盘 3 的推力，F_3 为重块的离心力，F'_1 为摩擦盘 3 对输出轮的有效压力。由图可知 $F'_1=F_3/\tan\alpha$。一般取 $\alpha=7°\sim10°$，可以得到增力效果。

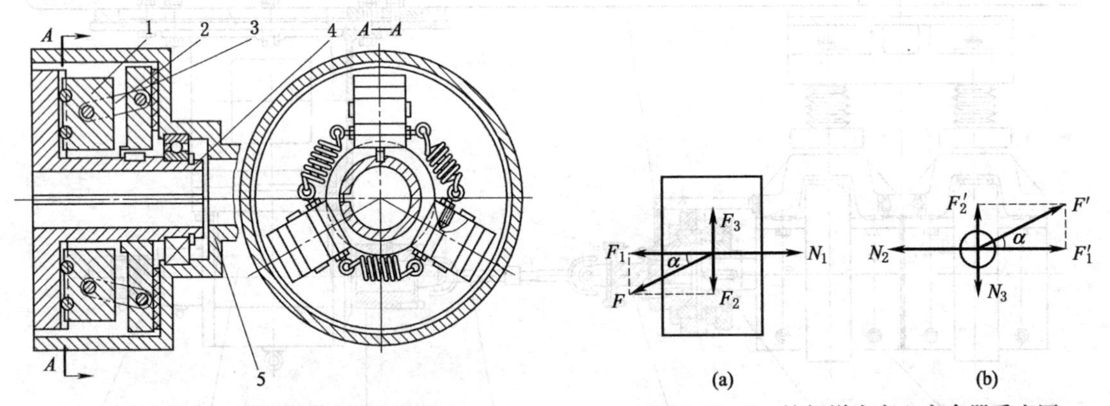

图 1-13-12　铰杆增力离心离合器

1—离心重块；2—连杆；3—滑动摩擦盘；4—主动轴套；5—输出轮

图 1-13-13　铰杆增力离心离合器受力图

1.5　利用陀螺效应改进搅拌设备

搅拌设备常用于化工等行业。由于材料不均匀和制造装配的误差，使回转零件的重心与转动中心线不重合。在轴转动时产生不平衡的离心力，影响轴的变形，当挠度过大时，转轴不能平稳工作。在搅拌设备中当轴比较长时，必须在轴的中央和底部安装轴承，在此如果利用陀螺效应，在轴的底部安装一个稳定器，则可以省掉中间和底部的轴承（图 1-13-14）。稳定器的结构见图 1-13-15。已经制了几种稳定器，并经过试验，试验结果见表 1-13-1。

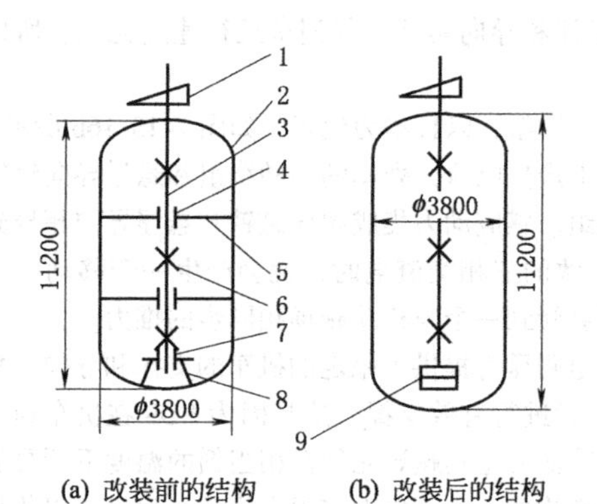

图 1-13-14 100m³ 搅拌设备主轴主要结构示意图

1—电动机；2—发酵罐；3—搅拌轴；4—中间轴承；5—中间支承；6—搅拌器；7—底部轴承；8—底部支承；9—稳定器

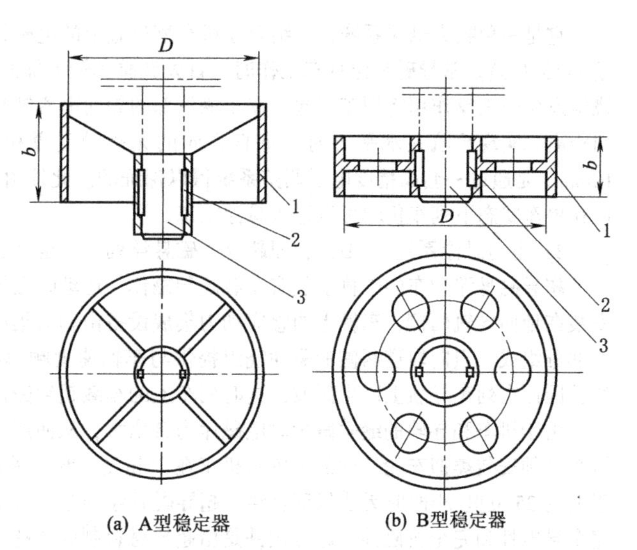

图 1-13-15 稳定器结构图

1—稳定器；2—键；3—轴

表 1-13-1 A、B 型稳定器测试结果

稳定器类型	发酵罐规格 /m^3	稳定器尺寸		电动机功率 /kW	搅拌轴转速 /$r \cdot min^{-1}$	运行时电流下降值 /A	稳定效果
		D/mm	b/mm				
A 型	10	600	200	11	120	2~4	好
B 型	100	1200	600	115	90	20~30	好

稳定器半径 R 的取值应考虑生产工艺要求和罐的尺寸。一般为罐体内径的 1/3~1/4，宽度 b 取 $0.6R \sim 1R$。

1.6 磁悬浮列车

磁悬浮列车实际上是依靠电磁吸力或电动斥力将列车悬浮于空中并进行导向，实现列车与地面轨道间的无机械接触，再利用线性电机驱动列车运行。因此从根本上克服了传统列车轮轨粘着限制、机械噪声和磨损等问题。

磁悬浮列车主要由悬浮系统、推进系统和导向系统三大部分组成。

(1) 悬浮系统

目前悬浮系统的设计，可以分为两类。

1) 电磁悬浮系统（EMS），即常导型，也称常导磁吸型，以德国高速常导磁浮列车为代表，如图 1-13-16a 所示。

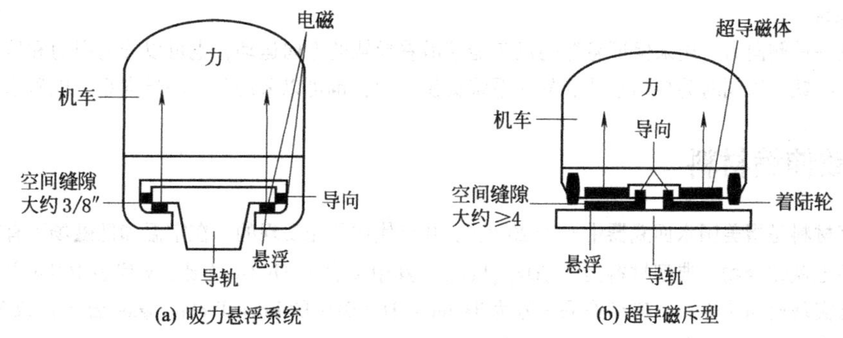

图 1-13-16

它是一种吸力悬浮系统，是结合在机车槽型底上的电磁铁和槽内导轨上的铁磁轨道相互吸引产生悬浮（见图1-13-16a）。常导磁悬浮列车工作时，首先调整车辆下部的悬浮和导向电磁铁的电磁吸力，与地面轨道两侧的绕组发生磁铁反作用将列车浮起。在车辆下部的导向电磁铁与轨道磁铁的反作用下，使车辆与轨道保持一定的侧向距离，实现轮轨在水平方向和垂直方向的无接触支撑和无接触导向。车辆与行车轨道之间的悬浮间隙为10mm，是通过一套高精度电子调整系统得以保证的。此外由于悬浮和导向实际上与列车运行速度无关，所以即使在停车状态下列车仍然可以进入悬浮状态。

2）电力悬浮系统（EDS），即超导型磁悬浮列车，也称超导磁斥型，以日本为代表，如图1-13-16b所示。

超导磁悬浮列车的车辆上装有车载超导磁体，运动时在导轨上产生电流，列车的驱动绕组和悬浮导向绕组均安装在地面导轨两侧，车辆上的感应动力集成设备由动力集成绕组、感应动力集成超导磁铁和悬浮导向超导磁铁三部分组成。当向轨道两侧的驱动绕组提供与车辆速度频率相一致的三相交流电时，就会产生一个移动的电磁场，因而在列车导轨上产生磁波，这时列车上的车载超导磁体就会受到一个与移动磁场相同步的推力。

由于机车和导轨的缝隙减少时电磁斥力会增大，从而产生的电磁斥力提供了稳定的机车的支撑和导向。然而机车必须安装类似车轮一样的装置对机车在“起飞”和“着陆”时进行有效支撑，这是因为EDS在机车速度低于大约25英里/小时时无法保证悬浮。超导磁悬浮列车的最主要特征就是其超导元件在相当低的温度下所具有的完全导电性和完全抗磁性。超导磁铁是由超导材料制成的超导线圈构成，它不仅电流阻力为零，而且可以传导普通导线根本无法比拟的强大电流，这种特性使其能够制成体积小、功率强大的电磁铁。

（2）推进系统

磁悬浮列车的驱动运用同步直线电动机的原理，车辆下部支撑电磁铁线圈的作用就像是同步直线电动机的励磁线圈，地面轨道内侧的三相移动磁场驱动绕组起到电枢的作用，就像同步直线电动机的长定子绕组。从电动机的工作原理可以知道，当作为定子的电枢线圈有电时，由于电磁感应而推动电机的转子转动。同样，当沿线布置的变电所向轨道内侧的驱动绕组提供三相调频调幅电力时，由于电磁感应作用承载系统连同列车一起就像电机的“转子”一样被推动做直线运动。从而在悬浮状态下，列车可以完全实现非接触的牵引和制动（图1-13-17）。

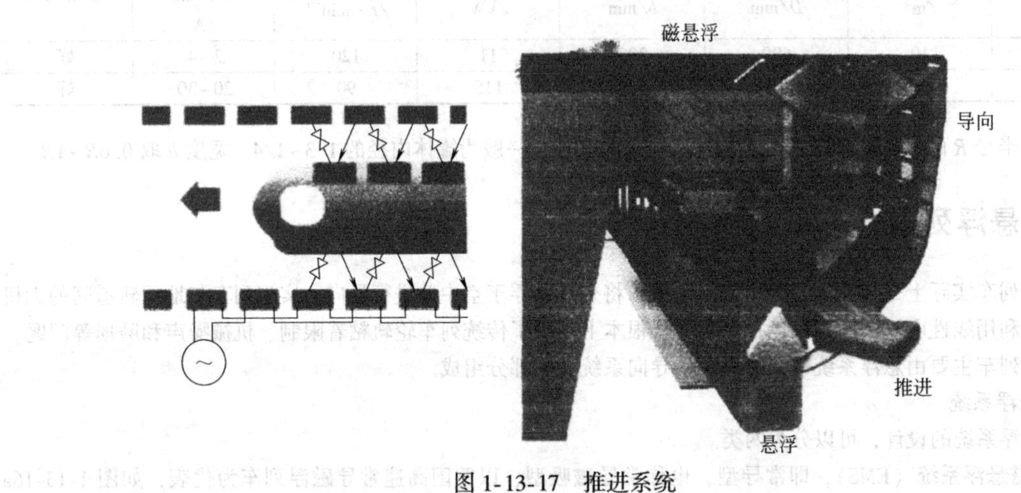

图1-13-17 推进系统

（3）导向系统

导向系统是一种侧向力，用来保证悬浮的机车能够沿着导轨的方向运动，也可以分为引力和斥力。在机车底板上的同一块电磁铁可以同时为导向系统和悬浮系统提供动力，也可以采用独立的导向系统电磁铁。

1.7 超磁致伸缩材料

超磁致伸缩材料是指美国水面武器中心于20世纪70年代初首先发现的、在室温和低磁场下有很大的磁致伸缩系数的三元稀土铁化合物，典型材料为$Tb_xDy_{1-x}Fe_{2-y}$。其中x表示Tb/Dy之比，y代表R/Fe之比。这种三元稀土合金材料已实现商品化生产，典型商品牌号为Terfenol-D（美国的Edge Technologies公司）或Magmek86（瑞典的Feredyn AB公司），代表成分为$Tb_{0.27}Dy_{0.73}Fe_{1.93}$。

与压电材料（PZT）及传统的磁致伸缩材料 Ni、Co 等相比，超磁致伸缩材料具有独特的性能：在室温下的应变值很大（1500~2000ppm），是镍的 40~50 倍，是压电陶瓷的 5~8 倍；能量密度高（14000~25000J/m），是镍的 400~500 倍，是压电陶瓷的 10~14 倍；机电耦合系数大；响应速度快（达到 μs 级）；输出力大，可达 220~880N。

下面介绍超磁致伸缩材料的几个应用举例。

（1）直接驱动型超磁致伸缩执行器（图 1-13-18）

主要采用棒状超磁致伸缩合金直接驱动执行器件，不采用放大机构。由于其抗压强度远远大于其抗拉强度，因此采用预压弹簧使其在一定的压力下工作。图中上下两块永久磁铁用来提供一定的偏磁场，使超磁致伸缩棒在合适的线性范围内工作。这种超磁致伸缩执行器的结构相对简单、位移大、输出力强，主要被应用于水声换能器、新型马达、微位移控制器和流体阀中。

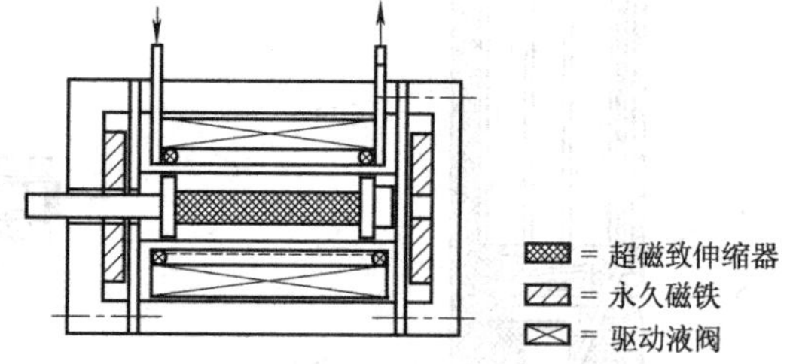

图 1-13-18　超磁致伸缩执行器

（2）位移（力）放大型

位移（力）放大型超磁致伸缩执行器根据原理可分为杠杆放大式和液压放大式两种。杠杆放大式超磁致伸缩执行器主要采用杠杆机构来得到较大的位移或力的输出，还可以采用两种类型的超磁致伸缩棒，即一根具有正的另一根具有负的磁致伸缩系数来获得更好的效果。原理如图 1-13-19所示。

（3）薄膜型

在微型流体控制元件中应用较多的薄膜式超磁致伸缩微执行器的原理，如图 1-13-20 所示。这类执行器主要采用一些传统的半导体工艺，在非磁性基片的上、下表面分别镀上具有正、负磁致伸缩特性的薄膜材料，当外加磁场变化时，薄膜会产生变形，从而带动基片偏转和弯曲以达到驱动目的。

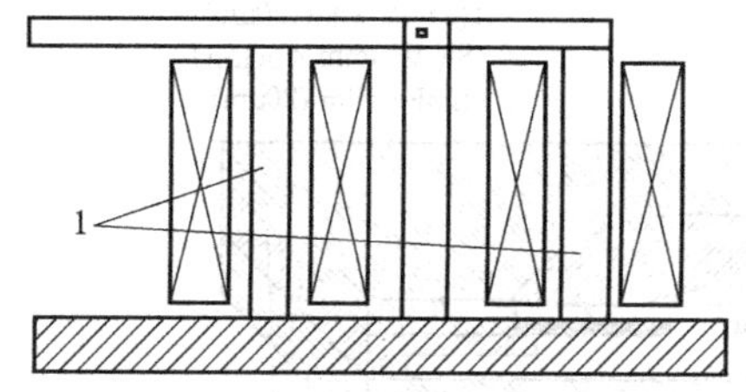

图 1-13-19　具有正负磁致伸缩棒及预应力杆的运动放大器

1—磁致伸缩棒

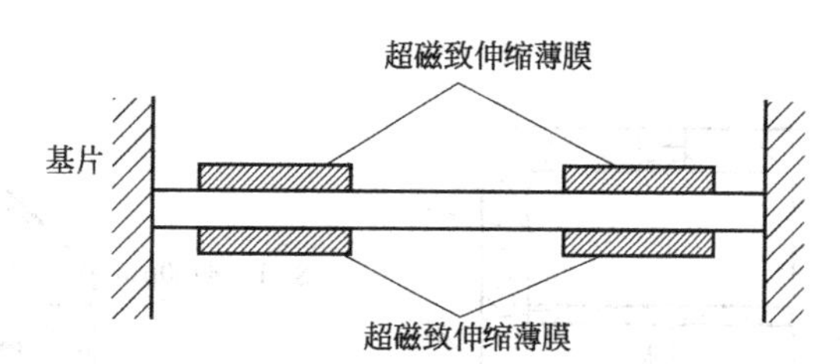

图 1-13-20　薄膜式超磁致伸缩微执行器原理

（4）燃料注入阀

瑞典一家公司将 Terfenol-D 用于燃料注入阀，并申请了专利。如图 1-13-21，它的原理是通过控制驱动线圈的电流，来驱动具有负磁致伸缩的棒，使得针阀提起或放下。这种设计，省去了机械部件的连接，可使燃料在注入过程中实现快速、高准确度的流动无级控制，优化了燃烧过程，而且也为更快、更精确的计算机控制燃料系统甚至排气系统提供了可能。

（5）直动式伺服阀

图 1-13-22 是 Urai 采用超磁致伸缩驱动器而设计的一种新型伺服阀，它的原理是通过控制线圈中电流的大小使超磁致伸缩棒伸长或缩短，从而使阀芯的开度变化，来对流量或压力进行调节。伺服阀阀芯的位移可通过位移传感器反馈到控制系统，使整个系统形成闭环。

超磁致伸缩直动式伺服阀的结构紧凑，精度高，响应速度比电液伺服阀快，其最大输出流量达 2L/min，频宽可达 650Hz（−3db）。

（6）流体驱动活塞

图 1-13-23 是超磁致伸缩流体驱动活塞的原理图。当线圈通电后，超磁致伸缩棒伸长，从而推动大活塞运动，由流体力学中的帕斯卡定律，超磁致伸缩棒的伸长量被放大，放大倍数等于大活塞面积与小活塞面积的比值。反之，如果超磁致伸缩棒推动小活塞，那么输出的力将被放大。

（7）薄膜型微型泵

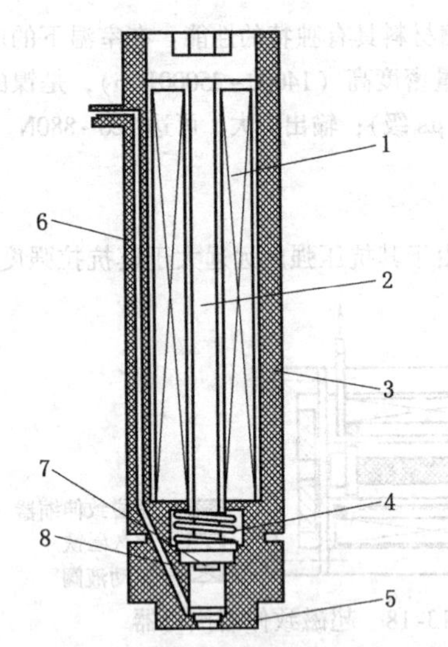

图 1-13-21　燃料喷射阀

1—线圈；2—磁致伸缩棒；3—外罩；4—预压弹簧；5—喷嘴；6—燃烧管；7—法兰盘；8—燃料喷射管

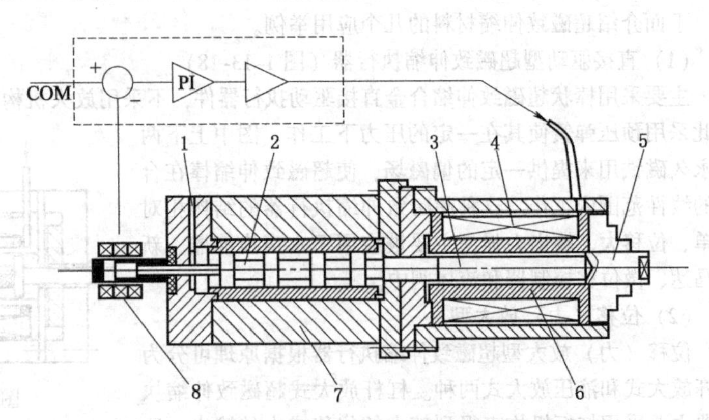

图 1-13-22　伸缩直动式伺服阀

1—预偏压压力油口；2—阀芯；3—磁致伸缩棒；4—线圈；5—调节螺钉；6—骨架；7—阀体；8—位移传感器

目前，对微管道、微阀、微流量计、微泵等元件的微流量控制系统的研究已成为微型机电系统研究的热点之一。而薄膜型超磁致伸缩微执行器的出现，又为微流体元件的驱动提供了一个新的方法。

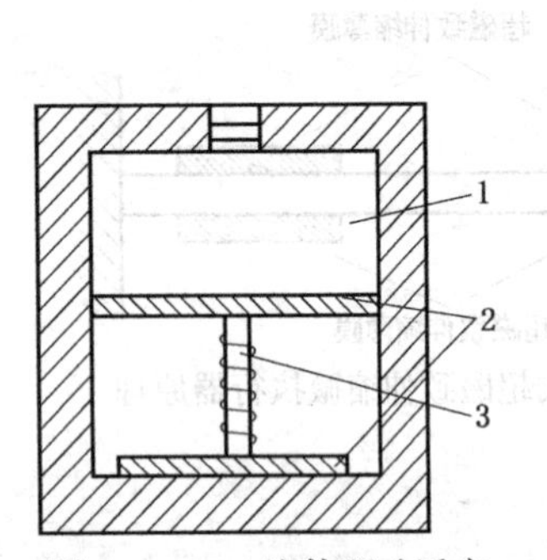

图 1-13-23　流体驱动活塞

1—流体室；2—磁铁；3—驱动器

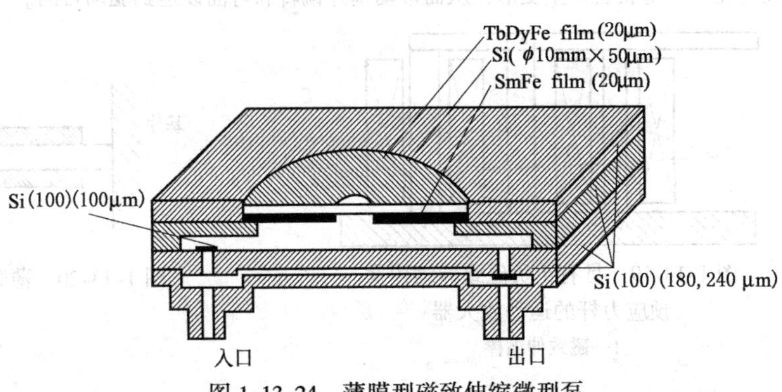

图 1-13-24　薄膜型磁致伸缩微型泵

图 1-13-24 是薄膜型微型泵的原理图，微型泵的驱动部分采用了圆盘装的薄膜型超磁致伸缩微执行器。当垂直于圆盘表面施加一个变化的磁场时，圆盘状超磁致伸缩薄膜将上、下振动，当向上振动时，泵的入口打开，液体流入泵内；当向下振动对，泵的出口打开，液体将以一定的压力流出泵。

泵的流量可通过调整外磁场的频率改变。这种微型泵的优点是，可以采用非接触式驱动，这使泵的结构和能源供给变得简单。此外，超磁致伸缩执行器还被应用于比例滑阀，微小卫星推进器中的微阀门和墨水快速喷射打印头的液滴注入器等流体控制器件中。

1.8　新巧减速器与无级变速器结构

1.8.1　MPS 型单级行星减速器

(1) 结构

图 1-13-25 所示为德国 VOGEL 公司 MPS 型单级行星减速器结构。本减速器由安装到空心输入轴 22 上的太阳轮 20、行星轮 21、内齿圈 2、与输出轴合为一体的行星架 9 等基础构件以及轴承、机体等零件组成。机体的输入

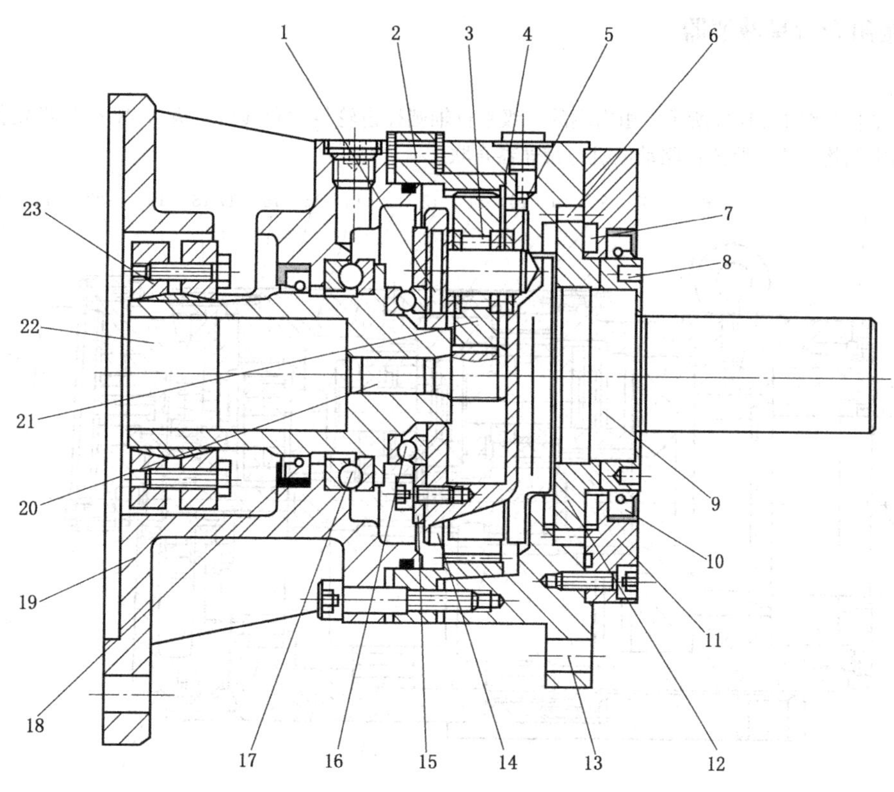

图 1-13-25　MPS 型单级行星减速器

1—行星轮轴；2—内齿轮；3—滚柱；4—内挡板；5—外挡板；6—滚子；7—平面滚针轴承；8—锁紧螺母；9—行星架—输出轴；10—密封圈；11—大挡盖；12—支承环；13—机体；14—盖板；15—定位板；16—推力轴承 A；17—推力轴承 B；18—密封圈；19—法兰机盖；20—太阳轮；21—星形轮；22—空心轴；23—缩盘

端和输出端均带连接法兰为其外部特征。

（2）原理

本减速器为 2Z-X 行星齿轮传动机构。动力由太阳轮 20 输入，驱动置于行星架 9 上的行星轮 21 旋转；行星轮与固定内齿轮 2 啮合，在本身自转的同时，其轴线围绕太阳轮主轴线旋转，使行星架，即输出轴减速旋转输出。减速比范围为 4~13。

（3）特点

本减速器结构很独特，其特点如下。

① 输入轴为空心轴，并采用缩盘实现输入轴伸的无键连接，安装既方便又可靠。

② 太阳轮与输入轴采用分体设计，制造工艺性好。

③ 输入轴采用两个推力轴承支承，并通过内齿轮 2 两侧的垫片调整行星架轴向位置控制轴承间隙。

④ 行星轮轴承无内、外圈，直接采用短圆柱滚子，径向尺寸小，可以缩小行星轮直径，为减小减速器的径向尺寸创造了条件。

⑤ 行星架与输出轴合为一体，结构简单且刚性好。

⑥ 输出轴 9 通过套装于其上的支承环 12 和置于轴向的两排滚子 7 及置于径向的滚子 6 支承，结构极为简单和紧凑。

⑦ 由于行星轮和输出轴支承结构的简化，使减速器的总体结构极为紧凑。但与此同时，也加大了制造工艺的难度，因为相关零件而不得不增加硬化和磨削工序。

（4）应用领域

作为通用减速器，可广泛应用于多种工业领域。

1.8.2 四级组合行星减速器

(1) 结构

本减速器结构如图 1-13-26 所示，由右端的一级平行轴圆柱齿轮传动和其后三级 NGW 行星齿轮传动串联组合而成。其基本结构形式为卧式；驱动电机与减速器直联。

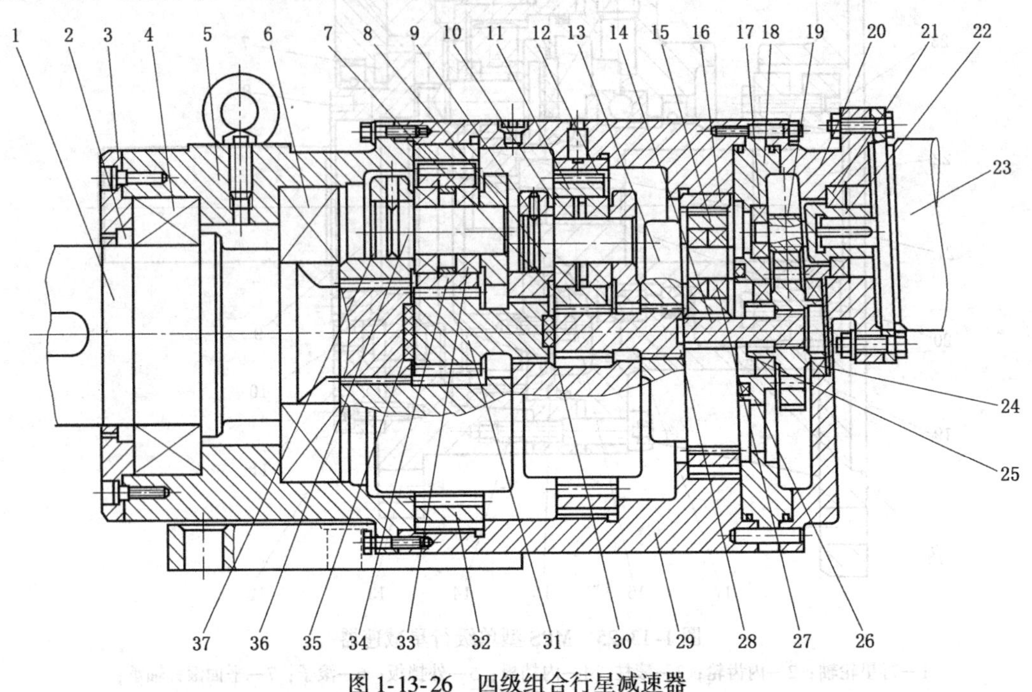

图 1-13-26 四级组合行星减速器

1—输出轴；2—密封圈；3—端盖；4,6,10,17,21,24,25,27,33—轴承；5—前机体；7—太阳轮 B；8—行星轮轴 B；9—行星架 B；11—行星轮 B；12—内齿圈 B；13—行星架 B；14—太阳轮 A；15—行星轮 A；16—内齿圈 A；18—支承板；19—被动轮；20—后机盖；22—主动轮；23—电动机；26—挡环；28,30,35—挡块；29—机体；31—太阳轮；32—内齿圈 C；34—行星轮 C；36—行星轮轴 C；37—行星架 C

(2) 原理

动力由齿轮 22 输入，经齿轮 22 和 19 构成一级平行轴圆柱齿轮传动减速，再依次传递到第一、二、三级 NGW 行星齿轮传动减速后，最后经输出轴 1 输出。第一级行星传动由太阳轮 A 14、行星轮 A 15、内齿轮 A 16 和行星架 A 13 构成。第二级行星传动由太阳轮 B 7、行星轮 B 11、内齿轮 B 12 和行星架 B 9 构成。第三级行星传动由太阳轮 C 31、行星轮 C 34、内齿圈 C 32 和行星架 C 37 构成。从第一级平行轴传动直到输出轴，级间均采用齿轮联轴器连接。自输入端起，各级传动比分别为 5.286，9.0，7.93，5.36，总传动比为 2002。

(3) 特点

① 高速级采用平行轴定轴传动，并将输入轴置于上方，不仅有利于简化结构，也便于密封，避免润滑油渗入电动机。

② 各级行星传动全部采用太阳轮和行星架双浮动均载机构；级间采用齿轮联轴器相连，太阳轮的另一端即为齿轮联轴器的外齿轮；行星架的内孔即为联轴器的内齿轮；这种结构不仅均载效果好，而且结构简单。

③ 第一级行星传动由于载荷较小，采用单腹板式行星架及悬臂行星轮，简化了结构；第二、三级行星传动载荷加大，则采用双腹板整体式行星架，刚度较好。

④ 三个内齿轮均设计成独立的零件，不与箱体制成一体，制造很方便。

⑤ 中部与底脚相连的箱体主体部分两端均设计成凹止口，便于镗削加工。

⑥ 传动效率高，输入功率仅 2.2kW，输出转矩达 21264N · m。

⑦ 整体结构很紧凑，体积小巧，质量小，外形尺寸仅为 765mm×510mm×425mm，相比过去所用庞大的蜗轮减速装置可大幅度降低成本。

（4）应用领域

用于 15000 马力柴油机盘车装置。

1.8.3 QHJLM4000 型起重机回转减速器

（1）结构

本减速器主体结构如图 1-13-27 所示。其配套的动力源为安装在机盖（未绘出）上的液压马达，图中的中心轮 12 安装在液压马达的轴伸上。减速器由前置平行轴渐开线圆柱齿轮传动和其后串联的差动摆线针轮传动两部分组成。圆柱齿轮部分由中心轮 12 和置于差动部分双偏心轴 16 上的三个被动齿轮 17 组成。差动部分的主体是置于三根偏心轴 16 上的两个摆线齿轮 13 及其相啮合的针齿销 8。而三根偏心轴则借助轴承 15，安装在由输出轴 2 大端梅花形凸缘与盖板 11 利用螺栓把合成一体的框架上。输出轴采用轴承 6 和 9 支承。

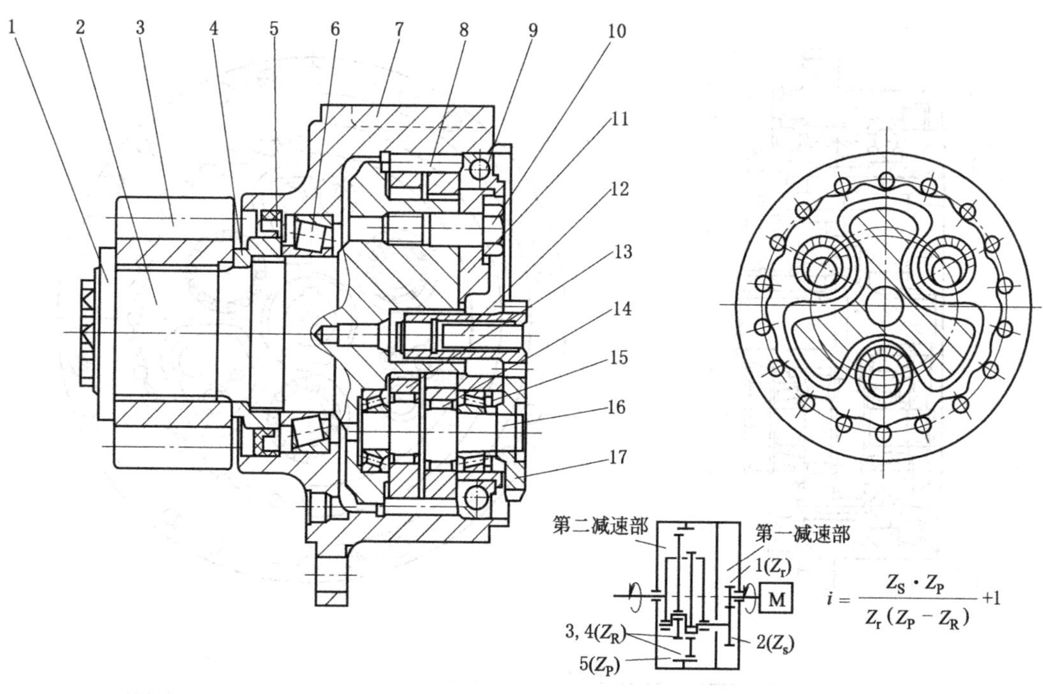

图 1-13-27　QHJLM4000 型起重机回转减速器

1—压盖；2—输出轴；3—齿轮；4—调节螺母；5—密封圈；6,9,15—轴承；7—机体；8—滚柱；10—螺栓；11—支承盖板；12—中心轮；13—行星轮；14—滚柱；16—双偏心轴；17—被动轮

（2）原理

动力由中心轮 12 输入后，带动相啮合的三个同步齿轮 17 旋转实现一级减速。同时，三根偏心轴 16 同步回转，促使置于其上的两个摆线齿轮 13 作平面圆周运动。由于摆线齿轮的凸齿总是比针齿销数目少 1 到 2，因此当摆线齿轮中心围绕主轴线平动一周时，摆线轮将自转 1 或 2 个齿。摆线轮的转动通过偏心轴传给输出轴即实现第二次减速。

（3）特点

① 输入端采用一个中心轮与三个同步齿轮啮合实现一级减速，不仅降低了摆线齿轮的速度，因而降低了噪声和振动，而且通过三对齿轮啮合，实现功率分流，使其具有三倍于普通同体积摆线针轮减速器的承载能力。

② 采用二级组合传动，在实现较大传动比的情况下仍有较高的效率。

③ 本机摆线轮的支承架与输出轴合为一体，刚度好，耐冲击。

④ 结构紧凑，体积和质量小，其最大输出转矩达 4000N · m，质量只有 68kg。

⑤ 输出轴采用圆锥滚子轴承支承，可承受轴向力。

⑥ 输出轴采用渐开线花键连接，定心精度高，承载能力大，寿命长。

(4) 应用领域

本机主要用于起重机回转机构。

1.8.4 日本RV型减速器

(1) 结构

见图1-13-28，合为一体的输入轴和中心轮（Z1）10与置于双偏心轴12上的三个同步齿轮（Z2）14相啮合；双偏心轴两端以圆锥滚子轴承11支承，其中部借助滚针轴承13安装两个摆线齿轮（Z3）6，而摆线齿轮则与插入机体4沿内圆柱面均匀分布半孔中的针齿销（Z4）5相啮合。支承三根偏心轴的是依靠螺钉8和定位销2连接在一起的主支架1和副支架9，而支架又是依靠两个主轴承7支承在机体上。机体法兰和主、副支架端面上均有对外连接的螺孔。

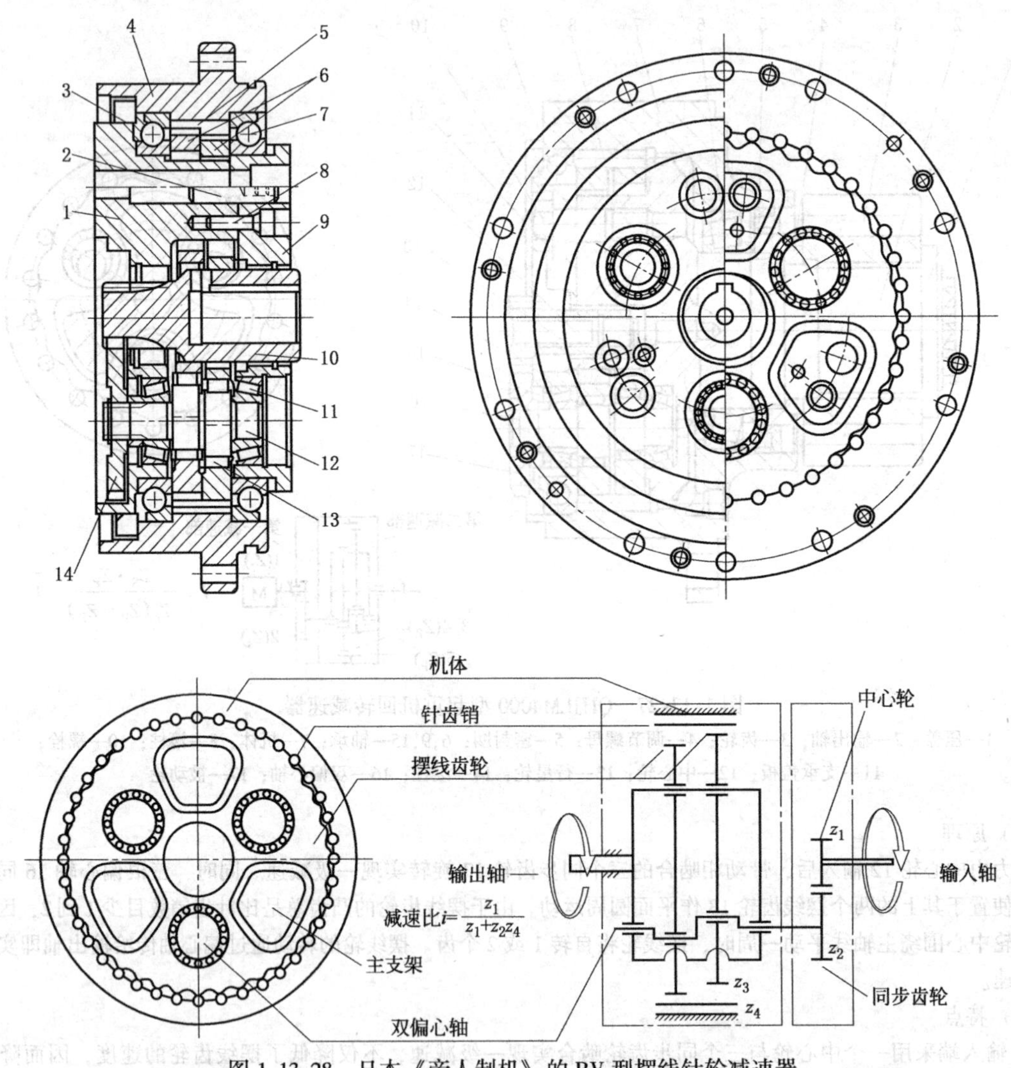

图1-13-28 日本《帝人制机》的RV型摆线针轮减速器

1—主支架；2—定位销；3—密封圈；4—机体；5—针齿销；6—摆线齿轮；7—主轴承；8—螺钉；9—副支架；10—中心轮；11—滚子轴承；12—偏心轴；13—滚针轴承；14—同步齿轮

(2) 原理

本减速器的主要减速部分是摆线齿轮机构，其减速原理为少齿差传动原理。摆线齿轮的齿数比针齿销数目少1个齿，两个摆线轮通过偏心轴成180°相反方向相对于主轴线偏置并与针齿销相啮合。在机体固定的情况下，三根偏心轴在三个同步齿轮的带动下同步转动一周时，两个作平面运动的摆线齿轮转动1个齿，这一转动传递给摆线轮的支架输出即为减速运动。三个同步齿轮的转动源于与之啮合的中心轮的驱动。本减速器可以固定机体，以中部支架为输出组件，也可固定中部支架，由机体上的法兰输出减速运动。

（3）特点

① 采用两种类型的传动串联组合。输入端由四个齿轮构成三对啮合齿轮副，既实现功率分流，提高了承载能力，又达到先行减速，降低第二级摆线齿轮运转速度，从而降低系统振动、噪声，使传动平稳的目的。

② 由于采用二级组合传动，不仅便于按需调节传动比，同时也便于实现较大的传动比。

③ 第二级少齿差传动采用摆线齿型，使整机具有相当高的效率。

④ 本机结构设计上传动路线短，不仅具有高刚度，而且使用方便，既可固定机体，由中部支架任意一端输出，也可固定支架，由机体输出。

⑤ 本机结构极为紧凑，体积小，重量轻，具有很高的承载能力。

⑥ 本机为精密减速机。

（4）应用领域

本机可用于机器人及其他要求减速器回差很小的场合。

1.8.5 新颖NN型少齿差传动带轮减速器

（1）结构

见图1-13-29，通过机体13与带轮5相连的主动空心偏心轴14，借助轴承4和轴承15分别支承在外齿套18的左端和法兰轴16的右端。偏心轴14上采用两个滚子轴承12，安装其齿圈径向重叠的双联行星轮11，其外齿与固定在输出轴7上的输出内齿圈相啮合；内齿则与外齿套18相啮合。空心输出轴7内置胀套2，用以连接被驱动工作机的轴伸。外齿套18左端与止动杆固联，而止动杆尾部则与工作机的固定机座或与地基相连，以克服外齿套18工作时承受的旋转力矩，使其处于静止状态。

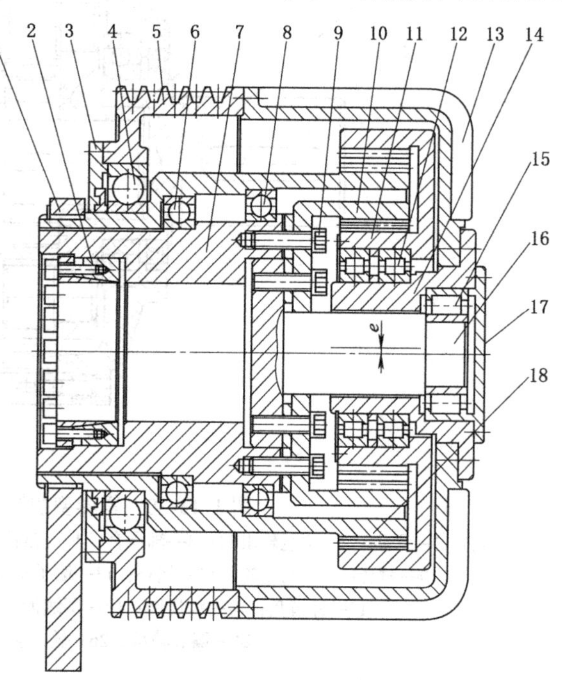

图1-13-29 新颖NN型少齿差传动带轮减速器

1—止动杆；2—胀套；3—端盖；4,6,8—轴承；5—带轮；7—输出轴；9—螺钉；10—输出内齿圈；11—双联行星轮；12—滚子轴承；13—机体；14—偏心套；15—滚子轴承；16—法兰轴；17—闷盖；18—外齿套

（2）原理

本机为一个径向重叠的NN型双内啮合渐开线齿轮少齿差传动机构，其二对齿轮副具有相同的齿数差。动力由带轮输入，经机体13带动偏心套14旋转，其上双联行星轮11以偏心距e为半径围绕主轴线旋转，由于外齿套18固定不动，而相啮合的齿轮副内齿轮至少比外齿轮多一个齿，因此，当行星轮旋转一周时，迫使输出内齿轮10至少转动一个齿，与其相连的输出轴因此获得减速运动。

（3）特点

① 两对齿轮副径向重叠，其齿宽中点位于同一平面内，缩小了轴向尺寸，同时两对齿轮副的啮合载荷可抵消一部分，因而可以降低行星轮支承轴承的载荷。

② 采用带轮输入，增加了一级减速，不仅降低了行星轮的转速，因而可降低噪声与振动，而且扩大了传动比范围，可以获得低速大转矩。

③ 本减速器因机体与带轮相连，因而是一种机体旋转的减速器，相对而言，其缺点是转动惯量较大。

④ 双联行星轮采用整体结构时，其内外齿间的距离较近，因此，轮齿的加工受到插齿刀直径的限制。

⑤ 空心输出轴采用胀套连接，装卸较方便。

（4）应用范围

本机为轴装式，可用于功率不大，而要求低速、大转矩、安装受到一定限制的场合。

1.8.6 紧凑型摆线—NGW组合行星减速器

(1) 结构

如图1-13-30所示，本减速器由高速级单轮摆线针轮传动与低速级NGW渐开线行星齿轮传动组合而成，其结构为：中空输入轴26借助轴承14和23分别支承在法兰轴15和法兰机盖22上，输入轴上安装偏心套27，偏心套上安装无外圈滚子轴承24，轴承上套装摆线齿轮19。该轮与安装在针齿盘17上的针齿销18相啮合。摆线轮辐板上均布的若干个孔套入带有销套21的销轴19上。而销轴则垂直安装在法兰轴的端面上。法兰轴插入内镶衬套3的行星架输出轴2的孔中，二者共同用轴承6和13来支承。法兰轴上安装太阳轮8，太阳轮与三个套装在悬臂行星轮轴9上的行星轮10相啮合，而行星轮则与同机体合为一体的内齿圈16相啮合。而本机的机体则由法兰机盖22和机盖5与内齿轮机体16组合而成。法兰机盖上直联电动机。

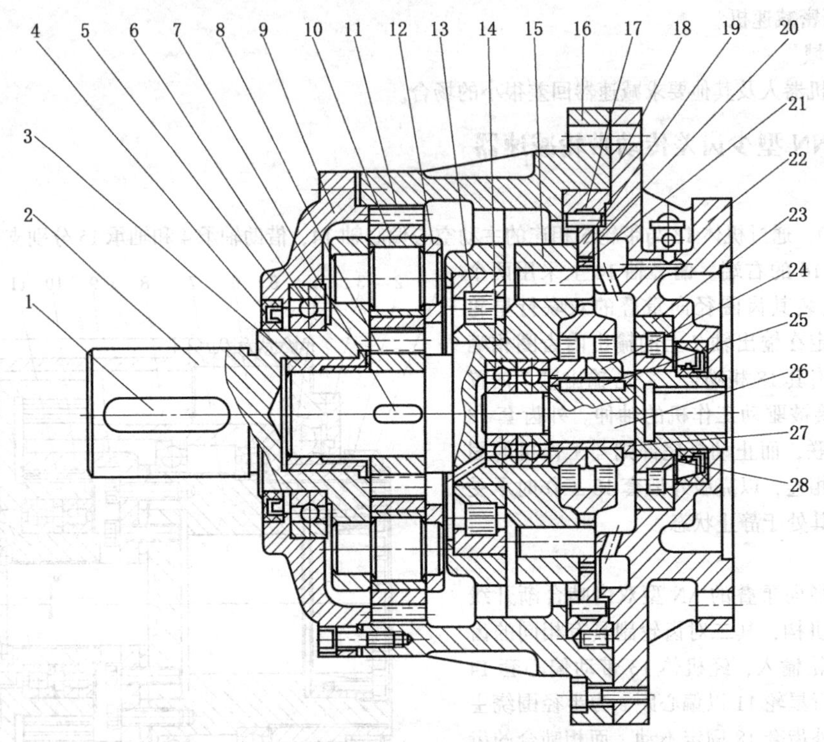

图1-13-30 紧凑型摆线—NGW组合行星减速器

1,7,25—平键；2—法兰输出轴；3—轴承套；4—密封圈；5—机盖；6,23—轴承；8—太阳轮；9—行星轮轴；10—衬套；11—行星轮；12—挡环；13—滚子轴承；14—球轴承；15—法兰轴；16—内齿轮机体；17—针齿盘；18—针齿销；19—摆线齿轮；20—销轴；21—销套；22—法兰机盖；24—偏心轴承；26—输入轴；27—偏心套；28—密封圈

(2) 原理

当电动机驱动输入轴26旋转时，摆线齿轮作行星运动。由于其轮齿比针齿销少1个齿，且针齿销固定，所以当摆线轮轴线围绕主轴线回转一周时，其自身转动1个齿。这一减速运动通过置于法兰轴15上的销轴20传递给太阳轮8，而与内齿轮啮合的行星轮11，在太阳轮的驱动下自转的同时，围绕主轴线公转。这一公转运动通过行星轮轴9传给法兰输出轴2即为经二级减速的输出运动。

(3) 特点

① 采用单摆线齿轮传动与NGW渐开线行星齿轮传动组合实现大传动比，结构极为紧凑。但采用单摆线齿轮，又无配重，其不平衡易于引起振动和噪声，故只适用于小功率传动。

② 前级法兰轴盘轴端插入第二级行星传动的法兰输出轴孔内，并共用两个滚动轴承来支承使支承结构简化。

③ 低速级行星轮和高速级法兰轴盘小端采用滑动轴承支承，结构简单而紧凑。

④ 低速级内齿圈与机体合为一体，最大限度地缩小了径向尺寸。

⑤ 高速级输入轴采用孔输入，与电机直联，缩小了轴向尺寸。

（4）应用范围

本机用于速度很慢的燃煤锅炉辅机——除渣机，也可用于其他要求低速传动的场合。

1.8.7 平衡式少齿差减速器

（1）结构

见图 1-13-31，本机的主体结构为：置于机体 5 内部的三个相对于主轴线偏置的外齿轮和与其啮合的一个内齿轮。具体结构是：输入轴 16 借助两端的轴承 14 支承在与机盖 12 相连的组合式支承架 19 上，轴上安装三个偏心套（件号 17 和 18），偏心套上再借助轴承 13 安装外齿轮 10 和 11（称为平动轮）。置于中部的平动轮 10 的齿宽为两侧平动轮的 2 倍，对应的偏心套厚度也是如此。中间的平动轮与两侧的平动轮成相反方向与内齿套 7 相啮合。中间的平动轮上固定三根传动销轴 8，两端套装活动销套 9 并插入平动轮和组合式支架的孔中。为防止销套外移，组合式支承架上安装挡板 1。为保持支承架刚度，借助轴承 6 将其一端支承在输出轴 2 上。内齿套和输出轴为分体式，并采用齿轮联轴器相连。输出轴采用两个轴承 3 支承，当其承受径向负荷较大时，应加大轴承间距。

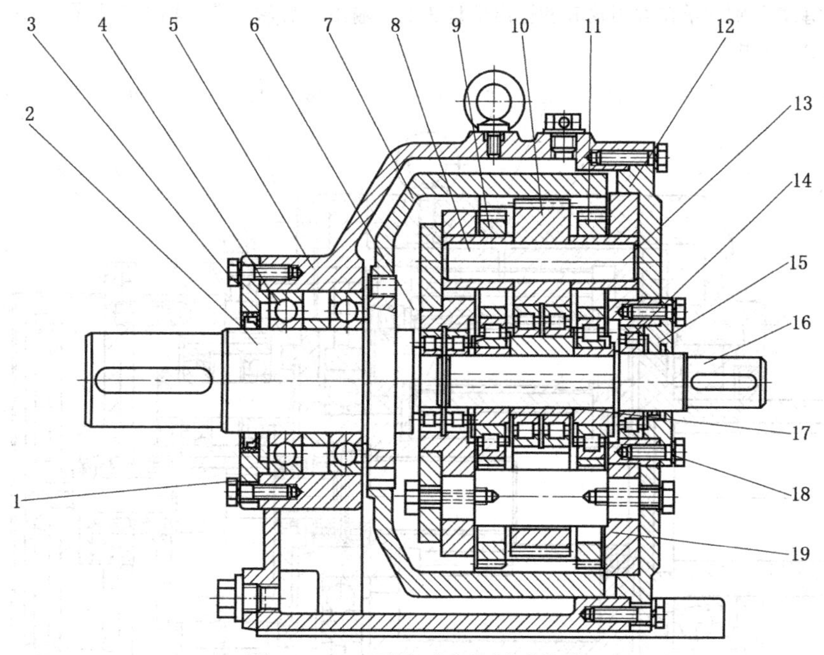

图 1-13-31　平衡式少齿差减速器

1—挡板；2—输出轴；3—通孔盖；4—轴承；5—机体；6—轴承；7—内齿套；8—销轴；9—销套；10—平动轮 A；11—平动轮 B；12—机盖；13—轴承；14—轴承；15—轴承盖；16—输入轴；17—偏心套 A；18—偏心套 B；19—组合支承架

（2）原理

本减速机采用少齿差传动原理减速。平动轮齿数通常比内齿套的齿数少 1~2 个齿，甚至少到 4；当输入轴转动时，平动轮的运动因受到支承架上孔的限制，其轴线围绕主轴线作平面圆周运动，而与其啮合的内齿套，当平动轮转动一周时，自身转动 1~4 个齿。这一运动通过与其相连的输出轴输出即为减速运动。

（3）特点

① 采用三个平动外齿轮对称布置，实现了结构上的平衡。无需设置平衡块，并且可以抵消径向分力，可大大提高轴承寿命。

② 输入偏心轴为偏心套与直轴组合，加工较方便。

③ 采用双悬壁式传动销（件 8）和两端带孔的组合式支承架，传动件受力情况较好。

④ 内齿套与输出轴分离，采用齿轮联轴器相连，具有浮动均载效果。

⑤ 采用少齿差传动，容易获得较大的传动比。

(4) 应用范围

可作为通用减速器用于多种场合。

1.8.8 二级 NGWN 行星传动轴装式减速器

(1) 结构

如图 1-13-32 所示，本机的主体为二套串联组合的具有公共行星轮的 NGWN 型行星齿轮传动。加上输入级的 V 带传动构成一个三级传动装置。置于后机体 19 的为高速级 NGWN 行星齿轮传动。本级由太阳轮 A 23、公共行星轮 A 20、固定内齿圈 A 29、输出内齿圈 A 23 等主要构件组成。其中太阳轮 A 依靠轴承 24 支承在行星架上；行星轮 A 通过行星轮轴 A 22 和轴承 21 支承在行星架 A 28 上。而由太阳轮 A 和行星轮 A 组成的部件则依靠轴承 25 分别支承在后机体和太阳轮 B 18 后部的孔中。固定内齿圈 A 依靠置于后机盖 30 中的钢球及弹簧组成的钢球离合器来限制力矩，起过载保护作用。置于机体 2 中的为低速级 NGWN 型行星齿轮传动。本级与前级输出内齿圈 A 相连的太阳轮 B、行星轮 B 11、输出行星架 7、固定内齿圈 B 16、输出内齿圈 B 1 等主要构件组成。太阳轮依靠轴承 14 支承在固定内齿圈 B 16 的法兰部位；行星轮依靠滚针轴承 19 支承在输出行星架 7 上；而行星架又通过挡环 13 和轴承 6 分别支承在太阳轮 B 和输出轴盘 3 上。输出轴盘输出端用轴承 5 支承，另一端则通过轴承 12 支承在太阳轮 B 的孔中。

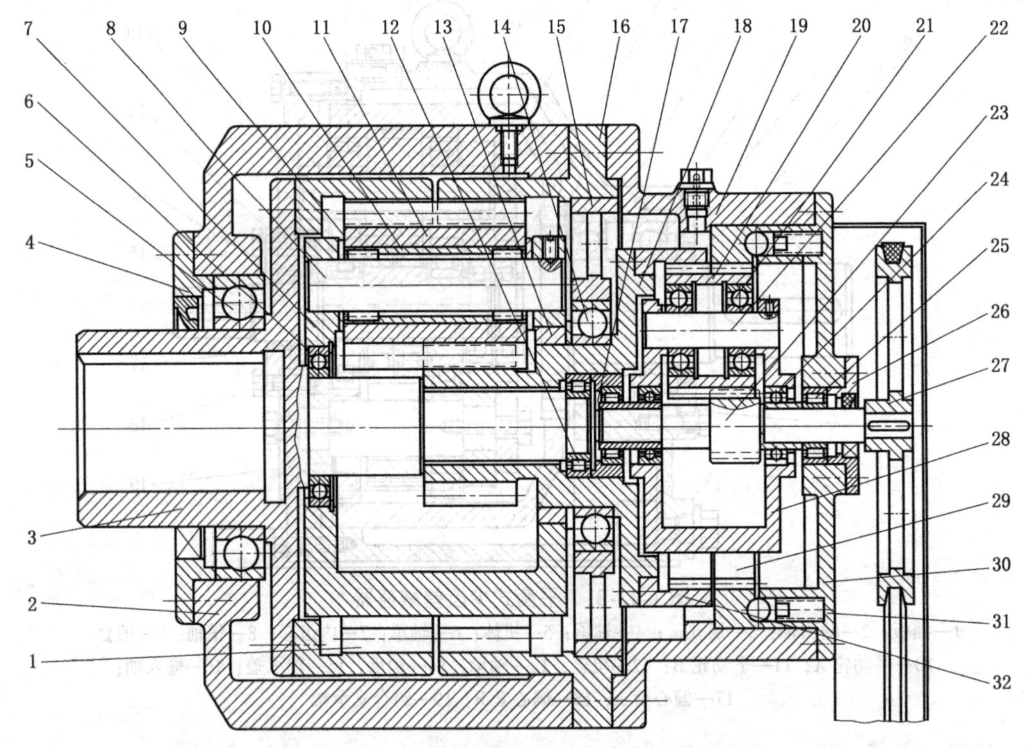

图 1-13-32 二级 NGWN 行星传动轴装式减速器

1—输出内齿圈 B；2—机体；3—输出轴盘；4—通孔盖；5,6,12,14,21,24,25—轴承；7—输出行星架；8—行星轮轴 B；9—滚针轴承；10—定位套；11—行星轮 B；13—挡环；15—支承板；16—固定内齿圈 B；17—支承套；18—太阳轮 B；19—后机体；20—行星轮 A；22—行星轮轴 A；23—太阳轮 A；26—轴承盖；27—角带轮；28—行星架 A；29—固定内齿圈 A；30—后机盖；31—钢球；32—输出内齿圈 A

(2) 原理

本机齿轮减速部分由两级具有公共行星轮的 NGWN（Ⅱ）型行星齿轮传动组合而成，其总传动比为两级传动比之乘积。就结构而言，每一级 NGWN 型传动可视为前级 NGW 型和后级 NN 型传动的组合，即太阳轮、公共行星轮、固定内齿圈和行星架构成 NGW 型传动。当太阳轮旋转时，行星轮沿固定内齿圈滚动，既自转又围绕太阳轮公转。其公转带动行星架转动，实现第一次减速。由于公共行星轮同时与固定内齿圈和输出内齿圈相啮合，又构成一个NN型传动，行星轮在行星架的驱动下，同时沿固定内齿圈和输出内齿圈滚动，由于两个内齿圈齿数通常差3个齿，因而导致行星轮公转一周时，必自转3个齿，实现第二次减速。两次减速使NGWN型传动获得20~500左右的传动比。两级NGWN型传动串联则可获得400~250000的大传动比。

（3）特点

① 和固定内齿圈与输出内齿圈啮合的行星轮具有相同的齿数，因而构成一个具有大齿宽的公共行星轮。行星轮与两个齿数不同的内齿轮构成的两对齿轮副通过变位实现正确啮合。

② 本机为两级NGWN（Ⅱ）型传动串联，因而可实现很大的传动比。

③ 高速级装有钢球离合器，具有限制力矩实现过载保护的功能。

④ 本机行星架不承受扭转力矩。

⑤ 低速级太阳轮与高速级输出内齿圈直连，并以一个轴承支承，同时将输出轴一端支承于太阳轮孔中，其支承结构极为简单。

⑥ 总体结构极为紧凑、小巧，在总传动比很大的情况下，相对而言仍有较高的传动效率。

（4）应用范围

本机可用于燃煤锅炉链条炉排传动等要求传动比很大的低速和超低速传动装置。

1.9 新巧无级变速器结构

1.9.1 蜗轮—NGW行星传动差动无级变速器

（1）结构与原理

本变速器的结构示意见图1-13-33，由NGW行星齿轮主传动和蜗轮蜗杆副传动组合而成。NGW主传动是动力传递的主体；蜗轮传动主要用于调速。动力由输入轴1输入，带动太阳轮2旋转，行星轮3在太阳轮的驱动下自转的同时沿内齿圈—蜗轮4滚动，并且其轴线围绕主轴线公转，这一公转运动经由行星架5和与其相连的输出轴输出。当内齿圈—蜗轮静止时，输出轴6以某一固定的转速输出。当副传动电机通过蜗杆7带动蜗轮—内齿圈4旋转时，输出轴6以主、副传动的合成速度输出。这样，对副传动进行无级调速，便可实现NGW主传动的无级调速。此类变速器输出速度范围为100~1000r/min。

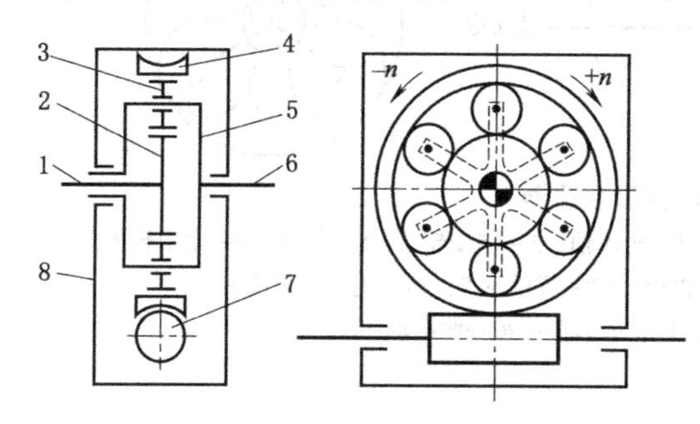

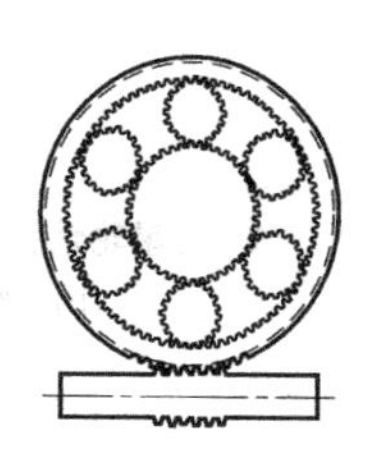

图1-13-33　蜗轮—NGW行星传动差动无级变速器

1—输入轴；2—太阳轮；3—行星轮；4—内齿圈—蜗轮；5—行星架；6—输出轴；7—蜗杆；8—箱体

（2）特点

① 内齿圈和蜗轮合为一体，结构紧凑而简单。

② 行星架采取两端支承的方式，使本机轴向尺寸很短。

③ 采用蜗轮传动调速，以小功率传动控制较大功率的主传动，实现主传动的无级调速，有利于节约能源。

④ 通过蜗杆正向或反向运转，可使主传动实现范围宽广的无级调速。

（3）应用范围

本机设计最大输出转矩1500N·m，可用于要求无级变速范围宽广的小功率传动装置。

1.9.2 NGW行星变速器

（1）结构

本机结构如图1-13-34所示，其核心部分为两套组合为一体的单级NGW行星齿轮传动。输入端的NGW行星齿轮传动由安装在输入轴4上的太阳轮9、安装在行星轮轴1上的行星轮11和组合式内齿圈10组成。其中输入轴4用两个轴承6支承在组合内齿圈A的左端，而组合内齿圈A左侧外伸端安装制动轮A（件号5），并用轴承2支承在箱体上。输出端的NGW行星齿轮传动由与输入轴合为一体的太阳轮15、安装在行星轮轴1上的行星轮13以及组合式内齿圈14组合而成。其中输出轴20借助两个轴承18安装在行星架19上，行星架则用轴承16安装在机体8上，并于其右侧外伸端安装制动轮B（件号17）。输入和输出端的两组行星轮，通过行星轮轴1和支承板3将它们支承在行星架19和输入轴上。两组行星轮之间设置挡板12，以防止行星轮轴向运动。

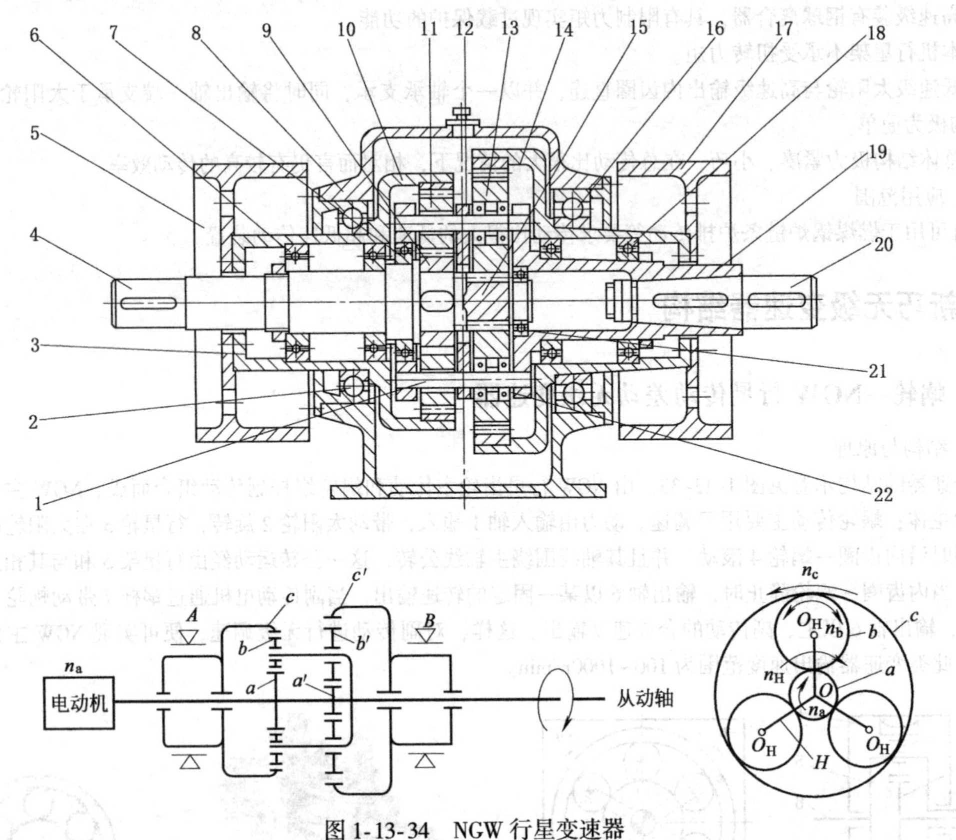

图1-13-34　NGW行星变速器

1—行星轮轴；2,6,7,16,18,21,22—轴承；3—支承板；4—输入轴；5—制动轮A；8—机体；9—太阳轮A；10—组合内齿圈A；11—行星轮A；12—中间挡板；13—行星轮B；14—组合内齿圈B；15—太阳轮B；17—制动轮B；19—星形架；20—输出轴

（2）原理

见图1-13-34中的原理图。当左侧制动轮A处于制动状态时，内齿轮C固定，由输入端NGW行星齿轮传动实现减速，动力通过行星架传至输出轴。与此同时，松开制动轮B，输出端的行星轮、内齿轮均空转。而当右侧制动轮B制动，左侧制动轮A松开时，由右侧输出端NGW行星齿轮传动实现减速，动力仍通过行星架传至输出轴。与此同时，输入端行星轮、内齿空转。由于两组行星传动传动比不同，因此通过分别制动两个制动轮便可获得不同的输出转速而达到变速的目的。

（3）特点

① 输入轴和输出轴同轴线布置，安装方便。

② 借助两套制动器便可达到两种速度方便地进行变换的目的，既经济又方便。

③ 结构紧凑，小巧，占据空间小。

④ 采用NGW行星齿轮传动（负号机构），传动效率高。

（4）应用范围

用于天车起升机构。

1.9.3 蜗轮—NW行星传动无级变速器

（1）结构

如图1-13-35所示，本机由置于前箱体38中的NW型行星主传动和置于后箱体1中用来调速的蜗轮传动两部分组成。太阳轮20通过内齿联轴器17与支承在轴承8和12上的输入轴7相连，同时与三个双联行星轮18的大齿轮相啮合，行星轮通过行星轮轴24和两端安装的轴承23将其支承在行星架37和行星架盖板36上。双联行星轮的小齿轮与浮动内齿圈21相啮合，内齿圈的另一面与外齿轴套30构成一副齿轮联轴器。外齿轴套通过轴承27和28支承在前箱体上，其中部孔中安装输出轴32，轴套与输出轴通过平键31将二者相连。通过螺栓35连接成一体的行星架和行星架盖借助轴承16和26将其支承在前机盖15和前箱体上（间接）。行星架盖中部安装有防止行星轮串动的挡杆25。蜗轮传动的基本结构是：蜗轮10用两个轴承4支承在后箱体1和后箱盖2上；两个轴承设置轴承盖3和13。蜗杆11借助两个圆锥滚子轴承（图中未绘出）安装在后箱体上。蜗轮传动部分为一个独立的部件，将其套入带有花键或平键9的行星架尾部，并以螺栓将后箱体与前机盖相连，则蜗轮与行星传动部分合为一体。蜗轮传动部分借助后箱体上的法兰安装调速电机。

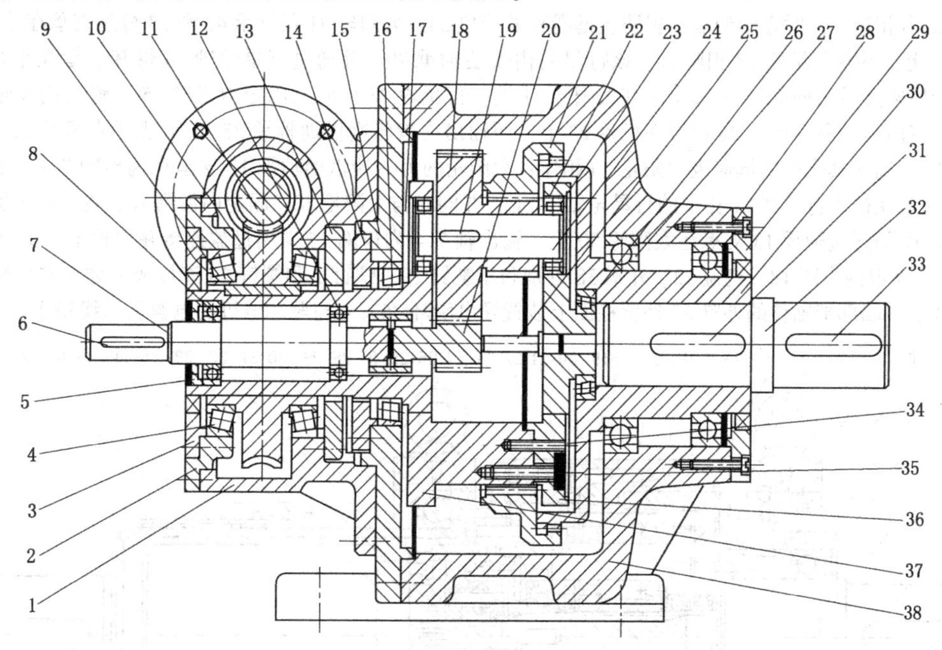

图1-13-35　蜗轮—NW行星传动无级变速器

1—后箱体；2—后箱盖；3,5,13,14,29—轴承盖；4,8,12,16,23,26—轴承；6,9,19,31,33—键；7—输入轴；10—蜗轮；11—蜗杆；15—前机盖；17—内齿联轴器；18—双联行星轮；20—太阳轮；21—内齿圈；22—挡圈；24—行星轮轴；25—挡杆；30—外齿轴套；32—输出轴；34—定位销；35—螺栓；36—行星架盖板；37—行星架；38—前箱体

（2）原理

主传动的动力由输入轴7输入，经内齿联轴器17传至太阳轮20，太阳轮驱动双联行星轮18，使其自转并同时通过内齿圈21带动安装在外齿轴套30中的输出轴32转动将动力传出。用于调速的副传动，其动力经蜗杆11输入驱动蜗轮10转动，并将动力传给行星架。当蜗杆停转时，与蜗轮相连的行星架固定不动，主传动以本身固有的传动比实现减速。当蜗杆以不同的速度转动时，行星架也已不同的速度转动，因而使主传动变速输出。当蜗杆反向转动时，主传动同时换向旋转。这样，通过改变蜗轮的旋转方向，便可使主传动获得范围宽广的减速运动。

（3）特点

① 主传动部分实质上为定轴传动。当行星架固定不动时，行星轮只有自转没有公转。

② 主传动部分传动效率高。

③ 主传动部分采用了太阳轮和输出内齿圈双浮动均载机构，均载效果好，承载能力高。

④ 副传动部分采用蜗轮传动，结构简单，制造方便。

⑤ 主传动和副传动部分各为一个独立部件，将副传动套装在主传动尾部，合在一起即形成一个整体。

⑥ 副传动驱动电机与后箱体直连，结构紧凑而简单。

(4) 应用范围

本机适用于要求调速范围宽广的中小功率传动装置。

1.10 新颖扭矩加载器（用于封闭功率流传动试验台）

1.10.1 二级 NGWN 行星传动电动同步扭矩加载器

(1) 结构

如图 1-13-36 所示，本加载器由驱动电机、二级 NGWN 行星传动、支座以及引入电源的滑环等主要部分组成。件 37 为带制动器的驱动电机，用螺钉 40 安装在小机体 31 上，电机轴伸插入高速级太阳轮 41 的孔中，并通过键 35 使二者相连，同时在轴伸端设置防止键滑移的挡块 34。太阳轮 41 用轴承 42 和 33 分别支承在输出内齿轮 27 和小机体上，并与行星轮 28 相啮合。该行星轮内安装轴承 29，并通过行星轮轴 30 将其支承在小行星架 43 上，而该行星架又借助轴承 32 将其支承在太阳轮 41 上。行星轮 28 同时与固定内齿轮 45 和输出内齿轮 27 相啮合。其中固定内齿轮利用螺栓 24 把合在机盖 22 上，而输出内齿轮则借助轴承 25 和 26 支承在机盖 22 上，同时通过平键 44 与插入其孔中的低速级太阳轮 20 相连；太阳轮的另一端借助轴承 12 支承在输出轴 7 上。行星轮 17 用轴承 16 支承在插入行星架 21 孔中的行星轮轴 14 上，并同时与太阳轮 20、固定内齿圈 18、输出内齿圈 15 相啮合。行星架 21 是通过轴承 13 支承在太阳轮 20 上。输出轴 7 与内齿圈 15 采用过盈连接并用轴承 9 支承在机体 2 上。机体 2、固定内齿圈 18、机盖 22、外罩 38 分别利用螺钉 19、螺钉 1 和螺钉 23 连接成一体，并用轴承 11 支承在支座 3 上。端部带轴伸的外罩 37 外圆柱面上装置导电滑环 36，并与驱动电机的电源引入线相连。

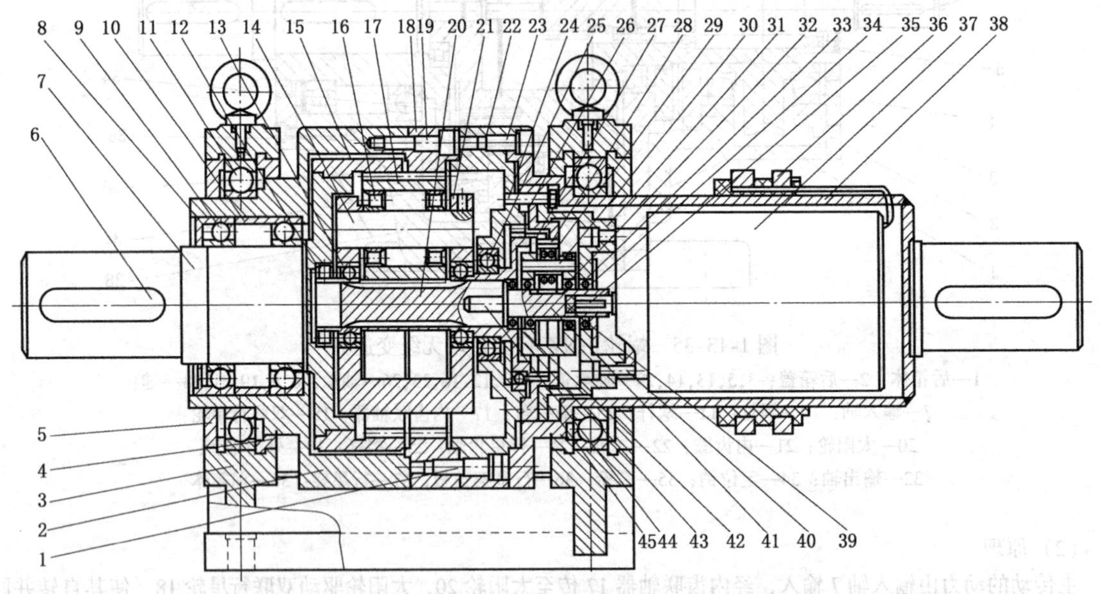

图 1-13-36 二级 NGWN 行星传动电动同步扭矩加载器

1,19,23,40—螺钉；2—机体；3—支座；4,5,8,39—轴承盖；6—平键；7—输出轴；9,11,13,16,25,26,29,32,33,42—轴承；10—定位套；14,30—行星轮轴；15—输出内齿圈；17—行星轮；18—固定内齿圈；20,41—太阳轮；21—行星架；22—机盖；24—螺栓；27—输出内齿轮；28—行星轮；31—小机体；34—挡铁；35,44—键；36—滑环；37—带制动驱动电机；38—外罩；43—小行星架；45—固定内齿轮

(2) 原理与应用

本加载器用于闭式封闭功率流传动装置试验台，其作用是用来给被试验的传动装置施加扭转力矩。使用本加载器的方法是：通过在外罩 38 的端部和输出轴 7 的轴伸上安装的半联轴器将其接入封闭系统。当通过滑环 36 接

入电源时，驱动电机旋转，将其发出的力矩通过具有很大传动比的二级 NGWN 行星传动放大并传至输出轴 7，电机旋转若干转，输出轴将同时相对于外罩的轴伸回转相应的某一角度，被放大了的力矩将由于输出轴转动这一角度而施加到封闭试验系统中的传动装置上。当增加电机转动的圈数时，施加于系统的力矩将加大，当电机反向旋转时，施加于系统的力矩将减小。这样，通过正反向无级调节电动机的转速，就可方便地调节施加于系统的扭转力矩。

（3）特点

① 采用 NGWN 行星传动减速，通常采用 2 或 3 个行星轮，其结构具有对称性，与已有加载器采用 NN 型双内啮合少齿差传动相比，其结构很容易实现动平衡，因而可用于高速传动试验装置。

② 采用具有单齿圈公共行星轮的 NGWN 行星传动，其结构简单，制造比较容易。

③ 采用带嵌入盖的剖分式支座，安装比较简单。

④ 采用电动机驱动，可在与试验装置同步回转的同时，方便地通过程序控制对被试验的传动装置实施模拟加载。

1.10.2 谐波传动内藏扭力杆式电动同步扭矩加载器

（1）结构

如图 1-13-37 所示，本加载器由驱动电机、二级谐波传动、支座、扭力杆、引入电源的集电环、半联轴器等主要部分组成。电机由安装到固定刚轮 20 上的外壳 26、定子 27、转子 28、空心轴 30、支承轴承 31 和 41 等元件组合而成，其空心轴插入高速级谐波传动凸轮 22 孔中，并以键 43 与其相连。凸轮上安装柔性轴承 21，用以驱动其上套装的柔轮 18，该柔轮同时与固定刚轮 20 和输出刚轮 19 相啮合。输出刚轮 19 的输出端插入低速级凸轮 44 的孔中，并以花键或键 45 与其相连。凸轮 44 上安装柔性轴承 46，用以驱动其上套装的低速级柔轮 47。该柔轮同时与固定刚轮 17 和输出刚轮 14 相啮合。固定刚轮用螺钉 16 与壳体 A15 把合在一起；输出刚轮借助螺钉 13 固定在输出轴盘 7 上。输出轴盘 7 中部插入花键管 48 并与其焊接为一体；花键管的中部安装支承环 33，并于其上安装轴承 32。依靠轴承 32 和轴承 8，输出轴盘被分别支承在壳体 B25 和壳体 A15 上。壳体两端安装两个轴承 9，将其支承在支座 11 上。壳体 B25 右侧安装集电环 34，并用止动螺栓 40 与支座相连；其右端安装半联轴器 35，并借助键 36 使二者固连。该半联轴器孔中活套一个内花键套，同时与花键管 48 和弹性扭力杆 6 相连。输出轴盘 7 左端活套半联轴器 5，并以紧定螺钉 4 顶入输出轴盘左端尾部环形槽中防止串动。该半联轴器孔中安装花键套 2 和胀套 3，使扭力杆与半联轴器连接在一起。

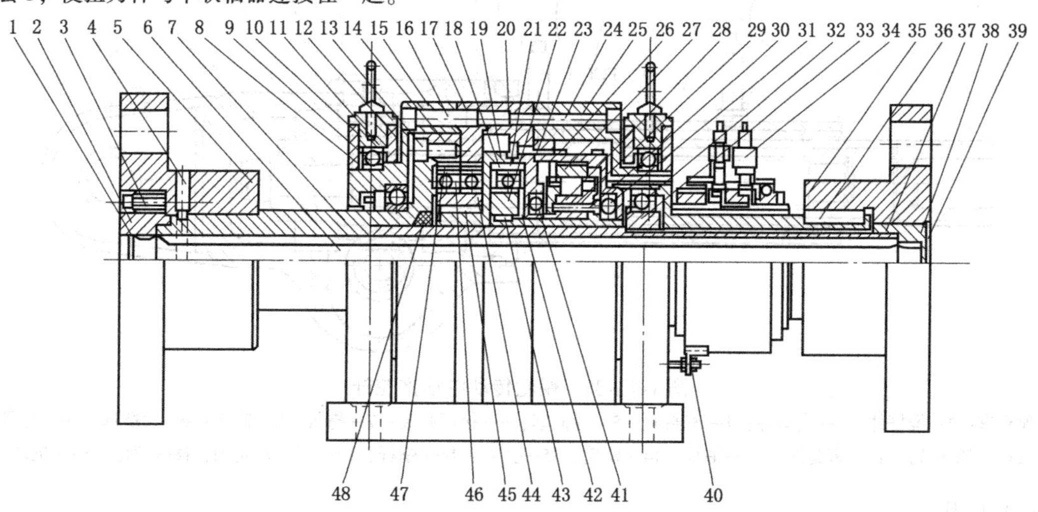

图 1-13-37 谐波传动内藏扭力杆式电动同步扭矩加载器

1—孔用弹性挡圈；2—花键套；3—胀套；4—紧定螺钉；5—联轴器；6—弹性扭力杆；7—输出轴盘；8,9,31,32,41—轴承；10,12—轴承盖；11—支座；13,16,23,24—螺钉；14,19—输出刚轮；15—壳体 A；17,20—固定刚轮；18—柔轮；21—柔性轴承；22,44—凸轮；25—壳体；26—电机外壳；27—电机定子；28—电机转子；29—螺栓；30—电机空心轴；33—支承环；34—集电环；35—联轴器；36,43,45—键；37—双花键套；38—孔用弹性挡圈；39,42—挡板；40—止动螺栓；46—柔性轴承；47—柔轮；48—花键管

(2) 原理与应用

本加载器用于封闭功率流传动装置试验台，用来给被试验的传动装置施加扭转力矩。使用本加载器的方法是：通过两个半联轴器将其接入封闭系统。当通过集电环 34 接入电源时，驱动电机旋转，将其发出的力矩通过具有很大传动比的二级谐波传动放大并传至与输出轴盘 7 相连的半联轴器 5，电机旋转若干转，半联轴器 5 将同时相对于右端的半联轴器 35 回转相应的某一角度，被放大了的力矩将由于半联轴器 5 转动这一角度而施加到封闭试验系统中的传动装置上。当增加电机转动的圈数时，施加于系统的力矩将加大，当电机反向旋转时，施加于系统的力矩将减小。这样，通过正反向无级调节电动机的转速，就可方便地调节施加于系统的扭转力矩。

(3) 特点

① 采用具有空心轴的盘式电机，为内藏扭力杆创造了条件。

② 采用谐波传动减速，结构简单、传动比大、无噪声、传动平稳，适用于高速传动装置。

③ 采用带嵌入盖的剖分式支座，安装比较简单。

④ 内藏扭力杆，可缩短试验装置长度方向的尺寸。

⑤ 采用电动机驱动，可在与试验装置同步回转的同时，方便地通过程序控制对被试验的传动装置实施模拟加载。

1.11 意大利 SERVOMECH 公司新型电动推杆

1.11.1 蜗轮传动电动推拉杆

(1) 结构

如图 1-13-38 所示，本推拉杆的最主要部分是一对滑动螺旋副及其蜗轮传动装置。前端旋入一个顶头座 1 的推杆体 2 与大螺母 9 采用螺纹连接为一体并置于筒体 8 孔内；筒体拧入以螺纹与机体 19 相连的螺母盖 10 内，其出口端安装导向套 5 和密封圈 4。螺杆 7 旋入大螺母 9 内，其前端安装支承环 3，后端插入空心蜗轮轴孔内并用螺母 18 锁紧。空心蜗轮轴上套装蜗轮 14 并用轴承 13 于其两端支承在机体 19 上；蜗轮与蜗杆 16 相啮合。筒体 8 外圆柱面上安装接近开关，用来控制行程。

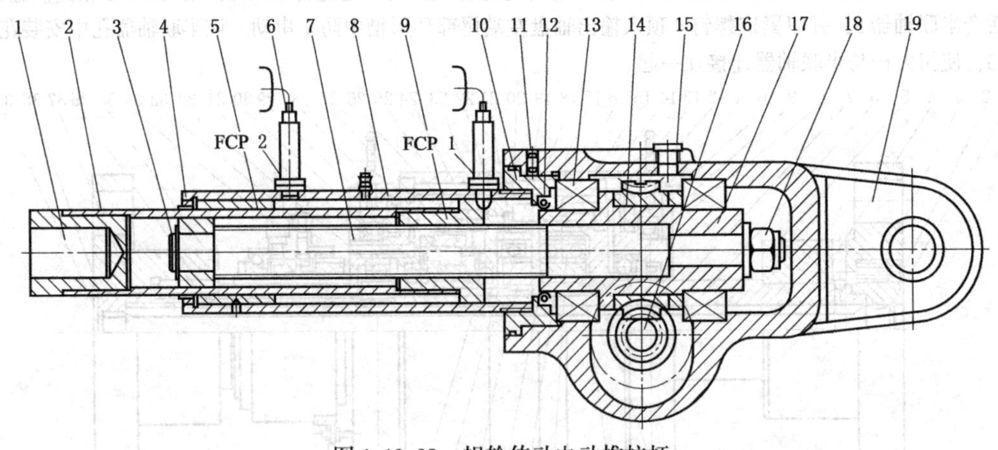

图 1-13-38 蜗轮传动电动推拉杆

1—顶头座；2—推杆体；3—支承环；4—密封圈；5—导向套；6—接近开关；7—螺杆；8—筒体；9—大螺母；10—螺母盖；11—紧定螺钉；12—密封圈；13—轴承；14—蜗轮；15—挡环；16—蜗杆；17—空心蜗轮轴；18—螺母；19—机体

(2) 原理

当电机驱动蜗杆带动蜗轮旋转时，安装在蜗轮轴孔中的螺杆 7 旋转。由于螺杆被限制只能旋转，不能作轴向运动，迫使带有导向键装置的大螺母 9 作轴向移动，因而带动与大螺母连成一体的推杆体 2 作轴向移动。控制电机正、反向旋转时，推杆体实现推、拉运动。推、拉运动的准确行程依靠两个接近开关来控制。

(3) 特点

① 采用蜗轮传动，结构极为简单而且无噪声。

② 机体为整体式，安装耳板在机体尾部并与机体合为一体。

③ 筒体8通过螺母盖10采用螺纹连接与机体相连，结构简单而美观。

④ 螺杆前端带有支承环，尤其当行程较长时，有利于提高稳定性。

⑤ 采用接近开关控制行程，结构简单而准确。

(4) 应用范围

应用于冶金、矿山、交通、能源、运输等许多领域，用来实现推、拉运动。

1.11.2 带过载保护的蜗轮传动电动推拉杆

(1) 结构

本推拉杆为一个用蜗轮副驱动的滑动螺旋传动装置。前端旋入一个顶头座1的推杆体10与大螺母11采用螺纹连接为一体并置于筒体8孔内；筒体拧入以螺纹与机体24相连的螺丝套13内，其出口端安装导向套6和密封圈4。螺杆9旋入大螺母11内，其前端安装支承环2，后端套入支承套14和支承环21，并于其上安装两个轴承25将螺杆支承在机体24孔中。两个轴承之间套装一个挡板套20开通过键18与螺杆9相连；挡板套上活套一个蜗轮19，其中一个端面靠到挡板套上，另一个端面在碟形弹簧16压力作用下被挡板17压紧。碟簧孔中安装有定位挡环15。螺杆尾部安装有锁紧螺母23。蜗轮与蜗杆22相啮合。筒体8外圆柱面上安装两个磁力开关，用来控制行程。

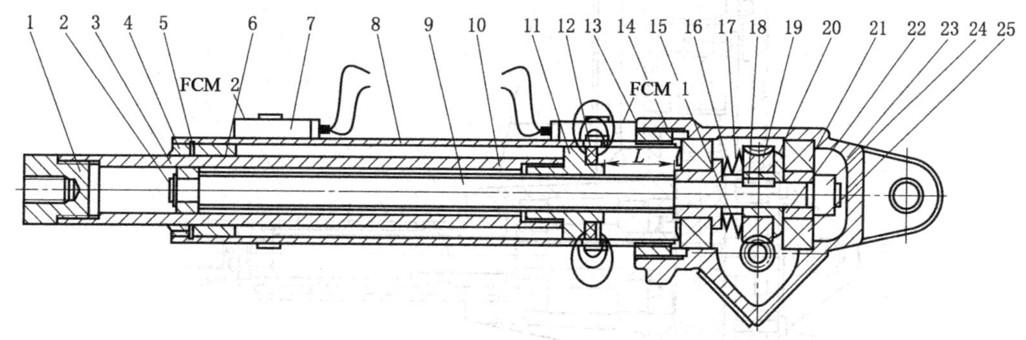

图1-13-39 带过载保护的蜗轮传动电动推拉杆

1—顶头座；2—支承环；3—轴用弹性挡圈；4—密封圈；5—孔用弹性挡圈；6—导向套；7—磁力开关；8—筒体；9—螺杆；10—推杆体；11—大螺母；12—磁环；13—螺丝套；14—支承套；15—挡环；16—蝶形弹簧；17—挡板；18—键；19—蜗轮；20—挡板套；21—支承环；22—蜗杆；23—螺母；24—机体；25—轴承

(2) 原理

当电机驱动蜗杆带动蜗轮旋转时，与蜗轮相连的螺杆9旋转。由于螺杆被限制只能旋转，不能作轴向运动，迫使大螺母11作轴向移动，因而带动与大螺母连成一体的推杆体10作轴向移动。控制电机正、反向旋转时，推杆体实现推、拉运动。推、拉运动的准确行程依靠两个磁力开关7来控制。由于蜗轮是借助摩擦力通过挡板套20与螺杆相连，一旦超载，蜗轮端面与挡板套端面之间就会打滑，动力不能传到螺杆上，因而可以起到过载保护作用。

(3) 特点

① 采用蜗轮传动，结构极为简单而且无噪声。

② 机体为整体式，在机体尾部安装耳板并与机体合为一体。

③ 筒体8通过螺丝套13采用螺纹连接与机体相连，结构简单而美观。

④ 螺杆前端带有支承环，尤其当行程较长时，有利于提高稳定性。

⑤ 采用磁力开关控制行程，结构简单而准确。

(4) 应用范围

应用于冶金、矿山、交通、能源、运输等许多领域，用来实现推、拉运动。

1.11.3 同步带传动电动推拉杆

(1) 结构

本推拉杆由滑动螺旋传动机构及同步带传动机构组合而成。螺旋传动机构的主体是丝杠21和螺母20。丝杠与螺母拧在一起，前端安装支承圈 27 并插入推杆体 23 孔中；尾端通过其上安装的支承环 19 及环上的轴承 18 将丝杠支承在机体 15 上。两个支承环 19 的中间设置定位环 17，外侧安装密封环 4 和密封圈 5；丝杠尾部靠拢密封环 4 安装大同步带轮 6，并以螺母 3 将其锁紧。推杆的筒体 22 带有外螺纹的一端旋入机体 15 螺孔中，另一端安装支承套 24 和密封圈 26。推杆体内侧以螺纹与螺母 20 相连接；螺母与筒体滑配：推杆体外伸端支承在支承套 24 孔中，其端部安装顶头座 28。驱动电机 16 用螺钉 13 固定在机体上，其轴伸上安装小同步带轮 14，并以螺栓 8 和压盖 9 将其压紧。同步带轮上套装同步带 12。机体一端安装机盖 11，盖上借助螺栓 1 安装耳板 2，用以支承推杆。

(2) 原理

当电机通过同步带传动驱动螺杆旋转时，由于螺杆被限制只能旋转，不能作轴向运动，迫使螺母 20 作轴向移动，因而带动与螺母连成一体的推杆体 23 作轴向移动。控制电机正、反向旋转时，推杆体实现推、拉运动。

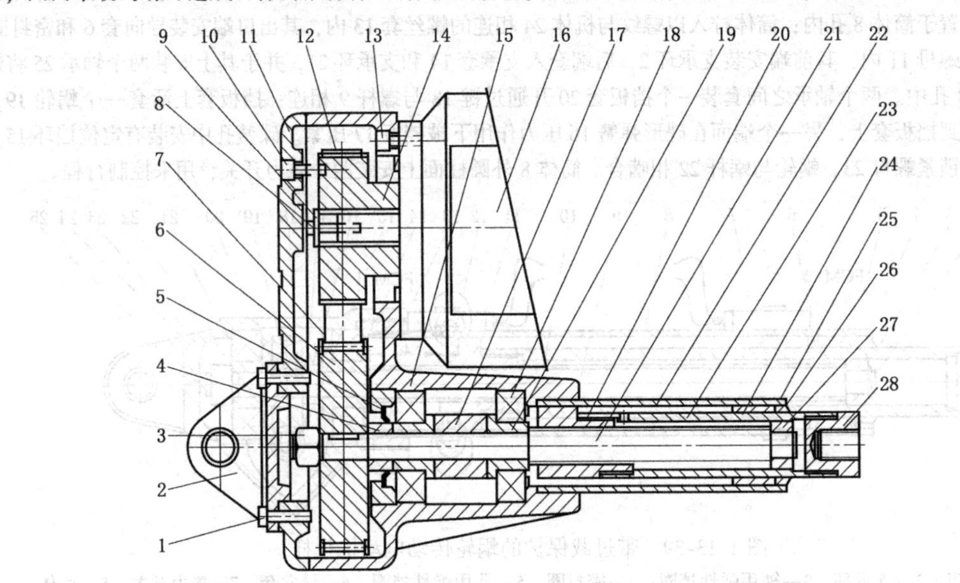

图 1-13-40　同步带传动电动电动推拉杆

1,8—螺栓；2—耳板；3,20—螺母；4—密封环；5,26—密封圈；6—大带轮；7—螺钉盖；9—压盖；10,13—螺钉；11—箱盖；12—同步带；14—小带轮；15—机体；16—电动机；17—定位环；18—圆锥滚子轴承；19—支承环；21—丝杠；22—筒体；23—推杆体；24—支承套；25—孔用弹性挡圈；27—支承圈；28—顶头座

(3) 特点

① 总体结构为折弯式，电机轴线与推杆平行，且其轴伸朝向推杆推出方向。

② 采用同步带传动，结构极为简单而且无噪声。

③ 机体为组合式，耳板安装在机体尾部机盖上。

④ 筒体 22 采用螺纹连接与机体相连，结构简单而美观。

⑤ 螺杆前端带有支承环，尤其当行程较长时，有利于提高稳定性。

(4) 应用范围

应用于冶金、矿山、交通、能源、运输等许多领域。

1.12　一种电动推拉杆的行程控制装置

(1) 结构

如图 1-13-41 所示，推拉杆 6 前端安装一个碰杆臂 2，并用两个轴用弹性挡圈 1 固定其位置。碰杆臂上平行于推拉杆安装一根长螺杆 12 并用螺母 3 锁紧。长螺杆上套装一个中部带有两个台阶的碰头 11，台阶两侧安装两个圆柱螺旋弹簧 8 以后，将其置于固定在推拉杆筒体上的开关座 14 的空腔内，同时在碰头两端分别套装空心螺钉 7 和 10，并将其拧入开关座的螺孔中用以限定弹簧的位置。开关座内安装两个行程开关 16，其触头适与碰头中部的两个斜面相接触。长螺杆两侧安装两个碰环 4 和 13 并用紧定螺钉 5 固定位置。

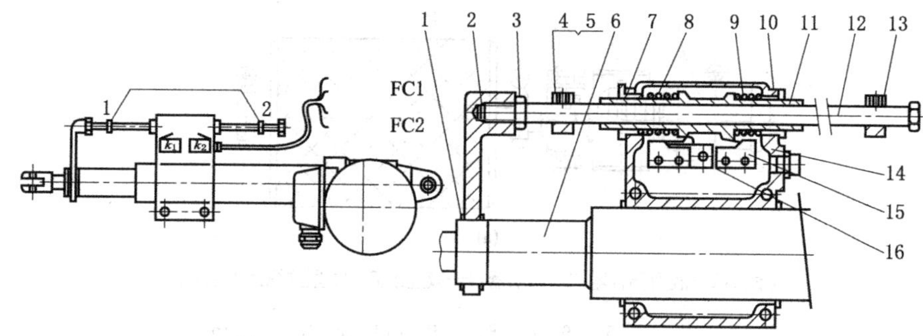

图 1-13-41　一种电动推拉杆的行程控制装置

1—轴用弹性挡圈；2—碰杆臂；3—螺母；4—碰环；5—紧定螺钉；6—推杆；7,10—空心螺钉；8,9—弹簧；11—碰头；12—长螺杆；13—碰环；14—开关座；15,16—行程开关

（2）原理

当推拉杆 6 推出到碰环 13 与碰头 11 接触后，弹簧 8 被逐步压缩，直到行程开关 15 的触头被压下，控制驱动电机停转，推杆同时停止推出。电机反转时，推拉杆缩回，当碰环 4 接触碰头 11 后，弹簧 9 被压缩，行程开关 16 的触头被压下，控制驱动电机停转，推拉杆同时停止缩回。这样，推拉杆的伸缩行程就被碰环 4 和 13 在长螺杆上的位置所限定。调整其碰环的位置即可改变推拉杆的行程。

（3）特点

① 行程开关集中安装在开关座内部，不易遭到破坏，安全可靠。

② 内置两个螺旋弹簧，具有双向缓冲功能。

③ 调节长螺杆上两个碰环的位置即可调节推、拉行程，非常方便。

④ 当行程较长，长螺杆悬臂较长，容易碰弯。

（4）应用范围

可用作各种电动推拉杆的行程控制装置。

1.13　小型化、轻量化的结构

1.13.1　利用摆线减速滚筒的输送机

结构组成：见图 1-13-42。

结构特点：摆线（或谐波）减速器置于滚筒内部，内部油冷。

优缺点：其优点是节省了外部减速器和低速联轴器，使外形尺寸和重量减小。如果滚筒内安装谐波减速器，并采用带制动器的电动机，则体积和重量更小。其缺点是滚筒直径受到内部结构的限制。

使用条件：用于输送机的传动滚筒。

1.13.2　改变传动系统改进立式辊磨机（利用锥齿轮—行星齿轮减速器代替锥齿轮—圆柱齿轮减速器）

立式辊磨机通常与减速器融为一体。该减速器过去使用锥齿轮—圆柱齿轮减速器，存在整体性差，体积和重量大等缺陷。改为锥齿轮—行星齿轮减速器后，结构和性能都有较大提高。结构如图 1-13-43 及 1-13-44 所示。行星齿轮级传递的转矩是通过连接锥齿轮轴 2 到太阳轮 4 的齿轮联轴器 3 来完成。太阳轮 4 的浮动和支承行星齿轮的球面滚动轴承保证三个行星齿轮上力矩的均载。当减速器型号大于 KPAV140 时，行星架 6 采用无轴承式的浮动结构。行星架和输出端的止推盘 8 用齿轮联轴器 7 连接，见图 1-13-43。型号到 KPAV125 的减速器，行星架 6 在圆柱滚动轴承上方为轴式结构，它与止推盘 8 采用 SKF 弹性胀套相连，见图 1-13-44。行星内齿圈 9 与壳体的两侧用螺栓稳固连接。来自磨机的垂直粉磨力直接传到每个止推瓦 10 上，并通过减速器壳体传到基础上。在粉磨过程中对减速器附加的径向力，在减速器型号为 KPAV140 时，通过止推瓦吸收。在减速器型号为 KPAV125 或更小时，则通过滚动轴承吸收。图 1-13-46 为动压式润滑轴向止推瓦，通常用于中、小程度的粉磨力。磨机的

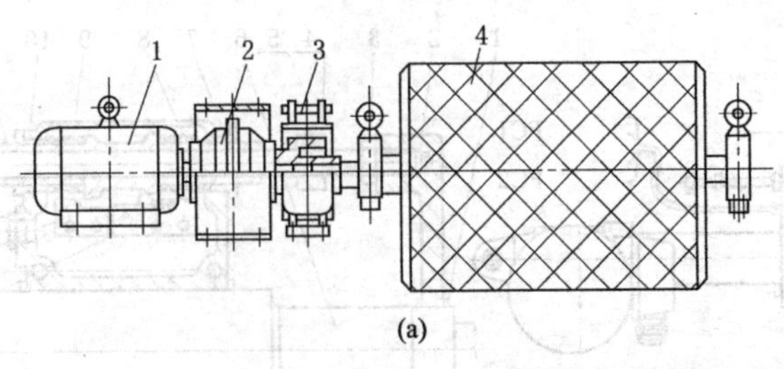

(a)

1—电动机；2—液力偶合器；3—制动器；4—减速滚筒(JTB型摆线减速滚筒)

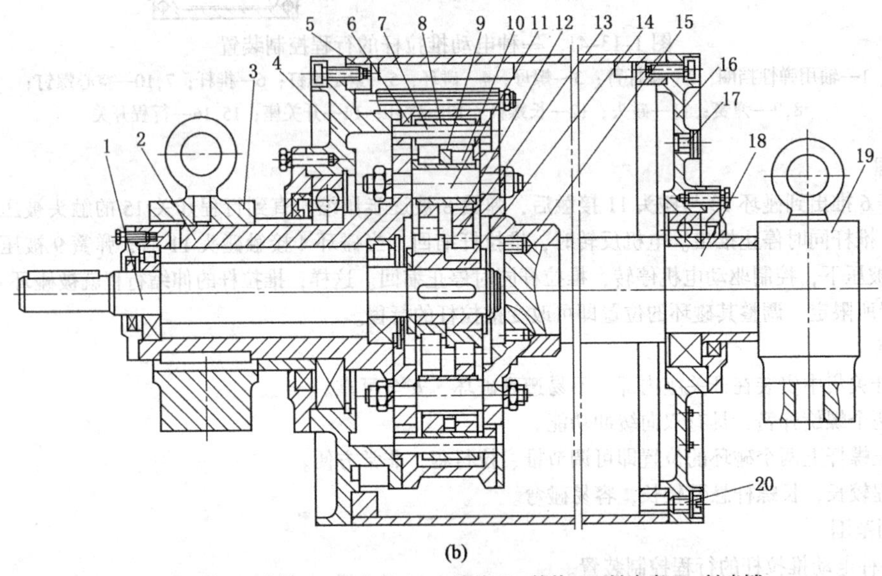

(b)

1—输入轴；2—左轴；3—左支座；4—左端盖；5—筒体；6—针齿壳；7—针齿销；
8—针齿套；9—间隔环；10—销轴；11—销套；12—摆线轴；13—转臂轴承；
14—偏心套；15—支撑盘；16—右端盖；17—注油塞；18—右轴；19—右支座；
20—放油塞

图 1-13-42 输送机新型驱动系统（a）及其减速滚筒结构（b）

主电机适于无载或抬辊启动至正常运转。图 1-13-45 为全静压式润滑轴向止推瓦，通常用于非常高的粉磨力的满

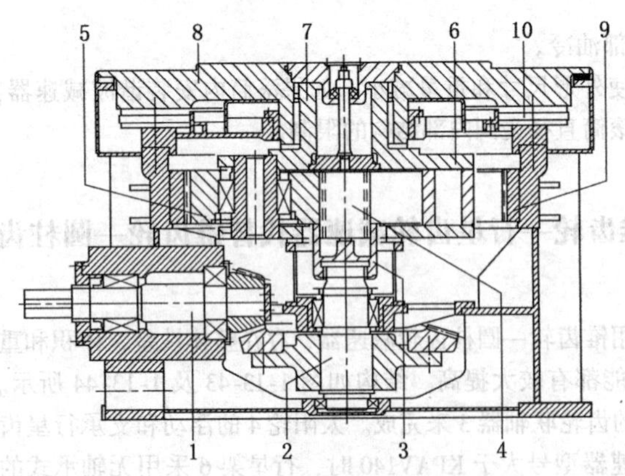

图 1-13-43 型号大于 KPAV140 的
锥齿轮—行星齿轮减速器

1—输入轴；2—轴垂直齿距；3,7—齿轮联轴器；
4—太阳轮；5—行星轮；6,8—行星架；
9—内齿圈；10—止推瓦

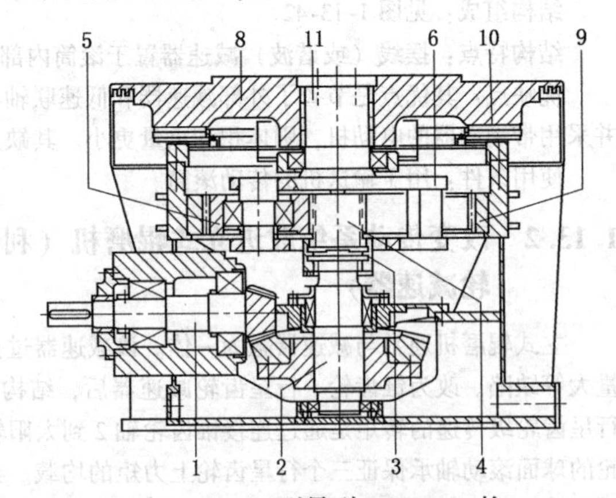

图 1-13-44 型号到 KPAV125 的
锥齿轮—行星齿轮减速器

1—输入轴；2—轴垂直齿距；3,7—齿轮联轴器；
4—太阳轮；5—行星轮；6,8—行星架；
9—内齿圈；10—止推瓦；11—弹性胀套

载状态下启动的情况。止推瓦的好坏主要取决所需的润滑油膜和使其起足够安全作用的环形瓦几何形状、载荷、圆周速度和润滑油黏度等因素。

图 1-13-45 KPAV265 减速器的轴向止推瓦（最大承载力 $F=20000\mathrm{kN}$）

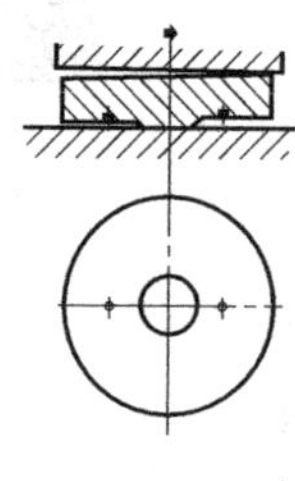

(a) 静压式

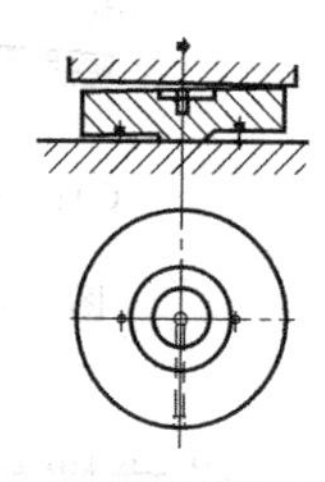

(b) 动压式

图 1-13-46 润滑轴向止推瓦

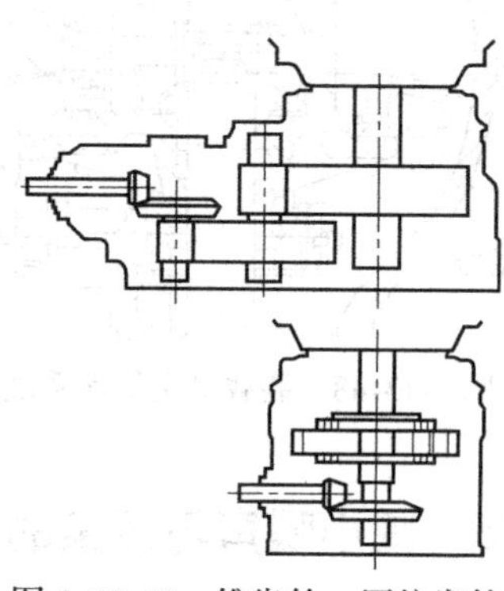

图 1-13-47 锥齿轮—圆柱齿轮减速器和锥齿轮—行星齿轮减速器比较

由于结构的改进，使减速器性能有以下较大改进：①由于使用多个行星轮均载，其整体性改善，体积缩小，重量减轻，如图 1-13-47 所示。②由于锥齿轮—行星齿轮减速系统的布置更紧凑，使减速器壳体有可能做成刚度均匀分布的环形对称壳体，从而使粉磨力均匀直接传递到基础上，使基础更小，基础板更简单。③还可以消除直接布置在减速机壳体壁上的轴向止推瓦，因磨机轴向力引起的局部变形，提高辊磨机的运转效率。④环形对称的壳体便于获得更高加工精度。⑤壳体的剖分面和连续表面的密封也比过去少而简化，因而，也便于安装和推卸。

1.14 延长寿命的结构——采用新型非零变位锥齿轮提高齿轮强度和寿命

某厂引进国外著名厂家生产的一大型装载机图纸和技术文件进行国产化，其中关键之一是主传动减速器的一对曲齿锥齿轮（图 1-13-48）。要求在主参数和安装尺寸不变条件下，用国产材料达到引进产品同等性能指标。

用传统齿形制零传动设计无法实现这一要求。本例采用我国首先创造出的非零变位的新型齿形制。

新齿形制是圆锥齿轮的节圆锥不变，在分度圆锥上作径向与切向综合变位，变位系数之和 X_{ϕ} 为非零，变位前后轴交角 Σ 不改变的锥齿轮副。

非零变位齿形制是以径向变位为主体，即节锥不变，分度锥变位，变位后两锥分离。切向变位是在径向变位的基础上进行的。切向变位系数之和 $X_{t\Sigma}$ 为任意值，但一般为 $-0.2\sim+0.3$。大小齿轮的切向变位系数互不约束，形成两个独立的设计变量，即具有两种功能，如平衡弯曲强度、缓和齿顶变尖和“根切”现象。

采用新型非零变位锥齿轮设计，可消除现在各国采用的零传动齿形制的缺陷和限制，使锥齿轮副的传动性能具有下列优点：①较高强度；②较长寿命；③较低噪声；④较小体积；⑤可在现有机床上加工，如国产机床、格利森机床、奥利康机床等。在相同制造精度、材料、模数的条件下，新型非零变位锥齿轮与现代世界各国锥齿轮对比：世界各国锥齿轮寿命和强度均为 1 时，非零变位锥齿轮寿命为 1.5、强度为 1.3（正传动）。

采用新的齿形制设计圆满地完成了国产化任务，并经两年的测定、分析验算、试制和台架对比试验以及装机跟踪记录，证明国产化成功。两种背锥齿廓形状对照如图 1-13-49 所示。从齿形可明显看出：①新型齿啮合角较大，提高接触强度；②新型齿根部较厚，提高弯曲强度；③新型小齿轮滑动率较小，提高抗胶合能力和抗磨损能力；④由于提高了结合强度（能抗四种可能发生的损伤），故可延长使用寿命；⑤新型齿顶部齿宽正常收缩（原齿形是反向收缩），啮合较平稳。由于上述优点突出，所以不但弥补了国产材料材质较差的缺点，而且还胜过外国（零传动设计）产品。

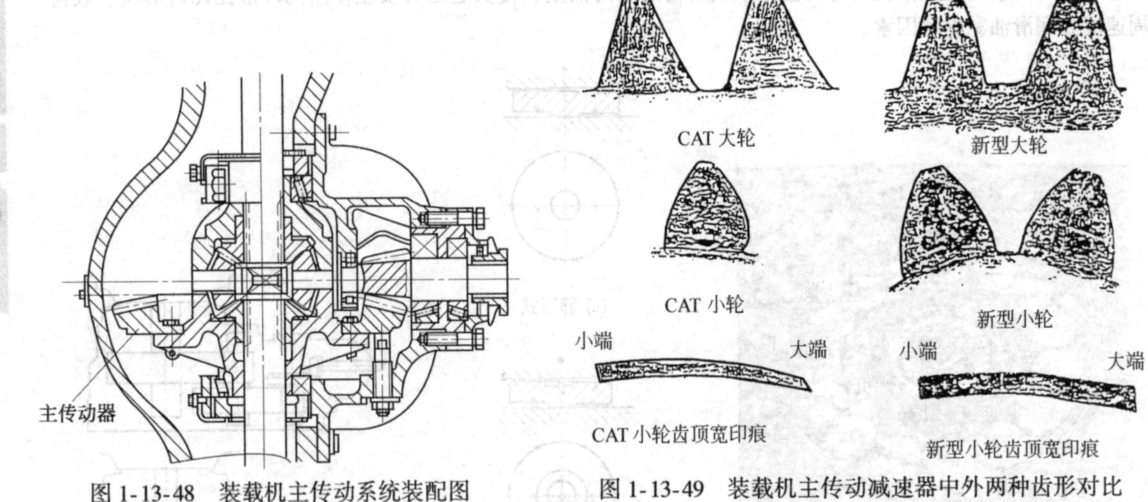

图 1-13-48　装载机主传动系统装配图

图 1-13-49　装载机主传动减速器中外两种齿形对比

1.15　减小噪声与污染的结构——卧式螺旋污泥脱水机带式无级差速器

（1）结构

卧式螺旋污泥脱水机主要由转鼓 8、螺旋输送器 9 和 8 与 9 的转差率调节装置三部分组成。螺旋输送器在转鼓里面，且两者同轴，转鼓与螺旋输送器之间有 2mm 左右间隙。转差率调节装置目前有两种结构形式：一种是采用行星变速器，将转鼓轴与螺旋输送器轴连接起来的结构；另一种是采用液压马达连接的结构。这里介绍的是一种 V 形带无级差速器新结构。它由定锥板 5 和沿轴向可移动的动锥板 4 组成的 V 形带轮，该带轮通过导向键 6 与螺旋输送器 9 相连接，该带轮为螺旋输送器带轮。当顺时针转动内螺纹套 1 时，则外螺纹移动套 2 便向左移动，通过堆板 3 推动动锥板 4 向左移动，增大了带轮的计算直径；当逆时针转动内螺旋套 1 时，则动锥板 4 在 V 带的轴向力的作用下，向右移动，同时推动推板 3 外螺纹移动套 2 和内螺纹套 1 向右移动，由于动锥板 4 的右移，使带轮的计算直径减小，这样就通过旋转内螺纹套 1 即可以改变该 V 形带轮的计算直径的大小。

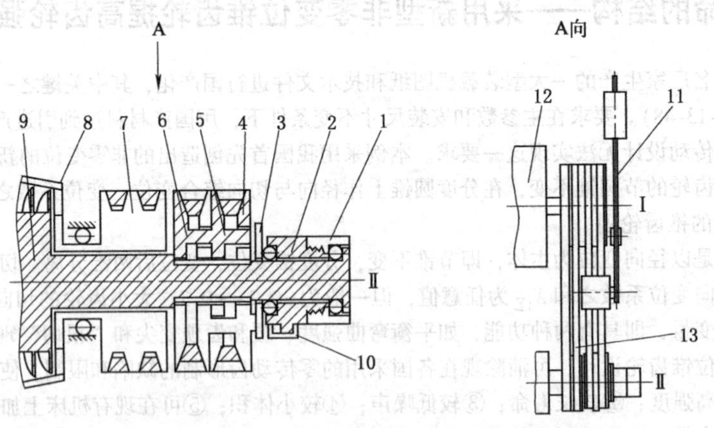

图 1-13-50　V 形带无级差速器的结构原理图

1—内螺纹套（右旋）；2—外螺纹称动套（右旋）；3—推板；4—动锥板；5—定堆板；6—导向键；7—转鼓带轮；8—转鼓；9—螺旋输送器；10—导向和限位座；11—张紧装置；12—电机；13—三角带

（2）工作原理

当工业污水进入转鼓中时，污水随同转鼓高速旋转，其中的污泥在离心力的作用下便沉降到转鼓壁上，在螺旋输送器的推动下，将沉降到转鼓壁上的污泥排出污泥口，这样实现了污泥和水之间的分离。螺旋输送器与转鼓的转速差和转鼓的转速之比称为转差率，该转差率很小，一般不超过 0.01。并且在实际应用中应根据污水的情况，应能调转差率，以便达到更好的分离效果。

图 1-13-50 示 V 形带式无级差速器调节转差率原理是：转鼓带轮 7 和螺旋输送器带轮通过 V 带 13 与电动机 12 的同一个带轮相连接，由于转鼓带轮 7 的计算直径和电动机带轮计算直径不变，因此其传动比不变；而螺旋输送器带轮的计算直径大小是变化的，因此螺旋输送器与电动机带轮的传动比是变化的，从而实现了转鼓与螺旋输送器的转差率的变化。由于螺旋输送器带轮的计算直径是连续变化的，所以转差率也是连续变化的。在连接螺旋输送器的带轮和电动机带轮的一组 V 带上设有张紧装置 11，以保证 V 带不会因螺旋输送器带轮的直径的变化而松弛。导向座 10 既起限制外螺纹移动套 2 的转动，又限制其左右移动的极限位置，这样就限制了螺旋输送器带轮计算直径的调节范围，也就是固定了转差率的调节范围。

（3）性能特点

行星变速器调节转差率只能采用更换不同齿数的齿轮，进行有级调速，调节繁琐；液压马达可以通过改变液压马达的转速连续调节转差率，但设备复杂，成本高，密封不好，容易漏油，污染环境，维修也不方便；而采用 V 形带差速器不仅结构简单，成本大大降低，而且能连续调节转差率，调节方便。

1.16 直角坐标钻臂的工作装置

直角坐标钻臂一般由俯仰缸驱动钻臂垂直摆动，摆动缸驱动钻臂作水平摆动，从而使安装在钻臂上的推进器以直角坐标方式移位。图 1-13-51 所示为仿瑞典专利 BUT 型直角坐标钻臂，双三角支承，具有交叉连接的液压缸，使钻臂由位置 a 移至 b 时，两三角形能平稳地、按比例变化而获得准确的液压平移运动（图 1-13-52），操纵举升和摆动的球端杆以无级调速平稳而迅速地使液压臂定位，在钻周边孔时推进器可旋转 360°（图 1-13-53），使凿岩机转向帮壁，这与外形尺寸低的凿岩机一起使偏角减至最小，因此使钻孔爆破后的巷道轮廓光滑整齐，超爆也少。BUT 臂的每个铰接点都有可调的膨胀销轴，消除间隙，只要拧紧螺栓，在臂的整个工作期内都能保证其精度。

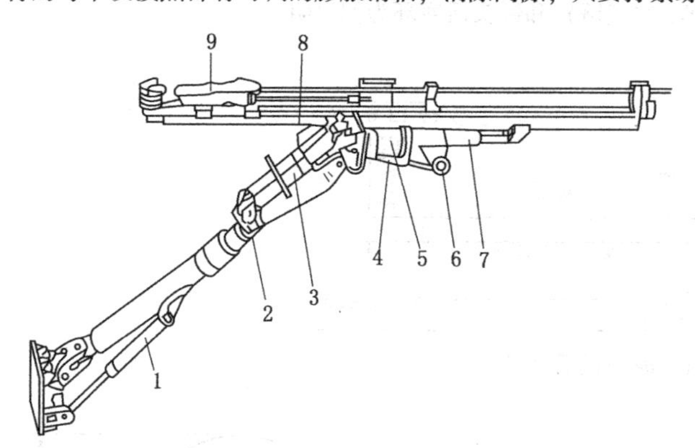

图 1-13-51　直角坐标钻臂的工作装置

1—后部液压缸；2—伸缩式钻臂；3—前部液压缸；4—俯仰液压缸；5—旋转部件；6—支承轴；7—补偿液压缸；8—推进器；9—凿岩机

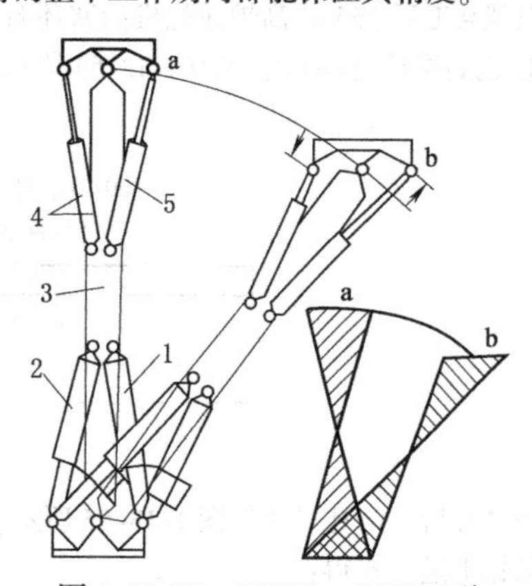

图 1-13-52　BUT30、BUT35 型钻臂液压平移机构

1、2—支撑缸；3—钻臂；4,5—俯仰缸

1.17 单件小批大型活塞环（涨圈）粗加工尺寸的确定

利用极坐标微分方程、弹性力学曲杆挠曲变形计算大型活塞环加工的有关尺寸，由于传统的计算方法有错误，本法解决了生产中出现大量废品的缺陷。

（1）概述

活塞环（涨圈）广泛应用于各种机械设备中。其制作除内燃机、柴油机有专门方法外，对单件小批大型活塞环（涨圈），一般的方法是采用筒形铸坯。第一次加工（粗加工）成环形断面，切成单体开口合并，再在压缩状态

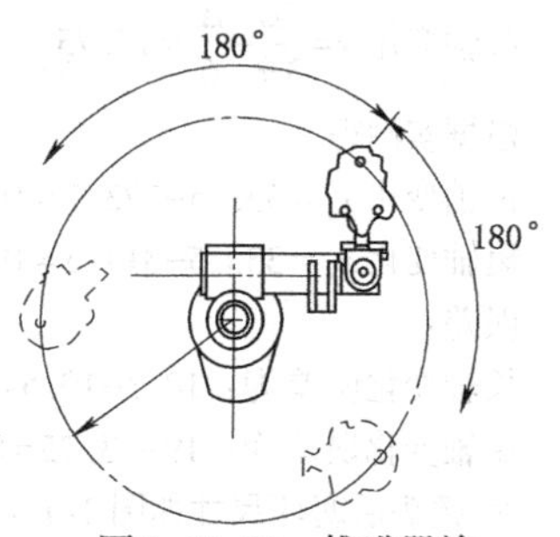

图 1-13-53　推进器旋转角度示意图

下进行第二次加工（精加工），显然粗加工尺寸将会影响开口合并后环的内应力，因此粗加工尺寸之确定成为问题的关键。原苏联教科书和传统的方法都是按圆环开口合并后仍按圆形考虑，其直径的减少量为$\frac{\Delta}{\pi}$，按此公式计算，精加工的余量留得过大开口合并后造成弯曲折断，若留得过小，则开口合并后精加工有一部分加工不起来，不能保证整圆度，活塞环装进气缸后不能保证气密性、相同径向力和受相同径向力磨损均匀等工作条件，故造成大量废品。采用下列公式计算后就解决了大量废品的情况。

通过工作实践和理论探讨，初步得出如下计算公式：

$$粗加工外圆尺寸=压缩后外圆尺寸+\left(\frac{2\Delta}{3\pi}+\frac{\Delta}{6}\right)+z$$

$$粗加工内孔尺寸=压缩后内孔尺寸+\frac{2\Delta}{3\pi}-z$$

式中 Δ——自由开口与压缩开口之差；

z——两面加工余量（保险起见，取稍大值），对350~500mm左右直径的活塞环取2.5~3mm。

垂直开口方向的变形（即长轴的变化）$y=\frac{2\Delta}{3\pi}$。

平行开口方向的变形（即短轴的变化）$x=\frac{2\Delta}{3\pi}+\frac{\Delta}{6}$。

需指出的是，开口合并时，要在开口两端加切向力（尽量靠近开口两端的近似切向力），或用钢带一起收紧。

（2）公式的实践应用

现就某工厂255m³高炉泥炮机活塞环M415（400kg空气锤）和锤头活塞环为例说明。

① 泥炮机活塞环尺寸如图1-13-54所示。

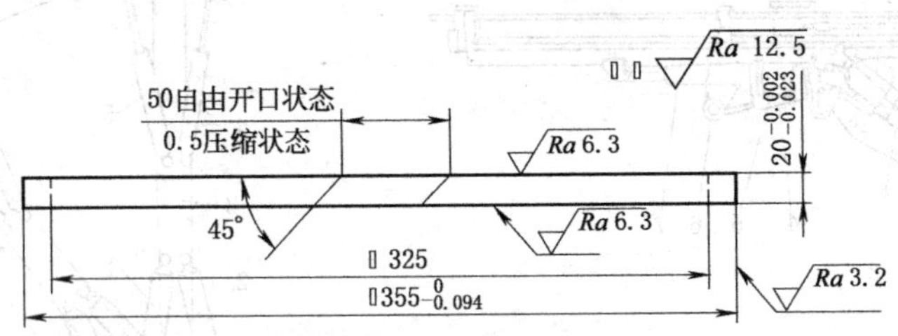

图1-13-54 泥炮机活塞环

经合并后，内孔尺寸如图1-13-55所示。

根据上述公式得：

粗加工外圆尺寸为ϕ377；

粗加工内圆尺寸为ϕ333.5；

长轴变化 $y=\frac{2\Delta}{3\pi}=10.5$；

短轴变化 $y=\frac{2\Delta}{3\pi}+\frac{\Delta}{6}=18.75$。

根据实测得：

长轴变化 $y_1=333.5-323.2=10.3$；

短轴变化 $x_1=333.5-314.5=19$。

误差：

长轴变化误差为：10.3−10.5=−0.2；

短轴变化误差为：19−18.75=0.25。

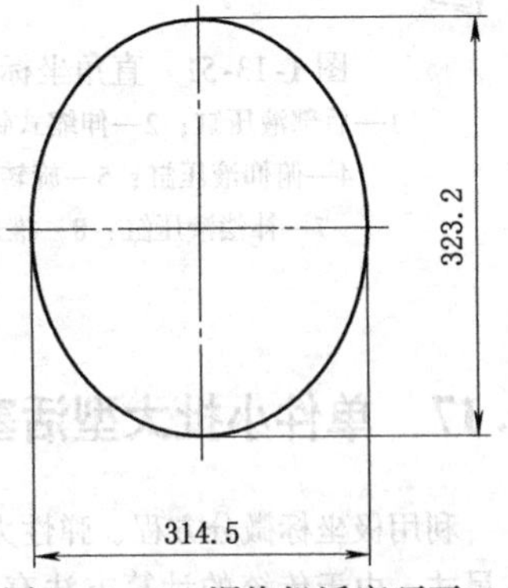

图1-13-55 泥炮机活塞环开口合并后内孔图（粗加工后）

② 锤头活塞环尺寸如图1-13-56所示。

合并后，内孔尺寸如图1-13-57所示。

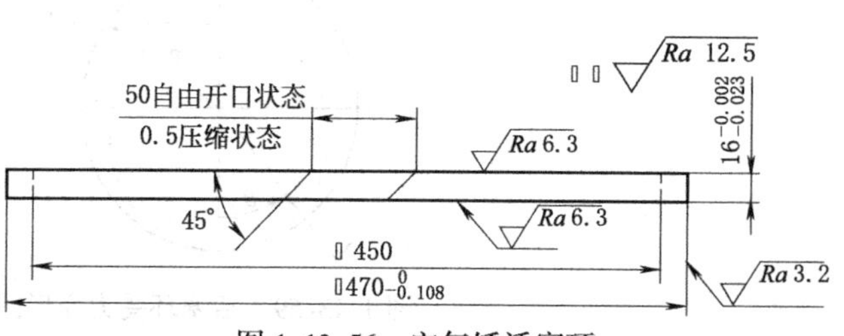

图 1-13-56 空气锤活塞环

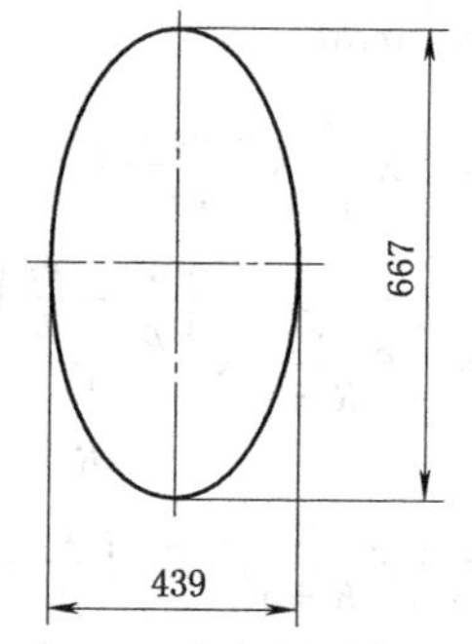

图 1-13-57 空气锤活塞环开口合并后内孔图（粗加工后）

根据公式得：

粗加工外圆尺寸为 ϕ492；

粗加工内孔尺寸为 ϕ458；

长轴变化 $y=\dfrac{2\Delta}{3\pi}=10.5$；

短轴变化 $y=\dfrac{2\Delta}{3\pi}+\dfrac{\Delta}{6}=18.75$。

根据实测得：

长轴变化 $y_1=458-447=11$；

短轴变化 $x_1=458-439=19$。

误差：

长轴变化误差为：11−10.5=0.5；

短轴变化误差为：19−18.75=0.25。

由上述实例，证实了公式的精确程度，其误差出现的原因将由第（4）部分单独阐述。

（3）公式的推导

活塞环根据工作情况，考虑到开口处丧失弹性，工作条件恶劣，需较高的径向压力，即形成所谓的梨形曲线分布。但对一般用途的活塞环，可粗略地认为只需满足装入气缸后成圆形（整圆度）和受均匀压力（气密性，磨损均匀）。

根据推导：开口圆环受均匀压力 p 与单在开口处受切向力 P 可产生相等的弯矩，只需满足：$p=\dfrac{P}{eR}$即可（R 为气缸直径，e 为活塞环轴向厚度）。

如此即可产生相同的变形效果。

由图 1-13-58a：

$$M=\int_0^{\pi-\theta} peR\mathrm{d}\varphi \cdot R\sin(\theta+\varphi)$$
$$=peR^2(1+\cos\theta)$$

由图 1-13-58b

弯矩 $M=PR(1+\cos\theta)$，

则 $peR^2(1+\cos\theta)=PR(1+\cos\theta)$，

$$\therefore \quad p=\frac{P}{eR} \qquad (1\text{-}13\text{-}6)$$

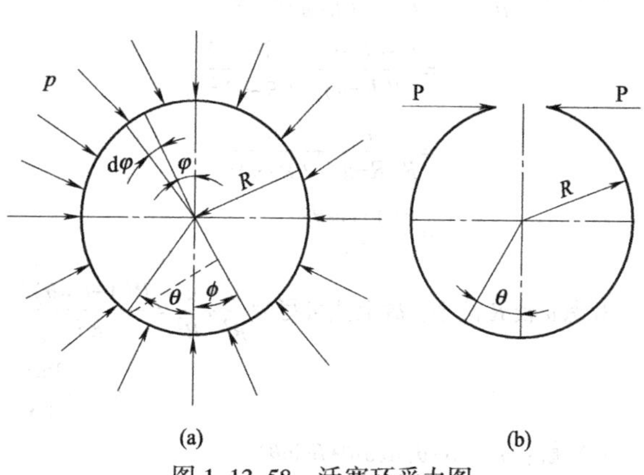

图 1-13-58 活塞环受力图

上述推导的目的在于开口加力合并的变形（见图 1-13-59）只需要简单切向力 P 来计算即可。

利用曲杆挠曲变形微分方程推导公式如下。

曲杆弯曲：$\int_F \sigma y\mathrm{d}F = M$

$$
\begin{aligned}
M &= \int_F \sigma y \mathrm{d}F \\
&= \int_F E \frac{y^2}{\rho} \times \frac{\delta(\mathrm{d}\varphi)}{\mathrm{d}\varphi} \mathrm{d}F \\
&= \int_F E \frac{y^2}{R+y} \times \frac{\left(\frac{\mathrm{d}s}{\rho} - \frac{\mathrm{d}s}{R}\right)}{\frac{\mathrm{d}s}{R}} \mathrm{d}F \\
&= \int_F E \frac{R}{R+y} y^2 \mathrm{d}F \cdot \left(\frac{1}{\rho} - \frac{1}{R}\right) \\
&= \left(\frac{1}{\rho} - \frac{1}{R}\right) ER \int_F \frac{y^2}{R+y} \mathrm{d}F \\
&= \left(\frac{1}{\rho} - \frac{1}{R}\right) ERS
\end{aligned}
$$

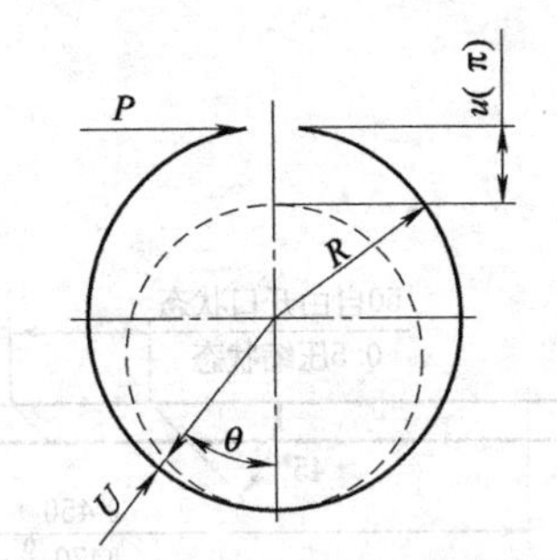

图 1-13-59　活塞环受力变形图

$$
\begin{aligned}
\Delta\left(\frac{1}{\rho}\right) &= \left(\frac{1}{\rho} - \frac{1}{R}\right) \\
&= \frac{M}{ESR} \\
&= \frac{PR\ (1+\cos\theta)}{ESR}
\end{aligned}
$$

即，

$$M = \frac{P}{ES}(1+\cos\theta) \tag{1-13-7}$$

式中　ρ——变形后的曲率半径；

E——弹性模量；

S——断面静矩。

由极坐标曲线曲率公式：$\dfrac{1}{\rho} = \dfrac{r^2+2r'^2-rr''}{(r^2+r'^2)^{\frac{3}{2}}}$

运算变化：$\dfrac{1}{\rho} \approx \dfrac{r^2-rr''}{r^3}$

因为活塞环变形量，较整个直径比较起来很小，故$\dfrac{\mathrm{d}r}{\mathrm{d}\theta}$很小，$r'^2$ 更小，可忽略。

$$\frac{1}{\rho} = \frac{r^2-rr''}{r^3} = \frac{1}{r} - \frac{r''}{r^2} = \frac{1}{R-u} - \frac{(R-u)''}{(R-u)^2}$$

式中　u——R 与 r 之差，即径向位移。

由上式，

$$
\begin{aligned}
\frac{1}{\rho} - \frac{1}{R} &= \frac{1}{R-u} - \frac{(R-u)''}{(R-u)^2} - \frac{1}{R} \\
&= \frac{R-(R-u)}{R(R-u)} - \frac{(R-u)''}{(R-u)^2} \\
&= \frac{u}{R(R-u)} + \frac{u''}{(R-u)^2} \\
&= \frac{P(1+\cos\theta)}{ES}
\end{aligned}
$$

考虑 u 较 R 甚小，故上式可写为$\dfrac{u}{R^2} + \dfrac{u''}{R^2} = \dfrac{P(1+\cos\theta)}{ES}$

$$u+u'' = \frac{PR^2}{ES}(1+\cos\theta) \tag{1-13-8}$$

其特解：$u^* = a+\theta(A\cos\theta+B\sin\theta)$

$u' = \theta(-A\sin\theta+B\cos\theta)+A\cos\theta+B\sin\theta$

$$u''=\theta(-A\cos\theta-B\sin\theta)-A\sin\theta+B\cos\theta-A\sin\theta+B\cos\theta$$

代入：$\theta(-A\cos\theta-B\sin\theta)-2A\sin\theta+2B\cos\theta+a+\theta(A\cos\theta+B\sin\theta)=\dfrac{PR^2}{ES}(1+\cos\theta)$

比较系数法：$B=\dfrac{1}{2}\cdot\dfrac{PR^2}{ES}$；$A=0$；$a=\dfrac{PR^2}{ES}$

所以 $u^*=\dfrac{PR^2}{ES}+\theta\cdot\dfrac{1}{2}\cdot\dfrac{PR^2}{ES}\cdot\sin\theta=\dfrac{PR^2}{ES}\left(1+\dfrac{\theta}{2}\sin\theta\right)$

u 之全解：$u=C\cos\theta+D\sin\theta+u^*=C\cos\theta+D\sin\theta+\dfrac{PR^2}{ES}\left(1+\dfrac{\theta}{2}\sin\theta\right)$

由已知条件：当 $\theta=0$，$u=0$，$\dfrac{\mathrm{d}u}{\mathrm{d}\theta}=0$

代入：$u'=-C\sin\theta+D\cos\theta+\dfrac{PR^2}{2ES}\theta\cos\theta+\dfrac{PR^2}{2ES}\sin\theta$

所以

$$u=-\frac{PR^2}{ES}\cos\theta+\frac{PR^2}{ES}\left(1+\frac{\theta}{2}\sin\theta\right)=\frac{PR^2}{ES}\left(1-\cos\theta+\frac{\theta}{2}\sin\theta\right)\tag{1-13-9}$$

当 $\theta=\pi$ 时，$u(\pi)=\dfrac{PR^2}{ES}[1-(-1)+0]=\dfrac{2PR^2}{ES}$

为方便清楚起见，把变形后的曲线上移$\dfrac{u(\pi)}{2}=\dfrac{PR^2}{ES}$（即变形后的曲线的对称中心与原来圆心重合），设完全径向位移为 u_1，根据图 1-13-60 不难看出：

$$u_1-u=\frac{u(\pi)}{2}\cos\theta=\frac{PR^2}{ES}\cos\theta$$

所以

$$u_1=\frac{PR^2}{ES}\cos\theta+u=\frac{PR^2}{ES}\left(1+\frac{\theta}{2}\sin\theta\right)\tag{1-13-10}$$

力 P 的确定：根据材料力学可知，曲杆弯曲变形能：

$$\begin{aligned}\mathrm{d}U&=\frac{1}{2}M\delta(\mathrm{d}\varphi)+\frac{1}{2}N\Delta(\mathrm{d}s)\\&=\frac{1}{2}M\left(\frac{M\mathrm{d}s}{ESR}+\frac{N\mathrm{d}s}{EFR}\right)+\frac{1}{2}N\left(\frac{N\mathrm{d}s}{EF}+\frac{M\mathrm{d}s}{EFR}\right)\\&=\frac{M^2\mathrm{d}s}{2ESR}+\frac{N^2\mathrm{d}s}{2EF}+\frac{MN\mathrm{d}s}{EFR}\end{aligned}$$

$M=PR(1+\cos\theta)$，$N=-P\cos\theta$

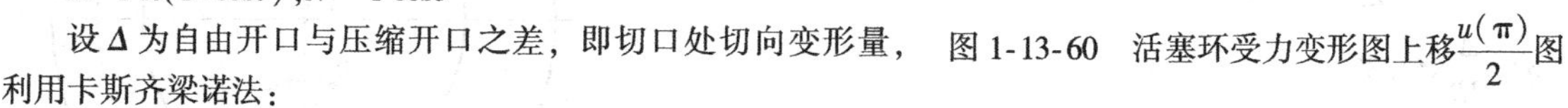

图 1-13-60　活塞环受力变形图上移$\dfrac{u(\pi)}{2}$图

设 Δ 为自由开口与压缩开口之差，即切口处切向变形量，利用卡斯齐梁诺法：

$$\begin{aligned}\frac{\Delta}{2}&=\frac{\partial U}{\partial P}=\frac{\partial\left(\int_l\frac{M^2\mathrm{d}s}{2ESR}+\int_l\frac{N^2\mathrm{d}s}{2EF}+\int_l\frac{MN\mathrm{d}s}{EFR}\right)}{\partial P}\\&=\frac{1}{ESR}\int_l\frac{M\partial M}{\partial P}\mathrm{d}s+\frac{1}{EF}\int_l\frac{N\partial N}{\partial P}\mathrm{d}s+\frac{1}{EFR}\int_l\frac{\partial MN}{\partial P}\mathrm{d}s\\&=\frac{1}{EFR}\int_0^{\pi}PR(1+\cos\theta)R(1+\cos\theta)R\mathrm{d}\theta+\frac{1}{EF}\int_0^{\pi}-P\cos\theta(-\cos\theta)R\mathrm{d}\theta+\frac{1}{EFR}\int_0^{\pi}\frac{\partial(-P^2R(1+\cos\theta)\cos\theta)}{\partial P}R\mathrm{d}\theta\\&=\frac{PR^2}{ES}\int_0^{\pi}\left(1+2\cos\theta+\frac{1+\cos2\theta}{2}\right)\mathrm{d}\theta+\frac{PR}{EF}\int_0^{\pi}\frac{1+\cos2\theta}{2}\mathrm{d}\theta-\frac{2PR}{EF}\int_0^{\pi}\left(\cos\theta+\frac{1+\cos2\theta}{2}\right)\mathrm{d}\theta\\&=\frac{PR^2}{ES}\left(\theta+2\sin\theta+\frac{\theta}{2}+\frac{\sin2\theta}{4}\right)_0^{\pi}+\frac{PR}{EF}\left|\frac{\theta}{2}+\frac{\sin2\theta}{4}\right|_0^{\pi}-\frac{2PR}{EF}\left(\sin\theta+\frac{\theta}{2}+\frac{\sin2\theta}{4}\right)_0^{\pi}\\&=\frac{PR^2}{ES}\left(\pi+\frac{\pi}{2}\right)+\frac{PR}{EF}\left(\frac{\pi}{2}\right)-\frac{2PR}{EF}\left(0+\frac{\pi}{2}\right)\\&=\frac{PR^2}{ES}\cdot\frac{3\pi}{2}-\frac{PR\pi}{2EF}\end{aligned}$$

所以 $\Delta=\frac{3\pi PR^2}{ES}-\frac{PR\pi}{EF}=\frac{3\pi PR^2-\pi PRz_0}{ES}=\frac{\pi PR\ (3R-z_0)}{ES}$

因为 $S=z_0F$，z_0 为断面形心至中心层的距离，对一般活塞环，z_0 很小可忽略。

上式可化为：

$$\Delta=\frac{3\pi PR^2}{ES},P=\frac{ES\Delta}{3\pi R^2} \tag{1-13-11}$$

将式（1-13-11）代入式（1-13-10）得

$$u_1=\frac{PR^2}{ES}\left(1+\frac{\theta}{2}\sin\theta\right)=\frac{\Delta}{3\pi}\left(1+\frac{\theta}{2}\sin\theta\right) \tag{1-13-12}$$

长轴方向变化

$$y=2u_1(\pi)=\frac{8\Delta}{3\pi}\left(1+\frac{\pi}{2}\cdot 0\right)=\frac{2\Delta}{3\pi} \tag{1-13-13}$$

短轴方向变化

$$x=2u_1\left(\frac{\pi}{2}\right)=\frac{2\Delta}{3\pi}\left(1+\frac{\pi}{4}\right)=\frac{2\Delta}{3\pi}+\frac{\Delta}{6} \tag{1-13-14}$$

（4）误差分析

① 测量不够准确，由于变形后非圆形，不易找准长、短轴位置。

② 所加的力并非真正的切向力，而是开口两端夹持后使其合并的近似切线方向力。

③ 公式的推导过程中，有某些忽略和近似，特别是开口端位移和力 P 的推导而非切向力，式中 $M=PR(1+\cos\theta)$ 严格应为 $M=P\left(\sqrt{R^2-\left(\frac{\Delta}{2}\right)^2}+R\cos\theta\right)$，在 Δ 较大时稍有影响。

④ 公式之推导都是属于材料在弹性极限之内服从虎克定律，而一般活塞环使用高级铸铁（或合金铸铁），其应力应变曲线没有明显的直线部分，不完全服从虎克定律，但是相差不大，合并放松后，多少还留有残留变形。

（5）几个问题的提出和讨论

① 并合加力时，一定要设法加切向力，除夹子夹住开口两端加力外，也可用钢带或钢绳包住外圆，一齐收紧并合，否则如随便加力（如在中部加力），则开口端距加力处段未受弯矩，曲率未有变化，精加工后，该处将不能产生对壁的压力，不利于气密性，同时加力部位不同，并合变形后，长短轴的变化也与加切向力的不同。

② 关于开口处断面的转角问题：因为考虑不当，很可能形成并合后外圆处接触，内孔处敞开，或内孔处接触，外圆处敞口，对此做如下推导。

由马-马法：

$$转角\ \eta=\frac{1}{EJ}\int_l M(x)M'(x)\mathrm{d}x=\frac{1}{EJ}\int_0^{\pi}PR(1+\cos\theta)R\mathrm{d}\theta$$

$$=\frac{PR^2\pi}{EJ}=\frac{\Delta}{3R}$$

$$\eta^{\circ}=\frac{\Delta}{3R}\times 57.3^{\circ}$$

$$\delta=\lambda-\eta=\left(\arcsin\frac{\Delta_1}{2R}-\arcsin\frac{\Delta_2}{2R}\right)-\frac{\Delta}{3R}\times 57.3^{\circ}$$

由于 $\Delta_2=0.5$ 左右，较 R 比甚小，上式可近似化为：

$$\delta=\arcsin\frac{\Delta_1-\Delta_2}{2R}-\frac{\Delta}{3R}\times 57.3^{\circ}$$

$$=\arcsin\frac{\Delta}{2R}-\frac{\Delta}{3R}\times 57.3^{\circ}$$

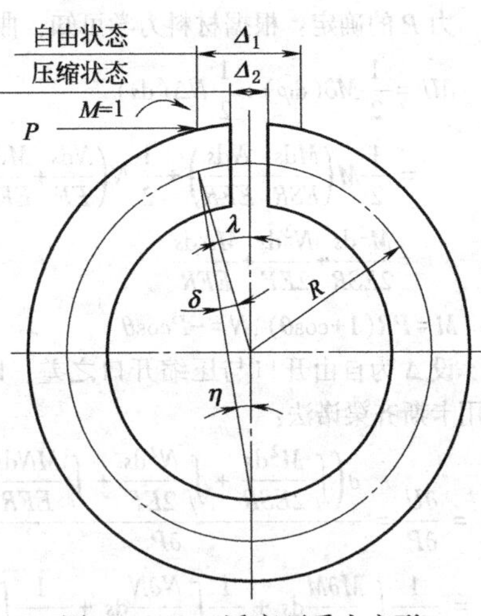

图 1-13-61 活塞环受力变形开口端转角图

1.18 陀螺效应对飞轮轴强度的影响

轧机、冲压机械等广泛应用飞轮。其作用为：当工作有负荷时，飞轮降速释放能量，帮助电机克服尖峰负荷，当间隙无负荷时，飞轮升速储藏能量，故可使电机负荷均匀，免受剧烈冲击载荷，可使电机容量减少，同时电机可在不大的陡振载荷下运转，而具有较高的效率。

轧机带飞轮时电机负荷图如图 1-13-62 所示。折线为轧制静负荷曲线，曲线为带飞轮电机负荷曲线。

在轧机主传动系统中，一般将飞轮对称配置在主减速机高速轴两端。

图 1-13-63 为 400 三辊轧机主减速机高速轴飞轮配置图（简图）。

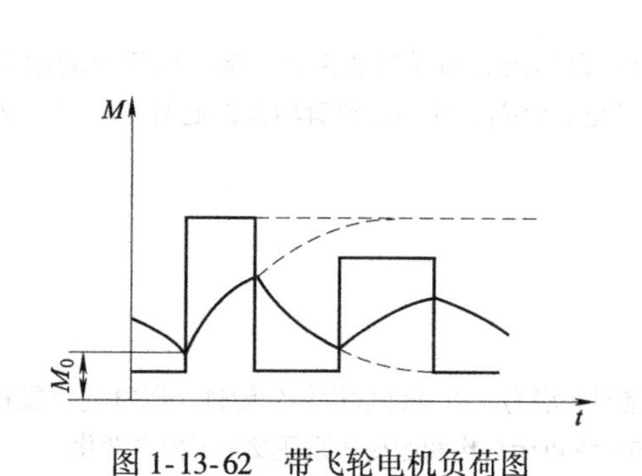

图 1-13-62　带飞轮电机负荷图

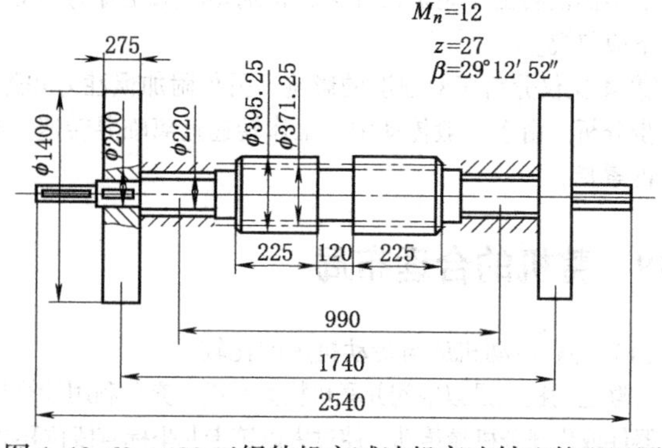

图 1-13-63　400 三辊轧机主减速机高速轴飞轮配置图

由于制造安装和工作时变形等原因，使飞轮轴产生了一定的挠度和转角，从而产生了附加陀螺力矩和附加惯性力（如图 1-13-64 所示）。

根据工作时变形计算得（飞轮处）：

挠度 $f=0.1503\text{mm}$

转角 $Q=0.102534°$

（1）附加惯性力计算

$$P=m\omega^2 f$$

$$=2470\times61.7847^2\times0.0001503$$

$$=1417.16\text{N}$$

（$m=2470\text{kg}$，$\omega=61.78471/\text{s}$，$f=0.1503\text{mm}$）

（2）附加陀螺力矩（附加惯性力矩）计算

根据陀螺理论中的赖柴定理，刚体动量矩矢量端的速度等于所作用的外力矩：

$$\sigma=\frac{\sqrt{M_{弯}^2+T^2}}{W}=\frac{\sqrt{5325.32^2+15141^2}}{0.1\times d^3}$$

$$=\frac{\sqrt{28359033.1+229249881}}{0.1\times0.2^3}=\frac{\sqrt{257608914.1}}{0.1\times0.2^3}$$

$$=20.06\times10^6\text{N/m}^2=20.06\text{MPa}$$

（3）考虑附加惯性力和陀螺力矩时：

$G=2470\text{kgf}=24206\text{kN}$

$P=1417.16\text{N}$

$M=2714.44\text{N}\cdot\text{m}$

$$M_{弯}=(P+G)\times0.22+M=(24206+1417.16)\times0.22+2714.44$$

$$=5325.32+311.7752+2714.44$$

$$=8351.5352\text{N}\cdot\text{m}$$

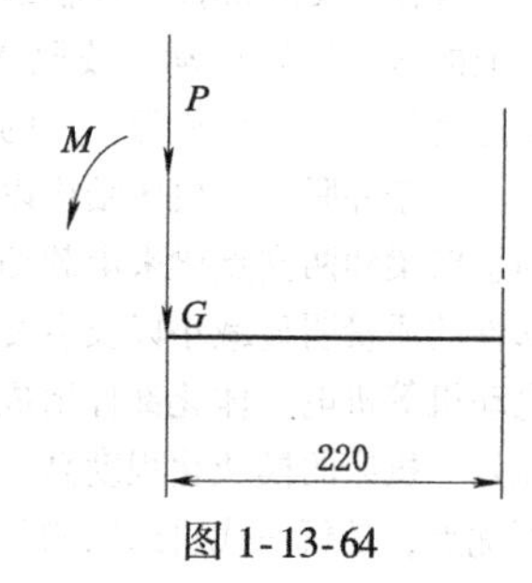

图 1-13-64

扭矩 $T=15141\text{N}\cdot\text{m}$　　　　$d=200\text{mm}$

$$\sigma=\frac{\sqrt{M_{弯}^2+T^2}}{W}=\frac{\sqrt{8351.5352^2+15141^2}}{0.1d^3}$$

$$=\frac{\sqrt{69748140.2+229249881}}{0.1\times0.2^3}=\frac{\sqrt{298998021.2}}{0.1\times0.2^3}$$

$$=21.6\times10^6\text{N/m}^2=21.6\text{MPa}$$

（4）几点看法

① 通过上述分析，初步得知：考虑附加惯性力和陀螺力矩时，飞轮处轴的弯矩值增大了 1.57 倍（其中附加

陀螺力矩占的比重较附加惯性力引起的弯矩值大得多)，应力 σ 增加了7.7%。

以上仅考虑工作时受载变形计算引起的挠度、转角值，没有考虑制造、安装等原因引起的挠度、转角值。通过以上实例说明由于附加惯性力，特别是附加陀螺力矩对飞轮轴强度是有一定影响的，在某些情况下应该有所考虑，不应忽视。

② 本文仅分析了对强度的影响，另外附加惯性力和陀螺力矩结合作用对临界转速也有影响，限于时间没有进一步分析。由于一般传动中，工作转速远离临界转速，且一般飞轮 $I_p>>I_d$，临界转速有增大的趋势，所以本文也不再累赘。

1.19 整机的合理布局

(1) 并联运动机床与传动机床的比较

并联运动机床是以空间并联机构为基础，充分利用计算机数字控制的潜力，以软件取代部分硬件，以电气装置和电子器件取代部分机械传动，使过去以笛卡儿坐标直线位移为基础的传统机床结构和运动学原理发生了根本变化。

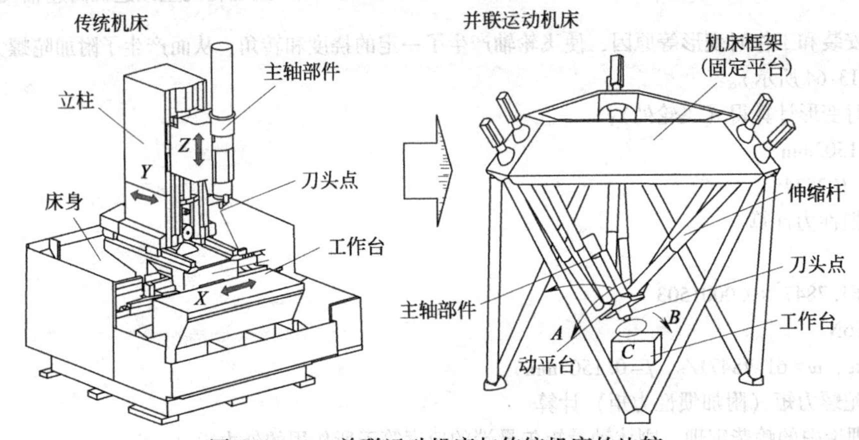

图 1-13-65 并联运动机床与传统机床的比较

并联运动机床的基本布局是：以机床框架为固定平台的若干杆件组成空间并联机构，主轴部件安装在并联机构的动平台上，改变杆件的长度或移动杆件的支点，使主轴部件实现 X、Y、Z 坐标方向的进给和主轴 A、B、C 坐标方向的偏转和倾斜。按照并联运动学原理形成刀头点的加工表面轨迹。

而传统机床的基本特点是它的布局是以床身、立柱、横梁等作为支承部件，主轴部件和工作台的滑板沿支承部件上的直线导轨移动，按照 X、Y、Z 坐标运动叠加的串联运动学原理，形成刀头点的加工表面轨迹。

由于并联运动机床结构以桁架杆系取代传统机床结构的悬壁梁和两支点梁来承载切削力和部件重力，加上运动部件的质量明显减小以及主要由电主轴、滚珠丝杠、直线电动机等机电一体化部件组成，因而具有刚度高、动态性能好、机床的模块化程度高、易于重构以及机械结构简单等优点，是新一代机床结构的重要发展方向。

(2) 并联运动机床合理布局举例

Hexact 型机床设计布局合理，结构简单、新颖，在一个六角形的焊接框架的两侧，与框架平面成30°配置有6根伸缩杆，伸缩杆的外套筒通过万向铰链支承固定在框架弯角处。伸缩杆的另一端通过万向铰链支承主轴部件的壳体。它的创新点在于并联机构的上下平台（六角框架平面和立轴部件截面）可以处于同平面之内，所有构件的配置

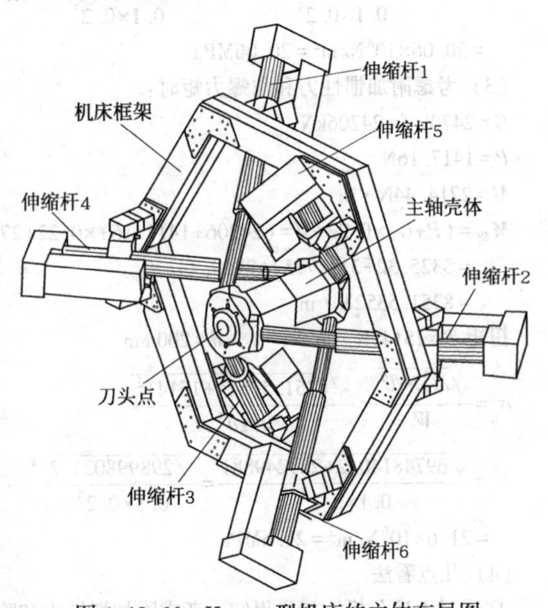

图 1-13-66 Hexact 型机床的主体布局图

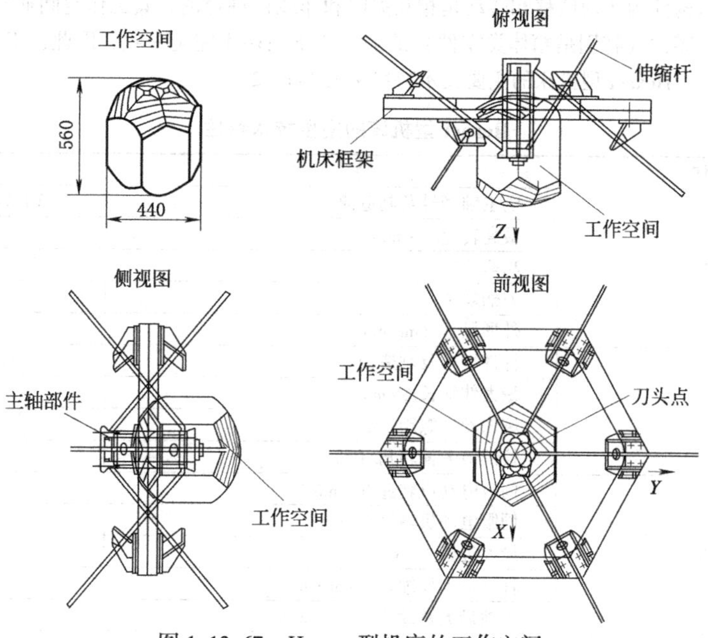

图 1-13-67　Hexact 型机床的工作空间

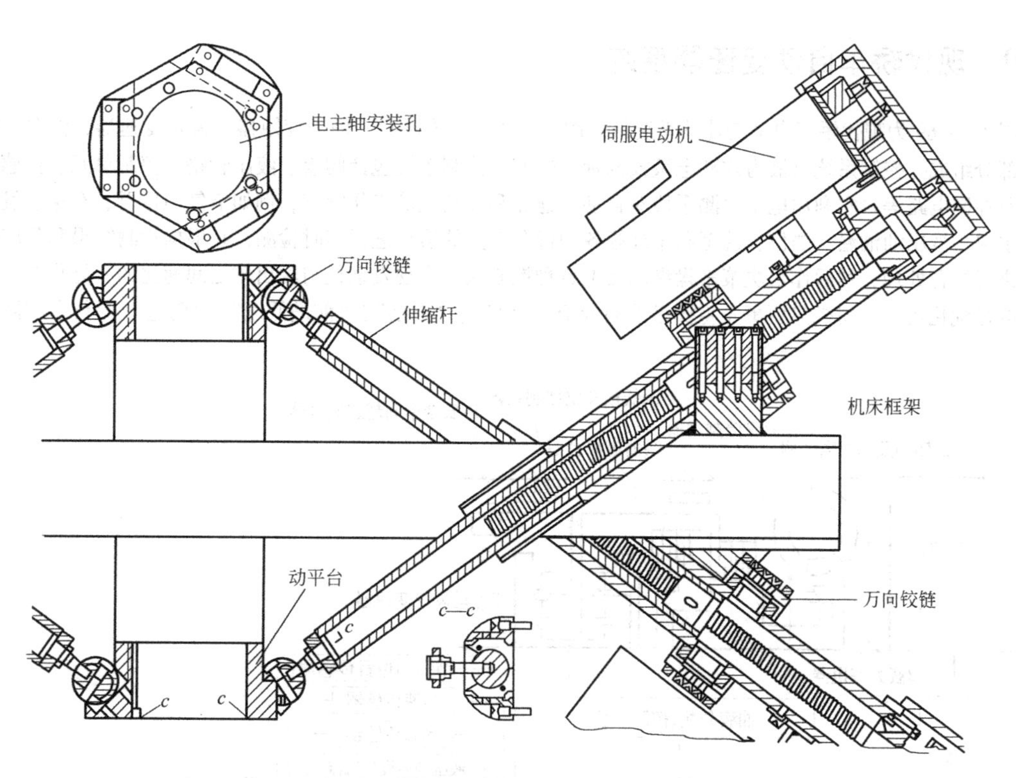

图 1-13-68　Hexact 型机床主要部件的结构及其连接

都是镜像对称，并处于预加拉应力状态，因而具有很好的静态和动态性能（见图 1-13-66 和图 1-13-67）。同时由于 6 根伸缩杆的配置在所有方向都具有对称性，因此，它的工作空间也是对称的，呈近似的六面柱体（440mm×560mm）。通过计算机仿真计算后的机床工作空间，如图 1-13-68 所示，它与其他并联运动机床相比较，具有明显的优点，特别是工作空间与机床外形尺寸之比相对较大。

因为并联运动机床构件的运动位移和转动是相互关联和非线性耦合的，其工作空间通常呈蘑菇形或蒜头状。这种非线性工作空间与零件（特别是箱体类零件）的加工要求往往不完全一致，因此，工作空间是并联运动机床设计的关键问题之一。Hexact 型机床的主要技术特性见表 1-13-2。

表 1-13-2　Hexact 型机床的主要技术特性

部件名称	特　性	技术规格
主轴部件	电主轴型号及制造商	MFW-1230, Fisher 公司
	最高转速/$r \cdot min^{-1}$	40000
	功率/kW	12.5
	刀柄规格	SK30
	外形尺寸/mm×mm	ϕ120×480
伸缩杆	杆件型号及制造商	GLAE, INA 公司
	最大伸缩长度/mm	400
	滚珠丝杠螺距/mm	5
	铰链最大偏转角/(°)	±40
伺服驱动	伺服电动机转速/$r \cdot min^{-1}$	3000
	伺服电动机转矩/N·m	4.3
	最大进给力/N	5000
	杆件最大伸缩速度/$m \cdot min^{-1}$	15
	主轴最大移动速度/$m \cdot min^{-1}$	30
机床外形尺寸/mm×mm×mm	2150×1700×2100	

1.20　现代轿车自动变速器系统

图 1-13-69 为现代轿车自动变速器系统示意图。它主要由发动机、液力变矩器、齿轮变速器、油泵、控制系统等部分组成。控制系统有液力式和电液式两种。电液式控制系统包括阀板、液压管路、控制单元、传感器、执行器及控制电路等。它利用电子检测手段对自动变速器和发动机的工作状态，例如节气门位置、车速、发动机转速、水温、液压油油温、挡位，甚至刹车灯等各种行车有关的信息进行实时检测，并根据检测结果和相应的控制程序进行综合处理，然后作出决策来操纵阀板上各种控制阀，实现发动机与输出轴之间速比的智能化控制，达到汽车的最优化运行。司机只要事先将操纵手柄置于“停车”、“空挡”、“前进低速”、“前进”等行车实际需要位置上。

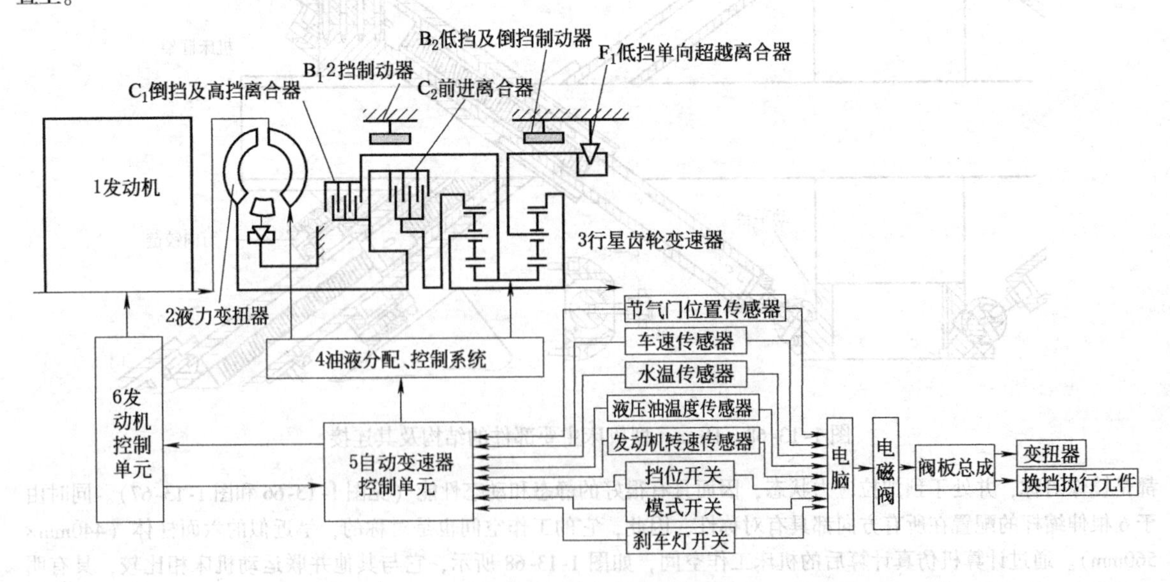

图 1-13-69　自动变速器系统的组成

图1-13-70为综合式液力变扭器，通过单向超越离合器与固定于变速器壳体的导轮固定套相联系。该单向超越离合器使导轮只可以朝输出轴运行的方向旋转，但不能反向旋转。当涡轮转速较低时，从涡轮流出的液压油从正面冲击导轮叶片，由于单向超越离合器的锁止作用，将导轮锁止在导轮固定套上固定不动，这时该变扭器的工作特性和液力变扭器相同，具有一定的增扭作用。当涡轮转速增大到液压油将从反面冲击导轮时，由于单向超越离合器的超越作用使导轮在液压油的冲击作用下自由旋转，这时变扭器不起增扭作用，其工作特性和液力偶合器相同，传动效率较高。因此，这种变扭器既利用了液力变扭器在涡轮转速较低时所具有的增扭特性，又利用了液力偶合器在涡轮转速较高时所具有的高传动效率的特性。

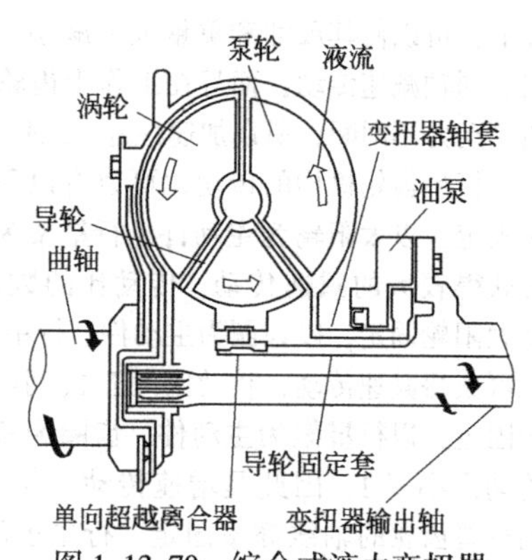

图1-13-70　综合式液力变扭器

为提高汽车的传动效率，减少燃油消耗，现代很多轿车自动变速器采用一种带锁止离合器的综合式液力变扭器（图1-13-71）。这种变扭器内增加一个由液压油操纵的锁止离合器，它将变扭器壳体通过一个可作轴向移动的离合器压盘与涡轮相连接。压盘由油压推动，油压受锁止控制阀控制，锁止控制阀由自动变速器电脑通过锁止电磁阀来操纵。自动变速器控制单元根据车速、节气门开度、发动机转速、变速器液压油温度、操纵手柄位置、控制模式等因素，按设定的锁止控制程序向锁止电磁阀发出控制信号，操纵锁止控制阀。当车速较低时，锁止离合器处于分离状态，这时变扭器的偶合作用有效。当汽车在良好道路上高速行驶，且车速、节气门开度、变速器液压油温度等因素符合一定要求时，控制单元操纵锁止控制阀，使锁止离合器压盘压紧在变扭器壳体上，发动机动力通过锁止离合器由压盖直接传至涡轮输出，达到100%的传动效率。另外，锁止离合器接合后还能减少变扭器中的液压油因液体摩擦而产生的热量，有利于降低液压油的温度。有些车型的液力变扭器的锁止离合器压盘上还装有减振弹簧，以减小锁止离合器在接合的瞬间产生冲击力。

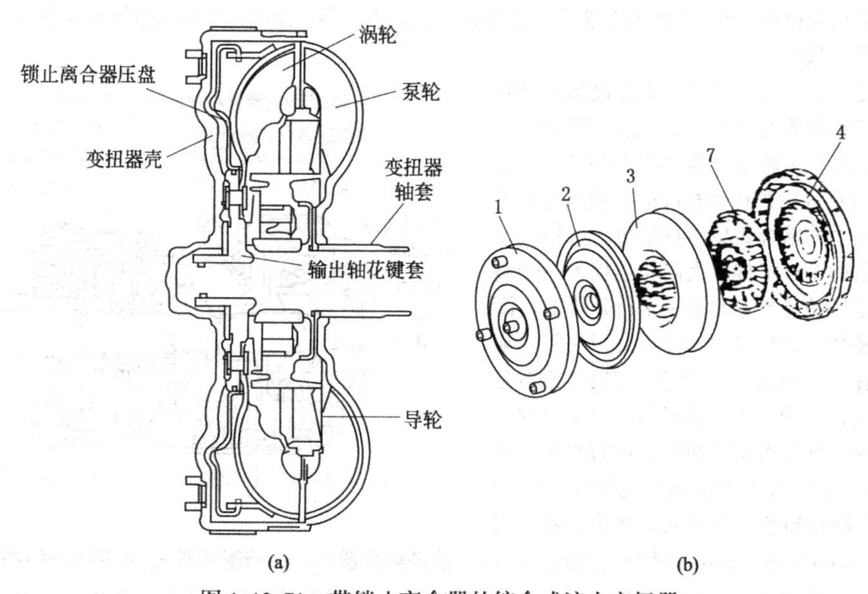

图1-13-71　带锁止离合器的综合式液力变扭器

由于变扭器只有当输出转速接近于输入转速时才具有较高的传动效率，而且它的增扭作用也只能增加2~4倍，远不能满足汽车的实际使用要求。因此，在自动变速器中变扭器的主要作用是使汽车起步平稳，并在换挡时减缓传动系统的冲击。

汽车变速主要靠自动变速器中的齿轮变速器实现，并且它能使输出转矩再增大2~4倍。和手动齿轮变速器一样，自动变速器中的齿轮变速器具有空挡、例挡及2~4个不同传动比的前进挡，不过它的挡位变换由电子控制系统和液压控制系统来实现。

自动变速器中的齿轮变速器采用行星齿轮机构，如图1-13-72与普通齿轮变速器相比，在传递同样功率的条件下，可以使其尺寸和重量大大减小，并可实现同向、同轴减速传动，而且在工作中齿轮的啮合不脱离、动力不间断，所以加速性好，工作更可靠。

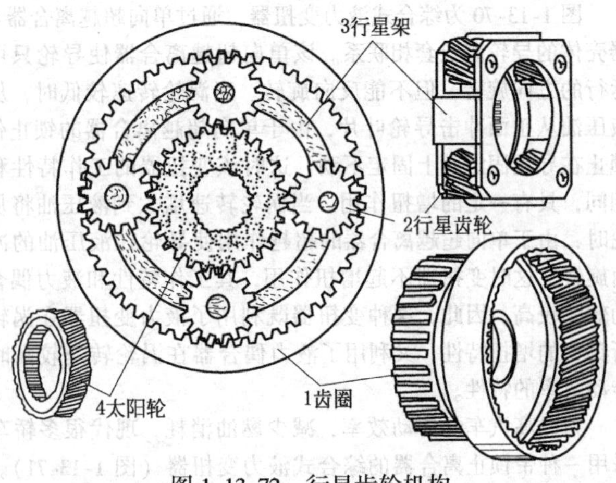

图 1-13-72　行星齿轮机构

行星齿轮机构的传动比可以有以下几种：①齿圈固定，以太阳轮为主动件，行星架为从动件，即可获得较大的减速传动，传动比的数值要大于2。②太阳轮固定，以齿圈为主动件，行星架为从动件，也可获得减速传动，传动比大于1、小于2。③太阳轮固定，以行星架为主动件，齿圈为从动件。此时传动比小于1，因此是增速传动。④行星架固定，则行星齿轮的轴线亦被固定，行星齿轮只能自转，不能公转，行星排成为一个定轴式齿轮传动机构，而且太阳轮和齿圈的转向相反，即可获得反向减速传动。⑤若3个基本元件都不固定、都可以自动转动，则此时该机构具有2个自由度，因此不论以哪两个基本元件为主动件、从动件，都不能获得动力传递，即此时该机构失去作用而处于空挡状态。⑥若将任意2个基本元件互相连接起来，此时3个基本元件都将以同样的转速一同旋转（即“直联”状态）。此时的传动比总是1。

用于汽车自动变速器的行星齿轮机构通常是由2~3个单排行星齿轮机构组成。为了使它具有确定的传动比，同样也要对它的某些元件的运动进行约束（即固定或互相连接），使它变为只有1个自由度的机构。当被约束的基本元件或约束的方式不同时，该机构的传动比也会随之不同，从而组成不同的挡位（通常可以产生3~4个不同传动比的前进挡和1个倒挡，新型轿车大部分有4个前进挡）。当所有的基本元件都没有被固定时，即可得到空挡。对于行星齿轮机构类型相同的行星齿轮变速器来说，其离合器、制动器及单向超越离合器的布置方式及工作过程基本上是一致的。

轿车自动变速器所采用的行星齿轮机构主要有两类：辛普森式和拉维乃尔赫式。目前大部分轿车都采用辛普森式行星齿轮变速器（图1-13-73），它是由辛普森式行星齿轮机构和相应的换挡执行元件组成的。即由两个内啮合式单排行星齿轮机构组合而成，而且前后两个行星排的太阳轮连接为一个整体，前一个行星排的行星架和后一个行是排的齿圈连接为另一个整体，前行星架和后齿圈组件的转动即为变速器的输出。因此，这种行星齿轮变速器是一具有4个独立元件的行星齿轮机构。这4个独立元件是：前齿圈、前后太阳轮组件、后行星架、前行星架和后齿圈组件。它的换挡执行元件有5个：2个离合器、2个制动器和1个单向超越离合器，它的布置如图1-13-69所示，其中倒挡及高挡离合器 C_1、前进离合器 C_2、2挡制动器 B_1 和低挡及倒挡制动器 B_2 都用油压驱动控制，低挡单向超越离合器 F_1 是自动作用的。该行星齿轮机构具有3个前进和1个倒挡。其换挡接合方案见表1-13-3。

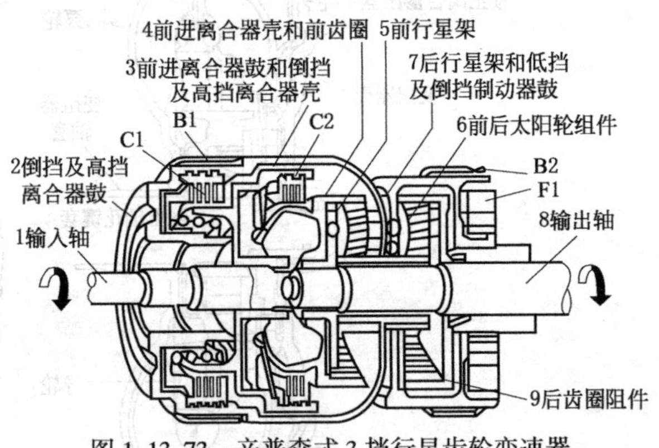

图 1-13-73　辛普森式3挡行星齿轮变速器

表 1-13-3　换挡接合方案

操纵手柄位置	挡位	换挡执行元件				操纵手柄位置	挡位	换挡执行元件			注
		C_1	C_2	B_1	F_1			C_1	C_2	B_2	
D	1挡		○		○	R	倒挡	○		○	○代表结合，制动或锁止
	2挡		○	○		S、L	1挡		○	○	
	3挡	○	○				2挡		○		

当汽车在行驶中驾驶员松开油门踏板，发动机处于怠速状态，而汽车在惯性的作用下将仍以原来的车速前进。这时，当自动变速器操纵手柄的位置位于D位（前进档）时，低挡及倒挡制动器 B_2 或2挡制动器 B_1 不起作用，变速器内的齿轮处于自由状态，汽车可以自由向前滑行。在平路上行驶时，该方式可以节省燃料。当操纵手柄位于L位（前进低挡）时，低挡及倒挡制动器 B_2 或2档制动器 B_1 接合，变速器内的齿轮使汽车的前进惯性通过变速器反过来带动发动机转动，自动变速器的1、2挡能产生发动机制动作用。当汽车下坡时，该方式有利于安全行车。当行星齿轮变速器处于3挡时、前进离合器 C_2 和倒挡及高挡离合器 C_1 同时接合，把输入轴与前齿圈及前后太阳轮组件连接为一个整体，输入轴的动力通过前行星排直接传给输出轴，其传动比等于1。在3挡状态下的行星齿轮变速器具有反向传递动力的能力，在汽车滑行时也能实现发动机制动。

2 错 例

2.1 引进柴油发动机变螺距气阀弹簧的改进设计

气阀弹簧（如图1-13-74所示）在其固有振动频率下将发生共振，发生共振的弹簧将失去其应具有的功能。为了防止气阀弹簧出现共振，可以采用外径不同的双弹簧结构或不等螺距弹簧。图a所示为内燃机所用的气阀弹簧架。两个外径不同的弹簧套在一起，共同承担使气阀落座的功能。由于两个弹簧的共振频率不一样，这样就可以避免气阀弹簧的共振现象。若用变螺距气阀弹簧，则其在工作中螺距较小的簧圈反复地并合与分离，增加了阻尼，消耗了振动能量，弹簧的自振频率也不断变化，对抑制弹簧共振、降低动应力有较好的效果，在国外高速内燃机中得到了广泛应用。

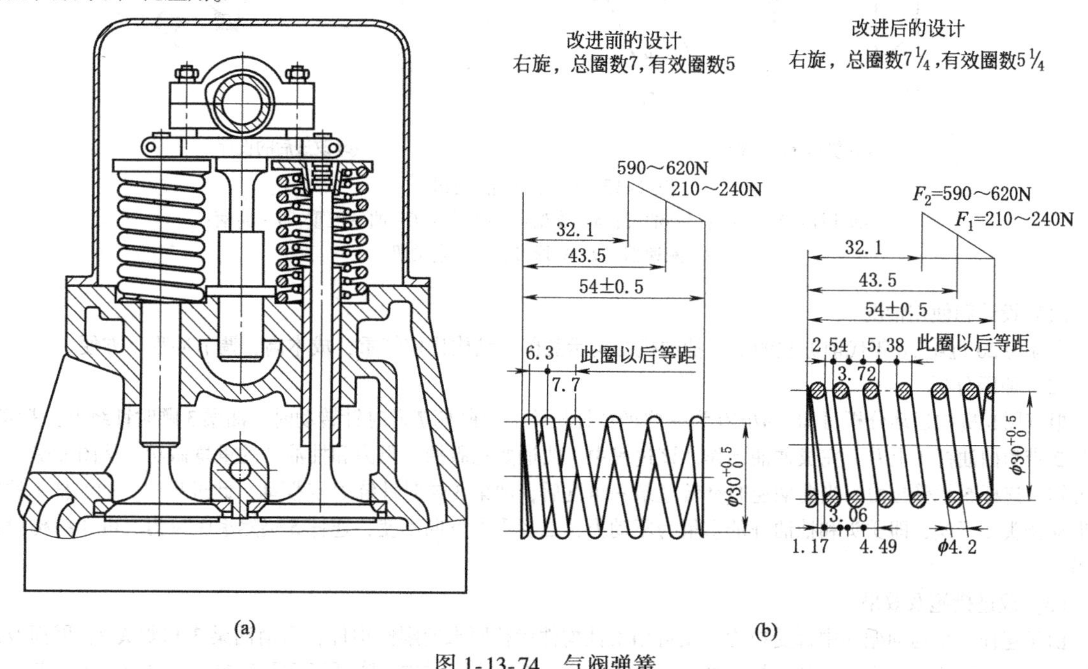

图1-13-74 气阀弹簧

但设计不合理却会造成早期损坏的后果。图b是引进柴油发动机变螺距气阀弹簧改进前后的对比图。原设计弹簧簧丝直径为 $\phi4.2$mm，有效圈数为5，其中有2圈变螺距。弹簧自由高度 $H_0=54$mm，安装高度 $H_1=43.5$mm，安装高度下弹簧变形 $f_1=H_0-H_1=10.5$mm，每一有效圈的平均变形为 $f_1/n=2.1$mm。从图中可知左端第一圈簧丝间距为6.3-4.2=2.1mm，因此，弹簧在安装高度下第一圈已产生并圈，在以后的工作中不参加变形。原设计没有充分发挥变螺距效应，在工作中有效圈数变为4圈，且只有1圈并圈。试制过程中发生了弹簧早期疲劳断裂也说明了原设计存在严重缺陷。用改进后的设计，弹簧材料仍选用与样机相同的材料65Mn弹簧钢丝，仅材料费每年要节省数十万元，同时由于动力降低，提高了气阀弹簧的可靠性。

2.2 油田抽油机结构改进设计

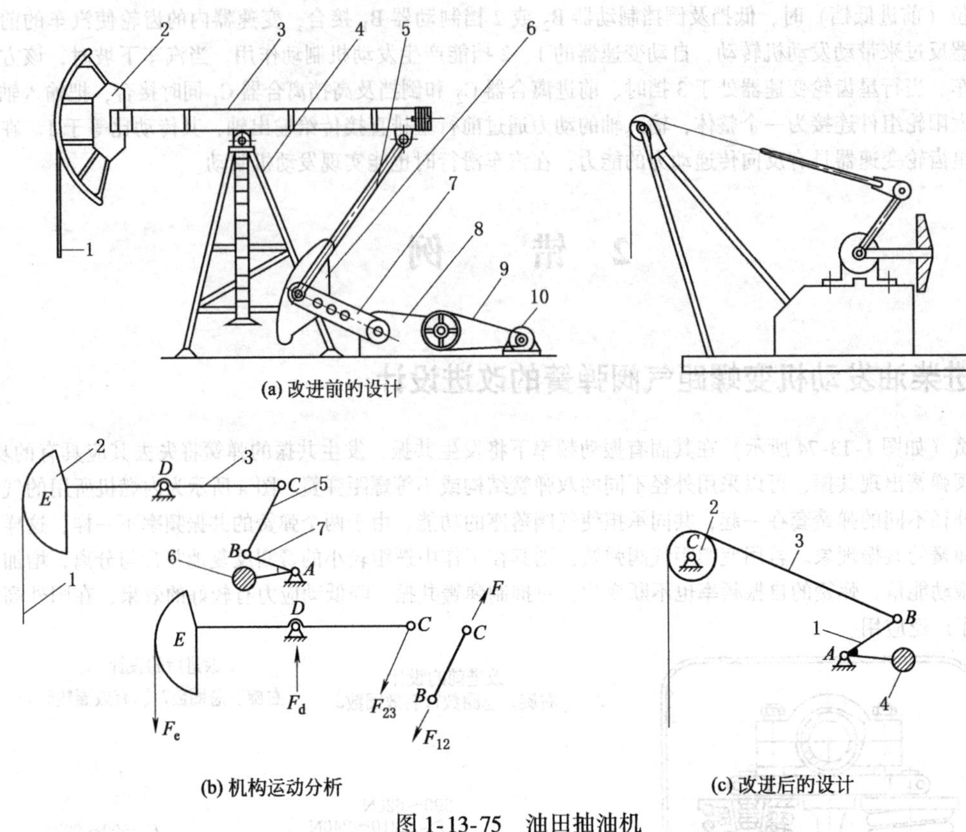

图 1-13-75 油田抽油机

1—抽油杆；2—驴头；3—油梁；4—支架；5—连杆；6—曲柄配重；7—曲柄；8—减速器；9—V 形带；10—电动机

(1) 设计和使用情况

图 a 为 20 世纪 50 年代前苏联的油田抽油机结构示意图。结构比较笨重，成本高，调节冲程不方便。

(2) 原因分析

根据图 b 机构运动分析可知，*ABCD* 为一曲柄摇杆机构。当曲柄 7 逆时针转动时，油梁 3 顺时针绕 *D* 点摆动，驴头 2 带动抽油杆 1 上升，完成抽油动作。该过程中，曲柄要克服抽油阻力和抽油杆的重量做功。从图 b 受力分析可知，连杆 5 承受拉力。当曲柄逆时针转过某一角度后，油梁 3 逆时针绕 *D* 点摆动，此过程中，抽油杆 1 的重量带动驴头 2 下摆，即驴头和抽油杆的重量为驱动力，二者受力方向不变，连杆 5 仍然承受拉力。可知结构设计不当。

(3) 改进措施及效果

由于连杆一个运动循环中都受拉力，便可用柔性构件代替原来的刚性构件，取消油梁 3 和驴头 2，因而改进设计采用绳索滑轮式的无油梁抽油机，如图 c 所示。这样既简化了结构，降低了重量和成本，也使冲程调节更方便了。

2.3 2Z-X 型少齿差减速器无轴向定位

(1) 设计概述

图 1-13-76 中所示为内齿轮输出 NN 型少齿差减速器，按 2Z-X 行星传动机构设计。其设计特点是：①其输入轴为孔输入整体式偏心轴，且入端支撑在原动机插入其孔中的轴伸上；②偏心轴上设单平衡块；③具有嵌入式

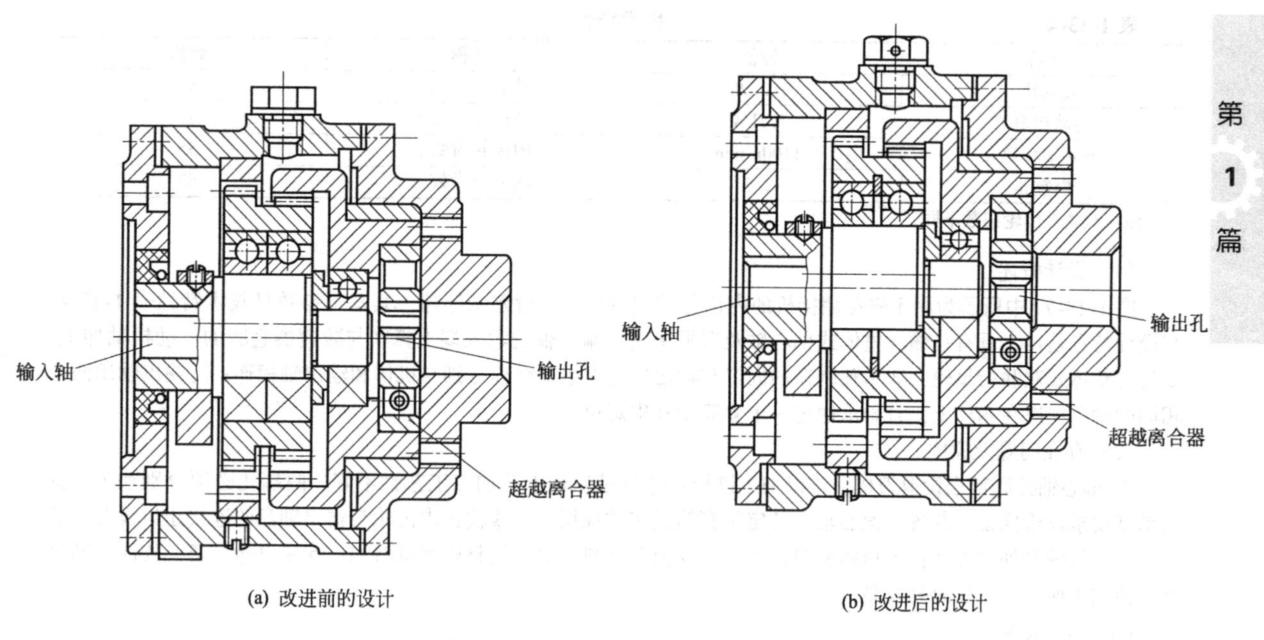

图 1-13-76　2Z-X 型少齿差减速器

固定内齿圈；④输出内齿轮仅用一个滑动轴承支撑在箱体上，并通过安装在输出端孔中的超越离合器输出动力；⑤箱体由主体及前后盖三部分组成。

（2）存在问题及原因

本减速器的行星轮在使用过程中可能发生轴向窜动，因其设计未考虑轴向限位。

（3）改进措施

在两个行星轮轴承之间增设一个孔用弹性挡圈。

2.4　麦芽翻拌机少齿差减速器工艺差、结构笨重

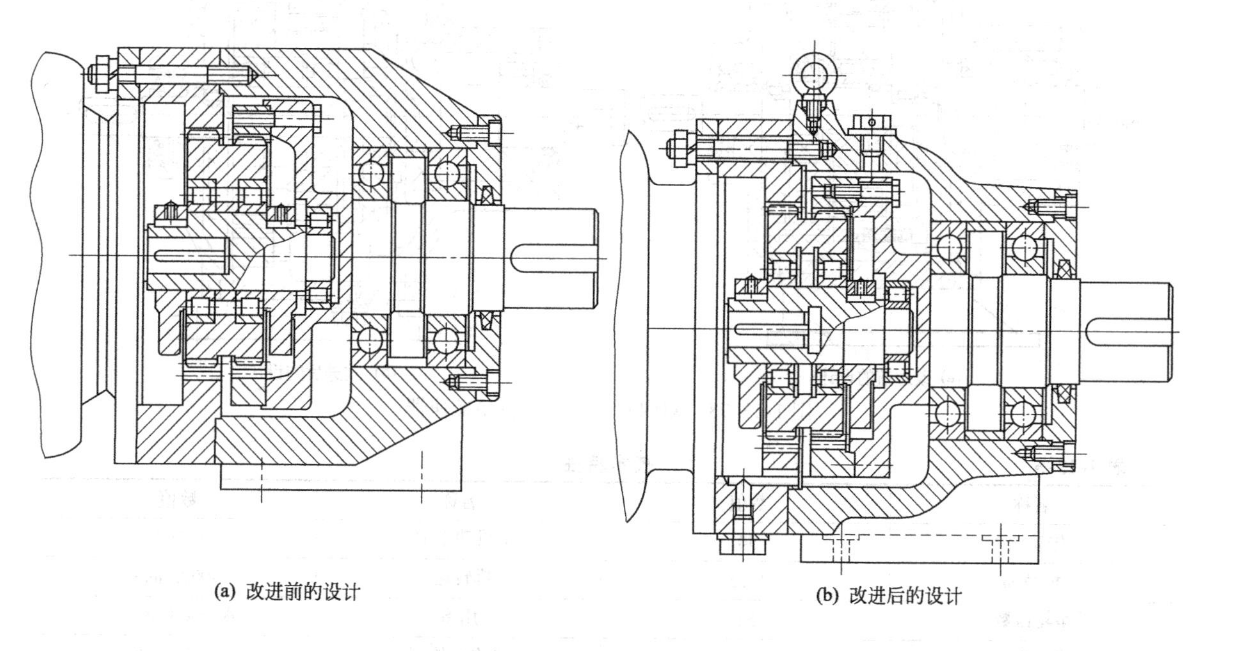

图 1-13-77　麦芽翻拌机少齿差减速器

表 1-13-4　　技术特性

名称	数值	名称	数值
传动比 i	702.25	外齿轮齿数 z_1	53
传动功率 P	1.1kW	外齿轮齿数 z_3	51
输入轴转速 n	1100r/min	内齿轮齿数 z_2	55
模数 m	2.5	内齿轮齿数 z_4	53

注：双联外齿轮齿数不同。

（1）设计概述

图 1-13-77 中所示为用于麦芽翻拌机的内齿轮输出 NN 型少齿差减速器，其基本参数见技术特性表 1-13-4。其设计特点是：①具有孔输入整体式偏心轴及双平衡块，偏心轴的输入端支撑在与减速器直联的电动机轴伸上；②具有整体式双联行星轮；③单独制造的固定与输出内齿圈借助螺栓分别与机体和输出轴相连；④输出轴用两个相同的轴承支撑在箱体上，且轴承通过一个套筒于孔中定位。

（2）存在问题及原因

① 偏心轴孔底部未设退刀槽，难以加工键槽；②行星轮轴承孔加工工艺性不好，两端孔必须分别加工，其同轴度要求较难保证；③置于偏心轴上的定位套筒无实质性用途；④输出内齿轮与输出轴盘的连接止口设置方式不佳，导致轴盘外径加大；⑤箱体壁厚过大，不仅浪费材料，而且使整机重量增加；⑥未设通气塞、放油孔和吊环，使用不便，且工作时易发热。

（3）改进措施

①输入轴孔底部设退刀槽；②将行星轮轴承孔制成通孔，切槽加设孔用弹性挡圈，同时取消偏心轴上的套筒；③将输出内齿轮与输出轴盘的连接止口改到内部；④减小箱体壁厚，适当美化造型；⑤增设通气塞、放油孔和吊环。

2.5　双内啮合二齿差行星减速器设计不当

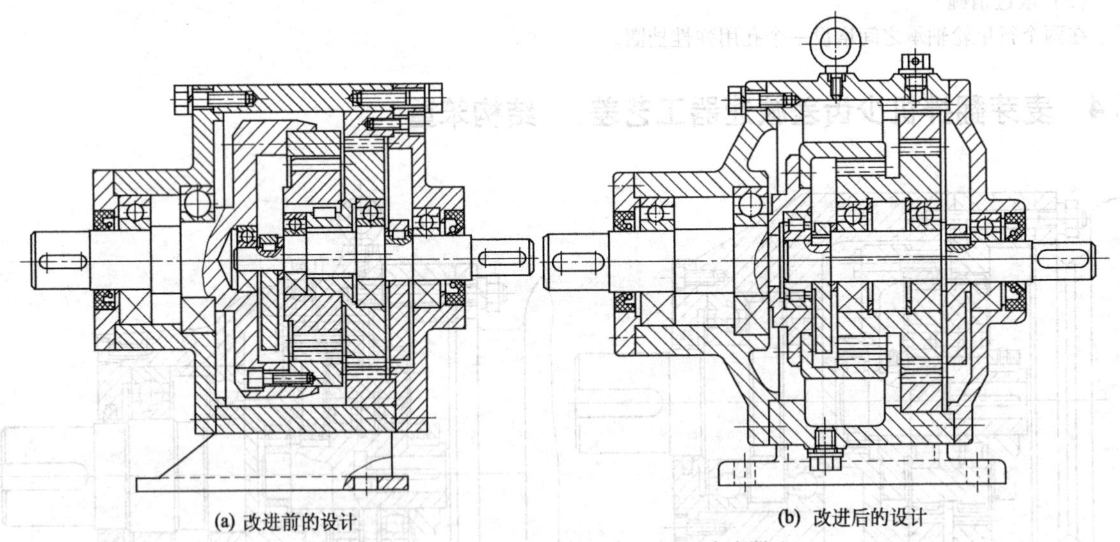

(a) 改进前的设计　　(b) 改进后的设计

图 1-13-78　双内啮合二齿差行星减速器

表 1-13-5　　技术特性

名称	数值	名称	数值
传动比 i	34	电机功率 P_H	1.2kW
模数 m	1.25	电机转速 n_H	5000r/min
行星轮齿数 z_N	68	用途	水稻耕耘机组
内齿轮齿数 z_b	70	输出齿轮副	$m=3,z=30$

（1）设计概述

图 1-13-79 中所示为零齿差内齿轮输出 NN 型二齿差减速器。其设计特点是：①采用了整体式偏心输入轴和双平衡块；②其双联行星轮由两个外齿轮组合而成；③固定与输出内齿轮均为单独制造，借助螺钉分别与机盖和输出轴盘相连；④箱体为组合式，主体部分两端敞开；⑤输入轴和输出轴均支撑在大盖上。

（2）存在问题及原因

①组合式双联行星轮总体精度较难保证，故影响齿轮啮合质量；②输出侧转臂轴承偏小，寿命短；③两个内齿轮的结构与组合方式不佳；④未设吊环、注油孔和放油孔，使用不便；⑤输出轴支撑轴承间距不够大。

（3）改进措施

①改用整体式双联行星轮并加大输出侧转臂轴承；②改变输出内齿轮的装配和连接形式，既可减轻零件重量，又可提高齿轮刚度并改善装配工艺性；③将固定内齿轮与大盖连接改为直接与箱体紧配，使结构趋于合理；④加大输出轴轴承间距；⑤增设吊环、透气塞、放油孔及螺塞，以方便使用。

2.6 十字轴式万向联轴器（简称万向轴）十字轴总成结构

十字轴总成是万向轴的一个关键部件。其结构设计的优劣对万向轴的承载能力影响极大。尤其是十字轴这一关键零件，某个局部结构的设计不合理就会导致万向轴在使用中发生十字轴断裂的重大事故。

图 a 所示是十字轴总成结构设计之一，它由十字轴 1、挡板 2、轴承部件 3、油塞 4 和止动垫片 5、孔用弹性挡圈 6 等零部件组成。其中十字轴 1 的结构设计最为关键，断轴的事故起因往往仅因一个轴肩圆角设计不合理。轴承部件 3 底部采用的平面滚针轴承在使用中也会出现被压碎的状况而导致轴承失效。

图 b 所示十字轴在设计上存在严重缺陷而又常被人们忽视。其错误在于轴肩圆角过小。十字轴内侧轴肩处断面在工作中承受弯曲力矩最大，反而采用了过小的圆角 $R2$，这样很容易产生应力集中。使用实践证明，该十字轴比较容易折断，而且折断的部位恰巧在具有 $R2$ 圆角的轴肩处。外侧圆角 $R4$ 也偏小。

图 c 所示为改进后的十字轴。虽然仅仅加大了内外圆角，原来的制造工艺均未改变，但其承载能力大幅度提高。改进后便避免了断轴事故。

图 a 中轴承组件底部采用平面滚针轴承容易发生滚针被碾碎和保持架被破坏的情况。实践证明，改用具有适当硬度和弹性的高强度耐磨工程塑料垫片是适宜的。

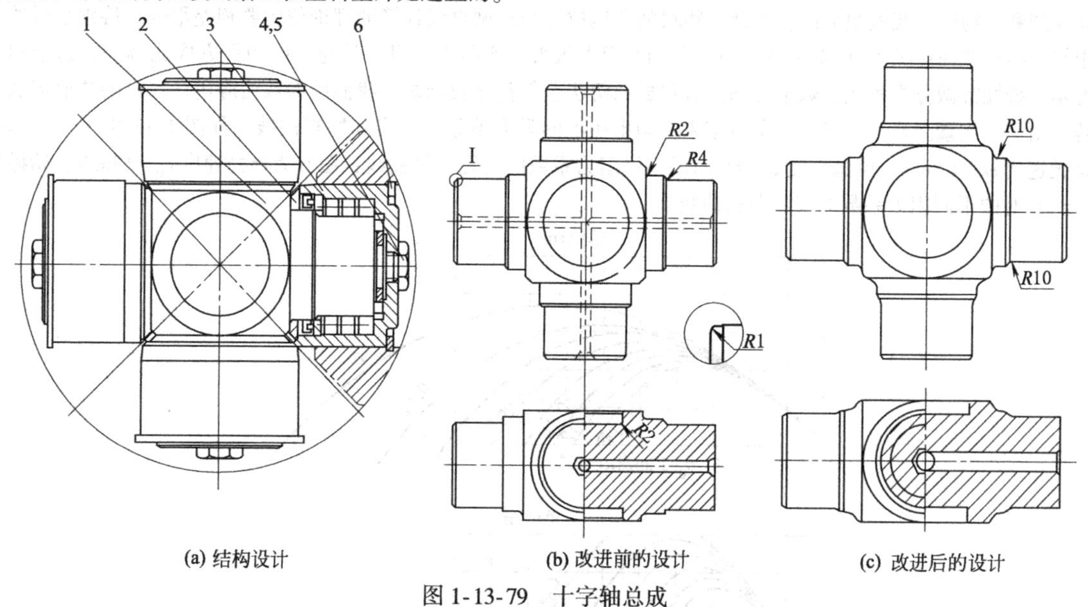

(a) 结构设计　　(b) 改进前的设计　　(c) 改进后的设计

图 1-13-79　十字轴总成

1—十字轴；2—挡板；3—轴承部件；4—油塞；5—止动垫片；6—孔用弹性挡圈

2.7 计算公式可简化的例子

（1）原来理论

乌克兰达维道夫关于提升机卷筒的计算，是由于卷筒刚性很大，假设它只做整体平移，如图 1-13-80 所示。

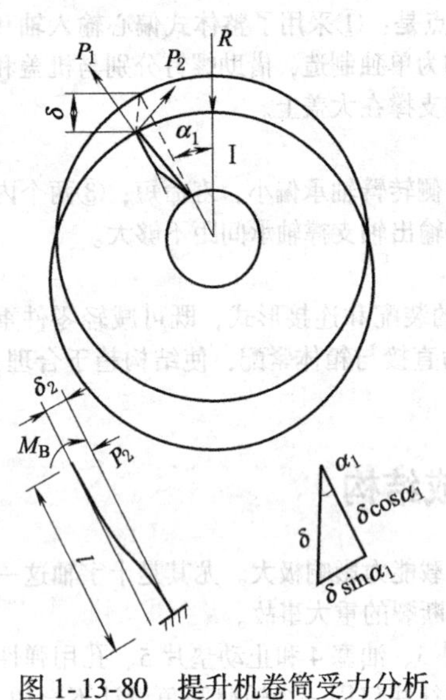

图 1-13-80　提升机卷筒受力分析

根据推导，轮辐最大应力为：

$$\sigma_1=\frac{R}{\varphi F\left[\sum\cos^2\alpha_i+\frac{12J}{l^2F}\sum\sin\alpha_i\right]}\tag{1-13-15}$$

式中　R——外力合力；

F，l，J——分别为轮辐的截面面积、长度、截面惯性矩；

α_i——各轮辐与 y 轴的夹角；

φ——受压杆件（轮辐）的稳定系数。

达维道夫认为在轮辐为 4 或 4 的倍数时，上式可以简化为：

$$\sigma_1=\frac{2R}{\varphi Fn}\times\frac{1}{1+\frac{12J}{l^2F}}\tag{1-13-16}$$

式中　n——轮辐数。

（2）修正

根据蔡学熙的证明，在任何轮辐数时都有：

$$\sum_1^n\cos^2\alpha_i=\frac{n}{2}\qquad\sum_1^n\sin^2\alpha_i=\frac{n}{2}$$

即可以证明任何情况下都可化简为式（1-13-16）。

2.8　物料抛掷的阻力系数

有些设备是用来抛掷物料的，如抛料机、抛雪机、充填机、废石抛掷机等。有的文章只按抛物线来计算抛出的物料的落点位置；还有的文章虽然计算阻力，却只按阻力与速度成比例来计算。由于空气的阻力，物料实际的运动曲线和抛物线是相差很大的。因此，物料的落地位置与按抛物线计算的理论位置要相差很远。特别是雪的比重很轻，抛出的速度又大（24m/s 左右），受到的阻力很大。实际上，阻力是与速度的平方成比例的。这个问题因为是非线性常微分方程式，数学方面虽有现成的解法，但都比较麻烦。我们用参数法应用计算机的数值解法来求解。由于公式繁杂略去，只介绍所得结果，画出在不同阻力系数下的实际抛料曲线，如图 1-13-81 所示。图 a 为始抛速度 $v_0=12\text{m/s}$、始抛角度 $\alpha=45°$时的不同阻力系数的实际抛料曲线；图 b 为始抛速度 $v_0=13\text{m/s}$、始抛角度 $\alpha=65°$时的不同阻力系数的实际抛料曲线。

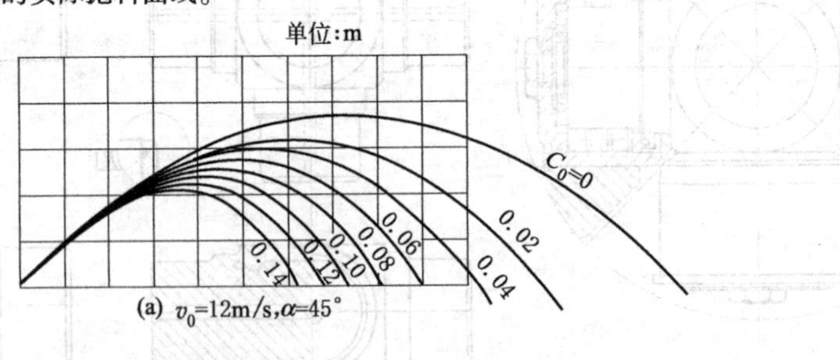

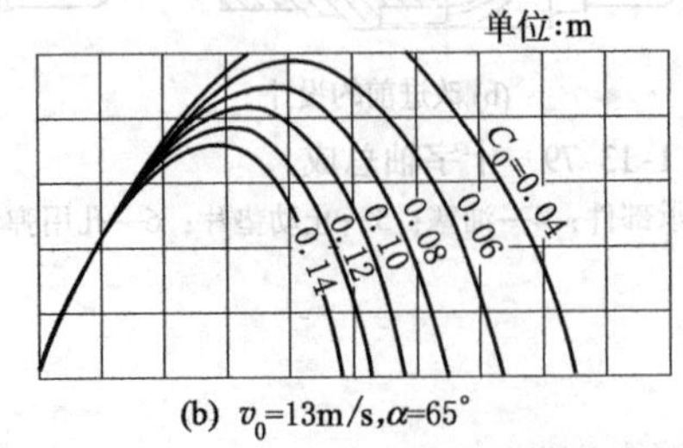

图 1-13-81　不同阻力系数下的实际抛料曲线

关于阻力系数的选择，则与物料的比重及颗粒尺寸、形状有关，也与空气的密度有关，以实际试验最好。推荐采用实际抛掷试验的办法来直接求得物料的落地位置 L 与理论上无阻力算得的距离 S 相比，按已绘制的图来查得该物料在空气中运动的阻力系数，以便应用于其他始抛角度的空气。由于散料落地分散于一定区域内，采用其中间位置或散落最集中的位置为 L。

2.9 架空索道承载索滚子链的蠕动

长江客运架空索道承载索进站后，由鞍座经开式导向滚子链过渡到张紧重锤，如图 a 所示。经多年的实践，该滚子链向下蠕动脱出，造成事故。

解决办法：①加长滚子链，经一段时间将下面串出的滚子链拆下安装到上面，但高空作业，不安全；②大大加长滚子链，使两端衔接成封闭式循环链。

温度变化时，承载索伸长或收缩时张力变化如示意图 b 所示。

滚子链蠕动分析见图 c。以重锤为基准，设其向上、向下的基准移动速度为 v_0，即承载索 B 点的移动速度为 v_0，则承载索收缩时，A 点向外移动的速度为（承载索伸长时，A 点为奔上点，A 点没有速度差）：

$$v_1 = v_0 + \left(\frac{T_1 - T_0}{EF}\right) v_0$$

式中　E，F——分别为承载索的弹性模量和截面积。

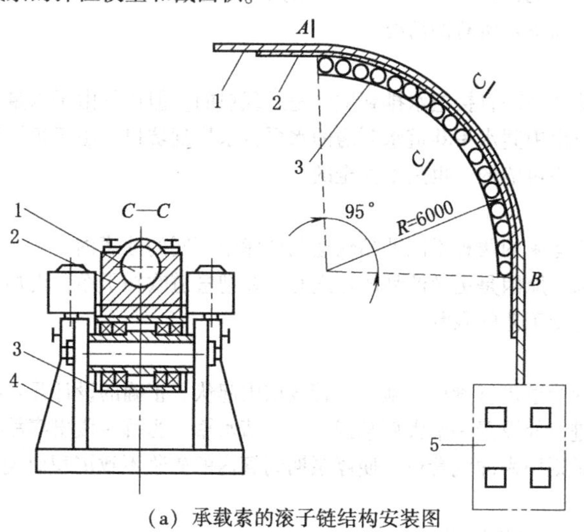

（a）承载索的滚子链结构安装图

1—承载索；2—金属板链；3—滚子组；4—机座；5—重锤

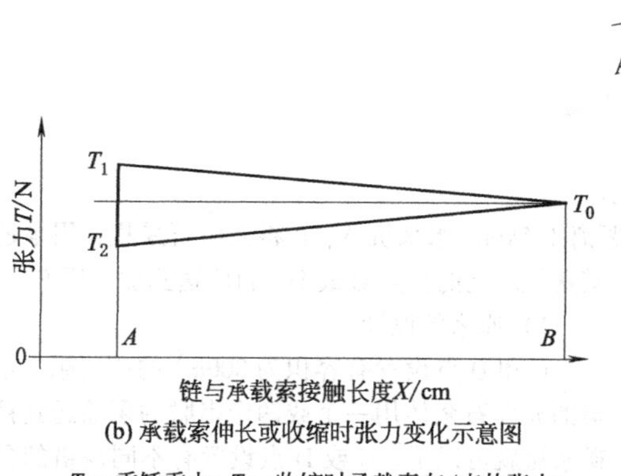

(b) 承载索伸长或收缩时张力变化示意图

T_0—重锤重力；T_1—收缩时承载索在A点的张力；T_2—伸长时承载索在A点的张力

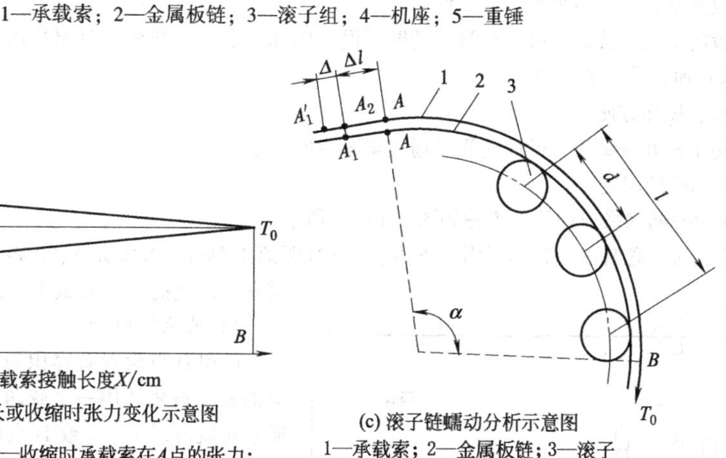

(c) 滚子链蠕动分析示意图

1—承载索；2—金属板链；3—滚子

图 1-13-82　架空索道承载索滚子链

注：同样的现象也发生在胶带传动、管子敷设等情况中。管路在斜面上发生蠕动下滑损坏的原理同此。

以伸缩一次平均时间 Δt 计算，承载索比重锤多走了，即比滚子链多走了：

$$\Delta=(v_1-v_0)\Delta t=\left(\frac{T_1-T_0}{EF}\right)\Delta l$$

承载索比滚子链向上多走了 Δ，即滚子链相对承载索向下多走了 Δ。虽然每次的量是微小的，但每昼夜温度或多或少都会有所变化，长年累月积累起来就可观了。

2.10 几种不宜用泵串联的问题

大家都认为，几种不同型号的泵只要流量相等就可以串联来满足流体的远距离输送。实际上必须满足以下几个条件。

① 管路中所串联的泵的特性符合设计的要求。即联合工作时各个泵的工况都在其允许范围内。换句话说，各泵在相同流量时，各自能负担一定的压力；并且各个泵的吸入口处的管路压力（可能为负压）必须高于泵的允许吸入压力（一般设计考虑下面第③条，使各个泵的吸入口处的管路压力都有一定正压）。

② 管线全线内不得出现气穴。

③ 要考虑到在电压波动、泵转速的变化影响，输送物料的变化等的情况下仍能满足以上要求。

对于给、排水，泥浆输送等简单管线，上述要求一般来说都是能满足的，不再赘述。

还有一些不宜用泵串联的情况，这里介绍几种。有的是因工艺上的原因，有的是技术上或经济上的原因。这些只是我们在工作中遇到的，而不是所有的情况。

（1）矿井排水

很深的矿井排水，如果能从底部直接把水排到坑口是最理想的。但往往由于水量大、扬程高而必须把水排放到中间水平巷道的水仓内，再由中间水平巷道水泵房的水泵将水排到坑口。由于每层设置的水泵多、扬程高，两层之间的水泵串联是不好的或不可能的，也是不安全的。

（2）两种食用油的输送

用一套输送管路将船码头运来的两种不同油品输送到油库中不同的油罐内，只有在两台油泵相互串联在一起时才可行。管道中就不能串联。原因是更换油品的输送时，要把管道吹扫干净，而加入管道内的清扫设备的部件无法通过中间串联的泵。这是受工艺的限制。

（3）矿浆的长距离输送

对某磷矿浆一百多公里的管道进行设计、施工。管线依山起伏。正确的设计是：各段线路分开，每段泵单独控制运行。并且在每个泵的进口处设置一个大矿浆罐，一个清水罐。当哪一段出事故或停泵时，大矿浆罐用来储存后一段泵来的矿浆；清水罐则用来冲洗管道，使停泵期间管内的矿浆不致沉积而凝结于管壁。这样的优点是：

① 控制简单。

② 各段独立，相互不影响，可靠性高。

③ 各段的压力不波动，可以对管子的壁厚设计成几个台阶，即靠近泵出口段管壁最厚，距泵较远时，压力较小，管壁较薄，节省了材料。

④ 管理、操作方便。

⑤ 避免了矿浆凝结于管壁而使管径通过量减少的问题。

（4）水采机的问题

青海盐湖一期水采工程的布置图如图 1-13-83 所示。

盐田长 3km，宽 1km，C、D 为岸上的接点，CD 距离 1.5km。水采机 A、B 将光卤石采集，用泵通过软管将其送往岸上的接点 C 或 D，再输送到加工厂 F。

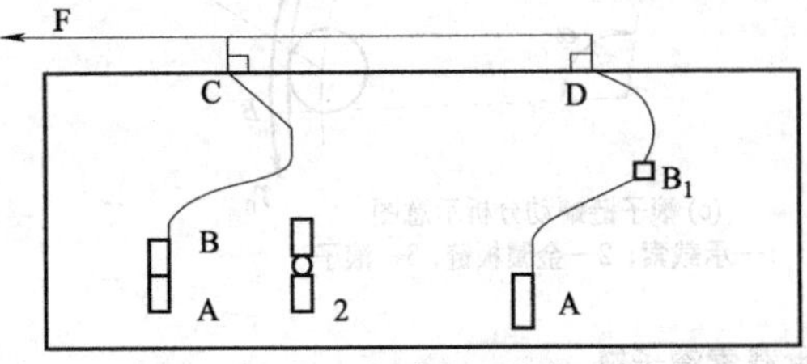

图 1-13-83　水采工程的布置图

1）原来的设计

C 和 D 点设置有容积为 $300m^3$ 的矿浆罐，水采机将采集的光卤石浆体用一个或两个串联的泵输送到接点 C 或 D 矿浆罐就可以了。C 或 D 点设置有不同规格的泵将矿浆罐中的矿浆泵送到工厂。水采机系统如图 1-13-83 中左边所示。这样设计的系统简单可靠，容易控制，软管段在停工时的清洗卤水可直接由矿浆罐回流到盐田，并且没有下面几种情况的缺点。

2）不合理的设计变更

工艺设计者只是考虑能省去C、D处的矿浆罐，要求水采机直接将矿浆送往工厂，C或D只作为接点。结果如下。

① 水采机的泵送距离增大，泵的功率加大，随之而来的是供电容量增大，电气设备加大，机体变笨重，通过浮管上机的电缆也加粗。

② BDF的管路特性与BCF的管路特性相差太大，为了满足最长距离的输送（图中BDF），采用了较大的电机，而在输送较短距离时，电机就在较低转速下工作，此时电机和泵的效率也较低。而这种工况要连续半年（水采机全盐田走一遍大约是一年）。

③ 最大的缺点是由于水采机不仅仅要控制泵的输送量，还要控制矿浆的浓度，在A、B两个型号相差很大的泵的串联情况下，管路特性又变化很大，要同时控制两个型号相差很大的泵（青海盐田气压低，泵A要选一个吸程很大的），使其各自变更到某一匹配的工况还是不大容易的。矿浆的浓度变化将使管路特性发生变化，B泵的泵吸量也因而变动，它就影响A泵的运转，因此将永远处于调控之中。经过反复考虑，最终还是把两泵断开，中间加缓冲罐。这样，控制就简单、可靠得多了，只有A泵用流量控制，而B泵用缓冲罐的液面控制就可以了（液面高于某水平B泵加速，低于某水平B泵则降速）。图1-13-83为实际引进的水采机系统图。虽然节约了初期投资，但运营费无形提高了，控制、管理变复杂。

3）青海盐湖二期水采工程

鉴于一期水采机过于庞大，矿方自制了水采机系统，将水采机一分为二，水采机上只有泵A而将泵B单独设置于浮管中部，A、B之间直接串联而无缓冲罐，如图1-13-83中右边的系统所示。虽然也有自动控制系统，但是实际工作中，由于流量、浓度的变化，外载荷的波动，机械反应的迟缓与不同步，管路出现了振动现象。

4）C、D处设置有泵的情况

如C、D处都设置有高压泵向加工厂输送物料，水采机是否可以直接与其串联呢？理论上，电气可根据管路外特性变化而自动控制各个泵的相应转速变化，但B、C、D泵的特性相差太大，各个泵所需要的转速变动各不相同，特别是机械的反应、惯性、增减速需要时间，而水采机所采的物料的浓度是经常变化的，势必导致各个泵处在连续的变动状态，难以达到设想的稳定工况工作状态。所以，仍以矿浆罐缓冲为好。

5）总结

① 上面所述的几种情况说明，泵并不是在任何情况下都是可以串联的。

② 无论什么设备串联后可靠性和有效度都会降低。提高系统可靠性和有效度的办法之一就是加缓冲仓。泵当然也遵循此规律。

2.11 板链式输送机串联的设计错误

如图1-13-84所示，胶带输送机可以将许多条串联起来运输货物。据资料介绍，美国曾有过用高强度胶带输送机输送长度达168km。某设计院曾设计和建设一条板链式输送机串联线路，最长的用了24条板式输送机来运送矿物，结果无法投入生产，最后工程报废，损失了几千万元。

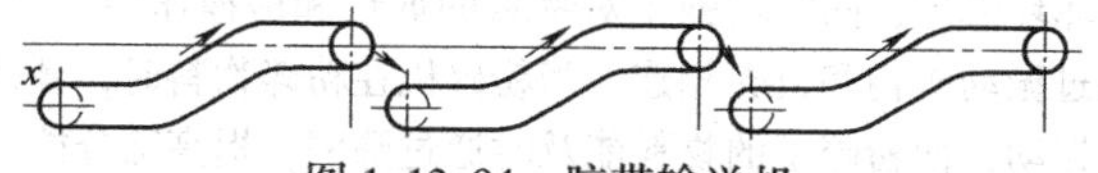

图1-13-84 胶带输送机

（1）错误原因

每种设备都有可靠性的问题，都要有一定的检修时间，它取决于各零件的损坏与修理或更换时间。胶带输送机虽然零件很多，但主要是托辊数量多，损坏后可以在胶带输送机运行时更换。机外修理不影响胶带输送机的工作。而板链式输送机每一个零件的损坏，都必须将该机停下来进行修理。板链式输送机串联以后，无论哪一个零件损坏都会导致全线路的停工，所以可靠性非常低。如果一条板链式输送机的可靠性（有效度）可达85%，则24条串联的系统的可靠性（有效度）只有2%。

（2）正确方法

可改用高强度胶带输送机；或每隔2或3条板链式输送机设置转载矿仓。工程中实际的方法是工程全部作废，重新设计了方案。

2.12 转运站位置设置的问题

问题，如图1-13-85所示，两堆货物A和B要集中运输，转运站C设在什么位置好。C可能是仓库；C也可能是为A、B服务的汽车修理厂。如A的用量大；或A的汽车量大等，都有这样的问题。把C设在A、B之间而近A。

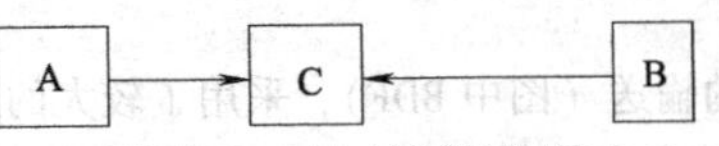

图1-13-85 转运站位置

错误的答案：如果A的量大于B，一般考虑是设在离A近一些，这是为了照顾B。

正确的答案：就应设在A处。因B多走1米，A就可少走1米，而A的量大，总计起来走的吨公里就最少。

同样的道理用于厂址选择方面。如C是选矿厂，B是矿石产地，C的厂址选择了两个方案：一个是靠水源地A，一个是靠矿石产地B，因为这两项用量最大，影响最大。方案确定后可能为A或B。试问：是否还有中间的位置？这是在厂址选择工作中经常遇到的问题。从上述的原理看来，可以坚定地回答：没有。就可以不再做其他方案了。

2.13 林木生物质粉碎机创新设计

目前，我国生物质粉碎机主要用于粉碎作物秸秆生产动物饲料。作其他用途的粉碎机大都是参照秸秆粉碎机标准设计的。其中锤片式粉碎机因结构简单、通用性好、适应性强等优点，应用最广。锤片式粉碎机结构如图1-13-86所示。工作时，物料由进料口均匀地喂入粉碎室，首先被锤片打击，得到一定程度的粉碎，同时以较高的速度甩向固定在粉碎室内部的齿板和筛网上，受到齿板的碰撞和筛网的搓擦而进一步粉碎。在粉碎室中如此重复进行，直至粉碎到可通过筛孔为止。

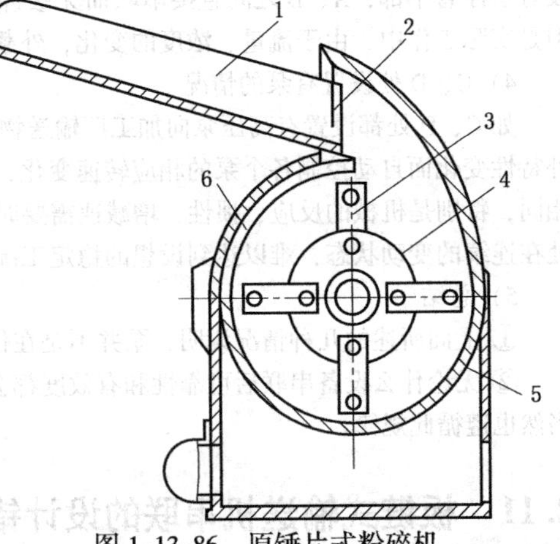

图1-13-86 原锤片式粉碎机

1—喂料斗；2—挡料板；3—锤片；4—锤板架；5—筛网；6—齿板

（1）存在问题

粉碎颗粒尺寸过大（多为10mm以上），不能满足后期加工利用的要求，将林木加工剩余物加工成毫米级粉体。

（2）粉碎室的改进设计

① 现有生物质粉碎机粉碎室多为圆形，转子带动锤刀高速旋转形成的环流层带动颗粒旋转，使得颗粒切向速度很快，从而使颗粒跨越筛孔时间过短，影响筛分效率。

解决方案：a. 在粉碎室加装齿板，在筛网上加凸起的湍流板，如图1-13-87所示。湍流板设置为椭圆形的面，用耐磨材料制成。湍流板使物料环在筛面上高速移动时突遇外力作用而出现短暂的停顿，从而破坏环流层，同时增强了对物料的剪切和碰撞作用，提高粉碎效率。b. 在筛网和机壳之间设置振动机构，筛网通过振动机构和机壳相连。当粉碎机在粉碎物料时，锤片打击物料，物料将动力传递到筛网上，筛网在振动机构上振动，使粉碎了的物料能及时通过筛网，提高筛分能力。

② 由于粉碎后的成品颗粒为1mm左右的木屑，重量轻、离心力小，从而导致颗粒的径向速度小，不易通过筛孔。

解决方案：采用振动筛、吸风装置，增大了物料过筛能力，提高了设备的生产率。

（3）设计要求

设计一台生物质粉碎机，用该机械可以直接把各种树皮含量高、韧性大、径级小的灌木、枝条类林木加工剩余物加工成毫米级粉体。

解决办法：如图1-13-88所示，采用分级粉碎，一级粉碎室由削片部分和粉碎部分组成，主要对物料进行粗粉碎；二级粉碎室采用锤片式结构，对经过粗粉碎的物料进一步细粉碎，以达到要求的粉碎粒度。并采用振动筛。还通过实验测定切削力和原料含水率的关系，找到使切削力最小的最佳含水率。

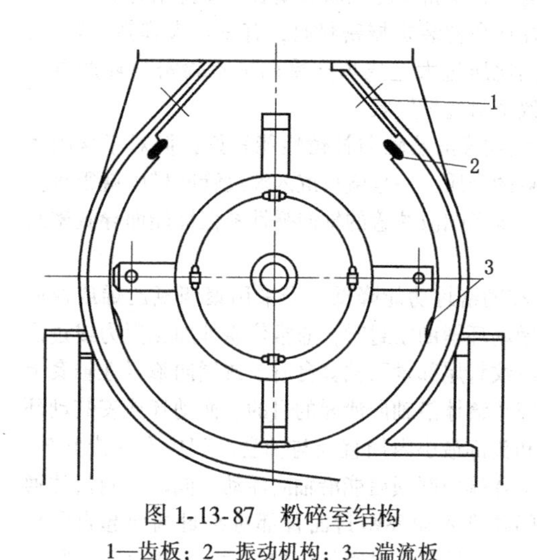

图 1-13-87 粉碎室结构

1—齿板；2—振动机构；3—湍流板

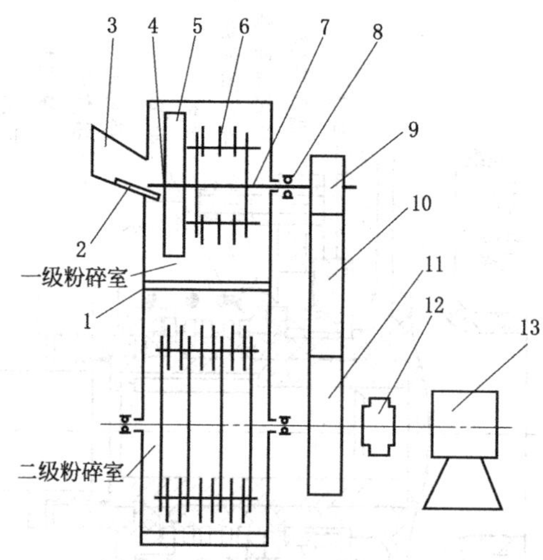

图 1-13-88 粉碎机传动和结构

1—筛网；2—底刀；3—进料口；4—飞刀；5—刀盘；6—锤片；7—轴；8—轴承；9,11—带轮；10—带；12—联轴器；13—电动机

工作原理：一级粉碎室里刀盘与锤片采用同轴结构，由电动机通过 V 带驱动，飞刀随着刀盘做平面运动，底刀固定不动。当待粉碎物料进入进料口后，刀盘转动使飞刀与底刀形成剪切，将枝条削成片状，枝条通过刀盘上的窄缝进入粉碎室受到锤片的锤击作用。粉碎后的木屑通过一级筛网落入二级粉碎室，进一步受到锤片的打击作用和齿板的摩擦撞击作用而粉碎，过筛的成品颗粒在鼓风机的风力作用下飞出出料口。未被筛选的粗屑留在粉碎室继续粉碎，直至小于筛网孔被筛出。

(4) 刀具（锤片）的改进

原有锤片式粉碎机的刀具（锤片）形状如图 1-13-89a 所示。改进后的刀具采用如图 1-13-89b 所示的锤片组和如图 1-13-89c 所示的 L 形甩刀锤片组合。锤片组提高了刀具的切削性，增加了破碎作用；L 形甩刀锤片增大了旋转打击时与颗粒的接触面积，使物料受到的打击力增大，有助于提高粉碎效率。

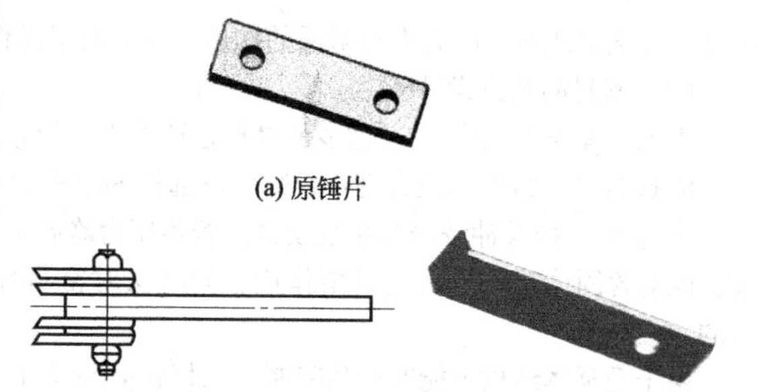

图 1-13-89 刀具（锤片）

2.14 钛液泵轴封的失效原因及改进设计

二氧化钛的生产流程中有一系列钛液泵，由于钛液具有强烈的腐蚀性，且含有固体微粒，致使泵的过流部件和密封元件受到腐蚀和磨损。密封元件的平均寿命都只有 50h 左右。

(1) 原有轴密封结构

钛液泵配置的原有轴密封结构如图 1-13-90 所示。该轴封为单端面外装、外装式机械密封。氮化硅（Si_3N_4）静环用压盖固装于泵体法兰上，填充聚四氟乙烯动环以过盈方式镶嵌于纯聚四氟乙烯波纹管的环形端面凹槽中。由压紧环通过弹簧座内端面将波纹管底面固定于叶轮轴上，使其随轴旋转并同时压缩弹簧，对密封端面加载。静环压盖背面上方开有径向沟槽与外接自来水管相通，以冲洗、冷却密封面外周。

这种机械密封虽具有结构紧凑和耐腐蚀的优点，但对于间歇操作的钛液泵，由于停车、启动频繁，停车后钛液温度降低，黏度增大，并析出硫酸钛、氧化钛等微细结晶颗粒，往往会出现以下问题而造成密封迅速失效。

① 密封面磨损和变形严重。原密封端面采用氮化硅/填充聚四氟乙烯的材料组对，二者在钛液中虽然都有较好的耐蚀性，但其耐摩擦磨损特性不佳。尤其是有硬粒的情况。再者，聚四氟乙烯在外力作用下极易产生变形。

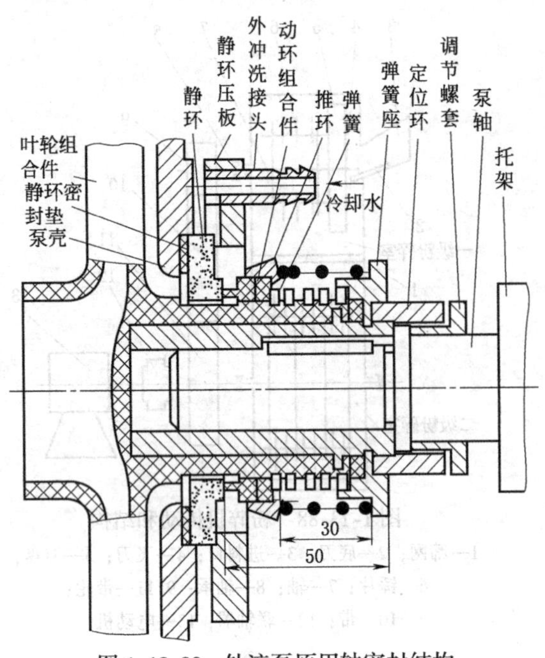

图 1-13-90　钛液泵原用轴密封结构

特别是为了补偿密封环端面磨损后仍保持贴合所需的密封力，往往在初装机械密封时，有意增大弹簧压紧力，致使端面比压过大造成填充聚四氟乙烯密封环严重变形，导致密封过早失效。

② 波纹管虽然轴向补偿性能较好，但对于含固体结晶微粒的介质，一旦微粒沉入波纹管凹槽中就很难排出，将严重影响波纹管的轴向弹性补偿性能而导致密封失效。

③ 辅助密封功能降低。当采用聚四氟乙烯或橡胶波纹管做动环辅助密封时，通常依靠外加压紧力或过盈配合使波纹管尾部紧贴轴套台肩上或周向箍紧在轴套上以达到阻止流体沿轴向泄漏的目的。而动环或安装动环的波纹和头部最小内周直径与轴套之间应有一定间隙，以保证动环端面磨损后能沿轴向浮动，同时密封流体通过这一间隙进入动环密封面背部对密封端面起自紧作用。但原有钛液泵机械密封结构上没有考虑这些问题。

④ 冲洗效果差。原有密封设计的冲洗方法，是将自来水通过装在静环压盖上的接管和压盖背部的径向槽冲向静环和动环接触面外周，以期达到冲洗和冷却端面的目的。但这种结构，使自来水仅仅将已通过端面泄漏的介质冲洗到地面，既起不到阻漏的作用，也不利于操作环境的改善。

（2）密封的改进设计

① 摩擦副材料选择。通过多种材料在钛液中的静态腐蚀试验，从综合特性考虑，能充分保证良好的冲洗条件，以石墨/SiC 组对比较合理；否则，以选择 SiC/SiC 的摩擦副材料组对更为适宜。

② 静环结构及冲洗冷却系统设计。若将压力略高于被封介质压力的冲洗冷却液从外部管路系统引入静环背面，既对含固体粒子介质起封堵作用，同时又对密封环面起润滑冷却作用，这对提高机械密封寿命是十分有效的。

由于受泵体结构不能变动的限制，只好将静环设计成钛环座与 SiC 环的组合结构。冲洗水由静环外周接管沿径向孔进入环的背面及内周，以达到封堵和润滑端面的目的（见图 1-13-91）。

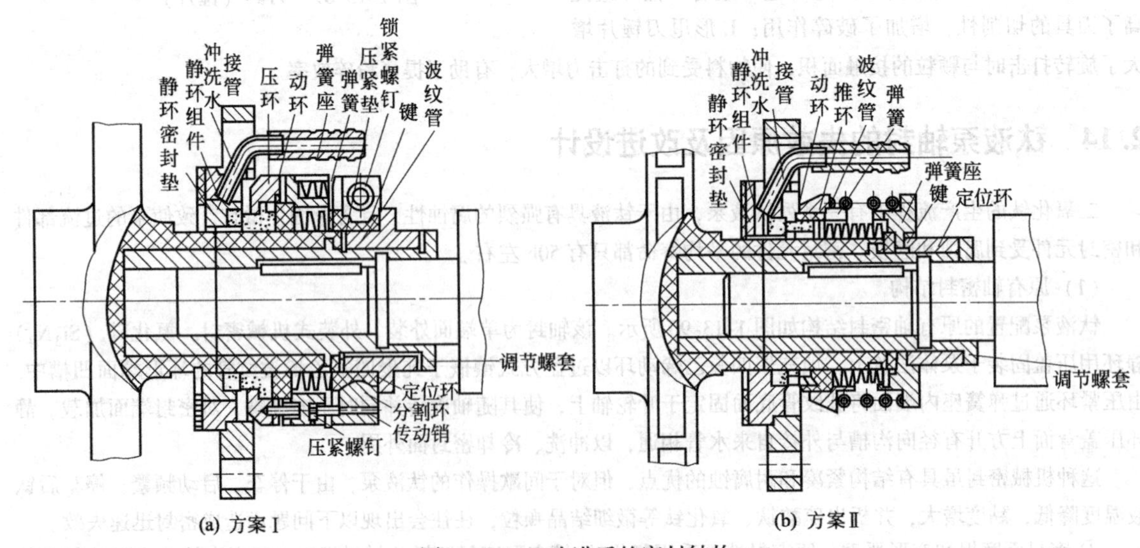

图 1-13-91　改进后的密封结构

③ 动环和辅助密封及加载机构。设计有两种方案，见图 1-13-91

图 a 的方案Ⅰ是将碳化硅动环套装于压环内，构成组合式动环：波纹管的波形断面设计成梯形：加载采用小弹簧结构。

图 b 的方案Ⅱ与方案Ⅰ不同的是，碳化硅动环直接镶嵌于聚四氟乙烯波纹管的端部环槽内，轴向伸出环槽 3~4mm。

现场运行试验结果：寿命提高了 4~6 倍。

2.15 齿轮减速机构高速轴无法运行

（1）设计概述

某些齿轮传动的高速轴在 1000r/min 以上或处在较高的环境温度下工作，高速轴同时承受径向力和轴向力的作用。

如上述工况的齿轮减速器高速轴，根据转轴的额定负荷和寿命要求经计算采用圆锥滚柱轴承的支承结构，其安装示意图如图 1-13-92a 所示。这是一种常用的以轴承内座圈定位的结构。

（2）使用情况及事故原因

如图 a 所示，安装时压盖压紧圆锥滚柱轴承的外座圈，齿轮减速器投入运转后，发现轴承温升异常，阻力急剧增加，高速轴无法正常运行。

主要原因是齿轮减速器工作时，高速轴温升后发生热伸长，给予圆锥滚柱轴承的推力增加。

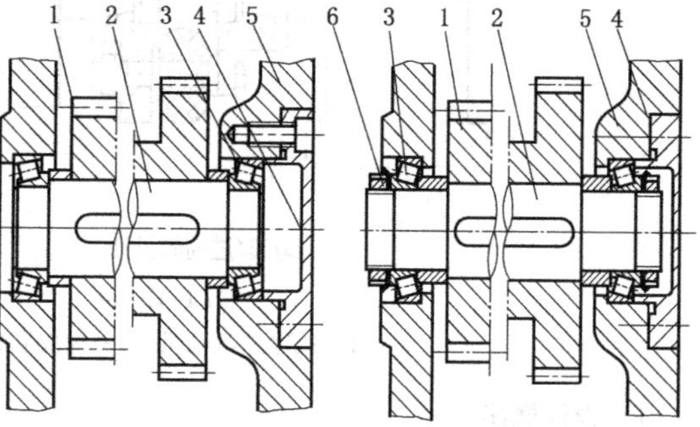

(a) 改进前的设计　　(b) 改进后的设计

1—齿轮；2—高速轴；3—圆锥滚柱轴承；4—压盖；5—机壳；6—圆螺母及垫圈

图 1-13-92　齿轮减速机构

（3）改进措施及效果

改进的办法是将轴承内座圈定位改为外座圈定位，在轴端用圆螺母将轴承内座圈压紧，如图 b 所示。当高速轴受热伸长时，轴承内座圈的位置可以自由调整，轴承没有附加载荷，保持高速轴运行的稳定性。

2.16 柴油发电机组隔振系统的自激振荡

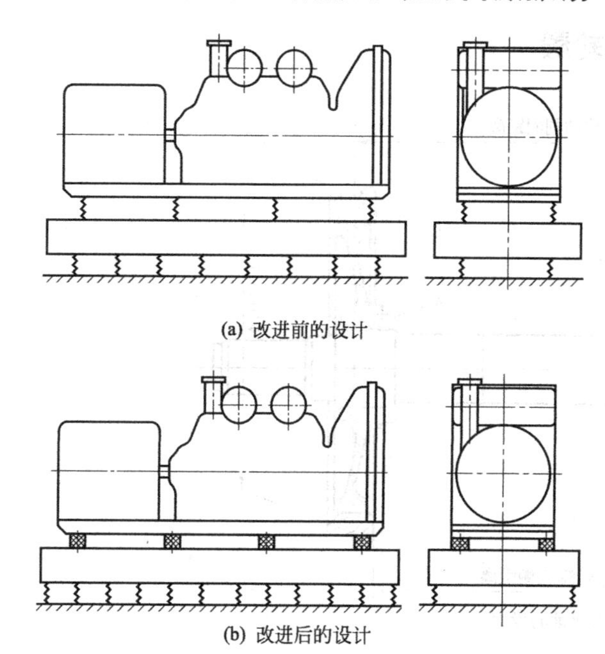

(a) 改进前的设计

(b) 改进后的设计

图 1-13-93　柴油发电机组隔振系统

（1）设计概述

设计要求柴油发电机组隔振系统满足隔振要求并能正常工作。

（2）使用情况及事故原因

如图 a 所示，由于过于追求隔振效果，虽然隔振效果很好，但弹簧过软，机组不能正常工作。由于弹簧过软，使得机组横向摇摆振动失稳，该阶固有频率接近于柴油机排气频率，柴油机启动之初一切良好，但随着时间的推移，机体摇摆振动的振幅越来越大，致使柴油机组无法正常工作。

（3）改进措施及效果

在满足隔振要求的条件下，适当降低一次隔振弹簧的高度，减少二次隔振弹簧的跨距，如图 b 所示，增加一、二次隔振弹簧刚度，使摇摆振动固有频率远离排气频率，提高系统的稳定性，都是抑制自激振荡的有效措施。适当增加系统阻尼也是很有效的，但比较麻烦。

2.17 交变载荷使橡胶联轴器破损

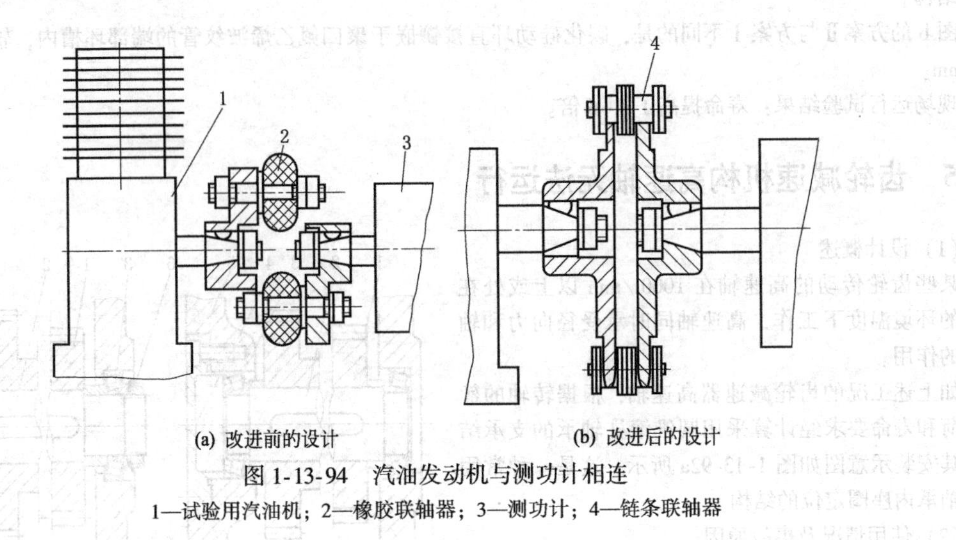

(a) 改进前的设计 (b) 改进后的设计

图 1-13-94 汽油发动机与测功计相连

1—试验用汽油机；2—橡胶联轴器；3—测功计；4—链条联轴器

(1) 设计概述

试验用汽油发动机与测功计相连接处采用橡胶联轴器，汽油机的出轴未设飞轮，直接接于曲轴上。

(2) 使用情况

汽油发动机全负荷运转时，不到 30min 橡胶联轴器就全部损坏，橡胶内部变成黏液状。

(3) 故障原因

由于没有飞轮，所以曲轴旋转时的不均衡载荷全部传给联轴器，形成激烈的交变载荷，导致橡胶发热熔化。

(4) 改进措施及效果

采用链条联轴器代替橡胶联轴器，链轮齿面进行高频淬火、回火，淬透深度不应小于 2mm，为保证齿面的硬度与疲劳强度，其硬度值为 45HRC 左右。此外，联轴器凸缘与轴的结合部采用锥形，以减轻键的负荷，改进后，可满足要求。

2.18 机车轮对拆装时易损伤车轴和轮毂

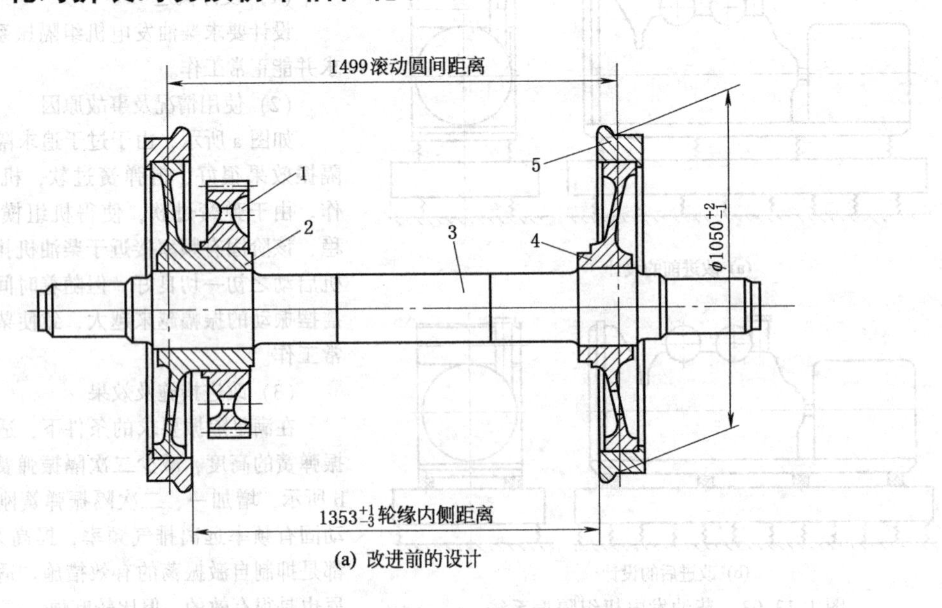

(a) 改进前的设计

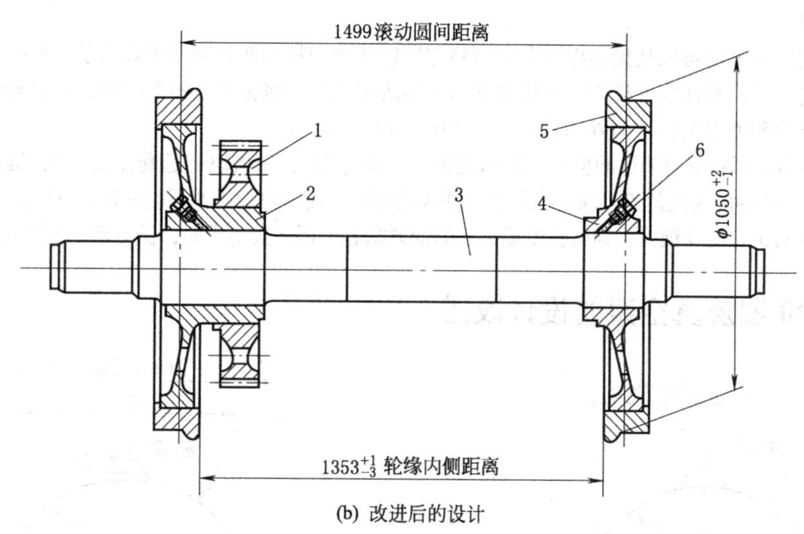

(b) 改进后的设计

图 1-13-95　机车轮对

1—从动齿轮；2—长毂轮心；3—车轴；4—短毂轮心；5—轮箍；6—螺堵

轮对是机车走行部最重要的部件之一，它要承受很大的静载荷、动作用力和组装应力。因此要求它有足够的强度。所以，保持轮对的正确组装和良好的状态是很必要的。轮心与车轴连接的部分叫轮毂，它们之间要进行组装或分解。

2.19　某电子保险锁结构的改进设计

有一套金融网络保险系统，包括中央控制系统及其控制的各个电子保险锁终端。原电子保险锁的简化结构如图 1-13-96a 所示，工作原理如下。

图 a 中，锁舌 1 的 *A* 端装配在 *A* 端外部的密码钥匙凹槽中，可用密码钥匙推动。当输入正确的电子密码时，电控系统控制微电动机 8 通电旋转，带动小蜗杆 3，继而小蜗轮 2 及固定在其上的偏心圆头柱旋转，当偏心圆头柱顶端到达卡锁键 5 的槽中时，便推动卡锁键和弹簧 6 压缩，卡锁键顶端退出锁舌 1 上的槽时，锁舌 1 立刻在弹簧 4 的拉力作用下复位，使保险锁被打开，如图 b 所示。此时，卡锁键 5 在弹簧 6 的推力作用下紧贴锁舌槽外的圆柱面。将锁舌沿图 b 中箭头方向推动，卡锁键便滑入锁舌上的槽中，呈锁紧状态，即如图 a 所示。

（1）存在问题

偏心圆头柱 7 到达卡锁键的槽中时，由于电动机电压不稳及诸多随机因素，有时发生卡死现象，从而整个锁呈死锁状态，即使电动机供电正常，也很难再次打开。该电子保险锁试用期的情况表明：每使用 1000 次，即输入正确的电子密码后，保险锁总会发生 20 次左右的死锁现象，不能正常工作。死锁现象一旦发生，极难排除。一般只有专业人员采用专用工具才能排除。

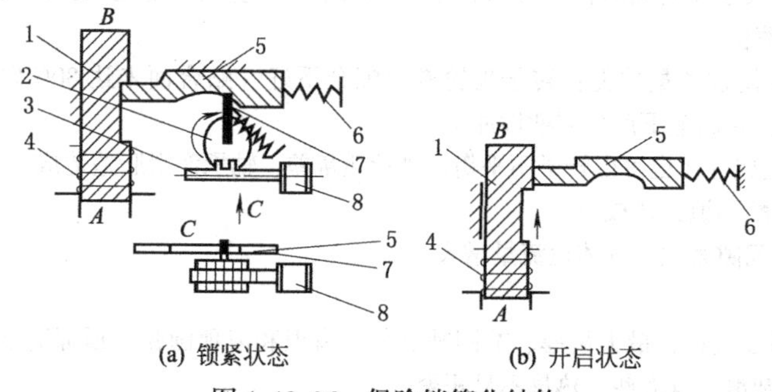

(a) 锁紧状态　　(b) 开启状态

图 1-13-96　保险锁简化结构

1—圆柱形锁舌；2—小蜗轮；3—小蜗杆；4—受拉弹簧；5—卡锁键；6—受压弹簧；7—偏心圆头柱；8—微电动机

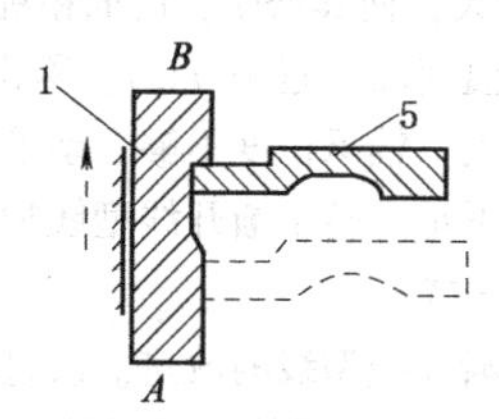

图 1-13-97　保险锁锁舌结构的改进设计

（2）解决措施

要解决该问题，一方面可以从提高电机电源的稳定性以及减少接触面的摩擦因数入手：另一方面也要考虑万一发生死锁现象时，用户如何能够排除。可作如下的结构改进设计：将锁舌槽的下端改成斜面或圆弧面，使卡锁键的顶端能够沿着该斜面退至锁舌的外圆柱面上，如图 1-13-97 所示。

死锁现象发生后，可在密码钥匙凹槽中（凹槽在锁舌 *A* 端外部），用密码钥匙套住锁舌 1，推动锁舌向上，使卡锁键退至图 1-13-97 中的虚线位置，保持该位置，并拨动密码，使微电动机 8 通电一次，其维持时间约为 1s，刚好使小蜗轮转动约 120°。松开锁舌，锁就会变成正常的锁紧状态。再次拨动密码，供电正常的情况下，即可开锁。

2.20 ZJ-400 罗茨真空泵的设计改进

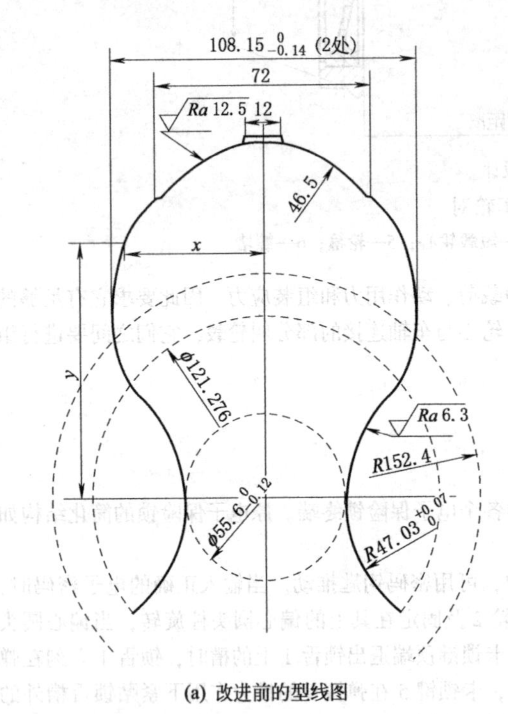

(a) 改进前的型线图

(b) 改进后的型线图

图 1-13-98 转子叶面型线图

（1）问题：

安装在某钢铁公司日产吸引罐车上的罗茨泵，是移植的 ZJ-400 真空泵。该真空泵在使用中主要存在转子咬死、齿轮脱落、工作温度高、振动大、风量不足等问题。

（2）产生原因分析

① 转子咬死。转子配合处间隙不够，或型线误差大造成两转子各啮合位置间隙不一；粉尘大量进入，污垢沉积，导致内脏胀死；总装时内脏未洗净，平面擦伤。

② 齿轮脱落。设计上装配压装行程偏小，致使过盈量偏低；转子齿轮锥面配合不好（贴合面未达 80% 以上）；振动太大，使其松脱；齿面粗糙度/精度低，在高速下产生周期性冲击。

③ 工作温度高（近 100℃）。除由上述原因造成外，也可由转子不平衡、轴承质量差、轴承润滑脂差造成。

④ 振动大。轴承精度不够，动平衡差，且装配不慎，造成变形。

⑤ 风量不足。转子渐开线型线加工误差大，间隙太大，气体返流量增大。

（3）改进措施

① 转子渐开线型线的改进。改进项目包括基圆直径、最大齿厚、节圆啮合角、齿根和齿顶圆弧、顶部宽度及修正移距。改进以后的转子型线比以前的顶部圆滑、宽大些，热量不易积聚。

② 提高动平衡的精度。

③ 解决齿轮不脱落。a. 改原锥面 1∶30 为 1∶50 并在工艺上保证转子外锥面与齿轮孔锥面磨后研配加工，使

贴合面达到85%以上。b. 改用热压（原采用油压）且增加过盈量近一倍，故改结构1：30为1：50结合强度应是可靠的。c. 齿轮改滚、剃工艺为滚、磨工艺，减少了径向跳动量，提高了齿面粗糙度及精度，降低了周期性冲击。

④ 提高轴承精度，改普通轴承（国产）为精度较高轴承，改进轴承润滑脂的耐高温度。

⑤ 用户应寻求更好的除尘方法，采用可靠性好的滤网，并及时更换，保持泵内腔的清洁。

（4）改进效果

试验了两台，未出现齿轮脱落与转子咬死的现象，振动大和工作温度高的现象也稍有改善，风量亦稍有提高。

2.21 改进设计的J28型3.3m煤气炉

煤气炉是为合成氨制造原料气的主要设备。

（1）操作工艺与改进要求

① 煤与气化剂反应充分。要求操作工艺高风量，高炭层、高炉温及低二氧化碳含量。高炭层是指风帽以上炭层厚1500~2000mm，有利于CO_2的还原反应，有利于制造出量多质好的煤气。高炉温是指气化层保持在1200~1300℃，可提高制气效率和气化强度。

② 炉渣能及时破碎并顺利排出，没有挂壁现象，不需要熄火打疤或落炉清灰。

③ 煤气无外泄。

相对于上述要求，需要做以下改进。

① 对炉膛进行改造。

② 对炉底组件及炉箅进行改进。

③ 应当安装加焦机，并在设计、制造时保证炉子的密封性。

（2）设计改进

a. 扩大炉膛直径并确定水夹套的高度。

b. 炉底组件的改进：炉底组件包括底盘、灰盘、大齿轮及上下导环等，见图1-13-99。

① 改原炉底齿轮传动为V形滑动轴承。炉条转动困难，蜗轮及蜗杆磨损快，蜗杆架经常开裂，有的单位几个月就要落炉一次。将其改为滚动轴承，与其有关的零件也做相应改动，有效延缓部件摩擦损坏，降低工作电流，大修周期延长。但是，滚动轴承对工作环境比滑动轴承要求高，密封很重要。原结构是迷宫密封，由于迷宫密封间隙过大，在下吹时携带粉尘的气体能通过迷宫间隙经灰渣箱并沿灰盘和炉底之间间隙进入炉底积存起来，塞死了上下导环以及大小齿轮的间隙。为此，在原迷宫密封的基础上，在灰盘与底盘之间及底盘与炉箅之间的两处进灰点都设置了密封圈，见图1-13-99（件号3和件号10）。又在滚动轴承的上下导环之间也设置了密封圈（件号4和件号7）。

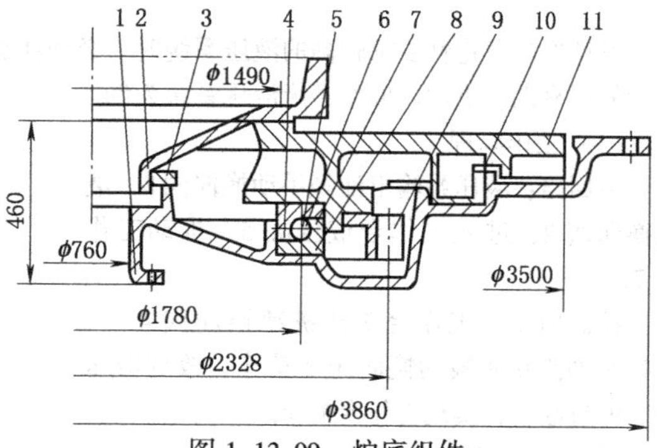

图1-13-99 炉底组件

1—底盘；2—炉箅；3—密封Ⅳ（底盘与炉箅）；4—密封Ⅲ（上下导环）；5—上导环；6—钢球；7—密封Ⅱ（上下导环）；8—下导环；9—大齿轮；10—密封Ⅰ（灰盘与底盘）；11—灰盘

② 扩大灰盘直径。煤气炉夹套内壁下部离灰盘边缘（即排渣口位置）应有一段环状炉渣过渡区，可以起到稳定燃料层，使其均匀下移，防止漏炭、垮炭和滑炭的作用。该过渡区要确保有一定的宽度，将3300mm. 煤气炉灰盘外径设计成3500mm，底盘也相应扩大，形成100mm。过渡区。

③ 宝塔形炉箅排灰倾角小（最小为13°），排灰行程长（最长达800mm），无有效的排渣装置，难以将渣块及时排到破渣区；即使进入破渣区，又因为炉箅到夹套内壁的间隙和排灰口尺寸设计不合理，使炉箅对渣块只有挤压破碎功能，缺少切削破碎功能。对于直径小于出灰口而长度又大于出灰口的渣块不能破碎，只有依靠人工频繁地辅助扒块，导致炉况恶化，稳定运行周期缩短，生产能力下降，消耗增加。宝塔型炉箅气化分布不均匀，还使灰量增大，火层位置上移。为了保证煤气炉生产能力，又不可能过多降低炭层，所以处于夹套以上耐火砖区的炭层就随时有过热挂壁的现象发生。熄火打疤成为影响煤气炉长周期稳定生产的重要因素。

厂方改用均布型炉箅基型，再在结构上做了改动，见图1-13-100。其特点是：a. 2~5层采用耐热、耐磨的铬

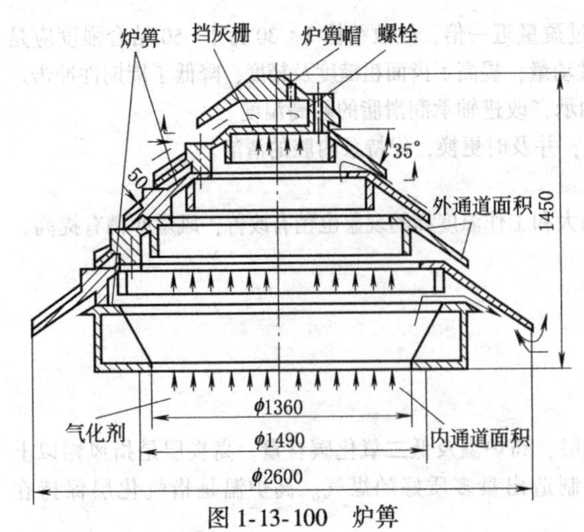

图 1-13-100　炉箅

铸铁，上面设置 4 条高强度破渣筋，使其具有良好的切削破碎功能；b. 排灰倾角 35°，排灰长度 420mm；c. 底座为多棱体，与夹套之间的间隙小于出灰口；d. 内通道面积为空气管道面积的 1.6 倍，外通道面积为内通道面积的 2.8 倍，即使外通道局部堵塞，仍不会影响吹风效果。炉膛截面积扩大了 21%，外通道面积相应地扩大了 13%，可使发气量大幅度提高；e. 高度 1450mm，比原来降低了 90mm，使有效炭层增高，易于建立和控制气化层；f. 如图 1-13-100 所示，各层之间间距合理，从下汽道进入的气化剂能通过层间间隙及顶孔中分布均匀地喷出。

经改进后的炉箅，蒸汽分解率提高，由原 53% 提高到 58%，吹风阻力减少，蒸汽量增大，灰渣残量由 16% 降低到 10% 左右，不易产生结疤结块和风洞等现象。

（3）其他改进

① 炉前传动是开式的，改为闭式传动。

② 采用调速电机驱动，使炉箅转速能适应制气过程中不同转速的要求。

③ 下灰装置的执行机构采用油压连杆机构，紧凑可靠，且油压系统便于微机控制。

④ 夹套锅炉的夹套底移至炉体外部，且出灰口实行保护，避免夹套底的磨损及低温腐蚀。

⑤ 采用自动加焦机，能使炉温和气体质量稳定，防止煤气外泄，增加制气时间，可提高产量 3%～5%。

⑥ 因为灰盘承受重力、挤压力和扭矩等负荷，易于开裂，故灰盘的材质由铸铁改为铸钢。

2.22　回路构成不合理

设计换向平稳性要求较高的液压系统时，必须注意油液变化可能带来的影响。合理地设计回路，以提高系统运行的可靠性。下面以成型磨床液压系统为例。

（1）工作原理

主回路：液压泵输出油经手动换向阀 8、液动换向阀 2，进入工作台液压缸 5，推动工作台 7。

控制回路：工作台 7 碰机动换向阀 4 后，经控制油路 6 使液动换向阀 2 动作，改变液压缸 5 的进油口，实现工作台换向。

（2）存在问题

多年工作后，换国产导轨油，工作台面换向产生冲击现象。虽很小，但高精度设备不允许。

（3）原因分析

如图 1-13-101 所示，控制回路为节流调速回路，执行元件为液动换向阀 2。改进前无单向节流阀 1，使换向阀 4 左位时为进口调节，右位时为出口调节，液动换向阀 2 动作快慢不同，工作台的快慢也不同。

（4）解决办法

在液动换向阀 2 的左侧设单向节流阀 1，可调节阻尼孔使液动换向阀 2 的运动速度小于产生冲击的临界速度，工作面就不会产生冲击。

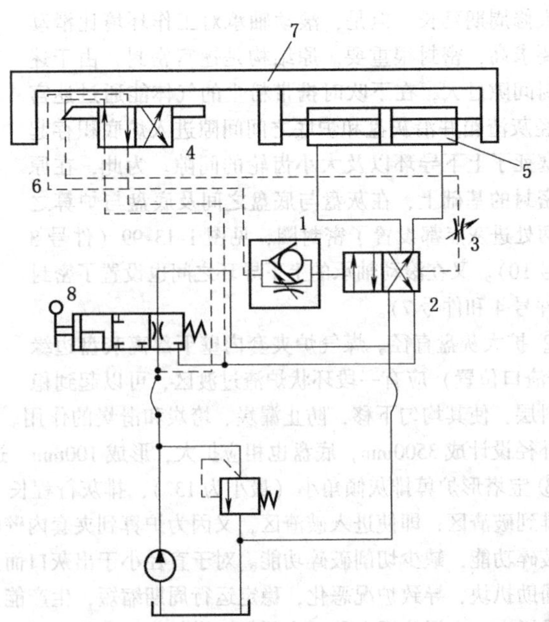

图 1-13-101　改进后成型磨床液压系统（改进前无单向节流阀 1）

1—单向节流阀；2—液动换向阀；3—节流阀；4—机动换向阀；5—液压缸；6—控制油路；7—工作台；8—手动换向阀

如采用带双阻尼调节器的液动换向阀两个方向上的速度可以分别调整，对调节更为有利。

2.23 重载下的锁紧回路振动

（1）存在问题

如图 1-13-102a 所示的重载下的锁紧回路在下降重物时，重物下降过快，使缸体上部来不及补油而出现负压，导致负载发生振动下行。

（2）解决办法

如图 1-13-102b 所示，在下降油路上安装一个单向节流阀即可。或者将换向阀的中位改为卸荷型，如 H 型的。

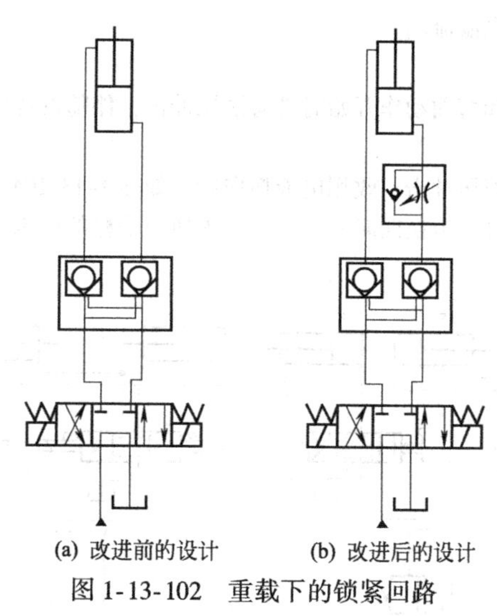

(a) 改进前的设计　(b) 改进后的设计

图 1-13-102　重载下的锁紧回路

2.24 液控单向阀的泄压方式不合理

（1）存在问题

如图 1-13-103 所示似乎是合理的系统，但实际工作中，换向阀左位工作时，负载向下运动，发出有节奏的噪声、振动。

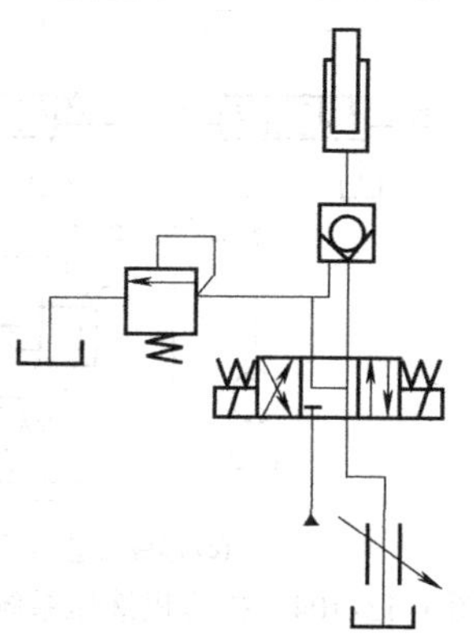

图 1-13-103　液控单向阀回路

（2）原因分析

由于内馈式单向阀的作用压力面积与控制腔控制压力作用面积相差不大，控制单向阀的控制油口仍为原调节压力，而负载向下运动时，单向阀因压力增大而关闭。关闭后压力又下降，单向阀又打开，造成有节奏的振动。

(3) 解决办法

① 提高控制油压力。

② 将节流阀设置在单向阀之上。

③ 选用外泄式液控单向阀。

2.25 拉弯机的液压系统

图 1-13-104a 为改进前设计的拉弯机的液压系统，用于型材的拉伸和弯曲。液压缸 4、5 是拉伸液压缸，型材拉伸到位后，手动操纵换向阀 3，用液压缸 6 进行弯曲。弯曲定型后，再依次一一用手动操纵复位。

这种手动操纵方法是很落后的，效率极低。后来经过改进，采用了电磁换向阀，如图 1-13-104b。同时，系统工作压力的调定由溢流阀改为电磁溢流阀。

(1) 存在问题

改用了电磁换向后，拉伸动作和弯曲动作开始时都有液压冲击，伴随设备振动，影响产品质量。

(2) 解决办法

因电磁换向阀换向迅速，造成液压冲击，改用电液换向阀，如图 1-13-104c。电液换向阀便于自动程序控制。调节其控制压力油路中的阻尼器，可调节换向时间。对于要求换向平稳的液压设备，采用换向时间可控的电磁换向阀为宜。

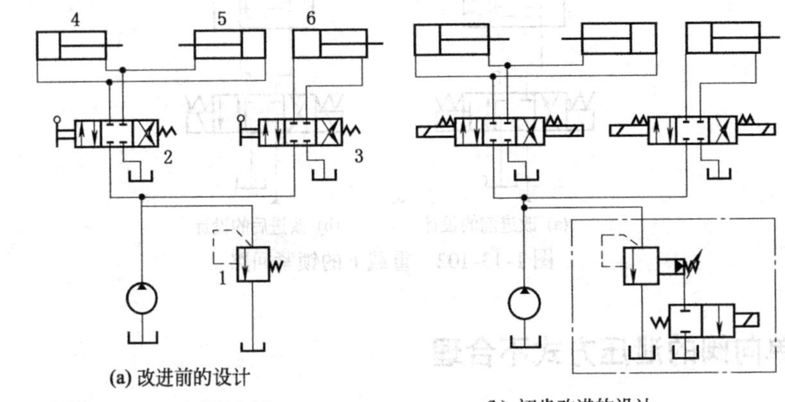

(a) 改进前的设计

1— 溢流阀；2, 3— 手动换向阀；
4, 5 — 拉伸液压缸；6 — 弯曲液压缸

(b) 初步改进的设计

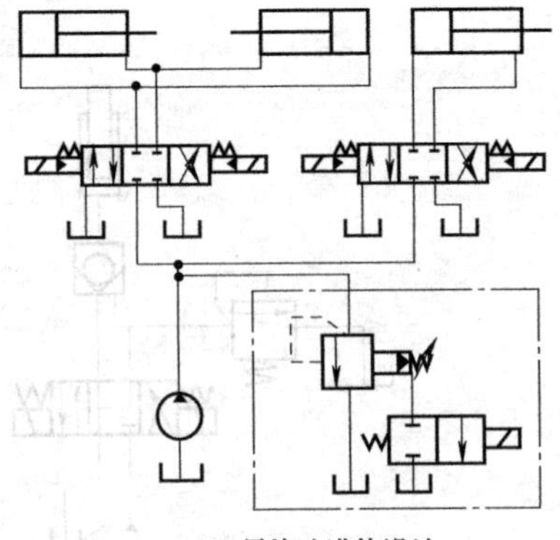

(c) 最终改进的设计

图 1-13-104　拉弯机液压系统

2.26 换向回路没注意滑阀的过渡机能

(1) 存在问题

原液压二级调压系统如图 1-13-105a 所示，使用后不久就出现软管爆破的故障。

（2）原因分析

电磁转向阀的过渡状态如图 1-13-105b，转向阀从一个工位切换到另一个工位时由于没考虑液压泵输油口无出路，造成瞬间压力大增，损坏软管。

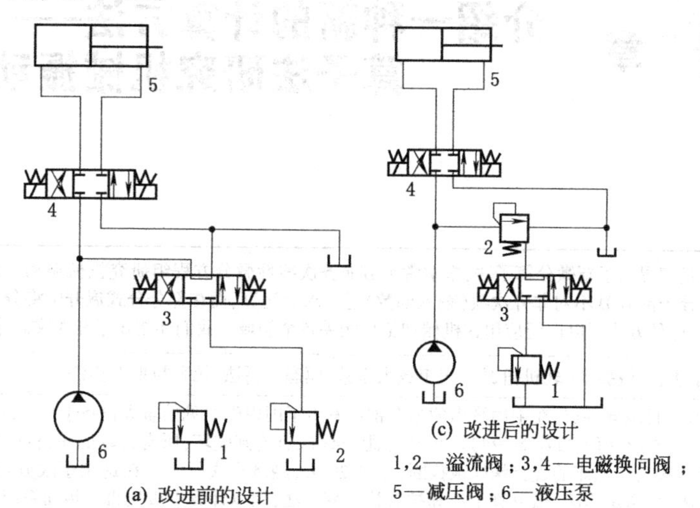

(a) 改进前的设计

1，2—溢流阀；3，4—电磁换向阀； 5—减压阀；6—液压泵

(c) 改进后的设计

1，2—溢流阀；3，4—电磁换向阀；5—减压阀；6—液压泵

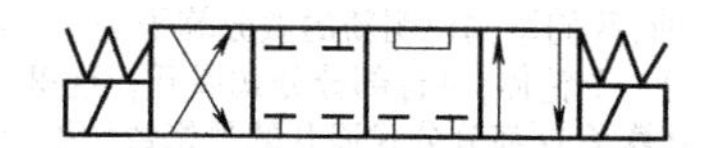

(b) 电磁转向阀的过渡状态

图 1-13-105 液压二级调压系统

（3）解决办法

如图 1-13-105c，使用溢流阀 2 来排除压力。通过 2 的液控口实现二级液压控制。

第14章 介绍一种新的计算方法——新微分算子法研究机械振动

表 1-14-1

摘要	在本文中,我们提出了新微分算子法,求解常系数非齐次线性微分方程组研究机械振动。这个新方法的主要特点在于:分式中分子部分 D 不对非齐次项(输入函数)进行求导运算,而在部分分式展开中将分式作为一个整体进行部分分式运算。这种方法可以广泛应用在机械和工程相关各个领域。我们还指出了相关文献中原微分算子法的错误
关键词	新微分算子法,机械振动(轧机扭振),扭矩放大系数,模态分析法,拉普拉斯变换法
引言	1982 年 3 月 6 日凌晨一点,在中国济南的某个钢厂发生了国内外罕见的重大设备事故,2300 中板三辊轧机作为机械保护的安全销未断,而主减速器(2800kW,中心距 1900mm)遭到破坏,所有齿轮的轮齿都打成了裂纹,六条直径为 64mm 的高速端箱盖与箱座的连接螺栓被拔断,停产 20 天,经济损失巨大。在这次事故分析中,我们采用了霍尔哲法、模态分析法、传递矩阵法、微分算子法和拉普拉斯变换法,用以计算中板轧机主传动系统的扭振固有频率和扭矩放大系数。令人惊讶的是用微分算子法解上述系统的动态响应有错误,其结果与拉普拉斯变换法和模态分析方法等得到的结果不一致。受拉普拉斯变换法运算法则的启发,我们提出了新微分算子法,得到了正确的结果,与模态分析法和拉普拉斯变换法等完全一致。下面,我们举例说明新的微分算子法:分式中分子部分的微分算子 D 对非齐次项(输入函数)不进行求导运算,分式作为一个整体,进行部分分式展开。这里,我们用到了参考文献[5,6]里算子 D 的相关性质。在参考文献[5]中有对微分算子 D 部分分式展开的严格数学推导。最后,我们根据克莱姆法则和初始条件,得到了特解和通解。此方法非常适用于力学与工程领域的许多相关的振动问题。它丰富了机械动力学的分析方法,它最初报道于参考文献[7]。目前,在一般的教学参考资料[1,2]中,对于常系数非齐次常微分方程组分式中微分算子 D 在分子部分对非齐次项(输入函数)进行求导,因而产生了错误
新微分算子法	我们通过轧机扭转振动系统的实例来介绍新微分算子法。图 a 是图 b 的简化力学模型,图 b 是前文提到的 1982 年 3 月 6 日事故的传动系统简图,假设初始条件为零(初始位移和初始速度为零) 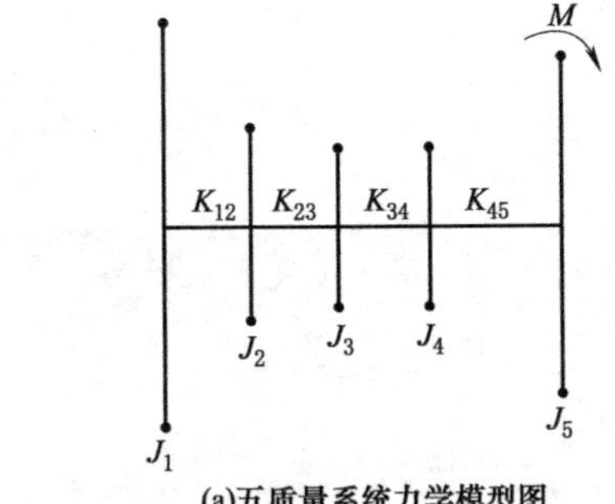 (a)五质量系统力学模型图 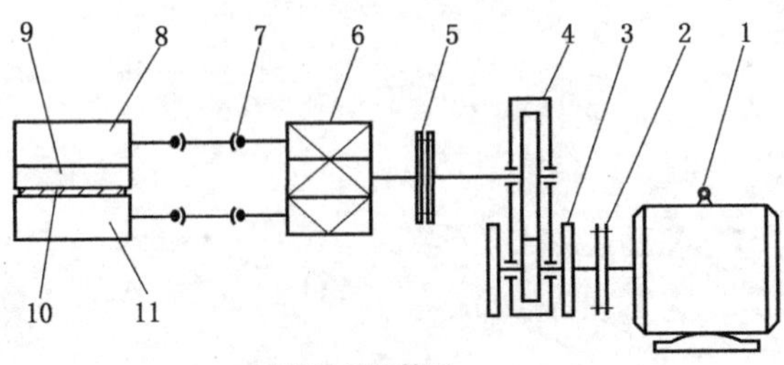 (b) 传动系统简图 1—电机(2800kW);2—联轴器;3—飞轮;4—主减速机(中心距 1900mm);5—安全销联轴器;6—人字齿轮机座;7—万向接轴;8—上轧辊;9—中轧辊;10—钢板;11—下轧辊

续表

新微分算子法

转动惯量：$J_i(i=1,2,3,4,5)$

每一个轴段的扭转弹性系数（刚度）：$K_{ij}(i=1,2,3,4;j=2,3,4,5)$

转角：$\phi_i(i=1,2,3,4,5)$

角加速度：$\ddot{\phi}_i(i=1,2,3,4,5)$

每一个轴段的扭矩：$M_{ij}(i=1,2,3,4;j=2,3,4,5)$

激振力矩（轧制力矩）：M

D 代表微分算子$\frac{\mathrm{d}}{\mathrm{d}t}$：

不考虑阻尼，我们建立了系统的动力学方程：

$$\begin{cases} J_1\ddot{\phi}_1+K_{12}(\phi_1-\phi_2)=0 \\ J_2\ddot{\phi}_2+K_{23}(\phi_2-\phi_3)-K_{12}(\phi_1-\phi_2)=0 \\ J_3\ddot{\phi}_3+K_{34}(\phi_3-\phi_4)-K_{23}(\phi_2-\phi_3)=0 \\ J_4\ddot{\phi}_4+K_{45}(\phi_4-\phi_5)-K_{34}(\phi_3-\phi_4)=0 \\ J_5\ddot{\phi}_5-K_{45}(\phi_4-\phi_5)=-M \end{cases}$$

令 $P_{ij}^2=K_{ij}\frac{J_i+J_j}{J_iJ_j}, i=1,2,3,4;j=2,3,4,5$

且 $\begin{cases} M_{12}=K_{12}(\phi_1-\phi_2) \\ M_{23}=K_{23}(\phi_2-\phi_3) \\ M_{34}=K_{34}(\phi_3-\phi_4) \\ M_{45}=K_{45}(\phi_4-\phi_5) \end{cases}$

得到 $\begin{cases} \ddot{M}_{12}+P_{12}^2M_{12}-\frac{K_{12}}{J_2}M_{23}=0 \\ \ddot{M}_{23}+P_{23}^2M_{23}-\frac{K_{23}}{J_2}M_{12}-\frac{K_{23}}{J_3}M_{34}=0 \\ \ddot{M}_{34}+P_{34}^2M_{34}-\frac{K_{34}}{J_3}M_{23}-\frac{K_{34}}{J_4}M_{45}=0 \\ \ddot{M}_{45}+P_{45}^2M_{45}-\frac{K_{45}}{J_4}M_{34}=\frac{K_{45}}{J_5}M \end{cases}$

即 $\begin{cases} (D^2+P_{12}^2)M_{12}-\frac{K_{12}}{J_2}M_{23}=0 \\ (D^2+P_{23}^2)M_{23}-\frac{K_{23}}{J_2}M_{12}-\frac{K_{23}}{J_3}M_{34}=0 \\ (D^2+P_{34}^2)M_{34}-\frac{K_{34}}{J_3}M_{23}-\frac{K_{34}}{J_4}M_{45}=0 \\ (D^2+P_{45}^2)M_{45}-\frac{K_{45}}{J_4}M_{34}=\frac{K_{45}}{J_5}M \end{cases}$

令上式的系数行列式为 Δ，则：

$$\Delta=(D^2+P_1^2)(D^2+P_2^2)(D^2+P_3^2)(D^2+P_4^2)$$

这里的 P_1,P_2,P_3,P_4 是主传动系统一阶到四阶的固有频率。通过克莱姆法则我们得到

$$\Delta_{12}=\frac{K_{12}K_{23}K_{34}K_{45}}{J_1J_2J_3J_4J_5}J_1M$$

$$\Delta_{23}=\frac{K_{12}K_{23}K_{34}K_{45}}{J_1J_2J_3J_4J_5}(J_1+J_2)M+\frac{K_{23}K_{34}K_{45}}{J_3J_4J_5}D^2M$$

$$\Delta_{34}=\frac{K_{12}K_{23}K_{34}K_{45}}{J_1J_2J_3J_4J_5}(J_1+J_2+J_3)M+\frac{K_{34}K_{45}}{J_4J_5}(P_{12}^2+P_{23}^2)D^2M+\frac{K_{34}K_{45}}{J_4J_5}D^4M$$

同样地，可以得到 Δ_{45} 的形式。

续表

新微分算子法	必须注意到,我们仅将微分算子D当作代数符号,因此它不对非齐次项(输入函数)进行求导运算,而是将分式当作一个整体进行部分分式展开。如果我们假定初始条件都为零且M为一个阶跃函数,我们可以得到每个轴段扭矩的解析式分别如下: $$M_{12}=\frac{\Delta_{12}}{\Delta}=\frac{1}{(D^2+P_1^2)(D^2+P_2^2)(D^2+P_3^2)(D^2+P_4^2)}\frac{K_{12}K_{23}K_{34}K_{45}}{J_1J_2J_3J_4J_5}J_1M$$ $$=\frac{J_1M}{J_1+J_2+J_3+J_4+J_5}\times\left[\frac{P_2^2P_3^2P_4^2(1-\cos P_1t)}{(P_2^2-P_1^2)(P_3^2-P_1^2)(P_4^2-P_1^2)}+\frac{P_1^2P_3^2P_4^2(1-\cos P_2t)}{(P_1^2-P_2^2)(P_3^2-P_2^2)(P_4^2-P_2^2)}+\frac{P_1^2P_2^2P_4^2(1-\cos P_3t)}{(P_1^2-P_3^2)(P_2^2-P_3^2)(P_4^2-P_3^2)}+\frac{P_1^2P_2^2P_3^2(1-\cos P_4t)}{(P_1^2-P_4^2)(P_3^2-P_4^2)(P_2^2-P_4^2)}\right];$$ $$M_{23}=\frac{(J_1+J_2)}{J_1+J_2+J_3+J_4+J_5}M\left[\frac{P_2^2P_3^2P_4^2(1-\cos P_1t)}{(P_2^2-P_1^2)(P_3^2-P_1^2)(P_4^2-P_1^2)}+\frac{P_1^2P_3^2P_4^2(1-\cos P_2t)}{(P_1^2-P_2^2)(P_3^2-P_2^2)(P_4^2-P_2^2)}+\frac{P_1^2P_2^2P_4^2(1-\cos P_3t)}{(P_1^2-P_3^2)(P_2^2-P_3^2)(P_4^2-P_3^2)}+\frac{P_1^2P_2^2P_3^2(1-\cos P_4t)}{(P_1^2-P_4^2)(P_3^2-P_4^2)(P_2^2-P_4^2)}\right]$$ $$-\frac{K_{23}K_{34}K_{45}}{J_3J_4J_5}M\left[\frac{1-\cos P_1t}{(P_2^2-P_1^2)(P_3^2-P_1^2)(P_4^2-P_1^2)}+\frac{1-\cos P_2t}{(P_1^2-P_2^2)(P_3^2-P_2^2)(P_4^2-P_2^2)}+\frac{1-\cos P_3t}{(P_1^2-P_3^2)(P_2^2-P_3^2)(P_4^2-P_3^2)}+\frac{1-\cos P_4t}{(P_1^2-P_4^2)(P_3^2-P_4^2)(P_2^2-P_4^2)}\right];$$ $$M_{34}=\frac{(J_1+J_2+J_3)}{J_1+J_2+J_3+J_4+J_5}M\left[\frac{P_2^2P_3^2P_4^2(1-\cos P_1t)}{(P_2^2-P_1^2)(P_3^2-P_1^2)(P_4^2-P_1^2)}+\frac{P_1^2P_3^2P_4^2(1-\cos P_2t)}{(P_1^2-P_2^2)(P_3^2-P_2^2)(P_4^2-P_2^2)}+\frac{P_1^2P_2^2P_4^2(1-\cos P_3t)}{(P_1^2-P_3^2)(P_2^2-P_3^2)(P_4^2-P_3^2)}+\frac{P_1^2P_2^2P_3^2(1-\cos P_4t)}{(P_1^2-P_4^2)(P_3^2-P_4^2)(P_2^2-P_4^2)}\right]$$ $$+\frac{K_{34}K_{45}}{J_4J_5}M\left[\frac{P_1^2(1-\cos P_1t)}{(P_2^2-P_1^2)(P_3^2-P_1^2)(P_4^2-P_1^2)}+\frac{P_2^2(1-\cos P_2t)}{(P_1^2-P_2^2)(P_3^2-P_2^2)(P_4^2-P_2^2)}+\frac{P_3^2(1-\cos P_3t)}{(P_1^2-P_3^2)(P_2^2-P_3^2)(P_4^2-P_3^2)}+\frac{P_4^2(1-\cos P_4t)}{(P_1^2-P_4^2)(P_3^2-P_4^2)(P_2^2-P_4^2)}\right]-$$ $$\frac{K_{34}K_{45}}{J_4J_5}(P_{12}^2+P_{23}^2)M\left[\frac{1-\cos P_1t}{(P_2^2-P_1^2)(P_3^2-P_1^2)(P_4^2-P_1^2)}+\frac{1-\cos P_2t}{(P_1^2-P_2^2)(P_3^2-P_2^2)(P_4^2-P_2^2)}+\frac{1-\cos P_3t}{(P_1^2-P_3^2)(P_2^2-P_3^2)(P_4^2-P_3^2)}+\frac{1-\cos P_4t}{(P_1^2-P_4^2)(P_3^2-P_4^2)(P_2^2-P_4^2)}\right];$$ $$M_{45}=\frac{(J_1+J_2+J_3+J_4)}{J_1+J_2+J_3+J_4+J_5}M\left[\frac{P_2^2P_3^2P_4^2(1-\cos P_1t)}{(P_2^2-P_1^2)(P_3^2-P_1^2)(P_4^2-P_1^2)}+\frac{P_1^2P_3^2P_4^2(1-\cos P_2t)}{(P_1^2-P_2^2)(P_3^2-P_2^2)(P_4^2-P_2^2)}+\frac{P_1^2P_2^2P_4^2(1-\cos P_3t)}{(P_1^2-P_3^2)(P_2^2-P_3^2)(P_4^2-P_3^2)}+\frac{P_1^2P_2^2P_3^2(1-\cos P_4t)}{(P_1^2-P_4^2)(P_3^2-P_4^2)(P_2^2-P_4^2)}\right]-$$ $$\frac{K_{45}}{J_5}M\left[\frac{P_1^4(1-\cos P_1t)}{(P_2^2-P_1^2)(P_3^2-P_1^2)(P_4^2-P_1^2)}+\frac{P_2^4(1-\cos P_2t)}{(P_1^2-P_2^2)(P_3^2-P_2^2)(P_4^2-P_2^2)}+\frac{P_3^4(1-\cos P_3t)}{(P_1^2-P_3^2)(P_2^2-P_3^2)(P_4^2-P_3^2)}+\frac{P_4^4(1-\cos P_4t)}{(P_1^2-P_4^2)(P_3^2-P_4^2)(P_2^2-P_4^2)}\right]+$$ $$\frac{K_{45}}{J_5}(P_{12}^2+P_{23}^2+P_{34}^2)M\times\left[\frac{P_1^2(1-\cos P_1t)}{(P_2^2-P_1^2)(P_3^2-P_1^2)(P_4^2-P_1^2)}+\frac{P_2^2(1-\cos P_2t)}{(P_1^2-P_2^2)(P_3^2-P_2^2)(P_4^2-P_2^2)}+\frac{P_3^2(1-\cos P_3t)}{(P_1^2-P_3^2)(P_2^2-P_3^2)(P_4^2-P_3^2)}+\frac{P_4^2(1-\cos P_4t)}{(P_1^2-P_4^2)(P_3^2-P_4^2)(P_2^2-P_4^2)}\right]-$$ $$\frac{K_{45}}{J_5}\left(P_{12}^2P_{23}^2+P_{12}^2P_{34}^2+P_{23}^2P_{34}^2-\frac{K_{23}K_{34}}{J_3^2}-\frac{K_{23}K_{34}}{J_2^2}\right)\times M\left[\frac{1-\cos P_1t}{(P_2^2-P_1^2)(P_3^2-P_1^2)(P_4^2-P_1^2)}+\frac{1-\cos P_2t}{(P_1^2-P_2^2)(P_3^2-P_2^2)(P_4^2-P_2^2)}+\frac{1-\cos P_3t}{(P_1^2-P_3^2)(P_2^2-P_3^2)(P_4^2-P_3^2)}+\frac{1-\cos P_4t}{(P_1^2-P_4^2)(P_3^2-P_4^2)(P_2^2-P_4^2)}\right].$$

续表

新微分算子法	如果我们像一般的数学手册和教科书，将分式分子上的微分算子 D 作用在非齐次项(输入函数)，进行求导运算，我们就会得到下面的结果(假定系统的初始条件都为零且 M 为一个阶跃函数) $$\overline{\Delta_{12}}=\frac{K_{12}K_{23}K_{34}K_{45}}{J_1J_2J_3J_4J_5}J_1M$$ $$\overline{\Delta_{23}}=\frac{K_{12}K_{23}K_{34}K_{45}}{J_1J_2J_3J_4J_5}(J_1+J_2)M+\frac{K_{23}K_{34}K_{45}}{J_3J_4J_5}D^2M=\frac{K_{12}K_{23}K_{34}K_{45}}{J_1J_2J_3J_4J_5}(J_1+J_2)M$$ $$\overline{\Delta_{34}}=\frac{K_{12}K_{23}K_{34}K_{45}}{J_1J_2J_3J_4J_5}(J_1+J_2+J_3)M+\frac{K_{34}K_{45}}{J_4J_5}(P_{12}^2+P_{23}^2)D^2M+\frac{K_{34}K_{45}}{J_4J_5}D^4M=\frac{K_{12}K_{23}K_{34}K_{45}}{J_1J_2J_3J_4J_5}(J_1+J_2+J_3)M$$ $$\overline{\Delta_{45}}=\frac{K_{12}K_{23}K_{34}K_{45}}{J_1J_2J_3J_4J_5}(J_1+J_2+J_3+J_4)M-\frac{K_{45}}{J_5}D^6M-\frac{K_{45}}{J_5}(P_{12}^2+P_{23}^2+P_{34}^2)D^4M-\frac{K_{45}}{J_5}\times\left[P_{12}^2P_{23}^2+P_{12}^2P_{34}^2+P_{23}^2P_{34}^2-\frac{K_{23}K_{34}}{J_3^2}-\frac{K_{23}K_{34}}{J_2^2}\right]D^2M=\frac{K_{12}K_{23}K_{34}K_{45}}{J_1J_2J_3J_4J_5}(J_1+J_2+J_3+J_4)M$$ $$\overline{M_{12}}=\frac{J_1}{J_1+J_2+J_3+J_4+J_5}M\left[\frac{P_2^2P_3^2P_4^2(1-\cos P_1t)}{(P_2^2-P_1^2)(P_3^2-P_1^2)(P_4^2-P_1^2)}+\frac{P_1^2P_3^2P_4^2(1-\cos P_2t)}{(P_1^2-P_2^2)(P_3^2-P_2^2)(P_4^2-P_2^2)}+\frac{P_1^2P_2^2P_4^2(1-\cos P_3t)}{(P_1^2-P_3^2)(P_2^2-P_3^2)(P_4^2-P_3^2)}+\frac{P_1^2P_2^2P_3^2(1-\cos P_4t)}{(P_1^2-P_4^2)(P_3^2-P_4^2)(P_2^2-P_4^2)}\right]$$ $$\overline{M_{23}}=\frac{(J_1+J_2)}{J_1+J_2+J_3+J_4+J_5}M\left[\frac{P_2^2P_3^2P_4^2(1-\cos P_1t)}{(P_2^2-P_1^2)(P_3^2-P_1^2)(P_4^2-P_1^2)}+\frac{P_1^2P_3^2P_4^2(1-\cos P_2t)}{(P_1^2-P_2^2)(P_3^2-P_2^2)(P_4^2-P_2^2)}+\frac{P_1^2P_2^2P_4^2(1-\cos P_3t)}{(P_1^2-P_3^2)(P_2^2-P_3^2)(P_4^2-P_3^2)}+\frac{P_1^2P_2^2P_3^2(1-\cos P_4t)}{(P_1^2-P_4^2)(P_3^2-P_4^2)(P_2^2-P_4^2)}\right]$$ $$\overline{M_{34}}=\frac{(J_1+J_2+J_3)}{J_1+J_2+J_3+J_4+J_5}M\left[\frac{P_2^2P_3^2P_4^2(1-\cos P_1t)}{(P_2^2-P_1^2)(P_3^2-P_1^2)(P_4^2-P_1^2)}+\frac{P_1^2P_3^2P_4^2(1-\cos P_2t)}{(P_1^2-P_2^2)(P_3^2-P_2^2)(P_4^2-P_2^2)}+\frac{P_1^2P_2^2P_4^2(1-\cos P_3t)}{(P_1^2-P_3^2)(P_2^2-P_3^2)(P_4^2-P_3^2)}+\frac{P_1^2P_2^2P_3^2(1-\cos P_4t)}{(P_1^2-P_4^2)(P_3^2-P_4^2)(P_2^2-P_4^2)}\right]$$ $$\overline{M_{45}}=\frac{(J_1+J_2+J_3+J_4)}{J_1+J_2+J_3+J_4+J_5}M\left[\frac{P_2^2P_3^2P_4^2(1-\cos P_1t)}{(P_2^2-P_1^2)(P_3^2-P_1^2)(P_4^2-P_1^2)}+\frac{P_1^2P_3^2P_4^2(1-\cos P_2t)}{(P_1^2-P_2^2)(P_3^2-P_2^2)(P_4^2-P_2^2)}+\frac{P_1^2P_2^2P_4^2(1-\cos P_3t)}{(P_1^2-P_3^2)(P_2^2-P_3^2)(P_4^2-P_3^2)}+\frac{P_1^2P_2^2P_3^2(1-\cos P_4t)}{(P_1^2-P_4^2)(P_3^2-P_4^2)(P_2^2-P_4^2)}\right](P_2^2-P_4^2)$$ 显然，以上是每个轴段的扭振动态响应扭矩表达式，它们表示仅与惯量分配系数有关，有着相同的频差系数，每个轴段同时达到峰值力矩。以上结果仅是普通动力学问题(启动时加速运动和制动时减速运动)；显然不属于扭转振动的问题。而通过我们上面提到的新微分算子法得到的结果，与拉普拉斯变换法和模态分析法等得到的结果相同 我们根据计算可得： $$P_1=182.55,P_2=349.9,$$ $P_3=443.79,P_4=741.71$ 然后得到： $$M_{12}=(0.0859-0.1511\cos P_1t+0.1085\cos P_2t-0.0442\cos P_3t+0.009\cos P_4t)M;$$ $$M_{23}=(1.0179-1.297\cos P_1t+0.001\cos P_2t+0.3115\cos P_3t-0.03548\cos P_4t)M;$$ $$M_{34}=(0.99483-1.0354\cos P_1t-0.000437\cos P_2t-0.0347\cos P_3t-0.0749\cos P_4t)M;$$ $$M_{45}=(0.93943-0.7955\cos P_1t-0.00628\cos P_2t-0.1742\cos P_3t-0.0338\cos P_4t)M$$ 根据出现的峰值时刻的时间，就得到表 1 中的峰值力矩值，列举如下： 表 1　各轴段扭振力矩和扭矩放大系数 <table><tr><th>轴段</th><th>峰值出现时间</th><th>峰值力矩值</th><th>(TAF)</th></tr><tr><td>M_{12}</td><td>0.018s</td><td>0.35M</td><td>0.35</td></tr><tr><td>M_{23}</td><td>0.156s</td><td>2.636M</td><td>2.636</td></tr><tr><td>M_{34}</td><td>0.12s</td><td>2.096M</td><td>2.096</td></tr><tr><td>M_{45}</td><td>0.19s</td><td>1.854M</td><td>1.854</td></tr></table> 扭矩放大系数(TAF)＝扭振力矩峰值/轧辊的激振力矩(轧制力矩)

续表

总结

经过以上分析,我们得到与拉普拉斯变换法和模态分析法等相同的结果。有关部门根据我们科研得出的有关数据,重新设计了安全销。二十多年来,从未发生类似的事故,直到该轧机被四辊轧机代换

在轧机扭振分析中,模态分析法属于数值计算方法,它不能分析系统中有关参数的影响。而且模态分析法要求惯量矩阵、刚度矩阵对称的条件。而新微分算子法可分析各参数的影响关系。拉普拉斯变换法则需要复变函数、积分变换等较深的数学知识。我们清楚地阐明在参考文献[1~4]中提到的错误。此外,新微分算子法已成功地用于解决其他机械动力学问题。参见文献[9]。

应用了新微分算子法解常微分方程组的书

钱伟长《微分方程理论及其解法》(国防工业出版社,1992)

(1)P348 § 9.4 常系数线性微分方程组的解

轮轴系统:

设轴的抗扭刚度为 GJ_1、GJ_2、GJ_3,轮子转动惯量为 I_1、I_2,其转角分别为 q_1、q_2,略去轴的转动惯量

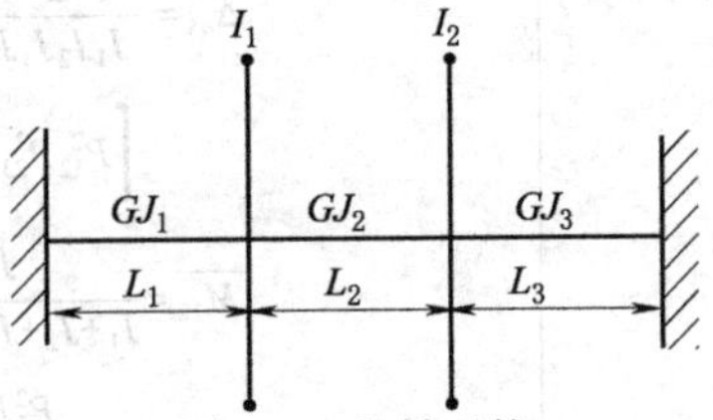

动能:

$$T=\frac{1}{2}I_1q_1^2+\frac{1}{2}I_2q_2^2 \tag{9.115}$$

势能:

$$U=\frac{GJ_1}{L_1}q_1^2+\frac{GJ_2}{L_2}(q_2-q_1)^2+\frac{GJ_3}{L_3}q_2^2 \tag{9.116}$$

I_1 I_2 GJ_1 GJ_2 GJ_3 L_1 L_2 L_3

图 9.1 轮轴系统

拉格朗日函数为:$L=T-U$,根据拉格朗日方程:

$$\frac{\mathrm{d}}{\mathrm{d}t}\left(\frac{\partial L}{\partial \dot{q}_i}\right)-\frac{\partial L}{\partial q_i}=Q_i,i=1,2 \tag{9.118}$$

可得运动方程式:

$$\begin{cases}I_1\ddot{q}_1^2+2\dfrac{GJ_1}{L_1}q_1-2\dfrac{GJ_2}{L_2}(q_2-q_1)=Q_1(t) & (9.119\text{a})\\ I_2\ddot{q}_2^2+2\dfrac{GJ_3}{L_3}q_2+2\dfrac{GJ_2}{L_2}(q_2-q_1)=Q_2(t) & (9.119\text{b})\end{cases}$$

(2)见 P354

[例 9.15] 试求解(9.119),并假定 $\frac{GJ_1}{L_1}=\frac{GJ_2}{L_2}=\frac{GJ_3}{L_3}=\frac{GJ}{L},I_1=I_2=I$

设 $D=\frac{\mathrm{d}}{\mathrm{d}t},D^2=\frac{\mathrm{d}^2}{\mathrm{d}t^2}$,称 D 为微分算子

式(9.119)可以写成:

$$\begin{cases}(D^2+2K^2)q_1-K^2q_2=\dfrac{Q_1(t)}{I}\\ -K^2q_1+(D^2+2K^2)q_2=\dfrac{Q_2(t)}{I}\end{cases} \tag{9.142}$$

其中 $K^2=\frac{2GJ}{IL}$,按代数解式(9.142)有非齐次特解(克莱姆法则):

$$\begin{cases}q_1^*=\dfrac{\begin{vmatrix}\dfrac{Q_1(t)}{I} & -K^2\\ \dfrac{Q_2(t)}{I} & (D^2+2K^2)\end{vmatrix}}{\begin{vmatrix}(D^2+2K^2) & -K^2\\ -K^2 & (D^2+2K^2)\end{vmatrix}}=\dfrac{(D^2+2K^2)\dfrac{Q_1}{I}+K^2\dfrac{Q_2}{I}}{(D^2+2K^2)^2-K^4}\\ q_2^*=\dfrac{\begin{vmatrix}(D^2+2K^2) & \dfrac{Q_1(t)}{I}\\ -K^2 & \dfrac{Q_2(t)}{I}\end{vmatrix}}{\begin{vmatrix}(D^2+2K^2) & -K^2\\ -K^2 & (D^2+2K^2)\end{vmatrix}}=\dfrac{(D^2+2K^2)\dfrac{Q_2}{I}+K^2\dfrac{Q_1}{I}}{(D^2+2K^2)^2-K^4}\end{cases} \tag{9.143}$$

续表

应用了新微分算子法解常微分方程组的书	由于 $$(D^2+2K^2)^2-K^4=(D-\sqrt{3}iK)(D+\sqrt{3}iK)(D-iK)(D+iK) \quad (9.114)$$ 通过部分分式， $$\frac{(D^2+2K^2)\frac{Q_1}{I}+K^2\frac{Q_2}{I}}{(D^2+2K^2)^2-K^4}=\frac{Q_1-Q_2}{2I(D^2+3K^2)}+\frac{Q_1+Q_2}{2I(D^2+K^2)} \quad (9.145)$$ 这里注意，根据新微分算子法，$(D^2+2K^2)\frac{Q_1}{I}+K^2\frac{Q_2}{I}$式中 D 不对 Q_1 起求导作用，而是整体进行部分分式，利用逆运算公式(9.19e)，得： $$q_1^*(t)=\frac{1}{2\sqrt{3}KI}\int^t[Q_1(\xi)-Q_2(\xi)]\sin\sqrt{3}K(t-\xi)\mathrm{d}\xi+\frac{1}{2KI}\int^t[Q_1(\xi)+Q_2(\xi)]\sin K(t-\xi)\mathrm{d}\xi \quad (9.146)$$ 同样可以证明： $$q_2^*(t)=-\frac{1}{2\sqrt{3}KI}\int^t[Q_1(\xi)-Q_2(\xi)]\sin\sqrt{3}K(t-\xi)\mathrm{d}\xi+\frac{1}{2KI}\int^t[Q_1(\xi)+Q_2(\xi)]\sin K(t-\xi)\mathrm{d}\xi \quad (9.147)$$ 齐次方程为： $$[(D^2+2K^2)^2-K^4]q_1=0 \quad (9.148)$$ 其特征值为： $$\lambda_1=\sqrt{3}ik,\lambda_2=-\sqrt{3}ik,\lambda_3=ik,\lambda_4=-ik \quad (9.149)$$ 所以齐次方程的一般解(为区分起见，齐次方程的解记为 $\tilde{q}_1$、$\tilde{q}_2$)： $$\tilde{q}_1=A_1\sin\sqrt{3}Kt+A_2\cos\sqrt{3}Kt+A_3\sin Kt+A_4\cos Kt \quad (9.150)$$ 从齐次式的第一式，$(D^2+2K^2)\tilde{q}_1-K^2\tilde{q}_2=0$ 有： $$\tilde{q}_2=\frac{1}{K^2}(D^2+2K^2)\tilde{q}_1=-A_1\sin\sqrt{3}Kt-A_2\cos\sqrt{3}Kt+A_3\sin Kt+A_4\cos Kt \quad (9.151)$$ 把(9.150)式和(9.146)式加在一起，给出 $q_1=q_1^*+\tilde{q}_1$ 的完全解，把(9.147)式和(9.151)式加在一起，给出 $q_2=q_2^*+\tilde{q}_2$的完全解
新微分算子法研究 $90m^2$ 烧结机半悬挂多柔传动扭振	摘要：本文应用新微分算子法研究 $90m^2$ 烧结机半悬挂多柔传动扭振。通常扭振分析采用模态分析法。这是一种数值解法，不能直接反映各参数对系统扭振的影响关系。新微分算子法是作者创新提出的一种解析法，可反映各参数对系统扭振的影响关系。从而可研究对策，采取措施，便于优化 目前，国内外大型烧结机大都采用了多点啮合柔性传动的驱动方式，简称多柔传动。其主要特点：柔性支承、多点啮合、悬挂安装(全悬挂、半悬挂)。可改善传动啮合性能、降低动载荷、并可在运行中调偏(台车跑偏)等 有关文献[1]，根据生产中出现的共振和台车爬行等问题，呼吁对烧结机多柔传动进行动力学分析研究 经典的微分算子法(亥维赛德)解常微分方程组，分子表达式中微分算子(D)对输入函数(即非齐次项)进行求导运算。我们在轧机扭振计算中发现该方法不适于非谐波激振的情况，其结果与模态分析不符。我们对照拉氏变换解常微分方程组的法则，分子分母表达式中的微分算子(D)都作为一个代数符号，分子表达式中的微分算子(D)不对输入函数(非齐次项)进行求导运算，而是整体进行部分分式求解，详见参考文献[2]，结果相符。扭振分析中常用的模态分析法是一种数值解法，不能直接反映各参数的影响关系，而且要满足惯量矩阵、刚度矩阵对称的条件。新微分算子法是一种解析法，可反映各参数的影响关系，从而可研究对策，采取措施，便于优化
参考文献	[1] 同济大学数学系.《高等数学上册(第六版)》.北京：高等教育出版社，2007(350-352) [2] C.H.E dwaids and D.E.P enny.《常微分方程(第六版)》，2008(340-345) [3] 斯·依·科茹夫尼科夫.《带弹性键环机械动力学(俄文版未翻译)》.苏联基辅，1961(86-89) [4] 《数学手册》.北京：人民教育出版社，1979(675-677)(后由高等教育出版社重印，1999) [5] R.P.Agnew.《微分方程》(第二版).图书有限公司出版社，伦敦，1960，(216-250) [6] L.E.El'sgol'ts.《微分方程》.国际系列高等数学物理专著，戈登和布瑞驰出版有限公司，纽约，印度出版有限公司，德里，1961(145-155) [7] 季泉生.《微分算子法解常微分方程组的一种新解法和在轧机扭转振动计算中的应用》，《第六届国际模态分析会议论文集》，1988年2月，美国 598-602 [8] 郑兆昌.《机械振动》上册.北京：机械工业出版社，1980 [9] 《机械设计手册(第五版)》.北京：化学工业出版社，2009，第四卷第15章(71-89)

参考文献

[1] 原化工部起重运输技术中心站编. 化工起重运输设计手册（常用机械零件）. 北京：燃料化学工业出版社，1971.
[2] 中国机械工程学会编. 机械工学便览. 1968.
[3] 邹振戊等编. 五金手册. 北京：机械工业出版社，1995.
[4] 机械工程手册、电机工程手册编辑委员会编. 机械工程手册：基础理论卷. 第 2 版. 北京：机械工业出版社，1996.
[5]《选矿设计手册》编委会编. 选矿设计手册. 北京：冶金工业出版社，1988.
[6] 中国金属学会、中国有色金属学会编. 金属材料物理性能手册（1）. 北京：冶金工业出版社，1987.
[7] 漆贯荣等编. 理科最新常用数据手册. 西安：陕西人民出版社，1983.
[8] 美国焊接学会编. 焊接手册. 清华大学焊接教研组　黄静文等译. 北京：机械工业出版社，1991.
[9] 张秀田等编. 法定计量单位换算手册. 北京：石油工业出版社，1985.
[10] 汪恺主编. 机械设计标准应用手册：第 1 卷. 北京：机械工业出版社，1997.
[11] G. 尼曼著. 机械零件：第 2 卷. 第 2 版. 余梦生等译. 北京：机械工业出版社，1989.
[12]《飞机设计手册》编委会编. 飞机设计手册：第三册. 强度计算上册. 北京：国防工业出版社，1983.
[13] 机械工程手册，电机工程手册编辑委员会编. 机械工程手册：第 2 版. 机械零部件设计卷. 北京：机械工业出版社，1996.
[14] G. 尼曼著. 机械零件. 第 1 卷. 第 2 版. 余梦生等译. 北京：机械工业出版社，1985.
[15]《建筑结构静力计算手册》编写组. 建筑结构静力计算手册. 第 2 版. 北京：中国建筑工业出版社，1998.
[16] 小栗富士雄著. 标准机械设计图表便览. 台北台隆书店，1984.
[17] C. B. 谢联先主编. 机械制造者手册：第 3 卷. 北京：机械工业出版社，1965.
[18] 南京工学院力学教研组编. 材料力学. 北京：人民教育出版社，1960.
[19] Г. C. 皮萨连柯等著. 材料力学手册. 宋俊杰等译. 石家庄：河北人民出版社，1982.
[20] 徐灏主编. 机械设计手册：第 1 卷. 第 2 版. 北京：机械工业出版社，2000.
[21] З. Б. Канторовцч. Машины химической промыпшлеинности. Москва：цздательство《Машиностроение》，1965.
[22] 王树良著. 机械设计工艺基础. 上海：上海科学技术出版社，1965.
[23] 徐灏主编. 机械设计手册：第 3 卷. 第 2 版. 北京：机械工业出版社，2000.
[24] 刘中青，刘凯编著. 异种金属焊接技术指南. 北京：机械工业出版社，1997.
[25] 吴树雄编著. 电焊条选用指南. 第 2 版. 北京：化学工业出版社，1996.
[26] 国家机械工业委员会编. 焊接材料产品样本. 北京：机械工业出版社，1987.
[27] 方洪渊主编. 简明钎焊工手册. 北京：机械工业出版社，2000.
[28] 傅代言，林慧国，周人俊，俞之亮编著. 钢的淬透性手册. 北京：机械工业出版社，1973.
[29]《热处理手册》编委会编. 热处理手册. 北京：机械工业出版社，1984.
[30] 佚名. 热处理工作者手册. 刘先曙，宋黎明，张义，吴敏译. 北京：机械工业出版社，1986.
[31] 岑军健主编. 新编非标准设备设计手册. 上册. 北京：国防工业出版社，1999.
[32] 金属材料及热处理编写组. 金属材料及热处理. 上海：上海人民出版社，1974.
[33]《表面处理》编写组. 表面处理. 北京：国防工业出版社，1973.
[34] 北京电镀厂. 电镀标准. 1972.
[35] 曲敬信，汪泓宏主编. 表面工程手册. 北京：化学工业出版社，1998.
[36] 韦福水，蒋伯平，汪行恺，李俊岳编著. 热喷涂技术. 北京：机械工业出版社，1985.
[37] 林春华，葛祥荣编著. 电刷镀技术便览. 北京：机械工业出版社，1991.
[38] 张康夫，王秀蓉，陈孟成，姚连琴编. 机电产品防锈、包装手册. 北京：航空工业出版社，1990.
[39]《表面处理工艺手册》编审委员会编. 表面处理工艺手册. 上海：上海科学技术出版社，1991.
[40]《重型机械标准》编写委员会编. 重型机械标准：第 1 卷. 北京：中国标准出版社，1998.
[41] 北京钢铁学院粉末冶金教研组编. 铁基粉末冶金. 北京：冶金工业出版社，1974.
[42] 中南矿冶学院粉末冶金教研室编. 粉末冶金基础. 北京：冶金工业出版社，1974.
[43] ［捷］施密德编著. 人机功效参数. 朱有庭译. 北京：化学工业出版社，1988.
[44] 赖维铁编著. 机电产品造型设计. 上海：上海科学技术出版社，1989.
[45] ［德］G. 帕尔 W. 拜茨著. 工程设计学：学习与实践手册. 张直明，毛谦德，张子舜，黄靖远，冯培恩译. 北京：机械工业出版社，1992.
[46] 成大先主编. 机械设计图册. 北京：化学工业出版社，2000.
[47] 陈振华等编著. 镁合金. 北京：化学工业出版社，2004.

[48] 张津，章宗和等编著. 镁合金及应用. 北京：化学工业出版社，2004.
[49] 徐滨士，刘世参主编. 中国材料工程大典：第16~17卷. 材料表面工程. 北京：化学工业出版社，2006.
[50] 钱苗根，姚寿山，张少宗编著. 现代表面技术. 北京：机械工业出版社，2003.
[51] 樊东黎，潘健生，徐沅明，佟晓辉主编. 中国材料工程大典：第15卷. 材料热处理工程. 北京：化学工业出版社，2006.
[52] 柳百成，黄天佑主编. 中国材料工程大典：第18~19卷. 材料铸造成形工程. 北京：化学工业出版社，2006.
[53] 史耀武主编. 中国材料工程大典：第22~23卷. 材料焊接工程. 北京：化学工业出版社，2006.
[54] 李亚江主编. 焊接材料的选用. 北京：化学工业出版社，2004.
[55] 黄伯云，李成功，石力开，邱冠周，左铁镛主编. 中国材料工程大典：第4卷. 有色金属材料工程. 北京：化学工业出版社，2006.